# HOCHSCHULLEHRER VERZEICHNIS 2013

# HOCHSCHULLEHRER VERZEICHNIS 2013

BAND 1
UNIVERSITÄTEN DEUTSCHLAND

BAND 2
FACHHOCHSCHULEN DEUTSCHLAND

De Gruyter Saur

# HOCHSCHULLEHRER VERZEICHNIS 2013

BAND 2
FACHHOCHSCHULEN DEUTSCHLAND

10. Ausgabe

De Gruyter Saur

*Redaktion:*
Axel Schniederjürgen

*Anschrift der Redaktion*:
Walter de Gruyter GmbH
Hochschullehrer Verzeichnis
Postfach 401649
80716 München
Tel.: 089/76902-111
Fax: 089/76902-155
Email: axel.schniederjuergen@degruyter.com

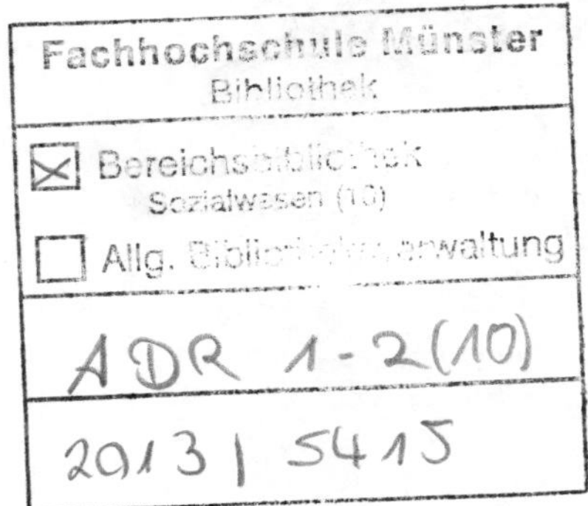

ISBN 978-3-11-030252-3
e-ISBN 978-3-11-0030491-6

*Bibliografische Information der Deutschen Nationalbibliothek*
Die Deutsche Nationalbibliothek verzeichnet diese Publikation in der Deutschen Nationalbibliografie; detaillierte bibliografische Daten sind im Internet über http://dnb.dnb.de abrufbar.



Datenaufbereitung und Satz: bsix information exchange GmbH, Braunschweig
Druck/Bindung: Strauss GmbH, Mörlenbach
♾ Gedruckt auf säurefreiem Papier

Printed in Germany

www.degruyter.com

# Inhalt

# Vorwort

Um den Überblick über die deutschen Hochschullehrerinnen und -lehrer zu vervollständigen, erscheint alle zwei Jahre Band 2 des Hochschullehrer-Verzeichnisses, der die Fachhochschulen abdeckt.

Aufgeführt werden, in alphabetischer Reihenfolge, alle deutschen Fachhochschullehrerinnen und -lehrer mit Professorentitel. Neben Dienst- und ggf. Privatanschrift enthalten die Einträge Angaben zu Telefon- und Faxnummern, E-Mail-Adresse und Arbeitsgebiet.
Insgesamt sind 16.734 Professorinnen und Professoren verzeichnet.
Ergänzt wird der Band durch ein umfassendes Sachregister, das die gezielte Suche von Personen anhand ihrer Arbeitsgebiete ermöglicht. Ein weiterer Anhang verzeichnet die Adressen der deutschen Fachhochschulen.

Für die vorliegende 10. Ausgabe wurden die Internetseiten der Hochschulen ausgewertet sowie die Vorlesungsverzeichnisse des Wintersemesters 2012/2013. Redaktionsschluss war der 20.4.2013.

Die Redaktion bedankt sich bei allen, die zum Entstehen des Werkes beigetragen haben, und ist für Hinweise auf Korrekturen und Ergänzungen jederzeit dankbar.

# Hinweise zur Benutzung

## Aufbau des Hauptteils

Das Hochschullehrer-Verzeichnis Band 2 Fachhochschulen enthält im Hauptteil die an deutschen Fachhochschullen tätigen Hochschullehrer mit Professorentitel.

Die Professoren sind in alphabetischer Reihenfolge aufgelistet.

## Einzeleinträge

Ein vollständiger Eintrag gliedert sich in folgende Felder, jeweils durch Semikolon getrennt:

- Name, Vorname
- akademische Titel, Amtsbezeichnung
- Fachgebiet (kursiv)
- Dienstanschrift (di) mit Telefon (Tel.), Fax, E-Mail, Website
- Privatanschrift (pr) mit Telefon (Tel.), Fax, E-Mail, Website

## Register

Vorangestellt ist eine Übersicht über die Fachgebiete, dieser folgt das Verzeichnis der Fachhochschullehrer nach ihren Fachgebieten. Unter dem jeweiligen Fachgebiet sind die Namen der Fachhochschullehrer in alphabetischer Reihenfolge genannt.

## Anhang

Der Anhang besteht aus einem Verzeichnis der deutschen Fachhochschulen, alphabetisch sortiert nach ihrem Standort, innerhalb eines Ortes nach dem Eigennamen der Hochschule. Verzeichnet ist jeweils die Hauptanschrift mit Telefon, Fax, E-Mail und Website.

# Abkürzungen

| | |
|---|---|
| a.D. | außer Dienst |
| Abt. | Abteilung |
| allg. | allgemein |
| ao. | außerordentlich |
| apl. | außerplanmäßig |
| BFA | Bundesforschungsanstalt |
| BGA | Bundesgesundheitsamt |
| Biol. | Biologie |
| BWL | Betriebswirtschaftslehre |
| Dir. | Direktor |
| Doz. | Dozent |
| E.h. | Ehren halber |
| em. | Emeritiert |
| FB | Fachbereich |
| FH | Fachhochschule |
| H | Hochschule |
| h.c. | honoris causa |
| Habil. | Habilitation |
| i.P. | in Pension |
| i.R. | im Ruhestand |
| Ing. | Ingenieur/in |
| Inst. | Institut |
| Lbeauftr. | Lehrbeauftragte/r |
| LStuhl | Lehrstuhl |
| M.A. | Magister Artium |
| o. | Ordentlich |
| PD | Privatdozent/in |
| PhD | Doctor of Philosophy |
| Präs. | Präsident |
| Prof. | Professor/in |
| U, Univ. | Universität |

# Fachhochschullehrer
# A–Z

**Aasland,** Knut; Dr.-Ing., Prof.; di: Hochsch. München, Fak. Wirtschaftsingenieurwesen, Erzgießereistr. 14, 80335 München, knut.aasland@hm.edu

**Abel,** Armin; Dipl.-Ing., Prof.; *Fertigungsverfahren, Werkstoffkunde und -prüfung*; di: Techn. Hochsch. Wildau, FB Ingenieurwesen / Wirtschaftsingenieurwesen, Bahnhofstr., 15745 Wildau, T: (03375) 508104, F: 500324, aabel@igw.tfh-wildau.de

**Abel,** Friedrich; Dr.-Ing., Prof.; *Hochfrequenztechnik, Antennentechnik, Hochfrequenzmesstechnik, Nachrichten- u. Schaltungstechnik in d. Energietechnik, Phasenregelkreise*; di: Hochsch. Hannover, Fak. I Elektro- u. Informationstechnik, Ricklinger Stadtweg 120, 30459 Hannover, PF 920261, 30441 Hannover, T: (0511) 92961298, friedrich.abel@hs-hannover.de; pr: Hofhäuser Weg 17, 30539 Hannover, T: (0511) 514110

**Abel,** Hans-Jürgen; Dr. rer. nat., Prof.; *Korrosion, Chemie, Physikalische Chemie*; di: FH Dortmund, FB Maschinenbau, Sonnenstr. 96, 44139 Dortmund, T: (0231) 9112364, abel@fh-dortmund.de; pr: Schöneichstr. 6, 44141 Dortmund

**Abel,** Ralf Bernd; Dr. iur., Prof.; *Recht, insbes. Datenschutz, Patent- und Urheberrecht*; di: FH Schmalkalden, Fak. Wirtschaftsrecht, PF 100452, 98564 Schmalkalden, T: (03683) 6886105, rb.abel@fh-sm.de

**Abel,** Ulrich; Dipl.-Math., Dr. rer. nat., Prof.; *Mathematik, Datenverarbeitung*; di: Techn. Hochsch. Mittelhessen, FB 13 Mathematik, Naturwiss. u. Datenverarbeitung, Wilhelm-Leuschner-Str. 13, 61169 Friedberg, T: (06031) 604421, Ulrich.Abel@mnd.fh-friedberg.de; pr: Lerchenweg 2, 35435 Wettenberg, T: (0641) 81967

**Abel,** Volker; Dr. rer. pol., Prof.; *Mathematik, Statistik, Operations Research*; di: Hochsch. München, Fak. Wirtschaftsingenieurwesen, Erzgießereistr. 14, 80335 München, T: (089) 12653935, volker.abel@fhm.edu

**Abelmann,** Renate; Dipl.-Ing., Prof.; *Entwerfen*; di: FH Lübeck, FB Bauwesen, Stephensonstr. 1, 23562 Lübeck, T: (0451) 3005141, F: 3005079, renate.abelmannn@fh-luebeck.de

**Abelmann,** Rolf-Ulrich; Dipl.-Phys., Dr. rer. nat., Prof.; *Angewandte Physik, Chemie*; di: Hochsch. Landshut, Fak. Maschinenbau, Am Lurzenhof 1, 84036 Landshut, rolf-ulrich.abelmann@fh-landshut.de

**Abels,** Helmut; Dr.-Ing., Prof.; *Produktionsplanung u. -steuerung*; di: FH Köln, Fak. f. Fahrzeugsysteme u. Produktion, Betzdorfer Str. 2, 50679 Köln, T: (0221) 82752231, F: 82751211, helmut.abels@fh-koeln.de

**Abels-Schlosser,** Stephanie; Dr.-Ing., Prof.; *Fertigungswirtschaft und Logistik*; di: Hochsch. Amberg-Weiden, FB Betriebswirtschaft, Hetzenrichter Weg 15, 92637 Weiden, T: (0961) 382156, F: 382162, s.abels-schlosser@fh-amberg-weiden.de

**Abendschein,** Jürgen; Dr. phil., HonProf. WH Lahr, Geschäftsführer ASB Management-Zentrum Heidelberg e.V.; *Qualitätsmanagement, Bildungsmanagement, Entrepreneuership Education*; di: WHL Wissenschaftl. Hochschule Lahr, Lst. f. Wirtschaftspädagogik u. Bildungsmanagement, Hohbergweg 15-17, 77933 Lahr, T: (07821) 923868, juergen.abendschein@whl-lahr.de

**Aberle,** Marcus; Dr. Eur.-Ing., Prof.; *Baustatik, Finite Elemente*; di: Hochsch. Karlsruhe, Fak. Architektur u. Bauwesen, Moltkestr. 30, 76133 Karlsruhe, PF 2440, 76012 Karlsruhe, T: (0721) 9252628

**Abke,** Jörg; Dr.-Ing., Prof.; *Grundlage d. Elektrotechnik, Informatik*; di: Hochsch. Aschaffenburg, Fak. Ingenieurwiss., Würzburger Str. 45, 63743 Aschaffenburg, T: (06021) 314883, joerg.abke@fh-aschaffenburg.de

**Ablaßmeier,** Ulrich; Dr.-Ing., Prof.; *Grundlagen der Elektrotechnik, Systementwurf, Elektronische Bauelemente, Halbleitertechnologie*; di: Hochsch. Landshut, Fak. Elektrotechnik u. Wirtschaftsingenieurwesen, Am Lurzenhof 1, 84036 Landshut, amr@fh-landshut.de

**Abmayr,** Wolfgang; Dr.-Ing., Prof.; *Bildverarbeitung, Computergrafik*; di: Hochsch. München, Fak. Informatik u. Mathematik, Lothstr. 34, 80335 München, Abmayr@cs.fhm.edu

**Abou-Dakn,** Michael; Dr., Prof.; *Nursing, Pflege- u. Gesundheitswissenschaften*; di: Ev. Hochsch. Berlin, Prof. f. med. und wiss. Grundlagen, Teltower Damm 118-122, 14167 Berlin, PF 370255, 14132 Berlin, T: (030) 84582253, abou-dakn@eh-berlin.de

**Abri,** Martina; Dr., Prof.; *Bauaufnahme und Denkmalpflege*; di: FH Potsdam, FB Architektur u. Städtebau, Pappelallee 8-9, Haus 2, 14469 Potsdam, T: (0331) 5801210, abri@fh-potsdam.de

**Abstein,** Günther; Dipl.-Volksw., Dr. rer. pol., Prof.; *Wirtschaftsbeziehungen*; di: Hochsch. Rhein / Main, Wiesbaden Business School, Bleichstr. 44, 65183 Wiesbaden, T: (0611) 94953119, guenther.abstein@hs-rm.de; pr: Wolfzorner Str. 29, 82041 Oberhaching, AbsteinGuE@t-online.de

**Abts,** Dietmar; Dr. rer. nat., Prof.; *Wirtschaftsinformatik, insbes. betriebliche Anwendungsentwicklung*; di: Hochsch. Niederrhein, FB Wirtschaftswiss., Webschulstr. 41-43, 41065 Mönchengladbach, T: (02161) 1866372, Dietmar.Abts@hs-Niederrhein.DE; pr: Angermunder Weg 23, 40880 Ratingen, T: (02102) 475016

**Abulawi,** Jutta; Dr.-Ing., Prof.; *Systems Engineering und CAD*; di: HAW Hamburg, Fak. Technik u. Informatik, Berliner Tor 9, 20099 Hamburg, T: (040) 428757864, jutta.abulawi@haw-hamburg.de

**Achatzi,** Hans-Peter; Dipl.-Ing., Prof.; *Projektentwicklung*; di: FH Köln, Fak. f. Architektur, Betzdorfer Str. 2, 50679 Köln, office@achatzi.com

**Achenbach,** Wieland; Dr., Prof.; *Personal und Organisation*; di: Hochsch. Aschaffenburg, Fak. Wirtschaft u. Recht, Würzburger Str. 45, 63743 Aschaffenburg, T: (06021) 4206713, F: 4206701, wieland.achenbach@h-ab.de

**Achilles,** Albrecht; Dr., Prof.; *Angewandte Informatik*; di: FH Dortmund, FB Informatik, Emil-Figge-Str. 42, 44227 Dortmund, T: (0231) 7556782, F: 9112230, achilles@fh-dortmund.de; pr: Mohnblumenweg 22, 44532 Lünen-Horstmar

**Achouri,** Cyrus; Dr. phil., Prof.; *Personalmanagement*; di: Hochsch. f. Wirtschaft u. Umwelt Nürtingen-Geislingen, PF 1349, 72603 Nürtingen, T: (07022) 929238, cyrus.achouri@hfwu.de

**Achstetter,** Tilmann; Dr., Prof.; di: Hochsch. Bremen, Fak. Natur u. Technik, Neustadtswall 30, 28199 Bremen, T: (0421) 59054267, F: 59054261, Tilman.Achstetter@hs-bremen.de

**Achterberg,** Uwe; Dr.-Ing., Prof.; *Landschaftsbau*; di: Hochsch. Weihenstephan-Triesdorf, Fak. Landschaftsarchitektur, Am Hofanger 5, 85350 Freising, 85350 Freising, T: (08161) 713353, F: 714417, uwe.achterberg@fh-weihenstephan.de

**Achtermann,** Susanne; Dr., Prof.; *Rechtswissenschaften*; di: Kommunale FH f. Verwaltung in Niedersachsen, Wielandstr. 8, 30169 Hannover, T: (0511) 1609414, F: 15537, Susanne.Achtermann@nds-sti.de

**Acker,** Jörg; Dr., Prof.; *Physikalische Chemie*; di: Hochsch. Lausitz, FB Bio-, Chemie- u. Verfahrenstechnik, Großenhainer Str. 57, 01968 Senftenberg

**Ackermann,** Dagmar; Dr. rer. pol., Prof.; *Ökonomie und spezielle Betriebswirtschaftslehre im Gesundheitswesen*; di: Hochsch. Niederrhein, FB Wirtschaftsingenieurwesen u. Gesundheitswesen, Ondereyckstr. 3-5, 47805 Krefeld, T: (02151) 8226645

**Ackermann,** Gerd; Dipl.-Ing., Prof.; *Baukonstruktion, Entwerfen*; di: Hochsch. Konstanz, Fak. Architektur u. Gestaltung, Brauneggerstr. 55, 78462 Konstanz, PF 100543, 78405 Konstanz, T: (07531) 206194, F: 206193

**Ackermann,** Hans-Josef; Dr.-Ing., Prof.; *Entwurf integrierter Schaltungen und technische Elektronik*; di: FH Aachen, FB Angewandte Naturwiss. u. Technik, Ginsterweg 1, 52428 Jülich, T: (0241) 600953286, h-j.ackermann@fh-aachen.de; pr: Steinstr. 39, 52428 Jülich, T: (02461) 347117

**Ackermann,** Jörg-Uwe; Dr. rer. nat., Prof.; *Technische Biochemie, Bioverfahrenstechnik*; di: HTW Dresden, Fak. Maschinenbau / Verfahrenstechnik, Friedrich-List-Platz 1, 01069 Dresden, T: (0351) 4623280, ackermann@mw.htw-dresden.de

**Ackermann,** Thomas; Dipl.-Ing., Prof.; *Bauphysik und Baukonstruktion*; di: FH Bielefeld, FB Architektur u. Bauingenieurwesen, Artilleriestr. 9, 32427 Minden, T: (0571) 8385111, F: 8385169, thomas.ackermann@fh-bielefeld.de; pr: Hebelstr. 21, 68804 Altlußheim, T: (06205) 32696

**Ackermann,** Ulrich; Dr. rer. nat., Prof.; *Physik*; di: FH Südwestfalen, FB Maschinenbau, Frauenstuhlweg 31, 58644 Iserlohn, T: (02371) 566176, ackermann@fh-swf.de; pr: Ludorffstr. 26, 58644 Iserlohn, T: (02371) 50068

**Ackermann,** Ulrike; Dr., Prof.; *Freiheitslehre*; di: Hochsch. Heidelberg, Fak. f. Wirtschaft, Ludwig-Guttmann-Str. 6, 69123 Heidelberg, T: (06221) 881005, F: 881010, ulrike.ackermann@hochschule-heidelberg.de

**Ackva,** Ansgar; Dr.-Ing., Prof.; *Leistungselektronik*; di: Hochsch. f. angew. Wiss. Würzburg Schweinfurt, Fak. Elektrotechnik, Ignaz-Schön-Str. 11, 97421 Schweinfurt, ansgar.ackva@fh-sw.de

**Adam,** Berit; Dr., Prof.; *Controlling, Finanzmanagement*; di: Hochsch. f. Wirtschaft u. Recht Berlin, FB 3, Alt-Friedrichsfelde 60, 10315 Berlin, T: (030) 90214361, b.adam@hwr-berlin.de

**Adam,** Hans; Dr., Prof.; *Volkswirtschaftslehre*; di: Hochsch. Osnabrück, Fak. Wirtschafts- u. Sozialwiss., Caprivistr. 30a, 49076 Osnabrück, T: (0541) 9692173, adam@wi.hs-osnabrueck.de

**Adam,** Mario; Dr.-Ing., Prof.; *Regenerative Energiesysteme einschl. Energietransport, -speicherung und -verteilung*; di: FH Düsseldorf, FB 4 – Maschinenbau u. Verfahrenstechnik, Josef-Gockeln-Str. 9, 40474 Düsseldorf, T: (0211) 4351448, mario.adam@fh-duesseldorf.de; pr: Wülfingstr. 8, 42897 Remscheid, T: (02191) 610451

**Adam,** Patrizia; Dr. rer. pol., Prof.; *Managementlehre für Finanzdienstleistung, VWL für Manager, Corporate Governance, Interne Revision, Business Excellence*; di: Hochsch. Hannover, Fak. IV Wirtschaft u. Informatik, Ricklinger Stadtweg 120, 30459 Hannover, PF 920261, 30441 Hannover, T: (0511) 92961518, patricia.adam@hs-hannover.de

**Adamaschek,** Bernd; Dr., HonProf.; *Kennzahlensysteme*; di: Hochsch. Osnabrück, Fak. f. Wirtschafts- u. Sozialwiss., Inst. f. Öffentl. Management, Caprivistr. 30A, 49076 Osnabrück; pr: Achterbeckweg 3a, 45695 Herten, T: (02366) 39462, adamaschek@bertelsmann.de, bernd.adamaschek@web.de

**Adamek,** Jürgen; Dr.-Ing., Prof.; *Konstruktionstechnik, Werkstoffengineering, Werkzeugmaschinen*; di: Hochsch. Osnabrück, Inst. f. Management u. Technik, Labor für allgemeinen Maschinenbau, Kaiserstraße 10c, 49809 Lingen, T: (0591) 80098236, j.adamek@hs-osnabrueck.de

**Adams,** Bernhard; Dr.-Ing., Prof.; *Werkzeugmaschinen, Umformtechnik*; di: Hochsch. Osnabrück, Fak. Ingenieurwiss. u. Informatik, Artilleriestr. 46, 49076 Osnabrück, T: (0541) 9693621, b.adams@hs-osnabrueck.de; pr: Föhrenstr. 6, 49090 Osnabrück, T: (0541) 1217262

**Adams,** Franz-Josef; Dr.-Ing., Prof.; *Fertigungstechnik*; di: Hochsch. Niederrhein, FB Maschinenbau u. Verfahrenstechnik, Reinarzstr. 49, 47805 Krefeld, T: (02151) 8225040, franz-josef.adams@hs-niederrhein.de

**Adams,** Günter; Prof.; *Handlungslehre der Sozialarbeit*; di: Hochsch. f. angew. Wiss. Würzburg Schweinfurt, Fak. angew. Sozialwiss., Münzstr. 12, 97070 Würzburg

**Adams,** Rainer; Dr.-Ing., Prof.; *Wasserbau, Wasserwirtschaft*; di: Hochsch. Ostwestfalen-Lippe, FB 3, Bauingenieurwesen, Emilienstr. 45, 32756 Detmold, rainer.adams@fh-luh.de; pr: Archenholdstr. 22, 59557 Lippstadt, T: (02941) 24909

**Adamschik,** Mario; Dr.-Ing., Prof.; *Maschinenbau, Fahrzeugsystemtechnik*; di: Hochsch. Ulm, Fak. Maschinenbau u. Fahrzeugtechnik, PF 3860, 89028 Ulm, T: (0731) 5016869, adamschik@hs-ulm.de

**Adamski,** Dirk; Dr.-Ing., Prof.; *Simulation und Versuch im Fahrwerk*; di: HAW Hamburg, Fak. Technik u. Informatik, Berliner Tor 9, 20099 Hamburg, T: (040) 428757902, Dirk.Adamski@haw-hamburg.de

**Addicks,** Gerd; Dr. rer. pol., Prof.; *Internationale Wirtschaft*; di: Hochsch. Furtwangen, Fak. Wirtschaft, Jakob-Kienzle-Str. 17, 78054 Villingen-Schwenningen, T: (07720) 3074314, ad@hs-furtwangen.de

**Ade,** Klaus; Dipl.-Kfm., Prof.; *Kommunales Wirtschaftsrecht, Steuerpflicht öffentlicher Betriebe, Öffentliche BWL, Kommunalverfassungsrecht*; di: H f. öffentl. Verwaltung u. Finanzen Ludwigsburg, Reuteallee 36, 71634 Ludwigsburg, T: (07141) 140562, F: 140544, ade@vw.fhov-ludwigsburg.de

**Ader,** Sabine; Dr. phil., Prof.; *Soziologie, Jugendhilfe, Sozialmanagement*; di: Kath. Hochsch. NRW, Abt. Münster, FB Sozialwesen, Piusallee 89, 48147 Münster, T: (0251) 4176757, s.ader@katho-nrw.de; pr: Wilhelmstr. 44, 48149 Münster

**Adermann,** Hans-Jürgen; Dr.-Ing., Prof.; *Regelungstechnik, Simulationstechniken, Signale und Systeme*; di: Hochsch. Ravensburg-Weingarten, Doggenriedstr., 88250 Weingarten, PF 1261, 88241 Weingarten, T: (0751) 5019542, F: 5019876, adermann@hs-weingarten.de; pr: Franz-Joachim-Beich-Str. 3, 88213 Ravensburg, T: (0751) 9547, F: 9592

**Adis,** Christine; Dr., Prof.; *Soziologie von Gesundheit und Krankheit*; di: HAW Hamburg, Fak. Life Sciences, Lohbrügger Kirchstr. 65, 21033 Hamburg, T: (040) 428756257, christine.adis@haw-hamburg.de

**Adler,** Florian; Dipl. Designer, HonProf.; *Kommunikationsdesign*; di: HTW Berlin, FB Gestaltung, Wilhelminenhofstr. 67-77, 12459 Berlin, Florian.Adler@HTW-Berlin.de

**Adler,** Frank; Dr., Prof.; *Strafrecht*; di: Hochsch. f. Polizei Villingen-Schwenningen, Sturmbühlstr. 250, 78054 Villingen-Schwenningen, T: (07720) 309506, FrankAdler@fhpol-vs.de

**Adler,** Reiner; Dr. rer. soc., Prof.; *Sozial- und Pflegemanagement*; di: FH Jena, FB Sozialwesen, Carl-Zeiss-Promenade 2, 07745 Jena, PF 100314, 07703 Jena, T: (03641) 205800, F: 205801, sw@fh-jena.de

**Adler,** Uwe; Dr.-Ing., Prof.; *Straßenfahrzeugtechnik*; di: FH Erfurt, FB Verkehrs- u. Transportwesen, Altonaer Str. 25, 99084 Erfurt, PF 101363, 99013 Erfurt, T: (0361) 6700659, F: 6700528, adler@fh-erfurt.de

**Adlkofer,** Michael; Dipl.-Ing., Prof.; *Hochbaukonstruktion, Entwerfen, EDV-Anwendungen/CAD*; di: Hochsch. Hannover, Fak. III Medien, Information und Design, Expo Plaza 2, 30539 Hannover, T: (0511) 92962346, michael.adlkofer@hs-hannover.de; pr: Dorfstr. 2, 27333 Schweringen, T: (04257) 983222

**Adolfs,** Friedhelm; Prof.; *Grundlagen der Elektrotechnik, Prozessdatenverarbeitung, Steuerungs- und Regelungstechnik*; di: Westfäl. Hochsch., FB Wirtschaft u. Informationstechnik, Münsterstr. 265, 46397 Bocholt, T: (02871) 2155812, friedhelm.adolfs@fh-gelsenkirchen.de

**Adolph,** Ulrich; Dr., Prof.; *Hochspannungstechnik, Elektromagnetische Verträglichkeit*; di: FH Düsseldorf, FB 3 – Elektrotechnik, Josef-Gockeln-Str. 9, 40474 Düsseldorf, T: (0211) 4351348, adolph@fh-duesseldorf.de

**Adrian,** Till; Dr.-Ing., Prof.; *Anlagentechnik, Thermische Verfahrenstechnik*; di: Hochsch. Mannheim, Fak. Verfahrens- u. Chemietechnik, Windeckstr. 110, 68163 Mannheim

**Adrianowytsch,** Eugen Adrian; Dipl.-Ing., Prof.; *Gestalten*; di: Hochsch. Karlsruhe, Fak. Architektur u. Bauwesen, Moltkestr. 30, 76133 Karlsruhe, PF 2440, 76012 Karlsruhe, T: (0721) 9252784

**Aertker,** Christel; Dipl.-Kfm., Steuerberaterin, Wirtschaftsprüferin, Prof.; *Betriebliche Steuerlehre, Bilanzielles Rechnungswesen*; di: Hochsch. Emden/Leer, FB Wirtschaft, Constantiaplatz 4, 26723 Emden, T: (0180) 5678071183, christel.aertker@hs-emden-leer.de; pr: Kirchstr. 8, 26721 Emden

**Afflerbach,** Lothar; Dr. rer. nat. habil., Prof.; *Wirtschaftsmathematik, Wirtschaftsstatistik, Quantitative Methoden, Kommunikations- und Medienwissenschaften*; di: Hochsch. Lausitz, FB Informatik, Elektrotechnik, Maschinenbau, Großenhainer Str. 57, 01968 Senftenberg, T: (03573) 85701, F: 85709, afflerbach@fh-lausitz.de

**Agha,** Tahere; Dr., Prof.; *Sozialwesen*; di: FH Dortmund, FB Angewandte Sozialwiss., PF 105018, 44047 Dortmund, T: (0231) 7554982, F: 7554911, agha@fh-dortmund.de

**Agirbas,** Ercan; Dr.-Ing., Prof.; *Architekturdarstellung, Perspektivlehre, Entwerfen*; di: FH Düsseldorf, FB 1 – Architektur, Georg-Glock-Str. 15, 40474 Düsseldorf, T: (0211) 4351136, ercan.agirbas@fh-duesseldorf.de

**Ahlers,** Heidrun; Dr. jur., Prof.; *Bürgerliches Recht, Arbeitsrecht, Wirtschaftsrecht*; di: Hochsch. Niederrhein, FB Wirtschaftswiss., Webschulstr. 41-43, 41065 Mönchengladbach, T: (02161) 1866361, heidrun.ahlers@hs-niederrhein.de

**Ahlers,** Heinfried; Dr.-Ing., Prof.; *Energietechnik, Grundlagen der Elektrotechnik, Mathematik*; di: Jade Hochsch., FB Ingenieurwissenschaften, Friedrich-Paffrath-Str. 101, 26389 Wilhelmshaven, T: (04421) 9582354, heinfried.ahlers@jade-hs.de

**Ahlers,** Henning; Dr.-Ing., Prof.; *Werkzeugmaschinen, Fertigungstechnik, Montage*; di: Hochsch. Hannover, Fak. II Maschinenbau u. Bioverfahrenstechnik, Ricklinger Stadtweg 120, 30459 Hannover, PF 920261, 30441 Hannover, T: (0511) 92961006, henning.ahlers@hs.hannover.de

**Ahlers,** Reinhild; Dr. theol., Lic. iur. can., LBeauftr. U Münster, o.Prof. Phil.-Theol. H Münster, Lt. Abt. Kirchenrecht im Bischöfl. Generalvikariat Münster, Richterin am Bischöfl. Offizialat Münster; *Ordensrecht, Verfassungsrecht, Sakramentenrecht, Eherecht*; di: Bischöfl. Generalvikariat, Domplatz 27, 48143 Münster, T: (0251) 495257, F: 495259, ahlers-r@bistum-muenster.de; pr: Merschkamp 1a, 48155 Münster, T: (0251) 316820

**Ahlers,** Ulrike; Dr.-Ing., Prof.; *Baustoffkunde*; di: Hochsch. Magdeburg-Stendal, FB Bauwesen, Breitscheidstr. 2, 39114 Magdeburg, T: (0391) 8864238, ulrike.ahlers@hs-magdeburg.de

**Ahlers,** Volker; Dr. rer. nat., Prof.; *Informatik*; di: Hochsch. Hannover, Fak. IV Wirtschaft u. Informatik, Abt. Informatik, Ricklinger Stadtweg 120, 30459 Hannover, PF 920261, 30441 Hannover, T: (0511) 92961814, F: 92961810, volker.ahlers@hs-hannover.de; pr: www.volkerahlers.de/

**Ahlert,** Helen; Dr., Prof.; *Soziologie*; di: FH Kiel, FB Soziale Arbeit u. Gesundheit, Sokratesplatz 2, 24149 Kiel, T: (0431) 2103042, helen.ahlert@fh-kiel.de

**Ahlhaus,** Matthias; Dr.-Ing., Prof.; *Energieanlagen, Regenerative Energien*; di: FH Stralsund, FB Maschinenbau, Zur Schwedenschanze 15, 18435 Stralsund, T: (03831) 456797

**Ahmed,** Imad; Dr.-Ing., Prof.; di: Ostfalia Hochsch., Fak. Maschinenbau, Salzdahlumer Str. 46/48, 38302 Wolfenbüttel, i.ahmed@ostfalia.de

**Ahn,** Manfred; Dr.-Ing., Prof.; *Verkehrs- und Stadtplanung*; di: Hochsch. Wismar, Fak. f. Ingenieurwiss., PF 1210, 23952 Wismar, T: (03841) 753243, m.ahn@bau.hs-wismar.de

**Ahnesorg,** Rolf D.; Dipl.-Ing., Prof.; *Grundlagen der Gestaltung*; di: FH Dortmund, FB Architektur, PF 105018, 44047 Dortmund, T: (0231) 7554409, F: 7554466, rolf.ahnesorg@fh-dortmund.de

**Ahrens,** Barbara; Dr. phil., Prof.; *Dolmetschen*; di: FH Köln, Fak. f. Informations- u. Kommunikationswiss., Claudiusstr. 1, 50678 Köln, T: (0221) 82753571, barbara.ahrens@fh-koeln.de; pr: Rotkäppchenweg 8, 50259 Pulheim, T: (02238) 838823

**Ahrens,** Bernd; Dr. oec., Prof.; *Allgemeine Betriebswirtschaftslehre*; di: FH Jena, FB Betriebswirtschaft, Carl-Zeiss-Promenade 2, 07745 Jena, PF 100314, 07703 Jena, T: (03641) 205550, F: 205551, bw@fh-jena.de

**Ahrens,** Diane; Dr., Prof.; *Internationale Unternehmensführung u. Logistik*; di: Hochsch. Deggendorf, FB Betriebswirtschaft, Edlmairstr. 6-8, 94469 Deggendorf, PF 1320, 94453 Deggendorf, T: (0991) 3615150, diane.ahrens@fh-deggendorf.de

**Ahrens,** Dieter; Dr., Prof.; *BWL, Gesundheitsökonomik, Sozial- u. Gesundheitspolitik, Evaluation*; di: Hochsch. Aalen, Fak. Wirtschaftswissenschaften, Beethovenstr. 1, 73430 Aalen, T: (07361) 5762456, dieter.ahrens@htw-aalen.de

**Ahrens,** Hannsjörg; Dipl.-Ing., Prof.; *Baubetrieb*; di: Hochsch. Wismar, Fak. f. Gestaltung, PF 1210, 23952 Wismar, T: (03841) 753465, h.ahrens@ar.hs-wismar.de

**Ahrens,** Joachim; Dr. habil., Prof.; *Wirtschaftspolitik u. Internationale Politische Ökonomie*; di: Private FH Göttingen, Weender Landstr. 3-7, 37073 Göttingen, T: (0551) 547000, ahrens@pfh.de; www.pfh-goettingen.de/download/pfh_professoren_ahrens.pdf

**Ahrens,** Ralf; Dr., Prof.; *Mechanik, Fahrzeugdynamik*; di: HAW Hamburg, Fak. Technik u. Informatik, Berliner Tor 9, 20099 Hamburg, T: (040) 428757895, ralf.ahrens@haw-hamburg.de; pr: T: (04183) 776915

**Ahrens,** Thorsten; Dr.-Ing., Prof.; *Biotechnologie, Verfahrenstechnik*; di: Ostfalia Hochsch., Fak. Versorgungstechnik, Salzdahlumer Str. 46/48, 38302 Wolfenbüttel, th.ahrens@ostfalia.de

**Ahrens,** Uwe; Dipl.-Ing., Prof.; *Optoelektronik, Sensortechnik, Industrieroboter, Solarenergienutzung, Interfacetechnik*; di: Hochsch. Heilbronn, Max-Planck-Str. 39, 74081 Heilbronn, T: (07131) 504367, F: 252470, ahrens@hs-heilbronn.de

**Ahrens,** Volker; Dr.-Ing., Prof.; *Logistik – Prozessmanagement, Projektmanagement, Produktions- und Qualitätsmanagement, Elektrotechnik*; di: Nordakademie, FB Ingenieurwesen, Köllner Chaussee 11, 25337 Elmshorn, T: (04121) 409083, F: 409040, volker.ahrens@nordakademie.de

**Ahrens,** Wilfried; Dr., Prof.; *Pflanzenbau, Pflanzenschutz, Grünlandwirtschaft*; di: Hochsch. Weihenstephan-Triesdorf, Fak. Landwirtschaft, Steingruberstr. 2, 91746 Weidenbach-Triesdorf, T: (09826) 654206, F: 6544010, wilfried.ahrens@fh-weihenstephan.de

**Ahuja,** André; Dr. rer. pol., Prof.; *Mathematik, Betriebswirtschaftslehre*; di: Hochsch. Ostwestfalen-Lippe, FB 4, Life Science Technologies, Liebigstr. 87, 32657 Lemgo; pr: Kuhlenkotten 8, 32657 Lemgo

**Aichele,** Christian; Dr., Prof.; *Wirtschaftsinformatik*; di: FH Kaiserslautern, FB Betriebswirtschaft, Amerikastr. 1, 66482 Zweibrücken, T: (06332) 914223, christian.aichele@fh-kl.de

**Aichele,** Martin; Dipl.-Komm.-Wirt, Prof.; *Kommunikations- und Präsentationstechnik, Medienkonzeption*; di: Hochsch. Furtwangen, Fak. Digitale Medien, Robert-Gerwig-Platz 1, 78120 Furtwangen, T: (07723) 9202570, ai@fh-furtwangen.de

**Aichele,** Monika; Dipl.-Des., Prof.; *Illustration und Zeichnen*; di: FH Mainz, FB Gestaltung, Holzstr. 36, 55116 Mainz, T: (06131) 2859519, monika.aichele@fh-mainz.de

**Aignesberger,** Christof; Dr., Prof.; *Allgemeine BWL, Finanz- und Investitionswirtschaft, Buchführung u. Bilanzierung, Wertpapierwirtschaft*; di: Hochsch. Hof, Fak. Wirtschaft, Alfons-Goppel-Platz 1, 95028 Hof, T: (09281) 409423, F: 40955423, Christof.Aignesberger@fh-hof.de

**Akhotmee,** Rüdiger; Dr., Prof.; *Allgemeine BWL*; di: Hochsch. Deggendorf, FB Betriebswirtschaft, Edlmairstr. 6-8, 94469 Deggendorf, PF 1320, 94453 Deggendorf, T: (0991) 3615143, F: 361581143, ruediger.akhotmee@fh-deggendorf.de

**Akkerboom,** Hans; Dr., Prof.; *Wirtschaftsmathematik, Statistik*; di: Hochsch. Niederrhein, FB Wirtschaftswiss., Webschulstr. 41-43, 41065 Mönchengladbach, T: (02161) 1866326, Hans.Akkerboom@HS-Niederrhein.de

**Akyol,** Tarik; Dr.-Ing., Prof.; *Technische Mechanik, Fluidtechnik*; di: Hochsch. Karlsruhe, Fak. Maschinenbau u. Mechatronik, Moltkestr. 30, 76133 Karlsruhe, PF 2440, 76012 Karlsruhe, T: (0721) 9251836, tarik.akyol@hs-karlsruhe.de

**Al Ghanem,** Yaarob; Dr.-Ing., Prof.; *Bauproduktionstechnik*; di: HTWK Leipzig, FB Bauwesen, PF 301166, 04251 Leipzig, T: (0341) 30767022, alghanem@fbb.htwk-leipzig.de

**Albani,** Matthias; Dr. theol. habil., Prof.; *Altes Testament, Kirchengeschichte*; di: Evangel. Hochsch. Moritzburg, Bahnhofstr. 9, 01468 Moritzburg, T: (035207) 84306, albani@eh-moritzburg.de; pr: Pfarrstr. 3, 99869 Friemar, T: (036298) 50392, F: 50391

**Albayrak,** Can Adam; Dr. rer. nat., Prof.; *Wirtschaftsinformatik, Strategisches IT-Management*; di: Hochsch. Harz, FB Automatisierung u. Informatik, Friedrichstr. 57-59, 38855 Wernigerode, T: (03943) 659304, F: 6595304, calbayrak@hs-harz.de

**Albe,** Frank; Dr., Prof.; *Tourism and Travel Management*; di: Private FH Göttingen, Weender Landstr. 3-7, 37073 Göttingen, T: (0551) 54700141, F: 54700190, albe@pfh.de

**Alber,** Peter-Paul; Dr. jur., Prof.; *Verwaltungsrecht, Recht. d. öffentlichen Dienstes*; di: H f. öffentl. Verwaltung u. Finanzen Ludwigsburg, Reuteallee 36, 71634 Ludwigsburg, T: (07141) 140561; pr: Besigheimer Weg 120, 74343 Sachsenheim, T: (07147) 13128, F: 13128

**Albers,** Bernd; Dipl.-Ing., Prof.; *Baukonstruktion und Entwerfen*; di: FH Potsdam, FB Architektur u. Städtebau, Pappelallee 8-9, Haus 2, 14469 Potsdam, T: (0331) 5801230, albers@fh-potsdam.de; pr: mail@berndalbers-berlin.de

**Albers,** Erwin Jan Gerd; Dr. rer. pol., Prof.; *Betriebswirtschaftslehre, Wirtschaftsinformatik, Elektronische Datenverarbeitung*; di: Hochsch. Magdeburg-Stendal, FB Wirtschaft, Breitscheidstr. 2, 39114 Magdeburg, T: (0391) 8864382, erwin.albers@hs-magdeburg.de

**Albers,** Felicitas; Dipl.-Kff., Dr. rer. pol., Prof.; *Allgemeine Betriebswirtschaftslehre, Organisation und Datenverarbeitung*; di: FH Düsseldorf, FB 7 – Wirtschaft, Universitätsstr. 1, Geb. 23.32, 40225 Düsseldorf, T: (0211) 8115388, F: 8115389, felicitas.albers@fh-duesseldorf.de; pr: Classen-Kappelmann-Str. 28, 50931 Köln, T: (0221) 404680, F: 4060878

**Albers,** Georg; Dr. rer. phil., Prof.; *Theorien und Konzepte Sozialer Arbeit*; di: Kath. Hochsch. NRW, Abt. Münster, FB Sozialwesen, Piusallee 89, 48147 Münster, galbers@kfhnw.de; pr: Staufenstr. 26, 48145 Münster, T: (0251) 375763

**Albers,** Heinz-Hermann; Dipl.-Ing., Prof.; *Schiffsmaschinenanlagen, Maschinenanlagen f. Meerestechnik u. Spezialschiffbau*; di: Hochsch. Bremen, Fak. Natur u. Technik, Neustadtswall 30, 28199 Bremen, T: (0421) 59052741, F: 59052742, Heinz-Hermann.Albers@hs-bremen.de

**Albers,** Henning; Dr.-Ing., Prof.; *Kreislauf- u. Abfallwirtschaft*; di: Hochsch. Bremen, Fak. Architektur, Bau u. Umwelt, Neustadtswall 30, 28199 Bremen, T: (0421) 59052314, F: 59054250, Henning.Albers@hs-bremen.de

**Albers,** Karl-Josef; Dr.-Ing., Prof.; *Klimatechnik, Akustik und Schallschutz, Thermodynamik, Kältetechnik*; di: Hochsch. Esslingen, Fak. Versorgungstechnik u. Umwelttechnik, Kanalstr. 33, 73728 Esslingen, T: (0711) 3973454; pr: Am Lengertbach 8/3, 72636 Frickenhausen-Tischardt, T: (07123) 367536

**Albert,** Andrej; Dr.-Ing., Prof.; *Bauingenieurwesen, Massivbau*; di: Hochsch. Bochum, FB Bauingenieurwesen, Lennershofstr. 140, 44801 Bochum, T: (0234) 3210208, andrej.albert@hs-bochum.de

**Albert,** Christine; Prof.; *Raum- und Eventdesign*; di: Georg-Simon-Ohm-Hochsch. Nürnberg, Fak. Design, Wassertorstr. 10, 90489 Nürnberg, PF 210320, 90121 Nürnberg, christine.albert@ohm-hochschule.de

**Albert,** Edgar; Dr. rer. nat., Prof.; *Physik, Elektrotechnik, Technische Datenverarbeitung*; di: Hochsch. Offenburg, Fak. Maschinenbau u. Verfahrenstechnik, Badstr. 24, 77652 Offenburg, T: (0781) 205265, F: 205214

**Albert,** Martin; Dr., Prof.; *Theorie und Methoden der Sozialen Arbeit, Verfahren und Techniken*; di: Hochsch. Heidelberg, Fak. f. Angew. Psychologie, Ludwig-Guttmann-Str. 6, 69123 Heidelberg, T: (06221) 882534, martin.albert@fh-heidelberg.de

**Albert,** Wolfgang; Dr.-Ing., Prof.; *Abfallwirtschaft, Wasserbau, Umweltschutz*; di: FH Mainz, FB Technik, Holzstr. 36, 55116 Mainz, T: (06131) 2859330, albert@fh-mainz.de

**Albien,** Ernst; Dr.-Ing., Prof.; *Fertigungstechnik, CAM/CAQ*; di: FH Dortmund, FB Maschinenbau, Sonnenstr. 96, 44139 Dortmund, T: (0231) 9112126, F: 9112334, albien@fh-dortmund.de; pr: Pixeler Str. 2, 33378 Rheda Wiedenbrück

**Albrand,** Hans-Jürgen; Dr. rer. nat. habil., Prof.; *Mathematik*; di: Hochsch. Wismar, Fak. f. Ingenieurwiss., PF 1210, 23952 Wismar, T: (03841) 753474, h.albrand@et.hs-wismar.de

**Albrecht,** Achim; Dr., Prof.; *Bürgerliches Recht, insbes. Handels- und Gesellschaftsrecht, Europarecht*; di: Westfäl. Hochsch., FB Wirtschaftsrecht, August-Schmidt-Ring 10, 45657 Recklinghausen, T: (02361) 915744, achim.albrecht@fh-gelsenkirchen.de

**Albrecht,** Arnd; Dr. rer. nat., Prof.; *Human Resources Management, International Management*; di: Munich Business School, Elsenheimerstr. 71, 80687 München

**Albrecht,** Erich W.; Dipl.-Ing., Prof.; *Elektroenergieanlagen, Elektroenergieversorgung, Hochspannungstechnik, Grundlagen der Elektrotechnik*; di: Hochsch. Rhein/Main, FB Ingenieurwiss., Informationstechnologie u. Elektrotechnik, Am Brückweg 26, 65428 Rüsselsheim, T: (06142) 8984233, erich.albrecht@hs-rm.de

**Albrecht,** Evelyn; Dr., Prof.; *Technische Betriebswirtschaft*; di: FH Südwestfalen, FB Techn. Betriebswirtschaft, Haldener Str. 182, 58095 Hagen, T: (02331) 9330703, albrecht.e@fh-swf.de

**Albrecht,** Friedrich; Dr. phil., Prof.; *Heil-/Behindertenpädagogik*; di: Hochsch. Zittau/Görlitz, Fak. Sozialwiss., PF 300648, 02811 Görlitz, T: (03581) 4828135, f.albrecht@hs-zigr.de

**Albrecht,** Hartmut; Dr.-Ing., Prof.; *Feinwerkkonstruktion, Rechnerunterstütztes Konstruieren*; di: FH Frankfurt, FB 2 Informatik u. Ingenieurwiss., Nibelungenplatz 1, 60318 Frankfurt am Main, T: (069) 15332737, albrecht@fb2.fh-frankfurt.de

**Albrecht,** Joachim; Dr., Prof.; *Physik, Experimentalphysik, Dünnschichttechnik*; di: Hochsch. Aalen, Fak. Maschinenbau u. Werkstofftechnik, Beethovenstr. 1, 73430 Aalen, T: (07361) 5762135, joachim.albrecht@htw-aalen.de

**Albrecht,** Philipp; Dr. jur., Prof.; *Steuerrecht, Revisionswesen*; di: FH f. die Wirtschaft Hannover, Freundallee 15, 30173 Hannover, T: (0511) 2848338, F: 2848372, philipp.albrecht@fhdw.de

**Albrecht,** Rainer; Dr.-Ing., Prof.; *Kolben- u. Strömungsmaschinen, Maschinendynamik*; di: FH Bielefeld, FB Ingenieurwiss. u. Mathematik, Wilhelm-Bertelsmann-Str. 10, 33602 Bielefeld, T: (0521) 1067294, rainer.albrecht@fh-bielefeld.de; pr: Kuckucksweg 75, 32657 Lemgo, T: (05261) 15976

**Albrecht,** Wolfgang; Dipl.-Ing., Dr.-Ing., Prof.; *Wirtschaftsingenieurwesen*; di: Hochsch. Heilbronn, Fak. f. Technik u. Wirtschaft, Max-Planck-Str. 39, 74081 Heilbronn, T: (07940) 1306137, wolfgang.albrecht@hs-heilbronn.de

**Albrecht,** Wolfgang; Dr.-Ing., Prof.; *Ingenieurinformatik, Digitaltechnik, Softwaredesign*; di: H Koblenz, FB Ingenieurwesen, Konrad-Zuse-Str. 1, 56075 Koblenz, T: (0261) 9528314, albrecht@fh-koblenz.de

**Alda,** Sascha; Dr.-Ing., Prof.; *Software-Architektur*; di: Hochsch. Bonn-Rhein-Sieg, FB Angewandte Informatik, Grantham-Allee 20, 53757 Sankt Augustin, 53754 Sankt Augustin, T: (02241) 865760, sascha.alda@h-brs.de

**Alde,** Erhard; Dr. oec., Prof.; *Wirtschaftsinformatik/Systemprogrammierung*; di: Hochsch. Wismar, Fak. f. Wirtschaftswiss., PF 1210, 23952 Wismar, T: (03841) 753619, e.alde@wi.hs-wismar.de

**Aldinger,** Jörg; Dipl.-Ing., Prof.; *Entwerfen, Bauphysik, Baustoffkunde*; di: Hochsch. Biberach, SG Architektur, PF 1260, 88382 Biberach/Riß, T: (07351) 582213, F: 582119, aldinger@hochschule-bc.de

**Alexander,** Kerstin; Prof.; *Technisches Illustrieren, Grafik-Design*; di: Hochsch.Merseburg, FB Informatik u. Kommunikationssysteme, Geusaer Str., 06217 Merseburg, T: (03461) 462382, F: 462900, kerstin.alexander@hs-merseburg.de

**Alf,** Axel; Dr., Prof.; *Gewässerkunde, Gewässerökologie*; di: Hochsch. Weihenstephan-Triesdorf, Fak. Umweltingenieurwesen, Steingruberstr. 2, 91746 Weidenbach-Triesdorf, T: (09826) 654213, F: 654110, axel.alf@fh-weihenstephan.de

**Algorri,** Maria-Elena; Dr., Prof.; *Mechatronik u. Medizintechnik*; di: Hochsch. Ulm, Fak. Mechatronik und Medizintechnik, PF 3860, 89028 Ulm, T: (0731) 5028604, Algorri@hs-ulm.de

**Ali,** Abid; Dr.-Ing., Prof.; *Regelungstechnik*; di: Hochsch. f. angew. Wiss. Würzburg Schweinfurt, Fak. Elektrotechnik, Ignaz-Schön-Str. 11, 97421 Schweinfurt

**Alisch,** Monika; Dr., Prof.; *Sozialraum*; di: Hochsch. Fulda, FB Sozialwesen, Marquardstr. 35, 36039 Fulda, monika.alisch@sw.hs-fulda.de

**Alkas,** Hasan; Dr., Prof.; *Betriebswirtschaftslehre für internationale Märkte*; di: Hochsch. Rhein-Waal, Fak. Gesellschaft u. Ökonomie, Marie-Curie-Straße 1, 47533 Kleve, T: (02821) 80673300, Hasan.Alkas@hsrw.eu

**Allary,** Mathias; Prof.; *Medientechnik*; di: Macromedia Hochsch. f. Medien u. Kommunikation, Gollierstr. 4, 80339 München

**Allert,** Rochus; Dr. theol., Prof.; *Betriebswirtschaftslehre, Gesundheits- u. Sozialpolitik*; di: Kath. Hochsch. NRW, Abt. Köln, FB Gesundheitswesen, Wörthstr. 10, 50668 Köln, T: (0221) 7757112, F: 7757128, r.allert@kfhnw.de

**Allhoff,** Reinhold; Dr. rer. pol., Prof.; *Steuerwesen, Revisionswesen*; di: FH d. Wirtschaft, Fürstenallee 3-5, 33102 Paderborn, T: (05251) 301185, reinhold.allhoff@fhdw.de; pr: T: (0171) 3091122

**Allinger,** Hanjo; Dr., Prof.; *Allgemeine BWL*; di: Hochsch. Deggendorf, FB Betriebswirtschaft, Edlmairstr. 6-8, 94469 Deggendorf, PF 1320, 94453 Deggendorf, T: (0991) 3615174, F: 3615199, hanjo.allinger@fh-deggendorf.de

**Allmendinger,** Frank; Dr. rer. nat., Prof.; *Maschinenbau*; di: Hochsch. Furtwangen, Fak. Industrial Technologies, Kronenstr. 16, 78532 Tuttlingen, T: (07461) 15026622, frank.allmendinger@hs-furtwangen.de

**Allmendinger,** Klaus; Dr.-Ing., Prof.; *Fahrzeugtechnik*; di: Hochsch. Ulm, Fak. Maschinenbau u. Fahrzeugtechnik, PF 3860, 89028 Ulm, T: (0731) 5028092, allmendinger@hs-ulm.de

**Allweyer,** Thomas; Dr., Prof.; *Informatik, Mikrosystemtechnik*; di: FH Kaiserslautern, FB Informatik u. Mikrosystemtechnik, Amerikastr. 1, 66482 Zweibrücken, T: (06331) 248324, allweyer@informatik.fh-kl.de

**Allwinn,** Sabine; Dr., Prof.; *Psychologie*; di: Ev. Hochsch. Freiburg, Bugginger Str. 38, 79114 Freiburg i.Br., T: (0761) 4781245, F: 4781230, allwinn@eh-freiburg.de; pr: Cornelia-Schlosser-Allee 35, 79111 Freiburg, T: (0761) 4598780

**Alm,** Wolfgang; Dr.-Ing., Prof.; *Allgemeine Betriebswirtschaftslehre, Wissensmanagement, Organisation u. Datenverarbeitung*; di: Hochsch. Aschaffenburg, Fak. Wirtschaft u. Recht, Würzburger Str. 45, 63743 Aschaffenburg, T: (06021) 314700, wolfgang.alm@fh-aschaffenburg.de

**Almeling,** Christopher; Dr., Prof.; *Rechnungswesen, Wirtschaftsprüfung*; di: Hochsch. Darmstadt, FB Wirtschaft, Haardtring 100, 64295 Darmstadt, T: (06151) 169328, Christopher.Almeling@h-da.de

**Almeling,** Michael; Dr. med., Prof.; *Gesundheits- und Krankenhausmanagement*; di: MSH Medical School Hamburg, Am Kaiserkai 1, 20457 Hamburg, T: (040) 36122640, Michael.Almeling@medicalschool-hamburg.de

**Almstadt,** Esther; Dr., Prof.; *Ästhetische Bildung, Sprache und Literatur*; di: Ev. FH Rhld.-Westf.-Lippe, FB Soziale Arbeit, Bildung u. Diakonie, Immanuel-Kant-Str. 18-20, 44803 Bochum, T: (0234) 36901349, almstadt@efh-bochum.de

**Alonso,** Gardenia; Dr., Prof.; *International Business Communication*; di: AKAD-H Pinneberg, Am Rathaus 10, 25421 Pinneberg, T: (04101) 85580, hs-pinneberg@akad.de

**Alpers,** Burkhard; Dr., Prof.; *Mechanical Engineering, Einführung in die Rechnerpraxis, Mathematik*; di: Hochsch. Aalen, Fak. Maschinenbau u. Werkstofftechnik, Beethovenstr. 1, 73430 Aalen, T: (07361) 5762238, F: 5762270, Burkhard.Alpers@htw-aalen.de

**Alsmeyer,** Frank; Dr.-Ing., Prof.; *Prozesstechnik, Anlagenplanung*; di: Hochsch. Niederrhein, FB Maschinenbau u. Verfahrenstechnik, Reinarzstr. 49, 47805 Krefeld, T: (02151) 8225081, frank.alsmeyer@hs-niederrhein.de

**Alt,** Hans-Christian; Dr. rer. nat., Prof.; *Elektronik, Elektrotechnik, Festkörperphysik*; di: Hochsch. München, Fak. Feinwerk- u. Mikrotechnik, Physikal. Technik, Lothstr. 34, 80335 München, T: (089) 12651199, F: 12651480, hchalt@fhm.edu

**Alt,** Markus; Dr. jur., Prof.; *Wirtschaftsprivatrecht, Steuerrecht*; di: HAW Ingolstadt, Fak. Wirtschaftswiss., Esplanade 10, 85049 Ingolstadt, T: (0841) 9348127, markus.alt@haw-ingolstadt.de

**Alt,** Wilfried; Dr. jur., Prof.; *Recht*; di: FH Mainz, FB Wirtschaft, Lucy-Hillebrand-Str. 2, 55128 Mainz, T: (06131) 628108, wilfried.alt@wiwi.fh-mainz.de

**Altenbernd,** Peter; Dr., Prof.; *Betriebssysteme*; di: Hochsch. Darmstadt, FB Informatik, Haardtring 100, 64295 Darmstadt, T: (06071) 168447, p.altenbernd@fbi.h-da.de

**Altendorfer,** Otto; Dr. phil., Prof. u. Studiendekan; *Publizistik, Kommunikationswissenschaften*; di: Hochsch. Mittweida, Fak. Medien, Technikumplatz 17, 09648 Mittweida, T: (03727) 581589, ad@htwm.de

**Altenhein,** Andreas; Dr.-Ing., Prof.; *Maschinenbau*; di: DHBW Stuttgart, Campus Horb, Florianstr. 15, 72160 Horb am Neckar, T: (07451) 521133, F: 521139, a.altenhein@hb.dhbw-stuttgart.de

**Altenhöner,** Thomas; Dr., Prof.; *Sozialwesen, Gesundheit*; di: FH Bielefeld, FB Sozialwesen, Kurt-Schumacher-Straße 6, 33615 Bielefeld, T: (0521) 1067802, thomas.altenhoener@fh-bielefeld.de

**Alter,** Eduard; Dipl.-Chem., Dr. rer. nat., Prof.; *Chemie, Analytik*; di: Techn. Hochsch. Mittelhessen, FB 13 Mathematik, Naturwiss. u. Datenverarbeitung, Wiesenstr. 14, 35390 Gießen, T: (0641) 3092370

**Altgeld,** Horst; Dr.-Ing., Prof.; *Thermische Energietechnik, Energiesystemtechnik, Regenerative Energien*; di: HTW d. Saarlandes, Fak. f. Ingenieurwiss., Goebenstr. 40, 66117 Saarbrücken, T: (0681) 5867259, altgeld@htw-saarland.de; pr: Altenkesseler Str. 17, 66115 Saarbrücken, T: (0681) 9762840

**Althaus,** Christel; Dipl.-Päd., Prof.; *Sozialpädagogik, Sozialarbeitswissenschaft*; di: Hochsch. Esslingen, Fak. Soziale Arbeit, Gesundheit u. Pflege, Flandernstr. 101, 73732 Esslingen, T: (0711) 3974572; pr: Rolf-Nesch-Weg 42, 73730 Esslingen, T: (0711) 317955

**Althaus,** Christoph; Dipl.-Des., Prof.; *Mediendesign/Mediengestaltung*; di: Hochsch. Ostwestfalen-Lippe, FB 2, Medienproduktion, Liebigstr. 87, 32657 Lemgo, T: (05261) 702167, F: 702373, christoph.althaus@fh-luh.de; pr: Moltkestr. 105, 50674 Köln

**Althaus,** Dirk; Dr.-Ing., Prof.; *Entwerfen, Baukonstruktion, insbes. Elementbau*; di: Hochsch. Ostwestfalen-Lippe, FB 9, Landschaftsarchitektur u. Umweltplanung, An der Wilhelmshöhe 44, 37671 Höxter, T: (05231) 76950, F: 769681; pr: Alleestr. 1, 30167 Hannover, T: (0511) 709623

**Althoff,** Frank; Dr., Prof.; *Rechnungswesen, Steuerberatung und Wirtschaftsprüfung*; di: Techn. Hochsch. Mittelhessen, FB 07 Wirtschaft, Wiesenstr. 14, 35390 Gießen, T: (0641) 3092753, frank.althoff@w.th-mittelhessen.de; pr: Birkenweg 6, 35638 Leun, T: (06473) 1037

**Altmann,** Bernd; Dr.-Ing., Prof.; *Grundlagen der Elektrotechnik, Digitaltechnik, Prozessautomatisierung*; di: Hochsch. Ravensburg-Weingarten, Doggenriedstr., 88250 Weingarten, PF 1261, 88241 Weingarten, T: (0751) 5019615, altmann@hs-weingarten.de; pr: Sonnhalde 12, 88682 Salem-Neufrach, T: (07553) 6247

**Altmann,** Jörn; Dipl.-Oec., Dr. rer. pol., Prof.; *Internationales Management, Wirtschafts- und Finanzpolitik, Betriebliches Umweltmanagement*; di: Hochsch. Reutlingen, FB European School of Business, Alteburgstr. 150, 72762 Reutlingen, T: (07121) 271700, joern.altmann@fh-reutlingen.de

**Altmann-Dieses,** Angelika; Dr., Prof.; *Mathematik, Statistik*; di: Hochsch. Karlsruhe, Fak. Wirtschaftswissenschaften, Moltkestr. 30, 76133 Karlsruhe, PF 2440, 76012 Karlsruhe, T: (0721) 9252934

**Altmeyer,** Stefan; Dr.-Ing., Prof.; *Angewandte Optik, Bildgebende Verfahren*; di: FH Köln, Fak. f. Informations-, Medien- u. Elektrotechnik, Betzdorfer Str. 2, 50679 Köln, T: (0221) 82752523, stefan.altmeyer@fh-koeln.de

**Alznauer,** Richard; Dr., Prof.; *Elektrotechnik/Informationstechnik*; di: Hochsch. Pforzheim, Fak. f. Technik, Tiefenbronner Str. 66, 75175 Pforzheim, T: (07231) 286605, F: 286060, richard.alznauer@hs-pforzheim.de

**Amann,** Günter; Dipl.-Ing., Prof.; *Automatisierungstechnik, Konstruktion, Qualitätssicherung, Technische Mechanik*; di: Hochsch. Augsburg, Fak. f. Elektrotechnik, Baumgartnerstr. 16, 86161 Augsburg, T: (0821) 55863354, F: 55863360, guenter.amann@hs-augsburg.de

**Amann,** Karl; Dipl.-Ing., Prof.; *Konstruktion, Technische Produktentwicklung, Automatisierungstechnik*; di: Hochsch. Amberg-Weiden, FB Maschinenbau u. Umwelttechnik, Kaiser-Wilhelm-Ring 23, 92224 Amberg, T: (09621) 482139, F: 482145, k.amann@fh-amberg-weiden.de

**Amann,** Klaus; Dipl.-Kfm., Dr. rer. pol., Prof.; *Allgemeine Betriebswirtschaftslehre, Finanz- und Rechnungswesen im Studiengang Tourismuswirtschaft*; di: Jade Hochsch., FB Wirtschaft, Friedrich-Paffrath-Str. 101, 26389 Wilhelmshaven, T: (04421) 9852336, F: 9852596, amann@jade-hs.de

**Amarteifio,** Nicoleta; Dipl.-Ing., Prof.; *Meß-, Regel- und Steuerungstechnik*; di: Jade Hochsch., FB Ingenieurwissenschaften, Friedrich-Paffrath-Str. 101, 26389 Wilhelmshaven, T: (04421) 9852428, F: 9852623, nicoleta.amarteifio@jade-hs.de

**Ambrosius,** Ute; Dr. rer. pol., Prof.; *Allgemeine Betriebswirtschaftslehre, Schwerpunkt Organisation u. Management*; di: Hochsch. Ansbach, FB Wirtschafts- u. Allgemeinwiss., Residenzstr. 8, 91522 Ansbach, T: (0981) 4877236, F: 4877202, uambrosius@hs-ansbach.de

**Ameler,** Jens; Dr.-Ing., Prof.; *Massivbau, Baukonstruktion*; di: HAWK Hildesheim/Holzminden/Göttingen, Fak. Management, Soziale Arbeit, Bauen, Hafendamm 4, 37603 Holzminden, T: (05531) 126118

**Ameling,** Werner; Dr.-Ing., Prof.; *Lüftungs- und Klimatechnik, Schalltechnik, Baukonstruktion*; di: Hochsch. Trier, FB BLV, PF 1826, 54208 Trier, T: (0651) 8103390, w.ameling@hochschule-trier.de; pr: Am Birnbaum 2, 54296 Trier, T: (0651) 28833, F: 28850

**Amely,** Tobias; Dr., Prof.; *Betriebswirtschaftslehre, Rechnungswesen, Finanzwirtschaft*; di: Hochsch. Bonn-Rhein-Sieg, FB Wirtschaft Rheinbach, von-Liebig-Str. 20, 53359 Rheinbach, T: (02241) 865414, F: 8658414, tobias.amely@fh-bonn-rhein-sieg.de

**Amft,** Michael; Dr.-Ing., Prof.; di: Hochsch. München, Fak. Wirtschaftsingenieurwesen, Erzgießereistr. 14, 80335 München, michael.amft@hm.edu

**Amling,** Thomas; Dr. rer. pol., Prof.; *Betriebswirtschaftslehre insb. Unternehmensführung*; di: HTWK Leipzig, FB Wirtschaftswissenschaften, PF 301166, 04251 Leipzig, T: (0341) 30766338, ameling@wiwi.htwk-leipzig.de

**Ammann,** Eckhard; Dipl.-Math., Dr. rer. nat., Prof.; *Programmiersprachen, Betriebssysteme, Rechnerarchitektur und -vernetzung*; di: Hochsch. Reutlingen, FB Informatik, Alteburgstr. 150, 72762 Reutlingen, T: (07121) 271639; pr: Ludwig-Thoma-Str. 31, 72760 Reutlingen, T: (07121) 370881

**Ammann,** Wiebke; Dipl.-Päd., Dr. phil., Prof.; *Integration Behinderter in Familie, Kindergarten, Schule, Beruf und Gesellschaft, Montessoripädagogik, Behinderung in Medien*; di: Hochsch. Hannover, Fak. V Diakonie, Gesundheit u. Soziales, Blumhardtstr. 2, 30625 Hannover, PF 690363, 30612 Hannover, T: (0511) 92963105, wiebke.ammann@hs-hannover.de; pr: Gretchenstr. 15, 30161 Hannover, T: (0511) 3885504

**Ammer,** Ralph; Dipl.-Des., Prof.; *Interaction Design*; di: Hochsch. München, Fak. Design, Erzgießereistr. 14, 80335 München, T: (089) 12654217, ralph.ammer@hm.edu

**Amt,** Gunther; Dr., Prof.; *Wirtschaftswissenschaften*; di: bbw Hochsch. Berlin, Leibnizstraße 11-13, 10625 Berlin, T: (030) 319909520, gunther.amt@bbw-hochschule.de; pr: T: (040) 35700340

**Amthor,** Ralph; Dr., Prof.; *Sozialwesen*; di: Hochsch. f. angew. Wiss. Würzburg Schweinfurt, Fak. angew. Sozialwiss., Münzstr. 12, 97070 Würzburg

**Andelfinger,** Urs; Dr., Prof.; *Projektmanagement und Softwareengineering*; di: Hochsch. Darmstadt, FB Informatik, Haardtring 100, 64295 Darmstadt, T: (06071) 168471, u.andelfinger@fbi.h-da.de

**Anderer,** Ursula; Dr. rer. nat., Prof.; *Zellbiologie, Zell- und Gewebekultur, Tissue Eng*; di: Hochsch. Lausitz, FB Bio-, Chemie- u. Verfahrenstechnik, Großenhainer Str. 57, 01968 Senftenberg, PF 1538, 01958 Senftenberg, T: (03573) 85833, F: 85809, uanderer@fh-lausitz.de

**Anders,** Jürgen; Dr., Prof.; *Netzwerktechnologien, Business and Consumer Applications*; di: Hochsch. Furtwangen, Fak. Digitale Medien, Robert-Gerwig-Platz 1, 78120 Furtwangen, T: (07723) 9202926

**Anders,** Michael; Dr., Prof.; *Atom-, Kernphysik, Elektrizitätslehre, Mechanik, Mikrosystemtechnik*; di: FH Wedel, Feldstr. 143, 22880 Wedel, T: (04103) 804824, an@fh-wedel.de

**Anders,** Peter; Dr.-Ing., Prof.; *Regelungstechnik, Maschinenbau, Simulation, Systemtheorie*; di: Hochsch. Furtwangen, Fak. Maschinenbau u. Verfahrenstechnik, Jakob-Kienzle-Str. 17, 78054 Villingen-Schwenningen, T: (07720) 3074389, an@fh-furtwangen.de

**Anders,** Wolfgang; Dipl.-Ökonom, Dr. oec., Prof.; *Betriebswirtschaftslehre, Unternehmensführung*; di: FH Ludwigshafen, Hochschule für Wirtschaft, Ernst-Boehe-Str. 4, 67059 Ludwigshafen/Rhein, T: (0621) 5203144, wolfgang.anders@fh-lu.de

**Anders-Rudes,** Isabella; Dr., Prof.; *Wirtschaftsprivatrecht, Internet- und Onlinerecht*; di: FH Frankfurt, FB 3 Wirtschaft u. Recht, Nibelungenplatz 1, 60318 Frankfurt am Main, T: (069) 15332925, anders@fb3.fh-frankfurt.de

**Anderson,** Philipp; Dipl.-Päd., Dr. phil., Prof.; *Interkulturelle soziale Arbeit, Sozialraumorientierung*; di: Hochsch. Regensburg, Fak. Sozialwiss., PF 120327, 93025 Regensburg, T: (0941) 9431088, philip.anderson@hs-regensburg.de

**Andersson,** Christina; Dr., Prof.; *Mathematik, Informatik*; di: FH Frankfurt, FB 2 Informatik u. Ingenieurwiss., Nibelungenplatz 1, 60318 Frankfurt am Main, T: (069) 15333195, andersso@fb2.fh-frankfurt.de

**Andersson,** Robby; Dr. agrr., Prof.; *Ökologische Tierhaltung/Tierproduktion*; di: Hochsch. Osnabrück, Fak. Agrarwiss. u. Landschaftsarchitektur, PF 1940, 49009 Osnabrück, T: (0541) 9695132, r.andersson@hs-osnabrueck.de

**Andert,** Tomas; Dr.-Ing., Prof.; *Nachrichtenübertragung, Grundlagen der Elektrotechnik*; di: Hochsch. Darmstadt, FB Elektrotechnik u. Informationstechnik, Haardtring 100, 64295 Darmstadt, T: (06151) 168253, andert@eit.h-da.de

**Andrä,** Jörg; Dr. habil., Prof.; *Organische Chemie und Biochemie*; di: HAW Hamburg, Fak. Life Sciences, Lohbrügger Kirchstr. 65, 21033 Hamburg, T: (040) 428756317, joerg.andrae_b@haw-hamburg.de

**Andreä,** Jörg; Dr., Prof.; *Physik und Haushaltstechnik*; di: HAW Hamburg, Fak. Life Sciences, Lohbrügger Kirchstr. 65, 21033 Hamburg, T: (040) 428756321, joerg.andreae@haw-hamburg.de

**Andreé,** Rolf; Dr.-Ing., HonProf. FH Wiesbaden; *Verkehrsmanagement*; di: Hochsch. Rhein/Main, FB Architektur u. Bauingenieurwesen, Kurt-Schumacher-Ring 18, 65197 Wiesbaden, rolf.andree@hsvv.hessen.de

**Andres,** Marianne; Dr., Prof.; *Formale Methoden*; di: Hochsch. Furtwangen, Fak. Wirtschaftsinformatik, Robert-Gerwig-Platz 1, 78120 Furtwangen, T: (07723) 9202509, Marianne.Andres@hs-furtwangen.de

**Andres,** Peter; Dipl.-Ing., Prof.; *Tage- u Kunstlichtplanung*; di: FH Düsseldorf, FB 1 – Architektur, Georg-Glock-Str. 15, 40474 Düsseldorf, T: (0211) 4351148, peter.andres@andres-lichtplanung.de

**Andresen,** Katja; Dr. rer.pol., Prof.; *Betriebswirtschaftslehre, Wirtschaftsinformatik*; di: Beuth Hochsch. f. Technik, FB I Wirtschafts- u. Gesellschaftswiss., Luxemburger Str. 10, 13353 Berlin, T: (030) 45045273, andresen@beuth-hochschule.de

**Androschin,** Katrin; Prof.; *Corporate Design und Branding*; di: Berliner Techn. Kunsthochschule, Bernburger Str. 24-25, 10963 Berlin, androschin@embassyexperts.com

**Anero,** Roberto; Dr., Prof.; *Controlling, Financial Management*; di: Cologne Business School, Hardefuststr. 1, 50667 Köln, T: (0221) 931809847, r.anero@cbs-edu.de

**Anger,** Immo; Dr. rer. nat., Prof.; *Umwelttechnik, Technische Chemie*; di: FH Jena, FB Wirtschaftsingenieurwesen, Carl-Zeiss-Promenade 2, 07745 Jena, PF 100314, 07703 Jena, T: (03641) 930440, F: 930441, wi@fh-jena.de

**Angerhöfer,** Martin; Dr.-Ing., Prof.; di: Hochsch. München, Fak. Wirtschaftsingenieurwesen, Erzgießereistr. 14, 80335 München, martin.angerhoefer@hm.edu

**Angermayer,** Birgit; Dipl.-Kfm., Dr. rer. pol., Prof.; *Wirtschaftsprüfung, Steuerlehre*; di: FH Ludwigshafen, FB III Internationale Dienstleistungen, Ernst-Boehe-Str. 4, 67059 Ludwigshafen/Rhein, T: (0621) 5203241, birgit.angermayer@fh-lu.de

**Angermueller,** Niels Olaf; Dr., Prof.; *Allgemeine BWL, Finanzmanagement*; di: Hochsch. Harz, FB Wirtschaftswiss., Friedrichstr. 57-59, 38855 Wernigerode, T: (03943) 659228, F: 6595228, nangermueller@hs-harz.de

**Angert,** Roland; Dr.-Ing., Prof.; *Maschinenelemente, Feinwerktechnik, Konstruktionsgrundlagen, Ingenieurtechnische Grundlagen*; di: Hochsch. Darmstadt, FB Maschinenbau u. Kunststofftechnik, Haardtring 100, 64295 Darmstadt, T: (06151) 168592, angert@h-da.de

**Angress,** Alexandra; Dr., Prof.; *Business English*; di: Hochsch. Aschaffenburg, Fak. Wirtschaft u. Recht, Würzburger Str. 45, 63743 Aschaffenburg, T: (06021) 314740, alexandra.angress@h-ab.de

**Anhorn,** Roland; Dipl.-Päd., Dr. phil., Prof.; *Sozialarbeit, Schwerpunkt Gesundheitswesen*; di: Ev. Hochsch. Darmstadt, FB Sozialarbeit/Sozialpädagogik, Zweifalltorweg 12, 64293 Darmstadt, T: (06151) 879855, anhorn@eh-darmstadt.de; pr: Kaupstr. 46, 64289 Darmstadt, T: (06151) 313926

**Anik,** Sabri; Dr.-Ing., Prof.; *Werkstoffkunde und spanlose Formgebung*; di: FH Aachen, FB Maschinenbau und Mechatronik, Goethestr. 1, 52064 Aachen, T: (0241) 600952337, anik@fh-aachen.de; pr: Großkölnstr. 65-67, 52062 Aachen

**Ankele,** Tobias; Dr., Prof.; *Maschinenbau*; di: DHBW Stuttgart, Fak. Technik, Jägerstraße 56, 70174 Stuttgart, T: (0711) 1849665, ankele@dhbw-stuttgart.de

**Ankerhold,** Georg; Dr. rer. nat., Prof.; *Lasertechnik*; di: H Koblenz, FB Mathematik u. Technik, RheinAhrCampus, Joseph-Rovan-Allee 2, 53424 Remagen, T: (02642) 932346, ankerhold@rheinahrcampus.de

**Anlauf,** Rüdiger; Dr. rer. hort., Prof.; *Bodenkunde, Bodenphysik, Bodeninformationssysteme*; di: Hochsch. Osnabrück, Fak. Agrarwiss. u. Landschaftsarchitektur, PF 1940, 49009 Osnabrück, T: (0541) 9695036, r.anlauf@hs-osnabrueck.de; pr: Ferdinand-Erpenbeck-Str. 20, 49090 Osnabrück, T: (0541) 4082611

**Anlauff,** Heidi; Dr. rer. nat., Prof.; *Betriebssysteme, Systemprogrammierung, Maschinennahe Programmierung, Chip-Karten*; di: Hochsch. München, Fak. Informatik u. Mathematik, Lothstr. 34, 80335 München, T: (089) 12653733

**Anna,** Thomas; Dr. sc. techn., Prof.; *Elektrotechnik, Medizintechnik, Datenverarbeitung*; di: Jade Hochsch., FB Ingenieurwissenschaften, Friedrich-Paffrath-Str. 101, 26389 Wilhelmshaven, T: (04421) 9852580, F: 9852623, thomas.anna@jade-hs.de

**Anselstetter,** Reiner; Dr., Prof.; *Allgemeine Betriebswirtschaftslehre, Handeslmanagement, Unternehmensgründung*; di: Hochsch. Amberg-Weiden, FB Betriebswirtschaft, Hetzenrichter Weg 15, 92637 Weiden, T: (0961) 382200, F: 382140, r.anselstetter@fh-amberg-weiden.de

**Ansen,** Harald; Dr., Prof.; *Soziale Arbeit*; di: HAW Hamburg, Fak. Wirtschaft u. Soziales, Alexanderstr. 1, 20099 Hamburg, T: (040) 428757052, harald.ansen@sp.haw-hamburg.de

**Ansorg,** Jürgen; Dr.-Ing., Prof.; *Nachrichtentechnik, Signalverarbeitung*; di: FH Jena, FB Elektrotechnik u. Informationstechnik, Carl-Zeiss-Promenade 2, 07745 Jena, PF 100314, 07703 Jena, T: (03641) 205700, F: 205701, et@fh-jena.de

**Ansorge,** Jörg; Dr.-Ing., Prof.; *Stahlbau, Grundlagen des Bauingenieurwesens*; di: Hochsch. München, Fak. Bauingenieurwesen, Karlstr. 6, 80333 München, T: (089) 12652688, F: 12652699, ansorge@bau.fhm.edu

**Anspach,** Birger; Dr. rer. nat., Prof.; *Technische Biochemie und Proteinaufbereitung*; di: HAW Hamburg, Fak. Life Sciences, Lohbrügger Kirchstr. 65, 21033 Hamburg, T: (040) 428756253, birger.anspach@haw-hamburg.de; pr: Große Straße 35, 21465 Reinbek-Ohe

**Anspach,** Konstanze; Dr.-Ing., Prof.; *Konstruktion, CAD Technologie, Produktionsentwicklung*; di: Hochsch. Rhein/Main, FB Ingenieurwiss., Maschinenbau, Am Brückweg 26, 65428 Rüsselsheim, T: (06142) 8984307, konstanze.anspach@hs-rm.de

**Ant,** Marc; Dr.-Ing., Prof., Dekan FB 04; *Kommunikation, Wirtschaftspsychologie*; di: Hochsch. Bonn-Rhein-Sieg, FB Wirtschaft Rheinbach, von-Liebig-Str. 20, 53359 Rheinbach, T: (02241) 865447, F: 8658447, marco.ant@fh-bonn-rhein-sieg.de

**Anthofer,** Anton; Dr.-Ing., Prof.; *Elektronische Bauelemente, Schaltungstechnik, Mikrosystemstechnik*; di: Hochsch. Amberg-Weiden, FB Elektro- u. Informationstechnik, Kaiser-Wilhelm-Ring 23, 92224 Amberg, T: (09621) 482126, F: 482161, a.anthofer@fh-amberg-weiden.de

**Anton,** Jürgen; Dr. rer. pol., Prof.; *Betriebliches Rechnungswesen*; di: Karlshochschule, PF 11 06 30, 76059 Karlsruhe

**Anton,** Peter; Dr. rer.nat., HonProf. FH Kempten; *Umwelttechnik, Energie- und Verbrennungstechnik*; di: Hochsch. Kempten, Fak. Maschinenbau, Bahnhofstr. 61-63, 87435 Kempten

**Anzinger,** Manfred; Dr.-Ing., Prof.; *Technische Mechanik, Konstruktion und Arbeitsplanung, Entwicklung und Konstruktion*; di: Hochsch. München, Fak. Wirtschaftsingenieurwesen, Erzgießereistr. 14, 80335 München, T: (089) 12653933, manfred.anzinger@fhm.edu

**Apel,** Harald; Dr.-Ing., Prof.; *Produktionswirtschaft/Logistik*; di: Hochsch. Magdeburg-Stendal, FB Wirtschaft, Breitscheidstr. 2, 39114 Magdeburg, T: (0391) 8864642, harald.apel@hs-magdeburg.de

**Apel,** Nikolas; Dr.-Ing., Prof.; *Festigkeitslehre und Finite-Elemente-Methoden*; di: Hochsch. Esslingen, Fak. Grundlagen u. Fak. Fahrzeugtechnik, Kanalstr. 33, 73728 Esslingen, T: (0711) 3973375; pr: Mozartstr. 5, 71409 Schwaikheim, T: (07195) 57218

**Apel,** Uwe; Dr.-Ing., Prof.; *Raumtransport- und Orbitalsysteme, Flugantriebe, Luft- und Raumfahrtantriebe*; di: Hochsch. Bremen, Fak. Natur u. Technik, Neustadtswall 30, 28199 Bremen, T: (0421) 59052207, F: 59052279, Uwe.Apel@hs-bremen.de

**Apfelbaum,** Birgit; Dr. phil., Prof.; *Interkulturelle Kommunikation, Kommunikations- und Sozialwissenschaften*; di: Hochsch. Harz, FB Verwaltungswiss., Domplatz 16, 38820 Halberstadt, T: (03941) 622435, F: 622500, bapfelbaum@hs-harz.de

**Apfelbeck,** Jürgen; Dr.-Ing., Prof.; *Digitale Schaltungstechnik, Mixed Signal Simulation, Entwurf und Konstruktion elektronischer Geräte*; di: Hochsch. Rhein/Main, FB Ingenieurwissenschaften, Informationstechnologie u. Elektrotechnik, Am Brückweg 26, 65428 Rüsselsheim, T: (06142) 8984289, juergen.apfelbeck@hs-rm.de

**Apitzsch,** Thomas; Dr., Prof.; *Sport u. Eventmanagemen*; di: Business and Information Technology School GmbH, Reiterweg 26 b, 58636 Iserlohn, T: (0171) 4732042, F: (0841) 481923, thomas.apitzsch@bits-iserlohn.de

**Appel,** Michael; Dr. phil., Prof.; *Sozialpädagogik, Methoden der Sozialen Arbeit*; di: Ev. Hochsch. Nürnberg, Fak. f. Sozialwissenschaften, Bärenschanzstr. 4, 90429 Nürnberg, T: (0911) 27253765, michael.appel@evhn.de

**Appel,** Otto; Dr.-Ing., Prof.; *Kunststofftechnik, Spanlose Fertigung*; di: Hochsch. Regensburg, Fak. Maschinenbau, PF 120327, 93025 Regensburg, T: (0941) 9435151, otto.appel@hs-regensburg.de

**Appel,** Thomas; Dr. agr. habil., Prof.; *Pflanzenernährung*; di: FH Bingen, FB Life Sciences and Engineering, SG Agrarwirtschaft, Berlinstr. 109, 55411 Bingen, T: (06721) 409174, appel@fh-bingen.de

**Appelfeller,** Wieland; Dipl.-Math., Dr., Prof.; *Betriebswirtschaftslehre, insbes. Organisation und Wirtschaftsinformatik*; di: FH Münster, FB Wirtschaft, Johann-Krane-Weg 25, 48149 Münster, T: (0251) 8365636, F: 8365626, wappelfe@fh-muenster.de; pr: Sudenfelder Str. 6, 49170 Hagen a.T.W., T: (05405) 80164

**Arend-Fuchs,** Christine; Dr., Prof.; *Marketing, Handel und Unternehmensführung*; di: FH Kaiserslautern, FB Betriebswirtschaft, Amerikastr. 1, 66482 Zweibrücken, T: (06332) 914256, christine.arendfuchs@fh-kl.de

**Arendes,** Dieter; Dr.-Ing., Prof.; *Fertigungstechnik, Umformtechnik, Werkstofftechnik*; di: HTW d. Saarlandes, Fak. f. Wirtschaftswiss, Waldhausweg 14, 66123 Saarbrücken, T: (0681) 5867586, dieter.arendes@htw-saarland.de

**Arendt,** Jürgen; Dipl.-Ing., Architekt BDA, Prof.; *Entwerfen von Hochbauten, Baukonstruktion*; di: Jade Hochsch., FB Architektur, Ofener Str. 16-19, 26121 Oldenburg, T: (0180) 5678073107, F: 5678073277, juergen.arendt@jade-hs.de; pr: Meinardusstr. 8, 26122 Oldenburg, T: (0171) 4764212

**Arens,** Jenny; Dr. rer.pol., Prof.; *Immobilienfinanzierung u. -research*; di: DHBW Stuttgart, Fak. Wirtschaft, Herdweg 20, 70174 Stuttgart, T: (0711) 1849539, arens@dhbw-stuttgart.de

**Arens-Azevedo,** Ulrike; Prof.; *Ernährungswissenschaften/Gemeinschaftsverpflegung*; di: HAW Hamburg, Fak. Life Sciences, Lohbrügger Kirchstr. 65, 21033 Hamburg, T: (040) 428756111, ulrike.arens-azevedo@haw-hamburg.de; pr: T: (040) 73580234

**Arens-Fischer,** Wolfgang; Dr.-Ing., Prof.; *Unternehmensführung und Engineering*; di: Hochsch. Osnabrück, Fak. MKT, Inst. f. duale Studiengänge, Kaiserstraße 10b, 49809 Lingen, T: (0591) 80098700, w.arens-fischer@hs-osnabrueck.de

**Aretz,** Wera; Dr. phil., Prof.; *Business Psychology*; di: Hochsch. Fresenius, Im Mediapark 4c, 50670 Köln, aretz@hs-fresenius.de

**Arians,** Georg; Dr., Prof.; *Betriebliche Steuerlehre*; di: Hochsch. Anhalt, FB 2 Wirtschaft, Strenzfelder Allee 28, 06406 Bernburg, T: (03471) 3551310, arians@wi.hs-anhalt.de

**Arlinghaus,** Olaf; Dr. rer. pol., Prof.; *Betriebswirtschaftslehre, insbesondere Internationales Management*; di: FH Münster, FB Wirtschaft, Corrensstr. 25, 48149 Münster, T: (0251) 8365667, F: 8365502, Arlinghaus@Fh-Muenster.de

**Arlt,** Detmar; Dr., Prof.; *Energieversorgung und Elektrowärme*; di: FH Düsseldorf, FB 3 – Elektrotechnik, Josef-Gockeln-Str. 9, 40474 Düsseldorf, T: (0211) 4351332, arlt@fh-duesseldorf.de; pr: An der Pappel 54, 47804 Krefeld, T: (02151) 395357

**Armbrüster,** Peter; Dr. rer. nat., Prof.; *Datenverarbeitung, Übertragungstechnik*; di: Rheinische FH Köln, Hohenstaufenring 16-18, 50674 Köln; pr: In der Bohnenbitze 36, 51143 Köln, T: (02203) 87497

**Armbruster,** Christian; Dr., Prof.; *Allg. BWL*; di: FH Kaiserslautern, FB Betriebswirtschaft, Amerikastr. 1, 66482 Zweibrücken, T: (06332) 914258, christian.armbruster@fh-kl.de

**Armbruster,** Karl; Dr. rer. nat., Prof.; *Digitaltechnik, elektrische Messtechnik, Grafik und Bildverarbeitung*; di: Hochsch. Reutlingen, FB Technik, Alteburgstr. 150, 72762 Reutlingen, T: (07121) 2717055, Karl.Armbruster@Reutlingen-University.DE; pr: Einsteinstr. 21, 72810 Gomaringen, T: (07072) 8517

**Armbruster,** Meinrad; Dr., Prof.; *Pädagogische Psychologie*; di: Hochsch. Magdeburg-Stendal, FB Sozial- u. Gesundheitswesen, Breitscheidstr. 2, 39114 Magdeburg, T: (0391) 8864476, meinrad.armbruster@hs-magdeburg.de

**Armgardt,** Hans-Jürgen; HonProf.; di: FH Aachen, FB 4 Design, Boxgraben 100, 52064 Aachen, T: (0241) 600951510; pr: Sonnenleite 14, 86938 Schondorf a. Ammersee, T: (08192) 998017

**Arndt,** Bernhard; Dr., Prof.; *Energietechnische Anlagen, Antriebstechnik und Grundlagenfächer der Elektrotechnik*; di: Hochsch. f. angew. Wiss. Würzburg Schweinfurt, Fak. Elektrotechnik, Ignaz-Schön-Str. 11, 97421 Schweinfurt

**Arndt,** Erik; Dr., Prof.; *Angewandte Ökologie*; di: Hochsch. Anhalt, FB 1 Landwirtschaft, Ökotrophologie, Landespflege, Strenzfelder Allee 28, 06406 Bernburg, T: (03471) 355406, F: 352067, earndt@loel.hs-anhalt.de

**Arndt,** F. Wolfgang; Dr.-Ing., Prof.; *Betriebssysteme, Industrielle Steuerungs- u. Regelungssysteme, Sensorik u. Aktorik, Systemanalyse u. Projektmanagement*; di: Hochsch. Konstanz, Fak. Informatik, Brauneggerstr. 55, 78462 Konstanz, PF 100543, 78405 Konstanz, T: (07531) 206632, F: 206559, arndt@fh-konstanz.de

**Arndt,** Holger; Dr.-Ing., Prof.; *Elektrotechnik*; di: Hochsch. Kempten, Fak. Elektrotechnik, Bahnhofstr. 61-63, 87435 Kempten, T: (0831) 2523294, F: 2523197, holger.arndt@fh-kempten.de

**Arndt,** Jörg; Dr.-Ing., Prof.; *Softwareentwicklung*; di: Georg-Simon-Ohm-Hochsch. Nürnberg, Fak. Elektrotechnik Feinwerktechnik Informationstechnik, Wassertorstr. 10, 90489 Nürnberg, PF 210320, 90121 Nürnberg, Joerg.Arndt@ohm-hochschule.de

**Arndt,** Jörg; Dr., Prof.; *Rechtswissenschaft, insbes. Recht der Instanzen sozialer Kontrolle*; di: FH Düsseldorf, FB 6 – Sozial- und Kulturwiss., Universitätsstr. 1, Geb. 24.21, 40225 Düsseldorf, T: (0211) 8114606, joerg.arndt@fh-duesseldorf.de; pr: Hoffeldstr. 47, 40235 Düsseldorf

**Arndt,** Kirstin; Dipl.-Des., Prof.; *Design, Freies Gestalten*; di: FH Mainz, FB Gestaltung, Holzstr. 36, 55116 Mainz, kirstin.arndt@fh-mainz.de

**Arnemann,** Michael; Dr.-Ing., Prof.; *Kälte-, Klima- und Energietechnik, Angewandte Mathematik*; di: Hochsch. Karlsruhe, Fak. Maschinenbau u. Mechatronik, Moltkestr. 30, 76133 Karlsruhe, PF 2440, 76012 Karlsruhe, T: (0721) 9251842, michael.arnemann@hs-karlsruhe.de

**Arnke,** Peter L.; Dipl.-Ing., Prof.; *Baukonstruktion, Entwurf*; di: Beuth Hochsch. f. Technik, FB IV Architektur u. Gebäudetechnik, Luxemburger Str. 10, 13353 Berlin, T: (030) 45042527, arnke@beuth-hochschule.de

**Arnold,** Armin; Dr., Prof.; *Mechatronik, Produktionstechnik und Fahrzeugtechnik*; di: HAW Ingolstadt, Fak. Elektrotechnik u. Informatik, Esplanade 10, 85049 Ingolstadt, T: (0841) 9348798, armin.arnold@haw-ingolstadt.de

**Arnold,** Patricia; Dr., Prof.; *E-Learning an Hochschulen, Virtuelle Gemeinschaften, Soziale Arbeit in internationaler Perspektive*; di: Hochsch. München, Fak. Angew. Sozialwiss., Am Stadtpark 20, 81243 München, T: (089) 12652344, F: 12652330, patricia.arnold@fhm.edu

**Arnold,** Rainer; Dr.-Ing., Prof.; *Analoge und digitale Schaltungen, Informationsübertragung, Messtechnik*; di: Westfäl. Hochsch., FB Elektrotechnik u. angew. Naturwiss., Neidenburger Str. 10, 45877 Gelsenkirchen, T: (0209) 9596240, arainer@fh-gelsenkirchen.de; pr: Eschfeldstr. 1c, 45894 Gelsenkirchen, T: (0209) 591454, F: 591450, arainer@attglobal.net

**Arnold,** Rolf; Dr. rer. pol., Prof.; *Betriebswirtschaftslehre, insbes. Allgemeine Versicherungslehre sowie das Lehrgebiet Personalentwicklung*; di: FH Köln, Fak. f. Wirtschaftswiss., Mainzer Str. 5, 50678 Köln, T: (0221) 82753283, rolf.arnold@fh-koeln.de; pr: Schwarzerlenweg 77, 50999 Köln

**Arnold,** Thomas; Dr. phil., Prof.; *Sozialpolitik, Migration*; di: H Koblenz, FB Sozialwissenschaften, Konrad-Zuse-Str. 1, 56075 Koblenz, T: (0261) 9528219, arnold@hs-koblenz.de

**Arnold,** Wolfgang; Dr. rer. pol., Prof.; *Betriebswirtschaftslehre, Industrielles Rechnungswesen*; di: Techn. Hochsch. Mittelhessen, FB 14 Wirtschaftsingenieurwesen, Wilhelm-Leuschner-Str. 13, 61169 Friedberg, T: (06031) 604536, Wolfgang.Arnold@wp.fh-friedberg.de

**Arnsfeld,** Torsten; Dr., Prof.; *Allgemeine Betriebswirtschaftslehre, Finanzwirtschaft und Rechnungswesen*; di: Hochsch. Osnabrück, Fak. Wirtschafts- u. Sozialwiss., Caprivistr. 30a, 49076 Osnabrück, T: (0541) 9692215, F: 9692070, arnsfeld@wi.hs-osnabrueck.de

**Arnsmeyer,** Jörg; Dr., Prof.; *Volkswirtschaftslehre*; di: FH Nordhausen, FB Wirtschafts- u. Sozialwiss., Weinberghof 4, 99734 Nordhausen, T: (03631) 420586, F: 420817, arnsmeyer@fh-nordhausen.de

**Arora,** Dayanand; Dr., Prof.; *Internationales Finanzmanagement u. -controlling, Internationales Management*; di: HTW Berlin, FB Wirtschaftswiss. I, Treskowallee 8, 10318 Berlin, T: (030) 50192764, arora@HTW-Berlin.de

**Arregui,** Karin; Dr. rer. nat., Prof.; *Organische Chemie, Chemie der Biomoleküle*; di: Hochsch. Mannheim, Fak. Biotechnologie, Windeckstr. 110, 68163 Mannheim

**Arrenberg,** Jutta; Dipl.-Math., Dr. rer. pol. habil., Prof. FH Köln; *Mathematik einschl. quantitative Methoden der Wirtschaftswissenschaften*; di: FH Köln, Fak. f. Wirtschaftswiss., Claudiusstr. 1, 50678 Köln, T: (0221) 82753914, jutta.arrenberg@fh-koeln.de

**Artinger,** Frank; Dr., Prof.; *Digitaltechnik, Informatik, Elektronik*; di: Hochsch. Karlsruhe, Fak. Maschinenbau u. Mechatronik, Moltkestr. 30, 76133 Karlsruhe, PF 2440, 76012 Karlsruhe, T: (0721) 9251716, Frank.Artinger@hs-karlsruhe.de

**Artmann,** Gerhard; Dr. rer. nat. habil., Prof. FH Aachen; *Medizinische Physik und angewandte Biophysik*; di: FH Aachen, FB Angewandte Naturwiss. u. Technik, Ginsterweg 1, 52428 Jülich, T: (0241) 600953028, artmann@fh-aachen.de; pr: Selzerbeeklaan 56, Niederlande-6291 HX Vaals

**Arz,** Johannes; Dr., Prof.; *Grundlagen der Informatik/Künstliche Intelligenz*; di: Hochsch. Darmstadt, FB Informatik, Haardtring 100, 64295 Darmstadt, T: (06151) 168424, j.arz@fbi.h-da.de; pr: Frankfurter Str. 36 A, 64521 Groß-Gerau, T: (06152) 949037

**Arzt,** Clemens; Dr., Prof. u. Vizepräs.; *Öffentliches Recht, Allgemeines Polizei- und Ordnungsrecht*; di: Hochsch. f. Wirtschaft u. Recht Berlin, FB 3, Alt-Friedrichsfelde 60, 10315 Berlin, T: (030) 90214362, F: 90214417, c.arzt@hwr-berlin.de

**Asbagholmodjahedin,** Babak Mossa; Dipl. Des., Prof.; *Zeichnen Objekt, Zeichnen Figur, Entwurf elementar, Zeichnen*; di: Hochsch. Trier, FB Gestaltung, PF 1826, 54208 Trier, T: (0651) 8103132, B.Asbagholmodjahedin@hochschule-trier.de; pr: Jakobstr. 31, 54290 Trier, T: (0651) 9760300, F: 9760199

**Asch,** Andreas; Dr.-Ing., Prof.; *Konstruktionslehre, Technische Mechanik*; di: FH Südwestfalen, FB Maschinenbau, Frauenstuhlweg 31, 58644 Iserlohn, T: (02371) 566270, asch@fh-swf.de

**Aschaber,** Johannes; Dr., Prof.; *Physik*; di: Hochsch. Rosenheim, Hochschulstr. 1, 83024 Rosenheim, T: (08031) 805403, F: 805402, johannes.aschaber@fh-rosenheim.de

**Asche,** Thomas; Dr., Prof.; *BWL – Handel: Vertriebsmanagement, Medien- und Kommunikationswirtschaft*; di: DHBW Ravensburg, Weinbergstr. 17, 88214 Ravensburg, T: (0751) 189992783, asche@dhbw-ravensburg.de

**Aschenborn,** Hans Ulrich; Dr.-Ing., Prof.; *Bauinformatik, bei Bedarf auch Mathematik und Mechanik*; di: FH Köln, Fak. f. Bauingenieurwesen u. Umwelttechnik, Betzdorfer Str. 2, 50679 Köln, T: (0221) 82752780, hans_ulrich.aschenborn@fh-koeln.de; pr: Salierallee 23, 52066 Aachen, T: (0241) 9971455

**Aschenbrenner-Wellmann,** Beate; Dr., Prof.; *Theorie und Praxis Sozialer Arbeit, Migration*; di: Ev. H Ludwigsburg, FB Soziale Arbeit, Auf der Karlshöhe 2, 71638 Ludwigsburg, T: (07121) 965226, b.aschenbrenner@eh-ludwigsburg.de; pr: Westfalenstr. 20A, 71640 Ludwigsburg, T: (07141) 2985008

**Aschendorf,** Bernd; Dr.-Ing., Prof.; *Elektrische Maschinen und Antriebe*; di: FH Dortmund, FB Informations- u. Elektrotechnik, Sonnenstr. 96, 44139 Dortmund, T: (0231) 9112202, F: 9112283, aschendorf@fh-dortmund.de

**Aschfalk-Evertz,** Agnes; Dr., Prof.; *Externes Rechnungswesen*; di: Hochsch. f. Wirtschaft u. Recht Berlin, FB 1, Badensche Str. 50-51, 10825 Berlin, T: (030) 85789210, aschfalk@hwr-berlin.de; pr: agnes.aschfalk@t-online.de

**Aschmoneit,** Tim; Dr. rer. nat., Prof.; *Mobilkommunikation u. Digitale Signalverarbeitung.*; di: FH Flensburg, FB Information u. Kommunikation, Kanzleistr. 91-93, 24943 Flensburg, T: (0461) 8051766, tim.aschmoneit@fh-flensburg.de; pr: An der Reitbahn 10, 24937 Flensburg, T: (0461) 8403198

**Asghari,** Reza; Dr. rer. pol., Prof.; *Wirtschaftswissenschaften, Vertiefungsgebiet Internationale Wirtschaftslehre und Wirtschaftslehre der EU*; di: Ostfalia Hochsch., Fak. Recht, Salzdahlumer Str. 46/48, 38302 Wolfenbüttel, T: (05331) 9395250

**Ashauer,** Barbara; Dr., Prof.; *Informatik, Softwareengineering*; di: Hochsch. Hof, Alfons-Goppel-Platz 1, 95028 Hof, T: (09281) 409488, F: 40955488, barbara.ashauer@fh-hof.de

**Asmus,** Stefan; Dr., Prof.; *Interaktive Systeme*; di: FH Düsseldorf, FB 2 – Design, Georg-Glock-Str. 15, 40474 Düsseldorf, T: (0211) 4351200; pr: Emilienstr. 42, 42287 Wuppertal, asmus@asmus.de

**Asmus,** Ullrich; Dr., Prof.; *Geobotanik, Landschaftsökologie u. -planung*; di: Hochsch. Weihenstephan-Triesdorf, Fak. Umweltingenieurwesen, Steingruberstr. 2, 91746 Weidenbach-Triesdorf, T: (09826) 654211, F: 654110, ullrich.asmus@fh-weihenstephan.de

**Aßbeck,** Franz; Dr.-Ing., Prof.; *Antriebstechnik, Mess- und Regelungstechnik*; di: Hochsch. Furtwangen, Fak. Computer & Electrical Engineering, Robert-Gerwig-Platz 1, 78120 Furtwangen, T: (07723) 9202172, ass@fh-furtwangen.de

**Assfalg,** Helmut; Dr. rer. pol., Prof.; *Allgemeine Betriebswirtschaftslehre, insb. Controlling*; di: FH Jena, FB Betriebswirtschaft, Carl-Zeiss-Promenade 2, 07745 Jena, PF 100314, 07703 Jena, T: (03641) 205550, F: 205551, bw@fh-jena.de

**Assfalg,** Rolf; Dr., Prof.; *Informatik*; di: DHBW Heidenheim, Fak. Technik, Marienstr. 20, 89518 Heidenheim, T: (07321) 2722312, F: 2722319, assfalg@dhbw-heidenheim.de

**Ast,** Helmut; Dr.-Ing., Prof.; *Integrale Planung und Facility Management*; di: Hochsch. Biberach, SG Gebäudeklimatik, PF 1260, 88382 Biberach/Riß, T: (07351) 582258, F: 582299, helmut.ast@hochschule-bc.de

**Ast,** Siegfried; Dipl.-Ing., Prof.; *Planung und Konstruktion im Ingenieurbau, insb. Tragkonstruktion, Holzbau, Tragwerkslehre*; di: FH Potsdam, FB Bauingenieurwesen, Pappelallee 8-9, Haus 1, 14469 Potsdam, T: (0331) 5801310, ast@fh-potsdam.de

**Asteroth,** Alexander; Dr.-Ing., Prof.; *Informatik*; di: Hochsch. Bonn-Rhein-Sieg, FB Angewandte Informatik, Grantham-Allee 20, 53757 Sankt Augustin, 53754 Sankt Augustin, T: (02241) 865255, alexander.asteroth@h-brs.de

**Attendorn,** Thorsten; Dr., Prof.; *Allgemeines Verwaltungsrecht, Kommunalrecht, Staatsrecht, Umweltrecht*; di: FH f. öffentl. Verwaltung NRW, Außenstelle Dortmund, Hauert 9, 44227 Dortmund, thorsten.attendorn@fhoev.nrw.de

**Attia,** Iman; Dr., Prof.; *Diversity Studies, Rassismus und Migration*; di: Alice-Salomon-Hochsch., Alice-Salomon-Platz 5, 12627 Berlin-Hellersdorf, T: (030) 99245454, attia@ash-berlin.eu

**Atzorn,** Hans-Herwig; Dipl.-Ing., Prof.; *Fahrdynamik, Leichtbau, Schwingung/Akustik, Technische Mechanik*; di: HTW Berlin, FB Ingenieurwiss. II, Blankenburger Pflasterweg 102, 13129 Berlin, T: (030) 50192820, atzorn@HTW-Berlin.de

**Au,** Corinna von; Dr. oec. publ., Prof.; *Erwachsenenbildung, Unternehmenssteuerung, Bankmanagement, Mediation*; di: FH f. angewandtes Management, Am Bahnhof 2, 85435 Erding, T: (08122) 95594861, corinna.vonau@myfham.de

**Auchter,** Eberhard; Dipl.-Kfm., Dr. rer. pol., Prof.; *Betriebswirtschaftslehre, Innovationsmanagement*; di: Hochsch. Regensburg, Fak. Betriebswirtschaft, PF 120327, 93025 Regensburg, T: (0941) 9431397, eberhard.auchter@bwl.fh-regensburg.de

**Auchter,** Lothar; Dr., Prof.; *Volkswirtschaftstheorie und -politik, Wirtschaftsethik und Unternehmenskultur*; di: FH Kaiserslautern, FB Betriebswirtschaft, Amerikastr. 1, 66482 Zweibrücken, T: (06332) 914244, lothar.auchter@fh-kl.de

**Aue,** Andreas; Dipl.-Päd., Dipl.-Sozialpäd. (FH), Dr. phil., Prof., Dekan Fak. Soziale Arbeit und Gesundheit; *Pädagogik, Praxisorientierte Ausbildung, Sozialarbeit/Sozialpädagogik*; di: Hochsch. Coburg, Fak. Soziale Arbeit u. Gesundheit, Friedrich-Streib-Str. 2, 96450 Coburg, T: (09561) 317182, aue@hs-coburg.de; pr: Huthstr. 13, 96482 Ahorn, T: (09561) 28777

**Auer,** Anton; Dr., Prof.; *Wirtschaftslehre, Volkswirtschaftslehre*; di: Hochsch. Fulda, FB Oecotrophologie, Marquardstr. 35, 36039 Fulda

**Auerbach,** Heiko; Dr. rer. pol., Prof.; *Betriebswirtschaftslehre, insb. Management und Entrepreneurship*; di: FH Stralsund, FB Wirtschaft, Zur Schwedenschanze 15, 18435 Stralsund, T: (03831) 456634

**Auffermann-Lemmer,** Susanne; Prof.; *Beleuchtungstechnik, Lichtdesign*; di: Beuth Hochsch. f. Technik, FB VIII Maschinenbau, Veranstaltungs- u. Verfahrenstechnik, Luxemburger Str. 10, 13353 Berlin, T: (030) 45045410, aufferma@beuth-hochschule.de

**Auge,** Jörg; Dr.-Ing., Prof.; *Leistungselektronik*; di: Hochsch. Magdeburg-Stendal, FB Elektrotechnik, Breitscheidstr. 2, 39114 Magdeburg, T: (0391) 8864388, joerg.auge@hs-Magdeburg.DE

**Augenstein,** Friedrich; Dr., Prof.; *BWL-Dienstleistungsmanagement*; di: DHBW Stuttgart, Fak. Wirtschaft, BWL-Dienstleistungsmanagement, Paulinenstraße 45, 70178 Stuttgart, T: (0711) 66734592, augenstein@dhbw-stuttgart.de

**Augsdörfer,** Peter; Dr. (Univ. of Sussex) habil., Prof.; *Unternehmensführung, Technologie- u. Innovationsstrategie*; di: HAW Ingolstadt, Fak. Wirtschaftswiss., Esplanade 10, 85049 Ingolstadt, T: (0841) 9348207, peter.augsdoerfer@haw-ingolstadt.de

**August,** Peter; Dr., Prof. i.R.; *Anorganische Chemie, Analytische Chemie*; di: HAW Hamburg, Fak. Life Sciences, Lohbrügger Kirchstr. 65, 21033 Hamburg, T: (040) 428756417, peter.august@rzbd.haw-hamburg.de

**Augustin,** Harald; Dr.-Ing., Prof.; *Produktionswirtschaft*; di: Hochsch. Reutlingen, FB Produktionsmanagement, Alteburgstr. 150, 72762 Reutlingen, T: (07121) 271393

**Auhagen,** Axel; Dr. rer. nat., Prof.; *Landschaftsplanung*; di: HTW Dresden, Fak. Landbau/Landespflege, Mitschurinbau, 01326 Dresden-Pillnitz, T: (0351) 4623515, auhagen@pillnitz.htw-dresden.de

**Aulenbacher,** Gerhard; Dr. rer. nat., Prof.; *Mathematik*; di: Hochsch. Darmstadt, FB Mathematik u. Naturwiss., Haardtring 100, 64295 Darmstadt, T: (06151) 168677, aulenbac@h-da.de; pr: Eibenweg 48, 55128 Mainz, T: (06131) 369274

**Aunert-Micus,** Shirley; Dr. iur., Prof.; *Wirtschaftsrecht*; di: Hochsch. Osnabrück, Fak. Wirtschafts- u. Sozialwiss., Caprivistr. 30a, 49076 Osnabrück, T: (0541) 9693121, F: 9692070, aunert@wi.hs-osnabrueck.de; pr: Anton-Aulke-Str. 10, 48167 Münster, T: (02506) 2435

**Aurenz,** Heiko; Dr., Prof.; *Unternehmensführung, Controlling, Projektmanagement*; di: Hochsch. f. Wirtschaft u. Umwelt Nürtingen-Geislingen, PF 1349, 72603 Nürtingen

**Aurich,** Joachim; Dr.-Ing., Prof.; *Elektronik*; di: H Koblenz, FB Ingenieurwesen, Konrad-Zuse-Str. 1, 56075 Koblenz, T: (0261) 9528344, aurich@fh-koblenz.de

**Aurisch,** Friedrich; Dr.-Ing., Prof.; *Statik, Massivbau*; di: FH Erfurt, FB Bauingenieurwesen, Altonaer Str. 25, 99085 Erfurt, PF 101363, 99013 Erfurt, T: (0361) 6700908, F: 6700902, azruch@fh-erfurt.de

**Ausländer,** Peter; Dr., Prof.; *Sozialwesen*; di: FH Bielefeld, FB Sozialwesen, Kurt-Schumacher-Straße 6, 33615 Bielefeld, T: (0521) 1067814, peter.auslaender@fh-bielefeld.de

**Aust,** Eberhard; Dr.-Ing., Prof.; *Anorganische Chemie, Anorganisch-chemische Technik, Abwassertechnik*; di: Georg-Simon-Ohm-Hochsch. Nürnberg, Fak. Angewandte Chemie, Keßlerplatz 12, 90489 Nürnberg, PF 210320, 90121 Nürnberg, T: (0911) 58801571

**Aust,** Martin; Dr. rer. nat., Prof.; *Höhere Werkstofftechnik/Kunststofftechnik, Chemie, Angew. Physik*; di: Hochsch. Deggendorf, FB Maschinenbau, Edlmairstr. 6/8, 94469 Deggendorf, T: (0991) 3615317, F: 361581317, martin.aust@fh-deggendorf.de

**Austerhoff,** Norbert; Dr.-Ing., Prof.; *Fahrzeugentwicklung, Fahrwerktechnik*; di: Hochsch. Osnabrück, Fak. Ingenieurwiss. u. Informatik, Albrechtstr. 30, 49076 Osnabrück, T: (0541) 9692135, F: 9692936, n.austerhoff@hs-osnabrueck.de

**Austermann,** Hubertus; Dr. rer. pol., Prof.; *Betriebswirtschaftslehre, insbes. Außenwirtschaft, internationales Management*; di: Hochsch. Bochum, FB Wirtschaft, Lennershofstr. 140, 44801 Bochum, T: (0234) 3210627, hubertus.austermann@hs-bochum.de; pr: Am Kreuztal 10, 48147 Münster

**Austermann-Haun,** Ute; Dr.-Ing., Prof.; *Siedlungswasserwirtschaft*; di: Hochsch. Ostwestfalen-Lippe, FB 3, Bauingenieurwesen, Emilienstr. 45, 32756 Detmold, T: (05231) 769810, F: 769819, ute.austermann-haun@fh-luh.de; pr: Holzweg 1, 31831 Springe, T: (05045) 98343, F: 962491

**Austmann,** Henning; Dr., Prof.; *BWL, International Management*; di: Hochsch. Hannover, Fak. IV Wirtschaft u. Informatik, Ricklinger Stadtweg 120, 30459 Hannover, PF 920261, 30441 Hannover, T: (0511) 92961564, henning.austmann@hs-hannover.de

**Autenrieth,** Michael; Dr. rer. nat., Prof.; *Wirtschaftsmathematik und Wirtschaftsinformatik*; di: Hochsch. Hannover, Fak. IV Wirtschaft u. Informatik, Ricklinger Stadtweg 120, 30459 Hannover, PF 920261, 30441 Hannover, T: (0511) 92961573, michael.autenrieth@hs-hannover.de

**Auth,** Werner; Dr.-Ing., Prof.; *Digitale Schaltungen, Mikrocomputer*; di: Hochsch. Heilbronn, Max-Planck-Str. 39, 74081 Heilbronn, T: (07131) 504403, auth@hs-heilbronn.de

**Autzen,** Horst; Dr. rer. nat., HonProf.; *Chemie*; di: Hochsch. Mannheim, Windeckstr. 110, 68163 Mannheim, horst.autzen@wm.bwl.de

**Auweck,** Fritz; Dr., Prof.; *Landschaftsentwicklung, Naturschutz, Raumplanung*; di: Hochsch. Weihenstephan-Triesdorf, Fak. Landschaftsarchitektur, Am Hofgarten 4, 85354 Freising, 85350 Freising, T: (08161) 714524, fritz.auweck@fh-weihenstephan.de

**Avella,** Felice-Alfredo; Dr., Prof.; *Steuerlehre*; di: DHBW Karlsruhe, Fak. Wirtschaft, Erzbergerstr. 121, 76133 Karlsruhe, T: (0721) 9735978

**Averkamp,** Christian; Dr.-Ing., Prof., Dekan Fakultät für Informatik und Ingenieurwissenschaften; *Arbeitswissenschaft u. Organisationslehre*; di: FH Köln, Fak. f. Informatik u. Ingenieurwiss., Am Sandberg 1, 51643 Gummersbach, T: (02261) 8196365

**Awad,** Georges; Dr.-Ing., Prof.; *Rechnernetze*; di: Beuth Hochsch. f. Technik, FB VI Informatik u. Medien, Luxemburger Str. 10, 13353 Berlin, T: (030) 45042317, awad@beuth-hochschule.de; www.georges-awad.de/home.htm

**Axer,** Jochen; Dr. jur., Prof.; *BWL, insbes. betriebliche Steuerlehre*; di: FH Köln, Fak. f. Wirtschaftswiss., Mainzer Str. 5, 50678 Köln, T: (0221) 82753285, jochen.axer@fh-koeln.de

**Axer,** Klaus; Dipl.-Ing., Dr.-Ing., Prof.; *Software*; di: FH Lübeck, FB Elektrotechnik u. Informatik, Mönkhofer Weg 136-140, 23562 Lübeck, T: (0451) 3005326, F: 3005236, axer@fh-luebeck.de

**Axmann,** Roswitha; Dr.-Ing., Prof.; *Baubetrieb*; di: Beuth Hochsch. f. Technik, FB III Bauingenieur- u. Geoinformationswesen, Luxemburger Straße 10, 13353 Berlin, T: (030) 45042587, axmann@beuth-hochschule.de

**Axt-Gadermann,** Michaela; Dr. med., Prof.; *Integrative Gesundheitsförderung*; di: Hochsch. Coburg, Fak. Soziale Arbeit u. Gesundheit, Friedrich-Streib-Str. 2, 96450 Coburg, T: (09561) 317369, axt@hs-coburg.de

**Ayan,** Türkan; Diplom-Psychologin, Dr. phil., Prof.; *Psychologie, Schwerpunkt: Arbeits- und Organisationspsychologie*; di: Hochsch. d. Bundesagentur f. Arbeit, Seckenheimer Landstr. 16, 68163 Mannheim, T: (0621) 4209109, Tuerkan.Ayan@arbeitsagentur.de

**Aymar,** Claudia Maria; Prof.; *Medienspezifische Gestaltungslehre, Mediengestaltung, AV-Design, Design-Konzeption*; di: Hochsch. Rhein/Main, FB Design Informatik Medien, Unter den Eichen 5, 65195 Wiesbaden, T: (0611) 94952144, claudia.aymar@hs-rm.de; pr: Obergasse 7, 65232 Taunusstein, T: (06128) 972763

**Ayrle,** Hartmut; Dr.-Ing., Prof.; *Tragwerksplanung, Entwerfen, Bauphysik*; di: Hochsch. Bremen, Fak. Architektur, Bau u. Umwelt, Neustadtswall 30, 28199 Bremen, T: (0421) 59052259, F: 59052287, Hartmut.Ayrle@hs-bremen.de; pr: Am Dachsberg 3, 78479 Reichenau, T: (07531) 927090

**Azarmi,** Christine; Dr., Prof.; *BWL*; di: DHBW Mosbach, Fak. Wirtschaft, Arnold-Janssen-Str. 9-13, 74821 Mosbach, T: (06261) 939107, azarmi@dhbw-mosbach.de

**Baaken,** Jörg-Thomas; Dr. rer. pol. habil., Prof.; *Marketing und -Marktforschung*; di: FH Münster, FB Wirtschaft, Johann-Krane-Weg 27, 48149 Münster, T: (0251) 20803980, F: 8365534, baaken@Fh-Muenster.de; pr: Lütken Heide 28, 48291 Telgte-Westbevern, T: (02504) 983060, F: 983061, Thomas.Baaken@t-online.de

**Baalmann,** Klaus; Dr.-Ing., Prof.; *Konstruktionstechnik*; di: FH Münster, FB Maschinenbau, Stegerwaldstr. 39, 48565 Steinfurt, T: (02551) 962736, F: 962786, baalmann@fh-muenster.de

**Baaran,** Jens; Dr., Prof.; *Fahrzeugtechnik*; di: HAW Hamburg, Fak. Technik u. Informatik, Berliner Tor 9, 20099 Hamburg, jens.baaran@haw-hamburg.de

**Baars,** Albert; Dr., Prof.; di: Hochsch. Bremen, Fak. Natur u. Technik, Neustadtswall 30, 28199 Bremen, T: (0421) 59052749, Albert.Baars@hs-bremen.de

**Baatz,** Udo; Dr.-Ing., Prof.; *Werkzeugmaschinen, Vorrichtungen, Konstruktionssystematik sowie CAM/CAD*; di: FH Aachen, FB Maschinenbau und Mechatronik, Goethestr. 1, 52064 Aachen, T: (0241) 600952317, baatz@fh-aachen.de; pr: Prämienstr. 91, 52076 Aachen, T: (02408) 958840, F: 958940

**Babanek,** Roland; Dr.-Ing., Prof.; *Baubetriebslehre, Technisches Darstellen*; di: Georg-Simon-Ohm-Hochsch. Nürnberg, Fak. Bauingenieurwesen, Keßlerplatz 12, 90489 Nürnberg, PF 210320, 90121 Nürnberg

**Babiel,** Gerhard; Dr., Prof.; *Messtechnik u. Elektroakustik, Akustik u. Schwingungsmesstechnik*; di: FH Dortmund, FB Informations- u. Elektrotechnik, Sonnenstr. 96, 44139 Dortmund, T: (0231) 9112172, F: 9112283, babiel@fh-dortmund.de

**Babilon,** Mario; Dr., Prof.; *Informatik*; di: DHBW Stuttgart, Fak. Technik, Informatik, Rotebühlplatz 41, 70178 Stuttgart, T: (0711) 66734536, babilon@dhbw-stuttgart.de

**Bach,** Christine; Dr. rer. pol., Prof.; *Mathematik*; di: Hochsch. Darmstadt, FB Mathematik u. Naturwiss., Haardtring 100, 64295 Darmstadt, T: (06151) 168664, christine.bach@h-da.de; pr: Steubenstr. 32, 65189 Wiesbaden

**Bach,** Ernstwendelin; Dr.-Ing. habil., Prof HTW Dresden (FH); *Kraftfahrzeugtechnik, Antriebstechnik*; di: HTW Dresden, Fak. Maschinenbau/Verfahrenstechnik, Friedrich-List-Platz 1, 01069 Dresden, T: (0351) 4622781, bach@fif.mw.htw-dresden.de

**Bach,** Hansjörg; Dr. rer. pol., Prof.; *Immobilienmanagement*; di: Hochsch. f. Wirtschaft u. Umwelt Nürtingen-Geislingen, PF 1349, 72603 Nürtingen, T: (07331) 22497, hansjoerg.bach@hfwu.de

**Bach,** Johannes; Dipl.-Psych., Dipl.-Theol., Dr. phil., Prof.; *Psychologie, Handlungslehre der Sozialen Arbeit*; di: Georg-Simon-Ohm-Hochsch. Nürnberg, Fak. Sozialwiss., Bahnhofstr. 87, 90402 Nürnberg, PF 210320, 90121 Nürnberg, Johannes.Bach@ohm-hochschule.de

**Bachem,** Harald; Dr.-Ing., Prof.; di: Ostfalia Hochsch., Fak. Fahrzeugtechnik, Robert-Koch-Platz 8A, 38440 Wolfsburg, h.bachem@ostfalia.de

**Bacher,** Urban; Dr., Prof.; *Betriebswirtschaftslehre*; di: Hochsch. Pforzheim, Fak. f. Wirtschaft u. Recht, Tiefenbronner Str. 65, 75175 Pforzheim, T: (07231) 286334, F: 286100, urban.bacher@hs-pforzheim.de

**Bachert,** Bernd; Dr., Prof.; *Maschinenbau*; di: Hochsch. Heidelberg, School of Engineering and Architecture, Bonhoefferstr. 11, 69123 Heidelberg, T: (06221) 881070, Bernd.Bachert@fh-heidelberg.de

**Bachert,** Patrick; Dr., Prof.; *Wirtschaftsprivatrecht, Arbeitsrecht, Internat. Vertragsrecht*; di: Hochsch. Osnabrück, Fak. Wirtschafts- u. Sozialwiss., Caprivistr. 30 A, 49046 Osnabrück, T: (0541) 9692180, bachert@wi.hs-osnabrueck.de

**Bachmann,** Bernhard; Dr. phil., Dipl.-Math., Prof.; *Mathematik und ihre technischen Anwendungen*; di: FH Bielefeld, FB Ingenieurwiss./ Mathematik, Am Stadtholz 24, 33609 Bielefeld, T: (0521) 1067407, bernhard.bachmann@fh-bielefeld.de; pr: Aurikelweg 10, 33739 Bielefeld, T: (0521) 8009691, F: 8009690

**Bachmann,** Ernst-Udo; Dr., Prof.; *Recht des grenzüberschreitenden Warenverkehrs, Verfassungsgeschichte und Verfassungsrecht, Das politische System der Bundesrepublik Deutschland*; di: FH d. Bundes f. öff. Verwaltung, FB Finanzen, PF 1549, 48004 Münster, T: (0251) 8670876

**Backes,** Manfred; Dipl.-Vw., Dr. rer. pol., Prof.; *Rechnungswesen, Betriebliche Steuerlehre und Unternehmensprüfung*; di: Hochsch. Niederrhein, FB Wirtschaftswiss., Webschulstr. 41-43, 41065 Mönchengladbach, T: (02161) 186824; pr: Max-Ernst-Str. 3, 50374 Erftstadt, T: (02235) 870171

**Backes,** Wieland; Dr., HonProf.; *Elektronische Medien*; di: Hochsch. d. Medien, Fak. Druck u. Medien, Nobelstr. 10, 70569 Stuttgart

**Backhaus,** Jürgen; Dr. rer. nat., Prof.; *Instrumentelle Analytik*; di: Hochsch. Mannheim, Fak. Biotechnologie, Windeckstr. 110, 68163 Mannheim

**Badach,** Anatol; Dr.-Ing., Prof.; *Telekommunikation, Netzwerke*; di: Hochsch. Fulda, FB Angewandte Informatik, Marquardstr. 35, 36039 Fulda, T: (0661) 9640319, badach@informatik.fh-fulda.de

**Bader,** Axel; Dr. rer. pol., Wirtschaftsprüfer, Steuerberater, Prof.; *Betriebswirtschaftslehre, Externes Rechnungswesen und Internationale Steuerlehre*; di: HAW Ingolstadt, Fak. Wirtschaftswiss., Esplanade 10, 85049 Ingolstadt, T: (0841) 9348355, axel.bader@haw-ingolstadt.de

**Bader,** Cornelia; Dr., Prof.; *Sozialmanagement/Verwaltungswissenschaft*; di: Hochsch. Magdeburg-Stendal, FB Sozial- u. Gesundheitswesen, Breitscheidstr. 2, 39114 Magdeburg, T: (0391) 8864305, cornelia.bader@hs-magdeburg.de

**Bader,** Jörg; Dr.-Ing., Prof.; *Verfahrenstechnik*; di: Hochsch. Rhein/Main, FB Ingenieurwiss., Umwelttechnik, Am Brückweg 26, 65428 Rüsselsheim, T: (06142) 8984414, joerg.bader@hs-rm.de; pr: Treburerstr. 5, 65428 Rüsselsheim, T: (06142) 966010

**Bader,** Roland; Dr., Prof.; *Medienwissenschaften, Medienpädagogik*; di: HAWK Hildesheim/Holzminden/Göttingen, Fak. Soziale Arbeit u. Gesundheit, Hafendamm 4, 37603 Holzminden, T: (05531) 126186, F: 126182

**Bader,** Roswitha; M.A., Prof., Kanzlerin; *Kunstgeschichte*; di: Hochsch. f. Kunsttherapie Nürtingen, Sigmaringer Str. 15, 72622 Nürtingen, T: (07022) 36395, r.bader@kht-nuertingen.de; pr: Sudetenstr. 9, 72622 Nürtingen

**Badri-Höher,** Sabah; Dr., Prof.; *Kommunikationstechnologie*; di: FH Kiel, FB Informatik u. Elektrotechnik, Grenzstr. 5, 24149 Kiel, T: (0431) 2104243, F: 21064243, sabah.badri-hoeher@fh-kiel.de

**Bächle,** Ekkehard; Dr., Prof.; *Einkommensteuer, Internationales Steuerrecht, Öffentliches Recht, Umsatzsteuer*; di: H f. öffentl. Verwaltung u. Finanzen Ludwigsburg, Fak. Steuer- u. Wirtschaftsrecht, Reuteallee 36, 71634 Ludwigsburg, T: (07141) 140472, F: 140544, baechle@vw.fhov-ludwigsburg.de

**Bächle,** Erich; Dipl.-Kfm., Dr. phil., Prof.; *BWL, insbes. Betriebl. Steuerlehre, Bilanzierung, Finanzierung, Steuerrecht, Revisions- und Treuhandwesen*; di: Hochsch. Offenburg, Fak. Betriebswirtschaft u. Wirtschaftsingenieurwesen, Klosterstr. 14, 77723 Gengenbach, T: (07803) 969834, F: 969849, baechle@fh-offenburg.de; pr: Grabenstr. 7, 77723 Gengenbach, T: (07803) 980116, F: 980117, e.baechle@t-online.de

**Bächle,** Michael; Dr., Prof.; *Wirtschaftsinformatik*; di: DHBW Ravensburg, Marienplatz 2, 88212 Ravensburg, T: (0751) 189992730, baechle@dhbw-ravensburg.de

**Bäcker,** Carsten; Dr.-Ing., Prof.; *Projektierung und Simulation gebäudetechnischer Systeme*; di: FH Münster, FB Energie, Gebäude, Umwelt, Stegerwaldstr. 39, 48565 Steinfurt, T: (0251) 8362421, F: 962688, cbaecker@fh-muenster.de

**Baedorf,** Oliver; Dr. jur., Prof.; *Handels- und Gesellschaftsrecht, Steuerrecht, Bürgerliches Recht*; di: H Koblenz, FB Wirtschaftswissenschaften, Konrad-Zuse-Str. 1, 56075 Koblenz, T: (0261) 9528156, F: 9528150, baedorf@hs-koblenz.de

**Bähre,** Heike; Dr. rer.pol., Prof.; *Wirtschaftswissenschaften, Unternehmensmanagement, Tourismusmanagement, Kommunikationswirtschaft*; di: bbw Hochsch. Berlin, Leibnizstraße 11-13, 10625 Berlin, T: (030) 319909517, heike.baehre@bbw-hochschule.de

**Baekler,** Peter; Dr. rer. nat., Prof.; *Mathematik für Ingenieure*; di: FH Düsseldorf, FB 8 – Medien, Josef-Gockeln-Str. 9, 40474 Düsseldorf, T: (0211) 4351364, peter.baekler@fh-duesseldorf.de; pr: Parkgürtel 4, 50823 Köln, T: (0221) 5504310

**Baer,** Dagmar; Dr., Prof.; *Mathematik*; di: HTW Berlin, FB Wirtschaftswiss. II, Treskowallee 8, 10318 Berlin, T: (030) 50192344, d.baer@HTW-Berlin.de

**Bär,** Jürgen; Dr.-Ing., Prof.; *Technik*; di: Hochsch. Trier, FB Technik, PF 1826, 54208 Trier, T: (0651) 8103357, J.Baer@hochschule-trier.de

**Baer,** Klaus Dieter; Dr.-Ing., Prof.; *Informatik*; di: Hochsch. Ulm, Fak. Informatik, Prittwitzstr. 10, 89075 Ulm, T: (0731) 5028189, baer@hs-ulm.de

**Bärmann,** Frank; Dr. rer. nat., Prof.; *Mathematik und Informatik in der Physik*; di: Westfäl. Hochsch., FB Elektrotechnik u. angew. Naturwiss., Neidenburger Str. 43, 45877 Gelsenkirchen, T: (0209) 9596520, frank.baermann@fh-gelsenkirchen.de

**Bärnreuther,** Brigitte; Dr.-Ing., Prof.; *Automatisierungstechniken, CAx-Techniken*; di: Hochsch. Hof, Alfons-Goppel-Platz 1, 95028 Hof, T: (09281) 409461, F: 40955461, Brigitte.Baernreuther@fh-hof.de

**Bärsch,** Roland; Dr.-Ing., Prof.; *Grundlagen der Elektrotechnik/Werkstoffe der Elektrotechnik*; di: Hochsch. Zittau/Görlitz, Fak. Elektrotechnik u. Informatik, Theodor-Körner-Allee 16, 02763 Zittau, T: (03583) 611235, r.baersch@hs-zigr.de

**Bärwolff,** Hartmut; Dr. rer. nat., Prof.; *Grundlagen der Elektrotechnik, Elektronik*; di: FH Köln, Fak. f. Informatik u. Ingenieurwiss., Am Sandberg 1, 51643 Gummersbach, T: (02261) 8196283, baerwolff@gm.fh-koeln.de; pr: Karl-Eberhard-Str. 6, 51643 Gummersbach, T: (02261) 66509

**Bäsel,** Uwe; Dr.-Ing., Prof.; *Klimatechnik*; di: HTWK Leipzig, FB Maschinen- u. Energietechnik, PF 301166, 04251 Leipzig, T: (0341) 35384113, baesel@me.htwk-leipzig.de

**Bäsig,** Jürgen; Dr.-Ing., Prof.; *Grundlagen der Elektrotechnik und Schaltungstechnik*; di: Georg-Simon-Ohm-Hochsch. Nürnberg, Fak. Elektrotechnik Feinwerktechnik Informationstechnik, Wassertorstr. 10, 90489 Nürnberg, PF 210320, 90121 Nürnberg, T: (0911) 58801495

**Bäßler,** Rudolf; Dr., Prof., Dekan FB Wirtschaftsingenieurwesen; *Wertanalyse, Kosten- und Wirtschaftlichkeitsrechnung, Finanz- und Investitionsrechnung*; di: Hochsch. Rosenheim, Fak. Wirtschaftsingenieurwesen, Hochschulstr. 1, 83024 Rosenheim, T: (08031) 805619, F: 805702, baessler@fh-rosenheim.de

**Baeten,** Andre; Dr.-Ing., Prof.; *Maschinenbau*; di: Hochsch. Augsburg, Fak. f. Maschinenbau u. Verfahrenstechnik, An der Hochschule 1, 86161 Augsburg, T: (0821) 55863176, andre.baeten@hs-augsburg.de

**Baetge,** Anastasia; Dr., Prof.; *Intern. Privatrecht*; di: Hochsch. f. Wirtschaft u. Recht Berlin, FB 3, Alt-Friedrichsfelde 60, 10315 Berlin, T: (030) 90214334, a.baetge@hwr-berlin.de

**Bätge,** Frank; Dr., Prof.; *Europarecht, Kommunalrecht, Staatsrecht*; di: FH f. öffentl. Verwaltung NRW, Abt. Köln, Thürmchenswall 48-54, 50668 Köln, frank.baetge@fhoev.nrw.de

**Baethe,** Hanno; Dipl.-Des., Prof.; *Design für elektronische Medien*; di: Hochsch. Hannover, Fak. III Medien, Information u. Design, Kurt-Schwitters-Forum, Expo Plaza 2, 30539 Hannover, T: (0511) 92962389, hanno.baethe@hs-hannover.de; pr: Kollwitzstr. 80, 10435 Berlin, T: (030) 32602283

**Bätjer,** Klaus R.F.; Dr. rer. nat., Prof.; *Meßmethodik im Umweltschutz*; di: Techn. Hochsch. Wildau, FB Ingenieurwesen/Wirtschaftsingenieurwesen, Bahnhofstr., 15745 Wildau, T: (03375) 508-121, F: 500324, baetjer@pt.tfh-wildau.de

**Baetzgen,** Andreas; Dr., Prof.; *Werbung und Marktkommunikation*; di: Hochsch. d. Medien, Fak. Druck u. Medien, Nobelstr. 10, 70569 Stuttgart, T: (0711) 89232294, baetzgen@hdm-stuttgart.de

**Bäuerle,** Michael; Dr., Prof.; *Verwaltungsrecht, Staats- und Verfassungsrecht, Strafrecht*; di: Hess. Hochsch. f. Polizei u. Verwaltung, FB Polizei, Talstr. 3, 35394 Gießen, T: (0641) 795611

**Bäuerle,** Paul H.; Dr. oec., Prof.; *Betriebswirtschaftslehre*; di: Hochsch. Ravensburg-Weingarten, Doggenriedstr., 88250 Weingarten, PF 1261, 88241 Weingarten, T: (0751) 5019816, F: 5019832, baeuerle@hs-weingarten.de

**Bäuerle,** Werner; Dipl.-Ing., Prof.; *Entwerfen, Baukonstruktion, Bauen im Bestand*; di: FH Kaiserslautern, FB Bauen u. Gestalten, Schoenstr. 6, 67659 Kaiserslautern, T: (0631) 3724409, F: 3724666, werner.baeuerle@fh-kl.de

**Baeumer,** Friederike; Dr. phil., Prof.; *Physiotherapie*; di: Alice-Salomon-Hochsch., Alice-Salomon-Platz 5, 12627 Berlin-Hellersdorf, T: (030) 99245522, baeumer@ash-berlin.eu

**Bäumer,** Friedhelm; Dr.-Ing., Prof.; *Arbeitsorganisation, Qualitätsmanagement*; di: Hochsch. Ostwestfalen-Lippe, FB 7, Produktion u. Wirtschaft, Liebigstr. 87, 32657 Lemgo, T: (05261) 702428, F: 702275; pr: Schmargendorfer Str. 9, 33619 Bielefeld, T: (0521) 105760

**Bäumker,** Manfred; Dr.-Ing., Prof.; *Praktische Geodäsie, insbesondere Meßtechnik, Physik für Ingenieure*; di: Hochsch. Bochum, FB Vermessungswesen u. Geoinformatik, Lennershofstr. 140, 44801 Bochum, T: (0234) 3210511, manfred.baeumker@hs-bochum.de

**Baeumle-Courth,** Peter; Dr., Prof.; *Mathematik, Wirtschaftsinformatik, Anwendungsentwicklung*; di: FH d. Wirtschaft, Hauptstr. 2, 51465 Bergisch Gladbach, T: (02202) 9527351, F: 9527200, peter.baeumle-courth@fhdw.de

**Bäumler,** Johann; Dr.-Ing., Prof.; *KFZ-Sachverständigenwesen*; di: Hochsch. München, Fak. Maschinenbau, Fahrzeugtechnik, Flugzeugtechnik, Dachauer Str. 98b, 80335 München, T: (089) 12653347, johann.baeumler@hm.edu

**Bagschik,** Thorsten; Dr. rer. pol., Prof., Präs.; *International Management*; di: Business and Information Technology School GmbH, Reiterweg 26 b, 58636 Iserlohn, T: (02371) 776145, F: 776596, thorsten.bagschik@bits-iserlohn.de; www.bits-iserlohn.de

**Bahlinger,** Thomas; Dipl.-Kfm., Dr. rer. pol., Prof.; *Allgemeine Betriebswirtschaftslehre, Organisation und wirtschaftsinformatik*; di: Georg-Simon-Ohm-Hochsch. Nürnberg, Fak. Betriebswirtschaft, Bahnhofstr. 87, 90402 Nürnberg

**Bahlmann,** Norbert; Dr. rer.nat., Prof.; *Maschinenbau, CAE*; di: Hochsch. Osnabrück, Fak. Ingenieurwiss. u. Informatik, Albrechtstr. 30, 49076 Osnabrück, T: (0541) 9692903, n.bahlmann@fh-osnabrueck.de

**Bahlmann,** Stefanie; Prof.; *Fertigungstechnik / BTM*; di: HAW Hamburg, Fak. Design, Medien u. Information, Armgartstr. 24, 22087 Hamburg, T: (040) 428754673, stefanie.bahlmann@haw-hamburg.de

**Bahndorf,** Joachim; Dr.-Ing., Prof.; *Verkehrsbau u. Vermessungswesen*; di: FH Bielefeld, FB Architektur u. Bauingenieurwesen, Artilleriestr. 9, 32427 Minden, PF 2328, 32380 Minden, T: (0571) 8385192, F: 8385250, joachim.bahndorf@fh-bielefeld.de; pr: Melittastr. 7, 32427 Minden, T: (0571) 8292723

**Bahnemann,** Klaus; Dr., Prof.; *Zierpflanzenbau, Pflanzenzüchtung/Biotechnologie, Pflanzenkunde*; di: FH Erfurt, FB Gartenbau, Leipziger Str. 77, 99085 Erfurt, PF 101363, 99013 Erfurt, T: (0361) 6700272, F: 6700226, bahnemann@fh-erfurt.de

**Bahr,** Günther; Dr.-Ing., Prof.; *Baustatik, Konstruktiver Ingenieurbau*; di: Jade Hochsch., FB Bauwesen u. Geoinformation, Ofener Str. 16-19, 26121 Oldenburg, T: (0441) 77083252, bahr@jade-hs.de; pr: Am Steinacker 17, 27777 Ganderkesee, T: (04222) 8751, F: 6443

**Bahre,** Günther; Dr.-Ing., Prof.; *Trinkwasserversorgung, Abfalltechnik u. -wirtschaft*; di: HAWK Hildesheim/Holzminden/Göttingen, Fak. Bauen u. Erhalten, Hohnsen 1, 31134 Hildesheim, T: (05121) 881288, F: 881287

**Baier,** Alfred; Dr., Prof.; *Angewandte Informatik*; di: Hochsch. Anhalt, FB 1 Landwirtschaft, Ökotrophologie, Landespflege, Strenzfelder Allee 28, 06406 Bernburg, T: (03471) 355111, baier@loel.hs-anhalt.de

**Baier,** Franz Xaver; Dr.-Ing., Prof.; *Darstellende Geometrie und Architekturperspektive, Freies Gestalten*; di: Hochsch. München, Fak. Architektur, Karlstr. 6, 80333 München, T: (089) 12652625; pr: fx@franzxaverbaier.de

**Baier,** Gundolf; Dr. rer. pol., Prof.; *Methoden der Marktforschung, Imageforschung*; di: Westsächs. Hochsch. Zwickau, FB Wirtschaftswiss., Scheffelstr. 39, 08056 Zwickau, T: (0375) 5363268, gundolf.baier@fh-zwickau.de

**Baier,** Harald; Dr. rer. nat., Prof.; *Kryptologie, Analysis und Lineare Algebra*; di: Hochsch. Darmstadt, FB Informatik, Haardtring 100, 64295 Darmstadt, T: (06151) 168421, h.baier@h-da.de

**Baier,** Jochen; Dr. rer. nat., Prof.; *Logistik, Supply Chain Management, Allgemeine BWL*; di: Hochsch. Furtwangen, Fak. Wirtschaftsinformatik, Robert-Gerwig-Platz 1, 78120 Furtwangen, jochen.baier@hs-furtwangen.de

**Baier,** Thomas; Dr. rer.nat., Prof.; *Physik, Mathematik, Elektronik*; di: Hochsch. Ulm, Fak. Mathematik, Natur- u. Wirtschaftswiss., PF 3860, 89028 Ulm, T: (0731) 5028137, baier@hs-ulm.de

**Baier,** Wolfgang; Dr., Prof.; *Grundlagen der Elektrotechnik, Elektronische Bauelemente, Theoretische Nachrichtentechnik*; di: Hochsch. Harz, FB Automatisierung u. Informatik, Friedrichstr. 54, 38855 Wernigerode, T: (03943) 659306, F: 659109, wbaier@hs-harz.de

**Baier,** Wolfgang; Dipl.-Phys., Dr. rer. nat., Prof.; *Physik, Bauphysik*; di: Hochsch. Regensburg, Fak. Allgemeinwiss. u. Mikrosystemtechnik, PF 120327, 93025 Regensburg, T: (0941) 9431002, wolfgang.baier@mikro.fh-regensburg.de

**Baier-Hartmann,** Marianne; Dr., Prof.; *Sozialpsychologie, Gesundheitswissenschaft/ Public Health*; di: Ev. Hochsch. Freiburg, Bugginger Str. 38, 79114 Freiburg i.Br., T: (0761) 4781250, baier-hartmann@eh-freiburg.de; pr: Okenstr. 25, 79108 Freiburg i. Br.

**Baisch,** Friedemann; Dr., Prof.; *General Management*; di: Hochsch. f. Wirtschaft u. Umwelt Nürtingen-Geislingen, PF 1349, 72603 Nürtingen, T: (07022) 201386, friedemann.baisch@hfwu.de

**Bak,** Peter Michael; Dr. rer. nat., Prof.; *Business Psychology*; di: Hochsch. Fresenius, Im Mediapark 4c, 50670 Köln, bak@hs-fresenius.de

**Bake,** Hans-Ulrich; Dr.-Ing., Prof.; *Leistungselektronik*; di: Hochsch. Magdeburg-Stendal, FB Elektrotechnik, Breitscheidstr. 2, 39114 Magdeburg, T: (0391) 8864112, Hans-Ulrich.Bake@hs-Magdeburg.DE

**Bakhaya,** Ziad; Dr., Prof.; *Controlling, Wirtschaftsprüfung und Steuern*; di: Hochsch. Heidelberg, Fak. f. Wirtschaft, Ludwid-Guttmann-Str. 6, 69123 Heidelberg, T: (06221) 881464, ziad.bakhaya@fh-heidelberg.de

**Bakker,** Rainer; Dr., Prof.; *Internationales Wirtschafts- u. Gesellschaftsrecht*; di: Hochsch. Konstanz, Fak. Wirtschafts- u. Sozialwiss., Brauneggerstr. 55, 78462 Konstanz, PF 100543, 78405 Konstanz, T: (07531) 206426, bakker@fh-konstanz.de

**Balck,** Henning; Dipl.-Ing., HonProf.; *Gebäude- und Facility-Management*; di: Hochsch. Mittweida, Fak. Maschinenbau, Technikumplatz 17, 09648 Mittweida, T: (03727) 581356

**Baldauf,** Claudia; Dr. rer. nat., Prof.; *Umweltanalytik, Umweltmanagement, Chemische Verfahrenstechnik*; di: HTW Berlin, FB Ingenieurwiss. II, Blankenburger Pflasterweg 102, 13129 Berlin, T: (030) 50194257, baldauf@HTW-Berlin.de

**Balder,** Hartmut; Dr. habil., Prof. Techn. FH Berlin; *Urbaner Gartenbau, Stadtgrün, Baumschule, Phytomedizin*; di: Beuth Hochsch. f. Technik, FB V Life Science and Technology, Luxemburger Str. 10, 13353 Berlin, T: (030) 45042081, F: 45042055, balder@beuth-hochschule.de; pr: Xantener Str. 18, 10707 Berlin, T: (030) 8824367, hartmut.balder@t-online.de

**Baldi,** Stefan; Dr., Prof., Dekan; *Wirtschaftsinformatik*; di: Munich Business School, Elsenheimerstr. 61, 80687 München, Stefan.Baldi@munich-business-school.de

**Baldus,** Claus; Dr. habil., Prof.; *Architektur u. Städtebau, Architekturtheorie, Geschichte u. Algebraisierung der Dialektik, Städte u. Kulturlandschaften am Mittelmeer*; di: FH Potsdam, FB Architektur u. Städtebau, Pappelallee 8-9, 14469 Potsdam, PF 600608, 14406 Potsdam, T: (0331) 5801200, F: 5801299, baldus@fh-potsdam.de; pr: Düsseldorfer Str. 8, 10719 Berlin

**Baldus,** Marion; Dr., Prof.; *Allg. Pädagogik, Helpädagogik*; di: Hochsch. Mannheim, Fak. Sozialwesen, Ludolf-Krehl-Str. 7-11, 68167 Mannheim

**Balensiefen,** Gotthold; Dr. jur., Prof.; *Öffentliches Bau- u. Planungsrecht, Umweltrecht, Privates Baurecht, Immobilienrecht*; di: Hochsch. Biberach, SG Projektmanagement, PF 1260, 88382 Biberach/Riß, T: (07351) 582362, F: 582449, balensiefen@hochschule-bc.de

**Balgo,** Rolf; Dr. habil., Prof.; di: Hochsch. Hannover, Fak. V Diakonie, Gesundheit u. Soziales, Blumhardtstr. 2, 30625 Hannover, PF 690363, 30612 Hannover, T: (0511) 92963151, rolf.balgo@hs-hannover.de

**Balin,** Boris; Prof.; *Veranstaltungstechnik, AV Medien*; di: Beuth Hochsch. f. Technik, FB VIII Maschinenbau, Veranstaltungs- u. Verfahrenstechnik, Luxemburger Str. 10, 13353 Berlin, T: (030) 45045411, balin@beuth-hochschule.de

**Balke,** Nils J.; Dr. oec. publ., Prof.; *BWL, Wirtschaftsingenieurwesen*; di: FH Lübeck, FB Maschinenbau u. Wirtschaft, Mönkhofer Weg 239, 23562 Lübeck, T: (0451) 3005043, nils.juergen.balke@fh-luebeck.de

**Balken,** Jochen; Dr.-Ing., Prof.; *Konstruktion, CAD, Getriebetechnik, Maschinenelemente*; di: Hochsch. Kempten, Fak. Maschinenbau, Bahnhofstr. 61-63, 87435 Kempten, T: (0831) 2523207, F: 2523229, balken@fh-kempten.de; pr: T: (08378) 7120, F: 932023

**Balks,** Marita; Dr., Prof.; *Wirtschaftsingenieurwesen*; di: HTW Berlin, FB Wirtschaftswiss. II, Treskowallee 8, 10318 Berlin, T: (030) 50193281, Marita.Balks@HTW-Berlin.de

**Balla,** Jochen; Dr. rer. nat., Prof.; *Angewandte Mathematik u. Physik sowie Grundlagen in d. Informatik*; di: Hochsch. Bochum, FB Vermessungswesen u. Geoinformatik, Lennershofstr. 140, 44801 Bochum, T: (0234) 3210546, jochen.balla@hs-bochum.de; pr: Heinrich-Puth-Str. 2, 45527 Hattingen

**Ballasch,** Dieter; Dr.-Ing., Prof.; *Straßenbau, Ingenieurvermessung, Baustoffkunde*; di: Ostfalia Hochsch., Fak. Bau-Wasser-Boden, Herbert-Meyer-Str. 7, 29556 Suderburg, T: (05826) 98861110, d.ballasch@ostfalia.de; pr: Wilhelm-Börker-Str. 2, 38104 Braunschweig, T: (0531) 375753, F: 375753

**Balleis,** Kristina; Dr., Prof.; *Wirtschaftsprivatrecht u. Wirtschaftsverwaltungsrecht*; di: Hochsch. Aschaffenburg, Fak. Wirtschaft u. Recht, Würzburger Str. 45, 63743 Aschaffenburg, T: (06021) 314751, kristina.balleis@fh-aschaffenburg.de

**Baller,** Oesten; Dr., Prof.; *Polizei- und Ordnungsrecht*; di: Hochsch. f. Wirtschaft u. Recht Berlin, FB 1, Alt-Friedrichsfelde 60, 10315 Berlin, T: (030) 90214355, o.baller@hwr-berlin.de

**Ballstaedt,** Steffen-Peter; Dipl.-Psych., Prof.; *Kommunikationswissenschaft*; di: Westfäl. Hochsch., FB Maschinenbau u. Facilities Management, Neidenburger Str. 10, 45877 Gelsenkirchen, T: (0209) 9596852, steffen.ballstaedt@fh-gelsenkirchen.de

**Balsliemke,** Frank; Dr., Prof.; *Lebensmittelproduktion*; di: Hochsch. Osnabrück, Fak. Agrarwiss. u. Landschaftsarchitektur, PF 1940, 49009 Osnabrück, T: (0541) 9695296, f.balsliemke@hs-osnabrueck.de

**Balters,** Detlef; Dr.-Ing., Prof.; *Automatisierte Fördertechnik, Lager- und Transporttechnik*; di: Hochsch. Ostwestfalen-Lippe, FB 6, Maschinentechnik u. Mechatronik, Liebigstr. 87, 32657 Lemgo, T: (05261) 702398, F: 702261, detlef.balters@fh-luh.de; pr: Chemnitzer Str. 30, 32657 Lemgo, T: (05261) 188100

**Baltes,** Beate; Dr.-Ing., Prof.; di: Hochsch. München, Fak. Maschinenbau, Fahrzeugtechnik, Flugzeugtechnik, Dachauer Str. 98b, 80335 München, beate.baltes@hm.edu

**Baltes,** Guido; Dr.-Ing., Prof., Dekan; *Strategisches Management*; di: Hochsch. Konstanz, Fak. Maschinenbau, Brauneggerstr. 55, 78462 Konstanz, PF 100543, 78405 Konstanz, T: (07531) 206310, gbaltes@fh-konstanz.de

**Baltzer,** Wolfgang; Dr.-Ing., Prof.; *Verkehrswesen*; di: FH Aachen, FB Bauingenieurwesen, Bayernallee 9, 52066 Aachen, T: (0241) 600951124, baltzer@fh-aachen.de; pr: Lammerskreuzstr. 7, 52159 Roetgen, T: (02471) 3127

**Balz,** Hans-Jürgen; Dr. phil., Prof.; *Teamarbeit in psychosozialen Organisationen, Teamentwicklung, Supervision, Schüler-Lehrer-Interaktion, Soziales Lernen in d. Schule; Lehr-Lern-Forschung*; di: Ev. FH Rhld.-Westf.-Lippe, FB Soziale Arbeit, Bildung u. Diakonie, Immanuel-Kant-Str. 18-20, 44803 Bochum, T: (0234) 36901205, balz@efh-bochum.de; pr: Oberdorfstr. 51, 40489 Düsseldorf, T: (0211) 407480

**Balz,** Ulrich; Dr. rer. pol., Prof.; *Betriebswirtschaftslehre, insbes. Finanzierung und Finanzdienstleistungen*; di: FH Münster, FB Wirtschaft, Corrensstr. 25, 48149 Münster, T: (0251) 8365633, F: 8365502, balz@fh-muenster.de; pr: Hans-Bredow-Weg 53, 48155 Münster, T: (0251) 46470

**Balzer,** Hermann; Dr. rer. oec., Prof.; *Betriebswirtschaftslehre, insb. Rechnungswesen*; di: FH Aachen, FB 10 Wirtschaftswissenschaften, Eupener Str. 70, 52066 Aachen, T: (0241) 600951972, balzer@fh-aachen.de; pr: Haus-Endt-Str. 154, 40593 Düsseldorf, T: (0211) 7182950

**Balzert,** Heidemarie; Dr., Prof.; *Softwaretechnik, Systemanalyse*; di: FH Dortmund, FB Informatik, Emil-Figge-Str. 42, 44227 Dortmund, T: (0231) 7556767, F: 7556710, balzert@fh-dortmund.de

**Bamberg,** Sebastian; Dr. phil., PD U Gießen, Prof. FH Bielefeld; *Politikwissenschaft*; di: FH Bielefeld, FB Sozialwesen, Kurt-Schumacher-Str. 6, 33615 Bielefeld, T: (0521) 1067829, sebastian.bamberg@fh-bielefeld.de

**Bamler,** Gunther; Dr. rer. pol., Prof.; *Betriebswirtschaftslehre, insbesondere Auslandsabsatz und -produktion*; di: FH Südwestfalen, FB Techn. Betriebswirtschaft, Haldener Str. 182, 58095 Hagen, T: (02331) 9872392, bamler@fh-swf.de; pr: Eppenhauser Str. 161b, 58093 Hagen, T: (02331) 55085

**Bangert,** Dieter; Dr. rer. nat., Prof.; *Naturwissenschaften*; di: FH Südwestfalen, FB Techn. Betriebswirtschaft, Haldener Str. 182, 58095 Hagen, T: (02331) 9872117, F: 987-322, bangert@fh-swf.de; pr: Mittelweg 10, 35041 Marburg, T: (06421) 83204

**Bangert,** Kurt; Dr. paed., Prof.; *Technisches Englisch, Wirtschaftsenglisch*; di: Beuth Hochsch. f. Technik, FB I Wirtschafts- u. Gesellschaftswiss., Luxemburger Str. 10, 13353 Berlin, T: (030) 45045520, bangert@beuth-hochschule.de

**Banghard,** Angelika; Dr.-Ing., Prof.; *Facility Management*; di: Beuth Hochsch. f. Technik, FB IV Architektur u. Gebäudetechnik, Luxemburger Str. 10, 13353 Berlin, T: (030) 45042544, banghard@beuth-hochschule.de

**Banholzer,** Volker Markus; M.A., Prof.; *Technikjournalismus*; di: Georg-Simon-Ohm-Hochsch. Nürnberg, Fak. Allgemeinwiss., Keßlerplatz 12, 90489 Nürnberg, PF 210320, 90121 Nürnberg, volkermarkus.banholzer@ohm-hochschule.de

**Bank,** Dirk; Dr. rer.nat., Prof.; *Modellbasierte Systementwicklung, Systemtheorie, Signalverarbeitung*; di: Hochsch. Ulm, Fak. Elektrotechnik u. Informationstechnik, PF 3860, 89028 Ulm, T: (0731) 5028291, bank@hs-ulm.de

**Banke,** Bernd Erich; Dr. iur., Prof.; *Wirtschaftsprivatrecht*; di: Hochsch. Reutlingen, FB International Business, Alteburgstr. 150, 72762 Reutlingen, T: (07121) 271405, bernd.banke@fh-reutlingen.de; pr: Leibnitzstr. 4/1, 72760 Reutlingen

**Bankel,** Hansgeorg; Dr.-Ing., Prof.; *Architekturgeschichte, Bauaufnahme*; di: Hochsch. München, Fak. Architektur, Karlstr. 6, 80333 München, T: (089) 12652625; pr: hansgeorg.bankel@t-online.de

**Bannehr,** Lutz; Dr. rer. nat., Prof.; *Geodatenerfassung und Sensorik*; di: Hochsch. Anhalt, FB 3 Architektur, Facility Management u. Geoinformation, PF 2215, 06818 Dessau, T: (0340) 51971611, bannehr@afg.hs-anhalt.de

**Bannert,** Gabriele; Prof.; *Objektorientierte Programmierung*; di: HTW Berlin, FB Wirtschaftswiss. II, Treskowallee 8, 10318 Berlin, T: (030) 50192716, bannert@HTW-Berlin.de

**Bantel,** Michael; Dr. rer. nat., Prof.; *Mikroelektronik, Kerntechnik, Sensorsystemtechnik*; di: Hochsch. Karlsruhe, Fak. Elektro- u. Informationstechnik, Moltkestr. 30, 76133 Karlsruhe, PF 2440, 76012 Karlsruhe, T: (0721) 9251294, michael.bantel@hs-karlsruhe.de

**Bantel,** Winfried; Dr., Prof.; *Informatik, Sprachen u. Compiler, Programmieren in C*; di: Hochsch. Aalen, Fak. Elektronik u. Informatik, Beethovenstr. 1, 73430 Aalen, T: (07361) 5764235, winfried.bantel@htw-aalen.de; pr: Gladiolenweg 12, 70374 Stuttgart, T: (0711) 5360456, winfried.bantel@e-ntwicklung.de

**Bantleon,** Ulrich; Dipl.-Kfm., M.A., WP, StB, Prof.; *BWL, Bank*; di: DHBW Villingen-Schwenningen, Fak. Wirtschaft, Friedrich-Ebert-Str. 30, 78054 Villingen-Schwenningen, T: (07720) 3906154, F: 3906149, bantleon@dhbw-vs.de

**Baral,** Andreas; Dr.-Ing., Prof.; *Elektrische Maschinen und Antriebe, Regelungstechnik, Mechatronik*; di: FH f. Wirtschaft u. Technik, Studienbereich Elektrotechnik / Mechatronik, Donnerschweer Str. 184, 26123 Oldenburg, T: (0441) 34092116, F: 34092239, baral@fhwt.de

**Baran,** Reinhard; Dr., Prof.; *technische Informatik, Elektrotechnik und Mathematik*; di: HAW Hamburg, Fak. Technik u. Informatik, Berliner Tor 7, 20099 Hamburg, T: (040) 428758015, reinhard.baran@haw-hamburg.de

**Barbey,** Hans-Peter; Dr.-Ing., Prof.; *Fördertechnik, Stahlbau*; di: FH Bielefeld, FB Ingenieurwiss. u. Mathematik, Wilhelm-Bertelsmann-Str. 10, 33602 Bielefeld, T: (0521) 1067304, F: 1067160, hans-peter.barbey@fh-bielefeld.de; pr: Schwarmstedter Str. 42, 30665 Hannover, T: (0511) 575863

**Barboza,** Kulkanti; Dr. phil., Prof.; *Tanz- und Bewegungspädagogik*; di: FH Münster, FB Sozialwesen, Robert-Koch-Straße 30, 48149 Münster, T: (0251) 8365726, F: 8365702, barboza@fh-muenster.de

**Barbu,** Catalin; Dipl.-Ing., Prof.; *Entwerfen, Gebäudelehre, Planungstheorie und Baukonstruktion*; di: Hochsch. Konstanz, Fak. Architektur u. Gestaltung, Brauneggerstr. 55, 78462 Konstanz, PF 100543, 78405 Konstanz, T: (07531) 206641, F: 206193, barbu@fh-konstanz.de

**Bardens,** Rupert E.; Dr., Prof.; *Personalmanagement, Kommunikation*; di: FH Neu-Ulm, Wileystr. 1, 89231 Neu-Ulm, T: (0731) 97621402, rupert.bardens@fh-neu-ulm.de

**Bardmann,** Manfred; Dr., Prof.; *BWL*; di: FH Kaiserslautern, FB Betriebswirtschaft, Amerikastr. 1, 66482 Zweibrücken, T: (06332) 914257, manfred.bardmann@fh-kl.de

**Bardmann,** Theodor Maria; Dr. phil., Prof.; *Soziologie, Massenkommunikatin und Gesellschaftliche Aspekte der Massenmedien*; di: Hochsch. Niederrhein, FB Sozialwesen, Richard-Wagner-Str. 101, 41065 Mönchengladbach, T: (02161) 1865647, theodor-maria.bardmann@hs-niederrhein.de; RWTH, Phil. Fak., FG Soziologie, Kármánstr. 17/19, 52056 Aachen

**Bardorf,** Wolfgang; Dr. jur., Prof.; *Internat. Wirtschafts- und Steuerrecht*; di: Hochsch. Rhein/Main, Wiesbaden Business School, Kurt-Schumacher-Ring 18, 65197 Wiesbaden, T: (0611) 94953111, wolfgang.bardorf@hs-rm.de; pr: Gluckstr. 11, 65193 Wiesbaden, T: (0611) 951730, F: 9517313, bardorf@t-online.de

**Bareiss,** Martin; Dr.-Ing., Prof.; *Thermodynamik, Kolbenmaschinen*; di: FH Südwestfalen, FB Maschinenbau u. Automatisierungstechnik, Lübecker Ring 2, 59494 Soest, T: (02921) 378337, bareiss@fh-swf.de

**Barfuß,** Georg; Dr. rer.nat., Prof. FH Erding; *Wirtschaftspolitik, Training & Coaching, Politisches Management*; di: FH f. angewandtes Management, Am Bahnhof 2, 85435 Erding, T: (08122) 9559480, georg.barfuss@myfham.de; pr: info@georg-barfuss.de

**Barfuss,** Karl Marten; Dr. phil., Prof.; *Volkswirtschaftslehre mit d. Schwerpunkt Geldtheorie u. Geldpolitik, Sozial- u. Wirtschaftsgeschichte*; di: Hochsch. Bremen, Fak. Wirtschaftswiss., Werderstr. 73, 28199 Bremen, T: (0421) 59054680, marten.barfuss@t-online.de; pr: Keplerstr. 25, 28203 Bremen, T: (0421) 703788, F: 72355

**Barfuß,** Meike; Dipl.-Ing., Prof.; *Elektronik*; di: FH Südwestfalen, FB Elektrotechnik u. Informationstechnik, Haldener Str. 182, 58095 Hagen, T: (02331) 9872218, F: 9874031, Barfuss@fh-swf.de

**Bargel,** Michael; Dr.-Ing., Prof.; *Entwicklungs- und Fertigungsmethoden*; di: FH Wedel, Feldstr. 143, 22880 Wedel, T: (04103) 804848, ba@fh-wedel.de

**Bargfrede,** Hartmut; Dr., Prof.; *Sozialmanagement*; di: FH Nordhausen, FB Wirtschafts- u. Sozialwiss., Weinberghof 4, 99734 Nordhausen, T: (03631) 420552, F: 420818, bargfrede@fh-nordhausen.de

**Bargholz,** Julia; Dipl.-Ing., Architektin, Prof.; *Entwerfen, Darstellende Geometrie, Zeichnen, Farbgestaltung, Architekturfotografie, plastisch-räumliches Gestalten*; di: Jade Hochsch., FB Architektur, Ofener Str. 16-19, 26121 Oldenburg, T: (0180) 5678073355; pr: Osterkampsweg 90, 26131 Oldenburg, T: (0441) 5599828

**Barghorn,** Knut; Dr. rer. nat., Prof.; di: Jade Hochsch., FB Management, Information, Technologie, Friedrich-Paffrath-Str. 101, 26389 Wilhelmshaven

**Barich,** Gerhard; Dipl.-Ing., Prof.; *Kunststofftechnik und Konstruktion*; di: Hochsch. München, Fak. Maschinenbau, Fahrzeugtechnik, Flugzeugtechnik, Dachauer Str. 98b, 80335 München, T: (089) 12653342, F: 12651392, gerhard.barich@fhm.edu; www.prof-barich.de

**Bark,** Andreas; Dr.-Ing., Prof.; *Vermessungskunde, Straßenwesen, Lärmschutz*; di: Techn. Hochsch. Mittelhessen, FB 01 Bauwesen, Wiesenstr. 14, 35390 Gießen, T: (0641) 3091849; pr: Habichtsweg 46, 64380 Roßdorf, T: (06154) 81353

**Bark,** Christina; Dr., Prof.; *Allg. BWL / Externes Rechnungswesen*; di: DHBW Villingen-Schwenningen, Fak. Wirtschaft, Friedrich-Ebert-Str. 30, 78054 Villingen-Schwenningen, T: (07720) 3906572, F: 3906149, bark@dhbw-vs.de

**Barnbrock,** Christoph; Dr. theol., Prof.; *Praktische Theologie*; di: Luth. Theolog. Hochschule, Altkönigstr. 150, 61440 Oberursel, T: (06171) 912749, barnbrock.c@lthh-oberursel.de

**Baron,** Gerd; Dipl.-Ing., Prof.; *Entwerfen, Innenarchitektur*; di: Hochsch. Wismar, Fak. f. Gestaltung, PF 1210, 23952 Wismar, T: (03841) 753354, g.baron@di.hs-wismar.de

**Barrabas,** Reinhard; Dr. paed., Prof.; *Betriebspsychologie, Präsentationstechnik*; di: Beuth Hochsch. f. Technik, FB I Wirtschafts- u. Gesellschaftswiss., Luxemburger Str. 10, 13353 Berlin, T: (030) 45042548, barrabas@beuth-hochschule.de; pr: TannenhäherStr. 5a, 13505 Berlin, T: (030) 4361441, F: 43667301, r.barrabas@t-online.de

**Barta,** Christian; Prof.; *Multimedia und Kommunikation*; di: Hochsch. Ansbach, FB Wirtschafts- u. Allgemeinwiss., Residenzstr. 8, 91522 Ansbach, PF 1963, 91510 Ansbach, T: (0981) 4877360, christian.barta@fh-ansbach.de

**Barta,** Michael; Prof.; *Produktgestaltung, Gewebe und Druck, Farbenlehre, Textile Kunstgeschichte, Designprojekte*; di: Hochsch. Hof, Fak. Ingenieurwiss., Alfons-Goppel-Platz 1, 95028 Hof, T: (09281) 409852, F: 40955852, Michael.Barta@fh-hof.de

**Bartel,** Manfred; Dr.-Ing., Prof.; *Steuerungstechnik, Mikrorechnertechnik, Automatisierungstechnik*; di: Hochsch. Aalen, Fak. Elektronik u. Informatik, Beethovenstr. 1, 73430 Aalen, T: (07361) 5764182, Manfred.Bartel@htw-aalen.de

**Bartelmei,** Stephan; Dr.-Ing., Prof.; *Fahrzeugtechnik/Fahrzeugsystemtechnik*; di: Jade Hochsch., FB Ingenieurwissenschaften, Friedrich-Paffrath-Str. 101, 26389 Wilhelmshaven, T: (04421) 9852585, F: 9852623, stephan.bartelmei@jade-hs.de

**Bartels,** Ruth; Dr., Prof.; *Wirtschaftsinformatik*; di: FH Kaiserslautern, FB Betriebswirtschaft, Amerikastr. 1, 66482 Zweibrücken, T: (06332) 914221, ruth.bartels@fh-kl.de

**Bartels,** Stefan; Dr.-Ing., Prof.; *Informatik*; di: FH Lübeck, FB Elektrotechnik u. Informatik, Mönkhofer Weg 136-140, 23562 Lübeck, T: (0451) 3005300, F: 3005236, stefan.bartels-von.mensenkampff@fh-luebeck.de

**Bartels,** Torsten; Dr.-Ing., Prof.; *Informatik*; di: FH Lübeck, FB Maschinenbau u. Wirtschaft, Mönkhofer Weg 136-140, 23562 Lübeck, T: (0451) 3005210, bartels.torsten@fh-luebeck.de

**Bartfelder,** Friedrich; Dr., Prof.; *Naturschutz, Landschafts- und Umweltplanung, Erholungsplanung und Recht*; di: Hochsch. Geisenheim, Von-Lade-Str. 1, 65366 Geisenheim, T: (06722) 502775, friedrich.bartfelder@hs-gm.de; Bittkau – Bartfelder + Ingenieure GbR, Taunusstr. 47, 65193 Wiesbaden, T: (0611) 531730

**Barth,** Christian; Dr.-Ing., Prof.; *Berechnungsmethoden d. Baumechanik*; di: HTW Dresden, Fak. Bauingenieurwesen/Architektur, PF 120701, 01008 Dresden, T: (0351) 4623411, barth@htw-dresden.de

**Barth,** Christoph; Prof.; *Grafik-Design, Design-Grundlagen*; di: Hochsch. f. angew. Wiss. Würzburg Schweinfurt, Fak. Gestaltung, Münzstr. 12, 97070 Würzburg, barth@fh-wuerzburg.de

**Barth,** Christoph; Dr.-Ing., Prof.; *Kunststofftechnik, Umweltschutz*; di: Hochsch. Ostwestfalen-Lippe, FB 7, Produktion u. Wirtschaft, Liebigstr. 87, 32657 Lemgo, T: (05261) 702140, christoph.barth@hs-owl.de

**Barth,** Christopher; Dr. rer. pol., Prof.; *Betriebswirtschaft, Steuern, Prüfungswesen, intern. Rechnungslegung*; di: Hochsch. Kempten, Fak. Betriebswirtschaft, PF 1680, 87406 Kempten, T: (0831) 2523610, Christopher.Barth@fh-kempten.de

**Barth,** Dieter; Prof., HonProf. FH Reutlingen; *Arbeitsrecht*; di: Hochsch. Reutlingen, FB Europ. Studienprogramm f. Betriebswirtschaft, Alteburgstr. 150, 72762 Reutlingen; pr: Kressbacher Str. 4, 72072 Tübingen, T: (07071) 75252, barth@reutlingen.ihk.de

**Barth,** Mike; Prof.; di: Hochsch. Pforzheim, Fak. f. Technik, Tiefenbronner Str. 65, 75175 Pforzheim, T: (07231) 286475, mike.barth@hs-pforzheim.de

**Barth,** Peter; Dr., Prof.; *Angewandte Informatik*; di: Hochsch. Rhein/Main, FB Design Informatik Medien, Kurt-Schumacher-Ring 18, 65197 Wiesbaden, T: (0611) 94951256, peter.barth@hs-rm.de

**Barth,** Stephan; Dr. phil., Prof.; *Sozialarbeit, Niedrigschwellige Beratung*; di: FH Münster, FB Sozialwesen, Hüfferstr. 27, 48149 Münster, T: (0251) 8365729, F: 8365702, s.barth@fh-muenster.de

**Barth,** Thomas; Dr. rer. pol., Prof.; *Controlling, Rechnungswesen*; di: Hochsch. f. Wirtschaft u. Umwelt Nürtingen-Geislingen, PF 1349, 72603 Nürtingen, T: (07022) 201302, thomas.barth@hfwu.de

**Barth,** Wolfgang; Dr., Prof.; *Bankbetriebslehre, insb. Marketing und Vertrieb*; di: Hochsch. d. Sparkassen-Finanzgruppe, Simrockstr. 4, 53113 Bonn, T: (0228) 204931, F: 204903, wolfgang.barth@dsgv.de

**Barthel,** Helmut; Dr.-Ing., Prof.; *Produktions- und Fertigungswirtschaft*; di: Hochsch. Mittweida, Fak. Wirtschaftswiss., Technikumplatz 17, 09648 Mittweida, T: (03727) 581370, F: 581295, hbarthel@htwm.de

**Barthel,** Jörg; Dr. theol., Prof.; *Altes Testament, Bibelkunde*; di: Theologische Hochsch., Friedrich-Ebert-Str. 31, 72762 Reutlingen, joerg.barthel@gmx.de

**Barthel,** Kai Uwe; Dr., Prof.; *Bilverarbeitung, Computergrafik, Kompressionstechniken u. Multimediaapplikationen*; di: HTW Berlin, FB Wirtschaftswiss. II, Treskowallee 8, 10318 Berlin, T: (030) 50192416, barthel@HTW-Berlin.de

**Barthel,** Karoline; Dr. rer. oec., Prof.; *Betriebswirtschaftslehre, Personal- u. Betriebsmanagement*; di: Beuth Hochsch. f. Technik, FB I Wirtschafts- u. Gesellschaftswiss., Luxemburger Str. 10, 13353 Berlin, T: (030) 45045503, barthel@beuth-hochschule.de

**Barthel,** Thomas; Dr., Prof.; *Wirtschaftswissenschaften*; di: Kommunale FH f. Verwaltung in Niedersachsen, Wielandstr. 8, 30169 Hannover, T: (0511) 1609430, F: 15537, Thomas.Barthel@nds-sti.de

**Barthelmä,** Ludwig; Dr.-Ing., Prof.; *Verbrennungsmotoren, Wärmeübertragung, Kolbenverdichter*; di: Hochsch. Landshut, Fak. Maschinenbau, Am Lurzenhof 1, 84036 Landshut, ludwig.barthelmae@fh-landshut.de

**Bartholdy,** Björn; Prof.; *AV Medien*; di: FH Köln, Fak. f. Kulturwiss., Ubierring 40, 50678 Köln

**Bartjes,** Heinz; Dr. rer. soc., Prof.; *Sozialpädagogik, Sozialarbeitswissenschaft*; di: Hochsch. Esslingen, Fak. Versorgungstechnik u. Umwelttechnik, Kanalstr. 33, 73728 Esslingen, T: (0711) 3974573; pr: Albstr. 32, 72810 Gomaringen, T: (07072) 914545

**Bartke,** Ilse; Dr., Prof.; *Biologie, Tierische und Pflanzliche Zellkulturen*; di: Hochsch. Weihenstephan-Triesdorf, Fak. Biotechnologie u. Bioinformatik, Am Hofgarten 10 (Löwentorgebäude), 85350 Freising, T: (08161) 714411, F: 715116, ilse.bartke@fh-weihenstephan.de

**Bartmann,** Sylke; Dipl.-Päd., Dr. phil., Prof.; *Soziale Arbeit, Interkulturelle Kommunikation, Migration, Pädagogik*; di: Hochsch. Emden/Leer, FB Soziale Arbeit u. Gesundheit, Constantiaplatz 4, 26723 Emden, T: (04921) 8071175, sylke.bartmann@hs-emden-leer.de

**Bartmann,** Ulrich; Dr., Prof.; *Handlungslehre*; di: Hochsch. f. angew. Wiss. Würzburg Schweinfurt, Fak. angew. Sozialwiss., Münzstr. 12, 97070 Würzburg

**Bartning,** Bodo; Dipl.-Phys., Dr. rer. nat., Prof.; *Softwareentwicklung, Mathematik, Physik*; di: Hochsch. Emden/Leer, FB Technik, Constantiaplatz 4, 26723 Emden, T: (04921) 8071578, F: 8071593, bartning@hs-emden-leer.de; pr: Kiefernstr. 12, 26725 Emden, T: (04921) 954095

**Barton,** Thomas; Dr., Prof.; *SAP, E-Commerce*; di: FH Worms, FB Wirtschaftswiss., Erenburgerstr. 19, 67549 Worms, barton@fh-worms.de

**Bartsch,** Michael; Prof.; *Steuerlehre mit den Schwerpunkten "Nationales und europäisches Umsatzsteuerrecht" und "Steuerliches Verfahrensrecht"*; di: Jade Hochsch., FB Wirtschaft, Friedrich-Paffrath-Str. 101, 26389 Wilhelmshaven, T: (04421) 9852684, F: 9852596, michael.bartsch@jade-hs.de

**Bartsch,** Peter; Dr.-Ing., Prof.; *Maschinenelementekonstruktion, Pumpen und Verdichter*; di: Beuth Hochsch. f. Technik, FB VIII Maschinenbau, Veranstaltungs- u. Verfahrenstechnik, Luxemburger Str. 10, 13353 Berlin, T: (030) 45045311, peter.bartsch@beuth-hochschule.de

**Bartsch,** Stephan; Dr.-Ing., Prof.; *Prozesslehre, Prozesssimulation*; di: Georg-Simon-Ohm-Hochsch. Nürnberg, Fak. Angewandte Chemie, Keßlerplatz 12, 90489 Nürnberg, PF 210320, 90121 Nürnberg

**Bartsch,** Thomas; Dr.-Ing., Prof.; *Automatisierungstechnik*; di: Hochsch. Ostwestfalen-Lippe, FB 7, Produktion u. Wirtschaft, Liebigstr. 87, 32657 Lemgo, thomas.bartsch@hs-owl.de

**Bartscher,** Thomas; Dr. rer. pol., Prof.; *Internes Beziehungsmanagement, Organisation, Human Resource Management, Allg. BWL*; di: Hochsch. Deggendorf, FB Betriebswirtschaft, Edlmairstr. 6-8, 94469 Deggendorf, PF 1320, 94453 Deggendorf, T: (0991) 3615120, F: 361581120, thomas.bartscher@fh-deggendorf.de

**Bartscher-Finzer,** Susanne; Dr., Prof.; *Personalwirtschaft und Organisation*; di: FH Kaiserslautern, FB Betriebswirtschaft, Amerikastr. 1, 66482 Zweibrücken, T: (06332) 914255, susanne.bartscherfinzer@fh-kl.de

**Bartuch,** Ulrike; Dr. rer. nat., Prof.; *Laser-Messtechnik, Integrierte Optik, Physik, Technische Optik*; di: HAWK Hildesheim/Holzminden/Göttingen, Fak. Naturwiss. u. Technik, Von-Ossietzky-Str. 99, 37085 Göttingen, T: (0551) 3705217

**Bartz,** Rainer; Dr.-Ing., Prof.; *Theoretische Nachrichtentechnik*; di: FH Köln, Fak. f. Informations-, Medien- u. Elektrotechnik, Betzdorfer Str. 2, 50679 Köln, T: (0221) 82752473, rainer.barth@fh-koeln.de; pr: Hüttenweg 36, 53721 Siegburg

**Bartz,** Ulrike; Dr. rer. nat., Prof.; *Pharmazeutische Chemie*; di: Hochsch. Bonn-Rhein-Sieg, FB Angewandte Naturwissenschaften, von-Liebig-Str. 20, 53359 Rheinbach, T: (02241) 865569, F: 8658569, ulrike.bartz@fh-bonn-rhein-sieg.de

**Bartz-Beielstein,** Thomas; Dr. rer. nat., Prof.; *Angewandte Mathematik*; di: FH Köln, Fak. f. Informatik u. Ingenieurwiss., Am Sandberg 1, 51643 Gummersbach, T: (02261) 8196391, bartz@gm.fh-koeln.de

**Barwig,** Uwe; Dr., Prof.; *Spedition, Transport und Logistik*; di: DHBW Mannheim, Fak. Wirtschaft, Coblitzallee 1-9, 68163 Mannheim, T: (0621) 41051142, F: 41051197, uwe.barwig@dhbw-mannheim.de

**Barz,** Monika; Dr., Prof.; *Theorie und Praxis Soz. Arbeit mit Frauen und Mädchen*; di: Ev. H Ludwigsburg, FB Soziale Arbeit, Auf der Karlshöhe 2, 71638 Ludwigsburg, T: (07141) 9745265, m.barz@eh-ludwigsburg.de; pr: Burgstr. 35/2, 72764 Reutlingen, T: (07121) 210260

**Barzen,** Dietmar; Dr. rer. pol., Prof.; di: Rheinische FH Köln, Hohenstaufenring 16-18, 50674 Köln; pr: Obere Dorfstr. 41b, 50829 Köln, T: (0221) 9472000, F: 9502278

**Bass,** Hans-Heinrich; Dr., Prof.; *Volkswirtschaftslehre, Internationale Wirtschaftsbeziehungen*; di: Hochsch. Bremen, Fak. Wirtschaftswiss., Werderstr. 73, 28199 Bremen, T: (0421) 59054214, F: 59054599, hans-heinrich.bass@hs-bremen.de; pr: Waiblinger Weg 23, 28215 Bremen, T: (0421) 3761088

**Bassarak,** Herbert; Dr. paed., Prof.; *Jugendhilfe, Sozial- und Jugendhilfeplanung, Arbeitsformen Sozialer Arbeit, Organisations- und Personalentwicklung in sozialen Organisationen, Teamarbeit, Netzwerkarbeit u. kommunale Netzwerkpolitik*; di: Georg-Simon-Ohm-Hochsch. Nürnberg, Fak. Sozialwiss., Bahnhofstr. 87, 90402 Nürnberg, PF 210320, 90121 Nürnberg; pr: Am Hasenfeld 9, 91207 Lauf an der Pegnitz, T: (09123) 5747, F: (09123) 5747, herbert@bassarak.de

**Bassus,** Olaf; Dr. oec., Prof.; *Buchführung, Bilanzierung, Wirtschaftsprüfung*; di: Hochsch. Wismar, Fak. f. Wirtschaftswiss., PF 1210, 23952 Wismar, T: (03841) 753537, o.bassus@wi.hs-wismar.de

**Bastert,** Rainer; Dr.-Ing., Prof.; *Automatisierungstechnik, Robotertechnik*; di: Hochsch. Bonn-Rhein-Sieg, FB Elektrotechnik, Maschinenbau und Technikjournalismus, Grantham-Allee 20, 53757 Sankt Augustin, T: (02241) 865359, F: 8658354, rainer.bastert@fh-bonn-rhein-sieg.de

**Bastian,** Georg; Dr., Prof.; *Angewandte Optoelektronik, Laserphysik*; di: Hochsch. Rhein-Waal, Fak. Technologie u. Bionik, Marie-Curie-Straße 1, 47533 Kleve, T: (02821) 80673612, georg.bastian@hochschule-rhein-waal.de

**Bastian,** Harald; Prof.; *Dienstleistungswirtschaft/Tourismus*; di: Hochsch. Harz, FB Wirtschaftswiss., Friedrichstr. 57-59, 38855 Wernigerode, T: (03943) 659246, F: 659109, hbastian@hs-harz.de

**Bastian,** Klaus; Dr. rer. nat., Prof.; *Systemprogrammierung*; di: HTWK Leipzig, FB Informatik, Mathematik u. Naturwiss., PF 301166, 04251 Leipzig, T: (0341) 30766432, bastian@imn.htwk-leipzig.de

**Baszenski,** Günter; Dr., Prof.; *Mathematik, Angew. Mathematik, Datenverarbeitung*; di: FH Dortmund, FB Informations- u. Elektrotechnik, Sonnenstr. 96, 44139 Dortmund, T: (0231) 9112154, F: 9112283, baszenski@fh-dortmund.de

**Batel,** Hellmuth; Dipl.-Ing., Prof.; *Baubetriebslehre*; di: Hochsch. Magdeburg-Stendal, FB Bauwesen, Breitscheidstr. 2, 39114 Magdeburg, T: (0391) 8864271, Hellmuth.Batel@hs-Magdeburg.DE

**Bathelt,** Peter; Dr.-Ing., Prof.; *Technische Informatik*; di: Georg-Simon-Ohm-Hochsch. Nürnberg, Fak. Elektrotechnik Feinwerktechnik Informationstechnik, Wassertorstr. 10, 90489 Nürnberg, PF 210320, 90121 Nürnberg

**Bathon,** Leander; Dr.-Ing., Prof.; *Ingenieur-Holzbau*; di: Hochsch. Rhein/Main, FB Architektur u. Bauingenieurwesen, Kurt-Schumacher-Ring 18, 65197 Wiesbaden, T: (0611) 94951482, leander.bathon@hs-rm.de; pr: Oberer Linsenberg 2, 63864 Glattbach, T: (06021) 920040

**Batrla,** Wolfgang; Dr., Prof.; *Mathematik, Datenverarbeitung, Technisches Zeichnen, Statistik*; di: Hochsch. Hof, Fak. Ingenieurwiss., Alfons-Goppel-Platz 1, 95028 Hof, Wolfgang.Batrla@fh-hof.de

**Batz,** Michael; Dr., Prof.; *Sozialmanagement*; di: DHBW Heidenheim, Fak. Sozialwesen, Wilhelmstr. 10, 89518 Heidenheim, T: (07321) 2722446, F: 2722449, batz@dhbw-heidenheim.de

**Batz,** Thomas; Dr., Prof.; *Bildungs- und Personalmanagement, Medien und Kommunikation*; di: DHBW Mosbach, Campus Heilbronn, Bildungscampus 4, 74076 Heilbronn, T: (07131) 1237131, F: 1237100, batz@dhbw-mosbach.de

**Batzdorfer,** Ludger; Dr. rer. medic., Prof.; *BWL, Unternehmensführung im Gesundheitswesen*; di: Ostfalia Hochsch., Fak. Gesundheitswesen, Wielandstr. 5, 38440 Wolfsburg, T: (05361) 831391, F: 831322

**Batzies,** Ekkehard; Dr.-Ing., Prof.; *Computergestütze Mathematik*; di: Hochsch. Furtwangen, Fak. Computer & Electrical Engineering, Robert-Gerwig-Platz 1, 78120 Furtwangen, T: (07723) 9202333, batzies@fh-furtwangen.de

**Bau,** Kurt; Dr.-Ing., Prof.; *Bauingenieurwesen*; di: HTW d. Saarlandes, Fak. f. Architektur u. Bauingenieurwesen, Goebenstr. 40, 66117 Saarbrücken, T: (0681) 5867183, bau@htw-saarland.de; pr: Petersbergstr. 35, 66119 Saarbrücken, T: (0681) 584260, F: 5847982

**Bauch,** Hans-Friedrich; Dr. rer. nat., Prof.; *Mathematik*; di: FH Stralsund, FB Elektrotechnik u. Informatik, Zur Schwedenschanze 15, 18435 Stralsund, T: (03831) 456710

**Bauer,** Alfred; Dipl.-Geograph (Univ.), Dr. phil., Prof.; *Regionale Tourismuswirtschaft, umweltorientierter Tourismus, Grundlagen der BWL*; di: Hochsch. Kempten, Fak. Tourismus, PF 1680, 87406 Kempten, T: (0831) 25239521, F: 25239502, alfred.bauer@fh-kempten.de

**Bauer,** Andrea; Dr., Prof.; *Ernährungslehre, Sensorik und Produktentwicklung*; di: HAW Hamburg, Fak. Life Sciences, Lohbrügger Kirchstr. 65, 21033 Hamburg, T: (040) 428756251, andrea.bauer@haw-hamburg.de

**Bauer,** Andreas; Dr., Prof.; *Recht*; di: Ev. FH Rhld.-Westf.-Lippe, FB Soziale Arbeit, Bildung u. Diakonie, Immanuel-Kant-Str. 18-20, 44803 Bochum, T: (0234) 36901198, bauer@efh-bochum.de

**Bauer,** Antonie; Dr. phil., Prof.; *Interkulturelles Training*; di: Hochsch. München, Fak. Tourismus, Am Stadtpark 20 (Neubau), 81243 München, T: (089) 12652135, antonie.bauer@hm.edu

**Bauer,** Benno; Prof.; *Tragwerkslehre*; di: Hochsch. f. Technik, Fak. Architektur u. Gestaltung, Schellingstr. 24, 70174 Stuttgart, PF 101452, 70013 Stuttgart, T: (0711) 8926-2630, benno.bauer@hft-stuttgart.de

**Bauer,** Bernhard; Dr.-Ing., Prof.; *Mathematik, Regelungstechnik*; di: Hochsch. Esslingen, Fak. Grundlagen u. Fak. Fahrzeugtechnik, Kanalstr. 33, 73728 Esslingen, T: (0711) 3973432; pr: Mozartstr. 5, 71409 Schwaikheim, T: (07195) 57218

**Bauer,** Dieter; Dr., Prof.; *Mikroprozessortechnik, Rechnerarchitektur*; di: Hochsch. Hof, Alfons-Goppel-Platz 1, 95028 Hof, T: (09281) 409484, F: 40955484, Dieter.Bauer@fh-hof.de

**Bauer,** Gernot; Dr., Prof.; *Software Engineering, Angewandte Mathematik*; di: FH Münster, FB Elektrotechnik u. Informatik, Stegerwaldstr. 39, 48565 Steinfurt, T: (02551) 962540, F: 962563, gernot.bauer@fh-muenster.de

**Bauer,** Hans; Dr.-Ing., Prof.; *Datenverarbeitung, Regelungstechnik*; di: Hochsch. Heilbronn, Fak. f. Technik 2, Max-Planck-Str. 39, 74081 Heilbronn, T: (07131) 504214, F: 252470, hans.bauer@hs-heilbronn.de

**Bauer,** Hans-Dieter; Dipl.-Phys., Dr. rer. nat., Prof.; *Experimentalphysik, Mikrosystemtechnik*; di: Hochsch. Rhein/Main, FB Ingenieurwiss., Physikalische Technik, Am Brückweg 26, 65428 Rüsselsheim, T: (06142) 8984514, hans-dieter.bauer@hs-rm.de; pr: Gau-Bickelheimer Weg 16, 55578 Wallertheim, T: (06732) 64113, hdbbauer@compuserve.de

**Bauer,** Hans-Peter; Dr.-Ing., Prof.; *E.-Grundlagen, Digitaltech., Mikroprozessoren*; di: Hochsch. Darmstadt, FB Elektrotechnik u. Informationstechnik, Haardtring 100, 64295 Darmstadt, T: (06151) 168230, hbauer@eit.h-da.de

**Bauer,** Harry; Dr., Prof.; *Produktmanagement Optoelectronics / Laser Technology*; di: Hochsch. Aalen, Fak. Optik u. Mechatronik, Beethovenstr. 1, 73430 Aalen, T: (07361) 5763404, Harry.Bauer@htw-aalen.de

**Bauer,** Herbert; Dipl.-Math., Dr. rer. nat., Prof.; *Mathematik, Statistik, Operations Research*; di: Hochsch. Reutlingen, FB Informatik, Alteburgstr. 150, 72762 Reutlingen, T: (07121) 271395, herbert.bauer@fh-reutlingen.de; pr: Raitweg 17, 72770 Reutlingen, T: (07072) 8750

**Bauer,** Jürgen; Dr., Prof.; *Messtechnik und Qualitätssicherung*; di: Hochsch. Pforzheim, Fak. f. Technik, Tiefenbronner Str. 65, 75175 Pforzheim, T: (07231) 286165, F: 286050, juergen.bauer@hs-pforzheim.de

**Bauer,** Martin; Dr.-Ing., Prof.; *Tragwerkslehre, Baukonstruktion*; di: Hochsch. Augsburg, Fak. f. Architektur u. Bauwesen, An der Hochschule 1, 86161 Augsburg, T: (0821) 55863112, F: 55863110, martin.bauer@hs-augsburg.de

**Bauer,** Michael; Dr., Prof.; *Medien und Kommunikation, Animationstechnik*; di: Hochsch. Aalen, Fak. Optik u. Mechatronik, Beethovenstr. 1, 73430 Aalen, T: (07361) 5762336, Michael.Bauer@htw-aalen.de; pr: www.paracam.de

**Bauer,** Michael; Dr., Prof.; *Industrielle Messtechnik, Informationstechnologie, Softwareentwicklung, Netzwerktechnologie, Security*; di: DHBW Karlsruhe, Fak. Technik, Erzbergerstr. 121, 76133 Karlsruhe, T: (0721) 9735811, bauer@no-spam.dhbw-karlsruhe.de

**Bauer,** Nicola H.; Dr., Prof.; *Hebammenkunde, Angewandte Pflegeforschung*; di: Hochsch. f. Gesundheit, Universitätsstr. 105, 44789 Bochum, T: (0234) 77727653, nicola.bauer@hs-gesundheit.de

**Bauer,** Ralf; Dr., Prof.; *Betriebswirtschaftslehre mit Schwerpunkt Controlling u. Kostenrechnung*; di: Hochsch. Rhein-Waal, Fak. Gesellschaft u. Ökonomie, Marie-Curie-Straße 1, 47533 Kleve, T: (02821) 80673316, ralf.bauer@hochschule-rhein-waal.de

**Bauer,** Reinhard; Dr.-Ing., Prof.; *Elektronik- u. CAD-Technologien*; di: HTW Dresden, Fak. Elektrotechnik, PF 120701, 01008 Dresden, T: (0351) 4623605, bauer@et.htw-dresden.de

**Bauer,** Roland; Dr., Prof.; *Landtechnik, Physik*; di: Hochsch. Weihenstephan-Triesdorf, Fak. Land- u. Ernährungswirtschaft, Am Hofgarten 1, 85354 Freising, 85350 Freising, T: (08161) 714332, F: 714496, roland.bauer@fh-weihenstephan.de

**Bauer,** Thomas; Dr.-Ing., Prof.; *Massivbau, Stahl- und Holzbau*; di: Hochsch. Magdeburg-Stendal, FB Bauwesen, Breitscheidstr. 2, 39114 Magdeburg, T: (0391) 8864212, Thomas.Bauer@hs-Magdeburg.DE

**Bauer,** Thomas; Dipl.-Hdl., Prof.; *Volkswirtschaftslehre, Investitionsrechnung*; di: Hochsch. Darmstadt, FB Wirtschaft, Haardtring 100, 64295 Darmstadt, T: (06151) 169322, bauer@fbw.h-da.de

**Bauer,** Ulrich; Dipl. Designer, Prof.; *Bekleidungstechnik*; di: HTW Berlin, FB Gestaltung, Wilhelminenhofstr. 67-77, 12459 Berlin, T: (030) 50194737, Ulrich.Bauer@HTW-Berlin.de

**Bauer,** Ulrich; Dr.-Ing., Prof.; *Interkulturelle Kommunikation*; di: Hochsch. Kempten, Fak. Tourismus, Bahnhofstr. 61-63, 87435 Kempten, T: (0831) 25239513

**Bauer,** Werner; Dr.-Ing., Prof.; *Verbrennungsmotoren*; di: Hochsch. München, Fak. Maschinenbau, Fahrzeugtechnik, Flugzeugtechnik, Dachauer Str. 98b, 80335 München, T: (089) 12651229, F: 12651392, werner.bauer@fhm.edu

**Bauer-Wersing,** Ute; Dr., Prof.; *Informatik*; di: FH Frankfurt, FB 2 Informatik u. Ingenieurwiss., Nibelungenplatz 1, 60318 Frankfurt am Main, T: (069) 15332793

**Bauernöppel,** Frank; Dr., Prof.; *Angewandte Informatik*; di: HTW Berlin, FB Wirtschaftswiss. II, Treskowallee 8, 10318 Berlin, T: (030) 50193319, Frank.Bauernoeppel@HTW-Berlin.de

**Bauersachs,** Jack; Ph.D., Prof.; *Betriebsstatistik, Investmentbanking, Internationales Management*; di: Hochsch. Deggendorf, FB Betriebswirtschaft, Edlmairstr. 6-8, 94469 Deggendorf, PF 1320, 94453 Deggendorf, T: (0991) 3615114, F: 361581114, jack.bauersachs@fh-deggendorf.de

**Baum,** Achim; Dr., Prof.; *Kommunikationswissenschaften, Journalistik, Öffentlichkeitsarbeit*; di: Hochsch. Osnabrück, Fak. MKT, Inst. f. Kommunikationsmanagement, Kaiserstr. 10c, 49809 Lingen, T: (0591) 80098457, a.baum@hs-osnabrueck.de; pr: Hartmutstr. 19, 41751 Viersen

**Baum,** Armin D.; Dr., Prof.; *Neues Testament*; di: Freie Theolog. Hochsch., Rathenaustr. 5-7, 35394 Gießen, baum@fthgiessen.de

**Baum,** Eckhard; Dr.-Ing., Prof.; *Grundlagen der Elektrotechnik und Übertragungstechnik*; di: Hochsch. Fulda, FB Elektrotechnik u. Informationstechnik, Marquardstr. 35, 36039 Fulda, baum@et.fh-fulda.de

**Baum,** Frank; Dr., Prof.; *Rechnungswesen, Handelsbetriebslehre, Controlling*; di: FH f. Wirtschaft u. Technik, Studienbereich Wirtschaft & IT, Rombergstr. 40, 49377 Vechta, T: (04441) 915303, F: 915109, baum@fhwt.de

**Baum,** Heinz Georg; Dr., Prof.; *Allgemeine Betriebswirtschaftslehre, Strategisches Management*; di: Hochsch. Fulda, FB Oecotrophologie, Marquardstr. 35, 36039 Fulda, T: (0661) 9640503, heinz-georg.baum@lt.hs-fulda.de

**Baum,** Helmar; Dr., Prof.; *Medienmanagement*; di: Macromedia Hochsch. f. Medien u. Kommunikation, Gollierstr. 4, 80339 München

**Baumann,** Astrid; Dr., Prof.; *Mathematik, Physik*; di: FH Frankfurt, FB 1 Architektur, Bauingenieurwesen, Geomatik, Nibelungenplatz 1, 60318 Frankfurt am Main, astrid.baumann@fb1.fh-frankfurt.de

**Baumann,** Bernd; Dr. rer.nat., Prof.; *Physik*; di: HAW Hamburg, Fak. Technik u. Informatik, Berliner Tor 21, 20099 Hamburg, T: (040) 428758737, bernd.baumann@haw-hamburg.de; pr: T: (040) 41303475, info@BerndBaumann.de

**Baumann,** Holger; Dr.-Ing., Prof.; *Geoinformationswesen*; di: Hochsch. Anhalt, FB 3 Architektur, Facility Management u. Geoinformation, PF 2215, 06818 Dessau, T: (0340) 51971612, baumann@afg.hs-anhalt.de

**Baumann,** Johannes; Dr. oec. habil., Prof.; *OR/Mathematik*; di: Westsächs. Hochsch. Zwickau, FB Wirtschaftswiss., Scheffelstr. 39, 08056 Zwickau, PF 201037, 08012 Zwickau, Johannes.Baumann@fh-zwickau.de

**Baumann,** Marcus; Dr. rer. nat., Prof., Rektor; *Biotechnologie, insb. Umweltbiotechnologie*; di: FH Aachen, FB Angewandte Naturwiss. u. Technik, Ginsterweg 1, 52428 Jülich, T: (0241) 600953192, baumann@fh-aachen.de; pr: An der Helmüs 30, B-4728 Hergenrath, T: (0032) 87653281

**Baumann,** Markus; Dr.-Ing., Prof.; *Stahlbau, Technische Mechanik*; di: Hochsch. Karlsruhe, Fak. Architektur u. Bauwesen, Moltkestr. 30, 76133 Karlsruhe, PF 2440, 76012 Karlsruhe, T: (0721) 9252630, markus.baumann@fh-karlsruhe.de

**Baumann,** Oliver; Dr., Prof.; *Mathematik und Physik*; di: HAW Hamburg, Fak. Life Sciences, Lohbrügger Kirchstr. 65, 21033 Hamburg, T: (040) 428756123, oliver.baumann@haw-hamburg.de

**Baumann,** Peter; Dr.-Ing., Prof.; *Statik und Stahlbetonbau*; di: FH Münster, FB Bauingenieurwesen, Corrensstr. 25, 48149 Münster, T: (0251) 8365228, F: 8365152, baumann@fh-muenster.de; pr: Lerchenhain 52, 48301 Nottuln, T: (02502) 224630

**Baumann,** Sabine; Dr., Prof.; *Allgemeine BWL*; di: Jade Hochsch., FB Management, Information, Technologie, Friedrich-Paffrath-Str. 101, 26389 Wilhelmshaven

**Baumann,** Sibylle; Dr. jur., Prof.; *Wirtschaftsrecht, insb. Privatrecht, IT-Recht, Handels-, Gesellschafts- und Europarecht*; di: FH Ludwigshafen, FB III Internationale Dienstleistungen, Ernst-Boehe-Str. 4, 67059 Ludwigshafen, T: (0621) 5203216, sibylle.baumann@fh-lu.de

**Baumbach,** Peter; Dr. rer. nat., Prof.; *Optik u. Technik d. Brille, Geometrische Optik, Technische Optik*; di: Hochsch. Aalen, Fak. Optik u. Mechatronik, Beeethovenstr. 1, 73430 Aalen, T: (07361) 5764612, Peter.Baumbach@htw-aalen.de

**Baumeister,** Gundi; Dr.-Ing., Prof.; *Werkstofftechnik, Kunststofftechnik*; di: Hochsch. Coburg, Fak. Maschinenbau, Friedrich-Streib-Str. 2, 96450 Coburg, T: (09561) 317460, gundi.baumeister@hs-coburg.de

**Baumeister,** Hans Peter; Dr., Prof.; *Neue Medien, Wissenschaftliches Arbeiten*; di: Europäische FernH Hamburg, Doberaner Weg 20, 22143 Hamburg

**Baumeister,** Peter; Dr. iur., apl. Prof. U Mannheim, Prof. SRH Heidelberg; *Öffentliches Recht, Sozialrecht, Europarecht*; di: Hochsch. Heidelberg, Fak. f. Angew. Psychologie, Ludwig-Guttmann-Str. 6, 69123 Heidelberg, T: (06221) 882260, peter.baumeister@fh-heidelberg.de

**Baumeister,** Werner; Dipl.-Chem., Dr. phil., Prof.; *Chemie, Chemische Technologie*; di: FH Flensburg, Chemische Technologie, Kanzleistr. 91-93, 24943 Flensburg, T: (0461) 8051288, werner.baumeister@fh-flensburg.de; pr: Goerdelerstr. 21, 24937 Flensburg, T: (0461) 55491

**Baumert,** Andreas; Dr. phil., Prof. FH Hannover; *Text u. Recherche*; di: Hochsch. Hannover, Fak. III Medien, Information u. Design, Ricklinger Stadtweg 120, 30459 Hannover, T: (0511) 92961218, andreas.baumert@fh-hannover.de; transfer.tr.fh-hannover.de/person/baumert/; pr: Richard-Wagner-Straße 13, 30177 Hannover, T: (0511) 3940912, baumert@recherche-und-text.de; www.recherche-und-text.de/

**Baumgärtel,** Christian; Dr.-Ing. habil., Prof.; *Kraftfahrzeugtechnik/Antriebstechnik, Fahrwerk, Fahrdynamik, Bau- und Zulassungsvorschriften*; di: Westsächs. Hochsch. Zwickau, Fak. Kraftfahrzeugtechnik, Dr.-Friedrichs-Ring 2A, 08056 Zwickau, T: (0375) 5363437, F: 5362102, Christian.Baumgaertel@fh-zwickau.de

**Baumgärtel,** Hartwig; Dr.-Ing., Prof.; *Logistik, Supply Chain Management*; di: Hochsch. Ulm, Fak. Produktionstechnik u. Produktionswirtschaft, PF 3860, 89028 Ulm, T: (0731) 5028281, baumgaertel@hs-ulm.de

**Baumgärtler,** Thomas; Dr., Prof.; *BWL, Steuerlehre*; di: Hochsch. Offenburg, Fak. Betriebswirtschaft u. Wirtschaftsingenieurwesen, Klosterstr. 14, 77723 Gengenbach, T: (07803) 96984411, F: 969849, thomas.baumgaertler@hs-offenburg.de

**Baumgart,** Andreas; Prof.; *Interaction Design*; di: HAW Hamburg, Fak. Design, Medien u. Information, Armgartstr. 24, 22087 Hamburg, T: (040) 428754664, andreas.baumgart@haw-hamburg.de; pr: andreas_baumgart@arcor.de

**Baumgart,** Jörg; Dr.-Ing., Prof.; *Elektronik, Mikrosystemtechnik*; di: Hochsch. Ravensburg-Weingarten, Doggenriedstr., 88250 Weingarten, PF 1261, 88241 Weingarten, T: (0751) 5019446, joerg.baumgart@hs-weingarten.de

**Baumgart,** Jörg; Dr., Prof.; *Wirtschaftsinformatik*; di: DHBW Mannheim, Fak. Wirtschaft, Coblitzallee 1-9, 68163 Mannheim, T: (0621) 41051216, F: 41051249, joerg.baumgart@dhbw-mannheim.de

**Baumgart,** Klaus; Dipl. Designer, Prof.; *Visuelle Gestaltung, 2-D-Design, Illustration*; di: HTW Berlin, FB Gestaltung, Wilhelminenhofstr. 67-77, 12459 Berlin, T: (030) 50194749, baumgart@HTW-Berlin.de

**Baumgart,** Rudolf; Dr.-Ing., Prof.; *Konstruktiver Ingenieurbau*; di: Hochsch. Darmstadt, FB Bauingenieurwesen, Haardtring 100, 64295 Darmstadt, T: (06151) 168158, baumgart@fbb.h-da.de

**Baumgart-Schmitt,** Rudolf; Dr. sc. nat., Dr.-Ing., Prof.; *Informatik, Mikrorechentechnik*; di: FH Schmalkalden, Fak. Elektrotechnik, Blechhammer, 98574 Schmalkalden, PF 100452, 98564 Schmalkalden, T: (03683) 6885324, r.baumgart-schmitt@e-technik.fh-schmalkalden.de

**Baumgarten,** Dietrich; Dr. rer. nat., Prof.; *Mathematik*; di: Hochsch. Darmstadt, FB Mathematik u. Naturwiss., Haardtring 100, 64295 Darmstadt, T: (06151) 168678, baumgart@h-da.de; pr: Viernheimer Weg 9, 69123 Heidelberg, T: (06221) 833201

**Baumgarten,** Karl-Michael; Dr.-Ing., Prof.; *Innenarchitektur, Computergestützter Entwurf*; di: Hochsch. Hannover, Fak. III Medien, Information u. Design, Kurt-Schwitters-Forum, Expo Plaza 2, 30539 Hannover, T: (0511) 92962364, karl-michael.baumgarten@hs-hannover.de; pr: Schönbergstr. 17, 30419 Hannover

**Baumgarth,** Carsten; Dr., Prof.; *B-to-B, CSR als Markenansatz, Markenorientierung, Marketing-Grundlagen*; di: Hochsch. f. Wirtschaft u. Recht Berlin, FB 1, Badensche Str. 50-51, 10825 Berlin, carsten.baumgarth@hwr-berlin.de

**Baumgarth,** Rolf; Dr.-Ing., Prof.; *Grundlagen der Konstruktion, Konstruktionsmethodik, Festigkeitslehre*; di: Hochsch. München, Fak. Maschinenbau, Fahrzeugtechnik, Flugzeugtechnik, Dachauer Str. 98b, 80335 München

**Baumgartl,** Robert; Dr.-Ing., Prof.; *Echtzeitsysteme*; di: HTW Dresden, Fak. Informatik/Mathematik, Friedrich-List-Pl. 1, 01069 Dresden, T: (0351) 4622510, F: 4623671, robert.baumgartl@informatik.htw-dresden.de

**Baumgartner,** Ekkehart; Dr. rer. pol., Prof.; *Marketing, Markenmanagement und Kommunikation*; di: AMD Akademie Mode & Design (FH), Wendenstr. 35c, 20097 Hamburg, ekkehart.baumgartner@amdnet.de; pr: T: (030) 330997611

**Baums,** Bodo; Dr.-Ing., Prof.; *Konstruktion von Luft- und Rahmfahrzeugen*; di: FH Aachen, FB Luft- und Raumfahrttechnik, Hohenstaufenallee 6, 52064 Aachen, T: (0241) 600952416, baums@fh-aachen.de; pr: Hermann-Löns-Str. 70b, 52078 Aachen, T: (0241) 525757

**Baums,** Dieter; Dr.-Ing., Prof.; *Praktische Informatik, Medieninformatik, Telekommunikationsdienste, Sicherheit in Informationsnetzen, eCommerce*; di: Techn. Hochsch. Mittelhessen, FB 11 Informationstechnik, Elektrotechnik, Mechatronik, Wilhelm-Leuschner-Str. 13, 61169 Friedberg, T: (06031) 604247

**Baur,** Frank; Dipl.-Ing., Prof.; *Bauingenieurwesen*; di: HTW d. Saarlandes, Fak. f. Architektur u. Bauingenieurwesen, Goebenstr. 40, 66117 Saarbrücken, T: (0681) 5867170, baur@htw-saarland.de; pr: Hauptstr. 47c, 66130 Saarbrücken-Eschringen, T: (06893) 70596

**Baur,** Jörg; Dr. phil., Prof.; *Psychologie*; di: Kath. Hochsch. NRW, Abt. Aachen, FB Sozialwesen, Robert-Schuman-Str. 25, 52066 Aachen, T: (0241) 6000345, F: 6000388, j.baur@kfhnw-aachen.de

**Baur,** Jürgen; Dr.-Ing., Prof.; *Technische Informatik, Adaptronik, Steuer- u. Regelungstechnik, Funktions- u. fehlersichere mechatronische Systeme*; di: Hochsch. Aalen, Mechatronik, Beethovenstr. 1, 73430 Aalen, T: (07361) 5763248, juergen.baur@htw-aalen.de

**Baur,** Katja; Dr., Prof.; *Handlungsformen d. Religions- und Gemeindepädagogik*; di: Ev. H Ludwigsburg, FB Religionspädagogik, Auf der Karlshöhe 2, 71638 Ludwigsburg, T: (07141) 9745272, k.baur@efh-ludwigsburg.de; pr: Poppenweiler Str. 12, 71640 Ludwigsburg, T: (07141) 862824, F: 862874, K.baur@arcor.de

**Baur,** Ulrich; Dr. jur., HonProf.; *Steuerrecht*; di: Hochsch. Rhein/Main, FB Wirtschaft, Bleichstr. 44, 65183 Wiesbaden; pr: Galileistr. 4a, 65193 Wiesbaden, T: (0611) 39807

**Baur,** Walter; Prof.; *Konstruktionslehre und Erzeugnisgestaltung, Werkstoffkunde, Festigkeitslehre, Kunststoffverarbeitung*; di: Hochsch. f. angew. Wiss. Würzburg Schweinfurt, Fak. Kunststofftechnik u. Vermessung, Münzstr. 12, 97070 Würzburg

**Baureis,** Peter; Dr., Prof.; *Technische Physik, Mess-, Steuer- und Regelungstechnik, Microelektronik*; di: Hochsch. f. angew. Wiss. Würzburg Schweinfurt, Fak. angew. Natur- u. Geisteswiss., Münzstr. 12, 97070 Würzburg

**Baurmann,** Henning; Dipl.-Ing., Prof.; *Architektur*; di: Hochsch. Darmstadt, FB Architektur, Haardtring 100, 64295 Darmstadt; pr: hb@architekten.eu

**Baus,** Josef; Dipl.-Kfm., Dr. rer. oec., Prof.; *Betriebswirtschaftslehre, insbes. Internationale Rechnungslegung und Controlling*; di: FH Ludwigshafen, FB I Management und Controlling, Ernst-Boehe-Str. 4, 67059 Ludwigshafen/Rhein, T: (0621) 5203215, F: 5203193, baus@fh-ludwigshafen.de

**Bausch,** Siegfried; Dr.-Ing., Prof.; *Massivbau, Baustatik, Technische Mechanik*; di: FH Lübeck, FB Bauwesen, Mönkhofer Weg 239, 23562 Lübeck, T: (0451) 3005147, siegfried.bausch@fh-luebeck.de

**Bausch,** Thomas; Dr., Prof.; *Internationale und nationale Tourismuspolitik, Raum- und Regionalplanung*; di: Hochsch. München, Fak. Tourismus, Am Stadtpark 20, 81243 München, T: (089) 12652751, thomas.bausch@fhm.edu

**Bauschat,** J.-Michael; Dipl.-Ing., Prof.; *Flugmechanik, Flugführung*; di: FH Aachen, FB Luft- und Raumfahrttechnik, Hohenstaufenallee 6, 52064 Aachen, T: (0241) 600952305, bauschat@fh-aachen.de

**Bauschke-Urban,** Carola; Dr. phil., Prof.; *Soziologie, Genderforschung*; di: Hochsch. Rhein-Waal, Fak. Gesellschaft u. Ökonomie, Marie-Curie-Straße 1, 47533 Kleve, T: (02821) 80673323, carola.bauschke-urban@hochschule-rhein-waal.de

**Bautze,** Kristina; Dr., Prof.; *Allgemeines Verwaltungsrecht, Verfassungsrecht, Polizei- und Ordnungsrecht, Europarecht*; di: Hochsch. f. Wirtschaft u. Recht Berlin, FB 1, Alt-Friedrichsfelde 60, 10315 Berlin, T: (030) 90214321, F: 90214417, k.bautze@hwr-berlin.de

**Baviera,** Michele; Prof.; *Grundlagen d. Gestaltung, Typografie, Kommunikationsdesign*; di: Hochsch. Konstanz, Fak. Architektur u. Gestaltung, Brauneggerstr. 55, 78462 Konstanz, PF 100543, 78405 Konstanz, T: (07531) 206851

**Bax,** Ingo; Dr.-Ing., Prof.; *Informatik/Wirtschaftsinformatik, Schwerpunkt Web Engineering*; di: FH Münster, FB Wirtschaft, Johann-Krane-Weg 25, 48149 Münster, T: (0251) 8365516, F: 8365525, Ingo.Bax@fh-muenster.de

**Bayer,** Frank O.; Dr., Prof.; *BWL, Spedition, Transport und Logistik*; di: DHBW Lörrach, Hangstr. 46-50, 79539 Lörrach, T: (07621) 2071311, F: 2071239, bayer@dhbw-loerrach.de

**Bayer,** Martin; Dr.-Ing., Prof.; *Datenverarbeitung*; di: Hochsch. Augsburg, Fak. f. Elektrotechnik, Baumgartnerstr. 16, 86161 Augsburg, T: (0821) 5586374, F: 5586360, martin.bayer@hs-augsburg.de

**Bayer,** Thomas; Dr., Prof., Dekan FB Chemieingenieurwesen Provadis HS Frankfurt/Main; *Anorgan. u organ. Chemie, Chem. Verfahrenstechnik, Instrumentelle Analytik, Katalyse, Prozessintensivierung*; di: Provadis School of Int. Management and Technology, Industriepark Hoechst, Geb. B 845, 65926 Frankfurt a.M., T: (069) 30528145, F: 30516277, thomas.bayer@provadis-hochschule.de

**Bayer,** Thomas; Dr. rer. nat., Prof.; *Datenverarbeitung, Prozessanalyse, Geschäftsprozesse, Wissensmanagement*; di: Hochsch. Ravensburg-Weingarten, Doggenriedstr., 88250 Weingarten, PF 1261, 88241 Weingarten, T: (0751) 5019260, thomas.bayer@hs-weingarten.de

**Bayer,** Thomas; Dr., Prof.; *Betriebswirtschaft und Wirtschaftsingenieurwesen*; di: FH Neu-Ulm, Wileystr. 1, 89231 Neu-Ulm, T: (0731) 97621471

**Bayerdörfer,** Isabel; Dr.-Ing., Prof.; *Grundlagen der Konstruktion, Maschinenelemente*; di: Hochsch. München, Fak. Maschinenbau, Fahrzeugtechnik, Flugzeugtechnik, Dachauer Str. 98b, 80335 München, T: (089) 12653347, isabel.bayerdoerfer@hm.edu

**Bayerlein,** Jörg; Dipl.-Ing., Dr.-Ing., Prof.; *Messtechnik*; di: FH Lübeck, FB Elektrotechnik u. Informatik, Mönkhofer Weg 136-140, 23562 Lübeck, T: (0451) 3005021, joerg.bayerlein@fh-luebeck.de

**Beater,** Peter; Dr.-Ing., Prof.; *Prozessautomatisierung, Simulationstechnik, hydrostatische Antriebe*; di: FH Südwestfalen, FB Maschinenbau u. Automatisierungstechnik, Lübecker Ring 2, 59494 Soest, T: (02921) 378346, F: 378301, beater@fh-swf.de; www.beater.de

**Beaucamp,** Guy; Dr., Prof.; *Familien- und Verbraucherrecht, Ordnungswidrigkeitenrecht, Zivilrecht*; di: HAW Hamburg, Fak. Wirtschaft u. Soziales, Berliner Tor 5, 20099 Hamburg, T: (040) 428757713, Guy.Beaucamp@pm.haw-hamburg.de; pr: Nordstr. 21, 18107 Elmenhorst, T: (0381) 7686950

**Beaugrand,** Andreas; Dr. phil., Prof., Vizepräs.; *Kunst- u. Kulturgeschichte, Designtheorie, Theorie d. Gestaltung*; di: FH Bielefeld, FB Gestaltung, Lampingstr. 3, 33615 Bielefeld, T: (0521) 1067663, andreas.beaugrand@fh-bielefeld.de; pr: Brandenburger Str. 18, 33602 Bielefeld, T: (0521) 179672, F: 179672

**Beba,** Werner; Dr., Prof.; *Marketing*; di: HAW Hamburg, Fak. Wirtschaft u. Soziales, Berliner Tor 5, 20099 Hamburg, werner.beba@haw-hamburg.de

**Bechthold,** Jens; Dr.-Ing., Prof.; *Automatisierungstechnik*; di: FH Südwestfalen, FB Maschinenbau, Lübecker Ring 2, 59494 Soest, T: (02921) 378345, bechtold@fh-swf.de

**Bechthold-Schlosser,** Jutta; Prof. FH Erfurt; *Baukonstruktion, Baustoffkunde, Entwerfen*; di: FH Erfurt, FB Architektur, PF 101363, 99013 Erfurt, T: (0361) 6700453, F: 6700462, bechthold@fh-erfurt.de

**Bechtloff,** Jürgen; Dr.-Ing., Prof., Dekan FB Ingenieur- und Wirtschaftswissenschaften; *Messtechnik/Steuerungstechnik/Regelungstechnik*; di: FH Südwestfalen, FB Ingenieur- u. Wirtschaftswiss., Lindenstr. 53, 59872 Meschede, T: (0291) 9910971, -970, bechtloff@fh-swf.de

**Bechtold,** Andreas P.; Prof.; *Kommunikationsdesign*; di: Hochsch. Konstanz, Fak. Architektur u. Gestaltung, Brauneggerstr. 55, 78462 Konstanz, PF 100543, 78405 Konstanz, bechtold@htwg-konstanz.de; pr: Villa Prym, Seestr. 33, 78464 Konstanz, T: (07531) 3659270

**Beck,** Andreas; Dipl.-Ing., Prof.; *Physik und Bauphysik*; di: Hochsch. f. Technik, Fak. Bauingenieurwesen, Bauphysik u. Wirtschaft, Schellingstr. 24, 70174 Stuttgart, PF 101452, 70013 Stuttgart, T: (0711) 89262677, andreas.beck@hft-stuttgart.de

**Beck,** Andreas; Dr. rer. nat., Prof.; *Organische Chemie, Polymerchemie, Spektroskopie*; di: Hochsch. Aalen, Fak. Chemie, Beethovenstr. 1, 73430 Aalen, T: (07361) 5762100, Andreas.Beck@htw-aalen.de

**Beck,** Arnold; Dr.-Ing., Prof.; *Compilertechnik*; di: HTW Dresden, Fak. Informatik/Mathematik, Friedrich-List-Platz 1, 01069 Dresden, T: (0351) 4622130, beck@informatik.htw-dresden.de

**Beck,** Astrid; Dipl.-Inf., M.Sc., Prof.; *Medieninformatik, Mensch-Maschine-Schnittstellen*; di: Hochsch. Esslingen, Fak. Versorgungstechnik u. Umwelttechnik, Kanalstr. 33, 73728 Esslingen, T: (0711) 3974167; pr: Offenbachstr. 18, 70195 Stuttgart, T: (0711) 695832

**Beck,** Christa; Dr. paed., Prof.; *Mathematik, Finanzmathematik, Statistik, Datenverarbeitung*; di: FH Stralsund, FB Maschinenbau, Zur Schwedenschanze 15, 18435 Stralsund, T: (03831) 456706

**Beck,** Christoph; Dr. rer. pol., Prof.; *Personal- und Bildungswesen*; di: H Koblenz, FB Wirtschaftswissenschaften, Konrad-Zuse-Str. 1, 56075 Koblenz, T: (0261) 9528170, beck@hs-koblenz.de

**Beck,** Eberhard; Dr. med., Prof.; *Medizininformatik*; di: FH Brandenburg, FB Informatik u. Medien, Magdeburger Str. 50, 14770 Brandenburg, PF 2132, 14737 Brandenburg, beck@fh-brandenburg.de

**Beck,** Hanno; Dr., Prof.; *Volkswirtschaft*; di: Hochsch. Pforzheim, Fak. f. Wirtschaft u. Recht, Tiefenbronner Str. 65, 75175 Pforzheim, T: (07231) 286323, F: 286090, hanno.beck@hs-pforzheim.de

**Beck,** Horst W.; Dr.-Ing., Dr. theol. habil., o.Prof. (beurl.) Gustav-Siewerth-Akad. Weilheim-Bierbronnen; *Physik, Grenzfragen der Naturwissenschaften*; di: Gustav-Siewerth-Akademie, Oberbierbronnen 1, 79809 Weilheim-Bierbronnen; pr: Sommerhalde 10, 72270 Baiersbronn, T: (07442) 81303

**Beck,** Jörg; Prof.; *Kommunikationsgestaltung*; di: Hochsch. f. Gestaltung Schwäbisch Gmünd, Rektor-Klaus-Str. 100, 73525 Schwäbisch Gmünd, PF 1308, 73503 Schwäbisch Gmünd, T: (07171) 602632

**Beck,** Klaus; Dr., Prof.; *Mathematik*; di: Hochsch. Mannheim, Fak. Elektrotechnik, Windeckstr. 110, 68163 Mannheim

**Beck,** Martin; Dipl.-Betriebswirt, HonProf. H Nürtingen; *Betriebswirtschaft*; di: Hochsch. f. Wirtschaft u. Umwelt Nürtingen-Geislingen, PF 1349, 72603 Nürtingen

**Beck,** Ralf; Dr., Prof.; *Rechnungswesen und Controlling*; di: FH Dortmund, FB Wirtschaft, Emil-Figge-Str. 42, 44227 Dortmund, T: (0231) 7554967, ralf.beck@fh-dortmund.de

**Beck,** Reinhilde; Dr. phil., Prof.; *Pädagogik, Psychologie*; di: Hochsch. München, Fak. Angew. Sozialwiss., Lothstr. 34, 80335 München, T: (089) 12652323, F: 12652330, rbeck@fhm.edu

**Beck,** Silvia; Prof.; *Zeichnerische Darstellung und Illustration*; di: Hochsch. Niederrhein, FB Design, Petersstr. 123, 47798 Krefeld, T: (02151) 8224392

**Beck,** Thorsten; Dr.-Ing.Prof.; *Werkzeugmaschinen, Produktionstechnik, Produktionsmanagement*; di: Techn. Hochsch. Mittelhessen, Wiesenstr. 14, 35390 Gießen, T: (0641) 3092238, thorsten.beck@mmew.fh-giessen.de

**Beck,** Volker; Dr. med., Prof.; *Sozialmedizin*; di: Hochsch. Darmstadt, FB Gesellschaftswiss. u. Soziale Arbeit, Haardtring 100, 64295 Darmstadt, T: (06151) 168716, volker.beck@h-da.de

**Beck,** Volker; Dr.-Ing., Prof.; *Wirtschaftsingenieurwesen, Operations Research, Personalführung, Unternehmensführung*; di: Hochsch. Aalen, Fak. Wirtschaftswissenschaften, Beethovenstr. 1, 73430 Aalen, T: (07361) 5762441, volker.beck@htw-aalen.de

**Beck,** Wolfgang; Dr., Prof.; *Verwaltungsrecht, Schwerpunkt Kommunalrecht*; di: Hochsch. Harz, FB Verwaltungswiss., Domplatz 16, 38820 Halberstadt, T: (03941) 622420, F: 622500, wbeck@hs-harz.de; pr: Spiegelsbergweg 12, 38820 Halberstadt, T: (03941) 447090

**Beck-Meuth,** Eva-Maria; Dr., Prof.; *Mathematik, Informatik*; di: Hochsch. Aschaffenburg, Fak. Ingenieurwiss., Würzburger Str. 45, 63743 Aschaffenburg, T: (06021) 314882, eva-maria.beck-meuth@fh-aschaffenburg.de

**Becke,** Christian; Dr.-Ing., Prof.; *Wasserwirtschaft, insbes. Wassergütewirtschaft*; di: FH Münster, FB Energie, Gebäude, Umwelt, Stegerwaldstr. 39, 48565 Steinfurt, T: (0251) 8362153, F: 962271, becke@fh-muenster.de; pr: Stehrstr. 51, 48565 Steinfurt, T: (02551) 82876, F: 2665

**Becker,** Andreas; Dr. med., Prof.; di: Kath. Hochsch. NRW, Abt. Köln, FB Gesundheitswesen, Wörthstr. 10, 50668 Köln; pr: Ebertplatz 1, 50668 Köln, T: (0221) 1679810, becker@clinotel.de

**Becker,** Barbara; Dr. rer. nat., Prof.; *Mikrobiologie*; di: Hochsch. Ostwestfalen-Lippe, FB 4, Life Science Technologies, Liebigstr. 87, 32657 Lemgo, T: (05261) 702241, F: 702222; pr: Moltkestr. 32c, 32105 Bad Salzuflen

**Becker,** Carola; Dipl.-Ing., Prof.; *Bodenmanagement, Umweltplanung*; di: Jade Hochsch., FB Bauwesen u. Geoinformation, Ofener Str. 16-19, 26121 Oldenburg, T: (0441) 77083248, c.becker@jade-hs.de; pr: Klingenbergstr. 78, 26133 Oldenburg, T: (0441) 9491877

**Becker,** Christof; Dr. rer.nat., Prof.; *Mathematik, Datenverarbeitung, insbes. Betriebssoftware [Angewandte Mathematik]*; di: Hochsch. Niederrhein, FB Elektrotechnik / Informatik, Reinarzstr. 49, 47805 Krefeld, T: (02151) 8224623

**Becker,** Dorothea; Dipl.-Ing., Architektin, Prof.; *Entwurf, Architekturzeichnen, Architekturdarstellung / Grafik / Layout*; di: Westsächs. Hochsch. Zwickau, FB Architektur, Klinkhardtstr. 30, 08468 Reichenbach, T: (03765) 552167, Dorothea.Becker@fh-zwickau.de

**Becker,** Florian; Dr., Prof.; *Wirtschaftspsychologie*; di: Hochsch. Rosenheim, Hochschulstr. 1, 83024 Rosenheim, T: (08031) 805463, F: 805402, florian.becker@fh-rosenheim.de

**Becker,** Gerd; Dr.-Ing., Prof.; *Energietechnische Anlagen, Grundlagen der Elektrotechnik*; di: Hochsch. München, Fak. Elektrotechnik u. Informationstechnik, Lothstr. 64, 80335 München, T: (089) 12653416, F: 12653403, becker@ee.fhm.edu

**Becker,** Günther; Prof.; *Staatsrecht, Allg. Verwaltungsrecht, Privatrecht*; di: H f. öffentl. Verwaltung u. Finanzen Ludwigsburg, Reuteallee 36, 71634 Ludwigsburg, T: (07141) 14016, F: 140544, Becker@rz.fhov-ludwigsburg.de

**Becker,** Hans-Paul; Dr. rer. pol., Prof.; *Betriebswirtschaft, Rechnungswesen, Bankwesen*; di: FH Mainz, FB Wirtschaft, Lucy-Hillebrand-Str. 2, 55128 Mainz, T: (06131) 628128, hans.paul.becker@wiwi.fh-mainz.de

**Becker,** Heinrich; Dr. sc. agr., Dr. h.c., Prof.; *Agrarökonomie*; di: HTW Dresden, Fak. Landbau / Landespflege, Mitschurinbau, 01326 Dresden-Pillnitz, T: (0351) 4622320, becker@pillnitz.htw-dresden.de

**Becker,** Helmut; Dipl.-Verw.-wiss., Dipl-Sozialpäd., Prof.; *Sozialwirtschaft*; di: DHBW Villingen-Schwenningen, Fak. Sozialwesen, Bürkstr. 1, 78054 Villingen-Schwenningen, T: (07720) 3906312, F: 3906319, becker@dhbw-vs.de

**Becker,** Helmut; Dr., Prof.; *Physik, Oberflächentechnik*; di: FH Frankfurt, FB 2 Informatik u. Ingenieurwiss., Nibelungenplatz 1, 60318 Frankfurt am Main, T: (069) 15332292

**Becker,** Holger; Dr., Prof.; *Volkswirtschaft, Finanzdienstleistungen und Vertrieb*; di: DHBW Karlsruhe, Fak. Wirtschaft, Erzbergerstr. 121, 76133 Karlsruhe, T: (0721) 9735900, becker@no-spam.dhbw-karlsruhe.de

**Becker,** Hubert; Dr., Prof.; di: Rheinische FH Köln, Hohenstaufenring 16-18, 50674 Köln; pr: Starenweg 64, 50259 Pulheim, hubert.t.becker@t-online.de

**Becker,** Hubert; Dipl.-Phys., Dr. rer. nat., Prof.; *Informatik*; di: HTW d. Saarlandes, Fak. f. Ingenieurwiss., Goebenstr. 40, 66117 Saarbrücken, T: (0681) 5867273, becker@htw-saarland.de; pr: Waldhausweg – Friedrichstr. 13, 69117 Heidelberg

**Becker,** Jochen; Dr. rer. pol., Prof.; *Betriebswirtschaftslehre, insbes. Marketing und Dienstleistungsmanagement*; di: German Graduate School of Management and Law Heilbronn, Bahnhofstr. 1, 74072 Heilbronn, T: (07131) 64563678, becker@hn-bs.de

**Becker,** Jörg; Dr., Prof.; *Bauwirtschaft und Baubetrieb*; di: FH Dortmund, FB Architektur, PF 105018, 44047 Dortmund, T: (0231) 7554426, F: 7554466, joerg.becker@fh-dortmund.de

**Becker,** Josef; Dipl.-Volkswirt, Prof.; *Finanz- und Rechnungswesen, Betriebliche Steuerlehre*; di: FH Ludwigshafen, FB I Management und Controlling, Ernst-Boehe-Str. 4, 67059 Ludwigshafen / Rhein, T: (0621) 5203126, F: 5203193

**Becker,** Josef; Dr., Prof.; *Verkehrwesen, Schienenverkehrsanlagen*; di: FH Frankfurt, FB 1 Architektur, Bauingenieurwesen, Geomatik, Nibelungenplatz 1, 60318 Frankfurt am Main, T: (069) 15333639, josef.becker@fb1.fh-frankfurt.de

**Becker,** Jürgen; Dr. rer. nat., Prof.; *Umweltschutztechnik*; di: FH Aachen, FB Angewandte Naturwiss. u. Technik, Ginsterweg 1, 52428 Jülich, T: (0241) 600953247, juergen.becker@fh-aachen.de; pr: Pfarrer-Engels-Str. 3d, 52428 Jülich

**Becker,** Karl-Heinz; Dipl.-Ing., Prof.; *Technische Mechanik, Konstruktionselemente, Allgemeine Betriebswirtschaftslehre*; di: Hochsch. Mannheim, Fak. Wirtschaftsingenieurwesen, Windeckstr. 110, 68163 Mannheim

**Becker,** Klaus; Dr.-Ing., Prof.; *Mathematik, Theoretische Elektrotechnik, Mikrowellen-Antennen*; di: Hochsch. Kempten, Fak. Elektrotechnik, Bahnhofstr. 61-63, 87435 Kempten, T: (0831) 2523559, klaus.becker@fh-kempten.de

**Becker,** Klaus; Dr.-Ing., Prof., Präs. FH Bingen; *Werkstofftechnik*; di: FH Bingen, FB Technik, Informatik, Wirtschaft, Berlinstr. 109, 55411 Bingen, T: (06721) 409246, F: 409104, becker@fh-bingen.de

**Becker,** Klaus; Dr.-Ing., Prof.; *Fahrmechanik, Fahrzeugschwingungen u. -akustik*; di: FH Köln, Fak. f. Fahrzeugsysteme u. Produktion, Betzdorfer Str. 2, 50679 Köln, T: (0221) 82752304, F: 82752913, klaus.becker@fh-koeln.de

**Becker,** Lutz; Dr., Prof.; *Management*; di: Karlshochschule, PF 11 06 30, 76059 Karlsruhe

**Becker,** Martin; Dr.-Ing., Prof. u. Leiter d. Inst. f. angew. Forschung (IAF); *MSR-Technik und Gebäudeautomation*; di: Hochsch. Biberach, SG Gebäudeklimatik, PF 1260, 88382 Biberach / Riß, T: (07351) 582253, F: 582299, becker@hochschule-bc.de

**Becker,** Martin; Dr.-Ing., Prof.; *Technische Mechanik, Rohrleitungsbau*; di: Westfäl. Hochsch., FB Ingenieurwissenschaften, Neidenburger Str. 10, 45877 Gelsenkirchen, T: (0209) 9596319, F: 9596323, martin.becker@fh-gelsenkirchen.de; pr: Wiesenbruch 41, 46286 Dorsten, T: (02369) 23006

**Becker,** Martin; Dr. phil., Prof.; *Methoden Sozialer Arbeit, Sozialraumorientierung, empirische Sozialforschung*; di: Kath. Hochsch. Freiburg, Karlstr. 63, 79104 Freiburg, T: (0761) 200473, becker@kfh-freiburg.de

**Becker,** Norbert; Dr.-Ing., Prof.; *Automatisierungstechnik*; di: Hochsch. Bonn-Rhein-Sieg, FB Elektrotechnik, Maschinenbau u. Technikjournalismus, Grantham-Allee 20, 53757 Sankt Augustin, 53754 Sankt Augustin, T: (02241) 865351, F: 8658351, norbert.becker@fh-bonn-rhein-sieg.de; pr: Daimlerstr. 26, 53840 Troisdorf, T: (02241) 79375

**Becker,** Paul-Georg; Dr., Prof. u. Prodekan; *Finanz- u. Versicherungstechnik*; di: Hochsch. f. Technik, Fak. Vermessung, Mathematik u. Informatik, Schellingstr. 24, 70174 Stuttgart, PF 101452, 70013 Stuttgart, T: (0711) 89262636, paul-georg.becker@hft-stuttgart.de

**Becker,** Peter; Dr.-Ing., Prof.; *Technische Mechanik, Angewandte Mathematik*; di: Hochsch. Karlsruhe, Fak. Maschinenbau u. Mechatronik, Moltkestr. 30, 76133 Karlsruhe, PF 2440, 76012 Karlsruhe, T: (0721) 9251878, peter.becker@hs-karlsruhe.de

**Becker,** Peter; Dr. rer. nat., Prof.; *Wissens- u. Informationsmanagement*; di: Hochsch. Bonn-Rhein-Sieg, FB Informatik, Grantham-Allee 20, 53757 Sankt Augustin, T: (02241) 865242, F: 8658242, peter.becker@fh-bonn-rhein-sieg.de

**Becker,** Rolf; Dr.-Ing., Prof.; *Physik, Schwerpunkt Sensorik und Mechatronik*; di: Hochsch. Rhein-Waal, Fak. Kommunikation u. Umwelt, Südstraße 8, 47475 Kamp-Lintfort, T: (02842) 90825294, rolf.becker@hsrw.eu

**Becker,** Steffen; Dr., Prof.; *Elektronische Schaltungstechnik*; di: Hochsch.Merseburg, FB Informatik u. Kommunikationssysteme, Geusaer Str., 06217 Merseburg, T: (03461) 462952, F: 462900, steffen.becker@hs-merseburg.de

**Becker,** Stephan; Dr. rer.pol., Prof.; *Gründungsmanagement*; di: Business and Information Technology School GmbH, Reiterweg 26 b, 58636 Iserlohn, T: (02371) 776558, F: 776503, stephan.becker@bits-iserlohn.de

**Becker,** Susanne; Dr., Prof.; *Sozialwissenschaften*; di: Hochsch.Merseburg, FB Soziale Arbeit, Medien, Kultur, Geusaer Str., 06217 Merseburg, T: (03461) 462213, F: 462205, susanne.becker@hs-merseburg.de

**Becker,** Thomas; Dr., Prof.; *Wirtschaftsinformatik, Betriebliche Anwendungssysteme, Organisation*; di: FH Mainz, FB Wirtschaft, Lucy-Hillebrand-Str. 2, 55128 Mainz, PF 230060, 55051 Mainz, T: (06131) 628274, F: 628245, thomas.becker@wiwi.fh-mainz.de

**Becker,** Torsten; Dr., Prof.; *Finanzdienstleistungen*; di: HTW Berlin, FB Wirtschaftswiss. II, Treskowallee 8, 10318 Berlin, T: (030) 50193591, Torsten.Becker@HTW-Berlin.de

**Becker,** Udo; Dr.-Ing., Prof.; *Fahrzeugtechnik, Antriebstechnik*; di: Ostfalia Hochsch., Fak. Fahrzeugtechnik, Robert-Koch-Platz 8A, 38440 Wolfsburg, u.becker@ostfalia.de

**Becker,** Walter; Dr., Prof.; *Textilchemische Verfahrenstechnik und Physikalische Chemie*; di: Hochsch. Niederrhein, FB Chemie, Adlerstr. 32, 47798 Krefeld, T: (02151) 8224059

**Becker,** Walter; Dr. phil., Dr. oec. publ., Prof. FH Erding; *Markt u. Werbepsychologie, Arbeits- u Organisationspsychologie, Personalmanagement, Werbe- u. Verkaufspsychologie*; di: FH f. angewandtes Management, Am Bahnhof 2, 85435 Erding, T: (08122) 95594841, walter.becker@fham.de; pr: T: (089) 85902863; www.dr-dr-becker.de

**Becker,** Wieland; Dr., Prof.; *Gestaltung*; di: Hochsch. Trier, FB Gestaltung, PF 1826, 54208 Trier, T: (0651) 8103267, F: 8103415, W.Becker@hochschule-trier.de

**Becker,** Wolfgang; Dipl.-Phys., Dr., HonProf. FH Aachen; *Satz mit Schwerpunkt Text-Bild-Integration*; di: FH Aachen, FB Design, Boxgraben 100, 52064 Aachen; pr: Kupferstr. 26, 52070 Aachen

**Becker-Heins,** Ralph; Kapt., Prof.; *Technische Navigation, Manövrieren, Simulation*; di: Hochsch. Bremen, Fak. Natur u. Technik, Werderstr. 73, 28199 Bremen, T: (0421) 59054685, F: 59054599, Ralph.Becker-Heins@hs-bremen.de

**Becker-Schwarze,** Kathrin; Dr. habil., Prof.; *Familien- und Jugendrecht, Rechtliche Grundlagen der Sozialen Arbeit, Praxis des Rechts*; di: Hochsch. Fulda, FB Sozial- u. Kulturwiss., Marquardstr. 35, 36039 Fulda, kathrin.becker-schwarze@sw.hs-fulda.de

**Becker-Schweitzer,** Jörg; Dr.-Ing., Prof.; *Schwingungstechnik u Physik*; di: FH Düsseldorf, FB 8 – Medien, Josef-Gockeln-Str. 9, 40474 Düsseldorf, T: (0211) 4351849, joerg-becker-schweitzer@fh-duesseldorf.de

**Beckerath,** Hans-Jochem von; Dr., Prof.; *Wirtschafts- und Steuerrecht*; di: Hochsch. Bonn-Rhein-Sieg, FB Wirtschaft Rheinbach, Grantham-Allee 20, 53757 Sankt Augustin, T: (02241) 865122, F: 8658122, hans-jochem.beckerath@fh-brs.de

**Beckers,** Ingeborg; Dr., Prof.; *Medizinphysik*; di: Beuth Hochsch. f. Technik, FB II Mathematik – Physik – Chemie, Luxemburger Straße 10, 13353 Berlin, T: (030) 45043912, beckers@beuth-hochschule.de

**Becking,** Dominic; Dr., Prof.; *Datenbanken und Informationsysteme*; di: FH Bielefeld, FB Technik, Ringstraße 94, 32427 Minden, T: (0571) 8385219, dominic.becking@fh-bielefeld.de

**Beckmann,** Anette; Dipl.-Phys., Dr. rer. nat., Prof.; *Physik, Experimentalphysik*; di: Hochsch. Ulm, Fak. Mathematik, Natur- u. Wirtschaftswiss., PF 3860, 89028 Ulm, T: (0731) 5028134, beckmann@hs-ulm.de

**Beckmann,** Carl-Christian; Dr., Prof.; *Wirtschaftsförderung*; di: DHBW Mannheim, Fak. Wirtschaft, Coblitzallee 1-9, 68163 Mannheim, T: (0621) 41051611, F: 41051195, carl-christian.beckmann@dhbw-mannheim.de

**Beckmann,** Dieter; Dipl.-Phys., Prof.; *Biosensorik*; di: FH Jena, FB Medizintechnik u. Biotechnologie, Carl-Zeiss-Promenade 2, 07745 Jena, PF 100314, 07703 Jena, T: (03641) 205600, F: 205601, mt@fh-jena.de

**Beckmann,** Edmund; Dr., Prof.; *Allgemeines Verwaltungsrecht, Kommunalrecht, Öffentliches Baurecht*; di: FH f. öffentl. Verwaltung NRW, Abt. Duisburg, Albert-Hahn-Str. 45, 47269 Duisburg, edmund.beckmann@fhoev.nrw.de; pr: T: (0234) 74786, profebeckmann@hotmail.com; www.profebeckmann.de

**Beckmann,** Ernst; Dr. rer. nat., Prof.; *Bauelemente, Halbleitertechnik, Mikrosystemtechnik*; di: Hochsch. Ostwestfalen-Lippe, FB 5, Elektrotechnik u. techn. Informatik, Liebigstr. 87, 32657 Lemgo, T: (05261) 702252, F: 702373; pr: Oesterhausstr. 8, 32657 Lemgo, T: (05261) 14266

**Beckmann,** Friedrich; Dr.-Ing., Prof.; *Elektrotechnik*; di: Hochsch. Augsburg, Fak. f. Elektrotechnik, An der Hochschule 1, 86161 Augsburg, PF 110605, 86031 Augsburg, T: (0821) 55863558, friedrich.beckmann@hs-augsburg.de

**Beckmann,** Holger; Dipl.-Ing., Dr.-Ing., Prof.; *Allgemeine Betriebswirtschaftslehre, Schwerpunkt Beschaffung, Logistik*; di: Hochsch. Niederrhein, FB Wirtschaftsingenieurwesen u. Gesundheitswesen, Ondereyckstr. 3-5, 47805 Krefeld, T: (02151) 8226623, holger.beckmann@hs-niederrhein.de; pr: Husemannstr. 45, 58452 Witten, T: (02302) 82057

**Beckmann,** Kathinka; Dr. phil., Prof.; *Pädagogik der Frühen Kindheit*; di: H Koblenz, FB Sozialwissenschaften, Konrad-Zuse-Str. 1, 56075 Koblenz, T: (0261) 9528243, beckmann@hs-koblenz.de

**Beckmann,** Kirsten; Dr. jur., Prof.; *Wirtschaftsrecht*; di: FH Bielefeld, FB Wirtschaft u. Gesundheit, Universitätsstr. 25, 33615 Bielefeld, T: (0521) 1063760, kirsten.beckmann@fh-bielefeld.de; pr: Gebrüder-Meyer-Str. 42, 32758 Detmold, T: (05232) 987123

**Beckmann,** Lutz; Dr.-Ing., Architekt, Prof.; *Baugeschichte, Entwerfen*; di: Jade Hochsch., FB Architektur, Ofener Str. 16-19, 26121 Oldenburg, T: (0180) 5678073214, lutz.beckmann@jade-hs.de; pr: Bismarckstr. 32, 26122 Oldenburg, T: (0441) 5090604, F: 5090608

**Beckmann,** Marlies; Prof.; *Pflegewissenschaft*; di: FH Frankfurt, FB Soziale Arbeit und Gesundheit, Nibelungenplatz 1, 60318 Frankfurt am Main, T: (069) 15332855; pr: beckmann@aktivitas-pflege.eu

**Beckmann,** Wolfgang; Dr.-Ing., Prof.; *Kolbenmaschinen, Wärmelehre, Maschinendynamik*; di: FH Stralsund, FB Maschinenbau, Zur Schwedenschanze 15, 18435 Stralsund, T: (03831) 456545

**Beeck,** Volker; Dr. rer. pol., Prof.; *Rechnungswesen, Steuerrecht, Wirtschaftsprüfung*; di: FH Mainz, FB Wirtschaft, Lucy-Hillebrand-Str. 2, 55128 Mainz, T: (06131) 628229, volker.beeck@wiwi.fh-mainz.de

**Beedgen,** Rainer; Dr., Prof.; di: DHBW Mannheim, Fak. Wirtschaft, Coblitzallee 1-9, 68163 Mannheim, T: (0621) 41051503, F: 41051509, rainer.beedgen@dhbw-mannheim.de

**Beek,** Gregor van der; Dr. habil., PD U Koblenz-Landau, Prof. H Rhein-Waal Kleve; *Volkswirtschaft*; di: Hochschule Rhein-Waal, Fak. Gesellschaft u. Ökonomie, Marie-Curie-Straße 1, 47533 Kleve, T: (02821) 80673317, gregor.vanderbeek@hochschule-rhein-waal.de; pr: Johannes-Müller-Str. 6, 56068 Koblenz

**Beeker,** Detlef; Dr. rer. pol., Prof.; di: Rheinische FH Köln, Hohenstaufenring 16-18, 50674 Köln; pr: Yorckstr. 5, 50733 Köln, T: (0221) 4981792, beeker@iwkoeln.de

**Beelmann,** Wolfgang; Dr. phil., Prof.; *Psychologie*; di: FH Bielefeld, FB Sozialwesen, Kurt-Schumacher-Str. 6, 33615 Bielefeld, T: (0521) 1067828, wolfgang.beelmann@fh-bielefeld.de

**Beenken,** Matthias; Dr., Prof.; *Versicherungswirtschaft*; di: FH Dortmund, FB Wirtschaft, PF 105018, 44047 Dortmund, T: (0231) 7556438, matthias.beenken@fh-dortmund.de

**Beer,** Anne; Dipl.-Ing., Prof.; *Entwerfen, Baukonstruktion, Bauabwicklung*; di: Hochsch. Regensburg, Fak. Architektur, PF 120327, 93025 Regensburg, T: (0941) 9431192, anne.beer@architektur.fh-regensburg.de

**Beer,** Stefan; Dr.-Ing., Prof.; *Verfahrenstechnik, Strömungstechnik, Energietechnik*; di: Hochsch. Amberg-Weiden, FB Maschinenbau u. Umwelttechnik, Kaiser-Wilhelm-Ring 23, 92224 Amberg, T: (09621) 482227, F: 482145, s.beer@fh-amberg-weiden.de

**Beer,** Udo; Dr. iur., Prof., Präs. FH Kiel; *Arbeits- u. Sozialversicherungsrecht, Steuerrecht, Wirtschaftsrecht, Steuerlehre*; di: FH Kiel, FB Wirtschaft, Sokratesplatz 2, 24149 Kiel, T: (0431) 2101000, F: 21061000, udo.beer@fh-kiel.de; pr: Königsberger Str. 12, 24161 Altenholz, T: (0431) 324744

**Beerlage,** Irmtraud; Dr., Prof.; *Entwicklungspsychologie*; di: Hochsch. Magdeburg-Stendal, FB Sozial- u. Gesundheitswesen, Breitscheidstr. 2, 39114 Magdeburg, T: (0391) 8864320, irmtraud.beerlage@hs-magdeburg.de

**Beermann,** Christopher; Dr. jur., Prof.; *Rechtswissenschaft*; di: Kath. Hochsch. NRW, Abt. Paderborn, FB Sozialwesen, Leostr. 19, 33098 Paderborn, T: (05251) 122544, F: 122552, c.beermann@kfhnw-paderborn.de

**Beermann,** Christopher; Dr. sc. nat., Prof.; *Lebensmitteltechnologie, Biologie, Mikrobiologie, Biotechnologie*; di: Hochsch. Fulda, FB Oecotrophologie, Marquardstr. 35, 36039 Fulda, T: (0661) 9640506, christopher.beermann@lt.hs-fulda.de

**Beese,** Eckard; Dr.-Ing., Prof.; *Fluidmechanik u. Strömungsmaschinen*; di: Hochsch. Bochum, FB Mechatronik u. Maschinenbau, Lennershofstr. 140, 44801 Bochum, T: (0234) 3210432, eckard.beese@hs-bochum.de; pr: Bergwerksstr. 14, 44795 Bochum, T: (0234) 474302

**Beeser-Wiesmann,** Simone; Dr. jur., Prof.; *Deutsches u. Internationales Wirtschaftsrecht, Gesellschaftsrecht, Deutsches u. Europäisches Kartellrecht*; di: Westfäl. Hochsch., FB Wirtschaftsrecht, August-Schmidt-Ring 10, 45657 Recklinghausen, T: (02361) 915584, simone.beeser-wiesmann@fh-gelsenkirchen.de

**Beeskow,** Werner; Dr., Prof.; *Industrie*; di: DHBW Mannheim, Fak. Wirtschaft, Käfertaler Str. 258, 68167 Mannheim, T: (0621) 41052419, F: 41052428, werner.beeskow@dhbw-mannheim.de

**Beetz,** Bernhard H.; Dr.-Ing., Prof.; *Elektronik, Digitaltechnik, Mikrocomputertechnik*; di: Hochsch. Esslingen, Fak. Mechatronik u. Elektrotechnik, Kanalstr. 33, 73728 Esslingen, T: (0711) 3973214; pr: Panoramastr. 38, 73066 Uhingen, T: (07161) 352855

**Begemann,** Carsten; Dr.-Ing., Prof.; *Logistik- und Organisationsmanagement*; di: Hochsch. Hannover, Fak. II Maschinenbau u. Bioverfahrenstechnik, Ricklinger Stadtweg 120, 30459 Hannover, PF 920261, 30441 Hannover, T: (0511) 92961337, carsten.begemann@hs.hannover.de

**Begemann,** Verena; Dr., Prof.; *Ethik, Disziplin und Profession der Sozialen Arbeit*; di: Hochsch. Hannover, Fak. V Diakonie, Gesundheit u. Soziales, Blumhardtstr. 2, 30625 Hannover, PF 690363, 30612 Hannover, T: (0511) 92963149, verena.begemann@hs-hannover.de

**Beham,** Manfred; Dr.-Ing., Prof.; *Informatik*; di: Hochsch. Amberg-Weiden, FB Wirtschaftsingenieurwesen, Hetzenrichter Weg 15, 92637 Weiden, T: (0961) 382195, F: 382162, m.beham@fh-amberg-weiden.de

**Behl,** Michael; Dr. rer. nat., Prof.; *Mathematik, Informatik*; di: FH Frankfurt, FB 2 Informatik u. Ingenieurwiss., Nibelungenplatz 1, 60318 Frankfurt am Main, T: (069) 15333814, behl@fb2.fh-frankfurt.de

**Behler,** Helmut; Dr.-Ing., Prof., Dekan FB Maschinenbau; *Konstruktionselemente, Konstruktionslehre*; di: Hochsch. Mannheim, Fak. Maschinenbau, Windeckstr. 110, 68163 Mannheim

**Behler,** Klaus; Dr. rer. nat., Prof., Dekan FB 13 Mathematik, Naturwissenschaften und Datenverarbeitung; *Physik, Lasertechnik*; di: Techn. Hochsch. Mittelhessen, FB 13 Mathematik, Naturwiss. u. Datenverarbeitung, Wilhelm-Leuschner-Str. 13, 61169 Friedberg, T: (06031) 604425, Klaus.Behler@mnd.fh-friedberg.de; pr: An der Prinzenmauer 18, 35510 Butzbach

**Behlert,** Wolfgang; Dr. jur. habil., Prof.; *Rechtswissenschaft*; di: FH Jena, FB Sozialwesen, Carl-Zeiss-Promenade 2, 07745 Jena, PF 100314, 07703 Jena, T: (03641) 205800, F: 205801, sw@fh-jena.de; pr: Beethovenstr. 34a, 07743 Jena

**Behm,** Wolfram; Dr., Prof.; *Kommunikationsmanagement, Informationstechnologien*; di: SRH Fernhochsch. Riedlingen, Lange Str. 19, 88499 Riedlingen, wolfram.behm@fh-riedlingen.srh.de

**Behm-Steidel,** Gudrun; ass. jur., Dr. rer. pol., Prof.; *Bibliotheks- und Informationsmanagement, Informations- und Wissensmanagement*; di: Hochsch. Hannover, Fak. III Medien, Information u. Design, Expo Plaza 12, 30459 Hannover, PF 920261, 30441 Hannover, T: (0511) 92962642, gudrun.behm-steidel@hs-hannover.de; pr: Weimarer Str. 1. 16, 30900 Wedemark, T: (05131) 456685

**Behmer,** Udo; Dr.-Ing., Prof.; *Ingenieurwissenschaften, insbesondere Fertigungstechnik*; di: FH Südwestfalen, FB Techn. Betriebswirtschaft, Haldener Str. 182, 58095 Hagen, T: (02331) 9874640, behmer@fh-swf.de; pr: Heimweg 18, 58313 Herdecke, T: (02330) 3941

**Behn,** Udo; Dr. rer. nat., Prof.; *Physik*; di: FH Schmalkalden, Fak. Maschinenbau, Blechhammer, 98574 Schmalkalden, PF 100452, 98564 Schmalkalden, T: (03683) 6882101, behn@maschinenbau.fh-schmalkalden.de

**Behn-Künzel,** Ines; Dr., Prof.; *Tourismus-BWL und Management im Gesundheitstourismus*; di: Jade Hochsch., FB Wirtschaft, Friedrich-Paffrath-Str. 101, 26389 Wilhelmshaven, T: (04421) 9852341, ines.behn-kuenzel@jade-hs.de

**Behne,** Martin; Dr.-Ing., Prof.; *Gebäudetechnik*; di: Beuth Hochsch. f. Technik, FB IV Architektur u. Gebäudetechnik, Luxemburger Str. 10, 13353 Berlin, T: (030) 45042554, behne@beuth-hochschule.de

**Behnen,** Ulrich; Dr., Prof.; *Evolutorische Ökonomik*; di: Hochsch. Konstanz, Fak. Maschinenbau, Brauneggerstr. 55, 78462 Konstanz, PF 100543, 78405 Konstanz, T: (07531) 206752, ulrich.behnen@htwg-konstanz.de

**Behnisch,** Michael; Dr., Prof.; di: FH Frankfurt, FB 4 Soziale Arbeit u. Gesundheit, Nibelungenplatz 1, 60318 Frankfurt am Main, T: (069) 15332855, behnisch@fb4.fh-frankfurt.de

**Behr,** Franz-Josef; Dr.-Ing., Prof.; *Vermessungskunde, Datenverarbeitung, Geoinformatik*; di: Hochsch. f. Technik, Fak. Vermessung, Mathematik u. Informatik, Schellingstr. 24, 70174 Stuttgart, PF 101452, 70013 Stuttgart, T: (0711) 89262693, franz-josef.behr@hft-stuttgart.de

**Behr,** Matina; Dr. rer. pol., Prof.; *BWL*; di: FH Köln, Fak. f. Informatik u. Ingenieurwiss., Am Sandberg 1, 51643 Gummersbach, T: (02261) 8196293

**Behr,** Rafael; Dr., Prof.; *Kriminologie, Soziologie*; di: Hochsch. d. Polizei Hamburg, Braamkamp 3, 22297 Hamburg, T: (040) 428668838, rafael.behr@hdp.hamburg.de

**Behr,** Stephan; Dr.-Ing., Prof.; *Angewandte Informatik, Systemanalyse, IT-Projektmanagement*; di: FH Münster, FB Maschinenbau, Stegerwaldstr. 39, 48565 Steinfurt, T: (02551) 962251, F: 962481, behr.stephan@fh-muenster.de

**Behr-Völtzer,** Christine; Dr., Prof.; *Ernährungswissenschaft, Diätetik und Pathophysiologie*; di: HAW Hamburg, Fak. Life Sciences, Lohbrügger Kirchstr. 65, 21033 Hamburg, T: (040) 428756101, christine.behr-voeltzer@haw-hamburg.de; pr: T: (04152) 3318

**Behrend,** Christoph; Dr. phil., Prof.; *Soziologie*; di: Hochsch. Lausitz, FB Sozialwesen, Lipezker Str. 47, 03048 Cottbus-Sachsendorf, T: (0355) 5818401, F: 5818409, cbehrend@sozialwesen.fh-lausitz.de

**Behrends,** Sylke; Dr., Prof.; *Volkswirtschaftslehre, Wirtschaftspolitik*; di: Jade Hochsch., FB Wirtschaft, Friedrich-Paffrath-Str. 101, 26389 Wilhelmshaven, T: (04421) 9852581, sylke.behrends@jade-hs.de

**Behrendt,** Gerhard; Dr. rer. nat., Prof.; *Abfallwirtschaft/Bodensanierung*; di: Techn. Hochsch. Wildau, FB Ingenieurwesen/Wirtschaftsingenieurwesen, Bahnhofstr., 15745 Wildau, T: (03375) 508591, F: 500324, behrendt@vt.tfh-wildau.de

**Behrendt,** Uwe; Dr., Prof.; *Prozess- u. Anlagentechnik*; di: Hochsch. Konstanz, Fak. Maschinenbau, Brauneggerstr. 55, 78462 Konstanz, PF 100543, 78405 Konstanz, T: (07531) 206326, behrendt@fh-konstanz.de

**Behrens,** Achim; Dr., Prof.; *Altes Testament*; di: Luther. Theol. Hochschule, Altkönigstr. 150, 61440 Oberursel, T: (06171) 912764, behrens.a@lthh-oberursel.de

**Behrens,** Christian-Uwe; Dipl.-Vw., Dr. rer. pol., Prof.; *Volkswirtschaftslehre, Statistik, Wirtschafts- und Unternehmensethik*; di: Jade Hochsch., FB Wirtschaft, Friedrich-Paffrath-Str. 101, 26389 Wilhelmshaven, T: (04421) 9852330, F: 9852596, behrens@jade-hs.de

**Behrens,** Grit; Dr., Prof.; *Web-basierte Anwendungen*; di: FH Bielefeld, FB Technik, Ringstraße 94, 32427 Minden, T: (0571) 8385184, grit.behrens@fh-bielefeld.de

**Behrens,** Hermann; Dr., Prof.; *Landschaftsplanung, Planung im ländlichen Raum*; di: Hochsch. Neubrandenburg, FB Landschaftsarchitektur, Geoinformatik, Geodäsie u. Bauingenieurwesen, Brodaer Str. 2, 17033 Neubrandenburg, PF 110121, 17041 Neubrandenburg, T: (0395) 56934500, behrens@hs-nb.de

**Behrens,** Michael; Dr.-Ing., Prof.; *Bauelemente, Nachrichtentechnik, Vermittlungstechnik, Sicherheit in netzgestützten Informationssystemen, Multimedia und Kommunikation*; di: Techn. Hochsch. Mittelhessen, FB 11 Informationstechnik, Elektrotechnik, Mechatronik, Wilhelm-Leuschner-Str. 13, 61169 Friedberg, T: (06031) 604234

**Behrens,** Reinhard; Dr., Prof.; *Rechnungswesen, Controlling*; di: FH Nordhausen, FB Wirtschafts- u. Sozialwiss., Weinberghof 4, 99734 Nordhausen, T: (03631) 420572, F: 420817, behrens@fh-nordhausen.de

**Behrens,** Roland; Dr.-Ing., Prof.; *Arbeitsmaschinen, Wärmekraftmaschinen, Thermodynamik*; di: Hochsch. Bremerhaven, An der Karlstadt 8, 27568 Bremerhaven, T: (0471) 4823144, F: 4823145, rbehrens@hs-bremerhaven.de

**Behring,** Heinrich; Dr. phil., Prof.; *Audio-Video-Studio, Labor Videoproduktion, Mediengestaltung und Konzeption, Mediengerechtes Texten, Medientheorie und -Ethik*; di: Hochsch. Offenburg, Fak. Medien u. Informationswesen, Badstr. 24, 77652 Offenburg, T: (0781) 205133, F: 205214

**Behringer,** Luise; Prof.; *Psychologie in der Sozialen Arbeit*; di: Kath. Stiftungsfachhochsch. München, Abt. Benediktbeuern, Don-Bosco-Str. 1, 83671 Benediktbeuern, luise.behringer@ksfh.de

**Behrmann,** Niels; MBA, Dipl.-Ing., Dr. oec., Prof.; *Innovations- und Technologiemanagement*; di: Hochsch. Furtwangen, Fak. Wirtschaft, Jakob-Kienzle-Str. 17, 78054 Villingen-Schwenningen, T: (07720) 3074359, beh@hs-furtwangen.de

**Beibst,** Gabriele; Dr. oec., Prof., Rektorin FH Jena; *Allg. BWL, insb. Marketing*; di: FH Jena, FB Betriebswirtschaft, Carl-Zeiss-Promenade 2, 07745 Jena, PF 100314, 07703 Jena, T: (03641) 205550, F: 205551, bw@fh-jena.de

**Beidatsch,** Horst; Dr. sc. oec., Prof.; *Betriebliche DV-Anwendung*; di: HTW Dresden, Fak. Informatik/Mathematik, Friedrich-List-Platz 1, 01069 Dresden, T: (0351) 4623431, beida@informatik.htw-dresden.de

**Beiderwellen,** Kai; Dipl.-Des., Prof., Dekan FB Gestaltung; *Kommunikationsdesign, Schwerpunkt Interaktive Medien*; di: Hochsch. Mannheim, Fak. Gestaltung, Windeckstr. 110, 68163 Mannheim, T: (0621) 2926158

**Beier,** Arnim; Dr.-Ing., Prof.; *Thermische Verfahrenstechnik, Hohlraumkonservierung*; di: Georg-Simon-Ohm-Hochsch. Nürnberg, Fak. Verfahrenstechnik, Wassertorstr. 10, 90489 Nürnberg, PF 210320, 90121 Nürnberg, T: (0911) 58801468, armin.beier@ohm-hochschule.de

**Beier,** Georg; Dr. rer. nat., Prof.; *Informatik/Verteilte Systeme*; di: Westsächs. Hochsch. Zwickau, FB Physikalische Technik/Informatik, Dr.-Friedrichs-Ring 2A, 08056 Zwickau, T: (0375) 5361370, Georg.Beier@fh-zwickau.de

**Beier,** Joachim; Dr. rer. pol., Prof.; *Betriebswirtschaftslehre, insbes. Rechnungswesen, Bankmanagement*; di: Hochsch. Bochum, FB Wirtschaft, Lennershofstr. 140, 44801 Bochum, T: (0234) 3210631; pr: Witzlebenstr. 50, 44229 Dortmund, T: (0231) 730929, joachim.beier@gmx.de

**Beier,** Jörg; Dr., Prof.; *BWL – Messe-, Kongress- und Eventmanagement*; di: DHBW Ravensburg, Rudolfstr. 11, 88214 Ravensburg, T: (0751) 189992792, beier@dhbw-ravensburg.de

**Beier,** Klaus-Dieter; Dipl.-Ing., Prof.; *Fertigungsverfahren, Konstruktion*; di: Georg-Simon-Ohm-Hochsch. Nürnberg, Fak. Maschinenbau u. Versorgungstechnik, Keßlerplatz 12, 90489 Nürnberg, PF 210320, 90121 Nürnberg

**Beierl,** Ottmar; Dr.-Ing., Prof.; *Elektrische Anlagen, Grundlagen der Elektrotechnik*; di: Georg-Simon-Ohm-Hochsch. Nürnberg, Fak. Elektrotechnik Feinwerktechnik Informationstechnik, Wassertorstr. 10, 90489 Nürnberg, PF 210320, 90121 Nürnberg, T: (0911) 58801234, Ottmar.Beierl@fh-nuernberg.de

**Beierlein,** Thomas; Dr.-Ing., Prof.; *Mikrorechentechnik*; di: Hochsch. Mittweida, Fak. Elektro- u. Informationstechnik, Technikumplatz 17, 09648 Mittweida, T: (03727) 581043, F: 581351, tb@htwm.de

**Beiersdorf,** Holger; Dr. rer. pol., Prof.; *BWL*; di: Hochsch. Weihenstephan-Triesdorf, Fak. Landschaftsarchitektur, Am Hofgarten 4, 85354 Freising, 85350 Freising, T: (08161) 715252, F: 714417, holger.beiersdorf@fh-weihenstephan.de

**Beiersdorf,** Wolfgang; Dr. phil. nat., Prof.; *Personalwirtschaft, Personalentwicklung, Personalmanagement*; di: Hochsch. Darmstadt, FB Wirtschaft, Haardtring 100, 64295 Darmstadt, T: (06151) 169330, beiersdorf@fbw.h-da.de

**Beil,** Hans Walter; Dipl.-Ing., Prof.; *Angewandte Mechanik, Technische Akustik, Meßtechnik*; di: FH Kaiserslautern, FB Angew. Ingenieurwiss., Morlautererstr. 31, 67657 Kaiserslautern, T: (0631) 3724302, hanswalter.beil@fh-kl.de

**Beil,** Michael; Dr. med. habil., Dr., Prof.; *Medizinische Informationssysteme*; di: Hochsch. Lausitz, FB Informatik, Elektrotechnik, Maschinenbau, Großenhainer Str. 57, 01968 Senftenberg

**Beilke,** Otfried; Dr.-Ing., Prof.; *Geotechnik, Bodendynamik, Erschütterungsmessungen*; di: Jade Hochsch., FB Bauwesen u. Geoinformation, Ofener Str. 16-19, 26121 Oldenburg, T: (0441) 77083126, F: 77083319, otfried.beilke@jade-hs.de; pr: Achtermannsweg 3, 30419 Hannover, T: (0511) 2713602, F: 2793367

**Beimgraben,** Thorsten; Dr. rer. nat., Prof.; *Logistik, Biomasseproduktion*; di: Hochsch. f. Forstwirtschaft Rottenburg, Schadenweilerhof, 72108 Rottenburg, T: (07472) 951244, F: 951200, beimgraben@hs-rottenburg.de

**Beimowski,** Joachim; Dr., Prof.; *Allg. Verwaltungsrecht, Polizei- und Ordnungsrecht, Öffentliches Dienstrecht*; di: FH d. Bundes f. öff. Verwaltung, FB Bundesgrenzschutz, PF 121158, 23532 Lübeck, T: (0451) 2031732, F: 2031732

**Beims,** Hans Dieter; Dr.-Ing., Prof.; *Datenverarbeitung, insbes. Programmiersprachen*; di: Hochsch. Niederrhein, FB Elektrotechnik/Informatik, Reinarzstr. 49, 47805 Krefeld, T: (02151) 8224621

**Beinborn,** Kurt-Martin; Dr. rer. nat., Prof.; *Technologie d. Verbundwerkstoffe, Mechanische Verfahrenstechnik, Konstruieren I, Technische Mechanik, werkstofftechnisches Praktikum*; di: Georg-Simon-Ohm-Hochsch. Nürnberg, Fak. Werkstofftechnik, Wassertorstr. 10, 90489 Nürnberg, T: (0911) 58801128

**Beine,** Frank; Dr., HonProf.; *Accounting, Wirtschaftsprüfung*; di: Private FH Göttingen, Weender Landstr. 3-7, 37073 Göttingen, fbeine@deloitte.de

**Beinert,** Claudia; Dr., Prof.; *Betriebswirtschaftslehre, insbes. Finanzmanagement*; di: Hochsch. Osnabrück, Fak. Wirtschafts- u. Sozialwiss., Caprivistr. 30A, 49076 Osnabrück, PF 1940, 49009 Osnabrück, T: (0541) 9697202, c.beinert@hs-osnabrueck.de

**Beisheim,** Nicolai; Dipl.-Ing., Prof.; *Fertigungssimulation, Produktdatenmanagement*; di: Hochsch. Albstadt-Sigmaringen, FB 1, Jakobstr. 1, 72458 Albstadt, T: (07431) 579172, beisheim@hs-albsig.de

**Beißer,** Jochen; Dr., Prof.; *Unternehmensfinanzierung und Investition*; di: Hochsch. Rhein/Main, FB Wirtschaft, Bleichstr. 44, 65183 Wiesbaden, T: (0611) 94953128, jochen.beisser@hs-rm.de

**Beißner,** Eckhard; Dr.-Ing., Prof.; *Baustatik, Ingenieurbaukonstruktion*; di: Ostfalia Hochsch., Fak. Bau-Wasser-Boden, Herbert-Meyer-Str. 7, 29556 Suderburg, T: (05826) 98861120, e.beissner@ostfalia.de; pr: Am Hasenkamp 21, 38536 Meinersen, T: (05372) 971712

**Beißner,** Karl-Heinz; Dipl.-Ökonom, Dr. rer. pol., Prof.; *Betriebswirtschaftslehre, insbes. Controlling, Personal- und Ausbildungswesen*; di: FH Ludwigshafen, FB II Marketing und Personalmanagement, Ernst-Boehe-Str. 4, 67059 Ludwigshafen/Rhein, T: (0621) 5918511, beißner@fh-lu.de

**Beißner,** Stefan; Dr.-Ing., Prof.; *Elektrische Messtechnik, Sensorik und Mikrosystemtechnik*; di: Hochsch. Hannover, Fak. I Elektro- und Informationstechnik, Ricklinger Stadtweg 120, 30459 Hannover, PF 920261, 30441 Hannover, T: (0511) 92961252, stefan.beissner@hs-hannover.de

**Beiwinkel,** Konrad; Dr. rer. pol., Prof.; *Volkswirtschaftslehre*; di: FH Schmalkalden, Fak. Wirtschaftswiss., Blechhammer, 98574 Schmalkalden, PF 100452, 98564 Schmalkalden, T: (03683) 6883114, k.beiwinkel@wi.fh-schmalkalden.de

**Belei,** Andrei; Dr., Prof.; *Kolbentriebwerke, Fahrzeuglabor, CAD*; di: HAW Hamburg, Fak. Technik u. Informatik, Berliner Tor 9, 20099 Hamburg, T: (040) 428757965, belei@rzbt.haw-hamburg.de; pr: T: (040) 64400140

**Bell,** Carl-Martin; Dipl.-Chem., Dr. rer. nat., Prof.; *Physikalische Chemie, Marketing*; di: Hochsch. Reutlingen, FB Angew. Chemie, Alteburgstr. 150, 72762 Reutlingen, T: (07121) 271484, carl-martin.bell@fh-reutlingen.de; pr: Wielandstr. 8, 72379 Hechingen, T: (07471) 12336

**Bell,** Desmond; Dr. theol., Prof.; *Praktische Theologie m. Schwerpunkt: Die Bibel u. ihre Didaktik*; di: Ev. FH Rhld.-Westf.-Lippe, FB Gemeindepädagogik u. Diakonie, Immanuel-Kant-Str. 18-20, 44803 Bochum, T: (0234) 36901189, dbell@efh-bochum.de

**Bellemann,** Matthias; Dr. rer. nat., Prof.; *Radiologische Technik/Ionisierende Strahlung*; di: FH Jena, FB Medizintechnik u. Biotechnologie, Carl-Zeiss-Promenade 2, 07745 Jena, PF 100314, 07703 Jena, T: (03641) 205600, F: 205601, mt@fh-jena.de

**Bellendir,** Klaus; Dr.-Ing., Prof.; *Ingenieurmathematik, Konstruktion, Grundlagen der Produktentwicklung*; di: Hochsch. Albstadt-Sigmaringen, FB 1, Jakobstr. 1, 72458 Albstadt, T: (07431) 579158, F: 579169, bellkla@hs-albsig.de

**Bellermann,** Martin; Dr. phil., Prof. i.R.; *Politikwissenschaft, Sozialpolitik*; di: Ev. FH Rhld.-Westf.-Lippe, FB Soziale Arbeit, Immanuel-Kant-Str. 18-20, 44803 Bochum, T: (0234) 36901202, bellermann@efh-bochum.de; pr: Oberdorfstr. 51, 40489 Düsseldorf, T: (0211) 407480

**Bellgardt,** Peter; Dr. iur., Prof.; *Personalmanagement, Arbeits- und Datenschutzrecht*; di: FH Ludwigshafen, FB II Marketing und Personalmanagement, Ernst-Boehe-Str. 4, 67059 Ludwigshafen/Rhein, T: (0621) 5203160

**Belling-Seib,** Katharina; Dipl.-Math., Dr. rer. pol., Prof., Lt. Inst. f. Seefahrt; *Mathematik, Operations Research, Wirtschaftsinformatik*; di: Hochsch. Emden/Leer, FB Wirtschaft, Constantiaplatz 4, 26723 Emden, T: (04921) 8071012, F: 8071003, belling-seib@hs-emden-leer.de; pr: Graupferdsweg 10, 26725 Emden, T: (04921) 979825

**Bellmann,** Uwe; Dr. phil., Prof.; *Angewandte Linguistik, Fachsprachen*; di: HTWK Leipzig, FB Bauwesen, PF 301166, 04251 Leipzig, T: (0341) 30766166, F: 3076263, bellmann@imn.htwk-leipzig.de

**Bellof,** Gerhard; Dr., Prof., Dekan; *Tierernährung*; di: Hochsch. Weihenstephan-Triesdorf, Fak. Land- u. Ernährungswirtschaft, Am Hofgarten 1, 85354 Freising, 85350 Freising, T: (08161) 714329, F: 714496, gerhard.bellof@fh-weihenstephan.de

**Belloni,** Paola; Dr. rer. nat., Prof.; *Physik, Technische Optik*; di: Hochsch. Furtwangen, Fak. Product Engineering/Wirtschaftsingenieurwesen, Robert-Gerwig-Platz 1, 78120 Furtwangen, T: (07723) 9202197, F: 9201869, bel@hs-furtwangen.de

**Belting,** Theodor; Dr.-Ing., Prof.; *Energieversorgung, Energiewirtschaft*; di: FH Münster, FB Energie, Gebäude, Umwelt, Stegerwaldstr. 39, 48565 Steinfurt, T: (0251) 962282, theodor.belting@fh-muenster.de; pr: Beeckstr. 75, 46149 Oberhausen, T: (0208) 651655

**Belzner,** Uwe; Dipl.-Ing., Prof.; *Lichtgestaltung, Farbgestaltung*; di: Hochsch. Coburg, Fak. Design, PF 1652, 96406 Coburg, T: (09561) 317294, belzner@hs-coburg.de

**Benda,** Thomas; Dr.-Ing., Prof.; di: Ostfalia Hochsch., Fak. Fahrzeugtechnik, Robert-Koch-Platz 8A, 38440 Wolfsburg, th.benda@ostfalia.de

**Bendel,** Hans-Peter; Dr.-Ing., Prof.; *Klimatechnik, Heizungstechnik, Technische Wärme u. Strömungslehre*; di: Beuth Hochsch. f. Technik, FB IV Architektur u. Gebäudetechnik, Luxemburger Str. 10, 13353 Berlin, T: (030) 45042600, bendel@beuth-hochschule.de

**Bendel,** Klaus; Dr. phil., Prof.; *Soziologie, insbes. Soziologie der Familie, der Jugend und des Alters, Methoden angewandter Forschung*; di: Kath. Hochsch. NRW, Abt. Paderborn, FB Sozialwesen, Leostr. 19, 33098 Paderborn, T: (05251) 122542, F: 122552, k.bendel@kfhnw.de; pr: T: (06421) 15196

**Bender,** Arne; Dr. rer. nat., Prof.; *International Management*; di: FH Lübeck, FB Maschinenbau u. Wirtschaft, Mönkhofer Weg 239, 23562 Lübeck, T: (0451) 3005544, arne.bender@fh-luebeck.de

**Bender,** Gerd; Dr., Prof.; *Soziologie*; di: Hochsch. d. Bundesagentur f. Arbeit, Seckenheimer Landstr. 16, 68163 Mannheim, T: (0621) 4209147, Gerd.Bender@arbeitsagentur.de

**Bender,** Hans-Jürgen; Dr., Prof.; di: Ostfalia Hochsch., Fak. Verkehr-Sport-Tourismus-Medien, Karl-Scharfenberg-Str. 55-57, 38229 Salzgitter

**Bender,** Michael; Dr., Prof.; *Informatik, Mikrosystemtechnik*; di: FH Kaiserslautern, FB Informatik u. Mikrosystemtechnik, Amerikastr. 1, 66482 Zweibrücken, T: (06332) 914344, michael.bender@fh-kl.de

**Bender,** Rainer; Dr.-Ing., Prof.; *Thermodynamik, Immissionsschutz*; di: Hochsch. Offenburg, Fak. Maschinenbau u. Verfahrenstechnik, Badstr. 24, 77652 Offenburg, T: (0781) 205202, F: 205214

**Bender,** Roswitha; Dipl.-Psych., Prof., Dekanin FB Sozialwesen; *Gesprächsführung, Beratung, Soziale Arbeit mit Kindern und Familien, Psychologie*; di: Ostfalia Hochsch., Fak. Sozialwesen, Ludwig-Winter-Str. 2, 38120 Braunschweig

**Bender-Junker,** Birgit; Dr. theol., Prof.; *Theologie / Gemeindepädagogik, Schwerpunkt außerschulische Bildungsarbeit*; di: Ev. Hochsch. Darmstadt, FB Theologie / Gemeindepädagogik, Zweifalltorweg 12, 64293 Darmstadt, T: (06151) 879841, bender-junker@eh-darmstadt.de; pr: Hoffmannstr. 49, 64285 Darmstadt

**Bendl,** Harald; Dr., Prof.; *International Management for Business and Information Technology*; di: DHBW Mannheim, Fak. Wirtschaft, Coblitzallee 1-9, 68163 Mannheim, T: (0621) 41051719, F: 41051289, harald.bendl@dhbw-mannheim.de

**Bendt,** Ellen; Prof.; *Modedesign, Produktdesign*; di: Hochsch. Niederrhein, FB Textil- u. Bekleidungstechnik, Webschulstr. 31, 41065 Mönchengladbach, T: (02161) 1866121, Ellen.Bendt@hs-niederrhein.de

**Benedict,** Knud; Dr.-Ing. habil., Prof.; *Schiffstheorie*; di: Hochsch. Wismar, Fak. f. Ingenieurwiss., Richard-Wagner-Str. 31, 18119 Rostock / Warnemünde, T: (0381) 4984114, k.benedict@sf.hs-wismar.de

**Benedict-Alfert,** Hans-Jürgen; Dr., em. Prof.; *Theologie*; di: Ev. Hochsch. f. Soziale Arbeit & Diakonie, Horner Weg 170, 22111 Hamburg, hjbenedict@rauheshaus.de; pr: Grillparzerstr. 36, 22085 Hamburg, T: (040) 2271278, F: 22697143

**Benedikt,** Hans-Peter; Dr., Prof.; *Entrepreneurship*; di: Hochsch. f. nachhaltige Entwicklung, FB Nachhaltige Wirtschaft, Friedrich-Ebert-Str. 28, 16225 Eberswalde, T: (03334) 657421, F: 657450, hbenedikt@hnee.de

**Beneke,** Frank; Dr.-Ing., Prof.; *Produktentwicklung, Konstruktion*; di: FH Schmalkalden, Fak. Maschinenbau, Blechhammer, 98574 Schmalkalden, PF 100452, 98564 Schmalkalden, T: (03683) 6882118, f.beneke@fh-sm.de

**Beneken,** Gerd; Dipl.-Math., Dr., Prof.; *Verteilte Anwendungen, Software Architektur*; di: Hochsch. Rosenheim, Fak. Informatik, Hochschulstr. 1, 83024 Rosenheim, T: (08031) 805513, F: 805502, gerd.beneken@fh-rosenheim.de

**Benes,** Georg; Dr.-Ing., Prof.; *Konstruktionslehre, Maschinenteile, Techn. Mechanik, CAD, Qualitätssicherung*; di: Techn. Hochsch. Mittelhessen, FB 14 Wirtschaftsingenieurwesen, Wilhelm-Leuschner-Str. 13, 61169 Friedberg, T: (06031) 604543, Georg.Benes@wp.fh-friedberg.de; pr: Starenweg 27, 65760 Eschborn, T: (06173) 67967

**Bengel,** Günter; Dipl.-Inform., Prof.; *Betriebssysteme, Programmiersprachen*; di: Hochsch. Mannheim, Fak. Informatik, Windeckstr. 110, 68163 Mannheim

**Benhacine,** Djamal; Dr. phil., Prof.; *Französisch, Spanisch*; di: Hochsch. München, Fak. Tourismus, Am Stadtpark 20 (Neubau), 81243 München, T: (089) 12652731, djamal.benhacine@fhm.edu

**Benim,** Ali Cemal; Dr.-Ing., Prof.; *Strömungssimulation*; di: FH Düsseldorf, FB 4 – Maschinenbau u. Verfahrenstechnik, Josef-Gockeln-Str. 9, 40474 Düsseldorf, T: (0211) 4351409, alicemal.benim@fh-duesseldorf.de; pr: Golzheimer Str. 114, 40476 Düsseldorf

**Benkner,** Thorsten; Dr.-Ing., Prof. FH Aachen; *Digitale Kommunikationssysteme, Mobilfunksysteme, Elektronische Bauelemente*; di: FH Aachen, FB Elektrotechnik u. Informationstechnik, Eupener Str. 70, 52066 Aachen, T: (0241) 600952130, benkner@fh-aachen.de; Univ., FB 12 – Elektrotechnik u. Informatik, Hölderlinstr. 3, 57068 Siegen

**Bennemann,** Kerstin; Dr., Prof.; *International Management for Business and Information Technology*; di: DHBW Mannheim, Fak. Wirtschaft, Coblitzallee 1-9, 68163 Mannheim, T: (0621) 41051723, F: 41051289, kerstin.bennemann@dhbw-mannheim.de

**Benner,** Joachim; Dr.-Ing., Prof., Dekan FB Maschinenbau und Mechatronik; *Konstruktionslehre, insbes. CAD*; di: FH Aachen, FB Maschinenbau und Mechatronik, Goethestr. 1, 52064 Aachen, T: (0241) 600952429, benner@fh-aachen.de; pr: Yorckstr. 15, 52074 Aachen, T: (0241) 73129

**Benner,** Susanne; Dr., Prof.; *Kinder- u. Jugendhilferecht, Rechtsgrundlagen sozialer Arbeit, Familienrecht*; di: Alice-Salomon-Hochsch., Alice-Salomon-Platz 5, 12627 Berlin-Hellersdorf, T: (030) 99245502, benner@ash-berlin.eu

**Benning,** Axel; Dr. jur., Prof.; *Wirtschaftsrecht, insb. Handels- u. Gesellschaftsrecht, Arbeitsrecht*; di: FH Bielefeld, FB Wirtschaft u. Gesundheit, Universitätsstr. 25, 33615 Bielefeld, T: (0521) 1063748, axel.benning@fh-bielefeld.de; pr: Gebrüder-Meyer-Str. 42, 32758 Detmold, T: (05232) 987123

**Benning,** Otto; Dr.-Ing., Prof.; *Werkstoffkunde*; di: Hochsch. Bochum, FB Mechatronik u. Maschinenbau, Lennershofstr. 140, 44801 Bochum, T: (0234) 3210416, otto.benning@hs-bochum.de; pr: Voßnackerstr. 19, 42555 Velbert, T: (02052) 6248

**Benninghoff,** Bernd; Dipl.-Des., Prof.; *Möbeldesign, Produktdesign*; di: FH Mainz, FB Gestaltung, Holzstr. 36, 55116 Mainz, T: (06131) 2859431, Bernd.Benninghoff@fh-mainz.de

**Benra,** Juliane; Dr. rer. nat., Prof.; *Echtzeitdatenverarbeitung und Betriebssysteme, Mathematik*; di: Jade Hochsch., FB Ingenieurwissenschaften, Friedrich-Paffrath-Str. 101, 26389 Wilhelmshaven, T: (04421) 9852573, F: 9852623, benra@jade-hs.de

**Benstetter,** Günther; Dr.-Ing., Prof.; *Elektronische Bauelemente, Mikroelektronik, Werkstoffwissenschaften, Qualitätssicherung*; di: Hochsch. Deggendorf, FB Elektrotechnik u. Medientechnik, Edlmairstr. 6-8, 94469 Deggendorf, PF 1320, 94453 Deggendorf, T: (0991) 3615513, F: 3615562, guenther.benstetter@fh-deggendorf.de

**Benthaus-Apel,** Friederike; Dr., Prof.; *Soziologie*; di: Ev. FH Rhld.-Westf.-Lippe, FB Soziale Arbeit, Bildung u. Diakonie, Immanuel-Kant-Str. 18-20, 44803 Bochum, T: (0234) 36901116, benthaus-apel@efh-bochum.de

**Bentin,** Marcus; Dr., Prof.; *Seefahrt*; di: Hochsch. Emden / Leer, FB Seefahrt, Bergmannstr. 36, 26789 Leer, T: (0491) 928175015, marcus.bentin@hs-emden-leer.de

**Bentler,** Klaus-Burkhard; Dr.-Ing., Prof.; *Betriebswirtschaftslehre, insbes. Produktionswirtschaft und Logistik*; di: FH Köln, Fak. f. Wirtschaftswiss., Claudiusstr. 1, 50678 Köln, T: (0221) 82753159, klaus.bentler@fh-koeln.de

**Bentley,** Raymond; B.Sc.(Hons), M.Sc., Dr. phil., Prof.; *Wirtschafts- u. Sozialwissenschaften mit Fremdsprache*; di: Hochsch. Ulm, Fak. Mathematik, Natur- u. Wirtschaftswiss., PF 3860, 89028 Ulm, T: (0731) 5028276, bentley@hs-ulm.de

**Benyoucef,** Dirk; Dr.-Ing., Prof.; *Hochfrequenz / Nachrichtentechnik*; di: Hochsch. Furtwangen, Fak. Computer & Electrical Engineering, Robert-Gerwig-Platz 1, 78120 Furtwangen, T: (07723) 9202342, F: 9202802

**Benz,** Axel; Dr., Prof.; *Informatik*; di: Hochsch. f. Wirtschaft u. Recht Berlin, FB 1, Badensche Str. 50-51, 10825 Berlin, T: (030) 85789475, axelbenz@hwr-berlin.de; pr: Mettinger Str. 22, 73728 Esslingen, axel.benz@vodafone.de

**Benz,** Benjamin; Dipl.-Soz.Arb., Dr. rer. soc., Prof.; *Politikwissenschaft, Sozialpolitik*; di: Ev. Hochsch. Rheinland-Westfalen-Lippe, FB Soziale Arbeit, Bildung u. Diakonie, Immanuel-Kant-Str. 18-20, 44803 Bochum, T: (0234) 36901118, benz@efh-bochum.de

**Benz,** Jochen; Dr., Prof.; *Allgemeine BWL, Schwerpunkt Produktion u. Materialwirtschaft*; di: Hochsch. Konstanz, Fak. Wirtschafts- u. Sozialwiss., Brauneggerstr. 55, 78462 Konstanz, PF 100543, 78405 Konstanz, T: (07531) 206125, F: 206427, benz@fh-konstanz.de

**Benz,** Thomas; Dr.-Ing., Prof.; *Bauwirtschaft, Baubetrieb, Schlüsselfertigbau*; di: Hochsch. f. Technik, Fak. Bauingenieurwesen, Bauphysik u. Wirtschaft, Schellingstr. 24, 70174 Stuttgart, PF 101452, 70013 Stuttgart, T: (0711) 89262675, F: 89262913, thomas.benz@hft-stuttgart.de

**Benz,** Tomas; Dr.-Ing., Prof.; *Betriebswirtschaftliche Standardsoftware, Grundlagen Betriebswirtschaftslehre*; di: Hochsch. Heilbronn, Fak. f. Technik 2, Max-Planck-Str. 39, 74081 Heilbronn, T: (07131) 504243, F: 504142431, benz@hs-heilbronn.de

**Benzel,** Wolfgang; Dr., Prof.; *BWL*; di: Provadis School of Int. Management and Technology, Industriepark Hoechst, Geb. B 845, 65926 Frankfurt a.M., T: (069) 30513730, F: 30516277, benzelundpartner@datevnet.de

**Berchtenbreiter,** Ralph; Dr., Prof.; di: Hochsch. München, Fak. Tourismus, Lothstr. 34, 80335 München, ralph.berchtenbreiter@hm.edu

**Berchtold,** Andreas; Dr., Prof.; *Drucktechnik, Maschinentechnik, Methoden*; di: Hochsch. München, Fak. Versorgungstechnik, Verfahrenstechnik Papier u. Verpackung, Druck- u. Medientechnik, Lothstr. 34, 80335 München, T: (089) 12651504, F: 12651502, andreas.berchtold@fhm.edu

**Berdux,** Jörg; Dr. rer. nat., Prof.; *Digitale Medien, Medieninformatik*; di: Hochsch. Rhein / Main, FB Design Informatik Medien, Campus Unter den Eichen 5, 65195 Wiesbaden, T: (0611) 94951252, Joerg.Berdux@hs-rm.de

**Berens,** Petra; Dr., Prof.; di: Rheinische FH Köln, Hohenstaufenring 16-18, 50674 Köln

**Berens,** Ralph; Dr. jur., Prof.; *Wirtschaftsprivatrecht und Volkswirtschaftslehre*; di: Ostfalia Hochsch., Fak. Recht, Salzdahlumer Str. 46/48, 38302 Wolfenbüttel, T: (05331) 9395240

**Berg,** Christoph; Dr., Prof.; *Wirtschaftspsychologie, Distance Learning*; di: Europäische FernH Hamburg, Doberaner Weg 20, 22143 Hamburg

**Berg,** Wolfgang; Dr., Prof., Dekan FB Soziale Arbeit, Medien, Kultur; *Europastudien*; di: Hochsch.Merseburg, FB Soziale Arbeit, Medien, Kultur, Geusaer Str., 06217 Merseburg, T: (03461) 462203, F: 462205, wolfgang.berg@hs-merseburg.de

**Bergbauer,** Franz; Dr.-Ing., Prof.; *Maschinen- u. Anlagentechnik, Thermische Maschinen*; di: Hochsch. Deggendorf, FB Maschinenbau, Edlmairstr. 6/8, 94469 Deggendorf, T: (0991) 3615325, F: 361581325, franz.bergbauer@fh-deggendorf.de

**Bergé,** Beate; Dr., Prof.; *Volkswirtschaftslehre, Internationale Wirtschaftsbeziehungen*; di: Hochsch. Konstanz, Fak. Wirtschafts- u. Sozialwiss., Brauneggerstr. 55, 78462 Konstanz, PF 100543, 78405 Konstanz, T: (07531) 206652, berge@fh-konstanz.de

**Bergemann,** Britta; Dr. rer. pol., Prof.; *Marketing und Kommunikation*; di: Hochsch. Furtwangen, Fak. Wirtschaft, Jakob-Kienzle-Str. 17, 78054 Villingen-Schwenningen, bergemann@hs-furtwangen.de

**Bergemann,** Jörg; Dr. rer. nat., Prof.; *Molekularbiologie, Gentherapie, Therapeutische Zell- u. Gewebesysteme*; di: Hochsch. Albstadt-Sigmaringen, FB 3, Anton-Günther-Str. 51, 72488 Sigmaringen, PF 1254, 72481 Sigmaringen, T: (07571) 732273, F: 732250, bergemann@fh-albsig.de

**Berger,** Arno; Dr.-Ing., Prof.; *Kartographie*; di: Hochsch. Bochum, FB Vermessungswesen u. Geoinformatik, Lennershofstr. 140, 44801 Bochum, T: (0234) 3210512, arno.berger@hs-bochum.de; pr: Königstr. 93, 53115 Bonn

**Berger,** Bernd; Dr.-Ing., Prof.; *Allgemeine und thermische Verfahrenstechnik*; di: Hochsch. Zittau/Görlitz, Fak. Maschinenwesen, PF 1455, 02754 Zittau, T: (03583) 611843, b.berger@hs-zigr.de

**Berger,** Eckhard; Dr., Prof. FH Isny; *Elektronik, Elektrotechnik, Messtechnik*; di: NTA Prof. Dr. Grübler, Seidenstr. 12-35, 88316 Isny, T: (07562) 970738, berger@nta-isny.de

**Berger,** Hans; HonProf.; di: TFH Georg Agricola Bochum, Herner Str. 45, 44787 Bochum; pr: Schulstr. 3, 66127 Saarbrücken

**Berger,** Hendrike; Dr., Prof.; *Volkswirtschaftslehre, Gesundheitsökonomie*; di: Hochsch. Osnabrück, Fak. Wirtschafts- u. Sozialwiss., Caprivistr. 30a, 49076 Osnabrück, T: (0541) 9692030, F: 9692032, berger@wi.hs-osnabrueck.de

**Berger,** Jürgen; Dipl.-Ing., Prof.; *Baustoffkunde, Betontechnologie*; di: Beuth Hochsch. f. Technik, FB III Bauingenieur- u. Geoinformationswesen, Luxemburger Straße 10, 13353 Berlin, T: (030) 45042521, jberger@beuth-hochschule.de

**Berger,** Jürgen; Dr., Prof.; *Medienwissenschaften*; di: Hochsch. Mannheim, Fak. Gestaltung, Windeckstr. 110, 68163 Mannheim

**Berger,** Lothar; Dr.-Ing., Prof.; *Mathematik, Elektronik, Regelungstechnik, Technischer Vertrieb*; di: Hochsch. Ravensburg-Weingarten, Doggenriedstr., 88250 Weingarten, PF 1261, 88241 Weingarten, T: (0751) 5019630, lothar.berger@hs-weingarten.de

**Berger,** Matthias O.; Dr. rer. nat., Prof.; *Informatik in d. Telekommunikation*; di: Jade Hochsch., FB Wirtschaft, Friedrich-Paffrath-Str. 101, 26389 Wilhelmshaven, T: (0180) 5678072822, F: 5678072412

**Berger,** Michael; Dr.-Ing. habil., Prof.; *Schaltungstechnik, Mikroelektronik, Elektrotechnik, Informationstechnik*; di: FH Westküste, FB Technik, Fritz-Thiedemann-Ring 20, 25746 Heide, T: (0481) 85550, F: 8555555, berger@fh-westkueste.de; pr: Von-Behring-Str. 7, 25746 Heide

**Berger,** Peter; Dr., Prof.; *Personalführung und Human Resource Management*; di: HAW Hamburg, Fak. Life Sciences, Lohbrügger Kirchstr. 65, 21033 Hamburg, T: (040) 428756277, peter.berger@haw-hamburg.de

**Berger,** Thomas; Dr., Prof.; *Allg. Betriebswirtschaftslehre, International Management, Projektmanagement*; di: SRH Fernhochsch. Riedlingen, Lange Str. 19, 88499 Riedlingen, thomas.berger@fh-riedlingen.srh.de

**Berger,** Uwe; Dr.-Ing., Prof.; *Automatisierungstechnik, Telemedia, Rapid Product Development*; di: Hochsch. Aalen, Fak. Maschinenbau/Fertigungstechnik, Beethovenstr. 1, 73430 Aalen, T: (07361) 5763245, Uwe.Berger@htw-aalen.de

**Berger-Klein,** Andrea; Dr., Prof.; *Führung und Management*; di: HAW Hamburg, Fak. Life Sciences, Lohbrügger Kirchstr. 65, 21033 Hamburg, T: (040) 428756277, andrea.berger-klein@haw-hamburg.de

**Berger-Kögler,** Ulrike; Dr. rer. pol., Prof.; *VWL, insbes. Markt und Wettbewerb*; di: Hochsch. f. Wirtschaft u. Umwelt Nürtingen-Geislingen, PF 1349, 72603 Nürtingen, T: (07022) 201351, ulrike.berger-koegler@hfwu.de

**Bergerfurth,** Antonius; Dr.-Ing., Prof.; *Energiewirtschaft und Anlagenmanagement*; di: Jade Hochsch., FB Management, Information, Technologie, Friedrich-Paffrath-Str. 101, 26389 Wilhelmshaven

**Bergerhausen,** Johannes; Prof.; *Typographie*; di: FH Mainz, FB Gestaltung, Holzstr. 36, 55116 Mainz, T: (06131) 6282233, F: 62892233, johannes.bergerhausen@fh-mainz.de

**Bergfeld,** Marc-Michael H.; Dr., Prof.; *Entrepreneurship u. Family Business*; di: Munich Business School, Elsenheimerstr. 61, 80687 München

**Bergfeld,** Moritz; Prof.; *Sound Recordung and Production*; di: Hochsch. Darmstadt, FB Media, Haardtring 100, 64295 Darmstadt, T: (06151) 169438, moritz.bergfeld@fbmedia.h-da.de

**Berghahn,** Sabine; Dr. iur. habil., Prof.; *Rechtl. Grundlagen der Politik, Innenpolitik, Politikwissenschaft, Genderforschung*; di: Hochsch. f. Wirtschaft u. Recht Berlin, FB Allgemeine Verwaltung, Alt-Friedrichsfelde 60, 10315 Berlin, T: (030) 90214401, sabine.berghahn@hwr-berlin.de; pr: Waldhüterpfad 29, 14169 Berlin, T: (030) 8141379, F: 84721397

**Berghof,** Norbert; Dipl.-Ing., Architekt, Prof.; *Entwerfen, insbes. Läden und Gaststätten*; di: Hochsch. Ostwestfalen-Lippe, FB 1, Architektur u. Innenarchitektur, Bielefelder Str. 66, 32756 Detmold, T: (05231) 76950, F: 769681; pr: Hanauer Landstr. 14, 60314 Frankfurt

**Bergknapp,** Andreas; Dr. rer.pol., Prof.; *Sozialmanagement*; di: FH Nordhausen, FB Wirtschafts- u. Sozialwiss., Weinberghof 4, 99734 Nordhausen, T: (03631) 420555, F: 420817, bergknapp@fh-nordhausen.de; Institut für Coaching und Organisationsberatung, Eserwallstr. 17, 86150 Augsburg, T: (0821) 5892600, bergknapp@ico-online.de

**Bergmann,** Günther; Dr., Prof.; *Betriebswirtschaft/Personalmanagement*; di: Hochsch. Pforzheim, Fak. f. Wirtschaft u. Recht, Tiefenbronner Str. 65, 75175 Pforzheim, T: (07231) 286320, F: 286090, guenther.bergmann@hs-pforzheim.de

**Bergmann,** Heidi; Dr. jur., Prof.; *Wirtschaftsrecht*; di: Hochsch. Mannheim, Fak. Wirtschaftsingenieurwesen, Windeckstr. 110, 68163 Mannheim

**Bergmann,** Helmut; Dr.-Ing., Prof.; *Grundlagen der Elektrotechnik, HF-Technik*; di: FH Lübeck, FB Elektrotechnik u. Informatik, Mönkhofer Weg 136-140, 23562 Lübeck, T: (0451) 3005308, helmut.bergmann@fh-luebeck.de

**Bergmann,** Henry; Dr.-Ing., Prof.; *Elektro-Technologien und -Umwelttechnik*; di: Hochsch. Anhalt, FB 7 Angew. Biowiss. u. Prozesstechnik, PF 1458, 06354 Köthen, T: (03496) 672313, h.bergmann@emw.hs-anhalt.de

**Bergmann,** Kai; Prof.; *Kommunikationsdesign, Interaktive Medien*; di: Hochsch. Augsburg, Fak. f. Gestaltung, Friedberger Straße 2, 86161 Augsburg, PF 110605, 86031 Augsburg, kai.bergmann@hs-augsburg.de

**Bergmann,** Michael; Dr. rer. pol., Prof.; di: Rheinische FH Köln, Hohenstaufenring 16-18, 50674 Köln

**Bergmann,** Ulrich; Dr.-Ing., Prof.; *Vermessungskunde, Ausgleichungsrechnung, EDV*; di: Beuth Hochsch. f. Technik, FB III Bauingenieur- u. Geoinformationswesen, Luxemburger Str. 10, 13353 Berlin, T: (030) 45042646, uberg@beuth-hochschule.de

**Bergmans,** Bernhard; Dr., Prof.; *Internationales Privatrecht u. Internationales Steuerrecht*; di: Westfäl. Hochsch., FB Wirtschaftsrecht, August-Schmidt-Ring 10, 45665 Recklinghausen, T: (02361) 915417, bernhard.bergmans@fh-gelsenkirchen.de

**Bergner,** Anne; Dipl.-Ing., Prof.; *Designkommunikation, Designtheorie*; di: Hochsch. Coburg, Fak. Design, PF 1652, 96406 Coburg, T: (09561) 317427, anne.bergner@hs-coburg.de

**Bergner,** Harald; Dr., Prof., Dekan FB Architektur und Bauingenieurwesen; *Massivbau, Bauverfahrenstechnik, Bauinformatik, Hochbaukonstruktion*; di: Hochsch. f. angew. Wiss. Würzburg Schweinfurt, Fak. Architektur u. Bauingenieurwesen, Münzstr. 12, 97070 Würzburg

**Bergner,** Harald; Dr. rer. nat. habil., Prof.; *Lasertechnik*; di: FH Jena, FB SciTec, Carl-Zeiss-Promenade 2, 07745 Jena, PF 100314, 07703 Jena, T: (03641) 205350, F: 205351, pt@fh-jena.de

**Bergs-Winkels,** Dagmar; Dr. phil., Prof. HAW Hamburg; *Bildung und Erziehung in der Kindheit*; di: HAW Hamburg, Fak. Wirtschaft u. Soziales, Alexanderstr. 1, 20099 Hamburg, T: (040) 428757065, dagmar.bergs-winkels@haw-hamburg.de

**Bergsieck,** Micha; Dr. rer. pol., Prof.; *Finanzdienstleistungen, Marketing, Vertrieb*; di: FH d. Wirtschaft, Fürstenallee 3-5, 33102 Paderborn, T: (05251) 301189, micha.bergsiek@fhdw.de

**Bergstedt,** Uta; Dr., Prof.; *Labor Grundl. d. Mikrobiologie u. Bioverfahrenstechnik, Enzyme Technology, Biochemie, Ethnische Aspekte der Biotechnologien*; di: Hochsch. Niederrhein, FB Chemie, Adlerstr. 32, 47798 Krefeld, T: (02151) 8224060, Uta.Bergstedt@hsnr.de

**Bergweiler,** Gerd; Dr.-Ing., Prof.; *Baubetrieb, insbes. Kalkulation*; di: Hochsch. Karlsruhe, Fak. Architektur u. Bauwesen, Moltkestr. 30, 76133 Karlsruhe, PF 2440, 76012 Karlsruhe, T: (0721) 9252736

**Berkau,** Carsten; Dipl.-Ing., Dr. rer. oec., Prof.; *Technische Betriebswirtschaft, Controlling*; di: Hochsch. Osnabrück, Fak. Wirtschafts- u. Sozialwiss., Caprivistr. 30 A, 49046 Osnabrück, T: (0541) 9692205, berkau@wi.hs-osnabrueck.de; pr: Flemings Tannen 44, 49808 Lingen, T: (0541) 67445

**Berkemer,** Rainer; Dr., Prof.; *Allgemeine BWL, Schwerpunkt Produktionsmanagement*; di: AKAD-H Stuttgart, Maybachstr. 18-20, 70469 Stuttgart, T: (0711) 81495661, hs-stuttgart@akad.de

**Berken,** Michael; Dr., Prof.; *Allgemeine Betriebswirtschaftslehre, insb. Investition u. Finanzierung*; di: H Koblenz, FB Wirtschafts- u. Sozialwissenschaften, RheinAhrCampus, Joseph-Rovan-Allee 2, 53424 Remagen, Berken@RheinAhrCampus.de

**Berkenbusch,** Gabriele; Dr. phil. habil., Prof., Dekanin; *Romanische Sprachen mit dem Schwerpunkt Wirtschaftsspanisch*; di: Westsächs. Hochsch. Zwickau, FB Sprachen, Scheffelstr. 39, 08066 Zwickau, T: (0375) 5363557, Gabriele.Berkenbusch@fh-zwickau.de

**Berker,** Peter; Dipl.-Päd., Dr., Prof.; *Theorien und Konzepte Sozialer Arbeit*; di: Kath. Hochsch. NRW, Abt. Münster, FB Sozialwesen, Piusallee 89, 48147 Münster, p.berker@kfhnw.de; pr: Diekamp 19, 48231 Warendorf

**Berkholz,** Ralph; Dr.-Ing., Prof.; *Umweltverfahrenstechnik, Bioverfahrenstechnik*; di: FH Jena, FB Medizintechnik u. Biotechnologie, Carl-Zeiss-Promenade 2, 07745 Jena, PF 100314, 07703 Jena, T: (03641) 205600, F: 205601, mt@fh-jena.de

**Berktold,** Ruth; Dipl.-Ing., Prof.; *CAX, Entwerfen*; di: Hochsch. München, Fak. Architektur, Karlstr. 6, 80333 München, T: (089) 44409933, F: 44409935, ruth.berktold@fhm.edu

**Berlemann,** Jochem; Dr.-Ing., Prof.; *Grundgebiete der Kommunikationstechnik, Digitale Nachrichtenübertragung*; di: Hochsch. Ostwestfalen-Lippe, FB 2, Medienproduktion, Liebigstr. 87, 32657 Lemgo, T: (05261) 702252, F: 702-373, jochem.berlemann@fh-luh.de; pr: Niedernhof 26, 32657 Lemgo, T: (05261) 988527

**Berlingen,** Johannes; Dipl.-Volks., Prof.; *Allgemeine Betriebswirtschaftslehre und Tourismus der Hotellerie und Gastronomie*; di: Jade Hochsch., FB Wirtschaft, Friedrich-Paffrath-Str. 101, 26389 Wilhelmshaven, T: (04421) 9852344, F: 9852596, berlingen@jade-hs.de

**Bermbach,** Rainer; Dr.-Ing., Prof.; *Mikrocomputertechnik, Rechnerarchitekturen, Softwaretechnik*; di: Ostfalia Hochsch., Fak. Elektrotechnik, Salzdahlumer Str. 46/48, 38302 Wolfenbüttel, T: (05331) 9393111, r.bermbach@ostfalia.de

**Bernards,** Annette; Dr., Prof.; *Bürgerliches Recht, Familienrecht, Zivilprozessrecht*; di: Hochsch. Kehl, Fak. Rechts- u. Kommunalwiss., Kinzigallee 1, 77694 Kehl, PF 1549, 77675 Kehl, T: (07851) 894180, Bernards@fh-kehl.de

**Bernartz,** Wolfgang; Dr. rer. pol., Prof.; *Allgemeine Betriebswirtschaftslehre, insbes. Informations-, Projekt- u. Innovationsmanagement*; di: FH Jena, FB Betriebswirtschaft, Carl-Zeiss-Promenade 2, 07745 Jena, PF 100314, 07703 Jena, wolfgang.bernartz@fh-jena.de

**Bernauer,** Jochen; Dr. med., Dr. rer.nat. habil., Prof.; *Medizinische Dokumentation*; di: Hochsch. Ulm, Fak. Informatik, PF 3860, 89028 Ulm, T: (0731) 5028608, bernauer@hs-ulm.de

**Bernd,** Heinz-Helmut; Dr.-Ing., Prof.; *Allgemeine u. theoretische Elektrotechnik*; di: Hochsch. Wismar, Fak. f. Ingenieurwiss., PF 1210, 23952 Wismar, T: (03841) 753333, h.bernd@et.hs-wismar.de

**Berndsen,** Dirk; Dr. phil., Prof.; *Geschäftsprozessmanagement*; di: Hochsch. Albstadt-Sigmaringen, FB 2 Wirtschaftsinformatik, Johannesstr. 3, 72458 Albstadt-Ebingen, T: (07431) 579235, berndsen@hs-albsig.de

**Berndt,** Joachim; Dr. jur., Prof.; *Wirtschaftsprivatrecht, Handels- u. Gesellschaftsrecht, Arbeits- u. Sozialversicherungsrecht*; di: Jade Hochsch., FB Wirtschaft, Friedrich-Paffrath-Str. 101, 26389 Wilhelmshaven, T: (04421) 9852331, F: 9852596, joachim.berndt@jade-hs.de

**Berndt,** Margarete; Prof.; *Buchführung, Bilanzsteuerrecht, Umsatzsteuer, Wirtschaftswissenschaften, öffentliches Recht*; di: H f. öffentl. Verwaltung u. Finanzen Ludwigsburg, Fak. Steuer- u. Wirtschaftsrecht, Reuteallee 36, 71634 Ludwigsburg, T: (07141) 140470, F: 140544, berndt@rz.fhov-ludwigsburg.de

**Berndt,** Thomas; Dr.-Ing., Prof.; *Verkehrsträger und Transporttechnik*; di: FH Erfurt, FB Verkehrs- u. Transportwesen, Altonaer Str. 25, 99084 Erfurt, PF 101363, 99013 Erfurt, T: (0361) 6700573, F: 6700528, berndt@fh-erfurt.de

**Bernecker,** Michael; Dr. rer. pol., Prof.; *Marketing, Internationales Management*; di: FH d. Wirtschaft, Hauptstr. 2, 51465 Bergisch Gladbach, T: (02202) 9527220, F: 9527200, michael.bernecker@fhdw.de

**Berner,** Hertha; Dr., Prof.; *Physik, Mathematik, Werkstoffprüfung*; di: Hochsch. d. Medien, Fak. Druck u. Medien, Nobelstr. 10, 70569 Stuttgart, T: (0711) 89232125, berner@hdm-stuttgart.de

**Berner,** Klaus; Dr.-Ing., Prof.; *Planung und Konstruktion im Ingenieurbau, insb. Statik der Baukonstruktionen*; di: FH Potsdam, FB Bauingenieurwesen, Pappelallee 8-9, Haus 1, 14469 Potsdam, T: (0331) 5801311, berner@fh-potsdam.de

**Bernert,** Cordula; Dr. rer. nat., Prof.; *Mathematik, Vektoranalysis*; di: Hochsch. Mittweida, Fak. Mathematik / Naturwiss. / Informatik, Technikumplatz 17, 09648 Mittweida, T: (03727) 581331, F: 581315, cbernert@htwm.de

**Bernhard,** Stefan; Dr. rer.nat., Prof.; *Medizintechnik*; di: Hochsch. Pforzheim, Fak. f. Technik, Tiefenbronner Str. 65, 75175 Pforzheim, T: (07231) 286685, stefan.bernhard@hs-pforzheim.de

**Bernhard,** Wilfred; Dipl.-Phys., Dr., Prof.; *Spektroskopie und Elektronenmikroskopie, Struktur der Materie, Werkstofftechnik, Elektronik*; di: Hochsch. Rhein / Main, FB Ingenieurwiss., Physikalische Technik, Am Brückweg 26, 65428 Rüsselsheim, T: (06142) 8984530, wilfred.bernhard@hs-rm.de; pr: In den Weingärten 4, 55276 Oppenheim, T: (0171) 6824364

**Bernhardi,** Otto Ernst; Dr.-Ing., Prof.; *Technische Mechanik, Werkstoffkunde, CAE, Finite Elemente Methode*; di: Hochsch. Karlsruhe, Fak. Maschinenbau u. Mechatronik, Moltkestr. 30, 76133 Karlsruhe, PF 2440, 76012 Karlsruhe, T: (0721) 9251850, otto-ernst.bernhardi@hs-karlsruhe.de

**Bernhardt,** Frank; Dr.-Ing., Prof.; *Schiffsmaschinenbetrieb*; di: Hochsch. Wismar, Fak. f. Ingenieurwiss., PF 1210, 23952 Wismar, T: (0381) 4983661, frank.bernhardt@sf.hs-wismar.de

**Bernhold,** Torben; Dr., Prof.; *Oecotrophologie*; di: FH Münster, FB Oecotrophologie, Johann-Krane-Weg 25, 48149 Münster, T: (0251) 8365453, F: 8365473, bernhold@fh-muenster.de

**Berning,** Ralf; Dr. rer. oec., Prof.; *Allg. Betriebswirtschaftslehre, insbes. Unternehmensführung, Produktions-management u. Logistik*; di: Hochsch. Bochum, FB Wirtschaft, Lennershofstr. 140, 44801 Bochum, T: (0234) 3210651, ralf.berning@hs-bochum.de; pr: Erzstr. 27, 44793 Bochum, T: (0234) 9129123, mail2berning@yahoo.de

**Berninger,** Burkhard; Dr.-Ing., Prof.; *Recycling- und Abfalltechnik*; di: Hochsch. Amberg-Weiden, FB Maschinenbau u. Umwelttechnik, Kaiser-Wilhelm-Ring 23, 92224 Amberg, T: (09621) 482205, F: 482145, b.berninger@fh-amberg-weiden.de

**Berninghausen,** Jutta; Dr., Prof.; *Cross Cultural Training*; di: Hochsch. Bremen, Fak. Wirtschaftswiss., Werderstr. 73, 28199 Bremen, T: (0421) 59054284, F: 59054783, berninghausen@fbw.hs-bremen.de

**Bernreuther,** Manfred; Prof.; *Grafik-Design, Typografie, Layout*; di: Georg-Simon-Ohm-Hochsch. Nürnberg, Fak. Design, Wassertorstr. 10, 90489 Nürnberg, PF 210320, 90121 Nürnberg

**Bernstorff,** Christoph Graf von; Dr., HonProf.; di: Hochsch. Bremen, Fak. Wirtschaftswiss., Werderstr. 73, 28199 Bremen, chr.bernstorff@ewetel.net

**Bernzen,** Christian; Dr. jur., Prof.; *Rechtliche Grundlagen der Sozialen Arbeit und der Heilpädagogik für das Lehrgebiet BGB / Familienrecht und Kinder- und Jugendrecht*; di: Kath. Hochsch. f. Sozialwesen Berlin, Köpenicker Allee 39-57, 10318 Berlin, T: (030) 50101052

**Berrendorf,** Rudolf; Dr., Prof.; *Programmiermethodik, Programmiersprachen*; di: Hochsch. Bonn-Rhein-Sieg, FB Informatik, Grantham-Allee 20, 53757 Sankt Augustin, 53754 Sankt Augustin, T: (02241) 865233, F: 8658233, rudolf.berrendorf@fh-bonn-rhein-sieg.de

**Berres,** Manfred; Dr. rer. nat., PD U Basel, Prof. H Koblenz; *Mathematik, Angewandte Statistik, Biometrie*; di: FH Koblenz, FB Mathematik u. Technik, RheinAhrCampus, Joseph-Rovan-Allee 2, 53424 Remagen, T: (02642) 932332, F: 932399, berres@rheinahrcampus.de; pr: Am Ziegenbaum 8a, 53179 Bonn, T: (0228) 2894847, manfred.berres@t-online.de

**Bertelsmann,** Hilke; Dr. rer. nat., Prof.; *Gesundheitswissenschaften, Forschungsmethoden und Statistik, Evidenzbasierte Praxis in der Gesundheitsversorgung*; di: FH d. Diakonie, Grete-Reich-Weg 9, 33617 Bielefeld, T: (0521) 1442702, F: 1443032, hilke.bertelsmann@fhdd.de

**Bertelsmeier,** Birgit; Dr. rer. nat., Prof.; *Wirtschaftsinformatik, Schwerpunkt Dipl.-Inform, Datenbanken*; di: FH Köln, Fak. f. Informatik u. Ingenieurwiss., Am Sandberg 1, 51643 Gummersbach, T: (02261) 8196279, bertelsmeier@gm.fh-koeln.de

**Berthold,** Walter; Dr., Prof.; *Elektrotechnik*; di: DHBW Mannheim, Fak. Technik, Coblitzallee 1-9, 68163 Mannheim, T: (0621) 41051180, F: 41051318, walter.berthold@dhbw-mannheim.de

**Bertram,** Andreas; Dr. agr. habil., Prof. u. Präs.; *Technik im Gartenbau*; di: Hochsch. Osnabrück, Fak. Agrarwiss. u. Landschaftsarchitektur, PF 1940, 49009 Osnabrück, T: (0541) 9695176, a.bertram@hs-osnabrück.de

**Bertram,** Anke; Dipl.-Ing., Prof.; *Innenarchitektur: Hochbaubezogene Aspekte*; di: Hochsch. Hannover, Fak. III Medien, Information u. Design, Kurt-Schwitters-Forum, Expo Plaza 2, 30539 Hannover, T: (0511) 92962361, anke.bertram@hs-hannover.de

**Bertram,** Birgit; Dipl.-Psychologin, Dr. phil., Prof.; *Soziologie / Sozialpsychologie, Mikrosoziologie*; di: Kath. Hochsch. f. Sozialwesen Berlin, Köpenicker Allee 39-57, 10318 Berlin, T: (030) 50101046, bertram@khsb-berlin.de

**Bertram,** Jutta; Dr., Prof.; *Wissensorganisation, Methoden der empirischen Sozialforschung, Informationsmanagement*; di: Hochsch. Hannover, Fak. III Medien, Information u. Design, Kurt-Schwitters-Forum, Expo Plaza 2, 30539 Hannover, T: (0511) 92962676, jutta.bertram@hs-hannover.de

**Bertram,** Ulrich; Dr. rer. pol., Prof.; *Unternehmensführung, Personalmanagement, Versicherungsbetriebslehre*; di: FH f. die Wirtschaft Hannover, Freundallee 15, 30173 Hannover, T: (0511) 2848368, F: 2848372, ulrich.bertram@fhdw.de

**Bertram,** Ulrike; Dr.-Ing., Prof.; *CAD, Thermodynamik, Mechanischer Apparatebau*; di: Hochsch. Hannover, Fak. II Maschinenbau u. Bioverfahrenstechnik, Ricklinger Stadtweg 120, 30459 Hannover, PF 920261, 30441 Hannover, T: (0511) 92961309, F: 9296991309, ulrike.bertram@hs-hannover.de; pr: Buchweizenfeld 10, 31303 Burgdorf, T: (05136) 874507

**Bertrams,** Lothar; Prof.; *Fotografie*; di: Hochsch. Rhein / Main, FB Design Informatik Medien, Unter den Eichen 5, 65195 Wiesbaden, T: (0611) 1880246, F: 1880173, lothar.bertrams@hs-rm.de; pr: Am Michelsberg 6, 65183 Wiesbaden

**Bertsch,** Andreas; Dr., Prof.; *Allgemeine BWL, Schwerpunkt Kostenrechnung u. Investition*; di: Hochsch. Konstanz, Fak. Wirtschafts- u. Sozialwiss., Brauneggerstr. 55, 78462 Konstanz, PF 100543, 78405 Konstanz, T: (07531) 206531, F: 206427, bertscha@fh-konstanz.de

**Beschorner,** Jürgen; Dr., Prof.; *Staatsrecht*; di: FH d. Bundes f. öff. Verwaltung, FB Sozialversicherung, Nestorstraße 23 - 25, 10709 Berlin, T: (030) 86526139

**Besemer,** Simone; Dr., Prof.; *Marketing, Kommunikationspolitik, Konsumentenverhalten*; di: DHBW Ravensburg, Weinbergstr. 17, 88214 Ravensburg, T: (0751) 189992747, besemer@dhbw-ravensburg.de

**Bessenrodt-Weberpals,** Monika; Dr., apl. Prof. U Düsseldorf, Prof. HAW Hamburg; *Gender und Naturwissenschaften*; di: HAW Hamburg, Fak. Design, Medien u. Information, Finkenau 35, 22081 Hamburg, T: (040) 428757668, monika.bessenrodt-weberpals@haw-hamburg.de; www.mt.haw-hamburg.de/home/mbw/index.html

**Best,** Barbara; Dipl.-Des., Prof.; *Entwurf, Designkonzeption und -realisation, Modezeichnen, Kollektionsgestaltung, Atelier für Modellarbeit*; di: Hochsch. Trier, FB Gestaltung, PF 1826, 54208 Trier, T: (0651) 8103846, best@hochschule-trier.de; pr: Am Deimelberg 17, 54295 Trier, T: (0651) 47598

**Best,** Jörg; Dipl.-Ing., Prof.; *Elektrische Antriebstechnik, Signalverarbeitung in der Antriebstechnik*; di: Hochsch. Mannheim, Fak. Elektrotechnik, Windeckstr. 110, 68163 Mannheim

**Beständig,** Norbert; Dr.-Ing., Prof.; *Energietechnik (Nachrichtentechnik), Elektrische Maschinen, Grundlagen der Elektrotechnik, Elektrische Meßtechnik*; di: Hochsch. Regensburg, Fak. Elektro- u. Informationstechnik, PF 120327, 93025 Regensburg, T: (0941) 9431119, norbert.bestaendig@e-technik.fh-regensburg.de

**Beste,** Hubert; Dr. phil., Prof.; *Sozialarbeitswissenschaft und Sozialarbeitsforschung*; di: Hochsch. Landshut, Fak. Soziale Arbeit, Am Lurzenhof 1, 84036 Landshut, T: (0871) 506440, beste@fh-landshut.de

**Bethge,** Jörg; Dr., Prof.; di: FH Frankfurt, FB 4 Soziale Arbeit u. Gesundheit, Nibelungenplatz 1, 60318 Frankfurt am Main, T: (069) 15332653, bethge@fb4.fh-frankfurt.de

**Bethke,** Bedriska; Dr. paed., Prof.; *Pflegewissenschaft / Ambulante Dienste*; di: Hochsch. Neubrandenburg, FB Gesundheit, Pflege, Management, Brodaer Str. 2, 17033 Neubrandenburg, PF 110121, 17041 Neubrandenburg, T: (0395) 56933100, bethke@hs-nb.de

**Bette,** Michael; Prof.; *Grundlagen der Gestaltung*; di: FH Potsdam, FB Design, Pappelallee 8-9, Haus 5, 14469 Potsdam, T: (0331) 5801401

**Bettig,** Uwe; Dr., Prof.; *Gesundheitsökonomie, Management*; di: Alice-Salomon-Hochsch., Alice-Salomon-Platz 5, 12627 Berlin, T: (030) 99245400, bettig@ash-berlin.eu

**Bettin,** Andreas; Dipl.-Ing. agr., Dr. rer. hort., Prof.; *Zierpflanzenbau*; di: Hochsch. Osnabrück, Fak. Agrarwiss. u. Landschaftsarchitektur, PF 1940, 49009 Osnabrück, T: (0541) 9695061, a.bettin@hs-osnabrück.de

**Bettinger,** Frank; Dipl.-Sozialpäd., Dr. rer. pol., Prof.; *Sozialpädagogik*; di: Ev. Hochsch. Darmstadt, FB Sozialarbeit / Sozialpädagogik, Zweifalltorweg 12, 64293 Darmstadt, T: (06151) 879855, bettinger@eh-darmstadt.de; pr: Wachmannstr. 119, 28209 Bremen, T: (0421) 3467180, F: 3467181, bettinger-siebert@t-online.de

**Betz,** Andreas; Dipl.-Ing., Prof.; *Möbel-und Innenausbaukonstruktion, Trockenbau*; di: Hochsch. Rosenheim, Fak. Holztechnik u. Bau, Hochschulstr. 1, 83024 Rosenheim, T: (08031) 805389, F: 805302, andreas.betz@fh-rosenheim.de

**Betz,** Barbara; Dr., Prof.; *BWL*; di: HAWK Hildesheim / Holzminden / Göttingen, Fak. Soziale Arbeit u. Gesundheit, Goschentor 1, 31134 Hildesheim, T: (05121) 881481

**Betz,** Thomas; Dr.-Ing., Prof.; *E.-Grundlagen, Digitaltech., Mikroprozessoren*; di: Hochsch. Darmstadt, FB Elektrotechnik u. Informationstechnik, Haardtring 100, 64295 Darmstadt, T: (06151) 168250, betz@eit.h-da.de

**Betzler,** Jürgen; Dr.-Ing., Prof.; *Fahrwerk-/Simulationstechnik*; di: FH Köln, Fak. f. Fahrzeugsysteme u. Produktion, Betzdorfer Str. 2, 50679 Köln, T: (0221) 82752349, F: 82752924, juergen.betzler@fh-koeln.de

**Betzler,** Martin; Dr.-Ing., Prof., Präs.; *Entwerfen von Tragwerken, Baustatik und Baukonstruktion*; di: Hochsch. 21, Harburger Str. 6, 21614 Buxtehude, T: (04161) 648148, betzler@hs21.de; pr: Gosshören 3, 21614 Buxtehude, T: (04163) 812966

**Beucher,** Ottmar; Dr. rer. nat., Prof.; *Mathematik, Informatik, Wahrscheinlichkeitsrechnung*; di: Hochsch. Karlsruhe, Fak. Maschinenbau u. Mechatronik, Moltkestr. 30, 76133 Karlsruhe, PF 2440, 76012 Karlsruhe, T: (0721) 9251746

**Beuck,** Heinz; Dr. rer. pol., Prof.; *Betriebswirtschaftslehre, insbes. Materialwirtschaft, Logistik und Produktion*; di: FH Ludwigshafen, FB II Marketing und Personalmanagement, Ernst-Boehe-Str. 4, 67059 Ludwigshafen / Rhein, T: (0621) 5203138; pr: heinzbeuck@t-online.de

**Beucker,** Nicolas; Prof.; *public & social Design*; di: Hochsch. Niederrhein, FB Design, Petersstr. 123, 47798 Krefeld, T: (02151) 8224344, nicolas.beucker@hs-niederrhein.de; pr: Konkordiastr. 60, 40219 Düsseldorf, T: (0211) 1586398

**Beudels,** Wolfgang; Dr., Prof.; *Kindliche Entwicklung, Frühpädagogik*; di: H Koblenz, FB Sozialwissenschaften, Konrad-Zuse-Str. 1, 56075 Koblenz, T: (0261) 9528205, F: 9528260, beudels@fh-koblenz.de

**Beuermann,** Thomas; Dr. rer. nat., Prof.; *Messtechnik und Automation in der Biotechnologie*; di: Hochsch. Mannheim, Fak. Gestaltung, Windeckstr. 110, 68163 Mannheim

**Beuker,** Ralf; Dipl.-Kfm., Prof.; *Designtheorie, Design Management*; di: FH Münster, FB Design, Leonardo-Campus 6, 48149 Münster, T: (0251) 8365301, rbeuker@fh-muenster.de

**Beumler,** Harald; Dr.-Ing., Prof.; *Technische Mechanik, Getriebelehre*; di: FH Münster, FB Maschinenbau, Stegerwaldstr. 39, 48565 Steinfurt, T: (02551) 962235, F: 962120, beumler@fh-muenster.de; pr: Bühne 343, 34434 Borgenteich, T: (05643) 8327

**Beuschel,** Werner; Dr.-Ing., Prof.; *Informationsmanagement, Unternehmensführung*; di: FH Brandenburg, FB Wirtschaft, SG Wirtschaftsinformatik, Magdeburger Str. 50, 14770 Brandenburg, PF 2132, 14737 Brandenburg, T: (03381) 355253, F: 355199, beuschel@fh-brandenburg.de

**Beuscher,** Bernd; Dr. päd., apl.Prof. U Paderborn, Prof. Evangel. FH Rheinland-Westfalen-Lippe; *Theologie u. ihre Didaktik*; di: Univ., Fak. f. Kulturwiss., Inst. f. Ev. Theologie, Warburger Str. 100, 33098 Paderborn, T: (05251) 602340, beratungspraxis@bebeu.de; Ev. FH Rheinland-Westfalen-Lippe, FB Soziale Arbeit, Bildung u. Diakonie, Immanuel-Kant-Str. 18-20, 44803 Bochum, T: (0234) 36901197, beuscher@efh-bochum.de

**Beushausen,** Jürgen; Dr., Prof.; *Sozialarbeit, Rehabilitation, Psychodrama*; di: Hochsch. Emden / Leer, FB Soziale Arbeit u. Gesundheit, Constantiaplatz 4, 26723 Emden, T: (04921) 8071408, F: 8071251, juergen.beushausen@hs-emden-leer.de

**Beushausen,** Ulla; Dr. phil., Prof.; *Logopädie, Kommunikationstraining*; di: HAWK Hildesheim / Holzminden / Göttingen, Fak. Soziale Arbeit u. Gesundheit, Goschentor 1, 31134 Hildesheim, T: (05121) 881593

**Beutel,** Jörg; Dr. rer. pol., Prof.; *VWL, Umweltwissenschaften*; di: Hochsch. Konstanz, Fak. Wirtschafts- u. Sozialwiss., Brauneggerstr. 55, 78462 Konstanz, PF 100543, 78405 Konstanz, T: (07531) 206251, F: 206427, beutel@fh-konstanz.de

**Beuter,** Ulrike; Dipl.-Ing., HonProf.; *Architektur (Freiraumgestaltung)*; di: Hochsch. Bochum, FB Architektur, Lennershofstr. 140, 44801 Bochum, T: (0234) 3210100; pr: planergruppe.ob@t-online.de

**Beyer,** Albrecht; Dr.-Ing., Prof.; *Baubetriebslehre, Projektmanagement*; di: Hochsch. 21, Harburger Str. 6, 21614 Buxtehude, T: (04161) 714615, beyer@hs21.de; pr: Bellevue 6, 21682 Stade, T: (04141) 789128, F: 81954, beyer-stade@t-online.de

**Beyer,** Andrea; Dr. rer. pol., Prof.; *Medienökonomie, BWL*; di: FH Mainz, FB Wirtschaft, Lucy-Hillebrand-Str. 2, 55128 Mainz, T: (06131) 628-136

**Beyer,** Dietmar; Dr. rer. nat., Prof.; *Mathematik, Computational Statistics und Description Support Systems*; di: FH Schmalkalden, Fak. Informatik, Blechhammer, 98574 Schmalkalden, PF 100452, 98564 Schmalkalden, T: (03683) 6884110, beyer@informatik.fh-schmalkalden.de

**Beyer,** Hans-Joachim; Dr.-Ing., Prof.; *Konstruktion und Mechatronisches Design*; di: HAW Hamburg, Fak. Technik u. Informatik, Berliner Tor 21, 20099 Hamburg, T: (040) 428758741, hans-joachim.beyer@haw-hamburg.de

**Beyer,** Hans-Martin; Dr., Prof.; *Finanzierung*; di: Hochsch. Reutlingen, FB International Business, Alteburgstr. 150, 72762 Reutlingen, T: (07121) 2716025, Hans-Martin.Beyer@Reutlingen-University.DE

**Beyer,** Stefan; Dr. rer. nat., Prof.; *Informatik*; di: Hochsch. Hannover, Fak. I Elektro- und Informationstechnik, Ricklinger Stadtweg 120, 30459 Hannover, PF 920261, 30441 Hannover, T: (0511) 92961289, F: 92961270, stefan.beyer@hs-hannover.de

**Beyerhaus,** Christiane; Dr., Prof.; *Marketing mit Schwerpunkten in Handel u. Distribution*; di: Int. School of Management, Otto-Hahn-Str. 19, 44227 Dortmund

**Beyerlein,** Peter; Dr. rer. nat., Prof.; *Bioinformatik, Informatik*; di: Techn. Hochsch. Wildau, FB Ingenieurwesen / Wirtschaftsingenieurwesen, Bahnhofstr., 15745 Wildau, T: (03375) 508944, peter.beyerlein@tfh-wildau.de

**Beyrow,** Matthias; Prof.; *Corporate Design*; di: FH Potsdam, FB Design, Pappelallee 8-9, Haus 5, 14469 Potsdam, T: (0331) 5801426

**Bezjak,** Roman; Prof.; *Fotografie im Bereich Editorial und Unternehmenskommunikation*; di: FH Bielefeld, FB Gestaltung, Lampingstr. 3, 33615 Bielefeld, T: (0521) 1067654, roman.bezjak@fh-bielefeld.de; pr: Petkumstr. 9, 22085 Hamburg, T: (040) 2202254

**Bezold,** Thomas; Dr., Prof.; *Allgemeine Betriebswirtschaftslehre, insbes Sportmanagement*; di: Hochsch. Heilbronn, Fak. f. Technik u. Wirtschaft, Daimlerstr. 35, 74653 Künzelsau, T: (07940) 1306251, bezold@hs-heilbronn.de

**Biallas,** Gerhard; Dr.-Ing., Prof.; *Werkstoffkunde*; di: HAW Hamburg, Fak. Technik u. Informatik, Berliner Tor 21, 20099 Hamburg, T: (040) 428758932, gerhard.biallas@haw-hamburg.de

**Bicher-Otto,** Ursula; Dr., Prof.; *Business Administration*; di: Provadis School of Int. Management and Technology, Industriepark Hoechst, Geb. B 845, 65926 Frankfurt a.M.

**Bick,** Werner; Dipl.-Ing., Dr.-Ing., Prof.; *Betriebswirtschaftslehre, Logistik*; di: Hochsch. Regensburg, Fak. Betriebswirtschaft, PF 120327, 93025 Regensburg, T: (0941) 9431399, werner.bick@bwl.fh-regensburg.de

**Bickel,** Peter; Dipl.-Phys., Dr. rer. nat., Prof.; *Physik, Lasertechnik*; di: Hochsch. Regensburg, Fak. Allgemeinwiss. u. Mikrosystemtechnik, PF 120327, 93025 Regensburg, T: (0941) 9431267, peter.bickel@mikro.fh-regensburg.de

**Bickhoff,** Nils; Dr., Prof.; *Unternehmensführung, Strategisches Management*; di: Europäische FernH Hamburg, Doberaner Weg 20, 22143 Hamburg

**Bicknell,** Helen; Dr., Prof.; *International Business Organization*; di: Hochsch. Fresenius, FB Wirtschaft u. Medien, Limburger Str. 2, 65510 Idstein, T: (06126) 93520, bicknell@hs-fresenius.de

**Bidmon,** Walter; Dr., Prof.; *Bauaufnahme, Baukonstruktion, Computeranwendung, CAD*; di: Hochsch. f. angew. Wiss. Würzburg Schweinfurt, Fak. Architektur u. Bauingenieurwesen, Münzstr. 12, 97070 Würzburg

**Bieberstein,** Ingo; Dipl.-Kfm., Dr., Prof.; *Allgemeine Betriebswirtschaftslehre, Marketing*; di: Hochsch. Niederrhein, FB Wirtschaftswiss., Webschulstr. 41-43, 41065 Mönchengladbach, T: (02161) 1866338, Ingo.Bieberstein@hs-Niederrhein.de; pr: Blumenstr. 33, 41236 Mönchengladbach, T: (02166) 249057

**Biebrach-Plett,** Ursula; Prof.; *Soziale Arbeit*; di: HAW Hamburg, Fak. Wirtschaft u. Soziales, Alexanderstr. 1, 20099 Hamburg, T: (040) 428757000, ursula.biebrach-plett@haw-hamburg.de

**Biechl,** Helmuth; Dr.-Ing., Prof.; *Elektrische Maschinen und Antriebe, Grundlagen der Elektrotechnik*; di: Hochsch. Kempten, Fak. Elektrotechnik, Bahnhofstr. 61-63, 87435 Kempten, T: (0831) 2523253, biechl@fh-kempten.de

**Biedermann,** Bodo; Dr.-Ing., Prof.; *Verkehrswesen*; di: FH Lübeck, FB Bauwesen, Mönkhofer Weg 239, 23562 Lübeck, T: (0451) 3005132, bodo.biedermann@fh-luebeck.de; pr: Marienstr. 13, 24340 Eckernförde, T: (04351) 752145

**Biegel,** Peter; Dr.-Ing., Prof.; *Fördertechnik, Getriebelehre, Technische Logistik, Technische Mechanik*; di: Hochsch. Lausitz, FB Informatik, Elektrotechnik, Maschinenbau, Großenhainer Str. 57, 01968 Senftenberg, T: (03573) 85501, F: 85509

**Biegler-König,** Friedrich; Dr. math., Dipl.-Math., Prof.; *Informatik, Angewandte Mathematik*; di: FH Bielefeld, FB Mathematik u. Technik, Am Stadtholz 24, 33609 Bielefeld, T: (0521) 1067412, friedrich.biegler-koenig@fh-bielefeld.de; pr: Fröbelstr. 68, 33604 Bielefeld, T: (0521) 287805

**Biehl,** Günter; Dr.-Ing., Prof.; *Digitaltechnik / Logikdesign, Mikroprozessortechnik, Grundlagen der Informatik*; di: FH Kaiserslautern, FB Angew. Ingenieurwiss., Morlautererstr. 31, 67657 Kaiserslautern, T: (0631) 3724214, F: 3724222, biehl@et.fh-kl.de

**Biehl,** Klaus; Dr.-Ing., Prof.; *Werkstoffkunde, Betriebsfestigkeit*; di: Hochsch. Rhein / Main, FB Ingenieurwiss., Maschinenbau, Am Brückweg 26, 65428 Rüsselsheim, T: (06142) 8984344, klaus.biehl@hs-rm.de

**Biek,** Katja; Dipl.-Ing., Prof.; *Heizungstechnik, Sanitärtechnik*; di: Beuth Hochsch. f. Technik, FB IV Architektur u. Gebäudetechnik, Luxemburger Str. 10, 13353 Berlin, T: (030) 45042535, biek@beuth-hochschule.de

**Bieker,** Rudolf; Dr. rer. soc., Prof.; *Theorie und Strukturen sozialer Dienste*; di: Hochsch. Niederrhein, FB Sozialwesen, Richard-Wagner-Str. 101, 41065 Mönchengladbach, T: (02161) 1865644, rudolf.bieker@hs-niederrhein.de

**Bielenski,** Helmut; Dipl.-Ing., Prof.; *Darstellen und Gestalten, Werkstoffkunde und werkstoffbezogenes Gestalten*; di: Hochsch. Coburg, Fak. Design, Friedrich-Streib-Str. 2, 96450 Coburg, T: (09561) 317249, bielensk@hs-coburg.de

**Bieler,** Frank; Dr., Prof.; *Arbeitsrecht, Wirtschaftsverwaltungsrecht*; di: Hochsch. Harz, FB Wirtschaftswiss., Friedrichstr. 57-59, 38855 Wernigerode, T: (03943) 659228, F: 659109, fbieler@hs-harz.de

**Bieler,** Stefan; Dr. rer. pol., Prof.; *Mittelständische Wirtschaft*; di: FH f. die Wirtschaft Hannover, Freundallee 15, 30173 Hannover, T: (0511) 2848365, F: 2848372, stefan.bieler@fhdw.de

**Bieletzke,** Stefan; Dr., Prof.; *E-Business*; di: FH des Mittelstands, FB Wirtschaft, Ravensbergerstr. 10G, 33602 Bielefeld, bieletzke@fhm-mittelstand.de

**Biella,** Wolfgang; Dr. Ing., Prof.; *Grundlagen der Informatik, Programmieren, Rechnernetze*; di: HTW Berlin, FB Ingenieurwiss. I, Allee der Kosmonauten 20/22, 10315 Berlin, T: (030) 50193205, biella@HTW-Berlin.de

**Bielzer,** Louise; Dr., Prof.; *Management*; di: Karlshochschule, PF 11 06 30, 76059 Karlsruhe

**Biener,** Ernst; Dr.-Ing., Prof.; *Umwelttechnik*; di: FH Aachen, FB Bauingenieurwesen, Bayernallee 9, 52066 Aachen, T: (0241) 600951107, biener@fh-aachen.de; pr: Purweider Winkel 63, 52070 Aachen, T: (0241) 158690

**Biener,** Richard; Dr.-Ing., Prof.; *Bioverfahrenstechnik, Techn. Mikrobiologie*; di: Hochsch. Esslingen, Fak. Versorgungstechnik u. Umwelttechnik, Kanalstr. 33, 73728 Esslingen, T: (0711) 3973551; pr: Im Sommergarteb 18, 73110 Hattenhofen, T: (07164) 147317

**Bienert,** Jörg; Dr.-Ing., Prof.; *Maschinenbau*; di: HAW Ingolstadt, Fak. Maschinenbau, Esplanade 10, 85049 Ingolstadt, T: (0841) 9348, Joerg.Bienert@haw-ingolstadt.de

**Bienert,** Kurt; Dr. rer. pol., Prof.; *Betriebswirtschaftslehre, insbes. Außenwirtschaft einschl. internationale Unternehmensführung*; di: FH Köln, Fak. f. Wirtschaftswiss., Claudiusstr. 1, 50678 Köln, T: (0221) 82753421, kurt.bienert@fh-koeln.de

**Bienert,** Margo; Dipl.-Kfm., Dr. rer. pol., Prof.; *Allgemeine Betriebswirtschaftslehre, Marketing*; di: Georg-Simon-Ohm-FH Nürnberg, FB Betriebswirtschaft, Bahnhofstr. 87, 90402 Nürnberg, margo.bienert@ohm-hochschule.de

**Bienert,** Michael Leonhard; Dr. rer. oec., Prof.; *Allgemeine BWL, Handelsbetriebslehre, Leistungserstellung Handel, Warenwirtschaftssysteme und Logistik, Kostenrechnung und Controlling im Handel*; di: Hochsch. Hannover, Fak. IV Wirtschaft u. Informatik, Ricklinger Stadtweg 120, 30459 Hannover, PF 920261, 30441 Hannover, T: (0511) 92961523, F: 92961510, michael.bienert@hs-hannover.de

**Bierbaum,** Fritz; Dr. rer. nat., Prof.; *Mathematik*; di: Hochsch. Darmstadt, FB Mathematik u. Naturwiss., Haardtring 100, 64295 Darmstadt, T: (06151) 168664, fritz.bierbaum@h-da.de; pr: Rintheimer Hauptstr. 75, 76131 Karlsruhe, T: (0721) 611842

**Bierbaum,** Heinz; Dr. rer. pol., Prof.; *Betriebswirtschaft*; di: HTW d. Saarlandes, Fak. f. Wirtschaftswiss, Waldhausweg 14, 66123 Saarbrücken, T: (0681) 5867566, bierbaum@info-htw.uni-sb.de; pr: Rotenbühlerweg 14, 66123 Saarbrücken, T: (0681) 3905345

**Bierer,** Martin; Dr.-Ing., Prof.; *Maschinenbau*; di: DHBW Heidenheim, Fak. Technik, Marienstr. 20, 89518 Heidenheim, T: (07321) 2722331, F: 2722349, bierer@dhbw-heidenheim.de

**Bierhoff,** Burkhard; Dr. paed. habil., Prof.; *Erziehungswissenschaften*; di: Hochsch. Lausitz, FB Sozialwesen, Lipezker Str. 47, 03048 Cottbus-Sachsendorf, T: (0355) 5818414, F: 5818409, bbierhof@sozialwesen.fh-lausitz.de

**Bieritz-Harder,** Renate; Dr., Prof.; di: Hochsch. Emden/Leer, FB Soziale Arbeit u. Gesundheit, Constantiaplatz 4, 26723 Emden, T: (04921) 8071210, bieritz-harder@hs-emden-leer.de

**Biermann,** Jürgen; Dipl.-Math., Dr. rer. nat., Prof.; *Mathematik, Informatik*; di: Hochsch. Osnabrück, Fak. Ingenieurwiss. u. Informatik, Barbarastr. 16, 49076 Osnabrück, T: (0541) 9692190, F: 9692936, biermann@edvsz.hs-osnabrueck.de; pr: Pfitzerstr. 9, 49076 Osnabrück, T: (0541) 434176

**Biermann,** Norbert; Dr., Prof.; *Datenerfassung, Verpackungstechnik, Verkehrs- und Umschlagssysteme, Transport- und Netzplanung*; di: SRH Hochsch. Hamm, Platz der Deutschen Einheit 1, 59065 Hamm, T: (02381) 9291142, F: 9291199, norbert.biermann@fh-hamm.srh.de

**Biermann,** Thomas; Dr. rer. pol., Prof.; *Betriebswirtschaftslehre, Unternehmensführung*; di: Techn. Hochsch. Wildau, FB Betriebswirtschaft/ Wirtschaftsinformatik, Bahnhofstr., 15745 Wildau, T: (03375) 508329, F: 500324, biermann@wi-bw.tfh-wildau.de

**Biesalski,** Ernst-Peter; Dr. phil., Prof.; *Buchhandel/Verlagswirtschaft*; di: HTWK Leipzig, FB Medien, PF 301166, 04251 Leipzig, T: (0341) 30765416, biesalsk@fbm.htwk-leipzig.de; pr: August-Bebel-Str. 10, 04430 Böhlitz-Ehrenberg, T: (0341) 4422956

**Biesenbach,** Rolf; Dr.-Ing., Prof.; *Sicherheits-, Steuerungs- u. Prozesleittechnik*; di: Hochsch. Bochum, FB Elektrotechnik u. Informatik, Lennershofstr. 140, 44801 Bochum, T: (0234) 3210307, rolf.biesenbach@hs-bochum.de

**Biester,** Jürgen; Prof.; *Öffentliches Recht*; di: Hochsch. Osnabrück, Fak. Wirtschafts- u. Sozialwiss., Caprivistr. 30a, 49076 Osnabrück, T: (0541) 9693770, biester@wi.hs-osnabrueck.de

**Biesterfeld,** Andreas; Dr.-Ing., Prof.; *Baubetriebslehre, Projektmanagement*; di: Hochsch. 21, Harburger Str. 6, 21614 Buxtehude, T: (04161) 648158, biesterfeld@bux-hawk.de; pr: Schimmelmannstr. 40, 22043 Hamburg

**Biethahn,** Niels; Dr., Prof.; *Unternehmenssteuerung, Automotive Management*; di: Business and Information Technology School GmbH, Reiterweg 26 b, 58636 Iserlohn, T: (02371) 776558, F: 776503, niels.biethahn@bits-iserlohn.de

**Bietmann,** Rolf; Dr., Prof.; *Wirtschafts- und Arbeitsrecht*; di: FH Erfurt, FB Wirtschaftswiss., Steinplatz 2, 99085 Erfurt, PF 101363, 99013 Erfurt, T: (0361) 6700101, F: 6700152, rolf.bietmann@fh-erfurt.de

**Biffar,** Bernd; Dr.-Ing., Prof.; *Maschinenbau, Kraft-Wärme-Kopplung, Energiesystemtechnik*; di: Hochsch. Kempten, Fak. Maschinenbau, Bahnhofstr. 61-63, 87435 Kempten, T: (0831) 2523202, F: 2523229, bernd.biffar@fh-kempten.de

**Bigalke,** Stefan; Prof.; *Darstellende Geometrie, Karosseriekonstruktion, CAD im Fahrzeugbau*; di: HAW Hamburg, Fak. Technik u. Informatik, Berliner Tor 9, 20099 Hamburg, T: (040) 428757904, bigalke@fzt.haw-hamburg.de; pr: T: (040) 6916413

**Bigge,** Franz; Dr.-Ing., Prof.; *Elektrotechnik, Elektronik, Messtechnik*; di: Hochsch. Furtwangen, Fak. Maschinenbau u. Verfahrenstechnik, Jakob-Kienzle-Str. 17, 78054 Villingen-Schwenningen, T: (07720) 3074283, F: 3074207, bigge@hs-furtwangen.de

**Biggel,** Franz; Prof.; *Produkt/Umwelt*; di: Hochsch. f. Gestaltung Schwäbisch Gmünd, Rektor-Klaus-Str. 100, 73525 Schwäbisch Gmünd, PF 1308, 73503 Schwäbisch Gmünd, T: (07171) 602625

**Bihler,** Wolfgang; Dr., Prof.; *BWL – Industrie*; di: DHBW Ravensburg, Marktstr. 28, 88212 Ravensburg, T: (0751) 189992961, bihler@dhbw-ravensburg.de

**Bikker,** Gert; Dr.-Ing., Prof.; *Rechnerarchitekturen*; di: Ostfalia Hochsch., Fak. Informatik, Salzdahlumer Str. 46/48, 38302 Wolfenbüttel

**Bilajbegovic,** Asim; Dr.-Ing., Prof.; *Ausgleichungsrechnung, Landesvermessung, Satellitengeodäsie, Vermessungstechnik*; di: HTW Dresden, Fak. Geoinformation, Friedrich-List-Platz 1, 01069 Dresden, T: (0351) 4623420, bilajbegovic@htw-dresden.de

**Bilda,** Kerstin; Dr., Prof.; *Neurolinguistik, Logopädie, Gesundheitskommunikation*; di: Hochsch. f. Gesundheit, Universitätsstr. 105, 44789 Bochum, T: (0234) 77727610, kerstin.bilda@hs-gesundheit.de

**Bildat,** Lothar; Dr., Prof.; *Organisations- und Personalmanagement, Unternehmensmanagement*; di: Baltic College, Lankower Str. 9-11, 19057 Schwerin, T: (0385) 7452637, bildat@baltic-college.de

**Bildhäuser,** Dirk; Dr., Prof.; *Allgemeine BWL, Unternehmensführung*; di: FH Neu-Ulm, Wileystr. 1, 89231 Neu-Ulm, T: (0731) 97621403, dirk.bildhaeuser@fh-neu-ulm.de

**Bilitza,** Helga; Dipl.-Designerin, Prof.; *Modellentwurf, Kollektionsgestaltung/ Produktmanagement, Marketing/ Mode*; di: HTW Berlin, FB Gestaltung, Wilhelminenhofstr. 67-77, 12459 Berlin, T: (030) 50194716, h.bilitza@HTW-Berlin.de

**Bill,** Karlheinz; Dr.-Ing., Prof.; *Kraftfahrzeugtechnik, Motorradtechnik, Maschinenelemente*; di: HTW Berlin, FB Ingenieurwiss. II, Blankenburger Pflasterweg 102, 13129 Berlin, T: (030) 50194362, bill@HTW-Berlin.de

**Billen,** Peter; Dr., Prof.; *BWL, Handel*; di: DHBW Lörrach, Hangstr. 46-50, 79539 Lörrach, T: (07621) 2071306, F: 2071359, billen@dhbw-loerrach.de

**Billmann,** Lothar; Dr., Prof.; *Elektrotechnik, MSR-Technik, Simulation*; di: FH Frankfurt, FB 2 Informatik u. Ingenieurwiss., Nibelungenplatz 1, 60318 Frankfurt am Main, T: (069) 15332284, billmann@fb2.fh-frankfurt.de

**Binas,** Eckehard; Dr. phil., Prof.; *Kulturgeschichte, Kulturphilosophie, Ästhetik*; di: Hochsch. Zittau/Görlitz, Fak. Wirtschafts- u. Sprachwiss., Theodor-Körner-Allee 16, 02763 Zittau, T: (03581) 4828428, E.Binas@hs-zigr.de

**Binckebanck,** Lars; Dr., Prof.; *Marketing & International Management*; di: Nordakademie, FB Wirtschaftswissenschaften, Köllner Chaussee 11, 25337 Elmshorn, T: (04121) 409037, F: 409040, lars.binckebanck@nordakademie.de

**Bindel,** Thomas; Dr.-Ing. habil., Prof.; *Regelungstechnik*; di: HTW Dresden, Fak. Elektrotechnik, PF 120701, 01008 Dresden, T: (0351) 4622860, bindel@et.htw-dresden.de

**Binder,** Bettina; Dr., Prof.; *Wirtschaftsingenieurwesen*; di: Hochsch. Pforzheim, Fak. f. Technik, Tiefenbronner Str. 66, 75175 Pforzheim, T: (07231) 286682, F: 286666, bettina.binder@hs-pforzheim.de

**Binder,** Bettina; Dr.-Ing., Prof.; *Baumechanik, Baustatik, Stahlbau, EDV*; di: Hochsch. Hannover, Fak. II Maschinenbau u. Bioverfahrenstechnik, Ricklinger Stadtweg 120, 30459 Hannover, T: (0511) 92961353, bettina.binder@hs-hannover.de; pr: Frieda-Nadig-Str. 8a, 30880 Laatzen, T: (05102) 6259

**Binder,** Christoph; Dr., Prof.; *Controlling*; di: Hochsch. Reutlingen, FB International Business, Alteburgstr. 150, 72762 Reutlingen, T: (07121) 2715212, christoph.binder@reutlingen-university.de

**Binder,** Eberhard; Dr., Prof.; *Informatik*; di: Hochsch. Coburg, Fak. Elektrotechnik / Informatik, Friedrich-Streib-Str. 2, 96450 Coburg, T: (09561) 317244, eberhard.binder@hs-coburg.de

**Binder,** Herbert; Dr.-Ing., Prof.; *Biotechnologie*; di: Hochsch. Ostwestfalen-Lippe, FB 4, Life Science Technologies, Liebigstr. 87, 32657 Lemgo, T: (05231) 769241, F: 769222; pr: Memelstr. 30, 32756 Detmold, T: (05131) 359140

**Binder,** Klaus; Dr.-Ing., Mercedes-Benz AG, Stuttgart, HonProf.; *Spezielle Antriebstechniken*; di: HTW Dresden, Fak. Maschinenbau/Verfahrenstechnik, Friedrich-List-Platz 1, 01069 Dresden

**Binder,** Thomas; Dr.-Ing., Prof.; *Maschinenbau, Konstruktion, CA-Methoden und Technische Mechanik*; di: HAW Ingolstadt, Fak. Maschinenbau, Esplanade 10, 85049 Ingolstadt, T: (0841) 9348307, Thomas.Binder@haw-ingolstadt.de

**Binder,** Ursula; Dr. rer. pol., Prof.; *Rechnungswesen, Controlling, Mathematik*; di: FH Köln, Fak. f. Wirtschaftswiss., Claudiusstr. 1, 50678 Köln, T: (0221) 82753434, ursula.binder@fh-koeln.de

**Binder-Hobbach,** Jutta; Dipl.-Ing., Dr.-Ing., Prof.; *Kommunikationsinformatik*; di: FH Worms, FB Informatik, Erenburgerstr. 19, 67549 Worms, T: (06241) 509244, F: 509222

**Binding,** Joachim; Dr.-Ing., Prof.; *Produktionsanlagen, Produktionsmanagement u -logistik*; di: FH Düsseldorf, FB 4 – Maschinenbau u. Verfahrenstechnik, Josef-Gockeln-Str. 9, 40474 Düsseldorf, T: (0211) 4351426, joachim.binding@fh-duesseldorf.de; pr: Max-Ernst-Str. 37, 41470 Neuss-Rosellen

**Binger,** Doris; Prof.; *Gestaltung*; di: Hochsch. Augsburg, Fak. f. Gestaltung, Friedberger Straße 2, 86161 Augsburg, PF 110605, 86031 Augsburg, binger@hs-augsburg.de

**Binner,** Andreas; Dr.-Ing. habil., Prof.; *Regelungstechnik*; di: HTW Dresden, Fak. Elektrotechnik, PF 120701, 01008 Dresden, T: (0351) 4622795, binner@et.htw-dresden.de

**Binner,** Hartmut; Dr.-Ing., Prof.; *Betriebslehre, Planung von Werkstätten und Anlagen, Fertigungs- und Produktionssteuerung (PPS), Logistik, Qualitätsmanagement*; di: Hochsch. Hannover, Fak. II Maschinenbau u. Bioverfahrenstechnik, Ricklinger Stadtweg 120, 30459 Hannover, PF 920261, 30441 Hannover, T: (0511) 92961307, hartmut.binner@hs-hannover.de; pr: Berliner Str. 29, 30966 Hemmingen, T: (0511) 428745

**Binnig,** Carsten; Dr., Prof.; *Wirtschaftsinformatik*; di: DHBW Mannheim, Fak. Wirtschaft, Coblitzallee 1-9, 68163 Mannheim, T: (0621) 41051112, F: 41051249, carsten.binnig@dhbw-mannheim.de

**Birk,** Andreas; Dipl.-Kfm., Dr. rer. pol., Prof.; *Wirtschaftsprüfung*; di: FH Ludwigshafen, FB III Internationale Dienstleistungen, Ernst-Boehe-Str. 4, 67059 Ludwigshafen/Rhein, T: (0621) 5203168, birk@fh-lu.de

**Birk,** Axel; Dr., Prof., Dir Inst f Unternehmensrecht HS Heilbronn; *Bürgerliches Recht, Wirtschafts- und Medienrecht, Wirtschaftsethik*; di: Hochsch. Heilbronn, Fak. f. Technik u. Wirtschaft, Max-Planck-Str. 39, 74081 Heilbronn, T: (07940) 13061232, F: 130661321, birk@hs-heilbronn.de

**Birk,** Klaus; Prof.; di: DHBW Ravensburg, Oberamteigasse 4, 88214 Ravensburg, T: (0751) 189992154, birk@dhbw-ravensburg.de

**Birkel,** Gunther; Dr.-Ing., Prof.; *Grundlagen der Datenverarbeitung, Anwendungsorientierte Programmierung, Standardsoftware*; di: Hochsch. Mannheim, Fak. Wirtschaftsingenieurwesen, Windeckstr. 110, 68163 Mannheim

**Birkel,** Ulrich; Dr.-Ing., Prof., Dekan FB 02 Elektro- u. Informationstechnik; *Kommunikationstechnik u. -systeme*; di: Techn. Hochsch. Mittelhessen, FB 02 Elektro- u. Informationstechnik, Wiesenstr. 14, 35390 Gießen, T: (0641) 3091926, Ulrich.Birkel@ei.fh-giessen.de; pr: Straßheimerweg 97, 61191 Roßbach, T: (06003) 828281

**Birkenkrahe,** Marcus; Dr., Prof.; *Wissensmanagement*; di: Hochsch. f. Wirtschaft u. Recht Berlin, FB 1, Badensche Str. 50-51, 10825 Berlin, T: (030) 85789483, msb@hwr-berlin.de; pr: Ahlbecker Str. 11, 10437 Berlin, birkenkrahe@yahoo.de

**Birkhölzer,** Thomas; Dr., Prof.; *Mathematik, Informatik*; di: Hochsch. Konstanz, Fak. Elektrotechnik u. Informationstechnik, Brauneggerstr. 55, 78462 Konstanz, PF 100543, 78405 Konstanz, T: (07531) 206239, birkhoelzer@fh-konstanz.de

**Birkholz,** Klaus-Michael; Dr., HonProf.; *Bürgerliches Recht*; di: Hochsch. f. Öffentl. Verwaltung Bremen, Doventorscontrescarpe 172, 28195 Bremen

**Birnkraut,** Gesa; Dr., Prof.; *Strategisches Management in Nonprofit-Organisationen*; di: Hochsch. Osnabrück, Fak. Wirtschafts- u. Sozialwiss., Caprivistr. 30A, 49076 Osnabrück, PF 1940, 49009 Osnabrück, T: (0541) 9693527, g.birnkraut@hs-osnabrueck.de

**Birringer,** Marc; Dr. habil., Prof.; *Biochemie, Molekularbiologie, Biofunktionalität*; di: Hochsch. Fulda, FB Oecotrophologie, Marquardstr. 35, 36039 Fulda, T: (0661) 9640385, marc.birringer@he.hs-fulda.de

**Birzele,** Hans-Joachim; Dr., Prof.; *Marketing, insb. Social Marketing, Sponsoring u. Fundraising*; di: H Koblenz, FB Wirtschafts- u. Sozialwissenschaften, RheinAhrCampus, Joseph-Rovan-Allee 2, 53424 Remagen, Birzele@RheinAhrCampus.de

**Bisani,** Hans Paul; Dr. rer. pol., Prof.; *VWL/Wirtschaftspolitik, Bank-, Finanz- u. Investitionswirtschaft*; di: Hochsch. Deggendorf, FB Betriebswirtschaft, Edlmairstr. 6-8, 94469 Deggendorf, PF 1320, 94453 Deggendorf, T: (0991) 3615113, F: 361581113, paul.bisani@fh-deggendorf.de

**Bisani,** Karl-Friedrich; Dipl.-Ing., Prof.; *Bauproduktionsplanung u. Bauproduktionssteuerung, Grundlagen d. Bauingenieurwesens*; di: Hochsch. München, Fak. Bauingenieurwesen, Karlstr. 6, 80333 München, T: (089) 12652692, F: 12652699, bisani@bau.fhm.edu

**Bischof,** Franz; Dr.-Ing., Prof., Dekan FB Maschinenbau und Umwelttechnik; *Verfahren für Wasser-, Luft- und Bodenreinhaltung*; di: Hochsch. Amberg-Weiden, FB Maschinenbau u. Umwelttechnik, Kaiser-Wilhelm-Ring 23, 92224 Amberg, T: (09621) 482206, F: 482145, f.bischof@fh-amberg-weiden.de

**Bischof,** Jürgen; Dr., Prof.; *Kostenrechnung, Controlling, Unternehmensführung*; di: Hochsch. Aalen, Fak. Wirtschaftswissenschaften, Beethovenstr. 1, 73430 Aalen, T: (07361) 5762326, juergen.bischof@htw-aalen.de

**Bischof,** Wolfgang; Dr., Prof.; *Mathematik, Datenverarbeitung, Statistik*; di: Hochsch. Rosenheim, Hochschulstr. 1, 83024 Rosenheim, T: (08031) 805404, F: 805402, wolfgang.bischof@fh-rosenheim.de

**Bischoff,** Gert; Prof.; *Landschaftsbau/Baubetrieb*; di: FH Erfurt, FB Landschaftsarchitektur, Leipziger Str. 77, 99085 Erfurt, PF 101363, 99013 Erfurt, T: (0361) 6700228, F: 6700259, bischoff@fh-erfurt.de

**Bischoff,** Gregor; Dr.-Ing., Prof.; *Maschinenbau, Kraft- und Arbeitsmaschinen, Fahrzeugantriebe*; di: Hochsch. Kempten, Fak. Maschinenbau, Bahnhofstr. 61-63, 87435 Kempten, T: (0831) 2523246, F: 2523229, gregor.bischoff@fh-kempten.de

**Bischoff,** Johann; Dr., Prof.; *Ästhetik und Kommunikation*; di: Hochsch.Merseburg, FB Soziale Arbeit, Medien, Kultur, Geusaer Str., 06217 Merseburg, T: (03461) 462220, F: 462205, johann.bischoff@hs-merseburg.de

**Bischoff,** Mathias; Dr.-Ing., Prof.; *Grundlagen der Elektrotechnik, Schaltungstechnik, Analogtechnik*; di: Hochsch. Regensburg, Fak. Elektro- u. Informationstechnik, PF 120327, 93025 Regensburg, T: (0941) 9431105, mathias.bischoff@e-technik.fh-regensburg.de

**Bischoff,** Michael; Dr.-Ing., Prof.; *Umweltmanagement, Umwelttechnik*; di: FH Lübeck, FB Angew. Naturwiss., Stephensonstr. 3, 23562 Lübeck, T: (0451) 3005046, F: 3005235, michael.bischoff@fh-luebeck.de

**Bischoff,** Stephan; Dr.-Ing., Prof.; *Medientechnik, Digitaltechnik*; di: Hochsch. Zittau/Görlitz, Fak. Elektrotechnik u. Informatik, Theodor-Körner-Allee 16, 02763 Zittau, T: (03583) 611868, sbischoff@hs-zigr.de

**Bischoff-Beiermann,** Burkhard; Dr.-Ing., Prof.; *Technische Mechanik*; di: Hochsch. Niederrhein, FB Maschinenbau u. Verfahrenstechnik, Reinarzstr. 49, 47805 Krefeld, T: (02151) 8225027; pr: Bitterskamp 43, 44869 Bochum, T: (02327) 58044

**Bischoff-Wanner,** Claudia; Dipl.-Päd., Dr. rer. cur., Prof.; *Pflegewissenschaft, Pflegepädagogik*; di: Hochsch. Esslingen, Fak. Soziale Arbeit, Gesundheit u. Pflege, Flandernstr. 101, 73732 Esslingen, T: (0711) 3974574; pr: Rechbergweg 32, 73773 Aichwald, T: (0711) 5403394

**Biselli,** Manfred; Dr. rer. nat., Prof.; *Biotechnologie, insbes. Zellkulturtechnik*; di: FH Aachen, FB Angewandte Naturwiss. u. Technik, Ginsterweg 1, 52428 Jülich, T: (0241) 600953141, biselli@fh-aachen.de; pr: Max-Hermkes-Platz 8, 52428 Jülich, T: (02461) 54421

**Biskupek-Korell,** Bettina; Dr. agr., Prof.; *Botanik, Pflanzenzüchtung, Pflanzenbau, Grundlagen der Technologie nachwachsender Rohstoffe, Nutzpflanzenkunde, Pflanzliche Biotechnologie, Technologie der Heil- und Färbepflanzen, Ernte- u. Nacherntetechnologie/Rohstoffgewinnung, Managementsysteme*; di: Hochsch. Hannover, Fak. II Maschinenbau u. Bioverfahrenstechnik, Heisterbergallee 12, 30453 Hannover, T: (0511) 92962203, bettina.biskupek@hs-hannover.de; pr: Brachvogelweg 47, 30455, T: (0511) 4869916

**Biste,** Günther; Prof.; *Information/Medien*; di: Hochsch. f. Gestaltung Schwäbisch Gmünd, Rektor-Klaus-Str. 100, 73525 Schwäbisch Gmünd, PF 1308, 73503 Schwäbisch Gmünd, T: (07171) 602671

**Bitsch,** Ulrich; Dr.-Ing., Prof.; *Baukonstruktion, Grundlagenlehre*; di: FH Düsseldorf, FB 1 – Architektur, Georg-Glock-Str. 15, 40474 Düsseldorf, T: (0211) 4351136

**Bittel,** Oliver; Dr., Prof.; *Programmiertechnik, Algorithmen u. Datenstrukturen, Neuronale Netze u. Fuzzy-Logik, KI-Programmierung, Robotik*; di: Hochsch. Konstanz, Fak. Informatik, Brauneggerstr. 55, 78462 Konstanz, PF 100543, 78405 Konstanz, T: (07531) 206626, F: 206559, bittel@fh-konstanz.de

**Bitter,** Wolfhelm; Dr. rer. nat., Prof.; *Immisionsschutz*; di: Hochsch. Ostwestfalen-Lippe, FB 8, Umweltingenieurwesen u. Angew. Informatik, An der Wilhelmshöhe 44, 37671 Höxter, Wolfhelm.Bitter@fh-luh.de; pr: Luisenstr. 22, 37671 Höxter

**Bittner,** Andreas; Dr., Prof.; *Technische Strömungslehre, Mechanische und Termische Verfahrenstechnik*; di: Hochsch. Weihenstephan-Triesdorf, Fak. Umweltingenieurwesen, Steingruberstr. 2, 91746 Weidenbach-Triesdorf, T: (09826) 654216, F: 654110, andreas.bittner@fh-weihenstephan.de

**Bittner,** Fred; Dr.-Ing., Prof.; *Messtechnik, Nachrichtentechnische Anlagen und Geräte, Rundfunk- u. Fernsehtechnik*; di: FH Dortmund, FB Informations- u. Elektrotechnik, Sonnenstr. 96, 44139 Dortmund, T: (0231) 9112285, F: 9112283, bittner@fh-dortmund.de

**Bittner,** Gerd; Prof., Vizepräs. f. Studium u. Lehre; *Technische Informatik*; di: Hochschule Ruhr West, Institut Informatik, PF 100755, 45407 Mülheim an der Ruhr, T: (0208) 88254116, gerd.bittner@hs-ruhrwest.de

**Bittner,** Helmar; Dr.-Ing., Prof.; *Elektronik/Hochfrequenztechnik*; di: HTWK Leipzig, FB Elektrotechnik u. Informationstechnik, PF 301166, 04251 Leipzig, T: (0341) 30761126, bittner@fbeit.htwk-leipzig.de

**Bittorf,** Peter; Dr., Prof.; *Rechtswissenschaften*; di: Kommunale FH f. Verwaltung in Niedersachsen, Wielandstr. 8, 30169 Hannover, T: (0511) 1609429, F: 15537, Peter.Bittorf@nds-sti.de

**Bittrich,** Petra; Dr.-Ing. habil., Prof.; *Thermodynamik, Energetische Verfahrenstechnik*; di: HTW Berlin, FB Ingenieurwiss. I, Marktstr. NG-201, 10317 Berlin, T: (030) 50194345, F: 50192125, petra.bittrich@htw-berlin.de

**Bitz,** Hedwig; Dr. jur., Prof.; *Familienrecht, Kinder- und Jugendrecht*; di: Kath. Hochsch. Mainz, FB Soziale Arbeit, Saarstr. 3, 55122 Mainz, T: (06131) 2894437; pr: Kästrich 12b, 55116 Mainz, T: (06131) 995447, hbitz@aol.com

**Bitzan,** Maria; Dr. rer. soc., Prof.; *Sozialpädagogik, Sozialarbeitswissenschaft*; di: Hochsch. Esslingen, Fak. Soziale Arbeit, Gesundheit u. Pflege, Flandernstr. 101, 73732 Esslingen, T: (0711) 3974590; pr: Hegelstr. 16, 72762 Reutlingen, T: (07121) 321895

**Bitzer,** Arno; Dr.-Ing., Prof.; *Allgemeine Betriebswirtschaftslehre, insbes. Rechnungswesen u. Controlling*; di: FH Köln, Fak. f. Informatik u. Ingenieurwiss., Am Sandberg 1, 51643 Gummersbach, T: (02261) 8196292, bitzer@gm.fh-koeln.de; pr: Baroper Str. 245, 44227 Dortmund, T: (0231) 751861

**Bitzer,** Berthold; Dr.-Ing., Prof.; *Automatisierungstechnik*; di: FH Südwestfalen, FB Elektr. Energietechnik, Lübecker Ring 2, 59494 Soest, T: (02921) 378410, bitzer@fh-swf.de

**Bitzer,** Hans-Alfred; Dr.-Ing., Prof.; *Ingenieurholzbau, Stahlbau, Statik*; di: Hochsch. f. Technik, Fak. Bauingenieurwesen, Bauphysik u. Wirtschaft, Schellingstr. 24, 70174 Stuttgart, PF 101452, 70013 Stuttgart, T: (0711) 89262687, F: 89262913, hans-alfred.bitzer@hft-stuttgart.de

**Bitzer,** Jörg; Dr.-Ing., Prof.; *Audio-Signalverarbeitung*; di: Jade Hochsch., FB Bauwesen u. Geoinformation, Ofener Str. 16-19, 26121 Oldenburg, T: (0441) 77083724, joerg.bitzer@jade-hs.de

**Bjekovic,** Robert; Dr.-Ing., Prof.; *Produktionsentwicklung, Maschinenbau, Fahrzeugtechnik*; di: Hochsch. Ravensburg-Weingarten, Doggenriedstr., 88250 Weingarten, PF 1261, 88241 Weingarten, T: (0751) 5019577, robert.bjekovic@hs-weingarten.de

**Björnsson,** Bolli; Dr., Prof.; *Prozeßleittechnik*; di: Hochsch. Fulda, FB Elektrotechnik u. Informationstechnik, Marquardstr. 35, 36039 Fulda, bolli.bjoernsson@et.fh-fulda.de

**Blach,** Rüdiger; Dr. rer. nat., Prof.; *Wirtschaftsinformatik/Systemprogrammierung*; di: Hochsch. Wismar, Fak. f. Wirtschaftswiss., PF 1210, 23952 Wismar, T: (03841) 753382, ruediger.blach@wi.hs-wismar.de

**Blaese,** Dietrich; Dr. jur., Prof.; *Bürgerliches Recht, Arbeitsrecht, Kreditsicherungs- und Insolvenzrecht*; di: Hochsch. Niederrhein, FB Wirtschaftswiss., Webschulstr. 41-43, 41065 Mönchengladbach, T: (02161) 1866362, Dietrich.Blaese@hs-Niederrhein.de; pr: T: (02161) 898335, F: 898335

**Bläsius,** Karl Hans; Dr. rer. nat., Prof.; *Informatik*; di: Hochsch. Trier, FB Informatik, PF 1826, 54208 Trier, T: (0651) 8103344, Blaesius@hochschule-trier.de; pr: Caspar-Olevian-Str. 61, 54295 Trier, T: (0651) 9930003

**Blättner,** Beate; Dr. phil., Prof.; *Pädagogik, insb. Erwachsenenbildung und Gesundheitspädagogik*; di: Hochsch. Fulda, FB Pflege u. Gesundheit, Marquardstr. 35, 36039 Fulda, T: (0661) 9640603, beate.blaettner@pg.fh-fulda.de

**Blakowski,** Gerold; Dr. rer. nat., Prof.; *Wirtschaftsinformatik, insb. Telekommunikation und Multimedia*; di: FH Stralsund, FB Wirtschaft, Zur Schwedenschanze 15, 18435 Stralsund, T: (03831) 456612, Gerold.Blakowski@fh-stralsund.de

**Blanchebarbe,** Ursula; Dr., HonProf.; *Kulturgeschichte*; di: FH Bielefeld, FB Gestaltung, Lampingstr. 3, 33615 Bielefeld, u.blanchebarbe@siegen.de; pr: Harkortstr. 18, 57072 Siegen, T: (0271) 48206

**Blancke,** Walter; Dr. rer. pol., Prof.; *Allgemeine Betriebswirtschaftslehre, Finanz- und Rechnungswesen*; di: FH Schmalkalden, Fak. Elektrotechnik, Blechhammer, 98574 Schmalkalden, PF 100452, 98564 Schmalkalden, T: (03683) 6885112, r.blancke@e-technik.fh-schmalkalden.de

**Blanek,** Hans-Dieter; Dr.-Ing., Prof.; *Denkmalpflege und Gebäudeerhaltung*; di: HTW Dresden, Fak. Bauingenieurwesen/ Architektur, Friedrich-List-Platz 1, 01069 Dresden, T: (0351) 4623615, blanek@htw-dresden.de; pr: Obere Bergstr. 42, 01445 Radebeul

**Blank,** Hans-Peter; Dipl.-Ing., Prof.; *Mathematik, Qualitätsmanagement*; di: Hochsch. Konstanz, Fak. Maschinenbau, Brauneggerstr. 55, 78462 Konstanz, PF 100543, 78405 Konstanz, T: (07531) 206288, blank@fh-konstanz.de

**Blank,** Kurt; Prof.; *Landschaftsbau/ Galabau*; di: FH Erfurt, FB Landschaftsarchitektur, Leipziger Str. 77, 99085 Erfurt, PF 101363, 99013 Erfurt, T: (0361) 6700264, F: 6700264, blank@fh-erfurt.de

**Blank-Bewersdorff,** Margarete; Dr., Prof.; *Werkstofftechnik, Grundlagen des Maschinenbaus*; di: Hochsch. Hof, Alfons-Goppel-Platz 1, 95028 Hof, T: (09281) 409466, F: 40955466, Margarete.Blank-Bewersdorff@fh-hof.de

**Blankenbach,** Karlheinz; Dr., Prof.; *Elektrotechnik/Informationstechnik*; di: Hochsch. Pforzheim, Fak. f. Technik, Tiefenbronner Str. 66, 75175 Pforzheim, T: (07231) 286658, F: 282660, karlheinz.blankenbach@hs-pforzheim.de

**Blankenhorn,** Petra; Dr. rer. nat., Prof.; *Allgemeine Chemie, Textile Werkstofflehre, Textilechemie*; di: Hochsch. Albstadt-Sigmaringen, FB 1, Jakobstr. 6, 72458 Albstadt, T: (07431) 579206, F: 579229, pb@hs-albsig.de

**Blanz,** Mathias; Dr., Prof.; *Psychologie, Kommunikationswissenschaft*; di: Hochsch. f. angew. Wiss. Würzburg Schweinfurt, Fak. angew. Sozialwiss., Münzstr. 12, 97070 Würzburg

**Blaschke,** Stefan; Dr. rer. nat., Prof.; *Kognitionspsychologie und medizinische Ethik*; di: FH Arnstadt-Balingen, Außenstelle Balingen, Wiesfleckenstr. 34, 72336 Balingen

**Blasek,** Katrin; Dr., Prof.; *Chinesisches Recht, Handels- und Gesellschaftsrecht*; di: Hochsch. Heidelberg, Fak. f. Sozial- u. Rechtswissenschaften, Ludwig-Guttmann-Str. 6, 69123 Heidelberg, T: (06221) 883342, katrin.blasek@fh-heidelberg.de

**Blass,** Jürgen; Dr.-Ing., Prof.; *Automatisierungs- und Steuerungstechnik, Elektrotechnik*; di: Hochsch. Kempten, Fak. Maschinenbau, PF 1680, 87406 Kempten, T: (0831) 2523260, juergen.blass@fh-kempten.de

**Blath,** Jan Peter; Dr.-Ing., Prof.; *Steuerungstechnik, Regelungstechnik, Lineare Systeme*; di: Hochsch. Hannover, Fak. I Elektro- und Informationstechnik, Ricklinger Stadtweg 120, 30459 Hannover, PF 920261, 30441 Hannover, T: (0511) 92961239

**Blatt,** Horst Olaf; Dr. phil., Prof.; *Sozialarbeit*; di: FH Münster, FB Sozialwesen, Hüfferstr. 27, 48149 Münster, T: (0251) 8365780, F: 8365702, blatt@fh-muenster.de

**Blattner,** Peter; Dr. rer. pol., Prof.; *Finanzierung und Finanzdienstleistungen*; di: Hochsch. Anhalt, FB 2 Wirtschaft, Strenzfelder Allee 28, 06406 Bernburg, T: (03471) 3551350

**Blau,** Matthias; Dr., Prof.; *Elektroakustik*; di: Jade Hochsch., Inst. f. Hörtechnik u. Audiologie, Ofener Str. 16/19, 26121 Oldenburg, T: (0441) 77083726, matthias.blau@jade-hs.de

**Blaue,** Christoph; Dipl.-Informatiker, Dr.-Ing., Prof.; *Wirtschaftsinformatik*; di: FH Westküste, Fritz-Thiedemann-Ring 20, 25746 Heide, T: (0481) 8555554, blaue@fh-westkueste.de; pr: Russeerweg 157, 24109 Kiel

**Blaurock,** Jochen; Dr.-Ing., Prof.; *Konstruktionslehre, Maschinendynamik*; di: FH Köln, Fak. f. Informatik u. Ingenieurwiss., Am Sandberg 1, 51643 Gummersbach, T: (02261) 8196211, jochen.blaurock@fh-koeln.de

**Blaurock,** Ole; Dr. rer.nat., Prof.; *Technische Informatik*; di: FH Lübeck, FB Elektrotechnik u. Informatik, Mönkhofer Weg 136-140, 23562 Lübeck, T: (0451) 3005324, ole.blaurock@fh-luebeck.de

**Blazejczak,** Jürgen; Dr., Prof.; *Allgemeine Volkswirtschaftslehre*; di: Hochsch.Merseburg, FB Wirtschaftswiss., Geusaer Str., 06217 Merseburg, T: (03461) 462444, F: 462422, juergen.blazejczack@hs-merseburg.de

**Blecher,** Lutz; Dr.-Ing., Prof.; *Mechanische Verfahrenstechnik, Labor Verfahrenstechnik, Apparatebau und -konstruktion*; di: Hochsch. Heilbronn, Fak. f. Technik 2, Max-Planck-Str. 39, 74081 Heilbronn, T: (07131) 504245, F: 252470, lutz.blecher@hs-heilbronn.de

**Blechschmidt,** Jürgen; Dr.-Ing., Prof.; *Konstruktionslehre*; di: FH Lübeck, FB Maschinenbau u. Wirtschaft, Mönkhofer Weg 136-140, 23562 Lübeck, T: (0451) 3005188, F: 3005302, juergen.blechschmidt@fh-luebeck.de

**Blechschmidt-Trapp,** Ronald; Dr.-Ing., Dr. med., Prof.; *Medizingerätebau, Techn. Sicherheit in der Medizintechnik*; di: Hochsch. Ulm, Fak. Mechatronik u. Medizintechnik, PF 3860, 89028 Ulm, T: (0731) 5028534, blechschmidt-trapp@hs-ulm.de

**Bleckwedel,** Axel; Dr. rer. nat., Prof.; *Mathematik, Physik*; di: Ostfalia Hochsch., Fak. Elektrotechnik, Salzdahlumer Str. 46/48, 38302 Wolfenbüttel, T: (05331) 9393411, F: 939118, a.bleckwedel@ostfalia.de

**Bleher,** Lars; Dipl.-Ing., Prof.; *Innenarchitektur, Entwerfen*; di: Hochsch. Darmstadt, FB Architektur, Haardtring 100, 64295 Darmstadt, lars.bleher@h-da.de

**Bleich,** Torsten; Dr., Prof.; *Volkswirtschaftslehre*; di: DHBW Villingen-Schwenningen, Fak. Wirtschaft, Friedrich-Ebert-Str. 32, 78054 Villingen-Schwenningen, T: (07720) 3906544, F: 3906149, bleich@dhbw-vs.de

**Bleicher,** Jürgen; Prof.; *BWL, Industrie*; di: DHBW Villingen-Schwenningen, Fak. Wirtschaft, Karlstr. 29, 78054 Villingen-Schwenningen, T: (07720) 3906502, bleicher@dhbw-vs.de

**Bleicher,** Maximilian; Dr.-Ing., Prof.; *Grundlagen der Elektrotechnik, Bauelemente der Elektrotechnik, Mikroelektronik-Technologie*; di: Hochsch. München, Fak. Elektrotechnik u. Informationstechnik, Lothstr. 64, 80335 München, T: (089) 12653467, F: 12653403, bleicher@ee.fhm.edu

**Bleicher,** Volkmar; Dipl.-Ing., Prof.; *Materialkunde, Bauphysik*; di: Hochsch. f. Technik, Fak. Architektur u. Gestaltung, Schellingstr. 24, 70174 Stuttgart, PF 101452, 70013 Stuttgart, T: (0711) 89262630, F: 89262594, volkmar.bleicher@hft-stuttgart.de

**Bleihauer,** Hans-Jürgen; Dr., Prof.; *Zolltarifrecht, Zivilrecht*; di: FH d. Bundes f. öff. Verwaltung, FB Finanzen, PF 1549, 48004 Münster, T: (0251) 8670609

**Bleimann,** Udo Gerd; Dr., Prof.; *Betriebsinformatik, Telekommunikation*; di: Hochsch. Darmstadt, FB Informatik, Haardtring 100, 64295 Darmstadt, T: (06151) 168418, bleimann@fbi.h-da.de; pr: Windecker Str. 1, 61118 Bad Vilbel, T: (06101) 86955

**Bleis,** Christian; Dr., Prof.; di: Hochsch. f. Wirtschaft u. Recht Berlin, Badensche Str. 50/51, 10825 Berlin, T: (030) 29384560, christian.bleis@hwr-berlin.de

**Bleiweis,** Stefan; Dr., Prof.; *Kostenmanagement, Finanzierung & Investition, BWL, Unternehmensführung, Ausgewählte Wirtschaftsthemen*; di: Hochsch. Karlsruhe, Fak. Wirtschaftswissenschaften, Moltkestr. 30, 76133 Karlsruhe, PF 2440, 76012 Karlsruhe, T: (0721) 9251953

**Blendl,** Christian; Dr. rer. nat., Prof.; *Photographische Chemie, Röntgenphotographie*; di: FH Köln, Fak. f. Informations-, Medien- u. Elektrotechnik, Betzdorfer Str. 2, 50679 Köln, T: (0221) 82752516, christian.blendl@fh-koeln.de; pr: Am Buschfeld 18, 50129 Bergheim, T: (02238) 42323

**Blendowske,** Ralf; Dipl.-Phys., Dr. rer. nat., Prof.; *Physik, Optik, Optometrie*; di: Hochsch. Darmstadt, FB Mathematik u. Naturwiss., Haardtring 100, 64295 Darmstadt, T: (06151) 168655, ralf.blendowske@h-da.de; pr: Sudermannstr. 14, 60431 Frankfurt

**Bleses,** Helma; Dr., Prof.; *Pflegewissenschaften, Klinische Pflege*; di: Hochsch. Fulda, FB Pflege u. Gesundheit, Marquardstr. 35, 36039 Fulda, T: (0661) 9640623, Helma.Bleses@pg.hs-fulda.de

**Blesse-Venitz,** Jutta; Dr., Prof.; *Mikroökonomie, Volkswirtschaftslehre*; di: FH Frankfurt, FB 3 Wirtschaft u. Recht, Nibelungenplatz 1, 60318 Frankfurt am Main, T: (069) 15333876, blesse@fb3.fh-frankfurt.de

**Blessenohl,** Sabine; Dr.-Ing., Prof.; *Werkstofftechnik, Fertigungstechnik*; di: Hochsch. Mannheim, Fak. Maschinenbau, Windeckstr. 110, 68163 Mannheim

**Blessing,** Nico; Dr.-Ing., Prof.; *Maschinenbau*; di: DHBW Heidenheim, Fak. Technik, Marienstr. 20, 89518 Heidenheim, T: (07321) 2722344, F: 2722349, blessing@dhbw-heidenheim.de

**Blessing,** Peter; Dr.-Ing., Prof.; *Signale u. Systeme, Signalverarbeitung, Regelungstechnik*; di: Hochsch. Heilbronn, Max-Planck-Str. 39, 74081 Heilbronn, T: (07131) 504367, blessing@hs-heilbronn.de

**Bleuel,** Hans-H.; Dr., Prof.; *Internationale Betriebswirtschaftslehre, einschl. Regional Studies*; di: FH Düsseldorf, FB 7 – Wirtschaft, Universitätsstr. 1, 40225 Düsseldorf, T: (0211) 8115137, F: 8114369, h.bleuel@fh-duesseldorf.de; www.fh-duesseldorf.de/DOCS/FB/WIRT/bleuel/index.htm; pr: Emmastr. 22, 40227 Düsseldorf, T: (0211) 3393935

**Bley,** Herbert; Dr.-Ing., Prof.; *Lufttechnik und Schallschutz*; di: FH Köln, Fak. f. Anlagen, Energie- u. Maschinensysteme, Betzdorfer Str. 2, 50679 Köln, T: (0221) 82752621, herbert.bley@fh-koeln.de; pr: Kurt-Schumacher-Str. 13, 50374 Erftstadt-Lechenich, T: (02235) 5499

**Bleymehl,** Gerhard; Prof.; di: HTW d. Saarlandes, Fak. f. Wirtschaftswiss, Waldhausweg 14, 66123 Saarbrücken, T: (0681) 5867525, gwb@htw-saarland.de; pr: Derlerstr. 4a, 66333 Völklingen, T: (06898) 23690

**Bleymehl,** Jörg; Dr.-Ing., Prof.; *Angewandte Medieninformatik u. Mediengestaltung*; di: HTWK Leipzig, FB Medien, PF 301166, 04251 Leipzig, T: (0341) 2170324, bleymehl@fbm.htwk-leipzig.de

**Bliedtner,** Jens; Dr.-Ing., Prof.; *Fertigungstechnik und Fertigungsautomatisierung der Feinwerk- und Mikrotechnik*; di: FH Jena, FB SciTec, Carl-Zeiss-Promenade 2, 07745 Jena, PF 100314, 07703 Jena, T: (03641) 205400, F: 205401, ft@fh-jena.de

**Blieske,** Ulf; Dr., Prof.; *Landmaschinentechnik*; di: FH Köln, Fak. f. Anlagen, Energie- u. Maschinensysteme, Betzdorfer Str. 2, 50679 Köln, T: (0221) 82752390, ulf.blieske@fh-koeln.de; pr: Kurt-Schumacher-Str. 13, 50374 Erftstadt-Lechenich, T: (02235) 5499

**Blin,** Jutta; Dr. phil., Prof.; *Heil-/ Behindertenpädagogik*; di: Hochsch. Zittau/ Görlitz, Fak. Sozialwiss., PF 300648, 02811 Görlitz, T: (03581) 4828131, F: 406344, j.blin@hs-zigr.de

**Bloching,** Micha; Dr., Prof.; *Wirtschaftsprivatrecht*; di: Hochsch. Augsburg, Fak. f. Wirtschaft, Friedberger Straße 4, 86161 Augsburg, PF 110605, 86031 Augsburg, T: (0821) 55862925, micha.bloching@hs-augsburg.de

**Block,** Russell; Dr. phil., Prof.; *Anglistik*; di: Hochsch. München, Fak. Studium Generale u. interdisziplinäre Studien, Lothstr. 34, 80335 München, block@fhm.edu

**Blod,** Gabriele; Dr. phil., Prof.; *Angewandte Rhetorik, Kommunikation*; di: Hochsch. Regensburg, Fak. Allgemeinwiss. u. Mikrosystemtechnik, PF 120327, 93025 Regensburg, T: (0941) 9431301, gabriele.blod@mikro.fh-regensburg.de

**Blöcher,** Annette; Dr., Prof.; *Unternehmensführung*; di: FH Köln, Fak. f. Wirtschaftswiss., Claudiusstr. 1, 50678 Köln, T: (0221) 82753659, annette.bloecher@fh-koeln.de

**Blöchl,** Bernhard; Dr.-Ing., Prof.; *Informatik, Mikroprozessor- und Interfacetechnik, Angewandte Informatik*; di: Hochsch. Lausitz, FB Informatik, Elektrotechnik, Maschinenbau, Großenhainer Str. 57, 01968 Senftenberg, T: (03573) 85501, F: 85509

**Blöchl,** Wolfgang; Dr.-Ing., Prof.; *Fertigungstechnik, Werkzeugmaschinen*; di: Hochsch. Amberg-Weiden, FB Maschinenbau u. Umwelttechnik, Kaiser-Wilhelm-Ring 23, 92224 Amberg, T: (09621) 482163, F: 482145, w.bloechl@fh-amberg-weiden.de

**Blödow,** Friedrich; Dr.-Ing., Prof.; *Automatisierungstechnik*; di: FH Flensburg, FB Energiesystemtechnik, Kanzleistr. 91-93, 24943 Flensburg, T: (0461) 8051393, friedrich.bloedow@fh-flensburg.de; pr: Am Eulenberg 24, 24991 Großsolt, T: (04602) 1552

**Blödt,** Raimund; Dipl.-Ing., Prof.; *Baukonstruktion, Gebäudelehre, Entwurf, Bauökologie*; di: Hochsch. Konstanz, Fak. Bauingenieurwesen, Brauneggerstr. 55, 78462 Konstanz, PF 100543, 78405 Konstanz, T: (07531) 206221, F: 206391; pr: bloedt@gmx.de

**Blösl,** Siegfried; Dipl.-Chem., Dr. rer. nat., Prof.; *Organische Chemie, Farbstoffchemie, Umwelttechnik*; di: Hochsch. Reutlingen, FB Angew. Chemie, Alteburgstr. 150, 72762 Reutlingen, T: (07121) 271473, siegfried.bloesl@fh-reutlingen.de; pr: Brentanostr. 23/1, 72770 Reutlingen-Betzingen, T: (07121) 578241

**Blohm,** Peter W.; Dr.-Ing., Prof.; *Konstruktion, Konstruktionslehre*; di: Hochsch. Konstanz, Fak. Maschinenbau, Brauneggerstr. 55, 78462 Konstanz, PF 100543, 78405 Konstanz, T: (07531) 206560, blohm@fh-konstanz.de

**Blohm,** Rainer; Dipl.-Phys., Dr. rer. nat., Prof.; *Mikroprozessortechnik, Physik*; di: Hochsch. Osnabrück, Fak. Ingenieurwiss. u. Informatik, Albrechtstr. 30, 49076 Osnabrück, T: (0541) 9692930, r.blohm@hs-osnabrueck.de; pr: Ernst-Sievers-Str. 115, 49078 Osnabrück, T: (0541) 49996

**Blohm,** Werner; Dr.-Ing., Prof.; *Physik, Messtechnik*; di: Jade Hochsch., FB Wirtschaft, Friedrich-Paffrath-Str. 101, 26389 Wilhelmshaven, T: (04421) 9852858, F: 9852596, werner.blohm@jade-hs.de

**Blokesch,** Axel; Dr. rer. nat., Prof.; *Biochemie, Organische Chemie*; di: FH Frankfurt, FB 2 Informatik u. Ingenieurwiss., Nibelungenplatz 1, 60318 Frankfurt am Main, T: (069) 15333680, blokesch@fb2.fh-frankfurt.de

**Blomberg,** Christoph; Dr. phil., Prof.; *Soziale Arbeit*; di: Kath. Hochsch. NRW, Abt. Paderborn, FB Sozialwesen, Leostr. 19, 33098 Paderborn, T: (05251) 122532, F: 122552, c.blomberg@kfhnw.de

**Blome,** Christian; Dr.-Ing., Prof.; *Energietechnik*; di: FH Flensburg, FB 2 Energie u. Biotechnologie, Energiesystemtechnik, Kanzleistr. 91-93, 24943 Flensburg, T: (0461) 8051400, christian.blome@fh-flensburg.de

**Blome,** Hans-Joachim; Dr. rer. nat., Prof.; *Raumfahrttechnik und techn. Thermodynamik*; di: FH Aachen, FB Luft- und Raumfahrttechnik, Hohenstaufenallee 6, 52064 Aachen, T: (0241) 600952362, blome@fh-aachen.de; pr: Urftstr. 15, 50996 Köln, T: (0221) 354563

**Blome,** Helmut; Dr., HonProf., Lt. d. Inst. f. Arbeitsschutz (BGIA); *Arbeitssicherheit*; di: Hochsch. Bonn-Rhein-Sieg, FB Angewandte Naturwissenschaften, von-Liebig-Str. 20, 53359 Rheinbach, helmut.blome@hvbg.de

**Blomeyer,** Dirk-Rainer; Dr.-Ing., Prof.; *Projektentwicklung, wirtschaftlich orientiertes Entwerfen, ökologische Gebäudekonzepte*; di: Beuth Hochsch. f. Technik, FB IV Architektur u. Gebäudetechnik, Luxemburger Str. 10, 13353 Berlin, T: (030) 45042559, blomeyer@beuth-hochschule.de

**Bloom-Schinnerl,** Margareta; Dr., Prof.; *Medien/Journalismus*; di: Hochsch. Osnabrück, Fak. MKT, Inst. f. Kommunikationsmanagement, Kaiserstr. 10c, 49809 Lingen, T: (0591) 80098451, m.bloom-schinnerl@hs-osnabrueck.de; pr: Mundersumer Str. 30, 49811 Lingen, T: (05906) 960955

**Bloos,** Uwe-Wilhelm; Dr., Prof.; *BWL*; di: Cologne Business School, Hardefuststr. 1, 50667 Köln, T: (0221) 931809664, u.bloos@cbs-edu.de

**Blotevogel,** Thomas; Dr.-Ing., Prof.; *Energietechnik, Mechanik, Thermodynamik*; di: Hochsch. f. angew. Wiss. Würzburg Schweinfurt, Fak. Maschinenbau, Ignaz-Schön-Str. 11, 97421 Schweinfurt, thomas.blotevogel@fhws.de

**Bloudek,** Gerhard; Dr.-Ing., Prof.; *Elektrische Maschinen, Elektromotorische Antriebe*; di: Hochsch. München, Fak. Elektrotechnik u. Informationstechnik, Lothstr. 64, 80335 München, T: (089) 12653466, F: 12653403, bloudek@ee.fhm.edu

**Bludau,** Wolfgang; Dipl.-Ing., Dr. rer. nat., Prof.; *Optoelektronik*; di: FH Lübeck, FB Angew. Naturwiss., Stephensonstr. 3, 23562 Lübeck, T: (0451) 3005218, F: 3005235, wolfgang.bludau@fh-luebeck.de

**Blümel,** Bernd; Dr. rer. oec., Prof.; *Wirtschaftsinformatik*; di: Hochsch. Bochum, FB Wirtschaft, Lennershofstr. 140, 44801 Bochum, T: (0234) 3210614, bernd.bluemel@hs-bochum.de; pr: Laerholzstr. 88 a, 44801 Bochum, T: (0234) 701843

**Blümel,** Frank; Dr., Prof., Dekan Fak. Management, Kultur u. Technik; *Allgemeine Betriebswirtschaft*; di: Hochsch. Osnabrück, Inst. f. Management u. Technik, Kaiserstraße 10c, 49809 Lingen, T: (0591) 80098240, f.bluemel@hs-osnabrueck.de

**Blümel,** Roland; Dr.-Ing., Prof.; *Mechatronik*; di: DHBW Stuttgart, Fak. Technik, Jägerstraße 58, 70174 Stuttgart, T: (0711) 1849647, bluemel@dhbw-stuttgart.de

**Blum,** Barbara; Dr., Prof.; *Eingriffsrecht, Straf- und Strafprozessrecht*; di: FH f. öffentl. Verwaltung NRW, Studienort Bielefeld, Kurt-Schumacher-Str. 6, 33615 Bielefeld, barbara.blum@fhoev.nrw.de

**Blum,** Bernhard; Dr. rer. nat., Prof.; di: Rheinische FH Köln, Hohenstaufenring 16-18, 50674 Köln

**Blum,** Erwin; Dipl.-Volkswirt, Dipl.-Hdl., Dr. oec., Prof., Präs. FH Landshut; *Bank- u.Börsenwesen, Bank- und Finanzwirtschaft, Investitionswirtschaft, Steuersytem d. Gastlandes*; di: Hochsch. Landshut, Fak. Betriebswirtschaft, Am Lurzenhof 1, 84036 Landshut, T: (0871) 506100, praesident@fh-landshut.de

**Blum,** Ralph; Dr., Prof.; *Innovationsmanagement, Marketing*; di: Georg-Simon-Ohm-Hochsch. Nürnberg, Fak. Betriebswirtschaft, Bahnhofstr. 87, 90402 Nürnberg, ralph.blum@ohm-hochschule.de

**Blum,** Sabine; Dr., Prof.; *Staats- u. Verfassungsrecht, Eingriffsrecht, Verwaltungsrecht*; di: FH f. öffentl. Verwaltung NRW, Studienort Hagen, Handwerkerstr. 11, 58135 Hagen, sabine.blum@fhoev.nrw.de

**Blumbach,** Rainer; Dipl.-Ing., Dr.-Ing., Prof.; *Elektrotechnik, Elektronik, Gebäudeleittechnik*; di: Hochsch. Ansbach, FB Ingenieurwissenschaften, Residenzstr. 8, 91522 Ansbach, PF 1963, 91510 Ansbach, T: (0981) 4877300, rainer.blumbach@fh-ansbach.de

**Blume,** Christian; Dr. rer. nat., Prof.; *Roboter- und Softwaretechnik*; di: FH Köln, Fak. f. Informatik u. Ingenieurwiss., Am Sandberg 1, 51643 Gummersbach, T: (02261) 8196296, blume@gm.fh-koeln.de; pr: Kirchstr. 5, 51570 Windeck, T: (02292) 1727

**Blumenstock,** Horst; Dr., Prof.; *Betriebswirtschaftslehre, Unternehmensführung*; di: Hochsch. f. Wirtschaft u. Umwelt Nürtingen-Geislingen, FB 3, PF 1349, 72603 Nürtingen, T: (07331) 22526, horst.blumenstock@hfwu.de

**Blumenthal,** Astrid von; Dr., Prof.; *Recht, Fabrikplanung*; di: Hochsch. Ansbach, FB Ingenieurwissenschaften, Residenzstr. 8, 91522 Ansbach, PF 1963, 91510 Ansbach, T: (0981) 4877297, astrid.blumenthal@fh-ansbach.de

**Blumentritt,** Marianne; Dr., Prof.; *BWL, Schwerpunkt Internationales Management und Unternehmensführung*; di: AKAD-H Pinneberg, Am Rathaus 10, 25421 Pinneberg, T: (04101) 85580, hs-pinneberg@akad.de

**Blumers,** Wolfgang; Dr. iur., Prof. WH Lahr; *Steuer- u. Gesellschaftsrecht*; di: Blumers & Partner, Rechtsanwälte, Steuerberater, Mörikestr. 1, 70178 Stuttgart, T: (0711) 6338580, F: 63385890, wolfgang.blumers@blumers-partner.de; WHL Wissenschaftl. Hochschule Lahr, Lst. f. Allg. BWL / Betriebswirtschaftl. Steuerlehre u. externes Rechnungswesen, Hohbergweg 15-17, 77933 Lahr, T: (07821) 923869, wolfgang.blumers@whl-lahr.de

**Blunck,** Erskin; Dr. sc. agr., Prof.; *Internationales Management*; di: Hochsch. f. Wirtschaft u. Umwelt Nürtingen-Geislingen, FB 2, PF 1349, 72603 Nürtingen, T: (07022) 201387, erskin.blunck@hfwu.de

**Bobey,** Klaus; Dr.-Ing., Prof.; *Grundlagen der Elektronik, Halbleiterelektronik, Sensortechnik*; di: HAWK Hildesheim/Holzminden/Göttingen, Fak. Naturwiss. u. Technik, Von-Ossietzky-Str. 99, 37085 Göttingen, T: (0551) 3705237

**Bochert,** Ralf; Dipl.-Vw., Dr. oec., Prof.; *Volkswirtschaftslehre, Tourismusökonomie, Incoming-Tourismus*; di: Hochsch. Heilbronn, Fak. f. Wirtschaft 2, Max-Planck-Str. 39, 74081 Heilbronn, T: (07131) 504221, F: 252470, bochert@hs-heilbronn.de

**Bochmann,** Michael; Dipl.-Wirtsch.-Ing. (FH), Kapitän, Prof.; *Navigation, Wirtschaftswissenschaften, Logistik*; di: Hochsch. Emden/Leer, FB Seefahrt, Bergmannstr. 36, 26789 Leer, T: (0491) 928175025; pr: michael.bochmann@t-online.de

**Bochnig,** Stefan; Dr., Prof.; *Freiraumplanung*; di: Hochsch. Ostwestfalen-Lippe, FB 9, Landschaftsarchitektur u. Umweltplanung, An der Wilhelmshöhe 44, 37671 Höxter, T: (05271) 687276, stephan.bochnig@fh-luh.de; pr: Imhoffstr. 25, 30853 Langenhagen, T: (0511) 723493

**Bochtler,** Ulrich; Dr.-Ing., Prof.; *Schaltungstechnik, Elektrische Messtechnik, Elektromagnetische Verträglichkeit*; di: Hochsch. Aschaffenburg, Fak. Ingenieurwiss., Würzburger Str. 45, 63743 Aschaffenburg, T: (06021) 314816, ulrich.bochtler@fh-aschaffenburg.de

**Bock,** Helga; Dr.-Ing., Prof.; *Werkstofftechnik, Chemie, Umwelttechnik*; di: FH Stralsund, FB Maschinenbau, Zur Schwedenschanze 15, 18435 Stralsund, T: (03831) 456548

**Bock,** Herbert; Dr. phil. habil., Prof.; *Psychologie, Kommunikationspsychologie*; di: Hochsch. Zittau/Görlitz, Fak. Sozialwiss., PF 300648, 02811 Görlitz, T: (03581) 4828281, H.Bock@hs-zigr.de; pr: Krügerstr. 9, 01326 Dresden, T: (0351) 2641562

**Bock,** Jürgen; Dr. rer. oec., Prof. u. Vize-Präs.; *Allg. Betriebswirtschaftslehre sowie strategische Unternehmensführung u. internationales Management*; di: Hochsch. Bochum, FB Wirtschaft, Lennershofstr. 140, 44801 Bochum, T: (0234) 3210600, juergen.bock@hs-bochum.de; pr: Oskar-Hoffmann-Str. 122, 44788 Bochum, T: (02303) 690369

**Bock,** Marlene; Dr., Prof.; *Sozialmedizin*; di: FH Erfurt, FB Sozialwesen, Altonaer Str. 25, 99084 Erfurt, PF 101363, 99013 Erfurt, T: (0361) 6700557, F: 6700533, m.bock@fh-erfurt.de

**Bock,** Steffen; Dr. rer. nat., Prof.; *Mathematik/Informatik*; di: Hochsch. Ostwestfalen-Lippe, FB 2, Medienproduktion, Liebigstr. 87, 32657 Lemgo, T: (05261) 702167, F: 702373, steffen.bock@fh-luh.de; pr: Parkstr. 9, 24235 Laboe, T: (04343) 429050

**Bock,** Uwe; Dr. oec., Prof.; *Betriebswirtschaftslehre, Finanzcontrolling*; di: HTW Dresden, Fak. Wirtschaftswissenschaften, Friedrich-List-Platz 1, 01069 Dresden, T: (0351) 4623222, bock@wiwi.htw-dresden.de

**Bock,** Wolfgang; Dr. rer. nat., Prof.; *Grundlagen der Elektrotechnik und Elektronik*; di: Hochsch. Regensburg, Fak. Maschinenbau, PF 120327, 93025 Regensburg, T: (0941) 9435156, wolfgang.bock@maschinenbau.fh-regensburg.de

**Bock,** Yasmina; Dr.-Ing., Prof.; *Maschinenbau*; di: HTW Berlin, FB Ingenieurwiss. II, Blankenburger Pflasterweg 102, 13129 Berlin, T: (030) 50193412, Yasmina.Bock@HTW-Berlin.de

**Bock-Rosenthal,** Erika; Dipl.-Volkswirtin, Dr.sc.pol., Prof. FH Münster; *Soziologie, Beruf u. Professionalisierung, Gender-Forschung*; di: FH Münster, FB Pflege u. Gesundheit, Hüfferstraße 27, 48149 Münster, T: (0251) 8365860, F: 8365702, bock-rosenthal@fh-muenster.de; pr: Baedekerstr. 7a, 44319 Dortmund, T: (0231) 211171, F: (0231) 211171

**Bockmühl,** Dirk; Dr., Prof.; *Hygiene, Mikrobiologie*; di: Hochsch. Rhein-Waal, Fak. Life Sciences, Marie-Curie-Straße 1, 47533 Kleve, T: (02821) 80673208, dirk.bockmuehl@hochschule-rhein-waal.de

**Bodach,** Mirko; Dr.-Ing., Prof.; *Elektronik/Elektronische Schaltungen*; di: Westsächs. Hochsch. Zwickau, FB Elektrotechnik, Dr.-Friedrichs-Ring 2A, 08056 Zwickau, T: (0375) 5361454, Mirko.Bodach@fh-zwickau.de

**Boddenberg,** Ralf; Dipl.-Ing., Prof.; *Baustatik u. Holzbau*; di: Hochsch. Wismar, Fak. f. Ingenieurwiss., PF 1210, 23952 Wismar, T: (03841) 753464, r.boddenberg@bau.hs-wismar.de

**Bode,** Christopher; Dr.-Ing., Prof.; *Technische Mechanik, Konstruktionsübungen, FEM, Maschinenelemente, Maschinendynamik*; di: Beuth Hochsch. f. Technik, FB VIII Maschinenbau, Veranstaltungs- u. Verfahrenstechnik, Luxemburger Str. 10, 13353 Berlin, T: (030) 45042407, bode@beuth-hochschule.de

**Bode,** Hartmut; Dr.-Ing., Prof.; *Konstruktionstechnik/CAD, Apparatetechnik, Anlagentechnik, Anlagensicherheit*; di: Techn. Hochsch. Mittelhessen, FB 03 Maschinenbau u. Energietechnik, Wiesenstr. 14, 35390 Gießen, T: (0641) 3092130; pr: Dresdenerstr. 3, 35435 Wettenberg, T: (06406) 72818

**Bode,** Jürgen; Dr., Prof.; *International Management*; di: Hochsch. Bonn-Rhein-Sieg, FB Wirtschaft Rheinbach, von-Liebig-Str. 20, 53359 Rheinbach, T: (02241) 865423, F: 8658423, juergen.bode@fh-bonn-rhein-sieg.de

**Bode,** Wolfgang; Dipl.-Ing., Prof.; *Betriebliche Logistik, Transportsysteme*; di: Hochsch. Osnabrück, Fak. Wirtschafts- u. Sozialwiss., Caprivistr. 30 A, 49076 Osnabrück, T: (0541) 9692947, F: 9692070, bode@wi.hs-osnabrueck.de, logistik@aol.com; pr: Sutthauser Str. 202, 49080 Osnabrück, T: (0541) 441175, logistik@aol.com

**Boden,** Cordula; Dr. rer. nat., Prof.; *Neue Medien und Kommunikationssysteme*; di: FH Erfurt, FB Verkehrs- u. Transportwesen, Altonaer Str. 25, 99084 Erfurt, PF 101363, 99013 Erfurt, T: (0361) 6700522, F: 6700528, boden@fh-erfurt.de

**Boden,** Thomas; Dr.-Ing. habil., Prof.; *Signalverarbeitung*; di: HTW Dresden, Fak. Elektrotechnik, PF 120701, 01008 Dresden, T: (0351) 4622860, boden@et.htw-dresden.de

**Bodisco,** Alexander von; Dr. rer. nat., Prof.; *Elektrotechnik*; di: Hochsch. Kempten, Fak. Elektrotechnik, Bahnhofstr. 61-63, 87435 Kempten, T: (0831) 2523543, F: 2523197, alexander.vonbodisco@fh-kempten.de

**Bodmer,** Ulrich; Dr. habil., Prof.; *Agrarmanagement, Management erneuerbarer Energien*; di: Hochsch. Weihenstephan-Triesdorf, Fak. Land- u. Ernährungswirtschaft, Am Hofgarten 1, 85354 Freising, 85350 Freising, T: (08161) 713489, F: 714496, ulrich.bodmer@hswt.de

**Bodrow,** Wladimir; Dr., Prof.; *Intelligente Softwaresysteme, Multimedia, Künstliche Intelligenz*; di: HTW Berlin, FB Wirtschaftswiss. II, Treskowallee 8, 10318 Berlin, T: (030) 50192478, w.bodrow@HTW-Berlin.de

**Böckenholt,** Ingo; Dr., Prof., Präs.; *Controlling*; di: Int. School of Management, Otto-Hahn-Str. 19, 44227 Dortmund, T: (0231) 97513948, ingo.boeckenholt@ism.de

**Böcker,** Jens; Dr. rer. pol., Prof.; *Betriebswirtschaftslehre, insbes. deren Grundlagen und Marketing*; di: Hochsch. Bonn-Rhein-Sieg, FB Wirtschaft Sankt Augustin, Grantham-Allee 20, 53757 Sankt Augustin, 53754 Sankt Augustin, T: (02241) 865140, F: 8658140, Jens.Boecker@fh-bonn-rhein-sieg.de

**Böcker,** Stefan; Dr., Prof.; *Technische Betriebswirtschaft*; di: FH Südwestfalen, FB Techn. Betriebswirtschaft, Haldener Str. 182, 58095 Hagen, T: (02331) 9330707, Boecker@fh-swf.de

**Böcker,** Thomas; Kapitän, Dr.-Ing., Prof.; *Schiffsführung*; di: Hochsch. Wismar, Fak. f. Ingenieurwiss., PF 1210, 23952 Wismar, T: (0381) 4983665, th.boecker@sf.hs-wismar.de

**Boeckh,** Jürgen; Dr. rer. soc., Prof.; *Sozialpolitik*; di: Ostfalia Hochsch., Fak. Sozialwesen, Ludwig-Winter-Str. 2, 38120 Braunschweig, j.boeckh@ostfalia.de

**Böckler,** Raimund; Dr. med., Prof.; *Phoniatrie und Pädaudiologie*; di: SRH FH f. Gesundheit Gera, Hermann-Drechsler-Str. 2, 07548 Gera, T: (0365) 77340761, F: 77340777

**Böckmann,** Britta; Dr., Prof.; *Medizinische Informatik*; di: FH Dortmund, FB Informatik, Emil-Figge-Str. 42, 44227 Dortmund, T: (0231) 7556724, F: 7556725, britta.boeckmann@fh-dortmund.de

**Bödeker,** Stefanie; Dr., Prof.; *Methodik und Didaktik der Verbraucherberatung, insbes. haushaltstechnische Beratung*; di: Hochsch. Niederrhein, FB Oecotrophologie, Rheydter Str. 232, 41065 Mönchengladbach, T: (02161) 1865397, Stefanie.Boedeker@hs-niederrhein.de

**Bögelspacher,** Kurt; Dipl. rer. pol. (techn.), Prof.; *Rechnungswesen, Steuerwesen, Controlling*; di: Hochsch. Reutlingen, FB Produktionsmanagement, Alteburgstr. 150, 72762 Reutlingen, T: (07121) 271214; pr: Reyhingstr. 12, 72762 Reutlingen, T: (07273) 1591

**Boehler,** Werner E.A.; Dipl.-Des., HonProf.; *Marketing für KD, Kreativitätstraining*; di: Hochsch. Rhein/Main, FB Design Informatik Medien, Unter den Eichen 5, 65195 Wiesbaden, T: (0611) 94952209, werner.boehler@hs-rm.de; pr: Thorwaldsenanlage 51, 65195 Wiesbaden, T: (0611) 526623, kulturpraktiker@gmx.de

**Böhlich,** Susanne; Dr., Prof.; *Management, Human Resource Management, Marketing*; di: Int. Hochsch. Bad Honnef, Mülheimer Str. 38, 53604 Bad Honnef, T: (02224) 9605500, s.boehlich@fh-bad-honnef.de

**Böhm,** Edmund; Dr.-Ing., Prof.; *Umformtechnik u. -maschinen, Werkzeug- und Formenbau, Hydraulik, Pneumatik*; di: Hochsch. Ravensburg-Weingarten, Doggenriedstr., 88250 Weingarten, PF 1261, 88241 Weingarten, T: (0751) 5010, F: 5019876

**Böhm,** Franz; Dr. rer. nat., Prof.; *Technische Mechanik*; di: Hochsch. Ulm, Fak. Produktionstechnik u. Produktionswirtschaft, PF 3860, 89028 Ulm, T: (0731) 5028124, boehm@hs-ulm.de

**Böhm,** Klaus; Dr.-Ing., Prof.; *Geoinformatik, Vermessung*; di: FH Mainz, FB Technik, Holzstr. 36, 55116 Mainz, T: (06131) 2859673, boehm@geoinform.fh-mainz.de

**Böhm,** Klaus Jürgen; Dr. rer. pol., Prof.; *BWL, insbes. Finanzierung u Investition*; di: HTW Dresden, Fak. Wirtschaftswissenschaften, Friedrich-List-Platz 1, 01069 Dresden, T: (0351) 4623342, kboehm@wiwi.htw-dresden.de

**Böhm,** Martin; Dr. rer. nat., Prof.; *Bildverarbeitung, Robotik, Informatik*; di: FH Kaiserslautern, FB Angew. Ingenieurwiss., Morlautererstr. 31, 67657 Kaiserslautern, T: (0631) 3724316, F: 3724105, martin.boehm@fh-kl.de

**Böhm,** Michael; Dr., Prof.; *Informatik*; di: HAW Hamburg, Fak. Technik u. Informatik, Berliner Tor 7, 20099 Hamburg, T: (040) 428758407, boehm@informatik.fh-hamburg.de

**Böhm,** Peter; Dr.-Ing., Prof.; *Maschinenbau*; di: Hochsch. Trier, FB Technik, Maschinenbau, PF 1826, 54208 Trier, T: (0651) 8103383, P.Boehm@exc.hochschule-trier.de

**Böhm,** Reiner; Dr.-Ing., Prof.; *Grundlagen der Informatik/Hardware*; di: Hochsch. Zittau/Görlitz, Fak. Elektrotechnik u. Informatik, Brückenstr. 1, 02826 Görlitz, PF 300648, 02801 Görlitz, T: (03581) 4828267, r.boehm@hs-zigr.de

**Böhm,** Stephan; Dipl.-Ing., Prof.; *Entwerfen*; di: FH Münster, FB Architektur, Leonardo-Campus 5, 48155 Münster, T: (0251) 8365070, teamboehm@fh-muenster.de

**Böhm,** Stephan; Dr., Prof.; *Telekommunikationstechnik*; di: Hochsch. Rhein/Main, FB Design Informatik Medien, Unter den Eichen 5, 65195 Wiesbaden, T: (0611) 94952212, stephan.boehm@hs-rm.de

**Boehm,** Ursina; Dr., Prof.; *International Business*; di: DHBW Mannheim, Fak. Wirtschaft, Coblitzallee 1-9, 68163 Mannheim, T: (0621) 41051706, F: 41051286, ursina.boehm@dhbw-mannheim.de

**Böhm,** Willi; Dr., Prof.; *Physik, Halbleiterphysik, Halbleitertechnologie, Mathematik*; di: Hochsch. f. angew. Wiss. Würzburg Schweinfurt, Fak. angew. Natur- u. Geisteswiss., Ignaz-Schön-Str. 11, 97421 Schweinfurt

**Böhm,** Wolfgang; Dr., Prof.; *Schmucktechnik*; di: Hochsch. Pforzheim, Fak. f. Gestaltung, Tiefenbronner Str. 66, 75175 Pforzheim, T: (07231) 286526, F: 286060, wolfgang.boehm@hs-pforzheim.de

**Böhm-Dries,** Anne; Dr., Prof.; *Bankbetriebslehre, insb. Banksteuerung*; di: Hochsch. d. Sparkassen-Finanzgruppe, Simrockstr. 4, 53113 Bonn, T: (0228) 204904, F: 204903, anne.boehm-dries@dsgv.de

**Böhm-Rietig,** Jürgen; Dr.-Ing., Prof.; *Mathematik für Ingenieure sowie Wirtschaftsmathematik*; di: FH Köln, Fak. f. Informatik u. Ingenieurwiss., Am Sandberg 1, 51643 Gummersbach, T: (02261) 8196277, boehm@gm.fh-koeln.de; pr: Horster Park 54, B-4731 Eynatten, T: (087) 852794

**Böhme,** Harald; Dr.-Ing., Prof.; *CAD/CAE*; di: Hochsch. Emden/Leer, FB Technik, Constantiaplatz 4, 26723 Emden, T: (04921) 8071812, F: 8071843, boehme@hs-emden-leer.de; pr: Wiesenweg 8, 26725 Emden, T: (04921) 27694

**Böhme,** Malte; Dr.-Ing., Prof.; di: Rheinische FH Köln, Hohenstaufenring 16-18, 50674 Köln

**Boehme-Neßler,** Volker; Dr., Dr., Prof.; *Staats- u. Verfassungsrecht, Wirtschaftsverwaltungsrecht, Umweltrecht, Medienrecht*; di: HTW Berlin, FB Wirtschaftswiss. I, Treskowallee 8, 10318 Berlin, T: (030) 50192464, nessler@HTW-Berlin.de

**Böhmer,** Annegret; Dipl.-Psych., Dr. phil., Prof.; *Psychologie, Evangelische Religionspädagogik, insbesondere Schulischer Religionsunterricht*; di: Ev. Hochsch. Berlin, Evang. Religionspädagogik, PF 370255, 14132 Berlin, T: (030) 84582121, boehmer@eh-berlin.de

**Böhmer,** Christoph; Dr., Prof.; *Physiologie*; di: Hochsch. Rhein-Waal, Fak. Life Sciences, Marie-Curie-Straße 1, 47533 Kleve, T: (02821) 80673258, christoph.boehmer@hochschule-rhein-waal.de

**Böhmer,** Karl Maria; Dipl.-Ing., Prof.; *Entwerfen und Baukonstruktion*; di: Hochsch. Zittau/Görlitz, Fak. Bauwesen, Schliebenstr. 21, 02763 Zittau, PF 1455, 02754 Zittau, T: (03583) 611927, k.boehmer@hs-zigr.de

**Böhmer,** Martina; Dipl.-Math., Dr. rer. pol., Prof.; *Mathematik*; di: Hochsch. Darmstadt, FB Mathematik u. Naturwiss., Haardtring 100, 64295 Darmstadt, T: (06151) 168579, martina.boehmeraf@h-da.de

**Böhmer,** Michael; Dr., Prof.; *Verbundwerkstoffe, Keramik*; di: FH Köln, Fak. f. Anlagen, Energie- u. Maschinensysteme, Betzdorfer Str. 2, 50679 Köln, T: (0221) 82752164, michael.boehmer@fh-koeln.de; pr: Kurt-Schumacher-Str. 13, 50374 Erftstadt-Lechenich, T: (02235) 5499

**Böhmer,** Nicole; Dr., Prof.; *Betriebswirtschaftslehre, Personalmanagement*; di: Hochsch. Osnabrück, Fak. Wirtschafts- u. Sozialwiss., Caprivistr. 30a, 49076 Osnabrück, T: (0541) 9692181, boehmer@wi.hs-osnabrueck.de

**Böhmer,** Stefan; Dr.-Ing., Prof.; *Anwendungen der Telekommunikation*; di: Hochsch. Bonn-Rhein-Sieg, FB Angewandte Informatik, Grantham-Allee 20, 53757 Sankt Augustin, 53754 Sankt Augustin, T: (02241) 865227, stefan.boehmer@fh-bonn-rhein-sieg.de

**Böhne,** Andreas; Dr., Prof.; *Wirtschaftsinformatik*; di: HTW Berlin, FB Wirtschaftswiss. II, Treskowallee 8, 10318 Berlin, T: (030) 50192937, boehne@HTW-Berlin.de

**Böhne-Di Leo,** Sabine; M.A., Prof.; *Ressortjournalismus*; di: Hochsch. Ansbach, FB Wirtschafts- u. Allgemeinwiss., Residenzstr. 8, 91522 Ansbach, PF 1963, 91510 Ansbach, T: (0981) 4877358, sabine.boehne@fh-ansbach.de

**Böhnke,** Elisabeth; Dr., Prof.; *Psychologie*; di: FH f. angewandtes Management, Am Bahnhof 2, 85435 Erding, T: (08122) 9559480, elisabeth.boehnke@myfham.de

**Böker,** Andreas; Dr.-Ing., Prof.; *Elektrotechnik und Elektrizitätsversorgung*; di: FH Münster, FB Energie, Gebäude, Umwelt, Stegerwaldstr. 39, 48565 Steinfurt, T: (0251) 962353, F: 962493, boeker@fh-muenster.de

**Böker,** Richard; Dr.-Ing., Prof.; *Meßtechnik, Meßwertverarbeitung, Integrierte Schaltungen*; di: Hochsch. Ulm, Fak. Elektrotechnik u. Informationstechnik, PF 3860, 89028 Ulm, T: (0731) 5028216, boeker@hs-ulm.de

**Boelhauve,** Marc; Dr. med. vet., Prof.; *Biotechnologie, Gentechnik*; di: FH Südwestfalen, FB Agrarwirtschaft, Lübecker Ring 2, 59494 Soest, T: (02921) 378370, F: 378200, Boelhauve@fh-swf.de

**Bölinger,** Simone; Dr. rer. nat., Prof.; *Produktentwicklung*; di: FH Köln, Fak. f. Informatik u. Ingenieurwiss., Am Sandberg 1, 51643 Gummersbach, T: (02261) 8196292, boelinger@gm.fh-koeln.de

**Boelke,** Klaus; Dr.-Ing., Prof.; *Automatisierung der Fertigung, Ölhydraulik und Pneumatik*; di: Hochsch. Heilbronn, Fak. f. Technik 2, Max-Planck-Str. 39, 74081 Heilbronn, T: (07131) 504230, F: 252470, boelke@fh-heilbronn.de

**Bölke,** Ludger; Dr., Prof.; *Software-Qualitätssicherung, Informationstechnik, Software-Engineering*; di: FH f. Wirtschaft u. Technik, Studienbereich Elektrotechnik / Mechatronik, Donnerschweer Str. 184, 26123 Oldenburg, T: (0441) 34092122, F: 34092129, boelke@fhwt.de

**Bölsche,** Dorit; Dr., Prof.; *Allgemeine Betriebswirtschaftslehre, insbes. Logistik*; di: Hochsch. Fulda, FB Wirtschaft, Marquardstr. 35, 36039 Fulda, T: (0661) 9640274, dorit.boelsche@w.fh-fulda.de

**Boemer,** Utz Jürgen; Dr.-Ing., Prof.; *Stahlbetonbau, Spannbetonbau*; di: HTW Berlin, FB Ingenieurwiss. II, Blankenburger Pflasterweg 102, 13129 Berlin, T: (030) 50194281, boemer@HTW-Berlin.de

**Böning,** Hermann; Prof.; *Medienpädagogik (Ästhetik und Kommunikation), insbes. visuelle und haptische Kommunikation*; di: Kath. Hochsch. NRW, Abt. Paderborn, FB Sozialwesen, Leostr. 19, 33098 Paderborn, T: (05251) 122529, F: 122552, h.boening@kfhnw.de; pr: Dr. Rörig-Damm 104, 33102 Paderborn, T: (05251) 408416

**Bönke,** Dietmar; Dipl.-Kfm., Dr. rer. pol., Prof.; *Wirtschaftsinformatik*; di: Hochsch. Reutlingen, FB Informatik, Alteburgstr. 150, 72762 Reutlingen, T: (07121) 271641; pr: Wörnsbergweg 23, 72766 Reutlingen, T: (07121) 420072

**Bönninger,** Ingrid; Dr.-Ing., Prof.; *Mediensysteme, Softwareengineering*; di: Hochsch. Lausitz, FB Informatik, Elektrotechnik, Maschinenbau, Großenhainer Str. 57, 01968 Senftenberg, T: (03573) 85601, F: 85509

**Boerckel-Rominger,** Ruth; Dr., Prof.; *VWL, Mikroökonomik, Weltwirtschaft*; di: Hochsch. f. Wirtschaft u. Umwelt Nürtingen-Geislingen, FB 2, PF 1349, 72603 Nürtingen, T: (07022) 201337, ruth.boerckel-rominger@hfwu.de

**Börgens,** Manfred; Dr. rer. nat., Prof.; *Mathematik, Datenverarbeitung*; di: Techn. Hochsch. Mittelhessen, FB 13 Mathematik, Naturwiss. u. Datenverarbeitung, Wilhelm-Leuschner-Str. 13, 61169 Friedberg, T: (06031) 604434, Manfred.Boergens@mnd.fh-friedberg.de; pr: Waldstr. 57, 61200 Wölfersheim, T: (06036) 3058

**Boerner,** Dietmar; Dr. jur. habil., Prof.; *Öffentliches Recht, Arbeitsrecht*; di: Hochsch. Hof, Fak. Wirtschaft, Alfons-Goppel-Platz 1, 95028 Hof, T: (09281) 4094380, Dietmar.Boerner@hof-university.de; Univ., Rechts- u. Wirtschaftswiss. Fak., Forschungsstelle f. Sozialrecht u. Gesundheitsökonomie, 95440 Bayreuth, T: (0921) 552899, dietmar.boerner@uni-bayreuth.de

**Börret,** Rainer; Dr., Prof.; *Optische Technologien*; di: Hochsch. Aalen, Fak. Optik u. Mechatronik, Beethovenstr. 1, 73430 Aalen, T: (07361) 5763482, rainer.boerret@htw-aalen.de

**Bösch,** Martin; Dr. oec. publ., Prof.; *Allgemeine Betriebswirtschaftslehre, insb. Finanzwirtschaft*; di: FH Jena, FB Betriebswirtschaft, Carl-Zeiss-Promenade 2, 07745 Jena, PF 100314, 07703 Jena, T: (03641) 205550, F: 205551, bw@fh-jena.de

**Boesche,** Benedict; Dr.-Ing., Prof.; *Schiffbautechnologie, Konstruktion*; di: FH Kiel, FB Maschinenwesen, Grenzstr. 3, 24149 Kiel, T: (0431) 21022708, Benedict.Boesche@fh-kiel.de

**Bösche,** Harald; Dr.-Ing., Prof.; *Grundlagen der Informatik, Angewandte Informatik*; di: FH Münster, FB Maschinenbau, Stegerwaldstr. 39, 48565 Steinfurt, T: (02551) 962507, F: 962120, boesche@fh-muenster.de

**Boeschen,** Ulrich; Dipl.-Ing., Prof.; *Abfallwirtschaft, Umweltverträglichkeit*; di: Hochsch. Rhein / Main, FB Architektur u. Bauingenieurwesen, Kurt-Schumacher-Ring 18, 65197 Wiesbaden, T: (0611) 94951455, ulrich.boeschen@hs-rm.de; pr: Carlo-Mierendorff-Str. 81, 64297 Darmstadt, T: (06151) 51581

**Boese,** Jürgen; Dr. rer. pol., Prof.; *Allg. Betriebswirtschaftslehre, Gesundheitsökonomie, Betriebswirtschaftliches Informationswesen, Operations Research*; di: Hochsch. Heilbronn, Fak. f. Informatik, Max-Planck-Str. 39, 74081 Heilbronn, T: (07131) 504393, F: 252470, boese@hs-heilbronn.de

**Böse,** Karl-Heinrich; Dr., Prof.; *Wirtschaftsinformatik / Wirtschaftsstatistik*; di: Hochsch. Anhalt, FB 6 Elektrotechnik, Maschinenbau u. Wirtschaftsingenieurwesen, PF 1458, 06354 Köthen, T: (03496) 672710, Kh.Boese@emw.hs-anhalt.de

**Böse,** Ralf; Dr.-Ing., Prof.; *Graphische Datenverarbeitung*; di: FH Schmalkalden, Fak. Informatik, Blechhammer, 98574 Schmalkalden, PF 100452, 98564 Schmalkalden, T: (03683) 6884101, r.boese@fh-schmalkalden.de

**Bösel,** Rainer; Dr. phil., Prof. IPU Berlin; *Allgemeine u. neurokognitive Psychologie, Elektroencephalographie*; di: IPU, Stromstr. 3, 10555 Berlin, T: (030) 300117715, F: 300117509, rainer.boesel@ipu-berlin.de; www.ipu-berlin.de/hochschule/wissenschaftler/prof-rainer-boesel.html; pr: Claszeile 18, 14165 Berlin, T: (030) 7127176

**Bösing,** Klaus Dieter; Dr.-Ing., Prof.; *Software Engineering*; di: Techn. Hochsch. Wildau, FB Betriebswirtschaft / Wirtschaftsinformatik, Bahnhofstr., 15745 Wildau, T: (03375) 508952, F: 500324, boesing@wi-bw.tfh-wildau.de

**Bösl,** Bernhard; Dr.-Ing., Prof.; *Bau von Landverkehrswegen, Vermessungskunde*; di: Hochsch. Deggendorf, FB Bauingenieurwesen, Edlmairstr. 6-8, 94469 Deggendorf, PF 1320, 94453 Deggendorf, T: (0991) 3615415, F: 361581411, bernhard.boesl@fh-deggendorf.de

**Böttcher,** Axel; Dr., Prof.; *Technische Informatik, Rechnerarchitektur, Datenkommunikation*; di: Hochsch. München, Fak. Informatik u. Mathematik, Lothstr. 34, 80335 München, T: (089) 12653725, F: 12653780, ab@cs.fhm.edu

**Böttcher,** Manfred; Dr. rer. nat., Prof.; *Bürokommunikation*; di: Techn. Hochsch. Wildau, FB Ingenieurwesen / Wirtschaftsingenieurwesen, Bahnhofstr., 15745 Wildau, T: (03375) 508961, F: 500324, mboettch@wi-bw.tfh-wildau.de

**Böttcher,** Peter; Dr.-Ing., Prof.; *Bauingenieurwesen*; di: HTW d. Saarlandes, Fak. f. Architektur u. Bauingenieurwesen, Goebenstr. 40, 66117 Saarbrücken, T: (0681) 5867230, boettcher@htw-saarland.de; pr: Hopfenbergweg 22, 34123 Kassel, T: (0561) 5280117

**Böttcher,** Peter; Dr., Prof.; *Psychologie, Soziologie, Pädagogik, Managementlehre*; di: FH d. Bundes f. öff. Verwaltung, FB Finanzen, PF 1549, 48004 Münster

**Böttcher,** Roland; Prof.; *Bürgerliches Recht einschl. der freiwilligen Gerichtsbarkeit, Grundbuchrecht, Immobiliarvollstreckungsrecht, Liegenschaftsrecht, Zivilrecht*; di: Hochsch. f. Wirtschaft u. Recht Berlin, FB 2, Alt-Friedrichsfelde 60, 10315 Berlin, T: (030) 90214442, F: 90214417, r.boettcher@hwr-berlin.de

**Böttcher,** Roland; Dr. rer. pol., Prof.; *Allgemeine Betriebswirtschaftslehre, insb. Unternehmensführung u. Informationsmanagement*; di: Hochsch. Bochum, FB Wirtschaft, Lennershofstr. 140, 44801 Bochum, T: (0234) 3210610, roland.boettcher@hs-bochum.de; pr: Mühlhausener Hellweg 2, 59425 Unna, T: (02303) 2534000

**Böttge,** Gerhard; Dr., Prof.; *Hydromechanik*; di: Hochsch. Magdeburg-Stendal, FB Wasser- u. Kreislaufwirtschaft, Breitscheidstr. 2, 39114 Magdeburg, T: (0391) 8864721, gerhard.boettge@hs-magdeburg.de

**Böttger,** Christian; Dr., Prof.; *Marketing*; di: HTW Berlin, FB Wirtschaftswiss. II, Treskowallee 8, 10318 Berlin, T: (030) 50192444, boettger@HTW-Berlin.de

**Böttger,** Gottfried; HonProf. H Anhalt (FH); *Audio- und Videotechnik*; di: Hochsch. Anhalt, FB 5 Informatik, PF 1458, 06354 Köthen, gottfried.boettger@inf.hs-anhalt.de

**Boettner,** Johannes; Dr., Prof.; *Soziologie u. Netzwerk- u. Gemeinwesenarbeit, Soziale Arbei*; di: Hochsch. Neubrandenburg, FB Soziale Arbeit, Bildung u. Erziehung, Brodaer Str. 2, 17033 Neubrandenburg, PF 110121, 17041 Neubrandenburg, T: (0395) 56935500, boettner@hs-nb.de; pr: Fritschestr. 41, 10627 Berlin, T: (030) 45086006

**Bogacki,** Wolfgang; Dr.-Ing., Prof.; *Mathematik, EDV, Wasserwirtschaft*; di: H Koblenz, FB Bauwesen, Konrad-Zuse-Str. 1, 56075 Koblenz, T: (0261) 9528624, F: 9528648, bogacki@hs-koblenz.de

**Bogdanski,** Ralf; Dr.-Ing., Prof.; *Logistik, Umweltmanagement*; di: Georg-Simon-Ohm-Hochsch. Nürnberg, Fak. Betriebswirtschaft, Bahnhofsstr. 87, 90402 Nürnberg, PF 210320, 90121 Nürnberg, T: (0911) 58802782

**Bogenstätter,** Ulrich; Dr.-Ing., Prof.; *Immobilienwirtschaft, DV-gestützte Informationssysteme*; di: FH Mainz, FB Technik, Holzstr. 36, 55116 Mainz, T: (06131) 6281335, ulrich.bogenstaetter@fh-mainz.de

**Boggasch,** Ekkehard; Dr. rer. nat., Prof.; *Elektrotechnik, Regelungstechnik, Mathematik*; di: Ostfalia Hochsch., Fak. Versorgungstechnik, Salzdahlumer Str. 46/48, 38302 Wolfenbüttel

**Bogner,** Thomas; Dr., Prof.; *BWL, Handel*; di: DHBW Lörrach, Hangstr. 46-50, 79539 Lörrach, T: (07621) 2071312, F: 2071359, bogner@dhbw-loerrach.de

**Bogner,** Werner; Dr.-Ing., Prof.; *Schaltungstechnik, Hochfrequenzelektronik*; di: Hochsch. Deggendorf, FB Elektrotechnik u. Medientechnik, Edlmairstr. 6-8, 94469 Deggendorf, PF 1320, 94453 Deggendorf, T: (0991) 3615523, F: 3615599, werner.bogner@fh-deggendorf.de

**Boguth,** Katja; Dr. rer.cur., Prof.; *Gesundheits- und Pflegemanagement*; di: Akkon-Hochsch. f. Humanwiss., Am Köllnischen Park 1, 10179 Berlin, katja.boguth@akkon-hochschule.de

**Bohlander,** Frank; Dr., Prof.; *Forstentomologie und -zoologie, Waldschutz*; di: FH Erfurt, FB Forstwirtschaft u. Ökosystemmanagement, Leipziger Str. 77, 99085 Erfurt, T: (0361) 67004273, F: 67004263, frank.bohlander@fh-erfurt.de

**Bohlen,** Wolfgang; Dr., Prof. u. Rektor; *Personalwirtschaftslehre und Organisation*; di: AKAD-H Pinneberg, Am Rathaus 10, 25421 Pinneberg, T: (04101) 85561, hs-pinneberg@akad.de

**Bohlmann,** Berend; Dr.-Ing., Prof.; *Schiffsfestigkeit, Ermüdungsfestigkeit, Schiffsvibrationen, Schiffskonstruktion*; di: FH Kiel, FB Maschinenwesen, Grenzstr. 3, 24149 Kiel, T: (0431) 2102710, F: 21062710, berend.bohlmann@fh-kiel.de

**Bohn,** Christian-Arved; Dr., Prof.; *Medieninformatik*; di: FH Wedel, Feldstr. 143, 22880 Wedel, T: (04103) 804840, bo@fh-wedel.de

**Bohn,** Gunther; Dr.-Ing., Prof.; *Grundlagen der Elektrotechnik, Schaltungs- und Funktionsanalyse, Projektmanagement*; di: Hochsch. f. angew. Wiss. Würzburg Schweinfurt, Fak. Elektrotechnik, Ignaz-Schön-Str. 11, 97421 Schweinfurt, T: (09721) 940813, gbohn@fh-sw.de

**Bohn,** Ralf; Dr., Prof.; *Medienwissenschaften*; di: FH Dortmund, FB Design, Max-Ophüls-Platz 2, 44139 Dortmund, PF 105018, 44047 Dortmund, T: (0231) 9112448, ralf.bohn@fh-dortmund.de

**Bohnert,** Cornelia; Dr. jur., Prof.; *Familien- und Jugendrecht*; di: Kath. Hochsch. f. Sozialwesen Berlin, Köpenicker Allee 39-57, 10318 Berlin, T: (030) 501010922, bohnert@kfb-berlin.de

**Bohrhardt,** Ralf; Dr. rer. pol., Prof.; *Soziologie, sozialwissenschaftliche Methoden und Arbeitsweisen*; di: Hochsch. Coburg, Fak. Soziale Arbeit u. Gesundheit, Friedrich-Streib-Str. 2, 96450 Coburg, T: (09561) 317183, bohrhardt@hs-coburg.de

**Bohrmann,** Steffen; Dr. rer. nat., Prof.; *Physik, Mathematik*; di: Hochsch. Mannheim, Fak. Maschinenbau, Windeckstr. 110, 68163 Mannheim

**Boin,** Manuela; Dr. rer. nat., Prof.; *Mathematik, Physik, Fahrzeugsicherheit*; di: Hochsch. Ulm, Fak. Mathematik, Natur- u. Wirtschaftswiss., PF 3860, 89028 Ulm, T: (0731) 5028037, boin@hs-ulm.de

**Boisch,** Richard; Dipl.-Phys., Dr. rer. nat., Prof.; *Technische Akustik, Grundlagen der Mathematik und Physik*; di: Hochsch. Emden / Leer, FB Technik, Constantiaplatz 4, 26723 Emden, T: (04921) 8071574, F: 8071593, boisch@hs-emden-leer.de; pr: Groote Gracht 33, 26723 Emden, T: (04921) 680400

**Boiting,** Bernd; Dr.-Ing., Prof.; *Raumlufttechnik, Kältetechnik*; di: FH Münster, FB Energie, Gebäude, Umwelt, Stegerwaldstr. 39, 48565 Steinfurt, T: (0251) 962240, F: 962340, boiting@fh-muenster.de

**Boitz,** Matthias; Prof.; *Journalismus*; di: DEKRA Hochsch. Berlin, Ehrenbergstr. 11-14, 10245 Berlin, T: (030) 290080213, matthias.boitz@dekra.com

**Bolay,** Friedrich Wilhelm; Dr., Prof.; *BWL, Verwaltungsbetriebslehre, Staat und Verfassung (Politologie)*; di: Hess. Hochsch. f. Polizei u. Verwaltung, FB Verwaltung, Tilsiterstr. 13, 60327 Mühlheim, T: (06108) 603523

**Bold,** Christoph; Dr. rer. nat., Prof.; *Mathematik, Datenverarbeitung*; di: FH Köln, Fak. f. Informations-, Medien- u. Elektrotechnik, Betzdorfer Str. 2, 50679 Köln, T: (0221) 82752254, christoph.bold@fh-koeln.de; pr: In der Kanne 3, 51105 Köln

**Bold,** Steffen; Dr., Prof.; *Wasserwirtschaft, Hydrologie*; di: Techn. Hochsch. Mittelhessen, FB 01 Bauwesen, Wiesenstr. 14, 35390 Gießen, Steffen.Bold@bau.th-mittelhessen.de

**Bolenz,** Siegfried; Dr., Prof.; *Lebensmitteltechnologie*; di: Hochsch. Neubrandenburg, FB Agrarwirtschaft u. Lebensmittelwiss., Brodaer Str. 2, 17033 Neubrandenburg, PF 110121, 17041 Neubrandenburg, T: (0395) 56932501, bolenz@hs-nb.de

**Bolin,** Manfred; Dr., Prof.; *Bilanzen, Wirtschaftsprüfung, Internationales Steuerrecht, Steuerberatung*; di: Int. School of Management, SG Int. Betriebswirtschaft, Otto-Hahn-Str. 19, 44227 Dortmund, manfred.bolin@ism-dortmund.de; pr: Berliner Allee 59, 40212 Düsseldorf, manfred.bolin@bdo.de

**Boll,** Carsten; Dr.-Ing., Prof.; *Operations Research, Simulation*; di: Hochsch. Bremerhaven, An der Karlstadt 8, 27568 Bremerhaven, T: (0471) 4823514, F: 4823285, boll@isl.org; pr: Am Holdheim 5, 28355 Bremen, T: (0421) 252007, F: 2586756

**Boll,** Stephan; Dr., Prof.; *Internationale Volkswirtschaftslehre*; di: HAW Hamburg, Fak. Wirtschaft u. Soziales, Berliner Tor 5, 20099 Hamburg, T: (040) 428756987, stephan.boll@haw-hamburg.de

**Bolle,** Ralf; Dr. med., Prof.; *Psychotherapeutische Medizin*; di: Hochsch. f. Kunsttherapie Nürtingen, Sigmaringer Str. 15, 72622 Nürtingen, r.bolle@hkt-nuertingen.de

**Bollenbacher,** Helmut; Dr.-Ing., Prof.; *Digitale Signalverarbeitung, Digitale Bildverarbeitung, Regelungstechnik, Embedded Systems*; di: H Koblenz, FB Ingenieurwesen, Konrad-Zuse-Str. 1, 56075 Koblenz, T: (0261) 9528334, F: 9528567, bollenba@fh-koblenz.de

**Bolles-Wilson,** Julia B.; Dipl.-Ing., Prof., Dekanin FB Architektur; *Entwerfen, CAD*; di: FH Münster, FB Architektur, Leonardo-Campus 5, 48149 Münster, T: (0251) 8365069, bolleswilson@fh-muenster.de; pr: Alter Steinweg 17, 48143 Münster, T: (0251) 482720

**Bollin,** Elmar; Dipl.-Ing., Prof.; *Regelungstechnik, Sensorik, Gebäudeleittechnik, Haustechnik, Regenerative Energietechnik*; di: Hochsch. Offenburg, Fak. Maschinenbau u. Verfahrenstechnik, Badstr. 24, 77652 Offenburg, T: (0781) 205126, F: 205214

**Bolling,** Ingo; Dr.-Ing., Prof.; *Konstruktion, Hydraulik, Pneumatik, Land- u. Baumaschinen, Neue Medien in der Technik*; di: Hochsch. Augsburg, Fak. f. Maschinenbau u. Verfahrenstechnik, An der Hochschule 1, 86161 Augsburg, T: (08233) 55863156, F: 558630891, ingo.bolling@hs-augsburg.de

**Bollinger,** Heinrich; Dr., Prof., Dekan; *Organisationssoziologie*; di: Hochsch. Fulda, FB Sozial- u. Kulturwiss., Marquardstr. 35, 36039 Fulda, T: (0661) 9640473, F: 9640452, heinrich.bollinger@sk.fh-fulda.de; pr: T: (089) 1679768

**Bolsch,** Andreas; Dr. rer. nat., Prof.; *Mathematik*; di: Techn. Hochsch. Mittelhessen, FB 13 Mathematik, Naturwiss. u. Datenverarbeitung, Wiesenstr. 14, 35390 Gießen, T: (0641) 3092360; pr: Landgrafenstr. 6, 35390 Gießen, T: (0641) 6868535

**Bolsius,** Jens; Dr.-Ing., Prof.; *Bauklimatik, Bauphysik, Gasanwendungstechnik, Klimatechnik*; di: Hochsch. Zittau/Görlitz, Fak. Bauwesen, Schliebenstr. 21, 02763 Zittau, T: (03583) 611632, F: 611627, jbolsius@hs-zigr.de

**Boltendahl,** Udo; Dr.-Ing., Prof. FH Flensburg; *Therm. Verfahrenstechnik, Thermodynamik*; di: FH Flensburg, FB Technik, Kanzleistr. 91-93, 24943 Flensburg, T: (0461) 8051300, udo.boltendahl@fh-flensburg.de; pr: Hauptstr. 14, 24975 Markerup, T: (04634) 1557

**Boltz,** Dirk-Mario; Dr., Prof.; *Wirtschaftskommunikation*; di: Hochsch. f. Wirtschaft u. Recht Berlin, FB 1, Badensche Str. 50-51, 10825 Berlin, T: (030) 85789161, dmboltz@hwr-berlin.de

**Bolz,** Stefan; Dr. rer. nat., Prof.; *Betriebsstatistik, Wirtschaftsmathematik, quantitative Methoden der Betriebswirtschaftslehre*; di: Georg-Simon-Ohm-Hochsch. Nürnberg, Fak. Betriebswirtschaft, Bahnhofsstr. 87, 90402 Nürnberg, PF 210320, 90121 Nürnberg

**Bomarius,** Frank; Dr. rer. nat., Prof.; di: FH Kaiserslautern, FB Angew. Ingenieurwiss., Amerikastr. 1, 66482 Zweibrücken, T: (0631) 3724315, F: 3724218, frank.bomarius@fh-kl.de

**Bombosch,** Friedbert; Dr., Prof.; *Waldarbeitslehre, Vermessungskunde, Betriebswirtschaftliches Management*; di: HAWK Hildesheim/Holzminden/Göttingen, Fak. Ressourcenmanagement, Büsgenweg 1a, 37077 Göttingen, T: (0551) 5032281, F: 5032299

**Bomsdorf,** Birgit; Dr.-Ing., Prof.; *Medieninformatik, Mensch-Computer-Interaktion*; di: Hochsch. Fulda, FB Angewandte Informatik, Marquardstr. 35, 36039 Fulda, T: (0661) 9640327, bomsdorf@informatik.hs-fulda.de

**Bonart,** Thomas; Dr., Prof.; *Betriebswirtschaft, insbes. Planungs- u. Entscheidungsfindung, Markttheorie, Außenhandelsmanagement*; di: Hochsch. Trier, FB Technik, Maschinenbau, PF 1826, 54208 Trier, T: (0651) 8103302, t.bonart@hochschule-trier.de; www.bonart.de

**Bonath,** Werner; Dr.-Ing., Prof.; *Mikroelektronik*; di: Techn. Hochsch. Mittelhessen, FB 02 Elektro- u. Informationstechnik, Wiesenstr. 14, 35390 Gießen, T: (0641) 3091942, Werner.Bonath@e1.fh-giessen.de; pr: Zum Wingert 24, 35423 Lich

**Bonato,** Marcellus Stephanus; Dr., Prof.; *Pflegepädagogik*; di: FH Münster, FB Pflege u. Gesundheit, Leonardo-Campus 8, 48149 Münster, T: (0251) 8365869, F: 8365870, bonato@fh-muenster.de; pr: Am Dill 318, 48163 Münster, T: (0251) 712796, F: 712794, m.s.bonato@t-online.de

**Bonefeld,** Heike; Dr. rer. pol., Prof.; *Allgemeine Betriebswirtschaftslehre, Kostenrechnung, Rechnungswesen*; di: Hochsch. München, Fak. Versorgungstechnik, Verfahrenstechnik Papier u. Verpackung, Druck- u. Medientechnik, Lothstr. 34, 80335 München, T: (089) 12651504, F: 12651502, bonefeld@fhm.edu

**Bongard,** Stefan; Dipl.-Kfm., Dr. rer. pol., Prof.; *Logistik, BWL*; di: FH Ludwigshafen, FB III Internationale Dienstleistungen, Ernst-Boehe-Str. 4, 67059 Ludwigshafen/Rhein, T: (0621) 5203309, s.bongard@fh-ludwigshafen.de

**Bongards,** Michael; Dr.-Ing., Prof.; *Prozeßleittechnik einschl. Datenverarbeitung*; di: FH Köln, Fak. f. Informatik u. Ingenieurwiss., Am Sandberg 1, 51643 Gummersbach, T: (02261) 8196119, bongards@gm.fh-koeln.de; pr: Wagnerweg 23, 58566 Kierspe, T: (02359) 290852

**Bongardt,** Karl; Dr., Prof.; *Grundlagen der Datenverarbeitung, objektorientierte Programmierung, Telekommunikationssoftware*; di: FH Dortmund, FB Informations- u. Elektrotechnik, Sonnenstr. 96, 44139 Dortmund, T: (0231) 9112267, F: 9112617, bongardt@fh-dortmund.de

**Bongartz,** Jens Roman; Dr., Prof.; *Medizintechnik*; di: H Koblenz, FB Mathematik u. Technik, RheinAhrCampus, Joseph-Rovan-Allee 2, 53424 Remagen, T: (02642) 9323427, bongartz@rheinahrcampus.de; pr: Baumläuferweg 25, 50829 Köln, T: (0221) 1306136

**Bongartz,** Norbert; Dr., Prof. Rhein. FH Köln; *Wirtschaftspsychologie u. Betriebswirtschaft*; di: Rheinische FH Köln, Hohenstaufenring 16-18, 50674 Köln; pr: Grüner Brunnenweg 140 A, 50827 Köln, T: (0221) 2706267

**Bongartz,** Robert; Dr.-Ing., Prof.; *Werkstoffkunde*; di: FH Düsseldorf, FB 4 – Maschinenbau u. Verfahrenstechnik, Josef-Gockeln-Str. 9, 40474 Düsseldorf, T: (0211) 4351482, robert.bongartz@fh-duesseldorf.de

**Bongmba,** Christian; Dr.-Ing., Prof.; *Technische Mechanik, Leichtbaustrukturen*; di: Hochsch. Deggendorf, FB Maschinenbau, Edlmairstr. 6/8, 94469 Deggendorf, T: (0991) 3615329, christian.bongmba@fh-deggendorf.de

**Bonitz,** Peter; Dr.-Ing. habil., HonProf.; *Rechnergestützte Karosseriekonstruktion*; di: Westsächs. Hochsch. Zwickau, Fak. Kraftfahrzeugtechnik, Dr.-Friedrichs-Ring 2A, 08056 Zwickau

**Bonn,** Werner; Dr.-Ing., Prof.; *Wärme- und Strömungslehre, Regenerative Energien*; di: Hochsch. Rhein/Main, FB Ingenieurwiss., Maschinenbau, Am Brückweg 26, 65428 Rüsselsheim, T: (06142) 8984336, werner.bonn@hs-rm.de; pr: Auf der Ebene 5, 64673 Zwingenberg, T: (06251) 79560

**Bonne,** Thorsten; Dr.-Ing., Prof.; *Betriebswirtschaftslehre*; di: Hochsch. Bonn-Rhein-Sieg, FB Angewandte Informatik, Grantham-Allee 20, 53757 Sankt Augustin, 53754 Sankt Augustin, T: (02241) 865449, thorsten.bonne@h-brs.de

**Bonnen,** Clemens; Dipl.-Ing., Prof.; *Entwerfen, Baukonstruktionslehre, Konstruktionsplanung im Innenausbau, Baustoffkunde*; di: Hochsch. Bremen, Fak. Architektur, Bau u. Umwelt, Neustadtswall 30, 28199 Bremen, T: (0421) 59052201, F: 59052202, Clemens.Bonnen@hs-bremen.de; pr: Xantenerstr. 8, 10707 Berlin, T: (0303) 8835495

**Bonnet,** Martin; Dr., Prof.; *Polymere, Kunststoffe, Werkstofftechnik*; di: FH Köln, Fak. f. Anlagen, Energie- u. Maschinensysteme, Betzdorfer Str. 2, 50679 Köln, T: (0221) 82752649, martin.bonnet@fh-koeln.de

**Bonse,** Thomas; Dr.-Ing., Prof.; *Bildtechnik*; di: FH Düsseldorf, FB 8 – Medien, Josef-Gockeln-Str. 9, 40474 Düsseldorf, T: (0211) 4351843, thomas.bonse@fh-duesseldorf.de

**Bontrup,** Heinz-J.; Dr., Prof.; *Betriebswirtschaftslehre, insbes. Personalwirtschaft und Organisation*; di: Westfäl. Hochsch., FB Wirtschaftsrecht, August-Schmidt-Ring 10, 45657 Recklinghausen, T: (02361) 915412, heinz.bontrup@fh-gelsenkirchen.de

**Boochs,** Frank; Dr.-Ing., Prof.; *Geoinformatik, Vermessung*; di: FH Mainz, FB Technik, Holzstr. 36, 55116 Mainz, T: (06131) 2859672, boochs@geoinform.fh-mainz.de

**Boone,** Nicholas; Dr. rer. pol., Prof.; *Logistik und Distribution*; di: Hochsch. Ostwestfalen-Lippe, FB 7, Produktion u. Wirtschaft, Liebigstr. 87, 32657 Lemgo; pr: Bülowstr. 27, 32756 Detmold

**Boonzaaijer,** Karel; Dipl-Des., Prof.; *Conceptual Design*; di: FH Aachen, FB Design, Boxgraben 100, 52064 Aachen, T: (0241) 600951523, boonzaaijer@fh-aachen.de

**Boos,** Franz-Xaver; Dr., Prof.; *Public Management, Rechnungswesen, Unternehmensführung im öffentlichen Sektor*; di: Hochsch. Hof, Fak. Wirtschaft, Alfons-Goppel-Platz 1, 95028 Hof, T: (09281) 409403, F: 40955403, Franz-Xaver.Boos@fh-hof.de

**Boos-Krüger,** Annegret; Dr. phil., Prof.; di: Hochsch. München, Fak. Angew. Sozialwiss., Lothstr. 34, 80335 München, annegret.boos-krueger@hm.edu

**Bopp,** Hanspeter; Dipl.-Math., Prof.; *Geometrie, Mathematik*; di: Hochsch. f. Technik, Fak. Vermessung, Mathematik u. Informatik, Schellingstr. 24, 70174 Stuttgart, PF 101452, 70013 Stuttgart, T: (0711) 89262654, F: 89262556, hanspeter.bopp@hft-stuttgart.de

**Borbe,** Cordula; Dr. phil., Prof.; *Systemische Therapie u Beratung, Systemische Arbeit m Kindern u Jugendlichen, Familienmedizin, Zeit- u Selbstmanagement, Geschichte d Sozialen Arbeit, Theorie Sozialer Arbeit, Reflexionsübungen*; di: HAWK Hildesheim/Holzminden/Göttingen, Fak. Soziale Arbeit u. Gesundheit, Goschentor 1, 31134 Hildesheim, T: (05121) 881528

**Borchardt,** Bettina; Prof.; *Text, Konzept*; di: design akademie berlin (FH), Paul-Lincke-Ufer 8e, 10999 Berlin

**Borchardt,** Wolfgang; Dr., Prof.; *Pflanzenkunde/Pflanzenverwendung*; di: FH Erfurt, FB Landschaftsarchitektur, Leipziger Str. 77, 99085 Erfurt, PF 101363, 99013 Erfurt, T: (0361) 6700267, F: 6700259, borchardt@fh-erfurt.de

**Borcherding,** Holger; Dr.-Ing., Prof.; *Elektrotechnik, Leistungselektronik, Elektromagnetische Antriebe*; di: Hochsch. Ostwestfalen-Lippe, FB 5, Elektrotechnik u. techn. Informatik, Liebigstr. 87, 32657 Lemgo; pr: Hemsener Weg 33, 31840 Hessisch Oldendorf, T: (05152) 528120

**Borchert,** Axel; Dipl.-Chem., Dr. rer. nat., Prof.; *Aufarbeitung und Entsorgung chemischer und biologischer Stoffe, Allgemeine Verfahrenstechnik*; di: Hochsch. Emden/Leer, FB Technik, Constantiaplatz 4, 26723 Emden, T: (04921) 8071574, F: 8071593, borchert@hs-emden-leer.de; pr: Neuer Markt 25, 26721 Emden, T: (04921) 31486

**Borchert,** Jens; Dipl.-Päd., Dr. phil., Prof.; *Soziale Arbeit*; di: Georg-Simon-Ohm-Hochsch. Nürnberg, Fak. Sozialwiss., Bahnhofstr. 87, 90402 Nürnberg, PF 210320, 90121 Nürnberg, Jens.Borchert@ohm-hochschule.de

**Borchert,** Thomas; Dr.-Ing., Prof.; *Technische Mechanik*; di: FH Dortmund, FB Maschinenbau, Sonnenstr. 96, 44139 Dortmund, T: (0231) 9112292, F: 9112334, thomas.borchert@fh-dortmund.de; pr: Kolpingstr. 5, 59368 Werne

**Borchsenius,** Fredrik; Dr.-Ing., Prof.; *Technische Mechanik, Ingenieurinformatik*; di: Hochsch. Regensburg, Fak. Maschinenbau, PF 120327, 93025 Regensburg, fredrik.borchsenius@hs-regensburg.de

**Borcsa,** Maria; Dr. phil., Prof.; *Klinische Psychologie*; di: FH Nordhausen, FB Wirtschafts- u. Sozialwiss., Weinberghof 4, 99734 Nordhausen, T: (03631) 420531, borcsa@fh-nordhausen.de

**Borde,** Theda; Dr., MHP, Prof. u. Rektorin; *Sozialmedizin, Migration und Gesundheit*; di: Alice-Salomon-Hochsch., Alice-Salomon-Platz 5, 12627 Berlin-Hellersdorf, T: (030) 99245309, borde@ash-berlin.eu; pr: Rönnestr. 19, 14057 Berlin

**Bordemann,** Heinz-Gerd; Dr. rer. oec., Prof.; *Betriebswirtschaftslehre, insbesondere Finanzwirtschaft/ Finanzdienstleistungen*; di: FH Münster, FB Wirtschaft, Corrensstr. 25, 48149 Münster, T: (0251) 8365527, F: 8365502, bordemann@fh-muenster.de

**Bordewick-Dell,** Ursula; Dr. rer. nat., Prof.; *Biochemie, Lebensmittelanalytik und Laborpraktische Ausbildung*; di: FH Münster, FB Oecotrophologie, Corrensstr. 25, 48149 Münster, T: (0251) 8365454, F: 8365407, bordewick@fh-muenster.de

**Borg-Laufs,** Michael; Dr., Prof.; *Psychosoziale Arbeit mit Kindern*; di: Hochsch. Niederrhein, FB Sozialwesen, Richard-Wagner-Str. 101, 41065 Mönchengladbach, T: (02161) 1865627, michael.borg-laufs@hs-niederrhein.de

**Borgeest,** Kai; Dr.-Ing., Prof.; *Informatik, Fahrzeugmechatronik*; di: Hochsch. Aschaffenburg, Fak. Ingenieurwiss., Würzburger Str. 45, 63743 Aschaffenburg, T: (06021) 314842, kai.borgeest@fh-aschaffenburg.de

**Borger,** Gabriele; Dr., Prof.; *Theologie*; di: Ev. Hochsch. f. Soziale Arbeit & Diakonie, Horner Weg 170, 22111 Hamburg, T: (040) 65591471, gborger@rauheshaus.de; pr: Milchgrund 49, 21075 Hamburg, T: (040) 79142995

**Borgetto,** Bernhard; Dr. habil., Prof.; *Gesundheitswissenschaften*; di: HAWK Hildesheim/Holzminden/Göttingen, Fak. Soziale Arbeit u. Gesundheit, Goschentor 1, 31134 Hildesheim, T: (05121) 881486, F: 881591

**Borgmeier,** Arndt; Dr., Prof.; *Marketing, Internationales Projektmanagement, Qualitätsmanagement, Betriebswirtschaftslehre, Vertriebsplanung*; di: Hochsch. Aalen, Fak. Maschinenbau u. Werkstofftechnik, Beethovenstr. 1, 73430 Aalen, T: (07361) 5762210, arndt.borgmeier@htw-aalen.de

**Borgmeyer,** Johannes; Prof.; *Digital- u. Steuerungstechnik, Elektronik*; di: Hochsch. Konstanz, Fak. Elektrotechnik u. Informationstechnik, Brauneggerstr. 55, 78462 Konstanz, PF 100543, 78405 Konstanz, T: (07531) 206246, F: 206400, borgmeyer@fh-konstanz.de

**Borkenhagen,** Florian; Dipl.-Des., Prof.; *Design mit Schwerpunkt Entwurfsmethodik und Produktentwicklung*; di: AMD Akademie Mode & Design (FH), Wendenstr. 35c, 20097 Hamburg, T: (040) 23787854, florian.borkenhagen@amdnet.de; pr: T: (030) 330997611

**Bormann,** Ingrid; Dr. rer. oec., Prof.; *Marketing*; di: Ostfalia Hochsch., Fak. Wirtschaft, Robert-Koch-Platz 8A, 38440 Wolfsburg, T: (05361) 831536

**Bormann,** Petra; Dr.-Ing., Prof.; *Maschinenbau*; di: DHBW Heidenheim, Fak. Technik, Marienstr. 20, 89518 Heidenheim, T: (07321) 2722333, F: 2722349, bormann@dhbw-heidenheim.de

**Bormann,** Stephan; Dr., Prof.; *Wirtschaftswissenschaften, Handelsbetriebslehre, Marketing, Internationaler Vertrieb, Unternehmensführung, Strategisches Management, Entrepreneurship und E-Commerce*; di: bbw Hochsch. Berlin, Leibnizstraße 11-13, 10625 Berlin, T: (030) 34358878, stephan.bormann@bbw-hochschule.de

**Born,** Aristi; Dr., Prof.; *Entwicklungs- und Pädagogische Psychologie*; di: Ev. Hochsch. Berlin, Prof. f. Entwicklungs- u. Pädagogische Psychologie, Teltower Damm 118-122, 14167 Berlin, PF 370255, 14132 Berlin, T: (030) 84582227, born@eh-berlin.de

**Born,** Jens; Dr. rer. nat., Prof.; *Chemie, Chemische Technologie*; di: FH Flensburg, Chemische Technologie, Kanzleistr. 91-93, 24943 Flensburg, T: (0461) 8051293, jens.born@fh-flensburg.de; pr: Johannisstr. 64, 24937 Flensburg, T: (0461) 9095423

**Born,** Karl; HonProf. H Harz, Private FH Göttingen; *Tourismuswirtschaft, Tourismusmanagement*; di: Hochsch. Harz, FB Wirtschaftswiss., Friedrichstr. 57-59, 38855 Wernigerode, T: (03943) 659247, F: 659109, kborn@hs-harz.de; Private FH Göttingen, Weender Landstr. 3-7, 37073 Göttingen

**Born,** Thomas; Dipl. Designer, Prof.; *Digitale Medien: Computergraphik/ Animation/Multimedia*; di: HTW Berlin, FB Gestaltung, Wilhelminenhofstr. 67-77, 12459 Berlin, T: (030) 50194615, tborn@HTW-Berlin.de

**Bornemeyer,** Claudia; Dr., Prof.; *Marketing, Internationales Management*; di: Int. Hochsch. Bad Honnef, Mülheimer Str. 38, 53604 Bad Honnef, T: (02224) 9605119, c.bornemeyer@fh-bad-honnef.de

**Bornhorn,** Hubert Christoph; Dr., Prof.; *Mathematik, Statistik*; di: FH Dortmund, FB Wirtschaft, Emil-Figge-Str. 42, 44227 Dortmund, T: (0231) 7554924, F: 7554901, hubert.bornhorn@fh-dortmund.de

**Bornschein,** Ralf; Dr. rer. nat., Prof.; *Anlagenautomatisierung*; di: FH Aachen, FB Elektrotechnik und Automation, Ginsterweg 1, 52428 Jülich, T: (0241) 600953134, bornschein@fh-aachen.de; pr: Am Treut 8, 52072 Aachen, T: (0241) 171777

**Borowiak,** Holger; Dr.-Ing., Prof.; *Elektrische Energieversorgung*; di: Beuth Hochsch. f. Technik, FB VII Elektrotechnik – Mechatronik – Optometrie, Luxemburger Straße 10, 13353 Berlin, T: (030) 45045468, borowiak@beuth-hochschule.de

**Borowicz,** Frank; Dr., Prof.; *BWL, Industrie*; di: DHBW Karlsruhe, Fak. Wirtschaft, Erzbergerstr. 121, 76133 Karlsruhe, T: (0721) 9735912, borowicz@no-spam.dhbw-karlsruhe.de

**Borsdorff,** Anke; Dr., Prof.; *Polizei- und Ordnungsrecht, Allg. Verwaltungsrecht*; di: FH d. Bundes f. öff. Verwaltung, FB Bundesgrenzschutz, PF 121158, 23532 Lübeck, T: (0451) 2031733, F: 2031733

**Borstell,** Detlev; Dr.-Ing., Prof.; *CAD, Konstruieren, Maschinenelemente*; di: H Koblenz, FB Ingenieurwesen, Konrad-Zuse-Str. 1, 56075 Koblenz, T: (0261) 9528416, borstell@fh-koblenz.de

**Borsutzky,** Waldemar; Dipl.-Ing., Prof.; *Architektur*; di: Hochsch. Darmstadt, FB Architektur, Haardtring 100, 64295 Darmstadt, T: (06151) 168138, borsutzky@fba.h-da.de

**Borutzky,** Wolfgang; Dr.-Ing., Prof.; *Modellbildung, Simulation und Visualisierung technischer Systeme*; di: Hochsch. Bonn-Rhein-Sieg, FB Informatik, Grantham-Allee 20, 53757 Sankt Augustin, 53754 Sankt Augustin, T: (02241) 865288, F: 8658288, wolfgang.borutzky@fh-bonn-rhein-sieg.de

**Boryczko,** Alexander; Dr., Prof.; *Produktentwicklung, Konstruktion*; di: FH Köln, Fak. f. Anlagen, Energie- u. Maschinensysteme, Betzdorfer Str. 2, 50679 Köln, T: (0221) 82752705, alexander.boryczko@fh-koeln.de; pr: Kurt-Schumacher-Str. 13, 50374 Erftstadt-Lechenich, T: (02235) 5499

**Bosbach,** Gerd; Dipl.-Math., Dr. rer. pol., Prof.; *Mathematik, Statistik, Empirische Wirtschaft- u. Sozialforschung*; di: H Koblenz, FB Wirtschafts- u. Sozialwissenschaften, RheinAhrCampus, Joseph-Rovan-Allee 2, 53424 Remagen, T: (02642) 932223, bosbach@rheinahrcampus.de

**Bosch,** Gerhard; Dipl.-Ing., Prof.; *Entwerfen, Konstruieren (Schwerpunkt Holzbaukonstruktion)*; di: Hochsch. Biberach, SG Architektur, PF 1260, 88382 Biberach/Riß, T: (07351) 582523, F: 582119, bosch@hochschule-bc.de

**Bosch,** Michael; Dr. rer. pol., Prof., Präs HFH Hamburg; *Kaufmännisches Facility Management, Immobilienwirtschaft, Allg. BWL*; di: Hochsch. Albstadt-Sigmaringen, FB 3, Anton-Günther-Str. 51, 72488 Sigmaringen, PF 1254, 72481 Sigmaringen, T: (07571) 732260, F: 732250, bosch@fh-albsig.de; Hamburger Fern-Hochschule, Alter Teichweg 19, 22081 Hamburg, T: (040) 35094333, F: 35094335, michael.bosch@hamburger-fh.de

**Bosley,** Richard; Dr., Prof.; di: Hochsch. f. Wirtschaft u. Recht Berlin, Badensche Str. 50/51, 10825 Berlin, T: (030) 29384460, richard.bosley@hwr-berlin.de

**Bosman,** Karl-Heinz; Dipl.-Ing., Prof.; *Bauingenieurwesen*; di: HTW d. Saarlandes, Fak. f. Architektur u. Bauingenieurwesen, Goebenstr. 40, 66117 Saarbrücken, T: (0681) 5867184, bosman@htw-saarland.de; pr: Kiefernstr. 16a, 66129 Saarbrücken-Bübingen, T: (06805) 1589

**Bosse,** Katharina; Prof.; *Künstlerische Grundlagen und Anwendungen der Fotografie*; di: FH Bielefeld, FB Gestaltung, Lampingstr. 3, 33615 Bielefeld, T: (0521) 1067655, katharina.bosse@fh-bielefeld.de

**Bosselmann-Cyran,** Kristian; Dr. phil, Prof. u. Präs.; di: H Koblenz, Konrad-Zuse-Str. 1, 56075 Koblenz, T: (0261) 9528101, F: 9528113, praesident@fh-koblenz.de; www.cyran.org

**Bothe,** Achim; Dr.-Ing., Prof.; *Heizungstechnik*; di: Westfäl. Hochsch., FB Maschinenbau u. Facilities Management, Neidenburger Str. 10, 45877 Gelsenkirchen, T: (0209) 9596311, F: 9596323, achim.bothe@fh-gelsenkirchen.de; pr: Hombrink 73/75, 44581 Castrop-Rauxel, T: (02305) 84913, F: 545302, ammoniak-Bothe@t-online.de

**Bothe,** Gerhard; Dipl.-Ing., Dr.-Ing., Prof.; *Datenverarbeitung (CAE), Ingenieurmathematik, Betriebs- und Systemverhalten, Antriebstechnik, Hydraulische und pneumatische Antriebe*; di: Hochsch. Emden/Leer, FB Technik, Constantiaplatz 4, 26723 Emden, T: (04921) 8071434, F: 8071429, bothe@hs-emden-leer.de; pr: Heinrich-Nanninga-Str. 6, 26721 Emden, T: (04921) 41537, g.bothe@t-online.de

**Bothen,** Martin; Dr.-Ing., Prof.; *Technische Mechanik, Konstruktion u. CAD, Sensorik u. Aktorik*; di: Hochsch. Aschaffenburg, Fak. Ingenieurwiss., Würzburger Str. 45, 63743 Aschaffenburg, T: (06021) 314880, martin.bothen@fh-aschaffenburg.de

**Bothfeld,** Silke; Dr., Prof.; di: Hochsch. Bremen, Fak. Gesellschaftswiss., Neustadtswall 30, 28199 Bremen, T: (0421) 59052768, Silke.Bothfeld@hs-bremen.de

**Botsch,** Tilman; Dr.-Ing., Prof.; *Fluidmechanik, Wärme- und Stoffaustausch*; di: Georg-Simon-Ohm-Hochsch. Nürnberg, Fak. Verfahrenstechnik, Wassertorstr. 10, 90489 Nürnberg, PF 210320, 90121 Nürnberg, T: (0911) 58801609

**Bott,** Cornelia; Dipl.-Ing., Landschaftsarchitektin, Prof.; *Objektplanung und Entwerfen*; di: Hochsch. f. Wirtschaft u. Umwelt Nürtingen-Geislingen, PF 1349, 72603 Nürtingen, T: (07022) 404198, cornelia.bott@hfwu.de

**Bott,** Jürgen; Dr., Prof.; *BWL, bes. Finanzdienstleistungen, Grundlagenfächer*; di: FH Kaiserslautern, FB Betriebswirtschaft, Amerikastr. 1, 66482 Zweibrücken, T: (06332) 914215, juergen.bott@fh-kl.de

**Bott,** Jutta M.; Dr., Prof.; *Theorie und Praxis sozialer Arbeit*; di: FH Potsdam, FB Sozialwesen, Friedrich-Ebert-Str. 4, 14467 Potsdam, T: (0331) 5801122, bott@fh-potsdam.de

**Bott,** Oliver J.; Dr.-Ing., Prof.; *Medizinische Informatik*; di: Hochsch. Hannover, Fak. III Medien, Information u. Design, Kurt-Schwitters-Forum, Expo Plaza 2, 30539 Hannover, T: (0511) 92962627, oliver.bott@hs-hannover.de

**Bottema,** Joost; Prof.; *Kommunikationsdesign*; di: Merz Akademie, Teckstr. 58, 70190 Stuttgart, Joost.Bottema@merz-akademie.de; www.robott.org; pr: Derde Helmerstr. 29, Niederlande-1054 BA Amsterdam, T: (020) 6187649

**Botterweck,** Henrik; Dr. rer.nat, Prof.; *Angewandte Naturwissenschaften*; di: FH Lübeck, FB Angewandte Naturwissenschaften, Mönkhofer Weg 136-140, 23562 Lübeck, T: (0451) 3005018, henrik.botterweck@fh-luebeck.de

**Botti,** Gilberto; Dott., Prof.; *Baukonstruktion, Entwerfen*; di: Hochsch. München, Fak. Architektur, Karlstr. 6, 80333 München, T: (089) 12652625, gilberto.botti@fhm.edu

**Bottlinger,** Michael; Dr.-Ing., Prof.; *Mechanische Verfahrenstechnik*; di: Hochsch. Trier, Umwelt-Campus Birkenfeld, FB Umweltplanung/Umwelttechnik, PF 1380, 55761 Birkenfeld, T: (06782) 171120, m.bottlinger@umwelt-campus.de

**Botz,** Martin; Dr., Prof.; *Maschinenbau*; di: DHBW Mannheim, Fak. Technik, Coblitzallee 1-9, 68163 Mannheim, T: (0621) 41051159, F: 41051248, martin.botz@dhbw-mannheim.de

**Bouchard,** Dietmar; Dr.-Ing., Prof.; *Technische Dynamik, Fahrzeugtechnik, Maschinentechnisches Praktikum*; di: Georg-Simon-Ohm-Hochsch. Nürnberg, Fak. Maschinenbau u. Versorgungstechnik, Keßlerplatz 12, 90489 Nürnberg, PF 210320, 90121 Nürnberg

**Bouillon,** Jürgen M.; Dr., Prof.; *Vegetationstechnik, Gehölzverwendung*; di: Hochsch. Osnabrück, Fak. Agrarwiss. u. Landschaftsarchitektur, PF 1940, 49009 Osnabrück, T: (0541) 9695253, j.bouillon@hs-osnabrueck.de

**Bourdon,** Rainer; Dr.-Ing., Prof.; *Kunststofftechnik, Kunststoffverarbeitung*; di: Hochsch. Osnabrück, Fak. Ingenieurwiss. u. Informatik, Albrechtstr. 30, 49076 Osnabrück, T: (0541) 9692186, r.bourdon@hs-osnabrueck.de

**Bourier,** Günther; Dipl.-Kfm., Dr. rer. pol., Prof.; *Betriebsstatistik, Logistik*; di: Hochsch. Regensburg, Fak. Betriebswirtschaft, PF 120327, 93025 Regensburg, T: (0941) 9431400, guenther.bourier@bwl.fh-regensburg.de

**Bousonville,** Thomas; Dr., Prof.; *Verkehrslogistiksysteme, Auftragsabwicklung*; di: HTW d. Saarlandes, Fak. f. Wirtschaftswiss, Waldhausweg 14, 66123 Saarbrücken, T: (0681) 5867578, thomas.bousonville@htw-saarland.de

**Boy,** Peter; Dr.-Ing., Prof.; *Verbrennungskraftmaschinen, Schiffsmotoren*; di: FH Flensburg, FB Technik, Kanzleistr. 91-93, 24943 Flensburg, T: (0461) 8051367, peter.boy@fh-flensburg.de; pr: Graf-Luckner-Str. 41, 24159 Kiel, T: (0431) 37665

**Boyken,** Immo; Dr.-Ing., Prof.; *Architekturgeschichte, Entwerfen*; di: Hochsch. Konstanz, Fak. Architektur u. Gestaltung, Brauneggerstr. 55, 78462 Konstanz, PF 100543, 78405 Konstanz, T: (07531) 206199, F: 206193, boyken@fh-konstanz.de

**Boysen,** Philipp A.; Dr.-Ing., Prof.; *Elektrotechnik, Hard- und Software*; di: FH Bielefeld, FB Technik, Ringstraße 94, 32427 Minden, T: (0571) 8385253, F: 8385240, philipp.boysen@fh-bielefeld.de

**Boytscheff,** Constantin; Dipl.-Ing., Prof.; *Digitale Medien*; di: Hochsch. Konstanz, Fak. Architektur u. Gestaltung, Brauneggerstr. 55, 78462 Konstanz, PF 100543, 78405 Konstanz, T: (07531) 206619, F: 206193, boytscheff@fh-konstanz.de

**Braatz,** Martin; Dipl.-Ing. agr., Dr. sc. agr., Prof.; *Allgemeine Marktlehre, Spezielle Marktlehre, Marketing, Agrarökonomie*; di: FH Kiel, FB Agrarwirtschaft, Am Kamp 11, 24783 Osterrönfeld, T: (04331) 845123, F: 21068123, martin.braatz@fh-kiel.de; pr: Zeisigweg 38, 24214 Gettorf

**Braatz,** Werner; Prof.; *Steuerungs- und Prozeßdatentechnik*; di: Hochsch. Rosenheim, Fak. Ingenieurwiss., Hochschulstr. 1, 83024 Rosenheim, T: (08031) 805742, F: 805702

**Brabender,** Katrin; Dr. rer. nat., Prof.; *Datenbanken*; di: Hochsch. Bochum, FB Elektrotechnik u. Informatik, Lennershofstr. 140, 44801 Bochum, T: (0234) 3210391, katrin.brabender@hs-bochum.de; pr: T: (0173) 308236

**Brachat,** Hannes; Dipl.-Kfm., Prof.; *Automobilwirtschaft, Automobilhandel*; di: Hochsch. f. Wirtschaft u. Umwelt Nürtingen-Geislingen, PF 1349, 72603 Nürtingen, T: (07331) 22525, hannes.brachat@hfwu.de

**Bracher,** Andreas; Dipl.-Ing., Prof., Dekan FB Bauingenieurwesen; *Bau von Landverkehrswegen*; di: Hochsch. Regensburg, Fak. Bauingenieurwesen, PF 120327, 93025 Regensburg, T: (0941) 9431201, andreas.bracher@bau.fh-regensburg.de

**Bracio,** Boris Romanus; Dr.-Ing., Prof.; *Biomedizinische Messtechnik*; di: Hochsch. Anhalt, FB 6 Elektrotechnik, Maschinenbau u. Wirtschaftsingenieurwesen, PF 1458, 06354 Köthen, T: (03496) 672325, b.bracio@emw.hs-anhalt.de

**Bracke,** Rolf; Dr. rer. nat., Prof.; *Umwelttechnik*; di: Hochsch. Bochum, FB Bauingenieurwesen, Lennershofstr. 140, 44801 Bochum, T: (0234) 3210216, rolf.bracke@hs-bochum.de; pr: Lutherweg 31, 52074 Aachen, T: (0241) 7091741

**Bracke,** Werner; Dr.-Ing., Prof.; *Produktionsmaschinen und -methoden (spanend), Qualitätsmanagement*; di: Hochsch. Ostwestfalen-Lippe, FB 7, Produktion u. Wirtschaft, Liebigstr. 87, 32657 Lemgo, T: (05261) 702428, F: 702275; pr: Helle 5, 32657 Lemgo, T: (02041) 57608, F: 559425

**Brackly,** Günter; Dr., Prof.; *Informatik, Mikrosystemtechnik*; di: FH Kaiserslautern, FB Informatik u. Mikrosystemtechnik, Amerikastr. 1, 66482 Zweibrücken, T: (06332) 914332, F: 914313, guenter.brackly@fh-kl.de

**Bradl,** Heike; Dr. rer. nat., Prof.; *Umweltgeotechnik*; di: Hochsch. Trier, Umwelt-Campus Birkenfeld, FB Umweltplanung/Umwelttechnik, PF 1380, 55761 Birkenfeld, T: (06782) 171197, h.bradl@umwelt-campus.de

**Bradl,** Peter; Dr., Prof., Dekan FB Betriebswirtschaft; *Betriebswirtschaftslehre*; di: Hochsch. f. angew. Wiss. Würzburg Schweinfurt, Fak. Wirtschaftswiss., Münzstr. 12, 97070 Würzburg, bradl@fh-wuerzburg.de

**Bradtke,** Thomas; Dr., Prof.; *Quantitative Methoden, EDV*; di: HAW Hamburg, Fak. Wirtschaft u. Soziales, Berliner Tor 5, 20099 Hamburg, T: (040) 428756900, bradtke@wiwi.haw-hamburg.de

**Braedel-Kühner,** Cordula; Dr., Prof.; *Management*; di: Karlshochschule, PF 11 06 30, 76059 Karlsruhe

**Braehmer,** Uwe; Dr. phil., Prof.; *PR/Öffentlichkeitsarbeit und Projektmanagement*; di: Hochsch. Bonn-Rhein-Sieg, FB Elektrotechnik, Maschinenbau und Technikjournalismus, Grantham-Allee 20, 53757 Sankt Augustin, T: (02241) 865356, F: 8658356, uwe.braehmer@fh-bonn-rhein-sieg.de

**Bräkling,** Elmar; Dr., Prof.; *Betriebswirtschaftslehre*; di: H Koblenz, FB Wirtschaftswissenschaften, Konrad-Zuse-Str. 1, 56075 Koblenz, T: (0261) 9528173, F: 9528567, braekling@hs-koblenz.de

**Brämer,** Dieter; Dr.-Ing., Prof.; *Elektrische Maschinen*; di: FH Köln, Fak. f. Informations-, Medien- u. Elektrotechnik, Betzdorfer Str. 2, 50679 Köln, T: (0221) 82752273, dieter.braemer@fh-koeln.de; pr: Carl-Jatho-Str. 14, 50997 Köln, T: (02233) 280335

**Braemer,** Silke; Dipl.-Des., Prof.; *Kommunikationsdesign, Fotografie, Digitale Medien*; di: Hochsch. Mannheim, Fak. Gestaltung, Windeckstr. 110, 68163 Mannheim

**Brändlein,** Johannes; Dr., Prof.; *CAD, Konstruktion, Maschinenelemente*; di: Hochsch. f. angew. Wiss. Würzburg Schweinfurt, Fak. Maschinenbau, Ignaz-Schön-Str. 11, 97421 Schweinfurt

**Brändlin,** Ilona; Dr. rer. nat., Prof.; *Zellkulturtechnik, Molekularbiologie*; di: FH Frankfurt, FB 2 Informatik u. Ingenieurwiss., Nibelungenplatz 1, 60318 Frankfurt am Main, T: (069) 15332387, ilona.braendlin@fb2.fh-frankfurt.de

**Bräunling,** Willy; Dr., Prof.; *Flugzeugtriebwerke, Strömungsmaschinen, Gasturbinenantriebe*; di: HAW Hamburg, Fak. Technik u. Informatik, Berliner Tor 9, 20099 Hamburg, T: (040) 428757977, braeunling@fzt.haw-hamburg.de

**Bräutigam,** Barbara; Dr. phil.habil., Prof.; *Psychologie, Jugendarbeit*; di: Hochsch. Neubrandenburg, FB Soziale Arbeit, Bildung u. Erziehung, Brodaer Str. 2, 17033 Neubrandenburg, PF 110121, 17041 Neubrandenburg, T: (0395) 56935100, braeutigam@hs-nb.de

**Bräutigam,** Gregor; Dr., Prof.; *Betriebswirtschaftslehre, insbes. Personal- und Ausbildungswesen*; di: FH Düsseldorf, FB 7 – Wirtschaft, Universitätsstr. 1, Geb. 23.32, 40225 Düsseldorf, T: (0211) 8113229, F: 8114369, gregor.bräutigam@fh-duesseldorf.de; pr: Giselherstr. 7, 50739 Köln, T: (0221) 7406774

**Bräutigam,** Horst; Dr.-Ing., Prof.; *CAD, Technische Mechanik, Getriebelehre*; di: Hochsch. Mannheim, Fak. Maschinenbau, Windeckstr. 110, 68163 Mannheim

**Brake,** Christoph; Dr., Prof.; *E-Business*; di: FH des Mittelstands, FB Medien, Ravensbergerstr. 10 G, 33602 Bielefeld, brake@fhm-mittelstand.de

**Brake,** Jörg; Dr., Prof.; *Personalführung und -management, Bewerber- und Führungstraining*; di: Hochsch. f. angew. Wiss. Würzburg Schweinfurt, Fak. Wirtschaftsingenieurwesen, Ignaz-Schön-Str. 11, 97421 Schweinfurt

**Brake,** Roland; Dr. päd., Prof.; *Soziale Arbeit*; di: Kath. Hochsch. NRW, Abt. Aachen, FB Sozialwesen, Robert-Schumann-Str. 25, 52066 Aachen, T: (0241) 6000339, r.brake@kfhnw-aachen.de; pr: Weißdornweg 80, 52223 Stolberg, T: (02402) 30015, rolandbrake@arcor.de

**Brambach,** Gabriele; Dr., Prof.; *Marketing, VWL, Relationship Marketing*; di: Hochsch. Aalen, Fak. Wirtschaftswissenschaften, Beethovenstr. 1, 73430 Aalen, T: (07361) 5762362, F: 5762330, Gabriele.Brambach@htw-aalen.de

**Brand,** Frank; Dr.-Ing., Prof.; di: Hochsch. f. Wirtschaft u. Recht Berlin, Badensche Str. 50-51, 10825 Berlin, T: (030) 85789140, fbrand@hwr-berlin.de

**Brand,** Gabriele; Dr. rer. nat., Prof.; *Biologie im Wasser- u. Abfallwesen*; di: Hochsch. Ostwestfalen-Lippe, FB 8, Umweltingenieurwesen u. Angew. Informatik, An der Wilhelmshöhe 44, 37671 Höxter, gabriele.brand@hs-owl.de; pr: Adolf-Kolping-Str. 28, 37671 Höxter, T: (05271) 18116

**Brandenburg,** Harald; Dr. rer.nat., Prof.; *Programmierung f. ökonomische Anwendungen*; di: HTW Berlin, FB Wirtschaftswiss. II, Treskowallee 8, 10318 Berlin, T: (030) 50192317, h.brandenburg@HTW-Berlin.de

**Brandenburg,** Hermann; Dr. phil., Prof. Philos.-Theol. H Vallendar u. Kath. FH Freiburg; *Gerontologie u. Pflegewissenschaft*; di: Philosoph.-Theolog. Hochschule, Pallottistr. 3, 56179 Vallendar, T: (0261) 6402257, hbboxter@t-online.de; Kath. Hochsch. Freiburg, Karlstr. 63, 79104 Freiburg, T: (0761) 200672, brandenburg@kfh-freiburg.de

**Brandenburger,** Markus; Dr., Prof.; *International Business*; di: DHBW Mannheim, Fak. Wirtschaft, Coblitzallee 1-9, 68163 Mannheim, T: (0621) 41051300, F: 41051286, markus.brandenburger@dhbw-mannheim.de

**Brandes,** Holger; Dipl.-Psych., Dipl.-Päd., Dr., Prof.; *Psychologie*; di: Ev. Hochsch. f. Soziale Arbeit, PF 200143, 01191 Dresden, T: (0351) 4690242, holger.brandes@ehs-dresden.de; pr: Heinrich-Lange-Str. 16a, 01474 Weißig, T: (0351) 2179831

**Brandes,** Thorsten; Dr.-Ing., Prof.; *Verkehrslogistik*; di: Techn. Hochsch. Wildau, FB Ingenieurwesen/Wirtschaftsingenieurwesen, Bahnhofstr., 15745 Wildau, T: (03375) 508530, thorsten.brandes@tfh-wildau.de

**Brandes,** Uta; Dr., Prof.; *Frauenorientiertes Design*; di: FH Köln, Fak. f. Kulturwiss., Ubierring 40, 50678 Köln, T: (0221) 82753209

**Brandhorst,** Hermann; Dr. theol., Prof.; *Neues Testament; Systematische Theologie, neuere Diakonie- und Kirchengeschichte*; di: FH d. Diakonie, Grete-Reich-Weg 9, 33617 Bielefeld, T: (0521) 1442705, F: 1443032, Hermann.brandhorst@fhdd.de

**Brandi,** Bettina; Prof.; *Theater- und Musikpädagogik*; di: Hochsch.Merseburg, FB Soziale Arbeit, Medien, Kultur, Geusaer Str., 06217 Merseburg, T: (03461) 462236, F: 462205, bettina.brandi@hs-merseburg.de

**Brandis,** Henning von; Dr., Prof.; *Allgemeine BWL, insb. Steuerlehre*; di: FH Erfurt, FB Wirtschaftswiss., Steinplatz 2, 99085 Erfurt, PF 101363, 99013 Erfurt, T: (0361) 6700158, F: 6700152, vbrandis@fh-erfurt.de

**Brandl,** Waltraud; Dr.-Ing., Prof.; *Werkstoffkunde und Werkstoffprüfung, Oberflächentechnik*; di: Westfäl. Hochsch., FB Maschinenbau u. Facilities Management, Neidenburger Str. 10, 45897 Gelsenkirchen, T: (0209) 9596168, waltraud.brandl@fh-gelsenkirchen.de

**Brandmeier,** Thomas; Dr.-Ing., Prof., Vizepräs.; *Grundlagen der Elektrotechnik, Fahrzeugkommunikationssysteme*; di: HAW Ingolstadt, Fak. Elektrotechnik u. Informatik, Esplanade 10, 85049 Ingolstadt, T: (0841) 9348384, thomas.brandmeier@haw-ingolstadt.de

**Brandmeir,** Karl; Dr., Prof.; *Restaurant Management, Kitchen Management, Rooms Division Operations*; di: Int. Hochsch. Bad Honnef, Mülheimer Str. 38, 53604 Bad Honnef, T: (02224) 96050, k.brandmeir@fh-bad-honnef.de

**Brands,** Gilbert; Dr. rer. nat., Prof.; *Protokolle höherer Schichten*; di: Hochsch. Emden/Leer, FB Technik, Constantiaplatz 4, 26723 Emden, T: (04921) 8071806; pr: Norder Ring 7, 26736 Krummhörn-Pewsum, T: (04923) 990169, gilbert.brands@ewetel.net

**Brands,** Ludger; Prof.; *Baukonstruktion, Entwerfen und Lebenskultur*; di: FH Potsdam, FB Architektur u. Städtebau, Pappelallee 8-9, Haus 2, 14469 Potsdam, T: (0331) 5801212, brands@fh-potsdam.de

**Brandstetter,** Barbara; Dr., Prof.; *Wirtschaftsjournalismus und -kommunikation*; di: FH Neu-Ulm, Wileystr. 1, 89231 Neu-Ulm, T: (0731) 97621523, barbara.brandstetter@hs-neu-ulm.de

**Brandt,** Eberhard; Dr.-Ing., Prof.; *Mess-, Steuerungs- u. Regelungstechnik*; di: Hochsch. Lausitz, FB Architektur, Bauingenieurwesen, Versorgungstechnik, Lipezker Str. 47, 03048 Cottbus-Sachsendorf, T: (0355)5818814, F: 5818809, ebrandt@ve.fh-lausitz.de

**Brandt,** Erhard; Dr. rer. pol., Prof.; *Betriebswirtschaftslehre, Rechnungswesen, Betriebliche Steuerlehre*; di: Beuth Hochsch. f. Technik, FB I Wirtschafts- u. Gesellschaftswiss., Luxemburger Str. 10, 13353 Berlin, T: (030) 45045541, brandt@beuth-hochschule.de

**Brandt,** Jochen; Prof.; *Freie Kunst Keramik*; di: H Koblenz, Inst. f. Künstler. Keramik u. Glas, Rheinstr. 80, 56203 Höhr-Grenzhausen, brandt@fh-koblenz.de; www.hs-koblenz.de/kunst

**Brandt,** Jürgen von; Dipl.-Ing., Prof.; *Städtebauliches Entwerfen Planungspraxis*; di: FH Köln, Fak. f. Architektur, Betzdorfer Str. 2, 50679 Köln

**Brandt,** Matthias; Dr., Prof.; *Chemische und Bio-Verfahrenstechnik*; di: Hochsch. Niederrhein, FB Maschinenbau u. Verfahrenstechnik, Reinarzstr. 49, 47805 Krefeld, T: (02151) 8225024, matthias.brandt@hs-niederrhein.de

**Brandt,** Siegmar; Dr., Prof.; *Raumordnung*; di: Hochsch. Anhalt, FB 1 Landwirtschaft, Ökotrophologie, Landespflege, Strenzfelder Allee 28, 06406 Bernburg, T: (03471) 3551114, brandt@loel.hs-anhalt.de

**Brandt,** Thorsten; Dr., Prof.; *Mechatronik und Systemdynamik*; di: Hochsch. Rhein-Waal, Fak. Technologie u. Bionik, Marie-Curie-Straße 1, 47533 Kleve, T: (02821) 80673600, thorsten.brandt@hochschule-rhein-waal.de

**Brandt-Pook,** Hans; Dr.-Ing., Prof.; *Wirtschaftsinformatik*; di: FH Bielefeld, Bereich Wirtschaft, Universitätsstraße 25, 33615 Bielefeld, T: (0521) 10667390, hans.brandt-pook@fh-bielefeld.de; www.brandt-pook.de/; pr: Düsterfeld 4, 33739 Bielefeld, T: (05206) 2622

**Brasche,** Ulrich; Dr. phil., Prof. FH Brandenburg, Gastprof. OTA Hochschule Berlin; *Volkswirtschaftslehre, Europäische Integration*; di: FH Brandenburg, FB Wirtschaft, SG Betriebswirtschaftslehre, Magdeburger Str. 50, 14770 Brandenburg, PF 2132, 14737 Brandenburg, T: (03381) 355232, F: 355299, brasche@fh-brandenburg.de

**Brath,** Jürgen; Dr., Prof.; *Wirtschaftsingenieurwesen, Technisches Management (Maschinenbau)*; di: DHBW Ravensburg, Campus Friedrichshafen, Fallenbrunnen 2, 88045 Friedrichshafen, T: (07541) 2077251, brath@dhbw-ravensburg.de

**Bratzel,** Stefan; Dr. rer. pol., Prof.; *Automobilwirtschaft*; di: FH d. Wirtschaft, Hauptstr. 2, 51465 Bergisch Gladbach, T: (02202) 9527376, F: 9527200, stefan.bratzel@fhdw.de

**Brauer,** Johannes; Dr.-Ing., Prof.; *Programmiermethodik, Informationssysteme*; di: Nordakademie, FB Informatik, Köllner Chaussee 11, 25337 Elmshorn, T: (04121) 409030, F: 409040, brauer@nordakademie.de

**Brauers,** Andreas; Dr.-Ing., Prof.; *Messtechnik*; di: FH Südwestfalen, FB Elektrotechnik u. Informationstechnik, Haldener Str. 182, 58095 Hagen, T: (02331) 9330880, a.brauers@fh-swf.de

**Braun,** Albert; Dr., Prof.; *Wirtschaftsrecht*; di: Hochsch. Anhalt, FB 2 Wirtschaft, Strenzfelder Allee 28, 06406 Bernburg, T: (03471) 3551313, braun@wi.hs-anhalt.de

**Braun,** Anton; Dr.-Ing., Prof.; *Regelungstechnik, Grundlagen der Elektrotechnik*; di: Hochsch. Regensburg, Fak. Elektro- u. Informationstechnik, PF 120327, 93025 Regensburg, T: (0941) 9431110, anton.braun@e-technik.fh-regensburg.de

**Braun,** Bernd; Dipl.-Phys., Dr. rer. nat., Prof.; *Experimentelle Physik*; di: Georg-Simon-Ohm-Hochsch. Nürnberg, Fak. Allgemeinwiss., Keßlerplatz 12, 90489 Nürnberg, PF 210320, 90121 Nürnberg, bernd.braun@ohm-hochschule.de

**Braun,** Brigitte; Dr., Prof.; *Wirtschaftsinformatik*; di: HAW Hamburg, Fak. Wirtschaft u. Soziales, Berliner Tor 5, 20099 Hamburg, T: (040) 428756963, brigitte.braun@haw-hamburg.de; pr: T: (040) 53693167

**Braun,** Daniela; Dipl. Soz. Päd. (FH), Prof.; *Medien, Ästhetik, Kommunikation, Interkulturelle Arbeit im Stadtteil Koblenz-Neuendorf*; di: H Koblenz, FB Sozialwissenschaften, Konrad-Zuse-Str. 1, 56075 Koblenz, T: (0261) 9528222, braun@hs-koblenz.de; pr: xcassiopeiax@aol.com

**Braun,** Frank; Dr.-Ing., Prof.; *Baukonstruktion u. Entwurf*; di: Hochsch. Wismar, Fak. f. Ingenieurwiss., PF 1210, 23952 Wismar, T: (03841) 753205, f.braun@bau.hs-wismar.de

**Braun,** Frank; Dr. rer. pol., Prof.; *Controlling, Informationsmanagement, Angewandte Informatik*; di: Hochsch. Albstadt-Sigmaringen, FB 2, Anton-Günther-Str. 51, 72488 Sigmaringen, PF 1254, 72481 Sigmaringen, T: (07571) 732322, F: 732302, braunfr@hs-albsig.de

**Braun,** Gerd; Dr.-Ing., Prof.; *Thermische Verfahrenstechnik, Thermodynamik*; di: FH Köln, Fak. f. Anlagen, Energie- u. Maschinensysteme, Betzdorfer Str. 2, 50679 Köln, T: (0221) 82752203, gerd.braun@fh-koeln.de; pr: Untergrundemich 26, 51491 Overath, T: (02206) 80886

**Braun,** Heinrich; Dr., Prof.; *Informatik*; di: DHBW Karlsruhe, Fak. Technik, Erzbergerstr. 121, 76133 Karlsruhe, T: (0721) 9735879, braun_h@dhbw-karlsruhe.de

**Braun,** Jost; Dr.-Ing., Prof.; *Strömungsmechanik, Energietechnik, Strömungsmaschinen*; di: Hochsch. Kempten, Fak. Maschinenbau, PF 1680, 87406 Kempten, T: (0831) 2523203, jost.braun@fh-kempten.de

**Braun,** Jürgen; Dr. sc agr., Prof.; *Agrarökonomie*; di: FH Südwestfalen, FB Agrarwirtschaft, Lübecker Ring 2, 59494 Soest, T: (02921) 378235, braun@fh-swf.de

**Braun,** Jürgen; Dipl.-Ing., Prof.; *Baukonstruktion*; di: FH Mainz, FB Technik, Holzstr. 36, 55116 Mainz, T: (06131) 2859223

**Braun,** Karl-Heinz; Dr., Prof.; *Sozialpädagogik/Erziehungswissenschaften*; di: Hochsch. Magdeburg-Stendal, FB Sozial- u. Gesundheitswesen, Breitscheidstr. 2, 39114 Magdeburg, T: (0391) 8864313, karl-heinz.braun@hs-magdeburg.de

**Braun,** Lorenz; Dr. oec., Prof.; *Wirtschaftsinformatik, Marktforschung*; di: Hochsch. f. Wirtschaft u. Umwelt Nürtingen-Geislingen, FB 1, PF 1349, 72603 Nürtingen, T: (07022) 201413, lorenz.braun@hfwu.de

**Braun,** Marco; Dr.-Ing., Prof.; *Technische Thermodynamik, Energietechnik*; di: Hochsch. Karlsruhe, Fak. Wirtschaftswissenschaften, Moltkestr. 30, 76133 Karlsruhe, PF 2440, 76012 Karlsruhe, T: (0721) 9251959, Marco.Braun@hs-karlsruhe.de

**Braun,** Michael; Dipl.-Phys., Dr. rer. nat., Prof., Präs. OHM-FH Nürnberg; *Angewandte Physik, Medizinische Technik, Laseranwendungen, Projektmanagement*; di: Georg-Simon-Ohm-Hochsch. Nürnberg, Fak. Allgemeinwiss., Keßlerplatz 12, 90489 Nürnberg, PF 210320, 90121 Nürnberg

**Braun,** Michael; Dr., Prof.; *Grundlagen der Informatik, Theoretische Informatik*; di: Hochsch. Darmstadt, FB Informatik, Haardtring 100, 64295 Darmstadt, T: (06151) 168487, m.braun@fbi.h-da.de

**Braun,** Norbert; Dr., Prof.; *BWL/ Schwerpunkt Steuerlehre*; di: Hochsch. Harz, FB Wirtschaftswiss., Friedrichstr. 57-59, 38855 Wernigerode, T: (03943) 659241, F: 659109, nbraun@hs-harz.de

**Braun,** Oliver; Dr., Prof.; *Quantitative BWL*; di: Hochsch. Trier, Umwelt-Campus Birkenfeld, FB Umweltwirtschaft/ Umweltrecht, PF 1380, 55761 Birkenfeld, T: (06782) 171543, o.braun@umwelt-campus.de

**Braun,** Ottmar; Konsul, HonProf. FH Aachen; di: FH Aachen, FB Design, Boxgraben 100, 52064 Aachen; pr: Am Schloßteich 5, 52072 Aachen, T: (0241) 175757

**Braun,** Peter; Dr. rer. nat., Prof.; *Angewandte Physik*; di: Hochsch. München, Fak. Feinwerk- u. Mikrotechnik, Physikal. Technik, Lothstr. 34, 80335 München

**Braun,** Peter; Dr. agr., Prof.; *Obstbau*; di: Hochsch. Geisenheim, Zentrum Wein- u. Gartenbau, Inst. f. Obstbau, Von-Lade-Str. 1, 65366 Geisenheim, T: (06722) 502566, F: 502560, Peter.Braun@hs-gm.de

**Braun,** Richard; Dr., Prof.; *Klinische Psychologie, Psychotherapie, Organisations- und Kommunikationspsychologie*; di: FH Arnstadt-Balingen, Lindenallee 10, 99310 Arnstadt; Praxis für Psychotherapie, Goethestr. 2, 99867 Gotha, T: (03621) 7396980, info@drbub.de; www.drbub.de

**Braun,** Stephan; Dr., Prof.; *Betriebswirtschaftslehre*; di: Hess. Hochsch. f. Polizei u. Verwaltung, FB Polizei, Schönbergstr. 100, 65199 Wiesbaden, T: (0611) 5829313

**Braun,** Tobias; Dr., Prof.; *Management*; di: Business School (FH), Große Weinmeisterstr. 43 a, 14469 Potsdam, T: (0331) 97910241, Tobias.Braun@businessschool-potsdam.de

**Braun,** Werner; Dr.-Ing., Prof. i.R.; *Leistungselektronik, Regelungstechnik*; di: Hochsch. Esslingen, Fak. Mechatronik u. Elektrotechnik, Fak. Versorgungstechnik und Umwelttechnik, Kanalstr. 33, 73728 Esslingen, T: (07161) 6971263; pr: Heinrich-Böll-Str. 30, 97276 Margetshöchheim, T: (0931) 463168

**Braun,** Wolfgang; Prof.; *Soziologie*; di: Ev. Hochsch. f. Soziale Arbeit & Diakonie, Horner Weg 170, 22111 Hamburg, T: (040) 65591471, wbraun@rauheshaus.de; pr: Am Knick 4L, 23843 Bad Oldeslohe, T: (04531) 800962, F: 800971, BraWB@aol.com

**Braun von Reinersdorff,** Andrea; Dr., Prof.; *Allgemeine Betriebswirtschaftslehre, Krankenhausmanagement, insbes. Personalmanagement*; di: Hochsch. Osnabrück, Fak. Ingenieurwiss. u. Informatik, Caprivistr. 30a, 49076 Osnabrück, T: (0541) 9693297, F: 9692989, a.braun@hs-osnabrueck.de; pr: Schloßallee 7, 49326 Melle-Gesmold, T: (05422) 959333

**Brauner,** Hilmar; Dr. rer. pol., Prof.; *Sozialwissenschaften*; di: Techn. Hochsch. Wildau, FB Wirtschaft, Verwaltung u. Recht, Bahnhofstr., 15745 Wildau, T: (03375) 508164, F: 500324, hbrauner@tf.tfh-wildau.de

**Brauner,** Ralf; Prof.; *Seefahrt*; di: Jade Hochsch., FB Seefahrt, Weserstr. 4, 26931 Elsfleth, T: (04404) 92884308, ralf.brauner@jade-hs.de; pr: Hudsonstr. 3A, 26931 Elsfleth, T: (04404) 970406

**Braunfels,** Stephan; Dipl.-Ing., Prof.; *Stadt- u. Regionalplanung, Gebäudelehre*; di: Beuth Hochsch. f. Technik, FB IV Architektur u. Gebäudetechnik, Luxemburger Str. 10, 13353 Berlin, T: (030) 45042667, bfels@beuth-hochschule.de

**Braunhart,** Dirk; Dr. rer. oec., Dipl.-Volkswirt, Prof.; *Dienstleistungsmanagement, Finanzdienstleistungen*; di: FH Westküste, FB Wirtschaft, Fritz-Thiedemann-Ring 20, 25746 Heide, T: (0481) 8555525, braunhart@fh-westkueste.de; pr: Buchenweg 4, 25795 Weddingstedt, T: (0481) 8556952

**Braunschweig,** Andreas; Dr.-Ing., Prof.; *Automatisierungstechnik/Antriebstechnik*; di: FH Schmalkalden, Fak. Maschinenbau, Blechhammer, 98574 Schmalkalden, PF 100452, 98564 Schmalkalden, T: (03683) 6882110, braunschweig@maschinenbau.fh-schmalkalden.de

**Brautsch,** Andreas; Dr.-Ing., Prof.; *Energietechnik, Kraftwerksanlagen, Thermodynamik*; di: Hochsch. Regensburg, Fak. Maschinenbau, PF 120327, 93025 Regensburg, T: (0941) 9435160, andreas.brautsch@hs-regensburg.de

**Brautsch,** Markus; Dr.-Ing., Prof.; *Thermodynamik, Wärme- und Stoffübertragung, Energietechnik*; di: Hochsch. Amberg-Weiden, FB Maschinenbau u. Umwelttechnik, Kaiser-Wilhelm-Ring 23, 92224 Amberg, T: (09621) 482228, F: 482145, m.brautsch@fh-amberg-weiden.de

**Brauweiler,** Hans-Christian; Dipl.-Volksw., Dr. rer. pol., Dr. h.c., Prof. u. Rektor; *Betriebswirtschaftslehre, Schwerpunkt Controlling und Accounting*; di: AKAD-H Leipzig, Gutenbergplatz 1E, 04103 Leipzig, T: (0341) 2261930, hs-leipzig@akad.de

**Brecht,** Ulrich; Dr. rer. pol., Prof., Dekan; *Produktionswirtschaft, IBL*; di: Hochsch. Heilbronn, Fak. f. Wirtschaft u. Verkehr, Max-Planck-Str. 39, 74081 Heilbronn, T: (07131) 504218, F: 252470, brecht@hs-heilbronn.de

**Brecht,** Winfried; Dr. rer. oec. habil., Prof.; *Wirtschaftsinformatik, Operations Research*; di: HTWK Leipzig, FB Wirtschaftswissenschaften, PF 301166, 04251 Leipzig, T: (0341) 30766533, F: 3076241, brecht@wiwi.htwk-leipzig.de; pr: Plantagenweg 6, 04420 Frankenheim, T: (0341) 9411243

**Brechtken,** Dirk; Dr.-Ing., Prof.; *Energieübertragung u. -verteilung*; di: Hochsch. Trier, FB Technik, PF 1826, 54208 Trier, T: (0651) 8103312, brechtken@hochschule-trier.de; pr: Haselstrauchweg 4, 54329 Konz, T: (06501) 600499

**Breckow,** Joachim; Dr. rer. nat., Prof.; *Physik, Strahlenschutz*; di: Techn. Hochsch. Mittelhessen, FB 13 Mathematik, Naturwiss. u. Datenverarbeitung, Wiesenstr. 14, 35390 Gießen, T: (0641) 3092327; pr: Winterplatz 3, 35305 Grünberg, T: (06401) 903801

**Bredenbeck,** Henning; Dr., Prof., Dekan FB Gartenbau; *Gartenbautechnik, Spezielle EDV, Physik*; di: FH Erfurt, FB Gartenbau, Leipziger Str. 77, 99085 Erfurt, PF 101363, 99013 Erfurt, T: (0361) 6700227, F: 6700226, bredenbeck@fh-erfurt.de

**Bredol,** Michael; Dr. rer. nat., Prof.; *Physikalische Chemie*; di: FH Münster, FB Chemieingenieurwesen, Stegerwaldstr. 39, 48565 Steinfurt, T: (02551) 962225, F: 962711, bredol@fh-muenster.de; pr: Heimstättenweg 28-30, 48151 Münster, T: (0251) 794273

**Bredow,** Burkhard von; Dr., Prof.; *Technische Mechanik, Festigkeitslehre, Maschinendynamik*; di: Hochsch. f. angew. Wiss. Würzburg Schweinfurt, Fak. Maschinenbau, Ignaz-Schön-Str. 11, 97421 Schweinfurt

**Bredthauer,** Doris; Dr., Prof.; *Pflegewissenschaft*; di: FH Frankfurt, FB 4 Soziale Arbeit u. Gesundheit, Nibelungenplatz 1, 60318 Frankfurt am Main, T: (069) 15332826, dbredt@fb4.fh-frankfurt.de

**Brée,** Stefan; Dr., Prof.; di: HAWK Hildesheim/Holzminden/Göttingen, Fak. Soziale Arbeit u. Gesundheit, Hohnsen 1, 31134 Hildesheim, T: (05121) 881424

**Breede,** Ralf; Dr.-Ing., Prof.; *Fertigungssysteme*; di: FH Köln, Fak. f. Fahrzeugsysteme u. Produktion, Betzdorfer Str. 2, 50679 Köln, T: (0221) 82752554, ralf.breede@fh-koeln.de

**Bregulla,** Markus; Dr.-Ing., Prof.; *Automatisierungstechnik, Ingenieurinformatik*; di: HAW Ingolstadt, Fak. Maschinenbau, Esplanade 10, 85049 Ingolstadt, T: (0841) 9348389, markus.bregulla@haw-ingolstadt.de

**Brehm,** Bernhard; Prof.; *Privatrecht, Umsatzsteuer, Verfahrensrecht*; di: H f. öffentl. Verwaltung u. Finanzen Ludwigsburg, Fak. Steuer- u. Wirtschaftsrecht, Reuteallee 36, 71634 Ludwigsburg, T: (07141) 140503, F: 140544, brehm@vw.fhov-ludwigsburg.de

**Brehm,** Carsten; Dr., Prof.; di: DHBW Ravensburg, Rudolfstr. 19, 88214 Ravensburg, T: (0751) 189992106, brehm@dhbw-ravensburg.de

**Brehme,** Stefan; Dr. med., HonProf.; *Klinische Grundlagen für Medizinische Fachgebiet*; di: Hochsch. Lausitz, FB Informatik, Elektrotechnik, Maschinenbau, Großenhainer Str. 57, 01968 Senftenberg, PF 1538, 01958 Senftenberg, T: (03573) 85601, F: 85809, sbrehme@fh-lausitz.de

**Breide,** Stephan; Dr.-Ing., Prof.; *Kommunikationsnetze und Multimedia*; di: FH Südwestfalen, Lindenstr. 53, 59872 Meschede, T: (0291) 9910290, breide@fh-swf.de

**Breidenbach,** Karin; Dr., Prof.; *Betriebswirtschaftslehre, insbes. Rechnungswesen und Finanzwirtschaft*; di: FH Dortmund, FB Wirtschaft, Emil-Figge-Str. 44, 44227 Dortmund, T: (0231) 7554946, F: 7554902, karin.breidenbach@fh-dortmund.de

**Breidenich,** Christof; Dr., Prof.; *Mediendesign*; di: Macromedia Hochsch. f. Medien u. Kommunikation, Richmodstr. 10, 50667 Köln

**Breig,** Hildegard; Dr. rer. oec., Prof.; *Wirtschaftswissenschaften*; di: FH Schmalkalden, Fak. Wirtschaftswiss., Blechhammer, 98574 Schmalkalden, T: (03683) 6883106, h.breig@wi.fh-schmalkalden.de

**Breilmann,** Ulrich; Dr., Prof.; *Betriebswirtschaftslehre, insbes. Personalwirtschaft und Organisation, Koordinator für Kooperationen mit Waterford (Irland)*; di: Westfäl. Hochsch., FB Wirtschaft, Neidenburger Str. 43, 45877 Gelsenkirchen, T: (0209) 9596608, ulrich.breilmann@fh-gelsenkirchen.de

**Breiner,** Tobias; Dr. phil.nat., Prof.; *Game-Design und -Producing, Programmierung, Graphische DV, Virtuelle Realitäten*; di: Hochsch. Kempten, Fak. f. Informatik, Bahnhofstraße 61, 87435 Kempten, T: (0831) 2523303, tobias.breiner@fh-kempten.de

**Breinlinger-O'Reilly,** Jochen; Dipl.-Volksw., Dr. rer. pol., Prof.; di: Hochsch. f. Wirtschaft u. Recht Berlin, Badensche Str. 50-51, 10825 Berlin, T: (030) 85789131, jbor@hwr-berlin.de; pr: Rohrweihstr. 11, 13505 Berlin, T: (030) 4311915

**Breit,** Claus; Dr., Prof.; *Finanz- und Investitionswirtschaft, Marketing-Controlling*; di: Hochsch. Rosenheim, Fak. Betriebswirtschaft, Hochschulstr. 1, 83024 Rosenheim, T: (08031) 805461, F: 805453

**Breitbach,** Gerd; Dr. rer. nat., Prof.; *Technische Mechanik*; di: FH Aachen, FB Angewandte Naturwiss. u. Technik, Ginsterweg 1, 52428 Jülich, T: (0241) 600953541, breitbach@fh-aachen.de; pr: Adenauerstr. 26, 52428 Jülich, T: (02461) 53651

**Breitbach,** Manfred; Dr.-Ing., Prof.; *Baustoffkunde, Baukonstruktion, Schutz und Instandsetzung von Bausubstanz*; di: H Koblenz, FB Bauwesen, Konrad-Zuse-Str. 1, 56075 Koblenz, T: (0261) 9528118, breitba@fh-koblenz.de

**Breitenbach,** Eva-Maria; Dr. phil. habil., Prof.; *Allgemeine Pädgogik, Pädagogik der Frühen Kindheit*; di: Ev. FH Rhld.-Westf.-Lippe, FB Soziale Arbeit, Immanuel-Kant-Str. 18-20, 44803 Bochum, T: (0234) 36901209, breitenbach@efh-bochum.de

**Breithaupt,** Marianne; Dr. jur., Prof.; *Recht*; di: Hochsch. Landshut, Fak. Soziale Arbeit, Am Lurzenhof 1, 84036 Landshut

**Breitmaier,** Isa; Dr., Prof.; *Religionspädagogik*; di: Ev. Hochsch. Freiburg, Bugginger Str. 38, 79114 Freiburg i.Br., T: (0761) 4781289, breitmaier@eh-freiburg.de

**Breitsameter,** Sabine; Prof.; *Sound Design und Produktion*; di: Hochsch. Darmstadt, FB Media, Haardtring 100, 64295 Darmstadt, T: (06151) 169465, sabine.breitsameter@fbmedia.h-da.de

**Breitschuh,** Jürgen; Dr. rer. pol., Prof.; *Betriebswirtschaftslehre, insb. Unternehmensführung, Personalführung, Marketing, Marktforschung*; di: FH Stralsund, FB Maschinenbau, Zur Schwedenschanze 15, 18435 Stralsund, T: (03831) 456925

**Breitschuh,** Ulrich; Dr., Prof.; *Programmierung/Programmiersprachen*; di: Hochsch. Anhalt, FB 5 Informatik, PF 1458, 06354 Köthen, T: (03496) 673112, ulrich.breitschuh@inf.hs-anhalt.de

**Breitweg,** Jan; Dr., Prof.; *Steuern- und Prüfungswesen*; di: DHBW Stuttgart, Fak. Wirtschaft, Herdweg 21, 70174 Stuttgart, T: (0711) 1849532, breitweg@dhbw-stuttgart.de

**Breitzke,** Gudrun; Dr.-Ing., Prof. u. Vizepräs.; *Grundlagen der Ingenieurinformatik u. CAD*; di: Hochsch. Bochum, FB Bauingenieurwesen, Lennershofstr. 140, 44801 Bochum, T: (0234) 3210206, gudrun.breitzke@hs-bochum.de

**Breme,** Joachim; Dr., Prof.; *Mathematik*; di: Hochsch. Anhalt, FB 7 Angew. Biowiss. u. Prozesstechnik, PF 1458, 06354 Köthen, T: (03496) 672517, joachim.breme@bwp.hs-anhalt.de

**Bremecker,** Dieter; Dr., Prof.; *Arbeitsrecht, Bürgerliches Recht, Zivilprozessrecht*; di: Hochsch. Kehl, Fak. Rechts- u. Kommunalwiss., Kinzigallee 1, 77694 Kehl, PF 1549, 77675 Kehl, T: (07851) 894170, Bremecker@fh-kehl.de

**Bremer,** Peik; Dr., Prof.; *Material- u. Fertigungswirtschaft, Betriebswirtschaftslehre, Datenverarbeitung*; di: Hochsch. f. angew. Wiss. Würzburg Schweinfurt, Fak. Wirtschaftswiss., Münzstr. 12, 97070 Würzburg, bremer@fh-wuerzburg.de

**Bremer,** Thomas; Prof.; *Medieninformatik*; di: HTW Berlin, FB Wirtschaftswiss. II, Treskowallee 8, 10318 Berlin, T: (030) 50192481, bremer@HTW-Berlin.de

**Bremmer,** Gerhard; Dipl.-Ing., HonProf.; *Entwurfslehre/Architekturtheorie*; di: HTWK Leipzig, FB Bauwesen, PF 301166, 04251 Leipzig, T: (0341) 30766252

**Bremser,** Kerstin; Dr., Prof.; *International Business*; di: Hochsch. Pforzheim, Fak. f. Wirtschaft u. Recht, Tiefenbronner Str. 65, 75175 Pforzheim, T: (07231) 286299, F: 286100, kerstin.bremser@hs-pforzheim.de

**Brendebach,** Christine; Dr. phil., Prof.; *Gerontologie*; di: Ev. Hochsch. Nürnberg, Fak. f. Gesundheit u. Pflege, Bärenschanzstr. 4, 90429 Nürnberg, T: (0911) 27253767, christine.brendebach@evhn.de

**Brendel,** Thomas; Dr., Prof.; *Betriebswirtschaftslehre, insbes. Materialwirtschaft und Einkauf, Operations Research*; di: Hochsch. Niederrhein, FB Wirtschaftswiss., Webschulstr. 41-43, 41065 Mönchengladbach, T: (02161) 1866356, Thomas.Brendel@hs-niederrhein.de

**Brenig,** Heinz-Willi; Dr.-Ing., Prof.; *Versicherungsingenieurwesen einschl. Sachversicherung, Risk Management*; di: FH Köln, Fak. f. Wirtschaftswiss., Mainzer Str. 5, 50678 Köln; pr: Schlossstr. 1b, 50169 Kerpen

**Brenke,** Andreas; Dr.-Ing., Prof.; *Computer Aided Engeneering*; di: Hochsch. Niederrhein, FB Maschinenbau u. Verfahrenstechnik, Reinarzstr. 49, 47805 Krefeld, T: (02151) 8225112, andreas.brenke@hs-niederrhein.de

**Brenner,** Christian; Dr., Prof.; *Tourismus*; di: Hochsch. Kempten, Fak. Tourismus, Bahnhofstr. 61-63, 87435 Kempten, T: (0831) 25239516, christian.brenner@fh-kempten.de

**Brenner,** Eberhard; Dr.-Ing. habil., Prof.; *Leistungselektronik*; di: HTW Dresden, FB Elektrotechnik, Friedrich-List-Platz 1, 01069 Dresden, T: (0351) 4623460, brenner@htw-dresden.de; pr: Rossendorferstr. 111, 03124 Dresden

**Brenner,** Hermann; Prof.; *Entwerfen in der Landschaftsarchitektur*; di: Hochsch. Weihenstephan-Triesdorf, Fak. Landschaftsarchitektur, Am Hofgarten 4, 85354 Freising, T: (08161) 713843, F: 715114, hermann.brenner@fh-weihenstephan.de

**Brenner,** Klaus Theo; Prof.; *Städtebau und Entwerfen*; di: FH Potsdam, FB Architektur u. Städtebau, Pappelallee 8-9, Haus 2, 14469 Potsdam, T: (0331) 5801213; pr: klaustheo.brenner@berlin-cid-net.de

**Brenninkmeijer,** Susanne; Dipl.-Ing., Prof.; *Entwerfen Innenarchitektur*; di: Hochsch. Wismar, Fak. f. Gestaltung, PF 1210, 23952 Wismar, T: (03841) 753232, s.weber@di.hs-wismar.de

**Brensing,** Andreas; Dr., Prof.; *Medizintechnik*; di: Hochsch. Rhein/Main, FB Ingenieurwiss., Physik, Am Brückweg 26, 65428 Rüsselsheim, T: (06142) 8984587, andreas.brensing@hs-rm.de

**Brenzke,** Dieter; Dr. rer. pol., Prof.; *ABWL/BWL für Ver- und Entsorgungswirtschaft*; di: Westsächs. Hochsch. Zwickau, FB Wirtschaftswiss., Scheffelstr. 39, 08056 Zwickau, T: (0375) 5363410, Dieter.Brenzke@fh-zwickau.de

**Bresinsky,** Markus; M.A., Dr. phil., Prof.; *Sozialwissenschaften, Internationale Politik*; di: Hochsch. Regensburg, Fak. Allgemeinwiss. u. Mikrosystemtechnik, PF 120327, 93025 Regensburg, T: (0941) 9439746, markus.bresinsky@hs-regensburg.de

**Bresser,** Wolf-Peter; Dipl.-Wirtsch.-Ing., Dr.-Ing., Prof.; *Allgemeine Betriebswirtschaftslehre, Schwerpunkt Produktion, Rechnungswesen und Controlling*; di: Hochsch. Niederrhein, FB Wirtschaftsingenieurwesen u. Gesundheitswesen, Ondereyckstr. 3-5, 47805 Krefeld, T: (02151) 8226662

**Bretländer,** Bettina; Dr., Prof.; *Rehabilitationswissenschaften*; di: FH Frankfurt, FB 4 Soziale Arbeit u. Gesundheit, Nibelungenplatz 1, 60318 Frankfurt am Main, T: (069) 15332859, bretlaend@fb4.fh-frankfurt.de

**Bretschi,** Jürgen; Dr.-Ing., Prof.; *Systemtheorie, Prozessmesstechnik, Grundschaltungen der Elektronik*; di: Hochsch. Mannheim, Fak. Elektrotechnik, Windeckstr. 110, 68163 Mannheim

**Brettschneider,** Dieter; Prof.; *Kommunales Wirtschaftsrecht*; di: Hochsch. Kehl, Fak. Wirtschafts-, Informations- u. Sozialwiss., Kinzigallee 1, 77694 Kehl, PF 1549, 77675 Kehl, Brettschneider@fh-kehl.de

**Brettschneider,** Ulrich; Dipl.-Ing., HonProf.; di: Hochsch. f. Technik, Fak. Vermessung, Mathematik u. Informatik, Schellingstr. 24, 70174 Stuttgart, PF 101452, 70013 Stuttgart

**Brettschneider,** Uwe; Dr.-Ing., Prof.; *Wasserversorgung*; di: Hochsch. Magdeburg-Stendal, FB Wasser- u. Kreislaufwirtschaft, Breitscheidstr. 2, 39114 Magdeburg, T: (0391) 8864486, uwe.brettschneider@hs-magdeburg.de

**Bretzke,** Axel; Dipl.-Phys., Prof.; *Energiewirtschaft, Solarenergienutzung, Energietechnisches Gebäudemanagement*; di: Hochsch. Biberach, SG Gebäudeklimatik, PF 1260, 88382 Biberach/Riß, T: (07351) 582284, F: 582299, bretzke@hochschule-bc.de

**Breuer,** Claudia; Dr., Prof.; *Allgemeine BWL, insb. Versicherungswirtschaft*; di: Hochsch. d. Sparkassen-Finanzgruppe, Simrockstr. 4, 53113 Bonn, T: (0228) 204922, F: 204903, claudia.breuer@dsgv.de

**Breuer,** Claus; Dr., Prof.; *Verbrennungsmotoren, Tribologie*; di: Techn. Hochsch. Mittelhessen, Wiesenstr. 14, 35390 Gießen, T: (06031) 604325

**Breuer,** Jörg; Dipl.-Ing., Architekt, Prof.; *Darstellungstechniken, Grundlagen des Entwerfens*; di: Hochsch. Ostwestfalen-Lippe, FB 1, Architektur u. Innenarchitektur, Bielefelder Str. 66, 32756 Detmold, T: (05231) 76950, F: 769681; pr: Fossredder 55, 22359 Hamburg, T: (040) 60911444

**Breuer,** Michael; Prof.; *Fernerkundung, Photogrammetrie*; di: Beuth Hochsch. f. Technik, FB III Bauingenieur- u. Geoinformationswesen, Luxemburger Str. 10, 13353 Berlin, T: (030) 45045144, breuer@beuth-hochschule.de

**Breuer,** Stefan; Dr.-Ing., Prof.; *Mechanik, Nutzfahrzeugtechnik*; di: FH Köln, Fak. f. Fahrzeugsysteme u. Produktion, Betzdorfer Str. 2, 50679 Köln, T: (0221) 82752352, F: 82752913, stefan.breuer@fh-koeln.de

**Breuer,** Thomas; Dr.-Ing., Prof.; *Technische Informatik*; di: Hochsch. Bonn-Rhein-Sieg, FB Informatik, Grantham-Allee 20, 53757 Sankt Augustin, 53754 Sankt Augustin, T: (02241) 865234, F: 8658234, thomas.breuer@fh-bonn-rhein-sieg.de

**Breukelman,** Alfred; Dr.-Ing., Prof.; *Baukonstruktion, Fenster und Fassade, Energieeffizientes Bauen*; di: HAWK Hildesheim/Holzminden/Göttingen, Fak. Bauen u. Erhalten, Hohnsen 1, 31134 Hildesheim, T: (05121) 881293, F: 881224

**Breunig,** Bernd; Dipl.-Kfm., Dipl.-Ing., Dr. phil., Prof.; *Baubetrieb, insbes. RW-Bau, Investition & Finanzierung, BWL*; di: Hochsch. Karlsruhe, Fak. Architektur u. Bauwesen, Moltkestr. 30, 76133 Karlsruhe, PF 2440, 76012 Karlsruhe, T: (0721) 9252668

**Breunig,** Markus; Dipl.-Phys., Dr., Prof.; *Datenbanksysteme, Data Mining*; di: Hochsch. Rosenheim, Fak. Informatik, Hochschulstr. 1, 83024 Rosenheim, T: (08031) 805537, F: 805502, markus.breunig@fh-rosenheim.de

**Breuning,** Hans-Jürgen; Dr.-Ing., Prof.; *Geschichte und Theorie der Architektur*; di: Hochsch. f. Technik, Fak. Architektur u. Gestaltung, Schellingstr. 24, 70174 Stuttgart, PF 101452, 70013 Stuttgart, T: (0711) 89261336, hans-juergen.breuning@hft-stuttgart.de

**Breutmann,** Bernd; Prof.; *Algorithmen und Datenstrukturen, Datenbanken, Dokumenten- und Wissensmanagement-Systeme*; di: Hochsch. f. angew. Wiss. Würzburg Schweinfurt, Fak. Informatik u. Wirtschaftsinformatik, Münzstr. 12, 97070 Würzburg

**Brey,** Kurt; Dr.-Ing., Prof.; *Raumordnung, Landes- und Regionalplanung*; di: HTW Dresden, Fak. Bauingenieurwesen/Architektur, Friedrich-List-Platz 1, 01069 Dresden, T: (0351) 4623422, brey@htw-dresden.de

**Breyer-Mayländer,** Thomas; Dr. phil., Prof.; *Allgemeine Betriebswirtschaftslehre, Medien Betriebswirtschaftslehre I u. II, Medienmanagement II, Labor Online-Marketing, Organisation and Markets (CME)*; di: Hochsch. Offenburg, Fak. Medien u. Informationswesen, Badstr. 24, 77652 Offenburg, T: (0781) 205263, F: 205214

**Breymann,** Ulrich; Dr. rer. nat., Prof.; *Softwaretechnologie*; di: Hochsch. Bremen, Fak. Elektrotechnik u. Informatik, Flughafenallee 10, 28199 Bremen, T: (0421) 59055425, F: 59055484, Ulrich.Breymann@hs-bremen.de

**Brickau,** Ralf; B.A. (Hons), Dipl.-Betriebswirt, Dipl.M., PhD, Prof.; *Strategische Unternehmensführung*; di: Int. School of Management, Otto-Hahn-Str. 19, 44227 Dortmund, ralf.brickau@ism-dortmund.de; pr: Bittermarkstr. 82 a, 44229 Dortmund

**Briehl,** Horst; Dr. rer. nat., Prof.; *Chemie, Klinische Chemie*; di: Hochsch. Furtwangen, Fak. Maschinenbau u. Verfahrenstechnik, Jakob-Kienzle-Str. 17, 78054 Villingen-Schwenningen, T: (07720) 3074282, hb@hs-furtwangen.de

**Briem,** Ulrich; Dr.-Ing., Prof.; *Technische Mechanik, Festigkeitslehre*; di: Hochsch. Regensburg, Fak. Maschinenbau, PF 120327, 93025 Regensburg, T: (0941) 9435163, ulrich.briem@maschinenbau.fh-regensburg.de

**Brieskorn-Zinke,** Marianne; Dr. phil., Prof.; *Gesundheitswissenschaft*; di: Ev. Hochsch. Darmstadt, Zweifalltorweg 12, 64293 Darmstadt, T: (06151) 879846, brieskorn-zinke@eh-darmstadt.de; pr: Landwehrstr. 8, 64293 Darmstadt, T: (06151) 24708, brieskorn@aol.com

**Brigola,** Alexander; Dr. jur., Prof.; *Wirtschaftsrecht, Internationales Wirtschaftsrecht, Europarecht*; di: Georg-Simon-Ohm-Hochsch. Nürnberg, Fak. Betriebswirtschaft, Bahnhofstr. 87, 90402 Nürnberg

**Brigola,** Rudolf; Dipl.-Math., Dr. rer . nat., Prof.; *Mathematik, Datenverarbeitung*; di: Georg-Simon-Ohm-Hochsch. Nürnberg, Fak. Allgemeinwiss., Keßlerplatz 12, 90489 Nürnberg, PF 210320, 90121 Nürnberg

**Brill,** Manfred; Dr., Prof.; *Computer-Visualisierung, Mathematik*; di: FH Kaiserslautern, FB Informatik u. Mikrosystemtechnik, Amerikastr. 1, 66482 Zweibrücken, T: (06332) 914341, manfred.brill@fh-kl.de

**Brillinger,** Martin; Dipl.-Ing., Dipl.-Wirtsch.-Ing., Dr., Prof.; *Technisches Facility Management*; di: Hochsch. Albstadt-Sigmaringen, FB 3, Anton-Günther-Str. 51, 72488 Sigmaringen, PF 1254, 72481 Sigmaringen, T: (07571) 732237, brillinger@hs-albsig.de

**Brillowski,** Klaus; Dr., Prof.; *Maschinendynamik, Mechatronische Systeme, Robotik*; di: Techn. Hochsch. Mittelhessen, Wilhelm-Leuschner-Str. 13, 61169 Friedberg, T: (06031) 604333

**Brilmayer,** Dietmar; Dipl.-Ing., Prof.; *Baukonstruktion, Ausbau, Technischer Ausbau*; di: Techn. Hochsch. Mittelhessen, FB 01 Bauwesen, Wiesenstr. 14, 35390 Gießen, T: (0641) 3091815

**Brinck,** Heinrich; Dr. rer. nat., Prof.; *Bioinformatik und Mathematik*; di: Westfäl. Hochsch., FB Elektrotechnik u. angew. Naturwiss., August-Schmidt-Ring 10, 45665 Recklinghausen, T: (02361) 915445, F: 915484, heinrich.brinck@fh-gelsenkirchen.de

**Brink,** Renata; Prof.; *Textil*; di: HAW Hamburg, Fak. Design, Medien u. Information, Armgartstr. 24, 22087 Hamburg, T: (040) 428754687; pr: renata.brink@gmx.net

**Brinker,** Klaus; Dr., Prof.; *Angewandte Informatik und Mathematik*; di: Hochschule Hamm-Lippstadt, Marker Allee 76-78, 59063 Hamm, T: (02381) 8789412, klaus.brinker@hshl.de

**Brinker,** Tobina; Dr., HonProf.; *BWL, insb. Kommunikations- u. Managementkompetenzen*; di: FH Bielefeld, FB Wirtschaft, Universitätsstr. 25, 33615 Bielefeld, T: (0521) 1067822, tobina.brinker@fh-bielefeld.de

**Brinkhoff,** Thomas; Dr.-Ing., Prof.; *Geoinformatik*; di: Jade Hochsch., FB Bauwesen u. Geoinformation, Ofener Str. 16-19, 26121 Oldenburg, T: (0441) 77083208, F: 77083139, thomas.brinkhoff@jade-hs.de; pr: Nettelbeckstr. 10, 26131 Oldenburg, T: (0441) 5948484

**Brinkmann,** Armin; Dr.-Ing., Prof., Dekan FB Informatik; *Grundlagen des Systems Engineering, Systemtechnik, Software-Werkzeuge*; di: Hochsch. Landshut, Fak. Informatik, Am Lurzenhof 1, 84036 Landshut, armin.brinkmann@fh-landshut.de

**Brinkmann,** Hans-Gerhard; Dr.-Ing., Prof.; *Fertigungsplanung u. -steuerung, Materialfluss u. Logistik*; di: Hochsch. Bremen, Fak. Natur u. Technik, Neustadtswall 30, 28199 Bremen, T: (0421) 59053589, F: 59053505, Hans-Gerhard.Brinkmann@hs-bremen.de

**Brinkmann,** Jürgen; Dr., Prof.; *Allgemeine Betriebswirtschaftslehre, Controlling, Rechnungslegung, Unternehmensbesteuerung*; di: DHBW Lörrach, Hangstr. 46-50, 79539 Lörrach, T: (07621) 2071303, F: 2071319, brinkmann@dhbw-loerrach.de

**Brinkmann,** Klaus; Dr.-Ing., Prof.; *Automatisierungstechnik und Energiesystemtechnik*; di: Hochsch. Trier, Umwelt-Campus Birkenfeld, FB Umweltplanung/Umwelttechnik, PF 1380, 55761 Birkenfeld, T: (06782) 171847, k.brinkmann@umwelt-campus.de

**Brinkmann,** Matthias; Dr. rer. nat., Prof.; *Physik*; di: Hochsch. Darmstadt, FB Mathematik u. Naturwiss., Haardtring 100, 64295 Darmstadt, T: (06151) 168656, matthias.brinkmann@h-da.de

**Brinkmann,** Thomas; Dr., Prof.; *Kunststofftechnik*; di: Hochsch. Rosenheim, Fak. Ingenieurwiss., Hochschulstr. 1, 83024 Rosenheim, T: (08031) 805615, brinkmann@fh-rosenheim.de

**Brinkmann,** Volker; Dr., Prof.; *Rechtliche und sozialpolitische Grundlagen der Sozialen Arbeit, Ökonomie und Soziale Arbeit*; di: FH Kiel, FB Soziale Arbeit u. Gesundheit, Sokratesplatz 2, 24149 Kiel, T: (0431) 2103029, F: 2103300, volker.brinkmann@fh-kiel.de

**Brinkmeier,** Hartmut; Prof.; *Erziehungswissenschaft mit d. Schwerpunkten allgemeine Erziehungswissenschaft, Sozialpädagogik sowie Methodenlehre*; di: Hochsch. Bremen, Fak. Gesellschaftswiss., Neustadtswall 30, 28199 Bremen, T: (0421) 59053768, F: 59052753, Hartmut.Brinkmeier@hs-bremen.de; pr: Vendtstr. 15, 28832 Achim, T: (04202) 61591

**Brinner,** Karin; Dr., Prof.; di: Hochsch. f. Wirtschaft u. Recht Berlin, Neue Bahnhofstr. 11-17, 10246 Berlin, T: (030) 29384574, karin.brinner@hwr-berlin.de

**Brinzer,** Boris; Dipl.-Ing., Prof.; *Produktionstechnik u -management*; di: Hochsch. Mannheim, Fak. Wirtschaftsingenieurwesen, Windeckstr. 110, 68163 Mannheim

**Britten,** Werner; Dr.-Ing., Prof.; *Konstruktion, Maschinenelemente, CAD, Festigkeitslehre*; di: Hochsch. Regensburg, Fak. Maschinenbau, PF 120327, 93025 Regensburg, T: (0941) 9435173, werner.britten@maschinenbau.fh-regensburg.de

**Brittner-Widmann,** Anja; Dr., Prof.; *BWL, Tourismus, Hotellerie und Gastronomie, Destinations- und Kurortemanagement*; di: DHBW Ravensburg, Rudolfstr. 19, 88214 Ravensburg, T: (0751) 189992145, F: 189992705, brittnerwidmann@dhbw-ravensburg.de

**Britz,** Stefan; Dr.-Ing. habil., Prof.; *Konstruktion, Maschinenelemente, 3-D-CAD, Produktentwicklung*; di: FH Frankfurt, FB 2 Informatik u. Ingenieurwiss., Nibelungenplatz 1, 60318 Frankfurt am Main, T: (069) 15332379, britz@fb2.fh-frankfurt.de

**Britzelmaier,** Bernd; Dr., Prof.; *Betriebswirtschaft/Controlling, Finanz- u. Rechnungswesen*; di: Hochsch. Pforzheim, Fak. f. Wirtschaft u. Recht, Tiefenbronner Str. 65, 75175 Pforzheim, T: (07231) 286639, F: 286080, bernd.britzelmaier@hs-pforzheim.de

**Brix,** Michael; Dr. phil., Prof.; *Kunstgeschichte*; di: Hochsch. München, FB Allgemeinwissenschaften, Lothstr. 34, 80335 München, michael.brix@hm.edu

**Brix,** Wilhelm; Dr., Prof.; *Maschinenbau*; di: DHBW Lörrach, Hangstr. 46-50, 79539 Lörrach, T: (07621) 2071142, F: 2071179, brix@dhbw-loerrach.de

**Brochhausen,** Ewald; Dr. rer. pol., Prof.; *Allgemeine Betriebswirtschaftslehre, Statistik, EDV*; di: FH Worms, FB Touristik/Verkehrswesen, Erenburgerstr. 19, 67549 Worms, T: (06241) 509119, F: 509222, brochhausen@fh-worms.de

**Brock,** Detlef; Dr. med. habil., Prof.; *Kinder- und Jugendsportmedizin*; di: SRH FH f. Gesundheit Gera, Hermann-Drechsler-Str. 2, 07548 Gera

**Brock,** Thomas; Dr., Prof.; *Lacktechnologie*; di: Hochsch. Niederrhein, FB Chemie, Frankenring 20, 47798 Krefeld, T: (02151) 822181, F: 822184; pr: T: (02233) 78831

**Brockmann,** Christian; Dr. sc. techn., Prof.; *Baubetrieb u. Baumanagement*; di: Hochsch. Bremen, Fak. Architektur, Bau u. Umwelt, Neustadtswall 30, 28199 Bremen, T: (0421) 59052388, F: 59052302, Christian.Brockmann@hs-bremen.de

**Brockmann,** Heiner; Dr. rer. pol., Prof.; *VWL, internationale Wirtschaftsbeziehungen*; di: Beuth Hochsch. f. Technik, FB I Wirtschafts- u. Gesellschaftswiss., Luxemburger Str. 10, 13353 Berlin, T: (030) 45045229, brockmann@beuth-hochschule.de

**Brockmann,** Karl-Heinz; Dr., Prof.; di: Rheinische FH Köln, Hohenstaufenring 16-18, 50674 Köln; pr: An der Schanz 1, 50735 Köln, T: (0221) 7605760

**Brockmann,** Patricia; Dipl.-Kff., Dr. rer. pol., Prof.; *Wirtschaftsinformatik, BWL*; di: Georg-Simon-Ohm-Hochsch. Nürnberg, Fak. Informatik, Keßlerplatz 12, 90489 Nürnberg, PF 210320, 90121 Nürnberg

**Brockmann,** Winfried; Dr. rer. nat., Prof.; *Mathematik, EDV*; di: FH Dortmund, FB Maschinenbau, Sonnenstr. 96, 44139 Dortmund, T: (0231) 9112148, F: 9112334, brockmann@fh-dortmund.de; pr: Driverweg 46, 44225 Dortmund

**Brockmeyer,** Klaus; Dr. rer. pol., Prof.; *Betriebswirtschaftslehre, Betriebliche Steuerlehre, Rechnungswesen/ Controlling, Unternehmensplanspiel, Krankenhausmanagement*; di: Hochsch. Lausitz, FB Informatik, Elektrotechnik, Maschinenbau, Großenhainer Str. 57, 01968 Senftenberg, T: (03573) 85701, F: 85709

**Brocks,** Reinhard; Dr. rer. nat., Prof.; *Kommunikationsinformatik*; di: HTW d. Saarlandes, Fak. f. Ingenieurwiss., Goebenstr. 40, 66117 Saarbrücken, T: (0681) 5867226, reinhard.brocks@htw-saarland.de

**Brockstedt,** Emil-Christian; Dr.-Ing., Prof.; *Tragwerkslehre, Vermessung, Bauaufnahme*; di: HAWK Hildesheim/ Holzminden/Göttingen, FB Architektur, Hohnsen 2, 31134 Hildesheim, T: (05121) 881229

**Brodbeck,** Karl-Heinz; Dr. rer. pol., Prof.; *Wirtschaftstheorie, Wirtschaftsethik, Philosophie, Buddhismus*; di: Hochsch. f. angew. Wiss. Würzburg Schweinfurt, Fak. Wirtschaftswiss., Münzstr. 12, 97070 Würzburg, T: (0931) 3511134, brodbeck@mail.fh-wuerzburg.de; www.fh-wuerzburg.de/fbw/home.php; pr: Osterseestr. 7, 82194 Gröbenzell, T: (08142) 54356, F: 54356, brodbeck@t-online.de; www.khbrodbeck.homepage.t-online.de

**Brodmann,** Michael; Dr.-Ing., Prof.; *Systeme der elektrischen Energieversorgung und Prozessleittechnik*; di: Westfäl. Hochsch., FB Elektrotechnik u. angew. Naturwiss., Neidenburger Str. 10, 45877 Gelsenkirchen, T: (0209) 9596828, michael.brodmann@fh-gelsenkirchen.de; pr: In der Aue 6, 46569 Hünxe, T: (02858) 918597, F: 9188853

**Brodowski,** Michael; Dipl.-Sozpäd., Dipl. Päd., Dr., Prof.; *Informelles Lernen u. Kompetenzentstehung, Bildung für eine Nachhaltige Entwicklung*; di: Alice-Salomon-Hochsch., Alice-Salomon-Platz 5, 12627 Berlin-Hellersdorf, T: (030) 99245209, michaelbrodowski@web.de

**Broeck,** Andreas van der; Dr. jur., Prof.; *Sozialrecht*; di: Kath. Hochsch. Mainz, FB Soziale Arbeit, Saarstr. 3, 55122 Mainz

**Bröckel,** Ulrich; Dr.-Ing., Prof.; *Recyclingtechnik, Anlagenprojektierung, Feststoffverfahrenstechnik*; di: Hochsch. Trier, Umwelt-Campus Birkenfeld, FB Umweltplanung/Umwelttechnik, PF 1380, 55761 Birkenfeld, T: (06782) 171503, u.broeckel@umwelt-campus.de

**Bröckermann,** Reiner; Dr. rer. oec., Prof.; *Betriebswirtschaftslehre, Personalwirtschaft*; di: Hochsch. Niederrhein, FB Wirtschaftswiss., Webschulstr. 41-43, 41065 Mönchengladbach, T: (02161) 1866366, reiner.broeckermann@hs-niederrhein.de; pr: T: (02166) 909276, F: (0180) 505255299671

**Bröckl,** Ulrich; Dr. rer. nat., Prof.; *Mensch-Maschine-Interaktion, Datenbanken*; di: Hochsch. Karlsruhe, Fak. Informatik u. Wirtschaftsinformatik, Moltkestr. 30, 76133 Karlsruhe, PF 2440, 76012 Karlsruhe, T: (0721) 9251576; pr: Kanonierstr. 3, 76185 Karlsruhe, T: (0721) 1519836

**Brönneke,** Tobias; Dr., Prof.; *Wirtschaftsrecht*; di: Hochsch. Pforzheim, Fak. f. Wirtschaft u. Recht, Tiefenbronner Str. 65, 75175 Pforzheim, T: (07231) 286208, F: 286080, tobias.broenneke@hs-pforzheim.de

**Broer,** Michael; Dr. habil., Prof.; *Volkswirtschaftslehre*; di: Ostfalia Hochsch., Fak. Wirtschaft, Robert-Koch-Platz 10-14, 38440 Wolfsburg, m.broer@ostfalia.de

**Bröring,** Karin; Dr., Prof.; *Angewandte Chemie u. Werkstofflehre (Verpackungsmaterialien)*; di: Hochsch. Niederrhein, FB Oecotrophologie, Rheydter Str. 232, 41065 Mönchengladbach, T: (02161) 1865395, Karin.Broering@hs-niederrhein.de

**Bröring,** Stefanie; Dr., Prof.; *Food Chain Management*; di: Hochsch. Osnabrück, Fak. Agrarwiss. u. Landschaftsarchitektur, PF 1940, 49009 Osnabrück, T: (0541) 9695271, s.broering@hs-osnabrueck.de

**Brösicke,** Wolfgang; Dipl.-Ing., Prof., Dekan FB Ingenieurwissenschaften; *Stromübertragungs- und Kabeltechnik, Hochstromtechnik, Elektrische Energiewandler, Anlagentechnik, Beanspruchung*; di: HTW Berlin, FB Ingenieurwiss. I, Marktstr. 9, 10317 Berlin, T: (030) 50193538, broesick@HTW-Berlin.de

**Brombach,** Sabine; Dipl.-Soz., Dr. phil., Prof.; *Frauen- und Mädchenarbeit*; di: Ostfalia Hochsch., Fak. Sozialwesen, Ludwig-Winter-Str. 2, 38120 Braunschweig

**Brosch,** Dieter; Dr., Prof.; *Familien-, Kinder- u. Jugendhilferecht*; di: Georg-Simon-Ohm Hochschule, FB Sozialwissenschaft, Bahnhofstr. 87, 90402 Nürnberg, Dieter.Brosch@ohm-hochschule.de

**Brosda,** Volkert; Dr. rer. nat., Prof.; *Informatik*; di: Hochsch. Hannover, Fak. I Elektro- und Informationstechnik, Ricklinger Stadtweg 120, 30459 Hannover, PF 920261, 30441 Hannover, T: (0511) 92961219, volkert.brosda@hs-hannover.de

**Brose,** Gernot; Dipl.-Ing., Prof.; *Bauplanung, Baukoordination*; di: Hochsch. Biberach, SG Gebäudeklimatik, PF 1260, 88382 Biberach/Riß, T: (07351) 582274, F: 582299, brose@hochschule-bc.de

**Brosey,** Dagmar; Dr., Prof.; *Zivilrecht*; di: FH Köln, Fak. f. Angewandte Sozialwiss., Mainzer Str. 5, 50678 Köln, T: (0221) 82753326, dagmar.brosey@fh-koeln.de; pr: Bergisch Gladbacher Str. 1117, 51069 Köln

**Broß,** Franz; Dr.-Ing., Prof.; *Nachrichten- und Kommunikationstechnik*; di: H Koblenz, FB Ingenieurwesen, Konrad-Zuse-Str. 1, 56075 Koblenz, T: (0261) 9528304, bross@fh-koblenz.de

**Broßmann,** Ulf; Dr.-Ing., Prof.; *Technische Mechanik, Werkstofftechnik*; di: Hochsch. München, Fak. Elektrotechnik u. Informationstechnik, Lothstr. 64, 80335 München, T: (089) 12653463, F: 12653403, brossmann@ee.fhm.edu

**Bruce-Boye,** Cecil; Dr.-Ing., Prof.; *Elektrotechnik*; di: FH Lübeck, FB Elektrotechnik u. Informatik, Mönkhofer Weg 136-140, 23562 Lübeck, T: (0451) 3005184, F: 3005236, cecil.bruce-boye@fh-luebeck.de

**Bruche,** Gert; Dipl.-Ing., Dr. rer. pol., Prof.; *Internationale Unternehmensführung*; di: Hochsch. f. Wirtschaft u. Recht Berlin, Badensche Str. 50-51, 10825 Berlin, T: (030) 85789106, gbruche@hwr-berlin.de; pr: Wilhelmshöher Str. 3, 12161 Berlin, T: (030) 85965910, F: 85965911

**Brucher,** Rainer; Dr.-Ing., Prof.; *Elektrotechnik, Elektronik*; di: Hochsch. Ulm, Fak. Mechatronik u. Medizintechnik, PF 3860, 89028 Ulm, T: (0731) 5028601, brucher@hs-ulm.de

**Brucherseifer,** Michael; Prof.; *Computergraphik/Computeranimation*; di: FH Aachen, FB Design, Boxgraben 100, 52064 Aachen, T: (0241) 60091511, brucherseifer@fh-aachen.de; pr: Benzenbergerstr. 7, 40219 Düsseldorf

**Bruchlos,** Kai; Dr. rer. nat., Prof.; *Mathematik, Informatik*; di: Techn. Hochsch. Mittelhessen, FB 13 Mathematik, Naturwiss. u. Datenverarbeitung, Wilhelm-Leuschner-Str. 13, 61169 Friedberg, T: (06031) 604458

**Bruchmüller,** Hans-Georg; Dr.-Ing., Prof.; *Meßtechnik, Sensorik, Grundlagen der Elektrotechnik*; di: Hochsch. Ulm, Fak. Elektrotechnik u. Informationstechnik, PF 3860, 89028 Ulm, T: (0731) 5028216, bruchmueller@hs-ulm.de

**Bruck,** Jürgen; Dr., Prof.; *Managementlehre, Projektmanagement u. Organisation*; di: Hochsch. f. Wirtschaft u. Umwelt Nürtingen-Geislingen, FB 1, PF 1349, 72603 Nürtingen, T: (07022) 201345, juergen.bruck@hfwu.de

**Brucke,** Barbara; Dipl.-Wirtsch.-Ing., Prof.; *Logistik, Verkehrsbetriebslehre*; di: Jade Hochsch., FB Seefahrt, Weserstr. 4, 26931 Elsfleth, T: (04404) 92884159, F: 92884158, barbara.brucke@jade-hs.de; pr: Brokhauser Weg, 26160 Bad Zwischenahn, T: (0441) 8007187

**Bruckmann,** Manfred; Dr.-Ing., Prof.; *Leistungselektronik, Grundlagen der Elektrotechnik*; di: Hochsch. Regensburg, Fak. Elektro- u. Informationstechnik, PF 120327, 93025 Regensburg, T: (0941) 9431107, manfred.bruckmann@e-technik.fh-regensburg.de

**Brucksch,** Regina; Dr. oec., Prof.; *Betriebswirtschaftslehre, Marketing*; di: Hochsch. Magdeburg-Stendal, FB Wirtschaft, Breitscheidstr. 2, 39114 Magdeburg, T: (0391) 8864124, regina.brucksch@hs-magdeburg.de

**Bruckschen,** Hans-Hermann; Dipl.-Ing., Dipl. Wirtsch.-Ing., Dr. rer. pol., Prof. FH Düsseldorf; *Arbeitswissenschaften, Betriebswirtschaft, Fertigungsplanung u -steuerung, Produktionsmanagement u -logistik*; di: FH Düsseldorf, FB 4 – Maschinenbau u. Verfahrenstechnik, Josef-Gockeln-Str. 9, 40474 Düsseldorf, T: (0211) 4351435, F: 4351460, hans-hermann.bruckschen@fh-duesseldorf.de; www.fh-duesseldorf.de; pr: Kranzerhof, 47447 Moers, T: (02841) 9699811, F: 9699818, bruckschen@bruckschen.com

**Brück,** Dietmar; Dr.-Ing., Prof.; *Elektrotechnik*; di: HTW d. Saarlandes, Fak. f. Ingenieurwiss., Goebenstr. 40, 66117 Saarbrücken, T: (0681) 5867207, brueck@htw-saarland.de; pr: Sulzbachtalstr. 190, 66280 Sulzbach, T: (06897) 55354

**Brück,** Michael; Dr. jur., Prof.; *Bürgerliches Recht, Handels-, Wirtschafts- und Steuerrecht*; di: German Graduate School of Management and Law Heilbronn, Bahnhofstr. 1, 74072 Heilbronn, T: (07131) 64563628, brueck@hn-bs.de

**Brückbauer,** Rolf-Dieter; Dr.-Ing., Prof.; *Automatisierungstechnik, Nachrichtentechnik*; di: Hochsch. Mannheim, Fak. Elektrotechnik, Windeckstr. 110, 68163 Mannheim

**Brückl,** Stefan; Dr.-Ing., Prof.; *Regelungstechnik, Digitale Signalverarbeitung*; di: Hochsch. Kempten, Fak. Elektrotechnik, Bahnhofstr. 61-63, 87435 Kempten, T: (0831) 2523176, stefan.brueckl@fh-kempten.de

**Brücklmeier,** Erich Roger; Dr., Prof.; *Grundlagen der Elektrotechnik*; di: Hochsch. München, Fak. Elektrotechnik u. Informationstechnik, Lothstr. 64, 80335 München, eric-roger.bruecklmeier@hm.edu

**Brückmann,** Friedel; Dr., Prof.; *BWL. VWL, Öffentliche Finanzen*; di: Hess. Hochsch. f. Polizei u. Verwaltung, FB Verwaltung, Talstr. 3, 35394 Gießen, T: (0641) 795618, F: 795620

**Brückmann,** Hans-Georg; Dipl.-Ing., Prof.; *Baukonstruktion und Systembau*; di: FH Aachen, FB Architektur, Bayernallee 9, 52066 Aachen, T: (0241) 60091132, F: 60091205, brueckmann@fh-aachen.de; pr: Laurensbergerstr. 103, 52072 Aachen, T: (0241) 175683

**Brückner,** Burkhart; Dr., Prof.; *Sozialpsychologie*; di: Hochsch. Niederrhein, FB Sozialwesen, Webschulstr. 20, 41065 Mönchengladbach, T: (02161) 1865643, burkhart.brueckner@hs-niederrhein.de

**Brückner,** Hans-Josef; Dr. rer. nat., Prof.; *Laseranwendungen in der Kommunikationstechnik*; di: Hochsch. Emden/Leer, FB Technik, Constantiaplatz 4, 26723 Emden, T: (04921) 8071457, F: 8071593, brueckner@hs-emden-leer.de; pr: Westerkamp 2, 26605 Aurich, T: (04941) 950619

**Brückner,** Hans-Jürgen; Dr., Prof.; *Pflegemanagement*; di: Hochsch. Fulda, FB Pflege u. Gesundheit, Marquardstr. 35, 36039 Fulda, T: (0661) 9640624, h-j.brueckner@pg.fh-fulda.de

**Brückner,** Hartmut; Prof.; *Typografie/ Layout sowie Grafik-Design*; di: FH Münster, FB Design, Leonardo-Campus 6, 48149 Münster, T: (0251) 8365356, brueckner@fh-muenster.de; pr: Herm.-Allmers-Str. 9, 28209 Bremen, T: (0421) 343881

**Brückner,** Margrit; Dr., Prof.; *Soziologie, Frauenforschung, Supervision*; di: FH Frankfurt, FB 4 Soziale Arbeit u. Gesundheit, Nibelungenplatz 1, 60318 Frankfurt am Main, T: (069) 15332832, brueckn@fb4.fh-frankfurt.de

**Brückner,** Norbert; Dr.-Ing., Prof.; *Kraftfahrzeugtechnik, Kraftfahrzeug-Prüf- und Messtechnik*; di: HTW Dresden, Fak. Maschinenbau/Verfahrenstechnik, Friedrich-List-Platz 1, 01069 Dresden, T: (0351) 4622784, bruecknr@mw.htw-dresden.de

**Brückner,** Volkmar; Dr. sc. nat., Prof.; *Optische Nachrichtentechnik*; di: Dt. Telekom Hochsch. f. Telekommunikation, Gustav-Freytag-Str. 43-45, 04277 Leipzig, PF 71, 04251 Leipzig, T: (0341) 3062150, brueckner@hft-leipzig.de

**Brückner,** Yvonne; Dr., Prof.; *Finanzwirtschaft*; di: DHBW Stuttgart, Fak. Wirtschaft, Herdweg 18, 70174 Stuttgart, T: (0711) 1849853, brueckner@dhbw-stuttgart.de

**Brüdigam,** Claus; Dr.-Ing., Prof.; *Elektrotechnik, Regelungstechnik und Automatisierungstechnik*; di: HAW Ingolstadt, Fak. Elektrotechnik u. Informatik, Esplanade 10, 85049 Ingolstadt, T: (0841) 9348224, claus.bruedigam@haw-ingolstadt.de

**Brügel,** Lothar; Prof.; *Dreidimensionale Gestaltung*; di: Hochsch. Trier, FB Gestaltung, PF 1826, 54208 Trier, T: (06781) 946315, bruegel@hochschule-trier.de

**Brüggelambert,** Gregor; Dr., Prof.; *VWL, insbes. Makroökonomie sowie internationale Wirtschaftsbeziehungen*; di: FH Dortmund, FB Wirtschaft, Emil-Figge-Str. 42, 44227 Dortmund, T: (0231) 7554925, F: 7554957, gregor.brueggelambert@fh-dortmund.de

**Brüggemann,** Dagmar Adeline; Dr., Prof.; *Nutztierwissenschaften und Lebensmittelqualität*; di: Hochsch. Rhein-Waal, Fak. Life Sciences, Marie-Curie-Straße 1, 47533 Kleve, T: (02821) 80673259, dagmaradeline.brueggemann@hochschule-rhein-waal.de

**Brüggemann,** Gerd; Dr. jur., Prof.; *Unternehmensnachfolge*; di: FH f. Finanzen Nordkirchen, Schloß, 59394 Nordkirchen

**Brüggemann,** Heinz; Dr.-Ing., Prof.; *Anlagenelemente, Klimatechnik*; di: Ostfalia Hochsch., Fak. Versorgungstechnik, Salzdahlumer Str. 46/48, 38302 Wolfenbüttel, h.brueggemann@ostfalia.de

**Brüggemeier,** Martin; Dr., Prof.; *Public Management, Betriebswirtschaftslehre*; di: HTW Berlin, FB Wirtschaftswiss. I, Treskowallee 8, 10318 Berlin, T: (030) 50192309, Martin.Brueggemeier@HTW-Berlin.de

**Brügger,** Susanne; Prof.; *Design*; di: FH Dortmund, FB Design, Max-Ophüls-Platz 2, 44139 Dortmund, PF 105018, 44047 Dortmund, T: (0231) 9112426, F: 9112415, susanne.bruegger@fh-dortmund.de

**Brüker,** Georg; Dr. rer. pol., Prof.; *Betriebswirtschaftslehre, insbes. Bankbetriebslehre*; di: FH Köln, Fak. f. Wirtschaftswiss., Claudiusstr. 1, 50678 Köln, T: (0221) 82753442, georg.brueker@fh-koeln.de

**Brümmer,** Franz; Dr.-Ing., Prof.; *Digital- und Mikrocomputertechnik, Rechnerstrukturen*; di: Hochsch. Ravensburg-Weingarten, Doggenriedstr., 88250 Weingarten, PF 1261, 88241 Weingarten, T: (0751) 5019542, bruemmer@hs-weingarten.de; pr: Ricarda-Huch-Weg 14, 88427 Bad Schussenried, T: (07583) 927735, F: 927734

**Brüne,** Klaus; Dipl.-Kfm., Dr. rer. pol., Prof.; *Produktmanagement, Kommunikation*; di: Hochsch. Rhein/Main, Wiesbaden Business School, Bleichstr. 44, 65183 Wiesbaden, T: (0611) 94953159, klaus.bruene@hs-rm.de

**Brünig,** Heinz Peter; Dr.-Ing., Prof.; *Angewandte Informatik*; di: Georg-Simon-Ohm-Hochsch. Nürnberg, Fak. Elektrotechnik Feinwerktechnik Informationstechnik, PF 210320, 90121 Nürnberg

**Brüsch,** Heiko; Dr., Prof.; *Betriebswirtschaftslehre, Rechnungswesen, Bilanzen, Steuern*; di: Hochsch. f. angew. Wiss. Würzburg Schweinfurt, Fak. Wirtschaftsingenieurwesen, Ignaz-Schön-Str. 11, 97421 Schweinfurt

**Brüssermann,** Klaus; Dr.-Ing., Prof.; *Umweltschutztechnik der Energieumwandlung und Entsorgung*; di: FH Aachen, FB Angewandte Naturwiss. u. Technik, Ginsterweg 1, 52428 Jülich, T: (0241) 600953158, bruessermann@fh-aachen.de; pr: Rehweg 4, 52428 Jülich, T: (02461) 7807

**Brugger,** Bernhard; Dipl.-Psych., Klin. Psychologe/Psychotherapeut BDP, Dr. phil., Prof.; *Psychologie, insbes. Verhaltenspsychologie und Lernpsychologie*; di: FH Münster, FB Sozialwesen, Robert-Koch-Straße 30, 48149 Münster, T: (0251) 8365798, F: 8365702, brugger@fh-muenster.de; pr: An der Schnürleinsmühle 33, 91781 Weißenburg, T: (09141) 81624, F: 81622, b.brugger@t-online.de

**Bruhm,** Hartmut; Dr.-Ing., Prof.; *Regelungstechnik, Steuerungstechnik, Robotik*; di: Hochsch. Aschaffenburg, Fak. Ingenieurwiss., Würzburger Str. 45, 63743 Aschaffenburg, T: (06021) 314819, hartmut.bruhm@fh-aschaffenburg.de

**Bruhn,** Ines; Dipl.-Formgestalterin, Prof.; *Gestaltungslehre/elementares plastisches Gestalten*; di: Westsächs. Hochsch. Zwickau, FB Angewandte Kunst Schneeberg, Goethestr. 1, 08289 Schneeberg, T: (03772) 350749, Ines.Bruhn@fh-zwickau.de

**Bruhn,** Kai-Christian; Dr., Prof.; *Mess- und Informationstechnik*; di: FH Mainz, FB Technik, Lucy-Hillebrand-Str. 2, 55128 Mainz, T: (06131) 6281433, bruhn@geoinform.fh-mainz.de

**Brumberg,** Claudia; Dr., Prof.; *Materialwirtschaft, Logistik*; di: HAW Hamburg, Fak. Wirtschaft u. Soziales, Berliner Tor 5, 20099 Hamburg, claudia.brumberg@haw-hamburg.de

**Brumbi,** Detlef; Dr.-Ing., Prof.; *Techn. Elektronik, Grundlagen der Elektrotechnik, Mathematik, Informatik*; di: Hochsch. Deggendorf, FB Elektrotechnik u. Medientechnik, Edlmairstr. 6-8, 94469 Deggendorf, PF 1320, 94453 Deggendorf, T: (0991) 3615543, F: 3615599, detlef.brumbi@fh-deggendorf.de

**Brumby,** Lennart; Dr., Prof.; *Projekt Engineering*; di: DHBW Mannheim, Fak. Technik, Coblitzallee 1-9, 68163 Mannheim, T: (0621) 41051140, F: 41051321, lennart.brumby@dhbw-mannheim.de

**Brumme,** Hendrik; Dr., Prof.; *Supply Chain Management*; di: Hochsch. Reutlingen, FB Produktionsmanagement, Alteburgstr. 150, 72762 Reutlingen, T: (07121) 271008, hendrik.brumme@reutlingen-university.de

**Brummund,** Uwe; Dr., Prof.; *Mathematik, Physik*; di: Hochsch. Bonn-Rhein-Sieg, FB Elektrotechnik, Maschinenbau u. Technikjournalismus, Grantham-Allee 20, 53757 Sankt Augustin, 53754 Sankt Augustin, T: (02241) 865347, F: 8658347, uwe.brummund@fh-bonn-rhein-sieg.de

**Brune,** Philipp; Dr. rer. nat., Prof.; *Programmiertechnik, Datenbanken, Software Engineering*; di: FH Neu-Ulm, Wileystr. 1, 89231 Neu-Ulm, T: (0731) 97621503, philipp.brune@fh-neu-ulm.de

**Brungs,** Matthias; Dr., Prof.; *Bildung und Beruf*; di: DHBW Villingen-Schwenningen, Fak. Sozialwesen, Schramberger Str. 26, 78054 Villingen-Schwenningen, T: (07720) 3906213, F: 3906219, brungs@dhbw-vs.de

**Brunken,** Astrid; Dr. rer. oec., Prof.; *Betriebswirtschaftslehre mit d. Schwerpunkt Marketing*; di: Hochsch. Bremen, Fak. Wirtschaftswiss., Werderstr. 73, 28199 Bremen, T: (0421) 59054684, F: 59054692, Astrid.Brunken@hs-bremen.de

**Brunken,** Heiko; Dr., Prof.; di: Hochsch. Bremen, Fak. Natur u. Technik, Neustadtswall 30, 28199 Bremen, T: (0421) 59054280, F: 59054250, Heiko.Brunken@hs-bremen.de

**Brunn,** Ansgar; Dr., Prof.; *Vermessung, Geoinformatik*; di: Hochsch. f. angew. Wiss. Würzburg Schweinfurt, Fak. Kunststofftechnik u. Vermessung, Röntgenring 8, 97070 Würzburg, ansgar.brunn@fhws.de

**Brunn,** Joachim; Dipl.-Phys., Dr. rer. nat., Prof.; *Physik*; di: FH Lübeck, FB Angew. Naturwiss., Stephensonstr. 3, 23562 Lübeck, T: (0451) 3005406, F: 3005235, joachim.brunn@fh-luebeck.de

**Brunner,** Anne; Dr. med., Prof.; *Schlüsselqualifikationen*; di: Hochsch. München, Fak. Studium Generale u. interdisziplinäre Studien, Lothstr. 34, 80335 München, T: (089) 12651194, a.brunner@fhm.edu

**Brunner,** Matthias; Dr. rer. nat., Prof.; *Biologische und Umweltverfahrenstechnik*; di: HTW d. Saarlandes, Fak. f. Ingenieurwiss., Goebenstr. 40, 66117 Saarbrücken, T: (0681) 5867301, brunner@htw-saarland.de; pr: Königsberger Str. 50, 66121 Saarbrücken, T: (0681) 8318200

**Brunner,** Michael; Dr.-Ing., Prof.; *Elektr. Bauelemente und Schaltungen, Steuerungstechnik*; di: FH Köln, Fak. f. Informations-, Medien- u. Elektrotechnik, Betzdorfer Str. 2, 50679 Köln, T: (0221) 82752282, michael.brunner@fh-koeln.de

**Brunner,** Sibylle; Dr. phil., Prof.; *Volkswirtschaftslehre*; di: FH Neu-Ulm, Wileystr. 1, 89231 Neu-Ulm, T: (0731) 97621404, sibylle.brunner@fh-neu-ulm.de

**Brunner,** Thomas; Dr., Prof.; *Techn. Informatik, Elektrotechnik*; di: Hochsch. Esslingen, Fak. Fahrzeugtechnik u. Fak. Graduate School, Kanalstr. 33, 73728 Esslingen, T: (0711) 3973329; pr: In den Hofwiesen 29, 72622 Nürtingen, T: (07022) 52629

**Brunner,** Urban; Dr. sc. techn. ETH, Prof.; *Regelungs- und Automatisierungstechnik*; di: Hochsch. Karlsruhe, Fak. Elektro- u. Informationstechnik, Moltkestr. 30, 76133 Karlsruhe, PF 2440, 76012 Karlsruhe, T: (0721) 9252266, urban.brunner@hs-karlsruhe.de

**Brunner,** Wolfgang L.; Dr., Prof.; *Bankbetriebslehre, Finanzierung/Investition*; di: HTW Berlin, FB Wirtschaftswiss. I, Treskowallee 8, 10318 Berlin, T: (030) 50192329, w.brunner@HTW-Berlin.de

**Brunnert,** Stefan; Prof.; *Energiewirtschaft*; di: Hochsch. Weihenstephan-Triesdorf, Fak. Wald u. Forstwirtschaft, Am Hochanger 5, 85354 Freising, T: (08161) 715916, F: 714526, stefan.brunnert@hswt.de

**Bruno,** Piero; Dott., Prof.; di: Hochsch. München, Fak. Architektur, Karlstr. 6, 80333 München, piero.bruno@hm.edu

**Brunotte,** Martin; Dr. rer. nat., Prof.; *Energieplanung, Naturwissenschaftliche Grundlagen, Energieversorgungskonzepte*; di: Hochsch. f. Forstwirtschaft Rottenburg, Schadenweilerhof, 72108 Rottenburg, T: (07472) 951279, F: 951200, brunotte@hs-rottenburg.de

**Brunotte,** René; Dr.-Ing, Prof.; *Physik, Werkstoffkunde, CAD/Konstruktion, Fertigungstechnik, Produktions- und Automatisierungstechnik*; di: bbw Hochsch. Berlin, Leibnizstraße 11-13, 10625 Berlin, T: (030) 319909522, rene.brunotte@bbw-hochschule.de

**Bruns,** Kai; Dr.-Ing., Prof.; *Mediensoftware*; di: HTW Dresden, Fak. Informatik/Mathematik, Friedrich-List-Platz 1, 01069 Dresden, T: (0351) 4623546, bruns@informatik.htw-dresden.de

**Bruns,** Ralf; Dr. rer. nat., Prof.; *Software-Engineering, Electronic Business, Informationssysteme*; di: Hochsch. Hannover, Fak. IV Wirtschaft u. Informatik, Abt. Informatik, Ricklinger Stadtweg 120, 30459 Hannover, PF 920261, 30441 Hannover, T: (0511) 92961817, ralf.bruns@hs-hannover.de; pr: http://eda.inform.fh-hannover.de/

**Bruns,** Thorsten; Dr.-Ing., Prof.; *Mechanik, Konstruktionslehre*; di: Hochsch. Ostwestfalen-Lippe, FB 8, Umweltingenieurwesen u. Angew. Informatik, An der Wilhelmshöhe 44, 37671 Höxter, T: (05271) 687178

**Brunsch,** Lothar; Dr. rer. oec. habil., Prof.; *Betriebswirtschaftslehre, Rechnungswesen, Finanzwirtschaft*; di: Techn. Hochsch. Wildau, FB Betriebswirtschaft/Wirtschaftsinformatik, Bahnhofstr., 15745 Wildau, T: (03375) 508558, F: 500324, brunsch@wi-bw.tfh-wildau.de

**Brunsmann,** Ulrich; Dr. rer. nat., Prof.; *Technische Physik, Elektronische Bauelemente, Computational Intelligence*; di: Hochsch. Aschaffenburg, Fak. Ingenieurwiss., Würzburger Str. 45, 63743 Aschaffenburg, T: (06021) 314808, ulrich.brunsmann@fh-aschaffenburg.de

**Brunthaler,** Stefan; Dr.-Ing., Prof.; *Verkehrstelematik, Telekommunikation*; di: Techn. Hochsch. Wildau, FB Ingenieurwesen/Wirtschaftsingenieurwesen, Bahnhofstr., 15745 Wildau, T: (03375) 508278, brun@insel.de

**Brychta,** Peter; Dr.-Ing., Prof.; *Leistungselektronik u. elektrische Antriebe*; di: Hochsch. Bochum, FB Elektrotechnik u. Informatik, Lennershofstr. 140, 44801 Bochum, T: (0234) 3210349, peter.brychta@hs-bochum.de; pr: Frankenplatz 29, 42107 Wuppertal, T: (0202) 440148

**Bryniok,** Dieter; Dr., Prof.; *Umweltbiotechnologie*; di: Hochschule Hamm-Lippstadt, Marker Allee 76-78, 59063 Hamm, T: (02381) 8789408, dieter.bryniok@hshl.de

**Brysch,** Armin; Dipl.-Kfm., Prof.; *Tourismus*; di: Hochsch. Kempten, Fak. Tourismus, Bahnhofstr. 61-63, 87435 Kempten, T: (0831) 25239511, F: 25239502, Armin.Brysch@fh-kempten.de

**Brzòska,** Angelika-Christina; Dipl.-Formgestalter, Prof.; *Zeichnen (Figürliches Zeichnen, Naturstudium)*; di: Hochsch. Anhalt, FB 3 Architektur, Facility Management u. Geoinformation, PF 2215, 06818 Dessau, T: (0340) 51971517, abrzoska@afg.hs-anhalt.de

**Bschorer,** Sabine; Dr.-Ing., Prof.; *Strömungsmechanik, Energietechnik, Verfahrens- u. Umwelttechnik*; di: HAW Ingolstadt, Fak. Maschinenbau, Esplanade 10, 85049 Ingolstadt, T: (0841) 9348387, sabine.bschorer@haw-ingolstadt.de

**Bubenhagen,** Hugo; Dr. rer. nat., Prof.; *Maschinenelemente, Konstruktionstechnik*; di: Hochsch. Darmstadt, FB Maschinenbau und Kunststofftechnik, Haardtring 100, 64295 Darmstadt, T: (06151) 168625

**Bubenik,** Alexander; Dr.-Ing., Prof.; *Bauwirtschaft, Baubetrieb*; di: Hochsch. Darmstadt, FB Bauingenieurwesen, Haardtring 100, 64295 Darmstadt, T: (06151) 168162, bubenik@fbb.h-da.de

**Bubenzer,** Achim; Dr. rer. nat., Prof., Rektor; *Photovoltaiksysteme, Energiewirtschaft*; di: Hochsch. Ulm, Fak. Maschinenbau u. Fahrzeugtechnik, PF 3860, 89028 Ulm, T: (0731) 5028104, bubenzer@hs-ulm.de

**Bucak,** Ömer; Dr.-Ing., Prof.; *Schweißtechnik, Grundlagen des Bauingenieurwesens*; di: Hochsch. München, Fak. Bauingenieurwesen, Karlstr. 6, 80333 München, T: (089) 12652688, F: 12652699, laborsl@bau.fhm.edu

**Buch,** Gabriele; Dr., Prof.; *Kraftfahrzeuginformatik u. Messtechnik*; di: Hochsch. München, Fak. Maschinenbau, Fahrzeugtechnik, Flugzeugtechnik, Dachauer Str. 98b, 80335 München, T: (089) 12651441, F: 12651392, gabriele.buch@fhm.edu

**Buch,** Joachim; Dipl.-Kfm., Dr. rer. pol., Prof.; *BWL, insbes. Controlling und Informationsmanagement*; di: FH Ludwigshafen, FB I Management und Controlling, Ernst-Boehe-Str. 4, 67059 Ludwigshafen/Rhein, T: (0621) 5203235, F: 5203193, joachim.buch@fh-ludwigshafen.de

**Buchanan,** Thomas; Dr., Prof.; *Grafische Datenverarbeitung*; di: Hochsch.Merseburg, FB Informatik u. Kommunikationssysteme, Geusaer Str., 06217 Merseburg, T: (03461) 462956, thomas.buchanan@hs-merseburg.de

**Buchberger,** Dieter; Dr.-Ing., Prof.; *Produktionsplanung, -steuerung, Rationalisierung, Kostenrechnung*; di: Hochsch. Ulm, Fak. Produktionstechnik u. Produktionswirtschaft, PF 3860, 89028 Ulm, T: (0731) 5028193, buchberger@hs-ulm.de

**Buchberger,** Markus; Dr. jur., Prof.; *Sportrecht, Sportmanagement*; di: H Koblenz, FB Wirtschafts- u. Sozialwissenschaften, RheinAhrCampus, Joseph-Rovan-Allee 2, 53424 Remagen, T: (02642) 932233, buchberger@rheinahrcampus.de

**Bucher,** Anke; Dr.-Ing., Prof.; *Technische Mechanik, Dynamik, Schwingungslehre*; di: HTWK Leipzig, FB Maschinen- u. Energietechnik, PF 301166, 04251 Leipzig, T: (0341) 3534224, bucher@me.htwk-leipzig.de

**Bucher,** Georg; Dr. rer. nat., Prof.; *Experimental- und angewandte Physik, Lichtwellenleitertechnik und Bildverarbeitung*; di: Hochsch. Heilbronn, Max-Planck-Str. 39, 74081 Heilbronn, T: (07131) 504384, F: 252470, georg.bucher@hs-heilbronn.de

**Bucher,** Siegfried; Dipl.-Ing., Prof.; *Freies Gestalten, Darstellende Geometrie und Architekturperspektive*; di: Hochsch. München, Fak. Architektur, Karlstr. 6, 80333 München, T: (089) 12652625; pr: s.h.bucher@gmx.de

**Bucher,** Ulrich; Dr.rer.pol., Prof.; *Betriebswirtschaftslehre, insbes. Marketing u. Dienstleistungsmanagement*; di: DHBW Stuttgart, Fak. Wirtschaft, BWL-Dienstleistungsmanagement, Paulinenstraße 50, 70178 Stuttgart, T: (0711) 1849513, Bucher@dhbw-stuttgart.de

**Buchgeister,** Markus; Dr. rer.nat., Prof.; *Medizinische Strahlungsphysik*; di: Beuth Hochsch. f. Technik, FB II Mathematik – Physik – Chemie, Luxemburger Straße 10, 13353 Berlin, T: (030) 45042708, buchgeister@beuth-hochschule.de

**Buchheim,** Regine; Dr., Prof.; *Intern. Rechnungslegung, Externes Rechnungswesen*; di: HTW Berlin, FB Wirtschaftswiss. I, Treskowallee 8, 10318 Berlin, T: (030) 50192252, buchheim@HTW-Berlin.de

**Buchheit,** Martin; Dr. rer. nat., Prof.; *Software Engineering, Applikationsplattformen*; di: Hochsch. Furtwangen, Fak. Wirtschaftsinformatik, Robert-Gerwig-Platz 1, 78120 Furtwangen, T: (07720) 9202911, Martin.Buchheit@hs-furtwangen.de

**Buchholz,** Bernhard; Dr.-Ing., Prof.; *Prozessdatenverarbeitung*; di: Beuth Hochsch. f. Technik, FB VI Informatik u. Medien, Luxemburger Str. 10, 13353 Berlin, T: (030) 45042628, buchholz@beuth-hochschule.de

**Buchholz,** Detlev; Dr., Prof. u. Präs. FH Frankfurt/M.; *Ingenieurwissenschaften*; di: FH Frankfurt, Nibelungenplatz 1, 60318 Frankfurt am Main

**Buchholz,** Gabriele; Dr., Prof.; *Öffentliche Betriebswirtschaft, insbes. Management und Controlling*; di: Hochsch. Osnabrück, Fak. Wirtschafts- u. Sozialwiss., Caprivistr. 30A, 49076 Osnabrück, PF 1940, 49009 Osnabrück, T: (0541) 9693974, gbuchholz@wi.hs-osnabrueck.de

**Buchholz,** Jörg; Dr.-Ing., Prof.; *Mathematik, Regelungstechnik, Flugregler*; di: Hochsch. Bremen, Fak. Natur u. Technik, Neustadtswall 30, 28199 Bremen, T: (0421) 59053544, F: 59053505, Joerg.Buchholz@hs-bremen.de

**Buchholz,** Liane; Dr., Prof.; di: Hochsch. f. Wirtschaft u. Recht Berlin, Badensche Str. 50/51, 10825 Berlin, T: (030) 29384570, liane.buchholz@hwr-berlin.de

**Buchholz,** Martin; Dr.-Ing., Prof.; *Hochfrequenztechnik, Optische Nachrichtentechnik, Digitale Signalverarbeitung, Digitale Fernsehtechnik*; di: HTW d. Saarlandes, Fak. f. Ingenieurwiss., Goebenstr. 40, 66117 Saarbrücken, T: (0681) 5867196, Martin.Buchholz@htw-saarland.de

**Buchholz,** Rainer; Dr., Prof.; *Rechnungswesen, BWL, Steuern*; di: Hochsch. f. angew. Wiss. Würzburg Schweinfurt, Fak. Wirtschaftswiss., Münzstr. 12, 97070 Würzburg

**Buchholz,** Rainer; Dr. rer. pol., Prof.; *Verwaltungsrecht*; di: FH d. Bundes f. öff. Verwaltung, Willy-Brandt-Str. 1, 50321 Brühl, T: (01888) 6291522, Rainer.Buchholz@fhbund.de

**Buchholz,** Ulrike; Dr., Prof.; *Unternehmenskommunikation, Öffentlichkeitsarbeit in Unternehmen u. Agenturen*; di: Hochsch. Hannover, Fak. III Medien, Information u. Design, Expo Plaza 12, 30539 Hannover, T: (0511) 92962611, ulrike.buchholz@hs-hannover.de

**Buchholz,** Wolfgang; Dr. rer. pol., Prof.; *Organisation und Logistik*; di: FH Münster, FB Wirtschaft, Johann-Krane-Weg 25, 48149 Münster, T: (0251) 8365612, F: 8365502, wbuchholz@fh-muenster.de

**Buchholz-Schuster,** Eckhardt; Dr. iur., Prof.; *Rechtliche Grundlagen und Rahmenbedingungen der Sozialen Arbeit*; di: Hochsch. Coburg, Fak. Soziale Arbeit u. Gesundheit, Friedrich-Streib-Str. 2, 96450 Coburg, T: (09561) 317298, buchholz@hs-coburg.de

**Buchka,** Maximilian; Dr. paed., Prof.; *Theorien Sozialer Arbeit (Erziehungswissenschaft, insb. Theorie der Sozialpädagogik sowie Heil- und Sonderpädagogik, Didaktik/Methodik der Sozialpädagogik)*; di: Kath. Hochsch. NRW, Abt. Köln, FB Sozialwesen, Wörthstr. 10, 50668 Köln, T: (0221) 7757143, F: 7757180, m.buchka@kfhnw-koeln.de

**Buchmaier,** Roland F.; Dr.-Ing., Prof.; *Bodenmechanik, Erdbau, Grundbau, Statik*; di: Hochsch. f. Technik, Fak. Bauingenieurwesen, Bauphysik u. Wirtschaft, Schellingstr. 24, 70174 Stuttgart, PF 101452, 70013 Stuttgart, T: (0711) 89262835, F: 89262913, roland.buchmaier@hft-stuttgart.de

**Buchmann,** Fritz-Ulrich; Dipl.-Ing., Prof. u. Prodekan; *Tragwerkslehre*; di: Hochsch. f. Technik, Fak. A Architektur u. Gestaltung, Schellingstr. 24, 70174 Stuttgart, PF 101452, 70013 Stuttgart, T: (0711) 89262673, fritz-ulrich.buchmann@hft-stuttgart.de

**Buchmeier,** Anton; Dipl.-Math., Dipl.-Betriebsw., Dr., Prof.; *Informatik, Mathematik, Statistik*; di: Hochsch. Weihenstephan-Triesdorf, Fak. Gartenbau u. Lebensmitteltechnologie, Am Staudengarten 10, 85350 Freising, T: (08161) 715246, F: 714417, anton.buchmeier@fh-weihenstephan.de

**Buchner,** Ralph; Dipl.-Des., Prof.; *Fotodesign*; di: Hochsch. München, Fak. Design, Erzgießereistr. 14, 80335 München, r.buchner@fhm.edu

**Buchwald,** W.-Peter; Dr.-Ing., Prof.; *Allgemeine Informationstechnik, Videotechnik*; di: Ostfalia Hochsch., Fak. Elektrotechnik, Salzdahlumer Str. 46/48, 38302 Wolfenbüttel, T: (05331) 9393211, w-p.buchwald@ostfalia.de

**Buck,** Bela H.; Dr. rer. nat., Prof.; *Angew. Meeresbiologie*; di: Hochsch. Bremerhaven, An der Karlstadt 8, 27568 Bremerhaven, T: (0471) 4823239, bbuck@hs-bremerhaven.de

**Buck,** Gerhard; Dr., Prof.; *Beschäftigungsförderung, Erwachsenenbildung, berufliche und politische Bildung, Sozialmanagement*; di: FH Potsdam, FB Sozialwesen, Friedrich-Ebert-Str. 4, 14467 Potsdam, T: (0331) 5801100, buck@fh-potsdam.de

**Buck,** Holger; Dr., Prof.; *Wettbewerbsrecht, International Law*; di: HTW d. Saarlandes, Fak. f. Wirtschaftswiss, Waldhausweg 14, 66123 Saarbrücken, T: (0681) 5867550, holger.buck@htw-saarland.de

**Buck,** Jochen; Dipl.-Ing., Dr. rer. biol. hum., Prof.; *Sachverständigenwesen*; di: Hochsch. f. Wirtschaft u. Umwelt Nürtingen-Geislingen, FB 1, PF 1349, 72603 Nürtingen

**Buck,** Walter; Dr.-Ing., Prof.; *Hochfrequenztechnik, Funktechnik, EMV*; di: Hochsch. Esslingen, Fak. Informationstechnik, Flandernstr. 101, 73732 Esslingen, T: (0711) 3974163; pr: Paiderweg 8, 73635 Rudersberg, T: (07183) 8235

**Buckow,** Eckart; Dr.-Ing., Prof.; *Hochspannungstechnik, Elektrische Energieanlagen, Elektromagnetische Verträglichkeit*; di: Hochsch. Osnabrück, Fak. Ingenieurwiss. u. Informatik, Albrechtstr. 30, 49076 Osnabrück, T: (0541) 9693066, F: 9693070, buckow@fhos.de; pr: Am Werksberg 12, 49086 Osnabrück, T: (0541) 385834, e.buckow@hs-osnabrueck.de

**Buczek,** Hans; Dr.-Ing., Prof.; *Siedlungswasserwirtschaft*; di: Ostfalia Hochsch., Fak. Bau-Wasser-Boden, Herbert-Meyer-Str. 7, 29556 Suderburg, h.buczek@ostfalia.de; pr: Heidekamp 14, 29556 Suderburg, T: (05826) 8480, F: 8613

**Budde,** Andrea; Dr. jur., Prof.; *Arbeits- und Sozialrecht, Mediation, Rechtsgrundlagen Sozialer Arbeit*; di: Alice-Salomon-Hochsch., Alice-Salomon-Platz 5, 12627 Berlin-Hellersdorf, T: (030) 99245504, budde@ash-berlin.eu; pr: http://konfliktmanagement.de

**Budde,** Henning; Dr., Prof.; *Sportwissenschaft und Forschungsmethodik*; di: MSH Medical School Hamburg, Am Kaiserkai 1, 20457 Hamburg, T: (040) 36122640, info@medicalschool-hamburg.de

**Budde,** Lothar; Dr.-Ing., Prof., Prof. h.c.; *Ingenieurwissenschaftl. Grundlagen u. Technikmanagement*; di: FH Bielefeld, FB Ingenieurwiss. u. Mathematik, Wilhelm-Bertelsmann-Str. 10, 33602 Bielefeld, T: (0521) 1067252, lothar.budde@fh-bielefeld.de

**Buder,** Irmgard; Dr., Prof.; *Erneuerbare Energien und Electro Mobility*; di: Hochsch. Rhein-Waal, Fak. Kommunikation u. Umwelt, Südstraße 8, 47475 Kamp-Lintfort, T: (02842) 90825285, irmgard.buder@hochschule-rhein-waal.de

**Budilov-Nettelmann,** Nikola Fee; Dr. rer. nat., Prof.; *Allgemeine Betriebswirtschaftslehre, Betriebliche Steuerlehre*; di: Techn. Hochsch. Wildau, FB Wirtschaft, Verwaltung u. Recht, Bahnhofstr., 15745 Wildau, T: (03375) 508361, F: 508566, budilov@wvr.tfh-wildau.de

**Budischewski,** Kai; Dr., Prof.; *Gesundheitspsychologie, Wirtschaftspsychologie, Statistik, Forschungsmethoden*; di: Hochsch. Heidelberg, Fak. f. Angew. Psychologie, Ludwig-Guttmann-Str. 6, 69123 Heidelberg, T: (06221) 883341, kai.budischewski@fh-heidelberg.de

**Büchau,** Bernd; Dr.-Ing., Prof.; *Prozeßrechentechnik*; di: FH Stralsund, FB Elektrotechnik u. Informatik, Zur Schwedenschanze 15, 18435 Stralsund, T: (03831) 456625

**Büchel,** Gregor; Dr. phil., Prof.; *Datenverarbeitung, Algorithmen und Datenbanken*; di: FH Köln, Fak. f. Informations-, Medien- u. Elektrotechnik, Betzdorfer Str. 2, 50679 Köln, T: (0221) 82752288, gregor.buechel@fh-koeln.de; pr: Bredowallee 1-3, 53125 Bonn

**Büchel,** Helmut; Dr., Prof.; *Allgemeine Betriebswirtschaftslehre/Investition und Finanzierung*; di: Hochsch. Anhalt, FB 6 Elektrotechnik, Maschinenbau u. Wirtschaftsingenieurwesen, PF 1458, 06354 Köthen, T: (03496) 672411

**Büchel,** Manfred; Dr. rer. nat., Prof., Dekan FB Versorgung und Entsorgung; *Anlagensteuerungstechnik, Datenverarbeitung*; di: Westfäl. Hochsch., FB Maschinenbau u. Facilities Management, Neidenburger Str. 10, 45877 Gelsenkirchen, T: (0209) 9596152, F: 9596154, manfred.buechel@fh-gelsenkirchen.de; pr: Bremer Str. 39, 45481 Mülheim/Ruhr, T: (0208) 410136, F: 410136

**Büchner,** Angelika; Dr. oec., Prof.; *ABWL/Marketing*; di: Westsächs. Hochsch. Zwickau, FB Wirtschaftswiss., Scheffelstr. 39, 08056 Zwickau, Angelika.Buechner@fh-zwickau.de

**Büchner,** Hans; Dr., Prof.; *Verwaltungsrecht, Baurecht*; di: Hochsch. f. Wirtschaft u. Umwelt Nürtingen-Geislingen, PF 1349, 72603 Nürtingen, T: (07022) 4040, hans.buechner@hfwu.de; pr: buechnerhans@gmx.de

**Büchner,** Reiner; Prof.; *Technische Optik, Optische Geräte, Optische Messtechnik, Optiktechnologie*; di: FH Jena, FB SciTec, Carl-Zeiss-Promenade 2, 07745 Jena, PF 100314, 07703 Jena, T: (03641) 205400, F: 205401, ft@fh-jena.de

**Büchner,** Ute; Dr., Prof.; *Baustofftechnologie*; di: Hochsch. Osnabrück, Fak. Agrarwiss. u. Landschaftsarchitektur, Oldenburger Landstr. 24, 49090 Osnabrück, PF 1940, 49009 Osnabrück, T: (0541) 9695329, u.buechner@hs-osnabrueck.de

**Büchter,** Norbert; Dr.-Ing., Prof.; *Mathematik, Mechanik, Baustatik*; di: Hochsch. Biberach, SG Projektmanagement (Bau), PF 1260, 88382 Biberach/Riß, T: (07351) 582360, F: 582449, buechter@hochschule-bc.de

**Bücker,** Andreas; Dr. jur., Prof.; *Zivilrecht, Arbeits- u. Sozialrecht*; di: Hochsch. Wismar, Fak. f. Wirtschaftswiss., PF 1210, 23952 Wismar, T: (03841) 753663, a.buecker@wi.hs-wismar.de

**Bücker,** Dominikus; Dr.-Ing., Prof.; *Energie- und Umweltmanagement, Thermodynamik*; di: Hochsch. Rosenheim, Fak. Ingenieurwiss., Hochschulstr. 1, 83024 Rosenheim, T: (08031) 805639, dominikus.buecker@fh-rosenheim.de

**Bücker-Gärtner,** Heinrich; Dr., Prof.; *Verwaltungswissenschaft, Schwerpunkt: Grundlagen der Verwaltungswissenschaft und Verwaltungsautomation, Informationstechnik*; di: Hochsch. f. Wirtschaft u. Recht Berlin, FB 1, Alt-Friedrichsfelde 60, 10315 Berlin, T: (030) 90214332, F: 90214417, bg@fhv.verwalt-berlin.de

**Büddefeld,** Jürgen; Dr.-Ing., Prof.; *Elektronische Schaltungen und Netzwerke*; di: Hochsch. Niederrhein, FB Elektrotechnik/Informatik, Reinarzstr. 49, 47805 Krefeld, T: (02151) 8224626, juergen.bueddefeld@hs-niederrhein.de

**Bügner,** Torsten; Dr. phil., Prof.; *Wirtschaftssprachen und Wirtschaftskommunikation*; di: AKAD-H Stuttgart, Maybachstr. 18-20, 70469 Stuttgart, T: (0711) 814950, hs-stuttgart@akad.de

**Bühl,** Achim; Dr. phil. habil., Prof.; *Soziologie d. Technik, Mediensoziologie, Empirische Sozialforschung, Statistik in d. Soziologie*; di: Beuth Hochsch. f. Technik, FB I Wirtschafts- u. Gesellschaftswiss., Luxemburger Str. 10, 13353 Berlin, T: (030) 45042821, buehl@beuth-hochschule.de

**Bühler,** Erhard; Dr.-Ing., Prof.; *Regelungstechnik, Prozessdatenverarbeitung, Systemtheorie*; di: Hochsch. Emden/Leer, FB Technik, Constantiaplatz 4, 26723 Emden, T: (04921) 8071830, F: 8071843, buehler@hs-emden-leer.de; pr: Schaluppenweg 1, 26723 Emden, T: (04921) 61269

**Bühler,** Frank; Dr., Prof.; *Softwaretechnik, Parallelcomputing*; di: Hochsch. Darmstadt, FB Informatik, Haardtring 100, 64295 Darmstadt, T: (06071) 168486, f.buehler@fbi.h-da.de

**Bühler,** Frid; Dipl.-Ing., Prof.; *Städtebau, Entwerfen*; di: Hochsch. Konstanz, Fak. Architektur u. Gestaltung, Brauneggerstr. 55, 78462 Konstanz, PF 100543, 78405 Konstanz, buehler@fh-konstanz.de

**Bühler,** Hans-Ulrich; Dr., Prof.; *IT-Sicherheit, Angewandte Mathematik*; di: Hochsch. Fulda, FB Angewandte Informatik, Marquardstr. 35, 36039 Fulda, T: (0661) 9640325, U.Buehler@informatik.fh-fulda.de

**Bühler,** Herbert; Dipl.-Ing., Prof. h.c., Prof.; *Baukonstruktion, Entwerfen*; di: FH Münster, FB Architektur, Leonardo-Campus 5, 48149 Münster, T: (0251) 8365060; pr: Hoyastr. 23, 48147 Münster; www.buehler-buehler.de/

**Bühler,** Karl; Dr.-Ing. habil., Prof.; *Instabilitäten in zähen, wärmeleitenden Medien*; di: Hochsch. Offenburg, Fak. Maschinenbau u. Verfahrenstechnik, Badstr. 24, 77652 Offenburg, T: (0781) 205268, F: 205214

**Bühler,** Klaus; Dr.-Ing., Prof.; *Technik im Haushalt, Technologie der Werkstoffe*; di: FH Münster, FB Oecotrophologie, Corrensstr. 25, 48149 Münster, T: (0251) 8365410, F: 8365413; pr: Eibenweg 18, 42897 Remscheid, T: (02191) 661695, k.m.buehler@t-online.de

**Bühler,** Udo; Dr. rer. pol., Prof.; *Wirtschaftsprivat- und Verwaltungsrecht*; di: FH Mainz, FB Wirtschaft, Lucy-Hillebrand-Str. 2, 55128 Mainz, T: (06131) 628242; pr: Claudiusstr. 1, 50678 Köln, raprofbuehler@t-online.de

**Bührens,** Jürgen; Dipl.-Kaufmann, Dipl.-Handelslehrer, Dr.rer.pol., Prof.; *Allg. Betriebswirtschaftslehre, insb. Rechnungswesen und Finanzwirtschaft*; di: FH Bielefeld, FB Wirtschaft, Universitätsstr. 25, 33615 Bielefeld, T: (0521) 1063729, juergen.buehrens@fh-bielefeld.de; pr: Auf der Egge 9, 33619 Bielefeld, T: (0521) 161925

**Bührer,** Reiner K.; Dr.-Ing., Prof.; *Fabrikplanung, Materialwirtschaft und Produktionstechnik*; di: Hochsch. Pforzheim, Fak. f. Technik, Tiefenbronner Str. 65, 75175 Pforzheim, reiner.buehrer@hs-pforzheim.de

**Büker,** Christa; Dr., Prof.; di: Hochsch. München, Fak. f. Angewandte Sozialwiss., Lothstr. 34, 80335 München, christa.bueker@hm.edu

**Bülow,** Alexander; Dr., Prof.; *Mathematik, Physik, Technische Mechanik*; di: bbw Hochsch. Berlin, Leibnizstraße 11-13, 10625 Berlin, T: (030) 31990914, alexander.buelow@bbw-hochschule.de

**Bünder,** Peter; Dr., Prof.; *Erziehungswissenschaft, insbes. Familienpädagogik, Randgruppenpädagogik*; di: FH Düsseldorf, FB 6 – Sozial- und Kulturwiss., Universitätsstr. 1, Geb. 24.21, 40225 Düsseldorf, T: (0211) 8114650, peter.buender@fh-duesseldorf.de

**Buer,** Christian; Dr. oec., Prof., Dekan FBWirtschaft 2; *Betriebswirtschaft, Tourismusbetriebswirtschaft*; di: Hochsch. Heilbronn, Fak. f. Wirtschaft 2, Max-Planck-Str. 39, 74081 Heilbronn, T: (07131) 504221, F: 504142211, buer@hs-heilbronn.de

**Büren,** Ingo; Dr., Prof.; *Verpackungsmarketing, Verpackungskalkulation, Technische Verpackungsgestaltung, Verpackungsworkshop, Technologiemanagement*; di: Hochsch. d. Medien, Fak. Druck u. Medien, Nobelstr. 10, 70569 Stuttgart, T: (0711) 89232169, bueren@hdm-stuttgart.de

**Bürg,** Bernhard; Dr.-Ing., Prof.; *Grundlagen der Informatik, Problemorientierte Programmiersprachen, Algorithmen u. Datenstrukturen, Datenbanken u. Informationssysteme, Büroautomation*; di: Hochsch. Karlsruhe, Fak. Geomatik, Moltkestr. 30, 76133 Karlsruhe, PF 2440, 76012 Karlsruhe, T: (0721) 9252680

**Bürger,** Gerd; Dr.-Ing., Prof.; *Baukonstruktion*; di: Hochsch. Lausitz, FB Architektur, Bauingenieurwesen, Versorgungstechnik, Lipezker Str. 47, 03048 Cottbus-Sachsendorf, T: (0355) 5818610, F: 5818609

**Buerke,** Günter; Dr. rer. pol., Prof.; *Allgemeine Betriebswirtschaftslehre, insb. Marketing*; di: FH Jena, FB Betriebswirtschaft, Carl-Zeiss-Promenade 2, 07745 Jena, PF 100314, 07703 Jena, T: (03641) 205550, F: 205551, bw@fh-jena.de

**Bürker,** Michael; Prof.; *PR und Kommunikationsmanagement*; di: Macromedia Hochsch. f. Medien u. Kommunikation, Gollierstr. 4, 80339 München

**Bürkle,** Brigitte; Dr. rer. pol., Prof.; *Pflegemanagement*; di: Ev. Hochsch. Nürnberg, Fak. f. Gesundheit u. Pflege, Bärenschanzstr. 4, 90429 Nürnberg, T: (0911) 27253821, brigitte.buerkle@evhn.de

**Bürkle,** Heinz-Peter; Dr., Prof., Prorektor; *Halbleiter- u. Schaltungstechnik, rechnergestützter Schaltkreisentwurf*; di: Hochsch. Aalen, Fak. Elektronik u. Informatik, Beethovenstr. 1, 73430 Aalen, T: (07361) 5762103, heinz-peter.bürkle@htw-aalen.de; pr: Gladiolenweg 12, 70374 Stuttgart, T: (0711) 5360456

**Bürklin,** Thorsten; Dr. phil., Prof.; *Städtebau*; di: FH Münster, FB Architektur, Leonardo Campus 7, 48149 Münster, T: (0251) 8365212, th.buerklin@fh-muenster.de

**Bürsner,** Simone; Dr. rer. nat., Prof.; *Software-Technologien*; di: Hochsch. Bonn-Rhein-Sieg, FB Informatik, Grantham-Allee 20, 53757 Sankt Augustin, 53754 Sankt Augustin, T: (02241) 865254, F: 8658254, simone.buersner@fh-bonn-rhein-sieg.de

**Bürstner,** Heinrich; Dr.-Ing., Prof.; *Internationales Management, Industriemarketing, Kosten- u. Leistungsrechnung*; di: Hochsch. Deggendorf, FB Maschinenbau, Edlmairstr. 6/8, 94469 Deggendorf, T: (0991) 3615324, F: 361581324, heinrich.buerstner@fh-deggendorf.de

**Büsch,** Andreas; Dipl.-Theol., Dipl.-Päd., Prof.; *Medienpädagogik, Kommunikationswissenschaft*; di: Kath. Hochsch. Mainz, FB Soziale Arbeit, Saarstr. 3, 55122 Mainz, T: (06131) 2894451, buesch@kfh-mainz.de; pr: Ricarda-Huch-Str. 9, 55122 Mainz, T: (06131) 460679, F: 304531

**Büsch,** Victoria; Dr., Prof.; *Volkswirtschaftslehre, Internationaler Strukturwandel und Demographie*; di: SRH Hochsch. Berlin, Ernst-Reuter-Platz 10, 10587 Berlin, T: (030) 92253547, F: 92253555

**Büscher,** Andreas; Dr., Prof.; *Pflegewissenschaft*; di: Hochsch. Osnabrück, Fak. Wirtschafts- u. Sozialwiss., Caprivistr. 30A, 49076 Osnabrück, PF 1940, 49009 Osnabrück, T: (0541) 9693591, buescher@wi.hs-osnabrueck.de

**Büschgen,** Anja; Dr. rer. pol., Prof.; *Betriebswirtschaftslehre, insbes. Kreditwirtschaft*; di: FH Köln, Fak. f. Wirtschaftswiss., Claudiusstr. 1, 50678 Köln, T: (0221) 82753178, anja.bueschgen@fh-koeln.de

**Büschges-Abel,** Winfried; Dr. phil., Prof.; *Praxis Sozialer Arbeit, Systematik und Methoden*; di: Hochsch. Mannheim, Fak. Sozialwesen, Ludolf-Krehl-Str. 7-11, 68167 Mannheim, T: (0621) 3926143, büschges@alpha.fhs-mannheim.de; pr: Zum Lindenbrunnen 13, 69469 Weinheim, T: (06201) 187442

**Büsching,** Thilo; Dr., Prof.; *Medienwirtschaft*; di: Hochsch. f. angew. Wiss. Würzburg Schweinfurt, Fak. Wirtschaftswiss., Münzstr. 12, 97070 Würzburg

**Büsgen,** Alexander; Dr.-Ing., Prof.; *Textiltechnologie, insbes. Gewebetechnologie*; di: Hochsch. Niederrhein, FB Textil- u. Bekleidungstechnik, Webschulstr. 31, 41065 Mönchengladbach, T: (02161) 1866024; pr: Friedrich Engels Allee 161, 42285 Wuppertal, T: (0202) 8904264

**Büsing,** Lutz; Dipl.-Ing., Prof.; *Produktgrafik, Interface Design*; di: Hochsch. Coburg, Fak. Design, PF 1652, 96406 Coburg, T: (09561) 317439, buesing@hs-coburg.de

**Bueß,** Peter; Dr. jur., Prof.; *Wirtschaftsrecht, Arbeitsrecht, Personalführung*; di: Provadis School of Int. Management and Technology, Industriepark Hoechst, Geb. B 845, 65926 Frankfurt a.M., T: (069) 30541880, F: 30516277, peter.buess@provadis-hochschule.de

**Büsse,** Bernward; Dr.-Ing., Prof.; *Stahlbau und Statik*; di: FH Münster, FB Bauingenieurwesen, Corrensstr. 25, 48149 Münster, T: (0251) 8365229, F: 8365152, buesse@fh-muenster.de; pr: Grüner Weg 38, 48341 Altenberge, T: (02505) 5345

**Büter,** Andreas; Dr.-Ing., Prof.; *Leichtbau*; di: Hochsch. Darmstadt, FB Maschinenbau und Kunststofftechnik, Haardtring 100, 64295 Darmstadt, T: (06151) 168525

**Büter,** Clemens; Dr., Prof.; *Betriebswirtschaftslehre, insb. Betriebliche Außenwirtschaft*; di: H Koblenz, FB Wirtschaftswissenschaften, Konrad-Zuse-Str. 1, 56075 Koblenz, T: (0261) 9528169, F: 9528150, bueter@hs-koblenz.de

**Bütow,** Birgit; Dr. phil., PD U Marburg, Prof. FH Jena; *Mädchen- und Frauenarbeit*; di: FH Jena, FB Sozialwesen, Carl-Zeiss-Promenade 2, 07745 Jena, PF 100314, 07703 Jena, T: (03641) 205800, F: 205801, sw@fh-jena.de; Univ., FB Erziehungswiss., Institut f. Erziehungswissenschaft, Pilgrimstein 2, 35032 Marburg, birgit.buetow@staff.uni-marburg.de

**Büttner,** Christian; Dipl.-Psychologe, Dr. phil., HonProf.; *Psychologie und psychoanalytische Pädagogik*; di: Ev. Hochsch. Darmstadt, Zweifalltorweg 12, 64293 Darmstadt

**Büttner,** Hermann; Dr. rer. nat., Prof.; *Organische Chemie, Biochemie*; di: FH Münster, FB Chemieingenieurwesen, Stegerwaldstr. 39, 48565 Steinfurt, T: (02551) 962254, F: 962172, buettner@fh-muenster.de; pr: Holtmannsweg 2, 48565 Steinfurt, T: (02552) 7403

**Büttner,** Michael; Dr. sc. oec., Prof.; *Betriebswirtschaftslehre, Organisations- und Personalwirtschaft*; di: Techn. Hochsch. Wildau, FB Betriebswirtschaft/ Wirtschaftsinformatik, Bahnhofstr., 15745 Wildau, T: (03375) 508970, F: 500324, buettner@wi-bw.tfh-wildau.de

**Büttner,** Stephan; Dr., Prof.; *Wissensmanagement in Bibliotheken, Digitale Medien*; di: FH Potsdam, FB Informationswiss., Friedrich-Ebert-Str. 4, 14467 Potsdam, T: (0331) 5801517, st.buettner@fh-potsdam.de

**Bufler,** Stefan; Prof.; *Kommunikationsdesign, Corporate Design*; di: Hochsch. Augsburg, Fak. f. Gestaltung, Friedberger Straße 2, 86161 Augsburg, T: (0821) 55863416, bufler@hs-augsburg.de

**Bug,** Peter; Dr., Prof.; *Marketing, Organisation und Technik des Exports*; di: Hochsch. Reutlingen, FB Textil u. Bekleidung, Alteburgstr. 150, 72762 Reutlingen, T: (07121) 2718027, Peter.Bug@Reutlingen-University.DE; pr: Im Syringenweg 3, 70563 Stuttgart, T: (0711) 683464

**Buggert,** Anselm-Benedikt; Arch., Dipl.-Ing., Prof.; *Baukonstruktion*; di: FH Lübeck, FB Bauwesen, Stephensonstr. 1, 23562 Lübeck, T: (0451) 3005130, F: 3005079, anselm.benedikt.buggert@fh-luebeck.de

**Buhl,** Axel; Dr.-Ing., Prof.; *Wirtschaftsinformatik, insb. Systemanalyse, SW-Engineering*; di: FH Stralsund, FB Wirtschaft, Zur Schwedenschanze 15, 18435 Stralsund, T: (03831) 456671

**Buhl,** Karl-Friedrich; Prof.; *Medieninformatik*; di: Hochsch. Hof, Alfons-Goppel-Platz 1, 95028 Hof, T: (09281) 409490, F: 40955490, friedrich.buhl@fh-hof.de

**Buhleier,** Marianne; Dr., Prof.; *Handel*; di: DHBW Mannheim, Fak. Wirtschaft, Käfertaler Str. 256, 68167 Mannheim, T: (0621) 41052161, F: 41052150, marianne.buhleier@dhbw-mannheim.de

**Buhmann,** Erich; Prof.; *Angewandte Informatik in der Landespflege*; di: Hochsch. Anhalt, FB 1 Landwirtschaft, Ökotrophologie, Landespflege, Strenzfelder Allee 28, 06406 Bernburg, T: (03471) 3551116, mla@loel.hs-anhalt.de

**Buhr,** Edzard de; Dipl.-Math., Prof.; *Betriebssysteme, Software-Technik, Künstliche Intelligenz*; di: Jade Hochsch., FB Management, Information, Technologie, Friedrich-Paffrath-Str. 101, 26389 Wilhelmshaven, T: (04421) 9852358, edzard.debuhr@jade-hs.de

**Buhr,** Rainer; Dr., Prof.; *Softwareengineering, Datenbanken, Künstliche Intelligenz*; di: FH Frankfurt, FB 2 Informatik u. Ingenieurwiss., Nibelungenplatz 1, 60318 Frankfurt am Main, T: (069) 15332310, buhr@fb2.fh-frankfurt.de

**Bujard,** Helmut; Dr. rer. pol., Prof.; *Volkswirtschaftslehre und Wirtschaftspolitik sowie Politikwissenschaft*; di: FH Köln, Fakultät für Wirtschaftswissenschaften, Mainzer Str. 5, 50678 Köln, T: (0221) 82753224, helmut.bujard@fh-koeln.de; pr: Bernhardstr. 140, 50986 Köln

**Bulanda-Pantalacci,** Anna; M.A., Dipl.-Graph., Prof.; *Zeichnen Natur,-Figur, Gestaltungsgrundlagen 2D, experimentelle Gestaltung*; di: Hochsch. Trier, FB Gestaltung, PF 1826, 54208 Trier, T: (0651) 8103144, A.Bulanda-Pantalacci@hochschule-trier.de; pr: Im Hopfengarten 21a, 54295 Trier, T: (0651) 36748

**Bulander,** Rebecca; Dr., Prof.; *Wirtschaftsingenieurwesen*; di: Hochsch. Pforzheim, Fak. f. Technik, Tiefenbronner Str. 65, 75175 Pforzheim, T: (07231) 286499, F: 286057, rebecca.bulander@hs-pforzheim.de

**Bulenda,** Thomas; Dr.-Ing., Prof.; *Bauinformatik, Baustatik*; di: Hochsch. Regensburg, Fak. Bauingenieurwesen, PF 120327, 93025 Regensburg, T: (0941) 9431223, thomas.bulenda@bau.fh-regensburg.de

**Bulicek,** Hans; Dr.-Ing., Prof.; *Stahlbetonbau, Spannbetonbau, Massivbrückenbau*; di: Hochsch. Deggendorf, FB Bauingenieurwesen, Edlmairstr. 6-8, 94469 Deggendorf, PF 1320, 94453 Deggendorf, T: (0991) 3615411, F: 361581411, hans.bulicek@fh-deggendorf.de

**Buller,** Götz; Dr.-Ing., Prof.; *Mess- u. Prüftechnik*; di: Hochsch. Wismar, Fak. f. Ingenieurwiss., PF 1210, 23952 Wismar, T: (03841) 753421, g.buller@et.hs-wismar.de

**Bullerschen,** Klaus-Gerd; Dr. rer. nat., Prof.; *Angewandte Mathematik*; di: FH Aachen, FB Luft- und Raumfahrttechnik, Hohenstaufenallee 6, 52064 Aachen, T: (0241) 600952338, bullerschen@fh-aachen.de; pr: Preusweg 124, 52074 Aachen, T: (0241) 70192845

**Bullinger,** Hermann; Dr., Prof.; *Arbeitsformen und Methoden der sozialen Arbeit, methodische Grundkompetenzen*; di: FH Erfurt, FB Sozialwesen, Altonaer Str. 25, 99084 Erfurt, PF 101363, 99013 Erfurt, T: (0361) 6700553, F: 6700533, bullinger@fh-erfurt.de

**Bulthaupt,** Frank; Dr., Prof.; *VWL, Kapitalmärkte*; di: Hochsch. d. Sparkassen-Finanzgruppe, Simrockstr. 4, 53113 Bonn, T: (0228) 204932, F: 204903, frank.bulthaupt@dsgv.de

**Bumiller,** Gerd; Dr.-Ing. Prof.; *Energie- und Informationstechnik*; di: Hochschule Ruhr West, Institut Informatik, PF 100755, 45407 Mülheim an der Ruhr, T: (0208) 88254808, gerd.bumiller@hs-ruhrwest.de

**Bundschuh,** Bernhard; Dr., Prof.; *Signale und Systeme*; di: Hochsch.Merseburg, FB Informatik u. Kommunikationssysteme, Geusaer Str., 06217 Merseburg, T: (03461) 462915, F: 462900, bernhard.bundschuh@hs-merseburg.de

**Bundschuh,** Stephan; Dr. phil., Prof.; *Kinder- und Jugendhilfe, Migrationspädagogik*; di: H Koblenz, FB Sozialwissenschaften, Konrad-Zuse-Str. 1, 56075 Koblenz, T: (0261) 9528225, F: 9528260, bundschuh@hs-koblenz.de

**Bungert,** Bernd; Dr.-Ing., Prof.; *Mechanische Verfahrenstechnik, Apparatebau*; di: Beuth Hochsch. f. Technik, FB VIII Maschinenbau, Veranstaltungs- u. Verfahrenstechnik, Luxemburger Str. 10, 13353 Berlin, T: (030) 45042271, bungert@beuth-hochschule.de

**Bungert,** Michael; Dr., Prof.; *Allg. BWL / Marketing*; di: DHBW Villingen-Schwenningen, Fak. Wirtschaft, Karlstr. 29, 78054 Villingen-Schwenningen, T: (07720) 3906113, F: 3906519, bungert@dhbw-vs.de

**Bunne,** Egon; Prof.; *Audiovisuelles Gestalten*; di: FH Mainz, FB Gestaltung, Holzstr. 36, 55116 Mainz, T: (06131) 2862722

**Bunningen,** Lambertus van; Dipl.-Ing., Prof.; *Baukonstruktion einschl. Ingenieurhochbau*; di: FH Aachen, FB Architektur, Bayernallee 9, 52066 Aachen, T: (0241) 60091138, van-bunningen@fh-aachen.de; pr: Brusselsestraat 85, Niederlande-6211 PC Maastricht, T: (0031) 433214671

**Bunse,** Wolfgang; Dr. math., Prof.; *Grundlagen der Technischen Informatik, Mathematik*; di: FH Bielefeld, FB Ingenieurwiss. u. Mathematik, Wilhelm-Bertelsmann-Str. 10, 33602 Bielefeld, T: (0521) 1067286, F: 1067150, wolfgang.bunse@fh-bielefeld.de; pr: Schatenstr. 36, 33604 Bielefeld, T: (0521) 296510

**Bunte,** Dieter; Dr.-Ing., Prof.; *Baustoffkunde u. Festigkeitslehre, Statistik und Sicherheitstheorie*; di: HTW Berlin, FB Ingenieurwiss. II, Blankenburger Pflasterweg 102, 13129 Berlin, T: (030) 50194239, bunte@HTW-Berlin.de

**Bunzemeier,** Andreas; Dr.-Ing., Prof.; *Regelungstechnik, Theoretische Elektrotechnik*; di: Hochsch. Bonn-Rhein-Sieg, FB Elektrotechnik, Maschinenbau u. Technikjournalismus, Grantham-Allee 20, 53757 Sankt Augustin, 53754 Sankt Augustin, T: (02241) 865346, F: 8658346, andreas.bunzemeier@fh-bonn-rhein-sieg.de

**Burandt,** Wolfgang; Dr., Prof.; *Wirtschaftsrecht*; di: Nordakademie, FB Wirtschaftswissenschaften, Köllner Chaussee 11, 25337 Elmshorn, T: (04121) 40900, F: 409040, wolfgang.burandt@nordakademie.de

**Burbach,** Christiane; Dr. theol., Prof.; *Theologie, Praktische Theologie, Seelsorge, Lehre*; di: Hochsch. Hannover, Fak. V Diakonie, Gesundheit u. Soziales, Blumhardtstr. 2, 30625 Hannover, PF 690363, 30612 Hannover, T: (0511) 92963111, christiane.burbach@hs-hannover.de; pr: Kirchstr. 19, 30449 Hannover, T: (0511) 9245460, F: 9245461, Christiane.Burbach@t-online.de; www.Christiane-Burbach.de

**Burbaum,** Bruno; Dr.-Ing., Prof.; *Netzwerke, Datenbanken, CAE-Anwendungen*; di: Hochsch. Mannheim, Fak. Maschinenbau, Windeckstr. 110, 68163 Mannheim

**Burchard,** Udo; Dipl.-Kfm., Dr. rer. pol., Prof.; *Wirtschaft*; di: Hochsch. Trier, FB Wirtschaft, PF 1826, 54208 Trier, T: (0651) 8103234, U.Burchard@hochschule-trier.de

**Burchardt,** Rainer; Prof.; *Medienstrukturen*; di: FH Kiel, Grenzstr. 3, 24149 Kiel, T: (0431) 2104509, F: 2104509, rainer.burchardt@fh-kiel.de

**Burchert,** Heiko; Dr. rer. pol., Prof.; *Betriebswirtschaftliche u. rechtliche Grundlagen d. Gesundheitswesens*; di: FH Bielefeld, FB Wirtschaft u. Gesundheit, Am Stadtholz 24, 33609 Bielefeld, T: (0521) 1065073, heiko.burchert@fh-bielefeld.de; pr: Greifswalder Str. 75, 33605 Bielefeld, T: (0521) 2384357

**Burckhardt,** Wolfram; Dr., Prof.; di: FH Frankfurt, FB 4 Soziale Arbeit u. Gesundheit, Nibelungenplatz 1, 60318 Frankfurt am Main, T: (069) 15332656, wburkhardt@fb4.fh-frankfurt.de

**Burdewick,** Ingrid; Dr. phil., Prof.; di: Hochsch. Emden/Leer, FB Soziale Arbeit u. Gesundheit, Constantiaplatz 4, 26723 Emden, T: (04921) 8071142, F: 8071251, burdewick@hs-emden-leer.de

**Burdinski,** Dirk; Dr. rer. nat., Prof.; *Technische Chemie*; di: FH Köln, Fak. f. Angew. Naturwiss., Kaiser-Wilhelm-Allee, 50368 Leverkusen, T: (0214) 328314615, dirk.burdinski@fh-koeln.de

**Burg,** Annegret; Prof.; *Baugeschichte*; di: FH Potsdam, FB Architektur u. Städtebau, Pappelallee 8-9, Haus 2, 14469 Potsdam, T: (0331) 5801222; pr: gdirichlet@aol.com

**Burg,** Monika; Dr., Prof.; *Controlling und Human Ressource Management*; di: Int. School of Management, Otto-Hahn-Str. 19, 44227 Dortmund

**Burgard,** Anita; Dipl.-Des., Prof.; *Design Körper/Raum, Dreidimensionales Gestalten, Konstruktion Raum*; di: Hochsch. Trier, FB Gestaltung, PF 1826, 54208 Trier, T: (0651) 8103139, A.Burgard@hochschule-trier.de; pr: Römerstr. 6, 54294 Trier, T: (0651) 800349, F: 800369

**Burgartz,** Thomas; Dr., Prof.; *BWL, Eventmanagement*; di: Business and Information Technology School GmbH, Reiterweg 26 b, 58636 Iserlohn, T: (02371) 776554, F: 776503, thomas.burgartz@bits-iserlohn.de

**Burger,** Edith; Dr., Prof.; *Erziehungswissenschaft, insb. Gruppenpädagogik*; di: FH Bielefeld, FB Sozialwesen, Kurt-Schumacher-Str. 6, 33615 Bielefeld, T: (0521) 1067826, edith.burger@fh-bielefeld.de; pr: Dreeker Weg 21, 33739 Bielefeld

**Burger,** Hans-Jürgen; Dr.-Ing., Prof.; *Nutzfahrzeugkonstruktion, Mechanik, Regelungstechnik, Maschinenelemente, Patentrecht, Fahrzeuglabor*; di: HAW Hamburg, Fak. Technik u. Informatik, Berliner Tor 9, 20099 Hamburg, T: (040) 428757857, Hans-Juergen.Burger@haw-hamburg.de; pr: T: (040) 7247517

**Burger,** Stephan; Dr. rer. pol., HonProf.; *Gesundheitsökonomie*; di: Ostfalia Hochsch., Fak. Gesundheitswesen, Wielandstr. 5, 38440 Wolfsburg, st.burger@ostfalia.de

**Burger,** Wolf; Dipl.Ing., Prof.; *Maschinenbau*; di: DHBW Stuttgart, Campus Horb, Florianstr. 15, 72160 Horb am Neckar, T: (07451) 521231, F: 521139, w.burger@hb.dhbw-stuttgart.de

**Burger-Menzel,** Bettina; Dr. rer. pol., Prof.; *Wettbewerbs- und Strukturpolitik*; di: FH Brandenburg, FB Wirtschaft, SG Betriebswirtschaftslehre, Magdeburger Str. 50, 14770 Brandenburg, PF 2132, 14737 Brandenburg, T: (03381) 355231, F: 355299, burgerme@fh-brandenburg.de; www.fh-brandenburg.de/~fbw_labor/bume/index.html

**Burgfeld-Schächer,** Beate; Dr., Prof.; *Betriebswirtschaftslehre mit Schwerpunkt Rechnungswesen*; di: FH Südwestfalen, FB Ingenieur- u. Wirtschaftswiss., Lindenstr. 53, 59872 Meschede, T: (0291) 9910950, burgfeld@fh-swf.de

**Burghardt,** Bernd; Dr., Prof.; *Biophysik, Bioinformatik*; di: Hochsch. Biberach, SG Pharmazeut. Biotechnologie, PF 1260, 88382 Biberach/Riß, T: (07351) 582441, F: 582469, burghardt@hochschule-bc.de

**Burgheim,** Joachim; Dr., Prof.; *Psychologie, Verhaltenstraining*; di: FH f. öffentl. Verwaltung NRW, Abt. Gelsenkirchen, Wanner Str. 158-160, 45888 Gelsenkirchen, T: (0209) 155282307, joachim.burgheim@fhoev.nrw.de; pr: EJBurgheim@web.de

**Burgstaller,** Florian; Dr.-Ing., Prof.; *Bauen im Bestand, Baugeschichte*; di: Hochsch. Karlsruhe, Fak. Architektur u. Bauwesen, Moltkestr. 30, 76133 Karlsruhe, PF 2440, 76012 Karlsruhe, T: (0721) 9252786

**Burgstaller,** Ingrid; M.Sc., Dipl.-Ing., Prof.; *Stadtplanung, Städtebau*; di: Georg-Simon-Ohm-Hochsch. Nürnberg, Fak. Architektur, Keßlerplatz 12, 90489 Nürnberg, PF 210320, 90121 Nürnberg

**Burk,** Rainer; Dipl.-Kfm., Dr. rer. pol., Prof.; *Gesundheitsmanagement*; di: FH Neu-Ulm, Edisonallee 5, 89231 Neu-Ulm, T: (0731) 97621405, rainer.burk@fh-neu-ulm.de

**Burk,** Roland; Dipl.-Chem., Dr. rer. nat., Prof.; *Klebstoffe, Beschichtungen, Lacke und Farben, Qualitätsmanagement, Statistik, Sicherheitstechnik und Grundlagenfächer*; di: FH Kaiserslautern, FB Angew. Logistik u. Polymerwiss., Carl-Schurz-Str. 1-9, 66953 Pirmasens, T: (06331) 248324, F: 248344, roland.burk@fh-kl.de

**Burk,** Uwe F. K.; Dr. rer. pol., Prof.; *Allgemeine BWL, insbes Wirtschaftsinformatik u quantitative Methoden*; di: Hochsch. Heilbronn, Fak. f. Technik u. Wirtschaft, Daimlerstr. 35, 74653 Künzelsau, T: (07940) 1306252, F: 1306120, nurk@hs-heilbronn.de

**Burkard,** Johannes; Dr., Prof.; *Wirtschaftsprivatrecht*; di: FH Mainz, FB Wirtschaft, Lucy-Hillebrand-Str. 2, 55128 Mainz, PF 230060, 55051 Mainz, T: (06131) 628210, johannes.burkard@wiwi.fh-mainz.de

**Burkard,** Werner; Prof.; *Betriebswirtschaft/Wirtschaftsinformatik*; di: Hochsch. Pforzheim, Fak. f. Wirtschaft u. Recht, Tiefenbronner Str. 65, 75175 Pforzheim, T: (07231) 286693, F: 286090, werner.burkard@hs-pforzheim.de

**Burke,** Michael; Prof.; *Information/Medien*; di: Hochsch. f. Gestaltung Schwäbisch Gmünd, Rektor-Klaus-Str. 100, 73525 Schwäbisch Gmünd, PF 1308, 73503 Schwäbisch Gmünd, T: (07171) 602616

**Burkhardt,** Emanuel; Dr., HonProf.; *Medienrecht*; di: Hochsch. d. Medien, Fak. Druck u. Medien, Nobelstr. 10, 70569 Stuttgart

**Burkhardt,** Thomas; Dr.-Ing., Prof.; *Elektrische Maschinen, Energiequellen*; di: HTW Dresden, Fak. Maschinenbau/Verfahrenstechnik, Friedrich-List-Platz 1, 01069 Dresden, T: (0351) 4622784, burkhardt@et.htw-dresden.de

**Burkhardt-Eggert,** Cornelia; Dr. phil., Prof.; *Soziale Arbeit mit Jugendlichen*; di: Hochsch. Ravensburg-Weingarten, Doggenriedstr., 88250 Weingarten, PF 1261, 88241 Weingarten, T: (0751) 5019460, F: 5019876, burkhardt@hs-weingarten.de

**Burkhardt-Reich,** Barbara; Dr., HonProf.; di: Hochsch. Pforzheim, Fak. f. Wirtschaft u. Recht, Tiefenbronner Str. 65, 75175 Pforzheim, T: (07231) 4244628, barbara.burkhardt-reich@hs-pforzheim.de

**Burkova,** Olga; Dr., Prof.; *Soziale Arbeit*; di: HAW Hamburg, Fak. Wirtschaft u. Soziales, Alexanderstr. 1, 20099 Hamburg, T: (040) 428757030, Olga.Burkova@haw-hamburg.de

**Burmberger,** Gregor; Dr., Prof.; *Eingebettete Systeme, Prozessortechnik*; di: Hochsch. Konstanz, Fak. Elektrotechnik u. Informationstechnik, Brauneggerstr. 55, 78462 Konstanz, PF 100543, 78405 Konstanz, T: (07531) 206255, gregor.burmberger@htwg-konstanz.de

**Burmeier,** Harald; Dr.-Ing., Prof.; *Baubetrieb, Altlasten, Abfallwirtschaft*; di: Ostfalia Hochsch., Fak. Bau-Wasser-Boden, Herbert-Meyer-Str. 7, 29556 Suderburg, h.burmeier@ostfalia.de; pr: Osterholzweg 23, 30952 Ronnenberg, T: (05108) 926756, F: 926757

**Burmeister,** Joachim; Dipl.-Päd., Dr. phil., Prof.; *Pädagogik/Sozialpädagogik, Jugendarbeit*; di: Hochsch. Neubrandenburg, FB Soziale Arbeit, Bildung u. Erziehung, Brodaer Str. 2, 17033 Neubrandenburg, PF 110121, 17041 Neubrandenburg, T: (0395) 56935501, joachim.burmeister@hs-nb.de

**Burmeister,** Jürgen; Dr., Prof.; *Soziale Dienste der Jugend-, Sozial- und Familienhilfe*; di: DHBW Heidenheim, Fak. Sozialwesen, Wilhelmstr. 10, 89518 Heidenheim, T: (07321) 2722431, F: 2722439, burmeister@dhbw-heidenheim.de

**Burmester,** Michael; Dr., Prof.; *Ergonomie, Usability*; di: Hochsch. d. Medien, Fak. Information u. Kommunikation, Wolframstr. 32, 70191 Stuttgart, T: (0711) 27706101

**Burmester,** Monika; Dr. rer. pol., Prof.; *Ökonomie des Sozial- und Gesundheitswesens*; di: Ev. FH Rhld.-Westf.-Lippe, FB Soziale Arbeit, Immanuel-Kant-Str. 18-20, 44803 Bochum, T: (0234) 36901340, burmester@efh-bochum.de

**Burmester,** Ralf; Dipl. Wirt.-Ing., Prof.; *BWL, Produktionsmanagement, Techn. Vertrieb*; di: Hochsch. Esslingen, Fak. Betriebswirtschaft, Kanalstr. 33, 73728 Esslingen, T: (0711) 3974327

**Burnhauser,** Thomas; Prof.; *Video Production u. Post Production*; di: Hochsch. Darmstadt, FB Media, Haardtring 100, 64295 Darmstadt, T: (06151) 169213, thomas.burnhauser@fbmedia.h-da.de

**Buro,** Norbert; Dr., Prof.; *Schiffsbetriebstechnik*; di: Hochsch. Bremerhaven, An der Karlstadt 8, 27568 Bremerhaven, T: (0471) 4823164, nburo@hs-bremerhaven.de

**Burosch,** Gustav; Dr. rer. nat. habil., Prof.; *Finanzmanagement, Statistik, Wirtschaftsmathematik*; di: Baltic College, August-Bebel-Str. 11/12, 19055 Schwerin, T: (03843) 46420, burosch@baltic-college.de; pr: Schwalbenring 50, 18182 Rövershagen

**Burr,** August; Dr.-Ing., Prof.; *Kunststofftechnik, Werkstoffe, Werkstoffprüfung*; di: Hochsch. Heilbronn, Max-Planck-Str. 39, 74081 Heilbronn, T: (07131) 504311, F: 252470, burr@hs-heilbronn.de

**Burth,** Dirk; Dr. rer. nat., Prof.; *Klebetechnik, Papier- u. Kunststoffveredlung, Materialprüfung, Verpackungstechnik*; di: Hochsch. München, Fak. Versorgungstechnik, Verfahrenstechnik Papier u. Verpackung, Druck- u. Medientechnik, Lothstr. 34, 80335 München, T: (089) 12651558, F: 12651502, burth@fhm.edu

**Burtscher,** Reinhard; Dr., Prof.; *Heilpädagogik*; di: Kath. Hochsch. f. Sozialwesen Berlin, Köpenicker Allee 39-57, 10318 Berlin, T: (030) 50101023

**Busam,** Karl-Heinz; Prof.; *BWL – Industrie*; di: DHBW Ravensburg, Marktstr. 28, 88212 Ravensburg, T: (0751) 189992782, busam@dhbw-ravensburg.de

**Busbach-Richard,** Uwe; Prof.; *Wirtschafts- und Sozialwissenschaften*; di: Hochsch. Kehl, Fak. Wirtschafts-, Informations- u. Sozialwiss., Kinzigallee 1, 77694 Kehl, PF 1549, 77675 Kehl, T: (07851) 894222, busbach@fh-kehl.de

**Busch,** Carsten; Dr., Prof.; *Medienwirtschaft*; di: HTW Berlin, FB Wirtschaftswiss. II, Treskowallee 8, 10318 Berlin, T: (030) 50192214, carsten.busch@HTW-Berlin.de

**Busch,** Christian; Dr.-Ing., Prof.; *Konstruktionstechnik, Tribotechnik*; di: Westsächs. Hochsch. Zwickau, Fak. Automobil- u. Maschinenbau, Dr.-Friedrichs-Ring 2A, 08056 Zwickau, Christian.Busch@fh-zwickau.de

**Busch,** Christoph; Dr., Prof.; *System Development*; di: Hochsch. Darmstadt, FB Media, Haardtring 100, 64295 Darmstadt, T: (06151) 169444, christoph.busch@fbmedia.h-da.de

**Busch,** Karl Georg; Dr.-Ing., Prof.; *Getreidetechnologie, Grundl. d. Lebensmitteltechnologie, Fertiggerichte*; di: Beuth Hochsch. f. Technik, FB V Life Science and Technology, Luxemburger Str. 10, 13353 Berlin, T: (030) 45042863, kbusch@beuth-hochschule.de

**Busch,** Rainer; Dipl.-Ökonom, Dr. rer. pol., Prof.; *Betriebswirtschaftslehre, insbes. Internationales Marketing, Organisation, Unternehmensführung*; di: FH Ludwigshafen, FB II Marketing und Personalmanagement, Ernst-Boehe-Str. 4, 67059 Ludwigshafen/Rhein, T: (0621) 586670, F: 5866777; www.rainerbusch.de; pr: Rainer.Busch@RainerBusch.de

**Busch,** Rainer; Dr. rer. nat., Prof.; *Mathematik*; di: Hochsch. Bochum, FB Bauingenieurwesen, Lennershofstr. 140, 44801 Bochum, T: (0234) 3210207, rainer.busch@hs-bochum.de

**Busch,** Stefan; Dipl.-Päd./Dipl.-Exportwirt (EA), Prof.; *Marketing, insbes. Internationales Marketing*; di: Hochsch. Reutlingen, FB European School of Business, Alteburgstr. 150, 72762 Reutlingen, T: (07121) 2713042, stefan.busch@reutlingen-university.de; pr: Bussenstr. 22, 72501 Gammertingen, T: (07574) 3590

**Busch,** Susanne; Dr., Prof.; *Gesundheitsökonomie/-management*; di: HAW Hamburg, Fak. Wirtschaft u. Soziales, Alexanderstr. 1, 20099 Hamburg, T: (040) 428757098, susanne.busch@haw-hamburg.de

**Busch,** Ulrike; Dr., Prof.; *Familienplanung*; di: Hochsch.Merseburg, FB Soziale Arbeit, Medien, Kultur, Geusaer Str., 06217 Merseburg, T: (03461) 462240, ulrike.busch@hs-merseburg.de

**Busch,** Volker; Dr., Prof., Geschf.; *Rechnungswesen u. Controlling*; di: Business and Information Technology School GmbH, Reiterweg 26 b, 58636 Iserlohn, T: (02371) 776145, F: 776596, volker.busch@bits-iserlohn.de

**Busch,** Wolf-Berend; Dr.-Ing., Prof.; *Werkstoffkunde, Fügetechnik*; di: FH Bielefeld, FB Ingenieurwiss. u. Mathematik, Wilhelm-Bertelsmann-Str. 10, 33602 Bielefeld, T: (0521) 1067229, wolf-berend.busch@fh-bielefeld.de

**Busch,** Wolf-Rainer; Dr.-Ing., Prof.; *Siedlungswasserwirtschaft und Abfallwirtschaft*; di: Hochsch. Wismar, Fak. f. Ingenieurwiss., PF 1210, 23952 Wismar, T: (03841) 753298, F: 753133, w.busch@bau.hs-wismar.de; pr: Primelweg 59, 23966 Wismar, T: (03841) 704365

**Busch-Lauer,** Ines; Dr. phil. habil., Prof.; *Englisch, Interkulturelle Fachkommunikation*; di: Westsächs. Hochsch. Zwickau, FB Sprachen, Scheffelstr. 39, 08066 Zwickau, T: (0375) 5361360, ines.busch.lauer@fh-zwickau.de

**Busch-Stockfisch,** Mechthild; Dr., Prof.; *Sensorik und Produktentwicklung*; di: HAW Hamburg, Fak. Life Sciences, Lohbrügger Kirchstr. 65, 21033 Hamburg, T: (040) 428756147, mechthild.busch-stockfisch@haw-hamburg.de; pr: T: (04153) 582051

**Busche-Baumann,** Maria-Luise; Dr. disc. pol., Prof.; *Qualitative Sozialforschung, Didaktik/Methodik, Rechtsextremismus, Migration*; di: HAWK Hildesheim/Holzminden/Göttingen, Fak. Soziale Arbeit u. Gesundheit, Hohnsen 1, 31134 Hildesheim, T: (05121) 881456

**Buschmann,** Horst; Dr., Prof.; *Rechtslehre, Zivilrecht*; di: FH d. Bundes f. öff. Verwaltung, Willy-Brandt-Str. 1, 50321 Brühl, T: (01888) 6298115

**Buscholl,** Franz; Dr.-Ing., Prof.; *Betriebswirtschaftslehre, Industrie- u. Handelslogistik*; di: Hochsch. Heilbronn, Fak. f. Wirtschaft u. Verkehr, Max-Planck-Str. 39, 74081 Heilbronn, T: (07131) 504614, F: 504252470, buscholl@hs-heilbronn.de

**Buser,** Annemarie; Dipl.-Phys., Dr. biol. hum., Prof.; *Physiologische Optik, Refraktionsbestimmung u. Augenglasbestimmung, Lichttechnik, Statistik*; di: Hochsch. Aalen, Fak. Optik u. Mechatronik, Beethovenstr. 1, 73430 Aalen, T: (07361) 5764614, Annemarie.Buser@htw-aalen.de

**Busolt,** Ulrike; Dr., Prof.; *Lasermedizin, Photonik*; di: Hochsch. Furtwangen, Fak. Maschinenbau u. Verfahrenstechnik, Jakob-Kienzle-Str. 17, 78054 Villingen-Schwenningen, T: (07720) 3074248, buu@hs-furtwangen.de

**Busse,** Alfred; Dr.-Ing., Prof.; *Elektrotechnik*; di: HAW Hamburg, Fak. Life Sciences, Lohbrügger Kirchstr. 65, 21033 Hamburg, T: (040) 428756061, alfred.busse@haw-hamburg.de

**Busse,** Angela; Dr., Prof.; *Sozialrecht, insbes. Recht der sozialen Beratung u sozialen Dienste*; di: HAW Hamburg, Fak. Wirtschaft u. Soziales, Alexanderstr. 1, 20099 Hamburg, Angela.Busse@haw-hamburg.de

**Busse,** Cord; Dr. med., Prof.; *Anästhesiologie und Intensivmedizin*; di: MSH Medical School Hamburg, Am Kaiserkai 1, 20457 Hamburg, T: (040) 36122640, Cord.Busse@medicalschool-hamburg.de

**Busse,** Franz-Joseph; Dr. rer. pol., Prof.; *Finanz-, Bank- und Investitionswirtschaft, Versicherungswirtschaft*; di: Hochsch. München, Fak. Betriebswirtschaft, Am Stadtpark 20 (Neubau), 81243 München, T: (089) 12652721, F: 12652714, franz-joseph.busse@fhm.edu

**Busse,** Hans-Jürgen; Dr., Prof.; *Kostenrechnung, Personalmanagement / Organisationsentwicklung*; di: Hochsch. Bremen, Fak. Wirtschaftswiss., Werderstr. 73, 28199 Bremen, T: (0421) 59054216, hans-juergen.busse@hs-bremen.de

**Busse,** Stefan; Dr. rer. nat. habil., Prof. u. Dekan; *Psychologie*; di: Hochsch. Mittweida, Fak. Soziale Arbeit, Döbelner Str. 58, 04741 Roßwein, T: (034322) 48625, F: 48653, busse@hs-mittweida.de

**Busse,** Susanne; Dr., Prof.; *Praktische Informatik, Datenbanken*; di: FH Brandenburg, FB Informatik u. Medien, Magdeburger Str. 50, 14770 Brandenburg, PF 2132, 14737 Brandenburg, T: (03381) 355477, F: 355499, busse@fh-brandenburg.de

**Busse,** Thomas; Prof.; *Pflegemanagement*; di: FH Frankfurt, FB Soziale Arbeit u. Gesundheit, Nibelungenplatz 1, 60318 Frankfurt am Main, T: (069) 15332804, busse@fb4.fh-frankfurt.de

**Bußmann,** Bettina; Dr., Prof.; *Technologie, Schwerpunkt Tierische Produkte*; di: Hochsch. Fulda, FB Lebensmitteltechnologie, Marquardstr. 35, 36039 Fulda

**Bußmann,** Manfred; Dr.-Ing., Prof.; *Werkstofftechnologie*; di: HAWK Hildesheim/Holzminden/Göttingen, Fak. Naturwiss. u. Technik, Von-Ossietzky-Str. 99, 37085 Göttingen, T: (0551) 3705322

**Bußmann,** Wolfgang; Dr.-Ing., Prof.; *Werkzeugmaschinen, Zerspanungstechnik*; di: Hochsch. Ravensburg-Weingarten, Doggenriedstr., 88250 Weingarten, PF 1261, 88241 Weingarten, T: (0751) 5019812, F: 5019876, bussmann@hs-weingarten.de

**Bustamante,** Silke; Dr., Prof.; di: Hochsch. f. Wirtschaft u. Recht Berlin, Neue Bahnhofstr. 11-17, 10245 Berlin, T: (030) 29384575, silke.bustamante@hwr-berlin.de

**Busweiler,** Ulrich; Dr.-Ing., Prof.; *Klimatechnik, Mensch/Raumklima*; di: Techn. Hochsch. Mittelhessen, FB 03 Maschinenbau u. Energietechnik, Wiesenstr. 14, 35390 Gießen, T: (0641) 3092115; pr: Karl-Marx-Str. 8, 64297 Darmstadt, T: (06151) 953745

**Buth,** Bettina; Dr., Prof.; di: HAW Hamburg, Fak. Technik u. Informatik, Berliner Tor 7, 20099 Hamburg, T: (040) 428758150, buth@informatik.haw-hamburg.de

**Butsch,** Michael; Dr., Prof.; *Fertigungsverfahren, Konstruktionslehre, Fahrzeugtechnik*; di: Hochsch. Konstanz, Fak. Maschinenbau, Brauneggerstr. 55, 78462 Konstanz, PF 100543, 78405 Konstanz, T: (07531) 206390, F: 206558, butsch@fh-konstanz.de

**Butter,** Wolfram; Dr. rer. nat., Prof.; *Physik/ Fachsprache Physik*; di: Hochsch. Zittau/ Görlitz, Fak. Wirtschafts- u. Sprachwiss., Theodor-Körner-Allee 16, 02763 Zittau, T: (03583) 611834, w.butter@hs-zigr.de

**Buttgereit,** Jutta; Dr.-Ing., Prof.; *Textilmaschinen, Werkstofflehre, Maschenbindungslehre*; di: Hochsch. Albstadt-Sigmaringen, FB 1, Jakobstr. 6, 72458 Albstadt, T: (07431) 579251, F: 579229, buttgere@hs-albsig.de

**Buttler,** Walter; Prof.; *Finanz- u. Betriebswirtschaft*; di: H f. öffentl. Verwaltung u. Finanzen Ludwigsburg, Fak. Steuer- u. Wirtschaftsrecht, Reuteallee 36, 71634 Ludwigsburg, buttler@vw.fhov-ludwigsburg.de

**Buttner,** Peter; Dr. med., Prof., Dekan FB Sozialwesen; *Soziale Arbeit mit chronisch Kranken und Behinderten*; di: Hochsch. München, Fak. Angew. Sozialwiss., Lothstr. 34, 80335 München, T: (089) 12652334, F: 12652330, buttner@lrz.fh-muenchen.de

**Butz,** Christian; Dr.-Ing. habil., Prof.; *BWL/ Logistik*; di: Beuth Hochsch. f. Technik, FB I Wirtschafts- u. Gesellschaftswiss., Luxemburger Straße 10, 13353 Berlin, T: (030) 45045527, butz@beuth-hochschule.de; http://prof.beuth-hochschule.de/butz/

**Butz-Seidl,** Annemarie; Dr., Prof.; *Wirtschaftsprivatrecht u. Steuern*; di: Hochsch. Aschaffenburg, Fak. Wirtschaft u. Recht, Würzburger Str. 45, 63743 Aschaffenburg, T: (06021) 314706, annemarie.butz-seidl@fh-aschaffenburg.de

**Buxbaum,** Hans-Jürgen; Dipl.-Wirtsch.-Ing., Dr.-Ing., Prof.; *Automatisierung und Robotik, Materialfluss und Logistik*; di: Hochsch. Niederrhein, FB Wirtschaftsingenieurwesen u. Gesundheitswesen, Ondereyckstr. 3-5, 47805 Krefeld, T: (02151) 8226662

**Buxel,** Holger Henning; Dr. rer.pol., Prof.; *Dienstleistungs- u. Produktmarketing*; di: FH Münster, FB Oecotrophologie, Corrensstr. 25, 48149 Münster, T: (0251) 8365451, F: 8365477, buxel@fh-muenster.de

**Buzin,** Reiner; Dr.-Ing., Prof.; *Praktische Kartographie, Medientechnik, Fernerkundung*; di: Hochsch. München, Fak. Geoinformation, Karlstr. 6, 80333 München, T: (089) 12652678, F: 12652696, reiner.buzin@fhm.edu

**Bye,** Carsten; Dr., Prof.; *Informatik, Physik, Thermodynamik*; di: FH f. Wirtschaft u. Technik, Studienbereich Maschinenbau, Schlesierstr. 13a, 49356 Diepholz, T: (05441) 992204, F: 992109, bye@fhwt.de

**Cabaud,** Jacques; Dr., Prof. Gustav-Siewerth-Akad. Weilheim-Bierbronnen; *Pädagogik*; di: Gustav-Siewerth-Akademie, Oberbierbronnen 1, 79809 Weilheim-Bierbronnen, T: (07755) 364

**Cabos,** Karen; Dr. rer. pol., Prof.; *Allgemeine Volkswirtschaftslehre, International Business, Finanzmärkte, Geld- und Währungspolitik*; di: FH Lübeck, FB Maschinenbau u. Wirtschaft, Mönkhofer Weg 136-140, 23562 Lübeck, T: (0451) 3005509, F: 3005302, karen.cabos@fh-luebeck.de

**Caby,** Andrea; Dr. med., Prof.; *Sozialpädiatrie, Medizin, Kinder- und Jugendpsychiatrie und -psychotherapie, Systemische Therapie und Beratung, Naturheilverfahren mit Schwerpunkt Homöopathie*; di: Hochsch. Emden/ Leer, FB Soziale Arbeit u. Gesundheit, Constantiaplatz 4, 26723 Emden, T: (04921) 8071236, F: 8071251, andrea.caby@hs-emden-leer.de

**Caglar,** Gazi; Dr. habil., Prof.; *Politische Wissenschaft, Sozialpädagogik, Interkulturelle Soziale Arbeit*; di: HAWK Hildesheim/Holzminden/Göttingen, Fak. Soziale Arbeit u. Gesundheit, Brühl 20, 31134 Hildesheim, T: (05121) 881416

**Call,** Guido; Dr. rer. pol., Prof.; *BWL, insbes. Marketing*; di: FH Aachen, FB Wirtschaftswissenschaften, Eupener Str. 70, 52066 Aachen, T: (0241) 600951912, call@fh-aachen.de

**Call,** Horst; Dr. jur., Prof.; *Arbeitsrecht, privates Wirtschaftsrecht*; di: Ostfalia Hochsch., Fak. Recht, Salzdahlumer Str. 46/48, 38302 Wolfenbüttel, h.call@ostfalia.de

**Calles,** Walter; Dr.-Ing., Prof.; *Werkstofftechnik, Kunststofftechnik, Schadenskunde*; di: HTW d. Saarlandes, Fak. f. Ingenieurwiss., Goebenstr. 40, 66117 Saarbrücken, T: (0681) 5867290, calles@htw-saarland.de; pr: Ober der Deutschmühle 13, 66117 Saarbrücken

**Callo,** Christian; Dipl.-Päd., Dr. phil., Prof.; *Pädagogik*; di: Kath. Stiftungsfachhochsch. München, Preysingstr. 83, 81667 München, christian.callo@ksfh.de

**Campenhausen,** Otto von; Dr. jur., Prof.; *Besonderes Steuerrecht, Schwerpunkt: Steuern vom Einkommen und Ertrag*; di: Hochsch. f. Wirtschaft u. Recht Berlin, Badensche Str. 50-51, 10825 Berlin, T: (030) 85789160, campenha@hwr-berlin.de; pr: Kaunstr. 12N, 14163 Berlin, T: (030) 28097399, OttoCampenhausen@aol.com

**Camphausen,** Bernd; Dr., Prof., Dekan FB Wirtschaft FH Dortmund; *Betriebswirtschaftslehre, insbes. Unternehmensführung*; di: FH Dortmund, FB Wirtschaft, Emil-Figge-Str. 42, 44227 Dortmund, T: (0231) 7554973, F: 7554902, Bernd.Camphausen@fh-dortmund.de

**Canavas,** Constantin; Dr., Prof.; *Automatisierungstechnik und Technikbewertung*; di: HAW Hamburg, Fak. Life Sciences, Lohbrügger Kirchstr. 65, 21033 Hamburg, T: (040) 428756252, constantin.canavas@haw-hamburg.de

**Caninenberg,** Wilhelm; Dr.-Ing., Prof.; *Angewandte Informatik*; di: SRH Hochsch. Hamm, Platz der Deutschen Einheit 1, 59065 Hamm, wilhelm.caninenberg@fh-hamm.srh.de; pr: Im Obstgarten 3, 59199 Bönen, T: (02383) 57829

**Canzler,** Thomas; Dr., Prof.; *Technische Informatik*; di: HAW Hamburg, Fak. Technik u. Informatik, Berliner Tor 7, 20099 Hamburg, T: (040) 428758155, canzler@informatik.haw-hamburg.de; pr: canzler@t-online.de

**Capanni,** Felix; Dipl.-Ing., Dr. rer.hum.biol., Prof.; *Konstruktionslehre*; di: Hochsch. Ulm, Fak. Mechatronik u. Medizintechnik, PF 3860, 89028 Ulm, T: (0731) 5028521, capanni@hs-ulm.de

**Capelle,** Paul-Gerhard; Dr. rer. pol., Prof.; *Rechnungswesen, Controlling*; di: Ostfalia Hochsch., Fak. Wirtschaft, Robert-Koch-Platz 8A, 38440 Wolfsburg, T: (05361) 831522

**Capurro,** Rafael; Dr., Prof. i.R. Hochschule der Medien (HdM), Dir. Steinbeis-Transfer-Inst., Dir. Int. Ctr. for Information Ethics (ICIE); *Informationsethik, Nanoethik, Bioethik, Hermeneutik, Botschaftstheorie ("Angeletik")*; di: Steinbeis-Transfer-Inst. Information Ethics, Redtenbacherstr. 9, 76133 Karlsruhe, T: (0721) 9822922, F: 9822921; www.capurro.de

**Careglio,** Enrico; Dr.-Ing., Prof.; *Lebensmittelsensorik, -recht u. -statistik, Qualitäts- u. Umweltmanagement, Ernährungsphysiologie, Lebensmitteltechnologie*; di: Hochsch. Trier, FB BLV, PF 1826, 54208 Trier, T: (0651) 8103493, E.Careglio@hochschule-trier.de

**Carius,** Wolf; Dr. rer. nat. habil., Prof.; *Elektrotechnik, Elektronik, Mikroprozessortechnik*; di: Techn. Hochsch. Wildau, FB Ingenieurwesen/ Wirtschaftsingenieurwesen, Bahnhofstr., 15745 Wildau, T: (03375) 508193, F: 500324, wwrcar@pt.tfh-wildau.de

**Carius,** Wolfram; Dr. rer. nat., HonProf.; *Pharmazie*; di: Hochsch. Biberach, SG Pharmazeut. Biotechnologie, PF 1260, 88382 Biberach/Riß

**Carl,** Holger; Dr.-Ing., Prof.; *Kommunikationstechnik*; di: Georg-Simon-Ohm-Hochsch. Nürnberg, Fak. Elektrotechnik Feinwerktechnik Informationstechnik, Wassertorstr. 10, 90489 Nürnberg

**Carl,** Notger; Dr., Prof.; *Finanz- u. Investitionswirtschaft, Betriebswirtschaftslehre*; di: Hochsch. f. angew. Wiss. Würzburg Schweinfurt, Fak. Wirtschaftswiss., Münzstr. 12, 97070 Würzburg

**Carlé,** Thomas; Prof.; *Video Production and Producing*; di: Hochsch. Darmstadt, FB Media, Haardtring 100, 64295 Darmstadt, T: (06151) 169461, thomas.carle@fbmedia.h-da.de

**Carrell,** Richard V.; Prof.; *Auslandsbau, Bauökonomie u. -wirtschaft, Projektsteuerung, Fachenglisch*; di: Hochsch. Biberach, SG Betriebswirtschaft, PF 1260, 88382 Biberach/Riß, T: (07351) 582412, F: 582449, carrell@hochschule-bc.de

**Carsten-Behrens,** Sönke; Dr., Prof.; *Messtechnik, Sensortechnik, Mikrorpzessortechnik*; di: H Koblenz, FB Mathematik u. Technik, RheinAhrCampus, Joseph-Rovan-Allee 2, 53424 Remagen, T: (02642) 932347, F: 932399, carstens-behrens@rheinahrcampus.de

**Carstensen,** Vivian; Dr., Prof.; *Ökonomie, Management und Organisation*; di: FH Bielefeld, FB Wirtschaft u. Gesundheit, Bereich Wirtschaft, Universitätsstr. 25, 33615 Bielefeld, T: (0521) 1063742, vivian.carstensen@fh-bielefeld.de

**Cascorbi,** Annett; Dr. rer. pol., Prof.; *Unternehmensführung/Personalwesen*; di: Nordakademie, FB Wirtschaftswissenschaften, Köllner Chaussee 11, 25337 Elmshorn, T: (04121) 409035, F: 409040, annett.cascorbi@nordakademie.de

**Caspari,** Alexandra; Dr., Prof.; di: FH Frankfurt, FB 4 Soziale Arbeit u. Gesundheit, Nibelungenplatz 1, 60318 Frankfurt am Main, T: (069) 15332660, caspari@fb4.fh-frankfurt.de

**Caspary,** Hans-Joachim; Dr.-Ing., Prof.; *Hydromechanik, Hydrologie, Wasserwirtschaft, Wasserbau, EDV im Wasserwesen*; di: Hochsch. f. Technik, Fak. Bauingenieurwesen, Bauphysik u. Wirtschaft, Schellingstr. 24, 70174 Stuttgart, PF 101452, 70013 Stuttgart, T: (0711) 89262692, F: 89262913, hans.caspary@hft-stuttgart.de

**Caspers,** Markus; Dr. phil., Prof.; *Mediendesign, Informationsmanagement*; di: FH Neu-Ulm, Edisonallee 5, 89231 Neu-Ulm, T: (0731) 97621513, markus.caspers@hs-neu-ulm.de

**Cassier-Woidasky,** Anne-Kathrin; Dr. phil., Prof.; *Angewandte Gesundheitswissenschaften, Pflege und Geburtshilfe*; di: DHBW Stuttgart, Fak. Wirtschaft, Angew. Gesundheitswiss., Paulinenstraße 50, 70178 Stuttgart, T: (0711) 18498566, Cassier-Woidasky@dhbw-stuttgart.de

**Caster,** Brigitte; Dipl.-Ing., Prof., Dekanin Fak. f. Architektur; *Organisation des Bauens*; di: FH Köln, Fak. f. Architektur, Betzdorfer Str. 2, 50679 Köln, brigitte.caster@fh-koeln.de; pr: Sandbüchel 49, 51427 Bergisch Gladbach

**Casties,** Manfred; Dipl.-Ing., Dr.-Ing., Prof.; *Gebäudeversorgungstechnik, Angewandte Informatik*; di: Hochsch. Coburg, Fak. Design, Friedrich-Streib-Str. 2, 96450 Coburg, T: (09561) 317351, casties@hs-coburg.de

**Caston,** Philip S.C.; Dr. phil., Prof.; *Vermessungskunde, Baudokumentation*; di: Hochsch. Neubrandenburg, FB Landschaftsarchitektur, Geoinformatik, Geodäsie u. Bauingenieurwesen, Brodaer Str. 2, 17033 Neubrandenburg, PF 110121, 17041 Neubrandenburg, T: (0395) 56934501, caston@hs-nb.de

**Castro,** Dietmar; Dipl.-Ing., Prof.; *Städtebau, insbes. Städtebauliches Entwerfen und Stadtbaulehre*; di: FH Aachen, FB Architektur, Bayernallee 9, 52066 Aachen, T: (0241) 60091113, castro@fh-aachen.de; pr: Oppenhoffallee 112, 52066 Aachen, T: (0241) 470580

**Castro Varela,** Maria do Mar; Dr. rer. pol., Prof.; *Interkulturelle Soziale Arbeit, Gender u. Queer, Holocaust Studies*; di: Alice-Salomon-Hochsch., Alice-Salomon-Platz 5, 12627 Berlin, T: (030) 99245401, castrovarela@web.de

**Caturelli,** Celia; Prof.; *Gestaltungslehre / Künstlerische Grundlagen*; di: FH Düsseldorf, FB 2 – Design, Georg-Glock-Str. 15, 40474 Düsseldorf, T: (0211) 4351208, celia.caturelli@fh-duesseldorf.de; pr: Schinkestr. 8-9, 12047 Berlin

**Cavadini,** Claudio; HonProf.; di: Hochsch. f. Technik, PF 101452, 70013 Stuttgart

**Cebecioglu,** Tarik; Dr., Prof.; *Sozialarbeit, Schwerpunkt: Eingliederung Behinderter und Suchtkranker*; di: FH Frankfurt, FB 4 Soziale Arbeit u. Gesundheit, Nibelungenplatz 1, 60318 Frankfurt am Main, T: (069) 15333212, cebeci@fb4.fh-frankfurt.de; pr: Gabelsberger Str. 12, 96450 Coburg, T: (0956) 427464

**Cechura,** Suitbert; Dr. päd., Prof.; *Soziale Arbeit im Gesundheitswesen*; di: Ev. FH Rhld.-Westf.-Lippe, FB Soziale Arbeit, Immanuel-Kant-Str. 18-20, 44803 Bochum, T: (0234) 36901206, cechura@efh-bochum.de; www.efh-bochum.de/homepages/cechura

**Cemic,** Franz; Dr., Prof.; *Physik, Informatik*; di: Techn. Hochsch. Mittelhessen, FB 13 Mathematik, Naturwiss. u. Datenverarbeitung, Wiesenstr. 14, 35390 Gießen, T: (0641) 3092365; pr: Am Dreschplatz 3, 35789 Weilmünster, T: (06472) 911857

**Cerbe,** Thomas M.; Dr., Prof.; di: Ostfalia Hochsch., Fak. Verkehr-Sport-Tourismus-Medien, Karl-Scharfenberg-Str. 55-57, 38229 Salzgitter

**Cerny,** Doreen; Dr., Prof.; *Methoden der Sozialen Arbeit*; di: DHBW Villingen-Schwenningen, Fak. Sozialwesen, Schramberger Str. 26, 78054 Villingen-Schwenningen, T: (07720) 3906226, F: 3906219, cerny@dhbw-vs.de

**Cerny,** Lothar; Dr. phil., Prof. FH Köln, Dekan Fak. f. Informations- u. Kommunikationswissenschaften; *Englische Literaturwissenschaft, Übersetzungswissenschaft*; di: FH Köln, Fak. f. Informations- u. Kommunikationswiss., Claudiusstr. 1, 50678 Köln, T: (0221) 82753314, F: 82753304, lothar.cerny@fh-koeln.de; www.sp.fh-koeln.de/Personen/Cerny/cerny_main.html; pr: Nonnenstrombergstr. 11, 50939 Köln

**Cesarz,** Michael; Prof. Apollon H d. Gesundheitswirtschaft (FH), HonProf. U Leipzig; *Personal, Führung und Entwicklung, Organisation*; di: APOLLON Hochschule der Gesundheitswirtschaft (FH), Universitätsallee 18, 28359 Bremen, T: (0421) 3782660; Univ., Institut für Stadtentwicklung und Bauwirtschaft, Grimmaische Str. 12, 04109 Leipzig, T: (0341) 9733743, cesarz@wifa.uni-leipzig.de

**Cevik,** Kemal; Dr.-Ing., Prof.; *Rechnerhardware*; di: FH Bielefeld, FB Ingenieurwiss. u. Mathematik, Am Stadtholz 24, 33609 Bielefeld, T: (0521) 1067510, kemal.cevik@fh-bielefeld.de; pr: Bachstelzenweg 7, 33607 Bielefeld, T: (0521) 2701022, F: 2702319

**Ceyp,** Michael; Dr., Prof.; *Makroökonomie, Marketing*; di: FH Wedel, Feldstr. 143, 22880 Wedel, T: (04103) 804868, F: 804868, ce@fh-wedel.de

**Chahabadi,** Djahanyar; Dr.-Ing., Prof.; *Digitaltechnik, Meßtechnik*; di: FH Lübeck, FB Elektrotechnik u. Informatik, Mönkhofer Weg 136-140, 23562 Lübeck, T: (0451) 3005245, F: 3005236, cha@fh-luebeck.de

**Chakirov,** Roustiam; Dr.-Ing., Prof.; *Regelungstechnik*; di: Hochsch. Bonn-Rhein-Sieg, FB Elektrotechnik, Maschinenbau u. Technikjournalismus, Grantham-Allee 20, 53757 Sankt Augustin, T: (02241) 865398, F: 8658398, roustiam.chakirov@fh-brs.de

**Chalet,** François; Prof.; *Animatics Realisation, Animation und Storyboard*; di: Berliner Techn. Kunsthochschule, Bernburger Str. 24-25, 10963 Berlin, f.chalet@btk-fh.de; www.francoischalet.ch

**Chamonine,** Mikhail; Dr. rer. nat., Prof.; *Messtechnik, Sensorik*; di: Hochsch. Regensburg, Fak. Elektro- u. Informationstechnik, PF 120327, 93025 Regensburg, T: (0941) 9431105, mikhail.chamonine@e-technik.fh-regensburg.de

**Chandrasekhar,** Natarajan; Dr., Prof.; *International Retail Management, Marketing*; di: HAW Ingolstadt, Fak. Wirtschaftswiss., Esplanade 10, 85049 Ingolstadt, T: (0841) 9348186, natarajan.chandrasekhar@haw-ingolstadt.de

**Chantelau,** Klaus; Dr. rer. nat., Prof., Dekan FB Informatik; *Angewandte digitale Bildverarbeitung*; di: FH Schmalkalden, Fak. Informatik, Blechhammer, 98574 Schmalkalden, PF 100452, 98564 Schmalkalden, T: (03683) 6884121, chantelau@informatik.fh-schmalkalden.de

**Charifzadeh,** Michael; Dr. rer. pol., Prof.; *Intern. Finanzmanagement*; di: Accadis Hochsch., Du Pont-Str 4, 61352 Bad Homburg

**Charzinski,** Joachim; Dr., Prof.; *Mobile Netze, Innovationsmanagement, Internet traffic*; di: Hochsch. d. Medien, Fak. Electronic Media, Nobelstr. 10, 70569 Stuttgart, T: (0711) 89232774, charzinski@hdm-stuttgart.de

**Chassé,** Karl-August; Dr. phil. habil., Prof.; *Sozialarbeit, Sozialpädagogik*; di: FH Jena, FB Sozialwesen, Carl-Zeiss-Promenade 2, 07745 Jena, PF 100314, 07703 Jena, sw@fh-jena.de

**Chatrath,** Stefan; Dr., Prof.; *Sport u. Event Management*; di: Business and Information Technology School, Campus Berlin, Bernburger Str. 24-25, 10963 Berlin, T: (030) 338539754, stefan.chatrath@bits-hochschule.de

**Chen,** Liping; Dr.-Ing., Prof.; *Logistiktechnologien, Verkehrslogistik, Internationale Transportsysteme, Verkehrstechnik, Mathematik*; di: FH Kaiserslautern, FB Angew. Logistik u. Polymerwiss., Carl-Schurz-Str. 1-9, 66953 Pirmasens, T: (06331) 248377, F: 248344, liping.chen@fh-kl.de

**Chen,** Shun Ping; Dr.-Ing., Prof.; *Kommunikationsnetze, Kanalkodierung*; di: Hochsch. Darmstadt, FB Elektrotechnik u. Informationstechnik, Haardtring 100, 64295 Darmstadt, T: (06151) 168258, chen@eit.h-da.de

**Chestnutt,** Rebecca; Dipl.-Ing., Prof.; *Architektur, Interior-Architectural Design*; di: Hochsch. f. Technik, Fak. Architektur u. Gestaltung, Schellingstr. 24, 70174 Stuttgart, PF 101452, 70013 Stuttgart, T: (0711) 89262748, rebecca.chestnutt@hft-stuttgart.de

**Chi,** Alice; Prof.; *Visuelle Kommunikation*; di: Hochsch. Pforzheim, Fak. f. Gestaltung, Östl. Karl-Friedrich-Str. 24, 75175 Pforzheim, T: (07231) 286853, F: 28-6040, alice.chi@hs-pforzheim.de

**Chiampi Ohly,** Diana; Dr. jur., Prof.; *Softwarerecht*; di: Hochsch. Darmstadt, FB Gesellschaftswiss. u. Soziale Arbeit, Haardtring 100, 64295 Darmstadt, T: (06151) 169239, diana.chiampiohly@h-da.de

**Chiotoroiu,** Laurentiu; Dr.-Ing., Prof.; *Marine Engineering, Ship Design*; di: Jade Hochsch., FB Seefahrt, Weserstr. 4, 26931 Elsfleth, T: (04404) 92884159, F: 92884158

**Chlebek,** Jürgen; Dr.-Ing., Prof.; *Mikrosystemtechnik, insbes. Entwurf und Simulation*; di: FH Münster, FB Physikal. Technik, Stegerwaldstr. 39, 48565 Steinfurt, T: (02551) 962377, F: 962201, chlebek@fh-muenster.de; pr: Steinfurter Str. 7, 48366 Laer, T: (02554) 8680

**Chmieleski,** Jana; Dr., VertrProf.; *Landschaftskunde*; di: Hochsch. f. nachhaltige Entwicklung, FB Landschaftsnutzung u. Naturschutz, Friedrich-Ebert-Str. 28, 16225 Eberswalde, T: (03334) 657325, F: 657282, jchmieleski@hnee.de

**Choi,** Sung-Won; Dr.-Ing., Prof.; *Konstruktion mit CAD, Maschinenbau*; di: FH Lübeck, FB Maschinenbau und Wirtschaft, Mönkhofer Weg 136-140, 23562 Lübeck, T: (0451) 3005045, sung-won.choi@fh-luebeck.de

**Chowanetz,** Michael; Dr.-Ing., Prof.; *Elektrische Messtechnik und Grundlagen der Elektrotechnik*; di: Georg-Simon-Ohm-Hochsch. Nürnberg, Fak. Elektrotechnik Feinwerktechnik Informationstechnik, Wassertorstr. 10, 90489 Nürnberg, PF 210320, 90121 Nürnberg, Michael.Chowanetz@ohm-hochschule.de

**Christ,** Andreas; Dr.-Ing., Prof.; *Mikrowellentechnik, Nachrichtentechnik, CME*; di: Hochsch. Offenburg, Fak. Medien u. Informationswesen, Badstr. 24, 77652 Offenburg, T: (0781) 205130, F: 205214

**Christ,** Claudia; Dr., Prof.; *Psychotherapie, Public Health*; di: FH Frankfurt, FB 4 Soziale Arbeit u. Gesundheit, Nibelungenplatz 1, 60318 Frankfurt am Main, T: (069) 15332643, cchrist@fb4.fh-frankfurt.de

**Christ,** Gerald; Dipl.-Des., Prof.; *Grafik-Design (Typografie)*; di: Hochsch. Anhalt, FB 4 Design, PF 2215, 06818 Dessau, T: (0340) 51971737

**Christ,** Oliver; Dr., Prof.; *Umweltingenieurwesen*; di: Hochsch. Weihenstephan-Triesdorf, Fak. Umweltingenieurwesen, Steingruberstr. 2, 91746 Weidenbach-Triesdorf, T: (09826) 654229, oliver.christ@hswt.de

**Christa,** Harald; Dr., Prof.; *Sozialmanagement*; di: Ev. Hochsch. f. Soziale Arbeit, PF 200143, 01191 Dresden, T: (0351) 4690234, harald.christa@ehs-dresden.de; pr: Rosa-Menzer-Str. 15, 01309 Dresden, T: (0351) 3103330, harald.christa@gmx.de

**Christensen-Gantenberg,** Maren; Prof.; *Kostümentwurf*; di: Hochsch. Hannover, Fak. III Medien, Information u. Design, Kurt-Schwitters-Forum, Expo Plaza 2, 30539 Hannover, T: (0511) 92962351, maren.christensen@hs-hannover.de; pr: maren.christensen@gmx.de

**Christian,** Abraham David; Prof.; *Kunst, Kunst- u. Designwissenschaften*; di: Hochsch. Pforzheim, Fak. f. Gestaltung, Holzgartenstr. 36, 75175 Pforzheim, T: (07231) 286748, F: 286030, abrahamd.christian@hs-pforzheim.de

**Christian,** Claus-Jörg; Dr. rer. oec., Prof.; *Einführung in die Wirtschaftswissenschaften, Buchführung und Bilanzierung, Wirtschaftsrecht*; di: Hochsch. Mannheim, Fak. Wirtschaftsingenieurwesen, Windeckstr. 110, 68163 Mannheim, T: (0621) 2926384, F: 2926453

**Christians,** Uwe; Dr. rer. oec., Prof.; *Finanzierung / Investition, Bankbetriebslehre, Rechnungswesen / Controlling, Finanzdienstleistungsmanagement*; di: HTW Berlin, FB Wirtschaftswiss. I, Treskowallee 8, 10318 Berlin, T: (030) 50192423, christi@HTW-Berlin.de

**Christiansen,** Peter; Dipl.-Ing., Prof.; *Digitaltechnik, Rechnergestützer Entwurf*; di: FH Bingen, FB Technik, Informatik, Wirtschaft, Berlinstr. 109, 55411 Bingen, T: (06721) 409149, F: 409158, christiansen@fh-bingen.de

**Christidis,** Aristovoulos; Dr., Prof.; *Praktische Informatik*; di: Techn. Hochsch. Mittelhessen, FB 13 Mathematik, Naturwiss. u. Datenverarbeitung, Wiesenstr. 14, 35390 Gießen, T: (0641) 3092391; pr: Pestalozzistr. 68, 35394 Gießen, T: (0641) 4808180

**Christin,** Barbara; Prof.; di: FH Kaiserslautern, FB Informatik u. Mikrosystemtechnik, Amerikastr. 1, 66482 Zweibrücken, T: (06332) 914365, barbara.christin@fh-kl.de

**Christmann,** Mike; Dipl.-Ing., Prof.; *Ingenieurwissenschaft*; di: Hochsch. Rhein / Main, FB Ingenieurwiss., Am Brückweg 26, 65428 Rüsselsheim, T: (0163) 8870133, Mike.Christmann@hs-rm.de

**Christmann,** Monika; Dr. agr., Prof.; *Oenologie*; di: Hochsch. Geisenheim, Von-Lade-Str. 1, 65366 Geisenheim, T: (06722) 502171, monika.christmann@hs-gm.de; pr: Siebenbornstr. 4, 56337 Simmern, T: (02620) 902154

**Christof,** Karin; Dipl.-Math., Dr. rer. nat., Prof.; *Statistik/Wirtschaftsmathematik*; di: Westfäl. Hochsch., FB Wirtschaft u. Informationstechnik, Münsterstr. 265, 46397 Bocholt, T: (02871) 2155738, Karin.Christof@fh-gelsenkirchen.de

**Christoph,** Cathrin; Dr., Prof.; *Public Relations, Medienarbeit*; di: Hochsch. Hannover, Fak. III Medien, Information u. Design, Kurt-Schwitters-Forum, Expo Plaza 2, 30539 Hannover, T: (0511) 92962583, cathrin.christoph@hs-hannover.de

**Chung,** Jae Aileen; Dr., Prof.; *Interkulturelle Kommunikation u. Management, Lern- u. Arbeitstechnik, Organisationslehre, Business Englisch*; di: Hochsch. Aalen, Fak. Wirtschaftswissenschaften, Beethovenstr. 1, 73430 Aalen, T: (07361) 5762390, F: 5762330, jae-aileen.chung@htw-aalen.de; www.ibw.htw-aalen.de/chung

**Chwallek,** Constanze; Dipl.-Kffr., Dr. rer. pol., Prof.; *BWL, insbesondere Entrepreneurship*; di: FH Aachen, FB Wirtschaftswissenschaften, Eupener Str. 70, 52066 Aachen, T: (0241) 600951938, F: 600952280, chwallek@fh-aachen.de

**Cichon,** Wieland; Dr. rer. pol., Prof.; *Organisation und EDV*; di: Hochsch. München, Fak. Betriebswirtschaft, Am Stadtpark 20 (Neubau), 81243 München, T: (089) 12652717, F: 12652714, wieland.cichon@fhm.edu

**Cipolla,** Giovanni; Dr.-Ing., HonProf.; *Antriebssysteme*; di: Westsächs. Hochsch. Zwickau, FB Maschinenbau u. Kraftfahrzeugtechnik, Dr.-Friedrichs-Ring 2A, 08056 Zwickau

**Circhetta de Marrón,** Diana; Dr., Prof.; *Dienstleistungs- und Projektmanagement*; di: Hochschule Hamm-Lippstadt, Marker Allee 76-78, 59063 Hamm, T: (02381) 8789800, diana.circhetta@hshl.de

**Cirsovius,** Thomas; Dr., Prof.; *Sozial- und Zivilrecht*; di: HAW Hamburg, Fak. Wirtschaft u. Soziales, Berliner Tor 5, 20099 Hamburg, T: (040) 428757717, thomas.cirsovius@haw-hamburg.de

**Cisik,** Alexander; Dipl.-Psych., Dr. phil., Prof.; *Wirtschafts-, Organisations- und Arbeitspsychologie*; di: Hochsch. Niederrhein, FB Wirtschaftswiss., Webschulstr. 41-43, 41065 Mönchengladbach, T: (02161) 1866344, Alexander.cisik@hs-niederrhein.de

**Clasen,** Michael; Dr., Prof.; *Wirtschaftsinformatik*; di: Hochsch. Hannover, Fak. IV Wirtschaft u. Informatik, Ricklinger Stadtweg 120, 30459 Hannover, PF 920261, 30441 Hannover, T: (0511) 92961588, michael.clasen@hs-hannover.de

**Claßen,** Gabriele; Dr. phil., Prof.; *Empirische Sozialforschung, Biostatistik*; di: Hochsch. Neubrandenburg, FB Gesundheit, Pflege, Management, Brodaer Str. 2, 17033 Neubrandenburg, PF 110121, 17041 Neubrandenburg, T: (0395) 56933102, classen@hs-nb.de

**Claßen,** Ingo; Dr., Prof.; *Wirtschaftsinformatik*; di: HTW Berlin, FB Wirtschaftswiss. II, Treskowallee 8, 10318 Berlin, T: (030) 50192260, iclassen@HTW-Berlin.de

**Claus,** Günter; Dr. rer. nat., Prof.; *Mikrobiologie*; di: Hochsch. Mannheim, Fak. Gestaltung, Windeckstr. 110, 68163 Mannheim

**Claus,** Günter; Dr. rer. nat., HonProf. U Heidelberg, Prof. H Mannheim; *Mikrobiologie, Technische Mikrobiologie*; di: Hochsch. Mannheim, Fak. Biotechnologie, Institute for Technical Microbiology, Paul-Wittsack-Str. 10, 68163 Mannheim, T: (0621) 2926385, F: 2926420, g.claus@hs-mannheim.de

**Claus,** Peter; Dr.-Ing., Prof.; *CAD/ Schaltungstechnik und Konstruktion in der Elektrotechnik*; di: Hochsch. Kempten, Fak. Elektrotechnik, Bahnhofstr. 61-63, 87435 Kempten, T: (0831) 2523567, claus@fh-kempten.de

**Clausdorff,** Lüder; Dr.-Ing., Prof.; *Krankenhausbau: Planung und Bautechnik, Instandhaltung, Brandschutz, Projektsteuerung*; di: Techn. Hochsch. Mittelhessen, FB 04 Krankenhaus- u. Medizintechnik, Umwelt- u. Biotechnologie, Wiesenstr. 14, 35390 Gießen, T: (0641) 3092517; pr: Raingasse 9, 35085 Ebsdorfergrund, T: (06424) 923823

**Clausen,** Thomas; Dipl.-Ing., Prof.; *Bauproduktionsplanung u. Bauproduktionssteuerung, Grundlagen d. Bauingenieurwesens*; di: Hochsch. München, Fak. Bauingenieurwesen, Karlstr. 6, 80333 München, clausen@bau.fhm.edu

**Clausen-Schaumann,** Hauke; Dr., Prof.; *Nanobiotechnologie*; di: Hochsch. München, Fak. Elektrotechnik u. Informationstechnik, Lothstr. 64, 80335 München, T: (089) 12651417, F: 12651480, clausen-schaumann@fhm.edu

**Clausius,** Eike; Dr. rer. oec., Prof.; *Allg. Betriebswirtschaftslehre*; di: Westsächs. Hochsch. Zwickau, FB Wirtschaftswiss., Scheffelstr. 39, 08056 Zwickau, Eike.Clausius@fh-zwickau.de

**Clauß,** Annette; Dr., Prof.; *Sozialarbeitswissenschaft und Methoden der Sozialen Arbeit*; di: DHBW Villingen-Schwenningen, Fak. Sozialwesen, Schramberger Str. 26, 78054 Villingen-Schwenningen, T: (07720) 3906212, F: 3906219, clauss@dhbw-vs.de

**Clauß,** Georg; Dr. rer. nat., Prof.; *Werkstoffe, Werkstoffprüfung, Kunststofftechnologie, Entsorgungstechnik, Recycling*; di: Hochsch. Heilbronn, Fak. f. Mechanik u. Elektronik, Max-Planck-Str. 39, 74081 Heilbronn, T: (07131) 504233, g-clauss@hs-heilbronn.de

**Claussen,** Ulf; Dr., Prof.; *Automatisierungstechnik*; di: HAW Hamburg, Fak. Technik u. Informatik, Berliner Tor 7, 20099 Hamburg, T: (040) 428758087, Ulf.Claussen@haw-hamburg.de

**Cleef,** Hans-Joachim; Dr. rer. nat., Prof.; *Wirtschaftsinformatik*; di: FH Jena, FB Grundlagenwiss., Carl-Zeiss-Promenade 2, 07745 Jena, PF 100314, 07703 Jena, T: (03641) 205500, F: 205501, gw@fh-jena.de

**Cleff,** Thomas; Dr., Prof.; *Quantitative Methoden*; di: Hochsch. Pforzheim, Fak. f. Wirtschaft u. Recht, Tiefenbronner Str. 65, 75175 Pforzheim, T: (07231) 286322, F: 286070, thomas.cleff@hs-pforzheim.de

**Clemens,** Helmut; Dr.-Ing., Prof.; *Technische Mechanik, Getriebelehre, Angewandte Mechanik*; di: FH Kaiserslautern, FB Angew. Ingenieurwiss., Morlauterer Str. 31, 67657 Kaiserslautern, T: (0631) 3724161, F: 3724218, helmut.clemens@fh-kl.de

**Clemens-Ziegler,** Brigitte; Dr., Prof.; *Marketing*; di: HTW Berlin, FB Wirtschaftswiss. I, Treskowallee 8, 10318 Berlin, T: (030) 50192467, brigitte.clemens-ziegler@HTW-Berlin.de; pr: Enzianstr. 3, 12203 Berlin, T: (030) 84109073

**Clement,** Reiner; Dr. rer. pol., Prof.; *Volkswirtschaftslehre u. -politik, Umweltwirtschaft*; di: Hochsch. Bonn-Rhein-Sieg, FB Wirtschaft Sankt Augustin, Grantham-Allee 20, 53757 Sankt Augustin, 53754 Sankt Augustin, T: (02241) 865110, F: 8658110, Reiner.Clement@fh-rhein-sieg.de

**Cleve,** Ernst; Dr. rer. nat., Prof.; *Physik, Datenverarbeitung*; di: Hochsch. Niederrhein, FB Chemie, Frankenring 20, 47798 Krefeld, T: (02151) 822191

**Cleve,** Jürgen; Dr. rer. nat., Prof.; *Informatik, Künstl. Intelligenz*; di: Hochsch. Wismar, Fak. f. Wirtschaftswiss., PF 1210, 23952 Wismar, T: (03841) 753527, F: 753131, j.cleve@wi.hs-wismar.de

**Cleven,** Johannes; Dr., Prof.; *Logistik u. Analysis*; di: FH Dortmund, FB Informatik, Emil-Figge-Str. 42, 44227 Dortmund, T: (0231) 7556732, F: 7556710, cleven@fh-dortmund.de

**Closs,** Elisabeth; Dipl.-Inform., Prof.; *Technische Redaktion, Informations- u. Medientechnik*; di: Hochsch. Karlsruhe, FB Sozialwissenschaften, Moltkestr. 30, 76133 Karlsruhe, PF 2440, 76012 Karlsruhe, T: (0721) 9252987, sissi.closs@hs-karlsruhe.de

**Clostermann,** Jörg; Dr. rer. pol., Prof.; *Volkswirtschaftslehre, Außenhandel, Quantitative Methoden*; di: HAW Ingolstadt, Fak. Wirtschaftswiss., Esplanade 10, 85049 Ingolstadt, T: (0841) 9348122, joerg.clostermann@haw-ingolstadt.de

**Coehne,** Uwe; Dr.-Ing., Prof.; *Industrielle Fertigungsverfahren, Schweißtechnik, Werkstofftechnik, Werkstoffprüfung*; di: Hochsch. Offenburg, Fak. Maschinenbau u. Verfahrenstechnik, Badstr. 24, 77652 Offenburg, T: (0781) 205315, F: 205214

**Cölln,** Gerd von; Dr., Prof.; di: Hochsch. Emden/Leer, FB Technik, Constantiaplatz 4, 26723 Emden, T: (04921) 8071810, F: 8071843, coelln@hs-emden-leer.de

**Coenenberg,** Alexandra; Dr., Prof.; *Bilanzanalyse, Deutsche u. internationale Steuern*; di: Hochsch. Augsburg, Fak. Wirtschaft, An der Hochschule 1, 86161 Augsburg, PF 110605, 86031 Augsburg, T: (0821) 55862905, Alexandra.Coenenberg@hs-augsburg.de

**Cönning,** Wolfgang; Dr.-Ing., Prof.; *Physik*; di: Hochsch. Esslingen, Fak. Grundlagen, Kanalstr. 33, 73728 Esslingen, T: (0711) 3973490, F: 3974395; pr: Mozartstr. 5, 71409 Schwaikheim, T: (07195) 57218

**Colgen,** Rainer; Dr., Prof.; *Informatik*; di: DHBW Mannheim, Fak. Technik, Coblitzallee 1-9, 68163 Mannheim, T: (0621) 41051163, F: 41051101, rainer.colgen@dhbw-mannheim.de

**Collin,** Jürgen; Dr.-Ing., Prof.; *Verkehrswesen, Verkehrsplanung*; di: HAWK Hildesheim/Holzminden/Göttingen, FB Architektur, Hohnsen 2, 31134 Hildesheim, T: (05121) 881280

**Colling,** François; Dr.-Ing., Prof.; *Holzbau, Baustatik I*; di: Hochsch. Augsburg, Fak. f. Architektur u. Bauwesen, An der Hochschule 1, 86161 Augsburg, T: (0821) 55863109, F: 55863136, francois.colling@hs-augsburg.de; www.fcolling.de

**Collmann,** Ralph; Dr.-Ing., Prof.; *Kommunikationstechnik, Funksysteme*; di: HTW Dresden, Fak. Elektrotechnik, Friedrich-List-Platz 1, 01069 Dresden, T: (0351) 4622471, collmann@et.htw-dresden.de

**Collmar,** Norbert; Dr., Prof., Rektor; *Religionspädagogik*; di: Ev. H Ludwigsburg, FB Religionspädagogik, Auf der Karlshöhe 2, 71638 Ludwigsburg, T: (07141) 965218, F: 965234, n.collmar@efh-ludwigsburg.de; pr: Geschwister-Scholl-Str. 25, 71638 Ludwigsburg, T: (07141) 80298

**Colussi,** Marc; Dr. jur., Prof.; *Staats- und Verfassungsrecht, Polizeirecht*; di: FH d. Bundes f. öff. Verwaltung, FB Kriminalpolizei, Thaerstr. 11, 65193 Wiesbaden

**Commentz-Walter,** Beate; Dr. rer. nat., Prof.; *Kommunikationssysteme, Betriebssysteme, Kommerzielle Softwareproduktion*; di: Hochsch. Albstadt-Sigmaringen, FB 2, Johannesstr. 3, 72458 Albstadt-Ebingen, T: (07431) 579146, F: 579149, commentz@hs-albsig.de

**Commerell,** Walter; Dr., Prof.; *Elektrotechnik, Regelungstechnik, Messtechnik, Modellbildung Techn. Systeme*; di: Hochsch. Ulm, Fak. Maschinenbau u. Fahrzeugtechnik, PF 3860, 89028 Ulm, T: (0731) 5028347, commerell@hs-ulm.de

**Compensis,** Ulrike; Dr., Prof.; *Wirtschaftsrecht*; di: FH Dortmund, FB Wirtschaft, Emil-Figge-Str. 44, 44227 Dortmund, T: (0231) 7554868, F: 7554902, Ulrike.Compensis@fh-dortmund.de

**Conen,** Johannes; Dipl. Des., Prof.; *Design in den digitalen Medien*; di: Hochsch. Trier, FB Gestaltung, PF 1826, 54208 Trier, T: (0651) 8103823, J.Conen@hochschule-trier.de; pr: Olewigerstr. 58, 54295 Trier, T: (0651) 4361220, F: 4361891

**Conen,** Wolfram; Dr., Prof.; *Theoretische Informatik*; di: Westfäl. Hochsch., FB Informatik u. Kommunikation, Neidenburger Str. 43, 45877 Gelsenkirchen, T: (0209) 9596566, wolfram.conen@informatik.fh-gelsenkirchen.de

**Coners,** André; Dr., Prof.; *Technische Betriebswirtschaft*; di: FH Südwestfalen, FB Techn. Betriebswirtschaft, Haldener Str. 182, 58095 Hagen, T: (02331) 9330717, coners@fh-swf.de

**Conrad,** Elmar; Dr.-Ing., Prof.; *Informatik/ Grundlagen der Informatik, Softwareengineering, Logik, Algorithmierung/ Programmierung*; di: Westsächs. Hochsch. Zwickau, FB Physikalische Technik/ Informatik, Dr.-Friedrichs-Ring 2A, 08056 Zwickau, T: (0375) 5361337, elmar.conrad@fh-zwickau.de

**Conrad,** Nicole; Dr., Prof.; *Wirtschaftsrecht*; di: FH Mainz, FB Wirtschaft, Lucy-Hillebrand-Str. 2, 55128 Mainz, T: (06131) 628118, nicole.conrad@wiwi.fh-mainz.de

**Conradi,** Elisabeth; Dr. habil., Prof.; *Politikwissenschaft: Politische Theorie u. Ideengeschichte; Philosophie: Ethik u. Politische Philosophie*; di: DHBW Stuttgart, Fak. Sozialwesen, Herdweg 29, 70174 Stuttgart, PF 100563, 70004 Stuttgart, T: (0711) 1849729, F: 1849735, conradi@dhbw-stuttgart.de; www.econradi.de

**Conradi,** Georg; Dipl.-Ing., Prof.; *Baukonstruktion*; di: FH Lübeck, FB Bauwesen, Stephensonstr. 1, 23562 Lübeck, T: (0451) 3005145, F: 3005079, georg.conradi@fh-luebeck.de

**Conrads,** Markus; Dr. jur., Prof.; *Deutsches und Internationales Wirtschaftsrecht*; di: Hochsch. Reutlingen, FB European School of Business, Alteburgstr. 150, 72762 Reutlingen, T: (07121) 2713080, Markus.Conrads@reutlingen-university.de; pr: Otto-Hahn-Str. 19, 44227 Dortmund

**Conrady,** Roland; Dr. rer. pol., Prof.; *Allgemeine Betriebswirtschaftslehre, spezielle Betriebswirtschaftslehre d. touristischen Leistungsträger und/oder Reiseveranstalter/-mittler sowie E-Business Touristik*; di: FH Worms, FB Touristik/Verkehrswesen, Erenburgerstr. 19, 67549 Worms, conrady@fh-worms.de

**Conte,** Fiorentino Valerio; Dr., Prof.; *Elektronik, Elektrotechnik, Energiespeichertechnik*; di: Hochsch. Augsburg, Fak. f. Maschinenbau u. Verfahrenstechnik, An der Hochschule 1, 86161 Augsburg, PF 110605, 86031 Augsburg, T: (0821) 55862064, fiorentinovalerio.conte@hs-augsburg.de

**Convent,** Bernhard; Dr., Prof.; *Softwaretechnologie*; di: Westfäl. Hochsch., FB Wirtschaft u. Informationstechnik, Münsterstr. 265, 46397 Bocholt, T: (02871) 2155816, bernhard.convent@fh-gelsenkirchen.de

**Conze,** Eckard; Dr.-Ing., Prof.; *Maschinenelemente und Antriebe, Verpackungsmaschinen, Entwickeln mit CAD, Projektmanagement, Logistik, Produktionssystematik*; di: Hochsch. d. Medien, Fak. Druck u. Medien, Nobelstr. 10, 70569 Stuttgart, T: (0711) 89232121, conze@hdm-stuttgart.de

**Conze,** Peter; Dr., Prof.; *Öffentliches Dienstrecht*; di: FH d. Bundes f. öff. Verwaltung, FB Allg. Innere Verwaltung, Willy-Brandt-Str. 1, 50321 Brühl, T: (01888) 6297017

**Conzelmann,** Rütger; Dr. rer. pol., Prof.; *Finance, Controlling*; di: Hochsch. Furtwangen, Fak. Wirtschaft, Jakob-Kienzle-Str. 17, 78054 Villingen-Schwenningen, cor@hs-furtwangen.de

**Coors,** Volker; Prof.; *Informatik, Geoinformatik*; di: Hochsch. f. Technik, Fak. Vermessung, Mathematik u. Informatik, Schellingstr. 24, 70174 Stuttgart, PF 101452, 70013 Stuttgart, T: (0711) 89262708, volker.coors@hft-stuttgart.de

**Cordes,** Christiana; Dr., Prof.; *Biotechnologie*; di: Hochsch. Anhalt, FB 7 Angew. Biowiss. u. Prozesstechnik, PF 1458, 06354 Köthen, christiana.cordes@bwp.hs-anhalt.de

**Cordes,** Jens; Dr., Prof.; *BWL/Schwerpunkt Öffentliche Wirtschaft*; di: Hochsch. Harz, FB Wirtschaftswiss., Friedrichstr. 57-59, 38855 Wernigerode, T: (03943) 659230, F: 659109, jcordes@hs-harz.de

**Cordes,** Markus; Dr., Prof.; *Materialwirtschaft / Logistik*; di: DHBW Villingen-Schwenningen, Fak. Wirtschaft, Karlstr. 29, 78054 Villingen-Schwenningen, T: (07720) 3906156, F: 3906149, cordes@dhbw-vs.de

**Cordewiner,** Hans Josef; Dr.-Ing., Prof.; *Konstruktion und CAD in der Luft- und Raumfahrttechnik*; di: FH Aachen, FB Luft- und Raumfahrttechnik, Hohenstaufenallee 6, 52064 Aachen, T: (0241) 600952392, cordewiner@fh-aachen.de; pr: Grünewald 13, 52146 Würselen, T: (02406) 3141

**Coriand,** Andrea; Dr. rer. nat., Prof.; *Mathematik, EDV*; di: Ostfalia Hochsch., Fak. Versorgungstechnik, Salzdahlumer Str. 46/48, 38302 Wolfenbüttel, A.Coriand@ostfalia.de

**Cornel,** Heinz; Dr. phil., Prof., Prorektor; *Recht, Kriminologie, Jugendrecht*; di: Alice-Salomon-Hochsch., Alice-Salomon-Platz 5, 12627 Berlin-Hellersdorf, T: (030) 99245526, cornel@ash-berlin.eu; pr: Fehrbelliner Str. 22b, 14612 Falkensee, T: (03322) 208554, F: 209833

**Cornelissen,** Gesine; Dr., Prof.; *Bioprozessentwicklung*; di: HAW Hamburg, Fak. Life Sciences, Lohbrügger Kirchstr. 65, 21033 Hamburg, T: (040) 428756295, gesine.cornelissen@haw-hamburg.de

**Cornetz,** Wolfgang; Dr., Prof., Rektor; *VWL/Wirtschaftspolitik*; di: HTW d. Saarlandes, Fak. f. Wirtschaftswiss, Waldhausweg 14, 66123 Saarbrücken, cornetz@htw-saarland.de

**Corsten,** Sabine; Dr. rer. medic., Prof. i.K.; *Logopädie*; di: Kath. Hochsch. Mainz, FB Gesundheit u. Pflege, Saarstr. 3, 55122 Mainz, T: (06131) 2894454, corsten@kfh-mainz.de

**Cosack,** Tilman; Dr., Prof.; *Deutsches und Europäisches Umweltrecht sowie Energiewirtschaftsrecht*; di: Hochsch. Trier, Umwelt-Campus Birkenfeld, FB Umweltwirtschaft/Umweltrecht, PF 1380, 55761 Birkenfeld, T: (06782) 171594, t.cosack@umwelt-campus.de

**Costard,** Sylvia; Dr., Prof.; *Logopädie*; di: Hochsch. f. Gesundheit, Universitätsstr. 105, 44789 Bochum, T: (0234) 77727653, sylvia.costard@hs-gesundheit.de

**Cottin,** Claudia; Dr. rer. nat., Prof.; *Finanz- und Versicherungsmathematik*; di: FH Bielefeld, FB Ingenieurwiss. u. Mathematik, Am Stadtholz 24, 33609 Bielefeld, T: (0521) 1067413, claudia.cottin@fh-bielefeld.de; pr: Oststr. 2 a, 33604 Bielefeld, T: (0521) 296266

**Cottmann,** Angelika; Dr., Prof.; *Recht in der sozialen Praxis unter bes. Berücksichtigung frauenspezifischer Problemstellungen*; di: FH Dortmund, FB Angewandte Sozialwiss., Emil-Figge-Str. 44, 44227 Dortmund, T: (0231) 7554956, F: 7554911, angelika.cottmann@fh-dortmund.de; pr: Andreas-Hofer-Str. 2a, 44803 Bochum

**Courant,** Jörg; Dr., Prof.; *Betriebliche Anwendungen und Informationsmanagement*; di: HTW Berlin, FB Wirtschaftswiss. II, Treskowallee 8, 10318 Berlin, T: (030) 50192496, courant@HTW-Berlin.de

**Cousin,** René; Dr.-Ing., Prof.; *Strömungstechnik und Wärmeübertragung*; di: FH Köln, Fak. f. Anlagen, Energie- u. Maschinensysteme, Betzdorfer Str. 2, 50679 Köln, T: (0221) 82752596, rene.cousin@fh-koeln.de; pr: Bonner Str. 88, 50677 Köln, T: (0221) 3405206

**Cousin,** Sabine; Prof.; *Darstellende Geometrie*; di: FH Potsdam, FB Architektur u. Städtebau, Pappelallee 8-9, Haus 2, 14469 Potsdam, T: (0331) 5801214

**Cowan,** Robert; Dr., Prof.; *Angewandte Sprachwissenschaften, SP Englisch*; di: Hochsch. Harz, FB Wirtschaftswiss., Friedrichstr. 57-59, 38855 Wernigerode, T: (03943) 659160, F: 659109, rcowan@hs-harz.de

**Cox,** Günter; Dr.-Ing., Prof., Rektor Rheinische FH Köln; di: Rheinische FH Köln, Hohenstaufenring 16-18, 50674 Köln; pr: Berg 14b, 41334 Nettetal, T: (02153) 972641

**Cramer,** Andreas; Dr.-Ing., Prof.; *Informatik, insbes. Medieninformatik*; di: Westfäl. Hochsch., FB Informatik u. Kommunikation, Neidenburger Str. 43, 45877 Gelsenkirchen, T: (0209) 9596534, Andreas.Cramer@informatik.fh-gelsenkirchen.de

**Cramer,** Manfred; Dr. phil., Prof.; *Psychologie, Soziologie*; di: Hochsch. München, Fak. Angew. Sozialwiss., Lothstr. 34, 80335 München, T: (089) 12652319, F: 12652330, cramer@fhm.edu

**Cramer,** Stefan; Dr., Prof.; *Kommunikations- und Digitaltechnik*; di: Techn. Hochsch. Mittelhessen, FB 02 Elektro- u. Informationstechnik, Wiesenstr. 14, 35390 Gießen, T: (0641) 3091913, Stefan.Cramer@ei.fh-giessen.de; pr: Siemensstr. 1, 68623 Lampertheim, T: (06206) 911893

**Cremer,** Ralf; Dipl.-Wirt.-Ing., Dr.-Ing., Prof.; *Betriebswirtschaftslehre*; di: FH Lübeck, FB Maschinenbau u. Wirtschaft, Mönkhofer Weg 136-140, 23562 Lübeck, T: (0451) 3005497, ralf.cremer@fh-luebeck.de

**Cremer,** Reinhardt; Dr.-Ing., Prof.; *Elektrische Maschinen, Antriebe und Leistungselektronik*; di: FH Stralsund, FB Elektrotechnik u. Informatik, Zur Schwedenschanze 15, 18435 Stralsund, T: (03831) 456584, Reinhardt.Cremer@fh-stralsund.de

**Cremers,** Jan; Prof.; *Gebäudetechnologie, Integrale Architektur*; di: Hochsch. f. Technik, Fak. Architektur u. Gestaltung, Schellingstr. 24, 70174 Stuttgart, PF 101452, 70013 Stuttgart, T: (0711) 89262620, jan.cremers@hft-stuttgart.de

**Creutzburg,** Reiner; Dr. rer. nat., Prof.; *Informatik/Algorithmen, Datenstrukturen*; di: FH Brandenburg, FB Informatik u. Medien, Magdeburger Str. 50, 14770 Brandenburg, PF 2132, 14737 Brandenburg, T: (03381) 355442, F: 355499, creutzburg@fh-brandenburg.de

**Creutzburg,** Uwe; Dr.-Ing., Prof.; *Mikroprozessortechnik, Digitale Schaltungen*; di: FH Stralsund, FB Elektrotechnik u. Informatik, Zur Schwedenschanze 15, 18435 Stralsund, T: (03831) 456636, Uwe.Creutzburg@fh-stralsund.de

**Creutzig,** Jürgen; Dr. jur., HonProf. H Nürtingen; *Rechtswissenschaft*; di: Hochsch. f. Wirtschaft u. Umwelt Nürtingen-Geislingen, PF 1349, 72603 Nürtingen

**Creutziger,** Johannes; Dr., Prof.; *Mathematik, EDV, CAD, Experimentell-analytisches Arbeiten/Statistik*; di: Hochsch. f. nachhaltige Entwicklung, FB Holztechnik, Alfred-Möller-Str. 1, 16225 Eberswalde, T: (03334) 657375, Johannes.Creutziger@hnee.de

**Creutzmann,** Andreas; Prof.; *Steuern*; di: SRH Hochsch. Calw, Badstr. 27, 75365 Calw

**Crisand,** Marcel; Dr., Prof.; *Strategisches Management, Unternehmensführung*; di: Hochsch. Heidelberg, Fak. f. Sozial- u. Verhaltenswissenschaften, Ludwid-Guttmann-Str. 6, 69123 Heidelberg, T: (06221) 881470, marcel.crisand@fh-heidelberg.de

**Crössmann,** Jürgen; Dipl.-Volksw., Dr. rer. pol., Prof.; *Internationales Controlling/Accounting*; di: Hochsch. Rhein/Main, Wiesbaden Business School, Bleichstr. 44, 65183 Wiesbaden, T: (0611) 94953138, juergen.croessmann@hs-rm.de

**Crome,** Horst; Dr. phil., Prof.; *Rechnergestütztes Konstruieren (CAD), Physik*; di: Hochsch. Bremen, Fak. Natur u. Technik, Neustadtswall 30, 28199 Bremen, T: (0421) 59053567, F: 59053505, Horst.Crome@hs-bremen.de

**Crotogino,** Arno; Dr.-Ing., Prof.; *Bauinformatik, Vermessungslehre, Mathematik*; di: FH Lübeck, FB Bauwesen, Stephensonstr. 1, 23562 Lübeck, T: (0451) 3005122, arno.crotogino@fh-luebeck.de; pr: Feuerbachstr. 54, 24107 Kiel

**Crusius,** Sabine → Lepper, Sabine

**Cuno,** Bernd; Dr.-Ing., Prof.; *Mess- und Regelungstechnik*; di: Hochsch. Fulda, FB Elektrotechnik u. Informationstechnik, Marquardstr. 35, 36039 Fulda, bernd.cuno@et.fh-fulda.de; pr: In der Harth 14, 36148 Kalbach, T: (06655) 918635

**Curdt,** Oliver; Prof.; *Tontechnik, Sounddesign, Musik- und Mediengeschichte*; di: Hochsch. d. Medien, Fak. Electronic Media, Nobelstr. 10, 70569 Stuttgart, T: (0711) 89232251

**Curticapean,** Dan; Dr. rer. nat., Prof.; *Medientechnik, Audio-Video-Technik*; di: Hochsch. Offenburg, Fak. Medien u. Informationswesen, Badstr. 24, 77652 Offenburg

**Czaja,** Jens; Dr.-Ing., Prof.; di: Hochsch. München, Fak. Geoinformation, Karlstr. 6, 80333 München, jens.czaja@hm.edu

**Czarnecki,** Lothar; Dr.-Ing., Prof.; *Grundlagen der Elektrotechnik, Elektrische Antriebstechnik, Leistungselektronik, Hochspannungstechnik*; di: Hochsch. Kempten, Fak. Elektrotechnik, Bahnhofstr. 61-63, 87435 Kempten, T: (0831) 2523536, F: 2523197, lothar.czarnecki@fh-kempten.de

**Czarnetzki,** Walter; Dr.-Ing., Prof., Dekan FB Maschinenbau; *Termodynamik, Messtechnik*; di: Hochsch. Esslingen, Kanalstr. 33, 73728 Esslingen, T: (0711) 3973251; pr: Greutstr. 57, 72124 Pliezhausen, T: (07127) 925421

**Czech-Winkelmann,** Susanne; Dipl.-Kfm., Dr. rer. pol., Prof.; *Vertriebsmanagement*; di: Hochsch. Rhein/Main, Wiesbaden Business School, Bleichstr. 44, 65183 Wiesbaden, T: (0611) 94953120, susanne.czech-winkelmann@hs-rm.de; pr: Am Schieferberg 25, 65779 Kelkheim, T: (06195) 902934, F: 902935

**Czenskowsky,** Torsten; Dr. rer. pol., Prof.; *Betriebswirtschaftslehre, insb. Rechnungswesen/Controlling*; di: Ostfalia Hochsch., Fak. Verkehr-Sport-Tourismus-Medien, Karl-Scharfenberg-Str. 55-57, 38229 Salzgitter, t.czenskowsky@Ostfalia.de

**Czepek,** Andrea; Dr., Prof.; *Allgemeine Betriebswirtschaftslehre*; di: Jade Hochsch., FB Management, Information, Technologie, Friedrich-Paffrath-Str. 101, 26389 Wilhelmshaven, T: (04421) 9852451, andrea.czepek@jade-hs.de

**Czermak,** Peter; Dr.-Ing., HonProf. U Gießen, Prof. Techn. H Mittelhessen; *Bioverfahrenstechnik, Membrantechnologie, Lebensmittelbiotechnologie, Biotechnologie*; di: Techn. Hochsch. Mittelhessen, FB 04 Krankenhaus- u. Medizintechnik, Umwelt- u. Biotechnologie, Wiesenstr. 14, 35390 Gießen, T: (0641) 3092551, F: 3092553, peter.czermak@kmub.thm.de; pr: Wingertsberg 41c, 35576 Wetzlar

**Czernik,** Sofie; Dr. rer. nat., Prof.; *Mathematische Grundlagen d. Informatik, Analyse verteilter Systeme*; di: Hochsch. Bremerhaven, An der Karlstadt 8, 27568 Bremerhaven, T: (0471) 4823148, s.czernik@hs-bremerhaven.de; pr: Helsinkistr. 19, 28719 Bremen, T: (0421) 6360070, sj.czernik@t-online.de

**Cziesla,** Torsten; Dr.-Ing., Prof.; *Energietechnik und Ressourcenoptimierung*; di: Hochschule Hamm-Lippstadt, Marker Allee 76-78, 59063 Hamm, T: (02381) 8789404, torsten.cziesla@hshl.de

**Czinki,** Alexander; Dr.-Ing., Prof.; *Anwendungen d. Robotik, Fahrzeugmechatronik*; di: Hochsch. Aschaffenburg, Fak. Ingenieurwiss., Würzburger Str. 45, 63743 Aschaffenburg, T: (06021) 314909, alexander.czinki@fh-aschaffenburg.de

**Czuchra,** Waldemar; Dr. habil., Prof.; *Algorithmen, Programmierung, Datenstrukturen*; di: Hochsch. Bremerhaven, An der Karlstadt 8, 27568 Bremerhaven, T: (0471) 4823438, wczuchra@hs-bremerhaven.de; pr: Zedernweg 3, 27578 Bremerhaven, T: (0471) 9612260

**Czuidaj,** Martin; Dr., Prof.; *Wirtschaftswissenschaften*; di: Techn. Hochsch. Mittelhessen, FB 14 Wirtschaftsingenieurwesen, Wilhelm-Leuschner-Str. 13, 61169 Friedberg, T: (06031) 604527

**Daberkow,** Karlheinz; Dipl.-Ing., Dr. phil., Prof.; *Kommunikationswissenschaften*; di: Hochsch. Wismar, Fak. f. Gestaltung, PF 1210, 23952 Wismar, T: (03841) 753182, k.daberkow@di.hs-wismar.de

**Dabisch,** Thomas; Dr. rer. nat., Prof.; *Kunststoffchemie, Elastomertechnik*; di: Hochsch. Darmstadt, FB Maschinenbau u. Kunststofftechnik, Haardtring 100, 64295 Darmstadt, T: (06151) 168541, dabisch@fbk.h-da.de

**Dachwald,** Bernd; Dr.-Ing., Prof.; *Raumfahrttechnik*; di: FH Aachen, FB Luft- und Raumfahrttechnik, Hohenstaufenallee 6, 52064 Aachen, T: (0241) 600952343, dachwald@fh-aachen.de

**Dackweiler,** Regina Maria; Dr., Prof.; *Gesellschaftliche und politische Bedingungen Sozialer Arbeit*; di: Hochsch. Rhein/Main, FB Sozialwesen, Soziale Arbeit, Kurt-Schumacher-Ring 18, 65197 Wiesbaden, T: (0611) 94951312, dackweiler@sozialwesen.fh-wiesbaden.de; pr: Fürstenberger Str. 156, 60322 Frankfurt/M.

**Daduna,** Joachim R.; Dipl.-Kfm., Dr. rer. pol., Prof.; *Distributionswirtschaft und betriebliche Logistik*; di: Hochsch. f. Wirtschaft u. Recht Berlin, Badensche Str. 50-51, 10825 Berlin, T: (030) 85789114, daduna@hwr-berlin.de; pr: Badensche Str. 49, 10715 Berlin, T: (030) 8541666

**Dähn,** Friedemann; Prof.; *Audiogestaltung, Soundtechnik*; di: FH Schwäbisch Hall, Salinenstr. 2, 74523 Schwäbisch Hall, PF 100252, 74502 Schwäbisch Hall, T: (0791) 8565537, daehn@fhsh.de

**Daehn,** Wilfried; Dr.-Ing. habil., Prof.; *Mikroelektronik, Informatik*; di: Hochsch. Magdeburg-Stendal, FB Elektrotechnik, Breitscheidstr. 2, 39114 Magdeburg, T: (0391) 9664673, Wilfried.Daehn@HS-Magdeburg.de; www.elektrotechnik.hs-magdeburg.de/home/profs/daehn/pic1.htm

**Däßler,** Rolf; Dr., Prof.; *Informationsvisualisierung, Webtechnologie*; di: FH Potsdam, FB Informationswiss., Friedrich-Ebert-Str. 4, 14467 Potsdam, T: (0331) 5801512, daessler@fh-potsdam.de

**Dahl,** Falk; Dr., Prof.; *Verwaltungsrecht*; di: FH d. Bundes f. öff. Verwaltung, FB Bundeswehrverwaltung, Seckenheimer Landstr. 10, 68163 Mannheim

**Dahlgaard,** Knut; Dr., Prof.; *Betriebswirtschaftslehre und Personalmanagement*; di: HAW Hamburg, Fak. Wirtschaft u. Soziales, Alexanderstr. 1, 20099 Hamburg, T: (040) 428757097, knut.dahlgaard@haw-hamburg.de; pr: T: (040) 40170803

**Dahlkemper,** Jörg; Dr.-Ing., Prof.; *Mess- und Sensortechnik*; di: HAW Hamburg, Fak. Technik u. Informatik, Berliner Tor 7, 20099 Hamburg, T: (040) 428758108, joerg.dahlkemper@haw-hamburg.de

**Dahlmann,** Horst; Dr.-Ing., Prof.; *Elektrotechnik, Mess- und Sensortechnik, Rechnergestützte Messsysteme*; di: Hochsch. Offenburg, Fak. Elektrotechnik u. Informationstechnik, Badstr. 24, 77652 Offenburg, T: (0781) 205217, F: 205214

**Dahm,** Sabine; Dr., Prof.; di: HAWK Hildesheim/Holzminden/Göttingen, Fak. Soziale Arbeit u. Gesundheit, Hohnsen 1, 31134 Hildesheim, T: (05121) 881473, Dahm@hawk-hhg.de

**Dahmann,** Peter; Dr.-Ing., Prof., Dekan FB Luft- und Raumfahrttechnik; *Technische Mechanik*; di: FH Aachen, FB Luft- und Raumfahrttechnik, Hohenstaufenallee 6, 52064 Aachen, T: (0241) 600952360, dahmann@fh-aachen.de; pr: Veneterstr. 3, 52074 Aachen, T: (0241) 878297

**Dahme,** Heinz-Jürgen; Dr., Prof.; *Verwaltungswissenschaften*; di: Hochsch. Magdeburg-Stendal, FB Sozial- u. Gesundheitswesen, Breitscheidstr. 2, 39114 Magdeburg, T: (0391) 8864334, heinz-juergen.dahme@hs-magdeburg.de

**Dahmen,** Andreas; Dr. rer. pol., Prof.; *Rechnungswesen, Finanzwirtschaft, Corporate Governance*; di: Accadis Hochsch., Du Pont-Str 4, 61352 Bad Homburg

**Dahmen,** Norbert; Dipl.-Ing., Prof.; *Mikroprozessortechnik und Kommunikationstechnik*; di: Hochschule Niederrhein, FB Elektrotechnik und Informatik, Reinarzstr. 49, 47805 Krefeld, T: (02151) 8224674, Norbert.Dahmen@hs-niederrhein.de; pr: Am Marienheim 13, 47918 Tönisvorst, T: (02151) 795856

**Dahms,** Holger; Dipl.-Ing., Dr.-Ing., Prof.; *Rechnernetze*; di: FH Lübeck, FB Elektrotechnik u. Informatik, Mönkhofer Weg 136-140, 23562 Lübeck, T: (0451) 3005085, F: 3005236, holger.dahms@fh-luebeck.de

**Dahms,** Michael; Dr.-Ing., Prof.; *Werkstofftechnik*; di: FH Flensburg, Labor für Werkstofftechnik, Kanzleistr. 91-93, 24943 Flensburg, T: (0461) 8051445, F: 8051300, michael.dahms@fh-flensburg.de; pr: T: (04152) 871962, michael.dahms@gkss.de

**Dahn,** Ulrich; Dr. rer. nat., Prof.; di: Hochsch. München, Fak. Maschinenbau, Fahrzeugtechnik, Flugzeugtechnik, Dachauer Str. 98b, 80335 München, ulrich.dahn@hm.edu

**Dai,** Zhen Ru; Dr., Prof.; *Informatik*; di: HAW Hamburg, Fak. Technik u. Informatik, Berliner Tor 7, 20099 Hamburg, T: (040) 428758153, zhenru.dai@haw-hamburg.de

**Daiminger,** Christine; Dr.-Ing., Prof.; di: Hochsch. München, Fak. Angew. Sozialwiss., Lothstr. 34, 80335 München, christine.daiminger@hm.edu

**Daiminger,** Franz; Dr. rer. nat., Prof.; *Optoelektronik, Physik, Techn. Optik*; di: Hochsch. Deggendorf, FB Elektronik u. Medientechnik, Edlmairstr. 6/8, 94469 Deggendorf, T: (0991) 3615514, F: 3615599, franz.daiminger@fh-deggendorf.de

**Dalferth,** Matthias; Dipl.-Päd., Dr. phil., Prof.; *Soziale Arbeit (Sozialarbeit/Sozialpädagogik)*; di: Hochsch. Regensburg, Fak. Sozialwiss., PF 120327, 93025 Regensburg, T: (0941) 9431087, matthias.dalferth@soz.fh-regensburg.de

**Dalhöfer,** Jörg; Dr.-Ing., HonProf.; *Wirtschaftsingenieurwesen*; di: FH Lübeck, FB Maschinenbau u. Wirtschaft, Mönkhofer Weg 136-140, 23562 Lübeck, joerg.dalhoefer@fh-luebeck.de

**Dalhoff,** Peter; Dipl.-Ing., Prof.; *Windenergie und Konstruktion*; di: HAW Hamburg, Fak. Technik u. Informatik, Berliner Tor 21, 20099 Hamburg, T: (040) 428758674, peter.dalhoff@haw-hamburg.de

**Dalitz,** Christoph; Dr. rer. nat., Prof.; *Mathematik u. Datenverarbeitung*; di: Hochsch. Niederrhein, FB Elektrotechnik/Informatik, Reinarzstr. 49, 47805 Krefeld, T: (02151) 8224629, christoph.dalitz@hs-niederrhein.de; pr: Broichweg 5, 47906 Kempen, T: (02152) 148147

**Dall,** Ulrich; Dr. jur., Prof.; di: Rheinische FH Köln, Hohenstaufenring 16-18, 50674 Köln; pr: Sophienstr. 2, 45130 Essen

**Dallmann,** Hans-Ulrich; Dr. theol. habil., PD U Heidelberg, Prof. FH Ludwigshafen; *Ethik, Soziologie*; di: FH Ludwigshafen, Ernst-Boehe-Str. 4, 67059 Ludwigshafen, T: (0621) 5203553, hans.dallmann@hs-lu.de; Univ., Theol. Fak., Wiss.-Theol. Seminar, Kisselgasse 1, 69117 Heidelberg

**Dallmann,** Raimond; Dr.-Ing., Prof.; *Baustatik u. Bauinformatik*; di: Hochsch. Wismar, Fak. f. Ingenieurwiss., PF 1210, 23952 Wismar, T: (03841) 753552, r.dallmann@bau.hs-wismar.de

**Dallmeier,** Ute; Dr. phil., Prof.; *Tourismusmanagement, Marketing*; di: FH d. Wirtschaft, Hauptstr. 2, 51465 Bergisch Gladbach, T: (02202) 9527220, F: 9527200, ute.dallmeier@fhdw.de

**Dallmöller,** Klaus; Dr., Prof.; *Betriebswirtschaftslehre, Wirtschaftsinformatik*; di: Hochsch. Osnabrück, Fak. Wirtschafts- u. Sozialwiss., Caprivistr. 30A, 49076 Osnabrück, T: (0541) 9692079, F: 9692070, k.dallmoeller@hs-osnabrueck.de

**Dallner,** Rudolf; Dr.-Ing., Prof.; *Technische Mechanik, Festigkeitslehre*; di: HAW Ingolstadt, Fak. Maschinenbau, Esplanade 10, 85049 Ingolstadt, T: (0841) 9348239, rudolf.dallner@haw-ingolstadt.de

**Dalluhn,** Hartmut; Dipl.-Ing., Prof.; *Fertigungstechnik, Fertigungssteuerung, Qualitätsmanagement, Handhabung u. Montagetechnik, Fabrikplanung*; di: Hochsch. Karlsruhe, Fak. Maschinenbau u. Mechatronik, Moltkestr. 30, 76133 Karlsruhe, PF 2440, 76012 Karlsruhe, T: (0721) 9251904

**Dam,** Xuyen; Prof.; *Grafik-Design (Konzeption und Entwurf) Gestaltungslehre*; di: Hochsch. München, Fak. Design, Erzgießereistr. 14, 80335 München, xuyen.dam@hm.edu

**Damaritürk,** Hayri; Dr.-Ing., Prof.; *Werkzeugmaschinen mit Schwerpunkt Konstruktion*; di: Hochsch. Ulm, Fak. Maschinenbau u. Fahrzeugtechnik, PF 3860, 89028 Ulm, T: (0731) 5028286, damarituerk@hs-ulm.de

**Dambacher,** Karl Heinz; Dipl.-Phys., Dipl.-Ing. (FH), Dr. rer. nat., Prof.; *Physik*; di: Hochsch. Reutlingen, FB Angew. Chemie, Alteburgstr. 150, 72762 Reutlingen, T: (07121) 271344, karl-heinz.dambacher@fh-reutlingen.de; pr: Laura-Schradin-Weg 37, 72762 Reutlingen, T: (07121) 260712

**Damm,** Hannelore; Dipl.-Ing., Prof.; *Holzbau, Statik*; di: FH Köln, Fak. f. Bauingenieurwesen u. Umwelttechnik, Betzdorfer Str. 2, 50679 Köln, hannelore.damm@fh-koeln.de

**Damm,** Holger; Dipl.-Ing. agr., Dr. sc. agr., Prof.; *Agrarpolitik, Landwirtschaftliche Marktlehre, Agrargeschichte, Umweltökonomie*; di: Hochsch. Osnabrück, Fak. Agrarwiss. u. Landschaftsarchitektur, Am Krümpel 31, 49090 Osnabrück, h.damm@fh-osnabrueck.de; pr: Waldstr. 11a, 34379 Calden, T: (05674) 925101, F: 925102

**Damm,** Martin; Dr., Prof.; *Web-Anwendungen im techn. Umfeld*; di: Hochsch. Mannheim, Fak. Informationstechnik, Windeckstr. 110, 68163 Mannheim

**Dammasch,** Frank; Dr., Prof.; *Psychosoziale Problemlagen und Störungen bei Kindern und Jugendlichen*; di: FH Frankfurt, FB 4 Soziale Arbeit u. Gesundheit, Nibelungenplatz 1, 60318 Frankfurt am Main, T: (069) 15332849, dammasch@fb4.fh-frankfurt.de

**Dammer,** Rainer; Dr.-Ing., Prof.; *Medizintechnik, Werkstoffprozesstechnik, Innovative IuK-Technologien in d. Fertigungstechnik*; di: Hochsch. Bremerhaven, An der Karlstadt 8, 27568 Bremerhaven, T: (0471) 4823438, F: 4813852, dammer@ttz-bremerhaven.de; pr: Rehmstr. 105, 49080 Osnabrück, T: (0541) 82920

**Dams,** Carsten; Dr., Prof.; *Sozialwissenschaften*; di: FH f. öffentl. Verwaltung NRW, Abt. Duisburg, Albert-Hahn-Str. 45, 47269 Duisburg, carsten.dams@fhoev.nrw.de

**Dandl,** Engelbert; Dr. rer. pol., Prof.; *Betriebswirtschaftslehre, Material- und Fertigungswirtschaft*; di: Hochsch. München, Fak. Betriebswirtschaft, Am Stadtpark 20 (Neubau), 81243 München, T: (089) 12652725, F: 12652714, dandl@fhm.edu

**Dangelmaier,** Peter; Dr., Prof.; *Baustatik, Stahlbau, FEM*; di: Hochsch. f. angew. Wiss. Würzburg Schweinfurt, Fak. Architektur u. Bauingenieurwesen, Münzstr. 12, 97070 Würzburg

**Daniel,** Manfred; Dipl.-Inf., Prof.; *Wirtschaftsinformatik*; di: DHBW Karlsruhe, Fak. Wirtschaft, Erzbergerstr. 122, 76134 Karlsruhe, T: (0721) 9735938, daniel@dhbw-karlsruhe.de

**Danielewicz,** Ireneusz; Dr.-Ing., Prof.; *Spannbeton, Brückenbau*; di: Hochsch. Magdeburg-Stendal, FB Bauwesen, Breitscheidstr. 2, 39114 Magdeburg, T: (0391) 8864170, Ireneusz.Danielewicz@hs-Magdeburg.DE

**Danielzik,** Jürgen; Dr.-Ing., Prof.; *Baubetriebslehre, insbes. Baumaschinen und Bauverfahrenstechnik*; di: FH Köln, Fak. f. Bauingenieurwesen u. Umwelttechnik, Betzdorfer Str. 2, 50679 Köln, T: (0221) 82752752, juergen.danielzik@fh-koeln.de; pr: Grüner Weg 9d, 45966 Gladbeck, T: (02043) 51943

**Danne,** Harald Th.; Dr. jur., Prof.; *Wirtschaftsrecht, Recht im Gesundheitswesen, Arbeitsrecht*; di: Techn. Hochsch. Mittelhessen, FB 07 Wirtschaft, Wiesenstr. 14, 35390 Gießen, T: (0641) 3091001, Harald.Danne@w.fh-giessen.de; pr: Birkenweg 6, 35638 Leun, T: (06473) 1037

**Danneel,** Hans-Jürgen; Dr. rer. nat., Prof.; *Biochemie und Organische Chemie*; di: Hochsch. Ostwestfalen-Lippe, FB 4, Life Science Technologies, Liebigstr. 87, 32657 Lemgo, T: (05231) 769241, F: 769222; pr: Im Tuttenborn, 32689 Kalletal, T: (05264) 654896

**Dannenbeck,** Clemens; Dr. phil., Prof.; *Sozialwisenschaftliche Methoden und Arbeitsweisen, Soziologie*; di: Hochsch. Landshut, Fak. Soziale Arbeit, Am Lurzenhof 1, 84036 Landshut

**Dannenberg,** Marius; Dr., Prof.; *BWL, Rechnungswesen*; di: Hochsch. Darmstadt, FB Wirtschaft, Haardtring 100, 64295 Darmstadt, T: (06151) 169307, dannenberg@fbw.h-da.de

**Dannenmann,** Peter; Dr. rer. nat., Prof.; *Ingenieurinformatik*; di: Hochsch. Rhein / Main, FB Ingenieurwiss., Am Brückweg 26, 65428 Rüsselsheim, T: (06142) 8984494, peter.dannenmann@hs-rm.de

**Dannenmayer,** Bernd; prof.; *Wirtschaft*; di: DHBW Karlsruhe, Fak. Wirtschaft, Erzbergerstr. 121, 76133 Karlsruhe, T: (0721) 9735920

**Danner,** Stefan; Dr. phil., Prof.; *Erziehungswissenschaft*; di: HTWK Leipzig, FB Angewandte Sozialwiss., PF 301166, 04251 Leipzig, T: (0341) 30764418, danner@sozwes.htwk-leipzig.de

**Danninger,** Walter; Dr. rer. nat., Prof.; *Messtechnik, Qualitätsprüfung*; di: Hochsch. München, Fak. Maschinenbau, Fahrzeugtechnik, Flugzeugtechnik, Dachauer Str. 98b, 80335 München, T: (089) 12653349, F: 12651392, walter.danninger@fhm.edu

**Danziger,** Doris; Dr.-Ing., Prof.; *Prozessinformatik und Prozesslenkung*; di: FH Münster, FB Elektrotechnik u. Informatik, Stegerwaldstr. 39, 48565 Steinfurt, T: (02551) 962228, F: 962139, danziger@fh-muenster.de; pr: Bankenbreite 5, 48624 Schöppingen, T: (02555) 98810

**Darr,** Dietrich; Dr., Prof.; *Agribusiness*; di: Hochsch. Rhein-Waal, Fak. Life Sciences, Marie-Curie-Straße 1, 47533 Kleve, T: (02821) 80673245, dietrich.darr@hochschule-rhein-waal.de

**Darr,** Willi; Dr., Prof.; *Beschaffung- und Logistikmanagement*; di: Hochsch. Hof, Fak. Wirtschaft, Alfons-Goppel-Platz 1, 95028 Hof, T: (09281) 4094140, Willi.Darr@hof-university.de

**Daryusi,** Ali; Dr.-Ing., Prof.; *Maschinenelemente, CAD Konstruktion, metallische Bauteile*; di: Hochsch. Offenburg, Fak. Maschinenbau u. Verfahrenstechnik, Badstr. 24, 77652 Offenburg, T: (0781) 205166, ali.daryusi@hs-offenburg.de

**Daßler,** Henning; Dr. phil., Prof.; *Soziologie*; di: Ostfalia Hochsch., Fak. Sozialwesen, Ludwig-Winter-Str. 2, 38120 Braunschweig, h.dassler@ostfalia.de

**Dathe,** Heinz; Dr. rer. nat., Prof.; *Mathematik, Operations Research*; di: FH Jena, FB Grundlagenwiss., Carl-Zeiss-Promenade 2, 07745 Jena, PF 100314, 07703 Jena, T: (03641) 205500, F: 205501, gw@fh-jena.de

**Dathe,** Regina; Dr., Prof.; *Sozialmedizin*; di: Hochsch. Magdeburg-Stendal, FB Sozial- u. Gesundheitswesen, Breitscheidstr. 2, 39114 Magdeburg, T: (0391) 8864290, regina.dathe@hs-magdeburg.de

**Dato,** Paul; Dipl.-Phys., Dr. rer. nat., Prof.; *Angewandte Physik*; di: Hochsch. Regensburg, Fak. Allgemeinwiss. u. Mikrosystemtechnik, PF 120327, 93025 Regensburg, T: (0941) 9431345, paul.dato@mikro.fh-regensburg.de

**Dauber,** Christoph; Dr.-Ing., Prof., VizePräs. TFH Georg Agricola; *Bergbaukunde, Rohstofftechnologie*; di: TFH Georg Agricola Bochum, Herner Str. 45, 44787 Bochum, T: (0234) 9683421, F: 9683402, dauber@tfh-bochum.de

**Dauberschmidt,** Christoph; Dr.-Ing., Prof.; di: Hochsch. München, Fak. Bauingenieurwesen, Karlstr. 6, 80333 München, christoph.dauberschmidt@hm.edu

**Daude,** Sabine; Dr., Prof.; *Agrarpolitik, Internationaler Agrar- und Lebensmittelhandel, Marktlehre*; di: Hochsch. Weihenstephan-Triesdorf, Fak. Land- u. Ernährungswirtschaft, Am Hofgarten 1, 85354 Freising, 85350 Freising, T: (08161) 714322, F: 714496, sabine.daude@fh-weihenstephan.de

**Daum,** Andreas; Dr. rer. pol., Prof.; *Allgemeine BWL, Controlling, Kostenrechnung, Projektmanagement*; di: Hochsch. Hannover, Fak. IV Wirtschaft u. Informatik, Ricklinger Stadtweg 120, 30459 Hannover, PF 920261, 30441 Hannover, T: (0511) 92961553, F: 9296991553, andreas.daum@hs-hannover.de

**Daum,** Diemo; Dr. rer. hort., Prof.; *Chemie, Pflanzenernährung*; di: Hochsch. Osnabrück, Fak. Agrarwiss. u. Landschaftsarchitektur, PF 1940, 49009 Osnabrück, T: (0541) 9695030, d.daum@hs-osnabrueck.de

**Daum,** Ralf; Dr., Prof.; *Öffentliche Wirtschaft*; di: DHBW Mannheim, Fak. Wirtschaft, Coblitzallee 1-9, 68163 Mannheim, T: (0621) 41051613, F: 41051195, ralf.daum@dhbw-mannheim.de

**Daum,** Thomas; Dr. phil., Prof.; *Theorie und Praxis der Textgestaltung*; di: FH Mainz, FB Gestaltung, Holzstr. 36, 55116 Mainz, T: (06131) 2859511

**Dausmann,** Manfred; Dr. rer. nat., Prof.; *Softwaretechnik, Compilerbau, Programmiersprachen*; di: Hochsch. Esslingen, Fak. Informationstechnik, Flandernstr. 101, 73732 Esslingen, T: (0711) 3974225; pr: Basler-Tor-Str. 29, 76227 Karlsruhe, T: (0721) 9418232

**Dautzenberg,** Norbert; Dr., Prof.; *BWL und Steuerlehre*; di: Hochsch. Rhein-Waal, Fak. Gesellschaft u. Ökonomie, Marie-Curie-Straße 1, 47533 Kleve, T: (02821) 80673350, norbert.dautzenberg@hochschule-rhein-waal.de

**David,** Hans-H.; Dr. rer. nat., Prof.; *Chemie, Chemische Verfahrenstechnik, Umwelttechnik*; di: Techn. Hochsch. Wildau, FB Ingenieurwesen / Wirtschaftsingenieurwesen, Bahnhofstr., 15745 Wildau, T: (03375) 508227, F: 500324, hdavid@igw.tfh-wildau.de

**Daxhammer,** Rolf; Dipl.-Oec., MBA, Dr. oec., Prof.; *Internationale Studien, Investment Banking*; di: Hochsch. Reutlingen, FB European School of Business, Alteburgstr. 150, 72762 Reutlingen, T: (07121) 271435, rolf.daxhammer@fh-reutlingen.de; pr: Pestalozzistr. 15, 70736 Fellbach, T: (0711) 5781810

**De,** Dennis; Dipl.-Vw., Dr. rer. pol., Prof.; *Volkswirtschaftslehre, kleine und mittlere Unternehmen*; di: Hochsch. Reutlingen, FB International Business, Alteburgstr. 150, 72762 Reutlingen, T: (07121) 271420, dennis.de@fh-reutlingen.de; pr: Weserstr. 16, 72768 Reutlingen

**Debiel,** Stefanie; Dr., Prof.; *Soziale Arbeit mit Erwachsenen*; di: HAWK Hildesheim / Holzminden / Göttingen, Fak. Soziale Arbeit u. Gesundheit, Hafendamm 4, 37603 Holzminden, T: (05531) 126187, F: 126182

**Debus,** Helmut; Dr.-Ing., Prof.; *Technische Mechanik, CAD*; di: Hochsch. Furtwangen, Fak. Product Engineering / Wirtschaftsingenieurwesen, Robert-Gerwig-Platz 1, 78120 Furtwangen, T: (07723) 9202230, F: 9202618, debus@hs-furtwangen.de

**Debus,** Reinhard; Dr. rer. nat., Prof.; *Ökologie, Ökotoxikologie, Chemie*; di: Hochsch. Rhein / Main, FB Ingenieurwiss., Umwelttechnik, Am Brückweg 26, 65428 Rüsselsheim, debus@mndu.fh-wiesbaden.de; pr: Gerhart-Hauptmann-Str. 8, 35415 Pohlheim

**Debusmann,** Ernst; Dr., Prof.; *Betriebswirtschaftslehre, DV-gestützte Organisations- u. Personalplanung*; di: Hochsch. Bremerhaven, An der Karlstadt 8, 27568 Bremerhaven, T: (0471) 4823515, edebusmann@ttz-bremerhaven.de; pr: Beim Spieker 19, 28865 Lilienthal, T: (04298) 1228

**Dech,** Heike; Dipl.-Psych. ger., Dr. med., Prof.; *Sozialmedizin, Sozialpsychiatrie*; di: Alice-Salomon-Hochsch., Alice-Salomon-Platz 5, 12627 Berlin, T: (030) 99245508, dech@ash-berlin.eu; pr: T: (0641) 792389

**Dechant,** Hubert; Dr.-Ing., Prof.; *Allgemeine Betriebswirtschaftslehre*; di: FH Schmalkalden, Fak. Elektrotechnik, Blechhammer, 98574 Schmalkalden, PF 100452, 98564 Schmalkalden, T: (03683) 6885117, h.dechant@fh-sm.de

**Dechant,** Ulrich; Dr. rer. oec., Prof.; *BWL, Betriebliche Steuerlehre*; di: HTW Dresden, Fak. Wirtschaftswissenschaften, Friedrich-List-Platz 1, 01069 Dresden, T: (0351) 4622391, dechant@wiwi.htw-dresden.de

**Dechene,** Christian; Dr., Prof.; *Unternehmenspolitik und Marketing*; di: Europäische FH Brühl, Kaiserstr. 6, 50321 Brühl, T: (02232) 5673640, c.dechene@eufh.de

**Dechêne,** Sigrun; Dipl.-Ing., Prof.; *Stadtplanung*; di: FH Dortmund, FB Architektur, PF 105018, 33037 Dortmund, T: (0231) 7554401, F: 7554466, desi@fh-dortmund.de

**Deck,** Klaus-Georg; Dr., Prof.; *Wirtschaftsinformatik*; di: DHBW Mosbach, Lohrtalweg 10, 74821 Mosbach, T: (06261) 939553, F: 939234, deck@dhbw-mosbach.de

**Decker,** Alexander; Dr., Prof.; *Konsumgütermarketing u. Neue Medien*; di: HAW Ingolstadt, Fak. Wirtschaftswiss., Esplanade 10, 85049 Ingolstadt, T: (0841) 9348197, Alexander.Decker@haw-ingolstadt.de

**Decker,** Christian; Dr., Prof.; *Foreign Trade and International Management (AIM)*; di: HAW Hamburg, Fak. Wirtschaft u. Soziales, Berliner Tor 5, 20099 Hamburg, T: (040) 428756920, christian.decker@haw-hamburg.de

**Decker,** Ulf; Dipl.-Ing., Prof.; *Technischer Ausbau, CAD, Baustoffkunde, Entwerfen, Wertermittlung*; di: H Koblenz, FB Bauwesen, Konrad-Zuse-Str. 1, 56075 Koblenz, T: (0261) 9528602, F: 9528647, decker@hs-koblenz.de

**Deckert,** Carsten; Dr., Prof.; *Logistikmanagement, Wirtschaftswissenschaften*; di: Cologne Business School, Hardefuststr. 1, 50667 Köln, T: (0221) 931809661, c.deckert@cbs-edu.de

**Deckert,** Joachim; Prof.; *Darstellungslehre, Gestaltungslehre, Entwerfen*; di: FH Erfurt, FB Architektur, Schlüterstr. 1, 99084 Erfurt, PF 101363, 99013 Erfurt, T: (0361) 6700416, F: 6700462, deckert@fh-erfurt.de

**Deckert,** Ronald; Dr., Prof.; *Unternehmensführung*; di: Europäische FernH Hamburg, Doberaner Weg 20, 22143 Hamburg

**Deckmann,** Andreas; Dr. rer. pol., Prof.; *BWL, Unternehmensführung*; di: Beuth Hochsch. f. Technik, FB I Wirtschafts- u. Gesellschaftswiss., Luxemburger Str. 10, 13353 Berlin, T: (030) 45042327, deckmann@beuth-hochschule.de

**Dederichs,** Heinrich; Dr.-Ing., Prof., Dekan Fakultät für Informations-, Medien- und Elektrotechnik; *Grundgebiete der Elektrotechnik, Grundlagen der Elektrischen Energietechnik*; di: FH Köln, Fak. f. Informations-, Medien- u. Elektrotechnik, Betzdorfer Str. 2, 50679 Köln, T: (0221) 82752458, heinrich.dederichs@fh-koeln.de; pr: Lärchenweg 10, 53783 Eitorf

**Deegener,** Matthias; Dr., Prof.; *Informatik*; di: FH Frankfurt, FB 2 Informatik u. Ingenieurwiss., Nibelungenplatz 1, 60318 Frankfurt am Main, T: (069) 15333196, deegener@fb2.fh-frankfurt.de

**Deelmann,** Thomas; Dr., Prof.; *Corporate Management u. Consulting*; di: Business and Information Technology School GmbH, Reiterweg 26 b, 58636 Iserlohn, T: (02371) 776557, F: 776503, thomas.deelmann@bits-iserlohn.de

**Deetz,** Werner; Dr. jur., Prof.; *Medienwirtschaft, Personalwesen*; di: Hochsch. Fresenius, Im Mediapark 4c, 50670 Köln, werner.deetz@t-online.de

**Defant,** Martin; Dr. rer. nat., Prof.; *Mathematik, Statistik, Wirtschaftsinformatik*; di: FH Westküste, FB Wirtschaft, Fritz-Thiedemann-Ring 20, 25746 Heide, T: (0481) 8555551, defant@fh-westkueste.de; pr: Wehdenweg 67, 24148 Kiel, T: (0431) 7297902

**Deffner,** Konrad; Dipl.-Ing., Prof.; *Bauleitplanung, Darstellende Geometrie, Hochbaukonstruktion*; di: Hochsch. Deggendorf, FB Bauingenieurwesen, Edlmairstr. 6-8, 94469 Deggendorf, PF 1320, 94453 Deggendorf, T: (0991) 3615414, F: 361581414, konrad.deffner@fh-deggendorf.de

**Degen**, Karl Georg; Dr.-Ing., Prof.; *Akustik, Schallimmissionsschutz, Physik*; di: Hochsch. f. Technik, Fak. Bauingenieurwesen, Bauphysik u. Wirtschaft, Schellingstr. 24, 70174 Stuttgart, PF 101452, 70013 Stuttgart, T: (0711) 89262795, karl.degen@hft-stuttgart.de

**Degener,** Theresia; Dr. jur., Prof.; *Recht, Verwaltung, Organisation*; di: Ev. FH Rhld.-Westf.-Lippe, FB Soziale Arbeit, Bildung u. Diakonie, Immanuel-Kant-Str. 18-20, 44803 Bochum, T: (0234) 36901172, degener@efh-bochum.de

**Degenhardt,** Jörg; Dr. med., HonProf.; *Sozialmedizin*; di: Kath. Hochsch. Mainz, FB Soziale Arbeit, Saarstr. 3, 55122 Mainz, T: (06131) 2894462, degenhardt@kfh-mainz.de; pr: Stefan-Andres-Str. 9, 56567 Neuwied, T: (02631) 73369, F: 73885, Dr.Degenhardt@t-online.de

**Degenhardt,** Richard; Dr.-Ing., Prof.; *Faserverbundwerkstoffe*; di: Private FH Göttingen, Weender Landstr. 3-7, 37073 Göttingen, T: (0551) 938104, degenhardt@pfh.de

**Deger,** Johannes; Dr., Prof.; *Staats- und Verfassungsrecht, Polizeirecht, Verwaltungsrecht, besonders Polizeirecht*; di: Hochsch. f. Polizei Villingen-Schwenningen, Sturmbühlstr. 250, 78054 Villingen-Schwenningen, T: (07720) 309504, JohannesDeger@fhpol-vs.de

**Deges,** Frank; Dr., Prof.; *Handelsmanagement*; di: Europäische FH Brühl, Kaiserstr. 6, 50321 Brühl, T: (02232) 5673570, f.deges@eufh.de

**Degle,** Stephan; Dr., Prof.; *Optometrie und Betriebswirtschaft*; di: FH Jena, FB SciTec, Carl-Zeiss-Promenade 2, 07703 Jena, stephan.degle@fh-jena.de

**Dehli,** Martin; Dr.-Ing., Prof.; *Gasverwendung, Gasversorgung, Konstruktionselemente, Thermodynamik, Energieversorgung und Energietechnik*; di: Hochsch. Esslingen, Fak. Versorgungstechnik u. Umwelttechnik, Kanalstr. 33, 73728 Esslingen, T: (0711) 3973453; pr: Welzheimer Str. 7, 70736 Fellbach, T: (0711) 519518

**Dehmel,** Inga; Dr., Prof.; *Allgemeine BWL, Externes Rechnungswesen*; di: Hochsch. Harz, FB Wirtschaftswiss., Friedrichstr. 57-59, 38855 Wernigerode, T: (03943) 659207, F: 659207, idehmel@hs-harz.de

**Dehmel,** Wilfried; Dr.-Ing., Prof.; *Finite Elemente, Techn. Mechanik, Mathematik*; di: HAW Hamburg, Fak. Technik u. Informatik, Berliner Tor 9, 20099 Hamburg, T: (040) 428757809, wilfried.dehmel@haw-hamburg.de; pr: T: (04244) 1470

**Dehne,** Peter; Dr., Prof.; *Planungsrecht, Baurecht*; di: Hochsch. Neubrandenburg, FB Landschaftsarchitektur, Geoinformatik, Geodäsie u. Bauingenieurwesen, Brodaer Str. 2, 17033 Neubrandenburg, PF 110121, 17041 Neubrandenburg, T: (0395) 56934502, dehne@hs-nb.de

**Dehner,** Klaus; Prof.; *Bewertung, öffentliches Recht, Privatrecht*; di: H f. öffentl. Verwaltung u. Finanzen Ludwigsburg, Fak. Steuer- u. Wirtschaftsrecht, Reuteallee 36, 71634 Ludwigsburg, T: (07141) 140496, F: 140544, dehner@vw.fhov-ludwigsburg.de

**Dehnert,** Achim; Dr. päd., Prof.; *Wirtschaftsinformatik*; di: FH Neu-Ulm, Wileystr. 1, 89231 Neu-Ulm, T: (0731) 97621504, achim.dehnert@fh-neu-ulm.de

**Dehnert,** Gerd; Dr.-Ing., Prof.; *Betriebssysteme, Datenbanken*; di: Techn. Hochsch. Wildau, FB Betriebswirtschaft/Wirtschaftsinformatik, Bahnhofstr., 15745 Wildau, T: (03375) 508198, F: 500324, dehnert@wi-bw.tfh-wildau.de

**Dehr,** Gunter; Dr., Prof.; *Allgemeine Betriebswirtschaftslehre und Marketing*; di: Hochsch. Anhalt, FB 6 Elektrotechnik, Maschinenbau u. Wirtschaftsingenieurwesen, PF 1458, 06354 Köthen, T: (03496) 672712, G.Dehr@emw.hs-anhalt.de

**Dehs,** Rainer; Dipl.-Ing. (FH), Dr.-Ing., Prof.; *Energietechnik, Automatisierungs- und Systemtechnik, Fabrikplanung*; di: Hochsch. Ansbach, FB Ingenieurwissenschaften, Residenzstr. 8, 91522 Ansbach, T: (0981) 4877255, rainer.dehs@fh-ansbach.de

**Deicher,** Susanne; Dr., Prof.; *Kultur- u. Kunstgeschichte, Ästhetik, Architektur- u. Designtheorie*; di: Hochsch. Wismar, Fak. f. Gestaltung, PF 1210, 23952 Wismar, T: (03841) 753355, s.deicher@di.hs-wismar.de

**Deichsel,** Michael; Dr.-Ing., Prof., Dekan FB Maschinenbau und Versorgungstechnik; *Heizungs-, Klima- und Anlagentechnik*; di: Georg-Simon-Ohm-Hochsch. Nürnberg, Fak. Maschinenbau u. Versorgungstechnik, Keßlerplatz 12, 90489 Nürnberg, PF 210320, 90121 Nürnberg, T: (0911) 58801346

**Deichsel,** Wolfgang; Jurist, Dipl.-Soz., Dr., Prof.; *Recht und Verwaltung*; di: Ev. Hochsch. f. Soziale Arbeit, PF 200143, 01191 Dresden, T: (0351) 4779419, wolfgang.deichsel@ehs-dresden.de; pr: Kleinzschachwitzer Ufer 34, 01259 Dresden, T: (0351) 2007974, F: 2050107

**Deicke,** Jürgen; Dr.-Ing., Prof.; *Wirtschaftsingenieurwesen und Technologiemanagement*; di: Wilhelm Büchner Hochsch., Ostendstr. 3, 64319 Pfungstadt

**Deil,** Rudolf; Dipl.-Ing., Prof.; *Grundlagen des Gestaltens, Architekturzeichnen*; di: Hochsch. Rhein/Main, FB Architektur u. Bauingenieurwesen, Kurt-Schumacher-Ring 18, 65197 Wiesbaden, T: (0611) 94951417, rudolf.deil@hs-rm.de; pr: Gloriastr. 57, CH-8044 Zürich, T: 0442512444

**Deiler,** Günter; Dr.-Ing., Prof.; *Produktionstechnologie*; di: Hochsch. Bremerhaven, An der Karlstadt 8, 27568 Bremerhaven, T: (0471) 4823486, gdeiler@hs-bremerhaven.de

**Deilmann,** Martin; Dr.-Ing., Prof.; *Werkstoff-, Umform und Fügetechnik*; di: Hochsch. Niederrhein, FB Maschinenbau u. Verfahrenstechnik, Reinarzstr. 49, 47805 Krefeld, T: (02151) 8225067, martin.deilmann@hs-niederrhein.de

**Deimel,** Klaus; Dr., Prof.; *Betriebswirtschaftslehre, insbes. führungorientiertes Rechnungswesen/Controlling*; di: Hochsch. Bonn-Rhein-Sieg, FB Wirtschaft Rheinbach, von-Liebig-Str. 20, 53359 Rheinbach, T: (02241) 865426, F: 8658426, klaus.deimel@fh-bonn-rhein-sieg.de

**Deimer,** Klaus; Dr., Prof.; di: Hochsch. f. Wirtschaft u. Recht Berlin, Badensche Str. 50/51, 10825 Berlin, T: (030) 29384579, klaus.deimer@hwr-berlin.de

**Deininger,** Andrea; Dipl.-Ing., Prof.; *Wasserwirtschaft, Umweltingenieurwesen*; di: Hochsch. Deggendorf, FB Bauingenieurwesen, Edlmairstr. 6-8, 94469 Deggendorf, PF 1320, 94453 Deggendorf, T: (0991) 3615470, F: 361581499, andrea.deininger@fh-deggendorf.de

**Deininger,** Marcus; Dr., Prof.; *Software Engineering*; di: Hochsch. f. Technik, Fak. Vermessung, Informatik und Mathematik, Schellingstr. 24, 70174 Stuttgart, PF 101452, 70013 Stuttgart, T: (0711) 89262712, F: 89262553, marcus.deininger@hft-stuttgart.de

**Deininger,** Rainer; Dr. jur., Prof. FH Erding; *Intern Steuerrecht, Intern Wirtschaftsrecht, Europarecht*; di: FH f. angewandtes Management, Am Bahnhof 2, 85435 Erding, T: (08122) 9559480, rainer.deininger@myfham.de; pr: RA_Deininger@web.de

**Deinzer,** Arnulf; Dr. rer. nat., Prof.; *Rechnernetze, Telekommunikations-Betriebssysteme*; di: Hochsch. Kempten, Fak. Informatik, Bahnhofstr. 61-63, 87435 Kempten, T: (0831) 2523293, Arnulf.Deinzer@fh-kempten.de

**Deinzer,** Frank; Dr., Prof.; *Wirtschaftsinformatik*; di: Hochsch. f. angew. Wiss. Würzburg Schweinfurt, Fak. Informatik u. Wirtschaftsinformatik, Münzstr. 12, 97070 Würzburg

**Deipenbrock,** Gudula; Dr., Prof.; *Europarecht, Gesellschaftsrecht, Insolvenzrecht, Immobilienrecht, Internationales Privat- u. Kaufrecht*; di: HTW Berlin, FB Wirtschaftswiss. I, Treskowallee 8, 10318 Berlin, T: (030) 50192902, gudula.deipenbrock@HTW-Berlin.de

**Deister,** Jochen; Dr. jur., Prof.; *Deutsches und Internationales Wirtschaftsrecht, Informations- und Kommunikationsrecht*; di: German Graduate School of Management and Law Heilbronn, Bahnhofstr. 1, 74072 Heilbronn, T: (07131) 64563629, deister@hn-bs.de

**Deister,** Ursula; Dr. rer. nat., Prof.; *Chemie, Abfallwirtschaft*; di: Hochsch. Rhein/Main, FB Ingenieurwiss., Umwelttechnik, Am Brückweg 26, 65428 Rüsselsheim, T: (06142) 8984423, ursula.deister@hs-rm.de; pr: Dagobertstr. 7, 55116 Mainz, T: (06131) 237560

**Dekovic,** Ivo; Prof., Dekan FB Design; *Graphik-Design, Video, Elektronische Bildbearbeitung*; di: FH Aachen, FB Design, Boxgraben 100, 52064 Aachen, T: (0241) 60091506, dekovic@fh-aachen.de; pr: Oberhausener Str. 15, 40472 Düsseldorf, T: (0211) 6581558

**del Corte Hirschfeld,** Jenny; Prof.; *product design*; di: Hochsch. Darmstadt, FB Gestaltung, Haardtring 100, 64295 Darmstadt, T: (06151) 168353, jenny.delcorte-hirschfeld@h-da.de

**Delakowitz,** Bernd; Dr. rer. nat., Prof.; *Ökobilanzierung/Umweltrecht*; di: Hochsch. Zittau/Görlitz, Fak. Mathematik/Naturwiss., Theodor-Körner-Allee 16, 02763 Zittau, PF 1455, 02754 Zittau, T: (03583) 611751, b.delakowitz@hs-zigr.de

**Delfs,** Hans; Dr. rer. nat. habil., Prof.; *Datenbanken, Software Engineering*; di: Georg-Simon-Ohm-Hochsch. Nürnberg, Fak. Informatik, Keßlerplatz 12, 90489 Nürnberg, PF 210320, 90121 Nürnberg, T: (0911) 58801245

**Delgado-Krebs,** Rosemarie; Dr., Prof.; *Hospitality Accounting, Investment*; di: Int. Hochsch. Bad Honnef, Mülheimer Str. 38, 53604 Bad Honnef, T: (02224) 9605119, r.delgado-krebs@fh-bad-honnef.de

**Dellen,** Richard; Dr.-Ing., Prof.; *Baubetrieb, Bauorganisation*; di: FH Münster, FB Bauingenieurwesen, Corrensstr. 25, 48149 Münster, T: (0251) 8365224, F: 8365241, dellen@fh-muenster.de; pr: Carl-Orff-Weg 20, 45657 Recklinghausen, T: (02361) 181590

**Deller,** Ulrich; Dipl.-Päd., Dr. phil., Prof.; *Soziale Arbeit*; di: Kath. Hochsch. NRW, Abt. Aachen, FB Sozialwesen, Robert-Schumann-Str. 25, 52066 Aachen, T: (0241) 6000332, F: 6000388, u.deller@kfhnw-aachen.de

**Dellmann,** Frank; Dr. rer. pol., Prof.; *Wirtschaftsmathematik und Statistik, Operations Research*; di: FH Münster, FB Wirtschaft, Corrensstr. 25, 48149 Münster, T: (0251) 8365501, F: 8365502, dellmann@fh-muenster.de; pr: Langenbrahmstr. 18, 45133 Essen

**Dell'Oro-Friedl,** Jirka; Prof.; *Digitale Medien, Lernsoftware*; di: Hochsch. Furtwangen, Fak. Digitale Medien, Robert-Gerwig-Platz 1, 78120 Furtwangen

**Delp,** Martin; Dr. rer. nat., Prof.; di: Hochsch. München, Fak. Versorgungstechnik, Verfahrenstechnik Papier u. Verpackung, Druck- u. Medientechnik, Lothstr. 34, 80335 München, martin.delp@hm.edu

**Delport,** Volker; Dr.-Ing., Prof.; *Funktechnik, Kommunikationstechnik*; di: Hochsch. Mittweida, Fak. Elektro- u. Informationstechnik, Technikumplatz 17, 09648 Mittweida, T: (03727) 581078, F: 581351, delport@htwm.de

**Demanowski,** Hans; Dr.-Ing., Prof.; *Verpackungstechnik*; di: Beuth Hochsch. f. Technik, FB V Life Science and Technology, Luxemburger Str. 10, 13353 Berlin, T: (030) 45045082, demanowski@beuth-hochschule.de

**Demel,** Werner; Dr.-Ing., Prof.; *Elektrotechnik/Elektronik für Maschinenbauingenieure*; di: Hochsch. Niederrhein, FB Maschinenbau u. Verfahrenstechnik, Reinarzstr. 49, 47805 Krefeld, T: (02151) 8225060, werner.demel@hs-niederrhein.de

**Demiriz,** Mete; Dr.-Ing., Prof.; *Sanitärtechnik und Bädertechnik*; di: Westfäl. Hochsch., FB Maschinenbau u. Facilities Management, Neidenburger Str. 10, 45877 Gelsenkirchen, T: (0209) 9596309, F: 9596681, mete.demiriz@fh-gelsenkirchen.de; pr: Otto-Hue-Str. 20, 44623 Herne, T: (02323) 459033, 459030

**Demler,** Thomas; Dr.-Ing., Prof.; *Techn. Festigkeitslehre, Werkstofftechnik*; di: Hochsch. Esslingen, Fak. Maschinenbau, Kanalstr. 33, 73728 Esslingen, T: (0711) 3973222; pr: Weinstr. 34, 73773 Ai hwald, T: (0711) 5403430

**Demmel,** Hermann J.; Dr., Prof.; *Rechnungswesen und Controlling*; di: FH Neu-Ulm, Wileystr. 1, 89231 Neu-Ulm, T: (0731) 97621406, hermann.demmel@fh-neu-ulm.de

**Demmer,** Hans; Dr. rer. oec., Prof.; *Betriebswirtschaft*; di: HTW d. Saarlandes, Fak. f. Wirtschaftswiss, Waldhausweg 14, 66123 Saarbrücken, T: (0681) 5867548, hdemmer@htw-saarland.de; pr: Pastor-Fuchs-Str. 6, 66687 Nunkirchen, T: (06874) 965

**Demske,** Ingo; Dipl.-Ing., Prof.; *Betriebswirtschaftslehre, Marketing, insb. internationales Marketing*; di: FH Jena, FB Wirtschaftsingenieurwesen, Carl-Zeiss-Promenade 2, 07745 Jena, PF 100314, 07703 Jena, ingo.demske@fh-jena.de

**Dendorfer,** Renate; Dr., HonProf. EBS Wiesbaden, Prof. Duale H BW Ravensburg; *Dispute Resolution*; di: European Business School, Dep. of Supply Chain Management, Söhnleinstr. 8F, 65201 Wiesbaden; pr: Am Höhenpark 14, 83075 Bad Feilnbach, T: (08066) 8844270, renate.dendorfer@t-online.de

**Dendorfer,** Sebastian; Dr.-Ing., Prof.; *Biomechanik, Technische Mechanik*; di: Hochsch. Regensburg, Fak. Maschinenbau, PF 120327, 93025 Regensburg, T: (0941) 9435171, sebastian.dendorfer@hs-regensburg.de

**Deneke,** Christiane; Prof.; di: HAW Hamburg, Fak. Life Sciences, Lohbrügger Kirchstr. 65, 21033 Hamburg, T: (040) 428759213, christiane.deneke@ls.haw-hamburg.de

**Denk,** Bernhard; Dipl.-Ing., Prof.; *Baubetrieb, Projektmanagement*; di: Hochsch. Regensburg, Fak. Bauingenieurwesen, PF 120327, 93025 Regensburg, T: (0941) 9431350, bernhard.denk@bau.fh-regensburg.de

**Denk,** Heiko; Dr.-Ing., Prof.; *Massivbau, IT im Bauwesen*; di: Hochsch. Konstanz, Fak. Bauingenieurwesen, Brauneggerstr. 55, 78462 Konstanz, PF 100543, 78405 Konstanz, T: (07531) 206205, F: 20687205, denk@htwg-konstanz.de

**Denker,** Michael; Dr.-Ing., Prof.; *Gebäudeleittechnik, Energiemanagement, Digitaltechnik, Mikroprozessortechnik*; di: Hochsch. Darmstadt, FB Elektrotechnik u. Informationstechnik, Haardtring 100, 64295 Darmstadt, T: (06151) 168289, mdenker@eit.h-da.de

**Denkowski,** Cordula von; Dr., Prof.; *Entwicklungspsychologie, Sozialpsychologie, Kriminologie*; di: Hochsch. Hannover, Fak. V Diakonie, Gesundheit u. Soziales, Blumhardtstr. 2, 30625 Hannover, PF 690363, 30612 Hannover, T: (0511) 92963113, cordula-von.denkowski@hs-hannover.de

**Denneler,** Hans; Prof.; *Bauabwicklung und Baudurchführung, Baukonstruktion, Projektorganisation*; di: Hochsch. f. angew. Wiss. Würzburg Schweinfurt, Fak. Architektur u. Bauingenieurwesen, Münzstr. 12, 97070 Würzburg

**Denner,** Armin; Dr.-Ing., Prof.; *Produktionsplanung u. Steuerung, Fertigungs- u. Produktionstechnik*; di: Hochsch. Aschaffenburg, Fak. Ingenieurwiss., Würzburger Str. 45, 63743 Aschaffenburg, T: (06021) 314806, armin.denner@fh-aschaffenburg.de

**Denner,** Silvia; Dr., Prof.; *Sozialmedizin einschl. Psychopathologie*; di: FH Dortmund, FB Angewandte Sozialwiss., Emil-Figge-Str. 44, 44227 Dortmund, T: (0231) 7554918, F: 7556287, denner@fh-dortmund.de; pr: Victoriastr. 9, 44135 Dortmund

**Denner,** Werner; Dr., Prof.; *Angewandte Mikroelektronik, Chipdesign, Digitaltechnik, Grundlagen der Elektrotechnik*; di: Hochsch. f. angew. Wiss. Würzburg Schweinfurt, Fak. Elektrotechnik, Ignaz-Schön-Str. 11, 97421 Schweinfurt

**Denner,** Wolf-Jürgen; Dr.-Ing., Prof.; *Strömungslehre, Thermodynamik, Hydraulik/Pneumatik*; di: FH Jena, FB Maschinenbau, Carl-Zeiss-Promenade 2, 07745 Jena, PF 100314, 07703 Jena, T: (03641) 205300, F: 205301, mb@fh-jena.de

**Dennert-Möller,** Elisabeth; Dr.-Ing., Prof.; *Numerische Mathematik, Grundlagen der Informatik, Datenbanken, Digitale Bildverarbeitung*; di: Hochsch. Hannover, Fak. IV Wirtschaft u. Informatik, Abt. Informatik, Ricklinger Stadtweg 120, 30459 Hannover, PF 920261, 30441 Hannover, T: (0511) 92961824, F: 92961810, elisabeth.dennert@hs-hannover.de; pr: T: (05132) 6925

**Denninghoff,** Michael; Dr., Prof.; *Marketing u. Kommunikation*; di: Business and Information Technology School GmbH, Reiterweg 26 b, 58636 Iserlohn, T: (02371) 776528, F: 776503, michael.denninghoff@bits-iserlohn.de

**Dentler,** Peter; Dr. rer. nat., Prof.; *Humanwissenschaftliche Grundlagen der Sozialen Arbeit, Gesprächsführung, Gruppendynamik, Diagnostische Methoden*; di: FH Kiel, FB Soziale Arbeit u. Gesundheit, Sokratesplatz 2, 24149 Kiel, T: (0431) 2103024, F: 2103045, peter.dentler@fh-kiel.de; pr: Rammseer Berg 18, 24113 Molfsee

**Denzel,** Bernardin; Dr. rer. nat., Prof.; *Transaktionssysteme, Middleware*; di: Hochsch. Furtwangen, Fak. Wirtschaftsinformatik, Robert-Gerwig-Platz 1, 78120 Furtwangen, T: (07720) 9202428, Bernardin.Denzel@hs-furtwangen.de

**Denzer,** Ralf; Dipl.-Ing., Dr. rer. nat., Prof.; *Informatik*; di: HTW d. Saarlandes, Fak. f. Ingenieurwiss., Goebenstr. 40, 66117 Saarbrücken, T: (0681) 5867426, denzer@htw-saarland.de; pr: Am Forlenwald 3, 69251 Gaiberg, T: (06223) 48128

**Deparade,** Henri; Dipl.-Maler/-Grafiker, Prof.; *Künstlerisches Gestalten*; di: HTW Dresden, Fak. Bauingenieurwesen/Architektur, Friedrich-List-Platz 1, 01069 Dresden, T: (0351) 4623424, deparade@htw-dresden.de

**Depner,** Eduard; Dr., Prof.; *Informatik, Softwaretechnologie, Informationsmanagement, Informationsprojekte*; di: Hochsch. Aalen, Fak. Wirtschaftswissenschaften, Beethovenstr. 1, 73430 Aalen, T: (07361) 5762455, eduard.depner@htw-aalen.de

**Deppisch,** Bertold; Dr. rer. nat., Prof.; *Physik, Physikalische und computergestützte Messtechnik, Sensorsystemtechnik, Digitale Signalverarbeitung*; di: Hochsch. Karlsruhe, Fak. Elektro- u. Informationstechnik, Moltkestr. 30, 76133 Karlsruhe, PF 2440, 76012 Karlsruhe, T: (0721) 9251290, bertold.deppisch@hs-karlsruhe.de

**Deppner,** Martin Roman; Dr., Prof. FH Bielefeld, LBeauftr. U Oldenburg (Jüdische Studien); *Medientheorie, Mediengeschichte*; di: FH Bielefeld, FB Gestaltung, Lampingstr. 3, 33615 Bielefeld, T: (0521) 1067619, martin.deppner@fh-bielefeld.de; pr: Alardusstr. 12, 20255 Hamburg, T: (040) 4922630

**Dercks,** Wilhelm; Dr., Prof.; *Phytomedizin, Botanik, Fachenglisch*; di: FH Erfurt, FB Gartenbau, Leipziger Str. 77, 99085 Erfurt, PF 101363, 99013 Erfurt, T: (0361) 6700266, F: 6700226, dercks@fh-erfurt.de

**Derer,** Rudolf; Dr.-Ing. habil., Prof.; *Fabrikplanung*; di: Hochsch. Wismar, Fak. f. Ingenieurwiss., PF 1210, 23952 Wismar, T: (03841) 753202, r.derer@mb.hs-wismar.de

**Derhake,** Thomas; Dr.-Ing., Prof.; *Produktentwicklung, CAE*; di: Hochsch. Osnabrück, Fak. Ingenieurwiss. u. Informatik, Albrechtstr. 30, 49076 Osnabrück, T: (0541) 9692133, t.derhake@hs-osnabrueck.de; pr: Dornröschenweg 100, 49479 Ibbenbüren, T: (05451) 996176

**Dernbach,** Beatrice; Dr. phil., Prof.; *Theorie u. Praxis d. Journalismus*; di: Hochsch. Bremen, Fak. Gesellschaftswiss., Neustadtswall 30, 28199 Bremen, T: (0421) 59053187, F: 59053191, Beatrice.Dernbach@hs-bremen.de

**Dernedde,** Ines; Dr. jur., Prof.; *Gesundheitsrecht, Arbeits- u. Sozialrecht, Wirtschaftsrecht*; di: Alice-Salomon-Hochsch., Alice-Salomon-Platz 5, 12627 Berlin, T: (030) 99245448, dernedde@ash-berlin.eu

**Derr,** Frowin; Dr.-Ing., Prof.; *Nachrichtentechnik*; di: Hochsch. Ulm, Fak. Elektrotechnik u. Informationstechnik, PF 3860, 89028 Ulm, T: (0731) 5028180, derr@hs-ulm.de

**Dersch,** Helmut; Dr. rer. nat., Prof.; *Physik, Mathematik*; di: Hochsch. Furtwangen, Fak. Maschinenbau u. Verfahrenstechnik, Jakob-Kienzle-Str. 17, 78054 Villingen-Schwenningen, T: (07720) 3074264, der@hs-furtwangen.de

**Desel,** Ulrich; Dr.-Ing., Prof.; *Management*; di: Int. Hochsch. Bad Honnef, Mülheimer Str. 38, 53604 Bad Honnef, u.desel@fh-bad-honnef.de

**Deseniss,** Alexander; Dr. rer.pol., Prof.; *Marketing*; di: FH Flensburg, FB Wirtschaft, Kanzleistr. 91-93, 24943 Flensburg, T: (0461) 8051596, alexander.deseniss@fh-flensburg.de

**Deser,** Frank; Dr., Prof.; *Industrie, International Business, Handel, Warenwirtschaft und Logistik, Bank*; di: DHBW Mosbach, Arnold-Janssen-Str. 9-13, 74821 Mosbach, T: (06261) 939120, F: 939104, deser@dhbw-mosbach.de

**Desjardins,** Christoph; Dr. phil., Prof.; *Prozesse und Methoden des intern. Consulting sowie Human Resources*; di: Hochsch. Kempten, Fak. Betriebswirtschaft, PF 1680, 87406 Kempten, T: (0831) 2523493, Christoph.Desjardins@fh-kempten.de

**Deßaules,** Detlef; Dipl.-Math., Dr.rer.pol., Prof.; *Wirtschaftsinformatik, insb. betriebliche Informationssysteme, Systemplanung*; di: FH Bielefeld, FB Wirtschaft, Universitätsstr. 25, 33615 Bielefeld, T: (0521) 1065065, detlef.dessaules@fh-bielefeld.de; pr: Ahornweg 10, 33824 Werther, T: (05203) 883360

**Detering,** Ute; Dipl.-Ing., Prof.; *Bekleidungskonstruktion*; di: Hochsch. Niederrhein, FB Textil- u. Bekleidungstechnik, Webschulstr. 31, 41065 Mönchengladbach, T: (02161) 1866085; pr: Konstantinstr. 225, 41238 Mönchengladbach

**Detert,** Dörte; Dr., Prof.; *Heilpädagogik*; di: Hochsch. Hannover, Fak. V Diakonie, Gesundheit u. Soziales, Blumhardtstr. 2, 30625 Hannover, PF 690363, 30612 Hannover, T: (0511) 92963116, doerte.detert@hs-hannover.de

**Detmers,** Ulrike; Dipl.-Betriebswirtin, Dr., Prof.; *Betriebswirtschaftslehre, insb. Personalwesen und betriebliche Sozialwissenschaften*; di: FH Bielefeld, FB Wirtschaft, Universitätsstr. 25, 33615 Bielefeld, T: (0521) 1063759, ulrike.detmers@fh-bielefeld.de; pr: Obernbergstr. 33, 32105 Bad Salzuflen, T: (05222) 12361

**Detter,** Arno; Dr., Prof.; *Umwelttechnik, Chemie*; di: Hochsch. Konstanz, Fak. Maschinenbau, Brauneggerstr. 55, 78462 Konstanz, PF 100543, 78405 Konstanz, T: (07531) 206537, detter@fh-konstanz.de

**Dettmann,** Christian; Dr.-Ing., Prof.; *Thermodynamik, Strömungslehre*; di: Hochsch. Ulm, Fak. Maschinenbau u. Fahrzeugtechnik, PF 3860, 89028 Ulm, T: (0731) 5028038, dettmann@hs-ulm.de

**Dettmann,** Peter; Dr.-Ing., Prof.; *Chemische Umwelttechnik, Chemische Verfahrenstechnik, Angewandte Physikalische Chemie*; di: FH Münster, FB Chemieingenieurwesen, Stegerwaldstr. 39, 48565 Steinfurt, T: (02551) 962286, F: 962171, dettmann@fh-muenster.de; pr: Nielandstr. 47, 48432 Rheine, T: (05975) 93184

**Dettmar,** Uwe; Dr.-Ing., Prof.; *Telekommunikation*; di: FH Köln, Fak. f. Informations-, Medien- u. Elektrotechnik, Betzdorfer Str. 2, 50679 Köln, T: (0221) 82752941, uwe.dettmar@fh-koeln.de

**Dettmer,** Uwe; Dr.-Ing., Prof.; *Qualitätssicherung*; di: TFH Georg Agricola Bochum, WB Maschinen- u. Verfahrenstechnik, Herner Str. 45, 44787 Bochum, T: (0234) 9683226, F: 9683606, dettmer@tfh-bochum.de; pr: Heiliger Weg 85, 44141 Dortmund, T: (0231) 573194

**Detzel,** Martin; Dr., Prof.; *BWL, Industrie*; di: DHBW Karlsruhe, Fak. Wirtschaft, Erzbergerstr. 121, 76133 Karlsruhe, T: (0721) 9735916, detzel@no-spam.dhbw-karlsruhe.de

**Detzel,** Peter; Dr. rer. nat., HonProf. H Nürtingen; *Ökologie*; di: Hochsch. f. Wirtschaft u. Umwelt Nürtingen-Geislingen, PF 1349, 72603 Nürtingen

**Detzer,** Klaus; Dr. jur., Prof.; *Deutsches und internationales Wirtschaftsrecht*; di: Hochsch. Reutlingen, FB European School of Business, Alteburgstr. 150, 72762 Reutlingen, T: (07121) 271735; pr: Kurt-Schumacher-Str. 73/3, 72762 Reutlingen, T: (07121) 240284

**Deuber,** François; Dr. rer.nat., Prof.; *Naturwissenschaften*; di: Hochschule Ruhr West, Institut Naturwissenschaften, PF 100755, 45407 Mülheim an der Ruhr, T: (0208) 88254428, francois.deuber@hs-ruhrwest.de

**Deublein,** Dieter; Dr.-Ing., Prof.; *Thermodynamik, Verfahrens- und Umwelttechnik, Biotechnologie, Konstruktion*; di: Hochsch. München, Fak. Wirtschaftsingenieurwesen, Erzgießereistr. 14, 80335 München; pr: Ritzinger Szr. 19, 94469 Deggendorf, T: (0991) 28737, F: 24439, deublein@deublein-online.de

**Deubler,** Martin; Dipl.-Phys., Dr., Prof.; *Software Engineering, Programmierung*; di: Hochsch. Rosenheim, Fak. Informatik, Hochschulstr. 1, 83024 Rosenheim, T: (08031) 805522, F: 805502, martin.deubler@fh-rosenheim.de

**Deuer,** Ernst; Dr., Prof.; di: DHBW Ravensburg, Marktstr. 28, 88212 Ravensburg, T: (0751) 189992129, deuer@dhbw-ravensburg.de

**Deuser,** Ortrud; Prof.; *Kunsttherapie*; di: Hochsch. f. Kunsttherapie Nürtingen, Sigmaringer Str. 15, 72622 Nürtingen, T: (07022) 933360, F: 9333623, o.deuser@hkt-nuertingen.de; pr: Sonnenbühlweg 17, 70856 Hinterzarten, T: (07652) 6144

**Deußen,** Norbert; Dr.-Ing., Prof.; *Kraft- und Arbeitsmaschinen, insbes. Kolbenmaschinen*; di: FH Köln, Fak. f. Anlagen, Energie- u. Maschinensysteme, Betzdorfer Str. 2, 50679 Köln, T: (0221) 82752366, norbert.deussen@fh-koeln.de

**Deuter,** Holger; Dipl.-Des., Prof.; *Praxis und Theorie des Interface*; di: FH Kaiserslautern, FB Bauen u. Gestalten, Schoenstr. 6, 67659 Kaiserslautern, T: (0631) 3724414, F: 3724666, holger.deuter@fh-kl.de

**Deutschländer,** Arthur; Dr.-Ing., Prof.; *Fördertechnik, Handhabungstechnik, Montagetechnik*; di: FH Stralsund, FB Maschinenbau, Zur Schwedenschanze 15, 18435 Stralsund, T: (03831) 456688

**Deutschmann,** Christel; Dr. rer. nat., Prof.; *Mathematik, insb. Statistik, Wahrscheinlichkeitsrechnung, Operations Research und Wirtschaftsinformatik*; di: FH Stralsund, FB Wirtschaft, Zur Schwedenschanze 15, 18435 Stralsund, T: (03831) 456716

**Deutz,** Joachim; Dr., Prof.; *Physik, Mathematik*; di: Hochsch. f. angew. Wiss. Würzburg Schweinfurt, Fak. angew. Natur- u. Geisteswiss., Ignaz-Schön-Str. 11, 97421 Schweinfurt

**Deventer,** Bernd; Dr. rer. nat., Prof.; *Zoologie, Limnologie*; di: FH Bingen, FB Life Sciences and Engineering, SG Umweltschutz, Berlinstr. 109, 55411 Bingen, T: (06721) 409126, F: 409110, deventer@fh-bingen.de

**Devetzi,** Stamatia; Dr., Prof.; *Sozialrecht, insbes. Sozialversicherungsrecht*; di: Hochsch. Fulda, FB Sozial- u. Kulturwiss., Marquardstr. 35, 36039 Fulda

**Dey,** Günter; Dr. rer. pol., Prof.; *Betriebswirtschaftslehre mit d. Schwerpunkten Rechnungswesen, Controlling u. Internationales Management*; di: Hochsch. Bremen, Fak. Wirtschaftswiss., Werderstr. 73, 28199 Bremen, T: (0421) 59054095, F: 59054140, Guenther.Dey@hs-bremen.de; pr: Georg-Gröning-Str. 35, 28209 Bremen, T: (0421) 34649140

**Di Pietro,** Stefano; Dr. rer. pol., Dipl.-Kaufmann, Prof.; *Dienstleistungsmanagement*; di: FH Westküste, FB Wirtschaft, Fritz-Thiedemann-Ring 20, 25746 Heide, T: (0481) 8555530, dipietro@fh-westkueste.de

**Diaby-Pentzlin,** Friederike; Dr., Prof.; *Gesellschaftsrecht*; di: Hochsch. Wismar, Fak. f. Wirtschaftswiss., PF 1210, 23952 Wismar, T: (03841) 753119, f.diaby-pentzlin@wi.hs-wismar.de

**Diamantidis,** Dimitris; Dr.-Ing., Prof.; *Baustatik, Bauinformatik, Bauwerke des Massivbaues, Konstruktives Zeichnen*; di: Hochsch. Regensburg, Fak. Bauingenieurwesen, PF 120327, 93025 Regensburg, T: (0941) 9431203, dimitris.diamantidis@bau.fh-regensburg.de

**Diaz,** Joaquin; Dr.-Ing., Prof.; *ECV/CAD-Anwendungen im Bauwesen, Abfallentsorgung*; di: Techn. Hochsch. Mittelhessen, FB 01 Bauwesen, Wiesenstr. 14, 35390 Gießen, T: (0641) 3091830; pr: Falkenweg 9, 64331 Weiterstadt

**Dib,** Ramzi; Dr.-Ing., Prof.; *Hochspannungstechnik, Elektrische Energieversorgung, Spezielle elektrische Messtechnik*; di: Techn. Hochsch. Mittelhessen, FB 11 Informationstechnik, Elektrotechnik, Mechatronik, Wilhelm-Leuschner-Str. 13, 61169 Friedberg, T: (06031) 604212

**Dibelius,** Olivia; Dr. phil., Prof.; *Pflegewissenschaft, Pflegemanagement*; di: Ev. Hochsch. Berlin, Prof. f. Pflegewiss. u. Pflegemanagement, PF 370255, 14132 Berlin, T: (030) 84582283, dibelius@eh-berlin.de

**Dibowski,** Klaus; Dr. rer. nat., Prof.; *Analysis*; di: HTWK Leipzig, FB Informatik, Mathematik u. Naturwiss., PF 301166, 04251 Leipzig, T: (0341) 30766493, dibowski@imn.htwk-leipzig.de

**Dick,** Judith; Dr. jur., Prof.; *Sozialrecht*; di: Ev. Hochsch. Berlin, Prof. f. Sozialrecht, PF 370255, 14132 Berlin, T: (030) 84582251, dick@eh-berlin.de

**Dick,** Volker; M.Sc., Prof.; *Massivbau und Statik*; di: Beuth Hochsch. f. Technik, FB III Bauingenieur- u. Geoinformationswesen, Luxemburger Straße 10, 13353 Berlin, T: (030) 45042608, dick@beuth-hochschule.de

**Dickel,** Jochen; Prof.; *Kommunikationsdesign, Werbung*; di: FH des Mittelstands, FB Medien, Ravensbergerstr. 10 G, 33602 Bielefeld, dickel@fhm-mittelstand.de

**Dickmann,** Klaus; Dr.-Ing., Prof.; *Lasertechnik*; di: FH Münster, FB Physikal. Technik, Stegerwaldstr. 39, 48565 Steinfurt, T: (02551) 962322, F: 962490, dickmann@fh-muenster.de; pr: Heekweg 58, 48161 Münster, T: (0251) 867134

**Dicleli,** Cengiz; Dipl.-Ing., Prof., Dekan Fak. Architektur und Gestaltung; *Tragkonstruktionen*; di: Hochsch. Konstanz, Fak. Architektur u. Gestaltung, Brauneggerstr. 55, 78462 Konstanz, PF 100543, 78405 Konstanz, T: (07531) 206180, F: 206193, dicleli@fh-konstanz.de

**Dieball,** Heike; Dr. jur., Prof.; *Zivil- u. Arbeitsrecht, Europarecht*; di: Hochsch. Hannover, Fak. V Diakonie, Gesundheit u. Soziales, Blumhardtstr. 2, 30625 Hannover, PF 690363, 30612 Hannover, T: (0511) 92963128, heike.dieball@hs-hannover.de; pr: Bergfeldstr. 33, 31199 Diekholzen, T: (05121) 266169

**Diebel,** Johannes; Dipl.-Ing., Prof.; *Garten- und Landschaftsbau*; di: HTW Dresden, Fak. Landbau/Landespflege, Mitschurinbau, 01326 Dresden-Pillnitz, T: (0351) 4623624, diebel@pillnitz.htw-dresden.de

**Diebold,** Annemarie; Prof.; *Allg. Verwaltungsrecht, Sozialrecht, insbes. SGB I und X, SGG*; di: H f. öffentl. Verwaltung u. Finanzen Ludwigsburg, Reuteallee 36, 71634 Ludwigsburg, T: (07141) 14022, F: 140544, diebold@vw.fhov-ludwigsburg.de

**Dieckerhoff,** Katy; Dr. phil., Prof.; *Sozialwesen*; di: H Koblenz, FB Sozialwissenschaften, Konrad-Zuse-Str. 1, 56075 Koblenz, T: (0261) 9528242, dieckerhoff@hs-koblenz.de

**Dieckhoff,** Josef; Dr. rer. nat., Prof.; *Biochemie*; di: FH Aachen, FB Angewandte Naturwiss. u. Technil, Ginsterweg 1, 52428 Jülich, T: (0241) 600953227, dieckhoff@fh-aachen.de; pr: Tielmanweg 10, 52074 Aachen, T: (0241) 8794927

**Dieckmann,** Friedrich; Dipl.-Psych., Dr., Prof.; *Psychologie*; di: Kath. Hochsch. NRW, Abt. Münster, FB Sozialwesen, Piusallee 89, 48147 Münster, f.dieckmann@kfhnw.de; pr: Hittorfstr. 6, 48149 Münster, T: (02505) 2620

**Dieckmann,** Randolf; Dr. rer. pol., Prof.; *Verlagswirtschaft, Buchhandel*; di: HTWK Leipzig, FB Medien, PF 301166, 04251 Leipzig, T: (0341) 30765440, dieckmann@fbm.htwk-leipzig.de

**Dieckmann,** Reinhard; Dr.-Ing., Prof.; *Wasserbau, Küstenwasserbau, Hydromechanik*; di: FH Lübeck, FB Bauwesen, Stephensonstr. 1, 23562 Lübeck, T: (0451) 3005587, reinhard.dieckmann@fh-luebeck.de; pr: Lange Str. 66, 24399 Arnis, T: (04642) 4303

**Diedel,** Ralf; Dr. rer.nat., Prof.; *Glas, Keramik*; di: H Koblenz, FB Ingenieurwesen, Heinrich-Meister-Str. 2, 56203 Höhr-Grenzhausen, T: (02624) 18610, diedel@fh-koblenz.de

**Diederich,** Karl-Josef; Dr.-Ing., Prof.; *Hochspannungstechnik, EMV, El. Energieerzeugung und -verteilung*; di: FH Dortmund, FB Informations- u. Elektrotechnik, Sonnenstr. 96, 44139 Dortmund, T: (0231) 9112327, F: 9112283, diederich@fh-dortmund.de

**Diederichs,** Hark Ocke; Dipl.-Ing., Prof.; *Schiffs-Hilfsmaschinen*; di: FH Flensburg, FB Technik, Kanzleistr. 91-93, 24943 Flensburg, T: (0461) 8051333, F: 8051300, hark-ocke.diederichs@fh-flensburg.de; pr: Zum Dickmoor 11, 24644 Timm-Aspe, T: (04392) 1290

**Diederichs,** Helmut; Dr. phil. habil., Prof.; *Soziologie, Medientheorie u. -geschichte, Medienpädagogik*; di: FH Dortmund, FB Angewandte Sozialwiss., Emil-Figge-Str. 44, 44227 Dortmund, T: (0231) 7554987, F: 7556287, diederichs@fh-dortmund.de; pr: Lütgendortmunder Hellweg 15b, 44388 Dortmund, T: (0231) 6902340

**Diedrich,** Andreas; Dr., Prof.; *Betriebswirtschaftslehre, Bankbetriebslehre*; di: FH Düsseldorf, FB 7 – Wirtschaft, Universitätsstr. 1, Geb. 23.32, 40225 Düsseldorf, T: (0211) 8114216, F: 8114369, andreas.diedrich@fh-duesseldorf.de; pr: Nelly-Sachs-Str. 11, 40764 Langenfeld, T: (02173) 21934, F: 21446

**Diedrichs,** Volker; Dr.-Ing., Prof.; *Elektrische Energieanlagen, Kraftwerkstechnik, Planung und Betrieb von Drehstromversorgungssystemen*; di: Jade Hochsch., FB Ingenieurwissenschaften, Friedrich-Paffrath-Str. 101, 26389 Wilhelmshaven, T: (04421) 9852266, F: 9852304, diedrichs@jade-hs.de

**Diegelmann,** Michael; Dr., Prof.; *Physik, EDV, Meßtechnik*; di: Hochsch. Rosenheim, Hochschulstr. 1, 83024 Rosenheim, T: (08031) 805408, F: 805402

**Diehl,** Norbert; Dr.-Ing., Prof.; *Kommunikationsnetze und Verteilte Systeme, Grundlagen der Informatik*; di: FH Kaiserslautern, FB Angew. Ingenieurwiss., Morlautererstr. 31, 67657 Kaiserslautern, T: (0631) 3724244, F: 3724222, norbert.diehl@et.fh-kl.de

**Diehl,** Rainer; Dr., Prof.; *Ästhetik/Kommunikation*; di: Hochsch. Magdeburg-Stendal, FB Sozial- u. Gesundheitswesen, Breitscheidstr. 2, 39114 Magdeburg, T: (0391) 8864324, rainer.diehl@hs-magdeburg.de

**Diehl-Becker,** Angela; Dr., Prof.; di: DHBW Karlsruhe, Fak. Wirtschaft, Erzbergerstr. 121, 76133 Karlsruhe, T: (0721) 9735984

**Diekmann,** Klaus; Dr.-Ing., Prof. Technische FH Georg Agricola Bochum, Lt. Int. Academies Georg Agricola; *Mess-, Steuerungs- u. Regelungstechnik*; di: TFH Georg Agricola Bochum, WB Maschinen- u. Verfahrenstechnik, Herner Str. 45, 44787 Bochum, T: (0234) 9683249, F: 9683706, diekmann@tfh-bochum.de; pr: Weidengrund 20, 44797 Bochum, T: (0234) 476833, Klaus-Diekmann@versanet.de

**Diekmann,** Paul; Dr.-Ing., Prof.; *Technische Mechanik*; di: FH Bielefeld, FB Ingenieurwiss. u. Mathematik, Wilhelm-Bertelsmann-Str. 10, 33602 Bielefeld, T: (0521) 1067337, paul.diekmann@fh-bielefeld.de; pr: Mühlenbrinkweg 1 c, 32791 Lage, T: (05232) 61166

**Dielmann,** Klaus; Dr.-Ing., Prof.; *Wärmeübertragung und Verbrennungstechnik*; di: FH Aachen, FB Angewandte Naturwiss. u. Technik, Ginsterweg 1, 52428 Jülich, T: (0241) 600953020, dielmann@fh-aachen.de; pr: Vetschauer Weg 65, 52072 Aachen

**Diels,** Horst; Dr.-Ing., Prof.; *Produktionstechnik, Arbeitswissenschaft, Moderne Fertigungstechniken, Technisches Zeichnen, Industrielle Fertigungsverfahren*; di: Hochsch. Offenburg, Fak. Betriebswirtschaft u. Wirtschaftsingenieurwesen, Klosterstr. 14, 77723 Gengenbach, T: (07803) 969833, F: 969849, diels@fh-offenburg.de

**Diem,** Wolfgang; Dr. rer. nat., Prof.; *Fertigungstechnik, Werkstofftechnik*; di: Techn. Hochsch. Mittelhessen, Wilhelm-Leuschner-Str. 13, 61169 Friedberg, T: (06031) 604309; pr: Kirchstr. 17, 63486 Bruchköbel, T: (06181) 73710

**Diemand,** Franz; Dr., Prof.; *Betriebswirtschaft, Volkswirtschaft*; di: Jade Hochsch., FB Bauwesen u. Geoinformation, Ofener Str. 16-19, 26121 Oldenburg, T: (0441) 77083213, franz.diemand@jade-hs.de; pr: Schomburgstr. 2, 12277 Berlin, T: (030) 7212464

**Diemar,** Ute; Dr.-Ing. habil., Prof.; *Elektrotechnik, Prüftechnik*; di: Hochsch. Furtwangen, Fak. Product Engineering/Wirtschaftsingenieurwesen, Robert-Gerwig-Platz 1, 78120 Furtwangen, T: (07723) 9202174, dim@hs-furtwangen.de

**Diemer,** Stefan; Dr. rer. nat., Prof.; *Physikalische Chemie, Biochemie*; di: Hochsch. München, Fak. Feinwerk- u. Mikrotechnik, Physikal. Technik, Lothstr. 34, 80335 München, T: (089) 28924345, F: 28924337, diemer@fhm.edu

**Dienberg OFMCap,** Thomas; Dr. theol., Prof. u. Rektor Phil.-Theol. H Münster; *Theologie der Spiritualität*; di: Philosophisch-Theologische Hochschule, Hohenzollernring 60, 48145 Münster, rektorat@pth-muenster.de; pr: Kapuzinerstr. 27/29, 48149 Münster, th.dienberg@web.de

**Dienel,** Christiane; Dr., Prof., Präs.; *Europäische Politik und Gesellschaft*; di: HAWK Hildesheim/Holzminden/Göttingen, Präsidium, Hohnsen 4, 31134 Hildesheim, T: (05121) 881100, F: 881132

**Diener,** Michaela; Dr., Prof.; *Kunst- und Designgeschichte*; di: HAW Hamburg, Fak. Design, Medien u. Information, Armgartstr. 24, 22087 Hamburg, T: (040) 428754675, michaela.diener@haw-hamburg.de; pr: michaela.diener@t-online.de

**Diercksen,** Christiane; Dipl.-Math., Prof.; *Mathematik*; di: Beuth Hochsch. f. Technik, FB II Mathematik – Physik – Chemie, Luxemburger Str. 10, 13353 Berlin, T: (030) 45042339, diercksen@beuth-hochschule.de

**Dierend,** Werner; Dipl.-Ing. agr., Dr. rer. hort., Prof.; *Obstbau, Obstverwertung, Bienenkunde*; di: Hochsch. Osnabrück, Fak. Agrarwiss. u. Landschaftsarchitektur, PF 1940, 49009 Osnabrück, T: (0541) 9695122, w.dierend@hs-osnabrueck.de; pr: Am Sundern 3, 49597 Rieste, T: (05464) 5925

**Dierk,** Udo; Dr. rer. nat., Prof.; *Leadership, Entrepreneurship*; di: FH d. Wirtschaft, Fürstenallee 3-5, 33102 Paderborn, T: (05251) 301172, udo.dierk@fhdw.de

**Dierks,** Henning; Dr. rer.nat., Prof.; *verteilte Systeme*; di: HAW Hamburg, Fak. Technik u. Informatik, Berliner Tor 7, 20099 Hamburg, T: (040) 428758128, henning.dierks@haw-hamburg.de

**Dierolf,** Günther-Otto; Dr. rer. pol., Prof.; *Finanz-, Bank- und Investitionswirtschaft*; di: Hochsch. München, Fak. Betriebswirtschaft, Am Stadtpark 20 (Neubau), 81243 München, T: (089) 12652751, F: 12652714, guenther.dierolf@fhm.edu

**Diers,** Fritz-Ulrich; Dr. rer. pol., Prof.; *Betriebswirtschaftslehre mit d. Schwerpunkten Controlling, Rechnungswesen, Steuerlehre*; di: Hochsch. Bremen, Fak. Wirtschaftswiss., Werderstr. 73, 28199 Bremen, T: (0421) 59054128, fritz-ulrich.diers@hs-bremen.de; pr: Lindenstr. 107, 48282 Emsdetten, T: (02572) 6282, F: 85647

**Diersen,** Paul; Dr.-Ing., Prof.; *Konstruktion und virtuelle Produktentwicklung, Maschinenelemente*; di: Hochsch. Hannover, Fak. II Maschinenbau u. Bioverfahrenstechnik, Ricklinger Stadtweg 120, 30459 Hannover, PF 920261, 30441 Hannover, T: (0511) 92961669, paul.diersen@hs.hannover.de

**Diesing,** Harald; Dr.-Ing., Prof.; *Technische Mechanik, Maschinenelemente, Konstruktionszeichnungen, Konstruktionsgrundlagen, Normung, Technisches Zeichnen*; di: Hochsch. Hannover, Fak. II Maschinenbau u. Bioverfahrenstechnik, Ricklinger Stadtweg 120, 30459 Hannover, PF 920261, 30441 Hannover, T: (0511) 92961393, F: 91961111, harald.diesing@hs-hannover.de

**Dießenbacher,** Claus; Dr.-Ing., Prof.; *CAD/Entwerfen*; di: Hochsch. Anhalt, FB 3 Architektur, Facility Management u. Geoinformation, PF 2215, 06818 Dessau, T: (0340) 51971521, dieszenb@afg.hs-anhalt.de

**Diestel,** Heiner; Dr.-Ing., Prof.; *Nachrichtenübertragung, Digitaltechnik, Hochfrequenztechnik*; di: Hochsch. Osnabrück, Fak. Ingenieurwiss. u. Informatik, Albrechtstr. 30, 49076 Osnabrück, T: (0541) 9692904, F: 9692936, h.diestel@hs-osnabrueck.de; pr: Hünenweg 14, 49504 Lotte/Halen, T: (05404) 9693047

**Dieterich,** Ewo; Dr. rer. nat., Prof.; *Informatik*; di: Hochsch. Ulm, Fak. Elektrotechnik u. Informationstechnik, PF 3860, 89028 Ulm, T: (0731) 5028403, dieterich@hs-ulm.de

**Dieterich,** Michael; Dr. phil., o.Prof. Gustav-Siewerth-Akad. Weilheim; *Psychotherapie, Erziehungswissenschaft, praktische Theologie*; di: Gustav-Siewerth-Akademie, 79809 Weilheim-Bierbronnen; pr: Eichelbachstr. 11, 72250 Freudenstadt, T: (07442) 4196, F: 60121, DieterichM@aol.com; www.i-p-p.org

**Dieterle,** Roland; Prof.; *Projektmanagement, Bauorganisation*; di: Hochsch. f. Technik, Fak. Architektur u. Gestaltung, Schellingstr. 24, 70174 Stuttgart, PF 101452, 70013 Stuttgart, T: (0711) 89262818, roland.dieterle@hft-stuttgart.de

**Dieterle,** Willi K. M.; Dr. rer. oec., Prof.; *Betriebswirtschaftslehre, Unternehmensgründung/-sanierung*; di: Techn. Hochsch. Wildau, FB Betriebswirtschaft/Wirtschaftsinformatik, Bahnhofstr., 15745 Wildau, T: (03375) 508953, F: 500324, dieterle@wi-bw.tfh-wildau.de

**Diethelm,** Gerd; Dipl.-Kfm., Dipl.-Vw., Dr. rer. pol., Prof.; *Betriebswirtschaftslehre, Consulting, Projektmanagement, Dienstleistungsmanagement*; di: FH Trier, FB Wirtschaft, PF 1826, 54208 Trier, T: (0651) 8103482, G.Diethelm@hochschule-trier.de

**Dietmaier,** Christopher; Dr., Prof.; *Mathematik, Physik, Statistik u. Operations Research*; di: Hochsch. Amberg-Weiden, FB Wirtschaftsingenieurwesen, Hetzenrichter Weg 15, 92637 Weiden, T: (0961) 382180, F: 38224480, ch.dietmaier@fh-amberg-weiden.de

**Dietrich,** Christian; Dr. rer. nat., Prof.; *Fertigungsverfahren, Kunststofftechnik*; di: Hochsch. Ulm, Fak. Produktionstechnik u. Produktionswirtschaft, Prittwitzstr. 10, 89075 Ulm, PF 3860, 89028 Ulm, T: (0731) 5028130, dietrich@hs-ulm.de

**Dietrich,** Gerhard; Dr. rer. nat., Prof.; *Datenverarbeitung, Netzleittechnik*; di: Hochsch. Mannheim, Fak. Elektrotechnik, Windeckstr. 110, 68163 Mannheim

**Dietrich,** Helmut; Dr. rer. nat., Prof.; *Weinanalytik und Getränkeforschung*; di: Hochsch. Geisenheim, Von-Lade-Str. 1, 65366 Geisenheim, T: (06722) 502311, helmut.dietrich@hs-gm.de; pr: Am Tal 5, 65385 Rüdesheim, T: (06726) 2627

**Dietrich,** Jochen; Dr.-Ing., Prof. e.h., Prof.; *Fertigungsverfahren*; di: HTW Dresden, Fak. Maschinenbau/Verfahrenstechnik, Friedrich-List-Platz 1, 01069 Dresden, T: (0351) 4622134, dietrich@mw.htw-dresden.de

**Dietrich,** Lutz; Patentassessor, Dipl.-Phys., Dr. rer. nat., Prof.; *Chemie, Werkstoffphysik, Patentwesen*; di: Hochsch. Ravensburg-Weingarten, Doggenriedstr., 88250 Weingarten, PF 1261, 88241 Weingarten, T: (0751) 5019697, F: 5019876, dietrich@hs-weingarten.de; pr: Am Breitenstein 26, 88373 Fleischwangen, T: (07505) 1588

**Dietrich,** Roland; Dr. rer. nat., Prof.; *Softwaretechnik und Programmierung*; di: Hochsch. Aalen, Fak. Elektronik u. Informatik, Beethovenstr. 1, 73430 Aalen, T: (07361) 5764140, roland.dietrich@htw-aalen.de

**Dietrich,** Stephan; Dr., Prof.; *Öffentl. u. privates Wirtschaftsrecht, Gesellschafts- u. Konzernrecht, Umweltrecht, Steuerrecht*; di: HTW Berlin, FB Wirtschaftswiss. I, Treskowallee 8, 10318 Berlin, T: (030) 50192449, diet@HTW-Berlin.de

**Dietrichs,** Joachim; Dr.-Ing., Prof.; *Chemie/Physikalische Chemie*; di: Hochsch. Wismar, Fak. f. Ingenieurwiss., PF 1210, 23952 Wismar, T: (03841) 753693, dietrichs@mb.hs-wismar.de

**Dietsche,** Stefan; Dr., Prof.; *Gesundheitswissenschaften, Forschungsmethoden, Ethik*; di: Alice-Salomon-Hochsch., Alice-Salomon-Platz 5, 12627 Berlin-Hellersdorf, T: (030) 99245448, dietsche@ash-berlin.eu

**Dietz,** Armin; Dr.-Ing., Prof.; *Elektr. Antriebstechnik und -systeme, Grundlagen der Elektrotechnik*; di: Georg-Simon-Ohm-Hochsch. Nürnberg, Fak. Elektrotechnik Feinwerktechnik Informationstechnik, Wassertorstr. 10, 90489 Nürnberg, PF 210320, 90121 Nürnberg

**Dietz,** Berthold; Dr. rer.soc., Prof.; *Soziologie*; di: Ev. Hochsch. Freiburg, Bugginger Str. 38, 79114 Freiburg i.Br., T: (0761) 4781213, dietz@eh-freiburg.de; pr: Ferdinand-Weiß-Str. 7, 79106 Freiburg, T: (0761) 1510387

**Dietz,** Jörg; Dr., Prof.; *Massivbau, Fassadentechnik*; di: FH Frankfurt, FB 1 Architektur, Bauingenieurwesen, Geomatik, Nibelungenplatz 1, 60318 Frankfurt am Main, T: (069) 15333658, joerg.dietz@fb1.fh-frankfurt.de

**Dietz,** Manfred; Dr.-Ing. habil., Prof.; *Werkstofftechnik/Werkstoffprüfung*; di: Westsächs. Hochsch. Zwickau, Fak. Automobil- u. Maschinenbau, Dr.-Friedrichs-Ring 2A, 08056 Zwickau, PF 201037, 08012 Zwickau, T: (0375) 5361770, manfred.dietz@fh-zwickau.de; pr: Albert-Schweitzer-Ring 63, 08112 Wilkau-Haßlau

**Dietz,** Rainer; Dr.-Ing., Prof.; *Technische Informatik*; di: Hochsch. Pforzheim, Fak. f. Technik, Tiefenbronner Str. 65, 75175 Pforzheim, T: (07231) 286696, F: 286060, rainer.dietz@hs-pforzheim.de

**Dietz,** Ralf; Dr., Prof.; *Architektur*; di: FH Dortmund, FB Architektur, PF 105018, 44047 Dortmund, T: (0231) 7554405, F: 7554466, ralf.dietz@fh-dortmund.de

**Dietze,** Holger; Dr., Prof.; *Physiologische Optik, Optometrie, Technische Optik*; di: Beuth Hochsch. f. Technik, FB VII Elektrotechnik – Mechatronik – Optometrie, Luxemburger Straße 10, 13353 Berlin, T: (030) 45044731, dietze@beuth-hochschule.de

**Dietzel,** Heide; Dr., Prof.; *Angewandte Sprachwissenschaft, Technik-Deutsch*; di: Hochsch.Merseburg, FB Informatik u. Kommunikationssysteme, Geusaer Str., 06217 Merseburg, T: (03461) 462328, F: 462900, heide.dietzel@hs-merseburg.de

**Dievernich,** Frank E.P.; Dr., Prof.; *Betriebswirtschaftslehre*; di: Provadis School of Int. Management and Technology, Industriepark Hoechst, Geb. B 845, 65926 Frankfurt a.M.

**Diewald,** Werner; Dr.-Ing., Prof.; *Technische Mechanik, Informatik in der Verfahrenstechnik*; di: Hochsch. Mannheim, Fak. Verfahrens- u. Chemietechnik, Windeckstr. 110, 68163 Mannheim

**Diez,** Bruno; Dr., Prof.; *Allgemeine BWL, Controlling*; di: Hochsch. f. angew. Wiss. Würzburg Schweinfurt, Fak. Wirtschaftsingenieurwesen, Ignaz-Schön-Str. 11, 97421 Schweinfurt

**Diez,** Willi; Dr. rer. pol., Prof.; *Automobilwirtschaft, Marketing*; di: Hochsch. f. Wirtschaft u. Umwelt Nürtingen-Geislingen, PF 1251, 73302 Geislingen a.d. Steige, T: (07331) 22489, willi.diez@hfwu.de

**Diezinger,** Angelika; Dr. phil., Prof.; *Soziologie*; di: Hochsch. Esslingen, Fak. Soziale Arbeit, Gesundheit u. Pflege, Flandernstr. 101, 73732 Esslingen, T: (0711) 3974571; pr: Reutlinger Str. 57, 73728 Esslingen, T: (0711) 3006278

**Diezmann,** Tanja; Dipl.-Des., Prof.; *Interface-Design*; di: Hochsch. Anhalt, FB 4 Design, PF 2215, 06818 Dessau, T: (0340) 51971713

**Dih,** Denise; Dipl.-Ing., Prof.; *Entwerfen, Grundlage des Entwerfens*; di: Hochsch. Rosenheim, Fak. Innenarchitektur, Hochschulstr. 1, 83024 Rosenheim

**Dikta,** Gerhard; Dr. rer. nat., Prof.; *Mathematik und Angewandte Mathematik*; di: FH Aachen, FB Angewandte Naturwiss. u. Technik, Ginsterweg 1, 52428 Jülich, T: (0241) 600953129, dikta@fh-aachen.de; pr: Dahler Heide 44, 33100 Paderborn

**Dildey,** Fritz; Dr., Prof.; *Physik, Elektronik, Solartechnik*; di: HAW Hamburg, Fak. Life Sciences, Lohbrügger Kirchstr. 65, 21033 Hamburg, T: (040) 428756244, f.dildey@ls.haw-hamburg.de; pr: T: (040) 69692755

**Dill,** Thomas; Dr., HonProf.; *Arbeitsrecht*; di: Hochsch. Kempten, Fak. Betriebswirtschaft, PF 1680, 87406 Kempten, T: (0831) 2523163, F: 2523162

**Dillerup,** Ralf; Dipl.-Kfm., Dr. rer. pol., Prof.; *Kosten- und Leistungsrechnung, Informationsmanagement*; di: Hochsch. Heilbronn, Fak. f. Wirtschaft u. Verkehr, Max-Planck-Str. 39, 74081 Heilbronn, T: (07131) 504496, F: 504144961, dillerup@hs-heilbronn.de

**Dimter,** Tom; Dr.-Ing., Prof.; *Kraftfahrzeugtechnik, Kraftfahrzeug-Prüf- und Messtechnik*; di: HTW Dresden, Fak. Maschinenbau/Verfahrenstechnik, Friedrich-List-Platz 1, 01069 Dresden, T: (0351) 4622644, dimter@et.htw-dresden.de

**Dinauer,** Josef; Dr. rer. pol., Prof.; *Betriebliche Finanz- und Versicherungswirtschaft*; di: Hochsch. München, Fak. Betriebswirtschaft, Am Stadtpark 20 (Neubau), 81243 München, T: (089) 12652719, F: 12652714, josef.dinauer@fhm.edu

**Dincher,** Roland; Dr., Prof.; *Betriebswirtschaftslehre*; di: Hochsch. d. Bundesagentur f. Arbeit, Seckenheimer Landstr. 16, 68163 Mannheim, T: (0621) 4209137, Roland.Dincher@arbeitsagentur.de

**Ding,** Eve Limin; Dr.-Ing., Prof.; *Regelungstechnik und Prozesstechnik, Grundgebiete der Elektrotechnik*; di: Westfäl. Hochsch., FB Elektrotechnik u. angew. Naturwiss., Neidenburger Str. 43, 45877 Gelsenkirchen, T: (0209) 9596392, eve.ding@fh-gelsenkirchen.de

**Ding,** Yong-Jian; Dr.-Ing., Prof.; *Steuerungstechnik*; di: Hochsch. Magdeburg-Stendal, FB Elektrotechnik, Breitscheidstr. 2, 39114 Magdeburg, T: (0391) 8864806, Yongjian.Ding@HS-Magdeburg.DE

**Dinkel,** Michael; Dr., Prof.; *Messe-, Kongress- & Eventmanagement*; di: DHBW Mannheim, Fak. Wirtschaft, Coblitzallee 1-9, 68163 Mannheim, T: (0621) 41052256, F: 41052209, michael.dinkel@dhbw-mannheim.de

**Dinkelacker,** Albrecht; Dr., Prof.; *Internationales Projekt Engineering*; di: DHBW Mosbach, Lohrtalweg 10, 74821 Mosbach, T: (06261) 939531, F: 939504, dinkelacker@dhbw-mosbach.de

**Dinkelbach,** Andreas; Dr. rer. pol., Prof.; *Betriebliches Rechnungswesen, Steuerlehre*; di: Hochsch. Fresenius, Im Mediapark 4c, 50670 Köln, dinkelbach@hs-fresenius.de

**Dinter,** Reinhard; Dipl.-Ökonom, Prof.; di: Kath. Hochsch. Mainz, FB Gesundheit u. Pflege, Saarstr. 3, 55122 Mainz, T: (06131) 2894436, dinter@kfh-mainz.de; pr: Weidenbachsiedlung 33, 55286 Wörrstadt, T: (06732) 919836

**Dippel,** Sabine; Dr. rer. nat., Prof.; *Mathematik, Physik*; di: Hochsch. Hannover, Fak. I Elektro- u. Informationstechnik, Ricklinger Stadtweg 120, 30459 Hannover, PF 920261, 30441 Hannover, T: (0511) 92961273, F: 92961111, sabine.dippel@hs-hannover.de; pr: T: (0511) 4104070

**Dippold,** Michael; Dr.-Ing., Prof.; *Nachrichtensysteme, Mobilfunk*; di: Hochsch. München, Fak. Elektrotechnik u. Informationstechnik, Lothstr. 64, 80335 München, T: (089) 12653456, F: 12653403, dippold@ee.fhm.edu

**Diringer,** Arnd; Dr., Prof.; *Privatrecht*; di: H f. öffentl. Verwaltung u. Finanzen Ludwigsburg, Fak. Steuer- u. Wirtschaftsrecht, Reuteallee 36, 71634 Ludwigsburg, T: (07141) 89291020, diringer@fh-ludwigsburg.de

**Dirkers,** Detlev; Dr., HonProf.; *Markt- u. Organisationskommunikation*; di: Hochsch. Osnabrück, Fak. MKT, Inst. f. Kommunikationsmanagement, Kaiserstr. 10c, 49809 Lingen, T: (0591) 80098452, d.dirkers@hs-osnabrueck.de; pr: Am Pappelgraben 23, 49080 Osnabrück, T: (0541) 358800, ddirkers@lang-dirkers.com

**Dirks,** Heinrich; Dr. rer. nat., Prof.; *Physik*; di: Hochsch. Darmstadt, FB Mathematik u. Naturwiss., Haardtring 100, 64295 Darmstadt, T: (06151) 168655, h.dirks@h-da.de; pr: Von-Ketteler-Str. 13, 64297 Darmstadt, T: (06151) 53448

**Disch,** Wolfgang; Dr., Prof.; *Allg. BWL / Bankbetriebswirtschaftslehre*; di: DHBW Villingen-Schwenningen, Fak. Wirtschaft, Friedrich-Ebert-Str. 30, 78054 Villingen-Schwenningen, T: (07720) 3906127, F: 3906149, disch@dhbw-vs.de

**Dispert,** Helmut; Dr.-Ing., Prof.; *Technische Informatik, Systemtechnik*; di: FH Kiel, FB Informatik u. Elektrotechnik, Grenzstr. 5, 24149 Kiel, T: (0431) 2104114, F: 21064114, helmut.dispert@fh-kiel.de

**Distel,** Stefan; Dr., Prof.; *Internationale Logistik*; di: FH Neu-Ulm, Wileystr. 1, 89231 Neu-Ulm, T: (0731) 97621407, stefan.distel@fh-neu-ulm.de

**Disterer,** Georg; Dr. sc. pol., Prof.; *Organisationsorientierte Wirtschaftsinformatik, Systemanalyse, Software Engineering, Informationsmanagement, DV-Management, DV-Grundausbildung*; di: Hochsch. Hannover, Fak. IV Wirtschaft u. Informatik, Ricklinger Stadtweg 120, 30459 Hannover, T: (0511) 92961522, F: 92961510, georg.diesterer@hs-hannover.de; pr: Im Hammfeld 11, 30966 Hemmingen, T: (0511) 2330623

**Ditges,** Johannes; Dr. rer. pol., Prof.; *Betriebswirtschaftslehre, insbes. Steuerlehre*; di: HTWK Leipzig, FB Wirtschaftswissenschaften, PF 301166, 04251 Leipzig, T: (0341) 30766538, ditges@wiwi.htwk-leipzig.de

**Dittes,** Frank-Michael; Dr. rer. nat., Prof.; *Softwareengineering*; di: FH Nordhausen, FB Ingenieurwiss., Weinberghof 4, 99734 Nordhausen, T: (03631) 420327, F: 420818, dittes@fh-nordhausen.de

**Dittler,** Ullrich; Dr., Prof.; *Mediendidaktik, Medienpsychologie, E-Learning*; di: Hochsch. Furtwangen, Fak. Digitale Medien, Robert-Gerwig-Platz 1, 78120 Furtwangen, T: (07723) 9202527, dit@fh-furtwangen.de

**Dittmann,** Uwe; Prof.; *Wirtschaftsingenieurwesen*; di: Hochsch. Pforzheim, Fak. f. Wirtschaft u. Recht, Tiefenbronner Str. 66, 75175 Pforzheim, T: (07231) 286670, F: 286057, uwe.dittmann@hs-pforzheim.de

**Dittmar,** Günter; Dr.-Ing. habil., Prof. FH Aalen; *Allgemeine Elektronik, Optoelektronische Bauelemente, Infrarottechnik, Technische Beratung u. Entwicklung*; di: Hochsch. Aalen, Fak. Optik u. Mechatronik, Beethovenstr. 1, 73430 Aalen, T: (07361) 5763100, F: 5763138, Guenter.Dittmar@htw-aalen.de; www.awfe.de

**Dittmar,** Rainer; Dr.-Ing., Dipl.-Ing., Prof.; *Automatisierungstechnik*; di: FH Westküste, FB Technik, Fritz-Thiedemann-Ring 20, 25746 Heide, T: (0481) 8555325, dittmar@fh-westkueste.de; pr: Langendamm 37, 25746 Heide

**Dittrich,** Günther; Dr.-Ing., Prof.; *Elektrotechnik, elektrische Maschinen*; di: Hochsch. Heilbronn, Fak. f. Technik u. Wirtschaft, Daimlerstr. 35, 74653 Künzelsau, T: (07940) 130694, F: 130620, dittrich@fh-heilbronn.de

**Dittrich,** Heinz; Dr.-Ing., Prof.; *Technische Mechanik*; di: Westfäl. Hochsch., FB Maschinenbau u. Facilities Management, Neidenburger Str. 10, 45877 Gelsenkirchen, T: (0209) 9596174, F: 9596172, heinz.dittrich@fh-gelsenkirchen.de; pr: T: (02364) 12618

**Dittrich,** Horst; Dipl.-Ing., Prof.; *Freies Gestalten und Entwerfen*; di: Georg-Simon-Ohm-Hochsch. Nürnberg, Fak. Architektur, Keßlerplatz 12, 90489 Nürnberg, PF 210320, 90121 Nürnberg

**Dittrich,** Ingo; Dr., Prof.; *Wirtschaftsingenieurwesen*; di: Hochsch. Offenburg, Fak. Betriebswirtschaft u. Wirtschaftsingenieurwesen, Klosterstr. 14, 77723 Gengenbach, T: (07803) 96984490, ingo.dittrich@hs-offenburg.de

**Dittrich,** Peter; Dr.-Ing., Prof.; *Elektrische Antriebe, Elektromechanische Konstruktion*; di: FH Jena, FB Elektrotechnik u. Informationstechnik, Carl-Zeiss-Promenade 2, 07745 Jena, PF 100314, 07703 Jena, T: (03641) 205700, F: 205701, et@fh-jena.de

**Dittwald,** Frank; Dr.-Ing., Prof.; *Heizungs-, Klima- und Sanitärtechnik, Anlagen- und Technisches Gebäudemanagement*; di: Beuth Hochsch. f. Technik, FB IV Architektur u. Gebäudetechnik, Luxemburger Str. 10, 13353 Berlin, T: (030) 45042566, dittwald@beuth-hochschule.de

**Ditzinger,** Albrecht; Dr. rer. nat., Prof.; *Technische Informatik, Spezialprozessoren, Rechnerarchitektur*; di: Hochsch. Karlsruhe, Fak. Informatik u. Wirtschaftsinformatik, Moltkestr. 30, 76133 Karlsruhe, PF 2440, 76012 Karlsruhe, T: (0721) 9251479

**Dlabka,** Michael; Dr.-Ing., Prof.; *Signale und Systeme, Neuronale Netze, Modellbildung und Simulation*; di: Dt. Telekom Hochsch. f. Telekommunikation, PF 71, 04251 Leipzig, T: (0341) 3062224, F: 3015069, dlabka@hft-leipzig.de

**Dlugos,** Caroline; Prof.; *Fotografie (Konzeption und Entwurf)*; di: FH Dortmund, FB Design, Max-Ophüls-Platz 2, 44139 Dortmund, T: (0231) 9112442, F: 9112415, dlugos@fh-dortmund.de; pr: Schillingstr. 37, 44137 Dortmund

**Do,** Vuong Tuong; Dr.-Ing., Prof.; *Technische Thermodynamik*; di: Hochsch. Bochum, FB Mechatronik u. Maschinenbau, Lennershofstr. 140, 44801 Bochum, T: (0234) 3210417, vuongtuong.do@hs-bochum.de; pr: In der Hei 2, 44797 Bochum, T: (0234) 797158

**Dobbelstein,** Thomas; Dr., Prof.; *Marketingforschung, Betriebswirtschaftslehre*; di: DHBW Ravensburg, Rudolfstr. 11, 88214 Ravensburg, T: (0751) 189992107, dobbelstein@dhbw-ravensburg.de

**Dobler,** Georg; Prof.; *Metallgestaltung*; di: HAWK Hildesheim/Holzminden/Göttingen, Fak. Gestaltung, Am Marienfriedhof 1, 31134 Hildesheim, T: (05121) 881326, F: 881366

**Dobner,** Gerhard; Dr., Prof.; *Mathematik, Datenverarbeitung*; di: Hochsch. Konstanz, Fak. Elektrotechnik u. Informationstechnik, Brauneggerstr. 55, 78462 Konstanz, PF 100543, 78405 Konstanz, T: (07531) 206113, F: 206400, dobner@fh-konstanz.de

**Dobner,** Hans-Jürgen; Dr. rer. nat. habil., Prof.; *Angewandte Mathematik*; di: HTWK Leipzig, FB Informatik, Mathematik u. Naturwiss., PF 301166, 04251 Leipzig, T: (0341) 30766486, dobner@imn.htwk-leipzig.de; www.imn.htwk-leipzig.de/~dobner/

**Dobslaw,** Gudrun; Dr., Prof.; *Sozialwesen*; di: FH Bielefeld, FB Sozialwesen, Kurt-Schumacher-Straße 6, 33615 Bielefeld, T: (0521) 1067815, gudrun.dobslaw@fh-bielefeld.de

**Doderer,** Thomas; Dr. rer. nat., Prof.; *Mathematik, Physik, Statistik*; di: Hochsch. Ravensburg-Weingarten, Doggenriedstr., 88250 Weingarten, PF 1261, 88241 Weingarten, thomas.doderer@hs-weingarten.de

**Doderer,** Yvonne P.; Dr., Prof.; *GenderMediaDesign*; di: FH Düsseldorf, FB 2 – Design, Georg-Glock-Str. 15, 40474 Düsseldorf; pr: ypdoderer@transdisciplinary.net

**Döbbeling,** Ernst-Peter; Prof.; *Produktpiraterie, Spionage*; di: Hochsch. Furtwangen, Fak. Computer & Electrical Engineering, Robert-Gerwig-Platz 1, 78120 Furtwangen, T: (07723) 9202455

**Döben-Henisch,** Gerd-Dietrich; Dr., Prof.; *Informatik*; di: FH Frankfurt, FB 2 Informatik u. Ingenieurwiss., Nibelungenplatz 1, 60318 Frankfurt am Main, T: (069) 15332593, gerd@doeben-henisch.de

**Döbert,** Christine; Dr., Prof.; *Numerische Methoden im Bauwesen*; di: Techn. Hochsch. Mittelhessen, FB 01 Bauwesen, Wiesenstr. 14, 35390 Gießen, Christine.Doebert@bau.th-mittelhessen.de

**Döbler,** Joachim; Dr. phil., Prof.; *Geragogik, Soziologie*; di: Ostfalia Hochsch., Fak. Sozialwesen, Ludwig-Winter-Str. 2, 38120 Braunschweig

**Döbler,** Thomas; Dr., Prof.; *Medienmanagement*; di: Macromedia Hochsch. f. Medien u. Kommunikation, Naststr. 11, 70376 Stuttgart

**Döblin,** Jürgen; Dr. rer. pol., Prof.; *Betriebsstatistik, Wirtschaftsmathematik*; di: Georg-Simon-Ohm-Hochsch. Nürnberg, Fak. Betriebswirtschaft, Bahnhofsstr. 87, 90402 Nürnberg, PF 210320, 90121 Nürnberg, juergen.doeblin@ohm-hochschule.de

**Dögl,** Rudolf; Dr., Prof., Dekan FB Wirtschaftsingenieurwissenschaft und Betriebswirtschaft; *Wirtschaftslehre, Marketing, Innovationsmanagement, Industriebetriebslehre, Organisation*; di: Hochsch. f. angew. Wiss. Würzburg Schweinfurt, Fak. Wirtschaftsingenieurwesen, Ignaz-Schön-Str. 11, 97421 Schweinfurt

**Döhl,** Wolfgang; Dr. rer. pol., Prof.; *Kostenrechnung, Finanz- und Investitionswirtschaft, Marketing*; di: Hochsch. München, Fak. Wirtschaftsingenieurwesen, Erzgießereistr. 14, 80335 München

**Döhler,** Sebastian; Dr. rer. nat., Prof.; *Mathematik*; di: Hochsch. Darmstadt, FB Mathematik u. Naturwiss., Haardtring 100, 64295 Darmstadt, T: (06151) 168599, sebastian.doehler@h-da.de

**Dölecke,** Helmut; Dipl.-Ing., Prof.; *Mikrowellen- und Radartechnik, Mikrowellen-CAE, Hochfrequenztechnik, Funknavigation und EMV, Grundlagen der Elektrotechnik, Rhetorik und Präsentationstechnik*; di: Hochsch. Hannover, Fak. I Elektro- u. Informationstechnik, Ricklinger Stadtweg 120, 30459 Hannover, PF 920261, 30441 Hannover, T: (0511) 9293536, helmut.doelecke@hs-hannover.de; pr: Am Mühlbach 7, 30890 Barsinghausen, T: (05105) 82612, F: 585771

**Döpel,** Erhard; Dr. rer. nat. habil., Prof.; *Experimentalphysik*; di: FH Jena, FB Grundlagenwiss., Carl-Zeiss-Promenade 2, 07745 Jena, PF 100314, 07703 Jena

**Döpke,** Jörg; Dr., Prof.; *Allgemeine Volkswirtschaftslehre*; di: Hochsch.Merseburg, FB Wirtschaftswiss., Geusaer Str., 06217 Merseburg, T: (03461) 462441, joerg.doepke@hs-merseburg.de

**Dören,** Horst-Peter; Dr.-Ing., Prof.; *Werkstoffkunde und Schweißtechnik*; di: FH Aachen, FB Angewandte Naturwiss. u. Technik, Ginsterweg 1, 52428 Jülich, T: (0241) 600953176, doeren@fh-aachen.de; pr: Frankenstr. 51, 52445 Titz, T: (02463) 5582

**Doerfert,** Carsten; Dr. jur., Prof.; *Wirtschaftsrecht, Wirtschaftsverwaltungsrecht, EU-Recht*; di: FH Bielefeld, FB Wirtschaft, Universitätsstr. 25, 33615 Bielefeld, T: (0521) 1063746, carsten.doerfert@fh-bielefeld.de; pr: Kollwitzstr. 46, 33613 Bielefeld, T: (0521) 81185

**Dörfler,** Joachim; Dr.-Ing., Prof.; *Ingenieurwissenschaften, Technische Mechanik, Qualitäts- und Umweltmanagement*; di: bbw Hochsch. Berlin, Leibnizstraße 11-13, 10625 Berlin, T: (030) 319909527, joachim.doerfler@bbw-hochschule.de

**Dörger,** Dagmar; Dr., Prof.; *Medienpädagogik/Spiel- und Theaterpädagogik*; di: FH Erfurt, FB Sozialwesen, Altonaer Str. 25, 99084 Erfurt, PF 101363, 99013 Erfurt, T: (0361) 6700538, F: 6700533, doerger@fh-erfurt.de

**Döring,** Christian; Dr., Prof.; *Zivilrecht, Wirtschaftsrecht, Immobilienrecht*; di: Hochsch. Biberach, SG Betriebswirtschaft, PF 1260, 88382 Biberach/Riß, T: (07351) 582413, F: 582449, Doering@hochschule-bc.de

**Döring,** Daniela; Dr.-Ing., Prof.; *Systemtechnik*; di: Hochsch. Lausitz, FB Informatik, Elektrotechnik, Maschinenbau, Großenhainer Str. 57, 01968 Senftenberg, T: (03573) 85638, F: 85609, ddoering@fh-lausitz.de

**Döring,** Heinz; Dr.-Ing. habil., Prof.; *Optische Informationsübertragung, Optoelektronik*; di: Hochsch. Mittweida, Fak. Elektro- u. Informationstechnik, Technikumplatz 17, 09648 Mittweida, T: (03727) 581054, F: 581351, doering@htwm.de

**Döring,** Thomas; Dr. rer.pol. habil., Prof.; *Volkswirtschaftslehre, Umweltökonomik, Fiskalföderalismus, Institutionenökonomik*; di: Hochsch. Darmstadt, FB Gesellschaftswiss. u. Soziale Arbeit, Haardtring 100, 64295 Darmstadt, T: (06151) 168743, thomas.doering@h-da.de

**Döring,** Vera; Dr., Prof.; *BWL, Industrie*; di: DHBW Villingen-Schwenningen, Fak. Wirtschaft, Karlstr. 29, 78054 Villingen-Schwenningen, T: (07720) 3906401, F: 3906519, doering@dhbw-vs.de

**Doeringer,** Willibald; Dipl.-Math., Dr. rer. nat., Prof.; *Kommunikationsinformatik*; di: FH Worms, FB Informatik, Erenburgerstr. 19, 67549 Worms, T: (06241) 509214, F: 509222

**Doerk,** Vera; Dipl.-Ing., Prof.; *Mediale Raumgestaltung*; di: AMD Akademie Mode & Design (FH), Wendenstr. 35c, 20097 Hamburg, T: (040) 23787853, vera.doerk@amdnet.de; pr: T: (030) 330997611

**Doerks,** Wolfgang; Dr. rer. pol., Prof.; *Betriebswirtschaftslehre, insbes. Finanzwirtschaft*; di: Hochsch. Bonn-Rhein-Sieg, FB Wirtschaft Sankt Augustin, Grantham-Allee 20, 53757 Sankt Augustin, 53754 Sankt Augustin, T: (02241) 865104, F: 8658104, Wolfgang.Doerks@fh-bonn-rhein-sieg.de

**Dörnberg,** Adrian von; Dr. rer. pol., Prof.; *Allgemeine Betriebswirtschaftslehre, spezielle Betriebswirtschaftslehre d. touristischen Leistungsträger und/ oder Reiseveranstalter/-mittler*; di: FH Worms, FB Touristik/Verkehrswesen, Erenburgerstr. 19, 67549 Worms, von-doernberg@fh-worms.de

**Dörner,** Erich; Dr., Prof.; *Internes Rechnungswesen (Kostenrechnung, Controlling), externes Rechnungswesen (Bilanzierung), allgemeine Betriebswirtschaftslehre*; di: Hochsch. Fulda, FB Wirtschaft, Marquardstr. 35, 36039 Fulda, Erich.Doerner@w.fh-fulda.de; pr: Marderweg 8, 36041 Fulda

**Dörner,** Michael; Prof.; *Bildende Kunst*; di: Hochsch. f. Künste im Sozialen, Am Wiestebruch 66-68, 28870 Ottersberg, michael.doerner@hks-ottersberg.de; pr: Am Bahndamm 30, 25469 Halstenbek; www.michaeldoerner.de

**Dörner,** Ralf; Dr., Prof.; *Grafische Datenverarbeitung, Virtuelle Realität*; di: Hochsch. Rhein/Main, FB Design Informatik Medien, Campus Unter den Eichen 5, 65195 Wiesbaden, T: (0611) 94951216, ralf.doerner@hs-rm.de

**Dörr,** Margareta; Dipl.-Soz., Dipl.-Sozialpäd. (FH), Dr. phil., Prof.; *Sozialpädagogik*; di: Kath. Hochsch. Mainz, FB Soziale Arbeit, Saarstr. 3, 55122 Mainz, T: (06131) 2894467, doerr@kfh-mainz.de; pr: St. Barbara-Str. 13, 66287 Quierschied, T: (06897) 601111, margret.doerr@t-online.de

**Dörre,** Peter; Dr. phil. nat., Prof.; *Angewandte Mathematik, Mathematik*; di: FH Südwestfalen, FB Maschinenbau, Frauenstuhlweg 31, 58644 Iserlohn, T: (02371) 566234, F: 566251, doerre@fh-swf.de; pr: T: (02371) 52652

**Dörrenberg,** Florian; Dr., Prof.; *Automatisierungstechnik*; di: FH Südwestfalen, FB Maschinenbau, Lübecker Ring 2, 59494 Soest, T: (02921) 378243, doerrenberg@fh-swf.de

**Dörries,** Gundula; Dr. rer. nat., Prof.; *Interaktives Broadcasting*; di: FH Düsseldorf, FB 8 – Medien, Josef-Gockeln-Str. 9, 40474 Düsseldorf, T: (0211) 4351813, gundula.doerries@fh-duesseldorf.de

**Dörschuck,** Michael; Dr., Prof.; *Polizeirecht, Verwaltungsrecht, Staats- und Verfassungsrecht, insbesondere Eingriffsrecht*; di: Hochsch. f. Polizei Villingen-Schwenningen, Sturmbühlstr. 250, 78054 Villingen-Schwenningen, T: (07720) 309502, MichaelDoerschuck@fhpol-vs.de

**Döscher,** Peter; Dipl.-Ing., Prof.; *Baubetriebswesen, Baukonstruktion, Gebäudekunde*; di: HAWK Hildesheim/Holzminden/Göttingen, Fak. Bauen u. Erhalten, Hohnsen 2, 31134 Hildesheim, T: (05121) 881204, F: 881201

**Döse-Digenopoulos,** Annegret; Dr. jur. habil., Prof.; *Arbeitsrecht, Europarecht, Gleichbehandlungsrecht*; di: Beuth Hochsch. f. Technik, FB I Wirtschafts- u. Gesellschaftswiss., Luxemburger Str. 10, 13353 Berlin, T: (030) 450452712, doese@beuth-hochschule.de

**Döttling,** Stefan; Dr.-Ing., Prof.; *Wirtschaftsingenieurwesen*; di: DHBW Stuttgart, Fak. Technik, Wirtschaftsingenieurwesen, Kronenstr. 39, 70174 Stuttgart, T: (0711) 1849870, doettling@dhbw-stuttgart.de

**Doherr,** Detlev; Dr. rer. nat., Prof.; *Umweltinformatik, EDV*; di: Hochsch. Offenburg, Fak. Maschinenbau u. Verfahrenstechnik, Badstr. 24, 77652 Offenburg, T: (0781) 205109, F: 205214

**Dohlus,** Rainer; Dipl.-Phys., Dr. rer. nat., Prof.; *Technische Physik, Grundlagen der Mathematik, Lasertechnik*; di: Hochsch. Coburg, Fak. Angew. Naturwiss., Friedrich-Streib-Str. 2, 96450 Coburg, T: (09561) 317389, dohlus@hs-coburg.de

**Dohm,** Peter; Dr., Prof.; *Informatik, Betriebswirtschaftslehre, Methodik des Wissenschaftlichen Arbeitens*; di: Hochsch. f. Polizei Villingen-Schwenningen, Sturmbühlstr. 250, 78054 Villingen-Schwenningen, T: (07720) 309554, PeterDohm@fhpol-vs.de

**Dohmann,** Helmut; Dr., Prof.; *Telekommunikation*; di: Hochsch. Fulda, FB Angewandte Informatik, Marquardstr. 35, 36039 Fulda, T: (0661) 9640336, helmut.dohmann@informatik.fh-fulda.de

**Dohmann,** Joachim; Dr.-Ing., Prof.; *Thermodynamik und Energietechnik*; di: Hochsch. Ostwestfalen-Lippe, FB 6, Maschinentechnik u. Mechatronik, Liebigstr. 87, 32657 Lemgo, T: (05261) 702329, F: 702261, joachim.dohmann@fh-luh.de; pr: Steinstoß 28, 32657 Lemgo, T: (05261) 777462

**Dohmen,** Alexander; Dr.-Ing., Prof.; *Bergbaukunde, Bergbauliche Sicherheitstechnik*; di: TFH Georg Agricola Bochum, WB Geoingenieurwesen, Bergbau u. Techn. Betriebswirtschaft, Herner Str. 45, 44787 Bochum, T: (0234) 9683221, F: 9683402, dohmen@tfh-bochum.de; pr: Adele-Weidtmann-Str. 19, 52072 Aachen, T: (0241) 13080

**Dohmen,** Bernd; Dr., Prof.; *Agrarmanagement*; di: Hochsch. Anhalt, FB 1 Landwirtschaft, Ökotrophologie, Landespflege, Strenzfelder Allee 28, 06406 Bernburg, T: (03471) 3551118, dohmen@loel.hs-anhalt.de

**Dohmen,** Klaus; Dr. rer. nat., Prof. u. Dekan; *Angewandte Mathematik*; di: Hochsch. Mittweida, Fak. Mathematik/Naturwiss./Informatik, Technikumplatz 17, 09648 Mittweida, T: (03727) 581332, dohmen@htwm.de

**Dolenc,** Vladimir; Dr. rer. pol., Dipl.-Volkswirt, Prof.; *Mathematik, Statistik, Wirtschafts- u. Agrarpolitik*; di: FH Kiel, FB Agrarwirtschaft, Am Kamp 11, 24783 Osterrönfeld, T: (04331) 845121, F: 845141, vladimir.dolenc@fh-kiel.de

**Dolk,** Edward; Prof.; *Entwerfen*; di: FH Potsdam, FB Architektur u. Städtebau, Pappelallee 8-9, Haus 2, 14469 Potsdam, T: (0331) 5801215

**Doll,** Konrad; Dr.-Ing., Prof.; *Mathematik, Informatik, Entwurf integrierter Schaltungen*; di: Hochsch. Aschaffenburg, Fak. Ingenieurwiss., Würzburger Str. 45, 63743 Aschaffenburg, T: (06021) 314720, konrad.doll@fh-aschaffenburg.de

**Doll,** Martin; Dr.-Ing., Prof.; *Verbrennungsmotoren, Thermodynamik*; di: Hochsch. München, Fak. Maschinenbau, Fahrzeugtechnik, Flugzeugtechnik, Dachauer Str. 98b, 80335 München, T: (089) 12651439, F: 12651392, martin.doll@fhm.edu

**Dolles,** Harald; Dr., Prof.; *Management und International Business*; di: German Graduate School of Management and Law Heilbronn, Bahnhofstr. 1, 74072 Heilbronn, T: (07131) 64563632, dolles@hn-bs.de

**Dollinger,** Josef; Dr.-Ing., Prof.; *Energie- und Umwelttechnik, Grundlagen der Elektrotechnik, Leistungselektronik, Elektrische Antriebe, Energieversorgung i.d. Gebäudetechnik*; di: Hochsch. Landshut, Fak. Elektrotechnik u. Wirtschaftsingenieurwesen, Am Lurzenhof 1, 84036 Landshut, jdollin@fh-landshut.de

**Domanyi,** Thomas; Dr. phil., Prof. Theolog. H Friedensau; *Sozialtheologie u. Ethik, Toleranzforschung*; di: Theolog. Hochschule, FB Theologie, An der Ihle 5A, 39291 Friedensau; pr: Rue de l'Eglise 8, CH-2829 Vermes, T: 0324388887, tdomanyi@dplanet.ch

**Dombrowski,** Eva-Maria; Dr.-Ing., Prof.; *Allgemeine Verfahrenstechnik, Bioverfahrenstechnik*; di: Beuth Hochsch. f. Technik, FB VIII Maschinenbau, Veranstaltungs- u. Verfahrenstechnik, Luxemburger Str. 10, 13353 Berlin, T: (030) 45042934, eva-maria.dombrowski@beuth-hochschule.de; http://prof.beuth-hochschule.de/dombrowski/

**Dominik,** Andreas; Dr., Prof.; *Bioinformatik*; di: Techn. Hochsch. Mittelhessen, FB 13 Mathematik, Naturwiss. u. Datenverarbeitung, Wiesenstr. 14, 35390 Gießen, T: (0641) 3092452, Andreas.Dominik@mni.fh-giessen.de; pr: Pestalozzistr. 68, 35394 Gießen, T: (0641) 4808180

**Domm,** Martin; Dr.-Ing., Prof.; *Produktivitätsmanagement, Fertigungsautomatisierung, Kostenrechnung, CIM*; di: Hochsch. Konstanz, Fak. Maschinenbau, Brauneggerstr. 55, 78462 Konstanz, PF 100543, 78405 Konstanz, T: (07531) 206277, domm@fh-konstanz.de

**Domma,** Wolfgang; Dr., Prof.; *Kulturpädagogik (Ästhetik und Kommunikation)*; di: Kath. Hochsch. NRW, Abt. Aachen, FB Sozialwesen, Robert-Schumann-Str. 25, 52066 Aachen, T: (0241) 6000319, F: 6000388, w.domma@kfhnw-aachen.de; pr: Mönkemöllerstr. 10, 53129 Bonn

**Dommermuth,** Thomas; Dr., Prof.; *Finanz- und Investitionswirtschaft, Betriebliche Steuern*; di: Hochsch. Amberg-Weiden, FB Betriebswirtschaft, Hetzenrichter Weg 15, 92637 Weiden, T: (0961) 382153, F: 382162, th.dommermuth@fh-amberg-weiden.de

**Domnick,** Immelyn; Dipl.-Ing., Dipl.-Geogr., Dr. rer.nat., Prof.; *Geographie, Geoinformation, Kartographie*; di: Beuth Hochsch. f. Technik, FB III Bauingenieur- u. Geoinformationswesen, Luxemburger Str. 10, 13353 Berlin, T: (030) 45042593, idomnick@beuth-hochschule.de

**Domnick,** Joachim-Hans; Dr.-Ing., Prof.; *Anwendungs- und Oberflächentechnik*; di: Hochsch. Esslingen, Fak. Versorgungstechnik u. Umwelttechnik, Kanalstr. 33, 73728 Esslingen, T: (0711) 3973407

**Domogala,** Georg; Dr. rer. nat., Prof.; *Physik, Strahlenschutz und Dekontamination*; di: Westfäl. Hochsch., FB Maschinenbau u. Facilities Management, Neidenburger Str. 10, 45877 Gelsenkirchen, T: (0209) 9596143, F: 9596317, georg.domogala@fh-gelsenkirchen.de; pr: Daldrup 70, 48249 Dülmen, T: (02390) 943058, F: 943057

**Domschke,** Jan-Peter; Dr. phil. habil., Prof. em. H Mittweida (FH); *Philosophiegeschichte, Wissenschafts- und Technikgeschichte, Erkenntnistheorie, Wissenschaftstheorie*; di: Hochsch. Mittweida, Fak. Soziale Arbeit, Institut KOMMIT, Döbelner Str. 58, 04741 Roßwein, T: (03727) 581277, F: 581217, domschke@htwm.de; Hochsch. Mittweida, Hochschularchiv, Leisniger Str. 7, 09648 Mittweida

**Doneit,** Jürgen; Dr.-Ing., Prof.; *Technische Informatik, Simulation*; di: Hochsch. Heilbronn, Fak. f. Technik 2, Max-Planck-Str. 39, 74081 Heilbronn, T: (07131) 504455, doneit@hs-heilbronn.de

**Donga,** Markus; Dr.-Ing., Dr.rer.pol., Prof.; *Maschinenbau, Konstruktion, CAD und Maschinenelemente*; di: Hochschule Ruhr West, Institut Maschinenbau, PF 100755, 45407 Mülheim an der Ruhr, T: (0208) 88254754, markus.donga@hs-ruhrwest.de

**Donges,** Axel; Dr., Prof. FH Isny; *Physik, Lasertechnik*; di: NTA Prof. Dr. Grübler, Seidenstr. 12-35, 88316 Isny, T: (07562) 970712, donges@nta-isny.de

**Donhauser,** Christian; Dr.-Ing., Prof.; *Werkzeugmaschinen*; di: Hochsch. Kempten, Fak. Maschinenbau, PF 1680, 87406 Kempten, T: (0831) 2523204, christian.donhauser@fh-kempten.de

**Donner,** Andreas; Dr., Prof.; *Wirtschaftsrecht, insbesondere Wettbewerbs- und Kartellrecht*; di: Hochsch. Anhalt, FB 2 Wirtschaft, Strenzfelder Allee 28, 06406 Bernburg, T: (03471) 3551315, donner@wi.hs-anhalt.de

**Dopleb,** Matthias; Dr. phil., Prof.; *Englische Sprache und Übersetzungswissenschaft*; di: Hochsch. Zittau/Görlitz, Fak. Wirtschafts- u. Sprachwiss., Theodor-Körner-Allee 16, 02763 Zittau, T: (03583) 611907, m.dopleb@hs-zigr.de

**Dorbath,** Bernd; Dr. rer. nat., Prof.; *Physikalische Chemie*; di: Hochsch. Darmstadt, FB Chemie- u. Biotechnologie, Haardtring 100, 64295 Darmstadt, T: (06151) 168200, dorbath@h-da.de; pr: Kastanienweg 5, 63755 Alzenau, T: (06023) 5496

**Dorer,** Klaus; Dr., Prof.; *Informatik, Algorithmen und Datenstrukturen, Software Engineering*; di: Hochsch. Offenburg, Fak. Elektrotechnik u. Informationstechnik, Badstr. 24, 77652 Offenburg, T: (0781) 205258, klaus.dorer@hs-offenburg.de

**Dorf,** Yvonne; Dr. jur., Prof.; *Verwaltungsrecht, Staatsrecht und Politik*; di: FH d. Bundes f. öff. Verwaltung, Willy-Brandt-Str. 1, 50321 Brühl

**Dormayer,** Hans-Jürgen; Dipl. Kfm., Dr. oec. publ., Prof.; *Organisation, Unternehmensplanung, Personalmanagement, Industriebetriebslehre, Kosten- und Leistungsrechnung*; di: Hochsch. Rosenheim, Fak. Holztechnik u. Bau, Hochschulstr. 1, 83024 Rosenheim, T: (08031) 805300, F: 805302

**Dorn,** Alfred; Dr. rer. nat., Prof.; *Biowissenschaften*; di: Georg-Simon-Ohm-Hochsch. Nürnberg, Fak. Angewandte Chemie, Keßlerplatz 12, 90489 Nürnberg, PF 210320, 90121 Nürnberg

**Dorn,** Carsten; Dr.-Ing., Prof., Dekan; *Behälter- u. Umschlagstechnik, Landtransportsysteme, Technische Mechanik*; di: Hochsch. Bremerhaven, An der Karlstadt 8, 27568 Bremerhaven, T: (0471) 4823482, F: 4823285, cdorn@hs-bremerhaven.de; pr: Zollstr. 14, 28757 Bremen, T: (0421) 650407, F: 650408

**Dorn,** Günther; Dr. rer. nat., Prof.; *Simulationstechnik, Automatisierungstechnik, Regelungstechnik*; di: Hochsch. Landshut, Fak. Elektrotechnik u. Wirtschaftsingenieurwesen, Am Lurzenhof 1, 84036 Landshut, dorn@fh-landshut.de

**Dorn,** Kurt; Dipl.-Ing., Prof.; *Planungs- u. Baumanagement, Baurecht*; di: Hochsch. Trier, FB Gestaltung, PF 1826, 54208 Trier, T: (0651) 8103267, K.Dorn@hochschule-trier.de

**Dorn,** Rainer; Dr.-Ing., Prof.; *Maschinenelemente, Technisches Zeichnen, Konstruktion, Apparatebau, CAD*; di: FH Bingen, FB Life Sciences and Engineering, FR Verfahrenstechnik, Berlinstr. 109, 55411 Bingen, T: (06721) 409342, F: 409112, r.dorn@fh-bingen.de

**Dornbusch,** Stefan; Prof.; *Innenarchitektur*; di: Hochsch. Trier, FB Gestaltung, PF 1826, 54208 Trier, T: (0651) 8103130, S.Dornbusch@hochschule-trier.de

**Dorner,** Babette; Dr., Prof.; *Marketing, Verkehrsbetriebslehre, Informationsmanagement*; di: Hochsch. Heilbronn, Fak. f. Wirtschaft u. Verkehr, Max-Planck-Str. 39, 74081 Heilbronn, T: (07131) 504232, F: 504142461, dorner@hs-heilbronn.de

**Dorner,** Birgit; Dr. phil., Prof., Dekanin FB Soziale Arbeit München; *Kunstpädagogik*; di: Kath. Stiftungsfachhochsch. München, Preysingstr. 83, 81667 München, T: (089) 480921339, birgit.dorner@ksfh.de

**Dorner,** Robert; Dr. rer. nat., Prof.; *Elektrotechnik*; di: FH Köln, Fak. f. Anlagen, Energie- u. Maschinensysteme, Betzdorfer Str. 2, 50679 Köln, T: (0221) 82752401, robert.dorner@fh-koeln.de; pr: Mohrunger Str. 9, 40599 Düsseldorf, T: (0211) 747971

**Dorner,** Wolfgang; Dr.-Ing., Prof.; *Geoinformatik, Umweltinformatik*; di: Hochsch. Deggendorf, FB Elektrotechnik u. Medientechnik, Edlmairstr. 6-8, 94469 Deggendorf, PF 1320, 94453 Deggendorf, wolfgang.dorner@fh-deggendorf.de

**Dornhege,** Hermann; Dipl.-Des., Prof.; *Bildjournalismus, Editorial-Fotografie, Dokumentarfotografie, Unternehmenskommunikation*; di: FH Münster, FB Design, Leonardo-Campus 6, 48149 Münster, T: (0251) 8365377, dornhege@fh-muenster.de

**Dorrhauer,** Christian; Dr., Prof.; *Marketing, Organisation, Unternehmensführung*; di: FH Ludwigshafen, FB II Marketing und Personalmanagement, Ernst-Boehe-Str. 4, 67059 Ludwigshafen/Rhein, T: (0621) 5203330

**Dorsch,** Manfred; Dipl.-Ing., Prof.; *Leistungselektronik, Elektrische Antriebe, Grundlagen d. Elektrotechnik*; di: Hochsch. Heilbronn, Max-Planck-Str. 39, 74081 Heilbronn, T: (07131) 504309, F: 252470, dorsch@hs-heilbronn.de

**Dorsch,** Volker; Dr.-Ing., Prof.; *Fahrzeugtechnik, Festigkeitslehre, Meschinendynamik, Mechanik*; di: Ostfalia Hochsch., Fak. Maschinenbau, Salzdahlumer Str. 46/48, 38302 Wolfenbüttel, v.dorsch@ostfalia.de

**Dorschner,** Hans-Werner; Dr.-Ing., Prof.; *Elektrotechnik, Steuerungstechnik, Antriebstechnik*; di: Hochsch. Karlsruhe, Fak. Maschinenbau u. Mechatronik, Moltkestr. 30, 76133 Karlsruhe, PF 2440, 76012 Karlsruhe, T: (0721) 9251866, hans-werner.dorschner@hs-karlsruhe.de

**Dorschner,** Stephan; Dr. phil., Prof.; *Theorie u. Praxis d. Pflege*; di: FH Jena, FB Sozialwesen, Carl-Zeiss-Promenade 2, 07745 Jena, PF 100314, 07703 Jena

**Dorwarth,** Ralf; Dr., Prof.; *Elektrotechnik*; di: DHBW Karlsruhe, Fak. Technik, Erzbergerstr. 121, 76133 Karlsruhe, T: (0721) 9735802, dorwarth@no-spam.dhbw-karlsruhe.de

**Dose,** Hartmut; Dr-Ing., Prof.; *Baustoffkunde u. Massivbau*; di: Hochsch. Wismar, Fak. f. Ingenieurwiss., PF 1210, 23952 Wismar, T: (03841) 753228, h.dose@bau.hs-wismar.de

**Doßmann,** Michael Uwe; Dr., Prof.; *Fleisch- und Milchtechnologie, Bioverfahrenstechnik*; di: Hochsch. Weihenstephan-Triesdorf, Fak. Landwirtschaft, Steingruberstr. 2, 91746 Weidenbach-Triesdorf, T: (09826) 654230, F: 6544230, michael.dossmann@hswt.de

**Dost,** Gerd; Dr.-Ing., Prof.; *Verfahrenstechnik*; di: Hochsch. Mittweida, Fak. Elektro- u. Informationstechnik, Technikumplatz 17, 09648 Mittweida, T: (03727) 581621, F: 581351, gdost@htwm.de

**Doster,** Rainer; Dipl.-Ing., Prof.; *Nachrichtentechnik, Elektronik*; di: Hochsch. Esslingen, Fak. Informationstechnik, Flandernstr. 101, 73732 Esslingen, T: (0711) 3974231; pr: Heinkelstr. 6, 71732 Tamm, T: (07141) 603386

**Dostmann,** Michael; Dipl.-Phys., Dr. rer. nat., Prof.; *Experimentalphysik*; di: Hochsch. Reutlingen, FB Angew. Chemie, Alteburgstr. 150, 72762 Reutlingen, T: (07121) 2712034, Michael.Dostmann@Reutlingen-University.DE; pr: Sudetenstr. 17, 72072 Tübingen, T: (07071) 33262

**Dotzler,** Hans; Dr. phil., Prof.; *Psychologie*; di: Hochsch. München, Fak. Angew. Sozialwiss., Lothstr. 34, 80335 München

**Doulis,** Mario; Prof.; *Neue Medien*; di: Merz Akademie, Teckstr. 58, 70190 Stuttgart, mario.doulis@merz-akademie.de

**Douven,** Wilhelm; Dipl.-Ing., Prof.; *Grundlagen-Konstruktion*; di: FH Aachen, FB Luft- und Raumfahrttechnik, Hohenstaufenallee 6, 52064 Aachen, T: (0241) 600952312, douvenn@fh-aachen.de; pr: Am Strauch 20, 52525 Heinsberg, T: (02452) 5112

**Dowling,** Cornelia; Dr. phil., Dr. rer. nat. habil., Prof.; *Führungslehre, Public Management*; di: Hochsch. d. Polizei Hamburg, Braamkamp 3, 22297 Hamburg, T: (040) 428668831, cornelia.dowling@hdp.hamburg.de

**Doyé,** Thomas; Dr. rer. pol., Prof., Vizepräs.; *Organisations- u. Personalentwicklung*; di: HAW Ingolstadt, Fak. Wirtschaftswiss., Esplanade 10, 85049 Ingolstadt, T: (0841) 9348354, thomas.doye@haw-ingolstadt.de; pr: Rotmarstr. 3, 85051 Ingolstadt, T: (0841) 65104

**Dozekal,** Egbert; Dr., Prof.; *Politik, Europastudien*; di: FH Frankfurt, FB 4 Soziale Arbeit u. Gesundheit, Nibelungenplatz 1, 60318 Frankfurt am Main, T: (069) 15332775, dozekal@fb4.fh-frankfurt.de

**Draack,** Lars; Dr., Prof.; *Chemie, Sicherheitsingenieurwesen, Technische Sicherheit, Physik*; di: Hochsch. Trier, FB Technik, PF 1826, 54208 Trier, T: (0651) 8103519, L.Draack@hochschule-trier.de

**Draber,** Silke; Dr., Prof.; *Angewandte Mathematik, Informatik*; di: Hochsch. Bonn-Rhein-Sieg, FB Angewandte Naturwissenschaften, von-Liebig-Str. 20, 53359 Rheinbach, T: (02241) 865561, F: 8658561, silke.draber@fh-bonn-rhein-sieg.de

**Drachenfels,** Heiko von; Dr., Prof.; *Software-Entwicklung, Programmiertechnik, Objektorientierte Systementwicklung*; di: Hochsch. Konstanz, Fak. Informatik, Brauneggerstr. 55, 78462 Konstanz, PF 100543, 78405 Konstanz, T: (07531) 206643, F: 206559, drachenfels@fh-konstanz.de

**Dräger,** Jürgen Lutz; Dipl.-Ing., Dr. med., Prof.; *Meßverfahren und Gerätetechnik in der Medizin*; di: FH Stralsund, FB Elektrotechnik u. Informatik, Zur Schwedenschanze 15, 18435 Stralsund, T: (03831) 456794, Juergen.Draeger@fh-stralsund.de

**Dragendorf,** Rüdiger; Dr. rer. pol., Prof.; *Volkswirtschaftslehre, Wirtschaftspolitik, Spieltheorie*; di: Hochsch. Lausitz, FB Informatik, Elektrotechnik, Maschinenbau, Großenhainer Str. 57, 01968 Senftenberg, T: (03573) 85701, F: 85709

**Drake,** Hans; Prof.; *Politische Wissenschaft mit d. Schwerpunkten Sozialstruktur u. Wirtschaftssystem, Vergleichende Lehre, Jugend-, Erwachsenen- u. Umwelterziehung*; di: Hochsch. Bremen, Fak. Gesellschaftswiss., Neustadtswall 30, 28199 Bremen, T: (0421) 59053764, F: 59052753, Hans.Drake@hs-bremen.de; pr: Friedrichstr. 5, 28203 Bremen, T: (0421) 75886

**Drape,** Sabine; Dr., Prof.; *Rechtswissenschaften*; di: Kommunale FH f. Verwaltung in Niedersachsen, Wielandstr. 8, 30169 Hannover, T: (0511) 1609427, F: 15537, Sabine.Drape@nds-sti.de

**Draxler,** Helmut; Dr., Prof.; *Kommunikationsdesign*; di: Merz Akademie, Teckstr. 58, 70190 Stuttgart, helmut.draxler@merz-akademie.de; pr: Wiener Str. 17, 10999 Berlin, T: (030) 69565194

**Drechsel,** Eberhard; Dr.-Ing., Prof.; *Straßenfahrzeugtechnik*; di: Hochsch. München, FB Maschinenbau, Fahrzeugtechnik, Flugzeugtechnik, Dachauer Str. 98b, 80335 München, T: (089) 12651256, F: 12651392, eberhard.drechsel@fhm.edu

**Drechsel,** Ulrich; Dr.-Ing., Prof.; *Siedlungswasserwirtschaft*; di: Hochsch. Darmstadt, FB Bauingenieurwesen, Haardtring 100, 64295 Darmstadt, T: (06151) 168135, drechsel@fbb.h-da.de

**Drechsler,** Judith; Dr., Prof.; *Sozialmedizin*; di: FH Frankfurt, FB 4 Soziale Arbeit u. Gesundheit, Nibelungenplatz 1, 60318 Frankfurt am Main, T: (069) 15332657, drechsle@fb4.fh-frankfurt.de

**Drees,** Norbert; Dr., Prof.; *ABWL, insb. Produktmanagement*; di: FH Erfurt, FB Wirtschaftswiss., Steinplatz 2, 99085 Erfurt, PF 101363, 99013 Erfurt, T: (0361) 6700194, F: 6700152, drees@fh-erfurt.de

**Drees,** Ursula; Prof.; *Audivisuelle Medien*; di: Hochsch. d. Medien, Fak. Electronic Media, Nobelstr. 10, 70569 Stuttgart, T: (0711) 892322

**Drees-Behrens,** Christa; Dipl.-Kfm., Dr. rer. pol., Prof.; *Allgemeine Betriebswirtschaftslehre, Rechnungswesen und Controlling*; di: Jade Hochsch., FB Wirtschaft, Friedrich-Paffrath-Str. 101, 26389 Wilhelmshaven, T: (04421) 9858072565, F: 9852596, drees@jade-hs.de

**Dreeßen,** Sven; Dr.-Ing., Prof.; *Notfallmanagement, Gesundheitspflege*; di: Hochsch. Wismar, Fak. f. Ingenieurwiss., PF 1210, 23952 Wismar, j.dreessen@sf.hs-wismar.de

**Dreetz,** Ekkehard; Dr.-Ing., Prof.; *Elektrische Messtechnik, Analyse digitaler Signale, Qualitätssicherung und Qualitätsmanagement in der Elektrotechnik (CAQ)*; di: Hochsch. Hannover, Fak. I Elektro- u. Informationstechnik, Ricklinger Stadtweg 120, 30459 Hannover, PF 920261, 30441 Hannover, T: (0511) 92961260, ekkehard.dreetz@hs-hannover.de; pr: Kopenhagener Str. 81, 30457 Hannover, T: (0511) 432454

**Dreher,** Christoph; Prof.; *Kommunikationsdesign*; di: Merz Akademie, Teckstr. 58, 70190 Stuttgart, christoph.dreher@merz-akademie.de; pr: Skalitzer Str. 139, 10999 Berlin, T: (030) 6148715

**Dreher,** Herbert; Dr., Prof.; *Maschinenbau – Konstruktion mit Informationsmanagement*; di: DHBW Ravensburg, Campus Friedrichshafen, Fallenbrunnen 2, 88045 Friedrichshafen, T: (07541) 2077511, dreher@dhbw-ravensburg.de

**Dreher,** Martin; Dr., Prof.; *Verpackungstechnik, Drucktechnik*; di: Hochsch. d. Medien, Fak. Electronic Media, Nobelstr. 10, 70569 Stuttgart, T: (0711) 89232152, dreher@hdm-stuttgart.de

**Dreier,** Anette; Dr., Prof.; *Pädagogik und Bildung im Kindesalter*; di: FH Potsdam, FB Sozialwesen, Friedrich-Ebert-Str. 4, 14467 Potsdam, T: (0331) 5801131, dreier@fh-potsdam.de

**Dreier,** Anne; Dr., Prof., Rektorin; *Medien- und Kommunikationsmanagement*; di: FH des Mittelstands, FB Wirtschaft, Ravensbergerstr. 10 G, 33602 Bielefeld, dreier@fhm-mittelstand.de

**Dreier,** Bernd; Dr. rer. nat., Prof.; *Graphische Datenverarbeitung und Mensch-Maschine-Kommunikation*; di: Hochsch. Kempten, Fak. Informatik, PF 1680, 87406 Kempten, T: (0831) 2523596, bernd.dreier@fh-kempten.de

**Dreiner,** Klaus; Dr., Prof.; *Automatisierungstechnik, Holzbe- und -verarbeitung, Fertigungsplanung, CNC*; di: Hochsch. f. nachhaltige Entwicklung, FB Holztechnik, Alfred-Möller-Str. 1, 16225 Eberswalde, T: (03334) 657371, Klaus.Dreiner@hnee.de

**Dreiskämper,** Thomas; Dipl.-Medienökonom, Prof.; *Medienmanagement, insb. Marketing, Werbung, PR*; di: MEDIADESIGN Hochsch. f. Design u. Informatik, Lindenstr. 20-25, 10969 Berlin; www.mediadesign.de/

**Drescher,** Klaus; Prof.; di: Kath. Stiftungsfachhochsch. München, Abt. Benediktbeuern, Don-Bosco-Str. 1, 83671 Benediktbeuern, klaus.drescher@ksfh.de

**Drescher,** Norbert; Dr.-Ing., Prof.; *Mikrorechner Digitaltechnik, Automatisierungssysteme*; di: FH Südwestfalen, FB Elektrotechnik u. Informationstechnik, Haldener Str. 182, 58095 Hagen, T: (02331) 9872269, F: 9874031, Drescher@fh-swf.de; pr: Siedlerstr. 8, 58095 Hagen, T: (02331) 882607

**Dresewski,** Peter; Prof.; *Medienmanagement, Fernseh- und Online-Produktion*; di: FH Kiel, FB Medien, Grenzstr. 3, 24149 Kiel; pr: peter-dresewski@t-online.de

**Dresler,** Klaus-Dieter; Dr. med., Prof.; *Sozialmedizin, Sozialpsychiatrie*; di: FH Jena, FB Sozialwesen, Carl-Zeiss-Promenade 2, 07745 Jena, PF 100314, 07703 Jena, T: (03641) 205800, F: 205801, sw@fh-jena.de

**Dresselhaus,** Dirk; Dr.rer.pol., Prof.; *Technische Betriebswirtschaft*; di: FH Münster, Inst. f. Technische Betriebswirtschaft, Bismarckstraße 11, 48565 Steinfurt, T: (02551) 962911, dresselhaus@fh-muenster.de

**Dreßen,** Wolfgang; Dr., Prof.; *Politikwissenschaft*; di: FH Düsseldorf, FB 6 – Sozial- und Kulturwiss., Universitätsstr. 1, Geb. 24.21, 40225 Düsseldorf, T: (0211) 8114609, wolfgang.dressen@fh-duesseldorf.de; pr: Ahrweg 22, 41836 Hückelhoven

**Dressler,** Hubertus von; Dipl.-Ing., Prof.; *Landschaftsplanung, Landschaftspflege*; di: Hochsch. Osnabrück, Fak. Agrarwiss. u. Landschaftsarchitektur, Am Krümpel 33, 49090 Osnabrück, T: (0541) 9695180, F: 9695050, h.von-dressler@hs-osnabrueck.de

**Dressler,** Matthias; Dr. rer. pol., Prof.; *Allg. BWL, Internationale Betriebswirtschaft*; di: FH Kiel, FB Wirtschaft, Sokratesplatz 2, 24149 Kiel, T: (0431) 2103608, F: 21063608, matthias.dressler@fh-kiel.de; pr: Gustav-Leo-Str. 16, 20249 Hamburg, Matthias.Dressler@t-online.de

**Dressler,** Sören; Dr., Prof.; *Wirtschaftsingenieurwesen/Internationales Controlling*; di: HTW Berlin, FB Wirtschaftswiss. II, Treskowallee 8, 10318 Berlin, T: (030) 50192888, s.dressler@HTW-Berlin.de

**Drewer,** Petra; Dr. phil., Prof.; *Sprachwissenschaft, Textgestaltung und -produktion, Verständlichkeitsforschung, Terminologiemanagement*; di: Hochsch. Karlsruhe, FB Sozialwissenschaften, Moltkestr. 30, 76133 Karlsruhe, PF 2440, 76012 Karlsruhe, T: (0721) 9252918

**Drewes,** Helmut; Dipl.-Ing., Prof.; *Tragwerkslehre, Baukonstruktion, EDV*; di: HAWK Hildesheim/Holzminden/Göttingen, FB Architektur, Haarmannplatz 3, 37603 Holzminden, T: (05531) 126102

**Drewes-Alvarez,** Renée; Dr. rer. nat., Prof.; *Botanik, Ökologie*; di: HTW Dresden, Fak. Landbau/Landespflege, Mitschurinbau, 01326 Dresden-Pillnitz, T: (0351) 4623530, alvarez@pillnitz.htw-dresden.de

**Drewinski,** Lex-Roger; Prof.; *Grafik-Design, Konzeption und Entwurf*; di: FH Potsdam, FB Design, Pappelallee 8-9, Haus 5, 14469 Potsdam, T: (0331) 5801413

**Drews,** Anette; Dr. phil., Prof.; *Anthropologie*; di: Hochsch. Zittau/Görlitz, Fak. Sozialwiss., PF 300648, 02811 Görlitz, T: (03581) 4828139, a.drews@hs-zigr.de

**Drews,** Anja; Dr.-Ing. habil., Prof.; *Life Science Engineering*; di: HTW Berlin, FB Ingenieurwiss. II, Blankenburger Pflasterweg 102, 13129 Berlin, T: (030) 50193309, Anja.Drews@HTW-Berlin.de

**Drews,** Hanno; Dr., Prof.; *Betriebswirtschaftslehre, Controlling*; di: FH Westküste, Fritz-Thiedemann-Ring 20, 25746 Heide, T: (0481) 8555520, drews@fh-westkueste.de

**Drexler,** Frank-Ulrich; Dipl.-Ing., Prof.; *Festigkeitslehre, Massivbau, Statik*; di: Hochsch. f. Technik, Fak. Bauingenieurwesen, Bauphysik u. Wirtschaft, Schellingstr. 24, 70174 Stuttgart, PF 101452, 70013 Stuttgart, T: (0711) 89262706, F: 89262913, frank-ulrich.drexler@hft-stuttgart.de

**Drexler,** Werner; Dr.-Ing., Prof.; *Technische Mechanik, Festigkeitslehre, Konstruktion*; di: Hochsch. Kempten, Fak. Maschinenbau, Bahnhofstr. 61-63, 87435 Kempten, T: (0831) 2523231, F: 2523229, werner.drexler@fh-kempten.de

**Dreyer,** Axel; Dr. rer. pol., Prof. H Harz, HonProf. U Göttingen; *Tourismuswirtschaft (speziell Sport-, Kultur-, Familientourismus), Marketing (speziell Dienstleistungsqualität u. Kundenzufriedenheit), Sportmanagement*; di: Hochsch. Harz, FB Wirtschaftswiss., Friedrichstr. 57-59, 38855 Wernigerode, T: (03943) 659224, F: 659109, adreyer@hs-harz.de; pr: Prof.Dreyer@t-online.de

**Dreyer,** Iren; Dr., Prof.; *Steuern u. Bilanzen*; di: FH Flensburg, FB Wirtschaft, Kanzleistr. 91-93, 24943 Flensburg, T: (0461) 8051565, dreyer@wi.fh-flensburg.de

**Dreyer,** Michael; Prof.; *Kommunikationsdesign*; di: Merz Akademie, Teckstr. 58, 70190 Stuttgart, Michael.Dreyer@merz-akademie.de; pr: Urbanstr. 104 A, 70190 Stuttgart, F: (0711) 5409194

**Dreyer,** Rahel; Dr. phil., Prof.; *Pädagogik u. Entwicklungspsychologie der ersten Lebensjahre*; di: Alice-Salomon-Hochsch., Alice-Salomon-Platz 5, 12627 Berlin-Hellersdorf, T: (030) 99245418, dreyer@ash-berlin.eu

**Dries,** Christian; Dr. phil., Prof.; *Betriebspsychologie, Personalwesen*; di: Hochsch. Fresenius, Im Mediapark 4c, 50670 Köln, c.dries@ki-management.com

**Drieseberg,** Tobias; Dr.-Ing., Prof.; *Bauwirtschaft*; di: Hochsch. Darmstadt, FB Bauingenieurwesen, Haardtring 100, 64295 Darmstadt, drieseberg@fbb.h-da.de

**Driesen,** Christiane; Dr. phil., Prof.; *Fachkommunikation Französisch*; di: Hochsch. Magdeburg-Stendal, FB Kommunikation u. Medien, Breitscheidstr. 2, 39114 Magdeburg, T: (0391) 8864306

**Driller,** Joachim; Dr., Prof.; *Kunstgeschichte, Designgeschichte*; di: Hochsch. Coburg, Fak. Design, PF 1652, 96406 Coburg, T: (09561) 317423, driller@hs-coburg.de

**Dringenberg,** Ralf; Prof.; *Visuelle Kommunikation*; di: Hochsch. f. Gestaltung Schwäbisch Gmünd, Rektor-Klaus-Str. 100, 73525 Schwäbisch Gmünd, PF 1308, 73503 Schwäbisch Gmünd, ralf.dringenberg@hfg-gmuend.de

**Drobnig,** Albrecht; Dr. jur., Prof.; *Wirtschaftsprivatrecht, Vertiefungsgebiete Internationales Wirtschaftsrecht und Wirtschaftsrecht der EU*; di: FH Köln, Claudiusstr. 1, 50678 Köln, T: (0221) 82753506, albrecht.drobnig@fh-koeln.de

**Dröge,** Jürgen; Dr. rer.pol., Prof.; *Volkswirtschaftslehre, Rechnungswesen, Controlling*; di: Europäische FH Brühl, Kaiserstr. 6, 50321 Brühl, T: (02232) 5673100, j.droege@eufh.de

**Dröse,** Peter W.; Dipl.-Betriebswirt, Dr., Prof.; *Personal, Unternehmensführung*; di: Int. School of Management, Int. Betriebswirtschaft, Otto-Hahn-Str. 19, 44227 Dortmund, peter.droese@ism-dortmund.de; pr: Altenhammstr. 50, 59387 Ascheberg, ProfDrDroese@aol.de

**Drösler,** Saskia; Dr. med., Prof.; *Medizin und Pflege, Informationssysteme im Gesundheitswesen*; di: Hochsch. Niederrhein, FB Wirtschaftsingenieurwesen u. Gesundheitswesen, Ondereyckstr. 3-5, 47805 Krefeld, T: (02151) 8226643

**Drosse,** Volker; Dr., Prof.; *Kostenrechnung, Controlling*; di: Hochschl. f. Oekonomie & Management, Herkulesstr. 32, 45127 Essen, T: (0201) 810040

**Droste,** Annegret; Dipl.-Ing., Prof.; *Entwerfen, Gebäudelehre, Architekturtheorie*; di: HAWK Hildesheim/Holzminden/Göttingen, Fak. Bauen u. Erhalten, Hohnsen 2, 31134 Hildesheim, T: (05121) 881236, F: 881224

**Droste,** Volker; Dipl.-Ing., Architekt, HonProf.; *Entwerfen*; di: Jade Hochsch., FB Architektur, Ofener Str. 16-19, 26121 Oldenburg; pr: Auguststr. 2, 26121 Oldenburg, T: (0441) 71589, volker.droste@droste-urban.de

**Drosten,** Klaus; Dr. rer. nat., Prof.; *Datenbanken und Datensicherheit*; di: Westfäl. Hochsch., FB Informatik u. Kommunikation, Neidenburger Str. 43, 45877 Gelsenkirchen, T: (0209) 9596409, Klaus.Drosten@informatik.fh-gelsenkirchen.de

**Druminski,** Reiner; Dr.-Ing., Prof.; *Flexible Fertigungsautomatisierung (CAM), Fertigungstechnik, Werkstoffkunde der Elektrotechnik, Kunststoffe in der Elektrotechnik und ihre Vearbeitung, Einführung in die Halbleitertechnologie, Fertigungsverfahren (FB M)*; di: Hochsch. Hannover, Fak. I Elektro- u. Informationstechnik, Ricklinger Stadtweg 120, 30459 Hannover, PF 920261, 30441 Hannover, T: (0511) 92961279, reiner.druminski@hs-hannover.de; pr: Heerburg 3, 31863 Coppenbrügge, T: (05156) 8338

**Dubbel,** Volker; Dr. rer. nat., Prof.; *Waldschutz, Waldbautechnik, Wildbiologie und Jagdbetriebslehre*; di: HAWK Hildesheim/Holzminden/Göttingen, Fak. Ressourcenmanagement, Büsgenweg 1a, 37077 Göttingen, T: (0551) 5032164, F: 5032200

**Dubofsky,** David; Dr. rer. pol., Prof.; di: Hochsch. München, Fak. Betriebswirtschaft, Am Stadtpark 20 (Neubau), 81243 München

**Ducki,** Antje; Dipl.-Psych., Dr. phil., Prof.; *Arbeits- und Organisationspsychologie, Betriebliches Gesundheitsmanagement, Frauen u. Arbeit*; di: Beuth Hochsch. f. Technik, FB I Wirtschafts- u. Gesellschaftswiss., Luxemburger Str. 10, 13353 Berlin, T: (030) 45042548, F: 45042001, ducki@beuth-hochschule.de

**Dudde,** Ralf; Dr.-Ing., Dipl.-Ing., Prof.; *Mikrotechnologie*; di: FH Westküste, FB Technik, Fritz-Thiedemann-Ring 20, 25746 Heide, T: (0481) 8555340, dudde@sit.fhg.de; pr: Langendamm 37, 25746 Heide

**Dudek,** Heinz-Leo; Dr., Prof.; *Wirtschaftsingenieurwesen, Technisches Management (Elektro-/Informationstechnik)*; di: DHBW Ravensburg, Campus Friedrichshafen, Fallenbrunnen 2, 88045 Friedrichshafen, T: (07541) 2077261, dudek@dhbw-ravensburg.de

**Dudziak,** Reiner; Dr.-Ing., Prof.; *Prozeßdatenverarbeitung u. Produktionsautomatisierung*; di: Hochsch. Bochum, FB Mechatronik u. Maschinenbau, Lennershofstr. 140, 44801 Bochum, T: (0234) 3210423, reiner.dudziak@hs-bochum.de; pr: Ostenburgstr. 115, 44227 Dortmund, T: (0231) 7978289

**Dübon,** Karl; Dr. rer. pol., Prof.; *Betriebliches Rechnungswesen, betriebliche Informationssysteme, Risikomanagement*; di: Hochsch. Karlsruhe, Fak. Informatik u. Wirtschaftsinformatik, Moltkestr. 30, 76133 Karlsruhe, PF 2440, 76012 Karlsruhe, T: (0721) 9252963

**Düchting,** Susanne; Dr. phil., Prof.; *Theorie und Geschichte der Produktgestaltung, Kunst und Architektur des 19., 20. und 21. Jahrhunderts*; di: Hochsch. Osnabrück, Fak. Ingenieurwiss. u. Informatik, Vitihof 15a, 49074 Osnabrück, T: (0541) 9697148, s.duechting@hs-osnabrueck.de

**Dühnfort,** Alexander; Dr. rer. pol., Prof.; *Steuern, Bilanzen*; di: Hochsch. Ravensburg-Weingarten, Doggenriedstr., 88250 Weingarten, PF 1261, 88241 Weingarten, alexander.duehnfort@hs-weingarten.de

**Düll,** Sebastian; Dr., Prof.; *Steuerrecht*; di: FH Worms, FB Wirtschaftswiss., Erenburgerstr. 19, 67549 Worms, duell@fh-worms.de

**Dümmler,** Christiane; Dr., Prof.; *Wirtschaftssprachen, insbes. Englisch, Französisch und Spanisch*; di: FH Worms, FB Wirtschaftswiss., Erenburgerstr. 19, 67549 Worms, T: (06241) 509206, F: 509222

**Dünhölter,** Kai; Prof.; *Kollektionsgestaltung, Modedesign*; di: FH Bielefeld, FB Gestaltung, Lampingstr. 3, 33615 Bielefeld, T: (0521) 1067633, kai.duenhoelter@fh-bielefeld.de

**Dünnweber,** Inge; Dr., Prof.; *Verwaltungsrecht und Verwaltungsrechtsschutz, Europarecht, Recht des grenzüberschreitenden Warenverkehrs*; di: FH d. Bundes f. öff. Verwaltung, FB Finanzen, PF 1549, 48004 Münster, T: (0251) 8670864

**Dünow,** Peter; Dr.-Ing., Prof.; *Regelungstechnik, Sensorik*; di: Hochsch. Wismar, Fak. f. Ingenieurwiss., PF 1210, 23952 Wismar, T: (03841) 753511, p.duenow@et.hs-wismar.de

**Dünte,** Karsten; Dr.-Ing., Prof.; *Digitale Automatisierungssysteme, industrielle Kommunikationsnetze*; di: Hochsch. Bremen, Fak. Elektrotechnik u. Informatik, Flughafenallee 10, 28199 Bremen, T: (0421) 59055448, F: 59055484, Karsten.Duente@hs-bremen.de

**Düren,** Petra; Dr., Prof.; *Betriebswirtschaftslehre für die Informations- und Dienstleistungsbranche*; di: HAW Hamburg, Fak. Design, Medien u. Information, Finkenau 35, 22081 Hamburg, T: (040) 428753637, F: 428753609, petra.dueren@haw-hamburg.de

**Dürkopp,** Klaus; Dr.-Ing., Prof.; *Konstruktion, Maschinenelemente, Projektmanagement*; di: FH Bielefeld, FB Ingenieurwiss. u. Mathematik, Am Stadtholz 24, 33609 Bielefeld, T: (0521) 1067464, F: 1067190, klaus.duerkopp@fh-bielefeld.de

**Dürr,** Michael; Dr. rer. nat., Prof.; *Physikalische Chemie der Oberflächen, Nanochemie*; di: Hochsch. Esslingen, Fak. Versorgungstechnik u. Umwelttechnik, Kanalstr. 33, 73728 Esslingen, T: (0711) 3973554; pr: Q 7, 18, 68161 Mannheim

**Dürr,** Peter; Dr.-Ing., Prof.; *Wissens- und Kommunikationsmanagement*; di: Hochsch. München, Fak. Angew. Sozialwiss., Lothstr. 34, 80335 München, pduerr@hm.edu

**Dürr,** Reinhold; Dr.-Ing., Prof.; *Regelungstechnik und Automatisierung*; di: Hochsch. f. angew. Wiss. Würzburg Schweinfurt, Fak. Maschinenbau, Ignaz-Schön-Str. 11, 97421 Schweinfurt, rduerr@fh-sw.de

**Dürr,** Susanne; Dipl.-Ing., Prof.; *Städtebau, Gebäudelehre und Entwerfen*; di: Hochsch. Karlsruhe, Fak. Architektur u. Bauwesen, Moltkestr. 30, 76133 Karlsruhe, PF 2440, 76012 Karlsruhe, T: (0721) 9252782

**Dürr,** Walter; Dr., Prof.; *Mathematische Verfahren der Betriebswirtschaftslehre sowie Datenverarbeitung*; di: FH Dortmund, FB Wirtschaft, Emil-Figge-Str. 44, 44227 Dortmund, T: (0231) 7554996, F: 7554902, Walter.Duerr@fh-dortmund.de; pr: Kirchender Dorfweg 36, 58313 Herdecke

**Dürrschnabel,** Klaus; Dr. rer. nat., Prof.; *Mathematik, Informatik*; di: Hochsch. Karlsruhe, Fak. Geomatik, Moltkestr. 30, 76133 Karlsruhe, PF 2440, 76012 Karlsruhe, T: (0721) 9252580

**Duesberg,** Frank; Dr. med., HonProf.; *Biokinetische Medizintechnik*; di: Hochsch. Mittweida, Fak. Elektro- u. Informationstechnik, Technikumplatz 17, 09648 Mittweida, T: (03727) 581364, Prof.Duesberg@Cornelius-Praxisgruppe.de

**Düsing,** Ingrid; Dr.-Ing., Prof.; *Bauingenieurwesen*; di: HTW d. Saarlandes, Fak. f. Architektur u. Bauingenieurwesen, Goebenstr. 40, 66117 Saarbrücken, T: (0681) 5867187, duesing@htw-saarland.de; pr: Philippinenstr. 1, 66119 Saarbrücken, T: (0681) 5896158, F: 5896179

**Düsterhöft,** Antje; Dr.-Ing., Prof.; *Multimediasysteme/Datenbanken*; di: Hochsch. Wismar, Fak. f. Ingenieurwiss., PF 1210, 23952 Wismar, T: (03841) 753629, a.duesterhoeft@et.hs-wismar.de

**Düsterlho,** Jens-Eric von; Dr., Prof.; *Allgemeine Betriebswirtschaftslehre*; di: HAW Hamburg, Fak. Wirtschaft u. Soziales, Berliner Tor 5, 20099 Hamburg, Jens-Eric.vonDuesterlho@haw-hamburg.de

**Düwal,** Klaus; Prof.; *Ästhetik u. Kommunikation m. d. Schwerpunkt visuelle Kommunikation (Werken u. Gestalten)*; di: Ostfalia Hochsch., Fak. Verkehr-Sport-Tourismus-Medien, Karl-Scharfenberg-Str. 55-57, 38229 Salzgitter, K.Duewal@Ostfalia.de; pr: Dorfstr. 6, 24354 Kosel/Bohnert, T: (04355) 1542

**Dufke,** Klaus; Prof.; *Multimedia/AV-Design*; di: FH Potsdam, FB Design, Pappelallee 8-9, Haus 5, 14469 Potsdam, T: (0331) 5801414, dufke@fh-potsdam.de

**Dujesiefken,** Dirk; Dr., HonProf.; *Ressourcenmanagement*; di: HAWK Hildesheim/Holzminden/Göttingen, Fak. Ressourcenmanagement, Büsgenweg 1a, 37077 Göttingen

**Dulisch,** Frank; Dr., Prof.; *Organisationslehre u. Personalwesen*; di: FH f. öffentl. Verwaltung NRW, Abt. Köln, Thürmchenswall 48-54, 50668 Köln, frank.dulisch@fhoev.nrw.de

**Dullien,** Sebastian; Dr., Prof.; *VWL*; di: HTW Berlin, FB Wirtschaftswiss. I, Treskowallee 8, 10318 Berlin, T: (030) 50192547, dullien@HTW-Berlin.de

**Dummann,** Jörn; Dr., Prof.; *Handlungskompetenz in der Sozialen Arbeit, Intergenerative Arbeit*; di: FH Münster, FB Sozialwesen, Hüfferstr. 27, 48149 Münster, T: (0251) 8365784, F: 8365702, dummann@fh-muenster.de

**Dummersdorf,** Bettina; Dr.-Ing., Prof.; *Thermodynamik*; di: FH Südwestfalen, FB Maschinenbau, Frauenstuhlweg 31, 58644 Iserlohn, T: (02371) 566207, F: 566251, dummersdorf@fh-swf.de

**Duncan,** Grant; Dr. phil., Prof.; di: Hochsch. München, Fak. Angew. Sozialwiss., Lothstr. 34, 80335 München, grant.duncan@hm.edu

**Dunkel,** Jürgen; Dr. rer. nat., Prof.; *Software-Engineering, Objektorientierte Programmierung, Informationssysteme, Informatik*; di: Hochsch. Hannover, Fak. IV Wirtschaft u. Informatik, Ricklinger Stadtweg 120, 30459 Hannover, PF 920261, 30441 Hannover, T: (0511) 92961823, F: 92961810, juergen.dunkel@hs-hannover.de; pr: T: (0511) 3944753

**Dunkelau,** Wolfgang; Prof.; *Städtebau, Entwerfen*; di: FH Frankfurt, FB 1 Architektur, Bauingenieurwesen, Geomatik, Nibelungenplatz 1, 60318 Frankfurt am Main, T: (069) 15333643, dunkelau@fb1.fh-frankfurt.de

**Dunker,** Jürgen; Dr.-Ing., Prof.; *Angewandte Informatik*; di: Westfäl. Hochsch., FB Maschinenbau u. Facilities Management, Neidenburger Str. 10, 45877 Gelsenkirchen, T: (0209)9596819, juergen.dunker@fh-gelsenkirchen.de; pr: Lerschmehr 102, 48167 Münster, T: (02506) 302611

**Dunz,** Thomas; Dr.-Ing., Prof.; *Elektrische Messtechnik, Messdatenverarbeitung*; di: Hochsch. Emden/Leer, FB Technik, Constantiaplatz 4, 26723 Emden, T: (04921) 8071840, F: 8071843, dunz@hs-emden-leer.de; pr: Ewerweg 10, 26723 Emden, T: (04921) 61382

**Duque-Anton,** Manuel; Dr., Prof.; *Kommunikationsnetze und Verteilte Systeme*; di: FH Kaiserslautern, FB Informatik u. Mikrosystemtechnik, Amerikastr. 1, 66482 Zweibrücken, T: (06332) 914325, manuel.duqueanton@fh-kl.de

**Duré,** Gerhard; Dr. rer. nat., Prof.; *Chemie*; di: Hochsch. München, Fak. Maschinenbau, Fahrzeugtechnik, Flugzeugtechnik, Dachauer Str. 98b, 80335 München, T: (089) 12651109, F: 12651392, gerhard.dure@fhm.edu

**Durst,** Josef; Dr., Prof.; *Mathematik, Statistik, Datenverarbeitung*; di: Hochsch. Weihenstephan-Triesdorf, Fak. Land- u. Ernährungswirtschaft, Am Hofgarten 1, 85354 Freising, 85350 Freising, T: (08161) 714321, F: 714496, josef.durst@fh-weihenstephan.de

**Durst,** Klaus-Dieter; Dr., Prof.; *Messtechnik/Sensorik, Fertigungsmesstechnik, Physik*; di: Hochsch. Konstanz, Fak. Maschinenbau, Brauneggerstr. 55, 78462 Konstanz, PF 100543, 78405 Konstanz, T: (07531) 206344, F: 206353, durst@fh-konstanz.de

**Durst,** Leonhard; Dr., Prof.; *Tierernährung, Futtermittelkunde*; di: Hochsch. Weihenstephan-Triesdorf, Fak. Landwirtschaft, Steingruberstr. 2, 91746 Weidenbach-Triesdorf, T: (09826) 654221, F: 6544221, leonhard.durst@fh-weihenstephan.de

**Durwen,** Karl-Josef; Dr. rer. nat., Prof.; *Landschaftsplanung, EDV-Anwendung, Karten- und Luftbildkunde*; di: Hochsch. f. Wirtschaft u. Umwelt Nürtingen-Geislingen, PF 1349, 72603 Nürtingen, T: (07022) 404205, karl-josef.durwen@hfwu.de

**Duscha,** Burkhard; Prof.; *Gestaltungslehre, Entwerfen*; di: FH Erfurt, FB Architektur, Schlüterstr. 1, 99084 Erfurt, PF 101363, 99013 Erfurt, T: (0361) 6700450, F: 6700462, duscha@fh-erfurt.de

**Duschl-Graw,** Georg; Dr.-Ing., Prof.; *Elektrotechnik, Elektr. Maschinen, Regenerative Energien*; di: Beuth Hochsch. f. Technik, FB VII Elektrotechnik – Mechatronik – Optometrie, Luxemburger Str. 10, 13353 Berlin, T: (030) 45042468, duschl@beuth-hochschule.de

**Dusel,** Georg; Dr., Prof.; *Biochemie, Ernährungsphysiologie*; di: FH Bingen, FB Life Sciences and Engineering, FR Agrarwirtschaft, Berlinstr. 109, 55411 Bingen, T: (06721) 409180, dusel@fh-bingen.de

**Dusemond,** Michael; Dr., Prof.; *Allg. BWL, International Accounting/Konzernrechnungslegung*; di: Private FH Göttingen, Weender Landstr. 3-7, 37073 Göttingen, dusemond@pfh.de

**Dusil,** Friedrich; Dipl.-Ing., Prof.; *Holzkonstruktionslehre, Holzindustrielle Fertigungstechnik, Innenausbau, Arbeitsstudium, REFA, Sitzmöbelfertigung, Polstermöbelfertigung*; di: Hochsch. Rosenheim, Fak. Holztechnik u. Bau, Hochschulstr. 1, 83024 Rosenheim, T: (08031) 805300, F: 805302

**Dutczak,** Marian; Dipl.-Ing., Prof.; *Städtebauliches Entwerfen/Stadtbaulehre*; di: FH Köln, Fak. f. Architektur, Betzdorfer Str. 2, 50679 Köln, marian.dutczak@fh-koeln.de

**Duthweiler,** Swantje; Dr., Prof.; *Vegetationstechnik, Wechselflor*; di: Hochsch. Weihenstephan-Triesdorf, Fak. Landschaftsarchitektur, Am Hofgarten, 85354 Freising, 85350 Freising, T: (08161) 712839, F: 715114, swantje.duthweiler@hswt.de

**Duttenhoefer,** Thomas; Prof.; *Grundlagen der gestaltung, Zeichnen, Kompositionslehre, Farbenlehre*; di: Hochsch. Mannheim, Fak. Gestaltung, Windeckstr. 110, 68163 Mannheim, duttenho@fh-trier.de; pr: Engelstr. 110, 54292 Trier, T: (0651) 12749

**Duttle,** Josef; Dipl.-Kfm., Dr. rer. pol., Prof.; *Betriebswirtschaftslehre*; di: Hochsch. Regensburg, Fak. Informatik u. Mathematik, PF 120327, 93025 Regensburg, T: (0941) 9431268, josef.duttle@informatik.fh-regensburg.de

**Duwe,** Harald; Dipl.-Inform., Dipl.-Ökonom, Prof.; *Wirtschaftsinformatik*; di: Hochsch. Emden/Leer, FB Wirtschaft, Constantiaplatz 4, 26723 Emden, T: (04921) 8071215, F: 8071228, harald.duwe@hs-emden-leer.de; pr: Max-Beckmann-Str. 13, 26133 Oldenburg, T: (0441) 44307

**Dwars,** Anja; Dr.-Ing., Prof.; *Werkstofftechnik in der Mechatronik*; di: Georg-Simon-Ohm-Hochsch. Nürnberg, Fak. Elektrotechnik Feinwerktechnik Informationstechnik, Wassertorstr. 10, 90489 Nürnberg, PF 210320, 90121 Nürnberg

**Dziewas,** Ralf; Dr. theol., Prof.; *Diakonik*; di: Theolog. Seminar Elstal, Johann-Gerhard-Oncken-Str. 7, 14641 Wustermark, T: (033234) 74332, rdziewas@baptisten.de

**Dziubiel,** Marian; Dipl.-Des., Prof.; *Produktdesign*; di: Hochsch. Osnabrück, Fak. Ingenieurwiss. u. Informatik, Vitihof 15a, 49074 Osnabrück, T: (0541) 9693863, m.dziubiel@hs-osnabrueck.de

**East,** Patricia; Dr. phil., Prof.; *Wirtschaftsenglisch*; di: Hochsch. München, Fak. Tourismus, Am Stadtpark 20 (Neubau), 81243 München, T: (089) 12652128, patricia.east@fhm.edu

**Ebberg,** Alfred; Dr.-Ing., Prof.; *Hochfrequenztechnik*; di: FH Westküste, Fritz-Thiedemann-Ring 20, 25746 Heide, T: (0481) 8555330, ebberg@fh-westkueste.de; FH Lübeck, FB Elektrotechnik u. Informatik, Mönkhofer Weg 239, 23562 Lübeck, T: (0451) 3005058, alfred.ebberg@fh-luebeck.de

**Ebberink,** Johannes; Dr.-Ing., Prof.; *Mathematik, Physik, Medizinische Werkstoffe, Qualitätsmanagement*; di: Hochsch. Furtwangen, Fak. Maschinenbau u. Verfahrenstechnik, Jakob-Kienzle-Str. 17, 78054 Villingen-Schwenningen, T: (07720) 3074320, eb@hs-furtwangen.de

**Ebbers,** Franz Josef; Dipl.-Soz.arbeiter, M.A., Dr. phil., Prof.; *Sozialarbeit, Sozialpädagogik*; di: Kath. Stiftungsfachhochsch. München, Abt. Benediktbeuern, Don-Bosco-Str. 1, 83671 Benediktbeuern, T: (08857) 88512, franz.ebbers@ksfh.de

**Ebbert,** Ronald; Dipl.-Biol., Dr. rer. nat., Prof.; *Biochemie*; di: Georg-Simon-Ohm-Hochsch. Nürnberg, Fak. Angewandte Chemie, Keßlerplatz 12, 90489 Nürnberg, PF 210320, 90121 Nürnberg, T: (0911) 58801570

**Ebe,** Johann; Prof.; *Baukonstruktion, Entwerfen*; di: Hochsch. München, Fak. Architektur, Karlstr. 6, 80333 München, T: (089) 12652625, johann.ebe@fhm.edu

**Ebel,** Bernd; Dr., Prof.; *Betriebswirtschaftslehre, insbes.Materialwirtschaft, Produktionswirtschaft, Logistik und Qualitätsmanagement*; di: Hochsch. Bonn-Rhein-Sieg, FB Wirtschaft Rheinbach, von-Liebig-Str. 20, 53359 Rheinbach, T: (02241) 865405, F: 8658405, bernd.ebel@fh-bonn-rhein-sieg.de

**Ebel,** Christian; Dipl.-Ing., Prof.; *Nachrichtentechnik*; di: FH Lübeck, FB Elektrotechnik u. Informatik, Mönkhofer Weg 136-140, 23562 Lübeck, T: (0451) 3005320, F: 3005236, christian.ebel@fh-luebeck.de

**Ebel,** Hans; Prof.; *Strafrecht, Strafverfahrensrecht, Ordnungswidrigkeitenrecht*; di: Hochsch. f. Polizei Villingen-Schwenningen, Sturmbühlstr. 250, 78054 Villingen-Schwenningen, T: (07720) 309505, HansEbel@fhpol-vs.de

**Ebeling,** Frank; Dr., Prof.; *Bank*; di: DHBW Mannheim, Fak. Wirtschaft, Coblitzallee 1-9, 68163 Mannheim, T: (0621) 41052204, F: 41052200, frank.ebeling@dhbw-mannheim.de

**Ebeling,** Norbert; Dr.-Ing., Prof.; *Chemische Verfahrenstechnik sowie Strömungs- und Wärmelehre, Apparatekunde, Chemische Umwelttechnik*; di: FH Münster, FB Chemieingenieurwesen, Stegerwaldstr. 39, 48565 Steinfurt, T: (02551) 962446, F: 962711, ebeling@fh-muenster.de; pr: Zum Esch 74, 48612 Horstmar-Leer, T: (02551) 833032

**Eberhard,** Theo; Dr. phil., Prof., Dekan FB Tourismus; *Touristik Management*; di: Hochsch. München, Fak. Tourismus, Am Stadtpark 20 (Neubau), 81243 München, T: (089) 126552120, eberhard@fhm.edu

**Eberhard,** Thomas; Dipl.-Kfm., Dr., HonProf.; *Wirtschaftsprüfung, Externes Rechnungswesen*; di: HTW Dresden, Fak. Wirtschaftswissenschaften, Friedrich-List-Platz 1, 01069 Dresden

**Eberhard-Yom,** Miriam; Dr., Prof.; *Marketing und Prozessmanagement*; di: HAWK Hildesheim/Holzminden/Göttingen, Fak. Ressourcenmanagement, Büsgenweg 1a, 37077 Göttingen, T: (0551) 5032244

**Eberhardt,** Bernhard; Dr. habil., Prof.; *Nachrichtentechnik, Bildverarbeitung, Computeranimation*; di: Hochsch. d. Medien, Fak. Electronic Media, Nobelstr. 10, 70569 Stuttgart, T: (0711) 89232211, eberhardt@hdm-stuttgart.de

**Eberhardt,** Gerd; Dr., Prof.; *Elektrotechnik/Informationstechnik*; di: Hochsch. Pforzheim, Fak. f. Technik, Tiefenbronner Str. 66, 75175 Pforzheim, T: (07231) 286497, F: 286050, gerd.eberhardt@hs-pforzheim.de

**Eberl,** Günter; Dr.-Ing., Prof.; *Maschinenbau, Regelungs- und Steuerungstechnik, Lasertechnik*; di: Hochsch. Kempten, Fak. Maschinenbau, Bahnhofstr. 61-63, 87435 Kempten, T: (0831) 2523212, F: 2523229, guenter.eberl@fh-kempten.de

**Eberl,** Martina; Dr., Prof.; *Management*; di: Hochsch. f. Wirtschaft u. Recht Berlin, FB Wirtsch.wiss., Badensche Str. 50-51, 10825 Berlin, T: (030) 85789488, martina.eberl@hwr-berlin.de

**Eberle,** Ernst; Prof.; *Gemeinwirtschaftsrecht, EDV*; di: Hochsch. Kehl, Fak. Wirtschafts-, Informations- u. Sozialwiss., Kinzigallee 1, 77694 Kehl, PF 1549, 77675 Kehl, T: (07851) 894193, Eberle@fh-kehl.de

**Eberle,** Peter; Dr. rer. pol., Prof.; *Betriebswirtschaftslehre, Materialwirtschaft, Produktionslogistik*; di: HTW Dresden, Fak. Wirtschaftswissenschaften, Friedrich-List-Platz 1, 01069 Dresden, T: (0351) 4623381, eberle@wiwi.htw-dresden.de

**Eberle,** Wolfgang; Dr. habil., Prof.; *Informatik, Mikrosystemtechnik*; di: FH Kaiserslautern, FB Betriebswirtschaft, Amerikastr. 1, 66482 Zweibrücken, T: (06332) 914219, wolfgang.eberle@fh-kl.de

**Eberlei,** Walter; Dr., Prof.; *Soziologie, insbes. internationale Entwicklungen u interkulturelle Soziale Arbeit*; di: FH Düsseldorf, FB 6 – Sozial- und Kulturwiss., Universitätsstr. 1, Geb. 24.21, 40225 Düsseldorf, T: (0211) 8114638, walter.eberlei@fh-duesseldorf.de

**Eberlein,** Jana; Dr., Prof.; *Betriebswirtschaftslehre, insb. Kosten- u. Leistungsrechnung*; di: Hochsch. Harz, FB Wirtschaftswiss., Friedrichstr. 57-59, 38855 Wernigerode, T: (03943) 659231, F: 659109, jeberlein@hs-harz.de

**Ebert,** Hildegard; Dr., Prof.; *Mikrobiologie, Labor Biolog. Arbeitsmethoden u. Präparationstechniken, Bioverfahrenstechnik, Rechtliche Aspekte der Biotechnologien*; di: FH Frankfurt, FB 2 Informatik u. Ingenieurwiss., Nibelungenplatz 1, 60318 Frankfurt am Main, T: (069) 15332284

**Ebert,** Holger; Prof.; *Produkt-Grafik, Multimedia*; di: Georg-Simon-Ohm-Hochsch. Nürnberg, Fak. Design, Wassertorstr. 10, 90489 Nürnberg, PF 210320, 90121 Nürnberg

**Ebert,** Jörg; Dr., Prof.; *Konstruktionslehre, Fahrzeugkonstruktion*; di: Hochsch. Aalen, Fak. Maschinenbau u. Werkstofftechnik, Beethovenstr. 1, 73430 Aalen, T: (07361) 5762248, joerg.ebert@htw-aalen.de

**Ebert,** Kurt; Dr. rer. pol., Prof.; *Betriebswirtschaftslehre, insbes. Marketing/Vertrieb*; di: Hochsch. Ostwestfalen-Lippe, FB 7, Produktion u. Wirtschaft, Liebigstr. 87, 32657 Lemgo, T: (05261) 702428, F: 702275; pr: T: (05231) 305581

**Ebert,** Rolf; Dr.-Ing., Prof.; *Technologie der silicatischen Feuerfest- und Feinkeramik, Werkstoffpraktikum, Praktikum Werkstoffe der Elektrotechnik*; di: Georg-Simon-Ohm-Hochsch. Nürnberg, Fak. Werkstofftechnik, Wassertorstr. 10, 90489 Nürnberg, PF 210320, 90121 Nürnberg

**Ebert-Steinhübel,** Anja; Dr., Prof.; *Organisationspsychologie und Kommunikation*; di: SRH Fernhochsch. Riedlingen, Lange Str. 19, 88499 Riedlingen, anja.ebert-steinhuebel@fh-riedlingen.srh.de

**Ebertseder,** Thomas; Dr., Prof.; *Pflanzenbau, Sonderkulturen, Erzeugung und Verarbeitung pflanzlicher Produkte*; di: Hochsch. Weihenstephan-Triesdorf, Fak. Land- u. Ernährungswirtschaft, Am Hofgarten 1, 85354 Freising, 85350 Freising, T: (08161) 714331, F: 714496, thomas.ebertseder@fh-weihenstephan.de

**Ebertz,** Michael N.; Dr. rer. soc., Dr. theol., Prof. Kath. H Freiburg, PD U Konstanz; *Sozialpolitik, Freie Wohlfahrtspflege, kirchliche Sozialarbeit, Religionssoziologie, Katholizismusforschung, Pastoraltheologie*; di: Kath. Hochsch. Freiburg, Karlstr. 63, 79104 Freiburg, T: (0761) 2001580, michael-ebertz@kh-freiburg.de, www.kfh-freiburg.de; pr: Robert-Koch-Str. 9a, 79312 Emmendingen, T: (07641) 570377

**Ebinger,** Ingwer; Dr., Prof.; *Thermodynamik, Fahrzeugklimatisierung*; di: HAW Hamburg, Fak. Technik u. Informatik, Berliner Tor 9, 20099 Hamburg, T: (040) 428757854, ingwer.ebinger@haw-hamburg.de

**Ebke,** Peter; Dr., HonProf.; *Ingenieurwissenschaft*; di: Hochsch. Rhein/Main, FB Ingenieurwiss., Am Brückweg 26, 65428 Rüsselsheim, Peter.Ebke@hs-rm.de; T: (06633) 642740; www.mesocosm.de

**Ebli,** Hans; Dr. phil., Prof.; *Soziale Arbeit*; di: FH Ludwigshafen, FB IV Sozial- u. Gesundheitswesen, Maxstr. 29, 67059 Ludwigshafen, T: (0621) 5911342, ebli@efhlu.de

**Ebner,** Torsten; Dr.-Ing., Prof.; *Bauingenieurwesen*; di: Hochsch. Trier, FB BLV, PF 1826, 54208 Trier, T: (0651) 8103201, t.ebner@hochschule-trier.de

**Ebner,** Walter; Dr. rer. nat., Prof.; *Physik und Datenverarbeitung*; di: Hochsch. Niederrhein, FB Elektrotechnik/Informatik, Reinarzstr. 49, 47805 Krefeld, T: (02151) 8224628, walter.ebner@hs-niederrhein.de; pr: T: (02151) 656705

**Echtermeyer,** Bernd; M. Arch., Dipl.-Ing., Prof.; *Baukonstruktion, Gebäudekunde, Darstellende Geometrie*; di: HAWK Hildesheim/Holzminden/Göttingen, Fak. Bauen u. Erhalten, Hohnsen 2, 31134 Hildesheim, T: (05121) 881244, F: 881201

**Echtermeyer,** Monika; Dr., Prof.; *Tourismus-Management, Fremdenverkehrsökonomie, Tourismus-Marketing*; di: Int. Hochsch. Bad Honnef, Mülheimer Str. 38, 53604 Bad Honnef, m.echtermeyer@fh-bad-honnef.de

**Eck,** Oliver; Dr., Prof.; *Systemanalyse, Datenbanksysteme, Algorithmen und Datenstrukturen*; di: Hochsch. Konstanz, Fak. Informatik, Brauneggerstr. 55, 78462 Konstanz, PF 100543, 78405 Konstanz, T: (07531) 206630, F: 206559, eck@fh-konstanz.de

**Eck,** Reinhard; Dipl.-Inf., Dr.-Ing., Prof.; *Software-Engineering, Programmiersprachen, Fuzzy/Neuro-Technologie, Parallelrechner*; di: Georg-Simon-Ohm-Hochsch. Nürnberg, Fak. Informatik, Keßlerplatz 12, 90489 Nürnberg, PF 210320, 90121 Nürnberg

**Eckardt,** Bernd; Dr. jur., Prof.; *Bürgerliches Recht und Wirtschaftsrecht, insbes.Handels-, Gesellschafts- und Insolvenzrecht*; di: FH Köln, Fak. f. Wirtschaftswiss., Claudiusstr. 1, 50678 Köln, T: (0221) 82753452, bernd.eckardt@fh-koeln.de

**Eckardt,** Gordon H.; Dr. rer. pol., Prof.; *Allg. BWL, Marketing*; di: FH Kiel, FB Wirtschaft, Sokratesplatz 2, 24149 Kiel, T: (0431) 2103507, gordon.eckardt@fh-kiel.de; pr: Rohnsweg 72, 37085 Göttingen

**Eckardt,** Silke; Dr.-Ing., Prof.; di: Hochsch. Bremen, Fak. Elektrotechnik u. Informatik, Neustadtswall 30, 28199 Bremen, T: (0421) 59053427, F: 59053484, Silke.Eckardt@hs-bremen.de

**Eckardt,** Thomas; Dipl.-Kfm., Dr. rer. pol., Prof.; *Allgem. Betriebswirtschaftslehre, Wirtschaftsinformatik*; di: Georg-Simon-Ohm-Hochsch. Nürnberg, Fak. Betriebswirtschaft, Bahnhofsstr. 87, 90402 Nürnberg, PF 210320, 90121 Nürnberg

**Eckart,** Gerhard; Dr. Ing., Prof.; *Fertigungstechnik, Fügetechnik*; di: HTW Dresden, Fak. Maschinenbau/Verfahrenstechnik, Friedrich-List-Platz 1, 01069 Dresden, T: (0351) 4622523, eckart@mw.htw-dresden.de

**Ecke-Schüth,** Johannes; Dr., Prof.; *Informatik*; di: FH Dortmund, FB Informatik, PF 105018, 44047 Dortmund, T: (0231) 7556784, F: 7556710, johannes.ecke-schueth@fh-dortmund.de

**Eckebrecht,** Marc; Dr., Prof.; *Zivilrecht, Zivilprozessrecht*; di: Hochsch. f. Wirtschaft u. Recht Berlin, FB 1, Alt-Friedrichsfelde 60, 10315 Berlin, T: (030) 90214311, F: 90214417, m.eckebrecht@hwr-berlin.de

**Ecker,** Felix; Dr., Prof.; *Lebensmitteltechnologie, Pharmazeutische Technologie*; di: Hochsch. Fulda, FB Oecotrophologie, Marquardstr. 35, 36039 Fulda

**Eckert,** Amara Renate; Dr. päd., Prof.; *Psychomotorik, Sonderpädagogik, Körperarbeit*; di: Hochsch. Darmstadt, FB Gesellschaftswiss. u. Soziale Arbeit, Haardtring 100, 64295 Darmstadt, T: (06151) 168700, amara.eckert@h-da.de

**Eckert,** Franz Joachim; Dr., Prof.; *Psychologie, Soziologie*; di: Hess. Hochsch. f. Polizei u. Verwaltung, FB Polizei, Tilsiterstr. 13, 63165 Mühlheim, T: (06108) 603524

**Eckert,** Ludwig; Dr., Prof.; *Prozessdatenverarbeitung, Softwaretechnik, Grundlagen d. Elektrotechnik*; di: Hochsch. f. angew. Wiss. Würzburg Schweinfurt, Fak. Elektrotechnik, Ignaz-Schön-Str. 11, 97421 Schweinfurt, ludwig.eckert@fh-sw.de

**Eckert,** Martina; Dr., Prof.; *Psychologie, Verhaltenstraining, Sozialwissenschaftliche Methoden*; di: FH f. öffentl. Verwaltung NRW, Außenstelle Dortmund, Hauert 9, 44227 Dortmund, martina.eckert@fhoev.nrw.de; pr: Dr.M.Eckert@t-online.de

**Eckey,** Ulrich; Dipl.-Ing., Prof.; *Entwerfen, insbes. Wohnbau*; di: FH Aachen, FB Architektur, Bayernallee 9, 52066 Aachen, T: (0241) 60091142, eckey@fh-aachen.de; pr: Hainbuchenstr. 21, 52074 Aachen

**Eckhardt,** Hartmut; Dr., Prof.; *Entwerfen*; di: Hochsch. Trier, FB Gestaltung, PF 1826, 54208 Trier, T: (0651) 8103278, H.Eckhardt@hochschule-trier.de; pr: Rhönring 113, 64289 Darmstadt, T: (06151) 713687, F: 713572

**Eckhardt,** Heinz; Dr.-Ing., Prof.; *Wasserbau-, Siedlungswasserwirtschaft, Wasserversorgung*; di: Hochsch. Rhein/Main, FB Architektur u. Bauingenieurwesen, Kurt-Schumacher-Ring 18, 65197 Wiesbaden, T: (0611) 94951453, heinz.eckhardt@hs-rm.de; pr: Lahnstr. 112, 65195 Wiesbaden, T: (0611) 9446328

**Eckhardt,** Klaus; Dr., Prof.; *Ingenieurmathematik, Physik*; di: Hochsch. Weihenstephan-Triesdorf, Fak. Landwirtschaft, Steingruberstr. 2, 91746 Weidenbach-Triesdorf, T: (09826) 654207, klaus.eckhardt@hswt.de

**Eckhardt,** Sonja; Dr.-Ing., Prof.; *Fertigungsverfahren, Fügetechnik, Fertigungslabor, Werkstofflabor, Werkstofftechnik*; di: HTW Berlin, FB Ingenieurwiss. II, Blankenburger Pflasterweg 102, 13129 Berlin, T: (030) 50194316, s.eckhardt@HTW-Berlin.de

**Eckhoff,** Volker; Dr. jur., Prof.; *Arbeitsrecht, Privatrecht, Versicherungs- und Beitragsrecht*; di: FH f. Verwaltung u. Dienstleistung, FB Rentenversicherung, Ahrensböker Str. 51, 23858 Reinfeld, T: (04533) 7301241, fhvd.eckhoff@bz-reinfeld.de

**Ecklundt,** Hinrich; Dipl.-Ing., Dr.-Ing., Prof.; *Technische Mechanik*; di: FH Lübeck, FB Elektrotechnik u. Informatik, Mönkhofer Weg 136-140, 23562 Lübeck, T: (0451) 3005324, F: 3005236, ecklundt@fh-luebeck.de

**Eckrich,** Klaus; Dr. rer. pol., Prof.; *Unternehmensführung, Führung und Managementmethoden*; di: FH d. Wirtschaft, Hauptstr. 2, 51465 Bergisch Gladbach, T: (02202) 9527220, F: 9527200, klaus.eckrich@fhdw.de

**Eckstaller,** Claudia; Dr. oec. publ., Prof.; *Personalwesen*; di: Hochsch. München, Fak. Betriebswirtschaft, Am Stadtpark 20 (Neubau), 81243 München, T: (089) 12652733, F: 12652714, claudia.eckstaller@fhm.edu

**Eckstein,** Christoph; Prof.; *Staats- und Verfassungsrecht, Recht des Öffentlichen Dienstes*; di: Hochsch. f. Polizei Villingen-Schwenningen, Sturmbühlstr. 250, 78054 Villingen-Schwenningen, T: (07720) 309508, ChristophEckstein@fhpol-vs.de

**Eckstein,** Josef; Dipl.-Päd., Dipl.-Theol., Dr. phil., Prof., Präsident FH Regensburg; *Pädagogik, Soziale Arbeit (Sozialarbeit/Sozialpädagogik)*; di: Hochsch. Regensburg, Fak. Sozialwiss., PF 120327, 93025 Regensburg, T: (0941) 9431001, josef.eckstein@fh-regensburg.de

**Eckstein,** Peter; Dr., Prof.; *Statistik, Ökonometrie u. empirische Wirtschaftsforschung*; di: HTW Berlin, FB Wirtschaftswiss. I, Treskowallee 8, 10318 Berlin, T: (030) 50192730, peter.eckstein@HTW-Berlin.de

**Eckstein,** Stefan; Dr. rer. nat., Prof.; *Management, IT-Controlling*; di: FH Köln, Fak. f. Informatik u. Ingenieurwiss., Am Sandberg 1, 51643 Gummersbach, T: (02261) 8196494, eckstein@gm.fh-koeln.de

**Edelmann,** Peter; Dr. rer. nat., Prof.; *Informatik, Mathematik*; di: Techn. Hochsch. Mittelhessen, FB 13 Mathematik, Naturwiss. u. Datenverarbeitung, Wilhelm-Leuschner-Str. 13, 61169 Friedberg, T: (06031) 604443, Peter.Edelmann@mnd.fh-friedberg.de; pr: Buchenweg 31, 35678 Dillenburg, T: (02771) 6317, Peter.Edelmann@t-online.de

**Eden,** Klaus; Dr. rer. nat., Prof.; *Physik, Halbleiterphysik*; di: FH Dortmund, FB Informations- u. Elektrotechnik, Sonnenstr. 96, 44139 Dortmund, T: (0231) 9112108, F: 9112108, eden@fh-dortmund.de

**Edenhofer,** Thomas; Dr. rer. pol., Prof.; *Allgemeine Betriebswirtschaftslehre, insb. Steuern*; di: FH Jena, FB Betriebswirtschaft, Carl-Zeiss-Promenade 2, 07745 Jena, PF 100314, 07703 Jena, T: (03641) 205550, F: 205551, bw@fh-jena.de

**Eder,** Alfred; Dr.-Ing., Prof.; *Digitaltechnik, Datenverarbeitung, Schaltungstechnik*; di: Hochsch. Augsburg, Fak. f. Elektrotechnik, An der Hochschule 1, 86161 Augsburg, T: (0821) 55863350, F: 55863360, alfred.eder@hs-augsburg.de

**Edinger,** Susanne; Dr.-Ing., Prof.; *Bauleitplanung/Stadtsanierung, Freiraumplanung, Städtebau-Entwurf, Projektbearbeitung Städtebau*; di: Hochsch. Heidelberg, School of Engineering and Architecture, Bonhoefferstr. 11, 69123 Heidelberg, T: (06221) 884111, susanne.edinger@fh-heidelberg.de

**Edlich,** Stefan; Dr.-Ing., Prof.; *Software Engineering für Multimedia/Hypermedia*; di: Beuth Hochsch. f. Technik, FB VI Informatik u. Medien, Luxemburger Str. 10, 13353 Berlin, T: (030) 45042255, sedlich@beuth-hochschule.de

**Edling,** Herbert; Dipl.-Volkswirt, Dr. rer. pol., Prof.; *Volkswirtschaftslehre, Wirtschaftspolitik, Finanzwissenschaft*; di: Hochsch. Osnabrück, Fak. Wirtschafts- u. Sozialwiss., Caprivistraße 30a, 49076 Osnabrück, T: (0541) 9693007, F: 9692070, edling@wi.hs-osnabrueck.de; pr: Kirchhoffweg 75, 48159 Münster, T: (0251) 214992

**Edling,** Thomas; Dr., Prof.; *Informationstechnik*; di: Hess. Hochsch. f. Polizei u. Verwaltung, FB Polizei, Schönbergstr. 100, 65199 Wiesbaden, T: (0611) 5829319

**Effelsberg,** Winfried; M.P.H., Dr. med., Dr. rer. nat., Prof.; *Sozialmedizin*; di: Kath. Hochsch. Freiburg, Karlstr. 63, 79104 Freiburg, T: (0761) 200158, effelsberg@kfh-freiburg.de

**Effinger,** Hans; Dr.-Ing., Prof.; *Mathematik und Angewandte Informatik*; di: FH Münster, FB Elektrotechnik u. Informatik, Bismarckstraße 11, 48565 Steinfurt, T: (02551) 962580, F: 962403, effinger@fh-muenster.de; pr: Droste-Hülshoff-Str. 34, 48565 Steinfurt, T: (02551) 80690

**Effinger,** Herbert; Dipl.-Sozialpäd., Dr., Prof.; *Sozialarbeitswissenschaft, Sozialpädagogik*; di: Ev. Hochsch. f. Soziale Arbeit, PF 200143, 01191 Dresden, T: (0351) 4779457, herbert.effinger@ehs-dresden.de; pr: Am Sportplatz 10, 01328 Dresden, T: (0351) 2688440, F: 2688441, effinger.h@t-online.de

**Effmann,** Jörg; Dr., Prof.; *BWL, Rechnungswesen*; di: Hochsch. Niederrhein, FB Wirtschaftswiss., Webschulstr. 41-43, 41065 Mönchengladbach, T: (02161) 1866370, joerg.effmann@hs-niederrhein.de

**Eger,** Frank; Dr. phil., Prof.; *Sozialwesen*; di: Ostfalia Hochsch., Fak. Sozialwesen, Ludwig-Winter-Str. 2, 38120 Braunschweig, f.eger@ostfalia.de

**Eger,** Rudolf; Dr.-Ing., Prof.; *Verkehrswesen*; di: Hochsch. Rhein/Main, FB Architektur u. Bauingenieurwesen, Kurt-Schumacher-Ring 18, 65197 Wiesbaden, T: (0611) 94951400, rudolf.eger@hs-rm.de; pr: Dieburger Str. 115a, 64287 Darmstadt, T: (06151) 711319

**Eger,** Walter; Dr.-Ing., Prof.; *Straßenbau – Bahnbau, Grundlagen des Bauingenieurwesens*; di: Hochsch. München, Fak. Bauingenieurwesen, Karlstr. 6, 80333 München, T: (089) 12652697, F: 12652699, eger@bau.fhm.edu

**Egerer,** Burkhard; Dr.-Ing., Prof., Dekan FB Verfahrenstechnik; *Bioverfahrenstechnik, Anlagenplanung, Thermodynamik*; di: Georg-Simon-Ohm-Hochsch. Nürnberg, Fak. Verfahrenstechnik, Wassertorstr. 10, 90489 Nürnberg, PF 210320, 90121 Nürnberg, T: (0911) 58801473

**Egert,** Markus; Dr. rer. nat., Prof.; *Molekularbiologie, Mikrobiologie*; di: Hochsch. Coburg, Fak. Angew. Naturwiss., Friedrich-Streib-Str. 2, 96450 Coburg, T: (09561) 317210, egert@hs-coburg.de

**Eggendorfer,** Tobias; Dr., Prof.; *Informatik und IT-Forensik*; di: Hochsch. d. Polizei Hamburg, Braamkamp 3, 22297 Hamburg, T: (040) 428668819, tobias.eggendorfer@hdp.hamburg.de

**Egger de Campo,** Sabine; Dr. rer. soc. oec., Prof.; *Soziologie, qualitative Methoden der empirischen Sozialforschung*; di: Hochsch. f. Wirtschaft u. Recht Berlin, FB Allgemeine Verwaltung, Alt-Friedrichsfelde 60, 10315 Berlin, T: (030) 90214405, marianne.egger@hwr-berlin.de

**Eggers,** Joachim; Dr., Prof.; *Steuerlehre*; di: FH Dortmund, FB Wirtschaft, PF 105018, 44047 Dortmund, T: (0231) 7556578, joachim.eggers@fh-dortmund.de

**Eggers,** Maisha-Maureen; Dr., Prof.; *Kindheit und Differenz*; di: Hochsch. Magdeburg-Stendal, FB Angew. Humanwiss., Osterburger Str. 25, 39576 Stendal, T: (03931) 21874888, Maureen-Maisha.Eggers@hs-magdeburg.de

**Eggers,** Reimer; Dr., Prof.; *Psychologie*; di: Hochsch. d. Polizei Hamburg, Braamkamp 3, 22297 Hamburg, T: (040) 428668832, reimer.eggers@hdp.hamburg.de

**Eggers,** Sabine; Dr. rer. pol., Prof.; *Allgemeine Betriebswirtschaftslehre, insbes. Marketing*; di: Hochsch. Osnabrück, Fak. Wirtschafts- u. Sozialwiss., Caprivistr. 30 A, 49076 Osnabrück, T: (0541) 9693006, F: 9692070, eggers@wi.hs-osnabrueck.de; pr: Schloßstr. 45, 49080 Osnabrück

**Eggert,** Axel; Dr. rer. pol., Prof.; *Betriebswirtschaftslehre, insbes. Marketing*; di: Hochsch. Anhalt, FB 2 Wirtschaft, Strenzfelder Allee 28, 06406 Bernburg, T: (03471) 3551327, eggert@wi.hs-anhalt.de

**Eggert-Schmid Noerr,** Annelinde; Dr. phil., Prof.; *Psychoanalytische Pädagogik, Interkulturelle Pädagogik*; di: Kath. Hochsch. Mainz, FB Soziale Arbeit, Saarstr. 3, 55122 Mainz, T: (06131) 2894434, eggert@kfh-mainz.de; pr: Stralsunder Str. 5, 60323 Frankfurt (Main), T: (069) 5972144

**Egreder,** Kurt; Dr., Prof.; *Vermessungskunde, Instrumentenkunde, Liegenschaftskataster, Trigonometrie*; di: Hochsch. f. angew. Wiss. Würzburg Schweinfurt, Fak. Kunststofftechnik u. Vermessung, Münzstr. 12, 97070 Würzburg

**Ehinger,** Karl; Dr. rer. nat., Prof.; *Physik, Sensorsystemtechnik, Mikroelektronik*; di: Hochsch. Karlsruhe, Fak. Elektro- u. Informationstechnik, Moltkestr. 30, 76133 Karlsruhe, PF 2440, 76012 Karlsruhe, T: (0721) 9251346, karl.ehinger@hs-karlsruhe.de

**Ehinger,** Martin; Dr.-Ing., Prof.; *Maschinenbetriebstechnik, Konstruktionstechnik, Fertigungsverfahren*; di: Hochsch. Heidelberg, School of Engineering and Architecture, Bonhoefferstr. 11, 69123 Heidelberg, T: (06221) 882486, martin.ehinger@fh-heidelberg.de

**Ehlen,** Tilo; Dr.-Ing., Prof.; *Hochfrequenztechnik u. digitale Funksysteme*; di: Westfäl. Hochsch., FB Elektrotechnik u. angew. Naturwiss., Neidenburger Str. 10, 45877 Gelsenkirchen, T: (0209) 9596243, tilo.ehlen@fh-gelsenkirchen.de; pr: Kuhlenweg 16, 45721 Haltern, T: (02364) 507714

**Ehlers,** Corinna; Dipl.-Sozpäd., Prof.; *Soziale Arbeit und Gerontologie*; di: FH Nordhausen, FB Wirtschafts- u. Sozialwiss., Weinberghof 4, 99734 Nordhausen, T: (03631) 420565, F: 420817, ehlers@fh-nordhausen.de

**Ehlers,** Karen; Prof.; *CAAD, Gebäudekunde, Entwurf*; di: FH Frankfurt, FB 1: Architektur, Nibelungenplatz 1, 60318 Frankfurt am Main, T: (069) 1533-2742, -2762, ehlers@fb1.fh-frankfurt.de

**Ehlers,** Lars; Dr. rer. nat., Prof.; *International Industrial Management, Production&Operations Management, Quality Management*; di: Hochsch. Esslingen, Fak. Betriebswirtschaft u. Fak. Graduate School, Kanalstr. 33, 73728 Esslingen, T: (0711) 3974326; pr: Beethovenstr. 13, 73760 Ostfildern, T: (0171) 2858080

**Ehlers,** Ulrich; Dr., Prof.; *BWL, Arbeitsmethodik*; di: Hess. Hochsch. f. Polizei u. Verwaltung, FB Verwaltung, Tilsiterstr. 13, 60327 Mühlheim, T: (06108) 603505

**Ehlert,** Gudrun; Dr. phil., Prof. u. Studiendekanin; *Sozialarbeitswissenschaften*; di: Hochsch. Mittweida, Fak. Soziale Arbeit, Döbelner Str. 58, 04741 Roßwein, T: (034322) 48627, F: 48653, ehlert@htwm.de

**Ehmann,** Frank; Dr., Prof.; di: FH Frankfurt, FB 4 Soziale Arbeit u. Gesundheit, Nibelungenplatz 1, 60318 Frankfurt am Main, T: (069) 15332641, fehmann@fb4.fh-frankfurt.de

**Ehmer,** Hansjochen; Dr., Prof.; *Luftfahrtwirtschaft*; di: Int. Hochsch. Bad Honnef, Mülheimer Str. 38, 53604 Bad Honnef, h.ehmer@fh-bad-honnef.de

**Ehrenheim,** Frank; Dr., Prof.; *Facility Management*; di: Techn. Hochsch. Mittelhessen, FB 14 Wirtschaftsingenieurwesen, Wiesenstr. 14, 35390 Gießen, T: (06031) 604551

**Ehret,** Karlheinz; Dr.-Ing., Prof.; *Massivbau, Baustatik*; di: Hochsch. Augsburg, Fak. f. Architektur u. Bauwesen, An der Hochschule 1, 86161 Augsburg, T: (0821) 55863117, karl-heinz.ehret@hs-augsburg.de

**Ehret,** Klemens; Prof.; *Multimedia-Produktion, Digitale Medien, Multimedia-Gestaltung*; di: Hochsch. Ravensburg-Weingarten, Doggenriedstr., 88250 Weingarten, PF 1261, 88241 Weingarten, T: (0751) 5019750, F: 5019876, ehret@hs-weingarten.de

**Ehret,** Marietta; Dr. rer. nat., Prof.; *Mathematik, Informatik*; di: Hochsch. Ostwestfalen-Lippe, FB 2, Medienproduktion, Liebigstr. 87, 32657 Lemgo, T: (05261) 702252, F: 702373, marietta.ehret@fh-luh.de

**Ehret,** Martin; Dr. rer. pol., Prof.; *Volkswirtschaftslehre*; di: FH Südwestfalen, FB Ingenieur- u. Wirtschaftswiss., Lindenstr. 53, 59872 Meschede, T: (0291) 9910570, ehret@fh-swf.de

**Ehrhardt,** Angelika; Dr. phil., Prof.; *Methoden und Arbeitsansätze der Sozialen Arbeit, Weiterbildung*; di: Hochsch. Rhein/Main, FB Sozialwesen, Kurt-Schumacher-Ring 18, 65197 Wiesbaden, T: (0611) 94951304, angelika.ehrhardt@hs-rm.de; pr: Kaiserbergstr. 1, 53545 Linz am Rhein, T: (02644) 998750

**Ehrhardt,** Olaf; Dr. rer. pol. habil., Prof.; *Globales Finanzmanagement und International Business*; di: FH Stralsund, FB Wirtschaft, Zur Schwedenschanze 15, 18435 Stralsund, T: (03831) 456998, Olaf.Ehrhardt@fh-stralsund.de

**Ehrhardt,** Susanne; HonProf.; *Methodik für Holzbläser, Musikdidaktik*; di: Hochsch. Lausitz, FB Musikpädagogik, Puschkinpromenade 13-14, 03044 Cottbus, T: (0355) 5818901, F: 5818909, mp@fh-lausitz.de

**Ehrhardt,** Wilhelm; Dr.-Ing., HonProf.; *Technik*; di: TFH Georg Agricola Bochum, Herner Str. 45, 44787 Bochum; pr: Prattwinkel 10, 44807 Bochum

**Ehricke,** Hans-Heino; Dr. sc. hum., Prof.; *Softwaretechnologie/Grafische Datenverarbeitung*; di: FH Stralsund, FB Elektrotechnik u. Informatik, Zur Schwedenschanze 15, 18435 Stralsund, T: (03831) 456674, Hans.Ehricke@fh-stralsund.de

**Ehrig,** Heike; Dr., Prof.; *Heil- u Sonderpädagogik*; di: FH Düsseldorf, FB 6 – Sozial- und Kulturwiss., Universitätsstr. 1, Geb. 24.21, 40225 Düsseldorf, T: (0211) 8114626, heike.ehrig@fh-duesseldorf.de

**Ehrlich,** Christian; Dr. rer. nat., HonProf.; *Immissionsschutz*; di: Hochsch.Merseburg, FB Ingenieur- u. Naturwiss., Geusaer Str., 06217 Merseburg, ehrlich@lau.mlu.sachsen-anhalt.de

**Ehrlich,** Hilmar; Dr., Prof.; *Wirtschaftsingenieurwesen*; di: DHBW Mannheim, Fak. Technik, Handelsstr. 13, 69214 Eppelheim, T: (0621) 41051235, F: 41051321, hilmar.ehrlich@dhbw-mannheim.de

**Ehrlich,** Ingo; Dr.-Ing., Prof.; *Leichtbau*; di: Hochsch. Regensburg, Fak. Maschinenbau, PF 120327, 93025 Regensburg, T: (0941) 9435152, ingo.ehrlich@hs-regensburg.de

**Ehrmaier,** Bruno; Dr.-Ing., Dr. phil., Prof.; *Elektrotechnik, Mess- und Regeltechnik, Rationelle Energienutzung*; di: Hochsch. Weihenstephan-Triesdorf, Fak. Umweltingenieurwesen, Steingruberstr. 2, 91746 Weidenbach-Triesdorf, T: (09826) 654229, bruno.ehrmaier@hswt.de

**Ehrmann,** Beate; Prof.; *Kreatives Schreiben mit Schwerpunkt szenisches Schreiben*; di: FH Schwäbisch Hall, Salinenstr. 2, 74523 Schwäbisch Hall, PF 100252, 74502 Schwäbisch Hall, ehrmann@fhsh.de

**Ehses,** Erich; Dr. rer. nat., Prof.; *Programmiersprachen und Compiler*; di: FH Köln, Fak. f. Informatik u. Ingenieurwiss., Am Sandberg 1, 51643 Gummersbach, T: (02261) 8196278, ehses@gm.fh-koeln.de; pr: Zum Wingertsberg 58, 53125 Bonn, T: (0228) 255570

**Ehses,** Harald; Dr., Prof.; *Umweltchemie*; di: Hochsch. Fresenius, FB Chemie u. Biologie, Limburger Str. 2, 65510 Idstein, harald.ehses@lgb-rlp.de

**Eibner,** Wolfgang; Dr. rer. pol., Prof.; *Volkswirtschaftslehre und Wirtschaftspolitik*; di: FH Jena, FB Wirtschaftsingenieurwesen, Carl-Zeiss-Promenade 2, 07745 Jena, PF 100314, 07703 Jena, T: (03641) 930440, F: 930441, wi@fh-jena.de

**Eich,** Erich; Dr. rer. nat., Prof.; *Programmiersprachen, Betriebssysteme*; di: Hochsch. Mannheim, Fak. Informationstechnik, Windeckstr. 110, 68163 Mannheim

**Eich-Soellner,** Edda; Dr. rer. nat., Prof.; *Numerik, Operations Research, Simulation, Algebra*; di: Hochsch. München, Fak. Informatik u. Mathematik, Lothstr. 34, 80335 München, T: (089) 12653729

**Eichele,** Herbert; Dr.-Ing., Prof.; *Mikroelektronik, Elektron. Bauelemente und Schaltungstechnik*; di: Georg-Simon-Ohm-Hochsch. Nürnberg, Fak. Elektrotechnik Feinwerktechnik Informationstechnik, Wassertorstr. 10, 90489 Nürnberg, PF 210320, 90121 Nürnberg

**Eichener,** Volker; Dr. rer. soc., PD U Bochum, Prof. u. Rektor EBZ Business School Bochum; *Wohnen, Stadtentwicklung, Europ. Integration*; di: EBZ Business School Bochum, Rektorat, Springorumallee 20, 44795 Bochum, T: (0234) 9447710, v.eichener@ebz-bs.de; pr: Kastanienallee 23, 44652 Herne, T: (0171) 6956550, F: (02325) 466061, Volker.Eichener@t-online.de

**Eicher,** Ludwig; Dr., Prof.; *Strömungslehre, Thermodynamik*; di: Hochsch. Konstanz, Fak. Maschinenbau, Brauneggerstr. 55, 78462 Konstanz, PF 100543, 78405 Konstanz, T: (07531) 206282

**Eichert,** Helmut; Dr.-Ing., Prof.; *Technische Thermodynamik, Energieumwandlung*; di: Westsächs. Hochsch. Zwickau, Fak. Kraftfahrzeugtechnik, Dr.-Friedrichs-Ring 2A, 08056 Zwickau, Helmut.Eichert@fh-zwickau.de

**Eichholz,** Wolfgang; Dr. rer. nat., Prof.; *Mathematik*; di: Hochsch. Wismar, Fak. f. Wirtschaftswiss., PF 1210, 23952 Wismar, T: (03841) 753526, w.eichholz@wi.hs-wismar.de

**Eichhorn,** Bert; Dr., Prof.; *Recht*; di: SRH Hochsch. Berlin, Ernst-Reuter-Platz 10, 10587 Berlin

**Eichhorn,** Franz-Josef; Dr., Prof.; *Bankbetriebslehre, Betriebswirtschaftslehre, Allfinanz-Finanzdienstleistungen*; di: Hochsch. f. angew. Wiss. Würzburg Schweinfurt, Fak. Wirtschaftswiss., Münzstr. 12, 97070 Würzburg

**Eichhorn,** Karl-Friedrich; Dr.-Ing., Prof.; *Elektrische Energieversorgung*; di: HTWK Leipzig, FB Elektrotechnik u. Informationstechnik, PF 301166, 04251 Leipzig, T: (0341) 30761195, ekfeich@fbeit.htwk-leipzig.de

**Eichhorn,** Michael; Dr., Prof.; *Allgemeine BWL, Finanzmanagement*; di: Hochsch. Harz, FB Wirtschaftswiss., Friedrichstr. 57-59, 38855 Wernigerode, T: (03943) 659200, meichhorn@hs-harz.de

**Eichinger,** Henning; Dipl.-Des., Prof.; *Künstlerische Grundlagen, Gestaltungslehre, Freihandzeichnen*; di: Hochsch. Reutlingen, FB Textil u. Bekleidung, Alteburgstr. 150, 72762 Reutlingen, T: (07121) 2718026, Henning.Eichinger@Reutlingen-University.DE; pr: Planie 22c, 72764 Reutlingen, T: (07121) 434000

**Eichinger,** Peter; Dr., Prof.; *Mechatronik, Konstruktionslehre, Werkstoffkunde, Technische Mechanik*; di: Hochsch. Aalen, Fak. Optik u. Mechatronik, Beethovenstr. 1, 73430 Aalen, T: (07361) 5763307, Peter.Eichinger@htw-aalen.de

**Eichler,** Bernd; Dr., Prof.; *Betriebswirtschaftslehre, insbes. Material- und Fertigungswirtschaft*; di: FH Dortmund, FB Wirtschaft, Emil-Figge-Str. 42, 44227 Dortmund, T: (0231) 7554948, F: 7554902, Bernd.Eichler@fh-dortmund.de

**Eichler,** Wolf-Rüdiger; Dipl.-Chem., Prof.; *Baustoffkunde, Bauchemie, Chemie*; di: Hochsch. f. Technik, Fak. Bauingenieurwesen, Bauphysik u. Wirtschaft, Schellingstr. 24, 70174 Stuttgart, PF 101452, 70013 Stuttgart, T: (0711) 89262860, wolf-ruediger.eichler@hft-stuttgart.de

**Eichner,** Harald; Dr.-Ing., Prof.; *Elektronik/ Elektronische Schaltungen*; di: Westsächs. Hochsch. Zwickau, FB Elektrotechnik, Dr.-Friedrichs-Ring 2A, 08056 Zwickau, Harald.Eichner@fh-zwickau.de

**Eichner,** Klaus; Dr.-Ing., Prof.; *Technologie, Fertigungs- und Automatisierungstechnik*; di: Hochsch. Darmstadt, FB Maschinenbau u. Kunststofftechnik, Haardtring 100, 64295 Darmstadt, T: (06151) 168579, eichner@h-da.de

**Eichner,** Lutz; Dr. rer. nat. habil., Prof.; *Informatik, Mathematik*; di: Provadis School of Int. Management and Technology, Industriepark Hoechst, Geb. B 845, 65926 Frankfurt a.M., T: (069) 3057349; TH Mittelhessen, FB MNI, Wiesenstr. 14, 35390 Gießen, T: (0641) 30923528, lutz.eichner@mni.thm.de

**Eichsteller,** Harald; Prof.; *Internationales Medienmanagement, Internationale Finanz- und Medienmärkte, Internationale Medienproduktion, eBusiness/ eCommerce, OnlineMarketing, Kosten- und Leistungsrechnung*; di: Hochsch. d. Medien, Fak. Electronic Media, Nobelstr. 10, 70569 Stuttgart, T: (0711) 89232250

**Eick,** Olaf; Dr., Prof.; *Medizinische Apparatetechnik, Bildgebende Apparatetechnik, Biosignalerfassung*; di: Hochsch. Bremerhaven, An der Karlstadt 8, 27568 Bremerhaven, T: (0471) 4823242, oeick@hs-bremerhaven.de

**Eicken,** Ulrich; Dr., Prof.; *Veredlungstechnologie, Chemie*; di: Hochsch. Niederrhein, FB Textil- u. Bekleidungstechnik, Webschulstr. 31, 41065 Mönchengladbach, T: (02161) 1866076; pr: Gilleshütte 39c, 41352 Korschenbroich, T: (02161) 64730

**Eickenberg,** Volker; Dr., Prof.; *Finanz- und Anlagemanagement*; di: FOM Hochsch. f. Oekonomie & Management, Karlstr. 104, 40210 Düsseldorf

**Eicker,** Ursula; Dr., Prof.; *Solares Heizen und Kühlen, Gebäudesimulation und -automation*; di: Hochsch. f. Technik, Fak. Bauingenieurwesen, Bauphysik u. Wirtschaft, Schellingstr. 24, 70174 Stuttgart, PF 101452, 70013 Stuttgart, T: (0711) 89262831, F: 89262666, ursula.eicker@fht-stuttgart.de

**Eickhoff,** Jörg; Dr., Prof.; *Theologie, Beratungsmethoden, Seelsorgekonzepte*; di: FH d. Diakonie, Grete-Reich-Weg 9, 33617 Bielefeld

**Eickhoff,** Matthias; Dr. rer. pol., Prof.; *Betriebswirtschaft, Innovationsmanagement, Marketing*; di: FH Mainz, FB Wirtschaft, Lucy-Hillebrand-Str. 2, 55128 Mainz, T: (06131) 628269, matthias.eickhoff@wiwi.fh-mainz.de

**Eickhoff,** Thomas; Dr. rer. nat., Prof.; *Physik, Werkstoffe der Elektrotechnik, Festkörperphysik, Solartechnik, Angew. Optik*; di: FH Bingen, FB Technik, Informatik, Wirtschaft, Berlinstr. 109, 55411 Bingen, T: (06721) 409258, F: 409158, eickhoff@fh-bingen.de

**Eickholt,** Jan; Architekt, Dipl.-Des. Innenarchitekt, VertrProf.; *Innenarchitektur*; di: Hochsch. Rhein/Main, FB Design Informatik Medien, Unter den Eichen 5, 65195 Wiesbaden; pr: Wildbrechtstr. 53d, 81477 München, T: (089) 7911328, jan.eickholt@mnet-mail.de

**Eickmeier,** Achim; Dr. rer. nat., Prof., Dekan FB Chemie; *Physik*; di: Hochsch. Niederrhein, FB Chemie, Frankenring 20, 47798 Krefeld, T: (02151) 822185, Achim.Eickmeier@hsnr.de; pr: Aschenbruch 7, 45478 Mülheim, T: (0208) 57523

**Eidel,** Ulrike; Dr., Prof.; *Betriebswirtschaft/ Steuer- und Revisionswesen*; di: Hochsch. Pforzheim, Fak. f. Wirtschaft u. Recht, Tiefenbronner Str. 65, 75175 Pforzheim, T: (07231) 286283, F: 286080, ulrike.eidel@hs-pforzheim.de

**Eidens,** Ansgar; Dipl. Des., Prof.; di: Rheinische FH Köln, Hohenstaufenring 16-18, 50674 Köln

**Eiding,** Lutz; Dr., HonProf.; *Öffentliches Baurecht*; di: Hochsch. Darmstadt, FB Bauingenieurwesen, Haardtring 100, 64295 Darmstadt

**Eidt-Koch,** Daniela; Dr. rer. pol., Prof.; di: Ostfalia Hochsch., Fak. Gesundheitswesen, Wielandstr. 5, 38440 Wolfsburg, d.eidt-koch@ostfalia.de

**Eierle,** Benno; Dr.-Ing., Prof.; *Tragwerksplanung im Hoch- und Ingenieurbau, Statik, Festigkeitslehre*; di: Hochsch. Rosenheim, Fak. Holztechnik u. Bau, Hochschulstr. 1, 83024 Rosenheim, T: (08031) 805389, F: 805302, eierle@fh-rosenheim.de

**Eifert,** Hans-Justus; Dr. rer. nat., Prof.; *Physik, Datenverarbeitung*; di: Techn. Hochsch. Mittelhessen, FB 13 Mathematik, Naturwiss. u. Datenverarbeitung, Wilhelm-Leuschner-Str. 13, 61169 Friedberg, T: (06031) 604443, Hans.Justus-Eifert@mnd.fh-friedberg.de; pr: Schlierbacher Weg 1, 64850 Schaafheim, T: (06073) 87468

**Eiff,** Helmut von; Dr.-Ing., Prof.; *Konstruktionslehre, CAD, Festigkeitslehre, Technische Mechanik*; di: Hochsch. Esslingen, Fak. Mechatronik u. Elektrotechnik, Kanalstr. 33, 73728 Esslingen, T: (07161) 6971140; pr: Schloßhaldenstr. 21, 73079 Süßen, T: (07162) 3589

**Eigenstetter,** Hans; Dr., Prof.; *Rechnungslegung, Steuern*; di: Hochsch. Hof, Fak. Wirtschaft, Alfons-Goppel-Platz 1, 95028 Hof, T: (09281) 409450, F: 40955450, Hans.Eigenstetter@fh-hof.de

**Eigenstetter,** Monika Sigrid; Dr.-Ing., Prof.; *Organisationspsychologie*; di: Hochsch. Niederrhein, FB Wirtschaftsingenieurwesen u. Gesundheitswesen, Ondereyckstr. 3-5, 47805 Krefeld, T: (02151) 8226683, monika.eigenstetter@hs-niederrhein.de

**Eikelberg,** Markus; Dr. rer. nat., Prof.; *Mathematik u. Informatik*; di: Hochsch. Bochum, FB Mechatronik u. Maschinenbau, Lennershofstr. 140, 44801 Bochum, T: (0234) 3210428, markus.eikelberg@hs-bochum.de; pr: Am Hagenbusch 8, 45259 Essen, T: (0201) 467142

**Eikerling,** Heinz-Josef; Dr., Prof.; *Verteilte Systeme*; di: Hochsch. Osnabrück, Fak. Ingenieurwiss. u. Informatik, Barbarastr. 16, 49076 Osnabrück, PF 1940, 49009 Osnabrück, T: (0541) 9693883, h.eikerling@hs-osnabrueck.de

**Eilering,** Siegfried; Dr.-Ing., Prof.; *Baustatik, Ingenieurbaukonstruktion*; di: Ostfalia Hochsch., Fak. Bau-Wasser-Boden, Herbert-Meyer-Str. 7, 29556 Suderburg, s.eilering@ostfalia.de; pr: Böhler Landstr. 25, 25826 St. Peter-Ording, T: (04863) 4104, F: 4106

**Eilert,** Jürgen; Dr., Prof.; *Soziale Arbeit*; di: CVJM-Hochsch. Kassel, Hugo-Preuß-Straße 40, 34131 Kassel-Bad Wilhelmshöhe, T: (0561) 3087500, jeilert@cvjm-kolleg.de

**Eimüller,** Thomas; Dr. rer. nat., Prof.; *Magnetische Materialien, Physik, Elektrotechnik*; di: Hochsch. Kempten, Fak. Maschinenbau, Bahnhofstr. 61-63, 87435 Kempten, T: (0831) 2523219, thomas.eimueller@fh-kempten.de

**Einbrodt,** Ulrich; M.A., Dr. phil., Prof.; *Kulturarbeit, Musiksoziologie*; di: Hochsch. Niederrhein, FB Sozialwesen, Richard-Wagner-Str. 101, 41065 Mönchengladbach, T: (02161) 1865618, ulrich.einbrodt@hs-niederrhein.de

**Einemann,** Edgar; Dr., Prof.; *Anwendung u. Auswirkungen d. Informationstechniken*; di: Hochsch. Bremerhaven, An der Karlstadt 8, 27568 Bremerhaven, T: (0471) 4823448, eeineman@hs-bremerhaven.de; pr: Liebensteiner Str. 33, 28305 Bremen, T: (0421) 493805, edgar@einemann.net

**Einfeldt,** Jörn; Dr.-Ing., Prof.; *Abwasser- und Abluftreinigung / Technisches Umweltmanagement*; di: HAW Hamburg, Fak. Life Sciences, Lohbrügger Kirchstr. 65, 21033 Hamburg, T: (040) 428756264, joern.einfeldt@haw-hamburg.de

**Einholz,** Sibylle; Dr., Prof.; *Kunstgeschichte, Inventarisierung und Dokumentation, Geschichte der Natur*; di: HTW Berlin, FB Gestaltung, Wilhelminenhofstr. 67-77, 12459 Berlin, T: (030) 50194315, einholz@HTW-Berlin.de

**Eink,** Michael; Dipl.-Päd., Dr. rer. biol. hum., Prof.; *Sozialpsychiatrie, Praxisforschung, Gesundheitspädagogik*; di: Hochsch. Hannover, Fak. V Diakonie, Gesundheit u. Soziales, Blumhardtstr. 2, 30625 Hannover, PF 690363, 30612 Hannover, T: (0511) 92963136, michael.eink@hs-hannover.de; pr: Bessemer Str. 17, 30177 Hannover, T: (0511) 6909333

**Einmahl,** Matthias; Dr., Prof.; *Bürgerliches Recht, Arbeitsrecht*; di: FH f. öffentl. Verwaltung NRW, Abt. Köln, Thürmchenswall 48-54, 50668 Köln, matthias.einmahl@fhoev.nrw.de

**Eirund,** Helmut; Dr. rer. nat., Prof.; *Medientechnologie*; di: Hochsch. Bremen, Fak. Elektrotechnik u. Informatik, Flughafenallee 10, 28199 Bremen, T: (0421) 59055438, F: 59055484, Helmut.Eirund@hs-bremen.de

**Eisele,** Bernhardt; Prof.; *Baukonstruktion, Entwerfen*; di: FH Erfurt, FB Architektur, Schlüterstr. 1, 99084 Erfurt, PF 101363, 99013 Erfurt, T: (0361) 6700454, F: 6700462, eisele@fh-erfurt.de

**Eisele,** Dietmar; Dipl.-Ing., Prof.; *Grundlagen der Konstruktion*; di: Hochsch. München, Fak. Maschinenbau, Fahrzeugtechnik, Flugzeugtechnik, Dachauer Str. 98b, 80335 München, T: (089) 12651227, F: 12651392, dietmar.eisele@fhm.edu

**Eisele,** Gerhard; Dipl.-Ing., Prof.; *Bauwerkserhaltung, Tragwerkslehre*; di: FH Potsdam, FB Bauingenieurwesen, Pappelallee 8-9, Haus 1, 14469 Potsdam, T: (0331) 5801344, eisele@fh-potsdam.de

**Eisele,** Petra; Dr., Prof.; *Designgeschichte, Designtheorie*; di: FH Mainz, FB Gestaltung, Holzstr. 36, 55116 Mainz, T: (06131) 2859532, petra.eisele@fh-mainz.de

**Eisele,** Ronald; Dr. rer. nat.., Prof.; *Messsystem- und Sensorenentwicklung*; di: FH Kiel, FB Informatik u. Elektrotechnik, Grenzstr. 5, 24149 Kiel, T: (0431) 2102563, F: 21062563, ronald.eisele@fh-kiel.de

**Eisenbarth,** Eva Maria; Dr., Prof.; *Biomechanik*; di: FH Südwestfalen, FB Informatik u. Naturwiss., Frauenstuhlweg 31, 58644 Iserlohn, PF 2061, 58590 Iserlohn, T: (02371) 566348, eisenbarth@fh-swf.de

**Eisenberg,** Claudius; Dr., Prof.; *Wirtschaftsrecht*; di: Hochsch. Pforzheim, Fak. f. Wirtschaft u. Recht, Tiefenbronner Str. 65, 75175 Pforzheim, T: (07231) 286329, F: 286087, claudius.eisenberg@hs-pforzheim.de

**Eisenberg,** Ewald; Dr., Prof.; *Verwaltungsrecht, Ordnungswidrigkeitenrecht*; di: Hochsch. Kehl, Fak. Rechts- u. Kommunalwiss., Kinzigallee 1, 77694 Kehl, PF 1549, 77675 Kehl, T: (07851) 894157, Eisenberg@fh-kehl.de

**Eisenbiegler,** Dirk; Dr., Prof.; *Informatik, Projektmanagement, Online-Anwendungen*; di: Hochsch. Furtwangen, Fak. Digitale Medien, Robert-Gerwig-Platz 1, 78120 Furtwangen, T: (07723) 9202517, dirk.eisenbiegler@fh-furtwangen.de

**Eisenhauer,** Norbert; Dr.-Ing., Prof.; *Wasserbau, Hydromechanik*; di: Hochsch. Karlsruhe, Fak. Architektur u. Bauwesen, Moltkestr. 30, 76133 Karlsruhe, PF 2440, 76012 Karlsruhe, T: (0721) 9252619, norbert.eisenhauer@fh-karlsruhe.de

**Eisenmann,** Rainer; Dr. rer. nat., Prof.; *Informatik*; di: HTW d. Saarlandes, Fak. f. Ingenieurwiss., Goebenstr. 40, 66117 Saarbrücken, T: (0681) 5867230, rem@htw-saarland.de; pr: Dürkheimer Str. 11, 66123 Saarbrücken, T: (0681) 684828

**Eisenrith,** Eduard; Dr. rer. pol., Prof.; *Management von Reiseveranstaltungen, Marketing im Tourismus, Touristikwerbung*; di: Hochsch. Kempten, Fak. Betriebswirtschaft, PF 1680, 87406 Kempten, T: (0831) 25239527, eduard.eisenrith@fh-kempten.de

**Eisenstein,** Bernd; Dr. phil., Dipl.-Kfm., Dipl.-Geogr., Prof.; *Tourismus*; di: FH Westküste, FB Wirtschaft, Fritz-Thiedemann-Ring 20, 25746 Heide, T: (0481) 8555545, eisenstein@fh-westkueste.de; pr: Schulstr. 3 a, 25788 Hollingstedt, T: (0173) 3004687

**Eisentraut,** Ulrich-Michael; Dr.-Ing., Prof.; *Technische Mechanik, Fahrzeugtechnik*; di: Hochsch. Anhalt, FB 6 Elektrotechnik, Maschinenbau u. Wirtschaftsingenieurwesen, PF 1458, 06354 Köthen, T: (03496) 672727, U.Eisentraut@emw.hs-anhalt.de

**Eisermann,** Dagmar; Dipl.-Ing., Prof.; *Grundlagen des Entwerfens, Entwerfen*; di: H Koblenz, FB Bauwesen, Konrad-Zuse-Str. 1, 56075 Koblenz, T: (0261) 9528603, F: 9528647, eisermann@hs-koblenz.de

**Eisermann,** Uwe; Dr., Prof., Vice Rector; *Sportmanagement, Eventmanagement*; di: Business and Information Technology School GmbH, Reiterweg 26 b, 58636 Iserlohn, T: (02371) 776551, F: 776503, uwe.eisermann@bits-iserlohn.de

**Eisinger,** Bernd; Dr., Prof.; *BWL, Handel*; di: DHBW Heidenheim, Fak. Wirtschaft, Marienstr. 20, 89518 Heidenheim, T: (07321) 2722231, F: 2722239, eisinger@dhbw-heidenheim.de

**Eissing,** Thomas; Ass. jur., Prof.; *Recht*; di: Hochsch. Zittau/Görlitz, Fak. Sozialwiss., PF 300648, 02811 Görlitz, T: (03581) 4828143, t.eissing@hs-zigr.de

**Eissler,** Ralf; Dr., Prof.; *Produktionslogistik, Qualitätsmanagement*; di: Hochsch. Konstanz, Fak. Maschinenbau, Brauneggerstr. 55, 78462 Konstanz, PF 100543, 78405 Konstanz, T: (07531) 206323, eissler@htwg-konstanz.de

**Eissler,** Werner; Dr.-Ing., Prof.; *Kraft- und Arbeitsmaschinen*; di: Hochsch. H Rhein/Main, FB Ingenieurwiss., Am Brückweg 26, 65428 Rüsselsheim, T: (06142) 8984325, Werner.Eissler@hs-rm.de; pr: Honauer Str. 42, 72805 Holzelfingen

**Eitel,** Birgit; Dr. rer. pol., Prof.; *Allg. BWL, Allg. VWL*; di: Georg-Simon-Ohm-Hochsch. Nürnberg, Fak. Betriebswirtschaft, Bahnhofsstr. 87, 90402 Nürnberg, PF 210320, 90121 Nürnberg, birgit.eitel@ohm-hochschule.de

**Eitz,** Gerhard; Dipl.-Ing., Prof.; *Informationstechnik, Mediendienste, Kommunikation*; di: Hochsch. Ansbach, FB Wirtschafts- u. Allgemeinwiss., Residenzstr. 8, 91522 Ansbach, PF 1963, 91510 Ansbach, T: (0981) 4877253, gerhard.eitz@fh-ansbach.de

**Eitzen,** Bernd von; Dr. rer. pol., Prof.; *BWL, Rechnungswesen*; di: Hochsch. Niederrhein, FB Wirtschaftswiss., Webschulstr. 41-43, 41065 Mönchengladbach, T: (02161) 1866380, bernd.von-eitzen@hs-niederrhein.de

**Eitzenhöfer,** Ute; Prof.; *Gestaltung*; di: Hochsch. Trier, FB Gestaltung, PF 1826, 54208 Trier, T: (06781) 946314, F: 946363, U.Eitzenhoefer@hochschule-trier.de

**Eizenhöfer,** Alfons; Dr.-Ing., Prof.; *Kommunikationstechnik, Mobilfunk, LAN*; di: Georg-Simon-Ohm-Hochsch. Nürnberg, Fak. Elektrotechnik Feinwerktechnik Informationstechnik, Wassertorstr. 10, 90489 Nürnberg, PF 210320, 90121 Nürnberg

**Ekinci-Kocks,** Yüksel; Dr., Prof.; *Erziehung und Bildung im Kindesalter – Bildungsbereich Sprache*; di: FH Bielefeld, FB Sozialwesen, Kurt-Schumacher-Straße 6, 33615 Bielefeld, T: (0521) 1067853, F: 1067898, yueksel.ekinci@fh-bielefeld.de

**Elbe,** Martin; Dr. rer. pol., Prof. FH Erding; *Arbeit u Personal, Organisation, sozialwiss Management- u Militärforschung*; di: FH f. angewandtes Management, Am Bahnhof 2, 85435 Erding, T: (08122) 9559480, martin.elbe@myfham.de

**Elbel,** Thomas; Dr. iur., Prof.; *Öffentliches Recht, insbes. öffentl. Dienstrecht*; di: Hochsch. Osnabrück, Fak. Wirtschafts- u. Sozialwiss., Caprivistr. 30A, 49076 Osnabrück, PF 1940, 49009 Osnabrück, T: (0541) 9693961, t.elbel@hs-osnabrueck.de

**Elbel,** Thomas; Dr.-Ing., Prof.; *Elektrische Messtechnik, Sensorik, Grundlagen der Elektrotechnik*; di: Hochsch. Hannover, Fak. I Elektro- u. Informationstechnik, Ricklinger Stadtweg 120, 30459 Hannover, PF 920261, 30441 Hannover, T: (0511) 92961423, thomas.elbel@hs-hannover.de; pr: Alter Heubrink 6, 37441 Bad Sachsa, T: (05523) 7678

**Elbers,** Gereon; Dr. rer. nat., Prof.; *Ökologische Chemie*; di: FH Aachen, FB Angewandte Naturwiss. u. Technik, Ginsterweg 1, 52428 Jülich, T: (0241) 900153160, elbers@fh-aachen.de; pr: Theodor-Heuss-Str. 177, 52428 Jülich, T: (02461) 345316

**Elbing,** Ulrich; Dr. rer.nat., Prof.; *Kunsttherapie-Forschung*; di: Hochsch. f. Kunsttherapie Nürtingen, Sigmaringer Str. 15, 72622 Nürtingen, u.elbing@hkt-nuertingen.de

**Elders SVD,** Leo; Dr., PhD., o.Prof. Gustav-Siewerth-Akad. Weilheim-Bierbronnen; *Philosophie d. Mittelalters, Verhältnis des Thomas v. Aquin zu Aristoteles*; di: Gustav-Siewerth-Akademie, Oberbierbronnen 1, 79809 Weilheim-Bierbronnen; pr: Heyendahlaan 82, Niederlande-6464 EP Kerkrade, T: +31 455466809, F: +31 455466807, elders@tiscali.nl

**Elders-Boll,** Harald; Dr.-Ing., Prof.; *Übertragungstechnik, Theoretische Nachrichtentechnik*; di: FH Köln, Fak. f. Informations-, Medien- u. Elektrotechnik, Betzdorfer Str. 2, 50679 Köln, T: (0221) 82752448, harald.elders-boll@fh-koeln.de

**Eleftheriadou,** Evlalia; Dr., Prof.; *Arbeits- und Dienstrecht, Zivilrecht*; di: FH f. öffentl. Verwaltung NRW, Studienort Hagen, Handwerkerstr. 11, 58135 Hagen, evlalia.eleftheriadou@fhoev.nrw.de

**Elers,** Barbara; Dr. rer. hort., Prof.; *Agrarökologie, Ökologischer Landbau, Landnutzung*; di: Hochsch. f. Wirtschaft u. Umwelt Nürtingen-Geislingen, PF 1349, 72603 Nürtingen, T: (07022) 404224, barbara.elers@hfwu.de

**Eley,** Michael; Dr., Prof.; *Logistik, Wirtschaftsmathematik*; di: Hochsch. Aschaffenburg, Fak. Ingenieurwiss., Würzburger Str. 45, 63743 Aschaffenburg, T: (06021) 314811, michael.eley@fh-aschaffenburg.de

**Elfring,** Sabine; Dr., Prof.; *Verwaltungsführung, Personalwirtschaft*; di: Hochsch. Harz, FB Verwaltungswiss., Domplatz 16, 38820 Halberstadt, T: (03941) 622417, F: 622500, selfring@hs-harz.de

**Elias,** Hermann-Josef; Dr. rer. pol., Prof.; *Betriebswirtschaftslehre*; di: FH Südwestfalen, FB Maschinenbau u. Automatisierungstechnik, Lübecker Ring 2, 59494 Soest, T: (02921) 378336, elias@fh-swf.de

**Elkeles,** Thomas; Dipl.-Soz., Dr. med., Prof.; *Medizin/Sozialmedizin u. Public Health*; di: Hochsch. Neubrandenburg, FB Gesundheit, Pflege, Management, Brodaer Str. 2, 17033 Neubrandenburg, PF 110121, 17041 Neubrandenburg, T: (0395) 56933103, elkeles@hs-nb.de

**Ell,** Dieter; Innenarchitekt, Prof.; *Produktdesign, Möbelkonstruktion, Möbelentwurf, Stegreifentwerfen, Produktdesign*; di: FH Kaiserslautern, FB Bauen u. Gestalten, Schönstr. 6 (Kammgarn), 67657 Kaiserslautern, T: (0631) 3724611, F: 3724666, dieter.ell@fh-kl.de

**Eller,** Conrad; Dr.-Ing., Prof.; *Technische Mechanik*; di: Hochsch. Niederrhein, FB Maschinenbau u. Verfahrenstechnik, Reinarzstr. 49, 47805 Krefeld, T: (02151) 8225021, conrad.eller@hs-niederrhein.de; pr: Am Sitterzhof 14, 47906 Kempen, T: (02152) 8550

**Eller,** Friedhelm; Dr. phil., Prof., Dekan FB Sozialwesen, Abt. Paderborn; *Psychologie, insbes. Allgemeine Psychologie, pädagogische Psychologie, Entwicklungspsychologie*; di: Kath. Hochsch. NRW, Abt. Paderborn, FB Sozialwesen, Leostr. 19, 33098 Paderborn, T: (05251) 122522, F: 122563, f.eller@kfhnw.de; pr: Pipinstr. 17, 33098 Paderborn, T: (05251) 26492

**Ellert,** Guido; Dr., Prof.; *Medienmanagement*; di: Macromedia Hochsch. f. Medien u. Kommunikation, Gollierstr. 4, 80339 München

**Elliger,** Tilmann; Dr. med., Prof.; *Sozialmedizin, Medizin der Sozialen Arbeit, Prophylaxe, Gesundheitswesen, Gerontologie*; di: FH Köln, Fak. f. Angewandte Sozialwiss., Mainzer Str. 5, 50678 Köln, T: (0221) 82753325; pr: Bergisch Gladbacher Str. 1117, 51069 Köln, T: (0221) 682531, Elligervonheimburg@yahoo.de

**Ellwanger-Mohr,** Ellen; Dipl.-Des., Prof.; *Textilentwurf, Textildruck, Webtechnik*; di: Hochsch. Niederrhein, FB Textil- u. Bekleidungstechnik, Webschulstr. 31, 41065 Mönchengladbach, T: (02161) 1866014, marion.ellwanger@hs-niederrhein.de

**Elmendorf,** Wolfgang; Dr.-Ing., Prof.; *Strömungslehre, Strömungsmaschinen, Pumpen, Verdichter*; di: Hochsch. Heilbronn, Fak. f. Mechanik u. Elektronik, Max-Planck-Str. 39, 74081 Heilbronn, T: (07131) 504239, F: 252470, elmendorf@hs-heilbronn.de

**Elpert OFMCap,** Jan-Bernd; Dr. phil., Prof. Phil.-Theol. H Münster; *Philosophie*; di: Kapuzinerkonvent St. Joseph, Tengstr. 7, 80798 München, T: (089) 7471660; Philosophisch-Theologische Hochschule, Hohenzollernring 60, 48145 Münster

**Els,** Michael; Dr., Prof.; *Vertragsrecht in der Sozialen Arbeit*; di: Hochsch. Niederrhein, FB Sozialwesen, Richard-Wagner-Str. 101, 41065 Mönchengladbach, T: (02161) 1865624, michael.els@hs-niederrhein.de

**Elsbernd,** Astrid; Dr. rer. cur., Prof.; *Pflegewissenschaft*; di: Hochsch. Esslingen, Fak. Soziale Arbeit, Gesundheit u. Pflege, Flandernstr. 101, 73732 Esslingen, T: (0711) 3974581; pr: Eibenweg 2, 73732 Esslingen, T: (0711) 3701303

**Elsbrock,** Josef; Dr.-Ing., Prof.; *Prozeßmeßtechnik, Signale und Systeme*; di: Hochsch. Niederrhein, FB Elektrotechnik/Informatik, Reinarzstr. 49, 47805 Krefeld, T: (02151) 8224637; pr: Im Dämmergrund 38, 46485 Wesel, T: (0281) 530768

**Elschner,** Steffen; Dr. rer. nat., Prof.; *Physik, Mathematik*; di: Hochsch. Mannheim, Fak. Elektrotechnik, Windeckstr. 110, 68163 Mannheim

**Elsen,** Susanne; Dr. phil., Prof.; *Soziologie*; di: Hochsch. München, Fak. Angew. Sozialwiss., Lothstr. 34, 80335 München, T: (089) 12652300, F: 12652330, elsen@fhm.edu

**Elsholz,** Olaf; Dr., Prof.; *Instrumentelle Analytik*; di: HAW Hamburg, Fak. Life Sciences, Lohbrügger Kirchstr. 65, 21033 Hamburg, T: (040) 428756411, olaf.elsholz@haw-hamburg.de; pr: T: (04155) 5406

**Elsner,** Carsten; Dr. rer. nat. habil., Prof.; *Mathematik*; di: FH f. die Wirtschaft Hannover, Freundallee 15, 30173 Hannover, T: (0511) 2848325, F: 2848372, carsten.elsner@fhdw.de; pr: Walderseestr. 44, 30177 Hannover, T: (0511) 694915, elsner.carsten@web.de; www.carstenelsner.de

**Elsner,** Gerhard; Dr., Prof.; *Mikroelektronik/Mikrosystemtechnik, insbes. Aufbau und Verbindungstechnik*; di: FH Düsseldorf, FB 3 – Elektrotechnik, Josef-Gockeln-Str. 9, 40474 Düsseldorf, T: (0211) 4351623, gerhard.elsner@fh-duesseldorf.de

**Elsner,** Michael; Dr.-Ing., Prof.; *Technische Thermodynamik, Energietechnik, Maschinen zur Energieumwandlung*; di: Hochsch. Regensburg, Fak. Maschinenbau, PF 120327, 93025 Regensburg, T: (0941) 9435154, michael.elsner@maschinenbau.fh-regensburg.de

**Elsner,** Reinhard; Dipl.-Math., Dr. rer. pol., Prof.; *Produktionswirtschaft, Statistik*; di: Hochsch. Emden/Leer, FB Wirtschaft, Constantiaplatz 4, 26723 Emden, T: (04921) 8071192, F: 8071228, elsner@hs-emden-leer.de; pr: Meinhard-Uttecht-Str. 17a, 26725 Emden

**Elst,** Henk van; Dr., Prof.; *Management*; di: Karlshochschule, PF 11 06 30, 76059 Karlsruhe

**Elste,** Frank; Dr. Dr., Prof.; *Gesundheitsmanagement*; di: DHBW Mosbach, Campus Bad Mergentheim, Schloss 2, 97980 Bad Mergentheim, T: (07931) 530630, F: 530634, elste@dhbw-mosbach.de

**Elter,** Andreas; Dr., Prof.; *Journalistik*; di: Macromedia Hochsch. f. Medien u. Kommunikation, Richmodstr. 10, 50667 Köln

**Elter,** Vera-Carina; Dr. rer. pol., Prof.; *Sportmanagement, Sportfinanzmanagement, Management im Profisport*; di: Hochsch. Heidelberg, Fak. f. Wirtschaft, Ludwig-Guttmann-Str. 6, 69123 Heidelberg, T: (06221) 882575, F: 881010, carina.elter@fh-heidelberg.de

**Elzer,** Matthias; Dr. med., Prof.; *Sozialpsychiatrie, Psychotherapie, Beratung*; di: Hochsch. Fulda, FB Pflege u. Gesundheit, Marquardstr. 35, 36039 Fulda, T: (0661) 9640601, matthias.elzer@pg.fh-fulda.de; pr: Lorsbacher Str. 28, 65719 Hofheim, T: (06192) 24425, F: 24930

**Emde,** Markus; Dipl.-Ing., Prof.; *Baukonstruktion, Entwerfen*; di: Hochsch. Regensburg, Fak. Architektur, PF 120327, 93025 Regensburg, T: (0941) 9431184, markus.emde@hs-regensburg.de

**Emeis,** Norbert; Dr.-Ing., Prof.; *Bauelemente der Elektronik, Mikrosystemtechnik*; di: Hochsch. Osnabrück, Fak. Ingenieurwiss. u. Informatik, Albrechtstr. 30, 49076 Osnabrück, T: (0541) 9692025, F: 9692936, n.emeis@hs-osnabrueck.de; pr: An der Dorfkirche 15, 49504 Lotte, T: (05404) 71659

**Eming,** Knut; Dr. phil. habil., Prof. H Heidelberg; *Philosophie, Antike Philosophie, Philosophische Emotionstheorien, Wirtschaftsethik, Hermeneutik*; di: KIT, Fak. f. Geistes- u. Sozialwiss., Inst. f. Philosophie, Kaiserstr. 12, 76131 Karlsruhe, knut.eming@philosophie.uni-karlsruhe.de; FH Heidelberg, Fak. f. Sozial- u. Rechtswissenschaften, Ludwig-Guttmann-Str. 6, 69123 Heidelberg, T: (06221) 881107, knut.eming@fh-heidelberg.de

**Emmel,** Andreas; Dr.-Ing., Prof.; *Werkstofftechnik, Lasertechnik*; di: Hochsch. Amberg-Weiden, FB Maschinenbau u. Umwelttechnik, Kaiser-Wilhelm-Ring 23, 92224 Amberg, T: (09621) 482224, F: 482145, a.emmel@fh-amberg-weiden.de

**Emmerich,** Herbert; Dr., Prof.; *Maschinenbau*; di: Hochsch. Pforzheim, Fak. f. Technik, Tiefenbronner Str. 65, 75175 Pforzheim, T: (07231) 286664, F: 286050, herbert.emmerich@hs-pforzheim.de

**Emmerich,** Ulf; Dipl.-Ing., Dr.-Ing., Prof.; *Fertigungstechnik, Entwicklung und Konstruktion, Kunststoffverarbeitung*; di: Hochsch. Ansbach, FB Ingenieurwissenschaften, Residenzstr. 8, 91522 Ansbach, PF 1963, 91510 Ansbach, T: (0981) 4877257, ulf.emmerich@fh-ansbach.de

**Emmert,** Dietrich; Dr., Prof.; *Handel*; di: DHBW Mosbach, Lohrtalweg 10, 74821 Mosbach, T: (06261) 939250, demmert@dhbw-mosbach.de

**Emminger,** Andreas; Dipl.-Ing., Prof.; *Entwerfen, Baukonstruktion, Fassadentechnologie*; di: Hochsch. Regensburg, Fak. Architektur, PF 120327, 93025 Regensburg, T: (0941) 9431186, andreas.emminger@hs-regensburg.de

**Ender,** Volker; Dr.-Ing., Prof.; *Physikalische Chemie*; di: Hochsch. Zittau/Görlitz, Fak. Mathematik/Naturwiss., Theodor-Körner-Allee 16, 02763 Zittau, PF 1455, 02754 Zittau, T: (03583) 611705, v.ender@hs-zigr.de

**Enderle,** Christian; Dr.-Ing., Prof.; *Stahlbetonbau, Baustatik*; di: Hochsch. Karlsruhe, Fak. Architektur u. Bauwesen, Moltkestr. 30, 76133 Karlsruhe, PF 2440, 76012 Karlsruhe, T: (0721) 9252640, christian.enderle@fh-karlsruhe.de

**Enders,** Gerdum; Dr., Prof.; *Designmarketing*; di: HAWK Hildesheim/Holzminden/Göttingen, Fak. Gestaltung, Kaiserstraße 43-45, 31134 Hildesheim, T: (05121) 881318, F: 881366

**Enders,** Rainald; Dr., Prof.; *Energieumweltrecht, insb. Recht der Erneuerbaren Energien und Recht des Klimaschutzes*; di: Hochsch. Trier, Umwelt-Campus Birkenfeld, FB Umweltwirtschaft/Umweltrecht, PF 1380, 55761 Birkenfeld, T: (06782) 171254, r.enders@umwelt-campus.de

**Enders,** Stefan; Dipl.-Des., Prof.; *Fototechnik*; di: FH Mainz, FB Gestaltung, Holzstr. 36, 55116 Mainz, T: (06131) 2859528, stefan.enders@fh-mainz.de

**Enders,** Theodor; Dr. jur., Prof.; *Wirtschafts- und Arbeitsrecht*; di: FH Jena, FB Betriebswirtschaft, Carl-Zeiss-Promenade 2, 07745 Jena, PF 100314, 07703 Jena, T: (03641) 205550, F: 205551, bw@fh-jena.de

**Endl,** Bernhard; Dipl.-Ing., Prof.; *Grundlage der Elektrotechnik, CAE, Informatik*; di: Techn. Hochsch. Mittelhessen, FB 02 Elektro- u. Informationstechnik, Wiesenstr. 14, 35390 Gießen, T: (0641) 3091939, Bernhard.U.Endl@e1.fh-giessen.de; pr: Aulweg 48, 35638 Gießen, T: (0641) 72336, F: 9709871

**Endres,** Egon; Dipl.-Soz.wirt, Dipl.-Sozialpäd. (FH), Dr. disc. pol., Prof., Präs.; *Sozialwissenschaften*; di: Kath. Stiftungsfachhochsch. München, Preysingstr. 83, 81667 München, T: (089) 480921272, praesident@ksfh.de

**Endres,** Ewald; Dr., Prof.; *Forstrecht, Forstpolitik*; di: Hochsch. Weihenstephan-Triesdorf, Fak. Wald u. Forstwirtschaft, Am Hochanger 5, 85354 Freising, T: (08161) 715907, F: 714526, ewald.endres@fh-weihenstephan.de

**Endres,** Hans-Josef; Dr.-Ing., Prof.; *Grundlagen der Technologie Nachwachsende Rohstoffe, Projektmanagement, Produkte aus Nachwachsenden Stoffen, Energetische Nutzung Nachwachsender Rohstoffe*; di: Hochsch. Hannover, Fak. II Maschinenbau u. Bioverfahrenstechnik, Heisterbergallee 12, 30453 Hannover, T: (0511) 92962212, hans-josef.endres@hs-hannover.de; pr: Langenkamp. Str. 12, 30890 Barsinghausen, T: (05105) 600844

**Endruschat,** Franz Eckard; Dr.-Ing., Prof.; *Experimentalphysik und Physikalische Meßtechnik*; di: FH Brandenburg, FB Technik, Magdeburger Str. 50, 14770 Brandenburg, PF 2132, 14737 Brandenburg, T: (03381) 355345, F: 355199, endruschat@fh-brandenburg.de

**Endter,** Rainer; Dr.-Ing., Prof.; *Elektrotechnik, Elektronik, Optoelektronik*; di: FH Jena, FB SciTec, Carl-Zeiss-Promenade 2, 07745 Jena, PF 100314, 07703 Jena, T: (03641) 205400, F: 205401, ft@fh-jena.de

**Enewoldsen,** Patrick; Dr., Prof.; *Konstruktionslehre und Kunststofftechnologie*; di: Hochsch. Niederrhein, FB Maschinenbau u. Verfahrenstechnik, Reinarzstr. 49, 47805 Krefeld, T: (02151) 8225081, patric-enewoldsen@hs-niederrhein.de

**Engel,** Alexandra; Dr., Prof.; *Sozialpolitik u. soziale Problemlagen Erwachsener*; di: HAWK Hildesheim/Holzminden/Göttingen, Fak. Management, Soziale Arbeit, Bauen, Hafendamm 4, 37603 Holzminden, T: (05531) 126192, F: 126193

**Engel,** Georg; Dipl.-Ing., Prof.; *Fertigungsmittelkonstruktion, Fertigungsverfahren, Wirtschaftl. Fertigung*; di: Beuth Hochsch. f. Technik, FB VII Elektrotechnik – Mechatronik – Optometrie, Luxemburger Str. 10, 13353 Berlin, T: (030) 45042356, engel@beuth-hochschule.de

**Engel,** Hans-Peter; Dr., Prof.; *Wirtschaftsinformatik*; di: DHBW Mannheim, Fak. Wirtschaft, Coblitzallee 1-9, 68163 Mannheim, T: (0621) 41051254, F: 41051249, hans-peter.engel@dhbw-mannheim.de

**Engel,** Jens; Dr.-Ing. habil., Prof.; *Bodenmechanik u. Grundbau, Geotechnik*; di: HTW Dresden, Fak. Bauingenieurwesen/Architektur, Friedrich-List-Platz 1, 01069 Dresden, T: (0351) 4622352, F: 4623614, engel@htw-dresden.de

**Engel,** Norbert; Dr.-Ing., Prof.; *Hydraulik, Siedlungswasserwirtschaft, Wasserbau*; di: HTW Berlin, FB Ingenieurwiss. II, Blankenburger Pflasterweg 102, 13129 Berlin, T: (030) 50194269, n.engel@HTW-Berlin.de

**Engel,** Oliver; Dipl.-Kfm., Dr. rer. pol., Prof.; *ASIC- und FPGA-Design, Digitaltechnik, Hardwarebeschreibungssprachen, Rechnerarchitekturen*; di: Hochsch. Coburg, Fak. Elektrotechnik / Informatik, Friedrich-Streib-Str. 2, 96450 Coburg, T: (09561) 317258, engelo@hs-coburg.de

**Engel-Ciric,** Dejan; Dr., Prof.; *Allgemeine Betriebswirtschaftslehre, Prüfungswesen*; di: FH Frankfurt, FB 3 Wirtschaft u. Recht, Nibelungenplatz 1, 60318 Frankfurt am Main, T: (069) 15332961

**Engelfried,** Constanze; Dr. phil., Prof.; *Geschichte, Theorien, Werte u. Normen der Sozialen Arbeit*; di: Hochsch. München, Fak. Angew. Sozialwiss., Am Stadtpark 20, 81243 München, T: (089) 12652302, F: 12652330; pr: engelfried-hornel@t-online.de

**Engelfried,** Justus; Dr., Prof.; *Allgemeine Betriebswirtschaftslehre, Produktionswirtschaft und Ökomanagement*; di: Hochsch.Merseburg, FB Wirtschaftswiss., Geusaer Str., 06217 Merseburg, T: (03461) 463411, F: 462422, justus.engelfried@hs-merseburg.de

**Engelhardt,** Riecke; Dr., Prof.; *Business Administration*; di: Provadis School of Int. Management and Technology, Industriepark Hoechst, Geb. B 845, 65926 Frankfurt a.M.

**Engelhardt,** Wolfgang; Dr.-Ing., Prof., Dekan Maschinenbau; *Schwingungslehre und Maschinendynamik, Mess- und Regelungstechnik*; di: Hochsch. Ravensburg-Weingarten, Doggenriedstr., 88250 Weingarten, PF 1261, 88241 Weingarten, T: (0751) 5019813, F: 5019876, engelhardt@hs-weingarten.de

**Engelken,** Gerhard; Dr.-Ing., Prof.; *Konstruktionsmanagement, CAP/CAM-Technologien*; di: Hochsch. Rhein/Main, FB Ingenieurwiss., Maschinenbau, Am Brückweg 26, 65428 Rüsselsheim, T: (06142) 13042, engelken@mb.fh-wiesbaden.de; pr: Bernhardtstr. 10A, 64367 Mühltal, T: (06151) 147393, F: 917064

**Engelking,** Stephan; Dr., Prof.; *Maschinenbau – Fahrzeug-System-Engineering*; di: DHBW Ravensburg, Campus Friedrichshafen, Fallenbrunnen 2, 88045 Friedrichshafen, T: (07541) 2077311, engelking@dhbw-ravensburg.de

**Engelmann,** Andrea; Dipl.-Modedesignerin, Prof.; *Darstellungstechniken, Grundlagen Entwurf und Modellgestaltung, Flächendruck (WP)*; di: HTW Berlin, FB Gestaltung, Warschauer Platz 6-8, 10245 Berlin, T: (030) 50194711, engelmann@HTW-Berlin.de

**Engelmann,** Anja; Dr., Prof.; *Volkswirtschaftslehre*; di: Hochsch. Heilbronn, Fak. f. Technik u. Wirtschaft, Daimlerstr. 35, 74653 Künzelsau, T: (07940) 1306250, F: 1306120, engelmann@hs-heilbronn.de

**Engelmann,** Bernd; Dr. sc. nat., Dr. rer. nat. habil., Prof.; *Numerische Mathematik*; di: HTWK Leipzig, FB Informatik, Mathematik u. Naturwiss., PF 301166, 04251 Leipzig, T: (0341) 30766494, engel@imn.htwk-leipzig.de; pr: Fockestr. 41, 04277 Leipzig

**Engelmann,** Georg; Dr. rer. nat., Prof., Dekan d. Fakultät f. Fahrzeugsysteme u. Produktion; *Mathematik, Numerische Verfahren in der Fahrzeugtechnik*; di: FH Köln, Fak. f. Fahrzeugsysteme u. Produktion, Betzdorfer Str. 2, 50679 Köln, T: (0221) 82752300, F: 82752913, georg.engelmann@fh-koeln.de

**Engelmann,** Hans-Dietrich; Dr. Ing. habil., Prof.; *Prozessautomatisierung u. -optimierung, Prozessrechentechnik, Expertensystem-Technologie*; di: Hochsch. Emden/Leer, FB Technik, Constantiaplatz 4, 26723 Emden, T: (04921) 8071516, F: 8071593, engelmann@hs-emden-leer.de; pr: Schaluppenweg 8, 26723 Emden, T: (04921) 66402

**Engelmann,** Ulrich; Dr.-Ing., Prof.; *Stahlbau, Statik*; di: FH Erfurt, FB Bauingenieurwesen, Altonaer Str. 25, 99085 Erfurt, PF 101363, 99013 Erfurt, T: (0361) 6700906, F: 6700902, engelmann@fh-erfurt.de

**Engeln,** Werner; Dr., Prof.; *Maschinenbau*; di: Hochsch. Pforzheim, Fak. f. Technik, Tiefenbronner Str. 65, 75175 Pforzheim, T: (07231) 286644, F: 286050, werner.engeln@hs-pforzheim.de

**Engels,** Christoph; Dr., Prof.; *Informatik*; di: FH Dortmund, FB Informatik, Emil-Figge-Str. 44, 44227 Dortmund, T: (0231) 7556777, F: 7556710, CHRISTOPH:ENGELS@fh-dortmund.de

**Engels,** Wolfgang; Dr. rer. nat., Prof.; *Mathematik einschl. Numerische Mathematik*; di: Westfäl. Hochsch., FB Informatik u. Kommunikation, Neidenburger Str. 43, 45877 Gelsenkirchen, T: (0209) 9596405, Wolfgang.Engels@informatik.fh-gelsenkirchen.de

**Engelsleben,** Tobias; Dr., Prof.; *Betriebswirtschaftslehre, International Marketing*; di: Hochsch. Fresenius, Im Mediapark 4c, 50670 Köln, T: (0221) 97319910

**Enger,** Philipp; Dr., Prof.; *Evangelische Religionspädagogik*; di: Ev. Hochsch. Berlin, Prof. f. Evangelische Religionspädagogik, Teltower Damm 118-122, 14167 Berlin, PF 370255, 14132 Berlin, T: (030) 84582126, enger@eh-berlin.de

**Enggruber,** Ruth; Dr., Prof.; *Erziehungswissenschaft*; di: FH Düsseldorf, FB 6 – Sozial- und Kulturwiss., Universitätsstr. 1, Geb. 24.21, 40225 Düsseldorf, T: (0211) 8114666, ruth.enggruber@fh-duesseldorf.de; pr: Merheimer Str. 143, 50733 Köln

**Engl,** Albert; Dr.-Ing., Prof.; *Maschinenelemente, Maschinendynamik, Strukturdynamik, Holzbearbeitungsmaschinen und -werkzeuge, Spanungslehre*; di: Hochsch. Rosenheim, Fak. Holztechnik u. Bau, Hochschulstr. 1, 83024 Rosenheim, T: (08031) 805300, F: 805302

**Englberger,** Hermann; Dr. oec., Dr.-Ing., Prof.; *BWL, Unternehmensführung*; di: Hochsch. München, Fak. Wirtschaftsingenieurwesen, Lothstr. 64, 80335 München, T: (089) 12653925, F: 12653902, hermann.englberger@hm.edu; pr: Bödldorf, 84178 Kröning, h@e-berger.de; www.e-berger.de

**Englberger,** Wolfram; Dr.-Ing., Prof.; *Automatisierungstechnik, Systemtechnik*; di: Hochsch. München, Fak. Maschinenbau, Fahrzeugtechnik, Flugzeugtechnik, Dachauer Str. 98b, 80335 München, T: (089) 12653338, F: 12651392, wolfram.englberger@fhm.edu

**Englbrecht,** Andreas; Dr. rer. pol., Prof.; di: Hochsch. München, Fak. Wirtschaftsingenieurwesen, Erzgießereistr. 14, 80335 München, andreas.englbrecht@hm.edu

**Engleder,** Thomas; Dr., Prof.; *Mechatronik u. Medizintechnik*; di: Hochsch. Ulm, Fak. Mechatronik u. Medizintechnik, PF 3860, 89028 Ulm, T: (0731) 5028529, engleder@hs-ulm.de

**Englert,** Heike; Dr. oec. troph., Prof.; *Oecotrophologie, Ernährungsmedizin, Ernährungsberatung und Diätetik*; di: FH Münster, FB Oecotrophologie, Corrensstr. 25, 48149 Münster, T: (0251) 8365443, F: 8365496, englert@fh-muenster.de

**Englert,** Klaus; Dr. jur., Prof.; *Baugrund- u. Tiefbaurecht, Hochbaurecht, Architektenrecht, Recht d. Ingenieure, Vergaberecht, Baumanagement*; di: Hochsch. Deggendorf, FB Bauingenieurwesen, Edlmairstr. 6-8, 94469 Deggendorf, PF 1320, 94453 Deggendorf, T: (0991) 3615418, F: 3615499, klaus.englert@fh-deggendorf.de

**Englisch,** Uwe; Dipl.-Chem., Dr. rer. nat., Prof.; *Biochemie, Biotechnologie*; di: FH Lübeck, FB Angew. Naturwiss., Mönkhofer Weg 239, 23562 Lübeck, T: (0451) 3005015, F: 3005057, uwe.englisch@fh-luebeck.de

**Englmeier,** Kurt; Dr., Prof.; *Informatik*; di: FH Schmalkalden, Fak. Informatik, Blechhammer, 98574 Schmalkalden, PF 100452, 98564 Schmalkalden

**Engstler,** Martin; Dr., Prof.; *Dienstleistungsmanagement, Projektmanagement*; di: Hochsch. d. Medien, Fak. Electronic Media, Nobelstr. 10, 70569 Stuttgart, engstler@hdm-stuttgart.de

**Enk,** Dirk; Dr.-Ing., Prof.; *Anlagen- u. Fertigungsablaufplanung, Fertigungstechnik, Werkzeugmaschinen*; di: Hochsch. Kempten, Fak. Maschinenbau, Bahnhofstr. 61-63, 87435 Kempten, T: (0831) 2523245, dirk.enk@fh-kempten.de

**Enke,** Thomas; Dr., Prof.; *Sozialwissenschaften*; di: FH Polizei Sachsen-Anhalt, Schmidtmannstr 86, 06449 Aschersleben, thomas.enke@polizei.sachsen-anhalt.de

**Enneking,** Ulrich; Dr. agr. habil., Prof.; *Marktlehre d. Agrar- u. Ernährungswirtschaft*; di: Hochsch. Osnabrück, Fak. Agrarwiss. u. Landschaftsarchitektur, Oldenburger Landstr. 62, 49090 Osnabrück, T: (0541) 9695126, u.enneking@hs-osnabrueck.de

**Enning,** Bernhard; Dr.-Ing., Prof. FH Flensburg; *Elektrotechnik, Optische Nachrichtentechnik, Antennentechnik, Breitbandschaltungstechnik*; di: FH Flensburg, FB Information u. Kommunikation, Kanzleistr. 91-93, 24943 Flensburg, T: (0461) 8051719, bernhard.enning@fh-flensburg.de

**Entrup,** Ulrich; Dr., Prof.; *Rechnungswesen in internationalen Unternehmen*; di: Hochsch. Hof, Fak. Wirtschaft, Alfons-Goppel-Platz 1, 95028 Hof, T: (09281) 409431, F: 40955431, Ulrich.Entrup@fh-hof.de

**Enzenhofer,** Viktoria; Dr., Prof.; *Recht, insbesondere Wirtschaftsrecht*; di: Hochsch. f. nachhaltige Entwicklung, FB Nachhaltige Wirtschaft, Friedrich-Ebert-Str. 28, 16225 Eberswalde, T: (03334) 657344, F: 657450, venzenho@hnee.de

**Enzmann,** Marc; Dr.-Ing., Prof.; *Mess- und Regelungstechnik*; di: Hochsch. Anhalt, FB 6 Elektrotechnik, Maschinenbau u. Wirtschaftsingenieurwesen, PF 1458, 06354 Köthen, T: (03496) 672335, m.enzmann@emw.hs-anhalt.de

**Enzmann,** Thomas; Dr. med., HonProf.; *Medizininformatik*; di: FH Brandenburg, FB Informatik u. Medien, Magdeburger Str. 50, 14770 Brandenburg, PF 2132, 14737 Brandenburg, enzmann@fh-brandenburg.de

**Eppenstein,** Thomas; Dr. phil., Prof.; *Theorie der Sozialen Arbeit, Pädagogik*; di: Ev. FH Rhld.-Westf.-Lippe, FB Soziale Arbeit, Bildung u. Diakonie, Immanuel-Kant-Str. 18-20, 44803 Bochum, T: (0234) 36901177, eppenstein@efh-bochum.de

**Epple,** Peter; Dipl.-Chem., Dr. rer. nat., Prof.; *Analytische Chemie, Anorganische Chemie, Stöchiometrisches Rechnen*; di: Hochsch. Reutlingen, FB Angew. Chemie, Alteburgstr. 150, 72762 Reutlingen, T: (07121) 2712002, Peter.Epple@Reutlingen-University.DE; pr: Justinus-Kerner-Str. 107, 72760 Reutlingen, T: (07121) 346887

**Eppler,** Thomas; Dr., Prof.; *Datenbanksysteme, Multimediatechnologie*; di: Hochsch. Albstadt-Sigmaringen, FB 1, Jakobstr. 6, 72458 Albstadt-Ebingen, T: (07431) 579173, F: 579149, eppler@hs-albsig.de

**Eppler,** Wilhelm; Dr., Prof.; *Historische und Systematische Theologie, Religions- und Gemeindepädagogik*; di: CVJM-Hochsch. Kassel, Hugo-Preuß-Straße 40, 34131 Kassel-Bad Wilhelmshöhe, T: (0561) 3087500, eppler@cvjm-hochschule.de

**Erb,** Hans; Dr.-Ing., Prof.; *Elektronik, Informationstechnologie*; di: Hochsch. Rhein/Main, FB Ingenieurwiss., Informationstechnologie u. Elektrotechnik, Am Brückweg 26, 65428 Rüsselsheim, T: (06142) 8984212, hansjoachim.erb@hs-rm.de

**Erb,** Jürgen; Dr., Prof.; *Sicherheitswesen*; di: DHBW Karlsruhe, Fak. Technik, Erzbergerstr. 121, 76133 Karlsruhe, T: (0721) 9735867, erb@dhbw-karlsruhe.de

**Erb,** Ulrike; Dr., Prof.; *Informationssysteme im Dienstleistungsbereich*; di: Hochsch. Bremerhaven, An der Karlstadt 8, 27568 Bremerhaven, T: (0471) 4823442, uerb@hs-bremerhaven.de

**Erbach,** Jürgen; Dr.-Ing., Prof.; *Wirtschaftswissenschaften, insb. Projektplanung und Projektmangement, Immobilienfinanzierung u. -investitionen*; di: HAWK Hildesheim/Holzminden/Göttingen, Fak. Management, Soziale Arbeit, Bauen, Haarmannplatz 3, 37603 Holzminden, T: (05531) 126242

**Erban,** Paul-Josef; Dr.-Ing., Prof.; *Grundbau, Bodenmechanik und Erdbau*; di: FH Köln, Fak. f. Bauingenieurwesen u. Umwelttechnik, Betzdorfer Str. 2, 50679 Köln, T: (0221) 82752775, paul-josef.erban@fh-koeln.de; pr: Müllerwiese 17, 51491 Overath, T: (02206) 82904

**Erben,** Wilhelm; Dr., Prof.; *Stochastik, Statistik, Logisches Programmieren, Genetische Algorithmen*; di: Hochsch. Konstanz, Fak. Informatik, Brauneggerstr. 55, 78462 Konstanz, PF 100543, 78405 Konstanz, T: (07531) 206507, F: 206559, erben@fh-konstanz.de

**Erben,** Wolfgang; Dr., Prof.; *Mathematik, Geometrisches Modellieren, Objektorientierte Programmierung*; di: Hochsch. f. Technik, Fak. Vermessung, Mathematik u. Informatik, Schellingstr. 24, 70174 Stuttgart, PF 101452, 70013 Stuttgart, T: (0711) 89262520, F: 89262556, wolfgang.erben@fht-stuttgart.de

**Erbrecht,** Rüdiger; Dr., Prof.; *Wirtschaftsinformatik*; di: HTW Berlin, FB Wirtschaftswiss. II, Treskowallee 8, 10318 Berlin, T: (030) 50192633, erbrecht@HTW-Berlin.de

**Erbs,** Heinz-Erich; Dr. rer. nat., Prof., Dekan FB Informatik; *Grundlagen der Informatik, Datenbanken, Informationssicherheit*; di: Hochsch. Darmstadt, FB Informatik, Haardtring 100, 64295 Darmstadt, T: (06151) 168415, h.erbs@fbi.h-da.de; pr: Scheffelstr. 11, 64407 Fränkisch-Crumbach, T: (06164) 2507

**Erbsland,** Manfred; Dipl.-Vw., Dr. rer. pol., Prof.; *Gesundheitsökonomie und Gesundheitspolitik*; di: FH Ludwigshafen, FB I Management und Controlling, Ernst-Boehe-Str. 4, 67059 Ludwigshafen, T: (0621) 5203264, F: 5203264, erbsland@fh-ludwigshafen.de

**Erdelt,** Patrick; Dr. math., Prof.; *Mathematik u. Datenbanksysteme*; di: Beuth Hochsch. f. Technik, FB II Mathematik – Physik – Chemie, Luxemburger Straße 10, 13353 Berlin, T: (030) 45042977, patrick.erdelt@beuth-hochschule.de

**Erdely,** Alexander; Dr.-Ing., Prof.; *Bauingenieurwesen*; di: HTW Berlin, FB Ingenieurwiss. II, Blankenburger Pflasterweg 102, 13129 Berlin, T: (030) 50193316, Alexander.Erdely@HTW-Berlin.de

**Erdenberger,** Christoph; Dr., Prof.; *Rechnungswesen, BWL*; di: FH f. öffentl. Verwaltung NRW, Studienort Hagen, Handwerkerstr. 11, 58135 Hagen, christoph.erdenberger@fhoev.nrw.de; pr: T: (06408) 969120, erdenberger1@gmx.de

**Erdlenbruch,** Burkhard; Dipl.-Wirtsch.-Ing., Dr.-Ing., Prof.; *BWL, Produktionswirtschaft, PPS, Logistik, BDE*; di: Hochsch. Augsburg, Fak. f. Informatik, An der Hochschule 1, 86161 Augsburg, T: (0821) 55863326, F: 55863499, Burkhard.Erdlenbruch@hs-augsburg.de

**Erdmann,** Georg; Dr. rer. pol., Prof.; *Allgemeine BWL, Rechnungswesen*; di: Georg-Simon-Ohm-Hochsch. Nürnberg, Fak. Betriebswirtschaft, Bahnhofsstr. 87, 90402 Nürnberg, PF 210320, 90121 Nürnberg, georg.erdmann@ohm-hochschule.de

**Erdmann,** Helmut; Dr. rer. nat., Prof.; *Mikro- und Molekularbiologie*; di: FH Flensburg, FB Energie u. Biotechnologie, Kanzleistr. 91-93, 24943 Flensburg, T: (0461) 8051411, helmut.erdmann@fh-flensburg.de

**Erdmann,** Klaus; Dr., Prof.; *Staatsrecht*; di: FH d. Bundes f. öff. Verwaltung, Willy-Brandt-Str. 1, 50321 Brühl, T: (01888) 629810

**Erdmann-Rajski,** Katja; Dr. phil., Prof.; *Kulturpädagogik*; di: Ev. Hochsch. Darmstadt, FB Kulturpädagogik / Kulturelle Bildung, Zweifalltorweg 12, 64293 Darmstadt, T: (06151) 879834, erdmann-rajski@eh-darmstadt.de; pr: Rosengartenstr. 31 a, 70184 Stuttgart, T: (0711) 766271, katja@erdmann-rajski.de; www.erdmann-rajski.de

**Eren,** Evren; Dr., Prof.; *Multimedia*; di: FH Dortmund, FB Informatik, Emil-Figge-Str. 42, 44227 Dortmund, T: (0231) 7556776, F: 7556710, eren@fh-dortmund.de

**Erhardt,** Angelika; Dr. rer. nat., Prof.; *Mathematik, Bildverarbeitung*; di: Hochsch. Offenburg, Fak. Elektrotechnik u. Informationstechnik, Badstr. 24, 77652 Offenburg, T: (0781) 205219, F: 205214

**Erhardt,** Elmar; Dr., Prof.; *Strafrecht, Strafverfahrensrecht, Ordnungswidrigkeitenrecht*; di: Hochsch. f. Polizei Villingen-Schwenningen, Sturmbühlstr. 250, 78054 Villingen-Schwenningen, T: (07720) 309505, ElmarErhardt@fhpol-vs.de

**Erhardt,** Martin; Prof.; *Betriebswirtschaft / Steuer- und Revisionswesen*; di: Hochsch. Pforzheim, Fak. f. Wirtschaft u. Recht, Tiefenbronner Str. 65, 75175 Pforzheim, T: (07231) 286000, F: 286006, martin.erhardt@hs-pforzheim.de

**Erhardt,** Tobias; Dr. phil., Prof.; *Therapiewissenschaften*; di: SRH FH f. Gesundheit Gera, Hermann-Drechsler-Str. 2, 07548 Gera, tobias.erhardt@srh-gesundheitshochschule.de

**Erhardt,** Ulrich; Dr. phil., Prof. FH Erding; *Interkulturelles Management, Organisation, Moderation*; di: FH f. angewandtes Management, Am Bahnhof 2, 85435 Erding, T: (08122) 9559480, ulrich.erhardt@myfham.de

**Erichsson,** Susann; Dr. rer. pol., Prof.; *BWL, Medienwirtschaft*; di: Beuth Hochsch. f. Technik, FB I Wirtschafts- u. Gesellschaftswiss., Luxemburger Str. 10, 13353 Berlin, T: (030) 45045262, erichson@beuth-hochschule.de

**Erisken,** Ermann; Dr.-Ing., Prof.; *Produktionstechnik*; di: FH Bingen, FB Technik, Informatik, Wirtschaft, Berlinstr. 109, 55411 Bingen, T: (06721) 409245, F: 409104, erisken@fh-bingen.de

**Erke,** Burkhard; Dipl.-Vw., Dr. rer. pol., Prof.; *Volkswirtschaftslehre*; di: Westfäl. Hochsch., FB Wirtschaft u. Informationstechnik, Münsterstr. 265, 46397 Bocholt, T: (02871) 2155728, Burkhard.Erke@fh-gelsenkirchen.de

**Erkens,** Elmar; Dr., Prof.; *BWL, Logistik*; di: Hochsch. f. Wirtschaft u. Recht Berlin, FB Duales Studium, Alt-Friedrichsfelde 60, 10315 Berlin, T: (030) 308772407, elmar.erkens@hwr-berlin.de

**Erkens,** Sabine; Dr. päd., Prof.; *Mediendidaktik u E-Learning-Konzeption*; di: FH Düsseldorf, FB 8 – Medien, Josef-Gockeln-Str. 9, 40474 Düsseldorf, T: (0211) 4351870, sabine.erkens@fh-duesseldorf.de

**Erlhoff,** Michael; Dr. phil., Prof.; *Designtheorie / -geschichte und kulturwissenschaftliche Grundlagen d. Design*; di: FH Köln, Fak. f. Kulturwiss., Ubierring 40, 50678 Köln, T: (0221) 82753209

**Ermschel,** Ulrich; Dr., Prof.; *Handel*; di: DHBW Mannheim, Fak. Wirtschaft, Käfertaler Str. 256, 68167 Mannheim, T: (0621) 41052156, F: 41052150, ulrich.ermschel@dhbw-mannheim.de

**Ernenputsch,** Margit; Dr. rer. oec., Prof.; *Betriebswirtschaftslehre, insbes. internes u. externes Rechnungswesen*; di: Hochsch. Bonn-Rhein-Sieg, FB Wirtschaft Sankt Augustin, Grantham-Allee 20, 53757 Sankt Augustin, 53754 Sankt Augustin, T: (02241) 865117, F: 8658117, Margit.Ernenputsch@fh-bonn-rhein-sieg.de

**Ernst,** Christian; Dr. phil., Prof.; *BWL, insbes. Berufsbildung u. Personalführung*; di: FH Köln, Fak. f. Wirtschaftswiss., Claudiusstr. 1, 50678 Köln, T: (0221) 82753905, christian.ernst@fh-koeln.de

**Ernst,** Dietmar; Dr. rer. nat., Dr. rer. pol., Prof.; *Bankwirtschaft, Corporate Finance*; di: Hochsch. f. Wirtschaft u. Umwelt Nürtingen-Geislingen, PF 1349, 72603 Nürtingen, T: (07022) 929237, dietmar.ernst@hfwu.de

**Ernst,** Frank; Dr., Prof.; *Personal und Organisation*; di: SRH Hochsch. Hamm, Platz der Deutschen Einheit 1, 59065 Hamm, T: (02381) 929114, F: 9291199, frank.ernst@fh-hamm.srh.de

**Ernst,** Günther; Dr.-Ing., Prof.; *Bauwirtschaft*; di: Hochsch. Darmstadt, FB Bauingenieurwesen, Haardtring 100, 64295 Darmstadt

**Ernst,** Hans-Christof; Dipl.-Ing., Prof.; *Baukonstruktion, Entwerfen*; di: Beuth Hochsch. f. Technik, FB IV Architektur u. Gebäudetechnik, Luxemburger Str. 10, 13353 Berlin, T: (030) 45042552, ernst@beuth-hochschule.de

**Ernst,** Hartmut; Dipl.-Phys., Dr., Prof.; *Bildverarbeitung, Datenorganisation, Computergrafik, Algorithmen*; di: Hochsch. Rosenheim, Fak. Informatik, Hochschulstr. 1, 83024 Rosenheim, T: (08031) 805501, F: 805502

**Ernst,** Helmut; Dr. päd., HonProf.; *Soft Skills*; di: Hochsch. Wismar, Fak. f. Ingenieurwiss., PF 1210, 23952 Wismar, T: (03841) 753470

**Ernst,** Michael; Dr.-Ing., Prof.; *Industrielle Fertigungstechnik, Fertigungsverfahren, Bekleidungsmaschinen*; di: Hochsch. Albstadt-Sigmaringen, FB 1, Jakobstr. 6, 72458 Albstadt, T: (07431) 579228, F: 579229, ernst@hs-albsig.de

**Ernst,** Ulrike; Dr. phil., Prof.; *Heilpädagogik, Krisenintervention*; di: Hochsch. Hannover, Fak. V Diakonie, Gesundheit u. Soziales, Blumhardtstr. 2, 30625 Hannover, PF 690363, 30612 Hannover, T: (0511) 92963159, ulrike.ernst@hs-hannover.de

**Ernst,** Wolfgang; Dr.Ing., Prof., Dekan Fak Technik u Wirtschaft RWH Künzelsau; *Allgemeine Betriebswirtschaftslehre, insbes Fertigungs- u Materialwirtschaft*; di: Hochsch. Heilbronn, Fak. f. Technik u. Wirtschaft, Max-Planck-Str. 39, 74081 Heilbronn, T: (07940) 13061148, F: 1306120, wolfgang.ernst@hs-heilbronn.de

**Erny,** Nicola; Dr. phil. habil., Prof.; *Philosophie, Ethik, Pragmatismus, Renaissance / Frühe Neuzeit, Antike Philosophie*; di: Hochsch. Darmstadt, FB Gesellschaftswiss. u. Soziale Arbeit, Haardtring 100, 64295 Darmstadt; pr: Remscheider Str. 24, 40215 Düsseldorf

**Erpenbach,** Jörg; Dr., Prof., Prodekan Marketing Management; *Immobilienmanagement, Marketing*; di: Business and Information Technology School GmbH, Reiterweg 26 b, 58636 Iserlohn, T: (02371) 776531, F: 776503, joerg.erpenbach@bits-iserlohn.de

**Ersoy,** Metin; Dr., HonProf.; *Fahrwerktechnik*; di: Hochsch. Osnabrück, Fak. Ingenieurwiss. u. Informatik, Albrechtstr. 30, 49076 Osnabrück

**Ertel,** Andreas; Dr. rer. nat., Prof.; *Physikalische Technik*; di: FH Lübeck, FB Angew. Naturwiss., Stephensonstr. 3, 23562 Lübeck, T: (0451) 3005211, F: 3005235, andreas.ertel@fh-luebeck.de

**Ertel,** Susanne; Dr. rer.nat., Prof.; *Ingenieurinformatik, Ingenieurmathematik*; di: Hochsch. Kempten, Fak. Maschinenbau, Bahnhofstr. 61-63, 87435 Kempten, T: (0831) 2523209, susanne.ertel@fh-kempten.de

**Ertel,** Wolfgang; Dr. rer. nat., Prof.; *Datensicherheit, Künstliche Intelligenz, Maschinelles Lernen, Mathematik*; di: Hochsch. Ravensburg-Weingarten, Doggenriedstr., 88250 Weingarten, PF 1261, 88241 Weingarten, T: (0751) 5019721, F: 5019876, ertel@hs-weingarten.de; pr: St-Martinus-Str. 95, 88212 Ravensburg, T: (0751) 553814

**Ertelt,** Dietrich; Dr.-Ing., Prof.; *Grundlagen der Informatik, Maschinennahes Programmieren*; di: Hochsch. Emden / Leer, FB Technik, Constantiaplatz 4, 26723 Emden, T: (04921) 8071814, F: 8071843, ertelt@hs-emden-leer.de; pr: Wolthuser Str. 108, 26725 Emden, T: (04921) 979130

**Ertl,** Willi; Dr.-Ing., Prof.; *Fördertechnik, Materialflusstechnik, Produktionslogistik, Fabrikplanung, Produktionsplanung und -steuerung*; di: Hochsch. Regensburg, Fak. Maschinenbau, PF 120327, 93025 Regensburg, T: (0941) 9435162, willi.ertl@maschinenbau.fh-regensburg.de

**Ertle-Straub,** Susanne; Dr., Prof.; *Marketing, Research, Immobilienwirtschaftliche Forschungen*; di: HAWK Hildesheim / Holzminden / Göttingen, Fak. Management, Soziale Arbeit, Bauen, Haarmannplatz 3, 37603 Holzminden, T: (05531) 126242, F: 126150

**Ertz,** Martin; Dr.-Ing., Prof.; *Technische Mechanik, Leichtbau*; di: Georg-Simon-Ohm-Hochsch. Nürnberg, Fak. Maschinenbau u. Versorgungstechnik, Keßlerplatz 12, 90489 Nürnberg, PF 210320, 90121 Nürnberg

**Erven,** Joachim; Dr. rer. nat., Prof.; *Mathematik*; di: Hochsch. München, Fak. Elektrotechnik u. Informationstechnik, Lothstr. 64, 80335 München, T: (089) 12653464, F: 12653403, erven@ee.fhm.edu

**Erwe,** Helmut; Dr., Prof.; *Sozialversicherungsrecht, Rentenversicherungsrecht, Staatslehre / Staatsrecht, IK Öffentliche Betriebe, Krankenhauswesen*; di: H f. öffentl. Verwaltung u. Finanzen Ludwigsburg, Reuteallee 36, 71634 Ludwigsburg, T: (07141) 89291013, F: 89291023, erwe@rz.fhov-ludwigsburg.de

**Erzmann,** Michael; Dr.-Ing., Prof.; *Siedlungswasserwirtschaft, Umwelttechnik*; di: Hochsch. Trier, FB BLV, PF 1826, 54208 Trier, T: (0651) 8103306, m.erzmann@hochschule-trier.de; pr: Im Gartenfeld 11, 54310 Ralingen-Olk, T: (06585) 706

**Es-Souni,** Mohammed; Dr. rer. nat. habil., Prof.; *Werkstoffprüfung, Fügetechnik, Oberflächentechnik*; di: FH Kiel, FB Maschinenwesen, Grenzstr. 3, 24149 Kiel, T: (0431) 2102660, F: 2102661, mohammed.es-souni@fh-kiel.de

**Esch,** Thomas; Dr.-Ing., Prof.; *Thermodynamik und Verbrennungstechnik*; di: FH Aachen, FB Luft- und Raumfahrttechnik, Hohenstaufenallee 6, 52064 Aachen, T: (0241) 600952369, esch@fh-aachen.de; pr: Soerser Winkel 35, 52070 Aachen, T: (0241) 153256

**Esch,** Tobias; Dr., Prof.; *Integrative Gesundheitsförderung, Integrative Medizin*; di: Hochsch. Coburg, Fak. Soziale Arbeit u. Gesundheit, Friedrich-Streib-Str. 2, 96450 Coburg, T: (09561) 317372, esch@hs-coburg.de

**Eschelbach,** Cornelia; Prof.; *Vermessung und angewandte Geodäsie*; di: FH Frankfurt, FB 1 Architektur, Bauingenieurwesen, Geomatik, Nibelungenplatz 1, 60318 Frankfurt am Main, cornelia.eschelbach@fb1.fh-frankfurt.de

**Eschenbeck,** Philipp; Prof.; *Ergotherapie, Neurowissenschaften*; di: Hochsch. f. Gesundheit, Universitätsstr. 105, 44789 Bochum, T: (0234) 77727674, philipp.eschenbeck@hs-gesundheit.de

**Eschmann,** Holger; Dr. theol., Prof., Rektor; *Praktische Theologie, Homiletik*; di: Theologische Hochsch., Friedrich-Ebert-Str. 31, 72762 Reutlingen, Holger.Eschmann@emk.de

**Esper,** Günter; Dr.-Ing., Prof.; *Thermische Verfahrenstechnik, Haltbarmachung von Lebensmitteln, Kälte- u Trocknungstechnik*; di: Hochsch. Fulda, FB Oecotrophologie, Marquardstr. 35, 36039 Fulda, T: (0661) 9640441, F: 9640505, guenter.esper@lt.fh-fulda.de

**Esrom,** Hilmar; Dr. rer. nat., Prof.; *Physik, Mathematik*; di: Hochsch. Mannheim, Fak. Biotechnologie, Windeckstr. 110, 68163 Mannheim

**Esser,** Friedrich; Dr., Prof.; *Informatik*; di: HAW Hamburg, Fak. Technik u. Informatik, Berliner Tor 7, 20099 Hamburg, T: (040) 428758035, esser@informatik.haw-hamburg.de

**Esser,** Winfried; Dr., Prof.; *Mikrorechnertechnik*; di: Westfäl. Hochsch., FB Wirtschaft u. Informationstechnik, Münsterstr. 265, 46397 Bocholt, T: (02871) 2155828, winfried.esser@fh-gelsenkirchen.de

**Esser,** Wolfgang; Dr. phil., Prof.; *Betriebswirtschaftslehre, insbes. Marketing*; di: FH Köln, Fak. f. Wirtschaftswiss., Claudiusstr. 1, 50678 Köln, T: (0221) 82753214, wolfgang.esser@fh-koeln.de

**Essig,** Mathias; Dipl.-Ing., Prof.; *Entwurf, Baukonstruktion*; di: Beuth Hochsch. f. Technik, FB IV Architektur u. Gebäudetechnik, Luxemburger Str. 10, 13353 Berlin, T: (030) 45042599, essig@beuth-hochschule.de

**Esslinger,** Adelheid Susanne; Dr. habil., Prof. H Aalen; *Unternehmensführung*; di: Hochsch. Aalen, Fak. Wirtschaft, Beethovenstraße 1, 73430 Aalen, T: (07361) 5762123, Adelheid-Susanne.Esslinger@htw-aalen.de; Univ., Lehrstuhl f. Betriebswirtschaftslehre, insb. Unternehmensführung, Lange Gasse 20, 90403 Nürnberg, T: (0911) 5302489, susanne.esslinger@wiso.uni-erlangen.de

**Eßlinger,** Albrecht; Dr.-Ing., Prof.; *Elektrotechnik, Elektronik, EDV*; di: Hochsch. Esslingen, Fak. Fahrzeugtechnik u. Fak. Graduate School, Kanalstr. 33, 73728 Esslingen, T: (0711) 3973305; pr: In den Hofwiesen 29, 72622 Nürtingen, T: (07022) 52629

**Essmann,** Ulrich; Dr., Prof., Dekan FB Angewandte Naturwissenschaften; *Physik, Informatik*; di: Hochsch. Bonn-Rhein-Sieg, FB Angewandte Naturwissenschaften, von-Liebig-Str. 20, 53359 Rheinbach, T: (02241) 865592, F: 8658592, ulrich.essmann@fh-bonn-rhein-sieg.de

**Estana,** Ramon; Dr.-Ing., Prof.; *Technische Mechanik, Konstruktionslehre, CAD*; di: Hochsch. Karlsruhe, Fak. Maschinenbau u. Mechatronik, Moltkestr. 30, 76133 Karlsruhe, PF 2440, 76012 Karlsruhe, T: (0721) 9251874, ramon.estana@hs-karlsruhe.de

**Ester,** Birgit; Dr., Prof.; *Fertigungswirtschaft, Logistik, Einkauf/Beschaffung, Supply Chain Management*; di: Hochsch. Karlsruhe, Fak. Wirtschaftswissenschaften, Moltkestr. 30, 76133 Karlsruhe, PF 2440, 76012 Karlsruhe, T: (0721) 9251930

**Estévez Schwarz,** Diana; Dr. rer. nat., Prof.; *Mathematik*; di: Beuth Hochsch. f. Technik, FB II Mathematik – Physik – Chemie, Luxemburger Straße 10, 13353 Berlin, T: (030) 45045090, schwarz@beuth-hochschule.de, estevez@beuth-hochschule.de

**Estler,** Manfred; Dr.-Ing., Prof.; *Produktionswirtschaft*; di: Hochsch. Reutlingen, FB Produktionsmanagement, Alteburgstr. 150, 72762 Reutlingen, T: (07121) 271218

**Estler,** Otte; Dr., Prof.; *BWL*; di: FH d. Bundes f. öff. Verwaltung, FB Bundeswehrverwaltung, Seckenheimer Landstr. 10, 68163 Mannheim, ottoestler@bundeswehr.org

**Etschberger,** Konrad; Dr.-Ing., Prof.; *Industrielle Kommunikation, Automatisierungstechnik, Automation*; di: Hochsch. Ravensburg-Weingarten, Doggenriedstr., 88250 Weingarten, PF 1261, 88241 Weingarten, T: (0751) 5019718, F: 5019876, etschberger@ixxat.de; pr: Dompfaffweg 23, 88048 Friedrichshafen, T: (07541) 43967

**Etschberger,** Stefan; Dr., Prof.; *Mathematik, Statistik*; di: Hochsch. Augsburg, Fak. f. Allgemeinwissenschaften, An der Hochschule 1, 86161 Augsburg, PF 110605, 86031 Augsburg, T: (0821) 55863151, stefan.etschberger@hs-augsburg.de

**Ettmer,** Bernd; Dr.-Ing., Prof.; *Wasserbau*; di: Hochsch. Magdeburg-Stendal, FB Wasser- u. Kreislaufwirtschaft, Breitscheidstr. 2, 39114 Magdeburg, T: (0391) 8864429, bernd.ettmer@hs-magdeburg.de

**Eudelle,** Philipp; Dr., Prof., Dekan; *Wirtschaftsmathematik, Wirtschaftspolitik, Kreditmanagement*; di: Hochsch. Offenburg, Fak. Betriebswirtschaft u. Wirtschaftsingenieurwesen, Klosterstr. 14, 77723 Gengenbach, T: (07803) 969831, eudelle@fh-offenburg.de

**Eulenstein,** Michael; Dr., Prof.; *Angewandte Informatik*; di: Hochsch. Trier, Umwelt-Campus Birkenfeld, FB Umweltplanung/Umwelttechnik, PF 1380, 55761 Birkenfeld, T: (06782) 171101, m.eulenstein@umwelt-campus.de

**Euler,** Stephan; Dipl.-Phys., Dr. phil. nat., Prof.; *Informatik*; di: Techn. Hochsch. Mittelhessen, FB 13 Mathematik, Naturwiss. u. Datenverarbeitung, Wilhelm-Leuschner-Str. 13, 61169 Friedberg, T: (06031) 604450; pr: Grillparzer Str. 84, 64291 Darmstadt, T: (06151) 1010939, Stephan.Euler@t-online.de

**Euringer,** Thomas; Dr.-Ing., Prof.; *Bauinformatik/CAD*; di: Hochsch. Regensburg, Fak. Bauingenieurwesen, PF 120327, 93025 Regensburg, T: (0941) 9431226, thomas.euringer@bau.fh-regensburg.de

**Evans,** Trevor; Dr., Prof.; *VWL*; di: Hochsch. f. Wirtschaft u. Recht Berlin, FB 1, Badensche Str. 50-51, 10825 Berlin, T: (030) 85789277, evans@hwr-berlin.de; pr: Paul-Lincke-Ufer 44, 10999 Berlin, T: (030) 29309188

**Evers,** Ralf; Dr., Prof., Rektor; *Praktische Theologie und Generationenbeziehungen*; di: Ev. Hochsch. f. Soziale Arbeit, PF 200143, 01191 Dresden, T: (0351) 4690210, rektorat@ehs-dresden.de; pr: Polenzstr. 26, 01277 Dresden, T: (0351) 3161395

**Everts,** Erich; Dipl.-Ing., Prof.; *Baumanagement, Projektmanagement, Baubetrieb*; di: Jade Hochsch., FB Bauwesen u. Geoinformation, Ofener Str. 16-19, 26121 Oldenburg, T: (0441) 77083181, erich.everts@jade-hs.de; pr: Graf-Dietrich-Str. 23, 26123 Oldenburg, T: (0441) 37011, F: 37022

**Ewald,** Jochen; Dr.-Ing., Prof.; *Maschinendynamik und Antriebstechnik*; di: Jade Hochsch., FB Ingenieurwissenschaften, Friedrich-Paffrath-Str. 101, 26389 Wilhelmshaven, T: (04421) 9852245, F: 9852623, jochen.ewald@jade-hs.de

**Ewald,** Jörg; Dr., Prof.; *Botanik, Vegetationskunde*; di: Hochsch. Weihenstephan-Triesdorf, Fak. Wald u. Forstwirtschaft, Am Hochanger 5, 85354 Freising, T: (08161) 715909, F: 714526, joerg.ewald@fh-weihenstephan.de

**Ewers,** Michael; Dr. phil., Prof.; di: Hochsch. München, Fak. Angew. Sozialwiss., Am Stadtpark 20, 81243 München, m.ewers@hm.edu

**Ewert,** Christoph; Dipl.-oec., Prof.; *Marketing, Marketingkommunikation, Rhetorik/Kommunikation, Wettbewerbsstrategien, Unternehmenssteuerung*; di: Hochsch. Karlsruhe, Fak. Wirtschaftswissenschaften, Moltkestr. 30, 76133 Karlsruhe, PF 2440, 76012 Karlsruhe, T: (0721) 9251935

**Exner,** Dieter; Dr. rer. nat., Prof.; *Technische Informatik, Netzwerkmanagement, Rechnerkommunikation, Programmierung*; di: FH Flensburg, FB Information u. Kommunikation, Kanzleistr. 91-93, 24943 Flensburg, T: (0461) 8051507, exner@fh-flensburg.de; pr: T: (0461) 312029

**Exner,** Horst; Dr.-Ing., Prof. u. Prorektor; *Physikalische Technik, Laseranwendungen*; di: Hochsch. Mittweida, Direktorenvilla, Leisniger Str. 7, 09648 Mittweida, T: (03727) 581220, F: 581366, exner@htwm.de

**Ey,** Horst; Dipl.-Ing., Dr. rer. pol., Prof.; *Informatik*; di: Ostfalia Hochsch., Fak. Wirtschaft, Robert-Koch-Platz 8A, 38440 Wolfsburg, T: (05361) 831523

**Eydel,** Katja; Prof.; *Visuelle Kommunikation*; di: Merz Akademie, Teckstr. 58, 70190 Stuttgart, katja.eydel@merz-akademie.de

**Eylert,** Bernhard; Dr., Prof.; *Telematik*; di: Techn. Hochsch. Wildau, FB Ingenieurwesen/Wirtschaftsingenieurwesen, Bahnhofstr., 15745 Wildau, T: (03375) 508120, F: 500324, bernhard.eylert@tfh-wildau.de

**Faatz,** Andreas; Dr., Prof.; *Quantitative Methoden*; di: Hochsch. Osnabrück, Fak. Wirtschafts- u. Sozialwiss., Caprivistr. 30A, 49076 Osnabrück, PF 1940, 49009 Osnabrück, T: (0541) 9693016, faatz@wi.hs-osnabrueck.de

**Faber,** Christian; Dr.-Ing., Prof.; *Angewandte Strömungslehre*; di: FH Aachen, FB Energie- und Umweltschutztechnik, Kerntechnik, Ginsterweg 1, 52428 Jülich, T: (0241) 600953524, faber@sij.fh-aachen.de; pr: Am Alten Sportplatz 19, 52511 Geilenkirchen

**Faber,** Ingo; Dr.-Ing., Prof.; *Strömungsmechanik, Festigkeitslehre*; di: Hochsch. Coburg, Fak. Maschinenbau, Friedrich-Streib-Str. 2, 96450 Coburg, T: (09561) 317489, ingo.faber@hs-coburg.de

**Faber,** Peter; Dr. rer. nat., Prof.; *Medieninformatik*; di: Hochsch. Deggendorf, FB Elektrotechnik u. Medientechnik, Edlmairstr. 6-8, 94469 Deggendorf, PF 1320, 94453 Deggendorf, peter.faber@fh-deggendorf.de

**Faber-Praetorius,** Berend; Dipl.-Wirtsch.-Ing., Prof.; *Bau- und Immobilienmanagement, BWL*; di: Hochsch. 21, Harburger Str. 6, 21614 Buxtehude, T: (04161) 648215

**Fabian,** Sascha G.; Dr., Prof.; *Marketing*; di: FH Neu-Ulm, Edisonallee 5, 89231 Neu-Ulm, T: (0731) 97621408

**Fabig,** Anselm; Dr.-Ing., Prof.; *Telematik, Software-Engineering*; di: Techn. Hochsch. Wildau, FB Ingenieurwesen/Wirtschaftsingenieurwesen, Bahnhofstr., 15745 Wildau, T: (03375) 508168, anselm.fabig@tfh-wildau.de

**Fabo,** Sabine; Dr. phil., Prof.; *Kunstwissenschaften im medialen Kontext*; di: FH Aachen, FB Design, Boxgraben 100, 52064 Aachen, T: (0241) 60091502, fabo@fh-aachen.de; pr: Kommandantenstr. 59, 47057 Duisburg

**Fabritius,** Dirk; Dr. rer.nat., Prof.; *Bioverfahrenstechnik, Chemie*; di: Hochsch. Ansbach, FB Ingenieurwissenschaften, Residenzstr. 8, 91522 Ansbach, PF 1963, 91510 Ansbach, T: (0981) 4877329, dirk.fabritius@fh-ansbach.de

**Facchi,** Christian; Dr. rer. nat., Prof.; *Software Engineering, verteilte Anwendungen, Ingenieurmathematik*; di: HAW Ingolstadt, Fak. Elektrotechnik u. Informatik, Esplanade 10, 85049 Ingolstadt, T: (0841) 9348365, christian.facchi@haw-ingolstadt.de

**Fackiner,** Christine; Dr. phil., Prof.; *Informationsdesign*; di: Westfäl. Hochsch., FB Maschinenbau u. Facilities Management, Neidenburger Str. 10, 45877 Gelsenkirchen, T: (0209) 9596850, christine.fackiner@fh-gelsenkirchen.de

**Fähnders,** Erhard; Dr., Prof.; *Informatik*; di: HAW Hamburg, Fak. Technik u. Informatik, Berliner Tor 7, 20099 Hamburg, T: (040) 428758301, faehnders@informatik.haw-hamburg.de

**Faerber,** Christine; Dr., Prof.; *empirische Sozialforschung und Soziologie*; di: HAW Hamburg, Fak. Life Sciences, Lohbrügger Kirchstr. 65, 21033 Hamburg, T: (040) 428756115, mail@christinefaerber.de; pr: faeber@competence-consulting.de

**Faeskorn-Woyke,** Heide; Dr. rer. nat., Prof.; *Informatik, insbes. Multimediadatenbanken*; di: FH Köln, Fak. f. Informatik u. Ingenieurwiss., Am Sandberg 1, 51643 Gummersbach, T: (02261) 8196113, faeskorn-woyke@gm.fh-koeln.de; pr: Schneppendahlerweg 39, 42897 Remscheid, T: (02191) 963685

**Fäth,** Iris-Susan; Dipl.-Ing., Prof.; *Tragwerklehre, Bauphysik/Baustoffkunde*; di: FH Mainz, FB Gestaltung, Holzstr. 36, 55116 Mainz, T: (06131) 2859410, iris.faeth@fh-mainz.de

**Fäth,** Johann; Dr. phil., Prof.; *Kunsttherapie*; di: FH Arnstadt-Balingen, Lindenallee 10, 99310 Arnstadt; Institut f. Kunst u. Designtherapie, Karl-August-Str. 8, 99510 Apolda

**Fäth,** Klaus; Prof.; *Tragwerkslehre, Stahlbetonbau, Holzbau*; di: FH Frankfurt, FB 1: Architektur, Nibelungenplatz 1, 60318 Frankfurt am Main, T: (069) 15332752, faeth@fb1.fh-frankfurt.de

**Fahlbusch,** Henning; Dipl.-Ing., Dr.-Ing., Prof.; *Wasserbau, Umwelttechnik*; di: FH Lübeck, FB Bauwesen, Mönkhofer Weg 239, 23562 Lübeck, T: (0451) 3005154, F: 3005079, bau@fh-luebeck.de

**Fahling,** Ernst; Dr., Prof.; *Finanz- u. Anlagemanagement*; di: Int. School of Management, Otto-Hahn-Str. 19, 44227 Dortmund, ernst.fahling@ism-dortmund.de; pr: Kiefernweg 8, 72654 Neckartenzlingen

**Fahmi,** Amir; Dr., Prof.; *Materialwissenschaften*; di: Hochsch. Rhein-Waal, Fak. Technologie u. Bionik, Marie-Curie-Straße 1, 47533 Kleve, T: (02821) 80673634, amir.fahmi@hochschule-rhein-waal.de

**Fahr,** Erwin; Prof.; *Informationstechnik – Netz- und Softwaretechnik*; di: DHBW Ravensburg, Campus Friedrichshafen, Fallenbrunnen 2, 88045 Friedrichshafen, T: (07541) 2077411, fahr@dhbw-ravensburg.de

**Fahrenhorst,** Irene; Dr. jur., Prof.; *Privatrecht, Wirtschaftsrecht*; di: Hochsch. Bonn-Rhein-Sieg, FB Wirtschaft Sankt Augustin, Grantham-Allee 20, 53757 Sankt Augustin, 53754 Sankt Augustin, T: (02241) 865114, F: 8658114, Irene.Fahrenhorst@fh-bonn-rhein-sieg.de

**Fahrenwaldt,** Matthias; Dr. rer.nat., Prof.; *Allgemeine Betriebswirtschaftslehre*; di: EBZ Business School Bochum, Springorumallee 20, 44795 Bochum, T: (0234) 9447724, m.fahrenwaldt@ebz-bs.de

**Faigle,** Wolfgang; Dipl.-Chem., Dr., Prof.; *Chemie, Werkstoffe, Betriebs- und Sicherheitstechnik, Umweltschutz*; di: Hochsch. d. Medien, Fak. Druck u. Medien, Nobelstr. 10, 70569 Stuttgart, T: (0711) 89232003, faigle@hdm-stuttgart.de

**Fais,** Wilhelm; Dr., Prof.; *Betriebsinformatik, PPS/Logistik*; di: HTW Berlin, FB Wirtschaftswiss. II, Treskowallee 8, 10318 Berlin, T: (030) 50192480, wilhelm.fais@HTW-Berlin.de

**Faix,** Axel; Dr. jur., Prof.; *Unternehmensführung*; di: FH Dortmund, FB Wirtschaft, PF 105018, 44047 Dortmund, axel.faix@fh-dortmund.de

**Falk,** Andreas; Dr.-Ing., Prof.; *Technische Mechanik u. Baustatik*; di: Hochsch. Ostwestfalen-Lippe, FB 3, Bauingenieurwesen, Emilienstr. 45, 32756 Detmold, T: (05231) 769815, F: 769819, andreas.falk@fh-luh.de; pr: Gördelerstr. 16, 32107 Bad Salzuflen, T: (05222) 980940

**Falk,** Oliver; Dr., Prof.; *Verfahrenstechnik, nachwachsende Rohstoffe, Management erneuerbarer Energien*; di: Hochsch. Weihenstephan-Triesdorf, Fak. Land- u. Ernährungswirtschaft, Am Hofgarten 1, 85354 Freising, 85350 Freising, oliver.falk@hswt.de

**Falk,** Rüdiger; Dr., Prof.; *Allgemeine Betriebswirtschaftslehre, insbes. Personalwesen und Berufsbildung*; di: H Koblenz, FB Wirtschafts- u. Sozialwissenschaften, RheinAhrCampus, Joseph-Rovan-Allee 2, 53424 Remagen, T: (02642) 932299, falk@rheinahrcampus.de

**Falkemeier,** Guido; Dr. rer. nat., Prof.; *Medienproduktion*; di: Hochsch. Ostwestfalen-Lippe, FB 2, Medienproduktion, Liebigstr. 87, 32657 Lemgo, guido.falkemeier@fh-luh.de

**Falkenberg,** Egbert; Dr., Prof.; *Informatik, Mathematik*; di: FH Frankfurt, FB 2 Informatik u. Ingenieurwiss., Nibelungenplatz 1, 60318 Frankfurt am Main, T: (069) 15333814, falken@fb2.fh-frankfurt.de

**Falkner,** Gudrun B.; Dr. rer. nat., Prof.; *Softwaretechnik/Betriebssysteme*; di: FH Stralsund, FB Elektrotechnik u. Informatik, Zur Schwedenschanze 15, 18435 Stralsund, T: (03831) 456596, Gudrun.Falkner@fh-stralsund.de

**Falkowski,** Bernd Jürgen; B.Sc., Ph.D., Prof.; *Datenverarbeitung*; di: FH Stralsund, FB Wirtschaft, Zur Schwedenschanze 15, 18435 Stralsund, T: (03831) 456608

**Faller,** Gudrun; Dr., Prof.; *Gesundheitswissenschaft*; di: Hochsch. Magdeburg-Stendal, FB Sozial- u. Gesundheitswesen, Breitscheidstr. 2, 39114 Magdeburg, T: (0391) 8864712, gudrun.faller@hs-magdeburg.de

**Faller,** Jürgen; Dr. rer. pol., Prof.; *Betriebswirtschaftslehre, Volkswirtschaftslehre und Wirtschaftspolitik, Finanz- und Investitionswirtschaft*; di: Hochsch. München, Fak. Wirtschaftsingenieurwesen, Erzgießereistr. 14, 80335 München

**Faller,** Stephanus; Dipl.-Ing., Prof.; *Festigkeitslehre*; di: Hochsch. Ulm, Fak. Maschinenbau u. Fahrzeugtechnik, PF 3860, 89028 Ulm, T: (0731) 5028015, faller@hs-ulm.de

**Fallscheer,** Tamara; Dr. oec., Prof.; *Lebensmittelwirtschaft*; di: Hochsch. Bremerhaven, An der Karlstadt 8, 27568 Bermerhaven, T: (0471) 4823168, F: 4823145, TFallscheer@hs-bremerhaven.de

**Falter,** Paola; Dr. phil., Prof.; *English for Economics, Business English*; di: Hochsch. München, Fak. Elektrotechnik u. Informationstechnik, Lothstr. 64, 80335 München, T: (089) 12653406, F: 12653403, falter@ee.fhm.edu

**Falterbaum,** Johannes; Dr., Prof.; *Sozialmanagement*; di: DHBW Heidenheim, Fak. Sozialwesen, Wilhelmstr. 10, 89518 Heidenheim, T: (07321) 2722445, F: 2722449, falterbaum@dhbw-heidenheim.de

**Faltermeier,** Josef; Dr., Prof.; *Sozialwesen*; di: Hochsch. Rhein/Main, FB Sozialwesen, Kurt-Schumacher-Ring 18, 65197 Wiesbaden, T: (0611) 94951300, Josef.Faltermeier@hs-rm.de

**Fanck,** Bernfried; Prof.; *Buchführung, Bilanzsteuerrecht, Körperschaftssteuer, Umsatzsteuer*; di: H f. öffentl. Verwaltung u. Finanzen Ludwigsburg, Fak. Steuer- u. Wirtschaftsrecht, Reuteallee 36, 71634 Ludwigsburg, T: (07141) 140479

**Fank,** Matthias; Dr. rer. pol., Prof.; *Informationsmanagement, Schwerpunkt Planung und Organisation von Informationsabläufen sowie Betrieb von Informationssystemen*; di: FH Köln, Fak. f. Informations- u. Kommunikationswiss., Claudiusstr. 1, 50678 Köln, T: (0221) 82753319, F: 3318583, Matthias.Fank@fh-koeln.de; pr: Judenpfad 60a, 50996 Köln, T: (02236) 967640

**Fank,** Peter; Dipl.-Ing., Prof.; *Baukonstruktion, Baubetrieb*; di: Jade Hochsch., FB Architektur, Ofener Str. 16-19, 26121 Oldenburg, T: (0180) 5678073255, F: 5678073136, fank@jade-hs.de; pr: Uferstr. 50, 26135 Oldenburg, T: (0441) 9555822

**Fanning,** Hiltgunt; Dr. phil., Prof.; *Baltic Affairs, insb. Sprach- und Länderkunde*; di: FH Stralsund, FB Wirtschaft, Zur Schwedenschanze 15, 18435 Stralsund, T: (03831) 456603

**Farber,** Peter; Dr.-Ing., Prof.; *Maschinen und Verfahren zur Textilveredlung*; di: Hochsch. Niederrhein, FB Maschinenbau u. Verfahrenstechnik, Reinarzstr. 49, 47805 Krefeld, T: (02151) 8225038, peter.farber@hs-niederrhein.de; pr: Biebricherstr. 4, 47802 Krefeld, T: (02151) 564527, F: 966927

**Farkas,** László; Dr.-Ing., Prof.; *Leistungselektronik, Elektrische Antriebe*; di: Hochsch. Ravensburg-Weingarten, Doggenriedstr., 88250 Weingarten, PF 1261, 88241 Weingarten, laszlo.farkas@hs-weingarten.de

**Farke,** Wolfgang; Dr., HonProf.; *Medizininformatik*; di: FH Brandenburg, FB Informatik u. Medien, Magdeburger Str. 50, 14770 Brandenburg, PF 2132, 14737 Brandenburg, farke@fh-brandenburg.de

**Farschtschi,** Ali; Dr.-Ing., Prof.; *Elektrotechnik und Elektrische Antriebstechnik*; di: HAW Hamburg, Fak. Technik u. Informatik, Berliner Tor 21, 20099 Hamburg, T: (040) 428758791, farschtschi@rzbt.haw-hamburg.de

**Faschina,** Titus; Dr. phil., Prof.; *Theorie der Audiovisuellen Medien, Dramaturgie*; di: Beuth Hochsch. f. Technik, FB VIII Maschinenbau, Veranstaltungs- u. Verfahrenstechnik, Luxemburger Straße 10, 13353 Berlin, T: (030) 45045025, faschina@beuth-hochschule.de

**Fasel,** Christoph; Dr., Prof., Dekan FB Medien- und Kommunikationsmanagement; *Medien und Kommunikationsmanagement*; di: SRH Hochsch. Calw, Badstr. 27, 75365 Calw

**Fasel,** Frank; Dr.-Ing., Prof.; *Schlüsselfertigbau, Ingenieurhochbau*; di: Hochsch. Biberach, SG Projektmanagement (Bau), PF 1260, 88382 Biberach/Riß, T: (07351) 582354, F: 582449, fasel@hochschule-bc.de

**Fasold,** Dietmar; Dr.-Ing., Prof.; *Elektromagnetische Wellen, Felder und Wellen, Nachrichtensatelliten und Raumfahrtantennen*; di: Hochsch. München, Fak. Elektrotechnik u. Informationstechnik, Lothstr. 64, 80335 München, T: (089) 12653423, F: 12653403, fasold@ee.fhm.edu

**Faß,** Joachim; Dr., Prof.; *Allgemeine Betriebswirtschaftslehre, Betriebliche Steuern u. externes Rechnungswesen/Revision*; di: Hochsch. Aschaffenburg, Fak. Wirtschaft u. Recht, Würzburger Str. 45, 63743 Aschaffenburg, T: (06021) 314717, joachim.fass@fh-aschaffenburg.de

**Faßbender,** Axel; Dr.-Ing., Prof.; *Konstruktionslehre, Fluidtechnik in Fahrzeugen*; di: FH Köln, Fak. f. Fahrzeugsysteme u. Produktion, Betzdorfer Str. 2, 50679 Köln, T: (0221) 82752306, F: 82752913, axel.fassbender@fh-koeln.de

**Faßbender,** Heinrich; Dr. rer. nat., Prof.; *Theoretische Informatik*; di: FH Aachen, FB Elektrotechnik und Informationstechnik, Eupener Str. 70, 52066 Aachen, T: (0241) 600951913, fassbender@fh-aachen.de; pr: Küferring 3, 53340 Meckenheim, T: (02225) 706019

**Fasselt,** Ursula; Dr., Prof., Dekanin FB Soziale Arbeit und Gesundheit; *Sozialrecht und Verwaltungsrecht*; di: FH Frankfurt, FB 4 Soziale Arbeit u. Gesundheit, Nibelungenplatz 1, 60318 Frankfurt am Main, T: (069) 15332806, fasselt@fb4.fh-frankfurt.de

**Faßler,** Andreas; Ph.D., Prof.; *Sozialarbeitswissenschaft und Methodenlehre*; di: DHBW Stuttgart, Fak. Sozialwesen, Herdweg 29, 70174 Stuttgart, T: (0711) 1849769, fassler@dhbw-stuttgart.de

**Faulde,** Joachim; Dr. paed., Prof.; *Sozialer Arbeit, Schwerpunkt Jugendarbeit und Erwachsenenbildung*; di: Kath. Hochsch. NRW, Abt. Paderborn, FB Sozialwesen, Leostr. 19, 33098 Paderborn, T: (05251) 122548, F: 122552, j.faulde@kfhnw.de; pr: Ottenhauser Weg 12, 33100 Paderborn, T: (05251) 61559

**Faulhaber,** Stefan; Dr.-Ing., Prof.; *Automatisierungstechnik, Regelungstechnik*; di: Hochsch. Mannheim, Fak. Informationstechnik, Windeckstr. 110, 68163 Mannheim

**Faulstich,** Gottfried; Prof.; *Bau- und Planungsmanagement/EDV/AVA*; di: FH Erfurt, FB Architektur, Schlüterstr. 1, 99084 Erfurt, PF 101363, 99013 Erfurt, T: (0361) 6700459, F: 6700462, faulstich@fh-erfurt.de

**Faupel,** Benedikt; Dr.-Ing., Prof.; *Regelungstechnik, Prozessautomatisierung und Simulationstechnik*; di: HTW d. Saarlandes, Fak. f. Ingenieurwiss., Goebenstr. 40, 66117 Saarbrücken, T: (0681) 5867261, faupel@htw-saarland.de

**Faust,** Georg; Dr., Prof.; *Wirtschaftsinformatik*; di: DHBW Stuttgart, Fak. Wirtschaft, Wirtschaftsinformatik, Kronenstr. 39, 70174 Stuttgart, T: (0711) 66734527, faust@dhbw-stuttgart.de

**Faust,** Jürgen; Prof., Dekan Campus München; *Mediendesign*; di: Macromedia Hochsch. f. Medien u. Kommunikation, Gollierstr. 4, 80339 München

**Faust,** Paul-Ulrich; Dr.-Ing., Prof.; *Werkstoffkunde, Kunststoffkunde, Werkstoffprüflabor, Recycling-Technik*; di: Beuth Hochsch. f. Technik, FB VIII Maschinenbau, Veranstaltungs- u. Verfahrenstechnik, Luxemburger Str. 10, 13353 Berlin, T: (030) 45042652, faust@beuth-hochschule.de

**Faust,** Uwe; Dr., Prof.; *Grundlagen d. Chemie, Biotechnologie*; di: Provadis School of Int. Management and Technology, Industriepark Hoechst, Geb. B 845, 65926 Frankfurt a.M., T: (069) 3055160, F: 30516277, uwe.faust@provadis-hochschule.de

**Faustmann,** Gert; Dr., Prof.; di: Hochsch. f. Wirtschaft u. Recht Berlin, Badensche Str. 50/51, 10825 Berlin, T: (030) 29384496, gert.faustmann@hwr-berlin.de

**Favrot,** Brigitte; Dr. phil., Prof.; *Linguistik*; di: HTW Dresden, Fak. Wirtschaftswissenschaften, Friedrich-List-Platz 1, 01069 Dresden, T: (0351) 4622520, favrot@wiwi.htw-dresden.de

**Fay,** Andreas-Norbert; HonProf.; *Projektmanagement Bau*; di: Hochsch. Heidelberg, School of Engineering and Architecture, Bonhoefferstr. 11, 69123 Heidelberg

**Fechter,** Frank; Dr.-Ing. habil., Prof.; *Nachrichtentechnik*; di: Hochsch. Ravensburg-Weingarten, Doggenriedstr., 88250 Weingarten, PF 1261, 88241 Weingarten, fechter@hs-weingarten.de; pr: Landhausstr. 26, 70825 Korntal, T: (0711) 8387053, frank.fechter@t-online.de

**Fechter,** Thomas Albert; Dr.-Ing., Prof.; *Produktionstechnik, CAD, Robotik*; di: Hochsch. Rhein/Main, FB Ingenieurwiss., Maschinenbau, Am Brückweg 26, 65428 Rüsselsheim, T: (06142) 8984325, thomas.fechter@hs-rm.de

**Feckl,** Josef; Dr. rer. silv., Prof.; *Cellulose- und Papier-Chemie*; di: Hochsch. München, Fak. Versorgungstechnik, Verfahrenstechnik Papier u. Verpackung, Druck- u. Medientechnik, Lothstr. 34, 80335 München, T: (089) 28924270, F: 28924337, jfeckl@fhm.edu

**Fedderwitz,** Walter; Dr.-Ing., Prof.; *Methoden d. Systemanalyse, Simulation, Datenbanken, Workflow*; di: Hochsch. Bremerhaven, An der Karlstadt 8, 27568 Bremerhaven, T: (0471) 4823484, fedderwi@hs-bremerhaven.de

**Federhoff-Rink,** Gerlind; Dr., Prof.; *Wirtschaftsrecht*; di: Hochsch.Merseburg, FB Wirtschaftswiss., Geusaer Str., 06217 Merseburg, T: (03461) 462438, F: 462422, gerlind.federhoff-rink@hs-merseburg.de

**Fedke,** Christoph; Dipl.-sc.-pol., Dipl.-Sozialpäd. (FH), Dr. phil., Prof.; *Soziale Arbeit, Politologie und Ökonomie*; di: Hochsch. Landshut, Fak. Soziale Arbeit, Am Lurzenhof 1, 84036 Landshut

**Fees,** Werner; Dr. rer. pol., Prof.; *Allgemeine BWL, insbes. Unternehmensführung*; di: Georg-Simon-Ohm-Hochsch. Nürnberg, Fak. Betriebswirtschaft, Bahnhofsstr. 87, 90402 Nürnberg, PF 210320, 90121 Nürnberg, werner.fees@fh-nuernberg.de; pr: Lärchenstr. 4, 91094 Langensendelbach

**Fehlau,** Jürgen; Prof.; *Stahlbau, Technische Mechanik, Baustatik*; di: Beuth Hochsch. f. Technik, FB III Bauingenieur- u. Geoinformationswesen, Luxemburger Str. 10, 13353 Berlin, T: (030) 45042588, fehlau@beuth-hochschule.de

**Fehlauer,** Klaus-Uwe; Dr. rer. nat., Dr.-Ing. habil., Prof.; *Mathematik, Bauinformatik*; di: Hochsch. Wismar, Fak. f. Ingenieurwiss., PF 1210, 23952 Wismar, T: (03841) 753549, k.fehlauer@bau.hs-wismar.de

**Fehling,** Georg; Dr.-Ing., Prof.; *Wirtschaftsingenieurwesen*; di: DHBW Stuttgart, Fak. Technik, Wirtschaftsingenieurwesen, Kronenstr. 40, 70174 Stuttgart, T: (0711) 1849860, fehling@dhbw-stuttgart.de

**Fehling,** Hans-Werner; Prof.; *Allg. BWL, Intern. Rechnungswesen*; di: FH Kiel, FB Wirtschaft, Sokratesplatz 2, 24149 Kiel, T: (0431) 2103504

**Fehn,** Heinz-Georg; Dr.-Ing., Prof.; *Digitaltechnik und Theoretische Nachrichtentechnik*; di: FH Münster, FB Elektrotechnik u. Informatik, Stegerwaldstr. 39, 48565 Steinfurt, T: (02551) 962234, F: 962710, fehn@fh-muenster.de; pr: Bankenbreite 5, 48624 Schöppingen, T: (02555) 98810

**Fehn,** Karsten; Dr., Prof.; *Öffentl. Recht u. Strafrecht im Rettungswesen*; di: FH Köln, Fak. f. Anlagen, Energie- u. Maschinensysteme, Betzdorfer Str. 2, 50679 Köln, T: (0221) 82752299; pr: info@dr-fehn-net.de

**Fehren,** Heinrich; Dr.-Ing., Prof.; *Elektrotechnik, Mess- und Regelungstechnik*; di: Private FH Göttingen, Weender Landstr. 3-7, 37073 Göttingen, fehren@eras.de

**Fehren,** Oliver; Dr., Prof.; *Perspektiven der Gemeinwesenarbeit, Sozialraumorientierung, Integriertes Handeln im Sozialraum*; di: Alice-Salomon-Hochsch., Alice-Salomon-Platz 5, 12627 Berlin-Hellersdorf, T: (030) 99245416, fehren@ash-berlin.eu

**Fehrenbach,** Gustav W.; Dr. rer. nat., Prof.; *Physik, Messtechnik, Optoelektronik*; di: Hochsch. Heilbronn, Fak. f. Technik u. Wirtschaft, Daimlerstr. 35, 74653 Künzelsau, T: (07940) 1306133, F: 130661331, fehrenbach@fh-heilbronn.de

**Fehrenbach,** Hermann; Dr.-Ing., Prof.; *Regelungstechnik*; di: Hochsch. Karlsruhe, Fak. Elektro- u. Informationstechnik, Moltkestr. 30, 76133 Karlsruhe, PF 2440, 76012 Karlsruhe, T: (0721) 9252227, Hermann.Fehrenbach@hs-karlsruhe.de

**Feichtmair,** Sebastian; Dr., Prof.; *BWL, Internatiolan Business*; di: DHBW Lörrach, Hangstr. 46-50, 79539 Lörrach, T: (07621) 2071321, F: 2071359, feichtmair@dhbw-loerrach.de

**Feichtner,** Edgar; Dipl.-Kfm., Dr. rer. pol., Prof.; *Allgemeine Betriebswirtschaftslehre, Marketing*; di: Hochsch. Regensburg, Fak. Betriebswirtschaft, PF 120327, 93025 Regensburg, T: (0941) 9431402, edgar.feichtner@bwl.fh-regensburg.de

**Feierabend,** Siegfried; Dr. rer. nat., Prof.; *Physik*; di: Westfäl. Hochsch., FB Elektrotechnik u. angew. Naturwiss., Neidenburger Str. 10, 45877 Gelsenkirchen, T: (0209) 9596131, s.feierabend@fh-gelsenkirchen.de; pr: Erbstollen 6 a, 44797 Bochum, T: (0234) 9471341

**Feiertag,** Gregor; Dr.-Ing., Prof.; di: Hochsch. München, Fak. Elektrotechnik u. Informationstechnik, Lothstr. 64, 80335 München, gregor.feiertag@hm.edu

**Feige,** Ina; Dr. rer. nat., Prof.; *Chemie und Abfalltechnologie*; di: Jade Hochsch., FB Ingenieurwissenschaften, Friedrich-Paffrath-Str. 101, 26389 Wilhelmshaven, T: (04421) 9852483, F: 9852623, ina.feige@jade-hs.de

**Feige,** Lothar; Dr. rer. pol., Prof.; *Gesundheitsökonomie/-wissenschaften, Volkswirtschaftslehre*; di: Ostfalia Hochsch., Fak. Gesundheitswesen, Wielandstr. 5, 38440 Wolfsburg, T: (05361) 831328, F: 831322

**Fein,** Raimund; Dr., Prof.; *Grundlagen Gestalten und Entwerfen, Hochbau*; di: Hochsch. Lausitz, FB Architektur, Bauingenieurwesen, Versorgungstechnik, Lipezker Str. 47, 03048 Cottbus-Sachsendorf, T: (0355) 5818501, F: 5818609

**Feindor,** Burghard; Dipl.-Kfm., Dr., Prof.; *Betriebswirtschaft, Anwendungen der Informatik in der Wirtschaft*; di: Hochsch. Rosenheim, Fak. Informatik, Hochschulstr. 1, 83024 Rosenheim, T: (08031) 805512, F: 805502

**Feindor,** Roland; Dipl.-Math., Dr., Prof., Dekan FB Informatik; *Programmieren, Hard- und Software-Auswahl, betriebliche Kommunikationssysteme, Software-Qualitätssicherung*; di: Hochsch. Rosenheim, Fak. Informatik, Hochschulstr. 1, 83024 Rosenheim, T: (08031) 805505, F: 805502

**Feinle,** Paul; Dr.-Ing., Prof.; *Tribologie, Werkstoffkunde*; di: Hochsch. Mannheim, Fak. Maschinenbau, Windeckstr. 110, 68163 Mannheim

**Feiser,** Johannes; Dr.-Ing., Prof.; *Geotechnik*; di: FH Aachen, FB Bauingenieurwesen, Bayernallee 9, 52066 Aachen, T: (0241) 600951121, feiser@fh-aachen.de; pr: Pützgracht 21, 52146 Würselen, T: (02405) 71286

**Feix,** Thorsten; Dr., Prof.; *Financial Institutions, Investmentbanking*; di: Hochsch. Augsburg, Fak. f. Wirtschaft, An der Hochschule 1, 86161 Augsburg, PF 110605, 86031 Augsburg, T: (0821) 55862953, Thorsten.Feix@hs-augsburg.de

**Feldberg,** Anja; Dr., Prof.; *Vertragsgestaltung u. Unternehmensrecht*; di: Hochsch. Hof, Fak. Wirtschaft, Alfons-Goppel-Platz 1, 95028 Hof, T: (09281) 409436, F: 40955436, Anja.Feldberg@fh-hof.de

**Felde,** Peter zum → zum Felde, Peter

**Felden,** Birgit; Dr. jur., Prof.; *Unternehmensberatung*; di: Hochsch. f. Wirtschaft u. Recht Berlin, FB 1, Badensche Str. 50-51, 10825 Berlin, T: (030) 85789192, bfelden@hwr-berlin.de

**Felder,** Hanno; Dr. med., Prof.; *Physiotherapie*; di: Hochsch. Fresenius, FB Gesundheit u Soziales, Limburger Str. 2, 65510 Idstein, T: (06126) 935236, felder@fh-fresenius.de

**Felder,** Marion; Dr., Prof.; *Wissenschaft der Sozialen Arbeit mit dem Schwerpunkt Rehabilitation/Inklusion*; di: H Koblenz, FB Sozialwissenschaften, Konrad-Zuse-Str. 1, 56075 Koblenz, T: (0261) 9528253, felder@hs-koblenz.de

**Felderhoff,** Thomas; Dr.-Ing., Prof.; *Grundlagen der Informationstechnik, Benutzerschnittstellen, Mikroprozessortechnik, Digitale Signalverarbeitung*; di: FH Dortmund, FB Informations- u. Elektrotechnik, Sonnenstr. 96, 44139 Dortmund, T: (0231) 9112386, F: 9112283, felderhoff@fh-dortmund.de

**Feldermann,** Jens; Dr.-Ing., Prof., Dekan FB Mechatronik und Maschinenbau; *Werkzeugmaschinen, insb. Werkzeugmaschinenkonstruktion*; di: Hochsch. Bochum, FB Mechatronik u. Maschinenbau, Lennershofstr. 140, 44801 Bochum, T: (0234) 3210429, jens.feldermann@hs-bochum.de; pr: Kastanienallee 31, 51399 Burscheid, T: (0171) 4829826

**Feldes,** Stefan; Dr.-Ing., Prof.; *Telekommunikationssysteme*; di: Hochsch. Mannheim, Fak. Informationstechnik, Windeckstr. 110, 68163 Mannheim

**Feldhaus,** Rainer; Dr.-Ing., Prof.; *Wasserbau und Siedlungswasserwirtschaft*; di: FH Köln, Fak. f. Bauingenieurwesen u. Umwelttechnik, Betzdorfer Str. 2, 50679 Köln, T: (0221) 82752903, rainer.feldhaus@fh-koeln.de; pr: Drei-Rosen-Winkel 11, 52066 Aachen, T: (0241) 575322

**Feldhaus-Plumin,** Erika; Dr., Prof.; *Gesundheits- u. Sozialwissenschaften*; di: Ev. Hochsch. Berlin, Lst. f. Gesundheits- u. Sozialwissenschaften, PF 370255, 14132 Berlin, T: (030) 84582238, feldhaus-plumin@eh-berlin.de

**Feldhoff,** Kerstin; Dr., Prof.; *Rechtswissenschaft*; di: FH Münster, FB Sozialwesen, Hüfferstr. 27, 48149 Münster, T: (0251) 8365790, F: 8365702, k.feldhoff@fh-muenster.de

**Feldhoff,** Patricia; Dr., Prof.; *BWL, Buchführung und Bilanzen*; di: Hochsch. Aschaffenburg, Fak. Wirtschaft u. Recht, Würzburger Str. 45, 63743 Aschaffenburg, T: (06021) 314723

**Feldkämper,** Ulrich Johannes; Dipl. Volkswirt, Prof.; *Investition, Finanzierung*; di: Hochsch. Heidelberg, Fak. f. Wirtschaft, Ludwig-Guttmann-Str. 6, 69123 Heidelberg, T: (06221) 881449, F: 881010, ulrich.feldkaemper@fh-heidelberg.de

**Feldmann,** Benno; Dr. rer. pol., Prof.; *Internationales Controlling, Internes Rechnungswesen, Allgemeine Betriebswirtschaftslehre*; di: FH Worms, FB Wirtschaftswiss., Erenburgerstr. 19, 67549 Worms, feldmann@fh-worms.de

**Feldmann,** Herbert; Dr.-Ing., Prof., Dekan FB Maschinenwesen; *Robotertechnik, Betriebstechnik, Konstruktion, Technische Informatik*; di: FH Kiel, FB Maschinenwesen, Grenzstr. 3, 24149 Kiel, T: (0431) 2102846, F: 2102860, herbert.feldmann@fh-kiel.de; pr: Finn-Dingi-Weg 10, 24159 Kiel, T: (0431) 372653

**Feldmann,** Klaus-Dieter; Dr., Prof.; *Volkswirtschaftslehre, Statistik*; di: Hochsch. Fulda, FB Wirtschaft, Marquardstr. 35, 36039 Fulda; pr: Oberdorfstr. 8, 36093 Künzell, T: (0661) 42126

**Feldmann,** Martin; Prof.; *Film-, TV-Produktion, E-Learning*; di: Hochsch. Ansbach, FB Wirtschafts- u. Allgemeinwiss., Residenzstr. 8, 91522 Ansbach, PF 1963, 91510 Ansbach, T: (0981) 4877368, martin.feldmann@fh-ansbach.de

**Feldmeier,** Franz; Dr., Prof.; *Physik, Bauphysik*; di: Hochsch. Rosenheim, Hochschulstr. 1, 83024 Rosenheim, T: (08031) 805410, F: 805402

**Feldmeier,** Gerhard; Dr. rer .pol., Prof.; *Unternehmensführung im Mittelstand, Internationales Management, Volkswirtschaftslehre*; di: Hochsch. Bremerhaven, An der Karlstadt 8, 27568 Bremerhaven, T: (0471) 4823137, F: 4823159, gfeldmeier@hs-bremerhaven.de; pr: Am Dammacker 10e, 28201 Bremen, T: (0421) 5970230, F: 5970232, GKFFeldmeier@t-online.de

**Feldt,** Jochen; Dr., Prof.; *BWL, Bank*; di: DHBW Heidenheim, Fak. Wirtschaft, Marienstr. 20, 89518 Heidenheim, T: (07321) 2722214, F: 2722219, feldt@dhbw-heidenheim.de

**Felgenhauer,** Andreas; Dr. rer. nat. habil., Prof.; *Mathematik*; di: Hochsch. Magdeburg-Stendal, FB Wasser- u. Kreislaufwirtschaft, Breitscheidstr. 2, 39114 Magdeburg, T: (0391) 8864522, andreas.felgenhauer@hs-magdeburg.de

**Felhauer,** Tobias; Dr.-Ing, Prof.; *Seminar Nachrichtentechnik, Telekommunikationstechnik, Mobilkommunikationssysteme, Projektmanagement*; di: Hochsch. Offenburg, Fak. Elektrotechnik u. Informationstechnik, Badstr. 24, 77652 Offenburg, T: (0781) 205208, F: 205214

**Felinks,** Birgit; Dr., Prof.; *Landschaftspflege, Gehölzkunde*; di: Hochsch. Anhalt, FB 1 Landwirtschaft, Ökotrophologie, Landespflege, Strenzfelder Allee 28, 06406 Bernburg, T: (03471) 3551131, b.felinks@loel.hs-anhalt.de

**Felleisen,** Michael; Dr., Prof.; *Elektrotechnik/Informationstechnik*; di: Hochsch. Pforzheim, Fak. f. Technik, Tiefenbronner Str. 65, 75175 Pforzheim, T: (07231) 286601, F: 286006, michael.felleisen@hs-pforzheim.de

**Fellenberg,** Benno; Dr. rer. nat. habil., Prof.; *Stochastische Analysis, Mathematik*; di: Westsächs. Hochsch. Zwickau, FB Phys. Technik/Informatik, Dr.-Friedrichs-Ring 2A, 08056 Zwickau, PF 201037, 08012 Zwickau, T: (0375) 5361380, F: 5362501, benno.fellenberg@fh-zwickau.de

**Feller,** Jörg; Dr. rer. nat., Prof.; *Anorganische Chemie*; di: HTW Dresden, Fak. Maschinenbau/Verfahrenstechnik, Friedrich-List-Platz 1, 01069 Dresden, T: (0351) 4623610, feller@mw.htw-dresden.de

**Feller,** Karl-Heinz; Dr. rer. nat. habil., Prof.; *Labor- u. Analysenmesstechnik, Instrumentelle Analytik, Physikalische Chemie*; di: FH Jena, FB Medizintechnik u. Biotechnologie, Carl-Zeiss-Promenade 2, 07745 Jena, PF 100314, 07703 Jena, T: (03641) 205600, F: 205601, mt@fh-jena.de

**Fellmann,** Dieter; Dr.-Ing., Prof.; *Baubetriebswesen*; di: HTWK Leipzig, FB Bauwesen, PF 301166, 04251 Leipzig, T: (0341) 30767269, fellmann@fbb.htwk-leipzig.de

**Fellmeth,** Peter; Prof.; *Buchführung, Bilanzsteuerrecht, Gewerbesteuer, Umsatzsteuer*; di: H f. öffentl. Verwaltung u. Finanzen Ludwigsburg, Fak. Steuer- u. Wirtschaftsrecht, Reuteallee 36, 71634 Ludwigsburg, T: (07141) 140481, F: 140544, fellmeth@vw.fhov-ludwigsburg.de

**Fels,** Friedrich; Dr. rer. nat., Prof.; *Informatik, Finanzmathematik, Statistik, Datenbanken, Operations Research, Programmieren, DB/DC-Systeme*; di: Hochsch. Hannover, Fak. IV Wirtschaft u. Informatik, Ricklinger Stadtweg 120, 30459 Hannover, PF 920261, 30441 Hannover, T: (0511) 92961580, F: 92961510, friedrich.fels@hs-hannover.de

**Felsch,** Thomas; Dr.-Ing., Prof.; *Logistik, Bestandsmanagement*; di: Ostfalia Hochsch., Fak. Verkehr-Sport-Tourismus-Medien, Karl-Scharfenberg-Str. 55-57, 38229 Salzgitter, T: (05341) 875247, Th.Felsch@ostfalia.de

**Felser,** Georg; Dr., Prof.; *Wirtschaftspsychologie*; di: Hochsch. Harz, FB Wirtschaftswiss., Friedrichstr. 57-59, 38855 Wernigerode, T: (03943) 659261, F: 659109, gfelser@hs-harz.de

**Felten,** Klaus; Dr.-Ing., Prof.; *Datenverarbeitung/Software, Computernetze*; di: FH Kiel, FB Informatik u. Elektrotechnik, Grenzstr. 5, 24149 Kiel, T: (0431) 2104105, F: 2104011, klaus.felten@fh-kiel.de; pr: Hermannstr. 19, 24149 Kiel, T: (0431) 26969

**Felten,** Michael; Dr. habil., Prof.; *Numerische Mathematik*; di: Hochsch. d. Medien, Fak. Electronic Media, Nobelstr. 10, 70569 Stuttgart, felten@hdm-stuttgart.de

**Femers,** Susanne; Dr., Prof.; *Wirtschaftskommunikation*; di: HTW Berlin, FB Wirtschaftswiss. II, Treskowallee 8, 10318 Berlin, T: (030) 50192236, femers@HTW-Berlin.de

**Fenchel,** Klaus; Dr. med., Prof.; *Palliativmedizin u. Schmerztherapie*; di: MSH Medical School Hamburg, Am Kaiserkai 1, 20457 Hamburg, T: (040) 36122640, Klaus.Fenchel@medicalschool-hamburg.de

**Fend,** Lars; Dr., Prof.; *Handelsmanagement, Handelsmarketing u. Quantitative Methoden*; di: HAW Ingolstadt, Fak. Wirtschaftswiss., Esplanade 10, 85049 Ingolstadt, T: (0841) 9348638, lars.fend@haw-ingolstadt.de

**Fendt,** Heinrich; Dipl.-Kfm., Dr. rer. pol., Prof.; *Wirtschaftsinformatik, Systemanalyse, Informationsmanagement*; di: FH Flensburg, FB Wirtschaft, Kanzleistr. 91-93, 24943 Flensburg, T: (0461) 8051470, fendt@wi.fh-flensburg.de; pr: T: (04631) 6061

**Feninger,** Rainer; Dr., Prof.; *Microeconomics, macroeconomics, environmental economics, international economics*; di: DHBW Lörrach, Hangstr. 46-50, 79539 Lörrach, T: (07621) 2071361, F: 2071139, feninger@dhbw-loerrach.de

**Fensterle,** Joachim; Dr., Prof.; *Biotechnologie/Bioengineering*; di: Hochsch. Rhein-Waal, Fak. Life Sciences, Marie-Curie-Straße 1, 47533 Kleve, T: (02821) 80673219, joachim.fensterle@hochschule-rhein-waal.de

**Ferber,** Reginald; Dr., Prof.; *Wissenrepräsentation*; di: Hochsch. Darmstadt, FB Media, Haardtring 100, 64295 Darmstadt, T: (06151) 169419, reginald.ferber@fbmedia.h-da.de

**Ferchhoff,** Wilfried; Dr. phil. habil., PD U Bielefeld, Prof. i.R. FH Rheinland-Westfalen-Lippe; *Jugend-, Erwachsenen- u. Weiterbildung, Sozialpädagogik*; di: Univ., Fak. f. Erziehungswiss., AG 9 – Medienpädagogik, Forschungsmethoden u. Jugendforschung, Universitätsstr. 25, 33615 Bielefeld, T: (0521) 1063393, Wilfried.ferchhoff@uni-bielefeld.de; pr: Immermannstr. 22, 33619 Bielefeld, T: (0521) 884014

**Ferdinand,** Stephan; Prof.; *Medienbezogene Praxis, Rundfunk (Hörfunk, Fernsehen), Journalismus*; di: Hochsch. d. Medien, Nobelstr. 10, 70569 Stuttgart, T: (0711) 89232256, ferdinand@hdm-stuttgart.de; www.stephan-ferdinand.de

**Ferencz,** Marlene; Dipl.-Math., Dr. rer. nat., Prof.; *Mathematik*; di: Hochsch. Reutlingen, FB International Business, Alteburgstr. 150, 72762 Reutlingen, T: (07121) 271347, Marlene.Ferencz@Reutlingen-University.DE

**Fergen,** Ulrike; Dr., Prof.; *Gesundheitstourismus, Tourismusmanagement*; di: Baltic College, Plauer Str. 81, 18273 Güstrow, T: (03843) 464225, fergen@baltic-college.de

**Ferstl,** Frank; Dr. rer. nat., Prof.; *Mathematik*; di: Hochsch. Zittau/Görlitz, Fak. Wirtschafts- u. Sprachwiss., Theodor-Körner-Allee 16, 02763 Zittau, T: (03583) 611833, f.ferstl@hs-zigr.de

**Fervers,** Wolfgang; Dr., Prof.; *Fahrzeuglabor, Maschinenelemente, Grundlagen der Straßenfahrwerke*; di: HAW Hamburg, Fak. Technik u. Informatik, Berliner Tor 9, 20099 Hamburg, T: (040) 428757877, fervers@fzt.haw-hamburg.de

**Fesenfeld,** Anke; Dr. disc. pol., Prof.; *Pflegewissenschaft*; di: Hochsch. f. Gesundheit, Universitätsstr. 105, 44789 Bochum, T: (0234) 77727680, anke.fesenfeld@hs-gesundheit.de

**Feser,** Ralf; Dr.-Ing., Prof.; *Korrosionsschutztechnik*; di: FH Südwestfalen, FB Informatik u. Naturwiss., Frauenstuhlweg 31, 58644 Iserlohn, T: (02371) 566147, F: 566251, feser@fh-swf.de

**Feser,** Uta Maria; Dipl.-Hdl., Dr. rer. pol., Prof., Präs. FH Neu-Ulm; *Gesundheitsmanagement*; di: FH Neu-Ulm, Wileystr. 1, 89231 Neu-Ulm, T: (0731) 97621000, uta.feser@fh-neu-ulm.de

**Feske,** Klaus; Dr.-Ing., Prof.; *Kommunikationstechnik/Optische Nachrichtentechnik*; di: HTW Dresden, Fak. Elektrotechnik, PF 120701, 01008 Dresden, T: (0351) 4622700, feske@et.htw-dresden.de

**Fetscher,** Doris; Dr. phil., Prof.; *International Business Administration, Romanische Sprachen*; di: Westsächs. Hochsch. Zwickau, FB Sprachen, Scheffelstr. 39, 08066 Zwickau, Doris.Fetscher@fh-zwickau.de

**Fettig,** Joachim; Dr.-Ing., Prof.; *Wassertechnologie*; di: Hochsch. Ostwestfalen-Lippe, FB 8, Umweltingenieurwesen u. Angew. Informatik, An der Wilhelmshöhe 44, 37671 Höxter, T: (05271) 687160, j-fettig@fh-luh.de; pr: Ulmenweg 3, 37671 Höxter, T: (05271) 34088

**Fetzer,** Gerhard; Dipl.-Ing., Prof., Dekan FB Versorgungstechnik und Umwelttechnik; *Grundlagen der Elektrotechnik, Elektr. Maschinen und Anlagen, Regelungstechnik, EDV-Anwendungen*; di: Hochsch. Esslingen, Fak. Versorgungstechnik u. Umwelttechnik, Kanalstr. 33, 73728 Esslingen, T: (0711) 3973450; pr: Mühlhaldenstr. 25, 73770 Denkendorf, T: (0711) 3460756

**Fetzer,** Horst; Dipl. Designer, Prof.; *Modedesign*; di: HTW Berlin, FB Gestaltung, Wilhelminenhofstr. 67-77, 12459 Berlin, T: (030) 50193479, Horst.Fetzer@HTW-Berlin.de

**Fetzer,** Stefan; Dr., Prof.; *Gesundheitssysteme, Managed Care, Wirtschaftsmathematik*; di: Hochsch. Aalen, Fak. Wirtschaftswissenschaften, Beethovenstr. 1, 73430 Aalen, T: (07361) 5762287, Stefan.Fetzer@htw-aalen.de

**Fetzner,** Daniel; Prof.; *Onlinegestaltung*; di: Hochsch. Furtwangen, Fak. Digitale Medien, Robert-Gerwig-Platz 1, 78120 Furtwangen, T: (07723) 9202518, fet@fh-furtwangen.de

**Feucht,** Michael; Dr. rer. nat., Prof.; *Betriebswirtschaftslehre, Finanz- u. Rechnungswesen, Management von Finanzrisiken, Derivative Finanzinstrumente*; di: Hochsch. Augsburg, Fak. f. Wirtschaft, Friedberger Straße 4, 86161 Augsburg, T: (0821) 55862913, michael.feucht@hs-augsburg.de

**Feuerhake,** Christian; Dr. oec., Prof.; *Marketing*; di: Hochsch. Wismar, Fak. f. Wirtschaftswiss., PF 1210, 23952 Wismar, T: (03841) 753168, c.feuerhake@wi.hs-wismar.de

**Feuerhelm,** Wolfgang; Dr. iur., nbed. apl. U Mainz, Prof. Kath. FH Mainz; *Sozialrecht, Strafrecht*; di: Kath. Hochsch. Mainz, FB Soziale Arbeit, Saarstr. 3, 55122 Mainz, T: (06131) 2894456, feuerhelm@kfh-mainz.de; Univ., FB 03, Prof. f. Kriminologie, Jugendstrafrecht, Strafvollzug u. Strafrecht, 55099 Mainz, T: (06131) 2404111, wolfgang.feuerhelm@ism-mainz.de

**Feuerriegel,** Uwe; Dr.-Ing., Prof.; *Verfahrenstechnik und Anlagentechnik*; di: FH Aachen, FB Angewandte Naturwiss. u. Technik, Worringer Weg 1, 52074 Aachen, T: (0241) 600953100, feuerriegel@fh-aachen.de; pr: Bremenberg 40a, 52072 Aachen, T: (02407) 189436

**Feuerstein,** Heinz-Joachim; Prof.; *Verwaltungslehre, Verhaltenstraining*; di: Hochsch. Kehl, Fak. Wirtschafts-, Informations- u. Sozialwiss., Kinzigallee 1, 77694 Kehl, PF 1549, 77675 Kehl, T: (07851) 894223, Feuerstein@fh-kehl.de

**Feuerstein,** Stefan; Dipl. BW (FH), HonProf.; *Konzernmanagement*; di: FH Worms, FB Wirtschaftswiss., Erenburgerstr. 19, 67549 Worms

**Feuerstein,** Thomas J.; Dr. phil., Prof. i.R.; *Berufliche Sozialisation, Berufspädagogik, arbeitsweltbezogene Sozialpädagogik*; di: Hochsch. Rhein/Main, FB Sozialwesen, Kurt-Schumacher-Ring 18, 65197 Wiesbaden, T: (0611) 94951315, thomas.j.feuerstein@hs-rm.de; pr: Limburger Str. 37, 65597 Hünfelden, T: (06438) 72299, feuerstein.jth@gmx.de

**Feustel,** Helmut E.; Dr.-Ing, Prof.; *Technisches Gebäudemanagement, Anlagentechnik*; di: HTW Berlin, FB Ingenieurwiss. I, Marktstr. 9, 10317 Berlin, T: (030) 50193737, h.feustel@HTW-Berlin.de

**Feyerabend,** Franz; Dr.-Ing., Prof.; *Technische Mechanik, Maschinenelemente, Konstruktionstechnik*; di: FH Bielefeld, FB Ingenieurwiss. u. Mathematik, Am Stadtholz 24, 33609 Bielefeld, T: (0521) 1067474, franz.feyerabend@fh-bielefeld.de

**Feyerabend,** Friedrich-Karl; Dr. jur., Prof.; *Arbeitsrecht, Privatrecht, Rechtswissenschaften*; di: Techn. Hochsch. Mittelhessen, FB 21 Sozial- u. Kulturwiss., Wilhelm-Leuschner-Str. 13, 61169 Friedberg, T: (06031) 604594, Friedrich-Karl.Feyerabend@suk.fh-friedberg.de; pr: T: (06032) 85746

**Feyerabend,** Manfred; Dr.-Ing., Prof.; *Tragwerkslehre, Baubetrieb, Konstruktives Entwerfen*; di: H Koblenz, FB Bauwesen, Konrad-Zuse-Str. 1, 56075 Koblenz, T: (0261) 9528601, F: 9528647, feyerabend@hs-koblenz.de

**Feyerabend,** Volker; Dipl.-Des., Prof.; *Computergestütztes Entwerfen und Mode-Illustration*; di: Hochsch. Hannover, Fak. III Medien, Information u. Design, Kurt-Schwitters-Forum, Expo Plaza 2, 30539 Hannover, T: (0511) 92962358, volker.feyerabend@hs-hannover.de

**Fichert,** Frank; Dr., Prof.; *Personenverkehr, Luftverkehr, Volkswirtschaftslehre*; di: FH Worms, FB Touristik/Verkehrswesen, Erenburgerstr. 19, 67549 Worms, fichert@hs-heilbronn.de

**Fichna,** Matthias; Dr.-Ing., Prof.; *Baukonstruktion*; di: Hochsch. Zittau/Görlitz, Fak. Bauwesen, Schliebenstr. 21, 02763 Zittau, PF 1455, 02754 Zittau, T: (03583) 611637, m.fichna@hs-zigr.de

**Ficht,** Donate; Dr. jur., Prof.; *Zivilrecht*; di: FH d. Bundes f. öff. Verwaltung, FB Sozialversicherung, Nestorstraße 23 - 25, 10709 Berlin, T: (030) 86527042

**Fichtner,** Wolfgang; Dr. rer. nat., Prof.; *Anorganische und Organische Chemie*; di: Hochsch. Darmstadt, FB Chemie- u. Biotechnologie, Haardtring 100, 64295 Darmstadt, T: (06151) 168201; pr: wobifi@t-online.de

**Fickenscher,** Guido; Dr., Prof.; *Eingriffsrecht (Polizeirecht, Strafprozessrecht)*; di: FH d. Polizei d. Landes Brandenburg, Bernauer Str. 146, 16515 Oranienburg, T: (03301) 8502403, guido.fickenscher@fhpolbb.de

**Fickenscher,** Manfred; Dr.-Ing., Prof.; *Lasertechnik, Optoelektronik*; di: Hochsch. München, Fak. Feinwerk- u. Mikrotechnik, Physikal. Technik, Lothstr. 34, 80335 München, T: (089) 12651213, F: 12651480, fickenscher@fhm.edu

**Ficker,** Frank; Dr., Prof.; *Webereitechnologie, Bindungstechnik*; di: Hochsch. Hof, Fak. Ingenieurwiss., Alfons-Goppel-Platz 1, 95028 Hof, T: (09281) 409865, F: 40955865, Frank.Ficker@fh-hof.de

**Fiebich,** Martin; Dr.-rer. medic., Prof.; *Bildgebende Verfahren*; di: Techn. Hochsch. Mittelhessen, FB 04 Krankenhaus- u. Medizintechnik, Umwelt- u. Biotechnologie, Wiesenstr. 14, 35390 Gießen, T: (0641) 3092573; pr: Margarethenstr. 48, 61231 Bad Nauheim, T: (06032) 868383

**Fiedler,** Harald; Prof.; *Psychologie, Soziologie*; di: Hochsch. f. Polizei Villingen-Schwenningen, Sturmbühlstr. 250, 78054 Villingen-Schwenningen, T: (07720) 309570, HaraldFiedler@fhpol-vs.de

**Fiedler,** Rudolf; Prof.; *Datenverarbeitung, Rechnungswesen, Organisation und Wirtschaftsinformatik*; di: Hochsch. f. angew. Wiss. Würzburg Schweinfurt, Fak. Wirtschaftswiss., Münzstr. 12, 97070 Würzburg

**Fiedler,** Sebastian; Prof.; *Klimadesign*; di: FH Frankfurt, FB 1 Architektur, Bauingenieurwesen, Geomatik, Nibelungenplatz 1, 60318 Frankfurt am Main, sebastian.fiedler@fb1.fh-frankfurt.de

**Fieguth,** Gert; Dr., Prof.; *Organisationssoziologie, Personal/Organisation*; di: Hochsch. Kehl, Fak. Wirtschafts-, Informations- u. Sozialwiss., Kinzigallee 1, 77694 Kehl, PF 1549, 77675 Kehl, T: (07851) 894184, Fieguth@fh-kehl.de

**Fifka,** Mathias; Dr., PD U Erlangen-Nürnberg, Prof. Cologne Business School Köln; *Internationale Wirtschaftsethik u. Nachhaltigkeit, Betriebswirtschaftslehre*; di: Cologne Business School, Hardefuststr. 1, 50677 Köln, T: (0221) 931809835, M.Fifka@cbs-edu.de; Univ., Lst. f. Auslandswiss. (Englischsprachige Gesellschaften), Findelgasse 9, 90402 Nürnberg, Matthias.Fifka@wiso.uni-erlangen.de

**Figel,** Klaus; Dr.-Ing., Prof.; *Konstruktion, Maschinenelemente, CAD, FEM*; di: Hochsch. Kempten, Fak. Maschinenbau, Bahnhofstr. 61-63, 87435 Kempten, T: (0831) 2523230, F: 2523229, klaus.figel@fh-kempten.de

**Figge,** Friedrich; Dipl.-Kfm., Dipl.-oec., Prof.; *Multimedia, Elektronisches Publizieren*; di: HTWK Leipzig, FB Medien, PF 301166, 04251 Leipzig, T: (0341) 30765421, figge@fbm.htwk-leipzig.de

**Figura,** Ludger; Dr. rer. nat., Prof.; *Lebensmittelphysik, Lebensmittelverfahrenstechnik*; di: Hochsch. Osnabrück, Fak. Agrarwiss. u. Landschaftsarchitektur, PF 1940, 49009 Osnabrück, T: (0541) 9695012, L.Figura@hs-osnabrueck.de; pr: T: (05431) 7004, F: 7005, lfigura@gmx.de; www.figura.de

**Figura,** Raymond; Dipl.-Ing., Dr.-Ing., Prof.; *Betriebswirtschaftslehre, insbes. Materialwirtschaft und Organisation*; di: Westfäl. Hochsch., FB Wirtschaft u. Informationstechnik, Münsterstr. 265, 46397 Bocholt, T: (02871) 2155734, Raymond.Figura@fh-gelsenkirchen.de

**Fikentscher,** Wolfgang; Dr., Prof.; *Grundlagen der Volkswirtschaftslehre, Makroökonomik und Politik der EU-Volkswirtschaft, Theorie und Politik globaler Volkswirtschaften*; di: Hochsch. Rosenheim, Fak. Betriebswirtschaft, Hochschulstr. 1, 83024 Rosenheim, T: (08031) 805465, F: 805453

**Filip,** Werner; Dr., Prof.; *Informatik*; di: FH Frankfurt, FB 2 Informatik u. Ingenieurwiss., Nibelungenplatz 1, 60318 Frankfurt am Main, T: (069) 15333014, filip@fb2.fh-frankfurt.de

**Fillmann,** Claudia; Dr. rer. nat., Prof.; di: Hochsch. München, Fak. Versorgungstechnik, Verfahrenstechnik Papier u. Verpackung, Druck- u. Medientechnik, Lothstr. 34, 80335 München, claudia.fillmann@hm.edu

**Filter,** Eva; Dipl.-Ing., Innenarchitektin, Prof.; *Entwurf und Konstruktion von Wohnungen und Wohnungseinrichtungen*; di: Hochsch. Ostwestfalen-Lippe, FB 1, Architektur u. Innenarchitektur, Bielefelder Str. 66, 32756 Detmold, T: (05231) 76950, F: 769681; pr: Moltkeplatz 1, 47877 Willich, T: (02154) 429364

**Filz,** Bernd; Dr., Prof.; *Personalmanagement u. -führung*; di: FH Südwestfalen, FB Ingenieur- u. Wirtschaftswiss., Lindenstr. 53, 59872 Meschede, T: (0291) 9910550, filz.b@fh-swf.de

**Fimmel,** Elena; Dr., Prof.; *Mathematische und theoretische Grundlagen der Informatik*; di: Hochsch. Mannheim, Fak. Informatik, Windeckstr. 110, 68163 Mannheim

**Findeisen,** Erik; Dr., Prof.; *Berufs- u. Arbeitspädagogik, Forsttechnik, Holzmarktlehre*; di: FH Erfurt, FB Forstwirtschaft u. Ökosystemmanagement, Leipziger Str. 77, 99085 Erfurt, T: (0361) 67004265, F: 67004263, erik.findeisen@fh-erfurt.de

**Findeisen,** Petra; Dr., Prof.; *Strategisches Management / Innovationsmanagement*; di: DHBW Villingen-Schwenningen, Fak. Wirtschaft, Karlstr. 29, 78054 Villingen-Schwenningen, T: (07720) 3906501, F: 3906549, findeisen@dhbw-vs.de

**Fineron,** Andrew; Dr., Prof.; di: DHBW Ravensburg, Rudolfstr. 19, 88214 Ravensburg, T: (0751) 189992122, fineron@dhbw-ravensburg.de

**Finis Siegler,** Beate; Dr., Prof.; *Ökonomie, Sozialpolitik*; di: FH Frankfurt, FB 4 Soziale Arbeit u. Gesundheit, Nibelungenplatz 1, 60318 Frankfurt am Main, T: (069) 15332875, finis.siegler@t-online.de

**Fink,** Carmen; Dr., Prof.; *Controlling*; di: Hochsch. Reutlingen, FB International Business, Alteburgstr. 150, 72762 Reutlingen, T: (07121) 2716018, Carmen.Fink@Reutlingen-University.DE

**Fink,** Christian; Dr., Prof.; *Accounting & Controlling*; di: Hochsch. Rhein/Main, Wiesbaden Business School, Bleichstr. 44, 65183 Wiesbaden, T: (0611) 94953110, Christian.Fink@hs-rm.de

**Fink,** Dieter; Dipl.-Holzwirt, Dipl.-Wirt.-Ing., Dr. rer. nat., Prof.; *Projekt-Management*; di: Hochsch. Reutlingen, FB Business and Information Science, Alteburgstr. 150, 72762 Reutlingen, T: (07121) 271732; pr: Bergstr. 28, 72127 Kusterdingen, T: (07071) 31202

**Fink,** Dietmar; Dr., Prof.; *Betriebswirtschaftslehre, insbes. Unternehmensberatung u. -entwicklung*; di: Hochsch. Bonn-Rhein-Sieg, FB Wirtschaft Rheinbach, von-Liebig-Str. 20, 53359 Rheinbach, T: (02241) 865422, F: 8658422, dietmar.fink@fh-bonn-rhein-sieg.de

**Fink,** Frank; Dr. rer. nat. habil, Prof.; *Physik*; di: HTW Berlin, FB Ingenieurwiss. I, Marktstr. 9, 10317 Berlin, T: (030) 50193602, fink@HTW-Berlin.de

**Fink,** Josef; Dr., Prof.; *Wirtschaftsinformatik, E-Business*; di: FH Frankfurt, FB 2 Informatik u. Ingenieurwiss., Nibelungenplatz 1, 60318 Frankfurt am Main, T: (069) 15332785, jfink@fb2.fh-frankfurt.de

**Fink,** Roland; Dr.-Ing., Prof.; *Konstruktiver Ingenieurbau*; di: Hochsch. f. Technik, Fak. Bauingenieurwesen, Bauphysik u. Wirtschaft, Schellingstr. 24, 70174 Stuttgart, PF 101452, 70013 Stuttgart, T: (0711) 89262688, F: 89262913, roland.fink@hft-stuttgart.de

**Fink,** Wolfgang; Dr., Prof.; *Physikalische Chemie, Instrumentelle Analytik*; di: Hochsch. Bonn-Rhein-Sieg, FB Angewandte Naturwissenschaften, von-Liebig-Str. 20, 53359 Rheinbach, T: (02241) 865568, F: 8658568, wolfgang.fink@fh-bonn-rhein-sieg.de

**Finkbeiner,** Gerd; Prof., HonProf.; *Auftragsplanung, Kalkulation*; di: Hochsch. d. Medien, Fak. Electronic Media, Nobelstr. 10, 70569 Stuttgart

**Finke,** Betina; Dr. jur., Prof.; *Recht, insbes. Familienrecht, Jugendhilferecht, Strafvollzugsrecht*; di: FH Dortmund, FB Angewandte Sozialwiss., Emil-Figge-Str. 44, 44227 Dortmund, T: (0231) 7554939, F: 7556287, betina.finke@fh-dortmund.de

**Finke,** Eckhard; Dr. rer. nat., Prof.; *Maschinenelemente, Technische Mechanik*; di: Hochsch. Münster, FB, Stegerwaldstraße 39, 48565 Steinfurt, T: (02551) 962065, F: 962066, finke@fh-muenster.de

**Finke,** Robert; Dr., Prof.; *Controlling, Risikomanagement, Betriebswirtschaftslehre, Volkswirtschaftslehre*; di: HTW Berlin, FB Wirtschaftswiss. II, Treskowallee 8, 10318 Berlin, T: (030) 50192258, finke@HTW-Berlin.de

**Finke,** Torsten; Dr., Prof.; *Hardware- und Betriebssysteme, Kommunikationstechnologien, Datenbankenentwicklung, Programmierpraxis*; di: Hochschl. f. Oekonomie & Management, Herkulesstr. 32, 45127 Essen, T: (0201) 810040

**Finke,** Ullrich; Dr., Prof.; *Physik*; di: Hochsch. Hannover, Fak. I Elektro- u. Informationstechnik, Ricklinger Stadtweg 120, 30459 Hannover, PF 920261, 30441 Hannover, T: (0511) 92961273, ullrich.finke@hs-hannover.de

**Finke,** Ulrich; Dr., Prof.; *Raumlufttechnik*; di: Beuth Hochsch. f. Technik, FB IV Architektur u. Gebäudetechnik, Luxemburger Str. 10, 13353 Berlin, T: (030) 45042566, ulrich.finke@beuth-hochschule.de

**Finke,** Wolfgang; Dr. rer. pol., Prof.; *Allgemeine Betriebswirtschaftslehre, insb. Wirtschaftsinformatik*; di: FH Jena, FB Betriebswirtschaft, Carl-Zeiss-Promenade 2, 07745 Jena, PF 100314, 07703 Jena, T: (03641) 205550, F: 205551, bw@fh-jena.de

**Finkel,** Michael; Dr.-Ing., Prof.; *Elektrotechnik*; di: Hochsch. Augsburg, Fak. f. Elektrotechnik, An der Hochschule 1, 86161 Augsburg, PF 110605, 86031 Augsburg, T: (0821) 55863366, michael.finkel@hs-augsburg.de

**Finkeldey,** Axel; Dipl.-Ing., Prof.; *Entwerfen, Baukonstruktion, Baubetrieb*; di: Jade Hochsch., FB Bauwesen u. Geoinformation, Ofener Str. 16-19, 26121 Oldenburg, T: (0441) 77083263; pr: Schünenmannweg 12, 12247 Berlin, T: (04164) 3133

**Finkeldey,** Lutz; Dr. phil., Prof.; *Theorie und Praxis der Jugendhilfe, Soziologie und politische Wissenschaft*; di: HAWK Hildesheim/Holzminden/Göttingen, Fak. Soziale Arbeit u. Gesundheit, Brühl 20, 31134 Hildesheim, T: (05121) 881447, F: 881454, Finkeldey@hawk-hhg.de

**Finkenrath,** Matthias; Dr.-Ing., Prof.; *Energie- u. verfahrenstechnische Systeme, Prozessimulation energietechnischer Anlagen, Thermische Kraftwerke*; di: Hochsch. Kempten, Fak. Maschinenbau, Bahnhofstr. 61-63, 87435 Kempten, T: (0831) 25239223, F: 2523229, matthias.finkenrath@fh-kempten.de

**Finsterbusch,** Karin; Dr.-Ing., Prof.; *Bekleidungskonstruktion*; di: Hochsch. Niederrhein, FB Textil- u. Bekleidungstechnik, Webschulstr. 31, 41065 Mönchengladbach, T: (02161) 1866204; pr: Hohlstr. 11, 41747 Viersen, T: (02162) 355173

**Finzel,** Hans-Ulrich; Dipl.-Phys., Dr. rer. nat., Prof.; *Mathematik und Informatik für Chemieingenieure*; di: Hochsch. Niederrhein, FB Chemie, Frankenring 20, 47798 Krefeld, T: (02151) 8224075

**Finzer,** Peter; Dr., Prof.; *Allgemeine Betriebswirtschaftslehre, Betriebl. Personal- und Bildungswesen*; di: Hochsch. Fulda, FB Wirtschaft, Marquardstr. 35, 36039 Fulda; pr: Donnersbergstr. 2, 68163 Mannheim, T: (0621) 105551

**Fippinger,** Olaf; Dipl.-Des., Prof.; *Design, Fotografie*; di: Hochsch. Wismar, Fak. f. Gestaltung, PF 1210, 23952 Wismar, T: (03841) 753392, olaf.fippinger@hs-wismar.de

**Firlus,** Leonhard; Dr. rer. pol., Prof.; *Betriebswirtschaft*; di: HTW d. Saarlandes, Fak. f. Wirtschaftswiss, Waldhausweg 14, 66123 Saarbrücken, T: (0681) 5867-573, firlus@htw-saarland.de; pr: Im Fuchstal 18, 66424 Homburg-Schwarzenbach

**Firsching,** Peter; Dr.-Ing., Prof.; *Elektrische Maschinen und Antriebe, Automatisierungstechnik*; di: Hochsch. Deggendorf, FB Elektrotechnik u. Medientechnik, Edlmairstr. 6-8, 94469 Deggendorf, PF 1320, 94453 Deggendorf, T: (0991) 3615525, F: 3615599, peter.firsching@fh-deggendorf.de

**Fischbach,** Dirk; Dr., Prof.; *Allgemeine Betriebswirtschaftslehre, International Management*; di: Hochsch. Harz, FB Wirtschaftswiss., Friedrichstr. 57-59, 38855 Wernigerode, T: (03943) 659263, F: 659109, dfischbach@hs-harz.de

**Fischbach,** Sven; Dr. rer. pol., Prof.; *Rechnungswesen, Controlling*; di: FH Mainz, FB Wirtschaft, Lucy-Hillebrand-Str. 2, 55128 Mainz, T: (06131) 6283219, sven.fischbach@wiwi.fh-mainz.de

**Fischbacher,** Johannes; Dr.-Ing., Prof.; *Operations Research, Produktionstechnik*; di: HAW Ingolstadt, Fak. Maschinenbau, Esplanade 10, 85049 Ingolstadt, T: (0841) 9348367, johannes.fischbacher@haw-ingolstadt.de

**Fischer,** Andreas; Dr.-Ing., Prof.; *Statik, Spannbeton, Brückenbau, Massivbau*; di: Beuth Hochsch. f. Technik, FB III Bauingenieur- u. Geoinformationswesen, Luxemburger Str. 10, 13353 Berlin, T: (030) 45042609, fischer@beuth-hochschule.de

**Fischer,** Andreas; Dr. rer. nat., Prof.; *Mathematik*; di: Hochsch. Darmstadt, FB Mathematik u. Naturwiss., Haardtring 100, 64295 Darmstadt, T: (06151) 168679, af@h-da.de

**Fischer,** Andreas; Dr. rer. nat., Prof.; *Physik, Technische Physik*; di: Hochsch. Mittweida, Fak. Mathematik/Naturwiss./Informatik, Technikumplatz 17, 09648 Mittweida, T: (03727) 581332, F: 581315, afischer@htwm.de

**Fischer,** Andreas; Dr., Prof.; *Physiotherapie, Ergotherapie*; di: Hochsch. Osnabrück, Fak. Wirtschafts- u. Sozialwiss., Caprivistr. 30 A, 49076 Osnabrück, T: (0541) 9693015, a.fischer@hs-osnabrueck.de

**Fischer,** Arno; Dr. rer. nat., Prof.; *ISDN, Betriebssysteme, Rechnernetze, Internetanwendungen*; di: FH Brandenburg, FB Informatik u. Medien, Magdeburger Str. 50, 14770 Brandenburg, PF 2132, 14737 Brandenburg, T: (03381) 355434, F: 355499, fischer@fh-brandenburg.de; www.fh-brandenburg.de/~fischer; pr: Beskidenstr. 4, 14129 Berlin, T: (030) 8034577, F: 8034257

**Fischer,** Bernd; Dipl.-Ing., Prof.; *Systementwurf und Systemintegration*; di: HTW Dresden, Fak. Elektrotechnik, PF 120701, 01008 Dresden, T: (0351) 4623593, fischer@et.htw-dresden.de

**Fischer,** Bettina; Dr., Prof.; *Unternehmensführung, Marketing*; di: Hochsch. Rhein/Main, Wiesbaden Business School, Bleichstr. 44, 65183 Wiesbaden, T: (0611) 94953170, bettina.fischer@hs-rm.de

**Fischer,** Daniel; Dr.-Ing., Prof.; *Algorithmen u. Datenstrukturen in C, Datenbanken in der Prozessautomatisierung, Labor Ingenieur-Informatik, Labor Elektrotechnik, Projektarbeit Technische Informatik, Prozessdatenverarbeitung*; di: Hochsch. Offenburg, Fak. Elektrotechnik u. Informationstechnik, Badstr. 24, 77652 Offenburg, T: (0781) 205148, F: 205214

**Fischer,** Dieter; Dr.-Ing., Prof.; *Arbeitsstudium, Kostenrechnung, Konstruktion, CAD*; di: Hochsch. Rosenheim, Fak. Ingenieurwiss., Hochschulstr. 1, 83024 Rosenheim, T: (08031) 805612, dieter.fischer@fh-rosenheim.de

**Fischer,** Dirk; Dr. rer. pol., Prof.; *BWL, Rechnungswesen*; di: Hochsch. München, Fak. Informatik u. Mathematik, Lothstr. 34, 80335 München, T: (089) 12653732

**Fischer,** Dirk; Dr.-Ing., Prof.; *Übertragungstechnik und Hochfrequenztechnik*; di: FH Münster, FB Elektrotechnik u. Informatik, Stegerwaldstr. 39, 48565 Steinfurt, T: (02551) 962275, F: 962391, dirk.fischer@fh-muenster.de; pr: Stormstr. 7, 48565 Steinfurt

**Fischer,** Dirk; Dipl.-Ing., Prof.; *Straßenplanung, Straßenbautechnik*; di: H Koblenz, FB Bauwesen, Konrad-Zuse-Str. 1, 56075 Koblenz, T: (0261) 9528633, F: 9528648, dfischer@hs-koblenz.de

**Fischer,** Dirk Rainer; Dr., Dr. PhD, HonProf.; *Medizin/Biochemie*; di: Hochsch. Rhein/Main, FB Ingenieurwiss., Am Brückweg 26, 65428 Rüsselsheim, T: (06132) 953795, dirk.r.fischer@hs-rm.de

**Fischer,** Edmund; Prof.; *Öffentliche Betriebswirtschaftslehre, Rechnungswesen*; di: Hochsch. Kehl, Fak. Wirtschafts-, Informations- u. Sozialwiss., Kinzigallee 1, 77694 Kehl, PF 1549, 77675 Kehl, T: (07851) 894190, fischer@fh-kehl.de; pr: Am Beller Weg 4, 50259 Pulheim, ace.fischers@t-online.de

**Fischer,** Frank; Dr.-Ing., Prof.; *Elektrotechnik*; di: Hochsch. Kempten, Fak. Elektrotechnik, Bahnhofstr. 61-63, 87435 Kempten, T: (0831) 2523328, F: 2523197, frank.fischer@fh-kempten.de

**Fischer,** Franz; Dr.-Ing., Prof.; *Technische Mechanik, Technisches Zeichnen, Maschinenelemente, Entwicklung und Konstruktion, Verkehrssysteme*; di: Hochsch. Rosenheim, Fak. Wirtschaftsingenieurwesen, Hochschulstr. 1, 83024 Rosenheim, T: (08031) 805613, F: 805702, f.fischer@fh-rosenheim.de

**Fischer,** Georg; Dr. rer. pol., Prof.; *Buchführung u. Bilanzierung, Kosten- u. Leistungsrechnung*; di: Hochsch. Hof, Fak. Wirtschaft, Alfons-Goppel-Platz 1, 95028 Hof, T: (09281) 409409, F: 40955409, georg.fischer@fh-hof.de

**Fischer,** Gernot; Dr.-Ing., Prof.; *Automatisierungstechnik, Prozesssteuerung*; di: Hochsch. München, Fak. Feinwerk- u. Mikrotechnik, Physikal. Technik, Lothstr. 34, 80335 München, T: (089) 12651200, F: 12652234, gernot.fischer@fhm.edu

**Fischer,** Gregor; Dr.-Ing., Prof.; *Phototechnik*; di: FH Köln, Fak. f. Informations-, Medien- u. Elektrotechnik, Betzdorfer Str. 2, 50679 Köln, T: (0221) 82752535, g.fischer@fh-koeln.de

**Fischer,** Günther; Dr., Prof.; *Architekturtheorie, Städtebau, Entwerfen*; di: FH Erfurt, FB Architektur, Schlüterstr. 1, 99084 Erfurt, PF 101363, 99013 Erfurt, T: (0361) 6700415, F: 6700462, g.fischer@fh-erfurt.de

**Fischer,** Günther; Dr.-Ing., Prof.; *Kunststofftechnik, Werkstoffe, Prüfung, Verarbeitung*; di: Hochsch. Esslingen, Fak. Maschinenbau, Kanalstr. 33, 73728 Esslingen, T: (0711) 3973361; pr: Plochinger Str. 4, 73230 Kirchheim/T., T: (07021) 734953

**Fischer,** Heinz; Dipl.-Ing., Prof.; *Baukonstruktion, Baustoffkunde*; di: Hochsch. München, Fak. Architektur, Karlstr. 6, 80333 München, T: (089) 12652625, heinz.fischer@fhm.edu

**Fischer,** Heinz; Prof.; *Betriebswirtschaft/ Personalmanagement*; di: Hochsch. Pforzheim, Fak. f. Wirtschaft u. Recht, Tiefenbronner Str. 65, 75175 Pforzheim, T: (07231) 286105, F: 286090, heinz.fischer@hs-pforzheim.de

**Fischer,** Heinz-Martin; Dr.-Ing., Prof.; *Akustik, Schallschutz*; di: Hochsch. f. Technik, Fak. Bauingenieurwesen, Bauphysik u. Wirtschaft, Schellingstr. 24, 70174 Stuttgart, PF 101452, 70013 Stuttgart, T: (0711) 89262839, F: 89262666, heinz-martin.fischer@hft-stuttgart.de

**Fischer,** Herbert; Dr.-Ing., Prof.; *Anwendungssysteme der Industrie, Materialwirtschaft, Mathematik/ Programmierung, Wirtschaftsinformatik*; di: Hochsch. Deggendorf, FB Betriebswirtschaft, Edlmairstr. 6-8, 94469 Deggendorf, PF 1320, 94453 Deggendorf, T: (0991) 3615153, F: 361581153, herbert.fischer@fh-deggendorf.de

**Fischer,** Horst; Dipl.-Ing., Prof FH Aachen; *Baukonstruktion und Innenraumgestaltung*; di: FH Aachen, FB Architektur, Bayernallee 9, 52066 Aachen, T: (0241) 600951114, h.fischer@fh-aachen.de; pr: Augustastr. 6, 52070 Aachen, T: (0241) 949760

**Fischer,** Ingo; Dr., Prof.; *Allgemeine BWL, insbesondere Personalwirtschaft*; di: Hochsch. f. Wirtschaft u. Recht Berlin, FB 1, Badensche Str. 50-51, 10825 Berlin, T: (030) 85789358, fischeri@hwr-berlin.de; pr: Hoher Weg 8, 68723 Schwetzingen

**Fischer,** Joachim; Dr. rer. pol., Prof.; *Allg. Betriebswirtschaftslehre, Controlling*; di: Hochsch. Offenburg, Fak. Betriebswirtschaft u. Wirtschaftsingenieurwesen, Klosterstr. 14, 77723 Gengenbach, T: (07803) 969821, F: 989649, j.fischer@fh-offenburg.de

**Fischer,** Joachim; Dr.-Ing., Prof.; *Bioenergiesysteme*; di: FH Nordhausen, FB Ingenieurwiss., Weinberghof 4, 99734 Nordhausen, T: (03631) 420469, F: 420818, fischer@fh-nordhausen.de

**Fischer,** Joachim; Dr., Prof.; *Soziologie*; di: HTW Berlin, FB Wirtschaftswiss. I, Treskowallee 8, 10318 Berlin, T: (030) 50192925, jo.fischer@HTW-Berlin.de

**Fischer,** Jörg; Dr. rer. nat., Prof.; *Metallwerkstoffe, Oberflächentechnik*; di: FH Bingen, FB Technik, Informatik, Wirtschaft, Berlinstr. 109, 55411 Bingen, T: (06721) 409287, F: 409104, fischer@fh-bingen.de

**Fischer,** Johannes; Dr. phil., Prof.; *Wirtschafts- und Organisationspsychologie*; di: Hochsch. Darmstadt, FB Wirtschaft, Haardtring 100, 64295 Darmstadt, T: (06151) 169309, fischer@fbw.h-da.de

**Fischer,** Josef; Dr. rer. pol., Prof.; *Marketing, Marktforschung*; di: Hochsch. Ravensburg-Weingarten, Doggenriedstr., 88250 Weingarten, PF 1261, 88241 Weingarten, T: (0751) 5019662, F: 5019876, fischer@hs-weingarten.de; pr: Geiselharz 30, 88279 Amtzell, T: (07520) 6861, F: 6861

**Fischer,** Josef; Dipl.-Vw., Dr. rer. pol., Prof.; *Finanz-, Bank- und Investitionswirtschaft, Volkswirtschaftslehre*; di: Georg-Simon-Ohm-Hochsch. Nürnberg, Fak. Betriebswirtschaft, Bahnhofsstr. 87, 90402 Nürnberg, PF 210320, 90121 Nürnberg

**Fischer,** Jürgen; Dr. rer. nat., Prof.; *Optimierung, Neuroinformatik, Mathematik*; di: Hochsch. f. Technik, Fak. Vermessung, Mathematik u. Informatik, Schellingstr. 24, 70174 Stuttgart, PF 101452, 70013 Stuttgart, T: (0711) 89262730, F: 89262556, juergen.fischer@fht-stuttgart.de

**Fischer,** Kristian; Dr. rer. nat., Prof.; *Informatik, Schwerpunkt Multimedia-Dipl.-Inform.systeme u. Anwendungsentwicklung*; di: FH Köln, Fak. f. Informatik u. Ingenieurwiss., Am Sandberg 1, 51643 Gummersbach, T: (02261) 8196279, fischer@gm.fh-koeln.de; pr: Sudermannstr. 23, 51427 Bergisch Gladbach, T: (02204) 60485

**Fischer,** Kyrill; Dr. rer. nat., Prof.; *Audio-Visual Technology*; di: Hochsch. Darmstadt, FB Media, Haardtring 100, 64295 Darmstadt, T: (06151) 169217, kyrill.fischer@fbmedia.h-da.de

**Fischer,** Manfred; Dipl.-Ing., Prof.; *Virtuelle Produktentwicklung*; di: FH Kiel, FB Maschinenwesen, Grenzstr. 3, 24149 Kiel, T: (0431) 2102838, F: 21062838, manfred.fischer@fh-kiel.de; pr: Beekengrund 32, 24211 Preetz, T: (04342) 2405

**Fischer,** Mario; Dr., Prof.; *Wirtschaftsinformatik, electronic Commerce, IT-Innovationsmanagement*; di: Hochsch. f. angew. Wiss. Würzburg Schweinfurt, Fak. Informatik u. Wirtschaftsinformatik, Münzstr. 12, 97070 Würzburg

**Fischer,** Matthias; Dr.-Ing., Prof.; *Konstruieren für Elektrotechniker, Schaltungstechnik*; di: FH Schmalkalden, Fak. Elektrotechnik, Blechhammer, 98574 Schmalkalden, PF 100452, 98564 Schmalkalden, T: (03683) 6885116, m.fischer@e-technik.fh-schmalkalden.de

**Fischer,** Matthias; Dipl.-Kfm., Dr. rer. pol., Prof.; *Internationale Finanzen, Internationale Betriebswirtschaftslehre*; di: Georg-Simon-Ohm-Hochsch. Nürnberg, Fak. Betriebswirtschaft, Bahnhofstr. 87, 90402 Nürnberg

**Fischer,** Max; Dr. rer. nat., Prof.; *Robotik, Computergrafik, Bildverarbeitung, Simulation*; di: Hochsch. München, Fak. Informatik u. Mathematik, Lothstr. 34, 80335 München, T: (089) 12653721

**Fischer,** Peter; Dipl.-Ing., Prof.; *Grundlagen der Informationstechnik, Kommunikationsstandards u. Protokolle, Netze-Dienste-Integration*; di: FH Dortmund, FB Informations- u. Elektrotechnik, Sonnenstr. 96, 44139 Dortmund, T: (0231) 9112290, F: 9112619, fischer@fh-dortmund.de

**Fischer,** Peter; Dr. rer. pol., Prof.; *BWL, Schwerpunkt Controlling und Rechnungswesen*; di: AKAD-H Stuttgart, Maybachstr. 18-20, 70469 Stuttgart, T: (0711) 81495662, hs-stuttgart@akad.de

**Fischer,** Peter; Dr.-Ing., Prof.; *Automatisierungstechnik, Prozessdatenverarbeitung*; di: Hochsch. Aschaffenburg, Fak. Ingenieurwiss., Würzburger Str. 45, 63743 Aschaffenburg, T: (06021) 314893, peter.fischer@fh-aschaffenburg.de

**Fischer,** Peter; Dr. jur., Prof.; *Baurecht und Architekten- und Ingenieurrecht*; di: Jade Hochsch., FB Bauwesen u. Geoinformation, Ofener Str. 16-19, 26121 Oldenburg, T: (0441) 77083157, peter.fischer@jade-hs.de; pr: An der Kolckwiese 6, 26133 Oldenburg, T: (0441) 926750, F: 9267520, peter.fischer@rae.vonappen.de

**Fischer,** Rainer; Dr. rer. pol., Prof.; *Investitionsrechnung, Distributionslogistik, Controlling und Plankostenrechnung, Kostenrechnung*; di: Hochsch. Offenburg, Fak. Betriebswirtschaft u. Wirtschaftsingenieurwesen, Badstr. 24, 77652 Offenburg, T: (0781) 20520, F: 205214

**Fischer,** Regina; Dr. rer. nat., Prof.; *Mathematik, Wirtschaftsmathematik, Finanzmathematik*; di: Hochsch. Mittweida, Fak. Mathematik/Naturwiss./ Informatik, Technikumplatz 17, 09648 Mittweida, T: (03727) 581326, F: 581315, rfischer@htwm.de

**Fischer,** Rolf; Ing. grad., Prof.; *Kosten- und Leistungsrechnung, Investitionswirtschaft, Finanzwirtschaft*; di: Hochsch. d. Medien, Fak. Druck u. Medien, Nobelstr. 10, 70569 Stuttgart, T: (0711) 89232127, fischer@hdm-stuttgart.de

**Fischer,** Rudi; Dr. rer. pol., Prof.; *VWL/ Finanzdienstleistungen, Wirtschaftspolitik*; di: Westsächs. Hochsch. Zwickau, FB Wirtschaftswiss., Scheffelstr. 39, 08056 Zwickau, Rudi.Fischer@fh-zwickau.de

**Fischer,** Rüdiger; Dr., Prof.; *Produktion und Logistik*; di: Hochsch. Heidelberg, Fak. f. Wirtschaft, Ludwid-Guttmann-Str. 6, 69123 Heidelberg, T: (06221) 882036, ruediger.fischer@fh-heidelberg.de

**Fischer,** Stefan; Dr., Prof.; *BWL Bank*; di: DHBW Ravensburg, Rudolfstr. 19, 88214 Ravensburg, T: (0751) 189992157, fischer@dhbw-ravensburg.de

**Fischer,** Stephan; Dr., Prof.; *Personalmanagement*; di: Hochsch. Pforzheim, Fak. f. Wirtschaft u. Recht, Tiefenbronner Str. 65, 75175 Pforzheim, T: (07231) 286105, F: 286080, stephan.fischer@hs-pforzheim.de

**Fischer,** Thomas; Dr. rer. nat., Prof.; *Mathematik*; di: Hochsch. Darmstadt, FB Mathematik u. Naturwiss., Haardtring 100, 64295 Darmstadt, T: (06151) 168679, fischer@h-da.de; pr: Hügelstr. 55a, 64404 Bickenbach

**Fischer,** Thomas; Dr.-Ing., Prof., Dekan FB Maschinen- u. Energietechnik; *Produktionstechnik/Produktionsmanagement*; di: HTWK Leipzig, FB Maschinen- u. Energietechnik, PF 301166, 04251 Leipzig, T: (0341) 3538429, fischer@me.htwk-leipzig.de

**Fischer,** Torsten; Dr. habil., Prof.; *Wirtschaftspädagogik, Erwachsenenbildung*; di: Baltic College, August-Bebel-Str. 9-11, 19057 Schwerin, T: (0385) 7452631, fischer@baltic-college.de; pr: Ernastr. 9, 16540 Hohen Neuendorf b. Berlin, T: (03303) 509981, IELL-Berlin@t-online.de

**Fischer,** Ute; Dr., Prof.; *Politikwissenschaften*; di: FH Dortmund, FB Angewandte Sozialwiss., PF 105018, 44047 Dortmund, T: (0231) 7554908, ute.fischer@fh-dortmund.de

**Fischer,** Veronika; Dr., Prof.; *Erziehungswissenschaft*; di: FH Düsseldorf, FB 6 – Sozial- und Kulturwiss., Universitätsstr. 1, Geb. 24.21, 40225 Düsseldorf, T: (0211) 8114643, F: 8114624, veronika.fischer@fh-duesseldorf.de; pr: Angerstr. 10, 47051 Duisburg, T: (0203) 336673

**Fischer,** Wilfried; Dr.-Ing., Prof.; *Konstruktionslehre, Technische Mechanik*; di: FH Dortmund, FB Maschinenbau, Sonnenstr. 96, 44139 Dortmund, T: (0231) 9112157, F: 9112334, wilfried.fischer@fh-dortmund.de; pr: Rheinische Str. 102, 44137 Dortmund

**Fischer,** Wolfgang; Prof.; *Baukonstruktion*; di: Hochsch. f. angew. Wiss. Würzburg Schweinfurt, Fak. Architektur u. Bauingenieurwesen, Münzstr. 12, 97070 Würzburg

**Fischer,** Wolfgang-Wilhelm; Dr., Prof.; *Betriebliche Steuerlehre, Betriebliches Rechnungswesen*; di: Hochsch. Emden/Leer, FB Wirtschaft, Constantiaplatz 4, 26723 Emden, T: (04921) 8071217, F: 8071228, wolfgang.fischer@hs-emden-leer.de

**Fischer-Hirchert,** Ulrich; Dr., Prof.; *Telekommunikation*; di: Hochsch. Harz, FB Automatisierung u. Informatik, Friedrichstr. 57-59, 38855 Wernigerode, T: (03943) 659351, F: 659109, ufischerhirchert@hs-harz.de; http://ufischerhirchert.hs-harz.de

**Fischer-Leonhardt,** Dorothea; Dr., Prof.; *Landschaftsgestaltung und Gartenarchitektur*; di: Hochsch. Anhalt, FB 1 Landwirtschaft, Ökotrophologie, Landespflege, Strenzfelder Allee 28, 06406 Bernburg, T: (03471) 3551122, fischer-leonhardt@loel.hs-anhalt.de

**Fischer-Stabel,** Peter; Dr. phil., Prof.; *Informatik, Visualisierung, Geomatik*; di: Hochsch. Trier, Umwelt-Campus Birkenfeld, FB Umweltplanung/Umwelttechnik, PF 1380, 55761 Birkenfeld, T: (06782) 171768, p.fischer-stabel@umwelt-campus.de

**Fischmann,** Markus; Dipl.-Des., Prof.; *Computeranimation*; di: Hochsch. Hannover, Fak. III Medien, Information u. Design, Kurt-Schwitters-Forum, Expo Plaza 2, 30539 Hannover, T: (0511) 92962388, fischmann@hs-hannover.de; pr: Ditmar-Koel-Str. 22, 20459 Hamburg, T: (0171) 4316921

**Fissenewert,** Peter; Dr. jur., Prof.; *Wirtschaftsrecht*; di: SRH Hochsch. Berlin, Ernst-Reuter-Platz 10, 10587 Berlin, T: (030) 92253545, F: 92253555

**Fissguss,** Ursula; Dr., Prof.; *Software-Engineering*; di: Hochsch. Anhalt, FB 5 Informatik, PF 1458, 06354 Köthen, T: (03496) 673121, ursula.fissgus@inf.hs-anhalt.de

**Fitz,** Robert; Dr.-Ing., Prof.; *Elektronik u. Informatik*; di: HAW Hamburg, Fak. Technik u. Informatik, Berliner Tor 7, 20099 Hamburg, T: (040) 428758018, Fitz@etech.haw-hamburg.de

**Fitzek,** Herbert; Dr., PD U Köln, Prof. Business School Potsdam; *Wirtschafts- und Kulturpsychologie, Allgemeine Psychologie II, Methodenlehre, Geschichte der Psychologie*; di: Business School Potsdam, Große Weinmeisterstr. 43 a, 14469 Potsdam, T: (0331) 97910231, F: 97910229, Herbert.Fitzek@businessschool-potsdam.de; Univ., Dept. Psychologie, Bernhard-Feilchenfeld-Str. 11, 50969 Köln

**Fitzen,** Hans-Peter; Dr.-Ing., Prof., Dekan FB Vermessung und Geoinformatik; *Praktische Geodäsie (Meßverfahren u. Fehlerlehre, Instrumentenkunde, Geodätische Rechenverfahren)*; di: Hochsch. Bochum, FB Vermessungswesen u. Geoinformatik, Lennershofstr. 140, 44801 Bochum, T: (0234) 3210510, hans-peter.fitzen@hs-bochum.de; pr: Von-Saarwender-Str. 11, 47906 Kempen, T: (02152) 4934

**Fix,** Wilhelm; Dr.-Ing., Prof.; *Baustofflehre*; di: FH Münster, FB Bauingenieurwesen, Corrensstr. 25, 48149 Münster, T: (0251) 8365222, F: 8365152, fix@fh-muenster.de; pr: Kardinal von Galen Str. 5, 46514 Schermbeck, T: (02853) 2966

**Flach,** Gudrun; Dr.-Ing., Prof.; *Grundlagen der Elektrotechnik, Technische Informatik*; di: HTW Dresden, Fak. Elektrotechnik, PF 120701, 01008 Dresden, T: (0351) 4622723, flach@et.htw-dresden.de

**Flach,** Matthias; Dr.-Ing., Prof.; *Mechatronik Design, Technische Mechanik, Technisches Zeichnen*; di: H Koblenz, FB Ingenieurwesen, Konrad-Zuse-Str. 1, 56075 Koblenz, T: (0261) 9528354, flach@fh-koblenz.de

**Flach,** Sieghart; Dr.-Ing., Prof.; *Elektrotechnik*; di: Westsächs. Hochsch. Zwickau, FB Elektrotechnik, Dr.-Friedrichs-Ring 2A, 08056 Zwickau, Sieghart.Flach@fh-zwickau.de

**Flämig,** Tobias Gerhard; Dr.-Ing., Prof.; *Mechatronik*; di: DHBW Stuttgart, Fak. Technik, Mechatronik, Jägerstraße 58, 70174 Stuttgart, T: (0711) 1849636, flaemig@dhbw-stuttgart.de

**Flammang,** Jean; Dipl.-Ing., Prof.; *Entwerfen*; di: FH Dortmund, FB Architektur, PF 105018, 44047 Dortmund, T: (0231) 7554440, F: 7554466, jean.flammang@fh-dortmund.de

**Flamme,** Sabine; Dr.-Ing., Prof.; *Abfallwirtschaft, Infrastruktur-, Ressourcen- u. Stoffstrommanagement*; di: FH Münster, FB Bauingenieurwesen, Corrensstr. 25, 48149 Münster, T: (0251) 8365253, F: 8365260, flamme@fh-muenster.de

**Flatow,** Sybille von; Dr., Prof.; di: Ev. Hochsch. f. Soziale Arbeit & Diakonie, Horner Weg 170, 22111 Hamburg, T: (040) 65591214; pr: Husumer Str. 11, 20251 Hamburg, T: (040) 484783, F: 484783, sybillevonflatow@t-online.de

**Fleck,** Burkhard; Dr. rer. nat. habil., Prof., Dekan FB SciTec; *Technische Optik, Physik*; di: FH Jena, FB SciTec, Carl-Zeiss-Promenade 2, 07745 Jena, PF 100314, 07703 Jena, T: (03641) 205350, F: 205351, pt@fh-jena.de

**Fleck,** Raymond; Dr. phil. nat., Prof.; *Wirtschaftsinformatik, Anwendungs-entwicklung, Electronic Commerce/ Internet-Zahlungssysteme, IT-Einsatz in der Touristik*; di: Hochsch. Hannover, Fak. IV Wirtschaft u. Informatik, Ricklinger Stadtweg 120, 30459 Hannover, PF 920261, 30441 Hannover, T: (0511) 92961511, F: 92961510, raymond.fleck@hs-hannover.de

**Fleck,** Volker; Dr., Prof.; *BWL, Industrie*; di: DHBW Lörrach, Hangstr. 46-50, 79539 Lörrach, T: (07621) 2071241, F: 2071249, fleck@dhbw-loerrach.de

**Fleckenstein,** Jürgen; Dr., Prof.; *Verwaltungsrecht, Ordnungswidrigkeitenrecht*; di: Hochsch. Kehl, Fak. Rechts- u. Kommunalwiss., Kinzigallee 1, 77694 Kehl, PF 1549, 77675 Kehl, T: (07851) 894243, fleckenstein@fh-kehl.de

**Flederer,** Holger; Dr.-Ing., Prof.; *Betontechnologie, Instandsetzung von Betonteilen*; di: HTW Dresden, Fak. Bauingenieurwesen/Architektur, Friedrich-List-Platz 1, 01069 Dresden, T: (0351) 4622435

**Flegel,** Ulrich; Dr. rer. nat., Prof.; *Mediengestaltung*; di: Hochsch. Offenburg, Fak. Medien u. Informationswesen, Badstr. 24, 77652 Offenburg, ulrich.flegel@fh-offenburg.de

**Fleig,** Claus; Dipl.-Ing., Prof.; *Technische Mechanik, Maschinenelemente*; di: Hochsch. Offenburg, Fak. Maschinenbau u. Verfahrenstechnik, Badstr. 24, 77652 Offenburg, T: (0781) 2054746, claus.fleig@hs-offenburg.de

**Fleige,** Thomas; Dr. rer. pol., Prof.; *Allgemeine Betriebswirtschaftslehre, Schwerpunkt Versicherungsbetriebslehre*; di: Ostfalia Hochsch., Fak. Gesundheitswesen, Wielandstr. 5 10, 38440 Wolfsburg, T: (05361) 831310

**Fleischer,** Karsten; Dr., Prof.; *Technische Betriebswirtschaft*; di: FH Südwestfalen, FB Techn. Betriebswirtschaft, Haldener Str. 182, 58095 Hagen, T: (02331) 9330732, fleischer@fh-swf.de

**Fleischer,** Klaus; Dr. rer. pol., Prof.; *Finanz-, Bank- und Investitionswirtschaft*; di: Hochsch. München, Fak. Betriebswirtschaft, Am Stadtpark 20 (Neubau), 81243 München, T: (089) 12652727, klaus.fleischer@fhm.edu

**Fleischer,** Peter; Dr. rer. nat., Prof.; *Theoretische Informatik, Rechenintensive Systeme*; di: Hochsch. Furtwangen, Fak. Informatik, Robert-Gerwig-Platz 1, 78120 Furtwangen, T: (07723) 9202409, F: 9202610, Peter.Fleischer@hs-furtwangen.de

**Fleischmann,** Friedrich; Dr.-Ing., Prof.; *Messtechnik*; di: Hochsch. Bremen, Fak. Elektrotechnik u. Informatik, Neustadtswall 30, 28199 Bremen, T: (0421) 59053453, F: 59053484, Friedrich.Fleischmann@hs-bremen.de

**Fleischmann,** Patrick; Dr.-Ing., Prof.; *Konstruktionslehre, Konstruktionselemente, Computer Aided Design (CAD)*; di: Hochsch. Heilbronn, Fak. f. Mechanik u. Elektronik, Max-Planck-Str. 39, 74081 Heilbronn, T: (07131) 504216, fleischmann@hs-heilbronn.de

**Fleischmann,** Ulrich; Prof.; *Kommunikationsdesign*; di: Hochsch. Augsburg, Fak. f. Gestaltung, An der Hochschule 1, 86161 Augsburg, PF 110605, 86031 Augsburg, T: (0821) 55863424, ulrich.fleischmann@hs-augsburg.de

**Fleischmann,** Ulrich; Dr. phil.habil., Prof.; *Psychologie, Pflegewissenschaft und Pflegeforschung*; di: Hochsch. f. angew. Wiss. Würzburg Schweinfurt, Fak. angew. Sozialwiss., Mariannhillstr. 1c, 97074 Würzburg, T: (0931) 35118423, ulrich.fleischmann@fhws.de

**Flemisch,** Christiane; Dr. jur., Prof.; *Intern. Wirtschaftsrecht*; di: Hochsch. f. Wirtschaft u. Umwelt Nürtingen-Geislingen, PF 1251, 73302 Geislingen a.d. Steige, T: (07331) 22479, christiane.flemisch@hfwu.de

**Flemmig,** Jörg; Dr. habil., Prof.; *Volkswirtschaftslehre, insbesondere Außenwirtschaft*; di: Hochsch. Anhalt, FB 2 Wirtschaft, Strenzfelder Allee 28, 06406 Bernburg, T: (03471) 3551316, flemmig@wi.hs-anhalt.de

**Fleuchaus,** Ruth; Dr., Prof.; *Weinmarketing, Marktforschung, spez. Betriebswirtschaftslehre*; di: Hochsch. Heilbronn, Fak. f. Wirtschaft 2, Max-Planck-Str. 39, 74081 Heilbronn, T: (07131) 504310, F: 504143101, fleuchaus@hs-heilbronn.de

**Flick,** Gerhard; Dr. sc. agr., Prof.; *Chemie und Umweltanalytik*; di: Hochsch. Neubrandenburg, FB Agrarwirtschaft u. Lebensmittelwiss., Brodaer Str. 2, 17033 Neubrandenburg, PF 110121, 17041 Neubrandenburg, T: (0395) 56932100, flick@hs-nb.de

**Flick,** Klemens; Dr. rer. nat., Prof.; *Grundlagen der Chemie, Technische Chemie, Bioverfahrenstechnik*; di: Hochsch. Heilbronn, Fak. f. Mechanik u. Elektronik, Max-Planck-Str. 39, 74081 Heilbronn, T: (07131) 504308, kflick@hs-heilbronn.de

**Flick,** Uwe; Dr. phil. habil., Prof.; *Sozialwissenschaftliche Forschungsmethoden, Pflegewissenschaft*; di: Alice-Salomon-Hochsch., Alice-Salomon-Platz 5, 12627 Berlin-Hellersdorf, T: (030) 99245411, flick@ash-berlin.eu; pr: Knesebeckstr. 5, 14167 Berlin

**Flieder,** Margret; Dipl.-Päd., Dr. phil., Prof.; *Pflegewissenschaft u. Pflegepraxis*; di: Ev. Hochsch. Darmstadt, FB Pflegewissenschaft u. Pflegepraxis, Zweifalltorweg 12, 64293 Darmstadt, T: (06151) 879832, flieder@eh-darmstadt.de; pr: Am Felsenkeller 30, 36100 Petersberg

**Fliegel,** Bärbel; Dr. jur., Prof.; *Wirtschaftswiss., Wirtschaftsprivatrecht, Arbeitsrecht und Wettbewerbsrecht*; di: Hochsch. Zittau/Görlitz, Fak. Wirtschafts- u. Sprachwiss., Theodor-Körner-Allee 16, 02763 Zittau, T: (03583) 611459, b.fliegel@hs-zigr.de

**Flik,** Reiner; Dr. rer. pol., Dr. phil. habil., Prof.; *Medienwirtschaft*; di: Hochsch. d. Medien, Fak. Electronic Media, Nobelstr. 10, 70569 Stuttgart; pr: Habichtweg 7, 72076 Tübingen, T: (07071) 26923, reiner.flik@t-online.de

**Floerecke,** Peter; Dr., Prof.; *Jugendsoziologie, Sozialisation und abweichendes Verhalten*; di: Hochsch. Niederrhein, FB Sozialwesen, Webschulstr. 20, 41065 Mönchengladbach, T: (02161) 1865670, peter.floerecke@hs-niederrhein.de

**Floeter,** Carolin; Dr., Prof.; *Biologie, Umweltrisikobewertung und Umweltrecht*; di: HAW Hamburg, Fak. Life Sciences, Lohbrügger Kirchstr. 65, 21033 Hamburg, T: (040) 428756105, carolin.floeter@haw-hamburg.de

**Flohr,** Eckhard; Dr., Prof., HonProf. FH Dortmund; *Recht, insbes. Franchise-Recht*; di: FH Dortmund, FB Wirtschaft, Emil-Figge-Str. 42, 44227 Dortmund

**Flohr,** Gerd; Dipl.-Des., Prof., Dekan FB Gestaltung; *Entwurf, Produktgestaltung*; di: HTW Dresden, Fak. Gestaltung, Friedrich-List-Platz 1, 01069 Dresden, T: (0351) 4622643, flohr@htw-dresden.de

**Flohrer,** Claus; Dipl.-Ing., HonProf.; *Bausanierung, Qualitätssicherung*; di: FH Kaiserslautern, FB Bauen u. Gestalten, Schoenstr. 6, 67659 Kaiserslautern, T: (0631) 3724514, F: 3724555; pr: claus@flohrer.de

**Flores,** Alexander; Dr. phil., Prof.; *Moderne Sozial- u. Geistesgesch. d. Nahen Ostens, Palästinakonflikt, Säkularismus u. Islam*; di: Hochsch. Bremen, Fak. Wirtschaftswiss., Werderstr. 73, 28199 Bremen, T: (0421) 59054126, F: 59054171, Alexander.Flores@hs-bremen.de; pr: Hastedter Heerstr. 109, 28207 Bremen, T: (0421) 4989489

**Floß,** Alexander; Dr.-Ing., Prof. u. Lt. d. Inst. f. Gebäude- u. Energiesysteme (IGES); *Energiesysteme, Konstruktion und Anlagenplanung*; di: Hochsch. Biberach, SG Gebäudeklimatik, PF 1260, 88382 Biberach/Riß, T: (07351) 582256, F: 582299, floss@hochschule-bc.de

**Floß,** Elke; Dipl. Ing., Prof.; *Verarbeitungstechnik, Fertigungstechnik, Schnittkonstruktion*; di: HTW Berlin, FB Gestaltung, Wilhelminenhofstr. 67-77, 12459 Berlin, T: (030) 50192152, floss@HTW-Berlin.de

**Flossmann,** Florian; Dr., Prof.; *Physik*; di: Hochsch. Augsburg, Fak. f. Allgemeinwissenschaften, An der Hochschule 1, 86161 Augsburg, PF 110605, 86031 Augsburg, T: (0821) 55863304, florian.flossmann@hs-augsburg.de

**Flothow,** Annegret; Dr., Prof.; *Gesundheitserziehung und Gesundheitsförderung*; di: HAW Hamburg, Fak. Life Sciences, Lohbrügger Kirchstr. 65, 21033 Hamburg, T: (040) 428756256, annegret.flothow@haw-hamburg.de

**Flottmann,** Dirk; Dr. rer. nat., Prof.; *Analytische Chemie, Anorganische Chemie*; di: Hochsch. Aalen, Fak. Chemie, Beethovenstr. 1, 73430 Aalen, T: (07361) 5762134, Dirk.Flottmann@htw-aalen.de

**Flügge,** Sybilla; Dr., Prof.; *Recht der Frau*; di: FH Frankfurt, FB 4 Soziale Arbeit u. Gesundheit, Nibelungenplatz 1, 60318 Frankfurt am Main, T: (069) 15332822, fluegge@fb4.fh-frankfurt.de

**Fobbe,** Helmut; Dr. rer. nat., Prof.; *Oberflächentechnik, Chemie*; di: FH Südwestfalen, FB Informatik u. Naturwiss., Frauenstuhlweg 31, 58644 Iserlohn, T: (02371) 566188, F: 566251, fobbe@fh-swf.de; pr: Auf der Emst 235, 58638 Iserlohn, T: (02371) 53142

**Fock,** Theodor; Dr. sc. agr., Prof.; *Agrarpolitik, Volkswirtschaftslehre, Umweltpolitik*; di: Hochsch. Neubrandenburg, FB Agrarwirtschaft u. Lebensmittelwiss., Brodaer Str. 2, 17033 Neubrandenburg, PF 110121, 17041 Neubrandenburg, T: (0395) 56932101, fock@hs-nb.de

**Focke,** Axel; Dr. rer. pol., Prof.; *Gesundheitsmanagement*; di: FH Neu-Ulm, Edisonallee 5, 89231 Neu-Ulm, T: (0731) 97621410, axel.focke@fh-neu-ulm.de

**Focke,** Bernhard; Dipl.-Ing., Prof.; di: Rheinische FH Köln, Hohenstaufenring 16-18, 50674 Köln; pr: Elsternstr. 36, 50226 Frechen-Königsdorf, T: (02234) 62786

**Focks,** Petra; Dipl.-Päd., Dr. phil., Prof.; *Sozialpädagogik, Jugend- und Mädchenarbeit*; di: Kath. Hochsch. f. Sozialwesen Berlin, Köpenicker Allee 39-57, 10318 Berlin, T: (030) 50101040, focks@khsb-berlin.de

**Föhrenbach,** Andreas; Dr., Prof.; di: DHBW Mannheim, Fak. Technik, Coblitzallee 1-9, 68163 Mannheim, T: (0621) 41051273, F: 41051248, andreas.foehrenbach@dhbw-mannheim.de

**Fölkersamb,** Rüdiger von; Dr., Prof.; *Finanzmanagement*; di: FH des Mittelstands, Ravensbergerstr. 10 G, 33602 Bielefeld, vonfoelkersamb@fhm-mittelstand.de

**Föller,** Miriam; Dr. rer. nat., Prof.; *Telematik und Netzwerktechnologie*; di: Hochsch. Mannheim, Fak. Informatik, Windeckstr. 110, 68163 Mannheim

**Fölster,** Nils; Dr.-Ing., Prof.; *Maschinenbau, insbesondere Konstruktionstechnik*; di: Hochsch. Osnabrück, Fak. Ingenieurwiss. u. Informatik, Albrechtstraße 30, 49076 Osnabrück, PF 1940, 49009 Osnabrück, T: (0541) 9692116, n.foelster@hs-osnabrueck.de

**Förderreuther,** Rainer; Dr. rer. pol., Prof.; *Betriebswirtschaftslehre, Personalführung*; di: Hochsch. München, Fak. Wirtschaftsingenieurwesen, Erzgießereistr. 14, 80335 München, T: (089) 12653910, rainer.foerderreuther@fhm.edu

**Förger,** Kay; Dr. rer.nat., Prof.; *Datenverarbeitung und Rechneranwendungen*; di: HAW Hamburg, Fak. Life Sciences, Lohbrügger Kirchstr. 65, 21033 Hamburg, T: (040) 428756276, kay.foerger@haw-hamburg.de

**Förschler,** Peter; Dr. jur., Prof. H f. Wirtschaft u. Umwelt Nürtingen-Geislingen, LBeauftr. U Hohenheim, Richter am Landgericht a.D.; *Bürgerliches Recht, Handelsrecht, Immobilienrecht, Zivilprozeßrecht*; di: Hochschule f. Wirtschaft u. Umwelt Nürtingen-Geislingen, FB 1, Sigmaringerstr. 14, 72622 Nürtingen, PF 1349, 72603 Nürtingen, T: (07022) 929239, F: 929216, peter.foerschler@hfwu.de; pr: Baumreute 20/1, 73730 Esslingen, T: (0711) 3705040

**Förschler,** Ulrike; Dipl.-Ing., Prof.; *Konstruieren u. Technischer Ausbau*; di: Hochsch. Rosenheim, Fak. Innenarchitektur, Hochschulstr. 1, 83024 Rosenheim, T: (08031) 805558

**Förschner,** Helmut; Dr.-Ing., Prof.; *Elektrische Energieübertragung, Hochspannungstechnik, Werkstoffkunde*; di: Hochsch. Esslingen, Fak. Mechatronik u. Elektrotechnik, Kanalstr. 33, 73728 Esslingen, T: (07161) 6971262; pr: Linkenstr. 23b, 70599 Stuttgart, T: (0711) 4570012

**Foerster,** Annette Martha; Dr., Prof.; di: Hochsch. Heilbronn, Fak. f. Wirtschaft u. Verkehr, Max-Planck-Str. 39, 74081 Heilbronn, T: (07131) 504254, foerster@hs-heilbronn.de

**Förster,** Arnold; Dr. rer. nat., Prof. FH Aachen; *Physik, Festkörperphysik und Halbleitertechnologie*; di: FH Aachen, FB Angewandte Naturwiss. u. Technik, Ginsterweg 1, 52428 Jülich, T: (0241) 600953140, foerster@fh-aachen.de; pr: Breite Str. 27. 29, 52152 Simmerath

**Förster,** Claudia; Dr., Prof.; *Wirtschaftsinformatik, Projektmanagement*; di: Hochsch. Rosenheim, Fak. Informatik, Hochschulstr. 1, 83024 Rosenheim, T: (08031) 805522, F: 805502, claudia.foerster@fh-rosenheim.de

**Förster,** Georg; Dr.-Ing., Prof.; *Energiewirtschaft*; di: Hochsch. f. Wirtschaft u. Umwelt Nürtingen-Geislingen, FB 4, PF 1349, 72603 Nürtingen, T: (07331) 22559, georg.foerster@hfwu.de

**Förster,** Gerd; Dr.-Ing., Prof.; *Baustofflehre/Baustofftechnologie*; di: Hochsch. Anhalt, FB 3 Architektur, Facility Management u. Geoinformation, PF 2215, 06818 Dessau, T: (0340) 51971526, foerster@afg.hs-anhalt.de

**Förster,** Ralf; Dr.-Ing., Prof.; *Werkzeugmaschinen, Maschinenkonstruktion*; di: Beuth Hochsch. f. Technik, FB VIII Maschinenbau, Veranstaltungs- u. Verfahrenstechnik, Luxemburger Str. 10, 13353 Berlin, T: (030) 45045145, ralf.foerster@beuth-hochschule.de

**Förster,** Rudolf; Dr.-Ing. habil., Prof.; *Fertigungstechnik*; di: Hochsch. Zittau/Görlitz, Fak. Maschinenwesen, PF 1455, 02754 Zittau, T: (03583) 611816, R.Foerster@hs-zigr.de; pr: Kirschallee 7, 02739 Walddorf

**Förster,** Ulrich; Dr., Prof.; *Betriebswirtschaftslehre*; di: FH d. Wirtschaft, Paradiesstr. 40, 01217 Dresden, T: (0351) 8766740, F: 8766744, info-dd@fhdw.de

**Förster,** Ursula; Dr. rer. pol., Prof.; *Allgemeine Betriebswirtschaftslehre sowie Betriebl. Steuerlehre u. Wirtschaftsprüfung*; di: Hochsch. Bochum, FB Wirtschaft, Lennershofstr. 140, 44801 Bochum, T: (0234) 3210615, ursula.foerster@hs-bochum.de; pr: Lärchenweg 32 a, 47877 Willich

**Fohl,** Wolfgang; Dr., Prof.; *Technische Informatik*; di: HAW Hamburg, Fak. Technik u. Informatik, Berliner Tor 7, 20099 Hamburg, T: (040) 428758163, fohl@informatik.haw-hamburg.de

**Foit,** Kristian; Dr. rer.pol., Prof.; *Corporate Finance und Controlling*; di: Hochsch. Fresenius, Im Mediapark 4c, 50670 Köln, foit@hs-fresenius.de

**Foitzik,** Andreas; Dr. rer. nat., Prof.; *Mikrotechnik, Systemintegration*; di: Techn. Hochsch. Wildau, FB Ingenieurwesen/Wirtschaftsingenieurwesen, Bahnhofstr., 15745 Wildau, T: (03375) 508613, afoitzik@igw.tfh-wildau.de

**Foken,** Wolfgang; Dr.-Ing., Prof., Dekan; *Fahrzeugmesstechnik/Messtechnik, Fahrzeugakustik*; di: Westsächs. Hochsch. Zwickau, Fak. Kraftfahrzeugtechnik, Dr.-Friedrichs-Ring 2A, 08056 Zwickau, T: (0375) 5361700, wolfgang.foken@fh-zwickau.de

**Folkerts,** Karl-Heinz; Dr. rer. nat., Prof.; *Informatik*; di: HTW d. Saarlandes, Fak. f. Ingenieurwiss., Goebenstr. 40, 66117 Saarbrücken, T: (0681) 5867228, folkerts@htw-saarland.de; pr: Rubensstr. 7, 66119 Saarbrücken

**Follmann,** Jürgen; Dr.-Ing., Prof.; *Verkehrswesen*; di: Hochsch. Darmstadt, FB Bauingenieurwesen, Haardtring 100, 64295 Darmstadt, T: (06151) 168162, follmann@fbb-h-da.de

**Folz,** Franz Josef; Dr.-Ing., Prof.; *Analysis, Grundlagen der Hydraulik, Technische Physik*; di: FH Kaiserslautern, FB Angew. Ingenieurwiss., Morlauterer str. 31, 67657 Kaiserslautern, T: (0631) 3724217, F: 3724222, franzjosef.folz@fh-kl.de

**Folz,** Helmut; Dipl.-Math., Dr. rer. nat., Prof.; *Informatik*; di: HTW d. Saarlandes, Fak. f. Ingenieurwiss., Goebenstr. 40, 66117 Saarbrücken, T: (0681) 5867246, folz@htw-saarland.de; pr: Lindenweg 3, 66399 Mandelbachtal, T: (06893) 5645

**Foppe,** Karl; Dr.-Ing., Prof.; *Ausgleichungsrechnung, Statistik u. Praktische Geodäsie*; di: Hochsch. Neubrandenburg, FB Landschaftsarchitektur, Geoinformatik, Geodäsie u. Bauingenieurwesen, Brodaer Str. 2, 17033 Neubrandenburg, PF 110121, 17041 Neubrandenburg, T: (0395) 5693311, foppe@hs-nb.de

**Foraita,** Sabine; Dr., Prof.; *Designtheorie u. -wissenschaft*; di: HAWK Hildesheim/Holzminden/Göttingen, FB Gestaltung, Kaiserstr. 43-45, 31134 Hildesheim, T: (05121) 881320, F: 881366

**Forgber,** Ernst; Dr. rer. nat., Prof.; *Grundlagen d. Informatik, Softwaretechnik, Programmiersprache C*; di: Hochsch. Hannover, Fak. I Elektro- u. Informationstechnik, Ricklinger Stadtweg 120, 30459 Hannover, PF 920261, 30441 Hannover, T: (0511) 92961268, F: 92961111, ernst.forgber@hs-hannover.de

**Forkert,** Lothar; Dr.-Ing., Prof.; *Hochbaukonstruktion, Bauinformatik, Bauwerksinstandhaltung*; di: Georg-Simon-Ohm-Hochsch. Nürnberg, Fak. Bauingenieurwesen, Keßlerplatz 12, 90489 Nürnberg, PF 210320, 90121 Nürnberg

**Form,** Thomas-Peter; Dr.-Ing., HonProf.; *Nachrichtentechnische Systeme in Verkehrsmitteln*; di: Westsächs. Hochsch. Zwickau, FB Elektrotechnik, Dr.-Friedrichs-Ring 2A, 08056 Zwickau

**Fornaschon,** Dietrich; Dipl.-Ing., Prof.; *Straßenbau, Verkehrswesen, Vermessen*; di: Hochsch. 21, Harburger Str. 6, 21614 Buxtehude, T: (04161) 648230, fornaschon@hs21.de; pr: Westerjork 63c, 21635 Jork, T: (04162) 8268

**Forner,** Jörg-Ulrich; Dr.-Ing., Prof.; *Bautechnik und Bauabwicklung*; di: Beuth Hochsch. f. Technik, FB V Life Science and Technology, Luxemburger Str. 10, 13353 Berlin, T: (030) 45042083, joerg-ulrich.forner@beuth-hochschule.de

**Forst-Lürken,** Reinhard; Dr., Prof.; di: Ostfalia Hochsch., Fak. Verkehr-Sport-Tourismus-Medien, Karl-Scharfenberg-Str. 55-57, 38229 Salzgitter

**Forster,** Eva-Maria; Dr. rer. nat., Prof.; *Medientechnik, Praktische Kartographie*; di: Hochsch. München, Fak. Geoinformation, Karlstr. 6, 80333 München, T: (089) 12652672, F: 12652698, eva_maria.forster@fhm.edu

**Forster,** Gerhard; Dipl.-Phys., Prof.; *Elektronik, mikroelektronische Schaltungen*; di: Hochsch. Ulm, Fak. Elektrotechnik u. Informationstechnik, PF 3860, 89028 Ulm, T: (0731) 5028338, forster@hs-ulm.de

**Forster,** Ingbert; Dr.-Ing., Prof.; *Hydraulik, Pneumatik, Messtechnik*; di: FH Südwestfalen, FB Maschinenbau u. Automatisierungstechnik, Lübecker Ring 2, 59494 Soest, T: (02921) 378349, forster@fh-swf.de

**Forster,** Martin; Dr., Prof.; *Wirtschaftsinformatik*; di: Hochsch. d. Medien, Fak. Electronic Media, Nobelstr. 10, 70569 Stuttgart, forster@hdm-stuttgart.de

**Forster,** Matthias; Dr. rer. pol., Prof.; *Betriebswirtschaftslehre, Produktionswirtschaft, Logistik*; di: Techn. Hochsch. Wildau, FB Betriebswirtschaft/Wirtschaftsinformatik, Bahnhofstr., 15745 Wildau, T: (03375) 508529, F: 500324, mforster@wi-bw.tfh-wildau.de

**Fortenbacher,** Albrecht; Dr., Prof.; *Rechnernetze, Programmentwicklung, Parallele Systeme*; di: HTW Berlin, FB Wirtschaftswiss. II, Treskowallee 8, 10318 Berlin, T: (030) 50192321, a.fortenbacher@HTW-Berlin.de

**Fortmann,** Klaus-Michael; Dr., Prof.; *Betriebswirtschaftslehre, insbes. Logistik*; di: Westfäl. Hochsch., FB Wirtschaft, Neidenburger Str. 43, 45877 Gelsenkirchen, T: (0209) 9596609, fortmann@fh-gelsenkirchen.de

**Fortwengel,** Gerhard; Dr., Prof.; *Klinische Arzneimittelforschung, Epidemiologie, Operatives Management klinischer Studien*; di: Hochsch. Hannover, Fak. III Medien, Information u. Design, Kurt-Schwitters-Forum, Expo Plaza 2, 30539 Hannover, T: (0511) 92962680, gerhard.fortwengel@hs-hannover.de

**Foschiani,** Stefan; Dr., Prof.; *Betriebswirtschaft*; di: Hochsch. Pforzheim, Fak. f. Wirtschaft u. Recht, Tiefenbronner Str. 65, 75175 Pforzheim, T: (07231) 286365, F: 287365, stefan.foschiani@hs-pforzheim.de

**Foßhag,** Erich; Dr. rer. nat., Prof.; *Physikalische Chemie, Radiochemie*; di: Hochsch. Mannheim, Fak. Verfahrens- u. Chemietechnik, Windeckstr. 110, 68163 Mannheim

**Fournier,** Guy; Prof.; *Business Administration, Engineering*; di: Hochsch. Pforzheim, Fak. f. Wirtschaft u. Recht, Tiefenbronner Str. 65, 75175 Pforzheim, T: (07231) 286546, F: 286057, guy.fournier@hs-pforzheim.de

**Fox-Boyer,** Annette; MSc., PhD, Prof.; *Logopädie*; di: Hochsch. Fresenius, FB Gesundheit u Soziales, Limburger Str. 2, 65510 Idstein, T: (06126) 9352814, fox-boyer@hs-fresenius.de

**Fraaß,** Mathias; Dr. rer. nat., Prof.; *Gebäudeautomation, Techn. Gebäudemanagement, Facility Management*; di: Beuth Hochsch. f. Technik, FB IV Architektur u. Gebäudetechnik, Luxemburger Str. 10, 13353 Berlin, T: (030) 45042533, fraas@beuth-hochschule.de

**Fraatz,** Manuel; Dr.-Ing., Prof.; *Technische Optik, Contact-Optik*; di: Beuth Hochsch. f. Technik, FB VII, Elektrotechnik – Mechatronik – Optometrie, Luxemburger Str. 10, 13353 Berlin, T: (030) 45044718, fraatz@beuth-hochschule.de

**Fräger,** Carsten; Dr.-Ing., Prof.; *Elektrotechnik, Antriebe, Mechatronik, Leistungselektronik, Regelungstechnik, Modellbildung technischer Systeme*; di: Hochsch. Hannover, Fak. II Maschinenbau u. Bioverfahrenstechnik, Ricklinger Stadtweg 120, 30459 Hannover, PF 920261, 30441 Hannover, T: (0511) 92961383, carsten.fraeger@hs.hannover.de

**Frahm,** Björn; Dr.-Ing., Prof.; *Biotechnologie*; di: Hochsch. Ostwestfalen-Lippe, FB 4, Life Science Technologies, Liebigstr. 87, 32657 Lemgo, bjoern.frahm@hs-owl.de

**Frahm,** Joachim; Dr. rer. oec. habil., Prof.; *Betriebsinformatik*; di: Hochsch. Wismar, Fak. f. Wirtschaftswiss., PF 1210, 23952 Wismar, T: (03841) 753339, j.frahm@wi.hs-wismar.de

**Framke,** Sabine; Dr. med., Prof.; *Gesundheitswirtschaft*; di: FH Lübeck, FB Maschinenbau u. Wirtschaft, Mönkhofer Weg 136-140, 23562 Lübeck, T: (0451) 3005626, sabine.framke@fh-luebeck.de

**Frammelsberger,** Werner; Dr.-Ing., Prof.; *Werkstoffe, Energiewirtschaft*; di: Hochsch. Deggendorf, FB Maschinenbau, Edlmairstr. 6/8, 94469 Deggendorf, T: (0991) 3615340, werner.Frammelsberger@fh-deggendorf.de

**Franck,** Gerhard; Dr.-Ing., Prof.; *Automatisierungstechnik*; di: Hochsch. Niederrhein, FB Maschinenbau u. Verfahrenstechnik, Reinarzstr. 49, 47805 Krefeld, T: (02151) 8225025, gerhard.franck@hs-niederrhein.de; www.fh-niederrhein.de/fb04/aut

**Franck,** Michael; Dr., Prof.; *VWL / Wirtschaftspolitik, Schwerpunkt: Arbeitsmarkttheorie, Arbeitsmarktpolitik, Arbeitsmarktstatistik*; di: Hochsch. d. Bundesagentur f. Arbeit, Seckenheimer Landstr. 16, 68163 Mannheim, T: (0621) 4209119, Michael.Franck@arbeitsagentur.de

**Francke,** Wolfgang; Dr.-Ing., Prof.; *Ingenieurholzbau, Stahlbau*; di: Hochsch. Konstanz, Fak. Bauingenieurwesen, Brauneggerstr. 55, 78462 Konstanz, PF 100543, 78405 Konstanz, T: (07531) 206217, F: 206391, francke@fh-konstanz.de

**François,** Peter; Dr. rer.pol., Prof. u. Präs.; *Produktionswirtschaft, Wirtschaftsinformatik, Logistik*; di: Hamburger Fern-Hochsch., Alter Teichweg 19, 22081 Hamburg, T: (040) 35094333, F: 35094335, peter.francois@hamburger-fh.de

**Franger-Huhle,** Gaby; Dipl.-Päd., Dr. phil., Prof.; *Pädagogik, Politikwissenschaften*; di: Hochsch. Coburg, Fak. Soziale Arbeit u. Gesundheit, Friedrich-Streib-Str. 2, 96450 Coburg, T: (09561) 317370, franger@hs-coburg.de; pr: Gothaer Str. 10 b, 96450 Coburg, T: (09561) 32381

**Frank,** Artur; Dr., Prof.; *Waldbau, Forstliche Betriebswirtschaftslehre*; di: HAWK Hildesheim / Holzminden / Göttingen, Fak. Ressourcenmanagement, Büsgenweg 1a, 37077 Göttingen, T: (0551) 5032253

**Frank,** Eberhard; Dr.-Ing., Prof.; *Technische Mechanik, Werkstoffkunde, Werkstoffprüfung*; di: Hochsch. Ulm, Fak. Mechatronik u. Medizintechnik, PF 3860, 89028 Ulm, T: (0731) 5028266, frank@hs-ulm.de

**Frank,** Gerhard; Dipl.-Soz., Dr. phil., Prof.; *Soziale Arbeit*; di: Georg-Simon-Ohm-Hochsch. Nürnberg, Fak. Sozialwiss., Bahnhofstr. 87, 90402 Nürnberg, PF 210320, 90121 Nürnberg, T: (0911) 58802528

**Frank,** Gernold P.; Dr. rer. pol., Prof.; *Personal u. Organisation*; di: HTW Berlin, FB Wirtschaftswiss. I, Treskowallee 8, 10318 Berlin, T: (030) 50192433, g.frank@HTW-Berlin.de; pr: Bornfeldstr. 1, 61381 Friedrichsdorf, T: (06175) 34469, g.frank@pub-frank.de

**Frank,** Hannelore; Dipl.-Inform., Prof.; *Verteilte Systeme und Ubiquitous Computing*; di: Hochsch. Furtwangen, Fak. Informatik, Robert-Gerwig-Platz 1, 78120 Furtwangen, T: (07723) 9202160, F: 9201109, Hannelore.Frank@hs-furtwangen.de

**Frank,** Heinz; Dr.-Ing., Prof.; *Elektrotechnik, Automatisierungstechnik*; di: Hochsch. Heilbronn, Fak. f. Technik u. Wirtschaft, Daimlerstr. 35, 74653 Künzelsau, T: (07940) 130695, F: 130661951, frank@hs-heilbronn.de

**Frank,** Klaus; Dr., Prof.; *Prozeßdatenverarbeitung, Mikroprozessortechnik*; di: Hochsch. Darmstadt, FB Informatik, Haardtring 100, 64295 Darmstadt, T: (06151) 168467, k.frank@fbi.h-da.de; pr: Heinrich-Ritzel-Str. 15, 64720 Michelstadt, T: (06061) 73822

**Frank,** Klaus-Dieter; Dr. rer. pol., Prof.; *Marketing, Produkt- und Projektmanagement*; di: Hochsch. Albstadt-Sigmaringen, FB 1, Jakobstr. 1, 72458 Albstadt, T: (07431) 579408, F: 579214, frank@hs-albsig.de

**Frank,** Ludwig; Dipl.-Math., Dr., Prof.; *Systemprogrammierung, Betriebssysteme, analytische Performance-Modellierung*; di: Hochsch. Rosenheim, Fak. Informatik, Hochschulstr. 1, 83024 Rosenheim, T: (08031) 805509, F: 805502

**Frank,** Markus; M. Arch., Prof.; *Entwerfen, Messebau, Ausstellungsarchitektur*; di: Hochsch. Rosenheim, Fak. Innenarchitektur, Hochschulstr. 1, 83024 Rosenheim, T: (08031) 805561, F: 805552, markus.frank@fh-rosenheim.de

**Frank,** Michael; Dr. rer. nat., Prof.; *Medieninformatik*; di: HTWK Leipzig, FB Informatik, Mathematik u. Naturwiss., PF 301166, 04251 Leipzig, T: (0341) 30766498, mfrank@imn.htwk-leipzig.de

**Frank,** Stefan; Dr.-Ing., Prof.; *Messtechnik, Techn. Thermodynamik, Störungsmechanik, Maschinenelemente*; di: HTW Berlin, FB Ingenieurwiss. II, Blankenburger Pflasterweg 102, 13129 Berlin, T: (030) 50194347, s.frank@HTW-Berlin.de

**Frank,** Willy; Dipl.-Volkswirt., Dr. rer. pol., Prof.; *Volkswirtschaftslehre und wirtschaftswissenschaftliche Grundlagenfächer*; di: Hochsch. Coburg, Fak. Wirtschaft, Friedrich-Streib-Str. 2, 96450 Coburg, T: (09561) 317375, frank@hs-coburg.de

**Franke,** Christoph; Dr.-Ing., Prof.; *Thermodynamik und Energietechnik*; di: FH Köln, Fak. f. Informatik u. Ingenieurwiss., Am Sandberg 1, 51643 Gummersbach, T: (02261) 8196375, franke@gm.fh-koeln.de; pr: Melanchthonstr. 46, 51061 Köln, T: (0221) 5704947

**Franke,** Dieter; Dipl.-Ing., Dr.-Ing., Prof.; *Energie- und Umweltsystemtechnik, Technische Mechanik, Photovoltaik*; di: Hochsch. Ansbach, FB Ingenieurwissenschaften, Residenzstr. 8, 91522 Ansbach, PF 1963, 91510 Ansbach, T: (0981) 4877316, dieter.franke@fh-ansbach.de

**Franke,** Gabriele Helga; Dr. rer. nat. habil., Prof. H Magdeburg-Stendal; *Medizin. Psychologie*; di: Hochsch. Magdeburg-Stendal, FB Angew. Humanwiss., Osterburger Str. 25, 39576 Stendal, T: (03931) 21874826, F: 21874872, gabriele.franke@hs-magdeburg.de

**Franke,** Hubertus; Dr. rer. pol., Prof.; *Betriebswirtschaftslehre, Logistik*; di: Ostfalia Hochsch., Fak. Verkehr-Sport-Tourismus-Medien, Karl-Scharfenberg-Str. 55-57, 38229 Salzgitter, hu.franke@ostfalia.de

**Franke,** Jacqueline; Dr., Prof.; *Molekularbiologie, Biotechnologie*; di: HTW Berlin, FB Ingenieurwiss. II, Blankenburger Pflasterweg 102, 13129 Berlin, T: (030) 50194375, frankej@HTW-Berlin.de

**Franke,** Jürgen; Dr., Prof.; *Allgemeine Betriebswirtschaftslehre, insbes. Marketing u. Entrepreneurship*; di: Hochsch. Osnabrück, Fak. Wirtschafts- u. Sozialwiss., Caprivistr. 30 A, 49076 Osnabrück, T: (0541) 9692227, F: 9692070, franke@wi.hs-osnabrueck.de

**Franke,** Jutta; Dr. rer. pol., Prof.; *Handelsmanagement, Unternehmensführung*; di: Europäische FH Brühl, Kaiserstr. 6, 50321 Brühl, T: (02232) 5673510, j.franke@eufh.de

**Franke,** Klaus-Peter; Dr.-Ing., Prof.; *Logistik*; di: Hochsch. Ulm, Fak. Produktionstechnik u. Produktionswirtschaft, Prittwitzstr. 10, 89075 Ulm, PF 3860, 89028 Ulm, T: (0731) 5028296, franke@hs-ulm.de

**Franke,** Luitgard; Dr., Prof.; *Soziale Gerontologie*; di: FH Dortmund, FB Angewandte Sozialwiss., PF 105018, 44047 Dortmund, T: (0231) 7554981, luitgard.franke@fh-dortmund.de

**Franke,** Rainer; Dipl.-Ing., Prof. u. Rektor; *Neue Baugeschichte, Baukonstruktion*; di: Hochsch. f. Technik, Fak. Architektur u. Gestaltung, Schellingstr. 24, 70174 Stuttgart, PF 101452, 70013 Stuttgart, T: (0711) 89262660, F: 89262666, Rainer.Franke@fht-stuttgart.de

**Franke,** Thomas; Dr.-Ing., Prof.; *Strömungsmaschinen, Messtechnik*; di: FH Aachen, FB Luft- und Raumfahrttechnik, Hohenstaufenallee 6, 52064 Aachen, T: (0241) 600952339, franke@fh-aachen.de; pr: Sperberweg 7, 52134 Herzogenrath

**Franke-Meyer,** Diana; Dr. phil., Prof.; *Erziehungswissenschaft mit Schwerpunkt Elementarpädagogik*; di: Ev. FH Rhld.-Westf.-Lippe, FB Soziale Arbeit, Bildung u. Diakonie, Immanuel-Kant-Str. 18-20, 44803 Bochum, franke-meyer@efh-bochum.de

**Franken,** Bernhard; Prof.; *Digitales Entwerfen*; di: FH Frankfurt, FB 1 Architektur, Bauingenieurwesen, Geomatik, Nibelungenplatz 1, 60318 Frankfurt am Main, bernhard.franken@fb1.fh-frankfurt.de

**Franken,** Birgit; Dr., Prof.; di: DHBW Karlsruhe, Fak. Wirtschaft, Erzbergerstr. 121, 76133 Karlsruhe, T: (0721) 9735943

**Franken,** Rolf; Dr. rer. pol., Prof.; *Betriebswirtschaftslehre, insbes. Unternehmensführung*; di: FH Köln, Fak. f. Wirtschaftswiss., Claudiusstr. 1, 50678 Köln, T: (0221) 82753443, rolf.franken@fh-koeln.de; pr: Odenthaler Str. 162, 51069 Köln, T: (0221) 601673

**Franken,** Swetlana; Dr., Prof.; *Betriebwirtschaftslehre, Personalmanagement und Schlüsselqualifikationen des Managements*; di: FH Bielefeld, FB Wirtschaft u. Gesundheit, Bereich Wirtschaft, Universitätsstraße 25, 33615 Bielefeld, T: (0521) 1063755, swetlana.franken@fh-bielefeld.de

**Frankenberg,** Heinrich; Dipl.-Ing., Prof.; di: Rheinische FH Köln, Hohenstaufenring 16-18, 50674 Köln

**Frankenfeld,** Peter; Dr., Prof.; *Allgemeine Volkswirtschaftslehre, Regionalökonomie, Europäische Integration, Politologie/ Soziologie*; di: Hochsch. Bremen, Fak. Wirtschaftswiss., Werderstr. 73, 28199 Bremen, T: (0421) 59054241, F: 59054242, peter.frankenfeld@hs-bremen.de; pr: Wilhelm-Heile-Str. 20, 28857 Syke, T: (04242) 66477, F: 934864

**Franklin,** Peter; Prof.; *Wirtschaftsenglisch, Interkulturelle Wirtschafts- u. Managementkommunikation*; di: Hochsch. Konstanz, Fak. Wirtschafts- u. Sozialwiss., Brauneggerstr. 55, 78462 Konstanz, PF 100543, 78405 Konstanz, T: (07531) 206396, franklin@fh-konstanz.de

**Frantzke,** Anton; Dr. rer. pol., Prof.; *Volkswirtschaftslehre und Wirtschaftspolitik, Kapitalmärkte, Internationale Volkswirtschaft*; di: Hochsch. Augsburg, Fak. f. Wirtschaft, Friedberger Str. 4, 86169 Augsburg, T: (0821) 5982909, F: 5982902, Anton.Frantzke@hs-augsburg.de; www.hs-augsburg.de/ ~frantzke

**Franz,** Angelika; Dr., Prof.; *Psychologie*; di: Ev. Hochsch. f. Soziale Arbeit, PF 200143, 01191 Dresden, T: (0351) 4690237, angelika.franz@ehs-dresden.de; pr: Käthe-Kollwitz-Str. 17, 01445 Radebeul, T: (0351) 8383843, angelika.fr@web.de

**Franz,** Birgit; Dr.-Ing., Prof.; *Bauwerkserhaltung, Denkmalpflege*; di: HAWK Hildesheim/Holzminden/Göttingen, Fak. Management, Soziale Arbeit, Bauen, Billerbeck 2, 37603 Holzminden, T: (05531) 126160, F: 126150

**Franz,** Eberhard; Dr.-Ing., Prof.; *Thermodynamik, Thermische Verfahrenstechnik, Energieverfahrenstechnik*; di: Georg-Simon-Ohm-Hochsch. Nürnberg, Fak. Verfahrenstechnik, Wassertorstr. 10, 90489 Nürnberg, PF 210320, 90121 Nürnberg, T: (0911) 58801470

**Franz,** Gerhard; Dr. rer. nat., Prof.; *Angewandte Physik*; di: Hochsch. München, Fak. Feinwerk- u. Mikrotechnik, Physikal. Technik, Lothstr. 34, 80335 München, T: (089) 12651310, F: 12651480, gerhard.franz@fhm.edu

**Franz,** Jürgen H.; Dr.-Ing., Prof.; *Übertragungssysteme, Optische Nachrichtentechnik*; di: FH Düsseldorf, FB 3 – Elektrotechnik, Josef-Gockeln-Str. 9, 40474 Düsseldorf, T: (0211) 4351365, juergen.franz@fh-duesseldorf.de; pr: Philipp-Wirtgen-Str. 15, 50735 Köln, T: (0221) 7601232

**Franz,** Matthias; Dipl.-Ing. (FH), Prof.; *Konstruktion, Verarbeitungs- u. Fertigungstechnik, Automatisierung*; di: Hochsch. d. Medien, Fak. Druck u. Medien, Nobelstr. 10, 70569 Stuttgart, T: (0711) 89232117, franz@hdm-stuttgart.de

**Franz,** Robert U.; Dr., Prof.; *Betriebswirtschaftliche Anwendungen d. Informatik*; di: FH Brandenburg, FB Wirtschaft, SG Betriebswirtschaftslehre, Magdeburger Str. 50, 14770 Brandenburg, T: (03381) 355227, F: 355199, franz@fh-brandenburg.de

**Franz,** Rudibert; Prof.; *Wirtschaftsprivatrecht und Staatsrecht*; di: Hochsch. Trier, Umwelt-Campus Birkenfeld, FB Umweltwirtschaft/Umweltrecht, PF 1380, 55761 Birkenfeld, T: (06782) 171146, r.franz@umwelt-campus.de

**Franzen,** Berthold; Dipl.-Math., Dr. rer. nat. (USA), Prof.; *Informatik*; di: Techn. Hochsch. Mittelhessen, FB 13 Mathematik, Naturwiss. u. Datenverarbeitung, Wiesenstr. 14, 35390 Gießen, T: (0641) 3092362; pr: Wittgensteinstr. 36, 35581 Wetzlar, T: (06441) 975626

**Franzen,** Dietmar; Dr., Prof.; *Allgemeine Betriebswirtschaftslehre, Risikomanagement*; di: FH Frankfurt, FB 3 Wirtschaft u. Recht, Nibelungenplatz 1, 60318 Frankfurt am Main, T: (069) 15333875, dfranzen@fb3.fh-frankfurt.de

**Franzen,** Helmut; Dr.-Ing., Prof.; *Informatik, Software Engineering*; di: Beuth Hochsch. f. Technik, FB VI Informatik u. Medien, Luxemburger Str. 10, 13353 Berlin, T: (030) 45042319, franzen@beuth-hochschule.de

**Franzke,** Bettina; Dr., Prof.; *Psychologie, Schwerpunkt: Beratung/Counselling*; di: Hochsch. d. Bundesagentur f. Arbeit, Seckenheimer Landstr. 16, 68163 Mannheim, T: (0621) 4209183, Bettina.Franzke@arbeitsagentur.de

**Franzke,** Uwe; Dr.-Ing., HonProf.; *Klimatechnik*; di: HTW Dresden, Fak. Maschinenbau/Verfahrenstechnik, Friedrich-List-Platz 1, 01069 Dresden

**Franzkoch,** Bernd; Dr.-Ing., Prof.; *Maschinen- und Anlagenautomatisierung*; di: FH Köln, Fak. f. Informatik u. Ingenieurwiss., Am Sandberg 1, 51643 Gummersbach, T: (02261) 8196295, franzkoch@gm.fh-koeln.de; pr: Südweg 15, 53819 Neunkirchen, T: (02247) 4501

**Franzkowiak,** Peter; Dr., Prof.; *Gesundheitswissenschaft und Sozialmedizin in der sozialen Arbeit, Soziale Arbeit in der Gesundheitshilfe und Altenhilfe*; di: H Koblenz, FB Sozialwissenschaften, Konrad-Zuse-Str. 1, 56075 Koblenz, T: (0261) 9528227, F: 9528260, franzkow@hs-koblenz.de

**Franzreb,** Danny; Prof.; *Mediendesign, Multimedia-Produktion*; di: FH Neu-Ulm, Edisonallee 5, 89231 Neu-Ulm, T: (0731) 97621515, danny.franzreb@hs-neu-ulm.de

**Frech,** Carl; Prof.; *Grafik-Design und Design-Projekte*; di: Hochsch. f. angew. Wiss. Würzburg Schweinfurt, Fak. Gestaltung, Münzstr. 12, 97070 Würzburg, frech@fh-wuerzburg.de

**Frech,** Christian; Dr. rer. nat., Prof.; *Bioanalytik inkl. Proteinbiochemie u. Proteomik*; di: Hochsch. Mannheim, Fak. Biotechnologie, Windeckstr. 110, 68163 Mannheim

**Frech,** Joachim; Dr.-Ing., Prof.; *Wirtschaftsingenieurwesen*; di: DHBW Stuttgart, Fak. Technik, Wirtschaftsingenieurwesen, Kronenstr. 40, 70174 Stuttgart, T: (0711) 1849850, frech@dhbw-stuttgart.de

**Freckmann,** Peter; Dr., Prof.; *Kartographie, Thematische Kartographie, raumbezogene Visualisierung, Kartenmodellierung, Geoinformationssysteme, insbesondere kartenbasierte Informationssysteme*; di: Hochsch. Karlsruhe, Fak. Geomatik, Moltkestr. 30, 76133 Karlsruhe, PF 2440, 76012 Karlsruhe, T: (0721) 9252677

**Fredebeul-Krein,** Markus; Dr. rer. pol., Prof.; *VWL, insbes. Struktur- und Wettbewerbspolitik*; di: FH Aachen, FB Wirtschaftswissenschaften, Eupener Str. 70, 52066 Aachen, T: (0241) 600951915, fredebeul-krein@fh-aachen.de

**Fredrich,** Hartmut; Dr. Ing., Prof.; *Grundlagen der Informatik, Automatisierungstechnik, Projektmanagement, Computerbasierte Steuerung*; di: HTW Berlin, FB Ingenieurwiss. I, Allee der Kosmonauten 20/22, 10315 Berlin, T: (030) 50193360, h.fredrich@HTW-Berlin.de

**Freericks,** Renate; Dr., Prof.; *Angewandte Freizeitwissenschaften*; di: Hochsch. Bremen, Fak. Gesellschaftswiss., Neustadtswall 30, 28199 Bremen, T: (0421) 59053783, F: 59052753, Renate.Freericks@hs-bremen.de

**Frei,** Alfred; Dr., Prof.; *Kulturgeschichte*; di: Hochsch.Merseburg, FB Soziale Arbeit, Medien, Kultur, Geusaer Str., 06217 Merseburg, T: (03461) 462228, F: 462205, Alfred.Frei@hs-merseburg.de

**Freiboth,** Michael; Dr., Prof.; *Strategisches Management, Internationales HR Management*; di: Hochsch. Augsburg, Fak. f. Wirtschaft, Friedberger Straße 4, 86161 Augsburg, PF 110605, 86031 Augsburg, T: (0821) 55862963, Michael.Freiboth@hs-augsburg.de

**Freidank,** Jan; Dr. rer. pol., Prof.; *Betriebswirtschaftslehre, Marketing, Internationales Management*; di: Techn. Hochsch. Mittelhessen, FB 07 Wirtschaft, Wiesenstr. 14, 35390 Gießen, T: (0641) 3092709, Jan.Freidank@w.fh-giessen.de; pr: von-Schirp-Str. 4, 45239 Essen, T: (0201) 534164

**Freigang,** Werner; Dipl.-Päd., Dr., Prof.; *Pädagogik, Sozialpädagogik/Erziehungs- u. Familienhilfe*; di: Hochsch. Neubrandenburg, FB Soziale Arbeit, Bildung u. Erziehung, Brodaer Str. 2, 17033 Neubrandenburg, PF 110121, 17041 Neubrandenburg, T: (0395) 56935101, freigang@hs-nb.de; pr: Gartenstr. 2, 17033 Neubrandenburg, T: (0395) 5826281

**Freimann,** Robert; Dr., Prof.; *Hydraulik, Mathematik*; di: Hochsch. München, Fak. Bauingenieurwesen, Karlstr. 6, 80333 München, T: (089) 12652688, F: 12652699, freimann@bau.fhm.edu

**Freimann,** Thomas; Dr.-Ing., Prof.; *Beton- und Baustoffkunde, Straßenbau*; di: Georg-Simon-Ohm-Hochsch. Nürnberg, Fak. Bauingenieurwesen, Keßlerplatz 12, 90489 Nürnberg, PF 210320, 90121 Nürnberg, T: (0911) 58801413

**Freimuth,** Herbert; Dr. rer. nat. Prof.; *Angewandte Physik u Mikrosystemtechnik*; di: FH Kaiserslautern, FB Informatik u. Mikrosystemtechnik, Amerikastr. 1, 66482 Zweibrücken, T: (06332) 914412, herbert.freimuth@fh-kl.de

**Freimuth,** Joachim; Dr. rer. pol., Prof.; *Allgemeine Betriebswirtschaftslehre, insb. Personalwirtschaft*; di: Hochsch. Bremen, Fak. Wirtschaftswiss., Werderstr. 73, 28199 Bremen, T: (0421) 59054462, joachim.freimuth@t-online.de; pr: Tannenbergstr. 17, 28832 Achim, T: (04202) 7320, F: 7320

**Freise,** Jörn; HonProf.; di: Hochsch. f. Technik, Fak. Vermessung, Mathematik u. Informatik, Schellingstr. 24, 70174 Stuttgart, PF 101452, 70013 Stuttgart

**Freise,** Josef; Dipl.-Theol., Dr. paed., Prof.; *Konzepte Sozialer Arbeit (Didaktik/Methodik der Sozialpädagogik, im Bedarfsfall Erziehungswissenschaft, insbes. Theorie der Erziehung und Bildung der Jugend)*; di: Kath. Hochsch. NRW, Abt. Köln, FB Sozialwesen, Wörthstr. 10, 50668 Köln, T: (0221) 7757118, j.freise@kfhnw.de; pr: Reckstr. 52, 56564 Neuwied, T: (02631) 352121

**Freitag,** Gernot; Dr.-Ing., Prof.; *Automation*; di: Hochsch. Darmstadt, FB Elektrotechnik u. Informationstechnik, Haardtring 100, 64295 Darmstadt, T: (06151) 168242, gfreitag@eit.h-da.de

**Freitag,** Hartmut; Dr.-Ing., Prof.; *Stahlbau, Technische Mechanik, Schweißtechnik, Werkstoffkunde*; di: FH Mainz, FB Technik, Holzstr. 36, 55116 Mainz, T: (06131) 2859320

**Freitag,** Jörg; Prof.; *Restaurierung, Konservierung*; di: FH Potsdam, FB Architektur u. Städtebau, Pappelallee 8-9, 14469 Potsdam, T: (0331) 5801240

**Freitag,** Martin; Dr., Prof.; di: DHBW Ravensburg, Campus Friedrichshafen, Fallenbrunnen 2, 88045 Friedrichshafen, T: (07541) 2077100, freitag@dhbw-ravensburg.de

**Freitag,** Mechthild; Dipl.-Ing. agr., Dr. sc. agr., Prof.; *Biotechnologie der Tierproduktion, Anatomie und Physiologie der Haustiere, Tierernährung*; di: FH Südwestfalen, FB Agrarwirtschaft, Lübecker Ring 2, 59494 Soest, T: (02921) 378220, Freitag@fh-swf.de

**Freitag-Schubert,** Cornelia; Dr. phil., Prof.; *Grundlehre (Farbe, Zeichnen)*; di: Hochsch. Rhein/Main, FB Design Informatik Medien, Unter den Eichen 5, 65195 Wiesbaden, T: (0611) 94952224, cornelia.freitag-schubert@hs-rm.de; pr: T: (06031) 92624, freitag.schubert@t-online.de, co.freitag@t-online.de

**Fremd,** Rainer; Dr.-Ing., Prof.; *Mathematik, Angewandte Mathematik, Regelungstechnik*; di: FH Kaiserslautern, FB Angew. Ingenieurwiss., Morlautererstr. 31, 67657 Kaiserslautern, T: (0631) 3724311, F: 3724105, rainer.fremd@fh-kl.de

**Frenz,** Holger; Dr.-Ing., Prof.; *Prüftechnik und Technische Mechanik*; di: Westfäl. Hochsch., FB Elektrotechnik u. angew. Naturwiss., August-Schmidt-Ring 10, 45665 Recklinghausen, T: (02361) 915442, F: 915499, holger.frenz@fh-gelsenkirchen.de

**Frenz,** Stefan; Dr. rer.nat., Prof.; *Informatik*; di: Hochsch. Kempten, Fak. Informatik, Bahnhofstr. 61-63, 87435 Kempten, T: (0831) 2523516, stefan.frenz@fh-kempten.de; www.fam-frenz.de/stefan/

**Frenzel,** Bernhard; Dr., Prof.; *Mechatronische Systeme*; di: Hochsch. Amberg-Weiden, FB Elektro- u. Informationstechnik, Kaiser-Wilhelm-Ring 23, 92224 Amberg, T: (09621) 482260, F: 482145, b.frenzel@fh-amberg-weiden.de

**Frenzl,** Markus; Dipl.-Des., Prof.; di: Hochsch. München, Fak. Design, Erzgießereistr. 14, 80335 München, markus.frenzl@hm.edu

**Frère,** Eric; Dr., Prof.; *Finanzwirtschaft, International Management, Business Administration*; di: Hochschl. f. Oekonomie & Management, Herkulesstr. 32, 45127 Essen, T: (0201) 810040

**Frerichs,** Uwe; Dipl.-Ing., Prof.; *Baubetriebslehre und Projektmanagement Bau*; di: FH Bielefeld, FB Architektur u. Bauingenieurwesen, Artilleriestr. 9, 32427 Minden, PF 2328, 32380 Minden, T: (0571) 8385170, F: 8385171, uwe.frerichs@fh-bielefeld.de

**Frese,** Roger; Dr., Prof.; *Technische Informatik, Digitale Signalverarbeitung,Datenübertragung und Protokolle, Netzmanagement, Sicherheit in Netzen, Kommunikationsnetze*; di: FH Düsseldorf, FB 3 – Elektrotechnik, Josef-Gockeln-Str. 9, 40474 Düsseldorf, roger.frese@fh-duesseldorf.de; pr: Jahnstr.12, 42781 Haan

**Fretschner,** Rainer; Dr., Prof.; *soziale Gerontologie, Wissenschaftstheorie*; di: FH Kiel, FB Soziale Arbeit u. Gesundheit, Sokratesplatz 2, 24149 Kiel, T: (0431) 2103049, F: 21061200, rainer.fretschner@fh-kiel.de

**Freude,** Matthias; Dr., HonProf. H f. nachhaltige Entwicklung Eberswalde, Präs. Landesamt f. Umwelt, Gesundheit u. Verbraucherschutz; *Verhaltensbiologie*; di: Landesamt f. Umwelt, Gesundheit u. Verbraucherschutz, Seeburger Chaussee 2, 14476 Potsdam, T: (033201) 442101

**Freudenberger,** Adalbert; Dr. rer. nat., Prof.; *Physik, Datenverarbeitung, Prozessmesstechnik, Wassertechnologie*; di: Hochsch. Heilbronn, Fak. f. Mechanik u. Elektronik, Max-Planck-Str. 39, 74081 Heilbronn, T: (07131) 504305, F: 252470, freudenberger@hs-heilbronn.de

**Freudenberger,** Axel; Dr., Prof.; *Volkswirtschaftslehre*; di: FH Mainz, FB Wirtschaft, Lucy-Hillebrand-Str. 2, 55128 Mainz, PF 230060, 55051 Mainz, T: (06131) 628124, F: 628111, axel.freudenberger@wiwi.fh-mainz.de

**Freudenberger,** Jürgen; Dr., Prof.; *Kommunikationstechnik, Elektrische Schaltungstechnik*; di: Hochsch. Konstanz, Fak. Informatik, Brauneggerstr. 55, 78462 Konstanz, PF 100543, 78405 Konstanz, T: (07531) 206647, F: 206559, jfreuden@htwg-konstanz.de

**Freudenmann,** Johannes; Dr., Prof.; *Informatik*; di: DHBW Karlsruhe, Fak. Technik, Erzbergerstr. 121, 76133 Karlsruhe, T: (0721) 9735880, freudenmann@no-spam.dhbw-karlsruhe.de

**Freund,** Frank; Dr.-Ing., Prof.; *Industrieelektronik und Digitaltechnik*; di: Hochsch. Hannover, Fak. I Elektro- u. Informationstechnik, Ricklinger Stadtweg 120, 30459 Hannover, PF 920261, 30441 Hannover, T: (0511) 92961200, frank.freund@hs-hannover.de

**Freund,** Hermann; Dr.-Ing., Prof.; *Maschinenelemente, CAD*; di: Hochsch. Darmstadt, FB Maschinenbau u. Kunststofftechnik, Haardtring 100, 64295 Darmstadt, T: (06151) 168625, freund@h-da.de

**Freund,** Susanne; Dr. phil., Prof.; *Archivwissenschaft, Historische Hilfswissenschaften*; di: FH Potsdam, FB Informationswiss., Friedrich-Ebert-Str. 4, 14467 Potsdam, T: (0331) 5801521, freund@fh-potsdam.de

**Frevel,** Bernhard; Dr., Prof.; *Politikwissenschaft, Soziologie, Sozialwissenschaftliche Methoden/Statistik*; di: FH f. öffentl. Verwaltung NRW, Abt. Münster, Nevinghoff 8, 48147 Münster, bernhard.frevel@fhoev.nrw.de

**Frey,** Alexander; Dr.-Ing., Prof.; *Bauelemente u. Schaltungstechnik, Messtechnik*; di: Hochsch. Augsburg, Fak. f. Elektrotechnik, An der Hochschule 1, 86161 Augsburg, PF 110605, 86031 Augsburg, T: (0821) 55863615, alexander.frey@hs-augsburg.de

**Frey,** Andreas; Dr., Prof.; *Flugzeuginformatik und Avionik*; di: HAW Ingolstadt, Fak. Elektrotechnik u. Informatik, Esplanade 10, 85049 Ingolstadt, T: (0841) 9348233, Andreas.Frey@haw-ingolstadt.de

**Frey,** Andreas; Dr., Prof.; *Wirtschaftsmathematik, Statistik, Wirtschaftsinformatik*; di: Hochsch. Osnabrück, Fak. Wirtschafts- u. Sozialwiss., Caprivistr. 30 A, 49076 Osnabrück, T: (0541) 9693187, frey@wi.hs-osnabrueck.de

**Frey,** Andreas; Dr., Prof.; *Pädagogik, Schwerpunkt: Berufs- und Wirtschaftspädagogik*; di: Hochsch. d. Bundesagentur f. Arbeit, Seckenheimer Landstr. 16, 68163 Mannheim, T: (0621) 4209242, Andreas.Frey2@arbeitsagentur.de

**Frey,** Gerhard; Dr.-Ing., Prof.; *Maschinenbau*; di: Hochsch. Pforzheim, Fak. f. Technik, Tiefenbronner Str. 66, 75175 Pforzheim, T: (07231) 286582, F: 286050, gerhard.frey@hs-pforzheim.de

**Frey,** Herbert; Dr.-Ing., Prof.; *Elektrotechnik, Elektronik, Digitaltechnik, Industrielle Bildverarbeitung*; di: Hochsch. Ulm, Fak. Informatik, PF 3860, 89028 Ulm, T: (0731) 5028110, frey@hs-ulm.de

**Frey,** Thomas; Dr.-Ing., Prof.; *Technologie der nichtsilicatischen Feuerfest- und Feinkeramik, Werkstoffe der Elektrotechnik, Festigkeitslehre, Allgemeine Werkstofftechnik, Werkstoffpraktikum, Praktikum Werkstoffe der Elektrotechnik*; di: Georg-Simon-Ohm-Hochsch. Nürnberg, Fak. Werkstofftechnik, Wassertorstr. 10, 90489 Nürnberg, PF 210320, 90121 Nürnberg

**Frey,** Wolfgang; Dr.-Ing., Prof.; *Elektrotechnik, Messtechnik, Datenübertragung*; di: Hochsch. Heilbronn, Fak. f. Informatik, Max-Planck-Str. 39, 74081 Heilbronn, T: (07131) 5040, frey@fh-heilbronn.de

**Frey-Luxemburger,** Monika; Dr. rer. pol., Prof.; *ERP-und Datenbanksysteme*; di: Hochsch. Furtwangen, Fak. Wirtschaftsinformatik, Robert-Gerwig-Platz 1, 78120 Furtwangen, T: (07723) 9202427, Monika.Frey-Luxemburger@hs-furtwangen.de; www.frey-luxemburger.de/

**Freyburger,** Klaus; Dr. rer. nat., Prof.; *Wirtschaftsinformatik*; di: FH Ludwigshafen, FB III Internationale Dienstleistungen, Ernst-Boehe-Str. 4, 67059 Ludwigshafen, T: (0621) 5203301, klaus.freyburger@fh-lu.de

**Freye,** Diethardt; Dr., Prof.; *Betriebswirtschaftslehre insb. Logistikmanagement*; di: Hochsch. Osnabrück, Fak. Wirtschafts- u. Sozialwiss., Caprivistr. 30a, 49076 Osnabrück, T: (0541) 9692194, freye@wi.hs-osnabrueck.de

**Freyer,** Eckhard; Dr., Prof.; *Allgemeine Betriebswirtschaftslehre, Finanz- und Investitionswirtschaft*; di: Hochsch.Merseburg, FB Wirtschaftswiss., Geusaer Str., 06217 Merseburg, T: (03461) 462455, F: 462422, eckhard.freyer@hs-merseburg.de

**Freytag,** Andreas; Dr. oec., Prof.; *Datenbanken, Java*; di: Hochsch. Lausitz, FB Informatik, Elektrotechnik, Maschinenbau, Großenhainer Str. 57, 01968 Senftenberg, T: (03573) 85501, F: 85509

**Freytag,** Arne; Prof.; *CAD und Karosseriekonstruktion*; di: HAW Hamburg, Fak. Technik u. Informatik, Berliner Tor 9, 20099 Hamburg, T: (040) 428757903, arne.freytag@haw-hamburg.de

**Freytag,** Thomas; Dr. rer.pol., Prof.; *Programmiersprachen, Systemanalyse, Geschäftsprozessmodellierung, Petrinetze*; di: DHBW Karlsruhe, Fak. Wirtschaft, Erzbergerstr. 121, 76133 Karlsruhe, T: (0721) 9735937, freytag@no-spam.dhbw-karlsruhe.de

**Freytag-Leyer,** Barbara; Dr., Prof.; *Sozioökologie des privaten Haushalts*; di: Hochsch. Fulda, FB Oecotrophologie, Marquardstr. 35, 36039 Fulda, T: (0661) 9640355, Barbara.Freytag-Leyer@he.fh-Fulda.de

**Frick,** Achim; Dr.-Ing., Prof.; *Aufbereitungstechnik, Recyclinggerechte Bauteilgestaltung, Recyclingverfahren, Rücklaufwirtschaft/Ökologie, Prüfung von Polymeren*; di: Hochsch. Aalen, Fak. Maschinenbau u. Werkstofftechnik, Beethovenstr. 1, 73430 Aalen, T: (07361) 5762171, F: 5762250, achim.frick@htw-aalen.de

**Frick,** Detlev; Dr. rer. oec., Prof.; *BWL, Wirtschaftsinformatik*; di: Hochsch. Niederrhein, FB Wirtschaftswiss., Webschulstr. 41-43, 41065 Mönchengladbach, T: (02161) 1866383, detlev.frick@hs-niederrhein.de; pr: Grenzstr. 69, 47198 Duisburg

**Frick,** Gerold; MBA, Prof.; *Personalmanagement, Organisation und Führung*; di: Hochsch. Aalen, Fak. Wirtschaftswissenschaften, Beethovenstr. 1, 73430 Aalen, T: (07361) 9149012, gerold.frick@htw-aalen.de

**Frick,** Helge; Dr.-Ing., Prof.; *Rechneranwendung, Numerische Mathematik, Strömungslehre, Strömungssimulation (CFD)*; di: HTW d. Saarlandes, Fak. f. Ingenieurwiss., Goebenstr. 40, 66117 Saarbrücken, T: (0681) 5867269, frick@htw-saarland.de; pr: Im Bohnentälchen 7, 66440 Blieskastel, T: (06842) 52923

**Fricke,** Armin; Dr. sc. oec., Prof.; *Telematik, Datenbanken*; di: Techn. Hochsch. Wildau, FB Ingenieurwesen/Wirtschaftsingenieurwesen, Bahnhofstr., 15745 Wildau, T: (03375) 508364, africke@igw.tfh-wildau.de

**Fricke,** Ernst; Dr. rer. pol., Prof.; *Verwaltungsrecht, Sozialrecht*; di: Hochsch. Neubrandenburg, FB Soziale Arbeit, Bildung u. Erziehung, Brodaer Str. 2, 17033 Neubrandenburg, PF 110121, 17041 Neubrandenburg, fricke@hs-nb.de; pr: Innere Regensburger Str. 11, 84034 Landshut, kanzlei-fricke@t-online.de

**Fricke,** Frank-Ulrich; Dr. rer. pol., Prof.; *Gesundheitswesen*; di: Georg-Simon-Ohm-Hochsch. Nürnberg, Fak. Betriebswirtschaft, Bahnhofsstr. 87, 90402 Nürnberg, PF 210320, 90121 Nürnberg, frank-ulrich.fricke@ohm-hochschule.de

**Fricke,** Klaus; Dr. rer. nat., Prof.; *Physik, Angewandte Mathematik*; di: Westfäl. Hochsch., FB Maschinenbau u. Facilities Management, Neidenburger Str. 10, 45877 Gelsenkirchen, T: (0209) 9596132, 9596204, klaus.fricke@fh-gelsenkirchen.de; pr: Julius-Buchröder-Str. 2 a, 45665 Recklinghausen, T: (02361) 494314

**Fricke,** Wolfgang; Dr., Prof.; *Rechnungswesen und Controlling*; di: HAW Hamburg, Fak. Wirtschaft u. Soziales, Berliner Tor 5, 20099 Hamburg, T: (040) 428756981, wolfgang.fricke@haw-hamburg.de

**Fricke,** Wolfgang; Dipl.-Psych., Dr. rer. nat., Prof.; *Psychologie*; di: Hochsch. Rhein/Main, FB Sozialwesen, Kurt-Schumacher-Ring 18, 65197 Wiesbaden, T: (0611) 94951319, wolfgang.fricke@hs-rm.de; pr: Untere Kirchgasse 2, 55234 Büdesheim, T: (06731) 946945

**Fricke-Neuderth,** Klaus; Dr., Prof.; *Elektrotechnik, Mikroelektronik*; di: Hochsch. Fulda, FB Elektrotechnik u. Informationstechnik, Marquardstr. 35, 36039 Fulda, Klaus.Fricke-Neuderth@et.fh-fulda.de; pr: Nonnengasse 3, 36037 Fulda, T: (0661) 249113

**Frickenhaus,** Stephan; Dr. rer. nat., Prof.; *Algorithmik in der Molekularbiologie, Bio-Analytik*; di: Hochsch. Bremerhaven, An der Karlstadt 8, 27568 Bremerhaven, T: (0471) 48311179, F: 4823145, sfricken@hs-bremerhaven.de

**Friebel,** Wolf-Christoph; Dr.-Ing., Prof.; *Strömungsmechanik, Maschinenelemente, Konstruktion*; di: Hochsch. Osnabrück, Fak. Ingenieurwiss. u. Informatik, Albrechtstr. 30, 49076 Osnabrück, T: (0541) 9692907, c.friebel@hs-osnabrueck.de; pr: Stauffenbergstr. 23b, 49134 Wallenhorst, T: (05407) 4536

**Friebel-Legler,** Edith; Dipl.-Modegestalterin, Prof.; *Modedesign/Entwurf*; di: Westsächs. Hochsch. Zwickau, FB Angewandte Kunst Schneeberg, Goethestr. 1, 08289 Schneeberg, T: (03772) 350739, Edith.Friebel-Legler@fh-zwickau.de

**Friedemann,** Bärbel; Dr., Prof.; *Rechnungswesen*; di: FH Frankfurt, FB 3 Wirtschaft u. Recht, Nibelungenplatz 1, 60318 Frankfurt am Main, T: (069) 15332958, friedema@fb3.fh-frankfurt.de

**Friedemann,** Jan; Dr. rer. medic., Prof.; *Ökonomie des Sozial- u. Gesundheitswesen mit d. Schwerpunkt Betriebswirtschaft*; di: Ev. FH Rhld.-Westf.-Lippe, FB Soziale Arbeit, Bildung u. Diakonie, Immanuel-Kant-Str. 18-20, 44803 Bochum, T: (0234) 36901345, friedemann@efh-bochum.de

**Friederich,** Heinrich; Dr., Prof.; *Ingenieurwissenschaften*; di: Techn. Hochsch. Mittelhessen, Wiesenstr. 14, 35390 Gießen, T: (06031) 604341

**Friedewald,** Olaf; Dr.-Ing., Prof.; *Elektrotechnik*; di: Hochsch. Magdeburg-Stendal, FB Ingenieurwiss. u. Industriedesign, Breitscheidstr. 2, 39114 Magdeburg, T: (0391) 8864472, Olaf.Friedewald@HS-Magdeburg.de

**Friedhoff,** Jan; Prof.; *Design-Engineering und Strak*; di: HAW Hamburg, Fak. Technik u. Informatik, Berliner Tor 9, 20099 Hamburg, T: (040) 428757904, jan.friedhoff@haw-hamburg.de

**Friedhoff,** Joachim; Dr.-Ing., Prof.; *Maschinenbau, CAX-Technologien*; di: Hochschule Ruhr West, Institut Maschinenbau, PF 100755, 45407 Mülheim an der Ruhr, T: (0208) 88254758, joachim.friedhoff@hs-ruhrwest.de

**Friedl,** Erwin; Dipl.-Ing. (FH), Dipl.-Wirt.Ing. (FH), Prof.; *Holzkonstruktionslehre, Holzindustrielle Fertigungstechnik, CAD, CNC-Technik*; di: Hochsch. Rosenheim, Fak. Holztechnik u. Bau, Hochschulstr. 1, 83024 Rosenheim

**Friedl,** Jürgen; Dr. rer. pol., Prof.; *Logistik, Wissensmanagement*; di: Hochsch. Ravensburg-Weingarten, Doggenriedstr., 88250 Weingarten, PF 1261, 88241 Weingarten, T: (0751) 5019765, F: 5019876

**Friedmann,** Bruno; Dr.-Ing., Prof.; *Medientechnik Audiotechnik, Physics of music*; di: Hochsch. Furtwangen, Fak. Digitale Medien, Robert-Gerwig-Platz 1, 78120 Furtwangen, T: (0761) 6965541, bruno.friedmann@hs-furtwangen.de

**Friedmann,** Wilhelm; Dr. phil., HonProf.; *Personalmanagement*; di: Hochsch. Bremen, Fak. Wirtschaftswiss., Werderstr. 73, 28199 Bremen, dr.friedmann@transformation.de; pr: Franziusstr. 7, 28209 Bremen, T: (0421) 3498464

**Friedrich,** Alexander; Dr.-Ing., Prof.; *Konstruktionslehre, Maschinenelemente*; di: Hochsch. Esslingen, Fak. Maschinenbau, Kanalstr. 33, 73728 Esslingen, T: (0711) 3973187; pr: Plochinger Str. 4, 73230 Kirchheim/T., T: (07021) 734953

**Friedrich,** Andrea; Dr. rer. pol., Prof.; *Management und Organisation*; di: HAWK Hildesheim/Holzminden/Göttingen, Fak. Soziale Arbeit u. Gesundheit, Brühl 20, 31134 Hildesheim, T: (05121) 881271, Friedrich@hawk-hhg.de

**Friedrich,** Artur; Dr. phil., Prof.; *Management mittelständischer Unternehmen*; di: HTW Dresden, Fak. Wirtschaftswissenschaften, Friedrich-List-Platz 1, 01069 Dresden, T: (0351) 4622108, fridric@wiwi.htw-dresden.de

**Friedrich,** Christian; Dr., Prof.; *Arbeitsmethodik, Gesellschaft und Verwaltung*; di: Hess. Hochsch. f. Polizei u. Verwaltung, FB Verwaltung, Talstr. 3, 35394 Gießen, T: (0641) 795625, F: 795620

**Friedrich,** Christoph M.; Dr., Prof.; *angewandte Informatik*; di: FH Dortmund, FB Informatik, Emil-Figge-Str. 44, 44227 Dortmund, T: (0231) 7556796, F: 7556710, CHRISTOPH.friedrich@fh-dortmund.de

**Friedrich,** Frank; Dr.- Ing., Prof.; *Messtechnik, Elektrische Antriebe, Regelungstechnik, Mechanik, Produktentwicklung,FEM-Berechnungen, Konstruktion*; di: bbw Hochsch. Berlin, Leibnizstraße 11-13, 10625 Berlin, T: (030) 319909514, frank.friedrich@bbw-hochschule.de

**Friedrich,** Jörg; Dr. rer. nat., Prof.; *Embedded Systems Engineering, Hardwarenahe Softwareentwicklung, Simulation von Echtzeitsystemen*; di: Hochsch. Esslingen, Fak. Versorgungstechnik u. Umwelttechnik, Kanalstr. 33, 73728 Esslingen, T: (0711) 3974208; pr: Schwalbenweg 16, 71404 Korn, T: (07151) 33882

**Friedrich,** Marcel; Dr., Prof.; *Allgemeine BWL, Schwerpunkt Marketing*; di: SRH Fernhochsch. Riedlingen, Lange Str. 19, 88499 Riedlingen, marcel.friedrich@fh-riedlingen.srh.de

**Friedrich,** Olaf; Dr.-Ing., Prof.; *Fahrzeugdynamik und Fahrversuch*; di: HAW Hamburg, Fak. Technik u. Informatik, Berliner Tor 9, 20099 Hamburg, T: (040) 428757965, olaf.friedrich@haw-hamburg.de; pr: T: (040) 25496059, F: 258788, frd@olaf-friedrich.de

**Friedrich,** Peter; Dr., Prof.; *Psychologie*; di: Hess. Hochsch. f. Polizei u. Verwaltung, FB Polizei, Talstr. 3, 35394 Gießen, T: (0641) 795630, F: 795610

**Friedrich,** Petra; Dr.-Ing., Prof.; *Elektrotechnik*; di: Hochsch. Kempten, Fak. Elektrotechnik, Bahnhofstr. 61-63, 87435 Kempten, T: (0831) 25239256, F: 2523197, petra.friedrich@fh-kempten.de

**Friedrich,** Roland; Dr.-Ing., Prof.; *Computer Aided Engineering (CAE), Rechnergestützte Konstruktion (CAX), Rapid Prototyping (RPT), Management (MAN)*; di: FH Bielefeld, FB Ingenieurwiss. u. Mathematik, Am Stadtholz 24, 33609 Bielefeld, T: (0521) 1067527, roland.friedrich@fh-bielefeld.de; pr: Mühlenstr. 19, 33607 Bielefeld, T: (0521) 62396

**Friedrich,** Thomas; Dr. phil., Prof.; *Kommunikationswissenschaften*; di: Hochsch. Mannheim, Fak. Gestaltung, Windeckstr. 110, 68163 Mannheim

**Friedrich,** Volker; Dr. Prof.; *Kommunikationsdesign*; di: Hochsch. Konstanz, Fak. Architektur u. Gestaltung, Brauneggerstr. 55, 78462 Konstanz, PF 100543, 78405 Konstanz, T: (07531) 206659, fried@htwg-konstanz.de

**Friedrichs,** Anne; Dr. jur., Prof., Präs.; *Sozial- und Sozialverwaltungsrecht, Recht der Altenhilfe und der Pflege*; di: Hochsch. f. Gesundheit, Universitätsstr. 105, 44789 Bochum

**Friedrichsen,** Mike; Dr. habil., Prof.; *Medienmanagement, Statistik, Medienmärkte, Medienforschung, Medienwirtschaft, Medienwirkungsforschung*; di: Hochsch. d. Medien, Fak. Electronic Media, Nobelstr. 10, 70569 Stuttgart, T: (0711) 25706269, friedrichsen@hdm-stuttgart.de; pr: Munketoft 3b, 24937 Flensburg, T: (0461) 8052573, F: 8052578

**Friedrichsen,** Stefanie; Dr.-Ing., Prof.; *Baubetrieb/Projektmanagement*; di: FH Münster, FB Bauingenieurwesen, Corrensstr. 25, 48149 Münster, T: (0251) 8365183, F: 8365184, friedrichsen@fh-muenster.de

**Friehe,** Sabine; Dr., Prof.; *Verwaltungsrecht*; di: FH d. Bundes f. öff. Verwaltung, FB Sozialversicherung, Nestorstraße 23 - 25, 10709 Berlin, T: (030) 86522675

**Frieling,** Petra von; Dr. rer. nat., Prof.; *Chemische Verfahrenstechnik, Chemie*; di: Hochsch. Osnabrück, Fak. Ingenieurwiss. u. Informatik, Albrechtstr. 30, 49076 Osnabrück, T: (0541) 9693163, p.von-frieling@fh-osnabrueck.de

**Frieling-Sonnenberg,** Wilhelm; Dr. phil., Prof.; *Gerontologie, Gesundheitswissenschaften*; di: FH Nordhausen, FB Wirtschafts- u. Sozialwiss., Weinberghof 4, 99734 Nordhausen, T: (03631) 420543, F: 420817, frieling@fh-nordhausen.de

**Frielinghausen,** Peter; Dr., Prof.; *VWL*; di: Business and Information Technology School GmbH, Reiterweg 26 b, 58636 Iserlohn, T: (02371) 776524, F: 776503, peter.frielinghausen@bits-iserlohn.de

**Fries,** Christian; Prof.; *Mediengestaltung, Photografie, Zeichnen*; di: Hochsch. Furtwangen, Fak. Digitale Medien, Robert-Gerwig-Platz 1, 78120 Furtwangen, T: (07723) 9202526, frc@fh-furtwangen.de

**Fries,** Claudia; Dipl.-Ing., Prof.; *Baubetrieb und Projektmanagement*; di: Hochsch. Ostwestfalen-Lippe, FB 1, Architektur u. Innenarchitektur, Bielefelder Str. 66, 32756 Detmold, T: (05231) 76950, F: 769681; pr: Zollbergstr. 79, 73734 Esslingen

**Fries,** Georg; Dr.-Ing., Prof.; *Digitaltechnik, Digitale Signalverarbeitung, Audiovisuelle Sprachsignalverarbeitung*; di: Hochsch. Rhein/Main, FB Ingenieurwiss., Informationstechnologie u. Elektrotechnik, Am Brückweg 26, 65428 Rüsselsheim, T: (06142) 8984287, georg.fries@hs-rm.de; pr: Thomasiusstr. 6, 60316 Frankfurt a.M., T: (069) 438588

**Friesendorf,** Cordelia; Dr., Prof.; *Wirtschafts- u. Finanzwissenschaften*; di: Int. School of Management, Otto-Hahn-Str. 19, 44227 Dortmund

**Friesenhahn,** Günter; Dr., Prof., Dekan FB Sozialwesen; *Sozialpädagogik/Sozialarbeit, European Community Education Studies, Internationale Jugendarbeit*; di: H Koblenz, FB Sozialwissenschaften, Konrad-Zuse-Str. 1, 56075 Koblenz, T: (0261) 9528206, F: 9528260, friesenhahn@hs-koblenz.de

**Frieske,** Dietmar; Dipl.-Kfm., Prof.; *Controlling, Führungslehre*; di: Hochsch. Esslingen, Fak. Betriebswirtschaft, Flandernstr. 101, 73732 Esslingen, T: (0711) 3974350; pr: Jahnstr. 34/2, 70794 Filderstadt

**Frieske,** Hans-Jürgen; Dr.-Ing., Prof.; *Konstruktionslehre u. Technische Mechanik*; di: Hochsch. Bochum, FB Mechatronik u. Maschinenbau, Lennershofstr. 140, 44801 Bochum, T: (0234) 3210433, hans-juergen.frieske@hs-bochum.de; pr: Viktoriastr. 11, 53840 Troisdorf, T: (02241) 70236

**Friess,** Regina; Prof.; *Interaktikver Film, Medien – Konvergenz*; di: Hochsch. Furtwangen, Fak. Digitale Medien, Robert-Gerwig-Platz 1, 78120 Furtwangen, T: (07723) 9202390

**Frieters-Reermann,** Norbert; Dr., Prof.; *Sozialwesen*; di: Kath. Hochsch. NRW, Abt. Aachen, FB Sozialwesen, Robert-Schumann-Str. 25, 52066 Aachen, T: (0241) 6000333, F: 6000388, n.frieters-reermann@katho-nrw.de

**Frietzsche,** Ursula; Dr. rer. soc. oec., Prof.; *Allgemeine Betriebswirtschaftslehre, Dienstleistungsproduktion, Dienstleistungsmanagement, Dienstleistungsmarketing, Verkehrsbetriebslehre*; di: FH Worms, FB Touristik/Verkehrswesen, Erenburgerstr. 19, 67549 Worms, T: (06241) 509124, F: 509222, frietzsche@fh-worms.de

**Frings,** Dorothee; Dr. jur., Prof.; *Verfassungs- und Allgemeines Verwaltungsrecht, Sozialrecht*; di: Hochsch. Niederrhein, FB Sozialwesen, Richard-Wagner-Str. 101, 41065 Mönchengladbach, T: (02161) 1865626

**Frings,** Michael; Dr. jur., Prof.; *Bürgerliches Recht, deutsches und internationales Wirtschaftsrecht*; di: FH Aachen, FB Wirtschaftswissenschaften, Eupener Str. 70, 52066 Aachen, T: (0241) 600951959, frings@fh-aachen.de; pr: Limburger Str. 12, 52064 Aachen, T: (0241) 74464

**Frings,** Peter; Dr.-Ing., Prof.; *Werkstofftechnik*; di: H Koblenz, FB Ingenieurwesen, Rheinstr. 56, 56203 Höhr-Grenzhausen, T: (02624) 910914, F: 910940, pfrings@fh-koblenz.de

**Frink,** Monika; Dr., Prof.; *Bildung und Erziehung*; di: H Koblenz, FB Sozialwissenschaften, Konrad-Zuse-Str. 1, 56075 Koblenz, T: (0261) 9528259, frink@hs-koblenz.de

**Frisch,** Jürgen; Prof.; *Modedesign*; di: HAW Hamburg, Fak. Design, Medien u. Information, Armgartstr. 24, 22087 Hamburg, T: (040) 428754658, juergen.frisch@haw-hamburg.de

**Frisch,** Ralf; Dr., Prof.; *Systematische Theologie, Philosophie*; di: Ev. Hochsch. Nürnberg, Fak. f. Religionspädagogik, Bildungsarbeit u. Diakonik, Bärenschanzstr. 4, 90429 Nürnberg, T: (0911) 27253-761, ralf.frisch@evhn.de

**Frischgesell,** Heike; Dr.-Ing., Prof.; *Energietechnik und Mathematik*; di: HAW Hamburg, Fak. Technik u. Informatik, Berliner Tor 21, 20099 Hamburg, T: (040) 428758718, heike.frischgesell@haw-hamburg.de

**Frischgesell,** Thomas; Dr.-Ing., Prof.; *Technische Mechanik, Mechatronik und Robotik*; di: HAW Hamburg, Fak. Technik u. Informatik, Berliner Tor 21, 20099 Hamburg, T: (040) 428758602, thomas.frischgesell@haw-hamburg.de

**Friske,** Hans-Jürgen; Dr., Prof.; *Medienmanagement*; di: Business and Information Technology School GmbH, Reiterweg 26 b, 58636 Iserlohn, T: (02371) 776522, F: 776503, hansjuergen.friske@bits-iserlohn.de

**Frister,** Hermann; Dr. rer. nat., Prof.; *Chemie, Instrumentelle chemische u. physikalische Analytik, Sensorik, Ernährungsphysiologie*; di: Hochsch. Hannover, Fak. II Maschinenbau u. Bioverfahrenstechnik, Heisterbergallee 12, 30453 Hannover, T: (0511) 92962216, hermann.frister@hs-hannover.de; pr: Nordrehr 3g, 31515 Wunstorf, T: (05031) 14259

**Fritsch,** Arnim; Dr.-Ing., Prof.; di: Hochsch. München, Fak. Maschinenbau, Fahrzeugtechnik, Flugzeugtechnik, Dachauer Str. 98b, 80335 München, armin.fritsch@hm.edu

**Fritsch,** Johannes; Dr. rer. nat., Prof., Dekan FB Technologie und Management; *Thermo- und Fluiddynamik, Verfahrenstechnik, Nachhaltige Prozesstechnik*; di: Hochsch. Ravensburg-Weingarten, Doggenriedstr., 88250 Weingarten, PF 1261, 88241 Weingarten, T: (0751) 5019570, F: 5019876, fritsch@hs-weingarten.de; pr: Sunthaimstr. 27, 88213 Ravensburg, T: (0751) 96255

**Fritsche,** Ingo; Dr. jur., Prof.; *Bürgerliches Recht, Zivilprozeßrecht, Nachlaß- und Familienrecht*; di: FH f. Rechtspflege NRW, FB Rechtspflege, Schleidtalstr 3, 53902 Bad Münstereifel, PF, 53895 Bad Münstereifel, Ingo.Fritsche@fhr.nrw.de

**Fritsche,** Jan; Dr., Prof.; *Food Science*; di: HAW Hamburg, Fak. Life Sciences, Lohbrügger Kirchstr. 65, 21033 Hamburg, T: (040) 428756163, jan.fritsche@haw-hamburg.de

**Fritz,** Andreas; Dr.-Ing., Prof.; *Konstruktion, CAD, Maschinenelemente, Techn. Mechanik, FEM und Zuverlässigkeitstechnik*; di: Hochsch. Esslingen, Fak. Maschinenbau, Kanalstr. 33, 73728 Esslingen, T: (0711) 3973284; pr: Kelterstr. 9, 72661 Grafenberg, T: (07123) 35984

**Fritz,** Bernd; Dr. rer. nat., Prof.; *Mathematik*; di: FH Jena, FB Grundlagenwiss., Carl-Zeiss-Promenade 2, 07745 Jena, PF 100314, 07703 Jena, T: (03641) 205500, F: 205501, gw@fh-jena.de

**Fritz,** Christoph; Dr.-Ing., Prof.; *Baukonstruktion*; di: Hochsch. Darmstadt, FB Bauingenieurwesen, Haardtring 100, 64295 Darmstadt, T: (06151) 168158, fritz@fbb.h-da.de

**Fritz,** Günter; Dr. rer. nat., Prof.; *Mathematik, Informatik, Qualitätssicherung, Statistische Prozeßkontrolle*; di: Hochsch. Landshut, Fak. Elektrotechnik u. Wirtschaftsingenieurwesen, Am Lurzenhof 1, 84036 Landshut, guenter.fritz@fh-landshut.de

**Fritz,** Holger; Dr.-Ing., Prof.; *Qualitätsmanagement, Industrielle Messtechnik*; di: Beuth Hochsch. f. Technik, FB VIII Maschinenbau, Veranstaltungs- u. Verfahrenstechnik, Luxemburger Str. 10, 13353 Berlin, T: (030) 45045116, fritz@beuth-hochschule.de

**Fritz,** Johannes; Dipl.-Ing., Prof.; *Baukonstruktion, CAD, Projekt, Sonderkonstruktionen*; di: Hochsch. Rhein/Main, FB Architektur u. Bauingenieurwesen, Kurt-Schumacher-Ring 18, 65197 Wiesbaden, T: (0611) 94951411, johannessiegfried.fritz@hs-rm.de; pr: Breslauer Str. 1, 65307 Bad Schwalbach, T: (06124) 77789

**Fritz,** Jürgen; Dr. phil., Prof.; *Spiel- und Interaktionspädagogik*; di: FH Köln, Fak. f. Angewandte Sozialwiss., Mainzer Str. 5, 50678 Köln, T: (0221) 82753351; pr: Zum Steinrutsch 10, 51427 Bergisch Gladbach, T: (02204) 22314, fritz.juergen@t-online.de

**Fritz,** Oliver; Dipl.-Ing., Prof.; *Gestaltung, CAD*; di: FH Köln, Fak. f. Architektur, Betzdorfer Str. 2, 50679 Köln, oliver.fritz@fh-koeln.de

**Fritz,** Wolfgang; Dr.-Ing., Prof.; *Mechanische Verfahren, Abwasserreinigung, Technik der Stoffumwandlung*; di: Hochsch. Mannheim, Fak. Verfahrens- u. Chemietechnik, Windeckstr. 110, 68163 Mannheim

**Fritze,** Christiane; Dr., Prof.; di: Hochsch. München, Fak. Wirtschaftsingenieurwesen, Erzgießereistr. 14, 80335 München, T: (089) 12653903, christiane.fritze@fhm.edu

**Fritzen,** Andreas; Dipl.-Ing., Prof.; *Städtebau*; di: Hochsch. Bochum, FB Architektur, Lennershofstr. 140, 44801 Bochum, T: (0234) 3210119, andreas.fritzen@hs-bochum.de; pr: Auf dem Römerberg 1, 50968 Köln

**Fritzsche,** Hartmut; Dr.-Ing. habil., Prof. HTW Dresden (FH), Dekan FB Informatik/Mathematik; *Betriebssysteme*; di: HTW Dresden, Fak. Informatik/Mathematik, Friedrich-List-Platz 1, 01069 Dresden, T: (0351) 4622606, F: 4623671, fritzsch@informatik.htw-dresden.de

**Fritzsche,** Thomas; Dr.-Ing., Prof.; *Stahlbetonbau, Baustatik, Massivbrückenbau*; di: Hochsch. Regensburg, Fak. Bauingenieurwesen, PF 120327, 93025 Regensburg, T: (0941) 9431360, thomas.fritzsche@bau.fh-regensburg.de

**Froböse,** Michael; Dr., Prof.; *BWL, Medien und Kommunikation*; di: DHBW Heidenheim, Fak. Wirtschaft, Marienstr. 20, 89518 Heidenheim, T: (07321) 2722221, F: 2722229, froboese@dhbw-heidenheim.de

**Fröhlich,** Gert-Harald; Dr., Prof.; *Mathematik/Grundlagen der Datenverarbeitung*; di: Hochsch. Harz, FB Wirtschaftswiss., Friedrichstr. 57-59, 38855 Wernigerode, T: (03943) 659249, F: 659109, gfroehlich@hs-harz.de

**Fröhlich,** Hans; Dr.-Ing., Prof.; *Praktische u. theoretische Geodäsie, Softwareentwicklung, Landesvermessung*; di: Hochsch. Bochum, FB Vermessungswesen u. Geoinformatik, Lennershofstr. 140, 44801 Bochum, T: (0234) 3210518, hans.froehlich@hs-bochum.de; pr: Lichweg 16, 53757 Sankt Augustin, T: (02241) 312345, F: 310019, geo-goon@t-online.de; www.koordinatentransformation.de

**Fröhlich,** Joachim; Dr. rer. nat., Prof.; *Technische Mechanik, Polymere Werkstoffe, anorganische Chemie*; di: Georg-Simon-Ohm-Hochsch. Nürnberg, Fak. Werkstofftechnik, Wassertorstr. 10, 90489 Nürnberg, PF 210320, 90121 Nürnberg, joachim.froehlich@ohm-hochschule.de

**Fröhlich,** Johann; Dipl.-Ing., Prof.; *Baurecht, Baubetriebswirtschaft*; di: Hochsch. Neubrandenburg, FB Landschaftsarchitektur, Geoinformatik, Geodäsie u. Bauingenieurwesen, Brodaer Str. 2, 17033 Neubrandenburg, PF 110121, 17041 Neubrandenburg, T: (0395) 56934503, froehlich@hs-nb.de

**Fröhlich,** Michael; Dr. rer. nat., Prof.; *Informatik*; di: Hochsch. Regensburg, Fak. Informatik u. Mathematik, PF 120327, 93025 Regensburg, michael.froehlich@hs-regensburg.de

**Fröhlich,** Peter; Dr.-Ing., Prof.; *Embedded Systems und Mechatronik, Informatik und Software-Engineering, Elektrotechnik, Automatisierungstechnik, Produktmanagement, Innovationsmanagement*; di: Hochsch. Deggendorf, FB Maschinenbau, Edlmairstr. 6/8, 94469 Deggendorf, T: (0991) 3615383, F: 361581383, peter.froehlich@fh-deggendorf.de

**Fröhlich,** Peter; Dipl.-Ing., Prof.; *Konstruktionstechnik, Finite Elemente*; di: Hochsch. Rhein/Main, FB Ingenieurwiss., Maschinenbau, Am Brückweg 26, 65428 Rüsselsheim, T: (06142) 8984381, peter.froehlich@hs-rm.de; pr: Frankfurter Landstr. 9, 61352 Bad Homburg, T: (06172) 489476, F: 489476

**Fröhlich,** Siegmund; Dipl.-Chem., Dr. rer. nat., Prof.; *Verfahrenstechnik, Umwelttechnik/Umweltmanagement, Qualitätsmanagement, Grundlagen der Physik*; di: Hochsch. Emden/Leer, FB Technik, Constantiaplatz 4, 26723 Emden, T: (04921) 8071503, F: 8071593, froehlich@hs-emden-leer.de; pr: Galiotweg 1, 26723 Emden, T: (04921) 680567

**Fröhlich,** Torsten; Dr., Prof.; *Development of Media Systems*; di: Hochsch. Darmstadt, FB Media, Haardtring 100, 64295 Darmstadt, T: (06151) 169462, torsten.froehlich@fbmedia.h-da.de

**Fröhlich-Gildhoff,** Klaus; Dr., Prof.; *Psychologie*; di: Ev. Hochsch. Freiburg, Bugginger Str. 38, 79114 Freiburg i.Br., T: (0761) 4781240, froehlich-gildhoff@eh-freiburg.de; pr: Baumgartenstr. 101, 34130 Kassel, T: (0561) 601206

**Fröhling,** Dirk; Dr.-Ing., Prof.; *Mathematik, Informatik*; di: Westfäl. Hochsch., FB Maschinenbau u. Facilities Management, Neidenburger Str. 10, 45877 Gelsenkirchen, T: (0209) 9596171, dirk.froehling@fh-gelsenkirchen.de

**Frömel,** Gero; Dr., Prof.; *Technische Informatik, Datentechnik*; di: FH Frankfurt, FB 2 Informatik u. Ingenieurwiss., Nibelungenplatz 1, 60318 Frankfurt am Main, T: (069) 15332215, froemel@fb2.fh-frankfurt.de

**Frömling,** Albrecht; Dr., Prof.; *Verwaltungsrecht und Verwaltungsrechtsschutz, Verbrauchssteuer und Monopolrecht*; di: FH d. Bundes f. öff. Verwaltung, FB Finanzen, PF 1549, 48004 Münster, T: (0251) 8670873

**Fröschl,** Monika Brigitte Elisabeth; Dr. med. habil., Prof. TU München, Prof. Kath. StiftungsFH München; *Gesundheitsförderung, Frauengesundheit, AIDS*; di: Kath. Stiftungsfachhochsch. München, Preysingstr. 83, 81667 München, T: (089) 480921259, monika.froeschl@ksfh.de

**Frohme,** Marcus; Dr. sc. hum., Prof.; *Molekularbiologie*; di: Techn. Hochsch. Wildau, FB Ingenieurwesen/Wirtschaftsingenieurwesen, Bahnhofstr., 15745 Wildau, T: (03375) 508249, marcus.frohme@tfh-wildau.de

**Frohn,** Hansgeorg; Dr., Prof.; *Staatsrecht*; di: FH d. Bundes f. öff. Verwaltung, FB Sozialversicherung, Nestorstraße 23 - 25, 10709 Berlin, T: (030) 86585447

**Frohne,** Wilfried; Dr., Prof.; *Staats- und Verfassungsrecht, Polizei- und Verwaltungsrechtrecht*; di: Hess. Hochsch. f. Polizei u. Verwaltung, FB Polizei, Frankfurter Str. 365, 34134 Kassel, T: (0561) 4806184, F: 4806199

**Frohnhofen,** Herbert; Dr. phil., Dr. theol., Prof.; di: Kath. Hochsch. Mainz, FB Prakt. Theologie, Saarstr. 3, 55122 Mainz, T: (06131) 2894463, frohnhofen@kfh-mainz.de; pr: In Redersweiden 10, 65558 Flacht, T: (06432) 644551, F: (089) 244315764, Herbert.Frohnhofen@t-online.de

**Fromm,** Burkard; Dr.-Ing., Prof.; *Mathematik, Elektrotechnik, Regelungstechnik, Messgerätetechnik, Gebäudeautomatisierung, Lichttechnik*; di: Hochsch. Trier, FB BLV, PF 1826, 54208 Trier, T: (0651) 8103359, b.fromm@hochschule-trier.de; pr: Am Meulenwald 32, 54343 Föhren, T: (06502) 7917, F: 7917

**Fromm,** Peter; Dr.-Ing., Prof.; *Informationstechnik und Mikroprozessoren*; di: Hochsch. Darmstadt, FB Elektrotechnik u. Informationstechnik, Haardtring 100, 64295 Darmstadt, T: (06151) 168237, fromm@eit.h-da.de

**Fromm,** Wilhelm; Dr., Prof.; *Prozessautomatisierung, Speicherprogrammierbare Steuerung (SPS), Datenverarbeitung*; di: Hochsch. Konstanz, Fak. Elektrotechnik u. Informationstechnik, Brauneggerstr. 55, 78462 Konstanz, PF 100543, 78405 Konstanz, T: (07531) 206368, F: 206400, fromm@fh-konstanz.de

**Frommann,** Matthias; Dr., Prof.; *Recht der sozialen Arbeit, Schwerpunkt Sozialhilferecht*; di: FH Frankfurt, FB 4 Soziale Arbeit u. Gesundheit, Nibelungenplatz 1, 60318 Frankfurt am Main, T: (069) 15332843, frommann@fb4.fh-frankfurt.de

**Frommann,** Olaf; Dr.-Ing., Prof.; di: Hochsch. Bremen, Fak. Natur u. Technik, Flughafenallee 10, 28199 Bremen, T: (0421) 59055446, F: 59055536, Olaf.Frommann@hs-bremen.de

**Frommhold,** Heinz; Dr., Prof.; *Forstnutzung, Holzkunde*; di: Hochsch. f. nachhaltige Entwicklung, FB Wald u. Umwelt, Alfred-Möller-Str. 1, 16225 Eberswalde, T: (03334) 657168, F: 657162, Heinz.Frommhold@hnee.de

**Frontzek,** Franz; Dr.-Ing., Prof.; *Elektr. Energietechnik, Elektr. Anlagen, Schutztechnik, Hochspannungstechnik, Meßtechnik*; di: Hochsch. Darmstadt, FB Elektrotechnik u. Informationstechnik, Haardtring 100, 64295 Darmstadt, T: (06151) 168250, ffrontzek@eit.h-da.de

**Froreich,** Dieter von; Prof., Gründungsrektor; *Betriebswirtschaftliche Werbe- und Kommunikationswirtschaft*; di: design akademie berlin (FH), Paul-Lincke-Ufer 8e, 10999 Berlin

**Froriep,** Rainer; Dr.-Ing., Prof.; *Regelungstechnik, Prozessautomatisierung, Systemtechnik*; di: Hochsch. München, Fak. Feinwerk- u. Mikrotechnik, Physikal. Technik, Lothstr. 34, 80335 München, T: (089) 12651679, F: 12651480, r.froriep@fhm.edu

**Frormann,** Lars; Dr.-Ing., Prof.; *Polymerwerkstoffe, Faserverbundwerkstoffe, Textilien, Funktionskunststoffe, Smart Polymers*; di: Westsächs. Hochsch. Zwickau, Inst. f. Produktionstechnik, Äußere Schneeberger Str. 15-19, 08056 Zwickau, Lars.Frormann@fh-zwickau.de

**Frosch-Wilke,** Dirk; Dr. rer. nat., Prof., Dekan FB Wirtschaft; *BWL, Wirtschaftsinformatik*; di: FH Kiel, FB Wirtschaft, Sokratesplatz 2, 24149 Kiel, T: (0431) 2103516, F: 21063516, dirk.frosch-wilke@fh-kiel.de; pr: Am Karpfenteich 1, 24217 Schönberg, T: (04344) 410433

**Frowein,** Carl; Dipl.-Ing., HonProf.; di: Hochsch. f. Technik, Fak. Architektur u. Gestaltung, Schellingstr. 24, 70174 Stuttgart, PF 101452, 70013 Stuttgart

**Frowein,** Joachim-Wolfgang; Dipl.-Ing., Prof.; *Städtebau, Entwerfen*; di: Hochsch. f. Technik, Fak. Architektur u. Gestaltung, Schellingstr. 24, 70174 Stuttgart, PF 101452, 70013 Stuttgart, T: (0711) 89262615, joachim-wolfgang.frowein@hft-stuttgart.de

**Früchtel,** Frank; Dr., Prof.; *Ethik, Theorie- u. Praxisentwicklung in d. Sozialen Arbeit*; di: FH Potsdam, FB Sozialwesen, Friedrich-Ebert-Str. 4, 14467 Potsdam, T: (0331) 5801120, fruechtel@fh-potsdam.de

**Früh-van Ess,** Peter; Dipl.-Ing.arch., Dipl.-Des., Prof.; *Medienpädagogik*; di: Hochsch. Esslingen, Fak. Soziale Arbeit, Gesundheit u. Pflege, Flandernstr. 101, 73732 Esslingen, T: (0711) 3974578; pr: Bahnhofstr. 13, 73728 Esslingen

**Frühauf,** Wolfgang; Dipl.-Ing., Prof.; *Regelungstechnik, Digitale Signalverarbeitung, Intelligente Systeme*; di: Hochsch. Reutlingen, FB Management u. Automation, Alteburgstr. 150, 72762 Reutlingen, T: (07121) 271618, wolfgang.fruehauf@fh-reutlingen.de; pr: Wehrgasse 29, 72108 Rottenburg, T: (07457) 5346

**Frühbrodt,** Lutz; Dr., Prof.; *Technikjournalismus*; di: Hochsch. f. angew. Wiss. Würzburg Schweinfurt, Fak. angew. Natur- u. Geisteswiss., Münzstr. 12, 97070 Würzburg

**Frühwald,** Katja; Dipl.-Holzwirtin, Prof.; *Holzbauproduktion*; di: Hochsch. Ostwestfalen-Lippe, FB 7, Produktion u. Wirtschaft, Liebigstr. 87, 32657 Lemgo; pr: Am Lindenhaus 13, 32657 Lemgo, T: (05261) 668284

**Fründ,** Heinz-Christian; Dr. rer. nat., Prof.; *Bodenbiologie, Bodenökologie, Ökotoxikologie*; di: Hochsch. Osnabrück, Fak. Agrarwiss. u. Landschaftsarchitektur, PF 1940, 49009 Osnabrück, T: (0541) 9695052, h.-c.fruend@hs-osnabrueck.de; pr: Ernst-Sievers-Str. 107, 49078 Osnabrück, T: (0541) 434029, F: 46903

**Frydrychowicz,** Stephan; Dr., Prof.; *Mathematik, Datenverarbeitung*; di: Hochsch. f. angew. Wiss. Würzburg Schweinfurt, Fak. angew. Natur- u. Geisteswiss., Ignaz-Schön-Str. 11, 97421 Schweinfurt

**Fuchs,** Andreas; Dipl.-Ing., Prof.; *Baustofflehre, Baukonstruktion*; di: Hochsch. Rhein/Main, FB Architektur u. Bauingenieurwesen, Kurt-Schumacher-Ring 18, 65197 Wiesbaden, T: (0611) 94951435, andreas.fuchs@hs-rm.de

**Fuchs,** Annett; Dr. rer. nat., Prof.; *Biochemie*; di: Hochsch. Zittau/Görlitz, Fak. Mathematik/Naturwiss., Theodor-Körner-Allee 16, 02763 Zittau, PF 1455, 02754 Zittau, T: (03583) 611717, a.fuchs@hs-zigr.de

**Fuchs,** Barbara; Prof.; *Designprozesse, Raumkonzeption*; di: Hochsch. Coburg, Fak. Design, PF 1652, 96406 Coburg, T: (09561) 317434, barbara.fuchs@hs-coburg.de

**Fuchs,** Clemens; Dr. sc. agr. habil., Prof H Neubrandenburg; *Landwirtschaftliche Betriebslehre*; di: Hochsch. Neubrandenburg, FB Agrarwirtschaft u. Lebensmittelwiss., Brodaer Str. 2, 17033 Neubrandenburg, PF 110121, 17041 Neubrandenburg, T: (0395) 56932102, F: 5693199, cfuchs@hs-nb.de; pr: Peter-Cornelius-Str. 10, 17033 Neubrandenburg

**Fuchs,** Georg; Dr.-Ing., Prof.; *Diplomandenseminar, Statik, Stahlbau*; di: HTW Berlin, FB Ingenieurwiss. II, Blankenburger Pflasterweg 102, 13129 Berlin, T: (030) 50194240, fuchsg@HTW-Berlin.de

**Fuchs,** Harald; Prof.; *Zeichnerische Darstellung*; di: FH Düsseldorf, FB 2 – Design, Georg-Glock-Str. 15, 40474 Düsseldorf, T: (0211) 4351239, harald.fuchs@fh-duesseldorf.de; pr: Siebengebirgsallee 66, 50939 Köln

**Fuchs,** Hartmut; Dipl.-Ing., Prof.; *Projekt- und Baumanagement, baukonstruktive und baubetriebliche Abwicklung*; di: Georg-Simon-Ohm-Hochsch. Nürnberg, Fak. Architektur, Keßlerplatz 12, 90489 Nürnberg, PF 210320, 90121 Nürnberg, T: (0911) 58801884

**Fuchs,** Jochen; Dr., Prof.; *Rechtswissenschaft*; di: Hochsch. Magdeburg-Stendal, FB Sozial- u. Gesundheitswesen, Breitscheidstr. 2, 39114 Magdeburg, T: (0391) 8864322, jochen.fuchs@hs-magdeburg.de

**Fuchs,** Mandy; Dipl.-Päd., Dr., Prof.; *Didaktik frühkindlicher Bildung u. Erziehung*; di: Hochsch. Neubrandenburg, FB Soziale Arbeit, Bildung u. Erziehung, Brodaer Str. 2, 17033 Neubrandenburg, PF 110121, 17041 Neubrandenburg, T: (0395) 56935102, fuchs@hs-nb.de

**Fuchs,** Monika; Prof.; *Mode- und Designmanagement*; di: HTW Berlin, FB Gestaltung, Wilhelminenhofstr. 67-77, 12459 Berlin, T: (030) 50194709, Monika.Fuchs@HTW-Berlin.de

**Fuchs,** Nora; Prof.; *Plastisches Gestalten, Angewandte Formgestaltung*; di: FH Dortmund, FB Design, Max-Ophüls-Platz 2, 44139 Dortmund, T: (0231) 9112406, F: 9112415, nora.fuchs@fh-dortmund.de

**Fuchs,** Walter; Dr.-Ing., Prof.; di: Hochsch. f. Technik, Fak. Architektur u. Gestaltung, Schellingstr. 24, 70174 Stuttgart, PF 101452, 70013 Stuttgart

**Fuchs,** Wolfgang; Dr., Prof.; *Werbelehre, Verkaufsförderung, Präsentations- und Verhandlungstechnik*; di: Hochsch. d. Medien, Fak. Electronic Media, Nobelstr. 10, 70569 Stuttgart, T: (0711) 89232209, fuchs@hdm-stuttgart.de

**Fuchs,** Wolfgang; Dr., Prof.; *BWL – Tourismus, Hotellerie und Gastronomie: Hotel- und Gastronomiemanagement*; di: DHBW Ravensburg, Rudolfstr. 19, 88214 Ravensburg, T: (0751) 189992116, fuchs@dhbw-ravensburg.de

**Fuchs-Kittowski,** Frank; Dr.-Ing., Prof.; *Betriebliche Umweltinformatik*; di: HTW Berlin, FB Ingenieurwiss. II, Blankenburger Pflasterweg 102, 13129 Berlin, T: (030) 50193372, Frank.Fuchs-Kittowski@HTW-Berlin.de

**Fuchsbauer,** Hans-Lothar; Dr. rer. nat., Prof.; *Biochemie*; di: Hochsch. Darmstadt, FB Chemie- u. Biotechnologie, Haardtring 100, 64295 Darmstadt, T: (06151) 168203, fuchsbauer@h-da.de; pr: Fürthweg 1A, 64367 Mühltal

**Fuchsberger,** Alfred; Dr.-Ing., Prof.; *Fertigungstechnik, Kostenrechnung*; di: Hochsch. München, Fak. Feinwerk- u. Mikrotechnik, Physikal. Technik, Lothstr. 34, 80335 München, T: (089) 12651687, F: 12651480, fuchsberger@fhm.edu

**Fuchß,** Otmar; Prof.; *Waldschutz, Forstliches Ingenieurwesen, Management*; di: Hochsch. f. Forstwirtschaft Rottenburg, Schadenweilerhof, 72108 Rottenburg, T: (07472) 951258, F: 951200, Fuchss@fh-rottenburg.de

**Fuchß,** Thomas; Dr. rer. nat., Prof.; *Softwareentwicklung u. Softwareengineering*; di: Hochsch. Karlsruhe, Fak. Informatik u. Wirtschaftsinformatik, Moltkestr. 30, 76133 Karlsruhe, PF 2440, 76012 Karlsruhe, T: (0721) 9251500

**Fuchtmann,** Engelbert; Dipl.-Ing. (FH), Dr. phil., HonProf.; di: Hochsch. München, FB Allgemeinwissenschaften, Lothstr. 34, 80335 München, engelbert.fuchtmann@hm.edu

**Fudalla,** Mark Rainer; Dr., Prof.; *Öffentliches Rechnungswesen*; di: FH Nordhausen, FB Wirtschafts- u. Sozialwiss., Weinberghof 4, 99734 Nordhausen, T: (03631) 420545, F: 420817, fudalla@fh-nordhausen.de

**Fuder,** Dieter; Dr. phil., Prof.; *Designtheorie, Designgeschichte, Designsemiotik, Philosophie*; di: FH Düsseldorf, FB 2 – Design, Georg-Glock-Str. 15, 40474 Düsseldorf, T: (0211) 4351236, dieter.fuder@fh-duesseldorf.de; pr: Graf-Gerhard-Str. 7, 41849 Wassenberg, T: (02432) 934304, F: 934305

**Füchsle-Voigt,** Traudl; Dr., Prof.; *Psychologie, Soziale Arbeit in der Familien-, Paar- und Lebensberatung und in Psychiatrischen Einrichtungen*; di: H Koblenz, FB Sozialwissenschaften, Konrad-Zuse-Str. 1, 56075 Koblenz, T: (0261) 9528241, F: 9528260, fuechsle@hs-koblenz.de

**Fügener,** Lutz; Prof.; *Industrial Design*; di: Hochsch. Pforzheim, Fak. f. Gestaltung, Eutinger Str. 111, 75175 Pforzheim, T: (07231) 286900, F: 286890, lutz.fuegener@hs-pforzheim.de

**Fügenschuh,** Marzena; Dr., Prof.; *Mathematik*; di: Beuth Hochsch. f. Technik, FB II Mathematik – Physik – Chemie, Luxemburger Straße 10, 13353 Berlin, T: (030) 45045226, fuegenschuh@beuth-hochschule.de

**Fühles-Ubach,** Simone; Dr. phil., Prof.; *Bibliotheks- und Informationswesen, Schwerpunkt Organisation und Management von Informationseinrichtungen, Statistik*; di: FH Köln, Fak. f. Informations- u. Kommunikationswiss., Claudiusstr. 1, 50678 Köln, T: (0221) 82753391, F: 3318583, Simone.Fuehles_Ubach@fh-koeln.de; pr: Rotkäppchenweg 8, 50259 Pulheim, T: (02238) 838823

**Führer,** Christiane; Dr. rer. pol., Prof.; *Statistik, Wirtschaftsmathematik, Operations Research, insbes. Logistik*; di: FH Münster, FB Wirtschaft, Johann-Krane-Weg 25, 48149 Münster, T: (0251) 8365653, F: 8365502, Führer@fh-muenster.de; pr: Sternbusch 18, 48153 Münster

**Führ,** Martin; Dr. jur., PD U Frankfurt/M., Prof. FH Darmstadt; *Recht*; di: Hochsch. Darmstadt, FB Gesellschaftswiss. u. Soziale Arbeit, Haardtring 100, 64295 Darmstadt, T: (06151) 168735, F: 168925, fuehr@sofia-darmstadt.de

**Führer,** Christian; Dr., Prof.; *Dienstleistungsmarketing*; di: DHBW Mannheim, Fak. Wirtschaft, Käfertaler Str. 258, 68167 Mannheim, T: (0621) 41052108, F: 41052100, christian.fuehrer@dhbw-mannheim.de

**Führich,** Ernst; Dr. jur. utr., Prof.; *Wirtschaftsprivatrecht, Arbeitsrecht, Reiserecht, Europäisches Wirtschaftsrecht*; di: Hochsch. Kempten, Fak. Betriebswirtschaft, PF 1680, 87406 Kempten, T: (0831) 2523158, ernst.fuehrich@fh-kempten.de

**Fülber,** Carsten; Dr. rer. nat., Prof.; *Mikroelektronik, Halbleiterphysik*; di: FH Düsseldorf, FB 3 – Elektrotechnik, Josef-Gockeln-Str. 9, 40474 Düsseldorf, T: (0211) 4351623, carsten.fuelber@fh-duesseldorf.de

**Fünfgeld,** Stefan; Dipl.-Volksw., Prof.; *Wirtschaftswissenschaften, BWL-DLM-Non-Profit-Organisationen, Verbände und Stiftungen, BWL-DLM-Sportmanagement*; di: DHBW Stuttgart, Fak. Wirtschaft, BWL-Dienstleistungsmanagement, Paulinenstraße 50, 70178 Stuttgart, T: (0711) 1849849, fuenfgeld@dhbw-stuttgart.de

**Fürst,** Walter; Dr., HonProf.; *Steuerrecht und Wirtschaftsprüfung*; di: FH Erfurt, FB Wirtschaftswiss., Steinplatz 2, 99085 Erfurt, PF 101363, 99013 Erfurt, T: (0361) 6700828

**Füser,** Sven; Dr.-Ing., Prof.; *Strukturmechanik und Mathematik*; di: HAW Hamburg, Fak. Technik u. Informatik, Berliner Tor 9, 20099 Hamburg, T: (040) 428757895, sven.fueser@haw-hamburg.de

**Füssel,** Jens; Dr.-Ing., Prof.; *Biomedizinische Technik/Grundlagen*; di: Westsächs. Hochsch. Zwickau, FB Physikalische Technik/Informatik, Dr.-Friedrichs-Ring 2A, 08056 Zwickau, Jens.Fuessel@fh-zwickau.de

**Füssenhäuser,** Cornelia; Dr., Prof.; *Theorie, Geschichte und Ethik Sozialer Arbeit*; di: Hochsch. Rhein/Main, FB Sozialwesen, Kurt-Schumacher-Ring 18, 65197 Wiesbaden, T: (0611) 94951317, cornelia.fuessenhaeuser@hs-rm.de

**Fuest,** Thomas; Dr.-Ing., Prof.; *Technische Akustik, Technische Physik, Mechanische Bauelemente, Lärmmesstechnik/ Schallschutz*; di: Hochsch. Rhein/Main, FB Ingenieurwiss., Physikalische Technik, Am Brückweg 26, 65428 Rüsselsheim, T: (06142) 8984586, thomas.fuest@hs-rm.de

**Fuest,** Winfried; Dr., Prof.; *Volkswirtschaftslehre*; di: FH d. Wirtschaft, Hauptstr. 2, 51465 Bergisch Gladbach, T: (02202) 9527370, F: 9527200, winfried.fuest@fhdw.de

**Fütterer,** Dirk; Prof.; *Typografie*; di: FH Bielefeld, FB Gestaltung, Lampingstr. 3, 33615 Bielefeld, T: (0521) 1067661, dirk.fuetterer@fh-bielefeld.de

**Fütterer,** Rolo; Dipl.-Des., Prof.; *Bauen und Gestalten*; di: FH Kaiserslautern, FB Bauen u. Gestalten, Schoenstr. 6, 67659 Kaiserslautern, T: (0631) 3724412, rolo.fuetterer@fh-kl.de

**Fuhr,** Thomas; Dr. rer.nat., Prof.; *Informatik mit den Schwerpunkten Kommunikation, Compiler, Rechnersysteme und theoretische Grundlagen der Informatik*; di: Georg-Simon-Ohm-Hochsch. Nürnberg, Fak. Informatik, Kesslerplatz 12, 90489 Nürnberg, T: (0911) 58804242, thomas.fuhr@fh-nuernberg.de

**Fuhrberg,** Reinhold; Dr., Prof.; *Public Relations und Kommunikationsmanagement*; di: Hochsch. Osnabrück, Fak. MKT, Inst. f. Kommunikationsmanagement, Kaiserstr. 10c, 49809 Lingen, T: (0591) 80098445, r.fuhrberg@hs-osnabrueck.de

**Fuhrmann,** Andreas; Dr., Prof.; *Internationales Marketing, BWL*; di: Hochsch. Heilbronn, Fak. f. Wirtschaft 2, Max-Planck-Str. 39, 74081 Heilbronn, T: (07131) 504210, F: 252470, fuhrmann@fh-heilbronn.de

**Fuhrmann,** Rolf; Dr., Prof.; *Spedition, Transport und Logistik*; di: DHBW Mannheim, Fak. Wirtschaft, Coblitzallee 1-9, 68163 Mannheim, T: (0621) 41051167, F: 41051197, rolf.fuhrmann@dhbw-mannheim.de

**Fuhrmann,** Thomas; Dr.-Ing., Prof., Dekan; *Elektrische Messtechnik, Digitaltechnik*; di: Hochsch. Regensburg, Fak. Elektro- u. Informationstechnik, PF 120327, 93025 Regensburg, thomas.fuhrmann@e-technik.fh-regensburg.de

**Fuhrmann,** Woldemar; Dr.-Ing., Prof.; *Grundlagen der Informatik, Telekommunikation*; di: Hochsch. Darmstadt, FB Informatik, Haardtring 100, 64295 Darmstadt, T: (06151) 169232, w.fuhrmann@fbi.h-da.de

**Fulst,** Joachim; Dr. rer. nat., Prof.; *Mathematik u. Informatik*; di: Hochsch. Bochum, FB Mechatronik u. Maschinenbau, Lennershofstr. 140, 44801 Bochum, T: (0234) 3210404, joachim.fulst@hs-bochum.de; pr: August-Schmidt-Str. 22, 45739 Oer-Erkenschwick, T: (02368) 51608

**Funcke,** Werner; Dr. rer. nat., Prof.; *Abfall, Umweltchemie u. -analytik, Immissionsschutz*; di: FH Münster, FB Bauingenieurwesen, Corrensstr. 25, 48149 Münster, T: (0251) 8365248, F: 8365249, funcke@fh-muenster.de; pr: An der Schluse 112, 48329 Havixbeck, T: (02507) 2001, w.funcke@t-online.de

**Funder,** Jörg; Dr., Prof.; *Betriebswirtschaftslehre, insbes. internationales Management*; di: FH Worms, FB Wirtschaftswiss., Erenburgerstr. 19, 67549 Worms, funder@fh-worms.de

**Funk,** Bernard; Dr., Prof.; *Immobilien-Investition und Immobilien-Finanzierung*; di: HAWK Hildesheim/Holzminden/Göttingen, Fak. Management, Soziale Arbeit, Bauen, Haarmannplatz 3, 37603 Holzminden, T: (05531) 126158

**Funk,** Christine; Dr. phil., Prof.; *Systematische Theologie und ihre Didaktik*; di: Kath. Hochsch. f. Sozialwesen Berlin, Köpenicker Allee 39-57, 10318 Berlin, T: (030) 501010969

**Funk,** Heide; Dr. rer. soc., Prof.; *Sozialwissenschaften, Sozialarbeit, Sozialpädagogik*; di: Hochsch. Mittweida, Fak. Soziale Arbeit, Döbelner Str. 58, 04741 Roßwein, T: (034322) 48619, F: 48653, funk@htwm.de

**Funk,** Lothar; Dr., Prof.; *VWL, insbes. internationale Wirtschaftsbeziehungen*; di: FH Düsseldorf, FB 7 – Wirtschaft, Universitätsstr. 1, 40225 Düsseldorf, T: (0211) 8114796, F: 8114369, lothar.funk@fh-duesseldorf.de

**Funk,** Wilfried; Dipl.-Kfm., Prof.; *Kosten- und Leistungsrechnung, Controlling, Betriebswirtschaftliche Grundlagen*; di: Hochsch. Albstadt-Sigmaringen, FB 2, Anton-Günther-Str. 51, 72488 Sigmaringen, PF 1254, 72481 Sigmaringen, T: (07571) 732325, F: 732302, funk@hs-albsig.de

**Funk,** Wolfgang; Dr., Prof.; *Angewandte Informatik, Informationstechnik*; di: DHBW Mosbach, Lohrtalweg 10, 74821 Mosbach, T: (06261) 939539, F: 939234, funk@dhbw-mosbach.de

**Funke,** Astrid; Dr. jur., Prof.; *Versicherungsrecht, Verwaltungsstrukturen*; di: Hochsch. Bonn-Rhein-Sieg, FB Sozialversicherung, Zum Steimelsberg 7, 53773 Hennef, T: (02241) 865175, astrid.funke@fh-bonn-rhein-sieg.de

**Funke,** Harald; Dr.-Ing., Prof.; *Luft- u. Raumfahrttechnik (Gasturbinen u. Flugtriebwerke)*; di: FH Aachen, FB Luft- und Raumfahrttechnik, Hohenstaufenallee 6, 52064 Aachen, T: (0241) 600952387, funke@fh-aachen.de

**Funke,** Herbert; Dr., Prof.; *Maschinenbau*; di: FH Dortmund, FB Maschinenbau, PF 105018, 44047 Dortmund, T: (0231) 9112779, F: 9112334, herbert.funke@fh-dortmund.de

**Funke,** Hertje; Dr. agr., Prof.; *Haushaltsökonomie, insbes. Wirtschaftslehre des Großhaushalts, Ökonomie der Dienstleistungsbetriebe*; di: FH Münster, FB Oecotrophologie, Corrensstr. 25, 48149 Münster, T: (0251) 8365417, funke@fh-muenster.de; pr: Roxeler Str. 563, 48161 Münster

**Funke,** Rainer; Dr., Prof.; *Designtheorie*; di: FH Potsdam, FB Design, Pappelallee 8-9, Haus 5, 14469 Potsdam, T: (0331) 5801416, funke@fh-potsdam.de

**Furgaç,** Izzet; Dr.-Ing., Prof. u. Vizepräs.; *Technologie- und Innovationsmanagement*; di: SRH Hochsch. Berlin, Ernst-Reuter-Platz 10, 10587 Berlin, T: (030) 92253535, F: 92253555

**Fuss,** Jörg; Dipl.-Phys., Dr. rer. nat., Prof.; *Marketing, insbes. Internationales Marketing*; di: Hochsch. Reutlingen, FB Business and Information Science, Alteburgstr. 150, 72762 Reutlingen, T: (07121) 271746, joerg.fuss@fh-reutlingen.de; pr: Kurt-Schumacher-Str. 83/4, 72762 Reutlingen, T: (07121) 21264

**Fussan,** Carsten; Dipl.-Kaufm., Dr., Prof.; *Entrepreneurship*; di: Hochsch. Anhalt, FB 2 Wirtschaft, Strenzfelder Allee 28, 06406 Bernburg, T: (03471) 3551316, fussan@wi.hs-anhalt.de

**Gabele,** Hugo; Dr.-Ing., Prof. FH Esslingen; *Konstruktion, VMot-Labor*; di: Hochsch. Esslingen, Fak. Fahrzeugtechnik, Kanalstr. 33, 73728 Esslingen, T: (0711) 3973330; pr: Friedhofstr. 16, 73650 Winterbach

**Gaber,** Klaus; Dr.-Ing., Prof.; *Bausanierung*; di: HTWK Leipzig, FB Bauwesen, PF 301166, 04251 Leipzig, T: (0341) 30766511, gaber@fbb.htwk-leipzig.de

**Gabius,** Katja; Fr. jur., Prof.; *Wirtschaftsrecht, insbes. Handels-, Außenhandels- und Gesellschaftsrecht*; di: Hochsch. f. Wirtschaft u. Umwelt Nürtingen-Geislingen, FB 4, PF 1251, 73302 Geislingen a. d. Steige, T: (07331) 22508, katja.gabius@hfwu.de

**Gabriel,** Heiner; Dipl.-Theol., Dr. med., Prof.; *Gesundheitswissenschaften, Medizin*; di: Kath. Stiftungsfachhochsch. München, Preysingstr. 83, 81667 München, T: (089) 480921205, F: 4801900, heiner.gabriel@ksfh.de

**Gabriel,** Jürgen; Dr. rer. pol., Prof.; *Betriebswirtschaftslehre, Technologiemanagement, Europa, Existenzgründung*; di: Hochsch. Lausitz, FB Informatik, Elektrotechnik, Maschinenbau, Großenhainer Str. 57, 01968 Senftenberg, T: (03573) 85701, F: 85709

**Gabriel,** Roland; Dr.-Ing., HonProf.; *Funktechnik/Mobilkommunikation*; di: Hochsch. Mittweida, Fak. Elektro- u. Informationstechnik, Technikumplatz 17, 09648 Mittweida, T: (03727) 581364

**Gadatsch,** Andreas; Dr. rer. pol., Prof.; *Betriebswirtschaftslehre, insbes. Wirtschaftsinformatik*; di: Hochsch. Bonn-Rhein-Sieg, FB Wirtschaft Sankt Augustin, Grantham-Allee 20, 53757 Sankt Augustin, T: (02241) 865129, F: 8658129, andreas.gadatsch@fh-fh-bonn-rhein-sieg.de; pr: Waldstr. 45, 53859 Niederkassel

**Gäng,** Lutz-Achim; Dr., Prof.; *Mikrosystemtechnik, insbes. Feinwerktechnik*; di: FH Kaiserslautern, FB Informatik u. Mikrosystemtechnik, Amerikastr. 1, 66482 Zweibrücken, T: (06332) 914411, gaeng@mst.fh-kl.de

**Gänsicke,** Thomas; Dr.-Ing., Prof.; di: Ostfalia Hochsch., Fak. Fahrzeugtechnik, Robert-Koch-Platz 8A, 38440 Wolfsburg, th.gaensicke@ostfalia.de

**Gaenssler,** Antina; Prof.; *Grundlagen der Gestaltung*; di: FH Potsdam, FB Architektur u. Städtebau, Pappelallee 8-9, Haus 2, 14469 Potsdam, T: (0331) 5801217, gaensler@fh-potsdam.de

**Gaertig,** Thorsten; Dr., Prof.; *Bodenkunde und Stadtökologie*; di: HAWK Hildesheim/Holzminden/Göttingen, Fak. Naturwiss. u. Technik, Von-Ossietzky-Str. 99, 37085 Göttingen, T: (0551) 3705171

**Gaertner,** Brigitte; Dr., Prof.; *Psychoanalyse, Psychotherapie*; di: FH Frankfurt, FB 4 Soziale Arbeit u. Gesundheit, Nibelungenplatz 1, 60318 Frankfurt am Main, T: (069) 15333213, birgit_gaertner@web.de

**Gärtner,** Heribert W.; Dr. theol., Prof. Kathol. H NRW, HonProf. Philos.-Theol. H Vallendar; *Pflege- u. Sozialmanagement, Organisationspsychologie*; di: Kath. Hochsch. NRW, Abt. Köln, FB Gesundheitswesen, Wörthstr. 10, 50668 Köln, T: (0221) 7757198, 7757163, F: 7757128, dekan.gw@kfhnw-koeln.de

**Gärtner,** Klaus; Dipl.-Phys., Dr.-Ing., Prof.; *Werkstoffkunde, Physik, Mathematik*; di: Hochsch. Emden/Leer, FB Technik, Constantiaplatz 4, 26723 Emden, T: (04921) 8071600, F: 8071593, gaertner@hs-emden-leer.de; pr: Friedericus-van-Bree-Str. 17, 26736 Krummhörn-Pewsum, T: (04923) 1630

**Gärtner,** Sigmund; Dr., Prof.; *Jagd- und Fischereiwirtschaft*; di: FH Erfurt, FB Forstwirtschaft u. Ökosystemmanagement, Leipziger Str. 77, 99085 Erfurt, T: (0361) 67004267, F: 67004263, sigmund.gaertner@fh-erfurt.de

**Gärtner,** Sven; Dr.-Ing., Prof.; *Baubetrieb, Baukonstruktion*; di: Beuth Hochsch. f. Technik, FB IV Architektur u. Gebäudetechnik, Luxemburger Str. 10, 13353 Berlin, T: (030) 45042579, gaertner@beuth-hochschule.de

**Gärtner,** Ulrich; Dr.-Ing., Prof.; *Thermodynamik, Strömungslehre*; di: Hochsch. Esslingen, Fak. Maschinenbau, Kanalstr. 33, 73728 Esslingen, T: (0711) 3973251; pr: Kelterstr. 9, 72661 Grafenberg, T: (07123) 35984

**Gärtner,** Uwe; Dr.-Ing., Prof.; *Hochfrequenztechnik, Kommunikationstechnik, Mobilfunktechnik*; di: H Koblenz, FB Ingenieurwesen, Konrad-Zuse-Str. 1, 56075 Koblenz, T: (0261) 9528306, gaertner@fh-koblenz.de

**Gärtner-Niemann,** Anke; Dr., Prof.; *Elektrotechnik*; di: DHBW Stuttgart, Fak. Technik, Elektrotechnik, Jägerstraße 58, 70174 Stuttgart, T: (0711) 1849691, gaertner-niemann@dhbw-stuttgart.de

**Gaese,** Dagmar; Dr. sc. agr., Prof.; *Regenerative Bodentechnik*; di: FH Köln, Fak. f. Anlagen, Energie- u. Maschinensysteme, Betzdorfer Str. 2, 50679 Köln, T: (0221) 82752396, dagmar.gaese@fh-koeln.de; pr: Tulpenweg 16, 51503 Rösrath

**Gäse,** Thomas; Dr., Prof.; *Produktionstechnik*; di: Westsächs. Hochsch. Zwickau, Inst. f. Produktionstechnik, Äußere Schneeberger Str. 15-19, 08056 Zwickau, T: (0375) 5361728, thomas.gaese@fh-zwickau.de

**Gaese,** Uwe; Dr.-Ing., Prof.; *Maschinenbau*; di: DHBW Stuttgart, Fak. Technik, Maschinenbau, Jägerstraße 56, 70174 Stuttgart, T: (0711) 1849649, gaese@dhbw-stuttgart.de

**Gäßler,** Günter; Dr.-Ing., Prof.; *Grundbau und Bodenmechanik, Grundlagen des Bauingenieurwesens*; di: Hochsch. München, Fak. Bauingenieurwesen, Karlstr. 6, 80333 München, T: (089) 12652688, F: 12652699, gassler@bau.fhm.edu

**Gahleitner,** Silke; Dr., Prof.; *Klinische Psychologie u. Sozialarbeit, Jugendhilfe*; di: Alice-Salomon-Hochsch., Alice-Salomon-Platz 5, 12627 Berlin, T: (030) 99245506, sb@gahleitner.net; www.gahleitner.net

**Gahlen,** Hildegard; Dr., Prof.; *Wirtschaftsrecht*; di: Hochschl. f. Oekonomie & Management, Herkulesstr. 32, 45127 Essen, T: (0201) 810040

**Gahrens,** Norbert; Dr., Prof.; *Handelsmanagement u. Unternehmensentwicklung*; di: Europäische FH Brühl, Kaiserstr. 6, 50321 Brühl, T: (02232) 5673540, n.gahrens@eufh.de

**Gahrmann,** Arno; Dr., Prof.; *Betriebswirtschaftslehre mit dem Schwerpunkt Controlling*; di: Hochsch. Bremen, Fak. Wirtschaftswiss., Werderstr. 73, 28199 Bremen, T: (0421) 59054210, F: 59054239, arno.gahrmann@hs-bremen.de; pr: D.-Speckmann-Str. 11, 27711 Osterholz-Scharmbeck, T: (04791) 985095

**Gaida,** Manfred; Dipl.-Designer, Prof.; *Kommunikations-Design, Grundlagen der Gestaltung*; di: Hochsch. Ulm, Fak. Elektrotechnik u. Informationstechnik, PF 3860, 89028 Ulm, T: (0731) 5028426, gaida@hs-ulm.de

**Gaidys,** Uta; Dr., Prof.; *Pflegewissenschaft (Ethik, Kommunikation)*; di: HAW Hamburg, Fak. Wirtschaft u. Soziales, Alexanderstr. 1, 20099 Hamburg, T: (040) 428757002, uta.gaidys@haw-hamburg.de

**Gaier,** Berndt; Dr.-Ing., Prof.; *Qualitätssicherung*; di: Hochsch. Mittweida, Fak. Maschinenbau, Technikumplatz 17, 09648 Mittweida, T: (03727) 581216, F: 581376, gaier@htwm.de

**Gairing,** Fritz; Dr., Prof.; *Betriebswirtschaft/Personalmanagement*; di: Hochsch. Pforzheim, Fak. f. Wirtschaft u. Recht, Tiefenbronner Str. 65, 75175 Pforzheim, T: (07231) 286316, F: 287316, fritz.gairing@hs-pforzheim.de

**Gairola,** Arun; Dr., Prof.; *Unternehmensführung u. Produktionswirtschaft*; di: Hochsch. f. angew. Wiss. Würzburg Schweinfurt, Fak. Wirtschaftsingenieurwesen, Ignaz-Schön-Str. 11, 97421 Schweinfurt

**Gais,** Michael; Prof.; *Design*; di: FH Köln, Fakultät für Kulturwissenschaften, Ubierring 40, 50678 Köln, T: (0221) 3106610

**Gaiser,** Brigitte; Dr. oec., Prof.; *Betriebswirtschaft/Werbung (Marketing-Kommunikation)*; di: Hochsch. Pforzheim, Fak. f. Wirtschaft u. Recht, Tiefenbronner Str. 65, 75175 Pforzheim, T: (07231) 286594, F: 286070, brigitte.gaiser@hs-pforzheim.de

**Gaisser,** Sabine; Dr., Prof.; *Mikrobiologie, Technische Mikrobiologie*; di: Hochsch. Biberach, SG Pharmazeut. Biotechnologie, PF 1260, 88382 Biberach/Riß, T: (07351) 582496, F: 582469, gaisser@hochschule-bc.de

**Gaisser,** Sibylle; Dr., Prof.; *Bioethik, Biotechnologie, Biologie*; di: Hochsch. Ansbach, FB Ingenieurwissenschaften, Residenzstr. 8, 91522 Ansbach, T: (0981) 4877304, sibylle.gaisser@fh-ansbach.de

**Galata,** Robert; Dr. rer. pol., Prof.; *Statistik und EDV*; di: Hochsch. München, Fak. Betriebswirtschaft, Am Stadtpark 20 (Neubau), 81243 München, T: (089) 12652724, F: 12652714

**Galiläa,** Klaus J.; Dipl.-Ing., Prof.; *Statik, Allgemeiner Ingenieurbau (Massiv-, Stahl-, Mauerwerks- u. Grundbau), Technisches Zeichnen, Wärme- u. Schallschutz, vorbeugender Brandschutz, Luftdichtigkeitsprüfungen, Gutachten f. Zimmer- u. Holzbauarbeiten, Schäden an Gebäuden*; di: Hochsch. Rosenheim, Fak. Holztechnik u. Bau, Hochschulstr. 1, 83024 Rosenheim

**Galinski,** Bernd; Dr. rer. pol., Prof.; *Wirtschaftsinformatik, Betriebswirtschaft*; di: Techn. Hochsch. Mittelhessen, FB 07 Wirtschaft, Wiesenstr. 14, 35390 Gießen, T: (0641) 3092729, Bernd.Galinski@w.fh-giessen.de; pr: An Steins Garten 6, 35394 Gießen, T: (0641) 41092

**Galinski,** Doris; Dr., Prof.; *Volkswirtschaftslehre, Umwelt- und Entwicklungspolitik*; di: FH Frankfurt, FB 3 Wirtschaft u. Recht, Nibelungenplatz 1, 60318 Frankfurt am Main, T: (069) 15332713, galinski@fb3.fh-frankfurt.de

**Gall,** Heinz; Dipl.Ing., Prof.; *Maschinenbau*; di: DHBW Stuttgart, Campus Horb, Florianstr. 15, 72160 Horb am Neckar, T: (07451) 521232, F: 521139, h.gall@hb.dhbw-stuttgart.de

**Galli,** Albert; Dipl.-Kfm., Dr. rer. pol., Prof.; *Allg. BWL, Finanz- und Investitionswirtschaft*; di: Ostfalia Hochsch., Fak. Verkehr-Sport-Tourismus-Medien, Karl-Scharfenberg-Str. 55-57, 38229 Salzgitter, A.Galli@Ostfalia.de

**Galliat,** Tobias; Dr. rer. nat., Prof.; *Informations- u. Kommunikationstechnik*; di: FH Köln, Fak. f. Informations- u. Kommunikationswiss., Claudiusstr. 1, 50678 Köln, T: (0221) 82753397, tobias.galliat@fh-koeln.de

**Gallwitz,** Adolf; Prof.; *Psychologie, Soziologie*; di: Hochsch. f. Polizei Villingen-Schwenningen, Sturmbühlstr. 250, 78054 Villingen-Schwenningen, T: (07720) 309555, AdolfGallwitz@fhpol-vs.de

**Gallwitz,** Florian; Dr.-Ing., Prof.; *Medieninformatik, Medienverarbeitung*; di: Georg-Simon-Ohm-Hochsch. Nürnberg, Fak. Maschinenbau u. Versorgungstechnik, Keßlerplatz 12, 90489 Nürnberg, PF 210320, 90121 Nürnberg, florian.gallwitz@ohm-hochschule.de

**Galneder,** Gerhard; Dipl.-Ing., Dipl.-Wirtsch.-Ing., Prof.; *Baubetriebslehre, Projektmanagement, Betriebswirtschaftslehre, Technisches Darstellen*; di: Georg-Simon-Ohm-Hochsch. Nürnberg, Fak. Bauingenieurwesen, Keßlerplatz 12, 90489 Nürnberg, PF 210320, 90121 Nürnberg

**Gamm,** Eva-Irina von; Dr., Prof.; *Recht*; di: Macromedia Hochsch. f. Medien u. Kommunikation, Gollierstr. 4, 80339 München

**Gampfer,** Susanne; Prof.; *Hochbaukonstruktion, Baustoffkunde, Ökobilanzierung u. Nachhaltigkeit*; di: Hochsch. Augsburg, Fak. f. Architektur u. Bauwesen, An der Hochschule 1, 86161 Augsburg, PF 110605, 86031 Augsburg, T: (0821) 55862079, F: 55863110, susanne.gampfer@hs-augsburg.de

**Gampp,** Werner; Dr. rer. nat., Prof.; *Numerische Mathematik, Graphische Datenverarbeitung*; di: Hochsch. Ravensburg-Weingarten, Doggenriedstr., 88250 Weingarten, PF 1261, 88241 Weingarten, T: (0751) 5019747, F: 5019876, gampp@hs-weingarten.de; pr: T: (0751) 49785

**Ganß,** Petra; Dr. phil., Prof.; *Soziale Arbeit*; di: Kath. Hochsch. NRW, Abt. Aachen, FB Sozialwesen, Robert-Schumann-Str. 25, 52066 Aachen, T: (0241) 6000327, F: 6000388, p.ganss@katho-nrw.de

**Ganter,** Barbara; Dr. rer. nat., Prof.; *Physik, Physikalische Chemie*; di: Hochsch. München, FB Feinwerk- und Mikrotechnik, Physikalische Technik, Lothstr. 34, 80335 München, T: (089) 12651306, F: 12651480, ganter@hm.edu

**Ganter,** Hans-Dieter; Dr. phil., Prof.; *BWL, Internationales Tourismusmanagement*; di: Hochsch. Heilbronn, Fak. f. Wirtschaft 2, Max-Planck-Str. 39, 74081 Heilbronn, T: (07131) 504426, F: 252470, ganter@hs-heilbronn.de

**Garbert,** Bernhard; Prof.; *Plastik*; di: Hochsch. Hannover, Fak. III Medien, Information u. Design, Lissabonner Allee 1, 30539 Hannover, T: (0511) 92962582, bernhard.garbert@hs-hannover.de

**Garbrecht,** Thomas; Dr.-Ing., Prof.; *EDV, Qualitätssicherung, Fertigungsmesstechnik*; di: Hochsch. Esslingen, Fak. Maschinenbau u. Fak. Graduate School, Kanalstr. 33, 73728 Esslingen, T: (0711) 3973252; pr: Greutweg 2, 73098 Rechberghausen, T: (07161) 58041

**Garcia González,** Miguel; Dr.-Ing., Prof.; *Medientechnik, Videotechnik*; di: Hochsch. Furtwangen, Fak. Digitale Medien, Robert-Gerwig-Platz 1, 78120 Furtwangen, T: (07723) 920579, gm@fh-furtwangen.de

**Garda,** Aladar-Ladislaus; Prof.; *Gestaltungslehre, Textilentwurf und Industrielle Produktentwicklung im Bereich der Erzeugung*; di: Hochsch. Niederrhein, FB Textil- u. Bekleidungstechnik, Webschulstr. 31, 41065 Mönchengladbach, T: (02161) 1866100; pr: An den Kiefern 2, 53894 Mechernich Kommern, T: (02443) 7161, agarda@web.de

**Gardemann,** Joachim Peter; M.san., Dr. med., Prof.; *Humanbiologie und humanitäre Hilfe, Gesundheitsmodelle, Gesundheitsförderung, aktuelle gesundheitspolitische Entwicklungen*; di: FH Münster, FB Oecotrophologie Facility Management, Corrensstraße 25, 48149 Münster, T: (0251) 8365441, F: 8365402, gardemann@fh-muenster.de; pr: Schulstr. 23, 48149 Münster, T: (0251) 272707, F: 272707

**Gardini,** Marco A.; Dr. rer. pol., Prof.; *Internationales Dienstleistungsmanagement u. -marketing*; di: Hochsch. Kempten, Fak. Tourismus, Bahnhofstraße 61, 87435 Kempten, PF 1680, 87406 Kempten, T: (0831) 25239517, F: 25239502, Marco.Gardini@fh-kempten.de

**Garhammer,** Christian; Dr. rer. pol., Prof.; *Betriebswirtschaftslehre, Rechnungswesen*; di: Beuth Hochsch. f. Technik, FB I Wirtschafts- u. Gesellschaftswiss., Luxemburger Str. 10, 13353 Berlin, T: (030) 45042142, gar@beuth-hochschule.de

**Garhammer,** Manfred; Dr. rer. pol. habil., Prof.; *Soziologie für Soziale Arbeit*; di: Georg-Simon-Ohm-Hochsch. Nürnberg, Fak. Sozialwiss., Bahnhofstr. 87, 90402 Nürnberg, T: (0911) 58802541, manfred.garhammer@fh-nuernberg.de

**Garloff,** Jürgen; Dr. rer. nat., apl.Prof. U Konstanz, Prof. H Konstanz; *Wissenschaftliches Rechnen m. automatischer Ergebnisverifikation, Matrix-Analysis, Robuste Stabilität, globale Optimierung*; di: Univ., FB Mathematik u. Statistik, 78457 Konstanz, garloff@htwg-konstanz.de; www-home.htwg-konstanz.de/~garloff; pr: Hochstr. 12, 78476 Allensbach, T: (07533) 934975

**Garmann,** Robert; Dr. rer. nat., Prof.; *Software-Engineering, Programmierung*; di: Hochsch. Hannover, Fak. IV Wirtschaft u. Informatik, Abt. Informatik, Ricklinger Stadtweg 120, 30459 Hannover, T: (0511) 92961832, Robert.Garmann@hs-hannover.de

**Garmann,** Udo; Dr.-Ing., Prof.; *Medieninformatik*; di: Hochsch. Deggendorf, FB Elektrotechnik u. Medientechnik, Edlmairstr. 6-8, 94469 Deggendorf, PF 1320, 94453 Deggendorf, T: (0991) 3615541, F: 3615599, udo.garmann@fh-deggendorf.de

**Garrelts,** Steffen; Dr.-Ing., Prof.; *Automatisierungstechnik, Elektrotechnik*; di: Hochsch. Darmstadt, FB Elektrotechnik u. Informationstechnik, Haardtring 100, 64295 Darmstadt, T: (06151) 1688303, steffen.garrelts@h-da.de

**Garth,** Arnd Joachim; MA, Prof.; *Markenführung, Markenstrategie, Corporate Design*; di: MEDIADESIGN Hochsch. f. Design u. Informatik, Lindenstr. 20-25, 10969 Berlin; www.mediadesign.de/

**Gartner,** William C.; Dr., Prof.; di: Hochsch. München, Fak. Tourismus, Am Stadtpark 20, 81243 München, william.gartner@hm.edu

**Gartzen,** Johannes; Dr. rer. nat., Prof.; *Füge- und Trenntechnik/Lasertechnologie*; di: FH Aachen, FB Angewandte Naturwiss. u. Technik, Inst. f. Angewandte Polymerchemie, Worringer Weg 1, 52074 Aachen, T: (0241) 60092385, gartzen@fh-aachen.de; pr: Am Dester, 52372 Kreuzau, T: (02422) 7608, F: 3913

**Garzke,** Martin; Dr.-Ing., Prof.; *Maschinenkonstruktion*; di: FH Jena, FB Maschinenbau, Carl-Zeiss-Promenade 2, 07745 Jena, PF 100314, 07703 Jena, T: (03641) 205300, F: 205301, mb@fh-jena.de

**Gas,** Tonio; Dr., PD U Osnabrück, Prof. Niedersächs. Studieninst. f kommunale Verwaltung; *Öffentliches Recht, Europarecht, Allgemeine Staatslehre und ausländisches öffentliches Recht*; di: Kommunale FH f. Verwaltung in Niedersachsen, Wielandstr. 8, 30169 Hannover, T: (0511) 1609448, F: 15537, tonio.gas@nds-sti.de

**Gasch,** Berthold; Dr., Prof.; *Wirtschaftsinformatik*; di: HAW Hamburg, Fak. Wirtschaft u. Soziales, Berliner Tor 5, 20099 Hamburg, T: (040) 428756985, gasch@wiwi.haw-hamburg.de

**Gaspard,** Ingo; Dr.-Ing., Prof.; *Nachrichtentechnik, elektrische Messtechnik*; di: Hochsch. Darmstadt, FB Elektrotechnik u. Informationstechnik, Haardtring 100, 64295 Darmstadt, T: (06151) 168263, ingo.gaspard@h-da.de

**Gaspardo,** Nello; Dr. phil., Prof.; *Rhetorik, Verhandlungsführung im Ausland, Sprachen*; di: Hochsch. Reutlingen, FB European School of Business, Alteburgstr. 150, 72762 Reutlingen, T: (07121) 271716; pr: Bergstr. 5, 72127 Kusterdingen, T: (07071) 360054

**Gaspers,** Lutz; Dr.-Ing., Prof.; *Verkehrsentwicklungsplanung, Straßenwesen, Straßenbau*; di: Hochsch. f. Technik, Fak. Bauingenieurwesen, Bauphysik u. Wirtschaft, Schellingstr. 24, 70174 Stuttgart, PF 101452, 70013 Stuttgart, T: (0711) 89262833, lutz.gaspers@hft-stuttgart.de

**Gaß,** Siegfried; Dr.-Ing., Prof.; *Baukonstruktion und Entwerfen, CAD, Gebäudekunde, Bauentwurfslehre*; di: Hochsch. f. Wirtschaft u. Umwelt Nürtingen-Geislingen, PF 1349, 72603 Nürtingen, T: (07022) 404206, siegfried.gass@hfwu.de

**Gassenmeier,** Thomas; Dr. rer. nat., Prof.; *Technologie der Kosmetika und Waschmittel*; di: Hochsch. Ostwestfalen-Lippe, FB 4, Life Science Technologies, Liebigstr. 87, 32657 Lemgo, T: (05231) 4580030, thomas.gassenmeier@hs-owl.de

**Gassmann,** Gerd; Prof.; *Entwerfen, Baukonstruktion*; di: Hochsch. f. Technik, Fak. Architektur u. Gestaltung, Schellingstr. 24, 70174 Stuttgart, PF 101452, 70013 Stuttgart, T: (0711) 89262749, gerd.gassmann@hft-stuttgart.de

**Gast,** Stefan; Dr.-Ing., Prof.; *Nutzfahrzeugtechnik, Mechatronik*; di: Hochsch. Coburg, Fak. Maschinenbau, Friedrich-Streib-Str. 2, 96450 Coburg, T: (09561) 317235, stefan.gast@hs-coburg.de

**Gatermann,** Harald; Dipl.-Ing., Prof.; *Baukonstruktion u. Entwerfen, CAD*; di: Hochsch. Bochum, FB Architektur, Lennershofstr. 140, 44801 Bochum, T: (0234) 3210107, harald.gatermann@hs-bochum.de; pr: Fahrendelle 17, 58455 Witten, T: (02302) 52790, F: 275064

**Gates,** Cindy; Prof.; *Gestaltungslehre, Foto/AV-Design*; di: FH Dortmund, FB Design, Max-Ophüls-Platz 2, 44139 Dortmund, T: (0231) 9112401, F: 9112415, gates@fh-dortmund.de

**Gatfield,** Carolyn; Docteur de 3e cycle, Prof.; *Anglistik, Romanistik (Französisch)*; di: Hochsch. München, Fak. Studium Generale u. interdisziplinäre Studien, Lothstr. 34, 80335 München, gatfield@rz.fh-muenchen.de

**Gather,** Claudia; Dr., Prof.; *Sozialwissenschaftliche Grundlagen der Sozialen Arbeit*; di: Hochsch. f. Wirtschaft u. Recht Berlin, FB 1, Badensche Str. 50-51, 10825 Berlin, T: (030) 85789105, gather@hwr-berlin.de

**Gather,** Matthias; Dr. phil., Prof., Dekan FB Verkehrs- und Transportwesen; *Verkehrspolitik und Raumplanung*; di: FH Erfurt, FB Verkehrs- u. Transportwesen, Altonaer Str. 25, 99084 Erfurt, PF 101363, 99013 Erfurt, T: (0361) 6700654, F: 6700528, gather@fh-erfurt.de

**Gatz,** Jürgen; Dr., Prof.; *Wirtschaftsenglisch, Interkulturelle Kompetenz*; di: Hochsch. Hof, Fak. Wirtschaft, Alfons-Goppel-Platz 1, 95028 Hof, T: (09281) 409424, F: 40955424, Juergen.Gatz@fh-hof.de

**Gaube,** Andrea; Dipl.-Ing., Prof.; *Stadt- u. Gebäudesanierung*; di: Hochsch. Wismar, Fak. f. Gestaltung, PF 1210, 23952 Wismar, T: (03841) 753369, a.gaube@ar.hs-wismar.de

**Gauch,** Erika; Prof.; *Vokswirtschaftslehre*; di: DHBW Mosbach, Arnold-Janssen-Str. 9-13, 74821 Mosbach, T: (06261) 939115, F: 939104, gauch@dhbw-mosbach.de

**Gauchel,** Joachim; Dr.-Ing., Prof.; *Automatisierungs- und Montagetechnik*; di: FH Aachen, FB Maschinenbau und Mechatronik, Goethestr. 1, 52064 Aachen, T: (0241) 600952399, gauchel@fh-aachen.de; pr: Domaniale Weg 15, 52134 Herzogenrath, T: (02406) 5315

**Gaudlitz,** Rainer; Dr.-Ing., Prof.; *Informatik*; di: Hochsch. Mittweida, Fak. Mathematik/Naturwiss./Informatik, Technikumplatz 17, 09648 Mittweida, T: (03727) 581469, F: 581303, rainer@htwm.de

**Gaukel,** Joachim; Dr., Prof.; *Wirtschafts-, Finanz- und Ingenieurmathematik, Numerik*; di: Hochsch. Esslingen, Fak. Grundlagen, Robert-Bosch-Str. 1, 73037 Göppingen, T: (07161) 6791241, Joachim.Gaukel@hs-esslingen.de

**Gaul,** Lorenz; Dr.-Ing., Prof.; *Grundlagen der Elektrotechnik u. Mikrocomputertechnik*; di: HAW Ingolstadt, Fak. Elektrotechnik u. Informatik, Esplanade 10, 85049 Ingolstadt, T: (0841) 9348274, lorenz.gaul@haw-ingolstadt.de

**Gautschi,** Myriam; Dipl.-Arch., Prof.; *Innenraumgestaltung, Entwerfen*; di: Hochsch. Konstanz, Fak. Architektur u. Gestaltung, Brauneggerstr. 55, 78462 Konstanz, PF 100543, 78405 Konstanz, T: (07531) 206182, myriam.gautschi@fh-konstanz.de

**Gawande,** Bernd; Dr.-Ing., Prof.; *Meßtechnik, Qualitätssicherung, Qualitätsmanagement, Koordinaten- und Formmeßtechnik*; di: HTW Berlin, FB Ingenieurwiss. II, Blankenburger Pflasterweg 102, 13129 Berlin, T: (030) 50194351, gawande@HTW-Berlin.de

**Gawel,** Erik; Dipl.-Vw., Dr. rer. pol., UProf. U Leipzig, stellvertr. Lt. Dept. Ökonomie Helmholtz-Zentrum f. Umweltforsch.; *Volkswirtschaftslehre / Finanzwissenschaft, Umwelt- u. Energieökonomik, Institutionenökonomik*; di: Helmholtz-Zentrum für Umweltforschung, Dept. Ökonomie, Permoser Str. 15, 04318 Leipzig, T: (0341) 2351940, F: 235451940, erik.gawel@ufz.de; www.ufz.de/economics; Univ., Wirtschaftswiss. Fak., Professur f. VWL / Institutionenökonom. Umweltforschung, Grimmaische Str. 12, 04109 Leipzig, T: (0341) 9733551, F: 9733559, gawel@wifa.uni-leipzig.de; www.uni-leipzig.de/umweltforschung

**Gawlik,** Peter; Dr.-Ing., Prof.; *Datenverarbeitung, Mikroelektronik, Mechatronik*; di: Hochsch. Augsburg, Fak. f. Elektrotechnik, An der Hochschule 1, 86161 Augsburg, T: (0821) 55863378, F: 55863360, peter.gawlik@hs-augsburg.de; www.hs-augsburg.de/~gawlik/

**Gdaniec,** Claudia; Dr., Prof.; *Multimedia u. Documentation for Engineering and Business*; di: FH Südwestfalen, FB Elektr. Energietechnik, Lübecker Ring 2, 59494 Soest, T: (02921) 378463, gdaniec@fh-swf.de; pr: Knobeldorfstr. 49, 14059 Berlin, T: (030) 43656690

**Gebauer,** Gert; Dr. rer. nat., Prof.; *Bauchemie, Werkstofftechnik*; di: Hochsch. Lausitz, FB Architektur, Bauingenieurwesen, Versorgungstechnik, Lipezker Str. 47, 03048 Cottbus-Sachsendorf, T: (0355) 5818617, F: 5818609

**Gebauer,** Jens; Dr., Prof.; *Nachhaltige Agrarproduktionssysteme insbes. im Gartenbau*; di: Hochsch. Rhein-Waal, Fak. Life Sciences, Marie-Curie-Straße 1, 47533 Kleve, T: (02821) 80673218, jens.gebauer@hochschule-rhein-waal.de

**Gebauer,** Roland; Dr. theol. habil., Prof.; *Neues Testament*; di: Theologische Hochsch., Friedrich-Ebert-Str. 31, 72762 Reutlingen; pr: Hermann-Löns-Str. 9, 72764 Reutlingen, T: (07121) 279165, rcgebauer@t-online.de

**Gebauer,** Thorsten; Dr., Prof.; *Lebensmittelmanagement und -technologie*; di: SRH Fernhochsch. Riedlingen, Lange Str. 19, 88499 Riedlingen, thorsten.gebauer@fh-riedlingen.srh.de

**Gebel,** Joachim; Dr., Prof.; *Verfahrenstechnik, Thermodynamik*; di: Hochsch. Rhein-Waal, Fak. Technologie u. Bionik, Marie-Curie-Straße 1, 47533 Kleve, T: (02821) 80673630, joachim.gebel@hochschule-rhein-waal.de

**Gebert,** Alfred; Dr., Prof.; *Psychologie, Soziologie, Pädagogik*; di: FH d. Bundes f. öff. Verwaltung, FB Finanzen, PF 1549, 48004 Münster, T: (0251) 8670885

**Gebhard,** Harald; Dr., Prof.; *Elektrotechnik, Kommunikations- und Medientechnik, Elektronische Navigation*; di: Hochsch. Konstanz, Fak. Elektrotechnik u. Informationstechnik, Brauneggerstr. 55, 78462 Konstanz, PF 100543, 78405 Konstanz, T: (07531) 206270, harald.gebhard@htwg-konstanz.de

**Gebhard,** Hermann; Dr., Prof.; *Physik, Mathematik*; di: FH Dortmund, FB Informations- u. Elektrotechnik, Sonnenstr. 96, 44139 Dortmund, T: (0231) 9112367, F: 9112314, gebhard@fh-dortmund.de

**Gebhard,** Marion; Dr. rer. nat., Prof.; *Sensortechnik und Aktorik, Medizintechnik*; di: Westfäl. Hochsch., FB Elektrotechnik u. angew. Naturwiss., Neidenburger Str. 43, 45877 Gelsenkirchen, T: (0209) 9596378, m.gebhard@fh-gelsenkirchen.de

**Gebhard,** Peter; Dr.-Ing., Prof.; *Massivbau, Bauinformatik, Grundlagen des Bauingenieurwesens*; di: Hochsch. München, Fak. Bauingenieurwesen, Karlstr. 6, 80333 München, T: (089) 12652688

**Gebhardt,** Andreas; Dr.-Ing., Prof.; *Hochleistungsverfahren der Fertigungstechnik*; di: FH Aachen, FB Maschinenbau und Mechatronik, Goethestr. 1, 52064 Aachen, T: (0241) 600952918, gebhardt@fh-aachen.de; pr: Eginhardstr. 28, 52070 Aachen

**Gebhardt,** Gerhard; Dr.-Ing., Prof. u. Dekan; *Qualitätssicherung*; di: Hochsch. Mittweida, Fak. Maschinenbau, Technikumplatz 17, 09648 Mittweida, T: (03727) 581225, F: 581376, gebhard1@htwm.de

**Gebhardt,** Ihno; Dr., LL.M.oec.int., Prof.; *Rechts- und Einsatzwissenschaften mit dem Schwerpunkt Verkehrsrecht / Verkehrslehre*; di: FH d. Polizei d. Landes Brandenburg, Bernauer Str. 146, 16515 Oranienburg, T: (03301) 8502313, ihno.gebhardt@fhpolbb.de

**Gebhardt,** Karl Friedrich; Dr., Prof.; *Informationstechnik*; di: DHBW Stuttgart, Fak. Technik, Informatik, Rotebühlplatz 41, 70178 Stuttgart, T: (0711) 66734511, gebhardt@dhbw-stuttgart.de

**Gebhardt,** Michael; Dr.-Ing., Prof.; *Optometrie u. Sehhilfentechnik*; di: FH Jena, FB SciTec, Carl-Zeiss-Promenade 2, 07745 Jena, PF 100314, 07703 Jena, ft@fh-jena.de

**Gebhardt,** Norbert; Dr.-Ing. habil., Prof.; *Hydraulik, Pneumatik*; di: HTW Dresden, Fak. Maschinenbau / Verfahrenstechnik, Friedrich-List-Platz 1, 01069 Dresden, T: (0351) 4622377, F: 4622180, gebhardt@mw.htw-dresden.de

**Gebhardt,** Peter; Dipl.-Kfm., Dr. rer. pol., Prof.; *Allgem. Betriebswirtschaftslehre, Marketing*; di: Georg-Simon-Ohm-Hochsch. Nürnberg, Fak. Betriebswirtschaft, Bahnhofsstr. 87, 90402 Nürnberg, PF 210320, 90121 Nürnberg

**Gebhardt,** Rainer; Dr., Prof.; *Öffentliche Betriebswirtschaftslehre, insb. Organisation u. Personalwesen, Management, Managementtraining, Verhaltenstraining*; di: FH f. öffentl. Verwaltung NRW, Studienort Bielefeld, Kurt-Schumacher-Str. 6, 33615 Bielefeld, rainer.gebhardt@fhoev.nrw.de; pr: T: (05732) 4932, F: 66423, rainer.gebhardt@t-online.de

**Gebhardt,** Rolf; Dipl.-Ing., Prof.; *Siedlungswesen mit den Schwerpunkten Städtebauliches Entwerfen, Siedlungsgeschichte, Stadtsanierung*; di: Hochsch. Coburg, Fak. Design, Friedrich-Streib-Str. 2, 96450 Coburg, T: (09561) 317245, gebhardt@hs-coburg.de

**Gebhardt,** Ronny; Dr. rer. oec., Prof.; *Betriebswirtschaftslehre, insbes. Finanzierung u. externes Rechnungswesen*; di: FH Münster, FB Wirtschaft, Johann-Krane-Weg 25, 48149 Münster, T: (0251) 8365602, F: 8365502, r.gebhardt@fh-muenster.de

**Gebhardt,** Wilfried; Dr., Prof.; *Organisations- u. Personalentwicklung in sozialen Einrichtungen*; di: Hochsch. Niederrhein, FB Sozialwesen, Richard-Wagner-Str. 101, 41065 Mönchengladbach, T: (02161) 1865641, Wilfried.Gebhardt@hs-niederrhein.de

**Gebler,** Helmut; Dr.-Ing., Prof.; *Leittechnik, El. Anlagen, Grundlagen der El.Technik*; di: Techn. Hochsch. Mittelhessen, FB 02 Elektro- u. Informationstechnik, Wiesenstr. 14, 35390 Gießen, T: (0641) 3091942; pr: Verdistr. 23, 64291 Darmstadt, T: (06151) 135912, Gebler@hrzpub.tu-darmstadt.de

**Geck,** Andreas; Dr. biol. hom., Prof.; *Medizintechnik, Technische Mechanik, Produktentwicklung, Biomechanik*; di: Hochsch. Amberg-Weiden, FB Wirtschaftsingenieurwesen, Hetzenrichter Weg 15, 92637 Weiden, T: (0961) 382203, a.geck@haw-aw.de

**Geckle,** Gerhard; HonProf.; di: Kath. Hochsch. Freiburg, Karlstr. 63, 79104 Freiburg, T: (0761) 200403, gerhard.geckle@haufe.de

**Geeb,** Franziskus; Dr., Prof.; *Informationstechnologie und Computerlinguistik*; di: HAW Hamburg, Fak. Design, Medien u. Information, Finkenau 35, 22081 Hamburg, T: (040) 428753642, F: 428753609, franziskus.geeb@haw-hamburg.de

**Geelink,** Reinholt; Dr.-Ing., Prof.; *Spanende Fertigung und Betriebstechnik*; di: FH Düsseldorf, FB 4 – Maschinenbau u. Verfahrenstechnik, Josef-Gockeln-Str. 9, 40474 Düsseldorf, T: (0211) 4351412, reinholt.geelink@fh-duesseldorf.de

**Geene,** Raimund; Dr., Prof.; *Kindliche Entwicklung*; di: Hochsch. Magdeburg-Stendal, FB Angew. Humanwiss., Osterburger Str. 25, 39576 Stendal, T: (03931) 21874866, raimund.geene@hs-magdeburg.de

**Geffert,** Roger; Dr. jur., Prof.; *Wirtschaftsrecht*; di: FH Flensburg, FB Wirtschaft, Kanzleistr. 91-93, 24943 Flensburg, T: (0461) 8051379, roger.geffert@wi.fh-flensburg.de; pr: Entenstieg 10, 24983 Handewitt, T: (04608) 96283

**Gegner,** Roland; Dr. jur., Prof., Dekan FB Betriebswirtschaft; *Bürgerliches Recht, Handels- und Wirtschaftsrecht, Arbeitsrecht und Öffentliches Recht*; di: Georg-Simon-Ohm-Hochsch. Nürnberg, Fak. Betriebswirtschaft, Bahnhofsstr. 87, 90402 Nürnberg, PF 210320, 90121 Nürnberg, T: (0911) 58802760

**Gehler,** Raimund; Dr.-Ing., Prof.; *Fertigungsverfahren, Handhabungs- und Montagetechnik*; di: Techn. Hochsch. Mittelhessen, FB 14 Wirtschaftsingenieurwesen, Wilhelm-Leuschner-Str. 13, 61169 Friedberg, T: (06031) 604532, Raimund.Gehler@wp.fh-friedberg.de

**Gehlker,** Wessel; Dr., Prof.; *Strömungslehre, Heizungs- und Energietechnik*; di: HAWK Hildesheim / Holzminden / Göttingen, Fak. Management, Soziale Arbeit, Bauen, Billerbeck 2, 37603 Holzminden, T: (05531) 126268

**Gehmlich,** Volker; Dipl.-Hdl., MBA h.c., Prof.; *Allgemeine Betriebswirtschaftslehre, Wirtschaftsenglisch*; di: Hochsch. Osnabrück, Fak. Wirtschafts- u. Sozialwiss., Caprivistr. 30a, 49076 Osnabrück, T: (0541) 9692022, F: 9693012, gehmlich@wi.hs-osnabrueck.de; pr: Theodor-Heuss-Ring 21, 49565 Bramsche, T: (05461) 5279

**Gehnen,** Gerrit; Dr.-Ing., Prof.; *Angewandte Elektronik*; di: Hochsch. Rhein-Waal, Fak. Technologie u. Bionik, Marie-Curie-Straße 1, 47533 Kleve, T: (02821) 80673611, gerrit.gehnen@hochschule-rhein-waal.de

**Gehnen,** Markus; Dr.-Ing., Prof.; *Hochspannungstechnik, Elektrische Anlagen*; di: TFH Georg Agricola Bochum, WB Elektro- u. Informationstechnik, Herner Str. 45, 44787 Bochum, T: (0234) 9683261, F: 9683346, gehnen@tfh-bochum.de; pr: Emscherstr. 23, 44791 Bochum, T: (0234) 5409807

**Gehr,** Rainer; Dipl.-Ing., Prof.; *Bau- und Ausbauelemente, Innenarchitektur, insb. Möbeldesign, Messebau, Ausstellungsdesign*; di: Hochsch. Rhein / Main, FB Design Informatik Medien, Unter den Eichen 5, 65195 Wiesbaden, T: (0611) 1880186, rainer.gehr@hs-rm.de; pr: Chattenpfad 31, 65232 Taunusstein, T: (06128) 951555

**Gehrer,** Michael; Dr. rer. nat., Prof.; *Betriebswirtschaftslehre, Marktforschung*; di: Hochsch. Furtwangen, Fak. Product Engineering / Wirtschaftsingenieurwesen, Robert-Gerwig-Platz 1, 78120 Furtwangen, T: (07723) 9202194, gmi@hs-furtwangen.de

**Gehrke,** Matthias; Dr., Prof.; *Bilanzanalyse, Ertragsteuerrecht, Rechnungswesen*; di: Hochsch. Aschaffenburg, Fak. Wirtschaft u. Recht, Würzburger Str. 45, 63743 Aschaffenburg, T: (06021) 314760, matthias.gehrke@h-ab.de

**Gehrke,** Nick; Dr., Prof.; *Datenbanken*; di: Nordakademie, FB Informatik, Köllner Chaussee 11, 25337 Elmshorn, T: (04121) 409041, F: 409040, nick.gehrke@nordakademie.de

**Gehrke,** Renate; Dr.-Ing., Prof.; *Elektrische Netze, Hochspannungstechnik, EMV*; di: HTW Berlin, FB Ingenieurwiss. I, Marktstr. 9, 10317 Berlin, T: (030) 50193511, r.gehrke@HTW-Berlin.de

**Gehrke,** Winfried; Dr.-Ing., Prof.; *Mikrorechnertechnik, Digitale Systeme*; di: Hochsch. Osnabrück, Fak. Ingenieurwiss. u. Informatik, Artilleriestr. 46, 49076 Osnabrück, T: (0541) 9692184, w.gehrke@hs-osnabrueck.de

**Gehrmann,** Hans Joachim; Dr. phil., Prof.; *Soziologie / Sozialpolitik, Beratung Erwachsener, Prävention und Integration*; di: Hochsch. Darmstadt, FB Gesellschaftswiss. u. Soziale Arbeit, Haardtring 100, 64295 Darmstadt, T: (06151) 168514, hans.gehrmann@h-da.de; pr: Zur Viehweide 6, 64846 Groß-Zimmern, T: (06071) 44349, HaGiGehrmann@t-online.de

**Geib,** Bernhard; Dr., Prof.; *Kommunikationssysteme, Computersicherheit u. Electronic Commerce*; di: Hochsch. Rhein / Main, FB Design Informatik Medien, Campus Unter den Eichen 5, 65195 Wiesbaden, T: (0611) 94951208, bernhard.geib@hs-rm.de; pr: Im Klostergarten 19, 53489 Sinzig, T: (02642) 409195

**Geib,** Thomas; Dr. rer. nat., Prof.; *Betrieborganisation*; di: Hochsch. Trier, Umwelt-Campus Birkenfeld, FB Umweltplanung / Umwelttechnik, PF 1380, 55761 Birkenfeld, T: (06782) 171241, t.geib@umwelt-campus.de

**Geigenfeind,** Robert; Dr. rer. nat., Prof.; *Technische Mechanik, Regenerative Energie u. Stofftechnik, Recycling u. Entsorgung, Kunststofftechnik, Physik*; di: Hochsch. Deggendorf, FB Maschinenbau, Edlmairstr. 6-8, 94469 Deggendorf, PF 1320, 94453 Deggendorf, T: (0991) 3615318, F: 361581318, robert.geigenfeind@fh-deggendorf.de

**Geiger,** Andreas; Dr., Prof., Rektor FH Magdeburg-Stendal; di: Hochsch. Magdeburg-Stendal, Rektorat, Breitscheidstr. 2, 39114 Magdeburg, T: (0391) 8864100, F: 8864104, rektor@hs-magdeburg.de

**Geiger,** Gerhard; Dr.-Ing., Prof.; *Industrielle Messtechnik*; di: Westfäl. Hochsch., FB Elektrotechnik u. angew. Naturwiss., Neidenburger Str. 10, 45877 Gelsenkirchen, T: (0209) 9596239, gerhard.geiger@fh-gelsenkirchen.de; pr: Schultenhoff 5, 48734 Groß-Reken, T: (02864) 882680, F: 882679

**Geiger,** Margit; Dr. soz., Prof.; *Betriebswirtschaftslehre, insbes. Personalmanagement*; di: Hochsch. Bochum, FB Wirtschaft, Lennershofstr. 140, 44801 Bochum, T: (0234) 3210619, margit.geiger@hs-bochum.de; pr: Heimsang 105, 40883 Ratingen

**Geiger,** Norbert; Dr. jur., Dr. rer. pol., Prof.; *VWL, Immobilienrecht*; di: Hochsch. Biberach, SG Betriebswirtschaft, PF 1260, 88382 Biberach / Riß, T: (07351) 582401, F: 582449, geiger@hochschule-bc.de

**Geike,** Rainer; Dr.-Ing., Prof.; *Reaktionstechnik, Kunststofftechnik, Thermische Verfahrenstechnik, Strömungslehre*; di: Beuth Hochsch. f. Technik, FB VIII Maschinenbau, Veranstaltungs- u. Verfahrenstechnik, Luxemburger Str. 10, 13353 Berlin, T: (030) 45042936, rgfgeike@beuth-hochschule.de

**Geilen,** Johannes; Dr.-Ing., Prof.; *Technische Mechanik, Finite-Element-Methode, Kunststoffmaschinen*; di: Hochsch. Bonn-Rhein-Sieg, FB Elektrotechnik, Maschinenbau u. Technikjournalismus, Grantham-Allee 20, 53757 Sankt Augustin, 53754 Sankt Augustin, T: (02241) 865310, F: 8658310, johannes.geilen@fh-bonn-rhein-sieg.de

**Geiler,** Joachim; Dr.-Ing. habil., Prof.; *Angewandte Informatik*; di: Hochsch. Mittweida, Fak. Mathematik/Naturwiss./ Informatik, Technikumplatz 17, 09648 Mittweida, T: (03727) 581468, F: 581303, geiler@htwm.de; pr: Fliederweg 7, 09669 Frankenberg

**Geilhaupt,** Manfred; Dr. rer. nat., Prof.; *Physik [Mathematik]*; di: Hochsch. Niederrhein, FB Textil- u. Bekleidungstechnik, Webschulstr. 31, 41065 Mönchengladbach, T: (02161) 1866089; pr: Hessenfeld 10, 41844 Wegberg

**Geis,** Karl-Heinz; Dr.-Ing., Prof.; *Elektrische Messtechnik, Steuerungstechnik, Sensorik*; di: Hochsch. Esslingen, Fak. Graduate School, Fak. Mechatronik u. Elektrotechnik, Kanalstr. 33, 73728 Esslingen, T: (07161) 6971265; pr: Haldenstr. 78, 73730 Esslingen, T: (0711) 3169725

**Geise,** Wolfgang; Dr. rer. oec., Prof.; *Betriebswirtschaftslehre*; di: Hochschule Niederrhein, FB Wirtschaftswissenschaften, Webschulstr. 41-43, 41065 Mönchengladbach, T: (02161) 1866324, wolfgang.geise@hs-niederrhein.de; pr: Ringelblumenweg 38, 50226 Frechen, T: (02234) 73994

**Geisenhof,** Johannes; Dipl.-Ing., Prof.; *Entwerfen und Konstruieren in den Bereichen Altbausanierung und Denkmalpflege, Architekturgeschichte*; di: Hochsch. Coburg, Fak. Design, Friedrich-Streib-Str. 2, 96450 Coburg, T: (09561) 317304, geisenho@hs-coburg.de

**Geisler,** Michael; Dipl.-Phys., Dr. rer. nat., Prof.; *Angewandte Mathematik, Angewandte Informatik*; di: Hochsch. Coburg, Fak. Angew. Naturwiss., Friedrich-Streib-Str. 2, 96450 Coburg, T: (09561) 317387, geisler@hs-coburg.de

**Geisler,** Rainer; Dr., Prof.; *Medienökonomie, Informationssysteme, Projektcontrolling, Reporting*; di: FH Kiel, FB Maschinenwesen, Grenzstr. 3, 24149 Kiel, T: (0431) 2102751, F: 21062751, rainer.geisler@fh-kiel.de

**Geisler,** Stefan; Dr., Prof.; *Angewandte Informatik und Mensch-Technik-Interaktion*; di: Hochschule Ruhr West, Institut Informatik, PF 100755, 45407 Mülheim an der Ruhr, T: (0208) 88254804, stefan.geisler@hs-ruhrwest.de

**Geiss,** Axel; Dr. phil., Prof.; *Film*; di: Hochsch. Magdeburg-Stendal, FB Kommunikation u. Medien, Osterburger Str. 25, 39576 Stendal, T: (03931) 21874834

**Geisse,** Hellwig; Dr.-Ing., Prof.; *Informatik*; di: Techn. Hochsch. Mittelhessen, FB 13 Mathematik, Naturwiss. u. Datenverarbeitung, Wiesenstr. 14, 35390 Gießen, T: (0641) 3092346; pr: Margarete-Bieber-Weg 1, 36396 Gießen, T: (0641) 394659

**Geisser,** Christiane; Prof.; *Praktische Theologie*; di: Theolog. Seminar Elstal, Johann-Gerhard-Oncken-Str. 7, 14641 Wustermark, T: (033234) 74338, cgeisser@baptisten.de

**Geißler,** Andreas; Dipl.-Ing., Prof.; *Verkehrsbau und Vermessungswesen*; di: Hochsch. Zittau/Görlitz, Fak. Bauwesen, Schliebenstr. 21, 02763 Zittau, PF 1455, 02754 Zittau, T: (03583) 611626, a.geissler@hs-zigr.de

**Geißler,** Mario; Dr.-Ing., Prof.; *Informatik, Rechnernetze*; di: Hochsch. Mittweida, Fak. Mathematik/Naturwiss./Informatik, Technikumplatz 17, 09648 Mittweida, T: (03727) 581468, F: 581303, geissler@htwm.de

**Geißler,** Rainer; Dr.-Ing., Prof.; *HF-Technik, Signal- und Systemtechnik, Grundlagen der Elektrotechnik*; di: Techn. Hochsch. Mittelhessen, FB 11 Informationstechnik, Elektrotechnik, Mechatronik, Wilhelm-Leuschner-Str. 13, 61169 Friedberg, T: (06031) 604228

**Geissler-Frank,** Isolde; Dr., Prof.; *Recht*; di: Ev. Hochsch. Freiburg, Bugginger Str. 38, 79114 Freiburg i.Br., T: (0761) 4781255, F: 4781230, geissler-frank@eh-freiburg.de; pr: Erwinstr. 54, 79102 Freiburg, T: (0761) 7070633

**Geißler-Piltz,** Brigitte; Dr., Prof.; *Sozialmedizin*; di: Alice-Salomon-Hochsch., Alice-Salomon-Platz 5, 12627 Berlin-Hellersdorf, T: (030) 99245302, geissler-piltz@ash-berlin.eu; pr: Augustastr. 12, 12203 Berlin, T: (030) 8335518

**Geister,** Christina Michaela; Dr., Prof.; *Pflegewissenschaft mit Schwerpunkt Rehabilitation, Alter(n) und Pflegebedürftigkeit, Situation pflegender Angehöriger*; di: Hochsch. Hannover, Fak. V Diakonie, Gesundheit u. Soziales, Blumhardtstr. 2, 30625 Hannover, PF 690363, 30612 Hannover, T: (0511) 92963132, christina.geister@hs-hannover.de

**Geister,** Hans-Arnim; Dr., Prof.; *VWL*; di: FH d. Bundes f. öff. Verwaltung, FB Sozialversicherung, Nestorstraße 23 - 25, 10709 Berlin, T: (030) 86521469

**Geisweid,** Hans-Joachim; Dr.-Ing., Prof.; *Systems Engineering*; di: Hochsch. München, Fak. Elektrotechnik u. Informationstechnik, Lothstr. 64, 80335 München, T: (089) 12653451, F: 12653403, geisweid@ee.fhm.edu

**Gekeler,** Dietrich; Dipl.-Ing., Prof.; *Architektur*; di: Hochsch. Darmstadt, FB Architektur, Haardtring 100, 64295 Darmstadt, T: (06151) 168108

**Gekeler,** Manfred; Dr.-Ing., Prof.; *Elektrische Antriebe, Leistungselektronik, Energiewandlung*; di: Hochsch. Konstanz, Fak. Elektrotechnik u. Informationstechnik, Brauneggerstr. 55, 78462 Konstanz, PF 100543, 78405 Konstanz, T: (07531) 206220, F: 206400, gekeler@fh-konstanz.de

**Gelien,** Marion; Dr.-Ing., Prof.; *Bauingenieurwesen, Massivbau*; di: Hochschule Ruhr West, Institut Bauingenieurwesen, PF 100755, 45407 Mülheim an der Ruhr, T: (0208) 88254458, marion.gelien@hs-ruhrwest.de

**Gell,** Konrad; Dr.-Ing., Prof.; *Grundbau, Tunnelbau, Ingenieurmathematik*; di: Georg-Simon-Ohm-Hochsch. Nürnberg, Fak. Bauingenieurwesen, Keßlerplatz 12, 90489 Nürnberg, PF 210320, 90121 Nürnberg

**Gellenbeck,** Klaus; Dr.-Ing., Prof.; *Facility Management*; di: FH Münster, FB Oecotrophologie, Corrensstr. 25, 48149 Münster, T: (0251) 8364960, gellenbeck@fh-muenster.de

**Geller,** Marius; Dr.-Ing., Prof.; *Strömungslehre, Strömungsmaschinen*; di: FH Dortmund, FB Maschinenbau, Sonnenstr. 96, 44139 Dortmund, T: (0231) 9112256, F: 9112761, geller@fh-dortmund.de; pr: Am Gebrannten 34, 44797 Bochum

**Gellert,** Uwe; Dipl.-Des., Prof.; *Produktdesign*; di: Hochsch. Anhalt, FB 4 Design, PF 2215, 06818 Dessau, T: (0340) 51971729, gellert@design.hs-anhalt.de

**Gellhaus,** Christoph; Dr. rer. nat., Prof.; *Höhere Mathematik, Angewandte Mathematik, EDV*; di: TFH Georg Agricola Bochum, WB Elektro- u. Informationstechnik, Herner Str. 45, 44787 Bochum, T: (0234) 9683259, F: 9683346, gellhaus@tfh-bochum.de

**Gembris-Nübel,** Roswitha; Dr., Prof.; *Sozialpädagogik, Gesundheitswissenschaften*; di: FH des Mittelstands, FB Gesundheit, Ravensbergerstr. 10 G, 33602 Bielefeld, gembris-nuebel@fhm-mittelstand.de

**Gemeinhardt,** Elke; Dr., Prof.; di: HAWK Hildesheim/Holzminden/Göttingen, Fak. Soziale Arbeit u. Gesundheit, Brühl 20, 31134 Hildesheim, T: (05121) 881417

**Gemeinhardt,** Jürgen; Dr. rer. oec., Prof., Dekan FB Wirtschaft; *Allgemeine BWL, insbesondere Steuerlehre*; di: FH Schmalkalden, Fak. Wirtschaftswiss., Blechhammer, 98574 Schmalkalden, PF 100452, 98564 Schmalkalden, T: (03683) 6883105, j.gemeinhardt@wi.fh-schmalkalden.de

**Gemende,** Bernhard; Dr.-Ing., Prof.; *Verfahrenstechnik und Recyclingtechnik*; di: Westsächs. Hochsch. Zwickau, FB Physikalische Technik/Informatik, Dr.-Friedrichs-Ring 2A, 08056 Zwickau, bernhard.gemende@fh-zwickau.de

**Gemende,** Marion; Dr. habil., Prof.; *Sozialarbeit, Sozialpädagogik*; di: Ev. Hochsch. f. Soziale Arbeit, PF 200143, 01191 Dresden, T: (0351) 4690248, marion.gemende@ehs-dresden.de; pr: Luise-Seidler-Str. 17, 01217 Dresden, T: (0351) 4723945, marion.gemende@t-online.de

**Gemmar,** Peter; Dr. rer. nat., Prof.; *Medizininformatik u. – technik, Robotik*; di: Hochsch. Trier, FB Informatik, PF 1826, 54208 Trier, T: (0651) 8103375, P.Gemmar@hochschule-trier.de; pr: Auf Häckelsberg 14, 54341 Fell, T: (06502) 994630

**Gemmrich,** Armin; Dr. rer. nat., Prof. FH Heilbronn; *Grundlagen des Weinbaus, Pflanzenbau, Weinchemie, Mikrobiologie, Umweltschutz*; di: Hochsch. Heilbronn, FB Wirtschaft 2, Max-Planck-Str. 39, 74081 Heilbronn, T: (07131) 504327, F: 504143271, gemmrich@hs-heilbronn.de; pr: Beethovenstr. 4, 71717 Beilstein, T: (07062) 3250, F: 930284

**Genenger-Stricker,** Marianne; Dr. Phil., Prof.; *Soziale Arbeit*; di: Kath. Hochsch. NRW, Abt. Aachen, FB Sozialwesen, Robert-Schumann-Str. 25, 52066 Aachen, T: (0241) 6000337, F: 6000388, m.genenger-stricker@kfhnw-aachen.de

**Geng,** Norbert; Dr.-Ing. habil., Prof.; *Hochfrequenztechnik*; di: Hochsch. München, Fak. Elektrotechnik u. Informationstechnik, Lothstr. 64, 80335 München, T: (089) 12653454, F: 12653403, geng@ee.fhm.edu

**Geng,** Norbert; Dr. iur., Prof.; *Wirtschaftsrecht*; di: FH Schmalkalden, Fak. Wirtschaftsrecht, Blechhammer, 98574 Schmalkalden, T: (03683) 6886107, n.geng@fh-sm.de

**Genkova Petkova,** Petia; Dr., Prof.; *Wirtschaftspsychologie, Interkulturelle Kommunikation, Psychologie*; di: Hochsch. Osnabrück, Fak. Wirtschafts- u. Sozialwiss., Caprivistr. 30 a, 49076 Osnabrück, T: (0541) 9693772, p.genkova@hs-osnabrueck.de

**Gennerich,** Carsten; Dipl.-Theol., Dipl.-Psych., Dr. habil., Prof.; *Gemeindepädagogik*; di: Ev. Hochsch. Darmstadt, FB Gemeindepädagogik, Zweifalltorweg 12, 64293 Darmstadt, T: (06151) 879888, gennerich@eh-darmstadt.de

**Genning,** Carmen; Dr. rer. nat., Prof.; *Immissionsschutz, Umweltüberwachung, Chemie, Umweltrecht, Sicherheitstechnik*; di: Ostfalia Hochsch., Fak. Versorgungstechnik, Salzdahlumer Str. 46/48, 38302 Wolfenbüttel; pr: Zweifalltorweg 12, 64293 Darmstadt

**Gennis,** Martin; Dr., Prof.; *Informationstechnologie und Informationsmanagement*; di: HAW Hamburg, Fak. Design, Medien u. Information, Finkenau 35, 22081 Hamburg, T: (040) 428753688, F: 428753609, martin.gennis@haw-hamburg.de; pr: T: (04101) 65630

**Gentner,** Jürgen; Dr.-Ing., Prof.; *Mikroprozessoren, Steuerungstechnik*; di: Hochsch. Karlsruhe, Fak. Elektro- u. Informationstechnik, Moltkestr. 30, 76133 Karlsruhe, PF 2440, 76012 Karlsruhe, T: (0721) 9251475

**Gentsch,** Peter; Dr. rer. pol., Prof.; *Direct Customer Relationship Management (dCRM)*; di: Hochsch. Aalen, Fak. Wirtschaftswissenschaften, International Business Studies, Beethovenstr. 1, 73430 Aalen, T: (07361) 9149014, peter.gentsch@htw-aalen.de

**Georg,** Otfried; Dr.-Ing., Prof.; *Übertragungstechnik*; di: Hochsch. Trier, FB Technik, PF 1826, 54208 Trier, T: (0651) 8103420, O.Georg@hochschule-trier.de; pr: Taubeneck 12, 66629 Freisen, T: (06855) 7181

**Georg,** Stefan; Dr. rer. oec., Prof.; *Kostenrechnung, Controlling, Existenzgründung*; di: HTW d. Saarlandes, Fak. f. Wirtschaftswiss, Waldhausweg 14, 66123 Saarbrücken, T: (0681) 5867503, georg@htw-saarland.de

**Georg-Zöller,** Christa; Dr. phil. Lic. theol., Prof.; *Religionspädagogik*; di: Kath. Hochsch. f. Sozialwesen Berlin, Köpenicker Allee 39-57, 10318 Berlin, T: (030) 50101071

**Georgy,** Ursula; Dr. rer. nat., Prof.; *Gestaltung und Marketing von Informationsangeboten*; di: FH Köln, Fak. f. Informations- u. Kommunikationswiss., Claudiusstr. 1, 50678 Köln, T: (0221) 82753922, Ursula.Georgy@fh-koeln.de; pr: Trajanstr. 5, 50678 Köln, T: (0221) 9321204

**Gephart,** Hella; Dr., Prof.; *Psychologie*; di: FH Köln, Fak. f. Angewandte Sozialwiss., Mainzer Str. 5, 50678 Köln, T: (0221) 82753355; pr: hgep@aol.com

**Gerards,** Marion; Dr., Prof.; *Musik und Soziale Arbeit*; di: HAW Hamburg, Fak. Wirtschaft u. Soziales, Alexanderstr. 1, 20099 Hamburg, T: (040) 428757050, marion.gerards@haw-hamburg.de

**Gerath,** Horst; Dr. agr. habil., Prof.; *Düngung u. Umwelt, Verzuckerung v. lignocellulärer Biomasse u. Erzeugung v. Bioethanol, Futtereiweiß u. Polyhydroxybuttersäure, Seegrasaufbereitung u. -verwertung, Verfahrenstechnik biogener Rohstoffe*; di: Hochsch. Wismar, Fak. f. Ingenieurwiss., PF 1210, 23952 Wismar, T: (03841) 427811, F: 427822, h.gerath@mb.hs-wismar.de

**Gerbach,** Stephan; Dr., Prof.; *International Business*; di: Karlshochschule, PF 11 06 30, 76059 Karlsruhe

**Gerber,** Andreas; Dipl.-Phys., Prof.; *Thermodynamik u. Bauphysik*; di: Hochsch. Biberach, SG Gebäudeklimatik, PF 1260, 88382 Biberach/Riß, T: (07351) 582257, F: 582299, gerber@hochschule-bc.de

**Gerber,** Hans; Dr.-Ing., Prof., 1. Vizepräs. Beuth H f. Technik Berlin; *Maschinenelemente, Technische Mechanik, Konstruktionsübungen*; di: Beuth Hochsch. f. Technik, FB VIII Maschinenbau, Veranstaltungs- u. Verfahrenstechnik, Luxemburger Str. 10, 13353 Berlin, T: (030) 45042336, hwgerber@beuth-hochschule.de; vp1@beuth-hochschule.de

**Gerbeth,** Volker; Dipl.-Ing., Prof.; *Photogrammetrie, Vermessungstechnik*; di: HTW Dresden, Fak. Geoinformation, Friedrich-List-Platz 1, 01069 Dresden, T: (0351) 4623157, gerbeth@htw-dresden.de

**Gerckens,** Rainer; Dr., Prof.; *Pflegemanagement*; di: Hamburger Fern-Hochsch., FB Gesundheit u. Pflege, Alter Teichweg 19, 22081 Hamburg, T: (040) 35094340, F: 35094335, rainer.gerckens@hamburger-fh.de

**Gerdes,** Andreas; Dr.-Ing., Prof. KIT Karlsruhe, Prof. Hochsch. Karlsruhe; *Bauchemie, Instandsetzung*; di: Hochsch. Karlsruhe, Fak. Elektro- u. Informationstechnik, Moltkestr. 30, 76133 Karlsruhe, PF 2440, 76012 Karlsruhe, T: (0721) 9251354, andreas.gerdes@hs-karlsruhe.de; KIT, Institut für funktionelle Grenzflächen, Hermann-von-Helmholtz-Platz 1, 76344 Eggenstein-Leopoldshafen, T: (07247) 825972, andreas.gerdes@kit.edu

**Gerdes,** Johannes; Dr.-Ing., Prof.; *Kommunikationsnetze, Grundlagen der Elektrotechnik*; di: Hochsch. Darmstadt, FB Elektrotechnik u. Informationstechnik, Haardtring 100, 64295 Darmstadt, T: (06151) 168239, gerdes@eit.h-da.de

**Gergeleit,** Martin; Dr., Prof.; *Telekommunikation, Rechnerarchitekturen*; di: Hochsch. Rhein/Main, FB Design Informatik Medien, Campus Unter den Eichen 5, 65195 Wiesbaden, T: (0611) 94951227, martin.gergeleit@hs-rm.de

**Gerhardinger,** Günter; Dipl.-Päd., Dipl.-Soz.päd., Dr. phil., Prof.; *Soziale Arbeit*; di: Georg-Simon-Ohm-Hochsch. Nürnberg, Fak. Sozialwiss., Bahnhofstr. 87, 90402 Nürnberg, PF 210320, 90121 Nürnberg

**Gerhards,** Carsten; Dipl.-Ing., Prof.; *Innenarchitektur, Gebäudelehre*; di: Hochsch. Darmstadt, FB Architektur, Haardtring 100, 64295 Darmstadt

**Gerhards,** Christian; Dr.-Ing., Prof.; *Lebensmitteltechnologie, Verpackungsprozesse*; di: Hochsch. Albstadt-Sigmaringen, FB 3, Anton-Günther-Str. 51, 72488 Sigmaringen, PF 1254, 72481 Sigmaringen, T: (07571) 7328580, gerhardsc@hs-albsig.de

**Gerhards,** Norbert; Dr.-Ing., Prof.; *Liegenschaftsvermessung und -recht*; di: Hochsch. Anhalt, FB 3 Architektur, Facility Management u. Geoinformation, PF 2215, 06818 Dessau, T: (0340) 51971614, gerhards@afg.hs-anhalt.de

**Gerhards,** Ralf; Dr., Prof.; *International Management for Business and Information Technology*; di: DHBW Mannheim, Fak. Wirtschaft, Coblitzallee 1-9, 68163 Mannheim, T: (0621) 41051219, F: 41051289, ralf.gerhards@dhbw-mannheim.de

**Gerhards,** Sven; Prof.; *Arbeitswissenschaft, Qualitätsmanagement, Industrielle Fertigungsverfahren*; di: Hochsch. Albstadt-Sigmaringen, FB 1, Jakobstr. 6, 72458 Albstadt, T: (07431) 579258, gerhards@hs-albsig.de

**Gerhardt,** Eduard; Dr., Prof.; *Wirtschaftsinformatik*; di: Hochsch. Coburg, Fak. Wirtschaft, Friedrich-Streib-Str. 2, 96450 Coburg, T: (09561) 317377, eduard.gerhardt@hs-coburg.de

**Gerhardt,** Hans-Detlef; Dr., Prof.; *Wirtschaftsinformatik, Statistik*; di: FH Wedel, Feldstr. 143, 22880 Wedel, T: (04103) 804838, F: 804838, ge@fh-wedel.de

**Gerhardt,** Johann; M. Div., D. Min., Prof. u. Rektor Theol. H Friedensau; *Pastoraltheologie*; di: Theologische H Friedensau, An der Ihle 5a, 39291 Friedensau, T: (03921) 916131, johann.gerhardt@thh-friedensau.de; pr: Eichenweg 8, 39291 Friedensau, T: (03921) 972211

**Gerhardt,** Jürgen; Dr. rer. pol., Prof.; *Industriebetriebslehre*; di: FH Südwestfalen, FB Maschinenbau, Frauenstuhlweg 31, 58644 Iserlohn, T: (02371) 566245, F: 566251, gerhardt@fh-swf.de; pr: Zum Bühl 16, 57223 Kreuztal, T: (02732) 82460

**Gerich,** Detlev; Dr. rer. nat., Prof.; *Strömungslehre/Strömungsmaschinen*; di: Hochsch. Wismar, Fak. f. Ingenieurwiss., PF 1210, 23952 Wismar, T: (03841) 753556, d.gerich@mb.hs-wismar.de

**Gericke,** Jens; Dr., Prof.; *Produktion u. Logistik*; di: Int. School of Management, Otto-Hahn-Str. 19, 44227 Dortmund

**Gerke,** Jürgen; Dr., Prof.; *Straf- u. Strafprozessrecht, Verwaltungsrecht, Juristische Methodik*; di: FH f. öffentl. Verwaltung NRW, Abt. Köln, Thürmchenswall 48-54, 50668 Köln, juergen.gerke@fhoev.nrw.de; pr: juergen@drgerke.de, info@drgerke.de; www.drgerke.de

**Gerke,** Kerstin; Dr. rer.pol., Prof.; *Betriebswirtschaftslehre, insbes. Controlling und Wirtschaftsinformatik*; di: FH Münster, FB Wirtschaft, Corrensstr. 25, 48149 Münster, T: (0251) 8365559, F: 8365502, Kerstin.Gerke@fh-muenster.de

**Gerke,** Margot; Dipl.-Ing., Prof.; *Städtebau und Siedlungswesen*; di: HAWK Hildesheim/Holzminden/Göttingen, Fak. Bauen u. Erhalten, Hohnsen 2, 31134 Hildesheim, T: (05121) 881229, F: 881253

**Gerke,** Wolfgang; Dr.-Ing., Prof.; *Regelungs- und Automatisierungstechnik, elektrische Maschinen*; di: Hochsch. Trier, Umwelt-Campus Birkenfeld, FB Umweltplanung/Umwelttechnik, PF 1380, 55761 Birkenfeld, T: (06782) 171113, w.gerke@umwelt-campus.de

**Gerken,** Wolfgang; Dr., Prof.; *Informatik*; di: HAW Hamburg, Fak. Technik u. Informatik, Berliner Tor 7, 20099 Hamburg, T: (040) 428758430, gerken@informatik.haw-hamburg.de

**Gerlach,** Anne; Dr., em. Prof.; di: Ev. Hochsch. f. Soziale Arbeit & Diakonie, Horner Weg 170, 22111 Hamburg, T: (040) 65591105; pr: Preinstr. 159, 44265 Dortmund, T: (0231) 460365, F: 4757218, abh.gerlach@t-online.de

**Gerlach,** Christoph; Dr.-Ing., Prof.; *Kunst- und kulturgeschichtliche Grundlagen der Denkmalpflege, Methoden und Techniken der Denkmalpflege, Farbgestaltung im historischen Kontext*; di: HAWK Hildesheim/Holzminden/Göttingen, Fak. Bauen u. Erhalten, Hohnsen 2, 31134 Hildesheim, T: (05121) 881235, F: 881241

**Gerlach,** Florian; Dr. jur., Prof.; *Recht, Schwerpunkt: Bürgerliches Recht, Kinder- und Jugendhilferecht, Verfahrensrecht*; di: Ev. FH Rhld.-Westf.-Lippe, FB Soziale Arbeit, Bildung u. Diakonie, Immanuel-Kant-Str. 18-20, 44803 Bochum, T: (0234) 36901344, florian.gerlach@efh-bochum.de

**Gerlach,** Frank; M.A., HonProf.; *Psychiatrie, Sozialpsychiatrie, Paar- u Familientherapie, Pädagog. Rollenspiel, Beratungsmethoden*; di: Hochsch. Emden/Leer, FB Soziale Arbeit u. Gesundheit, Constantiaplatz 4, 26723 Emden, F: (04921) 8071251; pr: Waldstr. 40, 26506 Norden, T: (04931) 167982, FrankGGerlach@compuserve.de

**Gerlach,** Harald; Dr., Prof.; *Wirtschaftsinformatik*; di: FH Neu-Ulm, Wileystr. 1, 89231 Neu-Ulm, T: (0731) 97621506, harald.gerlach@fh-neu-ulm.de

**Gerlach,** Irene; Dr. rer. soc., apl. HonProf. U Münster, Prof. u. Prorektorin FH Rheinland-Westfalen-Lippe; *Politikwissenschaft, Sozialpolitik, Soziologie*; di: Ev. FH Rheinland-Westfalen-Lippe, FB Soziale Arbeit, Immanuel-Kant-Str. 18-20, 44803 Bochum, T: (0234) 36901183, i.gerlach@efh-bochum.de; pr: Rheinstr. 22, 48268 Greven, T: (02575) 2881

**Gerlach,** Joachim; Dr., Prof.; *Mathematik, Rechnertechnik*; di: Hochsch. Albstadt-Sigmaringen, FB 1, Jakobstr. 6, 72458 Albstadt-Ebingen, T: (07431) 579155, gerlach@hs-albsig.de

**Gerlach,** Johannes; Dr.-Ing., Prof.; *Erd- und Grundbau, Bodenmechanik, Waserbau*; di: H Koblenz, FB Bauwesen, Konrad-Zuse-Str. 1, 56075 Koblenz, T: (0261) 9528122, gerlach@fh-koblenz.de

**Gerlach,** Thomas; Prof.; *Industrial Design*; di: Hochsch. Pforzheim, Fak. f. Gestaltung, Holzgartenstr. 36, 75175 Pforzheim, T: (07231) 286779, F: 286030, thomas.gerlach@hs-pforzheim.de

**Gerlach,** Thomas; Dr., Prof.; *Wirtschaftswissenschaften*; di: Kommunale FH f. Verwaltung in Niedersachsen, Wielandstr. 8, 30169 Hannover, T: (0511) 1609428, F: 15537, Thomas.Gerlach@nds-sti.de

**Gerlach,** Wolfgang W. P.; Dr., Prof.; *Botanik, Pflanzenschutz, Tropischer Obstbau, Gewebekultur*; di: Hochsch. Weihenstephan-Triesdorf, Inst. f. Botanik u. Pflanzenschutz, Am Hofgarten 8, 85350 Freising, 85350 Freising, T: (08161) 713362, F: 715344, wolfgang.gerlach@fh-weihenstephan.de

**Gerlicher,** Ansgar; Dr., Prof.; *Mobile Medien*; di: Hochsch. d. Medien, Fak. Electronic Media, Nobelstr. 10, 70569 Stuttgart, T: (0711) 89232788, gerlicher@hdm-stuttgart.de

**Gerling,** Rainer W.; Dr., Prof.; *Datenschutz, IT-Sicherheit, Kryptographie*; di: Hochsch. München, Fak. Informatik u. Mathematik, Lothstr. 34, 80335 München, gerling@informatik.fh-muenchen.de; Max-Planck-Gesellschaft, PF 101062, 80084 München, T: (089) 21081317, F: 21081399

**Gerling,** Steffen; Prof.; *Schnittgestaltung*; di: HAW Hamburg, Fak. Design, Medien u. Information, Armgart Str. 24, 22081 Hamburg, Steffen.Gerling@haw-hamburg.de

**Gerling,** Ulrich; Dr. rer. nat., Prof.; *Apparate- u. Werkstofftechnik*; di: FH Aachen, FB Angewandte Naturwiss u. Technik, Worringer Weg 1, 52074 Aachen, T: (0241) 600953127, gerling@fh-aachen.de; pr: Platanenallee 92, 42897 Remscheid, T: (02191) 665022

**Gerling,** Winfried; Dr., Prof.; *Konzeption und Ästhetik der Neuen Medien*; di: FH Potsdam, Pappelallee 8-9, 14469 Potsdam, T: (0331) 5801630, gerling@fh-potsdam.de

**Gerloff,** Axel; Dr., Prof.; *Interkulturelles Management*; di: DHBW Mosbach, Campus Bad Mergentheim, Schloss 2, 97980 Bad Mergentheim, T: (07931) 530605, F: 530604, gerloff@dhbw-mosbach.de

**Gerloff,** Christian; Dr., HonProf.; *Druck- und Medientechnologie*; di: Hochsch. d. Medien, Fak. Druck u. Medien, Nobelstr. 10, 70569 Stuttgart; pr: Christian.Gerloff@web.de

**Gerloff,** Holger; Dr.-Ing., Prof.; *Spanende Fertigungstechnik, Werkzeugmaschinen, Maschinenelemente, Mechanik*; di: Ostfalia Hochsch., Fak. Maschinenbau, Salzdahlumer Str. 46/48, 38302 Wolfenbüttel, T: (05331) 9392000, F: 9392002, h.gerloff@ostfalia.de

**Gerloff,** Peter; Dipl.-Ing., Prof.; *Konstruktionslehre, CAD*; di: Hochsch. Aalen, Fak. Optik u. Mechatronik, Beethovenstr. 1, 73430 Aalen, T: (07361) 5763141, Peter.Gerloff@htw-aalen.de

**Germer,** Hans-Jürgen; Dr.-Ing., Prof.; *Mathematik, Methodische Produktentwicklung und Fertigungstechnik mit CAD/CAM*; di: HAW Hamburg, Fak. Technik u. Informatik, Berliner Tor 21, 20099 Hamburg, T: (040) 428758797, germer@rzbt.haw-hamburg.de; pr: T: (04107) 330041

**Germer,** Rudolf; Dr. rer. nat. habil., Prof FHTW Berlin; *Angew. Physik, Werkstoffe u. Bauelemente d. NT, Akustik*; di: HTW Berlin, FB Ingenieurwiss. I, Allee der Kosmonauten 20/22, 10315 Berlin, T: (030) 50193262, r.germer@HTW-Berlin.de; pr: Blankenhainer Str. 9, 12249 Berlin, T: (030) 71581291, F: 71581292, germer@physik.tu-berlin.de

**Gerndt,** Reinhard; Dr.-Ing., Prof.; *Elektrotechnik, Regelungstechnik*; di: Ostfalia Hochsch., Fak. Informatik, Salzdahlumer Str. 46/48, 38302 Wolfenbüttel

**Gers,** Felix; Dr.-Ing., Prof.; *Medieninformatik, Wirtschaftsingenieurwesen*; di: Beuth Hochsch. f. Technik, FB VI Informatik u. Medien, Luxemburger Str. 10, 13353 Berlin, T: (030) 45042529, gers@beuth-hochschule.de; pr: lehrefelix@gers.de; www.felixgers.de

**Gersbach,** Volker; Dipl.-Ing., HonProf.; *Betriebsfestigkeit/Fahrzeugerprobung*; di: Westsächs. Hochsch. Zwickau, Fak. Kraftfahrzeugtechnik, Dr.-Friedrichs-Ring 2A, 08056 Zwickau

**Gersbacher,** Rolf; Dr. rer. nat., Prof.; *Wirtschaftsinformatik, Programmierung*; di: Hochsch. Esslingen, Fak. Betriebswirtschaft, Kanalstr. 33, 73728 Esslingen, T: (07161) 6971248

**Gerschau,** Monika; Dr., Prof.; *Agrarmarketing*; di: Hochsch. Weihenstephan-Triesdorf, Fak. Land- u. Ernährungswirtschaft, Am Hofgarten 1, 85354 Freising, 85350 Freising, T: (08161) 714498, F: 714496, monika.gerschau@fh-weihenstephan.de

**Gerspach,** Manfred; Dipl.-Päd., Dr. phil., Prof., Dekan FB Sozialpädagogik; *Pädagogik, Schwerpunkt 1 (Arbeit mit Kindern)*; di: Hochsch. Darmstadt, FB Gesellschaftswiss. u. Soziale Arbeit, Haardtring 100, 64295 Darmstadt, T: (06151) 168511, gerspach@h-da.de; www.fbs.fh-darmstadt.de; pr: Weilbrunnstr. 22, 60435 Frankfurt/Main, T: (069) 544501, F: 5485863

**Gerster,** Roland; Dr., Prof.; *Baubetrieb, Baukonstruktion*; di: FH Frankfurt, FB 1 Architektur, Bauingenieurwesen, Geomatik, Nibelungenplatz 1, 60318 Frankfurt am Main, T: (069) 15333623

**Gerstner,** Manfred; Dr. rer. nat., Prof.; *Programmieren, Softwaretechnik*; di: Hochsch. München, Fak. Elektrotechnik u. Informationstechnik, Dachauer Str. 98b, 80335 München

**Gerten,** Rainer; Dr. rer. nat., Prof.; *Programmiersprachen, Multimedia*; di: Hochsch. Mannheim, Fak. Informatik, Windeckstr. 110, 68163 Mannheim

**Gerth,** Norbert; Dr. rer. pol., Prof.; *Marketing, E-Commerce, Online-Marketing, eCRM, Existenzgründungs-Management*; di: Hochsch. Augsburg, Fak. f. Informatik, An der Hochschule 1, 86161 Augsburg, T: (0821) 55863479, F: 55863499, Norbert.Gerth@hs-augsburg.de

**Gertler,** Martin; Dr. rer. pol., Prof.; di: Rheinische FH Köln, Hohenstaufenring 16-18, 50674 Köln

**Gerull,** Susanne; Dr. phil., Prof.; *Sozial- und Wohnungspolitik, Armut, Arbeitslosigkeit und Wohnungslosigkeit*; di: Alice-Salomon-Hochsch., Alice-Salomon-Platz 5, 12627 Berlin-Hellersdorf, T: (030) 99245422, mail@susannegerull.de

**Gervens,** Theodor; Dr. rer. nat., Prof.; *Mathematik, Informatik*; di: Hochsch. Osnabrück, Fak. Ingenieurwiss. u. Informatik, Albrechtstr. 30, 49076 Osnabrück, T: (0541) 9693097, F: 9692936, gervens@edvsz.hs-osnabrueck.de; pr: In der Barlage 69, 49078 Osnabrück, T: (0541) 2021028

**Gerz,** Christoph; Dr. rer. nat., Prof.; *Angewandte Physik, Elektronik*; di: Hochsch. München, Fak. Feinwerk- u. Mikrotechnik, Physikal. Technik, Lothstr. 34, 80335 München, T: (089) 12651417, F: 12651480, gerz@fh-muenchen.de

**Gesch,** Helmuth; Dipl.-Phys., Dr. rer. nat., Prof.; *Elektronische Bauelemente, Rechnergestützter Schaltungsentwurf, Schaltungsintegration*; di: Hochsch. Landshut, Fak. Elektrotechnik u. Wirtschaftsingenieurwesen, Am Lurzenhof 1, 84036 Landshut, gsh@fh-landshut.de

**Gesenhues,** Bernhard; Dr.-Ing., Prof.; *Kunststoffverarbeitung, Wärmetechnik, Kunststoffkonstruktion*; di: Hochsch. Darmstadt, FB Maschinenbau u. Kunststofftechnik, Haardtring 100, 64295 Darmstadt, T: (06151) 168542, gesenhues@fbk.h-da.de; pr: dr.b.gesenhues@t-online.de

**Geser,** Alfons; Dr. rer. nat. habil., Prof.; *Angewandte Informatik*; di: HTWK Leipzig, FB Elektrotechnik u. Informationstechnik, PF 301166, 04251 Leipzig, T: (0341) 30761169, geser@fbeit.htwk-leipzig.de

**Getsberger,** Karl; Dipl.-Ing., HonProf.; di: Hochsch. München, FB Maschinenbau, Fahrzeugtechnik, Flugzeugtechnik, Dachauer Str. 98b, 80335 München

**Geuer,** Wolfgang; Dr., Prof.; *Energie- und Antriebstechnik*; di: Hochsch. Fulda, FB Elektrotechnik u. Informationstechnik, Marquardstr. 35, 36039 Fulda, wolfgang.geuer@et.fh-fulda.de

**Gewald,** Heiko; Dr., Prof.; *Informationsmanagement, Consulting*; di: FH Neu-Ulm, Wileystr. 1, 89231 Neu-Ulm, T: (0731) 97621521, heiko.gewald@hs-neu-ulm.de

**Geweke,** Martin; Dr., Prof.; *Mechanische Verfahrenstechnik*; di: HAW Hamburg, Fak. Life Sciences, Lohbrügger Kirchstr. 65, 21033 Hamburg, T: (040) 428756267, martin.geweke@haw-hamburg.de

**Gey,** Manfred; Dr. rer. nat. habil., Prof.; *Chemische Analytik/Umweltanalytik*; di: Hochsch. Zittau/Görlitz, Fak. Mathematik/Naturwiss., PF 1455, 02754 Zittau, T: (03583) 611754, M.Gey@hs-zigr.de

**Gey,** Thomas; Dr. rer. pol., Prof.; *Marketing, Strategische Unternehmensentwicklung*; di: Nordakademie, FB Wirtschaftswissenschaften, Köllner Chaussee 11, 25337 Elmshorn, T: (04121) 409034, F: 409040, T.Gey@nordakademie.de

**Geyer,** Dirk; Dr.-Ing., Prof.; *Kunststoffkonstruktion*; di: Hochsch. Darmstadt, FB Maschinenbau u. Kunststofftechnik, Haardtring 100, 64295 Darmstadt

**Geyer,** Hans-Jürgen; Dr., Prof.; *Pflanzenverwendung, Vegetationstechnik, Ingenieurbiologie, Vegetationskunde*; di: Hochsch. Ostwestfalen-Lippe, FB 9, Landschaftsarchitektur u. Umweltplanung, An der Wilhelmshöhe 44, 37671 Höxter, T: (05271) 687132, hans-juergen.geyer@hs-owl.de

**Geyer,** Hardy; Dr., Prof.; *Kultur- und Sozialmanagement*; di: Hochsch.Merseburg, FB Soziale Arbeit, Medien, Kultur, Geusaer Str., 06217 Merseburg, T: (03461) 462243, F: 462205, hardy.geyer@hs-merseburg.de

**Geyer,** Helmut; Dr. oec., Prof.; *Allgemeine Betriebswirtschaftslehre, insb. Finanzwirtschaft und Rechnungswesen*; di: FH Jena, FB Betriebswirtschaft, Carl-Zeiss-Promenade 2, 07745 Jena, PF 100314, 07703 Jena, T: (03641) 205550, F: 205551, bw@fh-jena.de

**Geyer,** Manuel; Dr.-Ing., Prof.; *Steuerungstechnik, Fertigungsautomatik*; di: Hochsch. Ravensburg-Weingarten, Doggenriedstr., 88250 Weingarten, PF 1261, 88241 Weingarten, manuel.geyer@hs-weingarten.de

**Geyer,** Reinhard; Dr.-Ing., Prof.; *Schaltungstechnik mit Operationsverstärkern, Mikrocontrollertechnik, Grundlagen der Elektrotechnik, Elektronische Schaltungen, Messelektronik*; di: Jade Hochsch., FB Ingenieurwissenschaften, Friedrich-Paffrath-Str. 101, 26389 Wilhelmshaven, T: (04421) 9852265, F: 9852623, reinhard.geyer@jade-hs.de

**Geyl,** Wolfgang; Dipl.-Ing., Prof.; *Elektrische Maschinen und Anlagen, Elektrotechnik*; di: Hochsch. Offenburg, Fak. Maschinenbau u. Verfahrenstechnik, Badstr. 24, 77652 Offenburg, T: (0781) 205312, F: 205214

**Gharaei,** Sharam; Dr., Prof.; *Medieninformatik, Multimedia*; di: Ostfalia Hochsch., Fak. Informatik, Salzdahlumer Str. 46/48, 38302 Wolfenbüttel

**Gheorghiu,** Victor; Dr.-Ing., Prof.; *Verbrennungsmotoren, Thermodynamik, Strömungslehre, Simulation dynamischer Systeme*; di: HAW Hamburg, Fak. Technik u. Informatik, Berliner Tor 21, 20099 Hamburg, T: (040) 428758636, gheorghiu@rzbt.haw-hamburg.de; pr: Berner Str. 64, 22145 Hamburg, T: (040) 64892585; www.victor-gheorghiu.de

**Ghosh,** Arabinda; Dr.-Ing., Prof.; *Entwicklung von Verpackungssystemen, Technologie der Kunststoffe, Lebensmitteltechnologie*; di: Hochsch. d. Medien, Fak. Druck u. Medien, Nobelstr. 10, 70569 Stuttgart, T: (0711) 89232135, ghosh@hdm-stuttgart.de

**Gick,** Berthold; Dr.-Ing., Prof.; *Elektrische Energieversorgung, Ingenieurinformatik, Digitaltechnik*; di: H Koblenz, FB Ingenieurwesen, Konrad-Zuse-Str. 1, 56075 Koblenz, T: (0261) 9528384, gick@fh-koblenz.de

**Gicklhorn,** Gerhard; Architekt, Dipl.-Ing., Prof.; *Holzbaukonstruktion, Hochbaukonstruktion und Raumlehre, Innenausbau, Entwerfen und Konstruieren, Grundlagen der Darstellung*; di: Hochsch. Rosenheim, Fak. Holztechnik u. Bau, Hochschulstr. 1, 83024 Rosenheim, T: (08031) 805300, F: 805302

**Giebel,** Armin; Dr. med., Dr. rer. nat., Prof.; *Medizintechnik*; di: Hochsch. München, Fak. Feinwerk- u. Mikrotechnik, Physikal. Technik, Lothstr. 34, 80335 München, T: (089) 12651388, F: 12651480, a.giebel@lrz.fh-muenchen.de

**Giebel,** Thomas; Dr.-Ing., Prof.; *Halbleitertechnik, Monolithische Schaltungsintegration*; di: FH Dortmund, FB Informations- u. Elektrotechnik, Sonnenstr. 96, 44139 Dortmund, T: (0231) 9112353, F: 9112289, giebel@fh-dortmund.de

**Giebeler,** Cornelia; Dr., Prof.; *Theorien und Methoden der Sozialarbeit/Sozialpädagogik und Erziehungswissenschaft*; di: FH Bielefeld, FB Sozialwesen, Kurt-Schumacher-Str. 6, 33615 Bielefeld, T: (0521) 1067847, cornelia.giebeler@fh-bielefeld.de; pr: Altenberndtstr. 7, 33615 Bielefeld, T: (0521) 896536

**Giebeler,** Georg; Dipl.-Ing., Prof.; *Baukonstruktionslehre*; di: Hochsch. Wismar, Fak. f. Gestaltung, PF 1210, 23952 Wismar, T: (03841) 7537193, georg.giebeler@hs-wismar.de

**Giedl-Wagner,** Roswitha; Dr., Prof.; *Maschinenbau*; di: Hochsch. Deggendorf, FB Maschinenbau, Edlmairstr. 6-8, 94469 Deggendorf, PF 1320, 94453 Deggendorf, T: (0991) 3615354, F: 361581399, roswitha.giedl-wagner@fh-deggendorf.de

**Giefing,** Gerd-Jürgen; Dr.-Ing., Prof.; *Kommunikationstechnik, Informationstechnik*; di: TFH Georg Agricola Bochum, WB Elektro- u. Informationstechnik, Herner Str. 45, 44787 Bochum, T: (0234) 9683373, F: 9683346, giefing@tfh-bochum.de; pr: Dorstener Str. 2A, 44787 Bochum, T: (0234) 685108

**Giegler,** Nicolas; Dr., Prof.; *Allg. BWL, Personal, Organisation*; di: FH Frankfurt, FB 3 Wirtschaft u. Recht, Nibelungenplatz 1, 60318 Frankfurt am Main, T: (069) 15332536, giegler@fb3.fh-frankfurt.de

**Giehl,** Jürgen; Dr., Prof.; *Entwurf integrierter Schaltungen*; di: Hochsch. Mannheim, Fak. Informationstechnik, Windeckstr. 110, 68163 Mannheim

**Giemulla,** Elmar; Dr. jur., HonProf. TU Berlin, Prof. FH d. Bundes f. öffentl. Verwaltung; *Verwaltungsrecht, Luftverkehrsrecht*; di: FH d. Bundes f. öff. Verwaltung, Willy-Brandt-Str. 1, 50321 Brühl; pr: Schopenhauerstr. 51, 14129 Berlin, T: (030) 22679300, F: 22679301, Giemulla@Giemulla.com; www.Giemulla.com

**Giera,** Henry; Dr. rer. nat., Prof.; *Allgemeine Chemie, Anorganische Chemie, Organische Chemie, Angewandte Analytische Chemie, Physikalische Chemie*; di: Hochsch. München, Fak. Versorgungstechnik, Verfahrenstechnik Papier u. Verpackung, Druck- u. Medientechnik, Lothstr. 34, 80335 München, T: (089) 12651526, F: 12651502, giera@fhm.edu

**Gierer,** Andreas; Dipl.-Ing., Prof.; *Darstellen und Gestalten, Freies Zeichnen*; di: FH Kaiserslautern, FB Bauen u. Gestalten, Schoenstr. 6, 67659 Kaiserslautern, T: (0631) 3724408, andreas.gierer@fh-kl.de

**Giering,** Kerstin; Dr. rer. nat., Prof.; *Mathematik, Physik, Technische Akustik/Schallschutz*; di: Hochsch. Trier, Umwelt-Campus Birkenfeld, FB Umweltplanung/Umwelttechnik, PF 1380, 55761 Birkenfeld, T: (06782) 171107, k.giering@umwelt-campus.de

**Gierl,** Stefan; Dr., Prof.; *Wirtschaftsingenieurwesen*; di: DHBW Karlsruhe, Fak. Technik, Erzbergerstr. 121, 76133 Karlsruhe, T: (0721) 9735881, gierl@no-spam.dhbw-karlsruhe.de

**Giersberg,** Karl-Wilhelm; Dr., Prof.; *Finanzierung, Unternehmenssanierung*; di: FH Kaiserslautern, FB Betriebswirtschaft, Amerikastr. 1, 66482 Zweibrücken, T: (06332) 914210, karlwilhelm.giersberg@fh-kl.de

**Giersch,** Christoph; Dr., Prof.; *Ethik*; di: FH f. öffentl. Verwaltung NRW, Abt. Köln, Thürmchenswall 48-54, 50668 Köln, christoph.giersch@fhoev.nrw.de

**Giersch,** Thorsten; Dr., Prof.; *BWL*; di: FH Wedel, Feldstr. 143, 22880 Wedel, T: (04103) 804827, gi@fh-wedel.de

**Gies,** Heribert; Prof.; *Konstruktives Projekt, Entwurf*; di: FH Frankfurt, FB 1: Architektur, Nibelungenplatz 1, 60318 Frankfurt am Main, T: (069) 15332767, gies@fb1.fh-frankfurt.de

**Giesa,** Frank; Dr., Prof.; di: Hochsch. f. Wirtschaft u. Recht Berlin, Badensche Str. 50/51, 10825 Berlin, T: (030) 29384578, frank.giesa@hwr-berlin.de

**Giese,** Constanze; Dipl.-Theol., Dr. theol., Prof., Dekanin FB Pflege; *Pflegemanagement*; di: Kath. Stiftungsfachhochsch. München, Preysingstr. 83, 81667 München, T: (089) 480921297, constanze.giese@ksfh.de

**Giese,** Eckhard; Dr., Prof.; *Psychologie*; di: FH Erfurt, FB Sozialwesen, Altonaer Str. 25, 99084 Erfurt, PF 101363, 99013 Erfurt, T: (0361) 6700540, F: 6700533, giese@fh-erfurt.de

**Giese,** Roland; Dr. oec., Prof., Dekan FB Wirtschaftswissenschaften; *Rechnungswesen, Controlling*; di: Hochsch. Zittau/Görlitz, Fak. Wirtschafts- u. Sprachwiss., Theodor-Körner-Allee 16, 02763 Zittau, T: (03583) 611414, rgiese@hs-zigr.de

**Giesecke,** Frank; Dr.-Ing., Prof.; *Signalverarbeitung, Analoge Schaltungstechnik u. Grundlagen d. ET*; di: FH Jena, FB Elektrotechnik u. Informationstechnik, Carl-Zeiss-Promenade 2, 07745 Jena, PF 100314, 07703 Jena, et@fh-jena.de

**Giesecke,** Peter; Dr., Prof.; *Industrielle Meßtechnik, Mechatronik*; di: FH Frankfurt, FB 2 Informatik u. Ingenieurwiss., Nibelungenplatz 1, 60318 Frankfurt am Main, T: (069) 15332758, giesecke@fb2.fh-frankfurt.de

**Gieseler,** Udo; Dr., Prof.; *Technische Gebäudeausrüstung, Gebäudeautomation, Softwareentwicklung*; di: FH Dortmund, FB Informations- u. Elektrotechnik, Sonnenstr. 96, 44139 Dortmund, T: (0231) 9112282, udo.gieseler@fh-dortmund.de

**Giesler,** Harry; Dr., Prof.; *BWL, Industrie*; di: DHBW Villingen-Schwenningen, Fak. Wirtschaft, Karlstr. 29, 78054 Villingen-Schwenningen, T: (07720) 3906404, F: 3906519, giesler@dhbw-vs.de

**Giesler,** Thomas; Dr.-Ing., Prof.; *Elektronische Systeme, Elektronik*; di: Georg-Simon-Ohm-Hochsch. Nürnberg, Fak. Elektrotechnik Feinwerktechnik Informationstechnik, Keßlerplatz 12, 90489 Nürnberg

**Giezek,** Bernd; Dr., Prof.; *Betriebswirtschaftslehre*; di: Int. School of Management, Campus Frankfurt, Mörfelder Landstraße 55, 60598 Frankfurt/Main

**Gigla,** Birger; Dr., Prof.; *Mauerwerk, Statik, Bauinformatik, Ingenieurmathematik, CAD*; di: FH Lübeck, FB Bauwesen, Mönkhofer Weg 239, 23562 Lübeck, T: (0451) 3005102, birger.gigla@fh-luebeck.de

**Gikadi,** Theofani; Dr.-Ing., Prof.; *Strömungsmaschinen, Hydraulik*; di: Hochsch. Ostwestfalen-Lippe, FB 6, Maschinentechnik u. Mechatronik, Liebigstr. 87, 32657 Lemgo, T: (05261) 702438, F: 702261, theofani.gikadi@fh-luh.de; pr: Sonnenblumenweg 22, 32657 Lemgo, T: (05261) 15192

**Gilbert,** Norbert; Dr.-Ing., Prof.; *Strömungslehre, Strömungsmaschinen, Computational Fluid Dynamics(CFD)*; di: FH Kaiserslautern, FB Angew. Ingenieurwiss., Morlautererstr. 31, 67657 Kaiserslautern, T: (0631) 3724303, norbert.gilbert@fh-kl.de

**Gilbertson,** Gerard; BA, M. Phil., Prof.; *Wirtschaftsenglisch*; di: Hochsch. Reutlingen, FB International Business, Alteburgstr. 150, 72762 Reutlingen, T: (07121) 271416, gerard.gilbertson@fh-reutlingen.de; pr: Erpfinger Str. 18/1, 72820 Undingen, T: (07128) 1839

**Gildeggen,** Rainer; Dr., Prof.; *Wirtschaftsrecht*; di: Hochsch. Pforzheim, Fak. f. Wirtschaft u. Recht, Tiefenbronner Str. 65, 75175 Pforzheim, T: (07231) 286207, F: 286087, rainer.gildeggen@hs-pforzheim.de

**Gilgen,** Daniel; Prof.; *Medienräume (mediale Raum- und Umweltgestaltung)*; di: Hochsch. Trier, FB Gestaltung, PF 1826, 54208 Trier, T: (0651) 8103825, D.Gilgen@hochschule-trier.de

**Gille,** Gerd; Dr., Prof.; *Allgemeine Betriebswirtschaftslehre*; di: FH Nordhausen, FB Wirtschafts- u. Sozialwiss., Weinberghof 4, 99734 Nordhausen, T: (03631) 420578, F: 420817, gille@fh-norhausen.de

**Gille,** Michael; Dr., Prof.; *Wirtschaftsrecht*; di: HAW Hamburg, Fak. Wirtschaft u. Soziales, Berliner Tor 5, 20099 Hamburg, T: (040) 428756947, michael.gille@haw-hamburg.de

**Gillmann,** Ursula; Prof.; *Gestaltung*; di: Hochsch. Darmstadt, FB Gestaltung, Haardtring 100, 64295 Darmstadt

**Ginkel,** Ingo; Dr. rer. nat., Prof.; *Informatik*; di: Hochsch. Hannover, Fak. IV Wirtschaft u. Informatik, Abt. Informatik, Ricklinger Stadtweg 120, 30459 Hannover, T: (0511) 92961841, ingo.ginkel@hs-hannover.de

**Ginnold,** Reinhard; Dr., Prof.; *Betriebliche Anwendungen in der Datenverarbeitung*; di: HTW Berlin, FB Wirtschaftswiss. II, Treskowallee 8, 10318 Berlin, T: (030) 50192602, r.ginnold@HTW-Berlin.de

**Ginter,** Thomas; Dr. rer. pol., Prof.; *Marketing*; di: Hochsch. Albstadt-Sigmaringen, FB 2, Anton-Günther-Str. 51, 72488 Sigmaringen, T: (07571) 732244, F: 732302, ginter@hs-albsig.de

**Gintner,** Klemens; Dr. rer. nat., Prof.; *Elektronik*; di: Hochsch. Karlsruhe, Fak. Maschinenbau u. Mechatronik, Moltkestr. 30, 76133 Karlsruhe, PF 2440, 76012 Karlsruhe, T: (0721) 9251744, klemens.gintner@hs-karlsruhe.de

**Gintzel,** Ullrich; Prof.; *Sozialarbeit/Sozialpädagogik*; di: Ev. Hochsch. f. Soziale Arbeit, PF 200143, 01191 Dresden, T: (0351) 4690216, ullrich.gintzel@ehs-dresden.de; pr: Wienerstr. 97 b, 01219 Dresden, T: (0171) 2370927

**Ginzel,** Jens; Dr., Prof.; *Grundlagen der Elektrotechnik und Leistungselektronik*; di: HAW Hamburg, Fak. Technik u. Informatik, Berliner Tor 7, 20099 Hamburg, T: (040) 428758013, jens.ginzel@haw-hamburg.de

**Gips,** Carsten; Dr., Prof.; *Programmiermethodik*; di: FH Bielefeld, FB Technik, Ringstraße 94, 32427 Minden, T: (0571) 8385268, F: 8385240, carsten.gips@fh-bielefeld.de

**Gipser,** Michael; Dr. rer. nat., Prof.; *Simulationstechnik, Techn. Informatik, Mathematik*; di: Hochsch. Esslingen, Fak. Fahrzeugtechnik u. Fak. Graduate School, Kanalstr. 33, 73728 Esslingen, T: (0711) 3973338; pr: Barbarossastr. 34, 73732 Esslingen, T: (0711) 9372923

**Gisholt,** Odd; Dr., Prof., Präs. Int. Business School of Service Management; *Internationales Marketing*; di: Int. Business School of Service Management, Hans-Henny-Jahnn-Weg 9, 22085 Hamburg, T: (040) 53699119, F: 53699166, gisholt@iss-hamburg.de

**Gissel,** Andreas; Dr., Prof.; *Wirtschaftsinformatik, Materialwirtschaft und Technologie*; di: FH Ludwigshafen, FB II Marketing und Personalmanagement, Ernst-Boehe-Str. 4, 67059 Ludwigshafen/Rhein, andreas.gissel@fh-ludwigshafen.de

**Gissel-Palkovich,** Ingrid; Dr., Prof.; *Gesellschaftswissenschaftliche Grundlagen d. Sozialen Arbeit, Sozialpädagogik, Soziale Hilfen: Soziale Arbeit bei d. öffentlichen, frei gemeinnützigen u. sonstigen privaten Trägern*; di: FH Kiel, FB Soziale Arbeit u. Gesundheit, Sokratesplatz 2, 24149 Kiel, T: (0431) 2103047, F: 2103300, ingrid.gissel-palckovich@fh-kiel.de

**Gisteren,** Roland van; Dr., Prof.; *General Management*; di: Hochsch. d. Sparkassen-Finanzgruppe, Simrockstr. 4, 53113 Bonn; pr: Johannes-Lepsius Str. 18, 14469 Potsdam, T: (0331) 50540027, rvg-hop@t-online.de

**Gitter,** Alfred; Dr. phil. nat., Prof.; *Bioinformatik, Biophysik*; di: FH Jena, FB Medizintechnik u. Biotechnologie, Carl-Zeiss-Promenade 2, 07745 Jena, PF 100314, 07703 Jena

**Glabisch,** Uwe; Dr.-Ing., Prof.; *Bodenmechanik und Grundbau*; di: Hochsch. Wismar, Fak. f. Ingenieurwiss., PF 1210, 23952 Wismar, T: (03841) 753308, u.glabisch@bau.hs-wismar.de

**Gladen,** Werner; Dipl.-Vw., Dr. rer. pol., Prof.; *Betriebswirtschaftslehre, insbes. Rechnungswesen*; di: FH Ludwigshafen, FB I Management und Controlling, Ernst-Boehe-Str. 4, 67059 Ludwigshafen/Rhein, T: (0621) 5203218, F: 5203193, gladen@fh-ludwigshafen.de

**Gläseker,** Enka; Dr., Prof.; *Gesundheit und Soziale Arbeit*; di: FH Münster, FB Sozialwesen, Robert-Koch-Straße 30, 48149 Münster, T: (0251) 8365731, F: 8365702, glaeseker@fh-muenster.de

**Gläser,** Bernd; Dipl.-Ing., Prof.; *Baukonstruktion, Bauausführung und Entwerfen*; di: Hochsch. Lausitz, FB Architektur, Bauingenieurwesen, Versorgungstechnik, Lipezker Str. 47, 03048 Cottbus-Sachsendorf

**Gläser,** Christine; Prof.; *Informationsdienstleistungen, elektronisches Publizieren, Metadaten und Datenstrukturierung*; di: HAW Hamburg, Fak. Design, Medien u. Information, Finkenau 35, 22081 Hamburg, T: (040) 428753630, christine.glaeser@haw-hamburg.de

**Gläser,** Harald; Dr., Prof.; *Künstliche Intelligenz und Grafische Datenverarbeitung*; di: Hochsch. Furtwangen, Fak. Informatik, Robert-Gerwig-Platz 1, 78120 Furtwangen, T: (07723) 9202408, F: 9201109, Harald.Glaeser@hs-furtwangen.de

**Gläser,** Joachim; Dr. rer. pol., Prof.; *Marketing, Unternehmensführung*; di: Hochsch. Heidelberg, Fak. f. Wirtschaft, Ludwig-Guttmann-Str. 6, 69123 Heidelberg, T: (06221) 881490, F: 881010, joachim.glaeser@fh-heidelberg.de

**Gläser,** Martin; Dr., Prof.; *Medienwirtschaft, -management, -theorie und -politik, Projektmanagement, Controlling, Kalkulation audiovisueller Medien, Führung Selbstmanagement*; di: Hochsch. d. Medien, Fak. Electronic Media, Nobelstr. 10, 70569 Stuttgart, T: (0711) 89232255, glaeser@hdm-stuttgart.de

**Glandorf,** Franz-Josef; Dr.-Ing., Prof.; *Elektrotechnik*; di: FH Flensburg, Energiesystemtechnik, Kanzleistr. 91-93, 24943 Flensburg, T: (0461) 8051505, franz-josef.glandorf@fh-flensburg.de; pr: Solitüder Bogen 49, 24944 Flensburg, T: (0461) 33838

**Glaner,** Dieter; Dr.-Ing., Prof.; *Bauwirtschaft u. Bauinformatik*; di: Hochsch. Wismar, Fak. f. Ingenieurwiss., PF 1210, 23952 Wismar, T: (03841) 753324, d.glaner@bau.hs-wismar.de

**Glas,** Werner; Architekt, Dipl.-Ing., Prof.; *Entwerfen, Produktdesign, Materialtechnologie, Stegreifentwerfen – Raum/Produktdesign*; di: FH Kaiserslautern, FB Bauen u. Gestalten, Schönstr. 6 (Kammgarn), 67657 Kaiserslautern, T: (0631) 3724604, F: 3724666, werner.glas@fh-kl.de

**Glasauer,** Stefan; Dr. rer. nat., Prof.; *Grundlagenausbildung in Mathematik u. Informatik*; di: Hochsch. Augsburg, Fak. f. Allgemeinwissenschaften, An der Hochschule 1, 86161 Augsburg, T: (0821) 55863301, stefan.glasauer@hs-augsburg.de

**Glaser,** Werner; Dipl.-Vw., Prof.; *Internationales Marketing*; di: Hochsch. Reutlingen, FB European School of Business, Alteburgstr. 150, 72762 Reutlingen, T: (07121) 271739, werner.glaser@fh-reutlingen.de; pr: Tannenstr. 18, 72770 Reutlingen, T: (07121) 579107

**Glasmachers,** Gisbert; Dipl.-Ing., Prof.; *Grundlagen d. Elektrotechnik, analoge Schaltungen*; di: Hochsch. Heilbronn, Max-Planck-Str. 39, 74081 Heilbronn, T: (07131) 504400, glasmachers@hs-heilbronn.de

**Glass,** Gisela; Dipl.-Ing., Prof.; *Städtebaulicher Entwurf, Städtebau, Stadt- und Regionalplanung*; di: Beuth Hochsch. f. Technik, FB IV Architektur u. Gebäudetechnik, Luxemburger Str. 10, 13353 Berlin, T: (030) 45042547, glass@beuth-hochschule.de

**Glatz,** Gerhard; Dr. rer. nat., Prof.; *Mathematik, Numerische Methoden*; di: Hochsch. Esslingen, Fak. Grundlagen, Kanalstr. 33, 73728 Esslingen, T: (0711) 3973413; pr: Brettener Str. 29a, 75177 Pforzheim, T: (07231) 359112

**Glavina,** Bernhard; Dr. rer. nat., Prof.; *Technische Informatik, Elektrotechnik*; di: HAW Ingolstadt, Fak. Elektrotechnik u. Informatik, Esplanade 10, 85049 Ingolstadt, T: (0841) 9348230, bernhard.glavina@haw-ingolstadt.de

**Glazinski,** Bernd; Dr., Prof.; di: Rheinische FH Köln, Hohenstaufenring 16-18, 50674 Köln; pr: Blumenallee 25, 50858 Köln

**Gleich,** Johann Michael; Dr. rer. soc., Prof.; *Soziologie, insbes. Soziologie der Jugend, der Familie und des Alters, Methoden empirischer Sozialforschung*; di: Kath. Hochsch. NRW, Abt. Köln, FB Sozialwesen, Wörthstr. 10, 50668 Köln, jm.gleich@katho-nrw.de

**Gleich,** Wilfried; Dr. rer. nat., Prof.; *Programmiersysteme, DV-Anwendung in der Technik, Numerische Mathematik*; di: Hochsch. München, FB Informatik, Mathematik, Lothstr. 34, 80335 München, wilfried.gleich@hm.edu

**Gleine,** Wolfgang; Dr., Prof.; *Thermodynamik, Mechanische Kabinensysteme, Akustik, Systemintegration*; di: HAW Hamburg, Fak. Technik u. Informatik, Berliner Tor 9, 20099 Hamburg, T: (040) 428757833, gleine@fzt.haw-hamburg.de

**Gleißner,** Harald; Dr., Prof.; *Spedition und Logistik*; di: Hochsch. f. Wirtschaft u. Recht Berlin, Badensche Str. 50/51, 10825 Berlin, T: (030) 308772280, Harald.Gleissner@hwr-berlin.de

**Gleißner,** Winfried; Dipl.-Math., Master of Science, Dr. rer. nat., Prof., Dekan FB Betriebswirtschaft; *Wirtschaftsmathematik, Wirtschaftsinformatik*; di: Hochsch. Landshut, Fak. Betriebswirtschaft, Am Lurzenhof 1, 84036 Landshut, gleiss@fh-landshut.de

**Glemser,** Wolfgang; Prof.; *Klavier/Klavierdidaktik, Kammermusik*; di: Hochsch. Lausitz, FB Musikpädagogik, Puschkinpromenade 13-14, 03044 Cottbus, T: (0355) 3807312, F: 3807319; pr: T: (0355) 21902

**Gleußner,** Irmgard; Dr. jur., Prof.; *Wirtschaftsrecht einschließlich Arbeitsrecht, Internationales u. Europäisches Wirtschaftsrecht*; di: Georg-Simon-Ohm-Hochsch. Nürnberg, Fak. Betriebswirtschaft, Bahnhofstr. 87, 90402 Nürnberg

**Gliemeroth,** Anne; Dr. rer. nat., Prof.; *Integriertes Management*; di: Hochsch. f. Wirtschaft u. Umwelt Nürtingen-Geislingen, FB 4, PF 1251, 73302 Geislingen a. d. Steige, T: (07331) 22582, anne-kathrin.gliemeroth@hfwu.de

**Glierneroth,** Kurt; Dr. rer. nat., HonProf.; *Dendrologie*; di: HTW Dresden, Fak. Landbau/Landespflege, Mitschurinbau, 01326 Dresden-Pillnitz

**Gliese,** Thoralf; Dr., Prof.; *Mineralische Stoffe in der Papiererzeugung, Papierstreicherei*; di: Hochsch. München, Fak. Versorgungstechnik, Verfahrenstechnik Papier u. Verpackung, Druck- u. Medientechnik, Lothstr. 34, 80335 München

**Glinka,** Ulrich; Dr.-Ing., Prof.; *Luftreinhaltung, Chemie*; di: FH Bingen, FB Life Sciences and Engineering, SG Umweltschutz, Berlinstr. 109, 55411 Bingen, T: (06721) 409173, F: 409110, glinka@fh-bingen.de

**Globisch,** Helmut; Dr., Prof.; *Rechtswissenschaften*; di: Kommunale FH f. Verwaltung in Niedersachsen, Wielandstr. 8, 30169 Hannover, T: (0511) 1609418, F: 15537, Helmut.Globisch@nds-sti.de

**Glock,** Alexander; Dr.-Ing., Prof.; *Baubetrieb, Bauverfahrenstechnik*; di: Hochsch. Biberach, SG Projektmanagement (Bau), PF 1260, 88382 Biberach/Riß, T: (07351) 582358, F: 582449, glock@hochschule-bc.de

**Glockner,** Christian; Dr.-Ing., Prof.; *CAM-Werkzeugmaschinen, Produktionstechnik*; di: Hochsch. Rhein/Main, FB Ingenieurwiss., Maschinenbau, Am Brückweg 26, 65428 Rüsselsheim, T: (06142) 8984386, christian.glockner@hs-rm.de

**Glöckle,** Herbert; Dr.-Ing., Prof.; *CIM, insbes. CAD/CAM und Materialwirtschaft*; di: Hochsch. Reutlingen, FB Informatik, Alteburgstr. 150, 72762 Reutlingen, T: (07121) 271642; pr: Leiblstr. 10, 72768 Reutlingen, T: (07121) 683499

**Glöckler,** Michael; Dr.-Ing., Prof.; *Antriebstechnik, Steuerungstechnik, Klima- u. Kältetechnik, Messtechnik*; di: Hochsch. Augsburg, Fak. f. Maschinenbau u. Verfahrenstechnik, An der Hochschule 1, 86161 Augsburg, PF 110605, 86031 Augsburg, T: (0821) 55863124, F: 55863160, michael.gloeckler@hs-augsburg.de

**Glöckler,** Ulrich; Dipl.-Päd., Dr. phil., Prof.; *Soziale Arbeit*; di: Georg-Simon-Ohm-Hochsch. Nürnberg, Fak. Sozialwiss., Bahnhofstr. 87, 90402 Nürnberg, PF 210320, 90121 Nürnberg

**Glöckner,** Wilfried; Dr. rer. nat., Prof.; di: Rheinische FH Köln, Hohenstaufenring 16-18, 50674 Köln; pr: Nörvenicher Str. 30, 52351 Düren, T: (02421) 971321, F: 971322

**Gloede,** Dieter; Dr. rer. oec., Prof.; *Betriebswirtschaftslehre, Controlling, Handels- u. Dienstleistungsmarketing*; di: Beuth Hochsch. f. Technik, FB I Wirtschafts- u. Gesellschaftswiss., Luxemburger Str. 10, 13353 Berlin, T: (030) 45042144, gloede@beuth-hochschule.de

**Gloël,** Rolf; Dr., Prof.; *Methoden der Sozialen Arbeit, Jugendarbeit*; di: Hochsch.Merseburg, FB Soziale Arbeit, Medien, Kultur, Geusaer Str., 06217 Merseburg, T: (03461) 462217, F: 462205, rolf.gloel@hs-merseburg.de

**Glösekötter,** Peter; Dr.-Ing., Prof.; *Elektronische Bauelemente, Bussysteme, Embedded Systems*; di: FH Münster, FB Elektrotechnik u. Informatik, Stegerwaldstr. 39, 48565 Steinfurt, T: (02551) 962223, F: 962473, peter.gloesekoetter@fh-muenster.de

**Glomb,** Martina; Prof.; *Modedesign*; di: Hochsch. Hannover, Fak. III Medien, Information u. Design, Kurt-Schwitters-Forum, Expo Plaza 2, 30539 Hannover, T: (0511) 92962354, martina.glomb@hs-hannover.de; pr: Schönbergstr. 17, 30419 Hannover

**Glowik,** Mario; Dr. rer. pol., Prof.; *Strategic Management, International Management*; di: Techn. Hochsch. Wildau, FB Ingenieurwesen/Wirtschaftsingenieurwesen, Bahnhofstr., 15745 Wildau, T: (03375) 508258, mario.glowik@tfh-wildau.de

**Gloystein,** Frank; Dr., Prof.; *Arbeitsmethodik, Informations- und Kommunikationstechnik, Statistik*; di: Hess. Hochsch. f. Polizei u. Verwaltung, FB Verwaltung, Kurt-Schumacher-Ring 18, 65197 Wiesbaden, T: (0641) 5829140

**Gloystein,** Heide; Dr. rer. nat., Prof.; *Information Broking*; di: Hochsch. Darmstadt, FB Media, Haardtring 100, 64295 Darmstadt, T: (06151) 169396, heide.gloystein@fbmedia.h-da.de

**Glucker,** Hans-Peter; Dipl.-Ing., Prof., Dekan FB Architektur; *Architektur*; di: Hochsch. Darmstadt, FB Architektur, Haardtring 100, 64295 Darmstadt, T: (06151) 168119, glucker@fba.h-da.de

**Glück,** Bernhard; Dr.-Ing., Prof.; *Mikrosystemtechnik, Theoretische Elektrotechnik, Elektronische Bauelemente und Schaltungen, CAD/CAE, Leiterplattentechnologie und -entwurf*; di: Hochsch. Lausitz, FB Informatik, Elektrotechnik, Maschinenbau, Großenhainer Str. 57, 01968 Senftenberg, T: (03573) 85501, F: 85509

**Glück,** Markus; Dr.-Ing., Prof.; *Bildverarbeitung, Mechatronische Systeme, Prozess- u. Prüfmesstechnik, Sensortechnik*; di: Hochsch. Augsburg, Fak. f. Maschinenbau u. Verfahrenstechnik, An der Hochschule 1, 86161 Augsburg, PF 110605, 86031 Augsburg, T: (0821) 55863154, F: 55863160, markus.glueck@hs-augsburg.de

**Glückselig,** Tina; Dipl.-Des., Prof.; *Mediendesign*; di: FH Münster, FB Design, Leonardo-Campus 6, 48149 Münster, T: (0251) 8365312, glueckselig@fh-muenster.de

**Glunk,** Michael; Dr. rer.nat., Prof.; *Physik, Ingenieurpädagogik*; di: Hochsch. Aalen, Fak. Optik u. Mechatronik, Beethovenstr. 1, 73430 Aalen, T: (07361) 5763400, Michael.Glunk@htw-aalen.de

**Gmeiner,** Lothar; Dr. rer. nat., Prof., Dekan FB Informatik; *Betriebssysteme, Kommunikationstechnik*; di: Hochsch. Karlsruhe, Fak. Informatik u. Wirtschaftsinformatik, Moltkestr. 30, 76133 Karlsruhe, PF 2440, 76012 Karlsruhe, T: (0721) 9251510

**Gnad,** Sylvia; Dr., Prof.; *BWL, Tourismus*; di: DHBW Lörrach, Hangstr. 46-50, 79539 Lörrach, T: (07621) 2071365, F: 2071319, gnad@dhbw-loerrach.de

**Gnam,** Hans-Jürgen; Dr., Prof.; *Stoffstrommanagement*; di: Hochsch. f. Wirtschaft u. Umwelt Nürtingen-Geislingen, FB 4, PF 1349, 72603 Nürtingen, T: (07331) 22588, hans-juergen.gnam@hfwu.de

**Gnuschke,** Hartmut; Dr.-Ing., Prof.; *Verbrennungskraftmaschinen, Fahrzeugtechnik, Technische Thermodynamik*; di: Hochsch. Coburg, Fak. Maschinenbau, Friedrich-Streib-Str. 2, 96450 Coburg, T: (09561) 317398, gnuschke@hs-coburg.de

**Gnuschke-Hauschild,** Dietlind; Dr., Prof.; *Mathematik, Wirtschaftsmathematik*; di: Hochsch. f. angew. Wiss. Würzburg Schweinfurt, Fak. angew. Natur- u. Geisteswiss., Münzstr. 12, 97070 Würzburg

**Gober,** Peter; Dr.-Ing., Prof.; *Embedded Systems f. Kommunikationssysteme*; di: Beuth Hochsch. f. Technik, FB VII Elektrotechnik u. Feinwerktechnik, Luxemburger Str. 10, 13353 Berlin, T: (030) 45045440, peter.gober@beuth-hochschule.de; http://prof.beuth-hochschule.de/gober/

**Gocht,** Roland; Dr.-Ing., Prof.; *Baustatik und Festigkeit*; di: Hochsch. Zittau/Görlitz, Fak. Bauwesen, Schliebenstr. 21, 02763 Zittau, PF 1455, 02754 Zittau, T: (03583) 611635, r.gocht@hs-zigr.de

**Goebbels,** Steffen; Dr. rer. nat., Prof.; *Mathematik*; di: Hochsch. Niederrhein, FB Elektrotechnik/Informatik, Reinarzstr. 49, 47805 Krefeld, T: (02151) 8224633, Steffen.Goebbels@hs-niederrhein.de

**Göbel,** Bernhard; Dr., Prof.; *Boden und Pflanzenernährung*; di: Hochsch. Weihenstephan-Triesdorf, Fak. Landwirtschaft, Steingruberstr. 2, 91746 Weidenbach-Triesdorf, T: (09826) 654201, F: 6544010, bernhard.goebel@fh-weihenstephan.de

**Goebel,** Gottfried; Dipl.-Ing., Prof.; *Fahrzeugkonstruktion, CAD*; di: Hochsch. Ulm, Fak. Maschinenbau u. Fahrzeugtechnik, PF 3860, 89028 Ulm, T: (0731) 5028258, goebel@hs-ulm.de

**Goebel,** Jürgen W.; Dr., HonProf.; di: Hochsch. Darmstadt, FB Media, Haardtring 100, 64295 Darmstadt; pr: T: (06072) 920930, GoebelScheller@aol.com

**Goebel,** Klaus Peter; Prof.; *Innenraum, Entwerfen, Werkstoffkunde*; di: Hochsch. f. Technik, Fak. Architektur u. Gestaltung, Schellingstr. 24, 70174 Stuttgart, PF 101452, 70013 Stuttgart, T: (0711) 89262628, klaus-peter.goebel@hft-stuttgart.de

**Göbel,** Richard; Dr., Prof.; *Kommunikationssysteme, multimediale Anwendungen, Netzwerktechnik*; di: Hochsch. Hof, Alfons-Goppel-Platz 1, 95028 Hof, T: (09281) 409481, F: 40955481, Richard.Goebel@fh-hof.de

**Göbel,** Robert; Dr., Prof.; *Strategisches Management und Beratung*; di: Hochsch. Geisenheim, Von-Lade-Str. 1, 65366 Geisenheim, T: (06722) 502703, robert.goebel@hs-gm.de

**Göbel,** Uwe; Dipl.-Designer, Prof.; *Grafik-Design, Konzeption und Entwurf*; di: FH Bielefeld, FB Gestaltung, Lampingstr. 3, 33615 Bielefeld, T: (0521) 1067668, uwe.goebel@fh-bielefeld.de; pr: c/o Höning, Siechenmarschstr. 17 a, 33615 Bielefeld

**Göbl,** Martin; Dr. rer. pol., Prof.; *Logistik und Unternehmensführung*; di: Hochsch. Kempten, Fak. Betriebswirtschaft, PF 1680, 87406 Kempten, T: (0831) 2523154, Martin.Goebl@fh-kempten.de

**Goecke,** Oskar; Dr. rer. pol., Prof.; *Finanzdienstleistungen und verwandte Bereiche*; di: FH Köln, Fak. f. Wirtschaftswiss., Mainzer Str. 5, 50678 Köln, T: (0221) 82753278, oskar.goecke@fh-koeln.de; pr: Eiserfelder Str. 27, 51109 Köln

**Goecke,** Robert; Dr., Prof.; *EDV für Hotellerie und Gastronomie, IT im Tourismus*; di: Hochsch. München, Fak. Tourismus, Am Stadtpark 20, 81243 München, T: (089) 12652511, robert.goecke@fhm.edu

**Goecke,** Sven-Frithjof; Dr.-Ing., Prof.; *Fertigungs-, Produktionstechnik, Fügetechnik*; di: FH Brandenburg, FB Technik, Magdeburger Str. 50, 14770 Brandenburg, PF 2132, 14737 Brandenburg, T: (03381) 355302, goecke@fh-brandenburg.de

**Göckler,** Rainer; Dr., Prof.; *Arbeit, Integration und Soziale Sicherung*; di: DHBW Stuttgart, Fak. Sozialwesen, Herdweg 29, 70174 Stuttgart, T: (0711) 1849733, goeckler@dhbw-stuttgart.de

**Gödert,** Winfried; Dipl.-Math., Prof.; *Informationserschließung, Information Retrieval*; di: FH Köln, Fak. f. Informations- u. Kommunikationswiss., Claudiusstr. 1, 50678 Köln, T: (0221) 82753388, F: 3318583, Winfried.Goedert@fh-koeln.de; pr: Wasser 3a, 51491 Overath, T: (02206) 858195

**Gödicke,** Paul; Dipl.-Sozialarb., Dipl.-Sozialpäd., Dr. phil., Prof.; *Soziale Arbeit*; di: Kath. Stiftungsfachhochsch. München, Preysingstr. 83, 81667 München, T: (089) 480921204, p.goedicke@ksfh.de

**Gögercin,** Süleyman; Dr., Prof.; *Netzwerk- und Sozialraumarbeit*; di: DHBW Villingen-Schwenningen, Fak. Sozialwesen, Schramberger Str. 26, 78054 Villingen-Schwenningen, T: (07720) 3906208, F: 3906219, goegercin@dhbw-vs.de

**Göhl,** Rudolf; Dipl.-Ing., Prof.; *Steuerungs- und Regelungstechnik, Automatisierungstechnik, Elektrotechnik*; di: Hochsch. München, Fak. Maschinenbau, Fahrzeugtechnik, Flugzeugtechnik, Dachauer Str. 98b, 80335 München, T: (089) 12653336, F: 12651392, rudolf.goehl@fhm.edu

**Göhler,** Lutz; Dr.-Ing. habil., Prof.; *Leistungselektronik, elektrische Antriebe*; di: Hochsch. Lausitz, FB Informatik, Elektrotechnik, Maschinenbau, Großenhainer Str. 57, 01968 Senftenberg, T: (03573) 85533, F: 85509, lutz.goehler@iem.fh-lausitz.de

**Goehlich,** Véronique; Dr.-Ing., Prof.; *International Business*; di: Hochsch. Pforzheim, Fak. f. Wirtschaft u. Recht, Tiefenbronner Str. 65, 75175 Pforzheim, T: (07231) 286303, F: 286090, veronique.goehlich@hs-pforzheim.de

**Göhner,** Ulrich; Dr. rer. nat., Prof.; *Softwaretechnik, Compiler, DV-Projektmanagement*; di: Hochsch. Kempten, Bahnhofstr. 61-63, 87435 Kempten, T: (0831) 2523198, Ulrich.Goehner@fh-kempten.de

**Göhring,** Heinz; Dr., Prof.; *Rechnungswesen, Controlling*; di: Hochsch. Hof, Fak. Wirtschaft, Alfons-Goppel-Platz 1, 95028 Hof, T: (09281) 409418, F: 40955418, Heinz.Goehring@fh-hof.de

**Goeke,** Johannes; Dr. rer. nat., Prof.; *Physik, Grundlagen der Elektrotechnik, Digitale Meßtechnik und Signalverarbeitung*; di: FH Köln, Fak. f. Anlagen, Energie- u. Maschinensysteme, Betzdorfer Str. 2, 50679 Köln, T: (0221) 82752602, johannes.goeke@fh-koeln.de

**Göke,** Michael; Dr., Prof.; *Außenwirtschaft, Makroökonomie, Produktions- und Kostentheorie*; di: Hochschl. f. Oekonomie & Management, Herkulesstr. 32, 45127 Essen, T: (0201) 810040

**Goelden,** Heinz Willi; Dipl.-Math., Dr. rer. nat., Prof.; *Versicherungsmathematik*; di: Hochsch. Regensburg, Fak. Informatik u. Mathematik, PF 120327, 93025 Regensburg, T: (0941) 9431314, F: 9431426, heinz-willi.goelden@hs-regensburg.de; pr: Josef-Bayer-Weg 17, 93053 Regensburg/Oberisling, T: (0941) 31092

**Göldner,** Frank; Dipl.-Des., Prof.; *Kommunikationsdesign*; di: Hochsch. Mannheim, Fak. Gestaltung, Windeckstr. 110, 68163 Mannheim

**Göler von Ravensburg,** Nicole; Dr., Prof.; *Entwicklungs- und Sozialpolitik, lokale Ökonomie*; di: FH Frankfurt, FB 4 Soziale Arbeit u. Gesundheit, Nibelungenplatz 1, 60318 Frankfurt am Main, T: (069) 15332835, nraven@fb4.fh-frankfurt.de

**Göllert,** Kurt; Dr., Prof.; *Betriebswirtschaftslehre, insbes. Finanz- und Rechnungswesen sowie betriebliche Steuerlehre*; di: FH Worms, FB Wirtschaftswiss., Erenburgerstr. 19, 67549 Worms

**Goelling,** Detlef; Dr" HonProf. FH Flensburg; *Botechnologie und Verfahrenstechnik*; di: FH Flensburg, FB Technik, Kanzleistr. 91-93, 24943 Flensburg, T: (0461) 8051580, F: 8051300, detlef.goelling@fh-flensburg.de; pr: Hauptstr. 14, 24975 Markerup, T: (04634) 1557

**Göllinger,** Harald; Dr.-Ing., Prof.; *Fahrzeugphysik, Mechatronik*; di: HAW Ingolstadt, Fak. Maschinenbau, Esplanade 10, 85049 Ingolstadt, T: (0841) 9348378, harald.goellinger@haw-ingolstadt.de

**Göllmann,** Laurenz; Dr. rer. nat., Prof.; *Mathematik, Angewandte Informatik, Optimierung dynamischer Systeme*; di: FH Münster, FB Maschinenbau, Stegerwaldstr. 39, 48565 Steinfurt, T: (02551) 962239, goellmann@fh-muenster.de

**Göltenboth,** Markus; Dr., Prof.; *Allg. BWL*; di: Hochsch. Fulda, FB Angewandte Informatik, Marquardstr. 35, 36039 Fulda, T: (0661) 9640319, F: 9640349, markus.goeltenboth@informatik.fh-fulda.de

**Gölz,** Friederike; Prof.; *Kunsttherapie, Kunstpädagogik*; di: Hochsch. f. Künste im Sozialen, Am Wiestebruch 66-68, 28870 Ottersberg, friederike.goelz@hks-ottersberg.de

**Göpel,** Eberhard; Dr., Prof.; *Gesundheitsförderung*; di: Hochsch. Magdeburg-Stendal, FB Sozial- u. Gesundheitswesen, Breitscheidstr. 2, 39114 Magdeburg, T: (0391) 8864304, eberhard.goepel@hs-magdeburg.de

**Goepel,** Manfred; Dr. oec. habil., Prof.; *Wirtschaftsinformatik/Grundlagen Informatik, Informationsmanagement*; di: Westsächs. Hochsch. Zwickau, FB Physikal. Technik/Informatik, Dr.-Friedrichs-Ring 2A, 08056 Zwickau, PF 201037, 08012 Zwickau, T: (0375) 5361520, F: 5361527, manfred.goepel@fh-zwickau.de; pr: Heinrich-Braun-Str. 113, 08060 Zwickau

**Göpfert,** Alois; Dr., Prof.; *Informationstechnik*; di: DHBW Mosbach, Lohrtalweg 10, 74821 Mosbach, T: (06261) 939471, F: 939234, goepfert@dhbw-mosbach.de

**Göpfert,** Jochen; Dr. oec. habil., Prof.; *IV-Management, Wirtschaftsinformatik und Business, Software*; di: Hochsch. Lausitz, FB Informatik, Elektrotechnik, Maschinenbau, Großenhainer Str. 57, 01968 Senftenberg, T: (03573) 85621

**Göppert,** Reiner; Dr., Prof.; *Elektrotechnik*; di: DHBW Lörrach, Hangstr. 46-50, 79539 Lörrach, T: (07621) 2071128, F: 2071139, goeppert@dhbw-loerrach.de

**Goerdt,** Marion; Dipl.-Ing., Prof.; *Städtebau u. Entwerfen*; di: Hochsch. Trier, FB Gestaltung, PF 1826, 54208 Trier, T: (0651) 8103274, M.Goerdt@hochschule-trier.de; pr: Lindenstr. 82, 50674 Köln, T: (0221) 248541, F: 2404546

**Görg,** Hans-Jürgen; Dr. jur., Prof.; *Wirtschafts- und Wettbewerbsrecht*; di: FH Jena, FB Betriebswirtschaft, Carl-Zeiss-Promenade 2, 07745 Jena, hans-juergen.goerg@bw.fh-jena.de

**Görge,** Alfred; Dr., Prof.; *Steuerberatung und Wirtschaftsprüfung*; di: Techn. Hochsch. Mittelhessen, FB 07 Wirtschaft, Wiesenstr. 14, 35390 Gießen, T: (0641) 3092731; pr: Stadtwaldstr. 62a, 35037 Marburg, T: (06421) 34782

**Görgen,** Frank; Dr., Prof.; *Marketing, Vertrieb*; di: Hochsch. Rhein/Main, Wiesbaden Business School, Bleichstr. 44, 65183 Wiesbaden, T: (0611) 94953139, frank.goergen@hs-rm.de; pr: Obere Kreuzstr. 24, 55276 Heidesheim

**Göring-Lensing-Hebben,** Gisbert; Dr., Prof.; *Betriebswirtschaftslehre, insb. Außenwirtschaft, einschl. Internationales Marketing*; di: FH Bielefeld, FB Wirtschaft, Universitätsstr. 25, 33615 Bielefeld, T: (0521) 1063757, gisbert.lensing@fh-bielefeld.de; pr: Wöste 52, 48291 Telgte

**Görlich,** René; Dr.-Ing., Prof.; *Datenbanken, Verteilte Systeme*; di: Beuth Hochsch. f. Technik, FB VI Informatik u. Medien, Luxemburger Str. 10, 13353 Berlin, T: (030) 45042985, goerlich@beuth-hochschule.de

**Görlich,** Roland; Dr. rer. nat., Prof.; *Physik, Physikalische Grundlagen der Sonsorik, Textiltechnik*; di: Hochsch. Karlsruhe, Fak. Elektro- u. Informationstechnik, Moltkestr. 30, 76133 Karlsruhe, PF 2440, 76012 Karlsruhe, T: (0721) 9251250, roland.goerlich@hs-karlsruhe.de

**Görlitz,** Gudrun; Dr. rer. medic., Prof.; *Informatik, Programmierung, Mobile Computing und Eco-Mobilität*; di: Beuth Hochsch. f. Technik, FB VI Informatik u. Medien, Luxemburger Str. 10, 13353 Berlin, T: (030) 45042836, goerlitz@beuth-hochschule.de

**Görne,** Jobst; Dr.-Ing., Prof.; *Internationaler Vertrieb, Maschinenelemente, Qualitätsmanagement, Angebotswesen*; di: Hochsch. Aalen, Fak. Maschinenbau u. Werkstofftechnik, Beethovenstr. 1, 73430 Aalen, T: (07361) 5762302, F: 5762250, jobst.goerne@htw-aalen.de

**Görne,** Thomas; Prof.; *Audiodesign, Audiosysteme*; di: HAW Hamburg, Fak. Design, Medien, Information, Stiftstr. 69, 20099 Hamburg, T: (040) 428757677, thomas.goerne@haw-hamburg.de

**Görner,** Eberhard; Prof., HonProf. HTW Dresden; *Bewegtbildmedien*; di: HTW Dresden, Fak. Informatik/Mathematik, Friedrich-List-Platz 1, 01069 Dresden

**Goertzen,** Reiner; Dipl.-Kfm., Dr. rer. pol., Dr. jur., Prof.; *Rechnungswesen, Steuern*; di: Hochsch. Regensburg, Fak. Betriebswirtschaft, PF 120327, 93025 Regensburg, T: (0941) 9431399, reiner.goertzen@bwl.fh-regensburg.de

**Gössner,** Stefan; Dr.-Ing., Prof.; *Maschinenbau-Informatik*; di: FH Dortmund, FB Maschinenbau, Emil-Figge-Str. 42, 44227 Dortmund, T: (0231) 9112203, F: 9112334, stefan.goessner@fh-dortmund.de; pr: Auf dem Plecken 9, 32657 Lemgo, T: (05261) 980084

**Götte,** Michael; Prof.; *Gestalterische Grundlagen*; di: Hochsch. f. Gestaltung Schwäbisch Gmünd, Rektor-Klaus-Str. 100, 73525 Schwäbisch Gmünd, PF 1308, 73503 Schwäbisch Gmünd, T: (07171) 602620

**Götte,** Sascha; Dr. rer. pol., Prof.; *Unternehmensführung, Marketing*; di: Hochsch. Konstanz, Fak. Maschinenbau, Brauneggerstr. 55, 78462 Konstanz, PF 100543, 78405 Konstanz, T: (07531) 206719, goette@fh-konstanz.de

**Götte,** Ulrich; Dr.-Ing., Prof.; *Simulationstechnik und Analyse technischer Prozesse (Mathematik)*; di: FH Köln, Fak. f. Informatik u. Ingenieurwiss., Am Sandberg 1, 51643 Gummersbach, T: (02261) 8196272; pr: Hermannsburgstr. 6, 51643 Gummersbach, T: (02261) 66262, mail@drgoette.de

**Götte,** Wenzel Michael; Dr., Prof Freie H Stuttgart; *Anthroposophie, pädagogische Anthropologie, Jugendalter, Geschichte*; di: Freie Hochschule, Seminar f. Waldorfpädagogik, Haußmannstr. 44 A, 70188 Stuttgart; pr: Staibenäcker 15, 70188 Stuttgart, T: (0711) 2865780

**Götting,** Rüdiger; Dipl.-Phys., Dr. rer. nat., Prof.; *Physik, Datenverarbeitung, Prozesssimulation*; di: Hochsch. Emden/Leer, FB Technik, Constantiaplatz 4, 26723 Emden, T: (04921) 8071406, F: 8071429, ruediger.goetting@hs-emden-leer.de

**Göttlich,** Peter; Dipl.-Ing., Prof.; *Planung und Konstruktion im Ingenieurbau, insb. Stahlbetonbau*; di: FH Potsdam, FB Bauingenieurwesen, Pappelallee 8-9, Haus 1, 14469 Potsdam, T: (0331) 5801313, goettlich@fh-potsdam.de

**Göttlicher,** Manfred; Dr.-Ing., Prof.; *Bauinformatik*; di: FH Erfurt, FB Bauingenieurwesen, Altonaer Str. 25, 99085 Erfurt, PF 101363, 99013 Erfurt, T: (0361) 6700920, F: 6700902, goettlicher@fh-erfurt.de

**Göttsche,** Jens; Dr.-Ing., Prof.; *Bauinformatik, Stahlbetonbau*; di: Hochsch. 21, Harburger Str. 6, 21614 Buxtehude, T: (04161) 648153, goettsche@hs21.de; pr: Meilsener Heide 1a, 21244 Buchholz i.d.N., T: (04181) 283831

**Götz,** Alexander; Dr., Prof.; *Allg. BWL / Entrepreneurship*; di: DHBW Villingen-Schwenningen, Fak. Wirtschaft, Friedrich-Ebert-Str. 32, 78054 Villingen-Schwenningen, T: (07720) 3906565, F: 3906559, alexander.goetz@dhbw-vs.de

**Götz,** Burkhard; Dr., Prof.; *BWL, Finanz- und Investitionswirtschaft*; di: Hochsch. Ansbach, FB Ingenieurwissenschaften, Residenzstr. 8, 91522 Ansbach, PF 1963, 91510 Ansbach, T: (0981) 4877305, burkhard.goetz@fh-ansbach.de

**Götz,** Friedrich; Dr. rer. nat., Prof.; *Mikrosystemtechnik, Elektronische Bauelemente, Sensoren*; di: Westfäl. Hochsch., FB Elektrotechnik u. angew. Naturwiss., Neidenburger Str. 43, 45877 Gelsenkirchen, T: (0209) 9596511, friedrich.goetz@fh-gelsenkirchen.de

**Götz,** Gerhard; Dr., Prof.; *mathematisch-naturwissenschaftliche Grundlagen*; di: DHBW Mosbach, Oberer Mühlenweg 2-6, 74821 Mosbach, T: (06261) 939417, goetz@dhbw-mosbach.de

**Götz,** Gisela; Dr. rer. pol., Prof.; *Allg. BWL, Marketing, Controlling*; di: Hochsch. Biberach, SG Betriebswirtschaft, PF 1260, 88382 Biberach/Riß, T: (07351) 582408, F: 582449, goetz@hochschule-bc.de

**Götz,** Hans-Joachim; Dipl.-Ing., HonProf.; *Fernsehtechnik*; di: Hochsch. Mittweida, Fak. Medien, Technikumplatz 17, 09648 Mittweida, T: (03727) 581580

**Götz,** Martin; Dr., Prof.; *Kulturmanagement, Bibliotheksbau, Bibliothekskonzepte, Bibliothekspolitik*; di: Hochsch. d. Medien, Fak. Information u. Kommunikation, Wolframstr. 32, 70569 Stuttgart, T: (0711) 25706241, F: 25706300, goetz@hdm-stuttgart.de

**Götz,** Mathias; Dr. rer. nat., Prof.; *Mathematik, Informatik für Ingenieure, Umweltinformationssysteme*; di: Hochsch. Rhein/Main, FB Ingenieurwiss., Umwelttechnik, Am Brückweg 26, 65428 Rüsselsheim, T: (06142) 8984403, matthias.goetz@hs-rm.de; pr: Am Daubhaus 7, 55276 Oppenheim, T: (06133) 924389

**Götz,** Peter; Dr.-Ing. habil., Prof.; *Bioprozess-Technik*; di: Beuth H f. Technik, FB V Life Sciences and Technology, Luxemburger Straße 10, 13353 Berlin, T: (030) 45043924, goetz@beuth-hochschule.de, Peter.Goetz@beuth-hochschule.de

**Götz,** Peter Heinz; Dipl.-Chem., Dr. phil. nat., Prof.; *Allgemeine und Analytische Chemie*; di: Techn. Hochsch. Mittelhessen, FB 13 Mathematik, Naturwiss. u. Datenverarbeitung, Wilhelm-Leuschner-Str. 13, 61169 Friedberg, T: (06031) 604438, Peter.Goetz@mnd.fh-friedberg.de; pr: Gutenbergstr. 6b, 61191 Rosbach, T: (06007) 8510

**Götz,** Robert; Dr.-Ing., Prof.; *Produktionstechnik, Fabrikplanung und Investitionsmanagement*; di: HAW Ingolstadt, Fak. Maschinenbau, Esplanade 10, 85049 Ingolstadt, T: (0841) 9348241, robert.goetz@haw-ingolstadt.de

**Götz,** Vera; Prof.; *Grundlagen der Gestaltung u Typographie*; di: Hochsch. Mannheim, Fak. Gestaltung, Windeckstr. 110, 68163 Mannheim

**Goetze,** Hans-Joachim; Dr. rer. biol. hum., Prof.; *Pflegewissenschaft*; di: Hochsch. Neubrandenburg, FB Gesundheit, Pflege, Management, Brodaer Str. 2, 17033 Neubrandenburg, PF 110121, 17041 Neubrandenburg, T: (0395) 56933105, goetze@hs-nb.de; pr: Johannes-Brahms-Str. 6, 17036 Neubrandenburg

**Götze,** Manfred; Dr.-Ing., Prof.; *Übertragungssysteme, Einführung in die Telekommunikation*; di: Hochsch. Darmstadt, FB Elektrotechnik u. Informationstechnik, Haardtring 100, 64295 Darmstadt, T: (06151) 168249

**Götze,** Stefan; Dr.-Ing., Prof.; *CAE, Datenbanken, Software Engineering, Technische Informatik*; di: Hochsch. Deggendorf, FB Maschinenbau, Edlmairstr. 6/8, 94469 Deggendorf, T: (0991) 3615311, F: 361581311, stefan.goetze@fh-deggendorf.de

**Goetze,** Thomas; Dr.-Ing., Prof.; *Maschinenbau*; di: Hochsch. Magdeburg-Stendal, FB Ingenieurwiss. u. Industriedesign, Breitscheidstr. 2, 39114 Magdeburg, T: (0391) 8864680, thomas.goetze@hs-magdeburg.de

**Götze,** Wolfgang; Dr. oec., Prof.; *Mathematik/Statistik, Operation Research und Informatik*; di: FH Stralsund, FB Wirtschaft, Zur Schwedenschanze 15, 18435 Stralsund, T: (03831) 456606

**Götzelmann,** Arnd; Pfarrer, Dr. theol. habil., PD Augustana-H Neuendettelsau, Prof. i.K. FH Ludwigshafen am Rhein; *Ethik, Diakonik, Soziale Arbeit, Praktische Theologie, Sozialmanagement*; di: FH Ludwigshafen, FB IV Sozial- u. Gesundheitswesen, Maxstr. 29, 67059 Ludwigshafen a.Rh., T: (0621) 5203555, F: 5203569, arnd.goetzelmann@hs-lu.de; http://web.fh-ludwigshafen.de/fb4/home.nsf/de/prof.dr.arnd

**Götzen,** Ute; Dr. rer. pol., Prof.; *BWL, Human Resource Management*; di: HTW Dresden, Fak. Wirtschaftswissenschaften, Friedrich-List-Platz 1, 01069 Dresden, T: (0351) 4622409, goetzen@wiwi.htw-dresden.de

**Goetzke,** Wolfgang; Dr. rer. pol., Prof.; di: Hochsch. Fresenius, Im Mediapark 4c, 50670 Köln, goetzke@hs-fresenius.de; pr: Im Hörnchen 12, 51429 Bergisch Gladbach

**Götzmann,** Walter; Dr.-Ing., Prof.; *Regelungs-, Prozessleittechnik*; di: Hochsch. Mannheim, Fak. Elektrotechnik, Windeckstr. 110, 68163 Mannheim

**Goffe,** Peter; Dr., Prof.; *Recht, Unternehmensethik*; di: Int. Hochsch. Bad Honnef, Mülheimer Str. 38, 53604 Bad Honnef, T: (02224) 96050, p.goffe@fh-bad-honnef.de

**Gogoll,** Frank; Dr. rer. pol., Prof.; *Volkswirtschaftslehre, insbes. Geld und Währung*; di: FH Köln, Fak. f. Wirtschaftswiss., Claudiusstr. 1, 50678 Köln, T: (0221) 82753440, frank.gogoll@fh-koeln.de; pr: Julius-Leber-Str. 38a, 53340 Meckenheim

**Gogoll,** Wolf-Dieter; Dipl.-Ing., Prof.; *Unternehmensmanagement*; di: Hochsch. Hannover, Fak. IV Wirtschaft u. Informatik, Ricklinger Stadtweg 120, 30459 Hannover, PF 920261, 30441 Hannover, T: (0511) 92961566, wolf-dieter.gogoll@hs-hannover.de; pr: T: (05131) 53538

**Gohl,** Erich; Prof.; *Freies und angewandtes Zeichnen*; di: Hochsch. Augsburg, Fak. f. Gestaltung, Friedberger Straße 2, 86152 Augsburg, T: (0821) 55863409, erich.gohl@fh-augsburg.de

**Gohmann,** Stephan F.; Dr. rer. pol., Prof.; di: Hochsch. München, Fak. Betriebswirtschaft, Am Stadtpark 20 (Neubau), 81243 München, stephan_f.gohmann@hm.edu

**Gohout,** Wolfgang; Dr. rer. nat., Dr. rer. pol. habil., Prof.; *Statistik u. Ökonometrie, Zeitreihen*; di: Hochsch. Pforzheim, Fak. f. Wirtschaft u. Recht, Tiefenbronner Str. 66, 75175 Pforzheim, T: (07231) 286597, F: 287597, wolfgang.gohout@hs-pforzheim.de

**Goik,** Martin; Dr., Prof.; *Datenbanken, Internet-Technologien, SGML/XML, Verteilte Systeme, Client-Server-Architekturen*; di: Hochsch. d. Medien, Fak. Druck u. Medien, Nobelstr. 10, 70569 Stuttgart, T: (0711) 89232164, goik@hdm-stuttgart.de

**Gokorsch,** Stephanie; Dr. rer. nat., Prof.; *Biopharmazeutische Technologie*; di: Techn. Hochsch. Mittelhessen, FB 04 Krankenhaus- u. Medizintechnik, Umwelt- u. Biotechnologie, Wiesenstr. 14, 35390 Gießen, T: (0641) 3092631

**Gold,** Peter; Dr., Prof.; *Mathematik, Physik*; di: FH Frankfurt, FB 2 Informatik u. Ingenieurwiss., Nibelungenplatz 1, 60318 Frankfurt am Main, T: (069) 15332786

**Gold,** Robert; Dr. rer. nat., Prof.; *Software Engineering u. Programmiersprachen*; di: HAW Ingolstadt, Fak. Elektrotechnik u. Informatik, Esplanade 10, 85049 Ingolstadt, T: (0841) 9348252, robert.gold@haw-ingolstadt.de

**Goldau,** Harald; Dr.-Ing., Prof.; *Fertigungstechnik, Qualitätssicherung*; di: Hochsch. Magdeburg-Stendal, FB Ingenieurwiss. u. Industriedesign, Breitscheidstr. 2, 39114 Magdeburg, T: (0391) 8864410, harald.goldau@hs-magdeburg.de

**Goldbach,** Thomas; Dr.-Ing., Prof.; *Statik/Festigkeitslehre, Stahlbetonbau, Mathematik*; di: HAWK Hildesheim/Holzminden/Göttingen, Fak. Bauen u. Erhalten, Hohnsen 2, 31134 Hildesheim, T: (05121) 881259, F: 881253

**Goldbecker,** Heinz; Dr. rer. pol., Prof.; di: Rheinische FH Köln, Hohenstaufenring 16-18, 50674 Köln; pr: Markusstr. 22, 53844 Troisdorf-Bergheim, T: (0228) 456063

**Goldberg,** Brigitta; Dr. jur., Prof.; *Jugendhilferecht, Jugendstrafrecht, Kriminologie*; di: Ev. FH Rhld.-Westf.-Lippe, FB Soziale Arbeit, Immanuel-Kant-Str. 18-20, 44803 Bochum, T: (0234) 36901117, goldberg@efh-bochum.de

**Goldbrunner,** Markus; Dr.-Ing., Prof.; *Bioenergietechnik u. Thermodynamik*; di: HAW Ingolstadt, Fak. Maschinenbau, Esplanade 10, 85049 Ingolstadt, T: (0841) 9348342, Markus.Goldbrunner@haw-ingolstadt.de

**Goldenbaum,** Dietrich; Dr. rer. nat., Prof.; *Wirtschaftsinformatik, Mathematik, Statistik*; di: FH Mainz, FB Wirtschaft, Lucy-Hillebrand-Str. 2, 55128 Mainz, dietrich.goldenbaum@wiwi.fh-mainz.de

**Goldhahn,** Leif; Dr.-Ing., Prof.; *Produktionsinformatik*; di: Hochsch. Mittweida, Fak. Maschinenbau, Technikumplatz 17, 09648 Mittweida, T: (03727) 581530, F: 581376, goldhahn@hs-mittweida.de

**Goldmann,** Andreas Gerhard; Dr., Prof.; *Energie- u. Umwelttechnik*; di: Beuth Hochsch. f. Technik, FB VIII Maschinenbau, Veranstaltungs- u. Verfahrenstechnik, Luxemburger Straße 10, 13353 Berlin, T: (030) 45042940, goldmann@beuth-hochschule.de

**Goldmann,** Gerhard; Dr.-Ing., Prof.; *Verfahrenstechnik*; di: Hochsch. Regensburg, Fak. Maschinenbau, PF 120327, 93025 Regensburg, T: (0941) 9435150, gerhard.goldmann@maschinenbau.fh-regensburg.de

**Goldmann,** Helmut; Dr. rer. nat. habil., Prof.; *Mathematik, Analysis, Versicherungsmathematik*; di: Hochsch. Zittau/Görlitz, Fak. Mathematik/Naturwiss., Theodor-Körner-Allee 16, 02763 Zittau, T: (03583) 611429, H.Goldmann@hs-zigr.de

**Goldschmidt,** Nils; Dr., Prof.; *Volkswirtschaftslehre*; di: Hochsch. München, Fak. Angew. Sozialwiss., Am Stadtpark 20, 81243 München, nils.goldschmidt@hm.edu

**Goll,** Joachim; Dr. rer. nat., Prof.; *Objektorientierte Methoden, System- und Softwaretechnik*; di: Hochsch. Esslingen, Fak. Informationstechnik, Flandernstr. 101, 73732 Esslingen, T: (0711) 3974164; pr: Im Gaugenmaier 20, 73730 Esslingen, T: (0711) 366358

**Goll,** Sigrun; Dipl.-Sozialarb., Dr. rer. nat., Prof.; *Sozialinformatik, EDV in der Sozialarbeit, Informationssysteme*; di: Hochsch. Hannover, Fak. V Diakonie, Gesundheit u. Soziales, Blumhardtstr. 2, 30625 Hannover, PF 690363, 30612 Hannover, T: (0511) 92963209, sigrun.goll@hs-hannover.de; pr: Gustav-Falke-Str. 2, 20144 Hamburg, T: (0171) 1638825

**Goll,** Ulrich; Dr. iur., HonProf.; *Recht, Politikwissenschaft*; di: Hochsch. Ravensburg-Weingarten, Doggenriedstr., 88250 Weingarten, PF 1261, 88241 Weingarten, T: (0751) 5010, F: 5019876

**Golle,** Matthias; Dr., Prof.; *Maschinenbau*; di: Hochsch. Pforzheim, Fak. f. Technik, Tiefenbronner Str. 66, 75175 Pforzheim, T: (07231) 286487, F: 286050, matthias.golle@hs-pforzheim.de

**Gollmer,** Klaus-Uwe; Dr.-Ing., Prof.; *Modellbildung und Simulation*; di: Hochsch. Trier, Umwelt-Campus Birkenfeld, FB Umweltplanung/Umwelttechnik, PF 1380, 55761 Birkenfeld, T: (06782) 171223, k.gollmer@umwelt-campus.de

**Gollnick,** Jörg; Dr.-Ing., Prof.; *Werkstofftechnik, Schweißverfahren*; di: Techn. Hochsch. Mittelhessen, FB 03 Maschinenbau u. Energietechnik, Wiesenstr. 14, 35390 Gießen, joerg.gollnick@me.th-mittelhessen.de

**Gollor,** Matthias; Dr., Prof.; *Elektrotechnik*; di: Hochsch. Konstanz, Fak. Elektrotechnik u. Informationstechnik, Brauneggerstr. 55, 78462 Konstanz, PF 100543, 78405 Konstanz, T: (07531) 206271, gollor@fh-konstanz.de

**Gollwitzer,** Andreas; Dr.-Ing., Prof.; *Maschinenbau*; di: Hochsch. Furtwangen, Fak. Industrial Technologies, Kronenstr. 16, 78532 Tuttlingen, T: (07461) 15026621, andreas.gollwitzer@hs-furtwangen.de

**Goltermann,** Phillip; Dr., Prof.; *Architektur, Bauingenieurwesen und Städtebau*; di: FH Lübeck, FB Bauwesen, Mönkhofer Weg 239, 23562 Lübeck, T: (0451) 3005137, phillip.goltermann@fh-luebeck.de

**Goltz,** Michael von der; Dr., Prof.; *Gefasste Holzobjekte/Gemälde, Grundlagen, Methoden u. Techniken der Untersuchung, Dokumentation, Konservierung u. Restaurierung von Holzobjekten*; di: HAWK Hildesheim/Holzminden/Göttingen, Fak. Bauen u. Erhalten, Kaiserstr. 19, 31134 Hildesheim, T: (05121) 881376

**Golubski,** Wolfgang; Dr. rer. nat. habil., Prof.; *Programmiersprachen, Web-basierte Anwendungen*; di: Westsächs. Hochsch. Zwickau, FB Physikalische Technik/Informatik, Dr.-Friedrichs-Ring 2A, 08056 Zwickau, T: (0375) 5361527, wolfgang.golubski@fh-zwickau.de

**Golz,** Martin; Dr. rer. nat., Prof.; *Physik*; di: FH Schmalkalden, Fak. Informatik, Blechhammer, 98574 Schmalkalden, PF 100452, 98564 Schmalkalden, T: (03683) 6884107, golz@informatik.fh-schmalkalden.de

**Gomringer,** Eugen; HonProf.; *Ästhetik*; di: Westsächs. Hochsch. Zwickau, FB Angewandte Kunst Schneeberg, Goethestr. 1, 08289 Schneeberg; Kunsthaus Rehau, Kirchgasse 4, 95111 Rehau

**Gondring,** Hanspeter; Dr., Prof.; *Immobilienwirtschaft/Versicherung*; di: DHBW Stuttgart, Fak. Wirtschaft, BWL-Immobilienwirtschaft, Herdweg 20, 70174 Stuttgart, T: (0711) 1849827, gondring@dhbw-stuttgart.de

**Gonnermann,** Bärbel; Dr., Prof.; *Ernährungswissenschaft und Lebensmittelverarbeitung im Haushalt*; di: Hochsch. Niederrhein, FB Oecotrophologie, Rheydter Str. 232, 41065 Mönchengladbach, T: (02161) 1865397, Baerbel.Gonnermann@hs-niederrhein.de

**Goormann,** Hans Werner; Dr. rer. pol., Prof.; *Handels- und Vertriebsmanagement*; di: Europäische FH Brühl, Kaiserstr. 6, 50321 Brühl, T: (02233) 5673550, F: 5673559, h.goormann@eufh.de

**Goos,** Jürgen; Prof.; *Allgemeines Industrial Design, Transportation Design*; di: Hochsch. Pforzheim, Fak. f. Gestaltung, Holzgartenstr. 36, 75175 Pforzheim, T: (07231) 286779, F: 286030, juergen.goos@hs-pforzheim.de

**Goppel-Meinke,** Barbara; Dr. phil., Prof.; *Französisch, Englisch*; di: Hochsch. Regensburg, Fak. Betriebswirtschaft, PF 120327, 93025 Regensburg, T: (0941) 9431358, barbara.goppel-meinke@bwl.fh-regensburg.de

**Gorbunoff,** André; Dr.-Ing. habil., Prof.; *Technische Physik*; di: HTW Dresden, Fak. Maschinenbau/Verfahrenstechnik, Friedrich-List-Platz 1, 01069 Dresden, T: (0351) 4622740, gorbunoff@mw.htw-dresden.de

**Goretzky,** Michael; Dr., Prof.; *Perspektivische Grundlagen, Formenbau*; di: Hochsch. Reutlingen, FB Textil u. Bekleidung, Alteburgstr. 150, 72762 Reutlingen, T: (07121) 2718078, Michael.Goretzky@Reutlingen-University.DE

**Gorgius,** Dietmar; Dr.-Ing., Prof.; *Elektroenergietechnik, Gerätetechnik, Elektroenergiesysteme*; di: Hochsch. Zittau/Görlitz, Fak. Elektrotechnik u. Informatik, Theodor-Körner-Allee 16, 02763 Zittau, T: (03583) 611304, F: 611330, D.Gorgius@HS-ZIGR.de; pr: Gartenstr. 8, 02763 Bertsdorf-Hörnitz

**Gorin,** Boris; Prof.; *Objekt-Design (Konzeption und Entwurf) und Farbgestaltung*; di: Hochsch. Niederrhein, FB Design, Petersstr. 123, 47798 Krefeld, T: (02151) 8224361, F: 8224361; pr: Hans-Böckler-Allee 9, 52074 Aachen, T: (0241) 874436, F: 874436

**Gorny,** Dieter; Prof.; *Kultur- u Medienwissenschaften*; di: FH Düsseldorf, FB 2 – Design, Georg-Glock-Str. 15, 40474 Düsseldorf, T: (0211) 4351201, F: 4351203

**Gorschlüter,** Petra; Dr., Prof.; *BWL*; di: Hochsch. Osnabrück, Fak. Wirtschafts- u. Sozialwiss., Caprivistr. 30 A, 49076 Osnabrück, T: (0541) 9692139, gorschlueter@wi.fh-osnabrueck.de

**Gorywoda,** Marek; Prof.; *Werkstoffkunde*; di: Hochsch. Hof, Alfons-Goppel-Platz 1, 95028 Hof, T: (09281) 409456, F: 40955456, Marek.Gorywoda@fh-hof.de

**Gorzitzke,** Wolfgang; Dr., Prof.; *Mechanische Verfahrenstechnik*; di: Hochsch. Anhalt, FB 7 Angew. Biowiss. u. Prozesstechnik, PF 1458, 06354 Köthen, T: (03496) 672524, wolfgang.gorzitzke@bwp.hs-anhalt.de

**Gosch,** Angela; Dipl.-Psych., Dr., Prof.; *Kinder u. Jugendliche mit chronischer Krankheit und Behinderung*; di: Hochsch. München, Fak. Angew. Sozialwiss., Am Stadtpark 20, 81243 München, T: (089) 12652336, F: 12652330, angela.gosch@fhm.edu

**Goß,** Stephan; Dr.-Ing., Prof.; di: Ostfalia Hochsch., Fak. Fahrzeugtechnik, Robert-Koch-Platz 8A, 38440 Wolfsburg, st.goss@ostfalia.de

**Gossen,** Frank; Dr., Prof.; *Versorgungstechnik*; di: Hochsch. Trier, FB BLV, PF 1826, 54208 Trier, T: (0651) 8103369, F.Gossen@hochschule-trier.de

**Gossla,** Ulrich; Dr.-Ing., Prof.; *Baukonstruktionslehre*; di: FH Aachen, FB Bauingenieurwesen, Bayernallee 9, 52066 Aachen, T: (0241) 600951160, gossla@fh-aachen.de

**Goßling,** Ulrich; Dr.-Ing., Prof.; *Technologie d. Lebensmittel tierischer Herkunft, Sensorik, Lebensmittelhygiene*; di: Hochsch. Bremerhaven, An der Karlstadt 8, 27568 Bremerhaven, T: (0471) 4823276, ugossling@hs-bremerhaven.de; pr: ugossling@aol.com

**Gottkehaskamp,** Raimund; Dr.-Ing., Prof.; *Elektrische Maschinen, Aktorik, Theoretische Elektrotechnik, Numerische Feldberechnung*; di: FH Düsseldorf, FB 3 – Elektrotechnik, Josef-Gockeln-Str. 9, 40474 Düsseldorf, raimund.gottkehaskamp@fh-duesseldorf.de; pr: Ennepeweg 2, 40625 Düsseldorf, T: (0171) 7003735

**Gottlieb,** Heinz-Dieter; Prof.; *Verwaltungsrecht, Sozialleistungsrecht, Ausländerrecht*; di: HAWK Hildesheim/Holzminden/Göttingen, Fak. Soziale Arbeit u. Gesundheit, Goschentor 1, 31134 Hildesheim, T: (05121) 881529, Gottlieb@hawk-hhg.de

**Gottschalck,** Jürgen; Dr.-Ing., Prof.; *Betriebswirtschaft/Beschaffung u. Logistik*; di: Hochsch. Pforzheim, Fak. f. Wirtschaft u. Recht, Tiefenbronner Str. 65, 75175 Pforzheim, T: (07231) 286305, F: 286190, juergen.gottschalck@hs-pforzheim.de

**Gottschalk,** Bernd; Dr. rer. pol., HonProf.; *Mobilität, Transport und Verkehr*; di: Westsächs. Hochsch. Zwickau, Fak. Kraftfahrzeugtechnik, Dr.-Friedrichs-Ring 2A, 08056 Zwickau

**Gottschalk,** Peter; HonProf.; *Film und Fernsehen*; di: Hochsch. Mittweida, Fak. Medien, Technikumplatz 17, 09648 Mittweida, T: (03727) 581580

**Gottscheber,** Achim; Dr., Prof.; *Multimedia Computing, Computer Sciences, Grundlagen der Informatik, Java*; di: Hochsch. Heidelberg, School of Engineering and Architecture, Bonhoefferstr. 11, 69123 Heidelberg, T: (06221) 882387, achim.gottscheber@fh-heidelberg.de

**Gottschlich,** Martin; Dr.-Ing., Prof.; *Mathematik, Techn. Mechanik, Finite Elemente Methode (FEM)*; di: Hochsch. Hannover, Fak. II Maschinenbau u. Bioverfahrenstechnik, Ricklinger Stadtweg 120, 30459 Hannover, PF 920261, 30441 Hannover, T: (0511) 92961349, F: 92961111, martin.gottschlich@hs-hannover.de; pr: Neunäckervörde 36, 31139 Hildesheim, T: (05121) 23563

**Gottstein,** Hans-Dieter; Dr., Prof.; *Umweltanalytik*; di: Hochsch. Anhalt, FB 1 Landwirtschaft, Ökotrophologie, Landespflege, Strenzfelder Allee 28, 06406 Bernburg, T: (03471) 3551126, gottstein@loel.hs-anhalt.de

**Gounalakis,** Kathrin; Dr., Prof.; *Privat- und Wirtschaftsrecht*; di: FH Frankfurt, FB 3 Wirtschaft u. Recht, Nibelungenplatz 1, 60318 Frankfurt am Main, T: (069) 15332946, gounala@fb3.fh-frankfurt.de

**Gourgé,** Klaus; Dr., Prof.; *Unternehmenskommunikation*; di: Hochsch. f. Wirtschaft u. Umwelt Nürtingen-Geislingen, FB 4, PF 1349, 72603 Nürtingen, T: (07331) 22586, klaus.gourge@hfwu.de

**Gourmelon,** Andreas; Dr., Prof.; *Sozialwissenschaft*; di: FH f. öffentl. Verwaltung NRW, Abt. Gelsenkirchen, Wanner Str. 158-160, 45888 Gelsenkirchen, andreas.gournelon@fhoev.nrw.de

**Goydke,** Tim Thomas; Dr., Prof.; *Wirtschaft und Gesellschaft Japans*; di: Hochsch. Bremen, Fak. Wirtschaftswiss., Werderstr. 73, 28199 Bremen, T: (0421) 59054800, F: 59054801, tgoydke@fbw.hs-bremen.de

**Graalmann-Scherer,** Kirsten; Dr., HonProf.; *Bürgerliches Recht*; di: Hochsch. f. Öffentl. Verwaltung Bremen, Doventorscontrescarpe 172, 28195 Bremen

**Graap,** Torsten; Dr., Prof.; *Sozioökonomie u. Rechnungswesen*; di: HAW Ingolstadt, Fak. Wirtschaftswiss., Esplanade 10, 85049 Ingolstadt, T: (0841) 9348179, torsten.graap@haw-ingolstadt.de

**Grabau,** Fritz-René; Dr., Prof.; *Allgemeine Betriebswirtschaftslehre/Steuerlehre*; di: Hochsch. Magdeburg-Stendal, FB Wirtschaft, Osterburger Str. 25, 39576 Stendal, T: (03931) 21874827, fritz-rene.grabau@hs-magdeburg.de

**Grabe,** Günter; Dr.-Ing., Prof.; *Maschinenelemente, Konstruktionselemente, Maschinendynamik, Schiffsschwingungen*; di: FH Kiel, FB Maschinenwesen, Grenzstr. 3, 24149 Kiel, T: (0431) 2102613, F: 2102649, guenter.grabe@fh-kiel.de

**Grabe,** Jürgen; Prof.; *Rechnungswesen, Steuerlehre*; di: FH Kiel, FB Wirtschaft, Sokratesplatz 2, 24149 Kiel, T: (0431) 2103545, F: 2103825, juergen.grabe@fh-kiel.de; pr: Seerosenweg 5, 24146 Kiel, T: (0431) 785252, F: 785282

**Grabenhorst,** Gesche; Dipl.-Art., Prof.; *Grundlagen der Gestaltung*; di: FH Bielefeld, FB Architektur u. Bauingenieurwesen, Artilleriestr. 9, 32427 Minden, T: (0571) 8385108, F: 8385250, gesche.grabenhorst-ahrens@fh-bielefeld.de

**Grabinski,** Michael; Dr., Prof.; *Logistik*; di: FH Neu-Ulm, Wileystr. 1, 89231 Neu-Ulm, T: (0731) 97621400, michael.grabinski@fh-neu-ulm.de

**Grabmeier,** Johannes; Dr. rer. nat., Prof.; *Statistik, Programmieren, Mathematik*; di: Hochsch. Deggendorf, FB Betriebswirtschaft, Edlmairstr. 6-8, 94469 Deggendorf, PF 1320, 94453 Deggendorf, T: (0991) 3615141, F: 361581141, johannes.grabmeier@fh-deggendorf.de

**Grabner,** Jörg; Dipl.-Ing., Prof.; *Karosseriekonstruktion*; di: Hochsch. München, Fak. Maschinenbau, Fahrzeugtechnik, Flugzeugtechnik, Dachauer Str. 98b, 80335 München, joerg.grabner@fhm.edu

**Grabner,** Thomas; Dr.-Ing., Prof.; *Allgemeine BWL, Fertigungswirtschaft*; di: FH Kiel, FB Wirtschaft, Sokratesplatz 2, 24149 Kiel, T: (0431) 2103544, F: 21063544, thomas.grabner@fh-kiel.de; pr: Achtern Knick 19a, 24539 Neumünster

**Grabow,** Jörg; Dr.-Ing., Prof.; *Mechatronik*; di: FH Jena, FB Maschinenbau, Carl-Zeiss-Promenade 2, 07745 Jena, PF 100314, 07703 Jena

**Grabowski,** Barbara; Dr. rer. nat., Prof.; *Informatik*; di: HTW d. Saarlandes, Fak. f. Ingenieurwiss., Goebenstr. 40, 66117 Saarbrücken, T: (0681) 5867424, grabowski@htw-saarland.de; pr: Endenicher Allee 16, 53115 Bonn, T: (0228) 9766772

**Grabowski,** Hartwig; Dr.-Ing., Prof.; *Datenbanksysteme, Enterprise Anwendungen, Projektmanagement*; di: Hochsch. Offenburg, Fak. Elektrotechnik u. Informationstechnik, Badstr. 24, 77652 Offenburg, T: (0781) 2054741, hartwig.grabowski@hs-offenburg.de

**Grade,** Michael; Dr. rer. nat., Prof.; *Technische Fachsprache Englisch, Technik*; di: FH Köln, Fak. f. Informations- u. Kommunikationswiss., Claudiusstr. 1, 50678 Köln, T: (0221) 82753249, Michael.Grade@fh-koeln.de; pr: Glockenkreuz 3, 53894 Mechernich-Weyer

**Graebe,** Helmut; Dr., Prof.; *AV-Konzeption, Gestaltung, Journalismus*; di: Hochsch. d. Medien, Fak. Electronic Media, Nobelstr. 10, 70569 Stuttgart, T: (0711) 89232208, graebe@hdm-stuttgart.de

**Gräbener,** Werner; Dr. rer. pol., Prof.; *Handelsbetriebslehre, Marketing, Rechnungswesen*; di: Hochsch. f. Wirtschaft u. Umwelt Nürtingen-Geislingen, PF 1349, 72603 Nürtingen, T: (07022) 201384, werner.graebener@hfwu.de

**Graebsch,** Christine; Dr., Prof.; *Rechtliche Grundlagen der Sozialen Arbeit*; di: FH Dortmund, FB Angewandte Sozialwiss., PF 105018, 44047 Dortmund, T: (0231) 7555189, christine.graebsch@fh-dortmund.de

**Grädener,** Erik; Dr.-Ing., Prof.; *Konstruktionsgrundlagen, Werkzeugmaschinenkonstruktion, Hydraulik und Pneumatik, CAD*; di: HTW Berlin, FB Ingenieurwiss. II, Blankenburger Pflasterweg 102, 13129 Berlin, T: (030) 50194263, egraeden@HTW-Berlin.de

**Graef,** Michael; Dr. rer. pol., Prof.; *Internationale Existenzgründung, Internationale Unternehmensführung, Internationale Betriebswirtschaftslehre*; di: FH Worms, FB Wirtschaftswiss., Erenburgerstr. 19, 67549 Worms, T: (06241) 509349, graef@fh-worms.de

**Gräf,** Rainer; Dr. rer. nat., Prof.; *Umwelttechnik*; di: Hochsch. Esslingen, Fak. Angew. Naturwiss., Kanalstr. 33, 73728 Esslingen, T: (0711) 3974400; pr: Neuwiesenweg 15, 71679 Asperg, T: (07141) 664728

**Gräf,** Thomas; Dr.-Ing., Prof.; *Elektrische Anlagentechnik, Hochspannungs-/Hochstromtechnik*; di: HTW Berlin, FB Ingenieurwiss. I, Allee der Kosmonauten 20/22, 10315 Berlin, T: (030) 50193297, Thomas.Graef@HTW-Berlin.de

**Gräfe,** Frank; Dr. rer. nat., Prof.; *Werkstoffkunde, Chemie, Kunststoff-Technologie*; di: HAWK Hildesheim/Holzminden/Göttingen, Fak. Naturwiss. u. Technik, Von-Ossietzky-Str. 99, 37085 Göttingen, T: (0551) 3705262

**Gräfe,** Gunter; Dr. oec., Prof.; *DV-Anwendungen, Datenbanksysteme*; di: HTW Dresden, Fak. Informatik/Mathematik, Friedrich-List-Platz 1, 01069 Dresden, T: (0351) 4623432, graefe@informatik.htw-dresden.de

**Gräslund,** Karin; Dr., Prof.; *Informations- und Kommunikationssysteme*; di: Hochsch. Rhein/Main, Wiesbaden Business School, Bleichstr. 44, 65183 Wiesbaden, T: (0611) 94953152, karin.graeslund@hs-rm.de

**Gräßel,** Ulrike; Dr. phil., Prof.; *Sozialpolitik*; di: Hochsch. Zittau/Görlitz, Fak. Sozialwiss., PF 300648, 02811 Görlitz, T: (03581) 4828133, u.graessel@hs-zigr.de

**Gräßer,** Harald W.; Dipl.-Des., Prof.; *Gestaltungslehre, Raum, Licht, Farbe, Schwerpunkt: Innenraumbeleuchtung in Verbindung mit dem Entwerfen von Räumen*; di: Hochsch. Ostwestfalen-Lippe, FB 1, Architektur u. Innenarchitektur, Bielefelder Str. 66, 32756 Detmold, T: (05231) 76950, F: 769681; pr: Nachtigallenweg 4, 65207 Wiesbaden-Naurod, T: (06127) 4588

**Grätsch,** Thomas; Dr.-Ing., Prof.; *Technische Mechanik und Mathematik*; di: HAW Hamburg, Fak. Technik u. Informatik, Berliner Tor 21, 20099 Hamburg, T: (040) 428758705, thomas.graetsch@haw-hamburg.de

**Graetz,** Jörg; Dr., Prof.; *BWL, insbes. Betriebliche Steuerlehre u Unternehmensprüfung*; di: FH Düsseldorf, FB 7 – Wirtschaft, Universitätsstr. 1, 40225 Düsseldorf, T: (0211) 8115904, F: 8114369, joerg.graetz@fh-duesseldorf.de

**Graf,** Andrea; Dr. rer. nat., Prof.; *Betriebswirtschaftslehre, insbes. Führung u. Organisation*; di: Ostfalia Hochsch., Fak. Recht, Salzdahlumer Str. 46/48, 38302 Wolfenbüttel, a.graf@ostfalia.de

**Graf,** Erika; Dr., Prof.; *International Management*; di: FH Frankfurt, FB 3 Wirtschaft u. Recht, Nibelungenplatz 1, 60318 Frankfurt am Main, egraf@fb3.fh-frankfurt.de

**Graf,** Franz; Dipl.-Phys., Dr. rer. nat., Prof.; *Elektrische Messtechnik, Automatisierungstechnik, Digitaltechnik*; di: Hochsch. Regensburg, Fak. Elektro- u. Informationstechnik, PF 120327, 93025 Regensburg, T: (0941) 9431106, franz.graf@e-technik.fh-regensburg.de

**Graf,** Gerald; Dr. rer. pol., Prof.; *Allgemeine Betriebswirtschaftslehre, insb. Controlling u. Marketing/Vertrieb*; di: Hochsch. Mannheim, Fak. Wirtschaftsingenieurwesen, Windeckstr. 110, 68163 Mannheim

**Graf,** Hans-Peter; Dr. rer. nat., Prof.; *Elektrotechnik, Ingenieurwissenschaftliche Grundlagen, Physik*; di: Hochsch. Albstadt-Sigmaringen, FB 3, Anton-Günther-Str. 51, 72488 Sigmaringen, PF 1254, 72481 Sigmaringen, T: (07571) 732247, F: 732250, graf@fh-albsig.de

**Graf,** Hans-Werner; Dr., Prof.; *Wirtschaftsinformatik, Logistik*; di: Business and Information Technology School GmbH, Reiterweg 26 b, 58636 Iserlohn, T: (02371) 776517, F: 776596, hanswerner.graf@bits-iserlohn.de

**Graf,** Johannes; Prof.; *Grafik-Design (Konzeption und Entwurf)*; di: FH Dortmund, FB Design, Max-Ophüls-Platz 2, 44139 Dortmund, T: (0231) 9112427, F: 9112415, graf@fh-dortmund.de; pr: Dresdner Str. 49, 44139 Dortmund

**Graf,** Kai; Dr.-Ing., Prof.; *Schiffbau, Hydrodynamik, Widertsnd und Propulsion*; di: FH Kiel, FB Maschinenwesen, Grenzstr. 3, 24149 Kiel, T: (0431) 2102706, F: 2102707, kai.graf@fh-kiel.de; pr: Geibelallee 21, 24116 Kiel

**Graf,** Karl Herbert; Dr. rer. pol., Prof.; *Bankwirtschaftslehre, Immobilienbanking*; di: Hochsch. f. Wirtschaft u. Umwelt Nürtingen-Geislingen, FB 1, PF 1349, 72603 Nürtingen, T: (07022) 201395, herbert.graf@hfwu.de

**Graf,** Karl-Robert; Dr.-Ing., Prof.; *Produktionsplanung und -steuerung, Systemplanung, Unternehmensplanspiele, Fertigung*; di: Hochsch. Karlsruhe, Fak. Informatik u. Wirtschaftsinformatik, Moltkestr. 30, 76133 Karlsruhe, PF 2440, 76012 Karlsruhe, T: (0721) 9252956

**Graf,** Klemens; Dr., Prof.; *Regelungstechnik, Automatisierungstechnik*; di: Hochsch. München, Fak. Elektrotechnik u. Informationstechnik, Lothstr. 64, 80335 München, T: (089) 12653420, F: 12653403, graf@ee.fhm.edu

**Graf,** Nicole; Dr., Prof.; *International Business*; di: DHBW Mosbach, Campus Heilbronn, Bildungscampus 4, 74076 Heilbronn, T: (07131) 1237106, F: 1237100, graf@dhbw-mosbach.de

**Graf,** Philipp; Dr.-Ing., Prof.; *Informationstechnik, Programmieren in Java, Software Engineering / Softwaretechnik*; di: Hochsch. Ulm, Fak. Informatik, PF 3860, 89028 Ulm, T: (0731) 5028533, Graf@hs-ulm.de

**Graf-Szczuka,** Karola; Dr., Prof.; *Medien u. Psychologie*; di: Business and Information Technology School GmbH, Reiterweg 26 b, 58636 Iserlohn, T: (02371) 776512, F: 776503, karola.graf-szczuka@bits-iserlohn.de

**Grafmüller,** Frank; Dipl.-Kfm., Dr. rer. pol., Prof.; *Betriebswirtschaftliche Steuerlehre, Wirtschaftsprüfung*; di: FH Ludwigshafen, FB III Internationale Dienstleistungen, Ernst-Boehe-Str. 4, 67059 Ludwigshafen/Rhein

**Grahl,** Bernd; Prof.; *Objekt-Design (Konzeption u. Entwurf) u. Objektsysteme*; di: Hochsch. Niederrhein, FB Design, Petersstr. 123, 47798 Krefeld, T: (02151) 822223

**Grahl,** Birgit; Dr., Prof.; *Chemie*; di: FH Lübeck, FB Angew. Naturwiss., Mönkhofer Weg 239, 23562 Lübeck, T: (0451) 3005242, F: 3005235, birgit.grahl@fh-luebeck.de

**Grahn,** Rainer; Prof., Dekan FB Design; *Designmanagement*; di: FH Potsdam, FB Design, Pappelallee 8-9, Haus 5, 14469 Potsdam, T: (0331) 5801430, grahn@fh-potsdam.de

**Graml,** Regine; Dr., Prof.; *Betriebswirtschaftslehre, Personalmanagement*; di: FH Frankfurt, FB 3 Wirtschaft u. Recht, Nibelungenplatz 1, 60318 Frankfurt am Main, T: (069) 15332918

**Gramlich,** Dieter; Dr., Prof.; *BWL, Bank*; di: DHBW Heidenheim, Fak. Wirtschaft, Marienstr. 20, 89518 Heidenheim, T: (07321) 2722211, F: 2722219, gramlich@dhbw-heidenheim.de

**Gramlich,** Günter M.; Dr. rer.nat., Prof.; *Mathematik*; di: Hochsch. Ulm, Fak. Grundlagen, Prittwitzstr. 10, 89075 Ulm, T: (0731) 5028496, gramlich@hs-ulm.de

**Gramlich,** Helga; Prof. em.; *Religionspädagogik, Praxisvermittlung*; di: Ev. Hochsch. Freiburg, Bugginger Str. 38, 79114 Freiburg i.Br., gramlich@eh-freiburg.de; pr: Kartäuserstr. 96, 79104 Freiburg, T: (0761) 37399

**Gramm,** Detlef; Dipl.-Ing., Prof.; *Angewandte Informatik*; di: Beuth Hochsch. f. Technik, FB VI Informatik u. Medien, Luxemburger Str. 10, 13353 Berlin, T: (030) 45042784, gramm@beuth-hochschule.de

**Gramminger,** Steffen; Dr. med., Prof.; *Medizincontrolling*; di: MSH Medical School Hamburg, Am Kaiserkai 1, 20457 Hamburg, T: (040) 36122640, Steffen.Gramminger@medicalschool-hamburg.de

**Grampp,** Gerd; Dr. phil., Prof.; *Theorie und Praxis der Rehabilitation*; di: FH Jena, FB Sozialwesen, Carl-Zeiss-Promenade 2, 07745 Jena, PF 100314, 07703 Jena, T: (03641) 205800, F: 205801, sw@fh-jena.de

**Grams,** Timm; Dr., Prof.; *Programmkonstruktion und Simulation*; di: Hochsch. Fulda, FB Elektrotechnik u. Informationstechnik, Marquardstr. 35, 36039 Fulda, Timm.Grams@et.fh-fulda.de; pr: Brauhausstr. 18, 36043 Fulda, T: (0661) 78157

**Gramss,** Rupert; Dr., Prof.; *Unternehmensführung, Organisation, Peronalwirtschaft, Arbeits- u Sozialrecht*; di: Hochsch. Weihenstephan-Triesdorf, Fak. Landwirtschaft, Steingruberstr. 2, 91746 Weidenbach-Triesdorf, T: (09826) 654226, F: 6544010, rupert.gramss@fh-weihenstephan.de

**Grande,** Gesine; Dr., Prof.; *Psychologie*; di: HTWK Leipzig, FB Angewandte Sozialwiss., PF 301166, 04251 Leipzig, T: (0341) 30764401, grande@sozwes.htwk-leipzig.de

**Grandinetti,** Stefan; Prof.; *Audiovisuelle Medien*; di: Hochsch. d. Medien, Fak. Electronic Media, Nobelstr. 10, 70569 Stuttgart, T: (0711) 89232263, grandinetti@hdm-stuttgart.de

**Granow,** Rolf; Dr.-Ing., Prof.; *Produktionsorganisation*; di: FH Lübeck, FB Maschinenbau u. Wirtschaft, Mönkhofer Weg 239, 23562 Lübeck, T: (0451) 3005432, F: 3005302, granow@fh-luebeck.de; granow@oncampus.de

**Gransee,** Carmen; Dr., Prof.; *Sozialwissenschaft, Kriminologie*; di: HAW Hamburg, Fak. Wirtschaft u. Soziales, Alexanderstr. 1, 20099 Hamburg, T: (040) 428757013, carmen.gransee@haw-hamburg.de

**Grap,** Dietmar; Dr. rer. pol., Prof.; *Betriebswirtschaftslehre, insbes. Beschaffungs-, Produktions- und Logistikmanagement*; di: FH Aachen, FB Wirtschaftswissenschaften, Eupener Str. 70, 52066 Aachen, T: (0241) 600951968, grap@fh-aachen.de; pr: T: (02433) 938324

**Grascht,** Rüdiger; Dr. rer. nat., Prof.; *Polymere*; di: FH Kaiserslautern, FB Angew. Logistik u. Polymerwiss., Carl-Schurz-Str. 1-9, 66953 Pirmasens, T: (06331) 248382, F: 248344, ruediger.grascht@fh-kl.de

**Grass,** Brigitte; Dr., Prof.; *Betriebswirtschaftslehre, insbes. Unternehmensführung*; di: Hochsch. Bonn-Rhein-Sieg, FB Wirtschaft Rheinbach, von-Liebig-Str. 20, 53359 Rheinbach, T: (02241) 865403, F: 8658403, brigitte.grass@fh-bonn-rhein-sieg.de

**Grass,** Jürgen; Dipl.-Inf., Prof.; *Informatik*; di: DHBW Villingen-Schwenningen, Fak. Wirtschaft, Karlstr. 29, 78054 Villingen-Schwenningen, T: (07720) 3906124, F: 3906519, grass@dhbw-vs.de

**Graß,** Norbert; Dr., Prof.; *Leistungselektronik und elektrische Anlagen*; di: Georg-Simon-Ohm-Hochsch. Nürnberg, Fak. Elektrotechnik Feinwerktechnik Informationstechnik, Keßlerplatz 12, 90489 Nürnberg

**Graß,** Peter; Dr.-Ing., Prof.; *Fertigungsverfahren der Metallbearbeitung, Betriebsorganisation, Projektmanagement*; di: Westfäl. Hochsch., FB Maschinenbau u. Facilities Management, Neidenburger Str. 10, 45877 Gelsenkirchen, T: (0209) 9596862, peter.grass@fh-gelsenkirchen.de; pr: Marderweg 18, 46282 Dorsten, T: (02362) 604407

**Graßau,** Günther; Dipl.-Kfm., Prof.; *Fernsehproduktion, Fernsehjournalismus*; di: Hochsch. Mittweida, Fak. Medien, Technikumplatz 17, 09648 Mittweida, T: (03727) 581579, F: 581439, grassau@htwm.de

**Grassegger,** Gabriele; Dr., Prof.; *Baustoffkunde, Bauchemie, Bauschäden*; di: Hochsch. f. Technik, Fak. Bauingenieurwesen, Bauphysik u. Wirtschaft, Schellingstr. 24, 70174 Stuttgart, PF 101452, 70013 Stuttgart, T: (0711) 89262776, gabriele.grassegger@hft-stuttgart.de

**Graßl,** Hans-Peter; Dipl.-Phys., Dr. techn., Prof.; *Elektrische Meßtechnik, Digitale Bildverarbeitung, Englisch, Medientechnik*; di: Hochsch. Landshut, Fak. Elektrotechnik u. Wirtschaftsingenieurwesen, Am Lurzenhof 1, 84036 Landshut, grl@fh-landshut.de

**Gratz,** Matthias; Dr. rer. nat., Prof.; *Messtechnik, Prozessmesstechnik*; di: FH Schmalkalden, Fak. Elektrotechnik, Blechhammer, 98574 Schmalkalden, PF 100452, 98564 Schmalkalden, T: (03683) 6885115, m.gratz@e-technik.fh-schmalkalden.de

**Grau,** Heidrun; Dr.-Ing., Prof.; *Bautechnik, Fertigungstechnik, Controlling*; di: Hochsch. Rosenheim, Fak. Holztechnik u. Bau, Hochschulstr. 1, 83024 Rosenheim, T: (08031) 805311, F: 805304, grau@fh-rosenheim.de

**Grau,** Ninoslav; Dr., Prof.; *Industriebetriebslehre, Operations Research, CIM, Projektmanagement*; di: Techn. Hochsch. Mittelhessen, FB 14 Wirtschaftsingenieurwesen, Wilhelm-Leuschner-Str. 13, 61169 Friedberg, T: (06031) 604524, Nino.Grau@wp.fh-friedberg.de; pr: T: (06031) 64471

**Grau,** Ulrich; Dr.-Ing., Prof.; *Fahrzeugsysteme, mechatronische Systeme*; di: Georg-Simon-Ohm-Hochsch. Nürnberg, Fak. Maschinenbau u. Versorgungstechnik, Keßlerplatz 12, 90489 Nürnberg, PF 210320, 90121 Nürnberg, T: (0911) 58801710, ulrich.grau@ohm-hochschule.de

**Grau,** Volker; Dr., Prof.; *Zivilrecht, Beurkundungswesen*; di: FH d. Bundes f. öff. Verwaltung, FB Auswärtige Angelegenheiten, Gudenauer Weg 134-136, 53127 Bonn, T: (01888) 171113, F: 1751113

**Graubaum,** Diana; Dr. med. vet., Prof.; *Fleischtechnologie, Lebensmittelmirobiologie, Technologie tierischer Lebensmittel*; di: Beuth Hochsch. f. Technik, FB V Life Science and Technology, Luxemburger Str. 10, 13353 Berlin, T: (030) 45043980, graubaum@beuth-hochschule.de

**Graumann,** Mathias; Dr., Prof.; *Rechnungswesen, insb. Controlling, Kosten- u. Leistungsrechnung, Steuer- u. Wirtschaftsprüfung*; di: H Koblenz, FB Wirtschafts- u. Sozialwissenschaften, RheinAhrCampus, Joseph-Rovan-Allee 2, 53424 Remagen, T: (02642) 932216, graumann@rheinahrcampus.de

**Graumann,** Sigrid; Dr., Dr., Prof.; *Ethik*; di: Ev. FH Rhld.-Westf.-Lippe, FB Heilpädagogik u. Pflege, Immanuel-Kant-Str. 18-20, 44803 Bochum, T: (0234) 36901198, graumann@efh-bochum.de

**Grauschopf,** Thomas; Dr., Prof.; *Technische Informatik, Betriebssysteme*; di: HAW Ingolstadt, Fak. Elektrotechnik u. Informatik, Esplanade 10, 85049 Ingolstadt, T: (0841) 9348223, thomas.grauschopf@haw-ingolstadt.de

**Gravel,** Günther; Dr.-Ing., Prof.; *Produktionstechnik, Messtechnik*; di: HAW Hamburg, Fak. Technik u. Informatik, Berliner Tor 21, 20099 Hamburg, T: (040) 428758625, gravel@rzbt.haw-hamburg.de

**Grawe,** Bernadette; Dr. phil., Prof.; *Soziale Arbeit*; di: Kath. Hochsch. NRW, Abt. Paderborn, FB Sozialwesen, Leostr. 19, 33098 Paderborn, T: (05251) 122546, F: 122552, b.grawe@kfhnw.de

**Grawert,** Achim; Dipl.-Kfm., Dr. phil., Prof.; *Unternehmenspolitik und Unternehmensverfassung*; di: Hochsch. f. Wirtschaft u. Recht Berlin, Badensche Str. 50-51, 10825 Berlin, T: (030) 85789115, grawert@hwr-berlin.de; pr: Greulichstr. 25, 12277 Berlin, T: (030) 7226295

**Grawert-May,** Erik von; Dr. rer. pol. habil., Prof.; *Soziologie, Religionssoziologie*; di: Hochsch. Lausitz, FB Informatik, Elektrotechnik, Maschinenbau, Großenhainer Str. 57, 01968 Senftenberg, T: (03573) 85709, F: 85701; pr: Am Salzgraben 22, 01968 Senftenberg

**Grawunder,** Norbert; Dr.-Ing., Prof.; di: Ostfalia Hochsch., Fak. Fahrzeugtechnik, Robert-Koch-Platz 8A, 38440 Wolfsburg, n.grawunder@ostfalia.de

**Grebe,** Andreas; Dr.-Ing., Prof.; *Datennetze*; di: FH Köln, Fak. f. Informations-, Medien- u. Elektrotechnik, Betzdorfer Str. 2, 50679 Köln, T: (0221) 827522507, andreas.grebe@fh-koeln.de

**Grebe,** Lothar; Dr. rer. pol., Prof.; *Betriebswirtschaftslehre, insbes. Konstenrechnung und Bilanzierung*; di: Westfäl. Hochsch., FB Wirtschaftsingenieurwesen, August-Schmidt-Ring 10, 45657 Recklinghausen, T: (02361) 915451, F: 915571, lothar.grebe@fh-gelsenkirchen.de

**Grebin,** Heike; Prof.; *Typografie*; di: HAW Hamburg, Fak. Design, Medien u. Information, Finkenau 35, 22081 Hamburg, T: (040) 428754885, heike.grebin@haw-hamburg.de; pr: T: (030) 44350300

**Grebing,** Gerhard; Dipl.-Ing., Prof.; *Elektrotechnik, Systemdynamik und Simulation, Ingenieurwissenschaftliche Grundlagen*; di: Hochsch. Albstadt-Sigmaringen, FB 1, Jakobstr. 1, 72458 Albstadt, T: (07431) 579165, F: 579169, grebing@hs-albsig.de

**Grebner,** Robert; Dr., Prof., Dekan FB Informatik u. Wirtschaftsinformatik; *Programmiersprachen, Datenbanken u. Informationssysteme, Betriebswirtschaftslehre*; di: Hochsch. f. angew. Wiss. Würzburg Schweinfurt, Fak. Informatik u. Wirtschaftsinformatik, Münzstr. 12, 97070 Würzburg

**Grefe,** Cord; Dipl.-Kfm., Dr. rer. pol., Prof.; *Betriebswirtschaftslehre, Betriebliche Steuerlehre, Finanzierung*; di: Hochsch. Trier, FB Wirtschaft, PF 1826, 54208 Trier, T: (0651) 8103330, C.Grefe@hochschule-trier.de

**Gregor,** Angelika; Dr., Prof.; *Rechtswissenschaft, insb. Jugend-, Jugendhilfe- u. Familienrecht*; di: FH Düsseldorf, FB 6 – Sozial- und Kulturwiss., Universitätsstr. 1, 40225 Düsseldorf, T: (0211) 8114668, angelika.gregor@fh-duesseldorf.de; pr: Itterstr. 168, 40589 Düsseldorf

**Gregor,** Rudolf; Dr.-Ing., Prof.; *Regelungs- u. Automatisierungstechnik*; di: HAW Ingolstadt, Fak. Elektrotechnik u. Informatik, Esplanade 10, 85049 Ingolstadt, T: (0841) 9348293, rudolf.gregor@haw-ingolstadt.de

**Gregorius,** Peter; Dr.-Ing., Prof.; *Schaltungstechnik, Sensortechnik, Nanoelektronik*; di: HTW Berlin, FB Ingenieurwiss. I, Allee der Kosmonauten 20/22, 10315 Berlin, Peter.Gregorius@HTW-Berlin.de

**Gregorzewski,** Armin; Dr., Prof.; *Thermodynamik und Strömungslehre*; di: HAW Hamburg, Fak. Life Sciences, Lohbrügger Kirchstr. 65, 21033 Hamburg, T: (040) 428756480, armin.gregorzewski@haw-hamburg.de

**Greif,** Dieter; Dr. rer. nat. habil., Prof., Dekan FB Mathematik / Naturwiss.; *Organ. Chemie, Spektroskop. Methoden d. Organ. Chemie, Darstellung u. Reaktionen v. 2H-Thiopyranen, Synthesen v. trifluomethylsubstituierten Verbindungen, Naturstoffe u. nachwachsende Rohstoffe*; di: Hochsch. Zittau / Görlitz, Fak. Mathematik / Naturwiss., Theodor-Körner-Allee 16, 02763 Zittau, T: (03583) 611706, F: 611740, d.greif@hs-zigr.de; pr: Töpferberg 16, 02763 Zittau, T: (03583) 793193

**Greif,** Moniko; Dr.-Ing., Prof.; *Schweißtechnik, Technologie, Produktionstechnik, Qualitätsmanagement, CAQ, CAM / KMG*; di: Hochsch. Rhein / Main, FB Ingenieurwiss., Maschinenbau, Am Brückweg 26, 65428 Rüsselsheim, T: (06142) 8984324, moniko.greif@hs-rm.de; pr: Schlossgartenstr. 45, 64289 Darmstadt, T: (06151) 718049

**Greife,** Wolfgang; Dr. rer. pol., Prof.; *Allgemeine Betriebswirtschaftslehre, Produktionswirtschaft, Kostenmanagement, Simultaneous Engineering, Projektmanagement, Kommunikation, Präsentation, Moderation*; di: Hochsch. Hannover, Fak. II Maschinenbau u. Bioverfahrenstechnik, Bismarckstr. 2, 30173 Hannover, PF 920261, 30441 Hannover, T: (0511) 92963543, F: 92961111, wolfgang.greife@hs-hannover.de; pr: Süßeroder Str. 19, 30559 Hannover, T: (0511) 9523946

**Greiffenhagen,** Sylvia; Dr. rer. soc., Prof.; *Politikwissenschaft*; di: Ev. Hochsch. Nürnberg, Fak. f. Sozialwissenschaften, Bärenschanzstr. 4, 90429 Nürnberg, T: (0711) 352005, sylvia.greiffenhagen@evhn.de; pr: Im Heppächer 13, 73728 Esslingen, T: (09711) 352005

**Greiling,** Michael; Dr., Prof.; *Betriebswirtschaftslehre, Workflow-Management*; di: Westfäl. Hochsch., FB Wirtschaft, Neidenburger Str. 43, 45877 Gelsenkirchen, T: (0209) 9596619, michael.greiling@fh-gelsenkirchen.de

**Grein,** Hans-Jürgen; Dr. med., Prof.; *Kontaktlinsentechnik*; di: FH Lübeck, FB Angewandte Naturwissenschaften, Mönkhofer Weg 239, 23562 Lübeck, T: (0451) 3005220, grein@fh-luebeck.de

**Greiner,** Bernd; Dr., HonProf. FH Frankfurt am Main; *Prozeßmeßtechnik*; di: FH Frankfurt, FB 2 Informatik u. Ingenieurwiss., Nibelungenplatz 1, 60318 Frankfurt am Main

**Greiner,** Bert; Dr. phil., Prof.; *Violine, Didaktik / Methodik*; di: Hochsch. Lausitz, FB Musikpädagogik, Puschkinpromenade 13-14, 03044 Cottbus, T: (0355) 5818901, F: 5818909; pr: T: (030) 2412757

**Greiner,** Christian; Dr., Prof.; *Organisation, EDV*; di: Hochsch. München, Fak. Betriebswirtschaft, Am Stadtpark 20, 81243 München, T: (089) 12652701, F: 12652714, christian.greiner@fhm.edu

**Greiner,** Götz; Prof.; di: Jade Hochsch., FB Management, Information, Technologie, Friedrich-Paffrath-Str. 101, 26389 Wilhelmshaven

**Greiner,** Michael; Dr., Prof.; *Systemgastronomie, Catering*; di: Hochsch. Weihenstephan-Triesdorf, Fak. Landwirtschaft, Steingruberstr. 2, 91746 Weidenbach-Triesdorf, T: (09826) 654227, michael.greiner@hswt.de

**Greiner,** Thomas; Dr., Prof.; *Technische Informatik, Information Systems*; di: Hochsch. Pforzheim, Fak. f. Technik, Tiefenbronner Str. 65, 75175 Pforzheim, T: (07231) 286689, F: 286060, thomas.greiner@hs-pforzheim.de

**Greiner,** Werner; Prof.; *Elektrotechnik*; di: DHBW Mosbach, Lohrtalweg 10, 74821 Mosbach, T: (06261) 939540, F: 939234, elektrotechnik@dhbw-mosbach.de

**Greinwald,** Kurt; Dr.-Ing., Prof.; *Maschinenbau*; di: Hochsch. Furtwangen, Fak. Industrial Technologies, Kronenstr. 16, 78532 Tuttlingen, T: (07461) 15026625, kurt.greinwald@hs-furtwangen.de

**Greipl,** Dieter; Dipl.-Inf., Dr. rer. nat., Prof.; *Wirtschaftsmathematik, Wirtschaftsinformatik*; di: Hochsch. Landshut, Fak. Betriebswirtschaft, Am Lurzenhof 1, 84036 Landshut, dieter.greipl@fh-landshut.de

**Greischel,** Peter; Dr. rer. pol., Prof.; *Touristik-Management*; di: Hochsch. München, Fak. Tourismus, Am Stadtpark 20, 81243 München, T: (089) 12652742, peter.greische@lfhm.edu

**Greitens,** Günter; Dr.-Ing., Prof.; *Baubetrieb und Bauverfahren*; di: FH Köln, Fak. f. Bauingenieurwesen u. Umwelttechnik, Betzdorfer Str. 2, 50679 Köln, T: (0221) 82752772, guenter.greitens@fh-koeln.de; pr: Salierallee 23, 52066 Aachen, T: (0241) 9971455

**Greiter,** Anita; Prof.; *Modedesign*; di: HAW Hamburg, Fak. Design, Medien u. Information, Armgartstr. 24, 22087 Hamburg, T: (040) 428754623, Viktoria.Greiter@haw-hamburg.de; pr: T: (040) 381622

**Greitmann,** Martin J.; Dr.-Ing., Prof.; *Materialkunde und Werkstofftechnologien*; di: Hochsch. Esslingen, Fak. Fahrzeugtechnik u. Fak. Graduate School, Kanalstr. 33, 73728 Esslingen, T: (0711) 3973374; pr: Barbarossastr. 34, 73732 Esslingen, T: (0711) 9372923

**Greiwe,** Ansgar; Dr., Prof.; *Fernerkundung, Photogrammetrie*; di: FH Frankfurt, FB 1 Architektur, Bauingenieurwesen, Geomatik, Nibelungenplatz 1, 60318 Frankfurt am Main, ansgar.greiwe@fb1.fh-frankfurt.de

**Grell,** Reinhard; Dipl.-Holzwirt, Prof.; *Produktionsmethoden u. -maschinen (Möbelproduktion)*; di: Hochsch. Ostwestfalen-Lippe, FB 7, Produktion u. Wirtschaft, Liebigstr. 87, 32657 Lemgo, T: (05261) 702271, F: 702275; pr: Detmolder Weg 11, 32657 Lemgo, T: (02591) 22595

**Gremminger,** Klaus; Dipl.-Inf., Prof.; *Datenbanktechnologie, Verteilte Informationssysteme*; di: Hochsch. Karlsruhe, Fak. Informatik u. Wirtschaftsinformatik, Moltkestr. 30, 76133 Karlsruhe, PF 2440, 76012 Karlsruhe, T: (0721) 9251578

**Greschuchna,** Larissa; Dr., Prof.; *Wirtschaftsingenieurwesen*; di: Hochsch. Offenburg, Fak. Betriebswirtschaft u. Wirtschaftsingenieurwesen, Klosterstr. 14, 77723 Gengenbach, T: (07803) 96984485, larissa.greschuchna@hs-offenburg.de

**Greß,** Stefan; Dr., Prof.; *Gesundheitsökonomie, Versorgungsforschung*; di: Hochsch. Fulda, FB Pflege u. Gesundheit, Marquardstr. 35, 36039 Fulda, T: (0661) 9640638, Stefan.Gress@pg.hs-fulda.de

**Greuel,** Luise; Dr. phil., Prof.; *Rechtspsychologie, Sozialwissenschaften*; di: Hochsch. f. Öffentl. Verwaltung Bremen, Doventorscontrescarpe 172, 28195 Bremen, T: (0421) 36159416, Luise.Greuel@hfoev.bremen.de

**Greuel,** Thomas; Dr., Prof.; *Ästhetische Bildung, Tanzpädagogik, Musikpädagogik*; di: Ev. FH Rhld.-Westf.-Lippe, FB Soziale Arbeit, Bildung u. Diakonie, Immanuel-Kant-Str. 18-20, 44803 Bochum, T: (0234) 36901346, greuel@efh-bochum.de

**Greule,** Roland; Dr., Prof.; *Lichttechnik, Lichtdesign, Virtuelle Systeme*; di: HAW Hamburg, Fak. Design, Medien u. Information, Stiftstr. 69, 20099 Hamburg, T: (040) 428757664, roland.greule@haw-hamburg.de; pr: T: (04193) 993660, F: 993661

**Greuling,** Steffen; Dr.-Ing., Prof.; *Technische Festigkeitslehre, Werkstofftechnik, FEM*; di: Hochsch. Esslingen, Fak. Maschinenbau, Kanalstr. 33, 73728 Esslingen, T: (0711) 3973161; pr: Sirnauer Str. 4, 73728 Esslingen, T: (07111) 3006176

**Greve,** Goetz; Dr. rer. pol., Prof.; *Grundlagen BWL, Gesprächsführung, Vertrieb, Strategisches Management, Projektmanagement, Marketing*; di: Hamburg School of Business Administration, Alter Wall 38, 20457 Hamburg, T: (040) 36138760, F: 36138751, goetz.greve@hsba.de

**Greveler,** Ulrich; Dr., Prof.; *Angewandte Informatik*; di: Hochsch. Rhein-Waal, Fak. Kommunikation u. Umwelt, Südstraße 8, 47475 Kamp-Lintfort, T: (02842) 90825283, ulrich.greveler@hochschule-rhein-waal.de

**Greving,** Heinrich; Dr., Prof.; *Heilpädagogik*; di: Kath. Hochsch. NRW, Abt. Münster, FB Sozialwesen, Piusallee 89, 48147 Münster, T: (0251) 4176722, hgreving@kfhnw.de; pr: Bürgermeister-Horst-Str. 17, 48703 Stadtlohn, T: (02563) 97262

**Grewe,** Annette; Dr., Prof., Dekanin FB Pflege und Gesundheit; *Medizinische Grundlage der Pflege*; di: Hochsch. Fulda, FB Pflege u. Gesundheit, Marquardstr. 35, 36039 Fulda, T: (0661) 9640601, henny.grewe@pg.fh-fulda.de

**Grewe,** Claus; Dr.-Ing., Prof.; *Informatik / Wirtschaftsinformatik*; di: FH Münster, FB Wirtschaft, Johann-Krane-Weg 25, 48149 Münster, T: (0251) 8365551, F: 8365525, Claus.Grewe@fh-muenster.de

**Grewe,** Tanja; Dr., Prof.; *Logopädie*; di: Hochsch. Fresenius, FB Gesundheit u Soziales, Limburger Str. 2, 65510 Idstein, T: (06126) 9352917, grewe@hs-fresenius.de

**Grieb,** Helmuth; Dr. rer. nat., Prof.; *Mathematik, EDV*; di: Hochsch. Esslingen, Fak. Grundlagen, Fak. Mechatronik u. Elektrotechnik, Robert-Bosch-Str. 1, 73037 Göppingen, T: (07161) 6971197; pr: Buchenstr. 2/3, 73035 Göppingen, T: (07161) 24728

**Griebel,** Bernd; Dr. phil., Prof.; *Deutsch als Fremdsprache*; di: Hochsch. Zittau / Görlitz, Fak. Wirtschafts- u. Sprachwiss., Theodor-Körner-Allee 16, 02763 Zittau, T: (03583) 611835, b.griebel@hs-zigr.de

**Griebel,** Bernhard; Dr.-Ing., Prof.; *Baubetriebswirtschaft*; di: Hochsch. Rhein / Main, FB Architektur u. Bauingenieurwesen, Kurt-Schumacher-Ring 18, 65197 Wiesbaden, T: (0611) 94951481, Bernhard.Griebel@hs-rm.de

**Griebl,** Ludwig; Dipl.-Math., Prof.; *Mathematik, Grundlagen der Informatik*; di: Hochsch. Landshut, Fak. Informatik, Am Lurzenhof 1, 84036 Landshut, griebl@fh-landshut.de

**Grief,** Marc; Dipl.-Ing., Prof.; *Planungs- u. Baumanagement*; di: FH Mainz, FB Technik, Holzstr. 36, 55051 Mainz, T: (06131) 2859227, grief@fh-mainz.de

**Griefahn,** Ulrike; Dr. rer. nat., Prof.; *Praktische Informatik*; di: Westfäl. Hochsch., FB Informatik u. Kommunikation, Neidenburger Str. 43, 45877 Gelsenkirchen, T: (0209) 9596432, ulrike.griefahn@informatik.fh-gelsenkirchen.de

**Grieger,** Christoph; Dr.-Ing., Prof., Dekan FB Bauingenieurwesen / Architektur; *Betontechnologie, Instandsetzung von Betonteilen*; di: HTW Dresden, Fak. Bauingenieurwesen / Architektur, Friedrich-List-Platz 1, 01069 Dresden, T: (0351) 4623677, grieger@htw-dresden.de

**Griehl,** Carola; Dr., Prof.; *Biochemie*; di: Hochsch. Anhalt, FB 7 Angew. Biowiss. u. Prozesstechnik, PF 1458, 06354 Köthen, T: (03496) 671002, carola.griehl@bwp.hs-anhalt.de

**Griemert,** Rudolf; Dr.-Ing., Prof.; *Technische Mechanik, Konstruktionslehre, Maschinenteile, Förderanlagen*; di: Techn. Hochsch. Mittelhessen, FB 14 Wirtschaftsingenieurwesen, Wilhelm-Leuschner-Str. 13, 61169 Friedberg, T: (06031) 604518; pr: Oranienstr. 49, 65812 Bad Soden, T: (06196) 61204, F: 652760, Griemert@t-online.de

…; Dr. rer. pol., Prof.; …*schaftslehre, Controlling*; di: H… FB Wirtschaftswissenschaften, …-Zuse-Str. 1, 56075 Koblenz, T: …61) 9528174, F: 9528150, griemert@hs-koblenz.de

**Gries,** Jürgen; Dr. rer. pol., Prof.; *Soziologie, Sozialarbeitswissenschaft*; di: Kath. Hochsch. f. Sozialwesen Berlin, Köpenicker Allee 39-57, 10318 Berlin, T: (030) 50101045, gries@khsb-berlin.de

**Griesar,** Patrick; Dr. rer. pol., Prof.; *Steuerrecht*; di: Hochsch. Rhein/Main, Wiesbaden Business School, Bleichstr. 44, 65183 Wiesbaden, T: (0611) 94953104, patrick.griesar@hs-rm.de

**Griesbach,** Bernd; Dr.-Ing., Prof.; *Fertigungsverfahren, CAD/CAM und Werkzeugmaschinen*; di: HAW Ingolstadt, Fak. Maschinenbau, Esplanade 10, 85049 Ingolstadt, T: (0841) 9348175, Bernd.Griesbach@haw-ingolstadt.de

**Griesbach,** Ullrich; Dr. rer. nat., Prof.; *Mathematik, Ingenieurmathematik*; di: Hochsch. Mittweida, Fak. Mathematik/Naturwiss./Informatik, Technikumplatz 17, 09648 Mittweida, T: (03727) 581331, F: 581315, ugriesba@htwm.de

**Griesbaum,** Rainer; Dr. Ing., Prof.; *Mathematik, Technologie der Fertigungsverfahren, Technik, Technische Thermodynamik*; di: Hochsch. Karlsruhe, Fak. Informatik u. Wirtschaftsinformatik, Moltkestr. 30, 76133 Karlsruhe, PF 2440, 76012 Karlsruhe, T: (0721) 9251958

**Griese,** Kai-Michael; Dr., Prof.; *Betriebswirtschaftslehre, insbes. Marketing*; di: Hochsch. Osnabrück, Fak. Wirtschafts- u. Sozialwiss., Caprivistr. 30A, 49076 Osnabrück, PF 1940, 49009 Osnabrück, T: (0541) 9693880, griese@wi.hs-osnabrueck.de

**Griesehop,** Hedwig Rosa; Dr. phil., Prof.; *Sozialarbeit*; di: Alice-Salomon-Hochsch., Alice-Salomon-Platz 5, 12627 Berlin-Hellersdorf, T: (030) 99245406, griesehop@ash-berlin.eu

**Grieshaber,** Judith; Prof.; *Grundlagen d. Gestaltung, Kommunikationsdesign, Kommunikationswissenschaften*; di: Hochsch. Konstanz, Fak. Architektur u. Gestaltung, Brauneggerstr. 55, 78462 Konstanz, PF 100543, 78405 Konstanz, T: (07531) 206856, grieshab@fh-konstanz.de

**Griesinger,** Andreas; Dr.-Ing., Prof.; *Maschinenbau*; di: DHBW Stuttgart, Fak. Technik, Maschinenbau, Kronenstraße 53 A, 70174 Stuttgart, T: (0711) 1849694, griesinger@dhbw-stuttgart.de

**Grigoleit,** Bernd; Prof.; *Einsatzlehre*; di: Hochsch. f. Wirtschaft u. Recht Berlin, FB 3, Alt-Friedrichsfelde 60, 10315 Berlin, T: (030) 90214356, F: 90214417, b.grigoleit@hwr-berlin.de

**Grillenberger,** Kurt; Prof. FH Isny; *Allgemeine und pharmazeutische Chemie*; di: NTA Prof. Dr. Grübler, Seidenstr. 12-35, 88316 Isny, T: (07562) 970714, grille@nta-isny.de

**Grillitsch,** Wolfgang; Prof.; *Innenarchitektur*; di: Hochsch. f. Technik, Fak. Architektur u. Gestaltung, Schellingstr. 24, 70174 Stuttgart, PF 101452, 70013 Stuttgart, T: (0711) 89262826, wolfgang.grillitsch@hft-stuttgart.de

**Grillo,** Michael; Dipl.-Des., Prof.; *Designmanagement, insbesondere Computergestützte Entwicklungs- und Präsentationstechniken*; di: FH Südwestfalen, FB Techn. Betriebswirtschaft, Haldener Str. 182, 58095 Hagen, T: (02331) 9872390, F: 987322, grillo@fh-swf.de; pr: Rüstermark 16, 45134 Essen, T: (0201) 444015

**Grimhardt,** Hartmut; Dr., Prof.; *Elektronische Datenverarbeitung, Ausgleichungsrechnung, Geoinformationssysteme*; di: Hochsch. f. angew. Wiss. Würzburg Schweinfurt, Fak. Kunststofftechnik u. Vermessung, Münzstr. 12, 97070 Würzburg

**Grimm,** Christian; Dr., Prof.; *Agrar- u. Umweltrecht*; di: Hochsch. Weihenstephan-Triesdorf, Fak. Land- u. Ernährungswirtschaft, Am Hofgarten 1, 85354 Freising, 85350 Freising, T: (08161) 714330, F: 714496, christian.grimm@fh-weihenstephan.de

**Grimm,** Heinz; Dr., Prof.; *VWL*; di: FH d. Bundes f. öff. Verwaltung, FB Sozialversicherung, Nestorstraße 23 - 25, 10709 Berlin, T: (030) 86522677

**Grimm,** Jürgen; Dr. rer. nat., Prof.; *Aktorik und Mikrosystemtechnik*; di: Westsächs. Hochsch. Zwickau, FB Elektrotechnik, Dr.-Friedrichs-Ring 2A, 08056 Zwickau, Juergen.Grimm@fh-zwickau.de

**Grimm,** Klaus; Prof.; *BWL, Bank*; di: DHBW Karlsruhe, Fak. Wirtschaft, Erzbergerstr. 121, 76133 Karlsruhe, T: (0721) 9735933, grimm@dhbw-karlsruhe.de

**Grimm,** Paul; Dr., Prof.; *Graphische Datenverarbeitung*; di: FH Erfurt, FB Versorgungstechnik, Altonaer Str. 25, 99085 Erfurt, PF 101363, 99013 Erfurt, T: (0361) 6700970, F: 6700643, grimm@fh-erfurt.de

**Grimm,** Petra; Dr., Prof., Dekanin Fakultät Electronic Media; *Kommunikationswissenschaft, Medienwirkung, -theorie, -ethik, -psychologie, Wissenschaftslehre*; di: Hochsch. d. Medien, Fak. Electronic Media, Nobelstr. 10, 70569 Stuttgart, T: (0711) 89232202, grimm@hdm-stuttgart.de

**Grimm,** Rita; Dr. phil., Prof.; *Erziehungswissenschaften / Elementarpädagogik*; di: Kath. Hochsch. f. Sozialwesen Berlin, Köpenicker Allee 39-57, 10318 Berlin, T: (030) 501010892

**Grimmer,** Arnd; Dr., Prof.; *ABWL / Quantitative Methoden*; di: Hochsch. Rhein/Main, Wiesbaden Business School, Bleichstr. 44, 65183 Wiesbaden, T: (0611) 94953155, arnd.grimmer@hs-rm.de

**Grimminger,** Ulrich; Dipl.-Holzwirt, Prof.; *Holzbaukonstruktion, Brandschutz*; di: Hochsch. Rosenheim, Fak. Holztechnik u. Bau, Hochschulstr. 1, 83024 Rosenheim, ulrich.grimminger@fh-rosenheim.de

**Grimmling,** Hans-Hendrik; Prof.; *Bildnerisches Gestalten*; di: Berliner Techn. Kunsthochschule, Bernburger Str. 24-25, 10963 Berlin, h.grimmling@btk-fh.de; www.h-h-grimmling.de

**Grinewitschus,** Viktor; Dr., Prof.; *Energiemanagement in der Immobilienwirtschaft, Technische Gebäudeausrüstung*; di: EBZ Business School Bochum, Springorumallee 20, 44795 Bochum, T: (0234) 9447700, v.grinewitschus@ebz-bs.de

**Grinôt,** Annette; Dr., Prof.; *Food Management*; di: DHBW Mosbach, Campus Bad Mergentheim, Schloss 2, 97980 Bad Mergentheim, T: (07931) 530616, F: 530680, grinot@dhbw-mosbach.de

**Grischek,** Thomas; Dr.-Ing., Prof.; *Wasserwesen*; di: HTW Dresden, Fak. Bauingenieurwesen/Architektur, Friedrich-List-Platz 1, 01069 Dresden, grischek@htw-dresden.de

**Grjasnow,** Susanne; Dr. phil., Prof.; *Entwicklungs- und Persönlichkeitskonzepte*; di: FH Jena, FB Sozialwesen, Carl-Zeiss-Promenade 2, 07745 Jena, PF 100314, 07703 Jena, T: (03641) 205800, F: 205801, sw@fh-jena.de

**Grobosch,** Michael; Dr., Prof.; *VWL, Wirtschaftswissenschaft*; di: DHBW Stuttgart, Fak. Wirtschaft, Paulinenstraße 50, 70178 Stuttgart, T: (0711) 1849879, grobosch@dhbw-stuttgart.de

**Grobshäuser,** Uwe; Dr., Prof.; *Einkommensteuer, Wirtschaftswissenschaften, Internationales Steuerrecht, Öffentliches Recht*; di: H f. öffentl. Verwaltung u. Finanzen Ludwigsburg, Fak. Steuer- u. Wirtschaftsrecht, Reuteallee 36, 71634 Ludwigsburg, T: (07141) 140463, F: 140544

**Groch,** Wolf-Dieter; Dr.-Ing., Prof.; *Grundlagen der Informatik, Graphische Datenverarbeitung*; di: Hochsch. Darmstadt, FB Informatik, Haardtring 100, 64295 Darmstadt, T: (06151) 168421, w.groch@fbi.h-da.de; pr: Im Kennental 6a, 76227 Karlsruhe, T: (0721) 493901

**Gröger,** Herbert; Dipl.-Volksw., Dipl.-Hdl., Dr. phil., o.Prof. Gustav-Siewerth-Akad. Weilheim-Bierbronnen; *Wirtschaftswissenschaften*; di: Gustav-Siewerth-Akademie, Oberbierbronnen 1, 79809 Weilheim-Bierbronnen; pr: Nieder-Röder Str. 32, 64859 Eppertshausen

**Gröger,** Manfred; Dr. rer. pol., Prof.; *Rechnungswesen, Controlling*; di: Hochsch. München, Fak. Betriebswirtschaft, Am Stadtpark 20 (Neubau), 81243 München, T: (089) 12652737, F: 12652714, manfred.groeger@fhm.edu

**Gröhl,** Matthias; Dr. rer. pol., Prof.; *Betriebswirtschaft*; di: HTW d. Saarlandes, Fak. f. Wirtschaftswiss, Waldhausweg 14, 66123 Saarbrücken, T: (0681) 5867552, mgroehl@htw-saarland.de; pr: Kreuzbergstr. 73, 66663 Merzig, T: (06861) 2001

**Gröllmann,** Peter; Dipl.-Ing., Prof.; *Messtechnik, Elektronische Messverfahren, Analoge Schaltungstechnik*; di: Hochsch. Offenburg, Fak. Elektrotechnik u. Informationstechnik, Badstr. 24, 77652 Offenburg, T: (0781) 205230, F: 205214

**Grömling,** Michael; Dr., Prof.; *Economics*; di: Int. Hochsch. Bad Honnef, Mülheimer Str. 38, 53604 Bad Honnef, T: (02224) 9605119, m.groemling@fh-bad-honnef.de

**Grömping,** Ulrike; Dr., Prof.; *Wirtschaftsmathematik, Statistik*; di: Beuth Hochsch. f. Technik, FB II Mathematik – Physik – Chemie, Luxemburger Str. 10, 13353 Berlin, T: (030) 45045127, groemping@beuth-hochschule.de, groemping@bht-berlin.de

**Groen,** Gunter; Dr., Prof.; *Psychologie im Studiengang Soziale Arbeit*; di: HAW Hamburg, Fak. Wirtschaft u. Soziales, Alexanderstr. 1, 20099 Hamburg, gunter.groen@haw-hamburg.de

**Gröne,** Margret; M.A., Dr. päd., Prof.; *Methoden der sozialen Arbeit, Gesundheitsförderung*; di: HAWK Hildesheim/Holzminden/Göttingen, Fak. Soziale Arbeit u. Gesundheit, Brühl 20, 31134 Hildesheim, T: (05121) 881414, Groene@hawk-hhg.de

**Gröne,** Matthias; Dipl.-Ing.-Arch., Prof.; *Gestaltung*; di: Hochsch. Esslingen, Fak. Angew. Naturwiss., Kanalstr. 33, 73728 Esslingen, T: (0711) 3973547; pr: Weissenburgstr. 33, 70180 Stuttgart, T: (0711) 6497462

**Grönebaum,** Claudia; Dipl.-Des., Prof.; *Grafik-Design, Konzeption u. Entwurf*; di: FH Münster, FB Design, Leonardo-Campus 6, 48149 Münster, T: (0251) 8365308, groenebaum@fh-muenster.de

**Gröner,** Ursula; Dr., Prof.; *Betriebsinformatik/Verteilte Informationssysteme*; di: FH Dortmund, FB Wirtschaft, Emil-Figge-Str. 44, 44227 Dortmund, T: (0231) 7554944, F: 7554901, Uschi.Groener@fh-dortmund.de

**Gröning,** Robert; Dr., HonProf.; *Betriebswirtschaftliche Steuerlehre*; di: Business and Information Technology School GmbH, Reiterweg 26 b, 58636 Iserlohn, T: (02371) 7760, F: 776503, robert.groening@bits-iserlohn.de

**Gröschke,** Dieter; Dr., Prof.; *Psychologie/Heilpädagogik*; di: Kath. Hochsch. NRW, Abt. Münster, FB Sozialwesen, Piusallee 89, 48147 Münster, d.groeschke@kfhnw.de; pr: Zum Erlenbusch 122, 48167 Münster, T: (0251) 614543

**Grötsch,** Eberhard; Prof.; *Grundlagen Informatik, Compiler, Programmiersprachen, Automatisierungstechniken*; di: Hochsch. f. angew. Wiss. Würzburg Schweinfurt, Fak. Informatik u. Wirtschaftsinformatik, Münzstr. 12, 97070 Würzburg

**Grötschel,** Dieter; Dr., Prof.; *Informatik, Wirtschaftsinformatik, Electronic Business*; di: Hochsch. Heilbronn, Fak. f. Wirtschaft u. Verkehr, Max-Planck-Str. 39, 74081 Heilbronn, T: (07131) 504450, F: 252470, groetschel@hs-heilbronn.de

**Groha,** Axel; Dr.-Ing., Prof.; *Betriebswirtschaftslehre, Rechnungswesen, Controlling*; di: HAW Ingolstadt, Fak. Maschinenbau, Esplanade 10, 85049 Ingolstadt, T: (0841) 9348791, Axel.Groha@haw-ingolstadt.de

**Grohmann,** Rainer; Dipl.-Holzwirt, Prof.; *Werkstoffkunde Holz, Holztrocknung, Trocknungsqualität, Fussbodentechnik, Qualitätsmanagement, Kontinuierlicher Verbesserungs-Prozess (KVP)*; di: Hochsch. Rosenheim, Fak. Holztechnik u. Bau, Hochschulstr. 1, 83024 Rosenheim

**Grohmann,** Rolf; Dr.-Ing., Prof.; *Elektrische Maschinen und Antriebe, Leistungselektronik, Grundlagen der Elektrotechnik*; di: HTWK Leipzig, FB Elektrotechnik u. Informationstechnik, PF 301166, 04251 Leipzig, T: (0341) 30761162, grohmann@fbeit.htwk-leipzig.de

**Gromann,** Petra; Dr., Prof.; *Heil- und Behindertenpädagogik, Soziologie*; di: Hochsch. Fulda, FB Sozialwesen, Marquardstr. 35, 36039 Fulda, T: (0661) 9640114; pr: T: (06673) 1758, F: 1759

**Gromball,** Frank; Dr.-Ing., Prof.; *Energiemanagement, Elektrotechnik*; di: Hochsch. Aschaffenburg, Fak. Ingenieurwiss., Würzburger Str. 45, 63743 Aschaffenburg, T: (06021) 314810, frank.gromball@h-ab.de

**Gromes,** Reiner; Dr. rer. nat., Prof.; *Allgemeine und Analytische Chemie, Biochemie*; di: Hochsch. Osnabrück, Fak. Agrarwiss. u. Landschaftsarchitektur, PF 1940, 49009 Osnabrück, T: (0541) 9695078, r.gromes@hs-osnabrueck.de; pr: Hammarskjöldstr. 15, 49088 Osnabrück, T: (0541) 14798

**Grommas,** Dieter; Dr., Prof.; *Betriebswirtschaftslehre*; di: HAWK Hildesheim/Holzminden/Göttingen, Fak. Management, Soziale Arbeit, Bauen, Haarmannplatz 3, 37603 Holzminden, T: (05531) 126115

**Gronau,** Gregor; Dr., Prof.; *Nachrichtenverarbeitung, Höchstfrequenztechnik*; di: FH Düsseldorf, FB 3 – Elektrotechnik, Josef-Gockeln-Str. 9, 40474 Düsseldorf, T: (0211) 4351333, gregor.gronau@fh-duesseldorf.de; www.fh-duesseldorf.de/et/gronau/home/home.html; pr: Freysestr. 7, 47802 Krefeld, T: (02151) 563483

**Gronau,** Klaus-Dieter; Dipl.-Ing., Prof.; *Karosserietechnik, Konstruktion, Leichtbau, CAD*; di: Hochsch. Esslingen, Fak. Versorgungstechnik u. Umwelttechnik, Kanalstr. 33, 73728 Esslingen, T: (0711) 3973349; pr: Guttenbrunnstr. 100, 71067 Sindelfingen

**Gronau,** Manfred; Dr.-Ing., Prof.; *Steuerungs- und Regelungstechnik in der Landmaschinentechnik*; di: FH Köln, Fak. f. Anlagen, Energie- u. Maschinensysteme, Betzdorfer Str. 2, 50679 Köln, T: (0221) 82752390, manfred.gronau@fh-koeln.de; pr: Eststr. 56, 45149 Essen

**Gronau,** Paul; Dr.-Ing., Prof.; *Betriebswirtschaft mit dem Schwerpunkt Logistik*; di: FH Südwestfalen, FB Ingenieur- u. Wirtschaftswiss., Lindenstr. 53, 59872 Meschede, T: (0291) 9910660, gronau@fh-swf.de; pr: Peter-Wiese-Str. 1, 59872 Meschede, T: (0291) 1399

**Groner,** Frank; Prof.; *Recht*; di: Kath. Stiftungsfachhochsch. München, Preysingstr. 83, 81667 München, frank.groner@ksfh.de

**Groot,** Lucas de; Prof.; *Schriftentwicklung*; di: FH Potsdam, FB Design, Pappelallee 8-9, Haus 5, 14469 Potsdam, T: (0331) 5801441

**Groot,** Margot C.; HonProf.; *Bewegung, Bewegungstheater*; di: Hochsch. Osnabrück, Fak. MKT, Inst. f. Theaterpädagogik, Baccumer Straße 3, 49808 Lingen, T: (0591) 80098411

**Gropengießer,** Helmut; Dr., Prof.; *Verwaltungsrecht, Zivilrecht*; di: FH d. Bundes f. öff. Verwaltung, Willy-Brandt-Str. 1, 50321 Brühl, T: (01888) 6298131, Helmut.Gropengiesser@fhbund.de

**Gros,** Eckhard; Dr., Prof.; *Arbeits-, Betriebs- und Organisationspsychologie*; di: Hochsch. Rhein/Main, Wiesbaden Business School, Bleichstr. 44, 65183 Wiesbaden, T: (0611) 94953197, eckhard.gros@hs-rm.de; pr: Traminerweg 19, 55291 Saulheim, T: (06732) 5647, F: 930475

**Gros,** Leo; Dr., Prof.; *Analytik, Biochemie, Polymere und Neue Werkstoffe, Fachenglisch*; di: Hochsch. Fresenius, Limburger Str. 2, 65510 Idstein, T: (06126) 935260

**Gross,** Bernhard; Dr.-Ing., Prof.; *Multimedia Networking, Internetanwendungen und Security*; di: Hochsch. Rhein/Main, FB Ingenieurwiss., Informationstechnologie u. Elektrotechnik, Am Brückweg 26, 65428 Rüsselsheim, T: (06142) 8984288, bernhard.gross@hs-rm.de; pr: Donaustr. 58, 64521 Groß-Gerau, T: (06152) 57645

**Groß,** Eberhard; Dr., Prof.; *Vieh- und Fleischwirtschaft*; di: Hochsch. Weihenstephan-Triesdorf, Fak. Landwirtschaft, Steingruberstr. 2, 91746 Weidenbach-Triesdorf, T: (09826) 654220, F: 6544220, eberhard.gross@fh-weihenstephan.de

**Groß,** Friedrich; Dr.-Ing., Prof.; *Technische Betriebslehre, CIM*; di: Hochsch. Darmstadt, FB Elektrotechnik u. Informationstechnik, Haardtring 100, 64295 Darmstadt, T: (06151) 168289, gross@eit.h-da.de

**Groß,** Harald; Dr. rer. nat., Prof.; *Mathematik*; di: Hochsch. Ulm, Fak. Mathematik, Natur- u. Wirtschaftswiss., PF 3860, 89028 Ulm, T: (0731) 5028535, gross@hs-ulm.de

**Groß,** Herbert; Dr., Prof.; *Datenverarbeitung, Allgemeine Betriebswirtschaftslehre, Unternehmensführung, Führungsmethoden*; di: Hochsch. Hof, Fak. Wirtschaft, Alfons-Goppel-Platz 1, 95028 Hof, T: (09281) 409404, F: 40955404, Herbert.Gross@fh-hof.de

**Groß,** Iris; Dr.-Ing., Prof.; *Technische Mechanik, Konstruktionselemente, CAD*; di: Hochsch. Bonn-Rhein-Sieg, FB Elektrotechnik, Maschinenbau u. Technikjournalismus, Grantham-Allee 20, 53757 Sankt Augustin, T: (02241) 865731, iris.gross@h-bonn-rhein-sieg.de

**Groß,** Jürgen; Dr. rer. nat., Prof.; *Mathematik*; di: Hochsch. Darmstadt, FB Mathematik u. Naturwiss., Haardtring 100, 64295 Darmstadt, T: (06151) 168666, gross@h-da.de

**Groß,** Klaus; Dr.-Ing., Prof.; *Mechanik, geführte Verkehrsmittel*; di: FH Köln, Fak. f. Fahrzeugsysteme u. Produktion, Betzdorfer Str. 2, 50679 Köln, T: (0221) 82752321, F: 82752913, klaus.gross@fh-koeln.de

**Groß,** Maritta; Dipl.-Päd., Dr. phil., Prof.; *Sozialarbeitswissenschaft*; di: Hochsch. Coburg, Fak. Soziale Arbeit u. Gesundheit, Friedrich-Streib-Str. 2, 96450 Coburg, T: (09561) 317367, grossm@hs-coburg.de

**Groß,** Markus; Dr., Prof.; *Europäische Studien und Sprachen*; di: FH Kaiserslautern, FB Betriebswirtschaft, Amerikastr. 1, 66482 Zweibrücken, T: (06332) 914225, markus.gross@fh-kl.de

**Groß,** Matthias; Dr. rer. nat., Prof.; *Netzwerktechnik*; di: FH Köln, Fak. f. Informations- u. Kommunikationswiss., Claudiusstr. 1, 50678 Köln, T: (0221) 82753370, matthias.gross@fh-koeln.de

**Groß,** Melanie; Dr., Prof.; *Erziehung und Bildung mit dem Schwerpunkt Jugendarbeit*; di: FH Kiel, FB Soziale Arbeit u. Gesundheit, Sokratesplatz 2, 24149 Kiel, T: (0431) 2103046, melanie.gross@fh-kiel.de

**Gross,** Monika; Dr. rer. nat., Prof., Präs. Beuth H f. Technik Berlin; *Zellbiologie, Molekularbiologie*; di: Beuth Hochsch. f. Technik, FB V Life Science and Technology, Luxemburger Str. 10, 13353 Berlin, T: (030) 45043901, gross@beuth-hochschule.de; T: (030) 45042335, praesidentin@beuth-hochschule.de

**Groß,** Rainer; Dr., Prof.; *Wirtschaftsinformatik. BWL*; di: Georg-Simon-Ohm-Hochsch. Nürnberg, Fak. Informatik, Keßlerplatz 12, 90489 Nürnberg, PF 210320, 90121 Nürnberg, T: (0911) 58801660, rainer.gross@ohm-hochschule.de

**Gross,** Siegmar; Dr., Prof.; *Betriebssysteme, Rechnernetze*; di: Hochsch. Fulda, FB Angewandte Informatik, Marquardstr. 35, 36039 Fulda, T: (0661) 9640333, siegmar.groß@informatik.fh-fulda.de

**Groß,** Sven; Dipl.-Ing., Dr. rer. pol., Prof.; *Management von Verkehrsträgern*; di: Hochsch. Harz, FB Wirtschaftswiss., Friedrichstr. 57-59, 38855 Wernigerode, T: (03943) 659279, F: 6595279, SGross@HS-Harz.de

**Groß,** Ulrich; Dr., Prof.; *Landtechnik und Anlagentechnik*; di: Hochsch. Weihenstephan-Triesdorf, Fak. Landwirtschaft, Steingruberstr. 2, 91746 Weidenbach-Triesdorf, T: (09826) 654219, F: 6544010, ulrich.gross@fh-weihenstephan.de

**Groß,** Volker; Dr. rer. nat., Prof.; *Angewandte Biochemie*; di: Techn. Hochsch. Mittelhessen, FB 04 Krankenhaus- u. Medizintechnik, Umwelt- u. Biotechnologie, Gutfleischstr. 3-5, 35390 Gießen, T: (0641) 3092646

**Gross-Dinter,** Ursula; M.A., Dr. phil., Prof.; *Italienisch*; di: Hochsch. f. Angewandte Sprachen München, Amalienstr. 73, 80799 München, T: (089) 28810212, gross-dinter@sdi-muenchen.de

**Groß-Hardt,** Margret; Dr.-Ing., Prof.; *Elektrotechnik und Informationstechnik*; di: H Koblenz, FB Ingenieurwesen, Konrad-Zuse-Str. 1, 56075 Koblenz, T: (0261) 9528387, gross-hardt@fh-koblenz.de

**Groß-Kosche,** Petra; Dr. rer. nat., Prof.; *Biologie*; di: Hochsch. Reutlingen, FB Angew. Chemie, Alteburgstr. 150, 72762 Reutlingen, T: (07121) 2712021, Petra.Gross-Kosche@Reutlingen-University.DE

**Gross-Letzelter,** Michaela; Dipl.-Soz., Dr. phil., Prof.; *Sozialpädagogik, Sozialarbeit*; di: Kath. Stiftungsfachhochsch. München, Preysingstr. 83, 81667 München, T: (089) 480921213, F: 4801907, michaela.gross-letzelter@ksfh.de

**Große,** Christine; Dr.-Ing., Vertr.-Prof.; *Verkehrssystemwirtschaft*; di: FH Erfurt, FB Verkehrs- u. Transportwesen, PF 450155, 99051 Erfurt, T: (0361) 6700658, F: 6700528, christine.grosse@fh-erfurt.de

**Grosse,** Gisela; Prof.; *Corporate Identity Beratung, Corporate Design Entwicklung, Corporate Communication*; di: FH Münster, FB Design, Leonardo-Campus 6, 48149 Münster, T: (0251) 8365365, grosse@fh-muenster.de; pr: Elisabeth-Ney-Str. 6, 48147 Münster, T: (0251) 47797

**Grosse,** Hatto; Prof.; *Design for Manufacturing*; di: FH Köln, Fak. f. Design u. Restaurierung, Ubierring 40, 50678 Köln

**Große,** Jens; Dr., Prof.; *Journalismus, Unternehmenskommunikation*; di: FH des Mittelstands, FB Medien, Ravensbergerstr. 10 G, 33602 Bielefeld, grosse@fhm-mittelstand.de

**Große,** Norbert; Dr.-Ing., Prof.; *Prozessleittechnik, insbes. Mess- und Regelungstechnik*; di: FH Köln, Fak. f. Informations-, Medien- u. Elektrotechnik, Betzdorfer Str. 2, 50679 Köln, T: (0221) 82752274, norbert.grosse@fh-koeln.de

**Grosse,** Thomas; Dipl.-Musiklehrer, Prof.; *Ästhetische Kommunikation, Schwerpunkt Musik*; di: Hochsch. Hannover, Fak. V Diakonie, Gesundheit u. Soziales, Blumhardtstr. 2, 30625 Hannover, PF 690363, 30612 Hannover, T: (0511) 92963143, thomas.grosse@hs-hannover.de; pr: Brombeerkamp 11, 31275 Lehrte/Steinwedel, T: (05136) 978940

**Große-Gehling,** Manfred; Dr.-Ing., Prof.; *Fahrzeugtechnik, Landmaschinentechnik, Betriebsfestigkeit*; di: FH Münster, FB Maschinenbau, Stegerwaldstr. 39, 48565 Steinfurt, T: (02551) 962016, F: 962017, manfred.große-gehling@fh-muenster.de

**Große Hokamp,** Heinz; Dr. sc. agr., Prof.; *Phytomedizin, Pflanzenschutz, Botanik*; di: Hochsch. Neubrandenburg, FB Agrarwirtschaft u. Lebensmittelwiss., Brodaer Str. 2, 17033 Neubrandenburg, PF 110121, 17041 Neubrandenburg, T: (0395) 56932103, hgroho@hs-nb.de

**Große Holtforth,** Dominik; Dr. rer. pol., Prof.; *Medienökonomie, Angewandte Medienwirtschaft*; di: Hochsch. Fresenius, Im Mediapark 4c, 50670 Köln, grosseholtforth@hs-fresenius.de

**Große Wiesmann,** Joachim; Dr.-Ing., Prof.; *Bioverfahrenstechnik, Biotechnologie*; di: Beuth Hochsch. f. Technik, FB V Life Science and Technology, Luxemburger Str. 10, 13353 Berlin, T: (030) 45043943, growi@beuth-hochschule.de

**Grosser,** Norbert; Dr. rer. nat. habil., Prof. FH Erfurt; *Zoologie, Tierökologie*; di: FH Erfurt, FB Landschaftsarchitektur, Leipziger Str. 77, 99085 Erfurt, PF 101363, 99013 Erfurt, T: (0361) 6700229, F: 6700259, grosser@fh-erfurt.de

**Großer,** Rainer; Dr., Prof.; *Wirtschaftsinformatik*; di: DHBW Stuttgart, Fak. Wirtschaft, Wirtschaftsinformatik, Rotebühlplatz 41, 70178 Stuttgart, T: (0711) 66734531, grosser@dhbw-stuttgart.de

**Großhans,** Jenz; Prof.; *Designkonzepte*; di: FH Köln, Fak. f. Kulturwiss., Ubierring 40, 50678 Köln, T: (0221) 82753608

**Großhans,** Walter; Dr. rer. nat., Prof.; *Physik, Mathematik, Messtechnik*; di: Hochsch. Offenburg, Fak. Maschinenbau u. Verfahrenstechnik, Badstr. 24, 77652 Offenburg, T: (0781) 205115, F: 205214

**Großklaus-Seidel,** Marion; Dr. theol., Prof.; *Ethik, Erwachsenenbildung*; di: Ev. Hochsch. Darmstadt, Zweifalltorweg 12, 64293 Darmstadt, T: (06151) 879831, grossklaus-seidel@eh-darmstadt.de; pr: Gärtnerweg 2 a, 64404 Bickenbach

**Großkopf,** Volker; Dr. jur., Prof., Dekan FB Gesundheitswesen; *Rechtswissenschaft*; di: Kath. Hochsch. NRW, Abt. Köln, FB Gesundheitswesen, Wörthstr. 10, 50668 Köln, T: (0221) 7757198, F: 7757128, v.grosskopf@kfhnw.de

**Großkreuz,** Fabian; Dr., Prof.; *Fertigungstechnik, Produkentwicklung, Stücklistenorganisation, Poduction Management, Werkstoffkunde*; di: FH Frankfurt, FB 2 Informatik u. Ingenieurwiss., Nibelungenplatz 1, 60318 Frankfurt am Main, T: (069) 15332375

**Großmann,** Berthold von; Dr.-Ing., Prof.; *Werkstofftechnik, Spanlose Fertigungsverfahren*; di: Georg-Simon-Ohm-Hochsch. Nürnberg, Fak. Maschinenbau u. Versorgungstechnik, Keßlerplatz 12, 90489 Nürnberg, PF 210320, 90121 Nürnberg

**Großmann,** Christoph; Dr., Prof.; *Fahrzeuggetriebe, Maschinenelemente und Werkstofftechnik*; di: HAW Hamburg, Fak. Technik u. Informatik, Berliner Tor 9, 20099 Hamburg, christoph.grossmann@haw-hamburg.de

**Großmann,** Daniel; Dr.-Ing., Prof.; *Ingenieurinformatik u. Datenverarbeitung*; di: HAW Ingolstadt, Fak. Maschinenbau, Esplanade 10, 85049 Ingolstadt, T: (0841) 9348288, daniel.grossmann@haw-ingolstadt.de

ank-Joachim; Prof.; *fik, Typografie*; di: FH ch Hall, Salinenstr. 2, 74523 bisch Hall, PF 100252, 74502 wäbisch Hall, T: (0791) 8565541, grossmann@fhsh.de

**Großmann,** Manfred; Dr. rer. nat., Prof.; *Mikrobiologie und Biochemie*; di: Hochsch. Geisenheim, Von-Lade-Str. 1, 65366 Geisenheim, T: (06722) 502231, manfred.grossmann@hs-gm.de; pr: Heinrich-Heine-Str. 3, 64823 Groß-Umstadt, T: (06078) 73326

**Großmann,** Margita; Dr. oec. habil., Prof.; *Tourismuswirtschaft, Allg. BWL*; di: Hochsch. Zittau/Görlitz, Fak. Wirtschafts- u. Sprachwiss, Theodor-Körner-Allee 16, 02763 Zittau, T: (03581) 4828422, M.Grossmann@hs-zigr.de

**Grossmann,** Rainer; Dr.-Ing., Prof.; *Sensortechnik, Elektronische Bauelemente, Elektrotechnik*; di: Hochsch. Augsburg, Fak. f. Elektrotechnik, An der Hochschule 1, 86161 Augsburg, T: (0821) 55863925, F: 55863360, rainer.grossmann@hs-augsburg.de

**Großmann,** Ralph; Dr. rer. nat., Prof.; *Grundlagen der Informatik/ Programmierung*; di: HTW Dresden, Fak. Informatik/Mathematik, Friedrich-List-Platz 1, 01069 Dresden, T: (0351) 4622580, grossm@informatik.htw-dresden.de

**Großmann,** Uwe; Dr.-Ing., Prof.; *Mechanische Verfahrenstechnik, Thermodynamik, Mechanische Prozesstechnik*; di: Hochsch. Bremerhaven, An der Karlstadt 8, 27568 Bremerhaven, T: (0471) 4823259, ugrossma@hs-bremerhaven.de; pr: Gartenviertel 1, 27607 Langen, T: (04743) 27112

**Großmann,** Uwe; Dr., Prof.; *Betriebliche Datenverarbeitung*; di: FH Dortmund, FB Wirtschaft, Emil-Figge-Str. 44, 44227 Dortmund, T: (0231) 7554943, F: 7554902, Uwe.Grossmann@fh-dortmund.de; pr: Gustavstr. 8, 44137 Dortmund

**Großmann,** Uwe; Dr., Prof.; *Physik, Gebäudemanagement*; di: Hochsch. Niederrhein, FB Oecotrophologie, Rheydter Str. 232, 41065 Mönchengladbach, T: (02161) 1865385, uwe.grossmann@hs-niederrhein.de

**Großmaß,** Ruth; Dr., Prof.; *Ethik, Sozialphilosophie, Propädeutik*; di: Alice-Salomon-Hochsch., Alice-Salomon-Platz 5, 12627 Berlin-Hellersdorf, T: (030) 99245501, F: 99245245, grossmass@ash-berlin.eu

**Grote,** Hugo; Dr. jur., Prof.; *Wirtschaftsrecht*; di: H Koblenz, FB Wirtschafts- u. Sozialwissenschaften, RheinAhrCampus, Joseph-Rovan-Allee 2, 53424 Remagen, T: (02642) 932187, grote@rheinahrcampus.de

**Grote,** Klaus-Peter; Dr. rer. pol., Prof.; *Betriebswirtschaftslehre/Controlling*; di: Hochsch. Lausitz, FB Informatik, Elektrotechnik, Maschinenbau, Großenhainer Str. 57, 01968 Senftenberg, T: (03573) 85701, F: 85709

**Grote,** Martin; Dr. rer. pol., Prof.; *Betriebswirtschaftslehre, insbes. Personalmanagement*; di: Hochsch. Bochum, FB Wirtschaft, Lennershofstr. 140, 44801 Bochum, T: (0234) 3210628, martin.grote@hs-bochum.de; pr: Heidelohstr. 8, 48249 Dülmen

**Grote,** Sven; Dr. rer. pol., Prof. FH Erding; *Wirtschaftspsychologie*; di: FH f. angewandtes Management, Am Bahnhof 2, 85435 Erding, T: (08122) 9559480, sven.grote@myfham.de

**Groteklaes,** Michael; Dr., Prof.; *Lackchemie und Anorganische Chemie*; di: Hochsch. Niederrhein, FB Chemie, Frankenring 20, 47798 Krefeld, T: (02151) 8224095

**Groten,** Gerd; Dr.-Ing., Prof.; *Fügetechnik, Stahlbetonbau, Schweißtechnik*; di: FH Dortmund, FB Maschinenbau, Sonnenstr. 96, 44139 Dortmund, T: (0231) 9112308, F: 9112334, gerd.groten@fh-dortmund.de; pr: Broichbachtel 37, 52134 Herzogenrath

**Grotendorst,** Johannes; Dr. rer. nat., Prof.; *Wissenschaftl. Rechnen und Computermathematik*; di: FH Aachen, FB Angewandte Naturwiss. u. Technik, Ginsterweg 1, 52428 Jülich, T: (02461) 616585, j.grotendorst@fz-juelich.de

**Groterath,** Angelika; Dr. rer. Soz., Prof.; *Grundl. Psychologie, Drogenabhängigkeit, empir. Forsch. intern. Handlungsfelder, Psychodrama*; di: Hochsch. Darmstadt, FB Gesellschaftswiss. u. Soziale Arbeit, Haardtring 100, 64295 Darmstadt, T: (06151) 168728, angelika.groterath@h-da.de

**Grothe-Senf,** Anja; Dipl.-Kff., Dr. rer. pol., Prof.; *Umweltökonomie*; di: Hochsch. f. Wirtschaft u. Recht Berlin, Badensche Str. 50-51, 10825 Berlin, T: (030) 85789116, angrothe@hwr-berlin.de; pr: Karlsbergallee 25 E, 14089 Berlin, T: (030) 36801963

**Grotjahn,** Martin; Dr.-Ing., Prof.; *Mechatronik, Elektrotechnik, Regelungstechnik*; di: Hochsch. Hannover, Fak. I Elektro- u. Informationstechnik, Ricklinger Stadtweg 120, 30459 Hannover, PF 920261, 30441 Hannover, T: (0511) 92961381, martin.grotjahn@hs-hannover.de

**Grottker,** Matthias; Dr.-Ing., Prof.; *Siedlungswasserwirtschaft*; di: FH Lübeck, FB Bauwesen, Mönkhofer Weg 239, 23562 Lübeck, T: (0451) 3005155, F: 3005079, matthias.grottker@fh-luebeck.de

**Grotz,** Claus-Peter; Prof.; *Politikwissenschaft*; di: Hochsch. f. Polizei Villingen-Schwenningen, Sturmbühlstr. 250, 78054 Villingen-Schwenningen, T: (07720) 309571

**Gruber,** Hans-Günther; Dr. theol., Dr. theol. habil., Prof.; *Moraltheologie*; di: Kath. Stiftungsfachhochsch. München, Preysingstr. 83, 81667 München, T: (089) 480921263, F: 4801907; pr: Ludwig-Thoma-Str. 1, 85716 Unterschleißheim, T: (089) 3108949, F: 37488012, hans-guenter.gruber@gmx.de

**Gruber,** Joachim; Dr. jur., Prof.; *Wirtschaftsprivatrecht/Arbeitsrecht*; di: Westsächs. Hochsch. Zwickau, FB Wirtschaftswiss., Scheffelstr. 39, 08056 Zwickau, PF 201037, 08012 Zwickau, Joachim.Gruber@fh-zwickau.de

**Gruber,** Manfred; Dr. rer. nat., Prof.; *Mathematik, Statistik, Datenbanksysteme*; di: Hochsch. München, Fak. Informatik u. Mathematik, Lothstr. 34, 80335 München, T: (089) 12653737

**Gruber,** Rolf; Prof.; *Grundlagen Entwerfen, Entwurfslehre*; di: FH Erfurt, FB Architektur, Schlüterstr. 1, 99084 Erfurt, PF 101363, 99013 Erfurt, T: (0361) 6700443, F: 6700462, gruber@fh-erfurt.de

**Gruber,** Thomas; Dr., Prof.; di: Hochsch. f. Wirtschaft u. Recht Berlin, Badensche Str. 50-51, 10825 Berlin, T: (030) 85789233, thomas.gruber@hwr-berlin.de

**Grudowski,** Stefan; Dr., Prof.; *Marketing, Unternehmenskommunikation, Mitarbeiterinformation, Informationswissenschaft*; di: Hochsch. d. Medien, Fak. Information u. Kommunikation, Wolframstr. 32, 70191 Stuttgart, T: (0711) 25706186, grudowski@hdm-stuttgart.de; pr: Immenhofer Str. 75, 70180 Stuttgart, T: (0711) 6012064

**Grübl,** Fritz; Dipl.-Ing., Prof.; *Tunnelbau, Konstruktiver Ingenieurbau, Ingenieurgeologie, Festigkeitslehre*; di: Hochsch. f. Technik, Fak. Bauingenieurwesen, Bauphysik u. Wirtschaft, Schellingstr. 24, 70174 Stuttgart, PF 101452, 70013 Stuttgart, T: (0711) 89262703, F: 89262913, fritz.gruebl@fht-stuttgart.de

**Grübler,** Gerald; Dipl.-Chem., Dipl.-Ing., Prof. FH Isny; *Chemie, Biochemie*; di: NTA Prof. Dr. Grübler, Seidenstr. 12-35, 88316 Isny, T: (07562) 970710, gruebler@nta-isny.de

**Grüger,** Klaus; Dr., Prof.; *Audiotechnik, Videotechnik, Grundlagen d. Medienproduktion u. -technik*; di: Hochsch. Amberg-Weiden, FB Elektro- u. Informationstechnik, Kaiser-Wilhelm-Ring 23, 92224 Amberg, T: (09621) 482143, F: 482161, k.grueger@fh-amberg-weiden.de

**Grühn,** Corinna; Dr., Prof.; *Rechtswissenschaft*; di: Hochsch. Bremen, Fak. Gesellschaftswiss., Neustadtswall 30, 28199 Bremen, T: (0421) 59053767, F: 59052753, Corinna.Gruehn@hs-bremen.de

**Grün,** Andreas; Dr. rer. pol., Prof.; *Controlling/Rechnungswesen*; di: Hochsch. Coburg, Fak. Wirtschaft, Friedrich-Streib-Str. 2, 96450 Coburg, T: (09561) 317378, gruen@hs-coburg.de

**Grün,** Jürgen; Dr.-Ing., Prof.; *Automatisierungstechnik, Aktoren*; di: H Koblenz, FB Ingenieurwesen, Konrad-Zuse-Str. 1, 56075 Koblenz, T: (0261) 9528440, gruen@fh-koblenz.de

**Grün,** Markus; Dr., Prof.; di: DHBW Karlsruhe, Fak. Wirtschaft, Erzbergerstr. 121, 76133 Karlsruhe, T: (0721) 9735945

**Grün,** Reinhold; Dr. med., Prof.; *Versorgungsforschung, International Health*; di: Alice-Salomon-Hochsch., Alice-Salomon-Platz 5, 12627 Berlin-Hellersdorf, T: (030) 99245421, F: 8112187, gruen@ash-berlin.eu

**Grün,** Uwe; Dr.-Ing., Prof.; di: Rheinische FH Köln, Hohenstaufenring 16-18, 50674 Köln; pr: Wachendorfstr. 2, 51429 Bergisch Gladbach, T: (02204) 1429

**Grünberg,** Hans Hennig von; Dr. rer. nat., Präs. H Niederrhein; *Physikalische Chemie*; di: Hochsch. Niederrhein, Präsidialamt, Reinarzstr. 49, 41065 Krefeld, hans-hennig.von-gruenberg@hs-niederrhein.de

**Gründel,** Matthias; Dr., Prof.; *Sozialpsychologie*; di: Hochsch. Magdeburg-Stendal, FB Angew. Humanwiss., Osterburger Str. 25, 39576 Stendal, T: (03931) 21874858, matthias.gruendel@hs-magdeburg.de

**Gründemann,** Uwe; Dr., Prof.; *Marktforschung und Statistik*; di: FH Erfurt, FB Wirtschaftswiss., Steinplatz 2, 99085 Erfurt, PF 101363, 99013 Erfurt, T: (0361) 6700184, F: 6700152, gruendemann@fh-erfurt.de

**Gründer,** Joachim; Dr.-Ing., Prof.; *Technische Mechanik*; di: HTW Dresden, Fak. Maschinenbau/Verfahrenstechnik, Friedrich-List-Platz 1, 01069 Dresden, T: (0351) 4622338, gruender@mw.htw-dresden.de

**Gründer,** René; Dr., Prof.; *Soziale Dienste der Jugend-, Sozial- und Familienhilfe*; di: DHBW Heidenheim, Fak. Sozialwesen, Wilhelmstr. 10, 89518 Heidenheim, T: (07321) 2722412, F: 2722419, gruender@dhbw-heidenheim.de

**Grüneberg,** Christian; Dr., Prof.; *Physiotherapie, Therapiewissenschaft*; di: Hochsch. f. Gesundheit, Universitätsstr. 105, 44789 Bochum, T: (0234) 77727620, christian.grueneberg@hs-gesundheit.de

**Grünemaier,** Andreas; Dr. rer. nat., Prof.; *Physik u. Informatik*; di: Hochsch. Hannover, Fak. II Maschinenbau u. Bioverfahrenstechnik, Ricklinger Stadtweg 120, 30459 Hannover, PF 920261, 30441 Hannover, T: (0511) 92961670, andreas.gruenemaier@hs.hannover.de

**Grünendahl,** Martin; Dr. phil., Prof.; *Pflegewissenschaft/Pflegeforschung*; di: Westsächs. Hochsch. Zwickau, FB Gesundheits- u. Pflegewiss., Scheffelstr. 39, 08066 Zwickau, Martin.Gruenendahl@fh-zwickau.de

**Grüner-Richter,** Sabine; Dr., Prof.; *Bioreaktionskinetik, Mess- und Regelungstechnik, Verfahrenstechnik*; di: Hochsch. Weihenstephan-Triesdorf, Fak. Biotechnologie u. Bioinformatik, Am Hofgarten 10 (Löwentorgebäude), 85350 Freising, T: (08161) 713842, F: 715116, sabine.gruener@hswt.de

**Grünewald,** Axel; Prof.; *Fotografie*; di: FH Bielefeld, FB Gestaltung, Lampingstr. 3, 33615 Bielefeld, T: (0521) 1067652, axel.gruenewald@fh-bielefeld.de; pr: c/o Höning, Siechenmarschstr. 17 a, 33615 Bielefeld

**Grünhaupt,** Ulrich; Dr.-Ing., Prof.; *Elektronik, Optoelektronik, Messtechnik*; di: Hochsch. Karlsruhe, Fak. Elektro- u. Informationstechnik, Moltkestr. 30, 76133 Karlsruhe, PF 2440, 76012 Karlsruhe, T: (0721) 9251332, ulrich.gruenhaupt@hs-karlsruhe.de

**Grüning,** Helmut; Dr.-Ing., Prof.; *Wasser- und Abwassernetze, Immissionsschutz, Physik*; di: FH Münster, FB Energie, Gebäude, Umwelt, Stegerwaldstraße 39, 48565 Steinfurt, T: (02551) 962163, gruening@fh-muenster.de

**Grüninger,** Gunter; Dipl.-Chem., Dipl.-Ing. (FH), Prof.; *Verfahrenstechnik und Maschinen der Textilveredelung, Untersuchungsmethoden der Textilveredelung*; di: Hochsch. Reutlingen, FB Natural Sciences, Alteburgstr. 150, 72762 Reutlingen, T: (07121) 2712043, Gunter.Grueninger@Reutlingen-University.DE; pr: Römerstr. 1, 72820 Sonnenbühl-Genkingen, T: (07128) 2776

**Grünler,** Reinhard; Dr.-Ing., Prof.; *Elektrische Energie- und Anlagentechnik*; di: FH Schmalkalden, Fak. Elektrotechnik, Blechhammer, 98574 Schmalkalden, PF 100452, 98564 Schmalkalden, T: (03683) 6885107, r.gruenler@e-technik.fh-schmalkalden.de

**Grünvogel,** Stefan; Dr. rer. nat., Prof.; *Datenverarbeitung u. Computeranimation*; di: FH Köln, Fak. f. Informations-, Medien- u. Elektrotechnik, Betzdorfer Str. 2, 50679 Köln, T: (0221) 82752526, stefan.gruenvogel@fh-koeln.de

**Grünwald,** Mathias; Dr. rer. nat., Prof., Prorektor f. Forschung, Wissenstransfer u. internat. Beziehungen; *Angewandte Zoologie, Tierökologie*; di: Hochsch. Neubrandenburg, FB Landschaftsarchitektur, Geoinformatik, Geodäsie u. Bauingenieurwesen, Brodaer Str. 2, 17033 Neubrandenburg, PF 110121, 17041 Neubrandenburg, T: (0395) 56934504, gruenwald@hs-nb.de; T: (0395) 56931004, prorekfw@hs-nb.de

**Grünwald,** Norbert; Dr. rer. nat., Prof., Rektor; *Mathematik/Operations-Research*; di: Hochsch. Wismar, Fak. f. Ingenieurwiss., PF 1210, 23952 Wismar, T: (03841) 753216, rektor@hs-wismar.de

**Grünwied,** Gertrud; Dipl-Ing., Dr., Prof.; *Redaktionssysteme XML, Techn. Dokumentation, Visuelle Wahrnehmung und Gestaltung*; di: Hochsch. München, Fak. Studium Generale u. interdisziplinäre Studien, Lothstr. 34, 80335 München, T: (089) 12654322, F: 12654302, gertrud.gruenwied@hm.edu; pr: www.paracam.de

**Grünwoldt,** Lutz; Dr.-Ing., Prof.; *Informatik*; di: FH Bielefeld, FB Ingenieurwiss. u. Mathematik, Wilhelm-Bertelsmann-Str. 10, 33602 Bielfeld, T: (0521) 1067369, F: 1067160, lutz.gruenwoldt@fh-bielefeld.de

**Grüter,** Barbara; Dr. phil., Prof.; *Medienmanagement u. -ökonomie*; di: Hochsch. Bremen, Fak. Elektrotechnik u. Informatik, Flughafenallee 10, 28199 Bremen, T: (0421) 59055486, F: 59055412, Barbara.Grueter@hs-bremen.de

**Grüttmüller,** Martin; Dr. rer. nat. habil., PD U Rostock, Prof. HTWK Leipzig; *Diskrete Mathematik*; di: HTWK Leipzig, FB Informatik, Mathematik u. Naturwiss., PF 301166, 04251 Leipzig, T: (0341) 30766487, gruettmueller@imn.htwk-leipzig.de

**Grütz,** Michael; Dr., Prof.; *Systemanalyse, Betriebliche Systemforschung, Informationssysteme öffentlicher Betriebe, Software-Produktionsumgebung und -Werkzeuge*; di: Hochsch. Konstanz, Fak. Informatik, Brauneggerstr. 55, 78462 Konstanz, PF 100543, 78405 Konstanz, T: (07531) 206398, gruetz@htwg-konstanz.de

**Grützmann,** Johannes; Dr. rer. nat., Prof.; *Mathematik*; di: FH Jena, FB Grundlagenwiss., Carl-Zeiss-Promenade 2, 07745 Jena, PF 100314, 07703 Jena, T: (03641) 205500, F: 205501, gw@fh-jena.de

**Grützner,** Hans; Prof.; di: Jade Hochsch., FB Management, Information, Technologie, Friedrich-Paffrath-Str. 101, 26389 Wilhelmshaven

**Gruhler,** Gerhard; Dr.-Ing., Prof.; *Industrieroboter, Automatisierung in der Produktion, Kreativer Systementwurf*; di: Hochsch. Reutlingen, FB Technik, Alteburgstr. 150, 72762 Reutlingen, T: (07121) 271331, gerhard.gruhler@fh-reutlingen.de; pr: Jusistr. 8, 72141 Walddorfhäslach, T: (07127) 21785

**Gruhler,** Gerhard; Dipl.-Phys., Prof.; *Analoge und digitale Schaltungstechnik, Mikroprozessoren und digitale Signalprozessoren*; di: Hochsch. Heilbronn, Max-Planck-Str. 39, 74081 Heilbronn, T: (07131) 504307, F: 504143072, gruhler@hs-heilbronn.de

**Grumke,** Thomas; Dr., Prof.; *Politikwissenschaft, Soziologie*; di: FH f. öffentl. Verwaltung NRW, Außenstelle Dortmund, Hauert 9, 44227 Dortmund, thomas.grumke@fhoev.nrw.de

**Grun,** Gregor; Dr. rer. nat., Prof.; *Logistik- und Polymerwissenschaften*; di: FH Kaiserslautern, FB Angew. Logistik u. Polymerwiss., Carl-Schurz-Str. 1-9, 66953 Pirmasens, T: (06331) 248386, gregor.grun@fh-kl.de

**Grunau,** Rudi; Dr., Prof.; *Maschinenbau*; di: DHBW Lörrach, Hangstr. 46-50, 79539 Lörrach, T: (07621) 2071148, F: 2071179, grunau@dhbw-loerrach.de

**Grundig,** Claus-Gerold; Dr.-Ing., Prof.; *Fabrikplanung, Produktionsplanung und -steuerung*; di: Techn. Hochsch. Wildau, FB Ingenieurwesen/Wirtschaftsingenieurwesen, Bahnhofstr., 15745 Wildau, T: (03375) 508171, F: 500324, cgrundig@igw.tfh-wildau.de

**Grundl,** Wolfgang; Dr., Prof.; *Sozialmedizin, Sozialpsychiatrie*; di: Hochsch. Niederrhein, FB Sozialwesen, Richard-Wagner-Str. 101, 41065 Mönchengladbach, T: (02161) 1865624, wolfgang.grundl@hs-niederrhein.de

**Grundler,** Thomas; Dr., Prof.; *Grünlandwirtschaft, Futterbau*; di: Hochsch. Weihenstephan-Triesdorf, Fak. Land- u. Ernährungswirtschaft, Am Hofgarten 1, 85354 Freising, 85350 Freising, T: (08161) 714331, F: 714496, thomas.grundler@fh-weihenstephan.de

**Grundmann,** Reinhard; Dr.-Ing., Prof.; *Strömungslehre/Strömungsmaschinen*; di: FH Aachen, FB Maschinenbau und Mechatronik, Goethestr. 1, 52064 Aachen, T: (0241) 600952331, grundmann@fh-aachen.de; pr: An der Rahemühle 30, 52072 Aachen, T: (0241) 879708

**Grundmann,** Silvia; Dr. jur., Prof.; *Betriebswirtschaftslehre, Recht*; di: FH Westküste, Fritz-Thiedemann-Ring 20, 25746 Heide, T: (0481) 8555570, grundmann@fh-westkueste.de

**Grundmann,** Werner; Dr.-Ing., Prof.; *Verbrennungskraftmaschinen, Thermodynamik*; di: Hochsch. Mannheim, Fak. Maschinenbau, Windeckstr. 110, 68163 Mannheim

**Gruner,** Axel; Dr., Prof.; *Hospitality Management, BWL des Tourismus, Marketing für Hotellerie u. Gastronomie*; di: Hochsch. München, Fak. Tourismus, Am Stadtpark 20, 81243 München, T: (089) 12652731, axel.gruner@fhm.edu

**Gruner,** Götz; Prof.; *Computeranimation, Computergrafik u. 3D-Animation, Mediengestaltung u. Konzeption, Wahrnehmungspsychologie, Labor Computergrafik u. 3D-Animation, Labor Videoproduktion (Animation), Intercultural Media Design (CME)*; di: Hochsch. Offenburg, Fak. Medien u. Informationswesen, Badstr. 24, 77652 Offenburg, T: (0781) 205132, F: 205214

**Gruner,** Petra; Dipl.-Kfm., Dr. rer. oec., Prof.; *Bank- und Versicherungsbetriebslehre*; di: Hochsch. Coburg, Fak. Wirtschaft, Friedrich-Streib-Str. 2, 96450 Coburg, T: (09561) 317332, grunerp@hs-coburg.de

**Gruner-Göpel,** Dagmar; Dr. rer. pol., Prof.; *Betriebswirtschaftslehre*; di: Hochsch. Niederrhein, FB Elektrotechnik/Informatik, Reinarzstr. 49, 47805 Krefeld, T: (02151) 8224624; pr: Eisenacher Str. 3, 50259 Pulheim, T: (02234) 986214

**Grunwald,** Angelika; Dr. rer. oec., Prof.; *BWL, Controlling, Organisation, Personalmanagement*; di: bbw Hochsch. Berlin, Leibnizstraße 11-13, 10625 Berlin, T: (030) 319909518, angelika.grunwald@bbw-hochschule.de

**Grunwald,** Anja; Dipl.-Ing., Prof.; *Gestaltung und Visualisierung*; di: Hochsch. Karlsruhe, Fak. Wirtschaftswissenschaften, Moltkestr. 30, 76133 Karlsruhe, PF 2440, 76012 Karlsruhe, T: (0721) 9252938

**Grunwald,** Klaus; Dr., Prof.; *Soziale Arbeit in Pflege und Rehabilitation*; di: DHBW Stuttgart, Fak. Sozialwesen, Herdweg 29, 70174 Stuttgart, T: (0711) 1849728, grunwald@dhbw-stuttgart.de

**Grunwald,** Matthias; Dipl.-Ing., Architekt, Prof.; *Städtebau/Städtebaulicher Entwurf*; di: Westsächs. Hochsch. Zwickau, FB Architektur, Klinkhardtstr. 30, 08468 Reichenbach, T: (03765) 552151, Matthias.Grunwald@fh-zwickau.de

**Grupa,** Uwe; Dr., Prof.; *Lebensmittelverfahrenstechnik*; di: Hochsch. Fulda, FB Lebensmitteltechnologie, Marquardstr. 35, 36039 Fulda

**Grupp,** Bernhard; Dr., Prof.; *Grundlagen der Betriebswirtschaftslehre, Controlling, Management Simulation, Projektmanagement*; di: Hochsch. Rosenheim, Fak. Betriebswirtschaft, Hochschulstr. 1, 83024 Rosenheim, T: (08031) 805462, F: 805453

**Grupp,** Frieder; Dr. rer. nat., Prof.; *Mathematik*; di: Hochsch. f. angew. Wiss. Würzburg Schweinfurt, Fak. angew. Natur- u. Geisteswiss., Ignatz-Schön-Str. 11, 97421 Schweinfurt

**Grutzpalk,** Jonas; Dr., Prof.; *Politikwissenschaft, Soziologie*; di: FH f. öffentl. Verwaltung NRW, Studienort Bielefeld, Kurt-Schumacher-Str. 6, 33615 Bielefeld, jonas.grutzpalk@fhoev.nrw.de

**Grygo,** Harald; Dipl.-Ing. agr., Dr. agr., Prof.; *Kommunikationswesen, Beratung und Unternehmensführung*; di: Hochsch. Osnabrück, Fak. Agrarwiss. u. Landschaftsarchitektur, PF 1940, 49009 Osnabrück, T: (0541) 9695141, F: 96915141, h.grygo@hs-osnabrueck.de; pr: Eichendorffstr. 20, 49134 Wallenhorst, T: (05407) 7775, F: 8575203

**Grzemba,** Andreas; Dr.-Ing., Prof.; *Digitale Automatisierungssysteme, Gebäudetechnik, Werkstoffwissenschaften, Industrielle Kommunikationsnetze*; di: Hochsch. Deggendorf, FB Elektrotechnik u. Medientechnik, Edlmairstr. 6-8, 94469 Deggendorf, PF 1320, 94453 Deggendorf, T: (0991) 3615512, F: 3615599, andreas.grzemba@fh-deggendorf.de

**Gschwendner,** Peter; Dr.-Ing., Prof.; *Konstruktion, Maschinenelemente*; di: Hochsch. Regensburg, Fak. Maschinenbau, PF 120327, 93025 Regensburg, T: (0941) 9435176, peter.gschwendner@maschinenbau.fh-regensburg.de

**Gschwendtner,** Andrea; Dr. des., Prof.; *Regie*; di: Macromedia Hochsch. f. Medien u. Kommunikation, Richmodstr. 10, 50667 Köln

**Gschwind,** Joachim; Dr.-Ing., Prof.; *Baustatik*; di: Hochsch. Regensburg, Fak. Bauingenieurwesen, PF 120327, 93025 Regensburg, T: (0941) 9431344, joachim.gschwind@bau.fh-regensburg.de

**Gschwinder,** Joachim; Dr., Prof.; *Wirtschaftsprivatrecht*; di: Hochsch. Reutlingen, FB Produktionsmanagement, Alteburgstr. 150, 72762 Reutlingen, T: (07121) 2715003, Joachim.Gschwinder@Reutlingen-University.DE

**Gubaidullin,** Gail; Dr., Prof.; *Elektrote Regelungstechnik, Robotik*; di: H Koblenz, FB Mathematik u. Technik, RheinAhrCampus, Joseph-Rovan-Allee 2 53424 Remagen, T: (02642) 932398, F: 932399, gubai@rheinahrcampus.de

**Gubitz,** Andrea; Dr., Prof.; *Volkswirtschaftslehre, Statistik, Wirtschaftsmathematik*; di: FH Frankfurt, FB 3 Wirtschaft u. Recht, Nibelungenplatz 1, 60318 Frankfurt am Main, T: (069) 15332910, gubitz@fb3.fh-frankfurt.de

**Guckelsberger,** Ulli; Dipl.-Mathematiker, Dr. rer. pol., Prof.; *Volkswirtschaftslehre, Statistik, Mathematik*; di: FH Ludwigshafen, FB II Marketing und Personalmanagement, Ernst-Boehe-Str. 4, 67059 Ludwigshafen/Rhein, T: (0621) 5203234; pr: ulli.guckelsberger@t-online.de

**Guckert,** Michael; Dr. rer. nat., Prof.; *Praktische Informatik, Wirtschaftsinformatik*; di: Techn. Hochsch. Mittelhessen, FB 13 Mathematik, Naturwiss. u. Datenverarbeitung, Wilhelm-Leuschner-Str. 13, 61169 Friedberg, T: (06031) 604452, Michael.Guckert@mnd.fh-friedberg.de; pr: Arthur-Weber-Weg 26, 61231 Bad Nauheim, T: (06032) 970233

**Guddat,** Martin; Dr.-Ing., Prof.; *Informationstechnik, Elektrotechnik*; di: Westfäl. Hochsch., FB Elektrotechnik u. angew. Naturwiss., Neidenburger Str. 10, 45877 Gelsenkirchen, T: (02871) 2155820, martin.guddat@fh-gelsenkirchen.de

**Gudenschwager,** Hans; Dr.-Ing., Prof.; *Entwerfen v. Schiffen, Ausrüstung u. Einrichtung, Spezialschiffbau, CAD-Anwendungen im Schiffbau, EDV-Labor*; di: Hochsch. Bremen, Fak. Natur u. Technik, Neustadtswall 30, 28199 Bremen, T: (0421) 59052701, F: 59052710, Hans.Gudenschwager@hs-bremen.de

**Gudermann,** Frank; Dr. rer.nat., Prof.; *Mechatronik u. Apparative Biotechnologie*; di: FH Bielefeld, FB Ingenieurwiss. u. Mathematik, Universitätsstr. 27, 33615 Bielefeld, T: (0521) 10670051, frank.gudermann@fh-bielefeld.de

**Gücker,** Daniel; Dr. phil., Prof.; *Medienpsychologie, Medienpädagogik, Mediendidaktik*; di: Hochsch. Offenburg, Fak. Medien u. Informationswesen, Badstr. 24, 77652 Offenburg, robert.guecker@hs-offenburg.de

**Gühlert,** Hans-Christian; Dr. rer. pol., Prof.; *Allgemeine BWL, Marketingforschung*; di: Hochsch. Hannover, Fak. IV Wirtschaft u. Informatik, Ricklinger Stadtweg 120, 30459 Hannover, PF 920261, 30441 Hannover, T: (0511) 92961547, F: 92961510, hans.guehlert@hs-hannover.de; pr: www.guehlert.de/

**Gühring,** Gabriele; Dr.rer.nat., Prof.; *Mathematik, Statistik, Finanzmanagement*; di: Hochsch. Esslingen, Fak. Grundlagen, Kanalstr. 33, 73728 Esslingen, T: (0711) 3971247; pr: Mozartstr. 5, 71409 Schwaikheim, T: (07195) 57218

**Güida,** Juan-José; Dr., Prof.; *Internationale Volkswirtschaftslehre*; di: Hochsch. Aalen, Fak. Wirtschaftswissenschaften, Internat. Business Studies, Beethovenstr. 1, 73430 Aalen, T: (07361) 5762344, Juan-Jose.Gueida@htw-aalen.de

**Gülbay-Peischard,** Zümrüt; Dr., Prof.; *Wirtschaftsrecht, insbesondere Internationales Recht*; di: Hochsch. Anhalt, FB 2 Wirtschaft, Strenzfelder Allee 28, 06406 Bernburg, T: (030) 31808778, guelba@wi.hs-anhalt.de

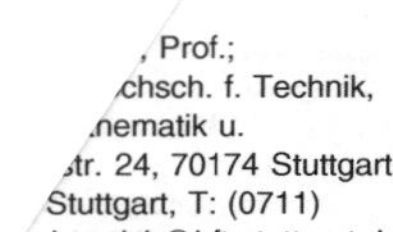

…, Prof.; …chsch. f. Technik, …nematik u. …tr. 24, 70174 Stuttgart, … Stuttgart, T: (0711) …ard.guelch@hft-stuttgart.de

…ns-Georg; Dr.-Ing., Prof.; … und Bodenmechanik, …tik; di: FH Bielefeld, FB Architektur …ngenieurwesen, Artilleriestr. 9, … Minden, T: (0571) 8385160, F: …5168, hans-georg.guelzow@fh-…elefeld.de; pr: Osningstr. 71, 33605 Bielefeld, T: (0521) 22052

**Gümpel,** Paul; Dr.-Ing., Prof.; *Werkstoffkunde, Werkstoffprüfung*; di: Hochsch. Konstanz, Fak. Maschinenbau, Brauneggerstr. 55, 78462 Konstanz, PF 100543, 78405 Konstanz, T: (07531) 206316, F: 206448, guempel@fh-konstanz.de

**Günder,** Richard; Dr. phil., Prof., Dekan FB Angew. Sozialwiss.; *Erziehungswissenschaften, insbes. Elementarerziehung sowie Arbeit mit Randgruppen*; di: FH Dortmund, FB Angewandte Sozialwiss., Emil-Figge-Str. 44, 44227 Dortmund, T: (0231) 7554988, F: 7554911, richard.guender@fh-dortmund.de; pr: Eppenhauser Str. 161d, 58093 Hagen, T: (02331) 58235

**Gündling,** Christian; Dipl.-Vw., Prof.; *Strategisches Marketing, Volkswirtschaftslehre*; di: Jade Hochsch., FB Management, Information, Technologie, Friedrich-Paffrath-Str. 101, 26389 Wilhelmshaven, guendling@jade-hs.de

**Gündling,** Peter Wilhelm; Dr. med., Prof.; di: Hochsch. Fresenius, FB Gesundheit u Soziales, Limburger Str. 2, 65510 Idstein, T: (06126) 9352843, guendling@fh-fresenius.de

**Gündling,** Ute; Prof.; *Marketing und Vertrieb*; di: Hochsch. Emden/Leer, FB Wirtschaft, Constantiaplatz 4, 26723 Emden, T: (04921) 8071164, F: 8071228, ute.guendling@hs-emden-leer.de

**Gündner,** Hans Martin; Dr.-Ing., Prof. i.R.; *Elektronik, Projektmanagement*; di: Hochsch. Esslingen, Fak. Informationstechnik, Flandernstr. 101, 73732 Esslingen, T: (0711) 3974229; pr: Wartbergweg 1, 71672 Marbach, T: (07144) 97245

**Günster,** Armin; Dipl.-Ing., Prof.; *Baukonstruktion u. Innenraumgestaltung*; di: Hochsch. Karlsruhe, Fak. Architektur u. Bauwesen, Moltkestr. 30, 76133 Karlsruhe, PF 2440, 76012 Karlsruhe, T: (0721) 9252788

**Günter,** Wolfgang; Prof.; *Technische Mechanik, Maschinendynamik*; di: Hochsch. Aalen, Fak. Maschinenbau u. Werkstofftechnik, Beethovenstr. 1, 73430 Aalen, T: (07361) 5762265, F: 5762270, Wolfgang.Guenter@htw-aalen.de

**Günther,** Gabriele; Dr. oec. habil., Prof.; *Betriebswirtschaftslehre/ Finanzmanagement*; di: Westsächs. Hochsch. Zwickau, FB Wirtschaftswiss., Scheffelstr. 39, 08056 Zwickau, PF 201037, 08012 Zwickau, Gabriele.Guenther@fh-zwickau.de

**Günther,** Gerd; Dr.-Ing., Prof.; *Massivbau, Baustatik*; di: Techn. Hochsch. Mittelhessen, FB 01 Bauwesen, Wiesenstr. 14, 35390 Gießen, T: (0641) 3091819; pr: Mittelweg 49, 63619 Bad Orb, T: (06052) 1445

**Günther,** Hans-Jochen; Dr.-Ing. habil., Prof.; *Fördertechnik, Maschinenelemente*; di: Hochsch. Wismar, Fak. f. Ingenieurwiss., PF 1210, 23952 Wismar, T: (03841) 753317, h.guenther@mb.hs-wismar.de

**Günther,** Holger; Dr. rer. nat., Prof.; *Informatik, Schwerpunkt Prozessinformatik*; di: FH Köln, Fak. f. Informatik u. Ingenieurwiss., Am Sandberg 1, 51643 Gummersbach, T: (02261) 8196279, guenther@gm.fh-koeln.de; pr: Steppenbergallee 46, 52074 Aachen, T: (0241) 8944266

**Günther,** Ina; Prof.; *Medieninformatik*; di: Hochsch. Hof, Alfons-Goppel-Platz 1, 95028 Hof, T: (09281) 4094930, ina.guenther@hof-university.de

**Günther,** Marga; Dr. phil., Prof.; *Theorien und Methoden der Sozialen Arbeit*; di: Ev. Hochsch. Darmstadt, Zweifalltorweg 12, 64293 Darmstadt, T: (06151) 8798701, guenther@eh-darmstadt.de

**Günther,** Peter; Dr. rer. pol., Prof.; *Quantitative Methoden in BWL, Finanz- und Risikomanagement, Investments*; di: Hochsch. Esslingen, Fak. Betriebswirtschaft u. Fak. Graduate School, Flandernstr. 101, 73732 Esslingen, T: (0711) 3974307; pr: Chopinweg 11, 89150 Laichingen, T: (0172) 9716962

**Günther,** Rolf; Dr.-Ing., Prof.; *Verkehrswesen, Schienenverkehr*; di: Beuth Hochsch. f. Technik, FB III Bauingenieur- u. Geoinformationswesen, Luxemburger Str. 10, 13353 Berlin, T: (030) 45042590, gunther@beuth-hochschule.de

**Günther,** Sigurd; Dr., Prof.; *Bussysteme, Rechnerkommunikation, Echtzeitbetriebssysteme*; di: Hochsch. Harz, FB Automatisierung u. Informatik, Friedrichstr. 54, 38855 Wernigerode, T: (03943) 659315, F: 659109, sguenther@hs-harz.de

**Günther,** Thomas; Dipl.-Des., Prof.; *Zeichnen*; di: Hochsch. München, Fak. Design, Erzgießereistr. 14, 80335 München

**Günther,** Werner; Dr.-Ing., Prof.; *Elektronik*; di: Hochsch. Mittweida, Fak. Elektro- u. Informationstechnik, Technikumplatz 17, 09648 Mittweida, T: (03727) 581625, F: 581351, guenther@htwm.de

**Günther,** Wolfgang; Dr.-Ing., Prof.; *Prozesslenkung und Anlagenautomatisierung*; di: Hochsch. Anhalt, FB 6 Elektrotechnik, Maschinenbau u. Wirtschaftsingenieurwesen, PF 1458, 06354 Köthen, T: (03496) 672318, W.Guenther@emw.hs-anhalt.de

**Günther-Dieng,** Klaus; Dr., Prof.; *Recht und Politik*; di: Hochsch. f. nachhaltige Entwicklung, FB Wald u. Umwelt, Alfred-Möller-Str. 1, 16225 Eberswalde, T: (03334) 657169, F: 657162, Klaus.Guenther-Dieng@hnee.de

**Günther-Diringer,** Detlef; Dr.-Ing., Prof.; *Themakartografische Raummodelle, geographische Raumanalyse, Geographie, Informationsvisualisierung, Medienintegration*; di: Hochsch. Karlsruhe, Fak. Geomatik, Moltkestr. 30, 76133 Karlsruhe, PF 2440, 76012 Karlsruhe, T: (0721) 9252921

**Günther-Schimmelpfennig,** Kathrin; Dr. sc. agr., Dipl.-Ing. agr., Prof.; *Anatomie, Tierzüchtung, Kleintierproduktion, Fortpflanzungsmanagement*; di: FH Kiel, FB Agrarwirtschaft, Am Kamp 11, 24783 Osterrönfeld, T: (04331) 845113, F: 845141, kathrin.stoeve-schimmelpfennig@fh-kiel.de; pr: Rammseer Weg 57, 24113 Kiel

**Güntner,** Simon; Dr., Prof.; *Sozialwissenschaften/Sozialpolitik*; di: HAW Hamburg, Fak. Wirtschaft u. Soziales, Alexanderstr. 1, 20099 Hamburg, T: (040) 428757086, simon.guentner@haw-hamburg.de

**Güntzel,** Joachim; Dr., Prof.; di: DHBW Ravensburg, Marktstr. 28, 88212 Ravensburg, T: (0751) 189992784, guentzel@dhbw-ravensburg.de

**Günzel,** Detlef; Dr.-Ing., Prof.; *Ingenieurwissenschaftliche Grundlagen, Konstruktion und Konstruktionsmethodik*; di: Hochsch. Albstadt-Sigmaringen, FB 1, Jakobstr. 1, 72458 Albstadt, T: (07431) 579410, F: 579169, guenzel@hs-albsig.de

**Günzel,** Holger; Dr.-Ing., Prof.; *Enterprise Architecture, Data-Warehouse-Systeme*; di: Hochsch. München, Fak. Betriebswirtschaft, Am Stadtpark 20 (Neubau), 81243 München, T: (089) 12652717, holger.guenzel@hm.edu

**Guericke,** Bernd; Dr.-Ing., Prof.; *Bauwerksinstandsetzung u. Baukonstruktion*; di: Hochsch. Wismar, Fak. f. Ingenieurwiss., PF 1210, 23952 Wismar, T: (03841) 753532, b.guericke@bau.hs-wismar.de

**Guericke,** Martin; Dr., Prof., Dekan FB Wald u. Umwelt; *Waldwachstumskunde / Forest Growth and Yield*; di: Hochsch. f. nachhaltige Entwicklung, FB Wald u. Umwelt, Alfred-Möller-Str. 1, 16225 Eberswalde, T: (03334) 657161, F: 657162, Martin.Guericke@hnee.de

**Gürtler,** Katharine; Dr., Prof.; *Englisch*; di: Hochsch. Rosenheim, Fak. Holztechnik u. Bau, Hochschulstr. 1, 83024 Rosenheim, T: (08031) 805424, F: 805402, katherine.guertler@fh-rosenheim.de

**Gürtzig,** Kay; Dr., Prof.; *Grundlagen der Informatik und Betriebssysteme*; di: FH Erfurt, FB Versorgungstechnik, Altonaer Str. 25, 99085 Erfurt, PF 101363, 99013 Erfurt, T: (0361) 6700677, F: 6700643, kay.guertzig@fh-erfurt.de

**Güse,** Christine; Dr. rer. pol., Prof.; *Krankenhausmanagement*; di: Ev. Hochsch. Nürnberg, Fak. f. Gesundheit u. Pflege, Bärenschanzstr. 4, 90429 Nürnberg, T: (0911) 27253826, christine.guese@evhn.de

**Güsmann,** Bernd; Dr., Prof.; *Informatik*; di: FH Frankfurt, FB 2 Informatik u. Ingenieurwiss., Nibelungenplatz 1, 60318 Frankfurt am Main, T: (069) 15332786, guesmann@fb2.fh-frankfurt.de

**Güthe,** Heinz Peter; Dipl.-Ing., Prof.; *Bauelemente der Landfahrzeuge, Fahrmechanik der Straßenfahrzeuge, Straßenfahrzeugtechnik*; di: Hochsch. München, Fak. Maschinenbau, Fahrzeugtechnik, Flugzeugtechnik, Dachauer Str. 98b, 80335 München, T: (089) 12653353, F: 12651392, heinz-peter.guethe@fhm.edu

**Güttler,** Reiner; Dipl.-Phys., Dr. rer. nat., Prof.; *Informatik*; di: HTW d. Saarlandes, Fak. f. Ingenieurwiss., Goebenstr. 40, 66117 Saarbrücken, T: (0681) 5867238, guettler@htw-saarland.de; pr: Kiefernstr. 28, 66129 Bübingen, T: (06805) 913100

**Gugel,** Rahel; Dr., Prof.; *Recht in der Sozialen Arbeit*; di: DHBW Villingen-Schwenningen, Fak. Sozialwesen, Schramberger Str. 26, 78054 Villingen-Schwenningen, T: (07720) 3906220, F: 3906219, gugel@dhbw-vs.de

**Gugel,** Wolf; Dipl.-Kfm., Dr. rer. pol., Prof.; *Allg. Betriebswirtschaftslehre, Materialwirtschaft und Unternehmensplanung*; di: Hochsch. Reutlingen, FB Textil u. Bekleidung, Alteburgstr. 150, 72762 Reutlingen, T: (07121) 2718028, Wolf.Gugel@Reutlingen-University.DE; pr: Hermann-Kurz-Str. 17, 72074 Tübingen, T: (07071) 24074

**Guggemos,** Peter; Dr. phil., Dr. phil. habil., Prof. H d. Bundesagentur f. Arbeit (HdBA) Mannheim; *Arbeitsmarktpolitik, Personalentwicklung mit Gesundheits-, Alters- u. Diversity Management, Freiwilligenarbeit*; di: Hochsch. d. Bundesagentur f. Arbeit, Seckenheimer Landstr. 16, 68163 Mannheim, T: (0621) 4209176, Peter.Guggemos@arbeitsagentur.de; pr: Schelkinger Str.22, 86156 Augsburg, T: (0821) 442134, GuggemosPe@gmx.de

**Guldi,** Harald; Prof.; *Polizeirecht, Verwaltungsrecht*; di: Hochsch. f. Polizei Villingen-Schwenningen, Sturmbühlstr. 250, 78054 Villingen-Schwenningen, T: (07720) 309503, HaraldGuldi@fhpol-vs.de

**Gumbel,** Markus; Dr.-Ing., Prof.; *Medizinische Informationssysteme*; di: Hochsch. Mannheim, Fak. Informatik, Windeckstr. 110, 68163 Mannheim

**Gumbsheimer,** Michael; Dipl.-Hdl., Dr. rer. pol., Prof.; *Statistik, Volkswirtschaftslehre*; di: Hochsch. Landshut, Fak. Betriebswirtschaft, Am Lurzenhof 1, 84036 Landshut, mgumbsh@fh-landshut.de

**Gummert-Hauser,** Nora; Dipl.-Des., Prof.; *Typografie, Editorial Design*; di: Hochsch. Niederrhein, FB Design, Frankenring 20, 47798 Krefeld, T: (02151) 8224381, nora.gummert-hauser@hs-niederrhein.de

**Gummich,** Ute; Dr., Prof.; *Physik, Festkörperphysik*; di: FH Frankfurt, FB 2 Informatik u. Ingenieurwiss., Nibelungenplatz 1, 60318 Frankfurt am Main, T: (069) 15332292, gummich@fb2.fh-frankfurt.de

**Gundelach,** Uwe; Dr. phil., Prof.; *Methoden/Didaktik der Sozialarbeit/ -pädagogik*; di: Hochsch. Lausitz, FB Sozialwesen, Lipezker Str. 47, 03048 Cottbus-Sachsendorf, T: (0355) 5818401, F: 5818409; pr: Bulgenweg 11, 13465 Berlin, T: (030) 4019109

**Gundlach,** Hardy; Dr., Prof.; *Informationsökonomie/Medienmanagement*; di: HAW Hamburg, Fak. Design, Medien u. Information, Finkenau 35, 22081 Hamburg, T: (040) 428753627, hardy.gundlach@haw-hamburg.de

**Gundlach,** Matthias; Dr.-Ing., Prof.; *Mathematik*; di: Techn. Hochsch. Mittelhessen, FB 13 Mathematik, Naturwiss. u. Datenverarbeitung, Wiesenstr. 14, 35390 Gießen, T: (0641) 3092457, matthias.gundlach@mni.fh-giessen.de; pr: Margarete-Bieber-Weg 1, 36396 Gießen, T: (0641) 394659

**Gundlach,** Thomas; Prof.; *Kriminalistik*; di: Hochsch. d. Polizei Hamburg, Braamkamp 3, 22297 Hamburg, T: (040) 428668801, thomas.gundlach@hdp.hamburg.de

**Gundlach,** Ulf-Marko; Dr.-Ing., Prof.; *Fahrzeugelektrik und -elektronik, Regelungstechnik*; di: FH Köln, Fak. f. Fahrzeugsysteme u. Produktion, Betzdorfer Str. 2, 50679 Köln, T: (0221) 82752343, F: 82752913, ulf.gundlach@fh-koeln.de

**Gundrum,** Jürgen; Dr.-Ing., Prof.; *Maschinenbau*; di: DHBW Stuttgart, Campus Horb, Florianstr. 15, 72160 Horb am Neckar, T: (07451) 521131, F: 521139, j.gundrum@hb.dhbw-stuttgart.de

**Gunia,** Susanne Christine; Dr., Prof.; *Allgemeines Verwaltungsrecht*; di: FH f. öffentl. Verwaltung NRW, Abt. Gelsenkirchen, Wanner Str. 158-160, 45888 Gelsenkirchen, susannechristine.gunia@fhoev.nrw.de

**Gunkler,** Erhard; Dr.-Ing., Prof.; *Baustofftechnologie und Massivbau*; di: Hochsch. Ostwestfalen-Lippe, FB 3, Bauingenieurwesen, Emilienstr. 45, 32756 Detmold, T: (05231) 769816, F: 769819, erhard.gunkler@fh-luh.de; pr: Brunnenstr. 63a, 32756 Detmold, T: (05231) 602991

**Gurr,** Rudolf; Dr.-Ing., Prof.; *Verkehrstechnik, Verkehrssimulation, Verkehrswirtschaft, Transportlogistik*; di: HTW Berlin, FB Ingenieurwiss. II, Blankenburger Pflasterweg 102, 13129 Berlin, T: (030) 50194339, gurr@HTW-Berlin.de

**Gurris,** Norbert F.; Dipl.-Psychologe, Prof.; *Psychologische Grundlagen der Sozialen Arbeit*; di: Kath. Hochsch. f. Sozialwesen Berlin, Köpenicker Allee 39-57, 10318 Berlin, T: (030) 50101054, gurris@khsb-berlin.de

**Guschanski,** Natalia; Dr. rer. nat., Prof.; *Oberflächen- und Werkstofftechnik, Halbleitertechnologie, Solarzellen, Brennstoffzellen*; di: Hochsch. Hannover, Fak. I Elektro- und Informationstechnik, Ricklinger Stadtweg 120, 30459 Hannover, T: (0511) 92961215, natalija.guschanski@hannover.de

**Gusek,** Bernd; Dr.-Ing., Prof.; *Mess-, Steuerungs- und Regelungstechnik*; di: Hochsch. Hannover, Fak. II Maschinenbau u. Bioverfahrenstechnik, Ricklinger Stadtweg 120, 30459 Hannover, PF 920261, 30441 Hannover, T: (0511) 92961389, bernd.gusek@hs-hannover.de; pr: Schnürrbachstr. 7, 37124 Rosdorf

**Gusig,** Lars-Oliver; Dr.-Ing., Prof.; *Konstruktionsgrundlagen, Maschinenelemente, Fahrzeugtechnik, Energieeffizienz*; di: Hochsch. Hannover, Fak. II Maschinenbau u. Bioverfahrenstechnik, Ricklinger Stadtweg 120, 30459 Hannover, T: (0511) 92961352, lars.gusig@hs-hannover.de

**Guss,** Kurt; Dr., Prof.; *Psychologie, Soziologie, Pädagogik*; di: FH d. Bundes f. öff. Verwaltung, FB Bundeswehrverwaltung, Seckenheimer Landstr. 10, 68163 Mannheim

**Gussek,** Jens; Prof.; *Freie Kunst Glas*; di: H Koblenz, Inst. f. Künstler. Keramik u. Glas, Rheinstr. 80, 56203 Höhr-Grenzhausen; www.hs-koblenz.de/kunst; pr: Braubacher Str.2, 56130 Bad Ems, jens.gussek@t-online.de; www.jens-gussek.de

**Gussmann,** Bernd; Dr., Prof.; *Allgemeine Betriebswirtschaftslehre, Unternehmensführung, Controlling*; di: Hochsch. Rosenheim, Fak. Betriebswirtschaft, Hochschulstr. 1, 83024 Rosenheim, T: (08031) 805469, F: 805453, gussmann@fh-rosenheim.de

**Gustrau,** Frank; Dr.-Ing., Prof.; *Hochfrequenztechnik, Grundlagen der Kommunikationstechnik*; di: FH Dortmund, FB Informations- u. Elektrotechnik, Sonnenstr. 96, 44139 Dortmund, T: (0231) 9112646, F: 9112641, frank.gustrau@fh-dortmund.de

**Gut,** Andreas; Prof.; *Schmuckdesign*; di: Hochsch. Pforzheim, Fak. f. Gestaltung, Holzgartenstr. 36, 75175 Pforzheim, T: (07231) 286728, F: 286030, andreas.gut@hs-pforzheim.de

**Gutberlet,** Heinz; Dr. rer. nat., HonProf.; *Abgasreinigungstechnik*; di: Westfäl. Hochsch., FB Maschinenbau u. Facilities Management, Neidenburger Str. 10, 45877 Gelsenkirchen; pr: Jansdieck 12, 46348 Raesfeld, T: (02865) 10466

**Gutenschwager,** Kai; Dr. rer. pol., Prof.; *Produktionstechnik u. -wirtschaft*; di: Hochsch. Ulm, Fak. Produktionstechnik u. Produktionswirtschaft, Prittwitzstr. 10, 89075 Ulm, PF 3860, 89028 Ulm, T: (0731) 5028010, gutenschwager@hs-ulm.de

**Gutermann,** Marc; Dr.-Ing., Prof.; *Tragwerklehre und Experimentelle Statik*; di: Hochsch. Bremen, Fak. Architektur, Bau u. Umwelt, Neustadtswall 30, 28199 Bremen, T: (0421) 59052345, F: 59052316, Marc.Gutermann@hs-bremen.de

**Gutfleisch,** Friedrich; Dr.-Ing., Prof.; *Elektrotechnik, Hochspannungstechnik, Elektrische Anlagen*; di: Hochsch. Esslingen, Fak. Mechatronik u. Elektrotechnik, Kanalstr. 33, 73728 Esslingen, T: (0711) 3973220; pr: Charlottenweg 3, 73249 Wernau, T: (07153) 36557

**Guth,** Wolfgang; Dr.-Ing., Prof.; *Festigkeitslehre, Werkstofftechnik, CAE*; di: Hochsch. Esslingen, Fak. Maschinenbau, Kanalstr. 33, 73728 Esslingen, T: (0711) 3973281; pr: Sirnauer Str. 4, 73728 Esslingen, T: (07111) 3006176

**Gutheil,** Peter; Dr.-Ing., Prof.; *Maschinenelemente, Werkzeugmaschinen*; di: Hochsch. Trier, Umwelt-Campus Birkenfeld, FB Umweltplanung/ Umwelttechnik, PF 1380, 55761 Birkenfeld, T: (06782) 171831, p.gutheil@umwelt-campus.de

**Guthoff,** Jens; Dr.-Ing., Prof., Dekan FB Architektur; *Computergestütztes Entwerfen*; di: FH Dortmund, FB Architektur, PF 105018, 44047 Dortmund, T: (0231) 7554419, F: 7554415, guthoff@fh-dortmund.de

**Gutknecht,** Dorothee; Dr., Prof.; *Pädagogik der Kindheit*; di: Ev. Hochsch. Freiburg, Bugginger Str. 38, 79114 Freiburg i.Br., T: (0761) 4781238, gutknecht@eh-freiburg.de

**Gutknecht,** Klaus; Dr., Prof.; *Handels-, Dienstleistungs- u. Electronic-Marketing*; di: Hochsch. München, Fak. Betriebswirtschaft, Am Stadtpark 20 (Neubau), 81243 München, T: (089) 12652720, F: 12652714, klaus.gutknecht@fhm.edu

**Gutsche,** Katja; Dr., Prof.; *Wartungs- u. Instandhaltungsmanagement, BWL-Industrielles Dienstleistungsmanagement*; di: Hochschule Ruhr West, Wirtschaftsinstitut, PF 100755, 45407 Mülheim an der Ruhr, T: (0208) 88254357, katja.gutsche@hs-ruhrwest.de

**Guttenberger,** Gudrun; Dr. theol., Prof.; *Biblische Theologie, Bibeldidaktik, Religionspädagogik*; di: Hochsch. Hannover, Fak. V Diakonie, Gesundheit u. Soziales, Blumhardtstr. 2, 30625 Hannover, PF 690363, 30612 Hannover, T: (0511) 92963158, gudrun.guttenberger@hs-hannover.de; pr: An der Kuhle 14, 31749 Auetal, T: (05753) 9276927; www.gu-gu.de

**Gutting,** Doris; Dr., Prof.; *Interkulturelles Management und Marketing*; di: FH f. angewandtes Management, Am Bahnhof 2, 85435 Erding, T: (08122) 9559480, doris.gutting@myfham.de

**Gutzeit,** Berndt; Dr., Prof.; *Medizin*; di: Hochsch. f. angew. Wiss. Würzburg Schweinfurt, Fak. angew. Sozialwiss., Münzstr. 12, 97070 Würzburg

**Haack,** Bertil; Dr. phil., Prof.; *Allgemeine Betriebswirtschaftslehre*; di: Techn. Hochsch. Wildau, FB Wirtschaft, Verwaltung u. Recht, Bahnhofstr., 15745 Wildau, T: (03375) 508914, bertil.haack@tfh-wildau.de

**Haag,** Bernhard; Dipl.-Ing., Prof.; *Tragwerkkonstruktion*; di: FH Erfurt, FB Architektur, Schlüterstr. 1, 99084 Erfurt, PF 101363, 99013 Erfurt, T: (0361) 6700409, F: 6700462, bernhard.haag@fh-erfurt.de

**Haag,** Jürgen; Dr.-Ing., Prof.; *Elektrotechnik, Elektronik*; di: Hochsch. Esslingen, Fak. Fahrzeugtechnik, Kanalstr. 33, 73728 Esslingen, T: (0711) 3973372; pr: Dornfelderweg 9, 71364 Winnenden-Hanweiler, T: (07195) 584722

**Haag,** Kai; Dipl.-Ing., Prof.; *Baukonstruktion, Innenraumgestaltung, Entwerfen*; di: Hochsch. Biberach, SG Architektur, PF 1260, 88382 Biberach/Riß, T: (07351) 582203, F: 582119, haag@hochschule-bc.de

**Haag,** Martin; Dr., Prof.; *Softwareengineering*; di: Hochsch. Heilbronn, Fak. f. Informatik, Max-Planck-Str. 39, 74081 Heilbronn, T: (07131) 504497, F: 252470, martig.haag@hs-heilbronn.de

**Haag,** Matthias; Dr., Prof.; *Maschinenbau / Wirtschaft und Management*; di: Hochsch. Aalen, Fak. Maschinenbau u. Werkstofftechnik, Beethovenstr. 1, 73430 Aalen, T: (07361) 5762309, Matthias.Haag@htw-aalen.de

**Haag,** Oliver; Dr. jur., Prof.; *Wirtschafts- u. Steuerrecht*; di: Hochsch. Heilbronn, Fak. f. Wirtschaft u. Verkehr, Max-Planck-Str. 39, 74081 Heilbronn, T: (07131) 504254, F: 252470, oliver.haag@hs-heilbronn.de

**Haak,** Line; Dr., Prof.; *Wirtschaftsinformatik*; di: Hochsch. Osnabrück, Inst. f. Management u. Technik, Labor f. betriebswirtschaftl. Anwendungssysteme, Kaiserstraße 10c, 49809 Lingen, T: (0591) 80098219, l.haak@hs-osnabrueck.de

**Haake,** Anja; Dr., Prof.; *Wirtschaftsinformatik*; di: FH Dortmund, FB Informatik, Emil-Figge-Str. 42, 44227 Dortmund, T: (0231) 7556766, F: 7556710, haake@fh-dortmund.de

**Haalboom,** Thomas; Dr., Prof.; *Mechatronik*; di: DHBW Karlsruhe, Fak. Technik, Erzbergerstr. 121, 76133 Karlsruhe, T: (0721) 9735889, haalboom@no-spam.dhbw-karlsruhe.de

**Haarmeyer,** Hans; Dr., Prof.; *Allgemeines Wirtschafts- u. Privatrecht, Gesellschaftsrecht, Insolvenzrecht, Arbeitsrecht*; di: H Koblenz, FB Wirtschafts- u. Sozialwissenschaften, RheinAhrCampus, Joseph-Rovan-Allee 2, 53424 Remagen, T: (02642) 932385, haarmeye@rheinahrcampus.de

**Haas,** Eberhard; Dipl.-Ing. (FH), HonProf. FH Heilbronn; di: Hochsch. Heilbronn, Max-Planck-Str. 39, 74081 Heilbronn

**Haas,** Martin; Dr., Prof.; di: DHBW Karlsruhe, Fak. Technik, Erzbergerstr. 121, 76133 Karlsruhe, T: (0721) 9735971

**Haas,** Michael; Dr.-Ing., P *Maschinenelemente, Kons Techn. Mechanik*; di: Georg Hochsch. Nürnberg, Fak. M Versorgungstechnik, Keßlerp Nürnberg, PF 210320, 90121 T: (0911) 58801310, michael.h hochschule.de

**Haas,** Michael; Dr.-Ing., Prof.; *In Prozessleitsysteme, Realzeitsyst*; Ostfalia Hochsch., Fak. Elektrote Salzdahlumer Str. 46/48, 38302 Wolfenbüttel, T: (05331) 9393311, m.haas@ostfalia.de

**Haas,** Oliver; Dipl.-Kfm., Dr., Prof. FH Erding; *Controlling, Finanzierung im Sportmanagement*; di: FH f. angewandtes Management, Am Bahnh 2, 85435 Erding, T: (08122) 9559480, oliver.haas@myfham.de

**Haas,** Peter; Dr., Prof.; *Medizinische Informatik*; di: FH Dortmund, FB Informati Emil-Figge-Str. 42, 44227 Dortmund, T: (0231) 7756719, F: 7556710, haas@fh-dortmund.de; pr: T: (02307) 299815, F: 299815

**Haas,** Peter; Dr. rer. pol., Prof.; *Betriebswirtschaftslehre, insb. Rechnungswesen, Finanzierung und Wirtschaftsinformatik*; di: FH Stralsund, FB Wirtschaft, Zur Schwedenschanze 15, 18435 Stralsund, T: (03831) 456605

**Haas,** Reimund; Dipl.-Theol., Lic. Theol., Dr. theol., Prof. Phil.-Theol. H Münster, ArchivOR. i.K.; *Kirchengeschichte d. Mittelalters u. d. Neuzeit, Religionspädagogik, Archivwissenschaft, Volkskunde*; di: Histor. Archiv d. Erzbistums Köln, 50670 Köln, T: (0221) 16425805, reimund.haas@erzbistum-koeln.de; www.pth-muenster.de; pr: Johannesweg 5a, 51061 Köln, T: (0221) 634822, F: 6366330, reimhaas@aol.com; www.initiative-religioese-volkskunde.de

**Haas,** Rüdiger; Dr.-Ing., Prof.; *CNC-Technologie, Fertigungstechnik, Konstruktion, Werkzeugmaschinen*; di: Hochsch. Karlsruhe, Fak. Maschinenbau u. Mechatronik, Moltkestr. 30, 76133 Karlsruhe, PF 2440, 76012 Karlsruhe, T: (0721) 9251908, ruediger.haas@hs-karlsruhe.de

**Haas,** Ruth; Dr. phil., Prof.; *Prozessorientierte Körper- und Bewegungsarbeit*; di: Hochsch. Emden/Leer, FB Soziale Arbeit u. Gesundheit, Constantiaplatz 4, 26723 Emden, T: (04921) 8071253, F: 8071251, haas@hs-emden-leer.de; pr: Wolthuser Kirchweg 7, 26725 Emden, T: (04921) 586518

**Haas,** Ute Ingrid; Dr. jur., Prof.; *Kriminologie, Viktimologie*; di: Ostfalia Hochsch., Fak. Sozialwesen, Ludwig-Winter-Str. 2, 38120 Braunschweig

**Haas-Arndt,** Doris; Dr.-Ing., Prof.; *Bauökologie u. Technischer Ausbau, Baubetriebsmanagement*; di: FH des Mittelstands, Ravensbergerstr. 10 G, 33602 Bielefeld, haas-arndt@fhm-mittelstand.de

**Haase,** Andrea; Dr.-Ing., Prof.; *Städtebau, Städtebauliches Entwerfen*; di: Hochsch. Anhalt, FB 3 Architektur, Facility Management u. Geoinformation, PF 2215, 06818 Dessau, T: (0340) 51971530, haase@afg.hs-anhalt.de

**Haase,** Birgit; Dr., Prof.; *Kunst- und Modegeschichte / Modetheorie*; di: HAW Hamburg, Fak. Design, Medien u. Information, Armgartstr. 24, 22087 Hamburg, T: (040) 428754651, birgit.haase@haw-hamburg.de

…erung, …atik …dorf, …str. 6/8, …515420, F: …gendorf.de

…, Prof.; *Bau- …uinstandsetzung, …nbauweise*; di: FH …, Mönkhofer Weg …: (0451) 3005131, …-luebeck.de

…, Dr., Prof.; *Land- …ur*; di: Hochsch. Anhalt, …schaft, Ökotrophologie, …, Strenzfelder Allee 28, …burg, T: (03471) 3551130, …l.hs-anhalt.de

…Wolf-Dieter; Dipl.-Ing., Prof.; *…chtenvermittlungstechnik, …ommunikation, Nachrichtenübertra- …stechnik*; di: Hochsch. Emden/Leer, …Technik, Constantiaplatz 4, 26723 …den, T: (04921) 8071382, haass@hs-…den-leer.de; pr: Auricher Str. 42, 26721 …mden, T: (04921) 43400

**Haats,** Christoph; Dr.-Ing., Prof.; di: Ostfalia Hochsch., Fak. Maschinenbau, Salzdahlumer Str. 46/48, 38302 Wolfenbüttel, ch.haats@ostfalia.de

**Habann,** Frank; Dr. phil., Prof.; *Medienwirtschaft*; di: Hochsch. Offenburg, Fak. Medien u. Informationswesen, Badstr. 24, 77652 Offenburg, T: (0781) 204786, frank.habann@fh-offenburg.de

**Habedank,** Georg; Dr.-Ing., Prof.; *Digitaltechnik und Mikroprozessortechnik*; di: Hochsch. Niederrhein, FB Elektrotechnik/Informatik, Reinarzstr. 49, 47805 Krefeld, T: (02151) 8224673

**Habedank,** Winrich; Dr.-Ing., Prof.; *Konstruktion, Grundlagen des Maschinenbaus*; di: Hochsch. Mannheim, Fak. Wirtschaftsingenieurwesen, Windeckstr. 110, 68163 Mannheim

**Habelt,** Wolfgang; Dr., Prof.; *Organisation, EDV*; di: Hochsch. München, Fak. Betriebswirtschaft, Am Stadtpark 20 (Neubau), 81243 München, T: (089) 12652701, F: 12652714, habelt@fhm.edu

**Habenicht,** Detlef; Dr.-Ing., Prof.; *Produktionstechnik u. -automatisierung, Strategische Produktentwicklung*; di: FH Flensburg, FB Maschinenbau, Verfahrenstechnik u. Maritime Technologien, Kanzleistr. 91-93, 24943 Flensburg, T: (0461) 8051558, detlef.habenicht@fh-flensburg.de; pr: Rügendamm 18, 25746 Heide, T: (0481) 1324

**Haber,** Bernhard; Dr.-Ing., Prof. FH Bochum; *Wasserbau u. Hydromechanik*; di: Hochsch. Bochum, FB Bauingenieurwesen, Lennershofstr. 140, 44801 Bochum, T: (0234) 3210205, F: 3214274, bernhard.haber@hs-bochum.de; pr: Nettesheimer Weg 16, 41569 Rommerskirchen, T: (02183) 81788

**Haber,** Robert; Dr.-Ing., Prof.; *Verfahrensautomatisierung u. Systemdynamik*; di: FH Köln, Fak. f. Anlagen, Energie- u. Maschinensysteme, Betzdorfer Str. 2, 50679 Köln, T: (0221) 82722242, robert.haber@fh-koeln.de; pr: Hardtenbuscher Kirchweg 79, 51107 Köln, T: (0221) 897347

**Haberfellner,** Eva-Marie; Dipl.-Kfm., Dr. rer. com., Dr. phil., Dr. h.c., Prof.; *Wirtschaftssprachen*; di: Hochsch. Reutlingen, FB European School of Business, Alteburgstr. 150, 72762 Reutlingen, T: (07121) 271433, eva-maria.haberfellner@fh-reutlingen.de; pr: Solitude 18, 70197 Stuttgart, T: (0711) 696936

**Haberhauer,** Horst; Dr.-Ing., Prof.; *Meschinenelemente, CAD, Konstruktion*; di: Hochsch. Esslingen, Fak. Maschinenbau, Kanalstr. 33, 73728 Esslingen, T: (0711) 3973283; pr: Sirnauer Str. 4, 73728 Esslingen, T: (07111) 3006176

**Haberkern,** Anton; Dr.-Ing., Prof.; *Grundlagen des Maschinenbaus. Maschinenelemente*; di: Hochsch. Esslingen, Fak. Versorgungstechnik u. Umwelttechnik, Kanalstr. 33, 73728 Esslingen, T: (0711) 3974381

**Habermann,** André; Dipl.-Ing., Prof.; *Gebäudelehre, Entwerfen*; di: Hochsch. Bochum, FB Architektur, Lennershofstr. 140, 44801 Bochum, T: (0234) 3210132, andre.habermann@hs-bochum.de; pr: Slavertorwll 15, 32657 Lemgo, T: (05261) 777712, F: 777729

**Habermann,** Joachim; Dr.-Ing., Prof.; *Computerdesign von Kommunikationssystemen, Digitale Übertragungstechnik, Kommunikationssysteme, Kommunikationstechnik, Signal- und Systemtechnik*; di: Techn. Hochsch. Mittelhessen, FB 11 Informationstechnik, Elektrotechnik, Mechatronik, Wilhelm-Leuschner-Str. 13, 61169 Friedberg, T: (06031) 604220

**Habermann,** Mandy; Dr. rer. pol., Prof.; *International Accounting and Finance*; di: HAW Ingolstadt, Fak. Wirtschaftswiss., Esplanade 10, 85049 Ingolstadt, T: (0841) 9348332, Mandy.Habermann@haw-ingolstadt.de

**Habermann,** Monika; Dr., Prof.; *Pflegewissenschaften*; di: Hochsch. Bremen, Fak. Gesellschaftswiss., Neustadtswall 30, 28199 Bremen, T: (0421) 59053774, F: 59052753, Monika.Habermann@hs-bremen.de; pr: Slevogtstr. 9, 28209 Bremen, T: (0421) 3477806

**Habermann,** Ralf; Dr.-Ing., Prof.; *Energieverfahrenstechnik, Verfahrensentwicklung*; di: Hochsch. Niederrhein, FB Maschinenbau u. Verfahrenstechnik, Reinarzstr. 49, 47805 Krefeld, T: (02151) 8225058, Ralf.Habermann@hs-niederrhein.de

**Habermann,** Walter; Dipl.-Ing., Prof.; *Planung und Konstruktion im Ingenieurbau, insb. Stahlbau*; di: FH Potsdam, FB Bauingenieurwesen, Pappelallee 8-9, Haus 1, 14469 Potsdam, T: (0331) 5801312, w.habermann@fh-potsdam.de

**Habermehl,** Klaus; Dr.-Ing., Prof.; *Verkehrswesen, Vermessung*; di: Hochsch. Darmstadt, FB Bauingenieurwesen, Haardtring 100, 64295 Darmstadt, T: (06151) 168163, habermehl@fbb.h-da.de

**Habich,** Michael; Dr.-Ing., Prof.; *Logistik, Fabrikplanung, Fertigungsplanung u. -steuerung*; di: Hochsch. Bochum, FB Mechatronik u. Maschinenbau, Lennershofstr. 140, 44801 Bochum, T: (0234) 3210461, michael.habich@hs-bochum.de; pr: T: (02323) 35863

**Hachtel,** Günther; Dr.-Ing., Prof.; *Supply Chain Management, Fertigungstechnik, Produktionsplanung u. -steuerung, Logistik, Angewandte Mechanik*; di: Hochsch. Aalen, Fak. Wirtschaftswissenschaften, Beethovenstr. 1, 73430 Aalen, T: (07361) 5762458, Guenther.Hachtel@htw-aalen.de

**Hachul,** Helmut; Dr., Prof.; *Architektur*; di: FH Dortmund, FB Architektur, Emil-Figge-Str. 40, 44227 Dortmund, T: (0231) 7556888, helmut.hachul@fh-dortmund.de

**Hack,** Achim; Dipl.-Ing., Prof.; *Innenarchitektur, Möbel und raumbildender Ausbau, Entwurf und Konstruktion*; di: Hochsch. Wismar, Fak. f. Gestaltung, PF 1210, 23952 Wismar, T: (03841) 753289, a.hack@di.hs-wismar.de

**Hackel,** Marcus; Dr.-Ing., Prof.; *Baudurchführung und Entwerfen*; di: Hochsch. Wismar, Fak. f. Gestaltung, PF 1210, 23952 Wismar, T: (03841) 753197, marcus.hackel@hs-wismar.de

**Hackelsperger,** Sebastian; Prof.; *Werbung / Text*; di: Hochsch. Pforzheim, Fak. f. Gestaltung, Holzgartenstr. 36, 75175 Pforzheim, T: (07231) 286852, F: 286030, sebastian.hackelsperger@hs-pforzheim.de

**Hackenberg,** Helga; Dr. rer. oec., Prof.; *Sozialpolitik u. -management*; di: Ev. Hochsch. Berlin, Prof. f. Sozialpolitik u. -management, PF 370255, 14132 Berlin, T: (030) 84582287, hackenberg@eh-berlin.de

**Hackenberg,** Rudolf; Dipl.-Inf. (FH), Dr. rer. nat., Prof.; *Informatik*; di: Hochsch. Regensburg, Fak. Informatik u. Mathematik, PF 120327, 93025 Regensburg, T: (0941) 9431307, rudolf.hackenberg@informatik.fh-regensburg.de

**Hackenbracht,** Dieter; Dr., Prof.; *Mathematik, Informatik*; di: FH Frankfurt, FB 2 Informatik u. Ingenieurwiss., Nibelungenplatz 1, 60318 Frankfurt am Main, T: (069) 15332225, hackenbr@fb2.fh-frankfurt.de

**Hacker,** Bernd; Dr., Prof.; *Buchführung, Bilanzierung*; di: Hochsch. Rosenheim, Fak. Betriebswirtschaft, Hochschulstr. 1, 83024 Rosenheim, T: (08031) 805472, F: 805453, bernd.hacker@fh-rosenheim.de

**Hacker,** Gerhard; Dr. phil., Prof.; *Bibliotheks- u. Informationswissenschaft*; di: HTWK Leipzig, FB Medien, Karl-Liebknecht-Str. 145, 04277 Leipzig, PF 301166, 04251 Leipzig, T: (0341) 30765418, F: 30765455, hacker@fbm.htwk-leipzig.de; www.htwk-leipzig.de/bum/bk/studium/professoren.html#Hacker; pr: Brandvorwerkstr. 72, 04275 Leipzig

**Hackl,** Benedikt; Dr., Prof.; di: DHBW Ravensburg, Rudolfstr. 19, 88214 Ravensburg, T: (0751) 189992151, hackl@dhbw-ravensburg.de

**Hackl,** Oliver; Dr. rer. pol., Prof.; *Handelsmarketing, Personal- und Organisationsmanagement*; di: HAW Ingolstadt, Fak. Wirtschaftswiss., Esplanade 10, 85049 Ingolstadt, T: (0841) 9348636, oliver.hackl@haw-ingolstadt.de

**Hackmann,** Wilfried; HonProf.; *Jugend-/Erwachsenenhilfe, Schulsozialarbeit, Sozialpädagogik*; di: Hochsch. Emden/Leer, FB Soziale Arbeit u. Gesundheit, Constantiaplatz 4, 26723 Emden, F: (04921) 8071251, wilfried.hackmann@hs-emden-leer.de; pr: Agnes-Migel-Str. 1a, 49134 Wallenhorst, T: (05407) 6103, whackmann@gmx.de

**Hadamitzky,** Michael; Dr., Prof.; *Allgemeine BWL, Schwerpunkt Logistik*; di: Hochsch. Konstanz, Fak. Wirtschafts- u. Sozialwiss., Brauneggerstr. 55, 78462 Konstanz, PF 100543, 78405 Konstanz, T: (07531) 206341, F: 206427, michael.hadamitzky@fh-konstanz.de

**Hadeler,** Ralf; Dr.-Ing., Prof.; *Regelungstechnik u. Elektrotechnik*; di: HAWK Hildesheim/Holzminden/Göttingen, Fak. Naturwiss. u. Technik, Von-Ossietzky-Str. 99, 37085 Göttingen, T: (0551) 3705241, Hadeler@HAWK-HHG.de; pr: Hermann-Wrede-Weg 5, 21339 Lüneburg, T: (04131) 7993273

**Hader,** Berthold; Dr. rer. nat., Prof.; *Mathematik, Physik, Oberflächenmeßtechnik*; di: Hochsch. Aalen, Fak. Maschinenbau u. Werkstofftechnik, Beethovenstr. 1, 73430 Aalen, T: (07361) 5762130, F: 5762317, Berthold.Hader@htw-aalen.de

**Hader,** Peter; Dr.-Ing., Prof.; *Mechatronik, Konstruktionslehre*; di: Hochsch. Niederrhein, FB Maschinenbau u. Verfahrenstechnik, Reinarzstr. 49, 47805 Krefeld, T: (02151) 8225023, Peter.Hader@hs-niederrhein.de

**Haderlein,** Ralf; Dr., Prof.; *Sozialmanagement, Personalmanagement, Marketing, Öffentlichkeitsarbeit, Sponsoring, Fundraising*; di: H Koblenz, FB Sozialwissenschaften, Konrad-Zuse-Str. 1, 56075 Koblenz, T: (0261) 9528220, F: 9528260, haderlein@hs-koblenz.de

**Haderstorfer,** Rudolf; Dr. agr., Prof.; *Baubetrieb, Projektmanagement*; di: Hochsch. Weihenstephan-Triesdorf, Fak. Landschaftsarchitektur, Am Hofgarten 4, 85354 Freising, 85350 Freising, T: (08161) 715372, F: 715114, rudolf.haderstorfer@fh-weihenstephan.de; Haderstorfer Garten-, Landschafts- u. Sportplatzbau, Albing 2, 84030 Ergolding, T: (0871) 973650, F: 9736565, info@haderstorfer.de

**Hadler,** Antje; Dr., Prof.; *Sozialwissenschaft*; di: FH d. Bundes f. öff. Verwaltung, FB Sozialversicherung, Nestorstraße 23 - 25, 10709 Berlin, T: (030) 86521659

**Häbel,** Hannelore; Prof.; *Recht und Verwaltung*; di: Ev. H Ludwigsburg, FB Soziale Arbeit, Auf der Karlshöhe 2, 71638 Ludwigsburg, T: (07121) 965534, h.haebel@eh-ludwigsburg.de; pr: Rappenberghalde 5, 72070 Tübingen, T: (07071) 40690

**Häber,** Anke; Dr. sc. hum., Prof.; *Medizinische Informatik, Informationsmanagement*; di: Westsächs. Hochsch. Zwickau, FB Physikal. Technik/Informatik, Dr.-Friedrichs-Ring 2A, 08056 Zwickau, PF 201037, 08012 Zwickau, T: (0375) 5361528, F: 5361527, anke.haeber@fh-zwickau.de

**Häberer,** Rainer; Dr., Prof.; *Elektrotechnik/Informationstechnik*; di: Hochsch. Pforzheim, Fak. f. Technik, Tiefenbronner Str. 66, 75175 Pforzheim, T: (07231) 286496, F: 286050, rainer.haeberer@hs-pforzheim.de

**Häberl,** Kurt; Prof.; *Brandschutz, Baustoffkunde und Materialprüfung, Massivbau, Vertiefung Umwelttechnik und Sanierung, Laboratorien Materialprüfung und Bauchemie*; di: Hochsch. Deggendorf, FB Bauingenieurwesen, Edlmairstr. 6-8, 94469 Deggendorf, PF 1320, 94453 Deggendorf, T: (0991) 3615410, F: 361581410, kurt.haeberl@fh-deggendorf.de

**Häberle,** Christoph; Dr., Prof.; *Entwurf und Gestaltung, Grundlagen Kommunikation und Verpackung, Aufbau von Verpackungsmitteln, Faserstoffverpackungen*; di: Hochsch. d. Medien, Fak. Druck u. Medien, Nobelstr. 10, 70569 Stuttgart, T: (0711) 89232170, haeberle@hdm-stuttgart.de

**Häberle,** Jürgen; Dr.-Ing., Prof.; *Fertigungsgestaltung, Werkzeugmaschinen, CNC-Technik, Informatik*; di: Hochsch. Magdeburg-Stendal, FB Ingenieurwiss. u. Industriedesign, Breitscheidstr. 2, 39114 Magdeburg, T: (0391) 8864966, Juergen.Haeberle@HS-Magdeburg.DE

**Häberlein,** Tobias; Dr.-Ing., Prof.; *Analysis, Numerik, Rechnertechnik*; di: Hochsch. Albstadt-Sigmaringen, FB 1, Jakobstr. 6, 72458 Albstadt-Ebingen, T: (07431) 579254, F: 579149, haeberlein@fh-albsig.de

**Häbler,** Heinz-Joachim; Dr. med., Prof.; *Humanbiologie, Physiologie, Histologie, Immunologie*; di: Hochsch. Bonn-Rhein-Sieg, FB Angewandte Naturwissenschaften, von-Liebig-Str. 20, 53359 Rheinbach, T: (02241) 865525, F: 8658525, heinz-joachim.haebler@fh-brs.de

**Häcker,** Joachim; Dr., Prof.; di: Hochsch. München, Fak. Betriebswirtschaft, Am Stadtpark 20 (Neubau), 81243 München, joachim.haecker@hm.edu

**Häder,** Michael; Dr. rer. pol., Prof.; *VWL, insb. Mittelstandspolitik*; di: Hochsch. Bochum, FB Wirtschaft, Lennershofstr. 140, 44801 Bochum, T: (0234) 3210642, michael.haeder@hs-bochum.de; pr: Kriegerweg 41 a, 48153 Münster, T: (0251) 7619783

**Hädler,** Emil; Dipl.-Ing., Prof.; *Altbauinstandhaltung, Bauaufnahme, Geschichte der Baukonstruktion, Entwurf*; di: FH Mainz, FB Technik, Holzstr. 36, 55116 Mainz, T: (06131) 618928, haedler@fh-mainz.de

**Häfele,** Markus; Dr., Prof.; *Steuer- und Revisionswesen*; di: Hochsch. Pforzheim, Fak. f. Wirtschaft u. Recht, Tiefenbronner Str. 65, 75175 Pforzheim, T: (07231) 286655, F: 286080, markus.haefele@hs-pforzheim.de

**Häfele,** Peter; Dr.-Ing., Prof.; *Festigkeitslehre, Techn. Mechanik, Finite Elemente Methoden*; di: Hochsch. Esslingen, Fak. Versorgungstechnik u. Umwelttechnik, Kanalstr. 33, 73728 Esslingen, T: (0711) 3973263; pr: Wäldenbronner Str. 2/4, 73732 Esslingen, T: (0711) 607412

**Häfner,** Hans-Ulrich; Dr., Prof.; *Physik, Mechatronik*; di: FH Frankfurt, FB 2 Informatik u. Ingenieurwiss., Nibelungenplatz 1, 60318 Frankfurt am Main, T: (069) 15332292

**Haegele,** Rainer; Ing., Prof.; *Raumkonzeption, Entwurf und Entwicklung von festen und mobilen Einrichtungsgegenständen, Designtheorie, Produktkunde, Ergonomie, Objekt und Einrichtung*; di: Hochsch. Rosenheim, Fak. Innenarchitektur, Hochschulstr. 1, 83024 Rosenheim, T: (08031) 805557, F: 805552

**Hähle,** Winfried; Dr.-Ing., Prof.; *Elektrotechnik im Maschinenbau*; di: HTWK Leipzig, FB Maschinen- u. Energietechnik, PF 301166, 04251 Leipzig, T: (0341) 3538438, haehle@me.htwk-leipzig.de

**Haehnel,** Hartmut; Dr., Prof.; *Automatisierungstechnik, insbes. Rechnertechnik, Montageautomation, Robotertechnik, Multi-Mediakommunikationstechnik, sowie Embedded Control*; di: FH Düsseldorf, FB 3 – Elektrotechnik, Josef-Gockeln-Str. 9, 40474 Düsseldorf, T: (0211) 4351308, hartmut.haehnel@fh-duesseldorf.de

**Hähnel,** Klaus; Dr.-Ing., Prof.; *Antriebstechnik/Getriebetechnik/CAD*; di: Westsächs. Hochsch. Zwickau, FB Maschinenbau u. Kraftfahrzeugtechnik, Dr.-Friedrichs-Ring 2A, 08056 Zwickau, Klaus.Haehnel@fh-zwickau.de

**Hähner,** Ulrike; Dipl. Rest., Prof.; *Buch/Papier*; di: HAWK Hildesheim/Holzminden/Göttingen, Fak. Bauen u. Erhalten, Tappenstrasse. 55, 31134 Hildesheim, T: (05121) 881444, F: 881443

**Hähre,** Stephan; Dr., Prof.; *Internationale Produktion und Logistik, Internationales Technisches Vertriebsmanagement*; di: DHBW Mosbach, Lohrtalweg 10, 74821 Mosbach, T: (06261) 939292, haehrer@dhbw-mosbach.de

**Hämmerle,** Richard; Dr.-Ing., Prof.; *Elektrische Maschinen und Antriebe, Automatisierungstechnik*; di: Hochsch. Deggendorf, FB Elektrotechnik u. Medientechnik, Edlmairstr. 6-8, 94469 Deggendorf, PF 1320, 94453 Deggendorf, T: (0991) 8045406, richard.haemmerle@fh-deggendorf.de

**Hänel,** Kathrin; Dr., Prof.; *Sozialwissenschaften*; di: H f. öffentl. Verwaltung u. Finanzen Ludwigsburg, Reuteallee 36, 71634 Ludwigsburg

**Haenel,** Konstanze; Dr. med., Prof.; *Biomedizinische Grundlagen der Gesundheitswissenschaften*; di: Ostfalia Hochsch., Fak. Gesundheitswesen, Wielandstr. 5, 38440 Wolfsburg, T: (05361) 831331, F: 831322

**Hänel-Faulhaber,** Barbara; Dr., Prof.; *Pädagogik mit dem Schwerpunkt Frühkindliche Bildung*; di: Hochsch. Rhein-Waal, Fak. Gesellschaft u. Ökonomie, Marie-Curie-Straße 1, 47533 Kleve, T: (02821) 80673336, Barbara.Haenel-Faulhaber@hochschule-rhein-waal.de

**Hänert,** Petra; Dr. phil., Prof.; *Rechtspsychologie und Entwicklungspsychologie*; di: MSH Medical School Hamburg, Am Kaiserkai 1, 20457 Hamburg, T: (040) 36122640, Petra.Haenert@medicalschool-hamburg.de

**Haenes,** Helmut; Dr.-Ing., Prof.; *Baubetrieb, Baubetriebswirtschaft*; di: FH Erfurt, FB Bauingenieurwesen, Altonaer Str. 25, 99085 Erfurt, PF 101363, 99013 Erfurt, T: (0361) 6700959, F: 6700902, haenes@fh-erfurt.de

**Hänichen,** Thomas; Dr., Prof.; *Rechungswesen, Controlling*; di: FH Neu-Ulm, Wileystr. 1, 89231 Neu-Ulm, T: (0731) 97621413, thomas.haenichen@fh-neu-ulm.de

**Hänisch,** Till; Dipl-Phys., Prof.; *Wirtschaftsinformatik*; di: DHBW Heidenheim, Fak. Technik, Marienstr. 20, 89518 Heidenheim, T: (07321) 2722292, F: 2722299, haenisch@dhbw-heidenheim.de

**Hänle,** Michael; Dr. rer.pol., Prof.; *Wirtschaftsinformatik, Informations- und Kommunikationsmanagement*; di: Hochsch. Kempten, Fak. Betriebswirtschaft, PF 1680, 87406 Kempten, T: (0831) 2523153, Michael.Haenle@fh-kempten.de

**Hänsel,** Andreas; Dr.-Ing. habil., HonProf.; *Möbelbau/Konstruktion, Möbeloberflächen*; di: Hochsch. f. nachhaltige Entwicklung, FB Holztechnik, Alfred-Möller-Str. 1, 16225 Eberswalde, T: (0351) 44722531, andreas.haensel@ba-dresden.de

**Haenselt,** Roland; Dr. phil., Prof.; *Psychologie und Soziale Dienste*; di: Hochsch. Neubrandenburg, FB Soziale Arbeit, Bildung u. Erziehung, Brodaer Str. 2, 17033 Neubrandenburg, PF 110121, 17041 Neubrandenburg, T: (0395) 56935502, haenselt@hs-nb.de; pr: Dorfstr. 24, 17252 Peetsch/Mirow, T: (039833) 21203

**Hänßgen,** Klaus; Dr. rer. nat., Prof.; *Informationssysteme u. Multimediatechnologie*; di: HTWK Leipzig, FB Informatik, Mathematik u. Naturwiss., PF 301166, 04251 Leipzig, T: (0341) 30766610, haenssge@imn.htwk-leipzig.de

**Hänssler,** Karl Heinz; Prof., Rektor; di: DHBW Ravensburg, Marienplatz 2, 88212 Ravensburg, T: (0751) 189992710, haenssler@dhbw-ravensburg.de

**Haentzsch,** Dieter; Dr.-Ing., Prof.; *Elektrische Anlagen*; di: Hochsch. Magdeburg-Stendal, FB Elektrotechnik, Breitscheidstr. 2, 39114 Magdeburg, T: (0391) 8864411, Dieter.Haentzsch@HS-Magdeburg.DE

**Här,** Uwe; Dr., Prof.; *Wirtschaftswissenschaften*; di: bbw Hochsch. Berlin, Leibnizstraße 11-13, 10625 Berlin, T: (030) 31990950, uwe.haer@bbw-hochschule.de

**Häring,** Anna Maria; Dr., Prof.; *Politik und Märkte in der Agrar- und Ernährungswirtschaft*; di: Hochsch. f. nachhaltige Entwicklung, FB Landschaftsnutzung u. Naturschutz, Friedrich-Ebert-Str. 28, 16225 Eberswalde, T: (03334) 657348, F: 6573800348, anna.haering@hnee.de

**Häring,** Thomas; Dr., Prof.; *Volkswirtschaftslehre*; di: DHBW Villingen-Schwenningen, Fak. Wirtschaft, Friedrich-Ebert-Str. 30, 78054 Villingen-Schwenningen, T: (07720) 3906158, F: 3906149, haering@dhbw-vs.de

**Härlein,** Jürgen; Dr. rer. cur., Prof.; *Pflegewissenschaft, Pflege-Ethik*; di: Ev. Hochsch. Nürnberg, Fak. f. Gesundheit u. Pflege, Bärenschanzstr. 4, 90429 Nürnberg, T: (0911) 27253-844, juergen.haerlein@evhn.de

**Härtel,** Jörg; Dr.-Ing., Prof.; *Konstruktiver Ingenieurbau*; di: Jade Hochsch., FB Bauwesen u. Geoinformation, Ofener Str. 16-19, 26121 Oldenburg, T: (0441) 77083129, joerg.haertel@jade-hs.de; pr: Neuer Sandberg 15, 31535 Neustadt a. Rbge., T: (05036) 92084, F: 92085

**Härterich,** Susanne; Dipl.-Handelslehrerin, Dr. rer. pol., Prof.; *Betriebswirtschaftslehre, insbes. Logistik und Organisation*; di: FH Ludwigshafen, FB III Internationale Dienstleistungen, Ernst-Boehe-Str. 4, 67059 Ludwigshafen/Rhein, T: (0621) 5203220, haerter@fh-lu.de

**Härting,** Alexander; Dipl.-Phys., Dr., Prof.; *Physik, Technische Navigation*; di: Jade Hochsch., FB Seefahrt, Weserstr. 4, 26931 Elsfleth, T: (04404) 92884161, haerting@jade-hs.de; pr: Peterstr. 15, 26931 Elsfleth, T: (04404) 2795

**Härting,** Ralf; Dr., Prof.; *Betriebsorganisation, Wirtschaftsinformatik, E-Commerce/Neue Medien, Online Marketing*; di: Hochsch. Aalen, Fak. Wirtschaftswissenschaften, Beethovenstr. 1, 73430 Aalen, T: (07361) 5762148, ralf.haerting@htw-aalen.de

**Härtinger,** Herbert; Dr. phil [...] *Hispanische Sprach- u. Übe*[...]*senschaft*; di: FH Köln, Fak. [...] u. Kommunikationswiss., Cla[...] 1, 50678 Köln, T: (0221) 8275[...] Haertinger@server.spr.fh-koel[...]

**Härtner,** Achim; M.A., Prof.; *Pra*[...] *Theologie*; di: Theologische Hoc[...] Friedrich-Ebert-Str. 31, 72762 Re[...] achim.haertner@emk.de

**Häuser,** Jochem; Dr., Prof.; di: Ost[...] Hochsch., Fak. Verkehr-Sport-Touri[...] Medien, Karl-Scharfenberg-Str. 55-5[...] 38229 Salzgitter

**Häuslein,** Andreas; Dr., Prof.; *Programmiersprachen, Software, Inter*[...] di: FH Wedel, Feldstr. 143, 22880 Wed[...] T: (04103) 804842, hs@fh-wedel.de

**Häusler,** Eveline; Dr. rer. pol., Prof., Dekanin FB I Management und Controlling; *Betriebswirtschaftslehre der Dienstleistungen*; di: FH Ludwigshafen, FB I Management und Controlling, Ernst-Boehe-Str. 4, 67059 Ludwigshafen, T: (0621) 5203, F: 5203193, e.haeusler@fh-ludwigshafen.de

**Häusler,** Michael; Dr., Prof.; *Allg. und Org. Chemie, Chemie*; di: HAW Hamburg, Fak. Life Sciences, Lohbrügger Kirchstr. 65, 21033 Hamburg, T: (040) 428756163, michael.haeusler@haw-hamburg.de; pr: T: (040) 60875778

**Häußler,** Walter; Dr., Prof.; *Mathematik, Wirtschaftsmathematik*; di: Hochsch. Rosenheim, Hochschulstr. 1, 83024 Rosenheim, T: (08031) 805422, F: 805402

**Häußler-Sczepan,** Monika; Dr. phil., Prof. u. Prorektorin; *Soziale Arbeit mit behinderten Menschen*; di: Hochsch. Mittweida, Direktorenvilla, Leisniger Str. 7, 09648 Mittweida, T: (03727) 581275, F: 581366, probi@htwm.de

**Hafenrichter,** Bernd; Dipl.-Inf. (FH), Dr. rer. nat., Prof.; *Informatik*; di: Hochsch. Regensburg, Fak. Informatik u. Mathematik, PF 120327, 93025 Regensburg, T: (0941) 9431307, Bernd.Hafenrichter@hs-regensburg.de

**Hafer,** Gebhard; Dr.-Ing., Prof., Rektor bbw H Berlin; *Wirtschaftswissenschaften*; di: bbw Hochsch. Berlin, Leibnizstraße 11-13, 10625 Berlin, T: (030) 319909513, gebhard.hafer@bbw-hochschule.de

**Hafezi,** Walid; Dr.phil., Prof.; *Methoden in der Sozialen Arbeit*; di: Hochsch. Rhein/Main, FB Sozialwesen, Kurt-Schumacher-Ring 18, 65197 Wiesbaden, T: (0611) 94951318, walid.hafezi@hs-rm.de

**Haffner,** Ernst Georg; Dr. rer. nat., Prof.; *Mathematik, Informatik*; di: Hochsch. Trier, FB Technik, PF 1826, 54208 Trier, T: (0651) 8103338, E.Haffner@hochschule-trier.de; pr: Birnenweg 2, 54329 Konz, T: (06501) 947588

**Haffner,** Yvonne; Dr. phil., Prof.; *Methoden der empirischen Sozialforschung, Geschlechterforschung, Soziologie*; di: Hochsch. Darmstadt, FB Gesellschaftswiss. u. Soziale Arbeit, Haardtring 100, 64295 Darmstadt, T: (06151) 168715, yvonne.haffner@h-da.de

**Hafke,** Christel; Dr. phil., Prof.; di: Hochsch. Emden/Leer, FB Soziale Arbeit u. Gesundheit, Constantiaplatz 4, 26723 Emden, T: (04921) 8071147, christel.hafke@hs-emden-leer.de

...H
...k,
...921)
...63)

...dewirt-
...alts-,
...n; di:
...afts-,
..., Kinzigallee
...894165,

...ng., Prof.;
...d *Fahrzeugtechnik*; di:
...k, Fak. Ingenieurwiss.
...echtstr. 30, 49076
...541) 9692098, f.hage@hs-
...pr: Bramkamp 48g, 49076
...(0541) 122183

...Gerd; Dr.-Ing., Prof.; *Energie-*
*...tmanagement, Entwicklung*
*...rtung energietechnischer*
... di: FH Flensburg, FB 2 Energie
...chnologie, Kanzleistr. 91-93,
...lensburg, T: (0461) 8051338,
...agedorn@fh-flensburg.de

**...el,** Georg; Dr. rer. nat., Prof.;
*...twarearchitektur, Requirements,*
*...gineering und Entwurfsmuster*; di:
...ochsch. Kempten, Fak. Informatik,
...ahnhofstr. 61-63, 87435 Kempten,
T: (0831) 2523471, georg.hagel@fh-kempten.de

**Hagemann,** Hans-Jürgen; Dr. rer. nat., Prof.; *Werkstoffe, Bauelemente und Recycling in der Elektrotechnik*; di: FH Aachen, FB Elektrotechnik und Informationstechnik, Eupener Str. 70, 52066 Aachen, T: (0241) 600952351, hagemann@fh-aachen.de; pr: Leo-Blech-Str. 7, 52074 Aachen, T: (0241) 74737

**Hagemann,** Otmar; Dr., Prof.; *Humanwissenschaftliche Grundlagen der Sozialen Arbeit, Rehabilitation und Gesundheitswesen*; di: FH Kiel, FB Soziale Arbeit u. Gesundheit, Sokratesplatz 2, 24149 Kiel, T: (0431) 2103063, otmar.hagemann@fh-kiel.de

**Hagemann,** Tim; Dipl.-Psych., Dr., Prof.; *Organisationsentwicklung, Arbeits- und Gesundheitspsychologie, Allgemeine Psychologie, Qualitätsmanagement*; di: FH d. Diakonie, Grete-Reich-Weg 9, 33617 Bielefeld, T: (0521) 1442706, F: 1443032, tim.hagemann@fhdd.de

**Hagen,** Bernd; Dr.-Ing., Prof.; *Konstruktion, Gerätekonstruktion, Technische Mechanik*; di: HTW Berlin, FB Ingenieurwiss. I, Allee der Kosmonauten 20/22, 10315 Berlin, T: (030) 50193386, hagen@HTW-Berlin.de

**Hagen,** Jutta; Dr., Prof.; *Fachwissenschaft Soziale Arbeit*; di: HAW Hamburg, Fak. Wirtschaft u. Soziales, Alexanderstr. 1, 20099 Hamburg, T: (040) 428757093, jutta.hagen@haw-hamburg.de

**Hagen,** Klaus ten; Dr.-Ing., Prof.; *Informatik, Datenbanken*; di: Hochsch. Zittau/Görlitz, Fak. Elektrotechnik u. Informatik, Brückenstr. 1, 02826 Görlitz, T: (03581) 482826, k.tenhagen@hs-zigr.de

**Hagen,** Michael; Dr.-Ing., Prof.; *Werkstoffkunde u. Korrosionsschutz*; di: FH Köln, Fak. f. Anlagen, Energie- u. Maschinensysteme, Betzdorfer Str. 2, 50679 Köln, T: (0221) 82752610, michael.hagen@fh-koeln.de

**Hagen,** Niels; Dr. rer. pol., Prof.; *Materialwirtschaft, Logistik, Prozessanalyse*; di: Hochsch. Ravensburg-Weingarten, Doggenriedstr., 88250 Weingarten, PF 1261, 88241 Weingarten, T: (0751) 5019264, F: 5019306, nils.hagen@hs-weingarten.de

**Hagen,** Susanne; Dr. med., Prof.; *Sozialmedizin, insb. Sozialpsychiatrie*; di: FH Düsseldorf, FB 6 – Sozial- und Kulturwiss., Universitätsstr. 1, 40225 Düsseldorf, T: (0211) 8115689, F: 8114617, susanne.hagen@fh-duesseldorf.de; pr: Rüstermark 32, 45134 Essen, T: (0201) 255318

**Hagen,** Tobias; Dr., Prof.; *Informatik, Wirtschaftsinformatik*; di: DHBW Lörrach, Hangstr. 46-50, 79539 Lörrach, T: (07621) 2071425, F: 2071495, hagen@dhbw-loerrach.de

**Hagen,** Tobias; Dr., Prof.; *Volkswirtschaftslehre, Schwerpunkt: Arbeitsmarkt- theorie, Arbeitsmarktpolitik, Arbeitsmarktstatistik*; di: FH Frankfurt, FB 3 Wirtschaft u. Recht, Nibelungenplatz 1, 60318 Frankfurt am Main, T: (069) 15333896, thagen@fb3.fh-frankfurt.de

**Hagenbruch,** Olaf; Dr.-Ing., Prof.; *Elektrotechnik, Mikrorechentechnik*; di: Hochsch. Mittweida, Fak. Elektro- u. Informationstechnik, Technikumplatz 17, 09648 Mittweida, T: (03727) 581364, F: 581351, hag@htwm.de

**Hagenloch,** Thorsten; Dr., Prof.; *Allgemeine BWL und Controlling*; di: Hochsch.Merseburg, FB Wirtschaftswiss., Geusaer Str., 06217 Merseburg, T: (03461) 462450, F: 462422, thorsten.hagenloch@hs-merseburg.de

**Hager,** Bernd; Dr.-Ing., Prof.; *Umformtechnik, Werkstoffkunde, Werkstoffprüfung, Produktionsmaschinen (spanlos)*; di: Hochsch. Hannover, Fak. II Maschinenbau u. Bioverfahrenstechnik, Ricklinger Stadtweg 120, 30459 Hannover, PF 920261, 30441 Hannover, T: (0511) 92961328, F: 91961111, bernd.hager@hs-hannover.de; pr: Uhlenkamp 8, 31515 Wunstorf, T: (05033) 3359

**Hagerer,** Andreas; Dr. rer. nat., Prof.; *Technische Informatik, Ingenieurmathematik*; di: HAW Ingolstadt, Fak. Elektrotechnik u. Informatik, Esplanade 10, 85049 Ingolstadt, T: (0841) 9348380, andreas.hagerer@haw-ingolstadt.de

**Hagl,** Rainer; Dr.-Ing., Prof.; *Elektrische Antriebstechnik*; di: Hochsch. Rosenheim, Fak. Ingenieurwiss., Hochschulstr. 1, 83024 Rosenheim, T: (08031) 805640, rainer.hagl@fh-rosenheim.de

**Hagmann,** Andreas; Dr. jur., Prof.; *Bürgerliches Recht, Arbeitsrecht, Wirtschaftsrecht*; di: Hochsch. f. Wirtschaft u. Umwelt Nürtingen-Geislingen, PF 1349, 72603 Nürtingen, T: (07022) 929223, andreas.hagmann@hfwu.de

**Hagspihl,** Stephanie; Dr., Prof.; *Großküchentechnik, Haus- und Versorgungstechnik*; di: Hochsch. Fulda, FB Oecotrophologie, Marquardstr. 35, 36039 Fulda, T: (0661) 9640370, stephanie.hagspihl@he.hs-fulda.de

**Hagstotz,** Werner; Dr., Prof.; *Betriebswirtschaft/Markt- u. Kommunikationsforschung*; di: Hochsch. Pforzheim, Fak. f. Wirtschaft u. Recht, Tiefenbronner Str. 65, 75175 Pforzheim, T: (07231) 286203, F: 286070, werner.hagstotz@hs-pforzheim.de

**Hahlweg,** Cornelius Frithjof; Dr.-Ing., Prof.; *Elektrotechnik, Physik, Werkstoffe, Festigkeit, Regelungstechnik*; di: bbw Hochsch. Berlin, Leibnizstraße 11-13, 10625 Berlin, T: (030) 34358873, cornelius.hahlweg@bbw-hochschule.de

**Hahn,** Bernhard; Dr. jur., PD U Frankfurt/M., Prof. FH Darmstadt; *Zivilrecht, Zivilverfahrensrecht, Rechtsvergleichung u. Telekommunikationsrecht*; di: Hochsch. Darmstadt, FB Wirtschaft, Max-Planck-Str. 2, 64807 Dieburg, T: (06151) 169311, bernhard.hahn@h-da.de; pr: Am Rinkenbühl 11, 64807 Dieburg, T: (06071) 23146, F: 21241, chickma@t-online.de

**Hahn,** Carl H.; Dr. rer. pol., Dr. h.c. mult., HonProf.; *Wirtschaftswissenschaft, Industrielle Unternehmensstrategien*; di: Westsächs. Hochsch. Zwickau, FB Wirtschaftswiss., PF 201037, 08012 Zwickau

**Hahn,** Daphne; Dr., Prof.; *Gesundheitswissenschaften*; di: Hochsch. Fulda, FB Pflege u. Gesundheit, Marquardstr. 35, 36039 Fulda, T: (0661) 9640634, daphne.hahn@pg.hs-fulda.de

**Hahn,** Frank; Dr.-Ing., Prof.; *Werkstofftechnik*; di: Hochsch. Mittweida, Fak. Maschinenbau, Technikumplatz 17, 09648 Mittweida, T: (03727) 581266, F: 581376, hahn1@htwm.de

**Hahn,** Gerhard; Prof.; *Porzellan-/Keramik-/Glas-Design (Konzeption und Entwurf), Formgestaltung*; di: Hochsch. Niederrhein, FB Design, Petersstr. 123, 47798 Krefeld, T: (02151) 8224368

**Hahn,** Hans-Georg; Dr., Prof.; *Unternehmens- Steuer- und Zivilrecht für Gesundheitsunternehmen*; di: MSH Medical School Hamburg, Am Kaiserkai 1, 20457 Hamburg, T: (040) 36122640, Hans-Georg.Hahn@medicalschool-hamburg.de

**Hahn,** Helmut; Dr.-Ing., Prof.; *Datentechnik*; di: FH Südwestfalen, FB Ingenieur- u. Wirtschaftswiss., Lindenstr. 53, 59872 Meschede, T: (0291) 9910351, hahn@fh-swf.de

**Hahn,** Holger; Dr.-Ing., Prof.; *Kälte- u Klimatechnik*; di: FH Erfurt, FB Versorgungstechnik, Altonaer Str. 25, 99085 Erfurt, PF 101363, 99013 Erfurt, T: (0361) 6700673, F: 6700424, h.hahn@fh-erfurt.de

**Hahn,** Jens-Uwe; Dr., Prof.; *Softwareentwicklung*; di: Hochsch. d. Medien, Fak. Druck u. Medien, Nobelstr. 10, 70569 Stuttgart, T: (0711) 89232157, hahn@hdm-stuttgart.de

**Hahn,** Jutta; Dr., Prof.; *Medientechnik, Informations- und Kommunikationstechnik, eLearning*; di: Hochsch. Rhein/Main, FB Design Informatik Medien, Unter den Eichen 5, 65195 Wiesbaden, T: (0611) 94952500, jutta.hahn@hs-rm.de

**Hahn,** Klaus; Dr., Prof.; *Accounting u. Controlling*; di: DHBW Stuttgart, Fak. Wirtschaft, Herdweg 21, 70174 Stuttgart, T: (0711) 1849790, hahn@dhbw-stuttgart.de

**Hahn,** Matthias; Dr.-Ing., Prof.; *Elektrische Maschinen/Grundgebiete der Elektrotechnik*; di: Hochsch. Ostwestfalen-Lippe, FB 5, Elektrotechnik u. techn. Informatik, Liebigstr. 87, 32657 Lemgo, T: (05261) 702252, F: 702373; pr: Mohnweg 53, 32657 Lemgo, T: (05261) 187875

**Hahn,** Michael; Dr.-Ing., Prof.; *Photogrammetrie, Fernerkundung, Vermessungskunde*; di: Hochsch. f. Technik, Fak. Vermessung, Mathematik u. Informatik, Schellingstr. 24, 70174 Stuttgart, PF 101452, 70013 Stuttgart, T: (0711) 89262712, F: 89262556, michael.hahn@fht-stuttgart.de

**Hahn,** Ralf; Dr., Prof.; *Grundlagen der Informatik, Software-Engineering*; di: Hochsch. Darmstadt, FB Informatik, Haardtring 100, 64295 Darmstadt, T: (06151) 168424, r.hahn@fbi.h-da.de

**Hahn,** Silke; Dr., Prof.; *PR u. Unternehmenskommunikation*; di: Business and Information Technology School GmbH, Reiterweg 26 b, 58636 Iserlohn, T: (02371) 776512, F: 776503, silke.hahn@bits-iserlohn.de

**Hahn,** Ulrich; Dipl.-Ing., Prof.; *Entwerfen und Darstellende Geometrie*; di: FH Aachen, FB Architektur, Bayernallee 9, 52066 Aachen, T: (0241) 600951122, h.hahn@fh-aachen.de; pr: Albert-Schweitzer-Str. 6, 52078 Aachen, T: (0241) 9003990

**Hahn,** Ulrich; Dr.-Ing., Prof.; *Physik, Werkstoffe der Elektrotechnik*; di: FH Dortmund, FB Informations- u. Elektrotechnik, Sonnenstr. 96, 44139 Dortmund, T: (0231) 9112370, F: 9112370, hahn@fh-dortmund.de

**Hahn,** Walter; Dr.-Ing., Prof.; *Konstruktionslehre*; di: FH Köln, Fak. f. Anlagen, Energie- u. Maschinensysteme, Betzdorfer Str. 2, 50679 Köln, T: (0221) 82752367, walter.hahn@fh-koeln.de; pr: Büdenholz 8, 57555 Brachbach, T: (02745) 1924

**Hahndel,** Stefan; Dr., Prof.; *Technische Informatik u. Simulationssysteme*; di: HAW Ingolstadt, Fak. Elektrotechnik u. Informatik, Esplanade 10, 85049 Ingolstadt, T: (0841) 9348386, stefan.hahndel@haw-ingolstadt.de

**Hahne,** Anton; Dr. rer. pol., Prof. HD Wismar; *Verhaltenswissenschaften*; di: Hochsch. Wismar, Fak. f. Wirtschaftswiss., PF 1210, 23952 Wismar, T: (03841) 753808, anton.hahne@hs-wismar.de

**Hahne,** Michael; Dr.-Ing., Prof.; di: Rheinische FH Köln, Hohenstaufenring 16-18, 50674 Köln; pr: Artilleriestr. 61, 52428 Jülich, T: (02461) 2307

**Haibel,** Astrid; Dr., Prof.; *Physik*; di: Beuth Hochsch. f. Technik, FB II Mathematik – Physik – Chemie, Luxemburger Str. 10, 13353 Berlin, T: (030) 45042127, astrid.haibel@beuth-hochschule.de

**Haibel,** Michael; Dr.-Ing., Prof.; *Lüftungs- und Klimatechnik, Thermodynamik und Feuerungstechnik*; di: Hochsch. Biberach, SG Gebäudeklimatik, PF 1260, 88382 Biberach/Riß, T: (07351) 582254, F: 582299, haibel@hochschule-bc.de

**Haid,** Markus; Dr.-Ing., Prof.; *Automatisierungssysteme, Leittechnik, Visualisierung*; di: Hochsch. Darmstadt, FB Elektrotechnik u. Informationstechnik, Haardtring 100, 64295 Darmstadt, T: (06151) 168246, haid@eit.h-da.de

**Haim,** Klaus-Dieter; Dr.-Ing., Prof.; *Elektrotechnik, Elektroenergieanlagen*; di: Hochsch. Zittau/Görlitz, Fak. Elektrotechnik u. Informatik, Theodor-Körner-Allee 16, 02763 Zittau, T: (03583) 611303, KDHaim@hs-zigr.de

**Haimerl,** Gerd; Dipl.-Ing. (BA), Dr. med., Prof.; *Medizin, Kardiotechnik, Minimalinvasive Chirurgie*; di: Hochsch. Furtwangen, Fak. Maschinenbau u. Verfahrenstechnik, Jakob-Kienzle-Str. 17, 78054 Villingen-Schwenningen, T: (07720) 3074379, hai@hs-furtwangen.de

**Hain,** Karl; Dr.-Ing., Prof.; *Informatik, Konstruktion, Technische Mechanik*; di: Hochsch. Deggendorf, FB Maschinenbau, Edlmairstr. 6-8, 94469 Deggendorf, PF 1320, 94453 Deggendorf, T: (0991) 3615312, F: 361581312, karl.hain@fh-deggendorf.de

**Haisch,** Werner; Dipl.-Psych., Dr. phil., Prof.; *Psychologie*; di: Kath. Stiftungsfachhochsch. München, Preysingstr. 83, 81667 München, T: (089) 480921267, w.haisch@ksfh.de

**Hajek,** Peter-Michael; Dr.-Ing., Prof.; *Siedlungswasserwirtschaft, Abfallwirtschaft, Bauchemie*; di: FH Kaiserslautern, FB Bauen u. Gestalten, Schönstr. 6 (Kammgarn), 67657 Kaiserslautern, T: (0631) 3724526, F: 3724555, petermichael.hajek@fh-kl.de

**Haken,** Karl-Ludwig; Dr.-Ing., Prof.; *Kraftfahrzeuge, Antriebstechnik*; di: Hochsch. Esslingen, Fak. Fahrzeugtechnik u. Fak. Graduate School, Kanalstr. 33, 73728 Esslingen, T: (0711) 3973344

**Hakenberg,** Michael; Dr. jur., Prof.; *Nationales und Internationales Wirtschaftsrecht*; di: Hochsch. Trier, FB Wirtschaft, PF 1826, 54208 Trier, T: (0651) 8103282, M.Hakenberg@hochschule-trier.de; pr: 52, blvd. de la Pétrusse, L-2320 Luxembourg, T: (00352) 298574, F: 298397

**Hakenesch,** Peter René; Dr.-Ing., Prof.; *Grundlagen der Konstruktion, Maschinenelemente*; di: Hochsch. München, Fak. Maschinenbau, Fahrzeugtechnik, Flugzeugtechnik, Dachauer Str. 98b, 80335 München

**Haldenwang,** Holger; Dipl.-Volksw., Dr. rer. pol., Prof.; *Volkswirtschaftslehre, Wirtschaftspolitik, Internationale Wirtschaftsbeziehungen, Innovations- und Regionalpolitik*; di: Hochsch. Regensburg, Fak. Betriebswirtschaft, PF 120327, 93025 Regensburg, T: (0941) 9431393, holger.haldenwang@bwl.fh-regensburg.de

**Haldenwanger,** Hans-Günter; Dr.-Ing., HonProf.; *Leichtbau im Fahrzeugbau*; di: Westsächs. Hochsch. Zwickau, Fak. Kraftfahrzeugtechnik, Dr.-Friedrichs-Ring 2A, 08056 Zwickau

**Hale,** Nikola Kim; M.A., Prof.; *Business English, Intercultural Communication*; di: Hochsch. Furtwangen, Fak. Wirtschaft, Jakob-Kienzle-Str. 17, 78054 Villingen-Schwenningen, hale@hs-furtwangen.de

**Halff,** Gregor; Dr., HonProf.; *Business Communication*; di: Int. School of Management, SG Int. Betriebswirtschaft, Otto-Hahn-Str. 37, 44227 Dortmund, T: (0231) 97513937, F: 97513939, gregor.halff@ism-dortmund.de

**Halfmann,** Marion; Dr., Prof.; *Betriebswirtschaftslehre, insbes. Marketing u. marktorientiertes Management*; di: Hochsch. Rhein-Waal, Fak. Gesellschaft u. Ökonomie, Marie-Curie-Straße 1, 47533 Kleve, T: (02821) 80673335, marion.halfmann@hochschule-rhein-waal.de

**Hall,** Oliver; Dipl.-Ing., Prof.; *Stadtplanung, Städtebauliches Entwerfen*; di: Hochsch. Ostwestfalen-Lippe, FB 1, Architektur u. Innenarchitektur, Bielefelder Str. 66, 32756 Detmold; pr: Mainzer Str. 77, 50678 Köln, T: (0221) 2718060

**Haller,** Dieter; Dr.-Ing., Prof.; *CAD/Finite Elemente*; di: Hochsch. München, Fak. Feinwerk- u. Mikrotechnik, Physikal. Technik, Lothstr. 34, 80335 München, T: (089) 12651355, F: 12651480, dhaller@fhm.edu

**Haller,** Klaus; Dr., Prof.; di: Rheinische FH Köln, Hohenstaufenring 16-18, 50674 Köln

**Haller,** Peter; Dr. rer. soc. oec., Prof.; *Internationale Rechnungslegung*; di: Hochsch. Fulda, FB Wirtschaft, Marquardstr. 35, 36039 Fulda, T: (0661) 9640278, Peter.Haller@w.fh-fulda.de; pr: Cosiniusstr. 6, 60388 Frankfurt/M.

**Haller,** Sabine; Dipl.-Kff., Dr. rer. pol., Prof.; *BWL der Dienstleitungsunternehmen*; di: Hochsch. f. Wirtschaft u. Recht Berlin, Badensche Str. 50-51, 10825 Berlin, T: (030) 85789178, haller@hwr-berlin.de; pr: Rothenbücherweg 61, 14089 Berlin, T: (030) 3614744

**Hallmann,** Henning; Dr.-Ing., Prof.; *Datenverarbeitung im Maschinenbau, insbes. Rechnerunterstütztes Konstruieren*; di: FH Köln, Fak. f. Anlagen, Energie- u. Maschinensysteme, Betzdorfer Str. 2, 50679 Köln, T: (0221) 82752364, hallmann@fh-koeln.de

**Hallwig,** Winfried; Dr.-Ing., Prof.; *Fertigungstechnik, Feinwerktechnik, Qualitätssicherung*; di: Georg-Simon-Ohm-Hochsch. Nürnberg, Fak. Elektrotechnik Feinwerktechnik Informationstechnik, Wassertorstr. 10, 90489 Nürnberg, PF 210320, 90121 Nürnberg

**Halstenberg,** Klaus; Dr.-Ing., Prof.; *Konstruktionslehre*; di: FH Aachen, FB Maschinenbau und Mechatronik, Goethestr. 1, 52064 Aachen, T: (0241) 600952367, halstenberg@fh-aachen.de; pr: T: (02402) 36074

**Halstrup,** Dominik; Dr., Prof.; *Betriebswirtschaftslehre, insb. Strategisches Management*; di: Hochsch. Osnabrück, Fak. Wirtschafts- u. Sozialwiss., Caprivistr. 30A, 49076 Osnabrück, PF 1940, 49009 Osnabrück, T: (0541) 9693822, halstrup@wi.hs-osnabrueck.de

**Halter,** Eberhard; Dr. rer. nat., Prof.; *Mathematik, Finite Elemente*; di: Hochsch. Karlsruhe, Fak. Maschinenbau u. Mechatronik, Moltkestr. 30, 76133 Karlsruhe, PF 2440, 76012 Karlsruhe, T: (0721) 9251703, eberhard.halter@hs-karlsruhe.de

**Halver,** Werner A.; Dr. rer.pol., Prof.; *Innovations- und Institutionenökonomie, Wirtschaftspolitik, Wirtschaftsgeographie*; di: Hochschule Ruhr West, Wirtschaftsinstitut, PF 100755, 45407 Mülheim an der Ruhr, T: (0208) 88254352, werner.halver@hs-ruhrwest.de

**Hamacher,** Bernd; Dr.-Ing., Prof.; *Technisches Management, Operationsmanagement*; di: Hochsch. Osnabrück, Fak. Ingenieurwiss. u. Informatik, Albrechtstr. 30, 49076 Osnabrück, T: (0541) 9693222, b.hamacher@hs-osnabrueck.de; pr: Rita-Bardenheuer-Str. 22, 28213 Bremen, T: (0421) 210070

**Hamacher,** Gerd; Dr.-Ing., Prof.; *Sozioökonomische Grundlagen des Planens, Wohnungsbau*; di: FH Köln, Fak. f. Architektur, Betzdorfer Str. 2, 50679 Köln, gerd.hamacher@fh-koeln.de; pr: Victoriastr. 79, 64293 Darmstadt

**Hamann,** Heribert; Dipl.-Ing., Prof.; *Technischer Aufbau, Innenausbau, Entwurf*; di: FH Mainz, FB Technik, Holzstr. 36, 55116 Mainz, T: (06131) 2859128, hamann@fh-mainz.de

**Hamann,** Manfred; Dr.-Ing., Prof.; *Elektrische Messtechnik, Qualitätsmanagement*; di: Ostfalia Hochsch., Fak. Elektrotechnik, Salzdahlumer Str. 46/48, 38302 Wolfenbüttel, T: (05331) 9393000, F: 9393002, m.hamann@ostfalia.de

**Hamann,** Matthias; Dr. rer. oec. habil., HonProf. FH Ludwigshafen; *Arbeitswissenschaft, Arbeitspolitik im Unternehmen, Personalwirtschaft*; di: FH Ludwigshafen, FB II Marketing und Personalmanagement, Ernst-Boehe-Str. 4, 67059 Ludwigshafen/Rhein, T: (0621) 3933136

**Hamann,** Ulrich; Dipl.-Ing., Prof.; *Entwerfen, Gebäudelehre, Industrialisiertes Bauen*; di: FH Kaiserslautern, FB Bauen u. Gestalten, Schönstr. 6 (Kammgarn), 67657 Kaiserslautern, T: (0631) 3724410, F: 3724444, ulrich.hamann@fh-kl.de; pr: Roquetteweg 26, 62485 Darmstadt, T: (06151) 422875

**Hamann,** Wolfram; Dr., Prof.; *Polizei- u. Ordnungsrecht, Allgemeines Verwaltungsrecht, Juristische Methodik*; di: FH f. öffentl. Verwaltung NRW, Abt. Duisburg, Albert-Hahn-Str. 45, 47269 Duisburg, T: (0203) 9130640, wolfram.hamann@fhoev.nrw.de; pr: F: (0201) 473880

**Hamann-Steinmeier,** Angela; Dipl.-Biol., Dr. rer. nat., Prof.; *Bioverfahrenstechnik, Mikrobiologie*; di: Hochsch. Osnabrück, Fak. Ingenieurwiss. u. Informatik, Artilleriestr. 46, 49076 Osnabrück, T: (0541) 9692902, a.hamann@hs-osnabrueck.de; pr: Blumenesch 24, 49078 Osnabrück

**Hambach,** Sybille; Dr., Prof.; *Medienendidaktik, Management interaktiver Mediensysteme*; di: Baltic College, Lankower Str. 9-11, 19057 Schwerin, hambach@baltic-college.de

**Hambitzer,** Reinhard; Dr. troph., Prof.; *Lebensmittelwissenschaft, insb. Produktentwicklung*; di: Hochsch. Niederrhein, FB Oecotrophologie, Rheydter Str. 277, 41065 Mönchengladbach, T: (02161) 1865326, reinhard.hambitzer@hs-niederrhein.de

**Hamblock,** Dieter; Dr. phil., Prof.; *Anglistik*; di: SRH Hochsch. Hamm, Platz der Deutschen Einheit 1, 59065 Hamm, dieter.hamblock@fh-hamm.srh.de; pr: Wagenfeldstr. 24, 58456 Witten, T: (02302) 77217

**Hambrecht,** Andreas; Dr.-Ing., Prof.; *Leistungselektronik, Regelungstechnik, Elektrische Antriebe*; di: Beuth Hochsch. f. Technik, FB VII Elektrotechnik – Mechatronik – Optometrie, Luxemburger Str. 10, 13353 Berlin, T: (030) 45042900, andreas.hambrecht@beuth-hochschule.de

**Hamdan,** Marwan; Dr. jur., Prof.; *Versicherungsrecht, Wirtschaftsrecht und Bürgerliches Recht*; di: Hochsch. d. Sparkassen-Finanzgruppe, Simrockstr. 4, 53113 Bonn, T: (0228) 204935, F: 204903, marwan.hamdan@dsgv.de

**Hamelmann,** Frank U.; Dr., Prof.; *Physik, insb. Dünnschichttechnik*; di: FH Bielefeld, FB Technik, Ringstraße 94, 32427 Minden, T: (0571) 8385183, F: 8385240, frank.hamelmann@fh-bielefeld.de

**Hamilius,** Jean-Claude; Dipl.-Des., Prof.; *Kommunikationsdesign, Schwerpunkt Werbung*; di: Hochsch. Mannheim, Fak. Gestaltung, Windeckstr. 110, 68163 Mannheim

**Hamm,** Michael; Dr., Prof.; *Ernährungswissenschaften*; di: HAW Hamburg, Fak. Life Sciences, Lohbrügger Kirchstr. 65, 21033 Hamburg, T: (040) 428756117, michael.hamm@haw-hamburg.de; pr: F: (040) 440439

**Hamm,** Patricia; Dr., Prof.; *Baukonstruktion, Technische Mechanik*; di: Hochsch. Biberach, SG Bauingenieurwesen, PF 1260, 88382 Biberach/Riß, T: (07351) 582524, F: 582529, hamm@hochschule-bc.de

**Hamm,** Rüdiger; Dr. rer. pol., Prof.; *Volkswirtschaftslehre, insbes. Regional- und Strukturpolitik einschl. Wirtschaftsgeographie*; di: Hochsch. Niederrhein, FB Wirtschaftswiss., Webschulstr. 41-43, 41065 Mönchengladbach, T: (02161) 1866336, ruediger.hamm@hs-niederrhein.de

**Hammel,** Gerhard; Dr. rer. nat., Prof.; *Mechanische Verfahrenstechnik, Anlagenplanung u. Anlagenbau, Fördertechnik, Ingenieurtechnik, Biotechnologie, Physikal. Chemie*; di: FH Bingen, FB Life Sciences and Engineering, FR Verfahrenstechnik, Berlinstr. 109, 55411 Bingen, T: (06721) 409349, F: 409112, hammel@fh-bingen.de; pr: Alsbachblick 31, 65207 Wiesbaden, T: (06127) 998320

**Hammer,** Daniel; Dr. rer. nat., Prof.; *Sicherheit in vernetzten Systemen, Computer Forensik*; di: Hochsch. Offenburg, Fak. Medien u. Informationswesen, Badstr. 24, 77652 Offenburg, T: (0781) 205114, F: 205214, hammer@fh-offenburg.de

**Hammer,** Eckart; Dr., Prof.; *Soziale Gerontologie/Altenarbeit, Erwachsenenbildung*; di: Ev. H Ludwigsburg, FB Soziale Arbeit, Auf der Karlshöhe 2, 71638 Ludwigsburg, T: (07121) 965153, e.hammer@efh-ludwigsburg.de; pr: Diebsteigle 11, 72764 Reutlingen, T: (07121) 205506, F: 2055068, e.hammer@freenet.de

**Hammer,** Joachim; Dr.-Ing., Prof.; *Werkstofftechnik, Festigkeitslehre, Spanlose Fertigung*; di: Hochsch. Regensburg, Fak. Maschinenbau, PF 120327, 93025 Regensburg, T: (0941) 9435153, joachim.hammer@maschinenbau.fh-regensburg.de

**Hammer,** Norbert; Dr. phil., Prof.; *Mediendesign und Mediendidaktik*; di: Westfäl. Hochsch., FB Informatik u. Kommunikation, Neidenburger Str. 43, 45877 Gelsenkirchen, T: (0209) 9596506, Norbert.Hammer@informatik.fh-gelsenkirchen.de

**Hammer,** Otto H.; Dipl.-Volksw., Prof.; *Allg. BWL, Internationales Management*; di: Hochsch. Mittweida, Fak. Wirtschaftswiss., Technikumplatz 17, 09648 Mittweida, T: (03727) 581129, F: 581345, ohammer@htwm.de

**Hammer,** Thomas; Dipl.-Ing., Prof.; di: Hochsch. München, Fak. Architektur, Karlstr. 6, 80333 München, thomas.hammer@hm.edu

**Hammer,** Veronika; Dr., Prof.; *Sozialarbeitswissenschaft, Methoden der empirischen Sozialforschung*; di: Hochsch. Coburg, Fak. Soziale Arbeit u. Gesundheit, Friedrich-Streib-Str. 2, 96450 Coburg, T: (09561) 317374, hammerve@hs-coburg.de

**Hammermeister,** Jörg; Dipl. oec., Prof.; *Marketing*; di: Jade Hochsch., FB Wirtschaft, Friedrich-Paffrath-Str. 101, 26389 Wilhelmshaven, T: (04421) 9852556, joerg.hammermeister@jade-hs.de

**Hammerschall,** Ulrike; Dr. rer. nat., Prof.; di: Hochsch. München, Fak. Informatik u. Mathematik, Lothstr. 34, 80335 München, ulrike.hammerschall@hm.edu

**Hammerschmidt,** Ernst; Dr.-Ing., Prof.; *Fertigungstechnik, Maschinenelemente*; di: Hochsch. Darmstadt, FB Maschinenbau u. Kunststofftechnik, Haardtring 100, 64295 Darmstadt, T: (06151) 168579, hammerschmidt@h-da.de

**Hammerschmidt,** Peter; Dr. phil. habil., Prof.; *Grundlagen Sozialer Arbeit*; di: Hochsch. München, Fak. Angew. Sozialwiss., Am Stadtpark 20, 81243 München, T: (089) 12652347, peter.hammerschmidt@hm.edu; Univ., FB 4, Sozialwesen, Arnold-Bode-Str. 10, 34109 Kassel

**Hammerschmidt,** Valentin; Dr.-Ing., Prof.; *Architekturgeschichte und Denkmalpflege*; di: HTW Dresden, Fak. Bauingenieurwesen/Architektur, Friedrich-List-Platz 1, 01069 Dresden, T: (0351) 4622755, hschmidt@htw-dresden.de

**Hamouda,** Mohamed Jamel; Dr.-Ing. habil., Prof.; *Elektrotechnik, Halbleitertechnik*; di: Hochsch. Furtwangen, Fak. Computer & Electrical Engineering, Robert-Gerwig-Platz 1, 78120 Furtwangen, T: (07723) 9202501, ham@fh-furtwangen.de

**Hampe,** Ruth; Dr. phil., Prof.; *Heilpädagogik*; di: Kath. Hochsch. Freiburg, Karlstr. 63, 79104 Freiburg, T: (0761) 200267, hampe@kfh-freiburg.de; pr: Hartwigstr. 34, 28209 Bremen

**Hampel,** Rainer; Dr.-Ing. habil., Prof., Rektor H Zittau/Görlitz; *Prozessautomatisierung, Simulation, Fuzzy Control, Reaktorsicherheit*; di: Hochsch. Zittau/Görlitz, Fak. Elektrotechnik u. Informatik, Theodor-Körner-Allee 16, 02763 Zittau, T: (03583) 611383, F: 611288, R.Hampel@hs-zigr.de

**Hampshire,** Jörg; Dr., Prof.; *Ernährungs- u Lebensmittelqualität*; di: Hochsch. Fulda, FB Oecotrophologie, Marquardstr. 35, 36039 Fulda

**Hanak,** Thomas; Ph.D., Prof.; *Physik, Festkörperphysik, Computer-Algebra*; di: Hochsch. Esslingen, Fak. Grundlagen u. Fak. Fahrzeugtechnik, Kanalstr. 33, 73728 Esslingen, T: (0711) 3973416; pr: Egertstr. 16/1, 72636 Frickenhausen, T: (07123) 367337

**Handge,** Horst; Dipl.-Ing., HonProf.; di: Hochsch. f. Technik, Schellingstr. 24, 70174 Stuttgart, PF 101452, 70013 Stuttgart

**Handmann,** Uwe; Dr.-Ing., Prof.; *Informatik*; di: Hochsch. Ruhr West, Institut Informatik, PF 100755, 45407 Mülheim an der Ruhr, T: (0208) 88254802, uwe.handmann@hs-ruhrwest.de

**Handorff,** Christoph von; Dipl.-Ing., Prof.; *Low-Vision, Physiologische Optik, Optometrie*; di: Beuth Hochsch. f. Technik, FB VII Elektrotechnik – Mechatronik – Optometrie, Luxemburger Str. 10, 13353 Berlin, T: (030) 45044733, handorff@beuth-hochschule.de

**Haneke,** Carsten; Dr.-Ing., Prof.; *Public Private Partnership*; di: Hochsch. Bremerhaven, An der Karlstadt 8, 27568 Bremerhaven, T: (0471) 4823582, chaneke@hs-bremerhaven.de

**Haneke,** Uwe; Dr. rer. pol., Prof.; *BWL*; di: Hochsch. Karlsruhe, Fak. Informatik u. Wirtschaftsinformatik, Moltkestr. 30, 76133 Karlsruhe, PF 2440, 76012 Karlsruhe, T: (0721) 9251576

**Hanemann,** Andreas; Dr. rer.nat., Prof.; *Rechnernetze u. Web-Technologien*; di: FH Lübeck, FB Elektrotechnik u. Informatik, Mönkhofer Weg 136-140, 23562 Lübeck, T: (0451) 3005321, andreas.hanemann@fh-luebeck.de

**Hanesch,** Walter; Dr. rer. pol., Prof.; *Sozialpolitik und Sozialverwaltung*; di: Hochsch. Darmstadt, FB Gesellschaftswiss. u. Soziale Arbeit, Haardtring 100, 64295 Darmstadt, T: (06151) 168702, whanesch@h-da.de; pr: Vogtstr. 52, 60322 Frankfurt/Main, T: (069) 59790567, whanesch@gmx.de

**Hanf,** Jon; Dr., Prof.; *Management und Marketing*; di: Hochsch. Geisenheim, Zentrum Ökonomie im Wein- u. Gartenbau, Von-Lade-Str. 1, 65366 Geisenheim, T: (06722) 502393, F: 502710, Jon.Hanf@hs-gm.de

**Hanika,** Heinrich; Dr. iur., Prof.; *Wirtschaftsrecht (Vertrags-, Handels- und Gesellschaftsrecht) und Recht der Europäischen Union*; di: FH Ludwigshafen, FB I Management und Controlling, Ernst-Boehe-Str. 4, 67059 Ludwigshafen/Rhein, T: (0621) 5203242, F: 5203267, h.hanika@fh-ludwigshafen.de

**Hanisch,** Charlotte; Dipl.-Psych., Dr., Prof.; *Psychologie*; di: FH Düsseldorf, FB 6 – Sozial- und Kulturwiss., Universitätsstr. 1, 40225 Düsseldorf, T: (0211) 8115683, charlotte.hanisch@fh-duesseldorf.de

**Hanisch,** Gudrun; Dipl.-Textilgestalterin, Prof.; *Textilgestaltung/Grundlagen künstlerische Gestaltung*; di: Westsächs. Hochsch. Zwickau, FB Angewandte Kunst Schneeberg, Goethestr. 1, 08289 Schneeberg, T: (03772) 350721, Gudrun.Hanisch@fh-zwickau.de

**Hanke,** Ulrike; Dipl.-Sozialpäd., Dr., Prof.; *Ästhetik u. Kommunikation, Theater- u. Kulturpädagogik*; di: Hochsch. Neubrandenburg, FB Soziale Arbeit, Bildung u. Erziehung, Brodaer Str. 2, 17033 Neubrandenburg, PF 110121, 17041 Neubrandenburg, T: (0395) 56935503, hanke@hs-nb.de; pr: Robert-Blum-Str. 10, 17033 Neubrandenburg, T: (0395) 5665185

**Hannappel,** Susanne; Dr. rer. nat., Prof.; di: Hochsch. f. Wirtschaft u. Recht Berlin, Badensche Str. 50-51, 10825 Berlin, T: (030) 85789168, hannapps@hwr-berlin.de; pr: Elberfelder Str. 12, 10555 Berlin, T: (030) 3938818

**Hannemann,** Annegret; Prof.; *Zwangsversteigerungsrecht, Insolvenzrecht, Zwangsvollstreckungsrecht*; di: Norddeutsche Hochsch. f. Rechtspflege, Fak. Rechtspflege, FB Rechtspflege, Godehardsplatz 6, 31134 Hildesheim, T: (05121) 1791038, annegret.hannemann@justiz.niedersachsen.de

**Hannemann,** Birgit; Dr. rer. nat., Prof.; *Silizium-Mikrostrukturtechniken*; di: Hochsch. Bremen, Fak. Elektrotechnik u. Informatik, Neustadtswall 30, 28199 Bremen, T: (0421) 59052406, F: 59053484, Birgit.Hannemann@hs-bremen.de

**Hannemann,** Jürgen; Dr., Prof., Dekan SG Pharmazeut. Biotechnologie; *Allgemeine Biotechnologie, Bioprozessentwicklung*; di: Hochsch. Biberach, SG Pharmazeut. Biotechnologie, PF 1260, 88382 Biberach/Riß, T: (07351) 582450, F: 582469, hannemann@hochschule-bc.de

**Hannemann,** Manfred; Dr., Prof.; *Informatik, Mathematik, High Integrity Systems*; di: FH Frankfurt, FB 2 Informatik u. Ingenieurwiss., Nibelungenplatz 1, 60318 Frankfurt am Main, T: (069) 15332225, hannemann@em.uni-frankfurt.de

**Hannemann,** Susanne; Dr. rer. oec., Prof.; *Allg.BWL, insbes. Unternehmensbesteuerung und Wirtschaftsprüfung*; di: Hochsch. Bochum, FB Wirtschaft, Lennershofstr. 140, 44801 Bochum, T: (0234) 3210648, susanne.hannemann@hs-bochum.de

**Hannemann,** Volker; HonProf.; *Bürgerliches Recht*; di: Hochsch. f. Öffentl. Verwaltung Bremen, Doventorscontrescarpe 172, 28195 Bremen

**Hannibal,** Wilhelm; Dr.-Ing., Prof.; *Konstruktionslehre*; di: FH Südwestfalen, FB Maschinenbau, Frauenstuhlweg 31, 58644 Iserlohn, T: (02371) 566314, F: 566251, hannibal@fh-swf.de; pr: Im Beil 7, 68675 Hemer, T: (02372) 650044

**Hannig,** Uwe; Dipl.-Kfm., Dr. rer. pol., Prof.; *Betriebswirtschaftslehre, insbes. Datenverarbeitung und Statistik*; di: FH Ludwigshafen, FB I Management und Controlling, Ernst-Boehe-Str. 4, 67059 Ludwigshafen/Rhein, T: (0621) 5203270, F: 5203193; pr: hannig@imis.de

**Hano,** Lisa; Dr., Prof.; *Sozialmanagement*; di: FH des Mittelstands, Ravensbergerstr. 10 G, 33602 Bielefeld, hano@fhm-mittelstand.de

**Hanrath,** Stephanie; Dr., Prof.; *Rechnungswesen, Strategisches und Operatives Controlling, Marketing Controlling*; di: Techn. Hochsch. Mittelhessen, FB 07 Wirtschaft, Wiesenstr. 14, 35390 Gießen, stephanie.hanrath@w.th-mittelhessen.de; pr: Am Denkmal 6, 57299 Burbach-Holzhausen, T: (02736) 3232

**Hanrath,** Wilhelm; Dr. rer. nat., Prof.; *Angewandte Mathematik und Informatik*; di: FH Aachen, FB Maschinenbau u. Mechatronik, Goethestr. 1, 52064 Aachen, T: (0241) 600952435, hanrath@fh-aachen.de; pr: Karl-Arnold-Ring 51, 52457 Aldenhoven

**Hanrieder,** Dietlind; Dr., Prof.; *Lebensmittellehre*; di: Hochsch. Anhalt, FB 1 Landwirtschaft, Ökotrophologie, Landespflege, Strenzfelder Allee 28, 06406 Bernburg, T: (03471) 3551133, hanrieder@loel.hs-anhalt.de

**Hans,** Christina; Dr., Prof.; *Finanzmathematik und Management*; di: Jade Hochsch., FB Wirtschaft, Friedrich-Paffrath-Str. 101, 26389 Wilhelmshaven, T: (04421) 9852581, christina.hans@jade-hs.de

**Hans,** Lothar; Dr., Prof.; *Internes Rechnungswesen, Investition und Finanzierung, Controlling*; di: Hochsch. Fulda, FB Wirtschaft, Marquardstr. 35, 36039 Fulda; pr: Weinbergstr. 23, 36088 Hünfeld-Rossbach, T: (06652) 73861

**Hansbauer,** Peter; Dr. rer. soc., Prof.; *Soziologie*; di: FH Münster, FB Sozialwesen, Hüfferstr. 27, 48149 Münster, T: (0251) 8365704, F: 8365702, hansbauer@fh-muenster.de

**Hansemann,** Thomas; Dipl.-Ing., Prof., Dekan FB Elektrotechnik; *Gebäudetechnik, Gebäudeautomatisierung, Energiemanagement u. Grundlagen der Elektrotechnik*; di: Hochsch. Mannheim, Fak. Elektrotechnik, Windeckstr. 110, 68163 Mannheim, T: (0621) 2926265

**Hansen,** Brigitte; Dr. phil., Prof.; *Politikwissenschaft, insbes. Sozialpolitik*; di: FH Bielefeld, FB Sozialwesen, Kurt-Schumacher-Str. 6, 33615 Bielefeld, T: (0521) 1067842, brigitte.hansen@fh-bielefeld.de; pr: Friedrichstr. 18, 33615 Bielefeld, T: (0521) 122715

**Hansen,** Ellen; Dr. rer. nat., Prof.; *Biomedizinische Technik*; di: FH Jena, FB Medizintechnik u. Biotechnologie, Carl-Zeiss-Promenade 2, 07745 Jena, PF 100314, 07703 Jena, T: (03641) 205600, F: 205601, mt@fh-jena.de

**Hansen,** Flemming; Dr. phil., Prof.; *Sozialarbeitswissenschaften*; di: HTWK Leipzig, FB Angewandte Sozialwiss., PF 301166, 04251 Leipzig, T: (0341) 30764405, flemming.hansen@fas.htwk-leipzig.de

**Hansen,** Hilke; Dr., Prof.; *Logopädie*; di: Hochsch. Osnabrück, Fak. Wirtschafts- u. Sozialwiss., Caprivistr. 30A, 49076 Osnabrück, PF 1940, 49009 Osnabrück, T: (0541) 9693975, h.hansen@hs-osnabrueck.de

**Hansen,** Horst; Dr., Prof.; *Informationssysteme, Programmentwicklung*; di: HTW Berlin, FB Wirtschaftswiss. II, Treskowallee 8, 10318 Berlin, T: (030) 50192285, horst.hansen@HTW-Berlin.de

**Hansen,** Katrin; Dipl.-Ökonomin, Dr. rer. pol., Prof.; *Betriebswirtschaftslehre, insbes. Management und Personalentwicklung*; di: Westfäl. Hochsch., FB Wirtschaft u. Informationstechnik, Münsterstr. 265, 46397 Bocholt, T: (02871) 2155732, Katrin.Hansen@fh-gelsenkirchen.de

**Hansen,** Klaus; Dr. phil., Prof.; *Politische Wissenschaft, Politische Bildung*; di: Hochsch. Niederrhein, FB Sozialwesen, Richard-Wagner-Str. 101, 41065 Mönchengladbach, T: (02161) 1865645, klaus.hansen@hs-niederrhein.de

**Hansen,** Maike; Dr., Prof.; *Romanische Sprachen, Wirtschaftsfranzösisch, Landeskunde frankophoner Länder*; di: Hochsch. f. angew. Wiss. Würzburg Schweinfurt, Fak. angew. Natur- u. Geisteswiss., Münzstr. 12, 97070 Würzburg

**Hansen,** Martin; Prof.; *Konstruktion, Kunststofftechnik*; di: Hochsch. f. angew. Wiss. Würzburg Schweinfurt, Fak. Maschinenbau, Ignaz-Schön-Str. 11, 97421 Schweinfurt

**Hansen,** Martin; Dr.rer.nat., Prof.; *Physik, Audiologie, Medizinische Akustik*; di: Jade Hochsch., FB Bauwesen u. Geoinformation, Ofener Str. 16-19, 26121 Oldenburg, T: (0441) 77083725, martin.hansen@jade-hs.de

**Hansen,** Ralph; Dr.-Ing., Prof.; *Automatisierung energietechnischer Systeme, Elektrische Antriebe, Regelungstechnik, Elektrotechnik, Steuerungstechnik*; di: Beuth Hochsch. f. Technik, FB VII Elektrotechnik u. Feinwerktechnik, Luxemburger Str. 10, 13353 Berlin, T: (030) 45042469, rhansen@beuth-hochschule.de

**Hansen,** Uwe; Dr., Prof.; *Logistik/ Verkehrswirtschaft*; di: H Koblenz, FB Wirtschafts- u. Sozialwissenschaften, RheinAhrCampus, Joseph-Rovan-Allee 2, 53424 Remagen, T: (02642) 932304, Hansen@RheinAhrCampus.de

**Hanser,** Eckhart; Dr., Prof.; *Informatik, Wirtschaftsinformatik*; di: DHBW Lörrach, Hangstr. 46-50, 79539 Lörrach, T: (07621) 2071322, F: 2071319, hanser@dhbw-loerrach.de

**Hanses,** Ullrich; Dr.-Ing., Prof.; *Geotechnik*; di: Hochsch. Coburg, Fak. Design, Friedrich-Streib-Str. 2, 96450 Coburg, T: (09561) 317242, hanses@hs-coburg.de

**Hansmaier,** Helmut; Dr.-Ing., Prof.; *Maschinenelemente, Spanende Fertigung, Mechatronik*; di: Hochsch. Deggendorf, FB Maschinenbau, Edlmairstr. 6/8, 94469 Deggendorf, T: (0991) 3615316, F: 361581316, helmut.hansmeier@fh-deggendorf.de

**Hansmann,** Harald; Dr.-Ing., Prof.; *Kunststofftechnik/Werkstoffe*; di: Hochsch. Wismar, Fak. f. Ingenieurwiss., PF 1210, 23952 Wismar, T: (03841) 753247, h.hansmann@ipt-wismar.de

**Hantel-Quitmann,** Wolfgang; Dr., Prof.; *Psychologie*; di: HAW Hamburg, Fak. Wirtschaft u. Soziales, Alexanderstr. 1, 20099 Hamburg, T: (040) 428757083, wolfgang@hantel-quitmann.de; pr: T: (040) 60561123, F: 60561120, wquitmann@aol.com

**Hantke,** Bernd; Dr. rer. pol. habil., Prof.; *Allg. BWL, insb. Personalwirtschaft*; di: FH Jena, FB Betriebswirtschaft, Carl-Zeiss-Promenade 2, 07745 Jena, PF 100314, 07703 Jena, T: (03641) 205550, F: 205551, bw@fh-jena.de

**Hantke,** Hartmut; Dr.-Ing., Prof.; *Bautechnische Grundlagen, Technikfolgenabschätzung und Altlasten, Abwasser- und Abfalltechnik, Wasserversorgung, Rohrleitungsbau*; di: Hochsch. Esslingen, Fak. Versorgungstechnik u. Umwelttechnik, Kanalstr. 33, 73728 Esslingen, T: (0711) 3973452; pr: Staffelstr. 12, 71384 Weinstadt, T: (07151) 610822

**Hapkemeyer,** Christian; Prof.; *Staats- und Verfassungsrecht, Eingriffsrecht, Strafrecht*; di: Hochsch. f. Polizei Villingen-Schwenningen, Sturmbühlstr. 250, 78054 Villingen-Schwenningen, T: (07720) 309539, ChristianHapkemeyer@fhpol-vs.de

**Happel,** Hans-Volker; Dr., Prof.; *Psychologie*; di: FH Frankfurt, FB 4 Soziale Arbeit u. Gesundheit, Nibelungenplatz 1, 60318 Frankfurt am Main, T: (069) 15332873, happel@idh-frankfurt.de

**Happel,** Reinhold; Dr. phil., Prof.; *Kunst- u. Designgeschichte*; di: FH Münster, FB Design, Leonardo-Campus 6, 48149 Münster, T: (0251) 8365366, happel@fh-muenster.de; pr: Auf dem Königsberg 4, 58097 Hagen, T: (02331) 17841

**Happersberger,** Günther; Dipl.-Ing., Dr.-Ing., Prof.; *Produktionsorganisation und -technik, Kybernetik, Integrierte Informationssysteme, Rhetorik, Präsentationstechnik*; di: Hochsch. Reutlingen, FB Produktionsmanagement, Alteburgstr. 150, 72762 Reutlingen, T: (07121) 271218; pr: Obere Birke 21, 72138 Kirchentellinsfurt, T: (07121) 67648

**Harasim,** Anton; Dipl.-Phys., Prof.; *Mikrosystemtechnik, Hybridtechnologie, Laser und Holographie, Neuronale Netze, Physikalische Grundlagen der Informatik*; di: Hochsch. Landshut, Fak. Elektrotechnik u. Wirtschaftsingenieurwesen, Am Lurzenhof 1, 84036 Landshut, anton.harasim@fh-landshut.de

**Harbrücker,** Ulrich; Dr., Prof.; *Steuern und Prüfungswesen*; di: DHBW Mannheim, Fak. Wirtschaft, Coblitzallee 1-9, 68163 Mannheim, T: (0621) 41051900, F: 41051904, ulrich.harbruecker@dhbw-mannheim.de

**Harburger,** Wolfgang; Dr. phil., Prof.; *Sozial- u. Wirtschaftspsychologie, Rhetorik u. Präsentation*; di: Hochsch. Bochum, FB Wirtschaft, Lennershofstr. 140, 44801 Bochum, T: (0234) 3210633, wolfgang-harburger@hs-bochum.de; pr: wolfgang.harburger@epost.de

**Harbusch,** Klaus; Dr. rer. nat., Prof.; *Angewandte Informatik*; di: Ostfalia Hochsch., Fak. Fahrzeugtechnik, Robert-Koch-Platz 8A, 38440 Wolfsburg, k.harbusch@ostfalia.de

**Harden,** Lars; Dr., Prof.; *Unternehmensberatung insbesondere Kommunikationsberatung*; di: Hochsch. Osnabrück, Fak. MKT, Inst. f. Kommunikationsmanagement, Kaiserstr. 10c, 49809 Lingen, T: (0591) 80098453, l.harden@hs-osnabrueck.de

**Harder,** Harry; Dr.-Ing., Prof.; *Geotechnik*; di: Hochsch. Bremen, Fak. Architektur, Bau u. Umwelt, Neustadtswall 30, 28199 Bremen, T: (0421) 59052331, F: 59052376, Harry.Harder@hs-bremen.de

**Harder,** Jörn; Dr.-Ing., Prof.; *Technische Mechanik*; di: FH Aachen, FB Luft- und Raumfahrttechnik, Hohenstaufenallee 6, 52064 Aachen, T: (0241) 600952324, harder@fh-aachen.de; pr: Geschwister-Scholl-Str. 7, 52146 Würselen

**Harder,** Olaf; Dipl.-Ing., Prof., Rektor FH Konstanz; *Baubetrieb, Arbeitsvorbereitung*; di: Hochsch. Konstanz, Fak. Bauingenieurwesen, Brauneggerstr. 55, 78462 Konstanz, PF 100543, 78405 Konstanz, T: (07531) 206110, F: 206391, harder@vw.fh-konstanz.de

**Hardock,** Petra; Dr., Prof.; *Wirtschaftswissenschaften*; di: DHBW Stuttgart, Fak. Wirtschaft, BWL-Industrie, Herdweg 21, 70174 Stuttgart, T: (0711) 1849751, hardock@dhbw-stuttgart.de

**Hardt,** Detlef; Dr. rer. pol., Prof., Dekan FB 21 Sozial- und Kulturwissenschaften; *Betriebssoziologie, Betriebspsychologie, Soziologie, Wirtschaftsethik*; di: Techn. Hochsch. Mittelhessen, FB 21 Sozial- u. Kulturwiss., Wiesenstr. 14, 35390 Gießen, T: (06031) 6042813; pr: T: (06107) 1425

**Hardt,** Klaus; Dr., Prof.; *Informatik, insbes. CAD und PPS für Textil- und Bekleidungstechnik*; di: Hochsch. Niederrhein, FB Textil- u. Bekleidungstechnik, Webschulstr. 31, 41065 Mönchengladbach, T: (02161) 1866050; pr: Fockestr. 24, 41069 Mönchengladbach, T: (02161) 590548

**Hardt,** Walter; Prof.; *Produkt- und Umweltdesign*; di: FH Potsdam, FB Design, Pappelallee 8-9, Haus 5, 14469 Potsdam, T: (0331) 5801417, hardt@fh-potsdam.de

**Hardtke,** Frank; Dr. jur., Prof. H Wismar, HonProf. U Greifswald; *Steuerrecht, Steuerstrafrecht*; di: Hochsch. Wismar, Fak. f. Wirtschaftswiss., Philipp-Müller-Str. 14, 23952 Wismar, PF 1210, 23952 Wismar, T: (03841) 753169, F: 753131, frank.hardtke@hs-wismar.de; pr: Wolgaster Str. 144, 17489 Greifswald, T: (03834) 77740, F: 777444, f.hardtke@lawnet.de; lawnet.de

**Harich,** Richard; Dr.-Ing., Prof.; *Technische Mechanik, Baustatik, Stahlbetonbau*; di: Hochsch. Karlsruhe, Fak. Architektur u. Bauwesen, Moltkestr. 30, 76133 Karlsruhe, PF 2440, 76012 Karlsruhe, T: (0721) 9252674

**Harig,** Klaus; Dr.-Ing., Prof.; *Elektrotechnik, Softwaretechnik, digitale Signalverarbeitung*; di: Hochsch. Esslingen, Fak. Mechatronik u. Elektrotechnik, Robert-Bosch-Str. 1, 73037 Göppingen, T: (07161) 6971136; pr: Christian-Fink-Str. 12, 73732 Esslingen, T: (0711) 3657198

**Harjes,** Bernd; Dr.-Ing., Prof.; di: Rheinische FH Köln, Hohenstaufenring 16-18, 50674 Köln, harjes@rfh-koeln.de; pr: Hannenbusch 10, 51467 Bergisch Gladbach, T: (02202) 56105, F: 951666

**Harke,** Markus; Dr.-Ing., Prof.; *Elektrotechnik*; di: Hochsch. Heilbronn, Fak. f. Mechanik u. Elektronik, Max-Planck-Str. 39, 74081 Heilbronn, T: (07131) 504213, harke@hs-heilbronn.de

**Harlan,** Volker; Dr., Prof.; *Kunsttherapie und Kunstpädagogik*; di: Hochsch. f. Künste im Sozialen, Am Wiestebruch 66-68, 28870 Ottersberg, volker.harlan@hks-ottersberg.de

**Harms,** Ann-Kathrin; Dr. rer. pol., Prof.; *Dienstleistungsmarketing, Strategisches Management*; di: Hamburg School of Business Administration, Alter Wall 38, 20457 Hamburg, T: (040) 36138714, F: 36138751, annkathrin.harms@hsba.de

**Harms,** Carsten; Dr., Prof.; *Biotechnologie*; di: Hochsch. Bremerhaven, An der Karlstadt 8, 27568 Bremerhaven, T: (0471) 4823252, F: 4823145, charms@hs-bremerhaven.de

**Harms,** Eike; Dr. rer. nat., Prof., Rektor FH Wedel; *Analysis*; di: FH Wedel, Feldstr. 143, 22880 Wedel, T: (04103) 804815, ha@fh-wedel.de

**Harms,** Jens; Dr. rer. soc. oec., HonProf.; *Politische Wissenschaft*; di: Ev. Hochsch. Darmstadt, Zweifalltorweg 12, 64293 Darmstadt; Rechnungshof von Berlin, Joachim-Friedrich-Str. 55, 10711 Berlin, T: (030) 88613200

**Harms,** Kay-Rüdiger; Dr. rer. nat., Prof.; *Optik, Optometrie*; di: Ostfalia Hochsch., Fak. Gesundheitswesen, Wielandstr. 5, 38440 Wolfsburg, T: (05361) 831332, F: 831322

**Harms,** Martina; Dr., Prof.; *BWL mit Schwerpunkt Unternehmens- und Personalführung*; di: AMD Akademie Mode & Design (FH), Wendenstr. 35c, 20097 Hamburg, T: (040) 23787838, Martina.Harms@amdnet.de

**Harms,** Susanne; Dipl.-Math., Prof.; *Graphische Datenverarbeitung, Informatik*; di: Hochsch. f. Technik, Fak. Vermessung, Mathematik u. Informatik, Schellingstr. 24, 70174 Stuttgart, PF 101452, 70013 Stuttgart, T: (0711) 89262637, F: 89262556, susanne.harms@fht-stuttgart.de

**Harmsen,** Lars; Prof.; *Typografie, Layout*; di: FH Dortmund, FB Design, Max-Ophüls-Platz 2, 44139 Dortmund, T: (0231) 9112485, F: 9112415, lars.harmsen@fh-dortmund.de

**Harmsen,** Thomas; Dr. phil., Prof.; *Sozialarbeitswissenschaft, Kinder- und Jugendhilfe*; di: Ostfalia Hochsch., Fak. Sozialwesen, Ludwig-Winter-Str. 2, 38120 Braunschweig, th.harmsen@ostfalia.de

**Harnischmacher,** Georg; Dr.-Ing., Prof.; *El. Energieerzeugung und -verteilung*; di: FH Dortmund, FB Informations- u. Elektrotechnik, Sonnenstr. 96, 44139 Dortmund, T: (0231) 9112139, F: 9112283, harnisch@fh-dortmund.de

**Harre,** Kathrin; Dr. rer. nat., Prof.; *Technische Chemie*; di: HTW Dresden, Fak. Maschinenbau/Verfahrenstechnik, Friedrich-List-Platz 1, 01069 Dresden, T: (0351) 4623250, harre@mw.htw-dresden.de

**Harriehausen,** Simone; Dr., Prof.; *Wirtschaftsrecht*; di: Hochsch. Pforzheim, Fak. f. Wirtschaft u. Recht, Tiefenbronner Str. 65, 75175 Pforzheim, T: (07231) 286297, F: 286087, simone.harriehausen@hs-pforzheim.de

**Harriehausen,** Thomas; Dr.-Ing., Prof.; *Mathematik, Elektrotechnik, CAD elektronischer Systeme*; di: Ostfalia Hochsch., Fak. Elektrotechnik, Salzdahlumer Str. 46/48, 38302 Wolfenbüttel, T: (05331) 9393511, F: 939118, th.harriehausen@ostfalia.de

**Harriehausen-Mühlbauer,** Bettina; Dr. phil., Prof.; *Grundlagen der Informatik, Multimedia, Natürlichsprachl. Datenverarbeitung*; di: Hochsch. Darmstadt, FB Informatik, Haardtring 100, 64295 Darmstadt, T: (06151) 168485, b.harriehausen@fbi.h-da.de

**Harsch,** Walter; Dr.-Ing., Prof.; *Betriebswirtschaftslehre, insbes. Organisationslehre, Arbeitswissenschaft*; di: Hochsch. Niederrhein, FB Textil- u. Bekleidungstechnik, Webschulstr. 31, 41065 Mönchengladbach, T: (02161) 1866030; pr: Buchenstr. 2a, 41844 Wegberg, T: (02434) 240023

**Harsche,** Martin; Dr., Prof.; *Luftverkehrswirtschaft*; di: FH Frankfurt, FB 3 Wirtschaft u. Recht, Nibelungenplatz 1, 60318 Frankfurt am Main, T: (069) 15333163

**Hartard,** Susanne; Dr., Prof.; *Industrial Ecology*; di: Hochsch. Trier, Umwelt-Campus Birkenfeld, FB Umweltwirtschaft/ Umweltrecht, PF 1380, 55761 Birkenfeld, T: (06782) 171322, F: 171284, s.hartard@umwelt-campus.de

**Hartberger,** Helmut; Dr.-Ing., Prof.; *Produktionsorganisation, Fabrikplanung, Arbeitswissenschaft*; di: Hochsch. Ulm, Fak. Produktionstechnik u. Produktionswirtschaft, PF 3860, 89028 Ulm, T: (0731) 5028195, hartberger@hs-ulm.de

**Harteisen,** Ulrich; Dr., Prof.; *Naturschutz u. Landschaftspflege, Angewandte, planungsbezogene Ökologie, Projektarbeit*; di: HAWK Hildesheim/Holzminden/ Göttingen, Fak. Ressourcenmanagement, Büsgenweg 1a, 37077 Göttingen, T: (0551) 50320, F: 5032299

**Hartel,** Dirk; Dr., Prof.; *BWL-Dienstleistungsmanagement, Logistik*; di: DHBW Stuttgart, Fak. Technik, Paulinenstraße 45, 70178 Stuttgart, T: (0711) 66734586, hartel@dhbw-stuttgart.de

**Hartel,** Peter; Dr.-Ing., Prof.; *Wirtschaftsinformatik, insb. Datenbanken und Algorithmen*; di: FH Bielefeld, FB Wirtschaft, Universitätsstr. 25, 33615 Bielefeld, T: (0521) 1065092, peter.hartel@fh-bielefeld.de; pr: Rundweg 8, 33790 Halle

**Harten,** Ulrich; Dr. rer. nat., Prof.; *Physik, Mathematik*; di: Hochsch. Mannheim, Fak. Informationstechnik, Windeckstr. 110, 68163 Mannheim

**Hartenstein,** Knut; Dr.-Ing., Prof.; *Mechatronik*; di: HTW Berlin, FB Ingenieurwiss. II, Blankenburger Pflasterweg 102, 13129 Berlin, T: (030) 50194337, hartenst@HTW-Berlin.de

**Harter,** Matthias; Dr., Prof.; *Architektur u. Bauingenieurwesen*; di: Hochsch. Rhein/Main, FB Architektur u. Bauingenieurwesen, Am Brückweg 26, 65428 Rüsselsheim, T: (06142) 8984203, Matthias.Harter@hs-rm.de

**Hartfelder,** Dieter; Dr., Prof.; *BWL – Medien- und Kommunikationswirtschaft: Digital und Print*; di: DHBW Ravensburg, Oberamteigasse 4, 88214 Ravensburg, T: (0751) 189992794, hartfelder@dhbw-ravensburg.de

**Harth,** Michael; Dr., Prof.; *Landwirtschaftliche Marktlehre, Agrarmarketing*; di: Hochsch. Neubrandenburg, FB Agrarwirtschaft u. Lebensmittelwiss., Brodaer Str. 2, 17033 Neubrandenburg, PF 110121, 17041 Neubrandenburg, T: (0395) 56932222, harth@hs-nb.de

**Harth,** Thilo; Dr. phil., Prof.; *Medienpädagogik, Lehrerbildung*; di: FH Münster, Inst. f. Berufliche Lehrerbildung, Leonardo-Campus 7, 48149 Münster, T: (0251) 8365145, F: 8365148, harth@fh-muenster.de

**Hartherz,** Jochen; Dipl.-Ökonom, Prof.; *Betriebswirtschaft*; di: HTW d. Saarlandes, Fak. f. Wirtschaftswiss, Waldhausweg 14, 66123 Saarbrücken, T: (0681) 5867581, hartherz@htw-saarland.de; pr: Auf Grosselsland 21, 66292 Riegelsberg, T: (06806) 46890

**Hartig,** Alexa; Dipl.-Ing., Prof.; *Gebäudetechnik, Ausbaukonstruktion, Technischer Ausbau, Raum- u. Bauakustik*; di: FH Mainz, FB Gestaltung, Holzstr. 36, 55051 Mainz, T: (06131) 2859431

**Hartig,** Ralf; Dr.-Ing., Prof.; *Regenerative Energien*; di: Hochsch. Mittweida, Fak. Elektro- u. Informationstechnik, Technikumplatz 17, 09648 Mittweida, T: (03727) 581684, hartig@htwm.de

**Hartinger,** Markus; Dr. rer. pol., Prof.; *Wirtschaftsinformatik, Datenmodellierung und Datenbanken, Informationssysteme, eBusiness*; di: Hochsch. Esslingen, Fak. Betriebswirtschaft, Flandernstr. 101, 73732 Esslingen, T: (0711) 3974365

**Hartje,** Michael; Dr.-Ing., Prof.; *Hochspannungstechnik*; di: Hochsch. Bremen, Fak. Elektrotechnik u. Informatik, Neustadtswall 30, 28199 Bremen, T: (0421) 59053444, F: 59053484, Michael.Hartje@hs-bremen.de

**Hartke,** Gottfried; Dr.-Ing., Prof.; *Arbeits- und Betriebslehre, Automatisierte Werkzeugmaschinen, Fertigungsverfahren, CAQ*; di: FH Dortmund, FB Maschinenbau, Sonnenstr. 96, 44139 Dortmund, T: (0231) 9112377, F: 9112334, hartke@fh-dortmund.de; pr: Landwehrstr. 125, 49393 Lohne

**Hartl,** Christoph; Dr.-Ing., Prof.; *Fertigungsverfahren*; di: FH Köln, Fak. f. Fahrzeugsysteme u. Produktion, Betzdorfer Str. 2, 50679 Köln, T: (0221) 82752550, F: 82752322, christoph.hartl@fh-koeln.de

**Hartl,** Engelbert; Dr.-Ing., Prof.; *Technische Mechanik und Mikrotechnik*; di: Georg-Simon-Ohm-Hochsch. Nürnberg, Fak. Elektrotechnik Feinwerktechnik Informationstechnik, Wassertorstr. 10, 90489 Nürnberg, PF 210320, 90121 Nürnberg, T: (0911) 58801325

**Hartleb,** Jörg; Dr.-Ing., Prof.; *Fördertechnik und Logistik*; di: FH Münster, FB Maschinenbau, Stegerwaldstr. 39, 48565 Steinfurt, T: (02551) 962838, F: 962839, hartleb@fh-muenster.de

**Hartleben,** Ralph; Dr., Prof.; *Internationales Marketing, Unternehmensführung*; di: Hochsch. Amberg-Weiden, FB Wirtschaftsingenieurwesen, Hetzenrichter Weg 15, 92637 Weiden, T: (0961) 382154, r.hartleben@fh-amberg-weiden.de

**Hartlmüller,** Peter; Dipl.-Ing., M. S., Dr. rer. nat., Prof.; *Maschinennahe Programmierung, Rechnertechnik, Echtzeitsysteme, Parallelprogrammierung*; di: Hochsch. Landshut, Fak. Informatik, Am Lurzenhof 1, 84036 Landshut

**Hartmann,** Arthur; Dr. iur. habil., Prof.; *Strafrecht, Strafprozeßrecht, Kriminologie*; di: Hochsch. f. Öffentl. Verwaltung Bremen, Doventorscontrescarpe 172, 28195 Bremen, T: (0421) 36159519, Arthur.Hartmann@hfoev.bremen.de

**Hartmann,** Dierk; Dr.-Ing., Prof.; *Werkstoffkunde*; di: Hochsch. Kempten, Fak. Maschinenbau, Bahnhofstr. 61-63, 87435 Kempten, T: (0831) 2523195, dierk.hartmann@fh-kempten.de

**Hartmann,** Harald; Dr., Prof.; *Spedition, Transport und Logistik*; di: DHBW Mannheim, Fak. Wirtschaft, Coblitzallee 1-9, 68163 Mannheim, T: (0621) 41051241, F: 41051197, harald.hartmann@dhbw-mannheim.de

**Hartmann,** Heiner; Dr.-Ing., Prof.; *Baustatik, Ingenieurholzbau, Stabilität von Stab- und Flächentragwerken*; di: Hochsch. f. Technik, Fak. Bauingenieurwesen, Bauphysik u. Wirtschaft, Schellingstr. 24, 70174 Stuttgart, PF 101452, 70013 Stuttgart, T: (0711) 89262605, F: 89262913, heiner.hartmann@hft-stuttgart.de

**Hartmann,** Jens; Dr., Prof.; *Physikalische Chemie*; di: Hochsch. Anhalt, FB 7 Angew. Biowiss. u. Prozesstechnik, PF 1458, 06354 Köthen, T: (03496) 672518, jens.hartmann@bwp.hs-anhalt.de

**Hartmann,** Jutta; Dr. phil., Prof.; *Pädagogik, Soziale Arbeit*; di: Alice Salomon Hochsch., Alice-Salomon-Platz 5, 12627 Berlin, T: (030) 99245529, jutta.hartmann@ash-berlin.eu

**Hartmann,** Karsten; Dr., Prof., Dekan FB Informatik und Kommunikationssysteme; *Informatik, Rechnerarchitektur, Rechnernetze*; di: Hochsch.Merseburg, FB Informatik u. Kommunikationssysteme, Geusaer Str., 06217 Merseburg, T: (03461) 462457, karsten.hartmann@hs-merseburg.de

**Hartmann,** Kilian; Dr.-Ing., Prof.; *Ingenieurwissenschaften*; di: Hochsch. Aschaffenburg, Fak. Ingenieurwiss., Würzburger Str. 45, 63743 Aschaffenburg, T: (06021) 314933, kilian.hartmann@h-ab.de

**Hartmann,** Knut; Dr.-Ing., Prof. FH Flensburg; *Medieninformatik u. Technische Informatik*; di: FH Flensburg, FB Information u. Kommunikation, Kanzleistr. 91-93, 24943 Flensburg, T: (0461) 8051227, F: 8051300, knut.hartmann@fh-flensburg.de; pr: Hauptstr. 14, 24975 Markerup, T: (04634) 1557

**Hartmann,** Matthias; Dr., Prof.; *Produktions. u. Logistikmanagement, Innovations- u. Technologiemanagement*; di: HTW Berlin, FB Wirtschaftswiss. I, Treskowallee 8, 10318 Berlin, T: (030) 50192334, hartmann@HTW-Berlin.de

**Hartmann,** Michael; Dr., Prof.; *Informatik, Informations- und Wissensmanagement*; di: SRH Hochsch. Berlin, Ernst-Reuter-Platz 10, 10587 Berlin, T: (030) 92253545, F: 92253555

**Hartmann,** Peter; Dr. rer. nat. habil., Prof.; *Experimentalphysik, optische Technologien*; di: Westsächs. Hochsch. Zwickau, FB Physikal. Technik/Informatik, Dr.-Friedrichs-Ring 2A, 08056 Zwickau, PF 201037, 08012 Zwickau, peter.hartmann@fh-zwickau.de

**Hartmann,** Peter; Dipl.-Kfm., Prof.; *Allg. BWL, Rechnungswesen, Bilanzierung, Steuern, Finanzierung*; di: Hochsch. Darmstadt, FB Wirtschaft, Haardtring 100, 64295 Darmstadt, T: (06151) 169220, hartmann@fbw.h-da.de

**Hartmann,** Peter; Dipl.-Ing., Dr. rer. nat., Prof.; *Mathematik, Grundlagen der Informatik, IT-Sicherheit*; di: Hochsch. Landshut, Fak. Informatik, Am Lurzenhof 1, 84036 Landshut, peter.hartmann@fh-landshut.de

**Hartmann,** Rainer; Dr. jur., Prof.; *Steuerrecht / Wirtschaftsrecht*; di: Hochsch. Rhein/Main, Wiesbaden Business School, Bleichstr. 44, 65183 Wiesbaden, T: (0611) 94953135, rainer.hartmann@hs-rm.de

**Hartmann,** Rainer; Dr., Prof.; *Angewandte Freizeitwissenschaften*; di: Hochsch. Bremen, Fak. Gesellschaftswiss., Neustadtswall 30, 28199 Bremen, T: (0421) 59052734, F: 59052733, Rainer.Hartmann@hs-bremen.de

**Hartmann,** Rochus; Dipl.-Des. (FH), Prof.; *Grafik-Design (Multimedia)*; di: Hochsch. Anhalt, FB 4 Design, PF 2215, 06818 Dessau, T: (0340) 51971718

**Hartmann,** Sönke; Dr., Prof.; *Logistik, Operations Research*; di: Hamburg School of Business Administration, Alter Wall 38, 20457 Hamburg, T: (040) 36138757, F: 36138751, soenke.hartmann@hsba.de

**Hartmann,** Tanja; Dr., Prof.; *Strafrecht, Europarecht*; di: Hess. Hochsch. f. Polizei u. Verwaltung, FB Polizei, Talstr. 3, 35394 Gießen, T: (0641) 795627, F: 795610

**Hartmann,** Thomas; Dr., Prof.; *Gesundheits- und Humanökologie*; di: Hochsch. Magdeburg-Stendal, FB Sozial- u. Gesundheitswesen, Breitscheidstr. 2, 39114 Magdeburg, T: (0391) 8864456, thomas.hartmann@hs-magdeburg.de

**Hartmann,** Ulrich; Dr., Prof.; *Medizintechnik, Informatik*; di: H Koblenz, FB Mathematik u. Technik, RheinAhrCampus, Joseph-Rovan-Allee 2, 53424 Remagen, T: (02642) 932386, Hartmann@rheinahrcampus.de

**Hartmann,** Ute; Dr., Prof.; *Psychologisch-sozialwissenschaftliche Grundlagen der Gesundheitsberufe*; di: FH Bielefeld, FB Pflege u. Gesundheit, Am Stadtholz 24, 33609 Bielefeld, T: (0521) 1067426, ute.hartmann@fh-bielefeld.de

**Hartmann,** Uwe; Dr.-Ing., Prof.; *Informationssysteme/Datenbanken*; di: FH Stralsund, FB Elektrotechnik u. Informatik, Zur Schwedenschanze 15, 18435 Stralsund, T: (03831) 456593, Uwe.Hartmann@fh-stralsund.de

**Hartmann-Hanff,** Susanne; Dr., Prof.; *Sozialarbeit, Soziale Dienste*; di: FH Frankfurt, FB 4 Soziale Arbeit u. Gesundheit, Nibelungenplatz 1, 60318 Frankfurt am Main, T: (069) 15332658, suse@fb4.fh-frankfurt.de

**Hartner,** Erich; Dr.-Ing., Prof.; *Informatik*; di: DHBW Heidenheim, Fak. Technik, Marienstr. 20, 89518 Heidenheim, T: (07321) 2722311, F: 2722319, hartner@dhbw-heidenheim.de

**Hartung,** Annette; Dr. phil., Prof.; *Interdisziplinäre Frühförderung*; di: SRH FH f. Gesundheit Gera, Hermann-Drechsler-Str. 2, 07548 Gera, annette.hartung@srh-gesundheitshochschule.de

**Hartung,** Georg; Dr.-Ing., Prof.; *Technische Informatik*; di: FH Köln, Fak. f. Informations-, Medien- u. Elektrotechnik, Betzdorfer Str. 2, 50679 Köln, T: (0221) 82752487, georg.hartung@fh-koeln.de; pr: Meischenfeld 34, 52076 Aachen

**Hartung,** Johanna; Dr. phil., Prof.; *Psychologie*; di: FH Düsseldorf, FB 6 – Sozial- und Kulturwiss., Universitätsstr. 1, Geb. 24.21, 40225 Düsseldorf, T: (0211) 8114670, johanna.hartung@fh-duesseldorf.de; pr: Ziegeleiweg 107, 40591 Düsseldorf, T: (0171) 4262807

**Hartung,** Maja; Dr., Prof.; *Wirtschaftswissenschaften, International Culture and Management*; di: Cologne Business School, Hardefuststr. 1, 50667 Köln, T: (0221) 931809862, m.hartung@cbs-edu.de

**Hartung,** Peter; Dr.-Ing., HonProf. H Rhein/Main Wiesbaden; *Arbeitsschutz und -sicherheit*; pr: Werner-von-Siemens-Str. 51, 65439 Flörsheim, T: (06145) 502400, PeterFHartung@aol.com

**Hartweg,** Elmar; Dr.-Ing., Prof.; *Angewandte Informatik, ERP*; di: Hochsch. Ostwestfalen-Lippe, FB 7, Produktion u. Wirtschaft, Liebigstr. 87, 32657 Lemgo, T: (05261) 702497, elmar.hartweg@hs-owl.de

**Hartwig,** Brigitte; Dipl.-Des., Prof.; *Visuelle Gestaltung, Grafikdesign*; di: Hochsch. Anhalt, FB 4 Design, PF 2215, 06818 Dessau, T: (0340) 51971735, hartwig@design.hs-anhalt.de

**Hartwig,** Christoph; Dr.-Ing., Prof.; di: Ostfalia Hochsch., Fak. Maschinenbau, Salzdahlumer Str. 46/48, 38302 Wolfenbüttel, ch.hartwig@ostfalia.de

**Hartwig,** Luise; Dipl.-Päd., Dr. phil., Prof.; *Erziehungswissenschaft, Jugendhilfe, Sozialisation, Familie, Frauen*; di: FH Münster, FB Sozialwesen, Hüfferstr. 27, 48149 Münster, T: (0251) 8365803, F: 8365702, hartwig@fh-muenster.de; pr: Maximilianstr. 51, 48147 Münster, T: (0251) 270233, F: 270234

**Hartz,** Axel; Dipl.-Ing., Prof.; *Studioproduktionstechnik (Video/Ton)*; di: Hochsch. d. Medien, Fak. Electronic Media, Nobelstr. 10, 70569 Stuttgart, T: (0711) 89232201, hartz@hdm-stuttgart.de

**Hartz,** Birgit; Dr.-Ing., Prof.; *Verkehrswesen / Verkehrstechnik*; di: FH Münster, FB Bauingenieurwesen, Corrensstr. 25, 48149 Münster, T: (0251) 8365197, F: 8365276, b.hartz@fh-muenster.de

**Harz,** Artur; Dr. rer. nat., Prof.; *Lebensmittelchemie, Lebensmittelrecht*; di: Hochsch. Bremerhaven, An der Karlstadt 8, 27568 Bremerhaven, T: (0471) 4823107, F: 4823284, aharz@hs-bremerhaven.de; pr: Ringstr. 32, 27624 Bad Bederkesa, T: (04745) 1428, 047451428-0001@t-online.de

**Harzer,** Reinhard; Dr. rer. nat., Prof.; *Sensorik, Messtechnik, Mechatronik, Automatisierung in Verfahrens- und Fertigungstechnik*; di: H Koblenz, FB Ingenieurwesen, Konrad-Zuse-Str. 1, 56075 Koblenz, T: (0261) 9528301, harzer@fh-koblenz.de

**Harzfeld,** Edgar; Dr.-Ing. habil., Prof.; *Elektrische Energieerzeugung und Anlagentechnik/Grundlagen der ET*; di: FH Stralsund, FB Elektrotechnik u. Informatik, Zur Schwedenschanze 15, 18435 Stralsund, T: (03831) 456673, Edgar.Harzfeld@fh-stralsund.de

**Hasch,** Joachim; Dr.-Ing. habil., Prof.; *Fabrikplanung, Automatisierungstechnik*; di: Hochsch. f. nachhaltige Entwicklung, FB Holztechnik, Alfred-Möller-Str. 1, 16225 Eberswalde, T: +48 601301630, jhasch@kronopol.com.pl

**Hasche,** Eberhard; Dipl.-Ing., Prof.; *Digitale Medien, Audio-, Videotechnik*; di: FH Brandenburg, FB Informatik u. Medien, Magdeburger Str. 50, 14770 Brandenburg, PF 2132, 14737 Brandenburg, T: (03381) 355465, F: 355199, hasche@fh-brandenburg.de

**Hascher,** Hansgert; Dr.-Ing., Prof.; *Wirtschaftsingenieurwesen*; di: DHBW Heidenheim, Fak. Technik, Marienstr. 20, 89518 Heidenheim, T: (07321) 2722358, F: 2722359, hascher@dhbw-heidenheim.de

**Haschke,** Bernd; Dr.-Ing., Prof.; *Wärmetechnik, Energietechnik*; di: Hochsch. Zittau/Görlitz, Fak. Maschinenwesen, PF 1455, 02754 Zittau, T: (03583) 611909, bhaschke@hs-zigr.de

**Hase,** Holger; Dr., Prof.; *Marketing*; di: HTW Berlin, FB Wirtschaftswiss. II, Treskowallee 8, 10318 Berlin, T: (030) 50192327, hase@HTW-Berlin.de

**Haselmann,** Sigrid; Dipl.-Psych., Dr. phil., Prof.; *Psychologie, Gesundheit/Krankheit/Behinderung*; di: Hochsch. Neubrandenburg, FB Soziale Arbeit, Bildung u. Erziehung, Brodaer Str. 2, 17033 Neubrandenburg, PF 110121, 17041 Neubrandenburg, T: (0395) 56935504, haselmann@hs-nb.de; pr: Arcostr. 18, 10587 Berlin, T: (030) 3938035

**Hasemann,** Henning; Dr., Prof.; *Energietechnik, Digitaltechnik*; di: HAW Hamburg, Fak. Technik u. Informatik, Berliner Tor 7, 20099 Hamburg, T: (040) 428758057, hasemann@etech.haw-hamburg.de

**Hasenfuss,** Ehrenfried A.; Dipl.-Des., Prof.; *Modedesign*; di: Hochsch. Reutlingen, FB Textil u. Bekleidung, Alteburgstr. 150, 72762 Reutlingen, T: (07121) 2718038, Ehrenfried.Hasenfuss@Reutlingen-University.DE; pr: Neue Str. 7, 72820 Sonnenbühl-Undingen, T: (07128) 2055

**Hasenjäger,** Erwin; Dr.-Ing., Prof.; *Meß- u. Automatisierungstechnik*; di: FH Bingen, FB Technik, Informatik, Wirtschaft, Berlinstr. 109, 55411 Bingen, T: (06721) 409136, F: 409104, hasenjaeger@fh-bingen.de

**Hasenjaeger,** Marc; Dr., HonProf.; *Vertriebsmanagement*; di: FH Bielefeld, FB Wirtschaft, Universitätsstr. 25, 33615 Bielefeld, T: (0521) 1063747, marc.hasenjaeger@fh-bielefeld.de

**Hasenjürgen,** Brigitte; Dr. phil., Prof.; *Soziologie*; di: Kath. Hochsch. NRW, Abt. Münster, FB Sozialwesen, Piusallee 89, 48147 Münster, b.hasenjuergen@kfhnw.de; pr: Wilhelmstr. 44, 48149 Münster

**Hasenkox,** Helmut; Dr., Prof.; *Veranstaltungsmanagement*; di: Westfäl. Hochsch., FB Wirtschaft, Neidenburger Str. 43, 45877 Gelsenkirchen, helmut.hasenkox@emschertainment.de

**Hasenpath,** Jochen; Dr.-Ing., Prof.; *Maschinenelemente und Konstruktion*; di: FH Kiel, FB Maschinenwesen, Grenzstr. 3, 24149 Kiel, T: (0431) 210-2620, jochen.hasenpath@FH-Kiel.de

**Hasenpusch,** Andreas; Dr., HonProf.; *Bürgerliches Recht*; di: Hochsch. f. Öffentl. Verwaltung Bremen, Doventorscontrescarpe 172, 28195 Bremen

**Hasenzagl,** Rupert; Dr., Prof.; *Wirtschaftsingenieurwesen*; di: AKAD-H Stuttgart, Maybachstr. 18-20, 70469 Stuttgart, hs-stuttgart@akad.de

**Hasl,** Rainer; Dr., Prof.; *Betriebswirtschaftslehre*; di: Hochsch. f. angew. Wiss. Würzburg Schweinfurt, Fak. angew. Sozialwiss., Münzstr. 12, 97070 Würzburg

**Hass,** Dirk; Dr., Prof.; *Betriebswirtschaft, Marketing*; di: Hochsch. Heilbronn, Fak. f. Technik u. Wirtschaft, Daimlerstr. 35, 74653 Künzelsau, T: (07940) 1306234, F: 130662341, hass@hs-heilbronn.de

**Hass,** Volker C.; Dr.-Ing., Prof.; *Verfahrenstechnik u. Systemdynamik*; di: Hochsch. Bremen, Fak. Architektur, Bau u. Umwelt, Neustadtswall 30, 28199 Bremen, T: (0421) 59052338, Volker.Hass@hs-bremen.de

**Hasse,** Dominika; Prof.; *Editorial Design, Corporate Design*; di: HAWK Hildesheim/Holzminden/Göttingen, Fak. Gestaltung, Kaiserstr. 43-45, 31134 Hildesheim, T: (05121) 881312

**Hasselmann,** Willi; Dr.-Ing., Prof.; *Baubetrieb/AVA, CAD*; di: Beuth Hochsch. f. Technik, FB IV Architektur u. Gebäudetechnik, Luxemburger Str. 10, 13353 Berlin, T: (030) 45042582, hassel@beuth-hochschule.de

**Hassemer,** Konstantin; Dr., Prof.; *Allgemeine BWL, Internationale BWL*; di: Hochsch. Konstanz, Fak. Wirtschafts- u. Sozialwiss., Brauneggerstr. 55, 78462 Konstanz, PF 100543, 78405 Konstanz, T: (07531) 206331, hassemer@fh-konstanz.de

**Hassemer,** Raimund; Dr. jur., Prof.; *Jugend-, Familien- und Strafrecht*; di: FH Ludwigshafen, FB IV Sozial- u. Gesundheitswesen, Maxstr. 29, 67059 Ludwigshafen, T: (0621) 5911347

**Hassenpflug,** Hans-Uwe; Dr.-Ing., Prof.; *Thermodynamik, Wärme- und Stoffübertragung, Physikalische Chemie, Strömungsmechanik*; di: Hochsch. Mannheim, Fak. Verfahrens- u. Chemietechnik, Windeckstr. 110, 68163 Mannheim

**Hassenpflug,** Peter; Dr. sc. hum., Prof.; *Bildverarbeitung*; di: Hochsch. Amberg-Weiden, FB Wirtschaftsingenieurwesen, Hetzenrichter Weg 15, 92637 Weiden, T: (0961) 3821608, p.hassenpflug@haw-aw.de

**Hassenstein,** Mathias; Prof.; di: DHBW Ravensburg, Oberamteigasse 4, 88214 Ravensburg, T: (0751) 189992951, hassenstein@dhbw-ravensburg.de

**Haubeck,** Wilfried; Dr., Prof.; *Neues Testament und Griechisch*; di: Theolog. Hochsch. Ewersbach, Kronberg-Forum, Jahnstr. 49-53, 35716 Dietzhölztal, haubeck@th-ewersbach.de

**Hauber,** Peter; Dr., Prof.; *Informatik, Mathematik*; di: Hochsch. f. Technik, Fak. Vermessung, Mathematik u. Informatik, Schellingstr. 24, 70174 Stuttgart, PF 101452, 70013 Stuttgart, T: (0711) 89262716, F: 89262556, peter.hauber@hft-stuttgart.de

**Hauber,** Rudolf; Dr., Prof.; *Strafrecht*; di: FH d. Bundes f. öff. Verwaltung, FB Bundeswehrverwaltung, Seckenheimer Landstr. 10, 68163 Mannheim

**Haubrock,** Alexander; Dr., Prof., Prorektor; *Organisations- u. Personalentwicklung, Führung u. Konfliktmanagement*; di: Hochsch. Aalen, Fak. Wirtschaftswissenschaften, Beethovenstr. 1, 73430 Aalen, T: (07361) 5762366, F: 5762330, Alexander.Haubrock@htw-aalen.de

**Haubrock,** Jens; Dr.-Ing., Prof.; *Dezentrale Energiesysteme, Windkraftanlagen, Elektrotechnik*; di: FH Bielefeld, FB Ingenieurwiss. u. Mathematik, Am Stadtholz 24, 33609 Bielefeld, T: (0521) 1067365, F: 1067150, jens.haubrock@fh-bielefeld.de

**Hauck,** Christian; Dr., Prof.; *Medienpolitik, Unternehmenskommunikation*; di: FH Kiel, FB Medien, Grenzstr. 3, 24149 Kiel, T: (0431) 2104519, christian.hauck@fh-kiel.de

**Hauck,** Georg; Dr., Prof.; *Kommunikationspsychologie und Organisationsberatung*; di: Hochsch. Rhein-Waal, Fak. Kommunikation u. Umwelt, Südstraße 8, 47475 Kamp-Lintfort, T: (02842) 90825237, georg.hauck@hochschule-rhein-waal.de

**Hauck,** Jürgen; Dipl.-Ing., Prof.; *Entwerfen, Konstruieren*; di: Techn. Hochsch. Mittelhessen, FB 01 Bauwesen, Wiesenstr. 14, 35390 Gießen, Juergen.Hauck@bau.th-mittelhessen.de

**Hauck,** Roland; Dr., Prof.; *EDV, Organisation*; di: Hochsch. Hof, Fak. Wirtschaft, Alfons-Goppel-Platz 1, 95028 Hof, T: (09281) 409413, F: 40955413, Roland.Hauck@fh-hof.de

**Hauck,** Shahram; Prof.; *Druckverfahrenstechnik*; di: Beuth Hochsch. f. Technik, FB VI Informatik u. Medien, Luxemburger Str. 10, 13353 Berlin, T: (030) 45045192, shauck@beuth-hochschule.de

**Hauer,** Bruno; Dr. rer. nat., Prof.; *Nachhaltigkeit*; di: Georg-Simon-Ohm-Hochsch. Nürnberg, Fak. Allgemeinwiss., Keßlerplatz 12, 90489 Nürnberg, bruno.hauer@ohm-hochschule.de

**Hauer,** Georg; Dr., Prof.; *Controlling, Rechnungswesen, eBusiness*; di: Hochsch. f. Technik, Fak. Bauingenieurwesen, Bauphysik u. Wirtschaft, Schellingstr. 24, 70174 Stuttgart, PF 101452, 70013 Stuttgart, T: (0711) 89262509, F: 89262666, georg.hauer@hft-stuttgart.de

**Hauer,** Johann; Dr., Prof.; *Grundlagen der Elektrotechnik, Informatik*; di: Hochsch. Amberg-Weiden, FB Elektro- u. Informationstechnik, Kaiser-Wilhelm-Ring 23, 92224 Amberg, T: (09621) 482122, F: 482161, j.hauer@fh-amberg-weiden.de

**Hauert,** Simona; Dr., Prof.; *Wirtschaftswissenschaften*; di: bbw Hochsch. Berlin, Leibnizstraße 11-13, 10625 Berlin, T: (030) 319909515, simona.hauert@bbw-hochschule.de

**Hauff,** Gottfried; Dr., Prof.; *Steinkonservierung*; di: FH Potsdam, FB Architektur u. Städtebau, Pappelallee 8-9, 14469 Potsdam, T: (0331) 5801218, hauff@fh-potsdam.de

**Hauffe,** Hans-Karl; Dr. agr., Prof.; *Bodenkunde, Landschaftsökologie, Klimatologie*; di: Hochsch. f. Wirtschaft u. Umwelt Nürtingen-Geislingen, PF 1349, 72603 Nürtingen, T: (07022) 404201, hans-karl.hauffe@hfwu.de

**Haufs,** Michael; Dr., Prof.; *Arbeitsmedizin*; di: HAW Hamburg, Fak. Life Sciences, Lohbrügger Kirchstr. 65, 21033 Hamburg, T: (040) 428756115, michael.haufs@haw-hamburg.de

**Haug,** Ingo; Dr., Prof.; *Maschinenbau*; di: DHBW Mannheim, Fak. Technik, Coblitzallee 1-9, 68163 Mannheim, T: (0621) 41051342, F: 41051248, ingo.haug@dhbw-mannheim.de

**Haug,** Rudolf; Dipl.-Ing., Prof.; *Bekleidungstechnologie, Bekleidungsmaschinen*; di: Hochsch. Niederrhein, FB Textil- u. Bekleidungstechnik, Webschulstr. 31, 41065 Mönchengladbach, T: (02161) 1866203; pr: Schorlemerstr. 62, 40547 Düsseldorf, T: (0170) 3317586

**Haug,** Sonja; Dr. habil., Prof.; *Empirische Sozialforschung, Soziologie*; di: Hochsch. Regensburg, Fak. Sozialwiss., PF 120327, 93025 Regensburg, sonja.haug@hs-regensburg.de

**Haugrund,** Stefan; Dr., Prof.; *Betriebswirtschaftslehre*; di: Hochsch. Pforzheim, Fak. f. Wirtschaft u. Recht, Tiefenbronner Str. 65, 75175 Pforzheim, T: (07231) 286327, F: 286090, stefan.Haugrund@hs-pforzheim.de

**Hauk,** Matthias; Dipl.-Volkswirt, Dr. rer. pol., Prof.; *Volkswirtschaftslehre, EDV, Betriebsstatistik*; di: Hochsch. Ansbach, FB Wirtschafts- u. Allgemeinwiss., Residenzstr. 8, 91522 Ansbach, PF 1963, 91510 Ansbach, T: (0981) 4877204, matthias.hauk@fh-ansbach.de

**Hauke,** Wolfgang; Dr. rer. pol. habil., Prof.; *Betriebsstatistik, Wirtschaftsmathematik und Wirtschaftsinformatik*; di: Hochsch. Kempten, Fak. Betriebswirtschaft, PF 1680, 87406 Kempten, T: (0831) 2523620, F: 2523162, Wolfgang.Hauke@fh-kempten.de

**Haunstetter,** Franz; Dipl.-Ing., Prof.; *Technische Informatik, Mechatronik*; di: Hochsch. Augsburg, Fak. f. Elektrotechnik, An der Hochschule 1, 86161 Augsburg, T: (0821) 55863367, F: 55863360, franz.haunstetter@hs-augsburg.de

**Haupenthal,** Edmund; Dipl.-Wirtsch.-Ing., HonProf.; *Unternehmensführung*; di: Hochsch. Ravensburg-Weingarten, Doggenriedstr., 88250 Weingarten, PF 1261, 88241 Weingarten, T: (07541) 52517, Edmund.Haupenthal@stz-rating.de

**Haupert,** Bernhard; Dr. rer. pol., Dr. phil. habil., Prof.; *Sozialarbeitsforschung, Soziologie, Interkulturelle Kommunikation*; di: Kath. Hochsch. Mainz, FB Soziale Arbeit, Saarstr. 3, 55122 Mainz, T: (06131) 2894474, haupert@kfh-mainz.de; pr: Kanzelstr. 10, 66557 Illingen, T: (06825) 495474, BHaupert@t-online.de

**Haupert,** Frank; Dr., Prof.; *Konstruktive Produktgestaltung*; di: Hochschule Hamm-Lippstadt, Marker Allee 76-78, 59063 Hamm, T: (02381) 8789814, frank.haupert@hshl.de

**Haupt,** Hildegard; Dr.-Ing., Prof.; *Grundlagen der Elektrotechnik, Systemtheorie*; di: Hochsch. Hannover, Fak. I Elektro- u. Informationstechnik, Ricklinger Steinweg 120, 30459 Hannover, PF 920261, 30441 Hannover, T: (0511) 92961277, hildegard.haupt@hs-hannover.de; pr: Jobstkamp 46, 30588 Langenhagen, T: (0511) 741990

**Haupt,** Michael; Dr.-Ing., Prof.; *Vertriebs- und Produktmanagement, Unternehmensplanung und Organisation*; di: Hochsch. Kempten, Fak. Maschinenbau, Bahnhofstr. 61-63, 87435 Kempten, T: (0831) 2523200, F: 2523229, michael.haupt@fh-kempten.de

**Haupt,** Wolfram; Dr. rer. nat., Prof.; *Angewandte Informatik*; di: Hochsch. Coburg, Fak. Angew. Naturwiss., Friedrich-Streib-Str. 2, 96450 Coburg, T: (09561) 317252, wolfram.haupt@hs-coburg.de

**Hauptmann,** Sabine; Dr.-Ing., Prof.; *Softwaretechnologie*; di: HTW Dresden, Fak. Informatik/Mathematik, Friedrich-List-Platz 1, 01069 Dresden, T: (0351) 4622385, hauptman@informatik.htw-dresden.de

**Hausch,** Karl-Jürgen; Prof.; *Maschinenbau, Konstruktion und Entwicklung*; di: DHBW Mosbach, Lohrtalweg 10, 74821 Mosbach, T: (06261) 939530, F: 939544, hausch@dhbw-mosbach.de

**Hauschild,** Ralf; Dipl.-Ök., Dr. rer. pol., Prof.; *Betriebswirtschaftslehre u. Rechnungswesen*; di: Jade Hochsch., FB Wirtschaft, Friedrich-Paffrath-Str. 101, 26389 Wilhelmshaven, T: (04421) 9852576, F: 8752596, hauschild@jade-hs.de

**Hauschildt,** Dirk; Dr. rer. nat., Prof.; *Wirtschaftsinformatik*; di: FH Kiel, FB Wirtschaft, Sokratesplatz 2, 24149 Kiel, T: (0431) 2103517, dirk.hauschildt@fh-kiel.de; pr: Kulenkampstr. 18, 23566 Lübeck, T: (0451) 35687, Hauschildt-Fam@t-online.de

**Hausdörfer,** Rolf; Dr.-Ing., Prof.; *Prozessautomatisierung einschl. Prozesslenkung, Datenverarbeitung*; di: Hochsch. Ostwestfalen-Lippe, FB 5, Elektrotechnik u. techn. Informatik, Liebigstr. 87, 32657 Lemgo, T: (05261) 702252, F: 702373; pr: Handwerksstr. 24, 32657 Lemgo, T: (05261) 4149

**Hause,** Jochen; Dr.-Ing., Prof.; *Informations- u. Kommunikationstechnik, Electronic Business*; di: FH Jena, FB Wirtschaftsingenieurwesen, Carl-Zeiss-Promenade 2, 07745 Jena, PF 100314, 07703 Jena

**Hauser,** Bernhard; Dipl.-Kfm., Dipl.-Psych., Dr., Prof. FH Erding; *Change Management, Virtual Action Learning, Personalentwicklung*; di: FH f. angewandtes Management, Am Bahnhof 2, 85435 Erding, T: (08122) 9559480, bernhard.hauser@myfham.de

**Hauser,** Michael; Dipl.-Sozialpäd., Dipl.-Volksw., Prof.; *Sozialwirtschaft*; di: DHBW Villingen-Schwenningen, Fak. Sozialwesen, Bürkstr. 1, 78054 Villingen-Schwenningen, T: (07720) 3906313, F: 3906319, hauser@dhbw-vs.de

**Hauser,** Rüdiger; Dr., Prof.; *BWL*; di: Hochsch. Heidelberg, Fak. f. Angew. Psychologie, Ludwig-Guttmann-Str. 6, 69123 Heidelberg, ruediger.hauser@fh-heidelberg.de

**Hausmann,** Felix; Dr., Prof.; *Maschinenbau*; di: DHBW Mannheim, Fak. Technik, Coblitzallee 1-9, 68163 Mannheim, T: (0621) 41051139, F: 41051248, felix.hausmann@dhbw-mannheim.de

**Hausmann,** Frank; Dipl.-Ing., Prof.; *Entwerfen*; di: FH Aachen, FB Architektur, Bayernallee 9, 52066 Aachen, T: (0241) 600951140, hausmann@fh-aachen.de; pr: Vorgebirgstr. 53, 50677 Köln

**Hausmann,** Ulrike; Dr., Prof.; *Immobilienmanagement*; di: Hochsch. Anhalt, FB 2 Wirtschaft, Strenzfelder Allee 28, 06406 Bernburg, T: (03471) 3551319, hausmann@wi.hs-anhalt.de

**Hausmann,** Wilfried; Dr. rer. nat., Prof.; *Mathematik, Datenverarbeitung*; di: Techn. Hochsch. Mittelhessen, FB 13 Mathematik, Naturwiss. u. Datenverarbeitung, Wilhelm-Leuschner-Str. 13, 61169 Friedberg, T: (06031) 604442, Wilfried.Hausmann@mnd.fh-friedberg.de; pr: Höhenweg 24c, 61231 Bad Nauheim, T: (06032) 35624

**Hausner,** Karl-Heinz; Dr., Prof.; *VWL*; di: FH d. Bundes f. öff. Verwaltung, FB Bundeswehrverwaltung, Seckenheimer Landstr. 10, 68163 Mannheim, karlheinzhausner@bundeswehr.org

**Hausotter,** Andreas; Dr. rer. nat., Prof.; *Betriebssysteme, Datenbanken, Informatik, Finanzmathematik, DV-Grundausbildung*; di: Hochsch. Hannover, Fak. IV Wirtschaft u. Informatik, Ricklinger Stadtweg 120, 30459 Hannover, PF 920261, 30441 Hannover, T: (0511) 92961512, F: 92961510, andreas.hausotter@hs-hannover.de

**Hausser,** Christof; Dr.-Ing., Prof.; *Konstruktiver Ingenieurbau mit Bauinformatik, Grundlagen des Bauingenieurwesens*; di: Hochsch. München, Fak. Bauingenieurwesen, Karlstr. 6, 80333 München, T: (089) 12652643, hausser@bau.fhm.edu

**Haußer,** Frank; Dr., Prof.; *Mathematik*; di: Beuth Hochsch. f. Technik, FB II Mathematik – Physik – Chemie, Luxemburger Straße 10, 13353 Berlin, T: (030) 45045225, hausser@beuth-hochschule.de

**Haussmann,** Götz; Dr. rer. nat., Prof.; *Physik, Informatik, Messtechnik, Fertigungsmesstechnik*; di: Hochsch. Hannover, Fak. II Maschinenbau u. Bioverfahrenstechnik, Ricklinger Stadtweg 120, 30459 Hannover, PF 920261, 30441 Hannover, T: (0511) 92961311, F: 96921111, goetz.haussmann@hs-hannover.de; pr: Minkowskiweg 18, 37077 Göttingen, T: (0551) 35898

**Haustein,** Werner; Dr., Prof.; di: DHBW Karlsruhe, Fak. Technik, Erzbergerstr. 121, 76133 Karlsruhe, T: (0721) 9735885

**Hauth,** Michael; Dr., Prof.; *Logistik*; di: Hochsch. Mannheim, Fak. Wirtschaftsingenieurwesen, Windeckstr. 110, 68163 Mannheim

**Hautzinger,** Heinz; Dr. rer. pol., Prof.; *Verkehrswissenschaft, Statistik*; di: Hochsch. Heilbronn, Fak. f. Wirtschaft u. Verkehr, Max-Planck-Str. 39, 74081 Heilbronn, T: (07131) 504212, hautzinger@hs-heilbronn.de

**Havel,** Patrick; Dr. rer. pol., Prof.; di: Hochsch. München, Fak. Wirtschaftsingenieurwesen, Erzgießereistr. 14, 80335 München, patrick.havel@hm.edu

**Haverkamp,** Fritz; Dipl.-Psych., Dr. med., apl.Prof. U Bonn, Prof. Ev. FH Rheinland-Westfalen-Lippe; *Kinderheilkunde, Neuropädiatrie, Pädiatrische Endokrinologie/Schwerpunkte: Biopsychosoziale Entwicklungsrehabilitation, Medizinethik*; di: Univ., Kinderklinik, Adenauerallee 119, 53113 Bonn, T: (0228) 28733289, f.haverkamp@uni-bonn.de; Ev. FH Rhld.-Westf.-Lippe, FB Heilpädagogik u. Pflege, Immanuel-Kant-Str. 18-20, 44803 Bochum, T: (0234) 36901203, f.haverkamp@efh-bochum.de

**Hawlitzky,** Jürgen; Dr., Prof.; *Insurance and Finance*; di: Hochsch. Rhein/Main, Wiesbaden Business School, Bleichstr. 44, 65183 Wiesbaden, T: (0611) 94953197, Juergen.Hawlitzky@hs-rm.de

**Hayduk,** Anna; Dr., Prof.; *Internationales Tourismusmanagement*; di: Karlshochschule, PF 11 06 30, 76059 Karlsruhe

**Hayek,** Assad; Dr., Prof.; *Wirtschaftsingenieurwesen/Informationsmanagement*; di: HTW Berlin, FB Wirtschaftswiss. II, Treskowallee 8, 10318 Berlin, T: (030) 50192552, hayek@HTW-Berlin.de

**Hayessen,** Egbert; Dr. rer. pol., Prof.; *Wirtschaftswissenschaft, Wirtschaftsingenieurwesen*; di: Hochsch. Rhein/Main, FB Ingenieurwiss., Maschinenbau, Am Brückweg 26, 65428 Rüsselsheim, T: (06142) 8984128, egbert.hayessen@hs-rm.de

**Haynold,** Gerhard; Dr.-Ing., Prof.; *Konstruktionslehre, Maschinenelemente*; di: Hochsch. Heilbronn, Fak. f. Mechanik u. Elektronik, Max-Planck-Str. 39, 74081 Heilbronn, T: (07131) 504237, F: 252470, haynold@hs-heilbronn.de

**Hebecker,** Ralf; Prof.; *Gamedesign und -produktion*; di: HAW Hamburg, Fak. Design, Medien u. Information, Finkenau 35, 22081 Hamburg, T: (040) 428757622, ralf.hebecker@haw-hamburg.de

**Hebel,** Christoph; Dr.-Ing., Prof.; *Stadt- und Raumplanung, Verkehrsplanung und -technik*; di: FH Aachen, FB Bauingenieurwesen, Bayernallee 9, 52066 Aachen, T: (0241) 600951123, hebel@fh-aachen.de

**Hebel,** Detlef; Dr., Prof.; *Betriebswirtschaftslehre, insbes. Betriebliches Rechnungswesen, Personallehre, Wirtschaftslehre des Privat- und Großhaushalts*; di: Hochsch. Niederrhein, FB Oecotrophologie, Rheydter Str. 232, 41065 Mönchengladbach, T: (02161) 1865387, Detlef.Hebel@hs-niederrhein.de; pr: Trensenweg 5, 41836 Hückelhoven

**Hebenbrock,** Kirstin; Dr., Prof.; *Grundlagen d. Chemie, Anorgan. und analyt. Chemie*; di: Provadis School of Int. Management and Technology, FB Chemieingenieurwesen, Industriepark Hoechst, Geb. B 845, 65926 Frankfurt a.M., T: (069) 30513652, F: 30516277, kirstin.hebenbrock@provadis-hochschule.de

**Hebensperger-Hüther,** Hans-Peter; Dipl.-Ing., Prof.; *Entwerfen und Gebäudelehre*; di: Hochsch. Coburg, Fak. Design, Friedrich-Streib-Str. 2, 96450 Coburg, T: (09561) 317136, hebenspe@hs-coburg.de

**Hebenstreit,** Sigurd; Dr. phil. habil., Prof. u. Prorektor Ev. FH Rhld.-Westf.-Lippe; *Erziehungswissenschaften, allg. Pädagogik*; di: Ev. FH Rhld.-Westf.-Lippe, FB Heilpädagogik, Immanuel-Kant-Str. 18-20, 44803 Bochum, T: (0234) 36901132, hebenstreit@efh-bochum.de; pr: Ardeystr. 155, 58453 Witten/Ruhr, T: (02302) 81132; http://sigurdhebenstreit.de/

**Heberle,** Andreas; Dr., Prof.; *Anwendungsintegration, Anwendungsarchitektur*; di: Hochsch. Karlsruhe, Fak. Informatik u. Wirtschaftsinformatik, Moltkestr. 30, 76133 Karlsruhe, PF 2440, 76012 Karlsruhe, T: (0721) 9252969

**Heberlein,** Ingo; Dr., Prof.; *Sozialrecht u Privatrecht*; di: Hochsch. Fulda, FB Sozial- u. Kulturwiss., Marquardstr. 35, 36039 Fulda; pr: T: (0451) 3982099, ingo.heberlein@web.de

**Hebestreit,** Andreas; Dr.-Ing., Prof.; *Messtechnik*; di: HTWK Leipzig, FB Elektrotechnik u. Informationstechnik, PF 301166, 04251 Leipzig, T: (0341) 30761128, anh@fbeit.htwk-leipzig.de

**Hebestreit,** Carsten; Dr., Prof.; *BWL, Handel, Industrie*; di: DHBW Heidenheim, Fak. Wirtschaft, Marienstr. 20, 89518 Heidenheim, T: (07321) 2722254, F: 2722259, hebestreit@dhbw-heidenheim.de

**Hebestreit,** Kerstin; Dr.-Ing., Prof.; *Stahlbau*; di: HTWK Leipzig, FB Bauwesen, PF 301166, 04251 Leipzig, T: (0341) 30766264, hebestre@fbb.htwk-leipzig.de

**Hebler,** Manfred; Dr. rer. pol., Prof.; *Allgemeine Betriebswirtschaftslehre, Vertiefungsgebiet Personalwirtschaft*; di: Ostfalia Hochsch., Fak. Recht, Salzdahlumer Str. 46/48, 38302 Wolfenbüttel, T: (05331) 9395230

**Hecht,** Dieter; Dr. rer. oec., Prof. FH Bochum; *Volkswirtschaftslehre, Umweltökonomie u. -politik*; di: Hochsch. Bochum, FB Wirtschaft, Lennershofstr. 140, 44801 Bochum, T: (0234) 3210641, F: 3214224; www.hs-bochum.de/fb6/personen/hecht/; pr: Soldnerstr. 11, 44801 Bochum, T: (0234) 707112, F: 707112

**Hecht,** Dirk; Dr., Prof.; *Beschaffungsmanagement und Betriebswirtschaftslehre*; di: HAW Ingolstadt, Fak. Maschinenbau, Esplanade 10, 85049 Ingolstadt, T: (0841) 9348176, Dirk.Hecht@haw-ingolstadt.de

**Hecht,** Rüdiger; Dr.-Ing., Prof.; *Mess-, Steuer- und Regelungstechnik, Datenverarbeitung, Elektrotechnik*; di: HAWK Hildesheim/Holzminden/Göttingen, Fak. Bauen u. Erhalten, Hohnsen 2, 31134 Hildesheim, T: (05121) 881226

**Hechtfischer,** Ronald; Dr. rer. pol., Prof.; *Betriebswirtschaftslehre, Unternehmensführung*; di: Hochsch. Hof, Alfons-Goppel-Platz 1, 95028 Hof, T: (09281) 409448, F: 40955448, Ronald.Hechtfischer@fh-hof.de

**Heck,** Peter; Dr., Prof.; *Umweltpolitik, internat. Handel, nachhaltige Entwicklung, erneuerbare Energien, Umweltschutz Ostasien*; di: Hochsch. Trier, Umwelt-Campus Birkenfeld, FB Umweltwirtschaft/Umweltrecht, PF 1380, 55761 Birkenfeld, T: (06782) 171221, p.heck@umwelt-campus.de

**Heckele,** Albrecht; Dr.-Ing., Prof.; *Siedlungswasserwirtschaft u. Abfallwirtschaft*; di: Hochsch. Biberach, SG Projektmanagement, PF 1260, 88382 Biberach/Riß, T: (07351) 582355, F: 582449, heckele@hochschule-bc.de

**Heckenkamp,** Christoph; Dr. rer. nat., Prof.; *Physik*; di: Hochsch. Darmstadt, FB Mathematik u. Naturwiss., Haardtring 100, 64295 Darmstadt, T: (06151) 168668, heckenkamp@h-da.de; pr: Lindenstr. 20, 64665 Alsbach

**Hecker,** Gabriele; Dipl.-Inform.(FH), M. Sc., Prof.; *Geschäftsprozesse*; di: Hochsch. Furtwangen, Fak. Wirtschaftsinformatik, Robert-Gerwig-Platz 1, 78120 Furtwangen, T: (07723) 9202508, Gabriele.Hecker@hs-furtwangen.de

**Hecker,** Simon; Dr.-Ing., Prof.; di: Hochsch. München, Fak. Elektrotechnik u. Informationstechnik, Lothstr. 64, 80335 München, simon.hecker@hm.edu

**Hecker,** Werner; Dr. jur., Prof., Dekan FB Betriebswirtschaft; *Allgemeines Recht, Wirtschaftsrecht*; di: H Koblenz, FB Wirtschaftswissenschaften, Konrad-Zuse-Str. 1, 56075 Koblenz, T: (0261) 9528189, F: 9528150, hecker@hs-koblenz.de

**Hecker,** Wolfgang; Dr., Prof.; *Staat und Verfassung, Verwaltungsrecht*; di: Hess. Hochsch. f. Polizei u. Verwaltung, FB Verwaltung, Tilsiterstr. 13, 60327 Mühlheim, T: (06108) 603516

**Heckhausen,** Dorothee; Dipl.-Psychologin, Dr. phil., Prof.; *Pflegemanagement, Qualitätsmanagement, Ethische Fragen im Gesundheitswesen*; di: Ev. Hochsch. Berlin, Prof. f. Management, Qualitätsmanagement u. Ethik im Gesundheitswesen, PF 370255, 14132 Berlin, T: (030) 84582226, heckhausen@eh-berlin.de; pr: Grolmanstr. 58, 10623 Berlin, T: (0177) 8895999, d.heckhausen@gmx.de

**Heckler,** Werner; Dr.-Ing., Prof.; *Bautechnik/Verkehrswesen, Stahlbau, Bauinformatik*; di: Jade Hochsch., FB Bauwesen u. Geoinformation, Ofener Str. 16-19, 26121 Oldenburg, T: (0441) 77083233, F: 77083258, werner.heckler@jade-hs.de; pr: Lüttichstr. 9A, 26123 Oldenburg, T: (0441) 83038, F: 885438

**Heckmann,** Friedrich; Dr., Prof.; *Theologie / Sozialethik, Wirtschaftsethik, Praktische Philosophie, Ökologie*; di: Hochsch. Hannover, Fak. V Diakonie, Gesundheit u. Soziales, Blumhardtstr. 2, 30625 Hannover, PF 690363, 30612 Hannover, T: (0511) 92963141, friedrich.heckmann@hs-hannover.de; pr: Asternstr. 23, 30167 Hannover, T: (0511) 3884802, F: 3884888, F.Heckmann@t-online.de

**Heckmann,** Siegfried; Dr.-Ing., Prof.; *Grundlagen der Elektronik*; di: Hochsch. Bochum, FB Elektrotechnik u. Informatik, Lennershofstr. 140, 44801 Bochum, T: (0234) 3210342, siegfried.heckmann@hs-bochum.de; pr: Teutonenstr. 7, 42107 Wuppertal, T: (0202) 442684

**Heckmann,** Wolfgang; Dr., Prof.; *Sozialpsychologie*; di: Hochsch. Magdeburg-Stendal, FB Sozial- u. Gesundheitswesen, Breitscheidstr. 2, 39114 Magdeburg, T: (0391) 8864310, wolfgang.heckmann@hs-magdeburg.de

**Hedayati,** Ariane; Dipl.-Des., Prof.; *Motiongraphics, Character Design, Grundlagen der Gestaltung*; di: Hochsch. Hof, Alfons-Goppel-Platz 1, 95028 Hof

**Hedderich,** Barbara; Dr., Prof.; *Mathematik, Betriebsstatistik, European Business*; di: Hochsch. Ansbach, FB Wirtschafts- u. Allgemeinwiss., Residenzstr. 8, 91522 Ansbach, PF 1963, 91510 Ansbach, T: (0981) 4877215, F: 4877202, barbara.hedderich@fh-ansbach.de

**Heddrich,** Wolfgang; Dr. rer. nat., Prof.; *Physik*; di: Hochsch. Darmstadt, FB Mathematik u. Naturwiss., Haardtring 100, 64295 Darmstadt, T: (06151) 168657, heddrich@h-da.de; pr: Theodor Storm Str. 8, 64839 Münster, T: (06071) 633854

**Hedeler,** Doris; Dr.-Ing., Prof.; *Massivbau und Baustatik*; di: Hochsch. Anhalt, FB 3 Architektur, Facility Management u. Geoinformation, PF 2215, 06818 Dessau, T: (0340) 51971531, hedeler@ab.hs-anhalt.de

**Hedenigg,** Silvia; Dr. phil., Dr. rer. med., Prof. Theolog. H Friedensau; *Gesundheitswissenschaften*; di: Theolog. Hochschule, FB Gesundheitswiss., An der Ihle 2A, 39291 Friedensau, T: (03921) 916144

**Hedler,** Marko; Dr.-Ing., Prof.; *Publishing, Cross-Media-Systeme, Medientechnologie*; di: Hochsch. d. Medien, Fak. Druck u. Medien, Nobelstr. 10, 70569 Stuttgart, T: (0711) 89232141, hedler@hdm-stuttgart.de

**Hedrich,** Dieter; Dr.-Ing., Prof.; *Werkstofftechnik, Werkstoffprüfung*; di: Hochsch. Esslingen, Fak. Fahrzeugtechnik u. Fak. Graduate School, Kanalstr. 33, 73728 Esslingen, T: (0711) 3973343; pr: Becherlehenstr. 48, 73527 Schwäbisch-Gmünd, T: (07171) 65162

**Hedtke,** Rolf; Dr.-Ing., Prof.; *Fernsehtechnik, Digitale Bildverarbeitung, Digitaltechnik*; di: Hochsch. Rhein/Main, FB Ingenieurwiss., Informationstechnologie u. Elektrotechnik, Unter den Eichen 5, 65195 Wiesbaden, T: (0611 94952117, rolf.hedtke@hs-rm.de

**Hedtke-Becker,** Astrid; Dipl.-Päd., Prof.; *Praxis Sozialer Arbeit, Schwerpunkt Gesundheitswesen/Altenarbeit*; di: Hochsch. Mannheim, Fak. Sozialwesen, Ludolf-Krehl-Str. 7-11, 68167 Mannheim, T: (0621) 3926141, hedtke-becker@alpha.fhs-mannheim.de; pr: Richard-Wagner-Str. 17, 68165 Mannheim, T: (0621) 409188, F: 4015164

**Hedtstück,** Ulrich; Dr., Prof.; *Algorithmen und Datenstrukturen, Theoretische Informatik, Simulation, Wissensbasierte Systeme, Anwendungen der betrieblichen Systemforschung*; di: Hochsch. Konstanz, Fak. Informatik, Brauneggerstr. 55, 78462 Konstanz, PF 100543, 78405 Konstanz, T: (07531) 206508, F: 206559, hdstueck@fh-konstanz.de

**Heeb,** Gunter; Dr., Prof.; *Rechnungswesen, Steuern, Wirtschaftsrecht, Wirtschaftsprüfung*; di: DHBW Villingen-Schwenningen, Fak. Wirtschaft, Karlstr. 29, 78054 Villingen-Schwenningen, T: (07720) 3906520, F: 3906519, heeb@dhbw-vs.de

**Heekerens,** Hans-Peter; Dr. theol., Dr. phil. habil., Prof.; *Klin. Psychologie, Sozialarbeit, Sozialpädagogik*; di: Hochsch. München, Fak. Angew. Sozialwiss., Am Stadtpark 20, 81243 München, T: (089) 12652312, F: 12652330; pr: Rotkreuzstr. 2b, 86919 Utting/Ammersee, T: (08806) 956350, F: 956350, Hans-Peter.Heekerens@t-online.de

**Heelein,** René M.; Dipl.-Kfm., Dr. rer. pol., Prof.; *Rechnungswesen, Allgem. Betriebswirtschaftslehre*; di: Georg-Simon-Ohm-Hochsch. Nürnberg, Fak. Betriebswirtschaft, Bahnhofsstr. 87, 90402 Nürnberg, PF 210320, 90121 Nürnberg

**Heemskerk,** Jean; Dr., Prof.; *Baukonstruktion, Techn. Ausbau*; di: FH Frankfurt, FB 1 Architektur, Bauingenieurwesen, Geomatik, Nibelungenplatz 1, 60318 Frankfurt am Main, T: (069) 15332764

**Heep-Altiner,** Maria; Dr. rer. pol., Prof.; *Versicherungswesen*; di: FH Köln, Fak. f. Wirtschaftswiss., Claudiusstr. 1, 50678 Köln, T: (0221) 82753449, maria.heep-altiner@fh-koeln.de

**Heeren,** Menno; Dr., Prof.; *Informatik*; di: FH Lübeck, FB Elektrotechnik u. Informatik, Mönkhofer Weg 136-140, 23562 Lübeck, T: (0451) 3005085, menno.heeren@fh-luebeck.de

**Heering,** Dirk; Dipl.-Kfm., Dr. rer. oec., Prof. FH Erding; *Internationale Rechnungslegung, Controlling und Finanzierung im Sport- und Eventmanagement, Vereins- und Verbandsorganisation*; di: FH f. angewandtes Management, Am Bahnhof 2, 85435 Erding, T: (08122) 9559480, dirk.heering@myfham.de

**Heesen,** Bernd; Dr., Prof.; *Wirtschaftsinformatik, Betriebswirtschaftliche Standardsoftware*; di: Hochsch. Ansbach, FB Wirtschafts- u. Allgemeinwiss., Residenzstr. 8, 91522 Ansbach, PF 1963, 91510 Ansbach, T: (0981) 4877371, F: 4877202, bernd.heesen@fh-ansbach.de

**Heffels,** Wolfgang; Dr. phil., Prof.; di: Kath. Hochsch. NRW, Abt. Köln, FB Gesundheitswesen, Wörthstr. 10, 50668 Köln, T: (0221) 7757126, F: 7757128, wm.heffels@kfhnw.de

**Hefter,** Michael; Dr., Prof., Dekan FB Informatik u. Ingenieurwissenschaften; *Informatik*; di: FH Frankfurt, FB 2 Informatik u. Ingenieurwiss., Nibelungenplatz 1, 60318 Frankfurt am Main, T: (069) 15332257, hefter@fb2.fh-frankfurt.de

**Hefuna,** Susan; Prof.; *Kunst, Kunst- und Designwissenschaften*; di: Hochsch. Pforzheim, Fak. f. Gestaltung, Holzgartenstr. 36, 75175 Pforzheim, T: (07231) 286747, F: 286030, susan.hefuna@hs-pforzheim.de

**Hege,** Ulrich; Dr., Prof., Dekan; *Informationstechnik, Prozeßautomatisierung, Elektrotechnik*; di: Hochsch. Weihenstephan-Triesdorf, Fak. Biotechnologie u. Bioinformatik, Am Hofgarten 10, 85350 Freising, T: (08161) 714815, F: 715116, ulrich.hege@fh-weihenstephan.de

**Hegemann,** Michael; Dr.-Ing., Prof.; *Vermessung, Liegenschaftsmanagement*; di: TFH Georg Agricola Bochum, Herner Str. 45, 44787 Bochum, T: (0234) 9683422, F: 9683402, hegemann@tfh-bochum.de

**Heger,** Roland; Dipl.-Kfm., Ph.D., Prof.; *Allg. Betriebswirtschaftslehre, Internationale Beschaffung*; di: Hochsch. Reutlingen, FB International Business, Alteburgstr. 150, 72762 Reutlingen, T: (07121) 271443, roland.heger@fh-reutlingen.de; pr: Weiherweg 22, 72145 Hirrlingen, T: (07478) 261210

**Heger,** Wilhelm; Dr.-Ing., Prof.; *Praktische Geodäsie und Instrumentenkunde, Meßlabor*; di: Hochsch. Neubrandenburg, FB Landschaftsarchitektur, Geoinformatik, Geodäsie u. Bauingenieurwesen, Brodaer Str. 2, 17033 Neubrandenburg, PF 110121, 17041 Neubrandenburg, T: (0395) 56934101, heger@hs-nb.de

**Hegewald,** Wolfgang; Prof.; *Verbale Kommunikation*; di: HAW Hamburg, Fak. Design, Medien u. Information, Armgartstr. 24, 22087 Hamburg, T: (040) 428754655, Wolfgang.Hegewald@haw-hamburg.de; pr: T: (05806) 980123, F: 980096, whegewald@surfeu.de

**Hehl,** Klaus; Dr.-Ing., Prof.; *Geodätische Rechenverfahren, Ausgleichungsrechnung, EDV, Ortsbestimmung*; di: Beuth Hochsch. f. Technik, FB III Bauingenieur- u. Geoinformationswesen, Luxemburger Str. 10, 13353 Berlin, T: (030) 45042611, hehl@beuth-hochschule.de

**Heid,** Daniela; Dr., Prof.; *Öffentliches Recht*; di: FH d. Bundes f. öff. Verwaltung, Willy-Brandt-Str. 1, 50321 Brühl, T: (01888) 6295650, Daniela.Heid@fhbund.de

**Heidbüchel,** Andreas; Dr., Prof.; *Betriebswirtschaftslehre, insb. Dienstleistungsmanagement*; di: Hochsch. Niederrhein, FB Oecotrophologie, Rheydter Str. 232, 41065 Mönchengladbach, T: (02161) 1865407, Andreas.Heidbüchel@hs-niederrhein.de

**Heide,** Thomas; Dr. rer. pol., Prof.; *Betriebswirtschaftslehre, insbes. intern. Unternehmensfinanzierung*; di: Westfäl. Hochsch., FB Wirtschaftsingenieurwesen, August-Schmidt-Ring 10, 45657 Recklinghausen, T: (02361) 915582, thomas.heide@fh-gelsenkirchen.de

**Heidel,** Bernhard; Dr. rer. pol., Prof.; *Marketingforschung*; di: Hochsch. Rhein/Main, Wiesbaden Business School, Bleichstr. 44, 65183 Wiesbaden, T: (0611) 9002122, bernhard.heidel@hs-rm.de

**Heidemann,** Achim; Dr.-Ing., Prof.; *Technisches Facility Management, Automatisierungstechnik*; di: Hochsch. Albstadt-Sigmaringen, FB 3, Anton-Günther-Str. 51, 72488 Sigmaringen, PF 1254, 72481 Sigmaringen, T: (07571) 7328260, heidemann@hs-albsig.de

**Heidemann,** Bernd; Dr.-Ing., Prof.; *Produktentwicklung, Konstruktionstechnik*; di: HTW d. Saarlandes, Fak. f. Ingenieurwiss., Goebenstr. 40, 66117 Saarbrücken, T: (0681) 5867253, heidemann@htw-saarland.de

**Heidemann,** Katrin; Dr. rer. pol., Prof.; *Materialwirtschaft/Logistik, Allgemeine Betriebswirtschaftslehre*; di: FH d. Wirtschaft, Meisenstr. 92, 33607 Bielefeld, T: (0521) 2384212, F: 2384218, katrin.heidemann@fhdw.de

**Heidemann,** Otto; Dr., Prof.; *Betriebswirtschaftslehre, insbes. Steuerlehre*; di: Westfäl. Hochsch., FB Wirtschaft, Neidenburger Str. 43, 45877 Gelsenkirchen, T: (0209) 9596610, otto.heidemann@fh-gelsenkirchen.de

**Heiden,** Wolfgang; Dr., Prof.; *Hypermedia- u. Multimedia-Systeme*; di: Hochsch. Bonn-Rhein-Sieg, FB Informatik, Grantham-Allee 20, 53757 Sankt Augustin, 53754 Sankt Augustin, T: (02241) 865214, F: 8658214, wolfgang.heiden@fh-bonn-rhein-sieg.de

**Heidenreich,** Thomas; Dr. phil., Prof.; *Psychologie für Soziale Arbeit und Pflege*; di: Hochsch. Esslingen, Fak. Versorgungstechnik u. Umwelttechnik, Kanalstr. 33, 73728 Esslingen, T: (0711) 3974586; pr: Jahnstr. 24, 73037 Ebersbach/Fils, T: (0177) 3560688

**Heider,** Andreas; Dipl.-Ing., Prof.; *Baukonstruktion/Technisches Darstellen, CAD, Bauphysik*; di: Beuth Hochsch. f. Technik, FB III Bauingenieur- u. Geoinformationswesen, Luxemburger Str. 10, 13353 Berlin, T: (030) 45042574, heider@beuth-hochschule.de; pr: Berner Str. 7, 12205 Berlin, T: (030) 84314814, F: 84314814, ib-heider@t-online.de

**Heider,** Matthias; Dr.-Ing., Prof.; *Qualitätssicherung, Fertigungsmesstechnik*; di: HTW Dresden, Fak. Maschinenbau/Verfahrenstechnik, Friedrich-List-Platz 1, 01069 Dresden, T: (0351) 4622427, heider@mw.htw-dresden.de

**Heider-Knabe,** Edda; Dr., Prof.; *Betriebswirtschaftslehre, Personalwesen*; di: Techn. Hochsch. Mittelhessen, FB 07 Wirtschaft, Wiesenstr. 14, 35390 Gießen, T: (0641) 3092726, Edda.Heider-Knabe@w.fh-giessen.de; pr: Am Denkmal 6, 57299 Burbach-Holzhausen, T: (02736) 3232

**Heiderich,** Herbert; Dr.-Ing., Prof.; *CAD/CAE*; di: FH Dortmund, FB Maschinenbau, Sonnenstr. 96, 44139 Dortmund, T: (0231) 9112322; pr: Fahrenberg 19d, 45257 Essen

**Heiderich,** Thomas; Dr.-Ing., Prof.; *Konstruktion, CAD, FEM, Technische Mechanik*; di: FH Jena, FB Maschinenbau, Carl-Zeiss-Promenade 2, 07745 Jena, PF 100314, 07703 Jena, T: (03641) 205300, F: 205301, mb@fh-jena.de

**Heidger,** Christa; Dr. rer. nat., Prof.; *Allgemeine und experimentelle Ökologie*; di: Hochsch. Zittau/Görlitz, Fak. Mathematik/Naturwiss., Theodor-Körner-Allee 16, 02763 Zittau, PF 1455, 02754 Zittau, T: (03583) 611709, c.heidger@hs-zigr.de

**Heidkamp,** Phillipp; Prof., Dekan Fak. f. Kulturwissenschaften; *Interface-Design*; di: FH Köln, Fak. f. Design u. Restaurierung, Ubierring 40, 50678 Köln, T: (0221) 82753169

**Heidmann,** Frank; Dr., Prof.; *Physical Computing*; di: FH Potsdam, FB Design, Pappelallee 8-9, Haus 5, 14469 Potsdam, T: (0331) 5801422

**Heidrich,** Martin; Dr. phil., Prof., Dekan FB Sozialwesen, Abt. Münster; *Theorien und Konzepte Sozialer Arbeit*; di: Kath. Hochsch. NRW, Abt. Münster, FB Sozialwesen, Piusallee 89, 48147 Münster, T: (0251) 4176722, F: 4176753, m.heidrich@kfhnw.de; pr: Vagedesweg 14, 48151 Münster, T: (0251) 791928

**Heidrich,** Peter; Dr., Prof.; *Maschinenbau*; di: Hochsch. Pforzheim, Fak. f. Technik, Tiefenbronner Str. 66, 75175 Pforzheim, T: (07231) 286169, F: 286050, peter.heidrich@hs-pforzheim.de

**Heidrich,** Peter; Dr.-Ing., Prof.; *Kolbenmaschinen*; di: FH Kaiserslautern, FB Angew. Ingenieurwiss., Morlautererstr. 31, 67657 Kaiserslautern, T: (0631) 37242310, peter.heidrich@fh-kl.de

**Heift,** Klaus; Dr. rer. nat., Prof.; *Angewandte Physik, Mathematik*; di: FH Köln, Fak. f. Informatik u. Ingenieurwiss., Am Sandberg 1, 51643 Gummersbach, T: (02261) 8196282, heift@gm.fh-koeln.de; pr: In den Auen 89, 51427 Bergisch Gladbach, T: (02204) 63546

**Heigert,** Johannes; Dr. rer. nat., Prof.; *Software Engineering, Wirtschaftsinformatik*; di: Hochsch. München, Fak. Informatik u. Mathematik, Lothstr. 34, 80335 München, T: (089) 12653714

**Heigl,** Norbert J.; Dr. phil., Prof. FH Erding; *Arbeits- & Organisationspsychologie*; di: FH f. angewandtes Management, Am Bahnhof 2, 85435 Erding, T: (08122) 9559480, norbert.heigl@myfham.de

**Heigl-Murauer,** Martina; Dr., Prof.; *Allgemeine BWL*; di: Hochsch. Deggendorf, FB Betriebswirtschaft, Edlmairstr. 6-8, 94469 Deggendorf, PF 1320, 94453 Deggendorf, T: (0991) 3615171, F: 3615199, martina.heigl-murauer@fh-deggendorf.de

**Heijnk,** Stefan; Prof.; *Print- und Online-Medien*; di: Hochsch. Hannover, Fak. III Medien, Information u. Design, Expo Plaza 12, 30539 Hannover, PF 920261, 30441 Hannover, T: (0511) 92962610, stefan.heijink@hs-hannover.de

**Heikel,** Christian; Dr.-Ing., Prof.; *Werkstofftechnologie*; di: Hochsch. Ostwestfalen-Lippe, FB 7, Produktion u. Wirtschaft, Liebigstr. 87, 32657 Lemgo, T: (05261) 7021725, christian.heikel@hs-owl.de

**Heil,** Ernst; Dr.-Ing., Prof.; *Photogrammetrie, Fernerkundung, GIS, Kartographie*; di: Hochsch. Neubrandenburg, FB Landschaftsarchitektur, Geoinformatik, Geodäsie u. Bauingenieurwesen, Brodaer Str. 2, 17033 Neubrandenburg, PF 110121, 17041 Neubrandenburg, T: (0395) 56934102, heil@hs-nb.de

**Heil,** Peter F.; Dr. rer. pol., Prof.; *Betriebswirtschaft, Unternehmensführung, Englisch*; di: FH Mainz, FB Wirtschaft, Lucy-Hillebrand-Str. 2, 55128 Mainz, T: (06131) 628254, peter.heil@wiwi.fh-mainz.de

**Heiland,** Leonore; Dr.-Ing., Prof.; *Biomedizinische Technik/Elektronik und radiologische Technik*; di: Westsächs. Hochsch. Zwickau, FB Physikalische Technik/Informatik, Dr.-Friedrichs-Ring 2A, 08056 Zwickau, T: (0375) 5361517, eleonore.heiland@fh-zwickau.de

**Heilig,** Bernd; Dr. rer. oec., Prof.; *Bank, Handel, Industrie, Steuer/Prüfungswesen*; di: DHBW Mosbach, Fak. Wirtschaft, Arnold-Janssen-Str. 9-13, 74821 Mosbach, T: (06261) 939117, F: 939104, heilig@dhbw-mosbach.de

**Heilig,** Clemens; Dr., Prof.; *Wirtschaftsingenieurwesen*; di: DHBW Mannheim, Fak. Technik, Handelsstr. 13, 69214 Eppelheim, T: (0621) 41051322, F: 41051317, clemens.heilig@dhbw-mannheim.de

**Heilmann,** Andrea; Dr., Prof.; *Umweltmanagement, Vorsorgender Umweltschutz, Technischer Umweltschutz*; di: Hochsch. Harz, FB Automatisierung u. Informatik, Friedrichstr. 54, 38855 Wernigerode, T: (03943) 659332, F: 659399, aheilmann@hs-harz.de

**Heilmann,** Andreas; Dr. rer. nat. habil., PD U Halle-Wittenberg, HonProf. H Anhalt (FH); *Experimentalphysik, Biologische Materialien und Grenzflächen*; di: Fraunhofer IWM Halle, Walter-Hülse-Str. 1, 06120 Halle, T: (0345) 5589180, F: 5589101, andreas.heilmann@iwmh.fraunhofer.de; Hochsch. Anhalt, FB 6 Elektrotechnik, Maschinenbau u. Wirtschaftsingenieurwesen, PF 1458, 06354 Köthen

**Heilmann,** Johannes; Prof.; *Rechtswissenschaften*; di: Kommunale FH f. Verwaltung in Niedersachsen, Wielandstr. 8, 30169 Hannover, T: (0511) 1609436, F: 15537, Johannes.Heilmann@nds-sti.de

**Heilmann,** Klaus; Dr. rer. pol., Prof.; *Seefahrt*; di: Hochsch. Emden/Leer, FB Seefahrt, Bergmannstr. 36, 26789 Leer, T: (0491) 928175011, klaus.heilmann@hs-emden-leer.de

**Heilmann,** Rolf; Dr. rer. nat., Prof.; *Messtechnik, Physik*; di: Hochsch. München, Fak. Feinwerk- u. Mikrotechnik, Physikal. Technik, Lothstr. 34, 80335 München, T: (089) 12651419, F: 12651480, rolf.heilmann@fhm.edu

**Heilscher,** Gerd; M.Sc. rer. nat., Prof.; *Energieversorgungssysteme*; di: Hochsch. Ulm, Fak. Produktionstechnik u. Produktionswirtschaft, PF 3860, 89028 Ulm, T: (0731) 5028360, heilscher@hs-ulm.de

**Heimann,** Dieter; Dr., Prof.; *Warenwissenschaften, Ladungspflege und Transportbeanspruchung*; di: Hochsch. Bremerhaven, An der Karlstadt 8, 27568 Bremerhaven, T: (0471) 4823461, dheimann@hs-bremerhaven.de

**Heimann,** Hans-Markus; Dr., Prof.; *Verwaltungsrecht, Recht des öffentlichen Dienstes*; di: FH d. Bundes f. öff. Verwaltung, FB Allgem. Innere Verwaltung, Willy-Brandt-Str. 1, 50321 Brühl, Hans-Markus.Heimann@fhbund.de

**Heimann,** Stefan; Dr.-Ing., Prof.; *Wasserbau/-wirtschaft, Hydraulik, Konstruktiver Wasserbau, Massivbau*; di: Beuth Hochsch. f. Technik, FB III Bauingenieur- u. Geoinformationswesen, Luxemburger Str. 10, 13353 Berlin, T: (030) 45052630, heimann@beuth-hochschule.de

**Heimbecher,** Frank; Dr.-Ing., Prof.; *Bauphysik*; di: FH Münster, FB Architektur, Leonardo-Campus 5, 48149 Münster, T: (0251) 8365200, F: 8365273, heimbecher@fh-muenster.de

**Heimbold,** Tilo; Dr.-Ing., Prof.; *Prozessleittechnik, Prozessführung*; di: HTWK Leipzig, FB Elektrotechnik u. Informationstechnik, PF 301166, 04251 Leipzig, T: (0341) 30761305

**Heimbrock,** Klaus-Jürgen; Dr., Prof.; *Allgemeine Betriebswirtschaftslehre, Unternehmensführung*; di: Hochsch.Merseburg, FB Wirtschaftswiss., Geusaer Str., 06217 Merseburg, T: (03461) 462445, F: 462422, Klaus-Juergen.Heimbrock@hs-merseburg.de

**Heimel,** Jörg; Dr., Prof.; *Elektrische Messtechnik*; di: Hochsch. Rhein/Main, FB Ingenieurwiss., Am Brückweg 26, 65428 Rüsselsheim, T: (06142) 8984238, Joerg.Heimel@hs-rm.de

**Heimer,** Thomas; Dr., Prof.; *Ökonomische Innovationstheorie, Innovationsmanagement*; di: Hochsch. Rhein/Main, FB Ingenieurwiss., Am Brückweg 26, 65428 Rüsselsheim, T: (0173) 7250913, thomas.heimer@hs-rm.de

**Heimrich,** Bernd; Dr. rer. nat., Prof.; *Analoge u. Digitale Elektronik*; di: Techn. Hochsch. Mittelhessen, FB 04 Krankenhaus- u. Medizintechnik, Umwelt- u. Biotechnologie, Wiesenstr. 14, 35390 Gießen, T: (0641) 3092520; pr: Schutzbacherweg 13, 35321 Laubach, T: (06405) 950393

**Heimrich,** Thomas; Dr., Prof.; *Datenbanken, Informationssysteme*; di: Hochsch. Rhein/Main, FB Design Informatik Medien, Campus Unter den Eichen 5, 65195 Wiesbaden, T: (0611) 94951291, thomas.heimrich@hs-rm.de

**Hein,** Axel; Dipl.-Inf., Dr.-Ing., Prof.; *Rechnersysteme, Mikroprozessortechnik und Echtzeitsysteme*; di: Georg-Simon-Ohm-Hochsch. Nürnberg, Fak. Informatik, Keßlerplatz 12, 90489 Nürnberg, PF 210320, 90121 Nürnberg

**Hein,** Birgit; Dr., Prof.; *Erziehungshilfen/Kinder- und Jugendhilfe*; di: DHBW Stuttgart, Fak. Sozialwesen, Herdweg 31, 70174 Stuttgart, T: (0711) 1849657, hein@dhbw-stuttgart.de

**Hein,** Dieter; Dr. phil., Prof.; di: Rheinische FH Köln, Hohenstaufenring 16-18, 50674 Köln

**Hein,** Eckhard; Dr. rer.pol. habil., PD U Oldenburg, Prof. HWR Berlin; *Volkswirtschaftslehre, insbesondere Europäische Wirtschaftspolitik*; di: Hochschule für Wirtschaft und Recht Berlin, Badensche Straße 52, 10825 Berlin, eckhard.hein@hwr-berlin.de; www.hwr-berlin.de/prof/eckhard-hein; Univ., Fak. II, Inst. f. VWL u. Statistik, Uhlhornsweg, 26111 Oldenburg

**Hein,** Knud Christian; Dipl.-Spz.Päd., Dr. jur., Prof.; *Strafrecht*; di: Hochsch. Darmstadt, FB Gesellschaftswiss. u. Soziale Arbeit, Haardtring 100, 64295 Darmstadt, T: (06151) 168723, knud.hein@h-da.de

**Hein,** Paul-Michael; Dr. med., Prof.; *Sozialmedizin*; di: Hochsch. Lausitz, FB Sozialwesen, Lipezker Str. 47, 03048 Cottbus-Sachsendorf, T: (0355) 5818401, F: 5818409

**Hein,** Sebastian; Dr., PD U Freiburg, Prof. FH Rottenburg; *Waldbau, Waldbautechnik, Forstpflanzenzucht, Ertragskunde*; di: Hochsch. f. Forstwirtschaft Rottenburg, Schadenweilerhof, 72108 Rottenburg, T: (07472) 951239, F: 951200, hein@hs-rottenburg.de

**Hein,** Ulrich; Dr. rer. pol., Prof.; *Betriebswirtschaftslehre, Volkswirtschaftslehre*; di: Techn. Hochsch. Mittelhessen, FB 21 Sozial- u. Kulturwiss., Wilhelm-Leuschner-Str. 13, 61169 Friedberg, T: (06031) 604595, Ulrich.Hein@suk.fh-giessen.de

**Heinbuch,** Holger; Dr. jur., Prof.; *Recht*; di: FH Mainz, FB Wirtschaft, Lucy-Hillebrand-Str. 2, 55128 Mainz, T: (06131) 628173

**Heindl,** Eduard; Dipl. Phys., Dr. rer. nat., Prof.; *eBusiness Technlogien*; di: Hochsch. Furtwangen, Fak. Wirtschaftsinformatik, Robert-Gerwig-Platz 1, 78120 Furtwangen, T: (07723) 9202405, Eduard.Heindl@hs-furtwangen.de

**Heine,** Burkhard; Dipl.-Ing., Dr. rer. nat., Prof.; *Allgemeine Werkstoffkunde, Werkstoffprüfung*; di: Hochsch. Aalen, Fak. Maschinenbau u. Werkstofftechnik, Beethovenstr. 1, 73430 Aalen, T: (07361) 5762178, F: 5762250, Burkhard.Heine@htw-aalen.de

**Heine,** Felix; Dr. rer. nat., Prof.; *Informatik, Datenbanken und Informationssysteme*; di: Hochsch. Hannover, Fak. IV Wirtschaft u. Informatik, Abt. Informatik, Ricklinger Stadtweg 120, 30459 Hannover, T: (0511) 92961834, felix.heine@hs-hannover.de

**Heine,** Klaus; Dr., Prof. FH Hannover; *Physik, Mathematik, Supraleitung*; di: Hochsch. Hannover, Fak. I Elektro- u. Informationstechnik, Ricklinger Stadtweg 120, 30459 Hannover, PF 920261, 30441 Hannover, T: (0511) 92961291, klaus.heine@hs-hannover.de; pr: Juistweg 15, 31303 Burgdorf, T: (05136) 895301

**Heine,** Michael; Dr., Prof., Präs.; *Volkswirtschaftslehre*; di: HTW Berlin, FB Wirtschaftswissenschaften I, Treskowallee 8, 10318 Berlin, T: (030) 50192800, Praesident@HTW-Berlin.de

**Heine,** Peer; Dr.-Ing., Prof.; *Baustoffkunde und Bauchemie*; di: Hochschule Ruhr West, Institut Bauingenieurwesen, PF 100755, 45407 Mülheim an der Ruhr, T: (0208) 88254460, peer.heine@hs-ruhrwest.de

**Heine,** Thomas; Dr., Prof.; *Mess- u. Regelungstechnik in d. Verfahrenstechnik*; di: Beuth Hochsch. f. Technik, FB VIII Maschinenbau, Veranstaltungs- u. Verfahrenstechnik, Luxemburger Straße 10, 13353 Berlin, T: (030) 45042498, thomas.heine@beuth-hochschule.de

**Heineck,** Horst; Dr., Prof.; *Datenbanken, Netzwerktechnik*; di: Hochsch. Hof, Alfons-Goppel-Platz 1, 95028 Hof, T: (09281) 409444, F: 40955444, Horst.Heineck@fh-hof.de

**Heinecke,** Albert; Dr. rer. pol., Prof.; *Unternehmensführung*; di: Ostfalia Hochsch., Fak. Wirtschaft, Wielandstr. 1-5, 38440 Wolfsburg, T: (05361) 831502, a_heinecke@ostfalia.de

**Heinecke,** Andreas M.; Dr. rer. nat., Prof.; *Interaktive Systeme*; di: Westfäl. Hochsch., FB Informatik u. Kommunikation, Neidenburger Str. 43, 45877 Gelsenkirchen, T: (0209) 9596788, Andreas.Heinecke@informatik.fh-gelsenkirchen.de

**Heinecke,** Wolfgang; Dr. rer. nat., Prof.; *Mikrocomputer, Prozessrechentechnik*; di: Hochsch. Mannheim, Fak. Informationstechnik, Windeckstr. 110, 68163 Mannheim

**Heinemann,** Andreas; Dr., Prof.; *Wirtschaftsinformatik*; di: DHBW Mannheim, Fak. Wirtschaft, Coblitzallee 1-9, 68163 Mannheim, T: (0621) 41051170, F: 41051249, andreas.heinemann@dhbw-mannheim.de

**Heinemann,** Detlef; Dr.-Ing., Prof.; *Digitalelektronik, Mikrorechnertechnik*; di: Beuth Hochsch. f. Technik, FB VII Elektrotechnik – Mechatronik – Optometrie, Luxemburger Str. 10, 13353 Berlin, T: (030) 45042869, heinemann@beuth-hochschule.de

**Heinemann,** Ekkehard; Dr.-Ing., Prof.; *Hydrologie und Konstruktiver Wasserbau sowie Grundbau*; di: FH Köln, Fak. f. Bauingenieurwesen u. Umwelttechnik, Betzdorfer Str. 2, 50679 Köln, T: (0221) 82752798, ekkehard.heinemann@fh-koeln.de; pr: Rolshover Kirchweg 60a, 51105 Köln, T: (0221) 8305502

**Heinemann,** Elisabeth; Dipl.-Wirtsch.inform., Dr. rer. pol., Prof.; *Kommunikationsinformatik*; di: FH Worms, FB Informatik, Erenburgerstr. 19, 67549 Worms, heinemann@fh-worms.de

**Heinemann,** Elmar; Dr.-Ing., Prof., Rektor; *Automatisierungstechnik, Steuerungstechnik*; di: FH Schmalkalden, Fak. Elektrotechnik, Blechhammer, 98574 Schmalkalden, PF 100452, 98564 Schmalkalden, T: (03683) 6885111, e.heinemann@e-technik.fh-schmalkalden.de

**Heinemann,** Gerrit; Dr., Prof.; *BWL, Managementlehre und Handel*; di: Hochsch. Niederrhein, FB Textil- u. Bekleidungstechnik, Webschulstr. 31, 41065 Mönchengladbach, T: (02161) 1866028; pr: Gerretsfeld 32, 41748 Viersen

**Heinen,** Angelika; Dipl.-Sozialarb., Prof.; *Methoden in der Sozialen Arbeit*; di: Kath. Hochsch. Mainz, FB Soziale Arbeit, Saarstr. 3, 55122 Mainz, T: (06131) 2894442, heinen@kfh-mainz.de

**Heinfling,** Josef; Dr.-Ing., Prof.; *Sensortechnik, Elektrische und Allgem. Messtechnik, Messwerterfassung und -verarbeitung*; di: Hochsch. Heilbronn, Max-Planck-Str. 39, 74081 Heilbronn, T: (07131) 504340, heinfling@hs-heilbronn.de

**Heinicke,** Gundula; Dr., Prof.; *Psychologie*; di: Hochsch. d. Sächsischen Polizei, Friedenstr. 120, 02929 Rothenburg

**Heinisch,** Dieter; Dr.-Ing., Prof.; *Fertigungstechnik, Planungswesen, Qualitätssicherung*; di: Georg-Simon-Ohm-Hochsch. Nürnberg, Fak. Maschinenbau u. Versorgungstechnik, Keßlerplatz 12, 90489 Nürnberg, PF 210320, 90121 Nürnberg

**Heinitz,** Florian; Dr., Prof.; *Transportwirtschaft*; di: FH Erfurt, FB Verkehrs- u. Transportwesen, PF 450155, 99051 Erfurt, T: (0361) 6700671, F: 6700528, heinitz@fh-erfurt.de

**Heinke,** Horst; Dr.-Ing., Prof.; *Fertigungsgestaltung, Werkzeugmaschinen, CNC-Technik, Informatik*; di: Hochsch. Magdeburg-Stendal, FB Ingenieurwiss. u. Industriedesign, Breitscheidstr. 2, 39114 Magdeburg, T: (0391) 8864385, Horst.Heinke@HS-Magdeburg.DE

**Heinlein,** Christian; Dr. habil., Prof.; *Softwaretechnik, Grundlagen der Informatik*; di: Hochsch. Aalen, Fak. Elektronik u. Informatik, Beethovenstr. 1, 73430 Aalen, christian.heinlein@htw-aalen.de

**Heinlein,** Michael; Dr., Prof.; *IT-Business-Account-Management, Vertriebsmanagment*; di: Private FH Göttingen, Weender Landstr. 3-7, 37073 Göttingen, T: (0551) 547000, heinlein@pfh.de

**Heinrich,** Christoph; Dr., Prof.; *Thermodynamik, Strömungslehre*; di: FH Frankfurt, FB 2 Informatik u. Ingenieurwiss., Nibelungenplatz 1, 60318 Frankfurt am Main, T: (069) 15332377, cheinrich@fb2.fh-frankfurt.de

**Heinrich,** Elke-Dagmar; Dr., Prof.; *Mathematik*; di: Hochsch. Konstanz, Fak. Maschinenbau, Brauneggerstr. 55, 78462 Konstanz, PF 100543, 78405 Konstanz, T: (07531) 206343, heinrich@fh-konstanz.de

**Heinrich,** Gert; Dr., Prof.; *Wirtschaftsinformatik*; di: DHBW Villingen-Schwenningen, Fak. Wirtschaft, Karlstr. 29, 78054 Villingen-Schwenningen, T: (07720) 3906135, F: 3906519, heinrich@dhbw-vs.de

**Heinrich,** Hartmut; Dr.-Ing., Prof., Dekan FB Wirtschaft; *Integrierte computergestützte Anwendungen in Fertigungsbetrieben, PPS*; di: FH Brandenburg, FB Wirtschaft, SG Wirtschaftsinformatik, Magdeburger Str. 50, 14770 Brandenburg, PF 2132, 14737 Brandenburg, T: (03381) 355230, F: 355199, heinrich@fh-brandenburg.de; www.fh-brandenburg.de/~heinrich/

**Heinrich,** Horst; Dr.-Ing., Prof.; *Werkstofftechnik*; di: Hochsch. Regensburg, Fak. Maschinenbau, PF 120327, 93025 Regensburg, T: (0941) 9435177, horst.heinrich@maschinenbau.fh-regensburg.de

**Heinrich,** Karin; Dr.-Ing., Prof.; *Lebensmittelverfahrenstechnik*; di: Beuth Hochsch. f. Technik, FB V Life Science and Technology, Luxemburger Str. 10, 13353 Berlin, T: (030) 45042177, karin.heinrich@beuth-hochschule.de

**Heinrich,** Martin Leo; Dr. rer. pol., Prof.; *Betriebswirtschaftslehre, insbes. betriebliche Steuerlehre und Unternehmensprüfung*; di: FH Köln, Fak. f. Wirtschaftswiss., Claudiusstr. 1, 50678 Köln, T: (0221) 82753416, martin.heinrich@fh-koeln.de

**Heinrich,** Michael; Dipl.-Des., M.A.; *Darstellen und visuelle Kommunikation*; di: Hochsch. Coburg, Fak. Design, Friedrich-Streib-Str. 2, 96450 Coburg, T: (09561) 317423, heinricm@hs-coburg.de

**Heinrich,** Thomas; Dipl.-Ing., Prof.; *Landschaftsbau, Sportplatzbau*; di: Hochsch. Osnabrück, Fak. Agrarwiss. u. Landschaftsarchitektur, Oldenburger Landstr. 24, 49090 Osnabrück, T: (0541) 9695183, F: 9695051, t.heinrich@hs-osnabrueck.de; pr: Schwachhauser Ring 46-50, 28209 Bremen, T: (0421) 3491202

**Heinrichs,** Horst; Dr.-Ing., Prof.; *Betriebs- und Fertigungstechnik*; di: FH Aachen, FB Maschinenbau und Mechatronik, Goethestr. 1, 52064 Aachen, T: (0241) 600952356, h.heinrichs@fh-aachen.de; pr: Dachsbau 19a, 52066 Aachen, T: (0241) 6088074

**Heins,** Ekkehard; Dr.-Ing., Prof.; *Massivbau*; di: HTW Dresden, Fak. Bauingenieurwesen/Architektur, Friedrich-List-Platz 1, 01069 Dresden, T: (0351) 4622143, heins@htw-dresden.de

**Heinsdorf,** Markus; Dr., Prof.; *Waldbau und Waldökologie*; di: FH Erfurt, FB Forstwirtschaft u. Ökosystemmanagement, Leipziger Str. 77, 99085 Erfurt, T: (0361) 67004271, F: 67004263, markus.heinsdorf@fh-erfurt.de

**Heinsohn,** Jochen; Dr.-Ing., Prof.; *Wissensbasierte Syteme/KI-Techniken*; di: FH Brandenburg, FB Informatik u. Medien, Magdeburger Str. 50, 14770 Brandenburg, PF 2132, 14737 Brandenburg, T: (03381) 355433, F: 355499, heinsohn@fh-brandenburg.de

**Heintskill,** Wolfgang; Dr., Prof.; *Elektrotechnik*; di: DHBW Mannheim, Fak. Technik, Coblitzallee 1-9, 68163 Mannheim, T: (0621) 41051222, F: 41051318, wolfgang.heintskill@dhbw-mannheim.de

**Heintz,** Rüdiger; Dr., Prof.; *Elektrotechnik*; di: DHBW Mannheim, Fak. Technik, Coblitzallee 1-9, 68163 Mannheim, T: (0621) 41051283, F: 41051318, ruediger.heintz@dhbw-mannheim.de

**Heinz,** Alois; Dr., Prof.; *Grundlagen, Theorie, Programmiersprachen*; di: Hochsch. Heilbronn, Fak. f. Technik 2, Max-Planck-Str. 39, 74081 Heilbronn, T: (07131) 504456, F: 504144562, heinz@hs-heilbronn.de

**Heinz,** Bodo; Dr., Prof.; *Medizin- u. Arbeitsrecht*; di: MSH Medical School Hamburg, Am Kaiserkai 1, 20457 Hamburg, T: (040) 36122640, Bodo.Heinz@medicalschool-hamburg.de

**Heinz,** Dietmar; Dr., Prof.; *Kommunale Entsorgungstechnik*; di: Hochsch.Merseburg, FB Ingenieur- u. Naturwiss., Geusaer Str., 06217 Merseburg, T: (03461) 462007, F: 462192, dietmar.heinz@hs-merseburg.de

**Heinz,** Dirk; Dr. jur., Prof.; *Soziale Arbeit*; di: Hochsch. Ravensburg-Weingarten, Doggenriedstr., 88250 Weingarten, PF 1261, 88241 Weingarten, T: (0751) 5019439, heinz@hs-weingarten.de

**Heinz,** Günther; Dr.-Ing., Prof.; *Verkehrsplanung, Verkehrstechnik, Verkehr und Umwelt*; di: FH Mainz, FB Technik, Holzstr. 36, 55116 Mainz, T: (06131) 2859527, guenther.heinz@fh-mainz.de

**Heinze,** André; Dr. theol., Prof.; *Neues Testament*; di: Theolog. Seminar Elstal, Johann-Gerhard-Oncken-Str. 7, 14641 Wustermark, T: (033234) 74316, aheinze@baptisten.de

**Heinze,** Cornelia; Dr., Prof.; *Pflegewissenschaft*; di: Ev. Hochsch. Berlin, Prof. f. Pflegewissenschaft, Teltower Damm 118-122, 14167 Berlin, PF 370255, 14132 Berlin, T: (030) 84582236, heinze@eh-berlin.de

**Heinze,** Dirk; Dr.-Ing., Dr.-Ing.habil., Prof.; *Meßinformationssysteme, Elektrische Meßtechnik, Umweltmeßtechnik*; di: FH Jena, FB Maschinenbau, Carl-Zeiss Promenade 2, 07745 Jena, T: (03641) 205328, F: 205309, dirk.heinze@fh-jena.de; pr: Grenzhammer 53, 98693 Ilmenau, T: (0672) 4208

**Heinze,** Inés; Dr.-Ing., Prof.; *Bedruckstoffverarbeitung*; di: HTWK Leipzig, FB Medien, PF 301166, 04251 Leipzig, T: (0341) 2170333, iheinze@fbm.htwk-leipzig.de

**Heinze,** Thomas; Dr.-Ing., Prof.; *Automatisierungstechnik, Arbeitsmaschinen*; di: HTW d. Saarlandes, Fak. f. Ingenieurwiss., Goebenstr. 40, 66117 Saarbrücken, T: (0681) 5867254, heinze@htw-saarland.de

**Heinzel,** Renate; Dr. oec., Prof.; *Allgemeine Betriebswirtschaftslehre*; di: HTWK Leipzig, FB Wirtschaftswissenschaften, PF 301166, 04251 Leipzig, T: (0341) 30766547, heinzel@wiwi.htwk-leipzig.de

**Heinzel,** Werner; Dr.-Ing., Prof.; *Betriebssysteme, Graphische Datenverarbeitung, Expertensysteme*; di: Hochsch. Fulda, FB Angewandte Informatik, Marquardstr. 35, 36039 Fulda, T: (0661) 9640320, werner.heinzel@informatik.fh-fulda.de; pr: T: (0661) 9529101

**Heinzel-Wieland,** Regina; Dr. rer. nat., Prof.; *Biotechnologie*; di: Hochsch. Darmstadt, FB Chemie- u. Biotechnologie, Haardtring 100, 64295 Darmstadt, T: (06151) 168204, r.heinzel-wieland@h-da.de; pr: Reichenberger Weg 16, 64295 Darmstadt

**Heinzelmann,** Jörg; Dr. rer. pol., Prof.; *Entrepreneurship*; di: Hochsch. f. Wirtschaft u. Umwelt Nürtingen-Geislingen, FB 4, PF 1251, 73302 Geislingen a. d. Steige, T: (07331) 22578, joerg.heinzelmann@hfwu.de

**Heinzelmann,** Michael; Dr.-Ing., Prof.; *Konstruktion, Technische Mechanik, Festigskeitslehre*; di: Hochsch. Bonn-Rhein-Sieg, FB Angewandte Naturwissenschaften, von-Liebig-Str. 20, 53359 Rheinbach, T: (02241) 865563, F: 8658563, michael.heinzelmann@fh-bonn-rhein-sieg.de

**Heinzler,** Winfried; Dr., Prof.; *BWL, Tourismus*; di: DHBW Lörrach, Hangstr. 46-50, 79539 Lörrach, T: (07621) 2071304, F: 2071319, heinzler@dhbw-loerrach.de

**Heischkel,** Swantje; Dr., Prof.; *Healthcare Industry*; di: DHBW Mosbach, Campus Bad Mergentheim, Schloss 2, 97980 Bad Mergentheim, T: (07931) 530674, F: 530636, heischkel@dhbw-mosbach.de

**Heise,** Joachim; Dr.-Ing., Prof.; *Produktionsautomatisierung, Qualitätsmanagement, Produktionsmesstechnik, Produktionssysteme*; di: FH Kiel, FB Maschinenwesen, Grenzstr. 3, 24149 Kiel, T: (0431) 2102802, F: 2102860, joachim.heise@fh-kiel.de; pr: T: (0431) 582521

**Heise,** Pamela; Dr., Prof.; *Tourism & Event Management*; di: Hochsch. Coburg, Fak. Soziale Arbeit u. Gesundheit, Friedrich-Streib-Str. 2, 96450 Coburg, T: (09561) 317526, F: 317326, pamela.heise@hs-coburg.de

**Heise,** Susanne; Dr., Prof.; *Biogefahrenstoffe und Ökotoxikologie*; di: HAW Hamburg, Fak. Life Sciences, Lohbrügger Kirchstr. 65, 21033 Hamburg, T: (040) 42875-6217, susanne.heise@haw-hamburg.de

**Heisel,** Joachim P.; Dr.-Ing., Prof.; *Baukonstruktion, Entwerfen, Industrie- u. Gewerbebau, Bauen in den ländlichen Räumen, Gebäudelehre*; di: FH Lübeck, FB Bauwesen, Mönkhofer Weg 239, 23562 Lübeck, T: (0451) 3005407, joachim-p.heisel@fh-luebeck.de; pr: Geschwister-Scholl-Str. 67 a, 24340 Eckernförde, T: (04351) 752200

**Heiser,** Andreas; Dr. theol., Prof.; *Kirchengeschichte*; di: Theolog. Hochsch. Ewersbach, Kronberg-Forum, Jahnstr. 49-53, 35716 Dietzhölztal, heiser@th-ewersbach.de

**Heiser,** Manfred; Dr.-Ing., Prof.; *Werkstoffe, Fertigungstechnik, Anlagenelemente, Regelungstechnik*; di: Ostfalia Hochsch., Fak. Versorgungstechnik, Salzdahlumer Str. 46/48, 38302 Wolfenbüttel

**Heiss,** Stefan; Dr. rer. nat., Prof.; *Technische Informatik, Mathematik*; di: Hochsch. Ostwestfalen-Lippe, FB 5, Elektrotechnik u. techn. Informatik, Liebigstr. 87, 32657 Lemgo; pr: Kleiner Spiegelberg 29, 32657 Lemgo, T: (05261) 770632

**Heister,** Michael; Dr., HonProf.; *Personalmanagement*; di: Hochsch. Bonn-Rhein-Sieg, FB Sozialversicherung, Zum Steimelsberg 7, 53773 Hennef; heister@bibb.de

**Heister,** Werner; Dr. rer. pol., Prof.; *Betriebswirtschaft im Sozialen Sektor*; di: Hochsch. Niederrhein, FB Sozialwesen, Richard-Wagner-Str. 101, 41065 Mönchengladbach, T: (02161) 1865642, werner.heister@hs-niederrhein.de

**Heithecker,** Dirk; Dr., Prof.; *Quantitative Methoden der Betriebswirtschaftslehre, Mathematik*; di: Hochsch. Hannover, Fak. IV Wirtschaft u. Informatik, Ricklinger Stadtweg 120, 30459 Hannover, PF 920261, 30441 Hannover, T: (0511) 92961548, dirk.heithecker@hs-hannover.de

**Heitmann,** Dieter; Dr., Prof.; *Pflegewissenschaft mit Schwerpunkt theoretische Grundlagen u. Forschung im Kontext der berufsbezogenen Anwendungsgebiete*; di: Ev. FH Rhld.-Westf.-Lippe, FB Heilpädagogik u. Pflege, Immanuel-Kant-Str. 18-20, 44803 Bochum, T: (0234) 36901208, heitmann@efh-bochum.de

**Heitmann,** Hans; Prof.; *Kommunikations-Design, Schrift*; di: Hochsch. Augsburg, Fak. f. Gestaltung, Friedberger Str. 2, 86161 Augsburg, T: (0821) 55863417, heitmann@rz.fh-augsburg.de

**Heitmann,** Hans Heinrich; Dr., Prof.; *Technische Informatik*; di: HAW Hamburg, Fak. Technik u. Informatik, Berliner Tor 7, 20099 Hamburg, T: (040) 428758153, heitmann@informatik.haw-hamburg.de

**Heitmann,** Heinrich; Dr., Prof.; *Physik*; di: HAW Hamburg, Fak. Life Sciences, Lohbrügger Kirchstr. 65, 21033 Hamburg, T: (040) 428756433, heinrich.heitmann@ls.haw-hamburg.de; pr: T: (04171) 63311, F: 43311

**Heitmann,** Sonja → Schöning, Sonja

**Heitzer,** Bernd; Dr., Prof.; *Corporate Banking*; di: Hochsch. d. Sparkassen-Finanzgruppe, Simrockstr. 4, 53113 Bonn, T: (0228) 204933, F: 204903, bernd.heitzer@dsgv.de

**Heizmann,** Elke; Dr., Prof.; *Steuern und Prüfungswesen*; di: DHBW Mosbach, Lohrtalweg 10, 74821 Mosbach, T: (06261) 939424, F: 939414, heizmann@dhbw-mosbach.de

**Heizmann,** Gerold; Dr. rer. pol., Prof.; *Rechnungswesen und Steuern*; di: Hochsch. Heilbronn, Fak. f. Wirtschaft u. Verkehr, Max-Planck-Str. 39, 74081 Heilbronn, T: (07131) 504217, F: 252470, heizmann@hs-heilbronn.de

**Heizmann,** Hans-Helmut; Dr. rer. nat., Prof.; *Algebra, Stochastik*; di: Hochsch. f. Technik, Fak. Vermessung, Mathematik u. Informatik, Schellingstr. 24, 70174 Stuttgart, PF 101452, 70013 Stuttgart, T: (0711) 89262718, F: 89262556, hans-helmut.heizmann@hft-stuttgart.de

**Helbich,** Bernd; Dr., Prof.; *Personalmanagement, Personalführung*; di: FH Bielefeld, FB Wirtschaft u. Gesundheit, Bereich Wirtschaft, Universitätsstraße 25, 33615 Bielefeld, T: (0521) 10667391

**Helbig,** Klaus Jochen; Dr. rer. oec., Prof.; *BWL, Logistik*; di: Beuth Hochsch. f. Technik, FB I Wirtschafts- u. Gesellschaftswiss., Luxemburger Str. 10, 13353 Berlin, T: (030) 45042821, klaus.helbig@beuth-hochschule.de

**Helbig,** Rolf Falk; Dr. oec., Prof.; *Führung u Organisation, Geschichte der Geodäsie u Kartographie, Managementtraining*; di: HTW Dresden, Fak. Geoinformation, Friedrich-List-Platz 1, 01069 Dresden, T: (0351) 4623150, helbig@htw-dresden.de

**Helbig,** Sonja; Dr. rer. nat., Prof.; *Mathematik, Zuverlässigkeitstheorie*; di: Hochsch. Mittweida, Fak. Mathematik/Naturwiss./Informatik, Technikumplatz 17, 09648 Mittweida, T: (03727) 581330, F: 581315, shelbig@htwm.de

**Held,** Holger; Dr., Prof.; *Existenzgründung/Existenzsicherung, Strategische Planung*; di: Hochsch. Aalen, Fak. Wirtschaftswissenschaften, Beethovenstr. 1, 73430 Aalen, T: (07361) 5762371, F: 5762410, holger.held@htw-aalen.de

**Held,** Matthias; Prof.; *Gestalterische Grundlagen*; di: Hochsch. f. Gestaltung Schwäbisch Gmünd, Rektor-Klaus-Str. 100, 73525 Schwäbisch Gmünd, PF 1308, 73503 Schwäbisch Gmünd, T: (07171) 602617

**Held,** Tobias; Dr., Prof.; *Produktionsmanagement*; di: HAW Hamburg, Fak. Technik u. Informatik, Berliner Tor 21, 20099 Hamburg, T: (040) 428758761, tobias.held@haw-hamburg.de

**Helden,** Josef von; Dr. rer. nat., Prof.; *Betriebssysteme/Unix, Netzwerke, Betriebssystem- und Netzwerkarchitekturen, IT-Sicherheit*; di: Hochsch. Hannover, Fak. IV Wirtschaft u. Informatik, Ricklinger Stadtweg 120, 30459 Hannover, PF 920261, 30441 Hannover, T: (0511) 92961849, F: 92961510, josef.vonhelden@hs-hannover.de

**Heldermann,** Norbert; Dr. rer. nat., Prof.; *Mathematik, Statistik*; di: Hochsch. Ostwestfalen-Lippe, FB 7, Produktion u. Wirtschaft, Liebigstr. 87, 32657 Lemgo, T: (05261) 702428, F: 702275; pr: Langer Graben 13d, 32657 Lemgo, T: (05261) 10226

**Helfferich,** Cornelia; Dr., Prof.; *Soziologie, Soziale Arbeit*; di: Ev. Hochsch. Freiburg, Bugginger Str. 38, 79114 Freiburg i.Br., T: (0761) 4781248, F: 4781230, helfferich@eh-freiburg.de; pr: Sternwaldstr. 28, 79102 Freiburg, T: (0761) 706632

**Helget,** Gerd; Dipl.-Ing., Prof.; *Baubetrieb, Garten- und Landschaftsbau*; di: Hochsch. Geisenheim, Von-Lade-Str. 1, 65366 Geisenheim, T: (06722) 502171, gerd.helget@hs-gm.de

**Helker,** Helmuth; Prof.; *Erwachsenenbildung, Verbraucherberatung*; di: HAW Hamburg, Fak. Life Sciences, Lohbrügger Kirchstr. 65, 21033 Hamburg, T: (040) 428756122, helmuth.helker@haw-hamburg.de

**Hellbach,** Christine; Dr., Prof.; *Allgemeine Betriebswirtschaftslehre, Handelsmanagement*; di: Hochsch. Amberg-Weiden, FB Betriebswirtschaft, Hetzenrichter Weg 15, 92637 Weiden, T: (0961) 3821302, c.hellbach@haw-aw.de

**Hellberg,** Günther; Dr. rer. nat., Prof.; *Betriebssysteme*; di: FH f. die Wirtschaft Hannover, Freundallee 15, 30173 Hannover, T: (0511) 2848364, F: 2848372, guenther.hellberg@fhdw.de

**Hellbrück,** Horst; Dr., Prof.; *Kommunikationssysteme*; di: FH Lübeck, FB Elektrotechnik u. Informatik, Mönkhofer Weg 136-140, 23562 Lübeck, T: (0451) 3005042, horst.hellbrueck@fh-luebeck.de

**Hellbrück,** Reiner; Dr., Prof.; *Betriebsstatistik, Volkswirtschaftslehre u. -politik*; di: Hochsch. f. angew. Wiss. Würzburg Schweinfurt, Fak. Wirtschaftswiss., Münzstr. 12, 97070 Würzburg

**Helle,** Mark; Dr., Prof.; *Klinische Psychologie, Psychotherapie*; di: Hochsch. Magdeburg-Stendal, FB Angew. Humanwiss., Osterburger Str. 25, 39576 Stendal, T: (03931) 21874826, mark.helle@hs-magdeburg.de

**Hellenkamp,** Detlef; Dr., Prof.; *BWL, Bankwesen*; di: DHBW Stuttgart, Fak. Wirtschaft, Herdweg 23, 70174 Stuttgart, T: (0711) 1849749, hellenkamp@dhbw-stuttgart.de

**Heller,** Joachim; Dr., Prof.; *Internationaler Gartenbau*; di: Hochsch. Geisenheim, Von-Lade-Str. 1, 65366 Geisenheim, T: (06722) 502781, joachim.heller@hs-gm.de; pr: Egerländer Str. 3, 65366 Geisenheim, T: (06722) 980288

**Heller,** Jutta; Dr. rer.pol., Prof.; *Schlüsselqualifikationen, Teaching und Coaching*; di: FH f. angewandtes Management, Am Bahnhof 2, 85435 Erding, T: (08122) 9559480, jutta.heller@myfham.de

**Heller,** Ursula; Dr., Prof.; *Mathematik, Versicherungsmathematik*; di: FH Flensburg, FB Angew. Mathematik, Kanzleistr. 91-93, 24943 Flensburg, T: (0461) 8051381, ursula.heller@fh-flensburg.de; pr: Bremsbergallee 29, 24960 Glücksburg, T: (04631) 7963

**Heller,** Winfried; Dr.-Ing. habil., Prof.; *Strömungsmechanik*; di: HTW Dresden, Fak. Maschinenbau/Verfahrenstechnik, Friedrich-List-Platz 1, 01069 Dresden, T: (0351) 4623658, winfried.heller@tu-dresden.de

**Hellig,** Rüdiger; Dr., Prof.; *Wirtschaftswissenschaften*; di: DHBW Stuttgart, Fak. Wirtschaft, Herdweg 23, 70174 Stuttgart, T: (0711) 1849792, hellig@dhbw-stuttgart.de

**Hellige,** Barbara; Dipl.-Sozialwiss., Dr., Prof.; *Professionalisierung der Pflegeberufe, Theorieentwicklung in der Pflege*; di: Hochsch. Hannover, Fak. V Diakonie, Gesundheit u. Soziales, Blumhardtstr. 2, 30625 Hannover, PF 690363, 30612 Hannover, T: (0511) 92963109, barbara.hellige@hs-hannover.de; pr: Grünaustr. 17, 30455 Hannover, T: (0511) 457603

**Helling,** Klaus; Dr., Prof., Dekan FB Umweltwirtschaft/Umweltrecht; *Umweltmanagement u BWL*; di: Hochsch. Trier, Umwelt-Campus Birkenfeld, FB Umweltwirtschaft/Umweltrecht, PF 1380, 55761 Birkenfeld, T: (06782) 171224, k.helling@umwelt-campus.de

**Hellmann,** Axel; M.B.A., Dipl.-Ing., Dr.-Ing., Prof.; *Internationale Unternehmensfinanzierung*; di: Hochsch. f. Wirtschaft u. Recht Berlin, Badensche Str. 50-51, 10825 Berlin, T: (030) 85789123, lexahe@hwr-berlin.de

**Hellmann,** Ralf; Dr., Prof.; *Physik, Halbleitertechnologie*; di: Hochsch. Aschaffenburg, Fak. Ingenieurwiss., Würzburger Str. 45, 63743 Aschaffenburg, T: (06021) 314874, ralf.hellmann@fh-aschaffenburg.de

**Hellmann,** Roland; Dipl.-Ing., Prof.; *Datensicherheit, Sichere Embedded Systems, Mobile Roboter*; di: Hochsch. Aalen, Fak. Elektronik u. Informatik, Beethovenstr. 1, 73430 Aalen, T: (07361) 5764138, Roland.Hellmann@htw-aalen.de

**Hellmann,** Walter; Dipl.-Des., Prof.; *Typografie*; di: Hochsch. Hannover, Fak. III Medien, Information u. Design, Kurt-Schwitters-Forum, Expo Plaza 2, 30539 Hannover, T: (0511) 92962391, hellmann@hs-hannover.de

**Hellmann,** Wilfried; Dr., Prof.; *Soziale Arbeit, Offene Kinder- und Jugendarbeit*; di: Hochsch. Osnabrück, Fak. Wirtschafts- u. Sozialwiss., Caprivistr. 30a, 49076 Osnabrück, T: (0541) 9693795, w.hellmann@hs-osnabrueck.de

**Hellmann,** Wolfgang; Prof.; *Bank*; di: DHBW Mannheim, Fak. Wirtschaft, Coblitzallee 1-9, 68163 Mannheim, T: (0621) 41052206, F: 41052200, wolfgang.hellmann@dhbw-mannheim.de

**Hellmers,** Claudia; Dr., Prof.; *Hebammenwissenschaft*; di: Hochsch. Osnabrück, Fak. Wirtschafts- u. Sozialwiss., Sedanstr. 4, 49076 Osnabrück, T: (0541) 9693794, hellmers@wi.hs-osnabrueck.de

**Hellmig,** Günter; Dr. rer. pol., Prof.; *Statistik, Unternehmensforschung, Wirtschaftsmathematik*; di: Hochsch. Bochum, FB 6 Wirtschaft, Lennershofstr. 140, 44801 Bochum, T: (0234) 3210616, guenter.hellmig@hs-bochum.de; pr: Biermannsweg 35, 44799 Bochum, T: (0234) 73594

**Hellmuth,** Thomas; Dr. rer. nat., Prof.; *Laser, Optik, Integrierte Optik*; di: Hochsch. Aalen, Fak. Optik u. Mechatronik, Beethovenstr. 1, 73430 Aalen, T: (07361) 5763406, Thomas.Hellmuth@htw-aalen.de

**Hellmuth,** Urban; Dipl.-Ing. agr., Dr. agr., Prof., Dekan FB Landbau; *Verfahrenstechnik d. Tierproduktion, Baukunde, Bauplanung, Ethologie*; di: FH Kiel, FB Agrarwirtschaft, Am Kamp 11, 24783 Osterrönfeld, T: (04331) 845140, F: 21068140, urban.hellmuth@fh-kiel.de; pr: Hafenstr. 40, 24784 Westerrönfeld, T: (04331) 849234

**Hellstern,** Simon; Dr. rer. nat., Prof.; *Biochemie, Bioanalytik, Biokatalyse*; di: Hochsch. Furtwangen, Fak. Maschinenbau u. Verfahrenstechnik, Jakob-Kienzle-Str. 17, 78054 Villingen-Schwenningen, T: (07720) 3074382, simon.hellstern@hs-furtwangen.de

**Hellwig,** Runa Tabea; Dr.-Ing., Prof.; *Energiebilanzierung, Raumklima, Bauphysik*; di: Hochsch. Augsburg, Fak. f. Architektur u. Bauwesen, An der Hochschule 1, 86161 Augsburg, PF 110605, 86031 Augsburg, T: (0821) 55863611, F: 55863110, runa.hellwig@hs-augsburg.de

**Hellwig,** Udo; Dr.-Ing., Prof.; *Regenerative Energietechnik, Projektmanagement*; di: Techn. Hochsch. Wildau, FB Ingenieurwesen/Wirtschaftsingenieurwesen, Bahnhofstr., 15745 Wildau, T: (03375) 508170, F: 500324, hellwigu@vt.tfh-wildau.de

**Hellwig,** Veronika; Dr., Prof.; *Ökologische Chemie*; di: FH Lübeck, FB Angewandte Naturwissenschaften, Mönkhofer Weg 239, 23562 Lübeck, T: (0451) 3005594, veronika.hellwig@fh-luebeck.de

**Helm,** Hans-Ulrich; Dr., Prof.; *Marketing, Obstbau, Pflanzenschutz*; di: Hochsch. Weihenstephan-Triesdorf, Inst. f. Obstbau u. Baumschule, Am Staudengarten, 85350 Freising, 85350 Freising, T: (08161) 714548, F: 715242, ulrich.helm@fh-weihenstephan.de

**Helm,** Peter; Dr.-Ing., Prof.; *Steuerungstechnik, Fertigungsautomatisierung*; di: Hochsch.Merseburg, FB Informatik u. Kommunikationssysteme, Geusaer Str., 06217 Merseburg, T: (03461) 462924, peter.helm@hs-merseburg.de

**Helm,** Werner; Dr. rer. nat., Prof.; *Mathematik*; di: Hochsch. Darmstadt, FB Mathematik u. Naturwiss., Haardtring 100, 64295 Darmstadt, T: (06151) 168663, helm@h-da.de; pr: T: (06151) 146385

**Helm-Busch,** Franziska; Dr., Prof.; *Polizeiverwaltungsrecht, Staats- und Verfassungsrecht, Eingriffsrecht*; di: Hess. Hochsch. f. Polizei u. Verwaltung, FB Polizei, Tilsiterstr. 13, 63165 Mühlheim, T: (06108) 603524

**Helmer-Denzel,** Andrea; Dr., Prof.; *Soziale Arbeit mit älteren Menschen / Bürgerschaftliches Engagement*; di: DHBW Heidenheim, Fak. Sozialwesen, Wilhelmstr. 10, 89518 Heidenheim, T: (07321) 2722421, F: 2722429, helmer-denzel@dhbw-heidenheim.de

**Helmers,** Eckard; Dr. rer. nat., Prof.; *Chemie/Analytik*; di: Hochsch. Trier, Umwelt-Campus Birkenfeld, FB Umweltplanung/Umwelttechnik, PF 1380, 55761 Birkenfeld, T: (06782) 171213, e.helmers@umwelt-campus.de

**Helmig,** Ilka; Dipl.-Des., Prof.; *Grafik-Design, visuelle Konzeption und zeichnerische Gestaltung*; di: FH Aachen, FB Design, Boxgraben 100, 52064 Aachen, T: (0241) 60091510, helmig@fh-aachen.de

**Helmke,** Jan; Dr., Prof.; *WI-Anwendersysteme*; di: Hochsch. Wismar, Fak. f. Wirtschaftswiss., PF 1210, 23952 Wismar, T: (03841) 753541, j.helmke@wi.hs-wismar.de

**Helmke,** Stefan; Dr., Prof.; *Marketing, Vertrieb, Controlling, E-Business, Process Management*; di: FH d. Wirtschaft, Hauptstr. 2, 51465 Bergisch Gladbach, T: (02202) 952702, F: 9527200, stefan.helmke@fhdw.de

**Helml,** Joachim; Dr.-Ing., Prof.; *Festigkeitslehre, Fertigungstechnik, Mechatronik, Produktionstechnik*; di: Hochsch. Deggendorf, FB Maschinenbau, Edlmairstr. 6-8, 94469 Deggendorf, PF 1320, 94453 Deggendorf, T: (0991) 3615310, F: 361581310, joachim.helml@fh-deggendorf.de

**Helmreich,** Heinz; Dr., Prof.; *Steuern*; di: Hochsch. Hof, Fak. Wirtschaft, Alfons-Goppel-Platz 1, 95028 Hof, T: (09281) 409405, F: 40955405, Heinz.Helmreich@fh-hof.de

**Helms,** Kurt; Dipl.-Betriebswirt, Dipl.-Kfm., Dr. rer. pol., Prof.; *Allgemeine Betriebswirtschaftslehre und Personalwesen*; di: Jade Hochsch., FB Wirtschaft, Friedrich-Paffrath-Str. 101, 26389 Wilhelmshaven, T: (04421) 9852557, F: 9852557, helms@jade-hs.de

**Helmstädter,** Karl-Heinz; Dr.-Ing., Prof.; *Konstruktion, Maschinenelemente, CAD, Grundlagen des Maschinenbaus*; di: FH Kaiserslautern, FB Angew. Ingenieurwiss., Morlautererstr. 31, 67657 Kaiserslautern, T: (0631) 3724212, kh.helmstaedter@fh-kl.de

**Helmus,** Frank Peter; Dipl.-Ing., Dr.-Ing., Prof.; *Mechanische Verfahrenstechnik, Technische Mechanik, Maschinenelemente, Anlagenplanung, CAE im Anlagenbau, Verfahren zur Luftreinhaltung, Pumpen und Verdichter*; di: Hochsch. Osnabrück, Fak. Ingenieurwiss. u. Informatik, Albrechtstr. 30, 49076 Osnabrück, T: (0541) 9693936, f.helmus@hs-osnabrueck.de

**Helpup,** Antje; Dr. rer. oec., Prof.; *Unternehmensführung*; di: Ostfalia Hochsch., Fak. Wirtschaft, Wielandstr. 1-5, 38440 Wolfsburg, a.helpup@ostfalia.de

**Helsper,** Christoph; Dr.-Ing., Prof., Dekan FB Elektrotechnik und Automation; *Mess- und Regelungstechnik*; di: FH Aachen, FB Angewandte Naturwiss. u. Technik, Ginsterweg 1, 52428 Jülich, T: (0241) 600953114, helsper@fh-aachen.de; pr: Pfarrer-Engels-Str. 3a, 52428 Jülich, T: (02461) 31259

**Helwig,** Hans-Jürgen; Dr.-Ing., Prof.; *Fertigungs- und Handhabungstechnik*; di: Hochsch. Niederrhein, FB Maschinenbau u. Verfahrenstechnik, Reinarzstr. 49, 47805 Krefeld, T: (02151) 8225065, hans-juergen.helwig@hs-niederrhein.de; pr: Inrather Str. 502, 47803 Krefeld

**Hely,** Hans; Dipl.-Phys., Dr., Prof.; *Entwicklung und Konstruktion von Geräten, Werkstofftechnik, Technische Mechanik, CAD/CAE*; di: Hochsch. Rhein/Main, FB Ingenieurwiss., Physikalische Technik, Am Brückweg 26, 65428 Rüsselsheim, T: (06142) 8984530, hans.hely@hs-rm.de; pr: Rilkeallee 153, 55127 Mainz, T: (06131) 72284

**Hemberger,** Jürgen; Dr. rer. nat., Prof.; *Grundlagen der Biochemie, Angewandte Biochemie, Klinische Chemie, Angewandte Biotechnologie*; di: Techn. Hochsch. Mittelhessen, FB 04 Krankenhaus- u. Medizintechnik, Umwelt- u. Biotechnologie, Wiesenstr. 14, 35390 Gießen, T: (0641) 3092545

**Hemberger,** Ulrike; Prof.; *Video, Dokumentarfilm, Medienpädagogik, Medien u. interkulturelle Verständigung*; di: Alice-Salomon-Hochsch., Alice-Salomon-Platz 5, 12627 Berlin, T: (030) 99245503, hemberger@ash-berlin.eu

**Hemker,** Olaf; Dr.-Ing., Prof.; *Tiefbau*; di: Hochsch. Osnabrück, Fak. Agrarwiss. u. Landschaftsarchitektur, PF 1940, 49009 Osnabrück, T: (0541) 9695185, o.hemker@hs-osnabrück.de

**Hemling,** Holger; Dr., Prof.; *Wirtschaftsinformatik, Kommunikationstechnologien*; di: HTW Berlin, FB Wirtschaftswiss. II, Treskowallee 8, 10318 Berlin, T: (030) 50192577, hemling@HTW-Berlin.de

**Hemme,** Heinrich; Dr. rer. nat., Prof.; *Physik*; di: FH Aachen, FB Maschinenbau und Mechatronik, Goethestr. 1, 52064 Aachen, T: (0241) 600952357, hemme@fh-aachen.de; pr: Vogelsangstr. 20, 52159 Roetgen, T: (02371/ 134908

**Hemmerlein,** Gerhard; Prof.; *Baurecht, Entwerfen, Gestalten*; di: Hochsch. f. angew. Wiss. Würzburg Schweinfurt, Fak. Architektur u. Bauingenieurwesen, Münzstr. 12, 97070 Würzburg

**Hemmerling,** Marco; Dipl.-Ing., Prof.; *Entwerfen und Architekturdarstellung*; di: Hochsch. Ostwestfalen-Lippe, FB 1, Architektur u. Innenarchitektur, Bielefelder Str. 66, 32756 Detmold, marco.hemmerling@hs-owl.de

**Hemmert,** Ulrich; Dipl.-Ing., Dipl.-Wirtsch.-Ing., Dr. rer. pol., Prof.; *Betriebswirtschaftslehre, insbes. Organisation und Datenverarbeitung*; di: Hochsch. Niederrhein, FB Wirtschaftsingenieurwesen u. Gesundheitswesen, Ondereyckstr. 3-5, 47805 Krefeld, T: (02151) 8226624

**Hempe,** Sabine; Dr. rer. pol., Prof.; *Marketing, Rechnungswesen*; di: FH d. Wirtschaft, Fürstenallee 3-5, 33102 Paderborn, T: (05251) 301171, sabine.hempe@fhdw.de

**Hempel,** Gisela; Dr. oec., Prof.; *Statistik, Volkswirtschaftslehre*; di: Hochsch. Zittau/Görlitz, Fak. Wirtschafts- u. Sprachwiss., Theodor-Körner-Allee 16, 02763 Zittau, T: (03583) 611430, G.Hempel@hs-zigr.de

**Hempel,** Joachim; Prof.; *Fahrzeugbau*; di: HAW Hamburg, Fak. Technik u. Informatik, Berliner Tor 9, 20099 Hamburg, T: (040) 428757903, joachim.hempel@haw-hamburg.de; pr: T: (04108) 490518, F: 490518, j.hempel@t-online.de

**Hempel,** Kay; Dr., Prof.; *Banken und Finanzdienstleistungen*; di: Hochsch. Lausitz, FB Informatik, Elektrotechnik, Maschinenbau, Großenhainer Str. 57, 01968 Senftenberg, PF 1538, 01958 Senftenberg, T: (03573) 85727, F: 85809, khempel@fh-lausitz.de

**Hempel,** Rainer; Dr.-Ing., Prof.; *Ingenieurhochbau, Tragwerkslehre*; di: FH Köln, Fak. f. Architektur, Betzdorfer Str. 2, 50679 Köln, rainerhempel@dvz.fh-koeln.de; pr: Köhlstr. 60, 53125 Bonn

**Hempelt,** Rolf; Prof.; *Darstellungslehre, Gestaltungslehre, Entwerfen, Bauen im Bestand*; di: FH Erfurt, FB Architektur, Schlüterstr. 1, 99084 Erfurt, PF 101363, 99013 Erfurt, T: (0361) 6700464, F: 6700462, hempelt@fh-erfurt.de

**Hempfling,** Rüdiger; Dr. rer. nat., Prof.; *Elektrische Messtechnik, Elektromechanische Konstruktion, Projekt- und Qualitätsmanagement*; di: Techn. Hochsch. Mittelhessen, FB 11 Informationstechnik, Elektrotechnik, Mechatronik, Wilhelm-Leuschner-Str. 13, 61169 Friedberg, T: (06031) 604202

**Hendrix,** Michael; Dr.-Ing., Prof.; *Algorithmen und Programmierung*; di: Techn. Hochsch. Wildau, FB Betriebswirtschaft/Wirtschaftsinformatik, Bahnhofstr., 15745 Wildau, T: (03375) 508102, F: 500324, mhendrix@wi-bw.tfh-wildau.de

**Hendrych,** Ralf; Dr., Prof.; *Mathematik und Elektrotechnik*; di: HAW Hamburg, Fak. Design, Medien u. Information, Finkenau 35, 22081 Hamburg, T: (040) 428757670, ralf.hendrych@haw-hamburg.de

**Heni,** Georg; Dr., Prof.; *Betriebswirtschaft/Steuer- und Revisionswesen*; di: Hochsch. Pforzheim, Fak. f. Wirtschaft u. Recht, Tiefenbronner Str. 65, 75175 Pforzheim, T: (07231) 286302, F: 286080, georg.heni@hs-pforzheim.de

**Henig,** Christian; Dr., Prof.; *Technische Mathematik, insbesondere Numerik*; di: Hochsch. Osnabrück, Inst. f. Management u. Technik, Kaiserstraße 10c, 49809 Lingen, T: (0591) 80098239, c.henig@hs-osnabrueck.de

**Henke,** Reginhard; Dr., Prof.; *Recht des öffentlichen Dienstes, Europarecht*; di: FH d. Bundes f. öff. Verwaltung, FB Finanzen, PF 1549, 48004 Münster, T: (0251) 8670875

**Henke,** Thomas; Dr., Prof.; *Sozialwesen*; di: FH Bielefeld, FB Sozialwesen, Kurt-Schumacher-Straße 6, 33615 Bielefeld, T: (0521) 1067827, thomas.henke@fh-bielefeld.de

**Henke,** Ursula; Dr. rer. soc. habil., Prof.; *Soziologie*; di: Ev. FH Rhld.-Westf.-Lippe, FB Heilpädagogik, Immanuel-Kant-Str. 18-20, 44803 Bochum, T: (0234) 36901166, henke@efh-bochum.de

**Henkel,** Michael; Dr. jur., Prof.; *Verwaltungsrecht, Umweltrecht*; di: Hochsch. f. Wirtschaft u. Recht Berlin, FB 3, Alt-Friedrichsfelde 60, 10315 Berlin, T: (030) 90214409, F: 90214417, m.henkel@hwr-berlin.de

**Henman-Sturm,** Barbara; Dr., Prof.; *VWL, BWL d. öffentlichen Verwaltung*; di: FH d. Bundes f. öff. Verwaltung, Willy-Brandt-Str. 1, 50321 Brühl

**Henne,** Andreas; Dr.-Ing., Prof.; *Lufttechnik (insbes. Lüftungsanlagen), Wärme- und Stoffübertragung*; di: FH Köln, Fak. f. Anlagen, Energie- u. Maschinensysteme, Betzdorfer Str. 2, 50679 Köln, T: (0221) 82752595, andreas.henne@fh-koeln.de

**Henne,** Jörg; Dipl.-Ing., Prof.; *Baukonstruktion, Bauabwicklung*; di: Hochsch. München, Fak. Architektur, Karlstr. 6, 80333 München, T: (089) 12652625, joerg.henne@fhm.edu

**Henne,** Karl-Heinz; Dr.-Ing., Prof.; *Abfallentsorgung und Wertstoffwiederverwertung (Recycling)*; di: Hochsch. Ostwestfalen-Lippe, FB 6, Maschinentechnik u. Mechatronik, An der Wilhelmshöhe 44, 37671 Höxter, T: (05271) 687277, F: 687138, Karl-Heinz.Henne@fh-luh.de

**Henne,** Sigurd Karl; Dipl.-Ing., Prof.; *Landschaftsbau, Unternehmensführung*; di: Hochsch. f. Wirtschaft u. Umwelt Nürtingen-Geislingen, PF 1349, 72603 Nürtingen, T: (07022) 404176, sigurd.henne@hfwu.de

**Hennecke,** Angelika; Dr. phil., Prof.; *Fachsprache Recht u. Wirtschaft, Spanisch*; di: FH Köln, Fak. f. Informations- u. Kommunikationswiss., Claudiusstr. 1, 50678 Köln

**Hennekemper,** Wilhelm; Dr., Prof.; *Mathematik*; di: FH Dortmund, FB Informatik, Emil-Figge-Str. 42, 44227 Dortmund, T: (0231) 7756763, F: 7556710, hennekemper@fh-dortmund.de

**Hennerici,** Horst; Dr.-Ing. habil., Prof.; *Technische Mechanik, Getriebetechnik*; di: FH Frankfurt, FB 2 Informatik u. Ingenieurwiss., Nibelungenplatz 1, 60318 Frankfurt am Main, T: (069) 15332232, hohe@fb2.fh-frankfurt.de; Techn. Univ., FB Maschinenbau u. Verfahrenstechnik, PF 3049, 67653 Kaiserslautern

**Hennes,** Kilian; Dr.-Ing., Prof.; *biotechnologische Mikroreaktoren, Innovationsmanagement*; di: FH Südwestfalen, FB Informatik u. Naturwiss., Frauenstuhlweg 31, 58644 Iserlohn, T: (02371) 566153, k.hennes@fh-swf.de

**Hennevogl,** Wolfgang; Dipl.-Kfm., Dr. rer. pol., Prof.; *Wirtschaftsinformatik, Betriebswirtschaftslehre*; di: Hochsch. Regensburg, Fak. Betriebswirtschaft, PF 120327, 93025 Regensburg, T: (0941) 9431390, wolfgang.hennevogl@bwl.fh-regensburg.de

**Hennies,** Markus; Prof.; *IT-Grundlagen, Datenbanken, Netzwerke, Digitale Bibliotheken*; di: Hochsch. d. Medien, Fak. Information u. Kommunikation, Wolframstr. 32, 70569 Stuttgart, T: (0711) 25706171, F: 25706300, hennies@hdm-stuttgart.de

**Hennig,** Alexander; Dr., Prof.; *Handel*; di: DHBW Mannheim, Fak. Wirtschaft, Käfertaler Str. 256, 68167 Mannheim, T: (0621) 41052153, F: 41052150, alexander.hennig@dhbw-mannheim.de

**Hennig,** Andrea; Prof.; *Mediendesign*; di: Macromedia Hochsch. f. Medien u. Kommunikation, Naststr. 11, 70376 Stuttgart

**Hennig,** Bernd; Dipl.-Des. (FH), Prof.; *Zeichnen (Freies Zeichnen)*; di: Hochsch. Anhalt, FB 4 Design, PF 2215, 06818 Dessau, T: (0340) 51971720

**Hennigs,** Dirk; Dr.-Ing., Prof.; *CAD und Bauteilkonstruktion, Integrierte Produktentwicklung, Generative Fertigungsverfahren*; di: Hochsch. Bremen, Fak. Natur u. Technik, Neustadtswall 30, 28199 Bremen, T: (0421) 59053534, F: 59053505, Dirk.Hennigs@hs-bremen.de

**Henning,** Peter; Dr. rer. nat., Prof.; *Multimedia, Medieninformatik, Mensch-Maschine-Schnittstelle*; di: Hochsch. Karlsruhe, Fak. Informatik u. Wirtschaftsinformatik, Moltkestr. 30, 76133 Karlsruhe, PF 2440, 76012 Karlsruhe, T: (0721) 9251477

**Henning,** Sven; Dr. rer. pol., Prof.; *Betriebliches Rechungswesen, Controlling*; di: Hochsch. Kempten, Fak. Betriebswirtschaft, PF 1680, 87406 Kempten, T: (0831) 2523618, sven.henning@fh-kempten.de

**Henning,** Thomas; Dr. rer. nat., Prof.; *Technische Physik, Optik, Laser*; di: Hochsch. Bremen, Fak. Elektrotechnik u. Informatik, Neustadtswall 30, 28199 Bremen, T: (0421) 59053486, F: 59053484, Thomas.Henning@hs-bremen.de

**Henning,** Volker; Dr., Prof., Dekan; *Gemüsebau, Anbauplanung*; di: Hochsch. Weihenstephan-Triesdorf, Inst. f. Gemüsebau, Am Staudengarten 7, 85350 Freising, 85350 Freising, T: (08161) 714570, F: 714571, volker.henning@fh-weihenstephan.de

**Hennings,** Ralf-Dirk; Dr. habil., Prof.; *Informationswissenschaftliche Methoden, Technologie, Systeme und Anwendungen*; di: FH Potsdam, FB Informationswiss., Friedrich-Ebert-Str. 4, 14467 Potsdam, T: (0331) 5801513, hennings@fh-potsdam.de

**Heno,** Rudolf; Dipl.-Volksw., Dr. rer. pol., Prof.; *Allgemeine Betriebswirtschaftslehre und Rechnungswesen*; di: Jade Hochsch., FB Wirtschaft, Friedrich-Paffrath-Str. 101, 26389 Wilhelmshaven, T: (04421) 9852559, F: 9852596, heno@jade-hs.de

**Henrich,** Dietmar; Dr. rer. nat., Prof.; *Medizinische Technik*; di: Hochsch. Lausitz, FB Informatik, Elektrotechnik, Maschinenbau, Großenhainer Str. 57, 01968 Senftenberg, T: (03573) 85403, F: 85609, dhenrich@iem.fh-lausitz.de

**Henrich,** Wolfgang; Dipl.-Math., Dr. rer. nat., Prof.; *Künstliche Intelligenz, Mathematik*; di: Techn. Hochsch. Mittelhessen, FB 13 Mathematik, Naturwiss. u. Datenverarbeitung, Wiesenstr. 14, 35390 Gießen, T: (0641) 3092323; pr: Breitgasse 15, 35428 Langgöns, T: (06403) 5888

**Henrichfreise,** Hermann; Dr.-Ing., Prof.; *Mechatronik und Ingenieurmathematik*; di: FH Köln, Fak. f. Fahrzeugsysteme u. Produktion, Betzdorfer Str. 2, 50679 Köln, T: (0221) 82752956, F: 82752957; pr: Hofwiese 9, 51429 Bergisch Gladbach, T: (02202) 246792, hermann.henrichfreise@clm-online.de

**Henrici,** Reinhard; Dr.-Ing., Prof. u. Vizepräs.; *Schweißtechnik, Mess- und Sensortechnik, Robotik, Mechatronik*; di: Hochsch. Rhein/Main, Kurt-Schumacher-Ring 18, Geb. A, 65197 Wiesbaden, T: (0611) 94951103, vizepraesident@hs-rm.de; pr: Haideweg 13, 65552 Limburg-Eschhofen, T: (06431) 74566, F: 976766; www.henrici-limburg.de

**Hensberg,** Claudia; Dr., Prof.; *Finanzierung*; di: Hochsch. Darmstadt, FB Wirtschaft, Haardtring 100, 64295 Darmstadt, T: (06151) 169417, hensberg@fbw.h-da.de

**Hensche,** Hans-Ulrich; Dr. agr., Prof.; *Agrarökonomie*; di: FH Südwestfalen, FB Agrarwirtschaft, Lübecker Ring 2, 59494 Soest, T: (02921) 378216, F: 378200, Hensche@fh-swf.de

**Hense,** Andreas; Dr. rer. nat., Prof.; *Wirtschaftsinformatik*; di: Hochsch. Bonn-Rhein-Sieg, FB Angewandte Informatik, Grantham-Allee 20, 53757 Sankt Augustin, 53754 Sankt Augustin, T: (02241) 865239, F: 8658239, andreas.hense@fh-bonn-rhein-sieg.de

**Hensel,** Claudia; Dr., Prof.; *Marktforschung, International Management, Minimissions*; di: FH Mainz, FB Wirtschaft, Lucy-Hillebrand-Str. 2, 55128 Mainz, PF 230060, 55051 Mainz, T: (06131) 6283272, claudia.hensel@wiwi.fh-mainz.de

**Hensel,** Hartmut; Dr., Prof.; *Prozeßleittechnik, Sensorik, Aktorik, Regelungstechnik, Produktionsmanagement*; di: Hochsch. Harz, FB Automatisierung u. Informatik, Friedrichstr. 54, 38855 Wernigerode, T: (03943) 659313, F: 659109, hhensel@hs-harz.de

**Henseler,** Natascha; Dr., Prof.; *Allg. Betriebswirtschaftslehre mit Schwerpunkt Rechnungswesen*; di: FH Bielefeld, FB Wirtschaft u. Gesundheit, Bereich Wirtschaft, Universitätsstraße 25, 33615 Bielefeld, T: (0521) 1065083, natascha.henseler@fh-bielefeld.de

**Henseler,** Wolfgang; Prof.; *Visuelle Kommunikation*; di: Hochsch. Pforzheim, Fak. f. Gestaltung, Östl. Karl-Friedrich-Str. 24, 75175 Pforzheim, T: (07231) 286855, F: 286040, wolfgang.henseler@hs-pforzheim.de

**Hensen,** Gregor; Dr. phil., Dr. rer. medic., Prof.; *Soziale Arbeit, Sozialisationstheorien, Erziehungswissenschaft*; di: Hochsch. Osnabrück, Fak. Wirtschafts- u. Sozialwiss., Caprivistraße 30a, 49076 Osnabrück, T: (0541) 9693793, g.hensen@hs-osnabrueck.de

**Hensen,** Peter; Dr., Prof.; *Gesundheitsmanagement, Qualitätsentwicklung*; di: Alice Salomon Hochsch. Berlin, Alice-Salomon-Platz 5, 12627 Berlin, T: (030) 99245415, hensen@ash-berlin.eu

**Hensler,** Friedrich; Dr.-Ing., Prof.; *Projektmanagement, Bauwirtschaft, Vertragsfragen*; di: Hochsch. f. Technik, Fak. Bauingenieurwesen, Bauphysik u. Wirtschaft, Schellingstr. 24, 70174 Stuttgart, PF 101452, 70013 Stuttgart, T: (0711) 89262873, friedrich.hensler@hft-stuttgart.de

**Henß,** Roland; Prof.; *Schrift/Typografie*; di: FH Düsseldorf, FB 2 – Design, Georg-Glock-Str. 15, 40474 Düsseldorf, T: (0211) 4351241, roland.henss@fh-duesseldorf.de; pr: Herzogstr. 46, 40215 Düsseldorf

**Hentges,** Gudrun; Dr., Prof.; *Migration und Integration*; di: Hochsch. Fulda, FB Sozial- u. Kulturwiss., Marquardstr. 35, 36039 Fulda, T: (0661) 9640476, F: 9640453, gudrun.hentges@sk.fh-fulda.de

**Hentschel,** Alfred; Dipl.-Ing., Prof.; *Fertigungsverfahren, Produktionsvorbereitung*; di: Techn. Hochsch. Wildau, FB Ingenieurwesen/Wirtschaftsingenieurwesen, Bahnhofstr., 15745 Wildau, T: (03375) 508117, F: 500324, hentsch@igw.tfh-wildau.de

**Hentschel,** Claudia; Dr.-Ing., Prof.; *Innovations- und Technologiemanagement,Personal u. Organisation*; di: HTW Berlin, FB Wirtschaftswiss. I, Treskowallee 8, 10318 Berlin, T: (030) 50192358, c.hentschel@HTW-Berlin.de

**Hentschel,** Claus; Dr. rer. biol. hum., Prof.; *Technische Datenverarbeitung, Datennetzwerke, Datenbanktechnik, Computergrafik, Informatik*; di: Hochsch. Hannover, Fak. II Maschinenbau u. Bioverfahrenstechnik, Ricklinger Stadtweg 120, 30459 Hannover, PF 920261, 30441 Hannover, T: (0511) 92963548, claus.hentschel@hs-hannover.de; pr: T: (0511) 592260

**Hentschel,** Cornelia; Dipl.-Formgestalterin Dipl.-Ing., Prof.; *Grundlagen der Gestaltung, Entwurfsgrundlagen Design, Produktentwurf*; di: Hochsch. Wismar, Fak. f. Gestaltung, PF 1210, 23952 Wismar, T: (03841) 753183, c.hentschel@di.hs-wismar.de

**Hentschel,** Dagmar; Dr.-Ing. habil., Prof.; *Produktionsplanung und -steuerung*; di: HTWK Leipzig, FB Maschinen- u. Energietechnik, PF 301166, 04251 Leipzig, T: (0341) 3538428, hentschel@me.htwk-leipzig.de

**Hentschel,** Frank; Dr.-Ing., Prof.; *Maschinenkonstruktion, CAD*; di: Hochsch. Zittau/Görlitz, Fak. Maschinenwesen, PF 1455, 02754 Zittau, T: (03583) 611851, fhentschel@hs-zigr.de

**Hentschel,** Ingrid; Dr., Prof., Prodekanin FH Bielefeld; *Ästhetik und Kommunikation, insb. verbale und komplexe Kommunikation*; di: FH Bielefeld, FB Sozialwesen, Kurt-Schumacher-Str. 6, 33615 Bielefeld, T: (0521) 1067819, brigitte.hentschel@fh-bielefeld.de; pr: De-Haen-Platz 12, 30163 Hannover, T: (0511) 392953

**Hentschel,** Ulrike; Dipl.-Ing., Prof.; *Gerätekonstruktion, Technische Mechanik*; di: FH Jena, FB SciTec, Carl-Zeiss-Promenade 2, 07745 Jena, PF 100314, 07703 Jena, T: (03641) 205350, F: 205351, pt@fh-jena.de

**Henze,** Stefan; Dr.-Ing., Prof.; *Massivbau*; di: Hochsch. Magdeburg-Stendal, FB Bauwesen, Breitscheidstr. 2, 39114 Magdeburg, T: (0391) 8864330, stefan.henze@hs-magdeburg.de

**Henzelmann,** Torsten; Dr., Prof.; *Sustainable Business*; di: Hochsch. Trier, Umwelt-Campus Birkenfeld, FB Umweltwirtschaft/Umweltrecht, PF 1380, 55761 Birkenfeld, T: (06782) 171220, t.henzelmann@umwelt-campus.de

**Henzler,** Jörg; Dipl.-Vw., Dr. rer. pol., Prof.; *Volkswirtschaftslehre, insbes. Makroökonomie u. internationale Finanzmärkte*; di: Hochsch. Trier, FB Wirtschaft, PF 1826, 54208 Trier, T: (0651) 8103370, J.Henzler@hochschule-trier.de

**Hepcke,** Hartmut; Dr.-Ing., Prof.; *Sanitärtechnik, Wasserwirtschaft*; di: FH Münster, FB Energie, Gebäude, Umwelt, Stegerwaldstr. 39, 48565 Steinfurt, T: (02551) 962245, F: 962706, hepcke@fh-muenster.de; pr: Karl-Wagenfeld-Str. 51, 48565 Steinfurt, T: (02551) 996590, F: 996591, hartmut.hepcke@t-online.de

**Hepp,** Heiko; Dr.-Ing., Prof. FH Hannover; *Mechatronische Anwendungen, Regelungstechnik, Elektromobilität, Induktive Energieübertragung, Regelungstechnische Anwendungen*; di: Hochsch. Hannover, Fak. I Elektro- u. Informationstechnik, Ricklinger Stadtweg 120, 30459 Hannover, PF 920261, 30441 Hannover, T: (0511) 92961194, heiko.hepp@hs-hannover.de

**Herberg,** Helmut; Dr. rer. nat., Prof.; *Technische Physik, Elektrotechnik*; di: Hochsch. München, Fak. Feinwerk- u. Mikrotechnik, Physikal. Technik, Lothstr. 34, 80335 München, T: (089) 12651303, F: 12651480, h.herberg@fhm.edu

**Herbermann,** Hans-Joachim; Dr.-Ing., Prof.; *Strategisches Management, Unternehmensführung*; di: FH d. Wirtschaft, Fürstenallee 3-5, 33102 Paderborn, T: (05251) 30102, hans-joachim.herbermann@fhdw.de

**Herbert,** Manfred; Dr. jur., Prof.; *Wirtschafts- und Arbeitsrecht*; di: FH Schmalkalden, Fak. Wirtschaftswiss., Blechhammer, 98574 Schmalkalden, PF 100452, 98564 Schmalkalden, T: (03683) 6883107, m.herbert@wi.fh-schmalkalden.de

**Herbertz,** Rainer; Dr.-Ing., Prof.; *Massivumformverfahren*; di: FH Südwestfalen, FB Maschinenbau, Frauenstuhlweg 31, 58644 Iserlohn, T: (02371) 566120, F: 566251, herbertz@fh-swf.de; pr: Waltersruh 5a, 58644 Iserlohn

**Herbig,** Albert; Dr., Prof.; *Kommunikations- und Führungstechniken*; di: FH Kaiserslautern, FB Betriebswirtschaft, Amerikastr. 1, 66482 Zweibrücken, T: (06332) 914241, a.herbig@mx.uni-saarland.de

**Herbig,** Norbert; Dr., Prof.; *Fertigungstechnik, Fertigungsverfahren*; di: Hochsch. Heidelberg, Fak. f. Angew. Psychologie, Ludwig-Guttmann-Str. 6, 69123 Heidelberg, T: (06221) 883056, norbert.herbig@fh-heidelberg.de

**Herbst,** Matthias; Prof.; *Finanzdienstleistungen und Grundlagenfächer (insbes. Mathematik)*; di: FH Kaiserslautern, FB Betriebswirtschaft, Amerikastr. 1, 66482 Zweibrücken, T: (06332) 914260, matthias.herbst@fh-kl.de

**Herde,** Georg; Dr. rer. pol., Prof., Dekan FB Betriebswirtschaft; *Allgemeine BWL, Wirtschaftsinformatik, Kostenrechnung*; di: Hochsch. Deggendorf, FB Betriebswirtschaft, Edlmairstr. 6-8, 94469 Deggendorf, PF 1320, 94453 Deggendorf, T: (0991) 3615152, F: 361581152, georg.herde@fh-deggendorf.de; pr: Am Hagen 20, 94557 Niederalteich

**Herden,** Olaf; Dr.-Ing., Prof.; *Informatik*; di: DHBW Stuttgart, Campus Horb, Florianstr. 15, 72160 Horb am Neckar, T: (07451) 521146, F: 521190, o.herden@hb.dhbw-stuttgart.de

**Hergenröther,** Elke; Dr., Prof.; *Graphische Datenverarbeitung, Grundlagen der Informatik*; di: Hochsch. Darmstadt, FB Informatik, Haardtring 100, 64295 Darmstadt, T: (06071) 168421, e.hergenroether@fbi.h-da.de

**Hergesell,** Jens-Helge; Prof.; *Audio und Akustik, AV-Medientechnik, Elektronik, Informatik, Informationstechnik, Physik*; di: Hochsch. d. Medien, Fak. Electronic Media, Nobelstr. 10, 70569 Stuttgart, T: (0711) 89232215, hg@hdm-stuttgart.de

**Hering,** Joachim; Dr., Prof.; *Projektmanagement, IT-Systemintegration*; di: Hochsch. Ulm, Fak. Informatik, PF 3860, 89028 Ulm, T: (0731) 5028526, hering@hs-ulm.de

**Hering,** Klaus; Dr. rer. nat., Prof.; *Multimediale Systeme*; di: HTWK Leipzig, FB Informatik, Mathematik u. Naturwiss., PF 301166, 04251 Leipzig, T: (0341) 30766445, hering@imn.htwk-leipzig.de

**Herker,** Armin; Dr. rer. pol., Prof.; *Allgemeine BWL, insbesondere Marketing*; di: FH Schmalkalden, Fak. Wirtschaftswiss., Blechhammer, 98574 Schmalkalden, PF 100452, 98564 Schmalkalden, T: (03683) 6883113, a.herker@wi.fh-schmalkalden.de

**Herkert,** Petra; M.A., Dipl.-Psych., Dr. phil., Prof.; *Organisationspsychologie, Innovations- und Veränderungs-Management*; di: Hochsch. Furtwangen, Fak. Computer & Electrical Engineering, Robert-Gerwig-Platz 1, 78120 Furtwangen, T: (07723) 9202210, herkert@hs-furtwangen.de

**Herkt,** Stephan; Dr.-Ing., Prof.. Dekan FB Bauingenieurwesen; *Verkehrswesen, insbes. Straßen- u. Schienenverkehrswesen*; di: Hochsch. Bochum, FB Bauingenieurwesen, Lennershofstr. 140, 44801 Bochum, T: (0234) 3210222, stephan.herkt@hs-bochum.de; pr: Hauptstr. 272, 44892 Bochum, T: (0234) 9413493

**Herle,** Felix; Dr., Prof.; *Tourismusmanagement*; di: Hochsch. Bremen, Fak. Wirtschaftswiss., Werderstr. 73, 28199 Bremen, T: (0421) 59054203, F: 59054599, felix.herle@hs-bremen.de

**Hermann,** Hans-Dieter; Dipl.- Psych., Dr., Prof. FH Erding; *Sportpsychologie, Kommunikation, Psychologie der Sportverletzungen*; di: FH f. angewandtes Management, Am Bahnhof 2, 85435 Erding, T: (08122) 9559480, hans-dieter.hermann@myfham.de

**Hermann,** Hubert; Mag. Arch., Prof.; *plastisches und räumliches Gestalten*; di: HTWK Leipzig, FB Bauwesen, PF 301166, 04251 Leipzig, T: (0341) 30766319, hermann@fbb.htwk-leipzig.de

**Hermann,** Michael; Dr., Prof.; *Elektronik mit Schwerpunkten Digitaltechnik, Mikroprozessortechnik u. Digitale Signalverarbeitung*; di: Hochsch. München, Fak. Feinwerk- u. Mikrotechnik, Physikal. Technik, Lothstr. 34, 80335 München, T: (089) 12651328, F: 12651480, michael.hermann@fhm.edu

**Hermann,** Renate; M.A., Prof.; *Journalistik, Multimedia*; di: Hochsch. Ansbach, FB Wirtschafts- u. Allgemeinwiss., Residenzstr. 8, 91522 Ansbach, PF 1963, 91510 Ansbach, T: (0981) 4877234, renate.hermann@fh-ansbach.de

**Hermann,** Ulrike; Dr., Prof.; *Allgemeines Verwaltungsrecht, Recht des öffentlichen Dienstes, Verfassungsrecht*; di: Hochsch. Osnabrück, Fak. Wirtschafts- u. Sozialwiss., Caprivistr. 30a, 49076 Osnabrück, T: (0541) 9693673, hermann@wi.hs-osnabrueck.de

**Hermann-Stietz,** Ina; Dr., Prof.; *Soziale Arbeit für Erwachsene*; di: HAWK Hildesheim/Holzminden/Göttingen, Fak. Management, Soziale Arbeit, Bauen, Hafendamm 4, 37603 Holzminden, T: (05531) 126188, F: 126182

**Hermanns,** Ferdinand; Dr., Prof.; *Elektrotechnik, EDV*; di: Hochsch. Niederrhein, FB Elektrotechnik/Informatik, Reinarzstr. 49, 47805 Krefeld, T: (02151) 8224677, ferdi.hermanns@hs-niederrhein.de; pr: In Gerderhahn 15, 41812 Erkelenz

**Hermanns,** Harry; Dr., Prof.; *Soziologie*; di: FH Potsdam, FB Sozialwesen, Friedrich-Ebert-Str. 4, 14467 Potsdam, T: (0331) 5801118, hermanns@fh-potsdam.de

**Hermansen,** Björn; Dr.-Ing., Prof.; *Baubetriebslehre/Projektsteuerung*; di: Hochsch. Magdeburg-Stendal, FB Bauwesen, Breitscheidstr. 2, 39114 Magdeburg, T: (0391) 8864935, Bjoern.Hermansen@hs-Magdeburg.DE

**Hermanutz,** Max; Dr., Prof.; *Psychologie, Soziologie*; di: Hochsch. f. Polizei Villingen-Schwenningen, Sturmbühlstr. 250, 78054 Villingen-Schwenningen, T: (07720) 309552, MaxHermanutz@fhpol-vs.de

**Hermeier,** Burghard; Dr., Prof., Rektor; *BWL*; di: Hochschl. f. Oekonomie & Management, Herkulesstr. 32, 45127 Essen, T: (0201) 810040

**Hermenau,** Ute; Dr.-Ing., Prof.; *Backwarentechnologie*; di: Hochsch. Ostwestfalen-Lippe, FB 4, Life Science Technologies, Liebigstr. 87, 32657 Lemgo, T: (05231) 741324, ute.hermenau@hs-owl.de

**Hermes,** Gisela; Dr., Prof.; *Disability Studies*; di: HAWK Hildesheim/Holzminden/Göttingen, Fak. Soziale Arbeit u. Gesundheit, Brühl 20, 31134 Hildesheim, T: (05121) 881411, Hermes@hawk-hhg.de

**Hermonies,** Felix; Dr., Prof.; *Soziologie*; di: Hochsch. Darmstadt, FB Gesellschaftswiss. u. Soziale Arbeit, Haardtring 100, 64295 Darmstadt, T: (06151) 168738

**Herms,** Ulrich; Dr. sc. agr., Dipl.-Ing. agr., Prof.; *Chemie, Bodenkunde, Bodenkultur und Landespflege, Gewässerschutz*; di: FH Kiel, FB Agrarwirtschaft, Am Kamp 11, 24783 Osterrönfeld, T: (04331) 845127, F: 845141, ulrich.herms@fh-kiel.de

**Hermsdorf,** Jens; Dr., Prof., Präsident; di: FH Worms, FB Wirtschaftswiss., Erenburgerstr. 19, 67549 Worms, praesident@fh-worms.de

**Hermsen,** Herman; Prof.; *Schmuck-Design, Produkt-Design*; di: FH Düsseldorf, FB 2 – Design, Georg-Glock-Str. 15, 40474 Düsseldorf; pr: van der Helllaan 16, Niederlande-6824 HT Arnhem, T: (003126) 3620898, hermanhermsen@planet.nl

**Hermsen,** Thomas; Dr. rer. soc., Prof. i.K.; *Soziologie, Controlling in der Sozialen Arbeit*; di: Kath. Hochsch. Mainz, FB Soziale Arbeit, Saarstr. 3, 55122 Mainz, T: (06131) 2894417, hermsen@kfh-mainz.de; pr: Benrodestr. 42b, 40597 Düsseldorf, T: (06131) 214665

**Herndl,** Georg; Dr.-Ing., Prof.; *CAD/Konstruktion*; di: Hochsch. München, Fak. Feinwerk- u. Mikrotechnik, Physikal. Technik, Lothstr. 34, 80335 München, T: (089) 12651648, F: 12651480, gerog.herndl@fhm.edu

**Herold,** Bernhard; Dr., Prof.; *BWL, Handel*; di: DHBW Karlsruhe, Fak. Wirtschaft, Erzbergerstr. 121, 76133 Karlsruhe, T: (0721) 9735950, herold@no-spam.dhbw-karlsruhe.de

**Herold,** Helmut; Dr.-Ing., Prof.; *Software-Engineering*; di: Georg-Simon-Ohm-Hochsch. Nürnberg, Fak. Elektrotechnik Feinwerktechnik Informationstechnik, Wassertorstr. 10, 90489 Nürnberg

**Herold,** Jörg; Dr.rer.nat., Prof.; *Ingenieurwissenschaftliche Grundlagen, Grundlagen quantitativer Betriebswirtschaft*; di: Adam-Ries-FH, Juri-Gagarin-Ring 152, 99084 Erfurt, T: (0361) 65312018, j.herold@arfh.de

**Herold,** Klaus; Dipl.-Ing., Prof.; *Tragwerkslehre*; di: FH Mainz, FB Technik, Holzstr. 36, 55116 Mainz, T: (06131) 2859218, herold@fh-mainz.de

**Herold,** Thomas; Dipl.-Chem., Dr. rer. nat., Prof.; *Organische Chemie*; di: Georg-Simon-Ohm-Hochsch. Nürnberg, Fak. Angewandte Chemie, Keßlerplatz 12, 90489 Nürnberg, PF 210320, 90121 Nürnberg

**Herpers,** Manfred; Dr., Prof.; di: DHBW Karlsruhe, Erzbergerstr. 121, 76133 Karlsruhe, T: (0721) 9735969, herpers@no-spam.dhbw-karlsruhe.de

**Herpers,** Rainer; Dr.-Ing., Prof.; *Bildverarbeitung, Computergrafik, Multimedia-Anwendungen*; di: Hochsch. Bonn-Rhein-Sieg, FB Angewandte Informatik, Grantham-Allee 20, 53757 Sankt Augustin, 53754 Sankt Augustin, T: (02241) 865217, F: 8658217, rainer.herpers@fh-bonn-rhein-sieg.de

**Herr,** Bernd; Dr., Prof.; *Makromolekulare Chemie, Chemische Kunststoffuntersuchungen, Werkstofftechnik*; di: Hochsch. Reutlingen, FB Angew. Chemie, Alteburgstr. 150, 72762 Reutlingen, T: (07121) 271483, bernd.herr@fh-reutlingen.de

**Herr,** Hansjörg; Dipl.-Volksw., Dr. rer. pol., Prof.; *Supranationale Wirtschaftsintegration*; di: Hochsch. f. Wirtschaft u. Recht Berlin, Badensche Str. 50-51, 10825 Berlin, T: (030) 85789124, hansherr@hwr-berlin.de; pr: Herrenhausstr. 5a, 12487 Berlin, T: (030) 63229937

**Herr,** Sebastian; Dr. rer. oec., Prof.; *Internationales Marketing, Allgemeine Betriebswirtschaftslehre*; di: FH Worms, FB Wirtschaftswiss., Erenburgerstr. 19, 67549 Worms, herr@fh-worms.de

**Herrenbauer,** Michael; Dr. rer. nat., Prof.; *Biotechnologie*; di: Techn. Hochsch. Mittelhessen, FB 04 Krankenhaus- u. Medizintechnik, Umwelt- u. Biotechnologie, Wiesenstr. 14, 35390 Gießen, T: (0641) 3092578

**Herrenberger,** Marcus; Prof.; *Zeichnerische Darstellung und Gestaltung sowie Illustrative Grafik*; di: FH Münster, FB Design, Leonardo-Campus 6, 48149 Münster, T: (0251) 8365355, herrenberger@fh-muenster.de; pr: Hohenzollernring 48, 48145 Münster, T: (0251) 35020

**Herriger,** Norbert; Dipl.-Päd., Dr. rer. soc., Prof.; *Soziologie*; di: FH Düsseldorf, FB 6 – Sozial- und Kulturwiss., Universitätsstr. 1, Geb. 24.21, 40225 Düsseldorf, T: (0211) 8114641; pr: Talstr. 88, 40764 Langenfeld, norbertherriger@web.de

**Herrler,** Hans; Dr. rer. pol., Prof.; *Steuern, Rechnungswesen*; di: Hochsch. Augsburg, Fak. f. Wirtschaft, Friedberger Straße 4, 86161 Augsburg, T: (0821) 5982904, F: 5982902, hans.herrler@hs-augsburg.de

**Herrler,** Hans-Jürgen; Dr., Prof.; *Informationstechnik*; di: DHBW Stuttgart, Fak. Informatik, Rotebühlplatz 41, 70178 Stuttgart, T: (0711) 66734583, herrler@dhbw-stuttgart.de

**Herrmann,** Brigitta; Dr., Prof.; *Wirtschaftswissenschaften, Globalization, Development Policies and Ethics*; di: Cologne Business School, Hardefuststr. 1, 50667 Köln, T: (0221) 931809841, b.herrmann@cbs-edu.de

**Herrmann,** Frank; Dr.-Ing., Prof.; *Fahrzeugaufbauten, Karosserietechnik*; di: FH Köln, Fak. f. Fahrzeugsysteme u. Produktion, Betzdorfer Str. 2, 50679 Köln, T: (0221) 82752344, F: 82752913, frank.herrmann@fh-koeln.de

**Herrmann,** Frank; Dr.-Ing., Prof.; *Wirtschaftsinformatik*; di: Hochsch. Regensburg, Fak. Informatik u. Mathematik, PF 120327, 93025 Regensburg, T: (0941) 9431307, frank.herrmann@informatik.fh-regensburg.de

**Herrmann,** Franz; Dr. rer. soc., Prof.; *Sozialpädagogik/Sozialarbeitswissenschaft*; di: Hochsch. Esslingen, Fak. Soziale Arbeit, Gesundheit u. Pflege, Flandernstr. 101, 73732 Esslingen, T: (0711) 3974569; pr: Hindenburg Str. 31, 72762 Reutlingen

**Herrmann,** Friederike; Dr. phil., Prof.; *Medienwissenschaft, Textproduktion*; di: Hochsch. Darmstadt, FB Media, Haardtring 100, 64295 Darmstadt, T: (06151) 169291, friederike.herrmann@fbmedia.h-da.de

**Herrmann,** Heike; Dr., Prof.; *Soziales Management u Bildungsarbeit im Sozialraum*; di: Hochsch. Fulda, FB Sozial- u. Kulturwiss., Marquardstr. 35, 36039 Fulda

**Herrmann,** Helmut; Dr.-Ing., Prof.; *Automatisierung, Software-Entwicklung, Datenbanken, Internet/Intranet, Netzwerke*; di: FH Bingen, FB Life Sciences and Engineering, FR Verfahrenstechnik, Berlinstr. 109, 55411 Bingen, T: (06721) 409346, F: 409112, herrmann@fh-bingen.de

**Herrmann,** Jasper; Dipl.-Ing., Prof.; *Bauwerksinstandsetzung u. Baukonstruktion*; di: Hochsch. 21, Harburger Str. 6, 21614 Buxtehude, T: (04161) 648154

**Herrmann,** Lutz; Dr.-Ing., Prof.; *Medizinische Messtechnik/Optoelektronik*; di: FH Jena, FB Medizintechnik u. Biotechnologie, Carl-Zeiss-Promenade 2, 07745 Jena, PF 100314, 07703 Jena, T: (03641) 205600, F: 205601, mt@fh-jena.de

**Herrmann,** Maria-Elisabeth; Dipl. oec. troph., Dr. oec. troph., Prof.; *Ernährung des Menschen, Ernährungsberatung*; di: Hochsch. Osnabrück, Fak. Agrarwiss. u. Landschaftsarchitektur, PF 1940, 49009 Osnabrück, T: (0541) 9695142, m.e.herrmann@hs-osnabrueck.de; pr: Fürstenauer Weg 5, 49090 Osnabrück, T: (0541) 681899

**Herrmann,** Martin; Prof.; *Wirtschaftsrecht*; di: Jade Hochsch., FB Wirtschaft, Friedrich-Paffrath-Str. 101, 26389 Wilhelmshaven, T: (04421) 9852333, martin.herrmann@jade-hs.de

**Herrmann,** Thorsten; Dipl.-Math., HonProf.; di: Hochsch. f. Technik, Schellingstr. 24, 70174 Stuttgart, PF 101452, 70013 Stuttgart

**Herrmann,** Volker; Dr. theol., Prof.; *Evangelische Theologie, Diakoniewissenschaft*; di: Ev. Hochsch. Darmstadt, Zweifalltorweg 12, 64293 Darmstadt, T: (06151) 8798192, herrmann@eh-darmstadt.de; pr: Kulenkampweg 10, 34613 Schwalmstadt

**Herrmanns,** Henner; Dipl.-Ing., Prof.; *Bau- und Kunstgeschichte, Freies Gestalten, Entwerfen*; di: H Koblenz, FB Bauwesen, Konrad-Zuse-Str. 1, 56075 Koblenz, T: (0261) 9528605, F: 9528647, herrmanns@hs-koblenz.de

**Herrnkind,** Hans-Ulrich; Dr., Prof.; *Allgemeines und Besonderes Steuerrecht, einschl. Privatrecht*; di: Hochsch. f. Öffentl. Verwaltung Bremen, Doventorscontrescarpe 172, 28195 Bremen, T: (0421) 3615117, Hans-Ulrich.Herrnkind@hfoev.bremen.de

**Herter,** Ronald; Dr. rer. pol., Prof.; *Einführung BWL, Organisation*; di: Hochsch. f. angew. Wiss. Würzburg Schweinfurt, Fak. Wirtschaftswiss., Münzstr. 12, 97070 Würzburg

**Hertha-Haverkamp,** Hans-Gerhard; Dr.-Ing., Prof.; *Dynamik, Schwingungslehre und Getriebelehre*; di: Hochsch. Reutlingen, FB Elektrotechnik u. Maschinenbau, Alteburgstr. 150, 72762 Reutlingen, T: (07121) 271317, hans-gerhard.hertha@fh-reutlingen.de; pr: Wiesenstr. 4, 73650 Winterbach, T: (07181) 259636

**Hertle,** Bernd; Dr., Prof.; *Freilandzierpflanzen, Urbaner Gartenbau*; di: Hochsch. Weihenstephan-Triesdorf, Inst. f. Stauden u. Gehölze, Am Staudengarten 7, 85350 Freising, 85350 Freising, T: (08161) 713347, F: 713348, bernd.hertle@fh-weihenstephan.de

**Hertrich,** Roland; Dipl.-Ök., Dr. sc. pol., Prof.; *Marketing und wirtschaftswissenschaftliche Grundlagenfächer*; di: Hochsch. Coburg, Fak. Wirtschaft, Friedrich-Streib-Str. 2, 96450 Coburg, T: (09561) 317261, hertrich@hs-coburg.de

**Hertting-Thomasius,** Rainer; Dipl.-Designer, Dr.-Ing., Prof., Dekan; *Industriedesign/Architekturgeschichte, Architekturtheorie*; di: Westsächs. Hochsch. Zwickau, FB Architektur, Klinkhardtstr. 30, 08468 Reichenbach, rainer.hertting.thomasius@fh-zwickau.de

**Hertweck,** Dieter; Dr., Prof.; di: Hochsch. Heilbronn, Fak. f. Wirtschaft u. Verkehr, Max-Planck-Str. 39, 74081 Heilbronn, T: (07131) 504448, hertweck@hs-heilbronn.de

**Hertwig,** Barbara; Prof.; *Kommunikationsstrategie*; di: design akademie berlin (FH), Paul-Lincke-Ufer 8e, 10999 Berlin

**Herwig,** Ralf; Dr.-Ing., Prof.; *Mikrorechner, Mikroelektronik, Physik, Dünnschichttechnologie*; di: Hochsch. Karlsruhe, Fak. Elektro- u. Informationstechnik, Moltkestr. 30, 76133 Karlsruhe, PF 2440, 76012 Karlsruhe, T: (0721) 9251374, ralf.herwig@hs-karlsruhe.de

**Herwig,** Volker; Dr., Prof.; *Wirtschaftsinformatik*; di: FH Erfurt, FB Versorgungstechnik, Altonaer Str. 25, 99085 Erfurt, PF 101363, 99013 Erfurt, T: (0361) 6700678, F: 6700643, volker.herwig@fh-erfurt.de

**Herwig-Lempp,** Johannes; Dr., Prof.; *Methoden der Sozialen Arbeit, Einzelhilfe*; di: Hochsch.Merseburg, FB Soziale Arbeit, Medien, Kultur, Geusaer Str., 06217 Merseburg, T: (03461) 462231, F: 462205, johannes.herwig-lempp@hs-merseburg.de

**Herz,** Rolf; Dr.-Ing., Prof.; *Rohrleitungs- und Apparatetechnik, Biotechnik, industrielle Medienversorgung*; di: Hochsch. München, Fak. Versorgungstechnik, Verfahrenstechnik Papier u. Verpackung, Druck- u. Medientechnik, Lothstr. 34, 80335 München, T: (089) 12651559, F: 12651502, herz@fhm.edu

**Herzau,** Eugen; Dr.-Ing., Prof.; *Verpackungstechnologie*; di: HTWK Leipzig, FB Medien, PF 301166, 04251 Leipzig, T: (0341) 2170336, herzau@fbm.htwk-leipzig.de

**Herzau-Gerhardt,** Ulrike; Dr.-Ing., Prof.; *Druckprozesse*; di: HTWK Leipzig, FB Medien, PF 301166, 04251 Leipzig, T: (0341) 2170355, uherzau@fbm.htwk-leipzig.de

**Herzberg,** Dominikus; Dr.-Ing., Prof.; *Methoden des Software Engineering*; di: Hochsch. Heilbronn, Fak. f. Technik 2, Max-Planck-Str. 39, 74081 Heilbronn, T: (07131) 504419, F: 252470, herzberg@hs-heilbronn.de

**Herzberg,** Heidrun; Dr., Prof.; *Pädagogik, qualitative Sozialforschung*; di: Hochsch. Neubrandenburg, FB Gesundheit, Pflege, Management, Brodaer Str. 2, 17033 Neubrandenburg, T: (0395) 56933106, herzberg@hs-nb.de

**Herzig,** Volker; Dipl.-Kaufmann, Dr. rer.pol., Prof.; *Betriebswirtschaftslehre, insb. Personal- und Organisationswesen*; di: FH Bielefeld, FB Wirtschaft, Universitätsstr. 25, 33615 Bielefeld, T: (0521) 1063727, volker.herzig@fh-bielefeld.de; pr: Kieler Str. 5, 33605 Bielefeld, T: (0521) 23504

**Herzog,** Elfriede; Dr.-Ing., Prof.; *Heizungstechnik*; di: Beuth Hochsch. f. Technik, FB IV Architektur u. Gebäudetechnik, Luxemburger Str. 10, 13353 Berlin, T: (030) 45045307, herzog@beuth-hochschule.de

**Herzog,** Klaus; Dr.-Ing., Prof.; *Kraftfahrzeugtechnik, Kolbenmaschinen*; di: Techn. Hochsch. Mittelhessen, FB 03 Maschinenbau u. Energietechnik, Wiesenstr. 14, 35390 Gießen, klaus.herzog@me.th-mittelhessen.de

**Herzog,** Martin; HonProf.; *Recht*; di: Westsächs. Hochsch. Zwickau, FB Wirtschaftswiss., Scheffelstr. 39, 08056 Zwickau

**Herzog,** Michael; Dr., Prof.; *Betriebswirtschaftslehre, Unternehmensführung, Management*; di: Hochsch. Magdeburg-Stendal, FB Wirtschaft, Breitscheidstr. 2, 39114 Magdeburg, michael.herzog@hs-magdeburg.de

**Hess,** Gerhard; Dr., Prof.; *Religionspädagogik*; di: Ev. H Ludwigsburg, FB Soziale Arbeit, Auf der Karlshöhe 2, 71638 Ludwigsburg, g.hess@efh-ludwigsburg.de

**Heß,** Gerhard; Dipl.-Kfm., Dr. rer. pol., Prof.; *Logistik, Allgemeine Betriebswirtschaftslehre*; di: Georg-Simon-Ohm-Hochsch. Nürnberg, Fak. Betriebswirtschaft, Bahnhofstr. 87, 90402 Nürnberg, gerhard.hess@fh-nuernberg.de

**Hess,** Hans-Ulrich; Dr. rer. nat. habil., Prof. FH Heilbronn; *Mathematik, Signalanalyse*; di: Hochsch. Heilbronn, Max Planck-Str. 39, 74081 Heilbronn, T: (07131) 504401, F: 252470, hess@hs-heilbronn.de

**Heß,** Peter; Dr.-Ing., Prof.; *Produktionsautomatisierung, Angewandte Informatik, Robotik*; di: Georg-Simon-Ohm-Hochsch. Nürnberg, Fak. Maschinenbau u. Versorgungstechnik, Keßlerplatz 12, 90489 Nürnberg, PF 210320, 90121 Nürnberg

**Heß,** Robert; Dr., Prof.; *Angewandte Mathematik und Physik*; di: HAW Hamburg, Fak. Technik u. Informatik, Berliner Tor 7, 20099 Hamburg, T: (040) 428758170, robert.hess@haw-hamburg.de

**Heß,** Robert; Dr.-Ing., Prof.; *Energietechnik, Wärmewirtschaft*; di: Westfäl. Hochsch., FB Maschinenbau u. Facilities Management, Neidenburger Str. 10, 45877 Gelsenkirchen, T: (0209) 9596320, F: 9596323, robert.hess@fh-gelsenkirchen.de; pr: Gerschermannweg 12, 45357 Essen, T: (0201) 607014

**Hess,** Stefan; Dr., Prof.; *Mechatronik*; di: DHBW Lörrach, Hangstr. 46-50, 79539 Lörrach, T: (07621) 2071337, F: 2071139, hess@dhbw-loerrach.de

**Heß,** Thomas; Dr. oec. habil., Prof.; *Marketing, Buch- u. Verlagswesen*; di: HTWK Leipzig, FB Medien, Gutenbergplatz 2-4, 04103 Leipzig, T: (0341) 2170484, F: 2170308, hess@fbm.htwk-leipzig.de

**Hess,** Walter; Dr. jur., Prof.; *Öffentliches Recht, Verwaltungsrecht*; di: Hochsch. f. Wirtschaft u. Umwelt Nürtingen-Geislingen, PF 1251, 73302 Geislingen a.d. Steige, T: (07331) 22545, walter.hess@hfwu.de

**Hess,** Wolfgang F.; Dr.-Ing., Prof.; *Mech. Verfahrenstechnik, Aufarbeitungstechnik, Partikeltechnologie*; di: FH Flensburg, Biotechnologie u. Verfahrenstechnik, Kanzleistr. 91-93, 24943 Flensburg, T: (0461) 8051261, wolfgang.hess@fh-flensburg.de

**Heßberg,** Silke; Dr.-Ing., Prof.; *Textiltechnik/Technische Textilien, Produktherstellung u. -bearbeitung*; di: Westsächs. Hochsch. Zwickau, FG Textil- u. Ledertechnik, Klinkhardtstr. 30, 08468 Reichenbach, Silke.Hessberg@fh-zwickau.de

**Hesse,** Dirk; Dr. rer. pol., Prof.; *Geschäftsprozessmodellierung, Datenmodellierung*; di: Hochsch. Esslingen, Fak. Versorgungstechnik u. Umwelttechnik, Kanalstr. 33, 73728 Esslingen, T: (07161) 6971244

**Hesse,** Friedemann; Dr., Prof.; *Zellkulturtechnik, Verfahrenstechnik, Bioprozessoptimierung*; di: Hochsch. Biberach, SG Pharmazeut. Biotechnologie, PF 1260, 88382 Biberach/Riß, T: (07351) 582442, F: 582469, hesse@hochschule-bc.de

**Hesse,** Katrin; Dr., Prof.; *Wirtschaftsrecht*; di: Hochsch. Fulda, FB Wirtschaft, Marquardstr. 35, 36039 Fulda, T: (0661) 9640271, F: 9640252, Katrin.Hesse@w.fh-fulda.de

**Heße,** Manfred; Dr. jur., Prof.; *Zivilrecht, insbesondere Wirtschaftsprivatrecht mit den Schwerpunkten Handels- und Gesellschaftsrecht, Steuerrecht*; di: FH Südwestfalen, FB Techn. Betriebswirtschaft, Im Alten Holz, 58093 Hagen, T: (02331) 9874009, hesse@fh-swf.de; pr: Holzstr. 72, 44869 Bochum, T: (02327) 76941

**Hesse,** Margareta; Prof.; *Gestaltungslehre/Illustration*; di: FH Dortmund, FB Design, Max-Ophüls-Platz 2, 44139 Dortmund, T: (0231) 9112460, F: 9112415, margareta.hesse@fh-dortmund.de; pr: Ginsterwinkel 7, 59755 Arnsberg

**Hesse,** Martina; Dr., Prof.; di: Hochsch. f. Wirtschaft u. Recht Berlin, Badensche Str. 50/51, 10825 Berlin, T: (030) 29384573, martina.hesse@hwr-berlin.de

**Hesse,** Ralf; Dr.-Ing., Prof.; di: Hochsch. Ostwestfalen-Lippe, FB 8, Umweltingenieurwesen u. Angew. Informatik, An der Wilhelmshöhe 44, 37671 Höxter, ralf.hesse@hs-owl.de

**Hesse,** Theodor; Dr.-Ing., Prof.; *Anlagentechnik / CAE*; di: HAW Hamburg, Fak. Life Sciences, Lohbrügger Kirchstr. 65, 21033 Hamburg, theodor.hesse@haw-hamburg.de

**Hessel,** Stefan; Dr.-Ing., Prof.; *Grundlagen der Elektrotechnik*; di: Hochsch. München, Fak. Elektrotechnik u. Informationstechnik, Lothstr. 64, 80335 München, T: (089) 12653457, F: 12653403, hessel@ee.fhm.edu

**Hesselbarth,** Cordula; Dipl.-Des., Prof.; *mediengestützte Informations- u. Wissenschaftsillustration*; di: FH Münster, FB Design, Leonardo-Campus 6, 48149 Münster, T: (0251) 8365359, hesselbarth@fh-muenster.de

**Hesseler,** Martin; Dr., Prof.; *Angewandte Informatik, Mathematik*; di: FH Dortmund, FB Informatik, Emil-Figge-Str. 42, 44227 Dortmund, T: (0231) 7556723, F: 7556710, martin.hesseler@fh-dortmund.de

**Hesselle,** Vera de; Dr. rer. pol., Prof.; *Steuerlehre, Steuerrecht*; di: Hochsch. Bremen, Fak. Wirtschaftswiss., Werderstr. 73, 28199 Bremen, T: (0421) 59053615117, Vera.deHesselle@hs-bremen.de; Hochschule für Öffentliche Verwaltung (HfÖV), Doventorscontrescarpe 172, 28195 Bremen, T: (0421) 36159122, vera.dehesselle@hfoev.bremen.de

**Heßling,** Hermann; Dr., Prof.; *Angewandte Informatik, Rechnernetze und Kommunikation*; di: HTW Berlin, FB Wirtschaftswiss. II, Treskowallee 8, 10318 Berlin, T: (030) 50192681, hessling@HTW-Berlin.de

**Heßling,** Martin; Dr. rer. nat., Prof.; *Biophotonik, Biotechnologie, Bioverfahrenstechnik*; di: Hochsch. Ulm, Fak. Mechatronik u. Medizintechnik, PF 3860, 89028 Ulm, T: (0731) 5028602, hessling@hs-ulm.de

**Heßmert,** Felix; Prof.; *Baukonstruktion, Baustoffkunde, Entwerfen*; di: FH Erfurt, FB Architektur, Schlüterstr. 1, 99084 Erfurt, PF 101363, 99013 Erfurt, T: (0361) 6700434, F: 6700462, hessmert@fh-erfurt.de

**Hestermann,** Ulf; Prof.; *Baukonstruktion, Gebäudelehre, Entwerfen*; di: FH Erfurt, FB Architektur, Schlüterstr. 1, 99084 Erfurt, PF 101363, 99013 Erfurt, T: (0361) 6700444, F: 6700462, hesterma@fh-erfurt.de

**Hetsch,** Jürgen; Dr.-Ing., Prof.; *Elektronische Bauelemente und Schaltungen, Digitale Signalverarbeitung*; di: FH Dortmund, FB Informations- u. Elektrotechnik, Sonnenstr. 96, 44139 Dortmund, T: (0231) 9112288, F: 9112289, hetsch@fh-dortmund.de

**Hetsch,** Tilman; Dr.-Ing., Prof.; *Ingenieurmathematik*; di: FH Bielefeld, FB Technik, Artilleriestraße 9a, 32427 Minden, T: (0571) 8385274, F: 8385240, tilman.hetsch@fh-bielefeld.de

**Hettel,** Jörg; Dr., Prof.; *Informatik, Mikrosystemtechnik*; di: FH Kaiserslautern, FB Informatik u. Mikrosystemtechnik, Amerikastr. 1, 66482 Zweibrücken, T: (06332) 914300, joerg.hettel@fh-kl.de

**Hettesheimer,** Edwin; Dr.-Ing., Prof.; *Konstruktion, CA-Technologien*; di: Hochsch. Karlsruhe, Fak. Maschinenbau u. Mechatronik, Moltkestr. 30, 76133 Karlsruhe, PF 2440, 76012 Karlsruhe, T: (0721) 9251704, edwin.hettesheimer@hs-karlsruhe.de

**Hettich,** Christof; Dr. HonProf.; *Strukturierung, Restrukturierung und Finanzierung von Unternehmen*; di: Hochsch. Heidelberg, Fak. f. Wirtschaft, Ludwig-Guttman-Str. 6, 69123 Heidelberg

**Hettinger,** Dagmar; Dr. rer. pol., Prof.; *Allgemeine Betriebswirtschaftslehre, Hotellerie*; di: FH Worms, FB Touristik/Verkehrswesen, Erenburgerstr. 19, 67549 Worms, hettinger@fh-worms.de

**Hettler,** Uwe; Dr., Prof.; *Allgemeine Betriebswirtschaftslehre*; di: FH Schmalkalden, Fak. Informatik, Blechhammer, 98574 Schmalkalden, T: (03683) 6884103, hettler@informatik.fh-schmalkalden.de

**Hettmann,** Dietmar; Dipl.-Ing., Prof.; *Chemie und Baustoffkunde*; di: Hochsch. München, Fak. Bauingenieurwesen, Karlstr. 6, 80333 München, T: (089) 12652688, F: 12652699, hettmann@bau.fhm.edu

**Hetznecker,** Alexander; Dr., Prof.; *Elektrotechnik*; di: Hochsch. Pforzheim, Fak. f. Technik, Tiefenbronner Str. 65, 75175 Pforzheim, T: (07231) 286170, alexander.hetznecker@hs-pforzheim.de

**Heubel,** Horst; Dr., Prof.; *Verwaltungsrecht*; di: FH d. Bundes f. öff. Verwaltung, FB Bundeswehrverwaltung, Seckenheimer Landstr. 10, 68163 Mannheim

**Heuchemer,** Sylvia; Dr. rer. pol., Prof.; *VWL, insbes. Empirische Wirtschaftsstatistik*; di: FH Köln, Fak. f. Wirtschaftswiss., Claudiusstr. 1, 50678 Köln, T: (0221) 82753431, sylvia.heuchemer@fh-koeln.de

**Heuer,** Kai; Dr., Prof.; *Allgemiene BWL, Controlling*; di: Hochsch. Wismar, Fak. f. Wirtschaftswiss., PF 1210, 23952 Wismar, T: (03841) 7537578, kai.heuer@hs-wismar.de

**Heuer,** Ute; Prof.; *Malerei*; di: Hochsch. Hannover, Fak. III Medien, Information u. Design, Lissabonner Allee 1, 30539 Hannover, T: (0511) 92962437, ute.heuer@hs-hannover.de

**Heuermann,** Holger; Dr.-Ing., Prof.; *Hoch- und Höchstfrequenztechnik*; di: FH Aachen, FB Elektrotechnik und Informationstechnik, Eupener Str. 70, 52066 Aachen, T: (0241) 600952108, heuermann@fh-aachen.de; pr: Am Zirkus 4a, 52223 Stolberg

**Heuert,** Uwe; Dr. rer. nat., Prof.; *Rechnernetze und Virtuelle Instrumentierung*; di: Hochsch.Merseburg, FB Ingenieur- u. Naturwiss., Geusaer Str., 06217 Merseburg, T: (03461) 462189, uwe.heuert@hs-merseburg.de

**Heun,** Georg; Dr., Prof.; *Pharmazeutische Technologie*; di: Hochsch. Anhalt, FB 7 Angew. Biowiss. u. Prozesstechnik, PF 1458, 06354 Köthen, T: (03496) 672530, georg.heun@bwp.hs-anhalt.de

**Heupel,** Thomas; Dr. rer. pol., Prof.; *Marketing Controlling, Kostenrechnungssysteme*; di: Hochsch. Fresenius, Im Mediapark 4c, 50670 Köln, thomas.heupel@smi-siegen.de

**Heusch,** Peter; Dr., Prof.; *Informatik*; di: Hochsch. f. Technik, Fak. Vermessung, Mathematik u. Informatik, Schellingstr. 24, 70174 Stuttgart, PF 101452, 70013 Stuttgart, T: (0711) 89262897, F: 89262553, peter.heusch@hft-stuttgart.de

**Heuser,** Udo; Dr., Prof.; *Wirtschaftsingenieurwesen*; di: DHBW Stuttgart, Fak. Technik, Wirtschaftsingenieurwesen, Kronenstr. 39, 70174 Stuttgart, T: (0711) 1849863, heuser@dhbw-stuttgart.de

**Heusinger,** Sabine; Dr. rer. pol., Prof.; *Betriebwirtschaftslehre, Rechnungswesen*; di: FH Bingen, FB Technik, Informatik, Wirtschaft, Berlinstr. 109, 55411 Bingen, T: (06721) 409240, F: 409104, heusinger@fh-bingen.de

**Heusipp,** Gerhard; Dr. habil., PD U Münster, Lt. Forschungszentrum H Rhein-Waal Kleve; *Molekulare Mikrobiologie*; di: Hochsch. Rhein-Waal, Forschungszentrum, Marie-Curie-Straße 1, 47533 Kleve, T: (02821) 80673116, gerhard.heusipp@hochschule-rhein-waal.de

**Heusler,** Erika; Dr. theol., Prof.; *Biblische Theologie/Alt- und Neutestamentliche Exegese*; di: Kath. Hochsch. Freiburg, Karlstr. 63, 79104 Freiburg, T: (0761) 200493, heusler@kfh-freiburg.de; pr: Am Hans-Peter-Acker 3, 79369 Wyhl, T: (07642) 926891

**Heusler,** Hans-Joachim; Dr.-Ing., Prof.; *Maschinenbau*; di: DHBW Lörrach, Hangstr. 46-50, 79539 Lörrach, T: (07621) 2071141, F: 2071179, heusler@dhbw-loerrach.de

**Heußner,** Hermann K.; Dr. jur., Prof.; *Öffentliches Recht, Recht der Sozialen Arbeit*; di: Hochsch. Osnabrück, Fak. Wirtschafts- u. Sozialwiss., Caprivistr. 30a, 49076 Osnabrück, T: (0541) 9693790, h.heussner@hs-osnabrueck.de; pr: Herkulesstr. 32, 34119 Kassel, T: (09561) 18825, Heussner-kassel@t-online.de

**Heuwinkel,** Kerstin; Dr., Prof.; *eBusiness, Marktforschung, Hotelmanagement*; di: HTW d. Saarlandes, Fak. f. Wirtschaftswiss, Waldhausweg 14, 66123 Saarbrücken, T: (0681) 5867546, kerstin.heuwinkel@htw-saarland.de

**Hey,** Georg; Dr., Prof.; *Theorie und Praxis der Sozialen Arbeit, Rehabilitation*; di: FH Nordhausen, FB Wirtschafts- u. Sozialwiss., Weinberghof 4, 99734 Nordhausen, T: (03631) 420573, F: 420817, hey@fh-nordhausen.de

**Hey,** Mirjam; Dr., Prof.; *Chemie*; di: Hochsch. Geisenheim, Von-Lade-Str. 1, 65366 Geisenheim, T: (06722) 502317, mirjam.hey@hs-gm.de

**Heybrock,** Hasso; Dr. jur., Prof. FH Flensburg; *Wirtschaftsrecht*; di: FH Flensburg, FB Wirtschaft, Kanzleistr. 91-93, 24943 Flensburg, T: (0461) 8051318, heybrock@fh-flensburg.de; pr: Sandkoppel 12, 24963 Jerrishoe, T: (04638) 80073

**Heyd,** Reinhard; Dr. rer. pol., Prof. H Aalen, HonProf. U Ulm; *Betriebliches Rechnungswesen, Internationales Management Accounting*; di: Hochsch. Aalen, Fak. Wirtschaftswissenschaften, Beethovenstr. 1, 73430 Aalen, T: (07361) 9149018, Reinhard.Heyd@htw-aalen.de; pr: Lindenfirststr. 9, 73527 Schwäbisch Gmünd, T: (07171) 2342, F: 37239, Dr.Reinhard.Heyd@t-online.de

**Heyden,** Christian von der; Dr., Prof.; *Rechnungswesen, Finanzierung*; di: FH des Mittelstands, Ravensbergerstr. 10 G, 33602 Bielefeld, vonderheyden@fhm-mittelstand.de

**Heying,** Klaus; Dipl.-Ing., Prof.; *Versorgungstechnik*; di: Georg-Simon-Ohm-Hochsch. Nürnberg, Fak. Maschinenbau u. Versorgungstechnik, Keßlerpatz 12, 90489 Nürnberg, PF 210320, 90121 Nürnberg, klaus.heying@ohm-hochschule.de

**Heym,** Jürgen; Dr., Prof.; *Rechnernetzwerke, Datenbanken*; di: Hochsch. Hof, Alfons-Goppel-Platz 1, 95028 Hof, T: (09281) 409447, F: 40955447, Juergen.Heym@fh-hof.de

**Heymer,** Jürgen; Dr.-Ing. habil., Prof.; *Gasversorgung, Wasserversorgung, Entsorgungstechnologie*; di: Hochsch. Lausitz, FB Architektur, Bauingenieurwesen, Versorgungstechnik, Lipezker Str. 47, 03048 Cottbus-Sachsendorf, T: (0355) 5818815, jheymer@ve.fh-lausitz.de

**Heyser,** Hartwig; Dr., Prof.; *Immobilienmanagement, Immobilienbewertung*; di: Hochsch. Biberach, SG Betriebswirtschaft, PF 1260, 88382 Biberach/Riß, T: (07351) 582416, F: 582449, Heyser@hochschule-bc.de

**Hidien,** Jürgen W.; Dr. jur., Prof.; *Finanz- und Steuerrecht*; di: FH f. Finanzen Nordkirchen, Schloß, 59394 Nordkirchen; pr: Königsstr. 37, 48143 Münster

**Hieber,** Gerhard; Dr., Prof.; *Wirtschaftsstatistik, Wirtschaftsmathematik, Math. Methoden d. BWL, Wirtschaftsinformatik, Mathematik f. Ingenieure, EDV*; di: Hochsch. Biberach, SG Betriebswirtschaft, PF 1260, 88382 Biberach/Riß, T: (07351) 582406, F: 582449, hieber@hochschule-bc.de

**Hiekel,** Hans-Heino; Dr., Prof.; *Automatisierungstechnik*; di: Hochsch. Anhalt, FB 6 Elektrotechnik, Maschinenbau u. Wirtschaftsingenieurwesen, PF 1458, 06354 Köthen, T: (03496) 672718, H.Hiekel@emw.hs-anhalt.de

**Hiendl,** Rudolf; Dr.-Ing., Prof.; *Marketing, Materialwirtschaft*; di: Hochsch. Rosenheim, Fak. Wirtschaftsingenieurwesen, Hochschulstr. 1, 83024 Rosenheim, T: (08031) 805623, F: 805702, hiendl@fh-rosenheim.de

**Hierl,** Ludwig; Dr., Prof.; *Betriebswirtschaftslehre*; di: DHBW Mosbach, Campus Heilbronn, Bildungscampus 4, 74076 Heilbronn, T: (07131) 1237151, hierl@dhbw-mosbach.de

**Hierl,** Rudolf; Dipl.-Ing., Dr., Prof.; *Architekturtheorie, Baukonstruktion, Entwerfen*; di: Hochsch. Regensburg, Fak. Architektur, PF 120327, 93025 Regensburg, T: (0941) 9431182, rudolf.hierl@architektur.fh-regensburg.de

**Hierl,** Stefan; Dr.-Ing., Prof.; *Konstruktion, Fertigungstechnik*; di: Hochsch. Regensburg, Fak. Maschinenbau, PF 120327, 93025 Regensburg, T: (0941) 9435175, stefan.hierl@hs-regensburg.de

**Hierold,** Wilfried; Dr., HonProf. H f. nachhaltige Entwicklung Eberswalde; *Bodenlandschaftskunde*; di: Leibniz-Zentrum f. Agrarlandschaftsforschung, Inst. f. Bodenlandschaftsforschung, Eberswalder Str. 84, 15374 Müncheberg, T: (033432) 82436, F: 82-280, whierold@zalf.de

**Hiersemann,** Rolf; Dr.-Ing., HonProf.; *Automatisierungstechnik/Produktions-Planungs-Systeme und Datenbanken*; di: Hochsch. Mittweida, Fak. Elektro- u. Informationstechnik, Technikumplatz 17, 09648 Mittweida, T: (03727) 581364

**Hiesgen,** Renate; Dr. rer. nat., Prof.; *Experimentalphysik*; di: Hochsch. Esslingen, Fak. Grundlagen, Kanalstr. 33, 73728 Esslingen, T: (0711) 3973414; pr: Gollenstr. 33, 73733 Esslingen, T: (0711) 3655891

**Hietel,** Elke; Dr. rer. nat., Prof.; *Umweltschutz, Landwirtschaft und Umwelt, Agrarwirtschaft, Energie-, Gebäude- u. Umweltmanagement*; di: FH Bingen, FB Life Sciences and Engineering, FR Umweltschutz, Berlinstr. 109, 55411 Bingen, T: (06721) 409239, e.hietel@fh-bingen.de

**Higelin,** Gerald; Dr. rer. nat., Prof.; *Halbleitertechnik*; di: Hochsch. Furtwangen, Fak. Computer & Electrical Engineering, Robert-Gerwig-Platz 1, 78120 Furtwangen, T: (07723) 9202334, hig@fh-furtwangen.de

**Higman,** Patience; Dr., Prof.; *Ergotherapie*; di: Hochsch. Fresenius, FB Gesundheit u Soziales, Limburger Str. 2, 65510 Idstein, T: (06126) 935238, higman@fh-fresenius.de

**Hilbert,** Stefan; Prof.; *Wirtschaftsinformatik*; di: DHBW Mannheim, Fak. Wirtschaft, Coblitzallee 1-9, 68163 Mannheim, T: (0621) 41052527, F: 41052510, stefan.hilbert@dhbw-mannheim.de

**Hilbrich,** Hans-Dieter; Dr.-Ing., Prof.; *Strömungsmechanik, Strömungsmaschinen*; di: HTW Dresden, Fak. Maschinenbau/Verfahrenstechnik, Friedrich-List-Platz 1, 01069 Dresden, T: (0351) 4623658, hilbrich@mw.htw-dresden.de

**Hild,** Rosemarie; Dr. rer. nat. habil., Prof.; *Physik*; di: HTWK Leipzig, FB Informatik, Mathematik u. Naturwiss., PF 301166, 04251 Leipzig, T: (0341) 5804429, p1hild@imn.htwk-leipzig.de

**Hildebrand,** Bodo; Dr. phil., Prof.; *Pädagogik, Sozialpädagogik*; di: Ev. Hochsch. Berlin, Prof. f. Pädagogik, Sozialpädagogik, PF 370255, 14132 Berlin, T: (030) 84582222, hildebrand@eh-berlin.de; pr: Varziner Str. 12, 12161 Berlin, T: (030) 8516829, hildebra@zedat.fu-berlin.de

**Hildebrand,** Knut; Dr. rer. pol., Prof.; *Betriebswirtschaftslehre, Informationsverarbeitung*; di: Hochsch. Weihenstephan-Triesdorf, Fak. Wald u. Forstwirtschaft, Am Hochanger 5, 85354 Freising, T: (08161) 715446, knut.hildebrand@hswt.de

**Hildebrandt,** Uta; Dr., Prof.; *Allgemeines Verwaltungsrecht, Staats- und Europarecht*; di: FH f. öffentl. Verwaltung NRW, Abt. Köln, Thürmchenswall 48-54, 50668 Köln, uta.hildebrandt@fhoev.nrw.de

**Hildenbrand,** Peter; Dr.-Ing., Prof.; *Signal- und Systemtheorie, Regelungstechnik, Adaptive Regelungen, Modellbildung und Simulation*; di: Hochsch. Offenburg, Fak. Elektrotechnik u. Informationstechnik, Badstr. 24, 77652 Offenburg, T: (0781) 205266, F: 205214

**Hilger,** Eduard; Dipl.Kfm., Prof.; *BWL, Bank*; di: DHBW Villingen-Schwenningen, Fak. Wirtschaft, Friedrich-Ebert-Str. 30, 78054 Villingen-Schwenningen, T: (07720) 3906142, F: 3906149, hilger@dhbw-vs.de

**Hilger,** Ulrich; Dr.-Ing., Prof., Dekan FB Maschinenbau; *Kolbenmaschinen, Wärmelehre*; di: FH Dortmund, FB Maschinenbau, Sonnenstr. 96, 44139 Dortmund, T: (0231) 9112375, F: 9112334, hilger@fh-dortmund.de; pr: Virchowstr. 20, 45147 Essen

**Hilgers,** Andrea; Dr., Prof.; *Erziehungswissenschaft, Kinder- und Jugendhilfe*; di: Hochsch. Fulda, FB Sozialwesen, Marquardstr. 35, 36039 Fulda, T: (0661) 9640206, andrea.hilgers@sw.fh-fulda.de

**Hilgers,** Bodo; Dr., Prof.; *Volkswirtschaftslehre, Unternehmensführung, ABWL*; di: DHBW Ravensburg, Weinbergstr. 17, 88214 Ravensburg, T: (0751) 189992799, hilgers@dhbw-ravensburg.de

**Hill,** Burkhard; Dr. phil., Prof.; *Berufliches Handeln in der Sozialen Arbeit*; di: Hochsch. München, Fak. Angew. Sozialwiss., Lothstr. 34, 80335 München, T: (089) 12652311, F: 12652330, hill@fhm.edu

**Hillbrand,** Ralph; Dipl.-Ing., Prof.; *Bühnen- und Beleuchtungstechnik*; di: Beuth Hochsch. f. Technik, FB VIII Maschinenbau, Veranstaltungs- u. Verfahrenstechnik, Luxemburger Str. 10, 13353 Berlin, T: (030) 45045412, hill@beuth-hochschule.de

**Hille,** Eva; Dr.-Ing., Prof.; *Werkstofftechnik, Schadensanalyse und Schadensverhütung, Biokompatible Werkstoffe*; di: Hochsch. Lausitz, FB Informatik, Elektrotechnik, Maschinenbau, Großenhainer Str. 57, 01968 Senftenberg, T: (03573) 85501, F: 85509

**Hille,** Jürgen; Prof.; *Methodenlehre*; di: HAW Hamburg, Fak. Wirtschaft u. Soziales, Alexanderstr. 1, 20099 Hamburg, T: (040) 428757123, juergen@hilleconsult.de; pr: T: (040) 4224918, juergen.hille@t-online.de

**Hille,** Monika; Dr. rer. nat., Prof.; *Mathematik*; di: Hochsch. Rhein/Main, FB Ingenieurwiss., Umwelttechnik, Am Brückweg 26, 65428 Rüsselsheim, T: (0614)2 8984432, monika.hille@hs-rm.de; pr: T: (06132) 953586, Monika.Hille@t-online.de

**Hillebrand,** Konrad; Dr., Prof.; *Volkswirtschaftslehre, Wirtschafts- und Betriebsstatistik*; di: Hochsch. Fulda, FB Wirtschaft, Marquardstr. 35, 36039 Fulda, konrad.hillebrand@w.fh-fulda.de; pr: Max-Planck-Str. 11, 36110 Schlitz, T: (06642) 250

**Hillebrand,** Stefan; Dr., Prof. FH Erding; di: FH f. angewandtes Management, Am Bahnhof 2, 85435 Erding, T: (08122) 9559480, stefan.hillebrand@myfham.de

**Hillebrand,** Werner; Dipl.-Kfm., Prof.; *Rechnungslegung und Wirtschaftsprüfung*; di: FH Mainz, FB Wirtschaft, Lucy-Hillebrand-Str. 2, 55128 Mainz, T: (06131) 628254, werner.hillebrand@wiwi.fh-mainz.de; pr: Twedter Feld 36 d, 24944 Flensburg, T: (0461) 3159057

**Hillebrand,** Wigbert; Dr. rer. nat., Prof.; *Chemie*; di: FH Münster, FB Oecotrophologie, Corrensstr. 25, 48149 Münster, T: (0251) 8365481, hillebrand@fh-muenster.de

**Hillebrandt,** Annette; Dipl.-Ing., Prof.; *Entwerfen, Baukonstruktion, Bauen im Bestand*; di: FH Münster, FB Architektur, Leonardo-Campus 5, 48149 Münster, T: (0251) 8365057, teamhillebrandt@fh-muenster.de

**Hillebrecht,** Steffen; Dr. rer. pol., Prof.; *Verlagswirtschaft, Pressewirtschaft, Buchhandel*; di: Hochsch. f. angew. Wiss. Würzburg Schweinfurt, Fak. Wirtschaftswiss., Münzstr. 12, 97070 Würzburg, T: (0931) 3511184, steffen.hillebrecht@fhws.de

**Hillecke,** Thomas; Dr., Prof.; *klinische Psychologie*; di: Hochsch. Heidelberg, Fak. f. Therapiewiss., Maaßstr. 26, 69123 Heidelberg, T: (06221) 884154, thomas.hillecke@fh-heidelberg.de

**Hillemanns,** Reiner; Dr., Prof.; *International Business Management*; di: DHBW Lörrach, Hangstr. 46-50, 79539 Lörrach, T: (07621) 2071364, F: 2071139, hillemanns@dhbw-loerrach.de

**Hillen,** Walter; Dr. rer. nat., Prof.; *Medizinische Informatik und Datenverarbeitung*; di: FH Aachen, FB Angewandte Naturwiss. u. Technik, Ginsterweg 1, 52428 Jülich, T: (0241) 600953169, hillen@fh-aachen.de; pr: Dinkermichsweg 38, 52076 Aachen, T: (02408) 8315

**Hiller,** Petra; Dr. rer. soc., Prof.; *Organisations- u. Verwaltungssoziologie, Public Management*; di: FH Nordhausen, FB Wirtschafts- und Sozialwissenschaften, Weinberghof 4, 99734 Nordhausen, T: (03631) 420544, F: 420817, hiller@fh-nordhausen.de

**Hiller,** Werner; Dr.-Ing., HonProf.; *Elektroenergieanlagenautomatisierung*; di: Hochsch. Mittweida, Fak. Elektro- u. Informationstechnik, Technikumplatz 17, 09648 Mittweida, T: (03727) 581364

**Hiller,** Wolfgang; Dr., Dr. habil., Prof., Rektor Hochschule Reulingen; *Chemie*; di: Hochsch. Reutlingen, Alteburgstr. 150, 72762 Reutlingen, T: (07121) 2711000, Wolfgang.Hiller@Reutlingen-University.DE

**Hillesheim,** Tilmann; Dipl.-Ing., Dr. jur., Prof.; *Baurecht und Projektmanagement*; di: Hochsch. Zittau/Görlitz, Fak. Bauwesen, Schliebenstr. 21, 02763 Zittau, PF 1455, 02754 Zittau, T: (03583) 611619, t.hillesheim@hs-zigr.de

**Hilliges,** Rita; Dr.-Ing., Prof.; *Bauingenieurwesen, Umwelttechnik, Siedlungswasserwirtschaft*; di: Hochsch. Augsburg, Fak. f. Architektur u. Bauwesen, An der Hochschule 1, 86161 Augsburg, PF 110605, 86031 Augsburg, T: (0821) 55863114, F: 55863110, rita.hilliges@hs-augsburg.de

**Hilligweg,** Arnd; Dr.-Ing., Prof.; *Technische Thermodynamik, Kältetechnik*; di: Georg-Simon-Ohm-Hochsch. Nürnberg, Fak. Maschinenbau u. Versorgungstechnik, Keßlerplatz 12, 90489 Nürnberg, PF 210320, 90121 Nürnberg

**Hilligweg,** Gerd; Dipl.-Oec., Dr. rer. oec., Prof.; *Volkswirtschaftslehre*; di: Jade Hochsch., FB Wirtschaft, Friedrich-Paffrath-Str. 101, 26389 Wilhelmshaven, T: (04421) 9852302, F: 9852596, hilligweg@jade-hs.de

**Hillmann,** Tobias; Dr.-Ing., Prof.; *Praktische Geodäsie, Kartographie*; di: Hochsch. Neubrandenburg, FB Landschaftsarchitektur, Geoinformatik, Geodäsie u. Bauingenieurwesen, Brodaer Str. 2, 17033 Neubrandenburg, PF 110121, 17041 Neubrandenburg, T: (0395) 56934104, hillmann@hs-nb.de

**Hillrichs,** Georg; Dr., Prof.; *Lasertechnik, Mikrosystemtechnik*; di: Hochsch.Merseburg, FB Ingenieur- u. Naturwiss., Geusaer Str., 06217 Merseburg, T: (03461) 462198, georg.hillrichs@hs-merseburg.de

**Hilmer,** Alfons; Dr.-Ing., Prof.; *Baubetriebsplanung, Bauabwicklung*; di: Hochsch. Augsburg, Fak. f. Architektur u. Bauwesen, An der Hochschule 1, 86161 Augsburg, T: (0821) 55863101, F: 55863110, alfons.hilmer@hs-augsburg.de

**Hilmer,** Ludwig; Dr. phil., Prof. u. Dekan; *Medienlehre, Medienpraxis*; di: Hochsch. Mittweida, Fak. Medien, Technikumplatz 17, 09648 Mittweida, T: (03727) 581588, F: 581595, lh@htwm.de

**Hilp,** Jürgen; Dr., Prof.; *BWL, Versicherungsvertrieb und Finanzberatung*; di: DHBW Heidenheim, Fak. Wirtschaft, Marienstr. 20, 89518 Heidenheim, T: (07321) 2722282, F: 2722289, hilp@dhbw-heidenheim.de

**Hilpert,** Ditmar; Dipl.-Biol., Dipl.-Vw., Dr. rer. nat., Prof.; *Unternehmensführung, Marketing*; di: Hochsch. Reutlingen, FB European School of Business, Alteburgstr. 150, 72762 Reutlingen, T: (07121) 271422, ditmar.hilpert@fh-reutlingen.de; pr: Wilhelm-Busch-Weg 14, 72805 Lichtenstein, T: (07129) 60240

**Hilpert,** Norbert; Dr. rer. pol., Prof. i.R., Lehrbeauftr.; *Wirtschaftswissenschaft*; di: Hochsch. Rhein/Main, FB Ingenieurwiss., Physikalische Technik, AM Brückweg 26, 65428 Rüsselsheim, norbert.hilpert@hs-rm.de; pr: Gelastr. 58, 60388 Frankfurt a.M., F: (069) 46091747

**Hilpert,** Thilo; Dr. habil., Prof.; *Städtebau, Freies Gestalten, Baugeschichte*; di: Hochsch. Rhein/Main, FB Architektur u. Bauingenieurwesen, Kurt-Schumacher-Ring 18, 65197 Wiesbaden, T: (0611) 94951409, thilo.hilpert@hs-rm.de; pr: In der unteren Rombach 6a, 69118 Heidelberg, T: (06221) 804353

**Hiltmann,** Kai; Dr.-Ing., Prof.; *Konstruktion, Produktinnovation*; di: Hochsch. Coburg, Fak. Maschinenbau, Friedrich-Streib-Str. 2, 96450 Coburg, T: (09561) 317470, kai.hiltmann@hs-coburg.de

**Hiltscher,** Gerhard; Dr., Prof., Dekan FB Maschinenbau; *Technische Mechanik, Maschinenelemente*; di: Hochsch. Mannheim, Fak. Maschinenbau, Windeckstr. 110, 68163 Mannheim, T: (0621) 2926388

**Hilverling,** Helmut; Dr.-Ing., Prof.; *Stahlbau, Holzbau*; di: Hochsch. Coburg, Fak. Design, Friedrich-Streib-Str. 2, 96450 Coburg, T: (09561) 317124, hilverli@hs-coburg.de

**Hilz,** Christian; Dipl.- Kfm., Dr., Prof. FH Erding; *Unternehmensentwicklung, strategisches Management*; di: FH f. angewandtes Management, Am Bahnhof 2, 85435 Erding, T: (08122) 9559480, christian.hilz@myfham.de

**Himburg,** Stefan; Dr.-Ing., Prof.; *Baukonstruktion/Technisches Darstellen, Bauphysik, Massivbau, Hochbaukonstruktion*; di: Beuth Hochsch. f. Technik, FB III Bauingenieur- u. Geoinformationswesen, Luxemburger Str. 10, 13353 Berlin, T: (030) 45042597, himburg@beuth-hochschule.de

**Himmel,** Jörg; Dr., Prof., Vizepräs.; *Sensortechnik*; di: Hochsch. Ruhr West, Institut Mess- u. Sensortechnik, PF 100755, 45407 Mülheim a.d. Ruhr, T: (0208) 88254117, joerg.himmel@hs-ruhrwest.de

**Himmelmann,** Karl-Heinz; Prof.; *Medienpädagogik*; di: Hochsch. Lausitz, FB Sozialwesen, Lipezker Str. 47, 03048 Cottbus-Sachsendorf, T: (0355) 5818401, F: 5818409, himmelmann@fh-lausitz.de

**Himmer,** Winfried; Dipl.-Ing., Prof.; *Liegenschaftsvermessung, Liegenschaftskataster, Städtische Bodenordnung, Vermessungstechnik*; di: HTW Dresden, Fak. Geoinformation, Friedrich-List-Platz 1, 01069 Dresden, T: (0351) 4623141, himmer@htw-dresden.de

**Hinderer,** Henning; Dr.-Ing., Prof.; *Wirtschaftsingenieurwesen*; di: Hochsch. Pforzheim, Fak. f. Technik, Tiefenbronner Str. 65, 75175 Pforzheim, T: (07231) 286380, F: 286050, henning.hinderer@hs-pforzheim.de

**Hinderer,** Ralf; PhD., Prof.; *Medizintechnik*; di: Hochsch. Mittweida, Fak. Mathematik/Naturwiss./Informatik, Technikumplatz 17, 09648 Mittweida, T: (03727) 581048, hinderer@htwm.de

**Hinderlich,** Stephan; Dr. rer. nat. habil., Prof. Beuth H f. Technik Berlin; *Biochemie*; di: Beuth Hochsch. f. Technik Berlin, FB V, Luxemburger Str. 10, 13353 Berlin, T: (030) 45043910, stephan.hinderlich@beuth-hochschule.de

**Hinger,** Klaus-Jürgen; M.Sc., Dr.-Ing., Prof.; *Messtechnik und Qualitätsprüfung, Qualitätssicherung, Qualitätsmanagement, Arbeitssicherheit*; di: Hochsch. Heilbronn, Fak. f. Technik 2, Max-Planck-Str. 39, 74081 Heilbronn, T: (07131) 504230, F: 252470, hinger@hs-heilbronn.de

**Hinkelmann,** Mathias; Dr., Prof.; *Datenbanken, Informationssysteme, IT-Management, Projektmanagement*; di: Hochsch. d. Medien, Fak. Druck u. Medien, Nobelstr. 10, 70569 Stuttgart, T: (0711) 89232002

**Hinkenjann,** André; Dr. rer. nat., Prof.; *Anwendungen v. Multimediasystemen*; di: Hochsch. Bonn-Rhein-Sieg, FB Angewandte Informatik, Grantham-Allee 20, 53757 Sankt Augustin, T: (02241) 865229, F: 8658229, andre.hinkenjaun@fh-bonn-rhein-sieg.de

**Hinkes,** Franz-Josef; Dr.-Ing, Prof.; *Tragwerkslehre, Stahl- und Holzbau*; di: FH Bielefeld, FB Architektur u. Bauingenieurwesen, Artilleriestr. 9, 32427 Minden, T: (0571) 8385187, F: 8385250, franz-josef.hinkes@fh-bielefeld.de; pr: Gemeindeholzstr. 16, 30419 Hannover, T: (0511) 12356660

**Hinnenkamp,** Volker; Dr. phil. habil., Prof.; *Interkulturelle Kommunikation, Soziolinguistik, Deutsch als Fremd- und Zweitsprache*; di: Hochsch. Fulda, FB Sozial- u. Kulturwiss., Marquardstr. 35, 36039 Fulda, T: (0661) 9640478, Volker.Hinnenkamp@sk.fh-fulda.de

**Hinners-Tobrägel,** Ludger; Dr., Prof.; *Unternehmensführung, Allgemeine BWL*; di: Hochsch. f. Wirtschaft u. Umwelt Nürtingen-Geislingen, FB 2, PF 1349, 72603 Nürtingen, T: (07022) 201335, ludger.hinners@hfwu.de

**Hinrichs,** Carl Friedrich; Dipl.-Ing., Prof.; *Bauingenieurwesen*; di: HTW d. Saarlandes, Fak. f. Architektur u. Bauingenieurwesen, Goebenstr. 40, 66117 Saarbrücken, T: (0681) 5867182, hinrichs@htw-saarland.de; pr: Feldmannstr. 150, 66119 Saarbrücken, T: (0681) 56353

**Hinrichs,** Gerold; Prof.; *Mathematik, Statistik*; di: Hochsch. Emden/Leer, FB Wirtschaft, Constantiaplatz 4, 26723 Emden

**Hinrichs,** Hans-Friedrich; Dr., Prof., Dekan f. Energie; *Umwelt- u. Energietechnik*; di: SRH Hochsch. Hamm, Platz der Deutschen Einheit 1, 59065 Hamm, T: (02381) 9291146, F: 9291199, Hans-Friedrich.Hinrichs@fh-hamm.srh.de

**Hinrichs,** Hans-Jürgen; Dr.-Ing., Prof.; *Simulation von Netzvorgängen, Rechnersimulation von elektrischen Antriben, Netzrückwirkungen*; di: FH Kiel, FB Informatik u. Elektrotechnik, Grenzstr. 5, 24149 Kiel, T: (0431) 2104195, F: 21064195, hans-juergen.hinrichs@fh-kiel.de; pr: Schoolkoppel 7, 24536 Neumünster, T: (04321) 690478

**Hinrichs,** Holger; Dr.-Ing., Prof.; *Elektrotechnik*; di: FH Lübeck, FB Elektrotechnik u. Informatik, Mönkhofer Weg 136-140, 23562 Lübeck, T: (0451) 3005282, F: 3005236, holger.hinrichs@fh-luebeck.de

**Hinrichs,** Knut; Dr. jur., Prof.; *Recht, mit d. Schwerpunkt Familienrecht und/ oder Kinder- u. Jugendhilferecht*; di: HAW Hamburg, Fak. Wirtschaft u. Soziales, Alexanderstr. 1, 20099 Hamburg, T: (040) 428757016, knut.hinrichs@haw-hamburg.de

**Hinrichsmeyer,** Franz; Prof.; *Darstellungstechniken*; di: Hochsch. Magdeburg-Stendal, FB Ingenieurwiss. u. Industriedesign, Breitscheidstr. 2, 39114 Magdeburg, T: (0391) 8864168, franz.hinrichsmeyer@hs-magdeburg.de

**Hinrichsmeyer,** Konrad; Dr.-Ing., Prof.; *Bauphysik, Mathematik*; di: Hochsch. Magdeburg-Stendal, FB Bauwesen, Breitscheidstr. 2, 39114 Magdeburg, T: (0391) 8864212, Konrad.Hinrichsmeyer@hs-Magdeburg.DE

**Hinschläger,** Michael; Dr., Prof.; *Materialwirtschaft u. Logistik, Produktionsplanung u. -steuerung*; di: Hochsch. Albstadt-Sigmaringen, FB 1, Jakobstr. 1, 72458 Albstadt, T: (07431) 579215, F: 579214, hinschla@hs-albsig.de

**Hinsken,** Gerhard; Dr.-Ing., Prof.; *Mathematik, Automatisierungssysteme, Speicherprogrammierbare Steuerungen*; di: Hochsch. Offenburg, Fak. Elektrotechnik u. Informationstechnik, Badstr. 24, 77652 Offenburg, T: (0781) 205245, F: 205214

**Hintelmann,** Michael; Dr., Prof.; *Personalmanagement*; di: bbw Hochsch. Berlin, Leibnizstraße 11-13, 10625 Berlin, T: (030) 319909524, michael.hintelmann@bbw-hochschule.de

**Hinterwäller,** Udo; Dr., Prof.; *Straßenwesen, Baustoffkunde, Verkehrsgrundlagen*; di: FH Frankfurt, FB 1 Architektur, Bauingenieurwesen, Geomatik, Nibelungenplatz 1, 60318 Frankfurt am Main, T: (069) 15332316

**Hintze,** Detlef; Dr.-Ing., Prof.; *Bodenmechanik, Grundbau, Erdbau*; di: Jade Hochsch., FB Bauwesen u. Geoinformation, Ofener Str. 16/19, 26121 Oldenburg, detlef.hintze@jade-hs.de; pr: Ziegelkampstr. 5, 31582 Nienburg, T: (05021) 910487

**Hintzen,** Udo; Prof.; *Zivilprozessrecht, Zwangsvollstreckungsrecht (Mobiliar- u. Immobiliarzwangsvollstreckung) sowie Insolvenzrecht*; di: Hochsch. f. Wirtschaft u. Recht Berlin, FB 2, Alt-Friedrichsfelde 60, 10315 Berlin, T: (030) 90214008, F: 90214417, u.hintzen@hwr-berlin.de

**Hinz,** Hartmut; Dr., Prof.; *Leistungselektronik*; di: FH Frankfurt, FB 2 Informatik u. Ingenieurwiss., Nibelungenplatz 1, 60318 Frankfurt am Main, T: (069) 15332257, hhinz@fb2.fh-frankfurt.de

**Hinz,** Katrin; Dipl.-Architektin, Prof.; *Visuelle Gestaltung, 3-D-Design*; di: HTW Berlin, FB Gestaltung, Wilhelminenhofstr. 67-77, 12459 Berlin, T: (030) 50194706, khinz@HTW-Berlin.de

**Hinzen,** Hubert; Dr.-Ing., Prof.; *Maschinenelemente, Konstruktionslehre, Mechanik der Werkzeugmaschine*; di: Hochsch. Trier, FB Technik, PF 1826, 54208 Trier, T: (0651) 8103471, H.Hinzen@hochschule-trier.de; pr: Am Krümmelweg 16, 54311 Trierweiler, T: (0651) 87604

**Hinzpeter,** Birte; Dr., Prof.; *Soziale Medizin*; di: Ev. FH Rhld.-Westf.-Lippe, FB Heilpädagogik u. Pflege, Immanuel-Kant-Str. 18-20, 44803 Bochum, T: (0234) 36901103, hinzpeter@efh-bochum.de

**Hipp,** Klaus Jürgen; Dr.-Ing., Prof.; *Fertigungstechnik*; di: FH Südwestfalen, FB Ingenieur- u. Wirtschaftswiss., Lindenstr. 53, 59872 Meschede, T: (0291) 9910660, hipp@fh-swf.de

**Hippmann,** Hans-Dieter; Dr. rer. pol., Prof.; *Statistik, Volkswirtschaft, Mathematik*; di: FH Mainz, FB Wirtschaft, Lucy-Hillebrand-Str. 2, 55128 Mainz, T: (06131) 628139, hippmann@wiwi.fh-mainz.de

**Hirata,** Johannes; Dr., Prof.; *VWL, Internationale Wirtschaftsbeziehungen*; di: Hochsch. Osnabrück, Fak. Wirtschafts- u. Sozialwiss., Caprivistr. 30a, 49076 Osnabrück, T: (0541) 9693313, hirata@wi.hs-osnabrueck.de

**Hirdina,** Ralph; Dr., Prof.; *Bürgerliches Recht, Wirtschaftsprivatrecht u. Arbeitsrecht*; di: Hochsch. Aschaffenburg, Fak. Wirtschaft u. Recht, Würzburger Str. 45, 63743 Aschaffenburg, T: (06021) 314700, ralph.hirdina@fh-aschaffenburg.de

**Hirsch,** Hans-Günter; Dr.-Ing., Prof.; *Nachrichtenübertragung, Lineare Systeme u. Netzwerke*; di: Hochsch. Niederrhein, FB Elektrotechnik/Informatik, Reinarzstr. 49, 47805 Krefeld, T: (02151) 8224622, hans-guenter.hirsch@hs-niederrhein.de; pr: Weißdornweg 12, 52249 Eschweiler, T: (02403) 702596

**Hirsch,** Hans-Joachim; Dr., Prof.; *Rechnungswesen, Wirtschaftsprüfung und Steuern*; di: Hochsch. f. nachhaltige Entwicklung, FB Nachhaltige Wirtschaft, Friedrich Ebert Str. 28, 16225 Eberswalde, T: (03334) 657406, F: 657450, hjhirsch@hnee.de

**Hirsch,** Ingo; Dr. rer. pol., Prof.; *BWL, Rechnungswesen, Marketing*; di: Hochsch. Albstadt-Sigmaringen, FB 1, Jakobstr. 6, 72458 Albstadt, T: (07431) 579194, F: 579229, hirsch@hs-albsig.de

**Hirsch,** Kathleen; Dr., Prof.; *Medizinpädagogik*; di: SRH FH f. Gesundheit Gera, Hermann-Drechsler-Str. 2, 07548 Gera

**Hirsch,** Martin; Dr., Prof.; *Informatik, Softwaretechnik*; di: FH Dortmund, FB Informatik, Emil-Figge-Str. 42, 44227 Dortmund, T: (0231) 7558903, F: 7556710, martin.hirsch@fh-dortmund.de

**Hirsch,** Richard; Dr. rer. nat., Prof.; *Pharmazeutische Chemie*; di: FH Köln, Fak. f. Angew. Naturwiss., Kaiser-Wilhelm-Allee, 50368 Leverkusen, T: (0214) 328314617, richard.hirsch@fh-koeln.de

**Hirschberg,** Rainer; Dr.-Ing., Prof.; *Technischer Ausbau und Haustechnik*; di: FH Aachen, FB Architektur, Bayernallee 9, 52066 Aachen, T: (0241) 600951133, hirschberg@fh-aachen.de; pr: In den langen Ruten 16, 65072 Wiesbaden, T: (0611) 1821040

**Hirschberg,** Thomas; Dr.-Ing., Prof.; *Akustische Messtechnik, Elektrische Messtechnik, Grundlagen Elektrotechnik*; di: HAWK Hildesheim/Holzminden/ Göttingen, Fak. Naturwiss. u. Technik, Von-Ossietzky-Str. 99, 37085 Göttingen, T: (0551) 3705257

**Hirschberger,** Wolfgang; Dr., Prof.; *Consulting / Internationale Rechnungslegung*; di: DHBW Villingen-Schwenningen, Fak. Wirtschaft, Karlstr. 29, 78054 Villingen-Schwenningen, T: (07720) 3906140, F: 3906519, hirschberger@dhbw-vs.de

**Hirschfeld,** Uwe; Dr., Prof.; *Politikwissenschaft, Sozialpädagogik*; di: Ev. Hochsch. f. Soziale Arbeit, PF 200143, 01191 Dresden, T: (0351) 4690250, uwe.hirschfeld@ehs-dresden.de; pr: Pfotenhauerstr. 71, 01307 Dresden, T: (0351) 8951349, u.hirschfeld@t-online.de

**Hirschmann,** Joachim; Dr.-Ing., Prof.; *Wirtschaftsingenieurwesen*; di: DHBW Stuttgart, Fak. Technik, Wirtschaftsingenieurwesen, Kronenstr. 39, 70174 Stuttgart, T: (0711) 1849780, hirschmann@dhbw-stuttgart.de

**Hirschmann,** Peter; Dr.-Ing., Prof.; *Hydromechanik, Wasserbau, Wasserwirtschaft, Ökologie und Raumplanung, Bauinformatik*; di: Hochsch. Konstanz, Fak. Bauingenieurwesen, Brauneggerstr. 55, 78462 Konstanz, PF 100543, 78405 Konstanz, T: (07531) 206219, F: 206391, hirschmann@fh-konstanz.de

**Hirt,** Rainer; Dr. phil., Prof.; *Sozialarbeit, Sozialpädagogik*; di: FH Jena, FB Sozialwesen, Carl-Zeiss-Promenade 2, 07745 Jena, PF 100314, 07703 Jena, T: (03641) 205800, F: 205801, sw@fh-jena.de

**Hirt,** Thomas; Dipl. Des., Prof.; *Intermedia Design*; di: Hochsch. Trier, FB Gestaltung, PF 1826, 54208 Trier, T: (0651) 8103842, T.Hirt@hochschule-trier.de

**Hirte,** Rolf; Dr. rer. nat. habil., Prof.; *Simulationstechnik, Aufbereitung und Recycling, Werkstoffprüfung Kunststoffe*; di: Techn. Hochsch. Wildau, FB Ingenieurwesen/ Wirtschaftsingenieurwesen, Bahnhofstr., 15745 Wildau, T: (03375) 508456, F: 500324, rhirte@igw.tfh-wildau.de

**Hirtes,** Sabine; Dipl.-Des., Prof.; *Digitale Postproduktion*; di: Hochsch. Offenburg, Fak. Medien u. Informationswesen, Badstr. 24, 77652 Offenburg, T: (0781) 204720, sabine.hirtes@fh-offenburg.de

**Hirth,** Günter; Dr., Prof.; *Allgemeine BWL, Dienstleistungsmanagement*; di: Hochsch. Hannover, Fak. IV Wirtschaft u. Informatik, Ricklinger Stadtweg 120, 30459 Hannover, PF 920261, 30441 Hannover, T: (0511) 92961005, F: 92961510, guenter.hirth@hs-hannover.de

**Hirth,** Rainer; Dr.-Ing., Prof.; *Konstruieren und Entwerfen*; di: Hochsch. Coburg, Fak. Design, Friedrich-Streib-Str. 2, 96450 Coburg, T: (09561) 32925352, hirth@hs-coburg.de

**Hitzel,** Achim; Dr., Prof.; *Baubetrieb, Baukonstruktion, Baumanagement*; di: FH Frankfurt, FB 1 Architektur, Bauingenieurwesen, Geomatik, Nibelungenplatz 1, 60318 Frankfurt am Main, T: (069) 15332304

**Hitzges,** Arno; Dr., Prof.; *Datenbanken*; di: Hochsch. d. Medien, Fak. Druck u. Medien, Nobelstr. 10, 70569 Stuttgart; pr: arno.hitzges@infoman.de

**Hloch,** Hans Günter; Dipl.-Ing., Dr., Prof.; *Reinigungstechnik, Werkstoffkunde*; di: Hochsch. Niederrhein, FB Wirtschaftsingenieurwesen u. Gesundheitswesen, Ondereyckstr. 3-5, 47805 Krefeld, T: (02151) 8226656

**Hoberg,** Peter; Dr. rer. pol., Prof.; *Allgemeine Betriebswirtschaftslehre, Finanz- u. Rechnungswesen, Investitionsrechnung*; di: FH Worms, FB Touristik/Verkehrswesen, Erenburgerstr. 19, 67549 Worms, T: (06241) 509218, hoberg@fh-worms.de

**Hobohm,** Hans-Christoph; Dr., Prof., Dekan; *Bibliotheksmanagement und Sacherschließung*; di: FH Potsdam, FB Informationswiss., Friedrich-Ebert-Str. 4, 14467 Potsdam, T: (0331) 5801514, hobohm@fh-potsdam.de

**Hoburg,** Ralf; Dr. theol., Prof. FH Hannover; *Systematische Theologie, Diakoniewissenschaft, Organisationssoziologie*; di: Hochsch. Hannover, Fak. V Diakonie, Gesundheit u. Soziales, Blumhardtstr. 2, 30625 Hannover, PF 690363, 30612 Hannover, T: (0511) 92963221, ralf.hoburg@hs-hannover.de

**Hobusch,** Sandra; Dr. jur., Prof., Dekanin FB Gesundheitswesen; *Recht im Gesundheitswesen*; di: Ostfalia Hochsch., Fak. Gesundheitswesen, Wielandstr. 5, 38440 Wolfsburg, T: (05361) 831300, F: 831322

**Hoch,** Markus; Dr. rer. pol., Prof., Dekan FB Wirtschaft; *Betriebswirtschaftslehre, Rechnungswesen*; di: Hochsch. Furtwangen, Fak. Wirtschaft, Jakob-Kienzle-Str. 17, 78054 Villingen-Schwenningen, T: (07720) 3074310, hom@hs-furtwangen.de

**Hoch,** Rainer; Dr., Prof.; *International Management for Business and Information Technology*; di: DHBW Mannheim, Fak. Wirtschaft, Coblitzallee 1-9, 68163 Mannheim, T: (0621) 41051192, F: 41051289, rainer.hoch@dhbw-mannheim.de

**Hoch,** Thomas; Dr. rer. nat., Prof.; *Informatik für Ingenieure, Mathematik*; di: Hochsch. Rhein/Main, FB Ingenieurwiss., Umwelttechnik, Am Brückweg 26, 65428 Rüsselsheim, T: (06142) 8984433, thomas.hoch@hs-rm.de; pr: Prager Str. 27, 64521 Groß-Gerau, T: (06152) 858951

**Hochapfel,** Frank; Dr., Prof.; *BWL d. öffentlichen Verwaltung*; di: FH d. Bundes f. öff. Verwaltung, Willy-Brandt-Str. 1, 50321 Brühl

**Hochberg,** Ulrich E.; Dr.-Ing., Prof.; *Mathematik, Regelungstechnik, Industrielle Messtechnik, EDV*; di: Hochsch. Offenburg, Fak. Maschinenbau u. Verfahrenstechnik, Badstr. 24, 77652 Offenburg, T: (0781) 205220, F: 205214

**Hochdoerffer,** Wolfgang; Dr., Prof.; *BWL, Industrie*; di: DHBW Karlsruhe, Fak. Wirtschaft, Erzbergerstr. 121, 76133 Karlsruhe, T: (0721) 9735915, hochdoerffer@no-spam.dhbw-karlsruhe.de

**Hochenbleicher-Schwarz,** Anton; Dr., Prof.; *Soziale Arbeit im Gesundheitswesen, Altenhilfe*; di: DHBW Villingen-Schwenningen, Fak. Sozialwesen, Schramberger Str. 26, 78054 Villingen-Schwenningen, T: (07720) 3906201, F: 3906219, hochenbleicher@dhbw-vs.de

**Hochgürtel,** Matthias; Dr. rer. nat., Prof.; *Pharmazeutische Chemie*; di: FH Köln, Fak. f. Angew. Naturwiss., Kaiser-Wilhelm-Allee, 50368 Leverkusen, T: (0214) 328314613, matthias.hochguertel@fh-koeln.de

**Hochhaus,** Hermann; Dr.-Ing., Prof.; *Energiesysteme u. Automation/ ESA, Steuerungstechnik, Bussysteme u. Gebäudeautomation*; di: FH Lübeck, FB Elektrotechnik u. Informatik, Mönkhofer Weg 136-140, 23562 Lübeck, T: (0451) 3005115, F: 3005236, hermann.hochhaus@fh-luebeck.de

**Hochscherf,** Tobias; Dr., Prof.; *Film- und Fernsehgeschichte, Journalismus*; di: FH Kiel, FB Medien, Grenzstr. 3, 24149 Kiel, T: (0431) 2104515, tobias.hochscherf@fh-kiel.de

**Hochstatter,** Josef; Dr.-Ing., Prof.; *Strömungslehre und Strömungsmaschinen*; di: FH Köln, Fak. f. Anlagen, Energie- u. Maschinensysteme, Betzdorfer Str. 2, 50679 Köln, T: (0221) 82752370, hochstatter@fh-koeln.de; pr: Buchberg 5, 73450 Neresheim-Ohmenheim, T: (07326) 6858

**Hochstrate,** Dieter; Dipl.-Kfm., HonProf. FH Heilbronn; di: Hochsch. Heilbronn, Max-Planck-Str. 39, 74081 Heilbronn

**Hock,** Bernhard; Dr.-Ing., Prof.; *Datenverarbeitung (CAD), Statik, Spannbetonbau*; di: FH Mainz, FB Technik, Holzstr. 36, 55116 Mainz, T: (06131) 2859328, hock@fh-mainz.de

**Hock,** Burkhard; Dr., Prof.; *Allgemeine Betriebswirtschaftslehre, Steuer u. Wirtschaftsprüfung*; di: Hochsch. Fulda, FB Wirtschaft, Marquardstr. 35, 36039 Fulda

**Hock,** Klaus; Dr., Prof.; *Bürgerliches Recht*; di: Hochsch. Kehl, Fak. Rechts- u. Kommunalwiss., Kinzigallee 1, 77694 Kehl, PF 1549, 77675 Kehl, T: (07851) 894168, Hock@fh-kehl.de

**Hock,** Rainer; Dipl.-Ing., Prof.; *Entwerfen Innenarchitektur, insb. Entwurfsgrundlagen u. computergestütztes Entwerfen*; di: Hochsch. Wismar, Fak. f. Gestaltung, PF 1210, 23952 Wismar, T: (03841) 753225, r.hock@di.hs-wismar.de

**Hock,** Thorsten; Dr., Prof.; *Allgemeine Betriebswirtschaftslehre, Finanzmärkte*; di: Hochsch. Amberg-Weiden, FB Betriebswirtschaft, Hetzenrichter Weg 15, 92637 Weiden, T: (0961) 3821309, t.hock@haw-aw.de

**Hodapp,** Josef; Dr.-Ing., Prof.; *Elektrische Antriebssysteme und Magnetfeldtechnologien*; di: FH Aachen, FB Angewandte Naturwiss. u. Technik, Ginsterweg 1, 52428 Jülich, T: (0241) 600953038, hodapp@fh-aachen.de; pr: Simmerer Str. 7b, 50935 Köln, T: (0221) 4300005

**Hoder,** Hilmar; Dr.-Ing., Prof.; *Maschinenelemente, Konstruktionslehre*; di: HAW Hamburg, Fak. Technik u. Informatik, Berliner Tor 21, 20099 Hamburg, T: (040) 428758707, hoder@rzbt.haw-hamburg.de; pr: T: (040) 60566212, F: 60566214

**Höber,** Martina; Dr. rer. pol., Prof.; *Betriebswirtschaftslehre, Sozialkompetenz, Interkulturelle Kommunikation*; di: Techn. Hochsch. Mittelhessen, FB 07 Wirtschaft, Wiesenstr. 14, 35390 Gießen, T: (0641) 3092722; pr: Fredenbruch 9-11, 50321 Brühl, T: (02232) 211700

**Höblich,** Davina; Dr. phil., Prof.; *Soziale Arbeit mit den Schwerpunkten Bildung, Ethik, Arbeit mit Kindern und Jugendlichen*; di: Hochsch. Rhein / Main, FB Sozialwesen, Kurt-Schumacher-Ring 18, 65197 Wiesbaden, T: (0611) 94951314, Davina.Hoeblich@hs-rm.de

**Höchstetter,** Hans; Dipl.-Chem., Dipl.-Phys., Dr., Prof. FH Isny; *Physikalische Chemie, Spektroskopie, Organische Chemie*; di: NTA Prof. Dr. Grübler, Seidenstr. 12-35, 88316 Isny, T: (07562) 970720, hoechstetter@nta-isny.de

**Höcht,** Johannes; Dr.-Ing., Prof.; *Regelungs- und Steuerungstechnik, Automatisierungstechnik, Elektrotechnik*; di: Hochsch. München, Fak. Maschinenbau, Fahrzeugtechnik, Flugzeugtechnik, Dachauer Str. 98b, 80335 München, T: (089) 12653336, F: 12651392, johannes.hoecht@fhm.edu

**Höcker,** Ralf; Dr., Prof.; *Marken- und Medienrecht*; di: Cologne Business School, Hardefuststr. 1, 50667 Köln, T: (0221) 93180922, r.hoecker@cbs-edu.de

**Höding,** Michael; Dr.-Ing., Prof.; *Netzbasierte Anwendungen f. d. Handel / Electronic Business*; di: FH Brandenburg, FB Wirtschaft, SG Wirtschaftsinformatik, Magdeburger Str. 50, 14770 Brandenburg, PF 2132, 14737 Brandenburg, T: (03381) 355243, F: 355199, hoeding@fh-brandenburg.de; www.fh-brandenburg.de/~hoeding/

**Höfer,** Bernd; Dr. rer. pol., HonProf. Rheinische FH Köln, Stellvertr. Vorstandsvors. DLR Köln; *Betriebswirtschaftslehre*; di: Dt. Zentrum f. Luft- u. Raumfahrt, Linder Höhe, 51147 Köln, T: (02203) 6013323, F: 64190, bernd.hoefer@dlr.de; Rheinische FH Köln, Hohenstaufenring 16-18, 50674 Köln

**Höfer,** Karlheinz; Dr.-Ing., Prof.; *Nachrichtentechnik, Digitale Signalverarbeitung, Grundlagen der Elektrotechnik*; di: Hochsch. Esslingen, Fak. Informationstechnik, Flandernstr. 101, 73732 Esslingen, T: (0711) 3974160; pr: Hölderlinweg 42, 72730 Esslingen, T: (0711) 3169278

**Höfer,** Reinhold; Dr. rer. pol., HonProf. FH Köln; *Betriebliche Altersversorgung*; di: FH Köln, Fak. f. Wirtschaftswiss., Mainzer Str. 5, 50678 Köln; pr: Obere Saarlandstr. 2, 45470 Mülheim a. d. Ruhr, T: (0208) 423312

**Höfer,** Stephan; Dipl.-Ing., Dr.-Ing., Prof.; *Produktionsorganisation und -technik, Verkehrswirtschaft, Kommunikationssysteme, Lern- und Kreativitätstechniken, Statistik, Qualitätsmanagement*; di: Hochsch. Reutlingen, FB Produktionsmanagement, Alteburgstr. 150, 72762 Reutlingen, T: (07121) 271252; pr: Tannenstr. 15, 72810 Gomaringen, T: (07072) 921704

**Höffler,** Hans-Otto; Dr., Prof.; *Konstruktion / Maschinenlehre*; di: Nordakademie, FB Ingenieurwesen, Köllner Chaussee 11, 25337 Elmshorn, T: (04121) 409085, F: 409040, hans-otto.hoeffler@nordakademie.de

**Höfflin,** Peter; Dr., Prof.; *Soziologie*; di: Ev. H Ludwigsburg, FB Soziale Arbeit, Auf der Karlshöhe 2, 71638 Ludwigsburg, p.hoefflin@eh-ludwigsburg.de

**Höfflinger,** Werner; Dr.-Ing., Prof.; *Landmaschinen und Konstruktion*; di: FH Köln, Fakultät für Anlagen, Energie- und Maschinensysteme, Betzdorfer Str. 2, 50679 Köln, werner.hoefflinger@fh-koeln.de; pr: Arenzhofstr. 25, 50769 Fühlingen

**Höfker,** Gerrit; Dr.-Ing., Prof.; *Bauphysik*; di: Hochsch. Bochum, FB Bauingenieurwesen, Lennershofstr. 140, 44801 Bochum, T: (0234) 3210239, gerrit.hoefker@hs-bochum.de

**Höfler,** Frank; Dr.-Ing., Prof.; *Verkehrswesen*; di: Hochsch. Lausitz, FB Architektur, Bauingenieurwesen, Versorgungstechnik, Lipezker Str. 47, 03048 Cottbus-Sachsendorf, T: (0355) 5818616, F: 5818609

**Höflich,** Peter; Dr. iur., Prof.; *Rechtswissenschaft*; di: Hochsch. Lausitz, FB Sozialwesen, Lipezker Str. 47, 03048 Cottbus-Sachsendorf, T: (0355) 5818401, F: 5818409

**Hoefs,** Klaus; Prof.; *Medieninformatik*; di: FH Flensburg, FB Information u. Kommunikation, Kanzleistr. 91-93, 24943 Flensburg, T: (0461) 8051668, klaus.hoefs@fh-flensburg.de; pr: Blakshörn 23, 22159 Hamburg, T: (040) 6440518; www.khoefs.de

**Hoeft,** Michael; Dr. ès sc. techn., Prof.; *Holzbau, Statik, Technische Mechanik*; di: FH Lübeck, FB Bauwesen, Mönkhofer Weg 239, 23562 Lübeck, T: (0451) 3005579, michael.hoeft@fh-luebeck.de; pr: Bismarckallee 29, 24104 Kiel, T: (0431) 2390336

**Höft,** Stefan; Dr., Prof.; *Psychologie, Schwerpunkt: Personalpsychologie und Eignungsdiagnostik*; di: Hochsch. d. Bundesagentur f. Arbeit, Seckenheimer Landstr. 16, 68163 Mannheim, T: (0621) 4209356, Stefan.Hoeft@arbeitsagentur.de

**Höft,** Uwe; Dr. rer. pol., Prof.; *Marketing*; di: FH Brandenburg, FB Wirtschaft, SG Betriebswirtschaftslehre, Magdeburger Str. 50, 14770 Brandenburg, PF 2132, 14737 Brandenburg, T: (03381) 355203, F: 355299, hoeft@fh-brandenburg.de; www.fh-brandenburg.de/~hoeft/

**Höger,** Wolfgang; Dr.-Ing., Prof.; *Elektrische Maschinen und Antriebe*; di: Hochsch. München, Fak. Elektrotechnik u. Informationstechnik, Lothstr. 64, 80335 München, T: (089) 12653417, F: 12653403, hoeger@ee.fhm.edu

**Högerle,** Eberhard; Prof.; *Grafik Design*; di: Hochsch. Harz, FB Automatisierung u. Informatik, Friedrichstr. 57-59, 38855 Wernigerode, T: (03943) 659219, F: 659109, ehoegerle@hs-harz.de

**Högl,** Hubert; Dr., Prof.; *Mikrocomputertechnik, Assembler, Embedded Systems*; di: Hochsch. Augsburg, Fak. f. Informatik, Friedberger Straße 2, 86161 Augsburg, PF 110605, 86031 Augsburg, T: (0821) 55863195, Hubert.Hoegl@hs-augsburg.de; www.hs-augsburg.de/~hhoegl/

**Högsdal,** Bernt; Dr., HonProf. H Nürtingen; *Betriebswirtschaft*; di: Hochsch. f. Wirtschaft u. Umwelt Nürtingen-Geislingen, PF 1349, 72603 Nürtingen

**Höhl,** Wolfgang; Dr.-Ing., Prof.; *Computeranimation*; di: Macromedia Hochsch. f. Medien u. Kommunikation, Gollierstr. 4, 80339 München

**Höhmann,** Ulrike; M.A., Dr. rer. medic., Prof.; *Pflegewissenschaft*; di: Ev. Hochsch. Darmstadt, FB Pflege- u. Gesundheitswiss., Zweifalltorweg 12, 64293 Darmstadt, T: (06151) 879845, hoehmann@eh-darmstadt.de

**Höhn,** Falk; Dr.-Ing., Prof.; *Industrial Design: Computerunterstützter Entwurf*; di: Hochsch. Hannover, Fak. III Medien, Information u. Design, Kurt-Schwitters-Forum, Expo Plaza 2, 30539 Hannover, T: (0511) 92962370, falk.hoehn@hs-hannover.de; pr: Sackmannstr. 3a, 30453 Hannover, T: (0511) 2103777

**Höhne,** Matthias; Dr.-Ing., Prof.; *Baukonstruktion / Entwerfen*; di: Hochsch. Anhalt, FB 3 Architektur, Facility Management u. Geoinformation, PF 2215, 06818 Dessau, T: (0340) 51971535

**Höhne,** Rainer; Dr., Prof.; *Informatik*; di: Hochsch. f. Wirtschaft u. Recht Berlin, Badensche Str. 50/51, 10825 Berlin, T: (030) 29384530, rainer.hoehne@hwr-berlin.de

**Höller,** Heinzpeter; Dr.-Ing., Prof.; *Telekommunikation*; di: FH Schmalkalden, Fak. Informatik, Blechhammer, 98574 Schmalkalden, PF 100452, 98564 Schmalkalden, T: (03683) 6884106, hoeller@informatik.fh-schmalkalden.de

**Höller,** Ralf; Dipl.-Ing., Dr.-Ing., Prof.; *Entwurf, Integriertes Design*; di: Hochsch. Rhein / Main, FB Design Informatik Medien, Unter den Eichen 5, 65195 Wiesbaden, T: (0611) 94952191, ralf.hoeller@hs-rm.de; pr: Baumstr. 31, 64187 Wiesbaden, T: (0611) 8907461, F: 8907462

**Höllmüller,** Janett; Dr., Prof.; *Digitales Marketing*; di: Hochsch. Rosenheim, Fak. Betriebswirtschaft, Hochschulstr. 1, 83024 Rosenheim, T: (08031) 805480, F: 805453, Janett.hoellmueller@fh-rosenheim.de

**Hoelscher,** Martin; Dipl.-Ing., Prof.; *Städtebau, Stadt- u. Regionalentwicklung*; di: Hochsch. Ostwestfalen-Lippe, FB 9, Landschaftsarchitektur u. Umweltplanung, An der Wilhelmshöhe 44, 37671 Höxter, martin.hoelscher@hs-owl.de; pr: Pelmanstr. 18, 45131 Essen, T: (0201) 7266684

**Hölscher,** Martin; Dr.-Ing., Prof.; *Werkstoffkunde und Fertigungstechnik*; di: FH Köln, Fak. f. Fahrzeugsysteme u. Produktion, Betzdorfer Str. 2, 50679 Köln, T: (0221) 82752560, martin.hoelscher@fh-koeln.de

**Hölscher,** Uvo M.; Dr.-Ing., Prof.; *Medizinische Physik, Medizingerätetechnik*; di: FH Münster, FB Physikal. Technik, Bürgerkamp 3, 48565 Steinfurt, T: (02551) 962603, F: 962713, hoelscher@fh-muenster.de; pr: Karl-Wagenfeld-Str. 38, 48565 Steinfurt, T: (02551) 833350, F: 833352

**Hölter,** Erich; Dr. rer. pol., Prof., Dekan Fakultät für Wirtschaftswissenschaften; *Betriebswirtschaftslehre, insbes. Unternehmensplanung und -kontrolle*; di: FH Köln, Fak. f. Wirtschaftswiss., Claudiusstr. 1, 50678 Köln, T: (0221) 82753410, erich.hoelter@fh-koeln.de

**Hölterhoff,** Jens; Dipl.-Ing., Prof.; *Baubetrieb und Bauverfahrenstechnik*; di: Hochsch. Wismar, Fak. f. Ingenieurwiss., PF 1210, 23952 Wismar, T: (03841) 753610, j.hölterhoff@bau.hs-wismar.de

**Hölzje,** Uwe; Dipl.-Ing., Prof.; *Baubetrieb, Baukonstruktion, EDV*; di: HAWK Hildesheim / Holzminden / Göttingen, Fak. Management, Soziale Arbeit, Bauen, Haarmannplatz 3, 37603 Holzminden, T: (05531) 126129, F: 126150

**Hölzel,** Gerd; Dr.-Ing., Prof.; *Wassertechnik, Wasserchemie*; di: Ostfalia Hochsch., Fak. Versorgungstechnik, Salzdahlumer Str. 46/48, 38302 Wolfenbüttel

**Hölzle,** Christina; Dipl.-Psych., Dr. phil., Prof.; *Psychologie, insbes. Gesprächs- und Beratungspsychologie*; di: FH Münster, FB Sozialwesen, Hüfferstr. 27, 48149 Münster, T: (0251) 8365888, F: 8365702, hoelzle@fh-muenster.de; pr: Marientalstr. 36, 48149 Münster, T: (0251) 25444

**Hölzli,** Wolfgang; Dipl.-Kfm., Dr. rer. pol., Prof.; *Allgem. Betriebswirtschaftslehre, Rechnungswesen*; di: Georg-Simon-Ohm-Hochsch. Nürnberg, Fak. Betriebswirtschaft, Bahnhofsstr. 87, 90402 Nürnberg, PF 210320, 90121 Nürnberg

**Hoenderken,** Willemina; Prof.; *Konzeption und Entwurf Mode-Design, Mode-Grafik*; di: FH Bielefeld, FB Gestaltung, Lampingstr. 3, 33615 Bielefeld, T: (0521) 1067630, willemina.hoenderken@fh-bielefeld.de; pr: Johanniskirchplatz 8, 33615 Bielefeld, T: (0521) 138831

**Hönes,** Ernst-Rainer; Dr., HonProf. FH Mainz, Ministerialrat a.D.; *Öffentliches Recht*; di: FH Mainz, FB Wirtschaft, Lucy-Hillebrand-Str. 2, 55128 Mainz, PF 230060, 55051 Mainz

**Hönig,** Otto; Dr.-Ing., Prof.; *Wärme-/ Energietechnik, Verbrennungsmotoren*; di: Jade Hochsch., FB Ingenieurwissenschaften, Friedrich-Paffrath-Str. 101, 26389 Wilhelmshaven, T: (04421) 9852485, F: 9852623, otto.hoenig@jade-hs.de

**Hönig,** Udo; Dr., Prof.; *Wirtschaftsinformatik*; di: Europäische FH Brühl, Kaiserstr. 6, 50321 Brühl, T: (02232) 5673662, u.hoenig@eufh.de

**Hönl,** Robert; Dr.-Ing., Prof., Dekan; *Systemtheorie, Regelungstechnik, Messtechnik, Projektmanagement, Masterprogramme*; di: Hochsch. Furtwangen, Fak. Computer & Electrical Engineering, Robert-Gerwig-Platz 1, 78120 Furtwangen, T: (07723) 9202328, F: 9202637, hnl@fh-furtwangen.de

**Höntsch,** Volker; Dr., Prof.; *Papiertechnik*; di: DHBW Karlsruhe, Fak. Technik, Erzbergerstr. 121, 76133 Karlsruhe, T: (0721) 9735806, hoentsch@no-spam.dhbw-karlsruhe.de

**Höpfel,** Dieter; Dr. rer. nat., Prof.; *Physik, Technische Optik, Medizintechnik*; di: Hochsch. Karlsruhe, Fak. Elektro- u. Informationstechnik, Moltkestr. 30, 76133 Karlsruhe, PF 2440, 76012 Karlsruhe, T: (0721) 9251044, dieter.hoepfel@hs-karlsruhe.de

**Höpfl,** Reinhard; Dr. rer. nat., Prof., Rektor; *Meßtechnik, Physik*; di: Hochsch. Deggendorf, FB Maschinenbau, Edlmairstr. 6-8, 94469 Deggendorf, PF 1320, 94453 Deggendorf, T: (0991) 3615200, F: 361581200, reinhard.hoepfl@fh-deggendorf.de

**Höpken,** Wolfram; Dr.-Ing., Prof.; *Elektrotechnik*; di: Hochsch. Ravensburg-Weingarten, Doggenriedstr., 88250 Weingarten, PF 1261, 88241 Weingarten, wolfram.hoepken@hs-weingarten.de

**Hoepner,** Gert; Dr. rer. pol., Prof.; *Betriebswirtschaftslehre, insbes. Marketing*; di: FH Aachen, FB Wirtschaftswissenschaften, Eupener Str. 70, 52066 Aachen, T: (0241) 600951965, hoepner@fh-aachen.de; pr: T: (02433) 938324

**Hoeppe,** Ulrich; Dr. rer. nat., Prof.; *Physikalische Chemie, Physik, Mathematik*; di: Techn. Hochsch. Mittelhessen, FB 13 Mathematik, Naturwiss. u. Datenverarbeitung, Wilhelm-Leuschner-Str. 13, 61169 Friedberg, T: (06031) 604419

**Höppner,** Frank; Dr. ing., Prof.; *Informationsmanagement*; di: Ostfalia Hochsch., Fak. Wirtschaft, Robert-Koch-Platz 8A, 38440 Wolfsburg, T: (05361) 831539, F: 831502

**Höppner,** Heidi; Dr. rer. pol., Prof.; *Physiotherapie*; di: Alice-Salomon-Hochsch., Alice-Salomon-Platz 5, 12627 Berlin, T: (030) 99245413, heidi.hoeppner@ash-berlin.eu; pr: Hellkamp 60, 20255 Hamburg, T: (040) 43179893

**Höppner,** Klaus; Dr., HonProf. H f. nachhaltige Entwicklung Eberswalde; *Forstpolitik*; di: Landeskompetenzzentrum Forst Eberswalde, Alfred-Möller-Str. 1, 16225 Eberswalde, T: (03334) 2759203, Klaus.Hoeppner@LFE-E.Brandenburg.de

**Höptner,** Norbert; Dr., Prof.; *Elektrotechnik/ Informationstechnik*; di: Hochsch. Pforzheim, Fak. f. Technik, Tiefenbronner Str. 66, 75175 Pforzheim, T: (07231) 286062, F: 286060, norbert.hoeptner@hs-pforzheim.de

**Hörber,** Gerhard; Dr.-Ing., Prof., Gründungsrektor; *Werbung Abfallentsorgung, Recyclingtechnik, Thermische Verfahrenstechnik, Produktionsintegrierter Umweltschutz, Umweltmanagement*; di: HTW Berlin, FB Ingenieurwiss. II, Blankenburger Pflasterweg 102, 13129 Berlin, T: (030) 50194213, hoerber@HTW-Berlin.de; bbw Hochschule (FH), Leibnizstr. 11-13, 10625 Berlin, T: (030) 31990950

**Hördt,** Olga; Dr., Prof.; *Allgemeine Betriebswirtschaftslehre, insb. Organisation, Personal u. Unternehmensführung*; di: Hochschule Ruhr West, Wirtschaftsinstitut, PF 100755, 45407 Mülheim an der Ruhr, T: (0208) 88254360, olga.hoerdt@hs-ruhrwest.de

**Hörmann,** Frank; Dr., Prof.; *Präklinisches Rettungswesen/Gefahrenmanagement*; di: HAW Hamburg, Fak. Life Sciences, Lohbrügger Kirchstr. 65, 21033 Hamburg, T: (040) 428756279, frank.hoermann@haw-hamburg.de

**Hörmann,** Martin; Dr., Prof.; *Allgemeines Recht, Wirtschaftsrecht*; di: SRH Fernhochsch. Riedlingen, Lange Str. 19, 88499 Riedlingen, martin.hoermann@fh-riedlingen.srh.de

**Hörner,** Berndt; Dr.-Ing., Prof.; *Klimatechnik, EDV*; di: Hochsch. München, FB Versorgungstechnik, Verfahrenstechnik Papier und Verpackung, Druck- und Medientechnik, Lothstr. 34, 80335 München, T: (089) 12651515, F: 12651502, berndt.hoerner@hm.edu

**Hörning,** Bernhard; Dr. agr. habil., Prof.; *Ökologische Tierhaltung*; di: Hochsch. f. nachhaltige Entwicklung, FB Landschaftsnutzung u. Naturschutz, Friedrich-Ebert-Str. 28, 16225 Eberswalde, T: (03334) 657109, F: 236316, bhoerning@hnee.de

**Hörning,** Martin; Dr. med., Prof.; *Sozialmedizin einschl. Psychopathologie*; di: Kath. Hochsch. NRW, Abt. Paderborn, FB Sozialwesen, Leostr. 19, 33098 Paderborn, T: (05251) 122537, F: 122552, m.hoerning@kfhnw.de; pr: Arminiusstr. 9, 32839 Steinheim, T: (05233) 956131, martin@hoerning.net

**Hörnstein,** Elke; Dr., Prof.; *Statistik*; di: HAW Hamburg, Fak. Wirtschaft u. Soziales, Berliner Tor 5, 20099 Hamburg, T: (040) 428756921, Elke.Hoernstein@haw-hamburg.de; pr: T: (040) 8226864

**Hörstmeier,** Ralf; Dr.-Ing., Prof.; *Technische Mechanik, Fördertechnik*; di: FH Bielefeld, FB Ingenieurwiss. u. Mathematik, Am Stadtholz 24, 33609 Bielefeld, T: (0521) 1067445, F: 1067180, ralf.hoerstmeier@fh-bielefeld.de; pr: Sonnenweg 2, 32139 Spenge, T: (05225) 6277

**Hörwick,** Josef; Dr. rer. nat., Prof.; *Statistik, Darstellende Geometrie*; di: Hochsch. München, Fak. Informatik u. Mathematik, Lothstr. 34, 80335 München, T: (089) 12653735

**Hörz,** Thomas; Dr.-Ing., Prof.; *Fertigungsverfahren, Arbeitsvorbereitung, Automatisierungstechnik*; di: Hochsch. Esslingen, Fak. Maschinenbau, Kanalstr. 33, 73728 Esslingen, T: (0711) 3973269; pr: Mörikestr. 39, 70794 Filderstadt, T: (0711) 7777611

**Hösel,** Michael; Dr.-Ing., Prof. u. Prodekan; *Verfahrenstechnik*; di: Hochsch. Mittweida, Fak. Medien, Technikumplatz 17, 09648 Mittweida, T: (03727) 581276, F: 581595, mhoesel@htwm.de

**Hösel,** Werner; Dr.-Ing., Prof.; *Strömungs-, Sanitär- und Bädertechnik*; di: Westfäl. Hochsch., FB Maschinenbau u. Facilities Management, Neidenburger Str. 10, 45877 Gelsenkirchen, T: (0209) 9596293, F: 9596295, werner.hoesel@fh-gelsenkirchen.de; pr: Kottendorfer Feld 38, 46286 Dorsten, T: (02369) 1734

**Höß,** Alfred; Dr.-Ing., Prof.; *Elektrotechnik, Elektrische Messtechnik, Grundlagen d. Elektrotechnik*; di: Hochsch. Amberg-Weiden, FB Elektro- u. Informationstechnik, Kaiser-Wilhelm-Ring 23, 92224 Amberg, T: (09621) 482148, F: 482161, alfred.hoess@fh-amberg-weiden.de

**Höß,** Oliver; Dr., Prof.; di: Hochsch. f. Technik, Fak. Vermessung, Mathematik u. Informatik, Schellingstr. 24, 70174 Stuttgart, PF 101452, 70013 Stuttgart, T: (0711) 89262984, oliver.hoess@hft-stuttgart.de

**Hößl,** Christian; Dipl.-Ing., Prof.; *Baukonstruktion, Entwurfsgrundlagen, Gebäudelehre*; di: Hochsch. Augsburg, Fak. f. Architektur u. Bauwesen, An der Hochschule 1, 86161 Augsburg, T: (0821) 55863104, F: 55863110, christian.hoessl@hs-augsburg.de

**Hoessle,** Alfram R. Edler von; Dipl.-Ing., Prof.; *Gebäudekunde, Baukonstruktion*; di: Hochsch. Rhein/Main, FB Architektur u. Bauingenieurwesen, Kurt-Schumacher-Ring 18, 65197 Wiesbaden, T: (0611) 94951404, alfram.edlervonhoessle@hs-rm.de; pr: Fürstenbergerstr. 149, 60322 Frankfurt a.M., T: (069) 591212, F: 557764

**Höttecke,** Martin; Dr.-Ing., Prof.; *Regelungstechnik, Gebäudeautomation*; di: FH Münster, FB Energie, Gebäude, Umwelt, Stegerwaldstraße 39, 48565 Steinfurt, T: (02551) 962260, hoettecke@fh-muenster.de

**Hötter,** Michael; Dr.-Ing., Prof.; *Nachrichtentechnik (optische Übertragungstechnik und Elektrotechnische Grundlagen), Kommunikationstechnik, Kommunikationssysteme*; di: Hochsch. Hannover, Fak. I Elektro- u. Informationstechnik, Ricklinger Stadtweg 120, 30459 Hannover, PF 920261, 30441 Hannover, T: (0511) 92961259, F: 92961196, michael.hoetter@hs-hannover.de; pr: Orffstr. 11, 30989 Gehrden, T: (05108) 4542

**Höttges,** Jörg; Dr.-Ing., Prof.; *Wasserwirtschaft, Bauinformatik*; di: FH Aachen, FB Bauingenieurwesen, Bayernallee 9, 52066 Aachen, T: (0241) 600951176, hoettges@fh-aachen.de; pr: Mainstr. 1, 41352 Korschenbroich, T: (02161) 675609

**Hoevel,** Dierk van den; Dipl.-Ing., Prof.; *Möbelkonstruktion, Entwerfen IA*; di: FH Düsseldorf, FB 1 – Architektur, Georg-Glock-Str. 15, 40474 Düsseldorf, T: (0211) 4351171; pr: Trockenpützstr. 19, 41472 Neuss, T: (02131) 83133, F: 858398, dierkvdhoevel@t-online.de

**Hoever,** Georg; Dr. rer. nat., Dr.-Ing., Prof.; *Mathematik*; di: FH Aachen, FB Elektrotechnik und Informationstechnik, Eupener Str. 70, 52066 Aachen, T: (0241) 600952178, hoever@fh-aachen.de

**Höyng,** Stephan; Dr. phil., Prof.; *Geschlechterdifferenzierte Jungen- u. Männerarbeit*; di: Kath. Hochsch. f. Sozialwesen Berlin, Köpenicker Allee 39-57, 10318 Berlin, T: (030) 50101086, hoeyng@khsb-berlin.de

**Hofacker,** Werner; Dr.-Ing., Prof.; *Thermische Verfahrenstechnik, Thermodynamik, Wärme- u. Stoffübertragung*; di: Hochsch. Konstanz, Fak. Maschinenbau, Brauneggerstr. 55, 78462 Konstanz, PF 100543, 78405 Konstanz, T: (07531) 206593, hofacker@fh-konstanz.de

**Hofbauer,** Engelbert; Dr.-Ing., Prof.; *Messtechnik, Optik*; di: Hochsch. Deggendorf, FB Elektrotechnik u. Medientechnik, Edlmairstr. 6-8, 94469 Deggendorf, PF 1320, 94453 Deggendorf, T: (0991) 3615410, F: 3615599, engelbert.hofbauer@fh-deggendorf.de

**Hofbauer,** Günter; Dr. rer. pol., Prof.; *Marketing u. Technischer Vertrieb*; di: HAW Ingolstadt, Fak. Wirtschaftswiss., Esplanade 10, 85049 Ingolstadt, T: (0841) 9348359, guenter.hofbauer@haw-ingolstadt.de

**Hofbeck,** Klaus; Dipl.-Phys., Dipl.-Ing. (FH), Dr. rer. nat., Prof.; *Hochfrequenztechnik, Physik*; di: Georg-Simon-Ohm-Hochsch. Nürnberg, Fak. Allgemeinwiss., Keßlerplatz 12, 90489 Nürnberg

**Hofberger,** Harald; Dr., Prof.; *Mathematik, Softwaretechnik*; di: Hochsch. Amberg-Weiden, FB Elektro- u. Informationstechnik, Kaiser-Wilhelm-Ring 23, 92224 Amberg, T: (09621) 482165, F: 482161, h.hofberger@fh-amberg-weiden.de

**Hofer,** Arthur; Dr., Prof.; *Medienmanagement*; di: Macromedia Hochsch. f. Medien u. Kommunikation, Gollierstr. 4, 80339 München

**Hofer,** Helmut; Dr.-Ing., Prof.; *Papier- und Kunststoffverarbeitung, Verpackungstechnik, Strömungslehre, Wärmeübertragung und Trocknungstechnik*; di: Hochsch. München, Fak. Versorgungstechnik, Verfahrenstechnik Papier u. Verpackung, Druck- u. Medientechnik, Lothstr. 34, 80335 München, T: (089) 12651546, F: 12651502, hhofer@fhm.edu

**Hofer,** Klaus; Dr.-Ing. habil., PD U Bielefeld, Prof. FH Bielefeld; *Technische Informatik*; di: FH Bielefeld, FB Ingenieurwiss. u. Mathematik, Wilhelm-Bertelsmann-Str. 10, 33602 Bielefeld, T: (0521) 1067280, F: 1067150, klaus.hofer@fh-bielefeld.de; pr: Helmholtzstr. 12, 33607 Bielefeld, T: (0521) 62926

**Hoff,** Axel; Dr., Prof. FH Isny; *Rechnerarchitektur, Computernumerik, Datenanalyse, e-Business, Modellbildung u. Simulation, Mathematik*; di: NTA Prof. Dr. Grübler, Seidenstr. 12-35, 88316 Isny, T: (07562) 970731, hoff@nta-isny.de

**Hoff,** Klaus; Dr., Prof.; *Mathematik/ Statistik, Rechnungswesen, Marketing, Verkaufstechnik/Direktvermarktung, Unternehmens- u. Menschenführung, Betriebsplanung, Steuern, Marktforschung, Werbung*; di: FH Bingen, FB Life Sciences and Engineering, FR Agrarwirtschaft, Berlinstr. 109, 55411 Bingen, T: (06721) 409183, F: 409188, hoff@fh-bingen.de

**Hoff,** Nils; Prof.; *Zeichnerische Darstellung u. Illustration*; di: FH Bielefeld, FB Gestaltung, Lampingstr. 3, 33615 Bielefeld, T: (0521) 1067674, nils.hoff@fh-bielefeld.de

**Hoff,** Tanja; Dr., Prof.; *Psychosoziale Prävention, Sozialpsychologie, Empirische Sozialforschung*; di: Kath. Hochsch. NRW, Abt. Köln, FB Sozialwesen, Wörthstr. 10, 50668 Köln, T: (0221) 7757137, t.hoff@katho-nrw.de

**Hoff,** Walburga; Dr. disc. pol., Prof.; *Sozialwissenschaften*; di: Kath. Stiftungsfachhochsch. München, Abt. Benediktbeuern, Don-Bosco-Str. 1, 83671 Benediktbeuern, walburga.hoff@ksfh.de

**Hoffjann,** Olaf; Dr., Prof.; *Medienmanagement*; di: Ostfalia Hochsch., Fak. Verkehr-Sport-Tourismus-Medien, Karl-Scharfenberg-Str. 55-57, 38229 Salzgitter, o.hoffjann@ostfalia.de

**Hoffjann,** Theodor; Dipl.-Ing., Prof.; *Landschaftsplanung, Raumbezogene Planung*; di: Beuth Hochsch. f. Technik, FB V Life Science and Technology, Luxemburger Str. 10, 13353 Berlin, T: (030) 45042056, hoffjann@beuth-hochschule.de

**Hoffman-Jacobsen,** Kerstin; Dr., Prof.; *Physikalische Chemie, Mathematik*; di: Hochsch. Niederrhein, FB Chemie, Frankenring 20, 47798 Krefeld, T: (02151) 8224191, kerstin.hoffmann-jacobsen@hs-niederrhein.de

**Hoffmann,** Alexander von; Dr.-Ing., Prof.; *Konstruktion, CAD*; di: Georg-Simon-Ohm-Hochsch. Nürnberg, Fak. Elektrotechnik Feinwerktechnik Informationstechnik, Wassertorstr. 10, 90489 Nürnberg, PF 210320, 90121 Nürnberg

**Hoffmann,** Bernward; Dipl.-Päd., Dipl.-Theol., Dr. phil., Prof.; *Medienpädagogik, insbes. Kommunikationspädagogik*; di: FH Münster, FB Sozialwesen, Hüfferstr. 27, 48149 Münster, T: (0251) 8365782, F: 8365702, bhoffmann@fh-muenster.de; pr: Pferdekamp 29, 48317 Drensteinfurt-Rinkerode, T: (02538) 952895

**Hoffmann,** Birgit; Dr. jur., Prof.; *Rechtswissenschaft, Schwerpunkt Familien- und Sozialrecht*; di: Hochsch. Mannheim, Fak. Sozialwesen, Paul-Wittsack-Str. 10, 68163 Mannheim

**Hoffmann,** Boris; Dr., Prof.; *Arbeits- und Dienstrecht, Beamtenrecht*; di: FH f. öffentl. Verwaltung NRW, Abt. Köln, Thürmchenswall 48-54, 50668 Köln, boris.hoffmann@fhoev.nrw.de

**Hoffmann,** Christel; Dr., Prof.; *Dramaturgie des Kinder- u. Jugendtheaters*; di: Hochsch. Osnabrück, Fak. MKT, Inst. f. Theaterpädagogik, Baccumer Straße 3, 49808 Lingen, T: (0591) 80098411

**Hoffmann,** Dieter; Dr. agr., Prof.; *Betriebswirtschaft*; di: Hochsch. Geisenheim, Zentrum Ökonomie im Wein- u. Gartenbau, Inst. f. Betriebswirtschaft u. Marktforschung, Von-Lade-Str. 1, 65366 Geisenheim, T: (06722) 502381, F: 502680, Dieter.Hoffmann@hs-gm.de; pr: Hauptstr. 180a, 65375 Oestrich-Winkel, T: (06723) 1593

**Hoffmann,** Dirk; Dr. rer. nat., Prof.; *Embedded Systems, Technische Informatik*; di: Hochsch. Karlsruhe, Fak. Informatik u. Wirtschaftsinformatik, Moltkestr. 30, 76133 Karlsruhe, PF 2440, 76012 Karlsruhe, T: (0721) 9251496

**Hoffmann,** Eckhard; Dr., Prof.; *Audiologie, Akustik, Public Health*; di: Hochsch. Aalen, Fak. Optik u. Mechatronik, Beethovenstr. 1, 73430 Aalen, T: (07361) 5764610, eckhard.hoffmann@htw-aalen.de

**Hoffmann,** Erwin; Dr., Prof.; *IT-Security, IT Projekt-Management*; di: FH Frankfurt, FB 4 Soziale Arbeit u. Gesundheit, Nibelungenplatz 1, 60318 Frankfurt am Main, T: (069) 15333196

**Hoffmann,** Gernot; Dipl.-Ing., Dr.-Ing., Prof.; *Mathematik, Regelungstechnik, Elektronik, Automatisierte Messtechnik, Computervision*; di: Hochsch. Emden/Leer, FB Technik, Constantiaplatz 4, 26723 Emden, T: (04921) 8071341, hoffmann@hs-emden-leer.de; pr: Bentinksweg 29, 26721 Emden, T: (04921) 28584, F: 996954

**Hoffmann,** Gunter; Dr. jur., Prof.; di: Rheinische FH Köln, Hohenstaufenring 16-18, 50674 Köln; pr: Stiftstr. 43, 45470 Mülheim/Ruhr

**Hoffmann,** Hans-Joachim; Dipl.-Phys., Dr., Prof.; *Mathematik, Qualitätssicherung, Statistik, Projektstudien*; di: Hochsch. Furtwangen, Fak. Product Engineering/Wirtschaftsingenieurwesen, Robert-Gerwig-Platz 1, 78120 Furtwangen, T: (07723) 9202145, F: 9202618, hf@hs-furtwangen.de

**Hoffmann,** Harald Martin; Dr. rer. nat., Prof., Dekan FB Verfahrens- u. Chemietechnik; *Anorganische Chemie, Physikalische Chemie*; di: Hochsch. Mannheim, Fak. Biotechnologie, Windeckstr. 110, 68163 Mannheim, T: (0621) 2926387

**Hoffmann,** Heinz Rainer; Dr.-Ing., Prof.; di: Ostfalia Hochsch., Fak. Fahrzeugtechnik, Robert-Koch-Platz 8A, 38440 Wolfsburg, h.hoffmann@ostfalia.de

**Hoffmann,** Holger; Dr. jur., Prof. und Dekan FH Bielefeld, LBeauftr U Bielefeld; *Rechtswissenschaft*; di: FH Bielefeld, FB Sozialwesen, Kurt-Schumacher-Str. 6, 33615 Bielefeld, T: (0521) 1067844, holger.hoffmann@fh-bielefeld.de

**Hoffmann,** Ingo; Dipl.-Ing., HonProf.; *Technische Gebäudeausstattung*; di: Hochsch. Heidelberg, School of Engineering and Architecture, Bonhoefferstr. 11, 69123 Heidelberg

**Hoffmann,** Joachim Ernst; Dr.-Ing., Prof.; *Werkstoffkunde, Konstruktionswerkstoffe, insbesondere Verbundwerkstoffe, Werkstofftechnologie, Betriebsfestigkeit, Experimentelle Spannungsanalyse, Leichtbau*; di: FH Kaiserslautern, FB Angew. Ingenieurwiss., Morlautererstr. 31, 67657 Kaiserslautern, T: (0631) 3724304, F: 3724105, joachim.hoffmann@fh-kl.de

**Hoffmann,** Jobst; Dr. rer. nat., Prof. FH Aachen; *Angewandte Informatik*; di: FH Aachen, FB Angewandte Naturwiss. u. Technik, Ginsterweg 1, 52428 Jülich, T: (0241) 600953159, j.hoffmann@fh-aachen.de; pr: Albertusstr. 29, 41061 Mönchengladbach

**Hoffmann,** Jörg; Dr.-Ing., Prof.; *Prozess- und Analysemesstechnik*; di: Hochsch. Osnabrück, Fak. Ingenieurwiss. u. Informatik, Albrechtstr. 30, 49076 Osnabrück, T: (0541) 9693018, F: 9692936; pr: Lärchenweg 5, 49205 Hasbergen, T: (05405) 69141, Joerg.M.Hoffmann@t-online.de

**Hoffmann,** Jörg; Dr., Prof.; *Steuerwesen, Wirtschaftsprüfung*; di: Hochsch. Augsburg, Fak. f. Wirtschaft, Baumgartnerstr. 16, 86161 Augsburg, T: (0821) 55862906, F: 55862902, joerg.hoffmann@hs-augsburg.de

**Hoffmann,** Jürgen; Dipl. Designer, Prof.; *Information/Medien, Kommunikationsdesign*; di: Hochsch. f. Gestaltung Schwäbisch Gmünd, Rektor-Klaus-Str. 100, 73525 Schwäbisch Gmünd, PF 1308, 73503 Schwäbisch Gmünd, T: (07171) 602616, juergen.hoffmann@hfg-gmuend.de; pr: Hölderlinstr. 40, 70193 Stuttgart, T: (0711) 2260497

**Hoffmann,** Kai; Dr., Prof.; *Logistik*; di: Europäische FernH Hamburg, Doberaner Weg 20, 22143 Hamburg

**Hoffmann,** Karl E.; Dr., Prof.; *Mathematik, EDV, Qualitätskontrolle*; di: Hochsch. Rosenheim, Hochschulstr. 1, 83024 Rosenheim, T: (08031) 805417, F: 805101, hoffmann@fh-rosenheim.de

**Hoffmann,** Karsten; Dip.-Kaufm., Dr. rer. oec., Prof.; *Steuerlehre, Investition, Bilanzen*; di: Int. School of Management, SG Int. Betriebswirtschaft, Otto-Hahn-Str. 19, 44227 Dortmund, karsten.hoffmann@ism-dortmund.de; pr: Loerfeldstr. 8 A, 58313 Herdecke (Ruhr), T: (02330) 890031, F: (02330) 890044, hoffmann.beratung@t-online.de

**Hoffmann,** Kurt; Dr., Prof.; *Softwaretechnik, Mathematik*; di: Hochsch. Amberg-Weiden, FB Elektro- u. Informationstechnik, Kaiser-Wilhelm-Ring 23, 92224 Amberg, T: (09621) 482239, F: 482161, k.hoffmann@fh-amberg-weiden.de

**Hoffmann,** Marcus; Dr., Prof.; *BWL, Industrie*; di: DHBW Heidenheim, Fak. Wirtschaft, Marienstr. 20, 89518 Heidenheim, T: (07321) 2722257, F: 2722259, hoffmann@dhbw-heidenheim.de

**Hoffmann,** Marcus; Dr. med., Prof.; di: DHBW Karlsruhe, Studiengang Arztassistent, Erzbergerstr. 121, 76133 Karlsruhe, T: (0721) 9735871, hoffmann@no-spam.dhbw-karlsruhe.de

**Hoffmann,** Marcus; Dr.-Ing., Prof.; *Maschinenbau, Werkstoffkunde Kunststoffe, Kunststoffverarbeitungsprozesse*; di: Hochsch. Kempten, Fak. Maschinenbau, Bahnhofstr. 61-63, 87435 Kempten, T: (0831) 25239221, F: 2523229, marcus.hoffmann@fh-kempten.de

**Hoffmann,** Martin; Dr.-Ing, Prof.; *Betriebssysteme und Verteilte Systeme*; di: FH Bielefeld, FB Technik, Ringstraße 94, 32427 Minden, T: (0571) 8385298, F: 8385240, martin.hoffmann@fh-bielefeld.de

**Hoffmann,** Matthias; Dr. rer. nat., Prof.; *Wärmetechnik/Computergestützte Planungsmethoden/Arbeitsvorbereitung und Logistik*; di: Westsächs. Hochsch. Zwickau, Fak. Kraftfahrzeugtechnik, Dr.-Friedrichs-Ring 2A, 08056 Zwickau, Matthias.Hoffmann@fh-zwickau.de

**Hoffmann,** Michael; Dr. rer. pol., Prof.; *Betriebswirtschaftslehre, Unternehmensführung, Management*; di: Hochsch. Magdeburg-Stendal, FB Wirtschaft, Breitscheidstr. 2, 39114 Magdeburg, T: (0391) 8864416, michael.hoffmann@hs-magdeburg.de

**Hoffmann,** Roland; Dr.-Ing., Prof.; *Nachrichtenübertragung, Lineare Systeme und Netzwerke*; di: Hochsch. Niederrhein, FB Elektrotechnik/Informatik, Reinarzstr. 49, 47805 Krefeld, T: (02151) 8224626; pr: Otto-Hahn-Str. 217, 40591 Düsseldorf, T: (0211) 752492

**Hoffmann,** Sandra; Prof.; *KD/Typography, Grafik*; di: Hochsch. Darmstadt, FB Gestaltung, Haardtring 100, 64295 Darmstadt, T: (06151) 168341, s.e.hoffmann@h-da.de; pr: Marzilistr. 17, CH-3005 Bern, T: 0313113135

**Hoffmann,** Sebastian; Dr.-Ing., Prof.; *Elektrotechnik und Automatisierungstechnik, insbes. elektrische Maschinen u. Antriebe*; di: FH Bielefeld, FB Ingenieurwiss. u. Mathematik, Wilhelm-Bertelsmann-Str. 10, 33602 Bielefeld, T: (0521) 10671220, sebastian.hoffmann@fh-bielefeld.de

**Hoffmann,** Ulrich; Dr.-Ing., Prof.; *Prozessautomatisierung, EDV*; di: FH Aachen, FB Angewandte Naturwiss. u. Technik, Worringer Weg 1, 52074 Aachen, T: (0241) 600953040, u.hoffmann@fh-aachen.de; pr: Brunssumstr. 4, 52074 Aachen, T: (0241) 7018340

**Hoffmann,** Ulrich; Dr., Prof.; *Verteilte Systeme, System- und Software-Technik*; di: FH Wedel, Feldstr. 143, 22880 Wedel, T: (04103) 804841, uh@fh-wedel.de

**Hoffmann,** Werner; Dr.-Ing. habil., Prof.; *Kraftfahrzeugtechnik/Verbrennungsmotoren*; di: Westsächs. Hochsch. Zwickau, Fak. Kraftfahrzeugtechnik, Dr.-Friedrichs-Ring 2A, 08056 Zwickau, PF 201037, 08012 Zwickau, Werner.Hoffmann@fh-zwickau.de

**Hoffmann-Bahnsen,** Roland; Dr., Prof.; *Allgemeiner Pflanzenbau*; di: Hochsch. f. nachhaltige Entwicklung, FB Landschaftsnutzung u. Naturschutz, Friedrich-Ebert-Str. 28, 16225 Eberswalde, T: (03334) 657353, F: 657387353, rhoffmannbahnsen@hnee.de

**Hoffmann-Berling,** Eberhard; Dr.-Ing., Prof.; *Elektrotechnik*; di: FH Kiel, FB Informatik u. Elektrotechnik, Grenzstr. 5, 24149 Kiel, eberhard.hoffmann-berling@fh-kiel.de

**Hoffmann-Walbeck,** Thomas; Dr., Prof.; *Druckformherstellung, Ausgabesysteme, Informatik*; di: Hochsch. d. Medien, Fak. Druck u. Medien, Nobelstr. 10, 70569 Stuttgart, T: (0711) 89232128, hoffmann@hdm-stuttgart.de

**Hoffmeister,** Ernst-Dietrich; Dipl.-Ing., Prof., Dekan; *Ländliche Neuordnung, Raumordnung, Bauleitplanung, Kartographie, Vermessungstechnik*; di: HTW Dresden, Fak. Geoinformation, Friedrich-List-Platz 1, 01069 Dresden, T: (0351) 4623418, hoffmeister@htw-dresden.de

**Hoffmeister,** Mike; Dr. rer. pol., Prof.; *Internationale Business*; di: Ostfalia Hochsch., Fak. Wirtschaft, Robert-Koch-Platz 8A, 38440 Wolfsburg, T: (05361) 831533, F: 831502

**Hoffmeister,** Wolfgang; Dipl.-Wirtsch.-Ing., Prof.; *Wirtschaftsmathematik/Statistik, Investitionsrechnen, Quantitative Methoden, Organisation*; di: Hochsch. Darmstadt, FB Wirtschaft, Haardtring 100, 64295 Darmstadt, T: (06151) 169203, hoffmeister@fbw.h-da.de

**Hoffner,** Bernhard; Dr. rer. nat., Prof.; *Thermische Verfahrenstechnik, Feststoffbildung*; di: Hochsch. Darmstadt, FB Chemie- u. Biotechnologie, Haardtring 100, 64295 Darmstadt, T: (06151) 168950, bernhard.hoffner@h-da.de

**Hoffschmidt,** Bernhard; Dr. rer. nat., Prof.; *Energietechnik*; di: FH Aachen, FB Energie- und Umweltschutztechnik, Kerntechnik, Ginsterweg 1, 52428 Jülich, T: (0241) 600953529, hoffschmidt@fh-aachen.de; pr: Am Gänschenwald 19, 51467 Bergisch Gladbach, T: (02202) 58631

**Hofheinz**, Martin; Dr., Prof.; *Therapiewissenschaften, Schwerpunkt Neurorehabilitation*; di: SRH FH f. Gesundheit Gera, Hermann-Drechsler-Str. 2, 07548 Gera

**Hofinger**, Ines; Dr.-Ing., Prof.; *Technische Mechanik*; di: HTW Dresden, Fak. Maschinenbau/Verfahrenstechnik, Friedrich-List-Platz 1, 01069 Dresden, T: (0351) 4622618, hofinger@mw.htw-dresden.de

**Hofmaier**, Richard; Dr. rer. pol., Prof.; *Marketing*; di: Hochsch. München, Fak. Betriebswirtschaft, Am Stadtpark 20 (Neubau), 81243 München, T: (089) 12652718, F: 12652714, richard.hofmaier@fhm.edu

**Hofmann**, Beate; Pfarrerin, Dr. theol., Prof.; *Gemeindepädagogik, Altes Testament*; di: Ev. Hochsch. Nürnberg, Fak. f. Religionspädagogik, Bildungsarbeit u. Diakonik, Bärenschanzstr. 4, 90429 Nürnberg, T: (0911) 27253864, F: 27253852, beate.hofmann@evhn.de; pr: Jasminweg 4, 90480 Nürnberg, T: (0911) 5404114

**Hofmann**, Dominikus; Dr.-Ing., Prof.; *Konstruktion, Maschinendynamik*; di: Hochsch. Kempten, Fak. Maschinenbau, Bahnhofstr. 61-63, 87435 Kempten, T: (0831) 2523224, F: 2523229, dominikus.hofmann@fh-kempten.de

**Hofmann**, Erwin; Dr.-Ing., Prof.; *Informatik/Datenverwaltungssystem, objektorientierte Systeme, Algorithmierung/Programmierung*; di: Westsächs. Hochsch. Zwickau, FB Physikalische Technik/Informatik, Dr.-Friedrichs-Ring 2A, 08056 Zwickau, Erwin.Hofmann@fh-zwickau.de

**Hofmann**, Frank; Dr., Prof.; *Straf- und Strafprozessrecht*; di: FH f. öffentl. Verwaltung NRW, Abt. Münster, Nevinghoff 8, 48147 Münster, frank.hofmann@fhoev.nrw.de

**Hofmann**, Frank; Prof.; *Multimediale Anwendungen für Technische Dokumentationen*; di: Hochsch.Merseburg, FB Informatik u. Kommunikationssysteme, Geusaer Str., 06217 Merseburg, T: (03461) 463055, F: 462900, Frank.Hofmann@hs-merseburg.de

**Hofmann**, Georg Rainer; Dr., Prof.; *Datenverarbeitung, Unternehmensführung*; di: Hochsch. Aschaffenburg, Fak. Wirtschaft u. Recht, Würzburger Str. 45, 63743 Aschaffenburg, T: (06021) 314709, georg-rainer.hofman@fh-aschaffenburg.de

**Hofmann**, Gerhard; Dr.-Ing. habil., Prof.; *Elektroenergieerzeugung*; di: HTW Dresden, Fak. Elektrotechnik, PF 120701, 01008 Dresden, T: (0351) 4622579, hofmann@et.htw-dresden.de

**Hofmann**, Götz; Dr. rer. nat., Prof.; *Mathematik, Simulation*; di: FH Flensburg, FB Technik, Kanzleistr. 91-93, 24943 Flensburg, T: (0461) 8051418, goetz.hofmann@fh-flensburg.de; pr: Meldorfer Weg 28, 24768 Rendsburg

**Hofmann**, Günter; Dr., Prof.; *Investition und Finanzierung, Rechnungswesen, Controlling*; di: Hochsch. Rhein/Main, FB Wirtschaft, Bleichstr. 44, 65183 Wiesbaden, T: (0611) 9002148, guenter.hofmann@hs-rm.de

**Hofmann**, Harald; Dr., Prof.; *Allgemeines Verwaltungsrecht, Kommunalrecht, Juristische Methodik*; di: FH f. öffentl. Verwaltung NRW, Abt. Köln, Thürmchenswall 48-54, 50668 Köln, T: (0221) 912652182, F: 9126529, harald.hofmann@fhoev.nrw.de

**Hofmann**, Holger; Dr., Prof.; *Informatik*; di: DHBW Mannheim, Fak. Technik, Coblitzallee 1-9, 68163 Mannheim, T: (0621) 41051407, F: 41051194, holger.hofmann@dhbw-mannheim.de

**Hofmann**, Horst; Dr.-Ing., Prof.; *Wasserbau und Siedlungswasserwirtschaft*; di: Hochsch. München, Fak. Bauingenieurwesen, Karlstr. 6, 80333 München, T: (089) 12652688, F: 12652699, hofmann@bau.fhm.edu

**Hofmann**, Joachim; Dr.-Ing., HonProf.; *Energiewirtschaft*; di: Hochsch. Mittweida, Fak. Elektro- u. Informationstechnik, Technikumplatz 17, 09648 Mittweida, T: (03727) 581364

**Hofmann**, Jürgen; Dr. rer. pol., Prof.; *Wirtschaftsinformatik, Prozess- u. IT-Management*; di: HAW Ingolstadt, Fak. Wirtschaftswiss., Esplanade 10, 85049 Ingolstadt, T: (0841) 9348190, juergen.hofmann@haw-ingolstadt.de

**Hofmann**, Karl Heinrich; Dr.-Ing., Prof.; *Elektronik, Digitale Modulationsverfahren, Mobilkommunikation*; di: Hochsch. Rhein/Main, FB Ingenieurwiss., Informationstechnologie u. Elektrotechnik, Am Brückweg 26, 65428 Rüsselsheim, T: (06142) 8984250, karlheinrich.hofmann@hs-rm.de

**Hofmann**, Martin Ludwig; Dr. phil., Prof.; *Human- und Geisteswissenschaften*; di: Hochsch. Ostwestfalen-Lippe, FB 1, Architektur u. Innenarchitektur, Bielefelder Str. 66, 32756 Detmold, martin.hofmann@hs-owl.de

**Hofmann**, Martina; Dr., Prof.; *Erneuerbare Energien, Energieeffizienz*; di: Hochsch. Aalen, Fak. Elektronik u. Informatik, Beethovenstr. 1, 73430 Aalen, T: (07361) 5764250, Martina.Hofmann@htw-aalen.de

**Hofmann**, Norbert; Dr.-Ing., Prof.; *Informatik, CAD*; di: FH Erfurt, FB Versorgungstechnik, Altonaer Str. 25, 99085 Erfurt, PF 101363, 99013 Erfurt, T: (0361) 6700352, F: 6700643, hofmann@fh-erfurt.de

**Hofmann**, Otto; Dr.-Ing. habil., Prof.; *Physik*; di: FH Jena, FB Grundlagenwiss., Carl-Zeiss-Promenade 2, 07745 Jena, PF 100314, 07714 Jena

**Hofmann**, Rainer; Dr. rer. soc. oec., Prof.; *Betriebswirtschaftslehre, insbes. Finanzdienstleistungen, Grundlagenfächer*; di: FH Kaiserslautern, FB Betriebswirtschaft, Amerikastr. 1, 66482 Zweibrücken, T: (06332) 914217, rainer.hofmann@fh-kl.de

**Hofmann**, Reimar; Dr.-Ing., Prof.; *Wirtschaftsinformatik*; di: Hochsch. Karlsruhe, Fak. Informatik u. Wirtschaftsinformatik, Moltkestr. 30, 76133 Karlsruhe, PF 2440, 76012 Karlsruhe, T: (0721) 9252954, reimar.hofmann@hs-karlsruhe.de

**Hofmann**, Ronald; Dr., Prof.; *Psychologie, Methoden der sozialen Arbeit*; di: FH Erfurt, FB Sozialwesen, Altonaer Str. 25, 99084 Erfurt, PF 101363, 99013 Erfurt, T: (0361) 6700552, F: 6700533, ronald.hofmann@fh-erfurt.de

**Hofmann**, Stefan; Dr. rer. nat., Prof.; *Physikalische Messtechnik, Mathematik*; di: Hochsch. Biberach, SG Gebäudeklimatik, PF 1260, 88382 Biberach/Riß, T: (07351) 582267, F: 582299, hofmann@hochschule-bc.de

**Hofmann**, Thomas; Dr.-Ing., Prof.; *Massivbau, Statik, Brückenbau*; di: H Koblenz, FB Bauwesen, Konrad-Zuse-Str. 1, 56075 Koblenz, T: (0261) 9528219, hofmann@fh-koblenz.de

**Hofmann**, Thomas; Dipl.-Design., Prof.; *Produktdesign*; di: Hochsch. Osnabrück, Fak. Ingenieurwiss. u. Informatik, Albrechtstr. 30, 49076 Osnabrück, T: (0541) 9692984, t.hofmann@hs-osnabrueck.de

**Hofmann**, Uwe; Dr. rer. pol., Prof.; *Betriebswirtschaftslehre, insbesondere Rechnungswesen und betriebliche Steuerlehre*; di: FH Schmalkalden, Fak. Wirtschaftsrecht, Blechhammer, 98574 Schmalkalden, PF 100452, 98564 Schmalkalden, T: (03683) 6886102, u.hofmann@fh-sm.de

**Hofmann**, Volker; Dr.-Ing., Prof.; *Bausanierung*; di: HTWK Leipzig, FB Bauwesen, PF 301166, 04251 Leipzig, T: (0341) 30766313, hofmann@fbb.htwk-leipzig.de

**Hofmann-Kuhn**, Gudrun; Dr., Prof.; *BWL, Recht*; di: Hochsch. f. Technik, Fak. Bauingenieurwesen, Bauphysik u. Wirtschaft, Schellingstr. 24, 70174 Stuttgart, PF 101452, 70013 Stuttgart, T: (0711) 89262702, F: 89262666, G.Hofmann-Kuhn@t-online.de

**Hofmann-von Kap-herr**, Karl; Dr.-Ing., Prof.; *Maschinenbau, Werkzeugmaschinen, Technische Mechanik*; di: Hochsch. Trier, FB Technik, Maschinenbau, PF 1826, 54208 Trier, T: (0651) 8103426, K.Hofmann-von-Kap-herr@hochschule-trier.de

**Hofmeister**, Gerd; Dr., Prof.; *ABWL, insbes. Personalwirtschaft*; di: FH Erfurt, FB Wirtschaftswiss., Steinplatz 2, 99085 Erfurt, PF 101363, 99013 Erfurt, T: (0361) 6700153, F: 6700152, hofmeister@fh-erfurt.de

**Hofmeister**, Heidemarie; Dipl.-Kff., Dipl.-Vw., Dr., Prof.; *Betriebswirtschaftslehre, insbes. betriebliche Steuerlehre und Unternehmensprüfung*; di: FH Düsseldorf, FB 7 – Wirtschaft, Universitätsstr. 1, Geb. 23.32, 40225 Düsseldorf, T: (0211) 8114199, F: 8114369, heidemarie.hofmeister@fh-duesseldorf.de

**Hofnagel**, Johannes R.; Dr., Prof.; *Betriebswirtschaftslehre, Unternehmensführung*; di: FH Dortmund, FB Wirtschaft, Emil-Figge-Str. 42, 44227 Dortmund, T: (0231) 7556834, johannes.hofnagel@fh-dortmund.de

**Hofstetter**, Helmut; Dr., Prof.; di: Hochsch. f. Wirtschaft u. Recht Berlin, Badensche Str. 50/51, 10825 Berlin, T: (030) 29384563, helmut.hofstetter@hwr-berlin.de

**Hofweber**, Peter; Dr., Prof.; *BWL, Industrie*; di: DHBW Heidenheim, Fak. Wirtschaft, Marienstr. 20, 89518 Heidenheim, T: (07321) 2722251, F: 2722259, hofweber@dhbw-heidenheim.de

**Hogan**, Andreas; Dipl.-Des., Prof.; *Schriftgestaltung, Typographie, Design*; di: Hochsch. Trier, FB Gestaltung, PF 1826, 54208 Trier, T: (0651) 8103119, hogan@hochschule-trier.de; pr: Im Gärtchen 8, 54295 Irsch, T: (0651) 9950193

**Hohberger**, Peter; Dr., Prof.; *Customer Relationship Management, Business Process Management, Wirtschaftsinformatik*; di: Hochsch. Hannover, Fak. IV Wirtschaft u. Informatik, Ricklinger Stadtweg 120, 30459 Hannover, PF 920261, 30441 Hannover, T: (0511) 92961576, peter.hohberger@hs-hannover.de

**Hoheisel**, Wolfgang; Dr.-Ing., Prof., Dekan FB Maschinenbau und Mechatronik; *Fertigungsplanung, CAD/CAM-Anwendungen, Logistik, Kosten- und Wirtschaftlichkeitsrechnung*; di: Hochsch. Karlsruhe, Fak. Maschinenbau u. Mechatronik, Moltkestr. 30, 76133 Karlsruhe, PF 2440, 76012 Karlsruhe, T: (0721) 9251916, wolfgang.hoheisel@hs-karlsruhe.de

**Hohenberg**, Gregor; Dr., Prof.; *IT, Medien- und Wissensmanagement*; di: Hochschule Hamm-Lippstadt, Marker Allee 76-78, 59063 Hamm, T: (02381) 8789150, gregor.hohenberg@hshl.de

**Hohl**, Eberhard; Dr. rer. pol., Prof.; *Team- und Projektmanagement, Unternehmensgründung und -führung, Mitarbeiterführung, Kommunikation*; di: Hochsch. Ravensburg-Weingarten, Doggenriedstr., 88250 Weingarten, PF 1261, 88241 Weingarten, T: (0751) 5019716, F: 5019876, hohl@hs-weingarten.de; pr: Steinäcker 5, 88048 Friedrichshafen, T: (07541) 941290, F: 941291

**Hohlstein**, Michael; Dr. rer. pol., Prof.; *Volkswirtschaftslehre, Quantitative Methoden*; di: Hochsch. f. Wirtschaft u. Umwelt Nürtingen-Geislingen, PF 1349, 72603 Nürtingen, T: (07022) 929226, michael.hohlstein@hfwu.de

**Hohm**, Dirk; Dr. rer. pol., Prof.; *Allgemeine BWL, Marketing und Management*; di: Ostfalia Hochsch., Fak. Recht, Salzdahlumer Str. 46/48, 38302 Wolfenbüttel, d.hohm@ostfalia.de

**Hohm**, Hans-Jürgen; Dr. rer. pol., HonProf. Kath. FH Freiburg u. H Rhein/Main Wiesbaden; *Sozialwesen*; di: Hochschule RheinMain, FB Sozialwesen, Kurt-Schumacher-Ring 18, 65197 Wiesbaden, T: (06131) 3043554, hans-juergen.hohm@hs-rm.de; pr: Jakob-Steffan-Str. 14, 55122 Mainz, T: (06131) 320359, HDrhohm@aol.com

**Hohmann**, Peter; Dr., Prof.; *Wirtschaftsinformatik*; di: Techn. Hochsch. Mittelhessen, FB 13 Mathematik, Naturwiss. u. Datenverarbeitung, Wiesenstr. 14, 35390 Gießen, T: (0641) 3092431; pr: Reinermannstr. 3, 35578 Wetzlar, T: (06441) 23832

**Hohmann**, Rainer; Dr.-Ing., Prof.; *Bauphysik*; di: FH Dortmund, FB Architektur, PF 105018, 44047 Dortmund, T: (0231) 7554414, F: 7554466, rainer.hohmann@fh-dortmund.de

**Hohmeister**, Frank; Dr. jur., Prof.; *Zivilrecht, insbesondere Wirtschaftsrecht mit den Schwerpunkten Handelsrecht, Arbeitsrecht, Internationales Privatrecht*; di: FH Südwestfalen, FB Techn. Betriebswirtschaft, Im Alten Holz, 58095 Hagen, T: (02331) 9874567, hohmeister@fh-swf.de; pr: Pixberg 2, 42499 Hückeswagen, T: (0172) 2124384

**Hohn**, Bettina; Dr., Prof.; *BWL, Public Management*; di: Hochsch. f. Wirtschaft u. Recht Berlin, FB 1, Alt-Friedrichsfelde 60, 10315 Berlin, T: (030) 90214420, F: 90214417, hohn@hwr-berlin.de

**Hohnecker**, Helmut; Dipl.-Ing., Prof., Dekan Bauingenieurwesen; *Abwassertechnik, Abwasser- u. Schlammbehandlung, Umweltschutz, Gewässerentwicklung, Qualitätsmanagement*; di: Hochsch. f. Technik, Fak. Bauingenieurwesen, Bauphysik u. Wirtschaft, Schellingstr. 24, 70174 Stuttgart, PF 101452, 70013 Stuttgart, T: (0711) 89262532, helmut.hohnecker@fht-stuttgart.de

**Hoier,** Bernhard; Dr.-Ing., Prof., Dekan FB Technik; *Kommunikationstechnik*; di: FH Brandenburg, FB Technik, SG Elektrotechnik, Magdeburger Str. 50, 14770 Brandenburg, PF 2132, 14737 Brandenburg, T: (03381) 355504, hoier@fh-brandenburg.de

**Hoinkis,** Jan; Dr.-Ing., Prof.; *Chemie, Umweltschutztechnik, Umwelttechnik, Elektrochemie, Chemie der Kunststoffe*; di: Hochsch. Karlsruhe, Fak. Elektro- u. Informationstechnik, Moltkestr. 30, 76133 Karlsruhe, PF 2440, 76012 Karlsruhe, T: (0721) 9251372

**Holaubek,** Bernhard; Dr., Prof.; *Integrierte betriebliche Standardsoftware, Logistik, Informatik in d. Wirtschaft*; di: Hochsch. Rosenheim, Fak. Informatik, Hochschulstr. 1, 83024 Rosenheim, T: (08031) 805530

**Holbein,** Peter; Dr.-Ing., Prof.; *Strömungsmechanik, Thermodynamik, Strömungsmaschinen*; di: Hochsch. Landshut, Fak. Maschinenbau, Am Lurzenhof 1, 84036 Landshut, peter.holbein@fh-landshut.de

**Holbein,** Reinhold; Dr.-Ing., Prof.; *Technische Mechanik, Rhetorik und Präsentationstechnik, Neue Werkstoffe*; di: Hochsch. Ravensburg-Weingarten, Doggenriedstr., 88250 Weingarten, PF 1261, 88241 Weingarten, T: (0751) 50199646, F: 5019876, holbein@fh-weingarten.de; pr: Hermann-Metzger-Str. 5, 88045 Friedrichshafen

**Holdack-Janssen,** Hinrich; Dr.-Ing., Prof.; *Fahrzeugklimatisierung*; di: Ostfalia Hochsch., Fak. Fahrzeugtechnik, Robert-Koch-Platz 8A, 38440 Wolfsburg

**Holdenrieder,** Jürgen; Dr. phil., Prof.; *BWL, Intern. Gesundsheits- und Pflegesysteme*; di: Hochsch. Esslingen, Fak. Versorgungstechnik u. Umwelttechnik, Kanalstr. 33, 73728 Esslingen, T: (0711) 3974598; pr: Friedrichstr. 42, 89231 Neu-Ulm, T: (0731) 81947

**Holder,** Eberhard; Prof.; *Gestaltungslehre, Darstellungstechnik*; di: Hochsch. f. Technik, Fak. Architektur u. Gestaltung, Schellingstr. 24, 70174 Stuttgart, PF 101452, 70013 Stuttgart, T: (0711) 89262742, eberhard.holder@hft-stuttgart.de

**Holder,** Elisabeth; Prof.; *Schmuck-Design*; di: FH Düsseldorf, FB 2 – Design, Georg-Glock-Str. 15, 40474 Düsseldorf, T: (0211) 4351223, elisabeth.holder@fh-duesseldorf.de; pr: Auf dem Hochfeld 10, 40699 Erkrath

**Holdt,** Wolfram; Dr., Prof., Europa Professur Jean Monnet, Dekan FB Wirtschaft; *Betriebswirtschaftslehre, insbes. Controlling*; di: Westfäl. Hochsch., FB Wirtschaft, Neidenburger Str. 43, 45877 Gelsenkirchen, T: (0209) 9596612, wolfram.holdt@fh-gelsenkirchen.de

**Holewa,** Michael; Prof.; *Informatik, Datenverarbeitung in der Sozialarbeit/Sozialpädagogik*; di: Ev. Hochsch. Berlin, Prof.. f. Informatik, Datenverarbeitung i. d. Sozialarbeit/Sozialpädagogik, PF 370255, 14132 Berlin, T: (030) 84582257, holewa@eh-berlin.de; www.prof-holewa.de

**Holey,** Thomas; Dr., Prof.; *Wirtschaftsinformatik*; di: DHBW Mannheim, Fak. Wirtschaft, Coblitzallee 1-9, 68163 Mannheim, T: (0621) 41051115, F: 41051249, thomas.holey@dhbw-mannheim.de

**Holfeld,** Andreas; Dr.-Ing., Prof.; *Konstruktion und Technische Mechanik*; di: Hochsch. Amberg-Weiden, FB Maschinenbau u. Umwelttechnik, Kaiser-Wilhelm-Ring 23, 92224 Amberg, a.holfeld@haw-aw.de

**Holicki,** Gisela; Dr. sc. oec., Prof.; *BWL, Schwerpunkt Investition/Finanzierung*; di: Hochsch. Harz, FB Wirtschaftswiss., Friedrichstr. 57-59, 38855 Wernigerode, T: (03943) 659220, F: 659109, gholicki@hs-harz.de

**Holl,** Alfred; Dipl.-Math., Dr. phil., Prof.; *Wirtschaftsinformatik, Software-Engineering, Datenbanken, Linguistische Datenverarbeitung, Wissenschaftstheorie*; di: Georg-Simon-Ohm-Hochsch. Nürnberg, Fak. Informatik, Keßlerplatz 12, 90489 Nürnberg, PF 210320, 90121 Nürnberg

**Holl,** Friedrich Lothar; Dr. rer. nat., Prof.; *Bürokommunikation und Verwaltungsautomation*; di: FH Brandenburg, FB Wirtschaft, SG Wirtschaftsinformatik, Magdeburger Str. 50, 14770 Brandenburg, PF 2132, 14737 Brandenburg, T: (03381) 355229, F: 355299, holl@fh-brandenburg.de

**Holl,** Gerhard; Dr. rer. nat., Prof.; *Detektionstechnologien*; di: Hochsch. Bonn-Rhein-Sieg, FB Angewandte Naturwissenschaften, von-Liebig-Str. 20, 53359 Rheinbach, T: (02241) 865586, gerhard.holl@h-brs.de

**Holländer,** Jan; Dr.-Ing., Prof.; *Maschinenelemente und CAD*; di: HAW Hamburg, Fak. Technik u. Informatik, Berliner Tor 21, 20099 Hamburg, T: (040) 428758738, jan.hollaender@haw-hamburg.de

**Holland,** Heinrich; Dr. rer. pol., Prof.; *Direktmarketing, Handelsmarketing, Mathematik, Statistik*; di: FH Mainz, FB Wirtschaft, Lucy-Hillebrand-Str. 2, 55128 Mainz, T: (06131) 628248, heinrich.holland@wiwi.fh-mainz.de

**Hollburg,** Uwe; Dr.-Ing., Prof.; *Festigkeitslehre, Technische Mechanik, Maschinendynamik/Getriebetechnik und CAD*; di: Hochsch. München, Fak. Maschinenbau, Fahrzeugtechnik, Flugzeugtechnik, Dachauer Str. 98b, 80335 München, T: (089) 12651226, F: 12651392, uwe.hollburg@fhm.edu

**Holldorb,** Christian; Dr.-Ing., Prof.; *Verkehrsinfrastrukturbau*; di: Hochsch. Biberach, SG Projektmanagement (Bau), PF 1260, 88382 Biberach/Riß, T: (07351) 582365, F: 582449, holldorb@hochschule-bc.de

**Holler,** Stefan; Dr.-Ing., Prof.; *Energielehre, Umwelttechnik*; di: Hochsch. Hannover, Fak. II Maschinenbau u. Bioverfahrenstechnik, Ricklinger Stadtweg 120, 30459 Hannover, PF 920261, 30441 Hannover, T: (0511) 92961362, stefan.holler@hs.hannover.de

**Hollidt,** Andreas; Dr. rer. pol., Prof.; *BWL, insb. Rechnungswesen, Kosten- und Leistungsrechnung, Controlling*; di: Hochsch. Mittweida, Fak. Wirtschaftswiss., Technikumplatz 17, 09648 Mittweida, T: (03727) 581119, hollidt@htwm.de

**Hollmann,** Helia; Dr. rer. nat., Prof.; *Mathematik, Technische Informatik, Nachrichtenübertragungstechnik, Computersicherheit*; di: Hochsch. Augsburg, Fak. f. Elektrotechnik, An der Hochschule 1, 86161 Augsburg, T: (0821) 55863358, F: 55863360, helia.hollmann@hs-augsburg.de; www.hs-augsburg.de/~hollmann/

**Hollstein,** Ralf; Dipl.-Math., Dr. phil. nat., Prof.; *Analysis u. Lineare Algebra, Numerische Mathematik, Wahrscheinlichkeitsrechnung, Fuzzy-Logic, Funktionentheorie*; di: FH Bingen, FB Technik, Informatik, Wirtschaft, Berlinstr. 109, 55411 Bingen, T: (06721) 409261, F: 409158, hollstein@fh-bingen.de

**Hollstein-Brinkmann,** Heino; Dipl.-Päd., Dr. phil., Prof.; *Sozialarbeitswissenschaft, Schwerpunkt Fort- u. Weiterbildung u. Aufbaustudium*; di: Ev. Hochsch. Darmstadt, Zweifalltorweg 12, 64293 Darmstadt, T: (06151) 879836, hollstein-brinkmann@eh-darmstadt.de; pr: Antoniterstr. 3, 65929 Frankfurt, T: (069) 3088560

**Hollunder,** Bernhard; Dr., Prof.; *Middleware- u Komponententechnologien, Sicherheit in Java, Compilerbau, Künstliche Intelligenz*; di: Hochsch. Furtwangen, Fak. Informatik, Robert-Gerwig-Platz 1, 78120 Furtwangen, T: (07723) 9202407, F: 9201109, Bernhard.Hollunder@hs-furtwangen.de

**Holm,** Andreas H.; Dr.-Ing., Prof.; di: Hochsch. München, Fak. Bauingenieurwesen, Karlstr. 6, 80333 München, andreas.holm@hm.edu

**Holm,** Jens-Mogens; Dipl.-Kfm., Dr. rer. pol., Prof., Rektor Europ. FernH Hamburg; *Allg. Betriebswirtschaftslehre, Marketing*; di: Hochsch. Reutlingen, FB European School of Business, Alteburgstr. 150, 72762 Reutlingen, T: (07121) 271421, jens-mogens.holm@fh-reutlingen.de, jens-mogens.holm@euro-fh.de; pr: Nelkenstr. 7, 72555 Glems, T: (07123) 969901

**Holocher,** Klaus; Dr., Prof.; *Hafenmanagement, Verkehrswirtschaft*; di: Jade Hochsch., FB Seefahrt, Weserstr. 4, 26931 Elsfleth, T: (04404) 92884281, klaus-holocher@jade-hs.de; pr: Auf dem Pasch 5b, 28717 Bremen, T: (0421) 6930502, F: 6930503

**Holschbach,** Andreas; Dipl.-Phys., Dr. med., Prof.; *Refraktionsbestimmung, Kontaktlinsenanpassung, Anatomie, Humanbiologie*; di: Hochsch. Aalen, Fak. Optik u. Mechatronik, Beeethovenstr. 1, 73430 Aalen, T: (07361) 5764616, Andreas.Holschbach@htw-aalen.de

**Holschemacher,** Klaus; Dr.-Ing., Prof., Dekan FB Bauwesen; *Stahlbetonbau*; di: HTWK Leipzig, FB Bauwesen, PF 301166, 04251 Leipzig, T: (0341) 30766267, holschem@fbb.htwk-leipzig.de

**Holst,** Hans-Ulrich; Dr., Prof.; *Rechnungswesen, Controlling, Management*; di: Hochsch. Osnabrück, Fak. Wirtschafts- u. Sozialwiss., Caprivistr. 30a, 49076 Osnabrück, T: (0541) 9692192, holst@wi.hs-osnabrueck.de

**Holt,** Volker von; Dr.-Ing., Prof.; *Digitaltechnik, Rechnerarchitektur*; di: Ostfalia Hochsch., Fak. Fahrzeugtechnik, Robert-Koch-Platz 8A, 38440 Wolfsburg, v.von-holt@ostfalia.de

**Holthaus-Sellheier,** Ursula; Dr.-Ing., Prof.; *Facility Management*; di: FH Aachen, FB Bauingenieurwesen, Bayernallee 9, 52066 Aachen, T: (0241) 600951168, holthaus@fh-aachen.de

**Holthues,** Heike; Dr., Prof.; *Anorganische und allgemeine Chemie, organische Chemie*; di: FH Frankfurt, FB 2 Informatik u. Ingenieurwiss., Nibelungenplatz 1, 60318 Frankfurt am Main, T: (069) 15333680, holthues@fb2.fh-frankfurt.de

**Holtmann,** Horst; Dr., Prof.; *Wirtschaftsinformatik*; di: DHBW Mosbach, Lohrtalweg 10, 74821 Mosbach, T: (06261) 939528, F: 939234, holtmann@dhbw-mosbach.de

**Holtorf,** Christian; Dr. rer. nat., Prof.; *Mikrobiologie*; di: Hochsch. Coburg, Fak. Angew. Naturwiss., Friedrich-Streib-Str. 2, 96450 Coburg, T: (09561) 317539, holtorf@hs-coburg.de

**Holube,** Inga; Dr.rer.nat., Prof.; *Audiologie*; di: Jade Hochsch., Ofener Str. 16-19, 26121 Oldenburg, T: (0441) 77083723, inga.holube@jade-hs.de; pr: Otto-Hahn-Str. 11, 26160 Bad Zwischenahn/Ofen, T: (0441) 3802824

**Holz,** Dietrich; Dr., Prof., Dekan FB Mathematik und Technik; *Medizintechnik*; di: H Koblenz, FB Mathematik u. Technik, RheinAhrCampus, Joseph-Rovan-Allee 2, 53424 Remagen, T: (02642) 932335, Holz@rheinahrcampus.de

**Holzapfel,** Robert; Dr. rer. pol., Prof.; di: Hochsch. München, Fak. Betriebswirtschaft, Am Stadtpark 20 (Neubau), 81243 München, robert.holzapfel@hm.edu

**Holzapfel,** Rupert; Dr., Prof.; *Tourismusmanagement*; di: Hochsch. Bremen, Fak. Wirtschaftswiss., Werderstr. 73, 28199 Bremen, T: (0421) 59054199, F: 59054140, rupert.holzapfel@hs-bremen.de

**Holzbaur,** Ulrich; Dr. rer. nat., Prof.; *Engineeringmanagement, Mathematik, Informatik, Umweltmanagement*; di: Hochsch. Aalen, Fak. Wirtschaftswissenschaften, Beethovenstr. 1, 73430 Aalen, T: (07361) 5762461, Ulrich.Holzbaur@htw-aalen.de

**Holze,** Carsten; Prof.; di: Hochsch. Bremen, Fak. Natur u. Technik, Flughafenallee 10, 28199 Bremen, T: (0421) 59055533, F: 59055536, Carsten.Holze@hs-bremen.de

**Holze,** Michael; Dipl.-Ing., Prof.; *Computergestützte Architekturdarstellung*; di: Beuth Hochsch. f. Technik, FB IV Architektur u. Gebäudetechnik, Luxemburger Str. 10, 13353 Berlin, T: (030) 45042582, holze@beuth-hochschule.de

**Holzenkämpfer,** Peter; Dr.-Ing., Prof.; *Stahlbetonbau, Massivbrückenbau, Baustatik*; di: Jade Hochsch., FB Bauwesen u. Geoinformation, Ofener Str. 16-19, 26121 Oldenburg, T: (0441) 77083253, F: 77083259, holzenkaempfer@jade-hs.de; pr: Dorfweg 16, 27751 Delmenhorst, T: (04221) 44374

**Holzhauer,** Ralf; Dr.-Ing., Prof.; *Recyclingtechnik*; di: Westfäl. Hochsch., FB Maschinenbau u. Facilities Management, Neidenburger Str. 10, 45877 Gelsenkirchen, T: (0209) 9596163, F: 9596178, ralf.holzhauer@fh-gelsenkirchen.de; pr: von der Recke-Str. 131, 58300 Wetter, T: (02335) 60114

**Holzhausen,** Antje; Dr. rer.pol., Prof.; *Organisation*; di: DHBW Karlsruhe, Fak. Wirtschaft, Erzbergerstr. 121, 76133 Karlsruhe, T: (0721) 9735975, holzhausen@no-spam.dhbw-karlsruhe.de

**Holzhüter,** Thomas; Dr., Prof.; *Regelungstechnik*; di: HAW Hamburg, Fak. Technik u. Informatik, Berliner Tor 7, 20099 Hamburg, T: (040) 428758087, holzhueter@etech.haw-hamburg.de; pr: th.holzhueter@t-online.de

**Holzkämper,** Hilko; Dr. rer. pol., Prof.; di: Ostfalia Hochsch., Fak. Gesundheitswesen, Wielandstr. 5, 38440 Wolfsburg, h.holzkaemper@ostfalia.de

**Holzkämper,** Reinhard; Dr.-Ing., Prof.; *Allgemeine Betriebswirtschaftslehre mit dem Schwerpunkt Beschaffung, Logistik, Produktion*; di: FH Flensburg, FB Wirtschaft, Kanzleistr. 91-93, 24943 Flensburg, T: (0461) 8051368, holzkaemper@wi.fh-flensburg.de; pr: T: (0421) 6361751, F: 6361751

**Holzner,** Johannes; Dr., Prof.; *Produktionsökonomie, Unternehmensführung*; di: Hochsch. Weihenstephan-Triesdorf, Fak. Landwirtschaft, Steingruberstr. 2, 91746 Weidenbach-Triesdorf, T: (09826) 654232, johannes.holzner@hswt.de

**Holzscheiter,** Ulrich; Dipl.-Ing., Prof.; *Städtebau, Entwerfen*; di: Hochsch. München, Fak. Architektur, Karlstr. 6, 80333 München, T: (089) 12652625, ulrich.holzscheiter@fhm.edu

**Holzwarth,** Fabian; Dr.-Ing., Prof.; *Messgerätetechnik, Bauelemente, Mikrosystemtechnik*; di: Hochsch. Aalen, Fak. Optik u. Mechatronik, Beethovenstr. 1, 73430 Aalen, T: (07361) 5763311, Fabian.Holzwarth@htw-aalen.de

**Homann,** Klaus; Dr.-Ing., Prof.; *Wirtschaftsingenieurwesen*; di: DHBW Stuttgart, Fak. Technik, Wirtschaftsingenieurwesen, Kronenstr. 53A, 70174 Stuttgart, T: (0711) 1849825, Homann@dhbw-stuttgart.de

**Homann,** Martin; Dr.-Ing., Prof.; *Bauphysik*; di: FH Münster, FB Architektur, Leonardo-Campus 5, 48149 Münster, T: (0251) 8365267, F: 8365268, mhomann@fh-muenster.de; pr: Gennerich 6c, 48329 Havixbeck, T: (02507) 572617, F: 572629, dr-homann@t-online.de

**Homann,** Rainer; Dr., Prof.; *Ästhetische Bildung/Theater*; di: HAW Hamburg, Fak. Wirtschaft u. Soziales, Alexanderstr. 1, 20099 Hamburg, rainer.homann@haw-hamburg.de

**Homberger,** Jörg; Dr. habil., Prof.; *Mathematik, Informatik*; di: Hochsch. f. Technik, Fak. Vermessung, Mathematik u. Informatik, PF 101452, 70013 Stuttgart, T: (0711) 89262511, joerg.homberger@hft-stuttgart.de

**Homburg,** Andreas; Dr., PD U Marburg, Prof. H Fresenius Idstein; *Sozialpsychologie, Wirtschaftspsychologie*; di: Hochsch. Fresenius, FB Wirtschaft u. Medien, Limburger Str. 2, 65510 Idstein, T: (06126) 9352843, F: 9352811, homburg@hs-fresenius.de

**Homeister,** Dieter; Dr. rer. nat., Prof.; *Theoretische Informatik*; di: FH Brandenburg, FB Informatik u. Medien, Magdeburger Str. 50, 14470 Brandenburg, PF 2132, 14737 Brandenburg, T: (03381) 355484, mhomeist@fh-brandenburg.de

**Homeyer,** Kai; Dr.-Ing., Prof.; *Bauelemente der Elektrotechnik, Mikroprozessortechnik, Industrieelektronik und Digitaltechnik*; di: Hochsch. Hannover, Fak. I Elektro- u. Informationstechnik, Ricklinger Stadtweg 120, 30459 Hannover, PF 920261, 30441 Hannover, T: (0511) 92961265, kai.homeyer@hs-hannover.de

**Honal,** Andrea; Dr., Prof.; *Handel*; di: DHBW Mannheim, Fak. Wirtschaft, Käfertaler Str. 256, 68167 Mannheim, T: (0621) 41052163, F: 41052150, andrea.honal@dhbw-mannheim.de

**Honer,** Anne; Dr., Prof.; *Empirische Sozialforschung*; di: Hochsch. Fulda, FB Sozial- u. Kulturwiss., Marquardstr. 35, 36039 Fulda

**Honke,** Robert; Dr., Prof.; *Angewandte Physik und Informationstechnologie*; di: Hochsch. Hof, Alfons-Goppel-Platz 1, 95028 Hof, T: (09281) 409462, F: 40955426, Robert.Honke@fh-hof.de

**Honnen,** Wolfgang; Dipl.-Chem., Dr. rer. nat., Prof.; *Umweltchemie, Instrumentelle Analytik, Umweltanalytik, Verfahrenstechnik und Umweltschutztechnik*; di: Hochsch. Reutlingen, FB Angew. Chemie, Alteburgstr. 150, 72762 Reutlingen, T: (07121) 271494, wolfgang.honnen@fh-reutlingen.de; pr: Friedrich-List-Str. 47, 72127 Kusterdingen, T: (07071) 36191

**Honold,** Dirk; Dipl.-Kfm., Dr. rer. pol., Prof.; *Unternehmensfinanzierung, Allgem. Betriebswirtschaftslehre*; di: Georg-Simon-Ohm-Hochsch. Nürnberg, Fak. Betriebswirtschaft, Bahnhofsstr. 87, 90402 Nürnberg, PF 210320, 90121 Nürnberg

**Honsálek,** Ulrich; Dr. rer. nat., Prof.; *Mathematik*; di: FH Köln, Fak. f. Bauingenieurwesen u. Umwelttechnik, Betzdorfer Str. 2, 50679 Köln, T: (0221) 82752601, ulrich.honsalek@fh-koeln.de; pr: Hanftalstr. 24, 53773 Hennef

**Hood,** Andrew G.; Prof.; *Fernsehen und Film*; di: DEKRA Hochsch. Berlin, Ehrenbergstr. 11-14, 10245 Berlin, T: (030) 290080209, andrew.hood@dekra.com

**Hoof,** Antonius van; Dr. phil., Prof.; *Informatik*; di: DHBW Stuttgart, Campus Horb, Florianstr. 15, 72160 Horb am Neckar, T: (07451) 521147, F: 521190, a.vanhoof@hb.dhbw-stuttgart.de

**Hoof,** Martin; Dr.-Ing., Prof.; *Hochspannungstechnik, Elektrische Energieversorgung, Energiewirtschaft*; di: FH Kaiserslautern, FB Angew. Ingenieurwiss., Morlauterer Str. 31, 67657 Kaiserslautern, T: (0631) 3724209, F: 3724222, hoof@et.fh-kl.de

**Hoogers,** Gregor; Dr.-Ing., Prof.; *Wasserstofftechnologie und Brennstoffzellen/Erneuerbare Energien*; di: Hochsch. Trier, Umwelt-Campus Birkenfeld, FB Umweltplanung/Umwelttechnik, PF 1380, 55761 Birkenfeld, T: (06782) 171250, g.hoogers@umwelt-campus.de

**Hook,** Christian; Dipl.-Phys., Dr. rer. nat., Prof.; *Angewandte Mathematik, Informatik*; di: Hochsch. Regensburg, Fak. Informatik u. Mathematik, PF 120327, 93025 Regensburg, T: (0941) 9431305, christian.hook@mathematik.fh-regensburg.de

**Hopf,** Carsten; Dr., Prof.; *Biochemie, Bioanalytik, Protemics*; di: Hochsch. Mannheim, Fak. Biotechnologie, Windeckstr. 110, 68163 Mannheim

**Hopf,** Gregor; Dr. phil., Prof.; *Informationstechnologie, Public Relations, Medienkonzeption, Controlling, Cross-Media und Multi-Channel Distribution in der Film- und Musikindustrie, Ideenfindung und Kreativitätsmanagement, Projektmanagement*; di: Hamburg School of Business Administration, Alter Wall 38, 20457 Hamburg, T: (040) 36138761, F: 36138751, gregor.hopf@hsba.de

**Hopf,** Hans-Georg; Dr. rer. nat., Prof.; *Datenbanken, SW-Qualität, SW-Engineering*; di: Georg-Simon-Ohm-Hochsch. Nürnberg, Fak. Elektrotechnik Feinwerktechnik Informationstechnik, Wassertorstr. 10, 90489 Nürnberg, PF 210320, 90121 Nürnberg

**Hopf,** Norbert W.; Dr., Prof.; *Allgemeine und Technische Mikrobiologie, Umweltbiotechnologie, Biotechnologie*; di: Hochsch. Weihenstephan-Triesdorf, Fak. Biotechnologie u. Bioinformatik, Am Hofgarten 10, 85350 Freising, T: (08161) 714520, F: 715116, norbert.hopf@fh-weihenstephan.de

**Hopfenbeck,** Waldemar; Dr. rer. pol., Prof.; *Betriebswirtschaftslehre*; di: Hochsch. München, Fak. Betriebswirtschaft, Am Stadtpark 20 (Neubau), 81243 München, T: (089) 12652754, hopfenbeck@fhm.edu

**Hopfenmüller,** Manfred; Dipl.-Phys., Dr. rer. nat., Prof.; *Angewandte Mathematik, Qualitätsmanagement*; di: Hochsch. Regensburg, Fak. Allgemeinwiss. u. Mikrosystemtechnik, PF 120327, 93025 Regensburg, T: (0941) 9431272, manfred.hopfenmüller@mikro.fh-regensburg.de

**Hopfmann,** Lienhard; Dr. rer. pol., Prof.; *Wirtschaftsinformatik und Logistik*; di: Hochsch. Kempten, Fak. Betriebswirtschaft, PF 1680, 87406 Kempten, T: (0831) 2523160, lienhard.hopfmann@fh-kempten.de

**Hopp,** Helmut; Dr., Prof.; *Management: Organisation und Personal*; di: H f. öffentl. Verwaltung u. Finanzen Ludwigsburg, Reuteallee 36, 71634 Ludwigsburg, T: (07141) 140522, F: 140544, Hopp@fh-ludwigsburg.de

**Hopp,** Johanna; Dr. rer. nat., Prof.; *Umwelttechnik*; di: FH Jena, FB Medizintechnik u. Biotechnologie, Carl-Zeiss-Promenade 2, 07745 Jena, PF 100314, 07703 Jena, T: (03641) 205600, F: 205601, mt@fh-jena.de

**Hoppe,** Axel; Dipl.-Informatiker, FBLt. Gamedesign, Prof.; *Projektmanagement, 3D, Informatik*; di: MEDIADESIGN Hochsch. f. Design u. Informatik, Lindenstr. 20-25, 10969 Berlin; www.mediadesign.de/

**Hoppe,** Bernhard; Dr. phil. nat., Prof.; *Grundlagen der Elektrotechnik, Werkstoffe und Bauelemente, Integrierte Schaltkreise*; di: Hochsch. Darmstadt, FB Elektrotechnik u. Informationstechnik, Haardtring 100, 64295 Darmstadt, T: (06151) 168322, hoppe@eit.h-da.de

**Hoppe,** Bernhard M.; Dr. phil., HonProf.; *Ästhetik und Kommunikation*; di: Hochsch. Mittweida, Fak. Soziale Arbeit, Döbelner Str. 58, 04741 Roßwein, BernhardHoppe@aol.com

**Hoppe,** Friedrich; Dr., Prof.; *Digitalelektronik, Elektrotechnik, Programmieren in C*; di: HTW Berlin, FB Ingenieurwiss. I, Allee der Kosmonauten 20/22, 10315 Berlin, T: (030) 50193253, f.hoppe@HTW-Berlin.de

**Hoppe,** Harald; Dr.-Ing., Prof.; *Medizininformatik, insbesondere Bildgebende Verfahren, Datenbanksysteme*; di: Hochsch. Offenburg, Fak. Elektrotechnik u. Informationstechnik, Badstr. 24, 77652 Offenburg, T: (0781) 205381, harald.hoppe@hs-offenburg.de

**Hoppen,** Dieter; Dr. rer. pol., Prof.; *Allg. Betriebswirtschaftslehre mit Schwerpunkt Internationales Marketing*; di: Hochsch. Reutlingen, FB International Business, Alteburgstr. 150, 72762 Reutlingen, T: (07121) 271443, dieter.hoppen@fh-reutlingen.de; pr: Maria-Rupp-Weg 7, 72770 Reutlingen, T: (07246) 942034

**Hoppermann,** Andreas; Dr.-Ing., Prof.; *Konstruktionslehre, Technische Mechanik*; di: Hochsch. Niederrhein, FB Maschinenbau u. Verfahrenstechnik, Reinarzstr. 49, 47805 Krefeld, T: (02151) 8225113, andreas.hoppermann@hs-niederrhein.de

**Horbach,** Annegret; Dr., Prof.; di: FH Frankfurt, FB 4 Soziale Arbeit u. Gesundheit, Nibelungenplatz 1, 60318 Frankfurt am Main, T: (069) 15332668, horbach@fb4.fh-frankfurt.de

**Horbach,** Jens; Dr., Prof.; *Volkswirtschaftslehre, insbesondere Europäische Integration*; di: Hochsch. Augsburg, Fak. f. Wirtschaft, An der Hochschule 1, 86161 Augsburg, PF 110605, 86031 Augsburg, T: (0821) 55862908, Jens.Horbach@hs-augsburg.de; www.hs-augsburg.de/~horbach/

**Horbaschek,** Klaus; Dr. rer. nat., Prof.; *Chemie, Mathematik*; di: Hochsch. Coburg, Fak. Angew. Naturwiss., Friedrich-Streib-Str. 2, 96450 Coburg, T: (09561) 317403, horbaschek@hs-coburg.de

**Horeschi,** Heike; Dr.-Ing., Prof.; *Maschinenelemente, Festigkeitslehre, Konstruktion*; di: FH f. Wirtschaft u. Technik, Studienbereich Maschinenbau, Schlesierstr. 13a, 49356 Diepholz, T: (05441) 992115, F: 992109, horeschi@fhwt.de

**Horlbeck,** Marie-Luise; Dr. jur., Prof. u. Prodekanin; *Recht in der Sozialen Arbeit*; di: Hochsch. Mittweida, Fak. Soziale Arbeit, Döbelner Str. 58, 04741 Roßwein, T: (034322) 48644, F: 48653, horlbeck@htwm.de

**Hormel,** Roland; Dr. rer. pol., Prof. FH Erding; *Organisations- u Wirtschaftspsychologie, Berufspädagogik*; di: FH f. angewandtes Management, Am Bahnhof 2, 85435 Erding, T: (08122) 9559480, roland.hormel@myfham.de

**Horn,** Armin; Dr.-Ing., Prof.; *Elektrotechnik, Antriebstechnik, Meßtechnik*; di: Hochsch. Esslingen, Fak. Maschinenbau, Kanalstr. 33, 73728 Esslingen, T: (0711) 3973354

**Horn,** Hans-Werner; Dr., Prof.; *Soziale Arbeit mit Menschen mit Behinderung*; di: DHBW Villingen-Schwenningen, Fak. Sozialwesen, Schramberger Str. 26, 78054 Villingen-Schwenningen, T: (07720) 3906207, F: 3906219, horn@dhbw-vs.de

**Horn,** Helmut; Dr.-Ing., Prof.; *Werkstoffkunde*; di: HAW Hamburg, Fak. Technik u. Informatik, Berliner Tor 21, 20099 Hamburg, T: (040) 428758600, horn@iws.haw-hamburg.de; pr: T: (0421) 632867

**Horn,** Manfred; Dr.-Ing., Prof.; *Nachrichtentechnik, Digitale Signalverarbeitung, Informations- und Kodierungstheorie, Bauelemente und Messtechnik*; di: Hochsch. Aalen, Fak. Elektronik u. Informatik, Beethovenstr. 1, 73430 Aalen, T: (07361) 5764348, Manfred.Horn@htw-aalen.de

**Horn,** Reinhard; Dr.-Ing., Prof.; *Werkzeugmaschinen, Zerspanungstechnik, Produktionsautomatisierung CAM, CAP, CAQ, Konstruktion, Fertigungstechnik*; di: FH Kaiserslautern, FB Angew. Ingenieurwiss., Morlauererstr. 31, 67657 Kaiserslautern, T: (0631) 3724317, F: 3724179, reinhard.horn@fh-kl.de

**Hornbach,** Hubert; Dr. rer. pol., Prof.; *Allgemeine Betriebswirtschaftslehre, Finanz-, Bank- und Investitionswirtschaft*; di: Hochsch. Ansbach, FB Wirtschafts- u. Allgemeinwiss., Residenzstr. 8, 91522 Ansbach, PF 1963, 91510 Ansbach, T: (0981) 4877225, hubert.hornbach@fh-ansbach.de

**Hornberg,** Alexander; Dr. rer. nat., Prof.; *Technische Optik, Physik, Mathematik*; di: Hochsch. Esslingen, Fak. Graduate School, Fak. Grundlagen, Robert-Bosch-Str. 1, 73037 Göppingen, T: (07161) 6971116; pr: Anne-Frank-Weg 49, 73207 Plochingen, T: (07153) 76535

**Hornberger,** Christoph; Dr., Prof.; *Medizintechnik*; di: Hochsch. Trier, FB Technik, PF 1826, 54208 Trier, T: (0651) 8103308, C.Hornberger@hochschule-trier.de

**Hornberger,** Martin; Dr.-Ing., Prof.; *Maschinenbau*; di: DHBW Stuttgart, Campus Horb, Florianstr. 15, 72160 Horb am Neckar, T: (07451) 521137, F: 521139, m.hornberger@hb.dhbw-stuttgart.de

**Hornberger,** Peter Chr.; Dr.-Ing., Prof.; *Produktionstechnik und Produktionsmanagement*; di: HAW Hamburg, Fak. Technik u. Informatik, Berliner Tor 21, 20099 Hamburg, T: (040) 428758667, peter.hornberger@haw-hamburg.de

**Hornfeck,** Rüdiger; Dipl.-Ing., Prof.; *Technische Mechanik, Konstruktion*; di: Georg-Simon-Ohm-Hochsch. Nürnberg, Fak. Maschinenbau u. Versorgungstechnik, Keßlerplatz 12, 90489 Nürnberg, PF 210320, 90121 Nürnberg

**Hornig,** Jörg; Dr., Prof.; *Maschinenelemente, Technische Mechanik*; di: Beuth Hochsch. f. Technik, FB VIII Maschinenbau, Veranstaltungs- u. Verfahrenstechnik, Luxemburger Straße 10, 13353 Berlin, T: (030) 45045309, hornig@beuth-hochschule.de

**Hornstein,** Elisabeth von; Dr., Prof. FH Erding; *Psychologie*; di: FH f. angewandtes Management, Am Bahnhof 2, 85435 Erding, T: (08122) 9559480, elisabeth.vonhornstein@myfham.de; pr: Elisabeth.vonHornstein@t-online.de

**Hornsteiner,** Gabriele; Dr., Prof.; *Wirtschaftsmathematik, Betriebsstatistik*; di: Hochsch. Hof, Fak. Wirtschaft, Alfons-Goppel-Platz 1, 95028 Hof, T: (09281) 409406, F: 40955406, Gabriele.Hornsteiner@fh-hof.de

**Horntrich,** Günter; Prof.; *Ökologisches Design*; di: FH Köln, Fak. f. Kulturwiss., Ubierring 40, 50678 Köln, T: (0221) 32073143

**Hornung,** Dieter; Dipl.-Phys., Dr. rer. nat., Prof.; *Informatik*; di: HTW d. Saarlandes, Fak. f. Ingenieurwiss., Goebenstr. 40, 66117 Saarbrücken, T: (0681) 5867275; pr: Ziegelhütterweg 75, 66440 Blieskastel

**Hornung,** Hartmut; Maler, Grafiker, Bildhauer, Prof.; *Grundlagen der Gestaltung*; di: Westsächs. Hochsch. Zwickau, FB Architektur, Klinkhardtstr. 30, 08468 Reichenbach, Hartmut.Hornung@fh-zwickau.de; pr: Marlow-Ausbau 13, 18337 Marlow

**Hornung,** Roland; Dipl.-Math., Dr. rer. nat., Prof.; *Angewandte Mathematik*; di: Hochsch. Regensburg, Fak. Informatik u. Mathematik, PF 120327, 93025 Regensburg, T: (0941) 9431303, roland.hornung@mathematik.fh-regensburg.de

**Horoschenkoff,** Alexander; Dr.-Ing., Prof.; *Kunststofftechnik u. Konstruktion*; di: Hochsch. München, Fak. Maschinenbau, Fahrzeugtechnik, Flugzeugtechnik, Dachauer Str. 98b, 80335 München, T: (089) 12653342, F: 12651392, alexander.horoschenkoff@fhm.edu

**Horsch,** Jürgen; Dr., Prof.; *Finanzwirtschaft, Controlling*; di: HAWK Hildesheim/Holzminden/Göttingen, Fak. Ressourcenmanagement, Büsgenweg 1a, 37077 Göttingen, T: (0551) 5032255

**Horsch,** Thomas; Dr.-Ing., Prof.; *Grundlagen d. Informatik, Technische Informatik*; di: Hochsch. Darmstadt, FB Informatik, Haardtring 100, 64295 Darmstadt, T: (06151) 168443, t.horsch@fbi.h-da.de; pr: T: (06104) 602619

**Horst,** Bruno; Dr., Prof.; *Allgemeine Betriebswirtschaftslehre und Marketing*; di: Hochsch.Merseburg, FB Wirtschaftswiss., Geusaer Str., 06217 Merseburg, T: (03461) 462415, F: 462422, bruno.horst@hs-merseburg.de

**Horst,** Karl-Heinz; Dr., Prof.; *Allgemeine Betriebswirtschaftslehre und Grundlagen des Wirtschaftsrechts*; di: Hochsch.Merseburg, FB Wirtschaftswiss., Geusaer Str., 06217 Merseburg, T: (03461) 462434, F: 462422, karl-heinz.horst@hs-merseburg.de

**Horster,** Monika; Dr., Prof.; *Siedlungswasserwirtschaft, Abfallwirtschaft, Baustoffkunde*; di: FH Frankfurt, FB 1 Architektur, Bauingenieurwesen, Geomatik, Nibelungenplatz 1, 60318 Frankfurt am Main, T: (069) 15333622

**Horstmann,** Johann; Dr., Prof.; *Wirtschaftswissenschaften*; di: Kommunale FH f. Verwaltung in Niedersachsen, Wielandstr. 8, 30169 Hannover, T: (0511) 1609350, F: 15537, Johann.Horstmann@nds-sti.de

**Horstmeier,** Gerrit; Dr. iur., Prof.; *Wirtschaftsrecht*; di: Hochsch. Furtwangen, Fak. Wirtschaft, Jakob-Kienzle-Str. 17, 78054 Villingen-Schwenningen, hor@hs-furtwangen.de

**Hort,** Bernhard C.; Dipl.-Math., Dr. rer .pol., Prof.; *Betriebswirtschaft*; di: HTW d. Saarlandes, Fak. f. Wirtschaftswiss, Waldhausweg 14, 66123 Saarbrücken, T: (0681) 5867544, hort@htw-saarland.de; pr: Wiesenstr. 9, 66606 St. Wendel, T: (06851) 6644

**Hort,** Bernhard N.; Dr.-Ing., Prof.; *Technisches Gebäudemanagement, Tragwerkslehre, Gebäude-Lebenszyklus-Planung*; di: Hochsch. Heidelberg, School of Engineering and Architecture, Bonhoefferstr. 11, 69123 Heidelberg, T: (06221) 882752, bernhard.hort@fh-heidelberg.de

**Hoscheid,** Rudolf; Dr.-Ing., Prof.; *Baustofflehre, Baustofftechnologie einschl. Bau- und Werkstoffprüfung*; di: FH Köln, Fak. f. Bauingenieurwesen u. Umwelttechnik, Betzdorfer Str. 2, 50679 Köln, T: (0221) 82752800, rudolf.hoscheid@fh-koeln.de; pr: Zanderstr. 7, 53804 Much, T: (02245) 890312

**Hosemann,** Dagmar; Dipl.-Päd., Dr. phil., Prof.; *Theorie der Sozialpädagogik/Sozialarbeit u. Methodisches Handeln*; di: Ev. Hochsch. Darmstadt, FB Sozialarbeit/Sozialpädagogik, Zweifalltorweg 12, 64293 Darmstadt, T: (06151) 879839, hosemann@eh-darmstadt.de; pr: Hegarstr. 8, 60529 Frankfurt

**Hoss,** Dietmar; Dipl.-Kfm., Dipl.-Hdl., HonProf. H Nürtingen; *Betriebswirtschaft*; di: Hochsch. f. Wirtschaft u. Umwelt Nürtingen-Geislingen, PF 1349, 72603 Nürtingen

**Hoss,** Günter; Dr. rer. pol., Prof.; *Betriebliche Steuerlehre, Steuerberatung, Jahresabschluss*; di: Hochsch. f. Wirtschaft u. Umwelt Nürtingen-Geislingen, PF 1349, 72603 Nürtingen, T: (07022) 929225, guenter.hoss@hfwu.de

**Hossenfelder,** Wolfgang; Dr., Prof.; *Betriebswirtschaftslehre, Controlling*; di: FH Frankfurt, FB 3 Wirtschaft u. Recht, Nibelungenplatz 1, 60318 Frankfurt am Main, T: (069) 15332774

**Hoßfeld,** Jens; Prof.; *Elektrotechnik, Optoelektronische Systeme, Komponenten der Mikrotechnik*; di: Techn. Hochsch. Mittelhessen, Wiesenstr. 14, 35390 Gießen, T: (0641) 3092239

**Hossinger,** Hans-Peter; Dr., Prof.; *Industrie*; di: DHBW Mannheim, Fak. Wirtschaft, Käfertaler Str. 258, 68167 Mannheim, T: (0621) 41052416, F: 41052428, hans-peter.hossinger@dhbw-mannheim.de

**Hotop,** Hans-Jürgen; Dr., Prof.; *Mathematik, Informatik*; di: HAW Hamburg, Fak. Technik u. Informatik, Berliner Tor 7, 20099 Hamburg, T: (040) 428758325, hotop@etech.haw-hamburg.de

**Hottenträger,** Grit; Dr., Prof.; *Gesellschaft, Freiraumplanung und Geschichte der Gartenarchitektur*; di: Hochsch. Geisenheim, Von-Lade-Str. 1, 65366 Geisenheim, T: (06722) 502776, grit.hottentraeger@hs-gm.de; pr: Annastr. 43, 64285 Darmstadt, T: (06151) 22610, GHottentrg@aol.com

**Hottmann,** Jürgen; Prof.; *Buchführung, Bilanzsteuerrecht, Körperschaftsteuer, Einkommensteuer*; di: H f. öffentl. Verwaltung u. Finanzen Ludwigsburg, Fak. Steuer- u. Wirtschaftsrecht, Reuteallee 36, 71634 Ludwigsburg, T: (07141) 140471, hottmann@t-online.de

**Hottong,** Nikolaus; Prof.; *Medientechnologie*; di: Hochsch. Furtwangen, Fak. Digitale Medien, Robert-Gerwig-Platz 1, 78120 Furtwangen, T: (07723) 9202519, hottong@fh-furtwangen.de

**Hotze,** Elke; Dr., Prof.; *Pflegewissenschaften*; di: Hochsch. Osnabrück, Fak. Wirtschafts- u. Sozialwiss., Caprivistr. 30 A, 49076 Osnabrück, T: (0541) 9693174, hotze@wi.hs-osnabrueck.de

**Hotze,** Gerhard; Dr. theol. habil., Prof. Phil.-Theol. H Münster; *Neutestamentliche Bibelwissenschaft*; di: Philosophisch-Theologische Hochschule, Hörsterplatz 4, 48147 Münster; pr: Mühlenstr. 14/15, 48143 Münster, T: (0251) 44748, hotzegerhard@aol.com

**Hou,** Changbao; Dr.-Ing., Prof.; *Stahlbetonbau, Hochbaukonstruktion, Technisches Darstellen*; di: Georg-Simon-Ohm-Hochsch. Nürnberg, Fak. Bauingenieurwesen, Keßlerplatz 12, 90489 Nürnberg, PF 210320, 90121 Nürnberg

**Hovestadt,** Matthias; Dr., Prof.; *Informatik, Cloud Computing und komplexe IT-Infrastrukturen*; di: Hochsch. Hannover, Fak. IV Wirtschaft u. Informatik, Abt. Informatik, Ricklinger Stadtweg 120, 30459 Hannover, T: (0511) 92961815, matthias.hovestadt@hs-hannover.de

**Howah,** Lothar; Dr.-Ing., Prof.; *Bauelemente u. Schaltungstechnik*; di: Westfäl. Hochsch., FB Elektrotechnik u. angew. Naturwiss., Neidenburger Str. 43, 45877 Gelsenkirchen, T: (0209) 9596371, lothar.howah@fh-gelsenkirchen.de

**Howe,** Marion; Dr., Prof.; *Sozialwissenschaften, Management*; di: HAW Hamburg, Fak. Wirtschaft u. Soziales, Berliner Tor 5, 20099 Hamburg, T: (040) 428756916, marion.howe@haw-hamburg.de

**Hower,** Walter; Dr. rer. nat., Prof.; *Diskrete Mathematik, Theoretische Informatik, Algorithmik*; di: Hochsch. Albstadt-Sigmaringen, FB 2 Wirtschaftsinformatik, Johannesstr. 3, 72458 Albstadt-Ebingen, T: (07431) 579424, hower@hs-albsig.de

**Hoy,** Annegret; Dr. rer. nat. habil., Prof.; *Mathematik, Datenverarbeitung*; di: Techn. Hochsch. Mittelhessen, FB 13 Mathematik, Naturwiss. u. Datenverarbeitung, Wilhelm-Leuschner-Str. 13, 61169 Friedberg, T: (06031) 604417; pr: Dienheimer Pfad 57, 61169 Friedberg, T: (06031) 2940

**Hoyler,** Friedrich; Dr. rer. nat. habil., Prof.; *Physik, Kernphysik*; di: FH Aachen, FB Angewandte Naturwiss. u. Technik, Ginsterweg 1, 52428 Jülich, T: (0241) 600953163, hoyler@fh-aachen.de; pr: Artilleriestr. 38, 52428 Jülich, T: (02461) 349132

**Hruska,** Claudia; Dr., Prof.; *Psychologie der frühen Kindheit*; di: Hochsch. Neubrandenburg, FB Soziale Arbeit, Bildung u. Erziehung, Brodaer Str. 2, 17033 Neubrandenburg, PF 110121, 17041 Neubrandenburg, T: (0395) 56935103, hruska@hs-nb.de

**Huba,** Andrea; Prof.; *Sozialrecht*; di: Hochsch. Mannheim, Fak. Sozialwesen, Ludolf-Krehl-Str. 7-11, 68167 Mannheim, T: (0621) 3926132, huba@alpha.fhs-mannheim.de; pr: Karl-Dillinger-Str. 73, 67071 Ludwigshafen-Oggersheim, T: (0621) 6709767, F: 6709768

**Hubatsch,** Michael Th.; Dipl.-Des., Prof.; *Grafik-Design (Kommunikation und Werbung)*; di: Hochsch. Anhalt, FB 4 Design, PF 2215, 06818 Dessau, T: (0340) 51971721

**Hubbertz,** Karl-Peter; Dr. phil., Prof.; *Psychologie, Handlungslehre, Soziale Arbeit*; di: Ev. Hochsch. Nürnberg, Fak. f. Sozialwissenschaften, Bärenschanzstr. 4, 90429 Nürnberg, T: (0911) 27253824, karl.hubbertz@evhn.de; pr: Roritzerstr. 27A, 90419 Nürnberg, T: (0911) 9332619

**Huber,** Alexander; Dr.-Ing., Prof.; *Betriebswirtschaftslehre*; di: Beuth Hochsch. f. Technik, FB I Wirtschafts- u. Gesellschaftswiss., Luxemburger Str. 10, 13353 Berlin, T: (030) 45045247, a.huber@beuth-hochschule.de

**Huber,** Andreas; Dr. rer. pol., Prof.; *Marketing, Logistik*; di: Accadis Hochsch., FB 3, Du Pont-Str 4, 61352 Bad Homburg

**Huber,** Dieter; Dr.-Ing., Prof.; *Softwareentwicklung und IuK-Anwendungen*; di: FH Erfurt, FB Verkehrs- u. Transportwesen, Altonaer Str. 25, 99084 Erfurt, PF 101363, 99013 Erfurt, T: (0361) 6700586, F: 6700528, huber@fh-erfurt.de

**Huber,** Hansjörg; M.A., Dr. jur., Prof.; *Recht*; di: Hochsch. Zittau/Görlitz, Fak. Sozialwiss., PF 300648, 02811 Görlitz, T: (03581) 4828141, h.huber@hs-zigr.de

**Huber,** Heinz; Dr., Prof.; *Lasertechnik, Technische Optik, Photonik*; di: Hochsch. München, Fak. Elektrotechnik u. Informationstechnik, Lothstr. 64, 80335 München, T: (089) 12651388, F: 12651480, heinz.huber@fhm.edu

**Huber,** Jürgen; Dipl.-Designer, Prof.; *2-D-Design, Typografie*; di: HTW Berlin, FB Gestaltung, Wilhelminenhofstr. 67-77, 12459 Berlin, T: (030) 50194704, huberj@HTW-Berlin.de

**Huber,** Karl; Dr.-Ing., Prof.; *Thermodynamik, Wärmeübertragung, Thermische Maschinen*; di: HAW Ingolstadt, Fak. Maschinenbau, Esplanade 10, 85049 Ingolstadt, T: (0841) 9348382, karl.huber@haw-ingolstadt.de

**Huber,** Michael; Dr. rer. nat., Prof.; *Mathematik, Algorithmen und Datenstrukturen, Software-Engineering*; di: FH Kaiserslautern, FB Angew. Ingenieurwiss., Morlautererstr. 31, 67657 Kaiserslautern, T: (0631) 3724210, F: 3724222, michael.huber@fh-kl.de

**Huber,** Otto; Dr.-Ing., Prof.; *Leichtbau in d. Fahrzeugtechnik, Karosserietechnik, Konstruktion*; di: Hochsch. Landshut, Fak. Maschinenbau, Am Lurzenhof 1, 84036 Landshut, T: (0871) 506217, F: 506506, otto.huber@fh-landshut.de

**Huber,** Rudolf; Dipl.-Ing., Prof.; *Baukonstruktion, Entwerfen, Experimentelles Bauen*; di: Hochsch. Regensburg, Fak. Architektur, PF 120327, 93025 Regensburg, T: (0941) 9431186, rudolf.huber@architektur.fh-regensburg.de

**Huber,** Siegfried; Dr.-Ing., Prof.; *Elektrotechnik, Nachrichtentechnik u. Hochfrequenztechnik*; di: HAW Ingolstadt, Fak. Elektrotechnik u. Informatik, Esplanade 10, 85049 Ingolstadt, T: (0841) 9348343, siegfried.huber@haw-ingolstadt.de

**Huber,** Stefan; Dr. rer.pol., Prof.; *BWL, insbes. Personal u. Berufsbildung*; di: FH Köln, Fak. f. Wirtschaftswiss., Claudiusstr. 1, 50678 Köln, T: (0221) 82753556, stefan.huber@fh-koeln.de

**Huber,** Ulrich; Dr., Prof.; *Faserverbund- und Sandwichtechnologie*; di: HAW Hamburg, Fak. Technik u. Informatik, Berliner Tor 9, 20099 Hamburg, T: (040) 428757988, ulrich.huber@haw-hamburg.de; pr: T: (040) 64400140

**Huber-Jahn,** Ingrid; Dr. rer. pol., Prof.; *Betriebliche Steuerlehre, Unternehmensprüfung*; di: Hochsch. München, Fak. Betriebswirtschaft, Am Stadtpark 20 (Neubau), 81243 München, T: (089) 12652726, ingrid.huber-jahn@fhm.edu

**Hubert,** Frank; Dr., Prof.; *Wirtschaftsinformatik*; di: DHBW Mannheim, Fak. Wirtschaft, Coblitzallee 1-9, 68163 Mannheim, T: (0621) 41051285, F: 41051249, frank.hubert@dhbw-mannheim.de

**Huchatz,** Wolfgang; Dr., Prof.; *Abgabenrecht, Verfassungsgeschichte und Verfassungsrecht, Das politische System der Bundesrepublik Deutschland*; di: FH d. Bundes f. öff. Verwaltung, FB Finanzen, PF 1549, 48004 Münster, T: (0251) 8670879

**Huck,** Winfried; Dr., Prof., Dekan FB Recht; *Technologierecht und Recht der neuen Medien*; di: Ostfalia Hochsch., Fak. Recht, Salzdahlumer Str. 46/48, 38302 Wolfenbüttel, T: (05331) 9395000

**Huckert,** Klaus; Dipl.-Math., Dr. rer. oec., Prof.; *Informatik*; di: HTW d. Saarlandes, Fak. f. Ingenieurwiss., Goebenstr. 40, 66117 Saarbrücken, T: (0681) 5867243, huckert@htw-saarland.de; pr: Alexander-Fleming-Str. 33, 66292 Riegelsberg, T: (06806) 306826

**Hude,** Marlis von der; Dr.-Ing., Prof.; *Statistik und Datenanalyse*; di: Hochsch. Bonn-Rhein-Sieg, FB Angewandte Informatik, Grantham-Allee 20, 53754 Sankt Augustin, T: (02241) 865246, F: 8658246, marlis.vonderhude@fh-bonn-rhein-sieg.de

**Huder,** Bernhard; Dr.-Ing., Prof.; *Hochfrequenz- und Nachrichtenmesstechnik, Mikrowellentechnik*; di: Hochsch. Kempten, Fak. Elektrotechnik, Bahnhofstr. 61-63, 87435 Kempten, T: (0831) 2523254, Huder@fh-kempten.de

**Hübel,** Hartwig; Dr.-Ing., Prof.; *Baustatik, Finite Elemente Methode*; di: Hochsch. Lausitz, FB Architektur, Bauingenieurwesen, Versorgungstechnik, Lipezker Str. 47, 03048 Cottbus-Sachsendorf, T: (0355) 5818615, F: 5818609

**Hübelt,** Jörn; Dr.-Ing., Prof.; *Technische Akustik*; di: Hochsch. Mittweida, Fak. Mathematik/Naturwiss./Informatik, Technikumplatz 17, 09648 Mittweida, T: (03727) 581046, F: 581159, huebelt@htwm.de

**Hübl,** Reinhold; Dr. rer. nat., Prof.; *Informatik*; di: DHBW Mannheim, Fak. Technik, Coblitzallee 1-9, 68163 Mannheim, T: (0621) 41051257, F: 41051196, reinhold.huebl@dhbw-mannheim.de; pr: Zum Brühl 23, 69190 Walldorf

**Hübler,** Franziska; Prof.; *Malerei/ Computergestütztes Experiment*; di: HAW Hamburg, Fak. Design, Medien u. Information, Armgartstr. 24, 22087 Hamburg, T: (040) 428755430, franziska.huebler@haw-hamburg.de; pr: franziska@tennisgirl.de

**Hübner,** Astrid; Dipl.-SozPäd., Prof.; *Geschichte, Theorien und Methoden der Sozialen Arbeit, Freiwilliges/ Bürgerschaftliches Engagement, Kinder- und Jugendarbeit (SP: Kinder- und Jugendreisen), Freizeitpädagogik, Soziale Arbeit im internationalen Kontext, Praxisorientierung in der Sozialen Arbeit (Praktikum/Berufspraktikum), Empirische Sozialforschung, Sozialmanagement*; di: Hochsch. Emden/Leer, FB Soziale Arbeit u. Gesundheit, Constantiaplatz 4, 26723 Emden, T: (04921) 8071194, F: 8071251, astrid.huebner@hs-emden-leer.de

**Hübner,** Christof; Dr., Prof.; *Kommunikations- und Automatisierungstechnik*; di: Hochsch. Mannheim, Fak. Elektrotechnik, Windeckstr. 110, 68163 Mannheim

**Hübner,** Claudia; Prof.; *Privatrecht, Zivilprozessrecht, freiwillige Gerichtsbarkeit, Juristische Methodenlehre*; di: H f. öffentl. Verwaltung u. Finanzen Ludwigsburg, Reuteallee 36, 71634 Ludwigsburg, T: (07141) 140516, F: 140544

**Hübner,** Gunter; Dr., Prof.; *Siebdruck, Digitaldruck, Technisches Zeichnen, Grundlagen Druckverfahren*; di: Hochsch. d. Medien, Fak. Druck u. Medien, Nobelstr. 10, 70569 Stuttgart, T: (0711) 89232144, huebner@hdm-stuttgart.de

**Hübner,** Manfred; Dr.-Ing., Prof.; *Fahrzeugelektrotechnik*; di: HTW Dresden, Fak. Elektrotechnik, Friedrich-List-Platz 1, 01069 Dresden, T: (0351) 4623441, huebner@et.htw-dresden.de

**Hübner,** Martin; Dr.-Ing., Prof.; *Informatik*; di: HAW Hamburg, Fak. Technik u. Informatik, Berliner Tor 7, 20099 Hamburg, T: (040) 428758402, Martin.Huebner@haw-hamburg.de

**Hübner,** Peter; Dr.-Ing., Prof.; *Fügetechnik*; di: Hochsch. Mittweida, Fak. Maschinenbau, Technikumplatz 17, 09648 Mittweida, T: (03727) 581460, huebner2@htwm.de

**Hübner,** Ursula; Dr. rer. nat., Prof.; *Krankenhausinformatik, Quantitative Methoden, Statistik*; di: Hochsch. Osnabrück, Fak. Wirtschafts- u. Sozialwiss., Caprivistr. 30a, 49076 Osnabrück, T: (0541) 9692012, F: 9692989, u.huebner@hs-osnabrueck.de; pr: Schloßstr. 79, 49080 Osnabrück, T: (0541) 802642

**Hübner,** Wolfgang; Dr.-Ing., Prof.; *Vermessungskunde, Datenverarbeitung*; di: Hochsch. München, Fak. Geoinformation, Karlstr. 6, 80333 München, T: (089) 12652668, F: 12652698, wolfgang.huebner@fhm.edu

**Hückelheim,** Klaus Josef; Dipl.-Ing., Prof.; *Regelungstechnik, Aktoren*; di: FH Frankfurt, FB Informatik u. Ingenieurwissenschaften, Nibelungenplatz 1, 60318 Frankfurt am Main, T: (069) 15332230, hueckelh@fb2.fh-frankfurt.de

**Huef,** Sabine an; Prof.; *Grafik-Design (Konzeption u. Entwurf)*; di: FH Dortmund, FB Design, Max-Ophüls-Platz 2, 44139 Dortmund, T: (0231) 9112485, F: 9112415, an.huef@fh-dortmund.de

**Hühne,** Martin; Dr. rer. nat., Prof.; *Angewandte Informatik*; di: FH Südwestfalen, FB Informatik u. Naturwiss., Frauenstuhlweg 31, 58644 Iserlohn, T: (02371) 566390, huehne@fh-swf.de

**Hülsen,** Ulrich; Dr.-Ing., Prof.; *Milchwirtschaftliche Technologie, Grundlagen der Thermodynamik, Spezielle Trenntechniken, Anlagenprojektierung*; di: Hochsch. Hannover, Fak. II Maschinenbau u. Bioverfahrenstechnik, Heisterbergallee 12, 30453 Hannover, T: (0511) 92962211, ulrich.huelsen@hs-hannover.de; pr: An der Pfeffermühle 35, 38820 Halberstadt, T: (03941) 443580

**Hülsewig,** Oliver; Dr., Prof.; di: Hochsch. München, Fak. Betriebswirtschaft, Am Stadtpark 20 (Neubau), 81243 München, oliver.huelsewig@hm.edu

**Hülshoff,** Thomas; Dr. med., Prof.; *Sozialmedizin*; di: Kath. Hochsch. NRW, Abt. Münster, FB Sozialwesen, Piusallee 89, 48147 Münster, T: (0251) 4176730, t.thuelshoff@kfhnw.de; pr: Alerdinckstr. 29, 48145 Münster, T: (0251) 374339

**Hülsmeier,** Frank; Dipl.-Ing., Prof.; *Bauphysik, Gebäudetechnik*; di: HTWK Leipzig, FB Bauwesen, PF 301166, 04251 Leipzig, T: (0341) 30766248, huelsmeier@fbb.htwk-leipzig.de

**Hülsmeier,** Rudolf; Dr., Prof.; *Zivilrecht, Zolltarifrecht*; di: FH d. Bundes f. öff. Verwaltung, FB Finanzen, PF 1549, 48004 Münster, T: (0251) 8670866

**Hümmer,** Bernd; Dr., Prof.; *Unternehmensführung, Allgem. Betriebswirtschaftslehre*; di: Georg-Simon-Ohm-Hochsch. Nürnberg, Fak. Betriebswirtschaft, Bahnhofsstr. 87, 90402 Nürnberg, PF 210320, 90121 Nürnberg

**Hünemohr,** Holger; Dr., HonProf.; *Design Informatik Medien*; di: Hochsch. Rhein/Main, FB Design Informatik Medien, Unter den Eichen 5, 65195 Wiesbaden, T: (0611) 500363, holger.huenemohr@hs-rm.de

**Hünersdorf,** Bettina; Dr., Prof.; *Erziehungswissenschaft/ Soziale Arbeit*; di: Alice-Salomon-Hochsch., Alice-Salomon-Platz 5, 12627 Berlin-Hellersdorf, T: (030) 99245513, huenersdorf@ash-berlin.eu

**Huep,** Tobias; Dr. iur., Prof.; *Deutsches und internationales Wirtschaftsrecht*; di: Hochsch. f. Wirtschaft u. Umwelt Nürtingen-Geislingen, FB 3, PF 1251, 73302 Geislingen a. d. Steige, T: (07331) 22581, tobias.huep@hfwu.de

**Huep,** Wolfgang; Dr.-Ing., Prof. u. Prorektor; *Vermessungskunde, Geoinformatik*; di: Hochsch. f. Technik, Fak. Vermessung, Mathematik u. Informatik, Schellingstr. 24, 70174 Stuttgart, PF 101452, 70013 Stuttgart, T: (0711) 89262632, F: 89262556, wolfgang.huep@fht-stuttgart.de

**Hüper,** Christa; Dipl.-Päd., Dr. phil., Prof.; *Gesundheit und Krankheit*; di: Hochsch. Hannover, Fak. V Diakonie, Gesundheit u. Soziales, Blumhardtstr. 2, 30625 Hannover, PF 690363, 30612 Hannover, T: (0511) 92963148, christa.hueper@hs-hannover.de; pr: Mattfeldstr. 16, 30952 Ronnenberg, T: (0511) 431616, hueper@t-online.de

**Hüser,** Manfred; Dr.-Ing., Prof.; *Produktionswirtschaft, Logistik*; di: Hochsch. Ulm, Fak. Produktionstechnik u. Produktionswirtschaft, PF 3860, 89028 Ulm, T: (0731) 5028473, hueser@hs-ulm.de

**Hüsgen,** Bruno; Dr.-Ing., Prof.; *Maschinenbau, Kunststofftechnik*; di: FH Bielefeld, FB Ingenieurwiss. u. Mathematik, Wilhelm-Bertelsmann-Str. 10, 33602 Bielefeld, T: (0521) 1067308, bruno.huesgen@fh-bielefeld.de

**Hüttche,** Tobias; Dr., Prof.; *ABWL, insb. Prüfungs- und Treuhandwesen*; di: FH Erfurt, FB Wirtschaftswiss., Steinplatz 2, 99085 Erfurt, PF 101363, 99013 Erfurt, T: (0361) 6700196, F: 6700152, huettche@fh-erfurt.de

**Hüttenbrink,** Jost; Dr. jur., Prof.; *Rechtswissenschaft*; di: Kath. Hochsch. NRW, Abt. Münster, FB Sozialwesen, Piusallee 89, 48147 Münster; pr: Waldeyerstr. 93, 48149 Münster, T: (0251) 857140, rae@huettenbrink.com

**Hüttenhain,** Stefan H.; Dr. rer. nat., Prof.; *Organische Chemie*; di: Hochsch. Darmstadt, FB Chemie- u. Biotechnologie, Haardtring 100, 64295 Darmstadt, T: (06151) 168206, huettenhain@h-da.de; pr: Bismarckstr. 62, 57076 Siegen

**Hüttenhölscher,** Norbert; Dr.-Ing., Prof.; *Energietechnik, Zukunftsenergien*; di: TFH Georg Agricola Bochum, WB Maschinen- u. Verfahrenstechnik, Herner Str. 45, 44787 Bochum, T: (0234) 9683413, F: 9683706, huettenhoelscher@tfh-bochum.de; pr: Hedwigstr. 23, 44149 Dortmund, T: (0231) 651004

**Hütter,** Bernhard; Prof., Dekan Fakultät Information und Kommunikation; *Informationstechniken, Inhaltliche Erschließung*; di: Hochsch. d. Medien, Fak. Information u. Kommunikation, Wolframstr. 32, 70191 Stuttgart, T: (0711) 25706184, huetter@hdm-stuttgart.de; pr: T: (07121) 509237

**Hütter,** Hermann; Dr.-Ing., Prof.; *Baumanagement*; di: Hochsch. Karlsruhe, Fak. Architektur u. Bauwesen, Moltkestr. 30, 76133 Karlsruhe, PF 2440, 76012 Karlsruhe, T: (0721) 9252726

**Hütter,** Steffen H.; Dr. rer. oec., Prof.; *Produktionsmanagement, Logistik*; di: Hochsch. Albstadt-Sigmaringen, FB 2, Anton-Günther-Str. 51, 72488 Sigmaringen, PF 1254, 72481 Sigmaringen, T: (07571) 732329, F: 732302, huetter@hs-albsig.de

**Hüttinger,** Sabine; Dr. oec. pol., Prof.; *Allgemeine Betriebswirtschaftslehre*; di: HTWK Leipzig, FB Wirtschaftswissenschaften, PF 301166, 04251 Leipzig, T: (0341) 30766426, huetting@wiwi.htwk-leipzig.de

**Hüttl,** Reiner; Dr., Prof.; *Integrierte betriebliche Internet-Technologien, IT Sicherheit, Programmieren, Datenkommunikation*; di: Hochsch. Rosenheim, Fak. Informatik, Hochschulstr. 1, 83024 Rosenheim, T: (08031) 805503

**Hüttmann,** Andrea; Dr. phil., Prof.; *Persönlichkeitstraining, Kommunikation*; di: Accadis Hochsch., FB 5, Du Pont-Str 4, 61352 Bad Homburg

**Hüttner,** Rüdiger; Dr.-Ing., Prof.; *Maschenwaren, Stickerei*; di: Westsächs. Hochsch. Zwickau, FG Textil- u. Ledertechnik, Klinkhardtstr. 30, 08468 Reichenbach, ruediger.huettner@fh-zwickau.de

**Huf,** Stefan; Dr., Prof.; *Allgemeine BWL, insbes. Personalmanagement und Mitarbeiterführung*; di: DHBW Stuttgart, Fak. Wirtschaft, Paulinenstraße 50, 70178 Stuttgart, T: (0711) 1849639, huf@dhbw-stuttgart.de

**Hufenbach,** Carsten; Dr., HonProf.; *Umwelt-, Qualitätsmanagement, Umweltrecht*; di: HAWK Hildesheim / Holzminden / Göttingen, Fak. Ressourcenmanagement, Büsgenweg 1a, 37077 Göttingen, T: (0551) 50320, F: 5032299

**Hufnagel,** Alexander; Dr. rer. nat., Prof.; *Mathematik*; di: Georg-Simon-Ohm-Hochsch. Nürnberg, Fak. Allgemeinwiss., Keßlerplatz 12, 90489 Nürnberg, alexander.hufnagel@ohm-hochschule.de

**Hufnagel,** Hans; Prof.; *Staatl. Liegenschaftswesen*; di: H f. öffentl. Verwaltung u. Finanzen Ludwigsburg, Reuteallee 36, 71634 Ludwigsburg, T: (07141) 14018, F: 140544

**Hug,** Karlheinz; Dipl.-Math., Dr. rer. nat., Prof.; *Informatik, Betriebssysteme, Softwaretechnik*; di: Hochsch. Reutlingen, FB Informatik, Alteburgstr. 150, 72762 Reutlingen, T: (07121) 341109, karlheinz.hug@fh-reutlingen.de; pr: Jägerweg 15, 72766 Reutlingen, T: (07121) 17534

**Hug,** Werner; Dr. rer. pol., Prof.; *Betriebswirtschaftslehre, insbesondere Rechnungswesen und Controlling*; di: FH Südwestfalen, FB Techn. Betriebswirtschaft, Haldener Str. 182, 58095 Hagen, T: (02331) 9872388, hug@fh-swf.de; pr: Am Wunderhügel 37, 58644 Iserlohn, T: (02374) 71320

**Huhn,** Wolfgang; Dr. med., Prof.; *Humanwissenschaftliche Grundlagen der Sozialen Arbeit, Rehabilitation und Gesundheitswesen*; di: FH Kiel, FB Soziale Arbeit u. Gesundheit, Sokratesplatz 2, 24149 Kiel, T: (0431) 21031200, F: 21061200, wolfgang.huhn@fh-kiel.de

**Huke,** Thomas; Dr. phil., Prof.; *Englisch*; di: Georg-Simon-Ohm-Hochsch. Nürnberg, Fak. Allgemeinwiss., Keßlerplatz 12, 90489 Nürnberg

**Hulin,** Martin; Dr. rer. nat., Prof.; *Mathematik, Datenbanksysteme, Grundlagen der Informatik, Systemoptimierung*; di: Hochsch. Ravensburg-Weingarten, Doggenriedstr., 88250 Weingarten, PF 1261, 88241 Weingarten, T: (0751) 5019733, F: 501876, hulin@hs-weingarten.de; pr: Panoramastr. 80, 88255 Baienfurt, T: (0751) 552515

**Humberg,** Heinz; Dr., Prof., Dekan FB Elektrotechnik / Bocholt; *Physik, Elektronische Bauelemente*; di: Westfäl. Hochsch., FB Wirtschaft u. Informationstechnik, Münsterstr. 265, 46397 Bocholt, T: (02871) 2155826, F: 2155800, heinz.humberg@fh-gelsenkirchen.de

**Humm,** Bernhard; Dr., Prof.; *Projektmanagement, Software-Engineering*; di: Hochsch. Darmstadt, FB Informatik, Haardtring 100, 64295 Darmstadt, T: (06151) 168494, b.humm@fbi.h-da.de

**Hummel,** Helmut; Dipl.-Phys., Dr. rer. nat., Prof.; *Physik, Mikrosystemtechnik*; di: Hochsch. Regensburg, Fak. Allgemeinwiss. u. Mikrosystemtechnik, PF 120327, 93025 Regensburg, T: (0941) 9431277, helmut.hummel@mikro.fh-regensburg.de

**Hummel,** Karin; Dr. rer. pol., Prof.; *Gesundheitsökonomie, Verwaltungswissenschaft, Sozialpolitik*; di: Hochsch. Bonn-Rhein-Sieg, FB Sozialversicherung, Zum Steimelsberg 7, 53773 Hennef, T: (02241) 865177, karin.hummel@fh-bonn-rhein-sieg.de

**Hummel,** Thomas; Dr., Prof.; *Betriebswirtschaft, insb. Unternehmensführung mit internationaler Ausrichtung*; di: Hochsch. Fulda, FB Wirtschaft, Marquardstr. 35, 36039 Fulda

**Hummel,** Ulrich; Dipl.-Päd., Prof.; *Sozialmanagement*; di: DHBW Heidenheim, Fak. Sozialwesen, Wilhelmstr. 10, 89518 Heidenheim, T: (07321) 2722441, F: 2722449, hummel@dhbw-heidenheim.de

**Hummels,** Henning; Dr., Prof., Dekan FB Wirtschaft / Emden; di: Hochsch. Emden / Leer, FB Wirtschaft, Constantiaplatz 4, 26723 Emden, T: (04921) 8071221, F: 8071228, henning.hummels@hs-emden-leer.de

**Hummich,** Joachim; Dipl.-Ing., Prof.; *Kunststoffverarbeitungstechnik*; di: Hochsch. Amberg-Weiden, FB Maschinenbau u. Umwelttechnik, Kaiser-Wilhelm-Ring 23, 92224 Amberg, T: (09621) 482195, F: 482145, j.hummich@fh-amberg-weiden.de

**Hummrich,** Ulrich E.; Dipl.-Kfm., Dr. rer. pol., Prof.; *Betriebswirtschaftslehre, einschl. Unternehmensführung, insbes. Marketing*; di: FH Ludwigshafen, FB II Marketing und Personalmanagement, Ernst-Boehe-Str. 4, 67059 Ludwigshafen / Rhein, T: (0621) 5203280, F: 5203273; pr: uhummrich@t-online.de

**Humpert,** Christof; Dr.-Ing., Prof.; *Hochspannungstechnik, Energietechnik*; di: FH Köln, Fak. f. Informations-, Medien- u. Elektrotechnik, Betzdorfer Str. 2, 50679 Köln, T: (0221) 82752277, christof.humpert@fh-koeln.de

**Humphrey,** Richard; Dr., Prof.; *Angewandte Übersetzungswissenschaft Englisch*; di: Hochsch. Zittau / Görlitz, Fak. Wirtschafts- u. Sprachwiss., Theodor-Körner-Allee 16, 02763 Zittau, T: (03583) 611866, r.humphrey@hs-zigr.de

**Hundenborn,** Gertrud; Prof.; *Pflegepädagogik*; di: Kath. Hochsch. NRW, Abt. Köln, FB Gesundheitswesen, Wörthstr. 10, 50668 Köln, T: (0221) 7757113, F: 7757128, g.hundenborn@kfhnw.de

**Hundertmark,** Ulrich; Dr. jur., Prof.; di: HAWK Hildesheim / Holzminden / Göttingen, Fak. Management, Soziale Arbeit, Bauen, Haarmannplatz 3, 37603 Holzminden, T: (05531) 126157

**Hundertpfund,** Jörg; Prof.; *Produktdesign*; di: FH Potsdam, FB Design, Pappelallee 8-9, Haus 5, 14469 Potsdam, T: (0331) 5801421, hundertpfund@fh-potsdam.de

**Hundt,** Irina; Dr.-Ing., Prof.; *BWL, externes Rechnungswesen*; di: HTW Dresden, Fak. Wirtschaftswissenschaften, Friedrich-List-Platz 1, 01069 Dresden, T: (0351) 4622459, hundt@wiwi.htw-dresden.de

**Hundt,** Marion; Prof.; *Öffentliches Recht*; di: Ev. Hochsch. Berlin, Prof. f. Öffent. Recht, PF 370255, 14132 Berlin, T: (030) 84582252, hundt@eh-berlin.de

**Hundt,** Sönke; Dr. rer. pol., Prof.; *Betriebswirtschaftslehre mit d. Schwerpunkten Organisation u. Marketing*; di: Hochsch. Bremen, Fak. Wirtschaftswiss., Werderstr. 73, 28199 Bremen, shundt@fbw.hs-bremen.de; pr: Friesenstr. 67, 28203 Bremen, T: (0421) 72639

**Hundt,** Thomas; Dipl.-Ing., Prof.; *Medien und Raum*; di: Hochsch. f. Technik, Fak. Architektur u. Gestaltung, Schellingstr. 24, 70174 Stuttgart, PF 101452, 70013 Stuttgart, T: (0711) 89262586, thomas.hundt@hft-stuttgart.de

**Hunecke,** Marcel; Dr., Prof.; *Allgemeine Psychologie, Organisations- und Umweltpsychologie*; di: FH Dortmund, FB Angewandte Sozialwiss., Emil-Figge-Str. 44, 44227 Dortmund, T: (0231) 7555188, F: 7554911, marcel.hunecke@fh-dortmund.de

**Hunert,** Claus; Dr. oec., Prof. FH Erding; *Projektmanagement*; di: FH f. angewandtes Management, Am Bahnhof 2, 85435 Erding, T: (08122) 95594818, claus.hunert@myfham.de

**Hungerbühler,** Hartmut; Dr. rer. nat., Prof.; *Physikalische Chemie*; di: Beuth Hochsch. f. Technik, FB II Mathematik – Physik – Chemie, Luxemburger Straße 10, 13353 Berlin, T: (030) 45042954, hungerbuehler@beuth-hochschule.de

**Hungerland,** Beatrice; Dr., Prof.; *Kindheitswissenschaften*; di: Hochsch. Magdeburg-Stendal, FB Angew. Humanwiss., Osterburger Str. 25, 39576 Stendal, T: (03931) 21874883, beatrice.hungerland@hs-magdeburg.de

**Hungerland,** Eva; Dr. med., Prof.; *Sozialmedizin, Gesundheitswissenschaft*; di: DHBW Stuttgart, Fak. Sozialwesen, Herdweg 31, 70174 Stuttgart, T: (0711) 1849722, hungerland@dhbw-stuttgart.de

**Hunsinger,** Jörg; Dr., Prof.; *Softwareentwicklung, Datenbanksysteme*; di: HAW Ingolstadt, Fak. Elektrotechnik u. Informatik, Esplanade 10, 85049 Ingolstadt, T: (0841) 9348292, joerg.hunsinger@haw-ingolstadt.de

**Hunter,** Gordon; Dr. rer. pol., Prof.; di: Hochsch. München, Fak. Betriebswirtschaft, Am Stadtpark 20 (Neubau), 81243 München, gordon.hunter@hm.edu

**Hunzinger,** Ingrid; Dr.-Ing., Prof.; *Produktionssystematik, Qualitätssicherung, Investitionswirtschaft*; di: Hochsch. Landshut, Fak. Maschinenbau, Am Lurzenhof 1, 84036 Landshut, ingrid.hunzinger@fh-landshut.de

**Hupe,** Hellmut; Dr.-Ing., Prof.; *Elektrische Meßtechnik und Grundlagen der Elektrotechnik*; di: Hochsch. Trier, FB Technik, PF 1826, 54208 Trier, T: (0651) 8103429, H.Hupe@hochschule-trier.de; pr: Rindertanzstr. 2, 54290 Trier, T: (0651) 4361227

**Hupfer,** Christoph; Dr.-Ing., Prof.; *Verkehrstechnik, Verkehrsplanung*; di: Hochsch. Karlsruhe, Fak. Architektur u. Bauwesen, Moltkestr. 30, 76133 Karlsruhe, PF 2440, 76012 Karlsruhe, T: (0721) 9252626, christoph.hupfer@fh-karlsruhe.de

**Hurth,** Joachim; Dr. rer. pol., Prof.; *Handelsbetriebslehre*; di: Ostfalia Hochsch., Fak. Wirtschaft, Robert-Koch-Platz 8A, 38440 Wolfsburg, T: (05361) 831537

**Huse,** Ulrich Ernst; Prof.; *Verlagswirtschaft, Buch- und Verlagsgeschichte, Verlagsmärkte, Content-Management Buch, Verlagskalkulation, verlagsmarketing*; di: Hochsch. d. Medien, Fak. Druck u. Medien, Nobelstr. 10, 70569 Stuttgart, T: (0711) 89232145

**Huß,** Rainer; Dr. rer. nat., Prof.; *Chemie, Verfahrens- u. Umwelttechnik*; di: Hochsch. Kempten, Fak. Maschinenbau, Bahnhofstr. 61-63, 87435 Kempten, T: (0831) 2523228, rainer.huss@fh-kempten.de

**Hussels,** Peter; Dr.-Ing., Prof.; *Elektronik, Elektr. Antriebe, Hochfrequenztechnik*; di: Beuth Hochsch. f. Technik, FB VII Elektrotechnik – Mechatronik – Optometrie, Luxemburger Str. 10, 13353 Berlin, T: (030) 45042345, hussels@beuth-hochschule.de; http://prof.beuth-hochschule.de/hussels

**Hussendörfer,** Erwin; Dr., Prof.; *Waldbau, Anzucht von Waldbäumen*; di: Hochsch. Weihenstephan-Triesdorf, Fak. Wald u. Forstwirtschaft, Am Hochanger 5, 85354 Freising, T: (08161) 715904, F: 714526, erwin.hussendoerfer@fh-weihenstephan.de

**Husslein,** Steffi; Prof.; *Darstellungstechniken*; di: Hochsch. Magdeburg-Stendal, FB Ingenieurwiss. u. Industriedesign, Breitscheidstr. 2, 39114 Magdeburg, T: (0391) 8864168, steffi.husslein@hs-magdeburg.de

**Hussmann,** Stephan; Dr.-Ing., Prof.; *Elektronik, Mikroprozessortechnik*; di: FH Westküste, FB Technik, Fritz-Thiedemann-Ring 20, 25746 Heide, T: (0481) 8555320, hussmann@fh-westkueste.de

**Huster,** Andreas; Dr.-Ing., Prof.; *Kolbenmaschinen, Arbeitsmaschinen, Wärmekraftwirtschaft*; di: H Koblenz, FB Ingenieurwesen, Konrad-Zuse-Str. 1, 56075 Koblenz, T: (0261) 9528420, huster@fh-koblenz.de

**Huth,** Hans-Volker; Dr. Ing. habil., Prof.; di: Hochsch. f. Wirtschaft u. Recht Berlin, Badensche Str. 50/51, 10825 Berlin, T: (030) 29384522, hans-volker.huth@hwr-berlin.de

**Huth,** Michael; Dr., Prof., Dekan; *Betriebswirtschaft, Logistik*; di: Hochsch. Fulda, FB Wirtschaft, Marquardstr. 35, 36039 Fulda, michael.huth@w.hs-fulda.de

**Huth,** Rudolf; Dr., Prof.; *Allgemeine und Anorganische Chemie, Umweltanalytik*; di: Hochsch. Weihenstephan-Triesdorf, Fak. Umweltingenieurwesen, Steingruberstr. 2, 91746 Weidenbach-Triesdorf, T: (09826) 654214, F: 654110, rudolf.huth@fh-weihenstephan.de

**Huth-Hildebrandt,** Christine; Dr., Prof.; *Interventionslehre u. Konzepte d. Sozialarbeit, Behindertenarbeit*; di: FH Frankfurt, FB 4 Soziale Arbeit u. Gesundheit, Nibelungenplatz 1, 60318 Frankfurt am Main, T: (069) 15332814, huth@fb4.fh-frankfurt.de

**Huttegger,** Thomas; Dr. sc. pol., Prof.; *Bilanzierung, Steuerlehre*; di: FH Kiel, FB Wirtschaft, Sokratesplatz 2, 24149 Kiel, T: (0431) 2103506, F: 21063806, thomas.huttegger@fh-kiel.de; pr: Ricarda-Huch-Str. 7, 24536 Neumünster, T: (04321) 929760, F: 929761

**Hutter,** Walter; Dr. rer. nat., Prof. Freie H Stuttgart; *Mathematik-Didaktik u. Waldorfpädagogik*; di: Freie Hochschule, Seminar f. Waldorfpädagogik, Haußmannstr. 44 A, 70188 Stuttgart; http://whutter.de

**Huzel,** Erhard; Dr., Prof.; *Strafrecht, Strafprozessrecht*; di: FH d. Bundes f. öff. Verwaltung, FB Bundesgrenzschutz, PF 121158, 23532 Lübeck, T: (0451) 2031734, F: 2031734

**Hyna,** Claus; Dr. rer. nat., Prof.; *Anorganische Chemie, Instrumentelle Analytik, Umweltanalytik*; di: Hochsch. Lausitz, FB Bio-, Chemie- u. Verfahrenstechnik, Großenhainer Str. 57, 01968 Senftenberg, T: (03573) 85821, F: 85809, chyna@fh-lausitz.de

**Iancu,** Otto Th.; Dr.-Ing., Prof.; *Technische Mechanik, Werkstoffkunde*; di: Hochsch. Karlsruhe, Fak. Maschinenbau u. Mechatronik, Moltkestr. 30, 76133 Karlsruhe, PF 2440, 76012 Karlsruhe, T: (0721) 9251740, otto.iancu@hs-karlsruhe.de

**Iannello,** Remo; Dr., Prof.; di: Rheinische FH Köln, Hohenstaufenring 16-18, 50674 Köln; pr: Kambachstr. 64, 52249 Eschweiler, T: (02403) 15531

**Ibach,** Hans Detlef; Dr.-Ing., Prof.; *Bauingenieurwesen*; di: H Koblenz, FB Bauwesen, Konrad-Zuse-Str. 1, 56075 Koblenz, T: (0261) 9528214, ibach@fh-koblenz.de

**Ibach,** Peter; Dr.-Ing., Prof.; *Werkstoffe und Grundlagen der Fertigungstechnik*; di: Westfäl. Hochsch., FB Maschinenbau, Münsterstr. 265, 46397 Bocholt, T: (02871) 2155912, andreas.ibach@fh-gelsenkirchen.de

**Ibald,** Rolf; Dr., Prof.; *Logistikmanagement*; di: Europäische FH Brühl, Kaiserstr. 6, 50321 Brühl, T: (02232) 5673740, r.ibald@eufh.de

**Ibenthal,** Achim; Dr.-Ing., Prof.; *Medien u. Kommunikationssysteme*; di: HAWK Hildesheim/Holzminden/Göttingen, Fak. Naturwiss. u. Technik, Von-Ossietzky-Str. 99, 37085 Göttingen, T: (0551) 3705195

**Ibert,** Wolfgang; Dr., Prof.; *Allgemeine Betriebswirtschaftslehre, Statistik, Datenverarbeitung, Mathematik*; di: FH Frankfurt, FB 3 Wirtschaft u. Recht, Nibelungenplatz 1, 60318 Frankfurt am Main, T: (069) 15332963, ibert@fb3.fh-frankfurt.de

**Ibisch,** Pierre; Dr., Prof.; *Naturschutz, Biodiversität*; di: Hochsch. f. nachhaltige Entwicklung, FB Wald u. Umwelt, Alfred-Möller-Str. 1, 16225 Eberswalde, T: (03334) 657178, F: 657162, Pierre.Ibisch@hnee.de

**Ickerott,** Ingmar; Dr., Prof.; *Betriebswirtschaftslehre, insbes. Logistikmanagement*; di: Hochsch. Osnabrück, Fak. MKT, Inst. f. Management u. Technik, Kaiserstraße 10c, 49806 Lingen, T: (0591) 80098218, i.ickerott@hs-osnabrueck.de

**Ide,** Christian; Prof.; *Verlagsproduktion*; di: HTWK Leipzig, FB Medien, PF 301166, 04251 Leipzig, T: (0341) 2170313, ide@fbm.htwk-leipzig.de

**Ide,** Hans-Dieter; Dr.-Ing., Prof.; *Mobilkommunikationssoftware, Software Engineering*; di: FH Dortmund, FB Informations- u. Elektrotechnik, Sonnenstr. 96, 44139 Dortmund, T: (0231) 9112341, F: 9112283, hans-dieter.ide@fh-dortmund.de

**Idler,** Egbert; Prof.; *Fotografie, Visuelle Kommunikation und 3D-Gestaltung*; di: design akademie berlin (FH), Paul-Lincke-Ufer 8e, 10999 Berlin

**Iff,** Markus; Dr. theol. habil., Prof.; *Systematische Theologie*; di: Theolog. Hochsch. Ewersbach, Kronberg-Forum, Jahnstr. 49-53, 35716 Dietzhölztal, iff@th-ewersbach.de

**Iffert-Schier,** Sabine; Dipl.-Ing., Prof.; *Mauerwerksbau, Baustoffkunde, Brandschutz*; di: HAWK Hildesheim/Holzminden/Göttingen, Fak. Bauen u. Erhalten, Hohnsen 2, 31134 Hildesheim, T: (05121) 881294, F: 881224

**Igel,** Burkhard; Dr., Prof.; *Softwaretechnik und Datenverarbeitung, Regelungstechnik*; di: FH Dortmund, FB Informations- u. Elektrotechnik, Sonnenstr. 96, 44139 Dortmund, T: (0231) 9112357, F: 9112283, igel@fh-dortmund.de

**Igel,** Michael; Dr.-Ing., Prof.; *Elektrische Energieversorgung, Gebäudesystemtechnik*; di: HTW d. Saarlandes, Fak. f. Ingenieurwiss., Goebenstr. 40, 66117 Saarbrücken, T: (0681) 5867360, michael.igel@htw-saarland.de

**Igl,** Gerhard; Dr., Prof.; *Dienstleistungsmanagement*; di: Hochsch. Anhalt, FB 1 Landwirtschaft, Ökotrophologie, Landespflege, Strenzfelder Allee 28, 06406 Bernburg, T: (03471) 3551139, igl@loel.hs-anhalt.de

**Igler,** Bodo; Dr., Prof.; *Software-Engineering*; di: Hochsch. RheinMain, FB Design Informatik Medien, Campus Unter den Eichen 5, 65195 Wiesbaden, T: (0611) 94951297, Bodo.Igler@hs-rm.de

**Ihle,** Volker; Prof.; *Wirtschaftsingenieurwesen*; di: DHBW Karlsruhe, Fak. Technik, Erzbergerstr. 121, 76133 Karlsruhe, T: (0721) 9735705, ihle@no-spam.dhbw-karlsruhe.de

**Ihle-Schmidt,** Lieselotte; Dr. phil., Prof.; *Angewandte Sprachwissenschaften, insbes. Englisch*; di: FH Ludwigshafen, FB I Management und Controlling, Ernst-Boehe-Str. 4, 67059 Ludwigshafen/Rhein, T: (0621) 5203186, F: 5203193

**Ihlenburg,** Frank; Dr.-Ing., Prof.; *Technische Mechanik und Informatik*; di: HAW Hamburg, Fak. Technik u. Informatik, Berliner Tor 21, 20099 Hamburg, T: (040) 428758714, frank.ihlenburg@haw-hamburg.de

**Ihler,** Edmund; Dr., Prof.; *Softwaretechnik: Groupware, Workflow-Dokument- und Knowledge-Management, Objektorientiertes Software-Engineering*; di: Hochsch. d. Medien, Nobelstr. 10, 70569 Stuttgart, T: (0711) 89232166, ihler@hdm-stuttgart.de

**Ihme,** Bernd; Dr.-Ing., HonProf.; *Chemische Verfahrenstechnik*; di: HTW Dresden, Fak. Maschinenbau/Verfahrenstechnik, PF 120701, 01008 Dresden

**Ihme,** Joachim; Dr.-Ing., Prof.; *Betriebsorganisation, Logistik, Maschinenelemente, Materialflusstechnik, Schienenfahrzeuge*; di: Ostfalia Hochsch., Fak. Maschinenbau, salzdahlumer Str. 46/48, 38302 Wolfenbüttel, j.ihme@ostfalia.de

**Ihme,** Thomas; Dr., Prof.; *Rechnerarchitektur und autonome mobile Systeme*; di: Hochsch. Mannheim, Fak. Informatik, Windeckstr. 110, 68163 Mannheim

**Ihme-Schramm,** Hanno; Dr., Prof.; *Verbrennungsmotoren und Thermodynamik*; di: HAW Hamburg, Fak. Technik u. Informatik, Berliner Tor 9, 20099 Hamburg, T: (040) 428757905, hanno.ihme-schramm@haw-hamburg.de; pr: T: (040) 64400140

**Ihmels,** Tjark; Dipl.-Maler/Grafiker, Prof.; *Gestaltung interaktiver Medien, CD-ROM-Produktion, Internet, Installationen, Netzwerke*; di: FH Mainz, FB Gestaltung, Holzstr.36, 55116 Mainz, T: (06131) 2859511

**Ihne,** Hartmut; Dr., HonProf.; *Ethik und Politikberatung*; di: Hochsch. f. nachhaltige Entwicklung, FB Wald u. Umwelt, Alfred-Möller-Str. 1, 16225 Eberswalde, T: (02241) 865601, Hartmut.Ihne@hnee.de

**Ihnen,** Arthur; Dr. rer. pol., Prof.; *Statistik, Allgemeine Betriebswirtschaftslehre, Investitionsrechnung, Operations Research*; di: Hochsch. Offenburg, Fak. Betriebswirtschaft u. Wirtschaftsingenieurwesen, Klosterstr. 14, 77723 Gengenbach, T: (07803) 969841, F: 969849

**Ihrig,** Dieter; Dr. rer. nat., Prof.; *Lebenswissenschaften, Bio-, Medizin- u. Umweltphysik*; di: FH Südwestfalen, FB Informatik u. Naturwiss., Frauenstuhlweg 31, 58644 Iserlohn, T: (02371) 566275, F: 566251, ihrig@fh-swf.de; pr: Graf-von-Galen-Str. 6, 58706 Menden, T: (02373) 4653, F: 4655

**Ihrig,** Holger; Dr. rer. nat., Prof.; *Mathematik, Physik, Technische Akustik, Werkstofftechnik, Qualitätsmanagement*; di: Hochsch. Kempten, Bahnhofstr. 61-63, 87435 Kempten, T: (0831) 2523147, F: 2523197, holger.ihrig@fh-kempten.de

**Iken,** Adelheid; Dr., Prof.; *Kultur- u. Sozialwissenschaften*; di: HAW Hamburg, Fak. Wirtschaft u. Soziales, Berliner Tor 5, 20099 Hamburg, T: (040) 428756991, adelheid.iken@haw-hamburg.de

**Ikinger,** Uwe; Dr. med., Prof.; *Gesundheitsmanagement*; di: Hochsch. Heidelberg, Fak. f. Angew. Psychologie, Ludwig-Guttmann-Str. 6, 69123 Heidelberg, T: (06221) 882034, uwe.ikinger@fh-heidelberg.de

**Ilberg,** Vladimir; Dr., Prof.; *Lebensmitteltechnologie*; di: Hochsch. Weihenstephan-Triesdorf, Fak. Gartenbau u. Lebensmitteltechnologie, Am Staudengarten 10, 85350 Freising, T: (08161) 715030, F: 714417, vladimir.ilberg@hswt.de

**Iles,** Dorin; Dr.-Ing., Prof.; *Elektrotechnik*; di: Hochsch. Augsburg, Fak. f. Elektrotechnik, An der Hochschule 1, 86161 Augsburg, PF 110605, 86031 Augsburg, T: (0821) 55863614, dorin.iles@hs-augsburg.de

**Ilgen,** Berthold; Dr. techn., Prof.; *Pflanzenbau*; di: HTW Dresden, Fak. Landbau/Landespflege, Mitschurinbau, 01326 Dresden-Pillnitz, T: (0351) 4622633, ilgen@pillnitz.htw-dresden.de

**Illges,** Harald; Dr. rer. nat. habil., Prof.; *Immunologie, Zellbiologie*; di: Hochsch. Bonn-Rhein-Sieg, FB Angewandte Naturwissenschaften, von-Liebig-Str. 20, 53359 Rheinbach, T: (02241) 865570, F: 8658570, harald.illges@fh-brs.de; pr: Hüetlinstr. 33, 78462 Konstanz, T: (07531) 189673

**Illgner,** Hans-Joachim; Dr.-Ing., Prof.; *Fertigungstechnologie, Produktionstechnik, Ingenieurwissenschaftliche Grundlagen*; di: Hochsch. Albstadt-Sigmaringen, Jakobstr. 1, 72458 Albstadt, T: (07431) 579157, F: 579169, illgner@hs-albsig.de

**Illies,** Georg; Dipl. math., Dr. rer. nat., Prof.; *Mathematik*; di: Hochsch. Regensburg, Fak. Informatik u. Mathematik, PF 120327, 93025 Regensburg, T: (0941) 9431267, georg.illies@hs-regensburg.de

**Illik,** Johann Anton; Dipl.-Inform., Prof.; *eBusiness*; di: Hochsch. Furtwangen, Fak. Wirtschaftsinformatik, Robert-Gerwig-Platz 1, 78120 Furtwangen, T: (07723) 50266, Johann.Illik@hs-furtwangen.de

**Illing,** Frank; Dr.-Ing., Prof.; *Grundlagen d. Elektronik, Theoretische Elektrotechnik*; di: HTWK Leipzig, FB Elektrotechnik u. Informationstechnik, PF 301166, 04251 Leipzig, T: (0341) 30761194, illing@fbeit.htwk-leipzig.de

**Illner,** H. Martin; Dipl.-Holzwirt, Dipl.-Ing., Dr. rer. nat., Prof.; *Werkstoffkunde Holz, Holzschutz, Sägewerktechnik*; di: Hochsch. Rosenheim, Fak. Holztechnik u. Bau, Hochschulstr. 1, 83024 Rosenheim, T: (08031) 805300, F: 805302

**Imbsweiler,** Dietmar; Dr.-Ing., Prof.; *Finite Elemente, Statik, Festigkeitslehre*; di: Hochsch. Ulm, Fak. Maschinenbau u. Fahrzeugtechnik, PF 3860, 89028 Ulm, T: (0731) 5028019, imbsweiler@hs-ulm.de

**Imhof,** Ralf; Dr. jur., Prof.; *Wirtschaftsprivatrecht, Recht der Informations- und Kommunikationstechnologie*; di: Ostfalia Hochsch., Fak. Recht, Salzdahlumer Str. 46/48, 38302 Wolfenbüttel

**Imiela,** Joachim; Dr.-Ing., Prof.; *Prozessinformatik und Automatisierungstechnik, Technische Mechanik – Festigkeitslehre*; di: Hochsch. Hannover, Fak. I Elektro- u. Informationstechnik, Ricklinger Stadtweg 120, 30459 Hannover, PF 920261, 30441 Hannover, T: (0511) 92961268, joachim.imiela@hs-hannover.de

**Immel,** Marc; Dipl.-Ing., Prof.; *Architektur*; di: H Koblenz, FB Bauwesen, Konrad-Zuse-Str. 1, 56075 Koblenz, T: (0261) 9528600, F: 9528647, immel@hs-koblenz.de

**Immenga,** Frank; Dr., Prof.; *Bürgerliches Recht, Wettbewerbsrecht und gewerblicher Rechtschutz*; di: Hochsch. Trier, Umwelt-Campus Birkenfeld, FB Umweltwirtschaft/Umweltrecht, PF 1380, 55761 Birkenfeld, T: (06782) 171246, f.immenga@umwelt-campus.de

**Immenschuh,** Ursula; Dr., Prof.; *Pflegewissenschaft*; di: Kath. Hochsch. Freiburg, Karlstr. 63, 79104 Freiburg, T: (0761) 200430, immenschuh@kfh-freiburg.de; pr: Am Hans-Peter-Acker 3, 79369 Wyhl, T: (07642) 926891

**Indlekofer,** Klaus Michael; Dr. rer. nat., Prof.; *Elektrotechnik, Audiotechnologie, Informationstechnologie*; di: Hochsch. Rhein/Main, FB Ingenieurwiss., Informationstechnologie u. Elektrotechnik, Am Brückweg 26, 65428 Rüsselsheim, T: (06142) 8984289, michael.indlekofer@hs-rm.de

**Ingebrandt,** Sven; Dr.-Ing., Prof.; *Biomedizinische Messtechnik, Elektrophysiologie, Einführung in die Mikrosystemtechnik, Biosensorik, Mathematik, Chip-basierte Bioelektronik und Biosensorik*; di: FH Kaiserslautern, FB Informatik u. Mikrosystemtechnik, Amerikastr. 1, 66482 Zweibrücken, T: (06332) 914413, Sven.Ingebrandt@fh-kl.de

**Inman,** Christopher; M.A., Prof.; *Neuere Sprachen (Englisch, Französisch)*; di: Hochsch. Regensburg, Fak. Allgemeinwiss. u. Mikrosystemtechnik, PF 120327, 93025 Regensburg, T: (0941) 9431324, christopher.inman@mikro.fh-regensburg.de

**Inowlocki,** Lena; Dr., Prof.; *Soziologie*; di: FH Frankfurt, FB Soziale Arbeit u. Gesundheit, Nibelungenplatz 1, 60318 Frankfurt am Main, T: (069) 15332825, inowlock@fb4.fh-frankfurt.de

**Ionescu,** Florin; Dr., Prof.; *Hydraulik, Pneumatik, Maschinendynamik, Mechanik*; di: Hochsch. Konstanz, Fak. Maschinenbau, Brauneggerstr. 55, 78462 Konstanz, PF 100543, 78405 Konstanz, T: (07531) 206289, F: 206294, ionescou@fh-konstanz.de

**Iossifidis,** Ioannis; Dr. rer.nat., Prof.; *Theoretische Informatik, Kognitive Systemtechnik*; di: Hochschule Ruhr West, Institut Informatik, PF 100755, 45407 Mülheim an der Ruhr, T: (0208) 88254806, Ioannis.Iossifidis@hs-ruhrwest.de

**Iossifov,** Vesselin; Dr.-Ing. habil., Prof.; *Programmieren in C, Rechnerarchitektur, Mikroprozessortechnik*; di: HTW Berlin, FB Ingenieurwiss. I, Allee der Kosmonauten 20/22, 10315 Berlin, T: (030) 50193336, vjossifo@HTW-Berlin.de

**Irber,** Alfred; Dr.-Ing., Prof.; *Informatik, Mikrocomputer*; di: Hochsch. München, Fak. Elektrotechnik u. Informationstechnik, Lothstr. 64, 80335 München, T: (089) 12653452, F: 12653403, irber@ee.fhm.edu

**Irminger,** Peter; Kapt., Prof.; *Verwaltung u. Umweltschutz, Schiffahrtsrecht, Simulator*; di: Hochsch. Bremen, Fak. Natur u. Technik, Werderstr. 73, 28199 Bremen, T: (0421) 59054602, F: 59054599, Peter.Irminger@hs-bremen.de

**Irrek,** Wolfgang; Dr. rer. oec., Prof.; *Wirtschaftsingenieurwesen, Energiesysteme*; di: Hochschule Ruhr West, Institut Energiesysteme u. Energiewirtschaft, PF 100755, 45407 Mülheim an der Ruhr, T: (0208) 88254838, wolfgang.irrek@hs-ruhrwest.de

**Irrgang,** Wolfgang; Dr. rer. pol., Prof.; *Marketing*; di: Hochsch. München, Fak. Betriebswirtschaft, Am Stadtpark 20 (Neubau), 81243 München, T: (089) 12652718, wolfgang.irrgang@fhm.edu

**Irslinger,** Roland; Prof.; *Ökologie (Standorts- und Landschaftsökologie, Geologie, Bodenkunde, Klimatologie, Hydrologie)*; di: Hochsch. f. Forstwirtschaft Rottenburg, Schadenweilerhof, 72108 Rottenburg, T: (07472) 951252, F: 951200, Irslinger@fh-rottenburg.de

**Isaak,** Erwin; Dr.-Ing., Prof.; *Grundgebiete der Elektrotechnik, Digitaltechnik*; di: FH Südwestfalen, FB Elektrotechnik u. Informationstechnik, Haldener Str. 182, 58095 Hagen, T: (02331) 9872224, F: 9874031, Isaak@fh-swf.de

**Ise,** Gerhard; Dr. rer. nat., Prof.; *Mathematik*; di: FH Köln, Fak. f. Fahrzeugsysteme u. Produktion, Betzdorfer Str. 2, 50679 Köln, T: (0221) 82752552, F: 82752322, gerhard.ise@fh-koeln.de

**Iselborn,** Klaus-Werner; Dr.-Ing., Prof.; *Elektrische Messtechnik, Grundlagen der Elektrotechnik, Regenerative Energien*; di: Hochsch. Mannheim, Fak. Elektrotechnik, Windeckstr. 110, 68163 Mannheim

**Isele,** Alfred; Dipl.-Ing., Prof.; *Planung u. Organisation v. Fertigungsprozessen, Produktionswirtschaft, Mathematik*; di: Hochsch. Offenburg, Fak. Maschinenbau u. Verfahrenstechnik, Badstr. 24, 77652 Offenburg, T: (0781) 205220, F: 205214

**Isenberg,** Randolf; Dr.-Ing., Prof.; *Produktionswirtschaft*; di: HAW Hamburg, Fak. Technik u. Informatik, Berliner Tor 21, 20099 Hamburg, T: (040) 428758615, Randolf.Isenberg@haw-hamburg.de; pr: T: (0481) 292969; www.isenberg-pm.de

**Iser,** Angelika; Dr., Prof.; *Sozialwissenschaften*; di: Hochsch. München, Fak. Angew. Sozialwiss., Lothstr. 34, 80335 München

**Isfort,** Michael; Dr. phil., Prof.; *Gesundheitswesen, Pflegewissenschaft*; di: Kath. Hochsch. NRW, Abt. Köln, FB Gesundheitswesen, Wörthstr. 10, 50668 Köln, T: (0221) 7757205, F: 7757128, m.isfort@katho-nrw.de

**Ismer,** Bruno; Dr. rer. nat. habil., Prof.; *Medizintechnik, Grundlagen der Medizin*; di: Hochsch. Offenburg, Fak. Elektrotechnik u. Informationstechnik, Badstr. 24, 77652 Offenburg, bruno.ismer@hs-offenburg.de

**Istvánffy,** Tibor; Dr. phil., Prof.; *Musikpädagogik, Instrumentaldidaktik, Dirigieren*; di: Hochsch. Lausitz, FB Musikpädagogik, Puschkinpromenade 13-14, 03044 Cottbus, T: (0355) 3807310, F: 3807319

**Ittner,** Andreas; Dr.-Ing., Prof.; *Informatik, Verteilte Informationssystem*; di: Hochsch. Mittweida, Fak. Mathematik/Naturwiss./ Informatik, Technikumplatz 17, 09648 Mittweida, T: (03727) 581288, F: 581303, Ittner@htwm.de

**Iurgel,** Ido; Dr.-Ing., Prof.; *Medieninformatik*; di: Hochsch. Rhein-Waal, Fak. Kommunikation u. Umwelt, Südstraße 8, 47475 Kamp-Lintfort, T: (02842) 90825286, ido.iurgel@hochschule-rhein-waal.de

**Iven,** Claudia; Dr., Prof.; *Logopädie*; di: Hochsch. Fresenius, FB Gesundheit u Soziales, Limburger Str. 2, 65510 Idstein, T: (06126) 9352826, iven@fh-fresenius.de

**Iwanowski,** Sebastian; Dr. rer. nat., Prof.; *Verteilte Systeme, Informatik*; di: FH Wedel, Feldstr. 143, 22880 Wedel, T: (04103) 804863, iw@fh-wedel.de

**Jablonski,** Michael; Dr.-Ing., Prof.; *Baumanagement u. Finanzierung*; di: Hochsch. Ostwestfalen-Lippe, FB 3, Bauingenieurwesen, Emilienstr. 45, 32756 Detmold, T: (05231) 769822, F: 769819, michael.jablonski@fh-luh.de; pr: Friedrich-Ebert-Str. 28, 32760 Detmold, T: (05231) 367214

**Jach,** Frank-Rüdiger; Dr., Prof.; *Personalrecht, Staats- und Europarecht*; di: HAW Hamburg, Fak. Wirtschaft u. Soziales, Berliner Tor 5, 20099 Hamburg, Frank-Ruediger.Jach@haw-hamburg.de; pr: Bonner Str. 7d, 30173 Hannover, T: (0511) 9886203, F: 9887687, ifbbjach@aol.com

**Jack,** Oliver; Dr.-Ing., Prof.; *Echtzeitbetriebssysteme, Softwaretechnologie*; di: FH Jena, FB Elektrotechnik u. Informationstechnik, Carl-Zeiss-Promenade 2, 07745 Jena, PF 100314, 07703 Jena, T: (03641) 205715, Oliver.Jack@fh-jena.de

**Jacob,** Dirk; Dr.-Ing., Prof.; *Elektrotechnik*; di: Hochsch. Kempten, Fak. Elektrotechnik, Bahnhofstr. 61-63, 87435 Kempten, T: (0831) 2523257, F: 2523197, dirk.jacob@fh-kempten.de

**Jacob,** Heiner; Dipl.-Des., Prof.; *Grundlagen graphischer Gestaltung, Unternehmens- und Organisationsdesign*; di: FH Köln, Fak. f. Kulturwiss., Ubierring 40, 50678 Köln, T: (0221) 82753478

**Jacob,** Karl-Heinz; Dipl.-Chem., Dr. rer. nat., Prof., Dekan FB Angewandte Chemie; *Physikalische Chemie*; di: Georg-Simon-Ohm-Hochsch. Nürnberg, Fak. Angewandte Chemie, Keßlerplatz 12, 90489 Nürnberg, PF 210320, 90121 Nürnberg, T: (0911) 58801515

**Jacob,** Michael; Dipl.-Kfm., Dr. rer. oec., Prof.; *Wirtschaft*; di: FH Kaiserslautern, FB Betriebswirtschaft, Amerikastr. 1, 66482 Zweibrücken, T: (06332) 914212, michael.jacob@fh-kl.de

**Jacob,** Olaf; Dr., Prof.; *Organisation und Datenverarbeitung*; di: FH Neu-Ulm, Wileystr. 1, 89231 Neu-Ulm, T: (0731) 97621507, olaf.jacob@fh-neu-ulm.de

**Jacob,** Wilhelm; Dr. rer. pol., Prof.; *Allgemeine Betriebswirtschaftslehre*; di: FH Schmalkalden, Fak. Informatik, Blechhammer, 98574 Schmalkalden, PF 100452, 98564 Schmalkalden, T: (03683) 6884102, jacob@informatik.fh-schmalkalden.de

**Jacobi,** Anne; Dr., Prof.; *BWL*; di: FH Südwestfalen, Lindenstr. 53, 59872 Meschede, T: (0291) 9910560, anne.jacobi@fh-swf.de; pr: T: (02961) 51069

**Jacobi,** Jörg; Prof.; *Unternehmenskommunikation, Medienkunde, Messewesen*; di: Hochsch. Furtwangen, Fak. Product Engineering/Wirtschaftsingenieurwesen, Robert-Gerwig-Platz 1, 78120 Furtwangen, T: (07723) 9202187, F: 9202618, jaco@hs-furtwangen.de

**Jacobi,** Wolfgang; Dr.-Ing., Prof.; *CAE-Technik, Informationssysteme*; di: FH Südwestfalen, FB Maschinenbau, Frauenstuhlweg 31, 58644 Iserlohn, T: (02371) 566159, jacobi@fh-swf.de; pr: Hindenburgstr. 46, 58708 Menden, T: (02373) 64633

**Jacobs,** Norbert; Dr. phil., Prof.; *Wirtschaftsprüfung, Betriebliche Steuerlehre, Rechnungswesen*; di: Hochsch. Niederrhein, FB Wirtschaftswiss., Webschulstr. 41-43, 41065 Mönchengladbach, T: (02161) 1866340, Norbert.Jacobs@hs-niederrhein.de

**Jacobs,** Olaf; Dr.-Ing., Prof.; *Werkstoffkunde*; di: FH Lübeck, FB Maschinenbau u. Wirtschaft, Mönkhofer Weg 136-140, 23562 Lübeck, T: (0451) 3005323, F: 3005302, olaf.jacobs@fh-luebeck.de

**Jacobs,** Stefan; Dr. rer. pol., Prof.; *Produktionswirtschaft, Unternehmensorganisation*; di: FH Südwestfalen, FB Ingenieur- und Wirtschaftswissenschaften, Lindenstr. 53, 59872 Meschede, T: (02921) 9910640, s.jacobs@fh-swf.de

**Jacobs,** Stephan; Dr. rer. nat., Prof.; *Wirtschaftsinformatik*; di: FH Aachen, FB Wirtschaftswissenschaften, Eupener Str. 70, 52066 Aachen, T: (0241) 600951914, jacobs@fh-aachen.de

**Jacobs,** Ulrich; Dr.-Ing., Prof.; *Fertigungstechnik, Fertigungsautomatisierung*; di: FH Jena, FB Wirtschaftsingenieurwesen, Carl-Zeiss-Promenade 2, 07745 Jena, PF 100314, 07703 Jena, T: (03641) 930440, F: 930441, wi@fh-jena.de

**Jacobsen,** Harald; Dr.-Ing., Prof.; *Physik, Allgemeine Elektrotechnik*; di: FH Kiel, FB Informatik u. Elektrotechnik, Grenzstr. 5, 24149 Kiel, T: (0431) 2104155, harald.jacobsen@fh-kiel.de

**Jacobsen,** Hendrik; Dr., Prof.; *Rechnungswesen, Steuern, Wirtschaftsrecht*; di: DHBW Villingen-Schwenningen, Fak. Wirtschaft, Friedrich-Ebert-Str. 30, 78054 Villingen-Schwenningen, T: (07720) 3906143, F: 3906149, jacobsen@dhbw-vs.de

**Jacoby,** Alfred; Dipl.-Ing., Prof.; *Baukonstruktion/Innenausbau*; di: Hochsch. Anhalt, FB 3 Architektur, Facility Management u. Geoinformation, PF 2215, 06818 Dessau, T: (0340) 51971536, jacoby@afg.hs-anhalt.de

**Jacques,** Harald; Dr., Prof.; *Meßwerterfassung und -umformung (analog), Regelungstechnik*; di: FH Düsseldorf, FB 3 – Elektrotechnik, Josef-Gockeln-Str. 9, 40474 Düsseldorf, T: (0211) 4351300, harald.jacques@fh-duesseldorf.de; pr: Bahnkuhle 19, 41844 Wegberg, T: (02434) 25030

**Jäckel,** Gisbert; Dr.-Ing., Prof.; *Konstruktionslehre, Konstruktionssystematik und rechnergestützte Konstruktion*; di: FH Bielefeld, FB Ingenieurwiss. u. Mathematik, Wilhelm-Bertelsmann-Str. 10, 33602 Bielefeld, T: (0521) 1067299, gisbert.jaeckel@fh-bielefeld.de; pr: Eimbeckhäuser Str. 34, 30459 Hannover, T: (0511) 497363

**Jäckel,** Gottfried; Dr., HonProf.; *Werkstoffe der Mikrosystemtechnik*; di: Hochsch. Mittweida, Fak. Maschinenbau, Technikumplatz 17, 09648 Mittweida, T: (03727) 581356

**Jäckels,** Heike; Dr.-Ing., Prof.; *Schwingungslehre, Finite Elemente Methode*; di: HTW d. Saarlandes, Fak. f. Ingenieurwiss., Goebenstr. 40, 66117 Saarbrücken, T: (0681) 5867260, jaeckels@htw-saarland.de; pr: 18, rue Jean Burger, F-57070 St. Julien, T: 0387362286

**Jäckle,** Martin; Dr.-Ing. habil., Prof.; *Kraftfahrzeugtechnik, Maschinenelemente, Getriebetechnik*; di: Hochsch. Karlsruhe, Fak. Maschinenbau u. Mechatronik, Moltkestr. 30, 76133 Karlsruhe, T: (0721) 9251901, martin.jaeckle@hs-karlsruhe.de

**Jäckle,** Wolfgang; Dr., Prof.; *Verwaltungsrecht und Verwaltungsrechtsschutz, Zivilrecht, Recht des öffentlichen Dienstes*; di: FH d. Bundes f. öff. Verwaltung, FB Finanzen, PF 1549, 48004 Münster, T: (0251) 8670893

**Jäger,** Axel; Dr., Prof.; *Wirtschafts- und Gesellschaftsrecht*; di: FH Frankfurt, FB Sozial- und Kulturwissenschaften, Nibelungenplatz 1, 60318 Frankfurt am Main, T: (069) 15333009, jaeger@fb3.fh-frankfurt.de

**Jäger,** Edgar; Dr. rer. nat., Prof.; *Mathematik, Informatik, Simulationstechnik*; di: Hochsch. Furtwangen, Fak. Maschinenbau u. Verfahrenstechnik, Jakob-Kienzle-Str. 17, 78054 Villingen-Schwenningen, T: (07720) 3074278, jr@hs-furtwangen.de

**Jaeger,** Frank; Dr.-Ing., Prof.; *Graphische Datenverarbeitung*; di: HTWK Leipzig, FB Informatik, Mathematik u. Naturwiss., PF 301166, 04251 Leipzig, T: (0341) 30766397, jaeger@imn.htwk-leipzig.de

**Jäger,** Gerhard; Prof.; *Business Management*; di: DHBW Lörrach, Hangstr. 46-50, 79539 Lörrach, T: (07621) 2071243, F: 2071249, jaeger@dhbw-loerrach.de

**Jäger,** Helmut; Dr.-Ing., Prof.; *EDV-Regelungstechnik, Techn. Mechanik, Schwingungslehre, Systemtechnik*; di: Hochsch. Esslingen, Fak. Graduate School, Fak. Mechatronik u. Elektrotechnik, Robert-Bosch-Str. 1, 73037 Göppingen, T: (07161) 6971231; pr: Tuttlingerstr. 37, 70619 Stuttgart, T: (0711) 478784

**Jäger,** Joachim; Dr. rer. nat., Prof.; di: HTW d. Saarlandes, Fak. f. Wirtschaftswiss, Waldhausweg 14, 66123 Saarbrücken, T: (0681) 5867585, jjaeger@htw-saarland.de; pr: Neugrabenweg 55, 66123 Saarbrücken, T: (0681) 35615

**Jäger,** Karl-Werner; Dr.-Ing., Prof.; *Konstruktionslehre/CAD/CAE/CIM*; di: Georg-Simon-Ohm-Hochsch. Nürnberg, Fak. Elektrotechnik Feinwerktechnik Informationstechnik, Wassertorstr. 10, 90489 Nürnberg, PF 210320, 90121 Nürnberg

**Jäger,** Lars; Dr. rer. pol., Prof.; *Allgemeine Betriebswirtschaftslehre, Bilanzierung, Investition*; di: FH Worms, FB Touristik/ Verkehrswesen, Erenburgerstr. 19, 67549 Worms, jaeger@fh-worms.de

**Jaeger,** Magnus; Dr., Prof.; *Energie-, Umwelt- und Verfahrenstechnik*; di: Hochsch. Amberg-Weiden, FB Wirtschaftsingenieurwesen, Hetzenrichter Weg 15, 92637 Weiden, T: (0961) 382202, F: 382162, m.jaeger@fh-amberg-weiden.de

**Jäger,** Michael; Dipl.-Inform., Dr. rer. nat., Prof.; *Informatik*; di: Techn. Hochsch. Mittelhessen, FB 13 Mathematik, Naturwiss. u. Datenverarbeitung, Wiesenstr. 14, 35390 Gießen, T: (0641) 3092388; pr: Draustr. 87, 64347 Griesheim, T: (06155) 61488

**Jäger,** Norbert; Dr. rer. pol., Prof.; *Volkswirtschaft, Multimedia, Betriebswirtschaft*; di: Hochsch. Esslingen, Fak. Betriebswirtschaft u. Fak. Graduate School, Flandernstr. 101, 73732 Esslingen, T: (0711) 3974334

**Jäger,** Reiner; Dr.-Ing., Prof.; *Satellitengeodäsie, Landesvermessung, Programmentwicklung und Ausgleichsrechnung*; di: Hochsch. Karlsruhe, Fak. Geomatik, Moltkestr. 30, 76133 Karlsruhe, PF 2440, 76012 Karlsruhe, T: (0721) 9252620

**Jäger,** Rudolf; Dr.-Ing., Prof.; *Praktische Informatik, Medieninformatik, Informationstechnik*; di: Techn. Hochsch. Mittelhessen, FB 11 Informationstechnik, Elektrotechnik, Mechatronik, Wilhelm-Leuschner-Str. 13, 61169 Friedberg, T: (06031) 604228

**Jäger,** Ruth; Dr., Prof.; di: HAWK Hildesheim/Holzminden/Göttingen, Fak. Soziale Arbeit u. Gesundheit, Brühl 20, 31134 Hildesheim, T: (05121) 881491, jaeger@hawk-hhg.de

**Jaeger,** Ulrike; Dr.-Ing., Prof.; *Datenbanken und Programmiersprachen*; di: Hochsch. Heilbronn, Fak. f. Technik 2, Max-Planck-Str. 39, 74081 Heilbronn, T: (07131) 504243, F: 252470, ulrike.jaeger@hs-heilbronn.de

**Jäger,** Uwe; Dr., Prof.; *Vertrieb, Organisation, BWL, Marketing*; di: Hochsch. d. Medien, Fak. Druck u. Medien, Nobelstr. 10, 70569 Stuttgart, T: (0711) 89232102, jaeger@hdm-stuttgart.de

**Jäger,** Uwe; Dr. rer. nat., Prof.; *Prozessdatenverarbeitung, Digitale Bildverarbeitung, Datenverarbeitung, Mikroelektronischer Schaltungsentwurf*; di: Hochsch. Heilbronn, Max-Planck-Str. 39, 74081 Heilbronn, T: (07131) 504399, uwe.jaeger@hs-heilbronn.de

**Jäger,** Wolfgang; Dr., Prof.; *Allgemeine Betriebswirtschaftslehre, insb. Personal- und Unternehmensführung, Medienmanagement*; di: Hochsch. Rhein/ Main, FB Design Informatik Medien, Unter den Eichen 5, 65195 Wiesbaden, T: (0611) 94952141, wolfgang.jaeger@hs-rm.de; pr: Nachtigallenweg 14, 61462 Königstein, T: (06174) 1633

**Jägersberg,** Gudrun; Dr., Prof.; *Wirtschaftsenglisch*; di: Westsächs. Hochsch. Zwickau, FB Wirtschaftswiss., Scheffelstr. 39, 08056 Zwickau, Gudrun.Jaegersberg@fh-zwickau.de

**Jägle,** Isabel; Prof.; *Grafische Methode und Techniken, Envisioning Information*; di: Hochsch. Darmstadt, FB Gestaltung, Haardtring 100, 64295 Darmstadt, T: (06151) 168357

**Jährling-Rahnefeld,** Brigitte; Dr., Prof.; *Verwaltungsrecht*; di: FH d. Bundes f. öff. Verwaltung, FB Sozialversicherung, Nestorstraße 23 - 25, 10709 Berlin, T: (030) 86522629

**Jäkel,** Jens; Dr.-Ing., Prof.; *Systemtheorie, Prozessanalyse*; di: HTWK Leipzig, FB Elektrotechnik u. Informationstechnik, PF 301166, 04251 Leipzig, T: (0341) 30761125, jaekel@fbeit.htwk-leipzig.de

**Jaekel,** Uwe; Dr., Prof.; *Angew. Mathematik, Wirtschaftsmathematik*; di: H Koblenz, FB Mathematik u. Technik, RheinAhrCampus, Joseph-Rovan-Allee 2, 53424 Remagen, T: (02642) 932334, F: 932399, jaekel@rheinahrcampus.de

**Jänchen,** Isabell; Dr., Prof.; *Öffentliche Finanzwirtschaft*; di: FH d. Sächsischen Verwaltung, Herbert-Böhme Str. 11, 01662 Meißen, T: (03521) 473155, isabelle.jaenchen@fhsv.sachsen.de

**Jänecke,** Michael; Dr.-Ing., Prof.; *Leistungselektronik u. Antriebe, Stromrichtertechnik*; di: Hochsch. Osnabrück, Fak. Ingenieurwiss. u. Informatik, Albrechtstr. 30, 49076 Osnabrück, T: (0541) 9693154, F: 9692936, m.jaenecke@edvsz.hs-osnabrueck.de; pr: Am Buchenbrink 11, 49191 Belm, T: (05406) 899221

**Jänicke,** Karl-Heinz; Dr.-Ing., Prof.; *Angewandte Informatik, Technische Informatik mit Mikrorechentechnik*; di: FH Brandenburg, FB Informatik u. Medien, Magdeburger Str. 50, 14470 Brandenburg, PF 2132, 14737 Brandenburg, T: (03381) 355432, F: 355199, jaenicke@fh-brandenburg.de

**Jaensch,** Michael; Dr., Prof.; *Deutsches und europäisches Zivil- und Zivilprozessrecht*; di: HTW Berlin, FB Wirtschaftswiss. I, Treskowallee 8, 10318 Berlin, T: (030) 50192278, jaensch@HTW-Berlin.de

**Järvenpää,** Silke; Dr., Prof.; di: Hochsch. München, Fak. Studium Generale u. interdisziplinäre Studien, Lothstr. 34, 80335 München, silke.jaervenpaeae@hm.edu

**Jäschke,** Uwe Ulrich; Dipl.-Geogr., Dr. phil., Prof.; *Datenpräsentation, Geographie, Geomorphologie, Thematische Kartographie*; di: HTW Dresden, Fak. Geoinformation, Friedrich-List-Platz 1, 01069 Dresden, T: (0351) 4623178, jaeschke@htw-dresden.de

**Jagnow,** Kati; Dr.-Ing., Prof.; *Technische Gebäudeausrüstung*; di: Hochsch. Magdeburg-Stendal, FB Bauwesen, Breitscheidstr. 2, 39114 Magdeburg, T: (0391) 8864434, kati.jagnow@hs-magdeburg.de

**Jahn,** Axel; Dr. rer. pol., Prof.; *BWL, Finanz- und Rechnungswesen, Statistik*; di: Hochsch. Augsburg, Fak. f. Informatik, Friedberger Straße 2, 86161 Augsburg, T: (0821) 55863459, Axel.Jahn@hs-augsburg.de

**Jahn,** Elke; Dr., Prof.; *Analytische Chemie*; di: Hochsch. Anhalt, FB 7 Angew. Biowiss. u. Prozesstechnik, PF 1458, 06354 Köthen, T: (03496) 672500, elke.jahn@bwp.hs-anhalt.de

**Jahn,** Hannes; Dr., Prof.; *Innovative Veränderungsprozesse*; di: MSH Medical School Hamburg, Am Kaiserkai 1, 20457 Hamburg, T: (040) 36122640, Hannes.Jahn@medicalschool-hamburg.de

**Jahn,** Hartmut; Dipl.-Päd., Prof.; *Filmgestaltung*; di: FH Mainz, FB Gestaltung, Holzstr. 36, 55116 Mainz, T: (06131) 2862717

**Jahn,** Holger; Dipl. Designer, Prof.; *Entwurf, Produktgestaltung*; di: HTW Dresden, Fak. Gestaltung, Friedrich-List-Platz 1, 01069 Dresden, T: (0351) 4622484, jahn@htw-dresden.de

**Jahn,** Karl-Udo; Dr. sc. nat., Dr. rer. nat. habil., Prof.; *Progammiersprachen u. Programmiertechnik, Computernumerik mit Ergebnisverifikation*; di: HTWK Leipzig, FB Informatik, Mathematik u. Naturwiss., PF 301166, 04251 Leipzig, T: (0341) 30766413, jahn@imn.htwk-leipzig.de; pr: Johannes-R.-Becher-Str. 8/207, 04279 Leipzig

**Jahn,** Thomas; Dr.-Ing., Prof.; *Glas- und Kunststoffbau, Stahlbetonbau, Baustoffe, Befestigungstechnik*; di: HTWK Leipzig, FB Bauwesen, PF 301166, 04251 Leipzig, T: (0341) 30767056, thomas.jahn@fbeit.htwk-leipzig.de

**Jahnen,** Peter; Dipl.-Ing, Dipl.-Des., Prof.; *Städtebau und Umweltverträglichkeitsprüfung*; di: Techn. Hochsch. Mittelhessen, FB 01 Bauwesen, Wiesenstr. 14, 35390 Gießen, T: (0641) 3091844; pr: Küpperstr. 10-12, 52066 Aachen, T: (0241) 6082600

**Jahnke,** Bernd; Prof.; *Analytisches Zeichnen, CAD, Wirtschaftstheorie, Marketing*; di: Hochsch. Konstanz, Fak. Architektur u. Gestaltung, Brauneggerstr. 55, 78462 Konstanz, PF 100543, 78405 Konstanz, T: (07531) 206850, jahnke@fh-konstanz.de

**Jahnke,** Georg; Dr.-Ing., Prof.; *Tragwerkslehre*; di: Hochsch. Wismar, Fak. f. Gestaltung, PF 1210, 23952 Wismar, T: (03841) 753456, g.jahnke@ar.hs-wismar.de

**Jahr,** Andreas; Dr.-Ing., Prof.; *Konstruktionslehre, Technische Mechanik*; di: FH Düsseldorf, FB 4 – Maschinenbau u. Verfahrenstechnik, Josef-Gockeln-Str. 9, 40474 Düsseldorf, T: (0211) 4351411, andreas.jahr@fh-duesseldorf.de; pr: Schabernackstr. 37, 41462 Neuss, T: (02131) 55724

**Jaich,** Harald; Prof.; *Ingenieurwissenschaft*; di: Hochsch. Rhein/Main, FB Ingenieurwiss., Am Brückweg 26, 65428 Rüsselsheim, T: (06142) 8984340, harald.jaich@hs-rm.de

**Jain,** Andreas; Dr., Prof.; *Stadt- und Regionalmarketing*; di: Ostfalia Hochsch., Fak. Verkehr-Sport-Tourismus-Medien, Karl-Scharfenberg-Str. 55-57, 38229 Salzgitter, a.jain@ostfalia.de

**Jaki,** Jürgen; Dr., Prof.; *Physik*; di: Hochsch. Geisenheim, Von-Lade-Str. 1, 65366 Geisenheim, T: (06722) 502709, juergen.jaki@hs-gm.de; pr: Eberstr. 19a, 76351 Linkenheim, T: (07247) 89547

**Jakob,** Eckhard; Dr., Prof.; *Lebensmittelanalytik, Chemie*; di: Hochsch. Weihenstephan-Triesdorf, Fak. Gartenbau u. Lebensmitteltechnologie, Am Staudengarten 10, 85350 Freising, T: (08161) 713027, F: 714417, eckhard.jakob@hswt.de

**Jakob,** Geribert; Dr., Prof.; *Medieninformation*; di: Hochsch. Darmstadt, FB Media, Haardtring 100, 64295 Darmstadt, T: (06151) 169214, geribert.jakob@fbmedia.h-da.de

**Jakob,** Gisela; Dr., Prof.; *Theorie u. Methoden Sozialer Arbeit, Professionalisierung, bürgerschaftliches Engagement*; di: Hochsch. Darmstadt, FB Gesellschaftswiss. u. Soziale Arbeit, Haardtring 100, 64295 Darmstadt, T: (06151) 168967, gisela.jakob@h-da.de

**Jakob,** Karl Friedrich; Dr.-Ing., HonProf.; *Bergbau*; di: TFH Georg Agricola Bochum, Herner Str. 45, 44787 Bochum; RAG Coal International AG, Rellinghauser Str. 1-11, 45128 Essen, T: (0201) 1773130

**Jakobi,** Heinz-Josef; Dipl.-Chem., Dr. rer. nat., Prof.; *Chemische Reaktionstechnik und Prozesskunde*; di: Hochsch. Emden/ Leer, FB Technik, Constantiaplatz 4, 26723 Emden, T: (04921) 8071508, F: 8071593, jakobi@hs-emden-leer.de; pr: Ashford Str. 43, 53902 Bad Münstereifel, T: (02253) 180375

**Jakobi,** Karl Josef; Dr.-Ing., Prof.; *Technische Mechanik*; di: FH Bingen, FB Technik, Informatik, Wirtschaft, Berlinstr. 109, 55411 Bingen, T: (06721) 409139, F: 409104, jakobi@fh-bingen.de

**Jakobi,** Rolf; Dr., Prof.; *BWL, insb. Internationales Management*; di: FH Ludwigshafen, FB I Management und Controlling, Ernst-Boehle-Str. 4, 67059 Ludwigshafen, T: (0621) 5203279, F: 5203193, rolf.jakobi@fh-ludwigshafen.de

**Jakobs,** Hajo; Dr. phil., Prof.; *Gesellschafts- und Humanwissenschaftliche Grundlagen der Sozialen Arbeit, Sozialpädagogik, Rehabilitation und Gesundheitswesen*; di: FH Kiel, FB Soziale Arbeit u. Gesundheit, Sokratesplatz 2, 24149 Kiel, T: (0431) 2103039, F: 21063039, hajo.jakobs@fh-kiel.de; pr: Binzer Weg 4 a, 24226 Heikendorf, T: (0431) 2398174

**Jakobs,** Helmut; Dipl.-Soz. Päd., Prof., Dekan FB Design; *Grundlagen der computergestützten Gestaltung*; di: FH Aachen, FB Design, Boxgraben 100, 52064 Aachen, T: (0241) 600951510, jakobs@fh-aachen.de

**Jakoby,** Walter; Dr.-Ing., Prof.; *Automatisierungstechnik*; di: Hochsch. Trier, FB Technik, PF 1826, 54208 Trier, T: (0651) 8103371, w.jakoby@hochschule-trier.de; pr: Im Geisbungert, 54317 Lorscheid, T: (06500) 242

**Jall,** Hubert; Dipl.-Päd., Dipl.-Sozialpäd. (FH), Dr. phil., Prof.; *Pädagogik und Sozialarbeit/Sozialpädagogik*; di: Kath. Stiftungsfachhochsch. München, Abt. Benediktbeuern, Don-Bosco-Str. 1, 83671 Benediktbeuern, hubert.jall@ksfh.de; pr: Heimgartenstr. 8a, 83673 Bichl, T: (08857) 8133

**Jamaikina,** Jelena; Dr., Prof.; *Kultur-, Kunst- und Designgeschichte*; di: FH Potsdam, FB Design, Pappelallee 8-9, Haus 5, 14469 Potsdam, T: (0331) 5801415, jamaikin@fh-potsdam.de

**Jamin,** Klaus; Dr., Prof.; *Organisation, EDV*; di: Hochsch. München, Fak. Betriebswirtschaft, Am Stadtpark 20 (Neubau), 81243 München, klaus.jamin@hm.edu; pr: E.-v.-Beling-Str. 12a, 80997 München, T: (089) 1494884, F: 1494886

**Jammal,** Elias; Dr. phil., Prof.; *Internationales Management, International Human Resource Management*; di: Hochsch. Heilbronn, Fak. f. Wirtschaft 2, Max-Planck-Str. 39, 74081 Heilbronn, T: (07131) 504237, jammal@hs-heilbronn.de

**Janda,** Philip; Dr. med., Prof. FH Erding; *Gesundheitsökonomie*; di: FH f. angewandtes Management, Am Bahnhof 2, 85435 Erding, T: (08122) 9559480, philip.janda@myfham.de

**Jandt,** Jürgen; Dr., Prof.; *Betriebswirtschaftslehre, insbes. Rechnungswesen*; di: FH Dortmund, FB Wirtschaft, Emil-Figge-Str. 42, 44227 Dortmund, T: (0231) 7554962, Juergen.Jandt@fh-dortmund.de

**Janecek,** Franz; Dr., Prof.; *Marketing, Produktmanagement, Unternehmensgründung*; di: Hochsch. f. angew. Wiss. Würzburg Schweinfurt, Fak. Wirtschaftsingenieurwesen, Ignaz-Schön-Str. 11, 97421 Schweinfurt

**Janetzke,** Philipp; Dr., Prof.; *Wirtschaftsinformatik*; di: Hochsch. Weihenstephan-Triesdorf, Fak. Landwirtschaft, Steingruberstr. 2, 91746 Weidenbach-Triesdorf, T: (09826) 654302, F: 6544010, philipp.janetzke@fh-weihenstephan.de

**Janetzko,** Dietmar; Dr., Dr., Prof.; *Wirtschaftsinformatik und Business Process Management*; di: Cologne Business School, Hardefuststr. 1, 50667 Köln, T: (0221) 931809842, d.janetzko@cbs-edu.de

**Janisch,** Hans; Dr.-Ing., Prof.; *Industriebetriebslehre, BWL, Projektmanagement, Materialflußsimulation, Statistik*; di: FH Kiel, FB Maschinenwesen, Grenzstr. 3, 24149 Kiel, T: (0431) 2102772, F: 2102773, hans.janisch@fh-kiel.de; pr: Heikendorfer Weg 72, 24149 Kiel

**Jank,** Dagmar; Dr., Prof.; *Formalerschließung, Benutzung*; di: FH Potsdam, FB Informationswiss., Friedrich-Ebert-Str. 4, 14467 Potsdam, T: (0331) 5801515, jank@fh-potsdam.de

**Janke,** Günter; Dr. oec. habil., Prof.; *Betriebliches Rechnungswesen, Prüfungswesen (Revision), Interne Revision, Wirtschaftskriminalität*; di: Westsächs. Hochsch. Zwickau, FB Wirtschaftswiss., Scheffelstr. 39, 08056 Zwickau, PF 201037, 08012 Zwickau, Guenter.Janke@fh-zwickau.de

**Janke,** Madeleine; Dipl.-Kff., Dr. rer. pol., Prof.; *Betriebliches Rechnungswesen*; di: Hochsch. f. Wirtschaft u. Recht Berlin, Badensche Str. 50-51, 10825 Berlin, T: (030)85789146, mjanke@hwr-berlin.de

**Janker,** Helmut; Dr., Prof.; *Verkehrsrecht, Strafrecht, Ordnungswidrigkeitenrecht*; di: Hochsch. f. Wirtschaft u. Recht Berlin, FB 3, Alt-Friedrichsfelde 60, 10315 Berlin, T: (030) 90214352, F: 90214417, h.janker@hwr-berlin.de

**Janker,** Reinhard; Dr.-Ing., Prof., Dekan FB EFI; *Grundlagen der Elektrotechnik und Hochfrequenztechnik*; di: Georg-Simon-Ohm-Hochsch. Nürnberg, Fak. Elektrotechnik Feinwerktechnik Informationstechnik, Wassertorstr. 10, 90489 Nürnberg, PF 210320, 90121 Nürnberg, T: (0911) 58801234

**Jankowski,** Elvira; Dr.-Ing., Prof.; *Konstruktionsmethodik, Quality Engineering*; di: Hochsch. Bonn-Rhein-Sieg, FB Elektrotechnik, Maschinenbau u. Technikjournalismus, Grantham-Allee 20, 53757 Sankt Augustin, T: (02241) 865393, F: 8658393, elvira.jankowski@fh-bonn-rhein-sieg.de

**Jankowski,** Ralf; Dr., Prof.; *Wirtschaftsinformatik*; di: FH Frankfurt, FB 3 Wirtschaft u. Recht, Nibelungenplatz 1, 60318 Frankfurt am Main, T: (069) 15332916

**Jannasch,** Dieter; Dr.-Ing., Prof.; *Maschinenelemente, Konstruktion, Elektrotechnik Grundlagen*; di: Hochsch. Augsburg, Fak. f. Maschinenbau u. Verfahrenstechnik, An der Hochschule 1, 86161 Augsburg, T: (0821) 55863152, F: 55863160, dieter.jannasch@hs-augsburg.de; www.hs-augsburg.de/~jannasch; pr: T: (08272) 4314

**Janneck,** Monique; Dr. rer. nat., Prof.; *Software-Ergonomie u. Mensch-Maschine-Interaktion, Soziotechnische Gestaltung, Computergestützte Arbeit, Virtuelle Organisationen*; di: FH Lübeck, FB Elektrotechnik u. Informatik, Mönkhofer Weg 239, 23562 Lübeck, T: (0451) 3005199, monique.janneck@fh-luebeck.de

**Janofske,** Eckehard; Dr., Prof.; *Grundlagen des Entwerfens und Gebäudelehre, Entwerfen, Denkmalpflege*; di: Hochsch. f. angew. Wiss. Würzburg Schweinfurt, Fak. Architektur u. Bauingenieurwesen, Münzstr. 12, 97070 Würzburg

**Janosch,** Dieter; Dipl.-Ing., HonProf.; *Öffentliches Bauen*; di: HTW Dresden, Fak. Bauingenieurwesen/Architektur, Friedrich-List-Platz 1, 01069 Dresden

**Janovsky,** Jürgen; Dr., Prof.; *International Consulting*; di: Hochsch. Pforzheim, FB Graduate School, Tiefenbronner Str. 65, 75175 Pforzheim, T: (07231) 286143, F: 286666, juergen.janovsky@hs-pforzheim.de

**Jans,** Herbert; Dr.-Ing., Prof.; *Mikrocomputertechnik, Systemtheorie, Übertragungstechnik, Netzwerke und Leitungen*; di: Hochsch. Landshut, Fak. Elektrotechnik u. Wirtschaftsingenieurwesen, Am Lurzenhof 1, 84036 Landshut, jans@fh-landshut.de

**Jansa,** Axel; Dr. phil., Prof.; *Sozialpädagogik, Elementarpädagogik*; di: Hochsch. Esslingen, Fak. Versorgungstechnik u. Umwelttechnik, Kanalstr. 33, 73728 Esslingen, T: (0711) 3974596; pr: Friedrichstr. 42, 89231 Neu-Ulm, T: (0731) 81947

**Jansen,** Dirk; Dr.-Ing., Prof.; *Digitale Schaltungstechnik, Mikroelektronik*; di: Hochsch. Offenburg, Fak. Elektrotechnik u. Informationstechnik, Badstr. 24, 77652 Offenburg, T: (0781) 205267, F: 205214

**Jansen,** Irmgard; Dipl.-Päd., Dipl.-Soz.Päd., Dr. phil., Prof.; *Erziehungswissenschaft, insbes. Theorie der Sozialpädagogik, Soziale Arbeit mit Randgruppen und sozialpädagogische Arbeit mit Erwachsenen*; di: FH Münster, FB Sozialwesen, Hüfferstr. 27, 48149 Münster, T: (0251) 8365801, F: 8365702, jansen@fh-muenster.de; pr: Füchteler Str. 43, 49377 Vechta, T: (04441) 82865, Irma.Jansen@t-online.de

**Jansen,** Kurt; Dr., Prof.; *Physik, Optronik*; di: FH Frankfurt, FB 2 Informatik u. Ingenieurwiss., Nibelungenplatz 1, 60318 Frankfurt am Main, T: (069) 15332292, jansen@fb2.fh-frankfurt.de

**Jansen,** Marc; Dr. rer. nat., Prof.; *Praktische Informatik, Softwaretechnik, Statistik, Datenbanken*; di: Hochschule Ruhr West, Institut Informatik, PF 100755, 45407 Mülheim an der Ruhr, T: (0208) 88254807, marc.jansen@hs-ruhrwest.de

**Jansen,** Paul; Dipl.-Math., HonProf.; *Angew. Mathematik, insbes. Statistik*; di: FH Aachen, FB Angewandte Naturwiss. u. Technik, Ginsterweg 1, 52428 Jülich, T: (02461) 616430, p.jansen@fz-juelich.de

**Jansen,** Wilfried; Dr.-Ing., Prof.; *Fördertechnik, Technische Mechanik, Finite-Elemente-Methode*; di: TFH Georg Agricola Bochum, WB Maschinen- u. Verfahrenstechnik, Herner Str. 45, 44787 Bochum, T: (0234) 9683398, F: 9683706, jansen@tfh-bochum.de; pr: Am Feldgen 4, 42553 Velbert, T: (02053) 40512

**Jansen,** Wolf Thomas; Dr. rer. pol., Prof.; *Betriebswirtschaftslehre, insbes. Personal- und Bildungsmanagement*; di: FH Münster, FB Wirtschaft, Corrensstr. 25, 48149 Münster, T: (0251) 8365647, F: 8365665, tjansen@fh-muenster.de; pr: Alemannenweg 60, 53332 Bornheim, T: (02236) 5821, F: 5821

**Jansen-Schulze,** Marlene; Dr., Prof.; *Theorie und methodisches Handeln in der Sozialen Arbeit, Kommunale Jugendarbeit*; di: H Koblenz, FB Sozialwissenschaften, Konrad-Zuse-Str. 1, 56075 Koblenz, T: (0261) 9528232, jansen@hs-koblenz.de

**Janßen,** Andrea; Dr. phil., Prof.; *Soziologie*; di: Hochsch. Esslingen, Fak. Soziale Arbeit, Gesundheit u. Pflege, Flandernstr. 101, 73732 Esslingen; pr: Wiflingshauser Str. 63, 73732 Esslingen, T: (0711) 4206731

**Janßen,** Christian; Dr. phil., Prof.; di: Hochsch. München, Fak. Angew. Sozialwiss., Lothstr. 34, 80335 München, christian.janssen@hm.edu

**Janssen,** Eberhard; Dr., Prof.; *Technologie der Werkstoffe für Technische Textilien*; di: Hochsch. Niederrhein, FB Textil- u. Bekleidungstechnik, Webschulstr. 31, 41065 Mönchengladbach, T: (02161) 1866042; pr: Zur Lohe 48, 52353 Düren-Echtz, T: (02421) 85853

**Janßen,** Hans-Gerd; Dr., Prof. Phil.-Theol. H Münster; *Fundamentaltheologie*; di: Phil.-Theol. Hochschule, Hohenzollernring 60, 48145 Münster, T: (0251) 482560, F: 4825619, pth@pth-muenster.de; pr: Görresstr. 10, 48147 Münster, T: (0251) 296916

**Janßen,** Heinz J.; Dr., Prof.; *Gesundheits- und Pflegeökonomie, Gesundheitswissenschaften*; di: Hochsch. Bremen, Fak. Gesellschaftswiss., Neustadtswall 30, 28199 Bremen, T: (0421) 59053788, F: 59053174, Heinz.Janssen@hs-bremen.de

**Janssen,** Helmut; Dr., Prof.; *Resozialisation, Kriminologie, Strafrecht, Strafprozessrecht*; di: FH Erfurt, FB Sozialwesen, Altonaer Str. 25, 99084 Erfurt, PF 101363, 99013 Erfurt, T: (0361) 6700547, F: 6700533, janssen@fh-erfurt.de

**Janßen,** Holger; Dr.-Ing., Prof.; *Thermische Energiesysteme, Energielehre, Kraftwerkstechnik, Wasserstofftechnologie, Regenerative Energien, Thermodynamik*; di: Hochsch. Hannover, Fak. II Maschinenbau u. Bioverfahrenstechnik, Ricklinger Stadtweg 120, 30459 Hannover, T: (0511) 92961341, holger.janssen@hs-hannover.de

**Janssen,** Jan; Dr.-Ing., Prof.; *Gebäude- und Energietechnik, Klimatechnik, Kältetechnik*; di: Beuth Hochsch. f. Technik, FB IV Architektur u. Gebäudetechnik, Luxemburger Str. 10, 13353 Berlin, T: (030) 45042049, janssen@beuth-hochschule.de

**Janssen,** Johann; Dr., Prof.; *Lebensmittelchemie, Qualitätsmanagement, Lebensmittelanalytik*; di: Hochsch. Fulda, FB Oecotrophologie, Marquardstr. 35, 36039 Fulda, johann.janssen@he.fh-fulda.de; pr: Höhenweg 30, 36041 Fulda, T: (0661) 59879

**Janssen,** Uwe; Dipl.-Designer, Prof.; *Modellentwurf, Kollektionsgestaltung, Darstellungstechniken*; di: HTW Berlin, FB Gestaltung, Wilhelminenhofstr. 67-77, 12459 Berlin, T: (030) 50194608, janssen@HTW-Berlin.de

**Janßen,** Wiard; Dr., Prof.; *Allgemeine Betriebswirtschaftslehre, Rechnungswesen, Controlling*; di: Jade Hochsch., FB Bauwesen u. Geoinformation, Ofener Str. 16-19, 26121 Oldenburg, T: (0441) 77083241, F: 77083413, wiard.janssen@jade-hs.de; pr: Auf der Brack 29, 27612 Loxstedt, T: (04744) 820812

**Janssen,** Wilfried; Dr. -Ing. Prof.; *Elektrische Maschinen und Antriebe*; di: FH Südwestfalen, Lindenstr. 53, 59872 Meschede, T: (0291) 9910942, janssen@fh-swf.de

**Jantzen,** Hans-Arno; Dr.-Ing., Prof.; *Strömungsmaschinen*; di: FH Münster, FB Maschinenbau, Stegerwaldstr. 39, 48565 Steinfurt, T: (02551) 962743, F: 962481, jantzen@fh-muenster.de

**Janz,** Norbert; Dr. sc. pol., Prof., Dekan FB Wirtschaftswissenschaften; *VWL, insbes. Außenwirtschaft*; di: FH Aachen, FB Wirtschaftswissenschaften, Eupener Str. 70, 52066 Aachen, T: (0241) 600951906, n.janz@fh-aachen.de

**Janz,** Oliver; Dr., Prof.; *Konsumgüter-Handel*; di: DHBW Mosbach, Campus Heilbronn, Bildungscampus 4, 74076 Heilbronn, T: (07131) 1237125, F: 1237100, janz@dhbw-mosbach.de

**Janz,** Rainer; Dr., Prof.; *BWL*; di: Westfäl. Hochsch., FB Maschinenbau u. Facilities Management, Neidenburger Str. 10, 45877 Gelsenkirchen, T: (0209) 9596820, rainer.janz@fh-gelsenkirchen.de

**Janzen,** Friedrich; Dr.-Ing., Prof.; *Produktionstechnik u. Qualitätsmanagement*; di: Hochsch. Bochum, FB Mechatronik u. Maschinenbau, Lennershofstr. 140, 44801 Bochum, T: (0234) 3210413, friedrich.janzen@hs-bochum.de; pr: Kiefernstr. 12, 45525 Hattingen, T: (02324) 52268

**Janzen,** Henrik; Dr. rer. pol., Prof.; *Allgemeine Betriebswirtschaftslehre, Management*; di: FH Südwestfalen, FB Elektr. Energietechnik, Lübecker Ring 2, 59494 Soest, T: (02921) 378465, janzen@fh-swf.de; pr: Lise-Meitner-Str. 15, 40591 Düsseldorf, T: (0211) 753333

**Janzik,** Ingar; Dr. rer.nat., Prof.; *Molekulare Pflanzenpyhsiologie*; di: FH Aachen, FB Angewandte Naturwiss. u. Technik, Ginsterweg 1, 52428 Jülich; Forschungszentrum Jülich GmbH, Inst. f. Chemie u. Dynamik d. Geosphäre III, 52425 Jülich, T: (02461) 616559, i.janzik@fz-juelich.de

**Jaquemoth,** Mirjam; Dr., Prof., Dekanin; *Haushaltsökonomie*; di: Hochsch. Weihenstephan-Triesdorf, Fak. Landwirtschaft, Steingruberstr. 2, 91746 Weidenbach-Triesdorf, T: (09826) 654258, F: 6544010, mirjam.jaquemoth@fh-weihenstephan.de

**Jaquemotte,** Ingrid; Dr.rer.nat., Prof.; *Vermessungskunde, grafische Datenverarbeitung*; di: Jade Hochsch., FB Bauwesen u. Geoinformation, Ofener Str. 16-19, 26121 Oldenburg, T: (0441) 77083322, F: 77083336, jaquemotte@jade-hs.de; pr: Am Flutter 45, 26655 Westerstede, T: (04488) 528208

**Jarass,** Lorenz; M.S. (Stanford Univ.), Dr. rer. pol., Prof.; *Wirtschaftswissenschaft*; di: Hochsch. Rhein/Main, FB Design Informatik Medien, Campus Unter den Eichen 5, 65195 Wiesbaden, T: (0611) 54101804, lorenzjosef.jarass@hs-rm.de; pr: Dudenstr. 33, 65193 Wiesbaden-Sonnenberg, T: (0611) 1885407, F: 1885408, mail@jarass.de

**Jarosch,** Helmut; Dipl.-Phys., Dr. sc. techn., Dr.-Ing., Prof.; *Betriebswirtschaftliche Informations- und Kommunikationssysteme*; di: Hochsch. f. Wirtschaft u. Recht Berlin, Badensche Str. 50-51, 10825 Berlin, T: (030) 85789126, jarosch@hwr-berlin.de; pr: Berolinastr. 15, 10178 Berlin, T: (030) 2414554

**Jarosch,** Ralf; Dr. med., Prof.; *Sozialmedizin, Sozialpsychiatrie, Medizinethik*; di: Ev. Hochsch. Berlin, Lst. f. Sozialmedizin, Sozialpsychiatrie, PF 370255, 14132 Berlin, T: (030) 84582276, F: 84582451, jarosch@eh-berlin.de

**Jaroschek,** Christoph; Dr.-Ing., Prof.; *Kunststoffverarbeitung, Werkstoffkunde*; di: FH Bielefeld, FB Ingenieurwiss. u. Mathematik, Wilhelm-Bertelsmann-Str. 10, 33602 Bielefeld, T: (0521) 1067296, christoph.jaroschek@fh-bielefeld.de; pr: Graf-von-Galen-Str. 10 a, 33611 Bielefeld, T: (0521) 1620524, F: 1620524

**Jarre,** Jan; Dr. rer. pol., Prof.; *Didaktik und Methodik der Verbraucherbildung und -beratung*; di: FH Münster, FB Oecotrophologie, Corrensstr. 25, 48149 Münster, T: (0251) 8365445, F: 8365483, jarre@fh-muenster.de; pr: Teutenrod 31, 48249 Dülmen, T: (02594) 3953

**Jaschke,** Hans-Gerd; Dr.phil. habil., Prof. FHVR Berlin (FH), Lt. FB Rechts- u. Sozialwiss. d. Polizei-Führungsakad. Münster; *Politikwissenschaft*; di: Hochsch. f. Wirtschaft u. Recht Berlin, FB 3, Alt-Friedrichsfelde 60, 10315 Berlin, T: (030) 90214353, h.jaschke@hwr-berlin.de; pr: Oberfeldstr. 2A, 12683 Berlin, T: (030) 5405280

**Jaschul,** Johannes; Dr.-Ing., Prof.; *Informatik, Digitaltechnik, Mustererkennung*; di: Hochsch. München, Fak. Elektrotechnik u. Informationstechnik, Lothstr. 64, 80335 München, T: (089) 12653459, F: 12653403, jaschul@ee.fhm.edu

**Jasmund,** Christina Irene; Dr., Prof.; *Erziehungswissenschaft, Soziale Gerontologie*; di: Hochsch. Niederrhein, FB Sozialwesen, Richard-Wagner-Str. 101, 41065 Mönchengladbach, T: (02161) 1865673, christina.jasmund@hs-niederrhein.de

**Jasny,** Ralf; Dr., Prof.; *Allgemeine BWL, Finanzdienstleistungen*; di: FH Frankfurt, FB 3 Wirtschaft u. Recht, Nibelungenplatz 1, 60318 Frankfurt am Main, T: (069) 15332911

**Jasperneite,** Jürgen; Dr.-Ing., Prof.; *Netzwerke*; di: Hochsch. Ostwestfalen-Lippe, FB 5, Elektrotechnik u. techn. Informatik, Liebigstr. 87, 32657 Lemgo; pr: August-von Haxthausenstr. 18, 32839 Steinheim, T: (05233) 3501

**Jaspers,** Wolfgang; Dr., Prof.; *BWL, Business u. Management Studies*; di: Business and Information Technology School GmbH, Reiterweg 26 b, 58636 Iserlohn, T: (02371) 776525, F: 776503, wolfgang.jaspers@bits-iserlohn.de

**Jaspersen,** Thomas; Dr. phil., Dr. rer.pol., Prof.; *Absatzorientierte Wirtschaftsinformatik, Sozialwissenschaften, Operatives Marketing, strategisches Marketing, Marketingplanung, Präsentationstechniken, Designtechniken*; di: Hochsch. Hannover, Fak. IV Wirtschaft u. Informatik, Ricklinger Stadtweg 120, 30459 Hannover, PF 920261, 30441 Hannover, T: (0511) 92961502, thomas.jaspersen@hs-hannover.de; pr: Brandensteinstr. 39, 30519 Hannover, T: (0511) 839114, F: 8387825, jaspersen@t-online.de

**Jattke,** Andreas; Dr. rer. pol., Prof.; *Produktionsplanung, Logistik, Betriebsstättenplanung*; di: HAW Ingolstadt, Fak. Maschinenbau, Esplanade 10, 85049 Ingolstadt, T: (0841) 9348383, andreas.jattke@haw-ingolstadt.de

**Jatzlau,** Bernd; Dr.-Ing., Prof.; *Apparate- und Rohrleitungsbau, Planung und Betrieb Energietechnischer Anlagen, Technisches Zeichnen, Wärmetauscher, CAD in der Versorgungstechnik, Gasversorgung, Zweiphasenströmung, Vorbeugender Brandschutz*; di: Hochsch. Offenburg, Fak. Maschinenbau u. Verfahrenstechnik, Badstr. 24, 77652 Offenburg, T: (0781) 205221, F: 205214

**Jaumann,** Wolfgang; Dipl.-Phys., Dr.-Ing., Prof.; *Prozesssystemtechnik, Mess- und Regelungstechnik*; di: Georg-Simon-Ohm-Hochsch. Nürnberg, Fak. Verfahrenstechnik, Wassertorstr. 10, 90489 Nürnberg, PF 210320, 90121 Nürnberg

**Jautz,** Ulrich; Dr., Prof.; *Wirtschaftsrecht*; di: Hochsch. Pforzheim, Fak. f. Wirtschaft u. Recht, Tiefenbronner Str. 65, 75175 Pforzheim, T: (07231) 286276, F: 286080, ulrich.jautz@hs-pforzheim.de

**Jaworski,** Jerzy; Dr.-Ing., Prof.; *Wirtschaftsinformatik, EDV-Anwendung Touristik*; di: Hochsch. Heilbronn, Fak. f. Wirtschaft 2, Max-Planck-Str. 39, 74081 Heilbronn, T: (07131) 504368, F: 252470, jaworski@hs-heilbronn.de

**Jaworsky,** Nikolaus; Prof.; *Verwaltungsrecht, Dienstrecht*; di: FH d. Bundes f. öff. Verwaltung, Willy-Brandt-Str. 1, 50321 Brühl, T: (01888) 6291519

**Jax,** Guido; Prof.; *Baukonstruktion, Entwerfen*; di: FH Frankfurt, FB 1 Architektur, Bauingenieurwesen, Geomatik, Nibelungenplatz 1, 60318 Frankfurt am Main, T: (069) 15332385, gjax@fb1.fh-frankfurt.de

**Jdanoff,** Denis; Dr., Prof.; *Konsumgüter-Handel*; di: DHBW Mosbach, Campus Heilbronn, Bildungscampus 4, 74076 Heilbronn, T: (07131) 1237143, F: 1237100, jdanoff@dhbw-mosbach.de

**Jebens,** Claus; Dr.-Ing., Prof.; *Technische Mechanik, Finite Elemente*; di: Hochsch. Darmstadt, FB Maschinenbau u. Kunststofftechnik, Haardtring 100, 64295 Darmstadt, T: (06151) 168611

**Jeck-Schlottmann,** Gabi; Dr., Prof.; *BWL*; di: DHBW Mosbach, Arnold-Janssen-Str. 9-13, 74821 Mosbach, T: (06261) 939116, F: 939104, jeck@dhbw-mosbach.de

**Jehle,** Sebastian; Prof.; *Entwerfen, Baukonstruktion*; di: Hochsch. f. Technik, Fak. Architektur u. Gestaltung, Schellingstr. 24, 70174 Stuttgart, PF 101452, 70013 Stuttgart, T: (0711) 89262626, sebastian.jehle@hft-stuttgart.de

**Jekel,** Horst-Richard; Prof.; *Dienstleistungsmarketing*; di: DHBW Mannheim, Fak. Wirtschaft, Käfertaler Str. 258, 68167 Mannheim, T: (0621) 41052192, F: 41052100, horst-richard.jekel@dhbw-mannheim.de

**Jekel,** Nicole; Dr., Prof.; *BWL und Controlling*; di: Beuth H f. Technik, FB I Wirtschafts- u. Gesellschaftswiss., Luxemburger Straße 10, 13353 Berlin, T: (030) 45045251, njekel@beuth-hochschule.de

**Jelten,** Harmen; Dr., Prof.; *BWL, Organisation und Wirtschaftsinformatik*; di: Hochsch. Bremen, Fak. Wirtschaftswiss., Werderstr. 73, 28199 Bremen, T: (0421) 59054107, hjelten@fbw.hs-bremen.de

**Jendges,** Ralf; Dr. rer. nat., Prof.; *Mathematik*; di: FH Köln, Fak. f. Fahrzeugsysteme u. Produktion, Betzdorfer Str. 2, 50679 Köln, T: (0221) 82752977, F: 82752913, ralf.jendges@fh-koeln.de

**Jendrzejewski,** Stefan; Dr. rer. nat., Prof.; *Technische Chemie*; di: FH Lübeck, FB Angew. Naturwiss., Mönkhofer Weg 239, 23562 Lübeck, T: (0451) 3005010, F: 3005235, stefan.jendrzejewski@fh-luebeck.de

**Jenkner,** Bernd; Dr. rer. nat., Prof.; *Ingenieurgeologie, Hydrogeologie, Bauchemie*; di: Hochsch. Biberach, SG Bauingenieurwesen, PF 1260, 88382 Biberach/Riß, T: (07351) 582316, F: 582119, jenkner@hochschule-bc.de

**Jenne,** Arnd; Dr., Prof.; di: Ostfalia Hochsch., Fak. Verkehr-Sport-Tourismus-Medien, Karl-Scharfenberg-Str. 55-57, 38229 Salzgitter, a.jenne@ostfalia.de

**Jennewein,** Dietmar; Dr.-Ing., Prof.; *Simulation*; di: Hochsch. Darmstadt, FB Maschinenbau u. Kunststofftechnik, Haardtring 100, 64295 Darmstadt

**Jensch,** Werner; Dr., Prof.; *Gebäudeautomation, Mess- und Regeltechnik*; di: Hochsch. München, Fak. Versorgungstechnik, Verfahrenstechnik Papier u. Verpackung, Druck- u. Medientechnik, Lothstr. 34, 80335 München, T: (089) 12651543, F: 12651502, werner.jensch@fhm.edu

**Jensen,** Christoph; Dr., Prof.; *Architektur, Städtebau*; di: Hochsch. Weihenstephan-Triesdorf, Fak. Landschaftsarchitektur, Am Hofgarten 4, 85354 Freising, 85350 Freising, T: (08161) 714128, F: 715114, christoph.jensen@fh-weihenstephan.de

**Jensen,** Detlef; Dr.-Ing., Prof.; di: FH Westküste, Fritz-Thiedemann-Ring 20, 25746 Heide, T: (0481) 8555355, jensen@fh-westkueste.de

**Jensen,** Elke; Des.Grad., Prof.; *Design mit Schwerpunkt Raum- und Ausstellungsgestaltung*; di: AMD Akademie Mode & Design (FH), Wendenstr. 35c, 20097 Hamburg, T: (040) 23787855, elke.jensen@amdnet.de; pr: T: (030) 330997611

**Jensen,** Jens; Dr.-Ing., Prof.; *Technische Mechanik, Technische Fluidmechanik, Technische Thermodynamik, Maschinendynamik, Kraft- und Arbeitsmaschinen*; di: Hochsch. Bremen, Fak. Natur u. Technik, Neustadtswall 30, 28199 Bremen, T: (0421) 59053547, F: 59053505, Jens.Jensen@hs-bremen.de

**Jensen,** Nils; Dr.-Ing., Prof.; *Software-Entwicklungs-Werkzeuge, Mobile Multimedia-Computer, Autonomic computing*; di: Ostfalia Hochsch., Fak. Informatik, Salzdahlumer Str. 46/48, 38302 Wolfenbüttel, n.jensen@ostfalia.de

**Jensen,** Rainer; Dr.-Ing., Prof.; *Strömungsmaschinen, Hydromechanik*; di: FH Kiel, FB Maschinenwesen, Grenzstr. 3, 24149 Kiel, T: (0431) 2102620, F: 21062620, rainer.jensen@fh-kiel.de

**Jensen,** Thomas; Dr. rer. pol., Prof.; *Betriebswirtschaftslehre, Finanzwirtschaft*; di: FH d. Wirtschaft, Fürstenallee 3-5, 33102 Paderborn, T: (05251) 30102, thomas.jensen@fhdw.de

**Jerg,** Jo; Dr., Prof.; *Soziale Arbeit, Pädagogik der Frühen Kindheit*; di: Ev. H Ludwigsburg, FB Soziale Arbeit, Auf der Karlshöhe 2, 71638 Ludwigsburg, j.jerg@eh-ludwigsburg.de

**Jeromin,** Günter; Dr. rer. nat., Prof.; *Organische Chemie, insbes. bioorgan. Chemie*; di: FH Aachen, FB Angewandte Naturwiss. u. Technik, Ginsterweg 1, 52428 Jülich, T: (0241) 600953154, jeromin@fh-aachen.de; pr: Bergstr. 4, 69120 Heidelberg, T: (06221) 413242

**Jers,** Norbert; Dr. phil., Prof.; *Medienpädagogik (Ästhetik und Kommunikation)*; di: Kath. Hochsch. NRW, Abt. Aachen, FB Sozialwesen, Robert-Schumann-Str. 25, 52066 Aachen, T: (0241) 85886, F: 6000340, n.jers@kfhnw-aachen.de; pr: Püngeler Str. 20, 52074 Aachen

**Jerzembeck,** Sven; Dr.-Ing., Prof.; *Technische Mechanik und Hydraulik*; di: HAW Hamburg, Fak. Technik u. Informatik, Berliner Tor 21, 20099 Hamburg, T: (040) 482758675, sven.jerzembeck@haw-hamburg.de

**Jeschke,** Christina; Dr.-Ing., Prof.; *Gestaltungslehre, Entwerfen*; di: Hochsch. Biberach, SG Architektur, PF 1260, 88382 Biberach/Riß, T: (07351) 58220&, F: 582119, jeschke@hochschule-bc.de

**Jeschke,** Kurt; Dr. rer. pol. habil., Prof. u. Prorektor FH Bad Honnef/Bonn, Doz. Munich Business School; *Service Management/ServiceMarketing, Project Management sowie General Management*; di: Int. Hochsch. Bad Honnef, Mülheimer Str. 38, 53604 Bad Honnef, T: (02224) 9605200, F: 9605119, k.jeschke@fh-bad-honnef.de; Munich Business School, Elsenheimerstr. 61, 80687 München

**Jeske,** Michael; Dr., Prof.; *Nutzfahrzeugkonstruktion, Maschinenelemente, Konstruktion*; di: HAW Hamburg, Fak. Technik u. Informatik, Berliner Tor 9, 20099 Hamburg, T: (040) 428757839, michael.jeske@haw-hamburg.de; pr: T: (040) 7214529

**Jesorsky,** Peter; Dr.-Ing., Prof.; *Softwaretechnik, Angewandte Informatik*; di: Georg-Simon-Ohm-Hochsch. Nürnberg, Fak. Elektrotechnik Feinwerktechnik Informationstechnik, Wassertorstr. 10, 90489 Nürnberg, PF 210320, 90121 Nürnberg

**Jessel,** Holger; Dr. phil., Prof.; *Bildung und Erziehung in der Kindheit*; di: Ev. Hochsch. Darmstadt, Zweifalltorweg 12, 64293 Darmstadt, T: (06151) 8798837, jessel@eh-darmstadt.de

**Jessen,** Henning; Dr., Prof.; di: Hochsch. Bremen, Fak. Natur u. Technik, Werderstr. 73, 28199 Bremen, T: (0421) 59054454, F: 59054599, Henning.Jessen@hs-bremen.de

**Jessen,** Jens; Dr., Prof.; *Gesundheitsökonomie, Gesundheitspolitik*; di: Hochsch. Fresenius, FB Wirtschaft u. Medien, Limburger Str. 2, 65510 Idstein, T: (06126) 9352810, jessen@fh-fresenius.de

**Jesser,** Michael; Dr., Prof.; *Rechtswissenschaften*; di: Kommunale FH f. Verwaltung in Niedersachsen, Wendestr. 69, 38100 Braunschweig, T: (0531) 4705309, F: 4705310, Michael.Jesser@nds-sti.de

**Jetter,** Hans; Dr.-Ing., Prof.; *Digital- und Mikrocomputertechnik, Steuer- und Regelungstechnik, Datenverarbeitung*; di: Hochsch. Albstadt-Sigmaringen, FB 1, Jakobstr. 6, 72458 Albstadt-Ebingen, T: (07431) 579125, F: 579149, jetter@hs-albsig.de

**Jetzek,** Ulrich; Dr.-Ing., Prof.; *Kommunikationstechnik, Mikroelektronik*; di: FH Kiel, FB Informatik u. Elektrotechnik, Grenzstr. 5, 24149 Kiel, T: (0431) 2104111, ulrich.jetzek@fh-kiel.de

**Jetzke,** Siegfried; Dr., Prof.; di: Ostfalia Hochsch., Fak. Verkehr-Sport-Tourismus-Medien, Karl-Scharfenberg-Str. 55-57, 38229 Salzgitter

**Jickeli,** Alexander; Dr.-Ing., Prof.; *Wirtschaftsingenieurwesen*; di: DHBW Stuttgart, Fak. Technik, Wirtschaftsingenieurwesen, Kronenstr. 40, 70174 Stuttgart, T: (0711) 1849841, jickeli@dhbw-stuttgart.de

**Jillek,** Werner; Dr.-Ing., Prof.; *Werkstofftechnik, CAD/CAM*; di: Georg-Simon-Ohm-Hochsch. Nürnberg, Fak. Elektrotechnik Feinwerktechnik Informationstechnik, Wassertorstr. 10, 90489 Nürnberg, PF 210320, 90121 Nürnberg

**Jirmann,** Jochen; Dr.-Ing., Prof.; *Hochfrequenztechnik, Antennen und Wellenausbreitung, Hochfrequenzmeßtechnik, EMV-Technik*; di: Hochsch. Coburg, Fak. Elektrotechnik / Informatik, Friedrich-Streib-Str. 2, 96450 Coburg, T: (09561) 317395, jirmann@hs-coburg.de; pr: Gartenweg 17, 96257 Redwitz, T: (0957) 4452

**Jitschin,** Wolfgang; Dr. rer. nat. habil., Prof.; *Physik/DV, Vakuumtechnik*; di: Techn. Hochsch. Mittelhessen, FB 13 Mathematik, Naturwiss. u. Datenverarbeitung, Wiesenstr. 14, 35390 Gießen, T: (0641) 3092325; pr: Fliederweg 6, 35452 Heuchelheim, T: (0641) 62378

**Joachim,** Willi E.; Prof. Dr. jur., LL.M.; *Arbeitsrecht, Touristikmanagement*; di: Int. School of Management, Otto-Hahn-Str. 19, 44227 Dortmund, willi.joachim@ism-dortmund.de; pr: Im Twelen 16, 33739 Bielefeld

**Job,** Reinhart; Dr. rer. nat., apl. Prof. FernU Hagen, Prof. FH Münster; *Elektrotechnik, Energieeffizienz und Leistungselektronik; angewandte Festkörperphysik und Halbleiter-Materialforschung*; di: Fern-Univ., Fak. f. Math. u. Informatik, PF 940, 58084 Hagen, T: (02331) 987379; FH Münster, FB Elektrotechnik und Informatik, Stegerwaldstraße 39, 48565 Steinfurt, T: (02551) 962063, F: 962064, Reinhart.Job@fh-muenster.de

**Jobke,** Stephan; Dr.-Ing., Prof.; *Bauelemente der Datentechnik, Digital- und Mikrocomputertechnik*; di: Hochsch. Ravensburg-Weingarten, Doggenriedstr., 88250 Weingarten, PF 1261, 88241 Weingarten, T: (0751) 5019626, F: 5019876, jobke@hs-weingarten.de; pr: Lortzingstr. 52, 88339 Bad Waldsee, T: (07524) 4418

**Jobst,** Daniel; Dr.-Ing., Prof.; *Wirtschaftsinformatik mit Schwerpunkt Entwicklung von Unternehmensanwendungen*; di: HAW Ingolstadt, Fak. Elektrotechnik u. Informatik, Esplanade 10, 85049 Ingolstadt, T: (0841) 9348228, Daniel.Jobst@haw-ingolstadt.de

**Jobst,** Fritz; Dipl.-Math., Dr. rer. nat., Prof.; *Informatik*; di: Hochsch. Regensburg, Fak. Informatik u. Mathematik, PF 120327, 93025 Regensburg, T: (0941) 9431305, fritz.jobst@informatik.fh-regensburg.de

**Jochem,** Rudolf; HonProf.; *Architektur*; di: Hochsch. Darmstadt, FB Architektur, Haardtring 100, 64295 Darmstadt, T: (06151) 168101

**Jochim,** Haldor E.; Dr.-Ing., Prof.; *Verkehrswesen*; di: FH Aachen, FB Bauingenieurwesen, Bayernallee 9, 52066 Aachen, T: (0241) 600951155, jochim@fh-aachen.de; pr: Marbergweg 87, 51107 Köln, T: (0221) 872221

**Jochimsen,** Beate; Dr. rer. oec., Prof. H f. Wirtschaft u. Recht Berlin; *Politische Ökonomie*; di: Hochsch. f. Wirtschaft u. Recht Berlin, Badensche Str. 50-51, 10825 Berlin, T: (030) 85789475, beate.jochimsen@hwr-berlin.de

**Jochimsen,** Peter Thomas; Dr., Prof.; *Logopädie*; di: Hochsch. Fresenius, FB Gesundheit u Soziales, Limburger Str. 2, 65510 Idstein, jochimsen@hs-fresenius.de

**Jochum,** Christian; Dr.-Ing., Prof.; *Technische Mechanik, Konstruktion, CAD, Konstruktionsverfahren, Antriebstechnik*; di: Hochsch. Rhein/Main, FB Ingenieurwiss., Maschinenbau, Am Brückweg 26, 65428 Rüsselsheim, T: (06142) 8984338, christian.jochum@hs-rm.de

**Jochum,** Friedbert; Dr.-Ing., Prof.; *Informatik, insbes. wissensbasierte Systeme und Softwaretechnologie*; di: FH Köln, Fak. f. Informatik u. Ingenieurwiss., Am Sandberg 1, 51643 Gummersbach, T: (02261) 8196294, jochum@gm.fh-koeln.de; pr: Alter Traßweg 86, 51427 Bergisch Gladbach, T: (02204) 62385

**Jochum,** Joachim; Dr.-Ing., Prof.; *Thermische Behandlung, Anlagenbau*; di: Hochsch. Offenburg, Fak. Maschinenbau u. Verfahrenstechnik, Badstr. 24, 77652 Offenburg, T: (0781) 205113, F: 205214

**Jochum,** Patrick; Dr., Prof.; *Energieeffizientes Bauen*; di: Beuth Hochsch. f. Technik, FB IV Architektur u. Gebäudetechnik, Luxemburger Str. 10, 13353 Berlin, T: (030) 45042157, jochum@beuth-hochschule.de

**Jochum,** Rainer; Dr., Prof.; *Interkulturelles Management, Innovation und Technik*; di: DHBW Mosbach, Campus Bad Mergentheim, Schloss 2, 97980 Bad Mergentheim, T: (07931) 530640, F: 530614, jochum@dhbw-mosbach.de

**Jockel,** Otto; PhD, Prof. u. Gründungspräs. H Neuss, Dekan School of Logistics; *Logistik, Marketing*; di: Hochsch. Neuss, Markt 11-15, 41460 Neuss, o.jockel@hs-neuss.de

**Jöbges,** Michael; Dr., Prof.; *Neurowissenschaften*; di: SRH FH f. Gesundheit Gera, Hermann-Drechsler-Str. 2, 07548 Gera

**Jödecke,** Manfred; Dr. paed., Prof.; *Heilpädagogik, Behindertenpädagogik*; di: Hochsch. Zittau/Görlitz, Fak. Sozialwiss., PF 300648, 02811 Görlitz, T: (03581) 4828140, m.joedecke@hs-zigr.de

**Jödicke,** Bernd; Dr., Prof.; *Lichttechnik/Tageslicht, Physik*; di: Hochsch. Konstanz, Fak. Bauingenieurwesen, Brauneggerstr. 55, 78462 Konstanz, PF 100543, 78405 Konstanz, T: (07531) 206345, F: 206391, joedicke@fh-konstanz.de

**Joedicke,** Joachim Andreas; Dipl.-Ing., Prof.; *Gebäudelehre*; di: Hochsch. Wismar, Fak. f. Gestaltung, PF 1210, 23952 Wismar, T: (03841) 753370, j.joedicke@ar.hs-wismar.de

**Joensson,** Dieter; Dr.-Ing.habil., Prof.; *Techn. Mechanik/Finite Elemente, Maschinendynamik*; di: HTW Berlin, FB Ingenieurwiss. II, Blankenburger Pflasterweg 102, 13129 Berlin, T: (030) 50194319, d.joensson@HTW-Berlin.de; www.joen.de

**Joepen,** Alfred; Dr. rer. pol., Prof.; *Betriebswirtschaftslehre, insbes. Beschaffungs-, Produktions- und Logistikmanagement*; di: FH Aachen, FB Wirtschaftswissenschaften, Eupener Str. 70, 52066 Aachen, T: (0241) 600951906, joepen@fh-aachen.de

**Jördening,** Alexandra; Dr.-Ing., Prof.; *Strömungsmechanik, Strömungsmaschinen*; di: Hochsch. Augsburg, Fak. f. Maschinenbau u. Verfahrenstechnik, An der Hochschule 1, 86161 Augsburg, T: (0821) 55863215, F: 55863160, alexandra.joerdening@hs-augsburg.de; pr: T: (08272) 4314

**Joeressen,** Eva-Maria; Prof.; *Grundlagen d. Gestaltung, Wahrnehmungslehre*; di: FH Düsseldorf, FB 1 – Architektur, Georg-Glock-Str. 15, 40474 Düsseldorf, T: (0211) 4351113, e-m.joeressen@fh-duesseldorf.de; pr: Neustr. 77, 47877 Willich-Neersen, T: (02156) 494181, joeressen@7deluxe.de

**Joeris,** Sabine; Dr., Prof.; *BWL, Controlling*; di: Hochsch. Augsburg, Fak. f. Wirtschaft, PF 110605, 86031 Augsburg, T: (0821) 55862922, sabine.joeris@hs-augsburg.de

**Jörs,** Bernd; Dr., Prof.; *Informationsökonomie*; di: Hochsch. Darmstadt, FB Media, Haardtring 100, 64295 Darmstadt, T: (06151) 169398, bernd.joers@fbmedia.h-da.de; pr: T: (06151) 714855

**Jöstingmeier,** Bernd; Dr., Prof.; *Wirtschaft*; di: DHBW Stuttgart, Fak. Wirtschaft, Jägerstraße 40, 70174 Stuttgart, T: (0711) 1849806, joestingmeier@dhbw-stuttgart.de

**Jötten,** Herbert; Dipl.-Ing., Prof.; *Technischer Ausbau, Baukonstruktion, Bauphysik*; di: Hochsch. Augsburg, Fak. f. Architektur u. Bauwesen, An der Hochschule 1, 86161 Augsburg, T: (0821) 55863100, F: 55863110, herbert.joetten@hs-augsburg.de

**Jogwich,** Martin; Dr.-Ing., Prof.; *Automatisierungstechnik*; di: Hochsch. Deggendorf, FB Elektronik u. Medientechnik, Edlmairstr. 6/8, 94469 Deggendorf, T: (0991) 3615518, F: 3615599, martin.jogwich@fh-deggendorf.de

**Johannes,** Hermann; Dr.-Ing., Prof.; *Informatik*; di: FH Südwestfalen, FB Techn. Betriebswirtschaft, Haldener Str. 182, 58095 Hagen, T: (02331) 9872374, johannes@fh-swf.de; pr: An der Egge 36, 58638 Iserlohn, T: (02371) 934727

**Johanning,** Bernd; Dr.-Ing., Prof.; *Landtechnik und mobile Arbeitsmaschinen, Hydraulik und Pneumatik*; di: Hochsch. Osnabrück, Fak. Ingenieurwiss. u. Informatik, Albrechtstr. 30, 49076 Osnabrück, T: (0541) 9692044, b.johanning@hs-osnabrueck.de; pr: Lohbreede 35b, 49326 Melle

**Johannsen,** Andreas; Dr., Prof.; *Wirtschaftsinformatik (Systementwicklung u. -integration)*; di: FH Brandenburg, FB Wirtschaft, SG Wirtschaftsinformatik, Magdeburger Str. 50, 14770 Brandenburg, T: (03381) 355256, F: 355199, johannse@fh-brandenburg.de

**Johannsen,** Christian G.; Dr., Prof.; *Unternehmensführung, BWL*; di: Hochsch. Heidelberg, Fak. f. Wirtschaft, Ludwid-Guttmann-Str. 6, 69123 Heidelberg, T: (06221) 882379, christian.johannsen@fh-heidelberg.de

**Johannsen,** Jörg; Dipl.-oec., Prof.; *Marketing, Vertrieb, Präsentationstechniken, Unternehmensplanspiel*; di: Hochsch. Furtwangen, Fak. Product Engineering/Wirtschaftsingenieurwesen, Robert-Gerwig-Platz 1, 78120 Furtwangen, T: (07723) 9202135, F: 9202618, joh@hs-furtwangen.de

**Johannsen,** Rolf; Prof.; *Ingenieurbiologie*; di: FH Erfurt, FB Landschaftsarchitektur, Leipziger Str. 77, 99085 Erfurt, PF 101363, 99013 Erfurt, T: (0361) 6700263, F: 6700259, johannsen@fh-erfurt.de

**Johansson,** Thoralf; Dr.-Ing., Prof.; *Mathematik*; di: H Koblenz, FB Ingenieurwesen, Konrad-Zuse-Str. 1, 56075 Koblenz, T: (0261) 9528438, F: 9528499, johannson@fh-koblenz.de

**John,** Brigitte; Dr. sc. oec., Dr. oec. habil., Prof.; *Betriebswirtschaftslehre, Logistik*; di: HTWK Leipzig, FB Wirtschaftswissenschaften, PF 301166, 04251 Leipzig, T: (0341) 30766582, john@wiwi.htwk-leipzig.de; pr: Windmühlenstr. 33/742, 04107 Leipzig

**John,** Eva-Maria; Dr., Prof.; *Allgemeine Betriebswirtschaftslehre und Marketing mit internationalen Bezügen*; di: Westfäl. Hochsch., FB Wirtschaftsrecht, August-Schmidt-Ring 10, 45657 Recklinghausen, T: (02361) 915416, eva-maria.john@fh-gelsenkirchen.de

**John,** Hannelore; Dr., Prof.; *Betriebswirtschaftslehre, insbesondere Produktionswirtschaft*; di: Hochsch. Anhalt, FB 2 Wirtschaft, Strenzfelder Allee 28, 06406 Bernburg, T: (03471) 3551324, john@wi.hs-anhalt.de

**John,** KP Ludwig; Prof.; *Gestaltung interaktiver Medien*; di: Hochsch. Augsburg, Fak. f. Gestaltung, Friedberger Str. 2, 86199 Augsburg, PF 110605, 86031 Augsburg, T: (0821) 55863401, F: 55863422, john@hs-augsburg.de; www.hs-augsburg.de/~john/

**John,** Thomas; Dr.-Ing., Prof.; *Lebensmittelverfahrenstechnik*; di: Hochsch. Neubrandenburg, FB Agrarwirtschaft u. Lebensmittelwiss., Brodaer Str. 2, 17033 Neubrandenburg, PF 110121, 17041 Neubrandenburg, T: (0395) 56932502, john@hs-nb.de

**Johner,** Christian; Dr., Prof.; *Softwarearchitekturen, Softwareengineering, Programm- und Datenstrukturen*; di: Hochsch. Konstanz, Fak. Informatik, Brauneggerstr. 55, 78462 Konstanz, PF 100543, 78405 Konstanz, T: (07531) 206596, cjohner@htwg-konstanz.de

**Johnson,** Gerhard; Dr., Prof.; *BWL, Schwerpunkt Personal*; di: Hochsch. Harz, FB Wirtschaftswiss., Friedrichstr. 57-59, 38855 Wernigerode, T: (03943) 659227, F: 659109, gjohnson@hs-harz.de

**Johnson,** Marianne; Dr., Prof.; *Wirtschaftswissenschaften*; di: Hochsch. Osnabrück, Fak. Wirtschafts- u. Sozialwiss., Caprivistr. 30A, 49076 Osnabrück, PF 1940, 49009 Osnabrück, T: (0541) 9693466, m.johnson@hs-osnabrueck.de

**Jonas,** Carsten; Prof.; *Baugeschichte, Städtebau, Entwerfen*; di: FH Erfurt, FB Architektur, Schlüterstr. 1, 99084 Erfurt, PF 101363, 99013 Erfurt, jonas.bbg@gmx.de

**Jonas,** Claudia; Dr. rer. nat., Prof.; *Lebensmittelchemie, Lebensmittelrecht*; di: Hochsch. Ostwestfalen-Lippe, FB 4, Life Science Technologies, Liebigstr. 87, 32657 Lemgo, T: (05231) 769241, F: 769222; pr: Lehstr. 40, 32108 Bad Salzufflen, T: (05222) 923235

**Jonas,** Ernst; Dr.-Ing., Prof., FB Elektrotechnik und Informatik; *Programmiersysteme u. Systemsoftware*; di: Hochsch. Wismar, Fak. f. Ingenieurwiss., PF 1210, 23952 Wismar, T: (03841) 753230, e.jonas@et.hs-wismar.de

**Jonas,** Karl; Dr.-Ing., Prof.; *Multimediakommunikation*; di: Hochsch. Bonn-Rhein-Sieg, FB Angewandte Informatik, Grantham-Allee 20, 53754 Sankt Augustin, T: (02241) 865244, F: 8658244, karl.jonas@fh-bonn-rhein-sieg.de

**Jonkhans,** Niels; Prof.; *Analoges und digitales Entwerfen*; di: Georg-Simon-Ohm-Hochsch. Nürnberg, Fak. Architektur, Keßlerplatz 12, 90489 Nürnberg, PF 210320, 90121 Nürnberg, niels.jonkhans@ohm-hochschule.de

**Joos,** Christian; Dr., Prof.; *Betriebliche Steuern*; di: FH Neu-Ulm, Wileystr. 1, 89231 Neu-Ulm, T: (0731) 97621414, christian.joos@fh-neu-ulm.de

**Joos,** Thomas; Dr., Prof.; *Betriebswirtschaft/Controlling, Finanz- und Rechnungswesen*; di: Hochsch. Pforzheim, Fak. f. Wirtschaft u. Recht, Tiefenbronner Str. 65, 75175 Pforzheim, T: (07231) 286328, F: 286080, thomas.joos@hs-pforzheim.de

**Joppich,** Wolfgang; Dr., Prof.; *Ingenieurinformatik, insbes. Modellbildung und Simulation*; di: Hochsch. Bonn-Rhein-Sieg, FB Elektrotechnik, Maschinenbau und Technikjournalismus, Grantham-Allee 20, 53757 Sankt Augustin, T: (02241) 865394, F: 8658394, wolfgang.joppich@fh-bonn-rhein-sieg.de

**Jorasz,** William; Dr., Prof.; *Internes Rechnungswesen, BWL*; di: Hochsch. f. angew. Wiss. Würzburg Schweinfurt, Fak. Wirtschaftswiss., Münzstr. 12, 97070 Würzburg

**Jorczyk,** Udo; Dr.-Ing., Prof.; *IC-Entwurf, Digitale Signalverarbeitung*; di: Westfäl. Hochsch., FB Elektrotechnik u. angew. Naturwiss., Neidenburger Str. 43, 45877 Gelsenkirchen, T: (0209) 9596584, udo.jorczyk@fh-gelsenkirchen.de

**Jordan,** Markus; Dr., Prof.; *Betriebswirtschaftslehre, Externe Rechnungslegung u. betriebliche Steuern*; di: HAW Ingolstadt, Fak. Wirtschaftswiss., Esplanade 10, 85049 Ingolstadt, T: (0841) 9348368, markus.jordan@haw-ingolstadt.de

**Jordan,** Rüdiger; Dr. rer. nat., Prof.; *Mathematik für Ingenieure, Grundlagen der Datenverarbeitung*; di: Hochsch. Bochum, FB Mechatronik u. Maschinenbau, Lennershofstr. 140, 44801 Bochum, T: (0234) 3210411, ruediger.jordan@hs-bochum.de; pr: Rottkämpe 40, 45659 Recklinghausen, T: (02361) 184009

**Jordan,** Volkmar; Dr.-Ing., Prof.; *Technische Chemie*; di: FH Münster, FB Chemieingenieurwesen, Stegerwaldstr. 39, 48565 Steinfurt, T: (02551) 962215, F: 962711, jordan@fh-muenster.de; pr: Im Haselbusch 4, 48565 Steinfurt, T: (02552) 4114

**Jordan-Kunert,** Jennifer; Dr., Prof.; *Dienstleistungsmarketing*; di: DHBW Mannheim, Fak. Wirtschaft, Käfertaler Str. 258, 68167 Mannheim, T: (0621) 41052122, F: 41052100, jennifer.jordan-kunert@dhbw-mannheim.de

**Jordanov,** Petra; Dr. rer. pol., Prof.; *Betriebswirtschaftslehre, Volkswirtschaftslehre*; di: FH Stralsund, FB Maschinenbau, Zur Schwedenschanze 15, 18435 Stralsund, T: (03831) 456676

**Jorzik,** Herbert; Dr., Prof.; *Betriebswirtschaftslehre, insbes. Personalmanagement*; di: FH Dortmund, FB Wirtschaft, Emil-Figge-Str. 44, 44227 Dortmund, T: (0231) 7554951, F: 7554902, Herbert.Jorzik@fh-dortmund.de; pr: T: (0160) 4821737

**Jossé,** Germann; Dr., Prof.; *Betriebswirtschaftslehre, insbes. Controlling*; di: FH Worms, FB Wirtschaftswiss., Erenburgerstr. 19, 67549 Worms, josse@fh-worms.de

**Jost,** Annemarie; Dr. med., Prof.; *Sozialmedizin*; di: Hochsch. Lausitz, FB Sozialwesen, Lipezker Str. 47, 03048 Cottbus-Sachsendorf, T: (0355) 5818401, F: 5818409, jost@fh-lausitz.de

**Jost,** Christiane; Dr. rer. pol., Prof.; *Versicherungsbetriebswirtschaftslehre*; di: Hochsch. Rhein/Main, Wiesbaden Business School, Bleichstr. 44, 65183 Wiesbaden, T: (0611) 94951151, vizepraesidentin@hs-rm.de

**Jost,** Norbert; Dr., Prof.; *Maschinenbau*; di: Hochsch. Pforzheim, Fak. f. Technik, Tiefenbronner Str. 66, 75175 Pforzheim, T: (07231) 286581, F: 287581, norbert.jost@hs-pforzheim.de

**Jost,** Thomas; Dr., Prof.; *Volkswirtschaftslehre u. Betriebsstatistik*; di: Hochsch. Aschaffenburg, Fak. Wirtschaft u. Recht, Würzburger Str. 45, 63743 Aschaffenburg, T: (06021) 314744, thomas.jost@fh-aschaffenburg.de

**Josties,** Elke; Dr. phil., Prof.; *Theorie u. Praxis d. Sozialen Kulturarbeit (Schwerpunkt Musik), Jugendkulturarbeit*; di: Alice-Salomon-Hochsch., Alice-Salomon-Platz 5, 12627 Berlin-Hellersdorf, T: (030) 99245509, F: 99245245, josties@ash-berlin.eu

**Jostmeier,** Michael; Dipl.-Des., Prof.; *Fotografie, CGI*; di: Georg-Simon-Ohm-Hochsch. Nürnberg, Fak. Design, Wassertorstr. 10, 90489 Nürnberg, PF 210320, 90121 Nürnberg

**Joswig,** Klaus D.; Dr. phil., Prof.; *Ergotherapie*; di: Hochsch. Osnabrück, Fak. Wirtschafts- u. Sozialwiss., Caprivistr. 30a, 49076 Osnabrück, T: (0541) 9693815, joswig@wi.hs-osnabrueck.de

**Jovalekic,** Silvije; Dr.-Ing., Prof.; *Softwarekonstruktion, Realzeitprogrammierung, Mikrocomputertechnik*; di: Hochsch. Albstadt-Sigmaringen, FB 1, Jakobstr. 6, 72458 Albstadt-Ebingen, T: (07431) 579148, F: 579149, jovalekic@hs-albsig.de

**Jox,** Rolf L.; Dr. jur., Prof.; *Rechtswissenschaft, insbes. Bürgerliches Recht, spez. Familienrecht, Arbeitsrecht, sowie Kinder- und Jugendhilferecht*; di: Kath. Hochsch. NRW, Abt. Köln, FB Sozialwesen, Wörthstr. 10, 50668 Köln, T: (0221) 7757159, F: 7757180, r.jox@kfhnw.de

**Jubel,** Axel; Dr. med., Prof.; *Unfallchirurgie, Chirurgie*; di: Hochsch. Bonn-Rhein-Sieg, FB Sozialversicherung, Zum Steimelsberg 7, 53773 Hennef, axel.jubel@hochschule-bonn-rhein-sieg.de; pr: axeljubel@t-online.de

**Juch,** Thomas; Dr.-Ing., Prof.; *Heizungs- u. Klimatechnik*; di: Hochsch. Bremerhaven, An der Karlstadt 8, 27568 Bremerhaven, T: (0471) 4823165, tjuch@hs-bremerhaven.de; pr: Blumenauer Weg 43, 27578 Bremerhaven, T: (0471) 6999889, F: 6999889, juchs@aol.com

**Juckenack,** Dietrich; Dr.-Ing., Prof.; *Maschinenelemente, Sensortechnik, Sensorik, Konstruktionslehre/CAD, Konstruktionsmethodik*; di: Techn. Hochsch. Mittelhessen, Wiesenstr. 14, 35390 Gießen, T: (0641) 3092147; pr: Am Zäunefeld 15, 61267 Neu-Anspach, T: (06081) 2194

**Judt,** Andreas; Dr., Prof.; di: DHBW Ravensburg, Campus Friedrichshafen, Fallenbrunnen 2, 88045 Friedrichshafen, T: (07541) 2077412, judt@dhbw-ravensburg.de

**Juen,** Gerhard; Dr., Prof.; *Elektrotechnik, insb. Steuerungs- und Regelungstechnik*; di: Westfäl. Hochsch., FB Wirtschaft u. Informationstechnik, Münsterstr. 265, 46397 Bocholt, T: (02871) 2155830, gerhard.juen@fh-gelsenkirchen.de

**Jünemann,** Elisabeth; Dr. theol., Prof.; *Theologie, Fundamentaltheologie, Theologische Anthropologie, Theologische Ethik, Katholische Soziallehre*; di: Kath. Hochsch. NRW, Abt. Paderborn, FB Sozialwesen, Leostr. 19, 33098 Paderborn, T: (05251) 122558, F: 122552, e.junemann@kfhnw.de; pr: Seeblick 37, 56745 Bell, T: (02652) 1402, Juenemann-Bell@t-online.de

**Jünemann,** Klaus; Dr., Prof.; *Angewandte Mathematik*; di: HAW Hamburg, Fak. Technik u. Informatik, Berliner Tor 7, 20099 Hamburg, Klaus.Juenemann@haw-hamburg.de

**Jüngel,** Erwin; Dr., Prof.; *Forstliche BWL, Rechnungswesen*; di: FH Erfurt, FB Forstwirtschaft u. Ökosystemmanagement, Leipziger Str. 77, 99085 Erfurt, T: (0361) 67004270, F: 67004263, erwin.juengel@fh-erfurt.de

**Jünger,** Michael; Dr., Prof.; *Business Consulting und Management*; di: HAW Ingolstadt, Fak. Wirtschaftswiss., Esplanade 10, 85049 Ingolstadt, T: (0841) 9348412, michael.juenger@haw-ingolstadt.de

**Jüngling,** Helmut; Dipl.-Ing., Prof.; *Datenverarbeitung, Information Retrieval, Fachinformation (Technik, Naturwissenschaft)*; di: FH Köln, Fak. f. Informations- u. Kommunikationswiss., Claudiusstr. 1, 50678 Köln, T: (0221) 82753393; pr: Am Tomberg 19, 52531 Übach-Palenberg, T: (02451) 46511, Helmut.Juengling@t-online.de

**Jüngst,** Heike E.; Dr. phil. habil., Prof.; *Englische Übersetzungswissenschaft*; di: Hochsch. f. angew. Wiss. Würzburg Schweinfurt, Fak. angew. Natur- u. Geisteswiss., Münzstr. 12, 97070 Würzburg

**Jüntgen,** Tim; Dr.-Ing., Prof.; *Kunststoffverarbeitungstechnik, Werkzeugbau*; di: Hochsch. Amberg-Weiden, FB Maschinenbau u. Umwelttechnik, Kaiser-Wilhelm-Ring 23, 92224 Amberg, T: (09621) 4823313, t.juentgen@haw-aw.de

**Jürgens,** Dietmar; Dr. phil., Dr. paed., Prof.; *Kulturpädagogik (Ästhetik und Kommunikation), insbes. Musik in Theorie und Praxis, Didaktik/Methodik der Musikpädagogik in Arbeitsfeldern der Sozialarbeit, Sozialpädagogik und Heilpädagogik*; di: Kath. Hochsch. NRW, Abt. Köln, FB Sozialwesen, Wörthstr. 10, 50668 Köln, T: (0221) 7757191, F: 7757180, d.juergens@kfhnw.de

**Jürgens,** Ernst; Prof.; *Design digitaler Medien, Journalismus*; di: Hochsch. Deggendorf, FB Elektronik u. Medientechnik, Edlmairstr. 6/8, 94469 Deggendorf, T: (0991) 3615550, F: 3615599, ernst.juergens@fh-deggendorf.de

**Jürgensen,** Wolfgang; Dipl.-Inform., Dr. rer. nat., Prof.; *Datenkommunikation, Datenbanken, Verteilte Systeme*; di: Hochsch. Landshut, Fak. Informatik, Am Lurzenhof 1, 84036 Landshut

**Jürges,** Thomas; Dr., Prof.; *Gebäudetechnologie*; di: FH Münster, FB Architektur, Leonardo-Campus 5, 48155 Münster, T: (0251) 8365061, prof.jurges@fh-muenster.de

**Jürjens,** Brigitte; Prof.; *Sozialarbeit, Methoden der Sozialen Arbeit*; di: Ev. Hochsch. Berlin, Prof. f. Methoden der Sozialen Arbeit, PF 370255, 14132 Berlin, T: (030) 84582277, juerjens@eh-berlin.de

**Jüstel,** Thomas; Dr. rer. nat., Prof. FH Münster; *Anorganische Chemie, Angewandte Materialwissenschaften*; di: FH Münster, FB Chemieingenieurwesen, Stegerwaldstr. 39, 48565 Steinfurt, T: (0251) 962205, F: 962502, tj@fh-muenster.de

**Jüster,** Markus; Dr. phil., Prof.; *Sozialwirtschaft, Sozialwissenschaftliche Methoden*; di: Hochsch. Kempten, Fak. Soziales u. Gesundheit, Bahnhofstr. 61, 87435 Kempten, T: (0831) 2523643, Markus.Juester@fh-kempten.de

**Jütte,** Friedhelm; Dr.-Ing., Prof.; *Produktionsmaschinen und -methoden (spanlos)*; di: Hochsch. Ostwestfalen-Lippe, FB 7, Produktion u. Wirtschaft, Liebigstr. 87, 32657 Lemgo, T: (05261) 702428, F: 702275; pr: Spielplatzstr. 25, 33129 Delbrück, T: (05250) 930413, F: 930415

**Jüttner,** Peter; Dr. rer.nat., Prof.; *Software-Engineering*; di: Hochsch. Deggendorf, FB Elektrotechnik u. Medientechnik, Edlmairstr. 6-8, 94469 Deggendorf, PF 1320, 94453 Deggendorf, peter.juettner@fh-deggendorf.de

**Jüttner,** Wolfgang; Dr. rer. nat., Prof.; *Elektrotechnik, Meßtechnik und Sensorik*; di: Ostfalia Hochsch., Fak. Fahrzeugtechnik, Robert-Koch-Platz 8A, 38440 Wolfsburg

**Jugel,** Stefan; Dipl.-Kfm., Dr. rer. pol., Prof.; *Internationales Marketing*; di: Hochsch. Rhein/Main, Wiesbaden Business School, Bleichstr. 44, 65183 Wiesbaden, T: (0611) 94953118, stefan.jugel@hs-rm.de; pr: Dubliner Str. 4, 67069 Ludwigshafen, T: (0621) 6688204, F: 6688205, s.jugel@t-online.de

**Jun,** Daniel; Dr.-Ing., Prof.; *Baustatik, Bauingenieurwesen*; di: Hochschule Ruhr West, Institut Bauingenieurwesen, PF 100755, 45407 Mülheim an der Ruhr, T: (0208) 88254457, daniel.jun@hs-ruhrwest.de

**Jung,** Beate; Dr. rer. nat., Prof.; *Angewandte Mathematik, Mathematische Physik*; di: Hochsch.Merseburg, FB Informatik u. Kommunikationssysteme, Geusaer Str., 06217 Merseburg, T: (03461) 462591, beate.jung@hs-merseburg.de

**Jung,** Edita; Dipl.-Päd., Prof.; *Frühkindliche Bildungsprozesse im Kontext, Didaktik und Methodik in der Elementarpädagogik, Professionalisierung elementarpädagogischer Fachkräfte, Vernetzung von Institutionen im Elementarbereich, Familien- und Elternbildung*; di: Hochsch. Emden/Leer, FB Soziale Arbeit u. Gesundheit, Constantiaplatz 4, 26723 Emden, T: (04921) 8071232, F: 8071251, edita.jung@hs-emden-leer.de

**Jung,** Hans; Dr. rer. pol., Prof.; *Betriebswirtschaftslehre, Personalmanagement*; di: Hochsch. Lausitz, FB Informatik, Elektrotechnik, Maschinenbau, Großenhainer Str. 57, 01968 Senftenberg, T: (03573) 85701, F: 85709

**Jung,** Hartmut; Dipl.-Math., Dr. rer. nat., Prof.; *Mathematik*; di: Hochsch. Reutlingen, FB Technik, Alteburgstr. 150, 72762 Reutlingen, T: (07121) 271347, hartmut.jung@fh-reutlingen.de; pr: Schillerstr. 4/2, 72793 Pfullingen, T: (07121) 754758

**Jung,** Helmut; Dr., Prof.; di: Hochsch. f. Wirtschaft u. Recht Berlin, Neue Bahnhofstr. 11-17, 10245 Berlin, T: (030) 29384565, helmut.jung@hwr-berlin.de

**Jung,** Holger; Prof.; *Werbung*; di: Hochsch. Wismar, Fak. f. Gestaltung, PF 1210, 23952 Wismar

**Jung,** Hubert; Dr. rer. pol., Prof.; *Wirtschaftsprüfung, Steuerlehre, Unternehmensplanspiele*; di: Techn. Hochsch. Mittelhessen, FB 07 Wirtschaft, Wiesenstr. 14, 35390 Gießen, T: (0641) 3092733, Hubert.Jung@w.fh-giessen.de; pr: Klosterweg 22, 35463 Fernwald, T: (06404) 62741

**Jung,** Michael; Dr. rer. nat. habil., Prof.; *Wissenschaftliches Rechnen, Numerik*; di: HTW Dresden, Fak. Informatik/Mathematik, Friedrich-List-Platz 1, 01069 Dresden, T: (0351) 4623421, F: 4622197, mjung@informatik.htw-dresden.de

**Jung,** Norbert; Dr.-Ing., Prof.; *Embedded Systems*; di: Hochsch. Bonn-Rhein-Sieg, FB Angewandte Informatik, Grantham-Allee 20, 53757 Sankt Augustin, 53754 Sankt Augustin, T: (02241) 865211, F: 8658211, norbert.jung@h-brs.de

**Jung,** Richard; Prof.; *Kommunikationsdesign*; di: Hochsch. Niederrhein, FB Design, Petersstr. 123, 47798 Krefeld, T: (02151) 8224333, richard.jung@hs-niederrhein.de

**Jung,** Rolf; Dipl.-Ing., Dipl.-Wirtsch.-Ing., Prof.; *Fabrik- und Betriebsplanung, Versorgungstechnik, Lager- u. Transporttechnik*; di: Hochsch. Albstadt-Sigmaringen, FB 3, Anton-Günther-Str. 51, 72488 Sigmaringen, T: (07571) 732242, F: 732250, jung@fh-albsig.de

**Jung,** Rüdiger H.; Dr., Prof.; *Allgemeine Betriebswirtschaftslehre, insbes. Management/Führung und Organisationsentwicklung*; di: H Koblenz, FB Wirtschafts- u. Sozialwissenschaften, RheinAhrCampus, Joseph-Rovan-Allee 2, 53424 Remagen, T: (02642) 932303, rhjung@rheinahrcampus.de

**Jung,** Stefan; Dr. rer.pol., Prof.; *Management, Organisation*; di: CVJM-Hochsch. Kassel, Hugo-Preuß-Straße 40, 34131 Kassel-Bad Wilhelmshöhe, T: (0561) 3087530, Jung@cvjm-hochschule.de

**Jung,** Thomas; Dr., Prof.; *Angewandte Informatik, Multimedia*; di: HTW Berlin, FB Wirtschaftswiss. II, Treskowallee 8, 10318 Berlin, T: (030) 50192432, t.jung@HTW-Berlin.de

**Jung,** Udo; Dr., Prof.; *Betriebsfestigkeitslehre, Leichtbau*; di: Techn. Hochsch. Mittelhessen, Wiesenstr. 14, 35390 Gießen, T: (06031) 604337

**Jung,** Uwe; Dr.-Ing., Prof.; *Kraftwerkstechnik, Energiewirtschaft*; di: HTWK Leipzig, FB Maschinen- u. Energietechnik, PF 301166, 04251 Leipzig, T: (0341) 3534246, uwe.jung@me.htwk-leipzig.de

**Jung,** Wolfgang; Dr., Prof.; *Baugeschichte, Architekturtheorie*; di: FH Frankfurt, FB 1 Architektur, Bauingenieurwesen, Geomatik, Nibelungenplatz 1, 60318 Frankfurt am Main, T: (069) 15332745, jung@fb1.fh-frankfurt.de

**Jung-Weiser,** Gisela; Dr., Prof.; *Soziologie*; di: Hochsch. Darmstadt, FB Gesellschaftswiss. u. Soziale Arbeit, Haardtring 100, 64295 Darmstadt, T: (06151) 167915

**Jungbauer,** Anton; Dipl.-Chem., Dr. rer. nat., Prof.; *Technische Chemie, Schwerpunkte Makromolekulare Chemie und homogene Katalyse*; di: Hochsch. Emden/Leer, FB Technik, Constantiaplatz 4, 26723 Emden, T: (04921) 8071573, F: 8071593, jungbauer@hs-emden-leer.de; pr: Am Goldacker 4, 26759 Hinte, T: (04925) 1355

**Jungbauer,** Johannes; Dr. phil., Prof.; *Psychologie*; di: Kath. Hochsch. NRW, Abt. Aachen, FB Sozialwesen, Robert-Schumann-Str. 25, 52066 Aachen, T: (0241) 6000333, F: 6000388, j.jungbauer@kfhnw-aachen.de

**Jungblut,** Hans-Joachim; Dipl.-Päd., Dipl.-Soz.Arb., Dr.soz., Prof.; *Didaktik und Methodik der Sozialpädagogik*; di: FH Münster, FB Sozialwesen, Hüfferstr. 27, 48149 Münster, T: (0251) 8365794, F: 8365702, jungblut@fh-muenster.de; pr: Droste-zu-Senden-Str. 44, 48308 Senden, T: (02597) 1817

**Junge,** Karsten; Dr., Prof.; *BWL, Industrie*; di: DHBW Karlsruhe, Fak. Wirtschaft, Erzbergerstr. 121, 76133 Karlsruhe, T: (0721) 9735952, junge@no-spam.dhbw-karlsruhe.de

**Junge,** Stefan; Dipl.-Ing., Prof.; *Verpackungstechnik*; di: Beuth Hochsch. f. Technik, FB V Life Science and Technology, Luxemburger Str. 10, 13353 Berlin, T: (030) 45042888, stefan.junge@beuth-hochschule.de

**Junghannß,** Ulrich; Dr., Prof.; *Mikrobiologie*; di: Hochsch. Anhalt, FB 7 Angew. Biowiss. u. Prozesstechnik, PF 1458, 06354 Köthen, T: (03496) 672534, ulrich.junghannss@bwp.hs-anhalt.de

**Junghans,** Antje; Dr., Prof.; *Facility Management*; di: FH Frankfurt, FB 1 Architektur, Bauingenieurwesen, Geomatik, Nibelungenplatz 1, 60318 Frankfurt am Main, T: (069) 15332799

**Jungk,** Sabine; Dr. phil., Prof.; *Interkulturelle Bildung und Erziehung, Sozialpädagogik*; di: Kath. Hochsch. f. Sozialwesen Berlin, Köpenicker Allee 39-57, 10318 Berlin, T: (030) 50101026

**Jungke,** Manfred; Dr., Prof.; *Technische Informatik, Meßtechnik*; di: FH Frankfurt, FB 2 Informatik u. Ingenieurwiss., Nibelungenplatz 1, 60318 Frankfurt am Main, T: (069) 15332280, jungke@fb2.fh-frankfurt.de

**Jungkind,** Wilfried; Dipl.-Ing., Dr. rer. pol., Prof.; *Fabrikplanung, Arbeitswissenschaft*; di: Hochsch. Ostwestfalen-Lippe, FB 7, Produktion u. Wirtschaft, Liebigstr. 87, 32657 Lemgo, T: (05261) 702428, F: 702275; pr: Morgensternweg 14, 30419 Hannover, T: (0511) 2715793, F: 2715793

**Junglas,** Peter; Dr., Prof.; *Informatik, Physik, Thermodynamik*; di: FH f. Wirtschaft u. Technik, Studienbereich Maschinenbau, Schlesierstr. 13a, 49356 Diepholz, T: (05441) 992110, F: 992109, peter@peter-junglas.de

**Jungmittag,** Andre; Dr. rer. pol., Prof.; *Innovation u. Wachstum in offenen Volkswirtschaften; Direktinvestitionen u. Technologiediffusion; Angewandte Ökonometrie; Innovations- u. Industrieökonomik*; di: FH Frankfurt, FB 3 Wirtschaft u. Recht, Nibelungenplatz 1, 60318 Frankfurt am Main, T: (069) 15333889, jungmitt@fb3.fh-frankfurt.de; WHL Wissenschaftliche Hochschule Lahr, Hohbergweg 15-17, 77933 Lahr/Schwarzwald, T: (07821) 923868, F: 923852

**Jungnitsch,** Georg; Dr. phil., Prof.; *Sozialwesen, Verhaltensmedizin*; di: Hochsch. Regensburg, Fak. Angew. Sozialwiss., PF 120327, 93025 Regensburg, T: (0941) 9431082, georg.jungnitsch@soz.fh-regensburg.de; pr: Am Fürhopt 4, 82418 Murnau a. Staffelsee, T: (0170) 2130478, georg.jungnitsch@t-online.de

**Jungwirth,** Ingrid; Dr., Prof.; *Sozialwissenschaften, Schwerpunkt Diversität u. Inklusion*; di: Hochsch. Rhein-Waal, Fak. Gesellschaft u. Ökonomie, Marie-Curie-Straße 1, 47533 Kleve, T: (02821) 80673349, ingrid.jungwirth@hochschule-rhein-waal.de

**Junk,** Stefan; Dr.-Ing., Prof.; *Umformtechnik, Technische Mechanik, Computer Aided Engineering, Fertigungsmesstechnik*; di: Hochsch. Offenburg, Fak. Betriebswirtschaft u. Wirtschaftsingenieurwesen, Klosterstr. 14, 77723 Gengenbach, T: (07803) 969861, stefan.junk@fh-offenburg.de

**Junker,** Dirk; Dipl.-Ing., Prof.; *Freiraumplanung*; di: Hochsch. Osnabrück, Fak. Agrarwiss. u. Landschaftsarchitektur, Am Krümpel 33, 49090 Osnabrück, T: (0541) 9695175, F: 9695050, d.junker@hs-osnabrueck.de

**Junker,** Elmar; Dr., Prof.; *Angewandte Physik, Wärmetechnische Anwendungen*; di: Hochsch. Rosenheim, Hochschulstr. 1, 83024 Rosenheim, T: (08031) 805405, junker@fh-rosenheim.de

**Junker,** Hans-Dieter; Dr. rer. nat., Prof.; *Reaktionskinetik, Organische Chemie*; di: Hochsch. Aalen, Fak. Chemie, Beethovenstr. 1, 73430 Aalen, T: (07361) 5762306, hans-dieter.junker@htw-aalen.de

**Junker,** Johannes; Prof. u. Rektor; *Kunsttherapie*; di: Hochsch. f. Kunsttherapie Nürtingen, Sigmaringer Str. 15, 72622 Nürtingen, j.junker@hkt-nuertingen.de

**Junker,** Susanne; Dr.-Ing., Prof.; *Gebäudeentwurf, Innenraumgestaltung, Visualisierung mittels virtueller Medien*; di: Beuth Hochsch. f. Technik, FB IV Architektur u. Gebäudetechnik, Luxemburger Str. 10, 13353 Berlin, T: (030) 45042562, suju@beuth-hochschule.de

**Junker-Schilling,** Klaus; Dr., Prof.; *Datenkommunikation, Programmiersprachen, Rechnernetze, Sicherheit in Netzen*; di: Hochsch. f. angew. Wiss. Würzburg Schweinfurt, Fak. Informatik u. Wirtschaftsinformatik, Münzstr. 12, 97070 Würzburg

**Jurisch,** Andrea; Dr., Prof.; *Mathematik*; di: Hochsch. Anhalt, FB 6 Elektrotechnik, Maschinenbau u. Wirtschaftsingenieurwesen, PF 1458, 06354 Köthen, T: (03496) 672710, A.Jurisch@emw.hs-anhalt.de

**Jurisch,** Ronald; Dr. rer. nat., Prof.; *Mathematik/fachbezogene Informatik*; di: Hochsch. Anhalt, FB 3 Architektur, Facility Management u. Geoinformation, PF 2215, 06818 Dessau, T: (0340) 51971619, jurisch@afg.hs-anhalt.de

**Jurowsky,** Rainer; Dr., Prof.; *Betriebswirtschaftslehre, insbes. betriebliche Steuerlehre und Unternehmensprüfung*; di: FH Düsseldorf, FB 7 – Wirtschaft, Universitätsstr. 1, Geb. 23.32, 40225 Düsseldorf, T: (0211) 8114203, F: 8114369, rainer.jurowsky@fh-duesseldorf.de; pr: St. Andreas Str. 37, 41469 Neuss, T: (02131) 933303

**Just,** Armin; Dr., Prof.; *Bautechnik*; di: EBZ Business School Bochum, Springorumallee 20, 44795 Bochum, T: (0234) 9447700, a.just@ebz-bs.de

**Just,** Olaf; Dr.-Ing., Prof.; *Technische Informatik*; di: Westfäl. Hochsch., FB Maschinenbau, Münsterstr. 265, 46397 Bocholt, T: (02871) 2155914, olaf.just@fh-gelsenkirchen.de

**Justen,** Detlef; Dr., Prof.; *Sensorsysteme*; di: Ostfalia Hochsch., Fak. Informatik, Salzdahlumer Str. 46/48, 38302 Wolfenbüttel

**Justen,** Konrad; Dr. rer. nat., Prof.; *Mathematik, Informatik, Methoden der Künstlichen Intelligenz*; di: Hochsch. Aalen, Fak. Optik u. Mechatronik, Beethovenstr. 1, 73430 Aalen, T: (07361) 5763396, Konrad.Justen@htw-aalen.de

**Jutzler,** Wolf-Immo; Dr.-Ing., Prof.; *Fertigungssteuerung, Fertigungsplanung, Fertigungstechnik*; di: Hochsch. Karlsruhe, Fak. Maschinenbau u. Mechatronik, Moltkestr. 30, 76133 Karlsruhe, PF 2440, 76012 Karlsruhe, T: (0721) 9251862, wolf-immo.jutzler@hs-karlsruhe.de

**Kaapke,** Andreas; Dr., Prof.; *Wirtschaft, BWL*; di: DHBW Stuttgart, Fak. Wirtschaft, Theodor-Heuss-Straße 2, 70174 Stuttgart, T: (0711) 1849877, Kaapke@dhbw-stuttgart.de

**Kaba-Schönstein,** Lotte; Dipl.-Soz.päd., Dipl.-Soz.wirt, Prof.; *Sozialpädagogik*; di: Hochsch. Esslingen, Fak. Soziale Arbeit, Gesundheit u. Pflege, Flandernstr. 101, 73732 Esslingen, T: (0711) 3974501; pr: Wiflingshauser Str. 63, 73732 Esslingen, T: (0711) 4206731

**Kabbert,** Robert; Dr.-Ing. habil., Prof.; *Agrar- und Stadtökologie, Lebensmitteltechnologie*; di: Beuth H f. Technik Berlin, FB V, Luxemburger Straße 10, 13353 Berlin, T: (030) 45042881, kabbert@beuth-hochschule.de

**Kabel,** Peter; Prof.; *Kommunikationsdesign*; di: HAW Hamburg, Fak. Design, Medien u. Information, Finkenau 35, 22081 Hamburg, T: (040) 428754805; pr: pkabel@kabel.de

**Kaboth,** Peter; Dipl.-Anim., Prof.; *Animation*; di: Hochsch. Ostwestfalen-Lippe, FB 2, Medienproduktion, Liebigstr. 87, 32657 Lemgo, T: (05261) 702545, peter.kaboth@hs-owl.de

**Kachel,** Gerhard; Dr.-Ing., Prof.; *Technische Mechanik, Finite Elemente Methode, Maschinenelemente*; di: Hochsch. Offenburg, Fak. Maschinenbau u. Verfahrenstechnik, Badstr. 24, 77652 Offenburg, T: (0781) 205167, F: 205359, gerhard.kachel@fh-offenburg.de

**Kademann,** Rolf; Dr., Prof.; *Werkzeugmaschinen und Fertigungstechnik*; di: Hochsch.Merseburg, FB Ingenieur- u. Naturwiss., Geusaer Str., 06217 Merseburg, T: (03461) 462018, rolf.kademann@hs-merseburg.de

**Kaden,** Gerd; Dipl.-Des., Prof.; *Holzgestaltung/künstlicher Entwurf, handwerkl. Techniken, Materialkunde*; di: Westsächs. Hochsch. Zwickau, FB Angewandte Kunst Schneeberg, Goethestr. 1, 08289 Schneeberg, Gerd.Kaden@fh-zwickau.de

**Kadritzke,** Ulf; Dipl.-Soz., Dr. rer. pol., Prof.; *Industrie- und Betriebssoziologie*; di: Hochsch. f. Wirtschaft u. Recht Berlin, Badensche Str. 50-51, 10825 Berlin, T: (030) 85789127, kadritzk@hwr-berlin.de; pr: Uhlandstr. 151, 10719 Berlin, T: (030) 8835340

**Kächele,** Harald; Dr., Prof. H f. nachhaltige Entwicklung Eberswalde; *Umweltökonomie*; di: Leibniz-Zentrum f. Agrarlandschaftsforschung, Inst. f. Sozioökonomie, Eberswalder Str. 84, 15374 Müncheberg, T: (033432) 82224, F: 82308, hkaechele@zalf.de

**Kägi,** Sylvia; Dr., Prof.; *Soziale Arbeit, Pädagogik der Frühen Kindheit*; di: Ev. H Ludwigsburg, FB Soziale Arbeit, Auf der Karlshöhe 2, 71638 Ludwigsburg, s.kaegi@eh-ludwigsburg.de

**Kaehler,** Boris; Dr., Prof.; *Allgemeine Betriebswirtschaftslehre*; di: Techn. Hochsch. Wildau, FB Wirtschaft, Verwaltung u. Recht, Bahnhofstr., 15745 Wildau, T: (03375) 508381, boris.kaehler@tfh-wildau.de

**Kähler,** Martin; Dr.-Ing., Prof.; *Photogrammetrie, Fernerkundung, Geographische Informationssysteme*; di: Beuth Hochsch. f. Technik, FB III Bauingenieur- u. Geoinformationswesen, Luxemburger Str. 10, 13353 Berlin, T: (030) 45042539, kaehler@beuth-hochschule.de

**Kähm,** Viktor; Dr.-Ing., Prof.; *Chemie und Hygiene sowie das Lehrgebiet Sicherheitstechnik*; di: FH Köln, Fak. f. Bauingenieurwesen u. Umwelttechnik, Betzdorfer Str. 2, 50679 Köln, T: (0221) 82752628, viktor.kaehm@fh-koeln.de

**Kaellander,** Gerd; Dipl.-Ing., Prof.; *Haustechnik, Technischer Brandschutz, CAD/EDV*; di: HAWK Hildesheim/Holzminden/Göttingen, Fak. Bauen u. Erhalten, Hohnsen 2, 31134 Hildesheim, T: (05121) 881215

**Kämmerer,** Bardo; Dr. jur., Prof.; *Steuerrecht*; di: FH Mainz, FB Wirtschaft, Lucy-Hillebrand-Str. 2, 55128 Mainz, PF 230060, 55051 Mainz, T: (06131) 628273, F: 628111, dr.kaemmerer@t-online.de

**Kämmler,** Georg; Dipl.-Ing., Prof.; *Verpackungstechnik, Kunststoffverarbeitung*; di: Hochsch. d. Medien, Fak. Druck u. Medien, Nobelstr. 10, 70569 Stuttgart, T: (0711) 89232284, kaemmler@hdm-stuttgart.de

**Kämper,** Klaus-Peter; Dr. rer. nat., Prof.; *Mikromechanik, Mikrostrukturtechnik sowie Fertigungsverfahren zur Mikrosystemtechnik*; di: FH Aachen, FB Maschinenbau und Mechatronik, Goethestr. 1, 52064 Aachen, T: (0241) 600952325, kaemper@fh-aachen.de; pr: Im Rummel 8, 52159 Roetgen, T: (02471) 8081

**Kämper,** Sabine; Dr., Prof.; *Informatik*; di: HAW Hamburg, Fak. Wirtschaft u. Soziales, Berliner Tor 5, 20099 Hamburg, T: (040) 428757716, Sabine.Kaemper@pm.haw-hamburg.de; pr: Behrkampsweg 20a, 22529 Hamburg, T: (040) 56060490, sabinekaemper@web.de

**Kämpf,** Hanno; Dr. jur., Prof.; *Handelsrecht, Gesellschaftsrecht*; di: FH Mainz, FB Wirtschaft, Lucy-Hillebrand-Str. 2, 55051 Mainz, PF 230060, 55051 Mainz, T: (06131) 6283227, hanno.kaempf@wiwi.fh-mainz.de

**Kämpf,** Rainer; Dr.-Ing., Prof.; *Produktionsmanagement, Internationale Logistik*; di: Hochsch. Reutlingen, FB European School of Business, Alteburgstr. 150, 72762 Reutlingen, T: (07121) 271422, rainer.kaempf@fh-reutlingen.de; pr: Seestr. 22/1, 73765 Neuhausen a.d.F., T: (07158) 940686

**Kärmer,** Reinhard; Dr., Prof.; *Kunststofftechnik*; di: Hochsch. Anhalt, FB 6 Elektrotechnik, Maschinenbau u. Wirtschaftsingenieurwesen, PF 1458, 06354 Köthen, T: (03496) 672721, R.Kaermer@emw.hs-anhalt.de

**Kärst,** Jens Peter; Dr.-Ing., Prof.; *Elektrotechnik, Messtechnik, Antriebstechnik*; di: HAWK Hildesheim/Holzminden/Göttingen, Fak. Naturwiss. u. Technik, Von-Ossietzky-Str. 99, 37085 Göttingen, T: (0551) 3705239

**Käß,** Hanno; Dr. rer. nat., Prof.; *Physik*; di: Hochsch. Esslingen, Fak. Grundlagen, Kanalstr. 33, 73728 Esslingen, T: (0711) 3973442; pr: Hohenkreuzweg 38, 73732 Esslingen, T: (0711) 8054868

**Käßer-Pawelka,** Günter; Dr., Prof.; *Dienstleistungsmanagement*; di: DHBW Mosbach, Campus Heilbronn, Bildungscampus 4, 74076 Heilbronn, T: (07131) 1237102, F: 1237100, kaepal@dhbw-mosbach.de

**Kästel,** Walter; Dr.-Ing., Prof.; *Mess- und Regelungstechnik, Sensortechnik*; di: Hochsch. Heilbronn, Fak. f. Technik u. Wirtschaft, Daimlerstr. 35, 74653 Künzelsau, T: (07940) 130697, kaestel@hs-heilbronn.de

**Kästele,** Gina; Dipl.-Psych., Dr., Prof.; *Methoden der sozialen Arbeit, insbes. Beratungsverfahren*; di: Hochsch. Niederrhein, FB Sozialwesen, Richard-Wagner-Str. 101, 41065 Mönchengladbach, T: (02161) 1865638, gina.kaestele@hs-niederrhein.de; pr: Bebericher Str. 5, 41063 Mönchengladbach

**Kätsch,** Christoph; Dr. forest., PD U Göttingen u. Prof. FH Hildesheim-Holzminden; *Waldmesslehre, Forsteinrichtung*; di: HAWK Hildesheim/Holzminden/Göttingen, Fak. Ressourcenmanagement, Büsgenweg 1a, 37077 Göttingen, T: (0551) 5032242; pr: Kampenweg 4, 37136 Waake, T: (05507) 919850

**Kafadar,** Kalina; Dr., Prof.; *Rechnungslegung*; di: Hochsch. Augsburg, Fak. f. Wirtschaft, PF 110605, 86031 Augsburg, T: (0821) 55862907, F: 55862902, kalina.kafadar@hs-augsburg.de

**Kafka,** Katharina; Prof.; di: Hochsch. Darmstadt, FB Media, Haardtring 100, 64295 Darmstadt, T: (06151) 169549, katharina.kafka@fbmedia.h-da.de

**Kaftan,** Hans-Jürgen; Dr., Prof.; *Kunststofftechnik*; di: Hochsch. Anhalt, FB 6 Elektrotechnik, Maschinenbau u. Wirtschaftsingenieurwesen, PF 1458, 06354 Köthen, T: (03496) 672417, J.Kaftan@emw.hs-anhalt.de

**Kaftan,** Ulrich; Dr. rer. nat., Prof.; *Mathematik*; di: Hochsch. Magdeburg-Stendal, FB Ingenieurwiss. u. Industriedesign, Breitscheidstr. 2, 39114 Magdeburg, T: (0391) 8864387, ulrich.kaftan@hs-magdeburg.de

**Kahabka,** Gerwin; Dr.-Ing., Prof.; *Arbeitswissenschaft und Kommunikation, Personalmanagement*; di: Hochsch. Karlsruhe, Fak. Wirtschaftswissenschaften, Moltkestr. 30, 76133 Karlsruhe, PF 2440, 76012 Karlsruhe, T: (0721) 9251980, gerwin.kahabka@hs-karlsruhe.de

**Kahl,** Helmut; Dr., Prof.; *Mathematik, Kryptologie*; di: Hochsch. München, Fak. Elektrotechnik u. Informationstechnik, Lothstr. 64, 80335 München, T: (089) 12653465, F: 12653403, kahl@ee.fhm.edu

**Kahlbrandt,** Bernd; Dr., Prof.; *Informatik*; di: HAW Hamburg, Fak. Technik u. Informatik, Berliner Tor 7, 20099 Hamburg, T: (040) 428758431, bernd.kahlbrandt@informatik.haw-hamburg.de

**Kahlfeldt,** Petra; Prof.; *Baukonstruktion im Bestand, Baugeschichte, Architekturtheorie*; di: Beuth Hochsch. f. Technik, Fak. IV Architektur u. Gebäudetechnik, Luxemburger Straße 10, 13353 Berlin, T: (030) 45045314, kahlfeldt@beuth-hochschule.de

**Kahlow,** Andreas; Dr. phil., Prof.; *Konstruktions- und Bautechnikgeschichte*; di: FH Potsdam, FB Bauingenieurwesen, Pappelallee 8-9, Haus 1, 14469 Potsdam, T: (0331) 5801314, kahlow@fh-potsdam.de

**Kahn,** Reinhard; Dr.-Ing., Prof.; *Technische Mechanik, Mathematik, Finite Elemente Methode (FEM)*; di: Hochsch. Hannover, Fak. II Maschinenbau u. Bioverfahrenstechnik, Ricklinger Stadtweg 120, 30459 Hannover, PF 920261, 30441 Hannover, T: (0511) 92961333, reinhard.kahn@hs-hannover.de; pr: T: (05121) 924277

**Kahnt,** Hanno; Dr. rer. nat. habil., Prof.; *Werkstoffe u. Bauelemente d. Elektrotechnik*; di: FH Jena, FB Elektrotechnik u. Informationstechnik, Carl-Zeiss-Promenade 2, 07745 Jena, PF 100314, 07703 Jena, T: (03641) 205700, F: 205701, et@fh-jena.de

**Kahrs,** Christian; Dr. phil. habil., Prof. u. Rektor Ev. H Moritzburg; *Religionspädagogik, Bildungstheorie, Didaktik*; di: Evangel. Hochsch. Moritzburg, Bahnhofstr. 9, 01468 Moritzburg, T: (035207) 84302, kahrs@eh-moritzburg.de; pr: Cochemer Weg 25, 01468 Moritzburg, T: (035207) 82814

**Kail,** Christoph; Dr.-Ing., Prof.; *Energietechnik*; di: FH Südwestfalen, FB Ingenieur- u. Wirtschaftswiss., Lindenstr. 53, 59872 Meschede, T: (0291) 9910630, kail@fh-swf.de; pr: Schäferstr. 4, 59872 Meschede

**Kaimann,** Andrea; Dr.-Ing., Prof.; *Ingenieurwissenschaftliche Grundlagen, Technische Mechanik*; di: FH Bielefeld, FB Ingenieurwiss. u. Mathematik, Schulstrasse 10, 33330 Gütersloh, T: (05241) 2114319, andrea.kaimann@fh-bielefeld.de

**Kaimann,** Barbara; Dr.-Ing., Prof.; *Heizungstechnik*; di: FH Münster, FB Energie, Gebäude, Umwelt, Stegerwaldstr. 39, 48565 Steinfurt, T: (0251) 962381, F: 962207, kaimann@fh-muenster.de; pr: Ewaldigrund 16, 48366 Laer, T: (02554) 6226

**Kainz,** Dieter; Dr.-Ing., Prof.; di: Hochsch. München, Fak. Bauingenieurwesen, Karlstr. 6, 80333 München, dieter.kainz@hm.edu

**Kainz,** Florian; Dr. phil., Prof. FH Erding; *Bildungsforschung*; di: FH f. angewandtes Management, Am Bahnhof 2, 85435 Erding, T: (08122) 9559480, florian.kainz@myfham.de

**Kairies,** Klaus; Dr. rer. pol., Prof.; *Allgemeine BWL, Buchführung und Bilanzierung, Rechnungswesen, Sozialwissenschaten, Stressmanagement*; di: Hochsch. Hannover, Fak. IV Wirtschaft u. Informatik, Ricklinger Stadtweg 120, 30459 Hannover, PF 920261, 30441 Hannover, T: (0511) 92961558, klaus.kairies@hs-hannover.de

**Kaiser,** Alexander; Dr. rer. nat. habil., Prof.; *Organische Chemie*; di: Hochsch. Lausitz, FB Bio-, Chemie- u. Verfahrenstechnik, Großenhainer Str. 57, 01968 Senftenberg, T: (03573) 85 817

**Kaiser,** Andreas; Dr., Prof.; *Investitionsgütermarketing, Medienmarketing*; di: DHBW Ravensburg, Rudolfstr. 19, 88214 Ravensburg, T: (0751) 189992750, kaiser@dhbw-ravensburg.de

**Kaiser,** Andreas; Dipl.-Des., Prof.; *Kunst und Raum*; di: FH Mainz, FB Gestaltung, Holzstr. 36, 55116 Mainz, T: (06131) 2859758, andreas.kaiser@fh-mainz.de

**Kaiser,** Andreas; Dr. oec., Prof.; *Wissensmanagement, Innovationsmanagement*; di: Business and Information Technology School GmbH, Reiterweg 26 b, 58636 Iserlohn, T: (02371) 776547, F: 776503, andreas.kaiser@bits-iserlohn.de

**Kaiser,** Bastian; Dr., Prof., Rektor; *Angewandte Betriebswirtschaft, Internationale Entwicklungszusammenarbeit*; di: Hochsch. f. Forstwirtschaft Rottenburg, Schadenweilerhof, 72108 Rottenburg, T: (07472) 951204, F: 951200, Bkaiser@fh-rottenburg.de

**Kaiser,** Björn; Dipl.-Ing., Prof.; *Hochbaukonstruktion, Entwerfen*; di: Jade Hochsch., FB Bauwesen u. Geoinformation, Ofener Str. 16-19, 26121 Oldenburg, T: (0441) 77083249, bjoern.kaiser@jade-hs.de; pr: Sonderburger Str. 24, 30165 Hannover

**Kaiser,** Christian; Dr., Prof.; *Zivilrecht, Familienrecht, Handels- und Gesellschaftsrecht, Registerverfahrensrecht*; di: Norddeutsche Hochsch. f. Rechtspflege, Fak. Rechtspflege, FB Rechtspflege, Godehardsplatz 6, 31134 Hildesheim, T: (05121) 1791044, christian.kaiser@justiz.niedersachsen.de

**Kaiser,** Detlef; Dr. rer. nat., Prof.; *Physik, Lasertechnik, Optische Nachrichtentechnik*; di: Hochsch. Osnabrück, Fak. Ingenieurwiss. u. Informatik, Albrechtstr. 30, 49076 Osnabrück, T: (0541) 9692091, F: 9692936, dkaiser@edvsz.hs-osnabrueck.de; pr: Wessels Str. 57, 49134 Wallenhorst

**Kaiser,** Dirk; Dr. rer. pol., Prof.; *Allgemeine Betriebswirtschaftslehre u. Finanzmanagement, Banken u. Versicherungen*; di: Hochsch. Bochum, FB Wirtschaft, Lennershofstr. 140, 44801 Bochum, T: (0234) 3210604, dirk.kaiser@hs-bochum.de; pr: Am Badezentrum 9 a, 47800 Krefeld, T: (02151) 1532763

**Kaiser,** Gisbert; Dr., Prof.; *Bürgerliches Recht*; di: FH d. Bundes f. öff. Verwaltung, FB Bundeswehrverwaltung, Seckenheimer Landstr. 10, 68163 Mannheim

**Kaiser,** Harald; Dr.-Ing. Prof.; *Werkzeugbau, Datenverarbeitung, CAD, Rheologie*; di: Hochsch. Aalen, Fak. Maschinenbau u. Werkstofftechnik, Beethovenstr. 1, 73430 Aalen, T: (07361) 5762194, F: 5762270, Harald.Kaiser@htw-aalen.de

**Kaiser,** Heiner; Dr., Prof.; *EDV-Anwendung, Wirtschaftsmathematik*; di: FH Erfurt, FB Wirtschaftswiss., PF 450155, 99051 Erfurt, T: (0361) 6700171, F: 6700152, kaiser@fh-erfurt.de

**Kaiser,** Johanna; Prof.; *Kultur, Ästhetik u. Medien der Sozialen Arbeit*; di: Alice-Salomon-Hochsch., Alice-Salomon-Platz 5, 12627 Berlin-Hellersdorf, T: (030) 992455423, johanna.kaiser@ash-berlin.eu

**Kaiser,** Karin; Prof.; *Kommunikationsdesign, Grafikdesign*; di: Hochsch. Konstanz, Fak. Architektur u. Gestaltung, Brauneggerstr. 55, 78462 Konstanz, T: (07531) 206854, karin.kaiser@htwg-konstanz.de

**Kaiser,** Karl-Thomas; Dr.-Ing., Prof.; *Fertigungs- und Produktionstechnik, Grundlagen des Maschinenbaus*; di: Ostfalia Hochsch., Fak. Fahrzeugtechnik, Robert-Koch-Platz 8A, 38440 Wolfsburg

**Kaiser,** Lutz; Dr., Prof.; *Sozialwissenschaften, Wirtschaftswissenschaften, Marketing*; di: FH f. öffentl. Verwaltung NRW, Abt. Köln, Thürmchenswall 48-54, 50668 Köln, lutz.kaiser@fhoev.nrw.de

**Kaiser,** Norbert; Dipl.-Phys., Dr. rer. nat., Prof.; *Mathematik, Unternehmensplanung und Organisation, Projektplanung und Qualitätsmanagement*; di: Hochsch. Ansbach, FB Ingenieurwissenschaften, Residenzstr. 8, 91522 Ansbach, PF 1963, 91510 Ansbach, T: (0981) 4877105, F: 4877102, norbert.kaiser@fh-ansbach.de

**Kaiser,** Peter; Dr. rer. nat., Prof.; *Methoden und Techniken der Software-Entwicklung*; di: Hochsch. Mannheim, Fak. Informatik, Windeckstr. 110, 68163 Mannheim

**Kaiser,** Richard; Prof.; *Technik*; di: DHBW Lörrach, Hangstr. 46-50, 79539 Lörrach, T: (07621) 2071460, F: 2071495, kaiser@dhbw-loerrach.de

**Kaiser,** Robert; Dr., Prof.; *Echtzeitbetriebssysteme*; di: Hochsch. Rhein/Main, FB Design Informatik Medien, Campus Unter den Eichen 5, 65195 Wiesbaden, T: (0611) 94951292, robert.kaiser@hs-rm.de

**Kaiser,** Ulrich; Dr., Prof.; *Grundlagen der Informatik und Programmiersprachen*; di: Westfäl. Hochsch., FB Wirtschaft u. Informationstechnik, Münsterstr. 265, 46397 Bocholt, T: (02871) 2155818, ulrich.kaiser@fh-gelsenkirchen.de

**Kaiser,** Wulf; Dr.-Ing., Prof.; *Verfahrenstechnik*; di: FH Kaiserslautern, FB Angew. Ingenieurwiss., Morlautererstr. 31, 67657 Kaiserslautern, T: (0631) 3722320, wulf.kaiser@fh-kl.de

**Kakau,** Joachim; Dr. sc. agr., Prof.; *Integrierter Pflanzenschutz*; di: Hochsch. Osnabrück, Fak. Agrarwiss. u. Landschaftsarchitektur, PF 1940, 49009 Osnabrück, T: (0541) 9695148, j.kakau@hs-osnabrueck.de

**Kalac,** Hassan; Dr.-Ing., Prof.; *Produktions- u. Qualitätsmanagement*; di: Hochsch. Osnabrück, Fak. Ingenieurwiss. u. Informatik, Albrechtstr. 30, 49076 Osnabrück, T: (0541) 9693098, h.kalac@hs-osnabrueck.de; pr: Sperberweg 7, 49504 Lotte-Wersen, T: (05404) 72644

**Kalb-Krause,** Gertrud; Dr. phil., Prof.; *Englisch, Französisch*; di: Hochsch. München, Fak. Betriebswirtschaft, Am Stadtpark 20 (Neubau), 81243 München, T: (089) 12652708, F: 12652714, gertrud.kalb-krause@fhm.edu

**Kalenberg,** Frank; Dr., Prof.; di: Hochsch. f. Wirtschaft u. Recht Berlin, Badensche Str. 50/51, 10825 Berlin, T: (030) 29384571, frank.kalenberg@hwr-berlin.de

**Kaleta,** Jürgen; Dr.-Ing., Prof.; *Massivbau*; di: FH Erfurt, FB Bauingenieurwesen, Altonaer Str. 25, 99085 Erfurt, PF 101363, 99013 Erfurt, T: (0361) 6700958, F: 6700902, j.kaleta@fh-erfurt.de

**Kalhöfer,** Eckehard; Dr., Prof.; *Spanende Fertigungstechnik, Werkzeugmaschinen*; di: Hochsch. Aalen, Fak. Maschinenbau u. Werkstofftechnik, Beethovenstr. 1, 73430 Aalen, T: (07361) 5762313, F: 5762270, eckehard.kalhoefer@htw-aalen.de

**Kalhöfer,** Gerhard; Dipl.-Ing., Prof.; *Gebäudelehre, Architekturtheorie, Entwerfen*; di: FH Mainz, FB Gestaltung, Holzstr. 36, 55116 Mainz, T: (06131) 2859626

**Kalicki,** Bernhard; Dr., Prof.; *Psychologie, Frühkindliche Bindung*; di: Ev. Hochsch. f. Soziale Arbeit, PF 200143, 01191 Dresden, T: (0351) 4690255, bernhard.kalicki@ehs-dresden.de; pr: Rathochstr. 63, 81247 München, T: (089) 81089891

**Kalina,** Sylvia; Dr. phil., Prof.; *Theorie und Praxis des Dolmetschens Deutsch-Englisch*; di: FH Köln, Fak. f. Informations- u. Kommunikationswiss., Claudiusstr. 1, 50678 Köln, T: (0221) 82753303, Sylvia.Kalina@fh-koeln.de; pr: Schleifweg 3, 69126 Heidelberg

**Kalitzin,** Nikolai; Dr.-Ing., Prof.; *Techn. Mechanik, Festigkeitslehre, Mathematik*; di: Hochsch. Esslingen, Fak. Versorgungstechnik u. Umwelttechnik, Kanalstr. 33, 73728 Esslingen, T: (0711) 3973472

**Kalka,** Regine; Dr., Prof.; *BWL, Marketing u Kommunikationswirtschaft*; di: FH Düsseldorf, FB 7 – Sozial- und Kulturwiss., Universitätsstr. 1, Geb. 23.32, 40225 Düsseldorf, T: (0211) 8114202, F: 8114369, regine.kalka@fh-duesseldorf.de; pr: Von-Groote-Str. 43, 50986 Köln, T: (0221) 3401818

**Kallenowsky,** Thomas; Dr. rer. nat., Prof.; *Physik*; di: Hochsch. Zittau/Görlitz, Fak. Mathematik/Naturwiss., Theodor-Körner-Allee 16, 02763 Zittau, PF 1455, 02754 Zittau, T: (03583) 611756, t.kallenowsky@hs-zigr.de

**Kallfass,** Sigrid; Dr. rer. soc., Prof.; *Sozialplanung, Gemeinwesenarbeit, Schulsozialarbeit*; di: Hochsch. Ravensburg-Weingarten, Doggenriedstr., 88250 Weingarten, PF 1261, 88241 Weingarten, T: (0751) 5019444, F: 5019876, kallfass@hs-weingarten.de; pr: Mühlhofer Str. 1, 88709 Meersburg, T: (07532) 7539, F: 7539, SozialPLAN@T-online.de

**Kallien,** Lothar; Dr., Prof.; *Gießerei-Technologien*; di: Hochsch. Aalen, Fak. Maschinenbau u. Werkstofftechnik, Beethovenstr. 1, 73430 Aalen, T: (07361) 5762457, F: 5762270, lothar.kallien@htw-aalen.de

**Kallis,** Norbert; Dr., Prof.; *Maschinenbau, Verfahrenstechnik*; di: DHBW Mosbach, Lohrtalweg 10, 74821 Mosbach, T: (06261) 939263, kallis@dhbw-mosbach.de

**Kalliwoda,** Werner; Dr.-Ing., Prof.; *Konstruktion, CAD, Technische Mechanik, Sicherheitstechnik*; di: Hochsch. Heilbronn, Fak. f. Mechanik u. Elektronik, Max-Planck-Str. 39, 74081 Heilbronn, T: (07131) 504219, kalliwoda@hs-heilbronn.de

**Kalmring,** Dirk; Dr., Prof.; *BLW, insbes. Wirtschaftsinformatik u Unternehmensorganisation*; di: FH Düsseldorf, FB 7 – Wirtschaft, Universitätsstr. 1, 40225 Düsseldorf, T: (0211) 8114191, F: 8114389, dirk.kalmring@fh-duesseldorf.de

**Kalnins,** Indulis; Dr.-Ing., Prof.; di: Hochsch. Bremen, Fak. Natur u. Technik, Neustadtswall 30, 28199 Bremen, T: (0421) 59053556, F: 59053505, Indulis.Kalnins@hs-bremen.de

**Kaloudis,** Michael; Dr., Prof.; *Physik, Werkstofftechnik, Hybrid- u. Halbleitertechnologie, Aufbau- u. Verbindungstechnik*; di: Hochsch. Aschaffenburg, Fak. Ingenieurwiss., Würzburger Str. 45, 63743 Aschaffenburg, T: (06021) 314813, michael.kaloudis@fh-aschaffenburg.de

**Kalpaka,** Annita; Dipl.-Vw., Dr. päd., Prof.; *Soziale Arbeit*; di: HAW Hamburg, Fak. Wirtschaft u. Soziales, Alexanderstr. 1, 20099 Hamburg, T: (040) 428757032, annita.kalpaka@haw-hamburg.de

**Kals,** Johannes; Dipl.-Kfm., Dr. rer. oec., Prof.; *BWL, insbes. Logistik, Produktionswirtschaft, Materialwirtschaft*; di: FH Ludwigshafen, FB I Management und Controlling, Ernst-Boehe-Str. 4, 67059 Ludwigshafen/Rhein, T: (0621) 5203152, F: 5203193; www.fh-ludwigshafen.de/kals/; pr: j.kals@t-online.de

**Kaltenbacher,** Matthias; Dr., Prof.; *Quantitative Methoden*; di: DHBW Lörrach, Hangstr. 46-50, 79539 Lörrach, T: (07621) 2071302, F: 2071319, kaltenbacher@dhbw-loerrach.de

**Kaltenhäuser,** Tonja Vanessa; Prof.; *Informatik*; di: HAW Hamburg, Fak. Technik u. Informatik, Berliner Tor 7, 20099 Hamburg, T: (040) 428758153, tonja.kaltenhaeuser@informatik.haw-hamburg.de

**Kalthoff,** Oliver; Dr., Prof.; di: Hochsch. Heilbronn, Fak. f. Informatik, Max-Planck-Str. 39, 74081 Heilbronn, T: (07131) 504393, kalthoff@hs-heilbronn.de

**Kaltofen,** Daniel; Dr. rer. oec., Prof., Prodekan Finance & Management; *Neoclassical u. Behavioral Finance*; di: Business and Information Technology School GmbH, Reiterweg 26 b, 58636 Iserlohn, T: (02371) 776570, F: 776503, daniel.kaltofen@bits-iserlohn.de

**Kalus,** Norbert; Dr. math., Prof.; *Statistik, Numerische Mathematik*; di: Beuth Hochsch. f. Technik, FB II Mathematik – Physik – Chemie, Luxemburger Straße 10, 13353 Berlin, T: (030) 45042351, kalus@beuth-hochschule.de

**Kalvelage,** Johannes; Dipl.-Ing., Prof.; *Städtebau u. Dorfplanung*; di: Hochsch. Anhalt, FB 3 Architektur, Facility Management u. Geoinformation, PF 2215, 06818 Dessau, T: (0340) 51971533, Kalvelage@afg.hs-anhalt.de

**Kameier,** Frank; Dr.-Ing., Prof.; *Strömungstechnik, Akustik*; di: FH Düsseldorf, FB 4 – Maschinenbau u. Verfahrenstechnik, Josef-Gockeln-Str. 9, 40474 Düsseldorf, T: (0211) 4351448, frank.kameier@fh-duesseldorf.de; pr: Starenweg 33, 40468 Düsseldorf

**Kamenz,** Uwe; Dr., Prof.; *Betriebswirtschaftslehre, insbes. Marketing*; di: FH Dortmund, FB Wirtschaft, Emil-Figge-Str. 42, 44227 Dortmund, T: (0231) 7554889, F: 7554902, Uwe.Kamenz@fh-dortmund.de

**Kaminski,** Winfred; Dr. phil. habil., Prof. FH Köln, apl.Prof. U Frankfurt/M.; *Kinder- und Jugendbuchforschung, Märchen, digitale Medien*; di: FH Köln, Fak. f. Angewandte Sozialwiss., Mainzer Str. 5, 50678 Köln, T: (0221) 82753348, F: 82753349, winfred.kaminski@fh-koeln.de; pr: Weberstr. 75, 60318 Frankfurt/M., T: (069) 599668

**Kaminsky,** Carmen; Dr. jur. habil., Prof. FH Köln; *Sozialphilosophie u -ethik*; di: FH Köln, Fak. f. Angewandte Sozialwiss., Mainzer Str. 5, 50678 Köln, T: (0221) 82753605, carmen.kaminsky@fh-koeln.de; pr: Steilstr. 30A, 44797 Bochum, T: (0234) 795090

**Kamm,** Désirée; Dr. jur., Prof.; *Arbeits- u. Sozialrecht, Wirtschaftsrecht, Europarecht*; di: Hochsch. Bremen, Fak. Wirtschaftswiss., Werderstr. 73, 28199 Bremen, T: (0421) 59054102, Desiree.Kamm@hs-bremen.de; pr: Bismarckstr. 99, 28203 Bremen, T: (0421) 702044

**Kammasch,** Gudrun; Dr. rer. nat., Prof.; di: Beuth Hochsch. f. Technik, Luxemburger Str. 10, 13353 Berlin, T: (030) 45042354, kammasch@beuth-hochschule.de

**Kammel,** Andreas; Dr., Prof.; *Personalwirtschaftslehre*; di: FH Schmalkalden, Fak. Wirtschaftswiss., Blechhammer, 98574 Schmalkalden, PF 100452, 98564 Schmalkalden, T: (03683) 6883116, a.kammel@fh-sm.de

**Kammerer,** Peter; Dr. rer. nat., Prof.; *Datenverarbeitung, Fernerkundung, Medientechnik*; di: Hochsch. München, Fak. Geoinformation, Karlstr. 6, 80333 München, T: (089) 12652634, F: 12652001, kammerer@fhm.edu

**Kammerl,** Alois; Dr., Prof.; *Betriebswirtschaftlehre*; di: HAW Hamburg, Fak. Technik u. Informatik, Berliner Tor 9, 20099 Hamburg, T: (040) 428757897, alois.kammerl@haw-hamburg.de

**Kammler,** Wolfgang; Dr.-Ing., Prof.; *Grundlagen d. Elektrotechnik u. Elektroenergietechnik*; di: Hochsch. Wismar, Fak. f. Ingenieurwiss., PF 1210, 23952 Wismar, T: (03841) 753447, w.kammler@et.hs-wismar.de

**Kammlott,** Christian; Dr., Prof.; *Betriebswirtschaftslehre, insb. Investition und Finanzierung, Rechnungswesen*; di: Hochsch. Trier, Umwelt-Campus Birkenfeld, FB Umweltwirtschaft/Umweltrecht, PF 1380, 55761 Birkenfeld, T: (06782) 171117, c.kammlott@umwelt-campus.de

**Kamp,** Roza Maria; Dr.-Ing., Prof.; *Analytische Biochemie*; di: Beuth Hochsch. f. Technik, FB V Life Science and Technology, Luxemburger Str. 10, 13353 Berlin, T: (030) 45043923, kamp@beuth-hochschule.de

**Kampe,** Gerhard; Dipl.-Des., Prof.; *Darstellungsmethoden, Angewandte Informatik*; di: Hochsch. Coburg, Fak. Design, Am Hofbräuhaus 1, 96450 Coburg, T: (09561) 317344, kampe@hs-coburg.de

**Kampe,** Jürgen; Dr.-Ing. habil., Prof.; *Mixed Signal, Optoelectronic Design*; di: FH Jena, FB Elektrotechnik u. Informationstechnik, Carl-Zeiss-Promenade 2, 07745 Jena, PF 100314, 07703 Jena, T: (03641) 205788, Juergen.Kampe@fh-jena.de

**Kampeis,** Percy; Dr.-Ing., Prof.; *Bioverfahrenstechnik, Bioaufbereitung*; di: Hochsch. Trier, Umwelt-Campus Birkenfeld, FB Umweltplanung/Umwelttechnik, PF 1380, 55761 Birkenfeld, T: (06782) 172013, p.kampeis@umwelt-campus.de

**Kampf,** Marcus; Dr.-Ing., Prof.; *Maschinenelemente, Konstruktion*; di: Beuth Hochsch. f. Technik, FB VIII Maschinenbau, Veranstaltungs- u. Verfahrenstechnik, Luxemburger Straße 10, 13353 Berlin, T: (030) 45042279, marcus.kampf@beuth-hochschule.de

**Kampmann,** Andreas; Dr.-Ing., Prof.; *Elektronische Systeme/CAE*; di: FH Köln, Fak. f. Informatik u. Ingenieurwiss., Am Sandberg 1, 51643 Gummersbach, T: (02261) 8196385, kampmann@gm.fh-koeln.de; pr: Cyrusweg 24, 51674 Wiehl, T: (02262) 751304

**Kampmann,** Helga; Dr., Prof.; *BWL, Controlling, Rechnungswesen, Risikomanagement*; di: SRH Hochsch. Berlin, Ernst-Reuter-Platz 10, 10587 Berlin

**Kampmann,** Jürgen; Dr. rer. nat., Prof.; *Mathematik, Computergrafik u. Animation*; di: Hochsch. Osnabrück, Fak. Ingenieurwiss. u. Informatik, Barbarastr. 16, 49076 Osnabrück, T: (0541) 9692099, F: 9692936, kampmann@edvsz.hs-osnabrueck.de; pr: Mozartstr. 3, 44575 Castrop-Rauxel, T: (02305) 15176

**Kampmann,** Klaus; Dr., Prof.; *Betriebswirtschaftslehre, insbes. Rechnungswesen und Finanzierung*; di: Westfäl. Hochsch., FB Wirtschaft, Neidenburger Str. 43, 45877 Gelsenkirchen, T: (0209) 9596613, klaus.kampmann@fh-gelsenkirchen.de

**Kampmann,** Ricarda; Dr., Prof.; *Volkswirtschaftslehre*; di: Westfäl. Hochsch., FB Wirtschaft, Neidenburger Str. 43, 45877 Gelsenkirchen, T: (0209) 9596614, ricarda.kampmann@fh-gelsenkirchen.de

**Kampmeier,** Anke S.; Dr., Prof.; *Sozialpädagogik, Arbeit mit Menschen mit Behinderungen*; di: Hochsch. Neubrandenburg, FB Soziale Arbeit, Bildung u. Erziehung, Brodaer Str. 2, 17033 Neubrandenburg, PF 110121, 17041 Neubrandenburg, T: (0395) 56935104, F: 56935999, kampmeier@hs-nb.de

**Kampowsky,** Winfried; Dr. rer. nat. habil., Prof.; *Numerische Mathematik u. Programmiertechnik, optimale Steuerung parabolischer Differentialgleichungen, Mathematische Modellierung, Simulation u. Optimierung elektrischer Schaltkreise*; di: FH Stralsund, FB Elektrotechnik u. Informatik, Zur Schwedenschanze 15, 18435 Stralsund, T: (03831) 456592, Winfried.Kampowsky@fh-stralsund.de; pr: Lomonossowallee 17, 17491 Greifswald

**Kampschulte,** Burkhard; Dr.-Ing., Prof.; *Elektrische Antriebe, Grundlagen der Elektrotechnik*; di: Techn. Hochsch. Mittelhessen, FB 11 Informationstechnik, Elektrotechnik, Mechatronik, Wilhelm-Leuschner-Str. 13, 61169 Friedberg, T: (06031) 604266

**Kampschulte,** Timon; Dr., Prof.; *Erneuerbare Energien*; di: HAW Hamburg, Fak. Life Sciences, Lohbrügger Kirchstr. 65, 21033 Hamburg, T: (040) 428756071, timon.kampschulte@haw-hamburg.de

**Kamsties,** Erik; Dr., Prof.; *Informatik*; di: FH Dortmund, FB Informatik, PF 105018, 44047 Dortmund, T: (0231) 7556816, F: 7556710, erik.kamsties@fh-dortmund.de

**Kanning,** Uwe P.; Dr., Prof.; *Wirtschaftspsychologie*; di: Hochsch. Osnabrück, Fak. Wirtschafts- u. Sozialwiss., Caprivistr. 30A, 49076 Osnabrück, PF 1940, 49009 Osnabrück, T: (0541) 9693890, kanning@wi.hs-osnabrueck.de

**Kantara,** John A.; Prof.; *Journalismus*; di: DEKRA Hochsch. Berlin, Ehrenbergstr. 11-14, 10245 Berlin, T: (030) 290080213, john.kantara@dekra.com; Gebauer Höfe, Franklinstr. 12, 10587 Berlin, T: (030) 32591561, john@kantara.de

**Kantel,** Heinz-Dieter; Dr. phil., Prof.; *Politikwissenschaft, Sozialpolitik, soziale Sicherung, Sozialversicherung u. politische Ökonomie*; di: FH Münster, FB Sozialwesen, Robert-Koch-Straße 30, 48149 Münster, T: (0251) 8365813, F: 8365702, kantel@fh-muenster.de

**Kantlehner,** Willi; Dr. rer. nat. habil., Prof. HTW Aalen, HDoz. U Stuttgart; *Organische Chemie*; di: Hochsch. Aalen, Fak. Chemie, Beethovenstr. 1, 73430 Aalen, T: (07361) 5762152, F: 5762250, willi.kantlehner@htw-aalen.de; pr: Laachweg 14, 73434 Aalen, T: (07361) 6766

**Kanz,** Robert; Dr.-Ing., Prof.; *Baustatik, Technische Mechanik*; di: Hochsch. Rhein/Main, FB Architektur u. Bauingenieurwesen, Kurt-Schumacher-Ring 18, 65197 Wiesbaden, T: (0611) 94951455, robert.kanz@hs-rm.de; pr: Klein-Winternheimer-Weg 28, 55129 Mainz, T: (06131) 593950, F: 555602

**Kapels,** Holger; Dr.-Ing., Prof.; *Informations- und Elektrotechnik*; di: HAW Hamburg, Fak. Technik u. Informatik, Berliner Tor 7, 20099 Hamburg, T: (040) 428758160, holger.kapels@haw-hamburg.de

**Kapfer,** Georg; Dr.-Ing., Prof.; *Betriebswirtschaft, Lebensmittelwirtschaft, Lebensmitteltechnologie*; di: Hochsch. Trier, FB BLV, PF 1826, 54208 Trier, T: (0651) 8103352, G.Kapfer@hochschule-trier.de

**Kapischke,** Jörg; Dipl.-Ing., Dr.-Ing., Prof.; *Technische Mechanik, Thermodynamik*; di: Hochsch. Ansbach, FB Ingenieurwissenschaften, Residenzstr. 8, 91522 Ansbach, PF 1963, 91510 Ansbach, T: (0981) 4877310, joerg.kapischke@fh-ansbach.de

**Kapp,** Helmut; Dr.-Ing., Prof.; *Siedlungswasserwirtschaft, Wasserversorgung, Abwassertechnik, Meß- u. Verfahrenstechnik, Ökologie*; di: Hochsch. Biberach, SG Bauingenieurwesen, PF 1260, 88382 Biberach/Riß, T: (07351) 582303, F: 582119, kapp@hochschule-bc.de

**Kappei,** Christine; Prof.; *Bauorganisation, Projektmanagement*; di: Hochsch. f. Technik, Fak. Architektur u. Gestaltung, Schellingstr. 24, 70174 Stuttgart, PF 101452, 70013 Stuttgart, T: (0711) 89262818, christine.kappei@hft-stuttgart.de

**Kappeler,** Franz; Dr.-Ing., Prof.; *Übertragungstechnik, Optische Nachrichtentechnik*; di: Hochsch. München, Fak. Elektrotechnik u. Informationstechnik, Lothstr. 64, 80335 München

**Kappelmann,** Karl-Heinz; Dr. sc. agr., Prof.; *Agrar- und Umweltökonomie, Agrarpolitik*; di: Hochsch. f. Wirtschaft u. Umwelt Nürtingen-Geislingen, PF 1349, 72603 Nürtingen, T: (07022) 201319, karl-heinz.kappelmann@hfwu.de

**Kappen,** Friedrich Wilhelm; Dr.-Ing., Prof.; *Hochfrequenztechnik, Elektrotechnik*; di: Beuth Hochsch. f. Technik, FB VII Elektrotechnik – Mechatronik – Optometrie, Luxemburger Str. 10, 13353 Berlin, T: (030) 45042344, kappen@beuth-hochschule.de

**Kappen,** Nikolaus; Dr.-Ing., Prof.; *Programmiersprachen, Embedded Systems*; di: Hochsch. Esslingen, Fak. Informationstechnik, Flandernstr. 101, 73732 Esslingen, T: (0711) 3974222; pr: Paradiesweg 5/1, 73733 Esslingen, T: (0711) 326677

**Kappert,** Michael; Dr.-Ing., Prof., Dekan FB Versorgungstechnik; *Steuerungs- und Regelungstechnik, Regenerative Energien*; di: FH Erfurt, FB Versorgungstechnik, Altonaer Str. 25, 99085 Erfurt, PF 101363, 99013 Erfurt, T: (0361) 6700358, F: 6700424, kappert@fh-erfurt.de

**Kappes,** Martin; Dr., Prof.; *Informatik, insbesondere Rechnernetze und Betriebssysteme*; di: FH Frankfurt, FB 2 Informatik u. Ingenieurwiss., Nibelungenplatz 1, 60318 Frankfurt am Main, T: (069) 15332791, kappes@fb2.fh-frankfurt.de

**Kappler,** Heinz; Dr.-Ing., Prof.; *Massivbau und Baustatik*; di: FH Aachen, FB Bauingenieurwesen, Bayernallee 9, 52066 Aachen, T: (0241) 600951130, kappler@fh-aachen.de; pr: Kroitzheider Weg 74, 52076 Aachen, T: (02408) 4734

**Kaps,** Rolf Ulrich; Dr., Prof.; *Marketing u. Marktforschung, Organisation*; di: Hochsch. Aschaffenburg, Fak. Wirtschaft u. Recht, Würzburger Str. 45, 63743 Aschaffenburg, T: (06021) 314705, rolf-ulrich.kaps@fh-aschaffenburg.de

**Kapustin-Lauffer,** Tatjana; Dr. phil., Prof.; *Sportpädagogik*; di: FH f. angewandtes Management, Am Bahnhof 2, 85435 Erding, T: (08122) 9559480, tatjana-kapustin-lauffer@myfham.de

**Karaali,** Cihat; Dr., Prof.; *Regelungstechnik und Antriebstechnik*; di: FH Jena, FB SciTec, Carl-Zeiss-Promenade 2, 07745 Jena, PF 100314, 07703 Jena

**Karabek,** Ute; Dr., Prof.; *Statistik*; di: Jade Hochsch., FB Management, Information, Technologie, Friedrich-Paffrath-Str. 101, 26389 Wilhelmshaven, T: (04421) 9852747, ute.karabek@jade-hs.de

**Karakayali,** Juliane; Dr. phil., Prof.; *Soziologie*; di: Ev. Hochsch. Berlin, Prof. f. Soziologie, PF 370255, 14132 Berlin, T: (030) 84582219, karakayali@eh-berlin.de

**Karanikas,** Konstantin; Dr., Prof.; *Physiotherapie*; di: Hochschule für angewandte Wissenschaften Bamberg, Pödeldorfer Str. 81, 96052 Bamberg, k.karanikas@hochschule-bamberg.de

**Karbach,** Alfred; Dr. rer. nat., Prof., Dekan FB 03 FH Gießen-Friedberg; *Mess-, Regelungs- und Steuerungstechnik, Automationssysteme, Elektrische Energietechnik*; di: Techn. Hochsch. Mittelhessen, FB 03 Maschinenbau u. Energietechnik, Wiesenstr. 14, 35390 Gießen, T: (0641) 3092149; pr: Lottestr. 33, 35625 Hüttenberg-Volpertshausen, T: (06441) 75952

**Karbach,** Rolf; Dr. rer. pol., Prof.; *Unternehmensführung/Ltr. BW-Planspiele*; di: Westsächs. Hochsch. Zwickau, FB Wirtschaftswiss., Scheffelstr. 39, 08056 Zwickau, Rolf.Karbach@fh-zwickau.de

**Karbe,** Roger; Dipl.-Ing., Prof.; *Sanierungstechnologie, Entwerfen, Konstruktion*; di: Hochsch. Coburg, Fak. Design, PF 1652, 96406 Coburg, T: (09561) 32925248, karbe@hs-coburg.de

**Karczewski,** Stephan; Dr. rer. nat., Prof.; *Betriebsinformatik, Datenbanken, Grundlagen der Informatik*; di: Hochsch. Darmstadt, FB Informatik, Haardtring 100, 64295 Darmstadt, T: (06151) 168412, s.karczewski@fbi.h-da.de

**Kardinar,** Alexandra; Dipl.-Des., Prof.; *Illustration, Zeichnen*; di: Georg-Simon-Ohm-Hochsch. Nürnberg, Fak. Design, Wassertorstr. 10, 90489 Nürnberg, PF 210320, 90121 Nürnberg

**Karduck,** Achim; M. Sc., Dr., Prof.; *Anwendungsarchitekturen, Netzwerke, e-Business*; di: Hochsch. Furtwangen, Fak. Informatik, Robert-Gerwig-Platz 1, 78120 Furtwangen, T: (07723) 9202429, F: 9201109, Achim.Karduck@hs-furtwangen.de

**Karg,** Christoph; Dr., Prof.; *Automatentheorie, Grundlagen d. Informatik, Algorithmen u. Datenstrukturen, Angewandte Kryptographie*; di: Hochsch. Aalen, Fak. Elektronik u. Informatik, Beethovenstr. 1, 73430 Aalen, T: (07361) 5764205, christoph.karg@htw-aalen.de

**Karg,** Helmut; Prof.; *Umsatzsteuer, Verfahrensrecht*; di: H f. öffentl. Verwaltung u. Finanzen Ludwigsburg, Fak. Steuer- u. Wirtschaftsrecht, Reuteallee 36, 71634 Ludwigsburg, T: (07141) 140490, F: 140544

**Karger,** Michael; Dr. rer. nat., Prof.; *Experimentalphysik, Maschinenakustik*; di: FH Bielefeld, FB Ingenieurwiss. u. Mathematik, Wilhelm-Bertelsmann-Str. 10, 33602 Bielefeld, T: (0521) 1067289, F: 1067150, michael.karger@fh-bielefeld.de; pr: Manchesterstr. 7, 33604 Bielefeld, T: (0521) 2399285

**Karger,** Rosemarie; Dr.-Ing., Prof., Vizepräsidentin; *Wasser- und Abwassertechnik, Sanitärtechnik*; di: Ostfalia Hochsch., Fak. Versorgungstechnik, Salzdahlumer Str. 46/48, 38302 Wolfenbüttel, T: (05331) 9394115, R.Karger@ostfalia.de

**Karges,** Rosemarie; Dipl.-Päd., Dr. phil., Prof.; *Sozialarbeit*; di: Kath. Hochsch. f. Sozialwesen Berlin, Köpenicker Allee 39-57, 10318 Berlin, T: (030) 50101020, karges@khsb-berlin.de

**Karim,** Ahmed A.; Dr. rer. nat., Prof.; *Klinische Psychologie, Neurorehabilitation und Methodenlehre*; di: FH Arnstadt-Balingen, Außenstelle Balingen, Wiesfleckenstr. 34, 72336 Balingen

**Kark,** Klaus Werner; Dr.-Ing., Prof.; *Hochfrequenztechnik, Nachrichtentechnische Systeme, Elektrotechnik, Mathematik*; di: Hochsch. Ravensburg-Weingarten, Doggenriedstr., 88250 Weingarten, PF 1261, 88241 Weingarten, T: (0751) 5019616, F: 5019876, kark@hs-weingarten.de; pr: T: (07564) 4404

**Karl,** Bernhard; Dipl.-Ing., Prof.; *Baubetrieb, Bahnbau, Vermessungskunde*; di: Hochsch. Regensburg, Fak. Bauingenieurwesen, PF 120327, 93025 Regensburg, T: (0941) 9431350, -1214, bernhard.karl@bau.fh-regensburg.de

**Karl,** Hubert; Dr.-Ing., Prof.; *Elektrische Messtechnik, Regelungstechnik, Numerische Methoden*; di: Georg-Simon-Ohm-Hochsch. Nürnberg, Fak. Elektrotechnik Feinwerktechnik Informationstechnik, Wassertorstr. 10, 90489 Nürnberg, PF 210320, 90121 Nürnberg

**Karle,** Anton; Dipl.-Ing., Prof.; *Regelungstechnik, Werkstofftechnik, Projektmanagement*; di: Hochsch. Furtwangen, Fak. Product Engineering/Wirtschaftsingenieurwesen, Robert-Gerwig-Platz 1, 78120 Furtwangen, T: (07723) 9202190, F: 9202618, karle@hs-furtwangen.de

**Karlinger,** Peter; Prof.; *Spritzgießen, Pressen, Rheologie, Fließsimulation, Werkzeugbau*; di: Hochsch. Rosenheim, Fak. Ingenieurwiss., Hochschulstr. 1, 83024 Rosenheim, T: (08031) 805631

**Karlshaus,** Anja; Dr., Prof.; *Business Operations und Human Resource Management*; di: Cologne Business School, Hardefuststr. 1, 50667 Köln, T: (0221) 93180943, a.karlshaus@cbs-edu.de

**Karnowsky,** Wolfgang; Dr., Prof.; *Recht, insb. Strafrecht, Kriminologie, Sozialrecht*; di: FH Dortmund, FB Angewandte Sozialwiss., Emil-Figge-Str. 44, 44227 Dortmund, T: (0231) 7554900, F: 7554911, karnowsky@fh-dortmund.de; pr: Am Flinsbach 33, 44229 Dortmund

**Karnutsch,** Christian; Dr.-Ing., Prof.; *Optofluidik, Nanophotonik, Nanostrukturierung, Plasmonik, Optoelektronische Sensorik, Physik*; di: Hochsch. Karlsruhe, Fak. f. Elektro- u. Informationstechnik, Moltkestr. 30, 76133 Karlsruhe, T: (0721) 9251352, Christian.Karnutsch@hs-karlsruhe.de

**Karpe,** Jan; Dr. rer. pol., Prof.; di: FH Köln, Fak. f. Informatik u. Ingenieurwiss., Am Sandberg 1, 51643 Gummersbach, T: (02261) 8196288, karpe@gm.fh-koeln.de

**Karrasch,** Günter; Dr.-Ing., Prof.; *Digitale Kommunikationstechnik, Grundgebiete der Elektrotechnik*; di: TFH Georg Agricola Bochum, WB Elektro- u. Informationstechnik, Herner Str. 45, 44787 Bochum, T: (0234) 9683244, F: 9683346, karrasch@tfh-bochum.de; pr: Rotthauser Str. 33b, 45309 Essen, T: (0201) 550937

**Karrenbrock,** Jochen; Dipl.-Ing., Prof.; *Baukonstruktion für Architekten*; di: FH Aachen, FB Architektur, Bayernallee 9, 52066 Aachen, T: (0241) 60091131, karrenbrock@fh-aachen.de; pr: Trevererstr. 49, 52074 Aachen, T: (0241) 84660

**Karsch,** Stefan; Dr. rer. nat., Prof.; *Datensicherheit, Informatik*; di: FH Köln, Fak. f. Informatik u. Ingenieurwiss., Am Sandberg 1, 51643 Gummersbach, T: (02261) 8196472, karsch@gm.fh-koeln.de

**Karstadt,** Michael; Dr.-Ing., Prof.; *Straßenwesen u. Baustoffkunde*; di: Hochsch. Wismar, Fak. f. Ingenieurwiss., PF 1210, 23952 Wismar, T: (03841) 753622, m.karstadt@bau.hs-wismar.de

**Karutz,** Harald; Dr. phil., Prof.; *Rescue Management*; di: MSH Medical School Hamburg, Am Kaiserkai 1, 20457 Hamburg, T: (040) 36122640, Harald.Karutz@medicalschool-hamburg.de

**Karutz,** Maja; Dr.-Ing., Prof.; *Bauphysik, Baukonstruktion*; di: Hochschule Ruhr West, Institut Bauingenieurwesen, PF 100755, 45407 Mülheim an der Ruhr, T: (0208) 88254459, maja.karutz@hs-ruhrwest.de

**Karwatzky,** Bernd; Dr.-Ing., Prof.; *Verkehrsbau*; di: HTWK Leipzig, FB Bauwesen, PF 301166, 04251 Leipzig, T: (0341) 30766232, karwatzky@fbb.htwk-leipzig.de

**Karweina,** Dieter; Dr.-Ing., Prof.; *Regelungstechnik, Theoretische Elektrotechnik*; di: FH Südwestfalen, FB Elektrotechnik u. Informationstechnik, Haldener Str. 182, 58095 Hagen, T: (02331) 9872099, F: 9874031, Karweina@fh-swf.de

**Karzel,** Rüdiger; Dipl.-Ing., Prof.; *Konstruieren, Entwerfen und Gebäudelehre*; di: FH Köln, Fak. f. Architektur, Betzdorfer Str. 2, 50679 Köln, ruediger.karzel@fh-koeln.de

**Kasch,** Kay-Uwe; Dr., Prof.; *Strahlenphysik*; di: Beuth Hochsch. f. Technik, FB II Mathematik – Physik – Chemie, Luxemburger Straße 10, 13353 Berlin, T: (030) 45042395, kasch@beuth-hochschule.de

**Kaschny,** Martin; Dr. rer. pol., Prof.; *Management von Unternehmungsgründung und Unternehmensnachfolge*; di: H Koblenz, FB Wirtschaftswissenschaften, Konrad-Zuse-Str. 1, 56075 Koblenz, T: (0261) 9528188, kaschny@hs-koblenz.de

**Kaschuba,** Reinhard; Dr.-Ing., Prof.; *Methoden der Produktentwicklung*; di: FH Bielefeld, FB Ingenieurwiss. u. Mathematik, Am Stadtholz 24, 33609 Bielefeld, T: (0521) 1067513, reinhard.kaschuba@fh-bielefeld.de; pr: Ludwig-Beck-Str. 19, 33615 Bielefeld, T: (0521) 772229, (0177) 6816511

**Kashtanova,** Elena; Dr., Prof.; *Agribusiness*; di: Hochsch. Anhalt, FB 1 Landwirtschaft, Ökotrophologie, Landespflege, Strenzfelder Allee 28, 06406 Bernburg, T: (03471) 3551231, kashtanova@loel.hs-anhalt.de

**Kasikci,** Ismail; Dr.-Ing., Prof.; *Elektrotechnik*; di: Hochsch. Biberach, SG Gebäudeklimatik, PF 1260, 88382 Biberach/Riß, T: (07351) 582251, F: 582299, kasikci@hochschule-bc.de

**Kaspar,** Friedbert; Dr., Prof.; *Netzprogrammierung und Internettechnologie*; di: Hochsch. Furtwangen, Fak. Informatik, Robert-Gerwig-Platz 1, 78120 Furtwangen, T: (07723) 9202415, F: 9201109, Friedbert.Kaspar@hs-furtwangen.de

**Kasper,** Klaus; Dr., Prof.; *Modellbildung uns Simulation*; di: Hochsch. Darmstadt, FB Informatik, Haardtring 100, 64295 Darmstadt, T: (06071) 168414, k.kasper@fbi.h-da.de; pr: Anton-Burger-Weg 94, 60599 Frankfurt/Main, T: (069) 68601339

**Kasprik,** Rainald; Dr., Prof.; *Marktorientierte Unternehmensführung u Unternehmenssteuerung (Marketing-Controlling), Strategisches Controlling, Quantitative Methoden*; di: Hochsch. Heilbronn, Fak. f. Technik u. Wirtschaft, Max-Planck-Str. 39, 74081 Heilbronn, T: (07940) 13061146, F: 130661206, kasprik@hs-heilbronn.de

**Kasprusch,** Frank; Prof.; *Konstruieren und Entwerfen*; di: Hochsch. Trier, FB Gestaltung, PF 1826, 54208 Trier, T: (0651) 8103461, F.Kasprusch@hochschule-trier.de

**Kassel,** Stephan; Dr.-Ing., Prof.; *Wirtschaftsinformatik*; di: Westsächs. Hochsch. Zwickau, FB Wirtschaftswiss., Scheffelstr. 39, 08056 Zwickau, Stephan.Kassel@fh-zwickau.de

**Kastell,** Kira; Dr.-Ing., Prof.; *Mobilkommunikation*; di: FH Frankfurt, FB 2 Informatik u. Ingenieurwiss., Nibelungenplatz 1, 60318 Frankfurt am Main, T: (069) 15332214, kastell@fb2.fh-frankfurt.de

**Kastirke,** Nicole; Dr., Prof.; *Erziehungswissenschaft*; di: FH Dortmund, FB Angewandte Sozialwiss., PF 105018, 44047 Dortmund, T: (0231) 7554919, nicole.kastirke@fh-dortmund.de

**Kastner,** Berthold; Dr., Prof.; *Staats- und Verfassungsrecht*; di: Hochsch. f. Polizei Villingen-Schwenningen, Sturmbühlstr. 250, 78054 Villingen-Schwenningen, T: (07720) 309512, BertholdKastner@fhpol-vs.de

**Kastner,** Günther; Dr.-Ing., Prof.; *Elektrotechnik, Regelungstechnik, Elektrische Maschinen, Elektr. Antriebe und Steuerungen*; di: Hochsch. Ravensburg-Weingarten, Doggenriedstr., 88250 Weingarten, PF 1261, 88241 Weingarten, T: (0751) 5019580, F: 5019876, kastner@hs-weingarten.de; pr: Grüntenstr. 5, 88289 Waldburg, T: (07529) 7187

**Kastner,** Marc; Dr. rer. pol., Prof.; *Entscheidungsanalyse, Operations Research, Industriemanagement, Statistik*; di: Europäische FH Brühl, Kaiserstr. 6, 50321 Brühl, T: (02232) 5673610, m.kastner@eufh.de

**Kastor,** Michael; Dr., Prof.; *Industrie*; di: DHBW Mannheim, Fak. Wirtschaft, Käfertaler Str. 258, 68167 Mannheim, T: (0621) 41052538, F: 41052428, michael.kastor@dhbw-mannheim.de

**Kastorff-Viehmann,** Renate; Dr.-Ing., Prof.; *Bau-, Technik- und Stadtbaugeschichte*; di: FH Dortmund, FB Architektur, PF 105018, 44047 Dortmund, T: (0231) 7554443, F: 7554466, kasto@fh-dortmund.de

**Kater,** Gerhard; Dr., Prof.; *Lebensmitteltechnologie*; di: Hochsch. Anhalt, FB 7 Angew. Biowiss. u. Prozesstechnik, PF 1458, 06354 Köthen, T: (03496) 672536, gerhard.kater@bwp.hs-anhalt.de

**Katheder,** Willi; Dr.-Ing., Prof.; *Technische Mechanik, Maschinendynamik, Finite Elemente*; di: Hochsch. Amberg-Weiden, FB Maschinenbau u. Umwelttechnik, Kaiser-Wilhelm-Ring 23, 92224 Amberg, T: (09621) 482150, F: 482145, w.katheder@fh-amberg-weiden.de

**Kato,** Akiko; Dr. rer.nat., Prof.; *Angewandte Mathematik*; di: Hochschule Ruhr West, Institut Naturwissenschaften, PF 100755, 45407 Mülheim an der Ruhr, T: (0208) 88254429, akiko.kato@hs-ruhrwest.de

**Katona,** Antje; MSc., Prof.; *Maschinenbau*; di: DHBW Stuttgart, Campus Horb, Florianstr. 15, 72160 Horb am Neckar, T: (07451) 521238, F: 521139, a.katona@hb.dhbw-stuttgart.de

**Kattenbusch,** Markus; Dr.-Ing., Prof.; *Baubetrieb, Bauwirtschaftslehre*; di: Hochsch. Bochum, FB Bauingenieurwesen, Lennershofstr. 140, 44801 Bochum, T: (0234) 3210242, markus.kattenbusch@hs-bochum.de

**Kattler,** Thomas; Dr. rer. oec., Prof.; *Dienstleistungsmanagement, Betriebliche Informationssysteme, Marketing*; di: Hochsch. Kempten, Fak. Maschinenbau, PF 1680, 87406 Kempten, T: (0831) 2523243, thomas.kattler@fh-kempten.de

**Katz,** Hartmut; Dr.-Ing., Prof.; *Technische Mechanik, Datenverarbeitung, Technologiemanagement*; di: Hochsch. Furtwangen, Fak. Product Engineering/Wirtschaftsingenieurwesen, Robert-Gerwig-Platz 1, 78120 Furtwangen, T: (07723) 9202195, F: 9201869, katz@hs-furtwangen.de

**Katz,** Marianne; Dr. rer. nat., Prof.; *Angewandte Informatik*; di: Hochsch. Karlsruhe, Fak. Elektro- u. Informationstechnik, Moltkestr. 30, 76133 Karlsruhe, PF 2440, 76012 Karlsruhe, T: (0721) 9251745

**Kauer,** Gerhard; Dr. rer. nat., Prof.; *Bioinformatik, Mikroskopie*; di: Hochsch. Emden/Leer, FB Technik, Constantiaplatz 4, 26723 Emden, T: (04921) 8071585, kauer@hs-emden-leer.de

**Kauer,** Randolf; Dr. agr., Prof.; *Botanik/Ökologischer Weinbau*; di: Hochsch. Geisenheim, Zentrum Wein- u. Gartenbau, Von-Lade-Str. 1, 65366 Geisenheim, T: (06722) 502727, F: 502710, Randolf.Kauer@hs-gm.de; pr: Mainzer Str. 21, 55422 Bacharach, T: (06743) 2272, Weingut-Dr.Kauer@t-online.de

**Kauf,** Florian; Dr.-Ing., Prof.; *Prozessengineering*; di: Hochsch. Aalen, Fak. Wirtschaftswissenschaften, Beethovenstr. 1, 73430 Aalen, T: (07361) 5762486, Florian.Kauf@htw-aalen.de

**Kaufeld,** Michael; Dr.-Ing., Prof.; *Fertigungstechnik*; di: Hochsch. Ulm, Fak. Mechatronik u. Medizintechnik, PF 3860, 89028 Ulm, T: (0731) 5028182, kaufeld@hs-ulm.de

**Kauffeld,** Michael; Dr.-Ing., Prof.; *Thermodynamik, Klimatechnik, Wärmeübertragung*; di: Hochsch. Karlsruhe, Fak. Maschinenbau u. Mechatronik, Moltkestr. 30, 76133 Karlsruhe, PF 2440, 76012 Karlsruhe, T: (0721) 9251843, michael.kauffeld@hs-karlsruhe.de

**Kauffmann,** Axel; Dr., Prof.; di: DHBW Karlsruhe, Fak. Technik, Erzbergerstr. 121, 76133 Karlsruhe, T: (0721) 9735836

**Kaufmann,** Achim H.; Dipl.-Wirtsch.-Inf., Dr. rer. pol. habil., Prof.; *Wirtschaftsinformatik, Systemanalyse*; di: Techn. Hochsch. Mittelhessen, FB 13 Mathematik, Naturwiss. u. Datenverarbeitung, Wiesenstr. 14, 35390 Gießen, T: (0641) 3092332; pr: Stresemannstr. 35, 35510 Butzbach, T: (06033) 920666

**Kaufmann,** André; Dr.-Ing., Prof.; *Strömungslehre, Steuerungen, Thermodynamik*; di: Hochsch. Ravensburg-Weingarten, Doggenriedstr., 88250 Weingarten, PF 1261, 88241 Weingarten, T: (0751) 5019571, F: 5019876, andre.kaufmann@hs-weingarten.de

**Kaufmann,** Karl; Dr., Prof.; *Physik*; di: FH Düsseldorf, FB 3 – Elektrotechnik, Josef-Gockeln-Str. 9, 40474 Düsseldorf, T: (0211) 4351342, F: 4351382, karl.kaufmann@fh-duesseldorf.de; pr: Dauner Str. 32, 47259 Duisburg, T: (0203) 750216

**Kaufmann,** Michael; Dr., Prof.; *Angewandte BWL*; di: FH Mainz, FB Wirtschaft, Lucy-Hillebrand-Str. 2, 55128 Mainz, PF 230060, 55051 Mainz, T: (06131) 6283282, michael.kaufmann@wiwi.fh-mainz.de

**Kaufmann,** Noogie C.; Dr.-Ing., Prof.; *Informationsrecht*; di: FH Münster, FB Elektrotechnik u. Informatik, Stegerwaldstr. 39, 48565 Steinfurt, T: (02551) 962199, F: 962710, noogie.kaufmann@fh-muenster.de

**Kaufmann,** Peter; Dr. rer. nat., Dr. agr. habil., Prof. H Anhalt (FH); *Operations Research, Simulation*; di: Hochsch. Anhalt, FB 1 Landwirtschaft, Ökotrophologie u. Landschaftsentwicklung, Strenzfelder Allee 28, 06406 Bernburg, T: (03471) 3551146, F: 352067; pr: Breite Str. 23, 06406 Bernburg, T: (03471) 352481

**Kauhsen,** Bruno; Dr.-Ing., Prof.; *Städtebau, Entwerfen*; di: Jade Hochsch., FB Bauwesen u. Geoinformation, Ofener Str. 16-19, 26121 Oldenburg, T: (0441) 77083232, F: 77083136; pr: Brüningstr. 36, 21614 Buxtehude, T: (04161) 651575

**Kauke,** Gerhard Karl; Dr.-Ing., Prof.; *Strömungsmaschinen, Kraftwerksanlagen, Hydraulik und Hydraulische Maschinen*; di: Hochsch. Regensburg, Fak. Maschinenbau, PF 120327, 93025 Regensburg, T: (0941) 9435158, gerhard.kauke@maschinenbau.fh-regensburg.de

**Kaul,** Manfred; Dr., Prof.; *Systementwicklung, Datenbanksysteme*; di: Hochsch. Bonn-Rhein-Sieg, FB Angewandte Informatik, Grantham-Allee 20, 53757 Sankt Augustin, 53754 Sankt Augustin, T: (02241) 865210, F: 8658210, manfred.kaul@fh-bonn-rhein-sieg.de

**Kaul,** Michael; Dr., Prof.; *BWL*; di: H Koblenz, FB Wirtschaftswissenschaften, Konrad-Zuse-Str. 1, 56075 Koblenz, T: (0261) 9528180, kaul@hs-koblenz.de

**Kaul,** Michael; Dr. rer. nat., Prof.; *Produktionsautomatisierung*; di: Hochsch. Ulm, Fak. Produktionstechnik u. Produktionswirtschaft, PF 3860, 89028 Ulm, T: (0731) 5028095, kaul@hs-ulm.de

**Kaul,** Oliver; Dr., Prof.; *International Business & Management*; di: FH Mainz, FB Wirtschaft, Lucy-Hillebrand-Str. 2, 55128 Mainz, PF 230060, 55051 Mainz, T: (06131) 628185, oliver.kaul@wiwi.fh-mainz.de

**Kaul,** Peter; Dr. rer. nat., Prof.; *Physik, Mess-, Steuer- u. Regelungstechnik*; di: Hochsch. Bonn-Rhein-Sieg, FB Angewandte Naturwissenschaften, von-Liebig-Str. 20, 53359 Rheinbach, T: (02241) 865515, F: 8658515, peter.kaul@fh-bonn-rhein-sieg.de

**Kaune,** Axel; Dr., Prof.; *BWL, SP Unternehmensführung/Organisation/Personal*; di: Hochsch. Harz, FB Wirtschaftswiss., Friedrichstr. 57-59, 38855 Wernigerode, T: (03943) 659211, F: 659109, akaune@hs-harz.de

**Kaus,** Rüdiger; Dr. rer. nat., Prof.; *Physikalische Chemie und Grundlagen der Mathematik*; di: Hochsch. Niederrhein, FB Chemie, Frankenring 20, 47798 Krefeld, T: (02151) 8224076

**Kausch,** Ellen; Dr., Prof.; *Ingenieurbiologie*; di: Hochsch. Anhalt, FB 1 Landwirtschaft, Ökotrophologie, Landespflege, Strenzfelder Allee 28, 06406 Bernburg, T: (03471) 3551147, kausch@loel.hs-anhalt.de

**Kausch,** Michael; Dr., Prof.; *BWL, SP Unternehmensführung/Organisation*; di: Hochsch. Harz, FB Wirtschaftswiss., Friedrichstr. 57-59, 38855 Wernigerode, T: (03943) 659226, F: 659109, mkausch@hs-harz.de

**Kausen,** Ernst; Dipl.-Math., Dr. rer. nat., Prof.; *Mathematik, Theoret. Informatik*; di: Techn. Hochsch. Mittelhessen, FB 13 Mathematik, Naturwiss. u. Datenverarbeitung, Wiesenstr. 14, 35390 Gießen, T: (0641) 3092312

**Kaußen,** Franz; Dr. rer. nat., Prof., Dekan; *Experimentalphysik*; di: Hochsch. Ostwestfalen-Lippe, FB 4, Life Science Technologies, Liebigstr. 87, 32657 Lemgo, T: (05231) 769241, F: 769222; pr: Krumme Str. 17, 32657 Lemgo, T: (05261) 87554

**Kautz,** Wolf-Eckhard; Dr. oec. habil., Prof., Dekan Fb Wirtschaft; *BWL, Existenzgründungen*; di: Hamburger Fern-Hochsch., FB Wirtschaft, Alter Teichweg 19, 22081 Hamburg, T: (040) 35094350, F: 35094335, wolf-eckhard.kautz@hamburger-fh.de

**Kavemann,** Barbara; Sozialpäd., Dr. phil., HonProf.; *Handlungslehre der Sozialen Arbeit*; di: Kath. Hochsch. f. Sozialwesen Berlin, Köpenicker Allee 39-57, 10318 Berlin

**Kawalek,** Jürgen; Dr. phil., Prof.; *Multimediapsychologie*; di: Hochsch. Zittau/Görlitz, Fak. Sozialwiss., PF 300648, 02811 Görlitz, T: (03581) 4828283, j.kawalek@hs-zigr.de

**Kawamura,** Kazuhisa; Dipl.-Ing., Prof.; *Grundlagen der Gestaltung, Darstellende Geometrie, Entwurf*; di: FH Mainz, FB Technik, Holzstr. 36, 55116 Mainz, T: (06131) 2859233

**Kawamura-Reindl,** Gabriele; Dipl.-Sozialarb., Dipl.-Kriminologin, Prof.; *Soziale Arbeit, Kriminologie*; di: Georg-Simon-Ohm-Hochsch. Nürnberg, Fak. Sozialwiss., Bahnhofstr. 87, 90402 Nürnberg, PF 210320, 90121 Nürnberg

**Kay Berkling,** Margarethe; PhD, Prof.; *Speech Recognition and Synthesis, Gamification, Project Management Tools for Software Engineers, Algorithms, Language Learning*; di: DHBW Karlsruhe, Fak. Technik, Erzbergerstr. 121, 76133 Karlsruhe, T: (0721) 9735864, berkling@no-spam.dhbw-karlsruhe.de

**Kayser,** Bernhard; Prof.; *Kultur und Medien, Medienpädagogik*; di: FH Frankfurt, FB 4 Soziale Arbeit u. Gesundheit, Nibelungenplatz 1, 60318 Frankfurt am Main, T: (069) 15332690, kayser@fb4.fh-frankfurt.de

**Kayser,** Karl-Heinz; Dr.-Ing., Prof.; *Kommunikationssysteme, Steuerungstechnik*; di: Hochsch. Esslingen, Fak. Graduate School, Fak. Mechatronik u. Elektrotechnik, Robert-Bosch-Str. 1, 73037 Göppingen, T: (07161) 6971198

**Kazi,** Arif; Dr., Prof.; *Dynamik mechatronischer Systeme, Gleichstrommotoren, Elektrodynamische u. elektromagnetische Aktoren*; di: Hochsch. Aalen, Fak. Optik u. Mechatronik, Beethovenstr. 1, 73430 Aalen, T: (07361) 5763361, Arif.Kazi@htw-aalen.de

**Kazmierski,** Ulrich; Dr. rer. pol., Dr. habil., Prof.; *Wirtschaftswissenschaften, Volkswirtschaftspolitik*; di: Hochsch. Harz, FB Verwaltungswiss., Domplatz 16, 38820 Halberstadt, T: (03941) 622408, F: 622500, ukazmierski@hs-harz.de; pr: Reitbreite 15, 31789 Hameln, T: (05151) 67213

**Kearney,** Eric; Dr., Prof.; *Organizational Behavior & Human Resource Management*; di: GISMA Business School, Goethestr. 18, 30169 Hannover, T: (0511) 5460964, F: 5460954, ekearney@gisma.com

**Kech,** Gerhard; Dr., Prof.; *Wildökologie und Jagdwirtschaft*; di: Hochsch. f. Forstwirtschaft Rottenburg, Schadenweilerhof, 72108 Rottenburg, T: (07472) 951247, F: 951200, Kech@fh-rottenburg.de

**Keck,** Werner; Dr., Prof.; *Politische u. ökonomische Grundlagen d. Sozialen Arbeit*; di: Kath. Hochsch. f. Sozialwesen Berlin, Köpenicker Allee 39-57, 10318 Berlin, T: (030) 50101057, keck@khsb-berlin.de

**Keck,** Wolfgang; Dr.-Ing., Prof.; *Sensorik, Meß- u. Bilddatenverarbeitung*; di: Hochsch. Ulm, Fak. Fakultät Mechatronik u. Medizintechnik, PF 3860, 89028 Ulm, T: (0731) 5028600, keck@hs-ulm.de

**Keemss,** Thomas; Prof.; *Musiktherapie*; di: Hochsch. Heidelberg, Fak. f. Therapiewiss., Maaßstr. 26, 69123 Heidelberg, T: (06221) 884153, F: 884152, thomas.keemss@fh-heidelberg.de

**Kees,** Alexandra; Dr.-Ing., Prof.; *Wirtschaftsinformatik, Betriebswirtschaft für Informatiker*; di: Hochsch. Bonn-Rhein-Sieg, FB Angewandte Informatik, Grantham-Allee 20, 53754 Sankt Augustin, T: (02241) 865237, F: 8658237, alexandra.kees@fh-bonn-rhein-sieg.de

**Kegelmann,** Jürgen; Dr., Prof.; *Gemeindewirtschaftsrecht, Staatliches Haushalts-, Kassen- und Rechnungswesen*; di: Hochsch. Kehl, Fak. Wirtschafts-, Informations- u. Sozialwiss., Kinzigallee 1, 77694 Kehl, T: (07851) 894177, kegelmann@hs-kehl.de

**Kegler,** Andreas; Dr.-Ing., Prof.; *Automatisierungstechnik, Mikroprozessortechnik*; di: HAWK Hildesheim/Holzminden/Göttingen, Fak. Naturwiss. u. Technik, Von-Ossietzky-Str. 99, 37085 Göttingen, T: (0551) 3705240

**Kehl,** Klaus; Dipl.-Ing., Dr.-Ing., Prof.; *Automatisierungstechnik, Datenverarbeitung, Prozessüberwachung, Messtechnik, Industrieroboter, Windkraftanlagen*; di: Hochsch. Emden/Leer, FB Technik, Constantiaplatz 4, 26723 Emden, T: (04921) 8071436, klaus.kehl@hs-emden-leer.de; pr: Saarke-Moyarts-Str. 22, 26721 Emden, T: (04921) 24888

**Kehne,** Gerd; Dr., Prof.; *Geoinformation, Bauinformation*; di: FH Frankfurt, FB 1 Architektur, Bauingenieurwesen, Geomatik, Nibelungenplatz 1, 60318 Frankfurt am Main, T: (069) 15332342, kehne@fb1.fh-frankfurt.de

**Kehr,** Hans Helmut; Dr. rer. pol., Prof.; *Betriebswirtschaftslehre, Wirtschaftliches Gesundheitswesen*; di: Techn. Hochsch. Mittelhessen, FB 07 Wirtschaft, Wiesenstr. 14, 35390 Gießen, T: (0641) 3092738; pr: Von-Müllenmark-Str. 4, 53179 Bonn, T: (0228) 342860, Helmut.Kehr@t-online.de

**Kehr,** Henning; Dr. sc. agr., Prof.; *Außenhandel, Volkswirtschaftslehre*; di: FH Worms, FB Wirtschaftswiss., Erenburgerstr. 19, 67549 Worms, kehr@fh-worms.de

**Kehr,** Rolf; Dr., Prof.; *Forstwirtschaft und Arboristik*; di: HAWK Hildesheim/Holzminden/Göttingen, Fak. Ressourcenmanagement, Büsgenweg 1a, 37077 Göttingen, T: (0551) 5032152

**Kehrberg,** Gerhard; Dr. rer. nat., Prof.; *Experimentalphysik, insbes. Laserphysik*; di: FH Brandenburg, FB Technik, Magdeburger Str. 50, 14770 Brandenburg, PF 2132, 14737 Brandenburg, T: (03381) 355342, F: 355199, kehrberg@fh-brandenburg.de

**Kehrein,** Achim; Dr., Prof.; *Angewandte Mathematik*; di: Hochsch. Rhein-Waal, Fak. Technologie u. Bionik, Marie-Curie-Straße 1, 47533 Kleve, T: (02821) 80673632, achim.kehrein@hochschule-rhein-waal.de

**Kehrle,** Karl; Dr. rer. pol., Prof. H München, Doz. Munich Business School; *Volkswirtschaftslehre, Statistik*; di: Hochsch. München, Fak. Betriebswirtschaft, Am Stadtpark 20 (Neubau), 81243 München, T: (089) 12652724, F: 12652714, karl.kehrle@hm.edu; pr: Salzmannstr. 64 B, 86163 Augsburg, T: (0821) 661483

**Keidel,** Ralf; Dipl.-Phys., Dr. rer. nat., Prof.; *Grundlagen der Telekommunikation, Echtzeitsysteme, Simulationstechnik/Systemdynamik*; di: FH Worms, FB Informatik, Erenburgerstr. 19, 67549 Worms, T: (06241) 509263, F: 509222

**Keil,** Bettina; Dr.-Ing., Prof.; *Produktionswirtschaft, Logistik*; di: Westsächs. Hochsch. Zwickau, FB Wirtschaftswiss., Scheffelstr. 39, 08056 Zwickau, bettina.keil@fh-zwickau.de

**Keil,** Thomas; Dr., Prof.; *Business Administration*; di: Provadis School of Int. Management and Technology, Industriepark Hoechst, Geb. B 845, 65926 Frankfurt a.M.

**Keil,** Tilo; Dr. jur., Prof.; *Wirtschaftsrecht, Gesellschaftsrecht, Wettbewerbs- und Insolvenzrecht*; di: Techn. Hochsch. Mittelhessen, FB 07 Wirtschaft, Wiesenstr. 14, 35390 Gießen, T: (0641) 3092727, Tilo.Keil@w.fh-giessen.de; pr: Gladiolenweg 9, 61381 Friedrichsdorf/Ts., T: (06172) 77578

**Keilhofer,** Günther; Dr. phil., HonProf.; *Personalmanagement*; di: Westsächs. Hochsch. Zwickau, FB Wirtschaftswiss., Scheffelstr. 39, 08056 Zwickau, PF 201037, 08012 Zwickau

**Keilus,** Michael; Dipl.-Kfm., Dr. rer. pol., Prof.; *Betriebswirtschaftslehre, Internes Rechnungswesen*; di: Hochsch. Trier, FB Wirtschaft, PF 1826, 54208 Trier, T: (0651) 8103511, M.Keilus@hochschule-trier.de; pr: Dahlemer Str. 2, 54636 Sülm, T: (06562) 930615

**Keim,** Helmut; Dr. phil., Prof.; *Logistikmanagement*; di: Europäische FH Brühl, Kaiserstr. 6, 50321 Brühl, T: (02232) 5673730, h.keim@eufh.de

**Keim,** Rolf; Dr. rer. pol., Prof.; *Soziologie*; di: Hochsch. Darmstadt, FB Gesellschaftswiss. u. Soziale Arbeit, Haardtring 100, 64295 Darmstadt, T: (06151) 168972, rolf.keim@h-da.de; pr: Lotzestr. 6h, 37083 Göttingen, T: (0551) 7701564

**Keipke,** Roy; Dr.-Ing., Prof.; *Oberflächentechnik*; di: FH Stralsund, FB Maschinenbau, Zur Schwedenschanze 15, 18435 Stralsund, T: (03831) 456778, Roy.Keipke@fh-stralsund.de

**Keitz,** Isabel von; Dr. rer. pol., Prof.; *Betriebswirtschaftslehre, insbesondere Internationales Rechnungswesen*; di: FH Münster, FB Wirtschaft, Corrensstr. 25, 48149 Münster, T: (0251) 8365656, F: 8365663, i.vonkeitz@fh-muenster.de

**Keitz,** Wolfgang von; Dr., Prof.; *Informationsmanagement, Internet Broadcasting*; di: Hochsch. d. Medien, Fak. Information u. Kommunikation, Wolframstr. 32, 70191 Stuttgart, T: (0711) 89232222, keitz@hdm-stuttgart.de; pr: Nelkenweg 2, 70161 Wäschenbeuren, T: (0171) 5754927

**Kelb,** Peter; Dr.rer. nat., Prof.; *Programmierung, Datenstrukturen*; di: Hochsch. Bremerhaven, An der Karlstadt 8, 27568 Bremerhaven, T: (0471) 4823512, F: 4823285, pkelb@hs-bremerhaven.de

**Kelber,** Jürgen; Dr. rer. nat., Prof.; *Entwurf integrierter Schaltungen*; di: FH Schmalkalden, Fak. Elektrotechnik, Blechhammer, 98574 Schmalkalden, PF 100452, 98564 Schmalkalden, T: (03683) 6885114, kelber@e-technik.fh-schmalkalden.de

**Kelber,** Kristina; Dr.-Ing., Prof.; *Nachrichtentechnik*; di: HTW Dresden, Fak. Elektrotechnik, PF 120701, 01008 Dresden, T: (0351) 4622313, kelber@et.htw-dresden.de

**Kelch,** Rainer; Dr. rer. nat., Prof.; *Informatik, besonders SAP-R/3, ABAP-Programmierung, Numerik, Computer-Arithmetik*; di: Hochsch. Augsburg, Fak. f. Informatik, Friedberger Straße 2, 86161 Augsburg, T: (0821) 55863476, F: 55863499, Rainer.Kelch@hs-augsburg.de; www.hs-augsburg.de/~kelch/buecher/

**Kell,** Gerald; Dr.-Ing., Prof.; *Digitale Systeme*; di: FH Brandenburg, FB Informatik u. Medien, Magdeburger Str. 50, 14470 Brandenburg, PF 2132, 14737 Brandenburg, T: (03381) 355422, F: 355199, kell@fh-brandenburg.de

**Keller,** Christian; Dr. rer. soc., Prof.; *Pyramidales Denken, Profisport, Turnaround Management*; di: Hochsch. Heidelberg, Fak. f. Angew. Psychologie, Ludwig-Guttmann-Str. 6, 69123 Heidelberg, T: (06221) 881476, christian.keller@fh-heidelberg.de

**Keller,** Frieder; Dr.-Ing., Prof.; *Elektronik, Physikalische Messtechnik, Regelungstechnik*; di: Hochsch. Karlsruhe, Fak. Elektro- u. Informationstechnik, Moltkestr. 30, 76133 Karlsruhe, PF 2440, 76012 Karlsruhe, T: (0721) 9251334, frieder.keller@hs-karlsruhe.de

**Keller,** Günter; Dr.-Ing., Prof.; *Elektromagnetische Verträglichkeit, Grundlagen der Elektrotechnik, Leistungselektronik, Elektrische Energietechnik*; di: Hochsch. Deggendorf, FB Elektrotechnik u. Medientechnik, Edlmairstr. 6-8, 94469 Deggendorf, PF 1320, 94453 Deggendorf, T: (0991) 3615524, F: 3615599, guenter.keller@fh-deggendorf.de

**Keller,** Michael; Dipl. Des., Prof., Dekan FB Gestaltung; *Grafik-Design*; di: Hochsch. München, Fak. Design, Erzgießereistr. 14, 80335 München, T: (089) 12652457, michael.keller@fhm.edu

**Keller,** Michael; Dr., Prof.; *Elektrotechnik*; di: DHBW Karlsruhe, Fak. Technik, Erzbergerstr. 121, 76133 Karlsruhe, T: (0721) 9735803, keller@no-spam.dhbw-karlsruhe.de

**Keller,** Patrick; Dr., Prof.; *Pharmatechnik*; di: Hochsch. Trier, Umwelt-Campus Birkenfeld, FB Umweltplanung/ Umwelttechnik, PF 1380, 55761 Birkenfeld, T: (06782) 171536, p.keller@umwelt-campus.de

**Keller,** Reinhard; Dipl.-Ing., Prof.; *Microcomputertechnik und Embedded Systems, Hardwarenahe Programmierung, Hardware-Software-Codesign*; di: Hochsch. Esslingen, Fak. Informationstechnik, Kanalstr. 33, 73728 Esslingen, T: (0711) 3974161; pr: Kiebitzweg 8, 73230 Kirchheim, T: (07021) 481997

**Keller,** Rolf; Dr. rer. nat., Prof.; *Anorganische Chemie, Anorganisch-analytische Chemie*; di: Beuth Hochsch. f. Technik, FB II Mathematik – Physik – Chemie, Luxemburger Straße 10, 13353 Berlin, T: (030) 45042381, rolf.keller@beuth-hochschule.de

**Keller,** Silvia; Dr.-Ing., Prof.; *Programmiersprachen, Systemprogrammierung, Multimedia*; di: Hochsch. Ravensburg-Weingarten, Doggenriedstr., 88250 Weingarten, PF 1261, 88241 Weingarten, T: (0751) 5019734, F: 5019876, keller@hs-weingarten.de; pr: Am Andelsbach 11, 88630 Pfullendorf, T: (07552) 91105, F: 91106

**Keller,** Sven; Dr.-Ing., Prof.; *Wirtschaftsinformatik, Betriebswirtschaftslehre*; di: Techn. Hochsch. Mittelhessen, FB 07 Wirtschaft, Wiesenstr. 14, 35390 Gießen, T: (0641) 3092729; pr: Talstr. 1, 57299 Burbach-Lützeln, T: (02736) 291266

**Keller,** Torsten; Dr. rer. pol., Prof.; *Rechnungswesen, Controlling*; di: Hamburg School of Business Administration, Alter Wall 38, 20457 Hamburg, T: (040) 36138734, F: 36138751, torsten.keller@hsba.de

**Keller,** Ulrich; Prof.; *Zivilrecht*; di: Hochsch. f. Wirtschaft u. Recht Berlin, FB 2, Alt-Friedrichsfelde 60, 10315 Berlin, T: (030) 90214341, F: 90214417, u.keller@hwr-berlin.de

**Keller,** Wolfgang; Dr.-Ing., Prof.; *System- und Softwaretechnik*; di: Hochsch. Reutlingen, FB Informatik, Alteburgstr. 150, 72762 Reutlingen, T: (07121) 271616, wolfgang.keller@fh-reutlingen.de; pr: Am Andelsbach 11, 88630 Pfullendorf, T: (07552) 91105, F: 91106

**Keller-Kempas,** Ruth; Prof.; *Restaurierung Technischer Objekte, Grundlagen d. Restaurierung, Ästhetik*; di: HTW Berlin, FB Gestaltung, Wilhelminenhofstr. 67-77, 12459 Berlin, T: (030) 50194258, kellerk@HTW-Berlin.de

**Keller-Loibl,** Kerstin; Dr. phil., Prof.; *Bibliothekswesen*; di: HTWK Leipzig, FB Medien, PF 301166, 04251 Leipzig, T: (0341) 30765432, loibl@fbm.htwk-leipzig.de; pr: Sattelhofstr. 3, 04179 Leipzig, T: (0341) 4410048

**Kellner,** Bernd; Dr., Prof.; *Elektrotechnik / Medizintechnik*; di: HAW Hamburg, Fak. Life Sciences, Lohbrügger Kirchstr. 65, 21033 Hamburg, T: (040) 428756220, bernd.kellner@haw-hamburg.de

**Kellner,** Joachim; Prof.; *Allgemeine Betriebswirtschaftslehre, insbesondere Marketing*; di: FOM Hochsch. f. Oekonomie & Management, Schäferkampsallee 16a, 20357 Hamburg; pr: T: (040) 41354732

**Kellner,** Klaus; Dr. rer. pol. habil., PD U Augsburg, Prof.; *Marketing, Regionalmarketing, Politikwissenschaft*; di: Hochsch. Augsburg, Fak. f. Wirtschaft, Friedberger Str. 4, 86169 Augsburg, T: (0821) 5982911, F: 5982902, klaus.kellner@hs-augsburg.de; www.hs-augsburg.de/~kellner/

**Kellner,** Walter-U.; Dr., Prof.; *Elektronische Bauelemente, Mathematik, Mikroelektronik, Festkörperphysik*; di: FH Düsseldorf, FB 3 – Elektrotechnik, Josef-Gockeln-Str. 9, 40474 Düsseldorf, T: (0211) 4351356, F: 4351376, walter.kellner@fh-duesseldorf.de; www.fh-duesseldorf.de/et/wuk

**Kelly,** James; Prof.; *Transportation Design*; di: Hochsch. Pforzheim, Fak. f. Gestaltung, Eutinger Str. 111, 75175 Pforzheim, T: (07231) 286891, F: 286890, james.kelly@hs-pforzheim.de

**Kemmann,** Burkhard; Dr., Prof.; *Softskills*; di: FH Worms, FB Informatik, Erenburgerstr. 19, 67549 Worms

**Kempe,** Olaf; Dipl.-Ing., Prof.; *Baukonstruktion, Holzbau*; di: HTW Dresden, Fak. Bauingenieurwesen/ Architektur, Friedrich-List-Platz 1, 01069 Dresden, T: (0351) 4622460, kempe@htw-dresden.de

**Kempen,** Lothar U.; Dr., Prof.; *Photonik, Bussysteme und Vernetzung*; di: Hochsch. Ruhr West, Institut Mess- u. Sensortechnik, PF 100755, 45407 Mülheim a.d. Ruhr, T: (0208) 88254390, lothar.kempen@hs-ruhrwest.de

**Kemper,** Jürgen; Dr., Prof.; *Arbeitsrecht, Wirtschaftsprivatrecht*; di: Hochsch. Hof, Fak. Wirtschaft, Alfons-Goppel-Platz 1, 95028 Hof, T: (09281) 4094350, Juergen.Kemper@hof-university.de

**Kemper,** Markus; Dr.-Ing., Prof.; *Automatisierungstechnik, Mechatronik*; di: FH f. Wirtschaft u. Technik, Studienbereich Elektrotechnik / Mechatronik, Donnerschweer Str. 184, 26123 Oldenburg, T: (0441) 34092119, F: 34092239, kemper@fhwt.de

**Kempf,** Tobias; Dr.-Ing., Prof.; *Steuerungstechnik, Regelungstechnik*; di: Techn. Hochsch. Mittelhessen, FB 02 Elektro- u. Informationstechnik, Wiesenstr. 14, 35390 Gießen, tobias.kempf@ei.th-mittelhessen.de; pr: An der Obermühle 2, 65719 Hofheim

**Kempkes,** Hans Peter; Dr., Prof.; *BWL, Schwerpunkt Strategische Unternehmensführung und Personalmanagement*; di: AKAD-H Stuttgart, Maybachstr. 18-20, 70469 Stuttgart, T: (0711) 81495663, hs-stuttgart@akad.de

**Kempkes,** Joachim; Dr., Prof.; *Antriebstechnik, Leistungselektronik, elektrische Maschinen*; di: Hochsch. f. angew. Wiss. Würzburg Schweinfurt, Fak. Elektrotechnik, Ignaz-Schön-Str. 11, 97421 Schweinfurt

**Kempter,** Hubert; Dr. rer. nat., Prof., Dekan Fak. Business and Computer Science; *Grundlagen der Informatik, insbesondere Programmierung und Betriebssysteme, Datenbanken, Systemanalyse, Wirtschaftsstatistik*; di: Hochsch. Albstadt-Sigmaringen, FB 2, Anton-Günther-Str. 51, 72488 Sigmaringen, PF 1254, 72481 Sigmaringen, T: (07571) 732306, F: 732302, kempter@hs-albsig.de

**Kemsa,** Gudrun; Prof.; *Bewegte Bilder u. Fotografie*; di: Hochsch. Niederrhein, FB Design, Petersstr. 123, 47798 Krefeld, T: (02151) 8224346

**Kemser,** Johannes; Dipl.-Sozialpäd. (FH), Dr. phil., Prof.; *Pädagogik und Sozialarbeit/Sozialpädagogik*; di: Kath. Stiftungsfachhochsch. München, Preysingstr. 83, 81667 München

**Kenter,** Michael; Dipl.-Kaufmann, Dr. rer. pol., Prof.; *Betriebswirtschaftslehre, insb. Controlling*; di: FH Bielefeld, FB Wirtschaft, Universitätsstr. 25, 33615 Bielefeld, T: (0521) 1065087, michael.kenter@fh-bielefeld.de; pr: Nordhof 13 a, 33106 Paderborn

**Kenter,** Muhlis I.; Dr.-Ing., Prof.; *Werkzeugmaschinen, Rechnereinsatz in d. Produktion, Projektmanagement*; di: Hochsch. Bremen, Fak. Natur u. Technik, Neustadtswall 30, 28199 Bremen, T: (0421) 59053569, F: 59053505, Muhlis.Kenter@hs-bremen.de

**Kenworthy,** Jeffrey; Dr., Prof.; *Sustainable Cities*; di: FH Frankfurt, FB 1 Architektur, Bauingenieurwesen, Geomatik, Nibelungenplatz 1, 60318 Frankfurt am Main, T: (069) 15332753

**Kenzelmann,** Erich; Dipl.-Math., HonProf.; *Datenverarbeitung*; di: Hochsch. Ravensburg-Weingarten, Doggenriedstr., 88250 Weingarten, PF 1261, 88241 Weingarten, T: (0751) 5010, F: 5019876; pr: Eschenweg 7, 71154 Nufringen, T: (07032) 82796

**Keogh,** Johannes; Dr., Prof.; *Pflegewissenschaft, Theorie und Methoden der Pflege*; di: Hochsch. Fulda, FB Pflege u. Gesundheit, Marquardstr. 35, 36039 Fulda, T: (0661) 9640622, jan.keogh@pg.fh-fulda.de

**Keppler,** Thomas; Dr., Prof.; *Elektronik, Computeranimation*; di: Hochsch. d. Medien, Fak. Electronic Media, Nobelstr. 10, 70569 Stuttgart, T: (0711) 89232218, keppler@hdm-stuttgart.de

**Kerber,** Ulrike; Prof.; *Raum- und Farbgestaltung, Grundlagen des Entwerfens*; di: Hochsch. Ostwestfalen-Lippe, FB 1, Architektur u. Innenarchitektur, Bielefelder Str. 66, 32756 Detmold, T: (05231) 769733, ulrike.kerber@hs-owl.de

**Kergaßner,** Wolfgang; Dipl.-Ing., Prof.; *Entwerfen, Baukonstruktion, Technischer Ausbau*; di: FH Kaiserslautern, FB Bauen u. Gestalten, Schönstr. 6 (Kammgarn), 67657 Kaiserslautern, T: (0631) 3724600, F: 3724444, wolfgang.kergassner@fh-kl.de; pr: Königsberger Str. 51, 73760 Ostfildern-Parksiedlung, T: (0711) 7676928

**Kerka,** Friedrich; Dr. rer. oec., Prof.; *BWL, Facility Management*; di: Westfäl. Hochsch., FB Maschinenbau u. Facilities Management, Neidenburger Str. 10, 45877 Gelsenkirchen, T: (0209) 9596142, F: 9596323, friedrich.kerka@fh-gelsenkirchen.de

**Kerkhof,** Friedrich; Dr. sc. agr., Prof.; *Agrarökonomie*; di: FH Südwestfalen, FB Agrarwirtschaft, Lübecker Ring 2, 59494 Soest, T: (02921) 378222, kerkhof@fh-swf.de

**Kerkhoff,** Engelbert; M.A., Dr. paed., Prof.; *Theorie u. Geschichte d. Erziehungswissenschaft, Soziale Gerontologie*; di: Hochsch. Niederrhein, FB Sozialwesen, Richard-Wagner-Str. 101, 41065 Mönchengladbach, T: (02161) 1865661, F: 186650, engelbert.kerkhoff@hs-niederrhein.de; pr: Am Tömp 6, 41189 Mönchengladbach

**Kerkow-Weil,** Rosemarie; Dipl.-Päd., Dr. phil., Prof., Präsidentin; *Individuum und Organisation*; di: Hochsch. Hannover, Fak. V Diakonie, Gesundheit u. Soziales, Blumhardtstr. 2, 30625 Hannover, PF 690363, 30612 Hannover, T: (0511) 92961001, praesidentin@hs-hannover.de; pr: Lothringer Str. 45, 30559 Hannover, T: (0511) 520669

**Kerksieck,** Heinz-Joachim; Dipl.-Kfm., Dr. rer. pol., Prof.; *Betriebswirtschaftslehre, Volkswirtschaftslehre, Unternehmensführung, Marketing*; di: Hochsch. Reutlingen, FB Produktionsmanagement, Alteburgstr. 150, 72762 Reutlingen, Heinz-Joachim.Kerksieck@Reutlingen-University.DE; pr: Tannenstr. 5, 72770 Reutlingen (Betzingen)

**Kern,** Alexander; Dr.-Ing., Prof.; *Hochspannungstechnik und Grundlagen der Elektrotechnik*; di: FH Aachen, FB Angewandte Naturwiss. u. Technik, Ginsterweg 1, 52428 Jülich, T: (0241) 600953042, a.kern@fh-aachen.de; pr: Niedermerzer Str. 48, 52457 Aldenhoven, T: (02464) 6893

**Kern,** Ansgar; Dr.-Ing., Prof.; *Elektrische Maschinen, Elektrische Antriebe, Elektrische Energietechnik, Grundlagen der Elektrotechnik*; di: Techn. Hochsch. Mittelhessen, FB 11 Informationstechnik, Elektrotechnik, Mechatronik, Wilhelm-Leuschner-Str. 13, 61169 Friedberg, T: (06031) 604241

**Kern,** Axel Olaf; Dr. rer. pol., Prof.; *Gesundheitsökonomie, Sozial- und Gesundheitsmanagement, Volkswirtschaft*; di: Hochsch. Ravensburg-Weingarten, Doggenriedstr., 88250 Weingarten, PF 1261, 88241 Weingarten, T: (0751) 5019415, axel.kern@hs-weingarten.de

**Kern,** Fredie; Dr.-Ing., Prof.; *Geoinformatik, Vermessung*; di: FH Mainz, FB Technik, Holzstr. 36, 55116 Mainz, T: (06131) 2859625, kern@geoinform.fh-mainz.de

**Kern,** Holger; Dr., Prof. Freie H Stuttgart; *Musik u. Musikpädagogik*; di: Freie Hochschule, Seminar f. Waldorfpädagogik, Haußmannstr. 44 A, 70188 Stuttgart, T: (0711) 2109457, kern@freie-hochschule-stuttgart.de

**Kern,** Jürgen; Dr.-Ing., Prof.; *Halbleitertechnik, Nachrichtentechnik, Bussysteme und Schnittstellen, Mikrocomputersysteme*; di: Hochsch. Offenburg, Fak. Elektrotechnik u. Informationstechnik, Badstr. 24, 77652 Offenburg, T: (0781) 205258, F: 205214

**Kern,** Jürgen; Dr., Prof.; *Finanzierung und Investition*; di: HTW Berlin, FB Wirtschaftswiss. I, Treskowallee 8, 10318 Berlin, T: (030) 50192413, j.kern@HTW-Berlin.de

**Kern,** Ralf-Ulrich; Dipl.-Math., Dr. rer. pol., Prof.; *Betriebssysteme, Systemprogrammierung, Echtzeitsysteme, Rechnertechnik*; di: Georg-Simon-Ohm-Hochsch. Nürnberg, Fak. Informatik, Keßlerplatz 12, 90489 Nürnberg, PF 210320, 90121 Nürnberg

**Kern,** Rudolf; Dr.-Ing., Prof., Dekan FB Technik 3, Elektronik und Mechatronik; *Regelungstechnik, Antriebe der Feinwerktechnik, Modellbildung und Simulation*; di: Hochsch. Heilbronn, Max-Planck-Str. 39, 74081 Heilbronn, T: (07131) 504323, F: 252470, kern@fh-heilbronn.de

**Kern,** Rüdiger; Dr.-Ing., Prof.; *Baustoffkunde, Festigkeitslehre*; di: Techn. Hochsch. Mittelhessen, FB 01 Bauwesen, Wiesenstr. 14, 35390 Gießen, T: (0641) 3091880; pr: Gevvinusstr. 48, 64287 Darmstadt, T: (06151) 47256

**Kern,** Siegbert; Dr. rer. oec., Prof.; *Wirtschaftsinformatik*; di: Westfäl. Hochsch., FB Informatik u. Kommunikation, Neidenburger Str. 43, 45877 Gelsenkirchen, T: (0209) 9596774, siegbert.kern@informatik.fh-gelsenkirchen.de

**Kern,** Thomas; Dr. rer. nat., Prof.; *Experimentalphysik, insbes. Kernphysik*; di: FH Brandenburg, FB Technik, Magdeburger Str. 50, 14770 Brandenburg, PF 2132, 14737 Brandenburg, T: (03381) 355341, F: 355199, kern@fh-brandenburg.de

**Kern,** Uwe; Dr., Prof.; *Datenverarbeitung, Informationsmanagement, Datenbanken und -modellierung*; di: Hochschl. f. Oekonomie & Management, Herkulesstr. 32, 45127 Essen, T: (0201) 810040

**Kerpen,** Jutta; Dr.-Ing., Prof.; *Abwasserreinigung, Umweltgerechtes Produzieren, Umwelttechnik*; di: Hochsch. Rhein/Main, FB Ingenieurwiss., Umwelttechnik, Am Brückweg 26, 65428 Rüsselsheim, T: (06142) 8984415, jutta.kerpen@hs-rm.de

**Kerres,** Andrea; Dipl.-Psych., Dr. phil., Prof.; *Pflegemanagement*; di: Kath. Stiftungsfachhochsch. München, Preysingstr. 83, 81667 München; www.andrea-kerres.de

**Kersch,** Alfred; Dr.-Ing., Prof.; di: Hochsch. München, Fak. Feinwerk- u. Mikrotechnik, Physikal. Technik, Lothstr. 34, 80335 München, alfred.kersch@hm.edu

**Kershner,** Sybille; Dr. phil., Prof.; *Englisch*; di: Westsächs. Hochsch. Zwickau, FB Wirtschaftswiss., Scheffelstr. 39, 08056 Zwickau, Sybille.Kershner@fh-zwickau.de

**Kersken,** Masumi; Dr. rer. nat. habil., Prof. FH Flensburg; *Ingenieurmathematik, Algebra, Analysis, Geometrie*; di: FH Flensburg, Angew. Mathematik, Kanzleistr. 91-93, 24943 Flensburg, T: (0461) 8051362, kersken@mathematik.fh-flensburg.de; pr: Norderholm 41, 24955 Harrislee

**Kersten,** Albrecht; Dr.-Ing., Prof.; *Qualitätsmanagement, Betriebsorganisation*; di: Hochsch. Esslingen, Fak. Graduate School, Fak. Mechatronik u. Elektrotechnik, Robert-Bosch-Str. 1, 73037 Göppingen, T: (07161) 6971139; pr: Rotenbachstr. 27, 73527 Schwäbisch-Gmünd, T: (07171) 76785

**Kersten,** Hans-Otto; Dipl.-Ing., Prof.; *Übertragungstechnik, Digitalelektronik*; di: Beuth Hochsch. f. Technik, FB VII Elektrotechnik – Mechatronik – Optometrie, Luxemburger Str. 10, 13353 Berlin, T: (030) 45042618, kersten@beuth-hochschule.de; http://prof.beuth-hochschule.de/kersten/

**Kersten,** Jons T.; Dr., Prof., Rektor; *BWL*; di: FH f. Wirtschaft u. Technik, Studienbereich Wirtschaft & IT, Rombergstr. 40, 49377 Vechta, T: (04441) 915111, F: 915209, jons.kersten@fhwt.de

**Kersten,** Otto; Dr. rer. nat. habil., Prof.; *Physik*; di: Hochsch. Anhalt, FB 6 Elektrotechnik, Maschinenbau u. Wirtschaftsingenieurwesen, PF 1458, 06354 Köthen, T: (03496) 672323, O.Kersten@emw.hs-anhalt.de

**Kersten,** Peter; Dr.-Ing., Prof.; *Mechatronik*; di: Hochschule Hamm-Lippstadt, Marker Allee 76-78, 59063 Hamm, T: (02381) 8789804, peter.kersten@hshl.de

**Kerstgens,** Michael; Prof.; *KD/Foto*; di: Hochsch. Darmstadt, FB Gestaltung, Haardtring 100, 64295 Darmstadt, T: (06151) 168372, kerstgens@fbg.h-da.de; pr: Am Berumerfehn-Kanal 15, 26532 Großheide

**Kerstiens,** Peter; Dr.-Ing., Prof.; *Mechatronik und Konstruktionstechnik (Steuerungen, Software)*; di: Westfäl. Hochsch., FB Maschinenbau, Münsterstr. 265, 46397 Bocholt, T: (02871) 2155930, peter.kerstiens@fh-gelsenkirchen.de

**Kersting,** Andrea; Dr. jur., Prof.; *Arbeits- und Wirtschaftsrecht*; di: FH Münster, FB Wirtschaft, Corrensstr. 25, 48149 Münster, T: (0251) 8365620, akersting@fh-muenster.de

**Kersting,** Karin; Dr. phil., Prof.; *Pflegewissenschaft*; di: FH Ludwigshafen, FB IV Sozial- u. Gesundheitswesen, Maxstr. 29, 67059 Ludwigshafen, T: (0621) 5911337, kersting@efhlu.de

**Kersting,** Norbert; Dr.-Ing., Prof.; *Geodäsie, Geodätische Rechenverfahren/EDV*; di: Hochsch. Bochum, FB Vermessungswesen u. Geoinformatik, Lennershofstr. 140, 44801 Bochum, T: (0234) 3210520, norbert.kersting@hs-bochum.de; pr: Schlosserstr. 8, 59348 Lüdinghausen, T: (02591) 891414

**Kese,** Volkmar; Prof.; *Staatsrecht, Europarecht*; di: H f. öffentl. Verwaltung u. Finanzen Ludwigsburg, Reuteallee 36, 71634 Ludwigsburg, T: (07141) 140514, F: 140544

**Kesel,** Antonia; Dr., Prof.; di: Hochsch. Bremen, Fak. Natur u. Technik, Neustadtswall 30, 28199 Bremen, T: (0421) 59052525, F: 59052537, Antonia.Kesel@hs-bremen.de

**Kesel,** Frank; Dr.-Ing., Prof.; *Elektrotechnik/Informationstechnik*; di: Hochsch. Pforzheim, Fak. f. Technik, Tiefenbronner Str. 66, 75175 Pforzheim, T: (07231) 286567, F: 286060, frank.kesel@hs-pforzheim.de

**Kessel,** Thomas; Dr., Prof.; *Wirtschaftsinformatik*; di: DHBW Stuttgart, Fak. Wirtschaft, Wirtschaftsinformatik, Paulinenstr. 50, 70178 Stuttgart, T: (0711) 1849549, Kessel@dhbw-stuttgart.de

**Kessel,** Werner; Dr. rer. pol., HonProf. FH Worms; *Airline-Management*; di: FH Worms, FB Touristik/Verkehrswesen, Erenburgerstr. 19, 67549 Worms, werner.kessel@dlh.de; pr: Werner.Kessel@t-online.de

**Kesseler,** Thomas; Prof.; *Raum- und Farbgestaltung, Grundlagen des Entwerfens*; di: Hochsch. Ostwestfalen-Lippe, FB 1, Architektur u. Innenarchitektur, Bielefelder Str. 66, 32756 Detmold, T: (05231) 76950, F: 769681; pr: Lindenstr. 210, 40235 Düsseldorf

**Kessler,** Barbara; Dr., Prof.; *Werkstofftechnik, Lasertechnik*; di: H Koblenz, FB Mathematik u. Technik, RheinAhrCampus, Joseph-Rovan-Allee 2, 53424 Remagen, T: (02642) 932205, F: 932399, kessler@rheinahrcampus.de

**Kessler,** Dagmar; Dr. rer. nat., Prof.; *Wirtschaftsinformatik, Mathematik*; di: FH Worms, FB Informatik, Erenburgerstr. 19, 67549 Worms, kessler@fh-worms.de

**Keßler,** Egbert; Dr.-Ing., Prof.; *Stahl- und Holzbau, Informatik, Baubetriebsplanung*; di: Hochsch. Coburg, Fak. Design, Friedrich-Streib-Str. 2, 96450 Coburg, T: (09561) 317301, kessler@hs-coburg.de

**Kessler,** Gottfried; Prof.; di: DHBW Ravensburg, Campus Friedrichshafen, Fallenbrunnen 2, 88045 Friedrichshafen, T: (07541) 2077512, kessler@dhbw-ravensburg.de

**Keßler,** Hildrun; Dr. theol., Prof.; *Evangelische Religionspädagogik, insbes. Gemeindepädagogik*; di: Ev. Hochsch. Berlin, Prof. f. Religionspädagogik, PF 370255, 14132 Berlin, T: (030) 84582525, kessler@eh-berlin.de

**Keßler,** Jürgen; Dr., Prof. FHTW Berlin, HonProf. TU Berlin, Dir. Forschungsinst. f. Dt. -u. Europ. Immobilienwirtschafts- u. Genossenschaftsrecht an d. FHTW Berlin; *Deutsches u. Europäisches Handels-, Gesellschafts-, Arbeits- u. Wirtschaftsrecht, insbesondere Deutsches u. Europäisches Wettbewerbs- u. Kartellrecht sowie Gewerblicher Rechtschutz; Genossenschaftsrecht*; di: HTW Berlin, FB Wirtschaftswiss. I, Treskowallee 8, 10318 Berlin, T: (030) 50192508, F: 50192267, j.kessler@HTW-Berlin.de; www.iwgr.de/; pr: Akazienstr. 13, 10823 Berlin, T: (030) 78703173, F: 78703174

**Kessler,** Rainer; Dr. jur., Prof.; *Rechtswissenschaften, insbesondere Arbeitsrecht und Sozialrecht*; di: Hochsch. Rhein/Main, FB Sozialwesen, Kurt-Schumacher-Ring 18, 65197 Wiesbaden, T: (0611) 94951314, rainer.kessler@hs-rm.de; pr: Frankfurter Str. 5, 65611 Brechen, T: (06483) 2270

**Kessler,** Rudolf W.; Dipl.-Chem., Dr. rer. nat., Prof.; *Spezielle Werkstoffanalytik, Pigmente und Einfärben, Analytische, Allgemeine Chemie*; di: Hochsch. Reutlingen, FB Angew. Chemie, Alteburgstr. 150, 72762 Reutlingen, T: (07121) 2712010, Rudolf.Kessler@Reutlingen-University.DE; pr: Herderstr. 47, 72762 Reutlingen, T: (07121) 239891

**Kestel,** Oliver; Dr., Prof.; *Recht und Soziale Arbeit*; di: HAWK Hildesheim/Holzminden/Göttingen, Fak. Soziale Arbeit u. Gesundheit, Brühl 20, 31134 Hildesheim, T: (05121) 881490, kestel@hawk-hhg.de

**Kesten,** Ralf; Dr. rer.pol., Prof.; *Buchführung, Controlling, Corporate Finance*; di: Nordakademie, FB Wirtschaftswissenschaften, Köllner Chaussee 11, 25337 Elmshorn, T: (04121) 409068, F: 409040, ralf.kesten@nordakademie.de

**Kestermann,** Claudia; Dr., Prof.; *Sozialwissenschaften, insbes. Rechtspsychologie*; di: Hochsch. f. Öffentl. Verwaltung Bremen, Doventorscontrescarpe 172, 28195 Bremen, T: (0421) 36159446, claudia.kestermann@hfoev.bremen.de

**Kesting,** Tobias; Dr. rer. pol., Prof.; *Marketing und Schlüsselkompetenzen*; di: FH Münster, FB Wirtschaft, Stegerwaldstraße 39, 48565 Steinfurt, kesting@fh-muenster.de

**Kesztyüs,** Tibor; Dr. med., Prof.; *Medizinische Dokumentation*; di: Hochsch. Ulm, FB Informatik, Albert-Einstein-Allee 55, 89081 Ulm, T: (0731) 5028607, kesztyus@hs-ulm.de

**Ketelhut,** Barbara; Dipl.-Soz., Dr. phil., Prof.; *Armut und Erwerbslosigkeit, Frauenforschung, empirische Methoden*; di: Hochsch. Hannover, Fak. V Diakonie, Gesundheit u. Soziales, Blumhardtstr. 2, 30625 Hannover, PF 690363, 30612 Hannover, T: (0511) 92963124, barbara.ketelhut@hs-hannover.de; pr: Stormstr. 16, 30177 Hannover, T: (0511) 3908316, biketelhut@aol.com

**Kettemann,** Rainer; Dipl.-Ing., Prof.; *Vermessungskunde, Geoinformatik*; di: Hochsch. f. Technik, Fak. Vermessung, Mathematik u. Informatik, Schellingstr. 24, 70174 Stuttgart, PF 101452, 70013 Stuttgart, T: (0711) 89262608, F: 89262556, rainer.kettemann@hft-stuttgart.de; pr: Emil-Haag-Str. 24, 71263 Weil der Stadt, T: (07033) 9847, F: 9846, Rainer@kettemann.de; www.kettemann.de/Rainer/rainer.html

**Ketterer,** Gunter; Dr., Prof.; *Werkzeugmaschinen, Automatisierungstechnik, Fertigungstechnik*; di: Hochsch. Furtwangen, Fak. Maschinenbau u. Verfahrenstechnik, Jakob-Kienzle-Str. 17, 78054 Villingen-Schwenningen, keg@hs-furtwangen.de

**Ketterer,** Norbert; Dr.-Ing., Prof.; *Wirtschaftsinformatik*; di: Hochsch. Fulda, FB Angewandte Informatik, Marquardstr. 35, 36039 Fulda, T: (0661) 9640323, norbert.ketterer@informatik.hs-fulda.de

**Ketterl,** Hermann; Dr. rer. nat., Prof.; *Mess- und Regelungstechnik*; di: Hochsch. Regensburg, Fak. Maschinenbau, PF 120327, 93025 Regensburg, T: (0941) 9435193, hermann.ketterl@hs-regensburg.de

**Kettern,** Jürgen; Dr.-Ing., Prof., Dekan FB Bauingenieurwesen; *Umwelttechnik und Abfallwirtschaft*; di: FH Aachen, FB Bauingenieurwesen, Bayernallee 9, 52066 Aachen, T: (0241) 600951201, kettern@fh-aachen.de; pr: Alkuinstr. 5, 52070 Aachen, T: (0241) 1570896, F: 15070897

**Kettig,** Silke; Dr., Prof.; *Medien und Journalismus*; di: FH des Mittelstands, Ravensbergerstr. 10 G, 33602 Bielefeld, kettig@fhm-mittelstand.de

**Kettler,** Albrecht; Dr. rer. nat., Prof.; *Digitalelektronik, Technische Informatik, Meß-, Steuer- und Regelungstechnik*; di: Hochsch. Aalen, Fak. Optik u. Mechatronik, Beethovenstr. 1, 73430 Aalen, T: (07361) 5763402, Albrecht.Kettler@htw-aalen.de; www.htw-aalen.de/dti

**Kettner,** Karl-Ulrich; Dr. rer.nat., Prof.; *Technische Datenverarbeitung*; di: FH Bielefeld, FB Ingenieurwiss. u. Mathematik, Wilhelm-Bertelsmann-Str. 10, 33602 Bielefeld, T: (0521) 1067235, karl-ulrich.kettner@fh-bielefeld.de; pr: Markusgasse 12, 32130 Enger

**Kettner,** Maurice; Dr., Prof.; *Verbrennungsmotoren*; di: Hochsch. Karlsruhe, Fak. Maschinenbau u. Mechatronik, Moltkestr. 30, 76133 Karlsruhe, PF 2440, 76012 Karlsruhe, T: (0721) 9251845, maurice.kettner@hs-karlsruhe.de

**Kettschau,** Irmhild; Dr. päd., Prof.; *Arbeits- und Haushaltswissenschaft, Schwerpunkt: Privathaushalt, Berufs- und Arbeitspädagogik, Geschlechterfragen in der Oecotrophologie*; di: FH Münster, Inst. f. Berufliche Lehrerbildung, Leonardo-Campus 7, 48149 Münster, T: (0251) 8365144, kettschau@fh-muenster.de; pr: Am Kämpken 24, 48163 Münster, T: (02536) 6313

**Ketz,** Helmut; Dipl.-Inform., Prof.; *Informatik, Kommunikationsnetze, Systembetrieb*; di: Hochsch. Reutlingen, FB Informatik, Alteburgstr. 150, 72762 Reutlingen, T: (07121) 271349, helmut.ketz@fh-reutlingen.de

**Keuchel,** Klaus; Dr.-Ing., Prof.; *Materialflusstechnik und Produktionslogistik*; di: HAW Hamburg, Fak. Technik u. Informatik, Berliner Tor 21, 20099 Hamburg, T: (040) 428758604, keuchel@rzbt.haw-hamburg.de; pr: Am Knick 36, 22941 Bargteheide, T: (04532) 5306, F: 260238

**Keuchel,** Stephan; Dr. rer. pol., Prof.; *Volkswirtschaftslehre, insbes. Verkehrswirtschaft und Verkehrspolitik*; di: Westfäl. Hochsch., FB Wirtschaftsingenieurwesen, August-Schmidt-Ring 10, 45657 Recklinghausen, T: (02361) 915428, F: 915571, stephan.keuchel@fh-gelsenkirchen.de

**Keuntje,** Jörg-Michael; Dipl.-Math., Dr., Prof.; *Wirtschaftsinformatik, insb. Betriebssysteme und Netze in ihren betriebswirtschaftlichen Anwendungen*; di: FH Bielefeld, FB Wirtschaft, Universitätsstr. 25, 33615 Bielefeld, T: (0521) 1065090, joerg-michael.keuntje@fh-bielefeld.de; pr: Stargarder Str. 8, 33330 Gütersloh, T: (05241) 20723

**Keutner,** Helmut; Dipl.-Ing., Prof.; *Programmierung, Prozessdatenverarbeitung, Sensorik, Elektrische Systeme, Regelungstechnik*; di: Beuth Hochsch. f. Technik, FB VI Informatik u. Medien, Luxemburger Str. 10, 13353 Berlin, T: (030) 45042341, keutner@beuth-hochschule.de

**Kever,** Ebba de; Dr.-Ing., Prof.; *Planungs- und Entscheidungstechnik, Rohstoffe und Verfahrenstechnik, Energie- und Umwelttechnik, Werkstoffe*; di: Hochsch. Offenburg, Fak. Betriebswirtschaft u. Wirtschaftsingenieurwesen, Klosterstr. 14, 77723 Gengenbach, T: (07803) 969815, F: 969849, dekever@fh-offenburg.de

**Khakzar,** Karim; Dr.-Ing., Prof., Präs.; *Nachrichtentechnik, Medieninformatik, Elektrotechnik*; di: Hochsch. Fulda, FB Angewandte Informatik, Marquardstr. 35, 36039 Fulda, T: (0661) 9640323, F: 9640349, karim.khakzar@informatik.fh-fulda.de; pr: Luhnfeldring 11, 36093 Künzell, T: (0661) 9429771, F: 9429772

**Khazaeli,** Cyrus Dominik; Prof.; *Typografie, Layout und Informationsdesign*; di: Berliner Techn. Kunsthochschule, Bernburger Str. 24-25, 10963 Berlin, c.khazaeli@btk-fh.de

**Khoramnia,** Ghassem; Dr.-Ing., Prof.; *Hochspannungstechnik, Elektrowärme, Mathematik, Elektrotechnische Grundlagen*; di: Hochsch. Hannover, Fak. I Elektro- u. Informationstechnik, Ricklinger Stadtweg 120, 30459 Hannover, PF 920261, 30441 Hannover, T: (0511) 92961236, ghassem.khoramnia@hs-hannover.de; pr: Kiephof 5, 30457 Hannover, T: (0511) 436521

**Khorram,** Sigrid; Dr. phil., Prof.; *Wirtschaftskommunikation*; di: FH Köln, Fak. f. Informations- u. Kommunikationswiss., Claudiusstr. 1, 50678 Köln, T: (0221) 82753309, sigrid.khorram@fh-koeln.de; pr: Rotkäppchenweg 8, 50259 Pulheim, T: (02238) 838823

**Kias,** Ulrich; Dr., Prof.; *Landschaftsinformatik*; di: Hochsch. Weihenstephan-Triesdorf, Fak. Landschaftsarchitektur, Am Hofanger 5, 85350 Freising, 85350 Freising, T: (08161) 714182, F: 715114, ulrich.kias@fh-weihenstephan.de

**Kibler,** Thomas; Dr.-Ing., Prof.; di: DHBW Ravensburg, Campus Friedrichshafen, Fallenbrunnen 2, 88045 Friedrichshafen, T: (07541) 2077241, kibler@dhbw-ravensburg.de

**Kicherer,** Rolf; Dipl.-Ing., Prof.; *Hochbaukunde, Baukonstruktion, Baukonstruktionszeichnen*; di: Hochsch. f. Technik, Fak. Bauingenieurwesen, Bauphysik u. Wirtschaft, Schellingstr. 24, 70174 Stuttgart, PF 101452, 70013 Stuttgart, T: (0711) 89262740, F: 89262913, rolf.kicherer@fht-stuttgart.de

**Kickler,** Jens; Dr.-Ing., Prof.; *Holzbau, Baukonstruktion, Baustatik*; di: Beuth Hochsch. f. Technik, FB Bauingenieur- u. Geoinformationswesen, Luxemburger Straße 10, 13353 Berlin, T: (030) 45045432, kickler@beuth-hochschule.de

**Kiefer,** Gundolf; Dr., Prof.; *Informatik*; di: Hochsch. Augsburg, Fak. f. Informatik, An der Hochschule 1, 86161 Augsburg, T: (0821) 55863329, F: 55863499, Gundolf.Kiefer@hs-augsburg.de; www.hs-augsburg.de/~kiefer

**Kiefer,** Hans; Dr. rer. nat., Prof.; *Biochemie des Stoffwechsels, Proteinbiochemie, Proteinanalytik*; di: Hochsch. Biberach, SG Pharmazeut. Biotechnologie, PF 1260, 88382 Biberach/Riß, T: (07351) 582494, F: 582469, kiefer@hochschule-bc.de

**Kiefer,** Johannes; Dipl.-Ing., Dipl.-Des., Prof.; *Innenarchitektur*; di: Hochsch. Rhein/Main, FB Design Informatik Medien, Unter den Eichen 5, 65195 Wiesbaden, T: (0611) 94952190, johannes.kiefer@hs-rm.de

**Kiefer,** Roland; Dipl.-Ing., Prof.; *Netzwerktechnik, Nachrichtentechnik, Elektronik, Rechnernetze, Grundlagen der Elektrotechnik, Präsentation- und Moderationstechnik*; di: Hochsch. d. Medien, Fak. Druck u. Medien, Nobelstr. 10, 70569 Stuttgart, T: (0711) 89232167, kiefer@hdm-stuttgart.de

**Kiefer,** Thomas; Dr.-Ing., Prof.; *Technische Mechanik, Maschinendynamik, Finite Elemente*; di: Hochsch. Rhein/Main, FB Ingenieurwiss., Am Brückweg 26, 65428 Rüsselsheim, T: (06142) 8984341, thomas.kiefer@hs-rm.de

**Kieferle,** Joachim B.; Dipl.-Ing., Prof.; *Computergestützte Darstellungslehre*; di: Hochsch. Rhein/Main, FB Architektur u. Bauingenieurwesen, Kurt-Schumacher-Ring 18, 65197 Wiesbaden, T: (0611) 94951430, joachim.kieferle@hs-rm.de; pr: Eduard-Steinle-Str. 5, 70619 Stuttgart, T: (0711) 4792111

**Kiehl,** Kathrin; Dr. habil., Prof.; *Vegetationsökologie, Botanik*; di: Hochsch. Osnabrück, Fak. Agrarwiss. u. Landschaftsarchitektur, PF 1940, 49009 Osnabrück, T: (0541) 9695042, k.kiehl@hs-osnabrueck.de

**Kiehl,** Walter H.; Dr., Prof.; *Recht*; di: FH Frankfurt, FB 4 Soziale Arbeit u. Gesundheit, Nibelungenplatz 1, 60318 Frankfurt am Main, T: (069) 15332892, kiehl@fb4.fh-frankfurt.de

**Kiehl,** Werner; Dr.-Ing., Prof.; *Datenverarbeitung, Automatisierungsgeräte, Prozessüberwachung, Produktkonzeption, Qualitätssicherung und -prüfung, Qualitätsmanagement*; di: Hochsch. Emden/Leer, FB Technik, Constantiaplatz 4, 26723 Emden, T: (04921) 8071425, F: 8071429, werner.kiehl@hs-emden-leer.de; pr: Korvettenweg 32, 26723 Emden, T: (04921) 66520

**Kiel,** Bert; Dr. rer. pol., Prof.; *International Marketing and Sales*; di: FH Münster, FB Wirtschaft, Corrensstr. 25, 48149 Münster, T: (0251) 8365675, kiel@fh-muenster.de

**Kiel,** Hermann-Josef; Dr., Prof.; *Kultur- und Freizeitmanagement*; di: Hochsch. Heilbronn, Fak. f. Technik u. Wirtschaft, Daimlerstr. 35, 74653 Künzelsau, T: (07940) 1306247, F: 1306120, kiel@hs-heilbronn.de

**Kiel,** Horst; Dr.-Ing., Prof.; *Wirtschaftsinformatik, E-Commerce, Marketing, Industrial Sales Engineering, Elektrotechnik u Elektronik*; di: Jade Hochsch., FB Management, Information, Technologie, Friedrich-Paffrath-Str. 101, 26389 Wilhelmshaven, T: (04421) 9852674, horst.kiel@jade-hs.de; pr: Kirchreihe 60, 26386 Wilhelmshaven, T: (04421) 992289

**Kiel,** Peter; Dr. jur., Prof.; *Rechtswissenschaft*; di: Hochsch. Wismar, Fak. f. Wirtschaftswiss., PF 1210, 23952 Wismar, T: (03841) 753655, F: 753131, p.kiel@wi.hs-wismar.de; pr: Krim 2, 19217 Brützkow

**Kiel,** Walter; Dipl.-Volkswirt, Dipl.-Soziologe, Dr. rer. pol., Prof.; *Datenverarbeitung, Mathematik und Statistik*; di: Hochsch. Ansbach, FB Wirtschafts- u. Allgemeinwiss., Residenzstr. 8, 91522 Ansbach, PF 1963, 91510 Ansbach, T: (0981) 4877222, walter.kiel@fh-ansbach.de

**Kiene,** Klaus; Dr.-Ing., Prof.; *Fertigungstechnik, Produktentwicklung*; di: FH Bingen, FB Technik, Informatik, Wirtschaft, Berlinstr. 109, 55411 Bingen, T: (06721) 409134, F: 409104, kiene@fh-bingen.de

**Kienle,** Andrea; Dr., Prof.; *Wirtschaftsinformatik*; di: FH Dortmund, FB Wirtschaft, Emil-Figge-Str. 42, 44227 Dortmund, T: (0231) 7556826, F: 7554902, andrea.kienle@fh-dortmund.de

**Kienzler,** Herbert; Prof.; *Polizeirecht, Staatsrecht, Arbeitsrecht, Baurecht*; di: Hochsch. Kehl, Fak. Rechts- u. Kommunalwiss., Kinzigallee 1, 77694 Kehl, PF 1549, 77675 Kehl, T: (07851) 894169, Kienzler@fh-kehl.de

**Kieren,** Martin; Dr.-Ing., Prof.; *Baugeschichte, Planen im Bestand*; di: Beuth Hochsch. f. Technik, FB IV Architektur u. Gebäudetechnik, Luxemburger Str. 10, 13353 Berlin, T: (030) 45042572, kieren@beuth-hochschule.de

**Kiermeier,** Michaela; Dr., Prof., Dekanin FB Wirtschaft; *Finanzmanagement*; di: Hochsch. Darmstadt, FB Wirtschaft, Haardtring 100, 64295 Darmstadt, T: (06151) 169242, kiermeier@fbw.h-da.de

**Kies,** Dieter; Prof.; *Europarecht, Umsatzsteuer, Verfahrensrecht, Öffentliches Recht*; di: H f. öffentl. Verwaltung u. Finanzen Ludwigsburg, Fak. Steuer- u. Wirtschaftsrecht, Reuteallee 36, 71634 Ludwigsburg, T: (07141) 140452, F: 140544

**Kieschke,** Ulf; Dr., Prof.; *Gesundheitspsychologie*; di: SRH FH f. Gesundheit Gera, Hermann-Drechsler-Str. 2, 07548 Gera, ulf.kieschke@srh-gesundheitshochschule.de; pr: Forster Landstr. 68, 03130 Spremberg, T: (03563) 92067

**Kiesel,** Doron; Dr., Prof.; *Theorie der Sozialarbeit/Sozialpädagogik mit bes. Berücksichtigung der interkulturellen Aspekte sozialer Arbeit*; di: FH Erfurt, FB Sozialwesen, Altonaer Str. 25, 99084 Erfurt, PF 101363, 99013 Erfurt, T: (0361) 6700537, F: 6700533, kiesel@fh-erfurt.de

**Kiesel,** Manfred; Dr., Prof.; *BWL, Internationale BWL*; di: Hochsch. f. angew. Wiss. Würzburg Schweinfurt, Fak. Wirtschaftswiss., Münzstr. 12, 97070 Würzburg

**Kiesewetter,** Willi; Dr., Prof.; *Konstruktion, Strömungslehre*; di: FH Frankfurt, FB 2 Informatik u. Ingenieurwiss., Nibelungenplatz 1, 60318 Frankfurt am Main, T: (069) 15332217, wkiese@fb2.fh-frankfurt.de

**Kiesl,** Hans; Dr. rer. pol., Prof.; *Mathematik*; di: Hochsch. Regensburg, Fak. Informatik u. Mathematik, PF 120327, 93025 Regensburg, T: (0941) 9431275, hans.kiesl@hs-regensburg.de

**Kießling,** Eva; Dr., Prof.; *Unternehmenssteuern, Rechnungslegung*; di: Hochsch. München, Fak. Betriebswirtschaft, Am Stadtpark 20 (Neubau), 81243 München, T: (089) 12652722, F: 12652714, eva.kiessling@fhm.edu

**Kiethe,** Hans-Hermann; Dr.-Ing., Prof.; *Spanende Fertigungsverfahren, Produktionsplanung, Geschäftsprozess-Optimierung*; di: FH Kiel, FB Maschinenwesen, Grenzstr. 3, 24149 Kiel, T: (0431) 2102806, F: 21062806, hans.kiethe@fh-kiel.de; pr: Feldstr. 90, 24105 Kiel, T: (0431) 5869484

**Kietz,** Bettina; Dr., Prof.; *Forstnutzung, Holzernte, Rundholzlogistik*; di: HAWK Hildesheim/Holzminden/Göttingen, Fak. Ressourcenmanagement, Büsgenweg 1a, 37077 Göttingen, T: (0551) 5032285

**Kihm,** Axel; Dipl.-Wirtsch.-Ing., Dr. rer. oec., Prof., Vizepräs.; *Betriebswirtschaftslehre, Rechnungslegung, Wirtschaftsprüfung*; di: Hochsch. Trier, FB Wirtschaft, PF 1826, 54208 Trier, T: (0651) 8103482, A.Kihm@hochschule-trier.de

**Kilb,** Rainer; Dr. phil., Prof., Dekn FB Sozialwesen; *Methodenentwicklung in der Sozialen Arbeit*; di: Hochsch. Mannheim, Fak. Sozialwesen, Ludolf-Krehl-Str. 7-11, 68167 Mannheim, T: (0621) 2926719; pr: Georg-Speyer-Str. 70, 60487 Frankfurt/M., T: (069) 499512

**Kilb,** Thomas; Dr.-Ing., Prof.; *CAD, Simulation, Konstruktion und Mechanische Antriebstechnik*; di: FH Kaiserslautern, FB Angew. Ingenieurwiss., Morlautererstr. 31, 67657 Kaiserslautern, T: (0631) 37242313, thomas.kilb@fh-kl.de

**Kilchert,** Manfred; Dipl.-Ing., Prof.; *Grundbau, Bodenmechanik, Deponiebau*; di: HTWK Leipzig, FB Bauwesen, PF 301166, 04251 Leipzig, T: (0341) 30766223, kilchert@fbb.htwk-leipzig.de

**Kilian,** Axel; Dr., Prof.; *Mathematik, Computergestützte mathematische Methoden (wissenschaftliches Rechnen)*; di: Hochsch.Merseburg, FB Informatik u. Kommunikationssysteme, Geusaer Str., 06217 Merseburg, T: (03461) 463057, Axel.Kilian@hs-merseburg.de

**Kilian,** Hans-Ulrich; Dipl.-Ing., Prof.; *Baukonstruktion, Entwerfen*; di: Hochsch. Biberach, SG Architektur, PF 1260, 88382 Biberach/Riß, T: (07351) 582213, F: 582119, kilian@hochschule-bc.de

**Kilian,** Matthias; Dr., Prof.; *Konstruktion und Entwicklung*; di: Hochsch. Hof, Alfons-Goppel-Platz 1, 95028 Hof, T: (09281) 4094830, matthias.kilian@hof-university.de

**Kill,** Heinrich H.; Dr.-Ing., Prof.; *Verkehrssystemgestaltung*; di: FH Erfurt, FB Verkehrs- u. Transportwesen, Altonaer Str. 25, 99084 Erfurt, PF 101363, 99013 Erfurt, T: (0361) 6700701, F: 6700528, kill@fh-erfurt.de

**Kille,** Gabriele Pia; Dipl.-Des., Prof.; *Typografie, Visuelle Kommunikation, Bildsprache und Fotografie, Corporate Design*; di: Hochsch. d. Medien, Fak. Electronic Media, Nobelstr. 10, 70569 Stuttgart, T: (0711) 89232225, kille@hdm-stuttgart.de

**Killmey,** Hilmar; Dr.-Ing., Prof.; *Konstruktionstechnik/CAD*; di: Hochsch. Anhalt, FB 6 Elektrotechnik, Maschinenbau u. Wirtschaftsingenieurwesen, PF 1458, 06354 Köthen, T: (03496) 672324, H.Killmey@emw.hs-anhalt.de

**Killy,** Gerhard; Dipl.-Vw., Dipl.-Kfm., Dr. rer. pol., Prof.; *Volkswirtschaftslehre, Marketing und Vertrieb, Entwicklung betrieblicher Informationssysteme*; di: Hochsch. Reutlingen, FB Informatik, Alteburgstr. 150, 72762 Reutlingen, T: (07121) 271652/653; pr: Beckmannweg 15/1, 72076 Tübingen, T: (07071) 68403

**Kilsch,** Dieter; Dr. rer. nat., Prof.; *Mathematik, Mechanik, Neuronale Netze*; di: FH Bingen, FB Technik, Informatik, Wirtschaft, Berlinstr. 109, 55411 Bingen, T: (06721) 409133, F: 409104, kilsch@fh-bingen.de

**Kilthau,** Andreas; Dr., Prof.; *Elektrotechnik*; di: DHBW Mannheim, Fak. Technik, Coblitzallee 1-9, 68163 Mannheim, T: (0621) 41051173, F: 41051318, andreas.kilthau@dhbw-mannheim.de

**Kilz,** Gerhard; Dr. rer. pol., Prof.; *Recht, insbes. Sozial- und Verwaltungsrecht, Arbeitsrecht, einschl. öffentliches Dienstrecht*; di: Kath. Hochsch. NRW, Abt. Paderborn, FB Sozialwesen, Leostr. 19, 33098 Paderborn, T: (05251) 122535, F: 122552, g.kilz@kfhnw.de; pr: Wolff-Metternich-Str. 7, 33102 Paderborn, T: (05251) 35551

**Kim,** Seon-Su; Dr., Prof.; *Industrie, Steuer- und Prüfungswesen, Wirtschaftsingenieurwesen*; di: DHBW Mosbach, Campus Bad Mergentheim, Schloss 2, 97980 Bad Mergentheim, T: (07931) 530610, F: 530614, kim@dhbw-mosbach.de

**Kim,** Stefan; Prof.; *Medienproduktion*; di: FH Brandenburg, FB Informatik u. Medien, Magdeburger Str. 50, 14770 Brandenburg, PF 2132, 14737 Brandenburg, T: (03381) 355439, F: 355199, kim@fh-brandenburg.de

**Kimmerle,** Klaus; Dr.-Ing., Prof.; *Physikalische Verfahrenstechnik*; di: HTW d. Saarlandes, Fak. f. Ingenieurwiss., Goebenstr. 40, 66117 Saarbrücken, T: (0681) 5867259, kimmerle@htw-saarland.de; pr: Bahnhofstr. 177a, 66424 Homburg, T: (06841) 755246

**Kimmich,** Reinhard; Dr. rer. nat., Prof.; *Lebensmittelchemie, Qualitätsmanagement*; di: Hochsch. Albstadt-Sigmaringen, FB 3, Anton-Günther-Str. 51, 72488 Sigmaringen, PF 1254, 72481 Sigmaringen, T: (07571) 732249, F: 732250, kimmich@fh-albsig.de

**Kimmig,** Martin; Dr., Prof.; *Wirtschaftsinformatik*; di: DHBW Villingen-Schwenningen, Fak. Wirtschaft, Karlstr. 29, 78054 Villingen-Schwenningen, T: (07720) 3906163, F: 3906519, kimmig@dhbw-vs.de

**Kimpflinger,** Andrea; Prof.; *Gestaltung*; di: FH Neu-Ulm, Wileystr. 1, 89231 Neu-Ulm, T: (0731) 97621508, andrea.kimpflinger@fh-neu-ulm.de

**Kinateder,** Thomas; Dr., Prof.; *Projektentwicklung, Projektmanagement*; di: Hochsch. f. Wirtschaft u. Umwelt Nürtingen-Geislingen, PF 1251, 73302 Geislingen a.d. Steige, T: (07331) 22547, thomas.kinateder@hfwu.de

**Kind,** Steffen; Dr.-Ing., Prof., Dekan FB Bauingenieurwesen; *Stahlbau, Statik*; di: Hochsch. Darmstadt, FB Bauingenieurwesen, Haardtring 100, 64295 Darmstadt, T: (06151) 168164, kind@fbb.h-da.de

**Kinder,** Michael; Dr., Prof.; *Wirtschaftsmathematik*; di: H Koblenz, FB Mathematik u. Technik, RheinAhrCampus, Joseph-Rovan-Allee 2, 53424 Remagen, T: (02642) 932276, Kinder@rheinahrcampus.de

**Kindler,** Ulrich; Dipl.-Ing., Dr.-Ing., Prof.; *Betriebssysteme*; di: FH Lübeck, FB Elektrotechnik u. Informatik, Mönkhofer Weg 136-140, 23562 Lübeck, T: (0451) 3005309, F: 3005236, ulrich.kindler@fh-luebeck.de

**King,** Werner; Dipl.-Ing., Prof.; *Entwurfsorientiertes Projektmanagement und Baubetriebslehre*; di: HTWK Leipzig, FB Bauwesen, PF 301166, 04251 Leipzig, T: (0341) 30766289, king@fbb.htwk-leipzig.de

**Kinias,** Constantin; Dr.-Ing., Prof., Rektor; *Arbeitswissenschaft, Arbeitssicherheit, Unternehmensplanung und -führung*; di: FH Kiel, FB Maschinenwesen, Grenzstr. 3, 24149 Kiel, T: (0431) 2102774, F: 21062774, constantin.kinias@fh-kiel.de; pr: Schönkamp 21, 24226 Heikendorf, T: (0431) 23310

**Kinkel,** Joachim Klaus; Dipl.-Chem., Dr. rer. nat., Prof.; *Allgemeine und Analytische Chemie, Umweltanalytik*; di: Georg-Simon-Ohm-Hochsch. Nürnberg, Fak. Angewandte Chemie, Keßlerplatz 12, 90489 Nürnberg, PF 210320, 90121 Nürnberg

**Kintzinger,** Werner; Dipl.-Des. (FH), Prof., Dekan HS Coburg FB Design; *Konstruieren und Entwerfen mit Schwerpunkt Innenarchitektur*; di: Hochsch. Coburg, Fak. Design, Am Hofbräuhaus 1, 96450 Coburg, T: (09561) 317434, kintzing@hs-coburg.de; pr: Fichtenweg 8, 96482 Ahorn

**Kinzler,** Susanne C.; Dr. rer. pol., Prof.; *Externe Rechnungslegung u. Wirtschaftsprüfung, Buchführung, International Accounting*; di: Hochsch. Aalen, Fak. Wirtschaftswissenschaften, Beethovenstr. 1, 73430 Aalen, T: (07361) 9149017, Susanne.Kinzler@htw-aalen.de

**Kioschis-Schneider,** Petra; Dr. rer. nat., Prof.; *Mikrobiologie, Molekularbiologie*; di: Hochsch. Mannheim, Fak. Biotechnologie, Windeckstr. 110, 68163 Mannheim

**Kipfelsberger,** Christian; Dr.-Ing., Prof.; *Kunststofftechnik, Organische Chemie*; di: FH Jena, FB SciTec, Carl-Zeiss-Promenade 2, 07745 Jena, PF 100314, 07703 Jena, T: (03641) 205450, F: 205451, wt@fh-jena.de

**Kipke,** Harald; Dr.-Ing., Prof.; *Verkehrsplanung, Schienenverkehrswesen*; di: Georg-Simon-Ohm-Hochsch. Nürnberg, Fak. Bauingenieurwesen, Keßlerplatz 12, 90489 Nürnberg

**Kipke,** Matthias; Prof.; *Elektronik*; di: Beuth Hochsch. f. Technik, FB VII Elektrotechnik – Mechatronik – Optometrie, Luxemburger Str. 10, 13353 Berlin, T: (030) 45042301, kipke@beuth-hochschule.de

**Kipp,** Michael; Dr., Prof.; *Informatik, Mensch-Computer-Interaktion*; di: Hochsch. Augsburg, Fak. f. Informatik, An der Hochschule 1, 86161 Augsburg, T: (0821) 55863509, F: 55863499, michael.kipp@hs-augsburg.de; www.michaelkipp.de

**Kippes,** Stephan; Dr. rer. pol., Prof.; *Marketing, BWL Einführung, Unternehmensführung*; di: Hochsch. f. Wirtschaft u. Umwelt Nürtingen-Geislingen, PF 1251, 73302 Geislingen a.d. Steige, T: (07331) 22537, stephan.kippes@hfwu.de

**Kirbach,** Volkmar; Dr.-Ing. habil., Prof.; *Prozeß- und Anlagenautomatisierung, Elektrotechnik/Elektronik*; di: Techn. Hochsch. Wildau, FB Ingenieurwesen/Wirtschaftsingenieurwesen, Bahnhofstr., 15745 Wildau, T: (03375) 508130, F: 500324, vkirbach@igw.tfh-wildau.de

**Kirbs,** Jörg; Dr., Prof.; *Technische Mechanik, Festigkeitslehre und FEM-Anwendung*; di: Hochsch.Merseburg, FB Ingenieur- u. Naturwiss., Geusaer Str., 06217 Merseburg, T: (03461) 462998, joerg.kirbs@hs-merseburg.de

**Kirch,** Dietmar; Dr., Prof.; *Qualitätsmanagement*; di: HTW Berlin, FB Wirtschaftswiss. II, Treskowallee 8, 10318 Berlin, T: (030) 50192340, kirch@HTW-Berlin.de

**Kirch-Prinz,** Ursula; Dr. rer. nat., Prof.; *Effiziente Algorithmen, Verteilte Anwendungen, Embedded Systems, IT Infrastructures*; di: Hochsch. München, Fak. Informatik u. Mathematik, Lothstr. 34, 80335 München, T: (089) 12653739

**Kirchartz,** Karl-Reiner; Dr.-Ing., Prof.; *Technische Mechanik, Werkstofftechnik, Ingenieurwissenschaftliche Grundlagen*; di: Hochsch. Albstadt-Sigmaringen, FB 1, Jakobstr. 1, 72458 Albstadt, T: (07431) 579153, F: 579169, kircharz@hs-albsig.de

**Kirchberg,** Paul; Dr., Prof.; di: DHBW Ravensburg, Marienplatz 2, 88212 Ravensburg, T: (0751) 189992786, kirchberg@dhbw-ravensburg.de

**Kirchberger,** Roland; Dr.-Ing., Prof.; *Automatisierung energietechnischer Systeme*; di: Beuth Hochsch. f. Technik, FB VII Elektrotechnik – Mechatronik – Optometrie, Luxemburger Straße 10, 13353 Berlin, T: (030) 45042496, roland.kirchberger@beuth-hochschule.de

**Kircher,** Wolfram; Dr., Prof.; *Botanik*; di: Hochsch. Anhalt, FB 1 Landwirtschaft, Ökotrophologie, Landespflege, Strenzfelder Allee 28, 06406 Bernburg, T: (03471) 3551150, kircher@loel.hs-anhalt.de

**Kirchhöfer,** Hermann G.; Dipl.-Ing., Dr.-Ing., Prof.; *Werkstofftechnik, Oberflächentechnik, Kunststoff-Mechatronik*; di: Hochsch. Ansbach, FB Ingenieurwissenschaften, Residenzstr. 8, 91522 Ansbach, PF 1963, 91510 Ansbach, T: (0981) 4877269, hermann.kirchhöfer@fh-ansbach.de

**Kirchhoff,** Jens; Dr.-Ing., Prof.; *Qualitätssicherung, Controlling, Feinwerkkonstruktion, CIM*; di: HAWK Hildesheim/Holzminden/Göttingen, Fak. Naturwiss. u. Technik, Von-Ossietzky-Str. 99, 37085 Göttingen, T: (0551) 3705148

**Kirchhoff,** Renate; Dr., Prof., Dekanin FB Theologische Bildungs- und Diakoniewissenschaft; *Theologie*; di: Ev. Hochsch. Freiburg, Bugginger Str. 38, 79114 Freiburg i.Br., T: (0761) 4781253, F: 4781230, kirchhoff@eh-freiburg.de; pr: Schwarzwaldstr. 310, 79117 Freiburg, T: (0761) 6966886

**Kirchhoff,** Sabine; Dr., Prof.; *Presse- und Medienarbeit*; di: Hochsch. Osnabrück, Fak. MKT, Inst. f. Kommunikationsmanagement, Kaiserstr. 10c, 49809 Lingen, T: (0591) 80098456, s.kirchhoff@hs-osnabrueck.de

**Kirf,** Bodo; Dr., HonProf.; *Design Informatik Medien*; di: Hochsch. Rhein / Main, FB Design Informatik Medien, Unter den Eichen 5, 65195 Wiesbaden, T: (0172) 4296762, bodo.kirf@hs-rm.de

**Kirillova,** Evgenia; Dr., Prof.; *Mathematik*; di: Hochsch. Rhein / Main, FB Design Informatik Medien, Campus Unter den Eichen 5, 65195 Wiesbaden, T: (0611) 94951466, evgenia.kirillova@hs-rm.de

**Kirksaeter,** Janicke; Dr., Prof.; *Unternehmensentwicklung, Personal- und Organisationsentwicklung*; di: Hochsch. Heidelberg, Fak. f. Wirtschaft, Ludwig-Guttmann-Str. 6, 69123 Heidelberg, T: (06221) 884144, janicke.kirksaeter@fh-heidelberg.de

**Kirnbauer,** Thomas; Dr. rer. nat., Prof.; *Geologie, Mineralische Baustoffe*; di: TFH Georg Agricola Bochum, WB Geoingenieurwesen, Bergbau u. Techn. Betriebswirtschaft, Herner Str. 45, 44787 Bochum, T: (0234) 9683375, F: 9683402, Kirnbauer@tfh-bochum.de; pr: Ückendorfer Str. 95, 44866 Bochum, T: (02327) 903597, F: 903598

**Kirner,** Eva; Dr. rer. pol., Prof.; *Betriebswirtschaftslehre, Innovationsmanagement, Managementkonzepte*; di: Hochsch. Furtwangen, Fak. Wirtschaft, Jakob-Kienzle-Str. 17, 78054 Villingen-Schwenningen, kire@hs-furtwangen.de

**Kirner,** Thomas; Dr., Prof.; *Chemie und Bio-Mikrostrukturtechnik*; di: Hochschule Hamm-Lippstadt, Marker Allee 76-78, 59063 Hamm, T: (02381) 8789407, thomas.kirner@hshl.de

**Kirsch,** Dietmar; Dipl.-Ing., Prof.; *Tragwerksplanung und Konstruktion*; di: Hochsch. Coburg, Fak. Design, Friedrich-Streib-Str. 2, 96450 Coburg, T: (09561) 317134, kirsch@hs-coburg.de

**Kirsch,** Hanno; Dr. rer. pol., StB, Dipl.-Kaufmann, Prof. u. Präs. d. FH Westküste; *Controllingorientierte Unternehmensrechnung*; di: FH Westküste, FB Wirtschaft, Fritz-Thiedemann-Ring 20, 25746 Heide, T: (0481) 8555105, kirsch@fh-westkueste.de; pr: Am Sandberg 8, 25704 Meldorf, T: (04832) 555173

**Kirsch,** Holger; Dr. med., Prof.; *Sozialmedizin, Pflege- u. Gesundheitswissenschaft*; di: Ev. Hochsch. Darmstadt, FB Pflege- und Gesundheitswiss., Zweifalltorweg 12, 64293 Darmstadt, T: (06151) 879849, kirsch@eh-darmstadt.de

**Kirsch,** Jürgen; Dr., Prof.; *BWL*; di: DHBW Stuttgart, Fak. Wirtschaft, BWL-Industrie, Herdweg 21, 70174 Stuttgart, T: (0711) 1849627, Kirsch@dhbw-stuttgart.de

**Kirsch,** Karin; HonProf.; di: Hochsch. f. Technik, Fak. Architektur u. Gestaltung, Schellingstr. 24, 70174 Stuttgart, PF 101452, 70013 Stuttgart

**Kirsch,** Thomas; Dr., Prof.; di: Rheinische FH Köln, Hohenstaufenring 16-18, 50674 Köln

**Kirschbaum,** Jürgen; Prof.; *Buchführung, Bilanzsteuerrecht, Lohnsteuer, Wirtschaftsrecht*; di: H f. öffentl. Verwaltung u. Finanzen Ludwigsburg, Fak. Steuer- u. Wirtschaftsrecht, Reuteallee 36, 71634 Ludwigsburg, T: (07141) 140464, F: 140544

**Kirschkamp,** Thomas; Dr., Prof.; *Physiologische Optik, Kontaktlinsenanpassung*; di: Hochsch. Aalen, Fak. Optik u. Mechatronik, Beethovenstr. 1, 73430 Aalen, T: (07361) 5764617, Thomas.Kirschkamp@htw-aalen.de

**Kirschten,** Uta; Dr. rer. pol., Prof.; *BWL, Schwerpunkt Human Resource Management*; di: AKAD-H Leipzig, Gutenbergplatz 1E, 04103 Leipzig, T: (0341) 2261930, hs-leipzig@akad.de

**Kirspel,** Matthias; Dipl.-Vw., Dr. rer. pol., Prof.; *Volkswirtschaftslehre einschließlich quantitativer Methoden*; di: Jade Hochsch., FB Wirtschaft, Friedrich-Paffrath-Str. 101, 26389 Wilhelmshaven, T: (04421) 9852568, F: 9852596, kirspel@jade-hs.de

**Kirst,** Andreas; Dr., Prof., Dekan f. Management; *Wirtschaftswissenschaften*; di: SRH Hochsch. Hamm, Platz der Deutschen Einheit 1, 59065 Hamm, T: (02381) 9291151, F: 9291199, andreas.kirst@fh-hamm.srh.de

**Kirsten,** A. Stefan; Dr. rer. pol., Prof.; *Volkswirtschaftslehre*; di: Westfäl. Hochsch., FB Wirtschaftsingenieurwesen, August-Schmidt-Ring 10, 45657 Recklinghausen, stefan.kirsten@stanford.de

**Kirstges,** Torsten; Dipl.-Kfm., Dr. rer. pol., Prof.; *Allgemeine Betriebswirtschaftslehre und Tourismuswirtschaft, Schwerpunkt Reiseveranstalter und Reisevermittler sowie Ökologie und Tourismuswirtschaft*; di: Jade Hochsch., FB Wirtschaft, Friedrich-Paffrath-Str. 101, 26389 Wilhelmshaven, T: (04421) 9852332, F: 9852596, kirstges@jade-hs.de

**Kiso,** Dirk; Dr. rer. pol., Prof.; *Betriebswirtschaftslehre, insbesondere Betriebliche Steuerlehre und Wirtschaftsprüfung*; di: FH Münster, FB Wirtschaft, Corrensstr. 25, 48149 Münster, T: (0251) 8365631, F: 8365502, D.Kiso@fh-muenster.de

**Kisro-Völker,** Sibylle; M.A., Dr. phil., Prof.; *Englisch und Französisch*; di: Georg-Simon-Ohm-Hochsch. Nürnberg, Fak. Betriebswirtschaft, Bahnhofsstr. 87, 90402 Nürnberg, PF 210320, 90121 Nürnberg

**Kisse,** Raimund; Dr.-Ing., Prof.; *Maschinenelemente, Konstruktionslehre, Technische Mechanik*; di: FH Bielefeld, FB Ingenieurwiss. u. Mathematik, Wilhelm-Bertelsmann-Str. 10, 33602 Bielefeld, T: (0521) 1067315, raimund.kisse@fh-bielefeld.de; pr: Am Niederfeld 19, 33605 Bielefeld, T: (0521) 104842

**Kißig,** Klaus; Dr.-Ing., Prof.; *Mikroprozessortechnik*; di: FH Kiel, FB Informatik u. Elektrotechnik, Grenzstr. 5, 24149 Kiel, T: (0431) 2104112, F: 2104010, klaus.kissig@fh-kiel.de

**Kißkalt,** Michael; Prof.; *Missiologie*; di: Theolog. Seminar Elstal, Johann-Gerhard-Oncken-Str. 7, 14641 Wustermark, T: (033234) 74336, mkisskalt@baptisten.de

**Kissling,** Carmen; Dr., Prof.; di: Ostfalia Hochsch., Fak. Verkehr-Sport-Tourismus-Medien, Karl-Scharfenberg-Str. 55/57, 38229 Salzgitter

**Kister,** Johannes; Dipl.-Ing., Prof.; *Entwerfen / Baukonstruktion*; di: Hochsch. Anhalt, FB 3 Architektur, Facility Management u. Geoinformation, PF 2215, 06818 Dessau, T: (0340) 51971537

**Kisters,** Peter; Dr.-Ing., Prof.; *Maschinenbau, insbesondere Produktdesign*; di: Hochsch. Rhein-Waal, Fak. Technologie u. Bionik, Marie-Curie-Straße 1, 47533 Kleve, T: (02821) 80673622, peter.kisters@hochschule-rhein-waal.de

**Kittl,** Herbert; Dr. rer. pol., Prof.; *Rechnungswesen, Revision, Unternehmensbesteuerung*; di: Hochsch. Deggendorf, FB Betriebswirtschaft, Edlmairstr. 6-8, 94469 Deggendorf, PF 1320, 94453 Deggendorf, T: (0991) 3615116, F: 361581116, herbert.kittl@fh-deggendorf.de

**Kitzing,** Tina; M.A., Dipl.-Ing., Prof.; *Veranstaltungsgestaltung*; di: Beuth Hochsch. f. Technik, FB VIII Maschinenbau, Veranstaltungs- u. Verfahrenstechnik, Luxemburger Straße 10, 13353 Berlin, T: (030) 45045413, kitzing@beuth-hochschule.de

**Kiuntke,** Marcus; Dr.-Ing., Prof.; *Bioenergieingenieurwesen mit Schwerpunkt Biogas*; di: Hochschule Hamm-Lippstadt, Marker Allee 76-78, 59063 Hamm, T: (02381) 8789414, marcus.kiuntke@hshl.de

**Kiuntke,** Martin; Dr.-Ing., Prof.; *Baubetrieb, insbes. Fertigungstechnik, Straßenbau und -entwurf*; di: Hochsch. Karlsruhe, Fak. Architektur u. Bauwesen, Moltkestr. 30, 76133 Karlsruhe, PF 2440, 76012 Karlsruhe, T: (0721) 9252675

**Kiy,** Manfred; Dr. rer. pol., Prof.; *Volkswirtschaftslehre, insbes. Umweltökonomie*; di: FH Köln, Fak. f. Wirtschaftswiss., Claudiusstr. 1, 50678 Köln, T: (0221) 82753432, manfred.kiy@fh-koeln.de

**Kjär,** Heidi; Dr., Prof.; *Mediendesign, Bildkommunikation, Immersive Wahrnehmung*; di: FH Kiel, Grenzstr. 3, 24149 Kiel, T: (0431) 2104506, F: 2104501, heidi.kjaer@fh-kiel.de

**Kjer,** Volkert; Dr., Prof.; *Betriebliches Finanz- und Rechnungswesen*; di: Hochsch. Fulda, FB Wirtschaft, Marquardstr. 35, 36039 Fulda; pr: Adelberostr. 11, 36100 Petersberg, T: (0661) 65548

**Klaas,** Klaus Peter; Dr. rer. oec., Prof.; *Marketing, Logistik*; di: Accadis Hochsch., FB 3, Du Pont-Str 4, 61352 Bad Homburg

**Klaas,** Lothar; Dr.-Ing., Prof.; *Übertragungstechnik, Digitale Signalverarbeitung, Analogschaltungstechnik*; di: FH Bingen, FB Technik, Informatik, Wirtschaft, Berlinstr. 109, 55411 Bingen, T: (06721) 409409, F: 409158, klaas@fh-bingen.de

**Klän,** Werner; Dr. theol. habil., Prof.; *Systematische Theologie*; di: Luth. Theolog. Hochschule, Altkönigstr. 150, 61440 Oberursel, T: (06171) 912761, klaen.w@lthh-oberursel.de

**Klär,** Patrick; Dr.-Ing., Prof.; *Mikrosystemtechnik*; di: FH Kaiserslautern, FB Informatik u. Mikrosystemtechnik, Amerikastr. 1, 66482 Zweibrücken, T: (06332) 914421, Patrick.Klaer@fh-kl.de

**Klärle,** Martina; Dr. rer. nat., Prof.; *Landmanagement, Geoinformatik, Vermessung*; di: FH Frankfurt, FB 1 Architektur, Bauingenieurwesen, Geomatik, Nibelungenplatz 1, 60318 Frankfurt am Main, T: (069) 15332778

**Klaes,** Norbert; Dipl.-Ing., Prof.; *Elektrische Antriebstechnik, Leistungselektronik*; di: HTW Berlin, FB Ingenieurwiss. I, Allee der Kosmonauten 20/22, 10315 Berlin, T: (030) 50192112, klaes@HTW-Berlin.de

**Klaffke,** Martin; Dr., Prof.; *Personalmanagement, Strategisches Management*; di: Hamburg School of Business Administration, Alter Wall 38, 20457 Hamburg, T: (040) 36138711, F: 36138751, martin.klaffke@hsba.de

**Klages,** Ulrich; Dr.-Ing., Prof.; *Betriebssysteme, Prozessrechentechnik*; di: Ostfalia Hochsch., Fak. Informatik, Salzdahlumer Str. 46/48, 38302 Wolfenbüttel

**Klaiber,** Udo; Dr., Prof.; *BWL – International Business*; di: DHBW Ravensburg, Marktstr. 28, 88212 Ravensburg, T: (0751) 189992753, u.klaiber@dhbw-ravensburg.de

**Klammer-Schoppe,** Marion; Dr., Prof.; *ABWL, insb. Marketingmanagement und Vertrieb*; di: FH Erfurt, FB Wirtschaftswiss., Steinplatz 2, 99085 Erfurt, PF 101363, 99013 Erfurt, T: (0361) 6700159, F: 6700152, klammer@fh-erfurt.de

**Klanke,** Heinz-Peter; Dipl.-Phys., Dipl.-Ing., Dr.-Ing., Prof.; *Werkstoffprüfung, Zerstörungsfreie Prüfung*; di: Hochsch. Osnabrück, Fak. Ingenieurwiss. u. Informatik, Albrechtstr. 30, 49076 Osnabrück, T: (0541) 9692094, p.klanke@hs-osnabrueck.de; pr: Ruwestr. 22, 49084 Osnabrück, T: (0541) 707188

**Klante,** Oliver; Dr., Prof.; *Marketing und Strategischer Einkauf im Handel*; di: HAW Hamburg, Fak. Wirtschaft u. Soziales, Berliner Tor 5, 20099 Hamburg, T: (040) 428756917, oliver.klante@haw-hamburg.de

**Klapdor,** Ralf; Dr., Prof.; *Betriebswirtschaftslehre, Internationales Steuerrecht, Finanzmanagement und Controlling*; di: Hochsch. Rhein-Waal, Fak. Gesellschaft u. Ökonomie, Marie-Curie-Straße 1, 47533 Kleve, T: (02821) 80673, @hochschule-rhein-waal.de

**Klar,** Anton; Dr.-Ing., Prof.; *Robotik und Technische Informatik*; di: FH Bielefeld, FB Ingenieurwiss. u. Mathematik, Am Stadtholz 24, 33609 Bielefeld, T: (0521) 1067502, anton.klar@fh-bielefeld.de; pr: Osningstr. 64, 33605 Bielefeld, T: (0521) 2389283

**Klaschka,** Ursula; Dr. rer. nat., Prof.; *Umweltverträgliche Produktion, Umweltorientierte Unternehmensführung*; di: Hochsch. Ulm, Fak. Mathematik, Natur- u. Wirtschaftswiss., PF 3860, 89028 Ulm, T: (0731) 5028456, klaschka@hs-ulm.de

**Klasen,** Frithjof; Dr.-Ing., Prof.; *Automatisierungstechnik und Datenverarbeitung*; di: FH Köln, Fak. f. Informatik u. Ingenieurwiss., Am Sandberg 1, 51643 Gummersbach, T: (02261) 8196380, klasen@gm.fh-koeln.de; pr: Seelsheider Weg 24, 51069 Köln, T: (0221) 602424

**Klasen-Habeney,** Anne; Dipl.-Ing., Prof.; *Städtebauliches Entwerfen und Bauleitplanung*; di: FH Aachen, FB Architektur, Bayernallee 9, 52066 Aachen, T: (0241) 60091151, klasen-habeney@fh-aachen.de; pr: Johanniterstr. 26, 52064 Aachen, T: (0241) 36006

**Klasmeier,** Ulrich; Dr.-Ing., Prof.; *Computergestützte Konstruktion*; di: FH Münster, FB Energie, Gebäude, Umwelt, Stegerwaldstr. 39, 48565 Steinfurt, T: (0251) 962185, F: 962786, klasmeier@fh-muenster.de; pr: Geschwister-Scholl-Str. 1, 48565 Steinfurt, T: (02551) 3495

**Klassen,** Norbert; Dr., Prof.; *Verkehrsplanung, Tourismus*; di: Hochsch. München, Fak. Angew. Sozialwiss., Lothstr. 34, 80335 München, T: (089) 12652136, norbert.klassen@hm.edu

**Klatt,** Stefan; Dr. med., Prof.; *Öffentliches Gesundheitswesen (Public Health)*; di: FH Stralsund, FB Elektrotechnik u. Informatik, Zur Schwedenschanze 15, 18435 Stralsund, T: (03831) 456966, F: 45680, Stefan.Klatt@fh-stralsund.de

**Klatte,** Volkmar; Dr. rer. pol., Prof.; *Allgemeine BWL, Controlling, Rechnungswesen*; di: Hochsch. f. Wirtschaft u. Umwelt Nürtingen-Geislingen, FB 4, PF 1251, 73302 Geislingen a. d. Steige, T: (07331) 22577, volkmar.klatte@hfwu.de

**Klaubert,** Markus; Dr.-Ing., Prof.; *Maschinenelemente, Antriebstechnik*; di: Hochsch. Zittau/Görlitz, Fak. Maschinenwesen, PF 1455, 02754 Zittau, T: (03583) 611853, mklaubert@hs-zigr.de

**Klauck,** Christoph; Dr., Prof.; *Verteilte Systeme und Künstliche Intelligenz*; di: HAW Hamburg, Fak. Technik u. Informatik, Berliner Tor 7, 20099 Hamburg, T: (040) 428758421, klauck@informatik.haw-hamburg.de

**Klauck,** Ulrich; Dipl.-Inform. Med., Dr. sc. hum., Prof.; *Computervisualistik, Signal- u. Bildverarbeitung, Autonome Systeme*; di: Hochsch. Aalen, Fak. Elektronik u. Informatik, Beethovenstr. 1, 73430 Aalen, T: (07361) 5764184, Ulrich.Klauck@htw-aalen.de

**Klauer,** Julia; Dr., Prof.; *Bank- und Kapitalmarktrecht*; di: Hochsch. f. Wirtschaft u. Recht Berlin, FB I, Badensche Str. 50/51, 10825 Berlin, T: (030) 85789280, jrakob@hwr-berlin.de

**Klauer,** Rolf; Dr.-Ing., Prof.; *Datenverarbeitung, Geoinformatik, Kartennetzlehre*; di: Hochsch. München, Fak. Geoinformation, Karlstr. 6, 80333 München, klauer@fhm.edu

**Klauk,** Jürgen Bruno; Dr., Prof.; *Betriebswirtschaftslehre, SP Unternehmensführung/ Organisation/Personal*; di: Hochsch. Harz, FB Wirtschaftswiss., Friedrichstr. 57-59, 38855 Wernigerode, T: (03943) 659242, F: 659109, bklauk@hs-harz.de

**Klaus,** Doris; Prof.; *Volkswirtschaftslehre, Controlling*; di: Hochsch. Emden/Leer, FB Wirtschaft, Constantiaplatz 4, 26723 Emden

**Klaus,** Erich; Dr., Prof.; *BWL, Industrie*; di: DHBW Villingen-Schwenningen, Fak. Wirtschaft, Karlstr. 29, 78054 Villingen-Schwenningen, T: (07720) 3906400, F: 3906519, klaus@dhbw-vs.de

**Klaus,** Georg; Dr.-Ing., Prof.; *Baukonstruktion, Gebäudekunde, Haustechnik*; di: HAWK Hildesheim/Holzminden/Göttingen, Fak. Bauen u. Erhalten, Hohnsen 2, 31134 Hildesheim, T: (05121) 881248, F: 881224

**Klaus,** Hans; Dr. rer. pol., Prof.; *BWL, Unternehmensführung*; di: FH Kiel, FB Wirtschaft, Sokratesplatz 2, 24149 Kiel, T: (0431) 2103532, F: 21063532, hans.klaus@fh-kiel.de; pr: Wollbergsredder 39, 24113 Molfsee, T: (0431) 65657, F: 65602

**Klaus,** Hans; Dr. rer. pol., Prof.; *Allgemeine Betriebswirtschaftslehre, insb. ext. Rechnungswesen*; di: FH Jena, FB Betriebswirtschaft, Carl-Zeiss-Promenade 2, 07745 Jena, PF 100314, 07703 Jena, T: (03641) 205550, F: 205551, bw@fh-jena.de

**Klaus,** Sven; Dr. rer. nat., Prof.; *Objekttechnologie, Entwicklung großer Software-Systeme*; di: Hochsch. Mannheim, Fak. Informatik, Windeckstr. 110, 68163 Mannheim

**Klausing,** Michael; Dr. rer. pol., Prof.; *ABWL/BWL Gesundheitswesen, Gesundheitswissenschaft*; di: Westsächs. Hochsch. Zwickau, FB Gesundheits- u. Pflegewiss., Scheffelstr. 39, 08066 Zwickau, T: (0375) 5363449, Michael.Klausing@fh-zwickau.de

**Klausmann,** Harald; Dr., Prof.; *Elektrische Maschinen und Antriebe*; di: Hochsch. Rhein/Main, FB Ingenieurwiss., Am Brückweg 26, 65428 Rüsselsheim, T: (0160) 97740643, harald.klausmann@hs-rm.de

**Klausner,** Michael; Dr.-Ing., Prof.; *Konstruktion, Hydraulik, Akustik*; di: FH Kiel, FB Maschinenwesen, Grenzstr. 3, 24149 Kiel, T: (0431) 21021100, F: 21061100, michael.klausner@fh-kiel.de

**Klawitter,** Günter; Dr., Prof.; *Umformtechnik*; di: Hochsch. Hannover, Fak. II Maschinenbau u. Bioverfahrenstechnik, Bismarckstr. 2, 30173 Hannover, PF 920261, 30441 Hannover, T: (0511) 92963583, guenter.klawitter@fh-hannover.de

**Klawonn,** Frank; Dr. rer. nat. habil., Prof.; *Datenanalyse und Mustererkennung*; di: Ostfalia Hochsch., Fak. Informatik, Salzdahlumer Str. 46/48, 38302 Wolfenbüttel; pr: Clematisweg 19, 38110 Braunschweig, T: (05307) 1530

**Klawunn,** Karl-Heinz; Dipl.-Ök., HonProf.; *Unternehmensführung*; di: Hochsch. Mittweida, Fak. Elektro- u. Informationstechnik, Technikumplatz 17, 09648 Mittweida, T: (03727) 581364

**Klebl,** Michael; Dr. phil., Prof. WH Lahr; *Bildungs- und Wissensmanagement, Entwickelnde Arbeitsforschung, Lernen und Arbeiten in Gruppen und Netzwerken, Fernstudienforschung*; di: Wissenschaftliche Hochschule Lahr, Hohbergweg 15 - 17, 77933 Lahr, T: (07821) 923835, michael.klebl@whl-lahr.de

**Klee,** Klaus-Dieter; Dr.-Ing., Prof.; *Stahlbau, Technische Mechanik, Mathematik, Finite Elemente Methode (FEM)*; di: Hochsch. Hannover, Fak. II Maschinenbau u. Bioverfahrenstechnik, Ricklinger Stadtweg 120, 30459 Hannover, PF 920261, 30441 Hannover, T: (0511) 92961334, klaus-dieter.klee@hs-hannover.de

**Klee,** Wilfried; Dr., Prof.; *Anorganische Chemie und Chemische Technik*; di: Hochsch. Niederrhein, FB Chemie, Frankenring 20, 47798 Krefeld, T: (02151) 8224029; pr: Geurdenweg 14, 47638 Straelen, T: (02462) 3385

**Kleemann,** Gerhard; Dipl.-Phys., Dr.-Ing., Prof.; *Modellierung, Simulation und Optimierung verfahrenstechnischer und regelungstechnischer Prozesse*; di: Hochsch. Emden/Leer, FB Technik, Constantiaplatz 4, 26723 Emden, T: (04921) 8071519, F: 807881519, kleemann@hs-emden-leer.de; pr: Hukerweg 20, 26723 Emden, T: (04921) 6000

**Kleemann,** Stephan; Dr. rer. nat., Prof.; *Chemische Verfahrenstechnik der Papierherstellung, Papier- und Cellulosechemie, Papier- und Zellstoffprüfung, Makromolekulare Chemie*; di: Hochsch. München, Fak. Versorgungstechnik, Verfahrenstechnik Papier u. Verpackung, Druck- u. Medientechnik, Lothstr. 34, 80335 München, T: (089) 12651551, F: 12651551, kleemann@fhm.edu

**Kleen,** Hermann; Dr.-Ing., Prof.; *Geotechnik*; di: FH Potsdam, FB Bauingenieurwesen, Pappelallee 8-9, Haus 1, 14469 Potsdam, T: (0331) 5801315, kleen@fh-potsdam.de

**Klegin,** Thomas; Prof.; *Gestaltungslehre/ Plastische Gestaltung*; di: Hochsch. Niederrhein, FB Design, Petersstr. 123, 47798 Krefeld, T: (02151) 8224369

**Klehn,** Bernd; Dr.-Ing., Prof.; *Schaltungstechnik und Grundlagen der Elektrotechnik*; di: Georg-Simon-Ohm-Hochsch. Nürnberg, Fak. Elektrotechnik Feinwerktechnik Informationstechnik, Wassertorstr. 10, 90489 Nürnberg, PF 210320, 90121 Nürnberg, T: (0911) 58801412, Bernd.Klehn@ohm-hochschule.de

**Kleiber,** Jörg; Dr., Prof.; *Biochemie, Projektmanagement, Gentechnik*; di: Hochsch. Weihenstephan-Triesdorf, Fak. Biotechnologie u. Bioinformatik, Am Hofgarten 10 (Löwentorgebäude), 85350 Freising, T: (08161) 714522, F: 715116, joerg.kleiber@hswt.de

**Klein,** Alexander; Dr.-Ing., Prof.; *Integriertes Produktionsmanagement*; di: Hochsch. Rhein-Waal, Fak. Technologie u. Bionik, Marie-Curie-Straße 1, 47533 Kleve, T: (02821) 80673640, alexander.klein@hochschule-rhein-waal.de

**Klein,** Andreas; Dr. rer. pol., Prof.; *Controlling*; di: Hochsch. Heidelberg, Fak. f. Wirtschaft, Ludwig-Guttmann-Str. 6, 69123 Heidelberg, T: (06221) 881418, F: 881010, Andreas.Klein@fh-heidelberg.de

**Klein,** Barbara; Dr., Prof.; *Soziale Arbeit und Gesundheit*; di: FH Frankfurt, FB 4 Soziale Arbeit u. Gesundheit, Nibelungenplatz 1, 60318 Frankfurt am Main, T: (069) 15332877, bklein@fb4.fh-frankfurt.de

**Klein,** Bernd; Dr. rer. nat., Prof.; *Schaltungstechnik, Mikroprozessortechnik*; di: Hochsch. Bonn-Rhein-Sieg, FB Elektrotechnik, Maschinenbau und Technikjournalismus, Grantham-Allee 20, 53757 Sankt Augustin, T: (02241) 865727, bernd.klein@h-brs.de

**Klein,** Christoph; Dr. rer. nat., Prof.; *Elektrotechnik, Digitaltechnik u. Kfz-Elektronik*; di: FH Köln, Fak. f. Informatik u. Ingenieurwiss., Am Sandberg 1, 51643 Gummersbach, T: (02261) 8196300, christoph.klein@fh-koeln.de; pr: Am Heiligenstock 36, 35080 Bad Endbach, T: (02776) 8907

**Klein,** Gernot; Dr.-Ing., Prof.; *Silicatische Feinkeramik, Industrielle Formgestaltung, Keramisches Rechnen, Bindemittel, Technische Wärmelehre*; di: H Koblenz, FB Ingenieurwesen, Rheinstr. 56, 56203 Höhr-Grenzhausen, T: (02624) 910923, F: 910940, klein@fh-koblenz.de

**Klein,** Günther; Prof.; *Filmgestaltung*; di: Hochsch. Rhein/Main, FB Design Informatik Medien, Campus Unter den Eichen 5, 65195 Wiesbaden, T: (0171) 5222937, F: (0611) 4090951, Guenther.Klein@hs-rm.de

**Klein,** Hans-Dieter; Ing. (grad.), Dipl.-Math., Dr. phil. nat., Prof.; *Mathematik, Statistik*; di: Hochsch. Ulm, Fak. Mathematik, Natur- u. Wirtschaftswiss., PF 3860, 89028 Ulm, T: (0731) 5028156, klein@hs-ulm.de

**Klein,** Hans Hermann; Dr. rer. nat., Prof.; *Physik, Dünne Schichten*; di: FH Frankfurt, FB 2 Informatik u. Ingenieurwiss., Nibelungenplatz 1, 60318 Frankfurt am Main, T: (069) 15332292, klein_hh@fb2.fh-frankfurt.de

**Klein,** Heinz-Jürgen; Dr.-Ing., Prof.; *Elekrische Maschinen, Leistungselektronik, Elektrische Arbeit*; di: FH Südwestfalen, FB Elektrotechnik u. Informationstechnik, Haldener Str. 182, 58095 Hagen, T: (02331) 9872241

**Klein,** Helmut; Dr., Prof.; *Organisation u. Prozeßmanagement*; di: Hochsch. Amberg-Weiden, FB Wirtschaftsingenieurwesen, Hetzenrichter Weg 15, 92637 Weiden, T: (0961) 382182, F: 382162, h.klein@fh-amberg-weiden.de

**Klein,** Hermann; Dr. phil. nat., Prof., Dekan FB Elektrotechnik und Wirtschaftsingenieurwesen; *Elektrische Meßtechnik, Rechnergestützte Meßtechnik, Kfz-Elektronik, Grundlagen der Elektrotechnik, Technische Physik in der Informatik*; di: Hochsch. Landshut, Fak. Elektrotechnik u. Wirtschaftsingenieurwesen, Am Lurzenhof 1, 84036 Landshut, hklein@fh-landshut.de

**Klein,** Hubert Wilhelm; Dr.-Ing., Prof.; *Mechanik*; di: FH Südwestfalen, FB Ingenieur- u. Wirtschaftswiss., Lindenstr. 53, 59872 Meschede, T: (0291) 9910390, klein@fh-swf.de; pr: Feldstr. 23, 59872 Meschede

**Klein,** Ingo; Dr. sc.oec., Prof.; *Wirtschaftswissenschaften, International Management, Business Strategies and Entrepreneurship*; di: bbw Hochsch. Berlin, Leibnizstraße 11-13, 10625 Berlin, T: (030) 319909526, ingo.klein@bbw-hochschule.de

**Klein,** Jürgen; Dipl.-Kfm., Dr. rer. pol., Prof.; *Allgemeine BWL*; di: FH Lübeck, FB Maschinenbau u. Wirtschaft, Mönkhofer Weg 136-140, 23562 Lübeck, T: (0451) 3005446, F: 3005443, juergen.klein@fh-luebeck.de

**Klein,** Karl-Friedrich; Dr.-Ing., Prof.; *Optische Nachrichtentechnik, Alternative Energien, Bauelemente, Grundlagen der Elektrotechnik*; di: Techn. Hochsch. Mittelhessen, FB 11 Informationstechnik, Elektrotechnik, Mechatronik, Wilhelm-Leuschner-Str. 13, 61169 Friedberg, T: (06031) 604210

**Klein,** Magdalena; Dr., Prof.; *Internationales Marketing*; di: Karlshochschule, PF 11 06 30, 76059 Karlsruhe

**Klein,** Michael; Dr. rer. nat., Prof.; *Psychologie, insbes. Pädagogische Psychologie, Klinische Psychologie, Methoden empirischer Sozialforschung*; di: Kath. Hochsch. NRW, Abt. Köln, FB Sozialwesen, Wörthstr. 10, 50668 Köln, T: (0221) 7757156, F: 7757180, Mikle@kfhnw.de

**Klein,** Peter; Dr.-Ing., Prof.; *Grundlagen d. Elektrotechnik, Elektronische Bauelemente, Mikroelektronik*; di: Hochsch. München, Fak. Elektrotechnik u. Informationstechnik, Dachauer Str. 98b, 80335 München, T: (089) 12653411, F: 12653403, klein@ee.fhm.edu

**Klein,** Rainer; Dr., Prof.; *Mechatronik, Elektromobilität*; di: DHBW Mosbach, Lohrtalweg 10, 74821 Mosbach, T: (06261) 939548, F: 939234, klein@dhbw-mosbach.de

**Klein,** Rüdiger; Dr., Prof.; *Kommunikationstechnik*; di: Hochsch.Merseburg, FB Informatik u. Kommunikationssysteme, Geusaer Str., 06217 Merseburg, T: (03461) 462921, F: 462900, ruediger.klein@hs-merseburg.de

**Klein,** Stephan; Dr.-Ing., Prof.; *Physikalische Technik*; di: FH Lübeck, FB Angew. Naturwiss., Mönkhofer Weg 239, 23562 Lübeck, T: (0451) 3005375, F: 3005235, stephan.klein@fh-luebeck.de

**Klein,** Ulrike; Dr.-Ing., Prof.; *Geodätische Datenverarbeitung, Vermessungskunde, Visualisierungstechniken*; di: Hochsch. Karlsruhe, Fak. Geomatik, Moltkestr. 30, 76133 Karlsruhe, PF 2440, 76012 Karlsruhe, T: (0721) 9252581

**Klein,** Werner; Dr., Prof.; *Maschinenbau*; di: DHBW Mannheim, Fak. Technik, Coblitzallee 1-9, 68163 Mannheim, T: (0621) 41051350, F: 41051248, werner.klein@dhbw-mannheim.de

**Klein,** Wilhelm A.; Dr. h.c., HonProf. FH Köln; *Betriebswirtschaftslehre*; di: FH Köln, Fak. f. Wirtschaftswiss., Mainzer Str. 5, 50678 Köln; pr: Kaiser-Wilhelm-Ring 23-25, 50672 Köln

**Klein-Blenkers,** Friedrich; Dr. iur., Prof.; *Bürgerliches Recht, Steuerrecht, Unternehmensrecht*; di: FH Köln, Fakultät f. Wirtschaftswissenschaften, Claudiusstr. 1, 50678 Köln, T: (0221) 82753436, friedrich.klein-blenkers@fh-koeln.de; pr: Niehler Str. 3f, 50670 Köln, T: (0221) 7393988, friedrich.klein-blenkers@t-online.de

**Kleine,** Dirk; Dr., Prof.; *Betriebswirtschaft der öffentlichen Verwaltung, insbesondere Geschäftsprozeßmanagement*; di: Hochsch. Osnabrück, Fak. Wirtschafts- u. Sozialwiss., Caprivistr. 30A, 49076 Osnabrück, T: (0541) 9693087, F: 9693176, d.kleine@hs-osnabrueck.de

**Kleine,** Holger; Prof.; *Künstlerisch konzeptionelles Entwerfen*; di: Hochsch. Rhein/Main, FB Design Informatik Medien, Campus Unter den Eichen 5, 65195 Wiesbaden, T: (0611) 94952192, Holger.Kleine@hs-rm.de

**Kleine,** Karl; Prof.; *Informatik*; di: FH Jena, FB Grundlagenwiss., Carl-Zeiss-Promenade 2, 07745 Jena, PF 100314, 07703 Jena, T: (03641) 205500, F: 205501, gw@fh-jena.de

**Kleine-Allekotte,** Hermann; Dipl.-Ing., Prof.; *Entwerfen u. Baukonstruktion*; di: Hochsch. Bochum, FB Architektur, Lennershofstr. 140, 44801 Bochum, T: (0234) 3210111, hermann.kleine-allekotte@hs-bochum.de

**Kleine-Möllhoff,** Peter; Dipl.-Ing., Prof.; *Global Management of Technology*; di: Hochsch. Reutlingen, FB Produktionsmanagement, Alteburgstr. 150, 72762 Reutlingen, T: (07121) 2715009, Peter.Kleine-Moellhoff@Reutlingen-University.DE

**Kleinekofort,** Wolfgang; Dr. rer. nat., Prof.; *Experimentalphysik, Medizintechnik*; di: Hochsch. Rhein/Main, FB Ingenieurwiss., Physikalische Technik, Am Brückweg 26, 65428 Rüsselsheim, T: (06142) 8984650, wolfgang.kleinekofort@hs-rm.de

**Kleinekort,** Volker; Dipl.-Ing., Prof.; *Städtebau, Gebäudelehre*; di: Hochsch. Rhein/Main, FB Architektur u. Bauingenieurwesen, Kurt-Schumacher-Ring 18, 65197 Wiesbaden, T: (0611) 94951434, volker.kleinekort@hs-rm.de; pr: bk@kleinekort.com

**Kleiner,** Carsten; Dr. rer. nat., Prof.; *Informatik*; di: Hochsch. Hannover, Fak. IV Wirtschaft u. Informatik, Abt. Informatik, Ricklinger Stadtweg 120, 30459 Hannover, T: (0511) 92961835, F: 92961810, carsten.kleiner@hs-hannover.de

**Kleiner,** Gabriele; Dr. phil., Prof.; *Sozialgerontologie*; di: Ev. Hochsch. Darmstadt, Zweifalltorweg 12, 64293 Darmstadt, T: (06151) 879821, kleiner@eh-darmstadt.de

**Kleiner,** Ralph; Dr. rer. oec., Prof., Dekan EUFH Brühl FB Handelsmanagement; *Handelsmanagement*; di: Europäische FH Brühl, Kaiserstr. 6, 50321 Brühl, T: (02232) 5673500, r.kleiner@eufh.de

**Kleiner,** Ulrike; Dr., Prof.; *Haushaltshygiene*; di: Hochsch. Anhalt, FB 1 Landwirtschaft, Ökotrophologie, Landespflege, Strenzfelder Allee 28, 06406 Bernburg, T: (03471) 3551153, kleiner@loel.hs-anhalt.de

**Kleinert,** Hubert; Dr., Prof.; *Staat und Verfassung (Politologie)*; di: Hess. Hochsch. f. Polizei u. Verwaltung, FB Verwaltung, Talstr. 3, 35394 Gießen, T: (0641) 795614, F: 795620

**Kleinert,** Siegfried; Dr.-Ing., Prof.; *Elektrotechnik, Elektronik*; di: Hochsch. Mittweida, Fak. Elektro- u. Informationstechnik, Technikumplatz 17, 09648 Mittweida, T: (03727) 581644, F: 581646, kleinert@htwm.de

**Kleinhempel,** Werner; Dr., Prof., Dekan Fak. Elektrotechnik und Informationstechnik; *Signalverarbeitung, rechnergestützter Schaltungsentwurf*; di: Hochsch. Konstanz, Fak. Elektrotechnik u. Informationstechnik, Brauneggerstr. 55, 78462 Konstanz, PF 100543, 78405 Konstanz, T: (07531) 206260, F: 206400, kleinhempel@htwg-konstanz.de

**Kleinjohann,** Michael; Dr., Prof.; *Medienmanagement*; di: Macromedia Hochsch. f. Medien u. Kommunikation, Paul-Dessau-Str. 6, 22761 Hamburg

**Kleinke,** Matthias; Dr., Prof.; *Umwelttechnik*; di: Hochsch. Rhein-Waal, Fak. Life Sciences, Marie-Curie-Straße 1, 47533 Kleve, T: (02821) 80673223, matthias.kleinke@hochschule-rhein-waal.de

**Kleinmann,** Karl; Dr.-Ing., Prof.; *Steuerungstechnik, Regelungstechnik, Informationstechnik*; di: Hochsch. Darmstadt, FB Elektrotechnik u. Informationstechnik, Haardtring 100, 64295 Darmstadt, T: (06151) 168314, kleinmann@eit.h-da.de

**Kleinöder,** Rudolf; Dr.-Ing., Prof.; *Elektrotechnik, Steuerungs- und Regeltechnik*; di: Techn. Hochsch. Mittelhessen, Wilhelm-Leuschner-Str. 13, 61169 Friedberg, T: (0641) 3092527

**Kleinschmidt,** Thomas; Dr., Prof.; *Lebensmittelverfahrenstechnik*; di: Hochsch. Anhalt, FB 7 Angew. Biowiss. u. Prozesstechnik, PF 1458, 06354 Köthen, T: (03496) 672539, thomas.kleinschmidt@bwp.hs-anhalt.de

**Kleinschnittger,** Andreas; Dr.-Ing., Prof.; *Konstruktionselemente, Konstruktionslehre*; di: FH Dortmund, FB Maschinenbau, Sonnenstr. 96, 44139 Dortmund, T: (0231) 9112590, F: 9112334, andreas.Kleinschnittger@fh-dortmund.de

**Kleinschrodt,** Hans-Dieter; Dr.-Ing., Prof.; *Technische Mechanik, Meßtechnik*; di: Beuth Hochsch. f. Technik, FB VIII Maschinenbau, Veranstaltungs- u. Verfahrenstechnik, Luxemburger Str. 10, 13353 Berlin, T: (030) 45042937, kleinsch@beuth-hochschule.de

**Kleinteich,** Dieter; Dr.-Ing., Prof., Dekan FB Maschinenbau; *Maschinenelemente, Technische Mechanik*; di: FH Stralsund, FB Maschinenbau, Zur Schwedenschanze 15, 18435 Stralsund, T: (03831) 456551

**Kleinwächter,** Lutz; Dr., Prof.; *Wirtschaftswissenschaften*; di: bbw Hochsch. Berlin, Leibnizstraße 11-13, 10625 Berlin, T: (030) 319909514, lutz.kleinwaechter@bbw-hochschule.de

**Kleiser,** Georg; Dr.-Ing., Prof.; *Thermodynamik, Strömungslehre, Energienutzung, Energieeffizienz*; di: Hochsch. Ulm, Fak. Produktionstechnik u. Produktionswirtschaft, PF 3860, 89028 Ulm, T: (0731) 5028401, kleiser@hs-ulm.de

**Klem,** Martin; Dr., Prof.; *Revision u. Bilanzierung*; di: FH Flensburg, FB Wirtschaft, Kanzleistr. 91-93, 24943 Flensburg, T: (0461) 8051459, F: 8051496, martin.klem@fh-flensburg.de; pr: Friesische Str. 56, 24937 Flensburg, T: (0461) 5009108

**Klement,** Werner; Dipl.-Ing., Prof.; *Konstruktion und Getriebetechnik*; di: Hochsch. Esslingen, Fak. Fahrzeugtechnik u. Fak. Graduate School, Kanalstr. 33, 73728 Esslingen, T: (0711) 3973346; pr: Taubenweg 6, 89520 Heidenheim, T: (07321) 65950

**Klemke,** Gunter; Dr., Prof.; *Künstliche Intelligenz*; di: HAW Hamburg, Fak. Technik u. Informatik, Berliner Tor 7, 20099 Hamburg, T: (040) 428758157, Gunter.Klemke@haw-hamburg.de

**Klemkow,** Hans-Rainer; Dr.-Ing., Prof.; *Fertigungslehre/Umform- u. Zerteiltechnik*; di: Hochsch. Wismar, Fak. f. Ingenieurwiss., PF 1210, 23952 Wismar, T: (03841) 753100, h.r.klemkow@mb.hs-wismar.de

**Klemm,** Marc; Dr.-Ing., Prof.; *Hochspannungstechnik*; di: HTW d. Saarlandes, Fak. f. Ingenieurwiss., Goebenstr. 40, 66117 Saarbrücken, T: (0681) 5867206, klemm@htw-saarland.de

**Klemm,** Torsten; Dr. rer. nat., Prof.; *Psychologie*; di: HTWK Leipzig, FB Angewandte Sozialwiss., PF 301166, 04251 Leipzig, T: (0341) 30764349, klemm@sozwes.htwk-leipzig.de

**Klemme,** Beate; Dr., Prof.; *Therapie- und Rehabilitationswissenschaften mit d. Schwerpunkt Physiotherapie*; di: FH Bielefeld, FB Pflege u. Gesundheit, Am Stadtholz 24, 33609 Bielefeld, T: (0521) 1067476, beate.klemme@fh-bielefeld.de

**Klemp,** Klaus; Dr., HonProf. H Rhein/Main Wiesbaden, Ausstellungslt. Museum f. Angew. Kunst Frankfurt/M.; *Designtheorie*; di: Museum f. Angewandte Kunst, Schaumainkai, 60594 Frankfurt/Main, T: (069) 21236429, klaus.klemp@stadt-frankfurt.de; Hochsch. RheinMain, FB Design Informatik Medien, Campus Unter den Eichen 5, 65195 Wiesbaden, Klaus.Klemp@hs-rm.de

**Klemperer,** David; Dr. med., Prof.; *Medizinische Grundlagen, Sozialmedizin, public health*; di: Hochsch. Regensburg, Fak. Sozialwiss., PF 120327, 93025 Regensburg, T: (0941) 9431083, david.klemperer@soz.fh-regensburg.de

**Klemps,** Robert; Dr. rer. nat., Prof.; *Biologie, Mikrobiologie*; di: Hochsch. Trier, Umwelt-Campus Birkenfeld, FB Umweltplanung/Umwelttechnik, PF 1380, 55761 Birkenfeld, T: (06782) 171481, r.klemps@umwelt-campus.de

**Klemt,** Eckehard; Dr. rer. nat., Prof.; *Physik, Physikalische Messtechnik, Strahlungsmesstechnik*; di: Hochsch. Ravensburg-Weingarten, Doggenriedstr., 88250 Weingarten, PF 1261, 88241 Weingarten, T: (0751) 5019578, F: 5019876, klemt@hs-weingarten.de; pr: Ultner Weg 7, 88250 Weingarten, T: (0751) 44168

**Klenk,** Thomas; Dr., Prof.; *Maschinenbau*; di: DHBW Mannheim, Fak. Technik, Coblitzallee 1-9, 68163 Mannheim, T: (0621) 41051335, F: 41051248, thomas.klenk@dhbw-mannheim.de

**Klenke,** Kira; Dr. rer. nat., Prof.; *Statistik mit Schwerpunkt Biostatistik*; di: Hochsch. Hannover, Fak. III Medien, Information u. Design, Expo Plaza 12, 30539 Hannover, PF 920261, 30441 Hannover, T: (0511) 92962662, kira.klenke@hs-hannover.de

**Klepel,** Olaf; Dr. rer.nat. habil., Prof. H Lausitz; *Technische Chemie*; di: Hochsch. Lausitz, FB Bio-, Chemie- u. Verfahrenstechnik, Großenhainer Str. 57, 01968 Senftenberg, PF 101548, 01958 Senftenberg, T: (03573) 85864, Olaf.Klepel@hs-lausitz.de

**Kleppmann,** Wilhelm; Dr. phil., Prof.; *Versuchsplanung, Mathematik, Qualitätsmanagement*; di: Hochsch. Aalen, Fak. Elektronik u. Informatik, Beethovenstr. 1, 73430 Aalen, T: (07361) 5764307, Wilhelm.Kleppmann@htw-aalen.de

**Kletschkowski,** Thomas; Dr.-Ing. habil., Prof.; *Adaptronik und Strukturdynamik*; di: HAW Hamburg, Fak. Technik u. Informatik, Berliner Tor 9, 20099 Hamburg, T: (040) 428757837, thomas.kletschkowski@haw-hamburg.de

**Klett,** Eckhard; Dipl.-Kfm., Prof., Dekan SG Betriebswirtschaft; *Rechnungswesen, Organisation und Management, Immobilienprojektentwicklung*; di: Hochsch. Biberach, SG Betriebswirtschaft, PF 1260, 88382 Biberach/Riß, T: (07351) 582401, F: 582449, Klett@hochschule-bc.de

**Kleuker,** Stephan; Dr., Prof.; *Software-Entwicklung, Datenbanken*; di: Hochsch. Osnabrück, Fak. Ingenieurwiss. u. Informatik, Barbarastr. 16, 49076 Osnabrück, T: (0541) 9693884, s.kleuker@hs-osnabrueck.de

**Kleutges,** Markus; Dipl.-Ing., Dr., Prof.; *Technische Systeme, Informatik u. Mathematik*; di: Hochsch. Niederrhein, FB Wirtschaftsingenieurwesen u. Gesundheitswesen, Ondereyckstr. 3-5, 47805 Krefeld, T: (02151) 8226663

**Kleve,** Heiko; Dr. phil., Prof.; *Sozialarbeit*; di: FH Potsdam, FB Sozialwesen, Friedrich-Ebert-Str. 4, 14467 Potsdam, T: (0331) 5801114, kleve@fh-potsdam.de; pr: Greiffenhagener Str. 44, 10437 Berlin, T: (030) 4447880

**Klever,** Nikolaus; Dr. rer. nat., Prof.; *Datenkommunikation, Rechnernetze, Neue Medien*; di: Hochsch. Augsburg, Fak. f. Informatik, An der Hochschule 1, 86161 Augsburg, T: (0821) 55863497, F: 55863499, klever@hs-augsburg.de; pr: www.nik-klever.de

**Klewen,** Reiner; Dr. rer. nat., Prof., Dekan FB Landbau/Landespflege; *Angewandter Umweltschutz, Ingenieurökologie*; di: HTW Dresden, Fak. Landbau/Landespflege, Pillnitzer Platz 1, 01326 Dresden, T: (0351) 4623535, F: 4622223, klewen@pillnitz.htw-dresden.de

**Klewer,** Jörg; Dr. med. habil., Prof.; *Management im Gesundheits- und Pflegesystem*; di: Westsächs. Hochsch. Zwickau, FB Gesundheits- u. Pflegewiss., Scheffelstr. 39, 08066 Zwickau, T: (0375) 5363405, joerg.klewer@fh-zwickau.de

**Klewitz-Hommelsen,** Sayeed; Dr. rer. publ., Prof.; *Recht der Informationstechnologie*; di: Hochsch. Bonn-Rhein-Sieg, FB Angewandte Informatik, Grantham-Allee 20, 53757 Sankt Augustin, 53754 Sankt Augustin, T: (02241) 865221, F: 8658221, sayeed.klewitz-hommelsen@fh-bonn-rhein-sieg.de

**Kley,** Markus; Dr., Prof.; *Kavitation / Betriebsfestigkeit*; di: Hochsch. Aalen, Fak. Maschinenbau u. Werkstofftechnik, Beethovenstr. 1, 73430 Aalen, T: (07361) 5762377, F: 576442377, Markus.Kley@htw-aalen.de

**Klie,** Thomas; Dr. habil., Prof.; *Rechts- und Verwaltungswissenschaften, Gerontologie*; di: Ev. Hochsch. Freiburg, Bugginger Str. 38, 79114 Freiburg i.Br., T: (0761) 47812696, klie@eh-freiburg.de; pr: Schloßgasse 20, 79112 Freiburg, T: (07664) 400432, F: 400430

**Klier,** Martin; Dr.-Ing., Prof.; *Medizinische Gerätetechnik*; di: FH Jena, FB Medizintechnik u. Biotechnologie, Carl-Zeiss-Promenade 2, 07745 Jena, PF 100314, 07703 Jena, T: (03641) 205600, F: 205601, mt@fh-jena.de

**Kliesch,** Kurt; Dr., Prof.; *Grundbau, Baustatik*; di: FH Frankfurt, FB 1 Architektur, Bauingenieurwesen, Geomatik, Nibelungenplatz 1, 60318 Frankfurt am Main, T: (069) 15332335

**Kliment,** Tibor; Dr., Prof.; *Medienwirtschaft*; di: Rheinische FH Köln, Hohenstaufenring 16-18, 50674 Köln

**Klimmer,** Matthias; Dr. rer. pol., Prof.; *Projektmanagement, Unternehmensplanung, Qualitätssicherung, Organisation und Führung*; di: Hochsch. Mannheim, Fak. Wirtschaftsingenieurwesen, Windeckstr. 110, 68163 Mannheim

**Klimpel,** Jürgen; Dr. rer. pol., Prof.; *Soziologie der Freizeit und des Tourismus, Freizeitpädagogik, Methoden der Sozialarbeit und Sozialpädagogik*; di: Hochsch. Bremen, Fak. Gesellschaftswiss., Neustadtswall 30, 28199 Bremen, T: (0421) 59052758, F: 59052753, Juergen.Klimpel@hs-bremen.de; pr: Am Kastanienhof 15a, 28355 Bremen, T: (0421) 254574, F: 254574

**Klimsa,** Anja; Dr., Prof.; *Inovation, Konzepte, Beratung*; di: Hochsch. Ravensburg-Weingarten, Doggenriedstr., 88250 Weingarten, PF 1261, 88241 Weingarten, T: (0751) 5019472, F: 5019876, anja.klimsa@hs-weingarten.de

**Kling,** Georg; Dr.-Ing., Prof.; *Prozeßleittechnik, Verfahrenstechnik und Grundlagenfächer*; di: FH Kaiserslautern, FB Angew. Logistik u. Polymerwiss., Carl-Schurz-Str. 1-9, 66953 Pirmasens, T: (06331) 248317, F: 248344, gerog.kling@fh-kl.de

**Kling,** Siegfried; Dr., Prof.; *Betriebswirtschaft, Rechnungswesen und Controlling*; di: Hochsch. Heilbronn, Fak. f. Technik u. Wirtschaft, Daimlerstr. 35, 74653 Künzelsau, T: (07940) 1306249, F: 1306120, kling@hs-heilbronn.de

**Kling-Kirchner,** Cornelia; Dr. phil., Prof.; *Methoden der Sozialen Arbeit*; di: HTWK Leipzig, FB Angewandte Sozialwiss., PF 301166, 04251 Leipzig, T: (0341) 30764350, kling@sozwes.htwk-leipzig.de

**Klinge,** Falk; Dr.-Ing., Prof.; di: Ostfalia Hochsch., Fak. Maschinenbau, Salzdahlumer Str. 46/48, 38302 Wolfenbüttel, f.klinge@ostfalia.de

**Klinge,** Gerd; Dr.-Ing., Prof.; *Handhabungs- und Robotertechnik*; di: FH Münster, FB Physikal. Technik, Stegerwaldstr. 39, 48565 Steinfurt, T: (02551) 962237, F: 962201, klinge@fh-muenster.de; pr: Jahnstr. 17, 49525 Lengerich, T: (05481) 37677

**Klingebiel,** Norbert; Dr. rer. pol., Prof.; *BWL / Controlling, Rechnungswesen*; di: Westfäl. Hochsch., FB Wirtschaft, Neidenburger Str. 43, 45877 Gelsenkirchen, T: (0209) 9596616, norbert.klingebiel@fh-gelsenkirchen.de

**Klingebiel,** Olaf; Dr., Prof.; di: Kommunale FH f. Verwaltung in Niedersachsen, Wielandstr. 8, 30169 Hannover, T: (0511) 1609375, F: 15537, Olaf.Klingebiel@nds-sti.de

**Klingemann,** Justus; Dr.-Ing., Prof.; *Informatik, High Integrity Systems*; di: FH Frankfurt, FB 2 Informatik u. Ingenieurwiss., Nibelungenplatz 1, 60318 Frankfurt am Main, T: (069) 15332293, klingemn@fb2.fh-frankfurt.de

**Klingenberg,** René; Dr.-Ing., Prof.; *Grundlagen der Informatik, Simulationsverfahren, Modellbildung, Mehrkörperdynamik*; di: Hochsch. Hannover, Fak. IV Wirtschaft u. Informatik, Abt. Informatik, Ricklinger Stadtweg 120, 30459 Hannover, PF 920261, 30441 Hannover, T: (0511) 92961831, F: 92961810, rene.klingenberg@hs-hannover.de

**Klinger,** Friedrich; Dr.-Ing., Prof.; *Konstruktionslehre, 3D-CAD-Technik*; di: HTW d. Saarlandes, Fak. f. Ingenieurwiss., Goebenstr. 40, 66117 Saarbrücken, T: (0681) 5867261, f.klinger@zip.uni-sb.de; pr: Karl-Schleich-Str. 25, 66119 Saarbrücken, T: (0681) 54319

**Klinger,** Hans-Gottfried; Dr.-Ing., Prof.; *Autmatisierungstechnik*; di: HAW Hamburg, Fak. Technik u. Informatik, Berliner Tor 7, 20099 Hamburg, T: (040) 428758097, F: 428758309, klinger@etech.haw-hamburg.de

**Klinger,** Volkhard; Dr.-Ing., Prof.; *Technische Informatik*; di: FH f. die Wirtschaft Hannover, Freundallee 15, 30173 Hannover, T: (0511) 2848334, F: 2848372, volkhard.klinger@fhdw.de

**Klingspor,** Volker; Dr. rer. nat., Prof.; *Wirtschaftsinformatik*; di: Hochsch. Bochum, FB Wirtschaft, Lennershofstr. 140, 44801 Bochum, T: (0234) 3210632, volker.klingspor@hs-bochum.de; pr: Eichhoffstr. 48, 44229 Dortmund

**Klink,** Joachim; Prof.; *Privatrecht, Zivilprozessrecht, freiwillige Gerichtsbarkeit, Juristische Methodenlehre, OWi-Recht*; di: H f. öffentl. Verwaltung u. Finanzen Ludwigsburg, Reuteallee 36, 71634 Ludwigsburg, T: (07141) 140516, F: 140544

**Klink,** Stefan; Dr., Prof.; *Wirtschaftsinformatik*; di: DHBW Karlsruhe, Fak. Wirtschaft, Erzbergerstr. 121, 76133 Karlsruhe, T: (0721) 9735951, klink@no-spam.dhbw-karlsruhe.de

**Klinkenberg,** Armin; Dr., Prof.; *Rechnungswesen*; di: FH Dortmund, FB Wirtschaft, Emil-Figge-Str. 42, 44227 Dortmund, T: (0231) 7556303, F: 7554902, armin.klinkenberg@fh-dortmund.de

**Klinkenberg,** Ulrich; Dr. rer. pol., Prof.; *Betriebswissenschaften, Qualitätsmanagement*; di: FH Düsseldorf, FB 8 – Medien, Josef-Gockeln-Str. 9, 40474 Düsseldorf, T: (0211) 4351807, ulrich.klinkenberg@fh-duesseldorf.de; pr: Maarstr. 17, 52525 Waldfeucht, T: (02452) 904164

**Klinker,** Thomas; Dr. rer.nat., Prof.; *Physik, Mathematik*; di: HAW Hamburg, Fak. Technik u. Informatik, Berliner Tor 7, 20099 Hamburg, T: (040) 428758353, klinker@etech.haw-hamburg.de

**Klinksi,** Stefan; Dr. jur., Prof.; di: Hochsch. f. Wirtschaft u. Recht Berlin, Badensche Str. 50-51, 10825 Berlin, T: (030) 85789331, sklinski@hwr-berlin.de; pr: Deisterpfad 23, 14163 Berlin, T: (030) 69531883, F: 69531884

**Klinnert,** Lars; Dr., Prof.; *Ethik*; di: Ev. FH Rhld.-Westf.-Lippe, FB Soziale Arbeit, Bildung u. Diakonie, Immanuel-Kant-Str. 18-20, 44803 Bochum, T: (0234) 36901347, klinnert@efh-bochum.de

**Klinski,** Sebastian von; Dr. rer.nat., Prof., Vizepräs. f. Forschung u. Hochschulprozesse; *Angewandte Informatik*; di: Beuth Hochsch. f. Technik, FB VI Informatik u. Medien, Luxemburger Str. 10, 13353 Berlin, T: (030) 45042333, klinski@beuth-hochschule.de

**Klintworth,** Rolf; Dr., Prof.; di: Hochsch. Bremen, Fak. Natur u. Technik, Neustadtswall 30, 28199 Bremen, T: (0421) 59053098, F: 59052710, Rolf.Klintworth@hs-bremen.de

**Klinzing,** Georg; Dr., em. Prof.; *Theologie*; di: Ev. Hochsch. f. Soziale Arbeit & Diakonie, Horner Weg 170, 22111 Hamburg; pr: Am Buchenhain 41, 21465 Wentorf, T: (040) 7207493

**Klippel,** Clemens; Dr.-Ing., Prof.; *Spannende Fertigung, Werkzeugmaschinen*; di: Hochsch. München, Fak. Maschinenbau, Fahrzeugtechnik, Flugzeugtechnik, Dachauer Str. 98b, 80335 München, T: (089) 12651447, F: 12651392, clemens.klippel@fhm.edu

**Klix,** Wilfried; Dr.-Ing. habil., Prof.; *Theoretische Elektrotechnik / Optoelektronik*; di: HTW Dresden, Fak. Elektrotechnik, PF 120701, 01008 Dresden, T: (0351) 4622504, klix@et.htw-dresden.de

**Klock,** Stephan; Dr., Prof.; *Betriebswirtschaftslehre*; di: DHBW Mosbach, Campus Heilbronn, Bildungscampus 4, 74076 Heilbronn, T: (07131) 1237152, klock@dhbw-mosbach.de

**Klocke,** Andreas; Dr., Prof.; *Wirtschaft u. Gesellschaft mit d. Schwerpunkt Entwicklung d. Sozialstruktur*; di: FH Frankfurt, FB 4 Soziale Arbeit u. Gesundheit, Nibelungenplatz 1, 60318 Frankfurt am Main, T: (069) 15332855, klocke@fb4.fh-frankfurt.de

**Klocke,** Heinrich; Dr. rer. nat., Prof.; *Praktische Informatik, Schwerpunkt Mensch-Maschine-Kommunikation*; di: FH Köln, Fak. f. Informatik u. Ingenieurwiss., Am Sandberg 1, 51643 Gummersbach, T: (02261) 8196294, klocke@gm.fh-koeln.de; pr: Helenenbergweg 43, 44225 Dortmund, T: (0231) 714316

**Klocke,** Martina; Dr.-Ing., Prof.; *Umformtechnik, Fertigungstechnik*; di: FH Aachen, FB Angewandte Naturwiss. u. Techik, Ginsterweg 1, 52428 Jülich, T: (0241) 600952459, klocke@fh-aachen.de

**Klöck,** Gerd; Dr. rer. nat., Prof.; *Biotechnologie*; di: Hochsch. Bremen, Fak. Natur u. Technik, Neustadtswall 30, 28199 Bremen, T: (0421) 59054266, F: 59054250, Gerd.Kloeck@hs-bremen.de

**Klöck,** Thilo; Dr. phil., Prof.; *Pädagogik*; di: Hochsch. München, Fak. Angew. Sozialwiss., Lothstr. 34, 80335 München, T: (089) 12652324, F: 12652330, klock@fhm.edu

**Klöcker,** Max; Dr.-Ing., Prof.; *Antriebs- und Fördertechnik, sowie Stahlbau einschl. Strukturanalyse*; di: FH Köln, Fak. f. Anlagen, Energie- u. Maschinensysteme, Betzdorfer Str. 2, 50679 Köln, T: (0221) 82752361, max.kloecker@fh-koeln.de; pr: Peter-von-Fliestedenstr. 13, 50933 Köln

**Klöcker,** Stephan; Dr.-Ing. habil., Prof., Dekan FB Maschinenbau / Bocholt; *Konstruktion und Industriedesign*; di: Westfäl. Hochsch., FB Maschinenbau, Münsterstr. 265, 46397 Bocholt, T: (02871) 2155924, F: 2155900, stephan.kloecker@fh-gelsenkirchen.de

**Klöhn,** Carsten; Dr.-Ing., Prof.; *Technische Mechanik, Rechneranwendung*; di: HTWK Leipzig, FB Maschinen- u. Energietechnik, PF 301166, 04251 Leipzig, T: (0341) 3538525, kloehn@me.htwk-leipzig.de

**Klönne,** Alfons; Dr.-Ing., Prof.; *Leistungselektronik, Wechselstromtechnik*; di: Hochsch. Karlsruhe, Fak. Elektro- u. Informationstechnik, Moltkestr. 30, 76133 Karlsruhe, PF 2440, 76012 Karlsruhe, T: (0721) 9251472, Alfons.Kloenne@hs-karlsruhe.de

**Klös,** Alexander; Dr.-Ing., Prof.; *Digitale Systeme*; di: Techn. Hochsch. Mittelhessen, FB 02 Elektro- u. Informationstechnik, Wiesenstr. 14, 35390 Gießen, T: (0641) 3091926, alexander.kloes@ei.fh-giessen.de; pr: An der Obermühle 2, 65719 Hofheim, T: (06192) 1421

**Klösener,** Karl-Heinz; Dr. rer. nat., Prof.; *Informatik*; di: Hochsch. Trier, FB Informatik, PF 1826, 54208 Trier, T: (0651) 8103329, K.Kloesener@hochschule-trier.de; pr: Olewigerstr. 123, 54295 Trier, T: (0651) 37597

**Klötzner,** Jürgen; Dr.-Ing., Prof.; *Messtechnik*; di: Westsächs. Hochsch. Zwickau, FB Elektrotechnik, Dr.-Friedrichs-Ring 2A, 08056 Zwickau, Juergen.Kloetzner@fh-zwickau.de

**Klonowski,** Jörg; Dr.-Ing., Prof.; *Vermessungskunde, Darstellende Geometrie, Instrumentenkunde*; di: FH Mainz, FB Technik, Holzstr. 36, 55051 Mainz, T: (06131) 2859626, F: 2859615, klonowski@geoinform.fh-mainz.de

**Kloos,** Uwe; Dr., Prof.; *Informatik*; di: Hochsch. Reutlingen, FB Informatik, Alteburgstr. 150, 72762 Reutlingen, T: (07121) 2714040, Uwe.Kloos@Reutlingen-University.DE

**Klophaus,** Richard; Dr., Prof.; *Allg. BWL, quantitative Methoden und Logistik*; di: FH Worms, FB Touristik / Verkehrswesen, Erenburgerstr. 19, 67549 Worms, klophaus@fh-worms.de

**Klopp,** Helmut; Dipl.-Hdl., Dr. rer. oec., Prof.; *Tourismusbetriebslehre, Incoming-Tourismus, Personalführung*; di: Hochsch. Heilbronn, Fak. f. Wirtschaft 2, Max-Planck-Str. 39, 74081 Heilbronn, T: (07131) 504221, F: 252470, helmut.klopp@hs-heilbronn.de

**Klose,** Arno H.; Dipl.-Ing., Prof.; *Strömungsmaschinen, Strömungslehre, Technische Mechanik, Numerische Methoden der Strömungsmechanik (CFD)*; di: Hochsch. Hannover, Fak. II Maschinenbau u. Bioverfahrenstechnik, Ricklinger Stadtweg 120, 30459 Hannover, PF 920261, 30441 Hannover, T: (0511) 92961338, F: 9296991338, arno.klose@hs-hannover.de

**Klose,** Brigitte; Dr. sc. nat. habil., ao.Doz., Prof. FH Oldenburg; *Navigation, Meteorologie*; di: Jade Hochsch., FB Seefahrt, Weserstr. 4, 26931 Elsfleth, T: (04404) 92884283, brigitte.klose@jade-hs.de; pr: Diedrich-Brinkmann-Str. 398, 26125 Oldenburg, T: (0441) 3990450

**Klose,** Holger; Dr.-Ing., Prof.; *Werkstofftechnik*; di: Westsächs. Hochsch. Zwickau, Fak. Automobil- u. Maschinenbau, Dr.-Friedrichs-Ring 2A, 08056 Zwickau, PF 201037, 08012 Zwickau, holger.klose@fh-zwickau.de

**Klose,** Kurt; Dr.-Ing., Prof.; *Logistische Systeme*; di: Hochsch. Ostwestfalen-Lippe, FB 7, Produktion u. Wirtschaft, Liebigstr. 87, 32657 Lemgo, T: (05261) 702428, F: 702275; pr: Geschwister-Scholl-Str. 8, 32657 Lemgo, T: (05261) 970880

**Klose,** Martin; Dr. theol., Prof.; *Moraltheologie, Christliche Gesellschaftslehre*; di: Kath. Hochsch. Mainz, FB Soziale Arbeit, Saarstr. 3, 55122 Mainz, T: (06131) 2894447, klose@kfh-mainz.de

**Klose,** Sibylle; Prof.; *Modetechnik*; di: Hochsch. Pforzheim, Fak. f. Gestaltung, Östliche Karl-Friedr.-Str. 2, 75175 Pforzheim, T: (07231) 286865, F: 286040, sibylle.klose@hs-pforzheim.de

**Kloss,** Ingomar; Dr. rer. pol., Prof.; *Betriebswirtschaftslehre, insb. Marketing, Produkt-, Preis- und Distributionspolitik*; di: FH Stralsund, FB Wirtschaft, Zur Schwedenschanze 15, 18435 Stralsund, T: (03831) 456609

**Kloster,** Manfred; Dr.-Ing., Prof.; *Aerodynamik, Strömungsmechanik, Flugmechanik, Flugzeugerprobung, Hubschraubertechnik, Luftfahrzeugtechnik, Fluidmechanik*; di: Hochsch. München, Fak. Maschinenbau, Fahrzeugtechnik, Flugzeugtechnik, Dachauer Str. 98b, 80335 München, T: (089) 12651232, F: 12651392, manfred.kloster@fhm.edu

**Kloster,** Ulrich; Dr., Prof.; *Betriebswirtschaftslehre, insbes. Marketing und Handelsbetriebslehre*; di: Westfäl. Hochsch., FB Wirtschaft, Neidenburger Str. 43, 45877 Gelsenkirchen, T: (0209) 9596617, ulrich.kloster@fh-gelsenkirchen.de

**Klostermeyer,** Rüdiger; Dr.-Ing., Prof.; *Nachrichten- und Hochfrequenztechnik*; di: FH Stralsund, FB Elektrotechnik u. Informatik, Zur Schwedenschanze 15, 18435 Stralsund, T: (03831) 456595

**Klotter,** Christoph; Dr., Prof.; *Ernährungspsychologie u. Gesundheitsförderung*; di: Hochsch. Fulda, FB Oecotrophologie, Marquardstr. 35, 36039 Fulda

**Klotz,** Marie-Louise; Dr., Prof., Rektorin; *Textile Werkstoffe, Qualität u. Ökologie*; di: H Rhein-Waal Kleve, Rektorat, Marie-Curie-Straße 1, 47533 Kleve, T: (02821) 80673100, praesidentin@hochschule-rhein-waal.de; pr: Gereonstr. 65, 41238 Mönchengladbach, T: (02166) 850532

**Klotz,** Michael; Dr. rer. oec., Prof.; *Betriebswirtschaftslehre, insb. Organisation, Informatik, Management und Datenverarbeitung*; di: FH Stralsund, FB Wirtschaft, Zur Schwedenschanze 15, 18435 Stralsund, T: (03831) 456946

**Kluck,** Dieter; Dr.-Ing., Prof.; *Produktionswirtschaft, Fabrikplanung, Logistik, Materialwirtschaft, Einkauf*; di: Hochsch. Esslingen, Fak. Betriebswirtschaft, Flandernstr. 101, 73732 Esslingen, T: (0711) 3974351; pr: Steinenberg 21, 72793 Pfullingen, T: (07121) 799793

**Klühspies,** Johannes; Dr. phil. habil., Prof.; *Anthropogeographie*; di: Hochsch. Deggendorf, FB Betriebswirtschaft, Edlmairstr. 6-8, 94469 Deggendorf, PF 1320, 94453 Deggendorf, T: (0991) 3615170, F: 3615199, johannes.klühspies@fh-deggendorf.de

**Klünder,** Reimund; Dr. Ing., Prof.; di: Hochsch. f. Wirtschaft u. Recht Berlin, Badensche Str. 50/51, 10825 Berlin, T: (030) 29384542, reimund.kluender@hwr-berlin.de

**Klüver,** Wolfgang; Dr. rer. nat., Prof.; *Benutzerschnittstelle, Mikroprozessortechnik, Echtzeitsysteme, Software-Engineering*; di: Hochsch. Augsburg, Fak. f. Informatik, An der Hochschule 1, 86161 Augsburg, T: (0821) 55863328, F: 55863499, Wolfgang.Kluever@hs-augsburg.de

**Klug,** Andrea; Dr., Prof.; *Gewerblicher Rechtsschutz, Wirtschaftsprivatrecht*; di: Hochsch. Amberg-Weiden, FB Maschinenbau u. Umwelttechnik, Kaiser-Wilhelm-Ring 23, 92224 Amberg, T: (09621) 482138, F: 482145, a.klug@fh-amberg-weiden.de

**Klug,** Florian; Dr., Prof.; *Logistik*; di: Hochsch. München, Fak. Betriebswirtschaft, Am Stadtpark 20, 81243 München, T: (089) 12652733, F: 12652714, florian.klug@fhm.edu

**Klug,** Franz; Dr.-Ing., Prof.; *Regelungstechnik, Automatisierungstechnik*; di: Hochsch. Amberg-Weiden, FB Elektro- u. Informationstechnik, Kaiser-Wilhelm-Ring 23, 92224 Amberg, T: (09621) 482182, F: 482161, f.klug@fh-amberg-weiden.de

**Klug,** Karl Herbert; Dr.-Ing., Prof.; *Wärmelehre, Energielehre*; di: Westfäl. Hochsch., FB Maschinenbau u. Facilities Management, Neidenburger Str. 10, 45877 Gelsenkirchen, T: (0209) 9596166, karl.klug@fh-gelsenkirchen.de; pr: Bauordenweg 7, 45481 Mühlheim, T: (02054) 971102

**Klug,** Uwe; Dr. rer. nat., Prof.; *Angewandte Informatik*; di: FH Südwestfalen, Frauenstuhlweg 31, 58644 Iserlohn, T: (02371) 566252, klug@fh-swf.de

**Kluge,** Franz; Dipl. Math., Prof.; *Design Video / Neue Medien*; di: Hochsch. Trier, FB Informatik, PF 1826, 54208 Trier, T: (0651) 8103838, f.kluge@hochschule-trier.de; pr: Cheruskerweg 31, 65187 Wiesbaden, T: (0611) 87566, F: 87971

**Kluge,** Martin; Dr.-Ing., Prof.; *Systemintegration und Projektmanagement*; di: Westfäl. Hochsch., FB Elektrotechnik u. angew. Naturwiss., Neidenburger Str. 10, 45877 Gelsenkirchen, T: (0209) 9596817, martin.kluge@fh-gelsenkirchen.de; pr: Aurikelweg 92, 50259 Pulheim, T: (0173) 2536846

**Kluge,** Steffen; Dr.-Ing., Prof.; *Maschinenbau*; di: FH Flensburg, FB Maschinenbau, Verfahrenstechnik u. Maritime Technologien, Kanzleistr. 91-93, 24943 Flensburg, F: (0461) 8051300, steffen.kluge@fh-flensburg.de

**Klumpp,** Hans; Dipl.-Ing., Prof.; *Entwerfen, Baukonstruktion*; di: Hochsch. f. Technik, Fak. Architektur u. Gestaltung, Schellingstr. 24, 70174 Stuttgart, PF 101452, 70013 Stuttgart, T: (0711) 89262723, hans.klumpp@hft-stuttgart.de

**Klunker,** Michael; Dr. agr., Prof.; di: HTW Dresden, Fak. Landbau / Landespflege, Mitschurinbau, 01326 Dresden-Pillnitz, T: (0351) 4622801, klunker@pillnitz.htw-dresden.de

**Klusemann,** Hans-Werner; Dr., Prof.; *Soziologie, Politische Soziologie*; di: Hochsch. Neubrandenburg, FB Soziale Arbeit, Bildung u. Erziehung, Brodaer Str. 2, 17033 Neubrandenburg, PF 110121, 17041 Neubrandenburg, T: (0395) 56935105, klusemann@hs-nb.de; pr: Werdohler Landstr. 362, 58513 Lüdenscheid, T: (02351) 921996

**Klusen,** Norbert; Dr. rer. oec., HonProf. Westsächs. H Zwickau, LBeauftr. U Hannover u. U Bayreuth, Vorstandsvors. d. Techniker Krankenkasse; *Versicherungsbetriebslehre, Gesundheitsökonomie, Strategisches Management in Non-Profit Unternehmen, Gesundheitsökonomie und -politik und Sozialpolitik*; di: Techniker Krankenkasse, Bramfelder Str. 140, 22305 Hamburg, T: (040) 69091290, F: 69092143, Norbert.Klusen@TK-online.de; www.tk-online.de; Westsächs. Hochsch. Zwickau, FB Gesundheits- u. Pflegewiss., Scheffelstr. 39, 08066 Zwickau

**Kluth,** Wolf-Rainer; Dr. rer. hort., Prof.; *Baubetriebslehre im Garten- und Landschaftsbau*; di: Hochsch. Ostwestfalen-Lippe, FB 9, Landschaftsarchitektur u. Umweltplanung, An der Wilhelmshöhe 44, 37671 Höxter, T: (05271) 687170, wolf-rainer.kluth@hs-owl.de; pr: Waldstr. 118a, 44869 Bochum

**Klutke,** Peter; Dr. sc. hum., Prof.; *Informatik*; di: Hochsch. Kempten, Fak. Informatik, Bahnhofstr. 61-63, 87435 Kempten, T: (0831) 25239299, F: 2523, peter.klutke@fh-kempten.de

**Klutmann,** Beate; Dipl.-Psych., Dr.-Ing., Prof.; *Betriebliche Personalwirtschaft und Betriebspsychologie*; di: Hochsch. f. Wirtschaft u. Recht Berlin, Badensche Str. 50-51, 10825 Berlin, T: (030) 85789128, bklutman@hwr-berlin.de; pr: Margaretenstr. 2, 14193 Berlin, T: (030) 8921234

**Kluxen,** Bodo; Dr., Prof.; *Marketing und Sales*; di: Hochsch. Rhein / Main, FB Design Informatik Medien, Campus Unter den Eichen 5, 65195 Wiesbaden, T: (0171) 7990880, Bodo.Kluxen@hs-rm.de

**Klytta,** Marius; Dr.-Ing., Prof.; *El. Maschinen, Frequenzumrichtertechnik, Elektronische Antriebstechnik*; di: Techn. Hochsch. Mittelhessen, FB 02 Elektro- u. Informationstechnik, Wiesenstr. 14, 35390 Gießen, T: (0641) 3091930, Marius.Klytta@e1.fh-giessen.de; pr: Marschallstr. 2, 35444 Biebertal, T: (06409) 7944

**Kmuche,** Wolfgang; Dr., Prof.; *Informationsmanagement*; di: FH Potsdam, FB Informationswiss., Friedrich-Ebert-Str. 4, 14467 Potsdam, T: (0331) 5801516, kmuche@fh-potsdam.de

**Knaack,** Ulrich; Dr.-Ing., Prof.; *Entwerfen und Konstruieren*; di: Hochsch. Ostwestfalen-Lippe, FB 1, Architektur u. Innenarchitektur, Bielefelder Str. 66, 32756 Detmold; pr: Urdenbacher Dorfstr. 42, 40599 Düsseldorf, T: (0211) 7882962

**Knaak,** Wolfgang; Dr. rer. nat., Prof.; *Physik, Mathematik*; di: Hochsch. Mannheim, Fak. Informationstechnik, Windeckstr. 110, 68163 Mannheim

**Knab,** Maria; Dipl.-Päd., Dr. rer. soc., Prof.; *Beratung und Theorie der Sozialpädagogik / Sozialarbeit*; di: Ev. H Ludwigsburg, FB Soziale Arbeit, Auf der Karlshöhe 2, 71638 Ludwigsburg, m.knab@eh-ludwigsburg.de; pr: Alb. 32, 72810 Gomaringen, T: (07072) 914545, mr_knab@yahoo.de

**Knabe,** Christoph; Dipl.-Inform., Prof.; *Informatik, Softwaretechnik / Programmieren*; di: Beuth Hochsch. f. Technik, FB VI Informatik u. Medien, Luxemburger Str. 10, 13353 Berlin, T: (030) 45042784, knabe@beuth-hochschule.de

**Knapp,** Jürgen; Dipl.-Phys., Dr.-Ing., Prof. FH Aalen; *Physik, Physiklabor*; di: Hochsch. Aalen, Fak. Maschinenbau u. Werkstofftechnik, Beethovenstr. 1, 73430 Aalen, T: (07361) 5762310, F: 5762270, Juergen.Knapp@htw-aalen.de; pr: Sperberweg 65, 73434 Aalen, T: (07361) 43865, juergen.knapp@fh-aalen.de

**Knappe,** Bettina; Dr., Prof.; *Grundlagen der Chemie*; di: HAW Hamburg, Fak. Life Sciences, Lohbrügger Kirchstr. 65, 21033 Hamburg, T: (040) 428756063, bettina.knappe@haw-hamburg.de

**Knappe,** Joachim; Dr. rer. pol., Prof.; *Kostenrechnung und Marketing*; di: Hochsch. Landshut, Fak. Maschinenbau, Am Lurzenhof 1, 84036 Landshut, joachim.knappe@fh-landshut.de

**Knappmann,** Rolf-Jürgen; Dipl.-Ing., Prof.; *Grundlagen der Elektrotechnik, Elektronik, Mikrocontroller*; di: Hochsch. Reutlingen, FB Technik, Alteburgstr. 150, 72762 Reutlingen, T: (07121) 271615, rolf-juergen.knappmann@fh-reutlingen.de; pr: Talstr. 36, 72768 Reutlingen, T: (07121) 670761

**Knauber,** Peter; Dr. rer. nat., Prof.; *Software-Technologie, Projektmanagement*; di: Hochsch. Mannheim, Fak. Informatik, Windeckstr. 110, 68163 Mannheim

**Knauer,** Angela; Dr. jur., Prof.; *Privatrecht, Wirtschaftsrecht, Internationales Recht, Arbeitsrecht*; di: Hochsch. Ruhr West, Wirtschaftsinstitut, PF 100755, 45407 Mülheim an der Ruhr, T: (0208) 88254356, Angela.Knauer@hs-ruhrwest.de

**Knauer,** Gerhard; Dr.-Ing., Prof.; *Grundlagen der Konstruktion, Maschinenelemente*; di: Hochsch. München, Fak. Maschinenbau, Fahrzeugtechnik, Flugzeugtechnik, Dachauer Str. 98b, 80335 München, T: (089) 12651231, F: 12651392, gerhard.knauer@fhm.edu

**Knauer,** Raingard; Dr., Prof., Dekanin FB Soziale Arbeit und Gesundheit; *Gesellschaftswiss. Grundlagen der Sozialen Arbeit, Sozialpädagogik, Erziehung und Bildung*; di: FH Kiel, FB Soziale Arbeit u. Gesundheit, Sokratesplatz 2, 24149 Kiel, T: (0431) 2103044, F: 2103300, raingard.knauer@fh-kiel.de; pr: Allensteiner Weg 6, 24161 Altenholz, T: (0431) 324319

**Knauf,** Helen; Dr. habil., Prof.; *Erziehungswissenschaft, Medienpädagogik, Pädagogik der frühen Kindheit*; di: Hochsch. Fulda, FB Sozial- u. Kulturwiss., Marquardstr. 35, 36039 Fulda

**Knaut,** Matthias; Dr., Prof., Dekan; *Restaurierung Archäologischer Objekte, Archäologie, Denkmalpflege*; di: HTW Berlin, FB Gestaltung, Wilhelminenhofstr. 67-77, 12459 Berlin, T: (030) 50192150, m.knaut@HTW-Berlin.de

**Knauth,** Stefan; Dr.-Ing., Prof.; *Informatik*; di: Hochsch. f. Technik, Fak. Vermessung, Mathematik u. Informatik, Schellingstr. 24, 70174 Stuttgart, PF 101452, 70013 Stuttgart, T: (0711) 89262966, stefan.knauth@hft-stuttgart.de

**Knebl,** Helmut; Dipl.-Math., Dr. rer. nat., Prof.; *Angewandte Informatik*; di: Georg-Simon-Ohm-Hochsch. Nürnberg, Fak. Informatik, Keßlerplatz 12, 90489 Nürnberg, PF 210320, 90121 Nürnberg

**Knecht,** Matthias; Dr. jur., Prof.; di: Hochsch. Kempten, Fak. Soziales u. Gesundheit, Bahnhofstraße 61, 87435 Kempten, T: (0831) 25239130, matthias.knecht@fh-kempten.de

**Knecht,** Ursula; Prof.; *Typografie, Typografischer Entwurf, Architekturtypografie, Polygrafische Techniken*; di: HAWK Hildesheim/Holzminden/Göttingen, FB Gestaltung, Kaiserstr. 43-45, 31134 Hildesheim, T: (05121) 881321, F: 881366

**Knechtges,** Hermann J.; Dr.-Ing., Prof.; *Mathematik, Physik und Grundlagen der Agrartechnik*; di: Hochsch. f. Wirtschaft u. Umwelt Nürtingen-Geislingen, PF 1349, 72603 Nürtingen, T: (07022) 404187, hermann.knechtges@hfwu.de

**Kneer,** Georg; Dr. habil., Prof.; *Soziologie*; di: Hochsch. f. Gestaltung Schwäbisch Gmünd, Rektor-Klaus-Str. 100, 73525 Schwäbisch Gmünd, PF 1308, 73503 Schwäbisch Gmünd, T: (07171) 602631, georg.kneer@hfg-gmuend.de

**Kneidl,** Rupert; Dr.-Ing., Prof.; *Baustatik und Massivbau, Grundlagen des Bauingenieurwesens*; di: Hochsch. München, Fak. Bauingenieurwesen, Karlstr. 6, 80333 München, T: (089) 12652688, F: 12652699, kneidl@bau.fhm.edu

**Kneisel,** Peter; Dipl.-Inform., Dr. rer. nat., Prof.; *Informatik*; di: Techn. Hochsch. Mittelhessen, FB 13 Mathematik, Naturwiss. u. Datenverarbeitung, Wiesenstr. 14, 35390 Gießen, T: (0641) 3092311, peter.kneisel@mni.th-mittelhessen.de; pr: Seestr. 27, 35435 Wettenberg

**Kneißl,** Franz; Dr.-Ing., Prof.; *Datenverarbeitungssysteme, Informatik*; di: Hochsch. Regensburg, Fak. Elektro- u. Informationstechnik, PF 120327, 93025 Regensburg, T: (0941) 9431125, franz.kneissl@e-technik.fh-regensburg.de

**Knepper,** Ludger; Dr.-Ing., Prof.; *Produktionslogistik*; di: FH Aachen, FB Maschinenbau und Mechatronik, Goethestr. 1, 52064 Aachen, T: (0241) 600952445, knepper@fh-aachen.de; pr: Kelmiser Str. 13, 52074 Aachen, T: (0241) 77206, F: 7091850

**Knepper,** Thomas P.; Dr., Prof.; *Chemie*; di: Hochsch. Fresenius, FB Chemie u. Biologie, Limburger Str. 2, 65510 Idstein, T: (06126) 935264, knepper@fh-fresenius.de

**Knerer,** Thomas; Dipl.-Ing. Architekt, Prof.; *Baukonstruktion/Baukonstruktiver Entwurf, Baurecht, Planungsmanagement*; di: Westsächs. Hochsch. Zwickau, FB Architektur, Klinkhardtstr. 30, 08468 Reichenbach, Thomas.Knerer@fh-zwickau.de

**Knézy-Bohm,** Matthias; Prof.; *Visuelle Kommunikation, Bildbearbeitung, Video, Animation*; di: FH Aachen, FB Design, Boxgraben 100, 52064 Aachen, T: (0241) 600951508, knezy-bohm@fh-aachen.de; pr: Laerer Werseufer 30, 48157 Münster

**Knicker,** Theo; Dipl.-Hdl., Dr. rer. pol., Prof.; *Personalführung, Allgem. Betriebswirtschaftslehre*; di: Georg-Simon-Ohm-Hochsch. Nürnberg, Fak. Betriebswirtschaft, Bahnhofsstr. 87, 90402 Nürnberg, PF 210320, 90121 Nürnberg

**Knickmeyer,** Elfriede T.; Dr.-Ing., Prof.; *Praktische Geodäsie, Geodätische Rechenverfahren, Landesvermessung und Satellitengeodäsie*; di: Hochsch. Neubrandenburg, FB Landschaftsarchitektur, Geoinformatik, Geodäsie u. Bauingenieurwesen, Brodaer Str. 2, 17033 Neubrandenburg, PF 110121, 17041 Neubrandenburg, T: (0395) 56934105, knickmeyer@hs-nb.de

**Knief,** Peter; Dr. rer. pol., HonProf.; *Steuerrecht*; di: Europäische FH Brühl, Kaiserstr. 6, 50321 Brühl, T: (02232) 56730; I+Q Unternehmensberatung, Gustav-Heinemann-Ufer 68, 50968 Köln, T: (0221) 93705030, F: 93705050, Dr@Peter-Knief.de; www.peter-knief.de

**Kniephoff-Knebel,** Anette; Dr., Prof.; *Frauenforschung, Soziale Arbeit*; di: H Koblenz, FB Sozialwissenschaften, Konrad-Zuse-Str. 1, 56075 Koblenz, T: (0261) 9528204, F: 9528260, kniephoff@hs-koblenz.de; pr: akuhn_de@yahoo.de

**Knies,** Dietmar; Dr., Prof.; *Wirtschafts- und Sozialwissenschaften*; di: FH Nordhausen, FB Wirtschafts- u. Sozialwiss., Weinberghof 4, 99734 Nordhausen, T: (03631) 420570, F: 420817, knies@fh-nordhausen.de

**Knies,** Jörg; Dr., Prof.; *Steuerrecht, Privatrecht, Einkommensrecht*; di: H f. öffentl. Verwaltung u. Finanzen Ludwigsburg, Fak. Steuer- u. Wirtschaftsrecht, Reuteallee 36, 71634 Ludwigsburg, knies@vw.fhov-ludwigsburg.de

**Kniffki,** Johannes; Dr., Prof.; *Soziale Arbeit*; di: Alice-Salomon-Hochsch., Alice-Salomon-Platz 5, 12627 Berlin-Hellersdorf, T: (030) 99245521, kniffki@ash-berlin.eu

**Kniffler,** Norbert; Dr. rer. nat., Prof.; *Physik, Mathematik*; di: Hochsch. Mannheim, Fak. Elektrotechnik, Windeckstr. 110, 68163 Mannheim

**Knigge,** Katja; Dr., Prof.; *Handelsmanagement*; di: Europäische FH Brühl, Kaiserstr. 6, 50321 Brühl, T: (02232) 5673560, k.knigge@eufh.de

**Knigge-Demal,** Barbara; Dr. phil., Prof.; *Pflegewissenschaften m. d. Schwerpunkt Pflegedidaktik*; di: FH Bielefeld, FB Pflege u. Gesundheit, Am Stadtholz 24, 33609 Bielefeld, T: (0521) 1067420, barbara.knigge-demal@fh-bielefeld.de; pr: Dr.-Hans-Kluck-Str. 57, 48231 Warendorf, T: (02581) 787471

**Knittel,** Elke; Prof.; *Informationsarchitektur*; di: Hochsch. d. Medien, Fak. Information u. Kommunikation, Wolframstr. 32, 70191 Stuttgart, T: (0711) 25706101

**Knittel,** Friedrich; Dr. rer. oec., Prof.; *Wirtschaftsinformatik, Schwerpunkt betriebliches Informationsmanagement*; di: FH Köln, Fak. f. Informatik u. Ingenieurwiss., Am Sandberg 1, 51643 Gummersbach, T: (02261) 8196279, knittel@gm.fh-koeln.de; pr: Görrestr. 5, 40597 Düsseldorf, T: (0211) 224842

**Knittel,** Michael; Dr., Prof.; *BWL*; di: DHBW Stuttgart, Fak. Wirtschaft, BWL-Handwerk, Paulinenstraße 50, 70178 Stuttgart, T: (0711) 1849629, Knittel@dhbw-stuttgart.de

**Knittel,** Thomas; Dr., Prof.; *Neues Testament, Systematische Theologie*; di: Evangel. Hochsch. Moritzburg, Bahnhofstr. 9, 01468 Moritzburg, T: (035207) 84309, knittel@eh-moritzburg.de

**Knoblauch,** Jörg; Dr., HonProf. H Nürtingen; *Zeitplansysteme*; di: Hochsch. f. Wirtschaft u. Umwelt Nürtingen-Geislingen, PF 1349, 72603 Nürtingen

**Knoblauch,** Volker; Dr.-Ing., Prof.; *Oberflächentechnologie, Neue Materialien, Oberflächen- u. Werkstofftechnik*; di: Hochsch. Aalen, Fak. Maschinenbau u. Werkstofftechnik, Beethovenstr. 1, 73430 Aalen, T: (07361) 5762416, F: 576442184, Volker.Knoblauch@htw-aalen.de

**Knobloch,** Ralf; Dr. rer. nat., Prof.; *Betriebswirtschaftslehre, insbes. mathematische und statistische Methoden*; di: FH Köln, Fak. f. Wirtschaftswiss., Claudiusstr. 1, 50678 Köln, T: (0221) 82753425, ralf.knobloch@fh-koeln.de

**Knobloch,** Thomas; Dipl.-Kfm., Dr. rer. pol., Prof.; *Bilanz- und Steuerrecht*; di: FH Südwestfalen, FB Ingenieur- u. Wirtschaftswiss., Lindenstr. 53, 59872 Meschede, T: (0291) 9910720, knobloch@fh-meschede.de; pr: Ostallee 9, 33106 Paderborn, T: (05254) 5879

**Knoche,** Christian; Dipl.-Ing., Architekt, Prof.; *Baukonstruktion/Baukonstruktiver Entwurf, Technischer Ausbau*; di: Westsächs. Hochsch. Zwickau, FB Architektur, Klinkhardtstr. 30, 08468 Reichenbach, Christian.Knoche@fh-zwickau.de

**Knödel,** Peter; Dr.-Ing., Prof.; *Stahlbau, Schweisstechnik*; di: Hochsch. Augsburg, Fak. f. Architektur u. Bauwesen, An der Hochschule 1, 86161 Augsburg, T: (0821) 55863171, peter.knoedel@hs-augsburg.de

**Knödler,** Christoph; Dr. jur., Prof.; *Sozialrecht, Familienrecht, Asyl- und Ausländerrecht*; di: Hochsch. Regensburg, Fak. Sozialwiss., PF 120327, 93025 Regensburg, christoph.knoedler@hs-regensburg.de

**Knöffel,** Klaus; Dipl.-Ing., Prof.; *Elektronik, Steuerungstechnik, Mikrocomputertechnik*; di: Hochsch. Esslingen, Fak. Mechatronik u. Elektrotechnik, Robert-Bosch-Str. 1, 73037 Göppingen, T: (07161) 6971178; pr: Haydnstr. 19, 73274 Notzingen, T: (07021) 43230

**Knösel,** Peter; Dr., Prof., Dekan FB Sozialwesen; *Rechtswissenschaft*; di: FH Potsdam, FB Sozialwesen, Friedrich-Ebert-Str. 4, 14467 Potsdam, T: (0331) 5801123, knoesel@fh-potsdam.de

**Knoke,** Martin; Dr., Prof.; *Betriebswirtschaftslehre, Sozialmanagement, Pflegemanagement*; di: SRH Fernhochsch. Riedlingen, Lange Str. 19, 88499 Riedlingen, martin.knoke@fh-riedlingen.srh.de

**Knoll,** Alexander; Dr.-Ing., Prof.; di: Hochsch. München, Fak. Maschinenbau, Fahrzeugtechnik, Flugzeugtechnik, Dachauer Str. 98b, 80335 München, alexander.knoll@hm.edu

**Knoll,** Heinz-Christian; Dr. jur., Prof.; *Recht, insbesesondere Wirtschafts- und Steuerrecht*; di: HTWK Leipzig, FB Wirtschaftswissenschaften, PF 301166, 04251 Leipzig, T: (0341) 30767050, knoll@wiwi.htwk-leipzig.de

**Knoll,** Matthias; Dr., Prof.; *BWL, betriebl. Informationsverarbeitung*; di: Hochsch. Darmstadt, FB Wirtschaft, Haardtring 100, 64295 Darmstadt, T: (06151) 168501, knoll@fbw.h-da.de

**Knoll,** Siegfried; Dipl.-Ing., HonProf. H Nürtingen; *Landschaftsgestaltung*; di: Hochsch. f. Wirtschaft u. Umwelt Nürtingen-Geislingen, PF 1349, 72603 Nürtingen

**Knoll,** Wolf-Dietrich; Dr.-Ing., Prof.; *Konstruktionstechnik*; di: Hochsch.Merseburg, FB Ingenieur- u. Naturwiss., Geusaer Str., 06217 Merseburg, T: (03461) 462917, wolf-dietrich.knoll@hs-merseburg.de

**Knolle,** Harm; Dr. rer. nat., Prof.; *Datenbanksysteme*; di: FH Schmalkalden, Fak. Informatik, Blechhammer, 98574 Schmalkalden, PF 100452, 98564 Schmalkalden, T: (03683) 6884104, knolle@informatik.fh-schmalkalden.de

**Knollmann,** Johann; Dr. jur., Prof.; *Wirtschaftsrecht*; di: Hamburger Fern-Hochsch., FB Wirtschaft, Alter Teichweg 19, 22081 Hamburg, T: (040) 35094371, F: 35094335, johann.knollmann@hamburger-fh.de

**Knopp,** Guido; Dr., Prof. Gustav-Siewerth-Akad. Weilheim-Bierbronnen; *Fernsehjournalismus*; di: Gustav-Siewerth-Akademie, Oberbierbronnen 1, 79809 Weilheim-Bierbronnen, T: (07755) 364

**Knoppe,** Marc; Dr., Prof.; *Internationales Handelsmanagement, Strategisches Marketing, Innovationsmanagement*; di: HAW Ingolstadt, Fak. Wirtschaftswiss., Esplanade 10, 85049 Ingolstadt, T: (0841) 9348449, Marc.Knoppe@haw-ingolstadt.de

**Knorr,** Friedhelm; Dr., Prof.; *Sozialmanagement*; di: Hochsch. Neubrandenburg, FB Soziale Arbeit, Bildung u. Erziehung, Brodaer Str. 2, 17033 Neubrandenburg, PF 110121, 17041 Neubrandenburg, T: (0395) 56935505, knorr@hs-nb.de; pr: T: (0211) 2550094, f.knorr-hoefer@t-online.de

**Knorr,** Konstantin; Dr., Prof.; *Informatik, Informationssicherheit / IT-Sicherheit*; di: Hochsch. Trier, FB Informatik, PF 1826, 54208 Trier, T: (0651) 8103718, K.Knorr@hochschule-trier.de

**Knorr,** Peter; Dipl.-Kfm., Dr. sc. pol., Prof.; *Wirtschaftsinformatik, Mathematik, Statistik*; di: FH Flensburg, FB Wirtschaft, Kanzleistr. 91-93, 24943 Flensburg, T: (0461) 8051481, peter.knorr@fh-flensburg.de; pr: Ringstr. 63, 24997 Wanderup, T: (04606) 96345, F: 96346

**Knorre,** Susanne; Dr., Prof.; *Unternehmenskommunikation, Wirtschaftswissenschaften*; di: Hochsch. Osnabrück, Fak. MKT, Inst. f. Kommunikationsmanagement, Kaiserstr. 10c, 49809 Lingen, T: (0591) 80098454, s.knorre@hs-osnabrueck.de; pr: s.knorre@grote-knorre.com

**Knorrenschild,** Michael; Dr. rer. nat., Prof.; *Mathematik*; di: Hochsch. Bochum, FB Elektrotechnik u. Informatik, Lennershofstr. 140, 44801 Bochum, T: (0234) 3210317, michael.knorrenschild@hs-bochum.de

**Knorz,** Gerhard; Dr.-Ing., Prof.; *Informationsmethodik*; di: Hochsch. Darmstadt, FB Media, Haardtring 100, 64295 Darmstadt, T: (06151) 168007, gerhard.knorz@fbmedia.h-da.de

**Knospe,** Heiko; Dr. rer. nat., Prof.; *Mathematische Methoden der Nachrichtentechnik, Mathematik*; di: FH Köln, Fak. f. Informations-, Medien- u. Elektrotechnik, Betzdorfer Str. 2, 50679 Köln, T: (0221) 82752440, heiko.knospe@fh-koeln.de

**Knoth,** Thomas; Dipl.-Bildhauer, Prof.; *plastisches Gestalten, Künstlerisch-gestalterische Grundlagen*; di: Westsächs. Hochsch. Zwickau, FB Angewandte Kunst Schneeberg, Goethestr. 1, 08289 Schneeberg, thomas.knoth@fh-zwickau.de

**Knüfermann,** Markus; Dr., Prof.; *Volkswirtschaftslehre, insbes. Mikro- u. Makroökonomie u. internat. Wirtschaftsbeziehungen*; di: EBZ Business School Bochum, Springorumallee 20, 44795 Bochum, T: (0234) 9447700, m.knuefermann@ebz-bs.de

**Knüpffer,** Wolf; Dr., Prof.; *Wirtschaftsinformatik, E-Commerce*; di: Hochsch. Ansbach, FB Wirtschafts- u. Allgemeinwiss., Residenzstr. 8, 91522 Ansbach, PF 1963, 91510 Ansbach, T: (0981) 4877366, wolf.knuepffer@fh-ansbach.de

**Knüvener,** Thomas; Dipl.-Ing., VertrProf.; *Städtebau, Gebäudelehre*; di: Hochsch. Rhein/Main, FB Architektur u. Bauingenieurwesen, Kurt-Schumacher-Ring 18, 65197 Wiesbaden, T: (0611) 94951412, Thomas.Knuevener@hs-rm.de

**Knupp,** Gerd; Dr., Prof.; *Analytische Chemie, Umweltanalytik*; di: Hochsch. Bonn-Rhein-Sieg, FB Angewandte Naturwissenschaften, von-Liebig-Str. 20, 53359 Rheinbach, T: (02241) 865533, F: 8658533, gerd.knupp@fh-bonn-rhein-sieg.de

**Knust-Potter,** Evemarie; Dr., Prof.; *Behindertenpädagogik*; di: FH Dortmund, FB Angewandte Sozialwiss., Emil-Figge-Str. 44, 44227 Dortmund, T: (0231) 7555192, F: 7554911, knust-potter@fh-dortmund.de; pr: Ostenbergstr. 110, 44227 Dortmund

**Kober,** Axel; Dr.-Ing., Prof.; *Physik*; di: Hochsch. Darmstadt, FB Mathematik u. Naturwiss., Haardtring 100, 64295 Darmstadt, T: (06151) 168629, kober@h-da.de; pr: Amselweg 18, 64689 Grasellenbach, T: (06207) 920202

**Kober,** Cornelia; Dr., Prof.; *Biomechanik*; di: HAW Hamburg, Fak. Life Sciences, Lohbrügger Kirchstr. 65, 21033 Hamburg, T: (040) 428756346, kornelia.kober@rzbd.haw-hamburg.de

**Kober,** Wolfgang; Dr. jur., Prof.; *Recht*; di: FH Mainz, FB Wirtschaft, Lucy-Hillebrand-Str. 2, 55128 Mainz, T: (06131) 628173

**Kobmann,** Werner; Dr., Prof.; *Prozessorganisation, Datenverarbeitung, Wirtschaftsinformatik*; di: Hochsch. f. angew. Wiss. Würzburg Schweinfurt, Fak. Wirtschaftsingenieurwesen, Ignaz-Schön-Str. 11, 97421 Schweinfurt

**Kobold,** Klaus; Dr. rer. oec., Prof.; *Volkswirtschaftslehre, insbes. Volkswirtschaftspolitik*; di: FH Münster, FB Wirtschaft, Corrensstr. 25, 48149 Münster, T: (0251) 8365601, F: 8365502, kobold@fh-muenster.de; pr: Habichtshöhe 20, 48151 Münster, T: (0251) 72581

**Kobylka,** Andrea; Dr.-Ing., Prof.; *Fabrikplanung*; di: Westsächs. Hochsch. Zwickau, Fak. Automobil- u. Maschinenbau, Dr.-Friedrichs-Ring 2A, 08056 Zwickau, andrea.kobylka@fh-zwickau.de

**Koch,** Alexander; Dr., Prof.; *BWL, Logistik*; di: Hochsch. Niederrhein, FB Wirtschaftswiss., Webschulstr. 41-43, 41065 Mönchengladbach, T: (02161) 1866396, alexander.koch@hs-niederrhein.de

**Koch,** Andrea; Dr. rer. nat., Prof.; *Optisches Design, Optische Materialien, Physik*; di: HAWK Hildesheim/Holzminden/Göttingen, Fak. Naturwiss. u. Technik, Von-Ossietzky-Str. 99, 37085 Göttingen, T: (0551) 3705260

**Koch,** Andreas; Dr., Prof.; *Nachrichtentechnik, Elektronik, Informationstechnik*; di: Hochsch. d. Medien, Fak. Electronic Media, Nobelstr. 10, 70569 Stuttgart, T: (0711) 89232249

**Koch,** Angela; Dr., Prof.; *Kultur- u Freizeitmanagement, Sportmanagement*; di: Hochsch. Heilbronn, Fak. f. Technik u. Wirtschaft, Daimlerstr. 35, 74653 Künzelsau, T: (07940) 1306253, F: 1306120, koch@hs-heilbronn.de

**Koch,** Angelika; Dr. phil., Prof.; *Politikwissenschaft/Sozialpolitik*; di: Ev. Hochsch. Darmstadt, Zweifalltorweg 12, 64293 Darmstadt, T: (06151) 8798195, koch@eh-darmstadt.de

**Koch,** Bernd; Dr. rer. pol., Prof.; *Betriebswirtschaftslehre, insbes. Rechnungswesen und Unternehmensprüfung*; di: FH Bielefeld, FB Wirtschaft, Universitätsstr. 25, 33615 Bielefeld, T: (0521) 1063726, bernd.koch@fh-bielefeld.de; pr: Niedermühlenstr. 75, 49326 Melle

**Koch,** Boris; Dr.rer. nat., Prof.; *Maritime Technologien*; di: Hochsch. Bremerhaven, An der Karlstadt 8, 27568 Bremerhaven, T: (0471) 48311346, F: 48311426, bkoch@hs-bremerhaven.de

**Koch,** Carsten; Dr.-Ing., Prof.; *Straßenbau u. Vermessungskunde*; di: FH Köln, Fak. f. Bauingenieurwesen u. Umwelttechnik, Betzdorfer Str. 2, 50679 Köln, T: (0221) 82752877, carsten.koch@fh-koeln.de

**Koch,** Carsten; Dr., Prof.; *Eingebettete Systeme, digitale Bildverarbeitung*; di: Hochsch. Emden/Leer, FB Technik, Constantiaplatz 4, 26723 Emden, T: (04921) 8071815, F: 8071843, koch@hs-emden-leer.de

**Koch,** Christiane; Dr. theol., Prof.; *Biblische Theologie*; di: Kath. Hochsch. NRW, Abt. Paderborn, FB Sozialwesen, Leostr. 19, 33098 Paderborn, T: (05251) 122575, c.koch@katho-nrw.de

**Koch,** Christiane; Dr., Prof.; *Personalmanagement*; di: FH Dortmund, FB Wirtschaft, Emil-Figge-Str. 42, 44227 Dortmund, T: (0231) 7556793, F: 7554902, christiane.koch@fh-dortmund.de

**Koch,** Dorothee; Dipl.-Math., Prof.; *Informatik, Datenbanken*; di: Hochsch. f. Technik, Fak. Vermessung, Mathematik u. Informatik, Schellingstr. 24, 70174 Stuttgart, PF 101452, 70013 Stuttgart, T: (0711) 89262505, F: 89262666, dorothee.koch@fht-stuttgart.de

**Koch,** Eckart; Dr. rer. pol., Prof., Dekan FB Allgemeinwissenschaften; *Volkswirtschaft*; di: Hochsch. München, Fak. Studium Generale u. interdisziplinäre Studien, Lothstr. 34, 80335 München, T: (089) 12651332

**Koch,** Hans Wolfgang Edler von; Dr. rer. nat., Prof.; *Ingenieurmathematik, Datenverarbeitung*; di: HAW Ingolstadt, Fak. Elektrotechnik u. Informatik, Esplanade 10, 85049 Ingolstadt, T: (0841) 9348234, hans.vonkoch@haw-ingolstadt.de

**Koch,** Heribert; Dr. rer. nat., Prof.; *Physik und Technische Informatik*; di: FH Köln, Fak. f. Informatik u. Ingenieurwiss., Am Sandberg 1, 51643 Gummersbach, T: (02261) 8196286, koch@gm.fh-koeln.de; pr: Bucheckernweg 32, 51109 Köln, T: (0221) 842400

**Koch,** Jürgen; Dr. rer. nat., Prof.; *Chemie*; di: Techn. Hochsch. Mittelhessen, FB 13 Mathematik, Naturwiss. u. Datenverarbeitung, Wiesenstr. 14, 35390 Gießen, T: (0641) 3092313; pr: Beethovenstr. 11, 63694 Limeshain

**Koch,** Jürgen; Dr. rer. nat., Prof., Dekan FB Grundlagen; *Mathematik, Geom. Datenverarbeitung, Virtuelle Realität, CAD*; di: Hochsch. Esslingen, Fak. Grundlagen, Kanalstr. 33, 73728 Esslingen, T: (0711) 3973400; pr: Luikenweg 34, 73733 Esslingen, T: (0711) 853541

**Koch,** Kerstin; Dr., Prof.; *Biologie und Nanobiotechnologie*; di: Hochsch. Rhein-Waal, Fak. Life Sciences, Marie-Curie-Straße 1, 47533 Kleve, T: (02821) 80673203, kerstin.koch@hochschule-rhein-waal.de

**Koch,** Klaus Peter; Dr., Prof.; *Elektrotechnik, Elektrische Messtechnik, Elektrodiagnostik, Neuroprothetik*; di: Hochsch. Trier, FB Technik, PF 1826, 54208 Trier, T: (0651) 8103514, K.Koch@hochschule-trier.de

**Koch,** Klaus-Uwe; Dr. rer. nat., Prof.; *Organische Chemie und Polymere*; di: Westfäl. Hochsch., FB Elektrotechnik u. angew. Naturwiss., August-Schmidt-Ring 10, 45665 Recklinghausen, T: (02361) 915456, F: 915751, Klaus-Uwe.Koch@fh-gelsenkirchen.de

**Koch,** Manfred; Dr.-Ing., Prof.; *Siedlungswasserwirtschaft, Gewässergüte*; di: Hochsch. Lausitz, FB Architektur, Bauingenieurwesen, Versorgungstechnik, Lipezker Str. 47, 03048 Cottbus-Sachsendorf, T: (0355) 5818614, F: 5818609

**Koch,** Maria; Dr. rer. nat., Prof.; *Lebensmittelwirtschaft, Convenience Food*; di: Hochsch. Bremerhaven, An der Karlstadt 8, 27568 Bremerhaven, T: (0471) 4823192, mkoch@hs-bremerhaven.de

**Koch,** Michael; Dr.-Ing., Prof.; *Elektrotechnik, Elektrische Messtechnik*; di: Hochsch. Hannover, FB Elektrotechnik u. Informatik, Ricklinger Stadtweg 120, 30459 Hannover, T: (0511) 92963515, michael.koch@hs-hannover.de

**Koch,** Michael; Dr. rer. nat., Prof.; *Kommunikationstechnik und Multimedia*; di: FH Stralsund, FB Elektrotechnik u. Informatik, Zur Schwedenschanze 15, 18435 Stralsund, T: (03831) 456656, Michael.Koch@fh-stralsund.de

**Koch,** Oliver; Dr. rer.pol., Prof.; *IT im Gesundheitswesen*; di: Hochschule Ruhr West, Institut Informatik, PF 100755, 45407 Mülheim an der Ruhr, T: (0208) 88254809, oliver.koch@hs-ruhrwest.de

**Koch,** Ralf; Dr.-Ing., Prof.; *Ingenieurwissenschaft*; di: Hochsch. Rhein/Main, FB Ingenieurwiss., Am Brückweg 26, 65428 Rüsselsheim, T: (06142) 8984340, Ralf.Koch@hs-rm.de

**Koch,** Rolf; Dr.-Ing., Prof.; *Öffentliches Recht und Steuerrecht*; di: Hochsch. Zittau/Görlitz, Fak. Wirtschafts- u. Sprachwiss., Theodor-Körner-Allee 16, 02763 Zittau, T: (03583) 611409, R.Koch@hs-zigr.de

**Koch,** Susanne; Dr., Prof.; *BWL/Logistik*; di: FH Frankfurt, FB 3 Wirtschaft u. Recht, Nibelungenplatz 1, 60318 Frankfurt am Main, T: (069) 15332301

**Koch,** Ursula; Dr.-Ing., Prof.; *Werkstofftechnik, Korrosion, Leichtmetalltechnologie*; di: Hochsch. München, Fak. Feinwerk- u. Mikrotechnik, Physikal. Technik, Lothstr. 34, 80335 München, T: (089) 12651419, F: 12651480, u.kochh@lrz.fh-muenchen.de

**Koch,** Ute; Dr., Prof.; *Soziale Dienste der Jugend-, Familien- und Sozialhilfe*; di: DHBW Stuttgart, Fak. Sozialwesen, Herdweg 29, 70174 Stuttgart, T: (0711) 1849802, koch@dhbw-stuttgart.de

**Koch,** Uwe; Dr. rer. pol., Prof.; *Verkehrlogistik*; di: FH Lübeck, FB Maschinenbau u. Wirtschaft, Mönkhofer Weg 136-140, 23562 Lübeck, T: (0451) 3005374, F: 3005302, uwe.koch@fh-luebeck.de

**Koch,** Werner; Prof.; *Restaurierung und Konservierung Wandmalerei*; di: FH Potsdam, FB Architektur u. Städtebau, Pappelallee 8-9, 14469 Potsdam, T: (0331) 5801200, wkoch@fh-potsdam.de

**Koch,** Wilfried; Dr.-Ing., Prof.; *Informatik, Softwaretechnologie, Programmieren, Expertensysteme, Künstliche Intelligenz*; di: Hochsch. Ravensburg-Weingarten, Doggenriedstr., 88250 Weingarten, PF 1261, 88241 Weingarten, T: (0751) 5019742, F: 5019876, koch@hs-weingarten.de; pr: Dopplerweg 3, 73447 Oberkochen, T: (07364) 5335, F: 5335

**Koch-Rust,** Victoria; Dr., Prof.; di: Hochsch. f. Wirtschaft u. Recht Berlin, Badensche Str. 50/51, 10825 Berlin, T: (030) 29384582, victoria.koch-rust@hwr-berlin.de

**Kochem,** Winfried; Dr.-Ing., Prof.; *Konstruktionslehre*; di: FH Köln, Fak. f. Anlagen, Energie- u. Maschinensysteme, Betzdorfer Str. 2, 50679 Köln, T: (0221) 82752367, winfried.kochem@fh-koeln.de; pr: Brückenstr. 25, 50374 Erftstadt

**Kocher,** Hans-Georg; Prof.; *Wirtschaftsingenieurwesen*; di: DHBW Stuttgart, Campus Horb, Florianstr. 15, 72160 Horb am Neckar, T: (07451) 521252, F: 521155, hg.kocher@hb.dhbw-stuttgart.de

**Kochhan,** Christoph; Dr., Prof.; *Medien- und Kommunikationsmanagement, Marketing, Markt- und Werbepsychologie*; di: SRH Fernhochsch. Riedlingen, Lange Str. 19, 88499 Riedlingen, christoph.kochhan@fh-riedlingen.srh.de

**Kocian,** Claudia; Dr. rer. oec., Prof.; *Wirtschaftsinformatik*; di: FH Neu-Ulm, Wileystr. 1, 89231 Neu-Ulm, T: (0731) 97621509, claudia.kocian@fh-neu-ulm.de

**Kock,** Kai-Uwe; Dr., Prof.; *Recht des grenzüberschreitenden Warenverkehrs, Recht des öffentlichen Dienstes, Europarecht*; di: FH d. Bundes f. öff. Verwaltung, FB Finanzen, PF 1549, 48004 Münster, T: (0251) 8670605

**Kock,** Maximilian; Dipl.-Ing., Prof.; *Audioproduktion, Veranstaltungstechnik, Medienmarketing*; di: Hochsch. Amberg-Weiden, FB Elektro- u. Informationstechnik, Kaiser-Wilhelm-Ring 23, 92224 Amberg, T: (09621) 4823611, m.kock@haw-aw.de

**Kockläuner,** Gerhard; Dr. rer. pol. habil., Prof.; *Mathematik u. Statistik*; di: FH Kiel, FB Wirtschaft, Sokratesplatz 2, 24149 Kiel, T: (0431) 2103523, F: 2103825, gerhard.kocklaeuner@fh-kiel.de; pr: Kammerkoppel 16, 24147 Klausdorf, T: (0431) 790661

**Kocks,** Klaus; Dr., HonProf.; *Unternehmenskommunikation*; di: Hochsch. Osnabrück, Fak. MKT, Inst. f. Kommunikationsmanagement, Kaiserstr. 10c, 49809 Lingen, ceterum.censeo@mailtrack.de; T: (06439) 92990, F: 929929

**Köbberling,** Thomas; Prof.; *Betriebswirtschaft, Volkswirtschaft, Wirtschaftsinformatik*; di: Hochsch. Fulda, FB Oecotrophologie, Marquardstr. 35, 36039 Fulda, T: (0661) 9640393, thkoebberling@googlemail.com

**Köbbing,** Heinz; Dr.-Ing., Prof.; *Elektrotechnik, Automatisierungstechnik, Automatisierungs- und Kommunikationssysteme*; di: Hochsch. Karlsruhe, Fak. Wirtschaftswissenschaften, Moltkestr. 30, 76133 Karlsruhe, PF 2440, 76012 Karlsruhe, T: (0721) 9251982

**Köberle,** Gisela; Dr., Prof.; *Quantitative Methoden und Allgemeine Betriebswirtschaftslehre*; di: DHBW Mosbach, Campus Bad Mergentheim, Schloss 2, 97980 Bad Mergentheim, T: (07931) 530618, F: 530614, koeberle@dhbw-mosbach.de

**Köbernik,** Gunnar; Dr. rer. pol., Prof.; *BWL, insb. Industriebetriebslehre, Fertigungs- und Materialwirtschaft*; di: Hochsch. Mittweida, Fak. Wirtschaftswiss., Technikumplatz 17, 09648 Mittweida, T: (03727) 581344, gkoebern@htwm.de

**Köbler,** Jürgen; Dr.-Ing., Prof.; *Projektmanagement, Qualitätsmanagement, Produktionsorganisation*; di: Hochsch. Offenburg, Fak. Betriebswirtschaft u. Wirtschaftsingenieurwesen, Klosterstr. 14, 77723 Gengenbach, T: (07803) 969835, juergen.koebler@fh-offenburg.de

**Koechert,** Suzanne; Prof.; *Innenarchitektur*; di: Hochsch. Hannover, Fak. III Medien, Information u. Design, Kurt-Schwitters-Forum, Expo Plaza 2, 30539 Hannover, T: (0511) 92962362, suzanne.koechert@hs-hannover.de; pr: Schönbergstr. 17, 30419 Hannover

**Köckeritz,** Christine; Dipl.-Psych., Dr. phil, Prof., Dekanin FB Soziale Arbeit, Gesundheit und Pflege; *Psychologie*; di: Hochsch. Esslingen, Fak. Soziale Arbeit, Gesundheit u. Pflege, Flandernstr. 101, 73732 Esslingen, T: (0711) 3974582, F: 3974595, christine.koeckeritz@hs-esslingen.de; pr: Urbanstr. 92, 73728 Esslingen, T: (0711) 3466364

**Koeder,** Kurt; Dr. phil., Prof.; *Betriebswirtschaft, Rechnungswesen, Personalmanagement*; di: FH Mainz, FB Wirtschaft, Lucy-Hillebrand-Str. 2, 55128 Mainz, T: (06131) 628265, kurt.koeder@wiwi.fh-mainz.de

**Kögl,** Thomas Franz; Dipl.-Ing., Prof.; *Bauabwicklung, Projektmanagement*; di: Hochsch. Augsburg, Fak. f. Architektur u. Bauwesen, An der Hochschule 1, 86161 Augsburg, T: (0821) 55863703, thomas.koegl@hs-augsburg.de; pr: ThKoegl@aol.com

**Köglmayr,** Hans-Georg; Dr., Prof.; *Wirtschaftsingenieurwesen*; di: Hochsch. Pforzheim, Fak. f. Wirtschaft u. Recht, Tiefenbronner Str. 66, 75175 Pforzheim, T: (07231) 286671, F: 286057, hans-georg.koeglmayr@hs-pforzheim.de

**Köhlen,** Christina; Dr. rer.med., Prof.; *Pflegewissenschaften*; di: Ev. Hochsch. Berlin, Prof. f. Pflegewissenschaft, PF 370255, 14132 Berlin, T: (030) 84582236, koehlen@eh-berlin.de

**Köhler,** André; Dr. rer.nat., Prof.; *Wirtschaftsingenieurwesen mit Schwerpunkten Logistik u. Controlling*; di: FH Lübeck, FB Maschinenbau u. Wirtschaft, Mönkhofer Weg 239, 23562 Lübeck, T: (0451) 3005640, andre.koehler@fh-luebeck.de

**Köhler,** Denis; Dr., Prof.; *Klinische Psychologie, Psychopathy, Delinquenz und extreme Formen von Gewalt*; di: Hochsch. Heidelberg, Fak. f. Sozial- u. Rechtswissenschaften, Ludwid-Guttmann-Str. 6, 69123 Heidelberg, T: (06221) 882030, denis.koehler@fh-heidelberg.de

**Köhler,** Frank; Dr.-Ing., Prof.; *Rechnergeführte Produktion*; di: Westfäl. Hochsch., FB Maschinenbau u. Facilities Management, Neidenburger Str. 10, 45877 Gelsenkirchen, T: (0209) 9596141, frank.koehler@fh-gelsenkirchen.de; pr: Röhrchenstr. 25a, 58452 Witten, T: (02302) 86289

**Köhler,** Günther; Dr., Prof.; *Mathematik, Betriebsstatistik*; di: Hochsch. Hof, Alfons-Goppel-Platz 1, 95028 Hof, T: (09281) 409445, F: 40955445, Guenther.Koehler@fh-hof.de

**Köhler,** Hanns; Dr.-Ing., Prof.; *Maschinenbau/Konstruktion*; di: Hochsch. Trier, Umwelt-Campus Birkenfeld, FB Umweltplanung/Umwelttechnik, PF 1380, 55761 Birkenfeld, T: (06782) 171313, h.koehler@umwelt-campus.de

**Köhler,** Joachim; Prof.; *Technische Optik, Augenglasbestimmung*; di: Beuth Hochsch. f. Technik, FB VII Elektrotechnik u. Feinwerktechnik, Luxemburger Str. 10, 13353 Berlin, T: (030) 45044730, jkoehler@beuth-hochschule.de

**Köhler,** Jürgen; Dr. rer. nat. habil., Prof. HS Magdeburg-Stendal (FH); *Numerische Algorithmen der diskreten Optimierung*; di: Hochsch. Magdeburg-Stendal, FB Wasser- u. Kreislaufwirtschaft, Breitscheidstr. 2, 39114 Magdeburg, T: (0391) 8864683, juergen.koehler@hs-magdeburg.de; pr: Erhard-Hübener-Str. 12, 06132 Halle (Saale)

**Köhler,** Klaus; Dr. rer. nat., Prof.; *Programmiersprachen, Kryptographie, Datenschutz*; di: Hochsch. München, Fak. Informatik u. Mathematik, Lothstr. 34, 80335 München, T: (089) 12653726

**Köhler,** Klaus-Dieter; Dipl.-Ing., Prof.; *Architektur*; di: HTW d. Saarlandes, Fak. f. Architektur u. Bauingenieurwesen, Waldhausweg 14, 66123 Saarbrücken, T: (0681) 5867561, koehler@htw-saarland.de; pr: Maxburgstr. 34, 67434 Neustadt/Weinstr.

**Köhler,** Lothar; Dr. rer. nat., Prof. FH Hannover; *Datenverarbeitungssysteme und Softwaretechnik, Mathematik, Datenverarbeitung, Software Engineering und Softwareprojekte, Datenbanken und Expertensysteme*; di: Hochsch. Hannover, Fak. I Elektro- u. Informationstechnik, Ricklinger Stadtweg 120, 30459 Hannover, PF 920261, 30441 Hannover, T: (0511) 92961267, F: 92961111, lothar.koehler@hs-hannover.de; pr: Odenwaldstr. 5, 30657 Hannover, T: (0511) 603928

**Köhler,** Lutz; Dr. rer. nat., Prof.; *Informatik, insbes. verteilte Multimediasysteme*; di: FH Köln, Fak. f. Informatik u. Ingenieurwiss., Am Sandberg 1, 51643 Gummersbach, T: (02261) 8196276, lkoehler@gm.fh-koeln.de

**Köhler,** Manfred; Dr., Prof.; *Landschaftsökologie, Landschaftsarchitektur*; di: Hochsch. Neubrandenburg, FB Landschaftsarchitektur, Geoinformatik, Geodäsie u. Bauingenieurwesen, Brodaer Str. 2, 17033 Neubrandenburg, PF 110121, 17041 Neubrandenburg, T: (0395) 56934505, koehler@hs-nb.de

**Köhler,** Marcus; Dr., Prof.; *Gartendenkmalpflege*; di: H Neubrandenburg, FB Landschaftsarchitektur, Geoinformatik, Geodäsie u. Bauingenieurwesen, Brodaer Str. 2, 17033 Neubrandenburg, PF 110121, 17041 Neubrandenburg, T: (0395) 56934506, mkoehler@hs-nb.de

**Köhler,** Martin; Dr.-Ing., Prof.; *Straßenwesen: Erd- und Straßenbau*; di: Hochsch. Ostwestfalen-Lippe, FB 3, Bauingenieurwesen, Emilienstr. 45, 32756 Detmold, T: (05231) 769826, F: 769819, martin.koehler@fh-luh.de; pr: Hellerweg 20, 32052 Herford, T: (05221) 769355, F: 769355

**Köhler,** Norma; Dr., Prof.; *Theaterpädagogik*; di: FH Dortmund, FB Angewandte Sozialwiss., Emil-Figge-Str. 44, 44227 Dortmund, T: (0231) 7555979, F: 7554911, norma.koehler@fh-dortmund.de

**Köhler,** Thorsten; Dr., Prof.; *Mathematische Methoden in den Natur- und Ingenieurwissenschaften*; di: Hochschule Hamm-Lippstadt, Marker Allee 76-78, 59063 Hamm, T: (02381) 8789416, thorsten.koehler@hshl.de

**Köhler-Offierski,** Alexa; Dr. med., Prof., Präsidentin Evangel. H Darmstadt; *Sozialmedizin*; di: Ev. Hochsch. Darmstadt, Zweifalltorweg 12, 64293 Darmstadt, T: (06151) 879812, koehler-offierski@eh-darmstadt.de; pr: Sandbergstr. 10, 64285 Darmstadt, T: (06151) 64055

**Köhn,** Carsten; Dr., Prof., Dekan FB Elektrotechnik und Informatik; *Internet u. Medientechnik*; di: Hochsch. Bochum, FB Elektrotechnik u. Informatik, Lennershofstr. 140, 44801 Bochum, T: (0234) 3210300, carsten.koehn@hs-bochum.de; pr: T: (0175) 2080917

**Köhne,** Thomas; Dr., Prof.; *Betriebswirtschaftslehre, Dienstleistungsmanagement, Versicherungsbetriebslehre*; di: Hochsch. f. Wirtschaft u. Recht Berlin, Neue Bahnhofstr. 11-17, 10245 Berlin, T: (030) 29384480, thomas.koehne@hwr-berlin.de; pr: Eichenweg 6, 04425 Taucha, T: (03429) 814514

**Köhring,** Pierre; Dr.-Ing., Prof.; *Elektrische Maschinen*; di: HTWK Leipzig, FB Elektrotechnik u. Informationstechnik, PF 301166, 04251 Leipzig, T: (0341) 30761273, pierre.koehring@fbeit.htwk-leipzig.de

**Kölbl,** Kathrin; Prof.; *Dienstleistungsmarketing*; di: DHBW Mannheim, Fak. Wirtschaft, Käfertaler Str. 258, 68167 Mannheim, T: (0621) 41052102, F: 41052100, kathrin.koelbl@dhbw-mannheim.de

**Kölling,** Arnd; Dr., Prof.; *Volkswirtschaftslehre, Schwerpunkt: Arbeitsmarkt- theorie, Arbeitsmarktpolitik, Arbeitsmarktstatistik*; di: Hochsch. d. Bundesagentur f. Arbeit, Wismarsche Str. 405, 19055 Schwerin, T: (0385) 5408470, Arnd.Koelling@arbeitsagentur.de

**Kölpin,** Thomas; Dr.-Ing., Prof., Dekan FB Elektro- und Informationstechnik; *Automatisierungstechnik, Prozessdatentechnik, Sensorik, Aktorik*; di: Hochsch. Amberg-Weiden, FB Elektro- u. Informationstechnik, Kaiser-Wilhelm-Ring 23, 92224 Amberg, T: (09621) 482187, F: 482161, th.koelpin@fh-amberg-weiden.de

**Kölsch-Bunzen,** Nina; Dr. phil., Prof.; *Sozialpädagogik, Sozialarbeitswissenschaft*; di: Hochsch. Esslingen, Fak. Versorgungstechnik u. Umwelttechnik, Kanalstr. 33, 73728 Esslingen, T: (0711) 3974597; pr: Vogelsangstr. 17, 70176 Stuttgart, T: (0711) 50536500

**Költzsch,** Konrad; Dr.-Ing., Prof.; *Strömungsmechanik, Aerodynamik*; di: HAW Ingolstadt, Fak. Maschinenbau, Esplanade 10, 85049 Ingolstadt, T: (0841) 9348790, konrad.koeltzsch@haw-ingolstadt.de

**Kölzer,** Brigitte; Dr., Prof.; *BWL, Marketing, Kommunikationswirtschaft*; di: Hochsch. Rosenheim, Fak. Betriebswirtschaft, Hochschulstr. 1, 83024 Rosenheim, T: (08031) 805463, F: 805453, brigitte.koelzer@fh-rosenheim.de; pr: Ellinger Weg 91, 81673 München

**Kölzer,** Hans Peter; Dr.-Ing., Prof.; *Digitale Informationstechnik, Signalverarbeitung und Bildverarbeitung*; di: HAW Hamburg, Fak. Technik u. Informatik, Berliner Tor 7, 20099 Hamburg, T: (040) 428758435, F: 428758309, hanspeter.koelzer@haw-hamburg.de

**Könemund,** Martin; Dr., Prof.; *Elektrotechnik*; di: Ostfalia Hochsch., Fak. Versorgungstechnik, Salzdahlumer Str. 46/48, 38302 Wolfenbüttel

**König,** Anne; Dr.-Ing., Prof.; *Betriebswirtschaftslehre, Unternehmenskommunikation*; di: Beuth Hochsch. f. Technik, FB I Wirtschafts- u. Gesellschaftswiss., Luxemburger Str. 10, 13353 Berlin, T: (030) 45045252, akoenig@beuth-hochschule.de

**König,** Claus; Dr.-Ing., Prof.; *Informatik*; di: Hochsch. Lausitz, FB Architektur, Bauingenieurwesen, Versorgungstechnik, Lipezker Str. 47, 03048 Cottbus-Sachsendorf, T: (0355) 5818638, F: 5818609

**König,** Cornelia; Dr. rer. nat., Prof.; *Versorgungstechnische Anlagen*; di: FH Erfurt, FB Versorgungstechnik, Altonaer Str. 25, 99085 Erfurt, PF 101363, 99013 Erfurt, T: (0361) 6700356, F: 6700424, cornelia.koenig@fh-erfurt.de

**König,** Frank T.; Dipl.-Ing., Dr.-Ing., Prof.; *Geotechnik*; di: FH Lübeck, FB Bauwesen, Mönkhofer Weg 239, 23562 Lübeck, T: (0451) 3005138, F: 3005079, frank.koenig@fh-luebeck.de

**König,** Hans-Peter; Dr. rer. nat., Prof.; *Umweltchemie u. Chemietechnik*; di: Hochsch. Bremen, Fak. Architektur, Bau u. Umwelt, Neustadtswall 30, 28199 Bremen, T: (0421) 59052347, F: 59052348, Hans.Koenig@hs-bremen.de

**König,** Harald; Dr. rer. nat., Prof.; *Softwareengineering*; di: FH f. die Wirtschaft Hannover, Freundallee 15, 30173 Hannover, T: (0511) 2848363, F: 2848372, harald.koenig@fhdw.de

**König,** Joachim; Dipl.-Päd., Dr. phil., Prof.; *Pädagogik, Sozialwissenschaftliche Methoden und Arbeitsweisen*; di: Ev. Hochsch. Nürnberg, Fak. f. Sozialwissenschaften, Bärenschanzstr. 4, 90429 Nürnberg, T: (0911) 27253835, joachim.koenig@evhn.de; pr: Dr. Gerlich-Str. 11, 86356 Neusäß, T: (0821) 469260, F: 452162

**König,** Ludwig; Dr.-Ing., Prof.; *Flugzeugwartung, -zulassung u. Mechanik*; di: HAW Ingolstadt, Fak. Maschinenbau, Esplanade 10, 85049 Ingolstadt, T: (0841) 9348440, ludwig.koenig@haw-ingolstadt.de

**König,** Manfred; Dr. rer. pol., Prof.; *Betriebswirtschaftslehre, insbes. Marketing und Unternehmensführung*; di: FH Ludwigshafen, FB II Marketing und Personalmanagement, Ernst-Boehe-Str. 4, 67059 Ludwigshafen/Rhein, T: (0621) 5203285, F: 5203274, koenig@fh-lu.de

**König,** Matthias; Dr., Dr.-Ing., Prof.; *Informatik, Embedded Software Engineering*; di: FH Bielefeld, FB Technik, Ringstraße 94, 32427 Minden, T: (0571) 8385280, F: 8385240, matthias.koenig@fh-bielefeld.de

**König,** Peter; Dr.-Ing., Prof.; *Fahrzeugaufbau, Fahrzeugsicherheit*; di: Hochsch. Trier, FB Technik, Maschinenbau, PF 1826, 54208 Trier, T: (0651) 8103387, P.Koenig@mb.hochschule-trier.de

**König,** Reinhold; Dipl.-Wirt.-Ing., Prof.; *Marketing-Planspiel, Marktforschung, Außenhandel, Marketing, International Business*; di: Hochsch. Karlsruhe, Fak. Wirtschaftswissenschaften, Moltkestr. 30, 76133 Karlsruhe, PF 2440, 76012 Karlsruhe, T: (0721) 9251972, reinhold.koenig@hs-karlsruhe.de

**König,** Stephan; Dr. rer.nat., Prof.; *Wirtschaftsinformatik*; di: Hochsch. Hannover, Fak. IV Wirtschaft u. Informatik, Ricklinger Stadtweg 120, 30459 Hannover, PF 920261, 30441 Hannover, T: (0511) 92961561, F: 92961510, stephan.koenig@hs-hannover.de

**König,** Tatjana; Dr., Prof.; *Marketing, Marktforschung*; di: HTW d. Saarlandes, Fak. f. Wirtschaftswiss, Waldhausweg 14, 66123 Saarbrücken, T: (0681) 5867549, tatjana.koenig@htw-saarland.de

**König,** Verena; Dr., Prof.; *Dienstleistungsmarketing*; di: DHBW Mannheim, Fak. Wirtschaft, Käfertaler Str. 258, 68167 Mannheim, T: (0621) 41052117, F: 41052100, verena.koenig@dhbw-mannheim.de

**Koeniger,** Gerald; Prof.; *Medienwissenschaft, insbes. visuelle und verbale Kommunikation*; di: FH Dortmund, FB Design, Max-Ophüls-Platz 2, 44139 Dortmund; pr: Trapphofstr. 27, 44287 Dortmund

**Koenigsdorff,** Roland; Dr.-Ing., Prof.; *Simulationstechnik, Bauphysik, Energiekonzepte und Geothermie*; di: Hochsch. Biberach, SG Gebäudeklimatik, PF 1260, 88382 Biberach/Riß, T: (07351) 582255, F: 582299, koenigsdorff@hochschule-bc.de

**Koenigsmann,** Wolfgang; Dr.-Ing., Prof.; *Werkstofftechnik*; di: TFH Georg Agricola Bochum, WB Maschinen- u. Verfahrenstechnik, Herner Str. 45, 44787 Bochum, T: (0234) 9683364, F: 9683363, koenigsmann@tfh-bochum.de; pr: Priesters Hof 72, 45472 Mülheim (Ruhr), T: (0208) 373316

**Köpf,** Georg; Dr. rer. pol., Prof.; *Finanz- und Investitionswirtschaft, Bankwirtschaft, Versicherungsbetriebslehre*; di: Hochsch. Kempten, Fak. Betriebswirtschaft, PF 1680, 87406 Kempten, T: (0831) 2523165, georg.koepf@fh-kempten.de

**Köpke,** Wilfried; Dipl.-Des. (FH), Prof.; *Informations- u Kommunikationswesen, Kultur- und Fernsehjournalismus*; di: Hochsch. Hannover, Fak. III Medien, Information u. Design, Expo Plaza 12, 30539 Hannover, PF 920261, 30441 Hannover, T: (0511) 92962612, wilfried.koepke@hs-hannover.de

**Koepp-Bank,** Hans-Jürgen; Dr. rer. nat., Prof.; *Bioverfahrenstechnik*; di: Hochsch. Darmstadt, FB Chemie- u. Biotechnologie, Haardtring 100, 64295 Darmstadt, T: (06151) 168221, Koepp-Bank@h-da.de; pr: Österreicherstr. 24, 63739 Aschaffenburg

**Koeppe,** Gabriele; Dr. phil., Prof.; *Personalwirtschaft, insbes. Personalführung*; di: FH Köln, Fak. f. Informatik u. Ingenieurwiss., Am Sandberg 1, 51643 Gummersbach, T: (02261) 8196106, koeppe@gm.fh-koeln.de; pr: Jürgensplatz 72, 40219 Düsseldorf, T: (0211) 3981151

**Köppe,** Rainer; M.Sc. Dipl.-Med.-Päd., Prof.; *Physiotherapie*; di: Hochschule für angewandte Wissenschaften Bamberg, Pödeldorfer Str. 81, 96052 Bamberg, r.koeppe@hochschule-bamberg.de

**Koeppen,** Birgit; Dr.-Ing., Prof.; *Regelungstechnik, Projektmanagement und Windenergie*; di: HAW Hamburg, Fak. Technik u. Informatik, Berliner Tor 21, 20099 Hamburg, T: (040) 428758673, birgit.koeppen@haw-hamburg.de

**Koeppl,** Katja; Prof.; *Visual Effects, Postproduction*; di: Hochsch. d. Medien, Fak. Electronic Media, Nobelstr. 10, 70569 Stuttgart, T: (0711) 89232217

**Koeppl,** Martin; Dr. phil., Prof.; *Multimedia*; di: FH Schwäbisch Hall, Salinenstr. 2, 74523 Schwäbisch Hall, PF 100252, 74502 Schwäbisch Hall, T: (0791) 8565537, koeppl@fhsh.de

**Koerber,** Martin; Prof.; *Restaurierung von Foto, Film, Datenträger*; di: HTW Berlin, FB Gestaltung, Wilhelminenhofstr. 67-77, 12459 Berlin, koerber@HTW-Berlin.de

**Körber-Weik,** Margot; Dr. rer. pol., Prof.; *Volkswirtschaftslehre, Gender Studies*; di: Hochsch. f. Wirtschaft u. Umwelt Nürtingen-Geislingen, PF 1349, 72603 Nürtingen, T: (07022) 201480, margot.koerber-weik@hfwu.de

**Körbs,** Hans-Thomas; Dr. rer. pol., Prof.; *Rechnungswesen, Controlling*; di: Hochsch. München, Fak. Betriebswirtschaft, Lothstr. 34, 80335 München, T: (089) 12652700, F: 12652714, koerbs@fhm.edu

**Körkel,** Joachim; Dipl.-Psych., Dr. phil., Prof.; *Psychologie*; di: Ev. Hochsch. Nürnberg, Fak. f. Sozialwissenschaften, Bärenschanzstr. 4, 90429 Nürnberg, T: (0911) 27253829, joachim.koerkel@evhn.de; pr: Dovestr. 5, 90459 Nürnberg, T: (0911) 447447

**Körner,** Eckhart; Dr.-Ing., Prof.; *Datennetze und Kommunikationstechnik*; di: Hochsch. Mannheim, Fak. Informationstechnik, Windeckstr. 110, 68163 Mannheim

**Körner,** Heiko; Dr.-Ing., Prof.; *Theoretische Informatik, Effiziente Datenstrukturen und Algorithmen*; di: Hochsch. Karlsruhe, Fak. Informatik u. Wirtschaftsinformatik, Moltkestr. 30, 76133 Karlsruhe, PF 2440, 76012 Karlsruhe, T: (0721) 9251507, heiko.koerner@hs-karlsruhe.de

**Körner,** Jürgen; Dr. disc. pol., UProf. em. FU Berlin, Präs. Int. Psychoanalytic Univ. Berlin; *Sozialpädagogik*; di: International Psychoanalytic Univ. Berlin, Stromstr. 3, 10555 Berlin, T: (030) 300117520, F: 300117529, juergen.koerner@ipu-berlin.de; pr: Cimbernstr. 28, 14129 Berlin, T: (030) 8210068

**Körner,** Michael; Dr., Prof.; *Konstruieren u. Tragwerkslehre*; di: Hochsch. Rosenheim, Fak. Innenarchitektur, Hochschulstr. 1, 83024 Rosenheim, T: (08031) 805568, koerner@fh-rosenheim.de

**Körner,** Thomas; Dr. med.habil., Prof.; *Prävention u. Therapie in der Medizin*; di: MSH Medical School Hamburg, Am Kaiserkai 1, 20457 Hamburg, T: (040) 36122640, Thomas.Koerner@medicalschool-hamburg.de

**Körner,** Tillmann; Dr., Prof.; *Maschinenbau*; di: Hochsch. Aalen, Fak. Maschinenbau u. Werkstofftechnik, Beethovenstr. 1, 73430 Aalen, T: (07361) 5762239, F: 5762270, tillmann.koerner@htw-aalen.de

**Körsgen,** Frank; Dr. rer. pol., Prof.; *Betriebswirtschaftslehre, Standardsoftware*; di: FH d. Wirtschaft, Fürstenallee 3-5, 33102 Paderborn, T: (05251) 301182, frank.koersgen@fhdw.de

**Kösler,** Edgar; Dipl.-Päd., Dr. päd., Prof., Rektor; *Heilpädagogik und Praxisberatung*; di: Kath. Hochsch. Freiburg, Karlstr. 63, 79104 Freiburg, T: (0761) 200485, koesler@kfh-freiburg.de; pr: Leinhaldenweg 6, 79104 Freiburg, T: (0761) 5561600, F: 5561601, edgar.koesler@t-online.de

**Köster,** Frank; Dr. rer. nat., Prof.; *Verfahrenstechnik, Oberflächentechnik*; di: Hochsch. Mittweida, Fak. Maschinenbau, Technikumplatz 17, 09648 Mittweida, T: (03727) 581532, F: 581376, koester@htwm.de

**Köster,** Gerta; Dr. rer. nat., Prof.; di: Hochsch. München, Fak. Informatik u. Mathematik, Lothstr. 34, 80335 München, gerta.koester@hm.edu

**Köster,** Heike; Prof.; *Grundbuchverfahrensrecht, Zwangsversteigerungsrecht, Internationales Privatrecht*; di: Norddeutsche Hochsch. f. Rechtspflege, Fak. Rechtspflege, FB Rechtspflege, Godehardsplatz 6, 31134 Hildesheim, T: (05121) 1791042, heike.koester@justiz.niedersachsen.de

**Köster,** Heiner; Dr.-Ing., Prof., Dekan FB Ingenieurwissenschaften; *Werkstoffe und Fertigungsverfahren der Elektrotechnik, Aufbau und Verbindungstechnik, Physik, Produktionstechnik*; di: Jade Hochsch., FB Ingenieurwissenschaften, Friedrich-Paffrath-Str. 101, 26389 Wilhelmshaven, T: (04421) 9852624, F: 9852623, heiner.koester@jade-hs.de

**Köster,** Heinrich; Dipl.-Ing., Prof., Präs.; *Fabrikplanung, Holzindustrielle Fertigungstechnik, Unternehmensplanung, Beurteilung und Bewertung von Unternehmen, Kosten- und Leistungsrechnung*; di: Hochsch. Rosenheim, Fak. Holztechnik u. Bau, Hochschulstr. 1, 83024 Rosenheim, T: (08031) 805300, F: 805302

**Köster,** Thomas; Dr., Prof.; *Allgemeinei BWL, insb. Rechnungswesen, Betriebswirtschaftliche Steuerlehre*; di: Hochsch. d. Sparkassen-Finanzgruppe, Simrockstr. 4, 53113 Bonn, T: (0228) 204950, F: 204903, thomas.koester@dsgv.de

**Köstermann,** Heinrich; Dr., HonProf.; di: Hochsch. Osnabrück, Fak. Ingenieurwiss. u. Informatik, Albrechtstr. 30, 49076 Osnabrück

**Köstner,** Helmut; Dr.-Ing., Prof.; *Fahrwerk, Mechanik*; di: Hochsch. Trier, FB Technik, PF 1826, 54208 Trier, T: (0651) 8103257, H.Koestner@mb.hochschule-trier.de; pr: Peter-Scholzen-Str. 28, 54296 Trier, T: (0651) 9988955

**Koether,** Reinhard; Dr.-Ing., Prof.; *Fertigungstechnik, Betriebsstättenplanung und Ergonomie, Produktionsplanung und Logistik, Produktion*; di: Hochsch. München, Fak. Wirtschaftsingenieurwesen, Erzgießereistr. 14, 80335 München, T: (089) 12653939, reinhard.koether@fhm.edu

**Kötter,** Ute; Dr. jur., Prof.; di: Hochsch. München, Fak. Angew. Sozialwiss., Lothstr. 34, 80335 München, ute.koetter@hm.edu

**Köttig,** Michaela; Dr., Prof.; *Soziale Arbeit, multikulturelle Settings*; di: FH Frankfurt, FB 4 Soziale Arbeit u. Gesundheit, Nibelungenplatz 1, 60318 Frankfurt am Main, T: (069) 15332647, koettig@fb4.fh-frankfurt.de

**Kötting,** Gerhard; Dr.-Ing., Prof.; *Werkstoff- und Schweißtechnik*; di: FH Münster, FB Maschinenbau, Stegerwaldstr. 39, 48565 Steinfurt, T: (02551) 962317, F: 962175, g-koetting@fh-muenster.de; pr: Buchenweg 7, 48565 Steinfurt, T: (02552) 7478

**Kötting,** Joachim; Dr. rer. nat., Prof.; *Pharmakokinetik/ -kogenetik, Drug Targeting, Bioapplicators*; di: Hochsch. Albstadt-Sigmaringen, FB 3, Anton-Günther-Str. 51, 72488 Sigmaringen, PF 1254, 72481 Sigmaringen, T: (07571) 732463, F: 732250, koetting@fh-albsig.de

**Koetz,** Werner; Dipl.-Math., Prof.; *Betriebswirtschaft*; di: HTW d. Saarlandes, Fak. f. Wirtschaftswiss, Waldhausweg 14, 66123 Saarbrücken, T: (0681) 5867547, koetz@htw-saarland.de; pr: Wiesenstr. 118, 66386 St. Ingbert, T: (06894) 88102

**Kofner,** Stefan; Dr. rer. pol., Prof.; *Immobilien- und Bauwirtschaft/ Immobilienmanagement*; di: Hochsch. Zittau/Görlitz, Fak. Bauwesen, Schliebenstr. 21, 02763 Zittau, PF 1455, 02754 Zittau, T: (03583) 611641, s.kofner@hs-zigr.de

**Kohake,** Dieter; Dr. rer. nat., Prof.; *Elektronische Bauelemente und Schaltungen, Physik, Solartechnik*; di: Westfäl. Hochsch., FB Elektrotechnik u. angew. Naturwiss., Neidenburger Str. 10, 45877 Gelsenkirchen, T: (0209) 9596313, dieter.kohake@fh-gelsenkirchen.de; pr: Hasenbusch 21 a, 48159 Münster, T: (0251) 212644, F: 212692

**Kohaupt,** Ludwig; Dr. rer. nat. habil., Prof.; *Mathematik*; di: Beuth Hochsch. f. Technik, FB II Mathematik – Physik – Chemie, Luxemburger Straße 10, 13353 Berlin, T: (030) 45042970, kohaupt@beuth-hochschule.de

**Kohl,** Andreas; Prof.; *Betriebspsychologie*; di: Hochsch. Deggendorf, FB Betriebswirtschaft, Edlmairstr. 6-8, 94469 Deggendorf, PF 1320, 94453 Deggendorf, T: (0991) 3615168, F: 3615199, andreas.kohl@fh-deggendorf.de

**Kohl,** Matthias; Dr., Prof.; *Bioinformatik, Biostatistik, Molekulare Diagnostik*; di: Hochsch. Furtwangen, Fak. Maschinenbau u. Verfahrenstechnik, Jakob-Kienzle-Str. 17, 78054 Villingen-Schwenningen, kohl@hs-furtwangen.de

**Kohl,** Reinhard; Dr. jur., Prof.; *Bürgerliches Recht, Handels- u. Wirtschaftsrecht, Recht der internationalen Wirtschaft*; di: Hochsch. Bochum, FB Wirtschaft, Lennershofstr. 140, 44801 Bochum, T: (0234) 3210624, reinhard.kohl@hs-bochum.de; pr: Rüpingstr. 29, 48151 Münster, T: (0251) 77185

**Kohl,** Werner; Dr.-Ing., Prof.; *Systems Engineering*; di: Hochsch. München, Fak. Elektrotechnik u. Informationstechnik, Lothstr. 64, 80335 München, T: (089) 12653451, F: 12653403, kohl@ee.fhm.edu

**Kohl,** Wolfgang; Dr. rer. nat., Prof.; *Physik, Energielehre, Umweltmesstechnik*; di: Hochsch. Mannheim, Fak. Verfahrens- u. Chemietechnik, Windeckstr. 110, 68163 Mannheim

**Kohl-Bareis,** Matthias; Dr., Prof.; *Lasertechnik*; di: H Koblenz, FB Mathematik u. Technik, RheinAhrCampus, Joseph-Rovan-Allee 2, 53424 Remagen, T: (02642) 932342, Kohl-Bareis@rheinahrcampus.de

**Kohlbecher,** Vincent; Prof.; *Fotografie*; di: HAW Hamburg, Fak. Design, Medien u. Information, Finkenau 35, 22081 Hamburg, T: (040) 428754771, Vincent.Kohlbecher@haw-hamburg.de; pr: T: (040) 2208811, mail@kohlbecher.net

**Kohlenbach,** Paul; Dr.-Ing., Prof.; *Maschinenbau, Erneuerbare Energien*; di: Beuth Hochsch. f. Technik, FB VIII Maschinenbau, Veranstaltungs- u. Verfahrenstechnik, Luxemburger Straße 10, 13353 Berlin, T: (030) 45045322, kohlenbach@beuth-hochschule.de

**Kohlenberg-Müller,** Kathrin; Dr., Prof.; *Trophologie/Medizin, Ernährungsphysiologie, Ernährungs- und umweltabh. Erkrankungen*; di: Hochsch. Fulda, FB Oecotrophologie, Marquardstr. 35, 36039 Fulda, T: (0661) 9640378, kathrin.kohlenberg-mueller@he.fh-fulda.de; pr: Kämmer 5, 97702 Münnerstadt

**Kohler,** Dietmar; Dipl.-Ing., Prof.; *Werkstofftechnik, Werkstoffprüfung, Schweißtechnik*; di: Hochsch. Offenburg, Fak. Maschinenbau u. Verfahrenstechnik, Badstr. 24, 77652 Offenburg, T: (0781) 2054748, dietmar.kohler@hs-offenburg.de

**Kohler,** Eva; Dr., Prof.; *Straf- und Strafprozessrecht*; di: FH f. öffentl. Verwaltung NRW, Außenstelle Dortmund, Hauert 9, 44227 Dortmund, eva.kohler@fhoev.nrw.de

**Kohler,** Heinz; Dr. rer. nat., Prof.; *Physik, Chemische Sensoren, Dünnschichttechnik*; di: Hochsch. Karlsruhe, Fak. Elektro- u. Informationstechnik, Moltkestr. 30, 76133 Karlsruhe, PF 2440, 76012 Karlsruhe, T: (0721) 9251282, heinz.kohler@hs-karlsruhe.de

**Kohler,** Irina; Dr., Prof.; *Allg. BWL, insbes. controllingorientierte Unternehmensführung*; di: Hochsch. Fulda, FB Wirtschaft, Marquardstr. 35, 36039 Fulda, T: (0661) 9640262, irina.kohler@w.hs-fulda.de

**Kohler,** Kirstin; Prof.; *Mensch-Maschine-Interaktion, Software-Ergonomie und Usability*; di: Hochsch. Mannheim, Fak. Informatik, Windeckstr. 110, 68163 Mannheim

**Kohler-Gehrig,** Eleonora; Dr., Prof.; *Privatrecht, Zivilprozessrecht, Arbeitsrecht, Juristische Methodenlehre, OWi-Recht*; di: H f. öffentl. Verwaltung u. Finanzen Ludwigsburg, Reuteallee 36, 71634 Ludwigsburg, T: (07141) 140554, F: 140588, kohlerge@fh-ludwigsburg.de

**Kohlert,** Dieter; Dipl.-Ing., Prof., Dekan FB Elektro- und Informationstechnik; *Schaltungstechnik, Bauelemente der Elektrotechnik, Schaltungsentwurf*; di: Hochsch. Regensburg, Fak. Elektro- u. Informationstechnik, PF 120327, 93025 Regensburg, T: (0941) 9431100, dieter.kohlert@e-technik.fh-regensburg.de

**Kohlert,** Helmut; Dr. rer. soc. oec., Prof.; *Marketing, International Marketing, Entrepreneurship*; di: Hochsch. Esslingen, Fak. Betriebswirtschaft u. Fak. Graduate School, Flandernstr. 101, 73732 Esslingen, T: (0711) 3974336

**Kohlhaase,** Tilmann; Prof.; *Animation and Game Production*; di: Hochsch. Darmstadt, FB Media, Haardtring 100, 64295 Darmstadt, T: (06151) 169460, tilmann.kohlhaase@fbmedia.h-da.de

**Kohlhof,** Karl; Dr. rer. nat., Prof.; *Angewandte Physik, insbes. Mikrosystemtechnik*; di: FH Köln, Fak. f. Informations-, Medien- u. Elektrotechnik, Betzdorfer Str. 2, 50679 Köln, T: (0221) 82752653, karl.kohlhof@fh-koeln.de

**Kohlhoff,** Holger; Dr., Prof.; *Mathematik und Informatik*; di: HAW Hamburg, Fak. Life Sciences, Lohbrügger Kirchstr. 65, 21033 Hamburg, T: (040) 428756240, holger.kohlhoff@haw-hamburg.de

**Kohlmann,** Matthias; Prof.; *Kunst, Kunst- und Designwissenschaften*; di: Hochsch. Pforzheim, Fak. f. Gestaltung, Tiefenbronner Str. 65, 75175 Pforzheim, T: (07231) 286774, F: 287774, matthias.kohlmann@hs-pforzheim.de

**Kohlmeier,** Hans-Heinrich; Dr., Prof.; *Technische Mechanik, Festigkeitslehre, KFZ-Bau*; di: Hochsch. f. angew. Wiss. Würzburg Schweinfurt, Fak. Maschinenbau, Ignaz-Schön-Str. 11, 97421 Schweinfurt

**Kohlmeyer,** Kay; Dr., Prof.; *Grabungstechnik*; di: HTW Berlin, FB Gestaltung, Wilhelminenhofstr. 67-77, 12459 Berlin, T: (030) 50194279, k.kohlmeyer@HTW-Berlin.de

**Kohlöffel,** Klaus; Dr., Prof.; *Allgemeine BWL, Schwerpunkt Unternehmensplanung u. Quantitative Methoden*; di: Hochsch. Konstanz, Fak. Wirtschafts- u. Sozialwiss., Brauneggerstr. 55, 78462 Konstanz, PF 100543, 78405 Konstanz, T: (07531) 206407, F: 206427, kohl@fh-konstanz.de

**Kohlweyer,** Georg; Dr., Prof.; *Konstruktionslehre/Getriebelehre*; di: Hochsch. Anhalt, FB 6 Elektrotechnik, Maschinenbau u. Wirtschaftsingenieurwesen, PF 1458, 06354 Köthen, T: (03496) 672722, G.Kohlweyer@emw.hs-anhalt.de

**Kohmann,** Peter; Dr., Prof.; *Maschinenbau*; di: Hochsch. Pforzheim, Fak. f. Technik, Tiefenbronner Str. 66, 75175 Pforzheim, T: (07231) 286631, F: 287631, peter.kohmann@hs-pforzheim.de

**Kohn,** Wolfgang; Dipl. Volkswirt, Dr. sc. pol., Prof. FH Bielefeld; *Betriebswirtschaftslehre, insb. mathematische und statistische Verfahren*; di: FH Bielefeld, FB Wirtschaft, Universitätsstr. 25, 33615 Bielefeld, T: (0521) 1065071, wolfgang.kohn@fh-bielefeld.de

**Kohnen,** Gangolf; Dr., Prof.; *Maschinenbau, Konstruktion und Entwicklung, Virtual Engineering*; di: DHBW Mosbach, Lohrtalweg 10, 74821 Mosbach, T: (06261) 939261, F: 939544, kohnen@dhbw-mosbach.de

**Kohnert,** Tillmann; Dr., Prof.; *Denkmalpflege, Denkmalkunde*; di: HAWK Hildesheim/Holzminden/Göttingen, Fak. Bauen u. Erhalten, Hohnsen 2, 31134 Hildesheim, T: (05121) 881248

**Kohns,** Peter; Dr., Prof.; *Lasertechnik*; di: H Koblenz, FB Mathematik u. Technik, RheinAhrCampus, Joseph-Rovan-Allee 2, 53424 Remagen, T: (02642) 932268, Kohns@rheinahrcampus.de

**Kohring,** Christine; Dr. rer. nat., Prof.; *Datenverarbeitung, technische Informatik*; di: FH Südwestfalen, FB Elektr. Energietechnik, Lübecker Ring 2, 59494 Soest, T: (02921) 378458, kohring@fh-swf.de; pr: Lindenstr. 9, 59514 Welver, T: (02384) 920680

**Kokemoor,** Axel; Dr. jur., Prof., Dekan FB Wirtschaftsrecht; *Arbeits- und Sozialrecht*; di: FH Schmalkalden, Fak. Wirtschaftsrecht, Blechhammer, 98574 Schmalkalden, PF 100452, 98564 Schmalkalden, T: (03683) 6886103, a.kokemoor@fh-sm.de

**Kokott-Weidenfeld,** Gabriele; Prof.; *Rechtslehre, Sozialarbeit in der Jugendhilfe*; di: H Koblenz, FB Sozialwissenschaften, Konrad-Zuse-Str. 1, 56075 Koblenz, T: (0261) 9528200, kokott-w@web.de

**Kolahi,** Kourosh; Dr.-Ing. habil., Prof.; *Mess- und Sensortechnik*; di: Hochsch. Ruhr West, Institut Mess- u. Sensortechnik, PF 100755, 45407 Mülheim a.d. Ruhr, T: (0208) 88254392, kourosh.kolahi@hs-ruhrwest.de

**Kolarov,** Georgi; Dr.-Ing., Prof.; *Technische Mechanik und Mathematik*; di: HAW Hamburg, Fak. Technik u. Informatik, Berliner Tor 21, 20099 Hamburg, T: (040) 428758687, georgi.kolarov@haw-hamburg.de

**Kolaschnik,** Axel; Prof.; *Kommunikationsdesign, SP Markenkommunikation, Corporate Design, Werbung*; di: Hochsch. Mannheim, Fak. Gestaltung, Windeckstr. 110, 68163 Mannheim

**Kolb,** Alexander; Dr., HonProf.; *Bankbetriebslehre, Finanzdienstleistungen, Kreditgeschäft*; di: Hochsch. Aschaffenburg, Fak. Wirtschaft u. Recht, Würzburger Str. 45, 63743 Aschaffenburg, kolb-alexander@web.de

**Kolb,** Angela; Dr., Prof.; *Verwaltungsrecht, Ordnungsrecht*; di: Hochsch. Harz, FB Verwaltungswiss., Domplatz 16, 38820 Halberstadt, T: (03941) 622400, F: 622500, akolb@hs-harz.de; pr: Bukostr. 8, 38820 Halberstadt, T: (03941) 602069

**Kolb,** Arthur; Dr., Prof.; *Wirtschaftsinformatik, Wissensmanagement*; di: Hochsch. Kempten, Fak. Betriebswirtschaft, PF 1680, 87406 Kempten, T: (0831) 2523288, Arthur.Kolb@fh-kempten.de

**Kolb,** Frank Reiner; Dr., Prof.; *Wassertechnologie, Wasserversorgungstechnik*; di: Hochsch. Weihenstephan-Triesdorf, Fak. Umweltingenieurwesen, Steingruberstr. 2, 91746 Weidenbach-Triesdorf, T: (09826) 654233, frank.kolb@hswt.de

**Kolb,** Ludwig; Dipl.-Ing., Prof.; *Elektrische Antriebstechnik, Leistungselektronik*; di: Hochsch. Ulm, Fak. Maschinenbau u. Fahrzeugtechnik, PF 3860, 89028 Ulm, T: (0731) 5028417, kolb@hs-ulm.de

**Kolbe,** Matthias; Dr.-Ing., Prof.; *Produktionstechnik*; di: Westsächs. Hochsch. Zwickau, Fak. Automobil- u. Maschinenbau, Dr.-Friedrichs-Ring 2A, 08056 Zwickau, Matthias.Kolbe@fh-zwickau.de

**Kolbeck,** Felix; Dr., Prof.; *Rechnungswesen, Controlling, Internationales Tourismusmanagement*; di: Hochsch. München, Fak. Tourismus, Am Stadtpark 20, 81243 München, T: (089) 12652729, felix.kolbeck@fhm.edu

**Kolbig,** Silke; Dr. rer. nat., Prof.; *Mathematik, Stochastik, Mathematische Software*; di: Westsächs. Hochsch. Zwickau, FB Physikalische Technik/Informatik, Dr.-Friedrichs-Ring 2A, 08056 Zwickau, T: (0375) 5361382, silke.kolbig@fh-zwickau.de

**Kolfhaus,** Stephan A.; Dr.phil., Prof.; *Verbraucherschutz, Verbraucherpolitik*; di: Hochsch. Osnabrück, Fak. Agrarwiss. u. Landschaftsarchitektur, PF 1940, 49009 Osnabrück, T: (0541) 9695108, s.kolfhaus@hs-osnabrueck.de

**Kolhoff,** Ludger; Dr. phil., Prof.; *Soziale Administration und Management*; di: Ostfalia Hochsch., Fak. Sozialwesen, Ludwig-Winter-Str. 2, 38120 Braunschweig

**Kolke,** Reinhard; Dr., Prof.; *Automotive Technology Management, Zukunftsmobilität*; di: Business and Information Technology School GmbH, Reiterweg 26 b, 58636 Iserlohn, T: (02371) 776558, F: 776503, reinhard.kolke@bits-iserlohn.de

**Kollak,** Ingrid; Dr., Prof.; *Pflegewissenschaft*; di: Alice-Salomon-Hochsch., Alice-Salomon-Platz 5, 12627 Berlin-Hellersdorf, T: (030) 99245409, kollak@ash-berlin.eu; pr: Wilhelmstr. 48, 10117 Berlin, T: (030) 2267355

**Kolleck,** Bernd; Dr., Prof. Alice-Salomon-FH Berlin; *Informatik und Statistik*; di: Alice-Salomon-Hochsch., Alice-Salomon-Platz 5, 12627 Berlin, T: (030) 99245512, F: 99245245, kolleck@ash-berlin.eu; pr: Fritz-Reuter-Allee 104, 12359 Berlin, T: (030) 6827673

**Kollek,** Hansgeorg; Dipl.-Chem., Dr. rer. nat., Prof.; *Anorganische und analytische Chemie*; di: Hochsch. Osnabrück, Fak. Ingenieurwiss. u. Informatik, Albrechtstr. 30, 49076 Osnabrück, T: (0541) 9692975, h.kollek@hs-osnabrueck.de

**Kollenberg,** Wolfgang; Dr., HonProf. H Bonn-Rhein-Sieg, PD U Bonn; *Gläser und Keramiken*; di: Hochsch. Bonn-Rhein-Sieg, FB Angewandte Naturwissenschaften, von-Liebig-Str. 20, 53359 Rheinbach, wkollenberg@werkstoffzentrum.de; pr: Commesmannstr. 113, 53359 Rheinbach, T: (02226) 13762

**Kollenrott,** Friedrich; Dr.-Ing., Prof.; *Konstruktionslehre, Fördertechnik, Antriebstechnik*; di: Hochsch. Ostwestfalen-Lippe, FB 6, Maschinentechnik u. Mechatronik, Liebigstr. 87, 32657 Lemgo, T: (05261) 702329, F: 702261, friedrich.kollenrott@fh-luh.de; pr: Habichtsweg 10, 32699 Extertal, T: (05262) 4607

**Kollien,** Jürgen; Dr.-Ing., Prof.; *Strömungsmaschinen, Wärmetechnik, Thermodynamik*; di: Hochsch. Bremen, Fak. Natur u. Technik, Neustadtswall 30, 28199 Bremen, T: (0421) 59053511, F: 59053510, Juergen.Kollien@hs-bremen.de

**Kolling,** Stefan; Dr.-Ing. habil., Prof.; *Mechanik, Numerische Verfahren*; di: Techn. Hochsch. Mittelhessen, Wiesenstr. 14, 35390 Gießen, T: (0641) 3092123, stefan.kolling@mmew.fh-giessen.de

**Kollmann,** Jürgen; Dr.-Ing., Prof.; *Bauelemente, Elektronik, Schaltungstechnik, Halbleitertechnik*; di: Hochsch. Coburg, Fak. Elektrotechnik / Informatik, Friedrich-Streib-Str. 2, 96450 Coburg, T: (09561) 317253, kollmann@hs-coburg.de; pr: Am Steinberg 24, 96450 Coburg, T: (09561) 37158

**Kollmar,** Jens; Dr., Prof.; *Konzernrecht, Unternehmensbesteuerung*; di: FH Worms, FB Wirtschaftswiss., Erenburgerstr. 19, 67549 Worms, kollmar@fh-worms.de

**Kollo,** Helmut; Dr.-Ing., Prof.; *Baustatik, Baustoffkunde, Mechanik*; di: Hochsch. Coburg, Fak. Design, Friedrich-Streib-Str. 2, 96450 Coburg, T: (09561) 317243, kollo@hs-coburg.de

**Kolloschie,** Horst; Dr.-Ing., Prof.; *Systemarchitektur und Telekommunikationstechnik, Rechnernetze*; di: Hochsch. Lausitz, FB Informatik, Elektrotechnik, Maschinenbau, Großenhainer Str. 57, 01968 Senftenberg, T: (03573) 85501, F: 85509

**Kolo,** Castulus; Dr., Prof.; *Medienmanagement, Innovationsmanagement*; di: Macromedia Hochsch. f. Medien u. Kommunikation, Gollierstr. 4, 80339 München

**Koloßa,** Dietrich; Dr.-Ing., Prof.; *Stahlbeton- und Spannbetonbau*; di: FH Erfurt, FB Bauingenieurwesen, Altonaer Str. 25, 99085 Erfurt, PF 101363, 99013 Erfurt, T: (0361) 6700960, F: 6700902, kolossa@fh-erfurt.de

**Koltze,** Karl; Dr.-Ing., Prof.; *Textilmaschinen, Konstruktionslehre*; di: Hochsch. Niederrhein, FB Maschinenbau u. Verfahrenstechnik, Reinarzstr. 49, 47805 Krefeld, T: (02151) 8225034, karl.koltze@hs-niederrhein.de; pr: Clematisweg 16, 41844 Wegberg, T: (02434) 808356

**Komar,** Ewald; Dipl.-Ing., Prof.; *Technische Informatik, Grundlagen der Informatik*; di: Hochsch. Darmstadt, FB Informatik, Haardtring 100, 64295 Darmstadt, T: (06071) 829268, e.komar@fbi.h-da.de; pr: Goerdeler Weg 10, 69469 Weinheim, T: (06201) 66560

**Komus,** Ayelt; Dr. rer. oec., Prof.; *Betriebswirtschaftslehre, Wirtschaftsinformatik*; di: H Koblenz, FB Wirtschaftswissenschaften, Konrad-Zuse-Str. 1, 56075 Koblenz, T: (0261) 9528160, F: 9528697, komus@hs-koblenz.de

**Konen,** Wolfgang; Dr. rer. nat., Prof.; *Angewandte Informatik, insbes. mathematische Grundlagen*; di: FH Köln, Fak. f. Informatik u. Ingenieurwiss., Am Sandberg 1, 51643 Gummersbach, T: (02261) 8196275, konen@gm.fh-koeln.de

**Konert,** Bertram; Dr. rer. pol., Prof.; *Medienmanagement, Informationstechnologie*; di: Hamburg School of Business Administration, Alter Wall 38, 20457 Hamburg, T: (040) 36138737, F: 36138751, bertram.konert@hsba.de

**Konieczny,** Gordon; Dr., Prof.; *Architektur Flugzeugkabinen, Kabinenmodule und Monumente; Methoden der Systemauslegung*; di: HAW Hamburg, Fak. Technik u. Informatik, Berliner Tor 9, 20099 Hamburg, T: (0173) 9863698, gordon.konieczny@haw-hamburg.de

**Konle,** Matthias; Dr. sc. pol., Prof.; *Betriebswirtschaft und Bilanzierung, Kosten- und Leistungsrechnung*; di: Hochsch. Ansbach, FB Ingenieurwissenschaften, Residenzstr. 8, 91522 Ansbach, PF 1963, 91510 Ansbach, T: (0981) 4877303, matthias.konle@fh-ansbach.de

**Konold,** Peter; Dipl.-Ing., Prof.; *Produktionsverfahren, Produktionsautomatisierung, Qualitätstechnik*; di: Hochsch. Ulm, Fak. Produktionstechnik u. Produktionswirtschaft, PF 3860, 89028 Ulm, T: (0731) 5028153, konold@hs-ulm.de

**Konovalov,** Igor; Dr. habil., Prof. FH Jena; *Photovoltaik und Halbleitertechnologie*; di: FH Jena, FB SciTec, Carl-Zeiss-Promenade 2, 07745 Jena, T: (03641) 205360, Igor.Konovalov@fh-jena.de

**Konrad,** Albert; Dr.-Ing., Prof.; *Baustatik, Massivbau, Grundlagen des Bauingenieurwesens*; di: Hochsch. München, Fak. Bauingenieurwesen, Karlstr. 6, 80333 München, T: (089) 12652688, F: 12652699, konrad@bau.fhm.edu

**Konrad,** Elmar; Dr., Prof.; *Allgemeine BWL, insbesondere Unternehmerisches Handeln und Existenzgründung*; di: FH Mainz, FB Wirtschaft, Lucy-Hillebrand-Str. 2, 55128 Mainz, PF 230060, 55051 Mainz, T: (06131) 6283616, elmar.konrad@fh-mainz.de

**Konrads,** Ursula; Dr. rer. nat., Prof.; *Mathematik, Informatik*; di: Hochsch. Bonn-Rhein-Sieg, FB Elektrotechnik, Maschinenbau u. Technikjournalismus, Grantham-Allee 20, 53757 Sankt Augustin, 53754 Sankt Augustin, T: (02241) 865309, F: 8658309, ursula.konrads@fh-bonn-rhein-sieg.de

**Kontny,** Henning; Dr., Prof.; *Logistik*; di: HAW Hamburg, Fak. Wirtschaft u. Soziales, Berliner Tor 5, 20099 Hamburg, T: (040) 428756955, henning.kontny@haw-hamburg.de

**Koob,** Dirk; Dr., Prof.; *Soziologie*; di: FH Münster, FB Sozialwesen, Hüfferstr. 27, 48149 Münster, T: (0251) 8365709, F: 8365702, koob@fh-muenster.de

**Koop,** Michael; Dr., Prof.; *Wirtschaftswissenschaften*; di: Kommunale FH f. Verwaltung in Niedersachsen, Wielandstr. 8, 30169 Hannover, T: (0511) 1609347, F: 15537, Michael.Koop@nds-sti.de

**Koopmann,** Manfred; Dr.-Ing., Prof.; *Bauwirtschaft und Baubetrieb*; di: FH Köln, Fak. f. Architektur, Betzdorfer Str. 2, 50679 Köln; pr: Hebbelstr. 3, 10585 Berlin

**Koops,** Wolfgang; Dipl.-Ing., Prof.; *Rechnernetze, Nachrichtenvermittlungssysteme, Grundlagen der Elektrotechnik*; di: Jade Hochsch., FB Ingenieurwissenschaften, Friedrich-Paffrath-Str. 101, 26389 Wilhelmshaven, T: (04421) 9852637, F: 9852471, wolfgang.koops@jade-hs.de

**Koot,** Christian; Dr., Prof.; *Dienstleistungsmanagement*; di: Hochsch. Aalen, Fak. Elektronik u. Informatik, Beethovenstr. 1, 73430 Aalen, T: (07361) 5764204, Christian.Koot@htw-aalen.de

**Kopf,** Heiko; Dr., Prof.; *Physik, Technologie- und Innovationsmanagement*; di: Hochschule Hamm-Lippstadt, Marker Allee 76-78, 59063 Hamm, T: (02381) 8789400, heiko.kopf@hshl.de

**Kopf,** Michael; Dipl.-Ing. (FH), HonProf.; *Verfahrenstechnik, Schwerpunkt biotechnische Aufbereitungsverfahren und Mechanische Verfahrenstechnik*; di: Hochsch. Mannheim, Windeckstr. 110, 68163 Mannheim

**Kopnarski,** Aribert; Dr., Prof., Dekan; *Politische Soziologie*; di: Hochsch. Kehl, Fak. Wirtschafts-, Informations- u. Sozialwiss., Kinzigallee 1, 77694 Kehl, PF 1549, 77675 Kehl, T: (07851) 894172, Kopnarski@fh-kehl.de

**Kopp,** Harald; Prof.; *BWL, Controlling, ERP, Kostenrechnung*; di: Hochsch. Furtwangen, Fak. Product Engineering/ Wirtschaftsingenieurwesen, Robert-Gerwig-Platz 1, 78120 Furtwangen, T: (07723) 9202228, F: 9202618, Kopp@hs-furtwangen.de

**Kopp,** Hartmut; Dr.-Ing., Prof.; *Grundlagen der Elektrotechnik, Bauelemente der Elektrotechnik, Lichttechnik, Industrielektronik und Digitaltechnik*; di: Hochsch. Hannover, Fak. I Elektro- u. Informationstechnik, Ricklinger Stadtweg 120, 30459 Hannover, PF 920261, 30441 Hannover, T: (0511) 92961247, F: 92961111, hartmut.kopp@hs-hannover.de; pr: Rethener Str. 5, 30519 Hannover, T: (0511) 862685

**Koppe,** Kurt; Dr., Prof.; *Fertigungstechnik, Fügetechnik, Werkstofftechnik*; di: Hochsch. Anhalt, FB 6 Elektrotechnik, Maschinenbau u. Wirtschaftsingenieurwesen, PF 1458, 06354 Köthen, T: (03496) 672724, K.Koppe@emw.hs-anhalt.de

**Koppelin,** Frauke; Dr. rer. biol. hum., Prof.; *Gesundheitswissenschaften, Medizinsoziologie, Empirische Sozialforschung*; di: Jade Hochsch., FB Bauwesen u. Geoinformation, Ofener Str. 16-19, 26121 Oldenburg, T: (04921) 8071176, F: 8071251, frauke.koppelin@jade-hs.de; pr: Hemmstr. 228, 28125 Bremen, T: (0421) 352713

**Koppenhagen,** Frank; Dr.-Ing., Prof.; *Maschinenelemente und Produktentwicklung*; di: HAW Hamburg, Fak. Technik u. Informatik, Berliner Tor 21, 20099 Hamburg, T: (040) 428758627, frank.koppenhagen@haw-hamburg.de

**Koppers,** Lothar; Dr., Prof.; *Digitale Bildverarbeitung*; di: Hochsch. Anhalt, FB 3 Architektur, Facility Management u. Geoinformation, PF 2215, 06818 Dessau, T: (0340) 51971620, koppers@afg.hs-anhalt.de

**Koppetsch,** Sabine; Dr., Prof.; di: IB-Hochsch. Berlin, Fak. f. Gesundheitswiss., Schönhauser Str. 64, 50968 Köln

**Kopsch,** Anke; Dr., Prof.; *BWL, Management*; di: Hochsch. Darmstadt, FB Wirtschaft, Haardtring 100, 64295 Darmstadt, T: (06151) 168385, anke.kopsch@fbw.h-da.de

**Kopystynski,** Peter; Dr.-Ing., Prof.; *Grundlagen der Elektrotechnik, Schaltungstechnik, Automatisierungstechnik, Patentwesen für Ingenieure*; di: Hochsch. Augsburg, Fak. f. Elektrotechnik, An der Hochschule 1, 86161 Augsburg, T: (0821) 55863355, F: 55863360, peter.kopystynski@hs-augsburg.de

**Kordisch,** Thomas; Dr., Prof.; *Werkstofftechnik, Qualitätsmanagement, Projektmanagement*; di: FH Bielefeld, FB Ingenieurwiss. u. Mathematik, Schulstrasse 10, 33330 Gütersloh, T: (0521) 1067255, thomas.kordisch@fh-bielefeld.de; pr: Tulpenstr. 15, 32130 Enger-Dreyen, T: (05224) 69783

**Korenke,** Thomas; Dr., Prof.; *Bürgerliches Recht, Sozialrecht, Arbeitsrecht, Verfahrensrecht*; di: Westfäl. Hochsch., FB Wirtschaftsrecht, August-Schmidt-Ring 10, 45665 Recklinghausen, T: (02361) 915418, thomas.korenke@fh-gelsenkirchen.de

**Korf,** Franz; Dr.-Ing., Prof.; di: HAW Hamburg, Fak. Technik u. Informatik, Berliner Tor 7, 20099 Hamburg, T: (040) 428758420, korf@informatik.haw-hamburg.de

**Korff,** Richard; Dr.-Ing., Prof.; *Technische Chemie, insbes. Chemische Reaktionstechnik und Prozesstechnik*; di: FH Münster, FB Chemieingenieurwesen, Stegerwaldstr. 39, 48565 Steinfurt, T: (02551) 962226, F: 962711, korff@fh-muenster.de; pr: Bonhoefferstr. 28, 48565 Steinfurt, T: (02551) 82825

**Korfmacher,** Wilfried; Prof., Dekan FB 2 – Design; *Grafik-Design (Konzeption und Entwurf)*; di: FH Düsseldorf, FB 2 – Design, Georg-Glock-Str. 15, 40474 Düsseldorf, wilfried.korfmacher@fh-duesseldorf.de; pr: Wanheimer Str. 11a, 40667 Meerbusch, T: (02132) 971400

**Kories,** Ralf; Dr., Prof.; *Telekommunikationsinformatik*; di: Dt. Telekom Hochsch. f. Telekommunikation, Gustav-Freytag-Str. 43-45, 04277 Leipzig, PF 71, 04251 Leipzig, F: 3015069, RRKories@t-online.de

**Kormann,** Julia; Dr. phil., Prof.; *Unternehmenskommunikation*; di: FH Neu-Ulm, Wileystr. 1, 89231 Neu-Ulm, T: (0731) 97621514, julia.kormann@hs-neu-ulm.de

**Kormannshaus,** Olaf; Prof.; *Seelsorge und Psychologie*; di: Theolog. Seminar Elstal, Johann-Gerhard-Oncken-Str. 7, 14641 Wustermark, T: (033234) 74162, okormannshaus@baptisten.de

**Korn,** Michael; Dr.-Ing., Prof.; *Baubetriebslehre, Qualitätsmanagement, Finanzierung*; di: Hochsch. Karlsruhe, Fak. Architektur u. Bauwesen, Moltkestr. 30, 76133 Karlsruhe, PF 2440, 76012 Karlsruhe, T: (0721) 9252728, michael.korn@hs-karlsruhe.de

**Korn,** Stanislaus von; Dr. sc. agr., Prof.; *Tierzucht, Landwirtschaft, Landschaftspflege*; di: Hochsch. f. Wirtschaft u. Umwelt Nürtingen-Geislingen, PF 1349, 72603 Nürtingen, T: (07022) 201318, stanislaus.korn@hfwu.de

**Kornacher,** Hans; Prof.; *Informatik*; di: FH Köln, Fak. f. Informatik u. Ingenieurwiss., Am Sandberg 1, 51643 Gummersbach, T: (02261) 8196291, kornacher@gm.fh-koeln.de

**Kornmayer,** Harald; Dr., Prof.; *Informatik*; di: DHBW Mannheim, Fak. Technik, Coblitzallee 1-9, 68163 Mannheim, T: (0621) 41051334, F: 41051194, harald.kornmayer@dhbw-mannheim.de

**Kornmeier,** Martin; Dr., Prof.; *International Business*; di: DHBW Mannheim, Fak. Wirtschaft, Coblitzallee 1-9, 68163 Mannheim, T: (0621) 41051256, F: 41051286, martin.kornmeier@dhbw-mannheim.de

**Kornrumpf,** Joachim; Dipl.-Math., Dr.sc.pol., Prof. FH Flensburg; *Finanz- u. Versicherungsmathematik, Statistik, EDV*; di: FH Flensburg, Angew. Mathematik, Kanzleistr. 91-93, 24943 Flensburg, T: (0461) 8051320, kornrumpf@mathematik.fh-flensburg.de; pr: Wilhelminenstr. 14a, 24103 Kiel, T: (0431) 554065

**Korol,** Stefan; Prof.; *Journalismus, elektronische Medien*; di: Hochsch. Bonn-Rhein-Sieg, FB Elektrotechnik, Maschinenbau und Technikjournalismus, Grantham-Allee 20, 53757 Sankt Augustin, T: (02241) 865345, F: 8658345, stefan.korol@fh-bonn-rhein-sieg.de

**Korschildgen,** Stefan; Dipl.-Ing., Prof.; *Entwerfen IA, insb. Grundlagen d. Entwerfens*; di: FH Düsseldorf, FB 1 – Architektur, Georg-Glock-Str. 15, 40474 Düsseldorf, T: (0211) 4351118, stefan.korschildgen@fh-duesseldorf.de; pr: Neusser Str. 26, 50670 Köln, T: (0221) 13081910, korschildgen@netcologne.de

**Korte,** Holger; Dr., Prof.; *Ladungstechnik, Umweltschutz, Navigation*; di: Jade Hochsch., FB Seefahrt, Weserstr. 4, 26931 Elsfleth, T: (04404) 92884167, holger.korte@jade-hs.de

**Korte,** Niels; Dr., HonProf. Alice-Salomin-FH Berlin; *Recht*; di: Alice-Salomon-Hochsch., Alice-Salomon-Platz 5, 12627 Berlin; pr: Unter den Linden 12, 10117 Berlin, T: (030) 22679226, korte@anwalt.info

**Korte,** Thomas; Dr.-Ing., Prof.; *Datenverarbeitung, Datenverarbeitungsanlagen*; di: Hochsch. Ostwestfalen-Lippe, FB 5, Elektrotechnik u. techn. Informatik, Liebigstr. 87, 32657 Lemgo, T: (05261) 702252, F: 702373; pr: Karl-Junker-Str. 39, 32657 Lemgo, T: (05261) 186902

**Kortenbruck,** Gereon; Dr.-Ing., Prof.; *Produktionsmanagement, Industrial Engineering, Betriebsorganisation*; di: TFH Georg Agricola Bochum, Herner Str. 45, 44787 Bochum, T: (0234) 9683240, F: 9683706, kortenbruck@tfh-bochum.de; pr: Priesters Hof 72, 45472 Mülheim (Ruhr), T: (02364) 504556

**Kortendieck,** Georg; Dr., Prof.; *Sozialmanagement mit dem Schwerpunkt Betriebswirtschaftslehre im sozialen Sektor*; di: Ostfalia Hochsch., Fak. Sozialwesen, Ludwig-Winter-Str. 2, 38120 Braunschweig

**Kortendieck,** Helmut; Dr.-Ing., Prof.; *Messtechnik mit Schwerpunkt Sensorik, digitale Messsignalverwertung*; di: Jade Hochsch., FB Ingenieurwissenschaften, Friedrich-Paffrath-Str. 101, 26389 Wilhelmshaven, T: (04421) 9852833, F: 9852623, kortendieck@jade-hs.de

**Korth,** Wilfried; Dr.-Ing., Prof.; *Vermessungskunde, Instrumententechnik*; di: Beuth Hochsch. f. Technik, FB III Bauingenieur- u. Geoinformationswesen, Luxemburger Str. 10, 13353 Berlin, T: (030) 45045112, korth@beuth-hochschule.de

**Korthals,** Jörn; Dr.-Ing., Prof.; *Mechatronik*; di: DHBW Mannheim, Fak. Technik, Handelsstr. 13, 69214 Eppelheim, T: (0621) 41051104, F: 41051317, joern.korthals@dhbw-mannheim.de

**Kortmann,** Walter; Dr., Prof.; *Volkswirtschaftslehre, insbes. Mikroökonomik*; di: FH Dortmund, FB Wirtschaft, Emil-Figge-Str. 44, 44227 Dortmund, T: (0231) 7554888, F: 7554902, walter.kortmann@fh-dortmund.de

**Kortschak,** Bernd H.; Dr., Dr., Prof.; *Allgemeine Betriebswirtschaftslehre und Logistik*; di: FH Erfurt, FB Verkehrs- u. Transportwesen, Altonaer Str. 25, 99084 Erfurt, PF 101363, 99013 Erfurt, T: (0361) 6700527, F: 6700528, kortschak@fh-erfurt.de

**Kortschak,** Hans-Peter; Prof.; *Rechnungswesen, Steuern, Wirtschaftsrecht*; di: DHBW Karlsruhe, Fak. Wirtschaft, Erzbergerstr. 121, 76133 Karlsruhe, T: (0721) 9735910, kortschak@no-spam.dhbw-karlsruhe.de

**Kortstock,** Michael; Dr.-Ing., Prof. u. Präsident H München; *Grundlagen der Elektrotechnik, Elektronik und Prozessoren, elektrische Antriebe*; di: Hochsch. München, Fak. Maschinenbau, Fahrzeugtechnik, Flugzeugtechnik, Dachauer Str. 98b, 80335 München, T: (089) 12651441, F: 12652001, michael.kortstock@fhm.edu

**Kortus-Schultes,** Doris; Dipl.-Vw., Dr., Prof.; *Betriebswirtschaftslehre, insbes. Marketing sowie Handelsbetriebslehre*; di: Hochsch. Niederrhein, FB Wirtschaftswiss., Webschulstr. 41-43, 41065 Mönchengladbach, T: (02161) 1866327, doris.kortus-schultes@hs-Niederrhein.de

**Koschel,** Arne; Dr.-Ing., Prof.; *Informatik*; di: Hochsch. Hannover, Fak. IV Wirtschaft u. Informatik, Abt. Informatik, Ricklinger Stadtweg 120, 30459 Hannover, PF 920261, 30441 Hannover, T: (0511) 92961839, F: 92961810, arne.koschel@hs-hannover.de; pr: Thomas-Mann-Weg 71, 30659 Hannover, Arne.Koschel@Koschel-EDV.de; www.koschel-edv.de

**Koschützki,** Dirk; Dr.-Ing., Prof.; *Informatik, Verteilte Systeme, Systemsoftware*; di: Hochsch. Furtwangen, Fak. Computer & Electrical Engineering, Robert-Gerwig-Platz 1, 78120 Furtwangen, T: (07723) 9202333, koschuetzki@fh-furtwangen.de

**Koscielny,** Georg; Dr., Prof.; *Ernährungssoziologie, Ökonomie*; di: Hochsch. Fulda, FB Oecotrophologie, Marquardstr. 35, 36039 Fulda, georg.koscielny@he.fh-fulda.de; pr: Kachtemer Weg 9, 36115 Hilders, T: (06681) 7864

**Kosciolowicz,** Raimund; Dr., Prof.; *Facility Management*; di: HTW Berlin, FB Wirtschaftswiss. II, Treskowallee 8, 10318 Berlin, T: (030) 50192290, r.kosciolowicz@HTW-Berlin.de

**Kosfelder,** Joachim; Dr., Prof.; *Psychologie*; di: FH Düsseldorf, FB 6 – Sozial- und Kulturwiss., Universitätsstr. 1, Geb. 24.21, 40225 Düsseldorf, T: (0211) 8114636, joachim.kosfelder@fh-duesseldorf.de

**Kosiedowski,** Uwe; Dr.-Ing., Prof.; *Werkstoffkunde, Werkstoffprüfung*; di: Hochsch. Konstanz, Fak. Maschinenbau, Brauneggerstr. 55, 78462 Konstanz, PF 100543, 78405 Konstanz, T: (07531) 206721, ukosiedo@htwg-konstanz.de

**Koslowski,** Frank; Dr., Prof.; *Wirtschaftsinformatik*; di: DHBW Mannheim, Fak. Wirtschaft, Coblitzallee 1-9, 68163 Mannheim, T: (0621) 41051129, F: 41051249, frank.koslowski@dhbw-mannheim.de

**Kosmann,** Marianne; Dr., Prof.; *Soziologie*; di: FH Dortmund, FB Angewandte Sozialwiss., PF 105018, 44047 Dortmund, T: (0231) 7554927, F: 7554911, marianne.kosmann@fh-dortmund.de

**Koss,** Claus; Dr. rer. pol., Prof.; *BWL, Steuern und Revision*; di: Hochsch. Regensburg, Fak. Betriebswirtschaft, PF 120327, 93025 Regensburg, T: (0941) 9431338, claus.koss@bwl.fh-regensburg.de

**Kossow,** Andreas; Dr. rer. nat., Dr.-Ing. habil., Prof.; *Mathematik*; di: Hochsch. Wismar, Fak. f. Ingenieurwiss., PF 1210, 23952 Wismar, T: (03841) 753500, a.kossow@mb.hs-wismar.de

**Kossow,** Bernd H.; Dr. rer. pol., Prof.; *Personalwirtschaft, Mittelständische Wirtschaft*; di: FH d. Wirtschaft, Hauptstr. 2, 51465 Bergisch Gladbach, T: (02202) 9527353, F: 9527200, bernd.kossow@fhdw.de

**Kostorz,** Peter; Dr. rer.soc., Prof.; *Rechts- und Sozialwissenschaften mit dem Schwerpunkt Sozialrecht*; di: FH Münster, FB Pflege u. Gesundheit, Leonardo-Campus 8, 48149 Münster, T: (0251) 8365815, F: 8365852, kostorz@fh-muenster.de

**Kosuch,** Markus; Dipl.-Päd., Dr. phil., Prof.; *Soziale Arbeit*; di: Georg-Simon-Ohm-Hochsch. Nürnberg, Fak. Sozialwiss., Bahnhofstr. 87, 90402 Nürnberg, PF 210320, 90121 Nürnberg, Markus.Kosuch@ohm-hochschule.de

**Kosuch,** Renate; Dr., Prof.; *Sozialpsychologie*; di: FH Köln, Fak. f. Angewandte Sozialwiss., Mainzer Str. 5, 50678 Köln, T: (0221) 82753354, renate.kosuch@fh-koeln.de; pr: Bergisch Gladbacher Str. 1117, 51069 Köln

**Kothe,** Klaus-Dieter; Dr.-Ing., Prof.; *Ingenieurwesen, insbesondere Verfahrenstechnik sowie maschinenbauliche Grundlagenfächer*; di: FH Südwestfalen, FB Techn. Betriebswirtschaft, Haldener Str. 182, 58095 Hagen, T: (02331) 9872385, kothe@fh-swf.de

**Kothen,** Wolfgang; Dr., Prof.; *Medienwirtschaft und Medienmanagement*; di: FH des Mittelstands, FB Medien, Ravensbergerstr. 10G, 33602 Bielefeld, kothen@fhm-mittelstand.de

**Kottcke,** Manfred; Dr. rer. nat., Prof.; *Physik*; di: Georg-Simon-Ohm-Hochsch. Nürnberg, Fak. Allgemeinwiss., Keßlerplatz 12, 90489 Nürnberg, PF 210320, 90121 Nürnberg, Manfred.Kottcke@ohm-hochschule.de

**Kotte,** Barbara; Prof.; *Advertising Design*; di: HAWK Hildesheim/Holzminden/Göttingen, FB Gestaltung, Kaiserstr. 43-45, 31134 Hildesheim, T: (05121) 881313, F: 881366

**Kotter,** Michael; Dr.-Ing., Prof.; *Technische Chemie, insbes. Chemische Prozess- und Umwelttechnologie*; di: FH Aachen, FB Angewandte Naturwiss. u. Technik, Worringer Weg 1, 52074 Aachen, T: (0241) 600953040, kotter@fh-aachen.de; pr: Kullenhofstr. 14, 52074 Aachen

**Kotterba,** Benno; Dr.-Ing., Prof.; *Projektmanagement, Automatisierungstechnik*; di: Hochsch. Heidelberg, School of Engineering and Architecture, Bonhoefferstr. 11, 69123 Heidelberg, benno.kotterba@fh-heidelberg.de

**Kotthaus,** Jochem; Dr., Prof.; *Erziehungswissenschaft, Familienhilfe*; di: FH Dortmund, FB Angewandte Sozialwiss., PF 105018, 44047 Dortmund, T: (0231) 7554986, F: 7554911, jochem.kotthaus@fh-dortmund.de

**Kotthaus,** Ulrich; Dr., Prof.; *BWL*; di: DHBW Villingen-Schwenningen, Fak. Wirtschaft, Friedrich-Ebert-Str. 30, 78054 Villingen-Schwenningen, T: (07720) 3906411, F: 3906149, kotthaus@dhbw-vs.de

**Kottmann,** Elke; Dr. rer. pol., Prof.; *Industriebetriebslehre*; di: Hochsch. Ostwestfalen-Lippe, FB 7, Produktion u. Wirtschaft, Liebigstr. 87, 32657 Lemgo; pr: Bärenkamp 26b, 32805 Horn-Bad Meinberg, T: (05234) 690700

**Kottmann,** Karl; Dipl.-Ing., Prof., Dekan FB Betriebswirtschaft; *Fertigungstechnik, Fertigungssysteme, Informationslogistik in der Fertigung*; di: Hochsch. Esslingen, Fak. Betriebswirtschaft, Flandernstr. 101, 73732 Esslingen, T: (07161) 6971147; pr: Hauptstr. 70, 73342 Bad Ditzenbach, T: (07334) 3630

**Kottnik,** Wolfgang; Dr.-Ing., Prof.; *Energiewirtschaft*; di: Hochsch. Mannheim, Fak. Wirtschaftsingenieurwesen, Windeckstr. 110, 68163 Mannheim

**Kotulla,** Hans-Jörg; Prof.; *Kommunikationsdesign, Illustration*; di: FH Potsdam, FB Design, Pappelallee 8-9, Haus 5, 14469 Potsdam, T: (0331) 5801424

**Kotulla,** Michael; Dr.-Ing., Prof.; *Baubetrieb, Bauprojektmanagement*; di: Hochsch. Bochum, FB Bauingenieurwesen, Lennershofstr. 140, 44801 Bochum, T: (0234) 3210256, michael.kotulla@hs-bochum.de

**Kovac,** Josef; Dr., Prof.; *Controlling*; di: HAW Hamburg, Fak. Wirtschaft u. Soziales, Berliner Tor 5, 20099 Hamburg, T: (040) 428756915, Josef.Kovac@haw-hamburg.de

**Kowalczyk-Schaarschmidt,** Anneliese; Dr., Prof.; *Polizei- und Ordnungsrecht, Waffenrecht, Versammlungsrecht*; di: FH d. Bundes f. öff. Verwaltung, FB Bundesgrenzschutz, PF 121158, 23532 Lübeck, T: (0451) 2031735, F: 2031735

**Kowallick,** Günter; Dr., Prof., Dekan FB Maschinenbau; *Fertigungstechnik, Werkzeugmaschinen, Fertigungstechnisches Messen und Fertigungsverfahren*; di: Hochsch. f. angew. Wiss. Würzburg Schweinfurt, Fak. Maschinenbau, Ignaz-Schön-Str. 11, 97421 Schweinfurt

**Kowalski,** Susann; Dr.-Ing., Prof.; *Betriebswirtschaftslehre, insbes. Organisation und Datenverarbeitung*; di: FH Köln, Fak. f. Wirtschaftswiss., Claudiusstr. 1, 50678 Köln, T: (0221) 82753238, susann.kowalski@fh-koeln.de

**Kowanda,** Andreas; Dr.-Ing., Prof.; *Kartographische Originalherstellung, Kartenentwurf und Kartenredaktion*; di: HTW Dresden, Fak. Geoinformation, Friedrich-List-Platz 1, 01069 Dresden, T: (0351) 4623136, kowanda@htw-dresden.de

**Kowarschick,** Wolfgang; Dr. rer. nat., Prof.; *Multimedia, Internet, Objektorientierte Systeme, Datenbanken, Daten-Management*; di: Hochsch. Augsburg, Fak. f. Informatik, An der Hochschule 1, 86161 Augsburg, T: (0821) 55863475, F: 55863499, kowa@hs-augsburg.de; http://kowa.hs-augsburg.de/

**Kowol,** Uli; Dr., Prof.; *Sozialwirtschaft/ Sozialmanagement*; di: FH Dortmund, FB Angewandte Sozialwiss., PF 105018, 44047 Dortmund, T: (0231) 7555178, F: 7554911, kowol@fh-dortmund.de

**Kozel,** Klaus; Dipl.-Ing., Prof.; *Tragwerkslehre/Ingenieurhochbau*; di: Hochsch. Anhalt, FB 3 Architektur, Facility Management u. Geoinformation, PF 2215, 06818 Dessau, T: (0340) 51971538

**Koziol,** Klaus; Dr., Prof.; *Management*; di: Kath. Hochsch. Freiburg, Karlstr. 63, 79104 Freiburg, T: (0761) 200443, koziol@kfh-freiburg.de; pr: Leinhaldenweg 6, 79104 Freiburg, T: (0761) 5561600, F: 5561601

**Kraatz,** Hans-Jürgen; Dr. rer. pol., Prof.; *VWL*; di: FH d. Bundes f. öff. Verwaltung, FB Sozialversicherung, Nestorstraße 23 - 25, 10709 Berlin, T: (030) 86524647

**Krabbes,** Markus; Dr.-Ing., Prof., Dekan FB Elektrotechnik und Informationstechnik; *Informationssysteme*; di: HTWK Leipzig, FB Elektrotechnik u. Informationstechnik, PF 301166, 04251 Leipzig, T: (0341) 30761169, krabbes@fbeit.htwk-leipzig.de

**Kracht,** Ingo; Dr., Prof.; *Marketing*; di: Hochsch. Ostwestfalen-Lippe, FB 7, Produktion u. Wirtschaft, Liebigstr. 87, 32657 Lemgo, T: (05261) 702428, F: 702275; pr: Triftstr. 16, 33175 Bad Lippspringe, T: (05252) 53250

**Kracke,** Ulrich; Dr., Prof., Dekan FB Wirtschaft; *Controlling, Unternehmensführung und Umweltmanagement*; di: FH Dortmund, FB Wirtschaft, Emil-Figge-Str. 44, 44227 Dortmund, T: (0231) 7555186, F: 7554957, Ulrich.Kracke@fh-dortmund.de; pr: Pulverstr. 3, 44225 Dortmund

**Kracklauer,** Alexander; Dr., Prof.; *Marketing*; di: FH Neu-Ulm, Edisonallee 5, 89231 Neu-Ulm, T: (0731) 97621416, alexander.kracklauer@fh-neu-ulm.de

**Krä,** Christian; Dr.-Ing., Prof.; *Technische Mechanik, Werkstofftechnik*; di: HAW Ingolstadt, Fak. Maschinenbau, Esplanade 10, 85049 Ingolstadt, T: (0841) 9348257, christian.krae@haw-ingolstadt.de

**Krägeloh,** Klaus-Dieter; Dr., Prof.; *Angewandte Informatik*; di: FH Dortmund, FB Informatik, Emil-Figge-Str. 42, 44227 Dortmund, T: (0231) 7556783, F: 7556710, kraegeloh@fh-dortmund.de; pr: Overbergstr. 136, 58119 Hagen

**Kraehmer,** Steffi; Dr., Prof., Prorektorin f. Studium, Lehre, Weiterbildung u. Evaluation; *Sozialpolitik, Ökonomie sozialer Einrichtungen u. sozialer Dienste*; di: Hochsch. Neubrandenburg, FB Soziale Arbeit, Bildung u. Erziehung, Brodaer Str. 2, 17033 Neubrandenburg, PF 110121, 17041 Neubrandenburg, T: (0395) 56935108, kraehmer@hs-nb.de; T: (0395) 56931003, proreksl@hs-nb.de

**Kraemer,** Carlo; Dr., Prof.; *Finanzmanagement*; di: Hochsch. Rhein/Main, Wiesbaden Business School, Bleichstr. 44, 65183 Wiesbaden, T: (0611) 94953161, Carlo.Kraemer@hs-rm.de

**Krämer,** Eberhard A.; Prof., Dekan FB Kulturgestaltung; *Kulturpädagogik, Medienpädagogik, Museumspädagogik*; di: FH Schwäbisch Hall, Salinenstr. 2, 74523 Schwäbisch Hall, PF 100252, 74502 Schwäbisch Hall, T: (0791) 8565514, kraemer@fhsh.de

**Krämer,** Hagen; Dipl.-Ökonom, Dr., Prof.; *VWL, Internationale Wirtschaftsbeziehungen, Europäischer Binnenmarkt und Währungsunion, Megatrend Globalisierung, Strukturwandel und die Entwicklung zur Dienstleistungs- und Wissensgesellschaft*; di: Hochsch. Karlsruhe, FB Sozialwissenschaften, Moltkestr. 30, 76133 Karlsruhe, PF 2440, 76012 Karlsruhe, T: (0721) 9251942, hagen.kraemer@hs-karlsruhe.de

**Krämer,** Hans; Prof.; *Kommunikationsgestaltung*; di: Hochsch. f. Gestaltung Schwäbisch Gmünd, Rektor-Klaus-Str. 100, 73525 Schwäbisch Gmünd, PF 1308, 73503 Schwäbisch Gmünd, T: (07171) 602671

**Krämer,** Hans-Joachim; Dr.-Ing., Prof.; *Fördertechnik*; di: Hochsch. Mittweida, Fak. Maschinenbau, Technikumplatz 17, 09648 Mittweida, T: (03727) 581545, F: 5811376, kraemer@htwm.de

**Krämer,** Heinrich; Dr. rer. nat., Prof.; *Technische Informatik*; di: HTWK Leipzig, FB Informatik, Mathematik u. Naturwiss., PF 301166, 04251 Leipzig, T: (0341) 30766474, hkraemer@imn.htwk-leipzig.de

**Krämer,** Klaus; Dr.-Ing. habil., Prof.; *Produktionsanlagen u. Produktionsautomatisierung*; di: Hochsch. Rosenheim, Fak. Holztechnik u. Bau, Hochschulstr. 1, 83024 Rosenheim, T: (08031) 805310, F: 805302, klaus.kraemer@fh-rosenheim.de

**Krämer,** Markus; Dr.-Ing., Prof.; *Informatik, Informationssysteme*; di: HTW Berlin, FB Ingenieurwiss. II, Blankenburger Pflasterweg 102, 13129 Berlin, T: (030) 50194236, markus.kraemer@HTW-Berlin.de

**Krämer,** Michael; Dr. phil., Prof.; *Wirtschaftspsychologie*; di: FH Münster, FB Oecotrophologie, Corrensstraße 25, 48149 Münster, T: (0251) 8365439, F: 8365484, kraemer@fh-muenster.de; pr: Gemenweg 81, 48149 Münster, T: (0251) 88927

**Krämer,** Michael; Dr.-Ing., Prof.; *Automatisierungstechnik, Instandhaltung*; di: HTW d. Saarlandes, Fak. f. Wirtschaftswiss, Waldhausweg 14, 66123 Saarbrücken, T: (0681) 5867628, kraemer@htw-saarland.de

**Krämer,** Rainer; Dr.-Ing., Prof.; *Digitale Nachrichtentechnik u. Signalverarbeitung*; di: HAW Ingolstadt, Fak. Elektrotechnik u. Informatik, Esplanade 10, 85049 Ingolstadt, T: (0841) 9348401, rainer.kraemer@haw-ingolstadt.de

**Krämer,** Ralf; Dr., Prof.; *Wirtschaftsprivatrecht, Arbeitsrecht*; di: Hochsch. Amberg-Weiden, FB Betriebswirtschaft, Hetzenrichter Weg 15, 92637 Weiden, T: (0961) 382151, F: 382162, r.kraemer@fh-amberg-weiden.de

**Krämer,** Werner; Dr. rer. pol., Prof.; *Volkswirtschaftslehre, Statistik, Personal- und Ausbildungswesen*; di: FH Ludwigshafen, FB II Marketing und Personalmanagement, Ernst-Boehe-Str. 4, 67059 Ludwigshafen/Rhein, T: (0621) 5203224, F: 5203112; pr: wernerkraemer@t-online.de

**Krämer,** Wolfgang; Dr.-Ing., Prof.; *Regelungs- u. Messtechnik*; di: HAW Ingolstadt, Fak. Maschinenbau, Esplanade 10, 85049 Ingolstadt, T: (0841) 9348370, wolfgang.kraemer@haw-ingolstadt.de

**Kränzle,** Nikolaus; Prof.; *Baukonstruktion, Entwurf, Gebäudekunde*; di: FH Frankfurt, FB 1: Architektur, Nibelungenplatz 1, 60318 Frankfurt am Main, T: (069) 15332751, kraenzle@fb1.fh-frankfurt.de

**Kraetzschmar,** Gerhard K.; Dr. rer. nat., Prof.; *Autonome Systeme*; di: Hochsch. Bonn-Rhein-Sieg, FB Informatik, Grantham-Allee 20, 53757 Sankt Augustin, T: (02241) 865293, F: 8658293, gerhard.kraetzschmar@fh-bonn-rhein-sieg.de

**Krätzschmar,** Michael; Dr. rer. nat. habil., Prof. FH Flensburg, Vizepräs.; *Mathematische Optimierung, Differentialgleichungen, Numerische Simulation*; di: FH Flensburg, Angewandte Mathematik, Kanzleistr. 91-93, 24943 Flensburg, T: (0461) 8051361, kraetzschmar@mathematik.fh-flensburg.de; pr: Berglücke 6, 24943 Flensburg, T: (0461) 67174, michael.kraetzschmar@t-online.de

**Krafczyk,** Mandy → Habermann, Mandy

**Krafeld,** Franz Josef; Dr. paed., Prof.; *Erziehungswissenschaften*; di: Hochsch. Bremen, Fak. Gesellschaftswiss., Neustadtswall 30, 28199 Bremen, T: (0421) 59053777, F: 59052761, Franz-Josef.Krafeld@hs-bremen.de; pr: Kleiberstr. 2, 28816 Stuhr, T: (0421) 891284

**Krafft,** Frank; Dr.-Ing., Prof.; *Werkstofftechnik (Metalle), Mechanik/Festigkeitslehre*; di: Hochsch. München, Fak. Maschinenbau, Fahrzeugtechnik, Flugzeugtechnik, Dachauer Str. 98b, 80335 München, T: (089) 12653354, F: 12651392, frank.krafft@fhm.edu

**Krafft,** Rainer; Dr., Prof.; di: DHBW Ravensburg, Campus Friedrichshafen, Fallenbrunnen 2, 88045 Friedrichshafen, T: (07541) 2077199, krafft@dhbw-ravensburg.de

**Kraft,** Cornelia; Dipl.-Kauffrau, Dr. rer. pol., Prof.; *Betriebliche Steuerlehre und Unternehmensprüfung*; di: FH Bielefeld, FB Wirtschaft, Universitätsstr. 25, 33615 Bielefeld, T: (0521) 1063731, cornelia.kraft@fh-bielefeld.de; pr: Max-Cahnbley-Str. 26, 33604 Bielefeld, T: (0521) 2399468

**Kraft,** Dieter; Dr.-Ing., Prof.; *Regelungs- und Steuerungstechnik, Maschinendynamik*; di: Hochsch. München, FB Maschinenbau, Fahrzeugtechnik, Flugzeugtechnik, Dachauer Str. 98b, 80335 München, labor-antriebstechnik@lrz.fh-muenchen.de; pr: Brucker Feldweg 2, 82234 Wessling, T: (08153) 2493

**Kraft,** Ingo; Dr.-Ing., Prof.; *Thermodynamik*; di: HTWK Leipzig, FB Maschinen- u. Energietechnik, PF 301166, 04251 Leipzig, T: (0341) 3538426, kraft@me.htwk-leipzig.de

**Kraft,** Johannes W.; Dr., Dr., HonProf.; *Vertiefungsbereich Senioren, Projektwerkstatt*; di: Hochsch. Coburg, Fak. Soziale Arbeit u. Gesundheit, Friedrich-Streib-Str. 2, 96450 Coburg, kraft@hs-coburg.de

**Kraft,** Karl-Heinz; Dr.-Ing., Prof.; *Hochfrequenztechnik, Schaltungstechnik*; di: Ostfalia Hochsch., Fak. Elektrotechnik, Salzdahlumer Str. 46/48, 38302 Wolfenbüttel, T: (05331) 9393212, F: 939118, k-h.kraft@ostfalia.de

**Kraft,** Kristina; Prof.; *Heilpädagogik*; di: Ev. H Ludwigsburg, FB Pädagogik und Heilpädagogik, Auf der Karlshöhe 2, 71638 Ludwigsburg, T: (07141) 9745246, k.kraft@eh-ludwigsburg.de

**Kraft,** Volker; Dipl.-Päd., Dipl.-Psych., Dr. phil. habil., Prof. FH Neubrandenburg, PD U Kiel; *Pädagogik, Psychoanalyse*; di: Hochsch. Neubrandenburg, FB Soziale Arbeit, Bildung u. Erziehung, Brodaer Str. 2, 17033 Neubrandenburg, PF 110121, 17041 Neubrandenburg, T: (0395) 56935506, volker.kraft@hs-nb.de; kraft@paedagogik.uni-kiel.de; pr: Adolfplatz 9, 24105 Kiel, T: (0431) 81215

**Kraft-Hansmann,** Christine; Dipl.-Ing., Prof.; *Bauleitung, Baumanagement und Bauwirtschaft*; di: HAWK Hildesheim/Holzminden/Göttingen, Fak. Bauen u. Erhalten, Hohnsen 2, 31134 Hildesheim, T: (05121) 881214; pr: Boettcher-Kamp 136, 22549 Hamburg, T: (040) 835560

**Krah,** Jens Onno; Dr.-Ing., Prof.; *Allg. Regelungstechnik*; di: FH Köln, Fak. f. Informations-, Medien- u. Elektrotechnik, Betzdorfer Str. 2, 50679 Köln, T: (0221) 82752439, jens_onno.krah@fh-koeln.de

**Krahe,** Andreas; Dr., Prof.; di: Hochsch. München, Fak. Wirtschaftsingenieurwesen, Erzgießereistr. 14, 80335 München, T: (089) 12652479, krahe@wi.fh-muenchen.de

**Kraheck-Brägelmann,** Sibylle; Dr., Prof.; *Psychologie, Sozialwissenschaftliche Methoden/Statistik*; di: FH f. öffentl. Verwaltung NRW, Abt. Köln, Thürmchenswall 48-54, 50668 Köln, sibylle.kraheck-braegelmann@fhoev.nrw.de

**Krahl,** Jürgen; Dr. rer. nat. habil., Prof.; *Chemie, Physikalische Chemie, Werkstofftechnik, Biophysikalische Technik*; di: Hochsch. Coburg, Fak. Angew. Naturwiss., Friedrich-Streib-Str. 2, 96450 Coburg, T: (09561) 317127, krahl@hs-coburg.de

**Krahmer,** Utz; Dr. jur., Prof.; *Recht insbes. Sozialhilfe, Sozialverwaltungsrecht*; di: FH Düsseldorf, FB 6 – Sozial- und Kulturwiss., Universitätsstr. 1, Geb. 24.21, 40225 Düsseldorf, T: (0211) 8114637, utz.krahmer@fh-duesseldorf.de; pr: Voltaweg 16, 40591 Düsseldorf

**Kraimer,** Klaus; Dr. phil. habil., PD U Osnabrück, Prof. HTW Saarbrücken; *Sozialpädagogik, Rekonstruktive Forschung*; di: Hochsch. f. Technik u. Wirtschaft Saarbrücken, Rastpfuhl 12a, 66113 Saarbrücken, T: (0681) 5867494, F: 5867463, klaus.kraimer@htw-saarland.de; pr: Eifelstr. 20, 66113 Saarbrücken, T: (0681) 8591200, Klaus.Kraimer@t-online.de; www.klauskraimer.de

**Krajewski,** Andrea; Prof., Dekanin FB Media; *KD/Neue Medien*; di: Hochsch. Darmstadt, FB Media, Haardtring 100, 64295 Darmstadt, T: (06151) 169450, andrea.krajewski@fbmedia.h-da.de; pr: Jakobsbrunnenstr. 2a, 60386 Frankfurt/Main, T: (069) 94147024

**Krajewski,** Wolfgang; Dr.-Ing., Prof.; *Grundbau, Vermessungslehre*; di: Hochsch. Darmstadt, FB Bauingenieurwesen, Haardtring 100, 64295 Darmstadt, T: (06151) 168166, wkrajewski@fbb.h-da.de

**Kral,** Gerhard; Dr. phil., Prof.; *Politikwissenschaft und Soziologie*; di: Kath. Stiftungsfachhochsch. München, Abt. Benediktbeuern, Don-Bosco-Str. 1, 83671 Benediktbeuern, T: (08857) 88510, F: 88599, gerhard.kral@ksfh.de; pr: Blumenstr. 8a, 86971 Peiting, T: (08861) 69560, F: 83671

**Kramann,** Guido; Dr.-Ing., Prof.; *Mechatronik*; di: FH Brandenburg, FB Technik, Magdeburger Str. 50, 14770 Brandenburg, PF 2132, 14737 Brandenburg, T: (03381) 355313, kramann@fh-brandenburg.de

**Kramer,** Bernhard; Dr., Prof.; *Strafverfahrensrecht, Ordnungswidrigkeitenrecht*; di: Hochsch. f. Polizei Villingen-Schwenningen, Sturmbühlstr. 250, 78054 Villingen-Schwenningen, T: (07720) 309501, BernhardKramer@fhpol-vs.de

**Kramer,** Dominik; Dipl.-Kfm., Dr. rer. pol., Prof.; *Betriebswirtschaftslehre, Internes Rechungswesen und Controlling*; di: Hochsch. Trier, FB Wirtschaft, PF 1826, 54208 Trier, T: (0651) 8103588, D.Kramer@hochschule-trier.de

**Kramer,** Eckhart; Dr.-Ing., Prof.; *Technologien u Prozessmanagement im Ökolandbau*; di: Hochsch. f. nachhaltige Entwicklung, FB Landschaftsnutzung u. Naturschutz, Friedrich-Ebert-Str. 28, 16225 Eberswalde, T: (03334) 657329, ekramer@hnee.de

**Kramer,** Florian; Dr.-Ing., Prof.; *Kraftfahrzeugsicherheit, Unfallanalytik*; di: HTW Dresden, Fak. Maschinenbau/Verfahrenstechnik, Friedrich-List-Platz 1, 01069 Dresden, T: (0351) 4622330, kramer@mw.htw-dresden.de

**Kramer,** Gerhard; Dipl.-Ing., Prof.; *Gebäudekunde, Baukonstruktion*; di: Hochsch. Regensburg, Fak. Architektur, PF 120327, 93025 Regensburg, T: (0941) 9431186, gerhard.kramer@architektur.fh-regensburg.de

**Kramer,** Jost; Dr. rer. pol., Prof.; *Konstruktionsmethodik/CAD*; di: Hochsch. Wismar, Fak. f. Wirtschaftswiss., PF 1210, 23952 Wismar, T: (03841) 753441, j.kramer@wi.hs-wismar.de

**Kramer,** Klaus-Dietrich; Dr., Prof.; *Mikrocomputertechnik und Assemblerprogrammierung, Mikrocontroller, Fuzzy-Controller, Digitale Signalprozessoren*; di: Hochsch. Harz, FB Automatisierung u. Informatik, Friedrichstr. 54, 38855 Wernigerode, T: (03943) 659317, F: 659109, kkramer@hs-harz.de

**Kramer,** Oliver; Dr., Prof.; *Performance Management, Produktionswirtschaft*; di: Hochsch. Rosenheim, Fak. Wirtschaftsingenieurwesen, Hochschulstr. 1, 83024 Rosenheim, T: (08031) 805605, F: 805633, oliver.kramer@fh-rosenheim.de

**Kramer,** Ralf; Dr., Prof.; *Verteilte Informationssysteme, Datenbanksysteme*; di: Hochsch. f. Technik, Fak. Vermessung, Mathematik u. Informatik, Schellingstr. 24, 70174 Stuttgart, PF 101452, 70013 Stuttgart, T: (0711) 89262719, ralf.kramer@hft-stuttgart.de

**Kramer,** Ralph; Dr. iur., Prof.; *Recht*; di: FH Worms, FB Wirtschaftswiss., Erenburgerstr. 19, 67549 Worms

**Kramer,** Ulrich; Dr.-Ing. habil., Prof.; *Fahrzeugtechnik*; di: FH Bielefeld, FB Ingenieurwiss. u. Mathematik, Wilhelm-Bertelsmann-Str. 10, 33602 Bielefeld, T: (0521) 1067209, F: 1067151, ulrich.kramer@fh-bielefeld.de; pr: Jüngststr. 7, 33602 Bielefeld, T: (0521) 176801, 176873, (0171) 2870447

**Kramp,** Michael; Dr.-Ing., Prof., Vizepräs. f. Studium, Lehre u. Internationales; *Statik, Massivbau*; di: Beuth Hochsch. f. Technik, FB III Bauingenieur- u. Geoinformationswesen, Luxemburger Str. 10, 13353 Berlin, T: (030) 45042075, kramp@beuth-hochschule.de; vpl@beuth-hochschule.de

**Kranemann,** Rainer; Dr., Prof.; *Technische Physik, Technische Mechanik, Elektrotechnik, Mess- und Sensortechnik*; di: Hochsch. f. nachhaltige Entwicklung, FB Holztechnik, Alfred-Möller-Str. 1, 16225 Eberswalde, T: (03334) 657376, Rainer.Kranemann@hnee.de

**Kranenpohl,** Uwe; Dr. phil., PD U Passau, Prof. Ev. H Nürnberg; *Politikwissenschaft (Politische Systeme u. Systemvergleich, insb. Parlamentarismus, Parteienforschung, Verfassungsrechtsprechung)*; di: Ev. Hochsch. Nürnberg, Fak. f. Sozialwissenschaften, Bärenschanzstr. 4, 90403 Nürnberg, T: (0911) 27253766, uwe.kranenpohl@evhn.de

**Krapf,** Ingo; Prof.; *Gestaltung*; di: Hochsch. Trier, FB Informatik, PF 1826, 54208 Trier, T: (0651) 8103125, krapf@hochschule-trier.de

**Krapohl,** Lothar; Dr. päd., Prof.; *Soziale Arbeit*; di: Kath. Hochsch. NRW, Abt. Aachen, FB Sozialwesen, Robert-Schumann-Str. 25, 52066 Aachen, T: (0241) 6000343, F: 6000343, l.krapohl@kfhnw-aachen.de

**Krapoth,** Axel; Dr.-Ing., Prof.; *Technische Mechanik, Werkstoffprüfung*; di: FH Flensburg, FB Maschinenbau, Verfahrenstechnik u. Maritime Technologien, Kanzleistr. 91-93, 24943 Flensburg, T: (0461) 8051667, axel.krapoth@fh-flensburg.de; pr: Gartenstr. 3, 25840 Friedrichstadt, T: (04881) 8666

**Krapp,** Jürgen; Dr.-Ing., Prof.; *Optische Nachrichtentechnik*; di: Hochsch. Aalen, Fak. Optik u. Mechatronik, Beethovenstr. 1, 73430 Aalen, T: (07361) 5763403, Juergen.Krapp@htw-aalen.de

**Krappmann,** Paul; Dr., Prof.; *Psychologie, Soziale Arbeit*; di: H Koblenz, FB Sozialwissenschaften, Konrad-Zuse-Str. 1, 56075 Koblenz, T: (0261) 9528247, F: 9528260, krappmann@hs-koblenz.de

**Krasberg,** Carl; Prof.; *Grundlagen der Gestaltung*; di: FH Düsseldorf, FB 1 – Architektur, Georg-Glock-Str. 15, 40474 Düsseldorf, T: (0211) 4351117; pr: Parkstr. 18, 44866 Bochum, T: (02327) 13293

**Kratz,** Gerhard; Dr., Prof.; *Informatik*; di: FH Frankfurt, FB 2 Informatik u. Ingenieurwiss., Nibelungenplatz 1, 60318 Frankfurt am Main, T: (069) 15332225, g_kratz@fb2.fh-frankfurt.de

**Kratz,** Norbert; Dr. oec., Prof.; *Allg. BWL / Internationale Rechnungslegung*; di: DHBW Villingen-Schwenningen, Fak. Wirtschaft, Friedrich-Ebert-Str. 30, 78054 Villingen-Schwenningen, T: (07720) 3906153, F: 3906149, kratz@dhbw-vs.de; pr: Österfeldstr. 61, 70563 Stuttgart

**Kratz,** Torsten; Dr. med., Prof.; *Sozialpsychiatrie*; di: Ev. Hochsch. Berlin, Prof. f. Sozialpsychiatrie, Teltower Damm 118-122, 14167 Berlin, PF 370255, 14132 Berlin, T: (030) 84582221, kratz@eh-berlin.de

**Kratzer,** Klaus Peter; Dr.-Ing., Prof.; *Programmieren, Datenbanken, Softwaretechnologie*; di: Hochsch. Ulm, Fak. Informatik, PF 3860, 89028 Ulm, T: (0731) 5028106, kratzer@hs-ulm.de

**Kratzke,** Nane; Dr. rer.nat., Prof.; *Praktische Informatik u. betriebliche Informationssysteme*; di: FH Lübeck, FB Elektrotechnik u. Informatik, Mönkhofer Weg 136-140, 23562 Lübeck, T: (0451) 3005549, nane.kratzke@fh-luebeck.de

**Kraus,** Andreas; Dr.-Ing., Prof.; *Schiffshydrodynamik, Schiffshydromechanik-Labor, Meerestechnik, Meerestechnik-Labor*; di: Hochsch. Bremen, Fak. Natur u. Technik, Neustadtswall 30, 28199 Bremen, T: (0421) 59053704, F: 59053722, Andreas.Kraus@hs-bremen.de

**Kraus,** Björn; Dr., Prof.; *Sozialarbeitswissenschaft*; di: Ev. Hochsch. Freiburg, Bugginger Str. 38, 79114 Freiburg i.Br., T: (0761) 4781241, bkraus@eh-freiburg.de; pr: Am Alsterbach 5, 67487 Maikammer, T: (06321) 952070

**Kraus,** Dieter; Dr.-Ing., Prof.; *Technische Physik/Akustik, Signal-/Systemtheorie*; di: Hochsch. Bremen, Fak. Elektrotechnik u. Informatik, Neustadtswall 30, 28199 Bremen, T: (0421) 59053482, F: 59053420, Dieter.Kraus@hs-bremen.de

**Kraus,** Elke; PhD, Prof.; *Ergotherapie, Pädiatrie, Entwicklung im Kindesalter (v.a. Fein- u. Grobmotorik), Händigkeit*; di: Alice-Salomon-Hochsch., Alice-Salomon-Platz 5, 12627 Berlin-Hellersdorf, T: (030) 99245420, F: 99245555, kraus@ash-berlin.eu

**Kraus,** Josef; Dr., Prof.; *Architektur, Facility Management*; di: Beuth Hochsch. f. Technik, FB IV Architektur u. Gebäudetechnik, Luxemburger Str. 10, 13353 Berlin, T: (030) 45042540, jkraus@beuth-hochschule.de

**Kraus,** Manfred; Dr.-Ing. habil., Prof.; *Regelungs- und Steuerungstechnik*; di: Westsächs. Hochsch. Zwickau, FB Elektrotechnik, Dr.-Friedrichs-Ring 2A, 08056 Zwickau, PF 201037, 08012 Zwickau, Manfred.Kraus@fh-zwickau.de; pr: Waldstr. 19, 08412 Königswalde

**Kraus,** Michael; Dr., Prof.; *Forschungs- u. Dokumentationstechnik (Statistik)*; di: Hochsch. Magdeburg-Stendal, FB Angew. Humanwiss., Osterburger Str. 25, 39576 Stendal, T: (03931) 21874835, michael.kraus@hs-magdeburg.de

**Kraus,** Roland; Dr.-Ing., Prof.; *Heizungstechnik, Informatik/Datenverarbeitung*; di: Hochsch. München, Fak. Versorgungstechnik, Verfahrenstechnik Papier u. Verpackung, Druck- u. Medientechnik, Lothstr. 34, 80335 München, T: (089) 12651531, F: 12651502, roland.kraus@fhm.edu

**Kraus,** Thorsten; Prof.; *Kommunikationsdesign*; di: Hochsch. Niederrhein, FB Design, Frankenring 20, 47798 Krefeld, T: (02151) 8224345, thorsten.kraus@hs-niederrhein.de

**Kraus,** Wolfgang; Prof.; *Fahrzeugkonzepte, Formgestaltung, Darstellende Geometrie Perspektiv*; di: HAW Hamburg, Fak. Technik u. Informatik, Berliner Tor 9, 20099 Hamburg, T: (040) 428757882, wolfgang.kraus@haw-hamburg.de; pr: T: (0172) 3189201

**Krause,** Antje; Dr. rer. nat., Prof.; *Bioinformatik, Biosystemtechnik*; di: FH Bingen, FB Technik, Informatik, Wirtschaft, Berlinstr. 109, 55411 Bingen, T: (06721) 409253, F: 409158, akrause@fh-bingen.de

**Krause,** Christian; Dr. rer. oec., Prof.; *Betriebswirtschaftslehre, Rechnungswesen, Controlling*; di: Hochsch. Magdeburg-Stendal, FB Wirtschaft, Breitscheidstr. 2, 39114 Magdeburg, T: (0391) 8864122, christian.krause@hs-magdeburg.de

**Krause,** Gerlinde; Dr., Prof.; *Architektur/Baukonstruktion*; di: FH Erfurt, FB Landschaftsarchitektur, Leipziger Str. 77, 99085 Erfurt, PF 101363, 99013 Erfurt, T: (0361) 6700224, F: 6700259, krause@fh-erfurt.de

**Krause,** Gregor; Dr.-Ing., Prof.; *Elektrische Energieanlagen und Leittechnik*; di: FH Aachen, FB Elektrotechnik und Informationstechnik, Eupener Str. 70, 52066 Aachen, T: (0241) 600952145, gregor.krause@fh-aachen.de; pr: Niederbardenberger Str. 4, 52146 Würselen, T: (02405) 86895

**Krause,** Hans-Joachim; Dr., Prof., Rektor d. FH; *Didaktik/Methodik der Sozialpädagogik*; di: FH Düsseldorf, FB 6 – Sozial- und Kulturwiss., Universitätsstr. 1, Geb. 24.21, 40225 Düsseldorf, T: (0211) 8113350, rektorat@fh-duesseldorf.de; pr: Am Clarenhof 4, 50859 Köln

**Krause,** Hans-Ulrich; Dr., Prof.; *Rechnungswesen, Controlling*; di: HTW Berlin, FB Wirtschaftswiss. I, Treskowallee 8, 10318 Berlin, T: (030) 50192767, huk.krause@HTW-Berlin.de

**Krause,** Harald; Dr., Prof.; *Gebäudetechnik, Bauphysik, Lichttechnik*; di: Hochsch. Rosenheim, Hochschulstr. 1, 83024 Rosenheim, T: (08031) 805415, krause@fh-rosenheim.de

**Krause,** Herbert; Dr. rer. pol., Prof.; *Betriebswirtschaftslehre, Controlling*; di: Hochsch. Niederrhein, FB Wirtschaftswiss., Webschulstr. 41-43, 41065 Mönchengladbach, T: (02161) 1866359, herbert.krause@hs-niederrhein.de

**Krause,** Horst-Herbert; Dr., Prof.; *Kolbenmaschinen und Maschinendynamik*; di: Hochsch.Merseburg, FB Ingenieur- u. Naturwiss., Geusaer Str., 06217 Merseburg, T: (03461) 462927, horst-herbert.krause@hs-merseburg.de

**Krause,** Jan; Dipl.-Ing., Vertr.Prof.; *Entwerfen, Grundlagen des Entwerfens*; di: Hochsch. Bochum, FB Architektur, Lennershofstr. 140, 44801 Bochum, T: (0234) 3210026

**Krause,** Jürgen; Dr.-Ing, Prof.; *Ingenieurwissenschaften*; di: FH Nordhausen, FB Ingenieurwiss., Weinberghof 4, 99734 Nordhausen, T: (03631) 420322, F: 420818, krause@fh-nordhausen.de

**Krause,** Lutz; Dr.-Ing. habil., Prof.; *Prozessmesstechnik, Sensortechnik*; di: Westsächs. Hochsch. Zwickau, Fak. Automobil- u. Maschinenbau, Dr.-Friedrichs-Ring 2A, 08056 Zwickau, Lutz.Krause@fh-zwickau.de

**Krause,** Manfred; Dr. rer. nat., Prof.; *Wirtschaftsinformatik, Software Engineering, Anwendungsentwicklung, Systemanalyse, DV-Grundausbildung*; di: Hochsch. Hannover, Fak. IV Wirtschaft u. Informatik, Ricklinger Stadtweg 120, 30459 Hannover, PF 920261, 30441 Hannover, T: (0511) 92961552, F: 9296991552, manfred.krause@hs-hannover.de

**Krause,** Matthias; Dr. rer. nat., Prof.; *Datenbanken, Programmierung*; di: Dt. Telekom Hochsch. f. Telekommunikation, Gustav-Freytag-Str. 43-45, 04277 Leipzig, PF 71, 04251 Leipzig, T: (0341) 3062216, F: 3062457, krause@hft-leipzig.de

**Krause,** Olaf; Dr. rer.nat., Prof.; *Werkstofftechnik*; di: H Koblenz, FB Ingenieurwesen, Rheinstr. 56, 56203 Höhr-Grenzhausen, T: (02624) 910930, F: 910940, krause@fh-koblenz.de

**Krause,** Stefan; Dr.-Ing., Prof.; *Siedlungswasserwirtschaft, Hydromechanik, Wasserchemie, Umweltanalytik*; di: Hochsch. Darmstadt, FB Bauingenieurwesen, Haardtring 100, 64295 Darmstadt, T: (06151) 168150, stefan.krause@fbb.h-da.de

**Krause,** Stefan; Dr., Prof.; *Elektrotechnik*; di: FH Lübeck, FB Elektrotechnik u. Informatik, Mönkhofer Weg 136-140, 23562 Lübeck, T: (0451) 3005315, stefan.krause@fh-luebeck.de

**Krause,** Stefan; Dr., Prof.; *Sportpsychologie*; di: DHBW Stuttgart, Fak. Sozialwesen, Herdweg 29, 70174 Stuttgart, T: (0711) 1849718, krause@dhbw-stuttgart.de; www.lehre.dhbw-stuttgart.de/~krause/

**Krause,** Thomas; Dr.-Ing., Prof.; *Bauverfahrenstechnik, Schlüsselfertiges Bauen*; di: FH Aachen, FB Bauingenieurwesen, Bayernallee 9, 52066 Aachen, T: (0241) 600951159, tkrause@fh-aachen.de; pr: Adolf-Kolping-Str. 7, 50226 Frechen, T: (02234) 58182, F: 272459

**Krause,** Ulrike; Musik- und Tanzpäd., Bewegungstherapeutin, Prof.; *Bewegungspädagogik, Rhythmik und Tanz, Wahrnehmungsprozesse und Bewegungsausdruck im therapeutischen Kontext, Kultursozialarbeit in unterschiedlichen Praxisfeldern der Sozialen Arbeit*; di: Hochsch. Emden/Leer, FB Soziale Arbeit u. Gesundheit, Constantiaplatz 4, 26723 Emden, T: (04921) 8071153, F: 8071251, ukrause@hs-emden-leer.de; pr: Kloster-Langen-Str. 18, 26723 Emden, T: (04921) 997924

**Krause-Girth,** Cornelia; Dr. med., Prof.; *Sozialpsychiatrie*; di: Hochsch. Darmstadt, FB Gesellschaftswiss. u. Soziale Arbeit, Haardtring 100, 64295 Darmstadt, T: (06151) 168729, cornelia.krause-girth@h-da.de; pr: Klaus-Groth-Str. 39, 60320 Frankfurt/Main, T: (069) 562991, F: 562993

**Krauser,** Johann; Dr., Prof.; *Physik, Elektrotechnik*; di: Hochsch. Harz, FB Automatisierung u. Informatik, Friedrichstr. 57-59, 38855 Wernigerode, T: (03943) 659335, F: 659109, jkrauser@hs-harz.de

**Krauß,** Albrecht; Dr.-Ing., Prof.; *Elektrotechnik, Technische Antriebe*; di: Hochsch. Wismar, Fak. f. Ingenieurwiss., PF 1210, 23952 Wismar, T: (03841) 753556, a.krauss@mb.hs-wismar.de

**Krauß,** Helmuth; Dr.-Ing., Prof.; *Förder-/Lager-/Materialflußtechnik, Konstruktionselemente, Oberflächentechnik, Werkstoffkunde*; di: Hochsch. Rhein/Main, FB Ingenieurwiss., Maschinenbau, Am Brückweg 26, 65428 Rüsselsheim, T: (06142) 8984344, krauss@hs-rm.de; pr: Am Höllberg 21, 64625 Bensheim-Auerbach, T: (06251) 789193, F: 789194

**Krauß,** Herbert; Dr.-Ing., Prof.; *Mobilkommunikation, Übertragungssysteme*; di: Hochsch. Darmstadt, FB Elektrotechnik u. Informationstechnik, Haardtring 100, 64295 Darmstadt, T: (06151) 168234, herbert.krauss@h-da.de

**Krauß,** Karl-Heinz; Dipl.-Ing., Prof.; *Mikrocomputertechnik, Digitaltechnik, Grundlagen der Elektrotechnik*; di: Hochsch. Mannheim, Fak. Informationstechnik, Windeckstr. 110, 68163 Mannheim

**Krauß,** Ludwig; Dr.-Ing., Prof.; *Informatik/ Rechnerarchitekturen, Kommunikationssysteme, Internettechnologien*; di: Westsächs. Hochsch. Zwickau, FB Physikalische Technik/Informatik, Dr.-Friedrichs-Ring 2A, 08056 Zwickau, Ludwig.Krauss@fh-zwickau.de

**Krauß-Leichert,** Ute; Dr., Prof.; *Soziologie, Bibliotheks- und Informationswissenschaften*; di: HAW Hamburg, Fak. Design, Medien u. Information, Finkenau 35, 22081 Hamburg, T: (040) 428753604, F: 428753609, ute.krauss-leichert@haw-hamburg.de; pr: T: (04531) 886211, F: 82374

**Krausse,** Jürgen; Dr.-Ing., Prof.; *Technische Mechanik, FEM, FKV, Kunststoffkonstruktion*; di: Hochsch. Darmstadt, FB Maschinenbau u. Kunststofftechnik, Haardtring 100, 64295 Darmstadt, T: (06151) 168572, Krausse@h-da.de; pr: Havelstr. 22, 64295 Darmstadt, T: (06643) 918456

**Krausse,** Sylvana; Dr., Prof.; *Technisches Vertriebsmanagement*; di: Hochsch. Aschaffenburg, Fak. Ingenieurwiss., Würzburger Str. 45, 63743 Aschaffenburg, T: (06021) 314908, sylvana.krausse@h-ab.de

**Kraut,** Wolfgang; Dr., Prof.; *Sicherheitswesen*; di: DHBW Karlsruhe, Fak. Technik, Erzbergerstr. 121, 76133 Karlsruhe, T: (0721) 9735807, kraut@dhbw-karlsruhe.de

**Krauter,** Antje; Dipl.-Ing., Prof.; *Baukonstruktion/Normzeichnen, Einführen in d. Entwerfen, Entwurf IA, Ausbaukonstruktion, Stegreifentwerfen*; di: FH Mainz, FB Gestaltung, Holzstr. 36, 55116 Mainz, T: (06131) 2859411

**Krautheim,** Gunter; Dr. rer. nat. habil., Prof.; *Experimentalphysik/Umweltanalytik, Atom-, Molekül- und Festkörperphysik*; di: Westsächs. Hochsch. Zwickau, FB Physikal. Technik/Informatik, Dr.-Friedrichs-Ring 2A, 08056 Zwickau, PF 201037, 08012 Zwickau, T: (0375) 5361500, Gunter.Krautheim@fh-zwickau.de; pr: Keplerstr. 23, 08513 Plauen

**Krawietz,** Rhena; Dr.-Ing., Prof.; *Technische Physik*; di: HTW Dresden, Fak. Maschinenbau/Verfahrenstechnik, PF 120701, 01008 Dresden, T: (0351) 4622737, krawietz@mw.htw-dresden.de

**Krayl,** Heinrich; Dipl.-Ing., Prof.; *Compilerbau, Systemprogrammierung, Praktische Informatik*; di: Hochsch. Heilbronn, Fak. f. Informatik, Max-Planck-Str. 39, 74081 Heilbronn, T: (07131) 504397, F: 252470, krayl@hs-heilbronn.de

**Krczizek,** Regina; Dr. phil. habil., Prof.; *Psychologie*; di: FH Jena, FB Sozialwesen, Carl-Zeiss-Promenade 2, 07745 Jena, PF 100314, 07703 Jena

**Krebs,** Andreas; Dipl.-Ing., HonProf.; *Architektur (Kostenplanung)*; di: Hochsch. Bochum, FB Architektur, Lennershofstr. 140, 44801 Bochum, T: (0234) 3210103; pr: T: (0231) 75445105, F: 756010, krebs@assmann-do.de

**Krebs,** Karsten K.; Dipl.-Ing., Prof.; *Entwerfen IA, insbes. Grundlagen des Entwerfens*; di: FH Düsseldorf, FB 1 – Architektur, Georg-Glock-Str. 15, 40474 Düsseldorf, T: (0211) 4351128; pr: Eichendorffstr. 5, 30175 Hannover, T: (0511) 283051

**Krebs,** Peter; Prof.; *Städtebau, Entwerfen*; di: Hochsch. f. Technik, Fak. Architektur u. Gestaltung, Schellingstr. 24, 70174 Stuttgart, PF 101452, 70013 Stuttgart, T: (0711) 89261262, krebs@krebs-arch.de

**Krechel,** Dirk; Dr., Prof.; *Wissensmanagement, Contentmanagement*; di: Hochsch. Rhein/Main, FB Design Informatik Medien, Campus Unter den Eichen 5, 65195 Wiesbaden, T: (0611) 94951251, dirk.krechel@hs-rm.de

**Krefft,** Marianne; Dipl.-Biol., Dr. rer. nat., Prof.; *Abwasserreinigung, Abfallbeseitigung, Ökotoxikologie, Mikrobiologie, Zellbiologie, Umweltbiotechnologie*; di: FH Bingen, FB Life Sciences and Engineering, FR Verfahrenstechnik, Berlinstr. 109, 55411 Bingen, T: (06721) 409350, F: 409112, krefft@fh-bingen.de

**Kreher,** Simone; Dr. phil., Prof.; *Soziologie, insb. Gesundheitssoziologie*; di: Hochsch. Fulda, FB Pflege u. Gesundheit, Marquardstr. 35, 36039 Fulda

**Kreimes,** Horst; Dipl.-Ing., Dr.-Ing., Prof.; *Feuerungs- und Energietechnik, chemische und thermische Verfahrenstechnik (Trocknung), Strömungs- und Modelltechnik; Abfallwirtschaft*; di: Hochsch. Rosenheim, Fak. Holztechnik u. Bau, Hochschulstr. 1, 83024 Rosenheim, T: (08031) 805300, F: 805302

**Krein-Kühle,** Monika Johanna; Dr. phil., Prof.; *Übersetzungswissenschaft, Fachtextübersetzung, technische Redaktion, Lokalisierung*; di: FH Köln, Fak. f. Informations- u. Kommunikationswiss., Mainzer Str. 5, 51429 Köln, T: (0221) 82753381, monika.krein-kuehle@fh-koeln.de; pr: Im Schloßpark 15, 51429 Bergisch Gladbach, T: (02204) 917066, M45KK@aol.com

**Kreis-Engelhardt,** Barbara; Dr., Prof.; *Betriebswirtschaftslehre, e-business*; di: Hochsch. f. Wirtschaft u. Umwelt Nürtingen-Geislingen, FB 3, PF 1349, 72603 Nürtingen, T: (07331) 22587, barbara.kreis-engelhardt@hfwu.de

**Kreiser,** Stefan; Dr.-Ing., Prof.; *Informationstechnik u. Automatisierungstechnik*; di: FH Köln, Fak. f. Informations-, Medien- u. Elektrotechnik, Betzdorfer Str. 2, 50679 Köln, T: (0221) 82752280, stefan.kreiser@fh-koeln.de

**Kreisl,** Peter; Prof.; *Stadtentwicklung*; di: FH Frankfurt, FB 1 Architektur, Bauingenieurwesen, Geomatik, Nibelungenplatz 1, 60318 Frankfurt am Main, T: (069) 15332753, peter.keisl@fb1.fh-frankfurt.de

**Kreiss,** Christian; Dr. oec. publ., Prof.; *Investitions- u. Finanzplanung, Betriebswirtschaftslehre, Finanzwirtschaft, Operatives Controlling*; di: Hochsch. Aalen, Fak. Wirtschaftswissenschaften, Beethovenstr. 1, 73430 Aalen, T: (07361) 5762463, christian.kreiss@htw-aalen.de

**Kreiß,** Sylvia; Dr., Prof.; *Finanzwirtschaft, Investitionswirtschaft*; di: Hochsch. f. angew. Wiss. Würzburg Schweinfurt, Fak. Wirtschaftswiss., Münzstr. 12, 97070 Würzburg

**Kreissl,** Stephan; Dr. jur., Prof.; *Wirtschaftsprivatrecht, insbes. Bürgerliches Recht, Arbeitsrecht, Handels- und Gesellschaftsrecht*; di: Hochsch. Niederrhein, FB Wirtschaftswiss., Webschulstr. 41-43, 41065 Mönchengladbach, T: (02161) 1866363, stephan.kreissl@hs-niederrhein.de

**Kreitel,** Angelika; Dr., Prof.; *Datenverarbeitung, Informationswirtschaft, Wirtschaftsinformatik*; di: Hochsch. f. angew. Wiss. Würzburg Schweinfurt, Fak. Wirtschaftswiss., Münzstr. 12, 97070 Würzburg

**Kreitmeier,** Angelika; Dr., Prof.; *Finanz- u. Wirtschaftsmathematik*; di: Hochsch. f. Technik, Fak. Vermessung, Mathematik u. Informatik, Schellingstr. 24, 70174 Stuttgart, PF 101452, 70013 Stuttgart, T: (0711) 89262720, F: 89262556, angelika.kreitmeier@fht-stuttgart.de

**Krejtschi,** Jürgen; Dr.-Ing., Prof.; *Automatisierungstechnik, Elektrische Antriebe*; di: Georg-Simon-Ohm-Hochsch. Nürnberg, Fak. Maschinenbau u. Versorgungstechnik, Keßlerplatz 12, 90489 Nürnberg, PF 210320, 90121 Nürnberg, juergen.krejtschi@ohm-hochschule.de

**Krekel,** Georg; Dr. rer. nat., Prof.; *Anorganische Chemie u. Chemische Technik*; di: Hochsch. Niederrhein, FB Chemie, Frankenring 20, 47798 Krefeld, T: (02151) 8224068

**Krekeler,** Christian; Prof.; *Deutsch als Fremdsprache*; di: Hochsch. Konstanz, Fak. Wirtschafts- u. Sozialwiss., Brauneggerstr. 55, 78462 Konstanz, PF 100543, 78405 Konstanz, T: (07531) 206360, krek@fh-konstanz.de

**Kreling,** Bernhard; Dr.-Ing., Prof.; *Grundlagen der Informatik, Multimedia*; di: Hochsch. Darmstadt, FB Informatik, Haardtring 100, 64295 Darmstadt, T: (06151) 168441, b.kreling@fbi.h-da.de; pr: Bornstr. 83c, 64291 Darmstadt, T: (06151) 373749

**Kremer,** Eduard; Dr., Prof.; *Allgemeines u. Besonderes Verwaltungsrecht, Juristische Methodik*; di: FH f. öffentl. Verwaltung NRW, Abt. Duisburg, Albert-Hahn-Str. 45, 47269 Duisburg, T: (0203) 93500, eduard.kremer@fhoev.nrw.de; pr: T: (0231) 7265328, F: 7265328, Eduard.Kremer@t-online.de

**Kremer,** Jürgen; Dr., Prof.; *Finanzmathematik*; di: H Koblenz, FB Mathematik u. Technik, RheinAhrCampus, Joseph-Rovan-Allee 2, 53424 Remagen, T: (02642) 932338, Kremer@rheinahrcampus.de

**Kremer,** Karim Roger; Dipl.-Inform., Dr. rer. nat., Prof.; *Informatik*; di: Techn. Hochsch. Mittelhessen, FB 13 Mathematik, Naturwiss. u. Datenverarbeitung, Wilhelm-Leuschner-Str. 13, 61169 Friedberg, T: (06031) 604421, Karim.R.Kremer@mnd.fh-friedberg.de; pr: Oesgrundring 3, 35428 Langgöns, T: (06033) 921840

**Kremer,** Robert; Dr., Prof.; *Hochfrequenztechnik, Mikrowellentechnik, Analoge Signalverarbeitung*; di: Hochsch. Konstanz, Fak. Elektrotechnik u. Informationstechnik, Brauneggerstr. 55, 78462 Konstanz, PF 100543, 78405 Konstanz, T: (07531) 206269, F: 206400, kremer@fh-konstanz.de

**Kremin-Buch,** Beate; Dipl.-Kfm., Dr. rer. pol., Prof.; *Betriebswirtschaftslehre, insbes. Rechnungswesen/Controlling*; di: FH Ludwigshafen, FB I Management und Controlling, Ernst-Boehe-Str. 4, 67059 Ludwigshafen/Rhein, T: (0621) 5203184, F: 5203193, kremin-buch@fh-ludwigshafen.de

**Kremser,** Andreas; Dr.-Ing., Prof.; *Elektrische Maschinen*; di: Georg-Simon-Ohm-Hochsch. Nürnberg, Fak. Elektrotechnik Feinwerktechnik Informationstechnik, Wassertorstr. 10, 90489 Nürnberg, PF 210320, 90121 Nürnberg, T: (0911) 58801412

**Krengel,** Jochen; Dr. phil., Prof.; *Volkswirtschaftslehre und Finanzwissenschaft*; di: FH d. Bundes f. öff. Verwaltung, FB Sozialversicherung, Nestorstraße 23 - 25, 10709 Berlin, T: (030) 86521553

**Krenz,** Wolfgang; Dipl.-Ing., Prof.; *Entwerfen u. Grundlagen des Entwerfens*; di: EBZ Business School Bochum, Springorumallee 20, 44795 Bochum, T: (0234) 9447724, w.krenz@ebz-bs.de

**Krenz-Baath,** René; Dr., Prof.; *Technische Informatik, Embedded Systems*; di: Hochschule Hamm-Lippstadt, Marker Allee 76-78, 59063 Hamm, T: (02381) 8789415, rene.krenz-baath@hshl.de

**Krepold,** Hans-Michael; Dr., Prof.; *Bürgerliches Recht und Unternehmensrecht*; di: Hochsch. Aschaffenburg, Fak. Wirtschaft u. Recht, Würzburger Str. 45, 63743 Aschaffenburg, T: (06021) 314728, hans-michael.krepold@fh-aschaffenburg.de

**Kreppel,** Peter; Dr., Prof.; *Organisations- und Sozialpsychologie*; di: FH d. Bundes f. öff. Verwaltung, Willy-Brandt-Str. 1, 50321 Brühl, T: (01888) 6291606

**Kress,** Hubert; Dipl.-Ing., Prof., Dekan FB Architektur; *Gebäudetechnik, Baukonstruktion, umweltverträgliches Bauen*; di: Georg-Simon-Ohm-Hochsch. Nürnberg, Fak. Architektur, Keßlerplatz 12, 90489 Nürnberg, PF 210320, 90121 Nürnberg, T: (0911) 58801250

**Kresse,** Wolfgang; Dr.-Ing., Prof.; *Photogrammetrie, Fernerkundung, GIS, Kartographie*; di: Hochsch. Neubrandenburg, FB Landschaftsarchitektur, Geoinformatik, Geodäsie u. Bauingenieurwesen, Brodaer Str. 2, 17033 Neubrandenburg, PF 110121, 17041 Neubrandenburg, T: (0395) 56934106, kresse@hs-nb.de

**Kreßmann,** Reiner; Dr.-Ing., Prof.; *Technische Physik, Messtechnik*; di: Hochsch. Osnabrück, Fak. Ingenieurwiss. u. Informatik, Albrechtstr. 30, 49076 Osnabrück, T: (0541) 9692269, r.kressmann@hs-osnabrueck.de

**Kresta,** Ronald; Dr. phil., Prof.; *Technisches Englisch*; di: Georg-Simon-Ohm-Hochsch. Nürnberg, Fak. Allgemeinwiss., Keßlerplatz 12, 90489 Nürnberg

**Kreth,** Horst; Dr., Prof.; *Quantitative Methoden*; di: HAW Hamburg, Fak. Wirtschaft u. Soziales, Berliner Tor 5, 20099 Hamburg, T: (040) 428756906, horst.kreth@haw-hamburg.de; pr: T: (040) 3907618

**Kretschmann,** Jürgen; Dr. rer. pol., apl.Prof. RWTH Aachen, Präs. TFH Georg Agricola Bochum; *Organisationsentwicklung im Steinkohlenbergbau*; di: TFH Georg Agricola Bochum, Herner Str. 45, 44787 Bochum, T: (0234) 9683401, F: 9683417, kretschmann@tfh-bochum.de; pr: Vennheider Weg 19, 45772 Marl, T: (02365) 923523

**Kretschmar,** Gerlinde; Dr.-Ing., Prof.; *Produktionstechnik*; di: Hochsch. Zittau/Görlitz, Fak. Maschinenwesen, PF 1455, 02754 Zittau, T: (03583) 611815, g.kretschmar@hs-zigr.de; pr: Uferweg 5, 02794 Leutersdorf, T: (03586) 386841

**Kretschmer,** Thomas; Dipl.-Math., Dr. rer. nat., Prof.; *Informatik*; di: HTW d. Saarlandes, Fak. f. Ingenieurwiss., Goebenstr. 40, 66117 Saarbrücken, T: (0681) 5867423, kretschmer@htw-saarland.de; pr: Seminarstr. 1, 66663 Merzig, T: (06861) 780277

**Kretschmer,** Thomas; Dipl.-Ing., Prof.; *Gebäudetechnik und Facility Managemen*; di: Beuth Hochsch. f. Technik, FB IV Architektur u. Gebäudetechnik, Luxemburger Str. 10, 13353 Berlin, T: (030) 45042568, tkr@beuth-hochschule.de

**Kretzler,** Einar; Prof.; *Angewandte Informatik in der Garten- und Landschaftsarchitektur*; di: Hochsch. Anhalt, FB 1 Landwirtschaft, Ökotrophologie, Landespflege, Strenzfelder Allee 28, 06406 Bernburg, T: (03471) 3551159, kretzler@loel.hs-anhalt.de

**Kretzschmar,** Hans-Gerhard; Dr.-Ing., Prof.; *Prozessautomatisierung*; di: Hochsch. Mittweida, Fak. Maschinenbau, Technikumplatz 17, 09648 Mittweida, T: (03727) 581531, F: 581376, kretzsch@htwm.de

**Kretzschmar,** Hans-Joachim; Dr.-Ing. habil., Prof.; *Technische Thermodynamik, Thermophysikalische Eigenschaften von Fluiden*; di: Hochsch. Zittau/Görlitz, Fak. Maschinenwesen, Theodor-Körner-Allee 16, 02763 Zittau, T: (03583) 611846, HJ.Kretzschmar@hs-zigr.de

**Kretzschmar,** Oliver; Dr., Prof.; *Medien-Datenbanken, Content- und Dokumentenmanagement*; di: Hochsch. d. Medien, Fak. Druck u. Medien, Nobelstr. 10, 70569 Stuttgart, T: (0711) 89232168, kretzsch@hdm-stuttgart.de

**Kreuder,** Frank; Dr.-Ing., Prof.; *Medizinische Bildgebung und Gerätetechnik*; di: Hochsch. Ruhr West, Institut Mess- u. Sensortechnik, PF 100755, 45407 Mülheim a.d. Ruhr, T: (0208) 88254393, frank.kreuder@hs-ruhrwest.de

**Kreulich,** Klaus; Dr.-Ing., Prof.; *Grundlagen der Medientechnik, Druckvorstufentechnik, Medienprogrammierung*; di: Hochsch. München, Fak. Versorgungstechnik, Verfahrenstechnik Papier u. Verpackung, Druck- u. Medientechnik, Lothstr. 34, 80335 München, T: (089) 12651505, F: 12651502, kreulich@fhm.edu

**Kreußler,** Siegfried; Dipl.-Phys., Dr. rer. nat., Prof.; *Umwelttechnik*; di: FH Lübeck, FB Angew. Naturwiss., Mönkhofer Weg 239, 23562 Lübeck, T: (0451) 3005167, F: 3005235, siegfried.kreussler@fh-luebeck.de

**Kreutle,** Ulrich; Dr., Prof.; *BWL, Schwerpunkt Management und Marketing*; di: AKAD-H Stuttgart, Maybachstr. 18-20, 70469 Stuttgart, T: (0711) 814950, hs-stuttgart@akad.de

**Kreutz,** Gerhard; Dr. rer. nat., Prof., Dekan FB Technik; *Rechnernetze*; di: Hochsch. Emden/Leer, FB Technik, Constantiaplatz 4, 26723 Emden, T: (04921) 8071836, F: 8071838, kreutz@hs-emden-leer.de; pr: Meinhard-Uttecht-Str. 30, 26725 Emden, T: (04921) 979975

**Kreutzer,** Florian; Dr.rer.soc., Prof.; *Soziologie, Schwerpunkt: Arbeits- und Berufssoziologie*; di: Hochsch. d. Bundesagentur f. Arbeit, Seckenheimer Landstr. 16, 68163 Mannheim, T: (0621) 4209195, Florian.Kreutzer@arbeitsagentur.de

**Kreutzer,** Hans; Dr.-Ing., Prof.; *Digitaltechnik, Signale und Systeme, CAE*; di: Hochsch. Reutlingen, FB Technik, Alteburgstr. 150, 72762 Reutlingen, T: (07121) 341108, hans.kreutzer@fh-reutlingen.de; pr: Carmenstr. 44, 72768 Reutlingen, T: (07121) 670113

**Kreutzer,** Martin; Dr.-Ing., Prof.; *Hochfrequenztechnik, Höchstfrequenztechnik, Funknachrichtentechnik, Elektromagnetische Verträglichkeit*; di: FH Kaiserslautern, FB Angew. Ingenieurwiss., Morlautererstr. 31, 67657 Kaiserslautern, T: (0631) 3724213, F: 3724219, kreutzer@et.fh-kl.de

**Kreutzer,** Ralf T.; Dr. rer. pol., Prof.; *Marketing*; di: Hochsch. f. Wirtschaft u. Recht Berlin, FB 1, Badensche Str. 50-51, 10825 Berlin, T: (030) 85789170, rkreutze@hwr-berlin.de; pr: Alter Heeresweg 36, 53639 Königswinter, T: (02223) 903523

**Kreutzer,** Rudolf; Dipl.-Ing., Kapitän, Prof.; *Ladungsmanagement*; di: Hochsch. Emden/Leer, FB Seefahrt, Bergmannstr. 36, 26789 Leer, T: (0180) 5678075021, F: 5678075011, rudolf.kreutzer@hs-emden-leer.de; pr: Oberdorf 6, 21698 Harsefeld

**Kreutzer,** Susanne; Dr. phil. habil., Prof.; *Ethik*; di: FH Münster, FB Pflege u. Gesundheit, Leonardo-Campus 8, 48149 Münster, T: (0251) 8365583, kreutzer@fh-muenster.de

**Kreutzfeldt,** Jochen; Dr.-Ing., Prof.; *Logistik*; di: HAW Hamburg, Fak. Technik u. Informatik, Berliner Tor 21, 20099 Hamburg, T: (040) 428758765, jochen.kreutzfeldt@haw-hamburg.de

**Kreutzfeldt,** Reinhard; Dipl.-Ing., Prof.; *Mathematik, Ingenieurvermessung, Informatik*; di: Hochsch. Hannover, Fak. II, Ricklinger Stadtweg 120, 30459 Hannover, T: (0511) 92961356, reinhard.kreutzfeld@hs-hannover.de; pr: Wilksheide 21B, 30459 Hannover, T: (0511) 2344053

**Kreuzer,** Max; Dipl.-Psych., Dr. phil., Prof.; *Heil- und Sonderpädagogik*; di: Hochsch. Niederrhein, FB Sozialwesen, Richard-Wagner-Str. 101, 41065 Mönchengladbach, T: (02161) 1865623; pr: Hubertusweg 2, 41844 Wegberg, T: (02436) 2510

**Kreuzhof,** Rainer; Dr. rer. pol., Dr. phil., Prof.; *Betriebswirtschaftslehre, Personalwesen u. Organisation*; di: FH Flensburg, FB Wirtschaft, Kanzleistr. 91-93, 24943 Flensburg, T: (0461) 8051352, kreuzhof@wi.fh-flensburg.de; pr: Engelsbyer Str. 19, 24943 Flensburg, T: (0461) 64929

**Kreyenschmidt,** Martin; Dr., Prof. FH Münster; *Instrumentelle Analytik, Kunststoffanalytik, Spektreninterpretation*; di: FH Münster, FB Chemieingenieurwesen, Stegerwaldstr. 39, 48565 Steinfurt, T: (02551) 962202, F: 962711, martin.kreyenschmidt@fh-muenster.de

**Kreyßig,** Jürgen; Dr.-Ing., Prof.; *Entwurf Integrierter Schaltkreise, Digitale Schaltungen*; di: Ostfalia Hochsch., Fak. Informatik, Salzdahlumer Str. 46/48, 38302 Wolfenbüttel

**Kreyßig,** Martin; Prof.; *Video, Digitales Bewegtbild*; di: Hochsch. Harz, FB Automatisierung u. Informatik, Friedrichstr. 57-59, 38855 Wernigerode, T: (03943) 659255, F: 659109, mkreyssig@hs-harz.de

**Krichel,** Wolfgang; Dr.-Ing., Prof.; *Messtechnik, Mikrocomputertechnik*; di: Hochsch. Esslingen, Fak. Mechatronik u. Elektrotechnik, Robert-Bosch-Str. 1, 73037 Göppingen, T: (07161) 6971155; pr: Am Nohl 14, 89173 Lonsee, T: (07336) 922200

**Kricheldorff,** Cornelia; Dr. phil., Prof.; *Soziale Arbeit mit Schwerpunkt Altern*; di: Kath. Hochsch. Freiburg, Karlstr. 63, 79104 Freiburg, T: (0761) 200441, kricheldorff@kfh-freiburg.de

**Krichenbauer,** Franz Josef; Dipl.-Ing., Prof., Dekan Fak. Bauingenieurwesen; *Baubetrieb*; di: Hochsch. Biberach, Fak. Bauingenieurwesen, PF 1260, 88382 Biberach/Riß, T: (07351) 582310, F: 582169, krichenbauer@hochschule-bc.de

**Krick,** Werner; Dilp.-Ing. (TU), Prof.; *Siedlungswasserwirtschaft*; di: Georg-Simon-Ohm-Hochsch. Nürnberg, Fak. Bauingenieurwesen, Keßlerplatz 12, 90489 Nürnberg

**Krieg,** Dietmar; Dr.-Ing., Prof.; *Projektmanagement, Anlagensimulation*; di: Hochsch. Esslingen, Fak. Versorgungstechnik u. Umwelttechnik, Kanalstr. 33, 73728 Esslingen, T: (0711) 3973472; pr: Eichwiesen 12, 73230 Kirchheim, T: (07021) 485828

**Krieg,** Elsbeth; Dr. phil. habil., Prof. FH Hannover; *Elementarpädagogik*; di: Hochsch. Hannover, Fakultät V, Blumhardtstr. 2, 30625 Hannover, PF 690363, 30612 Hannover, T: (0511) 92963146, elsbeth.krieg@hs-hannover.de; pr: Lenaustr. 69, 60318 Frankfurt/M., T: (069) 551716, elsbeth.krieg@t-online.de

**Krieg,** Uwe; Dr.-Ing., Prof.; *Apparate-/Anlagenbau, CAE*; di: Hochsch. Trier, Umwelt-Campus Birkenfeld, FB Umweltplanung/Umwelttechnik, PF 1380, 55761 Birkenfeld, T: (06782) 171106, u.krieg@umwelt-campus.de

**Kriegel,** Ralf; Dr., Prof. FH Erding; *Qualitätsmanagement, Sportpsychologie, Sportmanagement*; di: FH f. angewandtes Management, Am Bahnhof 2, 85435 Erding, T: (08122) 9559480, ralf.kriegel@myfham.de

**Krieger,** Ralf; Dr. rer. pol., Prof.; *Finanzierung, Investitionen*; di: FH d. Bundes f. öff. Verwaltung, FB Sozialversicherung, Nestorstraße 23 - 25, 10709 Berlin, T: (030) 86521404

**Krieger,** Rolf; Dr. phil. nat., Prof.; *Wirtschaftsinformatik*; di: Hochsch. Trier, Umwelt-Campus Birkenfeld, FB Umweltplanung/Umwelttechnik, PF 1380, 55761 Birkenfeld, T: (06782) 171302, r.krieger@umwelt-campus.de

**Krieger,** Winfried; Dipl.-Ing., Dr. rer. oec., Prof.; *Betriebswirtschaftslehre, Logistik*; di: FH Flensburg, FB Wirtschaft, Kanzleistr. 91-93, 24943 Flensburg, T: (0461) 8051350, krieger@wi.fh-flensburg.de

**Krieger,** Wolfgang; Dr. phil., Prof.; *Pädagogik, Heimerziehung*; di: FH Ludwigshafen, FB IV Sozial- u. Gesundheitswesen, Maxstr. 29, 67059 Ludwigshafen, T: (0621) 5911339, krieger@efhlu.de

**Kriegesmann,** Bernd; Dr. rer. oec., Prof. u. Präs. FH Gelsenkirchen, Vorst. Inst. f. angew. Innovationsforschung; *Betriebswirtschaftslehre, Unternehmensführung in kleinen und mittleren Betrieben sowie im Handwerk*; di: Westfäl. Hochsch., FB Maschinenbau u. Facilities Management, Neidenburger Str. 10, 45877 Gelsenkirchen, T: (0209) 9596399, F: 9596433, bernd.kriegesmann@fh-gelsenkirchen.de; pr: Stensstr. 15, 44795 Bochum, T: (0234) 4526494

**Kriese,** Kurt; Dr.-Ing., Prof.; *Technische Mechanik, Umformtechnik*; di: Hochsch. Heilbronn, Fak. f. Technik 2, Max-Planck-Str. 39, 74081 Heilbronn, T: (07131) 504213, F: 252470, kriese@hs-heilbronn.de

**Kriesten,** Reiner; Dr.-Ing., Prof.; *Elektronik, Mikrocomputer*; di: Hochsch. Karlsruhe, Fak. Maschinenbau u. Mechatronik, Moltkestr. 30, 76133 Karlsruhe, PF 2440, 76012 Karlsruhe, T: (0721) 9251747, reiner.kriesten@hs-karlsruhe.de

**Kriewald,** Monika; Dr., Prof.; *Stadt- und Regionalmanagement, Tourismusmanagement*; di: Ostfalia Hochsch., Fak. Verkehr-Sport-Tourismus-Medien, Karl-Scharfenberg-Str. 55-57, 38229 Salzgitter, m.kriewald@ostfalia.de

**Kriha,** Walter; Prof.; *Informatik, Internet Security, Verteilte Systeme*; di: Hochsch. d. Medien, Fak. Druck u. Medien, Nobelstr. 10, 70569 Stuttgart, T: (0711) 89232220

**Krimmling,** Jörn; Dr.-Ing., Prof.; *Technisches Gebäudemanagement*; di: Hochsch. Zittau/Görlitz, Fak. Bauwesen, PF 1455, 02754 Zittau, T: (03583) 611649, J.Krimmling@hs-zigr.de

**Krimpmann-Rehberg,** Brigitte; Prof.; *Technische Optik, Physiologie des Sehens*; di: Beuth Hochsch. f. Technik, FB VII Elektrotechnik – Mechatronik – Optometrie, Luxemburger Str. 10, 13353 Berlin, T: (030) 45044719, krimpmann@beuth-hochschule.de

**Krings,** Thorsten; Dr., Prof.; *Handel*; di: DHBW Mosbach, Lohrtalweg 10, 74821 Mosbach, T: (06261) 939248, F: 939414, krings@dhbw-mosbach.de

**Krings,** Walter; Dipl.-Ing., Prof.; *Städtebau und Stadtentwicklung*; di: HAWK Hildesheim/Holzminden/Göttingen, Fak. Management, Soziale Arbeit, Bauen, Haarmannplatz 3, 37603 Holzminden, T: (05531) 126119, F: 126150

**Krippner,** Roland; Dr.-Ing., Prof.; *Konstruktion und Technik*; di: Georg-Simon-Ohm-Hochsch. Nürnberg, Fak. Architektur, Keßlerplatz 12, 90489 Nürnberg, PF 210320, 90121 Nürnberg

**Krisch,** Ingo; Dr.-Ing., Prof.; *Medizintechnik*; di: FH Südwestfalen, FB Elektrotechnik u. Informationstechnik, Haldener Str. 182, 58095 Hagen, T: (02331) 9330853, krisch@fh-swf.de

**Krischke,** André; Dr., Prof.; *BWL*; di: Hochsch. München, Fak. Betriebswirtschaft, Am Stadtpark 20 (Neubau), 81243 München

**Kristl,** Heribert; Dr.-Ing., Prof.; *Informatik, Digitaltechnik, Mikrocomputer*; di: Hochsch. München, Fak. Elektrotechnik u. Informationstechnik, Lothstr. 64, 80335 München, T: (089) 12653422, F: 12654447, kirstl@ee.fhm.edu

**Krisztian,** Gregor; Dipl.-Des., Prof.; *Konzeption, Entwurf, Öffentlichkeitsarbeit*; di: Hochsch. Rhein/Main, FB Design Informatik Medien, Unter den Eichen 5, 65195 Wiesbaden, T: (0611) 94952213, gregor.krisztian@hs-rm.de; pr: Heidelberger Landstr. 91, 64297 Darmstadt, T: (06151) 52454, F: 52453, GregorKrisztian@t-online.de

**Krittian,** Ernst; Dipl.-Ing., HonProf.; *Schienenverkehrswesen*; di: Hochsch. Karlsruhe, Fak. Architektur u. Bauwesen, Moltkestr. 30, 76133 Karlsruhe, PF 2440, 76012 Karlsruhe

**Kritzenberger,** Huberta; Prof.; *Multimediale Dramaturgie, E-Learning, Mensch-Computer-Interaktion*; di: Hochsch. d. Medien, Fak. Druck u. Medien, Nobelstr. 10, 70569 Stuttgart, T: (0711) 89232254

**Krockauer,** Rainer; Dr. theol., Prof.; *Theologie*; di: Kath. Hochsch. NRW, Abt. Aachen, FB Sozialwesen, Robert-Schumann-Str. 25, 52066 Aachen, T: (0241) 6000330, F: 6000388, r.krockauer@kfhnw-aachen.de

**Kröber,** Dietmar; Prof., Rektor; *Medienkonzepte, Projektmanagement*; di: FH Schwäbisch Hall, Salinenstr. 2, 74523 Schwäbisch Hall, PF 100252, 74502 Schwäbisch Hall, T: (0791) 8565512, kroeber@fhsh.de

**Kröber,** Wolfgang; Dr.-Ing., Prof.; *Messtechnik, Regelungstechnik*; di: H Koblenz, FB Ingenieurwesen, Konrad-Zuse-Str. 1, 56075 Koblenz, T: (0261) 9528428, kroeber@fh-koblenz.de

**Krödel,** Michael; Dr., Prof.; *Gebäudeautomation, Gebäudetechnik, Datenverarbeitung*; di: Hochsch. Rosenheim, Hochschulstr. 1, 83024 Rosenheim, T: (08031) 805418, michael.kroedel@fh-rosenheim.de

**Kröger,** Christian; Dr., Prof.; *Betriebswirtschaftslehre, Rechnungswesen und Controlling*; di: Hochsch. Osnabrück, Fak. Wirtschafts- u. Sozialwiss., Caprivistr. 30 A, 49076 Osnabrück, T: (0541) 9692948, kroeger@wi.hs-osnabrueck.de

**Kröger,** Claus; Dr.-Ing., Prof.; *Elektrotechnik, Elektrische Maschinen u. Antriebe, Alternative Fahrzeugantriebe*; di: Hochsch. Ulm, Fak. Elektrotechnik u. Informationstechnik, PF 3860, 89028 Ulm, T: (0731) 5016896, Kroeger@hs-ulm.de

**Kröger,** Peter; Dr.-Ing., Prof.; *Kommunikationstechnik*; di: HAW Hamburg, Fak. Technik u. Informatik, Berliner Tor 7, 20099 Hamburg, T: (040) 428758371, kroeger@etech.haw-hamburg.de

**Kröger,** Reinhold; Dr., Prof.; *Betriebssysteme, Verteilte Systeme (LAN)*; di: Hochsch. Rhein/Main, FB Design Informatik Medien, Campus Unter den Eichen 5, 65195 Wiesbaden, T: (0611) 94951207, reinhold.kroeger@hs-rm.de

**Kröger,** Sophie; Dr., Prof.; *Atomphysik*; di: HTW Berlin, FB Ingenieurwiss. I, Allee der Kosmonauten 20/22, 10315 Berlin, T: (030) 50193302, Sophie.Kroeger@HTW-Berlin.de

**Krökel,** Walter; Dipl.-Ing., Prof.; *Konstruktion, CAD, Maschinenelemente, Technische Mechanik*; di: Hochsch. Ravensburg-Weingarten, Doggenriedstr., 88250 Weingarten, PF 1261, 88241 Weingarten, T: (0751) 5019548, F: 5019876, kroekel@hs-weingarten.de; pr: Wilhelmstr. 24, 88250 Weingarten, T: (0751) 5575933

**Krölls,** Albert; Dr. jur. habil., Prof. Ev. FH f. soziale Arbeit; *Rechtswissenschaft, Öffentliches Recht, Gesellschaftswissenschaften*; di: Ev. Hochsch. f. Soziale Arbeit & Diakonie, Horner Weg 170, 22111 Hamburg, T: (040) 65591-179; pr: Hohenzollernring 25, 22763 Hamburg, T: (040) 8810641, F: 88098155, AKroells@web.de

**Krömar,** Wolfgang; Dr. rer. nat., Prof., Dekan FB Werkstofftechnik; *Technologie der Grobkeramik, Thermische Verfahrens- und Feuerungstechnik, Techn. Wärmelehre, werkstofftechnisches Praktikum*; di: Georg-Simon-Ohm-Hochsch. Nürnberg, Fak. Werkstofftechnik, Wassertorstr. 10, 90489 Nürnberg, PF 210320, 90121 Nürnberg, T: (0911) 58801173

**Krömker,** Volker; Dr. med. vet., Prof.; *Milcherzeugung, Milchhygiene, Mikrobiologie, Mikrobiologisches Untersuchungswesen*; di: Hochsch. Hannover, Fak. II Maschinenbau u. Bioverfahrenstechnik, Heisterbergallee 12, 30453 Hannover, T: (0511) 92962205, volker.kroemker@hs-hannover.de

**Krön,** Elisabeth; Dr.-Ing., Prof.; *Bauökonomie, Qualitäts-, Prozess-, Wissensmanagement, Internationales Bauen*; di: Hochsch. Augsburg, Fak. f. Architektur u. Bauwesen, An der Hochschule 1, 86161 Augsburg, PF 110605, 86031 Augsburg, T: (0821) 55863145, elisabeth.kroen@hs-augsburg.de

**Krönchen,** Sabine; Dipl.-Päd., Dr. phil., Prof.; *Methoden d. Sozialen Arbeit, insb. Gruppenverfahren*; di: Hochsch. Niederrhein, FB Sozialwesen, Richard-Wagner-Str. 101, 41065 Mönchengladbach, T: (02161) 1865627, sabine.kroenchen@hs-niederrhein.de

**Kröner,** Arthur; Dr., Prof.; *Allgemeine BWL, Schwerpunkt Rechnungswesen*; di: Hochsch. Konstanz, Fak. Wirtschafts- u. Sozialwiss., Brauneggerstr. 55, 78462 Konstanz, PF 100543, 78405 Konstanz, T: (07531) 206550, F: 206427, akroener@fh-konstanz.de

**Kröner,** Hartmut; Dr., Prof.; *Numerische Mathematik*; di: Hochsch.Merseburg, FB Informatik u. Kommunikationssysteme, Geusaer Str., 06217 Merseburg, T: (03461) 462960, hartmut.kroener@hs-merseburg.de

**Kroener,** Werner; Prof.; *Gestaltungslehre Fläche und Farbe, Kunst- und Designgeschichte*; di: Hochsch. München, Fak. Design, Erzgießereistr. 14, 80335 München

**Krönert,** Uwe; Dr. rer. nat., Prof., Dekan FB Angew. Ingenieurwiss.; *Technische Physik, Lichttechnik*; di: FH Kaiserslautern, FB Angew. Ingenieurwiss., Morlautererstr. 31, 67657 Kaiserslautern, T: (0631) 3724200, F: 3724222, uwe.kroenert@fh-kl.de

**Krönes,** Gerhard; Dr. oec. publ., Prof.; *Volkswirtschaftslehre, Betriebswirtschaftslehre*; di: Hochsch. Ravensburg-Weingarten, Doggenriedstr., 88250 Weingarten, PF 1261, 88241 Weingarten, T: (0751) 5019583, F: 5019876, kroenes@hs-weingarten.de; pr: Baienfurter Str. 60, 88250 Weingarten, T: (0751) 5574987

**Kröning,** Michael; Dipl.-Ing., Prof.; *Vermessungskunde*; di: Hochsch. Wismar, Fak. f. Ingenieurwiss., PF 1210, 23952 Wismar, T: (03841) 753619, m.kroening@bau.hs-wismar.de

**Kröninger,** Holger; Dr., Prof.; *Energiewirtschaftsrecht*; di: Hochsch. Trier, Umwelt-Campus Birkenfeld, FB Umweltwirtschaft/Umweltrecht, PF 1380, 55761 Birkenfeld, T: (06782) 171244, h.kroeninger@umwelt-campus.de

**Kroesen,** Gregor; Dr., Prof.; *Mathematik*; di: Westfäl. Hochsch., FB Wirtschaft u. Informationstechnik, Münsterstr. 265, 46397 Bocholt, T: (02871) 2155834, gregor.kroesen@fh-gelsenkirchen.de

**Krötz,** Gerhard; Dr. rer. nat., Prof.; *Mikrofertigungsverfahren, Mikrosystemtechnik*; di: Hochsch. Kempten, Fak. Maschinenbau, PF 1680, 87406 Kempten, T: (0831) 2523232, gerhard.kroet@fh-kempten.de

**Kroflin,** Petra; Dr., Prof.; *BWL, International Business*; di: DHBW Villingen-Schwenningen, Fak. Wirtschaft, Friedrich-Ebert-Str. 30, 78054 Villingen-Schwenningen, T: (07720) 3906410, F: 3906149, kroflin@dhbw-vs.de

**Krohn,** Martin; Dr.-Ing., Prof.; *Regelungs- und Messtechnik*; di: Hochsch. Wismar, Fak. f. Ingenieurwiss., PF 1210, 23952 Wismar, T: (03841) 753556, m.krohn@mb.hs-wismar.de

**Krohn,** Matthias; Prof.; *Digitale Medien*; di: FH Potsdam, FB Design, Pappelallee 8-9, Haus 5, 14469 Potsdam, T: (0331) 5801425, krohn@fh-potsdam.de

**Krohn,** Tobias; Dr., Prof.; *BWL – Medien- und Kommunikationswirtschaft: Werbung*; di: DHBW Ravensburg, Oberamteigasse 4, 88214 Ravensburg, T: (0751) 189992165, krohn@dhbw-ravensburg.de

**Krohn,** Uwe; Dr.-Ing., Prof.; *Praktische Informatik*; di: FH Lübeck, FB Elektrotechnik u. Informatik, Mönkhofer Weg 136-140, 23562 Lübeck, T: (0451) 3005271, F: 3005236, uwe.krohn@fh-luebeck.de

**Kroke,** Anja; Dr. habil., Prof.; *Ernährungsepidemiologie*; di: Hochsch. Fulda, FB Oecotrophologie, Marquardstr. 35, 36039 Fulda, T: (0661) 9640362, anja.kroke@he.hs-fulda.de

**Krolak,** Thomas; Dr. sc. pol., Prof.; *Controlling*; di: FH Kiel, FB Wirtschaft, Sokratesplatz 2, 24149 Kiel, T: (0431) 2103518, F: 21063518, thomas.krolak@fh-kiel.de

**Kroll,** Norbert; Dr., Prof., Abt.lt. DLR Braunschweig, HonProf. Ostfalia H Wolfenbüttel; *Numerische Verfahren zur Strömungssimulation*; di: DLR, Inst. f. Aerodynamik u. Strömungstechnik, Abt. Numerische Verfahren, Lilienthalplatz 7, 38108 Braunschweig, T: (0531) 2952440, F: 2952320

**Kroll,** Sylvia; Soz.-Päd., Dipl.-Psychologin, Dr. phil., Prof.; *Theorie u. Praxis d. Sozialarbeit mit Schwerpunkt Jugendhilfe: Hilfen zur Erziehung*; di: Kath. Hochsch. f. Sozialwesen Berlin, Köpenicker Allee 39-57, 10318 Berlin, T: (030) 50101056, kroll@khsb-berlin.de

**Krome,** Jürgen; Dr., Prof.; *Angewandte Mechatronik*; di: Hochschule Hamm-Lippstadt, Marker Allee 76-78, 59063 Hamm, T: (02381) 8789805, juergen.krome@hshl.de

**Kron,** Martina; Dr., Prof.; *Biostatistik*; di: Provadis School of Int. Management and Technology, Industriepark Hoechst, Geb. B 845, 65926 Frankfurt a.M.

**Kron,** Uwe; Dr. rer. nat., Prof.; *Mathematik/Datenverarbeitung für Ingenieure*; di: Westfäl. Hochsch., FB Maschinenbau u. Facilities Management, Neidenburger Str. 10, 45877 Gelsenkirchen, T: (0209) 9596312, F: 9596690, uwe.kron@fh-gelsenkirchen.de

**Kronauer,** Martin; Dr.phil. habil., Prof.; *Int. vergl. Soziologie d. sozialen Ungleichheit, des Wandels d. Sozialstruktur u. d. Wohlfahrtsstaaten, Stadtsoziologie, Arbeitslosigkeit, Armut, soziale Ausgrenzung*; di: Hochsch. f. Wirtschaft u. Recht Berlin, Badensche Str. 50-51, 10825 Berlin, T: (030) 85789173, kronauer@hwr-berlin.de; pr: Weimarische Str. 26, 10715 Berlin, T: (030) 21280289

**Kronberger,** Rainer; Dr., Prof.; *Hochfrequenztechnik*; di: FH Köln, Fak. f. Informations-, Medien- u. Elektrotechnik, Betzdorfer Str. 2, 50679 Köln, T: (0221) 82752503, rainer.kronberger@fh-koeln.de

**Krone,** Frank Andreas; Dr., Prof.; *BWL, Health Care Management*; di: DHBW Lörrach, Hangstr. 46-50, 79539 Lörrach, T: (07621) 2071323, F: 207118300, krone@dhbw-loerrach.de

**Krone,** Jörg; Dr. rer. nat., Prof.; *Angewandte Mathematik und Informatik*; di: FH Südwestfalen, FB Informatik u. Naturwiss., Frauenstuhlweg 31, 58644 Iserlohn, T: (02371) 566140, krone@fh-swf.de

**Krone-Schmalz,** Gabriele; Dr., Prof.; *TV, Journalistik, Medienwissenschaften*; di: Business and Information Technology School GmbH, Reiterweg 26 b, 58636 Iserlohn, T: (02371) 7760, F: 776503, gabriele.krone@bits-iserlohn.de

**Kronenberg,** Volker; Dr., Prof. U Bonn, Akad.Dir., HonProf. H Bonn-Rhein-Sieg; *Politische Wissenschaft*; di: Univ., Inst. f. Polit. Wissenschaft u. Soziologie, Abt. f. Polit. Wiss., Lennéstr. 25, 53113 Bonn, T: (0228) 735073, F: 734251, kronenberg@uni-bonn.de; pr: Gertrudenstr. 9a, 53773 Hennef

**Kronenberger,** Stefan; Dipl.-Vw., Dr. rer. pol., Prof.; *Allgemeine VWL (Mikro- und Makroökonomie) inkl. Außenwirtschaft*; di: FH Ludwigshafen, FB I Management und Controlling, Ernst-Boehe-Str. 4, 67059 Ludwigshafen/Rhein, T: (0621) 5203156, F: 5203193, kronenberger@fh-ludwigshafen.de

**Kronsbein,** Peter; Dr., Prof.; *Methodik und Didaktik der Verbraucherberatung und -bildung, Ernährungs- und Diätberatung*; di: Hochsch. Niederrhein, FB Oecotrophologie, Rheydter Str. 232, 41065 Mönchengladbach, T: (02161) 1865396, Peter.Kronsbein@hs-niederrhein.de

**Kronzucker,** Dieter; Dr., Prof.; *Unternehmenskommunikation*; di: SRH Hochsch. Berlin, Ernst-Reuter-Platz 10, 10587 Berlin

**Kropp,** Cordula; Dr. phil., Prof.; di: Hochsch. München, Fak. Angew. Sozialwiss., Lothstr. 34, 80335 München, cordula.kropp@hm.edu

**Kropp,** Harald; Dipl.-Phys., Dr. rer. nat., Prof.; *Produktionsinformatik, Mathematik, Programmiersprachen*; di: FH Worms, FB Informatik, Erenburgerstr. 19, 67549 Worms, T: (06241) 509241, F: 509222

**Kropp,** Jörg; Dr.-Ing., Prof.; *Baustoffkunde*; di: Hochsch. Bremen, Fak. Architektur, Bau u. Umwelt, Neustadtswall 30, 28199 Bremen, T: (0421) 59052304, F: 59052302, Joerg.Kropp@hs-bremen.de

**Kropp,** Matthias; Dr., Prof.; *Betriebswirtschaftslehre*; di: Hochsch. Pforzheim, Fak. f. Wirtschaft u. Recht, Tiefenbronner Str. 65, 75175 Pforzheim, T: (07231) 286326, F: 286100, matthias.kropp@hs-pforzheim.de

**Kropp,** Waldemar; Dipl.-Kfm., Dr. rer. pol., Prof.; *Personalwirtschaft, Finanzwirtschaft*; di: Hochsch. Heilbronn, Fak. f. Wirtschaft u. Verkehr, Max-Planck-Str. 39, 74081 Heilbronn, T: (07131) 504238, F: 252470, kropp@hs-heidelberg.de

**Kroppenberg,** Ulrich; Dr. rer. pol., Prof.; *Wirtschaftsinformatik, Organisation, Personalentwicklung / Sozialkompetenz, Rechnungswesen*; di: FH Mainz, FB Wirtschaft, Lucy-Hillebrand-Str. 2, 55128 Mainz, T: (06131) 628277, ulrich.kroppenberg@wiwi.fh-mainz.de

**Kroschel,** Jörg; Dr. rer. pol., Prof.; *Rechnungswesen, Wirtschaftsprüfung, Unternehmensbesteuerung*; di: Hochsch. Zittau / Görlitz, Fak. Wirtschafts- u. Sprachwiss., Theodor-Körner-Allee 16, 02763 Zittau, T: (03583) 611416, jkroschel@hs-zigr.de

**Krose,** Hermann; Dipl.-Ing., Prof.; *Computergestütztes und freies Darstellen, EDV, CAD*; di: Hochsch. Rosenheim, Fak. Innenarchitektur, Hochschulstr. 1, 83024 Rosenheim, T: (08031) 805598, F: 805552

**Krott,** Eberhard; Dr., Prof.; *Psychologie, Verhaltenstraining*; di: FH f. öffentl. Verwaltung NRW, Abt. Duisburg, Albert-Hahn-Str. 45, 47269 Duisburg, eberhard.krott@fhoev.nrw.de

**Krudewig,** Norbert; Dipl.-Ing., Dipl.-Wirtsch.-Ing., Prof.; *Baubetrieb*; di: H Koblenz, FB Bauwesen, Konrad-Zuse-Str. 1, 56075 Koblenz, T: (0261) 9528180, F: 9528199, krudewig@fh-koblenz.de

**Krügel,** Albert; Dr.-Ing., Prof.; *Elektrotechnik, Grundlagen der Technik*; di: Hochsch. Karlsruhe, Fak. Wirtschaftswissenschaften, Moltkestr. 30, 76133 Karlsruhe, PF 2440, 76012 Karlsruhe, T: (0721) 9251968, Albert.Kruegel@hs-karlsruhe.de

**Krüger,** Andreas; Dr., Prof.; *E-Business, Management-Informationssysteme*; di: HAW Ingolstadt, Fak. Wirtschaftswiss., Esplanade 10, 85049 Ingolstadt, T: (0841) 9348198, andreas.krueger@haw-ingolstadt.de

**Krüger,** Detlef; Dr., Prof.; *Gesundheitswissenschaft, EDV*; di: HAW Hamburg, Fak. Life Sciences, Lohbrügger Kirchstr. 65, 21033 Hamburg, T: (040) 428756115, Detlef.Krueger@ls.haw-hamburg.de; pr: T: (040) 72410675, F: 72410676

**Krüger,** Gerd; Dr., Prof.; *Erziehungswissenschaft, Sozialpädagogik*; di: HAW Hamburg, Fak. Wirtschaft u. Soziales, Alexanderstr. 1, 20099 Hamburg, T: (040) 428757051, gerd.krueger@sp.haw-hamburg.de; pr: T: (040) 8302719

**Krüger,** Jürgen; Dr.-Ing., Prof.; *Fertigungstechnik*; di: HAW Hamburg, Fak. Technik u. Informatik, Berliner Tor 21, 20099 Hamburg, T: (040) 428758657, krueger@rzbt.haw-hamburg.de

**Krüger,** Karin; Dr., Prof.; di: Hochsch. f. Wirtschaft u. Recht Berlin, Badensche Str. 50/51, 10825 Berlin, T: (030) 29384586, karin.krueger@hwr-berlin.de

**Krüger,** Karl-Heinz; Dipl.-Kfm., Dr. rer. pol., Prof.; *Personalführung, Allgem. Betriebswirtschaftslehre*; di: Georg-Simon-Ohm-Hochsch. Nürnberg, Fak. Betriebswirtschaft, Bahnhofsstr. 87, 90402 Nürnberg, PF 210320, 90121 Nürnberg, T: (0911) 58802879

**Krüger,** Malte; Dr., Prof.; *Volkswirtschaftslehre*; di: FH Frankfurt, FB 3 Wirtschaft u. Recht, Nibelungenplatz 1, 60318 Frankfurt am Main, T: (069) 15333877, mkrueger@fb3.fh-frankfurt.de

**Krüger,** Manfred; Dr., Prof.; *Mikrocontrollertechnik, Fahrzeugelektronik in der Anwendung, Elektronische Fahrzeugsysteme*; di: FH Dortmund, FB Informations- u. Elektrotechnik, Sonnenstr. 96, 44139 Dortmund, T: (0231) 9112152, F: 9112283, manfred.krueger@fh-dortmund.de

**Krüger,** Manfred; Dr.-Ing., Prof.; *Elektromagnetische Verträglichkeit, Qualitätssicherung u. Modellierung*; di: Hochsch. Wismar, Fak. f. Ingenieurwiss., PF 1210, 23952 Wismar, T: (03841) 753239, m.krueger@et.hs-wismar.de

**Krüger,** Michael Mayr; Dr., Prof.; *Internes Rechnungswesen, Controlling, Logistik*; di: HAW Ingolstadt, Fak. Wirtschaftswiss., Esplanade 10, 85049 Ingolstadt, T: (0841) 9348394, Michael.Mayr@haw-ingolstadt.de

**Krüger,** Nils; Prof.; *Produktdesign*; di: FH Potsdam, FB Design, Pappelallee 8-9, Haus 5, 14469 Potsdam, T: (0331) 5801403, n.krueger@fh-potsdam.de

**Krüger,** Ralph; Prof.; *Technische Optik, Augenglasbestimmung*; di: Beuth Hochsch. f. Technik, FB VII Elektrotechnik – Mechatronik – Optometrie, Luxemburger Str. 10, 13353 Berlin, T: (030) 45044740, ralph.krueger@beuth-hochschule.de

**Krüger,** Siegfried; Dr., Prof.; *Mathematik, Statistik*; di: Hochsch. Anhalt, FB 2 Wirtschaft, Strenzfelder Allee 28, 06406 Bernburg, T: (03471) 3551329, krueger@wi.hs-anhalt.de

**Krüger,** Susanne; M.A., Prof.; *Kinderbibliothek, Jugendbibliothek und -information, Soziale Bibliotheksarbeit*; di: Hochsch. d. Medien, Fak. Information u. Kommunikation, Wolframstr. 32, 70191 Stuttgart, T: (0711) 25706168, kruegers@hdm-stuttgart.de; pr: Rosenbergstr. 166, 70193 Stuttgart, T: (0711) 630189

**Krüger,** Tilmann; Dipl.-Ing., Prof.; *Digitaltechnik, Mikroprozessortechnik, Digitale Signalverarbeitung*; di: Hochsch. Mannheim, Fak. Elektrotechnik, Windeckstr. 110, 68163 Mannheim

**Krüger,** Ulrich; Dr., Prof.; *Wirtschaftsrecht*; di: Hochsch. Bremen, Fak. Wirtschaftswiss., Werderstr. 73, 28199 Bremen, T: (0421) 59054465, F: 59054140, ulrich.krueger@hs-bremen.de

**Krüger,** Wolfgang; Dr., Prof.; *Wirtschaftswissenschaften*; di: FH des Mittelstands, FB Wirtschaft, Ravensbergerstr. 10G, 33602 Bielefeld, T: (0521) 9665510, krueger@fhm-mittelstand.de

**Krüger-Basener,** Maria; Dipl. Kfm., Dipl. Psych., Prof.; *Medienkommunikation u Mediendidaktik, Schlüsselqualifikationen f Ingenieure*; di: Hochsch. Emden / Leer, FB Technik, Constantiaplatz 4, 26723 Emden, T: (04921) 8071819, F: 8071843, krueger-basener@hs-emden-leer.de

**Krüll,** Georg; Dr.-Ing., Prof.; *Rechnergestützte Produktion und Produktionsverarbeitung, Datenverarbeitung*; di: Hochsch. Esslingen, Fak. Graduate School, Fak. Maschinenbau, Kanalstr. 33, 73728 Esslingen, T: (0711) 3973369; pr: Albstr. 87, 70567 Stuttgart, T: (0711) 764199

**Krüll,** Peter; Dipl.-Des., Prof.; *Grafik Design*; di: Georg-Simon-Ohm-Hochsch. Nürnberg, Fak. Design, Wassertorstr. 10, 90489 Nürnberg, PF 210320, 90121 Nürnberg, peter.kruell@ohm-hochschule.de

**Krülle,** Christof; Dr. rer. nat., Prof.; *Experimentalphysik*; di: Hochsch. Karlsruhe, Fak. Maschinenbau u. Mechatronik, Moltkestr. 30, 76133 Karlsruhe, T: (0721) 9251753, christof.kruelle@hs-karlsruhe.de

**Krug,** Jürgen; Dr.-Ing., Prof.; *Höchstfrequenztechnik, Grundlagen der Elektrotechnik*; di: Hochsch. Niederrhein, FB Elektrotechnik / Informatik, Reinarzstr. 49, 47805 Krefeld, T: (02151) 8224622; pr: Lilienstr. 6, 47906 Kempen, T: (02152) 519784

**Krug,** Markus; Dr.-Ing., Prof.; di: Hochsch. München, Fak. Maschinenbau, Fahrzeugtechnik, Flugzeugtechnik, Dachauer Str. 98b, 80335 München, markus.krug@hm.edu

**Krug,** Peter; Dr.-Ing., Prof.; *Werkstoffkunde*; di: FH Köln, Fak. f. Fahrzeugsysteme u. Produktion, Betzdorfer Str. 2, 50679 Köln, T: (0221) 82752305, peter.krug@fh-koeln.de

**Krumeich,** Jörg; Dr., Prof.; *Oberflächentechnik*; di: Hochsch. Hof, Alfons-Goppel-Platz 1, 95028 Hof, T: (09281) 409455, F: 40955455, Joerg.Krumeich@fh-hof.de

**Krumenaker,** Dieter; HonProf.; di: Hochsch. f. Technik, Fak. Vermessung, Mathematik u. Informatik, Schellingstr. 24, 70174 Stuttgart, PF 101452, 70013 Stuttgart

**Krumm,** Arnold; Dr. rer. pol., Prof.; *Datenverarbeitung, Betriebswirtschaft*; di: Hochsch. Augsburg, Fak. f. Wirtschaft, Friedberger Straße 4, 86169 Augsburg, T: (0821) 55862940, Prof.Dr.Arnold.Krumm@hs-augsburg.de; www.fh-augsburg.de/~krumm

**Krumm,** Christina; Dr., Prof.; di: DHBW Ravensburg, Rudolfstr. 11, 88214 Ravensburg, T: (0751) 189992110, krumm@dhbw-ravensburg.de

**Krump,** Gerhard; Dr.-Ing., Prof.; *Grundlagen der Medientechnik, Audiovisuelle Medien*; di: Hochsch. Deggendorf, FB Elektrotechnik u. Medientechnik, Edlmairstr. 6-8, 94469 Deggendorf, PF 1320, 94453 Deggendorf, T: (0991) 3615540, F: 3615599, gerhard.krump@fh-deggendorf.de

**Krumpholz,** Thorsten; Dr.-Ing., Prof.; *Kunststofftechnik*; di: Hochsch. Osnabrück, Fak. Ingenieurwiss. u. Informatik, Albrechtstr. 30, 49076 Osnabrück, PF 1940, 49009 Osnabrück, T: (0541) 9697132, t.krumpholz@hs-osnabrueck.de

**Krupp,** Alfred; Dr. rer. pol., Prof.; *Betriebswirtschaftslehre, insbes. Unternehmensführung*; di: Hochsch. Bonn-Rhein-Sieg, FB Wirtschaft Sankt Augustin, Grantham-Allee 20, 53757 Sankt Augustin, T: (02241) 865115, F: 8658115, alfred.krupp@fh-bonn-rhein-sieg.de

**Krupp,** Michael; Dr., Prof.; *Supply Chain Management*; di: Hochsch. Augsburg, Fak. f. Wirtschaft, An der Hochschule 1, 86161 Augsburg, PF 110605, 86031 Augsburg, T: (0821) 55862942, michael.krupp@hs-augsburg.de

**Krupp,** Thomas; Dr. rer. pol., Prof.; *Logistikmanagement*; di: Europäische FH Brühl, Kaiserstr. 6, 50321 Brühl, T: (02232) 5673720, t.krupp@eufh.de

**Krupp,** Ulrich; Dr.-Ing. habil., Prof.; *Metallische Konstruktions- und Leichtbauwerkstoffe*; di: Hochsch. Osnabrück, Fak. Ingenieurwiss. u. Informatik, Albrechtstr. 30, 49076 Osnabrück, T: (0541) 9692188, u.krupp@hs-osnabrueck.de

**Kruppa,** Boris; Dipl.-Ing., Prof.; *Heiztechnik, Sanitärtechnik*; di: Techn. Hochsch. Mittelhessen, FB 03 Maschinenbau u. Energietechnik, Wiesenstr. 14, 35390 Gießen, T: (0641) 3092143

**Kruppa,** Manfred; Dr.-Ing., Prof.; *Technische Mechanik und Konstruktion*; di: FH Köln, Fak. f. Informatik u. Ingenieurwiss., Am Sandberg 1, 51643 Gummersbach, T: (02261) 8196280, kruppa@gm.fh-koeln.de; pr: Alexander-Fleming-Str. 20, 51643 Gummersbach, T: (02261) 24780

**Kruscha,** Johannes; Dr. rer. nat. habil., Prof.; *Physik, Systemnahe Programmierung*; di: Hochsch. Lausitz, FB Informatik, Elektrotechnik, Maschinenbau, Großenhainer Str. 57, 01968 Senftenberg, T: (03573) 85501, F: 85509

**Krusche,** Stefan; Dr., Prof.; *Betriebswirtschaftslehre, Marktlehre, Anbauplanung*; di: Hochsch. Weihenstephan-Triesdorf, Fak. Gartenbau u. Lebensmitteltechnologie, Am Staudengarten 10, 85350 Freising, T: (08161) 714027, F: 714417, stefan.krusche@fh-weihenstephan.de

**Kruse,** Astrid; Dr., Prof.; *Kommunikationswissenschaft und -controlling*; di: FH des Mittelstands, Ravensbergerstr. 10 G, 33602 Bielefeld, astrid.kruse@fhm-mittelstand.de

**Kruse,** Bernd; Dr.-Ing., Prof., Dekan FB 2 Ingenieurwissenschaften II; *Verkehrswesen*; di: HTW Berlin, FB Ingenieurwiss. II, Blankenburger Pflasterweg 102, 13129 Berlin, T: (030) 50192120, kruse@HTW-Berlin.de

**Kruse,** Christian; Dipl.-Wirt.-Ing., Dr. rer. oec., Prof.; *Wirtschaftsinformatik*; di: Westfäl. Hochsch., FB Wirtschaft u. Informationstechnik, Münsterstr. 265, 46397 Bocholt, T: (02871) 2155712, Christian.Kruse@fh-gelsenkirchen.de

**Kruse,** Eckhard; Dr., Prof.; *Informatik*; di: DHBW Mannheim, Fak. Technik, Coblitzallee 1-9, 68163 Mannheim, T: (0621) 41051162, F: 41051194, eckhard.kruse@dhbw-mannheim.de

**Kruse,** Elke; Dr., Prof.; *Erziehungswissenschaft, insbes. Pädagogik der Kindheit und Familienbildung*; di: FH Düsseldorf, FB Sozial- u. Kulturwissenschaften, Universitätsstr., 40225 Düsseldorf, T: (0211) 8114646, elke.kruse@fh-duesseldorf.de

**Kruse,** Hans-Dieter; Dr.-Ing., Prof.; *Wasseraufbereitung, Abwasserreinigung, Schlammbehandlung, Schlammbeseitigung*; di: Jade Hochsch., FB Bauwesen u. Geoinformation, Ofener Str. 16-19, 26121 Oldenburg, T: (0441) 77083178, kruse@jade-hs.de; pr: Wildbahn 7, 26160 Bad Zwischenahn, T: (04486) 939016, F: 939017

**Kruse,** Hermann-Josef; Dr. rer. pol., Dipl.-Math., Prof.; *Wirtschaftsmathematik*; di: FH Bielefeld, FB Ingenieurwiss. u. Mathematik, Am Stadtholz 24, 33609 Bielefeld, T: (0521) 1067411, hermann-josef.kruse@fh-bielefeld.de; pr: Tulpenstr. 15, 32130 Enger-Dreyen, T: (05224) 69783

**Kruse,** Jürgen; Dr. jur., Prof.; *Recht*; di: Ev. Hochsch. Nürnberg, Fak. f. Sozialwissenschaften, Bärenschanzstr. 4, 90429 Nürnberg, T: (0911) 27253860, juergen.kruse@evhn.de; pr: Karl-Theodor-Str. 53 V., 80803 München, T: (089) 301973, juergen.kruseMUC@t-online.de

**Kruse,** Klaus-Dieter; Dr.-Ing., Prof.; *Elektrotechnik, Meßtechnik, Elektromagnetische Verträglichkeit (EMV)*; di: FH Flensburg, FB Information u. Kommunikation, Kanzleistr. 91-93, 24943 Flensburg, T: (0461) 8051384, klaus-dieter.kruse@fh-flensburg.de; pr: T: (04630) 937981, F: 937982

**Kruse,** Oliver; Prof.; *Gestaltungslehre*; di: FH Düsseldorf, FB 1 – Architektur, Georg-Glock-Str. 15, 40474 Düsseldorf, T: (0211) 4351115, oliver.kruse@fh-duesseldorf.de

**Kruse,** Silko-Matthias; Dr.-Ing., Prof.; *Elektrotechnik, Kommunikationstechnik*; di: H Ulm, FB Elektrotechnik u. Informationstechnik, Eberhard-Finckh-Str. 11, 89075 Ulm, T: (0731) 5028411, kruse@hs-ulm.de

**Kruse,** Susanne; Dr., Prof.; *Derivative Finanzinstrumente und Quantitative Methoden*; di: Hochsch. d. Sparkassen-Finanzgruppe, Simrockstr. 4, 53113 Bonn, T: (0228) 204930, F: 204903, susanne.kruse@dsgv.de

**Krusekopf,** Charles; Dr., Prof.; di: Hochsch. München, Fak. Betriebswirtschaft, Am Stadtpark 20 (Neubau), 81243 München, charles.krusekopf@hm.edu

**Krušnik,** Karl; Dr., Prof.; *Volkswirtschaftslehre*; di: FH d. Bundes f. öff. Verwaltung, Willy-Brandt-Str. 1, 50321 Brühl, T: (01888) 6298104

**Kruth,** Bernd Joachim; Dr., Prof.; *Betriebswirtschaftslehre, Finanzmanagement*; di: Hochsch. Osnabrück, Fak. Wirtschafts- u. Sozialwiss., Caprivistr. 30a, 49076 Osnabrück, T: (0541) 9693317, kruth@wi.hs-osnabrueck.de

**Krybus,** Werner; Dr.-Ing., Prof.; *Datentechnik, Informatik*; di: FH Südwestfalen, FB Elektr. Energietechnik, Lübecker Ring 2, 59494 Soest, T: (02921) 378462, krybus@fh-swf.de; pr: Grüne Hecke 45, 59494 Soest, T: (02921) 16940

**Krystek,** Ulrich; Dr. rer. pol., HonProf. TU Berlin und FH Worms; *Strategisches Controlling*; di: FH Worms, FB Wirtschaftswiss., Erenburgerstr. 19, 67549 Worms, T: (06241) 509174, F: 509222; TU, Fak. VII, Inst. f. Betriebswirtschaftslehre, FG Strategisches Controlling, Wilmersdorfer Str. 148, 10585 Berlin, T: (030) 31423237, F: 31423129, U.Krystek@ww.tu-berlin.de

**Krzeminski,** Michael; Dr. phil. habil., Prof.; *Multimedia, Elektronische Medien, Online-Publizistik*; di: Hochsch. Bonn-Rhein-Sieg, FB Elektrotechnik, Maschinenbau u. Technikjournalismus, Grantham-Allee 20, 53757 Sankt Augustin, T: (02241) 865313, F: 8658313, michael.krzeminski@fh-bonn-rhein-sieg.de

**Krzensk,** Udo; Dr. rer. nat., Prof.; *Mathematik, Wirtschaftsstatistik, statistische Qualitätskontrolle*; di: Hochsch. Karlsruhe, Fak. Wirtschaftswissenschaften, Moltkestr. 30, 76133 Karlsruhe, PF 2440, 76012 Karlsruhe, T: (0721) 9251937

**Krzystek,** Peter; Dr.-Ing., Prof.; *Photogrammmetrie, Ingenieurvermessung, Datenverarbeitung, objektorientierte Programmierung, Digitale Bildverarbeitung*; di: Hochsch. München, Fak. Geoinformation, Karlstr. 6, 80333 München, T: (089) 12653632, F: 12653698, peter.krzystek@fhm.edu

**Krzyzanowski,** Waclaw; Dr. rer. nat., Prof.; *Grundlagen der Elektrotechnik, Automatisierungstechnik, Physik*; di: Jade Hochsch., FB Ingenieurwissenschaften, Friedrich-Paffrath-Str. 101, 26389 Wilhelmshaven, T: (04421) 9852436, F: 9852623, waclaw.krzyzanowski@jade-hs.de

**Kschischo,** Maik; Dr. rer. nat., Prof.; *Biomathematik*; di: H Koblenz, FB Mathematik u. Technik, RheinAhrCampus, Joseph-Rovan-Allee 2, 53424 Remagen, T: (02642) 932330, kschischo@RheinAhrCampus.de

**Kubat,** Bernd; Dr.-Ing., Prof.; *Massivbau, Baukonstruktion*; di: HAWK Hildesheim / Holzminden / Göttingen, Fak. Management, Soziale Arbeit, Bauen, Haarmannplatz 3, 37603 Holzminden, T: (05531) 126138, F: 126150

**Kubessa,** Michael; Dr.-Ing., Prof.; *Ver- und Entsorgungstechnik*; di: HTWK Leipzig, FB Maschinen- u. Energietechnik, PF 301166, 04251 Leipzig, T: (0341) 3538430, kubessa@me.htwk-leipzig.de

**Kubisch,** Jürgen; Dr.-Ing., Prof.; *Maschinenbau, Konstruktion*; di: Hochsch. Furtwangen, Fak. Maschinenbau u. Verfahrenstechnik, Jakob-Kienzle-Str. 17, 78054 Villingen-Schwenningen, T: (07720) 3074237, F: 3074207, kub@hs-furtwangen.de

**Kubisch,** Sonja; Dr., Prof.; *Soziale Arbeit*; di: FH Köln, Fak. f. Angewandte Sozialwiss., Mainzer Str. 5, 50678 Köln, sonja.kubisch@fh-koeln.de; pr: Bergisch Gladbacher Str. 1117, 51069 Köln

**Kubitzki,** Wolfgang; Dr.-Ing., Prof.; *Mikrosystemtechnik, insbes. Elektrotechnik, Schwerpunkte Messen, Steuern, Regeln*; di: FH Kaiserslautern, FB Informatik u. Mikrosystemtechnik, Amerikastr. 1, 66482 Zweibrücken, T: (06332) 914419, kubitzki@mst.fh-kl.de

**Kubon-Gilke,** Gisela; Dr. rer. pol., Prof. Ev. FH Darmstadt; *Wirtschaftstheorie, Ökonomie, Sozialpolitik*; di: Ev. Hochsch. Darmstadt, Zweifalltorweg 12, 64293 Darmstadt, T: (06151) 879817, kubon-gilke@eh-darmstadt.de; pr: Erfurter Str. 21b, 64372 Ober-Ramstadt, T: (06154) 630212

**Kucera,** Markus; Dr. techn., Prof., Dekan; *Informatik*; di: Hochsch. Regensburg, Fak. Informatik u. Mathematik, PF 120327, 93025 Regensburg, T: (0941) 9431306, markus.kucera@rz.fh-regensburg.de

**Kuch,** Michael; Dr. theol., Prof.; *Religionspädagogik*; di: Ev. Hochsch. Nürnberg, Fak. f. Religionspädagogik, Bildungsarbeit u. Diakonik, Bärenschanzstr. 4, 90429 Nürnberg, T: (0911) 27253842, michael.kuch@evhn.de

**Kuchar,** Peter; Dr.-Ing., Prof.; *Technische Mechanik, Konstruktionslehre*; di: Hochsch. Konstanz, Fak. Maschinenbau, Brauneggerstr. 55, 78462 Konstanz, PF 100543, 78405 Konstanz, T: (07531) 206321, F: 206558, kuchar@fh-konstanz.de

**Kucharek,** Richard; Dr., Prof.; *Englisch*; di: Hochsch. Rosenheim, Hochschulstr. 1, 83024 Rosenheim, T: (08031) 805416, F: 805402

**Kuchling,** Karlheinz; Dipl.-Ing., Prof.; *Betriebliche Anwendung der Informatik*; di: Techn. Hochsch. Wildau, FB Betriebswirtschaft / Wirtschaftsinformatik, Bahnhofstr., 15745 Wildau, T: (03375) 508109, F: 500324, kuchling@wi-bw.tfh-wildau.de

**Kuck,** André; Dr., Prof.; *Allg. BWL / Internationale Finanzwirtschaft*; di: DHBW Villingen-Schwenningen, Fak. Wirtschaft, Friedrich-Ebert-Str. 30, 78054 Villingen-Schwenningen, T: (07720) 3906414, F: 3906149, kuck@dhbw-vs.de

**Kuck,** Jürgen; Dr.-Ing., Prof.; *Abgasreinigungstechnik, Gastechnik, Energie- und Umweltmanagement*; di: Ostfalia Hochsch., Fak. Versorgungstechnik, Salzdahlumer Str. 46/48, 38302 Wolfenbüttel

**Kuckhermann,** Ralf; Dipl.-Päd., Dipl.-Soz.päd., Dr. phil., Prof., Dekan FB Sozialwissenschaft; *Pädagogik, Sozialpädagogik*; di: Georg-Simon-Ohm-Hochsch. Nürnberg, Fak. Sozialwiss., Bahnhofstr. 87, 90402 Nürnberg, PF 210320, 90121 Nürnberg, T: (0911) 58802540

**Kuczynski,** Peter; Dr.-Ing., Prof.; *Kommunikationssysteme, Signalverarbeitung*; di: Hochsch. Regensburg, Fak. Elektro- u. Informationstechnik, PF 120327, 93025 Regensburg, T: (0941) 9431110, peter.kuczynski@e-technik.fh-regensburg.de

**Kudraß,** Thomas; Dr.-Ing., Prof.; *Datenbanken und Betriebssysteme*; di: HTWK Leipzig, FB Informatik, Mathematik u. Naturwiss., PF 301166, 04251 Leipzig, T: (0341) 30766420, kudrass@imn.htwk-leipzig.de

**Küblböck,** Stefan; Dr., Prof.; *Tourismusmanagement*; di: Ostfalia Hochsch., Fak. Verkehr-Sport-Tourismus-Medien, Karl-Scharfenberg-Str. 55-57, 38229 Salzgitter, s.kueblboeck@ostfalia.de

**Küchenhoff,** Wolfgang; Dr., Prof.; *Wirtschaftsrecht*; di: Hochsch. Anhalt, FB 2 Wirtschaft, Strenzfelder Allee 28, 06406 Bernburg, T: (03471) 3551331, kuechenhoff@wi.hs-anhalt.de

**Küchler,** Andreas; Dr., Prof.; *Hochspannungstechnik, Elektroenergiesysteme und Energiemanagement, Isolationssysteme in der elektr. Energietechnik, Elektromagnetische Verträglichkeit*; di: Hochsch. f. angew. Wiss. Würzburg Schweinfurt, Fak. Elektrotechnik, Ignaz-Schön-Str. 11, 97421 Schweinfurt

**Kück,** Gerhard Dieter; Prof.; *Zivilrecht, Allgemeines Verwaltungsrecht, Sozialrecht*; di: HAW Hamburg, Fak. Wirtschaft u. Soziales, Berliner Tor 5, 20099 Hamburg, T: (040) 428757721, Dieter.Kueck@hv.haw-hamburg.de; pr: Wendloher Weg 12, 20251 Hamburg, T: (040) 4808287

**Küffmann,** Karin; Dr., Prof.; *Wirtschaftsinformatik*; di: Westfäl. Hochsch., FB Wirtschaft, Neidenburger Str. 43, 45877 Gelsenkirchen, T: (0209) 9596611, karin.kueffmann@fh-gelsenkirchen.de

**Küffner,** Thomas; Dr. rer. pol., Prof.; *Steuerrecht*; di: Hochsch. Deggendorf, FB Betriebswirtschaft, Edlmairstr. 6-8, 94469 Deggendorf, PF 1320, 94453 Deggendorf, T: (0991) 3615164, F: 361581164, thomas.kueffner@fh-deggendorf.de

**Küfner-Schmitt,** Irmgard; Dr., Prof.; *Wirtschaftsprivatrecht, Arbeits- u. Sozialrecht, Museumsrecht*; di: HTW Berlin, FB Wirtschaftswiss. I, Treskowallee 8, 10318 Berlin, T: (030) 50192355, i.kuefner@HTW-Berlin.de

**Kügel,** Werner; Dr. phil., Prof.; *Englisch*; di: Georg-Simon-Ohm-Hochsch. Nürnberg, Fak. Allgemeinwiss., Keßlerplatz 12, 90489 Nürnberg, PF 210320, 90121 Nürnberg

**Kügler,** Klaus-Jürgen; Dr. rer. nat., Prof.; *Physik, Vakuumtechnik*; di: Techn. Hochsch. Mittelhessen, FB 13 Mathematik, Naturwiss. u. Datenverarbeitung, Wiesenstr. 14, 35390 Gießen, T: (0641) 3092325; pr: Am Ropperwald 14, 35614 Aßlar, T: (06443) 1062

**Kühl,** Lars; Dr., Prof.; *Physik, Solartechnik*; di: Ostfalia Hochsch., Fak. Versorgungstechnik, Salzdahlumer Str. 46/48, 38302 Wolfenbüttel, l.kuehl@ostfalia.de

**Kühl,** Stefan; Dr.-Ing., Prof.; *Konstruktion, Maschinenelemente*; di: Hochsch. f. angew. Wiss. Würzburg Schweinfurt, Fak. Maschinenbau, Ignaz-Schön-Str. 11, 97421 Schweinfurt, skuehl@fh-sw.de

**Kühl,** Wolfgang; Dr. phil., Prof.; *Sozialarbeit, Arbeitsformen*; di: FH Jena, FB Sozialwesen, Carl-Zeiss-Promenade 2, 07745 Jena, PF 100314, 07703 Jena, T: (03641) 205800, F: 205801, sw@fh-jena.de

**Kühle,** Heiner; Dr., Prof.; *Elektrotechnik, Elektronik*; di: HAW Hamburg, Fak. Life Sciences, Lohbrügger Kirchstr. 65, 21033 Hamburg, T: (040) 428756231, heiner.kuehle@ls.haw-hamburg.de; pr: T: (040) 7358517

**Kühlen,** Rolf; Dr.-Ing., Prof.; *Stahlbetonbau, Massivbrückenbau*; di: FH Mainz, FB Technik, Holzstr. 36, 55116 Mainz, T: (06131) 2859315, kuehlen@fh-mainz.de

**Kühlert,** Heinrich; Dr.-Ing., Prof.; *Mechatronik, Technische Mechanik und Dynamik*; di: FH Bielefeld, FB Ingenieurwiss. u. Mathematik, Am Stadtholz 24, 33609 Bielefeld, T: (0521) 1067477, heinrich.kuehlert@fh-bielefeld.de; pr: Blackenfeld 108 a, 33739 Bielefeld, T: (0521) 84279

**Kühlke,** Dietrich; Dr. sc. nat., Prof.; *Physik, Optik, Lasermestechnik, Optoelektronik*; di: Hochsch. Furtwangen, Fak. Computer & Electrical Engineering, Robert-Gerwig-Platz 1, 78120 Furtwangen, T: (07723) 9202199, F: 913041, kuehlke@fh-furtwangen.de

**Kühn,** Guido; Prof.; *Mediengestaltung*; di: FH Schwäbisch Hall, Salinenstr. 2, 74523 Schwäbisch Hall, PF 100252, 74502 Schwäbisch Hall, T: (0791) 8565538, gkuehn@fhsh.de

**Kühn,** Hartmut; Dr.-Ing., Prof.; *Elektrische Maschinen*; di: HTW Dresden, Fak. Elektrotechnik, PF 120701, 01008 Dresden, T: (0351) 4623383, hkuehn@et.htw-dresden.de

**Kühn,** Ralf; Dr., Prof.; *Accounting, Auditing, Taxation*; di: Int. School of Management, Campus Frankfurt, Mörfelder Landstraße 55, 60598 Frankfurt / Main

**Kühn,** Sabine; Dr.-Ing., Prof.; *Rechnernetze, Internettechnologien*; di: HTW Dresden, Fak. Informatik / Mathematik, PF 120701, 01008 Dresden, T: (0351) 4622490, kuehn@informatik.htw-dresden.de

**Kühn,** Swantje; Dipl.-Ing., Prof.; *Entwerfen, Theorie der Architektur*; di: Hochsch. Ostwestfalen-Lippe, FB 1, Architektur u. Innenarchitektur, Bielefelder Str. 66, 32756 Detmold; pr: Carnotstr. 7, 10587 Berlin, T: (030) 2830820

**Kühn,** Walter; Dr., Prof.; *Elektrische Energietechnik*; di: FH Frankfurt, FB 2 Informatik u. Ingenieurwiss., Nibelungenplatz 1, 60318 Frankfurt am Main, T: (069) 15332231

**Kühn,** Wolfgang; Dr.-Ing., Prof.; *Verkehrssteuerung, Kraftfahrzeugvernetzung*; di: Westsächs. Hochsch. Zwickau, Fak. Kraftfahrzeugtechnik, Dr.-Friedrichs-Ring 2A, 08056 Zwickau, Wolfgang.Kuehn@fh-zwickau.de

**Kühnberger,** Manfred; Dr., Prof.; *Externes Rechnungswesen, Konzernrechnungslegung*; di: HTW Berlin, FB Wirtschaftswiss. I, Treskowallee 8, 10318 Berlin, T: (030) 50192584, kuehn@HTW-Berlin.de

**Kühne,** Bernd; Dr.-Ing., Prof.; *Elektrizitätswirtschaft, Elektrische Anlagen, Steuerungstechnik*; di: FH Flensburg, FB 2 Energie u. Biotechnologie, Kanzleistr. 91-93, 24943 Flensburg, T: (0461) 8051400, bernd.kuehne@fh-flensburg.de; pr: Schwennaustr. 28, 24960 Glücksburg, T: (04631) 7162

**Kühne,** Eberhard; Dr., Prof.; *Informatik, Betriebswirtschaftslehre*; di: Hochsch. d. Sächsischen Polizei, Friedenstr. 120, 02929 Rothenburg, T: (035891) 460

**Kühne,** Jürgen; Dr.-Ing., Prof.; *Werkstoffkunde, Kunststoffkunde, Werkstofftechnik*; di: Beuth Hochsch. f. Technik, FB VIII Maschinenbau, Veranstaltungs- u. Verfahrenstechnik, Luxemburger Str. 10, 13353 Berlin, T: (030) 45042224, kuehne@beuth-hochschule.de

**Kühne,** Manfred; Dipl.-Ing., Prof.; *Automatisierungstechnik und Messtechnik*; di: Hochsch. Furtwangen, Fak. Maschinenbau u. Verfahrenstechnik, Jakob-Kienzle-Str. 17, 78054 Villingen-Schwenningen, T: (07720) 3074276, F: 3074207, kue@hs-furtwangen.de

**Kühne,** Michael; Dipl.-Ing., Prof.; *Stahlbau*; di: Hochsch. Rhein/Main, FB Architektur u. Bauingenieurwesen, Kurt-Schumacher-Ring 18, 65197 Wiesbaden, T: (0611) 94951452, michael.kuehne@hs-rm.de; pr: Fritz-Erler-Str. 7, 64354 Reinheim, T: (06162) 82731

**Kühne,** Stephan; Dr.-Ing., Prof., Dekan FB Elektro- und Informationstechnik; *Elektronik/Schaltungstechnik*; di: Hochsch. Zittau/Görlitz, Fak. Elektrotechnik u. Informatik, Theodor-Körner-Allee 16, 02763 Zittau, T: (03583) 611381, st.kuehne@hs-zigr.de

**Kühnel,** Günter; Dr.-Ing., Prof.; *Arbeitsmaschinen/Anlagenbetriebstechnik*; di: Hochsch. Wismar, Fak. f. Ingenieurwiss., PF 1210, 23952 Wismar, T: (0381) 4983668, g.kuehnel@sf.hs-wismar.de

**Kühnel,** Holger; Dr.-Ing., Prof.; *Städtebau / Stadterneuerung und Entwurf, Entwurf (Hochbauplanung), Infrastruktur im Stadtbaubereich*; di: Beuth Hochsch. f. Technik, FB IV Architektur u. Gebäudetechnik, Luxemburger Str. 10, 13353 Berlin, T: (030) 45042545, hkuehnel@beuth-hochschule.de; pr: Kurfürstendamm 155b, 10709 Berlin

**Kühnel,** Renate; Dipl.-Rhythm., Dipl.-Musiklehrerin, Prof.; *Musik- u. Bewegungserziehung, Musikpädagogik*; di: Hochsch. Regensburg, Fak. Sozialwiss., PF 120327, 93025 Regensburg, T: (0941) 9431084, renate.kuehnel@soz.fh-regensburg.de

**Kühnel,** Stephan; Dr., Prof.; *Rechnungswesen und Controlling*; di: SRH Fernhochsch. Riedlingen, Lange Str. 19, 88499 Riedlingen, stephan.kuehnel@fh-riedlingen.srh.de

**Kühnel,** Wolfgang; Dr. sc. phil., Prof.; *Kriminologie*; di: Hochsch. f. Wirtschaft u. Recht Berlin, FB 3, Alt-Friedrichsfelde 60, 10315 Berlin, T: (030) 90214408, F: 90214417, w.kuehnel@hwr-berlin.de

**Kühnert,** Eva Sabine; Dipl.-Psych., Dr. phil., Prof.; *Pflegewissenschaft*; di: Ev. FH Rhld.-Westf.-Lippe, FB Heilpädagogik, Immanuel-Kant-Str. 18-20, 44803 Bochum, T: (0234) 3690185, kuehnert@efh-bochum.de; www.efh-bochum.de/homepages/kuehnert/index.html

**Kühnle,** Boris; Prof.; *Medienwirtschaft, Finanzmanagement*; di: Hochsch. d. Medien, Fak. Electronic Media, Nobelstr. 10, 70569 Stuttgart

**Kühr,** Marie-Susann; Dipl. Des., Prof.; di: Rheinische FH Köln, Hohenstaufenring 16-18, 50674 Köln

**Külkens,** Manfred; Dr.-Ing., Prof.; *Fertigungsplanung u. -steuerung PPS*; di: Westfäl. Hochsch., FB Maschinenbau, Münsterstr. 265, 46397 Bocholt, T: (02871) 2155918, Manfred.kuelkens@fh-gelsenkirchen.de

**Külpmann,** Rüdiger; Dr.-Ing., Prof.; *Energie-, Heiz- & Umwelttechnik, Technisches Gebäudemanagement*; di: Beuth Hochsch. f. Technik, FB IV Architektur u. Gebäudetechnik, Luxemburger Str. 10, 13353 Berlin, T: (030) 45042565, kuelpmann@beuth-hochschule.de

**Kümmel,** Bernd; Dr. med., Prof., Präs.; *Personal, Führung und Entwicklung, Organisation*; di: APOLLON Hochschule der Gesundheitswirtschaft (FH), Universitätsallee 18, 28359 Bremen, T: (0421) 3782660

**Kümmel,** Detlef; Dr.-Ing., Prof.; *Fertigungstechnik, Werkzeugmaschinen, Umwelttechnik, Spannende u umformende Verfahren d Fertigung, Maschinen u Sonderverfahren d Fertigung*; di: Hochsch. Heilbronn, Fak. f. Technik 2, Max-Planck-Str. 39, 74081 Heilbronn, T: (07131) 504251, F: 252470, kuemmel@hs-heilbronn.de

**Kümmel,** Dietmar; Dipl.-Ing., Prof.; *Technologie, Sicherheitstechnik*; di: Hochsch. Aalen, Fak. Optik u. Mechatronik, Beeethovenstr. 1, 73430 Aalen, T: (07361) 5764606, dietmar.kuemmel@htw-aalen.de

**Kümmel,** Jens; Dr.-Ing., Prof.; *Finanz- und Rechnungswesen*; di: Hochsch. Ostwestfalen-Lippe, FB 7, Produktion u. Wirtschaft, Liebigstr. 87, 32657 Lemgo, T: (05261) 702541, jens.kuemmel@hs-owl.de

**Kümmel,** Julian; Dr.-Ing., Prof.; *Bauphysik und Baukonstruktion*; di: Techn. Hochsch. Mittelhessen, FB 01 Bauwesen, Wiesenstr. 14, 35390 Gießen, Julian.Kuemmel@bau.th-mittelhessen.de; pr: Gevvinusstr. 48, 64287 Darmstadt

**Kümmerer,** Harro; Dr. rer. nat., Prof. i.R.; *Mathematik, Technische Mechanik*; di: Hochsch. Esslingen, Fak. Grundlagen, Kanalstr. 33, 73728 Esslingen, T: (0711) 3973427, F: 3973428; pr: Quittenweg 24, 73733 Esslingen, T: (0711) 328358

**Kümpel,** Thomas; Dr., Prof.; *Internationales Marketing, Bilanzanalyse, Rechnungslegung*; di: Hochschl. f. Oekonomie & Management, Herkulesstr. 32, 45127 Essen, T: (0201) 810040

**Kümper,** Thorsten; Dr., Prof.; *Controlling, Betriebswirtschaftslehre*; di: FH Flensburg, FB Wirtschaft, Kanzleistr. 91-93, 24943 Flensburg, T: (0461) 8041541, thorsten.kuemper@wi.fh-flensburg.de; pr: Dietrich-Buxtehude-Str. 17, 24943 Flensburg, T: (0461) 1687482

**Kuen,** Thomas; Dipl.-Ing., Prof.; di: Hochsch. München, Fak. Versorgungstechnik, Verfahrenstechnik Papier u. Verpackung, Druck- u. Medientechnik, Lothstr. 34, 80335 München, thomas.kuen@hm.edu

**Kuen-Schnäbele,** Susanne; Dr. rer. nat., Prof.; *Mathematik, Vorkurs Mathematik, Datenbanksysteme, Rechnernetze, Mikroprozessoren*; di: FH Kaiserslautern, FB Angew. Ingenieurwiss., Morlautererstr. 31, 67657 Kaiserslautern, T: (0631) 3724360, F: 3724218, susanne.kuen@fh-kl.de

**Künkel,** Waldemar; Dr. rer. nat. habil., Prof.; *Mikrobiologie/Gentechnik*; di: FH Jena, FB Medizintechnik, Carl-Zeiss-Promenade 2, 07745 Jena, PF 100314, 07703 Jena, T: (03641) 205600, F: 205601, mt@fh-jena.de

**Künkele,** Julia; Dr., Prof.; *Internationales Management, Internationales Controlling*; di: FH Neu-Ulm, Wileystr. 1, 89231 Neu-Ulm, T: (0731) 97621432, julia.kuenkele@hs-neu-ulm.de

**Künkler,** Andreas; Dr. rer. nat., Prof.; *Informatik, Softwaretechnik/Programmiersprachen*; di: Hochsch. Trier, FB Informatik, PF 1826, 54208 Trier, T: (0651) 8103573, kuenkler@hochschule-trier.de; pr: St.-Mergener-Str. 30, 54292 Trier, T: (0651) 140491

**Kuenne-Müller,** Aniela; M.A., Dipl.-Graph., Prof.; *Design Buch, Illustration*; di: Hochsch. Trier, FB Gestaltung, PF 1826, 54208 Trier, T: (0651) 8103147, A.Kuenne@hochschule-trier.de; pr: Cusanusstr. 42, 54294 Trier

**Künzel,** Roland; Dr., Prof.; *Betriebliche Informationssysteme, Data Warehousing, OLAP und Date Mining*; di: FH d. Wirtschaft, Hauptstr. 2, 51465 Bergisch Gladbach, T: (02202) 9527360, F: 9527200, roland.kuenzel@fhdw.de

**Künzel,** Sebastian; Dr., Prof.; *Chemie, Industrielle Biotechnologie, Pharmazie*; di: Hochsch. Ansbach, FB Ingenieurwissenschaften, Residenzstr. 8, 91522 Ansbach, T: (0981) 4877306, sebastian.kuenzel@fh-ansbach.de

**Küpfer,** Christian; Dr. sc. agr., Prof.; *Landschaftsplanung*; di: Hochsch. f. Wirtschaft u. Umwelt Nürtingen-Geislingen, PF 1349, 72603 Nürtingen, T: (07022) 404203, christian.kuepferc@hfwu.de

**Küpper,** Detlef; Dipl.-Inf., Prof.; *Datenbanksysteme, Mensch-Maschine-Kommunikation*; di: Hochsch. Aalen, Fak. Elektronik u. Informatik, Beethovenstr. 1, 73430 Aalen, T: (07361) 5764375, Detlef.Kuepper@htw-aalen.de

**Küpper,** Tilman; Dr.-Ing., Prof.; *Ingenieurinformatik*; di: Hochsch. München, Fak. Maschinenbau, Fahrzeugtechnik, Flugzeugtechnik, Dachauer Str. 98b, 80335 München, T: (089) 12651230, tilman.kuepper@hm.edu

**Kürble,** Gunter; Dr., Prof.; *Grundlagenfächer, insb. Statistische Methodenlehre, Finanzdienstleistungen, insb. Versicherungsbetriebslehre*; di: FH Kaiserslautern, FB Betriebswirtschaft, Amerikastr. 1, 66482 Zweibrücken, T: (06332) 914234, gunter.kuerble@fh-kl.de

**Kürzinger,** Werner; Dr.-Ing., Prof., Prodekan; *Technische Elektronik mit Schwerpunkt Mikrosystemtechnik*; di: HTW Berlin, FB Ingenieurwiss. I, Allee der Kosmonauten 20/22, 10315 Berlin, T: (030) 50193217, w.kuerzinger@HTW-Berlin.de

**Küst,** Rolf; Dipl.-Ing. agr., Dr. agr., Prof.; *Landwirtschaftliche Betriebswirtschaft, Buchführung und Steuerlehre, Rechtskunde*; di: Hochsch. Osnabrück, Fak. Agrarwiss. u. Landschaftsarchitektur, PF 1940, 49009 Osnabrück, T: (0541) 9695147, r.kuest@hs-osnabrueck.de; pr: Am Schusterboll 1, 49577 Ankum, T: (05462) 1745, F: 1993

**Küster,** Marc Wilhelm; Dipl.-Phys., M.A., Prof.; *Web Services, XML Technologien*; di: FH Worms, FB Informatik, Erenburgerstr. 19, 67549 Worms, T: (06241) 509118, F: 509222, kuester@fh-worms.de

**Küster,** Rolf; Dr.-Ing., Dr. phil., Prof.; *Informatik, Design*; di: FH Lübeck, FB Elektrotechnik u. Informatik, Mönkhofer Weg 136-140, 23562 Lübeck, T: (0451) 3005206, rolf.kuester@fh-luebeck.de

**Küster,** Utz; Dr., Prof.; *Betriebswirtschaftslehre, Recht*; di: FH Westküste, Fritz-Thiedemann-Ring 20, 25746 Heide, T: (0481) 8555557, kuester@fh-westkueste.de

**Küster Simic,** André; Dr. rer. pol., Prof.; *Investitionsrechnung, Buchhaltung*; di: Hamburg School of Business Administration, Alter Wall 38, 20457 Hamburg, T: (040) 36138719, F: 36138751, andre.kuestersimic@hsba.de

**Küstermann,** Burkhard; Dr., Prof.; *Öffentliches Recht, insb. Sozialrecht*; di: Hochsch. Osnabrück, Fak. Wirtschafts- u. Sozialwiss., Caprivistr. 30A, 49076 Osnabrück, PF 1940, 49009 Osnabrück, T: (0541) 9693233, b.kuestermann@hs-osnabrueck.de

**Küstermann,** Roland; Dr., Prof.; *Wirtschaftsinformatik*; di: DHBW Karlsruhe, Fak. Wirtschaft, Erzbergerstr. 123, 76135 Karlsruhe, T: (0721) 9735940, roland.kuestermann@no-spam.dhbw-karlsruhe.de

**Küveler,** Gerd; Dr. rer. nat., Prof.; *Informatik für Ingenieure, Astrophysik*; di: Hochsch. Rhein/Main, FB Ingenieurwiss., Umwelttechnik, Am Brückweg 26, 65428 Rüsselsheim, T: (06142) 8984433, gerd.kueveler@hs-rm.de; pr: Kastanienstr. 16, 61479 Glashütten, T: (06174) 934020, kueveler@gmail.com

**Kugler,** Friedrich; Dr. rer. pol., Prof.; *Wirtschaftswissenschaften, insbesondere Tourismuswirtschaft und Existenzgründung*; di: FH Schmalkalden, Fak. Wirtschaftswiss., Blechhammer, 98574 Schmalkalden, PF 100452, 98564 Schmalkalden, T: (03683) 6883110, f.kugler@wi.fh-schmalkalden.de

**Kugler,** Patrick; Prof.; *Betriebsorganisation*; di: HAW Hamburg, Fak. Design, Medien u. Information, Armgartstr. 24, 22087 Hamburg, T: (040) 428754645, patrick.kugler@haw-hamburg.de

**Kuhlmann,** Willy; Dipl.-Ing., Prof.; *Baumaschinen und Verfahrenstechnik*; di: FH Aachen, FB Bauingenieurwesen, Bayernallee 9, 52066 Aachen, T: (0241) 600951195, kuhlmann@fh-aachen.de; pr: Simrockstr. 94, 53619 Rheinbreitbach, T: (02224) 75517, F: 10777, weischede-kuhlmann@t-online.de

**Kuhn,** Annemarie; Dr., Prof.; *Soziologie, Soziale Arbeit in der Straffälligenhilfe und in Armutslagen*; di: H Koblenz, FB Sozialwissenschaften, Konrad-Zuse-Str. 1, 56075 Koblenz, T: (0261) 9528227, F: 9528260, kuhn@hs-koblenz.de

**Kuhn,** Britta; Dr. rer. pol., Prof.; *Volkswirtschaftslehre, International Economics*; di: Hochsch. Rhein/Main, Wiesbaden Business School, Bleichstr. 44, 65183 Wiesbaden, T: (0611) 94953123, britta.kuhn@hs-rm.de

**Kuhn,** Burkhard; Prof.; *Siedlungswasserwirtschaft, Abwasserbehandlung, Schlammbehandlung*; di: Hochsch. Magdeburg-Stendal, FB Wasser- u. Kreislaufwirtschaft, Breitscheidstr. 2, 39114 Magdeburg, T: (0391) 8864373, burkhard.kuhn@hs-magdeburg.de

**Kuhn,** Christian; Dr., Prof.; *Elektrotechnik*; di: DHBW Mosbach, Lohrtalweg 10, 74821 Mosbach, T: (06261) 939249, ckuhn@dhbw-mosbach.de

**Kuhn,** Dietrich; Dr., Prof. FH Isny; *LAN, Betriebssysteme, Systemadministration, Automatisierungstechniken, Internettechnologie, Kommunikationstechnik*; di: NTA Prof. Dr. Grübler, Seidenstr. 12-35, 88316 Isny, T: (07562) 970767, kuhn@nta-isny.de

**Kuhn,** Elvira; Dr. rer. nat., Prof.; *Organisation und Wirtschaftsinformatik*; di: Hochsch. Trier, FB Wirtschaft, PF 1826, 54208 Trier, T: (0651) 8103382, E.Kuhn@hochschule-trier.de

**Kuhn,** Erik; Dr.-Ing., Prof.; *Tribologie*; di: HAW Hamburg, Fak. Technik u. Informatik, Berliner Tor 21, 20099 Hamburg, T: (040) 428758623, kuhn@rzbt.haw-hamburg.de; pr: T: (04171) 76174

**Kuhn,** Franz-Josef; Dipl.-Ing., Prof.; *Elektrotechnik, Energie- u. Antriebstechnik, Technische Dokumentation*; di: Hochsch. Albstadt-Sigmaringen, FB 1, Jakobstr. 1, 72458 Albstadt, T: (07431) 579217, F: 579214, fratu@hs-albsig.de

**Kuhn,** Helmut; Dr.-Ing., Prof.; *Fächer der Geoinformatik*; di: Jade Hochsch., FB Bauwesen u. Geoinformation, Ofener Str. 16-19, 26121 Oldenburg, T: (0441) 77083168, F: 77083170, kuhn@jade-hs.de; pr: Oldenburger Str. 73, 26203 Wardenburg, T: (04407) 2235

**Kuhn,** Katja; Dr., Prof.; *BWL, Marketing*; di: Hochsch. Heidelberg, School of Engineering and Architecture, Bonhoefferstr. 11, 69123 Heidelberg, T: (06621) 881055, katja.kuhn@fh-heidelberg.de

**Kuhn,** Marc; Dr., Prof.; *BWL-Industrie/Dienstleistungsmanagement*; di: DHBW Stuttgart, Fak. Wirtschaft, BWL-Industrie/Dienstleistungsmanagement, Paulinenstraße 50, 70178 Stuttgart, T: (0711) 1849745, marc.kuhn@dhbw-stuttgart.de

**Kuhn,** Marie-Clotilde; Agrégée de l'Université, Prof.; *Französisch*; di: Hochsch. München, Fak. Wirtschaftsingenieurwesen, Schachenmeierstr. 35, 80636 München, T: (089) 12653934, marie.kuhn@fhm.edu

**Kuhn,** Michael; Dr.-Ing., Prof.; *Mobilfunk und Elektronik*; di: Hochsch. Darmstadt, FB Elektrotechnik u. Informationstechnik, Haardtring 100, 64295 Darmstadt, T: (06151) 168249, kuhn@eit.h-da.de

**Kuhn,** Michael; Dr., Prof.; *Immobilienmanagement u. Controlling*; di: HAW Ingolstadt, Fak. Wirtschaftswiss., Esplanade 10, 85049 Ingolstadt, T: (0841) 9348373, michael.kuhn@haw-ingolstadt.de

**Kuhn,** Norbert; Dr. rer. nat., Prof., Vizepräs.; *Angewandte Informatik, Umwelttechnik, Software Engineering*; di: Hochsch. Trier, Umwelt-Campus Birkenfeld, FB Umweltplanung/Umwelttechnik, PF 1380, 55761 Birkenfeld, T: (06782) 171131, n.kuhn@umwelt-campus.de

**Kuhn,** Reinhard; Dr. rer. nat., Prof.; *Biotechnologie, Biochemie, Mess- und Regeltechnik*; di: Hochsch. Reutlingen, FB Angew. Chemie, Alteburgstr. 150, 72762 Reutlingen, T: (07121) 271477, reinhard.kuhn@fh-reutlingen.de; pr: Eichhalde 6, 72574 Bad Urach, T: (07125) 4784

**Kuhn,** Sven; Dr., Prof.; *Elektronik*; di: FH Frankfurt, FB 2 Informatik u. Ingenieurwiss., Nibelungenplatz 1, 60318 Frankfurt am Main, svenkuhn@fb2.fh-frankfurt.de

**Kuhn-Zuber,** Gabriele; Dr. jur., Prof.; *Rechtliche Grundlagen der Sozialen Arbeit und der Heilpädagogik*; di: Kath. Hochsch. f. Sozialwesen Berlin, Köpenicker Allee 39-57, 10318 Berlin, T: (030) 50101087

**Kuhnigk,** Beatrix; Dr. sc. pol., Prof.; *Statistik, Mathematik*; di: FH Kiel, FB Wirtschaft, Sokratesplatz 2, 24149 Kiel, T: (0431) 2103522, beatrix.kuhnigk@fh-kiel.de; pr: Maria-Merian-Str. 9, 24145 Kiel, T: (0431) 7197878, F: 7103299

**Kuhnke,** Klaus; Dipl.-Phys., Dr. rer. nat., Prof.; *Regenerative Energiequellen, Physik, Messtechnik*; di: Hochsch. Osnabrück, Fak. Ingenieurwiss. u. Informatik, Albrechtstr. 30, 49076 Osnabrück, T: (0541) 9692178, k.kuhnke@hs-osnabrueck.de; pr: Elsa-Brandström-Str. 3, 49076 Osnabrück, T: (0541) 683285

**Kuhnke,** Ulrich; Dipl.-Theol., Dr. phil., Prof.; *Prakt. Theologie, Ethik, Religionspädagogik*; di: Hochsch. Osnabrück, Fak. Wirtschafts- u. Sozialwiss., Caprivistraße 30a, 49076 Osnabrück, T: (0541) 9693786, u.kuhnke@hs-osnabrueck.de; pr: Hofbreede 108, 49078 Osnabrück

**Kuhnt,** Heinz-Werner; Dr.-Ing., Prof.; *Kraft- und Arbeitsmaschinen, Kolbenmaschinen, Technische Strömungslehre, Fahrzeugtechnik*; di: Hochsch. Offenburg, Fak. Maschinenbau u. Verfahrenstechnik, Badstr. 24, 77652 Offenburg, T: (0781) 205239, F: 205214

**Kuipers,** Ulrich; Dr.-Ing., Prof.; *Elektronik einschließlich EMV-Messtechnik*; di: FH Südwestfalen, FB Elektrotechnik u. Informationstechnik, Haldener Str. 182, 58095 Hagen, T: (02331) 9872225, F: 9874031, Kuipers@fh-swf.de; pr: Dresdener Str. 13, 57462 Olpe

**Kuka,** Georg; Dr. rer. nat., HonProf.; *Informationsgerätetechnik, Photonik*; di: Hochsch. Mittweida, Fak. Mathematik/Naturwiss./Informatik, Technikumplatz 17, 09648 Mittweida, T: (0356) 700730

**Kukral,** Rüdiger; Dr.-Ing., Prof.; *Transportprozesse, Verfahrenstechnik, Simulation, Thermodynamik*; di: Hochsch. Furtwangen, Fak. Maschinenbau u. Verfahrenstechnik, Jakob-Kienzle-Str. 17, 78054 Villingen-Schwenningen, T: (07720) 3074319, kuk@hs-furtwangen.de

**Kula,** Hans-Georg; Dr.-Ing. (GB), Prof.; *Heizungs-, Lüftungs-, Klimatechnik, Strömungslehre, Thermodynamik, Werkstoffe der Gebäudetechnik*; di: Hochsch. Heilbronn, Fak. f. Technik u. Wirtschaft, Daimlerstr. 35, 74653 Künzelsau, T: (07940) 1306196, F: 130620, kula@hs-heilbronn.de

**Kulbach,** Roderich; Dipl.-Sozialwirt, Prof. i.R.; *Sozialmanagement, Verwaltung und Organisation*; di: Ev. FH Rhld.-Westf.-Lippe, FB Soziale Arbeit, Immanuel-Kant-Str. 18-20, 44803 Bochum, T: (0234) 36901202, kulbach@efh-bochum.de; www.efh-bochum.de/homepages/kulbach/index.html

**Kulessa,** Margareta E.; Dr., Prof.; *Allgemeine Volkswirtschaftslehre, Wirtschaftspolitik*; di: FH Mainz, FB Wirtschaft, Lucy-Hillebrand-Str. 2, 55128 Mainz, PF 230060, 55051 Mainz, T: (06131) 628146, F: 628207, margareta.kulessa@wiwi.fh-mainz.de

**Kulisch,** Uwe; Dr.-Ing., Prof., Dekan FB Medien; *Elektronische Mediensystemtechnik*; di: HTWK Leipzig, FB Medien, PF 301166, 04251 Leipzig, T: (0341) 2170335, kulisch@fbm.htwk-leipzig.de

**Kulka,** Michael; Dr. LL.M. (Mich.), Dr. iur., Prof.; *Öffentliches u. privates Wirtschaftsrecht, Gesellschafts- u. Konzernrecht, deutsches u. europ. Kartell- u. Wettbewerbsrecht*; di: HTW Berlin, FB Wirtschaftswiss. I, Treskowallee 8, 10318 Berlin, T: (030) 50192457, kulka@HTW-Berlin.de; pr: T: (030) 8330878

**Kulke,** Gerd; Dipl.-Volksw., Dr. rer. pol., Prof.; *Deutsch-Chinesische Wissenschaftskooperation*; di: Hochsch. f. Wirtschaft u. Recht Berlin, Badensche Str. 50-51, 10825 Berlin, T: (030) 8118908, gkulke@hwr-berlin.de; pr: Prinz-Handjery-Str. 11 A, 14167 Berlin

**Kull,** Hermann; Dr.-Ing., Prof.; *Regelungstechnik, Mikrosystemtechnik, Simulationstechnik*; di: Hochsch. Esslingen, Fak. Graduate School, Fak. Informationstechnik, Flandernstr. 101, 73732 Esslingen, T: (0711) 3974280, F: 3974281; pr: Breitingerstr. 4, 73732 Esslingen, T: (0711) 5214066

**Kull,** Stephan; Dr.rer.pol., Prof.; *Allg BWL, Marketing, Management, Handel, E-Commerce, Efiicient Consumer Response, Category-Management, Multi-Channel-Marketing*; di: Jade Hochsch., FB Wirtschaft, Friedrich-Paffrath-Str. 101, 26389 Wilhelmshaven, T: (04421) 9852305, F: 9852596, kull@jade-hs.de

**Kulla,** Bernhard; Dipl.-Math., Dr. rer. pol., Prof.; *Informatik in der Wirtschaft*; di: Hochsch. Regensburg, Fak. Informatik u. Mathematik, PF 120327, 93025 Regensburg, T: (0941) 9431291, bernhard.kulla@informatik.fh-regensburg.de; pr: Riesengebirgstr. 53a, 93057 Regensburg, T: (0941) 67304, F: 61756

**Kullack,** Tanja; Dipl.-Ing., M. Arch., Prof.; *Kommunikationsarchitektur, Mediale Raumgestaltung, Virtueller Raum*; di: FH Düsseldorf, FB 1 – Architektur, Georg-Glock-Str. 15, 40474 Düsseldorf, T: (0211) 4351114, tanja.kullack@fh-duesseldorf.de; pr: t_kullack@zweikant.com

**Kullen,** Albrecht; Dr.-Ing., Prof.; *Strömungsmaschinen, Strömungslehre, Darstellende Geometrie*; di: Hochsch. München, Fak. Versorgungstechnik, Verfahrenstechnik Papier u. Verpackung, Druck- u. Medientechnik, Lothstr. 34, 80335 München, T: (089) 12651545, F: 12651502, kullen@fhm.edu

**Kullmann,** Erika; Prof.; *Wirtschaftsenglisch*; di: HAW Hamburg, Fak. Wirtschaft u. Soziales, Berliner Tor 5, 20099 Hamburg, T: (040) 428756935, erika.kullmann@haw-hamburg.de

**Kullmann,** Walter; Dr., Prof.; *Medizinische Physik, Bildgebende Systeme und Bildverarbeitung, Angewandte Informatik, Simulationstechnik, Allgemeine Datenverarbeitung*; di: Hochsch. f. angew. Wiss. Würzburg Schweinfurt, Fak. Elektrotechnik, Ignaz-Schön-Str. 11, 97421 Schweinfurt

**Kulot-Mewes,** Elisabeth; Prof.; *Commucation Design, Corporate Communication, Editorial Design, Schrift u. Typografie*; di: MEDIADESIGN Hochsch. f. Design u. Informatik, Lindenstr. 20-25, 10969 Berlin; www.mediadesign.de/

**Kulpe,** Hans-Rainer; Dr.-Ing., Prof.; *Liegenschafts- u. Planungswesen*; di: Hochsch. Bochum, FB Vermessungswesen u. Geoinformatik, Lennershofstr. 140, 44801 Bochum, T: (0234) 3210545, rainer.kulpe@hs-bochum.de; pr: August-Sagebiel-Str. 7, 29221 Celle, T: (05141) 901641

**Kumbruck,** Christel; Dr. phil. habil., Prof.; *Wirtschaftspsychologie, Arbeitswissenschaft*; di: Hochsch. Osnabrück, Fak. Wirtschafts- u. Sozialwiss., Caprivistr. 30A, 49076 Osnabrück, T: (0541) 9693821, kumbruck@wi.hs-osnabrueck.de

**Kummer,** Monika; Dr., Prof.; *Statistik, Mathematik*; di: HTW Berlin, FB Wirtschaftswiss. I, Treskowallee 8, 10318 Berlin, T: (030) 50192911, m.kummer@HTW-Berlin.de

**Kummerlöwe,** Claudia; Dr. rer. nat. habil., Prof.; *Physikalische Chemie, Polymerchemie u. -analytik*; di: Hochsch. Osnabrück, Fak. Ingenieurwiss. u. Informatik, Albrechtstr. 30, 49076 Osnabrück, T: (0541) 9692182, F: 9692999, c.kummerloewe@hs-osnabrueck.de; pr: An der Landwehr 1, 49076 Osnabrück, T: (0541) 126300

**Kummert,** Kai; Dipl.-Kfm., Dr., Prof.; *Facility Management in der Immobilienwirtschaft*; di: Beuth Hochsch. f. Technik, FB IV Architektur u. Gebäudetechnik, Luxemburger Str. 10, 13353 Berlin, T: (030) 45045208, kummert@beuth-hochschule.de

**Kummetsteiner,** Günter; Dr.-Ing., Prof.; *Integrierte Logistik-Systeme*; di: Hochsch. Amberg-Weiden, FB Wirtschaftsingenieurwesen, Hetzenrichter Weg 15, 92637 Weiden, T: (0961) 382217

**Kumpugdee Vollrath,** Mont; Dr., Prof.; *Pharmatechnik*; di: Beuth Hochsch. f. Technik, FB II Mathematik – Physik – Chemie, Luxemburger Straße 10, 13353 Berlin, T: (030) 45042239, F: 45042813, vollrath@beuth-hochschule.de

**Kundoch,** Harald; Dr. jur., Prof.; *Wirtschaftsrecht*; di: Westfäl. Hochsch., FB Wirtschaft u. Informationstechnik, Münsterstr. 265, 46397 Bocholt, T: (02871) 2155726, Harald.Kundoch@fh-gelsenkirchen.de

**Kunert,** Andreas; Prof.; *Fotografie*; di: Hochsch. Augsburg, Fak. f. Gestaltung, Friedberger Straße 2, 86152 Augsburg, T: (0821) 55863400, andreas.kunert@hs-augsburg.de

**Kunert,** Maik; Dr. rer. nat., Prof.; *Werkstofftechnik, Biomaterialien*; di: FH Jena, FB SciTec, Carl-Zeiss-Promenade 2, 07745 Jena, PF 100314, 07703 Jena, ft@fh-jena.de

**Kunert-Zier,** Margitta; Dr., Prof.; di: FH Frankfurt, FB 4 Soziale Arbeit u. Gesundheit, Nibelungenplatz 1, 60318 Frankfurt am Main, T: (069) 15332876, mkunert@fb4.fh-frankfurt.de

**Kunhardt,** Horst; Dipl.-Informatiker, Dr., Prof.; *Betriebliche Anwendungssysteme*; di: Hochsch. Deggendorf, FB Betriebswirtschaft, Edlmairstr. 6-8, 94469 Deggendorf, PF 1320, 94453 Deggendorf, T: (0991) 3615159, F: 361581159, horst.kunhardt@fh-deggendorf.de

**Kunkel,** Gabriele; Dipl.-Des. (FH), Prof.; *Konzeptentwicklung/Graphik-Design*; di: Hochsch. Hannover, Fak. III Medien, Information u. Design, Expo Plaza 12, 30539 Hannover, PF 920261, 30441 Hannover, T: (0511) 92962609, gabriele.kunkel@hs-hannover.de

**Kunold,** Ingo; Dr.-Ing., Prof.; *Digitale Übertragungstechnik, Grundgebiete der Elektrotechnik*; di: FH Dortmund, FB Informations- u. Elektrotechnik, Sonnenstr. 96, 44139 Dortmund, T: (0231) 9112352, F: 9112615, kunold@fh-dortmund.de

**Kunow,** Annette; Dr.-Ing., Prof., Lbeauftr.; *Technische Mechanik u. Numerische Methoden*; di: Hochsch. Bochum, FB Mechatronik u. Maschinenbau, Lennershofstr. 140, 44801 Bochum, T: (0234) 3210420, annette.kunow@hs-bochum.de

**Kunst,** Bernhard; Dipl.-Ing., Prof.; *Wärmeversorgung und ADV in der Anlagenprojektierung*; di: FH Köln, Fakultät für Anlagen, Maschinensysteme, Betzdorfer Straße 2, 50679 Köln; pr: Gerottener Weg 5, 51503 Rösrath, T: (02205) 3787

**Kunstmann,** Wilfried; Dr. rer. pol., Prof.; *Sozial- und Pflegemanagement*; di: Ev. FH Rhld.-Westf.-Lippe, FB Heilpädagogik, Immanuel-Kant-Str. 18-20, 44803 Bochum, T: (0234) 36901196, kunstmann@efh-bochum.de

**Kunstreich,** Timm; Dr., Prof.; di: Ev. Hochsch. f. Soziale Arbeit & Diakonie, Horner Weg 170, 22111 Hamburg, T: (040) 65591186; pr: Bellealliancestr. 66, 20259 Hamburg, T: (040) 4300135, TimmKunstreich@aol.com

**Kuntsche,** Konrad; Dr.-Ing., Prof.; *Grundbau, Bodenmechanik*; di: Hochsch. Rhein/Main, FB Architektur u. Bauingenieurwesen, Kurt-Schumacher-Ring 18, 65197 Wiesbaden, T: (0611) 94951461, konrad.kuntsche@hs-rm.de; pr: Lindenstr. 3, 64625 Bensheim, T: (06251) 789222

**Kuntz,** Michel; Dr., Prof.; *Informatik, Mikrosystemtechnik*; di: FH Kaiserslautern, FB Informatik u. Mikrosystemtechnik, Amerikastr. 1, 66482 Zweibrücken, T: (06332) 914363, michel.kuntz@fh-kl.de

**Kunz,** Albrecht; Dr.-Ing., Prof.; *Nachrichtentechnik, Übertragungstechnik, Digitaltechnik*; di: HTW d. Saarlandes, Fak. f. Ingenieurwiss., Goebenstr. 40, 66117 Saarbrücken, T: (0681) 5867382, albrecht.kunz@htw-saarland.de

**Kunz,** Dieter; Dipl.-Ing., Dipl.-Wirtsch.-Ing., Dr.-Ing., Prof.; *Logistik, Betriebsstättenplanung und Materialflussgestaltung, Operations Research, Produktionsorganisation und -technik, Unternehmensplanspiel*; di: Hochsch. Reutlingen, FB Produktionsmanagement, Alteburgstr. 150, 72762 Reutlingen, T: (07121) 2715025, Dieter.Kunz@Reutlingen-University.DE; pr: Mörikestr. 16, 72805 Lichtenstein, T: (07129) 5989

**Kunz,** Dietmar; Dr. rer. nat., Prof.; *Mathematik, Datenverarbeitung, Bildverarbeitung*; di: FH Köln, Fak. f. Informations-, Medien- u. Elektrotechnik, Betzdorfer Str. 2, 50679 Köln, T: (0221) 82752513, dietmar.kunz@fh-koeln.de; pr: Weinhauser Weid 5, 52072 Aachen, T: (0241) 172956

**Kunz,** Günther; Dr. rer. nat., Prof.; *Biotechnik, Abwasserreinigung*; di: Hochsch. Offenburg, Fak. Maschinenbau u. Verfahrenstechnik, Badstr. 24, 77652 Offenburg, T: (0781) 205112, F: 205214

**Kunz,** Peter M.; Dipl.-Ing., Dr. rer. pol., Prof.; *Technische Mikrobiologie, Bioreaktoren, Biologische Verfahrenstechnik, Abwasserreinigungstechnik, Abfalltechnik*; di: Hochsch. Mannheim, Fak. Verfahrens- u. Chemietechnik, Windeckstr. 110, 68163 Mannheim

**Kunz,** Thomas; Dr., Prof.; di: FH Frankfurt, FB 4 Soziale Arbeit u. Gesundheit, Nibelungenplatz 1, 60318 Frankfurt am Main, T: (069) 15332841, mtkunz@fb4.fh-frankfurt.de

**Kunze,** Hans-Günter; Dr.-Ing., Prof.; *Elektrische Antriebstechnik*; di: FH Lübeck, FB Elektrotechnik u. Informatik, Mönkhofer Weg 136-140, 23562 Lübeck, T: (0451) 3005060, hans-guenter.kunze@fh-luebeck.de

**Kunze,** Joachim; Dr., Prof.; *Nachrichtentechnik, Schaltungs- und Messtechnik*; di: Hochsch.Merseburg, FB Informatik u. Kommunikationssysteme, Geusaer Str., 06217 Merseburg, T: (03461) 462925, F: 462900, joachim.kunze@hs-merseburg.de

**Kunze,** Oliver; Dr., Prof.; *Logistik, Unternehmensführung*; di: FH Neu-Ulm, Wileystr. 1, 89231 Neu-Ulm, T: (0731) 97621418, oliver.kunze@fh-neu-ulm.de

**Kunze,** Ralf; Dipl.-Ing., Prof.; *Innenarchitektur*; di: Hochsch. Rhein/Main, FB Design Informatik Medien, Unter den Eichen 5, 65195 Wiesbaden, T: (0611) 94952189, F: 94952173, ralf.kunze@hs-rm.de; dko architekten, Knesebeckstr. 86-87, 10623 Berlin, T: (030) 31806040, F: 31806039, rkunze@dko-architekten.de

**Kunze,** Undine; Dr.-Ing., Prof., Dekanin; *Bauinformatik*; di: HTW Dresden, Fak. Bauingenieurwesen/Architektur, Friedrich-List-Platz 1, 01069 Dresden, T: (0351) 4623663, kunze@htw-dresden.de

**Kup,** Bernhard; Dr., Prof.; *Automation, Steuerungstechnik, Quality Management, Servoantriebe u. NC-Achsen*; di: FH Frankfurt, FB 2 Informatik u. Ingenieurwiss., Nibelungenplatz 1, 60318 Frankfurt am Main, T: (069) 15333612, kup@fb2.fh-frankfurt.de

**Kupjetz,** Jörg; Dr., Prof.; *Wirtschaftsprivatrecht, Unternehmensrecht*; di: FH Frankfurt, FB 3 Wirtschaft u. Recht, Nibelungenplatz 1, 60318 Frankfurt am Main, T: (069) 15332930, jkupjetz@fb3.fh-frankfurt.de

**Kupka,** Natascha; Dr., Prof.; *Wirtschafts- und Insolvenzrecht*; di: FH Kiel, FB Wirtschaft, Sokratesplatz 2, 24149 Kiel, T: (0431) 2103512, F: 21063512, natascha.kupka@fh-kiel.de

**Kupris,** Gerald; Dr.-Ing., Prof.; *Entwurf eingebetteter Systeme*; di: Hochsch. Deggendorf, FB Elektrotechnik u. Medientechnik, Edlmairstr. 6-8, 94469 Deggendorf, PF 1320, 94453 Deggendorf, gerald.kupris@fh-deggendorf.de

**Kurdelski,** Lutz-Peter; Prof.; *IT-Security Management, IT-Service Management*; di: DHBW Lörrach, Hangstr. 46-50, 79539 Lörrach, T: (07621) 2071423, F: 207118423, kurdelski@dhbw-loerrach.de

**Kurella,** Ulf; Dr.-Ing., Prof.; *Konstruktion und Maschinenelemente*; di: Hochsch. Regensburg, Fak. Maschinenbau, PF 120327, 93025 Regensburg, T: (0941) 9435167, ulf.kurella@hs-regensburg.de

**Kurfeß,** Josef; Dr.-Ing., Prof.; *Technische Mechanik, Konstruktion, Werkstoffkunde*; di: Hochsch. Ulm, Fak. Produktionstechnik u. Produktionswirtschaft, PF 3860, 89028 Ulm, T: (0731) 5028126, kurfess@hs-ulm.de

**Kurfürst,** Ulrich; Dr., Prof.; *Physik, Verfahrenstechnik, Haushalts- und Umwelttechnologie, Instrumentelle Analytik*; di: Hochsch. Fulda, FB Oecotrophologie, Marquardstr. 35, 36039 Fulda, T: (0661) 9640374, F: 9640399, ulrich.kurfuerst@he.fh-fulda.de

**Kursawe,** Peter; Dipl.-Inf., Dr. rer. nat., Prof.; *Wirtschaftsinformatik und Organisation*; di: FH Ludwigshafen, FB II Marketing und Personalmanagement, Ernst-Boehe-Str. 4, 67059 Ludwigshafen/Rhein, T: (0621) 5203226, F: 5203112, kursawe@fh-lu.de

**Kurt,** Ronald; Dr. rer. soc., Prof.; *Soziologie*; di: Ev. FH Rhld.-Westf.-Lippe, FB Soziale Arbeit, Bildung u. Diakonie, Immanuel-Kant-Str. 18-20, 44803 Bochum, T: (0234) 36901195, kurt@efh-bochum.de

**Kurth,** Detlef; Prof.; *Städtebau, Entwerfen*; di: Hochsch. f. Technik, Fak. Architektur u. Gestaltung, Schellingstr. 24, 70174 Stuttgart, PF 101452, 70013 Stuttgart, T: (0711) 89262617, detlef.kurth@hft-stuttgart.de

**Kurtz,** Alfred; Dr.-Ing., Prof.; *Technische Physik und Datenverarbeitung*; di: FH Köln, Fak. f. Informatik u. Ingenieurwiss., Am Sandberg 1, 51643 Gummersbach, T: (02261) 8196454, kurtz@gm.fh-koeln.de; pr: Bathelstr. 38, 50823 Köln, T: (0221) 2857166

**Kurz,** Andreas; Dr.-Ing., Prof.; *Automatisierungs- und Regelungstechnik*; di: H Koblenz, FB Ingenieurwesen, Konrad-Zuse-Str. 1, 56075 Koblenz, T: (0261) 9528310, kurz@fh-koblenz.de

**Kurz,** Bernhard; Dr.-Ing., Prof.; *Elektrotechnik, Automatisierungs- und Systemtechnik, Betriebsstättenplanung und Ergonomie*; di: Hochsch. München, Fak. Wirtschaftsingenieurwesen, Erzgießereistr. 14, 80335 München, T: (089) 12653934, bernhard.kurz@fhm.edu

**Kurz,** Claudia; Dr., Prof.; *Quantitative Methoden*; di: FH Mainz, FB Wirtschaft, Lucy-Hillebrand-Str. 2, 55051 Mainz, PF 230060, 55051 Mainz, T: (06131) 6283233, claudia.kurz@wiwi.fh-mainz.de

**Kurz,** Isolde; Dr. phil., Prof.; *Interkulturelle Kommunikation*; di: Hochsch. München, Fak. Studium Generale u. interdisziplinäre Studien, Lothstr. 34, 80335 München, T: (089) 12651157, isolde.kurz@fhm.edu

**Kurz,** Jürgen; Dr., Prof.; *Allgemeine Betriebswirtschaftslehre, Rechnungswesen, Bilanzen und Steuern*; di: Hochsch.Merseburg, FB Wirtschaftswiss., Geusaer Str., 06217 Merseburg, T: (03461) 462451, F: 462422, juergen.kurz@hs-merseburg.de

**Kurz,** Melanie; Dr., Prof.; *Designtheorie und -geschichte*; di: FH Aachen, FB Design, Boxgraben 100, 52064 Aachen, kurz@fh-aachen.de

**Kurz,** Otto; Dr.-Ing., Prof.; *Konstruktionslehre, Produktionslehre, CAD, CAM, NC-Technik*; di: Hochsch. Albstadt-Sigmaringen, FB 1, Jakobstr. 6, 72458 Albstadt-Ebingen, T: (07431) 579131, F: 579149, kurz@fh-albsig.de

**Kurz,** Rudi; Dr., Prof.; *Volkswirtschaftslehre*; di: Hochsch. Pforzheim, Fak. f. Wirtschaft u. Recht, Tiefenbronner Str. 65, 75175 Pforzheim, T: (07231) 286287, F: 286100, rudi.kurz@hs-pforzheim.de

**Kurz,** Walter; Dr.-Ing., Prof.; *Verbrennungsmotoren, Kolbenverdichter, Maschinendynamik, Fahrzeugtechnik*; di: Hochsch. Kempten, Fak. Maschinenbau, Bahnhofstr. 61-63, 87435 Kempten, T: (0831) 2523299, walter.kurz@fh-kempten.de

**Kurzawa,** Thorsten; Dr. Ing., Prof. u. Vizepräs.; *Maschinenbau*; di: Hochsch. f. Wirtschaft u. Recht Berlin, Badensche Str. 50/51, 10825 Berlin, T: (030) 29384310, thorsten.kurzawa@hwr-berlin.de

**Kurze,** Martin; Dr., Prof.; *Kriminologie, Soziologie, Psychologie*; di: FH d. Bundes f. öff. Verwaltung, FB Kriminalpolizei, Thaerstr. 11, 65193 Wiesbaden

**Kurzhals,** Reiner; Dr., Prof.; *Wirtschaftsmathematik und Statistik*; di: FH Münster, FB Wirtschaft, ohann-Krane-Weg 25, 48149 Münster, T: (0251) 8365518, reiner.kurzhals@fh-muenster.de

**Kurzweil,** Peter; Dr., Prof.; *Chemie, Werkstofftechnik, Umweltanalytik*; di: Hochsch. Amberg-Weiden, FB Maschinenbau u. Umwelttechnik, Kaiser-Wilhelm-Ring 23, 92224 Amberg, T: (09621) 482154, F: 482145, p.kurzweil@fh-amberg-weiden.de

**Kuscher,** Gerd; Dr.-Ing., HonProf. FH Hannover; *Fertigungstechnik*; di: Hochsch. Hannover, Fak. II Maschinenbau u. Bioverfahrenstechnik, Heisterbergallee 12, 30453 Hannover, gerd.kuscher@hs-hannover.de; kuscher@SLV-Hannover.de

**Kuss,** Carola; Dr., Prof.; *Lebensmitteltechnologie*; di: Hochsch. Weihenstephan-Triesdorf, Fak. Gartenbau u. Lebensmitteltechnologie, Am Staudengarten 10, 85350 Freising, T: (08161) 715940, F: 714417, carola.kuss@fh-weihenstephan.de

**Kusserow,** Egbert; Dr.-Ing., Prof.; *Meß-, Steuer- und Regelungstechnik, Diagnosetechnik*; di: FH Stralsund, FB Maschinenbau, Zur Schwedenschanze 15, 18435 Stralsund, T: (03831) 456926, Egbert.Kusserow@fh-stralsund.de

**Kusterle,** Wolfgang; Dipl.-Ing., Dr. techn., Prof.; *Baustoffkunde*; di: Hochsch. Regensburg, Fak. Bauingenieurwesen, PF 120327, 93025 Regensburg, T: (0941) 9431349, wolfgang.kusterle@bau.fh-regensburg.de

**Kutscha,** Martin; Dr., Prof.; *Öffentliches Recht, Staats- und Verwaltungsrecht, Datenschutzrecht*; di: Hochsch. f. Wirtschaft u. Recht Berlin, FB 1, Alt-Friedrichsfelde 60, 10315 Berlin, T: (030) 90214323, F: 9021-4417, m.kutscha@hwr-berlin.de

**Kutscher,** Nadia; Dr. phil., Prof.; *Soziale Arbeit*; di: Kath. Hochsch. NRW, Abt. Aachen, FB Sozialwesen, Robert-Schumann-Str. 25, 52066 Aachen, T: (0241) 6000338, F: 60003388, n.kutscher@katho-nrw.de

**Kutz,** Gerd; Dr. rer. nat., Prof.; *Technologie der Kosmetika und Waschmittel*; di: Hochsch. Ostwestfalen-Lippe, FB 4, Life Science Technologies, Liebigstr. 87, 32657 Lemgo, T: (05231) 769241, F: 769222; pr: Alter Postweg 44, 32756 Detmold, T: (05321) 933714, F: 933715

**Kutzner,** Rüdiger; Dr. rer. nat., Prof.; *Elektro- u. Informationstechnik*; di: Hochsch. Hannover, Fak. I Elektro- u. Informationstechnik, Ricklinger Stadtweg 120, 30459 Hannover, PF 920261, 30441 Hannover, T: (0511) 92961266, ruediger.kutzner@hs-hannover.de; pr: Odenwaldstr. 5, 30657 Hannover, T: (0511) 603928

**Kuypers,** Friedhelm; Dipl.-Phys., Dr. rer. nat., Prof.; *Physik*; di: Hochsch. Regensburg, Fak. Informatik u. Mathematik, PF 120327, 93025 Regensburg, T: (0941) 9431316, friedhelm.kuypers@mathematik.fh-regensburg.de

**Kwiatkowski,** Josef; Dr. rer. nat., Prof.; *Umwelttechnik, Qualitäts- u. Umweltmanagement*; di: TFH Georg Agricola Bochum, WB Maschinen- u. Verfahrenstechnik, Herner Str. 45, 44787 Bochum, T: (0234) 9683686, F: 9683684, kwiatkowski@tfh-bochum.de; pr: Am Kippgarten 30, 45739 Oer-Erkenschwick, T: (02368) 693543

**Kwoka,** Margit; Prof.; *Verwaltungs-, Kommunal-, öffentliches Haushaltsrecht und Recht der Finanzierung, Organisation, Planung in der sozialen Arbeit*; di: FH Potsdam, FB Sozialwesen, Friedrich-Ebert-Str. 4, 14467 Potsdam, T: (0331) 5801124, kwoka@fh-potsdam.de

**Kynast,** Ulrich; Dr. rer. nat., Prof.; *Allgemeine, Anorganische und Analytische Chemie*; di: FH Münster, FB Chemieingenieurwesen, Stegerwaldstr. 39, 48565 Steinfurt, T: (02551) 962119, F: 962187, uk@fh-muenster.de; pr: Nelkenweg 4, 48565 Steinfurt, T: (02551) 81559

**Kyosev,** Yordan; Dr.-Ing., Prof.; *Textiltechnologie, textile Werkstoffe und Qualitätsmanagement*; di: Hochsch. Niederrhein, FB Textil- u. Bekleidungstechnik, Webschulstr. 31, 41065 Mönchengladbach, T: (02161) 1866086, Yordan.Kyosev@hs-niederrhein.de; pr: T: (02421) 85853

**Laabs,** Peter; Dipl.-Industrie-Designer, Prof.; *Entwurf, Produktgestaltung*; di: HTW Dresden, Fak. Gestaltung, Friedrich-List-Platz 1, 01069 Dresden, T: (0351) 4623574, laabs@htw-dresden.de

**Laack,** Walter van; Dr. med., HonProf.; *Orthopädie*; di: FH Aachen, FB Angewandte Naturwiss. u. Technik, Ginsterweg 1, 52428 Jülich; pr: T: (02407)3074, dr.vanlaack@web.de

**Laaken,** Ton van der; Prof.; *Gestaltungslehre*; di: FH Düsseldorf, FB 2 – Design, Georg-Glock-Str. 15, 40474 Düsseldorf, T: (0211) 4351239, anton.vanderlaaken@fh-duesseldorf.de; pr: Bouwmeesterstraat 16, Niederlande-6821 GT Arnhem, T: (003126) 3514179, F: 3514179

**Laar,** Claudia von; Dr. rer. nat., Prof.; *Baustoffkunde u. Bauchemie*; di: Hochsch. Wismar, Fak. f. Ingenieurwiss., PF 1210, 23952 Wismar, T: (03841) 753547, c.von_laar@bau.hs-wismar.de

**Labbé,** Marcus; Dr., Prof.; *BWL, M&A*; di: Hochsch. Augsburg, Fak. f. Wirtschaft, Friedberger Str. 4, 86161 Augsburg, PF 110605, 86031 Augsburg, T: (0821) 55862966, marcus.labbe@hs-augsburg.de; www.hs-augsburg.de/ipla

**Laberenz,** Helmut; Dr., Prof.; *Betriebswirtschaftslehre*; di: HAW Hamburg, Fak. Life Sciences, Lohbrügger Kirchstr. 65, 21033 Hamburg, T: (040) 428756122, helmut.laberenz@haw-hamburg.de

**Labisch,** Susanna; Dr.-Ing., Prof.; *Biomechanik, Technische Mechanik, CAD*; di: Hochsch. Bremen, Fak. Natur u. Technik, Neustadtswall 30, 28199 Bremen, T: (0421) 59052926, F: 59052537, Susanna.Labisch@hs-bremen.de

**Labonté-Roset,** Christine; Dr., Prof. u. Rektorin; *Soziologie*; di: Alice-Salomon-Hochsch., Alice-Salomon-Platz 5, 12627 Berlin-Hellersdorf, T: (030) 99245309, F: 99245245, labonte@ash-berlin.eu; pr: Schlüterstr. 16, 10625 Berlin, T: (030) 3139363

**Labsch,** Karl Heinz; Dr. jur., Prof.; *Recht, insbesondere Öffentliches Recht und Baurecht*; di: HTWK Leipzig, FB Wirtschaftswissenschaften, PF 301166, 04251 Leipzig, T: (0341) 30766436, labsch@wiwi.htwk-leipzig.de

**Lachenmann,** August; Prof.; *Architektur, Stadtplanung*; di: H Koblenz, FB Bauwesen, Konrad-Zuse-Str. 1, 56075 Koblenz, T: (0261) 9528608, F: 9528647, lachenmann@hs-koblenz.de

**Lachenmayr,** Georg; Dr.-Ing., Prof.; *Maschinenelemente, Maschinendynamik, Werkstoffkunde, Holzbearbeitungsmaschinen, Schwingungstechnik, Mehrkörpersystemdynamik, Betriebsfestigkeit*; di: Hochsch. Rosenheim, Fak. Holztechnik u. Bau, Hochschulstr. 1, 83024 Rosenheim, T: (08031) 805300, F: 805302

**Lacher,** Christine; Dr., Prof.; *Volkswirtschaftslehre / Förderangelegenheiten*; di: HAW Hamburg, Fak. Wirtschaft u. Soziales, Berliner Tor 5, 20099 Hamburg, T: (040) 428756933, christine.lacher@haw-hamburg.de

**Lachmann,** Astrid; Dr., Prof.; *Unternehmensführung, Informationsmanagement, Controlling*; di: FH Düsseldorf, FB 7 – Wirtschaft, Universitätsstr. 1, Geb. 23.32, 40225 Düsseldorf, T: (0211) 8114212, F: 8114369, astrid.lachmann@fh-duesseldorf.de

**Lachmann,** Eckhard; Dr., Prof.; *Praxis des Exportgeschäfts*; di: Hochsch. Rosenheim, Fak. Betriebswirtschaft, Hochschulstr. 1, 83024 Rosenheim, T: (08031) 805464, F: 805453, eckhard.lachmann@fh-rosenheim.de

**Lachmann,** Suzanne; Dr., Prof.; *Tourismusmanagement, Unternehmensführung*; di: Hochsch. Deggendorf, FB Betriebswirtschaft, Edlmairstr. 6-8, 94469 Deggendorf, PF 1320, 94453 Deggendorf, T: (0991) 3615112, F: 3615811 12, suzanne.lachmann@fh-deggendorf.de

**Lachnit,** Winfried; Dr., Prof.; *Betriebssysteme, Simulation, Optimierung*; di: FH d. Wirtschaft, Paradiesstr. 40, 01217 Dresden, T: (0351) 8766742, F: 8766744, winfried.lachnit@fhdw.de

**Lackmann,** Justus; Dr.-Ing., Prof.; *Technische Mechanik, Strömungslehre, Rechnerunterstütztes Konstruieren, Konstruktionsübungen, Maschinenelemente, Maschinendynamik FEM*; di: Beuth Hochsch. f. Technik, FB VIII Maschinenbau, Veranstaltungs- u. Verfahrenstechnik, Luxemburger Str. 10, 13353 Berlin, T: (030) 45042729, lackmann@beuth-hochschule.de

**Lackmann,** Rainer; Dr., Prof.; *Mikroelektronik / Mikrosystemtechnik, insbes. Systemintegration und Einsatz rechnergestützter Verfahren*; di: FH Düsseldorf, FB 3 – Elektrotechnik, Josef-Gockeln-Str. 9, 40474 Düsseldorf, T: (0211) 4351624, rainer.lackmann@fh-duesseldorf.de; pr: Brehmstr. 84, 40239 Düsseldorf, T: (0211) 623432

**Lackner,** Hendrik; Dr., Prof.; *Öffentliches Recht, insbes. Verwaltungsrecht*; di: Hochsch. Osnabrück, Fak. Wirtschafts- u. Sozialwiss., Caprivistr. 30A, 49076 Osnabrück, PF 1940, 49009 Osnabrück, T: (0541) 9693108, lackner@wi.hs-osnabrueck.de

**Lackner,** Wolfgang; Dipl.-Ing., Dr.-Ing., Prof.; *Verkehrswegebau, Verkehrstechnik*; di: Hochsch. f. angew. Wiss. Würzburg Schweinfurt, Fak. Architektur u. Bauingenieurwesen, Münzstr. 12, 97070 Würzburg, T: (0931) 3511281, lackner@fh-wuerzburg.de

**Lademann,** Frank; Prof. Dr.; *Verkehrstechnik*; di: Techn. Hochsch. Mittelhessen, FB 01 Bauwesen, Wiesenstr. 14, 35390 Gießen, T: (0641) 3091852

**Lademann,** Julia; Dr., Prof.; di: Hochsch. München, Fak. Angew. Sozialwiss., Lothstr. 34, 80335 München, julia.lademann@hm.edu

**Ladurner,** Andreas; Dr., Prof.; *Recht*; di: Hochsch. Aalen, Fak. Wirtschaftswissenschaften, Beethovenstr. 1, 73430 Aalen, T: (07361) 5762415, Andreas.Ladurner@htw-aalen.de

**Ladwein,** Thomas; Dr., Prof.; *Elektrochemie, Korrosionsschutz*; di: Hochsch. Aalen, Fak. Maschinenbau u. Werkstofftechnik, Beethovenstr. 1, 73430 Aalen, T: (07361) 5762164, F: 5762317, thomas.ladwein@htw-aalen.de

**Ladwig,** Désirée; Dr. rer.pol., Prof.; *Betriebswirtschaftslehre, Personalwesen*; di: FH Lübeck, FB Maschinenbau u. Wirtschaft, Mönkhofer Weg 136-140, 23562 Lübeck, T: (0451) 3005393, desiree.ladwig@fh-luebeck.de

**Läer,** Rudolf; Dr.-Ing., Prof.; *Technische Mechanik / Baustatik und Massivbau*; di: FH Bielefeld, FB Architektur u. Bauingenieurwesen, Artilleriestr. 9, 32427 Minden, T: (0571) 8385118, F: 8385250, rudolf.laeer@fh-bielefeld.de; pr: Corsikascamp 22, 49076 Osnabrück, T: (0541) 682877

**Lämmel,** Anne; Dr., Prof.; *Verfahrenstechnik, Biotechnologie*; di: Hochsch. Trier, Umwelt-Campus Birkenfeld, FB Umweltplanung / Umwelttechnik, PF 1380, 55761 Birkenfeld, T: (06782) 171237, a.laemmel@umwelt-campus.de

**Lämmel,** Joachim; Dr.-Ing. habil., Prof.; *Elektrische Maschinen*; di: FH Frankfurt, FB 2 Informatik u. Ingenieurwiss., Nibelungenplatz 1, 60318 Frankfurt am Main, T: (069) 15332231, laemmel@fb2.fh-frankfurt.de

**Lämmel,** Uwe; Dr.-Ing., Prof.; *Grundlagen d. Informatik / Künstliche Intelligenz*; di: Hochsch. Wismar, Fak. f. Wirtschaftswiss., PF 1210, 23952 Wismar, T: (03841) 753617, u.laemmel@wi.hs-wismar.de

**Lämmlein,** Stephan; Dr.-Ing., Prof.; *Technische Strömungsmechanik, Messtechnik, Aerodynamik*; di: Hochsch. Regensburg, Fak. Maschinenbau, PF 120327, 93025 Regensburg, T: (0941) 9435155, stephan.laemmlein@maschinenbau.fh-regensburg.de

**Läpple,** Volker; Dr.-Ing., Prof.; *Werkstoffkunde, Werkstoffprüfung, Festigkeitslehre, Schweißen*; di: Hochsch. Reutlingen, FB Technik, Alteburgstr. 150, 72762 Reutlingen, T: (07121) 2717052, Volker.Laepple@Reutlingen-University.DE; pr: Sonnhalde 38, 73635 Rudersberg, T: (07183) 37537

**Lärm,** Thomas; Dr. rer. pol., Prof. u. Studiendekan; *Finanzdienstleistungen*; di: Hochsch. Mittweida, Fak. Wirtschaftswiss., Technikumplatz 17, 09648 Mittweida, T: (03727) 581307, F: 581295, laerm@htwm.de

**Laetsch,** Bernhard; Dr. rer. pol., Prof.; *Betriebswirtschaftslehre, insbes. Finanzwirtschaft*; di: FH Aachen, FB Wirtschaftswissenschaften, Eupener Str. 70, 52066 Aachen, T: (0241) 600951956, laetsch@fh-aachen.de

**Läzer,** Rainer; Prof.; *Packaging, Design, Marketing*; di: Hochsch. d. Medien, Fak. Druck u. Medien, Nobelstr. 10, 70569 Stuttgart, T: (0711) 89232150, laezer@hdm-stuttgart.de

**Laforsch,** Matthias; Dr., Prof.; *BWL*; di: DHBW Mosbach, Fak. Wirtschaft, Arnold-Janssen-Str. 9-13, 74821 Mosbach, T: (06261) 939109, F: 939104, laforsch@dhbw-mosbach.de

**Laging,** Marion; Dr. phil., Prof.; *Sozialpädagogik, Sozialarbeitswissenschaft*; di: Hochsch. Esslingen, Fak. Versorgungstechnik u. Umwelttechnik, Kanalstr. 33, 73728 Esslingen, T: (0711) 3974589; pr: Uhlbacher Str. 3, 73733 Esslingen

**Lahner,** Jörg; Dr., Prof.; *Wirtschaftsförderung und Unternehmensführung*; di: HAWK Hildesheim / Holzminden / Göttingen, Fak. Ressourcenmanagement, Büsgenweg 1a, 37077 Göttingen, T: (0551) 5032248

**Lahrmann,** Andreas; Dr.-Ing., Prof.; *Datenverarbeitung, CAD, Produktentwicklung*; di: HTW Berlin, FB Ingenieurwiss. II, Blankenburger Pflasterweg 102, 13129 Berlin, T: (030) 50194217, lahrmann@HTW-Berlin.de

**Laib,** Günther; Dipl.-Ing., Prof.; *Fahrzeugbau, Karosseriebau*; di: Hochsch. Ulm, Fak. Maschinenbau u. Fahrzeugtechnik, PF 3860, 89028 Ulm, T: (0731) 5028194, laib@hs-ulm.de

**Lajios,** Georgios; Dr. rer.nat., Prof.; *Mathematik, Angewandte Informatik, Operations Research*; di: FH Bielefeld, FB Ingenieurwiss. u. Mathematik, Am Stadtholz 24, 33609 Bielefeld, T: (0521) 1067484, georgios.lajios@fh-bielefeld.de; pr: Am Knocken 24, 33178 Borchen, T: (05251) 391774

**Lajmi,** Lilia; Dr.-Ing., Prof.; *Informationstechnik, Digitale Signalverarbeitung*; di: Ostfalia Hochsch., Fak. Elektrotechnik, Salzdahlumer Str. 46/48, 38302 Wolfenbüttel, T: (05331) 9393114, l.lajmi@ostfalia.de

**Lake,** Markus Kenneth; Dr.-Ing., Prof.; *Produktionstechnik, Beschichtungsverfahren*; di: Hochsch. Niederrhein, FB Maschinenbau u. Verfahrenstechnik, Reinarzstr. 49, 47805 Krefeld, T: (02151) 8225142, Markus.Lake@hs-niederrhein.de

**Lakemann,** Ulrich; Dr. rer. soc., Prof.; *Sozialwissenschaften, Sozialplanung*; di: FH Jena, FB Sozialwesen, Carl-Zeiss-Promenade 2, 07745 Jena, PF 100314, 07703 Jena, T: (03641) 205800, F: 205801, sw@fh-jena.de

**Laleik,** Achim; Dipl.-Ing., Prof.; *Städtebau, Ortsentwicklung, Städtebauliches Entwerfen, Freihandzeichnen*; di: FH Lübeck, FB Bauwesen, Stephensonstr. 1, 23562 Lübeck, T: (0451) 3005129, achim.laleik@fh-luebeck.de; pr: Feuerbachstr. 98, 24107 Kiel

**Lamb,** Hans; Prof.; *Dreidimensionale Gestaltungslehre*; di: HAWK Hildesheim / Holzminden / Göttingen, FB Gestaltung, Kaiserstr. 43-45, 31134 Hildesheim, T: (05121) 696485, F: (05069) 3480810

**Lambeck,** Steven; Dr., Prof.; *Meß- und Regelungstechnik*; di: Hochsch. Fulda, FB Elektrotechnik u. Informationstechnik, Marquardstr. 35, 36039 Fulda, T: (0661) 9640570, F: 9640559, Steven.Lambeck@et.hs-fulda.de

**Lambers,** Helmut; Dr. phil., Prof.; *Grundlagen und Konzepte Sozialer Arbeit*; di: Kath. Hochsch. NRW, Abt. Münster, FB Sozialwesen, Piusallee 89, 48147 Münster, h.lambers@kfhnw.de; pr: Walskamp 19, 48308 Senden, T: (02597) 96600

**Lambotte,** Stephan; Dr. rer. nat., Prof.; *Arbeits- und Gesundheitsschutz, Gentechnik*; di: Hochsch. Furtwangen, Fak. Computer & Electrical Engineering, Robert-Gerwig-Platz 1, 78120 Furtwangen, T: (07723) 9202458

**Lambrecht,** Hendrik; Dr., Prof.; *Ressourceneffizienz-Management*; di: Hochsch. Pforzheim, Fak. f. Wirtschaft u. Recht, Tiefenbronner Str. 65, 75175 Pforzheim, T: (07231) 286424, F: 287424

**Lamers,** Andreas; Dr. rer. pol., PD U Münster, Reg.dir. FH d. Bundes Brühl / Rh.; *Statistik u. Statistical Computing, Betriebswirtschaftslehre d. öffentl. Verwaltung, Personalmanagementsysteme" Vorgangsbearbeitungssysteme, Evaluation*; di: FH d. Bundes f. öff. Verwaltung, Willy-Brandt-Str. 1, 50321 Brühl, T: (022899) 6298119, Andreas.Lamers@fhbund.de; pr: Frenzenstr. 61, 50374 Erftstadt, T: (02235) 78267, F: 688492, DrALamers@web.de

**Lamers,** Reinhard; Dipl.-Ing., Prof.; *Bauphysik, Darstellende Geometrie*; di: HAWK Hildesheim / Holzminden / Göttingen, Fak. Management, Soziale Arbeit, Bauen, Haarmannplatz 3, 37603 Holzminden, T: (05531) 126231, F: 126150

**Lammel,** Ute Antonia; Dr., Prof.; *Soziale Arbeit*; di: Kath. Hochsch. NRW, Abt. Aachen, FB Sozialwesen, Robert-Schumann-Str. 25, 52066 Aachen, T: (0241) 6000329, F: 60003388, ua.lammel@kfhnw-aachen.de

**Lammen,** Benno; Dr.-Ing., Prof.; *Mess-, Steuer- und Regelungstechnik*; di: Hochsch. Osnabrück, Fak. Ingenieurwiss. u. Informatik, Artilleriestr. 46, 49076 Osnabrück, T: (0541) 9693237, b.lammen@hs-osnabrueck.de; pr: Sauerlandstr. 2, 49477 Ibbenbüren, T: (05451) 970377

**Lammer,** Kerstin; Dr., Prof.; *Theologie, Seelsorge*; di: Ev. Hochsch. Freiburg, Bugginger Str. 38, 79114 Freiburg i.Br., T: (0761) 47812437, lammer@eh-freiburg.de

**Lammers,** Frank; Dr., Prof.; *Statistik / Empirische Sozialforschung*; di: Hochsch. Harz, FB Wirtschaftswiss., Friedrichstr. 57-59, 38855 Wernigerode, T: (03943) 659243, F: 659109, flammers@hs-harz.de

**Lammich,** Klaus; Dr., Prof.; *Zivil- und Wirtschaftsrecht*; di: Hochsch. Harz, FB Wirtschaftswiss., Friedrichstr. 57-59, 38855 Wernigerode, T: (03943) 659260, F: 659109, klammich@hs-harz.de

**Lamott,** Ansgar; Dipl.-Ing., Prof.; *Architektur*; di: Hochsch. Darmstadt, FB Architektur, Haardtring 100, 64295 Darmstadt, T: (06151) 168105

**Land,** Beate; Dr. med., Prof.; *Management im Gesundheitswesen*; di: Hochsch. Heidelberg, Fak. f. Wirtschaft, Ludwig-Guttman-Str. 6, 69123 Heidelberg, T: (06221) 881414, F: 881010, beate.land@hochschule-heidelberg.de

**Landenfeld,** Karin; Dr.-Ing., Prof.; *Mathematik*; di: HAW Hamburg, Fak. Technik u. Informatik, Berliner Tor 7, 20099 Hamburg, T: (040) 428758393, karin.landenfeld@haw-hamburg.de

**Landes,** Dieter; Dr. rer. pol., Prof.; *Informatik, Software-Engineering, Kommunikationstechnik*; di: Hochsch. Coburg, Fak. Elektrotechnik / Informatik, Friedrich-Streib-Str. 2, 96450 Coburg, T: (09561) 317177, landes@hs-coburg.de

**Landgraf,** Karin; Dr.-Ing., Prof.; *CAD, Technische Mechanik*; di: HTWK Leipzig, FB Bauwesen, PF 301166, 04251 Leipzig, T: (0341) 30766348, landgraf@fbb.htwk-leipzig.de

**Landgrebe,** Silke; Dipl.-Soz., Dr. phil., Prof.; *Betriebswirtschaftslehre, insbes. Tourismus*; di: Westfäl. Hochsch., FB Wirtschaft u. Informationstechnik, Münsterstr. 265, 46397 Bocholt, T: (02871) 2155720, Silke.Landgrebe@fh-gelsenkirchen.de

**Landmann,** Meinhard; Dr., Prof.; *Naturwissenschaften in der Restaurierung*; di: FH Erfurt, FB Konservierung u. Restaurierung, Altonaer Str. 25a, 99085 Erfurt, PF 101363, 99013 Erfurt, T: (0361) 6700777, F: 6700766, landmann@fh-erfurt.de

**Landmesser,** Holger; Dr. rer. nat., Prof.; *Allgemeine und analytische Chemie*; di: HTW Dresden, Fak. Maschinenbau / Verfahrenstechnik, Friedrich-List-Platz 1, 01069 Dresden, T: (0351) 4622288, land@mw.htw-dresden.de

**Landrath,** Joachim; Dr.-Ing., Prof.; *Elektrische Antriebstechnik, Elektrotechnische Grundlagen, Handhabungstechnik*; di: Ostfalia Hochsch., Fak. Elektrotechnik, Salzdahlumer Str. 46/48, 38302 Wolfenbüttel, T: (05331) 93942460, j.landrath@ostfalia.de; pr: Parkstr. 10, 38102 Braunschweig, T: (0531) 798365

**Landrock,** Gisela; Dr. jur., Prof.; *Privates Wirtschaftsrecht, insbesondere Bürgerliches Recht und Handelsrecht*; di: Hochsch. f. Wirtschaft u. Recht Berlin, Badensche Str. 50-51, 10825 Berlin, T: (030) 85789156, landrock@hwr-berlin.de; pr: Karl-Stieler-Str. 15, 12167 Berlin, T: (030) 7965280

**Landvogt,** Markus; Dr., Prof.; *Tourismus*; di: Hochsch. Kempten, Fak. Tourismus, Bahnhofstr. 61-63, 87435 Kempten, T: (0831) 25239518, F: 25239502, markus.landvogt@fh-kempten.de

**Landwehr,** Birgitta; Dr.-Ing., Prof.; *Verfahrenstechnik*; di: Hochsch. Mannheim, Fak. Verfahrens- u. Chemietechnik, Windeckstr. 110, 68163 Mannheim

**Landwehrs,** Klaus; Dipl.-Phys., Prof.; *Baustoffe*; di: FH Potsdam, FB Bauingenieurwesen, Pappelallee 8-9, Haus 1, 14469 Potsdam, T: (0331) 5801316, landw@fh-potsdam.de

**Lang,** Andreas; Dr.-Ing., Prof.; *Bauwirtschaft, Baubetrieb*; di: Hochsch. Darmstadt, FB Bauingenieurwesen, Haardtring 100, 64295 Darmstadt, T: (06151) 168157, alang@fbb.h-da.de

**Lang,** Bernhard; Dr.-Ing., Prof.; *Digitale Multimediasysteme*; di: Hochsch. Osnabrück, Fak. Ingenieurwiss. u. Informatik, Artilleriestr. 46, 49076 Osnabrück, T: (0541) 9692193, F: 9692936, b.lang@hs-osnabrueck.de

**Lang,** Birger; Dr. rer. pol., Prof., Präs.; *Marktforschung, Volkswirtschaftslehre, Aktienbörsen*; di: Europäische FH Brühl, Kaiserstr. 6, 50321 Brühl, T: (02232) 5673120, b.lang@eufh.de

**Lang,** Eckart; Dr., Prof.; *Staats- und Europarecht*; di: FH d. Bundes f. öff. Verwaltung, FB Bundeswehrverwaltung, Seckenheimer Landstr. 10, 68163 Mannheim

**Lang,** Elke; Dr. rer. nat. habil., Prof. FH Darmstadt; *Technik d. Informationssysteme*; di: Hochsch. Darmstadt, FB Media, Haardtring 100, 64295 Darmstadt, T: (06151) 169416, elke.lang@fbmedia.h-da.de

**Lang,** Hans-Peter; Dr.-Ing., Prof.; *Maschinenbau*; di: DHBW Stuttgart, Fak. Technik, Maschinenbau, Jägerstraße 56, 70174 Stuttgart, T: (0711) 1849622, lang@dhbw-stuttgart.de

**Lang,** Hans-Werner; Dipl.-Inform., Dr. rer. nat., Prof. FH Flensburg; *Technische Informatik, Parallelrechner-Architektur, parallele Algorithmen*; di: FH Flensburg, FB Information u. Kommunikation, Kanzleistr. 91-93, 24943 Flensburg, T: (0461) 8051235, F: 8051527, hans-werner.lang@fh-flensburg.de; pr: Am Moorwiesengraben 34, 24113 Kiel, T: (0431) 686922

**Lang,** Heinrich; Dr., Prof.; *BWL – Tourismus, Hotellerie und Gastronomie: Destinations- und Kurortemanagement*; di: DHBW Ravensburg, Rudolfstr. 19, 88214 Ravensburg, T: (0751) 189992770, lang@dhbw-ravensburg.de

**Lang,** Jürgen; Dr.-Ing., Prof.; *Wasserwirtschaft, Ingenieurhydrologie, Hydromechanik*; di: FH Kaiserslautern, FB Bauen u. Gestalten, Schoenstr. 6, 67659 Kaiserslautern, T: (0631) 3724511, F: 3724555, juergen.lang@fh-kl.de

**Lang,** Klaus; Dr.-Ing., Prof., Dekan FB Technik, Informatik, Wirtschaft; *Technische Informatik, Rechnerarchitektur, Rechnernetze*; di: FH Bingen, FB Technik, Informatik, Wirtschaft, Berlinstr. 109, 55411 Bingen, T: (06721) 409266, F: 409158, lang@fh-bingen.de

**Lang,** Klaus; Dr., Prof.; *Betriebswirtschaftslehre, Unternehmensführung, Informationsmanagement*; di: FH Neu-Ulm, Wileystr. 1, 89231 Neu-Ulm, T: (0731) 97621510, klaus.lang@fh-neu-ulm.de

**Lang,** Susanne; Dr., Prof.; *Jugendarbeit, Jugendbildung und Medienpädagogik*; di: Hochsch. Mannheim, Fak. Sozialwesen, Ludolf-Krehl-Str. 7-11, 68167 Mannheim

**Lang,** Winfried; Prof.; *Elektrotechnik*; di: DHBW Mannheim, Fak. Technik, Coblitzallee 1-9, 68163 Mannheim, T: (0621) 41051117, F: 41051318, winfried.lang@dhbw-mannheim.de

**Lang,** Wolfgang; Dr., Prof.; di: Hochsch. f. Wirtschaft u. Recht Berlin, Badensche Str. 50-51, 10825 Berlin, T: (030) 85789171, wlang@hwr-berlin.de

**Langbein,** Dierk; Dr.sc.techn., Prof.; *Angewandte Informatik, Multimedia-Anwendungen*; di: HTW Berlin, Treskowallee 8, 10318 Berlin, T: (030) 50192303, d.langbein@HTW-Berlin.de

**Langbein,** Uwe; Dr. rer. nat. habil., Prof.; *Technische Optik, Theroetische und rechnergestützte Physik, Kohärente Optik*; di: Hochsch. Rhein / Main, FB Ingenieurwiss., Physikalische Technik, Am Brückweg 26, 65428 Rüsselsheim, T: (06142) 8984527, uwe.langbein@hs-rm.de; pr: Hügelstr. 35, 64404 Bickenbach, T: (06257) 62222

**Lange,** Claus; Dr. rer. nat. habil., Prof. HTW Dresden; *Mathematik, Stochastik, Stochastische Prozesse, Zuverlässigkeitstheorie*; di: HTW Dresden, Fak. Informatik / Mathematik, Friedrich-List-Platz 1, 01069 Dresden, PF 120701, 01008 Dresden, T: (0351) 4622414, F: 4622197, lange@informatik.htw-dresden.de; www.informatik.htw-dresden.de/~lange/

**Lange,** Constantin; Dr. rer. oec., Prof.; *Angewandtes Media Management*; di: Hochsch. Fresenius, Im Mediapark 4c, 50670 Köln, constantin.lange@prometheus-media.de

**Lange,** Franz Josef; Dr.-Ing., Prof.; *Fertigungsverfahren, Schweisstechnik, Automatisierungstechnik*; di: Hochsch. Augsburg, Fak. f. Maschinenbau u. Verfahrenstechnik, An der Hochschule 1, 86161 Augsburg, T: (0821) 55863166, F: 55863160, franz-josef.lange@hs-augsburg.de; www.hs-augsburg.de/~lange/

**Lange,** Gerald; Dipl.-Ing., Prof.; *Gebäudetechnik, Energieversorgungssysteme, Regenerative Energiesysteme*; di: FH Südwestfalen, FB Techn. Betriebswirtschaft, Haldener Str. 182, 58095 Hagen, T: (02331) 9330785, g.lange@fh-swf.de

**Lange,** Gesa; Prof.; *Zeichnen*; di: HAW Hamburg, Fak. Design, Medien u. Information, Finkenau 35, 22081 Hamburg, T: (040) 428754600, Gesa.Lange@haw-hamburg.de

**Lange,** Gudrun; Dr.-Ing., Prof.; *Werkstofftechnik*; di: HTW Dresden, Fak. Maschinenbau / Verfahrenstechnik, Friedrich-List-Platz 1, 01069 Dresden, T: (0351) 4622231, g.lange@mw.htw-dresden.de

**Lange,** Hartmut; Dr. jur., HonProf.; *Wettbewerbsrecht*; di: FH Stralsund, FB Wirtschaft, Zur Schwedenschanze 15, 18435 Stralsund, T: (03831) 456601

**Lange,** Horst; Prof.; *Landschaftsplanung und Landschaftsökologie*; di: Hochsch. Anhalt, FB 1 Landwirtschaft, Ökotrophologie, Landespflege, Strenzfelder Allee 28, 06406 Bernburg, T: (03471) 3551163, lange@loel.hs-anhalt.de

**Lange,** Jan Henning; Dr., Prof.; *Werkstoffe und Fertigung*; di: HAW Hamburg, Fak. Technik u. Informatik, Berliner Tor 9, 20099 Hamburg, janhenning.lange@haw-hamburg.de

**Lange,** Jürgen; Dr.-Ing., Prof.; *Kraftfahrzeugtechnik, Konstruktionslehre*; di: Westsächs. Hochsch. Zwickau, Fak. Kraftfahrzeugtechnik, Dr.-Friedrichs-Ring 2A, 08056 Zwickau, Juergen.Lange@fh-zwickau.de

**Lange,** Otfried; Dr. sc. nat., Dr. rer. nat. habil., Prof.; *Steuerungstheorie, Mathematische Physik*; di: Hochsch.Merseburg, FB Informatik u. Kommunikationssysteme, Geusaer Str., 06217 Merseburg, T: (03461) 462930, otfried.lange@hs-merseburg.de

**Lange,** Steffen; Dr. rer. nat. habil., Prof.; *Theoretische Informatik, Informatik und Gesellschaft*; di: Hochsch. Darmstadt, FB Informatik, Haardtring 100, 64295 Darmstadt, T: (06071) 168417, s.lange@fbi.h-da.de; pr: Oberseestr. 76, 13053 Berlin, T: (0178) 5831012

**Lange,** Sven Carsten; Dr.-Ing., Prof.; *Maschinenbau*; di: Hochsch. Emden/Leer, FB Technik, Constantiaplatz 4, 26723 Emden, T: (04921) 8071303, F: 8071593, sven.carsten.lange@hs-emden-leer.de

**Lange,** Tatjana; Dr., Prof.; *Automatisierungstechnik, Regelungstechnik*; di: Hochsch.Merseburg, FB Informatik u. Kommunikationssysteme, Geusaer Str., 06217 Merseburg, T: (03461) 462371, F: 462900, tatjana.lange@hs-merseburg.de

**Lange,** Walter; Dr.-Ing., Prof.; *Technische Informatik*; di: FH Flensburg, FB Technik, Kanzleistr. 91-93, 24943 Flensburg, T: (0461) 8051300, walter.lange@inf.fh-flensburg.de; www.iti.fh-flensburg.de

**Lange,** Werner; Dr.-Ing., Prof.; *Regelungstechnik*; di: FH Kiel, FB Informatik u. Elektrotechnik, Grenzstr. 5, 24149 Kiel, T: (0431) 2104117, F: 2104011, werner.lange@fh-kiel.de; pr: Danziger Str. 9, 24855 Jübek

**Lange-Bertalot,** Nils; Dr. rer. publ., Prof.; *Strafrecht und Strafverfahrensrecht*; di: Hochsch. d. Polizei Hamburg, Braamkamp 3, 22297 Hamburg, T: (040) 428668806, nils.lange-bertalot@hdp.hamburg.de

**Langehennig,** Manfred; Dr., Prof.; *Gerontologie, Sozialarbeit, Altenarbeit*; di: FH Frankfurt, FB 4 Soziale Arbeit u. Gesundheit, Nibelungenplatz 1, 60318 Frankfurt am Main, T: (069) 15332650, langehen@fb4.fh-frankfurt.de

**Langeloth,** Gernot; Dipl.-Ing., Prof.; *Konstruktion, CAD, Maschinenelemente, Darstellende Geometrie*; di: Hochsch. Regensburg, Fak. Maschinenbau, PF 120327, 93025 Regensburg, T: (0941) 9435174, gernot.langeloth@maschinenbau.fh-regensburg.de

**Langemeyer,** Heiner; Dr. rer. pol., Prof.; *Finanzdienstleistungen*; di: FH d. Wirtschaft, Fürstenallee 3-5, 33102 Paderborn, T: (05251) 301187, heiner.langemeyer@fhdw.de; pr: T: (040) 6038140

**Langen,** Ingeborg; Dipl.-Päd., Prof.; *Soziale Arbeit, Supervision*; di: Georg-Simon-Ohm-Hochsch. Nürnberg, Fak. Sozialwiss., Bahnhofstr. 87, 90402 Nürnberg, PF 210320, 90121 Nürnberg

**Langenbach,** Christian; Dr., Prof.; *E-Services, Wirtschaftsinformatik*; di: Georg-Simon-Ohm-Hochsch. Nürnberg, Fak. Betriebswirtschaft, Bahnhofsstr. 87, 90402 Nürnberg, PF 210320, 90121 Nürnberg, christian.langenbach@ohm-hochschule.de

**Langenbahn,** Claus-Michael; Dr., Prof.; *Mathematik, Statistik, Informatik*; di: H Koblenz, FB Wirtschafts- u. Sozialwissenschaften, RheinAhrCampus, Joseph-Rovan-Allee 2, 53424 Remagen, T: (02642) 932201, langenbahn@rheinahrcampus.de

**Langenbahn,** Hans Willi; Dr.-Ing., Prof., Dekan Fakultät für Anlagen, Energie- und Maschinensysteme; *Werkstoffkunde und Fertigungstechnik*; di: FH Köln, Fak. f. Anlagen, Energie- u. Maschinensysteme, Betzdorfer Str. 2, 50679 Köln, T: (0221) 82752402, hans_willi.langenbahn@fh-koeln.de; pr: Neustr. 45, 52159 Roetgen

**Langenecker,** Josef; Dr. jur.-, Prof.; *Arbeitsrecht, Erbrecht, Handelsrecht, Gesellschaftsrecht, Umweltrecht*; di: Hochsch. Deggendorf, FB Maschinenbau, Edlmairstr. 6-8, 94469 Deggendorf, PF 1320, 94453 Deggendorf, T: (0991) 3615422, F: 3615499, josef-langenecker@fh-deggendorf.de

**Langenfurth,** Markus; Dr., Prof.; *Management*; di: Business School (FH), Große Weinmeisterstr. 43 a, 14469 Potsdam, T: (0331) 97910234, markus.langenfurth@businessschool-potsdam.de

**Langer,** Andreas; Dr., Prof.; *Sozialwissenschaften*; di: HAW Hamburg, Fak. Wirtschaft u. Soziales, Alexanderstr. 1, 20099 Hamburg, T: (040) 428757055, andreas.langer@haw-hamburg.de

**Langer,** Bernhard; Dr., Prof.; *Management im Gesundheits- u. Sozialwesen, insbes. Qualitäts- u. Projektmanagement*; di: Hochsch. Neubrandenburg, FB Gesundheit, Pflege, Management, Brodaer Str. 2, 17033 Neubrandenburg, T: (0395) 56933107, langer@hs-nb.de

**Langer,** Eberhard; Dipl.-Ing., Dr.-Ing., Prof.; *Elektrotechnik*; di: FH Lübeck, FB Angew. Naturwiss., Stephensonstr. 3, 23562 Lübeck, T: (0451) 3005372, F: 3005235, eberhard.langer@fh-luebeck.de

**Langer,** Horst; Dr.-Ing., Prof.; *Konstruktionslehre*; di: FH Bielefeld, FB Ingenieurwiss. u. Mathematik, Am Stadtholz 24, 33609 Bielefeld, T: (0521) 1067449, horst.langer@fh-bielefeld.de; pr: Am Knocken 24, 33178 Borchen, T: (05251) 391774

**Langer,** Ulrich; Dr.-Ing., Prof. FH Köln; *Messtechnik, Betrieblicher Umweltschutz, Angewandte Fahrzeugelektronik*; di: FH Köln, Fak. f. Fahrzeugsysteme u. Produktion, Betzdorfer Str. 2, 50679 Köln, T: (0221) 82752355, F: 82752335, ulrich.langer@fh-koeln.de; pr: Grenzstr. 22, B-4728 Hergenrath, T: (0032) 87653727

**Langer,** Wolfgang; Dr.-Ing., Prof.; *Technologie, Maschinenelemente, Antriebstechnik*; di: Hochsch. Darmstadt, FB Maschinenbau u. Kunststofftechnik, Haardtring 100, 64295 Darmstadt, T: (06151) 168582, langerwo@h-da.de

**Langfeldt,** Enno; Dr. rer.pol., Prof.; *VWL, Finanz- und Verwaltungswissenschaft*; di: FH Kiel, FB Wirtschaft, Sokratesplatz 2, 24149 Kiel, T: (0431) 2103537, enno.langfeldt@fh-kiel.de; pr: Kurallee 9a, 24159 Kiel, T: (0431) 322508

**Langguth,** Heike; Dr., Prof.; *Unternehmensplanung, Controlling, Rechnungswesen, Corporate Finance*; di: Hochsch. Hannover, Fak. IV Wirtschaft u. Informatik, Ricklinger Stadtweg 120, 30459 Hannover, T: (0511) 92961584, heike.langguth@hs-hannover.de; pr: Waldhausenstr. 19, 30519 Hannover, T: (0511) 513572

**Langguth,** Matthias; Dr. rer. pol., Prof.; *Betriebswirtschaftslehre, insb. Marketing*; di: FH Stralsund, FB Wirtschaft, Zur Schwedenschanze 15, 18435 Stralsund, T: (03831) 456611

**Langguth,** Wolfgang; Dipl.-Phys., Dr. rer. nat., Prof.; *Elektrotechnik*; di: HTW d. Saarlandes, Fak. f. Ingenieurwiss., Goebenstr. 40, 66117 Saarbrücken, T: (0681) 5867279, wlang@htw-saarland.de; pr: Pfaffenkopfstr. 10, 66125 Dudweiler, T: (06897) 78739

**Langhammer,** Günter; Dr.-Ing., Prof.; *Hochspannungstechnik, Elektrische Anlagen, Elektromagnetische Verträglichkeit*; di: Hochsch. Karlsruhe, Fak. Elektro- u. Informationstechnik, Moltkestr. 30, 76133 Karlsruhe, PF 2440, 76012 Karlsruhe, T: (0721) 9252226

**Langhanky,** Michael; Dr., em. Prof.; di: Ev. Hochsch. f. Soziale Arbeit & Diakonie, Horner Weg 170, 22111 Hamburg; pr: Röhrigstr. 36, 22763 Hamburg

**Langheld,** Erwin; Dipl.-Ing., Prof.; *Analoge Elektronik*; di: FH Lübeck, FB Elektrotechnik u. Informatik, Mönkhofer Weg 136-140, 23562 Lübeck, T: (0451) 3005308, langheld@fh-luebeck.de

**Langhoff,** Thomas; Dr. phil., Prof.; *Organisationspsychologie, Qualifizierung*; di: Hochsch. Niederrhein, FB Wirtschaftswiss., Webschulstr. 41-43, 41065 Mönchengladbach, T: (02161) 1866690, thomas.langhoff@hs-niederrhein.de

**Langlotz,** Anselm; Dr. jur., Prof.; *Recht*; di: Hochsch. München, Fak. Betriebswirtschaft, Am Stadtpark 20 (Neubau), 81243 München, T: (089) 126532726, F: 12652714, anselm.langlotz@fhm.edu

**Langmann,** Reinhard; Dr.-Ing., Prof.; *Prozesslenkung/Regelungstechnik*; di: FH Düsseldorf, FB 3 – Elektrotechnik, Josef-Gockeln-Str. 9, 40474 Düsseldorf, T: (0211) 4351308, reinhard.langmann@fh-duesseldorf.de; pr: Vorländer Str. 12, 42659 Solingen, T: (0212) 499436, R.Langmann@t-online.de

**Langnickel,** Hans; Dr. phil., Prof.; *Management in der Sozialverwaltung und den sozialen Diensten*; di: Hochsch. Lausitz, FB Sozialwesen, Lipezker Str. 47, 03048 Cottbus-Sachsendorf

**Langosch,** Rainer; Dr. sc. agr., Prof.; *Agrarwissenschaft, Unternehmensführung u. Beratungsmethodik*; di: Hochsch. Neubrandenburg, FB Agrarwirtschaft u. Lebensmittelwiss., Brodaer Str. 2, 17033 Neubrandenburg, PF 110121, 17041 Neubrandenburg, T: (0395) 56932104, langosch@hs-nb.de

**Langwieder,** Klaus; Dr.-Ing., HonProf.; *Unfallforschung und Fahrzeugsicherheit*; di: HTW Dresden, Fak. Maschinenbau/ Verfahrenstechnik, Friedrich-List-Platz 1, 01069 Dresden

**Lankau,** Ralf; M.A., Prof.; *Mediengestaltung, Cross Media Publishing, E-Learning*; di: Hochsch. Offenburg, Fak. Medien u. Informationswesen, Badstr. 24, 77652 Offenburg, T: (0781) 205134, F: 205214, ralf.lankau@fh-offenburg.de

**Lankes,** Fidelis; Dr., Prof.; *Volkswirtschaftslehre/-politik*; di: Hochsch. München, Fak. Betriebswirtschaft, Am Stadtpark 20, 81243 München, T: (089) 12652743, F: 12652714, fidelis.lankes@fhm.edu

**Lano,** Ralph; PhD, Prof.; *Softwaretechnik, multimediale Anwendungen*; di: HTW Berlin, FB Wirtschaftswiss. II, Treskowallee 8, 10318 Berlin, T: (030) 50193262, Ralph.Lano@HTW-Berlin.de

**Lante,** Dirk-W.; Dipl.-Ing., Prof.; *Wasserbau, Wasserwirtschaft u. Umwelttechnik*; di: Hochsch. Neubrandenburg, FB Landschaftsarchitektur, Geoinformatik, Geodäsie u. Bauingenieurwesen, Brodaer Str. 2, 17033 Neubrandenburg, PF 110121, 17041 Neubrandenburg, T: (0395) 56934903, lante@hs-nb.de

**Lanwehr,** Ralf; Dr., Prof.; *Human Resource Management, International Management*; di: Business and Information Technology School, Reiterweg 26b, 58636 Iserlohn, T: (02371) 776573, ralf.lanwehr@bits-iserlohn.de

**Lanwer,** Willehad; Dr. phil., Prof.; *Heilpädagogik*; di: Ev. Hochsch. Darmstadt, Zweifalltorweg 12, 64293 Darmstadt, T: (06151) 879881, F: 879858, lanwer@eh-darmstadt.de

**Larbig,** Harald; Dr. rer. nat., Prof.; *Holz-, Kunststoff- und Bauchemie, Holzschutzmittelanalytik*; di: Hochsch. Rosenheim, Fak. Holztechnik u. Bau, Hochschulstr. 1, 83024 Rosenheim, T: (08031) 805328, F: 805302, larbig@fh-rosenheim.de

**Larek,** Emil; Dr.-Ing., Prof.; *Mathematik*; di: Hochsch. Wismar, Fak. f. Wirtschaftswiss., PF 1210, 23952 Wismar, T: (03841) 753604, e.larek@wi.hs-wismar.de

**Larisch,** Hans-Jürgen; Dr.-Ing., Prof.; *Praktische Geodäsie, Ingenieurvermessung*; di: Hochsch. Neubrandenburg, FB Landschaftsarchitektur, Geoinformatik, Geodäsie u. Bauingenieurwesen, Brodaer Str. 2, 17033 Neubrandenburg, PF 110121, 17041 Neubrandenburg, T: (0395) 56934107, larisch@hs-nb.de

**Lasar,** Andreas; Dr., Prof.; *BWL, Rechnungswesen, Controlling*; di: Hochsch. Osnabrück, Fak. Wirtschafts- u. Sozialwiss., Caprivistr. 30a, 49076 Osnabrück, T: (0541) 9693474, lasar@wi.hs-osnabrueck.de

**Laschet,** Remo; Dr. jur., Prof.; di: Rheinische FH Köln, Hohenstaufenring 16-18, 50674 Köln; pr: Mittelstr. 12-14, 50672 Köln, T: (0221) 560990, F: 5609990

**Laschinger,** Berthold; Dr. rer. nat., Prof.; *Mathematik, Kryptografie*; di: Hochsch. Furtwangen, Fak. Informatik, Robert-Gerwig-Platz 1, 78120 Furtwangen, T: (07723) 9202225, F: 9201109, Bertold.Laschinger@hs-furtwangen.de

**Laser,** Harald; Dr. agr. habil., Prof.; *Milchviehmanagement, Herdenmanagement*; di: FH Südwestfalen, FB Agrarwirtschaft, Lübecker Ring 2, 59494 Soest, T: (02921) 378105, laser.h@fh-swf.de

**Laser,** Johannes; Dr. rer. pol., Prof.; *Volkswirtschaftslehre und Regionalökonomie*; di: Hochsch. Zittau/ Görlitz, Fak. Wirtschafts- u. Sprachwiss., Theodor-Körner-Allee 16, 02763 Zittau, T: (03583) 611433, J.Laser@hs-zigr.de

**Laskowski,** Michael; Dr.-Ing., Prof.; *Kommunikationstechnik*; di: FH Dortmund, FB Informations- u. Elektrotechnik, Sonnenstr. 96, 44139 Dortmund, michael.laskowski@rwe.com

**Lasogga,** Frank; Dr. rer. pol., Prof.; *Marketingforschung, Customer Relationship Management im E-Business*; di: Hochsch. Fresenius, Im Mediapark 4c, 50670 Köln, lasogga@hs-fresenius.de

**Lassahn,** Martin; Dr.-Ing., Prof.; *Elektrische Messtechnik, Lineare Systeme*; di: Hochsch. Hannover, Fak. I Elektro- u. Informationstechnik, Ricklinger Stadtweg 120, 30459 Hannover, PF 920261, 30441 Hannover, T: (0511) 92961217, martin.lassahn@hs-hannover.de

**Lassen,** Ulf; Dr. rer. pol., Prof.; *Immobilien- und Baubetriebswirtschaft, Investition*; di: Hochsch. Biberach, SG Betriebswirtschaft, PF 1260, 88382 Biberach/Riß, T: (07351) 582415, F: 582449, lassen@hochschule-bc.de

**Lassleben,** Hermann; Dipl.-Soz., Prof.; *Personalwesen, Unternehmenskommunikation*; di: Hochsch. Reutlingen, FB International Business, Alteburgstr. 150, 72762 Reutlingen, T: (07121) 271-442, hermann.lassleben@fh-reutlingen.de; pr: Peter-Rosegger-Str. 6, 72762 Reutlingen

**Laßner,** Wolfgang; Dr. rer. nat. habil., Prof.; *Mathematik, Künstliche Intelligenz, Expertensysteme*; di: Hochsch. Lausitz, FB Informatik, Elektrotechnik, Maschinenbau, Großenhainer Str. 57, 01968 Senftenberg, PF 1538, 01958 Senftenberg, T: (03573) 85612, F: 85609, lassner@informatik.fh-lausitz.de

**Lassonczyk,** Beate; Dr. agr., Prof.; *Bodenökologie*; di: FH Aachen, FB Angewandte Naturwiss. u. Technik, Ginsterweg 1, 52428 Jülich, T: (0241) 600953213, lassonczyk@fh-aachen.de; pr: Starenweg 6, 52428 Jülich, T: (02461) 58752

**Latorre,** Federico; Dr. med., Prof.; *Gesundheitswissenschaften*; di: Ev. FH Rhld.-Westf.-Lippe, FB Heilpädagogik, Immanuel-Kant-Str. 18-20, 44803 Bochum, T: (0234) 36901191, latorre@efh-bochum.de

**Latteck,** Änne-Dörte; Dr., Prof.; *Pflegewissenschaft*; di: FH Bielefeld, Bereich Pflege und Gesundheit, Am Stadtholz 24, 33609 Bielefeld, T: (0521) 1067424, aenne-doerte.latteck@fh-bielefeld.de

**Lattemann,** Dorinde; Dipl.-Germ., Prof.; *Casten*; di: Georg-Simon-Ohm-Hochsch. Nürnberg, Fak. Design, Wassertorstr. 10, 90489 Nürnberg, PF 210320, 90121 Nürnberg, dorine.lattemann@ohm-hochschule.de

**Latz,** Hans; Dr., Prof.; *Mathematik, Geometrie, Finite Elemente Methoden, Wissenschaftliche Software*; di: Hochsch. f. angew. Wiss. Würzburg Schweinfurt, Fak. angew. Natur- u. Geisteswiss., Münzstr. 12, 97070 Würzburg

**Latz,** Kersten; Dr.-Ing., Prof.; *Statik/ Festigkeitslehre u. Stahlbau*; di: Hochsch. Wismar, Fak. f. Ingenieurwiss., PF 1210, 23952 Wismar, T: (03841) 753482, k.latz@bau.hs-wismar.de

**Latz,** Rudolf; Dr. rer. nat., Prof.; *Physik und Dünnschichttechnik*; di: Westfäl. Hochsch., FB Informatik u. Kommunikation, Neidenburger Str. 43, 45877 Gelsenkirchen, T: (0209) 9596408, Rudolf.Latz@informatik.fh-gelsenkirchen.de

**Lau,** Bernhard; Dr. rer. nat., Prof.; *Lasertechnik, Optoelektronik, Technische Optik*; di: Hochsch. Ulm, Fak. Mechatronik u. Medizintechnik, PF 3860, 89028 Ulm, T: (0731) 5028500, lau@hs-ulm.de

**Lau,** Carsten; Dr.-Ing., Prof.; *Logistische Dienstleistungen, Energiewirtschaft, Projektmanagement, Qualitätsmanagement*; di: SRH Hochsch. Hamm, Platz der Deutschen Einheit 1, 59065 Hamm, T: (02381) 9291156, F: 9291199, carsten.lau@fh-hamm.srh.de

**Laubenheimer,** Astrid; Dr.-Ing., Prof.; *Informatik*; di: Hochsch. Karlsruhe, Fak. Informatik u. Wirtschaftsinformatik, Moltkestr. 30, 76133 Karlsruhe, PF 2440, 76012 Karlsruhe, T: (0721) 9252383, astrid.laubenheimer@hs-karlsruhe.de

**Lauber,** Ulrike; Dipl.-Ing., Prof.; *Stadt- und Regionalplanung, Entwurf*; di: Beuth Hochsch. f. Technik, FB IV Architektur u. Gebäudetechnik, Luxemburger Str. 10, 13353 Berlin, T: (030) 45042547, lauber@beuth-hochschule.de

**Laubersheimer,** Wolfgang; Prof.; *Produktionstechnologie*; di: FH Köln, Fak. f. Kulturwiss., Ubierring 40, 50678 Köln, T: (0221) 82753489

**Lauckner,** Gunter; Dr.-Ing., Prof.; *Anlagen- und Produktautomatisierung*; di: HTW Dresden, Fak. Elektrotechnik, PF 120701, 01008 Dresden, T: (0351) 4622682, lauckner@et.htw-dresden.de

**Laudi,** Peter; Dr., Prof.; *Allgemeine Betriebswirtschaftslehre mit dem Schwerpunkt Finanzwirtschaft*; di: Hochsch. Bremen, Fak. Wirtschaftswiss., Werderstr. 73, 28199 Bremen, T: (0421) 59054550, peter.laudi@hs-bremen.de; pr: Waiblinger Weg 37c, 28215 Bremen

**Laudien,** Karsten; Dr. theol., Prof.; *Theologische Ethik, Sozialethik, Diakonie*; di: Ev. Hochsch. Berlin, Prof. f. theologische Ethik, PF 370255, 14132 Berlin, T: (030) 84582254, laudien@eh-berlin.de

**Laue,** Hans-Joachim; Agraringenieur (grad.), Dipl.-Biol., Dr. sc. agr., Prof.; *Tierernährung, Futtermittelkunde, Physiologie, Futterplanung*; di: FH Kiel, FB Agrarwirtschaft, Am Kamp 11, 24783 Osterrönfeld, T: (04331) 845126, F: 845141, hans-joachim.laue@fh-kiel.de; pr: Wehrautal 12, 24783 Osterrönfeld

**Laue,** Steffen; Dr., Prof.; *Restaurierung, Konservierung*; di: FH Potsdam, FB Architektur und Städtebau, Pappelallee 8-9, 14469 Potsdam, st.laue@fh-potsdam.de

**Lauer,** Silvia; Dr., Prof.; di: DHBW Karlsruhe, Fak. Technik, Erzbergerstr. 121, 76133 Karlsruhe, T: (0721) 9735887

**Lauer,** Thomas; Dr., Prof.; *Allgemeine Betriebswirtschaftslehre, Personalführung, Unternehmensführung*; di: Hochsch. Aschaffenburg, Fak. Wirtschaft u. Recht, Würzburger Str. 45, 63743 Aschaffenburg, T: (06021) 314727, thomas.lauer@fh-aschaffenburg.de

**Lauf,** Wolfgang; Dipl.-Math., Dr. rer. nat., Prof.; *Mathematik*; di: Hochsch. Regensburg, Fak. Informatik u. Mathematik, Prüfeninger Str. 58, 93049 Regensburg, PF 120327, 93025 Regensburg, T: (0941) 9431317, wolfgang.lauf@mathematik.fh-regensburg.de

**Lauffer,** Joachim; Dipl.-Ing., Prof.; *Verkehrswesen und Raumplanung, Ingenieurvermessung, Bauionformatik*; di: Hochsch. Konstanz, Fak. Bauingenieurwesen, Brauneggerstr. 55, 78462 Konstanz, PF 100543, 78405 Konstanz, T: (07531) 206205, F: 206391, lauffer@fh-konstanz.de

**Lauffs,** Hans-Georg; Dr.-Ing., Prof.; *Sensorsysteme, Bauelemente*; di: FH Düsseldorf, FB 3 – Elektrotechnik, Josef-Gockeln-Str. 9, 40474 Düsseldorf, T: (0211) 4351353, hans-georg.lauffs@fh-duesseldorf.de; pr: Am Bonneshof 24, 40474 Düsseldorf, T: (0211) 431155

**Laufke,** Franz Josef; Dr., Prof.; *Mathematik, Informatik*; di: FH Erfurt, FB Landschaftsarchitektur, Leipziger Str. 77, 99085 Erfurt, PF 101363, 99013 Erfurt, T: (0361) 6700283, F: 6700259, laufke@fh-erfurt.de

**Laufner,** Wolfgang; Dr., Prof.; *Mathematik/ Statistik, insbes. qualitative Methoden der BWL*; di: FH Dortmund, FB Wirtschaft, Emil-Figge-Str. 44, 44227 Dortmund, T: (0231) 7555181, F: 7554902, Wolfgang.Laufner@fh-dortmund.de; pr: Königstr. 78, 53115 Bonn

**Laufs,** Torsten; Dr.-Ing., Prof.; *Metallbau*; di: Hochsch. Mittweida, Fak. Maschinenbau, Döbelner Str. 58, 04741 Roßwein, T: (034322) 48675, F: 48682, laufs@htwm.de

**Laukner,** Matthias; Dr.-Ing., Prof.; *Elektromedizinische Technik, Grundlagen der Elektrotechnik*; di: HTWK Leipzig, FB Elektrotechnik u. Informationstechnik, PF 301166, 04251 Leipzig, T: (0341) 30761173, laukner@fbeit.htwk-leipzig.de

**Laumann,** Jörg; Dipl.-Ing., Prof.; *Stahlbau*; di: FH Aachen, FB Bauingenieurwesen, Bayernallee 9, 52066 Aachen, T: (0241) 600951143, laumann@fh-aachen.de

**Laumann,** Marcus; Dr. rer. pol., Prof.; *Internationale Betriebswirtschaftslehre, insbes. Organisationsmanagement internationaler Unternehmen*; di: FH Münster, FB Wirtschaft, Johann-Krane-Weg 25, 48149 Münster, T: (0251) 8365676, F: 8365502, m.laumann@fh-muenster.de

**Laumann,** Werner; Dr.-Ing., Prof.; *Allgemeine Maschinenlehre, Getriebetechnik, Dynamik, Maschinendynamik*; di: FH Jena, FB Maschinenbau, Carl-Zeiss-Promenade 2, 07745 Jena, PF 100314, 07703 Jena, T: (03641) 205300, F: 205301, mb@fh-jena.de

**Laumen,** Manfred; Dr., Prof.; *Betriebswirtschaft, insbes Wirtschaftsinformatik u Quantitative Methoden*; di: Hochsch. Heilbronn, Fak. f. Technik u. Wirtschaft, Daimlerstr. 35, 74653 Künzelsau, T: (07940) 1306228, F: 130662281, laumen@hs-heilbronn.de

**Laun,** Rotraud; Dr. rer. nat., Prof.; *Mathematik*; di: Hochsch. Heilbronn, Fak. f. Informatik, Max-Planck-Str. 39, 74081 Heilbronn, T: (07131) 504226, F: 252470, laun@hs-heilbronn.de

**Launhardt,** Harry; Dipl.-Ing., Prof.; *Regelungstechnik, Grundlagen der Elektrotechnik*; di: Hochsch. Ulm, Fak. Elektrotechnik u. Informationstechnik, PF 3860, 89028 Ulm, T: (0731) 5028422, launhard@hs-ulm.de

**Lausberg,** Carsten; Dr. oec., Prof.; *Immobilienbanking*; di: Hochsch. f. Wirtschaft u. Umwelt Nürtingen-Geislingen, FB 3, PF 1349, 72603 Nürtingen, T: (07331) 22574, carsten.lausberg@hfwu.de

**Lausberg,** Isabell; Dr. rer. pol., Prof.; *Technische Betriebswirtschaftslehre*; di: TFH Georg Agricola Bochum, WB Geoingenieurwesen, Bergbau u. Techn. Betriebswirtschaft, Herner Str. 45, 44787 Bochum, T: (0234) 9683260, F: 9683402, lausberg@tfh-bochum.de; pr: Weißenburgstr. 31, 50670 Köln

**Lausen,** Ralph; Dr., Prof.; di: DHBW Karlsruhe, Fak. Technik, Erzbergerstr. 121, 76133 Karlsruhe, T: (0721) 9735877

**Lauser,** Rolf; Dr. rer. soc., Prof.; *Organisation, EDV*; di: Hochsch. München, Fak. Betriebswirtschaft, Am Stadtpark 20 (Neubau), 81243 München, T: (089) 12652707, F: 12652714, rolf.lauser@fhm.edu

**Lautenschlager,** Gert; Dr., Prof.; *Ingenieurmathematik, Abfallwirtschaft*; di: Hochsch. Weihenstephan-Triesdorf, Fak. Umweltingenieurwesen, Steingruberstr. 2, 91746 Weidenbach-Triesdorf, T: (09826) 654225, F: 654110, gert.lautenschlager@fh-weihenstephan.de

**Lauter,** Herbert; Dr.-Ing., Prof.; *Verfahrenstechnik*; di: FH Aachen, FB Angewandte Naturwiss. u. Technik, Ginsterweg 1, 52428 Jülich, T: (0241) 600953152, lauter@fh-aachen.de; pr: Rütscher Str. 84, 52072 Aachen

**Lauterbach,** Andreas; Dr., Prof.; *Pflegerische Interventionen, Pflegewissenschaft, Pflegefall*; di: Hochsch. f. Gesundheit, Universitätsstr. 105, 44789 Bochum, T: (0234) 77727600, andreas.lauterbach@hs-gesundheit.de

**Lauterbach,** Christoph; Dr., Prof., Dekan FB Betriebswirtschaft; di: FH Kaiserslautern, FB Betriebswirtschaft, Amerikastr. 1, 66482 Zweibrücken, T: (06332) 485116, christoph.lauterbach@fh-kl.de

**Lauterbach,** Matthias; Dr., Prof.; *Wirtschaftsinformatik*; di: DHBW Mannheim, Fak. Wirtschaft, Coblitzallee 1-9, 68163 Mannheim, T: (0621) 41051240, F: 41051249, matthias.lauterbach@dhbw-mannheim.de

**Lauterbach,** Thomas; Dipl.-Phys., Dr. rer. nat., Prof.; *Physik, Elektronik, Bauphysik*; di: Georg-Simon-Ohm-Hochsch. Nürnberg, Fak. Allgemeinwiss., Keßlerplatz 12, 90489 Nürnberg, PF 210320, 90121 Nürnberg

**Lauth,** Günter; Dr. rer. nat., Prof.; *Physikalische Chemie, Betriebl. Kostenrechnung*; di: FH Aachen, FB Angewandte Naturwiss. u. Technik, Inst. f. Angewandte Polymerchemie, Worringer Weg 1, 52074 Aachen, T: (0241) 600953114, lauth@fh-aachen.de; pr: Auf der Hörn 66, 52074 Aachen, T: (0241) 89498955, F: 89498956

**Lautner,** Hans; Dr.-Ing., Prof.; *Maschinenelemente*; di: Hochsch. Darmstadt, FB Maschinenbau u. Kunststofftechnik, Haardtring 100, 64295 Darmstadt, T: (06151) 168592, h.lautner@h-da.de

**Lauven,** Gunther; Dr. med., Prof.; *Organisationsentwicklung, Integrierte Versorgung*; di: H Koblenz, FB Wirtschafts- u. Sozialwissenschaften, RheinAhrCampus, Joseph-Rovan-Allee 2, 53424 Remagen, T: (02642) 932182, lauven@rheinahrcampus.de

**Lauwerth,** Werner; Dipl.-Wi.-Ing., Dr., Prof.; *Operations Research, Marktforschung*; di: Techn. Hochsch. Mittelhessen, FB 13 Mathematik, Naturwiss. u. Datenverarbeitung, Wiesenstr. 14, 35390 Gießen, T: (0641) 3092348; pr: Bitzenstr. 40, 35398 Gießen-Lützellinden, T: (06403) 75615

**Laux,** Fritz; Dipl.-Math., Elektroing., Dr. rer. nat., Prof.; *Datenorganisation, Datenbanksysteme, Informationssysteme, Elektronik*; di: Hochsch. Reutlingen, FB Informatik, Alteburgstr. 150, 72762 Reutlingen, T: (07121) 271636; pr: Daimlerstr. 22/1, 72074 Tübingen, T: (07071) 83715

**Lavrov,** Alexander; Dr.-Ing. habil., Prof.; *Informations- und Kommunikationstechnik in der Logistik*; di: FH Kaiserslautern, FB Angew. Logistik u. Polymerwiss., Carl-Schurz-Str. 1-9, 66953 Pirmasens, T: (06331) 248356, F: 248344, alexander.lavrov@fh-kl.de

**Lawrenz,** Wolfhard; Dr.-Ing., Prof.; *Rechnerstrukturen*; di: Ostfalia Hochsch., Fak. Informatik, Salzdahlumer Str. 46/48, 38302 Wolfenbüttel

**Lay,** Bjørn-Holger; Dipl.-Ing., Prof.; *Bautechnik, Landschaftsbau*; di: Hochsch. Osnabrück, Fak. Agrarwiss. u. Landschaftsarchitektur, Oldenburger Landstr. 24, 49090 Osnabrück, T: (0541) 9695182, F: 96915051, b.lay@hs-osnabrueck.de; pr: Luisenstr. 1, 67434 Neustadt/W., T: (06321) 882562

**Layh,** Michael; Dr. rer.nat., Prof.; *Optikdesign, Physik, Ingenieurmathematik*; di: Hochsch. Kempten, Fak. Maschinenbau, Bahnhofstr. 61-63, 87435 Kempten, T: (0831) 25239531, F: 2523229, michael.layh@fh-kempten.de

**Lazar,** Markus; Dr.-Ing., Prof.; *Qualitätsmanagement, Fertigungstechnik*; di: Hochsch. Rosenheim, Fak. Ingenieurwiss., Hochschulstr. 1, 83024 Rosenheim, T: (08031) 805634, markus.lazar@fh-rosenheim.de

**Le,** Huu-Thoi; Dr.-Ing., Prof.; *Heizungs-, Energie- u. Umwelttechnik*; di: Beuth Hochsch. f. Technik, FB IV Architektur u. Gebäudetechnik, Luxemburger Str. 10, 13353 Berlin, T: (030) 45045305, huu-thoi.le@beuth-hochschule.de

**Leal,** Walter; Dr. (mult.), Prof.; *Application of Life Sciences*; di: HAW Hamburg, Fak. Life Sciences, Lohbrügger Kirchstr. 65, 21033 Hamburg, T: (040) 428756313, walter.leal@haw-hamburg.de; pr: In der Kemnau 45, 21339 Lüneburg/Ochtmissen, T: (04131) 66867, lealfilho@yahoo.com

**Lebert,** Klaus; Dr.-Ing., Prof.; *Mechatronik, Regelungstechnik, Steuerungstechnik*; di: FH Kiel, FB Informatik u. Elektrotechnik, Grenzstr. 5, 24149 Kiel, T: (0431) 2102560, klaus.lebert@fh-kiel.de

**Lebküchner-Neugebauer,** Judith; Dr. rer. nat., Prof.; *Chemie/Werkstoffkunde, Umweltverfahrenstechnik*; di: FH Erfurt, FB Versorgungstechnik, Altonaer Str. 25, 99085 Erfurt, PF 101363, 99013 Erfurt, T: (0361) 6700974, F: 6700424, neugebauer@fh-erfurt.de

**Lebrenz,** Christian; Dr., Prof.; *Personalmanagement, Strategisches u. Interkulturelles Management*; di: Hochsch. Augsburg, Fak. f. Wirtschaft, Friedberger Str. 4, 86161 Augsburg, T: (0821) 55862924, christian.lebrenz@hs-augsburg.de; www.hs-augsburg.de/~lebrenz/

**Lecatsa,** Rouli; Dipl.-Ing., Prof.; *Entwerfen und Grundlagen des Entwerfens*; di: FH Bielefeld, FB Architektur u. Bauingenieurwesen, Artilleriestr. 9, 32427 Minden, T: (0571) 8385181, F: 8385188, rouli.lecatsa@fh-bielefeld.de; pr: Königinstr. 20, 32423 Minden, T: (0571) 850927

**Lechelt,** Rainer; Dr. jur., Prof.; *Öffentliches Recht*; di: HAW Hamburg, Fak. Wirtschaft u. Soziales, Berliner Tor 5, 20099 Hamburg, T: (040) 428757724, rainer.lechelt@haw-hamburg.de

**Lechleuthner,** Alex; Dr., Dr., Prof.; *Medizin im Rettungswesen*; di: FH Köln, Fak. f. Anlagen, Energie- u. Maschinensysteme, Betzdorfer Str. 2, 50679 Köln, T: (0221) 82752298, ifn@uni.de

**Lechner,** Alfred; Dipl.-Chem., Dr. rer. nat., Prof.; *Chemie, Werkstofftechnik*; di: Hochsch. Regensburg, Fak. Allgemeinwiss. u. Mikrosystemtechnik, PF 120327, 93025 Regensburg, T: (0941) 9431271, alfred.lechner@mikro.fh-regensburg.de

**Lechner,** Christof; Dr., Prof.; *Thermodynamik und Strömungslehre*; di: HAW Hamburg, Fak. Life Sciences, Lohbrügger Kirchstr. 65, 21033 Hamburg, T: (040) 428756273, christof.lechner@haw-hamburg.de

**Lechner,** Helmut; Dr., Prof.; *Erziehungswissenschaft, Heilpädagogisches Arbeiten*; di: Hochsch. München, Fak. Angew. Sozialwiss., Lothstr. 34, 80335 München, T: (089) 12652349, helmut.lechner@hm.edu

**Lechner,** Thomas Frank; Dr.-Ing., Prof.; *Baustoffkunde, Bauphysik, Klimagerechtes Bauen*; di: FH Kaiserslautern, FB Bauen u. Gestalten, Schönstr. 6 (Kammgarn), 67657 Kaiserslautern, T: (0631) 3724600, F: 3724666, thomas.lechner@fh-kl.de; pr: Hauberallee 13a, 67434 Neustadt, T: (06321) 483740

**Leck,** Michael; Dipl.-Phys., Prof.; *Physik, Grundlagen der Elektronik, Mess- und Sensortechnik*; di: HAWK Hildesheim/Holzminden/Göttingen, Fak. Naturwiss. u. Technik, Hannah-Vogt-Str. 1, 37085 Göttingen, T: (05531) 50837812

**Lecon,** Carsten; Dr., Prof.; *Algorithmen u. Datenstrukturen, Objektorientierte Programmierung, Design v. Multimediasystemen*; di: Hochsch. Aalen, Fak. Elektronik u. Informatik, Beethovenstr. 1, 73430 Aalen, T: (07361) 5764365, carsten.lecon@htw-aalen.de

**Lederer,** Gerd; Dr. jur., Prof.; *Wirtschaftsprivatrecht, Arbeitsrecht*; di: Hochsch. München, Fak. Tourismus, Am Stadtpark 20 (Neubau), 81243 München, T: (089) 12652125, gerhard.lederer@fhm.edu

**Lederer,** Michael; Dr. oec., Prof.; *Finazen und Controlling, Internationales Management, Entrepreneurship*; di: Hochsch. Furtwangen, Fak. Wirtschaft, Jakob-Kienzle-Str. 17, 78054 Villingen-Schwenningen, T: (07720) 3074301, led@hs-furtwangen.de

**Lederle,** Barbara; Dr., Prof.; *Elektrotechnik, Technisches Marketing und Vertrieb*; di: Hochsch. Furtwangen, Fak. Maschinenbau u. Verfahrenstechnik, Jakob-Kienzle-Str. 17, 78054 Villingen-Schwenningen, leba@hs-furtwangen.de

**Lee,** Andrew; Dr., Prof.; di: DHBW Karlsruhe, Fak. Wirtschaft, Erzbergerstr. 121, 76133 Karlsruhe, T: (0721) 9735974

**Lee,** Jung-Hwa; Ph.D., Prof.; *Maschinenbau, Automatisierungstechnik*; di: Beuth Hochsch. f. Technik, FB VIII Maschinenbau, Veranstaltungs- u. Verfahrenstechnik, Luxemburger Straße 10, 13353 Berlin, T: (030) 45045185, leejh@beuth-hochschule.de

**Leemhuis,** Helen; Dr., Prof.; *Konstruktionslehre, Produktgestaltung*; di: HTW Berlin, FB Wirtschaftswiss. II, Treskowallee 8, 10318 Berlin, T: (030) 50192337, leemhuis@HTW-Berlin.de

**Leenen,** Wolf Rainer; Dr. rer. pol., Prof.; *Volkswirtschaftslehre und Sozialpolitik*; di: FH Köln, Fak. f. Angewandte Sozialwiss., Mainzer Str. 5, 50678 Köln, T: (0221) 82753359, rainer.leenen@fh-koeln.de; pr: Kirchweg 28, 51503 Rösrath, T: (02205) 911768, F: 911769

**Lege,** Burkhard; Dr.-Ing., Prof.; *Konstruktionslehre, CAD*; di: Hochsch. Konstanz, Fak. Maschinenbau, Brauneggerstr. 55, 78462 Konstanz, PF 100543, 78405 Konstanz, T: (07531) 206309, F: 206558, lege@fh-konstanz.de

**Legenstein,** Frank; Dr.-Ing., Prof.; *Bauphysik, Gebäudesanierung, Baukonstruktion*; di: HTW Berlin, FB Ingenieurwiss. II, Blankenburger Pflasterweg 102, 13129 Berlin, T: (030) 50194323, legenste@HTW-Berlin.de

**Legler,** Jürgen; Dr.-Ing., Prof.; *Feinwerkkonstruktion und CAD*; di: Jade Hochsch., FB Ingenieurwissenschaften, Friedrich-Paffrath-Str. 101, 26389 Wilhelmshaven, T: (04421) 9852235, F: 9852623, juergen.legler@jade-hs.de

**Legner,** Klaus; Dr.-Ing., Prof.; *Bauwirtschaft*; di: Hochsch. Bochum, FB Architektur, Lennershofstr. 140, 44801 Bochum, T: (0234) 3210122, klaus.legner@hs-bochum.de; pr: Schulstr. 16, 47447 Moers, T: (02841) 8893093, F: 8893094

**Lehleiter,** Robert; Dr. rer. pol., Prof.; *BWL, Betriebliche Steuerlehre*; di: HTW Dresden, Fak. Wirtschaftswissenschaften, Friedrich-List-Platz 1, 01069 Dresden, T: (0351) 4622392, lehleiter@wiwi.htw-dresden.de

**Lehmann,** Alexandra; Dr. phil., Prof.; *Psychologie*; di: Ev. FH Rhld.-Westf.-Lippe, FB Soziale Arbeit, Bildung u. Diakonie, Immanuel-Kant-Str. 18-20, 44803 Bochum, T: (0234) 36901187, lehmann@efh-bochum.de

**Lehmann,** Bernd; Dipl.-Ing., Verm. Assessor, Prof.; *Vermessungstechnik*; di: Hochsch. Trier, FB BLV, PF 1826, 54208 Trier, T: (0651) 8103225, b.lehmann@hochschule-trier.de; pr: Wolkerstr. 1, 54296 Trier, T: (0651) 39366

**Lehmann,** Bernd; Dr., Prof., Vizepräs. f. Offene H/Weiterbildung; *Landtechnik, Bauwesen, Physik*; di: Hochsch. Osnabrück, Fak. Agrarwiss. u. Landschaftsarchitektur, PF 1940, 49009 Osnabrück, T: (0541) 9695131, b.lehmann@hs-osnabrueck.de; pr: Ringstr. 18, 49504 Lotte, T: (05404) 3094, F: 957629

**Lehmann,** Clemens; Dr.-Ing., Prof.; *Produktmanagement, Rechnerunterstütztes Konstruieren, Informationsverarbeitung*; di: Beuth Hochsch. f. Technik, FB VIII Maschinenbau, Verfahrens- u. Umwelttechnik, Luxemburger Str. 10, 13353 Berlin, T: (030) 45045330, lehmann@beuth-hochschule.de

**Lehmann,** Elke; Dr. rer. nat., Prof.; *Mathematik/Operationsforschung*; di: Hochsch. Zittau/Görlitz, Fak. Mathematik/Naturwiss., Theodor-Körner-Allee 16, 02763 Zittau, PF 1455, 02754 Zittau, T: (03583) 611455, e.lehmann@hs-zigr.de

**Lehmann,** Ewald; Dr., Prof.; *Mechatronik*; di: AKAD-H Stuttgart, Maybachstr. 18-20, 70469 Stuttgart, T: (0711) 814950, hs-stuttgart@akad.de

**Lehmann,** Frank; Dr., Prof.; *Wirtschaftsinformatik*; di: DHBW Ravensburg, Marienplatz 2, 88212 Ravensburg, T: (0751) 189992716, lehmann@dhbw-ravensburg.de

**Lehmann,** Jans-Marcus; Dr., Prof.; *Informationsmanagement*; di: HTW Berlin, FB Wirtschaftswiss. II, Treskowallee 8, 10318 Berlin, T: (030) 50194366, jan.lehmann@HTW-Berlin.de

**Lehmann,** Jörg; Dr., Prof.; *Medizin und Pflegewissenschaften*; di: Hochsch. Ulm, PF 3860, 89028 Ulm, T: (0731) 5028609, Lehmann@hs-ulm.de

**Lehmann,** Karin; Dipl.-Ing., Prof.; *Gestaltungslehre, Baugeschichte, Architekturtheorie*; di: Hochsch. Bochum, FB Architektur, Lennershofstr. 140, 44801 Bochum, T: (0234) 3210104, karin.lehmann@hs-bochum.de

**Lehmann,** Kathrin; Dr.-Ing., Prof., Dekanin FB Informatik, Elektrotechnik, Maschinenbau; *Elektrische Energietechnik*; di: Hochsch. Lausitz, FB Informatik, Elektrotechnik, Maschinenbau, Großenhainer Str. 57, 01968 Senftenberg, T: (03573) 85500

**Lehmann,** Kurt; Dr.-Ing., Prof.; *Elektronische Mess- u. Prüftechnik*; di: Hochsch. Mittweida, Fak. Elektro- u. Informationstechnik, Technikumplatz 17, 09648 Mittweida, T: (03727) 581248, F: 581351, klehmann@htwm.de

**Lehmann,** Manfred; Dipl.-Phys., Dr. rer. nat., Prof., Dekan FB Allgemeinwissenschaften; *Physik, Bauphysik*; di: Georg-Simon-Ohm-Hochsch. Nürnberg, Fak. Allgemeinwiss., Keßlerplatz 12, 90489 Nürnberg, PF 210320, 90121 Nürnberg, T: (0911) 58801259

**Lehmann,** Markus; Dr. oec. troph., Prof.; *Produktionswirtschaft, Organisationslehre, Marketing, Facility Management*; di: Hochsch. Albstadt-Sigmaringen, FB 3, Anton-Günther-Str. 51, 72488 Sigmaringen, PF 1254, 72481 Sigmaringen, T: (07571) 732274, F: 732250, lehmann@fh-albsig.de

**Lehmann,** Peter; Dr.-Ing., Prof.; *Business Intelligence, ERP, Data Warehouse*; di: Hochsch. d. Medien, Fak. Information u. Kommunikation, Wolframstr. 32, 70191 Stuttgart, T: (0711) 25706152

**Lehmann,** Rainer; Dr. rer. pol., Prof.; *Operation Research*; di: FH Lübeck, FB Maschinenbau u. Wirtschaft, Mönkhofer Weg 136-140, 23562 Lübeck, T: (0451) 5005319, F: 3005302, rainer.lehmann@fh-luebeck.de

**Lehmann,** Rüdiger; Dr.-Ing., Prof.; *Vermessungstechnik, Landesvermessung, Geodätische Berechnungen*; di: HTW Dresden, Fak. Geoinformation, Friedrich-List-Platz 1, 01069 Dresden, T: (0351) 4623146, r.lehmann@htw-dresden.de

**Lehmann,** Stefan; Dr., Prof.; *Software-Engineering*; di: HAW Hamburg, Fak. Technik u. Informatik, Berliner Tor 7, 20099 Hamburg, stefan.lehmann@haw-hamburg.de

**Lehmann,** Thomas; Dr. rer.nat., Prof.; *Programmierung verteilter technischer Anwendungen*; di: HAW Hamburg, Fak. Technik u. Informatik, Berliner Tor 7, 20099 Hamburg, T: (040) 428758335, thomas.lehmann@haw-hamburg.de

**Lehmann,** Ulrich; Dipl.-Ing., Prof.; *Prozessinformatik, Regelungstechnik*; di: FH Südwestfalen, FB Informatik u. Naturwiss., Frauenstuhlweg 31, 58644 Iserlohn, T: (02371) 566180, F: 566209, Lehmann@fh-swf.de; pr: T: (02371) 36564

**Lehmann,** Ute; Prof.; *Darstellungstechniken*; di: FH Potsdam, FB Architektur u. Städtebau, Pappelallee 8-9, Haus 2, 14469 Potsdam, T: (0331) 5801220

**Lehmann-Franßen,** Nils; Dr., Prof.; *Sozialrecht*; di: Alice-Salomon-Hochsch., Alice-Salomon-Platz 5, 12627 Berlin-Hellersdorf, T: (030) 99245506, lehmann-franssen@ash-berlin.eu

**Lehmeier,** Peter; Dr., Prof.; *BWL, Handel*; di: DHBW Karlsruhe, Fak. Wirtschaft, Erzbergerstr. 121, 76133 Karlsruhe, T: (0721) 9735904, lehmeier@no-spam.dhbw-karlsruhe.de

**Lehmhaus,** Christian; Dipl.-Ing., Vertr.Prof.; *Architekturentwicklung*; di: Hochsch. Bochum, FB Architektur, Lennershofstr. 140, 44801 Bochum, christian.lehmhaus@hs-bochum.de

**Lehmkühler,** Hardy; Dr.-Ing., Prof.; *Geoinformatik, Vermessungskunde*; di: Hochsch. f. Technik, Fak. Vermessung, Mathematik u. Informatik, Schellingstr. 24, 70174 Stuttgart, PF 101452, 70013 Stuttgart, T: (0711) 89262608, F: 89262556, hardy.lehmkuehler@fht-stuttgart.de

**Lehn,** Karsten; Dr., Prof.; *Angewandte Informatik und Medieninformatik*; di: Hochschule Hamm-Lippstadt, Marker Allee 76-78, 59063 Hamm, T: (02381) 8789813, karsten.lehn@hshl.de

**Lehner,** Dietmar; Dr.-Ing., Prof.; *Prozessdatenübertragung, prozessorientiertes Programmieren*; di: Georg-Simon-Ohm-Hochsch. Nürnberg, Fak. Elektrotechnik Feinwerktechnik Informationstechnik, Wassertorstr. 10, 90489 Nürnberg, PF 210320, 90121 Nürnberg

**Lehner,** Ilse M.; Dr. phil., Prof.; *Erziehungswissenschaft, Sozialpädagogik, Erwachsenenbildung*; di: Kath. Hochsch. f. Sozialwesen Berlin, Köpenicker Allee 39-57, 10318 Berlin, T: (030) 50101024, lehner@khsb-berlin.de

**Lehner,** Steffen; Dr. rer. nat., Prof.; di: HAW Ingolstadt, Fak. Elektrotechnik u. Informatik, Esplanade 10, 85049 Ingolstadt, T: (0841) 9348224, Steffen.Lehner@haw-ingolstadt.de

**Lehnert,** Ralph; Dr., Prof.; di: Hochsch. Reutlingen, FB Angew. Chemie, Altebürgstr. 150, 72762 Reutlingen, T: (07121) 2712003, Ralph.Lehnert@Reutlingen-University.DE

**Lehning,** Thomas; Dr., Prof.; *Softskills, Event und Messen, Werbeagenturen, Accounting/Organisation, Neue Medien/Internet. Mediensysteme*; di: Hochsch. d. Medien, Fak. Electronic Media, Nobelstr. 10, 70569 Stuttgart, T: (0711) 89232221

**Lehr,** Bosco; Dr., Prof.; *ABWL, insbes. Krankenhausbetriebswirtschaftslehre u. eHealth*; di: FH Flensburg, FB Wirtschaft, Kanzleistr. 91-93, 24943 Flensburg, T: (0461) 8051563, F: 8051496, bosco.lehr@fh-flensburg.de

**Lehr,** Dietmar; Dr., Prof.; *Psychologie, Managementtraining, Verhaltenstraining*; di: FH f. öffentl. Verwaltung NRW, Abt. Münster, Nevinghoff 8, 48147 Münster, dietmar.lehr@fhoev.nrw.de; pr: F: (01805) 32326666968

**Lehr,** Matthias; Dr., Prof.; *Medien- und Urheberrecht, Internetrecht und Gewerblicher Rechtsschutz sowie Wettbewerbsrecht*; di: Hochsch. Pforzheim, Fak. f. Wirtschaft u. Recht, Tiefenbronner Str. 65, 75175 Pforzheim, T: (07231) 286331, matthias.lehr@hs-pforzheim.de

**Lehrndorfer,** Anne; M.A., Dr. phil., Prof.; *Technische Kommunikation*; di: Hochsch. f. Angewandte Sprachen München, Amalienstr. 79, 80799 München, T: (089) 28810226, lehrndorfer@sdi-muenchen.de

**Lehser,** Martina; Dr. rer. nat., Prof.; *Informatik*; di: HTW d. Saarlandes, Fak. f. Ingenieurwiss., Goebenstr. 40, 66117 Saarbrücken, T: (0681) 5867314, lehser@htw-saarland.de

**Lehwald,** Klaus-Jürgen; Dr. rer. pol., Prof.; *Betriebswirtschaftslehre, insbes. Rechnungswesen*; di: FH Köln, Fak. f. Wirtschaftswiss., Claudiusstr. 1, 50678 Köln, T: (0221) 82753433; pr: koeln@dr-lehwald.de

**Lehwalter,** Norbert; Dr.-Ing., Prof.; *Baustatik, Massivbau*; di: Hochsch. Rhein/Main, FB Architektur u. Bauingenieurwesen, Kurt-Schumacher-Ring 18, 65197 Wiesbaden, T: (0611) 94951452, norbert.lehwalter@hs-rm.de; pr: Kloster-Eberbach-Str. 23, 55278 Hahnheim, T: (06737) 711957

**Lei,** Zhichun; Dr.-Ing., Prof.; *Signal- und Bildverarbeitung*; di: Hochsch. Ruhr West, Institut Mess- u. Sensortechnik, PF 100755, 45407 Mülheim a.d. Ruhr, T: (0208) 88254391, zhichun.lei@hs-ruhrwest.de

**Leiber,** Jörn; Dr., Prof.; *Werkstoffkunde, Oberflächenveredelung*; di: Hochsch. f. angew. Wiss. Würzburg Schweinfurt, Fak. Kunststofftechnik u. Vermessung, Münzstr. 12, 97070 Würzburg

**Leibinger,** Hans-Bodo; Dr., Prof.; *Öffentliche Finanzwirtschaft*; di: FH d. Bundes f. öff. Verwaltung, Willy-Brandt-Str. 1, 50321 Brühl, T: (01888) 6298103

**Leibl,** Peter; Dr.-Ing., Prof.; *Konstruktion*; di: Hochsch. München, Fak. Feinwerk- u. Mikrotechnik, Physikal. Technik, Lothstr. 34, 80335 München, T: (089) 12651418, F: 12651480, peter.leibl@fhm.edu

**Leibold,** Karsten; Dr. rer. pol., Prof.; *Transportwirtschaft, Mathematik, Luftverkehrsmanagement*; di: Int. Hochsch. Bad Honnef, Mülheimer Str. 38, 53604 Bad Honnef, k.leibold@fh-bad-honnef.de

**Leibold,** Roland; Dr. phil., Prof.; *Englisch*; di: Hochsch. Regensburg, Fak. Betriebswirtschaft, PF 120327, 93025 Regensburg, T: (0941) 9431396, roland.leibold@bwl.fh-regensburg.de

**Leibscher,** Ralf; Dr., Prof.; *Betriebssysteme u. Systemsoftware, Rechnernetze, Verteilte Systeme, Rechner- u. Systemarchitektur*; di: Hochsch. Konstanz, Fak. Informatik, Brauneggerstr. 55, 78462 Konstanz, PF 100543, 78405 Konstanz, T: (07531) 206657, F: 206153, leibsch@fh-konstanz.de

**Leicht-Eckardt,** Elisabeth; Dr. oec. troph., Prof.; *Haushaltswissenschaften, Haushalts- und Wohnökologie*; di: Hochsch. Osnabrück, Fak. Agrarwiss. u. Landschaftsarchitektur, PF 1940, 49009 Osnabrück, T: (0541) 9695088, e.leicht-eckardt@hs-osnabrueck.de; pr: Am Bogelsknappen 1, 45219 Essen, T: (02054) 82290, F: 85778

**Leidecker,** Klaus; Dr. phil., Prof.; *Musikpädagogik, Musiktherapie in sozialpädagogischen Arbeitsfeldern*; di: Hochsch. Darmstadt, FB Gesellschaftswiss. u. Soziale Arbeit, Haardtring 100, 64295 Darmstadt, T: (06151) 168700, klaus.leidecker@h-da.de; pr: Kittlerstr. 27, 64289 Darmstadt, T: (06151) 9671984, kllei@t-online.de

**Leidner,** Ottmar; Dr. med., Prof.; *Rehabilitationsmedizin*; di: SRH FH f. Gesundheit Gera, Hermann-Drechsler-Str. 2, 07548 Gera

**Leikes,** Peter; PhD, HonProf.; *Cellular Tissue Engineering*; di: FH Aachen, FB Angewandte Naturwiss. u. Technik, Ginsterweg 1, 52428 Jülich; pr: T: (0215) 8952219, F: 8954983, pil22@rexel.edu

**Leimbach,** Klaus-Dieter; Dr.-Ing., Prof. FH Heilbronn; *Automotive System Engineering (ASE), Systemdynamik und Mechanik*; di: Hochsch. Heilbronn, Fak. f. Mechanik u. Elektronik, Max-Planck-Str. 39, 74081 Heilbronn, T: (07131) 504468, leimbach@hs-heilbronn.de

**Leimenstoll,** Marc; Dr. rer. nat., Prof.; *Technische Chemie*; di: FH Köln, Fak. f. Angew. Naturwiss., Kaiser-Wilhelm-Allee, 50368 Leverkusen, T: (0214) 328314612, marc.leimenstoll@fh-koeln.de

**Leimer,** Frank-Dietrich; Dr.-Ing., Prof.; *Nachrichtentechnik*; di: HTWK Leipzig, FB Elektrotechnik u. Informationstechnik, PF 301166, 04251 Leipzig, T: (0341) 30761147, fleimer@efbeit.htwk-leipzig.de

**Leimer,** Hans-Peter; Dr.-Ing., Prof.; *Baukonstruktion, Bauphysik*; di: HAWK Hildesheim/Holzminden/Göttingen, Fak. Bauen u. Erhalten, Hohnsen 2, 31134 Hildesheim, T: (05121) 881205, F: 881125

**Leiner,** Matthias; Dr.-Ing., Prof.; *Angewandte Mathematik, Technische Mechanik, Programmiersprache C*; di: FH Kaiserslautern, FB Angew. Ingenieurwiss., Morlauterer Str. 31, 67657 Kaiserslautern, T: (0631) 3724314, F: 3724218, matthias.leiner.kl@fh-kl.de

**Leiner,** Richard; Dr., Prof.; *Mikrocomputer, Telematics, Virtuelles Labor*; di: Hochsch. Konstanz, Fak. Elektrotechnik u. Informationstechnik, Brauneggerstr. 55, 78462 Konstanz, PF 100543, 78405 Konstanz, T: (07531) 206244, F: 206400, leiner@fh-konstanz.de; www-home.fh-konstanz.de/~leiner

**Leinfelder,** Herbert; Dr. rer. nat. habil., Prof.; *Mathematik, Mathem. Physik, Analysis, angew. Mathematik*; di: Georg-Simon-Ohm-Hochsch. Nürnberg, Fak. Allgemeinwiss., Keßlerplatz 12, 90489 Nürnberg, PF 21 03 20, 90121 Nürnberg, T: (0911) 58801209, F: 58805800, herbert.leifelder@fh-nuernberg.de; pr: Steingrubenweg 4, 90518 Altdorf/Rasch, T: (09187) 6680

**Leinfelder,** Robert; Dr.-Ing., Prof.; *Thermodynamik, Strömungsmechanik*; di: Hochsch. Regensburg, Fak. Maschinenbau, PF 120327, 93025 Regensburg, T: (0941) 9435163, robert.leinfelder@hs-regensburg.de

**Leinz,** Jürgen; Dr., Prof.; *Logistik, Materialmanagement*; di: Hochsch. Deggendorf, FB Betriebswirtschaft, Edlmairstr. 6-8, 94469 Deggendorf, PF 1320, 94453 Deggendorf, T: (0991) 3615169, F: 3615199, juergen.leinz@fh-deggendorf.de

**Leip,** Carsten; Dr., Prof.; *Bilanzsteuerrecht, Besteuerung der Gesellschaft, Verfahrensrecht, Internationales Steuerrecht, Abgabenordnung*; di: FH f. Verwaltung u. Dienstleistung, FB Steuerverwaltung, Rehmkamp 10, 24161 Altenholz, T: (0431) 3209241, dr.leip@fhvd.de

**Leipelt,** Detlef; Dr., Prof.; *Öffentliche Finanzwirtschaft*; di: FH d. Bundes f. öff. Verwaltung, Willy-Brandt-Str. 1, 50321 Brühl, T: (01888) 6298112

**Leipnitz-Ponto,** Yvonne; Dipl.-Ing., Dr.-Ing., Prof.; *Verfahrens- und Umwelttechnik, Klima- und Lüftungstechnik, Physik*; di: Hochsch. Ansbach, FB Ingenieurwissenschaften, Residenzstr. 8, 91522 Ansbach, PF 1963, 91510 Ansbach, T: (0981) 4877252, F: 4877302, yvonne.leipnitz-ponto@fh-ansbach.de

**Leischner,** Erika; Dr., Prof.; *Betriebswirtschaftslehre, Marketing*; di: Hochsch. Bonn-Rhein-Sieg, FB Wirtschaft Rheinbach, von-Liebig-Str. 20, 53359 Rheinbach, T: (02241) 865409, F: 8658409, erika.leischner@fh-bonn-rhein-sieg.de

**Leischner,** Martin; Dr., Prof.; *Netzwerksysteme, Telekommunikation*; di: Hochsch. Bonn-Rhein-Sieg, FB Informatik, Grantham-Allee 20, 53757 Sankt Augustin, 53754 Sankt Augustin, T: (02241) 865205, F: 8658205, martin.leischner@fh-bonn-rhein-sieg.de

**Leise,** Norbert; Dipl.-Kfm., Dr. rer. pol., Prof.; *Betriebswirtschaftslehre, insbes. Internationales Marketing*; di: Westfäl. Hochsch., FB Wirtschaft u. Informationstechnik, Münsterstr. 265, 46397 Bocholt, T: (02871) 2155714, Norbert.Leise@fh-gelsenkirchen.de

**Leisenberg,** Manfred; Dr., Prof.; *Medienwirtschaft, Informatik*; di: FH des Mittelstands, FB Medien, Ravensbergerstr. 10 G, 33602 Bielefeld, leisenberg@fhm-mittelstand.de

**Leiser,** Wolf; Dr. rer. nat., Prof.; *Technischer Vertrieb, Datenverarbeitung, Marktforschung, Operations Research, Exportwirtschaft*; di: Hochsch. Esslingen, Fak. Betriebswirtschaft u. Fak. Graduate School, Flandernstr. 101, 73732 Esslingen, T: (0711) 3974356; pr: Bismarckstr. 6, 73433 Aalen, T: (07361) 971980

**Leiß,** Peter; Dr.-Ing., Prof.; *Elektrotechnik, Automobilelektronik, elektrische Antriebe*; di: FH Bingen, FB Technik, Informatik, Wirtschaft, Berlinstr. 109, 55411 Bingen, T: (06721) 409251, F: 409158, leiss@fh-bingen.de

**Leistner,** Dieter; Prof.; *Fotografie, Designgrundlagen, Grafik-Design*; di: Hochsch. f. angew. Wiss. Würzburg Schweinfurt, Fak. Gestaltung, Münzstr. 12, 97070 Würzburg, leistner@fh-wuerzburg.de

**Leitis,** Karsten; Dr., Prof.; *Elektronik*; di: Techn. Hochsch. Mittelhessen, FB 11 Informationstechnik, Elektrotechnik, Mechatronik, Wilhelm-Leuschner-Str. 13, 61169 Friedberg

**Leitmann,** Dieter; Dr. habil., Prof.; *Wirtschaftsinformatik, Mathematik*; di: Hochsch. Hannover, Fak. IV Wirtschaft u. Informatik, Ricklinger Stadtweg 120, 30459 Hannover, PF 920261, 30441 Hannover, T: (0511) 92961554, F: 92961510, dieter.leitmann@hs-hannover.de; FH Hildesheim/Holzminden/Göttingen, Fakultät Wirtschaft, Goschentor 1, 31134 Hildesheim, T: (05121) 881528, dieter.leitmann@fbw.fh-hildesheim.de

**Leitner,** Martin; Dr. rer. nat., Prof.; di: Hochsch. München, FB Informatik, Mathematik, Lothstr. 34, 80335 München, martin.leitner@hm.edu

**Leitner,** Sigrid; Dr., Prof.; *Sozialpolitik*; di: FH Köln, Fak. f. Angewandte Sozialwiss., Mainzer Str. 5, 50678 Köln, T: (0221) 82753332, sigrid.leitner@fh-koeln.de

**Leitz,** Manfred; Dipl.-Math., Dr. rer. nat., Prof.; *Mathematik*; di: Hochsch. Regensburg, Fak. Informatik u. Mathematik, PF 120327, 93025 Regensburg, T: (0941) 9431302, manfred.leitz@mathematik.fh-regensburg.de

**Leitzgen,** Harald; Dr. phil., Prof.; *Allgemeine Betriebswirtschaftslehre, insb. Steuern*; di: FH Jena, FB Betriebswirtschaft, Carl-Zeiss-Promenade 2, 07745 Jena, PF 100314, 07703 Jena, T: (03641) 205550, F: 205551, bw@fh-jena.de

**Leize,** Thorsten; Dr. rer. nat., Prof.; *Programmieren, Angewandte Mathematik*; di: Hochsch. Karlsruhe, Fak. Maschinenbau u. Mechatronik, Moltkestr. 30, 76133 Karlsruhe, PF 2440, 76012 Karlsruhe, T: (0721) 9251373, thorsten.leize@hs-karlsruhe.de

**Lemaire,** Bernhard Hubert; Dipl.-Päd., Dipl.-Sozialarb. (FH), Dr. rer. soc., Prof.; *Sozialpädagogik in der Sozialen Arbeit*; di: Kath. Stiftungsfachhochsch. München, Preysingstr. 83, 81667 München, T: (089) 480921260, F: 4801907, Bernhard.Lemaire@ksfh.de

**Lembke,** Gerald; Dr., Prof.; *Medienmanagement & Kommunikation*; di: DHBW Mannheim, Fak. Wirtschaft, Coblitzallee 1-9, 68163 Mannheim, T: (0621) 41051304, F: 41051245, gerald.lembke@dhbw-mannheim.de

**Lemke,** Claudia; Prof.; di: Hochsch. f. Wirtschaft u. Recht Berlin, Badensche Str. 50/51, 10825 Berlin, T: (030) 29384583, claudia.lemke@hwr-berlin.de

**Lemke,** Stefan; Dr. rer. pol., Prof.; *Betriebswirtschaftslehre, insbes. interne u. externe Unternehmenskommunikation*; di: Hochsch. Bonn-Rhein-Sieg, FB Wirtschaft Sankt Augustin, Grantham-Allee 20, 53757 Sankt Augustin, 53754 Sankt Augustin, T: (02241) 865116, F: 8658116, stefan.lemke@fh-bonn-rhein-sieg.de

**Lemke-Rust,** Kerstin; Dr., Prof.; *Informationssicherheit*; di: Hochsch. Bonn-Rhein-Sieg, FB Angewandte Informatik, Grantham-Allee 20, 53754 Sankt Augustin, T: (02241) 865238, F: 8658238, kerstin.lemke-rust@inf-fh-bonn-rhein-sieg.de

**Lemme,** Kathrin; Ass. jur., Prof.; *Medienwirtschaft*; di: Hochsch. Ostwestfalen-Lippe, FB 2, Medienproduktion, Liebigstr. 87, 32657 Lemgo, kathrin.lemme@fh-luh.de

**Lemmen,** Ralf; Dr., Prof.; *Mechatronik*; di: DHBW Mannheim, Fak. Technik, Handelsstr. 13, 69214 Eppelheim, T: (0621) 41051144, F: 41051317, ralf.lemmen@dhbw-mannheim.de

**Lempp,** Jakob; Dr., Prof.; *Politologie, Internationale Beziehungen*; di: Hochsch. Rhein-Waal, Fak. Gesellschaft u. Ökonomie, Marie-Curie-Straße 1, 47533 Kleve, T: (02821) 80673320, jakob.lempp@hochschule-rhein-waal.de

**Lemppenau,** Wolfram; Dr., Prof.; *Elektrotechnik, insb. Rechnergestützter Schaltungsentwurf*; di: Westfäl. Hochsch., FB Wirtschaft u. Informationstechnik, Münsterstr. 265, 46397 Bocholt, T: (02871) 2155814, wolfram.lemppenau@fh-gelsenkirchen.de

**Lenck,** Beate; Dr., Prof.; *Physiotherapie*; di: Hochsch. 21, Harburger Str. 6, 21614 Buxtehude, T: (04161) 648216

**Lender,** Friedwart; Dr., Prof.; *Produktionsmanagement, Logistik*; di: Hochsch. Hof, Fak. Wirtschaft, Alfons-Goppel-Platz 1, 95028 Hof, T: (09281) 409412, F: 40955412, Friedwart.Lender@fh-hof.de

**Lendt,** Benno; Dr.-Ing., Prof.; *Gastechnik, Thermodynamik*; di: Ostfalia Hochsch., Fak. Versorgungstechnik, Salzdahlumer Str. 46/48, 38302 Wolfenbüttel

**Lenel,** Andreas E.; M. Sc., Dipl.-Volksw., Dr. rer. pol., Prof.; *Volkswirtschaftslehre, Internationale Wirtschaftsbeziehungen*; di: Hochsch. Rhein/Main, Wiesbaden Business School, Bleichstr. 44, 65183 Wiesbaden, T: (0611) 94953113, andreas.lenel@hs-rm.de; pr: Feldstr. 7, 61352 Bad Homburg, T: (06172) 41469, F: 457677

**Lengfeld,** Mathias; Dipl.-Ing., Prof., Dekan FB Architektur; *Architektur*; di: Hochsch. Darmstadt, FB Architektur, Haardtring 100, 64295 Darmstadt, T: (06151) 168112, lengfeld@ba.h.-da.de

**Lenhart,** Armin; Dr.-Ing., Prof.; *Technologie des Glases, Technologie der Kunststoffe, Technologie der Metalle, Glaswochen, Werkstoffpraktikum*; di: Georg-Simon-Ohm-Hochsch. Nürnberg, Fak. Werkstofftechnik, Wassertorstr. 10, 90489 Nürnberg, PF 210320, 90121 Nürnberg

**Lenk,** Dieter; Dr. rer. nat., Prof.; *Informatik/Systemprogrammierung*; di: Westsächs. Hochsch. Zwickau, FB Physikalische Technik/Informatik, Dr.-Friedrichs-Ring 2A, 08056 Zwickau, Dieter.Lenk@fh-zwickau.de

**Lenk,** Friedrich; Dr.-Ing., Prof.; *Nachrichtentechnik*; di: Hochsch. Lausitz, FB Informatik, Elektrotechnik, Maschinenbau, Großenhainer Str. 57, 01968 Senftenberg, T: (03573) 85521, F: 85509, friedrich.lenk@iem.fh-lausitz.de

**Lenk,** Reinhard; Dr. rer. pol., Prof.; *Betriebswirtschaftslehre, Unternehmensplanspiele, DV-Anwendungen in der Wirtschaft*; di: Hochsch. München, Fak. Informatik u. Mathematik, Lothstr. 34, 80335 München, T: (089) 12653708; pr: reinhard.lenk@t-online.de

**Lenke,** Michael; Dr. rer. nat., Prof.; *Wirtschaftsinformatik*; di: Hochsch. Kempten, Fak. Informatik, PF 1680, 87406 Kempten, T: (0831) 2523595, michael.lenke@fh-kempten.de

**Lenker,** Siegfried; Dr.-Ing., Prof.; *Straßenbau, Grundlagen des Bauingenieurwesens*; di: Hochsch. München, Fak. Bauingenieurwesen, Karlstr. 6, 80333 München, T: (089) 12652688, F: 12652699, lenker@bau.fhm.edu

**Lennardt,** Stefan; Dr., Prof.; *Journalistik u. PR*; di: Business and Information Technology School GmbH, Reiterweg 26 b, 58636 Iserlohn, T: (02371) 7760, F: 776503, stefan.lennardt@bits-iserlohn.de

**Lennarz,** Paul; Dr., Prof.; *Grundlagen der Elektrotechnik, Signalverarbeitung*; di: FH Dortmund, FB Informations- u. Elektrotechnik, Sonnenstr. 96, 44139 Dortmund, T: (0231) 9112385, F: 9112283, lennarz@fh-dortmund.de

**Lenninger,** Peter Franz; M.A., Dr. phil., Prof.; *Soziale Arbeit, Theologie*; di: Kath. Stiftungsfachhochsch. München, Preysingstr. 83, 81667 München, peter.lenninger@ksfh.de

**Lenschow,** Ralf; Dr., Prof.; *Technik*; di: HAW Hamburg, Fak. Wirtschaft u. Soziales, Berliner Tor 5, 20099 Hamburg, T: (040) 428756919, ralf.lenschow@haw-hamburg.de

**Lensing,** Jörg; Prof.; *Tongestaltung*; di: FH Dortmund, FB Design, Max-Ophüls-Platz 2, 44139 Dortmund, T: (0231) 9112469, F: 9112415, joerg.lensing@fh-dortmund.de; pr: Gräulingerstr. 2, 40625 Düsseldorf

**Lenski,** Uwe; Dr. rer. nat., Prof.; *Thermische u. Chemische Verfahrenstechnik*; di: TFH Georg Agricola Bochum, WB Maschinen- u. Verfahrenstechnik, Herner Str. 45, 44787 Bochum, T: (0234) 9683247, F: 9683707, lenski@tfh-bochum.de; pr: Hohe Flur 7, 44869 Bochum, T: (02327) 74880, F: 74875

**Lent,** Michael; Dr.-Ing., Prof.; *Thermische Verfahrenstechnik und Verfahrensentwicklung*; di: Hochsch. Niederrhein, FB Maschinenbau u. Verfahrenstechnik, Reinarzstr. 49, 47805 Krefeld, T: (02151) 8225026, michael.lent@hs-niederrhein.de; pr: Schulstr. 20, 45468 Mülheim an der Ruhr, T: (0208) 35717

**Lentz,** Patrick; Dr., Prof.; *Markt-, Medien- und Eventforschung*; di: FH des Mittelstands, FB Medien, Ravensbergerstr. 10 G, 33602 Bielefeld, lentz@fhm-mittelstand.de

**Lentz,** Wolfgang; Dr. agr. habil., Prof.; *Betriebswirtschaftslehre*; di: HTW Dresden, Fak. Landbau/Landespflege, Mitschurinbau, 01326 Dresden-Pillnitz, T: (0351) 4622502, lentz@pillnitz.htw-dresden.de

**Lenz,** Bettina; Dr., Prof.; *Erneuerbare Energien u. Energiespeicher*; di: Hochsch. Ulm, PF 3860, 89028 Ulm, T: (0731) 5016962, Lenz@hs-ulm.de

**Lenz,** Eckhard; Dr., Prof.; *Straf- und Ordnungswidrigkeitenrecht, Strafprozessrecht*; di: Hess. Hochsch. f. Polizei u. Verwaltung, FB Polizei, Frankfurter Str. 365, 34134 Kassel, T: (0561) 4806406

**Lenz,** Gaby; Dr., Prof.; *Empirische Methoden, Soziale Hilfen, Soziale Arbeit*; di: FH Kiel, FB Soziale Arbeit u. Gesundheit, Sokratesplatz 2, 24149 Kiel, T: (0431) 2103051, F: 21063051, gaby.lenz@fh-kiel.de

**Lenz,** Josef; Dipl.-Ing., Prof.; *Entwerfen und Konstruieren*; di: Hochsch. Konstanz, Fak. Architektur u. Gestaltung, Brauneggerstr. 55, 78462 Konstanz, PF 100543, 78405 Konstanz, T: (07531) 206188, F: 206193, lenz@fh-konstanz.de

**Lenz,** Katja; Dr. rer. nat., Prof.; *Grundlagen d. Informatik, Betriebsinformatik*; di: Hochsch. Darmstadt, FB Informatik, Haardtring 100, 64295 Darmstadt, T: (06151) 168419, k.lenz@fbi.h-da.de; pr: Feldbergstr. 16, 65760 Eschborn, T: (06173) 68919

**Lenz,** Rainer; Dr., Prof.; *Betriebswirtschaftslehre, insb. Betriebliche Außenwirtschaft*; di: FH Bielefeld, FB Wirtschaft, Universitätsstr. 25, 33615 Bielefeld, T: (0521) 1063758, rainer.lenz@fh-bielefeld.de; pr: Noldestr. 8, 33613 Bielefeld, T: (0521) 98919030

**Lenz,** Rainer; Dr. rer. nat. habil., Prof. HTW d. Saarlandes; *Diskrete Mathematik u. ihre Anwendungen in Wirtschaft u. Technik, Angewandte Statistik, Funktionen d. mehrwertigen Logik*; di: HTW d. Saarlandes, Fak. f. Ingenieurwissenschaften, Goebenstr. 40, 66117 Saarbrücken, T: (0681) 5867244, F: 5867122, rainer.lenz@htw-saarland.de; www.htw-saarland.de/ingwi/fakultaet/personen/profile/rainer.lenz

**Lenz,** Roman; Dr. sc. agr., Prof.; *Landschaftsplanung, Landschaftsinformatik*; di: Hochsch. f. Wirtschaft u. Umwelt Nürtingen-Geislingen, PF 1349, 72603 Nürtingen, T: (07022) 404177, roman.lenz@hfwu.du

**Lenz,** Tobias; Dr., Prof.; di: Rheinische FH Köln, Hohenstaufenring 16-18, 50674 Köln; pr: Salierring 42, 50677 Köln, T: (0221) 2080737

**Lenz-Strauch,** Heidi; Dr. rer. nat., Prof.; *Qualitätssicherung, Messtechnik, Mikrofertigung*; di: Jade Hochsch., FB Ingenieurwissenschaften, Friedrich-Paffrath-Str. 101, 26389 Wilhelmshaven, T: (04421) 9852375, F: 9852623, lenz-strauch@jade-hs.de

**Lenze,** Anne; LL.M. Eur., Dr. jur., PD U Frankfurt/M., Prof. FH Darmstadt; *Recht (Familien-, Jugend- und Sozialrecht, Frauen)*; di: Hochsch. Darmstadt, FB Gesellschaftswiss. u. Soziale Arbeit, Haardtring 100, 64295 Darmstadt, T: (06151) 168965, anne.lenze@h-da.de; pr: Sandstr. 19, 64625 Bensheim, T: (06251) 580852, Anne.Lenze@t-online.de

**Lenze,** Burkhard; Dr., Prof., FH Dortmund; *Angewandte Mathematik, Angewandte Informatik*; di: FH Dortmund, FB Informatik, Emil-Figge-Str. 42, 44227 Dortmund, PF 105018, 44047 Dortmund, T: (0231) 7556729, F: 7556710, lenze@fh-dortmund.de; www.fh-dortmund.de/~lenze

**Lenzen,** Armin; Dipl.-Ing., Prof.; *Baumechanik*; di: HTWK Leipzig, FB Bauwesen, PF 301166, 04251 Leipzig, T: (0341) 30766253, lenzen@fbb.htwk-leipzig.de

**Leonardi,** Alessio; Prof.; *Visuelle Kommunikation*; di: HAWK Hildesheim/Holzminden/Göttingen, FB Gestaltung, Kaiserstr. 43-45, 31134 Hildesheim

**Leonhard,** Thomas; Dr.-Ing., Prof.; *Vermessungskunde, Landesvermessung, CAD*; di: FH Mainz, FB Technik, Holzstr. 36, 55116 Mainz, T: (06131) 2859628, leonhard@geoinform.fh-mainz.de

**Leonhardt,** Matthias; Dr., Prof.; *Maschinenbau*; di: Hochsch. Kempten, Fak. Maschinenbau, Bahnhofstr. 61-63, 87435 Kempten, T: (0831) 2523384, F: 2523229, matthias.leonhardt@fh-kempten.de

**Leonhardt,** Matthias; Dipl.-Ing. Prof.; *Baukonstruktion, Entwurf, Baustoffkunde*; di: FH Frankfurt, FB 1: Architektur, Nibelungenplatz 1, 60318 Frankfurt am Main, T: (069) 15332782, mleo@fb1.fh-frankfurt.de

**Leopold,** Edda; Dr., Prof.; *Mathematik*; di: FH Köln, Fak. f. Informatik u. Ingenieurwiss., Am Sandberg 1, 51643 Gummersbach, T: (02261) 8196237, edda.leopold@fh-koeln.de

**Leopoldsberger,** Gerrit; Dr., Prof.; *Immobilienbewertung*; di: Hochsch. f. Wirtschaft u. Umwelt Nürtingen-Geislingen, FB 4, PF 1349, 72603 Nürtingen, T: (07331) 22573, gerrit.leopoldsberger@hfwu.de

**Lepers,** Heinrich; Dr.-Ing., Prof.; *Steuerungs- und Regelungstechnik*; di: FH Aachen, FB Elektrotechnik und Informationstechnik, Eupener Str. 70, 52066 Aachen, T: (0241) 600952159, lepers@fh-aachen.de; pr: Erftweg 12, 52159 Roetgen (Eifel), T: (02471) 2912

**Lepper,** Sabine; Dr. rer. nat., Prof.; *Werkstoffkunde u. Bauelemente d. Elektrotechnik*; di: Hochsch. Bonn-Rhein-Sieg, FB Elektrotechnik, Maschinenbau u. Technikjournalismus, Grantham-Allee 20, 53757 Sankt Augustin, T: (02241) 865316, F: 8658316, sabine.lepper@fh-bonn-rhein-sieg.de

**Lepperhoff,** Julia; Dr. phil., Prof.; *Sozialpolitik*; di: Ev. Hochsch. Berlin, Prof. f. Sozialpolitik, PF 370255, 14132 Berlin, T: (030) 84582279, F: 84582217, lepperhoff@eh-berlin.de; pr: T: (0331) 2012890

**Leprich,** Uwe; Dr. rer. pol., Prof.; di: HTW d. Saarlandes, Fak. f. Wirtschaftswiss, Waldhausweg 14, 66123 Saarbrücken, T: (0681) 5867526, uleprich@htw-saarland.de; pr: Schlüterweg 10, 66123 Saarbrücken, T: (0681) 3908362

**Leps,** Thorsten; Prof.; *Holztechnik*; di: Hochsch. Rosenheim, Fak. Holztechnik u. Bau, Hochschulstr. 1, 83024 Rosenheim, T: (08031) 805337, F: 805302, leps@fh-rosenheim.de

**Lepsky,** Klaus; Dr. phil., Prof.; *Erschließung und Information Retrieval II*; di: FH Köln, Fak. f. Informations- u. Kommunikationswiss., Claudiusstr. 1, 50678 Köln, T: (0221) 82753363, Klaus.Lepsky@fh-koeln.de; pr: Graf-Walram-Str. 2, 50769 Köln, T: (0221) 703373

**Lerch-Reisp,** Cornelia; Dr. rer. nat., Prof.; *Mathematik*; di: Hochsch. Ostwestfalen-Lippe, FB 6, Maschinentechnik u. Mechatronik, Liebigstr. 87, 32657 Lemgo, T: (05261) 702321, F: 702261, cornelia.lerch-reisp@fh-luh.de; pr: Pielstickers Feld 31, 33739 Bielefeld, T: (05206) 917575

**Lerchenmüller,** Michael; Dr. rer. pol., Prof.; *Handelsbetriebslehre*; di: Hochsch. f. Wirtschaft u. Umwelt Nürtingen-Geislingen, PF 1349, 72603 Nürtingen, T: (07022) 252693, michael.lerchenmueller@hfwu.de

**Lergenmüller,** Karin; Dr., Prof.; *Marketing und allgemeine Betriebswirtschaftslehre*; di: Hochsch. Rhein/Main, FB Ingenieurwiss., Maschinenbau, Am Brückweg 26, 65428 Rüsselsheim, T: (06142) 898122, karin.lergenmueller@hs-rm.de; pr: kstuefe@gmx.de; www.prof-lergenmueller.de

**Lesch,** Uwe; Dr., Prof.; *Maschinenbau, Handhabungs- u. Montagetechnik*; di: Hochschule Ruhr West, Institut Maschinenbau, PF 100755, 45407 Mülheim an der Ruhr, T: (0208) 88254756, uwe.lesch@hs-ruhrwest.de

**Leschke,** Hartmut; Dipl.-Ök., Prof.; *Organisation, Schwerpunkt Unternehmenplanung, BWL*; di: Hochsch. Albstadt-Sigmaringen, FB 2, Anton-Günther-Str. 51, 72488 Sigmaringen, PF 1254, 72481 Sigmaringen, T: (07571) 732321, F: 732302, leschke@hs-albsig.de

**Lesker,** Marina; Dr. paed., Prof.; *Heil- und Sonderpädagogik*; di: Hochsch. Lausitz, FB Sozialwesen, Lipezker Str. 47, 03048 Cottbus-Sachsendorf, T: (0355) 5818401, F: 5818409, mlesker@fh-lausitz.de

**Lesser,** Werner; Dr.-Ing., Prof.; *Arbeitswissenschaften*; di: Hochsch. München, Fak. Feinwerk- u. Mikrotechnik, Physikal. Technik, Lothstr. 34, 80335 München, T: (089) 12651353, F: 12651480, werner.lesser@fhm.edu

**Leßke,** Frank; Dr., Prof.; *Software Engineering, Methodik des Programmierens, Verteilte Systeme, Theoretische Informatik*; di: Hochsch. Weihenstephan-Triesdorf, Fak. Biotechnologie u. Bioinformatik, Am Hofgarten 10 (Löwentorgebäude), 85350 Freising, T: (08161) 715780, F: 715116, frank.lesske@fh-weihenstephan.de

**Leßmann,** Grit; Dr., Prof.; *Wirtschaftsförderung*; di: Ostfalia Hochsch., Fak. Verkehr-Sport-Tourismus-Medien, Karl-Scharfenberg-Str. 55-57, 38229 Salzgitter, g.lessmann@ostfalia.de

**Lessmann,** Lothar; Dr., Prof.; *Betriebswirtschaftslehre, insbes. Wirtschaftsprüfung und betriebl. Steuerlehre*; di: FH Dortmund, FB Wirtschaft, Emil-Figge-Str. 42, 44227 Dortmund, T: (0231) 7554968, F: 7554957, lothar.lessmann@fh-dortmund.de

**Leßmöllmann,** Annette; Dr. phil., Prof.; *Journalistik, Wissenschaftsjournalismus*; di: Hochsch. Darmstadt, FB Media, Haardtring 100, 64295 Darmstadt, T: (06151) 169433, annette.lessmoellmann@fbmedia.h-da.de

**Letsch,** Eckhard; Dipl.-Phys., Dr. rer. nat., Prof.; *Mathematik*; di: Hochsch. Reutlingen, FB Angew. Chemie, Alteburgstr. 150, 72762 Reutlingen, T: (07121) 2712033, Eckhard.Letsch@Reutlingen-University.DE; pr: Weilerstr. 2, 73650 Winterbach, T: (07181) 44097

**Letschert,** Thomas; Dr.-Ing., Prof.; *Allgemeine Informatik*; di: Techn. Hochsch. Mittelhessen, FB 13 Mathematik, Naturwiss. u. Datenverarbeitung, Wiesenstr. 14, 35390 Gießen, T: (0641) 3092440; pr: Storchenweg 29, 35764 Sinn, T: (02772) 53545

**Letzel,** Nadja; Dipl.-Ing., Prof.; *Sanierung, Denkmalpflege, Stadterneuerung*; di: Georg-Simon-Ohm-Hochsch. Nürnberg, Fak. Architektur, Keßlerplatz 12, 90489 Nürnberg, PF 210320, 90121 Nürnberg

**Letzgus,** Oliver; Dr., Prof.; *Volkswirtschaftslehre*; di: DHBW Mosbach, Campus Heilbronn, Bildungscampus 4, 74076 Heilbronn, T: (07131) 1237141, letzgus@dhbw-mosbach.de

**Letzner,** Volker; Dr. rer. pol., Prof.; *Volkswirtschaftslehre u. Statistik*; di: Hochsch. München, Fak. Tourismus, Am Stadtpark 20, 81243 München, T: (089) 12652125, letzner@fhm.edu

**Leuendorf,** Lutz; Techn. Redakteur, Prof.; *Dokumentations- und Kommunikationstechnik, Medienlabor*; di: Hochsch. Furtwangen, Fak. Product Engineering/Wirtschaftsingenieurwesen, Robert-Gerwig-Platz 1, 78120 Furtwangen, T: (07723) 9202188, F: 9202618, leu@hs-furtwangen.de

**Leukel,** Stefan; Dr., Prof.; *Betriebswirtschaftliche Steuerlehre, Unternehmensrechnung und Finanzen, Steuern und Prüfungswesen*; di: DHBW Mosbach, Lohrtalweg 10, 74821 Mosbach, T: (06261) 939462, F: 939414, leukel@dhbw-mosbach.de

**Leupold,** Matthias; Prof.; *Künstlerische Fotografie und digitale Bildmedien*; di: Berliner Techn. Kunsthochschule, Bernburger Str. 24-25, 10963 Berlin; www.matthiasleupold.com

**Leuschen,** Bernhard; Dr.-Ing., Prof.; *Fertigungtechnik, Werkstofftechnik*; di: FH Düsseldorf, FB 4 – Maschinenbau u. Verfahrenstechnik, Josef-Gockeln-Str. 9, 40474 Düsseldorf, T: (0211) 4351426, bernhard.leuschen@fh-duesseldorf.de

**Leute,** Ulrich; Dr. rer. nat. habil., PD U Ulm, Prof. H Ulm; *Physik d. Kunststoffe, Archäometrie, elektromagnet. Verträglichkeit (techn. EMV u. EMVU)*; di: Hochsch. Ulm, Inst. f. angewandte Naturwissenschaften, PF 3860, 89028 Ulm, T: (0731) 5028135, F: 5028475, leute@hs-ulm.de; pr: Ringstr. 149, 89081 Ulm, ulrich@leute-ulm.de

**Leutelt,** Lutz; Dr.-Ing., Prof.; *Digital Information Engineering*; di: HAW Hamburg, Fak. Technik u. Informatik, Berliner Tor 7, 20099 Hamburg, T: (040) 428758164, lutz.leutelt@haw-hamburg.de

**Leuthäusser,** Werner H. K.; Dr. phil., Prof.; *Interkulturelle Kommunikation, Marketing*; di: FH d. Wirtschaft, Fürstenallee 3-5, 33102 Paderborn, T: (05251) 301185, werner.leuthaeusser@fhdw.de; pr: T: (05251) 32023

**Leuthner,** Michael; Prof.; *Kamera*; di: Macromedia Hochsch. f. Medien u. Kommunikation, Gollierstr. 4, 80339 München

**Leutner,** Petra; Dr. phil., Prof.; *Modetheorie und Ästhetik*; di: AMD Akademie Mode & Design (FH), Wendenstr. 35c, 20097 Hamburg, T: (040) 23787840, Petra.Leutner@amdnet.de

**Leven,** Franz-Josef; Prof.; *Datenbank- und Informationssysteme, Systementwicklung, Künstliche Intelligenz*; di: Hochsch. Heilbronn, Fak. f. Informatik, Max-Planck-Str. 39, 74081 Heilbronn, T: (07131) 504396, F: 252470, leven@hs-heilbronn.de

**Leven,** Regina; Dr., Prof.; *Gebärdensprachdolmetschen*; di: Hochsch. Magdeburg-Stendal, FB Sozial- u. Gesundheitswesen, Breitscheidstr. 2, 39114 Magdeburg, T: (0391) 8864347, regina.leven@hs-magdeburg.de

**Leverenz,** Tilmann; Dr. rer. nat., Prof.; *Regelungstechnik, Automatisierungstechnik, Elektrotechnik, Physik*; di: Hochsch. Furtwangen, Fak. Maschinenbau u. Verfahrenstechnik, Jakob-Kienzle-Str. 17, 78054 Villingen-Schwenningen, T: (07720) 3074249, F: 3074207, lev@hs-furtwangen.de

**Levin,** Frank; Dr., Prof.; *Betriebswirtschaftslehre, insb. Finanzwirtschaft u. Rechnungswesen*; di: FH Dortmund, FB Wirtschaft, Emil-Figge-Str. 42, 44227 Dortmund, T: (0231) 7556792, F: 7554902, frank.levon@fh-dortmund.de

**Lewandowski,** Dirk; Dr., Prof.; *Information Research & Information Retrieval*; di: HAW Hamburg, Fak. Design, Medien u. Information, Finkenau 35, 22081 Hamburg, T: (040) 428753621, dirk.lewandowski@haw-hamburg.de

**Lewe,** Jens; Dr.-Ing., Prof.; *Designmanagement*; di: Hochsch. Ostwestfalen-Lippe, FB 7, Produktion u. Wirtschaft, Liebigstr. 87, 32657 Lemgo, jens.lewe@hs-owl.de

**Lewis,** Gerard J.; Dr., Prof.; *Internationales Management*; di: HTW Dresden, Fak. Wirtschaftswissenschaften, Friedrich-List-Platz 1, 01069 Dresden, T: (0351) 4622476, lewis@wiwi.htw-dresden.de

**Lewitzki,** Wilfried; Dr.-Ing., Prof.; *Konstruktives Entwerfen, Gebäudeplanung, CAD*; di: HTWK Leipzig, FB Bauwesen, PF 301166, 04251 Leipzig, T: (0341) 30766286, lewi@fbb.htwk-leipzig.de

**Lewkowicz,** Nicolas; Dr., Prof.; *Design mechatronischer und optischer Systeme*; di: Beuth Hochsch. f. Technik, FB VII Elektrotechnik – Mechatronik – Optometrie, Luxemburger Str. 10, 13353 Berlin, T: (030) 45042322, lewkowicz@beuth-hochschule.de; http://prof.beuth-hochschule.de/lewkowicz/

**Ley,** Frank; Dr., Prof.; *Energietechnik*; di: FH Dortmund, FB Informations- u. Elektrotechnik, Sonnenstr. 96, 44139 Dortmund, PF 105018, 44047 Dortmund, T: (0231) 9112142, F: 9112283, ley@fh-dortmund.de

**Ley,** Ursula; Dr. rer. pol., Prof.; *Betriebswirtschaftslehre, insbes. Rechnungswesen und betriebliche Steuerlehre*; di: FH Köln, Fak. f. Wirtschaftswiss., Claudiusstr. 1, 50678 Köln, T: (0221) 82753178

**Leyendecker,** Bert; Dr., Prof.; *BWL*; di: H Koblenz, FB Wirtschaftswissenschaften, Konrad-Zuse-Str. 1, 56075 Koblenz, T: (0261) 9528161, leyendecker@hs-koblenz.de

**Leyener,** Annette; Dipl.-Des., Prof.; *Künstlerisches Grundlagenstudium, insb. Naturstudium*; di: Hochsch. Wismar, Fak. f. Gestaltung, PF 1210, 23952 Wismar, T: (03841) 753336, a.leyener@di.hs-wismar.de

**Leyer,** Ilona; Dr., Prof.; *Pflanzenökologie u. Naturschutz*; di: Hochsch. Geisenheim, Zentrum Angewandte Biologie, Inst. f. Botanik, Von-Lade-Str. 1, 65366 Geisenheim, T: (06722) 502463, F: 502460, Ilona.Leyer@hs-gm.de

**Leykauf,** Gerhard; Dr., Prof.; *BWL, Handel*; di: DHBW Heidenheim, Fak. Wirtschaft, Marienstr. 20, 89518 Heidenheim, T: (07321) 2722232, F: 2722239, leykauf@dhbw-heidenheim.de

**Leyrer,** Karl-Hans; Dr.-Ing., Prof.; *Polymerverarbeitung*; di: Hochsch. Aalen, Fak. Maschinenbau u. Werkstofftechnik, Beethovenstr. 1, 73430 Aalen, T: (07361) 5762453, F: 5762270, Karl-Hans.Leyrer@htw-aalen.de

**Li,** Aininig; Dr.-Ing., Prof.; *Kommunikationstechnik*; di: HAW Hamburg, Fak. Technik u. Informatik, Berliner Tor 7, 20099 Hamburg, T: (040) 428758381, Aining.Li@haw-hamburg.de

**Lialina,** Olia; Prof.; *Kommunikationsdesign*; di: Merz Akademie, Teckstr. 58, 70190 Stuttgart, Olia.Lialina@merz-akademie.de; pr: Überkinger Str. 2, 70372 Stuttgart

**Libon,** Imke; Dr.-Ing., Prof.; di: Hochsch. München, Fak. Feinwerk- u. Mikrotechnik, Physikal. Technik, Lothstr. 34, 80335 München, imke.libon@hm.edu

**Lichius,** Ulrich; Dr.-Ing., Prof.; *Maschinenbau*; di: FH Südwestfalen, FB Maschinenbau, Frauenstuhlweg 31, 58644 Iserlohn, T: (02371) 566560, lichius@fh-swf.de

**Licht,** Thomas; Dr.-Ing., Prof.; *Halbleitertechnologien, Kühltechnik*; di: FH Düsseldorf, FB 3 – Elektrotechnik, Josef-Gockeln-Str. 9, 40474 Düsseldorf, T: (0211) 4351614, thomas.licht@fh-duesseldorf.de

**Lichtblau,** Ulrike; Dr. rer. nat., Prof.; *Wirtschaftsinformatik*; di: Hochsch. Bremerhaven, An der Karlstadt 8, 27568 Bremerhaven, T: (0471) 4823440, F: 4823859, lichtblau@hs-bremerhaven.de; pr: Tangastr. 20, 26121 Oldenburg, T: (0441) 82447, F: 82466

**Lichtenberg,** Gerd; Dipl.-Ing., Prof.; *Konstruktion, Festigkeitslehre, Maschinendynamik, Ingenieurwissenschaftliche Grundlagen*; di: Hochsch. Albstadt-Sigmaringen, FB 1, Jakobstr. 1, 72458 Albstadt, T: (07431) 579154, F: 579169, lichtenb@hs-albsig.de

**Lichtlein,** Michael; Dipl.-Psych., Dr. phil., Prof.; *Psychologische Grundlagen und Handlungslehre der Sozialen Arbeit*; di: Hochsch. Coburg, Fak. Soziale Arbeit u. Gesundheit, Friedrich-Streib-Str. 2, 96450 Coburg, T: (09561) 317373, lichtlei@hs-coburg.de

**Lidolt,** Marion; Prof.; *Grundlagen des zweidimensionalen Gestaltens, Experimentelle Bildgestaltung*; di: HAWK Hildesheim/Holzminden/Göttingen, Fak. Gestaltung, Kaiserstr. 43-45, 31134 Hildesheim, T: (05121) 696484

**Lie,** Jung Sun; Dr. rer. nat. habil., Prof.; *Datenbanken, Rechnernetze*; di: Ostfalia Hochsch., Fak. Informatik, Salzdahlumer Str. 46/48, 38302 Wolfenbüttel, lie@ostfalia.de

**Lieb,** Manfred; Dipl.-Kfm., Dr. rer. pol., Prof.; *BWL, Organisation, Internationales Management*; di: Hochsch. Heilbronn, Fak. f. Wirtschaft u. Verkehr, Max-Planck-Str. 39, 74081 Heilbronn, T: (07131) 504227, manfred.lieb@hs-heilbronn.de

**Lieb,** Norbert; Dr., Prof.; *Personalmanagement, Erwachsenenbildung*; di: Hochsch. f. angew. Wiss. Würzburg Schweinfurt, Fak. angew. Sozialwiss., Mariannhillstr. 1c, 97074 Würzburg, Lieb@Fh-Wuerzburg.de

**Liebelt,** Christian; Dr.-Ing., Prof.; *Mess-, Steuerungs-, Regelungstechnik, Prozessdatenverarbeitung*; di: FH Dortmund, FB Maschinenbau, Sonnenstr. 96, 44139 Dortmund, T: (0231) 9112167, F: 9112334, liebelt@fh-dortmund.de; pr: Am Sonnengarten 5, 76593 Gernsbach

**Liebelt,** Jutta; Dr., Prof.; *Chemie*; di: FH Lübeck, FB Angew. Naturwiss., Stephensonstr. 3, 23562 Lübeck, T: (0451) 3005193, F: 3005235, jutta.liebelt@fh-luebeck.de

**Liebenow,** Dieter; Dr.-Ing., Prof.; *Produktionstechnik, Schweißtechnik, Robotertechnik, Apparate- und Rohrleitungsbau, Fertigungstechnik*; di: Jade Hochsch., FB Ingenieurwissenschaften, Friedrich-Paffrath-Str. 101, 26389 Wilhelmshaven, T: (04421) 9852253, F: 9852403, dieter.liebenow@jade-hs.de

**Lieber,** Winfried; Dr.-Ing., Prof., Rektor FH Offenburg; *Optische Nachrichtentechnik*; di: Hochsch. Offenburg, Fak. Elektrotechnik u. Informationstechnik, Badstr. 24, 77652 Offenburg, T: (0781) 205200, F: 205214

**Lieberam-Schmidt,** Sönke; Dr., Prof.; *Betriebswirtschaftslehre im Informationsmanagement, Wissensmanagement in Unternehmen*; di: Hochsch. Hannover, Fak. III Medien, Information u. Design, Expo Plaza 12, 30539 Hannover, PF 920261, 30441 Hannover, T: (0511) 92962626, soenke.lieberam-schmidt@hs-hannover.de

**Lieberenz,** Klaus; Dr.-Ing., Prof.; *Eisenbahnbau*; di: HTW Dresden, Fak. Bauingenieurwesen/Architektur, Friedrich-List-Platz 1, 01069 Dresden, T: (0351) 4623302, lieberenz@htw-dresden.de

**Lieberum,** Uta B.; Dr., Prof. u. Studiengangsleiterin Wirtschaft; *Betriebswirtschaftslehre, Organisation und Unternehmensplanung*; di: SRH Hochsch. Berlin, Ernst-Reuter-Platz 10, 10587 Berlin, T: (030) 92253545, F: 92253555

**Liebetruth,** Hartmann; Dr. rer. oec., Dr. h.c. mult., Prof. i.R. U Wuppertal, Gründungsrektor H f. Medien, Kommunikation u. Wirtschaft Berlin; *Betriebswirtschaftslehre f. Druck- u. Verlagswesen*; di: Hochsch. f. Medien, Kommunikation u. Wirtschaft, Hannoversche Str. 19, 10115 Berlin; pr: Am Krusen 24, 45259 Essen, T: (0201) 466157

**Liebhart,** Wilhelm; Dr. phil., Prof.; *Literatur, Politik, Geschichte*; di: Hochsch. Augsburg, Fak. f. Allgemeinwissenschaften, An der Hochschule 1, 86161 Augsburg, T: (0821) 5586300, F: 5586310, wilhelm.liebhart@hs-augsburg.de

**Liebig,** Martin; Prof.; *Online-Journalismus und Mediengestaltung*; di: Westfäl. Hochsch., FB Maschinenbau u. Facilities Management, Neidenburger Str. 10, 45877 Gelsenkirchen, T: (0209) 9596643, martin.liebig@fh-gelsenkirchen.de

**Liebl,** Karlhans; Dr., Prof.; *Kriminologie*; di: Hochsch. d. Sächsischen Polizei, Friedenstr. 120, 02929 Rothenburg

**Lieblang,** Enrico; Dr., Prof.; *Wirtschaftsinformatik, IT-Anwendungssysteme*; di: HTW d. Saarlandes, Fak. f. Wirtschaftswiss, Waldhausweg 14, 66123 Saarbrücken, T: (0681) 5867545, enrico.lieblang@htw-saarland.de

**Lieblang,** Peter; Dr.-Ing., Prof.; *Baustoffkunde, Baustofftechnologie*; di: FH Köln, Fak. f. Architektur, Betzdorfer Str. 2, 50679 Köln, T: (0221) 82754540, peter.lieblang@fh-koeln.de

**Liebmann,** Gerd; Dr.-Ing., Prof.; *Digitalelektronik, Digitale Signalverarbeitung*; di: Beuth Hochsch. f. Technik, FB VII Elektrotechnik u. Feinwerktechnik, Luxemburger Str. 10, 13353 Berlin, T: (030) 45042617, liebmann@beuth-hochschule.de

**Liebscher,** Eckhard; Dr. rer. nat. habil., Prof.; *Stochastik, Datenanalyse*; di: Hochsch.Merseburg, FB Informatik u. Kommunikationssysteme, Geusaer Str., 06217 Merseburg, T: (03461) 462960, eckhard.liebscher@hs-merseburg.de

**Liebschner,** Marcus; Dr.-Ing., Prof.; *Elektrotechnik, Gebäudetechnik, Erzeugung u. Übertragung elektrischer Energie, Netzwerktechnik*; di: Hochsch. Aalen, Fak. Optik u. Mechatronik, Beethovenstr. 1, 73430 Aalen, T: (07361) 5763342, Marcus.Liebschner@htw-aalen.de

**Liebstückel,** Karl; Dr., Prof.; *Wirtschaftsinformatik, SAP, Produktionswirtschaft*; di: Hochsch. f. angew. Wiss. Würzburg Schweinfurt, Fak. Informatik u. Wirtschaftsinformatik, Münzstr. 12, 97070 Würzburg

**Lieckfeldt,** Renate; Dr. rer. nat., Prof., Dekan FB Physikalische Technik; *Technisches Management*; di: Westfäl. Hochsch., FB Elektrotechnik u. angew. Naturwiss., Neidenburger Str. 43, 45877 Gelsenkirchen, T: (0209) 9596578, renate.lieckfeld@fh-gelsenkirchen.de

**Liedke,** Ulf; Dr., PD U Leipzig, Prof. Evangel. H f. Soziale Arbeit Dresden; *Systematische Theologie, Ethik*; di: Ev. Hochsch. f. Soziale Arbeit, PF 200143, 01191 Dresden, T: (0351) 4690256, ulf.liedke@ehs-dresden.de; pr: Hellmut-Türk-Str. 2 b, 01689 Weinböhla, T: (035243) 50900, F: 449745, ulf.liedke@t-online.de

**Liedy,** Werner; Dr., Prof.; *Thermische Verfahrenstechnik, Wärmeübertrager-Seminar, Extraktions- und Membranverfahren*; di: FH Frankfurt, FB 2 Informatik u. Ingenieurwiss., Nibelungenplatz 1, 60318 Frankfurt am Main, T: (069) 15332289, liedy@fb2.fh-frankfurt.de

**Liekweg,** Dieter; Dipl.-Ing., Prof.; *Arbeitswissenschaft, Qualitätsmanagement, Technische Textilien*; di: Hochsch. Albstadt-Sigmaringen, FB 1, Jakobstr. 6, 72458 Albstadt, T: (07431) 579221, F: 579229, liekweg@hs-albsig.de

**Liell,** Peter; Dr.-Ing., Prof.; *Digitale Systeme, Mikroprozessoren, Grundlagenfächer, Datenbanken*; di: FH Kaiserslautern, FB Angew. Ingenieurwiss., Morlautererstr. 31, 67657 Kaiserslautern, T: (0631) 3724216, F: 3724216, peter.liell@fh-kl.de

**Liem,** Randolph; Dipl.-Ing., Prof.; *Baukonstruktion, EDV*; di: Hochsch. Karlsruhe, Fak. Architektur u. Bauwesen, Moltkestr. 30, 76133 Karlsruhe, PF 2440, 76012 Karlsruhe, T: (0721) 9252756

**Liepelt,** Klaus Hartmut; M.A., HonProf.; *Empirische Medien- und Sozialforschung*; di: Hochsch. Mittweida, Fak. Medien, Technikumplatz 17, 09648 Mittweida, T: (03727) 581580

**Liermann,** Felix; Dr., Prof.; *Rechnungswesen/Controlling*; di: FH Frankfurt, FB 3 Wirtschaft u. Recht, Nibelungenplatz 1, 60318 Frankfurt am Main, T: (069) 15332956, liermann@fb3.fh-frankfurt.de; pr: Vogtstr. 58, 60322 Frankfurt am Main

**Liersch,** Antje; Dr.-techn., Prof.; *Werkstoffkunde, Technische Keramik, Bruchmechanik*; di: H Koblenz, FB Ingenieurwesen, Rheinstr. 56, 56203 Höhr-Grenzhausen, T: (02624) 910913, F: 910940, liersch@fh-koblenz.de

**Lierse,** Tjark; Dr.-Ing., Prof.; *Fertigungsverfahren, Fertigungsorganisation*; di: Hochsch. Hannover, Fak. II Maschinenbau u. Bioverfahrenstechnik, Ricklinger Stadtweg 120, 30459 Hannover, PF 920261, 30441 Hannover, T: (0511) 92961317, tjark.lierse@hs.hannover.de

**Lies,** Jan; Dr., Prof.; *Public Relations und Kommunikationsmanagement*; di: Macromedia Hochsch. f. Medien u. Kommunikation, Paul-Dessau-Str. 6, 22761 Hamburg

**Liese,** Jörg; Dr. rer. nat., Prof.; *Betriebswirtschaftslehre, insbesondere Absatzwirtschaft und Planung*; di: FH Südwestfalen, FB Techn. Betriebswirtschaft, Haldener Str. 182, 58095 Hagen, T: (02331) 9872391, liese@fh-swf.de; pr: Buscheystr. 45, 58089 Hagen, T: (02331) 337773

**Liesegang,** Detlef; Dr.-Ing., Prof.; *Bauchemie, Projektentwicklung, Bausanierung*; di: Beuth Hochsch. f. Technik, FB IV Architektur u. Gebäudetechnik, Luxemburger Str. 10, 13353 Berlin, T: (030) 45042561, dr.liesegang@beuth-hochschule.de

**Liesegang,** Eckart; Prof.; *Betriebswirtschaftslehre*; di: Hochsch. Pforzheim, Fak. f. Wirtschaft u. Recht, Tiefenbronner Str. 65, 75175 Pforzheim, T: (07231) 286411, F: 287279, eckart.liesegang@hs-pforzheim.de

**Liess,** Martin; Dr.-Ing. habil., Prof.; *Sensorik/Aktorik*; di: Hochsch. RheinMain, Am Brückweg 26, 65428 Rüsselsheim, T: (06142) 8984212, Martin.Liess@hs-rm.de

**Lietke,** Gerd-Holger; Dipl.-Math., Dr. rer. nat., Prof.; *Wirtschaftsinformatik*; di: Hochsch. Osnabrück, Fak. Wirtschafts- u. Sozialwiss., Caprivistraße 30a, 49076 Osnabrück, T: (0541) 9692021, F: 9692070, lietke@wi.hs-osnabrueck.de; pr: Fritz-Berend-Str. 63, 49090 Osnabrück, T: (0541) 131191

**Ligocki,** Andreas; Dr.-Ing., Prof.; di: Ostfalia Hochsch., Fak. Maschinenbau, Salzdahlumer Str. 46/48, 38302 Wolfenbüttel, a.ligocki@ostfalia.de

**Lilienhof,** Hans-J.; Dr.-Ing., Prof.; *Werkstofftechnik und Chemie*; di: Westfäl. Hochsch., FB Elektrotechnik u. angew. Naturwiss., Neidenburger Str. 43, 45877 Gelsenkirchen, T: (0209) 9596526, hans-joachim.lilienhof@fh-gelsenkirchen.de

**Limberger,** Annette; Dr., Prof.; *Digitale Signalverarbeitung, Hörgeräteanpassung, Hörsystemtechnik, Hörakustik, HNO-Heilkunde, Pädakustik, Pädaudiologie*; di: Hochsch. Aalen, Fak. Optik u. Mechatronik, Beethovenstr. 1, 73430 Aalen, T: (07361) 5764613, annette.limberger@htw-aalen.de

**Limmer,** Ruth; Dr. phil., Prof.; *Psychologie*; di: Georg-Simon-Ohm-Hochsch. Nürnberg, Fak. Sozialwiss., Bahnhofstr. 87, 90402 Nürnberg, PF 210320, 90121 Nürnberg

**Lindauer,** Armin; Prof.; *Kommunikationsdesign, Schwerpunkt Typografie und Editorial Design*; di: Hochsch. Mannheim, Fak. Gestaltung, Windeckstr. 110, 68163 Mannheim

**Linde,** Andreas; Dr., Prof.; *Zoologie, Angewandte Ökologie für Forstwirte*; di: Hochsch. f. nachhaltige Entwicklung, FB Wald u. Umwelt, Alfred-Möller-Str. 1, 16225 Eberswalde, T: (03334) 657190, F: 657162, Andreas.Linde@hnee.de

**Linde,** Frank; Dr. rer. pol., Prof. FH Köln, Gastdoz. U Witten/Herdecke, U Düsseldorf; *Wissensmanagement und Informationsökonomie*; di: FH Köln, Fak. f. Informations- u. Kommunikationswiss., Claudiusstr. 1, 50678 Köln, T: (0221) 82753918, F: 827573918, Frank.Linde@fh-koeln.de; www.fbi.fh-koeln.de/linde.htm

**Lindemann,** Bernd; Dr.-Ing., Prof.; *Getränketechnologie*; di: Hochsch. Geisenheim, Von-Lade-Str. 1, 65366 Geisenheim; pr: Sudetenstr. 4, 65366 Geisenheim, T: (06722) 406967

**Lindemann,** Dietmar; Dr.-Ing., Prof.; *Ingenieurmathematik, Bauinformatik*; di: FH Potsdam, FB Bauingenieurwesen, Pappelallee 8-9, Haus 1, 14469 Potsdam, T: (0331) 5801317, lindemann@fh-potsdam.de

**Lindemann,** Karl Heinz; Dr., Prof.; *Theorien in der Sozialen Arbeit unter bes. Berücksichtigung ethischer u. pädagogischer Grundlagen*; di: H Koblenz, FB Sozialwissenschaften, Konrad-Zuse-Str. 1, 56075 Koblenz, T: (0261) 9528229, F: 9528260, lindemann@hs-koblenz.de; pr: KH.Lindemann@t-online.de

**Lindemann,** Michael; Dr. rer. nat., Prof.; *Organische Chemie*; di: Hochsch. Niederrhein, FB Chemie, Frankenring 20, 47798 Krefeld, T: (02151) 8224046; pr: Zur Hainbuche 26, 47804 Krefeld, T: (021561) 1501540

**Lindemann,** Rudolf-Gerd; Prof., Prodekan FB Design; *Fotografie*; di: Georg-Simon-Ohm-Hochsch. Nürnberg, Fak. Design, Wassertorstr. 10, 90489 Nürnberg, PF 210320, 90121 Nürnberg, T: (0911) 58802632

**Lindemann,** Ulrich; Dr.-Ing., Prof.; *DV-Systeme, Netze und Computergrafik, Softwaretechnik, Grundlagen der Informationstechnik, Mathematik*; di: Hochsch. Hannover, Fak. I Elektro- u. Informationstechnik, Ricklinger Stadtweg 120, 30459 Hannover, PF 920261, 30441 Hannover, T: (0511) 92961241, ulrich.lindemann@hs-hannover.de; pr: Dierener Str. 30, 31303 Burgdorf, T: (05136) 6720

**Linden,** Wolfgang; Dr. rer. nat., Prof.; *Bauphysik, Chemie, Ingenieur-Ökologie, Grundlagen des ökologischen Bauens*; di: FH Lübeck, FB Bauwesen, Stephensonstr. 1, 23562 Lübeck, T: (0451) 3005128, wolfgang.linden@fh-luebeck.de; pr: Bystedredder 59, 24340 Eckernförde, T: (04351) 82678

**Lindenberg,** Michael; Dr., Prof., Rektor; di: Ev. Hochsch. f. Soziale Arbeit & Diakonie, Horner Weg 170, 22111 Hamburg, T: (040) 65591381, mlindenberg@rauheshaus.de; pr: Danziger Weg 2, 23617 Stockelsdorf, T: (0451) 8130550

**Lindenmeier,** Jörg; Dr., Prof. WH Lahr; *BWL, Nonprofit- und Public-Management*; di: WHL Wissenschaftliche Hochschule, Hohbergweg 15-17, 77933 Lahr, T: (07821) 923842, joerg.lindenmeier@whl-lahr.de

**Linderhaus,** Holger; Dr. jur., Prof.; *Bürgerliches Recht, Handels- und Gesellschaftsrecht*; di: Hochsch. Fresenius, Im Mediapark 4c, 50670 Köln, linderhaus@linderhaus.de

**Lindermeier,** Robert; Dr. rer. nat., Prof.; *DV-Anwendungen in der Wirtschaft, Softwarequalität, Projektmanagement, Faktoren sozialer Kompetenz*; di: Hochsch. München, Fak. Informatik u. Mathematik, Lothstr. 34, 80335 München, T: (089) 12651606, F: 12653780

**Lindermeir,** Walter Matthias; Dr.-Ing., Prof.; *Grundlagen der Elektrotechnik, Signalverarbeitung, Elektronik, Digitalsysteme und IC-Entwurf*; di: Hochsch. Esslingen, Fak. Informationstechnik, Kanalstr. 33, 73728 Esslingen, T: (0711) 3974230

**Lindert,** Jutta; Dr., Prof.; *Gesundheitswissenschaften*; di: Ev. H Ludwigsburg, FB Soziale Arbeit, Auf der Karlshöhe 2, 71638 Ludwigsburg, j.lindert@eh-ludwigsburg.de

**Lindner,** Egbert; Dr. rer. nat., Prof.; *Wirtschaftsmathematik, Stochastik*; di: Hochsch. Mittweida, Fak. Mathematik/Naturwiss./Informatik, Technikumplatz 17, 09648 Mittweida, T: (03727) 581330, F: 581315, elindner@htwm.de

**Lindner,** Gerhard; Dr. rer. nat. habil., Prof.; *Physik, Mathematik, Physikalische Messtechnik*; di: Hochsch. Coburg, Fak. Angew. Naturwiss., Friedrich-Streib-Str. 2, 96450 Coburg, T: (09561) 317154, lindner@hs-coburg.de

**Lindner,** Hans-Günter; Dr. rer. pol., Prof.; *BWL, insbes. Organisation u. Datenverarbeitung*; di: FH Köln, Fak. f. Wirtschaftswiss., Claudiusstr. 1, 50678 Köln, T: (0221) 82753427, hans-guenter.lindner@fh-koeln.de

**Lindner,** Hartmut; Dr.-Ing., Prof. u. Dekan; *Organisation, Arbeitswissenschaften*; di: Hochsch. Mittweida, Fak. Wirtschaftswiss., Technikumplatz 17, 09648 Mittweida, T: (03727) 581359, F: 581295, hlindner@htwm.de

**Lindner,** Matthias; Dr./R.C.A., Prof.; *Technische Mechanik, Konstruktionselemente, Konstruktionslehre, Technisches Zeichnen*; di: Hochsch. Mannheim, Fak. Wirtschaftsingenieurwesen, Windeckstr. 110, 68163 Mannheim, T: (0621) 2926149; pr: Rheindammstr. 54, 68163 Mannheim, T: (0621) 405813

**Ling,** Bernhard; Dr., Prof.; *International Business*; di: DHBW Mannheim, Fak. Wirtschaft, Coblitzallee 1-9, 68163 Mannheim, T: (0621) 41051141, F: 41051286, bernhard.ling@dhbw-mannheim.de

**Lingelbach,** Bernd; Dipl.-Phys., Dr. rer. nat., Prof.; *Mathematik, Physikalische Optik*; di: Hochsch. Aalen, Fak. Optik u. Mechatronik, Beeethovenstr. 1, 73430 Aalen, T: (07361) 5764606, Bernd.Lingelbach@htw-aalen.de

**Lingenauber,** Sabine; Dipl.-Päd., Dr. phil., Prof.; *Elementarpädagogik, Reformpädagogik*; di: Hochsch. Fulda, Marquardstr. 35, 36039 Fulda, T: (0661) 9640582, s.lingenauber@sw.fh.fulda.de

**Link,** Edmund; Dr., Prof.; *BWL, Rechnungswesen, Internationales Controlling*; di: Hochsch. Heilbronn, Fak. f. Wirtschaft 2, Max-Planck-Str. 39, 74081 Heilbronn, T: (07131) 504211, F: 252470, e.link@hs-heilbronn.de

**Link,** Joachim; Dr., Prof.; *Betriebswirtschaft, Marketing – Produkt- u Kundenmanagement*; di: Hochsch. Heilbronn, Fak. f. Technik u. Wirtschaft, Daimlerstr. 35, 74653 Künzelsau, T: (07940) 1306231, F: 130662311, joachim.link@hs-heilbronn.de

**Link,** Lisa; Dr., Prof.; *Fachkommunikation u. Sprachdatenverarbeitung*; di: FH Flensburg, FB Information u. Kommunikation, Kanzleistr. 91-93, 24943 Flensburg, T: (0461) 8051625, link@wi.fh-flensburg.de

**Link,** Norbert; Dr. rer. nat., Prof.; *Technische Informatik, Bildverarbeitung, Embedded Systems*; di: Hochsch. Karlsruhe, Fak. Informatik u. Wirtschaftsinformatik, Moltkestr. 30, 76133 Karlsruhe, PF 2440, 76012 Karlsruhe, T: (0721) 9251476

**Link,** Renate; Dr., Prof.; *Wirtschaftsrecht*; di: Hochsch. Aschaffenburg, Fak. Wirtschaft u. Recht, Würzburger Str. 45, 63743 Aschaffenburg, T: (06021) 314952, renate.link@h-ab.de

**Link,** Thomas; Dr.-Ing., Prof.; *Kraft- und Arbeitsmaschinen*; di: FH Nordhausen, FB Ingenieurwiss., Weinberghof 4, 99734 Nordhausen, T: (03631) 420455, F: 420818, link@fh-nordhausen.de

**Linke,** Markus; Dr.-Ing., Prof.; *Festigkeit im Leichtbau, Technische Mechanik*; di: HAW Hamburg, Fak. Technik u. Informatik, Berliner Tor 9, 20099 Hamburg, markus.linke@haw-hamburg.de

**Linke,** Ralf; Dr., Prof.; *Business and Management Studies*; di: Business and Information Technology School GmbH, Reiterweg 26 b, 58636 Iserlohn, T: (0172) 3640254, ralf.linke@bits-iserlohn.de

**Linkohr,** Albrecht; Dr., Prof.; di: DHBW Ravensburg, Campus Friedrichshafen, Fallenbrunnen 2, 88045 Friedrichshafen, T: (07541) 2077222, linkohr@dhbw-ravensburg.de

**Linn,** Karl-Otto; Dr., Prof.; *Prozessdatenverarbeitung, Hardwaretechnik*; di: Hochsch. Rhein/Main, FB Design Informatik Medien, Kurt-Schumacher-Ring 18, 65197 Wiesbaden, T: (0611) 94951292, karl-otto.linn@hs-rm.de; pr: Tannenweg 16F, 55218 Ingelheim, T: (06132) 896010

**Linn,** Rolf; Dr. rer. nat., Prof.; *Informatik, Mensch-Computer-Interaktion, Produktionsinformatik*; di: Hochsch. Trier, FB Informatik, PF 1826, 54208 Trier, T: (0651) 8103373, R.Linn@hochschule-trier.de; pr: Olbeschhof 1, 54296 Trier, T: (0651) 96681978

**Linne,** Martin; Dr. disc.pol., Prof.; *Tourismuswirtschaft*; di: Adam-Ries-FH, Juri-Gagarin-Ring 152, 99084 Erfurt

**Linnebach,** Egbert; Dr., Prof.; *Mikrosystemtechn, Simulation*; di: FH Frankfurt, FB 2 Informatik u. Ingenieurwiss., Nibelungenplatz 1, 60318 Frankfurt am Main, T: (069) 15333255

**Linnemann,** Elke; Prof.; *CAD-Konstruktion*; di: HAW Hamburg, Fak. Design, Medien u. Information, Armgartstr. 24, 22087 Hamburg, T: (040) 428754727, elke.linnemann@haw-hamburg.de; pr: T: (04102) 206613

**Linnemann,** Heinrich; Dr.-Ing., Prof.; *Mikrocomputer-/Mikrocontroller-Technik, Daten- und Rechnernetze, Robotics*; di: Beuth Hochsch. f. Technik, FB VI Informatik u. Medien, Luxemburger Str. 10, 13353 Berlin, T: (030) 45042158, linnemann@beuth-hochschule.de

**Linner,** Stefan; Dr.-Ing., Prof.; di: Hochsch. München, Fak. Feinwerk- u. Mikrotechnik, Physikal. Technik, Lothstr. 34, 80335 München, stefan.linner@hm.edu

**Linse,** Ulrich; Dr. phil., Prof.; *Geschichte*; di: Hochsch. München, FB Allgemeinwissenschaften, Lothstr. 34, 80335 München, linse@hm.edu

**Linsel,** Stefan; Dr.-Ing., Prof.; *Baustoffkunde, Alternative Baustoffe, Betontechnologie*; di: Hochsch. Karlsruhe, Fak. Architektur u. Bauwesen, Moltkestr. 30, 76133 Karlsruhe, PF 2440, 76012 Karlsruhe, T: (0721) 9252656, Stefan.Linsel@Hs-karlsruhe.de

**Linß,** Marco; Dr.-Ing., Prof.; *Fertigungstechnik / Zerspantechnik*; di: Hochsch. Hof, Alfons-Goppel-Platz 1, 95028 Hof, T: (09281) 4094520, marco.linss@hof-university.de

**Linssen,** Ruth; Dr., Prof.; *Kriminalprävention und Kriminologie, Korruption im öffentlichen Sektor*; di: FH Münster, FB Sozialwesen, Robert-Koch-Straße 30, 48149 Münster, T: (0251) 8365819, linssen@fh-muenster.de

**Linxweiler,** Richard; Prof.; *Betriebswirtschaft/Werbung (Marketing-Kommunikation)*; di: Hochsch. Pforzheim, Fak. f. Wirtschaft u. Recht, Tiefenbronner Str. 65, 75175 Pforzheim, T: (07231) 286288, F: 286070, richard.linxweiler@hs-pforzheim.de

**Linxweiler,** Winfried; Dr. rer. nat., Prof.; *Biochemie*; di: Hochsch. Esslingen, Fak. Angew. Naturwiss., Kanalstr. 33, 73728 Esslingen, T: (0711) 3973114; pr: Rilkestr. 1, 73728 Esslingen, T: (0711) 3511977

**Linz,** Dorle; Dr., Prof.; di: Hochsch. f. Wirtschaft u. Recht Berlin, Badensche Str. 50/51, 10825 Berlin, T: (030) 29384490, dorle.linz@hwr-berlin.de

**Lipfert,** Cornelia; Dr. med., HonProf.; *Medizintechnik*; di: Hochsch. Mittweida, Fak. Mathematik/Naturwiss./Informatik, Technikumplatz 17, 09648 Mittweida, T: (03727) 581219

**Lipinski,** Hans-Gerd; Dr. rer. medic., Dr. med. habil., Prof.; *Medizinische Informatik*; di: FH Dortmund, FB Informatik, Emil-Figge-Str. 42, 44227 Dortmund, T: (0231) 7556721, F: 7556710, lipinski@fh-dortmund.de

**Lipke,** Kurt; Dr. phil., Prof.; *Psychologie, Psychiatrie, Psychotherapie*; di: FH Ludwigshafen, FB IV Sozial- u. Gesundheitswesen, Maxstr. 29, 67059 Ludwigshafen, T: (0621) 5911344

**Lipp,** Andrea; Prof.; *Fahrzeug Interieur Design, Designgrundlagen*; di: Hochsch. Reutlingen, FB Textil u. Bekleidung, Alteburgstr. 150, 72762 Reutlingen, T: (07121) 2718018, Andrea.Lipp@Reutlingen-University.DE

**Lipp,** Jürgen; Dr. rer. oec., HonProf.; *Marketing und Unternehmensführung*; di: Hochsch. Lausitz, FB Informatik, Elektrotechnik, Maschinenbau, Großenhainer Str. 57, 01968 Senftenberg, PF 1538, 01958 Senftenberg, T: (03573) 85501, F: 85809, jlipp@fh-lausitz.de

**Lipp,** Michael; Dr.-Ing., Prof.; *Meßtechnik, Informationssysteme*; di: Hochsch. Darmstadt, FB Elektrotechnik u. Informationstechnik, Haardtring 100, 64295 Darmstadt, T: (06151) 168320, michael.lipp@h-da.de

**Lippardt,** Sven; Dr.-Ing., Prof.; di: Ostfalia Hochsch., Fak. Maschinenbau, Salzdahlumer Str. 46/48, 38302 Wolfenbüttel, s.lippardt@ostfalia.de

**Lippe,** Heiner; Prof.; *Architektur*; di: FH Lübeck, FB Bauwesen, Mönkhofer Weg 239, 23562 Lübeck, T: (0451) 3005123, heiner.lippe@fh-luebeck.de

**Lipperheide,** Peter J.; Dr. jur., Prof.; *Arbeitsrecht, Bürgerliches Recht, Handels- u Wirtschaftsrecht*; di: FH Düsseldorf, FB 7 – Wirtschaft, Universitätsstr. 1, Geb. 23.32, 40225 Düsseldorf, T: (0211) 8115363, F: 8114369, peter.lipperheide@fh-duesseldorf.de; pr: Neusser Landstr. 91, 50769 Köln, T: (0221) 704548, F: 7003045

**Lipphardt,** Götz; Dr.-Ing., Prof.; *Elektrische Anlagentechnik*; di: Hochsch. Mannheim, Fak. Elektrotechnik, Windeckstr. 110, 68163 Mannheim

**Lippmann,** Bernd; Dr.-Ing. habil., Prof.; *Baubetrieb und Bauverfahren*; di: Hochsch. Lausitz, FB Architektur, Bauingenieurwesen, Versorgungstechnik, Lipezker Str. 47, 03048 Cottbus-Sachsendorf, blippman@abv.fh-lausitz.de

**Lippold,** Horst-G.; Dr., Prof.; di: Rheinische FH Köln, Hohenstaufenring 16-18, 50674 Köln; pr: Ottostr. 34, 50823 Köln

**Lippomann,** Ralf; Dr.-Ing., Prof.; *Altlasten, Deponiebau, Umwelttechnik*; di: FH Erfurt, FB Bauingenieurwesen, Altonaer Str. 25, 99085 Erfurt, PF 101363, 99013 Erfurt, T: (0361) 6700951, F: 6700902, r.lippomann@fh-erfurt.de

**Lippott,** Joachim; Dr., Prof.; *Verwaltungsrecht, Staatsrecht, Europa- und Völkerrecht*; di: FH d. Bundes f. öff. Verwaltung, FB Auswärtige Angelegenheiten, Gudenauer Weg 134-136, 53127 Bonn, T: (01888) 171113, F: 1751113

**Lippross,** Otto-Gerd; Dr. jur., Prof.; *Finanz- und Steuerrecht*; di: FH f. Finanzen Nordkirchen, Schloß, 59394 Nordkirchen

**Lipsmeier,** Gero; Dr., Prof.; *Methoden der empirischen Sozialforschung und Computeranwendungen in der Sozialen Arbeit*; di: FH Frankfurt, FB 4 Soziale Arbeit u. Gesundheit, Nibelungenplatz 1, 60318 Frankfurt am Main, T: (069) 15332619, lipsmeier@fb4.fh-frankfurt.de

**Lisdat,** Fred; Dr. rer. nat., Prof.; *Bioinformatik, Biosystemtechnik*; di: Techn. Hochsch. Wildau, FB Ingenieurwesen/Wirtschaftsingenieurwesen, Bahnhofstr., 15745 Wildau, T: (03375) 508456, F: 500324, flisdat@igw.tfh-wildau.de

**Liskowsky,** Volker; Dr.-Ing., Prof.; *Kraftfahrzeugtechnik/Instandhaltung/Kfz-Instandhaltung, Kfz-Recycling, Autohausorganisation*; di: Westsächs. Hochsch. Zwickau, Fak. Kraftfahrzeugtechnik, Dr.-Friedrichs-Ring 2A, 08056 Zwickau, Volker.Liskowsky@fh-zwickau.de

**List,** Stephan; Dr., Prof., Dekan FB Betriebswirtschaft; *Betriebliche Steuern*; di: Hochsch. Rosenheim, Fak. Betriebswirtschaft, Hochschulstr. 1, 83024 Rosenheim, T: (08031) 805458, F: 805453, list@fh-rosenheim.de

**Litfin,** Thorsten; Dr., Prof.; *Marketing, insbesondere Service- u. Innovationsmanagement*; di: Hochsch. Osnabrück, Fak. MKT, Inst. f. Management u. Technik, Kaiserstraße 10c, 49806 Lingen, T: (0591) 80098233, t.litfin@hs-osnabrueck.de

**Litke,** Hans-Dieter; Dipl. rer. oec., Dr. rer. pol., Prof.; *Informatik, Programmiersprachen und Algorithmenlehre, Systemanalyse, Methoden und Tools der Softwareentwicklung*; di: Hochsch. Reutlingen, FB Produktionsmanagement, Alteburgstr. 150, 72762 Reutlingen, T: (07121) 2715005, Hans-Dieter.Litke@Reutlingen-University.DE; pr: Payerstr. 39, 72764 Reutlingen, T: (07121) 22201

**Litschke,** Herbert; Dr. rer .nat., Prof.; *Multimediasysteme/Graf. Oberflächen und Bildverarbeitung*; di: Hochsch. Wismar, Fak. f. Ingenieurwiss., PF 1210, 23952 Wismar, T: (03841) 753306, h.litschke@et.hs-wismar.de

**Littke,** Wolfgang; Dr. rer. nat., Prof.; *Mikroprozessortechnik, Mikrorechnersysteme*; di: FH Jena, FB Elektrotechnik und Informationstechnik, Carl-Zeiss-Promenade 2, 07745 Jena, PF 100314, 07703 Jena, T: (03641) 205700, F: 205701, et@fh-jena.de

**Littmann,** Georg; Prof.; *Darstellungs- und Entwurfsmethodik*; di: design akademie berlin (FH), Paul-Lincke-Ufer 8e, 10999 Berlin

**Litz,** Joachim; Dipl.-Ing., Dr.-Ing., Prof.; *Chemie*; di: FH Lübeck, FB Angew. Naturwiss., Stephensonstr. 3, 23562 Lübeck, T: (0451) 5005003, F: 3005235, joachim.litz@fh-luebeck.de; pr: T: (04366) 88021

**Litzenberger,** Rolf; Dr., Prof.; *Mechatronik*; di: DHBW Mannheim, Fak. Technik, Handelsstr. 13, 69214 Eppelheim, T: (0621) 41051323, F: 41051317, rolf.litzenberger@dhbw-mannheim.de

**Litzenburger,** Manfred; Dr.-Ing., Prof.; *Digitale Nachrichtenübertragung, Architektur und Signalverarbeitung von Kommunikationssystemen*; di: Hochsch. Karlsruhe, Fak. Elektro- u. Informationstechnik, Moltkestr. 30, 76133 Karlsruhe, PF 2440, 76012 Karlsruhe, T: (0721) 9251516

**Liu-Henke,** Xiabo; Dr.-Ing., Prof.; di: Ostfalia Hochsch., Fak. Maschinenbau, Salzdahlumer Str. 46/48, 38302 Wolfenbüttel, x.liu-henke@ostfalia.de

**Livotov,** Pavel; Dr.-Ing, Prof.; *Entwerfen u. Apparatebau in der Verfahrenstechnik*; di: Beuth Hochsch. f. Technik, FB VIII Maschinenbau, Veranstaltungs- u. Verfahrenstechnik, Luxemburger Straße 10, 13353 Berlin, T: (030) 45045019, livotov@beuth-hochschule.de

**Lobenstein,** Detlef; Dr., Prof.; *Wirtschaftsinformatik*; di: FH Erfurt, FB Wirtschaftswiss., Steinplatz 2, 99085 Erfurt, PF 101363, 99013 Erfurt, T: (0361) 6700109, F: 6700152, lobenstein@fh-erfurt.de

**Lobnig,** Renate; Dr. rer. nat., Prof., Dekanin FB Angewandte Naturwissenschaften; *Bauten- und Korrosionsschutz*; di: Hochsch. Esslingen, Kanalstr. 33, 73728 Esslingen, T: (0711) 397350

**LoBue,** Robert M.; B.Sc., M.Sc., Prof.; *Accounting, Management*; di: Hochsch. Reutlingen, FB International Business, Alteburgstr. 150, 72762 Reutlingen, T: (07121) 271424, robert.lobue@fh-reutlingen.de; pr: Heinrich-Heine-Str. 9, 72810 Gomaringen, T: (07072) 920759

**Loch,** Manfred; Dr.-Ing., Prof., Dekan FB Elektrotechnik und Informationstechnik; *Nachrichtenübertragung, Optische Nachrichtentechnik*; di: Hochsch. Darmstadt, FB Elektrotechnik u. Informationstechnik, Haardtring 100, 64295 Darmstadt, T: (06151) 168240, loc@eit.h-da.de

**Lochbrunner,** Manfred; lic. phil., Dr. theol., Dr. theol. habil., Prof. Gustav-Siewerth-Akad. Weilheim-Bierbronnen u. Priestersem. Redemptoris Mater d. Erzbistums Berlin; *Katholische Dogmatik u. Dogmengeschichte*; pr: Kirchstr. 2, 86486 Bonstetten, T: (08293) 6745, F: 960741, st.stephan.bonstetten@bistum-augsburg.de; Dorfstr. 10, 87757 Kirchheim, T: (08266) 1345

**Locher,** Klaus; Prof.; *Volkswirtschaftslehre, Statistik*; di: Hochsch. Kehl, Fak. Wirtschafts-, Informations- u. Sozialwiss., Kinzigallee 1, 77694 Kehl, PF 1549, 77675 Kehl, T: (07851) 894182, Locher@fh-kehl.de

**Lochmahr,** Andrea; Dr., Prof.; *Beschaffung und Logistik*; di: Hochsch. f. Technik, Fak. Bauingenieurwesen, Bauphysik u. Wirtschaft, Schellingstr. 24, 70174 Stuttgart, PF 101452, 70013 Stuttgart, T: (0711) 89262970, F: 89262666, andrea.lochmahr@hft-stuttgart.de

**Lochmann,** Klaus; Dr.-Ing. habil., Prof.; *Produktionssystemtechnik, Fertigungstechnik im Maschinenbau, Spanungstechnik*; di: FH Jena, FB Maschinenbau, Carl-Zeiss-Promenade 2, 07745 Jena, PF 100314, 07703 Jena, T: (03641) 205300, F: 205301, Klaus.Lochmann@fh-jena.de

**Lochmann,** Steffen; Dr.-Ing. habil., Prof.; *Kommunikationssysteme u. Hochfrequenztechnik*; di: Hochsch. Wismar, Fak. f. Ingenieurwiss., PF 1210, 23952 Wismar, T: (03841) 753249, s.lochmann@et.hs-wismar.de

**Lochner,** Irmgard; Dr.-Ing., Prof.; *Konstruktives Entwerfen, Tragwerkslehre*; di: Hochsch. Biberach, SG Architektur, PF 1260, 88382 Biberach/Riß, T: (07351) 582212, F: 582119, lochner@hochschule-bc.de

**Lockenvitz,** Thomas; Dr., Prof.; *Gesellschaftswissenschaftl. Grundlagen der Sozialen Arbeit, Techniken wissenschaftlichen Arbeitens, Sozialpädagogik, Spielpädagogik, Erziehung und Bildung*; di: FH Kiel, FB Soziale Arbeit u. Gesundheit, Sokratesplatz 2, 24149 Kiel, T: (0431) 2103045, F: 21063045, thomas.lockenvitz@fh-kiel.de; pr: Dreiangel 7, 24161 Altenholz, T: (0431) 3050498

**Löbach,** Wilfried; Dr. rer. nat., Prof.; *Chemie, Photographische Verfahren*; di: FH Köln, Fak. f. Informations-, Medien- u. Elektrotechnik, Betzdorfer Str. 2, 50679 Köln, T: (0221) 82752531, wilfried.loebach@fh-koeln.de; pr: Kirchstr. 61, 53227 Bonn, T: (0228) 468476

**Loebell,** Peter; Dr., Prof. Freie H Stuttgart; *Waldorfpädagogik*; di: Freie Hochschule, Seminar f. Waldorfpädagogik, Haußmannstr. 44 A, 70188 Stuttgart, loebell@freie-hochschule-stuttgart.de; pr: Pfennigäcker 80, 70619 Stuttgart, T: (0711) 4416750

**Loebermann,** Matthias; Dipl.-Ing., Prof., Dekan SG Architektur; *Gebäudekunde, Baukonstruktion, Entwerfen*; di: Hochsch. Biberach, SG Architektur, PF 1260, 88382 Biberach/Riß, T: (07351) 582200, F: 582119, loebermann@hochschule-bc.de

**Löbmann,** Rebecca; Dr., Prof.; *Wissenschaftstheorie, Basisstrategien*; di: Hochsch. f. angew. Wiss. Würzburg Schweinfurt, Fak. angew. Sozialwiss., Münzstr. 12, 97070 Würzburg, loebmann@fh-wuerzburg.de

**Löbus,** Ina; Dr., Prof.; *Produktionsplanung, Produktionssteuerung, Material- und Fertigungswirtschaft, DV-Anwendungen*; di: Hochsch. Hof, Alfons-Goppel-Platz 1, 95028 Hof, T: (09281) 409449, F: 40955449, Ina.Loebus@fh-hof.de

**Löcher,** Jens; Dr., Prof.; *Verwaltungsrecht*; di: Hess. Hochsch. f. Polizei u. Verwaltung, Schönbergstr. 100, Geb. 13, 65199 Wiesbaden, T: (0611) 58290, jens.loecher@vfh-hessen.de

**Löcherbach,** Peter; Dr. phil., Prof.; di: Kath. Hochsch. Mainz, FB Soziale Arbeit, Saarstr. 3, 55122 Mainz, T: (06131) 2894459, loecherbach@kfh-mainz.de; pr: Oberweiher 5a, 56072 Koblenz, T: (0261) 2100252, F: 2100256, loecherbach.p@t-online.de

**Lödding,** Bernhard; Dr. rer. nat., Prof.; *Physik, insbes. Physik der Werkstoffe*; di: FH Münster, FB Physikal. Technik, Stegerwaldstr. 39, 48565 Steinfurt, T: (02551) 962236, F: 962201, loedding@fh-muenster.de; pr: Johanniterstr. 25, 48565 Steinfurt, T: (02551) 4745

**Löf,** Achim; Prof.; *Technischer Ausbau*; di: FH Dortmund, FB Architektur, PF 105018, 44047 Dortmund, T: (0231) 7554432, F: 7554466, achim.loef@fh-dortmund.de

**Loeffelholz,** Friedrich Freiherr von; Dr., Prof.; *Produktionswirtschaft, Organisation, Datenverarbeitung*; di: Hochsch. f. angew. Wiss. Würzburg Schweinfurt, Fak. Wirtschaftsingenieurwesen, Ignaz-Schön-Str. 11, 97421 Schweinfurt

**Löffelmacher,** Gerd; Dr.-Ing., Prof.; *Grundlagen Elektrotechnik, Elektronik*; di: Hochsch. Bremerhaven, An der Karlstadt 8, 27568 Bremerhaven, T: (0471) 4823173, F: 4823145, gloeffel@hs-bremerhaven.de; pr: Heinrich-Luden-Str. 50, 27612 Loxstedt, T: (04744) 2273, F: 820349

**Löffelmann,** Peter; HonProf.; di: Hochsch. f. Technik, Fak. Architektur u. Gestaltung, Schellingstr. 24, 70174 Stuttgart, PF 101452, 70013 Stuttgart

**Löffler,** Andreas; Prof.; *Technischer Ausbau*; di: Hochsch. f. Technik, Fak. A Architektur u. Gestaltung, Schellingstr. 24, 70174 Stuttgart, PF 101452, 70013 Stuttgart, T: (0711) 89262590, andreas.loeffler@hft-stuttgart.de

**Löffler,** Anthusa; Dipl.-Ing., Prof.; *Baukonstruktion und Entwerfen*; di: HTWK Leipzig, FB Bauwesen, PF 301166, 04251 Leipzig, T: (0341) 30766290, loeffler@fbb.htwk-leipzig.de

**Löffler,** Axel; Dr.-Ing., Prof.; *Wirtschaftsingenieurwesen, Modellbildung und Simulation*; di: Hochsch. Aalen, Fak. Wirtschaftswissenschaften, Beethovenstr. 1, 73430 Aalen, T: (07361) 5762472, Axel.Loeffler@htw-aalen.de

**Löffler,** Berthold; Dr. rer. soc., Prof.; *Recht, Politikwissenschaft*; di: Hochsch. Ravensburg-Weingarten, Doggenriedstr., 88250 Weingarten, PF 1261, 88241 Weingarten, T: (0751) 5019440, F: 5019876, loeffler@hs-weingarten.de; pr: Henri-Dunant-Str. 51, 88213 Ravensburg, T: (0751) 97132, F: 97132

**Löffler,** Joachim; Dr. jur., Prof.; *Recht, Marketing-Praxis*; di: Hochsch. Heilbronn, Fak. f. Wirtschaft u. Verkehr, Max-Planck-Str. 39, 74081 Heilbronn, T: (07131) 504218, F: 252470, loeffler@hs-heilbronn.de

**Löffler,** Markus; Prof.; *Entwerfen*; di: FH Potsdam, FB Architektur u. Städtebau, Pappelallee 8-9, Haus 2, 14469 Potsdam, T: (0331) 5801221

**Löffler,** Markus; Dr.-Ing., Prof.; *Hochspannungs- und Hochleistungspulstechnik*; di: Westfäl. Hochsch., FB Elektrotechnik u. angew. Naturwiss., Neidenburger Str. 10, 45877 Gelsenkirchen, T: (0209) 9596220, markus.loeffler@fh-gelsenkirchen.de; pr: Castroperstr. 27, 45665 Recklinghausen, T: (02361) 9099136, F: 9099138

**Löffler,** Peter; Dr. rer. nat. habil., Prof.; *Mathematik, DV*; di: Techn. Hochsch. Mittelhessen, FB 13 Mathematik, Naturwiss. u. Datenverarbeitung, Wiesenstr. 14, 35390 Gießen, T: (0641) 3092345; pr: Friedberger Str. 74, 61169 Friedberg, T: (06031) 5811

**Löffler-Mang,** Martin; Dipl.-Phys., Dr.-Ing., Prof.; *Informatik*; di: HTW d. Saarlandes, Fak. f. Ingenieurwiss., Goebenstr. 40, 66117 Saarbrücken, T: (0681) 5867247, loeffler-mang@htw-saarland.de; pr: Breite Str. 42, 66115 Saarbrücken

**Löhmann,** Ekkehard; Dipl. Math., Prof., Dekan FB Elektrotechnik und Informatik; *Grundlagen der Informatik, Internet Technologien, Mathematik, SmartCard*; di: Hochsch. Ravensburg-Weingarten, Doggenriedstr., 88250 Weingarten, PF 1261, 88241 Weingarten, T: (0751) 5019590, loehmann@hs-weingarten.de

**Löhnertz,** Otmar; Dr. agr., Prof.; *Bodenkunde/Pflanzenernährung*; di: Hochsch. Geisenheim, Inst. f. Bodenkunde u. Pflanzenernährung, Von-Lade-Str. 1, 65366 Geisenheim, T: (06722) 502431, F: 502430, Otmar.Loehnertz@hs-gm.de; pr: Dresdener Str. 4, 65366 Geisenheim, T: (06722) 50684

**Löhr,** Armin; Prof.; *Werkstoffe im Bauwesen, Baustofflabor, Bauwerke des Massivbaus, Spannbetonbau*; di: Hochsch. f. angew. Wiss. Würzburg Schweinfurt, Fak. Architektur u. Bauingenieurwesen, Münzstr. 12, 97070 Würzburg

**Löhr,** Dirk; Dr. habil., Prof.; *Steuerlehre u. Ökologische Ökonomik*; di: Hochsch. Trier, Umwelt-Campus Birkenfeld, FB Umweltwirtschaft/Umweltrecht, PF 1380, 55761 Birkenfeld, T: (06782) 171324, d.loehr@umwelt-campus.de

**Löhr,** Karsten; Dr.-Ing., Profl; *Wirtschaftsingenieurwesen*; di: DHBW Heidenheim, Fak. Technik, Marienstr. 20, 89518 Heidenheim, T: (07321) 2722352, F: 2722359, loehr@dhbw-heidenheim.de

**Löhrer,** Frank; Dr. med., Prof.; *Sozialmedizin*; di: Kath. Hochsch. NRW, Abt. Aachen, FB Sozialwesen, Robert-Schumann-Str. 25, 52066 Aachen, T: (0241) 6000326, F: 6000388

**Loeken,** Hiltrud; Dr. phil., Prof. Ev. FH Freiburg, Dekanin FB Soziale Arbeit; *Soziale Arbeit mit Menschen mit Behinderung*; di: Ev. Hochsch. Freiburg, FB Soziale Arbeit, Bugginger Str. 38, 79114 Freiburg, T: (0761) 4781226, loeken@eh-freiburg.de

**Loeper,** Wiebke; Dipl.-Phys., Prof.; *Baustoffe*; di: FH Potsdam, FB Bauingenieurwesen, Pappelallee 8-9, Haus 1, 14469 Potsdam, T: (0331) 5801432, loeper@fh-potsdam.de

**Löring,** Stephan; Dr.-Ing., Prof.; *Baukonstruktion*; di: Hochsch. Bochum, FB Bauingenieurwesen, Lennershofstr. 140, 44801 Bochum, T: (0234) 3210247, stephan.loering@hs-bochum.de

**Lösche,** Klaus; Dr.-Ing., Prof.; *Produkttechnologie d. Lebensmittel pflanzlicher Herkunft, Qualitätssicherung u. Produktentwicklung, Bäckereitechnologie, Ingredients u.a.*; di: Hochsch. Bremerhaven, An der Karlstadt 8, 27568 Bremerhaven, T: (0471) 9729712, F: 9729722, klösche@ttz-bremerhaven.de; pr: Johannisburger Str. 20, 27580 Bremerhaven, T: (0471) 86014

**Löschel,** Rainer; Dipl.-Math., Dr. rer. nat., Prof.; *Mathematik*; di: Hochsch. Regensburg, Fak. Informatik u. Mathematik, PF 120327, 93025 Regensburg, T: (0941) 9431302, rainer.loeschel@mathematik.fh-regensburg.de

**Lösel,** Ralf; Dr. rer. nat., Prof.; *Biochemische Analytik*; di: Georg-Simon-Ohm-Hochsch. Nürnberg, Fak. Angewandte Chemie, Keßlerplatz 12, 90489 Nürnberg, PF 210320, 90121 Nürnberg

**Lösel,** Walter; Dr. rer. pol., Prof.; *Organisation, Wirtschaftsinformatik*; di: Georg-Simon-Ohm-Hochsch. Nürnberg, Fak. Betriebswirtschaft, Bahnhofsstr. 87, 90402 Nürnberg, PF 210320, 90121 Nürnberg

**Lötzbeyer,** Thomas; Dr., Prof.; *Chemie, Biochemie, Lebensmittel*; di: Hochsch. Weihenstephan-Triesdorf, Fak. Gartenbau u. Lebensmitteltechnologie, Am Staudengarten 10, 85350 Freising, T: (08161) 715949, F: 715251, thomas.loetzbeyer@fh-weihenstephan.de

**Löw,** Hans; Dr.-Ing., Prof.; *Konstruktion, Maschinenelemente, Fördertechnik*; di: Hochsch. München, Fak. Maschinenbau, Fahrzeugtechnik, Flugzeugtechnik, Dachauer Str. 98b, 80335 München, T: (089) 12651254, F: 12651392, hans.loew@fhm.edu

**Löwe,** Katharina; Dr.-Ing. habil., Prof.; *Verfahrenstechnik, Allgemeiner Maschinenbau*; di: FH Brandenburg, FB Technik, Magdeburger Str. 50, 14770 Brandenburg, PF 2132, 14737 Brandenburg, T: (03381) 355311, katharina.loewe@fh-brandenburg.de

**Löwe,** Michael; Dr.-Ing. habil., Prof.; *Informatik/Wirtschaftsinformatik*; di: FH f. die Wirtschaft Hannover, Freundallee 15, 30173 Hannover, T: (0511) 2848374, F: 2848372, michael.loewe@fhdw.de

**Loewen,** Achim; Dr.-Ing., Prof.; *Energietechnik und Umweltmanagement*; di: HAWK Hildesheim/Holzminden/Göttingen, Fak. Ressourcenmanagement, Büsgenweg 1a, 37077 Göttingen, T: (0551) 5032257

**Loffing,** Christian; Dr., Prof.; *Psychosoziale Interventionen*; di: Hochsch. Niederrhein, FB Sozialwesen, Webschulstr. 20, 41065 Mönchengladbach, T: (02161) 1865668, Christian.Loffing@hs-niederrhein.de

**Logemann,** Manfred; Dr.-Ing., Prof.; *Konstruktiver Ingenieurbau*; di: FH Lübeck, FB Bauwesen, Mönkhofer Weg 239, 23562 Lübeck, T: (0451) 3005261, F: 3005079, manfred.logemann@fh-luebeck.de

**Loges,** Franmk Norbert; Dr. rer. soc., Prof.; *Schwerpunkt 4 (Sonder- und Heilpädagogik, Arbeit mit Behinderten)*; di: Hochsch. Darmstadt, FB Gesellschaftswiss. u. Soziale Arbeit, Haardtring 100, 64295 Darmstadt, T: (06151) 168513, frank.loges@h-da.de

**Lohaus,** Daniela; Dr. rer. nat., Prof.; *Personal und Organisation, Organisationspsychologie und Schlüsselqualifikationen*; di: Hochsch. f. Technik, Fak. Architektur u. Gestaltung, Schellingstr. 24, 70174 Stuttgart, PF 101452, 70013 Stuttgart, T: (0711) 89262951, daniela.lohaus@hft-stuttgart.de

**Lohmann,** Florian; Dr., Prof.; *BWL, Bank*; di: DHBW Heidenheim, Fak. Wirtschaft, Marienstr. 20, 89518 Heidenheim, T: (07321) 2722212, F: 2722219, lohmann@dhbw-heidenheim.de

**Lohmann,** Friedrich; Dr. rer. nat., Prof. FH Hannover; *Wirtschaftsinformatik, Software Engineering, Anwendungsentwicklung, Systemanalyse, JAVA*; di: Hochsch. Hannover, Fak. IV Wirtschaft u. Informatik, Ricklinger Stadtweg 120, 30459 Hannover, T: (0511) 92961516, F: 92961510, friedrich.lohmann@hs-hannover.de

**Lohmann,** Rüdiger; Dr.-Ing., Prof.; *Produktionslogistik*; di: FH Lübeck, FB Maschinenbau u. Wirtschaft, Mönkhofer Weg 136-140, 23562 Lübeck, T: (0451) 3005024, ruediger.lohmann@fh-luebeck.de

**Lohmann,** Ulrich; Dr., Dr., Prof.; *Sozialverwaltung, Sozialrecht*; di: Alice-Salomon-Hochsch., Alice-Salomon-Platz 5, 12627 Berlin-Hellersdorf, T: (030) 99245525, F: 99245245, lohmann@ash-berlin.eu; pr: Ferdinandstr. 31, 12209 Berlin

**Lohmar,** Franz-Josef; Dr.-Ing., Prof.; *Geoinformatik u. Praktische Geodäsie, Satellitengeodäsie*; di: Hochsch. Bochum, FB Vermessungswesen u. Geoinformatik, Lennershofstr. 140, 44801 Bochum, T: (0234) 3210519, franz.lohmar@hs-bochum.de

**Lohmberg,** Andreas; Dr.-Ing., Prof.; *Strömungstechnik, Strömungsmaschinen*; di: Hochsch. Konstanz, Fak. Maschinenbau, Brauneggerstr. 55, 78462 Konstanz, PF 100543, 78405 Konstanz, T: (07531) 206229, lohmberg@fh-konstanz.de

**Lohmiller,** Reinhard; Dr., Prof., Dekan FB Pädagogik und Supervision; *Ästhetik, Kultur u. Kommunikation*; di: Ev. Hochsch. Freiburg, Bugginger Str. 38, 79114 Freiburg. i. Br., T: (0761) 4781233, lohmiller@eh-freiburg.de; pr: Tauberweg 16, 63071 Offenbach, T: (069) 851177

**Lohmüller,** Reiner; Dr.-Ing., Prof.; *Verfahrenstechnik, nachwachsende Rohstoffe, Wasserstofftechnologie*; di: Hochsch. Emden/Leer, FB Technik, Constantiaplatz 4, 26723 Emden, T: (04921) 8071514, F: 8071593, lohmueller@hs-emden-leer.de; pr: Friesenstr. 13, 26721 Emden, T: (04921) 22948

**Lohner,** Andreas; Dr., Prof.; *Automatisierungstechnik u. elektrische Antriebe*; di: FH Köln, Fak. f. Informations-, Medien- u. Elektrotechnik, Betzdorfer Str. 2, 50679 Köln, T: (0221) 82752261, andreas.lohner@fh-koeln.de

**Lohner,** Harald; Dr.-Ing., Prof., Dekan FB Wirtschaftsingenieurwesen; *Energie- und Versorgungswirtschaft*; di: Jade Hochsch., FB Management, Information, Technologie, Friedrich-Paffrath-Str. 101, 26389 Wilhelmshaven, lohner@jade-hs.de

**Lohöfener,** Manfred; Dr., Prof.; *Mechatronische Systeme*; di: Hochsch.Merseburg, FB Ingenieur- u. Naturwiss., Geusaer Str., 06217 Merseburg, T: (03461) 462974, Manfred.Lohöfener@hs-merseburg.de

**Lohr,** Jürgen; Dr. phil., Prof.; *Multimediatechnik, Media-, Audio- u. Videotechnologie*; di: Beuth H f. Technik Berlin, FB VI, Luxemburger Straße 10, 13353 Berlin, T: (030) 45042364, juergen.lohr@beuth-hochschule.de

**Lohre,** Corinne; Dr., Prof.; *Political Economics*; di: Hochsch. Rhein-Waal, Fak. Gesellschaft u. Ökonomie, Marie-Curie-Straße 1, 47533 Kleve, T: (02821) 80673309, corinne.lohre@hochschule-rhein-waal.de

**Lohre,** Dirk; Dr., Prof.; di: Hochsch. Heilbronn, Fak. f. Wirtschaft u. Verkehr, Max-Planck-Str. 39, 74081 Heilbronn, T: (07131) 504252, lohre@hs-heilbronn.de

**Lohrengel,** Burkhard; Dr.-Ing., Prof.; *Physikalisch-chemische Verfahren, Abgasreinigung, Immissionsschutz, Labor Umwelttechnik, Anlagenplanung*; di: Hochsch. Heilbronn, Fak. f. Technik 2, Max-Planck-Str. 39, 74081 Heilbronn, T: (07131) 504298, lohrengel@hs-heilbronn.de

**Lohrentz,** Ute; Dr., Prof.; di: FH Köln, Fak. f. Angewandte Sozialwiss., Mainzer Str. 5, 50678 Köln, T: (0221) 82753337

**Lohscheller,** Jörg; Dr., Prof.; *Informatik, Medizinische Bild- u. Biosignalverarbeitung. Med. Mustererkennung, Experimentelle Audiologie*; di: Hochsch. Trier, FB Informatik, PF 1826, 54208 Trier, T: (0651) 8103578, J.Lohscheller@hochschule-trier.de

**Lohse,** Detlev; Dr., Prof.; *Recht und Betriebswirtschaft*; di: HAW Hamburg, Fak. Life Sciences, Lohbrügger Kirchstr. 65, 21033 Hamburg, T: (040) 428756281, detlev.lohse@haw-hamburg.de

**Lohse,** Manfred; Dr.-Ing., Prof.; *Abwasserwirtschaft*; di: FH Münster, FB Bauingenieurwesen, Corrensstr. 25, 48149 Münster, T: (0251) 8365214, F: 8365152, prof.lohse@fh-muenster.de; pr: Kappenberger Damm 257, 48151 Münster, T: (0251) 761526

**Lohse,** Wolfram; Dr.-Ing., Prof.; *Baustatik und Stahlbau*; di: FH Aachen, FB Bauingenieurwesen, Bayernallee 9, 52066 Aachen, T: (0241) 600951143, lohse@fh-aachen.de; pr: Schönauer Bach 7, 52072 Aachen, T: (0241) 174863, F: 174863

**Lohweg,** Volker; Dr.-Ing., Prof.; *Diskrete Systeme*; di: Hochsch. Ostwestfalen-Lippe, FB 5, Elektrotechnik u. techn. Informatik, Liebigstr. 87, 32657 Lemgo; pr: Linnenstr. 35, 33699 Bielefeld, T: (05202) 82520

**Loidl-Stahlhofen,** Angelika; Dr. rer. nat., Prof.; *Mikrobiologie*; di: Westfäl. Hochsch., FB Elektrotechnik u. angew. Naturwiss., August-Schmidt-Ring 10, 45665 Recklinghausen, T: (02361) 915545, F: 915633, angelika.loidl-stahlhofen@fh-gelsenkirchen.de

**Lojewski,** Ute von; Dr. rer. pol., Prof.; *Betriebswirtschaftslehre, insbes. Rechnungswesen und Controlling*; di: FH Münster, FB Wirtschaft, Stegerwaldstraße 39, 48565 Steinfurt, T: (0251) 8365609, F: 8365502, vlo@fh-muenster.de; pr: Olfersstr. 6, 48153 Münster, T: (0251) 793333

**Lokajíček,** Miloš; Dr., o.Prof. Gustav-Siewerth-Akad. Weilheim-Bierbronnen, Prof. Akad. d. Wiss. d. Tschech. Republik; *Theoretische Physik*; di: Fyzikální ústav AVCR, Oddelení 33, Na Slovance 2, CZ-18040 Praha, 8, lokajick@fzu.cz; Gustav-Siewerth-Akademie, Oberbierbronnen 1, 79809 Weilheim-Bierbronnen, T: (07755) 364; www.siewerth-akademie.de/

**Lommatzsch,** Jutta; Dr. iur., Prof.; *Wirtschaftsrecht*; di: Hochschule Ruhr West, Wirtschaftsinstitut, PF 100755, 45407 Mülheim an der Ruhr, T: (0208) 88254361, jutta.lommatzsch@hs-ruhrwest.de

**Lompe,** Dieter; Dr.-Ing., Prof., Dekan; *Wasser-Abwasser-Technik, Abfallbehandlung, Kreislaufwirtschaft, Altlastensanierung, Umweltschutzrecht*; di: Hochsch. Bremerhaven, An der Karlstadt 8, 27568 Bremerhaven, T: (0471) 4823169, F: 4823145, dlompe@hs-bremerhaven.de; pr: Dörpfeldstr. 31, 27749 Delmenhorst, T: (04221) 680440, F: 968660, eps.lompe@t-online.de

**Loof,** Dennis P. De; Ph.D., BA, MA, Prof.; *Business Administration, Business and Technical English*; di: FH Jena, FB Wirtschaftsingenieurwesen, Carl-Zeiss-Promenade 2, 07745 Jena, PF 100314, 07703 Jena, T: (03641) 930440, F: 930441, wi@fh-jena.de

**Look,** Frank van; Dr. iur., Prof.; *Bürgerliches Recht*; di: HTWK Leipzig, FB Wirtschaftswissenschaften, PF 301166, 04251 Leipzig, T: (0341) 30766532, vanlook@wiwi.htwk-leipzig.de

**Loos,** Claus; Dr. jur., Prof.; *Recht und Verwaltung im Sozial- und Gesundheitswesen*; di: Hochsch. Kempten, Fak. Soziales u. Gesundheit, PF 1680, 87406 Kempten, T: (0831) 2523656, F: 2523642, Claus.Loos@fh-kempten.de; www.professor-loos.de

**Loos,** Mike; Prof.; *Illustration, Zeichnen, Visuelle Kommunikation, Bildgestaltung*; di: Hochsch. Augsburg, Fak. f. Gestaltung, Friedberger Straße 2, 86152 Augsburg, T: (0821) 55863418, mike.loos@hs-augsburg.de; pr: mike.loos@t-online.de

**Loose,** Harald; Dr. Ing., Dr. sc. techn., Prof.; *Angewandte Informatik, Informatik in den Ingenieurwissenschaften*; di: FH Brandenburg, FB Informatik u. Medien, Magdeburger Str. 50, 14770 Brandenburg, PF 2132, 14737 Brandenburg, T: (03381) 355428, F: 355199, loose@fh-brandenburg.de; pr: Am Berl 2, 13051 Berlin, T: (030) 9276006, F: (03381) 26999

**Loose,** Peter; Dr. rer. nat., Prof.; *Heizungstechnik*; di: Hochsch. Lausitz, FB Architektur, Bauingenieurwesen, Versorgungstechnik, Lipezker Str. 47, 03048 Cottbus-Sachsendorf, T: (0355) 5818811, F: 5818609, ploose@ve.fh-lausitz.de

**Loosen,** Eva; Dr. rer. pol., Prof.; *Betriebliche Steuerlehre*; di: FH Köln, Fak. f. Wirtschaftswiss., Claudiusstr. 1, 50678 Köln, T: (0221) 82753415, eva.loosen@fh-koeln.de

**Lorch,** Bernhard; Dr. oec., Prof.; *Wirtschaftswissenschaften*; di: DHBW Stuttgart, Fak. Wirtschaft, Herdweg 18, 70174 Stuttgart, T: (0711) 1849653, lorch@dhbw-stuttgart.de

**Lorei,** Clemens; Dr rer nat., Prof.; *Psychologie*; di: Hess. Hochsch. f. Polizei u. Verwaltung, FB Polizei, Talstr. 3, 35394 Gießen, T: (0641) 795630, F: 795610, clemens.lorei@vfh-hessen.de

**Lorenz,** Annegret; Dr. jur., Prof.; *Staats- und Verwaltungsrecht, Familienrecht, Ausländerrecht*; di: FH Ludwigshafen, FB IV Sozial- u. Gesundheitswesen, Maxstr. 29, 67059 Ludwigshafen, T: (0621) 5911333, lorenz@efhlu.de

**Lorenz,** Björn; Dr.-Ing., Prof.; *Produktionsmanagement, Produktionslogistik, Produktionssysteme*; di: Hochsch. Regensburg, Fak. Maschinenbau, PF 120327, 93025 Regensburg, T: (0941) 9435159, bjoern.lorenz@hs-regensburg.de

**Lorenz,** Dieter; Dipl.-Wirt.-Ing., Dr.-Ing., Prof.; *Arbeitswissenschaft, Betriebswirtschaftslehre*; di: Techn. Hochsch. Mittelhessen, FB 21 Sozial- u. Kulturwiss., Wiesenstr. 14, 35390 Gießen, T: (06031) 6042814, Dieter.Lorenz@suk.fh-giessen.de; pr: T: (0641) 9805613

**Lorenz,** Günter; Dipl.-Phys., Dr. rer. nat., Prof.; *Makromolekulare Chemie, Organische Chemie*; di: Hochsch. Reutlingen, FB Angew. Chemie, Alteburgstr. 150, 72762 Reutlingen, T: (07121) 2712027, guenter.lorenz@reutlingen-university.de

**Lorenz,** Jürgen; Dr., Prof.; *Humanbiologie und Physiologie*; di: HAW Hamburg, Fak. Life Sciences, Lohbrügger Kirchstr. 65, 21033 Hamburg, T: (040) 428756261, juergen.lorenz@haw-hamburg.de

**Lorenz,** Karsten; Dr. jur., Prof.; *Allgemeine BWL, Unternehmensrechnung, insbes. IFRS*; di: FH Düsseldorf, FB 7 – Wirtschaft, Universitätsstr. 1, Geb. 23.32, 40225 Düsseldorf, T: (0211) 8114198, F: 8114369, karsten.lorenz@fh-duesseldorf.de; pr: Neusser Landstr. 91, 50769 Köln, T: (0221) 704548, F: 7003045

**Lorenz,** Klaus; Dr., Prof.; *Prozeß-, Anlagen- und Sicherheitstechnik*; di: Hochsch. Anhalt, FB 7 Angew. Biowiss. u. Prozesstechnik, PF 1458, 06354 Köthen, T: (03496) 672548, klaus.lorenz@bwp.hs-anhalt.de

**Lorenz,** Klemens; Dr. rer. nat., Prof.; *Physikalische Chemie*; di: Hochsch. Offenburg, Fak. Maschinenbau u. Verfahrenstechnik, Badstr. 24, 77652 Offenburg, T: (0781) 205231, F: 205214

**Lorenz,** Peter; Dr.-Ing., Dr. h.c., Prof.; *Transport- und Fördertechnik, Leichtbau, Maschinenelemente*; di: HTW d. Saarlandes, Fak. f. Ingenieurwiss., Goebenstr. 40, 66117 Saarbrücken, T: (0681) 5867262, lorenz@htw-saarland.de; pr: Keplerstr. 6, 66117 Saarbrücken, T: (0681) 56251

**Lorenz,** Ralf-Torsten; Dr.-Ing., Prof.; *Technische Informatik*; di: Hochsch. Wismar, Fak. f. Ingenieurwiss., PF 1210, 23952 Wismar, T: (03841) 753319, r.t.lorenz@et.hs-wismar.de

**Lorenz,** Reinhard; Dr. rer. nat., Prof.; *Kunststofftechnologie u. Makromolekulare Chemie*; di: FH Münster, FB Chemieingenieurwesen, Stegerwaldstr. 39, 48565 Steinfurt, T: (0251) 962334, F: 962478, rlorenz@fh-muenster.de; pr: Freisenbrock 61, 48366 Laer, T: (02554) 913880, F: 913900

**Lorenz,** Rüdiger; Dipl.-Phys., Prof.; *Bauphysik und Bauklimatik*; di: FH Potsdam, FB Bauingenieurwesen, Pappelallee 8-9, Haus 1, 14469 Potsdam, T: (0331) 5801301, r.lorenz@fh-potsdam.de

**Lorenz,** Wilhelm; Dr., Prof.; *VWL, insbes. Mikroökonomie*; di: Hochsch. Harz, FB Wirtschaftswiss., Friedrichstr. 57-59, 38855 Wernigerode, T: (03943) 659208, F: 659109, wlorenz@hs-harz.de

**Lorenz-Krause,** Regina; Dipl.-Soz.-Wiss., Dr. phil., Prof.; *Pflegewissenschaft*; di: FH Münster, FB Pflege u. Gesundheit, Leonardo Campus 8, 48149 Münster, T: (0251) 8365900, Regina.Lorenz-Krause@fh-muenster.de; pr: Auf der Heide 13a, 48301 Nottuln, T: (02502) 223302, F: 223303, regina.lorenz-krause@t-online.de

**Lorenz-Meyer,** Lorenz; Dr. phil., Prof.; *Onlinejournalismus*; di: Hochsch. Darmstadt, FB Media, Haardtring 100, 64295 Darmstadt, T: (06151) 169271, lorenz.lorenz-meyer@fbmedia.h-da.de

**Lorenzen,** Klaus Dieter; Dr. rer. pol., Prof.; *BWL, Materialwirtschaft, Internes Rechnungswesen*; di: FH Kiel, FB Wirtschaft, Sokratesplatz 2, 24149 Kiel, T: (0431) 2103538, F: 21063538, klaus.lorenzen@fh-kiel.de; pr: Kirchensteig 30, 24211 Preetz, T: (04342) 889311

**Lorer,** Patrick; Dr., Prof.; *BWL Arbeitsstudien*; di: HAW Hamburg, Fak. Design, Medien u. Information, Armgartstr. 24, 22087 Hamburg, T: (040) 428754733; pr: lorer.haw@lorer.de

**Lori,** Willfried; Dr.-Ing., Prof.; *Konstruktionstechnik/CAD, Verbindungstechnik, Werkstoffgerechtes Konstruieren*; di: Westsächs. Hochsch. Zwickau, Fak. Automobil- u. Maschinenbau, Dr.-Friedrichs-Ring 2A, 08056 Zwickau, T: (0375) 5361740, F: 5361736, Willfried.Lori@fh-zwickau.de

**Lorinser,** Barbara; Dr., Prof.; *Wirtschaftsrecht*; di: Hochsch. Pforzheim, Fak. f. Wirtschaft u. Recht, Tiefenbronner Str. 65, 75175 Pforzheim, T: (07231) 286281, F: 286087, barbara.lorinser@hs-pforzheim.de

**Lorleberg,** Wolf; Dr. sc. agr., Prof.; *Agrarökonomie*; di: FH Südwestfalen, FB Agrarwirtschaft, Lübecker Ring 2, 59494 Soest, T: (02921) 378224, lorleberg@fh-swf.de; pr: Waldblick 18, 45134 Essen, T: (0201) 440288

**Loroch,** Maria; Dr.-Ing., Prof.; *Bio- und Umweltverfahrenstechnik, Anlagen und Reaktoren, Mikrobiologie, Messtechnik, Biomasse-Energie, Abwasserreinigung, Strukturen des Unternehmensmanagement für internationale Märkte*; di: Beuth Hochsch. f. Technik, FB VIII Maschinenbau, Veranstaltungs- u. Verfahrenstechnik, Luxemburger Str. 10, 13353 Berlin, T: (030) 45043934, loroch@beuth-hochschule.de

**Lorth,** Michael; Dr. rer. pol., Prof.; *Industriemanagement und Supply Chain Management*; di: Europäische FH Brühl, Kaiserstr. 6, 50321 Brühl, T: (02232) 5673650, m.lorth@eufh.de

**Lorz,** Carsten; Dr. rer. nat. habil., Prof.; *Landschaftslehre u. Geoökologie*; di: Hochsch. Weihenstephan-Triesdorf, Fak. Wald und Forstwirtschaft, 85354 Freising, carsten.lorz@hswt.de

**Lother,** Georg; Dr.-Ing., Prof.; *Geoinformatik, Geodätische Berechnungen, Ausgleichsrechnung*; di: Hochsch. München, Fak. Geoinformation, Karlstr. 6, 80333 München, T: (089) 12652632, F: 12652698, georg.lother@fhm.edu

**Lott,** Arno; Dr., Prof.; *Verfassungsgeschichte, Verfassungsrecht*; di: FH d. Bundes f. öff. Verwaltung, FB Finanzen, PF 1549, 48004 Münster, T: (0251) 8670865

**Lottes,** Oliver; Prof.; *Technische Textilien mit Schwerpunkt Maschentechnologie*; di: Hochsch. Hof, Fak. Ingenieurwiss., Alfons-Goppel-Platz 1, 95028 Hof, Oliver.Lottes@fh-hof.de

**Lotz,** Dieter; Dr. phil., Prof.; *Heilpädagogik*; di: Ev. Hochsch. Nürnberg, Fak. f. Sozialwissenschaften, Bärenschanzstr. 4, 90429 Nürnberg, T: (0911) 27253847, dieter.lotz@evhn.de; pr: Frommanstr. 3, 90419 Nürnberg, T: (0175) 5213709

**Lotz,** Walter; Dr., Prof.; *Pädagogik, Psychologie*; di: FH Frankfurt, FB 4 Soziale Arbeit u. Gesundheit, Nibelungenplatz 1, 60318 Frankfurt am Main, T: (069) 15332863, wlotz@fb4.fh-frankfurt.de

**Lotzien,** Rainer; Dr.-Ing., Prof.; *Aufbereitung u. Mechanische Verfahrenstechnik*; di: TFH Georg Agricola Bochum, WB Maschinen- u. Verfahrenstechnik, Herner Str. 45, 44787 Bochum, T: (0234) 9683362, F: 9683305, lotzien@tfh-bochum.de; pr: Saarlandstr. 45, 44866 Bochum, T: (02327) 34175

**Loviscach,** Jörn; Dr. rer. nat., Prof.; *Ingenieurmathematik und technische Informatik, Computergrafik*; di: FH Bielefeld, FB Ingenieurwiss. u. Mathematik, Wilhelm-Bertelsmann-Str. 10, 33602 Bielefeld, T: (0521) 1067283, joern.loviscach@fh-bielefeld.de

**Lowry,** Stephen; Dr., Prof.; *Medien- u. Kommunikationswissenschaft*; di: Hochsch. d. Medien, Fak. Electronic Media, Nobelstr. 10, 70569 Stuttgart, T: (0711) 89232224

**Lubritz,** Stefan; Dr. rer. oec., Prof.; *Internationales Marketing, Allgemeine Betriebswirtschaftslehre*; di: FH Worms, FB Wirtschaftswiss., Erenburgerstr. 19, 67549 Worms, lubritz@fh-worms.de

**Luchko,** Yury; Dr., Prof.; *Mathematik*; di: Beuth Hochsch. f. Technik, FB II Mathematik – Physik – Chemie, Luxemburger Straße 10, 13353 Berlin, T: (030) 45045295, luchko@beuth-hochschule.de

**Lucht,** Dietmar; Dr., Prof.; *Immobilien-Management, Projektmanagement, Organisation und Personalmanagement*; di: bbw Hochsch. Berlin, Leibnizstraße 11-13, 10625 Berlin, T: (030) 319909515, dietmar.lucht@bbw-hochschule.de

**Luck,** Kai von; Dr., Prof.; *Angewandte Informatik*; di: HAW Hamburg, Fak. Technik u. Informatik, Berliner Tor 7, 20099 Hamburg, T: (040) 428758407, luck@informatik.haw-hamburg.de

**Luck von Claparède-Crola,** Melanie; Dr. phil., HonProf.; *Baugeschichte, Kunstgeschichte*; di: Jade Hochsch., FB Architektur, Ofener Str. 16-19, 26121 Oldenburg; pr: Hof Kielburg, Alter Postweg 13, 26655 Westerstede, T: (04488) 2329

**Luckas,** Volker; Dr.-Ing., Prof.; *Informatik, Programmieren*; di: FH Bingen, FB Technik, Informatik, Wirtschaft, Berlinstr. 109, 55411 Bingen, T: (06721) 409254, luckas@fh-bingen.de

**Lucke,** Ralph; Dr.-Ing. habil., Prof.; *Rohstoff- und Werkstoffanalytik, Analytische Chemie*; di: H Koblenz, FB Ingenieurwesen, Rheinstr. 56, 56203 Höhr-Grenzhausen, T: (02624) 910921, F: 910940, lucke@fh-koblenz.de; pr: Lindenweg 2 A, 83714 Miesbach, rlk.lucke@t-online.de

**Luckey,** Andreas; Dr. jur., Prof.; *Bau- und Vergaberecht, Europäisches Baurecht, Bürgerliches Recht, Arbeitsrecht*; di: Hochsch. Karlsruhe, Fak. Architektur u. Bauwesen, Moltkestr. 30, 76133 Karlsruhe, PF 2440, 76012 Karlsruhe, T: (0721) 9252676, Andreas.luckey@hs-karlsruhe.de

**Luckmann,** Klaus-Dieter; Dipl.-Ing., Prof.; *Umweltgerechtes Planen und Bauen, Produkt-und Materialkunde, Konstruieren*; di: Jade Hochsch., FB Architektur, Ofener Str. 16-19, 26121 Oldenburg, klaus.luckmann@jade-hs.de; pr: Am Geesttor 20, 21614 Buxtehude, T: (02541) 71110

**Luczak,** Stefan; Dr. rer. oec., Prof.; *Personalmanagement, Organisationsentwicklung, Inhouse Consulting*; di: Jade Hochsch., FB Management, Information, Technologie, Friedrich-Paffrath-Str. 101, 26389 Wilhelmshaven, T: (04421) 9852352, F: 9852412, stefan.luczak@jade-hs.de

**Lud,** Daniela; Dr., Prof.; *Umweltbewertung und Umweltsanierung*; di: Hochsch. Rhein-Waal, Fak. Kommunikation u. Umwelt, Südstraße 8, 47475 Kamp-Lintfort, T: (02842) 90825236, daniela.lud@hochschule-rhein-waal.de

**Ludemann,** Ulrich; Dr.-Ing., Prof.; *Analogelektronik, Digitaltechnik u. Rechnerarchitektur, Digitale Audiotechnik*; di: Hochsch. Osnabrück, Fak. Ingenieurwiss. u. Informatik, Artilleriestr. 46, 49076 Osnabrück, T: (0541) 9692047, F: 9692936, ludemann@edvsz.hs-osnabrueck.de

**Ludes,** Guido; Dipl.-Des., Prof.; *Künstlerische Grafik*; di: Hochsch. Rhein/Main, FB Design Informatik Medien, Unter den Eichen 5, 65195 Wiesbaden, T: (0611) 94952218, guido.ludes@hs-rm.de; pr: Am Keltenlager 41, 55126 Mainz, T: (06131) 473905, F: 472398

**Ludes,** Reinhard; Dr.-Ing., Prof.; *Technische Informatik*; di: Hochsch. Magdeburg-Stendal, FB Elektrotechnik, Breitscheidstr. 2, 39114 Magdeburg, T: (0391) 8864376, Reinhard.Ludes@Elektrotechnik.HS-Magdeburg.DE

**Ludescher,** Walter; Dr.-Ing., Prof.; *Elektrische Grundlagen, Elektronik*; di: Hochsch. Ravensburg-Weingarten, Doggenriedstr., 88250 Weingarten, PF 1261, 88241 Weingarten, T: (0751) 5019685, F: 5019876, ludescher@hs-weingarten.de; pr: Konrad-Wirt-Weg 6, 88214 Ravensburg, T: (0751) 32564

**Ludewig,** Dirk; Dr., Prof.; *Entrepreneurship, Marketing*; di: FH Flensburg, FB Wirtschaft, Kanzleistr. 91-93, 24943 Flensburg, T: (0461) 8051568, F: 8051496, dirk.ludewig@fh-flensburg.de; pr: Friesische Str. 56, 24937 Flensburg, T: (0461) 5009108

**Ludin,** Daniela; Dr., Prof.; *Recht, Umwelt- und Forstpolitik*; di: Hochsch. f. Forstwirtschaft Rottenburg, Schadenweilerhof, 72108 Rottenburg, T: (07472) 951253, F: 951200, ludin@hs-rottenburg.de

**Ludvik,** Michael; Dr., Prof.; *Grundlagen der Elektrotechnik, Elektron. Schalt- u. Netzwerke, Netzwerkanalyse, Multimediatechnik*; di: FH Dortmund, FB Informations- u. Elektrotechnik, Sonnenstr. 96, 44139 Dortmund, T: (0231) 9112241, F: 9112283, ludvik@fh-dortmund.de

**Ludwig,** Gudrun; Dr., Prof.; *Sportpädagogik, Sporttherapie, Sport mit Behinderten*; di: Hochsch. Fulda, FB Sozial- u. Kulturwiss., Marquardstr. 35, 36039 Fulda, T: (0661) 9640470, gudrun.ludwig@sk.fh-fulda.de

**Ludwig,** Hans-Reiner; Dr., Prof.; *Werkzeugmaschinen, Konstruktion*; di: FH Frankfurt, FB 2 Informatik u. Ingenieurwiss., Nibelungenplatz 1, 60318 Frankfurt am Main, T: (069) 15332234, hrludwig@fb2.fh-frankfurt.de

**Ludwig,** Heike; Dr. phil. habil., Prof.; *Sozialisation, Resozialisierung, Kriminologie, Gesellschaftlicher Umbruch u. Kriminalitätsentwicklung, Einstellungen zur Kriminalität*; di: FH Jena, FB Sozialwesen, Carl-Zeiss-Promenade 2, 07745 Jena, PF 100314, 07703 Jena; pr: Thomas-Müntzer-Weg 6a, 07743 Jena

**Ludwig,** Johannes; Dr., Prof.; *Medienbetriebswirtschaft*; di: HAW Hamburg, Fak. Design, Medien u. Information, Finkenau 35, 22081 Hamburg, T: (040) 428757611, johannes.ludwig@haw-hamburg.de; pr: T: (040) 72543977; www.johannesludwig.de

**Ludwig,** Jürgen; Dipl.-Ing., Prof.; *Baukonstruktion, Bauphysik, Entwerfen*; di: H Koblenz, FB Bauwesen, Konrad-Zuse-Str. 1, 56075 Koblenz, T: (0261) 9528609, F: 9528647, ludwig@hs-koblenz.de

**Ludwig,** Karl H.C.; Dipl.-Ing., Prof.; *Konstruktives Entwerfen in der Freiraumplanung*; di: Hochsch. f. Wirtschaft u. Umwelt Nürtingen-Geislingen, PF 1349, 72603 Nürtingen, T: (07022) 404165, karl.ludwig@hfwu.de

**Ludwig,** Matthias; Dipl.-Ing., Prof.; *Entwerfen, Architektursimulation*; di: Hochsch. Wismar, Fak. f. Gestaltung, PF 1210, 23952 Wismar, T: (03841) 753180, matthias.ludwig@ar.hs-wismar.de

**Ludwig,** Norbert; Dr., Prof.; *Physiologie des Stoffwechsels und Ernährungswissenschaft*; di: Hochsch. Niederrhein, FB Oecotrophologie, Rheydter Str. 232, 41065 Mönchengladbach, T: (02161) 1865391, norbert.ludwig@hs-niederrhein.de

**Ludwig,** Rainer; Dr.-Ing. habil., Prof.; *Elektronik, Messtechnik*; di: Hochsch. Mittweida, Fak. Elektro- u. Informationstechnik, Technikumplatz 17, 09648 Mittweida, T: (03727) 581625, F: 581634, rludwig@htwm.de

**Ludwig-Körner,** Christiane; Dr. phil. habil., Prof.; *Klinische Psychologie, Methoden d. Sozialarbeit, insb. Beratung, Psychoanalyse, Gruppenverfahren, Biographieforschung*; di: FH Potsdam, FB Sozialwesen, Friedrich-Ebert-Str. 4, 14467 Potsdam, T: (0331) 5801125, F: 5801199, ludwig@fh-potsdam.de

**Lübbe,** Anna; Dr., Prof.; *Verfahrensrecht, Verfassungsrecht, Konfliktforschung*; di: Hochsch. Fulda, FB Sozial- u. Kulturwiss., Marquardstr. 35, 36039 Fulda, T: (0661) 9640463, F: 9460453, anna.luebbe@sk.fh-fulda.de

**Lübbe,** Günther; Dr.-Ing., Prof.; *Lebensmitteltechnik*; di: Hochsch. Trier, FB BLV, PF 1826, 54208 Trier, T: (0651) 8103412, luebbe@hochschule-trier.de

**Lübbert,** Martin; Dr.-Ing., Prof.; *Konstruktionstechnik CAD*; di: Westfäl. Hochsch., FB Maschinenbau, Münsterstr. 265, 46397 Bocholt, T: (02871) 2155932, martin.luebbert@fh-gelsenkirchen.de

**Lübcke,** Edgar; Dr., Prof., Dekan School of Engineering and Architecture; *Maschinenbau*; di: Hochsch. Heidelberg, School of Engineering and Architecture, Bonhoefferstr. 11, 69123 Heidelberg, T: (06221) 883107, Edgar.Luebcke@fh-heidelberg.de

**Lübeck,** Dietrun; Dr., Prof.; *Psychologie*; di: Ev. Hochsch. Berlin, Prof. f. Psychologie, Teltower Damm 118-122, 14167 Berlin, PF 370255, 14132 Berlin, T: (030) 84582231, luebeck@eh-berlin.de

**Lübke,** Andreas; Dr.-Ing., Prof.; *Elektronik für mechatronische Systeme*; di: Hochsch. Osnabrück, Fak. Ingenieurwiss. u. Informatik, PF 1940, 49009 Osnabrück, T: (0541) 9693194, a.luebke@hs-osnabrueck.de

**Lübke,** Carsten; Dr. rer.nat., Prof.; *Biochemie und Zellkulturtechnik*; di: Beuth Hochsch. f. Technik, FB V Life Science and Technology, Luxemburger Str. 10, 13353 Berlin, T: (030) 45043988, carsten.luebke@beuth-hochschule.de

**Lücke,** Friedrich-Karl; Dr., Prof.; *Mikrobiologie, Lebensmitteltechnologie*; di: Hochsch. Fulda, FB Oecotrophologie, Marquardstr. 35, 36039 Fulda, T: (0661) 9640376, friedrich-karl.luecke@he.fh-fulda.de; pr: T: (0551) 781273, F: 781273

**Lückemeyer,** Gero; Dr., Prof.; *Geschäftsprozessmanagement*; di: Hochsch. f. Technik, Fak. Vermessung, Mathematik u. Informatik, Schellingstr. 24, 70174 Stuttgart, PF 101452, 70013 Stuttgart, T: (0711) 89262519, gero.lueckemeyer@hft-stuttgart.de

**Lücken-Girmscheid,** Theda; Dr.-Ing., Prof.; *Mathematik und Numerische Methoden im Konstruktiven Ingenieurbau*; di: FH Münster, FB Bauingenieurwesen, Corrensstr. 25, 48149 Münster, T: (0251) 8365220, F: 8365152, Lücken-Girmscheid@fh-muenster.de

**Lücking,** Chritsiane; Dr. phil., Prof.; *Angewandte Sprach- und Kommunikationswissenschaften, Logopädie*; di: FH Arnstadt-Balingen, Außenstelle Balingen, Wiesfleckenstr. 34, 72336 Balingen

**Lücking,** Peter; Dr.-Ing., Prof.; *Strömungsmaschinen und Energietechnik*; di: Jade Hochsch., FB Ingenieurwissenschaften, Friedrich-Paffrath-Str. 101, 26389 Wilhelmshaven, T: (04421) 9852264, F: 9852623, peter.luecking@jade-hs.de

**Lückmann,** Rudolf; Dr.-Ing., Prof.; *Denkmalpflege/Baukonstruktion*; di: Hochsch. Anhalt, FB 3 Architektur, Facility Management u. Geoinformation, PF 2215, 06818 Dessau, T: (0340) 51971529, lueckmann@ab-hsanhalt.de

**Lüdecke,** Horst-Joachim; Dr. rer. nat., Prof.; di: HTW d. Saarlandes, Fak. f. Wirtschaftswiss, Waldhausweg 14, 66123 Saarbrücken, T: (0681) 5867527, luedecke@htw-saarland.de; pr: Adolf-Engelhardt-Str. 52, 69124 Heidelberg, T: (06221) 712920

**Lüdeke,** Christine; Prof.; *Schmuck u. Gerät*; di: Hochsch. Pforzheim, Fak. f. Gestaltung, Tiefenbronner Str. 65, 75175 Pforzheim, T: (07231) 286780, F: 286030, christine.luedecke@hs-pforzheim.de

**Lüdemann,** Volker; Dr., Prof.; *Wirtschaftsprivatrecht insb. Wettbewerbsrecht und Versicherungsrecht*; di: Hochsch. Osnabrück, Fak. Wirtschafts- u. Sozialwiss., Caprivistr. 30A, 49076 Osnabrück, PF 1940, 49009 Osnabrück, T: (0541) 9693889, luedemann@wi.hs-osnabrueck.de

**Lüderitz,** Volker; Dr. rer. nat., Prof., Dekan FB Wasserwirtschaft; *Hydrobiologie, Mikrobiologie, Ökologie*; di: Hochsch. Magdeburg-Stendal, FB Wasser- u. Kreislaufwirtschaft, Breitscheidstr. 2, 39114 Magdeburg, T: (0391) 8864367, volker.luederitz@hs-magdeburg.de

**Lüders,** Carsten; Dr., Prof.; *Elektrotechnik, Informatik*; di: FH Lübeck, FB Elektrotechnik u. Informatik, Mönkhofer Weg 136-140, 23562 Lübeck, T: (0451) 3005051, carsten.lueders@fh-luebeck.de

**Lüders,** Christian-Friedrich; Dr. rer. nat., Prof.; *Physik und Datenverarbeitung, Mobilfunk*; di: FH Südwestfalen, FB Ingenieur- u. Wirtschaftswiss., Lindenstr. 53, 59872 Meschede, T: (0291) 9910261, lueders@fh-swf.de

**Lüders,** Konrad; Dr. sc. nat. habil., Prof.; *Physik, Kondensierte Materie*; di: HTWK Leipzig, FB Informatik, Mathematik u. Naturwiss., PF 301166, 04251 Leipzig, T: (0341) 5804340, F: 58046489, p1lued@nawi.htwk-leipzig.de

**Lüdersen,** Ulrich; Dr.-Ing., Prof. FH Hannover; *Verfahrenstechnik, Mechanische Verfahrenstechnik, Anlagentechnik, Simulation und verfahrenstechnische CAE, Bereiche der Umwelttechnik*; di: Hochsch. Hannover, Fak. II Maschinenbau u. Bioverfahrenstechnik, Heisterbergallee 12, 30453 Hannover, T: (0511) 92961315, ulrich.luedersen@hs-hannover.de

**Lueg,** Joachim; Dr.-Ing., Prof.; *Werkstofftechnik, Spanlose Formgebung*; di: FH Dortmund, FB Maschinenbau, Sonnenstr. 96, 44139 Dortmund, T: (0231) 9112194, F: 9112334, lueg@fh-dortmund.de; pr: Alexanderstr. 11, 44137 Dortmund

**Lueg-Arndt,** Andreas; Dr., Prof.; *Wirtschaftswissenschaften, International Business*; di: Cologne Business School, Hardefuststr. 1, 50667 Köln, T: (0221) 931809848, a.lueg@cbs-edu.de

**Lügger,** Dietmar; Dipl. Ing., Prof.; *Darstellende Geometrie, Zeichnen, Modellbau*; di: HAWK Hildesheim/Holzminden/Göttingen, Fak. Bauen u. Erhalten, Hohnsen 2, 31134 Hildesheim, T: (05121) 881202

**Lühder,** Martin Robert; Dr.-Ing., Prof.; *Vermessungskunde, Straßen- u. Schienenverkehrsbau, Vekehrslogistik*; di: FH Münster, FB Bauingenieurwesen, Corrensstr. 25, 48149 Münster, T: (0251) 8365234, F: 8365235, luehder@fh-muenster.de; pr: Im Erlengrund 284, 48308 Senden, T: (02597) 6441

**Lühn,** Michael; Dr., Prof.; *Rechnungswesen und Controlling*; di: Nordakademie, FB Wirtschaftswissenschaften, Köllner Chaussee 11, 25337 Elmshorn, T: (04121) 409036, F: 409040, michael.luehn@nordakademie.de

**Lührs,** Helmut; Dr., Prof.; *Freiraumplanung*; di: Hochsch. Neubrandenburg, FB Landschaftsarchitektur, Geoinformatik, Geodäsie u. Bauingenieurwesen, Brodaer Str. 2, 17033 Neubrandenburg, PF 110121, 17041 Neubrandenburg, T: (0395) 56934507, luehrs@hs-nb.de

**Lüling,** Claudia; Prof.; *Entwerfen*; di: FH Frankfurt, FB Architektur, Nibelungenplatz 1, 60318 Frankfurt am Main, T: (069) 15332768, cluefb1@fh-frankfurt.de

**Lünemann,** Ulrich; Prof.; *Interkulturelles Management, Wirtschaftsenglisch*; di: APOLLON Hochschule der Gesundheitswirtschaft (FH), Universitätsallee 18, 28359 Bremen

**Lüngen,** Markus; Dr., Prof.; *VWL, insb. Gesundheitsökonomie*; di: Hochsch. Osnabrück, Fak. Wirtschafts- u. Sozialwiss., Caprivistr. 30A, 49076 Osnabrück, PF 1940, 49009 Osnabrück, T: (0541) 9693337, luengen@wi.hs-osnabrueck.de

**Lürig,** Christoph; Dr., Prof.; *Informatik, Programmierung von Spielekonsolen, Graphikprogrammierung für Spiele*; di: Hochsch. Trier, FB Informatik, PF 1826, 54208 Trier, T: (0651) 8103372, C.Luerig@hochschule-trier.de

**Lüssem,** Jens; Dr. rer. nat., Prof.; *Angewandte Informatik*; di: FH Kiel, FB Informatik u. Elektrotechnik, Grenzstr. 5, 24149 Kiel, T: (0431) 2104108, jens.luessem@fh-kiel.de

**Lüstorff,** Joachim; Dr. rer. nat., Prof.; *Chemie-Information*; di: Hochsch. Darmstadt, FB Media, Haardtring 100, 64295 Darmstadt, T: (06151) 169393, joachim.luestorff@fbmedia.h-da.de

**Lüth,** Oliver A.; Dr. rer. pol., Prof.; *BWL, Unternehmensführung*; di: FH Stralsund, FB Elektrotechnik u. Informatik, Zur Schwedenschanze 15, 18435 Stralsund, T: (03831) 457063, Oliver.Lueth@fh-stralsund.de

**Lüthy,** Anja; Dr., Prof.; *Dienstleistungsmanagement und -marketing*; di: FH Brandenburg, FB Wirtschaft, SG Betriebswirtschaftslehre, Magdeburger Str. 50, 14770 Brandenburg, PF 2132, 14737 Brandenburg, T: (03381) 355244, F: 355199, luethy@fh-brandenburg.de; www.fh-brandenburg.de/~luethy/

**Lütjen,** Reinhard; Dr., Prof.; *Humanwissenschaftliche Grundlagen der Sozialen Arbeit, Rehabilitation und Gesundheitswesen*; di: FH Kiel, FB Soziale Arbeit u. Gesundheit, Sokratesplatz 2, 24149 Kiel, T: (0431) 2103040, F: 2103300, reinhard.luetjen@fh-kiel.de

**Lütke Entrup,** Matthias; Dr., Prof.; *Operations Management, Controlling*; di: Int. School of Management, Otto-Hahn-Str. 19, 44227 Dortmund

**Lütkebohle,** Heinrich; Dr.-Ing., Prof.; *Fördertechnik, Getriebetechnik, CAD*; di: Georg-Simon-Ohm-Hochsch. Nürnberg, Fak. Maschinenbau u. Versorgungstechnik, Keßlerplatz 12, 90489 Nürnberg, PF 210320, 90121 Nürnberg

**Lütkemeyer,** Dirk; Dr. rer. nat., Prof.; *Charakterisierung biotechnologischer Moleküle*; di: FH Bielefeld, FB Ingenieurwiss. u. Mathematik, Universitätsstr. 27, 33615 Bielefeld, T: (0521) 10670050, dirk.luetkemeyer@fh-bielefeld.de

**Lütkemeyer,** Ingo; Dipl.-Ing., Prof.; *Entwerfen, Baukonstruktion, Technischer Ausbau*; di: Hochsch. Bremen, Fak. Architektur, Bau u. Umwelt, Neustadtswall 30, 28199 Bremen, T: (0421) 59052254, F: 59052253, Ingo.Luetkemeyer@hs-bremen.de

**Lütters,** Holger; Dr., Prof.; *Tourismuswirtschaft insbes. Marketing*; di: HTW Berlin, FB Wirtschaftswiss. I, Treskowallee 8, 10318 Berlin, T: (030) 50192392, Holger.Luetters@HTW-Berlin.de

**Lütticke,** Rainer; Dr. rer. nat., Vertr.Prof.; *Datenbanken*; di: Hochsch. Bochum, FB Elektrotechnik u. Informatik, Lennershofstr. 140, 44801 Bochum, T: (0234) 3210329, rainer.luetticke@hs-bochum.de

**Lützenkirchen,** Anne; Dr. habil., Prof.; *Soziale Arbeit u Integrationspädagogik mit erwachsenen u alten Menschen*; di: Hochsch. Fulda, FB Sozial- u. Kulturwiss., Marquardstr. 35, 36039 Fulda, T: (0661) 9640583; pr: Julius-Leber-Str. 2a, 33615 Bielefeld, T: (0521) 887817, anne-luetzenkirchen@t-online.de

**Luhmann,** Thomas; Dr.-Ing., Prof.; *Photogrammetrie, Fernerkundung, Digitale Bildverarbeitung, Computergrafik*; di: Jade Hochsch., FB Bauwesen u. Geoinformation, Ofener Str. 16-19, 26121 Oldenburg, T: (0441) 77083172, F: 77083170, luhmann@jade-hs.de; pr: Wallweg 3, 26203 Wardenburg, T: (04407) 20731

**Luick,** Rainer; Dr., Prof.; *Natur- und Umweltschutz, Landschaftsmanagement, Limnologie*; di: Hochsch. f. Forstwirtschaft Rottenburg, Schadenweilerhof, 72108 Rottenburg, T: (07472) 951238, F: 951200, Luick@fh-rottenburg.de

**Luidl,** Christian; Dipl.-Phys., Prof.; *Druckvorstufen- und Medientechnik, Grundlagen der Typographie*; di: Hochsch. München, Fak. Versorgungstechnik, Verfahrenstechnik Papier u. Verpackung, Druck- u. Medientechnik, Lothstr. 34, 80335 München, T: (089) 12651505, F: 12651502, luidl@fhm.edu

**Luig,** Rainer; Dr. rer. pol., Prof.; *Betriebswirtschaftslehre, Wirt. Gesundheitswesen*; di: Techn. Hochsch. Mittelhessen, FB 07 Wirtschaft, Wiesenstr. 14, 35390 Gießen, T: (0641) 3092719; pr: Auf dem Stein 37, 53501 Grafschaft, T: (02641) 204810, Rainer.Luig@t-online.de

**Luis,** Marcel; Dr.-Ing., Prof.; *Höhere Programmiersprachen u Betriebssysteme*; di: Westfäl. Hochsch., FB Informatik u. Kommunikation, Neidenburger Str. 43, 45877 Gelsenkirchen, T: (0209) 9596792, marcel.luis@informatik.fh-gelsenkirchen.de

**Lukas,** Heiko; Dipl.-Ing., Prof.; *Architektur*; di: HTW d. Saarlandes, Fak. f. Architektur u. Bauingenieurwesen, Waldhausweg 14, 66123 Saarbrücken, T: (0681) 5867533, hlukas@htw-saarland.de; pr: Neugrabenweg 46, 66123 Saarbrücken

**Lukas,** Helmut; Dr. phil. habil., Prof. FH Erfurt; *Theorie der Sozialarbeit/ Sozialpädagogik, Sozialplanung, Sozialarbeitsforschung*; di: FH Erfurt, FB Sozialwesen, Altonaer Str 25, 99085 Erfurt, T: (0361) 6700548, F: 6700533, lukas@fh-erfurt.de

**Lukas,** Jutta; Dr., Prof.; *Betriebswirtschaftl. Steuerlehre*; di: HTW Berlin, FB Wirtschaftswiss. I, Treskowallee 8, 10318 Berlin, T: (030) 50192500, j.lukas@HTW-Berlin.de

**Lukas,** Wolfgang; Dr., Prof.; *Unternehmensführung, Organisation, Personal*; di: Hochsch. Bremerhaven, An der Karlstadt 8, 27568 Bremerhaven, T: (0471) 4823140, F: 4823340, w.lukas@hs-bremerhaven.de; pr: Am Lohhof 10, 28790 Schwanewede, T: (0421) 6395577, F: 6395560

**Lukas,** Wolfgang; Dr.-Ing., HonProf.; *Umwelttechnik*; di: Hochsch. Mittweida, Fak. Mathematik/Naturwiss./Informatik, Technikumplatz 17, 09648 Mittweida, T: (03727) 581219

**Luley,** Horst; Dr., Prof.; *Soziale Prozesse und Regionalentwicklung*; di: Hochsch. f. nachhaltige Entwicklung, FB Landschaftsnutzung u. Naturschutz, Friedrich-Ebert-Str. 28, 16225 Eberswalde, T: (03334) 657324, hluley@hnee.de

**Lumpe,** Günter; Dr.-Ing., Prof.; *Stahlbau*; di: Hochsch. Biberach, Fak. Bauingenieurwesen, PF 1260, 88382 Biberach/Riß, T: (07351) 582305, F: 582119, lumpe@hochschule-bc.de

**Lund,** Holger; Dr., Prof.; di: DHBW Ravensburg, Oberamteigasse 4, 88214 Ravensburg, T: (0751) 189992153, lund@dhbw-ravensburg.de

**Lunde,** Karin; Dr. rer. nat., Prof.; *Computergrafik u. Visualisierung, Mathematik*; di: Hochsch. Ulm, Fak. Mathematik, Natur- und Wirtschaftswiss., PF 3860, 89028 Ulm, T: (0731) 5028459, k.lunde@hs-ulm.de

**Lunde,** Rüdiger; Dr. rer. nat., Prof.; *Softwaretechnik, Datenbanken*; di: Hochsch. Ulm, Fak. Informatik, PF 3860, 89028 Ulm, T: (0731) 5028008, r.lunde@hs-ulm.de

**Lundszien,** Dietmar; Dr.rer.nat., Prof.; *Regenerative Energietechnik und -wirtschaft*; di: Adam-Ries-FH, Juri-Gagarin-Ring 152, 99084 Erfurt, T: (0361) 65312010, d.lundszien@arfh.de

**Lungershausen,** Henning; Dr.-Ing., Prof.; *Statik, Stahlbetonbau, CAD, EDV*; di: Hochsch. Trier, FB BLV, PF 1826, 54208 Trier, T: (0651) 8103239, h.lungershausen@hochschule-trier.de; pr: Von-Pidoll-Str. 24, 54293 Trier, T: (0651) 62998

**Lunze,** Ulrich; Dr.-Ing. habil., Prof.; *Qualitätsmanagement, Fertigungsmesstechnik*; di: Westsächs. Hochsch. Zwickau, Fak. Automobil- u. Maschinenbau, Dr.-Friedrichs-Ring 2A, 08056 Zwickau, Ulrich.Lunze@fh-zwickau.de; pr: Radeburger Str. 41b, 01458 Ottendorf-Okrilla

**Luppold,** Stefan; Dr., Prof.; *BWL – Messe-, Kongress- und Eventmanagement*; di: DHBW Ravensburg, Rudolfstr. 11, 88214 Ravensburg, T: (0751) 189992134, luppold@dhbw-ravensburg.de

**Lupton,** David F.; Dr., HonProf.; *Metallurgie*; di: FH Jena, FB SciTec, Carl-Zeiss-Promenade 2, 07745 Jena, PF 100314, 07703 Jena, ft@fh-jena.de

**Lurz,** Bruno; Dr. rer. nat., Prof.; *Angewandte Informatik und Systemtechnik*; di: Georg-Simon-Ohm-Hochsch. Nürnberg, Fak. Elektrotechnik Feinwerktechnik Informationstechnik, Wassertorstr. 10, 90489 Nürnberg, PF 210320, 90121 Nürnberg

**Luschtinetz,** Thomas; Dr.-Ing., Prof.; *Elektronische Bauelemente und Schaltungen*; di: FH Stralsund, FB Elektrotechnik u. Informatik, Zur Schwedenschanze 15, 18435 Stralsund, T: (03831) 456583, Thomas.Luschtinetz@fh-stralsund.de

**Luth,** Nailja; Dr.-Ing., Prof.; *Computergraphik, Bildverarbeitung*; di: Hochsch. Amberg-Weiden, FB Elektro- u. Informationstechnik, Kaiser-Wilhelm-Ring 23, 92224 Amberg, T: (09621) 482168, F: 482161, n.luth@fh-amberg-weiden.de

**Luthardt,** Vera; Dr. rer.nat., Prof.; *Vegetationskunde, Pflanzenökologie*; di: Hochsch. f. nachhaltige Entwicklung, FB Landschaftsnutzung u. Naturschutz, Friedrich-Ebert-Str. 28, 16225 Eberswalde, T: (03334) 657327, vluthardt@hnee.de

**Lutterbeck,** Joachim; Dr.-Ing., Prof.; *Maschinen und Werkzeuge der Kunststoffverarbeitung*; di: FH Südwestfalen, FB Maschinenbau, Frauenstuhlweg 31, 58644 Iserlohn, T: (02371) 566187, lutterbeck@fh-swf.de; pr: Über der Str. 17, 58515 Lüdenscheid

**Lutterbeck,** Karin; Dr.-Ing., Prof.; *Werkstoffkunde, Grundlagen der Chemie*; di: FH Köln, Fak. f. Informatik u. Ingenieurwiss., Am Sandberg 1, 51643 Gummersbach, T: (02261) 8196352, lutterbeck@gm.fh-koeln.de; pr: Über der Str. 17, 58515 Lüdenscheid, T: (02351) 78426, F: 78249

**Luttmann,** Reiner; Dr., Prof.; *Bioprozesstechnik /Automatisierung*; di: HAW Hamburg, Fak. Life Sciences, Lohbrügger Kirchstr. 65, 21033 Hamburg, T: (040) 428756357, reiner.luttmann@haw-hamburg.de

**Lutz,** Bernd; Dr.-Ing., Prof.; *Bodenmechanik, Grundbau*; di: Beuth Hochsch. f. Technik, FB III Bauingenieur- u. Geoinformationswesen, Luxemburger Str. 10, 13353 Berlin, T: (030) 45042508, lutz@beuth-hochschule.de

**Lutz,** Harald; Dr. rer. pol., Prof.; *Betriebswirtschaftslehre, insbes. externes Rechnungswesen, Bilanzen und Steuern*; di: Hochsch. Bonn-Rhein-Sieg, FB Wirtschaft Sankt Augustin, Grantham-Allee 20, 53757 Sankt Augustin, 53754 Sankt Augustin, T: (02241) 865107, F: 8658107, harald.lutz@fh-bonn-rhein-sieg.de

**Lutz,** Holger; Dr.-Ing., Prof.; *Steuerungs- und Regelungstechnik, Datenverarbeitung*; di: Techn. Hochsch. Mittelhessen, FB 11 Informationstechnik, Elektrotechnik, Mechatronik, Wilhelm-Leuschner-Str. 13, 61169 Friedberg, T: (06031) 604212

**Lutz,** Monika; Dipl.-Math., Dr.-Ing., Prof.; *Mathematik, Graphische Datenverarbeitung, Informatik*; di: Techn. Hochsch. Mittelhessen, FB 13 Mathematik, Naturwiss. u. Datenverarbeitung, Wilhelm-Leuschner-Str. 13, 61169 Friedberg, T: (06031) 604426, Monika.Lutz@mnd.fh-friedberg.de

**Lutz,** Ronald; Dr., Prof., Dekan FB Sozialwesen; *Sozialarbeit/Sozialpädagogik, Armut, Armutsarbeit, Obdachlosigkeit, Menschen in besonderen Lebenslagen*; di: FH Erfurt, FB Sozialwesen, Altonaer Str. 25, 99084 Erfurt, PF 101363, 99013 Erfurt, T: (0361) 6700510, F: 6700533, lutz@fh-erfurt.de

**Lutz,** Werner; Dr.-Ing., Prof.; *Siedlungswasserwirtschaft, Umwelttechnik, Ingenieurvermessung, Bauinformatik*; di: Hochsch. Konstanz, Fak. Bauingenieurwesen, Brauneggerstr. 55, 78462 Konstanz, PF 100543, 78405 Konstanz, T: (07531) 206402, F: 206391, wlutz@fh-konstanz.de

**Lutz-Kluge,** Andrea; Dipl.-Medienwiss., Dr. phil., Prof.; *Pädagogische Medien, Medien in der Projektarbeit, Ästhetische Bildung, Ästhetische Praxis, Migration*; di: FH Ludwigshafen, FB IV Sozial- u. Gesundheitswesen, Maxstr. 29, 67059 Ludwigshafen, T: (0621) 5911343, anlutz2001@aol.com

**Lux,** Alexander; Dipl.-Ing., Prof.; *Bauleitung und Baumanagement für Architekten/ Baurecht*; di: HTW Dresden, Fak. Bauingenieurwesen/Architektur, Friedrich-List-Platz 1, 01069 Dresden, T: (0351) 4623289

**Lux,** Andreas; Dr. rer. nat., Prof.; *EDV, Geschäftsprozessmodellierung u. Workflowmanagement*; di: Hochsch. Trier, FB Informatik, PF 1826, 54208 Trier, T: (0651) 8103574, A.Lux@hochschule-trier.de; pr: Auf Weissmauer 13, 66646 Marpingen, T: (06827) 302689

**Lux,** Gregor; Dr.-Ing., Prof., Dekan FB Informatik; *Computergrafik*; di: Westfäl. Hochsch., FB Informatik u. Kommunikation, Neidenburger Str. 43, 45877 Gelsenkirchen, T: (0209) 9596531, Gregor.Lux@informatik.fh-gelsenkirchen.de

**Lux,** Karl-Josef; Dr.-Ing., Prof.; *Elektrische Antriebe und Maschinen*; di: FH Aachen, FB Elektrotechnik und Informationstechnik, Eupener Str. 70, 52066 Aachen, T: (0241) 600952160, lux@fh-aachen.de; pr: Nonnenstrombergweg 8, 51503 Rösrath

**Lux,** Wolfgang; Dr., Prof.; *Informatik: Betriebssysteme, Verteilte Systeme, Software-Engineering, Sprach- und Bildverarbeitung*; di: FH Düsseldorf, FB 3 – Elektrotechnik, Josef-Gockeln-Str. 9, 40474 Düsseldorf, T: (0211) 4351378, wolfgang.lux@fh-duesseldorf.de; pr: Uhlandstr. 13, 52349 Düren

**Luz,** Frieder; Dr., Prof.; *Landschaftstechnik, Landschaftsentwicklung*; di: Hochsch. Weihenstephan-Triesdorf, Fak. Landschaftsarchitektur, Am Hofgarten 4, 85354 Freising, 85350 Freising, T: (08161) 713182, F: 715114, frieder.luz@fh-weihenstephan.de

**Maas,** Christoph; Dr., Prof.; *Mathematik*; di: HAW Hamburg, Fak. Life Sciences, Lohbrügger Kirchstr. 65, 21033 Hamburg, T: (040) 428756293, christoph.maas@haw-hamburg.de

**Maas,** Jürgen; Dr.-Ing., Prof.; *Regelungstechnik, Mechatronik*; di: Hochsch. Ostwestfalen-Lippe, FB 5, Elektrotechnik u. techn. Informatik, Liebigstr. 87, 32657 Lemgo; pr: Waldplateau 6, 65779 Kelkheim, T: (06195) 969224

**Maas,** Klaus; Dr.-Ing., Prof.; *Markscheidewesen*; di: Hochsch. Ostwestfalen-Lippe, FB 8, Umweltingenieurwesen u. Angew. Informatik, An der Wilhelmshöhe 44, 37671 Höxter, Klaus.Maas@hs-owl.de

**Maaser,** Wolfgang; Dr. theol. habil., Prof.; *Theologie, Sozialphilosophie, Sozialethik*; di: Ev. FH Rhld.-Westf.-Lippe, FB Soziale Arbeitt, Bildung u. Diakonie, Immanuel-Kant-Str. 18-20, 44803 Bochum, T: (0234) 36901212, maaser@efh-bochum.de

**Mac Cárthaigh,** Donnchadh; Dr. rer. hort., Prof.; *Baumschule*; di: Hochsch. Weihenstephan-Triesdorf, Inst. f. Obstbau u. Baumschule, Am Staudengarten, 85350 Freising, 85350 Freising, T: (08161) 713355, F: 714417, mac.carthaigh@fh-weihenstephan.de

**Mc Elholm,** Dermot; Dr. phil., Prof.; *Technisches Englisch, Wirtschaftsenglisch*; di: Beuth Hochsch. f. Technik, FB I Wirtschafts- u. Gesellschaftswiss., Luxemburger Str. 10, 13353 Berlin, T: (030) 45045241, mcelholm@beuth-hochschule.de

**McDonald,** James; Dr., Prof.; *Englisch und Interkulturelle Kommunikation*; di: HAW Ingolstadt, Fak. Wirtschaftswiss., Esplanade 10, 85049 Ingolstadt, T: (0841) 9348195, james.mcdonald@haw-ingolstadt.de

**Macha,** Roman; Dr., Prof.; *BWL – Handel*; di: DHBW Ravensburg, Rudolfstr. 11, 88214 Ravensburg, T: (0751) 189992793, macha@dhbw-ravensburg.de

**Mache,** Detlef H.; Dr. rer. nat., Prof. TFH Bochum; *Mathematik u. Angewandte Mathematik*; di: TFH Georg Agricola Bochum, WB Elektro- u. Informationstechnik, Herner Str. 45, 44787 Bochum, T: (0234) 9683212, F: 9683346, mache@tfh-bochum.de; pr: Wemerstr. 35, 58454 Witten

**Macher,** Christoph; Dipl.-Des., Prof.; *Computergenerierte Produktgestaltung*; di: Hochsch. Wismar, Fak. f. Gestaltung, PF 1210, 23952 Wismar, T: (03841) 753280, c.macher@di.hs-wismar.de

**Machon,** Lothar; Dr.-Ing., Prof.; *Materialwissenschaften, Physik*; di: FH Flensburg, Labor f. Werkstoffe, Kanzleistr. 91-93, 24943 Flensburg, T: (0461) 8051275, lothar.machon@fh-flensburg.de; pr: Kampen 27, 25746 Ostrohe, T: (0481) 4211049

**Maciejewski,** Bernard; Dr.-Ing., Prof., Dekan FB Produktionsmanagement; *Messtechnik, Regelungstechnik, Telekommunikation*; di: Hochsch. Reutlingen, FB Produktionsmanagement, Alteburgstr. 150, 72762 Reutlingen, T: (07121) 341112, bernhard.maciejewski@fh-reutlingen.de; pr: Seitenhalde 120, 72793 Pfullingen

**Maciejewski,** Paul; Prof.; *Betriebswirtschaft/Marketing*; di: Hochsch. Pforzheim, Fak. f. Wirtschaft u. Recht, Tiefenbronner Str. 65, 75175 Pforzheim, T: (07231) 286204, F: 286070, paul.maciejewski@hs-pforzheim.de

**Mack,** Alfred; Dr.-Ing., Prof.; *Elektrotechnik, Persönlichkeitsentwicklung, Techn. Prozesse, Arbeiten in Teams*; di: Hochsch. Esslingen, Fak. Betriebswirtschaft, Flandernstr. 101, 73732 Esslingen, T: (0711) 3974355; pr: Hohenstaufenstr. 8, 70771 Leinfelden-Echterdingen, T: (0711) 7978164

**Mack,** Brigitte; Dr.-Ing. habil., Prof.; *Werkstofftechnik/Werkstoffveredelung*; di: Westsächs. Hochsch. Zwickau, Fak. Automobil- u. Maschinenbau, Dr.-Friedrichs-Ring 2A, 08056 Zwickau, PF 201037, 08012 Zwickau, Brigitte.Mack@fh-zwickau.de; pr: Mühlberg 8, 08424 Langenbernsdorf

**Mack,** Dagmar; Dr., Prof.; *Wirtschaftsinformatik*; di: Hochsch. Hannover, Fak. IV Wirtschaft u. Informatik, Ricklinger Stadtweg 120, 30459 Hannover, PF 920261, 30441 Hannover, T: (0511) 92961535, dagmar.mack@hs-hannover.de

**Mack,** Matthias; Dr. rer. nat., Prof.; *Mikrobiologie*; di: Hochsch. Mannheim, Fak. Biotechnologie, Windeckstr. 110, 68163 Mannheim

**McKay,** Charles; Dr., Prof.; *Automobilwirtschaft, Automobil-Vertrieb*; di: Westfäl. Hochsch., FB Wirtschaft, Neidenburger Str. 43, 45877 Gelsenkirchen, charles.mckay@fh-gelsenkirchen.de

**Mackenroth,** Uwe; Dr. rer. nat. habil., Prof.; *Angewandte u. Numerische Mathematik, Optimierung*; di: FH Lübeck, FB Maschinenbau u. Wirtschaft, Mönkhofer Weg 136-140, 23562 Lübeck, T: (0451) 5005395, uwe.mackenroth@fh-luebeck.de

**Mackensen,** Eva; Dr., Prof.; *Wirtschaftsingenieurwesen*; di: Hochsch. Offenburg, Fak. Betriebswirtschaft u. Wirtschaftsingenieurwesen, Klosterstr. 14, 77723 Gengenbach, T: (07803) 96984486, elke.mackensen@hs-offenburg.de

**Mackensen,** Eva von; Dipl.-Ing., Prof.; *Städtebau, Stadtplanung, Planungsrecht*; di: H Koblenz, FB Bauwesen, Konrad-Zuse-Str. 1, 56075 Koblenz, T: (0261) 9528610, F: 9528647, evonmackensen@hs-koblenz.de

**Mackenstein,** Hans Wilhelm; Dipl.-Betriebswirt, Ph.D., Prof.; *Betriebswirtschaftslehre, insbes. International Business*; di: FH Aachen, FB Wirtschaftswissenschaften, Eupener Str. 70, 52066 Aachen, T: (0241) 600951957, mackenstein@fh-aachen.de; pr: Simarplatz 4, 50825 Köln

**Macos,** Dragan; Dr., Prof.; *Software Engineering, Programmierung*; di: Beuth Hochsch. f. Technik, FB VI Informatik u. Medien, Luxemburger Str. 10, 13353 Berlin, T: (030) 45042852, dmacos@beuth-hochschule.de

**Madeja,** Alfons; Dr., Prof.; *Betriebswirtschaft, Sportmanagement*; di: Hochsch. Heilbronn, Fak. f. Technik u. Wirtschaft, Daimlerstr. 35, 74653 Künzelsau, T: (07940) 1306245, F: 1306120, madeja@hs-heilbronn.de

**Mader,** Hermann; Dr.-Ing., Prof., Dekan FB Elektrotechnik und Informationstechnik; *Grundlagen der Elektrotechnik*; di: Hochsch. München, Fak. Elektrotechnik u. Informationstechnik, Lothstr. 64, 80335 München, T: (089) 12653401, F: 12653403, mader@ee.fhm.edu

**Mächtel,** Michael; Dr., Prof.; *Betriebssysteme, Sensorik und Aktorik*; di: Hochsch. Konstanz, Fak. Informatik, Brauneggerstr. 55, 78462 Konstanz, PF 100543, 78405 Konstanz, T: (07531) 206632, F: 206559, maechtel@htwg-konstanz.de

**Maedebach,** Mario; Dipl.-Ing., Prof.; *Baukonstruktion, Computergestütztes Entwerfen*; di: HTW Dresden, Fak. Bauingenieurwesen/Architektur, Friedrich-List-Platz 1, 01069 Dresden, T: (0351) 4623450, maedebach@htw-dresden.de

**Mägert,** Hans-Jürgen; Dr., Prof.; *Molekulare Biotechnologie*; di: Hochsch. Anhalt, FB 7 Angew. Biowiss. u. Prozesstechnik, PF 1458, 06354 Köthen, T: (03496) 672581, hans-juergen.maegert@bwp.hs-anhalt.de

**Mähl,** Florian; Dr.-Ing., Prof.; *Tragwerkslehre, Bauphysik und Material*; di: FH Mainz, FB Gestaltung, Holzstr. 36, 55116 Mainz, T: (06131) 6282421, florian.maehl@fh-mainz.de

**Mähner,** Dietmar; Dr.-Ing., Prof.; *Baukonstruktion, Massivbau, Tunnelbau*; di: FH Münster, FB Bauingenieurwesen, Corrensstr. 25, 48149 Münster, T: (0251) 8365213, F: 8365152, d.maehner@fh-muenster.de

**Mährlein,** Alexander; Dr. sc. agr., Prof.; *Agrarökonomie, Agrarmanagement*; di: FH Kiel, FB Agrarwirtschaft, Am Kamp 11, 24783 Osterrönfeld, T: (04331) 845122, albrecht.maehrlein@fh-kiel.de

**Mämpel,** Uwe; Dr., Prof.; *Erziehungswissenschaft mit d. Schwerpunkten Didaktik d. Werkpädagogik d. Technischen Bildung u. d. Werktherapie*; di: Hochsch. Bremen, Fak. Gesellschaftswiss., Neustadtswall 30, 28199 Bremen, T: (0421) 59053727, F: 59053730, Uwe.Maempel@hs-bremen.de; pr: Wiesenstr. 5, 27809 Lemwerder

**Mändl,** Matthias; Dr., Prof.; *Physik, Techn. Optik, Physikalische Analytik, Informatik, Astronomie*; di: Hochsch. Amberg-Weiden, FB Maschinenbau u. Umwelttechnik, Kaiser-Wilhelm-Ring 23, 92224 Amberg, T: (09621) 482164, F: 482145, m.maendl@fh-amberg-weiden.de

**Mändle,** Markus; Dipl.-Ökonom, Dr. oec., Prof. H Nürtingen-Geislingen, Lt. Inst. f. Kooperationswesen; *Volkswirtschaftslehre, Kooperationswesen*; di: Hochsch. f. Wirtschaft u. Umwelt Nürtingen-Geislingen, Inst. f. Kooperationswesen, Parkstr. 4, 73312 Geislingen/ Steige, T: (07331) 22570, F: 22560, markus.maendle@hfwu.de; www.prof-maendle.de; pr: Bergwasenstr. 17, 73312 Geislingen/ Steige, T: (07331) 66050, F: 66051, markus.maendle@t-online.de

**Maercker,** Christian; Dr., Prof.; *Molekular- u Zellbiologie, Geonomics, Computeranwendungen*; di: Hochsch. Mannheim, Fak. Biotechnologie, Windeckstr. 110, 68163 Mannheim

**Maercker,** Gisela; Dr. rer. nat., Prof.; *Statistik u. Wirtschaftsmathematik*; di: FH Aachen, FB Wirtschaftswissenschaften, Eupener Str. 70, 52066 Aachen, T: (0241) 6009551917, maercker@fh-aachen.de

**Märtens,** Michael; Dipl.-Psych., Dr., Prof.; *Sozialarbeit/Sozialpädagogik*; di: FH Frankfurt, FB 4 Soziale Arbeit u. Gesundheit, Nibelungenplatz 1, 60318 Frankfurt am Main, T: (069) 15333214, maertens@fb4.fh-frankfurt.de.de; pr: Röttgener Str. 214, 53127 Bonn, T: (0228) 284660

**Märtin,** Christian; Dr.-Ing., Prof.; *Rechnerarchitektur, Intelligente Systeme, Benutzerschnittstelle, Parallelverarbeitung, Softwaretechnik,*; di: Hochsch. Augsburg, Fak. f. Informatik, An der Hochschule 1, 86161 Augsburg, T: (0821) 55863454, F: 55863499, Christian.Maertin@hs-augsburg.de

**Mager,** Birgit; Prof.; *Service-Design*; di: FH Köln, Fak. f. Kulturwiss., Ubierring 40, 50678 Köln, T: (0221) 82753220

**Magerl,** Franz; Dr., Prof., Dekan FB Wirtschaftsingenieurwesen; *Technische Mechanik, Konstruktionstechnik, Werkstofftechnik*; di: Hochsch. Amberg-Weiden, FB Wirtschaftsingenieurwesen, Hetzenrichter Weg 15, 92637 Weiden, T: (0961) 382193, F: 382138, f.magerl@fh-amberg-weiden.de

**Magin,** Wolfgang; Dr., Prof.; *Werkstoffkunde, Betriebsfestigkeit, Werkstoffverhalten bei verschiedenen Belastungen*; di: FH Frankfurt, FB 2 Informatik u. Ingenieurwiss., Nibelungenplatz 1, 60318 Frankfurt am Main, T: (069) 15332190, F: 15332005, magin@fb2.fh-frankfurt.de

**Magone,** José; Prof.; di: Hochsch. f. Wirtschaft u. Recht Berlin, Badensche Str. 50-51, 10825 Berlin, T: (030) 85789163, jose.magone@hwr-berlin.de

**Mahabadi,** Mehdi; Dr.-Ing., Prof. H Ostwestfalen-Lippe; *Technik des Garten- und Landschaftsbaus*; di: Hochsch. Ostwestfalen-Lippe, FB 9, Landschaftsarchitektur u. Umweltplanung, An der Wilhelmshöhe 44, 37671 Höxter, T: (05271) 687163; pr: Hellerkamp 26, 42555 Velbert, T: (02052) 6709

**Mahefa,** Andri; Dr. rer. oec., Prof.; *ABWL/Internationales Marketing*; di: Westsächs. Hochsch. Zwickau, FB Wirtschaftswiss., Scheffelstr. 39, 08056 Zwickau, Andri.Mahefa@fh-zwickau.de

**Mahler,** Ute; Prof.; *Fotografie*; di: HAW Hamburg, Fak. Design, Medien u. Information, Finkenau 35, 22081 Hamburg, T: (040) 428754771; pr: T: (03301) 56493, u.mahler@freenet.de

**Mahlstedt,** Michael; Prof.; *Kommunikationsdesign*; di: Hochsch. Hannover, Fak. III Medien, Information u. Design, Kurt-Schwitters-Forum, Expo Plaza 2, 30539 Hannover, T: (0511) 92962385, michael.mahlstedt@hs-hannover.de; pr: Forsmannstr. 20B, 22303 Hamburg, T: (040) 2795258

**Mahltig,** Boris; Dr., Prof.; *Funktionalisierung von Textilien*; di: Hochsch. Niederrhein, FB Textil- u. Bekleidungstechnik, Webschulstr. 31, 41065 Mönchengladbach, T: (02161) 1866026, Boris.Mahltig@hs-niederrhein.de

**Mahn,** Bernd; Dr., Prof.; *Wirtschaftsingenieurwesen*; di: DHBW Mannheim, Fak. Technik, Handelsstr. 13, 69214 Eppelheim, T: (0621) 41051357, F: 41051321, bernd.mahn@dhbw-mannheim.de

**Mahn,** Uwe; Dr.-Ing., Prof.; *Konstruktion*; di: Hochsch. Mittweida, Fak. Maschinenbau, Technikumplatz 17, 09648 Mittweida, T: (03727) 581537, mahn@htwm.de

**Mahnkopf,** Birgit; Dipl.-Soz., Dr. rer. pol. habil., Prof.; *Europäische Gesellschaftspolitik, Soziologie*; di: Hochsch. f. Wirtschaft u. Recht Berlin, Badensche Str. 50-51, 10825 Berlin, T: (030) 85789134, mahnkopf@hwr-berlin.de; pr: Hügelschanze 25, 13585 Berlin, T: (030) 35503250

**Mahr,** Andreas; Dr., Prof.; *Medizintechnische Wissenschaften*; di: DHBW Heidenheim, Marienstr. 20, 89518 Heidenheim, T: (07321) 2722113, F: 2722119, mahr@dhbw-heidenheim.de

**Mahr,** Thomas; Dr.-Ing., Prof.; *Software-Engineering*; di: Georg-Simon-Ohm-Hochsch. Nürnberg, Fak. Elektrotechnik Feinwerktechnik Informationstechnik, Wassertorstr. 10, 90489 Nürnberg, Thomas.Mahr@ohm-hochschule.de

**Mahrdt,** Niklas; Dr., Prof.; *Management*; di: Rheinische FH Köln, Hohenstaufenring 16-18, 50674 Köln; pr: Melchiorstr. 29, 50670 Köln, T: (0221) 7195214

**Mahro,** Bernd; Dr. rer. nat. habil., Prof.; *Mikrobiologie u. Biotechnik*; di: Hochsch. Bremen, Fak. Architektur, Bau u. Umwelt, Neustadtswall 30, 28199 Bremen, T: (0421) 59052305, F: 59052302, Bernd.Mahro@hs-bremen.de

**Mai,** Anne; Dr., Prof.; *BWL, Industrie*; di: DHBW Lörrach, Hangstr. 46-50, 79539 Lörrach, T: (07621) 2071242, F: 2071249, mai@dhbw-loerrach.de

**Mai,** Ina; Dipl..-Kfm., Dr. rer. pol., Prof.; *Allgemeine Betriebswirtschaftslehre, Organisation, Personalführung*; di: Hochsch. Ansbach, FB Wirtschafts- u. Allgemeinwiss., Residenzstr. 8, 91522 Ansbach, PF 1963, 91510 Ansbach, T: (0981) 4877221, ina.mai@fh-ansbach.de

**Maiburg,** Bettina; Dipl.-Des., Prof.; *Modedesign*; di: Hochsch. Trier, FB Gestaltung, PF 1826, 54208 Trier, T: (0651) 8103852, B.Maiburg@hochschule-trier.de

**Maier,** Angela; Ing. grad., Prof., Dekanin FB Textil und Bekleidung; *Verfahrenstechnik der Bekleidung, CAD, Schnittechnik, Zeitwirtschaft*; di: Hochsch. Reutlingen, FB Textil u. Bekleidung, Alteburgstr. 150, 72762 Reutlingen, T: (07121) 2718000, Angela.Maier@Reutlingen-University.DE; pr: Eichholzweg 4, 72631 Aichtal-Aich, T: (07127) 952707, F: 952709

**Maier,** Björn; Dr., Prof.; *Gesundheitswesen und Soziale Einrichtungen*; di: DHBW Mannheim, Fak. Wirtschaft, Coblitzallee 1-9, 68163 Mannheim, T: (0621) 41051312, F: 41051195, bjoern.maier@dhbw-mannheim.de

**Maier,** Christoph; Dr., Prof.; *Ablaufsimulation, Automatisierung, Fertigungsverfahren, Logistik*; di: Hochsch. Rosenheim, Fak. Wirtschaftsingenieurwesen, Hochschulstr. 1, 83024 Rosenheim, T: (08031) 805622, F: 805702, maier@fh-rosenheim.de

**Maier,** Friederike; Dipl.-Volksw., Dr. rer. pol., Prof.; *Verteilung und Sozialpolitik*; di: Hochsch. f. Wirtschaft u. Recht Berlin, Badensche Str. 50-51, 10825 Berlin, T: (030) 85789135, friemaie@hwr-berlin.de; pr: Im Gestell 20, 14169 Berlin, T: (030) 8131165

**Maier,** Helmut; Dipl.-Ing., Prof.; *Informatik, Rechnerarchitektur*; di: Hochsch. Reutlingen, FB Informatik, Alteburgstr. 150, 72762 Reutlingen, T: (07121) 271345, helmut.maier@fh-reutlingen.de; pr: Kusterdinger Str. 48, 72827 Wannweil, T: (07121) 579330

**Maier,** Josef; Dr. rer. nat., Prof.; *Angewandte Physik, Messtechnik, Optoelektronik*; di: Hochsch. München, Fak. Feinwerk- u. Mikrotechnik, Physikal. Technik, Lothstr. 34, 80335 München, T: (089) 12651303, F: 12651480

**Maier,** Karl; Dr. iur., Prof.; *Wirtschaftsrecht, Kraftfahrt-, Unfall- und Rechtsschutzversicherung*; di: FH Köln, Fak. f. Wirtschaftswiss., Mainzer Str. 5, 50678 Köln, T: (0221) 82753546, karl.maier@fh-koeln.de; pr: Bismarckstr. 14, 50996 Köln

**Maier,** Klaus-Dieter; Dr. rer. pol., Prof.; *Betriebswirtschaftslehre, Marketing*; di: Hochsch. Aalen, Fak. Wirtschaftswissenschaften, Beethovenstr. 1, 73430 Aalen, T: (07361) 5762140, klaus-dieter.maier@htw-aalen.de

**Maier,** Kurt M.; Dr. rer. pol., Prof.; *Finanzmanagement, Betriebswirtschaft, Immobilienwirtschaft*; di: Hochsch. f. Wirtschaft u. Umwelt Nürtingen-Geislingen, PF 1349, 72603 Nürtingen, T: (07022) 929228, kurt.maier@hfwu.de

**Maier,** Michael; Dr., Prof.; di: DHBW Ravensburg, Rudolfstr. 11, 88214 Ravensburg, T: (0751) 189992156, m.maier@dhbw-ravensburg.de

**Maier,** Otto; Dr.-Ing., Prof.; *Entwerfen, Technischer Ausbau, Baukonstruktion*; di: HAWK Hildesheim/Holzminden/Göttingen, Fak. Management, Soziale Arbeit, Bauen, Haarmannplatz 3, 37603 Holzminden, T: (05531) 126105, F: 126150

**Maier,** Sabine; Dr., Prof.; *Künstlerische Grundlagen, Bemalte Oberflächen und Ausstattung*; di: FH Erfurt, FB Konservierung u. Restaurierung, Altonaer Str. 25a, 99085 Erfurt, PF 101363, 99013 Erfurt, T: (0361) 6700759, F: 6700766, s.maier@fh-erfurt.de

**Maier,** Simone; Dr., Prof.; *BWL, Industrie*; di: DHBW Heidenheim, Fak. Wirtschaft, Marienstr. 20, 89518 Heidenheim, T: (07321) 2722253, F: 2722259, maier@dhbw-heidenheim.de

**Maier,** Stefani; Dr. rer. nat., Prof.; *Mathematik, EDV*; di: Hochsch. Esslingen, Fak. Grundlagen, Fak. Mechatronik u. Elektrotechnik, Kanalstr. 33, 73728 Esslingen, T: (07161) 6791180; pr: Störzbachstr. 15, 70191 Stuttgart, T: (0711) 8599384

**Maier,** Wilhelm; Dr., Prof.; *Personalwesen*; di: Hochsch. München, Fak. Betriebswirtschaft, Am Stadtpark 20 (Neubau), 81243 München, T: (089) 12652738, F: 12652714, wilhelm.maier@fhm.edu

**Maier-Höfer,** Claudia; Dr. phil., Prof.; *Kindheitswissenschaften*; di: Ev. Hochsch. Darmstadt, Zweifalltorweg 12, 64293 Darmstadt, T: (06151) 879876, maier-hoefer@eh-darmstadt.de

**Maierbacher-Legl,** Gerdi; Dr. phil., Prof.; *Grundlagen, Methoden und Techniken der Unutersuchung, Dolumentation, Konservierung und Restaurierung von Holzobjekten mit veredelter Oberfläche, Historische Techniken, Kulturgeschichte des Möbels*; di: HAWK Hildesheim/Holzminden/Göttingen, Fak. Bauen u. Erhalten, Kaiserstraße 19, 31134 Hildesheim, T: (05121) 881378

**Maierhof,** Gudrun; Dr., Prof.; di: FH Frankfurt, FB 4 Soziale Arbeit u. Gesundheit, Nibelungenplatz 1, 60318 Frankfurt am Main, T: (069) 15332659, maierhof@fb4.fh-frankfurt.de

**Maiers,** Wolfgang; Dr. phil. habil., Dipl.-Psych., Prof. H Magdeburg-Stendal; *Allgemeine Psychologie, Entwicklungspsychologie*; di: Hochsch. Magdeburg-Stendal, FB Angew. Humanwiss., Osterburger Str. 25, 39576 Stendal, T: (03931) 21874837, wolfgang.maiers@hs-magdeburg.de; pr: Pfalzburger Str. 82, 10719 Berlin, T: (030) 8854129

**Maintz,** Julia; Dr., Prof.; *Internationales Management und Internetökonomie*; di: Cologne Business School, Hardefuststr. 1, 50667 Köln, T: (0221) 931809873, j.maintz@cbs-edu.de

**Mair,** Roman; Dr.-Ing., Prof.; *Konstruktion und CAD in der Versorgungstechnik, technische Mechanik, Finite Elemente Methode*; di: Hochsch. München, Fak. Versorgungstechnik, Verfahrenstechnik Papier u. Verpackung, Druck- u. Medientechnik, Lothstr. 34, 80335 München, T: (089) 12651548, F: 12651502

**Maire,** André; Dr.-Ing., Prof.; *Baubetrieb*; di: Ostfalia Hochsch., Fak. Bau-Wasser-Boden, Herbert-Meyer-Str. 7, 29556 Suderburg, a.maire@ostfalia.de

**Maisch,** Karl; Dipl.-Ing., Prof.; *Materialwirtschaft, Zeitwirtschaft, Produktionslogistik (PPS), Unternehmensplanspiel, Moderne Instrumente der Produktion*; di: Hochsch. Offenburg, Fak. Betriebswirtschaft u. Wirtschaftsingenieurwesen, Klosterstr. 14, 77723 Gengenbach, T: (07803) 969824, F: 969849

**Maisch,** Sybille; Dipl.-Ing., Prof.; *Innenarchitektur*; di: Hochsch. Darmstadt, FB Architektur, Haardtring 100, 64295 Darmstadt, T: (06151) 168123

**Majer,** Hartmut; Prof.; *Kunst und Kunsttherapie*; di: Hochsch. f. Kunsttherapie Nürtingen, Sigmaringer Str. 15, 72622 Nürtingen, T: (07022) 9333613, h.majer@hkt-nuertingen.de

**Majidi,** Kitano; Dr.-Ing. habil., Prof.; *Maschinenbau*; di: Hochsch. Magdeburg-Stendal, FB Elektrotechnik, Breitscheidstr. 2, 39114 Magdeburg, T: (0391) 8864789, Kitano.Majidi@HS-Magdeburg.DE

**Majunke,** Curt; Dr., Prof.; *Waldschutz, Angewandte Forstliche Phytopathologie, Angewandte Forstentomologie*; di: Hochsch. f. nachhaltige Entwicklung, FB Wald u. Umwelt, Alfred-Möller-Str. 1, 16225 Eberswalde, T: (03334) 657183, F: 657162, Curt.Majunke@hnee.de

**Makarov,** Anatoli; Dr.-Ing., Prof.; *Prozesstechnik, Regelungstechnik*; di: Hochsch. Magdeburg-Stendal, FB Elektrotechnik, Breitscheidstr. 2, 39114 Magdeburg, T: (0391) 8864501, Anatoli.Makarov@ET.HS-Magdeburg.de

**Makowsky,** Katja; Dr., Prof.; *Pflege- u. Gesundheitswissenschaft*; di: FH Bielefeld, Bereich Pflege und Gesundheit, Am Stadtholz 24, 33609 Bielefeld, T: (0521) 1067419, katja.makowsky@fh-bielefeld.de

**Makswit,** Jürgen; Dipl.-Betriebswirt, Dr. jur., Prof.; *Betriebswirtschaft, Verwaltungsrecht*; di: FH d. Bundes f. öff. Verwaltung, FB Sozialversicherung, Nestorstraße 23 - 25, 10709 Berlin, T: (030) 86521723

**Malessa,** Rainer; Dr. rer. nat., Prof.; *Physikalische und allgemeine Chemie, alternative Energien, Verfahrenstechnik*; di: FH Brandenburg, FB Technik, Magdeburger Str. 50, 14770 Brandenburg, PF 2132, 14737 Brandenburg, T: (03381) 355343, F: 355199, malessa@fh-brandenburg.de

**Malingriaux,** Rüdiger; Dr., Prof.; *Anlagenbau*; di: Hochsch. Anhalt, FB 7 Angew. Biowiss. u. Prozesstechnik, PF 1458, 06354 Köthen, T: (03496) 672727, ruediger.malingriaux@bwp.hs-anhalt.de

**Malinski,** Peter; Dr., Prof.; *Industrie*; di: DHBW Mannheim, Fak. Wirtschaft, Käfertaler Str. 258, 68167 Mannheim, T: (0621) 41052614, F: 41052428, peter.malinski@dhbw-mannheim.de

**Mallok,** Jörn; Dr., Prof.; *Unternehmensführung und Produktionswirtschaft*; di: Hochsch. f. nachhaltige Entwicklung, FB Nachhaltige Wirtschaft, Friedrich-Ebert-Str. 28, 16225 Eberswalde, T: (03334) 657400, F: 657450, jmallok@hnee.de

**Mallon,** Jürgen; Dr.-Ing., Prof.; *Fertigungstechnik, Organisation*; di: FH Kiel, FB Maschinenwesen, Grenzstr. 3, 24149 Kiel, T: (0431) 2102807, F: 21062807, juergen.mallon@fh-kiel.de

**Malorny,** Winfried; Dr.-Ing., Prof.; *Baustoffkunde, Bautenschutz*; di: Hochsch. Wismar, Fak. f. Ingenieurwissenschaften, Philipp-Müller-Str. 14, 23966 Wismar, T: (03841) 7537228, winfried.malorny@hs-wismar.de

**Malpricht,** Wolfgang; Dipl.-Ing., Prof.; *Arbeitsvorbereitung, Baubetrieb, Baukonstruktion, Bauverfahrenstechnik, Darstellende Geometrie*; di: Jade Hochsch., FB Bauwesen u. Geoinformation, Ofener Str. 16/19, 26121 Oldenburg, T: (0441) 77083244, F: 77083135, wolfgang.malpricht@jade-hs.de; pr: Gaußstr. 5, 31582 Nienburg, T: (05021) 65941

**Malsy,** Victor; Prof.; *Grafik-Design (Konzeption u. Entwurf), Editorial Design*; di: FH Düsseldorf, FB 2 – Design, Georg-Glock-Str. 15, 40474 Düsseldorf, T: (0211) 4351238; pr: Riensberger Str. 54a, 28359 Bremen, T: (0421) 3478606, victor.malsy@malsy.com

**Malz,** Reinhard; Dr.-Ing., Prof.; *Grundlagen der Elektrotechnik, Elektronik, Bildverarbeitung*; di: Hochsch. Esslingen, Fak. Graduate School, Fak. Informatinstechnik, Flandernstr. 101, 73732 Esslingen, T: (0711) 3974171; pr: Keplerstr. 7, 70734 Fellbach, T: (0172) 7344870

**Mammen,** Gerhard; Dipl.-Volkswirt, Dr. rer. pol., Prof., Rektor; *Volkswirtschaftslehre, Regionalökonomie, Personalführung*; di: Hochsch. Ansbach, FB Wirtschafts- u. Allgemeinwiss., Residenzstr. 8, 91522 Ansbach, PF 1963, 91510 Ansbach, T: (0981) 4877100, F: 4877102, gerhard.mammen@fh-ansbach.de; praesident@fh-ansbach.de

**Mand,** Johannes; Dr. phil., Prof.; *Heilpädagogik, Schwerpunkt Hilfen zur Erziehung*; di: Ev. FH Rhld.-Westf.-Lippe, FB Heilpädagogik u. Pflege, Immanuel-Kant-Str. 18-20, 44803 Bochum, T: (0234) 36901175, mand@efh-bochum.de; pr: www.johannes-mand.de

**Mandel,** Harald; Dr.-Ing., Prof.; *Maschinenbau*; di: DHBW Stuttgart, Fak. Technik, Maschinenbau, Jägerstraße 56, 70174 Stuttgart, T: (0711) 1849605, mandel@dhbw-stuttgart.de

**Mandl,** Peter; Dr.-Ing., Prof.; *Datenkommunikation, Webtechniken, Verteilte Systeme, Rechnernetze*; di: Hochsch. München, Fak. Informatik u. Mathematik, Lothstr. 34, 80335 München, T: (089) 12653704, F: 12653780, mandl@cs.fhm.edu

**Mandl,** Roland; Dr. rer. nat., Prof.; *Messtechnik, Informatik*; di: Hochsch. Regensburg, Fak. Elektro- u. Informationstechnik, PF 120327, 93025 Regensburg, T: (0941) 9431104, roland.mandl@e-technik.fh-regensburg.de

**Mandler,** Udo; Dr. rer. pol., Prof.; *Betriebswirtschaftslehre, Internationales Management, Rechnungswesen*; di: Techn. Hochsch. Mittelhessen, FB 07 Wirtschaft, Wiesenstr. 14, 35390 Gießen, T: (0641) 3092733, Udo.Mandler@w.fh-giessen.de; pr: Möserstr. 55, 35396 Gießen-Wieseck, T: (0641) 36958

**Mang,** Thomas; Dr. rer. nat., Prof.; *Makromolekulare Chemie/Kunststofftechnik*; di: FH Aachen, FB Angewandte Naturwiss. u. Technik, Inst. f. Angewandte Polymerchemie, Worringer Weg 1, 52074 Aachen, T: (0241) 8026527, mang@fh-aachen.de; pr: Saalangerstr. 40, 82377 Penzberg, T: (08856) 8824

**Manger-Nestler,** Cornelia; Dr. iur., Prof.; *Recht, deutsches und internationales Wirtschaftsrecht*; di: HTWK Leipzig, FB Wirtschaftswissenschaften, PF 301166, 04251 Leipzig, manger@wiwi.htwk-leipzig.de

**Mangler,** Wolf-Dieter; Dipl.-Kfm., grad. Betriebswirt, Dr. rer. pol., Prof.; *Betriebswirtschaftslehre, insbes. Organisationslehre*; di: Hochsch. Niederrhein, FB Wirtschaftswiss., Webschulstr. 41-43, 41065 Mönchengladbach, T: (02161) 1866310, wolf-dieter.mangler@hs-niederrhein.de; pr: Lise-Meitner-Str. 3, 40591 Düsseldorf, T: (0211) 7591431

**Mangold,** Jürgen; Sozialarbeiter (grad.), Dipl.-Päd., Prof., Rektor Ev. FH Ludwigshafen; *Theorie und Praxis der Sozialarbeit/Sozialpädagogik*; di: FH Ludwigshafen, FB IV Sozial- u. Gesundheitswesen, Maxstr. 29, 67059 Ludwigshafen, T: (0621) 5911331, rektorat@efhlu.de

**Mangold,** Roland; Dr. phil. habil., apl.Prof. U Mannheim; *Informations- und Kommunikationspsychologie*; di: Hochsch. d. Medien, Fak. Information u. Kommunikation, Wolframstr. 32, 70191 Stuttgart, T: (0711) 25706119, mangold@hdm-stuttgart.de; pr: Feldstr. 94, 68259 Mannheim, T: (0621) 7993973

**Mani,** Victor; Dipl.-Ing., Prof.; *Entwerfen*; di: FH Münster, FB Architektur, Leonardo-Campus 5, 48155 Münster, T: (0251) 8365093, teammani@fh-muenster.de

**Mankel,** Birte; Dr., Prof.; *Öffentliche Betriebswirtschaftslehre, Wirtschafts- u. Finanzwissenschaft*; di: FH f. öffentl. Verwaltung NRW, Außenstelle Dortmund, Hauert 9, 44227 Dortmund, birte.mankel@fhoev.nrw.de

**Mann,** Michael; Prof.; *Grundlagen Entwerfen/Entwurfslehre, Darstellungslehre*; di: FH Erfurt, FB Architektur, Schlüterstr. 1, 99084 Erfurt, PF 101363, 99013 Erfurt, T: (0361) 6700460, F: 6700462, m.mann@fh-erfurt.de

**Mann,** Ulrich; Prof.; *Digitale und analoge Schaltungstechnik*; di: Hochsch. f. angew. Wiss. Würzburg Schweinfurt, Fak. Elektrotechnik, Ignaz-Schön-Str. 11, 97421 Schweinfurt

**Mann,** Winfried; Dr., Prof.; *Gemüsebau, Versuchswesen, Biometrie*; di: FH Erfurt, FB Gartenbau, Leipziger Str. 77, 99085 Erfurt, PF 101363, 99013 Erfurt, T: (0361) 6700217, F: 6700226, w.mann@fh-erfurt.de

**Mannchen,** Thomas; Dr., Prof.; *Luft- und Raumfahrttechnik*; di: DHBW Ravensburg, Campus Friedrichshafen, Fallenbrunnen 2, 88045 Friedrichshafen, T: (07541) 2077451, mannchen@dhbw-ravensburg.de

**Manns,** Jürgen R.; Dr. rer. pol., Prof.; *Betriebswirtschaftslehre, insb. Technologie- und Innovationsmanagement*; di: FH Jena, FB Wirtschaftsingenieurwesen, Carl-Zeiss-Promenade 2, 07745 Jena, PF 100314, 07703 Jena, T: (03641) 930440, F: 930441, wi@fh-jena.de

**Manschwetus,** Uwe; Dr., Prof.; *Marketing-Management/Internationale Wirtschaft*; di: Hochsch. Harz, FB Wirtschaftswiss., Friedrichstr. 57-59, 38855 Wernigerode, T: (03943) 659256, F: 659109, umanschwetus@hs-harz.de

**Mansel,** Detlef; Dr.-Ing., Prof.; *Datenkommunikation und Mobile Netze*; di: Westfäl. Hochsch., FB Informatik u. Kommunikation, Neidenburger Str. 10, 45877 Gelsenkirchen, T: (0209) 9596404, Detlef.Mansel@informatik.fh-gelsenkirchen.de; pr: Feldstr. 28, 45549 Sprockhövel, T: (02324) 701272

**Mansfeld,** Cornelia; Dipl.-Soz., Dr. phil., Prof.; *Soziologie, Sozialpolitik*; di: Ev. Hochsch. Darmstadt, Zweifalltorweg 12, 64293 Darmstadt, T: (06151) 879868, mansfeld@eh-darmstadt.de; pr: Ackerring 7, 27386 Bothel, T: (04266) 8451, F: 954986

**Mansfeld,** Ulrike; Prof.; *Entwerfen, Darstellung und Gestaltung*; di: Hochsch. Bremen, Fak. Architektur, Bau u. Umwelt, Neustadtswall 30, 28199 Bremen, T: (0421) 59052764, F: 59052202, Ulrike.Mansfeld@hs-bremen.de

**Manske,** Hans-Joachim; Dr., HonProf.; *Architekturtheorie*; di: Hochsch. Bremen, Fak. Architektur, Bau u. Umwelt, Neustadtswall 30, 28199 Bremen, T: (0421) 59052257, F: 59052202; pr: Lothringerstr. 15, 28211 Bremen, T: (0421) 3616567

**Manthei,** Eckhard; Dr. rer. nat. habil., Prof.; *Mathematik, Analysis, Zahlentheorie, Kryptologie*; di: Hochsch. Mittweida, Fak. Mathematik/Naturwiss./Informatik, Technikumplatz 17, 09648 Mittweida, T: (03727) 581031, F: 581315, emanthei@htwm.de

**Manthei,** Gerd; Dipl.-Ing, Dr. rer. nat., Prof.; *Maschinenelemente, Konstruktionsmetodik*; di: Techn. Hochsch. Mittelhessen, Wiesenstr. 14, 35390 Gießen, T: (0641) 3092129, gerd.manthei@mmew.fh-giessen.de

**Manthey,** Gerhard; Dr.-Ing., Prof.; *Logistische Planungsgrundlagen*; di: Hochsch. Ostwestfalen-Lippe, FB 7, Produktion u. Wirtschaft, Liebigstr. 87, 32657 Lemgo, T: (05261) 702428, F: 702275; pr: Wagnerstr. 15, 31275 Lehrte, T: (05132) 4903, F: 4904

**Manthey,** Manfred; Dr., Prof.; *Internationales Management*; di: Hochsch. Pforzheim, FB Graduate School, Tiefenbronner Str. 65, 75175 Pforzheim, T: (07231) 286289, F: 286090, manfred.manthey@hs-pforzheim.de

**Mantz,** Hubert; Dr., Prof.; *Mathematik, Physikalische Methoden*; di: Hochsch. Ulm, Fak. Mathematik, Natur- u. Wirtschaftswiss., PF 3860, 89028 Ulm, T: (0731) 5028138, Mantz@hs-ulm.de

**Manz,** Carsten; Dr.-Ing., Prof., Dekan Fak. Maschinenbau; *Investitionsgütermarketing, Unternehmensführung, Kunststofftechnologie, Werkstoffprüfung*; di: Hochsch. Konstanz, Fak. Maschinenbau, Brauneggerstr. 55, 78462 Konstanz, PF 100543, 78405 Konstanz, T: (07531) 206292, manz@fh-konstanz.de

**Manz,** Ulrich; Dr. rer. pol., Prof.; *Controlling, Rechnungswesen*; di: Hochsch. Darmstadt, FB Wirtschaft, Haardtring 100, 64295 Darmstadt, T: (06151) 169440, manz@fbw.h-da.de

**Manz-Schumacher,** Hildegard; Dr. rer. pol., Prof.; *Allgemeine Betriebswirtschaftslehre, Marketing*; di: FH Bielefeld, FB Ingenieurwiss. u. Mathematik, Wilhelm-Bertelsmann-Str. 10, 33602 Bielefeld, T: (0521) 1067291, F: 1067160, hildegard.manz-schumacher@fh-bielefeld.de; pr: Gabriele-Münter-Weg 2, 32052 Herford, T: (05221) 75796

**Manzke,** Dirk; Dipl.-Ing., Prof.; *Stadt- und Freiraumplanung*; di: Hochsch. Osnabrück, Fak. Agrarwiss. u. Landschaftsarchitektur, Oldenburger Landstr. 24, 49090 Osnabrück, T: (0541) 9695226, F: 9695050, d.manzke@hs-osnabrueck.de

**Maráz,** Gabriella; Dr., Prof.; *Wissenschaftliche Arbeitsmethoden, Selbstkompetenz, Interkulturelles Management*; di: Munich Business School, Elsenheimerstr. 61, 80687 München; pr: Schmellerstr. 2, 80337 München, T: (089) 74790784, F: 74790785

**Marbach,** Gerolf; Dr. rer. nat., Prof.; *Chemie, Instrumentelle Analytik/Umweltanalytik*; di: Hochsch. Esslingen, Fak. Angew. Naturwiss., Kanalstr. 33, 73728 Esslingen, T: (0711) 3973404; pr: Kolpingstr. 10, 73732 Esslingen, T: (0711) 3705385

**Marchtaler,** Andreas; Dipl.-Ing., Prof.; *Bautechnik, Gebäudetechnik, Einführung in d. Technik*; di: Hochsch. f. Wirtschaft u. Umwelt Nürtingen-Geislingen, FB 4, PF 1349, 72603 Nürtingen, T: (07331) 22532, andreas.marchtaler@hfwu.de

**Mardorf,** Lutz; Dr.-Ing., Prof.; *Thermodynamik, Brennstoffzellen, Heizungs-, Klima- und Kältetechnik*; di: Hochsch. Osnabrück, Fak. Ingenieurwiss. u. Informatik, Barbarastr. 9, 49076 Osnabrück, T: (0541) 9692909, l.mardorf@hs-osnabrueck.de; pr: Postfach 1363, 49146 Bad Essen, T: (05472) 73400

**Marek,** Rudolf; Dr.-Ing., Prof.; *Vertiefung Gebäudetechnik, Gebäudesimulation, Integrierte Gebäudeplanung, Mathematik, Computernumerik*; di: Hochsch. Deggendorf, FB Bauingenieurwesen, Edlmairstr. 6-8, 94469 Deggendorf, PF 1320, 94453 Deggendorf, T: (0991) 3615413, F: 361581413, rudi.marek@fh-deggendorf.de

**Maretis,** Dimitris; Dipl.-Ing., Dr. rer. nat., Prof.; *Technische Informatik*; di: Hochsch. Osnabrück, Fak. Ingenieurwiss. u. Informatik, Albrechtstr. 30, 49076 Osnabrück, T: (0541) 9693128, d.maretis@hs-osnabrueck.de; pr: Hofbreede 183, 49078 Osnabrück, T: (0541) 442187

**Maretzki,** Jürgen; Dr., Prof., Dekan FB Wirtschaft; *Marketing, Betriebswirtschaftslehre*; di: Hochsch. Magdeburg-Stendal, FB Wirtschaft, Osterburger Str. 25, 39576 Stendal, T: (03931) 21874864, juergen.maretzki@hs-magdeburg.de

**Margaritoff,** Petra; Dr., Prof.; *Medizinische Datensysteme*; di: HAW Hamburg, Fak. Life Sciences, Lohbrügger Kirchstr. 65, 21033 Hamburg, T: (040) 428756213, petra.margaritoff@haw-hamburg.de

**Margull,** Angelika; Prof.; *Grundlagen der visuellen Gestaltung*; di: FH Potsdam, FB Design, Pappelallee 8-9, Haus 5, 14469 Potsdam, T: (0331) 5801401

**Margull,** Ulrich; Dr., Prof.; *Technische Informatik u. eingebettete Systeme*; di: HAW Ingolstadt, Fak. Elektrotechnik u. Informatik, Esplanade 10, 85049 Ingolstadt, T: (0841) 9348428, Ulrich.Margull@haw-ingolstadt.de

**Marinescu,** Marlene; Dr.-Ing., Prof.; *Grundlagen der Elektrotechnik, Energietechnik*; di: FH Frankfurt, FB 2 Informatik u. Ingenieurwiss., Nibelungenplatz 1, 60318 Frankfurt am Main, T: (069) 15332230; pr: Mailänder Str. 15, 60598 Frankfurt a.M., T: (069) 682571, magtech@t-online.de

**Mark,** Günter; Dr., Prof.; *Historischer Musikinstrumentenbau*; di: Westsächs. Hochsch. Zwickau, FB Angewandte Kunst Schneeberg/Musikinstrumentenbau, Adorfer Str. 38, 08258 Markneukirchen, guenter.mark@fh-zwickau.de

**Marke,** Wolfgang; Dr. rer. pol., Prof.; *Technische Informatik, Datenkommunikation, Netze*; di: Hochsch. München, Fak. Informatik u. Mathematik, Lothstr. 34, 80335 München, T: (089) 12653723, F: 12653780, marke@cs.fhm.edu

**Markert,** Andreas; Dr. phil., Prof.; *Sozialarbeitswissenschaft*; di: Hochsch. Zittau/Görlitz, Fak. Sozialwiss., PF 300648, 02811 Görlitz, T: (03581) 48282129, amarkert@hs-zigr.de

**Markgraf,** Carsten; Dr.-Ing., Prof.; *Grundlagen der Elektrotechnik, Regelungstechnik, Mechatronik*; di: Hochsch. Augsburg, Fak. f. Elektrotechnik, An der Hochschule 1, 86161 Augsburg, T: (0821) 55863357, F: 55863360, carsten.markgraf@hs-augsburg.de

**Markgraf,** Daniel; Dr., Prof.; *Betriebswirtschaftslehre, Schwerpunkt Marketing-, Innovations- und Gründungsmanagement*; di: AKAD-H Leipzig, Gutenbergplatz 1E, 04103 Leipzig, T: (0341) 2261931, hs-leipzig@akad.de

**Markowetz,** Reinhard; Dipl.-Päd., Dr. phil., Prof.; *Heilpädagogik*; di: Kath. Hochsch. Freiburg, Karlstr. 63, 79104 Freiburg, T: (0761) 200124, markowetz@kfh-freiburg.de

**Markowski,** Norbert; Dr., Prof.; *Betriebswirtschaftslehre, Unternehmensplanung und -kontrolle*; di: FH Düsseldorf, FB 7 – Wirtschaft, Universitätsstr. 1, Geb. 23.32, 40225 Düsseldorf, T: (0211) 8114097, F: 8115389, norbert.markowski@fh-duesseldorf.de; pr: Keplerstr. 18, 40215 Düsseldorf

**Markworth,** Michael; Dr.-Ing., Prof.; *Maschinenbau*; di: Hochsch. Magdeburg-Stendal, FB Elektrotechnik, Breitscheidstr. 2, 39114 Magdeburg, michael.markwoth@hs-magdeburg.de

**Marlow,** Kay; Dipl.-Ing., Prof.; *Innenarchitektur: Entwurf, hochbaubezogene Aspekte*; di: Hochsch. Hannover, Fak. III Medien, Information u. Design, Kurt-Schwitters-Forum, Expo Plaza 2, 30539 Hannover, T: (0511) 92962363, kay.marlow@hs-hannover.de

**Marlow,** Stuart; Prof.; *Dramaturgie, Inszenierung*; di: Hochsch. d. Medien, Fak. Electronic Media, Nobelstr. 10, 70569 Stuttgart, T: (0711) 89232227

**Maron-Dorn,** Knut Wolfgang; Dipl.-Des., Prof.; *Entwerfen, Fotodesign, insb. Experimentelle Fotografie*; di: Hochsch. Wismar, Fak. f. Gestaltung, PF 1210, 23952 Wismar, T: (03841) 753361

**Marotzki,** Ulrike; Dipl.-Psych., Dr., Prof.; *Ergotherapie*; di: HAWK Hildesheim/Holzminden/Göttingen, Fak. Soziale Arbeit u. Gesundheit, Brühl 20, 31134 Hildesheim, T: (05121) 881594, Marotzki@hawk-hhg.de

**Marquard,** Reiner; Dr. theol., Prof., Rektor; *Theologie*; di: Ev. Hochsch. Freiburg, Bugginger Str. 38, 79114 Freiburg i.Br., T: (0761) 4781210, F: 4781230, marquard@eh-freiburg.de; pr: Mozartstr. 64, 79104 Freiburg, T: (0761) 2085724

**Marquardt,** Diana; Dr., Prof.; *BWL, Tourismuswirtschaft*; di: Hochsch. Rhein-Waal, Fak. Gesellschaft u. Ökonomie, Marie-Curie-Straße 1, 47533 Kleve, T: (02821) 80673318, diana.marquardt@hochschule-rhein-waal.de

**Marquardt,** Heike; Dr., Prof.; *Wirtschaftsinformatik und Logistik*; di: FH Worms, FB Wirtschaftswiss., Erenburgerstr. 19, 67549 Worms, T: (06241) 509252, marquardt@fh-worms.de; pr: Am Brunnenberg 20, 67661 Kaiserslautern

**Marquardt,** Helmut; Dr.-Ing., Prof.; *Baukonstruktion, Holzbau, Baustofflehre*; di: Hochsch. 21, Harburger Str. 6, 21614 Buxtehude, T: (04161) 648204, marquardt@hs21.de; pr: Beim Kloster Dohren 50, 21614 Buxtehude, T: (04161) 80117

**Marquardt,** Nicki; Dr., Prof.; *Arbeits- u. Organisationspsychologie*; di: Hochsch. Rhein-Waal, Fak. Kommunikation u. Umwelt, Südstraße 8, 47475 Kamp-Lintfort, T: (02842) 90825232, nicki.marquardt@hochschule-rhein-waal.de

**Marquardt,** Ralf-Michael; Dr., Prof.; *Volkswirtschaftslehre und quantitative Methoden*; di: Westfäl. Hochsch., FB Wirtschaftsrecht, August-Schmidt-Ring 10, 45657 Recklinghausen, T: (02361) 915430, ralf-michael.marquardt@fh-gelsenkirchen.de

**Marquardt,** Ulla; Prof.; *KD/Bewegtes Bild*; di: Hochsch. Darmstadt, FB Gestaltung, Haardtring 100, 64295 Darmstadt, T: (06151) 168356, marquardt@h-da.de; pr: Kanalweg 103, 76149 Karlsruhe

**Marrek,** Manfred; Dr.-Ing., Prof.; *Signale u. Systeme d. Nachrichtentechnik*; di: Hochsch. Wismar, Fak. f. Ingenieurwiss., PF 1210, 23952 Wismar, T: (03841) 753330, m.marrek@et.hs-wismar.de

**Marschall,** Ilke; Dr., Prof.; *Landschaftsplanung*; di: FH Erfurt, FB Gartenbau, Leipziger Str. 77, 99085 Erfurt, PF 101363, 99013 Erfurt, T: (0361) 6700247, ilke.marschall@fh-erfurt.de

**Marsden,** Nicola; Dr.-Ing., Prof.; *Medien- u Sozialpsychologie*; di: Hochsch. Heilbronn, Fak. f. Technik 2, Max-Planck-Str. 39, 74081 Heilbronn, T: (07131) 504235, F: 252470, marsden@hs-heilbronn.de

**Marsolek,** Jens; Dr.-Ing., Prof.; *Strukturmechanik im Fahrzeugbau*; di: HAW Hamburg, Fak. Technik u. Informatik, Berliner Tor 9, 20099 Hamburg, T: (040) 428757906, Jens.Marsolek@haw-hamburg.de

**Martens,** Eckhard; Dr.-Ing., Prof.; *Angewandte Mathematik, Strömungstechnik, Gasdynamik*; di: Hochsch. Karlsruhe, Fak. Maschinenbau u. Mechatronik, Moltkestr. 30, 76133 Karlsruhe, PF 2440, 76012 Karlsruhe, T: (0721) 9251858, eckhard.martens@hs-karlsruhe.de

**Martens,** Kay-Uwe; Dr., Prof.; *Staats- und Verwaltungsrecht, Kommunal- und Abgabenrecht*; di: Hochsch. Kehl, Fak. Rechts- u. Kommunalwiss., Kinzigallee 1, 77694 Kehl, PF 1549, 77675 Kehl, T: (07851) 894200, Martens@fh-kehl.de

**Martens,** Lothar; Dr., Prof.; *Chemische Verfahrenstechnik*; di: Hochsch. Anhalt, FB 7 Angew. Biowiss. u. Prozesstechnik, PF 1458, 06354 Köthen, T: (03496) 672550, lothar.martens@bwp.hs-anhalt.de

**Martens,** Thomas; Dr., Prof.; *Theaterpädagogik, Erlebnispädagogik, Medienpädagogik, Heimerziehung*; di: FH Kiel, FB Soziale Arbeit u. Gesundheit, Sokratesplatz 2, 24149 Kiel, T: (0431) 2103045, Thomas.Martens@fh-kiel.de

**Martens-Menzel,** Ralf; Dr., Prof.; *Anorganische und Analytische Chemie*; di: Beuth Hochsch. f. Technik, FB II Mathematik – Physik – Chemie, Luxemburger Straße 10, 13353 Berlin, T: (030) 45042635, martens@beuth-hochschule.de

**Martin,** Annette; Dr., Prof.; *Industrielle Biotechnologie, Molekularbiologie, Gentechnik*; di: Hochsch. Ansbach, FB Ingenieurwissenschaften, Residenzstr. 8, 91522 Ansbach, T: (0981) 4877213, annette.martin@fh-ansbach.de

**Martin,** Bernd; Dr., Prof. u. Rektor; *BWL*; di: DHBW Lörrach, Hangstr. 46-50, 79539 Lörrach, T: (07621) 2071100, F: 2071119, martin@dhbw-loerrach.de

**Martin,** Clemens; Dr., Prof.; *Wirtschaftsinformatik*; di: DHBW Mannheim, Fak. Wirtschaft, Coblitzallee 1-9, 68163 Mannheim, T: (0621) 41051217, F: 41051249, clemens.martin@dhbw-mannheim.de

**Martin,** Gunnar; Dr., Prof.; *Wirtschaftsinformatik - Betriebliche Informationssysteme/ ERP-Systeme*; di: Hochschule Hamm-Lippstadt, Marker Allee 76-78, 59063 Hamm, T: (02381) 8789810, gunnar.martin@hshl.de

**Martin,** Ludger; Dr. rer. nat., Prof.; *Informatik*; di: Hochsch. RheinMain, Unter den Eichen 5, 65195 Wiesbaden, T: (0611) 94951236, Ludger.Martin@hs-rm.de

**Martin,** Marcus; Dr. rer. nat., Prof.; *Finanzmathematik, Stochastik*; di: Hochsch. Darmstadt, FB Mathematik u. Naturwiss., Haardtring 100, 64295 Darmstadt, T: (06151) 168667, marcus.martin@h-da.de

**Martin,** Michael; Dr., Prof.; *Marketingmanagement, Unternehmensführung*; di: Hochsch. Rhein/Main, FB Design Informatik Medien, Unter den Eichen 5, 65195 Wiesbaden, T: (0611) 94952150, michael.martin@hs-rm.de; pr: Elise-Kirchner-Str. 31, 65203 Wiesbaden, T: (0611) 9601034

**Martin,** Peter; Dr., Prof.; *Produktion, Produktionsdatenmanagement*; di: HAW Hamburg, Fak. Technik u. Informatik, Berliner Tor 9, 20099 Hamburg, T: (040) 428757833, peter.martin@haw-hamburg.de

**Martin,** Reiner; Dr., Prof.; *Projektmanagement u. Teamarbeit, Betriebliche Umweltökonomie, Informationsmanagement, Produktionsplanung u. -steuerung*; di: Hochsch. Konstanz, Fak. Informatik, Brauneggerstr. 55, 78462 Konstanz, PF 100543, 78405 Konstanz, T: (07531) 206509, F: 206559, rmartin@fh-konstanz.de

**Martin,** Richard; Dr. oec. publ., Prof.; *Betriebswirtschaftslehre, Personal- u. Organisationsentwicklung*; di: HAW Ingolstadt, Fak. Wirtschaftswiss., Esplanade 10, 85049 Ingolstadt, T: (0841) 9348184, richard.martin@haw-ingolstadt.de

**Martin,** Sven; Dr. rer. nat., Prof.; *Programmiersprachen, Business Intelligence, Planung von Informationssystemen, Wissensbasierte Systeme*; di: Hochsch. Karlsruhe, Fak. Informatik u. Wirtschaftsinformatik, Moltkestr. 30, 76133 Karlsruhe, PF 2440, 76012 Karlsruhe, T: (0721) 9252919

**Martin,** Thomas; Dr., Prof.; *Verfahrenstechnik, Mechanisch-Thermische Prozesse*; di: Hochsch.Merseburg, FB Ingenieur- u. Naturwiss., Geusaer Str., 06217 Merseburg, T: (03461) 462011, thomas.martin@hs-merseburg.de

**Martin,** Thomas A.; Dr. rer. pol., Prof.; *Entrepreneurship*; di: FH Ludwigshafen, FB II Marketing und Personalmanagement, Rheinuferstr. 6, 67061 Ludwigshafen/Rhein, T: (0621) 5866732, thomas.martin@fh-ludwigshafen.de

**Martin,** Tobias; Dr. rer. nat., Prof., Dekan FB Informatik, Mathematik u. Naturwiss.; *Finanz- und Versicherungsmathematik*; di: HTWK Leipzig, FB Informatik, Mathematik u. Naturwiss., PF 301166, 04251 Leipzig, T: (0341) 30766495, martin@imn.htwk-leipzig.de

**Martin,** Utz; Dr.-Ing., Prof.; *Kommunikationstechnik, Mobilfunk*; di: Hochsch. Mannheim, Fak. Informationstechnik, Windeckstr. 110, 68163 Mannheim

**Martin,** Wolfgang; Dr., Prof.; *Öffentliches Recht, Umwelt- und Baurecht*; di: Techn. Hochsch. Mittelhessen, FB 21 Sozial- u. Kulturwiss., Wiesenstr. 14, 35390 Gießen, T: (06031) 6042813; pr: T: (06151) 48135

**Martini,** Nils; Dr., Prof.; *Medieninformatik*; di: HAW Hamburg, Fak. Design, Medien u. Information, Finkenau 35, 22081 Hamburg, T: (040) 428757600, nils.martini@haw-hamburg.de

**Marx,** Ansgar; Dr. jur., Prof.; *Zivilrecht, Schwerpunkt Familienrecht*; di: Ostfalia Hochsch., Fak. Sozialwesen, Ludwig-Winter-Str. 2, 38120 Braunschweig

**Marx,** Edeltrud; Dr. phil., Prof.; *Psychologie, Methoden empirischer Sozialforschung*; di: Kath. Hochsch. NRW, Abt. Köln, FB Sozialwesen, Wörthstr. 10, 50668 Köln, F: (0221) 7757117, e.marx@kfhnw.de; Univ., Humanwiss. Fak., Inst. f. Psychologie, Gronewaldstr. 2, 50931 Köln, T: (0221) 4704720

**Marx,** Rita; Dr., Prof.; *Erziehungs-/ Sozialwissenschaft mit dem Schwerpunkt sozialpädagogische Arbeit mit Kindern u./o. Familien*; di: FH Potsdam, FB Sozialwesen, Friedrich-Ebert-Str. 4, 14467 Potsdam, T: (0331) 5801126, marx@fh-potsdam.de

**Marx,** Stefan; Dr., Prof.; *Rechnungslegung*; di: Adam-Ries-FH, Berg-am-Laim-Str. 47, 81673 München, T: (089) 921310210, s.marx@arfh.de

**Marx,** Thomas; Dr. rer. pol., Prof.; *Rechnungswesen, Geschäftsprozesse*; di: Hochsch. Furtwangen, Fak. Wirtschaftsinformatik, Robert-Gerwig-Platz 1, 78120 Furtwangen, T: (07723) 9202392, Thomas.Marx@hs-furtwangen.de

**Marz,** Martin; Dr. jur., Prof.; *Wirtschaftsprivatrecht, Internationales Privatrecht*; di: FH Neu-Ulm, Wileystr. 1, 89231 Neu-Ulm, T: (0731) 97621419, martin.marz@fh-neu-ulm.de

**Masannek,** Rosemarie → Karger, Rosemarie

**Masberg,** Dieter; Dr., Prof.; *Volkswirtschaftslehre, Sozialpolitik*; di: Hochsch. Magdeburg-Stendal, FB Sozial- u. Gesundheitswesen, Breitscheidstr. 2, 39114 Magdeburg, T: (0391) 8864316, dieter.masberg@hs-magdeburg.de

**Maschen,** Rainer; Dr.-Ing., Prof.; *Nachrichtenübertragungstechnik, Konstruktive Gestaltung in der Nachrichtentechnik, Ausgewählte Kapitel der Nachrichtenübertragungstechnik, Antennen u. Wellenausbreitung*; di: FH Dortmund, FB Informations- u. Elektrotechnik, Sonnenstr. 96, 44139 Dortmund, T: (0231) 9112326, F: 9112283

**Maschke,** Werner; Dr. jur., Prof.; *Kriminologie*; di: Hochsch. f. Polizei Villingen-Schwenningen, Sturmbühlstr. 250, 78054 Villingen-Schwenningen, T: (07720) 309455, WernerMaschke@fhpol-vs.de

**Mashuryan,** Hayk; Dr., Prof.; *Mathematik, Biomathematik*; di: Hochsch. Zittau/ Görlitz, Fak. Mathematik/Naturwiss., Theodor-Körner-Allee 16, 02763 Zittau, PF 1455, 02754 Zittau, T: (03583) 611454, hmashuryan@hs-zigr.de

**Massar,** Rolf; Dipl.-Informatiker., Dr. rer. nat., Prof.; *Kommunikationsinformatik, Betriebssysteme*; di: FH Worms, FB Informatik, Erenburgerstr. 19, 67549 Worms, T: (06241) 509194, F: 509222

**Maßmeyer,** Klaus; Dr. rer. nat., Prof., Dekan FB 8; *Schadstoffausbereitung und -transport, Meteorologie*; di: Hochsch. Ostwestfalen-Lippe, FB 8, Umweltingenieurwesen u. Angew. Informatik, An der Wilhelmshöhe 44, 37671 Höxter, Massmeyer@fh-luh.de; pr: Riemenschneiderstr. 8, 37603 Holzminden, T: (05531) 3240, F: 3186

**Massoth,** Michael; Dr., Prof.; *Grundlagen der Informatik, Telekommunikation*; di: Hochsch. Darmstadt, FB Informatik, Haardtring 100, 64295 Darmstadt, T: (06151) 168449, m.massoth@fbi.h-da.de

**Mastel,** Roland; Dr.-Ing., Prof.; *Technische Mechanik, Technische Schwingungslehre, FEM*; di: Hochsch. Esslingen, Fak. Maschinenbau, Kanalstr. 33, 73728 Esslingen, T: (0711) 3973203; pr: Reichenhardtstr. 20, 73098 Rechberghausen, T: (07161) 57462

**Masuch,** Gabriele; Dr.-Ing., Prof.; *Baustoffkunde, Stahlbeton, Holzbau, Betontechnologie, Sanierung*; di: HAWK Hildesheim/Holzminden/Göttingen, Fak. Bauen u. Erhalten, Hohnsen 2, 31134 Hildesheim, T: (05121) 881229; pr: Kleefelder Str. 28, 30175 Hannover, T: (0511) 2032007

**Matecki,** Ute; Dr., Prof.; *Programmentwicklung, Netzwerkprogrammierung*; di: Hochsch. Albstadt-Sigmaringen, FB 1, Jakobstr. 6, 72458 Albstadt, T: (07431) 579210, F: 579229, matecki@fh-albsig.de

**Materne,** Jürgen; Dipl.-Phys., Dr. rer. nat. habil., Patentanwalt; *BWL, Urheber-, Patentrecht, IT*; di: FH d. Bundes f. öff. Verwaltung, FB Sozialversicherung, Nestorstraße 23 - 25, 10709 Berlin, T: (030) 86526142

**Materne,** Stefan; Dipl.-Inf., Prof.; *Feuerversicherung und verwandte Zweige sowie Rückversicherung*; di: FH Köln, Fak. f. Wirtschaftswiss., Mainzer Str. 5, 50678 Köln, T: (0221) 82753275, stefan.materne@fh-koeln.de; pr: Marmorstr. 44, 53840 Troisdorf

**Mathée,** Eberhardt; Dipl.-Ing., Dr.-Ing., Prof.; *Telekommunikation*; di: Wilhelm Büchner Hochsch., Ostendstr. 3, 64319 Pfungstadt, T: (06157) 806404, F: 806401

**Matheis,** Alfons; Dr., Prof.; *Kommunikation, (Wirtschafts-)Ethik, Wissenschaftliche Weiterbildung*; di: Hochsch. Trier, Umwelt-Campus Birkenfeld, FB Umweltplanung/ Umwelttechnik, PF 1380, 55761 Birkenfeld, T: (06782) 171192, a.matheis@umwelt-campus.de

**Mathes,** Heinz; Dr. rer. pol., Prof.; *Mathematik*; di: Accadis Hochsch., Du Pont-Str 4, 61352 Bad Homburg

**Mathesius,** Jörn; Dr., Prof.; *Betriebswirtschaftslehre, Volkswirtschaftslehre*; di: FH f. Verwaltung u. Dienstleistung, FB Rentenversicherung, Ahrensböker Str. 51, 23858 Reinfeld, T: (04533) 7301332, fhvd.mathesius@bz-reinfeld.de

**Mathiak,** Friedrich; Dr.-Ing., Prof.; *Angewandte Bauinformatik, Baustatik/ Massivbau, Technische Mechanik*; di: Hochsch. Neubrandenburg, FB Landschaftsarchitektur, Geoinformatik, Geodäsie u. Bauingenieurwesen, Brodaer Str. 2, 17033 Neubrandenburg, PF 110121, 17041 Neubrandenburg, T: (0395) 56934905, mathiak@hs-nb.de

**Mathiebe,** Elke; Dipl.-Formgestalterin, Prof.; *Grundlagen des zwei- u dreidimensionalen Gestaltens*; di: HTW Dresden, Fak. Gestaltung, Friedrich-List-Platz 1, 01069 Dresden, T: (0351) 4622106, mathiebe@htw-dresden.de

**Mathis,** Harald P.; Dr., Prof.; *Industrielle Informatik und Biosystemtechnik*; di: Hochschule Hamm-Lippstadt, Marker Allee 76-78, 59063 Hamm, T: (02381) 8789410, harald.mathis@hshl.de

**Mathis,** Uta; Dr. rer. pol., Prof.; *Wirtschaftsinformatik, Geschäftsprozessmodellierung, Prozessmanagement*; di: Hochsch. Esslingen, Fak. Betriebswirtschaft u. Fak. Graduate School, Kanalstr. 33, 73728 Esslingen, T: (0711) 3974379

**Mathy,** Ignaz; Dr.-Ing., Prof.; *Umformtechnik, Technische Mechanik*; di: Hochsch. Aalen, Fak. Maschinenbau u. Werkstofftechnik, Beethovenstr. 1, 73430 Aalen, T: (07361) 5762340, F: 5762270, ignaz.mathy@htw-aalen.de

**Matjeka,** Manfred; M.A., Prof.; *Staats- und Europarecht, Privatrecht, Arbeitsrecht, Zivilprozessrecht*; di: H f. öffentl. Verwaltung u. Finanzen Ludwigsburg, Reuteallee 36, 71634 Ludwigsburg, T: (07141) 140540, F: 140544

**Matoni,** Michael; Dr.-Ing., Prof.; *Fertigungstechnik, Betriebswirtschaft, Management und Unternehmensführung*; di: FH Köln, Fak. f. Fahrzeugsysteme u. Produktion, Betzdorfer Str. 2, 50679 Köln, T: (0221) 82752350, F: 82752913, michael.matoni@fh-koeln.de

**Matt,** Bernd-Jürgen; Prof.; *Kalkulation, Kalkulation Druck und Druckverarbeitung, Einkauf und Herstellung der Werbemittel (Print), Auftragsplanung, Arbeitsvorbereitung, Zeitungstechnologie, Grundlagen Printtechniken, Kalkulatorische Verfahrensvergleiche, Produktionsplanung und Steuerung (PPS)*; di: Hochsch. d. Medien, Fak. Druck u. Medien, Nobelstr. 10, 70569 Stuttgart, T: (0711) 89232228, matt@hdm-stuttgart.de

**Matt,** Jean-Remy von; Dipl.-Ing., Prof.; *Werbung*; di: Hochsch. Wismar, Fak. f. Gestaltung, PF 1210, 23952 Wismar

**Mattedi-Puhr-Westerheide,** Cristina; Dr. phil., Prof.; *Romanistik (Italienisch)*; di: Hochsch. München, Fak. Studium Generale u. interdisziplinäre Studien, Lothstr. 34, 80335 München, mattedi@lrz.fh-muenchen.de

**Matthäus,** Fritz; Dr. rer. pol., Prof.; *Industriebetriebslehre, Logistik, Betriebswirtschaftslehre, Operations Research*; di: Hochsch. f. Wirtschaft u. Umwelt Nürtingen-Geislingen, PF 1349, 72603 Nürtingen, T: (07022) 929227, fritz.matthaeus@hfwu.de

**Mattheis,** Henrike; Dr. jur., Prof.; *Zivilrecht*; di: Hochsch. Biberach, SG Betriebswirtschaft, PF 1260, 88382 Biberach/Riß, T: (07351) 582401, F: 582449, mattheis@hochschule-bc.de

**Mattheis,** Peter; Dipl.-Wi.-Ing., Dr. rer. pol., Prof.; *Geschäftsprozesse, Rechnungswesen*; di: Hochsch. Furtwangen, Fak. Wirtschaftsinformatik, Robert-Gerwig-Platz 1, 78120 Furtwangen, T: (07723) 9202236, F: 9202610, Peter.Mattheis@hs-furtwangen.de

**Matthes,** Rainer; Dr.-Ing., Prof.; *Stahlbau, Holzbau*; di: FH Erfurt, FB Bauingenieurwesen, Altonaer Str. 25, 99085 Erfurt, PF 101363, 99013 Erfurt, T: (0361) 6700913, F: 6700902, matthes@fh-erfurt.de

**Matthes,** Wolfgang; Dr., Prof.; *Prozessdatenverarbeitung und digitale Systeme*; di: FH Dortmund, FB Informations- u. Elektrotechnik, Sonnenstr. 96, 44139 Dortmund, T: (0231) 9112340, F: 9112283, wolfgang.matthes@fh-dortmund.de

**Matthiessen,** Günter; Dr., Prof.; *Datenbanken, Mathematische Grundlagen d. Informatik, IT-Sicherheit*; di: Hochsch. Bremerhaven, An der Karlstadt 8, 27568 Bremerhaven, T: (0471) 4823425, F: 21863, gmatthiesen@hs-bremerhaven.de; pr: T: (0471) 21861

**Mattke,** Ulrike; Dr. phil., Prof.; *Allgemeine Heilpädagogik und theoretische Grundlagen der Heilpädagogik, Pädagogik bei Menschen mit geistiger Behinderung*; di: Hochsch. Hannover, Fak. V Diakonie, Gesundheit u. Soziales, Blumhardtstr. 2, 30625 Hannover, PF 690363, 30612 Hannover, T: (0511) 92963208, ulrike.mattke@hs-hannover.de

**Matull,** Ewald; Dr.-Ing., Prof.; *Automatisierungssysteme, Software-Entwicklung*; di: Hochsch. Emden/Leer, FB Technik, Constantiaplatz 4, 26723 Emden, T: (04921) 8071831, F: 8071843, matull@hs-emden-leer.de; pr: Rheyder Sand 29, 26723 Emden, T: (04921) 65484

**Matzdorff,** Klaus; Dr.-Ing., Prof.; *Wirtschaftsinformatik, Mathematik*; di: FH d. Wirtschaft, Hauptstr. 2, 51465 Bergisch Gladbach, T: (02202) 9527232, F: 9527200, klaus.matzdorff@fhdw.de

**Matzke,** Frank; Prof.; *Ästhetik, Kommunikation*; di: FH Frankfurt, FB Soziale Arbeit und Gesundheit, Nibelungenplatz 1, 60318 Frankfurt am Main, T: (069) 15332827, matzke@fb4.fh-frankfurt.de

**Matzke,** Michael; Dr., Prof.; *Strafrecht, Strafprozessrecht mit besonderer Betonung der polizeilichen Eingriffsbefugnisse, Zivilrecht*; di: Hochsch. f. Wirtschaft u. Recht Berlin, FB 3, Alt-Friedrichsfelde 60, 10315 Berlin, T: (030) 90214437, F: 90214417, m.matzke@hwr-berlin.de

**Mau,** Markus; Dr. rer. pol., Prof.; *Betriebswirtschaftslehre, Strategie, Supply Chain Management*; di: Provadis School of Int. Management and Technology, Industriepark Hoechst, Geb. B 845, 65926 Frankfurt a.M.

**Mauch,** Gerhard; Dr. rer. pol., Prof.; *Volkswirtschaftslehre*; di: Hochsch. f. Wirtschaft u. Umwelt Nürtingen-Geislingen, FB 4, PF 1349, 72603 Nürtingen, T: (07331) 22488, gerhard.mauch@hfwu.de

**Maucher,** Johannes; Dr., Prof.; *Mobile Communication Systems, Mobile Applications, Rechnernetze, Software Entwicklung*; di: Hochsch. d. Medien, Fak. Druck u. Medien, Nobelstr. 10, 70569 Stuttgart, T: (0711) 89232178, maucher@hdm-stuttgart.de

**Mauerer,** Markus; Dr., Prof.; *Ingenieurmathematik und angewandte Physik*; di: Hochsch. München, Fak. Wirtschaftsingenieurwesen, Erzgießereistr. 14, 80335 München, T: (089) 12652482, mauerer@wi.fh-muenchen.de

**Mauersberger,** Wolfgang; Dr.-Ing., Prof.; *Audio-, Video- u Multimediatechnik, Telekommunikation*; di: Hochsch. Emden/Leer, FB Technik, Constantiaplatz 4, 26723 Emden, T: (04921) 8071826, F: 8071843, wm@imut.de; pr: Möwensteert 44, 26723 Emden, T: (04921) 996700

**Maurer,** Christoph; Dipl.-Ing., Prof.; *Konstruktionsmethodik, Kreativitätstechniken, mechanische Verfahrenstechnik*; di: Hochsch. München, Fak. Maschinenbau, Fahrzeugtechnik, Flugzeugtechnik, Dachauer Str. 98b, 80335 München, T: (089) 12653359, christoph.maurer@fhm.edu

**Maurer,** Detlev; Dr.-Ing., Prof.; *Ingenieurmathematik, Softwaresysteme*; di: Hochsch. Landshut, Fak. Maschinenbau, Am Lurzenhof 1, 84036 Landshut, maurer@fh-landshut.de

**Maurer,** Horst; Dr. jur., Prof.; *Intern. Wirtschaftsrecht inkl. Recht der EU*; di: Georg-Simon-Ohm-Hochsch. Nürnberg, Fak. Betriebswirtschaft, Bahnhofstr. 87, 90402 Nürnberg

**Maurer,** Ingmar; Dr., Prof.; di: FH Frankfurt, FB 4 Soziale Arbeit u. Gesundheit, Nibelungenplatz 1, 60318 Frankfurt am Main, T: (069) 15332850, maurer@fb4.fh-frankfurt.de

**Maurer,** Kai-Oliver; Dr., Prof.; *Allgemeine BWL, Investition und Finanzierung, Risikomanagement*; di: Hochsch. Fulda, FB Wirtschaft, Marquardstr. 35, 36039 Fulda, kai-oliver.maurer@w.hs-fulda.de

**Maurer,** Rainer; Dr., Prof.; *Volkswirtschaftslehre*; di: Hochsch. Pforzheim, Fak. f. Wirtschaft u. Recht, Tiefenbronner Str. 65, 75175 Pforzheim, T: (07231) 286601, F: 286090, rainer.maurer@hs-pforzheim.de

**Maurer,** Thomas; Dr.-Ing., Prof.; *Kältetechnik*; di: Techn. Hochsch. Mittelhessen, FB 03 Maschinenbau u. Energietechnik, Wiesenstr. 14, 35390 Gießen, T: (0641) 3092144; pr: Dresdener Str. 12, 34289 Zierenberg, T: (05606) 534801

**Maurer,** Torsten; Dr., Prof.; *Wirtschaftswissenschaften, Steuern u. Prüfungswesen*; di: DHBW Stuttgart, Fak. Wirtschaft, Herdweg 21, 70174 Stuttgart, T: (0711) 1849624, maurer@dhbw-stuttgart.de

**Maurial,** Andreas; Dr.-Ing., Prof., Dekan; *Stahlbetonbau, Spannbetonbau, Massivbrückenbau*; di: Hochsch. Regensburg, Fak. Bauingenieurwesen, PF 120327, 93025 Regensburg, T: (0941) 9431349, andreas.maurial@bau.fh-regensburg.de

**Mauritz-Boeck,** Ingrid; Dr. rer. nat., Prof.; *Angew. Chemie, Kunststofftechnik, Verfahrenstechnik*; di: FH Kiel, FB Maschinenwesen, Grenzstr. 3, 24149 Kiel, T: (0431) 2102690, F: 21062690, ingrid.mauritz-boeck@fh-kiel.de; pr: Spreeallee 224, 24111 Kiel, T: (0431) 698274

**Maurmaier,** Dieter; Dr.-Ing., Prof.; *Schienenverkehrswesen, Straßenwesen, Verkehrsplanung, Verkehrstechnik*; di: Hochsch. f. Technik, Fak. Bauingenieurwesen, Bauphysik u. Wirtschaft, Schellingstr. 24, 70174 Stuttgart, PF 101452, 70013 Stuttgart, T: (0711) 89262834, F: 89262913, dieter.maurmaier@hft-stuttgart.de

**Maus,** Günter; Prof.; *EDV, Buchführung, Bilanzrecht*; di: H f. öffentl. Verwaltung u. Finanzen Ludwigsburg, Fak. Steuer- u. Wirtschaftsrecht, Reuteallee 36, 71634 Ludwigsburg, maus@vw.fhov-ludwigsburg.de

**Mausbach,** Peter; Dr.-Ing., Prof.; *Mathematik, Verfahrensautomatik, Datenverarbeitung*; di: FH Köln, Fak. f. Anlagen, Energie- u. Maschinensysteme, Betzdorfer Str. 2, 50679 Köln, T: (0221) 82752210, peter.mausbach@h-koeln.de; pr: Eburonenstr. 13, 50678 Köln, T: (0221) 342382

**Mavoungou,** Chrystelle; Dr., Prof.; *Qualitätsmanagement, Arzneimittelzulassung, Qualitätssicherung in Produktentwicklung*; di: Hochsch. Biberach, SG Pharmazeut. Biotechnologie, PF 1260, 88382 Biberach/Riß, T: (07351) 582443, F: 582469, mavoungou@hochschule-bc.de

**Maxzin,** Joerg; Prof.; *3D-Animation*; di: Hochsch. Deggendorf, FB Elektrotechnik u. Medientechnik, Edlmairstr. 6-8, 94469 Deggendorf, PF 1320, 94453 Deggendorf, T: (0991) 3615382, F: 3615399, joerg.maxzin@fh-deggendorf.de

**May,** Bernhard; Dr. rer. nat., Prof.; *Automatisierungstechnik, Elektrische Antriebe, Prozessleittechnik, Produktionstechnik*; di: Hochsch. Darmstadt, FB Maschinenbau u. Kunststofftechnik, Haardtring 100, 64295 Darmstadt, T: (06151) 168553, May@h-da.de; pr: Trifelsring 13, 67158 Ellerstadt, T: (06237) 929008

**May,** Constantin; Dipl.-Wirtschaftsing., Dr. rer. pol., Prof.; *Allgemeine Betriebswirtschaftslehre, Material- und Fertigungswirtschaft, Operations Research*; di: Hochsch. Ansbach, FB Wirtschafts- u. Allgemeinwiss., Residenzstr. 8, 91522 Ansbach, PF 1963, 91510 Ansbach, T: (0981) 4877230, F: 4877202, constantin.may@fh-ansbach.de

**May,** Dietrich; Dr.-Ing., Prof.; *Physik, Grundlagen der Elektrotechnik, Programmieren, Automatisierungstechnik, Automatisierungstechnik (CNC, CAM, CFM)*; di: Hochsch. Offenburg, Fak. Betriebswirtschaft u. Wirtschaftsingenieurwesen, Badstr. 24, 77652 Offenburg, T: (07803) 989633, F: 205214

**May,** Eugen; Dr., Prof.; *Finanz- u. Rechnungswesen, Finanzierung, Portfoliomanagement*; di: Hochsch. Aalen, Fak. Wirtschaftswissenschaften, Beethovenstr. 1, 73430 Aalen, T: (07361) 5762364, F: 5762330, Eugen.May@htw-aalen.de

**May,** Helge-Otmar; Dr.-Ing., Prof.; *Technische Mechanik*; di: Hochsch. Darmstadt, FB Maschinenbau u. Kunststofftechnik, Haardtring 100, 64295 Darmstadt, T: (06151) 168570, h.may@h-da.de

**May,** Michael; Dr. habil., Prof. H Rhein/Main Wiesbaden, PD U Frankfurt/M.; *Erziehungswissenschaft, Theorie und Methoden der Jugendarbeit*; di: Hochsch. Rhein/Main, FB Sozialwesen, Kurt-Schumacher-Ring 18, 65197 Wiesbaden, T: (0611) 94951320, F: 94951303, michael.may@hs-rm.de; pr: Eltviller Str. 18, 65197 Wiesbaden, T: (0611) 5057841

**May,** Michael; Dr., Prof.; *Graphische Datenverarbeitung, Facility Management*; di: HTW Berlin, FB Wirtschaftswiss. II, Treskowallee 8, 10318 Berlin, T: (030) 50192601, m.may@HTW-Berlin.de

**May,** Stefan; Dr.-Ing., Prof.; *Sensorik, Aktorik, Steuerungstechnik*; di: Georg-Simon-Ohm-Hochsch. Nürnberg, Fak. Elektrotechnik Feinwerktechnik Informationstechnik, Wassertorstr. 10, 90489 Nürnberg, Stefan.May@ohm-hochschule.de

**May,** Stefan; Dr. rer. pol., Prof.; *Finanz-, Bank- u. Investitionswirtschaft, Portfoliomanagement*; di: HAW Ingolstadt, Fak. Wirtschaftswiss., Esplanade 10, 85049 Ingolstadt, T: (0841) 9348182, stefan.may@haw-ingolstadt.de

**Maybaum,** Georg; Dr.-Ing., Prof.; *Geotechnik, insb. Bodenmechanik u. Grundbau*; di: HAWK Hildesheim/Holzminden/Göttingen, Fak. Management, Soziale Arbeit, Bauen, Billerbeck 2, 37603 Holzminden, T: (05531) 126210

**Mayenberger,** Franz; Dipl.-Ing., Prof.; *Datenverarbeitung, Mathematik, Datenkommunikation*; di: Hochsch. Ravensburg-Weingarten, Doggenriedstr., 88250 Weingarten, PF 1261, 88241 Weingarten, T: (0751) 5019620, F: 5019876, mayenberger@hs-weingarten.de; pr: Unterer Sonnenberg 20, 88368 Bergatreute, T: (07527) 91270

**Mayer,** Albert; Dr., HonProf. FH Aachen; di: FH Aachen, FB Design, Boxgraben 100, 52064 Aachen, a.mayer@fh-aachen.de; pr: Theaterstr. 18, 52062 Aachen, T: (0241) 26190

**Mayer,** Andreas; Dr. rer. nat. habil., Prof.; *Technische Mechanik, Ingenieursmathematik, Automatisierungstechnik*; di: Hochsch. Offenburg, Fak. Betriebswirtschaft u. Wirtschaftsingenieurwesen, Badstr. 24, 77652 Offenburg, T: (07803) 989678, andreas.mayer@fh-offenburg.de

**Mayer,** Annette; Dr. habil., Prof.; *BWL*; di: Hochschl. f. Oekonomie & Management, Herkulesstr. 32, 45127 Essen, T: (0201) 810040

**Mayer,** Bernt; Dr., Prof.; *Unternehmens- und Personalführung*; di: Hochsch. Amberg-Weiden, FB Betriebswirtschaft, Hetzenrichter Weg 15, 92637 Weiden, T: (0961) 382177, F: 382162, b.mayer@fh-amberg-weiden.de

**Mayer,** Claudia; Dr. phil., Prof.; *Kommunikationswissenschaft und Unternehmenskultur*; di: FH Aachen, FB Elektrotechnik und Informationstechnik, Eupener Str. 70, 52066 Aachen, T: (0241) 600952170, c.mayer@fh-aachen.de

**Mayer,** Erwin; Dr. rer. nat., Prof.; *Computernetzwerke, Betriebssysteme*; di: Hochsch. Offenburg, Fak. Elektrotechnik u. Informationstechnik, Badstr. 24, 77652 Offenburg, T: (0781) 205256, erwin.mayer@fh-offenburg.de

**Mayer,** Felix; Dipl.-Übers., Dr. phil., Prof., Präsident; *Anwendungsorientierte Sprachwissenschaft, Französisch und Italienisch*; di: Hochsch. f. Angewandte Sprachen München, Amalienstr. 73, 80799 München, T: (089) 28810216, mayer@sdi-muenchen.de

**Mayer,** Franz X.; Dipl.-Ing., Prof., Dekan FB Innenarchitektur; *Projektmanagement, Technischer Ausbau, Tragwerkslehre*; di: Hochsch. Rosenheim, Fak. Innenarchitektur, Hochschulstr. 1, 83024 Rosenheim, T: (08031) 805563, F: 805552, f.mayer@fh-rosenheim.de

**Mayer,** Gerhard; Dipl.-Kfm., Dipl.-Ing., Dr. rer. pol., Prof.; *Allg. Betriebswirtschaftslehre mit Schwerpunkt Controlling*; di: Hochsch. Reutlingen, FB International Business, Alteburgstr. 150, 72762 Reutlingen, T: (07121) 271424, gerhard.mayer@fh-reutlingen.de; pr: Aaraustr. 45, 72762 Reutlingen, T: (07121) 290312

**Mayer,** Hermann; HonProf.; *Recht und Marketing*; di: Hochsch. Mittweida, Fak. Medien, Technikumplatz 17, 09648 Mittweida, T: (03727) 581580

**Mayer,** Jan; Dr. phil., Prof. FH Erding; *Sportpsychologie, Trainingslehre, Gesundheitspsychologie, Sport im Bereich Rehabilitation und Prävention*; di: FH f. angewandtes Management, Am Bahnhof 2, 85435 Erding, T: (08122) 9559480, jan.mayer@myfham.de; pr: jan.mayer@email.de

**Mayer,** Kurt-Ulrich; HonProf.; *Recht und Marketing*; di: Hochsch. Mittweida, Fak. Medien, Technikumplatz 17, 09648 Mittweida, T: (03727) 581580

**Mayer,** Marion; Dr., Prof.; di: Alice-Salomon-Hochsch., Alice-Salomon-Platz 5, 12627 Berlin-Hellersdorf, marion.mayer@ash-berlin.eu

**Mayer,** Matthias; Dr.-Ing., Prof.; *Produktionstechnologie, Mechatronik*; di: Hochschule Hamm-Lippstadt, Marker Allee 76-78, 59063 Hamm, T: (02381) 8789807, matthias.mayer@hshl.de

**Mayer,** Peter; Dr., Prof.; *Allgemeine u. Internationale Volkswirtschaftslehre, Wirtschaftspolitik, International Economics*; di: Hochsch. Osnabrück, Fak. Wirtschafts- u. Sozialwiss., Caprivistraße 30a, 49076 Osnabrück, T: (0541) 9693466, mayer@wi.hs-osnabrueck.de

**Mayer,** Ralf S.; Dr. rer. nat., Prof.; *Echtzeitdatenverarbeitung, technische Grundlagen der Informatik*; di: Hochsch. Darmstadt, FB Informatik, Haardtring 100, 64295 Darmstadt, T: (06071) 168443, r.mayer@fbi.h-da.de; pr: Oberer Kellerstutz 10, 63853 Mömlingen, T: (06022) 655724

**Mayer,** Stefan R.; Dr., Prof.; *Finanzwesen*; di: FH Neu-Ulm, Wileystr. 1, 89231 Neu-Ulm, T: (0731) 97621420, stefan.mayer@fh-neu-ulm.de

**Mayer,** Susanne; Prof.; *Graphic Arts, Screen-Design, Communication*; di: Hochsch. d. Medien, Fak. Electronic Media, Nobelstr. 10, 70569 Stuttgart, T: (0711) 89232229, mayer@hdm-stuttgart.de

**Mayer,** Thomas; Dipl.-Volksw., Prof.; *BWL, Internationales Projektmanagement*; di: Hochsch. Karlsruhe, Fak. Wirtschaftswissenschaften, Moltkestr. 30, 76133 Karlsruhe, PF 2440, 76012 Karlsruhe, T: (0721) 9252972

**Mayer,** Thomas; Dr.-Ing., Prof.; *Maschinenbau, Thermodynamik, Strömungslehre*; di: Hochsch. Ulm, Fak. Maschinenbau u. Fahrzeugtechnik, PF 3860, 89028 Ulm, T: (0731) 5028099, Mayer@hs-ulm.de

**Mayer,** Trude; Dr., Prof.; *Psychologie, Soziologie*; di: Hess. Hochsch. f. Polizei u. Verwaltung, FB Polizei, Schönbergstr. 100, 65199 Wiesbaden, T: (0611) 9460425, F: 9460406

**Mayer,** Volker; Dr. jur., Prof.; *Kommunale Selbstverwaltung*; di: FH Köln, Fak. f. Wirtschaftswiss., Claudiusstr. 1, 50678 Köln, T: (0221) 82753658, volker.mayer@fh-koeln.de

**Mayer,** Walter; Prof.; *Steuern und Prüfungswesen*; di: DHBW Mannheim, Fak. Wirtschaft, Coblitzallee 1-9, 68163 Mannheim, T: (0621) 41051907, F: 41051904, walter.mayer@dhbw-mannheim.de

**Mayer,** Wilfried; M.Arch. (USA), Prof.; *Konstruktionstechnik*; di: HTWK Leipzig, FB Bauwesen, PF 301166, 04251 Leipzig, T: (0341) 30767057, mayer@fbb.htwk-leipzig.de

**Mayer,** Wolfgang; Dr.-Ing., Prof.; *Energiewirtschaft, Energietechnische Systeme*; di: Hochsch. Kempten, Fak. Maschinenbau, Bahnhofstr. 61-63, 87435 Kempten, T: (0831) 25239528, F: 2523229, wolfgang.mayer@fh-kempten.de

**Mayer-Bonde,** Conny; Dr., Prof.; *Management und seine quantitativen Methoden, Introductory Company Project, Advanced Company Project, Marketing Planning in Tourism, Critical Tourism, Current Issues in Tourism*; di: Karlshochschule, PF 11 06 30, 76059 Karlsruhe

**Mayer-Brennenstuhl,** Andreas; Prof.; *Bildhauerei*; di: FH Arnstadt-Balingen, Lindenallee 10, 99310 Arnstadt

**Maykus,** Stephan; Dr., Prof.; *Methoden der Sozialen Arbeit*; di: Hochsch. Osnabrück, Fak. Wirtschafts- u. Sozialwiss., Caprivistr. 30a, 49076 Osnabrück, T: (0541) 9693543, s.maykus@hs-osnabrueck.de

**Mayr,** Peter; Prof.; *International Management for Business and Information Technology*; di: DHBW Mannheim, Fak. Wirtschaft, Coblitzallee 1-9, 68163 Mannheim, T: (0621) 41051158, F: 41051289, peter.mayr@dhbw-mannheim.de

**Mayr,** Reinhard; Dr.-Ing., Prof.; *Datenverarbeitung*; di: FH Köln, Fak. f. Fahrzeugsysteme u. Produktion, Betzdorfer Str. 2, 50679 Köln, T: (0221) 82752558, F: 82752322, reinhard.mayr@fh-koeln.de

**Mayr,** Werner; Dr.-Ing., Prof.; *Elektrische Messtechnik*; di: Hochsch. München, Fak. Elektrotechnik u. Informationstechnik, Lothstr. 64, 80335 München, T: (089) 12653411, F: 12653403, mayr@ee.fhm.edu

**Mayr,** Wolfgang; Dr., Prof.; *Grundlagen der Elektrotechnik, Elektrische Messtechnik, IC-System Design*; di: Hochsch. Rosenheim, Fak. Ingenieurwiss., Hochschulstr. 1, 83024 Rosenheim, T: (08031) 805719, F: 805702

**Mayr-Lang,** Heike; Dr. rer. pol., Prof.; *Wirtschaftswissenschaften, Finanzwissenschaft*; di: Hochsch. f. Wirtschaft u. Umwelt Nürtingen-Geislingen, PF 1251, 73302 Geislingen a.d. Steige, T: (07331) 22583, heike.mayr-lang@hfwu.de

**Mazura,** Andreas; Dr., Prof.; *Wirtschaftsingenieurwesen*; di: Hochsch. Pforzheim, Fak. f. Wirtschaft u. Recht, Tiefenbronner Str. 66, 75175 Pforzheim, T: (07231) 286687, F: 286057, andreas.mazura@hs-pforzheim.de

**Mazurkiewicz,** Dirk; Dr., Prof.; *Sportökonomie*; di: H Koblenz, FB Wirtschafts- u. Sozialwissenschaften, RheinAhrCampus, Joseph-Rovan-Allee 2, 53424 Remagen, mazurkiewicz@rheinahrcampus.de

**Mecar,** Miroslav; Dr.-Ing., HonProf.; *Management*; di: Westsächs. Hochsch. Zwickau, FB Wirtschaftswiss., Scheffelstr. 39, 08056 Zwickau, PF 201037, 08012 Zwickau

**Mechler-Schönach,** Christine; Dr., Prof.; *Kunsttherapie*; di: Hochsch. f. Kunsttherapie Nürtingen, Sigmaringer Str. 15, 72622 Nürtingen, c.mechler-schoenach@hkt-nuertingen.de

**Mechlinski,** Thomas; Dr.-Ing., Prof.; *Ingenieurinformatik u. Produktdatenmanagement*; di: Hochsch. Osnabrück, Fak. Ingenieurwiss. u. Informatik, Barbarastraße 16, 49074 Osnabrück, PF 1940, 49009 Osnabrück, T: (0541) 9697149, t.mechlinski@hs-osnabrueck.de

**Meck,** Andreas; Dipl.-Ing., Prof.; *Baukonstruktion, Entwerfen*; di: Hochsch. München, Fak. Architektur, Karlstr. 6, 80333 München, T: (089) 12652625, andreas.meck@fhm.edu

**Meckbach,** Heinz; Dr.-Ing., Prof.; *Technische Mechanik und Maschinenelemente*; di: FH Köln, Fak. f. Informations-, Medien- u. Elektrotechnik, Betzdorfer Str. 2, 50679 Köln, T: (0221) 82752275, heinz.meckbach@fh-koeln.de

**Mecke,** Rudolf; Dr., Prof.; *Regelungstechnik, Elektrische Maschinen und Antriebe*; di: Hochsch. Harz, FB Automatisierung u. Informatik, Friedrichstr. 57-59, 38855 Wernigerode, T: (03943) 659331, F: 659109, rmecke@hs-harz.de

**Mecking,** Sabine; Dr., Prof.; *Politikwissenschaft, Soziologie*; di: FH f. öffentl. Verwaltung NRW, Abt. Duisburg, Albert-Hahn-Str. 45, 47269 Duisburg, sabine.mecking@fhoev.nrw.de

**Meder,** Götz; Dr. iur., Prof.; *Verwaltung und Recht*; di: Techn. Hochsch. Wildau, FB Wirtschaft, Verwaltung u. Recht, Bahnhofstr., 15745 Wildau, T: (03375) 508969, F: 500324

**Meder,** Helmut; Dr., Prof.; *Versicherung*; di: DHBW Mannheim, Fak. Wirtschaft, Coblitzallee 1-9, 68163 Mannheim, T: (0621) 41052526, F: 41052510, helmut.meder@dhbw-mannheim.de

**Meder,** Thomas; Dr., Prof.; *Kunstgeschichte, Medientheorie*; di: FH Mainz, FB Gestaltung, Holzstr. 36, 55116 Mainz, T: (06132) 6282337, thomas.meder@img.fh-mainz.de; Univ., FB 9 Sprach- u. Kulturwiss., Kunstgeschichtl. Inst., Hausener Weg 120, 60489 Frankfurt/M., Meder@kunst.uni-frankfurt.de

**Meegen,** Sven van; Dr., Prof.; *Sozialwesen*; di: DHBW Heidenheim, Fak. Sozialwesen, Wilhelmstr. 10, 89518 Heidenheim, T: (07321) 2722432, F: 2722439, vanmeegen@dhbw-heidenheim.de

**Meeh-Bunse,** Gunther; Dr., Prof.; *Betriebswirtschaftslehre, Finanzwirtschaftliches Controlling*; di: Hochsch. Osnabrück, Fak. MKT, Inst. f. Management u. Technik, Kaiserstraße 10c, 49806 Lingen, T: (0591) 80098221, g.meeh-bunse@hs-osnabrueck.de

**Megill,** William M.; Dr., Prof.; *Bionik mit Schwerpunkt Sensorik u. Robotik*; di: Hochsch. Rhein-Waal, Fak. Technologie u. Bionik, Marie-Curie-Straße 1, 47533 Kleve, T: (02821) 80673646, william.megill@hochschule-rhein-waal.de

**Megnet,** Katharina; Prof.; *Musik-, Bewegungs- und Theaterpädagogik*; di: Kath. Hochsch. Freiburg, Karlsstr. 63, 79104 Freiburg, T: (0761) 2001522, katharina.megnet@kh-freiburg.de

**Mehler,** Frank; Dr. rer. nat., Prof.; *Wirtschaftsinformatik, Betriebswirtschaftslehre, Informatik*; di: FH Bingen, FB Technik, Informatik, Wirtschaft, Berlinstr. 109, 55411 Bingen, T: (06721) 409141, F: 409104, mehler@fh-bingen.de

**Mehler-Bicher,** Anett; Dr., Prof.; *Wirtschaftsinformatik*; di: FH Mainz, FB Wirtschaft, Lucy-Hillebrand-Str. 2, 55128 Mainz, PF 230060, 55051 Mainz, T: (06131) 628209, F: 628111, anett.bicher@wiwi.fh-mainz.de

**Mehlhorn,** Jörg; Dr. rer. pol., Prof.; *Betriebswirtschaft, Marketing*; di: FH Mainz, FB Wirtschaft, Lucy-Hillebrand-Str. 2, 55128 Mainz, T: (06131) 628249, joerg.mehlhorn@wiwi.fh-mainz.de

**Mehlich,** Harald; Dr., Prof.; *Angewandte Informatik*; di: FH Neu-Ulm, Edisonallee 5, 89231 Neu-Ulm, T: (0731) 97621421, harald.mehlich@fh-neu-ulm.de

**Mehlich,** Ulrich; Prof.; *Staats- und Verwaltungsrecht*; di: Hochsch. Kehl, Fak. Rechts- u. Kommunalwiss., Kinzigallee 1, 77694 Kehl, PF 1549, 77675 Kehl, T: (07851) 894197, Mehlich@fh-kehl.de

**Mehner,** Fritz; Dr.-Ing., Prof.; *Systemsoftware*; di: FH Südwestfalen, FB Informatik u. Naturwiss., Frauenstuhlweg 31, 58644 Iserlohn, T: (02371) 566201, mehner@fh-swf.de; pr: Am Casparstein 5, 58644 Iserlohn, T: (02371) 954839

**Mehner-Heindl,** Katharina; Dr., Prof.; *Softwareentwicklung, Softwaretechnik*; di: Hochsch. Offenburg, Fak. Medien u. Informationswesen, Badstr. 24, 77652 Offenburg, T: (0781) 205153, katharina.mehner-heindl@hs-offenburg.de

**Mehr,** Wolfgang; Dr., Prof.; *Mikroelektronik*; di: Techn. Hochsch. Wildau, FB Ingenieurwesen/Wirtschaftsingenieurwesen, Bahnhofstr., 15745 Wildau, T: (03375) 508164, wolfgang.mehr@tfh-wildau.de

**Mehrholz,** Jan; Dr. rer.medic., Prof.; *Therapiewissenschaften, Schwerpunkt Physiotherapie*; di: SRH FH f. Gesundheit Gera, Hermann-Drechsler-Str. 2, 07548 Gera, T: (0365) 77340762, F: 77340777, jan.mehrholz@srh-gesundheitshochschule.de

**Mehring,** Hans-Peter; Dr. rer. pol., Prof.; *Allgem. Versicherungslehre, internes und externes Rechnungswesen der Versicherungsunternehmen einschl. Controlling*; di: FH Köln, Fak. f. Wirtschaftswiss., Mainzer Str. 5, 50678 Köln, T: (0221) 82753548, hans-peter.mehring@fh-koeln.de; pr: Rheinallee 126, 40545 Düsseldorf

**Mehrings,** Josef; Dr. jur., Prof.; *Wirtschaftsrecht, insbes. Bürgerliches Recht und Handelsrecht*; di: FH Münster, FB Wirtschaft, Corrensstr. 25, 48149 Münster, T: (0251) 8365608, F: 8365502, mehrings@fh-muenster.de; pr: Von-Müller-Str. 18, 26123 Oldenburg, T: (0441) 8853040, F: 8853041

**Mehrtens,** Gerhard; Dr., Prof.; *Management, Bildungsökonomie*; di: Hochsch. Fresenius, FB Wirtschaft u. Medien, Limburger Str. 2, 65510 Idstein, mehrtens@fh-fresenius.de

**Meichsner,** Georg; Dr. rer. nat., Prof.; *Physikalische Chemie, Werkstoffprüfung, Farbmetrik*; di: Hochsch. Esslingen, Fak. Angew. Naturwiss., Kanalstr. 33, 73728 Esslingen, T: (0711) 3973508; pr: Bismarckstr. 57, 73728 Esslingen, T: (0711) 3702685

**Meier,** Alexander; Dr., Prof.; *Industrie*; di: DHBW Mannheim, Fak. Wirtschaft, Käfertaler Str. 258, 68167 Mannheim, T: (0621) 41052422, F: 41052428, alexander.meier@dhbw-mannheim.de

**Meier,** Berthold; Dr., Prof.; *Bibliotheksmanagement*; di: Hochsch. Darmstadt, FB Media, Haardtring 100, 64295 Darmstadt, T: (06151) 169397, berthold.meier@fbmedia.h-da.de

**Meier,** Friedrich; Dr.-Ing., Prof.; *Technische Mechanik*; di: FH Südwestfalen, FB Maschinenbau u. Automatisierungstechnik, Lübecker Ring 2, 59494 Soest, T: (02921) 378352, meier@fh-swf.de

**Meier,** Hans; Dr.-Ing., Prof.; *Mikrocomputertechnik, Digitale Mikroelektronik*; di: Hochsch. Regensburg, Fak. Elektro- u. Informationstechnik, PF 120327, 93025 Regensburg, T: (0941) 9431125, hans.meier@e-technik.fh-regensburg.de

**Meier,** Hans-Günter; Dr., Prof.; *Mathematik für Ingenieure*; di: FH Düsseldorf, FB 3 – Elektrotechnik, Josef-Gockeln-Str. 9, 40474 Düsseldorf, T: (0211) 4351326, guenter.meier@fh-duesseldorf.de

**Meier,** Hans-Jörg; Dr., Prof.; *Angewandte Informatik, Mathematik*; di: Hochsch. f. angew. Wiss. Würzburg Schweinfurt, Fak. angew. Natur- u. Geisteswiss., Ignaz-Schön-Str. 11, 97421 Schweinfurt

**Meier,** Harald; Dr., Prof.; *Betriebswirtschaftslehre, insbes. Grundlagen, Personal- und Projektmanagement*; di: Hochsch. Bonn-Rhein-Sieg, FB Wirtschaft Rheinbach, von-Liebig-Str. 20, 53359 Rheinbach, T: (02241) 865429, F: 8658429, harald.meier@fh-bonn-rhein-sieg.de

**Meier,** Jörg; Dr. oec. troph., Prof.; *Lebensmittel- u. Ernährungswissenschaft*; di: Hochsch. Neubrandenburg, FB Agrarwirtschaft u. Lebensmittelwiss., Brodaer Str. 2, 17033 Neubrandenburg, PF 110121, 17041 Neubrandenburg, T: (0395) 56932503, jmeier@hs-nb.de

**Meier,** Klaus; Dipl.-Ing., Prof.; *Baukonstruktion, Baustoffkunde*; di: Hochsch. f. Wirtschaft u. Umwelt Nürtingen-Geislingen, PF 1349, 72603 Nürtingen, T: (07022) 404173, klaus.meier@hfwu.de

**Meier,** Klaus-Jürgen; Dr., Prof.; *Logistik und Produktionsmanagement*; di: Hochsch. München, Fak. Wirtschaftsingenieurwesen, Erzgießereistr. 14, 80335 München, T: (089) 12652484, meier@wi.fh-muenchen.de

**Meier,** Sonja; Dipl.-Fachübs., Prof.; *Techn. Fremdsprachen*; di: FH Düsseldorf, FB 3 – Elektrotechnik, Josef-Gockeln-Str. 9, 40474 Düsseldorf, T: (0211) 4351326, sonja.meier@fh-duesseldorf.de

**Meier,** Thomas; Dr.-Ing., Prof.; *Verteilte Anwendungen*; di: Dt. Telekom Hochsch. f. Telekommunikation, Gustav-Freytag-Str. 43-45, 04277 Leipzig, PF 71, 04251 Leipzig, T: (0341) 3062230, meier@hft-leipzig.de

**Meier,** Uwe; Dr.-Ing., Prof., Dekan FB Elektrotechnik und Informationstechnik; *Grundgebiete der Elektrotechnik, Mikrowellentechnik, Funksysteme*; di: Hochsch. Ostwestfalen-Lippe, FB 5, Elektrotechnik u. techn. Informatik, Liebigstr. 87, 32657 Lemgo, T: (05261) 702252, F: 702373; pr: Faule Wiese 5, 32657 Lemgo, T: (05261) 189704

**Meier,** Wilhelm; Dr.-Ing., Prof.; *Informatik, Mikrosystemtechnik*; di: FH Kaiserslautern, FB Informatik u. Mikrosystemtechnik, Amerikastr. 1, 66482 Zweibrücken, T: (06332) 914326, wilhelm.meier@fh-kl.de

**Meier-Fohrbeck,** Thomas; Dr. phil., Prof.; *Angewandte Sprachwissenschaft, Technische Dokumentation*; di: Hochsch. München, FB Wirtschaftsingenieurwesen, Erzgießereistr. 14, 80335 München, thomas.meier-fohrbeck@hm.edu

**Meier-Hirmer,** Robert; Dr. rer. nat., Prof.; *Physik, Reaktortechnik, Datenverarbeitung, Bildverarbeitung, Supraleitung*; di: Hochsch. Karlsruhe, Fak. Elektro- u. Informationstechnik, Moltkestr. 30, 76133 Karlsruhe, PF 2440, 76012 Karlsruhe, T: (0721) 9251288, robert.meier-hirmer@hs-karlsruhe.de

**Meier-Koll,** Alfred; Dr. rer. nat. Dr. med. habil., Prof., komm. Vizepräs.; *Physiologische Psychologie*; di: FH Arnstadt-Balingen, Außenstelle Balingen, Wiesfleckenstr. 34, 72336 Balingen, alfred.meier-koll@fh-therapie.de

**Meij,** Albert; Dr.-Ing., Prof.; *Leichtbau, Kunststofftechnik, Verbundwerkstoffe*; di: FH Kaiserslautern, FB Angew. Ingenieurwiss., Morlauterer Str. 31, 67657 Kaiserslautern, T: (0631) 3724347, F: 3724257, albert.meij@fh-kl.de

**Meik,** Elisabeth; Dipl.-Ing., Prof.; *Entwerfen, insbes. Systematik des Entwerfens*; di: FH Aachen, FB Architektur, Bayernallee 9, 52066 Aachen, T: (0241) 600951137, meik@fh-aachen.de; pr: Deutzer Freiheit 94, 50679 Köln, T: (0221) 818223

**Meiller,** Dieter; Dr.-Ing., Prof.; *Medieninformatik*; di: Hochsch. Amberg-Weiden, FB Elektro- u. Informationstechnik, Kaiser-Wilhelm-Ring 23, 92224 Amberg, d.meiller@haw-aw.de

**Meinel,** Eberhard; Dipl.-Phys., Prof.; *Musikinstrumentenbau/Akustik*; di: Westsächs. Hochsch. Zwickau, FB Angewandte Kunst Schneeberg/ Musikinstrumentenbau, Adorfer Str. 38, 08258 Markneukirchen, Eberhard.Meinel@fh-zwickau.de

**Meinel,** Till; Dr., Prof.; *Landmaschinentechnik, Sätechnik*; di: FH Köln, Fak. f. Anlagen, Energie- u. Maschinensysteme, Betzdorfer Str. 2, 50679 Köln, T: (0221) 82752400, till.meinel@fh-koeln.de; pr: Kurt-Schumacher-Str. 13, 50374 Erftstadt-Lechenich, T: (02235) 5499

**Meinen,** Heiko; Dr.-Ing., Prof.; *Betriebswirtschaft im Bauwesen*; di: Hochsch. Osnabrück, Fak. Agrarwiss. u. Landschaftsarchitektur, PF 1940, 49009 Osnabrück, h.meinen@hs-osnabrueck.de

**Meiners,** Hans-Heinrich; Dr.-Ing., Prof.; *Fahrwerktechnik, Fahrzeugaufbau, Fahrzeugtechnik-Grundlagen*; di: Ostfalia Hochsch., Fak. Fahrzeugtechnik, Robert-Koch-Platz 8A, 38440 Wolfsburg

**Meiners,** Norbert; Dr., Prof.; *Allg. Betriebswirtschaftslehre, Marketing*; di: FH f. Wirtschaft u. Technik, Studienbereich Wirtschaft & IT, Rombergstr. 40, 49377 Vechta, T: (04441) 915202, F: 915209, meiners@fhwt.de

**Meiners,** Ulfert; Dr.-Ing., Prof.; *Automatisierungstechnik*; di: HAW Hamburg, Fak. Technik u. Informatik, Berliner Tor 7, 20099 Hamburg, T: (040) 428758095, ulfert.meiners@haw-hamburg.de

**Meinhardt,** Haike; Dr. phil., Prof.; *Strukturen des Bibliotheks- und Informationswesens*; di: FH Köln, Fak. f. Informations- u. Kommunikationswiss., Claudiusstr. 1, 50678 Köln, T: (0221) 82753408, haike.meinhardt@fh-koeln.de

**Meinhardt,** Johannes; Dr. phil., Prof.; *zeitgenössische Kunstgeschichte*; di: FH Schwäbisch Hall, Salinenstr. 2, 74523 Schwäbisch Hall, PF 100252, 74502 Schwäbisch Hall, meinhardt@fhsh.de

**Meinholz,** Hans-Theodor; Dr., Prof.; *Systemanalyse u Middleware*; di: Hochsch. Fulda, FB Angewandte Informatik, Marquardstr. 35, 36039 Fulda

**Meinholz,** Heinrich; Dr. rer. nat., Prof.; *Chemie, Umweltmanagement*; di: Hochsch. Furtwangen, Fak. Maschinenbau u. Verfahrenstechnik, Jakob-Kienzle-Str. 17, 78054 Villingen-Schwenningen, T: (07720) 3074221, mh@hs-furtwangen.de

**Meinken,** Elke; Dipl.-Ing. agr., Dr. rer. hort., Prof.; *Pflanzenernährung, Bodenkunde*; di: Hochsch. Weihenstephan-Triesdorf, Fak. Gartenbau u. Lebensmitteltechnologie, Am Staudengarten 14, 85350 Freising, T: (08161) 713658, F: 713348, elke.meinken@fh-weihenstephan.de

**Meinrath,** Günther; Dr. rer. nat. habil., Prof.; *Kernenergie- und Strahlenschutztechnik*; di: Hochsch. Zittau/ Görlitz, Fak. Maschinenwesen, Theodor-Körner-Allee 16, 02763 Zittau, T: (03583) 611879, rer@panet.de

**Meintrup,** David; Dr., Dr., Prof.; *Mathematik, Statistik und Operations Research*; di: HAW Ingolstadt, Fak. Maschinenbau, Esplanade 10, 85049 Ingolstadt, T: (0841) 9348351, David.Meintrup@haw-ingolstadt.de

**Meis,** Mona Sabine; Dr., Prof.; *Kunst- und Kulturpädagogik*; di: Hochsch. Niederrhein, FB Sozialwesen, Richard-Wagner-Str. 101, 41065 Mönchengladbach, T: (02161) 1865349, mona-sabine.meis@hs-niederrhein.de

**Meisel,** Andreas; Dr.-Ing., Prof.; *technische Informatik*; di: HAW Hamburg, Fak. Technik u. Informatik, Berliner Tor 7, 20099 Hamburg, T: (040) 428758163, meisel@cpt.haw-hamburg.de

**Meisel,** Christian; Dr., Prof.; *ABWL/ Ökonomie kleiner u. mittelständischer Unternehmen*; di: Hochsch. Magdeburg-Stendal, FB Wirtschaft, Osterburger Str. 25, 39576 Stendal, T: (03931) 21874816, christian.meisel@hs-magdeburg.de

**Meisel,** Karl-Heinz; Dr. rer. nat., Prof.; *Automatisierungstechnik, Robotics*; di: Hochsch. Karlsruhe, Fak. Informatik u. Wirtschaftsinformatik, Moltkestr. 30, 76133 Karlsruhe, PF 2440, 76012 Karlsruhe, T: (0721) 9251580

**Meisinger,** Reinhold; Dr.-Ing., Prof.; *Technische Mechanik, Maschinendynamik, Finite-Elemente-Methode, Simulation von Fahrzeugen*; di: Hochsch. München, Fak. Maschinenbau, Fahrzeugtechnik, Flugzeugtechnik, Dachauer Str. 98b, 80335 München, reinhold.meisinger@hm.edu

**Meisner,** Harald; Dr., Prof.; di: Rheinische FH Köln, Hohenstaufenring 16-18, 50674 Köln; pr: Weyertal 18, 50937 Köln, T: (0221) 50937, info@meisnerconsult.de

**Meiss,** Kathy; Dr.-Ing., Prof.; *Statik und Festigkeitslehre, Spannbetonbau, Brückenbau*; di: Hochsch. f. Technik, Fak. Bauingenieurwesen, Bauphysik u. Wirtschaft, Schellingstr. 24, 70174 Stuttgart, PF 101452, 70013 Stuttgart, T: (0711) 89262848, kathy.meiss@hft-stuttgart.de

**Meißner,** Albrecht; Dr. rer.nat., Prof.; *Softwaretechnik, Programmiersprache, Physik*; di: Ostfalia Hochsch., Fak. Bau-Wasser-Boden, Hubert-Meyer-Str. 7, 20556 Suderburg, al.meissner@ostfalia.de; pr: Oldendorfer Str. 28, 29556 Suderburg, T: (05826) 880200

**Meissner,** Andreas; Dipl.-Ing., Prof.; *Konstruktives Entwerfen u. Baumanagement*; di: Hochsch. Karlsruhe, Fak. Architektur u. Bauwesen, Moltkestr. 30, 76133 Karlsruhe, PF 2440, 76012 Karlsruhe, T: (0721) 9252762

**Meissner,** Hans; Dr., Prof.; *Versicherung*; di: DHBW Mannheim, Fak. Wirtschaft, Coblitzallee 1-9, 68163 Mannheim, T: (0621) 41052525, F: 41052536, hans.meissner@dhbw-mannheim.de

**Meißner,** Joachim; Dr.-Ing., Prof.; *Hochfrequenztechnik, EMV, Technische Systeme und Umwelt*; di: HTW Berlin, FB Ingenieurwiss. I, Allee der Kosmonauten 20/22, 10315 Berlin, T: (030) 50193273, meiss@HTW-Berlin.de

**Meißner,** Jörg-D.; Dipl.-Hdl., Dipl.-Ing., Dr.-Ing., Prof.; *Wirtschaftsinformatik*; di: Hochsch. f. Wirtschaft u. Recht Berlin, Badensche Str. 50-51, 10825 Berlin, T: (030) 85789137, meiszner@hwr-berlin.de

**Meißner,** Martin; Dr., Prof.; *Wirtschaftsrecht*; di: FH Mainz, FB Wirtschaft, Lucy-Hillebrand-Str. 2, 55128 Mainz, PF 230060, 55051 Mainz, T: (06131) 628219, martin.meissner@luthermenold.de; pr: T: (06196) 997028, F: 997021

**Meißner,** Thomas; Dr.-Ing., Prof.; *Konstruktionstechnik/Maschinenelemente, Konstruktionstechnik, CAD*; di: Hochsch. Lausitz, FB Informatik, Elektrotechnik, Maschinenbau, Großenhainer Str. 57, 01968 Senftenberg, T: (03573) 85501, F: 85509

**Meißner,** Wolfgang; Prof.; *Wirtschaftsenglisch, Wirtschaftsfranzösisch*; di: Hochsch. Bochum, FB Wirtschaft, Lennershofstr. 140, 44801 Bochum, T: (0234) 3210652, wolfgang.meissner@hs-bochum.de

**Meister,** Holger; Dipl.-Kfm., Dr. rer. pol., Prof.; *Dienstleistungs- und Qualitätsmanagement*; di: Hochsch. Landshut, Fak. Betriebswirtschaft, Am Lurzenhof 1, 84036 Landshut, holger.meister@fh-landshut.de

**Meister,** Jürgen; Dr.-Ing., Prof.; *Stahlbau*; di: Hochsch. Bochum, FB Bauingenieurwesen, Lennershofstr. 140, 44801 Bochum, T: (0234) 3210209, juergen.meister@hs-bochum.de; pr: Karl-Halle-Str. 61, 58097 Hagen, T: (02331) 843260

**Meister,** Reinhard; Dr. rer. nat., Prof.; *Mathematik*; di: Beuth Hochsch. f. Technik, FB II Mathematik – Physik – Chemie, Luxemburger Str. 10, 13353 Berlin, T: (030) 45042927, meister@beuth-hochschule.de

**Meister,** Ulla; Dr. rer. pol., Prof.; *Unternehmensführung*; di: Hochsch. Mittweida, Fak. Wirtschaftswiss., Technikumplatz 17, 09648 Mittweida, T: (03727) 581056, F: 581295, umeister@htwm.de

**Meisterjahn,** Peter; Dr. rer. nat., Prof.; *Chemie, Physikalische Chemie, Oberflächentechnik*; di: FH Südwestfalen, FB Informatik u. Naturwiss., Frauenstuhlweg 31, 58644 Iserlohn, T: (02371) 566105, F: 566251, meisterjahn@fh-swf.de

**Meixner,** Gerhard; Dr.-Ing., Prof.; *Software, Spracherkennung, Objektorientierte Programmierung, Theoretische Informatik*; di: Hochsch. Augsburg, Fak. f. Informatik, Friedberger Straße 2, 86161 Augsburg, T: (0821) 55863457, F: 55863499, Gerhard.Meixner@hs-augsburg.de; www.hs-augsburg.de/~meixner/

**Melber,** Bertram; Dr.-Ing., Prof.; *Bauphysik*; di: Hochsch. Anhalt, FB 3 Architektur, Facility Management u. Geoinformation, PF 2215, 06818 Dessau, T: (0340) 51971543, melber@afg.hs-anhalt.de

**Melcher,** Harald; Dr.-Ing., Prof., Dekan Informationstechnik; *Kommunikationstechnik, Mobilfunk, Marketing*; di: Hochsch. Esslingen, Fak. Informationstechnik, Flandernstr. 101, 73732 Esslingen, T: (0711) 3974165; pr: Bodelschwinghstr. 42, 72762 Reutlingen, T: (07121) 240022

**Melcher,** Paul R.; Dr.-Ing., Prof.; *Hydraulik, Pneumatik, Konstruktion*; di: Hochsch. Bonn-Rhein-Sieg, FB Elektrotechnik, Maschinenbau u. Technikjournalismus, Grantham-Allee 20, 53757 Sankt Augustin, 53754 Sankt Augustin, T: (02241) 865317, F: 8658317, paul.melcher@fh-bonn-rhein-sieg.de

**Melches,** Carlos; Dr. phil., Prof., Dekan FB Fachkommunikation; *Spanische Sprache, Kulturkunde und Fachübersetzen*; di: Hochsch. Magdeburg-Stendal, FB Kommunikation u. Medien, Breitscheidstr. 2, 39114 Magdeburg, T: (0391) 8864254, carlos.melches@hs-magdeburg.de

**Mellwig,** Dieter; Dr.-Ing., Prof.; *Konstruktionslehre*; di: Hochsch. Niederrhein, FB Maschinenbau u. Verfahrenstechnik, Reinarzstr. 49, 47805 Krefeld, T: (02151) 8225037, dieter.mellwig@hs-niederrhein.de; pr: Oberpohlhausen 44, 42929 Wermelskirchen

**Meloni,** Nicola; Prof.; *KD/Grundlagen*; di: Hochsch. Darmstadt, FB Gestaltung, Haardtring 100, 64295 Darmstadt, T: (06151) 168350, nicolameloni@h-da.de; pr: Tiroler Str. 101, 60596 Frankfurt/Main, T: (069) 963701846

**Melzer,** Hans-Joachim; Dr.-Ing., Prof.; *Leichtbau, Straßenfahrzeugkonstruktion, Strukturberechnung*; di: Hochsch. München, FB Maschinenbau, Fahrzeugtechnik, Flugzeugtechnik, Dachauer Str. 98b, 80335 München, melzer@lrz.fh-muenchen.de

**Melzer,** Hans-Wilhelm; Dr., Prof.; *Mathematik, CAD*; di: HAW Hamburg, Fak. Technik u. Informatik, Berliner Tor 9, 20099 Hamburg, T: (040) 428757833, hans-wilhelm.melzer@haw-hamburg.de

**Melzer,** Karin; Dr.rer.pol., Prof.; *Mathematik*; di: Hochsch. Esslingen, Fak. Grundlagen, Kanalstr. 33, 73728 Esslingen; pr: Mozartstr. 5, 71409 Schwaikheim, T: (07195) 57218

**Melzer,** Klaus-Martin; Dr.-Ing., Prof.; *Produktionslogistik*; di: Techn. Hochsch. Wildau, FB Ingenieurwesen/Wirtschaftsingenieurwesen, Bahnhofstr., 15745 Wildau, T: (03375) 508223, F: 508238, klaus-martin.melzer@tfh-wildau.de

**Melzer,** Tino; Prof.; *ID-Entwurf*; di: Hochsch. Darmstadt, FB Gestaltung, Haardtring 100, 64295 Darmstadt, T: (06151) 168345, melzer@h-da.de; pr: Weinstr. 12, CH-8280 Kreuzlingen, T: 0716889243

**Melzer-Ridinger,** Ruth; Dr., Prof.; *Wirtschaftsingenieurwesen*; di: DHBW Mannheim, Fak. Technik, Handelsstr. 13, 69214 Eppelheim, T: (0621) 41052609, F: 41052428, ruth.melzer-ridinger@dhbw-mannheim.de

**Mempel,** Heike; Dr. rer. hort., Prof.; *Gartenbau, Bodenkunde*; di: Hochsch. Weihenstephan-Triesdorf, Fak. Gartenbau u. Lebensmitteltechnologie, Am Staudengarten 14, 85350 Freising, T: (08161) 715853, F: 714417, heike.mempel@hswt.de

**Menck,** Ditmar; Dr.-Ing., Prof.; *Konstruktionslehre*; di: FH Dortmund, FB Maschinenbau, Sonnenstr. 96, 44139 Dortmund, T: (0231) 9112382, F: 9112334, menck@fh-dortmund.de; pr: Wetterstr. 15, 44149 Dortmund

**Menczigar,** Ullrich; Dr. rer. nat., Prof.; di: Hochsch. München, Fak. Feinwerk- u. Mikrotechnik, Physikal. Technik, Lothstr. 34, 80335 München, ullrich.menczigar@hm.edu

**Mende,** Manfred von; Dipl.-Ing., Prof.; *Versorgungstechnik, Bauphysik*; di: Hochsch. Konstanz, Fak. Architektur u. Gestaltung, Brauneggerstr. 55, 78462 Konstanz, PF 100543, 78405 Konstanz, T: (07531) 206185, F: 206193, mende@fh-konstanz.de

**Menge,** Matthias; Dr.-Ing. habil., Prof.; *Digitale Schaltungen, Mikroprozessortechnik*; di: Westsächs. Hochsch. Zwickau, Fak. Elektrotechnik, Dr.-Friedrichs-Ring 2A, 08056 Zwickau, T: (0375) 5361453, Matthias.Menge@fh-zwickau.de

**Mengedoht,** Gerhard; Dr.-Ing., Prof.; *Thermische Energiesysteme, Strömungslehre, Gebäudeklimatik*; di: Hochsch. Ulm, Fak. Produktionstechnik u. Produktionswirtschaft, PF 3860, 89028 Ulm, T: (0731) 5028358, mengedoht@hs-ulm.de

**Mengel,** Maximilian; Dr.-Ing., Prof.; *Programmiermethodik, Grundlagen der Informatik, Multimedia*; di: FH Bingen, FB Technik, Informatik, Wirtschaft, Berlinstr. 109, 55411 Bingen, T: (06721) 409152, F: 409158, mengel@fh-bingen.de

**Mengen,** Andreas; Dr. rer. pol., Prof.; *Unternehmensführung, Controlling und Internes Rechnungswesen*; di: H Koblenz, FB Wirtschaftswissenschaften, Konrad-Zuse-Str. 1, 56075 Koblenz, T: (0261) 9528167, mengen@hs-koblenz.de

**Mengersen,** Ingrid; Dr. rer. nat. habil., Prof.; *Mathematik*; di: Ostfalia Hochsch., Fak. Informatik, Salzdahlumer Str. 46/48, 38302 Wolfenbüttel, I.Mengersen@ostfalia.de; pr: Moorhüttenweg 2d, 38104 Braunschweig, T: (0531) 361730

**Menges,** Achim; Dr., Prof.; *BWL*; di: Hochsch. Fresenius, FB Wirtschaft u. Medien, Limburger Str. 2, 65510 Idstein, menges@fh-fresenius.de

**Menius,** Reinhard; Dipl.-Ing. (Univ.), HonProf. HS Coburg; *Bahnbau*; di: Hochsch. Coburg, Fak. Design, Friedrich-Streib-Str. 2, 96450 Coburg

**Menke,** Christoph; Dr.-Ing., Prof.; *Technische Fluidmechanik, Luftreinhaltetechnik, Kraftwerkstechnik, Immissionsschutz, Regenerative Energiesysteme, Energiewirtschaft*; di: FH Trier, FB BLV, PF 1826, 54208 Trier, T: (0651) 8103368, C.Menke@hochschule-trier.de; pr: Zum Wingertsberg 1, 54296 Trier, T: (0651) 10541

**Menke,** Marion; Dr., Prof.; *Gerontologie, Altenpflege*; di: Hochsch. f. Gesundheit, Universitätsstr. 105, 44789 Bochum, T: (0234) 77727630, marion.menke@hs-gesundheit.de

**Menken,** Gerd-J.; Dr.-Ing., Prof.; di: Hochsch. Bremen, Fak. Natur u. Technik, Neustadtswall 30, 28199 Bremen, T: (0421) 59053571, F: 59053505, Gerd-Juergen.Menken@hs-bremen.de

**Menne,** Martina; Dr., Prof.; *BWL, Mittelständische Wirtschaft*; di: DHBW Villingen-Schwenningen, Fak. Wirtschaft, Friedrich-Ebert-Str. 32, 78054 Villingen-Schwenningen, T: (07720) 3906566, F: 3906559, menne@dhbw-vs.de

**Mennemann,** Hugo; Dr. phil., Prof.; *Soziale Arbeit*; di: Kath. Hochsch. NRW, Abt. Paderborn, FB Sozialwesen, Leostr. 19, 33098 Paderborn, T: (05251) 122546, F: 122552, h.mennemann@kfhnw-paderborn.de

**Mennerich,** Artur; Dr.-Ing., Prof.; *Siedlungswasserwirtschaft, Abfallwirtschaft*; di: Ostfalia Hochsch., Fak. Bau-Wasser-Boden, Herbert-Meyer-Str. 7, 29556 Suderburg, T: (05826) 98861170, a.mennerich@ostfalia.de; pr: Lüneburger Str. 108, 29525 Uelzen, T: (0581) 3892122

**Mennicken,** Heinrich; Dr.-Ing., Prof.; *Grundgebiete der Elektrotechnik und Elektronik*; di: FH Aachen, FB Elektrotechnik und Informationstechnik, Eupener Str. 70, 52066 Aachen, T: (0241) 600952161, mennicken@fh-aachen.de; pr: Albert-Einstein-Str. 14, 52076 Aachen, T: (02408) 80774

**Menrad,** Klaus; Dr. sc. agr. habil., Prof.; *Agrarmarktanalyse u. Agrarmarketing*; di: Hochsch. Weihenstephan-Triesdorf, Fak. Gartenbau u. Lebensmitteltechnologie, Am Staudengarten 10, 85350 Freising, T: (08161) 715410, F: 714417, klaus.menrad@fh-weihenstephan.de

**Mensen,** Heinrich; Dr.-Ing., Prof.; *Luftverkehrswesen*; di: Hochsch. Rhein/Main, FB Ingenieurwiss., Maschinenbau, Am Brückweg 26, 65428 Rüsselsheim, T: (06142) 8984130, heinrich.mensen@hs-rm.de

**Mensing,** Anke; Dipl.-Ing., Prof.; *Innenarchitektur*; di: Hochsch. Darmstadt, FB Architektur, Haardtring 100, 64295 Darmstadt, T: (06151) 168137, mensing@fba.h-da.de

**Mensing,** Eberhard; Dr., Dr.., Prof.; *Angewandte Sportwissenschaften*; di: Hochsch. f. Gesundheit u. Sport Berlin, Vulkanstr. 1, 10367 Berlin, eberhard.mensing@my-campus-berlin.com

**Mensing-de Jong,** Angela; Dipl.-Ing., Prof.; *Städtebau und städtebauliches Entwerfen*; di: HTW Dresden, Fak. Bauingenieurwesen/Architektur, Friedrich-List-Platz 1, 01069 Dresden, T: (0351) 4623461, mensing@htw-dresden.de

**Mensler,** Stefan; Dr., Prof.; *Wirtschaftsrecht*; di: Westfäl. Hochsch., FB Wirtschaft, Neidenburger Str. 43, 45877 Gelsenkirchen, T: (0209) 9596843, stefan.mensler@fh-gelsenkirchen.de

**Menting,** Anette; Dr.-Ing., Prof.; *Entwurfsorientierte Baugeschichte/Baukultur*; di: HTWK Leipzig, FB Bauwesen, PF 301166, 04251 Leipzig, T: (0341) 30766319, menting@fbb.htwk-leipzig.de

**Mentlein,** Horst; Dipl.-Ing., Dr.-Ing., Prof.; *Stadtbauwesen*; di: FH Lübeck, FB Bauwesen, Mönkhofer Weg 239, 23562 Lübeck, T: (0451) 3005133, F: 3005079, horst.mentlein@fh-luebeck.de

**Menzel,** Bettina; Dipl.-Ing., Prof.; *Entwerfen Innenarchitektur, Farb-, Licht- und Materialgestaltung*; di: Hochsch. Wismar, Fak. f. Gestaltung, PF 1210, 23952 Wismar, T: (03841) 753232, bettina.menzel@berlin.de

**Menzel,** Birgit; Dr., Prof.; *Sozialwissenschaften*; di: HAW Hamburg, Fak. Wirtschaft u. Soziales, Berliner Tor 5, 20099 Hamburg, T: (040) 428757714, birgit.menzel@haw-hamburg.de

**Menzel,** Christof; Dr., Prof.; *Mathematik/Statistik und angewandte EDV*; di: Hochsch. Niederrhein, FB Oecotrophologie, Rheydter Str. 232, 41065 Mönchengladbach, T: (02161) 1865385, Christof.Menzel@hs-niederrhein.de

**Menzel,** Christoph; Dr., Prof.; *Verkehrsmanagement*; di: Ostfalia Hochsch., Fak. Verkehr-Sport-Tourismus-Medien, Karl-Scharfenberg-Str. 55-57, 38229 Salzgitter, Ch.Menzel@Ostfalia.de

**Menzel,** Klaus; Dr.-Ing., Prof.; *Entwicklung, Konstruktionslehre, Angewandte Magnettechnik*; di: Hochsch. München, FB Feinwerk- und Mikrotechnik, Physikalische Technik, Lothstr. 34, 80335 München, klaus.menzel@hm.edu

**Menzel,** Walter; Dr. med., Prof.; *Krankenhausbetriebslehre, Informationssysteme und Kommunikation*; di: Hochsch. Niederrhein, FB Wirtschaftsingenieurwesen u. Gesundheitswesen, Ondereyckstr. 3-5, 47805 Krefeld, T: (02151) 8226648

**Menzen,** Karl-Heinz; Dr. phil. habil., Prof.; *Kunst u. Therapie, Neurol. Rehabilitation, Kinder – Jugendliche, Altern u. Behinderung*; di: Hochsch. f. Kunsttherapie Nürtingen, Sigmaringer Str. 15, 72622 Nürtingen, kh.menzen@hkt-nuertingen.de; pr: Hornweg 4, 79271 St. Peter, T: (07660) 920550, F: 920551, Karl-Heinz.Menzen@t-online.de

**Meo,** Francesco De; Dr. jur., Prof.; *Internationale Gesundheitsökonomie*; di: MSH Medical School Hamburg, Am Kaiserkai 1, 20457 Hamburg, T: (040) 36122640, Francesco.DeMeo@medicalschool-hamburg.de

**Meppelink,** Jan; Dr.-Ing., Prof.; *Hochspannungstechnik, Blitzschutz, Überspannungsschutz*; di: FH Südwestfalen, FB Elektr. Energietechnik, Lübecker Ring 2, 59494 Soest, T: (02921) 378271, meppelink@fh-swf.de

**Mer,** Marc; Dipl.-Ing., Prof.; *Gestalten*; di: FH Münster, FB Architektur, Leonardo-Campus 5, 48149 Münster, T: (0251) 8365056, mer@fh-muenster.de; pr: Mondstr. 23, 48155 Münster, T: (0251) 3795756

**Merceron,** Agathe; Dr., Prof.; *Programmierung*; di: Beuth Hochsch. f. Technik, FB VI Informatik u. Medien, Luxemburger Str. 10, 13353 Berlin, T: (030) 45045105, merceron@beuth-hochschule.de

**Merchel,** Joachim; Dipl.-Päd., Dr. phil., Prof.; *Verwaltung und Organisation, insbes. Sozialmanagement und Weiterentwicklung sozialer Dienste*; di: FH Münster, FB Sozialwesen, Hüfferstr. 27, 48149 Münster, T: (0251) 8365719, F: 8365702, jmerchel@fh-muenster.de; pr: Lenderichstr. 16, 44379 Dortmund, T: (0231) 674603

**Merforth,** Klaus; Dr., Prof.; *Volkswirtschaftslehre*; di: FH Erfurt, FB Wirtschaftswiss., Steinplatz 2, 99085 Erfurt, PF 101363, 99013 Erfurt, T: (0361) 6700178, F: 6700152, merforth@fh-erfurt.de

**Mergard,** Christoph; Dr., Prof.; *Marketing*; di: Hochsch. Furtwangen, Fak. Wirtschaft, Jakob-Kienzle-Str. 17, 78054 Villingen-Schwenningen, meh@hs-furtwangen.de

**Mergenthaler,** Henner; Prof.; *Verfahrensrecht, Bewertung, Internationales Steuerrecht*; di: H f. öffentl. Verwaltung u. Finanzen Ludwigsburg, Fak. Steuer- u. Wirtschaftsrecht, Reuteallee 36, 71634 Ludwigsburg, T: (07141) 140493, F: 140544

**Mergenthaler,** Marcus; Dr. sc. agr., Prof.; *Schweinefleischerzeugung, Tiergesundheit, Lebensmittelsicherheit*; di: FH Südwestfalen, FB Agrarwirtschaft, Lübecker Ring 2, 59494 Soest, T: (02921) 378104, mergenthaler@fh-swf.de

**Mergner,** Ulrich; Dr. disc. pol., Prof., Dekan Fak. f. Angewandte Sozialwissenschaften; *Soziologie, Hauptlehrgebiet Soziologie der Lebensalter und der Familie sowie Soziologie der Arbeitswelt*; di: FH Köln, Fak. f. Angewandte Sozialwiss., Mainzer Str. 5, 50678 Köln, T: (0221) 82753320, ulrich.mergner@fh-koeln.de; pr: Wilhelmstr. 57, 50996 Köln, T: (0221) 352163

**Merino,** Teresa; Dr. phil., Prof.; *Multimediale Werkzeuge*; di: HTW Dresden, Fak. Informatik/Mathematik, Friedrich-List-Platz 1, 01069 Dresden, T: (0351) 4622262, merino@informatik.htw-dresden.de

**Merk,** Elisabeth; Dr., HonProf. Hochschule für Technik Stuttgart, Stadtbaurätin d. Landeshauptstadt München; *Stadtplanung, Städtebau*; di: Landeshauptstadt München, Referat f. Stadtplanung u. Bauordnung, Blumenstr. 28b, 80331 München

**Merk,** Joachim; Dr., Prof.; *Wirtschaftspsychologie, Allgemeine BWL, Health Care Management*; di: SRH Fernhochsch. Riedlingen, Lange Str. 19, 88499 Riedlingen, joachim.merk@fh-riedlingen.srh.de

**Merk,** Kurt-Peter; Dr. rer. pol., Rechtsanwalt, Prof.; *Recht in der Sozialen Arbeit*; di: H Koblenz, FB Sozialwissenschaften, Konrad-Zuse-Str. 1, 56075 Koblenz, T: (0261) 9528221, merk@hs-koblenz.de

**Merk,** Richard; Dr., Prof.; *Unternehmensgründung und -sicherung*; di: FH des Mittelstands, FB Wirtschaft, Ravensbergerstr. 10G, 33602 Bielefeld, merk@fhm-mittelstand.de

**Merke,** Gerd; LL.M. (Univ. of Illinois), Dr. jur, Prof.; *Rechtswissenschaft*; di: Hochsch. Rhein/Main, Wiesbaden Business School, Bleichstr. 44, 65183 Wiesbaden, T: (0611) 94953215, gerd.merke@hs-rm.de

**Merkel,** Hubert; Dr., Prof.; *Klimatologie, Ökologie, Waldbaugrundlagen, Biometrie*; di: HAWK Hildesheim/Holzminden/Göttingen, Fak. Ressourcenmanagement, Büsgenweg 1a, 37077 Göttingen, T: (0551) 5032254, F: 5032299

**Merkel,** Manfred; Dr. rer. nat., Prof.; *Physik, Informatik*; di: Techn. Hochsch. Mittelhessen, FB 13 Mathematik, Naturwiss. u. Datenverarbeitung, Wilhelm-Leuschner-Str. 13, 61169 Friedberg, T: (06031) 604456, Manfred.Merkel@mnd.fh-friedberg.de; pr: Alt-Bieber 20, 63073 Offenbach, T: (069) 896233

**Merkel,** Markus; Dr., Prof.; *Maschinenbau, Konstruktion, Leichtbau, Produktentwicklung*; di: Hochsch. Aalen, Fak. Maschinenbau u. Werkstofftechnik, Beethovenstr. 1, 73430 Aalen, T: (07361) 5762133, F: 5672270, markus.merkel@htw-aalen.de

**Merkel,** Tobias; Dr.-Ing., Prof.; *Elektronik, System- u. Regelungstechnik, Hochfrequenztechnik*; di: Beuth Hochsch. f. Technik, FB VII Elektrotechnik – Mechatronik – Optometrie, Luxemburger Str. 10, 13353 Berlin, T: (030) 45045203, merkel@beuth-hochschule.de

**Merkel,** Torsten; Dr.-Ing., Prof.; *Arbeitswissenschaft/Arbeitsgestaltung/Arbeitssicherheit*; di: Westsächs. Hochsch. Zwickau, Fak. Automobil- u. Maschinenbau, Dr.-Friedrichs-Ring 2A, 08056 Zwickau, PF 201037, 08012 Zwickau, Torsten.Merkel@fh-zwickau.de

**Merker,** Jürgen; Dr.-Ing., Prof.; *Qualitätsmanagement, Werkstoff-Prüfung u. Messtechnik*; di: FH Jena, FB SciTec, Carl-Zeiss-Promenade 2, 07745 Jena, PF 100314, 07703 Jena, Juergen.Merker@fh-jena.de

**Merker,** Richard; Dr., Prof.; *Verwaltungsbetriebslehre, Betriebswirtschaftslehre, Volkswirtschaftslehre*; di: Hess. Hochsch. f. Polizei u. Verwaltung, FB Verwaltung, Sternbergstr. 29, 34121 Kassel, T: (0561) 2098415, richard@merker.net

**Merkl,** Gerald; Dr., Prof.; *Wirtschaftswissenschaften*; di: DHBW Stuttgart, Fak. Wirtschaft, Herdweg 21, 70174 Stuttgart, T: (0711) 1849656, Merkl@dhbw-stuttgart.de

**Merkle,** Werner; Dr., Prof.; *Beratungslehre*; di: Hochsch. Anhalt, FB 1 Landwirtschaft, Ökotrophologie, Landespflege, Strenzfelder Allee 28, 06406 Bernburg, T: (03471) 3551170, merkle@loel.hs-anhalt.de

**Merklinger,** Achim; Dr., Prof.; *Werkzeugmaschinen und Fertigungstechnik, Robotik, Handhabungstechnik*; di: Hochsch.Merseburg, FB Ingenieur- u. Naturwiss., Geusaer Str., 06217 Merseburg, T: (03461) 462962, achim.merklinger@hs-merseburg.de

**Merkwitz,** Ricarda; Dr., Prof.; *Marketing*; di: Int. School of Management, Otto-Hahn-Str. 19, 44227 Dortmund

**Merl,** Alfred; Dr. phil., Prof.; *Hotel- und Restaurant-Management*; di: Hochsch. München, Fak. Tourismus, Am Stadtpark 20 (Neubau), 81243 München, T: (089) 12652732, alfred.merl@fhm.edu

**Meroth,** Ansgar; Dr.-Ing., Prof.; *Informatik, Informationssysteme im Kfz Studiengang ASE*; di: Hochsch. Heilbronn, Fak. f. Mechanik u. Elektronik, Max-Planck-Str. 39, 74081 Heilbronn, T: (07131) 504468, meroth@hs-heilbronn.de

**Mersch,** Franz Ferdinand; Dr., Prof.; *Arbeits- u. Technikdidaktik, Lehrerbildung*; di: FH Münster, Inst. f. Berufliche Lehrerbildung, Leonardo-Campus 7, 48149 Münster, T: (0251) 8365167, F: 8365148, ffmersch@fh-muenster.de

**Merschenz-Quack,** Angelika; Dr. rer. nat., Prof.; *Anorganische Chemie und Analytische Chemie*; di: FH Aachen, FB Angewandte Naturwiss. u. Technik, Ginsterweg 1, 52428 Jülich, T: (02461) 600953125, merschenz-quack@fh-aachen.de; pr: Odenkirchener Str. 49, 41363 Jüchen, T: (02165) 2041

**Mertel,** Sabine; Dr. phil., Prof.; *Empirische Sozialforschung und Theoriebildung der Sozialen Arbeit*; di: HAWK Hildesheim/Holzminden/Göttingen, Fak. Soziale Arbeit u. Gesundheit, Brühl 20, 31134 Hildesheim, T: (05121) 881451, mertel@hawk-hhg.de

**Merten,** Aloysia; Dr.paed., Prof.; *Beratung und Weiterbildung*; di: FH Münster, FB Oecotrophologie, Corrensstr. 25, 48149 Münster, T: (0251) 8365438, F: 8365485, merten@fh-muenster.de

**Mertens,** Andreas; Dr., Prof.; *Eingriffsrecht, Straf- und Strafprozessrecht*; di: FH f. öffentl. Verwaltung NRW, Abt. Duisburg, Albert-Hahn-Str. 45, 47269 Duisburg, andreas.mertens@fhoev.nrw.de

**Mertens,** Antje; Dr., Prof.; di: Hochsch. f. Wirtschaft u. Recht Berlin, Badensche Str. 50/51, 10825 Berlin, T: (030) 29384576, antje.mertens@hwr-berlin.de

**Mertens,** Elke; Dr., Prof.; *Gartenarchitektur, Freiraumpflege*; di: Hochsch. Neubrandenburg, FB Landschaftsarchitektur, Geoinformatik, Geodäsie u. Bauingenieurwesen, Brodaer Str. 2, 17033 Neubrandenburg, PF 110121, 17041 Neubrandenburg, T: (0395) 56934508, mertens@hs-nb.de

**Mertens,** Konrad; Dr.-Ing., Prof.; *Elektronische Bauelemente, Optoelektronik, Optische Nachrichtentechnik, Photovoltaik*; di: FH Münster, FB Elektrotechnik u. Informatik, Stegerwaldstr. 39, 48565 Steinfurt, T: (02551) 962111, F: 962142, mertens@fh-muenster.de

**Mertens,** Martin; Dr.-Ing., Prof.; *Ingenieurbau, Holzbau*; di: Hochsch. Bochum, FB Bauingenieurwesen, Lennershofstr. 140, 44801 Bochum, T: (0234) 3210246, markus.mertens@hs-bochum.de

**Mertens,** Ralf; Sportwiss., Dr., Prof.; *Betriebswirtschaftslehre, insb.Managementlehre, Personal- und Ausbildungswesen*; di: FH Stralsund, FB Wirtschaft, Zur Schwedenschanze 15, 18435 Stralsund, T: (03831) 456647

**Mertin,** Matthias; Dr., Prof.; *Pflegewissenschaft, Schwerpunkt Beratung*; di: FH Bielefeld, Bereich Pflege und Gesundheit, Campus Minden, Artilleriestraße 9a, 32427 Minden, T: (0571) 8385266, matthias.mertin@fh-bielefeld.de

**Mertins,** Hans-Christoph; Dr. rer. nat., Prof.; *Physik, Physikal. Technik*; di: FH Münster, FB Physikal. Technik, Stegerwaldstr. 39, 48565 Steinfurt, T: (02551) 962313, F: 962787, mertins@fh-muenster.de

**Merz,** Hermann; Dr.-Ing., Prof.; *Elektrotechnik, Elektrische Antriebstechnik, Automatisierungstechnik, Datenübertragung*; di: Hochsch. Mannheim, Fak. Elektrotechnik, Windeckstr. 110, 68163 Mannheim, T: (0621) 2926265, F: 2926295

**Merz,** Peter; Dr.-Ing., Prof.; *Informatik, Verteilte Algorithmen*; di: Hochsch. Hannover, Fak. IV Wirtschaft u. Informatik, Ricklinger Stadtweg 120, 30459 Hannover, T: (0511) 92961591, peter.merz@hs-hannover.de

**Merz,** Rudolf; Dr. jur. habil., Prof.; *Wirtschaftsrecht, Privatrecht*; di: Westsächs. Hochsch. Zwickau, FB Wirtschaftswiss., Scheffelstr. 39, 08056 Zwickau, Rudolf.Merz@fh-zwickau.de

**Merzenich,** Christoph; Dr., Prof.; *Architektur- und Raumfassung, Kunstgeschichte, Wissenschaftliche Grundlagen*; di: FH Erfurt, FB Konservierung u. Restaurierung, Altonaer Str. 25a, 99085 Erfurt, PF 101363, 99013 Erfurt, T: (0361) 6700762, F: 6700766, merz@fh-erfurt.de

**Meschede,** Eva; Prof.; *Kunsttherapie*; di: Hochsch. f. Kunsttherapie Nürtingen, Sigmaringer Str. 15, 72622 Nürtingen, e.meschede@hkt-nuertingen.de; pr: Im Äuble 24, 72108 Rottenburg, T: (07472) 282156

**Mescheder,** Ulrich; Dr. rer. nat., Prof.; *Mikrotechnologie, Mikrosensoren, Mikrosystemtechnik, Präsentationstechnik*; di: Hochsch. Furtwangen, Fak. Computer & Electrical Engineering, Robert-Gerwig-Platz 1, 78120 Furtwangen, T: (07723) 9202232, F: 9201109, mes@fh-furtwangen.de

**Messer,** Burkhard; Dr., Prof., Dekan FB 4 Wirtschaftswissenschaften II; *Wirtschaftsinformatik*; di: HTW Berlin, FB Wirtschaftswiss. II, Treskowallee 8, 10318 Berlin, T: (030) 50192440, bmesser@HTW-Berlin.de

**Messer,** Norbert; Prof., StORR a.D.; *Rechts- und Wirtschaftslehre, Öffentliches und Privates Baurecht*; di: FH Kaiserslautern, FB Bauen u. Gestalten, Schönstr. 6 (Kammgarn), 67657 Kaiserslautern, T: (0631) 3724512, norbert.messer@fh-kl.de; pr: Bartholomäusring 5, 67659 Kaiserslautern, T: (0631) 78285

**Messer,** Wolfram; Dr.-Ing., Prof.; *Chemie, Sicherheitstechnik, Prozessanalytik*; di: FH Bingen, FB Life Sciences and Engineering, FR Verfahrenstechnik, Berlinstr. 109, 55411 Bingen, T: (06721) 409344, F: 409112, messer@fh-bingen.de; pr: Am Heerberg 61, 55413 Weiler, T: (06721) 33048

**Messerer,** Monika; Dipl.-Inform., Dr.-Ing., Prof.; *Grundlagen der Informatik, Betriebssysteme, Compilerbau, Software-Engineering*; di: Hochsch. Landshut, Fak. Informatik, Am Lurzenhof 1, 84036 Landshut

**Messerschmid,** Hans; Dr.-Ing., Prof.; *Wasseranlagen, Gastechnik, Festigkeitslehre, Werkstoffkunde*; di: Hochsch. Esslingen, Fak. Versorgungstechnik u. Umwelttechnik, Kanalstr. 33, 73728 Esslingen, T: (0711) 3973471; pr: Der Schöne Weg 10, 73766 Reutlingen, T: (07121) 46767

**Messerschmidt,** Nicoletta Stefanie; Dr., Prof.; *Bürgerliches Recht, Wirtschafts- und Gesellschaftsrecht*; di: FH f. öffentl. Verwaltung NRW, Abt. Duisburg, Albert-Hahn-Str. 45, 47269 Duisburg, nicolette.messerschmidt@fhoev.nrw.de

**Meßmer,** Klaus-Peter; Dr.-Ing., Prof.; *Technische Mechanik, Baustatik*; di: Hochsch. Konstanz, Fak. Bauingenieurwesen, Brauneggerstr. 55, 78462 Konstanz, PF 100543, 78405 Konstanz, T: (07531) 206207, F: 206391, messmerk@fh-konstanz.de

**Messner,** Thomas; Dr., Prof.; *Therapiewissenschaften, Schwerpunkt Physiotherapie*; di: SRH FH f. Gesundheit Gera, Hermann-Drechsler-Str. 2, 07548 Gera

**Meßollen,** Michael; Dr. rer. nat., Prof., Rektor Dt. Telekom H f. Telekommunikation Leipzig; *Betriebssysteme*; di: Dt. Telekom Hochsch. f. Telekommunikation, Gustav-Freytag-Str. 43-45, 04277 Leipzig, PF 71, 04251 Leipzig, T: (0341) 3062101, F: 3015069, messollen@hft-leipzig.de

**Mestemacher,** Frank; Dr.-Ing., Prof.; *Energieanlagen, Antriebstechnik, Verfahrenstechnik*; di: FH Stralsund, FB Maschinenbau, Zur Schwedenschanze 15, 18435 Stralsund, T: (03831) 456711

**Mester,** A.; Dr., Prof.; *Onlinemedien*; di: DHBW Mosbach, Oberer Mühlenweg 2-6, 74821 Mosbach, T: (06261) 939473, F: 939430, mester@dhbw-mosbach.de

**Metje,** Wolf-Rüdiger; Dr.-Ing., Prof.; *Baustoffkunde, Stahlbeton, Holzbau, Betontechnologie, Sanierung*; di: HAWK Hildesheim/Holzminden/Göttingen, Fak. Management, Soziale Arbeit, Bauen, Billerbeck 2, 37603 Holzminden, T: (05531) 126235; pr: Am Lendenberg 21b, 31582 Nienburg, T: (05021) 913931

**Mettin,** Christian; Dr., Prof.; *Geologie, Bodebschutz/Waldernährung, Forstliche Standortlehre*; di: Hochsch. Weihenstephan-Triesdorf, Fak. Wald u. Forstwirtschaft, Am Hofgarten 4, 85354 Freising, 85350 Freising, T: (08161) 715912, F: 714526, christian.mettin@fh-weihenstephan.de

**Metz,** Dieter; Dr.-Ing., Prof.; *E.-Grundlagen, Netzleittechnik, Software-Engineering, elektr. Anlagen und Netze*; di: Hochsch. Darmstadt, FB Elektrotechnik u. Informationstechnik, Haardtring 100, 64295 Darmstadt, T: (06151) 168327, metz@eit.h-da.de

**Metz,** Hans-Rudolf; Dr. rer. nat., Prof.; *Mathematik*; di: Techn. Hochsch. Mittelhessen, FB 13 Mathematik, Naturwiss. u. Datenverarbeitung, Wiesenstr. 14, 35390 Gießen, T: (0641) 3092329

**Metz,** Hans-Ulrich; Dipl.-Ing., Prof.; *Grundlagen der Elektrotechnik, CAD in der Elektrotechnik*; di: Hochsch. Hannover, Fak. I Elektro- u. Informationstechnik, Ricklinger Stadtweg 120, 30459 Hannover, PF 920261, 30441 Hannover, T: (0511) 92961221, hans-ulrich.metz@hs-hannover.de; pr: Alter Kirchweg 22, 31848 Bad Münder, T: (05042) 929280, hans-ulrich.metz@t-online.de

**Metz,** Michael; Dr. rer. pol., Prof.; *Betriebswirtschaftslehre, Finanzmanagement/Controlling*; di: Hochsch. Lausitz, FB Informatik, Elektrotechnik, Maschinenbau, Großenhainer Str. 57, 01968 Senftenberg, T: (03573) 85701, F: 85709

**Metze,** Gerhard; Dr. rer. pol., Prof.; *Marketing, Unternehmensplanung und Organisation, Fertigungstechnik, Produktion*; di: Hochsch. München, Fak. Wirtschaftsingenieurwesen, Erzgießereistr. 14, 80335 München

**Metze,** Ilonka; Dr., Prof.; *Betriebswirtschaftliche Standardsoftware, Unternehmensführung und Kostenrechnung*; di: Hochsch. Rosenheim, Fak. Betriebswirtschaft, Hochschulstr. 1, 83024 Rosenheim, T: (08031) 805468, F: 805453

**Metzemacher,** Heinrich; Dr.-Ing., Prof.; *Bauphysik und Baukonstruktionslehre*; di: FH Köln, Fak. f. Bauingenieurwesen u. Umwelttechnik, Betzdorfer Str. 2, 50679 Köln, T: (0221) 82752785, heinrich.metzemacher@fh-koeln.de; pr: Altenhofer Weg 20, 50767 Köln, T: (0221) 7901144

**Metzen,** Peter; Dr. jur., Prof.; *BGB I – V; Zivilprozeßordnung; Staats- u. Verfassungsrecht; Straf- u. Strafprozeßrecht; Vollstreckungs- und Insolvenzrecht*; di: FH f. Rechtspflege NRW, FB Rechtspflege, Schleidtalstr 3, 53902 Bad Münstereifel, PF, 53895 Bad Münstereifel

**Metzger,** Dirk; Dr.-Ing., Prof.; *Baumanagement, Projektsteuerung*; di: Techn. Hochsch. Mittelhessen, FB 01 Bauwesen, Wiesenstr. 14, 35390 Gießen, T: (0641) 3091826; pr: T: (06151) 426427

**Metzger,** Klaus; Dr.-Ing., Prof.; *Elektrische Meßtechnik, Elektrotechnik, Digitale Signalverarbeitung*; di: Beuth Hochsch. f. Technik, FB VII Elektrotechnik u. Feinwerktechnik, Luxemburger Str. 10, 13353 Berlin, T: (030) 45042101, metzger@beuth-hochschule.de

**Metzing,** Peter; Dr. rer. nat. habil., Prof. i.R. FH Lausitz Senftenberg, Vors. Inst. f. Umwelttechnik u. Recycling Senftenberg; *Elektrische Mess- und Automatisierungstechnik, Qualitätssicherung und Technische Diagnose*; di: Hochsch. Lausitz, Großenhainer Str. 57, 01968 Senftenberg, T: (03573) 85485, F: 85487, pmetzing@hs-lausitz.de; pr: Ring Str. 16, 01968 Senftenberg/Großkoschen

**Metzka,** Rudolf; Prof.; *Siedlungswasserwirtschaft, Konstruktiver Wasserbau, Vertiefung Umwelttechnik und Sanierung, Laboratorien Wasserbau und Wassergütewirtschaft*; di: Hochsch. Deggendorf, FB Bauingenieurwesen, Edlmairstr. 6-8, 94469 Deggendorf, PF 1320, 94453 Deggendorf, T: (0991) 3615421, F: 361581421, rudolf.metzka@fh-deggendorf.de

**Metzler,** Patrick; Dr.-Ing., Prof.; *Technische Informatik, Automatisierungstechnik*; di: Hochsch. Rhein/Main, FB Ingenieurwiss., Umwelttechnik, Am Brückweg 26, 65428 Rüsselsheim, patrick.metzler@hs-rm.de

**Metzler,** Uwe; Dipl.-Ing., Prof.; *Betriebssysteme, Softwareengineering, CAD, Projektmanagement*; di: HTW Berlin, FB Ingenieurwiss. I, Allee der Kosmonauten 20/22, 10315 Berlin, T: (030) 50193211, pmetzler@HTW-Berlin.de

**Metzler-Müller,** Karin; Dr., Prof.; *Privatrecht, Dienstrecht*; di: Hess. Hochsch. f. Polizei u. Verwaltung, FB Verwaltung, Gutleutstr. 130, 60327 Frankfurt a.M., T: (06108) 603511

**Metzner,** Alexander; Dipl.-Inform., Dr. rer. nat., Prof.; *Informatik*; di: Hochsch. Regensburg, Fak. Informatik u. Mathematik, PF 120327, 93025 Regensburg, T: (0941) 9439753, alexander.metzner@hs-regensburg.de

**Metzner,** Anja; Dr., Prof.; *Informatik, Software Engineering, Web Systeme u. Web Engineering, mobile IT, Datenbanken*; di: Hochsch. Augsburg, Fak. f. Informatik, Friedberger Straße 2, 86161 Augsburg, T: (0821) 55863426, F: 55863499, Anja.Metzner@hs-augsburg.de

**Metzner,** Joachim; Dr. phil., Dr. h.c., Prof., Rektor FH Köln; *Sprach- und Literaturpädagogik, verbale Kommunikation*; di: FH Köln, Fak. f. Angewandte Sozialwiss., Mainzer Str. 5, 50678 Köln, T: (0221) 82753100; pr: Wallhallstr. 23, 50107 Köln, T: (0221) 863744

**Metzner,** Susanne; Dr., Prof.; *Musiktherapie*; di: Hochsch. Magdeburg-Stendal, FB Sozial- u. Gesundheitswesen, Breitscheidstr. 2, 39114 Magdeburg, T: (0391) 8864717, susanne.metzner@hs-magdeburg.de

**Meub,** Michael H.; Dr. jur., Prof.; *Wirtschafts- und Arbeitsrecht*; di: Hochsch. Mittweida, Fak. Wirtschaftswiss., Technikumplatz 17, 09648 Mittweida, T: (03727) 581373, F: 581295, meub@htwm.de

**Meuche,** Thomas; Dr., Prof.; *BWL mit Schwerpunkt Finanzmanagement*; di: Hochsch. Hof, Fak. Wirtschaft, Alfons-Goppel-Platz 1, 95028 Hof, T: (09281) 409465, F: 40955465, Thomas.Meuche@fh-hof.de

**Meuche,** Wolfgang; Dr. rer. nat., Dr.-Ing., Prof.; *Technische Mechanik, Mathematik*; di: FH Schmalkalden, Fak. Maschinenbau, Blechhammer, 98574 Schmalkalden, PF 100452, 98564 Schmalkalden, T: (03683) 6882113, meuche@maschinenbau.fh-schmalkalden.de

**Meurer,** Gunther; Dr., Prof.; *Personalführung, Betriebswirtschaftslehre, Marketing*; di: Hochsch. Rosenheim, Fak. Wirtschaftsingenieurwesen, Hochschulstr. 1, 83024 Rosenheim, T: (08031) 805620, F: 805702, meurer@fh-rosenheim.de

**Meurer,** Jo; Dipl.-Des., Prof.; *Entwurf, Designkonzeption und -realisation, Modezeichnen, Kollektionsgestaltung, Atelier für Modellarbeit*; di: Hochsch. Trier, FB Gestaltung, PF 1826, 54208 Trier, T: (0651) 8103829, J.Meurer@hochschule-trier.de; pr: Zieblandstr. 20, 80798 München, T: (089) 524662, F: 5236844

**Meurer,** Peter; Dr., Prof.; *Lebensmitteltechnologie*; di: Hochsch. Neubrandenburg, FB Agrarwirtschaft u. Lebensmittelwiss., Brodaer Str. 2, 17033 Neubrandenburg, PF 110121, 17041 Neubrandenburg, T: (0395) 56932504, meurer@hs-nb.de

**Meurer,** Thomas; Dipl.-Ing., Prof.; *Entwerfen und Gebäudekunde*; di: Techn. Hochsch. Mittelhessen, FB 01 Bauwesen, Wiesenstr. 14, 35390 Gießen, T: (0641) 3091847; pr: Burgstr. 5, 60316 Frankfurt/M., T: (069) 5971259

**Meusel,** Karl-Heinz; Dr.-Ing. habil., Prof. Rhein. FH Köln; *Elektrotechnik, Schwachstrom-, Nachrichtentechnik, Technik der Informationsverarbeitung*; di: Rheinische FH Köln, Hohenstaufenring 16-18, 50674 Köln; pr: Ahornweg 6, 51588 Bierenbachtal, khmeusel@t-online.de

**Meusel,** Wolfram; Dr., Prof.; *Bioverfahrenstechnik*; di: Hochsch. Anhalt, FB 7 Angew. Biowiss. u. Prozesstechnik, PF 1458, 06354 Köthen, T: (03496) 672550, wolfram.meusel@bwp.hs-anhalt.de

**Meuser,** Helmut; Dr. habil., Prof.; *Bodenschutz und Bodensanierung, Geographie*; di: Hochsch. Osnabrück, Fak. Agrarwiss. u. Landschaftsarchitektur, PF 1940, 49009 Osnabrück, T: (0541) 9695028, h.meuser@hs-osnabrueck.de; pr: Sofie-Hammer-Str. 75A, 49090 Osnabrück, T: (0541) 120232

**Meuser,** Thomas; Dr. rer. nat., Prof.; *Verteilte Systeme und Datennetze*; di: Hochsch. Niederrhein, FB Elektrotechnik/Informatik, Reinarzstr. 49, 47805 Krefeld, T: (02151) 8224640, thomas.meuser@hs-niederrhein.de

**Meuser,** Thomas; Dr. rer. oec., Prof.; *Green Business Management*; di: Business and Information Technology School GmbH, Reiterweg 26 b, 58636 Iserlohn, T: (02371) 776541, F: 776503, thomas.meuser@bits-iserlohn.de

**Meuter,** Guillaume De; Dr., Prof.; *Englisch*; di: Hochsch. f. angew. Wiss. Würzburg Schweinfurt, Fak. angew. Natur- u. Geisteswiss., Ignaz-Schön-Str. 11, 97421 Schweinfurt

**Meuth,** Hermann; Dr. rer. nat., Prof.; *Analoge Halbleiterschaltungen, Digitaltechnik*; di: Hochsch. Darmstadt, FB Elektrotechnik u. Informationstechnik, Haardtring 100, 64295 Darmstadt, T: (06151) 168322, meuth@eit.h-da.de

**Meuthen,** Jörg; Dr., Prof.; *Volkswirtschaftslehre, Finanzwissenschaft*; di: Hochsch. Kehl, Fak. Wirtschafts-, Informations- u. Sozialwiss., Kinzigallee 1, 77694 Kehl, PF 1549, 77675 Kehl, T: (07851) 894203, Meuthen@fh-kehl.de; pr: Klostermühle, 56379 Obernhof, T: (02604) 5810

**Mevenkamp,** Manfred; Dr.-Ing., Prof.; *Modellsimulation, Sensorik, Aktorik*; di: Hochsch. Bremen, Fak. Elektrotechnik u. Informatik, Flughafenallee 10, 28199 Bremen, T: (0421) 59055482, F: 59055484, Manfred.Mevenkamp@hs-bremen.de

**Mewes,** Gerhard; Dr. rer. oec., Prof.; *Betriebwirtschaftslehre, Finanzmärkte, Finanzmanagement*; di: Techn. Hochsch. Wildau, FB Wirtschaft, Verwaltung u. Recht, Bahnhofstr., 15745 Wildau, T: (03375) 508597, F: 500324, mewes@wvr.tfh-wildau.de

**Mewes,** Hinrich; Dr.-Ing., Prof., Dekan FB Ingenieurwissenschaften; *Grundlagen d. Elektrotechnik, Signale u. Systeme, Kommunikationstechnik*; di: Hochsch. Aschaffenburg, Fak. Ingenieurwiss., Würzburger Str. 45, 63743 Aschaffenburg, T: (06021) 314719, hinrich.mewes@fh-aschaffenburg.de

**Mextorf,** Lars; Prof.; *Kultur- und Kunstgeschichte, Mediengeschichte und Medientheorie*; di: Berliner Techn. Kunsthochschule, Bernburger Str. 24-25, 10963 Berlin, l.mextorf@btk-fh.de; www.lars-mextorf.de

**Mey,** Günter; Dr., Prof.; *Entwicklungspsychologie*; di: Hochsch. Magdeburg-Stendal, FB Angew. Humanwiss., Osterburger Str. 25, 39576 Stendal, T: (03931) 21873820, guenter.mey@hs-magdeburg.de

**Meyberg,** Wilfried; Dr. rer. nat., Prof.; *Elektronische Bauelemente, Mikroelektronik-Technologie*; di: Hochsch. München, Fak. Elektrotechnik u. Informationstechnik, Lothstr. 64, 80335 München, T: (089) 12653458, F: 12653403, meyberg@ee.fhm.edu

**Meyberg,** Wolfgang; Dr., Prof.; *Musik*; di: Hochsch. Fulda, FB Sozialwesen, Marquardstr. 35, 36039 Fulda; pr: Alfred-Kubin-Str. 12, 26133 Oldenburg, T: (0441) 43041

**Meyer,** Bernd; Dipl.-Math., Dr.-Ing., Prof., Dekan FB Technik 2, Produktion und Software Engineering; *Informatik und Betriebsorganisation*; di: Hochsch. Heilbronn, Fak. f. Technik 2, Max-Planck-Str. 39, 74081 Heilbronn, T: (07131) 504602, F: 252470, bernd.meyer@hs-heilbronn.de

**Meyer,** Bernd; Dr.-Ing., Prof.; *Produktionslogistik, Arbeitswissenschaft*; di: Jade Hochsch., FB Management, Information, Technologie, Friedrich-Paffrath-Str. 101, 26389 Wilhelmshaven, T: (04421) 9852448, F: 9852412, bernd.meyer@jade-hs.de

**Meyer,** Birgit; Dr. phil., Prof.; *Politikwissenschaft, Sozialpädagogik*; di: Hochsch. Esslingen, Fak. Soziale Arbeit, Gesundheit u. Pflege, Flandernstr. 101, 73732 Esslingen, T: (0711) 3974583; pr: Julius-Motteler-Str. 5, 73728 Esslingen, T: (0711) 3169247

**Meyer,** Dagmar; Dr.-Ing., Prof.; *Regelungstechnik, Softwaretechnologie, Informatik*; di: Ostfalia Hochsch., Fak. Elektrotechnik, Salzdahlumer Str. 46/48, 38302 Wolfenbüttel, T: (05331) 9393316, Dagmar.Meyer@ostfalia.de

**Meyer,** Ernst-Peter; Dr.-Ing., Prof.; *Elektrische Energietechnik*; di: Hochsch. Kempten, Fak. Elektrotechnik, Bahnhofstr. 61-63, 87435 Kempten, T: (0831) 2523181, Ernst-Peter.Meyer@fh-kempten.de

**Meyer,** Freerk; Prof.; *Seefahrt*; di: Hochsch. Emden/Leer, FB Seefahrt, Bergmannstr. 36, 26789 Leer, T: (0491) 928175017, freerk.meyer@hs-emden-leer.de

**Meyer,** Friedrich-W.; Dr., Prof.; *Wirtschaftsrecht, Management mittelständischer Unternehmen*; di: FH d. Wirtschaft, Fürstenallee 3-5, 33102 Paderborn, T: (05251) 301184, friedrich.meyer@fhdw.de; pr: T: (05251) 77350

**Meyer,** Gerhard; Dr. rer. nat., Prof.; *Anorganische Chemie und Werkstoffe*; di: Westfäl. Hochsch., FB Elektrotechnik u. angew. Naturwiss., August-Schmidt-Ring 10, 45665 Recklinghausen, T: (02361) 915457, F: 915752, Gerhard.Meyer@fh-gelsenkirchen.de

**Meyer,** Gerhard; Prof.; *Bauphysik, Baumanagement, Bauplanung*; di: FH Erfurt, FB Architektur, Schlüterstr. 1, 99084 Erfurt, PF 101363, 99013 Erfurt, T: (0361) 6700458, F: 6700462, g.meyer@fh-erfurt.de

**Meyer,** Gerhard; Dr.-Ing., Prof.; *Grundlagen der Elektrotechnik, Messtechnik*; di: Hochsch. München, Fak. Elektrotechnik u. Informationstechnik, Lothstr. 64, 80335 München, T: (089) 12653460, F: 12653403, meyer@ee.fhm.edu

**Meyer,** Hans-Heinrich; Dr., Prof.; *Standortkunde*; di: FH Erfurt, FB Landschaftsarchitektur, Leipziger Str. 77, 99085 Erfurt, PF 101363, 99013 Erfurt, T: (0361) 6700261, F: 6700259, hh.meyer@fh-erfurt.de

**Meyer,** Hans-Jürgen; Dr. phil., Prof.; *Personalführung, Personalmanagement, Soziale Kompetenzen*; di: Hochsch. Darmstadt, FB Wirtschaft, Haardtring 100, 64295 Darmstadt, T: (06151) 169331, meyer@fbw.h-da.de

**Meyer,** Helga; Dr. rer. nat., Prof.; *Analytische Chemie, Lebensmittelchemie*; di: Hochsch. Emden/Leer, FB Technik, Constantiaplatz 4, 26723 Emden, T: (04921) 8071594, F: 8071593, meyer@hs-emden-leer.de; pr: Großer Sielweg 1, 26759 Hinte, T: (04921) 42538

**Meyer,** Helga; Dr., Prof.; *Betriebswirtschaftslehre, Projektmanagement*; di: Hochsch. Bremen, Fak. Wirtschaftswiss., Werderstr. 73, 28199 Bremen, T: (0421) 59054411, F: 59054405, helga.meyer@hs-bremen.de

**Meyer,** Herwig; Dr. rer. pol., Prof.; *Grundlagen der Informatik, Theoretische Informatik, Mathematik*; di: Hochsch. Darmstadt, FB Informatik u. FB Mathematik u. Naturwiss., Haardtring 100, 64295 Darmstadt, T: (06151) 168479, h.meyer@fbi.h-da.de; pr: Ludwig-Büchner-Str. 6, 64285 Darmstadt, T: (06151) 377919

**Meyer,** Hilko J.; Dr., Prof., Dekan FB Wirtschaft und Recht; *Recht, Europarecht*; di: FH Frankfurt, FB 3 Wirtschaft u. Recht, Nibelungenplatz 1, 60318 Frankfurt am Main, T: (069) 15333018, meyer@fb3.fh-frankfurt.de

**Meyer,** Holger; Prof.; *Steuern und Prüfungswesen*; di: DHBW Mannheim, Fak. Wirtschaft, Coblitzallee 1-9, 68163 Mannheim, T: (0621) 41051905, F: 41051904, holger.meyer@dhbw-mannheim.de

**Meyer,** Jörg; Dr., Prof.; *Photonik und Materialwissenschaften*; di: Hochschule Hamm-Lippstadt, Marker Allee 76-78, 59063 Hamm, T: (02381) 8789811, joerg.meyer@hshl.de

**Meyer,** Katharina; Dr., Prof.; *Sozialarbeit (Sozialmanagement)*; di: HAW Hamburg, Fak. Wirtschaft u. Soziales, Alexanderstr. 1, 20099 Hamburg, T: (040) 428757002, katharina.meyer@sp.haw-hamburg.de; pr: Schottenau 61, 85072 Eichstätt, T: (08421) 902283

**Meyer,** Manfred; Dr.-Ing., Prof.; *BWL, Wirtschaftsinformatik*; di: Westfäl. Hochsch., FB Maschinenbau, Münsterstr. 265, 46397 Bocholt, T: (02871) 2155910, manfred.meyer@fh-gelsenkirchen.de

**Meyer,** Marcus; Dr., Prof.; *Medienmanagement, Neue Medien (Telekommunikation, e-/m-Business, e-Government), Internationales Management*; di: Hochsch. Heilbronn, Fak. f. Technik u. Wirtschaft, Daimlerstr. 35, 74653 Künzelsau, T: (07940) 1306248, F: 130662481, marcus.meyer@hs-heilbronn.de

**Meyer,** Marion; Prof.; *Kreativitätstechniken*; di: Hochsch. Magdeburg-Stendal, FB Ingenieurwiss. u. Industriedesign, Breitscheidstr. 2, 39114 Magdeburg, T: (0391) 8864568, marion.meyer@meyer11.de

**Meyer,** Michael; Dr. rer. nat. habil., Prof.; *Allgemeine Biologie, Mikrobiologie*; di: FH Jena, FB Medizintechnik u. Biotechnologie, Carl-Zeiss-Promenade 2, 07745 Jena, PF 100314, 07703 Jena, T: (03641) 205600, F: 205601, mt@fh-jena.de

**Meyer,** Renate; Dr., Prof.; *Informatik*; di: FH Dortmund, PF 105018, 44047 Dortmund, T: (0231) 7556709, F: 7556710, renate.meyer@fh-dortmund.de

**Meyer,** Silke; Dr. rer. pol., Prof.; *Informationsmanagement*; di: Hochsch. Mittweida, Fak. Wirtschaftswiss., Technikumplatz 17, 09648 Mittweida, T: (03727) 581117, meyer@htwm.de

**Meyer,** Susanne; Dr. jur., Prof.; *Wirtschaftsrecht, insbes. Bank- u.Kapitalmarktrecht*; di: Hochsch. f. Wirtschaft u. Recht Berlin, FB 1, Badensche Str. 50-51, 10825 Berlin, T: (030) 85789302, meyers@hwr-berlin.de

**Meyer,** Thomas; Dr. med., Prof.; *Praxisforschung in der Sozialen Arbeit, Kinder- und Jugendarbeit*; di: DHBW Stuttgart, Fak. Sozialwesen, Herdweg 29, 70174 Stuttgart, T: (0711) 1849654, meyer@dhbw-stuttgart.de

**Meyer,** Ute Margarete; Dipl.-Ing., Prof.; *Städtebau, Entwerfen*; di: Hochsch. Biberach, SG Architektur, PF 1260, 88382 Biberach/Riß, T: (07351) 582208, F: 582119, meyer@hochschule-bc.de

**Meyer,** Uwe; Dr. jur., Prof.; *Rechtswissenschaften: Schwerpunkt: Arbeitsrecht*; di: Hochsch. d. Bundesagentur f. Arbeit, Wismarsche Str. 405, 19055 Schwerin, T: (0385) 5408469, Uwe.Meyer3@arbeitsagentur.de

**Meyer,** Uwe; Dr.-Ing., Prof.; *KI-Sprachen, Datenbanken, Expertensysteme*; di: Hochsch. Bremen, Fak. Elektrotechnik u. Informatik, Flughafenallee 10, 28199 Bremen, T: (0421) 59055419, F: 59055484, Uwe.Meyer@hs-bremen.de

**Meyer-Abich,** Helmut; Dipl.-Ing., Prof.; *Baubetrieb, Baumanagement*; di: Techn. Hochsch. Mittelhessen, FB 01 Bauwesen, Wiesenstr. 14, 35390 Gießen, T: (0641) 3091814

**Meyer-Almes,** Franz-Josef; Dr. rer. nat., Prof.; *Bioinformatik, Bioanalytik*; di: Hochsch. Darmstadt, FB Chemie- u. Biotechnologie, Haardtring 100, 64295 Darmstadt, T: (06151) 168406, meyer-almes@h-da.de

**Meyer-Bohe,** Andreas; Dipl.-Ing., Prof.; *Entwerfen von Schiffen, Schwimmfähigkeit und Stabilität*; di: FH Kiel, FB Maschinenwesen, Grenzstr. 3, 24149 Kiel, T: (0431) 2102704, F: 21062704, andreas.meyer-bohe@fh-kiel.de; pr: Kählerkoppel 9, 24229 Strande, T: (04349) 1893

**Meyer-Bullerdiek,** Frieder; Dr. rer. pol., Prof.; *Bankbetriebslehre*; di: Ostfalia Hochsch., Fak. Wirtschaft, Robert-Koch-Platz 8A, 38440 Wolfsburg, T: (05361) 831532

**Meyer-Eilers,** Bernd; Dr., Prof.; *Sozialwissenschaften, Management*; di: HAW Hamburg, Fak. Wirtschaft u. Soziales, Berliner Tor 5, 20099 Hamburg, T: (040) 428756911, meyer-eilers@wiwi.haw-hamburg.de

**Meyer-Eschenbach,** Andreas; Dr.-Ing., Prof.; *Konstruktion*; di: HAW Hamburg, Fak. Technik u. Informatik, Berliner Tor 21, 20099 Hamburg, T: (040) 428758715, meyer-eschenbach@rzbt.haw-hamburg.de

**Meyer-Fujara,** Josef; Dr. math., Prof.; *Software-Engineering/Künstliche Intelligenz*; di: FH Stralsund, FB Elektrotechnik u. Informatik, Zur Schwedenschanze 15, 18435 Stralsund, T: (03831) 456500, rektor@fh-stralsund.de

**Meyer-Höger,** Maria; Dipl.-Päd., Dr. jur., Prof.; *Rechtsgrundlagen der Sozialen Arbeit*; di: Ev. Hochsch. Darmstadt, FB Sozialarbeit/Sozialpädagogik, Zweifalltorweg 12, 64293 Darmstadt, T: (06151) 879880, meyer-hoeger@eh-darmstadt.de; pr: Kerßenbrockstr. 13, 48147 Münster, T: (0251) 277018

**Meyer-Miethke,** Stefan; Dipl.-Ing., Prof.; *Baubestandsaufnahme/Bauplanung*; di: HTWK Leipzig, FB Bauwesen, PF 301166, 04251 Leipzig, T: (0341) 30766292, mmiethke@fbb.htwk-leipzig.de

**Meyer-Renschhausen,** Martin; Dr. rer. pol. habil., Prof. FH Darmstadt; *Wirtschaftswissenschaften*; di: Hochsch. Darmstadt, FB Wirtschaft, Haardtring 100, 64295 Darmstadt, T: (06151) 168393, martin.meyer-renschhausen@fbw.h-da.de

**Meyer-Schwickerath,** Martina; Dr. rer. pol., Prof.; *Allgemeine Betriebswirtschaftslehre sowie Außenwirtschaft u. internationales Management*; di: Hochsch. Bochum, FB Wirtschaft, Lennershofstr. 140, 44801 Bochum, T: (0234) 3210640, martina.meyer-schwickerath@hs-bochum.de; pr: Havichhorster Mühle 80, 48157 Münster, T: (0251) 142898

**Meyer-Thamer,** Gisela; Dr. phil., Prof.; *Wirtschaftsrecht und Managementtechniken*; di: Europäische FH Brühl, Kaiserstr. 6, 50321 Brühl, T: (02232) 5673630, F: 5673639, g.thamer@eufh.de

**Meyer zu Bexten,** Erdmuthe; Dr. rer. nat., Prof.; *Informatik*; di: Techn. Hochsch. Mittelhessen, FB 13 Mathematik, Naturwiss. u. Datenverarbeitung, Wiesenstr. 14, 35390 Gießen, T: (0641) 3092369; pr: Liebigstr. 15a, 35390 Gießen, T: (0641) 943294

**Meyer zur Capellen,** Thomas; Prof.; *Textiltechnologie*; di: AMD Akademie Mode & Design (FH), Wendenstr. 35c, 20097 Hamburg, T: (040) 23787814, Thomas.Meyer@amdnet.de

**Meyhöfer,** Ingo; Dr.-Ing., Prof.; *Stahlbau u. Bauinformatik*; di: Hochsch. Bremen, Fak. Architektur, Bau u. Umwelt, Neustadtswall 30, 28199 Bremen, T: (0421) 59052309, F: 59052302, Ingo.Meyhoefer@hs-bremen.de

**Meyl,** Konstantin; Dr.-Ing., Prof.; *Energietechnik, Leistungselektronik*; di: Hochsch. Furtwangen, Fak. Computer & Electrical Engineering, Robert-Gerwig-Platz 1, 78120 Furtwangen, T: (07723) 9202231, ml@fh-furtwangen.de

**Meyn,** Wilhelm; Dr.-Ing., Prof.; *Konstruktiver Ingenieurbau*; di: Beuth Hochsch. f. Technik, FB III Bauingenieur- u. Geoinformationswesen, Luxemburger Str. 10, 13353 Berlin, T: (030) 45045440, meyn@beuth-hochschule.de

**Meynen,** Sebastian; Dr., Prof.; *technische Mechanik und Konstruktion*; di: HAW Hamburg, Fak. Life Sciences, Lohbrügger Kirchstr. 65, 21033 Hamburg, T: (040) 428756290, sebastian.meynen@haw-hamburg.de

**Michael,** Thomas; Dr., Prof.; *Nachrichtentechnik, Kommunikationstechnik*; di: Hochsch. München, Fak. Elektrotechnik u. Informationstechnik, Lothstr. 64, 80335 München, T: (089) 12653414, F: 12653403, michael@ee.fhm.edu

**Michaelis,** Jörg; Dr., Prof.; *Betriebswirtschaft*; di: HAW Hamburg, Fak. Technik u. Informatik, Berliner Tor 7, 20099 Hamburg, T: (040) 428758095, michaelis@etech.haw-hamburg.de

**Michaelis,** Lars Oliver; Dr., Prof.; *Europarecht, Beamtenrecht*; di: FH f. öffentl. Verwaltung NRW, Abt. Duisburg, Albert Hahn Str. 45, 47269 Duisburg, larsoliver.michaelis@fhoev.nrw.de

**Michaelis,** Nina; Dr. rer. pol., Prof.; *Volkswirtschaftslehre, insbes. Nachhaltige Ökonomie*; di: FH Münster, FB Wirtschaft, Corrensstr. 25, 48149 Münster, T: (0251) 8365520, F: 8365502, michaelis@fh-muenster.de

**Michaelsen,** Hans; Prof.; *Restaurierung und Konservierung Holz*; di: FH Potsdam, FB Architektur u. Städtebau, Pappelallee 8-9, 14469 Potsdam, T: (0331) 97161914, hmichaelsen@gmx.de

**Michaelsen,** Raimo; Dr-Ing., Prof.; *Eisenbahnwesen*; di: FH Erfurt, FB Verkehrs- u. Transportwesen, Altonaer Str. 25, 99084 Erfurt, PF 101363, 99013 Erfurt, T: (0361) 6700662, F: 6700528, raimo.michaelsen@fh-erfurt.de

**Michaelsen,** Silke; Dr. rer. nat., Prof.; *Bauinformatik, Mathematik*; di: Hochsch. Konstanz, Fak. Bauingenieurwesen, Brauneggerstr. 55, 78462 Konstanz, PF 100543, 78405 Konstanz, T: (07531) 206206, F: 206391, michaels@fh-konstanz.de

**Michalek,** Sabine; Dr. paed., Prof.; *Heilpädagogik*; di: Kath. Hochsch. f. Sozialwesen Berlin, Köpenicker Allee 39-57, 10318 Berlin, T: (030) 50101063, michalek@khsb-berlin.de

**Michalik,** Harald; Dr.-Ing., Prof.; di: Hochsch. Bremen, Fak. Elektrotechnik u. Informatik, Flughafenallee 10, 28199 Bremen, T: (0421) 59055546, Harald.Michalik@hs-bremen.de

**Michalke,** Achim; Dr., Prof.; *Technische Unternehmensführung*; di: Ostfalia Hochsch., Fak. Versorgungstechnik, Salzdahlumer Str. 46/48, 38302 Wolfenbüttel

**Michalke,** Norbert; Dr.-Ing., Prof.; *Elektrische Antriebe*; di: HTW Dresden, Fak. Elektrotechnik, PF 120701, 01008 Dresden, T: (0351) 4622861, michalke@et.htw-dresden.de

**Michalski,** Tino; Dr., Prof.; *Allgemeine Betriebswirtschaftslehre, Internationales Management*; di: FH Frankfurt, FB 3 Wirtschaft u. Recht, Nibelungenplatz 1, 60318 Frankfurt am Main, T: (069) 15332907

**Michanickl,** Andreas; Dipl.-Holzwirt, Dr., Prof.; *Holzwerkstofftechnik, Klebetechnik, Werkplanung u. -management in d. Holzwerkstoffindustrie, Holz- u. Möbelrecycling, Technologieentwicklung u. -transfer, internationale Unternehmensentwicklung*; di: Hochsch. Rosenheim, Fak. Holztechnik u. Bau, Hochschulstr. 1, 83024 Rosenheim

**Micheel,** Hans Jürgen; Dr.-Ing., Prof.; *Nachrichtentechnik*; di: HAW Hamburg, Fak. Technik u. Informatik, Berliner Tor 7, 20099 Hamburg, T: (040) 428758353, hans-juergen.micheel@haw-hamburg.de

**Michel,** Alex; Dr., Prof.; *Internationales Management, Einkauf u. Controlling*; di: Int. School of Management, Otto-Hahn-Str. 19, 44227 Dortmund

**Michel,** Andreas; Dr. phil. habil., Prof.; *Musikinstrumentenbau*; di: Westsächs. Hochsch. Zwickau, FB Angewandte Kunst Schneeberg/Musikinstrumentenbau, Adorfer Str. 38, 08258 Markneukirchen, andreas.michel@fh-zwickau.de

**Michel,** Burkard; Prof.; *Werbung in AV-Medien, Mediaplanung, Werbespotkonzeption, Marktforschung*; di: Hochsch. d. Medien, Fak. Electronic Media, Nobelstr. 10, 70569 Stuttgart, T: (0711) 89232230

**Michel,** Christel; Prof.; *Recht*; di: Hochsch. Ravensburg-Weingarten, Doggenriedstr., 88250 Weingarten, PF 1261, 88241 Weingarten, T: (0751) 5019419, F: 5019876, christel.michel@hs-weingarten.de; pr: An der Brunnenstube 8, 88212 Ravensburg, T: (0751) 3525102, F: 3525104

**Michel,** Hartmut; Dr.-Ing., Prof.; *Wärme- und Stoffübertragung und apparative Realisierung*; di: Hochsch. Mannheim, Fak. Verfahrens- u. Chemietechnik, Windeckstr. 110, 68163 Mannheim

**Michel,** Johanna; Dr.-Des., Prof.; *CAD-Fashion, Gestaltungsgrundlagen*; di: HTW Berlin, FB Gestaltung, Wilhelminenhofstr. 67-77, 12459 Berlin, T: (030) 50194708, michel@HTW-Berlin.de

**Michel,** Jutta; Dr. rer. pol., Prof., Dekanin FB Betriebswirtschaftslehre; *Versicherungswirtschaft*; di: Hochsch. Coburg, Fak. Wirtschaft, Friedrich-Streib-Str. 2, 96450 Coburg, T: (09561) 317474, michelj@hs-coburg.de

**Michel,** Sigrid; Dr., Prof.; *Sozialmedizin/Psychopathologie*; di: FH Dortmund, FB Soziales, Emil-Figge-Str. 44, 44227 Dortmund, T: (0231) 7554913, F: 7554911, sigrid.michel@fh-dortmund.de; pr: Auf der Dinkel 185, 59379 Selm

**Michel,** Stephanie; Dr. jur., Prof.; *Wirtschaftsrecht*; di: FH f. die Wirtschaft Hannover, Freundallee 15, 30173 Hannover, T: (0511) 2848370, F: 2848372, stephanie.michel@fhdw.de

**Michel,** Sven; Dr. phil. habil., Prof.; *Physiotherapie*; di: Hochsch. Lausitz, FB Informatik, Elektrotechnik, Maschinenbau, Großenhainer Str. 57, 01968 Senftenberg, T: (03573) 85406, F: 85409, smichel@iem.fh-lausitz.de

**Michel,** Werner; Dr.-Ing., Prof.; *Elektrotechnik für technische Fachbereiche, Leistungselektronik, Elektrische Maschinen*; di: Hochsch. Darmstadt, FB Elektrotechnik u. Informationstechnik, Haardtring 100, 64295 Darmstadt, T: (06151) 168288, michel@eit.h-da.de

**Michelfeit,** Reinhold; Dr.-Ing., Prof.; *Hochfrequenztechnik, Schaltungstechnik*; di: FH Schmalkalden, Fak. Elektrotechnik, Blechhammer, 98574 Schmalkalden, PF 100452, 98564 Schmalkalden, T: (03683) 6885109, r.michelfeit@e-technik.fh-schmalkalden.de

**Michels,** Hans-Peter; Dr. phil., Prof.; *Rehabilitations- u. Gesundheitspsychologie*; di: Hochsch. Lausitz, FB Sozialwesen, Lipezker Str. 47, 03048 Cottbus-Sachsendorf, T: (0355) 5818422, F: 5818409, hp.michels@t-online.de

**Michels,** Paul; Dr., Prof.; *Marktforschung, Ökonomie*; di: Hochsch. Weihenstephan-Triesdorf, Fak. Landwirtschaft, Steingruberstr. 2, 91746 Weidenbach-Triesdorf, T: (09826) 654224, paul.michels@hswt.de

**Michels,** Wilhelm; Dr.-Ing., Prof.; *Fertigungstechnologie, Metallurgie*; di: Hochsch. Osnabrück, Fak. Ingenieurwiss. u. Informatik, Artilleriestr. 46, 49076 Osnabrück, T: (0541) 9693104, w.michels@hs-osnabrueck.de

**Michelson,** Martin; Dr. phil., Prof., Dekan FB Informations- u. Wissensmanagement; *Information Broking*; di: Hochsch. Darmstadt, FB Media, Haardtring 100, 64295 Darmstadt, T: (06151) 169389, martin.michelson@fbmedia.h-da.de; pr: Eleonorenanlage 11A, 63303 Dreieich, T: (06103) 697291

**Michl,** Werner; M.A., Dr. phil., Prof.; *Soziale Arbeit*; di: Georg-Simon-Ohm-Hochsch. Nürnberg, Fak. Sozialwiss., Bahnhofstr. 87, 90402 Nürnberg, PF 210320, 90121 Nürnberg

**Michler,** Hans-Peter; Dr., Prof.; *Umwelt- und Planungsrecht sowie Europarecht*; di: Hochsch. Trier, Umwelt-Campus Birkenfeld, FB Umweltwirtschaft/Umweltrecht, PF 1380, 55761 Birkenfeld, T: (06782) 171125, h.michler@umwelt-campus.de

**Mickeleit,** Michael; Dr., Prof.; *Thermodynamik, Fluidmechanik, Chem. Verfahrenstechnik*; di: HAW Hamburg, Fak. Life Sciences, Lohbrügger Kirchstr. 65, 21033 Hamburg, T: (040) 428756252, michael.mickeleit@ls.haw-hamburg.de

**Mickeler,** Siegfried; Dr., Prof.; *Strömungsmechanik, Konstruktion, Maschinenelemente*; di: Hochsch. f. angew. Wiss. Würzburg Schweinfurt, Fak. Maschinenbau, Ignaz-Schön-Str. 11, 97421 Schweinfurt

**Mickley,** Angela; Dr., Prof.; *Ökologie, Friedenspädagogik*; di: FH Potsdam, FB Sozialwesen, Friedrich-Ebert-Str. 4, 14467 Potsdam, T: (0331) 5801128, mickley@fh-potsdam.de

**Micklisch,** Günter; Dr.-Ing., Prof., Dekan FB Maschinenwesen; *Konstruktionslehre, CAD*; di: Hochsch. Zittau/Görlitz, Fak. Maschinenwesen, PF 1455, 02754 Zittau, T: (03583) 611852, g.micklisch@hs-zigr.de

**Micus-Loos,** Christiane; Dr., Prof.; *Geschlechterforschung, Allgemeine Erziehungswissenschaft*; di: FH Kiel, FB Soziale Arbeit u. Gesundheit, Sokratesplatz 2, 24149 Kiel, T: (0431) 2103023, christiane.micus-loos@fh-kiel.de

**Middelberg,** Jan; Dr.-Ing., Prof.; *Physik, Bauphysik, Mathematik*; di: Jade Hochsch., FB Bauwesen u. Geoinformation, Ofener Str. 16/19, 26121 Oldenburg, T: (0441) 77083305, F: 77083307, middelberg@jade-hs.de

**Middelhauve,** Martin; Prof., Dekan FB Design FH Dortmund; *Objekt- und Raumdesign*; di: FH Dortmund, FB Design, Max-Ophüls-Platz 2, 44139 Dortmund, T: (0231) 9112466, F: 9112415, martin.middelhauve@fh-dortmund.de

**Middendorf,** Jörg; Dr.-Ing., Prof.; *Festigkeitslehre, Finite-Elemente-Methode, Leichtbau, Technische Mechanik*; di: Hochsch. München, Fak. Maschinenbau, Fahrzeugtechnik, Flugzeugtechnik, Dachauer Str. 98b, 80335 München, T: (089) 12653346, F: 12651392, joerg.middendorf@fhm.edu

**Mieke,** Christian; Dr.-Ing. habil., PD BTU Cottbus, Prof. FH Brandenburg; *Produktionswirtschaft u. Innovationsmanagement*; di: FH Brandenburg, FB Wirtschaft, Magdeburger Str. 50, 14770 Brandenburg, T: (03381) 355283, F: 355199, mieke@fh-brandenburg.de

**Miersch,** Norbert; Dr.-Ing., Prof.; *Werkzeugkonstruktion, Technische Mechanik, Maschinenelemente*; di: Techn. Hochsch. Wildau, FB Ingenieurwesen/Wirtschaftsingenieurwesen, Bahnhofstr., 15745 Wildau, T: (03375) 508193, norbert.miersch@tfh-wildau.de

**Mieth,** Petra; Dr.-Ing., Prof.; *Bauwirtschaft und Baubetrieb*; di: FH Mainz, FB Technik, Holzstr. 36, 55116 Mainz, T: (06131) 6281337, petra.mieth@fh-mainz.de; pr: Auf dem Stielchen 13a, 55130 Mainz, T: (06131) 831315, F: 891587

**Mietke,** Romy; Dr. oec., Prof.; *Finanzierung, Rechnungswesen*; di: Westsächs. Hochsch. Zwickau, FB Wirtschaftswiss., Scheffelstr. 39, 08056 Zwickau, romy.mietke@fh-zwickau.de

**Mihatsch,** Guido; Dr. rer. nat., Prof.; *Automobilbau u -technik, insbes Entwicklung, Konstruktion u Produktion*; di: Westfäl. Hochsch., FB Wirtschaftsingenieurwesen, August-Schmidt-Ring 10, 45657 Recklinghausen, T: (02361) 915453, F: 915571, guido.mihatsch@fh-gelsenkirchen.de

**Mihm,** Markus M.; Dr. rer. pol., Prof.; *Allgemeine BWL, insbesondere Finanz- und Rechnungswesen*; di: FH Schmalkalden, Fak. Wirtschaftswiss., Blechhammer, 98574 Schmalkalden, PF 100452, 98564 Schmalkalden, T: (03683) 6883104

**Mikus,** Barbara; Dr. rer. pol., Prof.; *Betriebswirtschaftslehre, Industriebetriebslehre*; di: HTWK Leipzig, FB Wirtschaftswissenschaften, PF 301166, 04251 Leipzig, T: (0341) 30766526, mikus@wiwi.htwk-leipzig.de

**Milchert,** Jürgen; Dr.-Ing. habil., Prof.; *Freiraumplanung, Gartenkunst*; di: Hochsch. Osnabrück, Fak. Agrarwiss. u. Landschaftsarchitektur, Oldenburger Landstr. 24, 49090 Osnabrück, T: (0541) 9695154, F: 9695050, j.milchert@hs-osnabrueck.de; pr: Reichenberger Str. 3, 27580 Bremerhaven, T: (0471) 52179, F: 52179

**Milde,** Friedhelm; Dr.-Ing., Prof.; *Elektrische Maschinen, Netzberechnung*; di: Hochsch. Mannheim, Fak. Elektrotechnik, Windeckstr. 110, 68163 Mannheim

**Milde,** Jan-Thorsten; Dr., Prof.; *Web-Technologien, Medieninformatik*; di: Hochsch. Fulda, FB Angewandte Informatik, Marquardstr. 35, 36039 Fulda

**Milde,** Petra; Dr., Prof.; *Seetouristik*; di: Hochsch. Bremerhaven, An der Karlstadt 8, 27568 Bremerhaven, T: (0471) 4823216, F: 4823285, gmilde@hs-bremerhaven.de

**Mildenberger,** Elke Helene; Dr., Prof.; *Rechtswissenschaft*; di: FH f. öffentl. Verwaltung NRW, Außenstelle Dortmund, Hauert 9, 44227 Dortmund, elkehelene.mildenberger@fhoev.nrw.de

**Mildenberger,** Udo; Dr. rer. pol., Prof.; *Rechnungswesen, Controlling, Produktionsmanagement*; di: Hochsch. d. Medien, Fak. Information u. Kommunikation, Wolframstr. 32, 70191 Stuttgart, mildenberger@hdm-stuttgart.de

**Milke,** Hubertus; Dr.-Ing., HonProf., Prof., Rektor HTWK Leipzig; *Wasserwirtschaft, Hydrologie, Geohydrologie*; di: HTWK Leipzig, FB Bauwesen, PF 301166, 04251 Leipzig, T: (0341) 30766305, milke@fbb.htwk-leipzig.de

**Miller,** Michael; Dr. rer. nat., Prof.; *Mathematik und Informatik*; di: Westfäl. Hochsch., FB Wirtschaftsingenieurwesen, August-Schmidt-Ring 10, 45657 Recklinghausen, T: (02361) 915540, F: 915571, michael.miller@fh-gelsenkirchen.de

**Miller,** Rudolf; Dr. habil., Dr. h.c., apl. Prof. FernU Hagen, Prorektor EBZ Business School Bochum; *Psychologie sozialer Prozesse, Qualitätsmanagement, distance learning*; di: EBZ Business School Bochum, Springorumallee 20, 44795 Bochum, T: (0234) 9447705, r.miller@ebz-bs.de; Fernuniv., Inst. f. Psychologie, Universitätsstr. 11, 58084 Hagen, T: (02331) 9872545, rudolf.miller@fernuni-hagen.de

**Miller,** Tilly; Dipl.-Sozialpäd. (FH), Dipl. disc. pol., Dr. phil., Prof.; *Politikwissenschaft, Sozialarbeit/Sozialpädagogik*; di: Kath. Stiftungsfachhochsch. München, Preysingstr. 83, 81667 München, T: (089) 480921308, F: 4801907, t.miller@ksfh.de

**Millner,** Dieter; Dr. rer. nat., HonProf.; *Medizintechnik*; di: Hochsch. Mittweida, Fak. Mathematik/Naturwiss./Informatik, Technikumplatz 17, 09648 Mittweida, T: (03727) 581219

**Minderlein,** Martin; Dr., Prof.; *eBusiness*; di: Hochsch. Ansbach, FB Wirtschafts- u. Allgemeinwiss., Residenzstr. 8, 91522 Ansbach, PF 1963, 91510 Ansbach, T: (0981) 4877375, martin.minderlein@fh-ansbach.de

**Minges,** Roland; Dr.-Ing., Prof.; *Maschinenbau*; di: DHBW Heidenheim, Fak. Technik, Marienstr. 20, 89518 Heidenheim, T: (07321) 2722332, F: 2722349, minges@dhbw-heidenheim.de

**Mink,** Markus; Dr., Prof.; *Betriebswirtschaft/Steuer- und Revisionswesen*; di: Hochsch. Pforzheim, Fak. f. Wirtschaft u. Recht, Tiefenbronner Str. 65, 75175 Pforzheim, T: (07231) 286656, F: 286080, markus.mink@hs-pforzheim.de

**Minkenberg,** Johann; Dr., Prof.; *Thermodynamik, Energietechnik*; di: Techn. Hochsch. Mittelhessen, Wilhelm-Leuschner-Str. 13, 61169 Friedberg, T: (06031) 604332

**Minnert,** Jens; Dr.-Ing., Prof.; *Stahlbetonbau, Spannbetonbau*; di: Techn. Hochsch. Mittelhessen, FB 01 Bauwesen, Wiesenstr. 14, 35390 Gießen, T: (0641) 3091815

**Minte,** Jörg; Dr.-Ing., Prof.; *Geschäftsprozessoptimierung und Automation*; di: Westfäl. Hochsch., FB Maschinenbau, Münsterstr. 265, 46397 Bocholt, T: (02871) 2155901, 2155920, joerg.minte@fh-gelsenkirchen.de

**Minuth,** Jürgen; Dipl.-Ing., Prof.; *Elektronik, Messtechnik*; di: Hochsch. Esslingen, Fak. Mechatronik u. Elektrotechnik, Robert-Bosch-Str. 1, 73037 Göppingen, T: (07161) 6971143; pr: Familie-Lang-Weg 28, 73079 Süßen, T: (07162) 461332

**Miotk,** Peter; Dr. rer. nat., Prof.; *Biologie, Ökologie*; di: Hochsch. Weihenstephan-Triesdorf, Fak. Umweltingenieurwesen, Steingruberstr. 2, 91746 Weidenbach-Triesdorf, T: (09826) 654212, F: 654110, peter.miotk@fh-weihenstephan.de

**Miras,** Antonio; Dr., Prof.; *Wirtschaftsrecht*; di: Hochsch. Osnabrück, Fak. Wirtschafts- u. Sozialwiss., Caprivistr. 30a, 49076 Osnabrück, T: (0541) 9693823, miras@wi.hs-osnabrueck.de

**Mirow,** Christiane; Dipl.-Ing., Prof.; *Gerätekonstruktion*; di: Beuth Hochsch. f. Technik, FB VII Elektrotechnik – Mechatronik – Optometrie, Luxemburger Str. 10, 13353 Berlin, T: (030) 45042975, mirow@beuth-hochschule.de

**Mirre,** Thomas; Dipl.-Ing., Prof.; *Kraft- und Arbeitsmaschinen, Thermodynamik, Strömungslehre, Technische Gebäudeausrüstung*; di: Techn. Hochsch. Wildau, FB Ingenieurwesen/Wirtschaftsingenieurwesen, Bahnhofstr., 15745 Wildau, T: (03375) 508220, F: 500324, thomirre@igw.tfh-wildau.de

**Mirsky,** Vladimir; Dr. rer. nat. habil., Prof.; *Analytische Chemie, Grenzflächenchemie*; di: Hochsch. Lausitz, FB Bio-, Chemie- u. Verfahrenstechnik, Großenhainer Str. 57, 01968 Senftenberg, T: (03573) 85801, F: 85809

**Mis,** Ulrich; Dr. rer. pol., Prof.; *Betriebswirtschaft, Rechnungswesen, Ökonomie im Gesundheitswesen*; di: FH Mainz, FB Wirtschaft, Lucy-Hillebrand-Str. 2, 55128 Mainz, T: (06131) 628278, ulrich.mis@wiwi.fh-mainz.de

**Mischke,** Alfred; Dr., Prof.; *Geoinformationswesen, Liegenschafts- u. Planungswesen sowie Praktische Geodäsie*; di: Hochsch. Bochum, FB Vermessungswesen u. Geoinformatik, Lennershofstr. 140, 44801 Bochum, T: (0234) 3210514, alfred.mischke@hs-bochum.de; pr: Leie 6, 51399 Burscheid, T: (02174) 768042

**Mischke,** Peter; Dr. rer. nat., Prof.; *Lackchemie und Verfahrenstechnik*; di: Hochsch. Niederrhein, FB Chemie, Frankenring 20, 47798 Krefeld, T: (02151) 8224096; pr: Johannesbeerweg 1, 47877 Willich

**Mischner,** Jens; Dr.-Ing., Prof.; *Gastechnik, Energiewirtschaft/Energietechnik, Wirtschaftlichkeitsberechnung, Verwaltungsmanagement*; di: FH Erfurt, FB Versorgungstechnik, Altonaer Str. 25, 99085 Erfurt, PF 101363, 99013 Erfurt, T: (0361) 6700357, F: 6700424, mischner@fh-erfurt.de

**Misek-Schneider,** Karla; Dr. med., Prof.; *Psychologie, Hauptlehrgebiet Entwicklungspsychologie und Präventionsarbeit*; di: FH Köln, Fak. f. Angewandte Sozialwiss., Mainzer Str. 5, 50678 Köln, T: (0221) 82753346, karla.misek_schneider@fh-koeln.de; pr: Goerdelerstr. 19, 23566 Lübeck, T: (0451) 33992, F: 33992

**Missbach,** Hilmar; Dipl.-Ing., Prof.; *Mikrocomputer, Mikrocontroller, Mikroprozessoren, Digitale Signalverarbeitung, Digitale Signalprozessoren*; di: Hochsch. Coburg, Fak. Elektrotechnik / Informatik, Friedrich-Streib-Str. 2, 96450 Coburg, T: (09561) 317239, missbach@hs-coburg.de; pr: Ilmenauer Str. 13, 96450 Coburg, T: (09561) 31497

**Mißfeld,** Falk; Dipl.-Agr.-oec., Dr. sc. agr., Prof.; *BWL, Rechnungswesen*; di: FH Kiel, FB Agrarwirtschaft, Am Kamp 11, 24783 Osterrönfeld, T: (04331) 845120, F: 845141, falk.missfeld@FH-Kiel.de

**Mißlbeck,** Gerald; Dipl.-Kfm., Dr. rer. pol., Prof.; *Rechnungswesen, Controlling*; di: Hochsch. Regensburg, Fak. Betriebswirtschaft, PF 120327, 93025 Regensburg, T: (0941) 9431398, gerald.misslbeck@bwl.fh-regensburg.de

**Missun,** Jürgen; Dr.-Ing., Prof.; *Nachrichtentechnik*; di: HAW Hamburg, Fak. Technik u. Informatik, Berliner Tor 7, 20099 Hamburg, T: (040) 428758385, missun@etech.haw-hamburg.de

**Mithöfer,** Dagmar; Dr., Prof.; *Agribusiness*; di: Hochsch. Rhein-Waal, Fak. Life Sciences, Marie-Curie-Straße 1, 47533 Kleve, T: (02821) 80673235, dagmar.mithoefer@hochschule-rhein-waal.de

**Mitlacher,** Lars; Dr., Prof.; *BWL, Personalmanagement*; di: DHBW Villingen-Schwenningen, Fak. Wirtschaft, Friedrich-Ebert-Str. 32, 78054 Villingen-Schwenningen, T: (07720) 3906517, F: 3906559, mitlacher@dhbw-vs.de

**Mitschein,** Andreas; Dr.-Ing., Prof.; *Baubetrieb*; di: FH Münster, FB Bauingenieurwesen, Corrensstr. 25, 48149 Münster, T: (0251) 8365245, F: 8365270, mitschein@fh-muenster.de; pr: Broicher Waldweg 76, 45478 Mülheim, T: (0208) 54500

**Mitschele,** Andreas; Dr., Prof.; *BWL, Bankwesen*; di: DHBW Stuttgart, Fak. Wirtschaft, Herdweg 23, 70174 Stuttgart, T: (0711) 1849761, mitschele@dhbw-stuttgart.de

**Mittermaier,** Eduard; FBLt. Mediadesign, Prof.; *Darstellen und Zeichnen, Interaction Design/Multimedia Production*; di: MEDIADESIGN Hochsch. f. Design u. Informatik, Lindenstr. 20-25, 10969 Berlin; www.mediadesign.de/

**Mittmann,** Josef; Dr., Prof.; *Betriebswirtschaftslehre, insbes. Unternehmensführung und Personalwirtschaft*; di: FH Dortmund, FB Wirtschaft, Emil-Figge-Str. 44, 44227 Dortmund, T: (0231) 7554974, F: 7554902, Josef.Mittmann@fh-dortmund.de

**Mittmann,** Karin; Dr. rer. nat., Prof.; *Medizinische Bio- und Gentechnik*; di: FH Münster, FB Physikal. Technik, Stegerwaldstr. 39, 48565 Steinfurt, T: (02551) 962790, F: 962773, mittmann@fh-muenster.de; pr: Sternstr. 28, 48145 Münster, T: (0251) 67556

**Mittrach,** Silke; Dr. rer. nat., Prof.; *E-Business, Multimedia-Design*; di: FH d. Wirtschaft, Hauptstr. 2, 51465 Bergisch Gladbach, T: (02202) 9527377, F: 9527200, silke.mittrach@fhdw.de

**Mitzscherlich,** Beate; Dr. phil., Prof.; *Pflegeforschung*; di: Westsächs. Hochsch. Zwickau, FB Gesundheits- u. Pflegewiss., Scheffelstr. 39, 08066 Zwickau, beate.mitzscherlich@fh-zwickau.de

**Mixdorff,** Hansjörg; Dr., Prof.; *Digitale Systeme, Digitale AV-Technik*; di: Beuth Hochsch. f. Technik, FB VI Informatik u. Medien, Luxemburger Str. 10, 13353 Berlin, T: (030) 45042364, mixdorff@beuth-hochschule.de

**Mkrtchyan,** Lilit; Dr., Prof.; *Mechatronik*; di: DHBW Mannheim, Fak. Technik, Handelsstr. 13, 69214 Eppelheim, T: (0621) 41051176, F: 41051317, lilit.mkrtchyan@dhbw-mannheim.de

**Moch,** Matthias; Dr., Prof.; *Erziehungshilfen, Kinder- u. Jugendhilfe*; di: DHBW Stuttgart, Fak. Sozialwesen, Herdweg 29, 70174 Stuttgart, T: (0711) 1849737, moch@dhbw-stuttgart.de

**Mochmann,** Ingvill C.; Dr., Prof.; *Wirtschaftswissenschaften, International Politics*; di: Cologne Business School, Hardefuststr. 1, 50667 Köln, T: (0221) 93180952

**Mockenhaupt,** Andreas; Dr., Prof., Dekan; *Produktentwicklung/Produktmanagement, Qualitätsmanagement, Ingenieurwissenschaftliche Grundlagen*; di: Hochsch. Albstadt-Sigmaringen, FB 1, Poststr. 6, 72458 Albstadt, T: (07431) 579257, F: 579214, mocken@hs-albsig.de

**Mockenhaupt,** Johannes; Dr. med., Prof.; *Medizininformatik*; di: Hochsch. Bonn-Rhein-Sieg, FB Sozialversicherung, Zum Steimelsberg 7, 53773 Hennef, T: (02241) 865167, F: 8658167, Johannes.Mockenhaupt@fh-bonn-rhein-sieg.de

**Moczadlo,** Regina; Dr., Prof.; *Volkswirtschaftslehre*; di: Hochsch. Pforzheim, Fak. f. Wirtschaft u. Recht, Tiefenbronner Str. 65, 75175 Pforzheim, T: (07231) 286595, F: 286050, regina.moczadlo@hs-pforzheim.de

**Möbert,** Patrick; Dr. rer. nat., Prof.; di: Hochsch. München, Fak. Informatik u. Mathematik, Lothstr. 34, 80335 München, patrick.moebert@hm.edu

**Möbert,** Thomas; Dr. rer. nat., Prof.; *Netzwerke, Betriebssysteme*; di: Dt. Telekom Hochsch. f. Telekommunikation, Gustav-Freytag-Str. 43-45, 04277 Leipzig, PF 71, 04251 Leipzig, T: (0341) 3062229, F: 3062278, moebert@hft-leipzig.de

**Möbius,** Christian; Dr. rer.pol., Prof.; *Finanzwirtschaft*; di: DHBW Karlsruhe, Fak. Wirtschaft, Erzbergerstr. 121, 76133 Karlsruhe, T: (0721) 9735936, moebius@dhbw-karlsruhe.de

**Möbius,** Hildegard; Dr.-Ing., Prof.; *Magnetische Materialien, Tieftemperaturphysik, Polymerforschung, Produktentwicklung in der Mikrotechnik*; di: FH Kaiserslautern, FB Informatik und Mikrosystemtechnik, Amerikastr. 1, 66482 Zweibrücken, T: (06332) 914412, F: 914313, moebius@mst.fh-kl.de

**Möbus,** Harald; Dr. rer. pol., Prof.; *Betriebswirtschaftslehre, Marketing, Messewesen*; di: HTWK Leipzig, FB Wirtschaftswissenschaften, PF 301166, 04251 Leipzig, T: (0341) 30766531, harald.moebus@wiwi.htwk-leipzig.de

**Möbus,** Helge; Dr.-Ing., Prof.; *Simulation, Festigkeitslehre, Strömungsmechanik*; di: Hochsch. f. angew. Wiss. Würzburg Schweinfurt, Fak. Maschinenbau, Ignaz-Schön-Str. 11, 97421 Schweinfurt, hmoebus@fh-sw.de

**Möbus,** Matthias; Dr. rer. pol., Prof.; *Allg. BWL, Informationsverarbeitung*; di: FH Kiel, FB Wirtschaft, Sokratesplatz 2, 24149 Kiel, T: (0431) 2103514, F: 21063514, matthias.moebus@fh-kiel.de

**Moeckel,** Gerd; Dr.-Ing., Prof., Dekan FH Heidelberg; *Life Science Informatics, Computer Graphics*; di: Hochsch. Heidelberg, Fak. f. Informatik, Ludwig-Guttmann-Str. 6, 69123 Heidelberg, T: (06221) 883512, gerd.moeckel@fh-heidelberg.de

**Möckel,** Julia; Dr. rer. nat., Prof., Prorektorin; *Chemie, Lackiertechnik*; di: Hochsch. Aalen, Fak. Maschinenbau u. Werkstofftechnik, Beethovenstr. 1, 73430 Aalen, T: (07361) 5762113, F: 5762250, julia.moeckel@htw-aalen.de

**Mödinger,** Wilfried; Dr., Prof.; *Medienmarketing, Medienforschung, Medienwirtschaft, Organisationsmanagement, Betriebswirtschaftslehre, Werte in Medien*; di: Hochsch. d. Medien, Fak. Electronic Media, Nobelstr. 10, 70569 Stuttgart, T: (0711) 89232231

**Möginger,** Bernhard; Dr., Prof.; *Werkstoff- und Bauteilprüfung*; di: Hochsch. Bonn-Rhein-Sieg, FB Angewandte Naturwissenschaften, von-Liebig-Str. 20, 53359 Rheinbach, T: (02241) 865531, F: 8658531, bernhard.moeginger@fh-bonn-rhein-sieg.de

**Möhle,** Marion; Dr. phil., Prof.; *Politikwissenschaft*; di: Hochsch. Esslingen, Fak. Soziale Arbeit, Gesundheit u. Pflege, Flandernstr. 101, 73732 Esslingen, T: (0711) 3974503; pr: Urbanstr. 20, 73728 Esslingen, T: (0711) 1363087

**Möhlenkamp,** Heinrich; Dipl.-Ing., Dr.-Ing., Prof.; *Kraft- und Arbeitsmaschinen, Technische Mechanik, Maschinendynamik*; di: Hochsch. Emden/Leer, FB Technik, Constantiaplatz 4, 26723 Emden, T: (04921) 8071481, F: 8071429, moehlenkamp@hs-emden-leer.de; pr: An der Treckfahrt 10, 26605 Aurich, T: (04941) 64586

**Möhlmann-Mahlau,** Thomas; Dr. sc. pol., Prof.; *Betriebswirtschaftslehre, insbes. Rechnungswesen mit dem Schwerpunkt Internationale Rechnungslegung*; di: Hochsch. Bremen, Fak. Wirtschaftswiss., Werderstr. 73, 28199 Bremen, T: (0421) 59054450, tmoehlmann-mahlau@fbw.hs-bremen.de; pr: Upper Borg 40 f, 28357 Bremen

**Möhring,** Wiebke; Dr., Prof.; *Empirische Methoden, Öffentliche Kommunikation, Methoden der empirischen Sozialforschung*; di: Hochsch. Hannover, Fak. III Medien, Information u. Design, Kurt-Schwitters-Forum, Expo Plaza 2, 30539 Hannover, T: (0511) 92962673, wiebke.moehring@hs-hannover.de

**Möhringer,** Peter; Dr., Prof.; *Nachrichtenmeßtechnik, Bauelemente und Schaltungstechnik, Techn. Elektrizitätslehre, Videotechnik, Informations- und Systemtheorie*; di: Hochsch. f. angew. Wiss. Würzburg Schweinfurt, Fak. Elektrotechnik, Ignaz-Schön-Str. 11, 97421 Schweinfurt

**Möhringer,** Simon; Dr., Prof.; *Internationales Technisches Vertriebsmanagement, Internationale Produktion und Logistik*; di: DHBW Mosbach, Lohrtalweg 10, 74821 Mosbach, T: (06261) 939474, F: 939544, moehringer@dhbw-mosbach.de

**Möhrle,** Hubert; Dipl.-Ing., HonProf. H Nürtingen; *Garten- und Landschaftsarchitektur*; di: Hochsch. f. Wirtschaft u. Umwelt Nürtingen-Geislingen, PF 1349, 72603 Nürtingen

**Mölck-Tassel,** Bernd; Prof.; *Buchillustration*; di: HAW Hamburg, Fak. Design, Medien u. Information, Finkenau 35, 22081 Hamburg, T: (040) 428754821, Bernd.Moelck-Tassel@haw-hamburg.de; pr: T: (04123) 9219967, tasselinos@web.de

**Möllenkamp,** Christian; Dipl.-Ing., Prof.; *Konstruktion/Grundlagen des Maschinenbaus*; di: Hochsch. Mannheim, Fak. Maschinenbau, Windeckstr. 110, 68163 Mannheim

**Möller,** Beatriz; Prof.; *Architektur*; di: Hochsch. Anhalt, FB 3 Architektur, Facility Management u. Geoinformation, PF 2215, 06818 Dessau, T: (0340) 51971522, B.Moeller@afg.hs-anhalt.de

**Möller,** Bernhard; Dr. rer. nat., Prof.; *Biologie, Lebensmittel-Mikrobiologie, Biotechnologie*; di: Hochsch. Trier, FB BLV, PF 1826, 54208 Trier, T: (0651) 8103392, B.Moeller@hochschule-trier.de; pr: Kreuzflur 115, 54296 Trier, T: (0651) 16455

**Möller,** Christian; Dr., Prof.; *Wirtschaftsrecht*; di: Hochsch. Hannover, Fak. IV Wirtschaft u. Informatik, Ricklinger Stadtweg 120, 30459 Hannover, PF 920261, 30441 Hannover, T: (0511) 92961513, christian.moeller@hs-hannover.de

**Möller,** Clemens; Dr. phil. nat., Prof.; *Biophysik, Mathematik*; di: Hochsch. Albstadt-Sigmaringen, FB 3, Anton-Günther-Str. 51, 72488 Sigmaringen, PF 1254, 72481 Sigmaringen, T: (07571) 7328247, clemens.moeller@hs-albsig.de

**Möller,** Frank-Joachim; Dr.-Ing., Prof.; *Betriebswirtschaftslehre, insb. Umweltmanagement*; di: FH Jena, FB Wirtschaftsingenieurwesen, Carl-Zeiss-Promenade 2, 07745 Jena, PF 100314, 07703 Jena, T: (03641) 930440, F: 930441, wi@fh-jena.de

**Möller,** Gunnar; Dr.-Ing., Prof.; *Konstruktiver Ingenieurbau, Stahlbau/Ingenieurholzbau*; di: Hochsch. Ostwestfalen-Lippe, FB 3, Bauingenieurwesen, Emilienstr. 45, 32756 Detmold, T: (05231) 769705, F: 769819, gunnar.moeller@fh-luh.de; pr: Kleiner Spiegelberg 12a, 32657 Lemgo, T: (05261) 2341

**Möller,** Holger; Dr.-Ing., Prof.; *Prozessrechentechnik und Prozessdatenverarbeitung in der Automatisierungstechnik*; di: Hochsch. Albstadt-Sigmaringen, FB 1, Jakobstr. 1, 72458 Albstadt, T: (07431) 579182, F: 579169, moeller@hs-albsig.de

**Möller,** Johannes; Dr., Prof., Dekan; *Gesundheitssystemanalyse, Qualitätsmanagement, Projektevaluation, Gesundheitskommunikation*; di: Hamburger Fern-Hochsch., FB Gesundheit u. Pflege, Alter Teichweg 19, 22081 Hamburg, T: (040) 35094350, F: 35094335, johannes.moeller@hamburger-fh.de

**Möller,** Klaus; Dr., Prof.; *Betriebswirtschaft/Beschaffung und Logistik*; di: Hochsch. Pforzheim, Fak. f. Wirtschaft u. Recht, Tiefenbronner Str. 65, 75175 Pforzheim, T: (07231) 286094, F: 286190, klaus.moeller@hs-pforzheim.de

**Möller,** Knut; Dr. rer. nat., Dr. med., Prof.; *Informatik, Medizin*; di: Hochsch. Furtwangen, Fak. Maschinenbau u. Verfahrenstechnik, Jakob-Kienzle-Str. 17, 78054 Villingen-Schwenningen, T: (07720) 3074390, moe@hs-furtwangen.de

**Möller,** Kurt; Dr. phil. habil., Prof.; *Sozialpädagogik*; di: Hochsch. Esslingen, Fak. Soziale Arbeit, Gesundheit u. Pflege, Flandernstr. 101, 73732 Esslingen, T: (0711) 3974588; pr: Wolfsrücken 2, 73269 Hochdorf

**Moeller,** Peter; Dr. rer.nat., Prof.; *Physik*; di: HAW Hamburg, Fak. Technik u. Informatik, Berliner Tor 7, 20099 Hamburg, T: (040) 428758110, moeller@etech.haw-hamburg.de

**Möller,** Toni; Dr. jur., Prof.; *Handels-, Informations- u. Kommunikationsrecht einschl. Rechtsinformatik*; di: Hochsch. Wismar, Fak. f. Wirtschaftswiss., PF 1210, 23952 Wismar, T: (03841) 753605, t.moeller@wi.hs-wismar.de

**Möller,** Winfried; Dr. jur., Prof.; *Sozial-, Verwaltungs- u Strafrecht*; di: Hochsch. Hannover, Fak. V Diakonie, Gesundheit u. Soziales, Blumhardtstr. 2, 30625 Hannover, PF 690363, 30612 Hannover, T: (0511) 92963115, winfried.moeller@hs-hannover.de; pr: Pfingstkopfweg 32, 35460 Staufenberg, T: (06406) 75681

**Möllers,** Martin; Dr., Prof.; *Staats- und Verfassungsrecht, Didaktik*; di: FH d. Bundes f. öff. Verwaltung, FB Bundesgrenzschutz, PF 121158, 23532 Lübeck, T: (0451) 2031750, F: 2031750

**Möllers,** Werner; Dr.-Ing., Prof.; *Technische Mechanik, Getriebetechnik*; di: FH Südwestfalen, FB Maschinenbau, Frauenstuhlweg 31, 58644 Iserlohn, T: (02371) 566143, F: 566251, moellers@fh-swf.de; pr: Heinrichsallee 48, 58636 Iserlohn, T: (02371) 68355, moellers-iserlohn@t-online.de

**Möllmann,** Klaus-Peter; Dr. sc. nat., Prof.; *Experimentalphysik, insbes. Festkörperphysik*; di: FH Brandenburg, FB Technik, Magdeburger Str. 50, 14770 Brandenburg, PF 2132, 14737 Brandenburg, T: (03381) 355346, F: 355199, moellmann@fh-brandenburg.de

**Möltgen,** Katrin; Dr., Prof.; *Politikwissenschaften, Soziologie*; di: FH f. öffentl. Verwaltung NRW, Abt. Köln, Thürmchenswall 48-54, 50668 Köln, katrin.moeltgen@fhoev.nrw.de

**Mönch-Kalina,** Sabine; Dr., Prof.; *Sozialrecht*; di: Hochsch. Wismar, Fak. f. Wirtschaftswiss., PF 1210, 23952 Wismar, T: (03841) 753151, s.moench-kalina@wi.hs-wismar.de

**Möncke,** Ulrich; Dr. rer. nat., Prof.; *Software-Engineering, Compiler, Datenschutz, Rechtsinformatik*; di: Hochsch. München, Fak. Informatik u. Mathematik, Lothstr. 34, 80335 München, T: (089) 12651631, F: 12653780, u.moencke@informatik.fh-muenchen.de

**Mönicke,** Hans-Joachim; Dr.-Ing., Prof. u. Dekan; *Ingenieurvermessung, Instrumentenkunde, Vermessungskunde, Surveying Methods, Planning and Management of Country-wide Projects, Geodätische Messung*; di: Hochsch. f. Technik, Fak. Vermessung, Mathematik u. Informatik, Schellingstr. 24, 70174 Stuttgart, PF 101452, 70013 Stuttgart, T: (0711) 89262607, F: 89262556, Hans-Joachim.moenicke@fht-stuttgart.de; pr: Wettertalstr. 36, 71254 Ditzingen, T: (07156) 8775

**Moenickes,** Sylvia; Dr.-Ing., Prof.; *Umweltsystemanalyse*; di: Hochsch. Rhein-Waal, Fak. Life Sciences, Marie-Curie-Straße 1, 47533 Kleve, T: (02821) 80673255, sylvia.moenickes@hochschule-rhein-waal.de

**Mönig,** Ulrike; Dr., Prof.; *Rechtswissenschaften, insb. Zivil- u. Strafrecht*; di: FH Bielefeld, FB Sozialwesen, Kurt-Schumacher-Str. 6, 33615 Bielefeld, T: (0521) 1067813, ulrike.moenig@fh-bielefeld.de; pr: Gasselstiege 458, 48159 Münster, T: (0251) 217793

**Mönnich,** Ernst; Dr. rer. pol., PD U Bremen, Prof. Hochschule Bremen; *Volkswirtschaftslehre/Finanzwissenschaften, insbes. Regionale Strukturpolitik*; di: Hochsch. Bremen, Fak. Wirtschaftswiss., Werderstr. 73, 28199 Bremen, T: (0421) 59054219, F: 59054140, Ernst.Moennich@hs-bremen.de

**Mönning,** Rolf-Dieter; Dr., HonProf.; *Vertrags- und Haftungsrecht*; di: FH Aachen, FB Maschinenbau u. Mechatronik, Goethestr. 1, 52064 Aachen, T: (0241) 9461871; pr: Preusweg 9, 52074 Aachen

**Mörner,** Jörg von; Dr-Ing., Prof.; *Verkehrsplanung und Verkehrssteuerung*; di: FH Erfurt, FB Verkehrs- u. Transportwesen, Altonaer Str. 25, 99084 Erfurt, PF 101363, 99013 Erfurt, T: (0361) 6700572, F: 6700528, von.Moerner@fh-erfurt.de

**Moers,** Martin; M.A., Dr. phil., Prof.; *Pflegewissenschaft*; di: Hochsch. Osnabrück, Fak. Wirtschafts- u. Sozialwiss., Caprivistr. 30a, 49076 Osnabrück, T: (0541) 9693008, F: 9692070, moers@wi.hs-osnabrueck.de

**Mörstedt,** Antje-Britta; Dr., Prof.; *Allg. BWL, Organisation und Blended Learning*; di: Private FH Göttingen, Weender Landstr. 3-7, 37073 Göttingen, moerstedt@pfh.de

**Mörz,** Matthias; Dr. Ing., Prof.; *Hardwareorientierte Nachrichtentechnik, Signalverarbeitung und Sensorik, Grundlagen der Elektrotechnik*; di: Hochsch. Coburg, Fak. Elektrotechnik / Informatik, Friedrich-Streib-Str. 2, 96450 Coburg, T: (09561) 317173, moerz@hs-coburg.de

**Möser,** Thomas; Dr.-Ing., Prof.; *Marketing, Produktplanung, Moderations- und Präsentationstechniken, Führungslehre, Management, Projektstudien*; di: Hochsch. Furtwangen, Fak. Product Engineering/Wirtschaftsingenieurwesen, Robert-Gerwig-Platz 1, 78120 Furtwangen, T: (07723) 9202152, F: 9202618, mt@hs-furtwangen.de

**Mösinger,** Heinrich; Dr.-Ing., Prof.; *Thermische Turbomaschinen, Messtechnik, Regelungs- und Steuerungstechnik, Konstruktionstechnik, FEM*; di: Hochsch. Coburg, Fak. Maschinenbau, Friedrich-Streib-Str. 2, 96450 Coburg, T: (09561) 317165, moesinger@hs-coburg.de

**Möslein-Tröppner,** Bodo; Dr., Prof.; *BWL – Handel: Textilmanagement*; di: DHBW Ravensburg, Weinbergstr. 17, 88214 Ravensburg, T: (0751) 189992785, moesleintroeppner@dhbw-ravensburg.de

**Moest,** Norbert; Dipl.-Ing., Prof.; *Bauphysik, Architekturtendenzen*; di: Hochsch. Rhein/Main, FB Architektur u. Bauingenieurwesen, Kurt-Schumacher-Ring 18, 65197 Wiesbaden, T: (0611) 94951413, norbert.moest@hs-rm.de; pr: Im Weinberg 2, 78464 Konstanz, T: (07531) 51450

**Moest,** Peter; Dr.-Ing., Prof.; *Technische Optik, Contact-Optik*; di: Beuth Hochsch. f. Technik, FB VII Elektrotechnik – Mechatronik – Optometrie, Luxemburger Str. 10, 13353 Berlin, T: (030) 45044710, pmoest@beuth-hochschule.de

**Mogge-Grotjahn,** Hildegard; Dr. rer. soc., Prof.; *Soziologie*; di: Ev. FH Rhld.-Westf.-Lippe, FB Soziale Arbeit, Bildung u. Diakonie, Immanuel-Kant-Str. 18-20, 44803 Bochum, T: (0234) 36901211, mogge-grotjahn@efh-bochum.de; pr: Brantropstr. 73, 44795 Bochum, T: (02327) 3240970

**Mohe,** Michael; Dr., Prof.; *Betriebswirtschaftslehre*; di: FH Bielefeld, FB Technik, Artilleriestraße 9a, 32427 Minden, T: (0571) 8385209, michael.mohe@fh-bielefeld.de

**Mohn,** Rainer; Dr.-Ing., Prof.; *Wasserbau*; di: FH Münster, FB Bauingenieurwesen, Corrensstr. 25, 48149 Münster, T: (0251) 8365217, F: 8365280, mohn@fh-muenster.de; pr: Umstr. 34a, 52224 Stolberg, T: (02408) 58392

**Mohnert,** Andrea; Dr., Prof.; *Methodenkompetenzen i. d. Ingenieurwissenschaften*; di: Hochsch. Bochum, Inst. f. zukunftsorientierte Kompetenzentwicklung, Lennershofstr. 140, 44801 Bochum, T: (0234) 3210763, andreas.mohnert@hs-bochum.de; pr: Am Wittenstein 1 a, 45527 Hattingen

**Mohnke,** Andreas; Dr.-Ing., Prof.; *Mikrosystemtechnik und Bauelemente der Elektrotechnik*; di: FH Aachen, FB Angewandte Naturwiss. u. Technik, Ginsterweg 1, 52428 Jülich, T: (0241) 600953285, mohnke@fh-aachen.de; pr: Eupener Str. 12, 52351 Düren, T: (02421) 74620

**Mohnke,** Janett; Dr. rer. nat., Prof.; *Wirtschaftsingenieurwesen, Physikalische Technik*; di: Techn. Hochsch. Wildau, FB Ingenieurwesen/Wirtschaftsingenieurwesen, Bahnhofstr., 15745 Wildau, T: (03375) 508291, janett.mohnke@tfh-wildau.de

**Mohr,** Christa; Dr. rer. medic., Prof.; *Psychiatrische Pflege, Gruppenleitung, Kommunikation, Coaching*; di: Ev. Hochsch. Nürnberg, Fak. f. Gesundheit u. Pflege, Bärenschanzstr. 4, 90429 Nürnberg, T: (0911) 27253-769, christa.mohr@evhn.de

**Mohr,** Karl-Heinz; Dr.-Ing., Prof.; *Konstruktionstechnik, Innovationstechnik, WOIS (Widerspruchsorientierte Innovationsstrategie), Technische Mechanik, CAD, Rapid Prototyping*; di: Hochsch. Coburg, Fak. Maschinenbau, Friedrich-Streib-Str. 2, 96450 Coburg, T: (09561) 317178, mohr@hs-coburg.de

**Mohr,** Klaus; Dipl.-Des., Prof.; *Graphik-Design (Konzept und Entwurf) sowie Typographie und Typo/Layout*; di: FH Aachen, FB Design, Boxgraben 100, 52064 Aachen, T: (0241) 60091521, mohr@fh-aachen.de; pr: Kopernikusstr. 3, 51065 Köln, T: (0221) 625076

**Mohr,** Matthias; Dr. rer.pol., Prof.; *BWL, Controlling und Kosten /Leistungsrechnung*; di: DHBW Stuttgart, Fak. Wirtschaft, Paulinenstraße 50, 70178 Stuttgart, T: (0711) 1849575, mohr@dhbw-stuttgart.de

**Mohr,** Richard; Dr. rer. nat., Prof.; *Mathematik, EDV*; di: Hochsch. Esslingen, Fak. Grundlagen, Kanalstr. 33, 73728 Esslingen, T: (0711) 3973422; pr: Drosselweg 3, 73553 Alfdorf, T: (07172) 32688

**Mohr,** Rudolf; Dr. rer. oec., Prof.; *Betriebswirtschaftslehre, insbes. Rechnungswesen und Finanzwirtschaft*; di: FH Ludwigshafen, FB II Marketing und Personalmanagement, Ernst-Boehe-Str. 4, 67059 Ludwigshafen/Rhein, T: (0621) 5918513; pr: Rudolf-Mohr@t-online.de

**Mohr,** Stefan; Dipl.-Wi.-Ing., Dr. rer.pol., Prof. FH Erding; *Strategisches Management, Sportanlagenmanagement*; di: FH f. angewandtes Management, Am Bahnhof 2, 85435 Erding, T: (08122) 9559480, stefan.mohr@myfham.de

**Mohr,** Uwe; Dr.-Ing., Prof.; *Robotik und Automation einschl. Grundgebiete der Elektrotechnik*; di: FH Münster, FB Elektrotechnik u. Informatik, Stegerwaldstr. 39, 48565 Steinfurt, T: (02551) 962247, F: 962170, mohr@fh-muenster.de; pr: Claudiusweg 1a, 48493 Wettringen, T: (02557) 8370

**Mohr,** Walter; Dr.sc.pol.habil., Prof. FH Flensburg, PD U Kiel; *Prognosentechniken, Zeitreihenanalyse, Angewandte Statistik, Wirtschaftsmathematik, Wahl- u. Sportbörsen, Patentanalysen u. Patentbewertung, Six Sigma Training*; di: FH Flensburg, FB Wirtschaft, Kanzleistr. 91-93, 24943 Flensburg, T: (0461) 8051319, F: 8051496, mohr@wi.fh-flensburg.de; pr: Sonnholm 16, 24977 Westerholz, T: (04636) 97443, F: 97449, walter.mohr@prognosys.de

**Mohsen,** Fadi; Dr., Prof.; *Volkswirtschaftslehre*; di: Hochsch. Neuss, Markt 11-15, 41460 Neuss, f.mohsen@hs-neuss.de

**Mola,** Murat; Dr.-Ing., Prof.; *Werkstofftechnik*; di: Hochschule Ruhr West, Institut Maschinenbau, PF 100755, 45407 Mülheim an der Ruhr, T: (0208) 88254755, murat.mola@hs-ruhrwest.de

**Molen,** Jan van der; Dr., Prof.; *Governance Grenzüberschreitender Allianzen mit dem Schwerpunkt Wasserwirtschaft*; di: Hochsch. Rhein-Waal, Fak. Gesellschaft u. Ökonomie, Marie-Curie-Straße 1, 47533 Kleve, T: (02821) 80673348, jan.vandermolen@hochschule-rhein-waal.de

**Molestina,** Juan Pablo; Dipl.-Ing., Prof.; *Gebäudelehre/Building Design*; di: FH Düsseldorf, FB 1 – Architektur, Georg-Glock-Str. 15, 40474 Düsseldorf, T: (0211) 4351108; pr: Am Krieler Dom, 50935 Köln, T: (0221) 380288, prof_molestina@gmx.de

**Molitor,** Heike; Dr., Prof.; *Umweltbildung*; di: Hochsch. f. nachhaltige Entwicklung, FB Landschaftsnutzung u. Naturschutz, Friedrich-Ebert-Str. 28, 16225 Eberswalde, T: (03334) 657336, heike.molitor@hnee.de

**Moll,** Helmut; Dr. theol., Dipl.-Theol., Prof. Gustav-Siewerth-Akad. Weilheim-Bierbronnen; *Frühes Christentum, Hagiographie, Kölner Bistumsgeschichte*; di: T: (0221) 16423724, F: 16423783, Helmut.Moll@Erzbistum-Koeln.de; pr: Kunibertsklostergasse 3, 50668 Köln, T: (0221) 137462

**Moll,** Klaus-Uwe; Dr.-Ing., Prof.; *Produktentwicklung, Konstruktion u. CAD*; di: HAW Ingolstadt, Fak. Maschinenbau, Esplanade 10, 85049 Ingolstadt, T: (0841) 9348275, klaus-uwe.moll@haw-ingolstadt.de

**Moll,** Rainer; Dr. rer. pol., Prof.; *Betriebswirtschaftslehre, insbes. Controlling und Rechnungswesen*; di: FH Köln, Fak. f. Wirtschaftswiss., Claudiusstr. 1, 50678 Köln, T: (0221) 82753453; pr: rainer.moll@gmx.de

**Moll,** Stephan; Dr. jur., Prof.; *Wirtschaftsprivatrecht, Arbeitsrecht*; di: FH Mainz, FB Wirtschaft, Lucy-Hillebrand-Str. 2, 55128 Mainz, T: (06131) 628256, stephan.moll@wiwi.fh-mainz.de

**Mollberg,** Andreas; Dr.-Ing., Prof.; *Elektrische Maschinen und Antriebe, Leistungselektronik, Betrieblicher Arbeits- und Gesundheitsschutz*; di: H Koblenz, FB Ingenieurwesen, Konrad-Zuse-Str. 1, 56075 Koblenz, T: (0261) 9528352, mollberg@fh-koblenz.de

**Mollenkopf,** Wolfram; Dr.-Ing., Prof.; *Energietechnik*; di: Hochsch. f. Technik, Fak. Bauingenieurwesen, Bauphysik u. Wirtschaft, Schellingstr. 24, 70174 Stuttgart, PF 101452, 70013 Stuttgart, T: (0711) 89262768, wolfram.mollenkopf@hft-stuttgart.de

**Moltrecht,** Martin; Dr. sc. oec. habil., Prof.; *Betriebswirtschaftslehre, Organisation, Wirtschaftsinformatik*; di: Hochsch.Merseburg, FB Wirtschaftswiss., Geusaer Str., 06217 Merseburg, T: (03461) 462429, F: 462422, martin.moltrecht@hs-merseburg.de

**Mombauer,** Wilhelm; Dr.-Ing., Prof.; *Grundlagen der Elektrotechnik, Elektrische Messtechnik, Sensortechnik*; di: Hochsch. Mannheim, Fak. Informationstechnik, Windeckstr. 110, 68163 Mannheim

**Mommsen,** Hauke; Dr., Prof.; *Wissenschaftliche Grundlagen der Physiotherapie, Qualitätssicherung und internationaler Vergleich*; di: FH Kiel, FB Soziale Arbeit u. Gesundheit, Sokratesplatz 2, 24149 Kiel, T: (0431) 2103082, hauke.mommsen@fh-kiel.de

**Monhemius,** Jürgen; Dr. jur., Prof.; *Privatrecht, Arbeitsrecht*; di: Hochsch. Bonn-Rhein-Sieg, FB Wirtschaft Sankt Augustin, Grantham-Allee 20, 53757 Sankt Augustin, 53754 Sankt Augustin, T: (02241) 865118, F: 8658118, juergen.monhemius@fh-bonn-rhein-sieg.de

**Monkman,** Gareth; M.Sc., Ph.D., Prof.; *Automatisierungstechnik, Sensorik*; di: Hochsch. Regensburg, Fak. Elektro- u. Informationstechnik, PF 120327, 93025 Regensburg, T: (0941) 9431108, gareth.monkman@e-technik.fh-regensburg.de

**Mons,** Bettina; Dipl.-Ing., Prof.; *Architektur, Planungstheorie u. Projektsteuerung*; di: FH Bielefeld, FB Architektur u. Bauingenieurwesen, Artilleriestr. 9, 32427 Minden, PF 2328, 32380 Minden, T: (0571) 8385185, F: 8385250, bettina.mons@fh-bielefeld.de; pr: Dornberger Str. 219, 33619 Bielefeld, T: (0521) 124560, F: 8385191

**Monsees,** Rainer; Dipl.-Ing., Prof.; *Baubetrieb*; di: Hochsch. Magdeburg-Stendal, FB Bauwesen, Breitscheidstr. 2, 39114 Magdeburg, T: (0391) 8864151, rainer.monsees@hs-Magdeburg.DE

**Monz-Lüdecke,** Sybille; Dr.-Ing., Prof.; *Informatik, Mikrosystemtechnik*; di: FH Kaiserslautern, FB Informatik u. Mikrosystemtechnik, Amerikastr. 1, 66482 Zweibrücken, T: (06332) 914318, sybille.monzluedecke@fh-kl.de

**Moock,** Hardy; Dr. rer. nat., Prof.; *Mathematik, Datenverarbeitung*; di: FH Südwestfalen, FB Maschinenbau, Frauenstuhlweg 31, 58466 Iserlohn, T: (02371) 566233, moock@fh-swf.de

**Moog,** Karl; Dipl.-Kfm., Dr. rer. pol., Prof.; *Steuerbilanzen und Prüfungswesen*; di: Hochsch. f. Wirtschaft u. Recht Berlin, Badensche Str. 50-51, 10825 Berlin, T: (030) 85789143, karl.moog@hwr-berlin.de; pr: Limastr. 7 a, 14163 Berlin, T: (030) 8022932

**Moog,** Mathias; Dipl.-Ing., Dr.-Ing., Prof.; *Ingenieurmathematik, Simulation, Angewandte Informatik*; di: Hochsch. Ansbach, FB Ingenieurwissenschaften, Residenzstr. 8, 91522 Ansbach, PF 1963, 91510 Ansbach, T: (0981) 4877315, mathias.moog@fh-ansbach.de

**Moore,** Claire; Dr. phil., Prof.; *Entwicklungspsychologie, Psychologie*; di: Hochsch. f. Gesundheit, Universitätsstr. 105, 44789 Bochum, T: (0234) 77727640, claire.moore@hs-gesundheit.de

**Moore,** Patrick; Dr. rer. pol., Prof.; *Betriebswirtschaftslehre, insb. International Finance*; di: FH Stralsund, FB Wirtschaft, Zur Schwedenschanze 15, 18435 Stralsund, T: (03831) 456932

**Moore,** Ronald; Dr., Prof.; *Netcentric Computing, Grundlagen der Informatik*; di: Hochsch. Darmstadt, FB Informatik, Haardtring 100, 64295 Darmstadt, T: (06151) 168435, r.moore@fbi.h-da.de

**Moorkamp,** Wilfried; Dipl.-Ing., Prof.; *Holzbau und Nachhaltiges Bauen*; di: FH Aachen, FB Bauingenieurwesen, Bayernallee 9, 52066 Aachen, T: (0241) 600951147, moorkamp@fh-aachen.de

**Moormann,** Sarah; Dr., Prof.; *Technische Betriebswirtschaft*; di: FH Münster, Inst. f. Technische Betriebswirtschaft, Bismarckstraße 11, 48565 Steinfurt, T: (02551) 962541, moormann@fh-muenster.de

**Moos,** Gabriele; Dr., Prof.; *Sozialmanagement*; di: H Koblenz, FB Wirtschafts- u. Sozialwissenschaften, RheinAhrCampus, Joseph-Rovan-Allee 2, 53424 Remagen, T: (02642) 932312, moos@rheinahrcampus.de

**Moos,** Karl-Heinz; Dr., Prof.; *Maschinenbau, Konstruktion und Entwicklung, Kunststofftechnik*; di: DHBW Mosbach, Lohrtalweg 10, 74821 Mosbach, T: (06261) 939552, F: 939544, moos@dhbw-mosbach.de

**Moos,** Waike; Dr. rer. pol., Prof.; *Wirtschaftsmathematik, Statistik*; di: Hochsch. Bochum, FB Wirtschaft, Lennershofstr. 140, 44801 Bochum, T: (0234) 3210643, Waike.Moos@hs-bochum.de

**Moosbauer,** Werner; Dipl.-Psych., Prof.; *Soziale Arbeit*; di: Georg-Simon-Ohm-Hochsch. Nürnberg, Fak. Sozialwiss., Bahnhofstr. 87, 90402 Nürnberg, PF 210320, 90121 Nürnberg

**Moosecker,** Wolfgang; Dr.-Ing., Prof.; *Baustatik, Holzbau, Bauwerksanierung*; di: Techn. Hochsch. Mittelhessen, FB 01 Bauwesen, Wiesenstr. 14, 35390 Gießen, T: (0641) 3091813; pr: Sommerberg 31, 35394 Gießen, T: (0641) 45454

**Moosheimer,** Ulrich; Dr.-Ing., Prof.; di: Hochsch. München, Fak. Versorgungstechnik, Verfahrenstechnik Papier u. Verpackung, Druck- u. Medientechnik, Lothstr. 34, 80335 München, ulrich.moosheimer@hm.edu

**Moraidis,** Barbara; Prof.; di: Int. Hochsch. Calw, Bätznerstr. 92/1a, 75323 Bad Wildbad, barbara.moraidis@ih-calw.de; pr: Art of Mind, Von-der-Tann-Str. 9, 42115 Wuppertal, T: (0202) 7690473, F: 7690475; www.art-of-mind.biz

**Morana,** Rosemarie; Dr., Prof.; *Umweltwirtschaft*; di: HTW Berlin, FB Ingenieurwiss. II, Blankenburger Pflasterweg 102, 13129 Berlin, T: (030) 50194368, morana@HTW-Berlin.de

**Morawetz,** Klaus; Dr. rer. nat. habil., Prof. FH Münster; *Theoretische Physik, Vielteilchentheorie, Nichtgleichgewicht, kinetische Theorie, Strukturbildung, Supraleitung*; di: FH Münster, FB Physikal. Technik, Stegerwaldstr. 39, 48565 Steinfurt, T: (02551) 962411, F: 962811, morawetz@fh-muenster.de; www.pks.mpg.de/~morawetz

**Moré,** Angela; Dipl.-Bibl., MA Soz., Dr. phil. habil., apl.Prof. U Hannover; Studienleiterin u. Forschungsbeauftragte Winnicott Inst. Hannover; *Psychoanalytische Sozial- u. Entwicklungspsychologie, Gender Forschung, Gruppenanalyse, Transgenerationalität*; di: Univ., Inst. f. Soziologie, FG Sozialpsychologie, Im Moore 21, 30167 Hannover, a.more@sozpsy.uni-hannover.de; www.ish.uni-hannover.de/index.php?id=2755; Winnicott Institut, Geibelstr. 104, 30173 Hannover, T: (0511) 80049713, dr.more@winnicott-institut.de; www.winnicott-institut.de/kontakte

**Morefield,** Roger; Dr. rer. nat., Prof.; di: Hochsch. München, Fak. Feinwerk- u. Mikrotechnik, Physikal. Technik, Lothstr. 34, 80335 München, roger.morefield@hm.edu

**Morelli,** Frank; Dr., Prof.; *Betriebswirtschaft/Wirtschaftsinformatik*; di: Hochsch. Pforzheim, Fak. f. Wirtschaft u. Recht, Tiefenbronner Str. 65, 75175 Pforzheim, T: (07231) 286697, F: 286090, frank.morelli@hs-pforzheim.de

**Mores,** Robert; Dr., Prof.; *Nachrichtentechnik / Telekommunikation*; di: HAW Hamburg, Fak. Design, Medien u. Information, Finkenau 35, 22081 Hamburg, T: (040) 428757675, robert.mores@haw-hamburg.de

**Morfeld,** Matthias; Dr., Prof.; *Rehabilitation*; di: Hochsch. Magdeburg-Stendal, FB Angew. Humanwiss., Osterburger Str. 25, 39576 Stendal, T: (03931) 21874847, matthias.morfeld@hs-magdeburg.de

**Morgeneier,** Karl-Dietrich; Dr.-Ing., Prof.; *Regelungstechnik, Steuerungstechnik*; di: FH Jena, FB Elektrotechnik u. Informationstechnik, Carl-Zeiss-Promenade 2, 07745 Jena, PF 100314, 07703 Jena, T: (03641) 205700, F: 205701, et@fh-jena.de

**Morgenroth,** Olaf; Dr. phil.habil., PD TU Chemnitz, Prof. MSH Hamburg; *Gesundheitspsychologie, Psychologie d. Zeit, Kulturvergleichende Psychologie, Interkulturelle Kommunikation, Stress u. Gesundheitsverhalten*; di: MSH Medical School Hamburg, Am Kaiserkai 1, 20457 Hamburg, T: (040) 36122640, Olaf.Morgenroth@medicalschool-hamburg.de; olaf.morgenroth@phil.tu-chemnitz.de

**Morgenstern,** Jens; Dr., Prof., Dekan FB Maschinenbau/Verfahrenstechnik; *Technische Thermodynamik*; di: HTW Dresden, Fak. Maschinenbau/Verfahrenstechnik, Friedrich-List- Platz 1, 01069 Dresden, T: (0351) 4622592, morgenstern@mw.htw-dresden.de

**Morgenstern,** Thomas; Dr., Prof.; *Mathematik, Operations Research*; di: Hochsch. Karlsruhe, Fak. Informatik u. Wirtschaftsinformatik, Moltkestr. 30, 76133 Karlsruhe, T: (0721) 9252944

**Morgenstern,** Ulrike; Dr. phil., Prof.; *Medizinpädagogik*; di: SRH FH f. Gesundheit Gera, Hermann-Drechsler-Str. 2, 07548 Gera, ulrike.morgenstern@srh-gesundheitshochschule.de

**Morisse,** Karsten; Dr. rer.nat., Prof.; *Informatik, Medieninformatik*; di: Hochsch. Osnabrück, Fak. Ingenieurwiss. u. Informatik, Barbarastr. 16, 49076 Osnabrück, T: (0541) 9693615, F: 9692936, kamo@fhos.de

**Moritz,** Heinz Peter; Dr. iur., Prof. FH Erfurt; *Familienrecht, Kinder- und Jugendhilferecht, Jugendstrafrecht*; di: FH Erfurt, FB Sozialwesen, Altonaer Str. 25, 99084 Erfurt, PF 101363, 99013 Erfurt, T: (0361) 6700261, F: 6700533, hpmoritz@fh-erfurt.de; Evangelische Fachhochschule Berlin, PF 370255, 14132 Berlin

**Moritz,** Karl-Heinz; Dr., Prof.; *Volkswirtschaftslehre*; di: FH Erfurt, FB Wirtschaftswiss., Steinplatz 2, 99085 Erfurt, PF 101363, 99013 Erfurt, T: (0361) 6700177, F: 6700152, moritz@fh-erfurt.de

**Moritz,** Kilian; M.A., Prof.; *Hörfunkjournalismus*; di: Hochsch. Ansbach, FB Wirtschafts- u. Allgemeinwiss., Residenzstr. 8, 91522 Ansbach, PF 1963, 91510 Ansbach, kilian.moritz@fh-ansbach.de

**Morkramer,** Achim; Dr., Prof.; *Automatisierungstechnik*; di: FH Frankfurt, FB 2 Informatik u. Ingenieurwiss., Nibelungenplatz 1, 60318 Frankfurt am Main, T: (069) 15332282, amorkram@fb2.fh-frankfurt.de

**Morlock,** Manfred; Dipl.-Ing., Prof.; *Werkplanung und Entwerfen A*; di: FH Düsseldorf, FB 1 – Architektur, Georg-Glock-Str. 15, 40474 Düsseldorf, T: (0211) 4351116, manfred.morlock@fh-duesseldorf.de; pr: Zariusstr. 58, 79102 Freiburg, T: (0741) 8814141

**Morlock,** Ulrich; Dr., Prof.; *Logistik, Projektmanagement, Supply Chain Management*; di: Hochsch. Aalen, Fak. Wirtschaftswissenschaften, Beethovenstr. 1, 73430 Aalen, T: (07361) 5762145, F: 5762330, ulrich.morlock@htw-aalen.de

**Morlok,** Jürgen; Dr., Prof.; *Business Environment, International Economic Relations*; di: Karlshochschule, PF 11 06 30, 76059 Karlsruhe

**Moroff,** Gerhard; Dr., Prof.; *Industrie*; di: DHBW Mannheim, Fak. Wirtschaft, Käfertaler Str. 258, 68167 Mannheim, T: (0621) 41052611, F: 41052618, gerhard.moroff@dhbw-mannheim.de

**Morschheuser,** Petra; Dr., Prof.; *Handel*; di: DHBW Mosbach, Lohrtalweg 10, 74821 Mosbach, T: (06261) 939527, morschheuser@dhbw-mosbach.de

**Morys,** Regine; Dr. phil., Prof.; *Sozialpädagogik, Grundschulpädagogik*; di: Hochsch. Esslingen, Fak. Soziale Arbeit, Gesundheit u. Pflege, Flandernstr. 101, 73732 Esslingen, T: (0711) 3974591; pr: Weidenweg 27, 73733 Esslingen, T: (0711) 375638

**Mosbauer,** Amrei; Dr.-Ing., Prof.; *Freiflächenmanagement*; di: Hochsch. Weihenstephan-Triesdorf, Fak. Landschaftsarchitektur, Am Hofgarten 4, 85354 Freising, 85350 Freising, T: (08161) 714058, F: 715114, amrei.mosbauer@fh-weihenstephan.de

**Mosebach,** Ursula; Dipl.-Päd., Dr. phil., Prof.; *Theorien und Methoden der Sozialarbeit, Jugendarbeit*; di: Kath. Stiftungsfachhochsch. München, Abt. Benediktbeuern, Don-Bosco-Str. 1, 83671 Benediktbeuern, T: (08857) 88511, ursula.mosebach@ksfh.de

**Mosemann,** Heiko; Dr.-Ing., Prof.; di: Hochsch. Bremen, Fak. Elektrotechnik u. Informatik, Flughafenallee 10, 28199 Bremen, T: (0421) 59055601, F: 59055393, Heiko.Mosemann@hs-bremen.de

**Moser,** Christoph; Dr., Prof.; *Internetökonomie, Dienstleistung und Produktion, Konsumentenverhalten*; di: DHBW Ravensburg, Weinbergstr. 17, 88214 Ravensburg, T: (0751) 189992958, c.moser@dhbw-ravensburg.de

**Moser,** Herbert; Prof.; *Mediendesign*; di: DHBW Ravensburg, Oberamteigasse 4, 88214 Ravensburg, T: (0751) 189992130, h.moser@dhbw-ravensburg.de

**Moser,** Reinhold; Prof.; *VWL, insb. Makroökonomie*; di: Hochsch. Trier, Umwelt-Campus Birkenfeld, FB Umweltwirtschaft/Umweltrecht, PF 1380, 55761 Birkenfeld, T: (06782) 171116, r.moser@umwelt-campus.de

**Moser,** Ulrich; Dr., Prof.; *ABWL, insbes. betribl. Steuerlehre und Rechnungswesen*; di: FH Erfurt, FB Wirtschaftswiss., Steinplatz 2, 99085 Erfurt, PF 101363, 99013 Erfurt, T: (0361) 6700105, F: 6700152, ulrich.moser@fh-erfurt.de

**Mosler,** Christof; Dr.-Ing., Prof.; *Wirtschaftsinformatik, IT-Management*; di: Hochsch. f. Technik, Fak. Vermessung, Mathematik u. Informatik, Schellingstr. 24, 70174 Stuttgart, PF 101452, 70013 Stuttgart, T: (0711) 89262796, christof.mosler@hft-stuttgart.de

**Mosler,** Friedo; Dr.-Ing., Prof.; *Spannbetonbau, Technisches Darstellen, Flächentragwerke, Darstellende Geometrie, Stahlbetonbau*; di: Georg-Simon-Ohm-Hochsch. Nürnberg, Fak. Bauingenieurwesen, Keßlerplatz 12, 90489 Nürnberg, PF 210320, 90121 Nürnberg

**Moss,** Christoph; Dr., Prof., Prodekan Journalism & Business Communication; *Unternehmenskommunikation*; di: Business and Information Technology School GmbH, Reiterweg 26b, 58636 Iserlohn, T: (02371) 776545, F: 776503, christoph.moss@bits-iserlohn.de; pr: www.christoph-moss.de/

**Mostafawy,** Sina; D.-Ing., Prof.; *3D Computergrafik u -animation*; di: FH Düsseldorf, FB 8 – Medien, Josef-Gockeln-Str. 9, 40474 Düsseldorf, T: (0211) 4351826, sina.mostafawy@fh-duesseldorf.de

**Mostofizadeh,** Chahpar; Dr.-Ing., Prof.; *Advanced Energy Conversion, Renewable Energy Conversion, Thermal Unit Operations*; di: Hochsch. Bremerhaven, An der Karlstadt 8, 27568 Bremerhaven, T: (0471) 4823492, chmostofizadeh@hs-bremerhaven.de; pr: Veerenstr. 49, 27574 Bremerhaven, T: (0471) 291755

**Mostowfi,** Mehdi; Dr., Prof.; *Finanzierung, Kapitalmarktmanagement*; di: Hochsch. Rhein/Main, Wiesbaden Business School, Bleichstr. 44, 65183 Wiesbaden, T: (0611) 94953121, mehdi.mostowfi@hs-rm.de

**Motsch,** Walter; Dr.-Ing., Prof.; *Rechnertechnik, Rechnerarchitektur, Programmierbare Mikroelektronik, Technische Physik*; di: Hochsch. München, Fak. Informatik u. Mathematik, Lothstr. 34, 80335 München

**Mottl,** Rüdiger; Dr. rer. pol., Prof.; *Betriebswirtschaftslehre, Betriebliches Rechnungswesen*; di: FH Jena, FB Wirtschaftsingenieurwesen, Carl-Zeiss-Promenade 2, 07745 Jena, PF 100314, 07703 Jena, T: (03641) 930440, F: 930441, wi@fh-jena.de

**Mottok,** Jürgen; Dr. rer. nat., Prof.; *Informatik*; di: Hochsch. Regensburg, Fak. Elektro- u. Informationstechnik, PF 120327, 93025 Regensburg, T: (0941) 9431120, juergen.mottok@e-technik.fh-regensburg.de

**Mozaffari Jovein,** Hadi; Dr. rer. nat., Prof.; *Maschinenbau*; di: Hochsch. Furtwangen, Fak. Industrial Technologies, Kronenstr. 16, 78532 Tuttlingen, T: (07461) 15026624, hadi.mozaffarijovein@hs-furtwangen.de

**Mrech,** Heike; Dr., Prof., Dekanin FB Ingenieur- und Naturwissenschaften; *Produktionssysteme, CAM*; di: Hochsch.Merseburg, FB Ingenieur- u. Naturwiss., Geusaer Str., 06217 Merseburg, T: (03461) 463027, heike.mrech@hs-merseburg.de

**Mrha,** Wilfried; Dipl.-Ing., Prof.; *Simulationstechnik, Elektrische Antriebstechnik, Elektrotechnik*; di: Hochsch. Mannheim, Fak. Elektrotechnik, Windeckstr. 110, 68163 Mannheim

**Mroß,** Michael D.; Dr. rer. pol. habil., Prof.; *Betriebswirtschaftslehre, insbes. Personalwirtschaft u. Unternehmenskommunikation*; di: FH Köln, Fak. f. Angewandte Sozialwiss., Mainzer Str. 5, 50678 Köln, michael.mross@fh-koeln.de

**Mrowka,** Jürgen; Dr.-Ing., Prof.; *Messtechnik, Maschinenlabor*; di: HTW Dresden, Fak. Maschinenbau/Verfahrenstechnik, Friedrich-List-Platz 1, 01069 Dresden, T: (0351) 4622216, mrowka@mw.htw-dresden.de

**Mrowka,** Uwe; Dipl.-Phys., Prof.; *Mathematik, Technische Mechanik*; di: FH Düsseldorf, FB 4 – Maschinenbau u. Verfahrenstechnik, Josef-Gockeln-Str. 9, 40474 Düsseldorf, T: (0211) 4351456, uwe.mrowka@fh-duesseldorf.de

**Mrozynski,** Peter; Dr. jur., Prof.; *Recht*; di: Hochsch. München, Fak. Angew. Sozialwiss., Lothstr. 34, 80335 München, T: (089) 12652314, F: 12652330, mrozyn@fhm.edu

**Muche,** Thomas; Dr. rer. pol., Prof.; *Betriebswirtschaft, Investition und Finanzierung*; di: Hochsch. Zittau/Görlitz, Fak. Wirtschafts- u. Sprachwiss., Theodor-Körner-Allee 16, 02763 Zittau, T: (03583) 611385, tmuche@hs-zigr.de

**Muchna,** Claus; Dr. rer. pol., Prof.; *BWL*; di: Hamburger Fern-Hochsch., FB Wirtschaft, Alter Teichweg 19, 22081 Hamburg, T: (040) 35094370, F: 35094335, claus.muchna@hamburger-fh.de

**Mudra,** Peter; Dr., Prof.; *Internationales Personalmanagement und Organisation*; di: FH Ludwigshafen, FB II Marketing und Personalmanagement, Ernst-Boehe-Str. 4, 67059 Ludwigshafen, T: (0621) 5203278, peter.mudra@fh-lu.de

**Mückenheim,** Wolfgang; Dr. rer. nat., Prof.; *Mathematik, Physik*; di: Hochsch. Augsburg, Fak. f. Allgemeinwissenschaften, An der Hochschule 1, 86161 Augsburg, T: (0821) 55863311, F: 55863310, wolfgang.mueckenheim@hs-augsburg.de; www.hs-augsburg.de/~mueckenh/

**Müffelmann,** Hermann; Dr.-Ing., Prof.; *Baubetrieb, Verfahrenstechnik, Projektmanagement, Kalkulation, SF-Bau, Vertragsmanagement*; di: Jade Hochsch., FB Bauwesen u. Geoinformation, Ofener Str. 16-19, 26121 Oldenburg, T: (0441) 77083132, hermann.mueffelmann@jade-hs.de

**Mügge,** Günter; Dr.-Ing., Prof.; *Energiemanagement*; di: Hochsch. Lausitz, FB Architektur, Bauingenieurwesen, Versorgungstechnik, Lipezker Str. 47, 03048 Cottbus-Sachsendorf, T: (0355) 5818834, F: 5818609

**Müggenburg,** Norbert; Dipl.-Ing., Prof.; *Zeichnen und Modellieren*; di: Hochsch. Osnabrück, Fak. Agrarwiss. u. Landschaftsarchitektur, Oldenburger Landstr. 24, 49090 Osnabrück, T: (0541) 9695211, n.mueggenburg@hs-osnabrueck.de

**Müglich,** Andreas; Dr., Prof.; *Internationales Wirtschaftsrecht*; di: Westfäl. Hochsch., FB Wirtschaftsrecht, August-Schmidt-Ring 10, 45657 Recklinghausen, T: (02361) 915430, andreas.mueglich@fh-gelsenkirchen.de

**Mühl,** Thomas; Dr.-Ing., Prof.; *Elektrische Messtechnik und Prozessdatenverarbeitung*; di: FH Aachen, FB Elektrotechnik und Informationstechnik, Eupener Str. 70, 52066 Aachen, T: (0241) 600952127, muehl@fh-aachen.de; pr: Purweider Weg 14, 52070 Aachen, T: (0241) 155616

**Mühlbacher,** Axel; Dr. rer. oec., Prof.; *Gesundheitsökonomie, Medizinmanagement*; di: Hochsch. Neubrandenburg, FB Gesundheit, Pflege, Management, Brodaer Str. 2, 17033 Neubrandenburg, PF 110121, 17041 Neubrandenburg, T: (0395) 56933108, muehlbacher@hs-nb.de

**Mühlbäck,** Klaus; Dr., Prof.; *Marketing, Kommunikations- u. Markenmanagement, Corporate Identity, Werbestrategien u. -medien, Internationaler Handel u. Verkauf*; di: Int. School of Management, Campus München, Karlstraße 35, 80333 München

**Mühlbauer,** Bernd H.; Prof.; *Betriebswirtschaftslehre, insbes. Management im Gesundheitswesen*; di: Westfäl. Hochsch., FB Wirtschaft, Neidenburger Str. 43, 45877 Gelsenkirchen, T: (0209) 9596622, bernd.muehlbauer@fh-gelsenkirchen.de

**Mühlbauer,** Franz; Dr., Prof.; *Vermarktung von Vieh u. Fleisch, Marktlehre, Marketing*; di: Hochsch. Weihenstephan-Triesdorf, Fak. Landwirtschaft, Steingruberstr. 2, 91746 Weidenbach-Triesdorf, T: (09826) 654217, F: 6544010, franz.muehlbauer@fh-weihenstephan.de

**Mühlberger,** Holger; Dr., Prof.; *Elektronik*; di: HAW Hamburg, Fak. Life Sciences, Lohbrügger Kirchstr. 65, 21033 Hamburg, T: (040) 428756071, holger.muehlberger@haw-hamburg.de

**Mühlberger,** Melanie; Dr., Prof.; *Rechnungslegung*; di: Hochsch. f. Technik, Fak. Bauingenieurwesen, Bauphysik u. Wirtschaft, Schellingstr. 24, 70174 Stuttgart, PF 101452, 70013 Stuttgart, T: (0711) 89262767, melanie.muehlberger@hft-stuttgart.de

**Mühlböck,** Astrid; Dr., Prof.; *Eventmanagement*; di: Int. Hochsch. Bad Honnef, Mülheimer Str. 38, 53604 Bad Honnef, T: (02224) 9605119, a.muehlboeck@fh-bad-honnef.de

**Mühlbradt,** Frank W.; Dipl.-Kfm., Dr. rer. pol., Prof.; *Bankmanagement, Internationale Kapitalmärkte, Versicherungsbetriebslehre*; di: Hochsch. Regensburg, Fak. Betriebswirtschaft, PF 120327, 93025 Regensburg, T: (0941) 9431394, frank.muehlbradt@bwl.fh-regensburg.de

**Mühlemeyer,** Peter; Dr., Prof.; *Betriebswirtschaftslehre, insbes. Personalwirtschaft*; di: FH Worms, FB Wirtschaftswiss., Erenburgerstr. 19, 67549 Worms, T: (06241) 509228, F: 509222, muehlemeyer@fh-worms.de

**Mühlenbeck,** Gerd; Dr.-Ing., Prof.; *Flächen- und Stoffrecycling*; di: FH Nordhausen, FB Ingenieurwiss., Weinberghof 4, 99734 Nordhausen, T: (03631) 420340, F: 420821, mueck@fh-nordhausen.de

**Mühlenberend,** Andreas; Dr.-Ing., Prof.; *Industrie-Design*; di: Hochsch. Magdeburg-Stendal, FB Elektrotechnik, Breitscheidstr. 2, 39114 Magdeburg, andreas.muehlenberend@hs-magdeburg.de

**Mühlencoert,** Thomas; Dr., Prof.; *Allgemeine Betriebswirtschaftslehre, insbes. Organisation und Informationsverarbeitung*; di: H Koblenz, FB Wirtschafts- u. Sozialwissenschaften, RheinAhrCampus, Joseph-Rovan-Allee 2, 53424 Remagen, T: (02642) 932325, muehlencoert@rheinahrcampus.de

**Mühlhäuser,** Max; Dr., Prof.; *Technik*; di: DHBW Mosbach, Fak. Technik, Lohrtalweg 10, 74821 Mosbach, T: (06261) 939275, muehlhaeuser@dhbw-mosbach.de

**Mühlhan,** Claus; Dr.-Ing., Prof.; *Maschinenbau*; di: DHBW Mannheim, Fak. Technik, Coblitzallee 1-9, 68163 Mannheim, T: (0621) 41051231, F: 41051248, claus.muehlhan@dhbw-mannheim.de

**Mühlhoff,** Lucia; Ph.D., Prof.; *Physik*; di: Hochsch. Ostwestfalen-Lippe, FB 5, Elektrotechnik u. techn. Informatik, Liebigstr. 87, 32657 Lemgo, T: (05261) 702252, F: 702373; pr: Helle 9, 32657 Lemgo, T: (05261) 187577

**Mührel,** Eric; Dipl.-Sozialarbeiter (FH), Dipl.-Päd., Dr. phil., Prof.; *Sozialarbeitswisssenschaft – Leitbilder (Meta-)Theorien, Methoden; Philosophie, Ethik und Informationsethik*; di: Hochsch. Emden/Leer, FB Soziale Arbeit u. Gesundheit, Constantiaplatz 4, 26723 Emden, eric.muehrel@hs-emden-leer.de; pr: Boltentorsgang 12, 26721 Emden

**Mülder,** Wilhelm; Dr. rer. pol., Prof.; *Wirtschaftsinformatik*; di: Hochsch. Niederrhein, FB Wirtschaftswiss., Webschulstr. 41-43, 41065 Mönchengladbach, T: (02161) 1866346, wilhelm.muelder@hs-niederrhein.de; pr: Billebrinkhöhe 52, 45136 Essen, T: (0201) 8516964

**Mülheims,** Laurenz; Dr. jur., Prof., Dekan FB Sozialversicherung; *Sozialrecht, Arbeitsrecht*; di: Hochsch. Bonn-Rhein-Sieg, FB Sozialversicherung, Zum Steimelsberg 7, 53773 Hennef, T: (02241) 865174, laurenz.muelheims@fh-bonn-rhein-sieg.de

**Müllenbach,** Sabine; Dr. rer. nat., Prof.; *Datenbanken, Software-Engineering*; di: Hochsch. Augsburg, Fak. f. Informatik, Friedberger Str. 2, 86161 Augsburg, T: (0821) 55863465, F: 55863499, Sabine.Muellenbach@hs-augsburg.de

**Müller,** Adrian; Prof.; *Informatik, Mikrosystemtechnik*; di: FH Kaiserslautern, FB Informatik u. Mikrosystemtechnik, Amerikastr. 1, 66482 Zweibrücken, T: (06332) 914329, adrian.mueller@fh-kl.de

**Müller,** Albert; Dr. rer. pol., Prof.; *Volkswirtschaftslehre*; di: FH Neu-Ulm, Wileystr. 1, 89231 Neu-Ulm, T: (0731) 97621200, albert.mueller@fh-neu-ulm.de

**Müller,** Albrecht; Dr.-Ing., Prof.; *Informatik, Informationsübertragung, Funksysteme*; di: Techn. Hochsch. Mittelhessen, FB 02 Elektro- u. Informationstechnik, Wiesenstr. 14, 35390 Gießen, T: (0641) 3091921, albrecht.mueller@ei.fh-giessen.de; pr: Lärchenstr. 12, 63549 Ronneburg, T: (06184) 4543, F: 4543

**müller,** Albrecht; Dr. med. vet., Prof.; *Ethik, Partizipation, Schlüsselqualifikationen*; di: Hochsch. f. Wirtschaft u. Umwelt Nürtingen-Geislingen, PF 1349, 72603 Nürtingen, T: (07022) 404168, albrecht.mueller@hfwu.de

**Müller,** Andreas P.; Dr., Prof., Dekan FB I Merkur Internationale FH Karlsruhe; *Interkulturelles Management und Kommunikation*; di: Karlshochschule, PF 11 06 30, 76059 Karlsruhe

**Müller,** Armin; Dr. rer. pol., Prof.; *Allg. Betriebswirtschaftslehre, Rechnungswesen und Controlling*; di: HAW Ingolstadt, Fak. Wirtschaftswiss., Esplanade 10, 85049 Ingolstadt, T: (0841) 9348183, armin.mueller@haw-ingolstadt.de

**Müller,** Arno; Dr. rer. pol., Prof.; *Industriebetriebslehre, Logistik, Prozessmanagement, Allg. BWL*; di: Nordakademie, FB Wirtschaftswissenschaften, Köllner Chaussee 11, 25337 Elmshorn, T: (04121) 409033, F: 409040, arno.mueller@nordakademie.de

**Müller,** Bernd; Dr. rer. nat., Prof.; *Wirtschaftsinformatik*; di: Ostfalia Hochsch., Fak. Informatik, Am Exer 2, 38302 Wolfenbüttel, T: (05331) 9396313, F: 9396002, bernd.mueller@ostfalia.de

**Müller,** Bernd; Dr., Prof.; *Bürgerliches Recht, Arbeitsrecht, Internationales Wirtschaftsrecht, EU-Recht*; di: Hochschl. f. Oekonomie & Management, Herkulesstr. 32, 45127 Essen, T: (0201) 810040

**Müller,** Bernd; Dr.-Ing., Prof.; *Informatik*; di: Techn. Hochsch. Mittelhessen, FB 13 Mathematik, Naturwiss. u. Datenverarbeitung, Wiesenstr. 14, 35390 Gießen, T: (0641) 3092438; pr: Westerwaldstr. 13, 35764 Sinn, T: (02772) 957266

**Müller,** Bernhard; Dr., Prof.; *Allgemeine Betriebswirtschaftslehre, insbes. Finanzwirtschaft*; di: Hochsch. Niederrhein, FB Wirtschaftswiss., Webschulstr. 41-43, 41065 Mönchengladbach, T: (02161) 1866355, Bernd.Mueller@hs-niederrhein.de

**Müller,** Bernhard; Dr.-Ing., Prof.; *Energietechnik, Techn. Thermodynamik u. Wärmeübertragung*; di: Hochsch. Kempten, Fak. Maschinenbau, Bahnhofstr. 61-63, 87435 Kempten, T: (0831) 2523378, bernhard.mueller@fh-kempten.de

**Müller,** Betty H.; Dipl.-Ing., Prof.; *Bauaufnahme, Vermessung, Darstellende Geometrie*; di: FH Potsdam, FB Bauingenieurwesen, Pappelallee 8-9, Haus 1, 14469 Potsdam, T: (0331) 5801318, ymueller@fh-potsdam.de

**Müller,** Bodo; Dr. rer. nat., Prof.; *Technologie und Herstellung Lacke*; di: Hochsch. Esslingen, Fak. Angew. Naturwiss., Kanalstr. 33, 73728 Esslingen, T: (0711) 3973515; pr: Kolumbusstr. 37, 70771 Leinfelden-Echterdingen, T: (0711) 792273

**Müller,** Boris; Prof.; *Interface Design*; di: FH Potsdam, FB Design, Pappelallee 8-9, Haus 5, 14469 Potsdam, T: (0331) 5801455, boris.mueller@fh-potsdam.de

**Müller,** Burghard; Dr.-Ing., Prof., Dekan FB Energietechnik; *Apparatebau und Konstruktionslehre*; di: FH Aachen, FB Angewandte Naturwiss. u. Technik, Ginsterweg 1, 52428 Jülich, T: (0241) 600953540, burghard.mueller@fh-aachen.de; pr: Mühlenfeldweg 27, 52531 Übach-Palenberg, T: (02451) 909202

**Müller,** Burkhard; Dr. phil., Dipl.-Handelslehrer, Prof.; *Mathematik, Wirtschaftsinformatik, Statistik*; di: FH Westküste, FB Wirtschaft, Fritz-Thiedemann-Ring 20, 25746 Heide, T: (0481) 8555550, mueller@fh-westkueste.de; pr: Steenbrook 30, 24226 Heikendorf, T: (0431) 243474, F: 243851

**Müller,** Carola; Dr., Prof.; *Lebensmittelchemie*; di: Beuth Hochsch. f. Technik, FB V Life Science and Technology, Luxemburger Str. 10, 13353 Berlin, T: (030) 45045317, cmueller@beuth-hochschule.de

**Müller,** Carsten; Dr. phil., Prof.; *Heilpädagogik, Sozialpädagogik*; di: Hochsch. Emden/Leer, FB Soziale Arbeit u. Gesundheit, Constantiaplatz 4, 26723 Emden, T: (04921) 8071237, F: 8071251, carsten.mueller@hs-emden-leer.de

**Müller,** Carsten-Wilm; Dr.-Ing., Prof.; *Verkehrswesen*; di: Hochsch. Bremen, Fak. Architektur, Bau u. Umwelt, Neustadtswall 30, 28199 Bremen, T: (0421) 59053480, F: 59052302, Carsten-Wilm.Mueller@hs-bremen.de

**Müller,** Christian; Dr. rer. pol., Prof.; *Planung und Implementierung von Informationssystemen*; di: Techn. Hochsch. Wildau, FB Betriebswirtschaft/Wirtschaftsinformatik, Bahnhofstr., 15745 Wildau, T: (03375) 508956, F: 500324, crhristian.mueller@th-wildau.de

**Müller,** Christian; Dr. jur., Prof.; *Familienrecht, Sozialhilferecht*; di: Hochsch. Hannover, Fak. V Diakonie, Gesundheit u. Soziales, PF 690363, 30612 Hannover, T: (0511) 92963152, christian.mueller@hs-hannover.de; pr: Pestalozziweg 10, 30853 Langenhagen, T: (0511) 7639755

**Müller,** Christian; Dr. rer.pol., Prof.; *Betriebswirtschaftslehre, insbes. Produktion u. Logistik sowie Unternehmensgründung*; di: Hochschule Ruhr West, Wirtschaftsinstitut, PF 100755, 45407 Mülheim an der Ruhr, T: (0208) 88254362, christian.mueller@hs-ruhrwest.de

**Müller,** Cornelia; Dipl.-Ing., Prof.; *Vegetationstechnik, Gehölzverwendung*; di: Hochsch. Osnabrück, Fak. Agrarwiss. u. Landschaftsarchitektur, PF 1940, 49009 Osnabrück, T: (0541) 9695259, c.mueller@hs-osnabrueck.de

**Müller,** Detlev; Dipl.-Ing., HonProf.; *Entwurf elektronischer Baugruppen und Geräte*; di: Hochsch. Mittweida, Fak. Elektro- u. Informationstechnik, Technikumplatz 17, 09648 Mittweida, T: (03727) 581364

**Müller,** Dieter; Dipl.-Ing., Prof.; *Gebäudetechnik, Baukonstruktion, Projekt, Modellbau*; di: Hochsch. Rhein/Main, FB Architektur u. Bauingenieurwesen, Kurt-Schumacher-Ring 18, 65197 Wiesbaden, T: (0611) 94951408, dieter.mueller@hs-rm.de; pr: Holbeinstr. 6, 65195 Wiesbaden, T: (0611) 4479771, F: 4479772

**Müller,** Dieter; Dr., Prof.; *Messtechnik, Sensorik, Aktorik*; di: HAW Ingolstadt, Fak. Maschinenbau, Esplanade 10, 85049 Ingolstadt, dieter.mueller@haw-ingolstadt.de

**Müller,** Dieter; Dr. jur., Prof.; *Verkehrsrecht*; di: Hochsch. d. Sächsischen Polizei, Friedenstr. 120, 02929 Rothenburg, T: (035891) 460

**Müller,** Eberhard; Dr.-Ing. habil., Prof.; *Bauverfahren, Baubetrieb*; di: Hochsch. Zittau/Görlitz, Fak. Bauwesen, Schliebenstr. 21, 02763 Zittau, PF 1455, 02754 Zittau, T: (03583) 611674, E.Mueller@hs-zigr.de

**Müller,** Eckehard; Dr. rer. nat., Prof.; *Physik*; di: Hochsch. Bochum, FB Mechatronik u. Maschinenbau, Lennershofstr. 140, 44801 Bochum, T: (0234) 3210402, eckehard.mueller@hs-bochum.de; pr: Langerfeldstr. 53 c, 58638 Iserlohn, T: (02371) 36319

**Müller,** Erich; Dr. rer.nat., Prof.; *Informatik*; di: Hochsch. Kempten, Fak. Informatik, Bahnhofstr. 61-63, 87435 Kempten, T: (0831) 2523507, F: 25239283, erich.mueller@fh-kempten.de

**Müller,** Eugen; Dr.-Ing., Prof.; *Grundlagen der Elektrotechnik, Schaltungstechnik, Lineare Netzwerke, Regelungstechnik*; di: Hochsch. München, Fak. Elektrotechnik u. Informationstechnik, Lothstr. 64, 80335 München, T: (089) 12653454, F: 12653403, mueller@ee.fhm.edu

**Müller,** Frank; Dr.-Ing., Prof.; *Gerätetechnik und Konstruktionslehre*; di: FH Südwestfalen, Frauenstuhlweg 31, 58644 Iserlohn, T: (02371) 566146, F: 566251, mueller@fh-swf.de

**Müller,** Frank; Dr.-Ing., Prof.; *Werkstofftechnik*; di: Hochsch. Mittweida, Fak. Maschinenbau, Technikumplatz 17, 09648 Mittweida, T: (03727) 581299, F: 581376, mueller3@htwm.de

**Müller,** Franz-Jürgen; Dr.-Ing., Prof.; di: HTW d. Saarlandes, Fak. f. Wirtschaftswiss, Waldhausweg 14, 66123 Saarbrücken, T: (0681) 5867523, fjmueller@htw-saarland.de; pr: In der Wolfkaut 3, 66440 Blieskastel, T: (06842) 52128

**Müller,** Gerhard; Dr. rer. pol., Prof.; *Allgemeine Betriebswirtschaftslehre/ Statistik*; di: Hochsch. Wismar, Fak. f. Wirtschaftswiss., PF 1210, 23952 Wismar, T: (03841) 753625, gerhard.mueller@wi.hs-wismar.de

**Müller,** Gernot; Dr., Prof.; *Wirtschaftswissenschaften mit dem Schwerpunkt Quantitative Methoden*; di: Hochsch. Rhein-Waal, Fak. Gesellschaft u. Ökonomie, Marie-Curie-Straße 1, 47533 Kleve, T: (02821) 80673345, gernot.mueller@hochschule-rhein-waal.de

**Müller,** Gertraud; Internistin, Dr. med., Prof.; *Medizin*; di: Ev. Hochsch. Nürnberg, Fak. f. Sozialwissenschaften, Bärenschanzstr. 4, 90429 Nürnberg, T: (0911) 27253830, gertraud.mueller@evhn.de; pr: Suttnerstr. 2, 95447 Bayreuth, T: (0921) 57368, F: 512319

**Müller,** Günter; Dr.-Ing., Prof.; *Kommunikation in verteilten Systemen, Telekommunikationstechnik, Rechnernetze*; di: Hochsch. Aalen, Fak. Elektronik u. Informatik, Beethovenstr. 1, 73430 Aalen, T: (07361) 5764101, guenter.mueller@htw-aalen.de

**Müller,** Hans-Erich; Dipl.-Hdl., Dipl.-Kfm., Dr. rer. pol., Prof.; *Organisation und Management*; di: Hochsch. f. Wirtschaft u. Recht Berlin, Badensche Str. 50-51, 10825 Berlin, T: (030) 85789144, hemfhw@hwr-berlin.de; pr: Giesebrechtstr. 6, 10629 Berlin, T: (030) 88633459

**Müller,** Hans W.; Dr., Prof.; di: Rheinische FH Köln, Hohenstaufenring 16-18, 50674 Köln

**Müller,** Hardy; Dr. rer. nat., Prof.; *Werkstoffveredlung und -prüfung, Lederverarbeitung*; di: Westsächs. Hochsch. Zwickau, FG Textil- u. Ledertechnik, Klinkhardtstr. 30, 08468 Reichenbach, hardy.mueller@fh-zwickau.de

**Müller,** Harmund; Dipl.-Math., Dr. phil. nat., Prof.; *Mathematik*; di: Techn. Hochsch. Mittelhessen, FB 13 Mathematik, Naturwiss. u. Datenverarbeitung, Wilhelm-Leuschner-Str. 13, 61169 Friedberg, T: (06031) 604425

**Müller,** Hartmut; Dr.-Ing., Prof.; *Geoinformationssysteme, Vermessungskunde*; di: FH Mainz, FB Technik, Holzstr. 36, 55116 Mainz, T: (06131) 2859674, mueller@geoinform.fh-mainz.de

**Müller,** Henning; Dr., Prof.; *ABWL, insb. Controlling und Rechnungswesen*; di: FH Erfurt, FB Wirtschaftswiss., Steinplatz 2, 99085 Erfurt, PF 101363, 99013 Erfurt, T: (0361) 6700180, F: 6700152, mueller.henning@fh-erfurt.de

**Müller,** Herbert; Dr.-Ing., Prof.; *Umweltverfahrenstechnik, Reaktionstechnik, Chemische Technologie*; di: Hochsch. Mannheim, Fak. Verfahrens- u. Chemietechnik, Windeckstr. 110, 68163 Mannheim

**Müller,** Hermann; Dr.-Ing., Prof.; *Abfallwirtschaft, Abfalltechnik, Abfallökonomie, Abfallanalytik, Abfallrecht*; di: Hochsch. Magdeburg-Stendal, FB Wasser- u. Kreislaufwirtschaft, Breitscheidstr. 2, 39114 Magdeburg, T: (0391) 8864366, hermann.mueller@hs-magdeburg.de

**Müller,** Horst; MBA, Prof.; *Redaktionspraxis*; di: Hochsch. Mittweida, Fak. Medien, Technikumplatz 17, 09648 Mittweida, T: (03727) 581030, hmuelle2@htwm.de

**Müller,** Ingo; Dr.-Ing., Prof., Dekan Fak. Ingenieurwissenschaften; *Elektronische Schaltungen*; di: Hochsch. Wismar, Fak. f. Ingenieurwiss., PF 1210, 23952 Wismar, T: (03841) 753328, ingo.mueller@et.hs-wismar.de

**Müller,** Ingrid; Dr. sc. nat., Prof.; *Pharmazeutische Technologie, Klinische Pharmazie, Arzneimittelrecht*; di: Hochsch. Albstadt-Sigmaringen, FB 3, Anton-Günther-Str. 51, 72488 Sigmaringen, PF 1254, 72481 Sigmaringen, T: (07571) 732462, F: 732250, mueller@hs-albsig.de

**Müller,** Irene; Dr. phil., Prof.; *Pflegewissenschaft*; di: FH Bielefeld, Bereich Pflege und Gesundheit, Campus Minden, Artilleriestraße 9a, 32427 Minden, T: (0571) 8385264, irene.mueller@fh-bielefeld.de

**Müller,** Jean-Alexander; Dipl-Ing., Prof.; *Rechnernetze, Kommunikationssysteme*; di: HTW Dresden, Fak. Informatik/Mathematik, Friedrich-List-Platz 1, 01069 Dresden, T: (0351) 4622381, jeanm@informatik.htw-dresden.de

**Müller,** Jens; Dr., Prof.; *Communication u. Media Management, Business Journalism, Sport u. Event Management*; di: Business and Information Technology School GmbH, Reiterweg 26 b, 58636 Iserlohn, T: (02371) 776519, F: 776503, jens.mueller@bits-iserlohn.de

**Müller,** Jens; Prof.; *Mediendesign, 3D-Animation, Dreidimensionales Gestalten*; di: Hochsch. Augsburg, Fak. f. Gestaltung, Friedberger Straße 2, 86152 Augsburg, T: (0821) 55863419, jmueller@fh-augsburg.de

**Müller,** Joachim; Dr.-Ing., Prof.; *Bauproduktdesign, Designmethodik/ Entwurf, Gebäudelehre*; di: Hochsch. Augsburg, Fak. f. Architektur u. Bauwesen, An der Hochschule 1, 86161 Augsburg, PF 110605, 86031 Augsburg, T: (0821) 55862114, F: 55863110, joachim.mueller@hs-augsburg.de

**Müller,** Jochem; Dipl.-Kfm., Dr. rer. pol., Prof.; *Allgemeine Betriebswirtschaftslehre, Rechnungswesen, Controlling*; di: Hochsch. Ansbach, FB Wirtschafts- u. Allgemeinwiss., Residenzstr. 8, 91522 Ansbach, PF 1963, 91510 Ansbach, T: (0981) 4877231, F: 4877239, jochem.mueller@fh-ansbach.de

**Müller,** Jörg; Dr.-Ing., Prof.; *Automatisierungsanlagen, Prozessleittechnik*; di: FH Jena, FB Elektrotechnik u. Informationstechnik, Carl-Zeiss-Promenade 2, 07745 Jena, PF 100314, 07703 Jena, T: (03641) 205700, F: 205701, et@fh-jena.de

**Müller,** Johannes; Dr. rer.pol., Prof.; *Volkswirtschaftslehre, Asset Management, Statistik*; di: Hochsch. Hannover, Fak. IV Wirtschaft u. Informatik, Ricklinger Stadtweg 120, 30459 Hannover, T: (0511) 92961562, F: 92961510, johannes.mueller@hs-hannover.de

**Müller,** Johannes Niklaus; Dipl.-Ing., Prof.; *Raumplanung u. Städtebau*; di: Hochsch. Wismar, Fak. f. Gestaltung, PF 1210, 23952 Wismar, T: (03841) 753603, j.mueller@ar.hs-wismar.de

**Müller,** Jürgen; Dr.-Ing., Prof.; *Leistungselektronik, Elektronik*; di: FH Schmalkalden, Fak. Elektrotechnik, Blechhammer, 98574 Schmalkalden, PF 100452, 98564 Schmalkalden, T: (03683) 6885106, j.mueller@e-technik.fh-schmalkalden.de

**Müller,** Kai; Dr., Prof.; *Strafrecht, Strafverfahrensrecht, Ordnungswidrigkeitenrecht*; di: Hochsch. f. Polizei Villingen-Schwenningen, Sturmbühlstr. 250, 78054 Villingen-Schwenningen, T: (07720) 309506, KaiMueller@fhpol-vs.de

**Müller,** Kai; Dr.-Ing., Prof.; *Messtechnik, Steuerungsechnik, Regelungstechnik*; di: Hochsch. Bremerhaven, An der Karlstadt 8, 27568 Bremerhaven, T: (0471) 4823150, F: 4823418, kmueller@hs-bremerhaven.de; pr: Bgm.-Smidt-Str. 174, 27568 Bremerhaven, kp.mueller@ieee.org

**Müller,** Karl; Prof.; *Gestaltungslehre unter Einbeziehung elektronischer Werkzeuge, Mediengestaltung*; di: FH Bielefeld, FB Gestaltung, Lampingstr. 3, 33615 Bielefeld, T: (0521) 1067637, karl.mueller@fh-bielefeld.de; pr: Hasengasse 5-7, 60311 Frankfurt a.M., T: (069) 20105

**Müller,** Katharina; Dr., Prof.; *Sozialpolitik, Gesundheits- und Altenpolitik*; di: Hochsch. Mannheim, Fak. Sozialwesen, Ludolf-Krehl-Str. 7-11, 68167 Mannheim

**Müller,** Katja; Dr., Prof.; *Steuerlehre, Steuerrecht*; di: FH Frankfurt, FB 3 Wirtschaft u. Recht, Nibelungenplatz 1, 60318 Frankfurt am Main, T: (069) 15332935

**Müller,** Kerstin; Dr., Prof.; *Computergrafik und Mathematik, Informatik*; di: FH Bielefeld, FB Technik, Ringstraße 94, 32427 Minden, T: (0571) 8385252, F: 8385240, kerstin.mueller@fh-bielefeld.de

**Mueller,** Klaus; Dipl.-Ing. agr., Dr. agr., Prof.; *Allg. Bodenkunde und Geologie*; di: Hochsch. Osnabrück, Fak. Agrarwiss. u. Landschaftsarchitektur, PF 1940, 49009 Osnabrück, T: (0541) 9695144, k.mueller@hs-osnabrueck.de; pr: Bergmannstr. 5, 49134 Wallenhorst, T: (05407) 9300

**Müller,** Klaus; Dr.-Ing., Prof.; *Industrieelektronik, Regelungstechnik*; di: Hochsch. Mittweida, Fak. Elektro- u. Informationstechnik, Technikumplatz 17, 09648 Mittweida, T: (03727) 581346, F: 581351, kmue@htwm.de

**Mueller,** Lutz; Dr.-Ing., Prof.; *Werkstoffkunde*; di: HAW Hamburg, Fak. Technik u. Informatik, Berliner Tor 21, 20099 Hamburg, T: (040) 428758981, lutz.mueller@haw-hamburg.de; pr: T: (04181) 34551

**Müller,** Lutz; Dr. rer. nat., Prof.; *Geologie/ Geotechnik, Vermessungskunde*; di: Hochsch. Ostwestfalen-Lippe, FB 8, Umweltingenieurwesen u. Angew. Informatik, An der Wilhelmshöhe 44, 37671 Höxter, T: (05271) 687149; pr: Mindener Str. 44, 32257 Bünde

**Müller,** Margareta; Dr. rer. nat., Prof.; *Zellbiologie, Tissue Engineering*; di: Hochsch. Furtwangen, Fak. Maschinenbau u. Verfahrenstechnik, Jakob-Kienzle-Str. 17, 78054 Villingen-Schwenningen, T: (07720) 3074231, muem@hs-furtwangen.de

**Müller,** Margitte; Dr., Prof.; *BWL, International Business*; di: DHBW Karlsruhe, Fak. Wirtschaft, Erzbergerstr. 121, 76133 Karlsruhe, T: (0721) 9735947, mueller@no-spam.dhbw-karlsruhe.de

**Müller,** Margret; Dr., Prof.; *Pädagogik und Gerontologie*; di: FH Frankfurt, FB 4 Soziale Arbeit u. Gesundheit, Nibelungenplatz 1, 60318 Frankfurt am Main, T: (069) 15332856, mmm@fb4.fh-frankfurt.de

**Müller,** Markus; Dr., Prof.; *Arbeitsrecht und allgemeines Zivilrecht*; di: Hochsch. Trier, Umwelt-Campus Birkenfeld, FB Umweltwirtschaft/Umweltrecht, PF 1380, 55761 Birkenfeld, T: (06782) 171114, markus.mueller@umwelt-campus.de

**Müller,** Marlene; Dr., Prof.; *Angewandte Statistik*; di: Beuth Hochsch. f. Technik, FB II Mathematik – Physik – Chemie, Luxemburger Str. 10, 13353 Berlin, T: (030) 45045134, marlene.mueller@beuth-hochschule.de; http://prof.beuth-hochschule.de/mmueller/

**Müller,** Martin; Dr.-Ing., Prof.; *Strömungstechnik, Strömungsmaschinen, Energietechnik*; di: Hochsch. Ulm, Fak. Produktionstechnik u. Produktionswirtschaft, PF 3860, 89028 Ulm, T: (0731) 5028354, martin.mueller@hs-ulm.de

**Müller,** Martin; Dr., Prof.; *Wirtschaftsverwaltungsrecht, Vertiefungsgebiete Gewerberecht, Umweltschutzrecht, Baurecht, Subventionsrecht und Verfahrensrecht*; di: Ostfalia Hochsch., Fak. Recht, Salzdahlumer Str. 46/48, 38302 Wolfenbüttel, T: (05331) 9395260

**Müller,** Martin; Dr. phil., Prof.; *Online-Journalismus, Empirische Sozialforschung*; di: Hochsch. Ansbach, FB Wirtschafts- u. Allgemeinwiss., Residenzstr. 8, 91522 Ansbach, PF 1963, 91510 Ansbach, T: (0981) 4877367, martin.mueller@fh-ansbach.de

**Müller,** Martin E.; Dr., Prof.; *Intelligent Systems, Theory of Computer Science*; di: Hochsch. Bonn-Rhein-Sieg, FB Angewandte Informatik, Grantham-Allee 20, 53757 Sankt Augustin, 53754 Sankt Augustin, martin.mueller@h-brs.de

**Müller,** Martina; Dr.-Ing., Prof.; *Amtliche Kartenwerke, Kartennetze, Kartenkonstruktion, Multimediale Produkte und Projekte*; di: HTW Dresden, Fak. Geoinformation, Friedrich-List-Platz 1, 01069 Dresden, T: (0351) 4623159, muellerm@htw-dresden.de

**Müller,** Martina; Dr., Prof.; *Wirtschaftsrecht*; di: HTW Berlin, FB Wirtschaftswiss. I, Treskowallee 8, 10318 Berlin, T: (030) 50192761, martina.mueller@HTW-Berlin.de

**Müller,** Matthias; Dr., Prof.; *Pädagogik, Sozialpädagogik*; di: Hochsch. Neubrandenburg, FB Soziale Arbeit, Bildung u. Erziehung, Brodaer Str. 2, 17033 Neubrandenburg, PF 110121, 17041 Neubrandenburg, T: (0395) 56935107, mueller@hs-nb.de

**Müller,** Michael; Dr. rer. pol., Prof.; *Betriebswirtschaftslehre, insbesondere Absatzwirtschaft und Marketing*; di: FH Südwestfalen, FB Techn. Betriebswirtschaft, Haldener Str. 182, 58095 Hagen, T: (02331) 9872376, mueller.m@fh-swf.de; pr: Oestricher Str. 147, 58644 Iserlohn, T: (02374) 71552

**Müller,** Michael; Dr.-Ing., Prof.; *Massivbau*; di: Hochsch. Magdeburg-Stendal, FB Bauwesen, Breitscheidstr. 2, 39114 Magdeburg, T: (0391) 8864171, michael.mueller@hs-Magdeburg.DE

**Müller,** Michael; Dr. rer. nat., Prof.; *Technische Mechanik und Konstruktion, Werkstofftechnik, Festkörperelektronik*; di: Hochsch. Rosenheim, Fak. Ingenieurwiss., Hochschulstr. 1, 83024 Rosenheim, T: (08031) 805726, F: 805702, mueller.michael@fh-rosenheim.de

**Müller,** Michael; Dr. phil., Prof.; *Medienwirtschaft*; di: Hochsch. d. Medien, Fak. Druck u. Medien, Nobelstr. 10, 70569 Stuttgart, T: (0711) 89232295, muellermi@hdm-stuttgart.de

**Müller,** Michael; Dr.-Ing., Prof.; *Konstruktionslehre, Technische Mechanik*; di: Hochsch. Ulm, Fak. Maschinenbau u. Fahrzeugtechnik, PF 3860, 89028 Ulm, T: (0731) 5028170, michael.mueller@hs-ulm.de

**Müller,** Monika; Dr., Prof.; *Pädagogik, Schwerpunkt: Berufs- und Wirtschaftspädagogik*; di: Hochsch. d. Bundesagentur f. Arbeit, Wismarsche Str. 405, 19055 Schwerin, T: (0385) 5408471, Monika.Mueller8@arbeitsagentur.de

**Müller,** Nikolaus; Dr.-Ing., Prof.; *Regelungstechnik, Digitale Signalverarbeitung, Fahrzeugelektronik, Messtechnik, Grundlagen d. Elektrotechnik*; di: Hochsch. Deggendorf, FB Elektrotechnik u. Medientechnik, Edlmairstr. 6-8, 94469 Deggendorf, PF 1320, 94453 Deggendorf, T: (0991) 3615519, F: 3615599, nikolaus.mueller@fh-deggendorf.de

**Müller,** Norbert; Dr., Prof.; *Sportmanagement*; di: Ostfalia Hochsch., Fak. Verkehr-Sport-Tourismus-Medien, Karl-Scharfenberg-Str. 55-57, 38229 Salzgitter, T: (05341) 875608, No.Mueller@ostfalia.de

**Müller,** Oliver; Dr. rer. nat., Prof.; *Biochemie, Molekulare Onkologie*; di: FH Kaiserslautern, FB Informatik u. Mikrosystemtechnik, Amerikastr. 1, 66482 Zweibrücken, T: (06332) 914427, Oliver.Mueller@fh-kl.de; pr: T: (0231) 1062521

**Müller,** Petra; Dipl.-Designerin MAID, Prof.; *Kommunikationsgestaltung*; di: HTW Dresden, Fak. Gestaltung, Friedrich-List-Platz 1, 01069 Dresden, T: (0351) 4622485, muellerp@htw-dresden.de

**Müller,** Philipp; Dr. theol habil., Prof.; *Pastoraltheologie, Homiletik*; di: Kath. Hochsch. Mainz, FB Prakt. Theologie, Saarstr. 3, 55122 Mainz, T: (06131) 2894466, ph.mueller@kfh-mainz.de

**Müller,** Rainer; Dr. rer. nat., Prof.; *Programmieren, Grundlagen Informatik, Prozessdatenverarbeitung*; di: Hochsch. Furtwangen, Fak. Computer & Electrical Engineering, Robert-Gerwig-Platz 1, 78120 Furtwangen, T: (07723) 9202416, mlr@fh-furtwangen.de

**Müller,** Reinhard; Dr.-Ing., Prof.; *elektrische Antriebe, Mechatronik*; di: Hochsch. München, Fak. Maschinenbau, Fahrzeugtechnik, Flugzeugtechnik, Dachauer Str. 98b, 80335 München, T: (089) 12651255, r.mueller@hm.edu

**Müller,** Reinhard; Dr.-Ing., Prof.; *Navigation*; di: Hochsch. Wismar, Fak. f. Ingenieurwiss., PF 1210, 23952 Wismar, T: (0381) 4983670, r.mueller@sf.hs-wismar.de

**Müller,** Reinhold; Dipl.-Phys., Dr. rer. nat., Prof.; *Grundlagen der Elektrotechnik, Sensorik*; di: Hochsch. Landshut, Fak. Elektrotechnik u. Wirtschaftsingenieurwesen, Am Lurzenhof 1, 84036 Landshut, reinhold.mueller@fh-landshut.de

**Müller,** Robert; Dr.-Ing., Prof.; *Multimedia, Datenbanken*; di: HTWK Leipzig, FB Medien, PF 301166, 04251 Leipzig, T: (0341) 30765436, mueller@fbm.htwk-leipzig.de

**Müller,** Sandra; Dr., Prof.; *Psychologie, Neuropsychologie*; di: Ostfalia Hochsch., Fak. Sozialwesen, Ludwig-Winter-Str. 2, 38120 Braunschweig, s-v.mueller@ostfalia.de

**Müller,** Stefan; Dr.-Ing. habil., Prof.; *Kraftfahrzeugtechnik/Fahrwerk, Fahrwerkstechnik, Bremsanlagen*; di: Westsächs. Hochsch. Zwickau, Fak. Kraftfahrzeugtechnik, Scheffelstr. 39, 08066 Zwickau, PF 201037, 08012 Zwickau, T: (0375) 5363382, Stefan.Mueller@fh-zwickau.de

**Müller,** Stefan; Dipl.-Ing., Dr.-Ing., Prof.; *Biomedizinischen Messtechnik, Biomedizintechnik*; di: FH Lübeck, FB Angewandte Naturwissenschaften, Mönkhofer Weg 239, 23562 Lübeck, T: (0451) 3005212, stefan.mueller@fh-luebeck.de

**Müller,** Susanne; Dr. rer. pol., Prof.; *Betriebswirtschaftslehre, Wirtschaftsinformatik*; di: Techn. Hochsch. Mittelhessen, FB 07 Wirtschaft, Wiesenstr. 14, 35390 Gießen, T: (0641) 3092736, Susanne.Mueller@w.fh-giessen.de; pr: Hauptstr. 92, 56316 Hanroth, T: (02684) 959323

**Müller,** Susanne; Dr. rer. pol., Prof.; *Betriebswirtschaftslehre, insbes. Marketing und Logistik*; di: Hochsch. Niederrhein, FB Textil- u. Bekleidungstechnik, Webschulstr. 31, 41065 Mönchengladbach, T: (02161) 1866075, Susanne.Mueller@hs-niederrhein.de; pr: Bacherstr. 63, 47807 Krefeld, T: (02151) 301591, Dr.Susanne.Mueller@gmx.de

**Müller,** Thomas; Dipl.-Kfm., Prof.; *Wirtschaftsinformatik, Programmierung, Website-Entwicklung mit Datenbanken, Progammierung im System SAP R/3*; di: FH Flensburg, FB Wirtschaft, Kanzleistr. 91-93, 24943 Flensburg, T: (0461) 8051461, thomas.mueller@fh-flensburg.de; www.wi.fh-flensburg.de/thomas_mueller.html; pr: Kalleby 3, 24972 Quern, T: (04632) 876943, F: (04636) 97485

**Müller,** Thorsten; Dr., Prof.; *Politikwissenschaft, Soziologie*; di: FH f. öffentl. Verwaltung NRW, Studienort Hagen, Handwerkerstr. 11, 58135 Hagen, thorsten.mueller@fhoev.nrw.de

**Müller,** Tilman; Dr.-Ing., Prof., Dekan FB Geomatik; *Geodätische Messtechnik, Katasterwesen, Vermessungskunde*; di: Hochsch. Karlsruhe, Fak. Geomatik, Moltkestr. 30, 76133 Karlsruhe, PF 2440, 76012 Karlsruhe, T: (0721) 9252622

**Müller,** Udo; Dr. rer. nat., Prof.; *Programmiersprachen, Kommerzielle Software-Entwicklung*; di: Hochsch. Karlsruhe, Fak. Informatik u. Wirtschaftsinformatik, Moltkestr. 30, 76133 Karlsruhe, PF 2440, 76012 Karlsruhe, T: (0721) 9252943, udo.mueller@hs-karlsruhe.de

**Müller,** Udo; Dr.-Ing., Prof.; *Konstruktion, Maschinenelemente, Technische Mechanik*; di: Hochsch. f. angew. Wiss. Würzburg Schweinfurt, Fak. Maschinenbau, Ignaz-Schön-Str. 11, 97421 Schweinfurt, umueller@fh-sw.de

**Müller,** Ulf; Dr., Prof.; *Fertigungstechnik*; di: FH Köln, Fak. f. Anlagen, Energie- u. Maschinensysteme, Betzdorfer Str. 2, 50679 Köln, T: (0221) 82752914, ulf.mueller@fh-koeln.de

**Müller,** Ulf-Rüdiger; Dr.-Ing., Prof.; *Wirtschaftsingenieurwesen*; di: DHBW Stuttgart, Campus Horb, Florianstr. 15, 72160 Horb am Neckar, T: (07451) 521153, F: 521155, ur.mueller@hb.dhbw-stuttgart.de

**Müller,** Ulrich; Dipl.-Ing., Prof.; *Fertigungstechnik, Fabrikplanung, Kunststoffverarbeitung*; di: Hochsch. Amberg-Weiden, FB Wirtschaftsingenieurwesen, Hetzenrichter Weg 15, 92637 Weiden, T: (0961) 382205, F: 382162, u.mueller@fh-amberg-weiden.de

**Müller,** Ulrich; Dr.-Ing., Prof.; *Lebensmittelverfahrenstechnik*; di: Hochsch. Ostwestfalen-Lippe, FB 4, Life Science Technologies, Liebigstr. 87, 32657 Lemgo, T: (05231) 769241, F: 769222; pr: Wahmbecker Pfad 1, 32657 Lemgo, T: (05261) 777610

**Müller,** Ulrich A.; Dr.phil., Prof.; di: Hochsch. Hannover, Fak. V Diakonie, Gesundheit und Soziales, Blumhardtstr. 2, 30625 Hannover, T: (0511) 92963135, ulrich.mueller@hs-hannover.de

**Müller,** Walter; Dipl.-Phys., Dr. rer. nat., Prof.; *Mathematik*; di: Georg-Simon-Ohm-Hochsch. Nürnberg, Fak. Allgemeinwiss., Keßlerplatz 12, 90489 Nürnberg, T: (0911) 58801375

**Müller,** Walter; Dr.-Ing., Prof.; *Prozesstechnik, Strömungstechnik*; di: FH Düsseldorf, FB 4 – Maschinenbau u. Verfahrenstechnik, Josef-Gockeln-Str. 9, 40474 Düsseldorf, T: (0211) 4351424, walter.mueller@fh-duesseldorf.de; pr: An der Fillkuhle 8, 44227 Dortmund, T: (0231) 753751

**Müller,** Werner; Dr. n. ekon. (PL), Prof.; *Rechnungswesen, Controlling*; di: FH Mainz, FB Wirtschaft, Lucy-Hillebrand-Str. 2, 55128 Mainz, T: (06131) 628233, werner.mueller@wiwi.fh-mainz.de

**Müller,** Werner; Dr.-Ing., Prof.; *Betriebliche Datenverarbeitung*; di: FH Köln, Fak. f. Wirtschaftswiss., Claudiusstr. 1, 50678 Köln, T: (0221) 82753447, werner.mueller@fh-koeln.de; pr: Am Mühlenhof 1, 40789 Monheim, T: (02173) 30226

**Müller,** Wilfried; Dr. rer. oec., Prof.; *Marktforschung, Marketing, Unternehmens- und Personalführung*; di: FH Stralsund, FB Maschinenbau, Zur Schwedenschanze 15, 18435 Stralsund, T: (03831) 456709

**Müller,** Wolfgang; Dr.-Ing., Prof.; *Wirtschaftsinformatik/Logistik*; di: FH Ludwigshafen, FB III Internationale Dienstleistungen, Ernst-Boehe-Str. 4, 67059 Ludwigshafen, T: (0621) 5203261, wolfgang.mueller@fh-lu.de

**Müller,** Wolfgang; Dr. rer. nat. habil., Prof. FH Hildesheim/Holzminden/Göttingen; *Physik, Tiefentemperaturtechnologie, Vakuum- u. Röntgentechnologie*; di: HAWK Hildesheim/Holzminden/Göttingen, Fak. Naturwiss. u. Technik, von-Ossietzky-Str. 99, 37085 Göttingen, T: (0551) 3705258

**Müller,** Wolfgang; Dr., Prof.; *Betriebswirtschaftslehre, insbes. Marketing/Konsumgüter- u. Dienstleistungsmarketing*; di: FH Dortmund, FB Wirtschaft, Emil-Figge-Str. 44, 44227 Dortmund, T: (0231) 7555184, F: 7554902, wolfgang.mueller@fh-dortmund.de; pr: Am Natruper Steinbruch 23, 49076 Osnabrück, MUELLER.DR@t-online.de

**Müller-Bromley,** Nicolai; Dr. iur., Prof.; *Öffentliches Recht*; di: Hochsch. Osnabrück, Fak. Wirtschafts- u. Sozialwiss., Caprivistr. 30A, 49076 Osnabrück, T: (0541) 9693178, F: 9693176, n.mueller-bromley@hs-osnabrueck.de; pr: Ekenhoff 21, 49545 Tecklenburg, T: (05482) 97148

**Müller-Commichau,** Wolfgang; Dr., HonProf. H Rhein/Main Wiesbaden; *Sozialwesen*; di: wolfgang.mueller-commichau@hs-rm.de; pr: Wilhelmstr. 9, 67823 Obermoschel

**Müller-Erlwein,** Erwin; Dr.-Ing., Prof.; *Technische Chemie, Verfahrenstechnik, Mess- und Regelungstechnik*; di: Beuth Hochsch. f. Technik, FB II Mathematik – Physik – Chemie, Luxemburger Straße 10, 13353 Berlin, T: (030) 45042736, erlwein@beuth-hochschule.de

**Müller-Feuerstein,** Sascha; Dr.-Ing., Prof.; *Wirtschaftsinformatik, Prozessmanagement, Wissensmanagement*; di: Hochsch. Ansbach, FB Wirtschafts- u. Allgemeinwiss., Residenzstr. 8, 91522 Ansbach, PF 1963, 91510 Ansbach, T: (0981) 4877377, Sascha.Mueller@fh-ansbach.de

**Müller-Franke,** Waltraud; Dr., Prof.; *Politikwissenschaft, Politische Bildung, Methodik des Wissenschaftlichen Arbeitens*; di: Hochsch. f. Polizei Villingen-Schwenningen, Sturmbühlstr. 250, 78054 Villingen-Schwenningen, T: (07720) 309565, Mueller-Franke@fhpol-vs.de

**Müller-Geib,** Werner; Dr. theol., Prof., Dekan FB Prakt. Theologie; *Liturgiewissenschaft, Homiletik*; di: Kath. Hochsch. Mainz, FB Prakt. Theologie, Saarstr. 3, 55122 Mainz, T: (06131) 2894465, mueller-geib@kfh-mainz.de; pr: Im Tal 24, 55568 Abtweiler, T: (06753) 124950, F: 124953, w.muellergeib@t-online.de

**Müller-Gliesmann,** Felix; Dr.-Ing., Prof.; *Technologien und Werkstoffe in der Elektronikfertigung*; di: Hochsch. Mannheim, Fak. Informationstechnik, Windeckstr. 110, 68163 Mannheim

**Müller-Godeffroy,** Heinrich; Dr., Prof.; *Betriebswirtschaftslehre*; di: Hochsch. d. Bundesagentur f. Arbeit, Wismarsche Str. 405, 19055 Schwerin, T: (0385) 5408464, Heinrich.Mueller-Godeffroy@arbeitsagentur.de

**Müller-Gronau,** Wolfhardt; Dr.-Ing., Prof.; *Sprach- u. Datenkommunikation*; di: Hochsch. Bochum, FB Elektrotechnik u. Informatik, Lennershofstr. 140, 44801 Bochum, T: (0234) 3210369, wolfhardt.mueller-gronau@hs-bochum.de; pr: Rüstermark 4, 45134 Essen, T: (0201) 471621

**Müller-Horsche,** Elmar; Dr. rer. nat., Prof.; *Physik, Mathematik*; di: Hochsch. Augsburg, Fak. f. Allgemeinwissenschaften, An der Hochschule 1, 86161 Augsburg, T: (0821) 55863309, F: 55863310, elmar.mueller-horsche@hs-augsburg.de; www.hs-augsburg.de/~horschem/

**Müller-Jundt,** Bernhard; Dr., Prof., Dekan FB Wirtschaftsrecht; *Betriebswirtschaftslehre, insbes. Controlling und Rechnungswesen*; di: Westfäl. Hochsch., FB Wirtschaftsrecht, August-Schmidt-Ring 10, 45657 Recklinghausen, T: (02361) 915423, bernhard.mueller-jundt@fh-gelsenkirchen.de

**Müller-Lukoschek,** Jutta; Dr., Prof.; *Brügerliches Recht: Erbrecht, Schuldrecht, Internationales Privatrecht, Recht d. Freiwilligen Gerichtsbarkeit*; di: Hochsch. f. Wirtschaft u. Recht Berlin, FB 2, Alt-Friedrichsfelde 60, 10315 Berlin, T: (030) 90214427, F: 9021-4417, j.lukoschek@hwr-berlin.de

**Müller-Markmann,** Burkhardt; Dr. rer. pol., Prof.; *Volkswirtschaftslehre*; di: Hochsch. Furtwangen, Fak. Wirtschaft, Jakob-Kienzle-Str. 17, 78054 Villingen-Schwenningen, T: (07720) 3074306, mm@hs-furtwangen.de

**Müller-Menzel,** Thomas; Dr.-Ing., Prof.; *Verfahrenstechnik*; di: FH Lübeck, FB Maschinenbau u. Wirtschaft, Mönkhofer Weg 136-140, 23562 Lübeck, T: (0451) 5005402, F: 3005302, thomas.mueller-menzel@fh-luebeck.de

**Müller-Nehler,** Udo; Dr., HonProf. U Frankfurt/M., Prof. Provadis School Frankfurt; *Theoretische Physik*; di: Provadis School of Int. Management and Technology, Industriepark Hoechst, Geb. B 845, 65926 Frankfurt a.M., T: (069) 3055087, F: 30516277, Udo.Mueller-Nehler@provadis-hochschule.de

**Müller-Oestreich,** Karen; Dr. rer. pol., Prof.; *Volkswirtschaftslehre, insbes. Konjunktur- und Beschäftigungspolitik*; di: FH Aachen, FB Wirtschaftswissenschaften, Eupener Str. 70, 52066 Aachen, T: (0241) 600951963, mueller-oestreich@fh-aachen.de

**Müller-Peters,** Horst; Dr., Prof.; *BWL, insbes. Marketing u. Versicherungsvermittlung*; di: FH Köln, Fak. f. Wirtschaftswiss., Claudiusstr. 1, 50678 Köln, T: (0221) 82753547, horst.mueller-peters@fh-koeln.de

**Müller-Pflug,** Bernd; Prof.; *Kunsttherapie und Kunstpädagogik*; di: Hochsch. f. Künste im Sozialen, Am Wiestebruch 66-68, 28870 Ottersberg, bernd.mueller-pflug@hks-ottersberg.de; pr: Feldstr. 15a, 28203 Bremen; www.mueller-pflug.de

**Müller-Reichart,** Matthias; Dr. rer. pol., Prof.; *Risikomanagement*; di: Hochsch. Rhein/Main, Wiesbaden Business School , Bleichstr. 44, 65183 Wiesbaden, T: (0611) 94953205, matthias.mueller-reichart@hs-rm.de

**Müller-Römer,** Frank; Dr.-Ing., HonProf.; *Medientechnologie*; di: Hochsch. Mittweida, Fak. Medien, Technikumplatz 17, 09648 Mittweida, T: (03727) 581364; pr: Tannenstr. 26, 85579 Neubiberg, T: (089) 6016052

**Müller-Roosen,** Martin; Dr.-Ing., Prof.; *Werkstoffkunde, Technologie, Maschinenelemente*; di: Hochsch. Darmstadt, FB Maschinenbau u. Kunststofftechnik, Haardtring 100, 64295 Darmstadt, T: (06151) 168528, Mueller-Roosen@fbk.h-da.de; pr: Uwe-Beyer-Str. 51, 55128 Mainz, T: (06131) 338231

**Müller-Siebers,** Karl-Wilhelm; Dr. rer. pol., Prof., Präsident; *Marketing, Unternehmensführung*; di: FH f. die Wirtschaft Hannover, Freundallee 15, 30173 Hannover, T: (0511) 2848371, F: 2848372, karl.mueller-siebers@fhdw.de

**Müller-Späth,** Hauke; Dr.-Ing., Prof.; *Unternehmensstrategie, Qualitätsmanagement*; di: Hochsch. Fresenius, Im Mediapark 4c, 50670 Köln, mueller-spaeth@hs-fresenius.de

**Müller-Steinfahrt,** Ulrich; Dr., Prof.; *Logistik, Geschäftsprozesse*; di: Hochsch. f. angew. Wiss. Würzburg Schweinfurt, Fak. Wirtschaftswiss., Münzstr. 12, 97070 Würzburg, T: (0931) 3511185, mueller-steinfahrt@fh-wuerzburg.de

**Müller-Veggian,** Mattea; Dr., Prof.; *Kernphysik und Strahlentechnik*; di: FH Aachen, FB Angewandte Naturwiss. u. Technik, Ginsterweg 1, 52428 Jülich, T: (0241) 600953140, veggian@fh-aachen.de

**Müller-Vorbrüggen,** Michael; Dr., Prof.; *Personalmanagement*; di: Hochsch. Niederrhein, FB Wirtschaftswiss., Webschulstr. 41-43, 41065 Mönchengladbach, T: (02161) 1866344, m.mueller-vorbrueggen@hs-niederrhein.de

**Müller-Wichards,** Dieter; Dr.-Ing., Prof.; *Mathematik, Informatik*; di: HAW Hamburg, Fak. Technik u. Informatik, Berliner Tor 7, 20099 Hamburg, T: (040) 428758435, Dieter.Mueller-Wichards@haw-hamburg.de

**Müller-Wiegand,** Matthias; Dr., Prof.; di: Rheinische FH Köln, Hohenstaufenring 16-18, 50674 Köln

**Müllerschön,** Bernd; Dr., Prof., Dekan Fak. Wirtschaft; *Wirtschaftswissenschaften*; di: DHBW Stuttgart, Fak. Wirtschaft, Paulinenstraße 50, 70178 Stuttgart, T: (0711) 1849833, muellerschoen@dhbw-stuttgart.de

**Müllich,** Harald; Dr. phil., Prof. H München, Doz. Munich Business School; *Wirtschaftssprachen (Englisch, Französisch) u. interkulturelle Kompetenzen*; di: Hochsch. München, Fak. Betriebswirtschaft, Am Stadtpark 20 (Neubau), 81243 München, T: (089) 12652731, F: 12652714, harald.muellich@fhm.edu; pr: Mainaustr. 9, 81243 München, T: (089) 8343690, F: 89670038, harald.muellich@t-online.de; www.muellich.de

**Müllner,** Gudrun; Prof.; *Kommunikations-Design, Textgestaltung*; di: Hochsch. Augsburg, Fak. f. Gestaltung, Friedberger Straße 2, 86161 Augsburg, T: (0821) 55863410, gudrun.muellner@hs-augsburg.de

**Münch,** Hartmut; Dr.-Ing., Prof. FH Erfurt; *Verkehrsplanung*; di: FH Erfurt, FB Bauingenieurwesen, Altonaer Str. 25, 99085 Erfurt, T: (0361) 6700925, F: 6700902, h.muench@fh-erfurt.de; pr: Zöllnerstr. 1, 99423 Weimar, T: (03643) 902328, F: 853298

**Münch,** Heribert; Dr.-Ing., Prof.; *Meß-, Steuerungs-, Regelungstechnik, Automatisierungstechnik, Elektrische Maschinen und Antriebe*; di: Hochsch. Magdeburg-Stendal, FB Ingenieurwiss. u. Industriedesign, Breitscheidstr. 2, 39114 Magdeburg, T: (0391) 8864395, heribert.muench@hs-magdeburg.DE

**Münch,** Kai-Uwe; Dr.-Ing., Prof.; *Thermodynamik, Strömungslehre, Strömungsmaschinen*; di: FH Köln, Fak. f. Fahrzeugsysteme u. Produktion, Betzdorfer Str. 2, 50679 Köln, T: (0221) 82752389, kai-uwe.muench@fh-koeln.de

**Münch,** Thomas; Dr., Prof.; *Verwaltung u Organisation*; di: FH Düsseldorf, FB 6 – Sozial- und Kulturwiss., Universitätsstr. 1, Geb. 24.21, 40225 Düsseldorf, T: (0211) 8114659, thomas.muench@fh-duesseldorf.de

**Münch,** Thoralf; Dr., Prof.; *Controlling, Ökonomik der Produktion, Kooperationswesen*; di: Hochsch. f. Wirtschaft u. Umwelt Nürtingen-Geislingen, PF 1349, 72603 Nürtingen, T: (07022) 201331, thoralf.muench@hfwu.de

**Münchau,** Mathias; Dr. jur., Prof.; *Seerecht*; di: Hochsch. Emden/Leer, FB Seefahrt, Bergmannstr. 36, 26789 Leer, T: (0491) 928175010, mathias.muenchau@hs-emden-leer.de

**Münchenberg,** Jan; Dr.-Ing., Prof.; *Business Intelligence, Betriebliche Informationssysteme, Grundlagen der Informatik, IT Service-Management*; di: Hochsch. Offenburg, Fak. Elektrotechnik u. Informationstechnik, Badstr. 24, 77652 Offenburg, T: (0781) 2054747, jan.muenchenberg@hs-offenburg.de

**Mündemann,** Friedhelm; Dr. rer. nat., Prof., Dekan FB Informatik und Medien; *Angewandte Informatik, Informatik*; di: FH Brandenburg, FB Informatik u. Medien, Magdeburger Str. 50, 14470 Brandenburg, PF 2132, 14737 Brandenburg, T: (03381) 355431, F: 355199, muendemann@fh-brandenburg.de

**Münke,** Michael; Dr.-Ing., Prof.; *Mikrocomputertechnik, Digitaltechnik*; di: Techn. Hochsch. Mittelhessen, FB 02 Elektro- u. Informationstechnik, Wiesenstr. 14, 35390 Gießen, T: (0641) 3091936, michael.münke@ei.fh-giessen.de; pr: Gartenstr. 6, 35447 Reiskirchen, T: (06408) 965823, F: 965825

**Münker,** Christian; Dipl.-Ing., Prof.; *Analoge Schaltungstechnik, Digitale Signalverarbeitung*; di: Hochsch. München, Fak. Elektrotechnik u. Informationstechnik, Lothstr. 64, 80335 München, T: (089) 12653466, muenker@ee.hm.edu

**Münker,** Horst; Dipl.-Volksw., Dipl.-Math., Dr. rer. pol. habil., Prof.; *Betriebsstatistik, Wirtschaftsmathematik*; di: Georg-Simon-Ohm-Hochsch. Nürnberg, Fak. Betriebswirtschaft, Bahnhofstr. 87, 90402 Nürnberg

**Münsch,** Erwin; Dr.-Ing., Prof.; *Förder- und Materialflusstechnik, Betriebswirtschaftslehre*; di: Hochsch. Heilbronn, Fak. f. Mechanik u. Elektronik, Max-Planck-Str. 39, 74081 Heilbronn, T: (07131) 504417, F: 252470, muensch@fh-heilbronn.de

**Münster,** Carsten; Dr., Prof.; *BWL, Handel*; di: DHBW Lörrach, Hangstr. 46-50, 79539 Lörrach, T: (07621) 2071314, F: 2071359, muenster@dhbw-loerrach.de

**Münster,** Peter Maria; Dr. jur., Prof.; di: FH f. Rechtspflege NRW, FB Rechtspflege, Schleidtalstr 3, 53902 Bad Münstereifel, PF, 53895 Bad Münstereifel, peter.muenster@fhr.nrw.de

**Münz,** Claudia; Dr., Prof.; *Unternehmensführung und wissenschaftliche Weiterbildung*; di: FH Kaiserslautern, FB Betriebswirtschaft, Amerikastr. 1, 66482 Zweibrücken, T: (06332) 914253, claudia.muenz@fh-kl.de

**Münzberg,** Diether; Prof.; *Fotografische Verfahren, Bildbearbeitung, Imaging*; di: FH des Mittelstands, Ravensberger Str. 10g, 33602 Bielefeld, T: (0521) 96655224, muenzberg@fhm-mittelstand.de

**Münzing,** Uwe; Prof.; *Innenarchitektur*; di: Hochsch. Rhein/Main, FB Design Informatik Medien, Unter den Eichen 5, 65195 Wiesbaden, T: (0611) 94952194, Uwe.Muenzing@hs-rm.de

**Münzinger,** Rudolf; Dr. rer. pol., Prof.; *Externes Rechnungswesen, Unternehmensbewertung, Buchführung*; di: H Koblenz, FB Wirtschaftswissenschaften, Konrad-Zuse-Str. 1, 56075 Koblenz, T: (0261) 9528175, muenzinger@hs-koblenz.de

**Münzner,** Roland; Dipl.-Phys., Dr. rer. nat., Prof.; *Elektrotechnik, Informationstechnik*; di: Hochsch. Ulm, Fak. Elektrotechnik u. Informationstechnik, PF 3860, 89028 Ulm, T: (0731) 5028337, muenzner@hs-ulm.de

**Mürdter,** Heinz; Dr., Prof., Dekan Fak. Wirtschafts- und Sozialwissenschaften; *VWL, Schwerpunkt Internationale Beziehungen*; di: Hochsch. Konstanz, Fak. Wirtschafts- u. Sozialwiss., Brauneggerstr. 55, 78462 Konstanz, PF 100543, 78405 Konstanz, T: (07531) 206442, F: 206427, muerdter@fh-konstanz.de

**Mürtz,** Karl-Josef; Dr.-Ing., Prof.; *Energietechnik, Hochspannungstechnik, Theoretische Elektrotechnik*; di: H Koblenz, FB Ingenieurwesen, Konrad-Zuse-Str. 1, 56075 Koblenz, T: (0261) 9528350, muertz@fh-koblenz.de

**Müssig,** Jörg; Dr.-Ing., Prof.; *Werkstoffwissenschaften, Naturfasern und Naturfaserverbundwerkstoffe*; di: Hochsch. Bremen, Fak. Natur u. Technik, Neustadtswall 30, 28199 Bremen, T: (0421) 59052747, F: 59052537, joerg.muessig@hs-bremen.de

**Müßig,** Michael; Dr., Prof.; *Wirtschaftsinformatik, Logistik, IT-Organisation*; di: Hochsch. f. angew. Wiss. Würzburg Schweinfurt, Fak. Informatik u. Wirtschaftsinformatik, Münzstr. 12, 97070 Würzburg

**Müssig,** Peter; Dr., Prof.; *Privat- und Wirtschaftsrecht*; di: FH Frankfurt, FB 3 Wirtschaft u. Recht, Nibelungenplatz 1, 60318 Frankfurt am Main, T: (069) 15332957, drmussig@fb3.fh-frankfurt.de

**Müssigmann,** Nikolaus; Dr. rer. pol., Prof.; *Grundlagen der Informatik, Customizing, Geschäftsprozessmodellierung*; di: Hochsch. Augsburg, Fak. f. Informatik, Friedberger Straße 2, 86161 Augsburg, PF 110605, 86031 Augsburg, T: (0821) 55863448, F: 55863499, Nikolaus.Muessigmann@hs-augsburg.de

**Müssigmann,** Uwe; Dr.-Ing., Prof.; *Praktische Informatik, Digitale Bildverarbeitung*; di: Hochsch. f. Technik, Fak. Vermessung, Mathematik u. Informatik, Schellingstr. 24, 70174 Stuttgart, PF 101452, 70013 Stuttgart, T: (0711) 89262506, F: 89262556, uwe.muessigmann@fht-stuttgart.de

**Mütter,** Claus W.; Dr., Prof.; *Wirtschaftsprivatrecht, Arbeitsrecht, Wettbewerbsrecht*; di: Hochsch. Rosenheim, Fak. Betriebswirtschaft, Hochschulstr. 1, 83024 Rosenheim, T: (08031) 805460, F: 805453

**Mütterlein,** Bernward; Dr.-Ing., Prof.; *Technische Informatik, Elektronik*; di: FH Südwestfalen, FB Informatik u. Naturwiss., Frauenstuhlweg 31, 58644 Iserlohn, T: (02371) 566311, F: 566251

**Muff,** Marbot; Dr., HonProf.; *Personal- u. Finanzmanagement*; di: FH Mainz, FB Wirtschaft, Lucy-Hillebrand-Str. 2, 55128 Mainz, PF 230060, 55051 Mainz

**Mugele,** Jan; Dr.-Ing., Prof.; *Elektronik*; di: Hochsch. Magdeburg-Stendal, FB Elektrotechnik, Breitscheidstr. 2, 39114 Magdeburg, jan.mugele@hs-magdeburg.de

**Mugler,** Albrecht; Dr.-Ing., HonProf.; *Mobile Kommunikation*; di: Hochsch. Mittweida, Fak. Elektro- u. Informationstechnik, Technikumplatz 17, 09648 Mittweida, T: (03727) 581364

**Mujkanovic,** Robin; Dr. habil., Prof. H Rhein/Main Wiesbaden; *Betriebswirtschaftslehre, Rechnungslegung u. Wirtschaftsprüfung*; di: Hochsch. Rhein/Main, Wiesbaden Business School, Bleichstr. 44, 65183 Wiesbaden, T: (0611) 94953125, robin.mujkanovic@hs-rm.de; Robin.Mujkanovic@de.pwc.com

**Muller,** Emmanuel; Ph.D., Prof.; *Statistik, Innovationsmanagement*; di: Hochsch. Heidelberg, Fak. f. Wirtschaft, Ludwig-Guttmann-Str. 6, 69123 Heidelberg, T: (06221) 881448, F: 881010, emmanuel.muller@fh-heidelberg.de

**Mulloy,** Máire; Dr., Prof.; *Fachsprache Englisch*; di: Hochsch. Trier, Umwelt-Campus Birkenfeld, FB Umweltwirtschaft/ Umweltrecht, PF 1380, 55761 Birkenfeld, T: (06782) 171115, m.mulloy@umwelt-campus.de

**Multhaup,** Roland; Dr. rer. pol., Prof.; *Betriebswirtschaftslehre, insbes. Marketing*; di: FH Münster, FB Wirtschaft, Corrensstr. 25, 48149 Münster, T: (0251) 8365528, F: 8365502, multhaup@fh-muenster.de; pr: T: (0171) 4766137, F: (02373) 964954, Prof.Multhaup@t-online.de

**Mumm,** Harald; Dr. rer. nat., Prof.; *Wirtschaftsinformatik/Anwendungsprogrammierung*; di: Hochsch. Wismar, Fak. f. Wirtschaftswiss., PF 1210, 23952 Wismar, T: (03841) 753450, h.mumm@wi.hs-wismar.de

**Mummert,** Uwe; Dipl.-Vw., Dr. rer. pol., Prof. H Nürnberg, Doz. Munich Business School; *Volkswirtschaftslehre*; di: Georg-Simon-Ohm-Hochsch. Nürnberg, Fak. Betriebswirtschaft, Bahnhofstr. 87, 90402 Nürnberg, T: (0911) 58802867, F: 58806720, uwe.mummert@ohm-hochschule.de

**Mund,** Jan-Peter; Dr., Prof.; *GIS und Fernerkundung*; di: Hochsch. f. nachhaltige Entwicklung, FB Wald u. Umwelt, Alfred-Möller-Str. 1, 16225 Eberswalde, T: (03334) 657189, F: 657162, Jan-Peter.Mund@hnee.de

**Mundlos,** Siegfried; Dr. rer. nat., Prof.; *Informatik*; di: FH Jena, FB Grundlagenwiss., Carl-Zeiss-Promenade 2, 07745 Jena, PF 100314, 07703 Jena, T: (03641) 205500, F: 205501, gw@fh-jena.de

**Mundt,** Helge; Dr.-Ing., Prof.; *Elektroenergieversorgung u. Elektrizitätswirtschaft*; di: Hochsch. Wismar, Fak. f. Ingenieurwiss., PF 1210, 23952 Wismar, T: (03841) 753332, h.mundt@et.hs-wismar.de

**Mundt,** Jörn; Dr., Prof.; *BWL – Tourismus, Hotellerie und Gastronomie: Reiseverkehrsmanagement*; di: DHBW Ravensburg, Rudolfstr. 19, 88214 Ravensburg, T: (0751) 189992762, mundt@dhbw-ravensburg.de

**Mundt,** Ronald; Dipl.-Ing., Dr.-Ing., Prof.; *Werkstoffkunde, Qualitätssicherung, Schweißtechnik*; di: Hochsch. Emden/ Leer, FB Technik, Constantiaplatz 4, 26723 Emden, T: (04921) 8071404, F: 8071429, mundt@hs-emden-leer.de; pr: Galiotweg 34, 26723 Emden, T: (04941) 66782

**Mundt,** Sebastian; Prof.; *Medienmanagement, Informationsdienstleistung*; di: Hochsch. d. Medien, Fak. Information u. Kommunikation, Wolframstr. 32, 70569 Stuttgart, T: (0711) 25706263, F: 25706300, mundt@hdm-stuttgart.de

**Mundus,** Bernhard; Dr.-Ing., Prof.; *Energietechnik*; di: FH Münster, FB Energie, Gebäude, Umwelt, Stegerwaldstr. 39, 48565 Steinfurt, T: (0251) 962258, F: 962140, mundus@fh-muenster.de; pr: An der Hachstiege 13, 48565 Steinfurt, T: (02551) 83297

**Mungenast,** Matthias; Dr., Prof.; *Wirtschaftswissenschaften, Unternehmensführung, Personalwirtschaft*; di: Hochsch. Hof, Fak. Wirtschaft, Alfons-Goppel-Platz 1, 95028 Hof, T: (09281) 409407, F: 40955407, Mattias.Mungenast@fh-hof.de

**Munkwitz,** Matthias; Dr. oec., Prof.; *Betriebswirtschaft, Non-Profit-Wirtschaft, Tourismus*; di: Hochsch. Zittau/Görlitz, Fak. Wirtschafts- u. Sprachwiss., Theodor-Körner-Allee 16, 02763 Zittau, T: (03581) 4828431, M.Munkwitz@hs-zigr.de

**Muñoz de Frank,** Carmen; Dipl.-Ing., Innenarchitektin, Prof.; *Möbelentwicklung, Ausbauplanung, Schwerpunkt: Hotel- und Freizeiteinrichtungen*; di: Hochsch. Ostwestfalen-Lippe, FB 1, Architektur u. Innenarchitektur, Bielefelder Str. 66, 32756 Detmold, T: (05231) 76950, F: 769681; pr: Langenfelder Str. 93, 22769 Hamburg

**Munz,** Sonja; Dr. phil., Prof.; di: Hochsch. München, Fak. Tourismus, Am Stadtpark 20 (Neubau), 81243 München, sonja.munz@hm.edu

**Murach,** Dieter; Dr., Prof.; *Waldbau*; di: Hochsch. f. nachhaltige Entwicklung, FB Wald u. Umwelt, Alfred-Möller-Str. 1, 16225 Eberswalde, T: (03334) 657192, F: 657162, Dieter.Murach@hnee.de

**Murza,** Stefan; Dr.-Ing., Prof.; *Thermische Energiesysteme*; di: Hochsch. Augsburg, Fak. f. Maschinenbau u. Verfahrenstechnik, An der Hochschule 1, 86161 Augsburg, PF 110605, 86031 Augsburg, T: (0821) 55862047, F: 55863160, stefan.murza@hs-augsburg.de

**Murzin,** Marion; Dr. rer. pol., Prof.; *Marketing, Internationales Marketing, Verkaufstechnik, Marketing- Kommunikation, Customer Care*; di: Hochsch. Karlsruhe, Fak. Wirtschaftswissenschaften, Moltkestr. 30, 76133 Karlsruhe, PF 2440, 76012 Karlsruhe, T: (0721) 9251974, marion.murzin@hs-karlsruhe.de

**Muscat,** Dirk; Dr., Prof.; *Polymerchemie, Werkstoffkunde*; di: Hochsch. Rosenheim, Fak. Ingenieurwiss., Hochschulstr. 1, 83024 Rosenheim, T: (08031) 805626, muscat@fh-rosenheim.de

**Muscate-Magnusen,** Angelika; Dr., Prof.; *Forensische Analytik und Toxikologie*; di: Hochsch. Bonn-Rhein-Sieg, FB Angewandte Naturwissenschaften, von-Liebig-Str. 20, 53359 Rheinbach, T: (02241) 865-583, F: 8655583, angelika.muscate@fh-bonn-rhein-sieg.de

**Muschinski,** Willi; Dr., Prof.; *Betriebswirtschaftslehre, insbes. Materialwirtschaft und Einkauf, Operations Research*; di: Hochsch. Niederrhein, FB Wirtschaftswiss., Webschulstr. 41-43, 41065 Mönchengladbach, T: (02161) 1866357, willi.muschinski@hs-niederrhein.de; pr: An der Wolfskaul 13, 41812 Erkelenz

**Muschner,** Annette; Dr. phil., Prof.; *Tschechische Sprache und Übersetzungswissenschaft*; di: Hochsch. Zittau/Görlitz, Fak. Wirtschafts- u. Sprachwiss., Theodor-Körner-Allee 16, 02763 Zittau, T: (03583) 611884, a.muschner@hs-zigr.de

**Muschol,** Horst; Dr. oec., Prof.; *Betriebliches Rechnungswesen*; di: Westsächs. Hochsch. Zwickau, FB Wirtschaftswiss., Scheffelstr. 39, 08056 Zwickau, Horst.Muschol@fh-zwickau.de

**Musfeld,** Tamara; Dr.phil., Prof.; *Psychologie (Entwicklungs- Sozialpsychologie), Gender Studies, Identitätskonstruktionen*; di: Alice-Salomon-Hochsch., Alice-Salomon-Platz 5, 12627 Berlin-Hellersdorf, T: (030) 99245419, musfeld@ash-berlin.eu

**Musiol,** Marion; Dr. phil., Prof.; *Vorschulpädagogik, Bildung und Erziehung im Kindesalter*; di: Hochsch. Neubrandenburg, FB Soziale Arbeit, Bildung u. Erziehung, Brodaer Str. 2, 17033 Neubrandenburg, PF 110121, 17041 Neubrandenburg, T: (0395) 56935106, musiol@hs-nb.de

**Mussel,** Gerhard; Dr., Prof.; *Volkswirtschaftslehre*; di: DHBW Stuttgart, Fak. Wirtschaft, Jägerstr. 40, 70174 Stuttgart, T: (0711) 1849641, mussel@dhbw-stuttgart.de

**Mussgnug,** Wolfgang; HonProf.; *Kunst*; di: Int. Hochsch. Calw, Bätznerstr. 92/1a, 75323 Bad Wildbad, wolfgang.mussgnug@ih-calw.de; pr: Oskar-Mayer-Str. 17, 86720 Nördlingen, T: (09081) 1444; www.mussgnug.com

**Mussong,** Michael; Dr., Prof.; *Waldarbeitslehre, Waldwegebau, Walderschließung*; di: Hochsch. f. nachhaltige Entwicklung, FB Wald u. Umwelt, Alfred-Möller-Str. 1, 16225 Eberswalde, T: (03334) 657179, F: 657162, Michael.Mussong@hnee.de

**Muth,** Cornelia; Dr., Prof. FH Bielefeld; *Erziehungswissenschaft, insbes. historische Erziehungsmodelle, Schul- und Freizeitpädagogik, Geschichte der Philosophie*; di: FH Bielefeld, FB Sozialwesen, Kurt-Schumacher-Str. 6, 33615 Bielefeld, T: (0521) 1067801, cornelia.muth@fh-bielefeld.de; pr: Meierfeld 21 c, 33611 Bielefeld, T: (0521) 8807173

**Muth,** Gerhard; Dr.-Ing., Prof.; *Bodenmechanik, Erd- und Grundbau, EDV*; di: FH Mainz, FB Technik, Holzstr. 36, 55116 Mainz, T: (06131) 2859318, gerhard.muth@fh-mainz.de

**Muthers,** Christof; Dr., Prof.; *Recht*; di: FH f. öffentl. Verwaltung NRW, Abt. Duisburg, Albert-Hahn-Str. 45, 47269 Duisburg, christof.muthers@fhoev.nrw.de

**Muthig,** Jürgen; Prof.; *Technische Dokumentation, Standardisierung technischer Kommunikations- u. Analysetechniken, Usability Testing*; di: Hochsch. Karlsruhe, Fak. Wirtschaftswissenschaften, Moltkestr. 30, 76133 Karlsruhe, PF 2440, 76012 Karlsruhe, T: (0721) 9252988

**Mutscher,** Axel; Dr., Prof.; *ABWL, Betriebliche Steuerlehre*; di: Hochsch. Wismar, Fak. f. Wirtschaftswiss., PF 1210, 23952 Wismar, a.mutscher@wi.hs-wismar.de

**Mutschler,** Bela; Dr.-Ing., Prof.; *E-Business, Prozessorientierte Informationssysteme, Mitarbeiterführung*; di: Hochsch. Ravensburg-Weingarten, Doggenriedstr., 88250 Weingarten, PF 1261, 88241 Weingarten, bela.mutschler@hs-weingarten.de

**Mutschler,** Bernhard; Dr., Prof.; *Biblische Theologie*; di: Ev. H Ludwigsburg, FB Soziale Arbeit, Auf der Karlshöhe 2, 71638 Ludwigsburg, b.mutschler@eh-ludwigsburg.de

**Mutschler,** Martin; Dr.-Ing., Prof.; *Orts-, Stadt- und Regionalplanung, Verkehrsplanung, Stadttechnik, Städtebauliches Entwerfen, Planungsrecht, Kostenrechnung Stadtplanung, CAD Stadtplanung*; di: H Koblenz, FB Bauwesen, Konrad-Zuse-Str. 1, 56075 Koblenz, T: (0261) 9528612, F: 9528647, mutschler@hs-koblenz.de

**Mutschler,** Wolfram; HonProf. H Nürtingen; *Rechtswissenschaft*; di: Hochsch. f. Wirtschaft u. Umwelt Nürtingen-Geislingen, PF 1349, 72603 Nürtingen

**Mutz,** Gerd; Dr. rer. pol. habil., Prof.; *Volkswirtschaft, Sozialpolitik*; di: Hochsch. München, Fak. Angew. Sozialwiss., Am Stadtpark 20, 81243 München, T: (089) 12652325, gerd.mutz@hm.edu; pr: Hohenzollernstr. 112, 80796 München, T: (089) 398365, GerdMutz@aol.com, Gerd@Mutz.com

**Mutz,** Martin; Dr.-Ing., Prof.; *Mathematik, Softwaretechnik*; di: Hochsch. Hannover, Fak. I Elektro- u. Informationstechnik, Ricklinger Stadtweg 120, 30459 Hannover, PF 920261, 30441 Hannover, T: (0511) 92961284, martin.mutz@hs-hannover.de

**Mylius,** Winfried; Dr., Prof.; *Theoretische Informatik*; di: Hochsch. Anhalt, FB 5 Informatik, PF 1458, 06354 Köthen, T: (03496) 673123, winfried.mylius@inf.hs-anhalt.de

**Mysliwetz,** Birger; Dr., Prof.; *Mikrocomputertechnik*; di: Hochsch. Rosenheim, Fak. Ingenieurwiss., Hochschulstr. 1, 83024 Rosenheim, T: (08031) 805716, F: 805702

**Naake,** Beate; Prof.; *Rechtswissenschaften*; di: Ev. Hochsch. f. Soziale Arbeit, PF 200143, 01191 Dresden, T: (0351) 4690252, beate.naake@ehs-dresden.de

**Nachbaur,** Andreas; Dr., Prof.; *Staats- und Verfassungsrecht, Polizeirecht, Verwaltungsrecht*; di: Hochsch. f. Polizei Villingen-Schwenningen, Sturmbühlstr. 250, 78054 Villingen-Schwenningen, T: (07720) 309503, AndreasNachbaur@fhpol-vs.de

**Nachtigall,** Christoph; Dr. rer. nat., Prof.; *Mathematik, Physik*; di: Hochsch. Offenburg, Fak. Elektrotechnik u. Informationstechnik, Badstr. 24, 77652 Offenburg, T: (0781) 205246, christoph.nachtigall@fh-offenburg.de

**Nachtigall,** Klaus Peter; Dr.-Ing., Prof.; *Messtechnik und Energiespeicher*; di: FH Köln, Fak. f. Informations-, Medien- u. Elektrotechnik, Betzdorfer Str. 2, 50679 Köln, T: (0221) 82752329, klaus.nachtigall@fh-koeln.de

**Nachtrodt,** Martin; Dr.-Ing., Prof.; *Anlagenplanung*; di: FH Düsseldorf, FB 4 – Maschinenbau u. Verfahrenstechnik, Josef-Gockeln-Str. 9, 40474 Düsseldorf, T: (0211) 4351457, martin.nachtrodt@fh-duesseldorf.de; pr: Dortmunder Str. 9, 41564 Kaarst, T: (02131) 519964

**Nachtwey,** Reiner; Dr. päd., Prof.; *Gestaltungslehre*; di: FH Düsseldorf, FB 2 – Design, Georg-Glock-Str. 15, 40474 Düsseldorf, T: (0211) 4351230, reiner.nachtwey@fh-duesseldorf.de; pr: von-Pastor-Str. 7, 52066 Aachen

**Naderer,** Gabriele; Prof.; *Betriebswirtschaft/Markt- u. Kommunikationsforschung*; di: Hochsch. Pforzheim, Fak. f. Wirtschaft u. Recht, Tiefenbronner Str. 65, 75175 Pforzheim, T: (07231) 286229, F: 286070, gabriele.naderer@hs-pforzheim.de

**Naderwitz,** Peter; Dr., Prof.; *Physikalische Chemie und Grundlagen der Mathematik*; di: Hochsch. Niederrhein, FB Chemie, Frankenring 20, 47798 Krefeld, T: (02151) 8224088

**Nadler,** Lothar; Dr., Prof.; *Medienmanagement, Klassische Medien*; di: Hochsch. Heilbronn, Fak. f. Technik u. Wirtschaft, Daimlerstr. 35, 74653 Künzelsau, T: (07940) 1306141, F: 130661411, nadler@hs-heilbronn.de

**Näder,** Hans Georg; HonProf.; *Betriebswirtschaftslehre, Entrepreneurship*; di: Private FH Göttingen, Weender Landstr. 3-7, 37073 Göttingen

**Naefe,** Paul; Dr.-Ing., Prof.; *Konstruktionslehre*; di: FH Köln, Fak. f. Anlagen, Energie- u. Maschinensysteme, Betzdorfer Str. 2, 50679 Köln, T: (0221) 82752370, paul.naefe@fh-koeln.de; pr: Kalverbenden 23, 52066 Aachen

**Naegele,** Isabel; Dr. med., Prof.; *Gestaltungsgrundlagen, Farblehre, Entwurfsgrundlagen*; di: FH Mainz, FB Gestaltung, Holzstr. 36, 55116 Mainz, T: (06131) 2859517

**Nägele,** Roland; Dr., Prof.; *Regelungs- u. Steuerungstechnik*; di: Hochsch. Konstanz, Fak. Maschinenbau, Brauneggerstr. 55, 78462 Konstanz, PF 100543, 78405 Konstanz, T: (07531) 206276, roland.naegele@fh-konstanz.de

**Nägele,** Stefan; Dr. iur., HonProf. WH Lahr; *Europäisches Arbeitsrecht, Prozessrecht*; di: Kanzlei für Arbeitsrecht, Heilbronner Str. 154, 70191 Stuttgart, T: (0711) 2535840, F: 2535849; www.naegele.eu; WH Lahr, Lst. f. Personalmanagement/Organisation, Hohbergweg 15-17, 77933 Lahr, T: (07821) 923835, stefan.naegele@whl-lahr.de

**Nägele,** Thomas; Dr. rer.nat., Prof.; *Elektrotechnik*; di: Hochsch. Kempten, Fak. Elektrotechnik, Bahnhofstr. 61-63, 87435 Kempten, T: (0831) 2523147, F: 2523197, thomas.naegele@fh-kempten.de

**Nafzger,** Hans-Jörg; Prof.; *Chemie, Gefahrguttransporte QM/ISM*; di: Jade Hochsch., FB Seefahrt, Weserstr. 4, 26931 Elsfleth, T: (04404) 92884283, hans-joerg.nafzger@jade-hs.de; pr: Hudsonstr. 3A, 26931 Elsfleth, T: (04404) 970406

**Nagel,** Annette; Dr.rer. oec., Prof.; *Betriebswirtschaftslehre, insbes. Internationales Personalmanagement*; di: FH Münster, FB Wirtschaft, Corrensstr. 25, 48149 Münster, T: (0251) 8365651, F: 8365502, nagel@fh-muenster.de; pr: Kaldenberg 23, 40668 Meerbusch, T: (02150) 6341, F: 6341, Annette.Nagel@t-online.de

**Nagel,** Erich; Dr.-Ing., Prof.; *Vermessungskunde, Geodätische Instrumente*; di: Hochsch. München, Fak. Geoinformation, Karlstr. 6, 80333 München, T: (089) 12652662, F: 12652698, erich.nagel@fhm.edu

**Nagel,** Friedrich; Dr., Prof.; di: Hochsch. f. Wirtschaft u. Recht Berlin, Badensche Str. 50/51, 10825 Berlin, T: (030) 29384578, friedrich.nagel@hwr-berlin.de

**Nagel,** Lutz; Dr.-Ing., Prof.; *Kraftfahrzeugtechnik/Karosseriebau, Karosseriekonstruktion*; di: Westsächs. Hochsch. Zwickau, Fak. Kraftfahrzeugtechnik, Dr.-Friedrichs-Ring 2A, 08056 Zwickau, Lutz.Nagel@fh-zwickau.de

**Nagel,** Matthias; Dr. rer. nat., Prof.; *Lebensmittel-Biotechnologie, Mikrobiologie*; di: Hochsch. Bremerhaven, An der Karlstadt 8, 27568 Bremerhaven, T: (0471) 4823182, F: 4823218, mnagel@hs-bremerhaven.de; pr: T: 01703142641

**Nagel,** Michael; Dr., Prof.; *Wirtschaftswissenschaften, International Business*; di: DHBW Stuttgart, Fak. Wirtschaft, Blumenstr. 25, 70182 Stuttgart, T: (0711) 1849545, nagel@dhbw-stuttgart.de

**Nagel,** Rolf; Dr., Prof.; *Betriebswirtschaftslehre, Bankbetriebslehre*; di: FH Düsseldorf, FB 7 – Wirtschaft, Universitätsstr. 1, Geb. 23.32, 40225 Düsseldorf, T: (0211) 8115135, F: 8114369, rolf.nagel@fh-duesseldorf.de

**Nagel,** Rüdiger; Dr. rer. pol., Prof.; *Arbeitsrecht, Betriebswirtschaft, Personalmanagement, Soziologie*; di: FH Mainz, FB Wirtschaft, Lucy-Hillebrand-Str. 2, 55128 Mainz, T: (06131) 628130, prof.nagel@t-online.de

**Nagel,** Ulrich; Dr.-Ing. habil., Prof. FH Mainz; *Baumanagement, Projektmanagement, Facility-Management*; di: FH Mainz, FB Technik, Holzstr. 36, 55116 Mainz, T: (06131) 6281332, ulrich.nagel@fh-mainz.de; pr: Lauterenstr. 16, 55116 Mainz, T: (06131) 557778, F: 577499

**Nagengast,** Johann; Dr., Prof. FH Deggendorf, Doz. Munich Business School; *International Management, Allgemeine Betriebswirtschaftslehre*; di: Hochsch. Deggendorf, FB Betriebswirtschaft, Edlmairstr. 6-8, 94469 Deggendorf, T: (0991) 3615140, F: 3615199, johann.nagengast@fh-deggendorf.de

**Nagl,** Anna; Dipl.-Betriebswirtin (FH), Dr. rer. pol., Prof.; *Betriebswirtschaftslehre, Marketing u. Verkaufen, Unternehmensführung, Berufspädagogik*; di: Hochsch. Aalen, Fak. Optik u. Mechatronik, Beethovenstr. 1, 73430 Aalen, T: (07361) 5764601, F: 5764681, Anna.Nagl@htw-aalen.de

**Nagler,** Georg; Dr., Prof. u. Rektor; di: DHBW Mannheim, Coblitzallee 1-9, 68163 Mannheim, T: (0621) 41051500, F: 41051509, georg.nagler@dhbw-mannheim.de

**Nagy,** Michael; Dr., Prof.; *Unternehmensführung, Personal- u Sozialarbeit*; di: Hochsch. Heidelberg, Fak. f. Angew. Psychologie, Ludwid-Guttmann-Str. 6, 69123 Heidelberg, T: (06221) 882788, michael.nagy@fh-heidelberg.de

**Nahm,** Christoph; Dr., Prof.; *Bauinformatik, Baukonstruktion-CAD*; di: FH Frankfurt, FB 1 Architektur, Bauingenieurwesen, Geomatik, Nibelungenplatz 1, 60318 Frankfurt am Main, T: (069) 15333627

**Nahr,** Gottfried; Dipl.-Kfm., Dr. rer. pol., Prof.; *Finanz- und Investitionsmanagement, Bank- und Börsenwesen, Unternehmensbewertung*; di: Hochsch. Regensburg, Fak. Betriebswirtschaft, PF 120327, 93025 Regensburg, T: (0941) 9431395, gottfried.nahr@bwl.fh-regensburg.de

**Nahrwold,** Mario; Dr., Prof.; *Zivilrecht, Gender und Recht, Jugendstrafrecht/-Vollzug, Kinder- und Jugendhilferecht, Verwaltungsrecht*; di: FH Kiel, FB Soziale Arbeit u. Gesundheit, Sokratesplatz 2, 24149 Kiel, T: (0431) 2103050, mario.nahrwold@fh-kiel.de

**Nalepa,** Ernst; Dr.-Ing., Prof., Dekan FB Maschinenbau; *Technische Mechanik*; di: Hochsch. Darmstadt, FB Maschinenbau u. Kunststofftechnik, Haardtring 100, 64295 Darmstadt, T: (06151) 168570, nalepa@h-da.de

**Namislow,** Ulrich; Designer, Prof.; *Gestaltungsgrundlagen, Farblehre, Entwurfsgrundlagen*; di: FH Mainz, FB Gestaltung, Holzstr. 36, 55116 Mainz, T: (06131) 2859520, ulrich.namislow@fh-mainz.de

**Namuth,** Matthias; Dr.-Ing., Prof.; *Siedlungswasserwirtschaft und Abfallwirtschaft*; di: FH Bielefeld, FB Architektur u. Bauingenieurwesen, Artilleriestr. 9, 32427 Minden, T: (0571) 8385123, F: 8385172, matthias.namuth@fh-bielefeld.de; pr: Wachtelstr. 1, 32427 Minden, T: (0571) 51206

**Nandi,** Gerrit; Dr., Prof.; *Wirtschaftsingenieurwesen*; di: DHBW Heidenheim, Fak. Technik, Marienstr. 20, 89518 Heidenheim, T: (07321) 2722357, F: 2722359, nandi@dhbw-heidenheim.de

**Nann,** Werner; Dr., Prof.; *Immobilienwirtschaft*; di: HTW Berlin, FB Wirtschaftswiss. I, Treskowallee 8, 10318 Berlin, T: (030) 50192497, w.nann@HTW-Berlin.de

**Naplava,** Thomas; Dr., Prof.; *Politikwissenschaft, Soziologie*; di: FH f. öffentl. Verwaltung NRW, Abt. Duisburg, Albert-Hahn-Str. 45, 47269 Duisburg, thomas.naplava@fhoev.nrw.de

**Nasher,** Jack; Dr. phil., Prof.; *Organisation, Unternehmensführung*; di: Munich Business School, Elsenheimerstr. 61, 80687 München, T: (089) 547678221, F: 54767829, office@jacknasher.com

**Nasner,** Horst; Dr.-Ing., Prof.; *Hydromechanik u. Wasserbau*; di: Hochsch. Bremen, Fak. Architektur, Bau u. Umwelt, Neustadtswall 30, 28199 Bremen, T: (0421) 59052313, F: 59052382, Horst.Nasner@hs-bremen.de

**Nast,** Eckart; Dr.-Ing., Prof.; *Technische Mechanik, Festigkeit im Leichtbau*; di: HAW Hamburg, Fak. Technik u. Informatik, Berliner Tor 9, 20099 Hamburg, T: (040) 428757825, eckart.nast@haw-hamburg.de

**Natrop,** Johannes; Dr. rer. pol., Prof.; *Volkswirtschaftslehre und Statistik*; di: Hochsch. Bonn-Rhein-Sieg, FB Wirtschaft Sankt Augustin, Grantham-Allee 20, 53757 Sankt Augustin, 53754 Sankt Augustin, T: (02241) 865119, F: 8658119, johannes.natrop@fh-bonn-rhein-sieg.de

**Nauerth,** Annette; Dr. med., Prof.; *Biomedizinische Grundlagen der Pflege*; di: FH Bielefeld, FB Pflege u. Gesundheit, Am Stadtholz 24, 33609 Bielefeld, T: (0521) 1067436, annette.nauerth@fh-bielefeld.de; pr: Kesselstr. 2, 33602 Bielefeld, T: (0521) 171861

**Nauerth,** Matthias; Dr., Prof.; di: Ev. Hochsch. f. Soziale Arbeit & Diakonie, Horner Weg 170, 22111 Hamburg, T: (040) 65591226, mnauerth@rauheshaus.de; pr: Akazienweg 15, 25474 Ellerbek, T: (04101) 371538

**Nauerz,** Andreas; Dr.-Ing., Prof.; *Technische Mechanik*; di: FH Jena, FB SciTec, Carl-Zeiss-Promenade 2, 07745 Jena, PF 100314, 07703 Jena, ft@fh-jena.de

**Naujock,** Hans-Joachim; Dr.-Ing., Prof.; *Verfahrenstechnik der Zellstoff- und Papierherstellung*; di: Hochsch. München, Fak. Versorgungstechnik, Verfahrenstechnik Papier u. Verpackung, Druck- u. Medientechnik, Lothstr. 34, 80335 München, T: (089) 12651547, F: 12651502, naujock@fhm.edu

**Naujok,** Natascha; Dr. habil., Prof.; *Sprache u. Kommunikation, Pädagogik*; di: Ev. Hochsch. Berlin, Prof. f. Sprache u. Kommunikation, Teltower Damm 118-122, 14167 Berlin, PF 370255, 14132 Berlin, T: (030) 84582246, naujok@eh-berlin.de

**Naujokat,** Anke; Dipl.-Ing., Prof.; *Baugeschichte, Denkmalpflege, Architekturtheorie*; di: FH Aachen, FB Architektur, Bayernallee 9, 52066 Aachen, T: (0241) 600951204, naujokat@fh-aachen.de

**Naujoks,** Bernd; Dr., Prof.; *Stahlbau, Verbundbau und Baustoffkunde*; di: FH Mainz, FB Technik, Holzstr. 36, 55116 Mainz, T: (06131) 2859321, bernd.naujoks@fh-mainz.de

**Naujoks,** Petra; Dr., Prof.; *Betriebswirtschaftlehre*; di: HAW Hamburg, Fak. Life Sciences, Lohbrügger Kirchstr. 65, 21033 Hamburg, T: (040) 428756294, petra.naujoks@haw-hamburg.de

**Naumann,** Andreas; Dr., Prof., Dekan FB Landschaftsarchitektur; *Grundlagen des Gestaltens*; di: FH Erfurt, FB Landschaftsarchitektur, Leipziger Str. 77, 99085 Erfurt, PF 101363, 99013 Erfurt, T: (0361) 6700258, F: 6700259, a.naumann@fh-erfurt.de

**Naumann,** Birgit; Dr. rer. pol., Prof.; *Allgem. Betriebswirtschaftslehre, Rechnungswesen*; di: Georg-Simon-Ohm-Hochsch. Nürnberg, Fak. Betriebswirtschaft, Bahnhofsstr. 87, 90402 Nürnberg, PF 210320, 90121 Nürnberg

**Naumann,** Elke; Dr., Prof.; *Software-Engineering, Programmentwicklung*; di: HTW Berlin, FB Wirtschaftswiss. II, Treskowallee 8, 10318 Berlin, T: (030) 50192270, e.naumann@HTW-Berlin.de

**Naumann,** Peter; Dipl.-Des., Prof.; *Industrie Design*; di: Hochsch. München, Fak. Design, Erzgießereistr. 14, 80335 München, T: (089) 12652801, peter.naumann@hm.edu

**Naumann,** Rolf; Dr.-Ing., Prof.; *Finite Elemente, Mehrkörpersimulation, Mathematik*; di: FH Bielefeld, FB Ingenieurwiss. u. Mathematik, Am Stadtholz 24, 33609 Bielefeld, T: (0521) 1067483, rolf.naumann@fh-bielefeld.de

**Naumann,** Siglinde; Dr. phil., Prof.; *Soziale Arbeit, Erwachsenenbildung*; di: Hochsch. Rhein/Main Wiesbaden, Kurt-Schumacher-Ring 18, 65197 Wiesbaden, T: (0611) 94951307, Siglinde.Naumann@hs-rm.de

**Naumann,** Stefan; Dr., Prof.; *Grundlagen der Informatik und Mathematik, Umwelt- und Nachhaltigkeitsinformatik*; di: Hochsch. Trier, Umwelt-Campus Birkenfeld, FB Umweltplanung/Umwelttechnik, PF 1380, 55761 Birkenfeld, T: (06782) 171217, s.naumann@umwelt-campus.de

**Naumann,** Thilo; Dr. phil., Prof.; *Vorschulerziehung, Kindertageseinrichtung, Schulsozialarbeit*; di: Hochsch. Darmstadt, FB Gesellschaftswiss. u. Soziale Arbeit, Haardtring 100, 64295 Darmstadt, T: (06151) 168711, thilo.naumann@h-da.de

**Naumann,** Werner; Dr.-Ing., Prof.; *Tragwerkslehre, insbes. Massivbau und Baustatik*; di: FH Köln, Fak. f. Bauingenieurwesen u. Umwelttechnik, Betzdorfer Str. 2, 50679 Köln, T: (0221) 82752792, werner.naumann@fh-koeln.de; pr: Richtericher Str. 55, 52072 Aachen, T: (0241) 171591

**Nauroth,** Markus; Dr. rer. nat., Prof.; *Wirtschaftsinformatik, Mathematik, Statistik*; di: FH Mainz, FB Wirtschaft, Lucy-Hillebrand-Str. 2, 55128 Mainz, markus.nauroth@wiwi.fh-mainz.de

**Nauschütt,** Jürgen; Dr. jur., Prof.; *Versicherungsrecht*; di: Hochsch. f. Wirtschaft u. Umwelt Nürtingen-Geislingen, PF 1349, 72603 Nürtingen, T: (07022) 201329, juergen.nauschuett@hfwu.de

**Nausner,** Michael; Dr. theol., Prof.; *Systematische Theologie*; di: Theologische Hochsch., Friedrich-Ebert-Str. 31, 72762 Reutlingen, michael.nausner@emk.de

**Nauth,** Peter; Dr., Prof.; *Technische Informatik*; di: FH Frankfurt, FB 2 Informatik u. Ingenieurwiss., Nibelungenplatz 1, 60318 Frankfurt am Main, T: (069) 15332231, pnauth@fb2.fh-frankfurt.de

**Nawrath,** Reiner; Dr.-Ing., Prof.; *Allgemeine Elektrotechnik*; di: FH Westküste, FB Technik, Fritz-Thiedemann-Ring 20, 25746 Heide, T: (0481) 8555310, nawrath@fh-westkueste.de

**Nawrocki,** Rainer; Dr., Prof.; *Kommunikationstechnik, insbes. Kommunikationssysteme*; di: Westfäl. Hochsch., FB Wirtschaft u. Informationstechnik, Münsterstr. 265, 46397 Bocholt, T: (02871) 2155810, rainer.nawrocki@fh-gelsenkirchen.de

**Nazareth,** Dieter; Dipl.-Inf., Dr. rer. nat., Prof.; *Grundlagen d. Informatik, Internet-Technologien, Web-Anwendungen*; di: Hochsch. Landshut, Fak. Informatik, Am Lurzenhof 1, 84036 Landshut

**Neander,** Bernd; Dipl.-Des., Prof., Dekan FB Gestaltung; *Grundlagen des zwei- und dreidimensionalen Gestaltens*; di: HTW Dresden, Fak. Gestaltung, Friedrich-List-Platz 1, 01069 Dresden, T: (0351) 4622280, neander@htw-dresden.de

**Nebe,** Karsten; Dr., Prof.; *Informatik, Internet-Technologien*; di: Hochsch. Rhein-Waal, Fak. Kommunikation u. Umwelt, Südstraße 8, 47475 Kamp-Lintfort, T: (02842) 90825233, karsten.nebe@hochschule-rhein-waal.de

**Nebgen,** Nikolaus; Dipl.-Ing., Prof.; *Ingenieurholzbau, Präfabrikation, Holzvergütung, CAD*; di: HAWK Hildesheim/Holzminden/Göttingen, Fak. Bauen u. Erhalten, Hohnsen 2, 31134 Hildesheim, T: (05121) 881227, F: 881289

**Neddermann,** Rolf; Dr.-Ing., Prof.; *Bauwirtschaft, Baukonstruktion*; di: Hochsch. Konstanz, Fak. Architektur u. Gestaltung, Brauneggerstr. 55, 78462 Konstanz, PF 100543, 78405 Konstanz, T: (07531) 206688

**Neeb,** Heiko; Dr., Prof.; *Medizintechnik*; di: H Koblenz, FB Mathematik u. Technik, RheinAhrCampus, Joseph-Rovan-Allee 2, 53424 Remagen, T: (02642) 932443, F: 932339, neeb@rheinahrcampus.de

**Neeb,** Helmut; Dr., Prof.; *Betriebswirtschaft/Steuer- und Revisionswesen*; di: Hochsch. Pforzheim, Fak. f. Wirtschaft u. Recht, Tiefenbronner Str. 65, 75175 Pforzheim, T: (07231) 286634, F: 286080, helmut.neeb@hs-pforzheim.de

**Neef,** Christoph; Dr., Prof.; *BWL, insbes. Material-/Produktionswirtschaft und Logistik*; di: DHBW Stuttgart, Fak. Wirtschaft, Paulinenstraße 50, 70178 Stuttgart, T: (0711) 1849520, neef@dhbw-stuttgart.de

**Neef,** Joachim; Dr.-Ing., Prof.; *Konstruktionslehre, CAD*; di: HTW Berlin, FB Ingenieurwiss. II, Blankenburger Pflasterweg 102, 13129 Berlin, T: (030) 50194262, neef@HTW-Berlin.de

**Neef,** Matthias; Dr. rer. nat., Prof.; *Thermodynamik, Kraftwerkstechnik*; di: FH Düsseldorf, FB 4 – Maschinenbau u. Verfahrenstechnik, Josef-Gockeln-Str. 9, 40474 Düsseldorf, T: (0211) 4351449, matthias.neef@fh-duesseldorf.de

**Nees,** Franz; Dipl.-Volksw., Prof.; *Banken und Versicherungen, Integrierte Informationssysteme*; di: Hochsch. Karlsruhe, Fak. Informatik u. Wirtschaftsinformatik, Moltkestr. 30, 76133 Karlsruhe, PF 2440, 76012 Karlsruhe, T: (0721) 9252924

**Neff,** Cornelia; Dr. rer. pol., Prof.; *Unternehmensfinanzierung, Controlling, Grundlagen der Volkswirtschaftslehre*; di: Hochsch. Ravensburg-Weingarten, Doggenriedstr., 88250 Weingarten, PF 1261, 88241 Weingarten, T: (0751) 5019259, F: 5019307, cornelia.neff@hs-weingarten.de

**Neff,** Fritz J.; Dipl.-Wirtsch.-Ing., Prof.; *Produktionstechnik u. Automatisierung, Mikromechatronik*; di: Hochsch. Karlsruhe, Fak. Maschinenbau u. Mechatronik, Moltkestr. 30, 76133 Karlsruhe, PF 2440, 76012 Karlsruhe, T: (0721) 9251706, fritz.neff@hs-karlsruhe.de

**Neher,** Günther; Dr. rer. nat., Prof.; *Webtechnologie, Web-basierte Informationssysteme, Programmierung*; di: FH Potsdam, FB Informationswiss., Friedrich-Ebert-Str. 4, 14467 Potsdam, T: (0331) 5801511, g.neher@fh-potsdam.de

**Nehls,** Johannes; Dipl.-Des., Prof.; *Interaction Design*; di: Hochsch. Osnabrück, Fak. Ingenieurwiss. u. Informatik, Barbarastr. 16, 49074 Osnabrück, PF 1940, 49009 Osnabrück, T: (0541) 9693731, j.nehls@hs-osnabrueck.de

**Nehls,** Uwe; Dipl.-Ing., Dr.-Ing., Prof.; *Produktionstechnik, -planung, -simulation, Organisation*; di: Hochsch. Emden/Leer, FB Technik, Constantiaplatz 4, 26723 Emden, T: (04921) 8071482, F: 8071556, uwe.nehls@hs-emden-leer.de; pr: Stephanusstr. 2, 26125 Oldenburg, T: (0441) 391600

**Nehring,** Christel; Dr.-Ing., Prof.; *Baustoffe, Baustoffchemie*; di: FH Erfurt, FB Bauingenieurwesen, Altonaer Str. 25, 99085 Erfurt, PF 101363, 99013 Erfurt, T: (0361) 6700953, F: 6700902, christel.nehring@fh-erfurt.de

**Neidenoff,** Alexander; Dr.-Ing., Prof.; *Elektrotechnik*; di: HTW d. Saarlandes, Fak. f. Ingenieurwiss., Goebenstr. 40, 66117 Saarbrücken, T: (0681) 5867202, neidenoff@htw-saarland.de; pr: Hohenzollernstr. 90e, 66117 Saarbrücken, T: (0681) 583672

**Neidhardt,** Andreas; Dr. rer. nat. habil., Prof.; *Experimentalphysik, Vakuum- u. Beschichtungstechnik*; di: Westsächs. Hochsch. Zwickau, FB Physikal. Technik/Informatik, Dr.-Friedrichs-Ring 2A, 08056 Zwickau, PF 201037, 08012 Zwickau, Andreas.Neidhardt@fh-zwickau.de; pr: Rosenthal 29, 08112 Wilkau-Haßlau

**Neidhardt,** Claus; Dr. rer. nat., Prof.; *Wirtschaftsmathematik*; di: H Koblenz, FB Mathematik u. Technik, RheinAhrCampus, Joseph-Rovan-Allee 2, 53424 Remagen, T: (02642) 932423, neidhardt@RheinAhrCampus.de

**Neidhart,** Thomas; Dr.-Ing., Prof.; *Geotechnik, Spezialtiefbau*; di: Hochsch. Regensburg, Fak. Bauingenieurwesen, PF 120327, 93025 Regensburg, T: (0941) 9431312, thomas.neidhart@bau.fh-regensburg.de

**Neidlinger,** Thomas; Dr.-Ing., Prof.; *Informatik*; di: DHBW Heidenheim, Fak. Technik, Marienstr. 20, 89518 Heidenheim, T: (07321) 2722313, F: 2722319, neidlinger@dhbw-heidenheim.de

**Neises,** Gudrun; Dr. med., Prof.; *Gesundheitsmanagement*; di: Hochsch. Fresenius, FB Wirtschaft u. Medien, Limburger Str. 2, 65510 Idstein, T: (06126) 9352810, neises@fh-fresenius.de

**Neiße,** Olaf; Dr. rer. nat. habil., Prof.; *Mathematik*; di: Hochsch. Furtwangen, Fak. Computer & Electrical Engineering, Robert-Gerwig-Platz 1, 78120 Furtwangen, T: (07723) 9202329, F: 9201109; www.fh-furtwangen.de/~neisse; Univ., Mathemat.-Naturwiss. Fak., Universitätsstr. 14, 86159 Augsburg, T: (0821) 5982060

**Neitzke,** Michael; Dr., Prof.; di: HAW Hamburg, Fak. Technik u. Informatik, Berliner Tor 7, 20099 Hamburg, T: (040) 428758184, neitzke@informatik.haw-hamburg.de

**Nellen,** Oliver; Dr., Prof.; *Unternehmensfinanzierung u. Unternehmensgründung*; di: Hochsch. Heidelberg, Fak. f. Wirtschaft, Ludwig-Guttmann-Str. 6, 69123 Heidelberg, T: (06221) 881071, F: 881010, oliver.nellen@fh-heidelberg.de

**Nellessen,** Joachim; Dr. rer. nat., Prof.; *Physik, Regelungstechnik, Informatik*; di: FH Münster, FB Physikal. Technik, Stegerwaldstr. 39, 48565 Steinfurt, T: (02551) 962348, F: 962619, nellessen@fh-muenster.de; pr: Vogelsang 38, 48565 Steinfurt, T: (02551) 833743

**Nelskamp,** Heinz; Dr.-Ing., Prof.; *Baustoffkunde*; di: Hochsch. Biberach, SG Projektmanagement, PF 1260, 88382 Biberach/Riß, T: (07351) 582361, F: 582449, nelskamp@hochschule-bc.de

**Németh,** Karlo; Dr.-Ing., Prof.; *Digitaltechnik, Datenkommunikation*; di: Hochsch. München, Fak. Elektrotechnik u. Informationstechnik, Lothstr. 64, 80335 München, T: (089) 12653415, F: 12653403, nemeth@ee.fhm.edu

**Nemirovskij,** German; Dr. rer. nat., Prof.; *Web-basierte Anwendungen, Grundlagen der Informatik*; di: Hochsch. Albstadt-Sigmaringen, FB 2 Wirtschaftsinformatik, Johannesstr. 3, 72458 Albstadt-Ebingen, T: (07431) 579324, nemirovskij@hs-albsig.de

**Nennen,** Dieter; Dr. jur., Prof.; *Medienwirtschaft, Medienrecht*; di: Rheinische FH Köln, Hohenstaufenring 16-18, 50674 Köln; pr: Am Hülderberg 6c, 50321 Brühl

**Nentwig,** Andreas; Dipl.-Ing. (FH), Prof.; *Möbelkonstruktion, Vorrichtungsbau, Fertigungs- und Fördertechnik, Präsentations- und Kreativitätstechniken*; di: HAWK Hildesheim/Holzminden/Göttingen, Fak. Bauen u. Erhalten, Hohnsen 2, 31134 Hildesheim, T: (05121) 881274

**Nentwig-Gesemann,** Iris; Dr., Prof.; *Bildung im Kindesalter*; di: Alice-Salomon-Hochsch., Alice-Salomon-Platz 5, 12627 Berlin-Hellersdorf, T: (030) 99245412, nentwig-gesemann@ash-berlin.eu

**Nepustil,** Ulrich; Dr.-Ing., Prof.; *Kommunikationssysteme, Prozeßdatenverarbeitung und Rechnernetze*; di: Hochsch. Esslingen, Fak. Graduate School, Fak. Mechatronik u. Elektrotechnik, Robert-Bosch-Str. 1, 73037 Göppingen, T: (07161) 6971232; pr: Panoramaweg 22, 72658 Bempflingen, T: (07123) 931021

**Nerger,** Falk; Dr.-Ing., Prof.; *Baukonstruktionslehre/CAD*; di: HTWK Leipzig, FB Bauwesen, PF 301166, 04251 Leipzig, T: (0341) 30766282, nerger@fbb.htwk-leipzig.de

**Nerlich,** Klaus; Prof.; *Darstellungslehre, CAD, Gestaltungslehre, Entwerfen*; di: FH Erfurt, FB Architektur, Schlüterstr. 1, 99084 Erfurt, PF 101363, 99013 Erfurt, T: (0361) 6700468, F: 6700462, nerlich@fh-erfurt.de

**Nerz,** Klaus-Peter; Dr. rer. nat., Prof.; *Prozessdatenverarbeitung*; di: FH Südwestfalen, Lindenstr. 53, 59872 Meschede, T: (0291) 9910250, nerz@fh-swf.de

**Neser,** Stephan; Dr. rer. nat., Prof.; *Physik*; di: Hochsch. Darmstadt, FB Mathematik u. Naturwiss., Haardtring 100, 64295 Darmstadt, T: (06151) 168686, stephan.neser@h-da.de

**Nespeta,** Horst; Dipl.-Wirt.-Ing., Dr.-Ing., Prof.; *Kostenrechnung, Materialwirtschaft, Produktionstechnik/Produktionsplanung (CIM), Controlling*; di: Hochsch. Aalen, Fak. Wirtschaftswissenschaften, Beethovenstr. 1, 73430 Aalen, T: (07361) 5762474, horst.nespeta@htw-aalen.de

**Neß,** Christa; Dr.-Ing., Prof.; *Messtechnik u. Qualitätssicherung, Statistik*; di: Hochsch. d. Medien, Fak. Druck u. Medien, Nobelstr. 10, 70569 Stuttgart, T: (0711) 89232154

**Nestler,** Bodo; Dr. rer. nat., Prof.; *Physik*; di: FH Lübeck, FB Angew. Naturwiss., Mönkhofer Weg 239, 23562 Lübeck, T: (0451) 3005524, bodo.nestler@fh-luebeck.de

**Nestler,** Britta; Dr. rer. nat., Prof. Hochsch. Karlsruhe, Institutslt. KIT Karlsruhe; *Analysis, Lineare Algebra, Mathematik-Labor*; di: KIT, Inst. f. die Zuverlässigkeit v. Bauteilen, Lst. f. Mikrostruktursimulation in der Werstofftechnik, Haid-und-Neu-Str. 7, 76131 Karlsruhe, T: (0721) 6085310, britta.nestler@kit.edu; Hochsch. Karlsruhe, Fak. Informatik u. Wirtschaftsinformatik, Moltkestr. 30, 76133 Karlsruhe, PF 2440, 76012 Karlsruhe, T: (0721) 9251504, F: 9252348, britta.nestler@hs-karlsruhe.de

**Nestler,** Wilfried; Dr.-Ing., Prof.; *Simulation*; di: HTW Dresden, Fak. Informatik/Mathematik, Friedrich-List-Platz 1, 01069 Dresden, T: (0351) 4623604, nestler@informatik.htw-dresden.de

**Nestmann,** Marian; Dipl.-Des., HonProf.; *Typografie, Realisation*; di: Hochsch. Rhein/Main, FB Design Informatik Medien, Unter den Eichen 5, 65195 Wiesbaden, marian.nestmann@hs-rm.de; pr: Ober-Ramstädter-Str. 98M, 64367 Mühltal, T: (06151) 918518, F: 918519, mariannestmann@t-online.de

**Nether,** Ulrich; Dipl.-Ing., Prof.; *Produktdesign*; di: Hochsch. Ostwestfalen-Lippe, FB 1, Architektur u. Innenarchitektur, Bielefelder Str. 66, 32756 Detmold

**Nette,** Gabriele; M.A., Prof.; *Sozialarbeit/Sozialpädagogik*; di: Ev. Hochsch. f. Soziale Arbeit, PF 200143, 01191 Dresden, T: (0351) 4690249, gabriele.nette@ehs.dresden.de; pr: Hofmannstr. 12, 01277 Dresden, T: (0351) 3400069

**Netzel,** Thomas; Dr.-Ing., Prof.; *Mess- und Regelungstechnik*; di: HAW Hamburg, Fak. Technik u. Informatik, Berliner Tor 11, 20099 Hamburg, T: (040) 428757893, Thomas.Netzel@haw-hamburg.de

**Netzsch,** Thomas; Dr. rer. nat., Prof.; *Physik*; di: Hochsch. Darmstadt, FB Mathematik u. Naturwiss., Haardtring 100, 64295 Darmstadt, T: (06151) 168669, thomas.netzsch@h-da.de; pr: Am Hängel 2, 67273 Weisenheim a.Bg., T: (0171) 6056160

**Neu,** Björn; Dr., Prof.; *Biophysik*; di: Hochsch. Rhein-Waal, Fak. Life Sciences, Marie-Curie-Straße 1, 47533 Kleve, T: (02821) 80673247, bjoern.neu@hochschule-rhein-waal.de

**Neu,** Claudia; Dr., Prof.; *Soziologie, Sozial- und Marktforschung*; di: Hochsch. Niederrhein, FB Oecotrophologie, Rheydter Str. 277, 47798 Mönchengladbach, claudia.neu@hs-niederrhein.de

**Neu,** Helmut; Dr., Prof.; *Volkswirtschaftslehre einschl. Wirtschaftspolitik, Öffentliche Finanzwirtschaft, Haushaltsrecht, Betriebswirtschaftslehre*; di: FH d. Bundes f. öff. Verwaltung, FB Finanzen, PF 1549, 48004 Münster, T: (0251) 8670882

**Neu,** Irmela; Dr. phil., Prof.; *Französisch, Spanisch*; di: Hochsch. München, Fak. Tourismus, Am Stadtpark 20 (Neubau), 81243 München, T: (089) 12652131, irmela.neu@fhm.edu

**Neu,** Matthias; Dr. rer. pol., Prof.; *Marketing, Marktforschung, Strategisches Marketing, Verkauf*; di: Hochsch. Darmstadt, FB Wirtschaft, Haardtring 100, 64295 Darmstadt, T: (06151) 169206, neu@fbw.h-da.de

**Neu,** Walter; Dipl.-Phys., Dr. rer. nat., Prof. FH Oldenburg/Ostfriesland/Wilhelmshaven,; *Qualifizierungsverbund, Dyn. 3D-optische Messtechnik*; di: Hochsch. Emden/Leer, FB Technik, Constantiaplatz 4, 26723 Emden, T: (04921) 8071456, F: 8071593, neu@hs-emden-leer.de; pr: Gerhart-Hauptmann-Str. 1, 26789 Leer, T: (0491) 66574

**Neubach,** Barbara; Dr., Prof.; *Psychologie, Soziologie*; di: FH f. öffentl. Verwaltung NRW, Abt. Gelsenkirchen, Wanner Str. 158-160, 45888 Gelsenkirchen, barbara.neubach@fhoev.nrw.de

**Neubauer,** André; Dr.-Ing., Prof.; *Informationsverarbeitende Systeme*; di: FH Münster, FB Elektrotechnik u. Informatik, Stegerwaldstr. 39, 48565 Steinfurt, T: (02551) 962318, F: 962373, andre.neubauer@fh-muenster.de

**Neubauer,** Boris; Dr. rer. nat., Prof.; *Elektrische Energieerzeugung u. -verteilung*; di: FH Aachen, FB Angwandte Naturwiss. u. Technik, Ginsterweg 1, 52428 Jülich, T: (0241) 600953045, neubauer@fh-aachen.de; pr: Buchenweg 13, 52428 Jülich

**Neubauer,** Christian; Dr. agr., Prof.; *Phytomedizin im Gartenbau*; di: Hochsch. Osnabrück, Fak. Agrarwiss. u. Landschaftsarchitektur, PF 1940, 49009 Osnabrück, T: (0541) 9695021, c.neubauer@hs-osnabrück.de

**Neubauer,** Georg; Dr. phil. habil., Prof.; *Erziehungswissenschaft, Gesundheitsförderung*; di: FH Jena, FB Sozialwesen, PF 100314, 07703 Jena, T: (03641) 205803, F: 205890, georg.neubauer@fh-jena.de; pr: Bargholzstr. 31, 33739 Bielefeld, T: (05206) 1366

**Neubauer,** Gunda; Dr., Prof.; *Personalführung, Personalwirtschaft, Operative Unternehmensführung*; di: Hochsch. f. Wirtschaft u. Umwelt Nürtingen-Geislingen, PF 1349, 72603 Nürtingen, T: (07331) 22534, gunda.neubauer@hfwu.de

**Neubauer,** Werner; Dr.-Ing., HonProf.; *Produktionsprozessoptimierung*; di: Hochsch.Merseburg, FB Ingenieur- u. Naturwiss., Geusaer Str., 06217 Merseburg

**Neuber,** Stephan; Dr. rer. oec. habil., Prof.; *Allg. Betriebswirtschaftslehre, Finanzwirtschaft*; di: Hochsch. Wismar, Fak. f. Wirtschaftswiss., PF 1210, 23952 Wismar, T: (03841) 753683, F: 753131, s.neuber@wi.hs-wismar.de

**Neubert,** Bob; Dr., Prof.; *Steuern*; di: SRH Hochsch. Calw, Badstr. 27, 75365 Calw

**Neubert,** Nicolai; Dipl.-Des., Prof.; *Produkt-Design (CAD und Technologie)*; di: Hochsch. Anhalt, FB 4 Design, PF 2215, 06818 Dessau, T: (0340) 51971731

**Neudecker,** Bernhard; Dr. rer. nat., Prof.; *Informatik, Grundlagen der Elektrotechnik, Mathematik*; di: Hochsch. Kempten, Fak. Elektrotechnik, Bahnhofstr. 61-63, 87435 Kempten, T: (0831) 2523175, F: 2523197, bernhard.neudecker@fh-kempten.de

**Neuendorf,** Herbert; Dr., Prof.; *Wirtschaftsinformatik*; di: DHBW Mosbach, Lohrtalweg 10, 74821 Mosbach, T: (06261) 939470, F: 939234, neuendorf@dhbw-mosbach.de

**Neuenhofer,** Ansgar; Dr.-Ing., Prof.; *Baumechanik und Bauinformatik*; di: FH Köln, Fak. f. Bauingenieurwesen u. Umwelttechnik, Betzdorfer Str. 2, 50679 Köln, T: (0221) 82752796, ansgar.neuenhofer@fh-koeln.de; pr: Salierallee 23, 52066 Aachen, T: (0241) 9971455

**Neuer-Miebach,** Therese; Dr., Prof.; *Interventionslehre und Konzepte der Sozialarbeit, Behindertenarbeit*; di: FH Frankfurt, FB 4 Soziale Arbeit u. Gesundheit, Nibelungenplatz 1, 60318 Frankfurt am Main, T: (069) 15332969, neuer@fb4.fh-frankfurt.de

**Neuert,** Josef; Dr., Prof.; *Allgemeine Betriebswirtschaftslehre, Finanz- und Rechnungswesen*; di: Hochsch. Fulda, FB Wirtschaft, Marquardstr. 35, 36039 Fulda, josef.neuert@w.hs-fulda.de

**Neufang,** Paul; Dr., Prof.; *Strafrecht, Verkehrsrecht*; di: Hochsch. f. Wirtschaft u. Recht Berlin, FB 3, Alt-Friedrichsfelde 60, 10315 Berlin, T: (030) 90214357, F: 90214417, p.neufang@hwr-berlin.de

**Neugebauer,** Gerhard; Dr. rer. nat., Prof.; *Technische Informatik*; di: FH Südwestfalen, FB Elektrotechnik u. Informationstechnik, Haldener Str. 182, 58095 Hagen, T: (02331) 9872205, neugebauer@fh-swf.de; pr: Waldblick 16, 45134 Essen, T: (0201) 441629

**Neugebauer,** Peter; Dr.-Ing., Prof.; *Fahrzeugelektronik*; di: Hochsch. Karlsruhe, Fak. Maschinenbau u. Mechatronik, Moltkestr. 30, 76133 Karlsruhe, PF 2440, 76012 Karlsruhe, peter.neugebauer@hs-karlsruhe.de

**Neugebauer,** Rainer O.; Dr., Prof.; *Sozialwissenschaften, Schwerpunkt Politikwissenschaft und Staatsrecht*; di: Hochsch. Harz, FB Verwaltungswiss., Domplatz 16, 38820 Halberstadt, T: (03941) 622405, F: 622500, rneugebauer@hs-harz.de; pr: Domplatz 9, 38820 Halberstadt, T: (03941) 610318, F: 610318

**Neugebauer,** Thomas; Dr., Prof.; *Physik, Festkörperphysik, Sensorik, Mathematik*; di: Hochsch. f. angew. Wiss. Würzburg Schweinfurt, Fak. angew. Natur- u. Geisteswiss., Ignaz-Schön-Str. 11, 97421 Schweinfurt

**Neuhäuser,** Markus; Dr. rer. nat., Prof.; *Biometrie*; di: H Koblenz, FB Mathematik u. Technik, RheinAhrCampus, Joseph-Rovan-Allee 2, 53424 Remagen, T: (02642) 932417, F: 932399, neuhaeuser@rheinahrcampus.de

**Neuhardt,** Erwin; Dr.-Ing., Prof.; *Allgemeine Informatik*; di: FH Schmalkalden, Fak. Informatik, Blechhammer, 98574 Schmalkalden, PF 100452, 98564 Schmalkalden, T: (03683) 6884114, e.neuhardt@fh-sm.de

**Neuhaus,** Dirk; Dr., Prof.; *Informationssysteme in Finanzdienstleistungsunternehmen*; di: Hochsch. d. Sparkassen-Finanzgruppe, Simrockstr. 4, 53113 Bonn, T: (0228) 204936, F: 204903, dirk.neuhaus@dsgv.de

**Neuhaus,** Wolfgang; Dr. rer. nat., Prof.; *Physik, Mathematik*; di: Hochsch. Mannheim, Fak. Wirtschaftsingenieurwesen, Windeckstr. 110, 68163 Mannheim

**Neuhof,** Ulrich; Dr.-Ing., Prof., Dekan FB Bauingenieurwesen; *Baubetrieb/Fertigungstechnik*; di: FH Erfurt, FB Bauingenieurwesen, Altonaer Str. 25, 99085 Erfurt, PF 101363, 99013 Erfurt, T: (0361) 6700914, F: 6700902, u.neuhof@fh-erfurt.de

**Neukirch,** Benno; Dr. med., Prof.; *Medizin und Pflege, Betriebswirtschaftliche Belange im Gesundheitswesen*; di: Hochsch. Niederrhein, FB Wirtschaftsingenieurwesen, Ondereyckstr. 3-5, 47805 Krefeld, T: (02151) 8226647

**Neukirchen,** Christoph; Dr. jur., Prof.; di: FH f. Rechtspflege NRW, FB Rechtspflege, Schleidtalstr 3, 53902 Bad Münstereifel, PF, 53895 Bad Münstereifel, christoph.neukirchen@fhr.nrw.de

**Neukirchinger,** Katharina; Dr. rer. nat., Prof.; *Chemie, Analytische Chemie, Umweltchemie, Biochemie*; di: Hochsch. München, Fak. Feinwerk- u. Mikrotechnik, Physikal. Technik, Lothstr. 34, 80335 München, T: (089) 28924344, F: 28924337, kneukirc@fhm.edu

**Neuleitner,** Nikolaus; Dipl.-Ing., Prof.; *Hochbaukonstruktion, Bauleitplanung, Hochbaukunde*; di: Hochsch. Regensburg, Fak. Bauingenieurwesen, PF 120327, 93025 Regensburg, T: (0941) 9431311, nikolaus.neuleitner@bau.fh-regensburg.de

**Neumaier,** Maria; Dr. rer.oec., Prof.; *Allgemeine Betriebswirtschaftslehre, insb. Marketing*; di: Rheinische FH Köln, Hohenstaufenring 16-18, 50674 Köln, neumaier@rfh-koeln.de

**Neumaier,** Martin; Dr.-Ing., Prof.; *Feinwerktechnik*; di: Hochsch. Rosenheim, Fak. Ingenieurwiss., Hochschulstr. 1, 83024 Rosenheim, T: (08031) 805615, martin.neumaier@fh-rosenheim.de

**Neumann,** Alexander; Dr., Prof.; *Handel*; di: DHBW Mosbach, Lohrtalweg 10, 74821 Mosbach, T: (06261) 939113, F: 939414, neumann@dhbw-mosbach.de

**Neumann,** Burkhard; Dr. rer. nat., Prof.; *Bildverarbeitung, Technische Optik und Physik*; di: FH Südwestfalen, FB Informatik u. Naturwiss., Frauenstuhlweg 31, 58644 Iserlohn, T: (02371) 566214, neumann.b@fh-swf.de

**Neumann,** Claus; Dipl.-Phys., Dr. rer. nat., Prof.; *Mathematik, Physik, Grundlagen der Elektrotechnik, Qualitätsmanagement und -Methoden*; di: FH Kiel, FB Informatik u. Elektrotechnik, Grenzstr. 5, 24149 Kiel, T: (0431) 2104159, F: 21064159, claus.neumann@fh-kiel.de

**Neumann,** Eva-Maria; Dr. phil., Prof.; *Heil- und Rehabilitationspädagogik/Erziehungswissenschaft*; di: Hochsch. Lausitz, FB Sozialwesen, Lipezker Str. 47, 03048 Cottbus-Sachsendorf, T: (0355) 581840, F: 5818409, eneumann@sozialwesen.fh-lausitz.de

**Neumann,** Heinz; Prof.; *CAD / Modedesign, Schnittgestaltung*; di: HAW Hamburg, Fak. Design, Medien u. Information, Armgartstr. 24, 22087 Hamburg, T: (040) 428754681, heinz.neumann@haw-hamburg.de; pr: T: (040) 6403331

**Neumann,** Kai; Dr., Prof.; *Rechnungswesen und Controlling*; di: Hochsch. Wismar, Fak. f. Wirtschaftswiss., PF 1210, 23952 Wismar, T: (03841) 753656, k.neumann@wi.hs-wismar.de

**Neumann,** Klaus; Dr. rer. hort., Prof.; *Technischer Garten- und Landschaftsbau*; di: Beuth Hochsch. f. Technik, FB V Life Science and Technology, Luxemburger Str. 10, 13353 Berlin, T: (030) 45042084, kneumann@beuth-hochschule.de

**Neumann,** Klaus; Dr. rer. nat. habil., Prof.; *Mathematik, Stochastik*; di: HTW Dresden, Fak. Informatik/Mathematik, PF 120701, 01008 Dresden, T: (0351) 4622659, neumannk@informatik.htw-dresden.de

**Neumann,** Lilli; Dr., Prof.; *Medienpädagogik, insbes. Kunst- und Theaterpädagogik*; di: FH Dortmund, FB Angewandte Sozialwiss., Emil-Figge-Str. 44, 44227 Dortmund, T: (0231) 7555190, F: 7555287, neumann@fh-dortmund.de; pr: Bellenbergsteig 2, 45239 Essen

**Neumann,** Martin; Dr.-Ing., Prof.; *Technische Gebäudeausrüstung*; di: Hochsch. Magdeburg-Stendal, FB Bauwesen, Breitscheidstr. 2, 39114 Magdeburg, T: (0391) 8864155, martin.neumann@hs-Magdeburg.DE

**Neumann,** Michael; Dr.-Ing., Prof.; *Wirtschaftswissenschaften*; di: bbw Hochsch. Berlin, Leibnizstraße 11-13, 10625 Berlin, T: (030) 34358873, michael.neumann@bbw-hochschule.de

**Neumann,** Peter; Dr.-Ing., Prof.; *Konstruktionslehre, inbes. Antriebstechnik u. Getriebelehre*; di: Hochsch. Bochum, FB Mechatronik u. Maschinenbau, Lennershofstr. 140, 44801 Bochum, T: (0234) 3210419, peter.neumann@hs-bochum.de; pr: Am Steffenhof 5, 44269 Dortmund, T: (0231) 461788

**Neumann,** Rainer; Dr. rer. nat., Prof.; *Wirtschaftsinformatik*; di: Hochsch. Karlsruhe, Fak. Informatik u. Wirtschaftsinformatik, Moltkestr. 30, 76133 Karlsruhe, PF 2440, 76012 Karlsruhe, T: (0721) 9252925, rainer.neumann@hs-karlsruhe.de; pr: Olefstr. 11, 50937 Köln, T: (0221) 439510, dr.r.neumann@t-online.de

**Neumann,** Sybille; Dr., Prof.; *Wirtschaftsrecht, Bankrecht*; di: HTW d. Saarlandes, Fak. f. Wirtschaftswiss, Waldhausweg 14, 66123 Saarbrücken, T: (0681) 5867563, sybille.neumann@htw-saarland.de

**Neumann,** Uta; Dr. rer. pol., Prof.; *Allgemeine BWL, insbesondere Personalmanagement*; di: FH Schmalkalden, Fak. Wirtschaftsrecht, Blechhammer, 98574 Schmalkalden, T: (03683) 6886104, neumann@wi-recht.fh-schmalkalden.de

**Neumann,** Uwe; Dr.-Ing., Prof.; *Elektrische Energieversorgung und E-Energy*; di: Hochschule Hamm-Lippstadt, Marker Allee 76-78, 59063 Hamm, T: (02381) 8789409, uwe.neumann@hshl.de

**Neumann,** Willi; Dr., Prof.; *Psychologie/ Beratung im ambulanten Dienst*; di: Hochsch. Neubrandenburg, FB Gesundheit, Pflege, Management, Brodaer Str. 2, 17033 Neubrandenburg, PF 110121, 17041 Neubrandenburg, T: (0395) 56933109, neumann@hs-nb.de; pr: Eschengrund 36, 17091 Lebbin, T: (03961) 212180

**Neumann-Szyszka,** Julia; Dr., Prof.; *Allgemeine Betriebswirtschaftslehre/ Investitions- u. Wirtschaftlichkeitsrechnung*; di: HAW Hamburg, Fak. Wirtschaft u. Soziales, Berliner Tor 5, 20099 Hamburg, T: (040) 428757718, julia.neumann-szyszka@haw-hamburg.de

**Neumayer,** Burkard; Dr., Prof.; *Elektrotechnik*; di: DHBW Stuttgart, Fak. Technik, Elektrotechnik, Jägerstraße 58, 70174 Stuttgart, T: (0711) 1849634, Neumayer@dhbw-stuttgart.de

**Neunast,** Karl W.; Dr., Prof.; *Aufbau u. Funktion von Betriebssystemen*; di: Hochsch. Bonn-Rhein-Sieg, FB Angewandte Informatik, Grantham-Allee 20, 53757 Sankt Augustin, 53754 Sankt Augustin, T: (02241) 865213, F: 8658213, karl.neunast@fh-bonn-rhein-sieg.de

**Neuner,** Florian; Dr.-Ing., Prof.; *Stahlbau, Baustatik II, SP Tragwerksplanung, Baudynamik*; di: Hochsch. Deggendorf, FB Bauingenieurwesen, Edlmairstr. 6-8, 94469 Deggendorf, PF 1320, 94453 Deggendorf, T: (0991) 3615419, F: 361581419, florian.neuner@fh-deggendorf.de

**Neuner,** Hermann; Dipl.-Ing., Prof.; *Analoge und Digitale Signalverarbeitung, Digitale Systeme, Mobilfunktechnik, Elektrotechnik*; di: HTW Berlin, FB Ingenieurwiss. I, Allee der Kosmonauten 20/22, 10315 Berlin, T: (030) 50193212, neuner@HTW-Berlin.de

**Neunteufel,** Herbert; Dr.-Ing., Prof.; *Grundlagen d. Informatik/ Betriebswirtschaftliche Modelle*; di: Hochsch. Wismar, Fak. f. Wirtschaftswiss., PF 1210, 23952 Wismar, T: (03841) 753528, h.neunteufel@wi.hs-wismar.de

**Neurath,** Ekkehard; Dr.-Ing., Prof.; *Stahlbetonbau, Spannbetonbau, Statik*; di: Hochsch. Trier, FB BLV, PF 1826, 54208 Trier, T: (0651) 8103238, E.Neurath@hochschule-trier.de; pr: Raiffeisenstr. 15, 54329 Konz, T: (06501) 3595

**Neuschwander,** Hans Werner; Dipl.-Ing., Prof.; *Mikroprozessoren, Elektroakustik, Signalprozessoren*; di: FH Kaiserslautern, FB Angew. Ingenieurwiss., Morlautererstr. 31, 67657 Kaiserslautern, T: (0631) 3724215, F: 3724222, neuschwander@et.fh-kl.de

**Neuschwander,** Jürgen; Dr., Prof.; *Hardware Grundlagen, Digitaltechnik, Rechnernetze, Sicherheit in Netzen*; di: Hochsch. Konstanz, Fak. Informatik, Brauneggerstr. 55, 78462 Konstanz, PF 100543, 78405 Konstanz, T: (07531) 206648, juergen.neuschwander@fh-konstanz.de

**Neuser,** Wolfgang; Dr., Prof.; *Religions- u. Gemeindepädagogik*; di: CVJM-Hochsch. Kassel, Hugo-Preuß-Straße 40, 34131 Kassel-Bad Wilhelmshöhe, T: (0561) 31690675, neuser@cvjm-hochschule.de

**Neusüß,** Christian; Dr. rer. nat., Prof.; *Allgemeine Chemie, Analytische Chemie*; di: Hochsch. Aalen, Fak. Chemie, Beethovenstr. 1, 73430 Aalen, T: (07361) 5762399, F: 576442399, christian.neusuess@htw-aalen.de

**Nevoigt,** Andreas; Dr.-Ing., Prof.; *Konstruktives Gestalten, Technische Mechanik*; di: FH Südwestfalen, FB Maschinenbau, Frauenstuhlweg 31, 58644 Iserlohn, T: (02371) 566126, F: 566251, nevoigt@fh-swf.de

**Newesely,** Brigitte; Dr.-Ing., Prof.; *Szenographie, Theaterbau*; di: Beuth Hochsch. f. Technik, FB VIII Maschinenbau, Veranstaltungs- u. Verfahrenstechnik, Luxemburger Str. 10, 13353 Berlin, T: (030) 45045312, newesely@beuth-hochschule.de

**Ney,** Andreas; Dr.-Ing., Prof.; *Wärmelehre, Energietechnik, Kältetechnik, Klimatechnik*; di: FH Dortmund, FB Maschinenbau, Sonnenstr. 96, 44139 Dortmund, T: (0231) 9112119, F: 9112334, andreas.ney@fh-dortmund.de; pr: Spiekorth 21, 45711 Datteln-Ahsen

**Nguyen,** Huu Tri; Dr.-Ing., Prof.; *Steuerungs- u Regelungstechnik, Aktorik, Hydraulik u Pneumatik*; di: Jade Hochsch., FB Ingenieurwissenschaften, Friedrich-Paffrath-Str.e 101, 26389 Wilhelmshaven, T: (04421) 9852492, F: 9852623, nguyen@jade-hs.de

**Nguyen,** Tristan; Dipl.-Kfm., Dipl.-Volksw., Dipl.-Math." LL.M., Dr. rer. pol., Prof. Dr. habil., WH Lahr, Doz. Munich Business School; *Sozialsicherung, Staatliche Regulierung, Rechnungslegung u. Wirtschaftsprüfung, Unternehmensplanung, Versicherungswirtschaft*; di: WHL Wissenschaftl. Hochschule, Lst. f. VWL / Versicherungs- u. Gesundheitsökonomik, Hohbergweg 15-17, 77933 Lahr, T: (07821) 923865, F: 923863, tristan.nguyen@whl-lahr.de; www.akad.de/Versicherungs-und-Gesundheitsoekon.196.0.html?&lang=de; pr: Landsberger Str. 257 b, 80687 München; www.tristan-nguyen.de

**Nibbeling,** Joachim; Dr., Prof.; *Eingriffsrecht, Straf- und Strafprozessrecht*; di: FH f. öffentl. Verwaltung NRW, Abt. Köln, Thürmchenswall 48-54, 50668 Köln, joachim.nibbeling@fhoev.nrw.de

**Nick,** Albrecht; Dr., Prof.; *Maschinenbau*; di: DHBW Karlsruhe, Fak. Technik, Erzbergerstr. 121, 76133 Karlsruhe, T: (0721) 9735810, nick@no-spam.dhbw-karlsruhe.de

**Nick,** Peter; Dr. phil., Prof.; *Theorien, Methoden und Organisation der Sozialen Arbeit, interkulturelle Kompetenz, Empirische Sozialforschung*; di: Hochsch. Kempten, Fak. Soziales u. Gesundheit, Bahnhofstr. 61-63, 87435 Kempten, T: (0831) 2523627, F: 2523642, Peter.Nick@fh-kempten.de

**Nicke,** Anka; Dr., Prof.; *Forstvermessung, Holzmeßkunde, Waldwachstumslehre und Forsteinrichtung*; di: FH Erfurt, FB Forstwirtschaft u. Ökosystemmanagement, Leipziger Str. 77, 99085 Erfurt, T: (0361) 67004269, F: 67004263, anka.nicke@fh-erfurt.de

**Nickel,** Claudia; Dipl.-Ing., Prof.; *Gestalten, Entwerfen*; di: Hochsch. Heidelberg, School of Engineering and Architecture, Bonhoefferstr. 11, 69123 Heidelberg, T: (06221) 884116, claudia.nickel@fh-heidelberg.de

**Nickel,** Frank-Ulrich; Dr., Prof.; *Pädagogik*; di: Hochsch. Darmstadt, FB Gesellschaftswiss. u. Soziale Arbeit, Haardtring 100, 64295 Darmstadt, T: (06151) 168706, frank.nickel@h-da.de

**Nickel,** Thomas; Dr., Prof.; di: DHBW Ravensburg, Campus Friedrichshafen, Fallenbrunnen 2, 88045 Friedrichshafen, T: (07541) 2077312, nickel@dhbw-ravensburg.de

**Nickel-Schwäbisch,** Andrea; Pfarrerin, Dr. theol., Prof.; *Philosophie, Systematische Theologie*; di: Ev. Hochsch. Nürnberg, Fak. f. Sozialwissenschaften, Bärenschanzstr. 4, 90429 Nürnberg, T: (0911) 27253820, F: 27253852, andrea.nickel-schwaebisch@evhn.de

**Nickich,** Volker; Dr. rer. nat., Prof.; *Technische Informatik u. Physik*; di: FH Köln, Fak. f. Anlagen, Energie- u. Maschinensysteme, Betzdorfer Str. 2, 50679 Köln, T: (0221) 82752397, volker.nickich@fh-koeln.de

**Nickisch-Hartfiel,** Anna; Dr., Prof.; *Angewandte Biochemie und Mikrobiologie*; di: Hochsch. Niederrhein, FB Chemie, Frankenring 20, 47798 Krefeld, T: (02151) 8224073; pr: Kreuzstr. 35, 47839 Krefeld, T: (02151) 733761

**Nicklas,** Michael; Prof.; *Produktdesgin, Industrial Design/Ergonomie, Entwurf*; di: Hochsch. Hannover, Fak. III Medien, Information u. Design, Expo Plaza 2, 30539 Hannover, T: (0511) 92962367, michael.nicklas@hs-hannover.de

**Nickolai,** Werner; Dipl.-Soz.arb., Prof.; *Sozialarbeit, Straffälligenhilfe*; di: Kath. Hochsch. Freiburg, Karlstr. 63, 79104 Freiburg, T: (0761) 200467, nickolai@kfh-freiburg.de

**Nicodemus,** Gerd; Dr., Prof.; *Volkswirtschaftslehre, insb. Wirtschaftspolitik*; di: FH Düsseldorf, FB 7 – Wirtschaft, Universitätsstr. 1, 40225 Düsseldorf, T: (0211) 8114093, F: 8114369, gerd.nicodemus@fh-duesseldorf.de

**Nicolai,** Christiana; Dr., Prof.; *Betriebswirtschaftslehre, Personalwirtschaft, Organisation*; di: FH Frankfurt, FB 3 Wirtschaft u. Recht, Nibelungenplatz 1, 60318 Frankfurt am Main, T: (069) 15332795

**Nicolai,** Elisabeth; Dr., Prof.; *Management in sozialpsychiatrischen Organisationen*; di: Ev. H Ludwigsburg, FB Soziale Arbeit, Auf der Karlshöhe 2, 71638 Ludwigsburg, T: (07141) 965155, e.nicolai@eh-ludwigsburg.de; pr: Kleinschmidtstr.27, 69115 Heidelberg, T: (06221) 6554161

**Nicolai,** Harald; Dr., Prof.; *Wirtschaftsingenieurwesen*; di: DHBW Lörrach, Hangstr. 46-50, 79539 Lörrach, T: (07621) 2071254, F: 2071139, nicolai@dhbw-loerrach.de

**Niebaum,** Imke; Dr., Prof.; *Erziehungswissenschaft*; di: FH Köln, Fak. f. Angewandte Sozialwiss., Mainzer Str. 5, 50678 Köln, T: (0221) 82753352; pr: imke_niebaum@yahoo.de

**Niebel,** Ludwig; Dr.-Ing., Prof.; *Elektrotechnik, Informationstechnik*; di: FH Jena, FB Elektrotechnik u. Informationstechnik, Carl-Zeiss-Promenade 2, 07745 Jena, PF 100314, 07703 Jena, ludwig.niebel@fh-jena.de

**Niebergall,** Ralf; Dipl.-Ing., Prof.; *Gebäudelehre und Entwerfen*; di: Hochsch. Anhalt, FB 3 Architektur, Facility Management u. Geoinformation, PF 2215, 06818 Dessau, niebergall@afg.hs-anhalt.de

**Niebuhr,** Bernd; Dipl.-Ing., Prof.; *Städtebau u. Entwerfen*; di: FH Bielefeld, FB Architektur u. Bauingenieurwesen, Artilleriestr. 9, 32427 Minden, PF 2328, 32380 Minden, T: (0571) 8385194, F: 8385250, bernd.niebuhr@fh-bielefeld.de; pr: Motzstr. 70, 10777 Berlin, T: (030) 2113086

**Niebuhr,** Dea; Dr., Prof.; *Versorgungsforschung*; di: Hochsch. Fulda, FB Sozial- u. Kulturwiss., Marquardstr. 35, 36039 Fulda

**Niechoj,** Torsten; Dr., Prof.; *Volkswirtschaftslehre, Politikwissenschaft*; di: Hochsch. Rhein-Waal, Fak. Kommunikation u. Umwelt, Südstraße 8, 47475 Kamp-Lintfort, T: (02842) 90825280, torsten.niechoj@hochschule-rhein-waal.de

**Nied-Menninger,** Thomas; Dr.-Ing., Prof.; *Fluidtechnik*; di: Hochsch. Bochum, FB Mechatronik u. Maschinenbau, Lennershofstr. 140, 44801 Bochum, T: (0234) 3210426, thomas.nied-menninger@hs-bochum.de; pr: Schulze-Fränkingshof 5, 48301 Nottuln-Appelhülsen, T: (02509) 995540

**Nieder,** Klaus; Prof.; *Fabrikanlagen, Farbmetrik, EDV, Umwelttechnik, Verfahrenstechnik, Veredlung*; di: FH Kaiserslautern, FB Angew. Logistik u. Polymerwiss., Carl-Schurz-Str. 1-9, 66953 Pirmasens, T: (06331) 248332, F: 248344, klaus.nieder@fh-kl.de; pr: klaus.nieder@t-online.de

**Niederdrenk,** Klaus; Dr. rer. nat., Prof.; *Mathematik, Quantitative Methoden*; di: FH Münster, FB Wirtschaft, Corrensstraße 25, 48149 Münster, T: (0251) 8365522, F: 8365502, niederdrenk@fh-muenster.de; pr: Kaland 28, 48683 Ahaus-Wüllen, T: (02561) 987093

**Niederdrenk-Felgner,** Cornelia; Dr., Prof.; *Quantitative Methoden, Mathematik, Statistik*; di: Hochsch. f. Wirtschaft u. Umwelt Nürtingen-Geislingen, FB 1, PF 1349, 72603 Nürtingen, T: (07022) 201316, cornelia.niederdrenk-felgner@hfwu.de

**Niedereichholz,** Christel; Dipl.-Kfm., Dr. rer. pol., Prof.; *Unternehmensberatung*; di: FH Ludwigshafen, FB III Internationale Dienstleistungen, Ernst-Boehe-Str. 4, 67059 Ludwigshafen/Rhein, T: (0621) 5203255, imc@fh-lu.de

**Niedermaier,** Peter; Prof.; *Baukonstruktion, Baustoffkunde*; di: Hochsch. Rosenheim, Fak. Holztechnik u. Bau, Hochschulstr. 1, 83024 Rosenheim, T: (08031) 805323, F: 805302, niedermaier@fh-rosenheim.de

**Niedermeier,** Christina; Dr. jur., Prof.; *Recht in der Sozialen Arbeit*; di: Hochsch. Mittweida, Fak. Soziale Arbeit, Döbelner Str. 58, 04741 Roßwein, T: (034322) 48643, F: 48653, niederme@htwm.de

**Niedermeier,** Hans-Peter; M.A., Dr. h.c., HonProf.; *Politische Systeme*; di: Hochsch. Mittweida, Fak. Medien, Technikumplatz 17, 09648 Mittweida, T: (03727) 581580

**Niedermeier,** Michael; Dr. Ing., Prof.; *CAD, Konstruktionssystematik, Maschinenelemente*; di: Hochsch. Ravensburg-Weingarten, Doggenriedstr., 88250 Weingarten, PF 1261, 88241 Weingarten, T: (0751) 5019824, niedermeier@hs-weingarten.de

**Niederwöhrmeier,** Julius; Dr.-Ing., Prof.; *Baukonstruktion, Entwurf*; di: FH Mainz, FB Technik, Holzstr. 36, 55116 Mainz, T: (06131) 2859221, julius.niederwöhrmeier@fh-mainz.de

**Niedetzky,** Hans-Manfred; Dr., Prof.; *Betriebswirtschaftslehre*; di: Hochsch. Pforzheim, Fak. f. Wirtschaft u. Recht, Tiefenbronner Str. 65, 75175 Pforzheim, T: (07231) 286319, F: 286100, hans.niedetzky@hs-pforzheim.de

**Niegel,** Andreas; Dr. rer. nat., Prof.; *Werkstoffkunde und Werkstoffchemie*; di: Hochsch. Ostwestfalen-Lippe, FB 6, Maschinentechnik u. Mechatronik, Liebigstr. 87, 32657 Lemgo, T: (05261) 702132, F: 702261, andreas.niegel@fh-luh.de; pr: Kesselbreite 15, 32694 Dörentrup, T: (05265) 954724

**Niehage,** Alrun; Dipl. oec. troph., Dr. oec. troph., Prof.; *Methodik der ökotrophologischen Beratung und Erwachsenenbildung, Ökonomie des Privathaushaltes*; di: Hochsch. Osnabrück, Fak. Agrarwiss. u. Landschaftsarchitektur, PF 1940, 49009 Osnabrück, T: (0541) 9695106, a.niehage@hs-osnabrueck.de; pr: Wielandstr. 1, 49134 Wallenhorst, T: (05407) 4575

**Niehe,** Stefan; Dr. rer. nat., Prof.; *Elektro- u. Informationstechnik, Elektrische Messtechnik, Physik*; di: Hochsch. Hannover, Fak. I Elektro- u. Informationstechnik, Ricklinger Stadtweg 120, 30459 Hannover, PF 920261, 30441 Hannover, T: (0511) 92961290, F: 92961111, stefan.niehe@hs-hannover.de; pr: Odenwaldstr. 5, 30657 Hannover, T: (0511) 603928

**Niehoff,** Bernd-Uwe; Dr.-Ing., Prof.; *Mikrocomputertechnik, Informatik*; di: Hochsch. Kempten, Fak. Elektrotechnik, Bahnhofstr. 61-63, 87435 Kempten, T: (0831) 25232185, F: 2523220, niehoff@fh-kempten.de

**Niehoff,** Walter; Dr. phil., Prof.; *Betriebswirtschaftslehre und Organisation und Technik des Exports*; di: Hochsch. Reutlingen, FB Business and Information Science, Alteburgstr. 150, 72762 Reutlingen, T: (07121) 271712, walter.niehoff@fh-reutlingen.de; pr: Im Hörnle 68, 72800 Eningen, T: (07121) 880082

**Niehus,** Ulrich; Dr. rer. pol., Prof.; *Betriebswirtschaftslehre, insb. Betriebliche Steuerlehre für kleine und mittlere Unternehmen*; di: FH Stralsund, FB Wirtschaft, Zur Schwedenschanze 15, 18435 Stralsund, T: (03831) 456927

**Niekamp,** Olaf; Dr.-Ing., Prof.; *Wasserbau u. Hydromechanik*; di: Hochsch. Wismar, Fak. f. Ingenieurwiss., PF 1210, 23952 Wismar, T: (03841) 753309, o.niekamp@bau.hs-wismar.de

**Nieland,** Stefan; Dr. rer. pol., Prof.; *Wirtschaftsinformatik, Computergestütztes Lernen*; di: FH d. Wirtschaft, Fürstenallee 3-5, 33102 Paderborn, T: (05251) 301174, stefan.nieland@fhdw.de

**Nielsen,** Gunnar Haase; M.A., Prof.; *Pflegewissenschaften, Steuerungsprozesse in Einrichtungen des Gesundheitswesens*; di: Ev. Hochsch. Darmstadt, Zweifalltorweg 12, 64293 Darmstadt, T: (06151) 879887, nielsen@eh-darmstadt.de

**Nielsen,** Ina; Dr.-Ing., Prof.; *Fertigungstechnik, Werkstoffkunde*; di: Ostfalia Hochsch., Fak. Maschinenbau, Salzdahlumer Str. 46/48, 38302 Wolfenbüttel, i.nielsen@ostfalia.de

**Niemann,** Frank; Dr., Prof.; *Elektrotechnik/Informationstechnik*; di: Hochsch. Pforzheim, Fak. f. Technik, Tiefenbronner Str. 66, 75175 Pforzheim, T: (07231) 286578, F: 286060, frank.niemann@hs-pforzheim.de

**Niemann,** Karl-Heinz; Dr.-Ing., Prof. FH Hannover; *Prozessdatenverarbeitung, Prozessinformatik und Automatisierungstechnik*; di: Hochsch. Hannover, Fak. I Elektro- u. Informationstechnik, Ricklinger Stadtweg 120, 30459 Hannover, PF 920261, 30441 Hannover, T: (0511) 92961264, karl-heinz.niemann@hs-hannover.de; pr: Bonifatiusplatz 10, 30161 Hannover, T: (0511) 2354303

**Niemann,** Otto C.J.; HonProf.; *Produktmanagement Mode*; di: FH Bielefeld, FB Gestaltung, Lampingstr. 3, 33615 Bielefeld

**Niemeier,** Frank; Dr.-Ing., Prof.; *Fertigungstechnik, Qualitätsmanagement, Unternehmensorganisation*; di: Hochsch. Kempten, Bahnhofstr. 61-63, 87435 Kempten, niemeier@fh-kempten.de

**Niemeier,** Hans-Martin; Dr., Prof.; *Volkswirtschaftslehre, Makrologistik*; di: Hochsch. Bremen, Fak. Wirtschaftswiss., Werderstr. 73, 28199 Bremen, T: (0421) 59054214, F: 59054599, hans-martin.niemeier@hs-bremen.de

**Niemeier,** Walter; Dr., Prof., Lt. IWW; *Weiterbildung im Mittelstand*; di: FH des Mittelstands, FB Wirtschaft, Ravensbergerstr. 10G, 33602 Bielefeld, niemeier@fhm-mittelstand.de

**Niemeyer,** Ulf; Dr.-Ing., Prof.; *Kommunikationsnetze und digitale Signalverarbeitung*; di: FH Dortmund, FB Informations- u. Elektrotechnik, Sonnenstr. 96, 44139 Dortmund, T: (0231) 9112691, F: 9112283, ulf.niemeyer@fh-dortmund.de

**Niemeyer,** Ulrich; Dr. rer. pol., Prof.; *Mathematik, Präsentationstechnik*; di: Hochsch. Offenburg, Fak. Maschinenbau u. Verfahrenstechnik, Badstr. 24, 77652 Offenburg, T: (0781) 205113, F: 205214

**Niemietz,** Arno; Dr. rer. nat., Prof.; *Angewandte Informatik*; di: Westfäl. Hochsch., FB Informatik u. Kommunikation, Neidenburger Str. 43, 45877 Gelsenkirchen, T: (0209) 9596482, Arno.Niemietz@informatik.fh-gelsenkirchen.de

**Nienaber,** Susanne; Dr., Prof.; *Wirtschaftsrecht*; di: FH Bielefeld, FB Wirtschaft, Universitätsstr. 25, 33615 Bielefeld, T: (0521) 1063753, susanne.nienaber@fh-bielefeld.de

**Nieratschker,** Willi; Dr.-Ing., Prof.; *Kolbenmaschinen, Kraft- und Arbeitsmaschinen, Numerische Mathematik, Sicherheitstechnik, Thermodynamik, Wärmekraftwirtschaft*; di: H Koblenz, FB Ingenieurwesen, Konrad-Zuse-Str. 1, 56075 Koblenz, T: (0261) 9528426, nierats@fh-koblenz.de

**Niermann,** Peter; Dipl.-Ing., Dr. rer. pol., Prof. FH Erding; *Prozessmanagement, Building Management, Internationales und interkulturelles Management*; di: FH f. angewandtes Management, Am Bahnhof 2, 85435 Erding, T: (08122) 9559480, peter.niermann@myfham.de

**Nies,** Reinhard; Dr. rer. nat. habil., Prof. FH Flensburg; *Festkörper/Grenzflächenphysik*; di: FH Flensburg, FB Energie u. Biotechnologie, Physik, Kanzleistr. 91-93, 24943 Flensburg, T: (0461) 8051387, reinhard.nies@fh-flensburg.de; pr: Kantstr. 44, 24943 Flensburg

**Nieschalk,** Ulrich; Dipl.-Ing., Prof.; *Zeichnen, Malen*; di: FH Lübeck, FB Bauwesen, Mönkhofer Weg 239, 23562 Lübeck, nieschalk@fh-luebeck.de

**Nieskens,** Hans; Dr. jur., Prof.; *Umsatzsteuerrecht*; di: FH f. Finanzen Nordkirchen, Schloß, 59394 Nordkirchen

**Nieslony,** Frank; Dipl.-Päd., Dr. phil., Prof.; *Sozialadministration/Soziale Dienste*; di: Ev. Hochsch. Darmstadt, FB Sozialarbeit/Sozialpädagogik, Zweifalltorweg 12, 64293 Darmstadt, T: (06151) 879843, nieslony@eh-darmstadt.de; pr: Vormholzer Str. 24b, 58456 Witten, T: (02302) 73335, frank.nieslony@t-online.de

**Niesmann,** Felix; Dipl.-Betriebswirt, Dr. rer. soc./M.A., Prof.; *Politikwissenschaft, Sozialpolitik*; di: Kath. Hochsch. f. Sozialwesen Berlin, Köpenicker Allee 39-57, 10318 Berlin, T: (030) 50101029, niesmann@khsb-berlin.de

**Niess,** Robert; Dr.-Ing., Prof.; *Entwerfen und Bauen im Bestand*; di: FH Düsseldorf, FB 1 – Architektur, Georg-Glock-Str. 15, 40474 Düsseldorf, T: (0211) 4315129

**Nießen,** Wolfgang; Dr., Prof.; *Mechatronik*; di: DHBW Stuttgart, Fak. Technik, Mechatronik, Jägerstr. 58, 70174 Stuttgart, T: (0711) 1849875, niessen@dhbw-stuttgart.de

**Niethammer,** René; Dr., Prof.; *Wirtschaftsmathematik, Technologiemanagement, Mittelstandsmanagement*; di: Hochsch. Aalen, Fak. Wirtschaftswissenschaften, Beethovenstr. 1, 73430 Aalen, T: (07361) 5762323, Rene.Niethammer@htw-aalen.de

**Nietner,** Manfred; Dr.-Ing., Prof.; *Bauproduktionstechnik*; di: HTWK Leipzig, FB Bauwesen, PF 301166, 04251 Leipzig, T: (0341) 30767022, nietner@fbb.htwk-leipzig.de

**Nietzold,** Andreas; Dr.-Ing., Prof.; *Tragwerkslehre*; di: Westsächs. Hochsch. Zwickau, FB Architektur, Klinkhardtstr. 30, 08468 Reichenbach, andreas.nietzold@fh-zwickau.de

**Nietzschmann,** Eckhart; Dr., Prof.; *Anorganische und analytische Chemie*; di: Hochsch. Anhalt, FB 7 Angew. Biowiss. u. Prozesstechnik, PF 1458, 06354 Köthen, T: (03496) 672500, eckhart.nietzschmann@bwp.hs-anhalt.de

**Niggemann,** Michael; Dr., Prof.; *Grundlagen der Mathematik, Numerische Mathematik, Strömungsmechanik, Trigonometrie*; di: Hochsch. f. angew. Wiss. Würzburg Schweinfurt, Fak. angew. Natur- u. Geisteswiss., Münzstr. 12, 97070 Würzburg

**Niggemann,** Oliver; Dr. rer. nat., Prof.; *Software- und Systemmodelle, eingebettete Systeme*; di: Hochsch. Ostwestfalen-Lippe, FB 5, Elektrotechnik u. techn. Informatik, Liebigstr. 87, 32657 Lemgo, oliver.niggemann@hs-owl.de

**Nihalani,** Katrin; Dr., Prof.; *Ökonometrie, Gesundheitswirtschaft*; di: Hochsch. Niederrhein, FB Gesundheitswesen, Reinarzstr. 49, 47805 Krefeld, T: (02151) 8226694, Katrin.Nihalani@hs-niederrhein.de

**Nikodemus,** Paul; Dr., Prof., Rektor; *Wirtschaftswissenschaften*; di: AKAD-H Stuttgart, Maybachstr. 18-20, 70469 Stuttgart, T: (0711) 81495300, hs-stuttgart@akad.de

**Nikolaizig,** Andrea; Dr. phil., Prof.; *Bibliothekswesen*; di: HTWK Leipzig, FB Medien, PF 301166, 04251 Leipzig, T: (0341) 30765453, nikolaizig@fbm.htwk-leipzig.de; pr: Feldblumenweg 8, 04207 Leipzig-Lausen, T: (0341) 9414255

**Nikolaus,** Ines; Dr. rer. nat., Prof.; di: Hochsch. München, Fak. Feinwerk- u. Mikrotechnik, Physikal. Technik, Lothstr. 34, 80335 München, ines.nikolaus@hm.edu

**Nikolaus,** Ulrich; Dr. rer. pol., Prof.; *Kommunikationsdesign, Multimediales Publizieren*; di: HTWK Leipzig, FB Medien, PF 301166, 04251 Leipzig, T: (0341) 2170340, nikolaus@fbm.htwk-leipzig.de

**Nikolay,** Ute; Dr. phil., Prof.; *Wirtschaftsfranzösisch*; di: Hochsch. Trier, FB Wirtschaft, PF 1826, 54208 Trier, T: (0651) 8103216, U.Nikolay@hochschule-trier.de; pr: Laurentiusberg 4, 54439 Saarburg, T: (06581) 1587

**Nimis,** Jens; Prof.; *Datenbanksysteme, Webtechnologien, Angewandte Informatik*; di: Hochsch. Karlsruhe, Fak. Wirtschaftswissenschaften, Moltkestr. 30, 76133 Karlsruhe, PF 2440, 76012 Karlsruhe, T: (0721) 9251961

**Nimmesgern,** Matthias; Dr., Prof.; *Baukonstruktion, Boden-und Felsmechanik, Geotechnik*; di: Hochsch. f. angew. Wiss. Würzburg Schweinfurt, Fak. Architektur u. Bauingenieurwesen, Münzstr. 12, 97070 Würzburg

**Ningel,** Rainer; Dr., Prof.; *Interventionslehre in der Sozialen Arbeit/Methoden in der Sozialen Arbeit*; di: H Koblenz, FB Sozialwissenschaften, Konrad-Zuse-Str. 1, 56075 Koblenz, T: (0261) 9528218, F: 9528260, ningel@hs-koblenz.de

**Nisch,** Antonio; Dr.-Ing., Prof.; *Fertigungstechnische Anlagen, Qualitätssicherungssysteme und Mechatronik*; di: Westfäl. Hochsch., FB Maschinenbau, Münsterstr. 265, 46397 Bocholt, T: (02871) 2155934, antonio.nisch@fh-gelsenkirchen.de

**Nischwitz,** Alfred; Dr. rer. nat., Prof.; *Computergrafik, Bildverarbeitung, Mustererkennung*; di: Hochsch. München, Fak. Informatik u. Mathematik, Lothstr. 34, 80335 München, T: (089) 12653742, F: 12653780, nischwitz@cs.fhm.edu

**Nissen,** Hans; Dr.-Ing., Prof.; *Software Engineering*; di: FH Köln, Fak. f. Informations-, Medien- u. Elektrotechnik, Betzdorfer Str. 2, 50679 Köln, T: (0221) 82752489, hans.nissen@fh-koeln.de

**Nissen,** Holger; Dr. rer. nat., Prof.; *Angewandte Mathematik, insbes. Informatik im Bereich Energietechnik und Umweltschutz*; di: FH Aachen, FB Angewandte Naturwiss. u. Technik, Ginsterweg 1, 52428 Jülich, T: (0241) 600953120, nissen@fh-aachen.de; pr: Königsberger Str. 11, 52428 Jülich, T: (02461) 346047

**Nissen,** Ulrich; Dr. rer. pol., Prof.; *Betriebswirtschaftslehre, Controlling*; di: Techn. Hochsch. Mittelhessen, FB 07 Wirtschaft, Wiesenstr. 14, 35390 Gießen, T: (0641) 3092724

**Nissen-Rizvani,** Karin; Dr., Prof.; *Theaterpädagogik, zeitgenössische Ästhetik, Theaterwissenschaften*; di: Hochsch. f. Künste im Sozialen, Am Wiestebruch 66-68, 28870 Ottersberg, karin.nissen-rizvani@hks-ottersberg.de

**Nissing,** Dirk; Dr.-Ing., Prof.; *Regelungstechnik*; di: Hochsch. Rhein-Waal, Fak. Technologie u. Bionik, Marie-Curie-Straße 1, 47533 Kleve, T: (02821) 80673636, dirk.nissing@hochschule-rhein-waal.de

**Nister,** Oliver; Dr.-Ing., Prof.; *Projektmanagement der Bauausführung*; di: FH Bielefeld, FB Architektur u. Bauingenieurwesen, Artilleriestr. 9, 32427 Minden, T: (0571) 8385114, F: 8385171, oliver.nister@fh-bielefeld.de

**Nitsch,** Andreas; Dipl.-Ing., Dr., Prof.; *Massivbau, Spannbeton*; di: FH Kaiserslautern, FB Bauen u. Gestalten, Schoenstr. 6, 67659 Kaiserslautern, T: (0631) 37244500, andreas.nitsch@fh-kl.de

**Nitsch,** Harald; Dr. rer. pol. habil., Prof.; *Immobilienwirtschaft*; di: DHBW Mannheim, Fak. Wirtschaft, Coblitzallee 1-9, 68163 Mannheim, T: (0621) 41052253, F: 41052259, harald.nitsch@dhbw-mannheim.de

**Nitsch,** Karl-Wolfhart; Dr. iur., Prof.; *Handels- und Bankrecht*; di: Hochsch. Wismar, Fak. f. Wirtschaftswiss., PF 1210, 23952 Wismar, T: (03841) 753158, w.nitsch@wi.hs-wismar.de

**Nitsch,** Reiner; Dr.-Ing., Prof.; *Grundlagen der Informatik, Telekommunikation*; di: Hochsch. Darmstadt, FB Informatik, Haardtring 100, 64295 Darmstadt, T: (06151) 169255, r.nitsch@fbi.h-da.de

**Nitsche,** Klaus; Dr.-Ing., Prof., Dekan FB Maschinenbau; *Technische Thermodynamik, Kraft- und Arbeitsmaschinen, Darstellende und Konstruktive Geometrie, Wärmeübertragung, Strömungsmechanik*; di: Hochsch. Deggendorf, FB Maschinenbau, Edlmairstr. 6-8, 94469 Deggendorf, PF 1320, 94453 Deggendorf, T: (0991) 3615313, F: 3615399, klaus.nitsche@fh-deggendorf.de

**Nitsche,** Thomas; Dr., Prof.; *Praktische Informatik*; di: Hochsch. Niederrhein, FB Elektrotechnik / Informatik, Reinarzstr. 49, 47805 Krefeld, T: (02151) 8224666, thomas.nitsche@hs-niederrhein.de

**Nitsche-Ruhland,** Doris; Dr., Prof.; *Informationstechnik*; di: DHBW Stuttgart, Fak. Technik, Informatik, Rotebühlplatz 41, 70178 Stuttgart, T: (0711) 66734523, nitsche@dhbw-stuttgart.de

**Nitzsche,** Robert; Dr.-Ing., Prof.; *Elektrische Antriebstechnik*; di: FH Münster, FB Elektrotechnik u. Informatik, Stegerwaldstr. 39, 48565 Steinfurt, T: (02551) 962247, F: 962170, robert.nitzsche@fh-muenster.de

**Noack,** Axel; Dr., Prof.; *Betriebswirtschaftslehre, insb. International Marketing unter bes. Berücksichtigung des Ostseeraums*; di: FH Stralsund, FB Wirtschaft, Zur Schwedenschanze 15, 18435 Stralsund, T: (03831) 456793

**Noack,** Gerold; Dr.-Ing., Prof.; *Vermessung, Darstellende Geometrie*; di: Hochsch. Lausitz, FB Architektur, Bauingenieurwesen, Versorgungstechnik, Lipezker Str. 47, 03048 Cottbus-Sachsendorf, T: (0355) 5818621, F: 5818609

**Noack,** Hartmut; Dr.-Ing., Prof.; *Informatik und CAD*; di: HAW Hamburg, Fak. Technik u. Informatik, Berliner Tor 21, 20099 Hamburg, T: (040) 428758603, hartmut.noack@haw-hamburg.de; pr: T: (040) 5203885

**Noack,** Klaus; Dr.-Ing., HonProf.; di: TFH Georg Agricola Bochum, Herner Str. 45, 44787 Bochum; pr: Lupinenweg 13, 44797 Bochum, T: (0234) 793036

**Noack,** Winfried; Dr. phil., Prof. Theol. H Friedensau; *Weltmission und Gemeindeaufbau*; di: Theol. Hochschule, An der Ihle 2a, 39291 Friedensau, T: (03921) 916139, winfried.noack@thh-friedensau.de

**Nobach,** Kai; Dr., Prof.; *BWL, Accounting, Controlling*; di: DHBW Stuttgart, Fak. Wirtschaft, Herdweg 21, 70174 Stuttgart, T: (0711) 1849533, nobach@dhbw-stuttgart.de

**Nobel,** Rolf; Prof.; *Kommunikationsdesign, Fotografie*; di: Hochsch. Hannover, Fak. III Medien, Information u. Design, Kurt-Schwitters-Forum, Expo Plaza 2, 30539 Hannover, T: (0511) 92962345, rolf.nobel@hs-hannover.de; pr: Allensteiner Str. 18a, 30880 Laatzen, T: (05102) 677648, rolfnobel@aol.com

**Nobel,** Wilfried; Dr. sc. agr., Prof. Hochschule für Wirtschaft und Umwelt Nürtingen-Geislingen; *Umweltverträglichkeit, Ökologie, Umweltschutz*; di: Hochsch. f. Wirtschaft u. Umwelt Nürtingen-Geislingen, PF 1349, 72603 Nürtingen, T: (07022) 404226, willfried.nobel@hfwu.de

**Nöfer,** Eberhard; Dr., Prof.; *Personalwesen, Marketing, Projektmanagement*; di: Hochsch. Coburg, Fak. Soziale Arbeit u. Gesundheit, Friedrich-Streib-Str. 2, 96450 Coburg, T: (09561) 317191, noefer@hs-coburg.de

**Nölke,** Eberhard; Dr. phil., Prof.; *Theorie u. Methoden d. sozialen Arbeit, qualitative Forschungsmethoden (Kinder- u. Jugendhilfe)*; di: Hochsch. Darmstadt, FB Gesellschaftswiss. u. Soziale Arbeit, Haardtring 100, 64295 Darmstadt, T: (06151) 168710, eberhard.noelke@h-da.de; pr: Schloßstr. 112, 60486 Frankfurt, T: (069) 778843, eberhard.noelke@t-online.de

**Noelle,** Guido; Dr., HonProf.; *Medizinische Informatik, eHealth*; di: Hochsch. Bonn-Rhein-Sieg, FB Informatik, Grantham-Allee 20, 53757 Sankt Augustin, guido.noelle@fh-bonn-rhein-sieg.de

**Nölte,** Uwe; Dr., Prof.; *Accounting und Finance*; di: DHBW Karlsruhe, Fak. Wirtschaft, Erzbergerstr. 121, 76133 Karlsruhe, T: (0721) 9735931, noelte@no-spam.dhbw-karlsruhe.de

**Nohl,** Heinz; Dipl.-Phys., Dr. rer. nat., Prof.; *Physik, Mathematik, Supraleitung, Festkörperphysik*; di: Georg-Simon-Ohm-Hochsch. Nürnberg, Fak. Allgemeinwiss., Keßlerplatz 12, 90489 Nürnberg, PF 210320, 90121 Nürnberg

**Nohlen,** Klaus; Dr.-Ing., Prof.; *Projekt, Denkmalpflege, Baugeschichte*; di: Hochsch. Rhein / Main, FB Architektur u. Bauingenieurwesen, Kurt-Schumacher-Ring 18, 65197 Wiesbaden, T: (0611) 94951420, klaus.nohlen@hs-rm.de; pr: Ohmstr. 4, 65199 Wiesbaden, T: (0611) 461206

**Nohr,** Holger; Prof.; *Wissensmanagement, Existenzgründung, Qualitätsmanagement*; di: Hochsch. d. Medien, Fak. Information u. Kommunikation, Wolframstr. 32, 70191 Stuttgart, T: (0711) 25706187, nohr@hdm-stuttgart.de; pr: Mümmelmannsberg 21, 22115 Hamburg

**Nold,** Georg; Dr., Prof.; *Informatik, Betriebswirtschaftslehre, Methodik des Wissenschaftlichen Arbeitens*; di: Hochsch. f. Polizei Villingen-Schwenningen, Sturmbühlstr. 250, 78054 Villingen-Schwenningen, T: (07720) 309557, GeorgNold@fhpol-vs.de

**Nold,** Wolfgang; Dr., Prof.; *Betriebswirtschaftslehre und Finanzdienstleistungsmanagement*; di: DHBW Karlsruhe, Fak. Wirtschaft, Erzbergerstr. 121, 76133 Karlsruhe, T: (0721) 9735917, nold@no-spam.dhbw-karlsruhe.de

**Noll,** Bernd; Dr., Prof., Dekan FB Personalmanagement, Volkswirtschaft und Wirtschaftsinformatik; *Volkswirtschaftslehre*; di: Hochsch. Pforzheim, Fak. f. Wirtschaft u. Recht, Tiefenbronner Str. 65, 75175 Pforzheim, T: (07231) 286324, F: 286090, bernd.noll@hs-pforzheim.de

**Noll,** Hans-J.; Dr. rer. soc., Prof.; di: Rheinische FH Köln, Hohenstaufenring 16-18, 50674 Köln; pr: Am Rabenhorst 11, 51429 Bergisch Gladbach, T: (0172) 6019435

**Nollau,** Reiner; Dr.-Ing. habil., Prof.; *Regelungs- u. Steuerungstechnik, Antriebs- und Automatisierungstechnik*; di: HAWK Hildesheim / Holzminden / Göttingen, Fak. Naturwiss. u. Technik, Von-Ossietzky-Str. 99, 37085 Göttingen, T: (0551) 3705241

**Nolle,** Eugen; Dr.-Ing., Prof.; *Elektrotechnik, Elektrische Maschinen*; di: Hochsch. Esslingen, Fak. Mechatronik u. Elektrotechnik, Kanalstr. 33, 73728 Esslingen, T: (07161) 6971264; pr: Gartenstr. 5, 74372 Sersheim, T: (07042) 32960

**Noller,** Annette; Dr., Prof.; *Theologie, Diakoniewissenschaft*; di: Ev. H Ludwigsburg, FB Soziale Arbeit, Auf der Karlshöhe 2, 71638 Ludwigsburg, T: (07141) 965275, a.noller@eh-ludwigsburg.de; pr: Brunnengasse 1, 71739 Oberriexingen, T: (07042) 941600

**Noller,** Thomas; Prof.; *Creative Coding, Web Interface Design*; di: Berliner Techn. Kunsthochschule, Bernburger Str. 24-25, 10963 Berlin, t.noller@btk-fh.de

**Nolte,** Christoph; Dr.-Ing., Prof., Dekan; *Bauphysik / Baukonstruktion*; di: Hochsch. Ostwestfalen-Lippe, FB 3, Bauingenieurwesen, Emilienstr. 45, 32756 Detmold, T: (05231) 769813, F: 769819, christoph.nolte@fh-luh.de; pr: Hugo-Schulz-Str. 47, 44789 Bochum, T: (0234) 3254869

**Nolte,** Cornelius; Dr., Prof.; *Industrie*; di: DHBW Mannheim, Fak. Wirtschaft, Käfertaler Str. 258, 68167 Mannheim, T: (0621) 41052615, F: 41052428, cornelius.nolte@dhbw-mannheim.de

**Nolte,** Gertrud; Prof.; *Typografie, Design-Grundlagen*; di: Hochsch. f. angew. Wiss. Würzburg Schweinfurt, Fak. Gestaltung, Münzstr. 12, 97070 Würzburg

**Nolte-Ebert,** Heike; Dr. phil., Prof.; *Unternehmensführung*; di: Hochsch. Emden / Leer, FB Wirtschaft, Constantiaplatz 4, 26723 Emden, T: (04921) 8071173, F: 8071228, heike.nolte-ebert@hs-emden-leer.de; pr: Jochen-Fink-Weg 15, 22589 Hamburg, T: (0174) 6230078

**Nolting,** Bernd; Dr.-Ing., Prof.; *Siedlungswasserwirtschaft*; di: Hochsch. Bochum, FB Bauingenieurwesen, Lennershofstr. 140, 44801 Bochum, T: (0234) 3210217, bernd.nolting@hs-bochum.de

**Nolting,** Jürgen; Dr. rer. nat., Prof.; *Geometrische Optik, Informatik, Technische Optik*; di: Hochsch. Aalen, Fak. Optik u. Mechatronik, Beethovenstr. 1, 73430 Aalen, T: (07361) 5764600, juergen.nolting@htw-aalen.de

**Nonhoff,** Jürgen; Dr. rer. pol., Prof.; *Wirtschaftsinformatik und Organisation*; di: FH Münster, FB Wirtschaft, Corrensstr. 25, 48149 Münster, T: (0251) 8365600, F: 8365502, nonhoff@fh-muenster.de; pr: Rüschhausweg 105, 48161 Münster, T: (0251) 868114

**Nonnast,** Jürgen; Dipl.-Ing., Prof.; *Datenbanken, Softwaretechnik, Data Mining*; di: Hochsch. Esslingen, Fak. Graduate School, Fak. Informationstechnik, Flandernstr. 101, 73732 Esslingen, T: (0711) 3974162; pr: Johannesstr. 75, 73614 Schorndorf, T: (07181) 44106

**Noosten,** Dirk; Dr.-Ing., Prof.; *Baumanagement, Baufinanzierung*; di: Hochsch. Ostwestfalen-Lippe, FB 3, Bauingenieurwesen, Emilienstr. 45, 32756 Detmold, dirk.noosten@fh-luh.de; pr: Grabenstr. 15, 32756 Detmold, T: (05231) 3037080

**Nord,** Jantina; Dr. jur., Prof.; *Zivil- u. Arbeitsrecht*; di: Hochsch. Wismar, Fak. f. Wirtschaftswiss., PF 1210, 23952 Wismar, T: (03841) 753261, j.nord@wi.hs-wismar.de

**Norf,** Michael; Dr. jur., Prof.; *Arbeits- und Sozialrecht*; di: FH Köln, Fak. f. Angewandte Sozialwiss., Mainzer Str. 5, 50678 Köln, T: (0221) 82753347; pr: Jägerstr. 77, 51467 Bergisch Gladbach, F: (02202) 44413

**Normann,** Edina; Dipl.-Sozialpäd., Dipl.-Päd., Dr., Prof.; *Soziale Arbeit, Erziehungshilfen*; di: Ev. Hochsch. Nürnberg, Fak. f. Sozialwissenschaften, Bärenschanzstr. 4, 90429 Nürnberg, T: (0911) 27253832, edina.normann@evhn.de; pr: Burgstr. 28, 90403 Nürnberg, T: (0911) 2004968

**Normann,** Norbert; Dr. rer. nat., Prof.; *Mikrocomputertechnik, Fahrzeugelektronik, Embedded Systems*; di: Hochsch. Ulm, Fak. Elektrotechnik u. Informationstechnik, PF 3860, 89028 Ulm, T: (0731) 5028169, normann@hs-ulm.de

**Noronha,** Alphonso; Dr.-Ing., Prof.; *Maschinenelemente, Konstruktion*; di: Georg-Simon-Ohm-Hochsch. Nürnberg, Fak. Maschinenbau u. Versorgungstechnik, Keßlerplatz 12, 90489 Nürnberg, PF 210320, 90121 Nürnberg

**North,** Klaus; Dr.-Ing., Prof.; *Beschaffung, Produktion, Logistik*; di: Hochsch. Rhein / Main, Wiesbaden Business School, Bleichstr. 44, 65183 Wiesbaden, T: (0611) 94953109, klaus.north@hs-rm.de

**Northoff,** Robert; Dipl.-Psych., Dr. jur., Prof.; *Kinder- u. Jugendhilferecht, Soziale Dienste, Arbeit in sozialen Brennpunkten*; di: Hochsch. Neubrandenburg, FB Soziale Arbeit, Bildung u. Erziehung, Brodaer Str. 2, 17033 Neubrandenburg, PF 110121, 17041 Neubrandenburg, T: (0395) 56935508, northoff@hs-nb.de; pr: Weißkleeweg 16, 22589 Hamburg, T: (0395) 5823825

**Nosko,** Herbert; Dr., Dr., Prof.; *Industriebetriebslehre*; di: FH Frankfurt, FB 2 Informatik u. Ingenieurwiss., Nibelungenplatz 1, 60318 Frankfurt am Main, T: (069) 15332280

**Nosper,** Tim; Dr. Ing., Prof.; *Mathematik, Mechatronische Sytemtechnik und Mikrosystemtechnik im KFZ*; di: Hochsch. Ravensburg-Weingarten, Doggenriedstr., 88250 Weingarten, PF 1261, 88241 Weingarten, T: (0751) 5019814, nosper@hs-weingarten.de

**Noss,** Christian; Dr. rer. pol., Prof.; *Betriebswirtschaftslehre*; di: FH Köln, Fak. f. Informatik u. Ingenieurwiss., Steinmüllerallee 1, 51643 Gummersbach, T: (02261) 8196412, christian.noss@fh-koeln.de; Fachhochschule für Wirtschaft Berlin, FB I, Badensche Str. 50-51, 10825 Berlin, T: (030) 85789357, chnoss@fhw-berlin.de

**Nothacker,** Gerhard; Dr., Prof.; *Recht, insb. Recht der sozialen Sicherung (BSHG)*; di: FH Potsdam, FB Sozialwesen, Friedrich-Ebert-Str. 4, 14467 Potsdam, T: (0331) 5801129, nothack@fh-potsdam.de

**Nothdurft,** Werner; Dr., Prof.; *Theorie und Praxis sozialer Kommunikation*; di: Hochsch. Fulda, FB Sozial- u. Kulturwiss., Marquardstr. 35, 36039 Fulda, werner.nothdurft@sk.fh-fulda.de

**Notthoff,** Martin; Dr., Prof.; *Handels- und Gesellschaftsrecht*; di: Hochsch. Hannover, Fakultät IV, Ricklinger Stadtweg 120, 30459 Hannover, T: (0511) 92961566, martin.notthoff@hs-hannover.de

**Novender,** Wolf-Rainer; Dr.-Ing., Prof.; *Numerische Feldberechnung und Simulation, Elektrische Maschinen*; di: Techn. Hochsch. Mittelhessen, FB 11 Informationstechnik, Elektrotechnik, Mechatronik, Wilhelm-Leuschner-Str. 13, 61169 Friedberg, T: (06031) 604229

**Nowacki,** Horst-Felix; Dipl.-Ing., HonProf.; *Regenerative Energiewirtschaft*; di: FH Bielefeld, FB Elektrotechnik u. Informationstechnik, Wilhelm-Bertelsmann-Str. 10, 33602 Bielefeld, T: (0521) 1067350, F: 1067150, horst_felix.nowacki@fh-bielefeld.de

**Nowacki,** Katja; Dr., Prof.; *Klinische Psychologie, Sozialpsychologie*; di: FH Dortmund, FB Angewandte Sozialwiss., PF 105018, 44047 Dortmund, T: (0231) 7554984, katja.nowacki@fh-dortmund.de

**Nowak,** Bernd; Dr.-Ing., Prof.; *Baukunde, Technische Mechanik, Bau- und Wirtschaftsrecht*; di: FH Erfurt, FB Versorgungstechnik, Altonaer Str. 25, 99085 Erfurt, PF 101363, 99013 Erfurt, T: (0361) 6700972, F: 6700424, b.nowak@fh-erfurt.de

**Nowak,** Eva; Dr., Prof.; *Medienwirtschaft und Journalismus*; di: Jade Hochsch., FB Management, Information, Technologie, Friedrich-Paffrath-Str. 101, 26389 Wilhelmshaven, T: (04421) 9852648, F: 9852412, eva.nowak@jade-hs.de

**Nowak,** Hannes; Dr. rer. nat. habil., HonProf. H Anhalt (FH); *Biomedizinische Technik, Experimentelle Physik, Magnetismus (Biomagnetismus), Forschungsmanagement*; di: Hochsch. Anhalt, FB 6 Elektrotechnik, Maschinenbau u. Wirtschaftsingenieurwesen, PF 1458, 06354 Köthen, hnowak@biomag.uni-jena.de; pr: Pfarrgartenstr. 14, 07751 Jena, T: (036425) 20404

**Nowak,** Jürgen; Dr., Prof.; *Soziologie*; di: Europa-Institut, Alice-Salomon-Platz 5, 12627 Berlin, T: (030) 99245511, F: 99245591, nowak@ash-berlin.eu; pr: Eichelhäherstr. 15A, 13505 Berlin, T: (030) 4363297, F: 4363297, J.Nowak@t-online.de

**Nowak,** Wolfgang; Dr.-Ing., Prof.; *Energieeffizientes Planen und Bauen*; di: Hochsch. Augsburg, Fak. f. Architektur u. Bauwesen, An der Hochschule 1, 86161 Augsburg, PF 110605, 86031 Augsburg, T: (0821) 55863611, F: 55863110, wolfgang.nowak@hs-augsburg.de

**Nowotsch,** Norbert; M.A., Dipl.-Des., Prof.; *Mediengestaltung*; di: FH Münster, FB Design, Leonardo-Campus 6, 48149 Münster, T: (0251) 8365363, nowotsc@fh-muenster.de; pr: Sauerländer Weg 31, 48145 Münster, T: (0251) 717057

**Noyon,** Alexander; Dr., Prof.; *Psychologie der sozialen Arbeit*; di: Hochsch. Mannheim, Fak. Sozialwesen, Ludolf-Krehl-Str. 7-11, 68167 Mannheim

**Nuding,** Anton; Dr.-Ing., Prof. u. Lt. d. Labors f. Wasserbau; *Hydromechanik, Hydraulik, Gewässerkunde, Flußbau, Gewässerökologie, Wasserkraft, Wasserwirtschaft*; di: Hochsch. Biberach, Fak. Bauingenieurwesen, PF 1260, 88382 Biberach/Riß, T: (07351) 582304, F: 582119, nuding@hochschule-bc.de

**Nüberlin,** Gerda; Dr. phil., Prof.; *Arbeitsfelder und Arbeitsweisen der Sozialen Arbeit*; di: Hochsch. Rhein/Main, FB Sozialwesen, Kurt-Schumacher-Ring 18, 65197 Wiesbaden, T: (0611) 94951308, gerda.nueberlin@hs-rm.de

**Nühlen,** Maria; Dr., Prof.; *Sozial- und Kulturphilosophie*; di: Hochsch.Merseburg, FB Soziale Arbeit, Medien, Kultur, Geusaer Str., 06217 Merseburg, T: (03461) 462216, F: 462205, maria.nuehlen@hs-merseburg.de

**Nürnberg,** Frank-Thomas; Dr. rer. nat., Prof.; *Physik, Mathematik*; di: Hochsch. Mannheim, Fak. Informationstechnik, Windeckstr. 110, 68163 Mannheim

**Nürnberg,** Reinhard; Dr.-Ing., Prof.; *Mikroprozessortechnik, Multimikroprozessorsysteme, Rechnernetze, Breitbandkommunikation*; di: Hochsch. Konstanz, Fak. Informatik, Brauneggerstr. 55, 78462 Konstanz, PF 100543, 78405 Konstanz, T: (07531) 206645, F: 206559, nurnberg@fh-konstanz.de

**Nüsken,** Dirk; Dr., Prof.; *Theorie und Praxis der Sozialen Arbeit*; di: Ev. FH Rhld.-Westf.-Lippe, FB Soziale Arbeit, Bildung u. Diakonie, Immanuel-Kant-Str. 18-20, 44803 Bochum, T: (0234) 36901200, nuesken@efh-bochum.de

**Nüsse,** Octavio K.; Dipl.-Des., HonProf.; *Industriedesign, Designtheorie*; di: FH Münster, FB Design, Leonardo-Campus 6, 48149 Münster, nuesse@fh-muenster.de; pr: Stegerwaldstr. 39, 48565 Steinfurt, oco@oco-design.de

**Nüßer,** Wilhelm; Dr., Prof.; *Wirtschaftsinformatik, Technische Informatik*; di: FH d. Wirtschaft, Fürstenallee 3-5, 33102 Paderborn, T: (05251) 301135, wilhelm.nuesser@fhdw.de

**Nufer,** Gerd; Dr., Prof.; *Marketing, Management*; di: Hochsch. Reutlingen, FB International Business, Alteburgstr. 150, 72762 Reutlingen, T: (07121) 2716011, Gerd.Nufer@Reutlingen-University.DE

**Nuoffer-Wagner,** Georg; Dr. sc. agr., Prof.; *Qualitätsmanagement, Umweltmanagement*; di: Hochsch. Ravensburg-Weingarten, Doggenriedstr., 88250 Weingarten, PF 1261, 88241 Weingarten, T: (0751) 5019650, F: 5019876, nuoffer@hs-weingarten.de; pr: Staudenstr. 20, 78655 Dunningen

**Nuß,** Uwe; Dr.-Ing. habil., Prof.; *Elektrische Antriebstechnik, Leistungselektronik, Regelungstechnik*; di: Hochsch. Offenburg, Fak. Elektrotechnik u. Informationstechnik, Badstr. 24, 77652 Offenburg, T: (0781) 205309, F: 205214, uwe.nuss@fh-offenburg.de

**Nusser,** Michael; Dr., Prof.; *Volkswirtschaftslehre*; di: Hochsch. Hannover, Fak. IV Wirtschaft u. Informatik, Ricklinger Stadtweg 120, 30459 Hannover, T: (0511) 92961572, michael.nusser@hs-hannover.de

**Nutzmann,** Marc; Dr., Prof.; di: DHBW Ravensburg, Campus Friedrichshafen, Fallenbrunnen 2, 88045 Friedrichshafen, T: (07541) 2077521, nutzmann@dhbw-ravensburg.de

**Ober,** Maximilian; Dipl.-Ing., Prof.; *Holzindustrielle Fertigungstechnik, Fabrikplanung, Oberflächentechnik, Möbelbau, Küchenmöbelkonstruktion und -fertigung*; di: Hochsch. Rosenheim, Fak. Holztechnik u. Bau, Hochschulstr. 1, 83024 Rosenheim, T: (08031) 805300, F: 805302

**Ober,** Thorsten; Dipl.-Ing., Prof.; *Holztechnik, Möbelkonstruktion, Konstruktionsmethodik*; di: Hochsch. Rosenheim, Fak. Holztechnik u. Bau, Hochschulstr. 1, 83024 Rosenheim, T: (08031) 805351, F: 805302, thorsten.ober@fh-rosenheim.de

**Oberbeck,** Niels; Dr.-Ing., Prof., Dekan FB Bauingenieurwesen; *Baustatik, Bauinformatik, Brückenbau*; di: Georg-Simon-Ohm-Hochsch. Nürnberg, Fak. Bauingenieurwesen, Keßlerplatz 12, 90489 Nürnberg, PF 210320, 90121 Nürnberg, T: (0911) 58801143

**Oberegge,** Otto; Dr.-Ing., Prof.; *Stahlbau*; di: FH Köln, Fak. f. Bauingenieurwesen u. Umwelttechnik, Betzdorfer Str. 2, 50679 Köln, T: (0221) 82752847, otto.oberegge@fh-koeln.de; pr: Wiener Weg 6, 50858 Köln

**Oberender,** Peter; Dr. rer. pol., Dr. h.c., Dipl.-Volkswirt, o.Prof. i.R. U Bayreuth, Geschf. Forsch.stelle f. Wettbewerbsrecht u. Wettbewerbspolitik, Gründungspräs. Wilhelm Löhe H Fürth; *Volkswirtschaftslehre: Theorie u. Politik, Gesundheitsökonomie, Markt- u. Wettbewerbstheorie, Internationaler Handel*; di: Wilhelm Löhe Hochsch., Merkurstr. 41, 90763 Fürth, T: (0921) 552881, F: 552886, praesident@wlh-fuerth.de; pr: Bodenseering 73, 95445 Bayreuth, T: (0921) 30256, F: 39403

**Oberhauser,** Mathias; Dipl.-Ing., Prof., Dekan Graduate School; *Regelungstechnik, Aktuatorik*; di: Hochsch. Esslingen, Fak. Fahrzeugtechnik u. Fak. Graduate School, Kanalstr. 33, 73728 Esslingen, T: (0711) 3973342; pr: Rotenstr. 24, 73733 Esslingen, T: (0711) 384531

**Oberhauser,** Roy; Dr., Prof.; *Softwaretechnik, Software-Projektmanagement, Softwarequalitätssicherung, Software-Architecture*; di: Hochsch. Aalen, Fak. Elektronik u. Informatik, Beethovenstr. 1, 73430 Aalen, T: (07361) 5764206, roy.oberhauser@htw-aalen.de

**Oberlies,** Dagmar; Dr., Prof.; *Recht, Rechtsberatung für ausländische Studierende*; di: FH Frankfurt, FB 4 Soziale Arbeit u. Gesundheit, Nibelungenplatz 1, 60318 Frankfurt am Main, T: (069) 15332878, oberlies@fb4.fh-frankfurt.de

**Obermaier-van Deun,** Peter; Prof.; *Recht*; di: Kath. Stiftungsfachhochsch. München, Preysingstr. 83, 81667 München, peter.obermaier-van-deun@ksfh.de

**Obermayer,** Hans Anton; Dr. rer. nat., Prof.; *Physik, Optische Meßtechnik*; di: Hochsch. Aalen, Fak. Optik u. Mechatronik, Beethovenstr. 1, 73430 Aalen, T: (07361) 5763400, Hans.Obermayer@htw-aalen.de

**Obermeier,** Arnold; Steuerberater, Richter am Finanzgericht a.D., Prof.; *Wirtschaftsprivatrecht, Arbeitsrecht, Europarecht*; di: Hochsch. Landshut, Fak. Betriebswirtschaft, Am Lurzenhof 1, 84036 Landshut, prof.arnold.obermeier@t-online.de

**Obermeier,** Johann; Dr.-Ing., Prof.; *Raumordnung, Städtebaurecht und Bodenordnung, Ländliche Entwicklung*; di: Hochsch. München, Fak. Geoinformation, Karlstr. 6, 80333 München, T: (089) 12652678, F: 12652698, johann.obermeier@fhm.edu

**Obermeier,** Karl-Martin; Dr., Prof.; *Journalismus und Öffentlichkeitsarbeit*; di: Westfäl. Hochsch., FB Maschinenbau u. Facilities Management, Neidenburger Str. 10, 45877 Gelsenkirchen, T: (0209) 9596818, karl-martin.obermeier@fh-gelsenkirchen.de

**Obermeier,** Thomas; Dr. rer. pol., Prof.; *Logistik, Betriebswirtschaftslehre*; di: FH d. Wirtschaft, Hauptstr. 2, 51465 Bergisch Gladbach, T: (02202) 9527356, F: 9527200, thomas.obermeier@fhdw.de

**Obermeyer,** Ludwig; Dipl.-Ing., Prof.; *Wasserbau und Wasserwirtschaft, Siedlungswasserwirtschaft*; di: FH Potsdam, FB Bauingenieurwesen, Pappelallee 8-9, Haus 1, 14469 Potsdam, T: (0331) 5801319, oberm@fh-potsdam.de

**Oberrath,** Jörg-Dieter; Dr. jur., Prof.; *Privates und öffentliches Wirtschaftsrecht*; di: FH Bielefeld, FB Wirtschaft, Universitätsstr. 25, 33615 Bielefeld, T: (0521) 1063744, joerg-dieter.oberrath@fh-bielefeld.de; pr: Ahornweg 22, 33824 Werther, T: (05203) 884412

**Oberschelp,** Wolfgang; Dr.-Ing., Prof.; *Elektrische Maschinen und Leistungselektronik*; di: Westfäl. Hochsch., FB Elektrotechnik u. angew. Naturwiss., Neidenburger Str. 10, 45877 Gelsenkirchen, T: (0209) 9596863, wolfgang.oberschelp@fh-gelsenkirchen.de; pr: Tückingschulstr. 24, 58135 Hagen, T: (02331) 42448

**Oberschmidt,** Gerald; Dr., Prof.; di: DHBW Karlsruhe, Fak. Technik, Erzbergerstr. 124, 76136 Karlsruhe, T: (0721) 9735886

**Oberste-Lehn,** Herbert; Dr. phil., Prof.; *Kulturmanagement, Freizeitwissenschaft*; di: Hochsch. Zittau/Görlitz, Fak. Wirtschafts- u. Sprachwiss., Theodor-Körner-Allee 16, 02763 Zittau, T: (03581) 4828430, H.Oberste-Lehn@hs-zigr.de

**Obinger,** Franz; Dr.-Ing., Prof.; *Rechnergestütztes Konstruieren (CAD/CAM), CIM, Getriebetechnik*; di: Hochsch. Augsburg, Fak. f. Maschinenbau u. Verfahrenstechnik, An der Hochschule 1, 86161 Augsburg, T: (0821) 55863664, F: 55863160, franz.obinger@hs-augsburg.de; pr: T: (08141) 71678

**Oblau,** Markus; Dr. rer. pol., Prof.; *Betriebliche Steuerlehre und Unternehmensprüfung*; di: Hochsch. Niederrhein, FB Wirtschaftswiss., Webschulstr. 41-43, 41065 Mönchengladbach, T: (02161) 1866339, Markus.Oblau@hs-niederrhein.de

**Ochmann,** Martin; Dr.-Ing., Prof.; *Mathematik, Computational Acoustics*; di: Beuth Hochsch. f. Technik, FB II Mathematik – Physik – Chemie, Luxemburger Str. 10, 13353 Berlin, T: (030) 45042931, ochmann@beuth-hochschule.de

**Ochs,** Martin; Dr., Prof.; *Steuerungstechnik, Technische Informatik, Elektrotechnik*; di: Hochsch. f. angew. Wiss. Würzburg Schweinfurt, Fak. Elektrotechnik, Ignaz-Schön-Str. 11, 97421 Schweinfurt

**Ochs,** Winfried; Dr.-Ing., Prof.; *Technische Mechanik, Maschinenelemente, CAD*; di: Hochsch. Darmstadt, FB Maschinenbau u. Kunststofftechnik, Haardtring 100, 64295 Darmstadt, T: (06151) 168596, wox@h-da.de

**Ochsen,** Carsten; Dr. rer. pol. habil., Prof. H d. BA Schwerin; *Volkswirtschaftslehre m. d. Schwerpunkt Arbeitsmarkttheorie u. -politik*; di: Hochschule d. Bundesagentur f. Arbeit (HdBA), Campus Schwerin, Wismarsche Str. 405, 19055 Schwerin, T: (0385) 5408487, Carsten.Ochsen@arbeitsagentur.de

**Odenthal,** Franz Willy; Dr., Prof.; *Rechnungswesen, Controlling, Kostenrechnung, Verwaltungsinformatik, Buchführung*; di: FH f. öffentl. Verwaltung NRW, Studienort Hagen, Handwerkerstr. 11, 58135 Hagen, franz.odenthal@fhoev.nrw.de; pr: franz-willy.odenthal@fernuni-hagen.de

**O'Dúill,** Micheál; Dr., Prof.; *Englisch*; di: Hochsch. Rosenheim, Hochschulstr. 1, 83024 Rosenheim, T: (08031) 805423, F: 805402

**Oechsle,** Rainer; Dr. rer. nat., Prof.; *Informatik, Rechnernetze, Verteilte Systeme*; di: Hochsch. Trier, FB Informatik, PF 1826, 54208 Trier, T: (0651) 8103508, R.Oechsle@hochschule-trier.de; pr: Ernst-Hartmann-Str. 13, 54329 Konz-Oberemmel, T: (06501) 13677

**Oechslein,** Helmut; Dipl.-Math., Dr., Prof.; *Rechnerstrukturen und Rechnernetze, wissensbasierte Systeme, Multimedia-Systeme*; di: Hochsch. Rosenheim, Fak. Informatik, Hochschulstr. 1, 83024 Rosenheim, T: (08031) 805507, F: 805502

**Oecking,** Georg; Dr., Prof.; *Betriebswirtschaftslehre, insbes. Produktionswirtschaft, Kostenrechnung, Unternehmensplanung und -kontrolle*; di: Hochsch. Niederrhein, FB Wirtschaftswiss., Webschulstr. 41-43, 41065 Mönchengladbach, T: (02161) 1866334, georg.oecking@hs-niederrhein.de

**Öffenberger,** Niels; Dr. phil. habil., Prof. Gustav-Siewerth-Akad. Weilheim-Bierbronnen, Prof. U Pècs; *Logik u. Erkenntnistheorie, insbes. Geschichte d. Logik in d. Antike*; di: Gustav-Siewerth-Akademie, Oberbierbronnen 1, 79809 Weilheim-Bierbronnen; pr: Schlehecken 25, 51429 Bergisch Gladbach, T: (02204) 55515

**Oehler,** Albrecht; Dr.-Ing., Prof.; *Nachrichtentechnik, Nachrichtenvermittlung, Kommunikations-Sonderschaltungen*; di: Hochsch. Reutlingen, FB Produktionsmanagement, Alteburgstr. 150, 72762 Reutlingen, T: (07121) 341113, albrecht.oehler@fh-reutlingen.de; pr: Karl-Digel-Weg 34, 72770 Reutlingen

**Oehlmann,** Jan Henrik; Dr. jur., Prof.; *Recht in der Sozialen Arbeit, Familien- und Verwaltungsrecht, Mentoring*; di: HAWK Hildesheim/Holzminden/Göttingen, Fak. Management, Soziale Arbeit, Bauen, Hafendamm 4, 37603 Holzminden, T: (05531) 126195, F: 126182

**Oehlrich,** Marcus; Dr. rer. pol., Prof.; *Business Planning*; di: Accadis Hochsch., FB 2, Du Pont-Str 4, 61352 Bad Homburg

**Öhlschläger,** Peter; Dr. rer. nat., Prof.; *Biotechnologie, Zellbiologie*; di: FH Aachen, FB Angewandte Naturwiss. u. Technik, Heinrich-Mußmann-Str.1, 52428 Jülich, T: (0241) 600953008, oehlschlaeger@fh-aachen.de

**Öhlschlegel-Haubrock,** Sonja; Dr., Prof.; *Personalmanagement*; di: FH Münster, FB Wirtschaft, Corrensstr. 25, 48149 Münster, T: (0251) 8365619, F: 8365502, oehlschlegel@fh-muenster.de

**Oehmichen,** Frank; Dr., Prof.; *Sozialmedizin, Ethik*; di: Ev. Hochsch. f. Soziale Arbeit, PF 200143, 01191 Dresden, frank.oehmichen@ehs-dresden.de; pr: August-Bebel-Str. 49, 01445 Radebeul, T: (0351) 8301729, oehmichen-radebeul@t-online.de

**Oehmingen,** Hans-Günther; Dr.-Ing., HonProf.; di: TFH Georg Agricola Bochum, Herner Str. 45, 44787 Bochum

**Oelhaf,** Renate; Prof.; *Gestaltungslehre, Architekturdarstellung*; di: Hochsch. f. Technik, Fak. Architektur u. Gestaltung, Schellingstr. 24, 70174 Stuttgart, PF 101452, 70013 Stuttgart, T: (0711) 89262622, Renate.Oelhaf@fht-stuttgart.de

**Oeljeschlager,** Jens; Dr. rer. pol., Prof.; *Wirtschaftswissenschaften, Marketing, Facility-Management*; di: HAWK Hildesheim/Holzminden/Göttingen, Fak. Management, Soziale Arbeit, Bauen, Haarmannplatz 3, 37603 Holzminden, T: (05531) 126243, F: 126150

**Oelke,** Uta; Dipl.-Päd., Dr. phil., Prof.; *Pflegepädagogik, Didaktik u. Methodik*; di: Hochsch. Hannover, Fak. V Diakonie, Gesundheit u. Soziales, Blumhardtstr. 2, 30625 Hannover, PF 690363, 30612 Hannover, T: (0511) 92963222, uta.oelke@hs-hannover.de; pr: Am Feuerschanzgraben 14, 37083 Göttingen, T: (0551) 7702644, F: 7702640, oelkeu@aol.com

**Oellrich,** Martin; Dr., Prof.; *Mathematik*; di: Beuth Hochsch. f. Technik, FB II Mathematik – Physik – Chemie, Luxemburger Str. 10, 13353 Berlin, T: (030) 45045285, oellrich@beuth-hochschule.de

**Oelmann,** Hansjörg; Dr. rer. nat. habil, Prof.; *Technische Chemie*; di: Hochsch. Lausitz, FB Bio-, Chemie- u. Verfahrenstechnik, Großenhainer Str. 57, 01968 Senftenberg, T: (03573) 85827, F: 85809, hoelmann@fh-lausitz.de

**Oelmann,** Mark; Dr., Prof.; *Wasser- und Energieökonomik*; di: Hochschule Ruhr West, Wirtschaftsinstitut, PF 100755, 45407 Mülheim an der Ruhr, T: (0208) 88254358, mark.oelmann@hs-ruhrwest.de

**Oelschläger,** Lars; Dr.-Ing., Prof.; *Mechatronik, Konstruktion, Automatisierungstechnik, Montagetechnik*; di: Jade Hochsch., FB Ingenieurwissenschaften, Friedrich-Paffrath-Str. 101, 26389 Wilhelmshaven, T: (04421) 9852854, F: 9852403, lars.oelschlaeger@jade-hs.de

**Oertel,** Bernd; Dr.-Ing., Prof.; *Allgemeine Werkstoffwissenschaft, Oberflächentechnik, Korrosion/Korrosionsschutz*; di: FH Schmalkalden, Fak. Maschinenbau, Blechhammer, 98574 Schmalkalden, PF 100452, 98564 Schmalkalden, T: (03683) 6882105, oertel@maschinenbau.fh-schmalkalden.de

**Oertel,** Christian; Dr.-Ing., Prof.; *Maschinenbau/Mechatronik*; di: FH Brandenburg, FB Technik, Magdeburger Str. 50, 14470 Brandenburg, PF 2132, 14737 Brandenburg, T: (03381) 355329, oertel@fh-brandenburg.de

**Oertel,** Mario; Dr.-Ing. habil., Prof.; *Wasserbau*; di: FH Lübeck, FB Bauwesen, Mönkhofer Weg 239, 23562 Lübeck, T: (0451) 3005154, mario.oertel@fh-luebeck.de

**Oertel,** Michael; Dr.-Ing., Prof.; *Energie- und Umweltsystemtechnik*; di: Hochsch. Ansbach, FB Ingenieurwissenschaften, Residenzstr. 8, 91522 Ansbach, PF 1963, 91510 Ansbach, T: (0981) 4877313, F: 4877302, michael.oertel@fh-ansbach.de

**Oertel,** Reinhold; Dr., Prof.; *Steuern, Wirtschaftsprivatrecht*; di: Hochsch. f. angew. Wiss. Würzburg Schweinfurt, Fak. Wirtschaftswiss., Münzstr. 12, 97070 Würzburg

**Oerthel,** Frank; Dr., Prof.; *Betriebswirtschaft*; di: Hochsch. Kempten, Fak. Betriebswirtschaft, Bahnhofstr. 61-63, 87435 Kempten, T: (0831) 2523166, F: 2523162, frank.oerthel@fh-kempten.de

**Oesing,** Ursula; Dr. rer. nat., Prof.; *Angewandte Informatik*; di: FH Jena, FB Wirtschaftsingenieurwesen, Carl-Zeiss-Promenade 2, 07745 Jena, PF 100314, 07703 Jena, T: (03641) 205920, F: 205901, ursula.oesing@fh-jena.de

**Oesselmann,** Dirk; Dr., Prof.; *Gemeindepädagogik*; di: Ev. Hochsch. Freiburg, Bugginger Str. 38, 79114 Freiburg i.Br., T: (0761) 4781237, oesselmann@eh-freiburg.de

**Oesterreicher,** Mario; M.A., Dr. phil., Prof.; *Romanische Sprachen, Englisch*; di: Westsächs. Hochsch. Zwickau, FB Sprachen, Scheffelstr. 39, 08066 Zwickau, Mario.Oesterreicher@fh-zwickau.de

**Oesterwind,** Dieter; Dr. rer. nat., VertrProf.; *Innovative Energie Systeme*; di: FH Düsseldorf, FB 4 – Maschinenbau u. Verfahrenstechnik, Josef-Gockeln-Str. 9, 40474 Düsseldorf, T: (0211) 4351490, dieter.oesterwind@fh-duesseldorf.de

**Oesterwinter,** Petra; Dr., Prof.; *Betriebswirtschaftslehre, Steuerlehre*; di: FH Dortmund, FB Wirtschaft, Emil-Figge-Str. 44, 44227 Dortmund, T: (0231) 7554976, F: 7554902, petra.Oesterwinter@fh-dortmund.de

**Oestreich,** Dieter; Dr. rer. nat. habil., Prof. HTW Dresden (FH); *Analysis, Mathematische Physik*; di: HTW Dresden, Fak. Informatik/Mathematik, Friedrich-List-Platz 1, 01069 Dresden, T: (0351) 4623590, F: 4622197, oestrei@informatik.htw-dresden.de; pr: Feldschlößchenweg 10, 09599 Freiberg, T: (03731) 765529, F: 765529

**Oestreich,** Gabriele; Dr., Prof.; *Umwelt- und Wirtschaftsrecht*; di: HAWK Hildesheim/Holzminden/Göttingen, Fak. Ressourcenmanagement, Büsgenweg 1a, 37077 Göttingen, T: (0551) 5032172, F: 5032299

**Oetinger,** Ralf; Dr., Prof.; *Angewandte Industrieinformatik und Betriebswirtschaftslehre*; di: HTW d. Saarlandes, Fak. f. Ingenieurwiss., Goebenstr. 40, 66117 Saarbrücken, T: (0681) 5867264, oetinger@htw-saarland.de; pr: Raiffeisenstr. 22, 66399 Mandelbachtal, T: (06893) 3407, F: 3407

**Oevenscheidt,** Wolfgang; Dr.-Ing., Prof.; *Werkzeugmaschinen, Automatisierung*; di: FH Südwestfalen, FB Ingenieur- u. Wirtschaftswiss., Lindenstr. 53, 59872 Meschede, T: (0291) 9910690, F: 991040, oeven@fh-swf.de

**Oevermann,** Andreas; Dipl.-Ing., Prof.; *Entwerfen, Darstellen*; di: Jade Hochsch., FB Architektur, Ofener Str. 16-19, 26121 Oldenburg, T: (0180) 5678073356, andreas.oevermann@jade-hs.de; pr: Kantstr. 138, 10623 Berlin, T: (030) 31806040

**Özger,** Erol; Dr.-Ing., Prof.; *Luftfahrttechnik, Flugzeugauslegung und Physik*; di: HAW Ingolstadt, Fak. Maschinenbau, Esplanade 10, 85049 Ingolstadt, T: (0841) 9348276, erol.oezger@haw-ingolstadt.de

**Öztürk,** Riza; Dr., Prof.; *BWL, insbes. mathematische u. statistische Verfahren in der BWL u. VWL*; di: FH Bielefeld, FB Wirtschaft, Universitätsstr. 25, 33615 Bielefeld, T: (0521) 1065085, riza.oeztuerk@fh-bielefeld.de

**Off,** Robert; Dr., Prof.; *Immobilienwirtschaft, insbesondere Real Estate Development*; di: Hochsch. Anhalt, FB 2 Wirtschaft, Strenzfelder Allee 28, 06406 Bernburg, T: (03471) 3551321, off@wi.hs-anhalt.de

**Off,** Thomas; Dr., Prof.; *Angewandte Informatik*; di: Beuth Hochsch. f. Technik, FB VI Informatik u. Medien, Luxemburger Str. 10, 13353 Berlin, T: (030) 45045196, thomas.off@beuth-hochschule.de

**Offermann,** Helmut; Dr.-Ing., Prof.; *Baubetrieb*; di: FH Lübeck, FB Bauwesen, Mönkhofer Weg 239, 23562 Lübeck, T: (0451) 3005227, helmut.offermann@fh-luebeck.de

**Ohder,** Claudius; Dr., Prof.; *Kriminologie, Soziologie*; di: Hochsch. f. Wirtschaft u. Recht Berlin, FB 3, Alt-Friedrichsfelde 60, 10315 Berlin, T: (030) 90214305, F: 90214417, c.ohder@hwr-berlin.de

**Ohl,** Bernhard; Dr.-Ing., Prof.; *Organisation/Management, Telekommunikation und Informationsmanagement*; di: Hochsch. Darmstadt, FB Wirtschaft, Haardtring 100, 64295 Darmstadt, T: (06151) 169223, ohl@fbw.h-da.de

**Ohlendorf,** Friedrich; Dr.-Ing., Prof.; *Kunststofftechnik*; di: HAW Hamburg, Fak. Technik u. Informatik, Berliner Tor 21, 20099 Hamburg, T: (040) 428758631, friedrich.ohlendorf@haw-hamburg.de

**Ohlert,** Johannes; Dipl.-Phys., Dr. rer. nat., Prof.; *Physik, Astrophysik, Lasermesstechnik*; di: Techn. Hochsch. Mittelhessen, FB 13 Mathematik, Naturwiss. u. Datenverarbeitung, Wilhelm-Leuschner-Str. 13, 61169 Friedberg, T: (06031) 604430, jomo@monet.fh-friedberg.de; pr: Tannenstr. 38, 65428 Rüsselsheim, T: (06142) 51278

**Ohlhoff,** Antje; Dr., Prof.; *Mathematik, Informatik*; di: FH Bielefeld, FB Elektrotechnik u. Informationstechnik, Wilhelm-Bertelsmann-Str. 10, 33602 Bielefeld, T: (0521) 1067281, F: 1067160, antje.ohlhoff@fh-bielefeld.de

**Ohling,** Maria; Dr. phil., Prof.; *Handlungs- und Methodenlehre der Sozialen Arbeit*; di: Hochsch. Landshut, Fak. Soziale Arbeit, Am Lurzenhof 1, 84036 Landshut

**Ohling,** Weerd; Dr. rer. nat., Prof., Dekan FB Life Sciences and Engineering; *Chemische Technologie, Luft- und Wasserreinhaltung, Chemie, Werkstofftechnik*; di: FH Bingen, FB Life Sciences and Engineering, FR Verfahrenstechnik, Berlinstr. 109, 55411 Bingen, T: (06721) 409343, F: 409112, ohling@fh-bingen.de

**Ohlinger,** Hans-Peter; Dr.-Ing., Prof.; *Verfahrenstechnik, Projektmanagement, Technische Mikrobiologie, Anlagenprojektierung*; di: Hochsch. Hannover, Fak. II Maschinenbau u. Bioverfahrenstechnik, Heisterbergallee 12, 30453 Hannover, T: (0511) 92962228, hans-peter.ohlinger@hs-hannover.de; pr: Reuterwiesen 6, 30926 Seelze, T: (05031) 779701

**Ohm,** Wilfried; Dr.-Ing., Prof.; *Schienenverkehrswesen, Vermessungskunde*; di: HAWK Hildesheim/Holzminden/Göttingen, Fak. Management, Soziale Arbeit, Bauen, Haarmannplatz 3, 37603 Holzminden, T: (05531) 126164

**Ohmayer,** Georg; Dr., Prof.; *Mathematik, Statistik, EDV*; di: Hochsch. Weihenstephan-Triesdorf, Inst. f. gärtnerische Betriebslehre u. EDV, Am Staudengarten 10, 85350 Freising, 85350 Freising, T: (08161) 715228, F: 714417, georg.ohmayer@fh-weihenstephan.de

**Ohme,** Jan; Dr., Prof.; *Reinigungstechnik, Objektreinigung*; di: Hochsch. Niederrhein, FB Wirtschaftsingenieurwesen u. Gesundheitswesen, Ondereyckstr. 3-5, 47805 Krefeld, T: (02151) 8226648, jan.ohme@hs-niederrhein.de

**Ohms,** Gisela; Dr. rer. nat., Prof.; *Allgemeine und Anorganische Chemie, Analytik, Werkstoffwissenschaften*; di: HAWK Hildesheim/Holzminden/Göttingen, Fak. Naturwiss. u. Technik, Hannah-Vogt-Str. 1, 37085 Göttingen, T: (0551) 50837811, F: 3705101

**Ohser,** Joachim; Dr.-Ing., Prof.; *Mathematik*; di: Hochsch. Darmstadt, FB Mathematik u. Naturwiss., Haardtring 100, 64295 Darmstadt, T: (06151) 168655

**Okulicz,** Konrad; Dr.-Ing., Prof.; *Konstruktionslehre*; di: FH Köln, Fak. f. Fahrzeugsysteme u. Produktion, Betzdorfer Str. 2, 50679 Köln, T: (0221) 82752557, F: 82752322, konrad.okulicz@fh-koeln.de

**Olbrich,** Herbert; Dr.-Ing., Prof.; *Automotive Systems Engineering*; di: Hochsch. Heilbronn, Fak. f. Mechanik u. Elektronik, Max-Planck-Str. 39, 74081 Heilbronn, T: (07131) 504639, olbrich@hs-heilbronn.de

**Oldenburg,** Martin; Dr.-Ing., Prof.; *Strömungsmaschinen*; di: Hochsch. Ostwestfalen-Lippe, FB 4, Life Science Technologies, Liebigstr. 87, 32657 Lemgo, T: (05271) 687176, martin.oldenburg@hs-owl.de

**Olderog,** Torsten; Dr., Prof.; *Betriebswirtschaftslehre, Schwerpunkt Marketing*; di: AKAD-H Pinneberg, Am Rathaus 10, 25421 Pinneberg, T: (04101) 85580, hs-pinneberg@akad.de

**Oleff,** Axel; Dr., Prof.; *Werkzeugmaschinen und Automationen in der Fertigungstechnik/ Steuerungs- und Regelungstechnik*; di: Westfäl. Hochsch., FB Maschinenbau u. Facilities Management, Neidenburger Str. 10, 45877 Gelsenkirchen, T: (0209) 9596865, axel.oleff@fh-gelsenkirchen.de; pr: Schützenstr. 75, 45964 Gladbeck, T: (0171) 7670672

**Olfs,** Hans-Werner; Dr. agr., Prof.; *Pflanzenernährung, Pflanzenbau*; di: Hochsch. Osnabrück, Fak. Agrarwiss. u. Landschaftsarchitektur, PF 1940, 49009 Osnabrück, T: (0541) 9695135, h-w.olfs@hs-osnabrueck.de

**Oligmüller,** Peter; Dr., Prof.; *Öffentliches Recht*; di: Westfäl. Hochsch., FB Wirtschaftsrecht, August-Schmidt-Ring 10, 45657 Recklinghausen, T: (02361) 915429, peter.oligmueller@fh-gelsenkirchen.de

**Oligschleger,** Christina; Dr. rer. nat., Prof.; *Technische Mathematik*; di: Hochsch. Bonn-Rhein-Sieg, FB Biologie, Chemie u. Werkstofftechnik, von-Liebig-Str. 20, 53359 Rheinbach, T: (02241) 865500, F: 865-8500, christina.oligschleger@fh-brs.de

**Ollermann,** Frank; Dr., Prof.; *Psychologie, User Experience*; di: Hochsch. Osnabrück, Fak. Ingenieurwiss. u. Informatik, PF 1940, 49009 Osnabrück, f.ollermann@hs-osnabrueck.de

**Olm,** Heinz-Peter; Dr. phil., Prof.; *Soziale Therapie, Tiefenpsychologie*; di: Ev. Hochsch. Nürnberg, Fak. f. Gesundheit u. Pflege, Bärenschanzstr. 4, 90429 Nürnberg, T: (0911) 27253885, heinz-peter.olm@evhn.de

**Olschewski,** Hans-Joachim; Dr.-Ing., Prof.; *Baumaschinen und Fertigungstechnik, Bauwirtschaft und Vertragsfragen, Kalkulation*; di: Hochsch. f. Technik, Fak. Bauingenieurwesen, Bauphysik u. Wirtschaft, Schellingstr. 24, 70174 Stuttgart, PF 101452, 70013 Stuttgart, T: (0711) 89262683, F: 89262913, hans-joachim.olschewski@hft-stuttgart.de

**Oltmann,** Frank-Peter; Dr., Prof.; *Sozialmanagement mit Schwerpunkt Sozialverwaltung*; di: Ev. FH Rhld.-Westf.-Lippe, FB Soziale Arbeit, Bildung u. Diakonie, Immanuel-Kant-Str. 18-20, 44803 Bochum, T: (0234) 36901322, oltmann@efh-bochum.de

**O'Mahony,** Niamh; PhD, Prof.; *Anglo-American Studies*; di: Hochsch. Reutlingen, FB European School of Business, Alteburgstr. 150, 72762 Reutlingen, T: (07121) 2713028, niamh.omahony@reutlingen-university.de

**Ondracek,** Petr; Dipl.-Päd., Ph.Dr. U Prag, Prof.; *Didaktik/Methodik der Heilpädagogik*; di: Ev. FH Rhld.-Westf.-Lippe, FB Heilpädagogik u. Pflege, Immanuel-Kant-Str. 18-20, 44803 Bochum, T: (0234) 36901182, ondracek@efh-bochum.de; pr: http://petrondracek.googlepages.com/laborludus

**Onnen-Weber,** Udo; Dipl.-Ing., Prof.; *Entwurfslehre u. Datenverarbeitung in d. Architektur/CAD*; di: Hochsch. Wismar, Fak. f. Gestaltung, PF 1210, 23952 Wismar, T: (03841) 753495, u.onnen-weber@ar.hs-wismar.de

**Opgenhoff,** Ludger; Dr., Prof.; di: Westfäl. Hochsch., FB Wirtschaft, Neidenburger Str. 43, 45877 Gelsenkirchen, ludger.opgenhoff@fh-gelsenkirchen.de

**Opielka,** Michael; Dr. rer. soc. habil., Prof.; *Sozialpolitik*; di: FH Jena, FB Sozialwesen, Carl-Zeiss-Promenade 2, 07745 Jena, PF 100314, 07703 Jena, T: (03641) 205816, F: 205801, michael.opielka@fh-jena.de

**Opitz,** Heinr Joachim; Dr., Prof., Rektor; *Energiewirtschaft*; di: SRH Hochsch. Hamm, Platz der Deutschen Einheit 1, 59065 Hamm, T: (02381) 9291140, F: 9291199, joachim.opitz@fh-hamm.srh.de

**Oppel,** Monika; Dipl.-Designerin, Prof.; *Darstellungstechniken, Grundlagen Entwurf und Modellgestaltung, Modellentwurf, Kollektionsgestaltung, Modepräsentation-Foto*; di: HTW Berlin, FB Gestaltung, Wilhelminenhofstr. 67-77, 12459 Berlin, T: (030) 50194713, oppel@HTW-Berlin.de

**Oppenländer,** Thomas; Dr. rer. nat., Prof.; *Chemie, Photochemie, Chemische Prozesse*; di: Hochsch. Furtwangen, Fak. Maschinenbau u. Verfahrenstechnik, Jakob-Kienzle-Str. 17, 78054 Villingen-Schwenningen, T: (07720) 3074223, op@hs-furtwangen.de

**Oppermann,** Frank; Dipl.-Ing., Prof.; *Architektur*; di: Hochsch. Darmstadt, FB Architektur, Haardtring 100, 64295 Darmstadt, T: (06151) 168116, urban@ba.h-da.de

**Oppermann,** Ralf; Dr., Prof.; *BWL, Handel*; di: DHBW Stuttgart, Fak. Wirtschaft, BWL-Handel, Theodor-Heuss-Straße 2, 70174 Stuttgart, T: (0711) 1849830, oppermann@dhbw-stuttgart.de

**Oppermann,** Roman-Frank; Dipl.-Kfm., Dr. rer. cur., Prof.; *Krankenhaus-Betriebswirtschaftslehre*; di: Hochsch. Neubrandenburg, FB Gesundheit, Pflege, Management, Brodaer Str. 2, 17033 Neubrandenburg, PF 110121, 17041 Neubrandenburg, T: (0395) 56933000, oppermann@hs-nb.de

**Oppermann,** Stefan; Dr., Prof.; *Präklinisches Rettungswesen/ Gefahrenmanagement*; di: HAW Hamburg, Fak. Life Sciences, Lohbrügger Kirchstr. 65, 21033 Hamburg, T: (040) 428756269, stefan.oppermann@haw-hamburg.de

**Opperskalski,** Hartmut; Dipl.-Ing., Prof.; *Steuerungstechnik*; di: FH Kaiserslautern, FB Angew. Ingenieurwiss., Morlautererstr. 31, 67657 Kaiserslautern, T: (0631) 3724305, hartmut.opperskalski@fh-kl.de

**Opresnik,** Marc Oliver; Dr. phil., Prof.; *International Management*; di: FH Lübeck, FB Maschinenbau u. Wirtschaft, Mönkhofer Weg 239, 23562 Lübeck, T: (0451) 3005016, marc.oliver.opresnik@fh-luebeck.de

**Orawiec,** Marcin; Dipl.-Ing., Prof.; *Architektur*; di: Hochsch. Darmstadt, FB Architektur, Haardtring 100, 64295 Darmstadt, T: (06151) 168118

**Orb,** Joachim; Dr. sc. nat., Prof.; *Informatik, insbesondere Internetprogrammierung, Systemsoftware*; di: Hochsch. Offenburg, Fak. Elektrotechnik u. Informationstechnik, Badstr. 24, 77652 Offenburg, T: (0781) 2054741, joachim.orb@hs-offenburg.de

**Ordemann,** Frank; Dr., Prof.; di: Ostfalia Hochsch., Fak. Verkehr-Sport-Tourismus-Medien, Karl-Scharfenberg-Str. 53, 38229 Salzgitter

**Orlowski,** Peter F.; Dipl.-Ing., Prof.; *Elektrische Antriebe, Regeltechnik, Angewandte Elektronik*; di: Techn. Hochsch. Mittelhessen, Wiesenstr. 14, 35390 Gießen, T: (0641) 3092221; pr: Erfurter Str. 11, 35440 Linden, T: (06403) 64127

**Orlowski,** Reiner; Dipl.-Phys., Dr. rer. nat., Prof.; *Digitale Elektronik*; di: FH Lübeck, FB Elektrotechnik u. Informatik, Mönkhofer Weg 136-140, 23562 Lübeck, T: (0451) 3005310, F: 3005236, reiner.orlowski@fh-luebeck.de

**Ornau,** Frederik; Dr., Prof.; *Allgemeine Betriebswirtschaftslehre, Rechnungswesen und Controlling*; di: SRH Fernhochsch. Riedlingen, Lange Str. 19, 88499 Riedlingen, frederik.ornau@fh-riedlingen.srh.de

**Orrom,** James; M. Des. RCA, Prof.; *Möbelentwicklung, Designtheorie*; di: Hochsch. Rosenheim, Fak. Innenarchitektur, Hochschulstr. 1, 83024 Rosenheim, T: (08031) 805560, F: 805552, orrom@fh-rosenheim.de

**Ortanderl,** Stefanie; Dr., Prof.; *Technische Chemie, Prozessdesign u. -kontrolle*; di: Hochsch. Bonn-Rhein-Sieg, FB Angewandte Naturwissenschaften, von-Liebig-Str. 20, 53359 Rheinbach, T: (02241) 865532, F: 8658532, stefanie.ortanderl@fh-bonn-rhein-sieg.de

**Orth,** Andreas; Dr., Prof.; *Mathematik, Informatik*; di: FH Frankfurt, FB 2 Informatik u. Ingenieurwiss., Nibelungenplatz 1, 60318 Frankfurt am Main, T: (069) 15332352, F: 15332352, orth@hzq.fh-frankfurt.de

**Orth,** Detlef; Dr.-Ing., Prof.; *Sanitärtechnik, BWL*; di: FH Köln, Fak. f. Anlagen, Energie- u. Maschinensysteme, Betzdorfer Str. 2, 50679 Köln, T: (0221) 82752627, detlef.orth@fh-koeln.de

**Orth,** Jessika; Dr., Prof.; *Rechnungswesen, Controlling*; di: FH f. angewandtes Management, Am Bahnhof 2, 85435 Erding, T: (08122) 9559480, jessika.orth@myfham.de

**Orth,** Peter; Dipl.-Theologe, Prof., Rektor; *Religionspädagogik, Pädagogik, Theologie in der Sozialen Arbeit*; di: Kath. Hochsch. Mainz, FB Prakt. Theologie, Saarstr. 3, 55122 Mainz, T: (06131) 2894445, orth@kfh-mainz.de; pr: An den Frankengräbern 6, 55129 Mainz, T: (06131) 508964, OrthMainz@aol.com

**Orthwein,** Michael; Dipl.-Des., Prof.; *Computeranimation*; di: FH Mainz, FB Gestaltung, Holzstr. 36, 55116 Mainz, T: (06131) 2862721, morthwein@img.fh-mainz.de

**Ortjohann,** Egon; Dr.-Ing., Prof.; *Energieerzeugung*; di: FH Südwestfalen, FB Elektr. Energietechnik, Lübecker Ring 2, 59494 Soest, T: (02921) 378432, ortjohann@fh-swf.de

**Ortland,** Barbara; Dr. paed. habil., Prof.; *Rehabilitation und Pädagogik bei Körperbehinderung*; di: Kath. Hochsch. NRW, Abt. Paderborn, FB Sozialwesen, Leostr. 19, 33098 Paderborn, T: (0251) 4176732, b.ortland@katho-nrw.de

**Ortleb,** Heidrun; Dr. rer. nat., Prof.; *Angewandte Informatik*; di: Jade Hochsch., FB Ingenieurwissenschaften, Friedrich-Paffrath-Str. 101, 26389 Wilhelmshaven, T: (04421) 9852593, F: 9852623, heidrun.ortleb@jade-hs.de

**Ortmann,** Karl Michael; Dr., Prof.; *Mathematik*; di: Beuth Hochsch. f. Technik, FB II Mathematik – Physik – Chemie, Luxemburger Str. 10, 13353 Berlin, T: (030) 45045126, ortmann@beuth-hochschule.de

**Ortmann,** Karlheinz; Dr. phil., Prof.; *Gesundheitsorientierte Soziale Arbeit*; di: Kath. Hochsch. f. Sozialwesen Berlin, Köpenicker Allee 39-57, 10318 Berlin, T: (030) 50101084, ortmann@khsb-berlin.de

**Ortmanns,** Wolfgang; Dr., Prof., Dekan FB Wirtschaftswissenschaften; *Betriebswirtschaftslehre, Management in Banken und Versicherungen*; di: HTW Dresden, Fak. Wirtschaftswissenschaften, Friedrich-List-Platz 1, 01069 Dresden, T: (0351) 4623296, ortmanns@wiwi.htw-dresden.de

**Ortner,** Manfred; Prof.; *Entwerfen*; di: FH Potsdam, FB Architektur u. Städtebau, Pappelallee 8-9, Haus 2, 14469 Potsdam, T: (0331) 5801224; pr: ortort@berlin.snafu.de

**Ortwig,** Harald; Dr.-Ing., Prof.; *Fluidtechnik, Ölhydraulik, Pneumatik, Meß- und Regelungstechnik, Mathematik*; di: Hochsch. Trier, FB Technik, PF 1826, 54208 Trier, T: (0651) 8103367, H.Ortwig@hochschule-trier.de; pr: Im Bungert 34, 54309 Butzweiler, T: (06505) 991120, F: 991121

**Orzessek,** Dieter; Dr., Dr. h.c., Prof., Rektor H Anhalt (FH); *Grundlagen der Pflanzenproduktion*; di: Hochsch. Anhalt, FB 1 Landwirtschaft, Ökotrophologie, Landespflege, Strenzfelder Allee 28, 06406 Bernburg, T: (03471) 3551179, orzessek@loel.hs-anhalt.de

**Oschatz,** Bert; Dr.-Ing., Prof.; *Technische Gebäudeausrüstung, Heizungstechnik*; di: Hochsch. Zittau/Görlitz, Fak. Bauwesen, Schliebenstr. 21, 02763 Zittau, PF 1455, 02754 Zittau, T: (03583) 611679, boschatz@hs-zigr.de

**Ose,** Rainer; Dr.-Ing., Prof.; *Elektrotechnik-Grundlagen, Sprachsignalverarbeitung*; di: Ostfalia Hochsch., Fak. Elektrotechnik, Salzdahlumer Str. 46/48, 38302 Wolfenbüttel, T: (05331) 9393512, r.ose@ostfalia.de

**O'Shea,** Miriam; Dr., Prof.; *Betriebswirtschaftslehre insb. Informationslogistik*; di: Hochsch. Osnabrück, Fak. Wirtschafts- u. Sozialwiss., Caprivistr. 30A, 49076 Osnabrück, PF 1940, 49009 Osnabrück, T: (0541) 9692155, oshea@wi.hs-osnabrueck.de

**Osipowicz,** Alexander; Dr., Prof.; *Physik für Ingenieure, Werkstofftechnik*; di: Hochsch. Fulda, FB Elektrotechnik u. Informationstechnik, Marquardstr. 35, 36039 Fulda, alexander.osipowicz@et.fh-fulda.de; pr: Lagerfeld 19, 36041 Fulda

**Ossenberg,** Wolfram; Dr.-Ing., Prof.; *Stadtplanung*; di: Hochsch. f. Wirtschaft u. Umwelt Nürtingen-Geislingen, PF 1349, 72603 Nürtingen, T: (07022) 404171, wolfram.ossemberg@hfwu.de

**Ossendoth,** Udo; Dr.-Ing., Prof.; *Mechatronik und Grundgebiete der Elektrotechnik*; di: Westfäl. Hochsch., FB Maschinenbau, Münsterstr. 265, 46397 Bocholt, T: (02871) 2155928, udo.ossendoth@fh-gelsenkirchen.de

**Ossler,** Jörg; Dipl.-Ing. (FH), Dipl.-Ing.-Des., Prof.; *Darstellungsmethoden, Entwerfen und Konstruieren*; di: Hochsch. Coburg, Fak. Design, PF 1652, 96406 Coburg, T: (09561) 317131, ossler@hs-coburg.de

**Oßmann,** Martin; Dr.-Ing., Prof.; *Betriebssysteme und verteilte Systeme*; di: FH Aachen, FB Elektrotechnik und Informationstechnik, Eupener Str. 70, 52066 Aachen, ossmann@fh-aachen.de; pr: II. Rote-Haag-Weg 4, 52076 Aachen, T: (0241) 62007

**Ossola-Haring,** Claudia; Dr., Prof., Rektorin der SRH Hochschule Calw; *Medien, Kommunikationsmanagement*; di: SRH Hochsch. Calw, Badstr. 27, 75365 Calw

**Oßwald,** Achim; Dr. rer. soc., Prof. FH Köln; *Anwendung der Datenverarbeitung im Informationswesen*; di: FH Köln, Fak. f. Informations- u. Kommunikationswiss., Claudiusstr. 1, 50678 Köln, T: (0221) 82753375, achim.osswald@fh-koeln.de; pr: Nußbaumerstr. 76, 50823 Köln, T: (0221) 5509470, F: 5509479

**Oßwald,** Eva Maria; Dipl. Inform., Prof.; *Wirtschaftsinformatik, eBusiness, Betriebswirtschaftliche Standardsoftware*; di: Hochsch. Ravensburg-Weingarten, Doggenriedstr., 88250 Weingarten, PF 1261, 88241 Weingarten, T: (0751) 5019892, osswald@hs-weingarten.de

**Oßwald,** Kai; Dr., Prof.; *Wirtschaftsingenieurwesen*; di: Hochsch. Pforzheim, Fak. f. Technik, Tiefenbronner Str. 66, 75175 Pforzheim, T: (07231) 286461, F: 286666, kai.osswald@hs-pforzheim.de

**Ostarhild,** Jan; Dr., Prof.; *BWL, Bankwesen*; di: DHBW Stuttgart, Fak. Wirtschaft, Herdweg 20, 70174 Stuttgart, T: (0711) 1849531, ostarhild@dhbw-stuttgart.de

**Ostendorf,** Andrea; Dr. rer.nat., Prof.; *Naturwissenschaften*; di: Hochschule Ruhr West, Institut Naturwissenschaften, PF 100755, 45407 Mülheim an der Ruhr, T: (0208) 88254426, andrea.ostendorf@hs-ruhrwest.de

**Ostendorf,** Hermann; Dr.-Ing., Prof., Rektor; di: Hochsch. Niederrhein, FB Maschinenbau u. Verfahrenstechnik, Reinarzstr. 49, 47805 Krefeld, T: (02151) 822500, rektor@hs-niederrhein.de; pr: Cracauer Str. 32, 47799 Krefeld

**Ostendorf,** Patrick; Dr., Prof.; *Wirtschaftsrecht*; di: FH Bielefeld, FB Wirtschaft, Universitätsstr. 25, 33615 Bielefeld, T: (0521) 1063734, patrick.ostendorf@fh-bielefeld.de

**Oster,** Jörg; Dr., Prof.; *Wissenschaftliches Arbeiten und Forschen in der Kunsttherapie*; di: Hochsch. f. Kunsttherapie Nürtingen, Sigmaringer Str. 15, 72622 Nürtingen, j.oster@hkt-nuertingen.de

**Oster,** Manfred; Dipl.-Psych., Dr. med., Prof.; *Psychologie*; di: Hochsch. Mannheim, Fak. Sozialwesen, Ludolf-Krehl-Str. 7-11, 68167 Mannheim, T: (0621) 3926117; pr: Parkstr. 33, 67061 Ludwigshafen, T: (0621) 567532, ManfredOster@web.de

**Oster,** Markus; Dr.-Ing., Prof.; di: Hochsch. München, Fak. Geoinformation, Karlstr. 6, 80333 München, markus.oster@hm.edu

**Osterchrist,** Renate; Dr. rer. pol., Prof.; di: Hochsch. München, Fak. Wirtschaftsingenieurwesen, Erzgießereistr. 14, 80335 München, renate.osterchrist@hm.edu

**Osterheider,** Felix; Dr., Prof.; *Kommunikationsberatung, Kommunikationsmanagement*; di: Hochsch. Osnabrück, Fak. MKT, Inst. f. Kommunikationsmanagement, Kaiserstr. 10c, 49809 Lingen, fx.ost@t-online.de; pr: Markt 22-23, 49074 Osnabrück, T: (0541) 338260, F: 3382640, osterheider@omomom.de

**Ostermaier,** Hubert; Dr. rer. soc. oec., Prof.; *Betriebswirtschaftslehre, Betriebl. Rechnungswesen und Unternehmensführung*; di: FH Jena, FB Wirtschaftsingenieurwesen, Carl-Zeiss-Promenade 2, 07745 Jena, PF 100314, 07703 Jena, T: (03641) 930440, F: 930441, wi@fh-jena.de

**Ostermann,** Christian E.; Dr., Prof.; *Zivilrecht*; di: EBZ Business School Bochum, Springorumallee 20, 44795 Bochum, T: (0234) 9447700

**Ostermann,** Reinhard; Dr.-Ing., Prof.; *Mathematik, Offshore- und Unterwassertechnik, Hafentechnik*; di: Jade Hochsch., FB Ingenieurwissenschaften, Friedrich-Paffrath-Str. 101, 26389 Wilhelmshaven, T: (04421) 9852864, F: 9852403, reinhard.ostermann@jade-hs.de

**Ostermann,** Rüdiger; Dr. rer. nat., Prof; *Informatik (Statistik)*; di: FH Münster, FB Pflege und Gesundheit, Leonardo-Campus 8, 48149 Münster, T: (0251) 8365856, ruediger.ostermann@fh-muenster.de

**Osterried,** Karlfrid; Dr., Prof.; *Optikfertigungstechnologie, Montage-, Verbindungs-Systemtechnik u. Werkstoffkunde*; di: HAWK Hildesheim/Holzminden/Göttingen, Fak. Naturwiss. u. Technik, Von-Ossietzky-Str. 99, 37085 Göttingen, T: (0551) 3705321

**Osterrieder,** Siegfried; Dr.-Ing., Prof.; *Hochfrequenztechnik, Nachrichtentechnik, Elektrotechnik*; di: Hochsch. Ravensburg-Weingarten, Doggenriedstr., 88250 Weingarten, PF 1261, 88241 Weingarten, T: (0751) 5019631, F: 5019876, osterrieder@hs-weingarten.de; pr: Uhlandstr. 22, 88284 Mochenwangen, T: (07502) 1727

**Ostertag,** Margit; Pfarrerin, Dipl.-Päd., Dr., Prof.; *Soziale Arbeit*; di: Ev. Hochsch. Nürnberg, Fak. f. Sozialwissenschaften, Bärenschanzstr. 4, 90429 Nürnberg, T: (0911) 27253833, margit.ostertag@evhn.de

**Osterwinter,** Heinz; Dr.-Ing., Prof.; *Aufbau- und Verbindungstechnik, Elektrotechnik*; di: Hochsch. Esslingen, Fak. Mechatronik u. Elektrotechnik, Robert-Bosch-Str. 1, 73037 Göppingen, T: (07161) 6971157; pr: Pfarrsteige 33/1, 73037 Göppingen, T: (07161) 812498

**Ostheimer,** Bernhard; Dr., Prof.; *Wirtschaftsinformatik, Handelsinformationssysteme u. Webprogrammierung*; di: HAW Ingolstadt, Fak. Wirtschaftswiss., Esplanade 10, 85049 Ingolstadt, T: (0841) 9348196, bernhard.ostheimer@haw-ingolstadt.de

**Osthorst,** Winfried; Dr., Prof.; *Governance in Mehr-Ebenen-Systemen und Globaler Wandel*; di: Hochsch. Bremen, Fak. Gesellschaftswiss., Neustadtswall 30, 28199 Bremen, T: (0421) 59052592, F: 59053174, Winfried.Osthorst@hs-bremen.de

**Ostovic,** Vlado; Dr.-Ing., Prof.; *Elektrotechnik*; di: HTW d. Saarlandes, Fak. f. Ingenieurwiss., Goebenstr. 40, 66117 Saarbrücken, T: (0681) 5867211, ostovic@htw-saarland.de; pr: Muckensturmerstr. 25, 69469 Weinheim, T: (06201) 509300

**Ostritz,** Werner; Dr.-Ing., Prof.; *Nachrichtensysteme und Nachrichtentechnik*; di: FH Jena, FB Elektrotechnik und Informationstechnik, Carl-Zeiss-Promenade 2, 07745 Jena, PF 100314, 07703 Jena, T: (03641) 205700, F: 205701, et@fh-jena.de

**Oswald,** Anita; Dipl. Des. (FH), Prof.; *Farbdesign, Textildesign, Produktentwicklung, Designprojekte*; di: Hochsch. Hof, Fak. Ingenieurwiss., Alfons-Goppel-Platz 1, 95028 Hof, T: (09281) 409851, F: 40955851, Anita.Oswald@fh-hof.de

**Oswald,** David; Prof.; *Wirtschaftskommunikation*; di: HTW Berlin, FB Wirtschaftswiss. II, Treskowallee 8, 10318 Berlin, T: (030) 50193657, David.Oswald@HTW-Berlin.de

**Ott,** Elfriede; Dr.-Ing., Prof.; *Bodenmechanik und Grundbau*; di: Hochsch. München, Fak. Bauingenieurwesen, Karlstr. 6, 80333 München, T: (089) 12652661, ott@bau.fhm.edu

**Ott,** Gerhard; Dr.-Ing., Prof.; *Konstruktion, Kraftfahrzeuge, Techn. Mechanik*; di: Hochsch. Esslingen, Fak. Fahrzeugtechnik, Kanalstr. 33, 73728 Esslingen, T: (0711) 3973322; pr: Robert-Koch-Str. 1, 72810 Gomaringen, T: (07072) 60507

**Ott,** Hans; Dr. rer. pol., Prof.; *Steuer- und Revisionswesen*; di: FH d. Wirtschaft, Hauptstr. 2, 51465 Bergisch Gladbach, T: (02202) 9527375, F: 9527200, hans.ott@fhdw.de

**Ott,** Hans Jürgen; Dr., Prof.; *BWL, Versicherungsvertrieb und Finanzberatung*; di: DHBW Heidenheim, Fak. Wirtschaft, Marienstr. 20, 89518 Heidenheim, T: (07321) 2722281, F: 2722289, ott@dhbw-heidenheim.de

**Ott,** Peter; Dr.-Ing., Prof.; *Technische Optik, Konstruktion*; di: Hochsch. Heilbronn, Max-Planck-Str. 39, 74081 Heilbronn, T: (07131) 504325, F: 504143252, ott@hs-heilbronn.de

**Ott,** Robert; Dr.-Ing., Prof.; *Controlling, Investitionswirtschaft, Buchführung*; di: Hochsch. Rosenheim, Fak. Wirtschaftsingenieurwesen, Hochschulstr. 1, 83024 Rosenheim, T: (08031) 805602, F: 805702, robert.ott@fh-rosenheim.de

**Ott,** Walter; Dr.-Ing., Prof.; *Technische Mechanik und Strömungslehre*; di: FH Köln, Fak. f. Informatik u. Ingenieurwiss., Am Sandberg 1, 51643 Gummersbach, T: (02261) 8196277, ott@gm.fh-koeln.de; pr: Am Mühlenacker 42, 50259 Pulheim, T: (02234) 84205

**Otte,** Andreas; Dr.med., HonProf. WH Lahr, Visiting Prof. U Gent, Prof.; *Gesundheitsökonomie, Angewandte Klinische Forschung, Fokus Neurowissenschaften und Onkologie*; di: Hochsch. Offenburg, Fak. Elektrotechnik u. Informationstechnik, Badstr. 24, 77652 Offenburg, andreas.otte@hs-offenburg.de; WHL Wissenschaftl. Hochschule Lahr, Lst. f. Gesundheits- u. Institutionenökonomik, Hohbergweg 15-17, 77933 Lahr, T: (07821) 923862, andreas.otte@whl-lahr.de

**Otte,** Axel; Dipl.-Oec., Dr. rer. pol., Prof.; *Steuern und Rechnungswesen*; di: Hochsch. Heilbronn, Fak. f. Wirtschaft u. Verkehr, Max-Planck-Str. 39, 74081 Heilbronn, T: (07131) 504217, F: 252470, otte@hs-heilbronn.de

**Otte,** Dietmar; Dipl.-Ing.FH Köln, Dipl.Ing.TU Berlin, HonProf. FHTW Berlin, Lt. Verkehrsunfallforsch. Med. H Hannover; *Unfallforschung, Biomechanik, Unfallrekonstruktion, Verletzungsmechanik*; di: Med. Hochschule, Unfallchirurgische Klinik, Carl-Neuberg-Str. 1, 30625 Hannover, T: (0511) 5326410, F: 5326419, otte.dietmar@mh-hannover.de; HTW Berlin, FB Ingenieurwissenschaften II, Blankenburger Pflasterweg 102, 13129 Berlin, unfallforschung@mh-hannover.de

**Otte,** Kerstin; PhD, Prof.; *Allgemeine Biologie, Molekularbiologie, Pharmazeutische Biotechnologie*; di: Hochsch. Biberach, SG Pharmazeut. Biotechnologie, PF 1260, 88382 Biberach/Riß, T: (07351) 582454, F: 582469, otte@hochschule-bc.de

**Otte,** Max; Dr., Prof.; *Internationale Betriebswirtschaftslehre, Außenhandelsfinanzierung, Allgemeine Betriebswirtschaftslehre*; di: FH Worms, FB Wirtschaftswiss., Erenburgerstr. 19, 67549 Worms, T: (06241) 509208

**Otten,** Henrique Ricardo; Dr., Prof.; *Politikwissenschaft, Soziologie*; di: FH f. öffentl. Verwaltung NRW, Außenstelle Dortmund, Hauert 9, 44227 Dortmund, henriquericardo.otten@fhoev.nrw.de

**Otten,** Hubert; Dr., Prof.; *Technische Systeme, Logistik und Betriebsorganisation im Gesundheitswesen*; di: Hochsch. Niederrhein, FB Wirtschaftsingenieurwesen, Ondereyckstr. 3-5, 47805 Krefeld, T: (02151) 8226644

**Otten,** Jan Christoph; Dr.-Ing., Prof.; *Konstruktionslehre, Fördertechnik*; di: Hochsch. Trier, FB Technik, PF 1826, 54208 Trier, T: (0651) 8103363, J.Otten@hochschule-trier.de; pr: Pommernstr. 2, 54295 Trier, T: (0651) 9930296, F: 9930298

**Otten,** Jürgen; Dr., Prof., Dekan FB Informatik, Vizepräs.; *Informatik*; di: Wilhelm Büchner Hochsch., Ostendstr. 3, 64319 Pfungstadt

**Otten,** Martina; Dr., Prof.; *Chemie, Agrarchemie, Pflanzenschutz*; di: Hochsch. Weihenstephan-Triesdorf, Fak. Land- u. Ernährungswirtschaft, Am Hofgarten 1, 85354 Freising, 85350 Freising, T: (08161) 715351, F: 714496, martina.otten@hswt.de

**Otten,** Matthias; Dr., Prof.; *Politikwissenschaft, Hochschulforschung, Interkulturelle Kommunikation*; di: FH Köln, Fak. f. Angewandte Sozialwiss., Mainzer Str. 5, 50678 Köln, T: (0221) 82753360, matthias.otten@fh-koeln.de; pr: Bergisch Gladbacher Str. 1117, 51069 Köln

**Ottens,** Silya; Dr., Prof.; *Ernährungswissenschaften und Ernährungsgewerbe*; di: HAW Hamburg, Fak. Life Sciences, Lohbrügger Kirchstr. 65, 21033 Hamburg, T: (040) 428756318, silya.ottens@haw-hamburg.de

**Otterbach,** Andreas; Dr., Prof.; *Informationsmanagement, Strategisches Finanz- und Investitionsmanagement*; di: Hochsch. d. Medien, Fak. Druck u. Medien, Nobelstr. 10, 70569 Stuttgart, T: (0711) 89232769, otterbach@hdm-stuttgart.de

**Ottersbach,** Jörg; Dr. rer. pol., Prof.; *BWL, Steuerlehre*; di: Jade Hochsch., FB Wirtschaft, Friedrich-Paffrath-Str. 101, 26389 Wilhelmshaven, T: (04421) 9852838, F: 9852596, joers.ottersbach@jade-hs.de

**Ottersbach,** Markus; Dr. paed. habil., PD U Köln, Prof. FH Köln; *Allgemeine Soziologie, Jugendsoziologie, Stadtsoziologie, Migrationsforschung, politische Soziologie*; di: FH Köln, Fak. f. Angewandte Sozialwiss., Mainzer Str. 5, 50678 Köln, T: (0221) 82753331, Markus.Ottersbach@fh-koeln.de; pr: Lothringer Str. 6-8, 50677 Köln, T: (0221) 369457

**Ottl,** Andreas; Dipl.-Ing., Prof.; *Hydromechanik und Wasserbau*; di: Hochsch. Regensburg, Fak. Bauingenieurwesen, PF 120327, 93025 Regensburg, T: (0941) 9431313, andreas.ottl@bau.fh-regensburg.de

**Ottler,** Simon; Dr., Prof.; *Werbewirkung/ Werbeforschung, Kosten- u. Leistungsrechnung*; di: DHBW Ravensburg, Oberamteigasse 4, 88214 Ravensburg, T: (0751) 189992131, ottler@dhbw-ravensburg.de

**Otto,** Christa; Dr. rer. nat., Prof.; *Mathematik*; di: Hochsch. Zittau/Görlitz, Fak. Mathematik/Naturwiss., Theodor-Körner-Allee 16, 02763 Zittau, PF 1455, 02754 Zittau, T: (03583) 611454, c.otto@hs-zigr.de

**Otto,** Christian; Dr.-Ing., Prof.; *Fertigungsmittel*; di: HTW Dresden, Fak. Maschinenbau/Verfahrenstechnik, Friedrich-List-Platz 1, 01069 Dresden, T: (0351) 4622555, otto@mw.htw-dresden.de

**Otto,** Christian; Dr. rer. nat., Prof.; *Informationsmanagement*; di: Hochsch. Darmstadt, FB Media, Haardtring 100, 64295 Darmstadt, T: (06151) 169390, christian.otto@fbmedia.h-da.de

**Otto,** Frank; Dr. rer. nat., Prof.; *Geotechnik, Angewandte Geologie*; di: TFH Georg Agricola Bochum, WB Geoingenieurwesen, Bergbau u. Techn. Betriebswirtschaft, Herner Str. 45, 44787 Bochum, T: (0234) 9683235, F: 9683237, otto@tfh-bochum.de; pr: Wilroßstr. 5, 45897 Gelsenkirchen-Buer, T: (0209) 5980642

**Otto,** Gerd; Prof.; *Baubetriebslehre, Baukunde für Vermessungsingenieure*; di: Hochsch. f. angew. Wiss. Würzburg Schweinfurt, Fak. Architektur u. Bauingenieurwesen, Münzstr. 12, 97070 Würzburg

**Otto,** Günther; Dr. oec. habil., HonProf.; *Controlling*; di: Westsächs. Hochsch. Zwickau, FB Wirtschaftswiss., Scheffelstr. 39, 08056 Zwickau

**Otto,** Jürgen; Dr. rer. nat., Prof.; *Physik, Mathematik*; di: Hochsch. Mannheim, Fak. Maschinenbau, Windeckstr. 110, 68163 Mannheim

**Otto,** Kim; Dr., Prof.; *Journalistik*; di: Macromedia Hochsch. f. Medien u. Kommunikation, Richmodstr. 10, 50667 Köln

**Otto,** Konrad; Dr. oec. troph., Prof.; *Getränketechnologie, Sensorik*; di: Hochsch. Ostwestfalen-Lippe, FB 4, Life Science Technologies, Liebigstr. 87, 32657 Lemgo, T: (05231) 769241, F: 769222; pr: Am Lattberg 9, 32657 Lemgo, F: (06172) 867989

**Otto,** Lothar; Dr.-Ing., Prof., Rektor H Mittweida (FH); *Messtechnik*; di: Hochsch. Mittweida, Direktorenvilla, Leisniger Str. 7, 09648 Mittweida, T: (03727) 581222, F: 5811217, rektor@htwm.de

**Otto,** Marc-Oliver; Dr. rer. nat., Prof.; *Wirtschaftsmathematik, Mathematik, Statistik*; di: Hochsch. Ulm, Fak. Mathematik, Natur- u. Wirtschaftswiss., PF 3860, 89028 Ulm, T: (0731) 5028013, otto@hs-ulm.de

**Otto,** Markus; Dipl.-Ing., Prof.; *Industriebau, Industriefolge, Baurecht*; di: Hochsch. Lausitz, FB Architektur, Bauingenieurwesen, Versorgungstechnik, Lipezker Str. 47, 03048 Cottbus-Sachsendorf, T: (0355) 5818514, F: 5818609

**Overbeck-Larisch,** Maria; Dr. rer. nat., Prof.; *Mathematik*; di: Hochsch. Darmstadt, FB Mathematik u. Naturwiss., Haardtring 100, 64295 Darmstadt, ovla@h-da.de

**Overhoff,** Martin; Dr. med., Prof.; *Geräte und Systeme der Gesundheitstechnik*; di: Westfäl. Hochsch., FB Elektrotechnik u. angew. Naturwiss., Neidenburger Str. 43, 45877 Gelsenkirchen, T: (0209) 9596582, heinrich-martin.overhoff@fh-gelsenkirchen.de

**Owczarzak,** Johannes; Dr.-Ing., Prof.; *Stahlbau, Statik der Stahlkonstruktionen*; di: FH Dortmund, FB Maschinenbau, Sonnenstr. 96, 44139 Dortmund, T: (0231) 9112122, F: 9112334; pr: Havelring 33, 45136 Essen

**Owens,** Frank J.; Dr., Prof.; *Elektrotechnik*; di: Hochsch. Kempten, Fak. Elektrotechnik, Bahnhofstr. 61-63, 87435 Kempten, T: (0831) 25230, F: 2523197

**Oyen,** Thomas; Dipl.-Ing., Prof.; *Landschaftsbau*; di: Hochsch. Neubrandenburg, FB Landschaftsarchitektur, Geoinformatik, Geodäsie u. Bauingenieurwesen, Brodaer Str. 2, 17033 Neubrandenburg, PF 110121, 17041 Neubrandenburg, T: (0395) 56934509, oyen@hs-nb.de

**Paas,** Mathias; Dipl.-Ing., Prof.; *Bekleidungsfertigung, Fabrikanlagen, Arbeitswissenschaft*; di: Hochsch. Niederrhein, FB Textil- u. Bekleidungstechnik, Webschulstr. 31, 41065 Mönchengladbach, T: (02161) 186204, Mathias.Paas@hs-niederrhein.de

**Paasch,** Manfred; Dr.-Ing., Prof.; *Werkzeugmaschinen, Fertigungsverfahren, Gießereilabor, Fertigungslabor*; di: Beuth Hochsch. f. Technik, FB VIII Maschinenbau, Verfahrens- u. Umwelttechnik, Luxemburger Str. 10, 13353 Berlin, T: (030) 45042756, paasch@beuth-hochschule.de

**Pabst,** Jörn; Dr.-Ing., Prof.; *Landschaftsbau u. Vegetationstechnik*; di: Hochsch. Ostwestfalen-Lippe, FB 9, Landschaftsarchitektur u. Umweltplanung, An der Wilhelmshöhe 44, 37671 Höxter, T: (05271) 687126, F: 687200, joern.pabst@fh-luh.de; pr: Schmiedestr. 6d, 14554 Neuseddin, T: (033205) 21464

**Pachl,** Peter P.; Dr. phil., Prof. Berliner Techn. Kunsthochschule; *Musikwissenschaft, Musiktheaterwissenschaft*; di: Berliner Techn. Kunsthochschule, Bernburger Str. 24-25, 10963 Berlin, p.p.pachl@btk-fh.de; pr: Hauptstr. 36, 10827 Berlin, T: (0172) 2724464, F: (030) 78958835, pppachl@aol.com; www.pppmt.de/html/pppmtpachlbiographie.html

**Packebusch,** Lutz; Dipl.-Psych., Dr. rer. nat., Prof.; *Personalentwicklung, Organisationspsychologie und Arbeitswissenschaften*; di: Hochsch. Niederrhein, FB Wirtschaftsingenieurwesen, Ondereyckstr. 3-5, 47805 Krefeld, T: (02151) 8226625

**Paczynski,** Andreas; Dr.-Ing., Prof.; *System Engineering und Technischer Vertrieb, Mechatronik und Antriebe*; di: Hochsch. Ravensburg-Weingarten, Doggenriedstr., 88250 Weingarten, PF 1261, 88241 Weingarten, T: (0751) 5019619, F: 5019876, paczynski@hs-weingarten.de; pr: Weiherweg 2, 88250 Weingarten, T: (0751) 5574073

**Padberg,** Carsten; Dr., Prof.; *Rechnungswesen, Corporate Finance*; di: FH d. Wirtschaft, Paradiesstr. 40, 01217 Dresden, T: (0351) 8766740, F: 8766744, carsten.padberg@fhdw.de

**Padberg,** Julia; Dr., PD TU Berlin, Prof. HAW Hamburg; *Theoretische Informatik: Entwicklung, Verbesserung u. Implementierung formaler Spezifiaktionstechniken wie algebraische u. logische Kalküle, Automaten sowie Petrinetze oder Graphtransformationssysteme*; di: HAW Hamburg, Fak. Technik u. Informatik, Berliner Tor 7, 20099 Hamburg, T: (040) 428758412, padberg@informatik.haw-hamburg.de

**Paditz,** Ludwig; Dr. rer. nat. habil., Prof. HTW Dresden; *Mathematik, spez. Wahrscheinlichkeitstheorie u. Mathematische Statistik, Analysis, CAS-Software*; di: HTW Dresden, Fak. Informatik/Mathematik, Friedrich-List-Platz 1, 01069 Dresden, PF 120701, 01008 Dresden, T: (0351) 4623541, F: 4622197, paditz@informatik.htw-dresden.de; www.informatik.htw-dresden.de/~paditz/

**Paegert,** Christian; Dr.-Ing., Prof.; *Optimierung Logistischer Prozesse*; di: H Koblenz, FB Wirtschafts- u. Sozialwissenschaften, RheinAhrCampus, Joseph-Rovan-Allee 2, 53424 Remagen, T: (02642) 932195, paegert@rheinahrcampus.de

**Paerschke,** Hartmuth; Dr. rer. nat., Prof.; *Elektrotechnik, Mess- und Regelungstechnik, Datenverarbeitung*; di: Hochsch. München, Fak. Versorgungstechnik, Verfahrenstechnik Papier u. Verpackung, Druck- u. Medientechnik, Lothstr. 34, 80335 München, T: (089) 12651545, F: 12651502, paerschke@fhm.edu

**Paessens,** Heinrich; Dr.-Ing., Prof.; *Wirtschaftsinformatik, Algorithmen u. Datenorganisation*; di: FH Flensburg, FB Wirtschaft, Kanzleistr. 91-93, 24943 Flensburg, T: (0461) 8051479, paessens@wi.fh-flensburg.de; pr: Am Polldamm, 24975 Husby, T: (04634) 1050

**Paetsch,** Michael; Ph.D., Prof.; *Marketing/ Kommunikation*; di: Hochsch. Pforzheim, Fak. f. Wirtschaft u. Recht, Tiefenbronner Str. 65, 75175 Pforzheim, T: (07231) 286284, F: 287284, michael.paetsch@hs-pforzheim.de

**Pätz,** Reinhard; Dr. rer. nat., Prof.; *Bioprozesstechnik*; di: Hochsch. Anhalt, FB 7 Angew. Biowiss. u. Prozesstechnik, PF 1458, 06354 Köthen, T: (03496) 672580, reinhard.paetz@bwp.hs-anhalt.de

**Pätzmann,** Jens; Dr. phil., Prof.; *Marketing, Wirtschaftskommunikation*; di: FH Neu-Ulm, Wileystr. 1, 89231 Neu-Ulm, T: (0731) 97621423, jens.paetzmann@fh-neu-ulm.de

**Pätzold,** Heinz; Dipl.-Ing., Prof.; *Straßenbau, EDV, CAD, Verkehrstechnik*; di: Jade Hochsch., FB Architektur, Ofener Str. 16/19, 26121 Oldenburg, T: (0441) 77083270, F: 77083470, heinz.paetzold@jade-hs.de; pr: Stettiner Str. 12, 31582 Nienburg, T: (05021) 912003

**Paetzold,** Jens; Dr.-Ing., Prof.; *Elektrische Energietechnik, Elektromobilität*; di: Hochschule Ruhr West, Institut Energiesysteme u. Energiewirtschaft, PF 100755, 45407 Mülheim an der Ruhr, T: (0208) 88254841, jens.paetzold@hs-ruhrwest.de

**Paetzold,** Ulrich; Dr. phil., Prof.; *Psychologie*; di: Hochsch. Lausitz, FB Sozialwesen, Lipezker Str. 47, 03048 Cottbus-Sachsendorf, T: (0355) 5818401, F: 5818409, upaetzold@sozialwesen.fh-lausitz.de

**Pätzold,** Walter; Dr. rer. nat., Prof.; *Künstliche Intelligenz*; di: HTW Dresden, Fak. Informatik/Mathematik, Friedrich-List-Platz 1, 01069 Dresden, T: (0351) 4622119, paetzold@informatik.htw-dresden.de

**Paffrath,** Gottfried; Dr. rer. nat., Prof.; *Qualität und Sicherheit, QuaSi-E22*; di: Hochsch. Darmstadt, FB Chemie- u. Biotechnologie, Haardtring 100, 64295 Darmstadt, T: (06151) 168225, F: 168218, paffrath@h-da.de; pr: Gartenstr. 31, 67591 Hohen-Sülzen, T: (06243) 8375

**Paffrath,** Rainer; Dr. rer. pol., Prof., Dekan EUFH Brühl FB Wirtschaftsinformatik; *Wirtschaftsinformatik, Marketing*; di: Europäische FH Brühl, Kaiserstr. 6, 50321 Brühl, T: (02232) 5673660, r.paffrath@eufh.de

**Paffrath,** Ulrike; Dr., Prof.; *Wellenphysik, Augenoptische Werkstoffe, Sicherheitstechnik*; di: Hochsch. Aalen, Fak. Optik u. Mechatronik, Beeethovenstr. 1, 73430 Aalen, T: (07361) 5764613

**Pagé,** Sylvie; Prof.; *Textgestaltung*; di: FH Mainz, FB Gestaltung, Holzstr. 36, 55116 Mainz, T: (06131) 2859530, sylviepage@gmx.de

**Pagel,** Rainer; Dipl.-Ing., Prof.; *Grundlagen d. Planung, Gebäudelehre, Denkmalpflege, Entwurf*; di: FH Mainz, FB Technik, Holzstr. 36, 55051 Mainz, T: (06131) 2859231, F: 2859210, rainer.pagel@fh-mainz.de

**Pagel,** Sven; Dr., Prof.; *BLW, insbes. Kommunikation u Multimedia*; di: FH Düsseldorf, FB 7 – Wirtschaft, Universitätsstr. 1, 40225 Düsseldorf, T: (0211) 8115935, F: 8114369, sven.pagel@fh-duesseldorf.de

**Pagiela,** Stanislaus; Dipl.-Ing., Prof.; *Elektrische Maschinen und Antriebe, Energietechnik*; di: Hochsch. Amberg-Weiden, FB Elektro- u. Informationstechnik, Kaiser-Wilhelm-Ring 23, 92224 Amberg, T: (09621) 482153, F: 482161, s.pagiela@fh-amberg-weiden.de

**Pagnia,** Hans-Henning; Dr., Prof.; *Wirtschaftsinformatik*; di: DHBW Mannheim, Fak. Wirtschaft, Coblitzallee 1-9, 68163 Mannheim, T: (0621) 41051131, F: 41051249, hans-henning.pagnia@dhbw-mannheim.de

**Pahl,** Katja-Annika; Prof.; *Entwerfen und Darstellung/Gestaltung mit dem Schwerpunkt CAD*; di: Hochsch. Bremen, Fak. Architektur, Bau u. Umwelt, Neustadtswall 30, 28199 Bremen, T: (0421) 59052237, F: 59052202, Katja.Pahl@hs-bremen.de

**Pahl,** Siegfried; Dr.-Ing., Prof.; *Konstruktionsgrundlagenelemente, CAD, Kunststofftechnik*; di: Hochsch. Bremen, Fak. Natur u. Technik, Neustadtswall 30, 28199 Bremen, T: (0421) 59053540, F: 59053505, Siegfried.Pahl@hs-bremen.de

**Pahn,** Gundolf; Dr.-Ing., Prof., Dekan FB Architektur, Bauingenieurwesen, Versorgungstechnik; *Massivbau*; di: Hochsch. Lausitz, FB Architektur, Bauingenieurwesen, Versorgungstechnik, Lipezker Str. 47, 03048 Cottbus-Sachsendorf, T: (0355) 5818619, F: 5818609

**Palfreyman,** Niall; Dr., Prof.; *Mathematik, Physik, Modellbildung, Simulation, Algorithmen, Datenstrukturen, Intelligente Systeme*; di: Hochsch. Weihenstephan-Triesdorf, Fak. Biotechnologie u. Bioinformatik, Am Hofgarten 10, 85350 Freising, T: (08161) 714814, F: 715116, niall.palfreyman@fh-weihenstephan.de

**Pallasch,** Ulrich; Dr., Prof.; *Wirtschaftsprivatrecht, Arbeitsrecht*; di: Hochsch. f. angew. Wiss. Würzburg Schweinfurt, Fak. Wirtschaftswiss., Münzstr. 12, 97070 Würzburg

**Palleduhn,** Dirk; Dr., Prof.; *Wirtschaftsinformatik*; di: DHBW Mosbach, Lohrtalweg 10, 74821 Mosbach, T: (06261) 939271, palleduhn@dhbw-mosbach.de

**Pallenberg,** Catherine; Dr., HonProf. U Göttingen, Prof. Duale H Baden-Württemberg; *Mathematische Stochastik, Versicherungsmathematik, Risikomanagment, Versicherungsbetriebslehre*; di: DHBW Mannheim, Fak. Wirtschaft, Coblitzallee 1-9, 68163 Mannheim, T: (0621) 41052533, F: 41052510, catherine.pallenberg@dhbw-mannheim.de; pr: In der Roten Erde 9a, 37075 Göttingen, T: (0178) 8039951, Dr.Pallenberg@arcor.de

**Palm,** Christoph; Dipl.-Inform., Dr. rer. nat., Prof.; *Medizinische Informatik*; di: Hochsch. Regensburg, Fak. Informatik u. Mathematik, PF 120327, 93025 Regensburg, christoph.palm@hs-regensburg.de

**Palm,** Helmut; Dr.-Ing., Prof.; *Architekturtheorie, Baugeschichte*; di: Hochsch. Anhalt, FB 3 Architektur, Facility Management u. Geoinformation, PF 2215, 06818 Dessau, Palm@afg.hs-anhalt.de

**Palm,** Herbert; Dr.-Ing., Prof.; *Konstruktion, Antrieb*; di: Hochsch. München, Fak. Maschinenbau, Fahrzeugtechnik, Flugzeugtechnik, Dachauer Str. 98b, 80335 München, herbert.palm@hm.edu

**Palmada Fenés,** Mònica; Dr., Prof.; *Molekularbiologie*; di: Hochsch. Rhein-Waal, Fak. Life Sciences, Marie-Curie-Straße 1, 47533 Kleve, T: (02821) 80673257, monica.palmadafenes@hochschule-rhein-waal.de

**Palme,** Frank; Dr. rer. nat., Prof.; di: Hochsch. München, Fak. Maschinenbau, Fahrzeugtechnik, Flugzeugtechnik, Dachauer Str. 98b, 80335 München, frank.palme@hm.edu

**Palsherm,** Ingo; Dr., Prof.; *Betreuungsrecht, Gesundheitsökonomie*; di: Hochsch. Fresenius, FB Wirtschaft u. Medien, Limburger Str. 2, 65510 Idstein, palsherm@hs-fresenius.de

**Panajotov,** Ivan; Dr.-Ing., Prof.; *Kartographische Reproduktionstechnik, Kartographische Originalherstellung*; di: HTW Dresden, Fak. Geoinformation, Friedrich-List-Platz 1, 01069 Dresden, T: (0351) 4623301, panajotov@htw-dresden.de

**Pandorf,** Robert; Dr.-Ing., Prof.; *Werkstoffkunde*; di: H Koblenz, FB Ingenieurwesen, Konrad-Zuse-Str. 1, 56075 Koblenz, T: (0261) 9528410, pandorf@fh-koblenz.de

**Panik,** Ferdinand; Dr.-Ing., HonProf. FH Esslingen; *Brennstoffzelle, Alternative Fahrzeugkonzepte*; di: Hochsch. Esslingen, Fak. Fahrzeugtechnik, Kanalstr. 33, 73728 Esslingen, T: (0711) 3973185; pr: Mittelstr. 5/9, 73733 Esslingen, T: (07021) 893530

**Panitz,** Sven Eric; Dr., Prof.; *Programmiermethodik, Compilerbau*; di: Hochsch. Rhein/Main, FB Design Informatik Medien, Unter den Eichen 5, 65195 Wiesbaden, T: (0611) 94951217, sveneric.panitz@hs-rm.de

**Panitzsch-Wiebe,** Marion; Dr., Prof.; *Methodenlehre, Jugendarbeit*; di: HAW Hamburg, Fak. Wirtschaft u. Soziales, Alexanderstr. 1, 20099 Hamburg, T: (040) 428757054, marion.panitzsch-wiebe@sp.haw-hamburg.de

**Pankofer,** Sabine; M.A., Dr. phil., Prof.; *Psychologie, Soziale Arbeit*; di: Kath. Stiftungsfachhochsch. München, Preysingstr. 83, 81667 München, T: (089) 480921269, F: 4801900, sabine.pankofer@ksfh.de

**Pannenberg,** Markus; Dr., Prof.; *Volkswirtschaftstheorie u. -politik*; di: FH Bielefeld, FB Wirtschaft, Universitätsstr. 25, 33615 Bielefeld, T: (0521) 1065076, markus.pannenberg@fh-bielefeld.de; pr: Flemingstr. 12, 10557 Berlin

**Pannert,** Wolfram; Dr., Prof.; *Elektrotechnik, Experimentalphysik, Grundlagen, Technische Akustik*; di: Hochsch. Aalen, Fak. Maschinenbau u. Werkstofftechnik, Beethovenstr. 1, 73430 Aalen, T: (07361) 5762179, F: 5762270, wolfram.pannert@htw-aalen.de

**Panreck,** Klaus; Dr.-Ing. habil., Prof.; *Mess- u. Regelungstechnik, Automatisierungstechnik*; di: FH Bielefeld, FB Ingenieurwiss. u. Mathematik, Wilhelm-Bertelsmann-Str. 10, 33602 Bielefeld, T: (0521) 10671221, klaus.panreck@fh-bielefeld.de; Univ., Fak. f. Elektrotechnik, Informatik u. Math., Pohlweg 47-49, 33098 Paderborn, klauspanreck@aol.com

**Papastavrou,** Areti; Dr., Prof.; *Mathematik, Technische Mechanik*; di: HAW Ingolstadt, Fak. Elektrotechnik u. Informatik, Esplanade 10, 85049 Ingolstadt, T: (0841) 9348277, Areti.Papastavrou@haw-ingolstadt.de

**Papathanassiou,** Vassilios; Dr. phil., Prof.; di: Dt. Hochschule f. Prävention u. Gesundheitsmanagement, Hermann Neuberger Sportschule, 66123 Saarbrücken

**Papathanassis,** Alexis; Dr. rer. pol., Prof.; *Industry Management, Touristik, Seetouristik*; di: Hochsch. Bremerhaven, An der Karlstadt 8, 27568 Bremerhaven, T: (0471) 4823532, F: 4823258, apapathanassis@hs-bremerhaven.de

**Pape,** Christian; Dr. rer. nat., Prof.; *Internet Programming XML, Enterprise Application Integration*; di: Hochsch. Karlsruhe, Fak. Informatik u. Wirtschaftsinformatik, Moltkestr. 30, 76133 Karlsruhe, PF 2440, 76012 Karlsruhe, T: (0721) 9251492, christian.pape@hs-karlsruhe.de

**Pape,** Eva-Maria; Dipl.-Ing., Prof.; *Konstruktion*; di: FH Köln, Fak. f. Architektur, Betzdorfer Str. 2, 50679 Köln, eva-maria.pape@fh-koeln.de

**Pape,** Jens; Dr., Prof.; *Unternehmensführung in der Agrar- und Ernährungswirtschaft*; di: Hochsch. f. nachhaltige Entwicklung, FB Landschaftsnutzung u. Naturschutz, Friedrich-Ebert-Str. 28, 16225 Eberswalde, T: (03334) 657332, F: 657308, Jens.Pape@hnee.de

**Pape,** Philipp; Prof.; *Konzeptuelles Gestalten, Typographie*; di: FH Mainz, FB Gestaltung, Holzstr. 36, 55116 Mainz, T: (06131) 2859511, phi@snafu.de

**Papenheim-Ernst,** Margot; Dr.-Ing., Prof.; *Produktionslogistik, Fabrikplanung*; di: Hochsch. Heilbronn, Fak. f. Technik 2, Max-Planck-Str. 39, 74081 Heilbronn, T: (07131) 504311, F: 252470, papenheim-ernst@hs-heilbronn.de

**Papenheim-Tockhorn,** Heike; Dr., Prof.; *Besondere Betriebswirtschaftslehre, Betriebswirtschaftslehre der öffentlichen Verwaltung, Volkswirtschaftslehre, Organisationsentwicklung, Kosten- und Leistungsrechnung*; di: HAW Hamburg, Fak. Wirtschaft u. Soziales, Berliner Tor 5, 20099 Hamburg, T: (040) 428757710, Heike.Papenheim-Tockhorn@haw-hamburg.de; pr: Halmstr. 7a, 28717 Bremen, T: (0421) 6365259, Hpapenheim@aol.com

**Papenkort,** Ulrich; Dr. phil., Prof., Dekan FB Soziale Arbeit; *Pädagogik, Darstellendes Spiel*; di: Kath. Hochsch. Mainz, FB Soziale Arbeit, Saarstr. 3, 55122 Mainz, T: (06131) 2894438, papenkort@kfh-mainz.de; pr: Herderstr. 48, 53332 Bornheim, T: (02222) 922980

**Papke,** Günter; Dr. rer. nat., HonProf. H Rhein/Main Wiesbaden; *Qualitätsmanagement in der Umweltanalytik*; di: Hessisches Landeslabor, Glarusstr. 6, 65203 Wiesbaden, T: (0611) 7608533, guenter.papke@lhl.hessen.de

**Pareigis,** Stephan; Dr., Prof.; *Angewandte Mathematik und Technische Informatik*; di: HAW Hamburg, Fak. Technik u. Informatik, Berliner Tor 7, 20099 Hamburg, T: (040) 428758153, stephan.pareigis@haw-hamburg.de

**Pargmann,** Hergen; Dr.-Ing., Prof.; *Workflow Management-Systeme, Mobile Datenerfassungssysteme*; di: Jade Hochsch., FB Management, Information, Technologie, Friedrich-Paffrath-Str. 101, 26389 Wilhelmshaven, pargmann@jade-hs.de

**Paris,** Rainer; Dr. phil. habil., Prof.; *Soziologie*; di: Hochsch. Magdeburg-Stendal, FB Sozial-u. Gesundheitswesen, Breitscheidstr. 2, 39114 Magdeburg, T: (0391) 8864321, rainer.paris@hs-magdeburg.de; pr: Burchardstr. 14b, 39114 Magdeburg, T: (0391) 6073897

**Parmentier,** Wolff; Dr. jur., HonProf.; *Rechtsfragen d. Bauausführung*; di: Hochsch. Karlsruhe, Fak. Architektur u. Bauwesen, Moltkestr. 30, 76133 Karlsruhe, PF 2440, 76012 Karlsruhe

**Parsen,** Günter; Dr. rer. pol., Prof.; *Betriebswirtschaftslehre, Marketing*; di: FH Kaiserslautern, FB Angew. Logistik u. Polymerwiss., Carl-Schurz-Str. 1-9, 66953 Pirmasens, T: (06331) 248321, F: 248344, guenter.parsen@fh-kl.de

**Parthier,** Rainer; Dr.-Ing., Prof.; *Informationsgerätetechnik*; di: Hochsch. Mittweida, Fak. Elektro- u. Informationstechnik, Technikumplatz 17, 09648 Mittweida, T: (03727) 581685, F: 581351, parthier@htwm.de

**Partsch,** Gerhard; Dr. rer. nat., Prof.; *Bauinformatik, Mathematik, Baustatik, Web-Site Engineering*; di: Hochsch. Deggendorf, FB Bauingenieurwesen, Edlmairstr. 6-8, 94469 Deggendorf, PF 1320, 94453 Deggendorf, T: (0991) 3615412, F: 3615499, gerhard.partsch@fh-deggendorf.de

**Parvizinia,** Manuchehr; Dr., Prof., Dekan FB Technik; *Kraft- und Arbeitsmaschinen*; di: Hochsch. Reutlingen, FB Technik, Alteburgstr. 150, 72762 Reutlingen, T: (07121) 2717000, Manuchehr.Parvizinia@Reutlingen-University.DE

**Parzhuber,** Otto; Dr.-Ing., Prof.; *Datentechnik, Digitalelektronik*; di: Hochsch. München, Fak. Feinwerk- u. Mikrotechnik, Physikal. Technik, Lothstr. 34, 80335 München, T: (089) 12651645, F: 12651480, parzhuber@fhm.edu

**Pasch,** Helmut; Dr. rer. pol., Prof.; *BWL, Steuerlehre, Rechnungswesen*; di: Hochsch. Niederrhein, FB Wirtschaftswiss., Webschulstr. 41-43, 41065 Mönchengladbach, T: (02161) 1866369, helmut.pasch@hs-niederrhein.de

**Paschedag,** Anja R.; Dr.-Ing. habil., Prof.; *Verfahrenstechnischer Apparatebau, Anlagentechnik*; di: Beuth Hochsch. f. Technik, FB VIII Maschinenbau, Veranstaltungs- u. Verfahrenstechnik, Luxemburger Str. 10, 13353 Berlin, T: (030) 45045060, anja.paschedag@beuth-hochschule.de

**Paschedag,** Holger; Dr., Prof.; *Mathematik, Datenverarbeitung, Wohn- u. Gewerbeimmobilien*; di: Hochsch. Aschaffenburg, Fak. Wirtschaft u. Recht, Würzburger Str. 45, 63743 Aschaffenburg, T: (06021) 314716, holger.paschedag@fh-aschaffenburg.de

**Paschmann,** Hans; Dr.-Ing., Prof.; *Baustofflehre*; di: FH Aachen, FB Bauingenieurwesen, Bayernallee 9, 52066 Aachen, T: (0241) 600951109, paschmann@fh-aachen.de; pr: Morillenhang 45, 52074 Aachen, T: (0241) 64103

**Pasckert,** Andreas; Dr., Prof.; *Betriebswirtschaftslehre, Wirtschaftsinformatik*; di: Hochsch. Aschaffenburg, Fak. Ingenieurwiss., Würzburger Str. 45, 63743 Aschaffenburg, T: (06021) 314812, andreas.pasckert@fh-aschaffenburg.de

**Pasing,** Anton Markus; Dipl.-Ing., Prof.; *Bauformen, Entwerfen und Typologie*; di: FH Düsseldorf, FB 1 – Architektur, Georg-Glock-Str. 15, 40474 Düsseldorf, T: (0211) 4351135, pasing@fh-duesseldorf.de; pr: pasing@remote-controlled.de

**Paß,** Rita; Dr. phil., Prof.; *Theorien und Konzepte Sozialer Arbeit, Supervision*; di: Kath. Hochsch. NRW, Abt. Paderborn, FB Sozialwesen, Leostr. 19, 33098 Paderborn, T: (0251) 4176744, r.pass@katho-nrw.de

**Passenheim,** Olaf; Dr., Prof.; *Unternehmensführung*; di: Hochsch. Emden/Leer, FB Wirtschaft, Constantiaplatz 4, 26723 Emden, T: (04921) 8071193, F: 8071228, olaf.passenheim@hs-emden-leer.de

**Passig,** Georg; Dr.-Ing., Prof.; *Mechatronik*; di: HAW Ingolstadt, Fak. Elektrotechnik u. Informatik, Esplanade 10, 85049 Ingolstadt, T: (0841) 9348438, Georg.Passig@haw-ingolstadt.de

**Passing,** Reinhard; Dipl.-Phys., Dr. rer. nat., Prof.; *Prozessdatenverarbeitung, Kommunikationsinformatik, Hardware-technologie*; di: FH Worms, FB Informatik, Erenburgerstr. 19, 67549 Worms, T: (06241) 509258, F: 509222

**Passinger,** Henrick; Dr.-Ing., Prof.; *Materialflusstechnik*; di: Westfäl. Hochsch., FB Wirtschaftsingenieurwesen, August-Schmidt-Ring 10, 45657 Recklinghausen, T: (02361) 915407, F: 915571, henrik.passinger@fh-gelsenkirchen.de

**Passoke,** Jens; Dr.-Ing., Prof.; *Hochfrequenz- u. Mikrowellentechnik sowie Grundlagen der Elektrotechnik*; di: Hochsch. Hannover, Fak. I Elektro- u. Informationstechnik, Ricklinger Stadtweg 120, 30459 Hannover, PF 920261, 30441 Hannover, T: (0511) 92961295, jens.passoke@hs-hannover.de

**Passon,** Stephan; Dr., Prof.; *Betriebswirtschaftslehre, insbes. Internationales Marketing*; di: FH Dortmund, FB Wirtschaft, Emil-Figge-Str. 44, 44227 Dortmund, T: (0231) 7554972, F: 7554902, Stephan.Passon@fh-dortmund.de

**Paster,** Helmut; Dr.-Ing., Prof.; di: Hochsch. München, FB Elektrotechnik und Informationstechnik, Lothstr. 64, 80335 München, helmut.paster@hm.edu

**Patel,** Anant; Dr. rer.nat., Prof.; *Chemie, Alternative Kraftstoffe, Verfahrenstechnik*; di: FH Bielefeld, FB Ingenieurwiss. u. Mathematik, Wilhelm-Bertelsmann-Str. 10, 33602 Bielefeld, T: (0521) 1067318, F: 1067152, anant.patel@fh-bielefeld.de; pr: Lange Str. 52, 59302 Oelde

**Patjens,** Rainer; Dr., Prof.; *Soziale Arbeit*; di: DHBW Stuttgart, Fak. Sozialwesen, Herdweg 29, 70174 Stuttgart, T: (0711) 1849621, Patjens@dhbw-stuttgart.de

**Pattar,** Andreas; Dr., Prof.; *Kommunalwissenschaften*; di: Hochsch. Kehl, Fak. Rechts- u. Kommunalwiss., Kinzigallee 1, 77694 Kehl, PF 1549, 77675 Kehl, T: (07851) 894246, pattar@hs-kehl.de

**Pattloch,** Annette; Dr. phil., Prof.; *Betriebswirtschaftslehre, Marketing*; di: Beuth Hochsch. f. Technik, FB I Wirtschafts- u. Gesellschaftswiss., Luxemburger Str. 10, 13353 Berlin, T: (030) 45042420, pattloch@beuth-hochschule.de

**Patz,** Manfred; Dr., Prof.; *Angewandte technische Mechanik*; di: Westfäl. Hochsch., FB Wirtschaftsingenieurwesen, August-Schmidt-Ring 10, 45665 Recklinghausen, T: (02361) 915478, F: 915571, manfred.patz@fh-gelsenkirchen.de

**Patz,** Marlies; Dr. rer. nat., Prof.; *Fertigungstechnik und -automatisierung*; di: FH Jena, FB SciTec, Carl-Zeiss-Promenade 2, 07745 Jena, PF 100314, 07703 Jena

**Patzig,** Wolfgang; Dr., Prof.; *Volkswirtschaftslehre/Statistik*; di: Hochsch. Magdeburg-Stendal, FB Wirtschaft, Osterburger Str. 25, 39576 Stendal, T: (03931) 21874840, wolfgang.patzig@hs-magdeburg.de

**Patzke,** Joachim; Dr.-Ing., Prof.; *Grundlagen der Elektro- u. Informationstechnik*; di: Hochsch. Hannover, Fak. I Elektro- u. Informationstechnik, Ricklinger Stadtweg 120, 30459 Hannover, PF 920261, 30441 Hannover, T: (0511) 92961277, joachim.patzke@hs-hannover.de

**Patzwald,** Detlev; Dr.-Ing., Prof.; *Elektrische Energieversorgung*; di: FH Südwestfalen, FB Elektrotechnik u. Informationstechnik, Haldener Str. 182, 58095 Hagen, T: (02331) 9872252, Patzwald@fh-swf.de

**Pauen,** Werner; Dr., Prof.; *Tourismus, Event Management*; di: Int. School of Management, Otto-Hahn-Str. 19, 44227 Dortmund

**Pauk,** Heribert; Dr., Prof.; *Immobilienbetriebslehre*; di: Hochsch. Anhalt, FB 2 Wirtschaft, Strenzfelder Allee 28, 06406 Bernburg, T: (03471) 3551338, pauk@wi.hs-anhalt.de

**Paul,** Andreas; Dipl.-Ing., Prof.; *Freiraum-, Projektplanung und Gartenarchitektur*; di: Hochsch. Geisenheim, Von-Lade-Str. 1, 65366 Geisenheim, T: (06722) 502778, andreas.paul@hs-gm.de; pr: Dumontstr. 6, 55131 Mainz, T: (06131) 54260

**Paul,** Christopher; Dr., Prof.; *Allg. BWL / Personal*; di: DHBW Villingen-Schwenningen, Fak. Wirtschaft, Friedrich-Ebert-Str. 32, 78054 Villingen-Schwenningen, T: (07720) 3906146, F: 3906559, paul@dhbw-vs.de

**Paul,** Gerd-Uwe; Dr.-Ing., Prof.; *Programmierbare Logikbausteine, Entwurf integrierter Digitalschaltung, Grundlagen der Elektrotechnik*; di: Hochsch. Mannheim, Fak. Informationstechnik, Windeckstr. 110, 68163 Mannheim

**Paul,** Hans-Helmut; Dr. rer. nat., Prof.; *Programmierung, Softwareentwicklung*; di: Hochsch. Fulda, FB Angewandte Informatik, Marquardstr. 35, 36039 Fulda, T: (0661) 9640336, hans.h.paul@informatik.fh-fulda.de; pr: Auf dem Rücken 11, 35580 Wetzlar

**Paul,** Hansjürgen; Dr. rer. nat., Prof.; *Angewandte Informatik*; di: Westfäl. Hochsch., FB Informatik u. Kommunikation, Neidenburger Str. 43, 45877 Gelsenkirchen, T: (0209) 9596642, hansjuergen.paul@fh-gelsenkirchen.de

**Paul,** Herbert; Dr. rer. pol., Prof.; *Unternehmensführung, internationales Management, Betriebswirtschaftslehre*; di: FH Mainz, FB Wirtschaft, Lucy-Hillebrand-Str. 2, 55128 Mainz, T: (06131) 628208, herbert.paul@wiwi.fh-mainz.de

**Paul,** Joachim; Dr. oec., Prof.; *Betriebswirtschaft/International Business*; di: Hochsch. Pforzheim, Fak. f. Wirtschaft u. Recht, Tiefenbronner Str. 65, 75175 Pforzheim, T: (07231) 286405, F: 286090, joachim.paul@hs-pforzheim.de

**Paul,** Manfred; Dr.-Ing., Prof.; *Informatik, Digitaltechnik, Netze*; di: Hochsch. München, Fak. Elektrotechnik u. Informationstechnik, Lothstr. 64, 80335 München, T: (089) 12653456, F: 12653403, paul@ee.fhm.edu

**Paul,** Siegfried; Dipl.-Ing., Prof.; *Theatertechnik, Veranstaltungsmanagement, Beleuchtungstechnik*; di: Beuth Hochsch. f. Technik, FB VIII Maschinenbau, Veranstaltungs- u. Verfahrenstechnik, Luxemburger Str. 10, 13353 Berlin, T: (030) 45045414, spaul@beuth-hochschule.de

**Paul,** Volker; Dr. agr., Prof.; *Pflanzliche Produktion*; di: FH Südwestfalen, FB Agrarwirtschaft, Lübecker Ring 2, 59494 Soest, T: (02921) 378242, paul@fh-swf.de

**Paulat,** Klaus; Dr. rer. biol. hum., Prof.; *Medizinische Regelungs- u. Prozeßtechnik*; di: Hochsch. Ulm, Fak. Mechatronik u. Medizintechnik, PF 3860, 89028 Ulm, T: (0731) 5028606, paulat@hs-ulm.de

**Paulat,** Maren; Prof.; *Freies Gestalten*; di: Hochsch. München, Fak. Architektur, Karlstr. 6, 80333 München, T: (089) 12652625; pr: maren.paulat@t-online.de

**Pauli,** Walter; Dr.-Ing., Prof.; *Konstruktiver Ingenieurbau*; di: Hochsch. Darmstadt, FB Bauingenieurwesen, Haardtring 100, 64295 Darmstadt, T: (06151) 168174, pauli@fbb.h-da.de

**Paulic,** Rainer; Dr., Prof.; *Qualitätsmanagement, Verhaltenstraining, Personal*; di: FH f. öffentl. Verwaltung NRW, Abt. Köln, Thürmchenswall 48-54, 50668 Köln, rainer.paulic@fhoev.nrw.de

**Paulick,** Johann-G.; Dr.-Ing., Prof.; *CAD (Pro/Engineer(r)), Maschinenelemente, Konstruktion*; di: Hochsch. Landshut, Fak. Maschinenbau, Am Lurzenhof 1, 84036 Landshut, g.paulick@t-online.de

**Paulini,** Christa; Dr. rer. pol., Prof.; *Geschichte, Theorie und Praxis der Sozialen Arbeit*; di: HAWK Hildesheim/Holzminden/Göttingen, Fak. Soziale Arbeit u. Gesundheit, Hohnsen 1, 31134 Hildesheim, T: (05121) 881572, Paulini@hawk-hhg.de

**Paulke,** Joachim; Dr.-Ing., Prof.; *Grundlagen d. Elektrotechnik, Elektrische Energieanlagen*; di: Hochsch. Hannover, Fak. I Elektro- u. Informationstechnik, Ricklinger Stadtweg 120, 30459 Hannover, PF 920261, 30441 Hannover, T: (0511) 92961274, joachim.paulke@hs-hannover.de

**Paulmann,** Robert; Dipl.-Des., Prof.; *Corporate Design*; di: FH Mainz, FB Gestaltung, Holzstr. 36, 55116 Mainz, T: (06131) 6282241, robert.paulmann@fh-mainz.de

**Paulsen,** Pay-Uwe; Dr., Prof.; di: DHBW Karlsruhe, Fak. Wirtschaft, Erzbergerstr. 121, 76133 Karlsruhe, T: (0721) 9735934

**Paulus,** Johannes; Dr., Prof.; *Techn. Thermodynamik, Wärmeübertragung*; di: Hochsch. f. angew. Wiss. Würzburg Schweinfurt, Fak. Maschinenbau, Ignaz-Schön-Str. 11, 97421 Schweinfurt

**Paulus,** Ralf; Dr., Prof.; *ABWL, insb. Datenverarbeitung und Organisation*; di: FH Erfurt, FB Wirtschaftswiss., Steinplatz 2, 99085 Erfurt, PF 101363, 99013 Erfurt, T: (0361) 6700195, F: 6700152, paulus@fh-erfurt.de

**Paulus,** Sachar; Dr., HonProf.; *Unternehmenssicherheit und Risikomanagement*; di: FH Brandenburg, FB Wirtschaft, SG Wirtschaftsinformatik, Magdeburger Str. 50, 14770 Brandenburg, PF 2132, 14737 Brandenburg, paulus@fh-brandenburg.de

**Pautsch,** Arne; Dr., Prof.; *Öffentliches Recht, insb. Verwaltungsrecht*; di: Hochsch. Osnabrück, Fak. Wirtschafts- u. Sozialwiss., Caprivistr. 30A, 49076 Osnabrück, PF 1940, 49009 Osnabrück, T: (0541) 9693145, a.pautsch@hs-osnabrueck.de

**Pautsch,** Peter; Dr. rer. soc., Prof.; *Material- u. Fertigungswirtschaft*; di: Georg-Simon-Ohm-Hochsch. Nürnberg, Fak. Betriebswirtschaft, Bahnhofstr. 87, 90402 Nürnberg

**Pautzke,** Friedbert; Dr.-Ing., Prof.; *Meß- u. Regelungstechnik*; di: Hochsch. Bochum, FB Elektrotechnik u. Informatik, Lennershofstr. 140, 44801 Bochum, T: (0234) 3210343, friedbert.pautzke@hs-bochum.de; pr: Fontanestr. 13, 41464 Neuss, T: (02131) 7189088

**Pavlik,** Norbert; Dipl.-Math., Dr.-Ing., Prof.; *Ingenieurmathematik, Analysis/Differentialgleichungen*; di: FH Flensburg, Angew. Mathematik, Kanzleistr. 91-93, 24943 Flensburg, T: (0461) 8051217, pavlik@mathematik.fh-flensburg.de

**Pavlista,** Targo; Dr. rer. nat., Prof.; *Informatik, Hypermedia, Autorensysteme*; di: Beuth Hochsch. f. Technik, FB VI Informatik u. Medien, Luxemburger Str. 10, 13353 Berlin, T: (030) 45042066, pavlista@beuth-hochschule.de

**Pawletta,** Sven; Dr.-Ing., Prof.; *Multimediasysteme/Anwendungsprogrammierung*; di: Hochsch. Wismar, Fak. f. Ingenieurwiss., PF 1210, 23952 Wismar, T: (03841) 753417, s.pawletta@et.hs-wismar.de

**Pawletta,** Thorsten; Dr.-Ing., Prof.; *Angewandte Informatik*; di: Hochsch. Wismar, Fak. f. Ingenieurwiss., PF 1210, 23952 Wismar, T: (03841) 753406, pawel@mb.hs-wismar.de

**Pawliska,** Peter; Dr.-Ing. habil., Prof.; *Technische Mechanik u. Werkstofftechnik*; di: FH Jena, FB Wirtschaftsingenieurwesen, Carl-Zeiss-Promenade 2, 07745 Jena, T: (03641) 205918, F: 205901, peter-pawliska@fh-jena.de; pr: Luftschiff 1, 07646 Schlöben, T: (036428) 51416

**Pawlowski,** Robert; Dr.-Ing., Prof.; *Baukonstruktion, Holzbau, Baustatik*; di: Hochsch. Karlsruhe, Fak. Architektur u. Bauwesen, Moltkestr. 30, 76133 Karlsruhe, PF 2440, 76012 Karlsruhe, T: (0721) 9252672

**Pech,** Andreas; Dr., Prof.; *Technische Informatik*; di: FH Frankfurt, FB 2 Informatik u. Ingenieurwiss., Nibelungenplatz 1, 60318 Frankfurt am Main, T: (069) 15332215, pech@fb2.fh-frankfurt.de

**Peche,** Norbert; Dr. sc.oec., Prof.; *Wirtschaftswissenschaften, Destinationsmanagement, Unternehmensführung*; di: bbw Hochsch. Berlin, Leibnizstraße 11-13, 10625 Berlin, T: (030) 319909516, norbert.peche@bbw-hochschule.de

**Pechmann,** Agnes; Dr.-Ing., Prof. FH Oldenburg/Ostfriesland/Wilhelmshaven,; *Produktionsplanung, Technikvorausschau, Innovationstransfer*; di: Hochsch. Emden/Leer, FB Technik, Constantiaplatz 4, 26723 Emden, T: (04921) 8071438, F: 8071429, agnes.pechmann@hs-emden-leer.de

**Pecornik,** Damir; Dr.-Ing., Prof.; *Thermodynamik, Wärmetechnik, Wärmewirtschaft, Fluidmechanik*; di: Hochsch. Mannheim, Fak. Maschinenbau, Windeckstr. 110, 68163 Mannheim

**Pédussel-Wu,** Jennifer; Dr., Prof.; di: Hochsch. f. Wirtschaft u. Recht Berlin, Badensche Str. 50/51, 10825 Berlin, T: (030) 85789167, jennifer.pedussel-wu@hwr-berlin.de

**Peetz,** Ludwig; Dr., Prof.; *Textiltechnik*; di: FH Kaiserslautern, FB Angew. Logistik u. Polymerwiss., Carl-Schurz-Str. 1-9, 66953 Pirmasens, T: (06331) 248314, ludwig.peetz@fh-kl.de

**Pehlgrimm,** Holger; Dr.-Ing., Prof.; *Maschinenkunde, CAD, Werkstoffkunde Metalle, Fluid- und Fördertechnik*; di: Hochsch. f. nachhaltige Entwicklung, FB Holztechnik, Alfred-Möller-Str. 1, 16225 Eberswalde, T: (03334) 657388, Holger.Pehlgrimm@hnee.de

**Peifer,** Hermann; Dr.-Ing., Prof.; *Theoretische Elektrotechnik und EMV*; di: FH Aachen, FB Elektrotechnik und Informationstechnik, Eupener Str. 70, 52066 Aachen, T: (0241) 600952146, peifer@fh-aachen.de; pr: Steppenbergweg 72, 52074 Aachen, T: (0241) 872878

**Peiffer,** Herbert; Dr., Prof.; *Kunststofftechnik*; di: Hochsch. Hof, Alfons-Goppel-Platz 1, 95028 Hof, T: (09281) 409468, F: 40955468, Herbert.Peiffer@fh-hof.de

**Peik,** Sören; Dr. phil., Prof.; *Hochfrequenztechnik, Mikrowellentechnik*; di: Hochsch. Bremen, Fak. Elektrotechnik u. Informatik, Flughafenallee 10, 28199 Bremen, T: (0421) 59052437, F: 59055484, Soeren.Peik@hs-bremen.de

**Peikenkamp,** Klaus; Dr. phil. habil., PD U Münster, Prof. FH Münster; *Biomechanik, Bewegungslehre, Messtechnik, Signalverarbeitung, Statistik*; di: FH Münster, FB Physikal. Technik, Labor f. Biomechanik, Bürgerkamp 3, 48565 Steinfurt, T: (02551) 962527, F: 962513, peikenkamp@fh-muenster.de

**Peilert,** Andreas; Dr., Prof.; *Polizei- und Ordnungsrecht, Strafprozessrecht*; di: FH d. Bundes f. öff. Verwaltung, FB Bundesgrenzschutz, PF 121158, 23532 Lübeck, T: (0451) 2031737, F: 2031737

**Peine,** Holger; Dr., Prof.; *IT-Sicherheit, Software Engineering*; di: Hochsch. Hannover, Fak. IV Wirtschaft u. Informatik, Abt. Informatik, Ricklinger Stadtweg 120, 30459 Hannover, T: (0511) 92961830, holger.peine@hs-hannover.de

**Peinelt,** Volker; Dr., Prof.; *Lebensmittelhygiene und Gemeinschaftsverpflegung*; di: Hochsch. Niederrhein, FB Oecotrophologie, Rheydter Str. 232, 41065 Mönchengladbach, T: (02161) 1865394, Volker.Peinelt@hs-niederrhein.de

**Peinl,** Peter; Dr., Prof.; *Datenbanken und Informationssysteme*; di: Hochsch. Fulda, FB Angewandte Informatik, Marquardstr. 35, 36039 Fulda, T: (0661) 9640327, peter.peinl@informatik.fh-fulda.de

**Peinl,** Rene; Dr., Prof.; *Informatik, Softwareengineering*; di: Hochsch. Hof, Alfons-Goppel-Platz 1, 95028 Hof, T: (09281) 4094820, rene.peinl@hof-university.de

**Peintinger,** Bernhard; Prof., Dekan FB Bauingenieurwesen; *Grundbau, Labor für Grundbau, Baustatik I, Vertiefung Umwelttechnik und Tragwerklehre*; di: Hochsch. Deggendorf, FB Bauingenieurwesen, Edlmairstr. 6-8, 94469 Deggendorf, PF 1320, 94453 Deggendorf, T: (0991) 3615417, F: 3615499, bernhard.peintinger@fh-deggendorf.de

**Peisl,** Sebastian; Dr., Prof.; *Technisch-physikalische Grundlagen, Verfahrenstechnik Freiland, Baubetrieb, Landbau*; di: Hochsch. Weihenstephan-Triesdorf, Inst. f. Technik, Am Staudengarten 10, 85350 Freising, 85350 Freising, T: (08161) 715248, F: 714417, sebastian.peisl@fh-weihenstephan.de

**Peisl,** Thomas; Dr. rer. pol., Prof.; *Allgemeine Betriebswirtschaftslehre, Unternehmensführung*; di: Hochsch. München, Fak. Betriebswirtschaft, Am Stadtpark 20 (Neubau), 81243 München, T: (089) 12652754, F: 12652714, tpeisl@fhm.edu

**Peistrup,** Matthias; Dr., Prof.; *Sozialwissenschaften, Volkswirtschaftslehre*; di: FH f. öffentl. Verwaltung NRW, Abt. Münster, Nevinghoff 8, 48147 Münster, matthias.peistrup@fhoev.nrw.de

**Peitzmann,** Franz-Josef; Dr., Prof.; *Physik*; di: Westfäl. Hochsch., FB Maschinenbau, Münsterstr. 265, 46397 Bocholt, T: (02871) 2155916, franz-josef.peitzmann@fh-gelsenkirchen.de

**Pekny,** Thomas; Prof.; *Mode*; di: Hochsch. Pforzheim, Fak. f. Gestaltung, Östliche Karl-Friedr.-Str. 2, 75175 Pforzheim, T: (07231) 286866, F: 286040, thomas.pekny@hs-pforzheim.de

**Pekrun,** Wolfgang; Dr. rer. nat., Prof.; *Softwaretechnik*; di: Ostfalia Hochsch., Fak. Informatik, Salzdahlumer Str. 46/48, 38302 Wolfenbüttel

**Pels Leusden,** Christoph; Dr.-Ing., Prof.; *Maschinenbau, Kraftwerkstechnik, konventionelle und erneuerbare Energien*; di: Beuth Hochsch. f. Technik, FB VIII Maschinenbau, Veranstaltungs- u. Verfahrenstechnik, Luxemburger Straße 10, 13353 Berlin, T: (030) 45045323, christoph.pels-leusden@beuth-hochschule.de; http://prof.beuth-hochschule.de/pels-leusden

**Pelz,** Kuno; Dr.-Ing., Prof.; *Datenkommunikation, Prozeßrechentechnik*; di: Georg-Simon-Ohm-Hochsch. Nürnberg, Fak. Informatik, Keßlerplatz 12, 90489 Nürnberg, PF 210320, 90121 Nürnberg

**Pelz,** Stefan; Dr., Prof.; *Forstnutzung, SENCE*; di: Hochsch. f. Forstwirtschaft Rottenburg, Schadenweilerhof, 72108 Rottenburg, T: (07472) 951235, F: 951200, pelz@fh-rottenburg.de

**Pelz,** Waldemar; Dr. rer. pol., Prof.; *Betriebswirtschaftslehre, Internationales Management, Marketing*; di: Techn. Hochsch. Mittelhessen, FB 07 Wirtschaft, Wiesenstr. 14, 35390 Gießen, T: (0641) 3092732; pr: Im Hopfengarten 31, 65812 Bad Soden, T: (06196) 23048, W-Pelz@t-online.de

**Pelzel,** Robert; Dr. rer. pol., Prof.; *Produktmanagement, Projektierung, Qualitätsmanagement*; di: HAW Ingolstadt, Fak. Maschinenbau, Esplanade 10, 85049 Ingolstadt, T: (0841) 9348272, robert.pelzel@haw-ingolstadt.de

**Penningsfeld,** Andreas; Dr.-Ing., Prof.; *Informatik, Computertechnik, Betriebssysteme*; di: Hochsch. Deggendorf, FB Elektrotechnik u. Medientechnik, Edlmairstr. 6-8, 94469 Deggendorf, PF 1320, 94453 Deggendorf, T: (0991) 3615516, F: 3615599, andreas.penningsfeld@fh-deggendorf.de

**Penta,** Leo J.; M.A. theol., Dr. phil., Prof.; *Gemeinwesenarbeit/-ökonomie*; di: Kath. Hochsch. f. Sozialwesen Berlin, Köpenicker Allee 39-57, 10318 Berlin, T: (030) 50101027, penta@khsb-berlin.de

**Pepchinski,** Mary; Dipl.-Architektin, Prof.; *Grundlagen des Entwerfens, Gebäudeplanung*; di: HTW Dresden, Fak. Bauingenieurwesen/Architektur, Friedrich-List-Platz 1, 01069 Dresden, T: (0351) 4623425, pepchinski@htw-dresden.de

**Pepels,** Werner; Dipl.-Kfm., Dipl.-Betriebswirt, Prof.; *Betriebswirtschaftslehre, insbes. Internationales Marketing*; di: Westfäl. Hochsch., FB Wirtschaft u. Informationstechnik, Münsterstr. 265, 46397 Bocholt, T: (02871) 2155722, Werner.Pepels@fh-gelsenkirchen.de

**Peppel,** Michael; Dr.-Ing., Prof.; *Leistungselektronik, Drehstromantriebe*; di: Techn. Hochsch. Mittelhessen, FB 11 Informationstechnik, Elektrotechnik, Mechatronik, Wilhelm-Leuschner-Str. 13, 61169 Friedberg, T: (06031) 604206

**Pepper,** Daniel; Dr.-Ing., Prof.; *Hochspannungstechnik, Schaltgerätetechnik, Elektromagnetische Verträglichkeit*; di: Beuth Hochsch. f. Technik, FB VII Elektrotechnik – Mechatronik – Optometrie, Luxemburger Str. 10, 13353 Berlin, T: (030) 45045274, daniel.pepper@beuth-hochschule.de; http://prof.beuth-hochschule.de/pepper/

**Peppmeier,** Arno; Dr. rer. pol., Prof.; *Rechnungswesen, Bankwesen*; di: FH Mainz, FB Wirtschaft, Lucy-Hillebrand-Str. 2, 55128 Mainz, T: (06131) 628220, arno.peppmeier@wiwi.fh-mainz.de

**Peren,** Franz W.; Dr. rer. pol., Ph.D., Prof.; *Wirtschaftsmathematik, Wirtschaftsstatistik, Marketing, Logistik, Unternehmensführung*; di: Hochsch. Bonn-Rhein-Sieg, FB Wirtschaft Sankt Augustin, Grantham-Allee 20, 53757 Sankt Augustin, T: (02241) 865103, F: 9658103, franz.peren@fh-bonn-rhein-sieg.de

**Perger,** Gabriele; Dr., Prof.; *Arbeitswissenschaften*; di: HAW Hamburg, Fak. Life Sciences, Lohbrügger Kirchstr. 65, 21033 Hamburg, T: (040) 428756202, gabriele.perger@haw-hamburg.de

**Permantier,** Gerald; Dr.-Ing., Prof.; *Programmiersprachen, Software Engineering*; di: Hochsch. Heilbronn, Fak. f. Technik 2, Max-Planck-Str. 39, 74081 Heilbronn, T: (07131) 504251, F: 50414251, permantier@hs-heilbronn.de

**Perponcher,** Christian von; Dr.-Ing., Prof.; *Konstruktion u. Fahrzeugtechnik*; di: HAW Ingolstadt, Fak. Maschinenbau, Esplanade 10, 85049 Ingolstadt, T: (0841) 9348388, christian.vonperponcher@haw-ingolstadt.de

**Perrey,** Sören Walter; Dr. Math., Prof., Dekan FB Angewandte Naturwissenschaften; *Informatik u. Mathematik*; di: Westfäl. Hochsch., FB Elektrotechnik u. angew. Naturwiss., August-Schmidt-Ring 10, 45665 Recklinghausen, T: (02361) 915521, F: 915484, soeren.perrey@fh-gelsenkirchen.de

**Perseke,** Winfried; Dr.-Ing., Prof., Dekan Fak. Maschinenbau; *Konstruktionstechnik, Maschinenelemente, Integrierte Produktentwicklung, Projektmanagement, FEM*; di: Hochsch. Coburg, Fak. Maschinenbau, Friedrich-Streib-Str. 2, 96450 Coburg, T: (09561) 317144, perseke@hs-coburg.de

**Peschges,** Klaus-Jürgen; Dr.-Ing., Prof.; *Konstruktionslehre/CAD, Strömungstechnik*; di: Hochsch. Mannheim, Fak. Verfahrens- u. Chemietechnik, Windeckstr. 110, 68163 Mannheim

**Peschke,** Helmut; Dr., Prof.; *Informationsverarbeitung für die Druckvorstufe*; di: Beuth Hochsch. f. Technik, FB VI Informatik u. Medien, Luxemburger Str. 10, 13353 Berlin, T: (030) 45042367, peschke@beuth-hochschule.de

**Peschutter,** Gudrun; Dr. rer. pol. habil., Prof.; *Allgemeine Volkswirtschaftslehre/Wirtschaftsethik*; di: Hochsch. Wismar, Fak. f. Wirtschaftswiss., PF 1210, 23952 Wismar, T: (03841) 753595, g.peschutter@wi.hs-wismar.de

**Pesek,** Jan; Dipl.-Ing., Prof.; *Optik-Technologie, Lichtleitertechnik, Optische Geräte, Ophthalmologische Optik, Fertigungstechnik*; di: Techn. Hochsch. Mittelhessen, Wiesenstr. 14, 35390 Gießen, T: (0641) 3092223; pr: Starenweg 4, 35435 Wettenberg, T: (06406) 6553

**Pestke,** Axel; Dr., Prof.; *Steuern*; di: SRH Hochsch. Calw, Badstr. 27, 75365 Calw

**Petasch,** Harald; Dr.-Ing. habil., Prof.; *Nachrichtentechnik, Telekommunikation*; di: Hochsch. Anhalt, FB 6 Elektrotechnik, Maschinenbau u. Wirtschaftsingenieurwesen, PF 1458, 06354 Köthen, T: (03496) 672327, F: 672399, H.Petasch@emw.hs-anhalt.de; pr: George-Bähr-Str. 18, 01069 Dresden

**Peter,** Christian; Dr.-Ing., Prof.; *Baukonstruktion, Entwurf*; di: Hochsch. Augsburg, Fak. f. Architektur u. Bauwesen, An der Hochschule 1, 86161 Augsburg, PF 110605, 86031 Augsburg, T: (0821) 55863113, christian.peter@hs-augsburg.de

**Peter,** Christine; Prof.; di: Hochsch. München, Fak. Architektur, Karlstr. 6, 80333 München, christine.peter@hm.edu

**Peter,** Gerhard; Dr. rer. nat., Prof.; *Codierungstheorie, Verteilte Systeme, Technische Informatik*; di: Hochsch. Heilbronn, Fak. f. Informatik, Max-Planck-Str. 39, 74081 Heilbronn, T: (07131) 504200, F: 50414201, rektor@hs--heilbronn.de

**Peter,** Hans-Jürgen; Dipl.-Ing., Prof.; *Technischer Ausbau, Bauphysik, Facility Management*; di: Hochsch. 21, Harburger Str. 6, 21614 Buxtehude, T: (04161) 648138, peter@hs21.de; pr: Harsefelder Str. 83, 21680 Stade, T: (04141) 609702

**Peter,** Jochen; Dr. phil., Prof.; *Pädagogische Psychologie*; di: Hochsch. Mannheim, Fak. Sozialwesen, Ludolf-Krehl-Str. 7-11, 68167 Mannheim, T: (0621) 3926145, peter@alpha.fhs-mannheim.de; pr: Ziegelhäuser Landstr. 57, 69120 Heidelberg, T: (06221) 6530823

**Peter,** Jörg; Dr. iur., Prof.; *Deutsches und Internationales Wirtschaftsrecht*; di: Techn. Hochsch. Wildau, FB Wirtschaft, Verwaltung u. Recht, Bahnhofstr., 15745 Wildau, T: (03375) 508360, F: 508566, jpeter@wvr.tfh-wildau.de

**Peter,** Markus; Dr. rer. pol., Prof.; *Intern. BWL, Betriebl. Steuerlehre, Nationale und intern. Unternehmensbesteuerung*; di: Hochsch. Aalen, Fak. Wirtschaftswissenschaften, Beethovenstr. 1, 73430 Aalen, T: (07361) 9149015, markus.peter@htw-aalen.de

**Peter-Ollrogge,** Dorrit; Dr., Prof.; di: Hochsch. f. Wirtschaft u. Recht Berlin, Badensche Str. 50/51, 10825 Berlin, T: (030) 29384430, dorrit.peter-ollrogge@hwr-berlin.de

**Peterek,** Michael; Dr., Prof.; *Städtebau*; di: FH Frankfurt, FB 1 Architektur, Bauingenieurwesen, Geomatik, Nibelungenplatz 1, 60318 Frankfurt am Main, T: (069) 15333013, mpeterek@fb1.fh-frankfurt.de

**Petermann,** Cord; Dr. phil., Prof.; *Sozioökonomie der räumlichen Entwicklung*; di: Hochsch. Osnabrück, Fak. Agrarwiss. u. Landschaftsarchitektur, Am Krümpel 31, 49090 Osnabrück, T: (0541) 9695125, c.petermann@hs-osnabrueck.de

**Petermann,** Uwe; Dr. rer. nat., Prof.; *Grundlagen der Informatik*; di: HTWK Leipzig, FB Informatik, Mathematik u. Naturwiss., PF 301166, 04251 Leipzig, T: (0341) 30766256, uwe@imn.htwk-leipzig.de

**Peterreins,** Thomas; Dipl.-Phys., Dr. rer. nat., Prof.; *Physik, Mikrosystemtechnik*; di: Hochsch. Regensburg, Fak. Allgemeinwiss. u. Mikrosystemtechnik, PF 120327, 93025 Regensburg, T: (0941) 9431270, thomas.peterreins@mikro.fh-regensburg.de

**Peters,** Birgit Käthe; Dr., Prof.; *Allgemeine Betriebswirtschaftslehre*; di: HAW Hamburg, Fak. Life Sciences, Lohbrügger Kirchstr. 65, 21033 Hamburg, T: (040) 428756116, birgitkaethe.peters@haw-hamburg.de

**Peters,** Friedhelm; Dr., Prof.; *Arbeitsformen und Institutionen sozialer Arbeit*; di: FH Erfurt, FB Sozialwesen, Altonaer Str. 25, 99084 Erfurt, PF 101363, 99013 Erfurt, T: (0361) 6700546, F: 6700533, peters@fh-erfurt.de

**Peters,** Geert-Adolph; Dr., Prof.; *Holzwirtschaft, Material- und Fertigungswirtschaft*; di: Hochsch. Rosenheim, Fak. Betriebswirtschaft, Hochschulstr. 1, 83024 Rosenheim, T: (08031) 805471, F: 805453

**Peters,** Georg; Dr. rer. pol., Prof.; *Organisation und Geschäftsprozesse, Informationssysteme, Intelligente Systeme*; di: Hochsch. München, Fak. Informatik u. Mathematik, Lothstr. 34, 80335 München, T: (089) 12653709, F: 12653780, georg.peters@cs.fhm.edu

**Peters,** Gerd; Dr. rer.pol., Prof.; *Betriebswirtschaftslehre, insbesondere Marketing*; di: Hochsch. f. nachhaltige Entwicklung, FB Nachhaltige Wirtschaft, Friedrich-Ebert-Str. 28, 16225 Eberswalde, T: (03334) 657420, F: 657450, gpeters@hnee.de

**Peters,** Gerhard; Dr., Prof.; *Internationale Unternehmensführung*; di: FH d. Wirtschaft, Fürstenallee 3-5, 33102 Paderborn, T: (05251) 301175, gerhard.peters@fhdw.de

**Peters,** Hans-Udo; Dr. rer. nat., Prof.; *Bioverfahrenstechnik, Fermentationstechnik*; di: FH Flensburg, FB Energie .u. Biotechnologie, Kanzleistr. 91-93, 24943 Flensburg, T: (0461) 8051409, udo.peters@fh-flensburg.de; pr: Aeroallee 1, 24960 Glücksburg, T: (04631) 443750

**Peters,** Heinz-Joachim; Dr., Prof.; *Verwaltungsrecht, Polizeirecht*; di: Hochsch. Kehl, Fak. Rechts- u. Kommunalwiss., Kinzigallee 1, 77694 Kehl, PF 1549, 77675 Kehl, T: (07851) 894186, Peters@fh-kehl.de

**Peters,** Helge; Dr., Prof.; *Holzerntetechnik und forstliche Maschinenkunde*; di: Hochsch. Weihenstephan-Triesdorf, Fak. Wald u. Forstwirtschaft, Am Hofgarten 4, 85354 Freising, 85350 Freising, T: (08161) 715914, F: 714526, helge.peters@fh-weihenstephan.de

**Peters,** Horst; Dr., Prof., Dekan; *BWL, insbes. Wirtschaftsmathematik u Statistik*; di: FH Düsseldorf, FB 7 – Wirtschaft, Universitätsstr. 1, Geb. 23.32, 40225 Düsseldorf, T: (0211) 8114195, F: 8114369, horst.peters@fh-duesseldorf.de

**Peters,** Jürgen; Dr., Prof.; *Landschaftsplanung und Regionalentwicklung*; di: Hochsch. f. nachhaltige Entwicklung, FB Landschaftsnutzung u. Naturschutz, Friedrich-Ebert-Str. 28, 16225 Eberswalde, T: (03334) 657334, jpeters@hnee.de

**Peters,** Julia Eva; Dr., Prof.; *Tourismuswirtschaft / Regionalmarketing*; di: Adam-Ries-FH, Hildebrandtstr. 24c, 40215 Düsseldorf, T: (0211) 98070010, j-e.peters@arfh.de

**Peters,** Karl; Dr.-Ing., Prof.; *Spanlose und Spanende Fertigungsverfahren*; di: Hochsch. Mannheim, Fak. Maschinenbau, Windeckstr. 110, 68163 Mannheim

**Peters,** Klaus; Prof.; *Bibliotheks- und Informationsrecht, Verwaltungslehre, Lektoratsbereich Rechtswissenschaft*; di: FH Köln, Fak. f. Informations- u. Kommunikationswiss., Claudiusstr. 1, 50678 Köln, T: (0221) 82753389, Klaus.Peters@fh-koeln.de; pr: Neustr. 3, 53945 Blankenheim, T: (02449) 1614

**Peters,** Klaus; Dr.-Ing., Prof.; *Konstruktiver Ingenieurbau, Mathematik*; di: FH Bielefeld, FB Architektur u. Bauingenieurwesen, Artilleriestr. 9, 32427 Minden, T: (0571) 8385119, F: 8385250, klaus.peters@fh-bielefeld.de; pr: Brabeckstr. 7, 30559 Hannover, T: (0511) 9524185

**Peters,** Manfred; Dr.-Ing., Hon-Prof.,Vizepräs. Physikalisch-Techn. Bundesanstalt Braunschweig; *Mechanik und Akustik*; di: Physikalisch-Techn. Bundesanstalt, Bundesallee 100, 38116 Braunschweig, manfred.peters@ptb.de

**Peters,** Michael; Prof.; *Baukonstruktion, Konstruktives Projekt, Entwurf*; di: FH Frankfurt, FB 1: Architektur, Nibelungenplatz 1, 60318 Frankfurt am Main, T: (069) 15332759

**Peters,** Theo; Dr. rer. pol., Prof.; *Betriebswirtschaftslehre, insbes. Organisation und Projektmanagement*; di: Hochsch. Bonn-Rhein-Sieg, FB Wirtschaft Sankt Augustin, Grantham-Allee 20, 53757 Sankt Augustin, 53754 Sankt Augustin, T: (02241) 865108, F: 8658108, theo.peters@fh-bonn-rhein-sieg.de

**Peters-Lange,** Susanne; Dr. iur. habil., Prof.; *Sozialrecht, Bürgerliches Recht u. Arbeitsrecht*; di: Hochsch. Bonn-Rhein-Sieg, FB Sozialversicherung, Zum Steimelsberg 7, 53773 Hennef, T: (02241) 865178, F: 8658178, Susanne.Peters-Lange@fh-bonn-rhein-sieg.de

**Peterseim,** Jürgen; Dr. rer. nat., Prof.; *Werkstofftechnik*; di: FH Münster, FB Maschinenbau, Stegerwaldstr. 39, 48565 Steinfurt, T: (02551) 962415, F: 962175, peterseim@fh-muenster.de; pr: Klosekamp 1, 40489 Düsseldorf, T: (0211) 4080667

**Petersen,** Andrew; Dr.-Ing., Prof.; *Bauwirtschaft*; di: FH Mainz, FB Technik, Holzstr. 36, 55116 Mainz, T: (06131) 6281328, andrew.petersen@fh-mainz.de

**Petersen,** Jan; Dr., Prof.; *Pflanzenproduktion, Pflanzenschutz*; di: FH Bingen, FB Life Sciences and Engineering, FR Agrarwirtschaft, Berlinstr. 109, 55411 Bingen, T: (06721) 409181, petersen@fh-bingen.de

**Petersen,** Karin; Dr. rer. nat., Prof.; *Mikrobiologie u. ihre Anwendung in d. Restaurierung*; di: HAWK Hildesheim/Holzminden/Göttingen, Fak. Bauen u. Erhalten, Bismarckplatz 10/11, 31135 Hildesheim, T: (05121) 881383

**Petersen,** Karin; Prof.; *Zivilrecht, Familienrecht, Internationales Privatrecht*; di: Norddeutsche Hochsch. f. Rechtspflege, Fak. Rechtspflege, FB Rechtspflege, Godehardsplatz 6, 31134 Hildesheim, T: (05121) 1791047, karin.petersen@justiz.niedersachsen.de

**Petersen,** Maritta; Dr.-Ing., Prof.; *Baustatik, Stahlbau, Mathematik*; di: Hochsch. 21, Harburger Str. 6, 21614 Buxtehude, T: (04161) 648224, m.petersen@hs21.de; pr: Wennerstorfer Weg 27, 21279 Appel, T: (04165) 212989

**Petersen,** Udo; Dr.-Ing., Prof.; *Maschinenbau*; di: Hochsch. Kempten, Fak. Maschinenbau, Bahnhofstr. 61-63, 87435 Kempten, T: (0831) 2523268, F: 2523229, udo.petersen@fh-kempten.de

**Petersen,** Wilhelm; Dr.-Ing., Prof.; *Betriebswirtschaftslehre, insb. Materialwirtschaft, Logistik und Arbeitswissenschaften*; di: FH Stralsund, FB Maschinenbau, Zur Schwedenschanze 15, 18435 Stralsund, T: (03831) 456730

**Petersen-Ewert,** Corinna; Dr. habil., Prof.; *Gesundheits- und Sozialwissenschaften*; di: HAW Hamburg, Fak. Wirtschaft u. Soziales, Alexanderstr. 1, 20099 Hamburg, T: (040) 428757103, corinna.petersen-ewert@haw-hamburg.de

**Petersmeier,** Thomas; Dr.-Ing., Prof.; *Werkstofftechnik, Kunststofftechnik, Maschinenelemente, Maschinendynamik*; di: Hochsch. Deggendorf, FB Maschinenbau, Edlmairstr. 6-8, 94469 Deggendorf, PF 1320, 94453 Deggendorf, T: (0991) 3615321, F: 361581321, thomas.petersmeier@fh-deggendorf.de

**Petersohn,** Ulrich; Dr. rer. nat. habil., Prof.; *Elektrotechnik, Automation, Mechatronik*; di: Wilhelm Büchner Hochsch., Ostendstr. 3, 64319 Pfungstadt, T: (06157) 806404, F: 806401

**Petkovic,** Dusan; Dipl.-Math., Dr., Prof.; *Datenbanken, objektorientierte Programmierung, Software-Engineering*; di: Hochsch. Rosenheim, Fak. Informatik, Hochschulstr. 1, 83024 Rosenheim, T: (08031) 805511, F: 805502

**Petrasch,** Roland; Dr. rer. nat., Prof.; *Systemanalyse / Software-Engineering, Software-Entwicklungsmethoden, Vorgehensmodelle, Projekt- und Qualitätsmanagement*; di: Beuth Hochsch. f. Technik, FB VI Informatik u. Medien, Luxemburger Str. 10, 13353 Berlin, T: (030) 45042858, petrasch@beuth-hochschule.de

**Petri,** Christian H.; Dr. rer. oec., Prof.; *Organisation, Wirtschaftsinformatik, Logistik, Rechnungswesen*; di: FH Mainz, FB Wirtschaft, Lucy-Hillebrand-Str. 2, 55128 Mainz, T: (06131) 628255, christian.petri@wiwi.fh-mainz.de

**Petri,** Florian; Dipl.-Des., Prof.; di: Hochsch. München, Fak. Design, Erzgießereistr. 14, 80335 München, florian.petri@hm.edu

**Petri,** Jörg; Dr., Prof.; *Medienproduktion*; di: Hochsch. Rhein-Waal, Fak. Kommunikation u. Umwelt, Südstraße 8, 47475 Kamp-Lintfort, T: (02842) 90825221, joerg.petri@hochschule-rhein-waal.de

**Petrick,** Ingolf; Dr.-Ing., Prof., Dekan FB Bio-, Chemie- und Verfahrenstechnik; *Chemische Verfahrenstechnik, Technische Thermodynamik, Energie- u. Umwelttechnik, Betriebswirtschaftslehre, Informatik*; di: Hochsch. Lausitz, FB Bio-, Chemie- u. Verfahrenstechnik, Großenhainer Str. 57, 01968 Senftenberg, T: (03573) 85810, F: 85809, ipetrick@fh-lausitz.de

**Petrova,** Svetozara; Dr. rer.nat., Prof.; *Mathematik, Numerik, Optimierung, Differentialgleichungen, Finite Elemente*; di: FH Bielefeld, FB Ingenieurwiss. u. Mathematik, Am Stadtholz 24, 33609 Bielefeld, T: (0521) 1067410, svetozara.petrova@fh-bielefeld.de

**Petruschat,** Jörg; Dr. phil., Prof.; *Kultur- und Zivilisationstheorie, Geschichte der Gestaltung*; di: HTW Dresden, Fak. Gestaltung, Friedrich-List-Platz 1, 01069 Dresden, T: (0351) 4622626, petruschat@htw-dresden.de

**Petry,** Helmut; Dr.-Ing., Prof.; *Konstruktionslehre, CAD*; di: FH Düsseldorf, FB 4 – Maschinenbau u. Verfahrenstechnik, Josef-Gockeln-Str. 9, 40474 Düsseldorf, T: (0211) 4351407, helmut.petry@fh-duesseldorf.de

**Petry,** Karl-Heinz; Dr., Prof., Dekan; *Mathematik, DV*; di: Hochsch. Rosenheim, Hochschulstr. 1, 83024 Rosenheim, T: (08031) 805421, F: 805402

**Petry,** Lothar; Dr.-Ing., Prof.; *E.-Grundlagen, Elektrizitätswirtschaft, Elektrische Anlagen und Netze, Regenerative Energien*; di: Hochsch. Darmstadt, FB Elektrotechnik u. Informationstechnik, Haardtring 100, 64295 Darmstadt, T: (06151) 168243, petry@eit.h-da.de

**Petry,** Markus; Dr. rer. pol., Prof.; *Unternehmensführung, Rechnungswesen*; di: Hochsch. Rhein/Main, Wiesbaden Business School, Bleichstr. 44, 65183 Wiesbaden, T: (0611) 94953227, markus.petry@hs-rm.de

**Petry,** Markus; Dr.-Ing., Prof.; *Produktionstechnik, CAM, Konstruktionslehre, Fertigungstechnik*; di: HAW Ingolstadt, Fak. Maschinenbau, Esplanade 10, 85049 Ingolstadt, T: (0841) 9348344, markus.petry@haw-ingolstadt.de

**Petry,** Martin; Dr. rer.nat., Prof.; *Ingenieurmathematik und Strömungsmechanik*; di: FH Bielefeld, FB Ingenieurwiss. u. Mathematik, Wilhelm-Bertelsmann-Str. 10, 33602 Bielefeld, T: (0521) 1067312, martin.petry@fh-bielefeld.de

**Petry,** Thorsten; Dr., Prof.; *Organisation / Personalmanagement*; di: Hochsch. Rhein/Main, Wiesbaden Business School, Bleichstr. 44, 65183 Wiesbaden, T: (0611) 94953124, thorsten.petry@hs-rm.de

**Petuelli,** Gerhard; Dr.-Ing., Prof.; *Werkzeugmaschinen, Vorrichtungen*; di: FH Südwestfalen, FB Maschinenbau u. Automatisierungstechnik, Lübecker Ring 2, 59494 Soest, T: (02921) 378347, petuelli@fh-swf.de

**Petzke,** Ingo; Dr., Prof.; *Film/Video, Filmgeschichte, technische Praktika: Design-Projekte*; di: Hochsch. f. angew. Wiss. Würzburg Schweinfurt, Fak. Gestaltung, Münzstr. 12, 97070 Würzburg

**Petzold,** Jürgen; Dr. rer. pol., Prof.; *Allgemeine BWL*; di: Jade Hochsch., FB Wirtschaft, Friedrich-Paffrath-Str. 101, 26389 Wilhelmshaven, T: (04421) 9852686

**Petzold,** Matthias; Dr. rer. nat., HonProf.; *Mikrosystemtechnik*; di: Hochsch.Merseburg, FB Ingenieur- u. Naturwiss., Geusaer Str., 06217 Merseburg, matthias.petzold@iwmh.fraunhofer.de

**Petzold,** Matthias; Dr., Prof.; *Marketing, strategisches Management*; di: Int. School of Management, Otto-Hahn-Str. 19, 44227 Dortmund

**Peucker,** Gisa; Dr. med., Prof.; di: Hochschule für angewandte Wissenschaften Bamberg, Pödeldorfer Str. 81, 96052 Bamberg

**Peukert,** Reinhard; Dipl.-Päd., Dr. phil., Prof. i.R.; *Sozialadministration, Sozial- und Gemeindepsychiatrie*; di: Hochsch. Rhein/Main, FB Sozialwesen, Kurt-Schumacher-Ring 18, 65197 Wiesbaden, T: (0611) 94951307, reinhard.peukert@hs-rm.de; pr: Forststr 6, 65193 Wiesbaden, T: (0611) 543735

**Pfaff,** Dietmar; Dr., Prof.; di: Rheinische FH Köln, Hohenstaufenring 16-18, 50674 Köln

**Pfaff,** Matthias; Dipl.-Ing., Prof.; *Virtuelle Räume, 3D-Design, Mediengestaltung, Hypermediasysteme*; di: FH Kaiserslautern, FB Bauen u. Gestalten, Schoenstr. 6, 67659 Kaiserslautern, T: (0631) 3724601, F: 3724666, matthias.pfaff@fh-kl.de

**Pfaff,** Stephan Oliver; Dr. jur., Prof.; *Bürgerliches Recht, Arbeitsrecht, Handels- und Gesellschaftsrecht*; di: Hochsch. Heidelberg, Fak. f. Wirtschaft, Ludwig-Guttman-Str. 6, 69123 Heidelberg, T: (06221) 883298, F: 881010, stephan.pfaff@hochschule-heidelberg.de

**Pfaffenberger,** Kay; Dr., Prof.; *Allgemeine Betriebswirtschaftslehre*; di: FH Flensburg, FB Wirtschaft, Kanzleistr. 91-93, 24943 Flensburg, T: (0461) 8051748, kay.pfaffenberger@fh-flensburg.de

**Pfahl-Traughber,** Armin; Dr., Prof.; *Politischer Extremismus, Politische Ideengeschichte*; di: FH d. Bundes f. öff. Verwaltung, FB Nachrichtendienste Abt. Verfassungsschutz, Willy-Brandt-Str. 1, 50321 Brühl

**Pfahlbusch,** Holger; Dr.-Ing. habil., Prof.; *Digitaltechnik, Elektrotechnik*; di: Hochsch. Mittweida, Fak. Elektro- u. Informationstechnik, Technikumplatz 17, 09648 Mittweida, T: (03727) 581280, F: 581351, pfahlb@htwm.de; pr: Leisniger Str. 14a, 09648 Mittweida

**Pfahler,** Thomas; Dr., Prof.; *Volkswirtschaftslehre, Arbeitsmarkt, Wachstumstheorie*; di: HAW Hamburg, Fak. Wirtschaft u. Soziales, Berliner Tor 5, 20099 Hamburg, T: (040) 42875-7715, F: 428757709, Thomas.Pfahler@haw-hamburg.de; www.Thomas-Pfahler.de

**Pfannenschwarz,** Armin; Dr., Prof.; *BWL, Unternehmertum*; di: DHBW Karlsruhe, Fak. Wirtschaft, Erzbergerstr. 121, 76133 Karlsruhe, T: (0721) 9735953, pfannenschwarz@dhbw-karlsruhe.de

**Pfannerstill,** Elmar; Dr.-Ing., Prof.; *Verkehrstelematik*; di: FH Erfurt, FB Verkehrs- u. Transportwesen, Altonaer Str. 25, 99084 Erfurt, PF 101363, 99013 Erfurt, T: (0361) 6700661, F: 6700528, pfannerstill@fh-erfurt.de

**Pfannes,** Ulrike; Dr., Prof.; *Hauswirtschaft, Versorgungsmanagement, Infrastrukturelles FM*; di: HAW Hamburg, Fak. Life Sciences, Lohbrügger Kirchstr. 65, 21033 Hamburg, T: (040) 428756111, ulrike.pfannes@haw-hamburg.de

**Pfau,** Dieter; Dr.-Ing., Prof.; *ERP/PPS Systeme, Produktionstechnologie, Fertigungsverfahren, Qualitätsmanagement*; di: Hochsch. Rhein/Main, FB Ingenieurwiss., Maschinenbau, Am Brückweg 26, 65428 Rüsselsheim, T: (06142) 8984340, dieter.pfau@hs-rm.de; pr: Elsheimer Str. 34, 55270 Schwabenheim, T: (06130) 6223

**Pfau,** Jochen; Dipl.-Ing., Prof.; *Trockenbau, Holzhausbau, Materialprüfung*; di: Hochsch. Rosenheim, Fak. Holztechnik u. Bau, Hochschulstr. 1, 83024 Rosenheim, T: (08031) 805307, F: 805302, pfau@fh-rosenheim.de

**Pfaud,** Albrecht; Dr.-Ing., Prof.; *Hydromechanik, Wasserwesen, Siedlungswasserwirtschaft*; di: H Koblenz, FB Bauwesen, Konrad-Zuse-Str. 1, 56075 Koblenz, T: (0261) 9528210, pfaud@fh-koblenz.de

**Pfeffel,** Florian; Dr. phil., Prof.; *Management*; di: Accadis Hochsch., FB 1, Du Pont-Str 4, 61352 Bad Homburg

**Pfeffer,** Michael; Dr. sc. techn., Prof.; *Konstruktionslehre, Konstruktion optischer Systeme, Mikro- und Integrierte Optik, Optische Nachrichtentechnik*; di: Hochsch. Ravensburg-Weingarten, Doggenriedstr., 88250 Weingarten, PF 1261, 88241 Weingarten, T: (0751) 5019406, pfeffer@hs-weingarten.de

**Pfeffer,** Peter; Dr.-Ing., Prof.; *Fahrzeugbau*; di: Hochsch. München, Fak. Maschinenbau, Fahrzeugtechnik, Flugzeugtechnik, Dachauer Str. 98b, 80335 München, peter.pfeffer@hm.edu

**Pfeffer,** Sabine; Dr., Prof.; *Verwaltungs- u sozialrechtliche Grundlagen der sozialen Arbeit*; di: Hochsch. Fulda, FB Sozial- u. Kulturwiss., Marquardstr. 35, 36039 Fulda

**Pfeffer,** Simone; Dipl.-Soz., Dr. phil., Prof.; *Soziologie*; di: Georg-Simon-Ohm-Hochsch. Nürnberg, Fak. Sozialwiss., Bahnhofstr. 87, 90402 Nürnberg, PF 210320, 90121 Nürnberg, Simone.Pfeffer@ohm-hochschule.de

**Pfefferkorn,** Stephan; Dr.-Ing., Prof.; *Baustofflehre*; di: HTW Dresden, Fak. Bauingenieurwesen/Architektur, Friedrich-List-Platz 1, 01069 Dresden, T: (0351) 4622615, pfefferkorn@htw-dresden.de

**Pfeifer,** Andreas; Dr. rer. nat., Prof.; *Mathematik*; di: Hochsch. Darmstadt, FB Mathematik u. Naturwiss., Haardtring 100, 64295 Darmstadt, T: (06151) 168663, pfeifer@h-da.de

**Pfeifer,** Günter; Prof.; *Öffentliches Dienstrecht, Staatliches Liegenschaftswesen*; di: H f. öffentl. Verwaltung u. Finanzen Ludwigsburg, Reuteallee 36, 71634 Ludwigsburg, T: (07141) 89291012, Pfeifer@rz.fhov-ludwigsburg.de

**Pfeifer,** Hans-Georg; Dr. phil., Prof.; *Kunstwissenschaft, Kunstgeschichte*; di: FH Düsseldorf, FB 2 – Design, Georg-Glock-Str. 15, 40474 Düsseldorf, T: (0211) 4351240, hans-georg.pfeifer@fh-duesseldorf.de; pr: Am Gentenberg 97, 40489 Düsseldorf

**Pfeifer,** Heinrich; Dipl.-Ing., Prof.; *Nachrichtentechnik, Digitale Signalverarbeitung, Codierungsverfahren*; di: Hochsch. Offenburg, Fak. Elektrotechnik u. Informationstechnik, Badstr. 24, 77652 Offenburg, T: (0781) 205244, F: 205214, pfeifer@fh-offenburg.de

**Pfeifer,** Jochen; Dr., Prof.; *Organische Chemie*; di: Beuth Hochsch. f. Technik, FB II Mathematik – Physik – Chemie, Luxemburger Str. 10, 13353 Berlin, T: (030) 45045431, jpfeifer@beuth-hochschule.de

**Pfeifer,** Michael; Dipl.-Ing., Prof.; *Kraftfahrzeugtechnik, Kolbenmaschinen, Konstruktion*; di: Hochsch. Ravensburg-Weingarten, Doggenriedstr., 88250 Weingarten, PF 1261, 88241 Weingarten, T: (0751) 5019533, F: 5019876, pfeifer@hs-weingarten.de; pr: Daimlerstr. 12, 88250 Weingarten, T: (0751) 552548

**Pfeifer-Fukumura,** Ursula; Dr. rer. nat., Prof.; *Chemie*; di: Hochsch. Rhein/Main, FB Ingenieurwiss., Umwelttechnik, Am Brückweg 26, 65428 Rüsselsheim, T: (06142) 8984424, ursula.pfeifer-fukumura@hs-rm.de

**Pfeifer-Schaupp,** Hans-Ulrich; Dr., Prof.; *Sozialarbeitswissenschaft*; di: Ev. Hochsch. Freiburg, Bugginger Str. 38, 79114 Freiburg i.Br., T: (0761) 47812633, F: 4781230, pfeifer-schaupp@eh-freiburg.de; pr: Haierweg 29, 79114 Freiburg, T: (0761) 4767457

**Pfeiffenberger,** Ulrich; Dr.-Ing., Prof.; *Integrierte Gebäudetechnik, Projekt. v. gebäudetechnischen Anlagen, Bauphysik, Gebäudesicherheit*; di: Techn. Hochsch. Mittelhessen, FB 03 Maschinenbau u. Energietechnik, Wiesenstr. 14, 35390 Gießen, T: (0641) 3092122; pr: Maienfeldstr. 7, 63303 Dreieich-Dreieichenhein, T: (06103) 985293

**Pfeiffer,** Berthold; Dr.-Ing., Prof.; *Photogrammetrie, Fernerkundung, Digitale Bildverarbeitung*; di: Hochsch. Karlsruhe, Fak. Geomatik, Moltkestr. 30, 76133 Karlsruhe, PF 2440, 76012 Karlsruhe, T: (0721) 9252578

**Pfeiffer,** Guido; Dr. rer. nat., Prof.; *Informatik*; di: HAW Hamburg, Fak. Technik u. Informatik, Berliner Tor 7, 20099 Hamburg, T: (040) 428758411, pfeiffer@informatik.haw-hamburg.de

**Pfeiffer,** Hardy; HonProf.; *Internationales Steuerrecht, Bilanzanalyse und Unternehmensbewertung*; di: Hochsch. Furtwangen, Fak. Wirtschaft, Jakob-Kienzle-Str. 17, 78054 Villingen-Schwenningen

**Pfeiffer,** Martin; Dr.-Ing., Prof.; *Entwerfen, Technischer Ausbau, Gebäudemanagement, Hochbaukonstruktion*; di: Hochsch. Hannover, Fak. II, Ricklinger Stadtweg 120, 30459 Hannover, T: (0511) 92961408, martin.pfeiffer@hs-hannover.de; pr: Kriemhildenweg 19A, 30455 Hannover, T: (0511) 491627

**Pfeiffer,** Martin; Dr.-Ing., Prof.; *Elektrotechnik / Informationstechnik*; di: Hochsch. Pforzheim, Fak. f. Technik, Tiefenbronner Str. 66, 75175 Pforzheim, T: (07231) 286580, F: 286060, martin.pfeiffer@hs-pforzheim.de

**Pfeiffer,** Sabine; Dr., Prof.; *Soziologie*; di: Hochsch. München, Fak. Angew. Sozialwiss., Am Stadtpark 20, 81243 München, sabine.pfeiffer@hm.edu

**Pfeiffer,** Volker; Dr., Prof.; *Steuerungstechnik, Fertigungstechnik*; di: FH Frankfurt, FB 2 Informatik u. Ingenieurwiss., Nibelungenplatz 1, 60318 Frankfurt am Main, T: (069) 15332209, vopfeiff@fb2.fh-frankfurt.de

**Pfeiffer,** Volkhard; Dipl.-Math., Prof.; *Web-Engineering, Algorithmen und Datenstrukturen*; di: Hochsch. Coburg, Fak. Elektrotechnik / Informatik, Friedrich-Streib-Str. 2, 96450 Coburg, T: (09561) 317153, pfeiffer@hs-coburg.de; pr: Sandsteinstr. 15, 91077 Neunkirchen, T: (09134) 4659

**Pfeiffer,** Wolfgang; Dr.-Ing., Prof.; *Verfahrenstechnik/Wasseraufbereitung u. Abwasserbehandlung*; di: Hochsch. Wismar, Fak. f. Ingenieurwiss., PF 1210, 23952 Wismar, T: (03841) 753531, w.pfeiffer@mb.hs-wismar.de

**Pfeiffer-Rupp,** Rüdiger; Lic.L., Maître d'anglais, Dr. phil., Prof. FH Köln; *Englische Sprachwissenschaft, Graphemik, Phonetik, Hochschulforschung*; di: FH Köln, Fak. f. Informations- u. Kommunikationswiss., Inst. f. Translation u. Mehrsprachige Kommunikation, Mainzer Str. 5, 50678 Köln, T: (0221) 82753307, Ruediger.Pfeiffer_Rupp@fh-koeln.de; pr: Große Neugasse 2, 50667 Köln, T: (0221) 2581125, pfeiffer-rupp@t-online.de

**Pfeil,** Markus; Dipl.-Ing., Prof.; *Bauphysik*; di: FH Münster, FB Architektur, Leonardo-Campus 7, 48149 Münster, T: (0251) 8365051, teampfeil@fh-muenster.de

**Pfennig,** Roland; Dr. rer. nat., Prof.; *Management-Unterstützungssysteme, Integrierte prozessorientierte Standardsoftware 2, Innovative Konzepte der Wirtschaftsinformatik*; di: Hochsch. Heilbronn, Fak. f. Wirtschaft u. Verkehr, Max-Planck-Str. 39, 74081 Heilbronn, T: (07131) 504244, pfennig@hs-heilbronn.de

**Pfennig,** Wolf-Dieter; Dipl.-Des., Prof.; *Zeichnen*; di: Hochsch. Wismar, PF 1210, 23952 Wismar, T: (03841) 753362

**Pferdmenges,** Reinhard; Dr.-Ing., Prof.; *Logistik/Produktionsplanung*; di: Hochsch. Heilbronn, Fak. f. Technik 2, Max-Planck-Str. 39, 74081 Heilbronn, T: (07131) 504601, F: 252470, pferdmenges@hs-heilbronn.de

**Pferrer,** Saskia; Dr. rer. nat., Prof.; *Physik*; di: Hochsch. Ulm, Fak. Grundlagen, PF 3860, 89028 Ulm, T: (0731) 5028539, pferrer@hs-ulm.de

**Pfestorf,** Christian K.; Prof., Dekan FB Gestaltung; *KD/Entwurf*; di: Hochsch. Darmstadt, FB Gestaltung, Haardtring 100, 64295 Darmstadt, T: (06151) 168350, pfestorf@h-da.de; pr: Schifferstr. 96, 60594 Frankfurt

**Pfeufer,** Andreas; Dr., Prof.; *Geodäsie/Photogrammetrie*; di: FH Erfurt, FB Landschaftsarchitektur, PF 101363, 99013 Erfurt, T: (0361) 6700262, F: 6700259, pfeufer@fh-erfurt.de

**Pfister,** Gerhard; Dr. rer. pol., Prof.; *Volkswirtschaftslehre*; di: Hochsch. f. Wirtschaft u. Umwelt Nürtingen-Geislingen, FB 2, PF 1349, 72603 Nürtingen, T: (07022) 201343, gerhard.pfister@hfwu.de

**Pfister,** Winfried; Dr. rer. nat., Prof.; *Wirtschaftsinformatik*; di: FH Brandenburg, FB Wirtschaft, SG Wirtschaftsinformatik, Magdeburger Str. 50, 14770 Brandenburg, PF 2132, 14737 Brandenburg, pfister@fh-brandenburg.de

**Pfisterer,** Hans-Jürgen; Dr.-Ing., Prof.; *Elektrische Antriebe und Grundlagen*; di: Hochsch. Osnabrück, Fak. Ingenieurwiss. u. Informatik, PF 1940, 49009 Osnabrück, T: (0541) 9693664, j.pfisterer@hs-osnabrueck.de

**Pfisterer,** Jörg; Dr. rer. pol., Prof.; *BWL, insbes. Marketing*; di: FH Köln, Fak. f. Wirtschaftswiss., Mainzer Str. 5, 50678 Köln, T: (0221) 82753543, joerg.pfisterer@fh-koeln.de

**Pfitzner,** Reinhard; Dipl.-Chem., Dr. rer. nat., Prof.; *Organische Chemie, Biochemie, Molekularbiologie*; di: Hochsch. Emden/Leer, FB Technik, Constantiaplatz 4, 26723 Emden, T: (04921) 8071584, F: 8071593, pfitzner@hs-emden-leer.de; pr: Constantiastr. 13, 26723 Emden

**Pflaum,** Dieter; Dipl.-Volkswirt, Prof.; *Betriebswirtschaft/Werbung (Marketing-Kommunikation)*; di: Hochsch. Pforzheim, Fak. f. Wirtschaft u. Recht, Tiefenbronner Str. 65, 75175 Pforzheim, T: (07231) 286075, F: 286070, dieter.pflaum@hs-pforzheim.de

**Pflüger,** Leander; Dipl.-Päd., Dr. phil., Prof.; *Heilpädagogik*; di: FH Münster, FB Sozialwesen, Robert-Koch-Straße 30, 48149 Münster, T: (0251) 8365817, F: 8365702, leander.pflueger@fh-muenster.de; pr: Brentanoweg 16, 48268 Greven, T: (02571) 40151, F: 40151, leander.pflueger@t-online.de

**Pflug,** Hans-Christian; Dr.-Ing., HonProf.; *Nutzfahrzeugtechnik*; di: HTW Dresden, Fak. Maschinenbau/Verfahrenstechnik, Friedrich-List-Platz 1, 01069 Dresden

**Pflug,** Hans Joachim; Dr. rer. nat., HonProf.; *Informatik*; di: FH Aachen, FB Angewandte Naturwiss. u. Technik, Ginsterweg 1, 52428 Jülich, T: (0241) 8024763, pflug@rz.rwth.aachen.de

**Pförtsch,** Waldemar; Dr., Prof.; *Betriebswirtschaft/International Business*; di: Hochsch. Pforzheim, Fak. f. Wirtschaft u. Recht, Tiefenbronner Str. 65, 75175 Pforzheim, T: (07231) 286266, F: 286100, waldemar.pfoertsch@hs-pforzheim.de

**Pforr,** Johannes; Dr., Prof.; *Elektrische Antriebstechnik, Leistungselektronik u. Angewandte Physik*; di: HAW Ingolstadt, Fak. Elektrotechnik u. Informatik, Esplanade 10, 85049 Ingolstadt, T: (0841) 9348381, johannes.pforr@haw-ingolstadt.de

**Pfriem,** Alexander; Dr.-Ing., Prof.; *Chemie und Physik des Holzes, sowie chemische Verfahrenstechnik*; di: Hochsch. f. nachhaltige Entwicklung, FB Holztechnik, Alfred-Möller-Str. 1, 16225 Eberswalde, T: (03334) 657377, Alexander.Pfriem@hnee.de

**Pfrogner,** Hans-Herbert; Dipl.-Päd., Dipl.-Sozialarbeiter (FH), Dr. phil., Prof.; *Sozialarbeit*; di: Kath. Hochsch. f. Sozialwesen Berlin, Köpenicker Allee 39-57, 10318 Berlin, T: (030) 50101018, pfrogner@khsb-berlin.de

**Pfrommer,** Peter; Dipl.-Ing. (FH), Dr. (DMU), Prof.; *Bauphysik, Mathematik*; di: Hochsch. Coburg, Fak. Design, Friedrich-Streib-Str. 2, 96450 Coburg, T: (09561) 317350, pfrommer@hs-coburg.de

**Pfüller,** Matthias; Dr. phil., Prof.; *Bildung und Kultur in der Sozialen Arbeit*; di: Hochsch. Mittweida, Fak. Soziale Arbeit, Döbelner Str. 58, 04741 Roßwein, T: (034322) 48605, F: 48653, pfueller@htwm.de

**Pfuhl,** Klaus; Dr., Prof.; *Holztechnik*; di: DHBW Mosbach, Lohrtalweg 10, 74821 Mosbach, T: (06261) 939526, F: 939544, pfuhl@dhbw-mosbach.de

**Philip,** Mathias; Dr. rer. nat., Prof.; *ERP-Systeme, Produktions-Planungssysteme*; di: Hochsch. Karlsruhe, Fak. Informatik u. Wirtschaftsinformatik, Moltkestr. 30, 76133 Karlsruhe, PF 2440, 76012 Karlsruhe, T: (0721) 9251494

**Philippi,** Michael; Dr. rer. pol., Prof.; *BWL, Rechnugswesen, Betriebl. Steuerlehre*; di: Beuth Hochsch. f. Technik, FB I Wirtschafts- u. Gesellschaftswiss., Luxemburger Str. 10, 13353 Berlin, T: (030) 45042443, philippi@beuth-hochschule.de

**Philippi-Beck,** Peter; Dr. rer. pol., Prof.; *Intern. BWL, Finanzierung*; di: Hochsch. Ravensburg-Weingarten, Doggenriedstr., 88250 Weingarten, PF 1261, 88241 Weingarten, T: (0751) 5019285, philippi-beck@hs-weingarten.de

**Philippin,** Frank; Prof.; *KD/Entwurf*; di: Hochsch. Darmstadt, FB Gestaltung, Haardtring 100, 64295 Darmstadt, T: (06151) 168364, philippin@h-da.de; pr: Werastr. 6, 70182 Stuttgart

**Philipps,** Holger; Dr. rer. pol., Prof.; *Wirtschaftsprüfung, Steuerberatung, Allgemeine Betriebswirtschaftslehre*; di: H Koblenz, FB Wirtschaftswissenschaften, Konrad-Zuse-Str. 1, 56075 Koblenz, T: (0261) 9528157, philipps@hs-koblenz.de

**Philipps,** Tom; Prof.; *ID-Entwurf*; di: Hochsch. Darmstadt, FB Gestaltung, Haardtring 100, 64295 Darmstadt, T: (06151) 168362, philipps@h-da.de; pr: Im Metzger 4 a, 64342 Seeheim-Jugenheim

**Philippsen,** Hans-Werner; Dr.-Ing., Prof.; *Regelungstechnik, Industrielle Kommunikationsnetze*; di: Hochsch. Bremen, Fak. Elektrotechnik u. Informatik, Flughafenallee 10, 28199 Bremen, T: (0421) 59055420, F: 59055484, Hans-Werner.Philippsen@hs-bremen.de

**Phleps,** Ulrike; Dr.-Ing., Prof.; *Konstruktion*; di: Hochsch. Regensburg, Fak. Maschinenbau, PF 120327, 93025 Regensburg, T: (0941) 9435292, ulrike.phleps@hs-regensburg.de

**Piasecki,** Stefan; Dr., Prof.; *Soziale Arbeit*; di: CVJM-Hochsch. Kassel, Hugo-Preuß-Straße 40, 34131 Kassel-Bad Wilhelmshöhe, T: (0561) 3087536, piasecki@cvjm-hochschule.de

**Piazolo,** Marc; Dr., Prof., Dekan FB Betriebswirtschaft; *Volkswirtschaftslehre, Geld, Kredit und Außenwirtschaft*; di: FH Kaiserslautern, FB Betriebswirtschaft, Amerikastr. 1, 66482 Zweibrücken, T: (06332) 914264, marc.piazolo@fh-kl.de

**Piazolo,** Michael; Dr. jur. habil., Prof.; *European Studies*; di: Hochsch. München, Fak. Studium Generale u. interdisziplinäre Studien, Lothstr. 34, 80335 München, T: (089) 12652214, piazolo@hm.edu

**Picard,** Antoni; Dr., Prof.; *Aufbau- und Verbindungstechnik in der Mikrosystemtechnik*; di: FH Kaiserslautern, FB Informatik u. Mikrosystemtechnik, Amerikastr. 1, 66482 Zweibrücken, T: (06332) 914414, picard@mst.fh-kl.de

**Pichler,** Rüdiger; Dipl.-Des., Prof.; *Kommunikationsdesign, Konzeption u. Entwurf f. alle Medienbereiche*; di: Hochsch. Rhein/Main, FB Design Informatik Medien, Unter den Eichen 5, 65195 Wiesbaden, T: (0611) 94952211, ruediger.pichler@hs-rm.de; pr: Alte Vockenroter Steige 24, 97877 Wertheim am Main

**Pick,** Alexander; Prof., Rektor; *Kriminologie*; di: Hochsch. f. Polizei Villingen-Schwenningen, Sturmbühlstr. 250, 78054 Villingen-Schwenningen, T: (07720) 309200, AlexanderPick@fhpol-vs.de

**Piechotta-Henze,** Gudrun; Dr., Prof.; *Pflegewissenschaft*; di: Alice-Salomon-Hochsch., Alice-Salomon-Platz 5, 12627 Berlin-Hellershof, T: (030) 99245424, piechotta@ash-berlin.eu

**Pieger,** Bernd; Dipl.-Ing., Prof.; *Werkstofftechnik, Spanlose Fertigungstechnik*; di: Georg-Simon-Ohm-Hochsch. Nürnberg, Fak. Maschinenbau u. Versorgungstechnik, Keßlerplatz 12, 90489 Nürnberg, PF 210320, 90121 Nürnberg

**Piekartz,** Harry von; Dr., Prof.; *Physiotherapie*; di: Hochsch. Osnabrück, Fak. Wirtschafts- u. Sozialwiss., Caprivistr. 30a, 49076 Osnabrück, T: (0541) 9693488, h.von-piekartz@hs-osnabrueck.de

**Piel,** Andreas; Dr. rer. pol., Prof.; *Betriebswirtschaftslehre, Rechnungswesen*; di: HTWK Leipzig, FB Wirtschaftswissenschaften, PF 301166, 04251 Leipzig, T: (0341) 30766409, piel@wiwi.htwk-leipzig.de

**Piel,** Roland; Dipl.-Ing., Prof.; *Baubetrieb, Projektmanagement, Projektentwicklung, Schlüsselfertiges Bauen*; di: Jade Hochsch., FB Bauwesen u. Geoinformation, Ofener Str. 16-19, 26121 Oldenburg, T: (0441) 77083191, F: 77083111, roland.piel@jade-hs.de; pr: Hagelmannsweg 7, 26127 Oldenburg

**Pielmaier,** Herbert; Dipl.-Psych., Dr. phil., Prof.; *Psychologie, Heilpädagogik und Praxisberatung*; di: Kath. Hochsch. Freiburg, Karlstr. 63, 79104 Freiburg, T: (0761) 200268, pielmaier@kfh-freiburg.de

**Pielot,** Undine; Dr.-Ing., Prof.; *Multimediaanwendungen und -technik, Technische Dokumentation*; di: Dt. Telekom Hochsch. f. Telekommunikation, PF 71, 04251 Leipzig, T: (0341) 3062211, pielot@hft-leipzig.de

**Pieper,** Bodo; Dr.-Ing., Prof., Dekan FB Ingenieurwissenschaften; *Nachrichtenmeßtechnik, Elektrische Meßtechnik, Elektrotechnik*; di: HTW Berlin, FB Ingenieurwiss. I, Allee der Kosmonauten 20/22, 10315 Berlin, T: (030) 50192110, bodo.pieper@HTW-Berlin.de

**Pieper,** Joachim; Dr., Prof.; *Management Accounting, Corporate Finance*; di: Int. Hochsch. Bad Honnef, Mülheimer Str. 38, 53604 Bad Honnef, T: (02224) 9605119, j.pieper@fh-bad-honnef.de

**Piepke,** Wolfgang; Dr. rer. nat., Prof.; *Technische Datenverarbeitung, Numerische Mathematik, Programmiersprachen, Betriebssysteme und Datenbanken*; di: Hochsch. Hannover, Fak. II Maschinenbau u. Bioverfahrenstechnik, Ricklinger Stadtweg 120, 30459 Hannover, PF 920261, 30441 Hannover, T: (0511) 92961332, wolfgang.piepke@hs-hannover.de

**Piepmeyer,** Lothar; Dr., Prof.; *Datenbanken*; di: Hochsch. Furtwangen, Fak. Informatik, Robert-Gerwig-Platz 1, 78120 Furtwangen, T: (07723) 9202239, F: 9201109, Lothar.Piepmeyer@hs-furtwangen.de

**Pierson,** Matthias; Dr., Prof.; *Wirtschaftsprivatrecht, Vertiefungsgebiete Gewerblicher Rechtsschutz, Wettbewerbs- udn Insolvenzrecht*; di: Ostfalia Hochsch., Fak. Recht, Salzdahlumer Str. 46/48, 38302 Wolfenbüttel, T: (05331) 9395220

**Pieter,** Andrea; Dr., Prof.; di: Dt. Hochschule f. Prävention u. Gesundheitsmanagement, Hermann Neuberger Sportschule, 66123 Saarbrücken

**Pietsch,** Arne; Dr.-Ing., Prof.; *Verfahrens- u. Lebensmitteltechnik*; di: FH Lübeck, FB Maschinenbau u. Wirtschaft, Mönkhofer Weg 239, 23562 Lübeck, T: (0451) 3005643, arne.pietsch@fh-luebeck.de

**Pietsch,** Gotthard; Dr., Prof.; *Betriebswirtschaftslehre*; di: Hochsch. Furtwangen, Fak. Digitale Medien, Robert-Gerwig-Platz 1, 78120 Furtwangen, T: (07723) 9202528

**Pietsch,** Hartmut; Dr.-Ing., Prof.; *Gastechnik und Rohrleitungsbau, Thermodynamik*; di: Hochsch. München, Fak. Versorgungstechnik, Verfahrenstechnik Papier u. Verpackung, Druck- u. Medientechnik, Lothstr. 34, 80335 München, T: (089) 12651541, F: 12651502, hpietsch@fhm.edu

**Pietsch,** Karsten; Dr.-Ing., Prof.; *Design, Analyse u. Implementierung mechatronischer Systeme*; di: Beuth Hochsch. f. Technik, FB VII Elektrotechnik – Mechatronik – Optometrie, Luxemburger Str. 10, 13353 Berlin, T: (030) 45045189, karsten.pietsch@beuth-hochschule.de

**Pietsch,** Thomas; Dr., Prof.; *Informationswirtschaft, Organisations- und Geschäftsprozeßgestaltung*; di: HTW Berlin, FB Wirtschaftswiss. II, Treskowallee 8, 10318 Berlin, T: (030) 50192715, thomas.pietsch@HTW-Berlin.de

**Pietsch,** Wolfram; Dr. rer. pol., Prof.; *Betriebswirtschaftslehre, insbes. Wirtschaftsinformatik*; di: FH Aachen, FB Wirtschaftswissenschaften, Eupener Str. 70, 52066 Aachen, T: (0241) 600951955, pietsch@fh-aachen.de; pr: Peter-Schumacher-Str. 50, 50171 Kerpen

**Pietschmann,** Bernd P.; Dr. oec., Prof.; *Betriebswirtschaftslehre, insbes. Personalmanagement*; di: FH Aachen, FB Wirtschaftswissenschaften, Eupener Str. 70, 52066 Aachen, T: (0241) 600951964, pietschmann@fh-aachen.de

**Pietschmann,** Frank; Dr. rer. nat., Prof.; *Mathematik*; di: Hochsch. Zittau/Görlitz, Fak. Mathematik/Naturwiss., Theodor-Körner-Allee 16, 02763 Zittau, PF 1455, 02754 Zittau, T: (03583) 611453, f.pietschmann@hs-zigr.de

**Pietzcker,** Tim; Dr., Prof.; *Mikrobiologie, Medizin u. Pflegewissenschaften*; di: Hochsch. Ulm, Albert-Einstein-Allee 55, 89081 Ulm, PF 3860, 89028 Ulm, T: (0731) 5028528, Pietzcker@hs-ulm.de

**Pietzsch,** Robert; Dr.-Ing., Prof., Dekan FB Maschinenbau; *Angewandte Fluid- und Thermodynamik*; di: FH Schmalkalden, Fak. Maschinenbau, Blechhammer, 98574 Schmalkalden, PF 100452, 98564 Schmalkalden, T: (03683) 6882119, pietzsch@maschinenbau.fh-schmalkalden.de

**Piller,** Gunther; Dr. jur., Prof.; *Wirtschaftsinformatik*; di: FH Mainz, FB Wirtschaft, Lucy-Hillebrand-Str. 2, 55051 Mainz, PF 230060, 55051 Mainz, T: (06131) 6283244, gunther.piller@wiwi.fh-mainz.de

**Piltz,** Volker; Prof.; *Verwaltungsrecht, Baurecht*; di: Hochsch. Kehl, Fak. Rechts- u. Kommunalwiss., Kinzigallee 1, 77694 Kehl, PF 1549, 77675 Kehl, T: (07851) 894188, Piltz@fh-kehl.de

**Pinardi,** Mara; Dipl.-Ing., Prof; *Denkmalpflege, Bauaufnahme*; di: Beuth Hochsch. f. Technik, FB IV Architektur u. Gebäudetechnik, Luxemburger Str. 10, 13353 Berlin, T: (030) 45042686, pinardi@beuth-hochschule.de

**Pindrus,** Anna; Dr. rer. nat., Prof.; *Maschinenbau, Strömungsmaschinen, Kolbenmaschinen*; di: Hochsch. Hannover, Fak. II Maschinenbau u. Bioverfahrenstechnik, Ricklinger Stadtweg 120, 30459 Hannover, PF 920261, 30441 Hannover, T: (0511) 92961370, anna.pindrus@hs-hannover.de

**Pinkau,** Stephan; Dipl.-Ing., Prof.; *CAD/ Baukonstruktion*; di: Hochsch. Anhalt, FB 3 Architektur, Facility Management u. Geoinformation, PF 2215, 06818 Dessau, T: (0340) 51971554, pinkau@afg.hs-anhalt.de

**Pinks,** Walter; Dr. rer. nat., Prof.; *Physik, Umweltsimulationstechnik*; di: FH Dortmund, FB Maschinenbau, Sonnenstr. 96, 44139 Dortmund, T: (0231) 9112366, F: 9112334, walter.pinks@fh-dortmund.de; pr: In den Petersgärten, 35305 Grünberg

**Pinnekamp,** Heinz-Jürgen; Dr., Prof.; *Internes Rechnungswesen und Statistik*; di: Westfäl. Hochsch., FB Wirtschaft, Neidenburger Str. 43, 45877 Gelsenkirchen, T: (0209) 9596623, pinnekamp@fh-gelsenkirchen.de

**Pino,** Alexander del; Dr., Prof.; *Software-Qualitätsmanagement, Programmierverfahren*; di: Hochsch. Darmstadt, FB Informatik, Haardtring 100, 64295 Darmstadt, T: (06151) 168449, a.delpino@fbi.h-da.de

**Pioch,** Roswitha; Dr. rer. pol., Prof.; *Politikwiss., Sozialpolitik, Migrationspolitik*; di: FH Kiel, FB Soziale Arbeit u. Gesundheit, Sokratesplatz 2, 24149 Kiel, T: (0431) 2103075, Roswitha.Pioch@fh-kiel.de; Univ., Inst. Sozialpolitik u. Organisation Sozialer Dienste, Arnold-Bode-Straße 10, 34127 Kassel, r.pioch1@web.de

**Piontek,** Jochem; Dipl.-Kfm., Dr., Prof.; *Betriebswirtschaftslehre mit d. Schwerpunkt Distribution*; di: Hochsch. Bremerhaven, An der Karlstadt 8, 27568 Bremerhaven, T: (0471) 4823522, jpiontek@hs-bremerhaven.de; pr: Schwachhauser Heerstr. 57a, 28211 Bremen, T: (0421) 249618

**Piorr,** Hans-Peter; Dr., Prof.; *Landwirtschaftliche Nutzung*; di: Hochsch. f. nachhaltige Entwicklung, FB Landschaftsnutzung u. Naturschutz, Friedrich-Ebert-Str. 28, 16225 Eberswalde, T: (03334) 657307, F: 657282, Hans-Peter.Piorr@hnee.de

**Piotrowski,** Anton; Dr.-Ing., Prof.; *Technische Physik, Mikroelektronik*; di: Hochsch. München, Fak. Feinwerk- u. Mikrotechnik, Physikal. Technik, Lothstr. 34, 80335 München, T: (089) 12651420, F: 12651480, piotrowski@fhm.edu

**Pirjo Susanne,** Schack; Dr. oec.troph., Prof.; *Innovative Dienstleistungen in der Oecotrophologie; Haushaltswissenschaft; Sozio-Ökonomie des Haushalts*; di: FH Münster, FB Oecotrophologie, Corrensstr. 25, 48151 Münster, T: (0251) 8365430, schack@fh-muenster.de

**Piroth,** Erwin; Dr., Prof.; *Allgemeine BWL, insbes. Rechnungswesen*; di: Hochsch. Heilbronn, Fak. f. Technik u. Wirtschaft, Daimlerstr. 35, 74653 Künzelsau, T: (07940) 1306176, piroth@hs-heilbronn.de

**Piroth,** Nicole; Dr. phil., Prof.; *Evangelische Religions- und Gemeindepädagogik, Kirchliche Bildungsarbeit*; di: Hochsch. Hannover, Fak. V Diakonie, Gesundheit u. Soziales, Blumhardtstr. 2, 30625 Hannover, PF 690363, 30612 Hannover, T: (0511) 92963127, nicole.piroth@hs-hannover.de

**Pischeltsrieder,** Klaus; Dr., Prof.; *Wirtschaftsinformatik*; di: Hochsch. München, Fak. Wirtschaftsingenieurwesen, Erzgießereistr. 14, 80335 München, klaus.pischeltsrieder@hm.edu

**Pischulti,** Helmut; Dr. rer. pol., Prof.; *Betriebswirtschaftslehre, insbesondere Bankbetriebslehre*; di: HTWK Leipzig, FB Wirtschaftswissenschaften, PF 301166, 04251 Leipzig, T: (0341) 30766544, pischulti@wiwi.htwk-leipzig.de

**Piskun,** Alexander; Prof.; *Karosseriekonstruktion und Datenverarbeitung*; di: HAW Hamburg, Fak. Technik u. Informatik, Berliner Tor 9, 20099 Hamburg, T: (040) 428757888, alexander.piskun@haw-hamburg.de

**Pitka,** Rudolf; Dr., Prof.; *Physik, Sensoren*; di: FH Frankfurt, FB 2 Informatik u. Ingenieurwiss., Nibelungenplatz 1, 60318 Frankfurt am Main, T: (069) 15332225, pitka@fb2.fh-frankfurt.de

**Pitz,** Thomas; Dr., Prof.; *Wirtschaftswissenschaften mit dem Schwerpunkt Spieltheorie*; di: Hochsch. Rhein-Waal, Fak. Gesellschaft u. Ökonomie, Marie-Curie-Straße 1, 47533 Kleve, T: (02821) 80673337, thomas.pitz@hochschule-rhein-waal.de

**Pitzer,** Martin; Dr.-Ing., Prof.; *Techn. Mechanik, Strömungsmechanik, Numerische Methoden*; di: Techn. Hochsch. Mittelhessen, FB 03 Maschinenbau u. Energietechnik, Wiesenstr. 14, 35390 Gießen, T: (0641) 3092151

**Piwek,** Volker; Dr.-Ing., Prof.; *Maschinenbau, insbes. Konstruktionstechnik, Mechanical Engineering, Design Engineering*; di: Hochsch. Osnabrück, Fak. MKT, Inst. f. Management u. Technik, Kaiserstraße 10c, 49809 Lingen, T: (0591) 80098234, V.Piwek@hs-osnabrueck.de

**Placke,** Frank; Dr., Prof.; *Externes Rechnungswesen, Finanz- und Investitionsrechnung, Kosten- und Leistungsrechnung, Investition und Finanzierung, ÖBWL*; di: FH f. öffentl. Verwaltung NRW, Abt. Köln, Thürmchenswall 48-54, 50668 Köln, frank.placke@fhoev.nrw.de

**Plag,** Martin; Dr., Prof.; *BWL, Controlling u. Consulting*; di: DHBW Villingen-Schwenningen, Fak. Wirtschaft, Karlstr. 29, 78054 Villingen-Schwenningen, T: (07720) 3906500, F: 3906519, plag@dhbw-vs.de

**Plahl,** Christine; Dipl.-Psych., Dr. phil., Prof.; *Psychologie*; di: Kath. Stiftungsfachhochsch. München, Abt. Benediktbeuern, Don-Bosco-Str. 1, 83671 Benediktbeuern, christine.plahl@ksfh.de

**Planer,** Doris; Dr. rer. nat., Prof.; *Mathematik, Statistik*; di: FH Jena, FB Grundlagenwiss., Carl-Zeiss-Promenade 2, 07745 Jena, PF 100314, 07703 Jena, T: (03641) 205500, F: 205501, gw@fh-jena.de

**Planitz-Penno,** Sibylle; Dr. rer. nat., Prof.; *Kunststofftechnik/Werkstoffanalytik*; di: Westfäl. Hochsch., FB Elektrotechnik u. angew. Naturwiss., August-Schmidt-Ring 10, 45665 Recklinghausen, T: (02361) 915433, F: 915484, sibylle.planitz@fh-gelsenkirchen.de

**Plank,** Manfred; Dr.-Ing., Prof.; *Konstruktion, Bauteile der Feinwerktechnik, Fertigungstechnik*; di: Hochsch. Esslingen, Fak. Mechatronik u. Elektrotechnik, Fak. Graduate School, Robert-Bosch-Str. 1, 73037 Göppingen, T: (07161) 6971142; pr: Fuchswaldstr. 27, 70569 Stuttgart, T: (0711) 6875287

**Plankl,** Johann; Dr. rer. nat., Prof., Dekan FB Elektrotechnik und Medientechnik; *Bauphysik*; di: Hochsch. Deggendorf, FB Elektrotechnik u. Medientechnik, Edlmairstr. 6-8, 94469 Deggendorf, PF 1320, 94453 Deggendorf, T: (0991) 3615510, F: 3615599, johann.plankl@fh-deggendorf.de

**Plantholt,** Martin; Dr.-Ing., Prof.; *Fernsehtechnik, Fernsehmesstechnik*; di: Hochsch. Rhein/Main, FB Ingenieurwiss., Informationstechnologie u. Elektrotechnik, Am Brückweg 26, 65428 Rüsselsheim, T: (0611) 94952112, martin.plantholt@hs-rm.de

**Plappert,** Peter; Dr. rer. nat., Prof.; *Mathematik, Wirtschaftsmathematik, Statistik, Operations Research*; di: Hochsch. Esslingen, Fak. Betriebswirtschaft u. Fak. Grundlagen, Kanalstr. 33, 73728 Esslingen, T: (0711) 3974373; pr: Wagnerstr. 15, 73728 Esslingen, T: (0711) 5403010

**Plaß,** Andreas; Dr., Prof.; *Informatik und Software Engineering*; di: HAW Hamburg, Fak. Design, Medien u. Information, Finkenau 35, 22081 Hamburg, T: (040) 428757663, andreas.plass@haw-hamburg.de

**Plaßmann,** Bernd; Dr., Prof.; *Geotechnik*; di: FH Mainz, FB Technik, Holzstr. 36, 55116 Mainz, T: (06131) 2859318, bernd.plassmann@fh-mainz.de

**Plaßmann,** Gerhard; Dipl.-Phys., Dr. phil., Prof.; *Informatik, insbes. digitale Medien*; di: FH Köln, Fak. f. Informatik u. Ingenieurwiss., Am Sandberg 1, 51643 Gummersbach, T: (02261) 8196283, plassmann@gm.fh-koeln.de; pr: Andersenstr. 52, 51067 Köln, T: (0171) 4424018

**Plastrotmann,** Karl; Dipl.-Ing., Prof.; *Baukonstruktion, Besondere Konstruktionen, Tragwerke*; di: Hochsch. Lausitz, FB Architektur, Bauingenieurwesen, Versorgungstechnik, Lipezker Str. 47, 03048 Cottbus-Sachsendorf, T: (0355) 5818510, F: 5818609

**Plate,** Georg; Dr. rer. pol., Prof., Präs. FH Nordakademie Elmshorn; *Allgemeine BWL, Finanzbuchhaltung*; di: Nordakademie, Köllner Chaussee 11, 25337 Elmshorn, T: (04121) 409015, F: 409040, georg.plate@nordakademie.de

**Plate,** Jürgen; Dipl.-Inform., Prof.; *Informatik, Betriebssysteme, Mikrocomputer*; di: Hochsch. München, Fak. Elektrotechnik u. Informationstechnik, Lothstr. 64, 80335 München, T: (089) 3461, F: 12653403, plate@fhm.edu

**Platen,** Harald; Dr. rer. nat., Prof., Dekan FB Krankenhaus- und Medizintechnik, Umwelt- und Biotechnologie; *Wasseranalytik, Physikalische Chemie, Verfahrensmesstechnik (Wasser), Umwelttoxologie*; di: Techn. Hochsch. Mittelhessen, FB 04 Krankenhaus- u. Medizintechnik, Umwelt- u. Biotechnologie, Wiesenstr. 14, 35390 Gießen, T: (0641) 3092533; pr: Gerhard-Hauptmann-Str. 3, 35423 Lich, T: (06404) 661661

**Plath,** Sven Christoph; Dr., Prof.; *Kriminologie, Psychologie*; di: FH f. öffentl. Verwaltung NRW, Abt. Köln, Thürmchenswall 48-54, 50668 Köln, svenchristoph.plath@fhoev.nrw.de

**Platte,** Andrea; Dr., Prof.; *Jugendarbeit*; di: FH Köln, Fak. f. Angewandte Sozialwiss., Mainzer Str. 5, 50678 Köln, T: (0221) 82753240, andrea.platte@fh-koeln.de; pr: Bergisch Gladbacher Str. 1117, 51069 Köln

**Platter,** Guntram; Dr., HonProf. H f. nachhaltige Entwicklung Eberswalde; *Öffentlichkeitsarbeit u Kommunikation*; di: Praxis f. Kommunikation – Psychotherapie – Seelsorge, Am Volkspark 31, 10715 Berlin, T: (030) 81828130

**Plattig O.Carm.,** Michael; Dr. Dr., Prof. Phil.-Theol. H Münster, Lt. Inst. f. Spiritualität an d. PTH Münster; *Theologie d. Spiritualität, Geistl. Begleitung, Unterscheidung d. Geister, Gesch. d. christl. Spiritualität u. Mystik, Dunkle Nacht und Depression*; di: Phil.-Theol. Hochschule, Hohenzollernring 60, 48145 Münster, T: (0251) 482560, F: 4825619, pth@pth-muenster.de; www.pth-muenster.de; pr: St.Mauritz-Freiheit 44, 48145 Münster, plattig@muenster.de

**Platzek,** Thomas; Dr. rer. pol., Prof.; *Marketing*; di: FH Südwestfalen, FB Elektr. Energietechnik, Lübecker Ring 2, 59494 Soest, T: (02921) 378446; pr: Heitorfer Mark 49, 40489 Düsseldorf, info@thomasplatzek.de

**Platzer,** Bernhard; Dr.-Ing., Prof.; *Thermodynamik, Verfahrenstechnik, Apparatebau, Kälte-, Klima-, Heizungstechnik, Grundlagen EDV*; di: FH Kaiserslautern, FB Angew. Ingenieurwiss., Morlautererstr. 31, 67657 Kaiserslautern, T: (0631) 3724348, F: 3724239, bernhard.platzer@fh-kl.de

**Platzer,** Hans-Wolfgang; Dr., Prof.; *Europäische Wirtschafts- und Sozialpolitik*; di: Hochsch. Fulda, FB Sozial- u. Kulturwiss., Marquardstr. 35, 36039 Fulda

**Platzhoff,** Albrecht; Dr. sc. techn., Prof.; *Energietechnik/Kraft- u. Arbeitsmaschinen*; di: Hochsch. Wismar, Fak. f. Ingenieurwiss., PF 1210, 23952 Wismar, T: (03841) 753523, a.platzhoff@mb.hs-wismar.de

**Plaum,** Stefan; Dr.-Ing., Prof.; *Baubetriebbetriebswirtschaft*; di: Hochsch. Rhein/Main, FB Architektur u. Bauingenieurwesen, Kurt-Schumacher-Ring 18, 65197 Wiesbaden, T: (0611) 94951481, stefan.plaum@hs-rm.de; pr: Am Steinmorgen 15, 65520 Waldems-Bermbach, T: (06126) 54421

**Pleger,** Angelika; Dipl.-Päd., Prof.; *Medienpädagogik, Bildhaftes Gestalten*; di: Kath. Hochsch. f. Sozialwesen Berlin, Köpenicker Allee 39-57, 10318 Berlin, T: (030) 50101041, pleger@khsb-berlin.de

**Plegge,** Thomas; Dr.-Ing., Prof.; *Technische Mechanik, Konstruktionssystematik, Schweißtechnik*; di: FH f. Wirtschaft u. Technik, Studienbereich Maschinenbau, Schlesierstr. 13a, 49356 Diepholz, T: (05441) 992114, F: 992109, plegge@fhwt.de

**Pleier,** Christoph; Dr. rer. nat., Prof.; *Sicherheit, Verteilte Systeme, Rechnernetze*; di: Hochsch. München, Fak. Informatik u. Mathematik, Lothstr. 34, 80335 München, T: (089) 12653716, pleier@cs.fhm.edu

**Pleil,** Thomas; Dr. phil., Prof.; *Onlinejournalismus*; di: Hochsch. Darmstadt, FB Media, Haardtring 100, 64295 Darmstadt, T: (06151) 169272, thomas.pleil@fbmedia.h-da.de

**Plein,** Peter Alexander; Dr. rer. pol., Prof.; *Rechnungswesen, Finanzwirtschaft und Controlling*; di: FH Köln, Fak. f. Wirtschaftswiss., Claudiusstr. 1, 50678 Köln, T: (0221) 82753940; pr: alexander.plein@t-online.de

**Pleiner,** Günter; Prof.; *Pädagogik – Gemeinwesenorientierte Kultur- und Freizeitarbeit*; di: FH Erfurt, FB Sozialwesen, Altonaer Str. 25, 99084 Erfurt, PF 101363, 99013 Erfurt, T: (0361) 6700549, F: 6700533, Pleiner@fh-erfurt.de

**Pleitgen,** Verena; Dr., Prof. H Neuss, Dekanin School of Commerce; *Grundlagen des Industrie- und Handelsmanagements, Management in Globalen Märkten, Strategisches Management*; di: Hochsch. Neuss, Markt 11-15, 41460 Neuss, v.pleitgen@hs-neuss.de

**Plenge,** Michael; Dr.-Ing., Prof.; *Technische Mechanik*; di: HAW Hamburg, Fak. Technik u. Informatik, Berliner Tor 21, 20099 Hamburg, T: (040) 428758683, plenge@rzbt.haw-hamburg.de

**Plenk,** Valentin; Dr.-Ing., Prof.; *Steuerungstechnik*; di: Hochsch. Hof, Alfons-Goppel-Platz 1, 95028 Hof, T: (09281) 409469, F: 40955469, Valentin.Plenk@fh-hof.de

**Pleßke,** Hartmut; Dr., Prof.; *Mathematik für Wirtschaftsinformatiker, Angewandte Wirtschaftsmathematik, Fuzzy-Logik*; di: Hochsch. Konstanz, Fak. Informatik, Brauneggerstr. 55, 78462 Konstanz, PF 100543, 78405 Konstanz, T: (07531) 206503, F: 206559, plesske@fh-konstanz.de

**Pletke,** Matthias; Dr. jur., Prof.; *Personalwesen, Arbeitsrecht, Wirtschaftsrecht*; di: Hochsch. Hannover, Fak. IV Wirtschaft u. Informatik, Ricklinger Stadtweg 120, 30459 Hannover, PF 920261, 30441 Hannover, T: (0511) 92961555, F: 92961510, matthias.pletke@hs-hannover.de; FH Hildesheim/Holzminden/Göttingen, Fakultät Wirtschaft, Goschentor 1, 31134 Hildesheim, T: (05121) 881511, matthias.pletke@fbw.fh-hildesheim.de

**Plewa,** Alfred; Dipl.-Psychol., Dr. phil., Prof.; *Psychologie*; di: Hochsch. Ravensburg-Weingarten, Doggenriedstr., 88250 Weingarten, PF 1261, 88241 Weingarten, T: (0751) 5019441, F: 5019876, plewa@hs-weingarten.de; pr: Mühlbachweg 41, 88250 Weingarten, T: (0751) 48898

**Plewe,** Hans-Jürgen; Dr.-Ing., Prof.; *Grundlagen der Konstruktion, Maschinenelemente, Tribologie*; di: Hochsch. München, Fak. Maschinenbau, Fahrzeugtechnik, Flugzeugtechnik, Dachauer Str. 98b, 80335 München, T: (089) 12651330, F: 12651392, hans-juergen.plewe@fhm.edu

**Plickat,** Dirk; Dr. phil., Prof.; *Soziale Prävention und Intervention im Kindesalter*; di: Ostfalia Hochsch., Fak. Sozialwesen, Ludwig-Winter-Str. 2, 38120 Braunschweig

**Plininger,** Petra; Dr. rer. pol., Prof.; *Grundlagen der BWL, Internationales Steuerrecht, Revision, Steuern*; di: Hochsch. Deggendorf, FB Betriebswirtschaft, Edlmairstr. 6-8, 94469 Deggendorf, PF 1320, 94453 Deggendorf, T: (0991) 3615116, F: 361581116, petra.plininger@fh-deggendorf.de

**Plinke,** Andrea; Dr. rer.oec., Prof.; *Internationales Marketing*; di: Hochsch. f. Wirtschaft u. Recht Berlin, FB 1, Badensche Str. 50-51, 10825 Berlin, T: (030) 85789174, F: 8214572, aplinke@hwr-berlin.de; pr: Landauer Str. 8, 14197 Berlin

**Plöger,** Paul G.; Dr., Prof.; *Autonome Systeme*; di: Hochsch. Bonn-Rhein-Sieg, FB Angewandte Informatik, Grantham-Allee 20, 53757 Sankt Augustin, 53754 Sankt Augustin, T: (02241) 865292, F: 8658292, paul.ploeger@fh-bonn-rhein-sieg.de

**Plößer,** Melanie; Dr., Prof.; *Soziale Arbeit*; di: FH Bielefeld, FB Sozialwesen, Kurt-Schumacher-Straße 6, 33615 Bielefeld, T: (0521) 1067841, melanie.ploesser@fh-bielefeld.de

**Plötz,** Franz; Dipl.-Ing., Dr.-Ing., Prof.; *Meß-, Steuerungs- und Regelungstechnik, Leit- und Automatisierungstechnik, Elektrotechnik, Antriebstechnik, Simulationstechnik*; di: Hochsch. Rosenheim, Fak. Holztechnik u. Bau, Hochschulstr. 1, 83024 Rosenheim, T: (08031) 805300, F: 805302

**Plog,** Kirsten; Dr., Prof.; *Personal- und Verhandlungsführung*; di: Jade Hochsch., FB Bauwesen u. Geoinformation, Ofener Str. 16-19, 26121 Oldenburg, T: (0441) 77083193, plog@jade-hs.de; pr: Schönhausenstr. 25, 28203 Bremen, T: (0421) 7948142, F: 7948142

**Ploil,** Eleonore Oja; Dr. phil., Prof.; *Theorien Sozialer Arbeit*; di: Hochsch. Rhein/Main, FB Sozialwesen, Kurt-Schumacher-Ring 18, 65197 Wiesbaden, T: (0611) 94951300, eleonore.ploil@hs-rm.de

**Ploss,** Bernd; Dr. rer. nat. habil., Prof.; *Physikalische Messtechnik*; di: FH Jena, FB SciTec, Carl-Zeiss-Promenade 2, 07745 Jena, T: (03641) 205350, F: 205351, pt@fh-jena.de

**Plotkin,** Juriy; Dr., Prof.; *Erneuerbare Energien*; di: Hochsch. f. Wirtschaft u. Recht Berlin, FB Duales Studium, Alt Friedrichsfelde 60, 10315 Berlin, T: (030) 308772443, F: 308772149, juriy.plotkin@hwr-berlin.de

**Plotz,** Karsten; Dr. med., Prof.; *Audiologie*; di: Jade Hochsch., FB Bauwesen u. Geoinformation, Ofener Str. 16-19, 26121 Oldenburg, T: (0441) 77083721, F: 77083333, karsten.plotz@jade-hs.de

**Plümer,** Thomas; Dr., Prof.; *Betriebswirtschaftslehre, insb. Logistik*; di: FH Bielefeld, FB Wirtschaft, Universitätsstr. 25, 33615 Bielefeld, T: (0521) 1063728, thomas.pluemer@fh-bielefeld.de; pr: Passmannweg 18 e, 44149 Dortmund, T: (0231) 145534

**Plümicke,** Martin; Dr. rer.nat., Prof.; *Informatik*; di: DHBW Stuttgart, Campus Horb, Florianstr. 15, 72160 Horb am Neckar, T: (07451) 521142, F: 521190, m.pluemicke@hb.dhbw-stuttgart.de

**Plum,** Rainer; Meisterschüler, Prof.; *Methodenlehre der visuellen Darstellung*; di: FH Aachen, FB Design, Boxgraben 100, 52064 Aachen, T: (0241) 60091518, r.plum@fh-aachen.de; pr: Niederichstr. 25, 50668 Köln

**Plumhoff,** Peter; Dr.-Ing., Prof.; *Elektrische Anlagen und Netze, Grundlagen der Elektrotechnik*; di: FH Bingen, FB Technik, Informatik, Wirtschaft, Berlinstr. 109, 55411 Bingen, T: (06721) 409264, F: 409158, plumhoff@fh-bingen.de; www.plumhoff.eu/

**Pochmann,** Günter; Dr. rer. oec., Prof.; *Betriebswirtschaft*; di: HTW d. Saarlandes, Fak. f. Wirtschaftswiss, Waldhausweg 14, 66123 Saarbrücken, T: (0681) 5867596, pochmann@htw-saarland.de; pr: Warndtstr. 30, 66787 Friedrichweiler

**Pochop,** Susann; Dr., Prof.; *Betriebswirtschaftslehre, Rechnungswesen, kleine u. mittelständische Unternehmen*; di: FH Flensburg, FB Wirtschaft, Kanzleistr. 91-93, 24943 Flensburg, T: (0461) 8051564, F: 8051496, susann.pochop@wi.fh-flensburg.de

**Pocklington,** Jackie; Dr. phil., Prof.; *Wirtschaftsenglisch und Technisches Englisch*; di: Beuth Hochsch. f. Technik, FB I Wirtschafts- u. Gesellschaftswiss., Luxemburger Str. 10, 13353 Berlin, T: (030) 45042145, pock@beuth-hochschule.de

**Pockrand,** Iven; Dr. rer. nat. habil., Prof.; *Experimentalphysik*; di: FH Wedel, Feldstr. 143, 22880 Wedel, T: (04103) 804818, pd@fh-wedel.de; pr: Gerlachstr. 15, 21075 Hamburg, T: (040) 7905912

**Pocock,** Philip; Prof.; *Kunst, Kunst- und Designwissenschaften*; di: Hochsch. Pforzheim, Fak. f. Gestaltung, Holzgartenstr. 36, 75175 Pforzheim, T: (07231) 286746, F: 286030, philip.pocock@hs-pforzheim.de

**Poddig,** Rolf; Dr., Prof.; *Grundlagen der Elektrotechnik, Theoretische Elektrotechnik, Numerische Feldberechnung*; di: Hochsch. f. angew. Wiss. Würzburg Schweinfurt, Fak. Elektrotechnik, Ignaz-Schön-Str. 11, 97421 Schweinfurt

**Podesta,** Herbert; Prof.; *Ladungstechnik, Tankschifffahrt, Notfallmanagement*; di: Hochsch. Bremen, Fak. Natur u. Technik, Werderstr. 73, 28199 Bremen, T: (0421) 59054685, F: 59054599, Herbert.Podesta@hs-bremen.de

**Poech,** Angela; Dr., Prof.; *Entrepreneurship, ABWL*; di: Hochsch. München, Fak. Betriebswirtschaft, Am Stadtpark 20 (Neubau), 81243 München, T: (089) 12652758, F: 12652714, angela.poech@fhm.edu

**Pöggeler,** Wolfgang; Dr. iur. habil., Prof. Beuth-H f. Technik Berlin, Lt. Studium Generale; *Rechtsgeschichte, Wirtschaftsrecht, Gesellschaftsrecht, Rechtsphilosophie*; di: Beuth Hochsch. f. Technik, FB I Wirtschafts- u. Gesellschaftswiss., Luxemburger Str. 10, 13353 Berlin, T: (030) 45045249, wolfgang.poeggeler@beuth-hochschule.de

**Pöhler,** Frank; Dr.-Ing., Prof.; *Kunststoffe, Kunststofftechnik, Maschinenelemente*; di: Hochsch. Karlsruhe, Fak. Maschinenbau u. Mechatronik, Moltkestr. 30, 76133 Karlsruhe, PF 2440, 76012 Karlsruhe, frank.poehler@hs-karlsruhe.de

**Pöld-Krämer,** Silvia; Prof.; *Rechtswissenschaft, Arbeits- u. Sozialrecht*; di: FH Bielefeld, FB Sozialwesen, Kurt-Schumacher-Str. 6, 33615 Bielefeld, T: (0521) 1067843, silvia.poeld-kraemer@fh-bielefeld.de; pr: Jakobustr. 3, 33604 Bielefeld, T: (0521) 298538

**Poelke,** Jürgen; Dr.-Ing., Prof.; *Baubetrieb und Baumanagement*; di: FH Potsdam, FB Bauingenieurwesen, Pappelallee 8-9, Haus 1, 14469 Potsdam, T: (0331) 5801320, poelke@fh-potsdam.de

**Poensgen,** Georg A.; Dipl.-Ing., Prof.; *Baukonstruktion, Wohnungsbau, Entwerfen*; di: H Koblenz, FB Bauwesen, Konrad-Zuse-Str. 1, 56075 Koblenz, T: (0261) 9528607, F: 9528647, poensgen@hs-koblenz.de

**Pöpel,** Cornelius; Prof.; *Multimedia und Kommunikation*; di: Hochsch. Ansbach, FB Wirtschafts- u. Allgemeinwiss., Residenzstr. 8, 91522 Ansbach, PF 1963, 91510 Ansbach, T: (0981) 4877359, cornelius.poepel@fh-ansbach.de

**Pöppel,** Josef; Dr.-Ing., Prof.; *Elektrische Messtechnik, Schaltungstechnik*; di: HAW Ingolstadt, Fak. Elektrotechnik u. Informatik, Esplanade 10, 85049 Ingolstadt, T: (0841) 9348478, josef.poeppel@haw-ingolstadt.de

**Pöpper,** Thomas; Dr. phil., Prof.; *Kunst- und Designgeschichte*; di: Westsächs. Hochsch. Zwickau, FB Angewandte Kunst Schneeberg, Goethestr. 1, 08289 Schneeberg, thomas.poepper@fh-zwickau.de

**Pörnbacher,** Fritz; Dr.-Ing., Prof.; *Grundlagen der Elektrotechnik, Digitaltechnik, Analoge Schaltungstechnik, Leistungselektronik*; di: Hochsch. Landshut, Fak. Elektrotechnik u. Wirtschaftsingenieurwesen, Am Lurzenhof 1, 84036 Landshut, poe@fh-landshut.de

**Pörner,** Ronald; Dr., Prof.; *Marketing, Strategische Unternehmensplanung und -führung*; di: HTW Berlin, FB Wirtschaftswiss. I, Treskowallee 8, 10318 Berlin, T: (030) 50192582, poerner@HTW-Berlin.de

**Pörschmann,** Christoph; Dr., Prof.; *Technische Akustik*; di: FH Köln, Fak. f. Informations-, Medien- u. Elektrotechnik, Betzdorfer Str. 2, 50679 Köln, T: (0221) 82752495, christoph.poerschmann@fh-koeln.de

**Pöschl,** Thomas; Dr. rer. nat., Prof.; *Mathematik, Statistik, Konstruktive Geometrie, Computer Aided Design*; di: Hochsch. München, Fak. Maschinenbau, Fahrzeugtechnik, Flugzeugtechnik, Dachauer Str. 98b, 80335 München

**Pösl,** Josef; Dr., Prof.; *Informatik*; di: Hochsch. Amberg-Weiden, FB Elektro- u. Informationstechnik, Kaiser-Wilhelm-Ring 23, 92224 Amberg, T: (09621) 482237, F: 482161, j.poesl@fh-amberg-weiden.de

**Pösl,** Miriam; Dr., Prof. FH Erding; *Wirtschaftspsychologie, Personalmanagement*; di: FH f. angewandtes Management, Am Bahnhof 2, 85435 Erding, T: (08122) 9559480, miriam.poesl@myfham.de; pr: T: (08122) 40588, poesl@mnet-online.de

**Pössnecker,** Falk; Dr. jur., Prof.; *Organisations- und Managemententwicklung*; di: Hochsch. Deggendorf, FB Betriebswirtschaft, Edlmairstr. 6-8, 94469 Deggendorf, PF 1320, 94453 Deggendorf, T: (0991) 3615167, F: 361581115, falk.poessnecker@fh-deggendorf.de

**Poessnecker,** Holger; Prof.; *ID-Entwurf*; di: Hochsch. Darmstadt, FB Gestaltung, Haardtring 100, 64295 Darmstadt, T: (06151) 168346; pr: Bergstr. 37, 64367 Mühltal, T: (06151) 147229

**Pötzl,** Michael; Dr.-Ing., Prof., Präs.; *Baustatik, Tragwerkslehre, Stahlbetonbau, Spannbetonbau*; di: Hochsch. Coburg, Fak. Design, Friedrich-Streib-Str. 2, 96450 Coburg, T: (09561) 317118, poetzl@hs-coburg.de

**Poetzsch,** Eleonore; Dr., Prof.; *Information Retrieval, Inhaltliche Erschließung, Aufbau und Praxis von Informationssystemen, Fachinformation*; di: FH Potsdam, FB Informationswiss., Friedrich-Ebert-Str. 4, 14467 Potsdam, T: (0331) 5801518, poetzsch@fh-potsdam.de

**Poferl,** Angelika; Dr. rer. soc., Prof.; *Soziologie*; di: Hochsch. Fulda, FB Sozial- u. Kulturwiss., Marquardstr. 35, 36039 Fulda, T: (0661) 9640458, angelika.poferl@sk.fh-fulda.de

**Pogatzki,** Peter; Dr., Prof.; *Schaltungen und Systeme, HF-Schaltungstechnik, Mobilfunktechnik (GSM, DECT, UMTS), Systemsimulation*; di: FH Düsseldorf, FB 3 – Elektrotechnik, Josef-Gockeln-Str. 9, 40474 Düsseldorf, T: (0211) 4351356, peter.pogatzki@fh-duesseldorf.de; www.fh-duesseldorf.de/et/pogatzki/index.html

**Poggensee,** Kay; Dipl.-Ing. agr., Dipl.-Volksw., Dr., Prof.; *Allg. BWL, Internationale BWL, Finanzierung, Investition*; di: FH Kiel, FB Wirtschaft, Sokratesplatz 2, 24149 Kiel, T: (0431) 2103534, kay.poggensee@fh-kiel.de; pr: Neue Reihe 43 a, 25569 Kremperheide, T: (04821) 89110, F: 892250

**Poguntke,** Werner; Dr. rer. nat. habil., Prof.; *Mathematik, Informatik*; di: FH Südwestfalen, FB Techn. Betriebswirtschaft, Im Alten Holz 131, 58093 Hagen, T: (02331) 9874651, poguntke@fh-swf.de

**Pohl,** Andreas; Dr.-Ing. habil., Prof., Dekan; *Elektr. Maschinen u. Antriebe, Numerische Magnetfeldberechnung, Digitale Simulation elektrischer Maschinen u. Antriebe*; di: Westsächs. Hochsch. Zwickau, FB Elektrotechnik, Dr.-Friedrichs-Ring 2A, 08056 Zwickau, PF 201037, 08012 Zwickau, T: (0375) 5361400, andreas.pohl@fh-zwickau.de

**Pohl,** Christian; Dr., Prof.; *Wirtschaftsinformatik, Medientechnologie*; di: Hochsch. Heilbronn, Fak. f. Technik u. Wirtschaft, Daimlerstr. 35, 74653 Künzelsau, T: (07940) 1306230, F: 130662301, pohl@hs-heilbronn.de

**Pohl,** Georg Michael; Dr.-Ing., Prof.; *Steuerungs- u. Regelungstechnik*; di: Hochsch. Bochum, FB Mechatronik u. Maschinenbau, Lennershofstr. 140, 44801 Bochum, T: (0234) 3210430, michael.pohl@hs-bochum.de; pr: Am Seeufer 124, 40880 Ratingen-Volkardey, T: (02102) 444856

**Pohl,** Hans-Dieter; Dr.-Ing., Prof.; *Biotechnologie, Technische Mikrobiologie*; di: FH Jena, FB Medizintechnik u. Biotechnologie, Carl-Zeiss-Promenade 2, 07745 Jena, T: (03641) 205600, F: 205601, mt@fh-jena.de

**Pohl,** Hartmut; Dr. rer. nat., Prof.; *Informationssicherheit*; di: Hochsch. Bonn-Rhein-Sieg, FB Angewandte Informatik, Grantham-Allee 20, 53757 Sankt Augustin, 53754 Sankt Augustin, T: (02241) 865204, F: 8658204, hartmut.pohl@fh-bonn-rhein-sieg.de

**Pohl,** Heike; Dr., Prof.; *Recht*; di: FH f. öffentl. Verwaltung NRW, Abt. Duisburg, Albert-Hahn-Str. 45, 47269 Duisburg, heike.pohl@fhoev.nrw.de

**Pohl,** Klaus; Dr. jur., Prof.; *Wirtschaftsrecht/Wirtschaftsverwaltungsrecht*; di: Westsächs. Hochsch. Zwickau, FB Wirtschaftswiss., Scheffelstr. 39, 08056 Zwickau, T: (0375) 5363465, Klaus.Pohl@fh-zwickau.de

**Pohl,** Marcus; Dr. med., Prof.; *Neurologie, Neuroanatomie und Neurophysiologie*; di: SRH FH f. Gesundheit Gera, Hermann-Drechsler-Str. 2, 07548 Gera

**Pohl,** Martin; Dipl.-Math., Dr. rer. nat., Prof.; *Angewandte Mathematik*; di: Hochsch. Regensburg, Fak. Informatik u. Mathematik, PF 120327, 93025 Regensburg, T: (0941) 9431317, martin.pohl@mathematik.fh-regensburg.de

**Pohl,** Philipp; Dr., Prof.; *Wirtschaft*; di: DHBW Karlsruhe, Fak. Wirtschaft, Erzbergerstr. 121, 76133 Karlsruhe, T: (0721) 9735962, pohl@no-spam.dhbw-karlsruhe.de

**Pohl,** Rolf; Dr. jur., Prof.; *Recht*; di: FH Kaiserslautern, FB Betriebswirtschaft, Amerikastr. 1, 66482 Zweibrücken, T: (06332) 914228, rolf.pohl@fh-kl.de; pr: Kloschinskystr. 62, 54292 Trier, T: (0651) 22300

**Pohl,** Siegfried; Dipl.-Math., Dr. rer. nat., Prof.; *Mathematik, Informatik, Systemtheorie*; di: Hochsch. Landshut, Fak. Elektrotechnik u. Wirtschaftsingenieurwesen, Am Lurzenhof 1, 84036 Landshut, phl@fh-landshut.de

**Pohl,** Vaclav; Dr., Prof.; *Elektrotechnik – Automation*; di: DHBW Ravensburg, Campus Friedrichshafen, Fallenbrunnen 2, 88045 Friedrichshafen, T: (07541) 2077211, pohl@dhbw-ravensburg.de

**Pohl,** Wilma; Dr. rer. pol., Prof.; *Allgemeine Betriebswirtschaftslehre, Schwerpunkt Krankenhausbetriebslehre*; di: Ostfalia Hochsch., Fak. Gesundheitswesen, Wielandstr. 5 10, 38440 Wolfsburg, T: (05361) 831324, F: 831322

**Pohl-Meuthen,** Ulrike; Prof.; *Verfahrenstechnik, Projektmanagement*; di: FH Köln, Fak. f. Anlagen, Energie- u. Maschinensysteme, Betzdorfer Str. 2, 50679 Köln, T: (0221) 82752298, ulrike.pohl-meuthen@fh-koeln.de; pr: Kurt-Schumacher-Str. 13, 50374 Erftstadt-Lechenich, T: (02235) 5499

**Pohland,** Sven; Dr., Prof.; *Wirtschachftsinformatik*; di: Hochsch. f. Wirtschaft u. Recht Berlin, FB 1, Badensche Str. 50-51, 10825 Berlin, T: (030) 85789172, spohland@hwr-berlin.de

**Pohle,** Regina; Dr., Prof.; *Informatik, Graphische EDV*; di: Hochsch. Niederrhein, FB Elektrotechnik/Informatik, Reinarzstr. 49, 47805 Krefeld, T: (02151) 8224624, regina.pohle@hs-niederrhein.de

**Pohlenz,** Rainer; Dipl.-Ing., Prof.; *Baukonstruktion u. Bauphysik*; di: Hochsch. Bochum, FB Architektur, Lennershofstr. 140, 44801 Bochum, T: (0234) 3210109, architektur@hs-bochum.de; pr: Maria-Theresia-Allee 31, 52064 Aachen, T: (0241) 707070, F: 706050

**Pohlmann,** Günter; Dr.-Ing., Prof.; *CAD/FEM, Numerische Mathematik*; di: Hochsch. Ostwestfalen-Lippe, FB 6, Maschinentechnik u. Mechatronik, Liebigstr. 87, 32657 Lemgo, T: (05261) 702260, F: 702261, guenter.pohlmann@fh-luh.de; pr: Kiefernweg 27b, 33813 Oerlinghausen, T: (05202) 73237

**Pohlmann,** Martin; Dr., Prof.; *Wirtschaftsingenieurwesen/Logistik*; di: HTW Berlin, FB Wirtschaftswiss. II, Treskowallee 8, 10318 Berlin, T: (030) 50192391, pohlmann@HTW-Berlin.de

**Pohlmann,** Norbert; Dr., Prof.; *Verteilte Systeme u Informationssicherheit*; di: Westfäl. Hochsch., FB Informatik u. Kommunikation, Neidenburger Str. 43, 45877 Gelsenkirchen, T: (0209) 9596515, norbert.pohlmann@informatik.fh-gelsenkirchen.de

**Pohlmann,** Peter; Dr.-Ing., Prof.; *Straßenbautechnik, Verkehrswesen*; di: Beuth Hochsch. f. Technik, FB III Bauingenieur- u. Geoinformationswesen, Luxemburger Str. 10, 13353 Berlin, T: (030) 45042722, pohlmann@beuth-hochschule.de

**Pohlmann,** Stefan; Dr., Prof.; *Soziale Gerontologie*; di: Hochsch. München, Fak. Angew. Sozialwiss., Am Stadtpark 20, 81243 München, T: (089) 12652316, F: 12652330, stefan.pohlmann@fhm.edu

**Pohmer,** Karl-Heinz; Dr., LBeauftr. HTW des Saarlandes, Prof. FH Kaiserslautern, Standort Zweibrücken; *VWL, Unternehmenskommunikation*; di: FH Kaiserslautern, FB Betriebswirtschaft, Amerikastr. 1, 66482 Zweibrücken, T: (06332) 914259, karlheinz.pohmer@fh-kl.de; pr: Erikastr. 16, 66424 Homburg

**Poisel,** Hans Wilhelm; Dr. rer. nat., Prof.; *Optische Nachrichtentechnik, Technische Optik*; di: Georg-Simon-Ohm-Hochsch. Nürnberg, Fak. Elektrotechnik Feinwerktechnik Informationstechnik, Wassertorstr. 10, 90489 Nürnberg

**Pokluda,** Klaus; Dipl.-Ing., Prof.; *Technische Mechanik, Festigkeitslehre*; di: Hochsch. München, Fak. Maschinenbau, Fahrzeugtechnik, Flugzeugtechnik, Dachauer Str. 98b, 80335 München, T: (089) 12653355, F: 12651392, klaus.pokluda@fhm.edu

**Pokrowsky,** Peter; Dr., Prof.; *Mikrosystemtechnik*; di: FH Kaiserslautern, FB Informatik u. Mikrosystemtechnik, Amerikastr. 1, 66482 Zweibrücken, T: (06332) 914410, prokrowsky@mst.fh-kl.de

**Polaczek,** Christa; Dr. rer. nat., Prof.; *Mathematik*; di: FH Aachen, FB Luft- und Raumfahrttechnik, Hohenstaufenallee 6, 52064 Aachen, T: (0241) 60092384, polaczek@fh-aachen.de; pr: Schervierstr. 41, 52066 Aachen, T: (0241) 68848

**Polenz,** Wolf; Dr., Prof.; *Gesundheitsförderung*; di: HAW Hamburg, Fak. Life Sciences, Lohbrügger Kirchstr. 65, 21033 Hamburg, T: (040) 428756360, wolf.polenz@haw-hamburg.de

**Polk,** Andreas; Dr., Prof.; di: Hochsch. f. Wirtschaft u. Recht Berlin, FB 1, Badensche Str. 50-51, 10825 Berlin, T: (030) 85789162, andreas.polk@hwr-berlin.de

**Polke,** Burkhard; Dr. rer. nat., Prof.; di: Rheinische FH Köln, Hohenstaufenring 16-18, 50674 Köln; pr: Im Käulchenshof 24, 53733 Hennef

**Polkehn,** Hanka; Dipl.-Des., Prof.; *Entwerfen, Grafikdesign, insb. Schriftgestaltung u. Darstellungstechniken*; di: Hochsch. Wismar, Fak. f. Gestaltung, PF 1210, 23952 Wismar, T: (03841) 753194, h.polkehn@di.hs-wismar.de

**Pollack,** Alexander; Dr.-Ing., Prof.; di: Rheinische FH Köln, Hohenstaufenring 16-18, 50674 Köln; pr: Clarenbergweg 5, 50226 Frechen

**Pollakowski,** Martin; Dr.-Ing., Prof., Dekan FB Elektrotechnik; *Kommunikationsnetze*; di: Westfäl. Hochsch., FB Elektrotechnik u. angew. Naturwiss., Neidenburger Str. 10, 45877 Gelsenkirchen, T: (0209) 9596226, martin.pollakowski@fh-gelsenkirchen.de; pr: Breslauer Str. 6, 45968 Gladbeck, T: (02043) 203074

**Pollandt,** Ralph; Dr., Prof.; *Mathematik und IT-Organisation*; di: Hochsch. Karlsruhe, Fak. Architektur u. Bauwesen, Moltkestr. 30, 76133 Karlsruhe, PF 2440, 76012 Karlsruhe, T: (0721) 9252636

**Pollanz,** Manfred; Dr., Prof.; *Allgemeine BWL, Internationales Rechnungswesen*; di: Hochsch. Konstanz, Fak. Wirtschafts- u. Sozialwiss., Brauneggerstr. 55, 78462 Konstanz, PF 100543, 78405 Konstanz, T: (07531) 206682, pollanz@fh-konstanz.de

**Poller,** Jochem; Dr., Prof.; *Informatik*; di: DHBW Mannheim, Fak. Technik, Coblitzallee 1-9, 68163 Mannheim, T: (0621) 41051116, F: 41051101, jochem.poller@dhbw-mannheim.de

**Pollet,** Dieter; Dr. rer. nat., Prof.; *Zellbiologie*; di: Hochsch. Darmstadt, FB Chemie- u. Biotechnologie, Haardtring 100, 64295 Darmstadt, T: (06151) 168226, pollet@h-da.de; pr: T: (040) 574417

**Polley,** Rainer; Dr. iur., Dr. iur. habil., apl.Prof. U Kiel, LBeauftr. U Marburg, ArchDir u. Studienleiter d. Archivschule Marburg; *Rechtsgeschichte, Verfassungs- u. Verwaltungsgesch., Archivrecht*; di: Archivschule Marburg, Bismarckstr. 32, 35037 Marburg, T: (06421) 1697115, F: 1697110, polley@staff.uni-marburg.de; pr: Spiegelslustweg 14, 35039 Marburg/L., T: (0177) 2284182

**Polster,** Gisela; Dipl.-Textilgestalterin, Prof., Dekanin; *Textilgestaltung/Entwurf*; di: Westsächs. Hochsch. Zwickau, FB Angewandte Kunst Schneeberg, Goethestr. 1, 08289 Schneeberg, Gisela.Polster@fh-zwickau.de

**Polster,** Regina; Dr. rer. pol., Prof.; *Wirtschaftsinformatik, besonders Informationsmanagement*; di: FH Schmalkalden, Fak. Informatik, Blechhammer, 98574 Schmalkalden, PF 100452, 98564 Schmalkalden, T: (03683) 6884112, polster@informatik.fh-schmalkalden.de

**Polutta,** Andreas; Dr., Prof.; *Sozialwissenschaftliche Grundlagen Sozialer Arbeit*; di: DHBW Villingen-Schwenningen, Fak. Sozialwesen, Schramberger Str. 26, 78054 Villingen-Schwenningen, T: (07720) 3906206, F: 3906219, polutta@dhbw-vs.de

**Polzer,** Reiner; Dr. rer. pol., Prof.; *Betriebliche Steuerlehre*; di: Westsächs. Hochsch. Zwickau, FB Wirtschaftswiss., Scheffelstr. 39, 08056 Zwickau, T: (0375) 5363485, Reiner.Polzer@fh-zwickau.de

**Polzin,** Dietmar W.; Dr., Prof.; *Handel, Warenwirtschaft und Logistik*; di: DHBW Mosbach, Lohrtalweg 10, 74821 Mosbach, T: (06261) 939416, F: 939414, polzin@dhbw-mosbach.de

**Pomaska,** Günter; Dr.-Ing., Prof.; *Datenverarbeitung und Vermessungskunde im Bauwesen*; di: FH Bielefeld, FB Architektur u. Bauingenieurwesen, Artilleriestr. 9, 32427 Minden, T: (0571) 8385150, F: 8385250, guenter.pomaska@fh-bielefeld.de; pr: T: (05303) 4856, F: 941529

**Pomp,** Jürgen; Dr. rer. nat., Prof.; *Qualitätssicherung, Forensische Analytik*; di: Hochsch. Bonn-Rhein-Sieg, FB Angewandte Naturwissenschaften, von-Liebig-Str. 20, 53359 Rheinbach, T: (02241) 865585, juergen.pomp@h-brs.de

**Pompl,** Wilhelm; Dipl.-Soz., Dr. rer. pol., Prof.; *Volkswirtschaftslehre, Reisewirtschaft, Luftverkehr*; di: Hochsch. Heilbronn, Fak. f. Wirtschaft 2, Max-Planck-Str. 39, 74081 Heilbronn, T: (07131) 504231, F: 252470, w.pompl@fh-heilbronn.de; pr: Schlüsseläckerstr. 8, 74081 Heilbronn, T: (07131) 30903

**Ponader,** Michael; Dr. rer. pol., Prof.; *Allg. BWL, Internet*; di: Hochsch. Deggendorf, FB Betriebswirtschaft, Edlmairstr. 6-8, 94469 Deggendorf, PF 1320, 94453 Deggendorf, T: (0991) 3615142, F: 361581142, michael.ponader@fh-deggendorf.de

**Poncar,** Jaroslav; Dr. rer. nat., Prof.; *Grundlagen der Optik*; di: FH Köln, Fak. f. Informations-, Medien- u. Elektrotechnik, Betzdorfer Str. 2, 50679 Köln, T: (0221) 82752607, j.poncar@fh-koeln.de; pr: Alteburger Wall 31, 50678 Köln, T: (0221) 378859

**Ponto,** Hans-Ulrich; Dr.-Ing., Prof.; *Thermische Verfahrenstechnik, Feuerungstechnik*; di: Hochsch. Trier, Umwelt-Campus Birkenfeld, FB Umweltplanung/Umwelttechnik, PF 1380, 55761 Birkenfeld, T: (06782) 171559, h.ponto@umwelt-campus.de

**Pook,** Volker; Prof.; *Editorial Design*; di: Berliner Techn. Kunsthochschule, Bernburger Str. 24-25, 10963 Berlin, v.pook@btk-fh.de

**Pooten,** Holger; Dr. rer. oec., Prof.; *Betriebswirtschaftslehre, insb. Rechnungswesen*; di: FH Münster, FB Wirtschaft, Corrensstr. 25, 48149 Münster, T: (0251) 8365618, F: 8365502, pooten@fh-muenster.de

**Popović,** Tobias; Dr., Prof.; *Corporate Finance, Risikomanagement, Capital Markets, Banking*; di: Hochsch. f. Technik, Fak. Bauingenieurwesen, Bauphysik u. Wirtschaft, Schellingstr. 24, 70174 Stuttgart, PF 101452, 70013 Stuttgart, T: (0711) 89262962, F: 89262682, tobias.popovic@hft-stuttgart.de

**Popp,** Heribert; Dr. rer. pol., Dr. rer. nat., Prof.; *Informationsmanagement, Mathematik*; di: Hochsch. Deggendorf, FB Betriebswirtschaft, Edlmairstr. 6-8, 94469 Deggendorf, PF 1320, 94453 Deggendorf, T: (0991) 3615110, F: 361581110, heribert.popp@fh-deggendorf.de

**Popp,** Josef; Dr., Prof.; *Grundlagen der Elektrotechnik, Elektronische Bauelemente, Mikroelektronik, Optische Nachrichtentechnik*; di: Hochsch. Rosenheim, Fak. Ingenieurwiss., Hochschulstr. 1, 83024 Rosenheim, T: (08031) 805767, F: 805702

**Popp-Nowak,** Flaviu; Dr., Prof.; *Elektronische Systeme*; di: Georg-Simon-Ohm-Hochsch. Nürnberg, Fak. Elektrotechnik Feinwerktechnik Informationstechnik, Wassertorstr. 10, 90489 Nürnberg, PF 210320, 90121 Nürnberg

**Poppe,** Martin; D. phil., Prof.; *Mikroelektronik*; di: FH Münster, FB Elektrotechnik u. Informatik, Stegerwaldstr. 39, 48565 Steinfurt, T: (02551) 962246, F: 962143, poppe@fh-muenster.de; pr: Stehrstr. 92, 48565 Steinfurt, T: (02551) 7718

**Porath,** Daniel; Dr. rer. pol., Prof.; *Quantitative Verfahren, Statistik, Wirtschaftsmathematik*; di: FH Mainz, FB Wirtschaft, Lucy-Hillebrand-Str. 2, 55128 Mainz, T: (06131) 628143, Daniel.Porath@wiwi.fh-mainz.de

**Porkert,** Kurt; Dr. habil., Prof.; *Betriebswirtschaft/Wirtschaftsinformatik*; di: Hochsch. Pforzheim, Fak. f. Wirtschaft u. Recht, Tiefenbronner Str. 65, 75175 Pforzheim, T: (07231) 286691, F: 286090, kurt.porkert@hs-pforzheim.de

**Porschen,** Stefan; Dr. rer. nat. habil., Prof.; *Wirtschaftsmathematik*; di: HTW Berlin, FB Wirtschaftswiss. II, Treskowallee 8, 10318 Berlin, T: (030) 50193414, Stefan.Porschen@HTW-Berlin.de

**Portisch,** Wolfgang; Dr., Prof.; *Finanzmanagement*; di: Hochsch. Emden/Leer, FB Wirtschaft, Constantiaplatz 4, 26723 Emden, T: (04921) 8071177, F: 8071228, wolfgang.portisch@hs-emden-leer.de

**Porzig,** Frank; Dr.-Ing., Prof.; *Übertragungstechnik, Informationstheorie*; di: Dt. Telekom Hochsch. f. Telekommunikation, PF 71, 04251 Leipzig, T: (0341) 3062228, porzig@hft-leipzig.de

**Poser,** Märle; Dipl. Soz.-Wiss., Dr. phil. habil., Prof. FH Münster; *Personalwirtschaft*; di: FH Münster, FB Pflege u. Gesundheit, Leonardo Campus 8, 48149 Münster, T: (0251) 8365871, F: 8365872, poser@fh-muenster.de; pr: Hochhauser Str. 25, 26121 Oldenburg, T: (0441) 883407, F: 883407

**Post,** Ulrich; Dr.-Ing., Prof.; *Allgemeine u. elektrische Energietechnik*; di: Hochsch. Bochum, FB Elektrotechnik u. Informatik, Lennershofstr. 140, 44801 Bochum, T: (0234) 3210327, ulrich.post@hs-bochum.de; pr: Hocksstr. 13, 48683 Ahaus, T: (02561) 5161

**Posten,** Klaus; Dr.-Ing., Prof.; *Betriebswirtschaftslehre, insbesondere Produktionsplanung und -steuerung, Logistik und Qualitätsmanagement*; di: FH Südwestfalen, FB Techn. Betriebswirtschaft, Haldener Str. 182, 58095 Hagen, T: (02331) 9872384, posten@fh-swf.de

**Pott,** Philipp; Dr. rer. pol., Prof.; *Umweltmanagement, Betriebliche Umweltökonomie, Kostenrechnung, Allgemeine und Ökologische Betriebswirtschaft*; di: Hochsch. f. Wirtschaft u. Umwelt Nürtingen-Geislingen, PF 1349, 72603 Nürtingen, T: (07331) 22541, philipp.pott@hfwu.de

**Pott-Langemeyer,** Martin; Dr.-Ing., Prof.; *Mathematik und Physik*; di: FH Münster, FB Chemieingenieurwesen, Stegerwaldstr. 39, 48565 Steinfurt, T: (02551) 962781, F: 962711, Pott-Langemeyer@fh-muenster.de

**Pottgiesser,** Uta; Dr.-Ing., Prof.; *Baukonstruktion und Baustoff*; di: Hochsch. Ostwestfalen-Lippe, FB 1, Architektur u. Innenarchitektur, Bielefelder Str. 66, 32756 Detmold; pr: Fichtestr. 25, 10967 Berlin, T: (030) 6939380

**Potthast,** August; Dr.-Ing., Prof.; *CNC-Technik, 3D-CAD/CAM-Systeme, Konstruieren, Projektieren, Montagetechnik*; di: Hochsch. Hannover, Fak. II Maschinenbau u. Bioverfahrenstechnik, Ricklinger Stadtweg 120, 30459 Hannover, PF 920261, 30441 Hannover, T: (0511) 92961330, august.potthast@hs-hannover.de

**Potthast,** Karl; Dr.-Ing., Prof.; *Prozeßinformatik, Regelungs- u. Steuerungstechnik, Simulationstechnik*; di: Hochsch. Bremen, Fak. Natur u. Technik, Neustadtswall 30, 28199 Bremen, T: (0421) 59053568, F: 59053505, Karl.Potthast@hs-bremen.de

**Pouhè,** David; Dr., PD TU Berlin, Prof. H Reutlingen; *Hochfrequenztechnik*; di: Hochsch., Studiengang Mechatronik, Alteburgstr. 150, 72762 Reutlingen, david.pouhe@reutlingen-university.de

**Poweleit,** Axel; Dr.-Ing., Prof.; *Straßenbautechnik, Baubetrieb*; di: Hochsch. Darmstadt, FB Bauingenieurwesen, Haardtring 100, 64295 Darmstadt, T: (06151) 168163, poweleit@fbb.h-da.de

**Pracher,** Christian; Dr., Prof.; *Betriebswirtschaftslehre d. öffentlichen Verwaltung, Public Management*; di: Hochsch. f. Wirtschaft u. Recht Berlin, FB 1, Alt-Friedrichsfelde 60, 10315 Berlin, T: (030) 90214313, F: 90214417, christian.pracher@hwr-berlin.de

**Pracht,** Arnold; Dr. rer. pol., Prof.; *Betriebswirtschaftslehre im Bereich Pflege, Gesundheit und Soziales*; di: Hochsch. Esslingen, Fak. Soziale Arbeit, Gesundheit u. Pflege, Flandernstr. 101, 73732 Esslingen, T: (0711) 3974575; pr: Kirchheimer Str. 42, 73249 Wernau, T: (07153) 36968

**Pradel,** Marcus; Dr. rer. oec., Prof.; *Marketing, Medien- und Kommunikationsmanagement*; di: Hochsch. Fresenius, Im Mediapark 4c, 50670 Köln, T: (0221) 97319988, pradel@fh-fresenius.de

**Praetorius,** Michael; Dr. rer. nat., Prof.; *Leistungselektronik*; di: FH Lübeck, FB Elektrotechnik u. Informatik, Mönkhofer Weg 136-140, 23562 Lübeck, T: (0451) 3005321, michael.praetorius@fh-luebeck.de

**Prange,** Alexander; Dr., Dr., Prof.; *Mikrobiologie und Lebensmittelhygiene*; di: Hochsch. Niederrhein, FB Oecotrophologie, Rheydter Str. 232, 41065 Mönchengladbach, T: (02161) 1865390, Alexander.Prange@hs-niederrhein.de

**Prasch,** Johann; Dr., Prof.; *Fertigungstechnik, Automatisierungstechnik, Industrieroboter*; di: Hochsch. Rosenheim, Fak. Wirtschaftsingenieurwesen, Hochschulstr. 1, 83024 Rosenheim, T: (08031) 805614, F: 805702, prasch@fh-rosenheim.de

**Prassler,** Erwin; Dr., Prof.; *Autonome Systeme*; di: Hochsch. Bonn-Rhein-Sieg, FB Angewandte Informatik, Grantham-Allee 20, 53757 Sankt Augustin, 53754 Sankt Augustin, T: (02241) 865257, F: 8658257, erwin.prassler@fh-bonn-rhein-sieg.de

**Praun,** Christoph von; Dr. sc. Techn., Prof.; *Entwicklungsmethoden und Architekturen für sichere Software*; di: Georg-Simon-Ohm-Hochsch. Nürnberg, Fak. Informatik, Keßlerplatz 12, 90489 Nürnberg, PF 210320, 90121 Nürnberg

**Prause,** Gunnar; Dr. math., Prof.; *Wirtschaftsinformatik/Betriebssysteme*; di: Hochsch. Wismar, Fak. f. Wirtschaftswiss., PF 1210, 23952 Wismar, T: (03841) 753297, g.prause@wi.hs-wismar.de

**Pravida,** Johann; Dr.-Ing., Prof.; *Festigkeitslehre, Tragwerksplanung*; di: Hochsch. Rosenheim, Fak. Holztechnik u. Bau, Hochschulstr. 1, 83024 Rosenheim, T: (08031) 805387, F: 805302, pravida@fh-rosenheim.de

**Prechter,** Walburg; Dipl.-Ing., Prof.; *Objektplanung*; di: Hochsch. f. Wirtschaft u. Umwelt Nürtingen-Geislingen, PF 1349, 72603 Nürtingen, T: (07022) 404175

**Prechtl,** Martin; Dr.-Ing., Prof.; *Mechatronik, Technische Mechanik, Dünnschichttechnik*; di: Hochsch. Coburg, Fak. Maschinenbau, PF 1652, 96406 Coburg, T: (09561) 317174, prechtl@hs-coburg.de

**Prechtl,** Wolfgang; Dr.-Ing., Prof.; *Werkstofftechnik, Fertigungstechnik*; di: HAW Ingolstadt, Fak. Maschinenbau, Esplanade 10, 85049 Ingolstadt, T: (0841) 9348264, wolfgang.prechtl@haw-ingolstadt.de

**Prediger,** Viktor; Dr.-Ing., Prof.; *Technische Mechanik und Messtechnik*; di: Hochsch. Osnabrück, Fak. Ingenieurwiss. u. Informatik, Albrechtstr. 30, 49076 Osnabrück, T: (0541) 9692960, v.prediger@hs-osnabrueck.de; pr: Immengarten 19, 49134 Wallenhorst, T: (05407) 9577

**Prehm,** Hans-Jürgen; Dr. rer. pol., Prof.; *Betriebswirtschaftslehre u. Rechnungswesen*; di: Jade Hochsch., FB Management, Information, Technologie, Friedrich-Paffrath-Str. 101, 26389 Wilhelmshaven, prehm@jade-hs.de

**Prehn,** Horst; Dr. rer. nat., Prof.; *Elektromedizin, Physiologie, Medizintechnik, Bioenergetik*; di: Techn. Hochsch. Mittelhessen, FB 04 Krankenhaus- u. Medizintechnik, Umwelt- u. Biotechnologie, Wiesenstr. 14, 35390 Gießen, T: (0641) 3092518; pr: Glockenstr. 4, 35305 Grünberg

**Preibisch,** Gerald; Dr., Prof.; *Ernährungswissenschaften*; di: Hochsch. Weihenstephan-Triesdorf, Fak. Landwirtschaft, Steingruberstr. 2, 91746 Weidenbach-Triesdorf, T: (09826) 654255, F: 6544010, gerald.preibisch@fh-weihenstephan.de

**Preis,** Robert; Dr., Prof.; *Theoretische Informatik*; di: FH Dortmund, FB Wirtschaft, Emil-Figge-Str. 44, 44227 Dortmund, T: (0231) 7556779, F: 7554902, robert.preis@fh-dortmund.de

**Preis,** Wolfgang; Dipl.-Soz.arb./Soz.päd., Prof.; *Sozialarbeitswissenschaft*; di: Hochsch. Zittau/Görlitz, Fak. Sozialwiss., PF 300648, 02811 Görlitz, T: (03581) 4828134, w.preis@hs-zigr.de

**Preisenberger,** Markus; Dr. rer. nat., Prof.; *Informatik und Mathematik*; di: Hochsch. Kempten, Fak. Informatik, Bahnhofstr. 61-63, 87435 Kempten, T: (0831) 25239270, preisenberger@fh-kempten.de

**Preiser,** Konrad; Dr., Prof.; *Wirtschaftsinformatik*; di: DHBW Mannheim, Fak. Wirtschaft, Coblitzallee 1-9, 68163 Mannheim, T: (0621) 41051130, F: 41051249, konrad.preiser@dhbw-mannheim.de

**Preiß,** Nikolai; Dr., Prof.; *Wirtschaftsinformatik*; di: DHBW Stuttgart, Fak. Wirtschaft, Wirtschaftsinformatik, Rotebühlplatz 41, 70178 Stuttgart, T: (0711) 66734550, preiss@dhbw-stuttgart.de

**Preißing,** Dagmar; Dr. rer. pol., Prof.; *Betriebswirtschaftslehre, Betriebliche Kommunikation*; di: Hochsch. Fulda, FB Wirtschaft, Marquardstr. 35, 36039 Fulda, T: (0661) 9640269, dagmar.preissing@w.hs-fulda.de

**Preissler,** Gabriele; Dr., Prof.; *Mathematik, Informatik*; di: Hochsch. Konstanz, Fak. Elektrotechnik u. Informationstechnik, Brauneggerstr. 55, 78462 Konstanz, PF 100543, 78405 Konstanz, T: (07531) 206265, preissler@htwg-konstanz.de

**Preißler,** Gerald; Dr. rer. pol., Prof.; *Betriebswirtschaftslehre, Rechnungswesen*; di: Georg-Simon-Ohm-Hochsch. Nürnberg, Fak. Betriebswirtschaft, Bahnhofsstr. 87, 90402 Nürnberg, PF 210320, 90121 Nürnberg, gerald.preissler@ohm-hochschule.de

**Prekwinkel,** Frank; Dr.-Ing., Prof.; *Holzbearbeitungsmaschinen, NC-, CNC- und CAM-Technik*; di: HAWK Hildesheim/Holzminden/Göttingen, Fak. Bauen u. Erhalten, Hohnsen 2, 31134 Hildesheim, T: (05121) 881275

**Prem,** Markus; Dr. rer. nat., Prof.; *Verpackungstechnologie, Werkstofftechnik, Kunststoffe / Polymere*; di: Hochsch. Kempten, Fak. Maschinenbau, Bahnhofstr. 61-63, 87435 Kempten, T: (0831) 2523237, markus.prem@fh-kempten.de

**Premer,** Matthias; Dr. rer. pol., Prof.; *VWL, Volkswirtschaftspolitik, Finanzierung und Außenwirtschaft*; di: Hochsch. Albstadt-Sigmaringen, FB 2, Anton-Günther-Str. 51, 72488 Sigmaringen, PF 1254, 72481 Sigmaringen, T: (07571) 732327, F: 732302, premer@hs-albsig.de

**Preser,** Frank; Dr.-Ing., Prof.; *Wasserbau*; di: HTWK Leipzig, FB Bauwesen, PF 301166, 04251 Leipzig, T: (0341) 30766227, preser@fbb.htwk-leipzig.de

**Presselt,** Norbert; Dr. med. habil., HonProf.; *Spezielle Operationstechniken*; di: FH Jena, FB Medizintechnik u. Biotechnologie, Carl-Zeiss-Promenade 2, 07745 Jena, PF 100314, 07703 Jena

**Prêt,** Uwe; Dr., Prof.; *Fabrikplanung*; di: HTW Berlin, FB Wirtschaftswiss. II, Treskowallee 8, 10318 Berlin, T: (030) 50192415, pret@HTW-Berlin.de

**Pretis,** Manfred; Dr. phil., Prof.; *Transdisziplinäre Frühförderung*; di: MSH Medical School Hamburg, Am Kaiserkai 1, 20457 Hamburg, T: (040) 36122640, Manfred.Pretis@medicalschool-hamburg.de

**Pretnar,** Markus; Prof.; *Innenraumentwurf, Farblehre*; di: FH Mainz, FB Gestaltung, Holzstr. 36, 55116 Mainz, T: (06131) 6282421, markus.pretnar@fh-mainz.de

**Pretschner,** Andreas; Dr.-Ing., Prof.; *Verfahrenstechnik und Anlagen*; di: HTWK Leipzig, FB Elektrotechnik u. Informationstechnik, PF 301166, 04251 Leipzig, T: (0341) 30761135, pretsch@fbeit.htwk-leipzig.de

**Preuß,** Olaf; Dr., Prof.; *Betriebliche Steuerlehre*; di: Westsächs. Hochsch. Zwickau, FB Wirtschaftswiss., Scheffelstr. 39, 08056 Zwickau, T: (0375) 5363335, olaf.preuss@fh-zwickau.de

**Preuß,** Thomas; Dr.-Ing., Prof.; *Network Computing/Informationssysteme*; di: FH Brandenburg, FB Informatik u. Medien, Magdeburger Str. 50, 14470 Brandenburg, PF 2132, 14737 Brandenburg, T: (03381) 355452, F: 355199, preuss@fh-brandenburg.de

**Preußler,** Thomas; Dr.-Ing., Prof.; *Mechanik, Festigkeitslehre, Werkstofftechnik*; di: Hochsch. Trier, Umwelt-Campus Birkenfeld, FB Umweltplanung/Umwelttechnik, PF 1380, 55761 Birkenfeld, T: (06782) 171164, t.preussler@umwelt-campus.de

**Prevot,** Michael; Dipl. Ed., Prof.; *Englisch, Organizational Theory and Organizational Behaviour*; di: Hochsch. Bremen, Fak. Wirtschaftswiss., Werderstr. 73, 28199 Bremen, T: (0421) 59054130, prevot@fbw.hs-bremen.de; pr: Aachener Str. 32, 28327 Bremen, T: (0421) 471596

**Prexler,** Franz; Dr.-Ing., Prof.; *Messtechnik, Konstruktion*; di: Hochsch. Landshut, Fak. Maschinenbau, Am Lurzenhof 1, 84036 Landshut, franz.prexler@fh-landshut.de

**Pribik,** Lucie; Prof.; *Grundlagen der Gestaltung*; di: FH Potsdam, FB Architektur und Städtebau, Pappelallee 8-9, Haus 2, 14469 Potsdam, T: (0331) 5801235; pr: lpribik@lycos.com

**Prielmeier,** Franz; Dr. rer. nat., Prof.; *Physikalische Chemie*; di: FH Aachen, FB Angewandte Naturwiss. u. Technik, Ginsterweg 1, 52428 Jülich, T: (0241) 600953192, prielmeier@fh-aachen.de; pr: Klara-Fey-Str. 8, 52066 Aachen, T: (0241) 6052945

**Priemer,** Jürgen; Dr. rer. pol., Prof.; *Wirtschaftsinformatik*; di: Westfäl. Hochsch., FB Wirtschaft u. Informationstechnik, Münsterstr. 265, 46397 Bocholt, T: (02871) 2155742, Juergen.Priemer@fh-gelsenkirchen.de

**Pries,** Claus Dieter; Dr.-Ing., Prof.; *Produktionstechnik*; di: HAW Hamburg, Fak. Technik u. Informatik, Berliner Tor 21, 20099 Hamburg, T: (040) 428758621, pries@rzbt.haw-hamburg.de; pr: T: (0451) 31970

**Pries,** Margitta; Dr., Prof.; *Mathematik, Mathematik Service (CAD/FEM)*; di: Beuth Hochsch. f. Technik, FB II Mathematik – Physik – Chemie, Luxemburger Straße 10, 13353 Berlin, T: (030) 45042990, pries@beuth-hochschule.de

**Priesemann,** Thomas; Dr.-Ing., Prof., Dekan FB Bau + Geo; *Umwelttechnik, Bodenreiningung, Abfallbehandlung*; di: Jade Hochsch., FB Bauwesen u. Geoinformation, Ofener Str. 16-19, 26121 Oldenburg, T: (0180) 5678073210, F: 5678073135, thomas.priesemann@jade-hs.de; pr: Wallstr. 18, 26689 Apen-Roggenmoor, T: (04489) 940060, F: 940021

**Priesnitz,** Joachim; Dr., Prof.; *Elektrotechnik*; di: DHBW Mannheim, Fak. Technik, Coblitzallee 1-9, 68163 Mannheim, T: (0621) 41051337, F: 41051318, joachim.priesnitz@dhbw-mannheim.de

**Prietz,** Frank; Dipl.-Ing., Prof.; *Massivbau, Statik, Techn. Mechanik*; di: Beuth Hochsch. f. Technik, FB III Bauingenieur- u. Geoinformationswesen, Luxemburger Str. 10, 13353 Berlin, T: (030) 45042601, fprietz@beuth-hochschule.de

**Priewe,** Jan; Dr., Prof.; *Volkswirtschaftslehre*; di: HTW Berlin, FB Wirtschaftswiss. I, Treskowallee 8, 10318 Berlin, T: (030) 50192621, priewe@HTW-Berlin.de

**Prill,** Marc-Andreas; Dr. rer.pol., Prof.; *Strategisches u. operatives Controlling, Wettbewerbsstrategien*; di: FH Lübeck, FB Maschinenbau u. Wirtschaft, Mönkhofer Weg 239, 23562 Lübeck, T: (0451) 3005641, marc-andreas.prill@fh-luebeck.de

**Prillinger,** Gert; Dr.-Ing., Prof.; *Physik, Kernphysik, Strahlentechnik*; di: Hochsch. Esslingen, Fak. Grundlagen, Kanalstr. 33, 73728 Esslingen, T: (0711) 3973411, F: 3973446; pr: Kindelbergweg 37, 71272 Renningen, T: (07159) 7539

**Prillwitz,** Günther; Prof.; *Verwaltungsrecht, Kommunalrecht, Politikwissenschaft*; di: Hess. Hochsch. f. Polizei u. Verwaltung, FB Verwaltung, Talstr. 3, 35394 Gießen, T: (0641) 795623, F: 795620

**Primbs,** Miriam; Dr. rer.nat., Prof.; *Naturwissenschaften, Mathematik, Simulation*; di: Hochschule Ruhr West, Institut Naturwissenschaften, PF 100755, 45407 Mülheim an der Ruhr, T: (0208) 88254423, miriam.primbs@hs-ruhrwest.de

**Prinz,** Ludwig; Dr.-Ing., Prof.; *Messtechnik, Mikrocomputertechnik, Grundlagen der Elektrotechnik, Umweltmesstechnik*; di: Hochsch. Kempten, Fak. Elektrotechnik, Bahnhofstr. 61-63, 87435 Kempten, T: (0831) 2523560, F: 2523197, ludwig.prinz@fh-kempten.de

**Prinz,** Oliver; Dr., Prof.; *Wirtschaftsrecht, Zivilrecht*; di: FH f. Wirtschaft u. Technik, Studienbereich Wirtschaft & IT, Rombergstr. 40, 49377 Vechta, prinz@fhwt.de

**Pritzl,** Magdalena; Dr., Prof.; *Marketing, Organisation*; di: Hochsch. f. angew. Wiss. Würzburg Schweinfurt, Fak. Wirtschaftswiss., Münzstr. 12, 97070 Würzburg

**Priwitzer,** Barbara; Dr. rer. nat., Prof.; *Intelligente Systeme*; di: Hochsch. Lausitz, FB Informatik, Elektrotechnik, Maschinenbau, Großenhainer Str. 57, 01968 Senftenberg, T: (03573) 85616, F: 85609, barbara.priwitzer@iem.fh-lausitz.de

**Probol,** Martin; Dr.-Ing., Prof.; *Betriebsorganisation, Informationssysteme*; di: Hochsch. Bochum, FB Mechatronik u. Maschinenbau, Lennershofstr. 140, 44801 Bochum, T: (0234) 3210462, martin.probol@hs-bochum.de; pr: T: (02327) 77466

**Probst,** Annette; Dr., Prof., Vizepräs.; di: HAWK Hildesheim/Holzminden/Göttingen, Fak. Soziale Arbeit u. Gesundheit, Brühl 20, 31134 Hildesheim, T: (05121) 881595, F: 881591, Probst@hawk-hhg.de

**Probst,** Ursula; Dr. rer. nat., Prof.; *Umweltschutz und Recycling, Neue Technologien, Werkstoffe*; di: Hochsch. d. Medien, Fak. Druck u. Medien, Nobelstr. 10, 70569 Stuttgart, T: (0711) 89232112

**Probst,** Uwe; Dipl.-Ing., Prof.; *Leistungselektronik, Informatik*; di: Techn. Hochsch. Mittelhessen, FB 02 Elektro- u. Informationstechnik, Wiesenstr. 14, 35390 Gießen, T: (0641) 3091935, Uwe.Probst@ei.fh-giessen.de; pr: Erlenweg 23, 35625 Hüttenberg

**Prochaska,** Ermenfried; Dipl.-Ing., Prof.; *Elektronik, Mikroelektronik, Angewandte Mikroprozessortechnik*; di: Hochsch. Heilbronn, Fak. f. Technik 2, Max-Planck-Str. 39, 74081 Heilbronn, T: (07131) 504287, prochaska@hs-heilbronn.de

**Prochnio,** Erich; Dr.-Ing., Prof.; *Regelungstechnik, Informatik*; di: Hochsch. Rhein/Main, FB Ingenieurwiss., Umwelttechnik, Am Brückweg 26, 65428 Rüsselsheim, T: (06142) 8984415, erich.prochnio@hs-rm.de

**Prochotta,** Joachim; Dr., Prof.; *Physik, Werkstoffe der Elektrotechnik, Theoretische Physik*; di: FH Düsseldorf, FB 3 – Elektrotechnik, Josef-Gockeln-Str. 9, 40474 Düsseldorf, T: (0211) 4351342, joachim.prochotta@fh-duesseldorf.de; pr: Kanzlei 46, 40667 Meerbusch, T: (02132) 911395

**Prock,** Johannes; Dr., Prof.; *Prozeßmeßtechnik, Elektr. Meßtechnik, Theoretische Elektrotechnik, Neuronale Netze, Regenerative Energien*; di: Hochsch. f. angew. Wiss. Würzburg Schweinfurt, Fak. Elektrotechnik, Ignaz-Schön-Str. 11, 97421 Schweinfurt

**Pröbstle,** Günther; Dipl.-Physiker, Dr.rer. nat., Prof.; *Physik*; di: Hochsch. Ansbach, FB Ingenieurwissenschaften, Residenzstr. 8, 91522 Ansbach, PF 1963, 91510 Ansbach, T: (0981) 4877319, guenther.proebstle@fh-ansbach.de

**Proelß,** Juliane; Dr., Prof.; *Betriebswirtschaftslehre, insbesondere Finanzmanagement*; di: Hochsch. Trier, FB Wirtschaft, PF 1826, 54208 Trier, T: (0651) 8103299, J.Proelss@hochschule-trier.de

**Prößler,** Ernst-Kurt; Dr.-Ing., Prof.; *Werkzeugmaschinen, Fertigungstechnik*; di: FH Stralsund, FB Maschinenbau, Zur Schwedenschanze 15, 18435 Stralsund, T: (03831) 456543, Ernst-Kurt.Proessler@fh-stralsund.de

**Prokoph,** Matthias; Dipl.-Ing., Prof.; *Luftverkehrsengineering*; di: Techn. Hochsch. Wildau, FB Ingenieurwesen/Wirtschaftsingenieurwesen, Bahnhofstr., 15745 Wildau, T: (03375) 508613, matthias.prokoph@tfh-wildau.de

**Propach,** Jürgen; Dr., Prof.; *Wirtschaftsinformatik*; di: Westfäl. Hochsch., FB Wirtschaft, Neidenburger Str. 43, 73430 Gelsenkirchen, T: (0209) 9596623, F: 9596600, juergen.propach@fh-gelsenkirchen.de

**Proporowitz,** Armin; Dr.-Ing., Prof.; *Baubetriebswirtschaft*; di: Hochsch. Lausitz, FB Architektur, Bauingenieurwesen, Versorgungstechnik, Lipezker Str. 47, 03048 Cottbus-Sachsendorf, T: (0355) 5818612, F: 5818609

**Pross,** Dieter; Dr.-Ing., Prof.; *Kommunikationssysteme, Digitale Übertragungsverfahren, Internet/Web-Technologien*; di: Hochsch. Ulm, Fak. Elektrotechnik u. Informationstechnik, PF 3860, 89028 Ulm, T: (0731) 5028421, pross@hs-ulm.de

**Prowe,** Steffen; Dr., Prof.; *Mikrobiologie*; di: Beuth Hochsch. f. Technik, FB V Life Science and Technology, Luxemburger Str. 10, 13353 Berlin, T: (030) 45043903, steffen.prowe@beuth-hochschule.de

**Pruckner,** Ewald; Dr.-Ing., Prof.; *Technische Thermodynamik, Umweltschutz, Thermische Verfahrenstechnik, Wärme- und Stoffübertragung*; di: Hochsch. Heilbronn, Fak. f. Mechanik u. Elektronik, Max-Planck-Str. 39, 74081 Heilbronn, T: (07131) 504305, pruckner@hs-heilbronn.de

**Prümm,** Hans Paul; Dr., Prof.; *Öffentliches Recht, Verwaltungsrecht, Baurecht, Umweltschutzrecht, Europarecht, Polizei- und Ordnungsrecht*; di: Hochsch. f. Wirtschaft u. Recht Berlin, FB 1, Alt-Friedrichsfelde 60, 10315 Berlin, T: (030) 90214000, F: 90214417, hp.pruemm@hwr-berlin.de

**Prümper,** Jochen; Dr., Prof.; *Psychologie*; di: HTW Berlin, FB Wirtschaftswiss. I, Treskowallee 8, 10318 Berlin, T: (030) 50192488, j.pruemper@HTW-Berlin.de

**Prüser,** Hans-Hermann; Dr.-Ing., Prof.; *Stahlbetonbau, Baumechanik/Baustatik, Mauerwerksbau*; di: Jade Hochsch., FB Bauwesen u. Geoinformation, Ofener Str. 16/19, 26121 Oldenburg, T: (0441) 77083328, hans-hermann.prueser@jade-hs.de; pr: Große Str. 78, 27299 Langwedel, T: (04232) 3157

**Pruin,** Claus Cajus; Dipl.-Ing., HonProf.; di: FH Bielefeld, FB Architektur u. Bauingenieurwesen, Artilleriestr. 9, 32427 Minden, PF 2328, 32380 Minden, T: (040) 707076810, cajus-claus.pruin@fh-bielefeld.de; pr: Weidtmannweg 16, 40878 Ratingen, T: (02102) 201368

**Prys,** Sabine; Dr. rer. nat., Prof.; *Strahlungstechnik, Kerntechnik*; di: Hochsch. Furtwangen, Fak. Computer & Electrical Engineering, Robert-Gerwig-Platz 1, 78120 Furtwangen, T: (07723) 9202226, mlr@fh-furtwangen.de

**Przewloka,** Martin; Dr., Prof.; *Wirtschaftsinformatik*; di: Provadis School of Int. Management and Technology, Industriepark Hoechst, Geb. B 845, 65926 Frankfurt a.M.

**Przybilla,** Heinz-Jürgen; Dr.-Ing., Prof. HS Bochum; *Photogrammetrie*; di: Hochsch. Bochum, FB Vermessungswesen u. Geoinformatik, Lennershofstr. 140, 44801 Bochum, T: (0234) 3210517; pr: Essener Str. 117, 45529 Hattingen, T: (02324) 41035

**Przybilla,** Rüdiger; Dr., Prof.; *BWL, Industrie*; di: DHBW Heidenheim, Fak. Wirtschaft, Marienstr. 20, 89518 Heidenheim, T: (07321) 2722263, F: 2722259, przybilla@dhbw-heidenheim.de

**Przywara,** Rainer; Dr.-Ing., Prof.; *Technischer Vertrieb u. Marketing*; di: Hochsch. Hannover, Fak. II Maschinenbau u. Bioverfahrenstechnik, Ricklinger Stadtweg 120, 30459 Hannover, PF 920261, 30441 Hannover, T: (0511) 92961399, rainer.przywara@hs-hannover.de

**Ptak,** Hildebrand; Dr. rer. pol., Prof.; *BWL, Management*; di: Ev. Hochsch. Berlin, Prof. f. Betriebswirtschaftslehre u. Management, PF 370255, 14132 Berlin, T: (030) 845821288, F: 84582388, ptak@eh-berlin.de

**Puch,** Hans-Joachim; M.A., Dipl.-Sozialpäd. (FH), Dr. rer. pol., Prof. u. Präs.; *Soziale Arbeit, Soziologie*; di: Ev. Hochsch. Nürnberg, Fak. f. Sozialwissenschaften, Bärenschanzstr. 4, 90429 Nürnberg, T: (0911) 27253701, hans-joachim.puch@evhn.de; pr: Eifelweg 31, 91056 Erlangen, T: (09131) 450318

**Puchan,** Jörg; Dr., Prof.; *Wirtschaftsinformatik*; di: Hochsch. München, Fak. Wirtschaftsingenieurwesen, Erzgießereistr. 14, 80335 München, joerg.puchan@hm.edu

**Puche,** Manfred; Dr. Ing., Prof.; di: Hochsch. f. Wirtschaft u. Recht Berlin, Badensche Str. 50/51, 10825 Berlin, T: (030) 29384523, manfred.puche@hwr-berlin.de

**Pudig,** Carsten; Dr.-Ing., Prof.; *Fertigung u. Konstruktion*; di: Jade Hochsch., FB Management, Information, Technologie, Friedrich-Paffrath-Str. 101, 26389 Wilhelmshaven, pudig@jade-hs.de

**Pühringer,** Johann; Dr. rer. pol., Prof.; *Steuerlehre/Wirtschaftsprüfung*; di: Westsächs. Hochsch. Zwickau, FB Wirtschaftswiss., Scheffelstr. 39, 08056 Zwickau, Johann.Puehringer@fh-zwickau.de

**Püschel,** Gunter; Dr.rer. oec. habil., HDoz.; *Betriebswirtschaft, Fertigungswirtschaft*; di: Hochsch. Zittau/Görlitz, Fak. Wirtschafts- u. Sprachwiss., Theodor-Körner-Allee 16, 02763 Zittau, T: (03583) 611404, gpueschel@hs-zigr.de

**Püschel,** Rudolf; Dr. jur., Prof.; *Bauingenieurwesen*; di: Hochsch. Deggendorf, FB Bauingenieurwesen, Edlmairstr. 6-8, 94469 Deggendorf, PF 1320, 94453 Deggendorf, T: (0991) 3615413, F: 361581499, rudolf.pueschel@fh-deggendorf.de

**Pütz,** Helmut; Dr. phil., Präs. i.R. d. Bundesinst. f. Berufsbildung (BIBB), HonProf. H Bremen; *Berufsbildung*; pr: Robert-Schuman-Platz 1, 53175 Bonn, T: (0228) 1071000, F: 1072981, puetz@bibb.de

**Pütz,** Karl; Dr., Prof.; *Rechnungswesen u. Finanz- u. Investitionswirtschaft*; di: Hochsch. Aschaffenburg, Fak. Ingenieurwiss., Würzburger Str. 45, 63743 Aschaffenburg, T: (06021) 314875, karl.puetz@fh-aschaffenburg.de

**Pützschler,** Wolfgang; Dipl.-Ing., Prof.; *Baustofflehre einschl. Baustoffprüfung und Baustofftechnologie*; di: FH Bielefeld, FB Architektur u. Bauingenieurwesen, Artilleriestr. 9, 32427 Minden, T: (0571) 8385141, F: 8385146, wolfgang.puetzschler@fh-bielefeld.de; pr: Goethestr. 20, 34281 Gudensberg, T: (05603) 5243

**Puhala,** Alexander; Dr.-Ing., Prof.; *Messtechnik, Technische Dynamik*; di: Hochsch. Ostwestfalen-Lippe, FB 5, Elektrotechnik u. techn. Informatik, Liebigstr. 87, 32657 Lemgo, T: (05261) 702252, F: 702373; pr: Krügerkamp 23 B, 32657 Lemgo, T: (05261) 217659

**Puhl,** Joachim; Dr. rer. nat., Prof.; *Mathematik*; di: FH Jena, FB Grundlagenwiss., Carl-Zeiss-Promenade 2, 07745 Jena, PF 100314, 07703 Jena, T: (03641) 205500, F: 205501, gw@fh-jena.de

**Puhl,** Ria; Dr. phil., Prof.; *Theorien Sozialer Arbeit*; di: Kath. Hochsch. NRW, Abt. Köln, FB Sozialwesen, Wörthstr. 10, 50668 Köln, T: (0221) 7757176, F: 7757180, r.puhl@kfhnw.de

**Puhl,** Werner; Dr. rer. pol., Prof.; *Programmieren, EDV, Software-Engineering und Datenbanken, EDV-Anwendungen, Betriebliches Rechnungswesen*; di: Hochsch. Offenburg, Fak. Betriebswirtschaft u. Wirtschaftsingenieurwesen, Klosterstr. 14, 77723 Gengenbach, T: (07803) 989632, F: 989649

**Pulch,** Harald; Prof.; *Film- und Videogestaltung*; di: FH Mainz, FB Gestaltung, Holzstr. 36, 55116 Mainz, T: (06131) 2859511, hpulch@img.fh-mainz.de

**Pulst,** Edda; Dipl.-Kffr., Dr. rer. pol., Prof.; *Wirtschaftsinformatik*; di: Westfäl. Hochsch., FB Wirtschaft u. Informationstechnik, Münsterstr. 265, 46397 Bocholt, T: (02871) 2155710, Edda.Pulst@fh-gelsenkirchen.de

**Pulte,** Peter; Dr., Prof.; *Arbeits- und Sozialrecht*; di: Westfäl. Hochsch., FB Wirtschaftsrecht, August-Schmidt-Ring 10, 45657 Recklinghausen, T: (02361) 915414, peter.pulte@fh-gelsenkirchen.de

**Pulz,** Otto; Dr. rer. nat., Dr. h.c., Prof.; *Anorganische Chemie, Instrumentelle Analytik, Umweltanalytik*; di: Hochsch. Lausitz, FB Bio-, Chemie- u. Verfahrenstechnik, Großenhainer Str. 57, 01968 Senftenberg, T: (03573) 85914, F: 85909, pulz@igv-gmbh.de

**Pumpe,** Dieter; Dr.-Ing., Prof.; *Betriebswirtschaftslehre, Wirtschaftsinformatik*; di: Beuth Hochsch. f. Technik, FB I Wirtschafts- u. Gesellschaftswiss., Luxemburger Str. 10, 13353 Berlin, T: (030) 45045502, pumpe@beuth-hochschule.de

**Pundt,** Hardy; Dr., Prof.; *Geoinformations- u. Datenbanksysteme*; di: Hochsch. Harz, FB Automatisierung u. Informatik, Friedrichstr. 57-59, 38855 Wernigerode, T: (03943) 659336, F: 659109, hpundt@hs-harz.de

**Purat,** Marcus; Dr.-Ing., Prof.; *Digitale Signalverarbeitung*; di: Beuth Hochsch. f. Technik, FB VII Elektrotechnik – Mechatronik – Optometrie, Luxemburger Str. 10, 13353 Berlin, T: (030) 45042380, marcus.purat@beuth-hochschule.de

**Purvis,** Claire; Dr., Prof.; *Allgemeine Betriebswirtschaftslehre*; di: Hochsch. Fulda, FB Wirtschaft, Marquardstr. 35, 36039 Fulda, claire.purvis@w.hs-fulda.de

**Pusch,** Uwe; Dr.-Ing., Prof.; *Massivbau, Baustatik, Bauphysik*; di: HAWK Hildesheim/Holzminden/Göttingen, Fak. Bauen u. Erhalten, Hohnsen 2, 31134 Hildesheim, T: (05121) 881259, F: 881224

**Puscher,** Barbara; Dipl.-Modedes., Prof.; *Stylistische und technische Produktentwicklung, Stickerei und Bekleidungskonstruktion*; di: Hochsch. Albstadt-Sigmaringen, FB 1, Poststr. 6, 72458 Albstadt, T: (07431) 579227, F: 579229, bapu@hs-albsig.de

**Putnoki,** Hans; Dr., Prof.; *Investition und Finanzierung*; di: DHBW Ravensburg, Rudolfstr. 19, 88214 Ravensburg, T: (0751) 189992742, putnoki@dhbw-ravensburg.de

**Pyerin,** Brigitte; Dr. phil., Prof.; *Erziehungswissenschaft*; di: Hochsch. Zittau/Görlitz, Fak. Sozialwiss., PF 300648, 02811 Görlitz, T: (03581) 4828138, b.pyerin@hs-zigr.de

**Pyka,** Wilhelm; Dr., Prof.; *Bodentechnologie, Hydrogeologie, Bodenschutz*; di: Hochsch. Weihenstephan-Triesdorf, Fak. Umweltingenieurwesen, Steingruberstr. 2, 91746 Weidenbach-Triesdorf, T: (09826) 654215, F: 654110, wilhelm.pyka@fh-weihenstephan.de

**Pyttel,** Thomas; Dr., Prof.; *Technische Mechanik, Konstruktionslehre*; di: Techn. Hochsch. Mittelhessen, Wiesenstr. 14, 35390 Gießen, T: (06031) 604437

**Qu,** Wenmin; Dr.-Ing., Prof.; di: Hochsch. München, Fak. Feinwerk- u. Mikrotechnik, Physikal. Technik, Lothstr. 34, 80335 München, wenmin.qu@hm.edu

**Quack,** Heinz-Dieter; Dr., Prof.; di: Ostfalia Hochsch., Fak. Verkehr-Sport-Tourismus-Medien, Karl-Scharfenberg-Str. 55/57, 38229 Salzgitter

**Quack,** Helmut; Dipl.-Kfm., Dr., Prof.; *Betriebswirtschaftslehre, insbes. Marketing und Kommunikationswirtschaft*; di: FH Düsseldorf, FB 7 – Wirtschaft, Universitätsstr. 1, Geb. 23.32, 40225 Düsseldorf, T: (0211) 8115357, F: 8114369, helmut.quack@fh-duesseldorf.de; pr: Schelmrather Str. 14, 41469 Neuss, T: (02137) 5126, F: 76171

**Quade,** Jürgen; Dr.-Ing., Prof.; *Technische Datenverarbeitung, insbes. Prozeßautomatisierung*; di: Hochsch. Niederrhein, FB Elektrotechnik/Informatik, Reinarzstr. 49, 47805 Krefeld, T: (02151) 8224681

**Quarg,** Sabine; Dr., Prof.; *Betriebswirtschaftslehre, insbes. Unternehmensführung*; di: FH Dortmund, FB Wirtschaft, Emil-Figge-Str. 44, 44227 Dortmund, T: (0231) 7554971, F: 7554902, sabine.quarg@fh-dortmund.de

**Quaschning,** Volker; Dr.-Ing. habil., Prof.; *Energiewandler, Regenerative Energien, Anlagetechnik*; di: HTW Berlin, FB Ingenieurwiss. I, Marktstr. 9, 10317 Berlin, T: (030) 50193656, volker.quaschning@HTW-Berlin.de

**Quasnitza,** Hans; Dr.-Ing., Prof.; *Vermessungskunde, Datenverarbeitung*; di: Hochsch. Biberach, Fak. Bauingenieurwesen, PF 1260, 88382 Biberach/Riß, T: (07351) 582317, F: 582449, quasnitza@hochschule-bc.de

**Quaß,** Michael; Dr.-Ing., Prof.; *Maschinenelemente, Technisches Zeichnen, Konstruieren, Projektieren, CAD*; di: Hochsch. Hannover, Fak. II Maschinenbau u. Bioverfahrenstechnik, Ricklinger Stadtweg 120, 30459 Hannover, PF 920261, 30441 Hannover, T: (0511) 92961357, F: 92961303, michael.quass@hs-hannover.de; pr: Falkenberger Str. 3a, 31275 Lehrte-Hämelerwald, T: (05175) 95125

**Quass von Deyen,** Rüdiger; Dipl.-Des., Prof.; *Corporate Communication, Corporate Publishing, Editorial Design*; di: FH Münster, FB Design, Leonardo-Campus 6, 48149 Münster, T: (0251) 8365350, quassvondeyen@fh-muenster.de

**Quast,** Heiner; Dr., Prof.; *Allgem. u. Anorganische Chemie, Industrielle Organische Chemie, Biochemie, Biotechnologie, Mikrobiologie*; di: NTA Prof. Dr. Grübler, Seidenstr. 12-35, 88316 Isny, T: (07562) 970716, quast@nta-isny.de

**Quast,** Johannes Günther; Dipl.-Ing., Prof.; *Landschaftsplanung, Landschaftsökologie*; di: Hochsch. Ostwestfalen-Lippe, FB 9, Landschaftsarchitektur u. Umweltplanung, An der Wilhelmshöhe 44, 37671 Höxter, T: (05271) 687184, guenther.quast@fh-luh.de; pr: Kastanienallee 5, 46487 Wesel, T: (02859) 375

**Queitsch,** Robert; Dr.-Ing., Prof.; *Physik, Mathematik, Lasertechnik*; di: Hochsch. Amberg-Weiden, FB Maschinenbau u. Umwelttechnik, Kaiser-Wilhelm-Ring 23, 92224 Amberg, T: (09621) 4823313, r.queitsch@haw-aw.de

**Quelle,** Guido; Dr., Prof.; *Selbstmanagement und Personalführung*; di: SRH Hochsch. Hamm, Platz der Deutschen Einheit 1, 59065 Hamm, guido.quelle@fh-hamm.srh.de

**Quenzler,** Alfred; Dr., Prof.; *Internationales Personal- u. Organisationsmanagement*; di: HAW Ingolstadt, Fak. Wirtschaftswiss., Esplanade 10, 85049 Ingolstadt, T: (0841) 9348471, alfred.quenzler@haw-ingolstadt.de

**Queri,** Silvia; Dr. phil., Prof.; *Gesundheitswesen*; di: Hochsch. Ravensburg-Weingarten, Doggenriedstr., 88250 Weingarten, PF 1261, 88241 Weingarten, T: (0751) 5019456, silvia.queri@hs-weingarten.de

**Quibeldey-Cirkel,** Klaus; Dr.-Ing., Prof.; *Praktische Informatik*; di: Techn. Hochsch. Mittelhessen, FB 13 Mathematik, Naturwiss. u. Datenverarbeitung, Wiesenstr. 14, 35390 Gießen, T: (0641) 3092343; pr: 35039 Marburg, T: (06421) 6200250

**Quick,** Jürgen; Dr.-Ing., Prof.; *Elektronik/Grundlagen der Elektrotechnik*; di: FH Brandenburg, FB Technik, SG Elektrotechnik, Magdeburger Str. 50, 14770 Brandenburg, PF 2132, 14737 Brandenburg, T: (03381) 355544, quick@fh-brandenburg.de

**Quincke,** Jörg; Dr.-Ing., Prof.; *Halbleitertechnik, Elektronik, Mikrosystemtechnik*; di: Hochsch. Ravensburg-Weingarten, Doggenriedstr., 88250 Weingarten, PF 1261, 88241 Weingarten, T: (0751) 5019593, F: 5019876, quincke@hs-weingarten.de; pr: Spohnstr. 9, 88212 Ravensburg, T: (0751) 18332, F: 18332

**Quindeau,** Ilka; Dipl.-Psych., Dipl.-Soz., Dr. phil., Prof.; *Psychologie, Psychoanalyse, Soziologie, Interventionsmethoden*; di: FH Frankfurt, FB 4 Soziale Arbeit u. Gesundheit, Nibelungenplatz 1, 60318 Frankfurt am Main, T: (069) 15332838, quindeau@fb4.fh-frankfurt.de

**Quindel,** Ralf; Dr. phil., Prof.; *Psychologische Grundlagen der Sozialen Arbeit und der Heilpädagogik*; di: Kath. Hochsch. f. Sozialwesen Berlin, Köpenicker Allee 39-57, 10318 Berlin, T: (030) 50101028

**Quint,** Franz; Dr.-Ing., Prof.; *Übertragungstechnik*; di: Hochsch. Karlsruhe, Fak. Elektro- u. Informationstechnik, Moltkestr. 30, 76133 Karlsruhe, PF 2440, 76012 Karlsruhe, T: (0721) 9252254, Franz.Quint@hs-karlsruhe.de

**Quint,** Werner; Dr., Prof.; *Informationsmanagement, Organisation*; di: Hochsch. Rhein/Main, FB Design Informatik Medien, Unter den Eichen 5, 65195 Wiesbaden, T: (0611) 94952146, werner.quint@hs-rm.de; pr: Am Hundacker 11, 55257 Mainz-Budenheim, T: (06139) 960495

**Quirynen,** Anne; Dr., Prof. FH Potsdam; *Mediengestaltung*; di: FH Potsdam, Pappelallee 8-9, 14469 Potsdam, T: (0331) 5801632, quirynen@fh-potsdam.de

**Raab,** Emanuel; Prof.; *Fotografie und Bildmedien*; di: FH Bielefeld, FB Gestaltung, Lampingstr. 3, 33615 Bielefeld, T: (0521) 1067650, emanuel.raab@fh-bielefeld.de; pr: Schenkendorfstr. 6, 65187 Wiesbaden, T: (0611) 842706

**Raab,** Gerhard; Dipl.-Kfm., Dipl.-Psych., Dr. oec., Prof.; *Marketing und Unternehmensführung*; di: FH Ludwigshafen, FB II Marketing und Personalmanagement, Ernst-Boehe-Str. 4, 67059 Ludwigshafen/Rhein, T: (0621) 5918514, raab@fh-lu.de

**Raab,** Peter; Dipl.-Des., Prof.; *Grundlagen des Gestaltens*; di: Hochsch. Coburg, Fak. Design, Am Hofbräuhaus 1, 96450 Coburg, T: (09561) 317343, raab@hs-coburg.de

**Raab-Kuchenbuch,** Andrea; Dr. rer. pol., Prof.; *Marketing, Allg. Betriebswirtschaftslehre*; di: HAW Ingolstadt, Fak. Wirtschaftswiss., Esplanade 10, 85049 Ingolstadt, T: (0841) 9348358, andrea.raab@haw-ingolstadt.de

**Raaij,** Alexander van; Dr. rer. nat., Prof.; *Automatisierungssysteme und Meßtechnik*; di: Georg-Simon-Ohm-Hochsch. Nürnberg, Fak. Elektrotechnik Feinwerktechnik Informationstechnik, Wassertorstr. 10, 90489 Nürnberg, PF 210320, 90121 Nürnberg

**Raatschen,** Hans-Jürgen; Dr.-Ing., Prof.; *Technische Mechanik*; di: FH Aachen, FB Maschinenbau und Mechatronik, Goethestr. 1, 52064 Aachen, T: (0241) 600952431, raatschen@fh-aachen.de; pr: Ronheider Weg 54, 52066 Aachen, T: (0241) 607550

**Rabe,** Annette; Dr. jur., Prof.; *Kinder- und Jugendhilferecht, Familienrecht*; di: Ev. Hochsch. Darmstadt, FB Sozialarbeit/Sozialpädagogik, Zweifalltorweg 12, 64293 Darmstadt, T: (06151) 879853, rabe@eh-darmstadt.de

**Rabe,** Dirk; Dr.-Ing., Prof.; *Digitaltechnik Entwurf integrierter Schaltungen Sicherheits- und Chipkarten*; di: Hochsch. Emden/Leer, FB Technik, Constantiaplatz 4, 26723 Emden, T: (04921) 8071802, dirk.rabe@hs-emden-leer.de

**Rabe,** Maike; Dr.-Ing., Prof.; *Textilveredlung und Ökologie*; di: Hochsch. Niederrhein, FB Textil- u. Bekleidungstechnik, Webschulstr. 31, 41065 Mönchengladbach, T: (02161) 1866110, Maike.Rabe@hs-niederrhein.de

**Rabe,** Uwe; Dipl.-Päd., Dr. phil., Prof.; *Erziehungswissenschaft, insbes. Theorie und Praxis der Erziehungsprozesse, Freizeit- und Kreativitätspädagogik, Jugendarbeit*; di: FH Münster, FB Sozialwesen, Hüfferstr. 27, 48149 Münster, T: (0251) 8365786, F: 8365702, urabe@fh-muenster.de; pr: Graffring 49, 44795 Bochum, T: (0234) 312304, F: 312304

**Rabenhorst,** Jürgen; Dr. rer. nat., Prof.; *Biotechnologie*; di: Hochsch. Ostwestfalen-Lippe, FB 4, Life Science Technologies, Liebigstr. 87, 32657 Lemgo

**Raber,** Stefan; Dr., Prof.; di: Hochsch. München, Fak. Wirtschaftsingenieurwesen, Erzgießereistr. 14, 80335 München, stefan.raber@hm.edu

**Rabl,** Hans-Peter; Dr.-Ing., Prof.; *Verbrennungsmotoren, Fahrzeugtechnik*; di: Hochsch. Regensburg, Fak. Maschinenbau, PF 120327, 93025 Regensburg, T: (0941) 9435164, hans-peter.rabl@maschinenbau.fh-regensburg.de

**Rachow,** Michael; Dr.-Ing., Prof., Dekan FB Seefahrt; *Schiffsmaschinenanlagen*; di: Hochsch. Wismar, Fak. f. Ingenieurwiss., PF 1210, 23952 Wismar, T: (0381) 4985800, m.rachow@sf.hs-wismar.de

**Rack,** Monika; Dipl.-Ing., Prof.; *Konstruktionslehre, Maschinenelemente, Getriebelehre*; di: Hochsch. Esslingen, Fak. Maschinenbau, Kanalstr. 33, 73728 Esslingen, T: (0711) 3973319; pr: Erfurter Weg 9, 71672 Marbach, T: (07144) 858313

**Rackles,** Jürgen; Dr.-Ing., Prof.; *Leistungseleketronik*; di: Hochsch. München, Fak. Elektrotechnik u. Informationstechnik, Lothstr. 64, 80335 München, T: (089) 12653418, F: 12653403, rackles@ee.fhm.edu

**Rada,** Holger; Dr., Prof.; *Mediendesign*; di: Hochsch. Bremerhaven, An der Karlstadt 8, 27568 Bremerhaven, T: (0471) 4823479, F: 284823, hrada@hs-bremerhaven.de

**Raddatz,** Heike; Dr., Prof.; *Lebensmittelchemie u. -analytik, Chemie, v.a. der kosmetischen Mittel*; di: Hochsch. Trier, FB BLV, Schneidershof, 54293 Trier, T: (0651) 8103297, H.Raddatz@beuth-hochschule.de

**Rade,** Katja; Dr.rer.oec., Prof.; *Betriebswirtschaftslehre*; di: Hochsch. Pforzheim, Fak. f. Wirtschaft u. Recht, Tiefenbronner Str. 65, 75175 Pforzheim, T: (07231) 286315, F: 287315, katja.rade@hs-pforzheim.de

**Radehaus,** Petra; Dr. rer. nat., Prof.; *Biotechnologie, Bioinformatik*; di: Hochsch. Mittweida, Fak. Mathematik/Naturwiss./Informatik, Technikumplatz 17, 09648 Mittweida, T: (03727) 581041, F: 581376, radehaus@htwm.de

**Rademacher,** Britta; Dr.-Ing., Prof.; *Milchwirtschaftliche Technologie, Lebensmitteltechnologie, Spezielle Trenntechniken, Anlagenprojektierung*; di: Hochsch. Hannover, Fak. II Maschinenbau u. Bioverfahrenstechnik, Heisterbergallee 12, 30453 Hannover, T: (0511) 92962206, britta.rademacher@hs-hannover.de; pr: Bucheckerweg 19, 30453 Hannover, T: (0170) 1642580

**Rademacher,** Christel; Dr., Prof.; *Angewandte Ernährungswissenschaft*; di: Hochsch. Niederrhein, FB Oecotrophologie, Rheydter Str. 232, 41065 Mönchengladbach, T: (02161) 1865386, christel.rademacher@hs-niederrhein.de

**Rademacher,** Christine; Dr. rer. nat, Prof.; *Mathematik*; di: Georg-Simon-Ohm-Hochsch. Nürnberg, Fak. Allgemeinwiss., Keßlerplatz 12, 90489 Nürnberg

**Rademacher,** Claudia; Dr., Prof.; *Sozialwesen*; di: FH Bielefeld, FB Sozialwesen, Kurt-Schumacher-Straße 6, 33615 Bielefeld, T: (0521) 1067867, claudia.rademacher@fh-bielefeld.de

**Rademacher,** Johannes; Dr.-Ing., Prof.; *Technische Mechanik*; di: Westfäl. Hochsch., FB Maschinenbau, Münsterstr. 265, 46397 Bocholt, T: (02871) 2155916, j.rademacher@bocholt.fh-gelsenkirchen.de

**Rademacher,** Lars; Dr., Prof.; *Kommunikationsmanagement*; di: Macromedia Hochsch. f. Medien u. Kommunikation, Gollierstr. 4, 80339 München

**Rademacher,** Thomas; Dr. agr., Prof.; *Technik der Innen- u. Aussenwirtschaft, Grundlagen der Landtechnik, Landtechnik der Intensivkulturen*; di: FH Bingen, FB Life Sciences and Engineering, FR Agrarwirtschaft, Berlinstr. 109, 55411 Bingen, T: (06721) 409177, F: 409188, rademacher@fh-bingen.de

**Radermacher,** Werner; Dr.-Ing., Prof.; *Werkzeugmaschinen und Vorrichtungen, Produktionsmethoden, Fertigungsplanung und -steuerung und Fabrikplanung*; di: FH Südwestfalen, FB Maschinenbau, Frauenstuhlweg 31, 58644 Iserlohn, T: (02371) 566308, F: 566251, radermacher@fh-swf.de; pr: Kirschblütenweg 5, 58640 Iserlohn, T: (02371) 151463

**Radke,** Petra; Dr., Prof.; *BWL – Medien- und Kommunikationswirtschaft: Digital und Print*; di: DHBW Ravensburg, Weinbergstr. 17, 88214 Ravensburg, T: (0751) 189992103, radke@dhbw-ravensburg.de

**Radke,** Volker; Dr., Prof.; *Wirtschaftspolitik, Umweltökonomie*; di: DHBW Ravensburg, Marktstr. 28, 88212 Ravensburg, T: (0751) 189992140, v.radke@dhbw-ravensburg.de

**Radlbeck,** Werner; Dr.-Ing., Prof.; *Informatik, Betriebssysteme/Lokale Netze, Expertensysteme, Umweltinformatik*; di: HTW Berlin, FB Ingenieurwiss. I, Marktstr. 9, 10317 Berlin, T: (030) 50193522, w.radlbeck@HTW-Berlin.de

**Radlik,** Wolfgang; Dr., Prof.; *Technische Mechanik, Kunststoffe in der Elektronik, Grundlagen der Elektrotechnik*; di: Hochsch. Rosenheim, Fak. Ingenieurwiss., Hochschulstr. 1, 83024 Rosenheim, T: (08031) 805629, radlik@fh-rosenheim.de

**Radscheit,** Carolin; Dr.-Ing., Prof.; *Werkstoff- u. Schweißtechnik*; di: Hochsch. Bochum, FB Mechatronik u. Maschinenbau, Lennershofstr. 140, 44801 Bochum, T: (0234) 3210403, carolin.radscheit@hs-bochum.de; pr: Scharnhorststr. 6, 44787 Bochum

**Radtke,** Michael; Dr., Prof.; *BWL, insbes. Risikomanagement, Versicherungen und Finanzmanagement*; di: FH Dortmund, FB Wirtschaft, Emil-Figge-Str. 42, 44227 Dortmund, T: (0231) 7554970, F: 7554902, Michael.Radtke@fh-dortmund.de

**Radtke,** Susanne; Dipl.-Designer, Prof.; *Grundlagen der Gestaltung, Mediendesign*; di: Hochsch. Ulm, Fak. Elektrotechnik u. Informationstechnik, PF 3860, 89028 Ulm, T: (0731) 5028321, radtke@hs-ulm.de

**Räbiger,** Jutta; Dr., Prof.; *Gesundheitsökonomie, Unternehmensstrategien, neue Geschäftsmodelle, Marketing von Gesundheitseinrichtungen*; di: Alice-Salomon-Hochsch., Alice-Salomon-Platz 5, 12627 Berlin-Hellersdorf, T: (030) 99245314, F: 99245245, raebiger@ash-berlin.eu; pr: Rüdesheimer Platz 9, 14197 Berlin

**Raedel,** Christoph; Dr., Prof.; *Religions- u. Gemeindepädagogik, Ökumenische Theologie*; di: CVJM-Hochsch. Kassel, Hugo-Preuß-Straße 40, 34131 Kassel-Bad Wilhelmshöhe, T: (0561) 3087699, raedel@cvjm-hochschule.de

**Rädle,** Matthias; Dr. rer. nat., Prof.; *Messtechnik, Physik u. Mathematik*; di: Hochsch. Mannheim, Fak. Verfahrens- u. Chemietechnik, Windeckstr. 110, 68163 Mannheim

**Raegle,** Susanne; Dr., Prof.; *Bilanzsteuerrecht, Betriebl. Steuerlehre, Internat. Steuerrecht*; di: FH Frankfurt, FB 3 Wirtschaft u. Recht, Nibelungenplatz 1, 60318 Frankfurt am Main, T: (069) 15332926, raegle@fb3.fh-frankfurt.de

**Räsänen,** Henrik; Dr., Dr., Prof.; di: Hochsch. München, Fak. Wirtschaftsingenieurwesen, Erzgießereistr. 14, 80335 München, henrik.raesaenen@hm.edu

**Rätz,** Detlef; Dr.-Ing., Prof.; *Verwaltungsinformatik*; di: FH d. Sächsischen Verwaltung, Herbert-Böhme Str. 11, 01662 Meißen, T: (03521) 473223, detlef.raetz@fhsv.sachsen.de

**Rätz,** Regina; Dr. phil., Prof.; *Sozialarbeit, speziell Kinder- u. Jungendhilfe*; di: Alice-Salomon-Hochsch., Alice-Salomon-Platz 5, 12627 Berlin-Hellersdorf, T: (030) 99245505, raetz@ash-berlin.eu; pr: Orankestr. 79, 13053 Berlin, T: (030) 8335518

**Raff,** Hellmut; Dipl.-Ing., Prof.; *Baukonstruktion, Industrielles Bauen*; di: Hochsch. Rhein/Main, FB Architektur u. Bauingenieurwesen, Kurt-Schumacher-Ring 18, 65197 Wiesbaden, T: (0611) 94951401, hellmuternst.raff@hs-rm.de; pr: Pfalzhaldenweg 8/1, 72070 Tübingen, T: (07071) 33030, F: 36351

**Raff,** Manfred; Dr.-Ing., Prof., Dekan; *Verfahrenstechnologie, Verfahrenstechnik, Thermische Verfahren*; di: Hochsch. Furtwangen, Fak. Maschinenbau u. Verfahrenstechnik, Jakob-Kienzle-Str. 17, 78054 Villingen-Schwenningen, T: (07720) 3074232, rf@hs-furtwangen.de

**Raff,** Tilmann; Dr., Prof.; *International Business Management*; di: DHBW Lörrach, Hangstr. 46-50, 79539 Lörrach, T: (07621) 2071362, F: 2071139, raff@dhbw-loerrach.de

**Raffius,** Gerhard; Dr., Prof.; *Grundlagen der Informatik, Mikroprozessorsysteme*; di: Hochsch. Darmstadt, FB Informatik, Haardtring 100, 64295 Darmstadt, T: (06151) 168448, g.raffius@fbi.h-da.de; pr: An der Tränk, 63303 Dreieich

**Rafi,** Anusheh; Dr., Prof.; *Bürgerliches Recht*; di: Ev. Hochsch. Berlin, Prof. f. Bürgerliches Recht, Teltower Damm 118-122, 14167 Berlin, PF 370255, 14132 Berlin, T: (030) 84582224, rafi@eh-berlin.de

**Rahal,** Mohsen; Dr.-Ing., Prof.; *Stahlbau*; di: Hochsch. Mittweida, Fak. Maschinenbau, Technikumplatz 17, 04741 Roßwein, T: (034322) 48614, F: 48651, rahal@htwm.de

**Rahm,** Heiko; Dr.-Ing., Prof.; *Technische Mechanik, Tragwerkslehre, Baustatik*; di: Hochsch. Biberach, SG Bauingenieurwesen, PF 1260, 88382 Biberach/Riß, T: (07351) 582306, F: 582119, rahm@hochschule-bc.de

**Rahmel,** Anke; Dr., Prof.; *BWL, Marketing, Qualitätsmanagement im Gesundheitswesen*; di: Hochsch. Aalen, Fak. Wirtschaftswissenschaften, Beethovenstr. 1, 73430 Aalen, T: (07361) 5762414, Anke.Rahmel@htw-aalen.de

**Rahn,** Jürgen; Prof.; di: Jade Hochsch., FB Seefahrt, Weserstr. 4, 26931 Elsfleth, T: (04404) 92884110, jreg@ewetel.net

**Raiber,** Thomas; Dipl.-Phys., Dr. rer. nat., Prof.; *Physik, Strahlenmeßtechnik, Kerntechnik*; di: Hochsch. Ulm, Fak. Mathematik, Natur- u. Wirtschaftswiss., PF 3860, 89028 Ulm, T: (0731) 5028215, raiber@hs-ulm.de

**Raiser,** Hartmut A.; Dipl.-Ing., Prof.; *Innenarchitektur*; di: Hochsch. Darmstadt, FB Architektur, Haardtring 100, 64295 Darmstadt, T: (06151) 168118, raiser@fba.h-da.de

**Rakob,** Julia → Klauer, Julia

**Rall,** Bernd; Dr., Prof.; *BWL, Industrie*; di: DHBW Stuttgart, Fak. Wirtschaft, BWL-Industrie, Theodor-Heuss-Straße 2, 70174 Stuttgart, T: (0711) 1849626, Rall@dhbw-stuttgart.de

**Rambke,** Martin; Dr.-Ing., Prof., Dekan FB Maschinenbau; *Statik, Werkstoffkunde, Fertigungstechnik, Umformtechnik*; di: Ostfalia Hochsch., Fak. Maschinenbau, Salzdahlumer Str. 46/48, 38302 Wolfenbüttel, m.rambke@ostfalia.de

**Ramke,** Hans-Günter; Dr.-Ing., Prof.; *Abfallwirtschaft u. Deponietechnik*; di: Hochsch. Ostwestfalen-Lippe, FB 8, Umweltingenieurwesen u. Angew. Informatik, An der Wilhelmshöhe 44, 37671 Höxter, T: (05271) 687130

**Ramm,** Diddo; Dipl. Des., Prof.; *Kommunikationsdesign*; di: FH Arnstadt-Balingen, Lindenallee 10, 99310 Arnstadt

**Ramm,** Michaela; M.A., Prof.; *Medieninformatik*; di: Hochsch. Osnabrück, Fak. Ingenieurwiss. u. Informatik, Barbarastr. 16, 49076 Osnabrück, T: (0541) 9692130, m.ramm@fhos.de

**Ramm,** Wolfgang; Dr. rer. nat., Prof.; *Biotechnologie*; di: Hochsch. Zittau/Görlitz, Fak. Mathematik/Naturwiss., Theodor-Körner-Allee 16, 02763 Zittau, PF 1455, 02754 Zittau, T: (03583) 611708, w.ramm@hs-zigr.de

**Ramme,** Iris; Dr. rer. pol., Prof.; *Marketing, Marktforschung, Betriebswirtschaftslehre*; di: Hochsch. f. Wirtschaft u. Umwelt Nürtingen-Geislingen, PF 1349, 72603 Nürtingen, T: (07022) 201304, iris.ramme@hfwu.de

**Ramsauer,** Frank; Dr.-Ing., Prof.; *Arbeits- und Haushaltswissenschaften*; di: FH Münster, FB Oecotrophologie, Corrensstraße 25, 48149 Münster, T: (0251) 8365428, F: 8365469, ramsauer@fh-muenster.de

**Randall,** Victor; Dipl.-Kfm., Dr. rer. pol., Prof.; *Finanzdienstleistungen*; di: Hochsch. Coburg, Fak. Wirtschaft, Friedrich-Streib-Str. 2, 96450 Coburg, T: (09561) 317376, randall@hs-coburg.de

**Randenborgh,** Annette van; Dr. rer.nat., Prof.; *Theorie und Praxis der Gruppenarbeit*; di: FH Münster, FB Sozialwesen, Hüfferstr. 27, 48149 Münster, T: (0251) 8365742, F: 8365702, randenborgh@fh-muenster.de

**Randerath,** Hubert; Dr. rer. nat., Prof.; *Informatik, Diskrete Mathematik*; di: FH Köln, Fak. f. Informations-, Medien- u. Elektrotechnik, Betzdorfer Str. 2, 50679 Köln, T: (0221) 82752442, hubert.randerath@fh-koeln.de

**Ranft,** Fred; Dipl.-Ing., Prof.; *Entwerfen/Ökologisch orientierte Planungs- und Entwurfskonzepte*; di: FH Köln, Fak. f. Architektur, Betzdorfer Str. 2, 50679 Köln, fred.ranft@fh-koeln.de; pr: Gottfriedstr. 16, 52062 Aachen

**Rank,** Susanne; Dr., Prof.; *Personal Management, Change Management*; di: FH Mainz, FB Wirtschaft, Lucy-Hillebrand-Str. 2, 55128 Mainz, T: (06131) 6283246, F: 62893246, susanne.rank@fh-mainz.de

**Rank,** Wolfgang; Dr.-Ing., Prof.; *Bauwirtschaft, Bauausführung*; di: HTW Dresden, Fak. Bauingenieurwesen/Architektur, Friedrich-List-Platz 1, 01069 Dresden, T: (0351) 4623414, rank@htw-dresden.de

**Raphaélian,** Arman; Dr. rer. nat., Prof.; *Mathematik*; di: HTW Berlin, FB Ingenieurwiss. I, Marktstr. 9, 10317 Berlin, T: (030) 50193566, a.raphaelian@HTW-Berlin.de

**Rapp,** Christoph; Dr.-Ing., Prof.; *Übertragungstechnik, Digitale Signalverarbeitung*; di: Hochsch. München, Fak. Elektrotechnik u. Informationstechnik, Lothstr. 64, 80335 München, T: (089) 12653455, F: 12653403, raa@ee.fhm.edu

**Rappe-Giesecke,** Kornelia; Dipl.-Supervisorin, Dr. phil. habil., Prof.; *Supervision, Organisationsentwicklung, Management*; di: Hochsch. Hannover, Fak. V Diakonie, Gesundheit u. Soziales, Blumhardtstr. 2, 30625 Hannover, PF 690363, 30612 Hannover, T: (0511) 92963129, kornelia.rappe-giesecke@hs-hannover.de; pr: Qualenriethe 25, 31535 Neustadt/Rbg., T: (05032) 94694, F: 94695; www.rappe-giesecke.de

**Rappenglück,** Stefan; Dr., Prof.; *European Studies*; di: Hochsch. München, Fak. Studium Generale und Interdisziplinäre Studien, Lothstr. 34, 80335 München, stefan.rappenglueck@hm.edu

**Rappl,** Christoph; Dr.-Ing., Prof.; *Maschinenbau, Automatisierungstechnik, Messtechnik, Regelungstechnik, Steuerungstechnik*; di: Hochsch. Deggendorf, FB Maschinenbau, Edlmairstr. 6-8, 94469 Deggendorf, PF 1320, 94453 Deggendorf, T: (0991) 3615300, F: 361581399, christoph.rappl@fh-deggendorf.de

**Raps,** Franz; Dr.-Ing., Prof.; *Regelungstechnik, Grundlagen der Elektrotechnik, Mechatronik, Systems-Engineering*; di: Hochsch. Augsburg, Fak. f. Elektrotechnik, An der Hochschule 1, 86161 Augsburg, T: (0821) 55863350, F: 55863360, franz.raps@hs-augsburg.de

**Rasch,** Jochen; Dr., Prof.; *Wirtschaftsinformatik*; di: HAW Ingolstadt, Fak. Elektrotechnik u. Informatik, Esplanade 10, 85049 Ingolstadt, T: (0841) 9348229, Jochen.Rasch@haw-ingolstadt.de

**Rasch,** Steffen; Dr., Prof.; *BWL, Bank*; di: DHBW Karlsruhe, Fak. Wirtschaft, Erzbergerstr. 121, 76133 Karlsruhe, T: (0721) 9735918, rasch@dhbw-karlsruhe.de

**Rasche,** Manfred; Dr.-Ing., Prof.; *Fertigung, Fertigungstechnik, Werkstoffkunde, Werkstoffprüfung*; di: Hochsch. Hannover, Fak. II Maschinenbau u. Bioverfahrenstechnik, Ricklinger Stadtweg 120, 30459 Hannover, PF 920261, 30441 Hannover, T: (0511) 92961348, manfred.rasche@hs-hannover.de; pr: Amstshausweg 21, 31515 Wunstorf, T: (05031) 15636

**Rasche,** Peter; Dr. rer. nat., Prof.; *Organische Chemie und Textilchemie*; di: Hochsch. Niederrhein, FB Chemie, Frankenring 20, 47798 Krefeld, T: (02151) 8224055; pr: Wieskuhl 2a, 52152 Simmerath

**Rascher,** Rolf; Dr.-Ing., Prof.; *Maschinenbau, Maschinenelemente, Spanlose/Spanende Fertigung, Vertrieb und Verkauf, Kosten- und Leistungsrechnung*; di: Hochsch. Deggendorf, FB Maschinenbau, Edlmairstr. 6-8, 94469 Deggendorf, PF 1320, 94453 Deggendorf, T: (0991) 3615323, F: 361581323, rolf.rascher@fh-deggendorf.de

**Rascher,** Ulrich; Dipl.-Ing., Prof.; *Spanende Fertigung*; di: Hochsch. München, Fak. Maschinenbau, Fahrzeugtechnik, Flugzeugtechnik, Dachauer Str. 98b, 80335 München, T: (089) 12651447, F: 12651392, ulrich.rascher@fhm.edu

**Rascher-Friesenhausen,** Richard; Dr., Prof.; *Programmierung, Biosignalverarbeitung*; di: Hochsch. Bremerhaven, An der Karlstadt 8, 27568 Bremerhaven, T: (0471) 4823241, richard.rascher-friesenhausen@hs-bremerhaven.de

**Raschper,** Norbert; Dr., Prof.; *Technisches Immobilienmanagement*; di: EBZ Business School Bochum, Springorumallee 20, 44795 Bochum, T: (0234) 9447606, n.raschper@ebz-bs.de; pr: T: (0531) 2380810

**Rasenat,** Steffen; Dr. rer. nat., Prof.; *Physik, Mathematik*; di: Hochsch. Mannheim, Fak. Informatik, Windeckstr. 110, 68163 Mannheim

**Rasmussen,** Thomas; Dr. rer. pol. habil., Prof.; *Volkswirtschaftslehre, insb. Tourismuswirtschaft*; di: FH Stralsund, FB Wirtschaft, Zur Schwedenschanze 15, 18435 Stralsund, T: (03831) 456527

**Raßbach,** Hendrike; Dr.-Ing., Prof.; *Technische Mechanik*; di: FH Schmalkalden, Fak. Maschinenbau, Blechhammer, 98574 Schmalkalden, PF 100452, 98564 Schmalkalden, T: (03683) 6882112, rassbach@maschinenbau.fh-schmalkalden.de

**Rastetter-Gies,** Susan; Dr., Prof.; *Wirtschaftsenglisch, Technisches Englisch*; di: Hochsch. Aschaffenburg, Fak. Ingenieurwiss., Würzburger Str. 45, 63743 Aschaffenburg, T: (06021) 314877, susan.rastetter-gies@fh-aschaffenburg.de

**Rasthofer,** Bernhard; Dr. rer. nat., Prof.; *Chemie*; di: Hochsch. München, Fak. Versorgungstechnik, Verfahrenstechnik Papier u. Verpackung, Druck- u. Medientechnik, Lothstr. 34, 80335 München, T: (089) 28924295, F: 28924337, rasthofer@fhm.edu

**Rastin,** Nayerah; Dr., Prof.; *Botanik, Pflanzensoziologie, Standortkunde, Waldökologie*; di: HAWK Hildesheim/Holzminden/Göttingen, Fak. Ressourcenmanagement, Büsgenweg 1a, 37077 Göttingen, T: (0551) 5032174

**Rateike,** Franz-Matthias; Dr. rer. nat., Prof.; *Lasertechnik*; di: FH Aachen, FB Angewandte Naturwiss. u. Technik, Ginsterweg 1, 52428 Jülich, T: (0241) 600953160, rateike@fh-aachen.de; pr: Am Haus Behr, 52445 Titz-Müntz, T: (02463) 5498

**Rath,** Hans-Dieter; Dr., Prof.; *Staatslehre/Staatsrecht, Allg. Verwaltungsrecht, Umweltrecht*; di: H f. öffentl. Verwaltung u. Finanzen Ludwigsburg, Reuteallee 36, 71634 Ludwigsburg, T: (07141) 140554, F: 140544

**Rath,** Norbert; Dr. phil., Prof. FH Münster; *Philosophie d. Spätaufklärung; Nietzsche; Freud; Krit. Theorie; Begriffsgeschichte: 'zweite Natur', 'neuer Mensch', Kulturtheorie*; di: FH Münster, FB Sozialwesen, Hüfferstr. 27, 48149 Münster, T: (0251) 8365793, F: 8365702

**Rath,** Walter; Dr. rer. nat., Prof.; *Organische Chemie*; di: FH Aachen, FB Angewandte Naturwiss. u. Technik, Inst. f. Angewandte Polymerchemie, Worringer Weg 1, 52074 Aachen, T: (0241) 8026523, rath@fh-aachen.de; pr: Rue Gustave Demoulin 57, B-4850 Montzen, T: (087) 784525

**Rathgeb,** Kerstin; Dr. phil., Prof.; *Heilpädagogik*; di: Ev. Hochsch. Darmstadt, Zweifalltorweg 12, 64293 Darmstadt, T: (06151) 879844, rathgeb@eh-darmstadt.de

**Rathgeb,** Markus; Dr., Prof.; *Mediendesign*; di: DHBW Ravensburg, Oberamteigasse 4, 88214 Ravensburg, T: (0751) 189992133, rathgeb@dhbw-ravensburg.de

**Rathje,** Britta; Dr. rer. pol., Prof.; *Rechnungswesen und Controlling*; di: FH Mainz, FB Wirtschaft, Lucy-Hillebrand-Str. 2, 55128 Mainz, T: (06131) 628257, britta.rathje@wiwi.fh-mainz.de

**Rathje,** Stefanie; Dr., Prof.; *Interkulturelle Wirtschaftskommunikation*; di: HTW Berlin, FB Wirtschaftswiss. II, Treskowallee 8, 10318 Berlin, T: (030) 5019482261, Stefanie.Rathje@HTW-Berlin.de

**Rathke,** Christian; Dr., Prof.; *Informationssysteme*; di: Hochsch. d. Medien, Fak. Information u. Kommunikation, Wolframstr. 32, 70191 Stuttgart, T: (0711) 25706192, rathke@hdm-stuttgart.de; pr: Karlsruher Allee 9, 71636 Ludwigsburg

**Rathke,** Klaas; Dr.-Ing., Prof.; *Hydraulik, Wasserbau, Gewässerrenaturierung*; di: Hochsch. Ostwestfalen-Lippe, FB 8, Umweltingenieurwesen u. Angew. Informatik, An der Wilhelmshöhe 44, 37671 Höxter, T: (05271) 68748; pr: Wiesengrund 1, 37691 Boffzen, T: (05271) 49412

**Ratjen,** Heinrich; Dr.-Ing., Prof.; *Steuerungs- und Regelungstechnik, Hydraulik und Pneumatik*; di: FH Köln, Fak. f. Anlagen, Energie- u. Maschinensysteme, Betzdorfer Str. 2, 50679 Köln, T: (0221) 82752384, heinrich.ratjen@fh-koeln.de; pr: Schimmelpfennigstr. 41, 40597 Düsseldorf, T: (0211) 7103447

**Ratka,** Andreas; Dr., Prof.; *Physik, Datenverarbeitung, Statistik*; di: Hochsch. Weihenstephan-Triesdorf, Fak. Landwirtschaft, Steingruberstr. 2, 91746 Weidenbach-Triesdorf, T: (09826) 654202, F: 6544010, andreas.ratka@fh-weihenstephan.de

**Ratz,** Dietmar; Dr. rer. nat., apl.Prof. KIT Karlsruhe, Prof. DHBW Karlsruhe; *Wirtschaftsinformatik*; di: DHBW Karlsruhe, Fak. Wirtschaft, Erzbergerstr. 121, 76133 Karlsruhe, T: (0721) 9735954, ratz@dhbw-karlsruhe.de

**Ratzek,** Wolfgang; Dr., Prof.; *Betriebswirtschaftslehre für Informationseinrichtungen, insb. Marketing, Management, Personalführung*; di: Hochsch. d. Medien, Fak. Information u. Kommunikation, Wolframstr. 32, 70191 Stuttgart, T: (0711) 25706164, ratzek@hdm-stuttgart.de; pr: Nobelstr. 4, 14612 Falkensee, T: (03322) 241830

**Rau,** Christoph; Baudirektor, Prof.; *Wasserbau/Wasserwirtschaft u. Hydromechanik*; di: Jade Hochsch., FB Bauwesen u. Geoinformation, Ofener Str. 16-19, 26121 Oldenburg, T: (0441) 77083240, c.rau@jade-hs.de; pr: Ramsauer Str. 13, 26160 Bad Zwischenahn, T: (0441) 3906407

**Rau,** Harald; Dr., Prof.; *Journalistik*; di: Ostfalia Hochsch., Fak. Verkehr-Sport-Tourismus-Medien, Karl-Scharfenberg-Str. 55/57, 38229 Salzgitter, h.rau@ostfalia.de; pr: h.rau@onlinehome.de

**Rau,** Karl-Heinz; Dr., Prof.; *Betriebswirtschaft/Wirtschaftsinformatik*; di: Hochsch. Pforzheim, Fak. f. Wirtschaft u. Recht, Tiefenbronner Str. 65, 75175 Pforzheim, T: (07231) 286314, F: 286090, karl-heinz.rau@hs-pforzheim.de

**Rau,** Olaf; Dr. rer. nat., Prof.; *Mathematik, Informatik für Ingenieure*; di: Hochsch. Rhein/Main, FB Ingenieurwiss., Umwelttechnik, Am Brückweg 26, 65428 Rüsselsheim, olaf.rau@hs-rm.de

**Rau,** Petra; Dr.-Ing., Prof.; *Planungsbezogene Soziologie, Planungstheorie und -methodik*; di: Hochsch. Ostwestfalen-Lippe, FB 9, Landschaftsarchitektur u. Umweltplanung, An der Wilhelmshöhe 44, 37671 Höxter, T: (05271) 687134; pr: Friedhofstr. 3, 58313 Herdecke, T: (02330) 910075

**Rau,** Thomas; Dr., Prof.; *Organisation u. Personalwirtschaft, Kosten- u. Investitionsrechnung, Planung u. Statistik*; di: FH f. öffentl. Verwaltung NRW, Abt. Duisburg, Albert-Hahn-Str. 45, 47269 Duisburg, thomas.rau@fhoev.nrw.de; pr: Th.Rau@t-online.de

**Rau,** Wolfgang; Dipl.-Ing. (FH), Dr.-Ing., HonProf. H Nürtingen, Prof. H München; *Fertigungstechnik, Betriebsstättenplanung und Ergonomie, Produktionsplanung und Logistik, Betriebswirtschaft*; di: Hochsch. München, Fak. Wirtschaftsingenieurwesen, Erzgießereistr. 14, 80335 München, T: (089) 12653938, wolfgang.rau@fhm.edu; Hochsch. f. Wirtschaft u. Umwelt Nürtingen-Geislingen, PF 1349, 72603 Nürtingen

**Raubach,** Ulrich; Dr., Prof.; *Rechnungswesen, Organisationslehre, Projektmanagement, Medien*; di: FH Wedel, Feldstr. 143, 22880 Wedel, T: (04103) 804813, rb@fh-wedel.de

**Rauch,** Klaus; Dr. rer. pol., Prof.; *Rechnungswesen, Allg. BWL*; di: Hochsch. Kempten, Fak. Betriebswirtschaft, PF 1680, 87406 Kempten, T: (0831) 2523157, Klaus.Rauch@fh-kempten.de

**Rauch,** Michael; Dipl.-Ing.(FH), Dipl.-Wi.-Ing. (FH), Prof.; *Verfahrenstechik der Textilveredlung*; di: Hochsch. Hof, Fak. Ingenieurwiss., Alfons-Goppel-Platz 1, 95028 Hof, T: (09281) 409845, F: 40955845, Michael.Rauch@fh-hof.de

**Rauch,** Nicolé; Dr. rer. nat., Prof.; *Oszillation, Rheologie, Rotation*; di: FH Südwestfalen, FB Informatik u. Naturwiss., Frauenstuhlweg 31, 58644 Iserlohn, T: (02371) 566557, rauch@fh-swf.de

**Rauch,** Wolfgang; Dr., Prof.; *Prozeßrechnertechnik, Realzeitsysteme*; di: FH Frankfurt, FB 2 Informatik u. Ingenieurwiss., Nibelungenplatz 1, 60318 Frankfurt am Main, T: (069) 15332308, rauch@fb2.fh-frankfurt.de

**Rauchfuß,** Joachim; Dr., Prof.; *Prozesstechnik*; di: Beuth Hochsch. f. Technik, FB VI Informatik u. Medien, Luxemburger Str. 10, 13353 Berlin, T: (030) 45042506, rafu@beuth-hochschule.de

**Raueiser,** Markus; Dr., Prof.; *Wirtschaftswissenschaften, International Business, Wirtschaftsgeographie*; di: Cologne Business School, Hardefuststr. 1, 50667 Köln, T: (0221) 93180949, m.raueiser@cbs-edu.de

**Rauenbusch,** Bruno; Dr. rer. pol., Prof.; *Betriebswirtschaftslehre, insbes. Betriebliche Steuerlehre u. Wirtschaftsprüfung*; di: Hochsch. Bochum, FB Wirtschaft, Lennershofstr. 140, 44801 Bochum, T: (0234) 3210626, bruno.rauenbusch@hs-bochum.de; pr: Piepersweg 12, 41066 Mönchengladbach, T: (02161) 963751

**Rauer,** Jörg; Dr.-Ing., Prof.; *Werkzeugmaschinen, Maschinentechnisches Praktikum, Konstruktion*; di: Georg-Simon-Ohm-Hochsch. Nürnberg, Fak. Maschinenbau u. Versorgungstechnik, Keßlerplatz 12, 90489 Nürnberg, PF 210320, 90121 Nürnberg

**Rauh,** Klaus-Georg; Dr. rer. nat., Prof.; *Elektronische Bauelemente, Mikroelektronik, Informatik, Elektrodynamik*; di: Hochsch. München, Fak. Elektrotechnik u. Informationstechnik, Dachauer Str. 98b, 80335 München

**Rauh,** Otto; Dr. rer. pol., Prof.; *Informatik, Wirtschaftsinformatik*; di: Hochsch. Heilbronn, Fak. f. Technik u. Wirtschaft, Daimlerstr. 35, 74653 Künzelsau, T: (07940) 1306182, F: 130661201, rauh@hs-heilbronn.de

**Rauner,** Annett; Dr.-Ing., Prof.; *Vermessungskunde*; di: Hochsch. Karlsruhe, Fak. Geomatik, Moltkestr. 30, 76133 Karlsruhe, PF 2440, 76012 Karlsruhe, T: (0721) 9252678, annett.rauner@hs-karlsruhe.de

**Rausch,** Alexander; Dr., Prof.; *Wirtschaftsinformatik*; di: Hochsch. f. Technik, Fak. Vermessung, Mathematik u. Informatik, Schellingstr. 24, 70174 Stuttgart, PF 101452, 70013 Stuttgart, T: (0711) 89262513, alexander.rausch@hft-stuttgart.de

**Rausch,** Günter; Dr., Prof.; *Gemeinwesenarbeit, Sozialarbeitswissenschaft, Sozialmanagement*; di: Ev. Hochsch. Freiburg, Bugginger Str. 38, 79114 Freiburg i.Br., T: (0761) 4781251, F: 4781230, rausch@eh-freiburg.de; pr: Darriwald 2, 79108 Freiburg, T: (07665) 4474

**Rausch,** Lothar; Dr. habil., Prof.; *Wissenschaftliches Arbeiten*; di: Hochsch. Fresenius, Breithauptstr. 3-5, 08056 Zwickau, rausch@hs-fresenius.de

**Rausch,** Peter; Dipl.-Kfm., Dr. rer. pol., Prof.; *Wirtschaftsinformatik, Prozessmanagement, Projektmanagement*; di: Georg-Simon-Ohm-Hochsch. Nürnberg, Fak. Informatik, Keßlerplatz 12, 90489 Nürnberg, PF 210320, 90121 Nürnberg

**Rausch,** Ulrich; Dr., Prof.; *Ingenieurmathematik*; di: Hochsch. Fulda, FB Elektrotechnik u. Informationstechnik, Marquardstr. 35, 36039 Fulda, ulrich.rausch@et.fh-fulda.de

**Rauschenbach,** Volker; Dr.-Ing., Prof.; *Straßenbaustoffe, Prüftechnik*; di: HTW, FB Bauingenieurwesen / Architektur, Friedrich-List-Platz 1, 01069 Dresden, T: (0351) 4623654, rauschenbach@htw-dresden.de

**Rauscher,** Karlheinz; Dr.-Ing., Prof.; *CNC-Technik und Automatisierung, Spanende Fertigung, Werkzeugmaschinen*; di: Hochsch. Regensburg, Fak. Maschinenbau, PF 120327, 93025 Regensburg, T: (0941) 9435172, karlheinz.rauscher@maschinenbau.fh-regensburg.de

**Rauscher,** Marion; Dr. phil., Prof.; di: Hochsch. München, Fak. Tourismus, Am Stadtpark 20 (Neubau), 81243 München, marion.rauscher@hm.edu

**Rauscher,** Reinhard; Dr., Prof.; *Mathematik, betriebliche Informatik*; di: Hochsch. Osnabrück, Inst. f. Management u. Technik, Lab. f. Software- u. Anwendungsentwicklung, Kaiserstraße 10c, 49809 Lingen, T: (0591) 80098220, r.rauscher@hs-osnabrueck.de

**Rauscher,** Thomas; Dr.-Ing., Prof.; *Mathematik und Informatik*; di: Hochsch. Bremen, Fak. Architektur, Bau u. Umwelt, Neustadtswall 30, 28199 Bremen, T: (0421) 59052315, F: 59052352, Thomas.Rauscher@hs-bremen.de

**Rauscher-Scheibe,** Annabella; Prof.; *Angewandte Mathematik*; di: HAW Hamburg, Fak. Technik u. Informatik, Berliner Tor 7, 20099 Hamburg, annabella.rauscher-scheibe@haw-hamburg.de

**Rauschnabel,** Kurt; Dr. rer. nat., Prof.; *Experimentalphysik, Kernphysik, Strahlungsmesstechnik, Kernphysikalische Messverfahren*; di: Hochsch. Heilbronn, Max-Planck-Str. 39, 74081 Heilbronn, T: (07131) 504384, F: 504143841, kurt.rauschnabel@hs-heilbronn.de

**Rausnitz,** Tihomil; Dr.-Ing., Prof.; *Elektrische Energieversorgung, Grundlagen d. Elektrotechnik, Konstruktionslehre*; di: Hochsch. Bremen, Fak. Elektrotechnik u. Informatik, Neustadtswall 30, 28199 Bremen, T: (0421) 59053436, F: 59053484, Tihomil.Rausnitz@hs-bremen.de

**Raute,** Rudolf; Dipl.-Ökonom, Steuerberater und Wirtschaftsprüfer, Dr. rer. oec., Prof.; *Betriebswirtschaftslehre, Steuern und Wirtschaftsprüfung, Internationale Rechnungslegung*; di: Hochsch. Osnabrück, Fak. Wirtschafts- u. Sozialwiss., Caprivistr. 30a, 49076 Osnabrück, T: (0541) 9692226, F: 9693771, raute@wi.hs-osnabrueck.de; pr: Steinring 115, 44789 Bochum, T: (0234) 37311

**Rautenfeld,** Erika von; M.A., Dr. phil., Prof.; *Politikwissenschaft*; di: Georg-Simon-Ohm-Hochsch. Nürnberg, Fak. Sozialwiss., Bahnhofstr. 87, 90402 Nürnberg, PF 210320, 90121 Nürnberg, erika.vonrautenfeld@ohm-hochschule.de

**Raviol,** Peter; Prof.; *Öffentliches Dienstrecht, insbes. Besoldungs-, Versorgungs-, Beihilfe- und Personalvertretungsrecht, Kindergeldrecht und Verwaltungslehre*; di: H f. öffentl. Verwaltung u. Finanzen Ludwigsburg, Reuteallee 36, 71634 Ludwigsburg, T: (07141) 14017, F: 140544

**Rawe,** Rudolf; Dr.-Ing., Prof.; *Immissionsschutz, Chemie in der Entsorgungstechnik*; di: Westfäl. Hochsch., FB Maschinenbau u. Facilities Management, Neidenburger Str. 10, 45877 Gelsenkirchen, T: (0209) 9596306, F: 9596308, rudolf.rawe@fh-gelsenkirchen.de; pr: August-Schmidt-Ring 71, 45711 Datteln, T: (02363) 357605, F: 357606

**Rawiel,** Paul; Dr., Prof.; *Geomatik, Sensorik, Geodätische Messtechnik*; di: Hochsch. f. Technik, Fak. Vermessung, Mathematik u. Informatik, Schellingstr. 24, 70174 Stuttgart, PF 101452, 70013 Stuttgart, T: (0711) 89262529, F: 89262556, paul.rawiel@hft-stuttgart.de

**Real,** Gustav; Dr. jur., Prof.; *Handels- und Gesellschaftsrecht im internationalen Vergleich mit dem Schwerpunkt Europäische Gemeinschaften*; di: FH Düsseldorf, FB 7 – Wirtschaft, Universitätsstr. 1, Geb. 23.32, 40225 Düsseldorf, T: (0211) 815149, F: 8114369, gustav.real@fh-duesseldorf.de; pr: T: (0201) 256001

**Rebhan,** Matthias; Dr.-Ing., Prof.; di: Hochsch. München, Fak. Wirtschaftsingenieurwesen, Erzgießereistr. 14, 80335 München, matthias.rebhan@hm.edu

**Rebitzer,** Dieter; Dr., Prof.; *Finanzierung u. Investition*; di: Hochsch. f. Wirtschaft u. Umwelt Nürtingen-Geislingen, FB 4, PF 1349, 72603 Nürtingen

**Reblin,** Jörg; Dr. rer. pol., Prof.; *Betriebswirtschaftslehre, insbes. Außenhandelsbetriebslehre*; di: FH Köln, Fak. f. Wirtschaftswiss., Claudiusstr. 1, 50678 Köln, T: (0221) 82753413, joerg.reblin@fh-koeln.de

**Rebling,** Kathinka; Dr., HonProf.; *Forschung/Lehre sorbischer Musik, Streicherdidaktik*; di: Hochsch. Lausitz, FB Musikpädagogik, Puschkinpromenade 13-14, 03044 Cottbus, T: (0355) 5818901, F: 5818909; pr: T: (030) 287316

**Rebmann,** Andree; Dr., Prof.; *Bauprojektmanagement*; di: HAWK Hildesheim/Holzminden/Göttingen, Fak. Management, Soziale Arbeit, Bauen, Haarmannplatz 3, 37603 Holzminden, T: (05531) 126152

**Rebstock,** Michael; Dr. rer. pol., Prof., Dekan FB Wirtschaft; *Betriebswirtschaftslehre, betriebliche Informationsverarbeitung*; di: Hochsch. Darmstadt, FB Wirtschaft, Haardtring 100, 64295 Darmstadt, T: (06151) 169300, michael.rebstock@fbw.h-da.de

**Rech,** Wolf-Henning; Dr., Prof.; *Elektrotechnik/Informationstechnik*; di: Hochsch. Pforzheim, Fak. f. Technik, Tiefenbronner Str. 65, 75175 Pforzheim, T: (07231) 286659, F: 286060, wolf-henning.rech@hs-pforzheim.de

**Rechenauer,** Christian; Dr.-Ing., Prof.; *Energie- und Versorgungstechnik, Thermodynamik, Qualitätsmanagement*; di: Hochsch. Regensburg, Fak. Maschinenbau, PF 120327, 93025 Regensburg, T: (0941) 9435157, christian.rechenauer@maschinenbau.fh-regensburg.de

**Reck,** Christine; Dr. rer. nat., Prof.; *Electronic-Commerce*; di: Hochsch. Heilbronn, Fak. f. Wirtschaft u. Verkehr, Max-Planck-Str. 39, 74081 Heilbronn, T: (07131) 504456, reck@hs-heilbronn.de

**Reck,** Thomas H.-J.; Dr.-Ing., Prof.; *Elektrische Messtechnik, Grundlagen Elektrotechnik, Digitale Signalverarbeitung, EMV*; di: Beuth Hochsch. f. Technik, FB VII Elektrotechnik – Mechatronik – Optometrie, Luxemburger Str. 10, 13353 Berlin, T: (030) 45042763, reck@beuth-hochschule.de

**Recke,** Guido; Dr. agr. habil., Prof. H Osnabrück, PD U Göttingen; *Landwirtschaftliche Betriebswirtschaftslehre, Agrar- und Lebensmittelmarketing*; di: Hochsch. Osnabrück, Fak. Agrarwiss. u. u. Landschaftsarchitektur, Oldenburger Landstr. 24, 49090 Osnabrück, T: (0541) 9695060, g.recke@hs-osnabrueck.de

**Reckenfelderbäumer,** Martin; Dr., Prof., Rektor WH Lahr; *Dienstleistungsmarketing, Dienstleistungsmanagement, Investitionsgütermarketing, Internes Marketing, Marketing-Controlling*; di: WHL Wissenschaftl. Hochschule Lahr, Lst. f. Allg. BWL / Schwerpunkt Marketing, Hohbergweg 15-17, 77933 Lahr, T: (07821) 923864, F: 923863, martin.reckenfelderbaeumer@whl-lahr.de; www.whl-lahr.de/mkt

**Reckleben,** Yves; Dr. sc. agr., Prof.; *Landtechnik, Baukunde, Verfahrenstechnik in der Pflanzenproduktion*; di: FH Kiel, FB Agrarwirtschaft, Sokratesplatz 1, 24149 Kiel, T: (04331) 845118, F: 21068118, yves.reckleben@fh-kiel.de

**Recknagel,** Winfried; Dr. rer. nat., Prof.; *Operations Research, Finanzmathematik, Zahlentheorie*; di: Hochsch. München, Fak. Informatik u. Mathematik, Lothstr. 34, 80335 München, T: (089) 12653712, F: 12653780, w.recknagel@informatik.fh-muenchen.de

**Reckter,** Holger; Prof.; *Medieninformatik*; di: FH Mainz, FB Gestaltung, Holzstr. 36, 55116 Mainz, T: (06131) 6282235, holger.reckter@fh-mainz.de

**Reckwerth,** Jürgen; Dr. rer. pol., Prof.; *Volkswirtschaftslehre, insbes. Internationale Wirtschaftsanalyse*; di: FH Münster, FB Wirtschaft, Corrensstr. 25, 48149 Münster, T: (0251) 8365668, F: 8365502, reckwerth@fh-muenster.de

**Reckzügel,** Matthias; Dr.-Ing., Prof.; *Innovative Energiesysteme*; di: Hochsch. Osnabrück, Fak. Ingenieurwiss. u. Informatik, Albrechtstr. 30, 49076 Osnabrück, T: (0541) 9692069, m.reckzuegel@hs-osnabrueck.de

**Reddemann,** Hans; Dr.-Ing., Prof.; *Mathematik*; di: FH Lübeck, FB Maschinenbau u. Wirtschaft, Mönkhofer Weg 136-140, 23562 Lübeck, T: (0451) 3005048, F: 3005302, hans.reddemann@fh-luebeck.de

**Reddig,** Manfred; Dr.-Ing., Prof.; *Leistungselektronik, Mechatronik, Grundlagen der Elektrotechnik*; di: Hochsch. Augsburg, Fak. f. Elektrotechnik, An der Hochschule 1, 86161 Augsburg, T: (0821) 55863352, F: 55863360, manfred.reddig@hs-augsburg.de; www.hs-augsburg.de/~reddig/

**Redel,** Wolfgang; Dipl.-Ökonom, Dr. rer. pol., Prof., Dekan FB Wirtschaftswiss.; *Internationale Betriebswirtschaftslehre, insb. Organisation und Produktion internationaler Unternehmungen, EDV, Rechnungswesen/Controlling*; di: FH Worms, FB Wirtschaftswiss., Erenburgerstr. 19, 67549 Worms, T: (06241) 509207, F: 509222

**Redelius,** Jürgen; Dr., Prof.; *Digitale Medien*; di: DHBW Mannheim, Fak. Wirtschaft, Coblitzallee 1-9, 68163 Mannheim, T: (0621) 41051237, F: 41051245, juergen.redelius@dhbw-mannheim.de

**Rederer,** Erik Ralf; Dr., Prof.; *VWL, Versicherungswirtschaft, Investitionswirtschaft*; di: FH Neu-Ulm, Wileystr. 1, 89231 Neu-Ulm, T: (0731) 97621424

**Redler,** Jörn; Dr., Prof.; *Handel, Marketing*; di: DHBW Mosbach, Lohrtalweg 10, 74821 Mosbach, T: (06261) 939247, F: 939414, redler@dhbw-mosbach.de

**Redlich,** Detlef; Dr.-Ing., Prof.; *Elektronikkonstruktion/CAD*; di: FH Jena, FB Elektrotechnik u. Informationstechnik, Carl-Zeiss-Promenade 2, 07745 Jena, PF 100314, 07703 Jena, T: (03641) 205700, F: 205701, et@fh-jena.de

**Redlin,** Ralf-Jörg; Dr.-Ing. habil., Prof.; *Fertigungstechnik, Werkzeugmaschinen, Qualitätssicherung*; di: Hochsch. Wismar, Fak. f. Ingenieurwiss., PF 1210, 23952 Wismar, T: (03841) 753430, h.redlin@mb.hs-wismar.de

**Reents,** Heinrich; Dr.-Ing., Prof.; *Automation in der Produktionstechnik*; di: FH Südwestfalen, FB Maschinenbau, Frauenstuhlweg 31, 58644 Iserlohn, T: (02371) 566158, F: 566251, reents@fh-swf.de; pr: Magnolienweg 23, 59425 Unna, T: (02303) 69546

**Reese,** Jürgen; Dr. iur., Prof.; *Steuerrecht, Internat. Wirtschaftsbeziehungen, Wettbewerbsrecht, Wirtschaftsrecht*; di: FH Kiel, FB Wirtschaft, Sokratesplatz 2, 24149 Kiel, T: (0431) 2103510, juergen.reese@fh-kiel.de; pr: Arft Kamp 29, 24814 Sehestedt/Eider, T: (04357) 303, F: 558

**Reese,** Knut; Dr. phil., Prof.; *Betriebswirtschaftslehre d. Warenhandels*; di: Hochsch. Wismar, Fak. f. Wirtschaftswiss., PF 1210, 23952 Wismar, T: (03841) 753233, k.reese@wi.hs-wismar.de

**Reese,** Nicole; Dr., Prof.; *Rechtswissenschaften*; di: Kommunale FH f. Verwaltung in Niedersachsen, Wielandstr. 8, 30169 Hannover, T: (0511) 1609453, F: 15537, Nicole.Reese@nds-sti.de

**Reetmeyer,** Henry; Dr.-Ing., Prof.; *Anlagenautomatisierung*; di: HAW Hamburg, Fak. Technik u. Informatik, Berliner Tor 7, 20099 Hamburg, T: (040) 428758047, reetmeyer@etech.haw-hamburg.de

**Regensburger,** Franz; Dr., Prof.; *Praktische Informatik, Programmierung*; di: HAW Ingolstadt, Fak. Elektrotechnik u. Informatik, Esplanade 10, 85049 Ingolstadt, T: (0841) 9348278, Franz.Regensburger@haw-ingolstadt.de

**Regier,** Hans-Jürgen; Dr. rer. pol., Prof., Dekan FB Betriebswirtschaft; *Organisation, EDV*; di: Hochsch. München, Fak. Betriebswirtschaft, Am Stadtpark 20 (Neubau), 81243 München, T: (089) 12652712, F: 12652714, regier@fhm.edu

**Regier,** Marc; Dr., Prof.; *Lebensmittelverfahrenstechnik, Thermische und Mechanische Verfahren, Prozessmesstechnik*; di: Hochsch. Trier, FB BLV, Schneidershof, 54293 Trier, T: (0651) 8103296, F: 8103413, regier@beuth-hochschule.de

**Regier,** Stephanie; Dr. rer. pol., Prof.; *Marketing, insbes. E-Marketing, Marktforschung, Investition und Finanzierung*; di: Hochsch. Karlsruhe, Fak. Informatik u. Wirtschaftsinformatik, Moltkestr. 30, 76133 Karlsruhe, PF 2440, 76012 Karlsruhe, T: (0721) 9252945, stefanie.regier@hs-karlsruhe.de

**Regler,** Michaela; Dr., Prof.; *Wirtschaftsprivatrecht*; di: HAW Ingolstadt, Fak. Wirtschaftswiss., Esplanade 10, 85049 Ingolstadt, T: (0841) 9348465, Michaela.Regler@haw-ingolstadt.de

**Reglich,** Wolfgang; Dr.-Ing., Prof.; *Konstruktion*; di: Hochsch. Mittweida, Fak. Maschinenbau, Technikumplatz 17, 09648 Mittweida, T: (03727) 581578, F: 581640, reglich@htwm.de

**Regnet,** Erika; Dr., Prof.; *Personal*; di: Hochsch. Augsburg, Fak. f. Wirtschaft, Friedberger Straße 4, 86161 Augsburg, PF 110605, 86031 Augsburg, T: (0821) 55862921, erika.regnet@hs-augsburg.de

**Reh,** Eckhard; Dr. rer. nat., Prof.; *Organische Chemie, Analytische Chemie*; di: FH Bingen, FB Life Sciences and Engineering, FR Verfahrenstechnik, Berlinstr. 109, 55411 Bingen, T: (06721) 409201, F: 409112, reh@fh-bingen.de

**Rehaber,** Erwin; Dr., Prof.; *Physik*; di: Hochsch. Rosenheim, Hochschulstr. 1, 83024 Rosenheim, T: (08031) 805409, F: 805402

**Rehfeld,** Gunther; Prof.; *Games, Grafik, Digitale Bildbearbeitung*; di: HAW Hamburg, Fak. Design, Medien u. Information, Finkenau 35, 22081 Hamburg, T: (040) 428757662, gunther.rehfeld@haw-hamburg.de; pr: gunther@rehfeld.web.de; www.rehfeldweb.de

**Rehfeldt,** Markus; Dr. rer. pol., Prof.; *Betriebswirtschaftliche Informationssysteme, Marketing und Vertriebsinformationssysteme, BWL, Grundlagen der Informatik*; di: Hochsch. Albstadt-Sigmaringen, FB 1, Jakobstr. 1, 72458 Albstadt, T: (07431) 579204, F: 579214, rehfeldt@hs-albsig.de

**Rehm,** Ansgar; Dr.-Ing., Prof.; *Regelungstechnik*; di: Hochsch. Osnabrück, Fak. Ingenieurwiss. u. Informatik, Albrechtstr. 46, 49076 Osnabrück, T: (0541) 9692156, a.rehm@hs-osnabrueck.de

**Rehm,** Marcus; Dr.-Ing., Prof.; *Energiesysteme und Energiewirtschaft*; di: Hochschule Ruhr West, Institut Energiesysteme u. Energiewirtschaft, PF 100755, 45407 Mülheim an der Ruhr, T: (0208) 88254837, marcus.rehm@hs-ruhrwest.de

**Rehm,** Wolfgang; Dr., Prof.; *Hochspannungstechnik und Energieübertragung, erneuerbare Energien*; di: Hochsch. München, Fak. Elektrotechnik u. Informationstechnik, Lothstr. 64, 80335 München, T: (089) 12653403, rehm@ee.hm.edu

**Rehmann,** Dirk; Dr., Prof.; *Frucht- und Gemüsetechnologie, Chemie*; di: Hochsch. Weihenstephan-Triesdorf, Fak. Gartenbau u. Lebensmitteltechnologie, Am Staudengarten 10, 85350 Freising, T: (08161) 715240, F: 714417, dirk.rehmann@fh-weihenstephan.de

**Rehme,** Matthias; Dr., Prof.; *BWL, Industrie/Dienstleistungsmanagement*; di: DHBW Stuttgart, Fak. Wirtschaft, Paulinenstraße 50, 70178 Stuttgart, T: (0711) 1849753, Rehme@dhbw-stuttgart.de

**Rehn,** Marie-Luise; Dr. rer. pol., Prof., Vizepräs.; *Öffentliche BWL, insbesondere Personalmanagement, Führung und Kommunikation*; di: Hochsch. Osnabrück, Fak. Wirtschafts- u. Sozialwiss., Caprivistr. 30A, 49076 Osnabrück, T: (0541) 9692141, m.l.rehn@hs-osnabrueck.de; pr: Katharinenstr. 39, 49076 Osnabrück, T: (0541) 431495

**Rehorek,** Astrid; Dr. rer. nat., Prof.; *Chemie*; di: FH Köln, Fak. f. Anlagen, Energie- u. Maschinensysteme, Betzdorfer Str. 2, 50679 Köln, T: (0221) 82752234, astrid.rehorek@fh-koeln.de; pr: Gerendalsweg 20, Niederlande-6307 PG Scheulder, T: (0179) 4981213

**Reibetanz,** Thomas; Dr.-Ing., Prof.; *Fertigungstechnik und Qualitätssicherung*; di: Hochsch. Reutlingen, FB Technik, Alteburgstr. 150, 72762 Reutlingen, T: (07121) 2717049, Thomas.Reibetanz@Reutlingen-University.DE; pr: Erlenweg 13/1, 71711 Murr

**Reich,** Christoph; Dipl.-Ing. (FH), M. Sc., Dr., Prof.; *Netzprotokolle und Middleware*; di: Hochsch. Furtwangen, Fak. Informatik, Robert-Gerwig-Platz 1, 78120 Furtwangen, T: (07723) 9202324, F: 9201109, Christoph.Reich@hs-furtwangen.de

**Reich,** Gerhard; Dr.-Ing., Prof.; *Thermodynamik, Klima- u. Kältetechnik, Wärmeübertragung, Energietechnik, Raumfahrttechnik*; di: Hochsch. Augsburg, Fak. f. Maschinenbau u. Verfahrenstechnik, An der Hochschule 1, 86161 Augsburg, T: (0821) 55863187, F: 55863160, gerhard.reich@hs-augsburg.de

**Reich,** Hans-Jürgen; Dr., Prof.; *Verwaltungsrecht, öffentliches Dienstrecht*; di: FH d. Bundes f. öff. Verwaltung, FB Allg. Innere Verwaltung, Willy-Brandt-Str. 1, 50321 Brühl

**Reich,** Rebekka; Dipl.-Ing., Prof.; *Szenografie*; di: Hochsch. Ostwestfalen-Lippe, FB 1, Architektur u. Innenarchitektur, Bielefelder Str. 66, 32756 Detmold, rebekka.reich@hs-owl.de

**Reich,** Reinhard; Dr. agr., Prof.; *Agrartechnik, EDV, Präsentation*; di: Hochsch. f. Wirtschaft u. Umwelt Nürtingen-Geislingen, PF 1349, 72603 Nürtingen, T: (07022) 201338, reinhard.reich@hfwu.de

**Reich,** Werner; Dr.-Ing., Prof.; *Signal- und Systemtheorie, Digitale Signalverarbeitung*; di: Hochsch. Offenburg, Fak. Elektrotechnik u. Informationstechnik, Badstr. 24, 77652 Offenburg, T: (0781) 205183, F: 205214, reich@fh-offenburg.de

**Reichardt,** Dirk; Dr., Prof., Dekan Fak. Technik; *Angewandte Informatik*; di: DHBW Stuttgart, Fak. Technik, Informationstechnik/Angewandte Informatik, Jägerstraße 56, 70174 Stuttgart, T: (0711) 1849610, reichardt@dhbw-stuttgart.de

**Reichardt,** Hans Jürgen; Dipl.-Ing., Prof.; *Baukonstruktion, Synergetische Fabrikplanung*; di: FH Münster, FB Architektur, Leonardo-Campus 5, 48149 Münster, T: (0251) 8365087, team-reichardt@fh-muenster.de

**Reichardt,** Johannes; Dr. rer. nat., Prof.; *Telekommunikation, Grundlagen der Informatik*; di: Hochsch. Darmstadt, FB Informatik, Haardtring 100, 64295 Darmstadt, T: (06151) 168467, j.reichardt@fbi.h-da.de; pr: T: (06151) 312315

**Reichardt,** Jürgen; Dr. rer.nat., Prof.; *Digitale Informationstechnik*; di: HAW Hamburg, Fak. Technik u. Informatik, Berliner Tor 7, 20099 Hamburg, T: (040) 428758443, juergen.reichardt@haw-hamburg.de; pr: T: (040) 24845883

**Reichardt,** Werner; Dr. rer. nat., Prof.; *Protein Engineering*; di: FH Jena, FB Medizintechnik u. Biotechnologie, Carl-Zeiss-Promenade 2, 07745 Jena, PF 100314, 07703 Jena, T: (03641) 205600, F: 205601, mt@fh-jena.de

**Reichart,** Paul; Dr., Prof.; *Betriebswirtschaftslehre, insbes. Kultur-, Medien- und Freizeitmanagement*; di: Westfäl. Hochsch., FB Wirtschaft, Neidenburger Str. 43, 45877 Gelsenkirchen, T: (0209) 9596624, paul.reichart@fh-gelsenkirchen.de

**Reichart,** Sybille; Dr., Prof.; *Wirtschaftspsychologie*; di: FH Bielefeld, FB Wirtschaft u. Gesundheit, Bereich Wirtschaft, Universitätsstraße 25, 33615 Bielefeld, T: (0521) 1064830, sybille.reichart@fh-bielefeld.de

**Reichart,** Thomas; Dr. rer. pol. habil., Prof., Dekan FB Bauwesen; *Wohnungs- u. Immobilienwirtschaft*; di: Hochsch. Zittau/Görlitz, Fak. Bauwesen, Schliebenstr. 21, 02754 Zittau, T: (03583) 611680, F: 611627, t.reichart@hs-zigr.de

**Reiche,** Michael; Dipl.-Ing., Prof.; *Verfahrenstechnik der Medienvorstufe*; di: HTWK Leipzig, FB Buch- und Medienproduktion, PF 301166, 04251 Leipzig, T: (0341) 30766334, reiche@fbm.htwk-leipzig.de

**Reichel,** Alexander; Dipl.-Ing., Prof.; *Baukonstruktion, Gebäudetechnik, Entwerfen*; di: Hochsch. Darmstadt, FB Architektur, Haardtring 100, 64295 Darmstadt, alexander.reichel@h-da.de

**Reichel,** Herbert; Dr., Prof.; *Konstruktionslehre, Werkzeug- und Modellbau*; di: Hochsch. Hof, Alfons-Goppel-Platz 1, 95028 Hof, T: (09281) 409467, F: 40955467, Herbert.Reichel@fh-hof.de

**Reichel,** Horst Christopher; Dr. rer. pol., Prof., Dekan FB Wirtschaftswissenschaften; *Betriebswirtschaftslehre, insbesondere Investitionen und Finanzierung*; di: HTWK Leipzig, FB Wirtschaftswissenschaften, PF 301166, 04251 Leipzig, T: (0341) 30766542, reichel@wiwi.htwk-leipzig.de

**Reichel,** Mario; Dr.-Ing., Prof.; *Wärmetechnik, Versorgungstechnik*; di: Westsächs. Hochsch. Zwickau, Fak. Kraftfahrzeugtechnik, Dr.-Friedrichs-Ring 2A, 08056 Zwickau, Mario.Reichel@fh-zwickau.de

**Reichelt,** Bernd; Dr.-Ing., Prof.; *Baubetriebswesen, Projektmanagement*; di: HTWK Leipzig, FB Bauwesen, PF 301166, 04251 Leipzig, T: (0341) 30766273, reichelt@fbb.htwk-leipzig.de

**Reichenbach,** Christina; Dr. phil., Prof.; *Heilpädagogik, Schwerpunkt Förderung, Bildung u. Integration von Kindern u. Jugendlichen mit Behinderung*; di: Ev. FH Rhld.-Westf.-Lippe, FB Soziale Arbeit, Bildung u. Diakonie, Immanuel-Kant-Str. 18-20, 44803 Bochum, T: (0234) 36901188, reichenbach@efh-bochum.de

**Reichert,** Andreas; Dr., Prof.; *Internationales Technisches Vertriebsmanagement, Internationale Produktion und Logistik*; di: DHBW Mosbach, Lohrtalweg 10, 74821 Mosbach, T: (06261) 939439, areichert@dhbw-mosbach.de

**Reichert,** Frank; Dipl.-Ing., Prof.; *Luft-, Wasser- und Bodenreinhaltung, Labor Umwelttechnik*; di: HTW Berlin, FB Ingenieurwiss. II, Blankenburger Pflasterweg 102, 13129 Berlin, T: (030) 50194325, reichert@HTW-Berlin.de

**Reichert,** Friedhelm; Dr. iur., Prof.; *Wirtschaftsprivatrecht, Privates Baurecht*; di: Beuth Hochsch. f. Technik, FB I Wirtschafts- u. Gesellschaftswiss., Luxemburger Str. 10, 13353 Berlin, T: (030) 45045250, friedhelm.reichert@beuth-hochschule.de

**Reichert,** Gabriele; Prof.; *Gestalterische Grundlagen*; di: Hochsch. f. Gestaltung Schwäbisch Gmünd, Rektor-Klaus-Str. 100, 73525 Schwäbisch Gmünd, PF 1308, 73503 Schwäbisch Gmünd, T: (07171) 602610

**Reichert,** Gerhard; Prof.; *Produktgestaltung*; di: Hochsch. f. Gestaltung Schwäbisch Gmünd, Rektor-Klaus-Str. 100, 73525 Schwäbisch Gmünd, gerhard.reichert@hfg-gmuend.de

**Reichert,** Gudrun; Dr., Prof.; *BWL*; di: DHBW Mosbach, Fak. Wirtschaft, Arnold-Janssen-Str. 9-13, 74821 Mosbach, T: (06261) 939122, F: 939104, greichert@dhbw-mosbach.de

**Reichert,** Wolfgang; Dr. med., HonProf.; *Medizinische Informatik*; di: Hochsch. Lausitz, FB Informatik, Elektrotechnik, Maschinenbau, Großenhainer Str. 57, 01968 Senftenberg, T: (03573) 85501, F: 85509

**Reichhardt,** Michael; Dr. rer. pol., Prof.; *Rechnungswesen, Kostenrechnung, Allg. BWL*; di: Hochsch. Karlsruhe, Fak. Informatik u. Wirtschaftsinformatik, Moltkestr. 30, 76133 Karlsruhe, PF 2440, 76012 Karlsruhe, T: (0721) 9252955

**Reichhardt,** Roland; Dr., Prof.; *Informatik*; di: FH Düsseldorf, FB 4 – Maschinenbau u. Verfahrenstechnik, Josef-Gockeln-Str 9, 40474 Düsseldorf

**Reichl,** Jakob; Dr. rer. nat., Prof.; *Grundlagen der Elektrotechnik, Informatik*; di: Hochsch. München, Fak. Maschinenbau, Fahrzeugtechnik, Flugzeugtechnik, Dachauer Str. 98b, 80335 München, T: (089) 12651488, F: 12651392, jakob.reichl@fhm.edu

**Reichle,** Heidi; Dr. rer. pol., Prof.; *Marketing, Existenzgründung*; di: Hochsch. Ravensburg-Weingarten, Doggenriedstr., 88250 Weingarten, PF 1261, 88241 Weingarten, heidi.reichle@hs-weingarten.de

**Reichle,** Manfred; Dr., Prof.; *Mechatronik*; di: DHBW Stuttgart, Fak. Technik, Mechatronik, Jägerstraße 58, 70174 Stuttgart, T: (0711) 1849692, reichle@dhbw-stuttgart.de

**Reichling,** Helmut; Dr., Prof.; *BWL, Praktische Unternehmensführung, Zivilrecht, Marketingmanagement, Existenzgründung*; di: FH Kaiserslautern, FB Betriebswirtschaft, Amerikastr. 1, 66482 Zweibrücken, T: (06332) 914254, helmut.reichling@fh-kl.de

**Reichstein,** Simon; Dr.-Ing., Prof.; *Mechanische Verfahrenstechnik, Technische Mechanik, Leichtmetalle*; di: Georg-Simon-Ohm-Hochsch. Nürnberg, Fak. Werkstofftechnik, Wassertorstr. 10, 90489 Nürnberg, PF 210320, 90121 Nürnberg, simon.reichstein@ohm-hochschule.de

**Reidegeld,** Eckart; Dr., Prof.; *Verwaltung u. Organisation, insb. Organisationssoziologie sowie Sozialplanung mit Kommunal- u. Regionalpolitik*; di: FH Dortmund, FB Angewandte Sozialwiss., Emil-Figge-Str. 44, 44227 Dortmund, T: (0231) 7555177, F: 7554911, eckart.reidegeld@fh-dortmund.de; pr: Mallnitzer Str. 12, 58093 Hagen

**Reidel,** Alexandra-Isabel; Dr. jur., Prof.; *Sozialadministration, Strafrecht und Kriminologie*; di: H Koblenz, FB Sozialwissenschaften, Konrad-Zuse-Str. 1, 56075 Koblenz, T: (0261) 9528204, F: 9528260, reidel@hs-koblenz.de

**Reidl,** Konrad; Dr. rer. nat., Prof.; *Vegetations- und Standortkunde, Stadtökologie*; di: Hochsch. f. Wirtschaft u. Umwelt Nürtingen-Geislingen, PF 1349, 72603 Nürtingen, T: (07022) 404174, konrad.reidl@hfwu.de

**Reif,** Konrad; Dr., Prof.; *Elektrotechnik – Fahrzeugelektronik und Mechatronische Systeme*; di: DHBW Ravensburg, Campus Friedrichshafen, Fallenbrunnen 2, 88045 Friedrichshafen, T: (07541) 2077212, reif@dhbw-ravensburg.de

**Reike,** Martin; Dr.-Ing., Prof.; *Mess- und Automatisierungstechnik*; di: Hochsch. Osnabrück, Fak. Ingenieurwiss. u. Informatik, Artilleriestr. 46, 49076 Osnabrück, T: (0541) 9692914, m.reike@hs-osnabrueck.de; pr: T: (0541) 683551

**Reiling,** Erich; Prof.; *Kunst, Kunst- u. Designwissenschaften*; di: Hochsch. Pforzheim, Fak. f. Gestaltung, Holzgartenstr. 36, 75175 Pforzheim, T: (07231) 286034, F: 286030, erich.reiling@hs-pforzheim.de

**Reiling,** Karl Friedrich; Dipl.-Ing., Prof.; *Füge- und Umformungstechnik, Festigkeitslehre*; di: Hochsch. Landshut, Fak. Maschinenbau, Am Lurzenhof 1, 84036 Landshut, karl.reiling@fh-landshut.de

**Reim,** Jürgen; Dr. rer. pol., Prof.; *Rechnungs- und Finanzwesen, Controlling*; di: Hochsch. Rhein/Main, Wiesbaden Business School, Bleichstr. 44, 65183 Wiesbaden, T: (0611) 94953108, juergen.reim@hs-rm.de

**Reimann,** Christian; Dr., Prof.; *Medieninformatik*; di: FH Dortmund, FB Informatik, Emil-Figge-Str. 42, 44227 Dortmund, T: (0231) 7556786, christian.reimann@fh-dortmund.de

**Reimann,** Dietmar; Dr.-Ing., Prof.; *Rechnersysteme*; di: HTWK Leipzig, FB Informatik, Mathematik u. Naturwiss., PF 301166, 04251 Leipzig, T: (0341) 30766472, reimann@imn.htwk-leipzig.de

**Reimann,** Hans-Achim; Dipl.-Chemiker, Dr. rer. nat., Prof.; *Umwelt- und Energiemanagement*; di: Hochsch. Ansbach, FB Ingenieurwissenschaften, Residenzstr. 8, 91522 Ansbach, PF 1963, 91510 Ansbach, T: (0981) 4877307, hans-achim.reimann@fh-ansbach.de

**Reimann,** Reinhard; Dr., Prof.; *Mechatronik, Elektromobilität*; di: DHBW Mosbach, Lohrtalweg 10, 74821 Mosbach, T: (06261) 939549, F: 939234, reimann@dhbw-mosbach.de

**Reimann,** Reinhard; Dr.-Ing., Prof.; *Haustechnik*; di: Hochsch. Anhalt, FB 3 Architektur, Facility Management u. Geoinformation, PF 2215, 06818 Dessau, T: (0340) 51971555, reimann@afg.hs-anhalt.de

**Reimann,** Wolfgang; Dr.-Ing., Prof., Dekan FB Maschinenbau; *Spanende Fertigung, Werkzeugmaschinen, Automatisierungstechnik*; di: Hochsch. Landshut, Fak. Maschinenbau, Am Lurzenhof 1, 84036 Landshut, rmn@fh-landshut.de

**Reimer,** Monika; Dr., Prof.; *Steuerrecht, Bilanzrecht*; di: H f. öffentl. Verwaltung u. Finanzen Ludwigsburg, Fak. Steuer- u. Wirtschaftsrecht, Reuteallee 36, 71634 Ludwigsburg, reimer@vw.fhov-ludwigsburg.de

**Reimers,** Derk-Hayo; Dr. rer. pol., Prof.; *Volkswirtschaftslehre*; di: Techn. Hochsch. Mittelhessen, FB 07 Wirtschaft, Wiesenstr. 14, 35390 Gießen, T: (0641) 3092720, Hayo.Reimers@w.fh-giessen.de; pr: Wartweg 3, 35392 Gießen, T: (0641) 9709646

**Reimers,** Ernst; Dr.-Ing., Prof.; *Maschinen und Anlagen, Antriebstechnik, Fluidtechnik, Akustik*; di: FH Flensburg, FB Maschinenbau, Verfahrenstechnik u. Maritime Technologien, Kanzleistr. 91-93, 24943 Flensburg, T: (0461) 8051670, ernst.reimers@fh-flensburg.de

**Reimers,** Hans-Eggert; Dr. sc. pol., Prof.; *Allgemeine Volkswirtschaftslehre/Makroökonomie*; di: Hochsch. Wismar, Fak. f. Wirtschaftswiss., PF 1210, 23952 Wismar, T: (03841) 753601, h.reimers@wi.hs-wismar.de

**Reimers-Rawcliffe,** Lutz; Dr. rer. nat., Prof.; *Transportversicherung und verwandte Zweige*; di: FH Köln, Fak. f. Wirtschaftswiss., Mainzer Str. 5, 50678 Köln, T: (0221) 82753927, lutz.reimers@fh-koeln.de; pr: Theodor-Heuss-Ring 1, 50668 Köln

**Reimpell,** Monika; Dr. rer. pol., Prof.; *Wirtschaftsinformatik und -mathematik*; di: FH Südwestfalen, FB Ingenieur- u. Wirtschaftswiss., Lindenstr. 53, 59872 Meschede, T: (0291) 9910580, reimpell@fh-swf.de

**Rein,** Hartmut; Dr., Prof.; *Nachhaltiges Destinationsmanagement*; di: Hochsch. f. nachhaltige Entwicklung, FB Landschaftsnutzung u. Naturschutz, Friedrich-Ebert-Str. 28, 16225 Eberswalde, T: (03334) 657423, F: 657282, Hartmut.Rein@hnee.de

**Rein,** Sabine; Dr., Prof.; *Betriebswirtschaftslehre*; di: Hochsch. f. Technik, Fak. Bauingenieurwesen, Bauphysik u. Wirtschaft, Schellingstr. 24, 70174 Stuttgart, PF 101452, 70013 Stuttgart, T: (0711) 89262825, sabine.rein@hft-stuttgart.de

**Reinartz,** Alexander; Dr.-Ing., Prof.; *Energietechnik, Dampferzeugertechnik, Strömungslehre, Techn. Gebäudeausrüstung*; di: FH Bingen, FB Life Sciences and Engineering, FR Verfahrenstechnik, Berlinstr. 109, 55411 Bingen, T: (06721) 409372, F: 409112, reinartz@fh-bingen.de

**Reinbold,** Brigitte; Dipl.-Päd., Prof.; *Jugend-, Familien- und Sozialhilfe*; di: DHBW Villingen-Schwenningen, Fak. Sozialwesen, Schramberger Str. 26, 78054 Villingen-Schwenningen, T: (07720) 3906209, F: 3906219, reinbold@dhbw-vs.de

**Reinders,** Berend-Otten; Dr.-Ing., Prof.; *Werkstofftechnik*; di: Hochsch. Bremerhaven, An der Karlstadt 8, 27568 Bremerhaven, T: (0471) 4823402, F: 4823401, breinders@hs-bremerhaven.de; pr: Bettenwarfen, 26427 Neuharlingersiel, T: (04974) 914920, B.-O.Reinders@t-online.de

**Reindl,** Josef; Dipl.-Ing., Prof.; *Baukonstruktion, Bauabwicklung, EDV*; di: Georg-Simon-Ohm-Hochsch. Nürnberg, Fak. Architektur, Keßlerplatz 12, 90489 Nürnberg, PF 210320, 90121 Nürnberg, T: (0911) 58801250

**Reindl,** Richard; Dr. rer. soc., Prof.; *Soziale Arbeit*; di: Georg-Simon-Ohm-Hochsch. Nürnberg, Fak. Sozialwiss., Bahnhofstr. 87, 90402 Nürnberg, PF 210320, 90121 Nürnberg

**Reindl,** Stefan; Dipl.-Ing., Prof.; *BWL, Autohausmanagement*; di: Hochsch. f. Wirtschaft u. Umwelt Nürtingen-Geislingen, FB 3, PF 1251, 73302 Geislingen a. d. Steige, T: (07331) 22579, stefan.reindl@hfwu.de

**Reineke,** Annette; Dr. sc. agr., PD U Hohenheim, Prof.; *Phytomedizin*; di: Hochsch. Geisenheim, Inst. f. Phytomedizin, Von-Lade-Str. 1, 65366 Geisenheim, T: (06722) 502411, F: 502410, annette.reineke@hs-gm.de

**Reinemann,** Holger; Dr. Prof.; *BWL, insbes. Entrepreneurship*; di: H Koblenz, FB Wirtschaftswissenschaften, Konrad-Zuse-Str. 1, 56075 Koblenz, T: (0261) 9528155, reinemann@hs-koblenz.de

**Reiner,** Thomas; Dr.-Ing., Prof.; *Finanz- und Rechnungswesen, Controlling, Wertanalyse*; di: FH Kaiserslautern, FB Angew. Ingenieurwiss., Morlauterer Str. 31, 67657 Kaiserslautern, T: (0631) 37242224, thomas.reiner@fh-kl.de

**Reiners,** Andreas; Dr. phil., Prof.; *Soziologie*; di: Kath. Hochsch. NRW, Abt. Aachen, Robert-Schuman-Str. 25, 52066 Aachen, T: (0241) 6000344, F: 6000388, a.reiners@kfhnw.de

**Reiners-Kröncke,** Werner; Dipl.-Päd., Dr., Prof.; *Pädagogik und Methoden der Sozialarbeit*; di: Hochsch. Coburg, Fak. Soziale Arbeit u. Gesundheit, Friedrich-Streib-Str. 2, 96450 Coburg, T: (09561) 317308, reiners-kroencke@hs-coburg.de; pr: Kellerweg 6, 96253 Haarth, T: (09565) 1586

**Reinert,** Dietmar; Dr., HonProf.; *Designmethodik sicherer und zuverlässiger Systeme*; di: Hochsch. Bonn-Rhein-Sieg, FB Informatik, Grantham-Allee 20, 53757 Sankt Augustin, dietmar.reinert@hvbg.de

**Reinert,** Joachim; Dr. rer. nat., Prof.; *Wirtschaftsinformatik, Organisation/ Projektmanagement*; di: Hochsch. f. Wirtschaft u. Umwelt Nürtingen-Geislingen, FB 1, PF 1349, 72603 Nürtingen, T: (07022) 929230, joachim.reinert@hfwu.de

**Reinert,** Uwe; Dr.-Ing., Prof.; *Strukturmechanik, Werkstoffe, Simulation, Konstruktion*; di: Hochsch. Bremen, Fak. Natur u. Technik, Neustadtswall 30, 28199 Bremen, T: (0421) 59052553, F: 59053578, Uwe.Reinert@hs-bremen.de

**Reinhard,** Hans-Joachim; Prof.; *Sozialrecht u Privatrecht*; di: Hochsch. Fulda, FB Sozial- u. Kulturwiss., Marquardstr. 35, 36039 Fulda

**Reinhard,** Hartmut; Dr. rer. pol., Prof.; *Logistikmanagement*; di: FH Köln, Fak. f. Wirtschaftswiss., Claudiusstr. 1, 50678 Köln, T: (0221) 82753711, hartmut.reinhard@fh-koeln.de

**Reinhard,** Karin; Dr., Prof.; *BWL – International Business*; di: DHBW Ravensburg, Marktstr. 28, 88212 Ravensburg, T: (0751) 189992780, reinhard@dhbw-ravensburg.de

**Reinhard,** Volker; Dr. iur., Prof.; *Recht*; di: HAW Hamburg, Fak. Technik u. Informatik, Berliner Tor 21, 20099 Hamburg, volker.reinhard@haw-hamburg.de; pr: T: (040) 463339

**Reinhardt,** Fridtjof; Dr. med. habil., HonProf.; *Medizinische Informatik*; di: Hochsch. Lausitz, FB Informatik, Elektrotechnik, Maschinenbau, Großenhainer Str. 57, 01968 Senftenberg, T: (03573) 85501, F: 85509

**Reinhardt,** Günter; Prof.; *Grundlagen Design, Medientechnik, Kommunikationsdesign*; di: Hochsch. Deggendorf, FB Elektrotechnik u. Medientechnik, Edlmairstr. 6-8, 94469 Deggendorf, PF 1320, 94453 Deggendorf, T: (0991) 3615500, F: 3615599, guenter.reinhardt@fh-deggendorf.de

**Reinhardt,** Helmut; Prof.; *Sozialversicherungsrecht, Rentenversicherungsrecht, SGB I, IV und X*; di: H f. öffentl. Verwaltung u. Finanzen Ludwigsburg, Reuteallee 36, 71634 Ludwigsburg, T: (07141) 14015, F: 140544

**Reinhardt,** Jens; Dr., Prof.; *Wirtschaftsinformatik*; di: FH Mainz, FB Wirtschaft, Lucy-Hillebrand-Str. 2, 55128 Mainz, jens.reinhardt@wiwi.fh-mainz.de

**Reinhardt,** Rüdiger; Dr. rer. pol. habil., Prof.; *Betriebswirtschaftslehre, bes. Wissensmanagement*; di: SRH Fernhochsch. Riedlingen, Lange Str. 19, 88499 Riedlingen, ruediger.reinhardt@fh-riedlingen.srh.de; Management Center Innsbruck, Universitätsstr. 15, A-6020 Innsbruck

**Reinhardt,** Uwe J.; Prof.; *Text u Verbale Kommunikation*; di: FH Düsseldorf, FB 2 – Design, Georg-Glock-Str. 15, 40474 Düsseldorf, T: (0211) 4351254; pr: T: (0711) 2362503, F: 2362504, ujr@uwejreinhardt.de

**Reinhardt,** Winfried; Dr.-Ing., Prof.; *Schienenverkehrswesen sowie Verkehrsplanung insbes. im städtischen Bereich*; di: FH Köln, Fak. f. Bauingenieurwesen u. Umwelttechnik, Betzdorfer Str. 2, 50679 Köln, T: (0221) 82752846, winfried.reinhardt@fh-koeln.de; pr: Marktstr. 22, 51143 Köln, T: (02203) 982144

**Reinheckel,** Antje; Dr. med., Prof.; *Medizin in der Sozialen Arbeit*; di: Ostfalia Hochsch., Fak. Sozialwesen, Ludwig-Winter-Str. 2, 38120 Braunschweig

**Reinhold,** Bertram; Dr.-Ing., HonProf.; *Innovative Werkstoffe der Fahrzeugtechnik*; di: HTW Dresden, Fak. Maschinenbau/ Verfahrenstechnik, Friedrich-List-Platz 1, 01069 Dresden

**Reinhold,** Christel; Dr. rer. nat., Prof.; *Experimentalphysik/Röntgentechnik*; di: Westsächs. Hochsch. Zwickau, FB Physikalische Technik/Informatik, Dr.-Friedrichs-Ring 2A, 08056 Zwickau, T: (0375) 5361517, christel.reinhold@fh-zwickau.de

**Reinhold,** Ullrich; Dr. rer. nat., Prof.; *Experimentalphysik/Plasma- und Elektronenstrahltechnik*; di: Westsächs. Hochsch. Zwickau, FB Physikalische Technik/Informatik, Dr.-Friedrichs-Ring 2A, 08056 Zwickau, Ullrich.Reinhold@fh-zwickau.de

**Reinhold,** Wolfgang; Dr.-Ing. habil., Prof.; *Elektronische Bauelemente*; di: HTWK Leipzig, FB Elektrotechnik u. Informationstechnik, PF 301166, 04251 Leipzig, T: (0341) 30761184, reinhold@fbeit.htwk-leipzig.de

**Reinke,** Hans Georg; Dr., Prof.; *Massivbau*; di: FH Frankfurt, FB 1 Architektur, Bauingenieurwesen, Geomatik, Nibelungenplatz 1, 60318 Frankfurt am Main, T: (069) 15332017

**Reinke,** Markus; Dr., Prof.; *Landschaftsplanung, Landschaftsökologie und Umweltsicherung*; di: Hochsch. Weihenstephan-Triesdorf, Fak. Landschaftsarchitektur, Am Hofgarten 4, 85354 Freising, 85350 Freising, T: (08161) 713776, F: 715114, markus.reinke@fh-weihenstephan.de

**Reinke,** Uwe; Dr. phil., Prof.; *Sprach- u. Übersetzungstechnologie*; di: FH Köln, Fak. f. Informations- u. Kommunikationswiss., Claudiusstr. 1, 50678 Köln, T: (0221) 82753298, uwe.reinke@fh-koeln.de

**Reinke,** Wilhelm; Dr., Prof.; *Technische Mechanik, Festigkeitslehre, Leichtbau*; di: Hochsch. f. angew. Wiss. Würzburg Schweinfurt, Fak. Maschinenbau, Ignaz-Schön-Str. 11, 97421 Schweinfurt

**Reinking,** Jörg; Dr.-Ing., Prof.; *Vermessungskunde*; di: Jade Hochsch., FB Bauwesen u. Geoinformation, Ofener Str. 16-19, 26121 Oldenburg, T: (0441) 77083250, reinking@jade-hs.de; pr: Auf dem Späthen 32, 26209 Kirchhatten, T: (04482) 980040

**Reinmann,** Sabine; Dr. rer. pol., Prof.; *BWL, Personalführung*; di: Jade Hochsch., FB Wirtschaft, Friedrich-Paffrath-Str. 101, 26389 Wilhelmshaven, T: (04421) 9852331, F: 9852596, sabine.reinmann@jade-hs.de

**Reinöhl,** Eberhard; Dr., Prof.; *Rechnungswesen, Revision, Steuern*; di: Hochsch. f. angew. Wiss. Würzburg Schweinfurt, Fak. Wirtschaftswiss., Münzstr. 12, 97070 Würzburg

**Reinscheid,** Dieter; Dr. rer. nat., Prof.; *Mikrobiologie, Parasitologie*; di: Hochsch. Bonn-Rhein-Sieg, FB Angewandte Naturwissenschaften, von-Liebig-Str. 20, 53359 Rheinbach, T: (02241) 865583, F: 8658583, dieter.reinscheid@fh-bonn-rhein-sieg.de

**Reinspach,** Rosmarie; Dipl.-Sozialpäd. (FH), Dipl.-Kff., Dr. oec. publ., Prof.; *Pflegemanagement*; di: Kath. Stiftungsfachhochsch. München, Preysingstr. 83, 81667 München, T: (089) 480921282, F: 4801907, r.reinspach@ksfh.de

**Reintjes,** Norbert; Dipl.-Biol., Dr. rer.nat., Prof.; *Industrielle Ökologie*; di: FH Lübeck, FB Angewandte Naturwissenschaften, Mönkhofer Weg 239, 23562 Lübeck, T: (0451) 3005241, norbert.reintjes@fh-luebeck.de

**Reintjes,** Ralf; Dr. med., Prof.; *Epidemiologie und Gesundheitsberichterstattung*; di: HAW Hamburg, Fak. Life Sciences, Lohbrügger Kirchstr. 65, 21033 Hamburg, ralf.reintjes@haw-hamburg.de

**Reinwald,** Jörg; Prof.; *Gestaltungslehre, Entwerfen, Baukonstruktion*; di: FH Erfurt, FB Architektur, Schlüterstr. 1, 99084 Erfurt, PF 101363, 99013 Erfurt, T: (0361) 6700463, F: 6700462, reinwald@fh-erfurt.de

**Reis,** Claus; Dr., Prof.; *Soziale Dienste und Armut/Arbeitslosigkeit/Wohnungslosigkeit*; di: FH Frankfurt, FB 4 Soziale Arbeit u. Gesundheit, Nibelungenplatz 1, 60318 Frankfurt am Main, T: (069) 15332831, csreis@fb4.fh-frankfurt.de

**Reis,** Monique; Dr., Prof.; *Rechnungswesen*; di: Hochsch. Fulda, FB Wirtschaft, Marquardstr. 35, 36039 Fulda, monique.reis@w.hs-fulda.de

**Reisach,** Ulrike; Dr., Prof.; *Unternehmenskommunikation*; di: FH Neu-Ulm, Wileystr. 1, 89231 Neu-Ulm, T: (0731) 97621512, ulrike.reisach@fh-neu-ulm.de

**Reisch,** Diethard; Dr.-Ing., Prof.; *Produktionslogistik*; di: Westfäl. Hochsch., FB Wirtschaftsingenieurwesen, August-Schmidt-Ring 10, 45657 Recklinghausen, T: (02361) 9155401, F: 915571, diethard.reisch@fh-gelsenkirchen.de

**Reisch,** Lucia; Dr., Prof.; *Konsumentenverhalten und europäische Verbraucherpolitik*; di: SRH Hochsch. Calw, Badstr. 27, 75365 Calw

**Reisch,** Manfred; Dr., Prof.; di: Hochsch. München, Fak. Elektrotechnik u. Informationstechnik, Lothstr. 64, 80335 München, manfred.reisch@hm.edu

**Reisch,** Michael; Dr. rer. techn., Prof.; *Werkstoffe u. Bauelemente der Elektrotechnik, Mathematik, Optoelektronik*; di: Hochsch. Kempten, Fak. Elektrotechnik, Bahnhofstr. 61-63, 87435 Kempten, T: (0831) 2523170, reisch@fh-kempten.de

**Reiser,** Dirk; Dr., Prof.; *Sustainable Tourism Management, Wirtschaftswissenschaften*; di: Cologne Business School, Hardefuststr. 1, 50667 Köln, T: (0221) 931809836, d.reiser@cbs-edu.de

**Reiser,** Ulrich; Dipl.-Ing., Prof.; *Druckorientierte digitale Bildverarbeitung, Formherstellung Tiefdruck*; di: Hochsch. d. Medien, Fak. Druck u. Medien, Nobelstr. 10, 70569 Stuttgart, T: (0711) 89232812, reiser@hdm-stuttgart.de

**Reisewitz,** Perry; Dr., Prof.; *Public Relations, Kommunikation*; di: Macromedia Hochsch. f. Medien u. Kommunikation, Gollierstr. 4, 80339 München, perry.reisewitz@compass-communications.de

**Reiss,** Hans-Christoph; Dr. rer. pol., Prof.; *Management sozialer Einrichtungen, Rechnungswesen*; di: FH Mainz, FB Wirtschaft, Lucy-Hillebrand-Str. 2, 55128 Mainz, T: (06131) 628178, hans-christoph.reiss@wiwi.fh-mainz.de

**Reiss,** Jochen; Dipl. Berging., Dipl.-Geologe, Dr., HonProf.; *Erdöl-/ Erdgasgewinnung*; di: Hochsch. Osnabrück, Fak. Ingenieurwiss. u. Informatik, Albrechtstr. 30, 49076 Osnabrück; pr: Habichtweg 4, 49808 Lingen/Ems, T: (0541) 66211

**Reiß,** Rüdiger; Dr.-Ing., Prof.; *Digitale Signalverarbeitung*; di: Hochsch. Konstanz, Fak. Elektrotechnik u. Informationstechnik, Brauneggerstr. 55, 78462 Konstanz, PF 100543, 78405 Konstanz, T: (07531) 206256, F: 206400; pr: STZ_DSV@t-online.de

**Reiß,** Susanne; Dipl.-Ing., Prof.; *Städtebau u. Stadtplanung, Umweltschutz, Entwurf*; di: FH Mainz, FB Technik, Holzstr. 36, 55051 Mainz, T: (06131) 2859222, F: 2859210, susanne.reiss@fh-mainz.de

**Reißel,** Martin; Dr. rer. nat., Prof.; *Angewandte Mathematik, insb. numerische Mathematik*; di: FH Aachen, FB Angewandte Naturwiss. u. Technik, Ginsterweg 1, 52428 Jülich, T: (0241) 600953219, reissel@fh-aachen.de; pr: Hüsgenstr. 61, 52457 Aldenhoven, T: (02464) 580270

**Reissert,** Bernd; Dr., Prof., Präs. HWR Berlin; *Politikwissenschaften, Arbeitsmarkt*; di: HWR Berlin, Campus Schöneberg, Badensche Str. 52, 10825 Berlin, T: (030) 85789101, F: 85789109, praesident@hwr-berlin.de

**Reißig-Thust,** Solveig; Dr. rer. pol., Prof.; *Betriebliches Rechnungswesen*; di: Hochsch. f. Wirtschaft u. Recht Berlin, FB 1, Badensche Str. 50-51, 10825 Berlin, T: (030) 85789111, sreissig@hwr-berlin.de

**Reißing,** Ralf; Dr.-Ing., Prof.; *Automobilinformatik, Embedded Systems*; di: Hochsch. Coburg, Fak. Maschinenbau, PF 1652, 96406 Coburg, T: (09561) 317302, reissing@hs-coburg.de

**Reiter,** Gerald; Dr., Prof.; *Angewandte Physik in der Lebensmitteltechnik*; di: Hochsch. Fulda, FB Lebensmitteltechnologie, Marquardstr. 35, 36039 Fulda; pr: Cleebergerstr. 19, 35647 Waldsolms, T: (06085) 1700

**Reiter,** Günther; Dr. rer. pol., Prof.; *Allg. Betriebswirtschaftslehre, insbes. Rechnungswesen*; di: Hochsch. Reutlingen, FB European School of Business, Alteburgstr. 150, 72762 Reutlingen, T: (07121) 271227; pr: Grundstr. 2/1, 88045 Friedrichshafen, T: (07541) 376137

**Reiter,** Joachim; Dr., Prof.; *BWL*; di: Hochsch. Offenburg, Fak. Betriebswirtschaft u. Wirtschaftsingenieurwesen, Klosterstr. 14, 77723 Gengenbach, T: (07803) 96984472, joachim.reiter@hs-offenburg.de

**Reiter,** Udo; Dr. phil., HonProf.; *Radiolehre*; di: Hochsch. Mittweida, Fak. Medien, Technikumplatz 17, 09648 Mittweida, T: (03727) 581580

**Reith,** Steffen; Dr., Prof.; *Theoretische Informatik*; di: Hochsch. Rhein/Main, FB Design Informatik Medien, Unter den Eichen 5, 65195 Wiesbaden, T: (0611) 94951206, steffen.reith@hs-rm.de

**Reitmeier,** Wolfgang; Dr.-Ing., Prof.; *Geotechnik, Bauinformatik*; di: Hochsch. Konstanz, Fak. Bauingenieurwesen, Brauneggerstr. 55, 78462 Konstanz, PF 100543, 78405 Konstanz, T: (07531) 206224, F: 206391, reitmeie@htwg-konstanz.de

**Reitsam,** Michael; Dr. phil., Prof.; di: Hochsch. München, Fak. Tourismus, Am Stadtpark 20 (Neubau), 81243 München, michael.reitsam@hm.edu

**Reitz,** Hildegard; Dr. phil., HonProf. FH Aachen; di: FH Aachen, FB Design, Boxgraben 100, 52064 Aachen; pr: Theaterstr. 18, 52062 Aachen, T: (0241) 26190

**Reitz,** Stefan; Dr., Prof.; *Finanzmathematik, Analysis*; di: Hochsch. f. Technik, Fak. Vermessung, Mathematik u. Informatik, Schellingstr. 24, 70174 Stuttgart, PF 101452, 70013 Stuttgart, T: (0711) 89262522, F: 89262553, stefan.reitz@hft-stuttgart.de

**Reitze,** Clemens; Dr., Prof.; di: DHBW Karlsruhe, Fak. Technik, Erzbergerstr. 121, 76133 Karlsruhe, T: (0721) 9735829

**Reitzig,** Jörg; Dipl. Volkswirt, Dr. rer. pol., Prof.; *Sozialwissenschaften, Sozialpolitik*; di: FH Ludwigshafen, FB III Internationale Dienstleistungen, Ernst-Boehe-Str. 4, 67059 Ludwigshafen/Rhein, email@joerg-reitzig.de

**Reker,** Christoph; Dr., Prof.; *International Business*; di: DHBW Mannheim, Fak. Wirtschaft, Coblitzallee 1-9, 68163 Mannheim, T: (0621) 41051713, F: 41051286, christoph.reker@dhbw-mannheim.de

**Remensperger,** Christine; Dipl.-Ing., Prof.; *Entwerfen u. Baukonstruktion*; di: FH Dortmund, FB Architektur, PF 105018, 44047 Dortmund, T: (0231) 7554427, F: 7554466, c.remensperger@fh-dortmund.de

**Remer,** Laxmi; Dr., Prof.; *Finance*; di: Cologne Business School, Hardefuststr. 1, 50667 Köln, T: (0221) 931809844, l.remer@cbs-edu.de

**Remke,** Werner; Dr. rer. nat., Prof.; *Informatik/Computergrafik, Konstruktive Ingenieurmethoden*; di: Westsächs. Hochsch. Zwickau, FB Physikalische Technik/Informatik, Dr.-Friedrichs-Ring 2A, 08056 Zwickau, T: (0375) 5361537, werner.remke@fh-zwickau.de

**Remmel,** Jochen; Dr.-Ing., Prof.; *Technische Mechanik, Maschinenelemente, Fertigungstechnik*; di: TFH Georg Agricola Bochum, WB Maschinen- u. Verfahrenstechnik, Herner Str. 45, 44787 Bochum, T: (0234) 9683406, F: 9683706, remmel@tfh-bochum.de; pr: Gotenstr. 148, 58239 Schwerte, T: (02304) 44263

**Remmel-Faßbender,** Ruth; Dipl.-Päd., Dipl.-Sozialarb., Prof.; *Methoden in der Sozialen Arbeit*; di: Kath. Hochsch. Mainz, FB Soziale Arbeit, Saarstr. 3, 55122 Mainz, T: (06131) 2894446, re-fa@kfh-mainz.de

**Remmerbach,** Klaus-Ulrich; Dr. rer.pol., Prof.; *Technische Betriebswirtschaft, Unternehmensführung*; di: FH Münster, Inst. f. Technische Betriebswirtschaft, Bismarckstraße 11, 48565 Steinfurt, T: (02551) 962519, remmerbach@fh-muenster.de

**Remus,** Bernd; Dr.-Ing., Prof.; *Informatik, Elektronik*; di: FH Kiel, FB Maschinenwesen, Grenzstr. 3, 24149 Kiel, T: (0431) 2102756, F: 2102757, bernd.remus@fh-kiel.de; pr: T: (0431) 210232316

**Render,** Wolfgang; Dr.-Ing., Prof.; *Facility- und Immobilienmanagement*; di: Hochsch. 21, Harburger Str. 6, 21614 Buxtehude, T: (04161) 648158

**Renke,** Lothar; Dr. rer. pol., Prof.; *Betriebswirtschaftslehre, Controlling, Logistik*; di: Hochsch. Heilbronn, Fak. f. Wirtschaft u. Verkehr, Max-Planck-Str. 39, 74081 Heilbronn, T: (07131) 504212, renke@hs-heilbronn.de

**Renken,** Folker; Dr. rer. nat., Prof.; *Elektronische Systeme, Bauelemente der Elektronik und Grundschaltungen, Elektronische Schaltungen, Kraftfahrzeugelektronik, Leistungselektronik*; di: Jade Hochsch., FB Ingenieurwissenschaften, Friedrich-Paffrath-Str. 101, 26389 Wilhelmshaven, T: (04421) 9852265, folker.renken@jade-hs.de

**Renker,** Clemens; Dr. oec., Prof.; *Marketing, Handels- und Banklehre*; di: Hochsch. Zittau/Görlitz, Fak. Wirtschafts- u. Sprachwiss., Theodor-Körner-Allee 16, 02763 Zittau, T: (03583) 611418, C.Renker@hs-zigr.de

**Renkl,** Cornelius; Dr., Prof.; *Wirtschaftsinformatik*; di: AKAD-H Stuttgart, Maybachstr. 18-20, 70469 Stuttgart, T: (0711) 814950, hs-stuttgart@akad.de

**Rennar,** Nikolaus; Dr., Prof.; *Chemie, Kunststoffchemie, Elastomerchemie, Werkstoffkunde, Werkstoffkunde der Kunststoffe und Werkstoffprüfung*; di: Hochsch. f. angew. Wiss. Würzburg Schweinfurt, Fak. Kunststofftechnik u. Vermessung, Münzstr. 12, 97070 Würzburg

**Rennekamp,** Reinhold; Dr. rer. nat., Prof.; *Technische Physik*; di: HTW Dresden, Fak. Maschinenbau/Verfahrenstechnik, PF 120701, 01008 Dresden, T: (0351) 4622739, rennekamp@mw.htw-dresden.de

**Renner,** Bärbel G.; Dr., Prof.; *Verlagsmanagement, Marketing, Dienstleistungsmarketing, Hochschulkommunikation*; di: DHBW Stuttgart, Fak. Wirtschaft, Friedrichstraße 14, 70174 Stuttgart, T: (0711) 32066012, renner@dhbw-stuttgart.de

**Renner,** Gregor; Dr. phil., Prof.; *Heilpädagogik, Unterstützte Kommunikation*; di: Kath. Hochsch. Freiburg, Karlstr. 63, 79104 Freiburg, T: (0761) 200681, renner@kfh-freiburg.de

**Renner,** Robert; Dr., Prof.; *Gesundheitsförderung und Ernährung*; di: Hochsch. Rhein-Waal, Fak. Life Sciences, Marie-Curie-Straße 1, 47533 Kleve, T: (02821) 80673222, robert.renner@hochschule-rhein-waal.de

**Rennert,** Christian; Dr. rer. pol., Prof.; *Unternehmensführung*; di: FH Köln, Fak. f. Wirtschaftswiss., Claudiusstr. 1, 50678 Köln, T: (0221) 82753216, christian.rennert@fh-koeln.de

**Rennert,** Ines; Dr.-Ing., Prof.; *Signale und Systeme, Regelungstechnik*; di: Dt. Telekom Hochsch. f. Telekommunikation, PF 71, 04251 Leipzig, T: (0341) 30625190, rennert@hft-leipzig.de

**Rennertz,** Karl Manfred; Dipl.-Ing., Prof.; *Grundlagen der Gestaltung*; di: Hochsch. Ostwestfalen-Lippe, FB 1, Architektur u. Innenarchitektur, Bielefelder Str. 66, 32756 Detmold, karl-manfred.rennertz@hs-owl.de

**Rennhak,** Carsten; Dr. oec. publ., Prof. ESB Business School Reutlingen, Doz. Munich Business School; *Marketing*; di: Hochsch. Reutlingen, ESB Business School, Alteburgstr. 150, 72762 Reutlingen, T: (07121) 2716010, F: 2716022, Carsten.Rennhak@Reutlingen-University.de; Munich Business School, Elsenheimerstr. 61, 80687 München, Carsten.Rennhak@munich-business-school.de

**Renninger,** Wolfgang; Dr., Prof., Dekan FB Betriebswirtschaft; *Organisation und Wirtschaftsinformatik*; di: Hochsch. Amberg-Weiden, FB Betriebswirtschaft, Hetzenrichter Weg 15, 92637 Weiden, T: (0961) 382176, F: 382162, w.renninger@fh-amberg-weiden.de; www.fh-amberg-weiden.de/home/renninger

**Rennings,** Hedwig van; Dr. phil., Prof.; *Methoden/Didaktik der Sozialarbeit/-pädagogik*; di: Hochsch. Lausitz, FB Sozialwesen, Lipezker Str. 47, 03048 Cottbus-Sachsendorf, T: (0355) 5818401, F: 5818409, hvrennings@aol.dom

**Rentmeister,** Cäcilia; Dr., Prof.; *Mädchen- und Frauenarbeit/Geschlechterverhältnis, Theorie und Praxis von Multimedia*; di: FH Erfurt, FB Sozialwesen, Altonaer Str. 25, 99084 Erfurt, PF 101363, 99013 Erfurt, T: (0361) 6700541, F: 6700533, rentmeister@fh-erfurt.de

**Rentzsch,** Oliver; Dipl.-Ing., Dr. med., Prof.; *Absatzwirtschaft*; di: FH Lübeck, FB Maschinenbau u. Wirtschaft, Mönkhofer Weg 136-140, 23562 Lübeck, T: (0451) 3005304, oliver.rentzsch@fh-luebeck.de

**Renvert,** Peter; Dr.-Ing., Prof.; *Technische Mechanik und Konstruktionslehre, Fluidtechnik und Mechatronik*; di: FH Südwestfalen, FB Maschinenbau, Frauenstuhlweg 31, 58644 Iserlohn, T: (02371) 566145, F: 566251, renvert@fh-swf.de; pr: Carl-Diem-Str. 17, 58809 Neuenrade, T: (02392) 60633

**Renz,** Anette; Dr., Prof.; *BWL, Industrie*; di: DHBW Villingen-Schwenningen, Fak. Wirtschaft, Karlstr. 29, 78054 Villingen-Schwenningen, T: (07720) 3906405, F: 3906519, renz@dhbw-vs.de

**Renz,** Burkhardt; Dr., Prof.; *Informatik*; di: Techn. Hochsch. Mittelhessen, FB 13 Mathematik, Naturwiss. u. Datenverarbeitung, Wiesenstr. 14, 35390 Gießen, T: (0641) 3092451; pr: Simsonstr. 3, 60385 Frankfurt, T: (0173) 4604610

**Renz,** Karl-Christof; Dr., Prof.; *Unternehmensführung, Organisation, Soft Skills*; di: Hochsch. Aalen, Fak. Wirtschaftswissenschaften, Beethovenstr. 1, 73430 Aalen, T: (07361) 5762384, karl-christof.renz@htw-aalen.de

**Renz,** Wolfgang; Dr. rer.nat., Prof.; *Verteilte Systeme*; di: HAW Hamburg, Fak. Technik u. Informatik, Berliner Tor 7, 20099 Hamburg, T: (040) 428758304, Wolfgang.Renz@haw-hamburg.de

**Reppchen,** Gunter; Dr.-Ing., Prof., Dekan FB Vermessungswesen/Kartographie; *Vermessungstechnik, Topographie, Landesvermessung, Satellitengeodäsie*; di: HTW Dresden, Fak. Geoinformation, Friedrich-List-Platz 1, 01069 Dresden, T: (0351) 4623151, reppchen@htw-dresden.de

**Reppich,** Marcus; Dr.-Ing., Prof.; *Mechanische u. thermische Verfahrenstechnik, Regenerative Energietechnik*; di: Hochsch. Augsburg, Fak. f. Maschinenbau u. Verfahrenstechnik, An der Hochschule 1, 86161 Augsburg, T: (0821) 55863153, F: 55863160, marcus.reppich@hs-augsburg.de; www.hs-augsburg.de/~reppich/index.html

**Rerrich,** Maria; Dr. rer. pol., Prof.; *Soziologie*; di: Hochsch. München, Fak. Angew. Sozialwiss., Lothstr. 34, 80335 München, T: (089) 12652324, F: 12652330, rerrich@fhm.edu

**Resch,** Jürgen; Dr. rer. nat. habil., Prof.; *Mathematik, Operations Research, Nichtlineare Optimierung,Verfahren höherer Ordnung für nicht konvexe Probleme*; di: HTW Dresden, Fak. Informatik/Mathematik, Friedrich-List-Platz 1, 01069 Dresden, T: (0351) 4622413, resch@informatik.htw-dresden.de

**Resch,** Olaf; Dr., Prof.; di: Hochsch. f. Wirtschaft u. Recht Berlin, Badensche Str. 50/51, 10825 Berlin, T: (030) 29384499, olaf.resch@hwr-berlin.de

**Resch,** Tilman; Dr. med., Prof.; *Sportmedizin*; di: Hochsch. f. Gesundheit u. Sport Berlin, Vulkanstr. 1, 10367 Berlin, T: (08122) 9559480, tilman.resch@my-campus-berlin.com

**Reschl,** Richard; Dr., Prof.; *Soziologie der Öffentlichen Verwaltung, Kulturmanagement*; di: H f. öffentl. Verwaltung u. Finanzen Ludwigsburg, Reuteallee 36, 71634 Ludwigsburg, T: (07141) 140541, F: 140544

**Reski,** Annegret; Dr. phil., Prof.; *Personalmanagement*; di: FH Lübeck, FB Maschinenbau u. Wirtschaft, Mönkhofer Weg 136-140, 23562 Lübeck, T: (0451) 3005361, F: 3005302, annegret.reski@fh-luebeck.de

**Resnik,** Boris; Dr.-Ing., Prof.; *Vermessungskunde, Ingenieurvermessung*; di: Beuth Hochsch. f. Technik, FB III Bauingenieur- u. Geoinformationswesen, Luxemburger Str. 10, 13353 Berlin, T: (030) 45042596, resnik@beuth-hochschule.de

**Ressel,** Christian; Dr.-Ing., Prof.; *Ambient Intelligent Systems*; di: Hochsch. Rhein-Waal, Fak. Kommunikation u. Umwelt, Südstraße 8, 47475 Kamp-Lintfort, T: (02842) 90825241, christian.ressel@hochschule-rhein-waal.de

**Ressel,** Klaus; Dr. rer. nat., Prof.; *Mathematik, Datenverarbeitung, Programmieren*; di: Hochsch. München, Fak. Elektrotechnik u. Informationstechnik, Lothstr. 64, 80335 München, T: (0731) 5028138, klaus.ressel@hm.edu

**Rethmann,** Jochen; Dr. rer. nat., Prof.; *Praktische Informatik*; di: Hochsch. Niederrhein, FB Elektrotechnik/Informatik, Reinarzstr. 49, 47805 Krefeld, T: (02151) 8224633, jochen.rethmann@hs-niederrhein.de

**Rettberg,** Wolfgang; Dipl.-Ing., Prof.; *Entwerfen, Baukonstruktion, Baubetrieb*; di: HAWK Hildesheim/Holzminden/Göttingen, Fak. Management, Soziale Arbeit, Bauen, Haarmannplatz 3, 37603 Holzminden, T: (05531) 126139, F: 126150

**Rettenberger,** Gerhard; Prof.; *Abfalltechnik u. Altlastensanierung, Biogastechnik*; di: Hochsch. Trier, FB BLV, PF 1826, 54208 Trier, T: (0651) 8103346, F: 8103337, G.Rettenberger@hochschule-trier.de; pr: Reichensperger Str. 55, 54296 Trier, T: (0651) 39881

**Rettenwander,** Annemarie; Dr., Prof.; *Organisationspsychologie, Kommunikationspsychologie*; di: Hochsch. Niederrhein, FB Oecotrophologie, Rheydter Str. 232, 41065 Mönchengladbach, T: (02161) 1865386, Annemarie.Rettenwander@hs-niederrhein.de

**Rettig,** Eberhard; Dipl.-Wirtschaftsing., MSc, Dr. rer. pol., Prof.; *Allgemeine Betriebswirtschaftslehre und internationale Wirtschaftsbeziehungen*; di: Hochsch. Osnabrück, Fak. Wirtschafts- u. Sozialwiss., Caprivistraße 30a, 49076 Osnabrück, T: (0541) 9692017, F: 9693217, rettig@wi.hs-osnabrueck.de

**Rettig,** Rasmus; Dr. rer.nat., Prof.; *Grundlagen der Elektrotechnik und Sensorik*; di: HAW Hamburg, Fak. Technik u. Informatik, Berliner Tor 7, 20099 Hamburg, T: (040) 428758100, Rasmus.Rettig@haw-hamburg.de

**Reufer,** Martin; Dr. rer.nat., Prof.; *Angewandte Physik*; di: Hochschule Ruhr West, Institut Naturwissenschaften, PF 100755, 45407 Mülheim an der Ruhr, T: (0208) 88254425, martin.reufer@hs-ruhrwest.de

**Reule,** Waldemar; Dr.-Ing., Prof.; *Bioverfahrenstechnik, Biotechnologie, Getränketechnologie, Fermentation*; di: Hochsch. Furtwangen, Fak. Maschinenbau u. Verfahrenstechnik, Jakob-Kienzle-Str. 17, 78054 Villingen-Schwenningen, T: (07720) 3074252, reu@hs-furtwangen.de

**Reus,** Ulrich; Dr.-Ing., Prof.; *Datenbanken, Softwareentwicklung, Mathematik*; di: FH d. Wirtschaft, Fürstenallee 3-5, 33102 Paderborn, T: (05251) 301174, ulrich.reus@fhdw.de; pr: T: (05251) 408862

**Reusch,** Hans-Dieter; Dipl.-Phys., Dr. rer. nat., Prof.; *Umweltingenieurwesen, Kernphysik/Strahlenschutz*; di: FH Lübeck, FB Angew. Naturwiss., Mönkhofer Weg 239, 23562 Lübeck, T: (0451) 5005200, F: 3005302, hans-dieter.reusch@fh-luebeck.de

**Reusch,** Peter J. A.; Dr., Dr., Prof.; *Betriebsinformatik*; di: FH Dortmund, FB Wirtschaft, Emil-Figge-Str. 44, 44227 Dortmund, T: (0231) 7554909, F: 7554902, Peter.Reusch@fh-dortmund.de

**Reuschel,** Elke; Dr.-Ing., Prof.; *Stahlbetonbau*; di: HTWK Leipzig, FB Bauwesen, PF 301166, 04251 Leipzig, T: (0341) 30766271, reuschel@fbb.htwk-leipzig.de

**Reuter,** Bettina; Dr., Prof.; *Betriebswirtschaftslehre, insbes. Logistik und betriebliche Leistungsprozesse, SAP-Labor, Arbeitswissenschaft, Fertigungstechnik*; di: FH Kaiserslautern, FB Betriebswirtschaft, Amerikastr. 1, 66482 Zweibrücken, T: (06332) 914242, bettina.reuter@fh-kl.de

**Reuter,** Eleonore; Dr. theol., Prof.; *Praktische Theologie*; di: Kath. Hochsch. Mainz, FB Prakt. Theologie, Saarstr. 3, 55122 Mainz, T: (06131) 2894449, reuter@kfh-mainz.de

**Reuter,** Friedwart; Dr. rer. nat., Prof.; *Betriebliche Softwaresysteme, Operations Research, Entwicklung von interaktiven Systemen und Benutzeroberflächen*; di: Hochsch. Albstadt-Sigmaringen, FB 2, Johannesstr. 3, 72458 Albstadt-Ebingen, T: (07431) 579120, F: 579149, reuter@hs-albsig.de

**Reuter,** Johannes; Dr.-Ing., Prof.; *Regelungstechnik*; di: Hochsch. Konstanz, Fak. Elektrotechnik u. Informationstechnik, Brauneggerstr. 55, 78462 Konstanz, PF 100543, 78405 Konstanz, T: (07531) 206266, jreuter@htwg-konstanz.de

**Reuter,** Martin; Dr.-Ing., Prof.; *Konstruktion, Maschinenelemente, CAD*; di: Hochsch. Hannover, Fak. II Maschinenbau u. Bioverfahrenstechnik, Ricklinger Stadtweg 120, 30459 Hannover, PF 920261, 30441 Hannover, T: (0511) 92961378, F: 9296991378, martin.reuter@hs-hannover.de

**Reuter,** Richard; Dr. rer. nat., Prof.; *Mathematik und Numerische Mathematik*; di: FH Aachen, FB Elektrotechnik und Informationstechnik, Eupener Str. 70, 52066 Aachen, T: (0241) 600952175, reuter@fh-aachen.de; pr: Friedlandstr. 1, 69221 Dossenheim

**Reuter,** Thomas; Dr.-Ing., Prof.; *Analoge Schaltungstechnik, Grundlagen der Elektrotechnik*; di: FH Jena, FB Elektrotechnik u. Informationstechnik, Carl-Zeiss-Promenade 2, 07745 Jena, PF 100314, 07703 Jena, T: (03641) 205700, F: 205701, et@fh-jena.de

**Reuter,** Volker; Dr. rer. nat., Prof.; *Mathematik*; di: Hochsch. Ulm, Fak. Mathematik, Natur- u. Wirtschaftswiss., PF 3860, 89028 Ulm, T: (0731) 5028530, reuter@hs-ulm.de

**Reuthal,** Klaus-Peter; Dr., Prof.; *Wirtschaftsrecht*; di: Hochsch. Pforzheim, Fak. f. Wirtschaft u. Recht, Tiefenbronner Str. 65, 75175 Pforzheim, T: (07231) 286280, F: 286087, klaus-peter.reuthal@hs-pforzheim.de

**Reventlow,** Iven Graf von; Dr., Prof.; *Betriebswirtschaft, Kultur-, Freizeit,- u Sportmanagement*; di: Hochsch. Heilbronn, Fak. f. Technik u. Wirtschaft, Daimlerstr. 35, 74653 Künzelsau, T: (07940) 1306254, F: 1306120, reventlow@hs-heilbronn.de

**Rexer,** Günter; Dr.-Ing., Prof., Rektor; *Informatik im Maschinenbau (CAE, CAD/CAM), Mathematik und Naturwissenschaften*; di: Hochsch. Albstadt-Sigmaringen, Jakobstr. 1, 72458 Albstadt, T: (07431) 579150, F: 579491, rexer@hs-albsig.de

**Rexforth,** Matthias; Prof.; *Interior-Design, Schwerpunkt Möbel, Accessoire, Raum*; di: FH Aachen, FB Design, Boxgraben 100, 52064 Aachen, T: (0241) 600951543, rexforth@fh-aachen.de

**Rexrodt,** Christian; Dr.-Ing., Prof.; *Case-Management*; di: Hochsch. Bonn-Rhein-Sieg, FB Sozialversicherung, Zum Steimelsberg 7, 53773 Hennef, T: (02241) 865168, F: 8658168, christian.rexrodt@fh-bonn-rhein-sieg.de

**Reymann,** Detlev; Dr., Prof. u. Präs. H Rhein/Main Wiesbaden; *Gartenbauökonomie*; di: Hochsch. Rhein/Main, Kurt-Schumacher-Ring 18, 65197 Wiesbaden, T: (0611) 94951100, F: 94951106, praesident@hs-rm.de; pr: Albert-Schweitzer-Str. 34, 65366 Geisenheim, T: (06722) 980739

**Reymendt,** Jörg Peter; Dr., Prof., Dekan FB Architektur, Bauingenieurwesen, Geomatik; *Massivbau, Baukonstruktion*; di: FH Frankfurt, FB 1 Architektur, Bauingenieurwesen, Geomatik, Nibelungenplatz 1, 60318 Frankfurt am Main, T: (069) 15332016, reymendt@fb1.fh-frankfurt.de

**Rezagholi,** Mohsen; Dr., Prof., Dekan; *Software Engineering und Projektmanagement*; di: Hochsch. Furtwangen, Fak. Informatik, Robert-Gerwig-Platz 1, 78120 Furtwangen, T: (07723) 9202325, F: 9201109, Mohsen.Rezagholi@hs-furtwangen.de

**Rezk-Salama,** Christof; Dr., Prof.; *Informatik*; di: Hochsch. Trier, FB Informatik, PF 1826, 54208 Trier, T: (0651) 8103711, C.Rezk-Salama@hochschule-trier.de

**Rhein,** Wolfram von; Dr., Prof.; *Marketing*; di: Hochsch. Amberg-Weiden, FB Betriebswirtschaft, Hetzenrichter Weg 15, 92637 Weiden, T: (0961) 382155, F: 382162, w.vrhein@fh-amberg-weiden.de

**Rheinbaben,** Wolfgang Freiherr von; Dr. agr.habil., Prof.; *Pflanzenernährung, Bodenkunde*; di: HTW Dresden, Fak. Landbau/Landespflege, Friedrich-List-Platz 1, 01069 Dresden, T: (0351) 4622674, rheinbaben@pillnitz.htw-dresden.de

**Ribberink,** Natalia; Dr., Prof.; *Foreign Trade and International Management (AIM)*; di: HAW Hamburg, Fak. Wirtschaft u. Soziales, Berliner Tor 5, 20099 Hamburg, T: (040) 428756952, natalia.ribberink@haw-hamburg.de

**Ribbert,** Ernst-Jürgen; Dr.-Ing., Prof.; *Produktionslogistik, Transporttechnik, Technische Mechanik, SAP-Anwendungen*; di: Hochsch. Bremerhaven, An der Karlstadt 8, 27568 Bremerhaven, T: (0471) 4823521, eribbert@hs-bremerhaven.de; pr: Bütteler Weg 7, 27607 Langen, T: (04743) 1687, F: 1687, ribbert@nordcom.net

**Ricci-Feuchtenberger,** Anke; Prof.; *Zeichnen*; di: HAW Hamburg, Fak. Design, Medien u. Information, Finkenau 35, 22081 Hamburg, anke.feuchtenberger@haw-hamburg.de

**Rich,** Christian; Dr. rer. nat., Prof.; *Datenbanken und Informationssysteme, Data Warehouse*; di: FH Frankfurt, FB 2 Informatik u. Ingenieurwiss., Nibelungenplatz 1, 60318 Frankfurt am Main, T: (069) 15333194, rich@fb2.fh-frankfurt.de

**Richard,** Peter; Dr., Prof.; *Organisation, Logistik*; di: Hochsch. Augsburg, Fak. f. Wirtschaft, Friedberger Straße 4, 86161 Augsburg, PF 110605, 86031 Augsburg, T: (0821) 55862931, Peter.Richard@hs-augsburg.de

**Richarz,** Clemens; Dipl.-Ing., Prof.; *Baukonstruktion, Technischer Ausbau*; di: Hochsch. München, Fak. Architektur, Karlstr. 6, 80333 München, T: (089) 12652625, clemens.richarz@fhm.edu

**Richert,** Peter; Dr.-Ing., Prof.; *Elektrotechnik, Kommunikationssysteme, Wide Area Networks, Projektmanagement*; di: FH Münster, FB Physikal. Technik, Stegerwaldstr. 39, 48565 Steinfurt, T: (02551) 962159, F: 962391, richert@fh-muenster.de; pr: Vennweg 54a, 48282 Emsdetten, T: (02572) 85183

**Richert,** Robert; Dr. rer. pol., Prof.; *Wirtschaftswissenschaften, insbesondere Wirtschaftsphilosophie*; di: FH Schmalkalden, Fak. Wirtschaftswiss., Blechhammer, 98574 Schmalkalden, PF 100452, 98564 Schmalkalden, T: (03683) 6883102, r.richert@wi.fh-schmalkalden.de

**Richter,** Alexander; Dipl.-Ing., Prof.; *Städtebau, Entwurf*; di: Beuth Hochsch. f. Technik, FB IV Architektur u. Gebäudetechnik, Luxemburger Str. 10, 13353 Berlin, T: (030) 45045039, arichter@beuth-hochschule.de

**Richter,** Asta; Dr. rer. nat., Prof.; *Oberflächentechnik*; di: Techn. Hochsch. Wildau, FB Ingenieurwesen/Wirtschaftsingenieurwesen, Bahnhofstr., 15745 Wildau, T: (03375) 508219, F: 500324, richter@pt.tfh-wildau.de

**Richter,** Axel; Dr., Prof.; *Informationstechnik*; di: DHBW Stuttgart, Fak. Technik, Informatik, Informationstechnik, Rotebühlplatz 41, 70178 Stuttgart, T: (0711) 66734507, richter@dhbw-stuttgart.de

**Richter,** Bernd; Dr., Prof.; *Allgemeine BWL, Schwerpunkt Unternehmensführung, Personal u. Organisation*; di: Hochsch. Konstanz, Fak. Wirtschafts- u. Sozialwiss., Brauneggerstr. 55, 78462 Konstanz, PF 100543, 78405 Konstanz, T: (07531) 206333, F: 206427, richter@htwg-konstanz.de

**Richter,** Bernd; Dr. jur., Prof.; *Wirtschaftsrecht*; di: Hochsch. Rhein/Main, Wiesbaden Business School, Bleichstr. 44, 65183 Wiesbaden, T: (0611) 94953145, bernd.richter@hs-rm.de; pr: Gaußstr. 39, 66123 Saarbrücken, T: (0681) 372165

**Richter,** Carol; Dr. rer. nat., Prof.; *Informatik, Datenverarbeitung*; di: Hochsch. f. Wirtschaft u. Umwelt Nürtingen-Geislingen, FB 4, PF 1349, 72603 Nürtingen, T: (07331) 22561, carol.richter@hfwu.de

**Richter,** Christoph Hermann; Dr.-Ing., Prof.; *Mechanik u. Konstruktion*; di: Hochsch. Osnabrück, Fak. Ingenieurwiss. u. Informatik, Albrechtstraße 30, 49074 Osnabrück, PF 1940, 49009 Osnabrück, T: (0541) 9697139, c.h.richter@hs-osnabrueck.de

**Richter,** Constance; Dr., Prof.; *Technische Redaktion, Visuelle Wahrnehmung u. Gestaltung, Redaktionssysteme*; di: Hochsch. Aalen, Fak. Optik u. Mechatronik, Beethovenstr. 1, 73430 Aalen, T: (07361) 5763105, Constance.Richter@htw-aalen.de

**Richter,** Detlef; Dr., Prof. i.R.; *Digitale Bildverarbeitung, Rechnerarchitekturen*; di: Hochsch. Rhein/Main, FB Design Informatik Medien, Kurt-Schumacher-Ring 18, 65197 Wiesbaden, T: (0611) 94951203, detlef.richter@hs-rm.de; pr: T: (0611) 402138

**Richter,** Dieter; Dr.-Ing., Prof., Dekan Fak. Automobil- und Maschinenbau; *Fertigungsvorbereitung/CAP*; di: Westsächs. Hochsch. Zwickau, Fak. Automobil- u. Maschinenbau, Dr.-Friedrichs-Ring 2A, 08056 Zwickau, T: (0375) 5361710, F: 5361713, Dieter.Richter@fh-zwickau.de

**Richter,** Falk; Dr. rer. nat., Prof.; *Angewandte Chemie*; di: Hochsch. Mittweida, Fak. Maschinenbau, Technikumplatz 17, 09648 Mittweida, T: (03727) 581477, F: 581376, frichter@htwm.de

**Richter,** Frank; Dr., Prof.; *Innovationsmarketing*; di: Hochsch. Aalen, Fak. Wirtschaftswissenschaften, Beethovenstr. 1, 73430 Aalen, T: (07361) 5762342, Frank.Richter@htw-aalen.de

**Richter,** Georg; Dr., Prof. u. Rektor; di: DHBW Karlsruhe, Erzbergerstr. 121, 76133 Karlsruhe, T: (0721) 9735700, richter@dhbw-karlsruhe.de

**Richter,** Heiner; Dr. rer. pol., Prof.; *Betriebswirtschaftslehre, insb. Betriebliche Steuerlehre*; di: FH Stralsund, FB Wirtschaft, Zur Schwedenschanze 15, 18435 Stralsund, T: (03831) 456704

**Richter,** Hellgard; Dr.-Ing., Prof.; *Thermische Stofftrennung, Mechan. Verfahrenstechnik, Abwasserreinigung, Wärmeübertragung*; di: Techn. Hochsch. Mittelhessen, FB 03 Maschinenbau u. Energietechnik, Wiesenstr. 14, 35390 Gießen, T: (0641) 3092114; pr: Antoniterweg 10, 65843 Sulzbach, T: (06196) 574388

**Richter,** Hendrik; Dr.-Ing., Prof.; *Steuerungs- und Regelungstechnik*; di: HTWK Leipzig, FB Elektrotechnik u. Informationstechnik, PF 301166, 04251 Leipzig, T: (0341) 30761123, richter@fbeit.htwk-leipzig.de

**Richter,** Hubertus; Dr.-Ing., Prof.; *Be- und Entwässerungstechnik, Konstruktionsgrundlagen*; di: FH Erfurt, FB Versorgungstechnik, Altonaer Str. 25, 99085 Erfurt, PF 101363, 99013 Erfurt, T: (0361) 6700969, F: 6700424, h.richter@fh-erfurt.de

**Richter,** Jürgen; Dr. rer. nat., Prof.; *Angewandte Informatik*; di: FH Südwestfalen, FB Elektrotechnik u. Informationstechnik, Haldener Str. 182, 58095 Hagen, T: (02331) 9872238, F: 9874031, Richter.J@fh-swf.de

**Richter,** Klaus; Dr., Prof.; *Faunistik und Naturschutz*; di: Hochsch. Anhalt, FB 1 Landwirtschaft, Ökotrophologie, Landespflege, Strenzfelder Allee 28, 06406 Bernburg, T: (03471) 3551182, krichter@loel.hs-anhalt.de

**Richter,** Kneginja; Dr. med., Prof.; *Medizin in der Sozialen Arbeit, Migration und Gesundheit*; di: Georg-Simon-Ohm-Hochsch. Nürnberg, Fak. Sozialwiss., Bahnhofstr. 87, 90402 Nürnberg, PF 210320, 90121 Nürnberg, Kneginja.Richter@ohm-hochschule.de

**Richter,** Kornelia; Dr. phil., Prof.; *Bibliothekswesen*; di: HTWK Leipzig, FB Medien, PF 301166, 04251 Leipzig, T: (0341) 30765441, richter@fbm.htwk-leipzig.de; pr: Dybwadstr. 1, 04328 Leipzg, T: (0341) 2511165

**Richter,** Markus; Dr., Prof.; *Gärtnerische Pflanzenproduktion, Zierpflanzenbau, Technik im Gartenbau*; di: Beuth Hochsch. f. Technik, FB V Life Science and Technology, Luxemburger Str. 10, 13353 Berlin, T: (030) 45042073, mrichter@beuth-hochschule.de

**Richter,** Matthias; Dr.-Ing., Prof.; *Elektrotechnik*; di: Westsächs. Hochsch. Zwickau, FB Elektrotechnik, Dr.-Friedrichs-Ring 2A, 08056 Zwickau, T: (0375) 5361460, matthias.richter@fh-zwickau.de

**Richter,** Matthias; Dr. rer. nat. habil., Prof.; *Wirtschaftsmathematik, Statistik*; di: Westsächs. Hochsch. Zwickau, FB Wirtschaftswiss., Scheffelstr. 39, 08056 Zwickau, T: (0375) 5363279, m.richter@fh-zwickau.de

**Richter,** Michael; Prof.; *KD/Neue Medien*; di: Hochsch. Darmstadt, FB Gestaltung u. FB Media, Haardtring 100, 64295 Darmstadt, T: (06151) 168345, mrichter@h-da.de; pr: Lohwiesstr. 5, 82411 Aidling

**Richter,** Mike; Prof.; *Gestaltung, Grafik*; di: Hochsch. Darmstadt, FB Gestaltung, Haardtring 100, 64295 Darmstadt, T: (06151) 169215

**Richter,** Nicole; Dr., Prof.; *Allgemeine Betriebswirtschaftslehre*; di: Adam-Ries-FH, Hildebrandtstr. 24c, 40215 Düsseldorf, T: (0211) 98070010, n.richter@arfh.de

**Richter,** Reinhard; Dr. rer. pol., Prof.; *Informatik, Java, Web-Technologien, Datenverarbeitung*; di: Hochsch. Karlsruhe, Fak. Wirtschaftswissenschaften, Moltkestr. 30, 76133 Karlsruhe, PF 2440, 76012 Karlsruhe, T: (0721) 9251954, reinhard.richter@hs-karlsruhe.de

**Richter,** Reinhard; Dr.-Ing., Prof.; *Vermessungslehre*; di: Hochsch. Ostwestfalen-Lippe, FB 3, Bauingenieurwesen, Emilienstr. 45, 32756 Detmold, T: (05231) 769841, F: 769819, reinhard.richter@fh-luh.de; pr: Neuköllner Str. 11, 32760 Detmold, T: (05231) 57324

**Richter,** Renate; Dr., Prof.; *Lebensmittelanalytik*; di: Hochsch. Anhalt, FB 7 Angew. Biowiss. u. Prozesstechnik, PF 1458, 06354 Köthen, T: (03496) 672557, renate.richter@bwp.hs-anhalt.de

**Richter,** Rudolf; Dr. rer. nat., Prof.; *Elektrotechnik, insbes. Elektrizitätsversorgung, Physik*; di: FH Köln, Fak. f. Bauingenieurwesen u. Umwelttechnik u. Fak. f. Informations-, Medien u. Elektrotechnik, Betzdorfer Str. 2, 50679 Köln, T: (0221) 82752616; pr: T: ((02224) 967132

**Richter,** Sigmar-Marcus; Prof.; *Allgemeine Kriminalistik*; di: Hochsch. f. Wirtschaft u. Recht Berlin, FB 3, Alt-Friedrichsfelde 60, 10315 Berlin, T: (030) 90214407, F: 90214417, s.richter@hwr-berlin.de

**Richter,** Thomas; Dr. med. vet., Prof.; *Tierhaltung, Nutztierethologie, Tiergesundheitslehre*; di: Hochsch. f. Wirtschaft u. Umwelt Nürtingen-Geislingen, PF 1349, 72603 Nürtingen, T: (07022) 201349, thomas.richter@hfwu.de

**Richter,** Thomas; Dr., Prof.; *Angewandte Informatik, Entwicklung webbasierter Systeme*; di: Hochsch. Rhein-Waal, Fak. Kommunikation u. Umwelt, Südstraße 8, 47475 Kamp-Lintfort, T: (02842) 90825284, thomas.richter@hochschule-rhein-waal.de

**Richter,** Thorsten S.; Dr. jur., Prof.; *Wirtschaftsrecht, insbes. Wirtschaftsprivatrecht u Arbeitsrecht*; di: HTW Dresden, Fak. Wirtschaftswissenschaften, Friedrich-List-Platz 1, 01069 Dresden, T: (0351) 4623303, richtert@wiwi.htw-dresden.de

**Richter,** Tobias; Dr. rer. pol., Prof.; *BWL*; di: Hochsch. Trier, FB Wirtschaft, PF 1826, 54208 Trier, T: (0651) 8103356, T.Richter@hochschule-trier.de

**Richter,** Volkmar; Dr., Prof., Dekan FB Informatik; *Betriebssysteme, Systemprogrammierung*; di: Hochsch. Anhalt, FB 5 Informatik, PF 1458, 06354 Köthen, T: (03496) 673125, volkmar.richter@inf.hs-anhalt.de

**Richter,** Wieland; Dr. rer. nat., Prof.; *Mathematik, Datenverarbeitung*; di: FH Südwestfalen, FB Maschinenbau u. Automatisierungstechnik, Lübecker Ring 2, 59494 Soest, T: (02921) 378354, richter.w@fh-swf.de

**Richter,** Wolfgang; Dr., Prof.; *Softwareengineering*; di: Hochsch. Hof, Alfons-Goppel-Platz 1, 95028 Hof, T: (09281) 409496, F: 40955496, Wolfgang.Richter@fh-hof.de

**Richter-Zaby,** Julia; Dr., Prof.; *Allgemeine Betriebswirtschaftslehre*; di: SRH Hochsch. Berlin, Ernst-Reuter-Platz 10, 10587 Berlin

**Richterich,** Rolf; Dipl.Ing., Prof.; *Wirtschaftsingenieurwesen*; di: DHBW Stuttgart, Campus Horb, Florianstr. 15, 72160 Horb am Neckar, T: (07451) 521251, F: 521155, r.richterich@hb.dhbw-stuttgart.de

**Richters,** Thomas; Dr., Prof.; *Unternehmensführung, Personalmanagement und Controlling*; di: HAW Hamburg, Fak. Technik u. Informatik, Berliner Tor 21, 20099 Hamburg, T: (040) 428758711, thomas.richters@haw-hamburg.de

**Richthofen,** Anja Freifrau von; Dr., Prof., Vizepräs. f. Studium, Lehre u. Weiterbildung; *Personal- und Organisationspsychologie*; di: Hochsch. Rhein-Waal, Fak. Kommunikation u. Umwelt, Südstraße 8, 47475 Kamp-Lintfort, T: (02842) 90825232, anja.von-richthofen@hochschule-rhein-waal.de

**Rick,** Heino; Dr. rer. pol., Prof.; *Betriebswirtschaftslehre, insbes. Betriebliche Steuerlehre*; di: FH Aachen, FB Wirtschaftswissenschaften, Eupener Str. 70, 52066 Aachen, T: (0241) 600951967, rick@fh-aachen.de; pr: Raiffeisenstr. 10, 52134 Herzogenrath, T: (02407) 573970, F: 573971, HeinoRick@t-online.de

**Rick,** Klaus; Dr., Prof.; *BWL, insb. umweltorientierte Unternehmensführung*; di: Hochsch. Trier, Umwelt-Campus Birkenfeld, FB Umweltwirtschaft/Umweltrecht, PF 1380, 55671 Birkenfeld, T: (06782) 171330, k.rick@umwelt-campus.de

**Rickards,** Robert; Dr., Prof.; *Accounting*; di: Munich Business School, Elsenheimerstr. 61, 80687 München; pr: Am Mühlgraben 4, 37520 Osterode, T: (05552) 995601

**Ricklefs,** Ubbo; Dr.-Ing., Prof.; *Technische Mechanik, Photonik, Bildverarbeitung*; di: Techn. Hochsch. Mittelhessen, FB 02 Elektro- u. Informationstechnik, Wiesenstr. 14, 35390 Gießen, T: (0641) 3091914, Ubbo.Ricklefs@e1.fh-giessen.de; pr: Dianaburgstr. 12, 35753 Greifenstein, T: (06478) 693

**Riebel,** Volker; Dr., HonProf.; *Bauwesen*; di: EBZ Business School Bochum, Springorumallee 20, 44795 Bochum, v.riebel@ebz-bs.de; pr: T: (0421) 3672105

**Rieche,** Günter; Dr.-Ing., HonProf.; di: Hochsch. f. Technik, Fak. Bauingenieurwesen, Bauphysik u. Wirtschaft, Schellingstr. 24, 70174 Stuttgart, PF 101452, 70013 Stuttgart

**Riechert,** Anne; Dr., Prof.; *Datenschutz*; di: FH Frankfurt, FB 2 Informatik u. Ingenieurwiss., Nibelungenplatz 1, 60318 Frankfurt am Main, T: (069) 15333020, riechert@fb2.fh-frankfurt.de

**Rieck,** Christian; Dr., Prof.; *Banking & Finance*; di: FH Frankfurt, FB 3 Wirtschaft u. Recht, Nibelungenplatz 1, 60318 Frankfurt am Main, T: (069) 15332948

**Rieck,** Gabriela; Dr., Prof.; *Public Relations und Kommunikationsmanagement*; di: Macromedia Hochsch. f. Medien u. Kommunikation, Paul-Dessau-Str. 6, 22761 Hamburg

**Rieck,** Stefan; Dr.-Ing., Prof.; *Grundlagen der Informatik*; di: Hochsch. Kempten, Fak. Informatik, Bahnhofstr. 61-63, 87435 Kempten, T: (0831) 2523256, Stefan.Rieck@fh-kempten.de

**Rieckeheer,** Rainer; Dipl.-Phys., Dr. rer. nat., Prof.; *Graph. Datenverarbeitung, Wissensbasierte Systeme*; di: Georg-Simon-Ohm-Hochsch. Nürnberg, Fak. Informatik, Keßlerplatz 12, 90489 Nürnberg, PF 210320, 90121 Nürnberg

**Riecken,** Andrea; Dr., Prof.; *Soziale Arbeit, Psychiatrie*; di: Hochsch. Osnabrück, Fak. Wirtschafts- u. Sozialwiss., Caprivistr. 30a, 49076 Osnabrück, T: (0541) 9693541, a.riecken@hs-osnabrueck.de

**Rieckhoff,** Jürgen; Dipl.-Des. (FH), Prof.; *Zeichnen (Illustration und Darstellungstechniken)*; di: Hochsch. Anhalt, FB 4 Design, PF 2215, 06818 Dessau, T: (0340) 51971734

**Rieckmann,** Thomas; Dr.-Ing., Prof.; *Prozeßsimulation und Physikalische Chemie und Reaktionstechnik*; di: FH Köln, Fak. f. Anlagen, Energie- u. Maschinensysteme, Betzdorfer Str. 2, 50679 Köln, T: (0221) 82752212, thomas.rieckmann@fh-koeln.de; pr: Brücker Mauspfad 638, 51109 Köln, T: (0172) 5649251

**Riedel,** Annette; Dr. phil., Prof.; *Pflegewissenschaft*; di: Hochsch. Esslingen, Fak. Soziale Arbeit, Gesundheit u. Pflege, Flandernstr. 101, 73732 Esslingen, T: (0711) 3974564; pr: Weidenweg 27, 73733 Esslingen, T: (0711) 375638

**Riedel,** Gunter; Dr.-Ing., Prof.; *Antriebstechnik/Maschinenautomatisierung, Getriebetechnik, Hydraulik und Pneumatik*; di: Westsächs. Hochsch. Zwickau, Fak. Automobil- u. Maschinenbau, Dr.-Friedrichs-Ring 2A, 08056 Zwickau, Gunter.Riedel@fh-zwickau.de

**Riedel,** Matthias; Dr., Prof.; *Psychologie, Marketing*; di: FH Mainz, FB Gestaltung, Holzstr. 36, 55116 Mainz

**Riedel,** Rainer; Dr. med., Prof., Präs. d. FH.; *Medizin-Ökonomie*; di: Rheinische FH Köln, Hohenstaufenring 16-18, 50674 Köln, T: (0221) 2030212, riedel@rfh-koeln.de

**Riedel,** Uwe; Dr. phil., Prof.; *Sozialgeographie, Stadtsoziologie, Soziologie d. Bauens u. Wohnens, Umweltpsychologie*; di: Hochsch. Bremen, Fak. Gesellschaftswiss., Neustadtswall 30, 28199 Bremen, T: (0421) 59052170, F: 59052179, Uwe.Riedel@hs-bremen.de

**Riedel,** Uwe; Dr.-Ing., Prof.; *Technische Mechanik*; di: FH Südwestfalen, FB Ingenieur- u. Wirtschaftswiss., Lindenstr. 53, 59872 Meschede, T: (0291) 9910370, riedel@fh-swf.de

**Rieder,** Helge Klaus; Dr. rer. pol., Prof.; *Wirtschaftsinformatik, Datenverarbeitung, Software-Engineering und Künstliche Intelligenz*; di: Hochsch. Trier, FB Wirtschaft, PF 1826, 54208 Trier, T: (0651) 8103206, H.Rieder@hochschule-trier.de; pr: Konstantinstr. 33, 54329 Konz, T: (06501) 4311

**Rieder,** Kerstin; Dr., Prof.; *Gesundheitssoziologie, Betriebliches Gesundheitsmanagement, Qualitative Forschung*; di: Hochsch. Aalen, Fak. Wirtschaftswissenschaften, Beethovenstr. 1, 73430 Aalen, T: (07361) 5762448, Kerstin.Rieder@htw-aalen.de

**Riedl,** Alexander; Dr.-Ing., Prof.; *Konstruktionstechnik*; di: FH Münster, FB Physikal. Technik, Stegerwaldstr. 39, 48565 Steinfurt, T: (02551) 962161, F: 962201, ariedl@fh-muenster.de

**Riedl,** Bernhard; Dr. rer. pol., Prof. u. Prodekan; *Rechnungswesen u. Steuern, Controlling*; di: Hochsch. Mittweida, Fak. Wirtschaftswiss., Technikumplatz 17, 09648 Mittweida, T: (03727) 581050, F: 581295, riedl@htwm.de

**Riedl,** Joachim; Dr., Prof.; *Marketing, Marktforschung u. Vertrieb*; di: Hochsch. Hof, Fak. Wirtschaft, Alfons-Goppel-Platz 1, 95028 Hof, T: (09281) 409408, F: 40955408, Joachim.Riedl@fh-hof.de

**Riedl,** Nicole; Dr. Rest., Prof.; *Wandmalerei, Architekturoberfläche*; di: HAWK Hildesheim/Holzminden/Göttingen, Fak. Bauen u. Erhalten, Bismarckplatz 10/11, 31134 Hildesheim, T: (05121) 881388, F: 881386

**Riedl,** Steffen; Dr.-Ing., Prof.; *Straßenwesen*; di: FH Erfurt, FB Bauingenieurwesen, Altonaer Str. 25, 99085 Erfurt, PF 101363, 99013 Erfurt, T: (0361) 6700956, steffen.riedl@fh-erfurt.de

**Riedl,** Ulrich; Dr. rer. hort., Prof.; *Landschaftsökologie, Landschaftsplanung*; di: Hochsch. Ostwestfalen-Lippe, FB 9, Landschaftsarchitektur u. Umweltplanung, An der Wilhelmshöhe 44, 37671 Höxter, T: (05271) 687273, F: 687200; pr: Grünlinde 18, 30459 Hannover

**Riedmüller,** Florian; Dr. rer. pol., Prof.; *Innovatives Kommunikationsmanagement, Marketing*; di: Georg-Simon-Ohm-Hochsch. Nürnberg, Fak. Betriebswirtschaft, Bahnhofsstr. 87, 90402 Nürnberg, PF 210320, 90121 Nürnberg, florian.riedmueller@ohm-hochschule.de

**Rief,** Alexander; Dr., Prof.; *BWL, Spediton, Transport und Logistik*; di: DHBW Heidenheim, Fak. Wirtschaft, Wilhelmstr. 10, 89518 Heidenheim, T: (07321) 2722271, F: 2722279, rief@dhbw-heidenheim.de

**Rief,** Bernhard; Dr.-Ing., Prof.; *Maschinenbau*; di: DHBW Stuttgart, Campus Horb, Florianstr. 15, 72160 Horb am Neckar, T: (07451) 521136, F: 521139, b.rief@hb.dhbw-stuttgart.de

**Rieg,** Robert; Dr. oec., Prof.; *Kosten- u. Leistungsrechnung und Controlling*; di: Hochsch. Aalen, Fak. Wirtschaftswissenschaften, Beethovenstr. 1, 73430 Aalen, T: (07361) 9149019, Robert.Rieg@htw-aalen.de

**Riegel,** Adrian; Dr.-Ing., Prof.; *Produktionsmethoden u. -maschinen (Holzindustrielle Produktionstechnologien)*; di: Hochsch. Ostwestfalen-Lippe, FB 7, Produktion u. Wirtschaft, Liebigstr. 87, 32657 Lemgo, T: (05261) 702271, F: 702275; pr: Heldmannskamp 45, 32657 Lemgo

**Riegel,** Harald; Dr.-Ing., Prof.; *Li-Ionen-Batterie, pulvertechnische Werkstoffe*; di: Hochsch. Aalen, Fak. Maschinenbau u. Werkstofftechnik, Beethovenstr. 1, 73430 Aalen, T: (07361) 5762144, F: 5762270, Harald.Riegel@htw-aalen.de

**Rieger,** Bernd; Dr., Prof.; *Volkswirtschaftslehre*; di: DHBW Ravensburg, Weinbergstr. 17, 88214 Ravensburg, T: (0751) 189992138, rieger@dhbw-ravensburg.de

**Rieger,** Bernhard; Dr.-Ing., Prof.; *Werkstoffkunde/Kunststoffe*; di: HTWK Leipzig, FB Maschinen- u. Energietechnik, PF 301166, 04251 Leipzig, T: (0341) 3538419, brieger@me.htwk-leipzig.de

**Rieger,** Franz Herbert; Dipl.-Volksw., Dipl.-Kfm., Dr. rer. pol., Prof.; *Management nicht-kommerzieller Betriebe*; di: Hochsch. f. Wirtschaft u. Recht Berlin, FB 1, Badensche Str. 50-51, 10825 Berlin, T: (030) 85789101, rieger@hwr-berlin.de; pr: Apostel-Paulus-Str. 12, 10825 Berlin, T: (030) 7825518

**Rieger,** Günter; Dr., Prof.; *Sozialwesen, Soziale Dienste in der Justiz*; di: DHBW Stuttgart, Fak. Sozialwesen, Herdweg 29, 70174 Stuttgart, T: (0711) 1849730, grieger@dhbw-stuttgart.de

**Rieger,** Hugo; Dr.-Ing., Prof.; *Holzbau, Stahlbau*; di: Georg-Simon-Ohm-Hochsch. Nürnberg, Fak. Bauingenieurwesen, Keßlerplatz 12, 90489 Nürnberg, PF 210320, 90121 Nürnberg

**Rieger,** Martin; Dr.-Ing., Prof.; *Schaltkreisentwurf, CAE-Elekronik, Mikrocomputertechnik*; di: Hochsch. Albstadt-Sigmaringen, FB 1, Johannesstr. 3, 72458 Albstadt-Ebingen, T: (07431) 579124, F: 579149, rieger@fh-albsig.de

**Rieger,** Martin; Dr., Prof.; *Öffentliche Finanzwirtschaft, Haushaltsrecht, Betriebswirtschaftliche Grundlagen und Organisation, Datenverarbeitung*; di: FH d. Bundes f. öff. Verwaltung, FB Finanzen, PF 1549, 48004 Münster

**Rieger,** Siegfried; Dr., Prof.; *Wildbiologie, Wildtiermanagement, Jagdbetriebskunde*; di: Hochsch. f. nachhaltige Entwicklung, FB Wald u. Umwelt, Alfred-Möller-Str. 1, 16225 Eberswalde, T: (03334) 657188, F: 657162, Siegfried.Rieger@hnee.de

**Rieger,** Thomas; Dr. rer. soc., Prof., Prodekan Internat. Sport & Event Management; *Sportmanagement*; di: Business and Information Technology School GmbH, Reiterweg 26 b, 58636 Iserlohn, T: (02371) 776546, F: 776503, thomas.rieger@bits-iserlohn.de

**Rieger,** Walter; Dipl.-Chem., Dr. rer. nat., Prof., Dekan FB Allgemeinwissenschaften und Mikrosystemtechnik; *Chemie*; di: Hochsch. Regensburg, Fak. Allgemeinwiss. u. Mikrosystemtechnik, PF 120327, 93025 Regensburg, T: (0941) 9431243, walter.rieger@mikro.fh-regensburg.de

**Riegler,** Günther; Dr.-Ing., Prof.; *Siedlungswasserwirtschaft*; di: FH Mainz, FB Technik, Holzstr. 36, 55116 Mainz, T: (06131) 2859310, riegler@fh-mainz.de

**Riegler,** Peter; Dr. rer. nat., Prof.; *Mathematik, Physik*; di: Ostfalia Hochsch., Fak. Informatik, Salzdahlumer Str. 46/48, 38302 Wolfenbüttel

**Riehle,** Eckart; Dr., Prof.; *Recht und Gesellschaft, Mediation, Verwaltungsrecht, Sozialrecht*; di: FH Erfurt, FB Sozialwesen, Altonaer Str. 25, 99084 Erfurt, PF 101363, 99013 Erfurt, T: (0361) 6700555, F: 6700533, e.riehle@fh-erfurt.de

**Riehn,** Katharina; Dr. med. vet., Prof.; *Lebensmittel-Mikrobiologie und -Toxikologie*; di: HAW Hamburg, Fak. Life Sciences, Lohbrügger Kirchstr. 65, 21033 Hamburg, T: (040) 428756368, katharina.riehn@haw-hamburg.de

**Riek,** Winfried; Dr., Prof.; *Bodenkunde, Waldernährung und Standortskunde*; di: Hochsch. f. nachhaltige Entwicklung, FB Wald u. Umwelt, Alfred-Möller-Str. 1, 16225 Eberswalde, T: (03334) 657170, F: 657162, Winfried.Riek@hnee.de

**Rieke,** Ursula; Dr. med., Prof.; *Sozialmedizin*; di: Kath. Hochsch. Mainz, FB Soziale Arbeit, Saarstr. 3, 55122 Mainz, T: (06131) 2894439, rieke@kfh-mainz.de

**Riekeberg,** Marcus; Dr. oec. publ., Prof. FH Erding; *Allgemeine Betriebswirtschaftslehre u. Bankbetriebslehre*; di: FH f. angewandtes Management, Am Bahnhof 2, 85435 Erding, T: (08122) 9559480, marcus.riekeberg@myfham.de

**Riekeles,** Reinhard; Dr.-Ing., Prof.; *Messtechnik und Grundlagen der Elektrotechnik, Halbleitertechnologie*; di: Hochsch. Reutlingen, FB Technik, Alteburgstr. 150, 72762 Reutlingen, T: (07121) 341107, reinhard.riekeles@fh-reutlingen.de; pr: Im Wengle 8, 72770 Reutlingen, T: (07121) 55378

**Riekenbrauk,** Klaus; Dr. jur., Prof.; *Strafrecht, Jugendstrafrecht, Jugendhilferecht*; di: FH Düsseldorf, FB 6 – Sozial- und Kulturwiss., Universitätsstr. 1, Geb. 24.21, 40225 Düsseldorf, T: (0211) 8114658, klaus.riekenbrauk@fh-duesseldorf.de; pr: Oberländer Wall 30, 50678 Köln, T: (0221) 388971

**Rieker,** Christiane; Dr. rer. nat., Prof.; *Biologische Energie- und Stofftechnik*; di: FH Köln, Fak. f. Anlagen, Energie- u. Maschinensysteme, Betzdorfer Str. 2, 50679 Köln, T: (0221) 82752398, christiane.rieker@fh-koeln.de; pr: Frühlingstr. 4, 85354 Freising

**Rieker,** Helmut; Dr. rer. pol., Prof.; *Betriebswirtschaftliche Steuerlehre, Wirtschaftsprüfung, Steuerberatung*; di: Hochsch. f. Wirtschaft u. Umwelt Nürtingen-Geislingen, PF 1349, 72603 Nürtingen, T: (07022) 929222, helmut.rieker@hfwu.de

**Riekert,** Wolf-Fritz; Dr., Prof.; *Computernetze, Datenbanken, Internetprogrammierung*; di: Hochsch. d. Medien, Fak. Information u. Kommunikation, Wolframstr. 32, 70191 Stuttgart, T: (0711) 25706185, riekert@hdm-stuttgart.de; pr: Straßburgweg 2, 89077 Ulm, T: (0731) 36456

**Riekhof,** Hans-Christian; Dr., Prof.; *BWL, insbes. Internationales Marketing*; di: Private FH Göttingen, Weender Landstr. 3-7, 37073 Göttingen, T: (0551) 547000, F: 54700190, riekhof@pfh.de

**Riemann,** Gerhard; Dr. rer. pol. habil., Prof.; *Sozialarbeit/Sozialpädagogik*; di: Georg-Simon-Ohm Hochschule, FB Sozialwissenschaften, Keßlerplatz 12, 90489 Nürnberg, Gerhard.Riemann@ohm-hochschule.de

**Riemenschneider,** Frank; Dr., Prof.; *Oecotrophologie, Facility Management*; di: FH Münster, FB Oecotrophologie, Johann-Krane-Weg 25, 48149 Münster, T: (0251) 8365460

**Riemenschneider,** Sabine; Dr., Prof.; *Straf- und Ordnungswidrigkeitenrecht, Strafprozessrecht*; di: Hess. Hochsch. f. Polizei u. Verwaltung, FB Polizei, Schönbergstr. 100, 65199 Wiesbaden, T: (0611) 9460427

**Riemer,** Detlef; Dr.-Ing., Prof.; *Mechatronik im Maschinenbau*; di: HTWK Leipzig, FB Maschinen- u. Energietechnik, PF 301166, 04251 Leipzig, T: (0341) 3538416, riemer@me.htwk-leipzig.de

**Riemer,** Michael; Dr.-Ing. habil., Prof., Dekan FB Wirtschaftswissenschaften; *Technische Mechanik, Modelltheorie*; di: Hochsch. Karlsruhe, Fak. Wirtschaftswissenschaften, Moltkestr. 30, 76133 Karlsruhe, PF 2440, 76012 Karlsruhe, T: (0721) 9251934

**Riemer-Hommel,** Petra; Dr., Prof.; *Health Care Management*; di: HTW d. Saarlandes, Fak. f. Sozialwiss., Goebenstr. 40, 66117 Saarbrücken, T: (0681) 5867646, riemer@htw-saarland.de

**Riemke-Gurzki,** Thorsten; Dr., Prof.; *Werbetechnologien, Unternehmensportale, Usability, Geschäftsprozessmanagement, Mobile Business*; di: Hochsch. d. Medien, Fak. Information u. Kommunikation, Wolframstr. 32, 70191 Stuttgart, T: (0711) 25706270

**Riempp,** Roland; Dr. rer. soc., Prof.; *Fernsehtechnik, Labor Medienintegration, Medienintegration II, Multimedia Integration mit Medienintegration I*; di: Hochsch. Offenburg, Fak. Medien u. Informationswesen, Badstr. 24, 77652 Offenburg, T: (0781) 205132, F: 205214

**Riemschneider,** Karl-Ragmar; Dr.-Ing., Prof.; *Digitale Informationstechnik*; di: HAW Hamburg, Fak. Technik u. Informatik, Berliner Tor 7, 20099 Hamburg, T: (040) 428758350, karl-ragmar.riemschneider@haw-hamburg.de

**Riepl,** Herbert; Dr., Prof.; *Allgemeine und anorganische Chemie*; di: Hochsch. Weihenstephan-Triesdorf, Fak. Landwirtschaft, Steingruberstr. 2, 91746 Weidenbach-Triesdorf, T: (09826) 654222, F: 6544010, herbert.riepl@fh-weihenstephan.de

**Ries,** Peter; Dr., Prof.; *Zivilrecht, Handels- und Gesellschaftsrecht unter Einschluss der einschlägigen Verfahren der freiwilligen Gerichtsbarkeit*; di: Hochsch. f. Wirtschaft u. Recht Berlin, FB 2, Alt-Friedrichsfelde 60, 10315 Berlin, T: (030) 90214338, F: 90214417, p.ries@hwr-berlin.de

**Ries,** Reinhard; HonProf.; *Architektur*; di: Hochsch. Darmstadt, FB Architektur, Haardtring 100, 64295 Darmstadt, T: (06151) 168101

**Ries,** Sigmar; Dr. rer. nat., Prof.; *Angewandte Mathematik*; di: FH Südwestfalen, Lindenstr. 53, 59872 Meschede, T: (0291) 9910310, ries@fh-swf.de

**Ries,** Walter; Dr.-Ing., Prof.; *Datenverarbeitungssysteme, Mikroprozessoren*; di: Hochsch. München, Fak. Elektrotechnik u. Informationstechnik, Lothstr. 64, 80335 München, T: (089) 12653415, F: 12653403, ries@ee.fhm.edu

**Rieschel,** Andrea; Dipl.-Ing., Prof.; *Gestaltungslehre im Bereich d. Dessinatur, Industrielle Produktentwicklung*; di: Hochsch. Niederrhein, FB Textil- u. Bekleidungstechnik, Webschulstr. 31, 41065 Mönchengladbach, T: (02161) 1866025, Andrea.Rieschel@hs-niederrhein.de; pr: Xantener Str. 15, 41564 Kaarst, T: (02131) 605215

**Riese,** Gundolf; Dr. rer. pol., Prof.; *Programmieren, Material- und Zeitwirtschaft, EDV-Anwendungen / PPS*; di: Hochsch. Offenburg, Fak. Betriebswirtschaft u. Wirtschaftsingenieurwesen, Klosterstr. 14, 77723 Gengenbach, T: (07803) 969817, F: 989649, riese@fh-offenburg.de

**Riess,** Erich; Prof.; di: DHBW Karlsruhe, Fak. Wirtschaft, Erzbergerstr. 121, 76133 Karlsruhe, T: (0721) 9735919

**Rieth,** Wolfgang; Prof.; *Komm. Wirtschaftsrecht, Komm. Abgabenrecht, EDV-Anwendung im kommunalen Finanzwesen*; di: H f. öffentl. Verwaltung u. Finanzen Ludwigsburg, Reuteallee 36, 71634 Ludwigsburg, T: (07141) 140525, F: 140544, rieth@fh-ludwigsburg.de

**Riethmüller,** Volker; Dr. med., Prof., Dekan FB Life Sciences; *Mikrobiologie, Hygiene*; di: Hochsch. Albstadt-Sigmaringen, FB 3, Anton-Günther-Str. 51, 72488 Sigmaringen, PF 1254, 72481 Sigmaringen, T: (07571) 732278, F: 732250, riethmueller@fh-albsig.de

**Rietmann,** Paul; Dr., Prof.; *Mathematische Statistik, Operations Research*; di: FH Dortmund, FB Informatik, Emil-Figge-Str. 42, 44227 Dortmund, T: (0231) 7556730, F: 7556710, rietmann@fh-dortmund.de

**Rietze,** Eva; Dr. rer. hort., Prof.; *Zierpflanzenbau, Versuchstechnik*; di: HTW Dresden, Fak. Landbau / Landespflege, Mitschurinbau, 01326 Dresden-Pillnitz, T: (0351) 4623726, rietze@pillnitz.htw-dresden.de

**Rieve-Nagel,** Maike; Dr. jur., Prof.; *Privatrecht u. Wirtschaftsrecht*; di: Hochsch. Bonn-Rhein-Sieg, FB Wirtschaft Rheinbach, von-Liebig-Str. 20, 53359 Rheinbach, T: (02241) 865434, maike.rieve-nagel@fh-bonn-rhein-sieg.de

**Rigas,** Niki; Dr., Prof.; di: Hochsch. f. Wirtschaft u. Recht Berlin, Badensche Str. 50/51, 10825 Berlin, T: (030) 29384562, niki.rigas@hwr-berlin.de

**Riggert,** Wolfgang; Dr., Prof.; *Wirtschaftsinformatik, Rechnernetze, Dokumentenmanagement u. Groupware, Betriebssysteme*; di: FH Flensburg, FB Wirtschaft, Kanzleistr. 91-93, 24943 Flensburg, T: (0461) 8051471, riggert@wi.fh-flensburg.de; pr: Nicoline-Hensler-Str. 17, 24582 Bordesholm, T: (04322) 699993

**Rijn,** Gerd van; Dipl.-Des., Prof.; *Photographische Bildgestaltung, Audiovision*; di: FH Köln, Fak. f. Informations-, Medien- u. Elektrotechnik, Betzdorfer Str. 2, 50679 Köln, T: (0221) 82752542, gerd.vanrijn@fh-koeln.de; pr: Altennümbrecht 51, 51588 Nümbrecht, T: (02293) 2875

**Rill,** Georg; Dr.-Ing., Prof., Dekan FB Maschinenbau; *Technische Mechanik, Festigkeitslehre, Ingenieurinformatik, Fahrdynamik*; di: Hochsch. Regensburg, Fak. Maschinenbau, PF 120327, 93025 Regensburg, T: (0941) 9435191, georg.rill@maschinenbau.fh-regensburg.de

**Rimmele,** Alfons; Dipl.-Holzwirt, Prof.; *Betriebsorganisation, Arbeitsstudium und Techn. Kalkulation, Materialwirtschaft, Betriebliche Informationssysteme, Unternehmenslogistik, Projektmanagement*; di: Hochsch. Rosenheim, Fak. Holztechnik u. Bau, Hochschulstr. 1, 83024 Rosenheim, T: (08031) 805300, F: 805302

**Rimmelspacher,** Udo; Dr. rer. pol., Prof.; *Betriebswirtschaftliche Unternehmenssoftware, IT-Consulting*; di: HAW Ingolstadt, Fak. Wirtschaftswiss., Esplanade 10, 85049 Ingolstadt, T: (0841) 9348194, udo.rimmelspacher@haw-ingolstadt.de

**Rinck,** Werner; Dr. rer. nat., Prof.; *Meßtechnik, Meßwerterfassung, Regelungstechnik, Physik*; di: FH Stralsund, FB Maschinenbau, Zur Schwedenschanze 15, 18435 Stralsund, T: (03831) 456547

**Ringer,** Detlev; Dr.-Ing., Prof.; *Mechanische Verfahrenstechnik, Anlagenbau, Anlagenplanung, CAD*; di: Hochsch. Furtwangen, Fak. Maschinenbau u. Verfahrenstechnik, Jakob-Kienzle-Str. 17, 78054 Villingen-Schwenningen, T: (07720) 3074259, F: 3074207, rg@hs-furtwangen.de

**Ringler,** Ralf; Dr., Prof.; *Medizinische Physik, Radiologie, diagnostische und therapeutische Systeme*; di: Hochsch. Amberg-Weiden, FB Wirtschaftsingenieurwesen, Hetzenrichter Weg 15, 92637 Weiden, r.ringler@haw-aw.de

**Ringling,** Wilfried; Dr., Prof.; *Betriebswirtschaftslehre, insbes. Finanz- und Rechnungswesen sowie betriebl. Steuerlehre*; di: FH Worms, FB Wirtschaftswiss., Erenburgerstr. 19, 67549 Worms

**Ringshauser,** Hermann; Dipl.-Ing., Prof., Dekan FB Informationstechnik; *Digitaltechnik, Rechnerarchitektur*; di: Hochsch. Mannheim, Fak. Informationstechnik, Windeckstr. 110, 68163 Mannheim, T: (0621) 2926342

**Ringwald,** Rudolf; Dipl.-Volksw., StB, Prof.; *Allg. BWL / Finanz- und Rechnungswesen*; di: DHBW Villingen-Schwenningen, Fak. Wirtschaft, Erzbergerstr. 17, 78054 Villingen-Schwenningen, T: (07720) 3906111, F: 3906119, ringwald@dhbw-vs.de

**Ringwelski,** Georg; Dr.-Ing., Prof.; *Softwaresysteme, Grundlagen der Informatik*; di: Hochsch. Zittau / Görlitz, Fak. Elektrotechnik u. Informatik, Brückenstr. 1, 02826 Görlitz, PF 300648, 02801 Görlitz, T: (03581) 4828269, gringwelski@hs-zigr.de

**Ringwelski,** Lutz; Dr. rer. nat., Prof.; *Physik, Technische Wärmelehre, Maschinen- u. Gerätetechnik, Mathematische Grundlagen*; di: Hochsch. Albstadt-Sigmaringen, FB 3, Anton-Günther-Str. 51, 72488 Sigmaringen, PF 1254, 72481 Sigmaringen, T: (07571) 732252, F: 732250, ringwelski@hs-albsig.de

**Rink,** Dieter; Dr. phil., HonProf.; *Sozialstruktur und Milieus*; di: Hochsch. Mittweida, Fak. Soziale Arbeit, Döbelner Str. 58, 04741 Roßwein, T: (034322) 48601, rink@alok.ufz.de; UFZ-Umweltforschungszentrum Leipzig-Halle GmbH, Permoserstr. 15, 04318 Leipzig, T: (0341) 2352696, dieter.rink@ufz.de

**Rinker,** Ulrich; Dr.-Ing., Prof.; *Werkzeugmaschinen und Fertigungstechnik*; di: FH Münster, FB Maschinenbau, Stegerwaldstr. 39, 48565 Steinfurt, T: (02551) 962249, F: 962249, ulrich.rinker@fh-muenster.de; pr: Flögemanns Esch 42a, 48565 Steinfurt, T: (02551) 4092

**Rinn,** Klaus; Dipl. Physik, Dr. rer. nat., Prof.; *Informatik, Physik*; di: Techn. Hochsch. Mittelhessen, FB 13 Mathematik, Naturwiss. u. Datenverarbeitung, Wiesenstr. 14, 35390 Gießen, T: (0641) 3092425

**Rinschede,** Alfons; Dr.-Ing., Prof.; *Entsorgungslogistik und Fördertechnik in der Entsorgung*; di: Westfäl. Hochsch., FB Maschinenbau u. Facilities Management, Neidenburger Str. 10, 45877 Gelsenkirchen, T: (0209) 9596180, F: 9596164, alfons.rinschede@fh-gelsenkirchen.de; pr: Baltimora 19, 59379 Selm-Cappenberg, T: (02306) 71249

**Rinsdorf,** Lars; Dr., Prof.; *Redaktionelle Strategie, Qualitätsmanagement, Marketing, Controlling, Mediensysteme*; di: Hochsch. d. Medien, Fak. Electronic Media, Nobelstr. 10, 70569 Stuttgart, T: (0711) 89232257

**Ripberger,** Gerald; Dr. med., Prof.; *Bevölkerungsschutz*; di: Akkon-Hochsch. f. Humanwiss., Am Köllnischen Park 1, 10179 Berlin, gerald.ripberger@akkon-hochschule.de

**Ripke,** Ursula; Dr. rer. nat., Prof.; *Kartenoriginalherstellung, Kartenentwurf, Reproduktionstechnik*; di: Beuth Hochsch. f. Technik, FB III Bauingenieur- u. Geoinformationswesen, Luxemburger Str. 10, 13353 Berlin, T: (030) 45042626, ripke@beuth-hochschule.de

**Ripper,** Kathrin; Dr., Prof.; *Psychologie der Sozialen Arbeit*; di: DHBW Stuttgart, Fak. Sozialwesen, Herdweg 31, 70174 Stuttgart, T: (0711) 1849759, ripper@dhbw-stuttgart.de

**Ripphausen-Lipa,** Heike; Dr. rer.nat., Prof.; *Programmierung*; di: Beuth Hochsch. f. Technik, FB VI Informatik u. Medien, Luxemburger Str. 10, 13353 Berlin, T: (030) 45042751, ripphaus@beuth-hochschule.de

**Risse,** Andreas; Dr.-Ing., Prof.; *Fertigungsverfahren, Werkstofftechnik*; di: Beuth Hochsch. f. Technik, FB VII Elektrotechnik – Mechatronik – Optometrie, Luxemburger Str. 10, 13353 Berlin, T: (030) 45042575, arisse@beuth-hochschule.de

**Risse,** Thomas; Dr.-Ing., Prof.; *Angewandte Informatik u. Bildverarbeitung*; di: Hochsch. Bremen, Fak. Elektrotechnik u. Informatik, Flughafenallee 10, 28199 Bremen, T: (0421) 59055489, F: 59055484, Thomas.Risse@hs-bremen.de

**Rissling,** Clemens; Dipl.-Ing., Prof.; *Elektrische Messtechnik, Prozessmesstechnik, Theorie der Wechselströme*; di: Hochsch. Osnabrück, Fak. Ingenieurwiss. u. Informatik, Albrechtstr. 30, 49076 Osnabrück, T: (0541) 9692085, F: 9692936, c.rissling@hs-osnabrueck.de; pr: Kurt-Tucholsky-Str. 25, 49088 Osnabrück, T: (0541) 189121

**Rißmann,** Michaela; Dr., Prof.; *Erziehungswissenschaften, Erziehung und Bildung von Kindern*; di: FH Erfurt, FB Sozialwesen, Altonaer Str. 25, 99084 Erfurt, PF 101363, 99013 Erfurt, T: (0361) 6700831, michaela.rissmann@fh-erfurt.de

**Rist,** Thomas; Dr.-Ing., Prof.; *Medieninformatik, Mensch-Computer-Interaktion, Künstliche Intelligenz, Datamining*; di: Hochsch. Augsburg, Fak. f. Informatik, Friedberger Straße 2, 86161 Augsburg, T: (0821) 55863249, F: 55863499, Thomas.Rist@hs-augsburg.de

**Ritschel,** Wolf; Dr.-Ing., Prof.; *Automobilinformatik*; di: Hochsch. Bochum, FB Elektrotechnik u. Informatik, Lennershofstr. 140, 44801 Bochum, T: (0234) 3210314, wolf.ritschel@hs-bochum.de; pr: Hellweg 48, 59590 Geseke

**Ritscher,** Wolf; Dipl.-Psych.,MA, Dr. phil., Prof.; *Psychologie*; di: Hochsch. Esslingen, Fak. Soziale Arbeit, Gesundheit u. Pflege, Flandernstr. 101, 73732 Esslingen, T: (0711) 3974579; pr: Maueräckerstr. 4, 75399 Unterreichenbach, T: (07235) 980370

**Rittberger,** Marc; Dr., Prof.; *Informationsmanagement*; di: Hochsch. Darmstadt, FB Media, Haardtring 100, 64295 Darmstadt, T: (06151) 169409, marc.rittberger@fbmedia.h-da.de; pr: T: (06062) 266357

**Ritter,** Guido; Dr. oec. troph., Prof.; *Lebensmittellehre und Lebensmitteltechnologie, insbes. Lebensmittel pflanzlicher Herkunft*; di: FH Münster, FB Oecotrophologie, Corrensstr. 25, 48151 Münster, T: (0251) 8365429, F: 8365402, ritter@fh-muenster.de; pr: Am Eschbach 16, 48366 Laer

**Ritter,** Martina; Dr., Prof.; *Soziologie, Geschichte, Struktur u Organisation Sozialer Arbeit*; di: Hochsch. Fulda, FB Sozial- u. Kulturwiss., Marquardstr. 35, 36039 Fulda

**Ritter,** Stefan; Dr. rer. nat., Prof.; *Angewandte Mathematik und rechnergestützte Simulation*; di: Hochsch. Karlsruhe, Fak. Elektro- u. Informationstechnik, Moltkestr. 30, 76133 Karlsruhe, PF 2440, 76012 Karlsruhe, T: (0721) 9252246, stefan.ritter@hs-karlsruhe.de

**Rittich,** Heinz; Dr., Prof.; *Rechnungswesen, Controlling u. Bankrechnungswesen*; di: Hochsch. Aschaffenburg, Fak. Wirtschaft u. Recht, Würzburger Str. 45, 63743 Aschaffenburg, T: (06021) 314707, heinz.rittich@fh-aschaffenburg.de

**Rittmann,** Bernhard; Dr., Prof.; *Anlagenbau u. Verfahrenstechnik, Umweltschonende Energiekonzepte, Ver- u. Entsorgungstechnik*; di: Hochsch. Aalen, Fak. Maschinenbau u. Werkstofftechnik, Beethovenstr. 1, 73430 Aalen, T: (07361) 5762143, F: 5762270, Bernhard.Rittmann@htw-aalen.de

**Ritz,** Harald; Dr. rer. pol., Prof.; *Wirtschaftsinformatik*; di: Techn. Hochsch. Mittelhessen, FB 13 Mathematik, Naturwiss. u. Datenverarbeitung, Wiesenstr. 14, 35390 Gießen, T: (0641) 3092431; pr: Hemsbergstr. 40, 64625 Bensheim, T: (06251) 38870

**Ritz,** Otmar; Dipl.-Ing., Prof.; *Konstruktion, Maschinenelemente*; di: Hochsch. Esslingen, Fak. Maschinenbau, Kanalstr. 33, 73728 Esslingen, T: (0711) 3973352; pr: Rosenstr. 11, 73102 Birenbach, T: (07161) 9519671

**Ritz,** Thomas; Dr.-Ing., Prof.; *Informations- und Kommunikationstechnik*; di: FH Aachen, FB Elektrotechnik und Informationstechnik, Eupener Str. 70, 52066 Aachen, T: (0241) 600952136, ritz@fh-aachen.de

**Ritzenhoff,** Peter; Dr.-Ing., Prof.; *Gebäudeautomation, Beleuchtungstechnik, Energie- u. Gebäudemanagement*; di: Hochsch. Bremerhaven, An der Karlstadt 8, 27568 Bremerhaven, T: (0471) 4823110, F: 4823159, peter.ritzenhoff@hs-bremerhaven.de; pr: Straßburger Str. 68, 28211 Bremen, T: (0421) 494399, F: 4329984

**Ritzerfeld-Zell,** Ute; Dr., Prof.; *Allgemeine Betriebswirtschaftslehre u. Marketing*; di: Hochsch. Bochum, FB Wirtschaft, Lennershofstr. 140, 44801 Bochum, T: (0234) 3210623, ute.ritzerfeld-zell@hs-bochum.de; pr: Büschenweg 7a, 45239 Essen, T: (0201) 6159307

**Rjasanowa,** Kerstin; Dr. rer. nat., Prof.; *Ingenieurmathematik, Datenverarbeitung/ Informatik, CAD, Bauinformatik*; di: FH Kaiserslautern, FB Bauen u. Gestalten, Schönstr. 6 (Kammgarn), 67657 Kaiserslautern, T: (0631) 3724503, kerstin.rjasanowa@fh-kl.de

**Robens,** Herbert; Dr. rer. pol., Prof.; *Betriebswirtschaftslehre, Marketing*; di: FH Köln, Fak. f. Wirtschaftswiss. u. Fak. f. Informations-, Medien- u. Elektrotechnik, Claudiusstr. 1, 50678 Köln, T: (0221) 82753451, herbert.robens@fh-koeln.de; pr: Kaiserstr. 133, 52134 Herzogenrath, T: (02407) 95790

**Robert,** Günther; Prof.; *Soziologie*; di: Ev. Hochsch. f. Soziale Arbeit, PF 200143, 01191 Dresden, T: (0351) 4690235, guenther.robert@ehs-dresden.de; pr: Eisenacher Str. 42, 01277 Dresden, T: (0351) 3108582, guenther.robert@t-online.de

**Robinson,** Pia; Dr. rer. pol., Prof.; *Betriebswirtschaftslehre, Steuerberatung u. Wirtschaftsprüfung*; di: Techn. Hochsch. Mittelhessen, FB 07 Wirtschaft, Wiesenstr. 14, 35390 Gießen, T: (0641) 3092714, Pia.Robinson@w.fh-giessen.de; pr: Auf dem Wulf 16, 35041 Marburg, T: (06420) 822156

**Robold,** Franz; Prof.; *Konstruieren, Entwerfen, Gebäudelehre*; di: Hochsch. Rosenheim, Fak. Innenarchitektur, Hochschulstr. 1, 83024 Rosenheim

**Roch,** Frank; Dr. rer. nat., Prof.; *Polygrafische Meßtechnik*; di: HTWK Leipzig, FB Medien, PF 301166, 04251 Leipzig, T: (0341) 2170338, roch@fbm.htwk-leipzig.de

**Rocholl,** Eckhard; Prof.; *Medienproduktion*; di: Macromedia Hochsch. f. Medien u. Kommunikation, Gollierstr. 4, 80339 München

**Rocholl,** Georg; Sozialarb. (grad.), Dipl.-Sozialwiss., Prof.; *Sozialpädagogik, Pädagogik, Soziologie, Methoden der SA/SP, 'Soziale Arbeit mit Kindern'*; di: Hochsch. Emden/Leer, FB Soziale Arbeit u. Gesundheit, Constantiaplatz 4, 26723 Emden, T: (04921) 8071243, F: 8071251, rocholl@hs-emden-leer.de; pr: Briggweg 13, 26723 Emden, T: (04921) 61751

**Rocholl,** Walter; Dr.-Ing., Prof. FH Bochum; *Praktische Geodäsie, Graphische Datenverarbeitung, Geographische Informationssysteme*; di: Hochsch. Bochum, FB Vermessungswesen u. Geoinformatik, Lennershofstr. 140, 44801 Bochum, T: (0234) 3210508; pr: Telegrafenstr. 45, 42477 Radevormwald, T: (02195) 5190, F: 5190

**Rock,** Georg; Dr., Prof.; *Informatik, Software Engineering, Variantenmanagement*; di: Hochsch. Trier, FB Informatik, PF 1826, 54208 Trier, T: (0651) 8103596, G.Rock@hochschule-trier.de

**Rock,** Stefan; Dr. rer. pol., Prof.; *Internationales Handelsmanagement, Handelslogistik*; di: HAW Ingolstadt, Fak. Wirtschaftswiss., Esplanade 10, 85049 Ingolstadt, T: (0841) 9348737, stefan.rock@haw-ingolstadt.de

**Rockenbauch,** Ralf; Dr. rer. pol., Prof.; *Tourismuswirtschaft, Personal und Organisation*; di: HTW d. Saarlandes, Fak. f. Wirtschaftswiss, Waldhausweg 14, 66123 Saarbrücken, T: (0681) 5867539, ralf.rockenbauch@htw-saarland.de

**Rockinger,** Susanne; Dipl.-Math., Dr. rer. nat., Prof.; *Mathematik*; di: Hochsch. Regensburg, Fak. Informatik u. Mathematik, PF 120327, 93025 Regensburg, susanne.rockinger@hs-regensburg.de

**Rockstroh,** Elke; Dr., Prof.; di: Hochsch. f. Wirtschaft u. Recht Berlin, Badensche Str. 50/51, 10825 Berlin, T: (030) 29384564, elke.rockstroh@hwr-berlin.de

**Rodach,** Thomas; Dr. rer. nat., Prof., Dekan FB Wirtschaftsingenieurwesen; *Wirtschaftsinformatik, Business Process Management*; di: Hochsch. Esslingen, Fak. Versorgungstechnik u. Umwelttechnik, Kanalstr. 33, 73728 Esslingen, T: (07161) 6971243

**Roddeck,** Werner; Dr.-Ing., Prof.; *Werkzeugmaschinen, Industrieroboter*; di: Hochsch. Bochum, FB Mechatronik u. Maschinenbau, Lennershofstr. 140, 44801 Bochum, T: (0234) 3210427, werner.roddeck@hs-bochum.de; pr: Waldstr. 67, 58453 Witten, T: (02302) 68014

**Rode,** Burkhard; Dr. jur., Prof., Dekan FB Wirtschaft; *Wirtschaftsrecht, insb. Bürgerliches Recht, Handelsrecht, Gesellschaftsrecht, Wettbewerbsrecht*; di: FH Stralsund, FB Wirtschaft, Zur Schwedenschanze 15, 18435 Stralsund, T: (03831) 456691

**Rodenhausen,** Anna; Dr., Prof.; *Mathematik*; di: HAW Hamburg, Fak. Life Sciences, Lohbrügger Kirchstr. 65, 21033 Hamburg, T: (040) 428756293, anna.rodenhausen@haw-hamburg.de

**Roderus,** Helmut; Dipl.-Inf., Dr.-Ing., Prof.; *Informations- und Medientechnik, Netzwerke*; di: Hochsch. Ansbach, FB Wirtschafts- u. Allgemeinwiss., Residenzstr. 8, 91522 Ansbach, PF 1963, 91510 Ansbach, T: (0981) 4877235, helmut.roderus@fh-ansbach.de

**Rodewald,** Hanns-Lüdecke; Dipl.-Ing., Prof.; *Kraftfahrzeugtechnik, Verbrennungsmotoren, Labor Verbrennungsmotoren, Fahrzeugsicherheit*; di: HTW Berlin, FB Ingenieurwiss. II, Blankenburger Pflasterweg 102, 13129 Berlin, T: (030) 50194225, rodewald@HTW-Berlin.de

**Rodrian,** Hans-Christian; Dr. rer. nat., Prof.; *Computergrafik*; di: FH Bingen, FB Technik, Informatik, Wirtschaft, Berlinstr. 109, 55411 Bingen, T: (06721) 409265, F: 409158, rodrian@fh-bingen.de

**Rodt,** Sabine; Dr., Prof.; *Bankbilanzierung, Risikocontrolling, Internationale Rechnungslegung, Wirtschaftsprüfung*; di: Hochsch. München, Fak. Betriebswirtschaft, Am Stadtpark 20 (Neubau), 81243 München, T: (089) 12652737, F: 12652714, rodt@fhm.edu

**Roeb,** Ludwig; Dr., Prof.; *Biologie u. Ökologie, Pflanzenkrankheiten und -schutz, Angewandte Mikrobiologie*; di: Hochsch. Weihenstephan-Triesdorf, Fak. Land- u. Ernährungswirtschaft, Am Hofgarten 1, 85354 Freising, 85350 Freising, T: (08161) 714336, F: 714496, ludwig.roeb@fh-weihenstephan.de

**Roeb,** Thomas; Dr. rer. pol., Prof.; *Betriebswirtschaftslehre, insbes. BWL für Handelsunternehmen*; di: Hochsch. Bonn-Rhein-Sieg, FB Wirtschaft Rheinbach, von-Liebig-Str. 20, 53359 Rheinbach, T: (02241) 865421, F: 8658421, thomas.roeb@fh-bonn-rhein-sieg.de

**Röben,** Klaus W.; Dr.-Ing., Prof.; *Service Management*; di: Int. Business School of Service Management, Hans-Henny-Jahnn-Weg 9, 22085 Hamburg, T: (040) 53699113, F: 53699166, roeben@iss-hamburg.de

**Roeber,** Michaela; Dr., Prof.; di: FH Frankfurt, FB 4 Soziale Arbeit u. Gesundheit, Nibelungenplatz 1, 60318 Frankfurt am Main, T: (069) 15332620, roeberm@fb4.fh-frankfurt.de

**Röbig,** Wolfgang; Dr.-Ing., Prof.; *Konstruktionslehre und CAD*; di: FH Köln, Fak. f. Informatik u. Ingenieurwiss., Am Sandberg 1, 51643 Gummersbach, T: (02261) 8196280, roebig@gm.fh-koeln.de; pr: Blumenweg 8, 58313 Herdecke, T: (02330) 70877

**Röchter,** Angelika; Dr. rer. pol., Prof.; *International Management, Human Resources Management*; di: FH d. Wirtschaft, Fürstenallee 3-5, 33102 Paderborn, T: (05251) 30102, angelika.roechter@fhdw.de

**Röck,** Sascha; Dr.-Ing., Prof.; *Steuerungstechnik d. Werkzeugmaschinen u. Fertigungseinrichtungen, Systems Computing*; di: Hochsch. Aalen, Beethovenstr. 1, 73430 Aalen, T: (07361) 5762464, Sascha.Roeck@htw-aalen.de

**Roeckerath-Ries,** Marie-Theres; Dr. rer. nat., Prof.; *Mathematik, Angewandte Mathematik*; di: FH Südwestfalen, FB Elektrotechnik u. Informationstechnik, Haldener Str. 182, 58095 Hagen, T: (02331) 9872368, F: 987-4031, Roeckerath-Ries@fh-swf.de

**Röckinghausen,** Marc; Dr., Prof.; *Staatsrecht, Verwaltungsrecht, Umweltrecht*; di: FH f. öffentl. Verwaltung NRW, Abt. Gelsenkirchen, Wanner Str. 158-160, 45888 Gelsenkirchen, T: (0209) 155282305, marc.roeckinghausen@fhoev.nrw.de; pr: T: (02054) 875558

**Röckle,** Hajo; Dr., Prof.; *Informationssicherheit, Software-Engineering, Datenbanken*; di: FH Ludwigshafen, FB III Internationale Dienstleistungen, Ernst-Boehe-Str. 4, 67059 Ludwigshafen, T: (0621) 5203227, haio.roeckle@fh-ludwigshafen.de

**Rödel,** Dieter; Dr. rer. nat., Prof.; *Landschaftsplanung, Landschaftspflege, Vegetationskunde*; di: Hochsch. Osnabrück, Fak. Agrarwiss. u. Landschaftsarchitektur, Oldenburger Landstr. 24, 49090 Osnabrück, T: (0541) 9695190, F: 9695050, d.roedel@hs-osnabrueck.de; pr: Otto-Weddigen-Str. 4, 48145 Münster, T: (0251) 393494

**Rödel,** Thomas; Dr. rer. nat., Prof.; *Organische und makromolekulare Chemie*; di: Hochsch.Merseburg, FB Ingenieur- u. Naturwiss., Geusaer Str., 06217 Merseburg, T: (03461) 462165, thomas.roedel@hs-merseburg.de

**Röder,** Ulrich; Dr. rer. nat., Prof.; *Technische Physik, Medizintechnik, Lasertechnik*; di: Hochsch. München, FB Feinwerk- und Mikrotechnik, Physikalische Technik, Lothstr. 34, 80335 München, T: (089) 12651015, F: 12651480, ulrich.roeder@hm.edu

**Röger,** Wolf; Dr.-Ing., Prof.; *Flugmechanik und Flugführung*; di: FH Aachen, FB Luft- und Raumfahrttechnik, Hohenstaufenallee 6, 52064 Aachen, T: (0241) 600952305, roeger@fh-aachen.de; pr: Sperberweg 65, 52076 Aachen, T: (02408) 80337

**Röh,** Dieter; Dr., Prof.; *Rehabilitation, Klinische Sozialarbeit, Theorie und Methoden der Sozialen Arbeit*; di: HAW Hamburg, Fak. Wirtschaft u. Soziales, Alexanderstr. 1, 20099 Hamburg, T: (040) 428757113, dieter.roeh@haw-hamburg.de

**Röhl,** Stefan; Dr., Prof.; *Mathematik, Logistik*; di: FH Bingen, FB Technik, Informatik, Wirtschaft, Berlinstr. 109, 55411 Bingen, T: (06721) 409137, F: 409104, roehl@fh-bingen.de

**Röhm,** Anita; Dr., Prof.; *Marketing, Vertrieb, Projektmanagement*; di: Techn. Hochsch. Mittelhessen, FB 21 Sozial- u. Kulturwiss., Wiesenstr. 14, 35390 Gießen, T: (06031) 6042816, Anita.Roehm@suk.fh-giessen.de; pr: T: (06441) 921720

**Röhner,** Jörg; Dr. rer. pol., Prof.; *Steuerlehre, Wirtschaftsrecht*; di: Westsächs. Hochsch. Zwickau, FB Wirtschaftswiss., Scheffelstr. 39, 08056 Zwickau, j.röhner@fh-zwickau.de

**Röhrich,** Martina; Dr., Prof.; *Rechnungswesen und Controlling*; di: Hochsch. Bremen, Fak. Wirtschaftswiss., Werderstr. 71, 28199 Bremen, T: (0421) 59054217, F: 59054140, Martina.Roehrich@hs-bremen.de

**Röhricht,** Markus; Dr.-Ing., Prof.; *Wasseraufbereitung, Planspiel UHST, Techn. Gewässerschutz, Verfahrenstechnik*; di: Techn. Hochsch. Mittelhessen, FB 04 Krankenhaus- u. Medizintechnik, Umwelt- u. Biotechnologie, Wiesenstr. 14, 35390 Gießen, T: (0641) 3092524; pr: Tannenweg 18, 35457 Lollar, T: (06406) 74755

**Röhrig,** Christof; Dr., Prof.; *Netzwerktechnik*; di: FH Dortmund, FB Informatik, Emil-Figge-Str. 42, 44227 Dortmund, T: (0231) 7556778, F: 91126710, christof.roehrig@fh-dortmund.de

**Röhrig,** Michael N.; Dr. rer. pol., Prof.; *BWL/Marketing, Internationales Marketing, Technisches Management*; di: Hochsch. Darmstadt, FB Wirtschaft, Haardtring 100, 64295 Darmstadt, T: (06151) 169222, roehrig@fbw.h-da.de

**Röhrl,** Boris; Dr. phil. habil., Prof.; *Wissenschaftlich-didaktische Illustration*; di: Hochsch. Rhein/Main, FB Design Informatik Medien, Unter den Eichen 5, 65195 Wiesbaden, T: (0611) 94952214, boris.roehrl@hs-rm.de; pr: Karl-Josef-Schlitt-Str. 20, 65197 Wiesbaden

**Röhrle,** Jörg; Dr. rer. nat., Prof.; *Datenbank und Data Warehousesysteme, Softwareentwicklung, Verteilte Anwendungssysteme*; di: Hochsch. Albstadt-Sigmaringen, FB 2, Johannesstr. 3, 72458 Albstadt-Ebingen, T: (07431) 579121, F: 579149, roehrle@hs-albsig.de

**Röhrs,** Werner; Dr., Prof.; *Ingenieurwissenschaften*; di: HAW Hamburg, Fak. Wirtschaft u. Soziales, Berliner Tor 5, 20099 Hamburg, T: (040) 428756938, werner.roehrs@haw-hamburg.de

**Roelcke,** Julius; Dr. rer. nat., Prof.; *Chemie und Analytik der Pharmazeutika*; di: Hochsch. Ostwestfalen-Lippe, FB 4, Life Science Technologies, Liebigstr. 87, 32657 Lemgo, T: (05231) 769241, F: 769222; pr: Rödlinghauser Str. 7, 32756 Detmold

**Röll,** Franz Josef; Dr. phil., Prof., Dekan FB Sozialpädagogik; *Neue Medien und Medienpädagogik, Schwerpunkt 2*; di: Hochsch. Darmstadt, FB Gesellschaftswiss. u. Soziale Arbeit, Haardtring 100, 64295 Darmstadt, T: (06151) 168694, fjroell@h-da.de; pr: Taunusstr. 5d, 63477 Maintal, T: (06109) 771776, F: 762430, FJRoell@t-online.de

**Röllig,** Hans-Werner; Dr.-Ing., Prof.; *Elektrische Anlagen und Geräte, Elektrotechnik, Elektronik, Anlagentechnik, Leistungselektronik*; di: HTW Berlin, FB Ingenieurwiss. I, Marktstr. 9, 10317 Berlin, T: (030) 50193562, roellig@HTW-Berlin.de

**Römer,** Dietmar; Dr.-Ing., Prof.; *Automatisierungstechnik*; di: Hochsch. Mittweida, Fak. Elektro- u. Informationstechnik, Technikumplatz 17, 09648 Mittweida, T: (03727) 581346, F: 581351, dr@htwm.de

**Roemer,** Ellen; Dr. rer.pol., Prof.; *Marketing*; di: Hochschule Ruhr West, Wirtschaftsinstitut, PF 100755, 45407 Mülheim an der Ruhr, T: (0208) 88254354, ellen.roemer@hs-ruhrwest.de

**Römermann,** Hans-Detlef; Dr. rer. nat., Prof.; *Biologie und Verfahrenstechnik*; di: FH Münster, FB Energie, Gebäude, Umwelt, Stegerwaldstr. 39, 48565 Steinfurt, T: (0251) 962153, F: 962271, roemermann@fh-muenster.de; pr: Gasselstiege 36, 48159 Münster, T: (0251) 2704020

**Römhild,** Iris; Dr.-Ing., Prof.; *Konstruktion und Antriebstechnik*; di: HTW Dresden, Fak. Maschinenbau/Verfahrenstechnik, Friedrich-List-Platz 1, 01069 Dresden, T: (0351) 4622630, roemhild@mw.htw-dresden.de

**Römhild,** Thomas; Dr.-Ing., Prof.; *Techn. Ausbau und Baukonstruktion*; di: Hochsch. Wismar, Fak. f. Gestaltung, PF 1210, 23952 Wismar, T: (03841) 753602, t.roemhild@ar.hs-wismar.de

**Römmich,** Michael; Prof.; *Energieökonomik*; di: Hochschule Ruhr West, Wirtschaftsinstitut, PF 100755, 45407 Mülheim an der Ruhr, T: (0208) 88254356, michael.roemmich@hs-ruhrwest.de

**Rönnebeck,** Horst; Dr.-Ing., Prof.; *Konstruktion*; di: Hochsch. Amberg-Weiden, FB Maschinenbau u. Umwelttechnik, Kaiser-Wilhelm-Ring 23, 92224 Amberg, T: (09621) 482188, F: 482145, h.roennebeck@fh-amberg-weiden.de

**Roentgen,** Frederik; Dr., Prof.; *BWL*; di: FH f. Rechtspflege NRW, Zentrum f. BWL, Schleidtalstr 3, 53902 Bad Münstereifel, PF, 53895 Bad Münstereifel

**Röpcke,** Jürgen; Dr. rer. nat., HonProf. FH Stralsund; *Plasmaphysik, Plasmatechnik*; di: Leibniz-Inst. f. Plasmaforschung u. Technologie e.V., Felix-Hausdorff-Str. 2, 17489 Greifswald, T: (03834) 554444, F: 554301, roepcke@inp-greifswald.de; pr: Hugo-Helfritz-Str. 2, 17489 Greifswald, T: (03834) 509097

**Röpke,** Joachim; Dr. rer. pol., Prof.; *Rechnungswesen, Controlling*; di: FH d. Wirtschaft, Fürstenallee 3-5, 33102 Paderborn, T: (05251) 301189, hans-joachim.roepke@fhdw.de; pr: T: (05231) 58172

**Roer,** Peter; Dr.-Ing., Prof.; *Kommunikationstechnik*; di: Hochsch. Osnabrück, Fak. Ingenieurwiss. u. Informatik, Albrechtstr. 30, 49076 Osnabrück, T: (0541) 9692027, F: 9692936, p.roer@hs-osnabrueck.de

**Roes,** Martina; Dr. phil., Prof.; *Pflegewissenschaft, Beratungsprozesse im Gesundheitswesen*; di: Hochsch. Bremen, Fak. Gesellschaftswiss., Neustadtswall 30, 28199 Bremen, T: (0421) 59052189, F: 59052753, Martina.Roes@hs-bremen.de

**Rösch,** Gerd; Dipl.-Phys., Dr. rer. nat., Prof.; *Experimentalphysik*; di: Hochsch. Reutlingen, FB Angew. Chemie, Alteburgstr. 150, 72762 Reutlingen, T: (07121) 271353, gerd.roesch@fh-reutlingen.de; pr: Friedrich-List-Str. 67, 72127 Kusterdingen, T: (07071) 360631

**Rösch,** Hermann; Dr. phil., Prof. FH Köln; *Informationsdienstleistungen und Informationsmittel*; di: FH Köln, Fak. f. Informations- u. Kommunikationswiss., Claudiusstr. 1, 50678 Köln, T: (0221) 82753378, Hermann.Roesch@fh-koeln.de; www.fbi.fh-koeln.de/fachbereich/personen/Roesch/roesch.htm; pr: Königswinterer Str. 680, 53227 Bonn, T: (0228) 443076

**Rösch,** Olga; Dr. phil., Prof.; *Interkulturelle Kommunikation, Rhetorik*; di: Techn. Hochsch. Wildau, FB Ingenieurwesen/Wirtschaftsingenieurwesen, Bahnhofstr., 15745 Wildau, T: (03375) 508367, F: 508368, roesch@sprz.tfh-wildau.de

**Rösch,** Peter; Dr. rer. nat., Prof.; *2D-/3D-Bildverarbeitung, Softwareentwicklung, Bildverarbeitung*; di: Hochsch. Augsburg, Fak. f. Informatik, Friedberger Straße 2, 86161 Augsburg, T: (0821) 55863327, F: 55863499, Peter.Roesch@hs-augsburg.de

**Rösch,** Roland; Dr. rer. pol., Prof.; *Energiewirtschaft*; di: Hochsch. Darmstadt, FB Wirtschaft, Haardtring 100, 64295 Darmstadt, T: (06151) 168395, roland.roesch@h-da.de

**Rösch,** Wolfgang; Dr., HonProf.; *Maschinentechnik, Schienenfahrzeuginstandhaltung*; di: Wilhelm Büchner Hochsch., Ostendstr. 3, 64319 Pfungstadt

**Rösener,** Christoph; Dr. phil., Prof.; *Fachkommunikation Deutsch*; di: FH Flensburg, FB Information u. Kommunikation, Kanzleistr. 91-93, 24943 Flensburg, T: (0461) 8051626, christoph.roesener@fh-flensburg.de

**Rösl,** Gerhard; Dr. rer. pol., Prof.; *Wirtschaftspolitik, Internationale Wirtschaftsbeziehungen, Umweltökonomie*; di: Hochsch. Regensburg, Fak. Betriebswirtschaft, PF 120327, 93025 Regensburg, T: (0941) 9431396, gerhard.roesl@bwl.fh-regensburg.de

**Roesler,** Christian; Dr. phil., Prof.; *Klinische Psychologie*; di: Kath. Hochsch. Freiburg, Karlstr. 63, 79104 Freiburg, T: (0761) 2001410, roesler@kfh-freiburg.de

**Rösler,** Frank; Dr., Prof.; *Internationales Management*; di: Int. School of Management, Campus München, Karlstraße 35, 80333 München, T: (089) 20003500, ism.muenchen@ism.de

**Rösler,** Joachim; Dr. med., Prof.; *Berufserkrankungen*; di: Hochsch. Bonn-Rhein-Sieg, FB Sozialversicherung, Zum Steimelsberg 7, 53773 Hennef, T: (02241) 865176, F: 8658176, joachim.roesler@fh-bonn-rhein-sieg.de

**Rösler,** Katja; Dr.-Ing., Prof.; *Maschinenbau Fahrzeugtechnik*; di: Hochschule Ruhr West, Institut Maschinenbau, PF 100755, 45407 Mülheim an der Ruhr, T: (0208) 88254784, katja.roesler@hs-ruhrwest.de

**Rösler,** Michael; Dr.-Ing., Prof.; *Massivbau, Baustoffkunde*; di: Beuth Hochsch. f. Technik, FB III Bauingenieur- u. Geoinformationswesen, Luxemburger Str. 10, 13353 Berlin, T: (030) 45042601, roeslerm@beuth-hochschule.de

**Rösler,** Stefan; Dr.-Ing., Prof.; *Strömungsmaschinen, Strömungs- und Wärmelehre*; di: Hochsch. Esslingen, Fak. Versorgungstechnik u. Umwelttechnik, Kanalstr. 33, 73728 Esslingen, T: (0711) 3973280

**Rössle,** Manfred; Dr., Prof.; *Wirtschaftsinformatik, Kosten und Märkte*; di: Hochsch. Aalen, Fak. Elektronik u. Informatik, Beethovenstr. 1, 73430 Aalen, T: (07361) 5764377, manfred.roesle@htw-aalen.de

**Rößler,** Andreas; Dipl.-Ing., Prof.; *Softwaretechnik, Mensch-Maschine-Schnittstellen, Virtuelle Realität*; di: Hochsch. Esslingen, Fak. Graduate School, Fak. Informationstechnik, Flandernstr. 101, 73732 Esslingen, T: (0711) 3974166; pr: Johannesstr. 75, 73614 Schorndorf, T: (07181) 44106

**Rößler,** Irene; Dr., Prof.; *Handel*; di: DHBW Mannheim, Fak. Wirtschaft, Käfertaler Str. 256, 68167 Mannheim, T: (0621) 41052157, F: 41052150, irene.roeßler@dhbw-mannheim.de

**Rößler,** Jürgen; Dr.-Ing., Prof.; *Regelungstechnik, Steuerungstechnik, Industrieroboter*; di: Hochsch. Hannover, Fak. II Maschinenbau u. Bioverfahrenstechnik, Ricklinger Stadtweg 120, 30459 Hannover, PF 920261, 30441 Hannover, T: (0511) 92961313, juergen.roessler@hs-hannover.de; pr: Unter dem Dorfe 2B, 30974 Wennigsen, T: (05103) 8547

**Rößler,** Steffen; Dr., HonProf.; *Projekt- und Qualitätsmanagement*; di: Hochsch. Mittweida, Fak. Elektro- u. Informationstechnik, Technikumplatz 17, 09648 Mittweida, T: (03727) 581364

**Rössler,** Uwe; Dr., Prof.; *Betriebswirtschaftslehre, insb. Marketing*; di: FH Bielefeld, FB Wirtschaft, Universitätsstr. 25, 33615 Bielefeld, T: (0521) 1065080, uwe.roessler@fh-bielefeld.de; pr: Eulenweg 8, 33659 Bielefeld, T: (0521) 48600

**Rössner,** Klaus-Peter; Dipl.-Ing., Prof.; *Projektmanagement Hoch-/Tiefbau*; di: Hochsch. Biberach, SG Projektmanagement, PF 1260, 88382 Biberach/Riß, T: (07351) 582353, F: 582449, roessner@hochschule-bc.de

**Rößner,** Ute; Dr.-Ing., Prof.; *Grundwasserforschung*; di: FH Bingen, FB Life Sciences and Engineering, Berlinstr. 109, 55411 Bingen, T: (06721) 409237, F: 409110, roessner@fh-bingen.de

**Rößner,** Willi; Dr.-Ing., Prof.; *Werkzeugmaschinen, NC-Fertigung, Betriebsorganisation, Logistik*; di: Hochsch. Augsburg, Fak. f. Maschinenbau u. Verfahrenstechnik, An der Hochschule 1, 86161 Augsburg, T: (0821) 55863150, F: 55863160, willi.roessner@hs-augsburg.de; pr: T: (0821) 434885; www.paperflow.de

**Röth,** Thilo; Dr.-Ing., Prof.; *Leichtbau und Karosserietechnik*; di: FH Aachen, FB Luft- und Raumfahrttechnik, Hohenstaufenallee 6, 52064 Aachen, T: (0241) 600952355, roeth@fh-aachen.de; pr: Kullenhofwinkel 40, 52074 Aachen, T: (0241) 86440

**Röther,** Michael; Dr.-Ing., Prof.; *Grundlagen der Elektrotechnik und elektrische Energietechnik*; di: HAW Hamburg, Fak. Technik u. Informatik, Berliner Tor 7, 20099 Hamburg, T: (040) 428758122, michael.roether@haw-hamburg.de

**Röthig,** Jürgen; Dr., Prof.; *Web- und Multimedia-Technologie, Telekommunikations- und Netzwerktechnik, Digital- und Rechnertechnik*; di: DHBW Karlsruhe, Fak. Technik, Erzbergerstr. 121, 76133 Karlsruhe, T: (0721) 9735883, roethig@no-spam.dhbw-karlsruhe.de

**Röttcher,** Klaus; Dr.-Ing., Prof.; *Wasserwirtschaft*; di: Ostfalia Hochsch., Fak. Bau-Wasser-Boden, Herbert-Meyer-Str. 7, 29556 Suderburg, k.roettcher@ostfalia.de

**Röttger,** Stefan; Dr.-Ing., Prof.; *Computergrafik*; di: Georg-Simon-Ohm-Hochsch. Nürnberg, Fak. Elektrotechnik Feinwerktechnik Informationstechnik, Wassertorstr. 10, 90489 Nürnberg, Stefan.Roettger@ohm-hochschule.de

**Röttgers,** Hanns Rüdiger; Dr. med., Prof.; *Sozialmedizin, Sozialpsychiatrie*; di: FH Münster, FB Sozialwesen, Robert-Koch-Straße 30, 48149 Münster, T: (0251) 8365818, F: 8365702, roettgers@fh-muenster.de

**Rövekamp,** Frank; Dr., Prof.; *Japanese Business, Politics and Language*; di: FH Ludwigshafen, FB III Internationale Dienstleistungen, Ernst-Boehe-Str. 4, 67059 Ludwigshafen, roevekamp@oai.de

**Rogall,** Armin D.; Dipl.-Ing., Prof.; *Baustofftechnologie, Baukonstruktion*; di: FH Dortmund, FB Architektur, PF 105018, 44047 Dortmund, T: (0231) 7554425, armin.d.rogall@fh-dortmund.de

**Rogall,** Holger; Dipl.-Wirtsch.päd., Dipl.-Volksw., Dr. rer. pol., Prof.; *Betriebliches Umweltmanagement*; di: Hochsch. f. Wirtschaft u. Recht Berlin, FB 1, Badensche Str. 50-51, 10825 Berlin, T: (030) 85789184, rogallh@hwr-berlin.de; pr: Zehntwerderweg 124 A, 13469 Berlin, T: (030) 4021356

**Rogalla,** Bernd-Uwe; Dr.-Ing., Prof.; *Bauinformatik u. Numerische Methoden*; di: Ostfalia Hochsch., Fak. Bau-Wasser-Boden, Herbert-Meyer-Str. 7, 29556 Suderburg, b-u.rogalla@ostfalia.de; pr: Heinrich-Linwedel-Str. 7, 30827 Garbsen, T: (05131) 92687

**Rogel,** Erich; Dipl.-Ing., Prof.; *Fertigungsverfahren, Werkzeugmaschinen und Fabrikanlagen*; di: Hochsch. Niederrhein, FB Wirtschaftsingenieurwesen u. Gesundheitswesen, Ondereyckstr. 3-5, 47805 Krefeld, T: (02151) 8226657

**Rogg,** Steffen; Dr., Prof.; *Forstliche Informatik, Forstliche Biometrie, Waldmesslehre, Umweltinformatik*; di: Hochsch. Weihenstephan-Triesdorf, Fak. Wald u. Forstwirtschaft, Am Hofgarten 4, 85354 Freising, 85350 Freising, T: (08161) 715905, F: 714526, steffen.rogg@fh-weihenstephan.de

**Roggendorf,** Peter; Dr. jur., Prof.; *Rechtswissenschaft*; di: Kath. Hochsch. NRW, Abt. Aachen, FB Sozialwesen, Robert-Schumann-Str. 25, 52066 Aachen, T: (0241) 6000325, F: 6000388, p.roggendorf@kfhnw-aachen.de; pr: Steppenbergallee 145, 52074 Aachen, T: (0241) 871561

**Rogina,** Ivica; Dr. rer. nat., Prof.; *Informatik, Datenverarbeitung, Mathematik*; di: Hochsch. Karlsruhe, Fak. Wirtschaftswissenschaften, Moltkestr. 30, 76133 Karlsruhe, PF 2440, 76012 Karlsruhe, T: (0721) 9251966, Ivica.Rogina@hs-karlsruhe.de

**Rogler,** Ernst; Dr.-Ing., Prof.; *Materialflusstechnik, Maschinenelemente*; di: Hochsch. Darmstadt, FB Maschinenbau u. Kunststofftechnik, Haardtring 100, 64295 Darmstadt, T: (06151) 168563, Rogler@fbk.h-da.de; pr: Wilhelm-Leuschner-Str. 92a, 64347 Griesheim, T: (06155) 604208

**Rogler,** Klaus; Dipl.-Wirt.-Ing., Prof.; *Verwaltungsinformatik*; di: H f. öffentl. Verwaltung u. Finanzen Ludwigsburg, Reuteallee 36, 71634 Ludwigsburg, T: (07141) 299948513

**Rogler,** Ralf-Dieter; Dr.-Ing., Prof.; *Schalteranlagentechnik*; di: HTW Dresden, Fak. Elektrotechnik, PF 120701, 01008 Dresden, T: (0351) 4622544, rogler@et.htw-dresden.de

**Rogmann,** Achim; Dr., Prof.; *Wirtschaftsverwaltungs- und Steuerrecht, Vertiefungsgebiete Außenwirtschaftsrecht, Recht der EU und Internationales Steuerrecht sowie Verfahrensrecht*; di: Ostfalia Hochsch., Fak. Recht, Salzdahlumer Str. 46/48, 38302 Wolfenbüttel, T: (05331) 9395270, F: 939118

**Rogosch,** Josef Konrad; Dr. jur., Prof., Präs.; *Personalrecht, Allgemeines Verwaltungsrecht, Zivilrecht, Besonderes Verwaltungsrecht*; di: FH f. Verwaltung u. Dienstleistung, Rehmkamp 10, 24161 Altenholz, T: (0431) 3209201, rogosch@fhvd.de; pr: Heinrich-v.-Ohlendorff-Str. 36, 22359 Hamburg, T: (040) 6046680, S.K.Rogosch@t-online.de

**Rogosch,** Norbert; Dr.-Ing., Prof.; *Straßenbau, Verkehrsplanung, Vermessungswesen*; di: HAWK Hildesheim/Holzminden/Göttingen, Fak. Management, Soziale Arbeit, Bauen, Billerbeck 2, 37603 Holzminden, T: (05531) 126236, F: 126150

**Rohbeck,** Norbert; Dr.-Ing., Prof.; *Konstruktion, Mechanik*; di: Hochsch. Ulm, Fak. Produktionstechnik u. Produktionswirtschaft, PF 3860, 89028 Ulm, T: (0731) 5028240, rohbeck@hs-ulm.de

**Rohbock,** Ute; Dr. rer. pol., Prof.; *Medienmanagement, Marketingmanagement, Medienforschung*; di: Hochsch. Offenburg, Fak. Medien u. Informationswesen, Badstr. 24, 77652 Offenburg, T: (0781) 205135, ute.rohbock@fh-offenburg.de

**Rohde,** Bernhard; Dr. phil., Prof.; *Sozialadministration*; di: HTWK Leipzig, FB Angewandte Sozialwiss., PF 301166, 04251 Leipzig, T: (0341) 30764378, rohde@sozwes.htwk-leipzig.de

**Rohde,** Matthias; Dr., Prof.; *Baustatik, Stahlbau, Baumechanik*; di: FH Frankfurt, FB 1 Architektur, Bauingenieurwesen, Geomatik, Nibelungenplatz 1, 60318 Frankfurt am Main, T: (069) 15332341, erohde@fb1.fh-frankfurt.de

**Rohde,** Michael; Dr. theol., Prof.; *Altes Testament*; di: Theolog. Seminar Elstal, Johann-Gerhard-Oncken-Str. 7, 14641 Wustermark, T: (033234) 74334, mrohde@baptisten.de

**Rohde,** Michael; Dr.-Ing., Prof.; *Optische Nachrichtentechnik, Datenkommunikation*; di: Beuth Hochsch. f. Technik, FB VII Elektrotechnik – Mechatronik – Optometrie, Luxemburger Str. 20b, 13353 Berlin, T: (030) 450452906, rohde@beuth-hochschule.de

**Rohde,** Michael F.; Dipl.-Ing., Prof.; *Licht – Raum – Kommunikation*; di: Hochsch. Wismar, Fak. f. Gestaltung, PF 1210, 23952 Wismar, T: (03841) 753420, michael.rohde@hs-wismar.de

**Rohde,** Waldemar; Dr. rer. nat., Prof.; *Informatik, insbesondere Informations- und Kommunikationssysteme*; di: FH Südwestfalen, FB Techn. Betriebswirtschaft, Im Alten Holz (Pavillon), 58093 Hagen, T: (02331) 9872155, rohde@fh-swf.de

**Rohe,** Wolfgang; Dr., Prof.; *Umweltplanung, Naturschutz, Landschaftspflege*; di: HAWK Hildesheim/Holzminden/Göttingen, Fak. Ressourcenmanagement, Büsgenweg 1a, 37077 Göttingen, T: (0551) 5032243, F: 5032299

**Rohleder,** Christiane; Dr., Prof.; *Soziologie*; di: Kath. Hochsch. NRW, Abt. Münster, FB Sozialwesen, Piusallee 89, 48147 Münster, c.rohleder@kfhnw.de; pr: Warendorfer Str. 91, 48145 Münster, T: (0251) 533323

**Rohleder,** Christoph; Dr., Dr., Prof.; *Internationales Marketing*; di: FH Ludwigshafen, FB II Marketing und Personalmanagement, Ernst-Boehe-Str. 4, 67059 Ludwigshafen/Rhein, T: (0621) 5203154, christoph.rohleder@fh-lu.de

**Rohlfing,** Bernd; Dr., Prof.; *Wirtschaftsrecht*; di: Private FH Göttingen, Weender Landstr. 3-7, 37073 Göttingen, T: (0551) 547000, rohlfing@pfh.de

**Rohlfing,** Ines Maria; Dr.-Ing., Prof.; *Landschaftsarchitektur, Bautechnik und Bauabwicklung*; di: Beuth Hochsch. f. Technik, FB V Life Science and Technology, Luxemburger Str. 10, 13353 Berlin, T: (030) 45042080, rohlfing@beuth-hochschule.de

**Rohlfing,** Udo; Dr. rer. nat., Prof.; *Mathematik*; di: Hochsch. Darmstadt, FB Mathematik u. Naturwiss., Haardtring 100, 64295 Darmstadt, T: (06151) 168679, rohlfing@h-da.de

**Rohn,** Corinna; Dipl.-Ing., Prof. FH Wiesbaden; *Baugeschichte, Bauaufnahme, Denkmalpflege, Bauerhaltung, Umnutzung*; di: Hochsch. Rhein/Main, FB Architektur u. Bauingenieurwesen, Kurt-Schumacher-Ring 18, 65197 Wiesbaden, T: (0611) 94951421, corinna.rohn@hs-rm.de

**Rohr,** Stefan; Dr.-Ing., Prof.; *Arbeitswissenschaften, Angewandte Bauinformatik, Baubetriebslehre*; di: Hochsch. Augsburg, Fak. f. Architektur u. Bauwesen, An der Hochschule 1, 86161 Augsburg, T: (0821) 55863103, stefan.rohr@hs-augsburg.de

**Rohr,** Ulrich; Prof.; *Tourismusmanagement*; di: Hochsch. Bremen, Euro-Service Institut, Am Brill 19, 28195 Bremen, T: (0421) 163860, F: 302669, euroserv@hs-bremen.de; pr: Spinnerei 14, 27749 Delmenhorst, T: (04221) 18684

**Rohrbach,** Thomas; Dr.-Ing., Prof.; *Thermodynamik, Heizungstechnik, Kältetechnik*; di: Hochsch. Esslingen, Fak. Versorgungstechnik u. Umwelttechnik, Kanalstr. 33, 73728 Esslingen, T: (0711) 3973453; pr: Oberer Metzgerbach 19, 73728 Esslingen, T: (0174) 4130729

**Rohrlack,** Kirsten; Dr., Prof.; *Betriebswirtschaftslehre, insb. Human Resource Management*; di: FH Flensburg, FB Wirtschaft, Kanzleistr. 91-93, 24943 Flensburg, T: (0461) 8051465, F: 8051496, kirsten.rohrlack@fh-flensburg.de

**Rohrmair,** Gordon Thomas; Dr., Prof., Vizepräs.; *Informatik, IT-Sicherheit*; di: Hochsch. Augsburg, Fak. f. Informatik, Friedberger Straße 2a, 86161 Augsburg, PF 110605, 86031 Augsburg, T: (0821) 55863211, GordonThomas.Rohrmair@hs-augsburg.de; www.hsasec.de/

**Rohrmeier,** Dieter; Dr., Prof.; *Allgemeine BWL, insb. Management, Personalwirtschaft und Organisation*; di: Hochsch. d. Sparkassen-Finanzgruppe, Simrockstr. 4, 53113 Bonn, T: (0228) 204934, F: 204903, dieter.rohrmeier@dsgv.de

**Rohs,** Hans-Hermann; Dr.-Ing., Prof.; *Baubetriebslehre mit den Hauptlehrgebieten Grundlagen des Baubetriebes und Kostenrechnung*; di: FH Köln, Fak. f. Bauingenieurwesen u. Umwelttechnik, Betzdorfer Str. 2, 50679 Köln, T: (0221) 82752807; pr: Weiherweg 19, 46487 Wesel, T: (0281) 60921, h.rohs@gmx.de

**Rokahr,** Bernd; Prof.; *Innenarchitektur*; di: Hochsch. Hannover, Fak. III Medien, Information u. Design, Kurt-Schwitters-Forum, Expo Plaza 2, 30539 Hannover, T: (0511) 92962451, bernd.rokahr@hs-hannover.de

**Rokossa,** Dirk; Dr.-Ing., Prof.; *Handhabungstechnik und Robotik*; di: Hochsch. Osnabrück, Fak. Ingenieurwiss. u. Informatik, Albrechtstr. 30, 49076 Osnabrück, T: (0541) 9692195, d.rokossa@hs-osnabrueck.de

**Roland,** Folker; Dr., Prof.; *BWL, SP Logistikmanagement/Produktionswirtschaft*; di: Hochsch. Harz, FB Wirtschaftswiss., Friedrichstr. 57-59, 38855 Wernigerode, T: (03943) 659213, F: 659109, froland@hs-harz.de

**Roland,** Helmut; Dr., HonProf.; *Rechnungslegung, Controlling, Immobilienbewertung*; di: Private FH Göttingen, Weender Landstr. 3-7, 37073 Göttingen, roland@pfh.de

**Rolf,** Ricarda; Dr. jur., Prof.; *Personalrecht, Arbeitsrecht*; di: FH Köln, Fak. f. Wirtschaftswiss., Claudiusstr. 1, 50678 Köln, T: (0221) 82753419, ricarda.rolf@fh-koeln.de

**Rolfes,** Stephan; Dipl.-Ing., Prof.; *Konstruktionsübungen, Maschinenelemente*; di: Beuth Hochsch. f. Technik, FB VIII Maschinenbau, Veranstaltungs- u. Verfahrenstechnik, Luxemburger Str. 10, 13353 Berlin, T: (030) 45045415, rolfes@beuth-hochschule.de

**Rolfes,** Stephan; Dr., HonProf.; *Verwaltungsmanagement*; di: Hochsch. Osnabrück, Fak. Wirtschafts- u. Sozialwiss., Caprivistr. 30A, 49076 Osnabrück, 49009 Osnabrück; pr: Egon-von-Romberg-Weg 72, 49082 Osnabrück, T: (0541) 344210, stephan.rolfes@stw-os.de

**Rolka,** Hans; Dr.-Ing., Prof.; *Informatik, Mikrorechner, Elektronik*; di: Hochsch. Reutlingen, FB Technik, Alteburgstr. 150, 72762 Reutlingen, T: (07121) 341104, hans.rolka@fh-reutlingen.de; pr: Eugen-Bolz-Str. 26, 72766 Reutlingen, T: (07121) 470884

**Rolke,** Lothar; Dr. rer. soc., Prof.; *Betriebswirtschaft, Unternehmenskommunikation (Public Relations)*; di: FH Mainz, FB Wirtschaft, Lucy-Hillebrand-Str. 2, 55128 Mainz, T: (06131) 628204, lothar.rolke@wiwi.fh-mainz.de

**Roll,** Joachim; Dr. rer. nat., Prof.; *Chemie und Recyclingtechnik*; di: Westfäl. Hochsch., FB Elektrotechnik u. angew. Naturwiss., August-Schmidt-Ring 10, 45665 Recklinghausen, T: (02361) 915444, F: 915499, joachim.roll@fh-gelsenkirchen.de

**Roll,** Oliver; Dr., Prof.; *Internationales Marketing, BWL*; di: Hochsch. Osnabrück, Fak. Wirtschafts- u. Sozialwiss., Caprivistr. 30a, 49076 Osnabrück, T: (0541) 9692196, roll@wi.hs-osnabrueck.de

**Rolle,** Siegfried; Dr. rer. nat., Prof.; *Physik, Solarenergietechnik*; di: Techn. Hochsch. Wildau, FB Ingenieurwesen/Wirtschaftsingenieurwesen, Bahnhofstr., 15745 Wildau, T: (03375) 508126, F: 500324, rolle@pt.tfh-wildau.de

**Roller,** Gerhard; Dr. iur., Prof.; *Umweltrecht, Verwaltungsrecht*; di: FH Bingen, FB Life Sciences and Engineering, FR Umweltschutz, Berlinstr. 109, 55411 Bingen, T: (06721) 409363, F: 409110, gerhroller@aol.com

**Rolly,** Horst; Dr. phil. habil., Prof Theolog. H Friedensau; *Vergleichende Erziehungswissenschaften*; di: Theolog. Hochschule, FB Christl. Sozialwesen, An der Ihle 2A, 39291 Friedensau, T: (03921) 916137, horst.rolly@thh-friedensau.de

**Romberg,** Dietrich; Dr.-Ing., Prof.; *Medizinische Informationsverarbeitung/Biosignalanalyse*; di: Hochsch. Anhalt, FB 6 Elektrotechnik, Maschinenbau u. Wirtschaftsingenieurwesen, PF 1458, 06354 Köthen, T: (03496) 672331, D.Romberg@emw.hs-anhalt.de

**Romero,** Stephan; Dipl.-Ing., Prof.; *Darstellen und Gestalten, Entwerfen*; di: Hochsch. Konstanz, Fak. Architektur u. Gestaltung, Brauneggerstr. 55, 78462 Konstanz, PF 100543, 78405 Konstanz, T: (07531) 206196, F: 206193, romero@fh-konstanz.de

**Romero-Tejedor,** Felicidad; Dr., Prof.; *Design digitaler Medien*; di: FH Lübeck, FB Elektrotechnik u. Informatik, Stephensonstr. 3, 23562 Lübeck, T: (0451) 3005491, felicidad.romero-tejedor@fh-luebeck.de

**Romeyke,** Thomas; Dr. sc. pol., Prof.; *Betriebssysteme, Programmierung, Hard- u. Softwarekonzepte*; di: FH Lübeck, FB Maschinenbau u. Wirtschaft, Mönkhofer Weg 136-140, 23562 Lübeck, T: (0451) 3005521, F: 3005302, thomas.romeyke@fh-luebeck.de

**Rommel,** Kai; Dr., Prof.; *Umweltökonomie, Energie u. Umwelt*; di: Int. School of Management, Otto-Hahn-Str. 19, 44227 Dortmund

**Rommel,** Marcus; Dipl.-Ing., Prof.; *Architektur*; di: Hochsch. Augsburg, Fak. f. Architektur u. Bauwesen, An der Hochschule 1, 86161 Augsburg, PF 110605, 86031 Augsburg, T: (0821) 55863613, marcus.rommel@hs-augsburg.de

**Rommel,** Thomas; Dr. phil., Prof. u. Rektor; *Literatur*; di: ECLA of Bard Berlin, Platanenstr. 24, 13156 Berlin, T: (030) 437330, T.Rommel@ecla.de

**Rommel,** Thomas; Dr., Prof.; di: Rheinische FH Köln, Hohenstaufenring 16-18, 50674 Köln

**Rommel,** Wolf Dieter; Dr., Prof.; *Forstliche BWL und Forstbetriebsplanung, Menschenführung, Forstgeschichte*; di: Hochsch. Weihenstephan-Triesdorf, Fak. Wald u. Forstwirtschaft, Am Hofgarten 4, 85354 Freising, 85350 Freising, T: (08161) 715913, F: 714526, wolf.rommel@fh-weihenstephan.de

**Rommel,** Wolfgang; Dr.-Ing., Prof.; *Verfahrenstechnik, Umwelttechnik, Umweltmanagement*; di: Hochsch. Augsburg, Fak. f. Maschinenbau u. Verfahrenstechnik, An der Hochschule 1, 86161 Augsburg, T: (0821) 55863164, F: 55863160, wolfgang.rommel@hs-augsburg.de

**Romppel,** Joachim; Dr. phil., Prof.; *Sozialarbeitswissenschaft, Stadtteil- und Gemeinwesenarbeit, Praxisforschung*; di: Hochsch. Hannover, Fak. V Diakonie, Gesundheit u. Soziales, Blumhardtstr. 2, 30625 Hannover, PF 690363, 30612 Hannover, T: (0511) 96923210, joachim.romppel@hs-hannover.de

**Rondo,** Julio; Prof.; *Kommunikationsdesign*; di: Merz Akademie, Teckstr. 58, 70190 Stuttgart, Julio.Rondo@merz-akademie.de; pr: Brunnenstr. 155, 10115 Berlin, T: (030) 24632140

**Rongen,** Ludwig; Prof., Dekan FB Architektur; *Baukonstruktion, Entwerfen, Entwerfen*; di: FH Erfurt, FB Architektur, PF 101363, 99013 Erfurt, T: (0361) 6700442, F: 6700462, rongen@fh-erfurt.de

**Roos,** Alexander W.; Dr., Prof., Rektor; *BWL, Electronic Business, Wirtschaftsinformation*; di: Hochsch. d. Medien, Fak. Information u. Kommunikation, Wolframstr. 32, 70191 Stuttgart, T: (0711) 89232004, roos@hdm-stuttgart.de; pr: Junkersstr. 21, 73035 Göppingen, T: (07161) 28763

**Roos,** Andreas; Prof.; di: Rheinische FH Köln, Hohenstaufenring 16-18, 50674 Köln

**Roos,** Eberhard; Dr.-Ing., Prof.; *Robotertechnik, Automatisierungstechnik, Konstruktion, Technische Schwingungslehre*; di: Hochsch. Augsburg, Fak. f. Maschinenbau u. Verfahrenstechnik, An der Hochschule 1, 86161 Augsburg, T: (0821) 55863198, F: 55863160, eberhard.roos@hs-augsburg.de

**Roos,** Winfried; Dr.-Ing., Prof.; *Massivbau, insbes. Spannbetonbau und Baustatik*; di: FH Köln, Fak. f. Bauingenieurwesen u. Umwelttechnik, Betzdorfer Str. 2, 50679 Köln, T: (0221) 82752784, winfried.roos@fh-koeln.de; pr: Weidmannsring 104, 51491 Overath, T: (02206) 867988

**Roosmann,** Rainer; Dr.-Ing., Prof.; *Software-Design und Software-Architektur*; di: Hochsch. Osnabrück, Fak. Ingenieurwiss. u. Informatik, Barbarastr. 16, 49076 Osnabrück, PF 1940, 49009 Osnabrück, T: (0541) 9693346, r.roosmann@hs-osnabrueck.de

**Roppel,** Carsten; Dr.-Ing., Prof.; *Nachrichtentechnik, Signalverarbeitung*; di: FH Schmalkalden, Fak. Elektrotechnik, Blechhammer, 98574 Schmalkalden, PF 100452, 98564 Schmalkalden, T: (03683) 6885110, c.roppel@fh-schmalkalden.de

**Rosar,** Maximilian; Dr. rer. pol., Prof.; *Finanzdienstleistungen*; di: Hochsch. Rhein/Main, Wiesbaden Business School, Bleichstr. 44, 65183 Wiesbaden, T: (0611) 9002116, maximilian.rosar@hs-rm.de

**Rosche,** Jan-Dirk; Dr., Prof.; *Allgemeine BWL, Schwerpunkt Organisation u. Personalführung*; di: Hochsch. Konstanz, Fak. Wirtschafts- u. Sozialwiss., Brauneggerstr. 55, 78462 Konstanz, PF 100543, 78405 Konstanz, T: (07531) 206403, F: 206427, rosche@fh-konstanz.de

**Roscher,** Falk; Dr. jur., Prof., Rektor der FH Esslingen – Hochschule für Sozialwesen; *Rechts- und Verwaltungswissenschaft*; di: Hochsch. Esslingen, Fak. Soziale Arbeit, Gesundheit u. Pflege, Flandernstr. 101, 73732 Esslingen, T: (0711) 3974500; pr: Sulzgrieser Str. 60, 73733 Esslingen, T: (0711) 9371880

**Roscher,** Harald; Dr.-Ing. habil., Prof. i.R.; *Siedlungswasserwirtschaft*; di: FH Erfurt, FB Bauingenieurwesen, Altonaer Str. 25, 99085 Erfurt, PF 101363, 99013 Erfurt

**Roschmann,** Christian; Dr., Prof.; *Zivilrecht*; di: Hochsch. Harz, FB Verwaltungswiss., Domplatz 16, 38820 Halberstadt, T: (03941) 622506, F: 622500, croschmann@hs-harz.de

**Rose,** Barbara; Dr., em. Prof.; *Sozialwissenschaften*; di: Ev. Hochsch. f. Soziale Arbeit & Diakonie, Horner Weg 170, 22111 Hamburg; pr: Eppendorfer Weg 77, 20259 Hamburg, T: (040) 4917279, rose_barbara@web.de

**Rose,** Detlef; Dr., Prof.; di: Rheinische FH Köln, Hohenstaufenring 16-18, 50674 Köln; pr: Breslauer Str. 12, 51469 Bergisch Gladbach

**Rose,** Karl; Dr.-Ing., Prof.; *Baubetrieb, Bauorganisation und Kostenrechnung*; di: FH Bielefeld, FB Architektur u. Bauingenieurwesen, Artilleriestr. 9, 32427 Minden, T: (0571) 8385130, F: 8385139, karl.rose@fh-bielefeld.de; pr: Nach den Bülten 26, 32429 Minden, T: (0571) 51328

**Rose,** Lotte; Dr., Prof.; *Pädagogik für Kinder- und Jugendarbeit*; di: FH Frankfurt, FB 4 Soziale Arbeit u. Gesundheit, Nibelungenplatz 1, 60318 Frankfurt am Main, T: (069) 15332830, rose@fb4.fh-frankfurt.de

**Rose,** Peter M.; Dr. rer. pol., Prof.; *Allgemeine Betriebswirtschaftslehre, insbesondere internationles Marketing*; di: Hochsch. Bremen, Fak. Wirtschaftswiss., Werderstr. 73, 28199 Bremen, T: (0421) 59054433, peter.rose@hs-bremen.de; pr: Lindenstr. 40, 27721 Ritterhude

**Rose,** Robert; Prof.; *Zeitbasierte Medien*; di: Hochsch. Augsburg, Fak. f. Gestaltung, Friedberger Str. 2, 86161 Augsburg, T: (0821) 55863427, rob_rose@rz.fh-augsburg.de

**Rose,** Thomas; Dr. rer. nat., Prof.; *Sensortechnik, Analog- und Digitaltechnik*; di: FH Münster, FB Physikal. Technik, Stegerwaldstr. 39, 48565 Steinfurt, T: (02551) 962124, F: 962489, rose@fh-muenster.de; pr: Am Winkel 15, 48565 Steinfurt, T: (02552) 62453

**Rose-Neiger,** Ingrid; Dr. phil., Prof.; *Interkulturelle Kommunikation, Englisch als Fachsprache in Technik u. Wirtschaft, Computergestützter Fremdsprachenunterricht, Landeskunde*; di: Hochsch. Karlsruhe, Fak. Wirtschaftswissenschaften, Moltkestr. 30, 76133 Karlsruhe, PF 2440, 76012 Karlsruhe, T: (0721) 9252985

**Rosemeier,** Frank; Dr., Prof.; *Mathematik und Physik*; di: SRH Hochsch. Hamm, Platz der Deutschen Einheit 1, 59065 Hamm, T: (02381) 9291143, F: 9291199, frank.rosemeier@fh-hamm.srh.de

**Rosenbaum,** Ute; Dr. paed., Prof., Dekanin FB FB Gesundheits- u. Pflegewissenschaften; *Medizinsoziologie/Epidemiologie, Pflegewissenschaft*; di: Westsächs. Hochsch. Zwickau, FB Gesundheits- u. Pflegewiss., Scheffelstr. 39, 08066 Zwickau, Ute.Rosenbaum@fh-zwickau.de

**Rosenberger,** Sandra; Dr.-Ing., Prof.; *Energietechnik*; di: Hochsch. Osnabrück, Fak. Ingenieurwiss. u. Informatik, Artilleriestr. 46, 49076 Osnabrück, T: (0541) 9692957, s.rosenberger@hs-osnabrueck.de

**Rosenfeld,** Eike; Dr., Prof.; *Sensorik, Ultraschalltechnik*; di: Hochsch.Merseburg, FB Ingenieur- u. Naturwiss., Geusaer Str., 06217 Merseburg, T: (03461) 462186, eike.rosenfeld@hs-merseburg.de

**Rosenfeld,** Jona; Dr., Prof., HonProf.; *Sozialarbeit*; di: Alice-Salomon-Hochsch., Alice-Salomon-Platz 5, 12627 Berlin; pr: 3 Wedgwood St., Jerusalem, 93108, Israel, T: (00972) 2639180

**Rosenfeldt,** Jürgen; Dipl.-Ing., Prof.; *Architektur*; di: FH Lübeck, FB Bauwesen, Mönkhofer Weg 239, 23562 Lübeck, T: (0451) 3005124, juergen.rosenfeldt@fh-luebeck.de

**Rosenheinrich,** Werner; Dr. rer. nat., Prof.; *Mathematik, Thermo- und Fluiddynamik*; di: FH Jena, FB Grundlagenwiss., Carl-Zeiss-Promenade 2, 07745 Jena, PF 100314, 07703 Jena, T: (03641) 205500, F: 205501, gw@fh-jena.de

**Rosenkranz,** Doris; Dr., Prof.; *Soziologie, Handlungslehre, EDV, empirische Sozialforschung*; di: Hochsch. f. angew. Wiss. Würzburg Schweinfurt, Fak. angew. Sozialwiss., Münzstr. 12, 97070 Würzburg

**Rosenkranz,** Josef; Dr.-Ing., Prof., Dekan FB Luft- und Raumfahrttechnik; *Konstruktionslehre*; di: FH Aachen, FB Luft- und Raumfahrttechnik, Hohenstaufenallee 6, 52064 Aachen, T: (0241) 600952440, rosenkranz@fh-aachen.de; pr: Keusgasse 55, 52159 Roetgen, T: (02471) 990057

**Rosenstock,** Rachel; Dr., Prof.; *Gebärdensprachdolmetschen*; di: Westsächs. Hochsch. Zwickau, FB Gesundheits- u. Pflegewiss., Scheffelstr. 39, 08066 Zwickau, Rachel.Rosenstock@fh-zwickau.de

**Rosenthal,** Arnd Raoul; Dr.-Ing., Prof.; *Fertigungsprüftechnik, Werkzeugmaschinen*; di: FH Lübeck, FB Maschinenbau u. Wirtschaft, Mönkhofer Weg 239, 23562 Lübeck, T: (0451) 3005557, arnd.rosenthal@fh-luebeck.de

**Rosenthal,** Dieter; Dr.-Ing., Prof.; *Datenverarbeitung, Ingenieurinformatik*; di: FH Köln, Fak. f. Informations-, Medien- u. Elektrotechnik, Betzdorfer Str. 2, 50679 Köln, T: (0221) 82752441, dieter.rosenthal@fh-koeln.de; pr: Im Wiesengrund 53, 51515 Kürten-Eichhof

**Rosenthal,** Heidrun; Dr., Prof.; *Chemie/Biochemie, Mikrobiologie*; di: Hochsch. Weihenstephan-Triesdorf, Fak. Umweltingenieurwesen, Steingruberstr. 2, 91746 Weidenbach-Triesdorf, T: (09826) 654251, F: 654110, heidrun.rosenthal@fh-weihenstephan.de

**Rosentreter,** Gabriele; Dr., Prof.; *Wirtschaftsprivatrecht*; di: Hochsch. f. Wirtschaft u. Recht Berlin, FB 2, Badensche Str. 50/51, 10825 Berlin, T: (030) 308772429, gabriele.rosentreter@hwr-berlin.de

**Rosenzweig,** Manfred; Dr. rer. nat., Prof.; *Physik, Technische Optik, Lasertechnik*; di: Beuth Hochsch. f. Technik, FB II Mathematik – Physik – Chemie, Luxemburger Straße 10, 13353 Berlin, T: (030) 45043950, rosenz@beuth-hochschule.de

**Roskam,** Rolf; Dr.-Ing., Prof.; *Elektrische Antriebe, Elektrotechnik, Messtechnik*; di: Ostfalia Hochsch., Fak. Maschinenbau, Salzdahlumer Str. 46/48, 38302 Wolfenbüttel, r.roskam@ostfalia.de

**Roski,** Reinhold; Dr., Prof.; *Wirtschaftskommunikation*; di: HTW Berlin, FB Wirtschaftswiss. II, Treskowallee 8, 10318 Berlin, T: (030) 50192485, reinhold.roski@HTW-Berlin.de

**Roß,** Paul-Stefan; Dr., Prof.; *Sozialarbeit, Soziale Dienste der Jugend-,Familien- und Sozialhilfe*; di: DHBW Stuttgart, Fak. Sozialwesen, Herdweg 29, 70174 Stuttgart, T: (0711) 1849727, ross@dhbw-stuttgart.de

**Rossak,** Ines; Dr., Prof.; *Datenbanken und Informationssysteme*; di: FH Erfurt, FB Informatik, Schlüterstr. 1, 99084 Erfurt, PF 101363, 99013 Erfurt, T: (0361) 6700362, F: 6700643, rossak@fh-erfurt.de

**Rossbach,** Jörg; Dipl.-Ing., Prof.; *Baubetriebswesen*; di: HTWK Leipzig, FB Bauwesen, PF 301166, 04251 Leipzig, T: (0341) 30766496, rossbach@fbb.htwk-leipzig.de

**Rossig,** Wolfram E.; Dipl.-Ing., Prof.; *Allgemeine Betriebswirtschaftslehre mit d. Schwerpunkten Handel u. handelsbetriebliche Logistik*; di: Hochsch. Bremen, Fak. Wirtschaftswiss., Werderstr. 73, 28199 Bremen, werossig@alice-dsl.net; pr: Claudiusstr. 17, 22041 Hamburg, T: (040) 686763, F: 68910835

**Rossipal-Seifert,** Silke; Dr.-Ing., Prof.; *Vermessungstechnik*; di: Hochsch. Weihenstephan-Triesdorf, Fak. Landschaftsarchitektur, Am Hofgarten 4, 85354 Freising, 85350 Freising, T: (08161) 713771, F: 715114, silke.rossipal@fh-weihenstephan.de

**Roßmanek,** Peter; Dr.-Ing., Prof.; *Fahrzeugtechnik und Konstruktion*; di: FH Stralsund, FB Maschinenbau, Zur Schwedenschanze 15, 18435 Stralsund, T: (03831) 456555

**Rossmanith,** Jonas; Dr. rer. soc. oec., Prof.; *BWL, Bilanzierung, Rechnungswesen, Steuerlehre*; di: Hochsch. Albstadt-Sigmaringen, FB 2, Anton-Günther-Str. 51, 72488 Sigmaringen, PF 1254, 72481 Sigmaringen, T: (07571) 732326, F: 732302, rossmajo@hs-albsig.de

**Rossner,** Michael; Dr.-Ing., Prof., Dekan Fak. Elektrotechnik und Informatik; *Hochspannungstechnik, Elektrische Energieversorgungsanlagen, Grundlagen der Elektrotechnik*; di: Hochsch. Coburg, Fak. Elektrotechnik / Informatik, Friedrich-Streib-Str. 2, 96450 Coburg, T: (09561) 317181, rossner@hs-coburg.de; pr: Alfred-Bühling-Str. 18a, 96450 Coburg, T: (09561) 50759

**Rost,** Michael; Dr.-Ing., Prof.; *Sicherheit und Gefahrenabwehr*; di: Hochsch. Magdeburg-Stendal, FB Bauwesen, Breitscheidstr. 2, 39114 Magdeburg, T: (0391) 8864808, michael.rost@hs-Magdeburg.DE

**Rost-Schaude,** Edith; Dr. phil., Prof.; *Wirtschaftswissenschaften, Arbeitssoziologie*; di: Hochsch. Darmstadt, FB Gesellschaftswiss. u. Soziale Arbeit, Haardtring 100, 64295 Darmstadt, T: (06151) 168733, rost-schaude@fbsuk.fh-darmstadt.de

**Rósza,** Julia; Dr., Prof.; *Wirtschaftspsychologie, Forschungsmethoden, SPSS*; di: Hochsch. Heidelberg, Fak. f. Angew. Psychologie, Ludwig-Guttmann-Str. 6, 69123 Heidelberg, T: (06221) 881031, F: 881010, julia.rosza@fh-heidelberg.de

**Rota,** Franco P.; Dr. phil., Prof., Prorektor H d. Medien Stuttgart; *Marktkommunikation*; di: Hochsch. d. Medien, Inst. f. Werbung u. Marktkommunikation, Nobelstr. 10, 70569 Stuttgart, T: (0711) 89232001, rota@hdm-stuttgart.de

**Rotermund,** Hermann; Dr., Prof.; di: Rheinische FH Köln, Hohenstaufenring 16-18, 50674 Köln

**Rotermund,** Uwe; Dipl.-Ing., Prof.; *Immobilien-Lebenszyklus-Management*; di: FH Münster, FB Architektur, Leonardo-Campus 5, 48155 Münster, T: (0251) 8365054, u.rotermund@i-bgb.de

**Roth,** Armin; Dipl.-Kfm., Prof.; *Unternehmensführung, Informationssysteme und Kommunikationsverhalten*; di: Hochsch. Reutlingen, FB Informatik, Alteburgstr. 150, 72762 Reutlingen, T: (07121) 271643; pr: Mühlbachstr. 29, 72124 Pliezhausen, T: (07121) 887304

**Roth,** Gabriele; Dr. rer. pol., Prof.; *Wirtschaftsinformatik, Vertiefungsrichtung Bytes and Business*; di: Hochsch. Heilbronn, Fak. f. Wirtschaft u. Verkehr, Max-Planck-Str. 39, 74081 Heilbronn, T: (07131) 504244, F: 145042441, gabriele.roth@hs-heilbronn.de

**Roth,** Georg; Dr.-Ing., Prof.; *Kostenrechnung, Marketing, Vertrieb*; di: Hochsch. Coburg, Fak. Maschinenbau, PF 1652, 96406 Coburg, T: (09561) 317167, roth.georg@hs-coburg.de

**Roth,** Jörg; Dipl.-Inf., Dr. rer. nat. habil., Prof.; *Datenkommunikation*; di: Georg-Simon-Ohm-Hochsch. Nürnberg, Fak. Informatik, Keßlerplatz 12, 90489 Nürnberg

**Roth,** Michael; Dr.-Ing., Prof.; *Produktionstechnik*; di: Hochsch. Augsburg, Fak. f. Maschinenbau u. Verfahrenstechnik, An der Hochschule 1, 86161 Augsburg, PF 110605, 86031 Augsburg, T: (0821) 55862068, michael.roth@hs-augsburg.de

**Roth,** Reinhold; Dr. phil., Prof.; *Politikwissenschaften, Internationales Management u. Empirische Sozialforschung*; di: Hochsch. Bremen, Fak. Wirtschaftswiss., Werderstr. 73, 28199 Bremen, T: (0421) 59054132, F: 59054140, Reinhold.Roth@hs-bremen.de; pr: Fedelhören 15a, 28203 Bremen, T: (0421) 326073

**Roth,** Richard; Dipl.-Phys., Dr. rer. nat., Prof.; *Informatik*; di: Hochsch. Regensburg, Fak. Informatik u. Mathematik, PF 120327, 93025 Regensburg, T: (0941) 9431269, richard.roth@informatik.fh-regensburg.de

**Roth,** Richard; Dr. rer. pol., Prof.; *Marketing, Organisation und Führung, Wissenschaftliches Arbeiten*; di: Techn. Hochsch. Mittelhessen, FB 14 Wirtschaftsingenieurwesen, Wilhelm-Leuschner-Str. 13, 61169 Friedberg, T: (06031) 604535, richard.w.roth@t-online.de; pr: Im Westrum 13, 55294 Bodenheim, T: (06135) 934560, F: 934561

**Roth,** Roland; Dr., Prof.; *Politikwissenschaft*; di: Hochsch. Magdeburg-Stendal, FB Sozial- u. Gesundheitswesen, Breitscheidstr. 2, 39114 Magdeburg, roland.roth@hs-magdeburg.de

**Roth,** Ulrich; Dr. rer. pol., Prof.; *Controlling, Capital Markets, Personalmanagement*; di: Hochsch. Furtwangen, Fak. Wirtschaftsinformatik, Robert-Gerwig-Platz 1, 78120 Furtwangen, T: (07723) 9202227, Ulrich.Roth@hs-furtwangen.de

**Roth,** Walter; Dr.-Ing., Prof.; *Elektronik und Informatik*; di: FH Südwestfalen, FB Informatik u. Naturwiss., Frauenstuhlweg 31, 58644 Iserlohn, T: (02371) 566125, roth@fh-swf.de; pr: T: (0231) 650443

**Roth-Kleyer,** Stephan; Dr.-Ing., Prof.; *Vegetationstechnik, Erdbau, Bodenmechanik*; di: Hochsch. Geisenheim, Zentrum Landschaftsarchitektur u. urbaner Gartenbau, Von-Lade-Str. 1, 65366 Geisenheim, T: (06722) 502765, F: 502770, Stephan.Roth-Kleyer@hs-gm.de; pr: Im Laubfrosch, 65385 Rüdesheim

**Rothballer,** Wolfgang; Dipl.-Phys., Dr. rer. nat., Prof.; *Medizintechnik*; di: FH Lübeck, FB Angew. Naturwiss., Stephensonstr. 3, 23562 Lübeck, T: (0451) 3005172, F: 3005235, wolfgang.rothballer@fh-luebeck.de

**Rothe,** Andreas; Dr., Prof., Dekan; *Nachhaltssicherung, Ökologie der Waldbäume, Bodenkunde*; di: Hochsch. Weihenstephan-Triesdorf, Fak. Wald u. Forstwirtschaft, Am Hofgarten 4, 85354 Freising, 85350 Freising, T: (08161) 715970, F: 714526, andreas.rothe@fh-weihenstephan.de

**Rothe,** Detlef; Dr.-Ing., Prof.; *Tragwerkslehre, Bau- und Projektionszeichnen*; di: Hochsch. Darmstadt, FB Bauingenieurwesen, Haardtring 100, 64295 Darmstadt, T: (06151) 168174, rothe@fbb.h-da.de

**Rothe,** Georg; Dr.-Ing., Prof.; *Baustatik, Baudynamik, Ingenieurmathematik*; di: Georg-Simon-Ohm-Hochsch. Nürnberg, Fak. Bauingenieurwesen, Keßlerplatz 12, 90489 Nürnberg, PF 210320, 90121 Nürnberg, T: (0911) 58801144

**Rothe,** Irene; Dr. rer. nat., Prof.; *Mathematik, Informatik*; di: Hochsch. Bonn-Rhein-Sieg, FB Elektrotechnik, Maschinenbau und Technikjournalismus, Grantham-Allee 20, 53757 Sankt Augustin, T: (02241) 865392, F: 8658392, irene.rothe@fh-bonn-rhein-sieg.de

**Rothe,** Rüdiger; Dr.-Ing., Prof.; *Industrielle Materialbearbeitung mit Lasern*; di: Hochsch. Emden/Leer, FB Technik, Constantiaplatz 4, 26723 Emden, T: (04921) 8071491, F: 8071593, rothe@hs-emden-leer.de; pr: Wilde Rodung 4A, 28757 Bremen, T: (0421) 623974

**Rothenburg,** Eva-Maria; Dr. jur., Prof.; *Sozialrecht*; di: Hochsch. Emden/Leer, FB Soziale Arbeit u. Gesundheit, Constantiaplatz 4, 26723 Emden, T: (04921) 8071245, F: 8071251, rothenbzrg@hs-emden-leer.de

**Rother,** Gerd; Dr. rer. nat., Prof.; *Digitale Signalverarbeitung*; di: Hochsch. Niederrhein, FB Elektrotechnik/Informatik, Reinarzstr. 49, 47805 Krefeld, T: (02151) 8224630; pr: Kaiserstr. 46, 47800 Krefeld, T: (02151) 594972

**Rothermel,** Lutz; Dr., Prof.; *Pädagogik*; di: Hochsch. Magdeburg-Stendal, FB Sozial- u. Gesundheitswesen, Breitscheidstr. 2, 39114 Magdeburg, T: (0391) 8864312, lutz.rothermel@hs-magdeburg.de

**Rothfelder,** Helmut; Dipl.-Oec., Dr. rer. pol., Prof.; *Betriebswirtschaftslehre, Internationales Controlling, Internationale Finanzmärkte*; di: Hochsch. Regensburg, Fak. Betriebswirtschaft, PF 120327, 93025 Regensburg, T: (0941) 9431123, helmut.rothfelder@bwl.fh-regensburg.de

**Rothfuss,** Uli; M.Sc. PhDr. Dr. phil. h.c., Prof. u. Rektor; *Kulturwissenschaften, Kommunikation*; di: IB-Hochsch. Berlin, Gerichtstr. 27, 13347 Berlin

**Rothkegel,** Martin; Dr. phil., Th.D. (Prag), Prof.; *Kirchengeschichte*; di: Theolog. Seminar Elstal, Johann-Gerhard-Oncken-Str. 7, 14641 Wustermark, T: (033234) 74318, mrothkegel@baptisten.de

**Rothkopf,** Katrin; Dr., Prof.; *Medizincontrolling*; di: Business School (FH), Große Weinmeisterstr. 43 a, 14469 Potsdam, katrin.rothkopf@businessschool-potsdam.de

**Rothlauf,** Jürgen; Dr. rer. pol., Prof.; *Betriebswirtschaftslehre, insb. Grundlagen und Managementlehre sowie Internationales Mangement*; di: FH Stralsund, FB Wirtschaft, Zur Schwedenschanze 15, 18435 Stralsund, T: (03831) 456681

**Rothmaler,** Valentin; Prof.; *Elementares Gestalten, Darstellungstechnik u. Darstellende Geometrie*; di: Hochsch. Wismar, Fak. f. Gestaltung, PF 1210, 23952 Wismar, T: (03841) 753274, v.rothmaler@ar.hs-wismar.de

**Roths,** Johannes; Dr. rer. nat., Prof.; *Angewandte Physik, Mikrosystemtechnik*; di: Hochsch. München, Fak. Feinwerk- u. Mikrotechnik, Physikal. Technik, Lothstr. 34, 80335 München, T: (089) 12651435, F: 12651480, roths@fhm.edu

**Rothstein,** Benno; Dr. rer. nat. habil., Prof.; *Bioenergie, Bodenschutz*; di: Hochsch. f. Forstwirtschaft Rottenburg, Schadenweilerhof, 72108 Rottenburg, T: (07472) 951249, F: 951200, rothstein@hs-rottenburg.de

**Rottenkolber,** Gregor; Dr.-Ing., Prof.; *Verbrennungsmototren, Theorie und funktionale Ausrichtung*; di: Hochsch. Esslingen, Fak. Versorgungstechnik u. Umwelttechnik, Kanalstr. 33, 73728 Esslingen, T: (0711) 3973311; pr: Grünbauerstr. 28, 81479 München, T: (0177) 2145966

**Rottmann,** Horst; Dr., Prof.; *Volkswirtschaftslehre*; di: Hochsch. Amberg-Weiden, FB Betriebswirtschaft, Hetzenrichter Weg 15, 92637 Weiden, T: (0961) 382179, F: 382162, h.rottmann@fh-amberg-weiden.de

**Roxin,** Jan; Dr., Prof.; di: Hochsch. f. Wirtschaft u. Recht Berlin, Neue Bahnhofstr. 11-17, 10245 Berlin, T: (030) 29384370, jan.roxin@hwr-berlin.de

**Royen,** Thomas; Dr. rer. nat., Prof.; *Statistik, Umweltdatenverarbeitung*; di: FH Bingen, FB Life Sciences and Engineering, FR Umweltschutz, Berlinstr. 109, 55411 Bingen, T: (06721) 409935, F: 409110, royen@fh-bingen.de

**Rozek,** Alfred; Dr.-Ing., Prof.; *Digitale Systeme und Mikrocomputer, Digitale Steuerungssysteme*; di: Beuth Hochsch. f. Technik, FB VI Informatik u. Medien, Luxemburger Str. 10, 13353 Berlin, T: (030) 45042364, rozek@beuth-hochschule.de

**Rozek,** Werner; Dr.-Ing., Prof.; *Prozessmesstechnik, Bussysteme*; di: FH Schmalkalden, Fak. Elektrotechnik, Blechhammer, 98574 Schmalkalden, PF 100452, 98564 Schmalkalden, T: (03683) 6885105, w.rozek@e-technik.fh-schmalkalden.de

**Rubart,** Jessica; Dr.-Ing., Prof.; *Lebensmittelverfahrenstechnik*; di: Hochsch. Ostwestfalen-Lippe, FB 4, Life Science Technologies, Liebigstr. 87, 32657 Lemgo, jessica.rubart@hs-owl.de

**Rubert,** Achim; Dr.-Ing., Prof.; *Baustatik, Stahlbau, EDV*; di: HAWK Hildesheim/Holzminden/Göttingen, FB Bauingenieurwesen, Hohnsen 2, 31134 Hildesheim, T: (05121) 881205, F: 881224; HAWK Hildesheim/Holzminden/Göttingen, Fak. Management, Soziale Arbeit, Bauen, Haarmannplatz 3, 37603 Holzminden, T: (05531) 126134

**Ruby,** Volker; Dr.-Ing., Prof.; *Regelungstechnik, Digitale Signalverarbeitung*; di: FH Kaiserslautern, FB Angew. Ingenieurwiss., Morlautererstr. 31, 67657 Kaiserslautern, T: (0631) 3724206, F: 3724105, ruby@et.fh-kl.de

**Ruck,** Jürgen; Dr.-Ing., Prof. u. Prodekan; *Informatik, Echtzeitverarbeitung*; di: Hochsch. Mittweida, Fak. Mathematik/Naturwiss./Informatik, Technikumplatz 17, 09648 Mittweida, T: (03727) 581417, F: 581303, ruck@htwm.de

**Ruckdeschel,** Wilhelm; Dr., Prof.; *Informatik*; di: DHBW Ravensburg, Campus Friedrichshafen, Fallenbrunnen 2, 88045 Friedrichshafen, T: (07541) 2077252, ruckdeschel@dhbw-ravensburg.de

**Ruckelshausen,** Arno; Dr. rer. nat., Prof.; *Physik, Sensorik, Halbleitertechnologie*; di: Hochsch. Osnabrück, Fak. Ingenieurwiss. u. Informatik, Albrechtstr. 30, 49076 Osnabrück, T: (0541) 9692090, F: 9692936, a.ruckelshausen@fhos.de; pr: Schelver Str. 27, 49080 Osnabrück, T: (0541) 803879, Ruckelshausen.Os@T-Online.de

**Ruckelshausen,** Wilfried; Dr. rer. nat., Prof.; *Mathematik und Informatik in der Elektrotechnik*; di: Westfäl. Hochsch., FB Elektrotechnik u. angew. Naturwiss., Neidenburger Str. 10, 45877 Gelsenkirchen, T: (0209) 9596137, wilfried.ruckelshausen@fh-gelsenkirchen.de; pr: Eckhardtstr. 5, 64289 Darmstadt, T: (06151) 79154

**Ruckert,** Martin; Dr., Prof.; *Programmiersprachen, Formale Methoden*; di: Hochsch. München, Fak. Informatik u. Mathematik, Lothstr. 34, 80335 München, T: (089) 12653730, F: 12653780, ruckert@cs.fhm.edu

**Ruckriegel,** Karlheinz; Dipl.-Vw., Dr. rer. pol., Prof.; *Volkswirtschaftslehre, Volkswirtschaftspolitik*; di: Georg-Simon-Ohm-Hochsch. Nürnberg, Fak. Betriebswirtschaft, Bahnhofsstr. 87, 90402 Nürnberg, PF 210320, 90121 Nürnberg

**Ruda,** Walter; Dr., Prof.; *Betriebswirtschaftslehre, insbes. Finanz- und Rechnungswesen, Controlling, Mittelstandsökonomie, Grundlagenfächer*; di: FH Kaiserslautern, FB Betriebswirtschaft, Amerikastr. 1, 66482 Zweibrücken, T: (06332) 914240, walter.ruda@fh-kl.de

**Rudat,** Klaus; Dipl.-Ing., Prof.; *Sanitärtechnik*; di: Beuth Hochsch. f. Technik, FB IV Architektur u. Gebäudetechnik, Luxemburger Str. 10, 13353 Berlin, T: (030) 45042564, rudat@beuth-hochschule.de

**Rudat,** Volker; Dr. rer. nat., Prof.; *Physik, Informatik*; di: FH Jena, FB Grundlagenwiss., Carl-Zeiss-Promenade 2, 07745 Jena, PF 100314, 07703 Jena, T: (03641) 205500, F: 205501, gw@fh-jena.de

**Ruderich,** Raimund; Dr.-Ing., Prof.; *Thermodynamik, Fluiddynamik*; di: Hochsch. Ulm, Fak. Produktionstechnik u. Produktionswirtschaft, PF 3860, 89028 Ulm, T: (0731) 5028188, ruderich@hs-ulm.de

**Rudnik,** Michael; Dipl.-Ing., Prof.; *Entwerfen Innenarchitektur*; di: Hochsch. Wismar, Fak. f. Gestaltung, PF 1210, 23952 Wismar, T: (03841) 753246, m.rudnik@di.hs-wismar.de

**Rudoletzky,** Gisela; Dr., Prof.; *Ökonomie*; di: Ev. Hochsch. Freiburg, Bugginger Str. 38, 79114 Freiburg i.Br., T: (0761) 4781249, rudoletzky@eh-freiburg.de; pr: Egonstr. 37, 79106 Freiburg i.Br., T: (0761) 1377828

**Rudolph,** Bernd; Dr. rer. nat., Prof.; *Analytische Chemie*; di: FH Jena, FB SciTec, Carl-Zeiss-Promenade 2, 07745 Jena, PF 100314, 07703 Jena, T: (03641) 205450, F: 205451, wt@fh-jena.de

**Rudolph,** Christian; Dr.-Ing., Prof.; *Elektrotechnik und elektrische Antriebstechnik*; di: HAW Hamburg, Fak. Technik u. Informatik, Berliner Tor 21, 20099 Hamburg, T: (040) 428758724, christian.rudolph@haw-hamburg.de

**Rudolph,** Fritz Nikolai; Dr.-Ing., Prof.; *Informatik, CAD, Betriebswirtschaftliche Anwendungen*; di: Hochsch. Trier, FB Informatik, PF 1826, 54208 Trier, T: (0651) 8103509, F.Rudolph@hochschule-trier.de

**Rudolph,** Ulrich; Dr., Prof. FHTW Berlin; *Wirtschaftsingenieurwesen, Unternehmensführung, Produkt- und Prozessorganisation*; di: HTW Berlin, FB Wirtschaftswiss. II, Treskowallee 8, 10318 Berlin, T: (030) 50192407, u.rudolph@HTW-Berlin.de

**Rudolphi,** Alexander; Dr., Prof. H f. nachhaltige Entwicklung Eberswalde; *Nachhaltiges Bauen und Abfallwirtschaft*; di: GFÖB ARCADIS, Mulackstr. 19, 10119 Berlin, T: (030) 28884540, rudolphi@foeb.de

**Rudow,** Bernd; Dipl-Psych., Dr. rer. nat. habil., Prof.; *Arbeitswissenschaften*; di: Hochsch. Merseburg, FB Ingenieur- u. Naturwiss., Geusaer Str., 06217 Merseburg, T: (03461) 462409, bernd.rudow@hs-merseburg.de; pr: Oskar-Kokoschka-Str. 19, 68519 Viernheim, T: (0171) 4539485, b.rudow@t-online.de

**Rüb,** Michael; Dr. rer. nat., Prof.; *Physikintensive Technologien, Mikrostrukturierung*; di: FH Jena, FB SciTec, Carl-Zeiss-Promenade 2, 07745 Jena, PF 100314, 07703 Jena, T: (03641) 205879, F: 205351, Michael.Rueb@fh-jena.de

**Rück,** Friedrich; Dr., Prof.; *Bodenkunde mit speziellem Bezug zur Landschaftsarchitektur*; di: Hochsch. Osnabrück, Fak. Agrarwiss. u. Landschaftsarchitektur, Oldenburger Landstr. 24, 49090 Osnabrück, T: (0541) 9695037, F: 9695050, f.rueck@hs-osnabrueck.de; pr: Heinrichstr. 33, 49080 Osnabrück, T: (0541) 802019

**Rück,** Hans R.G.; Dr. rer. pol., Prof., Dekan; *Allg. BWL, Marketing*; di: FH Worms, FB Touristik/Verkehrswesen, Erenburgerstr. 19, 67549 Worms, rueck@fh-worms.de

**Rückel,** Horst; Dr.-Ing., Prof.; *Baukonstruktion, Baubetrieb, Bauverfahren und Baumaschinen*; di: FH Kaiserslautern, FB Bauen u. Gestalten, Schönstr. 6 (Kammgarn), 67657 Kaiserslautern, T: (0631) 3724504, horst.rueckel@fh-kl.de

**Rückemann,** Gustav; Dr. phil., Prof.; *Pädagogik, BWL, Management im Sozial- u. Gesundheitswesen*; di: Hochsch. Heidelberg, Fak. f. Angew. Psychologie, Ludwid-Guttmann-Str. 6, 69123 Heidelberg, T: (06221) 882306, F: 883482, gustav.rueckemann@fh-heidelberg.de

**Rückert,** Michael; Dr. rer. nat., Prof.; *Physikalische Grundlagen der Verfahrenstechnik*; di: FH Köln, Fak. f. Anlagen, Energie- u. Maschinensysteme, Betzdorfer Str. 2, 50679 Köln, T: (0221) 82752240, michael.rückert@fh-koeln.de; pr: Sandbüchel 26a, 51427 Bergisch Gladbach, T: (02204) 64683

**Rückert,** Norbert; Dipl.-Psych., Dipl.-Theologe, Dr. rer. biol. hum., Prof.; *Klinische u. Allg. Psychologie, psychosoziale Beratung, Subjektentwicklung*; di: Hochsch. Hannover, Fak. V Diakonie, Gesundheit u. Soziales, Blumhardtstr. 2, 30625 Hannover, PF 690363, 30612 Hannover, T: (0511) 92963112, norbert.rueckert@hs-hannover.de; pr: T: (0511) 5700513

**Rückert,** Ulof; Dipl.-Ing., Prof.; *Architektur*; di: H Koblenz, FB Bauwesen, Konrad-Zuse-Str. 1, 56075 Koblenz, T: (0261) 9528606, F: 9528647, rueckert@hs-koblenz.de

**Rücklé,** Gerhard; Dr.-Ing., Prof.; *Digitaltechnik, Digitalrechner*; di: Hochsch. Darmstadt, FB Elektrotechnik u. Informationstechnik, Haardtring 100, 64295 Darmstadt, T: (06151) 168237, rueckle@eit.h-da.de

**Rüdebusch,** Tom; Dr. rer. nat., Prof.; *Informatik I mit Übungen, Interaktive verteilte Systeme, Interactive Distributed Applications (in CME), Labor Interaktive verteilte Systeme*; di: Hochsch. Offenburg, Fak. Medien u. Informationswesen, Badstr. 24, 77652 Offenburg, T: (0781) 205131, F: 205214

**Rüden,** Bodo von; Dr., Prof.; *Volkswirtschaftslehre, insbes. Internationale Wirtschaftsbeziehungen*; di: FH Bielefeld, FB Wirtschaft, Universitätsstr. 25, 33615 Bielefeld, T: (0521) 1065075, bodo.von_rueden@fh-bielefeld.de; pr: Beckrather Str. 48, 41189 Mönchengladbach, T: (02166) 553565

**Rüden-Kampmann,** Brigitte von; Dr., Prof.; *Rechnungswesen, Grundlagen d. Wirschafts- u. Finanzwissenschaften, Organisation u. Personal*; di: FH f. öffentl. Verwaltung NRW, Außenstelle Dortmund, Hauert 9, 44227 Dortmund, T: (0231) 79307622, brigitte.kampmann@fhoev.nrw.de; pr: T: (0521) 9596083

**Rüdenauer,** Helmut; Dr.-Ing., Prof.; *Photogrammetrie*; di: Hochsch. Bochum, FB Vermessungswesen u. Geoinformatik, Lennershofstr. 140, 44801 Bochum, T: (0234) 3210521

**Rüdiger,** Detlef; Dr. rer. pol., Prof.; *Krankenversicherung, Volkswirtschaftslehre, Allgemeine Versicherungslehre*; di: FH Köln, Fak. f. Wirtschaftswiss., Mainzer Str. 5, 50678 Köln; pr: Edith-Stein-Anlage 21, 53123 Bonn

**Rüdiger,** Klaus; Dr., Prof.; *Marketing, Produktmanagement*; di: Hochsch. Aalen, Fak. Wirtschaftswissenschaften, Beethovenstr. 1, 73430 Aalen, T: (07361) 5762451, klaus.ruediger@htw-aalen.de

**Rüdinger,** Hans-Jörg; Dr.-Ing., Prof.; *Elektrische Energietechnik, insbes. Leistungselektronik und Antriebe, Grundlagen der Elektrotechnik*; di: Hochsch. Niederrhein, FB Elektrotechnik/Informatik, Reinarzstr. 49, 47805 Krefeld, T: (02151) 8224625; pr: Marie-Juchacs-Str. 2, 47906 Kempen, T: (02152) 559703

**Rüffer,** Melanie; Dipl.-Ing., Prof.; *Grundlagen der Gestaltung, Computergrafik*; di: FH Lübeck, FB Bauwesen, Mönkhofer Weg 239, 23562 Lübeck, T: (0451) 3005127, melanie.rueffer@fh-luebeck.de

**Rüggeberg,** Harald; Dipl.-Kfm., Dr. rer.oec., Prof.; *Business to Business Marketing*; di: Hochsch. f. Wirtschaft u. Recht Berlin, FB 1, Badensche Str. 50-51, 10825 Berlin, T: (030) 85789176, hruegge@hwr-berlin.de

**Rühl,** Ernst; Dr. agr., Prof.; *Rebenzüchtung, Züchtungsforschung im Weinbau*; di: Hochsch. Geisenheim, Von-Lade-Str. 1, 65366 Geisenheim, T: (06722) 502121, ernst.ruehl@hs-gm.de

**Rühl,** Judith; Dr., Prof.; *Allgemeine Betriebswirtschaftslehre insb. Rechungswesen und Controlling*; di: FH Frankfurt, FB 3 Wirtschaft u. Recht, Nibelungenplatz 1, 60318 Frankfurt am Main, T: (069) 15333837, jruehl@fb3.fh-frankfurt.de

**Rühl,** Marcus; Dr.-Ing., Prof.; *Baustoffe, Instandsetzung, Bauen im Bestand, Neue Baustoffe, Recycling*; di: FH Kaiserslautern, FB Bauen u. Gestalten, Schönstr. 6 (Kammgarn), 67657 Kaiserslautern, T: (0631) 3724777, F: 3724555, marcus.ruehl@fh-kl.de

**Rühle,** Bernd; Dr.-Ing., Prof.; *Baustatik*; di: HTWK Leipzig, FB Bauwesen, PF 301166, 04251 Leipzig, T: (0341) 30766205, ruehle@fbb.htwk-leipzig.de

**Rühlemann,** Gottfried; Dr. rer. pol., Prof.; *Betriebswirtschaftslehre, Kostenrechnung*; di: Hochsch. München, Fak. Wirtschaftsingenieurwesen, Erzgießereistr. 14, 80335 München

**Rühmann,** Hans-R.; Dr.-Ing., Prof.; *Fertigungstechnik, Metall- und Kunststoffverarbeitung*; di: FH Köln, Fak. f. Informatik u. Ingenieurwiss., Am Sandberg 1, 51643 Gummersbach, T: (02261) 8196352, ruehmann@gm.fh-koeln.de; pr: Bertha-von-Suttner-Straße 5, 51643 Gummersbach, T: (02261) 26636

**Ruelberg,** Klaus; Dr.-Ing., Prof.; *Fernseh- u. Filmtechnik, Grundlagen d. Elektronik*; di: FH Köln, Fak. f. Informations-, Medien- u. Elektrotechnik, Betzdorfer Str. 2, 50679 Köln, T: (0221) 82752936, klaus.ruelberg@fh-koeln.de

**Rülling,** Wolfgang; Dr. rer. nat., Prof.; *Algorithmen und Datenstrukturen, Hardwarealgorithmen*; di: Hochsch. Furtwangen, Fak. Computer & Electrical Engineering, Robert-Gerwig-Platz 1, 78120 Furtwangen, T: (07723) 9202503, F: 9201109, ruelling@fh-furtwangen.de

**Rümmele,** Peter; Dr. rer. pol., Prof.; *Jahresabschluss, Betriebswirtschaftliche Steuerlehre, Investition u. Finanzierung, Internationale Rechnungslegung*; di: Hochsch. f. Wirtschaft u. Umwelt Nürtingen-Geislingen, FB 1, PF 1349, 72603 Nürtingen, T: (07022) 929207, peter.ruemmele@hfwu.de

**Rues,** Peter; Dr., Prof.; *Wirtschaftsrecht, insbes. Werbe-, Marken- u. Vertragsrecht*; di: Int. School of Management, Otto-Hahn-Str. 19, 44227 Dortmund, T: (0231) 9751390, ism.dortmund@ism.de

**Rüsch gen. Klaas,** Mark; Dr., Prof.; *Kosmetische Produkte und Bedarfsgegenstände*; di: Hochsch. Emden/Leer, Emder Inst. f. Umwelttechnik (EUTEC), Constantiaplatz 4, 26723 Emden, T: (04921) 8071522, Ruesch.gen.Klaas@hs-emden-leer.de

**Rüßler,** Harald; Dr., Prof.; *Politikwissenschaften, Soziologie*; di: FH Dortmund, FB Angewandte Sozialwiss., PF 105018, 44047 Dortmund, T: (0231) 7556292, harald.ruessler@fh-dortmund.de

**Rüter,** Dirk; Dr.-Ing., Prof.; *Bauelemente und Werkstoffe der Elektrotechnik*; di: Hochschule Ruhr West, Institut Mess- u. Sensortechnik, PF 100755, 45407 Mülheim an der Ruhr, T: (0208) 88254388, dirk.rueter@hs-ruhrwest.de

**Rüth,** Dieter; Dr. rer. pol., Prof.; *Betriebswirtschaftslehre, insbes. Rechnungswesen u. Controlling*; di: Hochsch. Bochum, FB Wirtschaft, Lennershofstr. 140, 44801 Bochum, T: (0234) 3210629, dieter.rueth@hs-bochum.de

**Rüther-Kindel,** Wolfgang; Dr.-Ing., Prof.; *Luftfahrttechnik, Luftfahrtlogistik*; di: Techn. Hochsch. Wildau, FB Ingenieurwesen/Wirtschaftsingenieurwesen, Bahnhofstr., 15745 Wildau, T: (03375) 508613, wolfgang.ruether-kindel@tfh-wildau.de

**Rütten,** Marina; Dipl.-Ing., Prof.; *Gestaltung und Präsentation*; di: Beuth Hochsch. f. Technik, FB IV Architektur u. Gebäudetechnik, Luxemburger Str. 10, 13353 Berlin, T: (030) 45042540, mruetten@beuth-hochschule.de

**Ruf,** Lothar; Dr.-Ing., Prof.; *Baubetrieb, Vermessung*; di: Hochsch. Darmstadt, FB Bauingenieurwesen, Haardtring 100, 64295 Darmstadt, T: (06151) 168157, lruf@fbb.h-da.de

**Ruf,** Walter; Dr., Prof.; *Betriebsorganisation, Informationsmanagement, Multimediaanwendungen*; di: Hochsch. Albstadt-Sigmaringen, FB 1, Jakobstr. 1, 72458 Albstadt, T: (07431) 579220, F: 579214, ruf@hs-albsig.de

**Ruf,** Wolf-Dieter; Dr.-Ing., Prof.; *Steuern und Regeln, Messtechnik, Technical Mechatronics*; di: Hochsch. Aalen, Fak. Maschinenbau u. Werkstofftechnik, Beethovenstr. 1, 73430 Aalen, T: (07361) 5762147, F: 5762270, Wolf-Dieter.Ruf@htw-aalen.de

**Rufa,** Gerhard; Dr. rer. nat., Prof.; *Physik, Mathematik, Biostatistik*; di: Hochsch. Mannheim, Fak. Biotechnologie, Windeckstr. 110, 68163 Mannheim

**Ruff,** Albert; Dr. rer. pol., Prof.; *Mathematik, Statistik, Unternehmensrechnung, Kostenrechnung, Quantitative Methoden der UF*; di: Hochsch. f. Wirtschaft u. Umwelt Nürtingen-Geislingen, PF 1251, 73302 Geislingen a.d. Steige, T: (07331) 22490, albert.ruff@hfwu.de

**Ruff,** Hans-Joachim; Dipl.-Ök., Prof.; *Rechnungswesen, Ökonomie im Gesundheitswesen*; di: FH Mainz, FB Wirtschaft, Lucy-Hillebrand-Str. 2, 55128 Mainz, T: (06131) 628279, krankenhausmanagement@wiwi.fh-mainz.de

**Rug,** Wolfgang; Dr., Prof.; *Holzbau*; di: Hochsch. f. nachhaltige Entwicklung, FB Holztechnik, Alfred-Möller-Str. 1, 16225 Eberswalde, T: (03334) 657399, Wolfgang.Rug@hnee.de

**Ruge,** Hans-Dieter; Dr. rer. pol., Dipl.-Kaufmann, Prof.; *Marketing, Allgemeine Betriebswirtschaftslehre*; di: FH Westküste, FB Wirtschaft, Fritz-Thiedemann-Ring 20, 25746 Heide, T: (0481) 8555510, ruge@fh-westkueste.de; pr: Blumenstr. 11, 25746 Heide, T: (0481) 684004, F: 684008

**Ruge,** Stefan; Prof.; *Botanik, Vegetationskunde, Dendrologie und Waldbau*; di: Hochsch. f. Forstwirtschaft Rottenburg, Schadenweilerhof, 72108 Rottenburg, T: (07472) 951233, F: 951200, Ruge@fh-rottenburg.de

**Ruhbach,** Lars; Dr., Prof.; *Maschinenbau – Produktion und Management*; di: DHBW Ravensburg, Campus Friedrichshafen, Fallenbrunnen 2, 88045 Friedrichshafen, T: (07541) 2077521, ruhbach@dhbw-ravensburg.de

**Ruhland,** Bernd; Dr. rer. nat., Prof.; *Informatik*; di: FH Worms, FB Informatik, Erenburgerstr. 19, 67549 Worms

**Ruhland,** Klaus; Dr.-Ing., Prof.; *Betriebssysteme, Grundlagen der Informatik*; di: Hochsch. Zittau/Görlitz, Fak. Elektrotechnik u. Informatik, Brückenstr. 1, 02826 Görlitz, PF 300648, 02801 Görlitz, T: (03581) 4828255, kruhland@hs-zigr.de

**Ruhlmann,** Jürgen; Dr. Dr. med., Prof.; *Nukleardiagnostik und Radiologische Technik*; di: H Koblenz, FB Mathematik u. Technik, RheinAhrCampus, Joseph-Rovan-Allee 2, 53424 Remagen, T: (02642) 932426, ruhlmann@RheinAhrCampus.de

**Ruiz Rodriguez,** Ernesto; Dr.-Ing., Prof.; *Wasserbau, Hydraulik, Hydrologie, Wasserwirtschaft*; di: Hochsch. Rhein/Main, FB Architektur u. Bauingenieurwesen, Kurt-Schumacher-Ring 18, 65197 Wiesbaden, T: (0611) 94951454, ernesto.ruizrodriguez@hs-rm.de; pr: Haselstr. 9, 65191 Wiesbaden, T: (0611) 1899373, F: 1899374, RRZ-Wi@t-online.de

**Rumler,** Andrea; Dr., Prof.; *Marketing*; di: HTW Berlin, FB Wirtschaftswiss. I, Treskowallee 8, 10318 Berlin, T: (030) 50192512, rumler@HTW-Berlin.de

**Rummel,** Gerhard; Dipl.-Theol., Prof. i.R. KFH Freiburg; *Didaktik und Methodik des Religionsunterrichts, Pastoraltheologie*; di: Kath. Hochsch. Freiburg, Karlstr. 63, 79104 Freiburg, T: (0761) 200471, rummel@kfh-freiburg.de; pr: Rötebuckweg 63, 79104 Freiburg, T: (0761) 54524

**Rummel-Suhrcke,** Ralf; Dr., Prof.; *Kulturwissenschaften*; di: Hochsch. f. Künste im Sozialen, Am Wiestebruch 66-68, 28870 Ottersberg, ralf.rummel-suhrcke@hks-ottersberg.de

**Rummler,** Dieter; Dr., Prof.; *Datenverarbeitung, Anwendungssysteme der Industrie*; di: Hochsch. Deggendorf, FB Betriebswirtschaft, Edlmairstr. 6-8, 94469 Deggendorf, PF 1320, 94453 Deggendorf, T: (0991) 3615111, F: 361581111, dieter.rummler@fh-deggendorf.de

**Rump,** Frank; Dr.rer.nat., Prof.; *E-Commerce*; di: Hochsch. Emden/Leer, FB Technik, Constantiaplatz 4, 26723 Emden, T: (04921) 8071818, rump@hs-emden-leer.de; pr: Eichendorffstr. 14b, 26131 Oldenburg, T: (0441 2489711

**Rump,** Jutta; Dr. rer. pol., Prof.; *Personalwirtschaft und Organisationsentwicklung*; di: FH Ludwigshafen, FB II Marketing und Personalmanagement, Ernst-Boehe-Str. 4, 67059 Ludwigshafen/Rhein, T: (0621) 5203238, rump@fh-lu.de

**Rumpel,** Rainer; Dr., Prof.; di: Hochsch. f. Wirtschaft u. Recht Berlin, Badensche Str. 50/51, 10825 Berlin, T: (030) 29384498, rainer.rumpel@hwr-berlin.de

**Rumpf,** Christiane; Dr. rer. pol., Prof.; *Management von Transport- u Verkehrsbetrieben*; di: Westfäl. Hochsch., FB Wirtschaftsingenieurwesen, August-Schmidt-Ring 10, 45657 Recklinghausen, T: (02361) 915580, F: 915571, christiane.rumpf@fh-gelsenkirchen.de

**Rumpf,** Hartmut; Dipl.-Kfm., Dr. rer. pol., Prof., Dekan; *Personalwirtschaft, Betriebswirtschaftslehre*; di: Hochsch. Regensburg, Fak. Betriebswirtschaft, PF 120327, 93025 Regensburg, T: (0941) 9431404, hartmut.rumpf@bwl.fh-regensburg.de

**Rumpf,** Maria; Dr. rer. pol., Prof.; *Gründungsmanagement, Betriebswirtschaftslehre*; di: Techn. Hochsch. Mittelhessen, FB 21 Sozial- u. Kulturwiss., Wilhelm-Leuschner-Str. 13, 61169 Friedberg, T: (06031) 604592, Maria.Rumpf@suk.fh-friedberg.de

**Rumphorst,** Reinhild; Dr., Prof.; *Journalismus und Öffentlichkeitsarbeit*; di: Westfäl. Hochsch., FB Maschinenbau u. Facilities Management, Neidenburger Str. 10, 45877 Gelsenkirchen, T: (0209) 9596680, reinhild.rumphorst@fh-gelsenkirchen.de

**Rumpler,** Erhard; Dipl.-Ing., Prof.; *Getriebesynthese und Grundlagen der Konstruktion*; di: Hochsch. München, Fak. Maschinenbau, Fahrzeugtechnik, Flugzeugtechnik, Dachauer Str. 98b, 80335 München, T: (089) 12651227, F: 12651392, erhard.rumpler@fhm.edu

**Rumpler,** Martin; Dr.-Ing., Prof.; *Medieninformatik*; di: Hochsch. Trier, Umwelt-Campus Birkenfeld, FB Umweltplanung/Umwelttechnik, PF 1380, 55761 Birkenfeld, T: (06782) 171321, m.rumpler@umwelt-campus.de

**Runde,** Alfons; Dr., Prof.; *Gesundheitsökonomie und Krankenhausmanagement*; di: SRH Fernhochsch. Riedlingen, Lange Str. 19, 88499 Riedlingen, alfons.runde@fh-riedlingen.srh.de

**Runge,** Bernhard; Dr.-Ing., Prof.; *Leistungselektronik und Antriebsysteme*; di: FH Dortmund, FB Informations- u. Elektrotechnik, Emil-Figge-Str. 42, 44227 Dortmund, T: (0231) 9112242, F: 9112242, bernd.runge@fh-dortmund.de; www.fh-dortmund.de/~runge; pr: Rheinauer Ring 11, 68219 Mannheim, T: (0621) 823992

**Runge,** Wolf-Rüdiger; Dr., Prof.; di: Ostfalia Hochsch., Fak. Verkehr-Sport-Tourismus-Medien, Karl-Scharfenberg-Str. 55-57, 38229 Salzgitter

**Runge,** Wolfram; Dr.-Ing., Prof.; *Konstruktion optischer Geräte in der Mechatronik*; di: Beuth Hochsch. f. Technik, FB VII Elektrotechnik – Mechatronik – Optometrie, Luxemburger Str. 10, 13353 Berlin, T: (030) 45045121, wrunge@beuth-hochschule.de; http://prof.beuth-hochschule.de/wrunge

**Rungenhagen,** Ulf; Prof.; *Zeichnerische Darstellung, Zeichnerische Gestaltung/Illustration*; di: FH Düsseldorf, FB 2 – Design, Georg-Glock-Str. 15, 40474 Düsseldorf, T: (0211) 4351231, ulf.rungenhagen@fh-duesseldorf.de; pr: Oberhausener Str. 15, 40472 Düsseldorf

**Runggaldier,** Klaus; Dr. phil., Prof.; *Medizinpädagogik*; di: MSH Medical School Hamburg, Am Kaiserkai 1, 20457 Hamburg, T: (040) 36122640, Klaus.Runggaldier@medicalschool-hamburg.de

**Runkel,** Frank; Dr. rer. nat., Prof.; *Biopharmazeutik*; di: Techn. Hochsch. Mittelhessen, FB 04 Krankenhaus- u. Medizintechnik, Umwelt- u. Biotechnologie, Wiesenstr. 14, 35390 Gießen, T: (0641) 3092550; pr: Am Lohberg 10, 35418 Buseck, T: (06408) 2670

**Runne,** Heinz; Dr.-Ing., Prof.; *Ingenieurvermessung*; di: Hochsch. Anhalt, FB 3 Architektur, Facility Management u. Geoinformation, PF 2215, 06818 Dessau, T: (0340) 51971623, runne@afg.hs-anhalt.de

**Runte,** Dietwart; Dr. rer. pol., Prof.; *Allgemeine Betriebswirtschaftslehre, BWL der Klein- und Mittelbetriebe, Internationales Management, Methodenlehre*; di: Hochsch. Bremen, Fak. Wirtschaftswiss., Werderstr. 73, 28199 Bremen, T: (0421) 59054101, Dietwart.Runte@hs-bremen.de; pr: Wollgrasweg 1, 28816 Stuhr, T: (0421) 894509

**Ruoff,** Martin; Dr.-Ing., Prof.; *Kunststofftechnik*; di: Jade Hochsch., FB Ingenieurwissenschaften, Friedrich-Paffrath-Str. 101, 26389 Wilhelmshaven, T: (04421) 9852274, F: 9852623, ruoff@jade-hs.de

**Ruoff,** Wolfgang; Dr.-Ing., Prof.; *Automatisierungstechnik, Steuerungstechnik, Elektronik, rechnerintegrierte Fertigung*; di: Hochsch. Esslingen, Fak. Maschinenbau, Kanalstr. 33, 73728 Esslingen, T: (0711) 3973275; pr: Reutlinger Str. 92, 70597 Stuttgart, T: (0711) 7654708

**Ruping,** Bernd; Dr., Prof.; *Darstellende Kommunikation*; di: Hochsch. Osnabrück, Fak. MKT, Inst. f. Theaterpädagogik, Baccumer Straße 3, 49808 Lingen, T: (0591) 80098427, F: 80098492, b.ruping@hs-osnabrueck.de; pr: Rothertstr. 11, 49809 Lingen, T: (0591) 72348

**Rupp,** Andreas; Dr.-Ing., Prof.; *Ingenieurinformatik, Messtechnik*; di: Hochsch. Kempten, Fak. Maschinenbau, Bahnhofstr. 61-63, 87435 Kempten, T: (0831) 2523241, -101, F: 2523229, andreas.rupp@fh-kempten.de

**Rupp,** Klaus-Dieter; Dr.-Ing., Prof.; *Wirtschaftsingenieurwesen*; di: DHBW Heidenheim, Fak. Technik, Marienstr. 20, 89518 Heidenheim, T: (07321) 2722351, F: 2722359, rupp@dhbw-heidenheim.de

**Rupp,** Martin; Dr., Prof.; *Wirtschaftsinformatik*; di: Provadis School of Int. Management and Technology, Industriepark Hoechst, Geb. B 845, 65926 Frankfurt a.M.

**Rupp,** Rudolf; Dr. rer. nat. habil, Prof.; *Mathematik*; di: Georg-Simon-Ohm-Hochsch. Nürnberg, Fak. Allgemeinwiss., Keßlerplatz 12, 90489 Nürnberg, T: (0911) 58801741, rudolf.rupp@ohm-hochschule.de

**Rupp,** Stephan; Dr., Prof.; *Elektrotechnik*; di: DHBW Stuttgart, Fak. Technik, Elektrotechnik, Jägerstr. 58, 70174 Stuttgart, T: (0711) 1849607, rupp@dhbw-stuttgart.de

**Ruppel,** Wolfgang; Dr.-Ing., Prof.; *Nachrichten- und Fernsehtechnik, Media Distribution Systems, Digital Cinema*; di: Hochsch. Rhein/Main, FB Ingenieurwiss., Informationstechnologie u. Elektrotechnik, Am Brückweg 26, 65428 Rüsselsheim, T: (0611) 94952237, wolfgang.ruppel@hs-rm.de

**Ruppelt,** Martin; Dr. jur., Prof.; *Wirtschaftsrecht, Arbeitsrecht*; di: Hochsch. Rhein/Main, FB Wirtschaft, Bleichstr. 44, 65183 Wiesbaden, T: (0611) 94953162, martin.ruppelt@hs-rm.de; pr: Bachweg 34, 65375 Oestrich-Winkel

**Ruppert,** Andrea; Dr., Prof.; *Wirtschaftsprivatrecht, Handels- und Gesellschaftsrecht*; di: FH Frankfurt, FB 3 Wirtschaft u. Recht, Nibelungenplatz 1, 60318 Frankfurt am Main, T: (069) 15333813, ruppert@fb3.fh-frankfurt.de

**Ruppert,** Erich; Dr., Prof.; *Volkswirtschaftslehre, Finanzdienstleistungen*; di: Hochsch. Aschaffenburg, Fak. Wirtschaft u. Recht, Würzburger Str. 45, 63743 Aschaffenburg, T: (06021) 3147861, erich.ruppert@fh-aschaffenburg.de

**Ruppert,** Franz; Dipl.-Psych., Dr. phil., Prof.; *Psychologie*; di: Kath. Stiftungsfachhochsch. München, Preysingstr. 83, 81667 München, T: (089) 480921290, F: 4801907, franz.ruppert@ksfh.de

**Ruppert,** Martin; Dipl.-Ing., Dr.-Ing., Prof.; *Informatik, insbes. verteilte Echtzeitsysteme, Simulationstechnik/Systemdynamik*; di: FH Worms, FB Informatik, Erenburgerstr. 19, 67549 Worms, T: (06241) 509267, F: 509222

**Rusche,** Stefan; Dr.-Ing., Prof.; *Heiz- und Kühltechnik*; di: Hochsch. Rhein/Main, FB Ingenieurwiss., Informationstechnologie u. Elektrotechnik, Am Brückweg 26, 65428 Rüsselsheim, T: (06142) 8984324, Stefan.Rusche@hs-rm.de

**Ruschinski,** Monika; Dr., Prof.; *Volkswirtschaftslehre u. internationale Märkte*; di: HAW Ingolstadt, Fak. Wirtschaftswiss., Esplanade 10, 85049 Ingolstadt, T: (0841) 9348336, Monika.Ruschinski@haw-ingolstadt.de

**Ruschitzka,** Christoph; Dr.-Ing., Prof.; *Virtuelle Produktentwicklung in der Fahrzeugtechnik*; di: FH Köln, Fak. f. Fahrzeugsysteme u. Produktion, Betzdorfer Str. 2, 50679 Köln, T: (0221) 82752340, F: 82752913, christoph.ruschitzka@fh-koeln.de

**Ruschitzka,** Margot; Dr. rer. nat., Prof.; *Ingenieurmathematik und Datenverarbeitung*; di: FH Köln, Fak. f. Fahrzeugsysteme u. Produktion, Betzdorfer Str. 2, 50679 Köln, T: (0221) 82752917, F: 82752913, margot.ruschitzka@fh-koeln.de

**Ruschmeier,** Knut; Dr., Prof.; *Verwaltungsrecht, Verwaltungsrechtsschutz*; di: FH d. Bundes f. öff. Verwaltung, FB Finanzen, PF 1549, 48004 Münster, T: (0251) 8670865

**Russ,** Christian; Dr., HonProf.; di: Hochsch. RheinMain, FB Design, Informatik, Medien, Unter den Eichen 5, 65195 Wiesbaden, Christian.Russ@hs-rm.de

**Ruß,** Gerald; Dr.-Ing., Prof.; *Kraft- u. Arbeitsmaschinen, Wärmetechnik, Maschinenelemente*; di: Hochsch. Darmstadt, FB Maschinenbau u. Kunststofftechnik, Haardtring 100, 64295 Darmstadt, T: (06151) 168582, g.russ@h-da.de

**Russo,** Peter; Dr. rer. pol., Prof.; *Betriebswirtschaftslehre, Kostenrechnung*; di: Hochsch. München, Fak. Wirtschaftsingenieurwesen, Erzgießereistr. 14, 80335 München

**Rust,** Christoph; Prof.; *Ästhetik u. Kommunikation, insb. visuelle u. haptische Kommunikation*; di: FH Bielefeld, FB Sozialwesen, Kurt-Schumacher-Str. 6, 33615 Bielefeld, T: (0521) 1067817, christoph.rust@fh-bielefeld.de; pr: Voßstr. 11a, 30161 Hannover, T: (0511) 316301

**Rust,** Steffen; Dr., Prof.; *Baumbiologie, Botanik*; di: HAWK Hildesheim/Holzminden/Göttingen, Fak. Ressourcenmanagement, Büsgenweg 1a, 37077 Göttingen, T: (0551) 5032173

**Rust,** Wilhelm; Dr.-Ing., Prof.; *Simulationsverfahren im Maschinenbau, Technische Mechanik*; di: Hochsch. Hannover, Fak. II Maschinenbau u. Bioverfahrenstechnik, Ricklinger Stadtweg 120, 30459 Hannover, PF 920261, 30441 Hannover, T: (0511) 92961354, F: 92961303, wilhelm.rust@hs-hannover.de

**Rustmeier,** Horst G.; Dr.-Ing., Prof.; *Baubetrieb*; di: Hochsch. Rhein/Main, FB Architektur u. Bauingenieurwesen, Kurt-Schumacher-Ring 18, 65197 Wiesbaden, T: (0611) 94951482, horst.rustmeier@hs-rm.de; pr: Am Römertor 24, 55116 Mainz, T: (06131) 55994

**Ruta,** Hans-Heinrich; Prof.; *Verlagsherstellung, Grundlagen Gestaltung und Typographie, Buch- und Zeitschriftentypographie, Elektronisches Publizieren*; di: Hochsch. d. Medien, Fak. Druck u. Medien, Nobelstr. 10, 70569 Stuttgart, T: (0711) 89232120, ruta@hdm-stuttgart.de

**Ruthenberg,** Klaus; Dipl.-Chem., Dr. rer. nat., Prof., Dekan HS Coburg FB Angewandte Naturwissenschaften; *Chemie, Analytische Chemie, Werkstoffkunde*; di: Hochsch. Coburg, Fak. Angew. Naturwiss., Friedrich-Streib-Str. 2, 96450 Coburg, T: (09561) 317349, ruthenbe@hs-coburg.de

**Ruther-Mehlis,** Alfred; Dr., Prof.; *Stadtplanung, Projektplanung*; di: Hochsch. f. Wirtschaft u. Umwelt Nürtingen-Geislingen, FB 5, PF 1349, 72603 Nürtingen, T: (07022) 404169, alfred.ruther-mehlis@hfwu.de

**Rutrecht,** Gregor M.; Prof.; *Darstellende Geometrie, Gestaltungsgrundlagen, Farbenlehre, Beleuchtungstechnik, Entwerfen, Stegreif entwerfen*; di: FH Kaiserslautern, FB Bauen u. Gestalten, Schoenstr. 6, 67659 Kaiserslautern, T: (0631) 3724603, F: 3724666, gregor.rutrecht@fh-kl.de

**Ruttowski,** Edeltraut; Dr. rer. nat., Prof.; *Biotechnologie, insbes. Mikrobiologie*; di: FH Aachen, FB Angewandte Naturwiss. u. Technik, Ginsterweg 1, 52428 Jülich, T: (0241) 600953213, ruttkowski@fh-aachen.de; pr: Erkelenzer Str. 27, 52441 Linnich

**Rutz,** Michael; Dipl.-Volkswirt, HonProf.; *Fernsehlehre*; di: Hochsch. Mittweida, Fak. Medien, Technikumplatz 17, 09648 Mittweida, T: (03727) 581580

**Rutz,** Wolfgang; Dr., Dr., HonProf.; *Klinische Sozialarbeit*; di: Hochsch. Coburg, Fak. Soziale Arbeit u. Gesundheit, Friedrich-Streib-Str. 2, 96450 Coburg, T: (09561) 317116, rutz@hs-coburg.de

**Ruy,** Clemens; Dr.-Ing., Prof.; *Schadstoffbildung, Technische Chemie*; di: Westsächs. Hochsch. Zwickau, Fak. Kraftfahrzeugtechnik, Dr.-Friedrichs-Ring 2A, 08056 Zwickau, T: (0375) 5363890, clemens.ruy@fh-zwickau.de

**Ryba,** Michael; Dr. rer. nat. habil., Prof.; *Wirtschaftsinformaitk, Software Engineering, Verteilte Systeme*; di: Hochsch. Osnabrück, Fak. MKT, Inst. f. Management u. Technik, Kaiserstraße 10c, 49809 Lingen, T: (0591) 80098237, m.ryba@hs-osnabrueck.de

**Rybach,** Johannes; Dr. rer. nat., Prof.; *Angewandte Physik*; di: Hochsch. Niederrhein, FB Elektrotechnik/Informatik, Reinarzstr. 49, 47805 Krefeld, T: (02151) 8224684; pr: Forellenweg 39, 40764 Langenfeld, T: (02173) 77715

**Ryschka,** Martin; Dipl.-Phys., Dr. rer. nat., Prof.; *Softwaretechnik*; di: FH Lübeck, FB Elektrotechnik u. Informatik, Mönkhofer Weg 136-140, 23562 Lübeck, T: (0451) 3005026, F: 3005236, martin.ryschka@fh-luebeck.de

**Saalfeld,** Detlef; Prof.; *Innen- und Ausstellungsdesign*; di: FH Potsdam, FB Design, Pappelallee 8-9, Haus 5, 14469 Potsdam, T: (0331) 5801431, saalfeld@fh-potsdam.de

**Saam,** Armin; Dr. rer. nat., Prof.; *Mathematik*; di: H Koblenz, FB Ingenieurwesen, Konrad-Zuse-Str. 1, 56075 Koblenz, T: (0261) 9528348, saam@fh-koblenz.de

**Saatkamp,** Jörg; Dr. rer. pol., Prof. FH Rosenheim, Doz. Munich Business School; *Unternehmensführung u. Organisation*; di: Hochsch. Rosenheim, Fak. Betriebswirtschaft, Hochschulstr. 1, 83024 Rosenheim, T: (08031) 805473, joerg.saatkamp@fh-rosenheim.de

**Saatz,** Inga; Dr., Prof.; *Informationssysteme*; di: FH Dortmund, FB Informatik, Emil-Figge-Str. 42, 44227 Dortmund, T: (0231) 7556765, inga.Saatz@fh-dortmund.de

**Sabbert,** Dirk; Dr. rer. nat., Prof.; di: Ostfalia Hochsch., Fak. Fahrzeugtechnik, Robert-Koch-Platz 8A, 38440 Wolfsburg, d.sabbert@ostfalia.de

**Sabo,** Franjo; Dr.-Ing., Prof.; *Abgasreinigung, Emmissions- u. Immissionstechnik*; di: Hochsch. Rhein/Main, FB Ingenieurwiss., Umwelttechnik, Am Brückweg 26, 65428 Rüsselsheim, T: (06142) 8984415, franjo.sabo@hs-rm.de; pr: T: (0171) 7737023, sabo@reinluft.de

**Sabotka,** Ingo; Dr.-Ing., Prof.; *Grundlagen der Verpackungstechnik, Verpackungsmaschinen*; di: Beuth Hochsch. f. Technik, FB V Life Science and Technology, Luxemburger Str. 10, 13353 Berlin, T: (030) 45045083, sabotka@beuth-hochschule.de

**Sabry,** M. Ashraf; Dr., Prof.; *Internationale Volkswirtschaftslehre, Wirtschaftsbeziehungen*; di: Hochsch. Hof, Fak. Wirtschaft, Alfons-Goppel-Platz 1, 95028 Hof, T: (09281) 409426, F: 40955426, asabry@fh-hof.de

**Sachs,** Christian; Dr.-Ing., Prof.; *BWL, Kostenrechnung, Controlling*; di: Jade Hochsch., FB Management, Information, Technologie, Friedrich-Paffrath-Str. 101, 26389 Wilhelmshaven, sachs@jade-hs.de

**Sachs,** Gerhard; Dr.-Ing., Prof.; *Grundgebiete der Elektrotechnik*; di: FH Südwestfalen, FB Elektr. Energietechnik, Lübecker Ring 2, 59494 Soest, T: (02921) 378460, sachs@fh-swf.de

**Sachs,** Ilsabe; Dipl.-Kff., Dr. rer. pol., Prof.; *Gesundheitsbetriebswirtschaftslehre, Gesundheitsmanagement*; di: Hochsch. Neubrandenburg, FB Gesundheit, Pflege, Management, Brodaer Str. 2, 17033 Neubrandenburg, T: (0395) 56933111, sachs@hs-nb.de; pr: Schönfließer Str. 77, 16548 Glienicke, T: (033056) 94233

**Sachs,** Michael; Dr., Prof.; *Mathematik, Konstruktive Geometrie, Statistik*; di: Hochsch. München, Fak. Feinwerk- u. Mikrotechnik, Physikal. Technik, Lothstr. 34, 80335 München, T: (089) 12651904, F: 12651480, m.sachs@fhm.edu

**Sachs,** Peter; Dr.-Ing., Prof.; *Digitaltechnik, Mikroprozessortechnik*; di: Hochsch. Kempten, Bahnhofstr. 61-63, 87435 Kempten, T: (0831) 2523183, F: 2523197, peter.sachs@fh-kempten.de

**Sachser,** Dietmar; Dr. phil., Prof.; *Ästhetische Bildung, Medienpädagogik mit dem Schwerpunkt Theater*; di: Ev. FH Rhld.-Westf.-Lippe, FB Soziale Arbeit, Bildung u. Diakonie, Immanuel-Kant-Str. 18-20, 44803 Bochum, T: (0234) 36901341, sachser@efh-bochum.de

**Sachweh,** Sabine; Dr., Prof.; *Softwarentwicklung, Methoden und Werkzeuge*; di: FH Dortmund, FB Informatik, Emil-Figge-Str. 42, 44227 Dortmund, T: (0231) 7556760, sabine.sachweh@fh-dortmund.de

**Sackmann,** Dirk; Dr., Prof.; *Allgemeine Betriebswirtschaftslehre, Logistik und Produktionswirtschaft*; di: Hochsch.Merseburg, FB Wirtschaftswiss., Geusaer Str., 06217 Merseburg, T: (03461) 462440, dirk.sackmann@hs-merseburg.de

**Sackmann,** Friedrich-Wilhelm; Dr.-Ing., Prof.; *Anlagenelemente, CAD, Heizungstechnik*; di: Ostfalia Hochsch., Fak. Versorgungstechnik, Salzdahlumer Str. 46/48, 38302 Wolfenbüttel

**Sadlowsky,** Bernd; Dr., Prof.; *technische Mechanik, Werkstoff- und Verpackungstechnik*; di: HAW Hamburg, Fak. Life Sciences, Lohbrügger Kirchstr. 65, 21033 Hamburg, T: (040) 428756010, Bernd.Sadlowsky@haw-hamburg.de

**Sadowski,** Aleksander-Marek; Dr. phil., Prof.; *Polnisch, Sprachwissenschaft, Übersetzen*; di: Hochsch. Zittau/Görlitz, Fak. Wirtschafts- u. Sprachwiss., Theodor-Körner-Allee 16, 02763 Zittau, T: (03583) 611836, a.sadowski@hs-zigr.de

**Sadowski,** Gerd; Dr., Prof.; *Wissenschaft der Sozialen Arbeit*; di: FH Köln, Fak. f. Angewandte Sozialwiss., Mainzer Str. 5, 50678 Köln, T: (0221) 82753330, gerd.sadowski@fh-koeln.de

**Sadowski,** Ulf; Dr.-Ing., Prof.; *Umweltmanagement/Umweltwirtschaft*; di: Westsächs. Hochsch. Zwickau, FB Wirtschaftswiss., Scheffelstr. 39, 08056 Zwickau, Ulf.Sadowski@fh-zwickau.de

**Säglitz,** Mario; Dr., Prof.; *Werkstofftechnik*; di: Hochsch. Darmstadt, FB Maschinenbau u. Kunststofftechnik, Haardtring 100, 64295 Darmstadt, T: (06151) 168589, saeglitz@h-da.de

**Sälter,** Renate; Dr., Prof.; *Buchhandel/Verlagswirtschaft*; di: HTWK Leipzig, FB Medien, PF 301166, 04251 Leipzig, T: (0341) 30765417, rsaelter@fbm.htwk-leipzig.de; pr: Wartenburgstr. 5, 04159 Leipzig, T: (0341) 4618217

**Saenger,** Nicole; Dr.-Ing., Prof.; *Wasserbau, Hydromechanik*; di: Hochsch. Darmstadt, FB Bauingenieurwesen, Haardtring 100, 64295 Darmstadt, T: (06151) 168169, nicole.saenger@h-da.de

**Sänger,** Volker; Dr. rer. pol., Prof.; *Medieninformatik, Software Engineering, (Multimedia) Datenbanken, eBusiness*; di: Hochsch. Offenburg, Fak. Medien u. Informationswesen, Badstr. 24, 77652 Offenburg, T: (0781) 205135, F: 205214, volker.saenger@fh-offenburg.de

**Säuberlich,** Ralph; Dr., Prof.; *Umweltmesstechnik*; di: Hochsch.Merseburg, FB Ingenieur- u. Naturwiss., Geusaer Str., 06217 Merseburg, T: (03461) 463705, ralph.saeuberlich@hs-merseburg.de

**Saffenreuther,** Jens; Dr., Prof.; *Bank*; di: DHBW Mosbach, Arnold-Janssen-Str. 9-13, 74821 Mosbach, T: (06261) 939106, saffenreuther@dhbw-mosbach.de

**Sagaster,** Rainer; Dr. rer. nat. habil., Prof.; *Lebensmittelchemie, Biochemie*; di: Hochsch. Fresenius, Breithauptstr. 3-5, 08056 Zwickau, T: (0375) 2732397, zwickau@hs-fresenius.de

**Sagebiel,** Juliane; Dr. phil., Prof.; *Pädagogik, Theorien der Sozialen Arbeit, Methodik*; di: Hochsch. München, Fak. Angew. Sozialwiss., Am Stadtpark 20, 81243 München, juliane.sagebiel@hm.edu

**Sahmel,** Karl-Heinz; Dr. paed. habil., Prof.; *Pädagogik, Pflegepädagogik, Pflegewissenschaften*; di: FH Ludwigshafen, FB IV Sozial- u. Gesundheitswesen, Maxstr. 29, 67059 Ludwigshafen, T: (0621) 5911349, Karl-Heinz.Sahmel@t-online.de

**Sahner,** Georg; Dipl.-Ing., Prof.; *Baukonstruktion, Entwerfen, Gebäudetechnologie*; di: Hochsch. Augsburg, Fak. f. Architektur u. Bauwesen, An der Hochschule 1, 86161 Augsburg, T: (0821) 55863116, F: 55863110, georg.sahner@hs-augsburg.de

**Sahner,** Peter; Dr.-Ing., Prof.; *Allgemeine Elektrotechnik, Akustik, Audiotechnik*; di: FH Flensburg, FB 2 Energie u. Biotechnologie, Kanzleistr. 91-93, 24943 Flensburg, T: (0461) 8051424, peter.sahner@fh-flensburg.de

**Saile,** Peter; Dr., Prof.; *Wirtschaftsingenieurwesen*; di: Hochsch. Pforzheim, Fak. f. Wirtschaft u. Recht, Tiefenbronner Str. 66, 75175 Pforzheim, T: (07231) 286680, F: 286057, peter.saile@hs-pforzheim.de

**Sailer,** Klaus; Dr., Prof.; *Konstruktionsprojekte*; di: Hochsch. München, Fak. Maschinenbau, Fahrzeugtechnik, Flugzeugtechnik, Dachauer Str. 98b, 80335 München, T: (089) 12651252, F: 55050611; pr: klaus.sailer@sce-web.de

**Sailer,** Marcel; Dr., Prof.; *Angewandte Gesundheitswissenschaften*; di: DHBW Heidenheim, Wilhelmstr. 10, 89518 Heidenheim, T: (07321) 2722461, F: 2722469, sailer@dhbw-heidenheim.de

**Sailer,** Ulrich; Dr. rer. pol., Prof.; *Rechnungswesen, Finanzmanagement, Projektmanagement*; di: Hochsch. f. Wirtschaft u. Umwelt Nürtingen-Geislingen, FB 1, PF 1349, 72603 Nürtingen, T: (07022) 929220, ulrich.sailer@hfwu.de

**Sailman,** Gerald; Dr., Prof.; *Pädagogik, Schwerpunkt: Berufs- und Wirtschaftspädagogik*; di: Hochsch. d. Bundesagentur f. Arbeit, Seckenheimer Landstr. 16, 68163 Mannheim, T: (0621) 4209122, Gerald.Sailmann@arbeitsagentur.de

**Saint-Mont,** Uwe; Dr., Prof.; *Betriebliche Informationssysteme, Statistik*; di: FH Nordhausen, FB Wirtschafts- u. Sozialwiss., Weinberghof 4, 99734 Nordhausen, T: (03631) 420512, F: 420817, saint-mont@fh-nordhausen.de

**Sakowski,** Klaus; Dr., Prof.; *BWL, Medien und Kommunikation*; di: DHBW Heidenheim, Fak. Wirtschaft, Marienstr. 20, 89518 Heidenheim, T: (07321) 2722222, F: 2722229, klaus.sakowski@dhbw-heidenheim.de

**Salama,** Samir; Dr., Prof.; *Leistungselektronik und Antriebsregelung, Mikroprozessortechnik*; di: FH Düsseldorf, FB 3 – Elektrotechnik, Josef-Gockeln-Str. 9, 40474 Düsseldorf, T: (0211) 4351314, samir.salama@fh-duesseldorf.de; pr: Jülicher Str. 39, 40477 Düsseldorf

**Salat,** Ulrike; Dr.-Ing., Prof.; *Molekularbiologie, Mikrobiologie, Zellkultur, Immunologie*; di: Hochsch. Furtwangen, Fak. Maschinenbau u. Verfahrenstechnik, Jakob-Kienzle-Str. 17, 78054 Villingen-Schwenningen, T: (07720) 30742334, sul@hs-furtwangen.de

**Salaw-Hanslmaier,** Stefanie; Dr. jur., Prof.; *Arbeitsrecht*; di: FH f. angewandtes Management, Am Bahnhof 2, 85435 Erding, salaw-hanslmaier@myfham.de

**Salbert,** Heinrich; Dr.-Ing., Prof.; *Leistungselektronik u. elektrische Antriebe*; di: Hochsch. Bonn-Rhein-Sieg, FB Elektrotechnik, Maschinenbau u. Technikjournalismus, Grantham-Allee 20, 53757 Sankt Augustin, T: (02241) 865362, F: 8658362, heinrich.salbert@fh-bonn-rhein-sieg.de

**Salchert,** Katrin; Dr. rer. nat., Prof.; *Naturstoffchemie*; di: Hochsch. Lausitz, FB Bio-, Chemie- u. Verfahrenstechnik, Großenhainer Str. 57, 01968 Senftenberg

**Saldanha,** Michael de; Dr.-Ing., Prof.; *Architektur*; di: Hochsch. Darmstadt, FB Architektur, Haardtring 100, 64295 Darmstadt, T: (06151) 168104, saldanha@fba.h-da.de

**Saldsieder,** Kai Alexander; Dr., Prof.; *Betriebswirtschaftslehre*; di: Hochsch. Pforzheim, Fak. f. Wirtschaft u. Recht, Tiefenbronner Str. 65, 75175 Pforzheim, T: (07231) 286459, F: 287459, kai.saldsieder@hs-pforzheim.de

**Saleh,** Samir; Dr. rer.pol., Prof.; *Internationales Management, Unternehmensführung*; di: Ostfalia Hochsch., Fak. Verkehr-Sport-Tourismus-Medien, Karl-Scharfenberg-Str. 55-57, 38229 Salzgitter, s.saleh@Ostfalia.de

**Salein,** Matthias; Dr.-Ing., Prof.; *Maschinenelemente, Konstruktion und Techn. Mechanik*; di: Beuth Hochsch. f. Technik, FB VIII Maschinenbau, Veranstaltungs- u. Verfahrenstechnik, Luxemburger Str. 10, 13353 Berlin, T: (030) 45045416, salein@beuth-hochschule.de

**Saler,** Heinz; Dr.-Ing., Prof.; *Geographische Informationssysteme, Bewertung, Bodenordnung, Vermessungskunde*; di: Hochsch. Karlsruhe, Fak. Geomatik, Moltkestr. 30, 76133 Karlsruhe, PF 2440, 76012 Karlsruhe, T: (0721) 9252679

**Salevsky,** Heidemarie H.; Dr. sc. phil., Prof. i.R.; *Translationswissenschaft, Interkulturelle Kommunikation, Russistik, Anglistik*; pr: Niebergallstr. 3, 12557 Berlin, T: (030) 6513419, F: 6513419, heidemarie.salevsky@t-online.de; www.prof-salevsky.de

**Salewski,** Christel; Dr. phil. habil., Prof.; *Persönlichkeitspsychologie, Differentielle Psychologie*; di: Hochsch. Magdeburg-Stendal, FB Angew. Humanwiss., Osterburger Str. 25, 39576 Stendal, T: (03931) 21874820, christel.salewski@hs-magdeburg.de

**Salgo,** Ludwig; Dr. iur., apl.Prof. U Frankfurt/M., Prof. FH Frankfurt/M.; *Familienrecht, Jugendhilferecht, Verfahrensrecht, Das Verhältnis Eltern-Kind-Staat, Adoption, Pflegekinder*; di: Univ., FB 01 Rechtswissenschaft, Senckenberganlage 31, 60325 Frankfurt/M., T: (069) 79828479, F: 79828165, salgo@jur.uni-frankfurt.de; pr: Georg-Speyer-Str. 11, 60487 Frankfurt/M., T: (069) 70720918

**Saliger,** Edgar; Dr. rer. pol. habil., Dr. h.c., Prof.; *BWL, VWL*; di: Hochsch. Weihenstephan-Triesdorf, Fak. Land- u. Ernährungswirtschaft, Am Hofgarten 1, 85354 Freising, 85350 Freising, T: (08161) 714340, F: 714496, edgar.saliger@hswt.de; pr: Donaustr. 11, 93333 Neustadt/Donau

**Saller,** Drik; Dr., Prof. u. Rektor; di: DHBW Mosbach, Lohrtalweg 10, 74821 Mosbach, T: (06261) 939511, F: 939504, saller@dhbw-mosbach.de

**Saller,** Michael; Dipl.-Wirt.-Ing., Dr.-Ing., Prof.; *Konstruktion, Maschinenelemente, Hydraulik und Hydrostatische Maschinen, Darstellende Geometrie*; di: Hochsch. Regensburg, Fak. Maschinenbau, PF 120327, 93025 Regensburg, T: (0941) 9435170, michael.saller@maschinenbau.fh-regensburg.de

**Salmen,** Sonja-Maria; Dr., Prof.; *Electronic Business*; di: Hochsch. Heilbronn, Fak. f. Wirtschaft u. Verkehr, Max-Planck-Str. 39, 74081 Heilbronn, T: (07131) 504477, F: 252470, sonja.salmen@hs-heilbronn.de

**Salo,** Tuula; Prof., Prof. e.h.; *Mode-Design: Entwurf/Projektarbeit (industrielle Kollektionsentwicklung)*; di: Hochsch. Hannover, Fak. III Medien, Information u. Design, Kurt-Schwitters-Forum, Expo Plaza 2, 30539 Hannover, T: (0511) 92962353, tuula.salo@hs-hannover.de; pr: Sextrostr. 27, 30159 Hannover

**Salomon,** Ehrenfried; Dr. rer. nat., Prof.; *Wirtschaftsmathematik, Statistik*; di: Hochsch. Rhein/Main, Wiesbaden Business School, Bleichstr. 44, 65183 Wiesbaden, T: (0611) 94953115, ehrenfried.salomon@hs-rm.de; pr: An der alten Reithalle 34, 55124 Mainz, Ehrenfried.Salomon@t-online.de

**Salvers,** Peter; Dipl.-Kfm., Prof.; *Verpackungstechnik, Betriebsorganisation*; di: Beuth Hochsch. f. Technik, FB V Life Science and Technology, Luxemburger Str. 10, 13353 Berlin, T: (030) 45042883, salvers@beuth-hochschule.de

**Salzer,** Eva; Dr., Prof.; *Soziale und kommunikative Schlüsselqualifikationen*; di: FH Frankfurt, FB 3 Wirtschaft u. Recht, Nibelungenplatz 1, 60318 Frankfurt am Main, T: (069) 15333873, e.salzer@evasalzer.de

**Salzmann,** Helmut; Dipl.-Math., Dr. rer. nat., Prof.; *Informatik*; di: HTW d. Saarlandes, Fak. f. Ingenieurwiss., Goebenstr. 40, 66117 Saarbrücken, T: (0681) 5867244; pr: In der Kohldell 20, 66386 St. Ingberg, T: (06894) 37268

**Salzmann,** Jorg Christian; Dr. theol., Prof.; *Neues Testament / Verhältnis von Altem u. Neuem Testament*; di: Luth. Theolog. Hochschule, Altkönigstr. 150, 61440 Oberursel, T: (06171) 912762, F: 912770, salzmann.j@lthh-oberursel.de

**Samberg,** Ulrich; Dr.-Ing., Prof.; *Software-Engineering, Systemanalyse*; di: FH Kiel, FB Informatik u. Elektrotechnik, Grenzstr. 5, 24149 Kiel, T: (0431) 2104104, F: 2104011, ulrich.samberg@fh-kiel.de; pr: T: (04340) 402251

**Samm,** Doris; Dr. rer. nat., Prof.; *Physik*; di: FH Aachen, FB Elektrotechnik und Informationstechnik, Eupener Str. 70, 52066 Aachen, T: (0241) 600952398, samm@fh-aachen.de; pr: Auf den Hufen 4a, 52249 Eschweiler

**Sammann,** Bernd; Dipl.-Ing., Prof.; *Entwerfen, Baukonstruktion, Gebäudekunde, Bauschadensanalyse*; di: HAWK Hildesheim/Holzminden/Göttingen, Fak. Bauen u. Erhalten, Hohnsen 2, 31134 Hildesheim, T: (05121) 881234

**Sanal,** Ziya; Dr.-Ing., Prof.; *Stahlbau, Konstruktiver Ingenieurbau, Grundlagen des Bauingenieurwesens*; di: Hochsch. München, Fak. Bauingenieurwesen, Karlstr. 6, 80333 München, T: (089) 12652688, F: 12652699, sanal@bau.fhm.edu

**Sandau,** Konrad; Dr. rer. nat., Prof. FH Darmstadt; *Angew. Mathematik*; di: Hochsch. Darmstadt, FB Mathematik u. Naturwiss., Haardtring 100, 64295 Darmstadt, T: (06151) 168659, sandau@h-da.de; pr: Gehaborner Str. 16, 64331 Weiterstadt, T: (06150) 14952

**Sandberg,** Berit; Dr., Prof.; *Public Management*; di: HTW Berlin, FB Wirtschaftswiss. I, Treskowallee 8, 10318 Berlin, T: (030) 50192529, sandberg@HTW-Berlin.de; Univ., Wirtschaftswiss. Fak., Inst. f. Rechnungs- u. Prüfungswesen privater u. öffentl. Betriebe, Platz d. Göttinger Sieben 3, 37073 Göttingen, T: (0551) 394466

**Sander,** Frank; Dr.-Ing., Prof.; *Thermodynamik, Energietechnik*; di: FH Bielefeld, FB Ingenieurwiss. u. Mathematik, Wilhelm-Bertelsmann-Str. 10, 33602 Bielefeld, T: (0521) 1067232, frank.sander@fh-bielefeld.de

**Sander,** Harald; Dr. rer. oec., Prof.; *Volkswirtschaftslehre und Außenwirtschaft*; di: FH Köln, Fak. f. Wirtschaftswiss., Claudiusstr. 1, 50678 Köln, T: (0221) 82753419; pr: Freiherr-vom-Stein-Str. 20, 46045 Oberhausen, gh.sander@t-online.de

**Sander,** Julia; Dr., Prof., Rektorin; *Betriebswirtschaftslehre, Wirtschaftsethik, Marketing*; di: SRH Fernhochsch. Riedlingen, Lange Str. 19, 88499 Riedlingen, julia.sander@fh-riedlingen.srh.de

**Sander,** Kai Gallus; Dr. theol., Prof.; *Dogmantik, Fundamentaltheologie*; di: Kath. Hochsch. NRW, Abt. Paderborn, FB Theologie, Leostr. 19, 33098 Paderborn, T: (05251) 87971102, F: 122552, kg.sander@kfhnw.de

**Sander,** Manfred; Dr., Prof.; *Wirtschaftsinformatik*; di: DHBW Stuttgart, Fak. Wirtschaft, Wirtschaftsinformatik, Rotebühlplatz 41, 70178 Stuttgart, T: (0711) 66734547, sander@dhbw-stuttgart.de

**Sander,** Thorsten; Dr., Prof.; *Sensorik, Statistik in der Sensorik, Product Development*; di: FH Münster, FB Oecotrophologie, Corrensstr. 25, 48151 Münster, T: (0251) 8365433, tsander@fh-muenster.de

**Sander,** Torsten; Dr. rer. nat. habil., Prof.; *Diskrete Mathematik*; di: Ostfalia Hochsch., Fak. Informatik, Salzdahlumer Str. 46/48, 38302 Wolfenbüttel, t.sander@ostfalia.de

**Sander,** Uwe; Dr., Prof.; *Medizinische Grundlagen u. Medizinisches Informationsmanagement*; di: Hochsch. Hannover, Fak. III Medien, Information u. Design, Kurt-Schwitters-Forum, Expo Plaza 2, 30539 Hannover, T: (0511) 92962637, uwe.sander@hs-hannover.de

**Sander,** Volker; Dr. rer. nat., Prof.; *Angewandte Informatik*; di: FH Aachen, FB Angewandte Naturwiss. u. Technik, Ginsterweg 1, 52428 Jülich, T: (0241) 600953159, v.sander@fh-aachen.de

**Sanders,** Dirk; Dr.-Ing., Prof.; *Fördertechnik, Maschinenelemente, Ölhydraulik*; di: Hochsch. Kempten, Fak. Maschinenbau, PF 1680, 87406 Kempten, T: (0831) 2523242, dirk.sanders@fh-kempten.de

**Sanders,** Ernst A.; Dr., Prof.; *Bioverfahrenstechnik*; di: HAW Hamburg, Fak. Life Sciences, Lohbrügger Kirchstr. 65, 21033 Hamburg, T: (040) 428756350, ernst.sanders@haw-hamburg.de; pr: T: (04131) 681152

**Sanders,** Karin; Dr., Prof.; *Ökonomie, Sozialmanagement und Sozialplanung*; di: Ev. H Ludwigsburg, FB Soziale Arbeit, Auf der Karlshöhe 2, 71638 Ludwigsburg, T: (07141) 965585, k.sanders@eh-ludwigsburg.de; pr: Fliederweg 17, 74395 Mundelsheim, T: (07143) 964616

**Sandherr,** Susanne; Prof.; *Katholische Theologie in der Sozialen Arbeit*; di: Kath. Stiftungsfachhochsch. München, Preysingstr. 83, 81667 München, susanne.sandherr@ksfh.de

**Sandkühler,** Ulrich; Dr.-Ing., Prof.; *Signalverarbeitung und Digitaltechnik*; di: FH Südwestfalen, FB Elektrotechnik u. Informationstechnik, Haldener Str. 182, 58095 Hagen, T: (02331) 9872221, F: 9874031, Sandkuehler@fh-swf.de; pr: Birkenstr. 41, 58099 Hagen, T: (02331) 963701

**Sandmann,** Jürgen; Dr. päd., Prof.; *Pädagogik, Methodik*; di: Hochsch. München, Fak. Angew. Sozialwiss., Lothstr. 34, 80335 München, T: (089) 12652317, F: 12652330, sandmann@fhm.edu

**Sandner,** Thomas; Dr.-Ing., Prof.; *Energietechnik, Versorgungstechnik, Festigkeitslehre, Konstruktion*; di: Georg-Simon-Ohm-Hochsch. Nürnberg, Fak. Maschinenbau u. Versorgungstechnik, Keßlerplatz 12, 90489 Nürnberg, PF 210320, 90121 Nürnberg

**Sandner,** Wolfgang; Dr.-Ing., Prof.; *Steuerungs- und Regelungstechnik/ Industrielle Steuerungen*; di: Westsächs. Hochsch. Zwickau, FB Elektrotechnik, Dr.-Friedrichs-Ring 2A, 08056 Zwickau, Wolfgang.Sandner@fh-zwickau.de

**Sandor,** Viktor; Dr., Prof.; *Mathematik, Statistik, Versicherungs- und Finanzmathematik*; di: Hochsch. Rosenheim, Hochschulstr. 1, 83024 Rosenheim, T: (08031) 805427, F: 805402, sandor@fh-rosenheim.de

**Sandt,** Joachim; Dr., Prof.; *Management Accounting*; di: Int. Hochsch. Bad Honnef, Mülheimer Str. 38, 53604 Bad Honnef, T: (02224) 9605119, j.sandt@fh-bad-honnef.de

**Sankol,** Bernd; Dr.-Ing., Prof.; *Konstruktion*; di: HAW Hamburg, Fak. Technik u. Informatik, Berliner Tor 21, 20099 Hamburg, T: (040) 428758704, bernd.sankol@haw-hamburg.de

**Sann,** Uli; Dr., Prof.; *Psychosoziale Beratung und Therapie*; di: Hochsch. Fulda, FB Sozialwesen, Marquardstr. 35, 36039 Fulda

**Santos-Stubbe,** Chirly dos; Dr. phil, Prof.; *Psychologie der Sozialen Arbeit*; di: Hochsch. Mannheim, Fak. Sozialwesen, Ludolf-Krehl-Str. 7-11, 68167 Mannheim, T: (0621) 3926128, santos-stubbe@alpha.fhs-mannheim.de; pr: Beethovenstr. 17, 69502 Hemsbach, T: (06201) 876078

**Santowski,** Gunnar; Prof.; *Straßenwesen, Verkehrsgrundlagen*; di: FH Frankfurt, FB Architektur, Bauingenieurwesen, Vermessungswesen, Geoinformation und Kommunaltechnik, Nibelungenplatz 1, 60318 Frankfurt am Main, T: (069) 1533-2316, -2368, santog@fb1.fh-frankfurt.de

**Sapotta,** Hans; Dr.-Ing., Prof.; *Hochfrequenztechnik*; di: Hochsch. Karlsruhe, Fak. Elektro- u. Informationstechnik, Moltkestr. 30, 76133 Karlsruhe, PF 2440, 76012 Karlsruhe, T: (0721) 9252256, hans.sapotta@hs-karlsruhe.de

**Saretz,** Agnes; Dr. sc. paed., Prof.; *Medienpädagogik*; di: Hochsch. Lausitz, FB Sozialwesen, Lipezker Str. 47, 03048 Cottbus-Sachsendorf, T: (0355) 5818401, F: 5818409, asaretz@sozialwesen.fh-lausitz.de

**Sarstedt,** Stefan; Dr., Prof.; *Software-Engineering und Software-Architektur*; di: HAW Hamburg, Fak. Technik u. Informatik, Berliner Tor 7, 20099 Hamburg, T: (040) 428758434, stefan.sarstedt@haw-hamburg.de

**Sartor,** Franz Josef; Dr. rer. oec., Prof.; *Betriebswirtschaftslehre, insbes. Finanzwirtschaft*; di: FH Köln, Fak. f. Wirtschaftswiss., Claudiusstr. 1, 50678 Köln, T: (0221) 82753435, franz.sartor@fh-koeln.de

**Sartor,** Joachim; Dr.-Ing., Prof.; *Wasserbau, Wasserwirtschaft*; di: Hochsch. Trier, FB BLV, PF 1826, 54208 Trier, T: (0651) 8103324, j.sartor@hochschule-trier.de; pr: Auf Kuckeral 5, 54470 Lieser/Mosel, T: (06531) 91327, ihgSartor@aol.com

**Sasaki,** Felix; Dr., Prof.; *Baustoffe*; di: FH Potsdam, FB Bauingenieurwesen, Pappelallee 8-9, Haus 1, 14469 Potsdam, T: (0331) 5801532, sasaki@fh-potsdam.de

**Sassenroth,** Peter; Dipl.-Ing., Prof.; *Baukonstruktion und Entwerfen*; di: FH Bielefeld, FB Architektur u. Bauingenieurwesen, Artilleriestr. 9, 32427 Minden, PF 2328, 32380 Minden, T: (0571) 8385186, F: 8385250, peter.sassenroth@fh-bielefeld.de

**Sattler,** Josef; Dr.-Ing., Prof.; *Fahrverhalten, Fahrdynamik*; di: Westsächs. Hochsch. Zwickau, Fak. Kraftfahrzeugtechnik, Dr.-Friedrichs-Ring 2A, 08056 Zwickau, PF 201037, 08012 Zwickau, josef.sattler@fh-zwickau.de

**Sattler,** Wolfgang; Dr., Prof.; *Betriebswirtschaftslehre, insbes. Rechnungswesen und Steuern*; di: Hochsch. Osnabrück, Fak. MKT, Inst. f. Management u. Technik, Kaiserstraße 10c, 49806 Lingen, T: (0591) 80098241, w.sattler@hs-osnabrueck.de

**Sauer,** Andreas; Dr. rer. nat., Prof.; *Naturwissenschaften*; di: Hochschule Ruhr West, Institut Naturwissenschaften, PF 100755, 45407 Mülheim an der Ruhr, T: (0208) 88254427, andreas.sauer@hs-ruhrwest.de

**Sauer,** Dirk; Dr.-Ing., Prof.; *Fertigungs- und Produktionstechnikmanagement*; di: Hochsch. Osnabrück, Fak. MKT, Inst. f. Management u. Technik, Kaiserstraße 10c, 49806 Lingen, T: (0591) 80098244, d.sauer@hs-osnabrueck.de

**Sauer,** Jürgen; Dr. jur., Prof.; *Rechtswissenschaft*; di: Hochsch. Rhein/Main, FB Sozialwesen, Kurt-Schumacher-Ring 18, 65197 Wiesbaden, T: (0611) 94951305, juergen.sauer@hs-rm.de

**Sauer,** Karin; Dr., Prof.; *Gesundheitswissenschaften, Psychologie und Migration*; di: DHBW Villingen-Schwenningen, Fak. Sozialwesen, Schramberger Str. 26, 78054 Villingen-Schwenningen, T: (07720) 3906217, F: 3906219, sauer@dhbw-vs.de

**Sauer,** Martin; Dr., Prof., Rektor der FHdD Bielefeld; *Personalmanagement, Personalführung, Personalentwicklung, Sozialmanagement, Bildungsmanagement*; di: FH d. Diakonie, Grete-Reich-Weg 9, 33617 Bielefeld, T: (0521) 1442704, martin.sauer@fhdd.de

**Sauer,** Petra; Dr. oec., Prof.; *Datenbanken, Wirtschaftsinformatik*; di: Beuth Hochsch. f. Technik, FB VI Informatik u. Medien, Luxemburger Str. 10, 13353 Berlin, T: (030) 45042691, sauer@beuth-hochschule.de

**Sauer,** Stefanie; Dr. phil., Prof.; *Soziale Arbeit*; di: Ev. Hochsch. Berlin, Prof. f. Soziale Arbeit, Teltower Damm 118-122, 14167 Berlin, PF 370255, 14132 Berlin, T: (030) 84582218, s.sauer@eh-berlin.de

**Sauer,** Thomas; Dr. rer. pol., Prof.; *Volkswirtschaftslehre*; di: FH Jena, FB Betriebswirtschaft, Carl-Zeiss-Promenade 2, 07745 Jena, PF 100314, 07703 Jena

**Sauer,** Thorsten; Dr.-Ing., Prof.; *Maschinenbau – Konstruktion und Entwicklung – Mechatronik*; di: DHBW Ravensburg, Campus Friedrichshafen, Fallenbrunnen 2, 88045 Friedrichshafen, T: (07541) 2077351, sauer@dhbw-ravensburg.de

**Sauer,** Werner; Dipl.-Designer, Prof.; *Entwurf, Entwicklung und Konstruktion von Produkten*; di: HAWK Hildesheim/Holzminden/Göttingen, FB Gestaltung, Kaiserstr. 43-45, 31134 Hildesheim, T: (05121) 881358, F: 881366

**Sauerbier,** Thomas; Dr., Prof.; *Logistik, MND, Wirtschaftsinformatik*; di: Techn. Hochsch. Mittelhessen, FB 21 Sozial- u. Kulturwiss., Wilhelm-Leuschner-Str. 13, 61169 Friedberg, T: (06031) 604597

**Sauerbrey,** Christa → Seja, Christa

**Sauerburger,** Heinz; Dr.-Ing., Prof.; *Systemtheorie, Mikrocontroller, Nachrichtentechnik, Netze*; di: Hochsch. Furtwangen, Fak. Computer & Electrical Engineering, Robert-Gerwig-Platz 1, 78120 Furtwangen, T: (07723) 9202459, sbg@fh-furtwangen.de

**Saueressig,** Gabriele; Dr. rer. pol., Prof.; *Wirtschaftsinformatik*; di: Hochsch. f. angew. Wiss. Würzburg Schweinfurt, Fak. Informatik u. Wirtschaftsinformatik, Münzstr. 19, 97070 Würzburg, gabriele.saueressig@fhws.de

**Sauermann,** Knud; Dr.-Ing., Prof., Dekan Fak. f. Bauingenieurwesen u. Umwelttechnik; *Mathematik u. Vermessungskunde*; di: FH Köln, Betzdorfer Str. 2, 50679 Köln, T: (0221) 82752772, knud.sauermann@fh-koeln.de; pr: Eulenweg 1, 51427 Bergisch-Gladbach

**Sauermann,** Wolfgang; Dr. med. habil., HonProf.; *Management im Gesundheitswesen/Medizinmanagement*; di: Westsächs. Hochsch. Zwickau, FB Wirtschaftswiss., Scheffelstr. 39, 08056 Zwickau, PF 201037, 08012 Zwickau

**Saumer,** Monika; Dr., Prof.; *Chemische Prozesse in der Mikrosystemtechnik*; di: FH Kaiserslautern, FB Informatik u. Mikrosystemtechnik, Amerikastr. 1, 66482 Zweibrücken, T: (06332) 914420, saumer@mst.fh-kl.de

**Saupe,** Gerhard; Dr.-Ing., Prof.; *Elektrotechnik, Elektrische Messtechnik, Energiewirtschaft, Regenerative Energien*; di: Hochsch. Esslingen, Fak. Mechatronik u. Elektrotechnik, Kanalstr. 33, 73728 Esslingen, T: (0711) 3973207; pr: Heidestr. 83, 73733 Esslingen, T: (0711) 9183800

**Saupe,** Volker; Dr.-Ing. habil., Prof.; *Elektrotechnik, Elektronik, Werkstoffe und Bauelemente*; di: Dt. Telekom Hochsch. f. Telekommunikation, Gustav-Freytag-Str. 43-45, 04277 Leipzig, PF 71, 04251 Leipzig, T: (0341) 3062246, saupe@hft-leipzig.de

**Sauser,** Jürgen; Dr.-Ing., Prof.; *Prozess- und Informationsmanagement*; di: FH Bielefeld, FB Ingenieurwiss. u. Mathematik, Wilhelm-Bertelsmann-Str. 10, 33602 Bielefeld, T: (0521) 1067204, juergen.sauser@fh-bielefeld.de

**Sauter,** Jürgen; Prof.; *Buchführung, Bilanzsteuerrecht, Gewerbesteuer, Lohnsteuer, Einkommensteuer*; di: H f. öffentl. Verwaltung u. Finanzen Ludwigsburg, Fak. Steuer- u. Wirtschaftsrecht, Reuteallee 36, 71634 Ludwigsburg, T: (07141) 140502, F: 140544

**Sauvagerd,** Ulrich; Dr., Prof.; *Digitale Informationstechnik*; di: HAW Hamburg, Fak. Technik u. Informatik, Berliner Tor 7, 20099 Hamburg, T: (040) 428758121, sauvagerd@etech.haw-hamburg.de

**Sawatzki,** Rainer; Dr., Prof.; *Mathematik*; di: HAW Hamburg, Fak. Life Sciences, Lohbrügger Kirchstr. 65, 21033 Hamburg, T: (040) 428756061, rainer.sawatzki@haw-hamburg.de; pr: T: (040) 7246059

**Sawert,** Axel; Dr. rer. nat., Prof.; *Weinchemie*; di: Hochsch. Geisenheim, Von-Lade-Str. 1, 65366 Geisenheim, T: (06722) 502766, axel.sawert@hs-gm.de; pr: Scheffelstr. 12, 65187 Wiesbaden, T: (0611) 5410168

**Sawitzki,** Sergei; Dr. rer. nat., Prof.; *Technische Informatik, Digitaltechnik, digitale Kommunikationssysteme*; di: FH Wedel, Feldstr. 143, 22880 Wedel, T: (04103) 804837, saw@fh-wedel.de

**Sax,** Antonius; Dr., Prof.; *Werkzeugmaschinen, Konstruktionslehre*; di: Hochsch. Konstanz, Fak. Maschinenbau, Brauneggerstr. 55, 78462 Konstanz, PF 100543, 78405 Konstanz, T: (07531) 206279, sax@fh-konstanz.de

**Sax,** Ulrich; Dipl.-Math., Dr. rer. nat., Prof.; *Ingenieur- und Wirtschaftsmathematik, Statistik*; di: Hochsch. Coburg, Fak. Angew. Naturwiss., Friedrich-Streib-Str. 2, 96450 Coburg, T: (09561) 317155, sax@hs-coburg.de

**Saxinger,** Andreas; Dr. jur., Prof.; *Recht in der Immobilienwirtschaft*; di: Hochsch. f. Wirtschaft u. Umwelt Nürtingen-Geislingen, FB 4, PF 1349, 72603 Nürtingen, T: (07331) 22584, andreas.saxinger@hfwu.de

**Saxler,** Wilfried; Dr., Prof.; di: Rheinische FH Köln, Hohenstaufenring 16-18, 50674 Köln

**Sayn-Wittgenstein,** Friederike zu; Dr., Prof.; *Pflege- u. Hebammenwissenschaft*; di: Hochsch. Osnabrück, Fak. Wirtschafts- u. Sozialwiss., Caprivistr. 30 A, 49076 Osnabrück, T: (0541) 9692024, wittgenstein@wi.hs-osnabrueck.de

**Schaa,** Gabriele; Dr., Prof.; *Informations- und Kommunikationstechnik, Arbeitsmethodik, Gesellschaft und Verwaltung*; di: Hess. Hochsch. f. Polizei u. Verwaltung, FB Verwaltung, Tilsiterstr. 13, 60327 Mühlheim, T: (06108) 603527

**Schaab,** Bodo; Dr. rer. soc., Prof.; *Volkswirtschaftslehre mit dem Schwerpunkt vergleichende regionale Strukturanalyse und Wirtschaftsstatistik*; di: Hochsch. Bremen, Fak. Wirtschaftswiss., Werderstr. 73, 28199 Bremen, bschaab@fbw.hs-bremen.de; pr: Moorriemer Str. 11, 28259 Bremen, T: (0421) 5148383

**Schaab,** Gertrud; Dr.-Ing., Prof.; *Kartographie, Vermessungskunde*; di: Hochsch. Karlsruhe, Fak. Geomatik, Moltkestr. 30, 76133 Karlsruhe, PF 2440, 76012 Karlsruhe, T: (0721) 9252923, gertrud.schaab@hs-karlsruhe.de

**Schaaf,** Andreas; Dr., HonProf.; *Unternehmensrecht, Kollektivvereinbarungen*; di: Hochsch. RheinMain, FB Design, Informatik, Medien, Unter den Eichen 5, 65195 Wiesbaden, Andreas.Schaaf@hs-rm.de

**Schaal,** Helmut; Dr.-Ing., Prof.; *Industrial Engineering, Prozessorganisation, Umwelttechnologie, Mensch-Technik-Organisation, Bewerbungsstrategien*; di: Hochsch. Reutlingen, FB Produktionsmanagement, Alteburgstr. 150, 72762 Reutlingen, T: (07121) 2715024, Helmut.Schaal@Reutlingen-University.DE

**Schaarschmidt,** Ulrich G.; Dr., Prof.; *Informatik, Embedded Systems Architektur und Organisation von Rechnersystemen, Microcomputertechnik, Medizintechnik (Qualitätssicherung und Qualitätsmanagement), Technische Informatik*; di: FH Düsseldorf, FB 3 – Elektrotechnik, Josef-Gockeln-Str. 9, 40474 Düsseldorf, T: (0211) 4351334, Ulrich.Schaarschmidt@fh-duesseldorf.de

**Schabbach,** Thomas; Dr.-Ing., Prof.; *Thermische Energiesysteme*; di: FH Nordhausen, FB Ingenieurwiss., Weinberghof 4, 99734 Nordhausen, T: (03631) 420458, F: 420821, schabbach@fh-nordhausen.de

**Schabbach,** Wolfgang; Dipl.-Des., Dipl.-Ing., Prof.; *Konstruieren, Entwerfen, Schwerpunkt Material*; di: Hochsch. Coburg, Fak. Design, PF 1652, 96406 Coburg, T: (09561) 317436, schabbach@hs-coburg.de

**Schabbing,** Bernd; Dr., Prof.; *Tourismus- u. Eventmanagement, Städtemarketing*; di: Int. School of Management, Otto-Hahn-Str. 19, 44227 Dortmund, T: (0231) 9751390, ism.dortmund@ism.de

**Schabel,** Matthias; Dr., Prof.; *Rechnungswesen, Wirtschaftsinformatik*; di: FH Frankfurt, FB 3 Wirtschaft u. Recht, Nibelungenplatz 1, 60318 Frankfurt am Main, T: (069) 15332952, schabel@fb3.fh-frankfurt.de

**Schablon,** Kai-Uwe; Dr. phil., Prof.; *Heilpädagogik*; di: Kath. Hochsch. NRW, Abt. Münster, FB Sozialwesen, Piusallee 89, 48147 Münster, ku.schablon@katho-nrw.de

**Schacht,** Henning; Dipl.-Ing. agr., Dr. rer. hort., Prof.; *Baumschule, Gehölzkunde*; di: Hochsch. Osnabrück, Fak. Agrarwiss. u. Landschaftsarchitektur, PF 1940, 49009 Osnabrück, T: (0541) 9695120, h.schacht@hs-osnabrueck.de; pr: Färbergasse 12, 49434 Neuenkirchen

**Schacht,** Ralph; Dr.-Ing., Prof.; *Elektrische Schaltungstechnik*; di: Hochsch. Lausitz, FB Informatik, Elektrotechnik, Maschinenbau, Großenhainer Str. 57, 01968 Senftenberg

**Schackmar,** Rainer; Dr. iur., Prof.; *Wirtschaftsrecht*; di: FH Schmalkalden, Fak. Wirtschaftsrecht, Blechhammer, 98574 Schmalkalden, PF 100452, 98564 Schmalkalden, T: (03683) 6886108, r.schackmar@fh-sm.de

**Schad,** Günter; Dr.-Ing., Prof.; *Fertigungsorganisation und Logistik*; di: Hochsch. Mannheim, Fak. Maschinenbau, Windeckstr. 110, 68163 Mannheim, T: (0621) 2926388, F: 2926453

**Schad,** Thomas; Prof.; *Verwaltungsrecht, insbes. Bau-, Boden- und Planungsrecht, Staatliches Liegenschaftswesen, Umweltrecht*; di: H f. öffentl. Verwaltung u. Finanzen Ludwigsburg, Reuteallee 36, 71634 Ludwigsburg, T: (07141) 140522, F: 140544

**Schade,** Frauke; Prof.; *Informationsmarketing, PR und Bestandsmanagement*; di: HAW Hamburg, Fak. Design, Medien u. Information, Finkenau 35, 22081 Hamburg, T: (040) 428753646, frauke.schade@haw-hamburg.de; pr: fraukeschade@gmx.de

**Schade,** Friedrich; Dr., Prof.; *Recht*; di: Business and Information Technology School GmbH, Reiterweg 26 b, 58636 Iserlohn, T: (02371) 776146, F: 776596, friedrich.schade@bits-iserlohn.de

**Schade,** Gabriele; Dr.-Ing., Prof.; *Medieninformatik, Software Engineering*; di: FH Erfurt, FB Versorgungstechnik, Altonaer Str. 25, 99084 Erfurt, PF 101363, 99013 Erfurt, T: (0361) 6700355, F: 6700643, schade@fh-erfurt.de

**Schade,** Manfred; Dr.-Ing., Prof.; *Physik*; di: Hochsch. Zittau/Görlitz, Fak. Mathematik/Naturwiss., Theodor-Körner-Allee 16, 02763 Zittau, PF 1455, 02754 Zittau, T: (03583) 611757, m.schade@hs-zigr.de

**Schade,** Philipp; Dr., Prof.; *Mathematik, Statistik, Wirtschaftsinformatik*; di: EBZ Business School Bochum, Springorumallee 20, 44795 Bochum, T: (0234) 9447723, p.schade@ebz-bs.de

**Schade-Dannewitz,** Sylvia; Prof. Dr.-Ing.; *Flächen- und Stoffrecycling*; di: FH Nordhausen, FB Ingenieurwiss., Weinberghof 4, 99734 Nordhausen, T: (03631) 420300, F: 420814, schade@fh-nordhausen.de

**Schaden,** Michael; Dr., Prof.; *Betriebswirtschaft/Steuer- und Revisionswesen*; di: Hochsch. Pforzheim, Fak. f. Wirtschaft u. Recht, Tiefenbronner Str. 65, 75175 Pforzheim, T: (07231) 286076, F: 286080, michael.schaden@hs-pforzheim.de

**Schaeberle,** Jürgen; Prof.; *Einkommensteuer, Körperschaftsteuer, Lohnsteuer*; di: H f. öffentl. Verwaltung u. Finanzen Ludwigsburg, Fak. Steuer- u. Wirtschaftsrecht, Reuteallee 36, 71634 Ludwigsburg, T: (07141) 140480, F: 140544

**Schäche,** Wolfgang; Dr.-Ing., Prof.; *Architektur, Baugeschichte, Entwurf*; di: Beuth Hochsch. f. Technik, FB IV Architektur u. Gebäudetechnik, Luxemburger Str. 10, 13353 Berlin, T: (030) 45042518, schaeche@beuth-hochschule.de

**Schächtele,** Traugott; Dr. theol., HonProf.; *Systematische Theologie, Homiletik, Liturgik*; di: Prälatur Nordbaden, Kurfürstenstr. 17, 68723 Schwetzingen, T: (06202) 1265580, F: 1266575; Ev. Hochsch. Freiburg, Bugginger Str. 38, 79114 Freiburg i.Br., schaechtele@eh-freiburg.de

**Schädler,** Kristina; Dr. rer. nat., Prof.; *Datenverarbeitung*; di: FH Westküste, FB Technik, Fritz-Thiedemann-Ring 20, 25746 Heide, T: (0481) 8555315, schaedler@fh-westkueste.de

**Schädler,** Monika; Dr. phil., Prof.; *Wirtschaft, Gesellschaft u. Sprache Chinas*; di: Hochsch. Bremen, Fak. Wirtschaftswiss., Werderstr. 73, 28199 Bremen, T: (0421) 59054123, F: 59054761, Monika.Schaedler@hs-bremen.de; pr: Nissenstr. 16, 20251 Hamburg, T: (040) 462190

**Schädler,** Sebastian; Dr. phil., Prof.; *Gestaltungspädagogik, Medienpädagogik*; di: Ev. Hochsch. Berlin, Prof. f. Gestaltungspädagogik, PF 370255, 14132 Berlin, T: (030) 845821230, schaedler@eh-berlin.de

**Schädler-Saub,** Ursula; Dipl.-Rest., Dr. phil., Prof.; *Kunstwissenschaftliche Grundlagen der Restaurierung, Geschichte der Restaurierung und der Denkmalpflege, Methodik/Ethik/Ästhetik der Restaurierung*; di: HAWK Hildesheim/Holzminden/Göttingen, Fak. Bauen u. Erhalten, Bismarckplatz 10/11, 31135 Hildesheim, T: (05121) 881387, F: 881386

**Schäfer,** Andreas; Dr. rer.nat., Prof.; di: FH Lübeck, FB Elektrotechnik u. Informatik, Mönkhofer Weg 136-140, 23562 Lübeck, T: (0451) 3005721, andreas.schaefer@fh-luebeck.de

**Schäfer,** Bernhard C.; Dr. sc. agr., Prof.; *Pflanzliche Produktion*; di: FH Südwestfalen, FB Agrarwirtschaft, Lübecker Ring 2, 59494 Soest, T: (02921) 378236, bcschaefer@fh-swf.de; pr: Schreiberhausstr. 7a, 38124 Braunschweig, T: (0175) 4317522

**Schäfer,** Christina; Dr., Prof. FHVR Berlin; di: Hochsch. f. Wirtschaft u. Recht Berlin, FB 2, Alt-Friedrichsfelde 60, 10315 Berlin, T: (030) 90214330, c.schaefer@hwr-berlin.de

**Schäfer,** Erich; Dr. phil., Prof.; *Methoden der Erwachsenenbildung*; di: FH Jena, FB Sozialwesen, Carl-Zeiss-Promenade 2, 07745 Jena, PF 100314, 07703 Jena, T: (03641) 205800, F: 205801, sw@fh-jena.de

**Schaefer,** Frank; Dr. rer. nat., Prof.; *Theoretische Informatik, Mathematik, Multimedia-Labor*; di: Hochsch. Karlsruhe, Fak. Informatik u. Wirtschaftsinformatik, Moltkestr. 30, 76133 Karlsruhe, PF 2440, 76012 Karlsruhe, T: (0721) 9252369

**Schäfer,** Frank; Dr., Prof.; *Allgemeine Betriebswirtschaftslehre, Marketing u. Vertrieb, Finanzwirtschaft*; di: Hochsch. Amberg-Weiden, FB Wirtschaftsingenieurwesen, Hetzenrichter Weg 15, 92637 Weiden, T: (0961) 382207, F: 382162, f.schaefer@fh-amberg-weiden.de

**Schäfer,** Frank Helmut; Dr.-Ing. habil., Prof.; *Konstruktion und Kunststofftechnik*; di: HAW Hamburg, Fak. Technik u. Informatik, Berliner Tor 21, 20099 Hamburg, T: (040) 428758793, FrankHelmut.Schaefer@haw-hamburg.de

**Schäfer,** Fred; Dr.-Ing., Prof.; *Kraft- und Arbeitsmaschinen*; di: FH Südwestfalen, FB Maschinenbau, Frauenstuhlweg 31, 58644 Iserlohn, T: (02371) 566168, F: 566251, schaefer@fh-swf.de; pr: T: (02381) 41305

**Schäfer,** Gabriele; Dr. rer. pol., Prof.; *Betriebswirtschaftslehre, Controlling, Rechnungswesen*; di: Hochsch. Kempten, Fak. Maschinenbau, Bahnhofstr. 61-63, 87435 Kempten, T: (0831) 25239544, F: 2523229, gabriele.schaefer@fh-kempten.de

**Schäfer,** Gerhard; Dr.-Ing., Prof.; *Algorithmen und Datenstrukturen, Mikrocontroller, Digitaltechnik, Software*; di: Hochsch. Karlsruhe, Fak. Elektro- u. Informationstechnik, Moltkestr. 30, 76133 Karlsruhe, PF 2440, 76012 Karlsruhe, T: (0721) 9251572, gerhard.schaefer@hs-karlsruhe.de

**Schäfer,** Gerhard K.; Dr. theol. habil., Prof., Rektor Ev. FH Rheinland-Westfalen-Lippe; *Gemeindepädagogik, Diakoniewissenschaft*; di: Ev. FH Rhld.-Westf.-Lippe, FB Gemeindepädagogik u. Diakonie, Immanuel-Kant-Str. 18-20, 44803 Bochum, T: (0234) 36901133, schaefer@efh-bochum.de

**Schäfer,** Hans Artur; Dr.-Ing., Prof.; *Datenverarbeitung für Ingenieure*; di: Hochsch. Niederrhein, FB Maschinenbau u. Verfahrenstechnik, Reinarzstr. 49, 47805 Krefeld, T: (02151) 8225025, artur.schaefer@hs-niederrhein.de

**Schäfer,** Hans-Helmuth; Dr. rer. nat., Prof.; *Elektromagnetische Verträglichkeit, Hochfrequenztechnik*; di: Hochsch. Bonn-Rhein-Sieg, FB Elektrotechnik, Maschinenbau und Technikjournalismus, Grantham-Allee 20, 53757 Sankt Augustin, T: (02241) 865352, F: 8658352, hans.schaefer@fh-bonn-rhein-sieg.de

**Schäfer,** Horst; Dr. rer. nat., Prof., Dekan FB Physikalische Technik; *Ingenieurmathematik*; di: FH Aachen, FB Angewandte Naturwiss. u. Technik, Worringer Weg 1, 52074 Aachen, T: (0241) 600953100, horst.schaefer@fh-aachen.de; pr: Richtericher Str. 136, 52072 Aachen, T: (0241) 9800454

**Schäfer,** Horst; Dr.-Ing., Prof., Dekan FB Elektrotechnik; *Physik, Werkstoffe, Bauelemente der Elektrotechnik*; di: FH Schmalkalden, Fak. Elektrotechnik, Blechhammer, 98574 Schmalkalden, PF 100452, 98564 Schmalkalden, T: (03683) 6885101, h.schaefer@e-technik.fh-schmalkalden.de

**Schäfer,** Hubert; Dr., Prof.; *Betriebswirtschaftslehre, Fremdenverkehrsökonomie*; di: FH d. Wirtschaft, Hauptstr. 2, 51465 Bergisch Gladbach, T: (02202) 952702, F: 9527200, hubert.schaefer@fhdw.de

**Schäfer,** Ivo; Dr., Prof.; *Personalwirtschaft und Organisation, Grundlagen der BWL*; di: Hochsch. Aschaffenburg, Fak. Wirtschaft u. Recht, Würzburger Str. 45, 63743 Aschaffenburg, T: (06021) 314753, ivo.schaefer@fh-aschaffenburg.de

**Schäfer,** Jörg; Dr., Prof.; *Datenbanken, Verteilte Systeme*; di: FH Frankfurt, FB 2 Informatik u. Ingenieurwiss., Nibelungenplatz 1, 60318 Frankfurt am Main, jschaefer@fb2.fh-frankfurt.de

**Schäfer,** Jürgen; Dr., Prof.; *Konstruktion, Apparate- und Rohrleitungsbau, Wärmeübertrager-Seminar, Anlagenplanung mit Sicherheitstechnik*; di: FH Frankfurt, FB 2 Informatik u. Ingenieurwiss., Nibelungenplatz 1, 60318 Frankfurt am Main, T: (069) 15332229, schaefer@fb2.fh-frankfurt.de

**Schäfer,** Karin; Dr., Prof.; *Maschinenbau*; di: DHBW Karlsruhe, Fak. Technik, Erzbergerstr. 121, 76133 Karlsruhe, T: (0721) 9735968, schaeferk@no-spam.dhbw-karlsruhe.de

**Schäfer,** Karl Heinrich; Dr. jur., HonProf.; *Recht*; di: Ev. Hochsch. Darmstadt, Zweifalltorweg 12, 64293 Darmstadt; pr: Obergasse 73, 65207 Wiesbaden-Naurod, T: (06127) 62331, schaefer@rechnungshof.hessen.de

**Schäfer,** Karl Heinz; Dipl.-Ing., Prof.; *Straßen- und Verkehrsplanung*; di: FH Köln, Fak. f. Bauingenieurwesen u. Umwelttechnik, Betzdorfer Str. 2, 50679 Köln, T: (0221) 82752789, karl_heinz.schaefer@fh-koeln.de

**Schäfer,** Karl-Herbert; Dr. med., Prof.; *Informatik, Mikrosystemtechnik*; di: FH Kaiserslautern, FB Informatik u. Mikrosystemtechnik, Amerikastr. 1, 66482 Zweibrücken, T: (06332) 914418, KarlHerbert.Schaefer@fh-kl.de

**Schaefer,** Klaus; Dr. rer. nat., Prof.; *Meßtechnik, Digitaltechnik*; di: Hochsch. Darmstadt, FB Elektrotechnik u. Informationstechnik, Haardtring 100, 64295 Darmstadt, T: (06151) 168320, schaefer@eit.h-da.de

**Schäfer,** Klaus; Prof.; *Städtebau und Entwerfen*; di: Hochsch. Bremen, Fak. Architektur, Bau u. Umwelt, Neustadtswall 30, 28199 Bremen, T: (0421) 59052757, F: 59052202, Klaus.Schaefer@hs-bremen.de

**Schäfer,** Marcus; Dr., Prof.; *Allgemeine Betriebswirtschaftslehre, Finanzmanagement*; di: FH Nordhausen, FB Wirtschafts- u. Sozialwiss., Weinberghof 4, 99734 Nordhausen, T: (03631) 420579, F: 420817, m.schaefer@fh-nordhausen.de

**Schäfer,** Michael; Dr., HonProf.; di: Hochsch. f. nachhaltige Entwicklung, FB Nachhaltige Wirtschaft, Friedrich-Ebert-Str. 28, 16225 Eberswalde, dr.schaefer@unternehmerin-kommune.de

**Schäfer,** Michael; Dr.-Ing., Prof.; *Technische Informatik*; di: Hochschule Ruhr West, Institut Informatik, PF 100755, 45407 Mülheim an der Ruhr, T: (0208) 88254805, Michael.Schaefer@hs-ruhrwest.de

**Schaefer,** Norbert; Dipl.-Ing., Prof.; *Baukonstruktion, Ausbaukonstruktion*; di: FH Kaiserslautern, FB Bauen u. Gestalten, Schönstr. 6 (Kammgarn), 67657 Kaiserslautern, T: (0631) 3724608, F: 3724666, norbert.schaefer@fh-kl.de

**Schäfer,** Norbert; Dr., Prof.; *Organisationspsychologie*; di: H f. öffentl. Verwaltung u. Finanzen Ludwigsburg, Reuteallee 36, 71634 Ludwigsburg, T: (07141) 140584, F: 140544, Schaefer@fh-ludwigsburg.de

**Schäfer,** Peter; Dr., Prof.; *Europäisches und Internationales Recht, Wirtschaftsprivatrecht*; di: Hochsch. Hof, Fak. Wirtschaft, Alfons-Goppel-Platz 1, 95028 Hof, T: (09281) 409427, F: 40955427, Peter.Schaefer@fh-hof.de

**Schäfer,** Peter; Dr. rer. nat., Prof.; *Natürliche Polymere, Spinnereitechnologie, physikalische Materialprüfung und Grundlagenfächer*; di: FH Kaiserslautern, FB Angew. Logistik u. Polymerwiss., Carl-Schurz-Str. 1-9, 66953 Pirmasens, T: (06331) 248318, F: 248344, peter.schaefer@fh-kl.de

**Schäfer,** Peter; Dr., Prof.; *Zivil- und Zivilverfahrensrecht, insbes. Familienrecht, Jugendhilferecht*; di: Hochsch. Niederrhein, FB Sozialwesen, Richard-Wagner-Str. 101, 41065 Mönchengladbach, T: (02161) 1865610, peter.schaefer@hs-niederrhein.de

**Schäfer,** Petra; Dr., Prof.; *Verkehrsplanung und Öffentl. Verkehr*; di: FH Frankfurt, FB 1 Architektur, Bauingenieurwesen, Geomatik, Nibelungenplatz 1, 60318 Frankfurt am Main, T: (069) 15332797

**Schäfer,** Reinhild; Dr., Prof.; *Sozialwesen*; di: Hochsch. Rhein/Main, FB Sozialwesen, Kurt-Schumacher-Ring 18, 65197 Wiesbaden, T: (0611) 94951310, Reinhild.Schaefer@hs-rm.de

**Schäfer,** Reinhold; Dr., Prof. i.R; *Datenbanken, Methoden der Künstlichen Intelligenz*; di: Hochsch. Rhein/Main, FB Design Informatik Medien, Kurt-Schumacher-Ring 18, 65197 Wiesbaden, reinhold.schaefer@hs-rm.de; pr: T: (06136) 958363

**Schäfer,** Rolf; Dr.-Ing., Prof.; *Datennetze und Datenfernübertragung*; di: FH Aachen, FB Elektrotechnik und Informationstechnik, Eupener Str. 70, 52066 Aachen, T: (0241) 600952171, rolf.schaefer@fh-aachen.de; pr: Rehmannstr. 30, 52134 Herzogenrath, T: (02407) 18793

**Schäfer,** Ronald; Dr. rer. nat., Prof.; *Allgemeine Chemie, Anorganische Chemie*; di: Hochsch. Aalen, Fak. Chemie, Beethovenstr. 1, 73430 Aalen, T: (07361) 5762181, ronald.schaefer@htw-aalen.de

**Schäfer,** Rüdiger; Dr. rer.pol., Prof.; *BWL, Handel*; di: DHBW Karlsruhe, Fak. Wirtschaft, Erzbergerstr. 121, 76133 Karlsruhe, T: (0721) 9735906, schaefer@no-spam.dhbw-karlsruhe.de

**Schaefer,** Sigrid; Dr. habil., Prof., Prorektorin; *Betriebswirtschaftslehre, insbes. Controlling u. nachhaltiges Wirtschaften*; di: EBZ Business School Bochum, Springorumallee 20, 44795 Bochum, T: (0234) 9447727, s.schaefer@ebz-bs.de

**Schäfer,** Stefan; Dr., Prof.; *Volkswirtschaftslehre*; di: Hochsch. Rhein/Main, Wiesbaden Business School, Bleichstr. 44, 65183 Wiesbaden, T: (0611) 94953196, Stefan.Schaefer@hs-rm.de

**Schaefer,** Stephan; Dr. rer. nat., Prof.; *Physik, Optik, Lasertechnik, Mathematik*; di: FH Flensburg, FB Energie u. Biotechnologie, Abt. Physik, Kanzleistr. 91-93, 24943 Flensburg, T: (0461) 8051278, stephan.schaefer@fh-flensburg.de; pr: T: (0461) 182126

**Schäfer,** Thomas; Dr., Prof.; *Chemieingenieurwesen*; di: Provadis School of Int. Management and Technology, Industriepark Hoechst, Geb. B 845, 65926 Frankfurt a.M.

**Schäfer,** Wolfgang; Dr., Prof., Dekan FB Marketing/Kommunikation; *Quantitative Methoden*; di: Hochsch. Pforzheim, Fak. f. Wirtschaft u. Recht, Tiefenbronner Str. 65, 75175 Pforzheim, T: (07231) 286321, F: 286070, wolfgang.schaefer@hs-pforzheim.de

**Schäfer-Hohmann,** Maria; Dr. phil., Prof.; *Methoden der Sozialen Arbeit*; di: Kath. Hochsch. Mainz, FB Soziale Arbeit, Saarstr. 3, 55122 Mainz, T: (06131) 2894448, schaefer-hohmann@kfh-mainz.de; pr: Edith-Stein-Str. 14, 67354 Römerberg, T: (06232) 850731, F: 850732, schaefer-hohmann@t-online.de

**Schäfer-Kunz,** Jan; Dr. rer. pol., Prof. FHTE Esslingen; *Betriebswirtschaftslehre, Rechnungswesen, Accounting*; di: Hochsch. Esslingen, Fak. Betriebswirtschaft, Fak. Graduate School, Flandernstr. 101, 73732 Esslingen, T: (0711) 3974323; pr: Tübinger Str. 19a, 70178 Stuttgart, T: (0711) 8568315, F: 6071851, jan@schaefer-kunz.de; www.jan.schaefer-kunz.de

**Schäfer-Richter,** Gisela; Dr., Prof.; *Künstliche Intelligenz und mathematische Grundlagen der Informatik*; di: FH Dortmund, FB Informatik, Emil-Figge-Str. 42, 44227 Dortmund, T: (0231) 7556731, F: 755335, schaefer-richter@fh-dortmund.de

**Schäfer-Schönthal,** Albrecht; M.A., Prof.; *Audiotechnik, Mehrspuraudioproduktion*; di: Hochsch. Furtwangen, Fak. Digitale Medien, Robert-Gerwig-Platz 1, 78120 Furtwangen, T: (07723) 9202570, schoe@fh-furtwangen.de

**Schäfer-Walkmann,** Susanne; Dr., Prof.; *Soziale Arbeit im Gesundheitswesen*; di: DHBW Stuttgart, Fak. Sozialwesen, Herdweg 29, 70174 Stuttgart, T: (0711) 1849755, schaefer-walkmann@dhbw-stuttgart.de

**Schäfermeier,** Ulrich; Dr., Prof.; *BWL, insbes. Informationsmanagement u. ERP-Systeme*; di: FH Bielefeld, FB Wirtschaft, Universitätsstr. 25, 33615 Bielefeld, T: (0521) 1065088, ulrich.schaefermeier@fh-bielefeld.de

**Schäfers,** Christian; Dr.-Ing., Prof.; *Karosserieentwicklung, Konstruktion*; di: Hochsch. Osnabrück, Fak. Ingenieurwiss. u. Informatik, Albrechtstr. 30, 49076 Osnabrück, T: (0541) 9692097, c.schaefers@hs-osnabrueck.de

**Schäfers,** Michael; Dr. rer. nat., Prof.; *Informatik*; di: HAW Hamburg, Fak. Technik u. Informatik, Berliner Tor 7, 20099 Hamburg, T: (040) 428758155, schaefers@informatik.haw-hamburg.de

**Schaeffer,** Reinhard; Dr. rer. nat., Prof.; *Tagebautechnik, Technologie der Steine u. Erden, Arbeits- u. Umweltschutz*; di: TFH Georg Agricola Bochum, WB Geoingenieurwesen, Bergbau u. Techn. Betriebswirtschaft, Herner Str. 45, 44787 Bochum, T: (0234) 9683307, F: 9683402, Schaeffer@tfh-bochum.de; pr: Im Großen Busch 22, 44795 Bochum, T: (0234) 9489330

**Schaeffer,** Thomas; Dr.-Ing., Prof.; *Konstruktion, CAD, Getriebetechnik, Technische Mechanik*; di: Hochsch. Regensburg, Fak. Maschinenbau, PF 120327, 93025 Regensburg, T: (0941) 9435164, thomas.schaeffer@maschinenbau.fh-regensburg.de

**Schäffner,** Gottfried J.; Dr., Prof.; *Allgemeine BWL*; di: Munich Business School, Elsenheimerstr. 61, 80687 München; tms inst. f. technik & markt strategien gbr, Spittlertorgraben 29, 90429 Nürnberg

**Schäffter,** Markus; Dr. rer. nat., Prof.; *Rechnernetze, Betriebsysteme, Datenschutz*; di: Hochsch. Ulm, Fak. Informatik, Prittwitzstr. 10, 89075 Ulm, T: (0731) 5028012, schaeffter@hs-ulm.de

**Schäfle,** Claudia; Dr., Prof.; *Physik*; di: Hochsch. Rosenheim, Hochschulstr. 1, 83024 Rosenheim, T: (08031) 805413, F: 805402, claudia.schaefle@fh-rosenheim.de

**Schäflein-Armbruster,** Robert; Prof.; *Technische Dokumentation*; di: Hochsch. Furtwangen, Fak. Product Engineering/Wirtschaftsingenieurwesen, Robert-Gerwig-Platz 1, 78120 Furtwangen, T: (07723) 9202191, F: 9202618, sar@hs-furtwangen.de

**Schael,** Arndt-Erik; Dr.-Ing., Prof.; *Maschinenbau*; di: DHBW Mannheim, Fak. Technik, Coblitzallee 1-9, 68163 Mannheim, T: (0621) 41051230, F: 41051248, arndt-erik.schael@dhbw-mannheim.de

**Schäper,** Michael; Dr.-Ing., Prof.; *Massivbau, Technologie der Massivbaustoffe*; di: Hochsch. Rhein/Main, FB Architektur u. Bauingenieurwesen, Kurt-Schumacher-Ring 18, 65197 Wiesbaden, T: (0611) 94951469, michael.schaeper@hs-rm.de; pr: Adlerstr. 78, 65193 Wiesbaden, T: (0611) 5326085

**Schäper,** Sabine; Dr. theol., Prof.; *Heilpädagogische Methodik*; di: Kath. Hochsch. NRW, Abt. Paderborn, FB Sozialwesen, Leostr. 19, 33098 Paderborn, T: (0251) 4176729, s.schaeper@katho-nrw.de

**Schätter,** Alfred; Prof.; *Wirtschaftsingenieurwesen*; di: Hochsch. Pforzheim, Tiefenbronner Str. 66, 75175 Pforzheim, T: (07231) 286688, F: 287688, alfred.schaetter@hs-pforzheim.de

**Schaetzing,** Edgar; Dipl.-oec., Prof.; *Hotel- und Restaurantadministration*; di: SRH Fernhochsch. Riedlingen, Lange Str. 19, 88499 Riedlingen, edgar.schaetzing@fh-riedlingen.de

**Schaffarczyk,** Alois P.; Dr., Prof.; *Technische Mechanik, Mathematik, Simulationstechnik*; di: FH Kiel, FB Maschinenwesen, Grenzstr. 3, 24149 Kiel, T: (0431) 2102610, F: 21062611, alois.schaffarczyk@fh-kiel.de

**Schaffer,** Hanne; Dipl.-Soz., Dr. rer. soc., Prof.; *Soziologie*; di: Kath. Stiftungsfachhochsch. München, Preysingstr. 83, 81667 München, hanne.schaffer@ksfh.de

**Schaffrin,** Christian; Dr., Prof.; *Werkstoffkunde, Messtechnik, Sensortechnik, Solartechnik*; di: Hochsch. Konstanz, Fak. Elektrotechnik u. Informationstechnik, Brauneggerstr. 55, 78462 Konstanz, PF 100543, 78405 Konstanz, T: (07531) 206248, F: 206400, schaffrin@fh-konstanz.de

**Schafir,** Schlomo; Dr.-Ing., Dr. h.c., Prof.; *Betriebswirtschaftslehre, insb. International Management in Baltic Countries*; di: FH Stralsund, FB Wirtschaft, Zur Schwedenschanze 15, 18435 Stralsund, T: (03831) 456792

**Schafmeister,** Annette; Dr.-Ing., Prof.; *Verfahrenstechnik, Anlagen- und Apparatebau*; di: Hochsch. Biberach, SG Pharmazeut. Biotechnologie, PF 1260, 88382 Biberach/Riß, T: (07351) 582495, F: 582469, schafmeister@hochschule-bc.de

**Schafmeister,** Heinrich; Dipl.-oec., Dr. rer. oec., Prof., Präs. FH Coburg; *Grundlagen der Betriebswirtschaftslehre, Personalcontrolling*; di: Hochsch. Coburg, Fak. Wirtschaft, Friedrich-Streib-Str. 2, 96450 Coburg, T: (09561) 371112, schafmeister@hs-coburg.de

**Schafmeister,** Sylvia; Dr., Prof.; *Gesundheitsmanagement*; di: FH Neu-Ulm, Wileystr. 1, 89231 Neu-Ulm, T: (0731) 97621446, sylvia.schafmeister@hs-neu-ulm.de

**Schafstedde,** Maria; Dr., Prof.; *Soziale Arbeit mit d. Schwerpunkt Sozialarbeitswissenschaft*; di: Kath. Hochsch. NRW, Abt. Paderborn, FB Sozialwesen, Leostr. 19, 33098 Paderborn, T: (05251) 122553, F: 122552, m.schafstedde@kfhnw.de; pr: Wilhelm-Schmidt-Str. 10a, 34131 Kassel, T: (0561) 34997

**Schaible,** Philipp; Dr., Prof.; *Informatik*; di: Hochsch. Hof, Alfons-Goppel-Platz 1, 95028 Hof, T: (09281) 4094860, philipp.schaible@hof-university.de

**Schake,** Thomas; Dr., Prof.; *Unternehmensmodellierung, eBusiness, IT-Management*; di: Hochsch. Furtwangen, Fak. Informatik, Robert-Gerwig-Platz 1, 78120 Furtwangen, T: (07723) 9202335, Thomas.Schake@hs-furtwangen.de

**Schall,** Dietmar; Dipl.-Phys., Dr. rer. nat., Prof.; *Rechnerarchitektur, Softwaretechnik, Digitale Signalverarbeitung*; di: FH Worms, FB Informatik, Erenburgerstr. 19, 67549 Worms, T: (06241) 509243, F: 509222

**Schall,** Günther; Dr.-Ing., Prof.; *Stahlbau, Technische Mechanik*; di: FH Lübeck, FB Bauwesen, Mönkhofer Weg 239, 23562 Lübeck, T: (0451) 3005142, guenther.schall@fh-luebeck.de; pr: Stiftstr. 9, 25746 Heide, T: (0171) 5309169

**Schallenberg,** Brigitte; Dr., Prof.; *Medienfach Kunst*; di: Hochsch. Fulda, FB Sozialwesen, Marquardstr. 35, 36039 Fulda, T: (0661) 9640227

**Schallenberg,** Jürgen; Dr. rer. nat., Prof.; *Biotechnologie, Bioverfahrenstechnik*; di: Jade Hochsch., FB Ingenieurwissenschaften, Friedrich-Paffrath-Str. 101, 26389 Wilhelmshaven, T: (04421) 9852530, F: 9852623, juergen.schallenberg@jade-hs.de

**Schaller,** Christian; Dr., Prof.; *BWL, International Business*; di: DHBW Stuttgart, Fak. Wirtschaft, BWL-International Business, Blumenstr. 25, 70182 Stuttgart, T: (0711) 1849519, Schaller@dhbw-stuttgart.de

**Schaller,** Johannes; Dr. phil., Prof.; *Rehabilitationspsychologie*; di: SRH FH f. Gesundheit Gera, Hermann-Drechsler-Str. 2, 07548 Gera, johannes.schaller@srh-gesundheitshochschule.de

**Schaller,** Thomas; Prof.; *Elektronisch gestütze Geschäftsprozesse*; di: Hochsch. Hof, Alfons-Goppel-Platz 1, 95028 Hof, T: (09281) 409495, F: 40955495, Thomas.Schaller@fh-hof.de

**Schallner,** Harald; Dr., Prof.; *Wirtschaftsinformatik*; di: Jade Hochsch., FB Management, Information, Technologie, Friedrich-Paffrath-Str. 101, 26389 Wilhelmshaven, T: (04421) 9852355, harald.schallner@jade-hs.de

**Schalz,** Karl-Josef; Dr.-Ing., Prof.; *Technische Mechanik, CAD/CAM, Feinwerk-Konstruktion, Feinwerk-Fertigung, Getriebelehre*; di: HAWK Hildesheim/Holzminden/Göttingen, Fak. Naturwiss. u. Technik, Von-Ossietzky-Str. 99, 37085 Göttingen, T: (0551) 3705102, F: 3705101

**Schanda,** Ulrich; Dr., Prof.; *Physik, Bauphysik, Schall*; di: Hochsch. Rosenheim, Hochschulstr. 1, 83024 Rosenheim, T: (08031) 805407

**Schandl,** Susanne; Dr., Prof.; di: DHBW Ravensburg, Campus Friedrichshafen, Fallenbrunnen 2, 88045 Friedrichshafen, T: (07541) 2077223, schandl@dhbw-ravensburg.de

**Schanné,** Michael; Dipl.-Ing., Prof.; *Baukonstruktion*; di: FH Münster, FB Architektur, Leonardo-Campus 5, 48155 Münster, T: (0251) 8365122, teamschanne@fh-muenster.de; pr: teambauko@gmx.de

**Schanze,** Thomas; Dr., Prof.; di: Techn. Hochsch. Mittelhessen, FB 04 Krankenhaus- u. Medizintechnik, Umwelt- u. Biotechnologie, Wiesenstr. 14, 35390 Gießen, T: (0641) 3092639; pr: Rollenwiesenweg 72, 35039 Marburg, T: (06421) 47561

**Schanzenbach,** Johannes; Dr.-Ing., Prof.; *Stahlbau, Holzbau*; di: FH Kaiserslautern, FB Bauen u. Gestalten, Schönstr. 6 (Kammgarn), 67657 Kaiserslautern, T: (0631) 3724527, F: 3724555, j.schanzenbach@bauing.fh-kl.de

**Schaper,** Gerhard; Dr.-Ing., Prof., Dekan FB Bauingenieurwesen; *Tragwerksplanung, Computersimulation (FEM; CA/CAM)*; di: FH Münster, FB Bauingenieurwesen, Corrensstr. 25, 48149 Münster, T: (0251) 8365153, F: 8365152, schaper@fh-muenster.de; pr: Fritz-Häger-Weg 7, 30559 Hannover, T: (0251) 866382

**Schaper,** Thorsten; Dr., Prof.; *BWL, insb. Marketing*; di: Hochsch. Trier, Umwelt-Campus Birkenfeld, FB Umweltwirtschaft/Umweltrecht, PF 1380, 55761 Birkenfeld, T: (06782) 171530, t.schaper@umwelt-campus.de

**Schardein,** Werner; Dr., Prof.; *Verbindungstechnik, Schaltungsintegration*; di: FH Dortmund, FB Informations- u. Elektrotechnik, Sonnenstr. 96, 44139 Dortmund, T: (0231) 9112744, F: 9112289, schardein@fh-dortmund.de

**Scharf,** Andreas; Dr. habil., Prof.; *Marketing, Innovationsmanagement*; di: FH Nordhausen, FB Wirtschafts- u. Sozialwiss., Weinberghof 4, 99734 Nordhausen, T: (03631) 420577, F: 420817, scharf@fh-nordhausen.de

**Scharfenberg,** Georg; Dipl.-Ing., Prof.; *Informatik, Mikrocomputertechnik*; di: Hochsch. Regensburg, Fak. Elektro- u. Informationstechnik, PF 120327, 93025 Regensburg, T: (0941) 9431113, georg.scharfenberg@e-technik.fh-regensburg.de

**Scharfenberg,** Harald; Dr. rer. nat., Prof., Dekan FB Mathematik und Naturwissenschaften; *Mathematik*; di: Hochsch. Darmstadt, FB Mathematik u. Naturwiss., Haardtring 100, 64295 Darmstadt, T: (06151) 168650, scharfenberg@h-da.de

**Scharfenberg,** Klaus; Dr.rer.nat., Prof.; *Bioverfahrenstechnik, angew. Mikrobiologie, Zellkultivierung, Prozessentckilung/Optimierung*; di: Hochsch. Emden/Leer, FB Technik, Constantiaplatz 4, 26723 Emden, T: (04921) 8071520, F: 8071593, scharfenberg@hs-emden-leer.de

**Scharfenkamp,** Norbert; Dr. rer. oec., Prof.; *Betriebswirtschaftslehre, insbes. Personal- und Ausbildungswesen*; di: FH Köln, Fak. f. Wirtschaftswiss., Claudiusstr. 1, 50678 Köln, T: (0221) 82753430, norbert.scharfenkamp@fh-koeln.de

**Scharl,** Hans-Peter; Dr. rer. pol., Prof.; *Steuern, Rechnungslegung*; di: Hochsch. München, Fak. Betriebswirtschaft, Am Stadtpark 20 (Neubau), 81243 München, T: (089) 12652735, F: 12652714, hans-peter.scharl@fhm.edu

**Scharlau,** Ulf; Dr., HonProf.; *Medien- und Rundfunkdokumentation*; di: Hochsch. d. Medien, Fak. Information u. Kommunikation, Wolframstr. 32, 70191 Stuttgart, T: (0711) 9293270; pr: Uracher Weg 21, 71686 Remseck, T: (07146) 90326

**Scharmann,** Matthias; Dr.-Ing., Prof.; *Getriebelehre, Maschinendynamik, Mathematik, Standardisierung*; di: Hochsch. Hannover, Fak. II Maschinenbau u. Bioverfahrenstechnik, Ricklinger Stadtweg 120, 30459 Hannover, PF 920261, 30441 Hannover, T: (0511) 92963544, matthias.scharmann@hs-hannover.de; pr: T: (0511) 2348551

**Scharpf,** Michael; Dr., Prof.; *Betriebswirtschaftslehre, Schwerpunkt: Unternehmenssteuerung, Controlling und Rechnungswesen*; di: Hochsch. d. Bundesagentur f. Arbeit, Seckenheimer Landstr. 16, 68163 Mannheim, T: (0621) 4209103, Michael.Scharpf@arbeitsagentur.de

**Schaschek,** Karl; Dr., Prof.; *Druck- und Druckverarbeitungsmaschinen*; di: Hochsch. d. Medien, Fak. Druck u. Medien, Nobelstr. 10, 70569 Stuttgart, T: (0711) 89232046, schaschek@hdm-stuttgart.de

**Schattmayer-Bolle,** Klara; Gestaltungstherapeutin, HonProf.; *Kunsttherapie*; di: Hochsch. f. Kunsttherapie Nürtingen, Sigmaringer Str. 15, 72622 Nürtingen, k.schattmayer-bolle@hkt-nuertingen.de

**Schatz,** Günther; Dipl.-Päd., Dr. phil., Prof., Dekan FB Soziale Arbeit Benediktbeuern; *Pädagogik und Sozialarbeit/Sozialpädagogik*; di: Kath. Stiftungsfachhochsch. München, Abt. Benediktbeuern, Don-Bosco-Str. 1, 83671 Benediktbeuern, T: (08857) 88508, guenther.schatz@ksfh.de

**Schatz,** Tino; Dr.-Ing., Prof.; *Baustoffkunde, Holzbau, Mathematik*; di: Hochsch. Trier, FB BLV, PF 1826, 54208 Trier, T: (0651) 8103469, t.schatz@hochschule-trier.de; pr: Anheierstr. 56, 54296 Trier, T: (0651) 9930855

**Schaub,** Hans-Joachim; Dr.-Ing., Prof.; *Mauerwerksbau, Stahlbetonbau, Spannbetonbau*; di: Hochsch. Biberach, Fak. Bauingenieurwesen, PF 1260, 88382 Biberach/Riß, T: (07351) 582314, F: 582119, schaub@hochschule-bc.de

**Schaub,** Stefan; Dr. jur., Prof.; *Recht, insbes. Jugend- und Familienrecht*; di: Kath. Hochsch. NRW, Abt. Köln, FB Sozialwesen, Wörthstr. 10, 50668 Köln, T: (0221) 7757158, F: 7757180, s.schaub@kfhnw.de; pr: Horst 4a, 42781 Haan, schaub.stefan@t-online.de

**Schauder,** Rolf; Dr., Prof.; *Chemieingenieurwesen*; di: Provadis School of Int. Management and Technology, Industriepark Hoechst, Geb. B 845, 65926 Frankfurt a.M., T: (069) 3054225, rolf.schauder@provadis-hochschule.de

**Schaudin,** Pamela; Dipl.-Des., Prof.; *Mediendesign*; di: Beuth Hochsch. f. Technik, FB VI Informatik u. Medien, Luxemburger Str. 10, 13353 Berlin, T: (030) 45042247, schaudin@beuth-hochschule.de

**Schauer,** Winfried; Dr.-Ing. habil., Prof.; *Automatisierungstechnik*; di: Hochsch. Wismar, Fak. f. Ingenieurwiss., PF 1210, 23952 Wismar, T: (03841) 753260, w.schauer@et.hs-wismar.de

**Schauer,** Winfried; Dr.-Ing., Prof., Dekan FB Wirtschaftsingenieurwesen; *Technische Mechanik, Thermodynamik, Energietechnik*; di: Hochsch. München, Fak. Wirtschaftsingenieurwesen, Erzgießereistr. 14, 80335 München, T: (089) 12652465

**Schauerte,** Thomas; Dr. rer. pol., Prof.; *Finanzwirtschaft*; di: Hochsch. Coburg, Fak. Wirtschaft, Friedrich-Streib-Str. 2, 96450 Coburg, T: (09561) 317262, schauerte@hs-coburg.de

**Schauerte,** Thorsten; Dr., Prof.; *Sport- und Eventmanagement*; di: Macromedia Hochsch. f. Medien u. Kommunikation, Richmodstr. 10, 50667 Köln

**Schauf,** Malcolm; Dr., Prof.; *Unternehmensorganisation, Betriebliches Personalwesen, Projektmanagement*; di: Hochschl. f. Oekonomie & Management, Herkulesstr. 32, 45127 Essen, T: (0201) 810040

**Schaufelberger,** Michael; Dr., Prof.; *Bank*; di: DHBW Mannheim, Fak. Wirtschaft, Coblitzallee 1-9, 68163 Mannheim, T: (0621) 41052203, F: 41052200, michael.schaufelberger@dhbw-mannheim.de

**Schaugg,** Johannes; Dr., Prof.; *Physik, Elektronik, Interaktive Medien*; di: Hochsch. d. Medien, Fak. Electronic Media, Nobelstr. 10, 70569 Stuttgart, T: (0711) 89232240, schaugg@hdm-stuttgart.de

**Schaul,** Ronald; Dipl.-Wirtsch.-Ing. (FH), Prof.; *Reproduktionstechnik, Druck- und Medienvorstufe, Technologiemanagement, Digitale Fotografie*; di: Hochsch. d. Medien, Fak. Druck u. Medien, Nobelstr. 10, 70569 Stuttgart, T: (0711) 89232173, schaul@hdm-stuttgart.de

**Schayck,** Edgar van; Dipl.-Ing., Prof.; *Städtebau, Bauleitplanung, Umweltrecht*; di: Hochsch. Osnabrück, Fak. Agrarwiss. u. Landschaftsarchitektur, Oldenburger Landstr. 24, 49090 Osnabrück, T: (0541) 9695217, e.van-schayck@hs-osnabrueck.de; pr: Habkemeyers Hof 8, 49205 Hasbergen-Gaste, T: (05405) 4009

**Scheben,** Ursula; Dr., Prof.; *Grundlagen der Informatik und Compilerbau*; di: FH Dortmund, FB Informatik, Emil-Figge-Str. 42, 44227 Dortmund, T: (0231) 7556785, F: 7556710, ursula.scheben@fh-dortmund.de

**Schebesta,** Ingo; Dr. rer. nat., Prof.; *Computergrafik und Animation*; di: Hochsch. Emden/Leer, FB Technik, Constantiaplatz 4, 26723 Emden, T: (04921) 8071827, schebesta@hs-emden-leer.de

**Schebesta,** Wolfgang; Dipl.-Ing., Prof.; *Computerschnittstellen/Netzwerkperipherie, Daten- und Rechnernetze, Grundlagen der Informatik, Maschinenorientiertes Programmieren*; di: HTW Berlin, FB Ingenieurwiss. I, Allee der Kosmonauten 20/22, 10315 Berlin, T: (030) 50193218, schebest@HTW-Berlin.de

**Scheck,** Johann-Peter; Dipl.-Architektur., Prof.; *Städtebau, Entwerfen*; di: Hochsch. Regensburg, Fak. Architektur, PF 120327, 93025 Regensburg, T: (0941) 9431184, johann-peter.scheck@architektur.fh-regensburg.de

**Scheckenbach,** Sabine; Dr., Prof.; *Supply Chain Management, e-Business, Beschaffungsmanagement, Logistik-Controlling*; di: FH Ludwigshafen, FB III Internationale Dienstleistungen, Ernst-Boehe-Str. 4, 67059 Ludwigshafen, T: (0621) 5203301, sabine.scheckenbach@fh-ludwigshafen.de

**Scheder,** Peter; Dipl.-Ing., Prof.; *Baukonstruktion*; di: FH Köln, Fak. f. Architektur, Betzdorfer Str. 2, 50679 Köln; pr: Am Hirtenacker 2, 67705 Stelzenberg

**Scheed,** Bernd; Dr., Prof.; *Internationales Management, Marketing*; di: HAW Ingolstadt, Fak. Wirtschaftswiss., Esplanade 10, 85049 Ingolstadt, T: (0841) 9348461, Bernd.Scheed@haw-ingolstadt.de

**Scheel,** Burghard; HonProf.; *BWL*; di: Hochsch. Harz, FB Automatisierung u. Informatik, Friedrichstr. 54, 38855 Wernigerode, T: (03943) 659300, F: 659109, bscheel@hs-harz.de

**Scheel,** Thomas; Prof.; *Privatrecht, Umsatzsteuer, Verfahrensrecht, Öffentliches Recht*; di: H f. öffentl. Verwaltung u. Finanzen Ludwigsburg, Fak. Steuer- u. Wirtschaftsrecht, Reuteallee 36, 71634 Ludwigsburg, T: (07141) 140481, F: 140544

**Scheel,** Tobias; Dr. jur., Prof.; *Steuern- u. Prüfungswesen*; di: DHBW Stuttgart, Fak. Wirtschaft, Herdweg 21, 70174 Stuttgart, T: (0711) 1849789, scheel@dhbw-stuttgart.de

**Scheer,** Manfred; Dr. rer. nat., Prof.; *Wirtschaftsinformatik*; di: Techn. Hochsch. Mittelhessen, FB 13 Mathematik, Naturwiss. u. Datenverarbeitung, Wiesenstr. 14, 35390 Gießen, T: (0641) 3092344; pr: Kronprinzenstr. 34, 53773 Hennef, T: (02242) 83885

**Scheer,** Matthias K.; Dr. jur., HonProf.; *Internationales Wirtschaftsrecht u. Japanisches Recht*; di: Hochsch. Bremen, Fak. Wirtschaftswiss., Werderstr. 73, 28199 Bremen, drscheer@aol.com; www.drscheer.de; pr: Neuer Wall 54, 20354 Hamburg, T: (040) 372135

**Scheer,** Thorsten; Dr., Prof.; *Architekturtheorie, Kunstgeschichte, Baugeschichte*; di: FH Düsseldorf, FB 1 – Architektur, Georg-Glock-Str. 15, 40474 Düsseldorf, T: (0211) 4351134, thorsten.scheer@fh-duesseldorf.de; pr: Silberkann-Str. 20, 45134 Essen, T: (0201) 517584, scheer@xoxx.net

**Scheerhorn,** Alfred; Dr.-Ing., Prof.; *Systemsicherheit, Datenschutz, Kommunikationssysteme*; di: Hochsch. Osnabrück, Fak. Ingenieurwiss. u. Informatik, Albrechtstr. 30, 49076 Osnabrück, T: (0541) 9693540, a.scheerhorn@hs-osnabrueck.de

**Scheewe,** Petra; Dr. rer. nat., Prof.; *Obstbau und Baumschule*; di: HTW Dresden, Fak. Landbau/Landespflege, Mitschurinbau, 01326 Dresden-Pillnitz, T: (0351) 4623021, scheewe@pillnitz.htw-dresden.de

**Scheffel,** Rainer; Dr. rer. nat., Prof.; *Werkstoffkunde*; di: Hochsch. Heilbronn, Fak. f. Mechanik u. Elektronik, Max-Planck-Str. 39, 74081 Heilbronn, T: (07131) 504286, scheffel@fh-heilbronn.de

**Scheffel,** Regine; M.A., Prof.; *Computergestützte Informationssysteme in Museen und Bibliotheken*; di: HTWK Leipzig, FB Medien, PF 301166, 04251 Leipzig, T: (0341) 30765423, scheffel@fbm.htwk-leipzig.de; pr: Czermaks Garten 5, 04103 Leipzig, T: (0341) 2618273

**Scheffer,** David; Dr., Prof.; *Personalmanagement, Wirtschaftspsychologie*; di: Nordakademie, FB Wirtschaftswissenschaften, Köllner Chaussee 11, 25337 Elmshorn, T: (04121) 409035, F: 409040, david.scheffer@nordakademie.de

**Scheffler,** Ernst-Ulrich; Dipl.-Ing., Prof.; *Baustoffkunde, Perspektive*; di: Hochsch. Rhein/Main, FB Architektur u. Bauingenieurwesen, Kurt-Schumacher-Ring 18, 65197 Wiesbaden, T: (0611) 94951401, ernst-ulrich.scheffler@hs-rm.de; pr: Markgrafenstr. 17, 60487 Frankfurt a.M., T: (069) 590078

**Scheffler,** Ingrid; Dr. phil., Prof.; *Medien- und Literaturwissenschaft*; di: FH Köln, Fak. f. Informations- u. Kommunikationswiss., Claudiusstr. 1, 50678 Köln, T: (0221) 82753384, Ingrid.Scheffler@fh-koeln.de

**Scheffler,** Jörg; Dr., Prof.; *Elektrische Energieanlagen*; di: Hochsch.Merseburg, FB Informatik u. Kommunikationssysteme, Geusaer Str., 06217 Merseburg, T: (03461) 462309, joerg.scheffler@hs-merseburg.de

**Scheffler,** Klaus; Dr.-Ing., Prof.; *Mess- und Regelungstechnik, Aerodynamik, Strömungsmechanik*; di: Hochsch. München, Fak. Maschinenbau, Fahrzeugtechnik, Flugzeugtechnik, Dachauer Str. 98b, 80335 München, T: (089) 12651109, F: 12651392, klaus.scheffler@fhm.edu

**Scheffler,** Petra; Dr. rer. nat., Prof.; *Betriebswirtschaftslehre, insb. Datenverarbeitung und Wirtschaftsmathematik*; di: FH Stralsund, FB Wirtschaft, Zur Schwedenschanze 15, 18435 Stralsund, T: (03831) 456615

**Scheffler,** Thomas; Dipl.-Inform., Prof.; *Datenkommunikation, Netzwerkengineering*; di: Beuth Hochsch. f. Technik, FB VII Elektrotechnik – Mechatronik – Optometrie, Luxemburger Str. 10, 13353 Berlin, T: (030) 45042648, scheffler@beuth-hochschule.de

**Scheffler,** Tobias; Dr.-Ing., Prof.; *Vermessungswesen, Satellitengeodäsie, Datenverarbeitung im Vermessungswesen, Kartographie*; di: Hochsch. Magdeburg-Stendal, FB Bauwesen, Breitscheidstr. 2, 39114 Magdeburg, T: (0391) 8864272, tobias.scheffler@hs-Magdeburg.DE

**Scheffold,** Karl-Heinz; Dr.-Ing., Prof.; *Abfallwirtschaft, Umwelttechnik*; di: FH Bingen, FB Life Sciences and Engineering, FR Umweltschutz, Berlinstr. 109, 55411 Bingen, T: (06721) 409446, scheffold@fh-bingen.de

**Schegk,** Ingrid; Prof.; *Baukonstruktion, CAD*; di: Hochsch. Weihenstephan-Triesdorf, Fak. Landschaftsarchitektur, Am Hofgarten, 85354 Freising, 85350 Freising, T: (08161) 715247, F: 715114, ingrid.schegk@fh-weihenstephan.de

**Scheibe,** Heinz-Jürgen; Dr. rer. pol., Prof.; *Internationale Logistik, Transportökonomie, Betriebswirtschaftslehre*; di: Hochsch. Bremerhaven, An der Karlstadt 8, 27568 Bremerhaven, T: (0471) 48230, hscheibe@hs-bremerhaven.de; pr: Vor Vierhausen 40a, 27721 Ritterhude, T: (04292) 1505, hjscheibe@t-online.de

**Scheibe,** Klaus; Dr., Prof.; *Hochspannungstechnik, Elektromagnetische Verträglichkeit*; di: FH Kiel, FB Informatik u. Elektrotechnik, Grenzstr. 5, 24149 Kiel, T: (0431) 2104060, F: 2104011, klaus.scheibe@fh-kiel.de

**Scheibel,** Hans Georg; Dipl.-Phys., Dr., Prof.; *Kernphysik, Kerntechnik, Kernphysikalische Messtechnik, Strahlenschutz*; di: Hochsch. Rhein/Main, FB Ingenieurwiss., Physikalische Technik, Am Brückweg 26, 65428 Rüsselsheim, T: (06142) 8984585, hans.scheibel@hs-rm.de; pr: Eichenweg 11, 35457 Lollar, T: (06406) 6337

**Scheible,** Daniel H.; Dr., Prof.; *Betriebswirtschaftslehre und Interkulturelle Kompetenz*; di: Hochsch. Rhein-Waal, Fak. Kommunikation u. Umwelt, Südstraße 8, 47475 Kamp-Lintfort, T: (02842) 90825261, daniel.scheible@hochschule-rhein-waal.de

**Scheibner,** Katrin; Dr., Prof.; *Enzymtechnologie*; di: Hochsch. Lausitz, FB Bio-, Chemie- u. Verfahrenstechnik, Großenhainer Str. 57, 01968 Senftenberg

**Scheideler,** Wilfried; Dr.-Ing., Prof.; *Mathematik für Ingenieure*; di: FH Düsseldorf, FB 4 – Maschinenbau u. Verfahrenstechnik, Josef-Gockeln-Str. 9, 40474 Düsseldorf, T: (0211) 4351408, wilfried.scheideler@fh-duesseldorf.de; pr: Bruchstr. 32B, 40882 Ratingen, T: (02102) 843027

**Scheidler,** Michael; Dr., Prof.; *Tourismus u. Mobilität*; di: Int. School of Management, Campus Frankfurt, Mörfelder Landstraße 55, 60598 Frankfurt/M., T: (069) 660593670, ism.frankfurt@ism.de

**Scheidler,** Thomas; Dipl.-Ing., Prof.; *Baugeschichte und Entwerfen – Teil Entwerfen*; di: FH Aachen, FB Architektur, Bayernallee 9, 52066 Aachen, T: (0241) 600951101, scheidler@fh-aachen.de; pr: Corneliusstr. 2, 50678 Köln, T: (0221) 9322190

**Scheidt,** Hans-Joachim v.; Dr., Prof.; *Dienstleistungsmarketing*; di: DHBW Mannheim, Fak. Wirtschaft, Käfertaler Str. 258, 68167 Mannheim, T: (0621) 41052106, F: 41052100, hans-joachim.scheidt@dhbw-mannheim.de

**Scheidt,** Jörg; Dr., Prof.; *Informatik in der Finanzdienstleistung*; di: Hochsch. Hof, Alfons-Goppel-Platz 1, 95028 Hof, T: (09281) 409464, F: 40955464, joerg.scheidt@fh-hof.de

**Scheinberger,** Felix; Dipl.-Des., Prof.; *Illustration*; di: FH Münster, FB Design, Leonardo-Campus 6, 48149 Münster, T: (0251) 8365357

**Scheiper,** Ulrich; Dr., Prof.; *Volkswirtschaftslehre, Volkswirtschaftspolitik, Betriebsstatistik*; di: Hochsch. f. angew. Wiss. Würzburg Schweinfurt, Fak. Wirtschaftsingenieurwesen, Ignaz-Schön-Str. 11, 97421 Schweinfurt

**Scheja,** Joachim; Dipl.-Kfm., Dr. rer. pol., Prof., Dekan FB Informatik; *Wirtschaftsinformatik mit d. Schwerpunkten Betriebswirtschaft, entscheidungsunterstützende Systeme, Kommunikation, theoretische Grundlagen d. Wirtschaftsinformatik*; di: Georg-Simon-Ohm-Hochsch. Nürnberg, Fak. Informatik, Keßlerplatz 12, 90489 Nürnberg, T: (0911) 58801652

**Scheja-Strebak,** Ursula; Dipl.-Oec., Dr. oec., Prof.; *Quantitative Methoden in der empirischen Wirtschafts- und Sozialforschung*; di: Hochsch. f. Wirtschaft u. Recht Berlin, FB 1, Badensche Str. 50-51, 10825 Berlin, T: (030) 85789157, strebak@hwr-berlin.de

**Schekelmann,** André; Dr., Prof.; *Wirtschaftsinformatik, insbes. Software Engineering*; di: Hochsch. Osnabrück, Fak. Wirtschafts- u. Sozialwiss., Caprivistr. 30A, 49076 Osnabrück, PF 1940, 49009 Osnabrück, T: (0541) 9693570, schekelmann@wi.hs-osnabrueck.de

**Scheld,** Guido A.; Dr. rer. pol., Prof. u. LBeauftr. International Business School Lippstadt; *BWL, insbes. Rechnungswesen*; di: FH Jena, FB Betriebswirtschaft, Carl-Zeiss-Promenade 2, 07745 Jena, PF 100314, 07703 Jena, bw@fh-jena.de; Internat. Business School Lippstadt, Im Eichholz 10, 59556 Lippstadt

**Schell,** Reiner; Dr., Prof.; *Informatik, Digitaltechnik, Software Engineering*; di: Hochsch. Rosenheim, Fak. Ingenieurwiss., Hochschulstr. 1, 83024 Rosenheim, T: (08031) 805781, F: 805702

**Schell,** Uli; Dr., Prof.; *Computer Integrated Manufacturing und wissensbasierte Systeme*; di: FH Kaiserslautern, FB Informatik und Mikrosystemtechnik, Amerikastr. 1, 66482 Zweibrücken, T: (06332) 914100, schell@informatik.fh-kl.de

**Schellberg,** Bernhard; Dr. rer. pol., Prof.; *Allgemeine Betriebswirtschaftslehre*; di: FH Schmalkalden, Fak. Wirtschaftsrecht, Blechhammer, 98574 Schmalkalden, PF 100452, 98564 Schmalkalden, T: (03683) 6886106, b.schellberg@fh-sm.de

**Schellberg,** Klaus-Ulrich; Dipl.-Kfm., Dr. rer. pol., Prof.; *BWL*; di: Ev. Hochsch. Nürnberg, Fak. f. Sozialwissenschaften, Bärenschanzstr. 4, 90429 Nürnberg, T: (0911) 27253800, klaus.schellberg@evhn.de

**Schellenberg,** Ingo; Dr., Prof.; *Anorganische und Organische Chemie*; di: Hochsch. Anhalt, FB 1 Landwirtschaft, Ökotrophologie, Landespflege, Strenzfelder Allee 28, 06406 Bernburg, T: (03471) 3551188, schellenberg@loel.hs-anhalt.de

**Scheller,** Christoph; Dipl.-Kom., Prof.; *Grafik-Design (Konzept und Entwurf), Schwerpunkt Kommunikation und Werbung*; di: FH Aachen, FB Design, Boxgraben 100, 52064 Aachen, T: (0241) 600951522, scheller@fh-aachen.de

**Scheller,** Susanne; Dr., Prof.; *Strafrecht, Strafverfahrensrecht, Ordnungswidrigkeitenrecht*; di: Hochsch. f. Polizei Villingen-Schwenningen, Sturmbühlstr. 250, 78054 Villingen-Schwenningen, T: (07720) 309542, SusanneScheller@fhpol-vs.de

**Schellhammer,** Barbara; Dr., Prof.; *Soziale Arbeit*; di: CVJM-Hochsch. Kassel, Hugo-Preuß-Straße 40, 34131 Kassel-Bad Wilhelmshöhe, T: (0561) 3087536, schellhammer@cvjm-hochschule.de

**Schellhase,** Ralf; Dr. rer. pol., Prof.; *Betriebswirtschaftslehre*; di: Hochsch. Darmstadt, FB Wirtschaft, Haardtring 100, 64295 Darmstadt, T: (06151) 168396, ralf.schellhase@fbw.h-da.de

**Schellhorn,** Helmut; Dr., Prof.; *Sozialrecht, Recht in der Pflege*; di: FH Frankfurt, FB 4 Soziale Arbeit u. Gesundheit, Nibelungenplatz 1, 60318 Frankfurt am Main, T: (069) 15332630, h.schellhorn@arcor.de

**Schellhorn,** Henning; Dipl.-Des., Prof.; *Entwerfen Grafikdesign, insb. neue Medien*; di: Hochsch. Wismar, Fak. f. Gestaltung, PF 1210, 23952 Wismar, T: (03841) 753287, h.schellhorn@di.hs-wismar.de

**Schelling,** Udo; Dr.-Ing., Prof.; *Thermodynamik, Thermische Maschinen, Energietechnik*; di: Hochsch. Konstanz, Fak. Maschinenbau, Brauneggerstr. 55, 78462 Konstanz, PF 100543, 78405 Konstanz, T: (07531) 206304, F: 206558, schell@fh-konstanz.de

**Schellong,** Wolfgang; Dr. rer. nat., Prof.; *Datenverarbeitung, Mathematik*; di: FH Köln, Fak. f. Informations-, Medien- u. Elektrotechnik, Betzdorfer Str. 2, 50679 Köln, T: (0221) 82752251, wolfgang.schellong@fh-koeln.de

**Schelske,** Andreas; Dr., Prof.; *Medienwirtschaft und Journalistik*; di: Jade Hochsch., FB Management, Information, Technologie, Friedrich-Paffrath-Str. 101, 26389 Wilhelmshaven, T: (04421) 9852367, andreas.schelske@jade-hs.de

**Schelthoff,** Christof; M.D., PhD, Prof.; *Mathematik und EDV*; di: FH Aachen, FB Angewandte Naturwiss. u. Technik, Ginsterweg 1, 52428 Jülich, T: (0241) 600953042, schelthoff@fh-aachen.de

**Schemel,** Kirsten; Dipl.-Ing., Prof.; *Entwerfen*; di: FH Münster, FB Architektur, Leonardo-Campus 5, 48149 Münster, T: (0251) 8365077, prof.schemel@fh-muenster.de; pr: Thomasstr. 13, 10557 Berlin, T: (030) 39903910

**Schemme,** Michael; Dr., Prof.; *Faserverbundtechnologie, Konstruieren m. Faserverbundwerkstoffen, Grundlagen Projektmanagement, Maschinenelemente II, CAX*; di: Hochsch. Rosenheim, Fak. Ingenieurwiss., Hochschulstr. 1, 83024 Rosenheim, T: (08031) 805676

**Schemmert,** Ulf; Dr. rer. nat., Prof.; *Physik, Mobile Kommunikationsplattformen*; di: Dt. Telekom Hochsch. f. Telekommunikation, PF 71, 04251 Leipzig, schemmert@hft-leipzig.de

**Schempf,** Thomas; Dr., Prof.; *Banking & Finance*; di: SRH Fernhochsch. Riedlingen, Lange Str. 19, 88499 Riedlingen, thomas.schempf@fh-riedlingen.srh.de

**Schempp,** Ulrich; Dr. oec., Prof.; *Betriebliche Außenwirtschaft und Finanzierung*; di: FH Stralsund, FB Wirtschaft, Zur Schwedenschanze 15, 18435 Stralsund, T: (03831) 456500

**Schempp,** Ulrike; Prof.; *Textiltechnik*; di: HAW Hamburg, Fak. Design, Medien u. Information, Armgartstr. 24, 22087 Hamburg, T: (040) 428754682, ulrike.schempp@haw-hamburg.de

**Schendzielorz,** Ulrich; Prof.; *Kommunikationsgestaltung*; di: Hochsch. f. Gestaltung Schwäbisch Gmünd, Rektor-Klaus-Str. 100, 73525 Schwäbisch Gmünd, PF 1308, 73503 Schwäbisch Gmünd, T: (07171) 602631

**Schenek,** Anton; Dr.-Ing., Prof.; *Technologie der Garnerzeugung, Faserverarbeitung, Textile Materialprüfung/Qualitätskontrolle*; di: Hochsch. Reutlingen, FB Textil u. Bekleidung, Alteburgstr. 150, 72762 Reutlingen, T: (07121) 2718013, Anton.Schenek@Reutlingen-University.DE; pr: Weilweg 33, 72768 Reutlingen-Sickenhausen

**Schengber,** Ralf; Dr. rer. pol., Prof.; *Betriebswirtschaftslehre, insbesondere internationales Absatz- u. Beschaffungsmarketing*; di: FH Münster, FB Wirtschaft, Corrensstr. 25, 48149 Münster, T: (0251) 8365606, F: 8365502, schengber@fh-muenster.de

**Schenk,** Axel; Dr., Prof.; di: Hochsch. Heilbronn, Fak. f. Technik u. Wirtschaft, Daimlerstr. 35, 74653 Künzelsau, T: (07940) 1306183, schenk@hs-heilbronn.de

**Schenk,** Birgit; Dr., Prof.; *Verwaltungsinformatik, Geschäftsprozessmodellierung, Informationsmanagement*; di: Hochsch. Kehl, Fak. Wirtschafts-, Informations- u. Sozialwiss., Kinzigallee 1, 77694 Kehl, PF 1549, 77675 Kehl, T: (07851) 894202, Schenk@fh-kehl.de

**Schenk,** Gerald; Dr., Prof.; *BWL, Industrie*; di: DHBW Heidenheim, Fak. Wirtschaft, Marienstr. 20, 89518 Heidenheim, T: (07321) 2722252, F: 2722259, schenk@dhbw-heidenheim.de

**Schenk,** Joachim; Dr.-Ing., Prof.; *Umweltschutz/Recyclingtechnik*; di: HTWK Leipzig, FB Maschinen- u. Energietechnik, PF 301166, 04251 Leipzig, T: (0341) 3538439, schenk@me.htwk-leipzig.de

**Schenk,** Jürgen; Dr., Prof.; *BWL, Finanzdienstleistungen*; di: DHBW Lörrach, Hangstr. 46-50, 79539 Lörrach, T: (07621) 2071381, F: 2071309, schenk@dhbw-loerrach.de

**Schenk,** Leonhard; Dipl.-Ing., Prof.; *Städtebau, Entwerfen*; di: Hochsch. Konstanz, Fak. Architektur u. Gestaltung, Brauneggerstr. 55, 78462 Konstanz, PF 100543, 78405 Konstanz, T: (07531) 206183

**Schenk,** Olaf; Prof.; *Advanced Nursing Practice*; di: MSH Medical School Hamburg, Am Kaiserkai 1, 20457 Hamburg, T: (040) 36122640, Olaf.Schenk@medicalschool-hamburg.de

**Schenk,** Siegfried; Dipl.-Ing., Prof.; *Photogrammetrie, Vermessungstechnisches Rechnen, Geodätische Instrumente*; di: Hochsch. f. Technik, Fak. Vermessung, Mathematik u. Informatik, Schellingstr. 24, 70174 Stuttgart, PF 101452, 70013 Stuttgart, T: (0711) 89262633, F: 89262556, siegfried.schenk@fht-stuttgart.de; pr: Veilchenweg 12, 74722 Buchen, T: (06281) 3744, F: 557546

**Schenke,** Gregor; Dr.-Ing., Prof.; *Elektrische Energietechnik, Elektrische Antriebe*; di: Hochsch. Emden/Leer, FB Technik, Constantiaplatz 4, 26723 Emden, T: (04921) 8071835, F: 8071843, schenke@hs-emden-leer.de; pr: Korvettenweg 26 a, 26723 Emden, T: (04921) 66571

**Schenke,** Lutz; Dr.-Ing., Prof., Dekan FB Technik 1; *Spanende Fertigungsverfahren und Werkzeugmaschinen, Maschinendynamik*; di: Hochsch. Heilbronn, Fak. f. Mechanik u. Elektronik, Max-Planck-Str. 39, 74081 Heilbronn, T: (07131) 504216, F: 252470, schenke@fh-heilbronn.de

**Schenke,** Michael; Dr. rer. nat. habil., Prof.; *Theoretische Informatik: Semantik*; di: Hochsch.Merseburg, FB Informatik u. Kommunikationssysteme, Geusaer Str., 06217 Merseburg, T: (03461) 463018, michael.schenke@hs-merseburg.de

**Schenkel,** Renatus; Dr., Prof.; *Journalistik*; di: Hochsch. Magdeburg-Stendal, FB Kommunikation u. Medien, Osterburger Str. 25, 39576 Stendal, T: (03931) 21874824

**Schenkel,** Stephan; Dr.-Ing., Prof.; di: DHBW Karlsruhe, Fak. Technik, Erzbergerstr. 121, 76133 Karlsruhe, T: (0721) 9735800, schenkel@dhbw-karlsruhe.de

**Schenkel-Häger,** Christoph; Dr. med., Prof.; *Krankenhausmanagement*; di: H Koblenz, FB Wirtschafts- u. Sozialwissenschaften, RheinAhrCampus, Joseph-Rovan-Allee 2, 53424 Remagen, T: (02642) 932182, schenkel-haeger@rheinahrcampus.de

**Scheppat,** Birgit; Dipl.-Phys., Dr. rer. nat., Prof.; *Regenerative Energien, Wasserstofftechnik/Brennstoffzellen*; di: Hochsch. Rhein/Main, FB Ingenieurwiss., Physikalische Technik, Am Brückweg 26, 65428 Rüsselsheim, T: (06142) 8984512, birgit.scheppat@hs-rm.de; pr: St. Urich Str. 8, 65468 Trebur, T: (06147) 201727

**Scherer,** Anke; Dr., Prof.; *Wirtschaftswissenschaften, International Culture and Management*; di: Cologne Business School, Hardefuststr. 1, 50667 Köln, T: (0221) 93180952, a.scherer@cbs-edu.de

**Scherer,** Brigitte; Dr. phil., Prof.; *Leitung und Kommunikation*; di: Kath. Hochsch. Freiburg, Karlstr. 63, 79104 Freiburg, T: (0761) 200667, scherer@kfh-freiburg.de

**Scherer,** Josef; Dr. jur., Prof.; *Unternehmensrecht, Wirtschaftsprivatrecht, Arbeitsrecht*; di: Hochsch. Deggendorf, FB Betriebswirtschaft, Edlmairstr. 6-8, 94469 Deggendorf, PF 1320, 94453 Deggendorf, T: (0991) 3615115, F: 361581115, josef.scherer@fh-deggendorf.de

**Scherer,** Josef; Dr.-Ing., HonProf.; *Fertigungstechnik*; di: Westsächs. Hochsch. Zwickau, Fak. Automobil- u. Maschinenbau, Dr.-Friedrichs-Ring 2A, 08056 Zwickau, PF 201037, 08012 Zwickau

**Scherer,** Lothar M.; Dr. rer. oec., HonProf. FH Kaiserslautern; *Weiterbildungsstudiengang, Grundstücksbewertung*; di: FH Kaiserslautern, FB Bauen u. Gestalten, Schönstr. 6 (Kammgarn), 67657 Kaiserslautern, T: (0631) 3724720, F: 3724555, tas@fh-kl.de

**Scherer,** Matthias; Dr.-Ing., Prof.; *Regelungstechnik und Signalverarbeitung*; di: Hochsch. Trier, FB Technik, PF 1826, 54208 Trier, T: (0651) 8103478, m.scherer@hochschule-trier.de; pr: Im Bungert 10, 54526 Landscheid, T: (06575) 902832

**Scherer,** Paul; Dr., Prof.; *Angewandte Mikrobiologie*; di: HAW Hamburg, Fak. Life Sciences, Lohbrügger Kirchstr. 65, 21033 Hamburg, T: (040) 428756355, F: 428756359, paul.scherer@haw-hamburg.de

**Scherer,** Ulrich; Dr. rer. nat., Prof.; *Nuklearchemie, insbes. Radiochemie*; di: FH Aachen, FB Chemie und Biotechnik, Ginsterweg 1, 52428 Jülich, T: (02461) 600953124, scherer@fh-aachen.de; pr: Artilleriestr. 24, 52428 Jülich, T: (02461) 349154

**Scherer,** Wolfgang; Dr. phil., Prof.; *Sozialpolitik u. Gemeinwesen*; di: Hochsch. Mittweida, Fak. Soziale Arbeit, Döbelner Str. 58, 04741 Roßwein, T: (034322) 48636, F: 48653, scherer@htwm.de

**Scherf,** Helmut E.; Dipl.-Ing., Prof.; *Regelungstechnik, Fahrzeugtechnik, Fahrzeugsimulation*; di: Hochsch. Karlsruhe, Fak. Maschinenbau u. Mechatronik, Moltkestr. 30, 76133 Karlsruhe, PF 2440, 76012 Karlsruhe, T: (0721) 9251750

**Scherf,** Stefan; Dr. rer. nat., Prof.; *Mathematik*; di: Westsächs. Hochsch. Zwickau, FB Physikal. Technik/Informatik, Dr.-Friedrichs-Ring 2A, 08056 Zwickau, Stefan.Scherf@fh-zwickau.de

**Scherfer,** Erwin; Dr., Prof.; *Physiotherapie*; di: Hochsch. 21, Harburger Str. 6, 21614 Buxtehude; pr: Specken 4, 27638 Wremen

**Scherfer,** Konrad; Dr. phil., Prof.; *Medienwissenschaft*; di: FH Köln, Fak. f. Informations- u. Kommunikationswiss., Claudiusstr. 1, 50678 Köln, T: (0221) 82753395, konrad.scherfer@fh-koeln.de

**Scherfner,** Mike; Dr. rer.nat., PD TU Berlin, Prof. H Bochum; *Mathematik, Mathematische Physik*; di: Hochschule Bochum, Lennershofstr. 140, 44801 Bochum, T: (0234) 3210812, mike.scherfner@.de

**Scherhag,** Knut; Dr. rer. pol., Prof.; *Destinations-Management*; di: FH Worms, FB Touristik/Verkehrswesen, Erenburgerstr. 19, 67549 Worms, scherhag@fh-worms.de

**Schermer,** Franz Josef; Dipl.-Psych., Dr. phil., Prof.; *Diagnostik d. Leistungsängstlichkeit, Lernen, Gedächtnis, Schulsozialarbeit*; di: Hochsch. f. angew. Wiss. Würzburg Schweinfurt, Fak. angew. Sozialwiss, Münzstr. 12, 97070 Würzburg; pr: Krokusweg 15, 92318 Neumarkt, T: (09181) 33898, F.I.Schermer@t-online.de

**Schernick,** Benjamin; Dr., Prof.; *Soziale Arbeit*; di: FH Potsdam, FB Sozialwesen, Pappelallee 8-9, Haus 1, 14469 Potsdam, T: (0331) 5801128, schernick@fh-potsdam.de

**Scherr,** Roland; Dr., Prof.; *Maschinenbau*; di: Hochsch. Pforzheim, Fak. f. Technik, Tiefenbronner Str. 66, 75175 Pforzheim, T: (07231) 286606, F: 287606, roland.scherr@hs-pforzheim.de

**Schertler,** Wolfram; Dr. rer. nat., Prof.; *Konstruktionslehre, Maschinenelemente*; di: Hochsch. Karlsruhe, Fak. Maschinenbau u. Mechatronik, Moltkestr. 30, 76133 Karlsruhe, PF 2440, 76012 Karlsruhe, T: (0721) 9251868, wolfram.schertler@hs-karlsruhe.de

**Schertler-Rock,** Manfred; Dr., Prof.; di: DHBW Ravensburg, Rudolfstr. 19, 88214 Ravensburg, T: (0751) 189992108, schertlerrock@dhbw-ravensburg.de

**Scheruhn,** Hans-Jürgen; Dr., Prof.; *Wirtschaftsinformatik*; di: Hochsch. Harz, FB Automatisierung u. Informatik, Friedrichstr. 57-59, 38855 Wernigerode, T: (03943) 659209, F: 659109, hscheruhn@hs-harz.de

**Scherzer,** Cornelius; Dipl.-Ing., Prof.; *Freiraumplanung*; di: HTW Dresden, Fak. Landbau/Landespflege, Mitschurinbau, 01326 Dresden-Pillnitz, T: (0351) 4623572, scherzer@pillnitz.htw-dresden.de

**Scherzer,** Rolf; Dr.-Ing., Prof.; *Konstruktion*; di: Hochsch. Esslingen, Fak. Fahrzeugtechnik, Kanalstr. 33, 73728 Esslingen, T: (0711) 3973345; pr: Brühlstr. 19, 73734 Esslingen, T: (0711) 3450665

**Scherzer-Heidenberger,** Ronald; Dipl.-Ing., Prof.; *Regionalplanung und Städtebau*; di: HTWK Leipzig, FB Bauwesen, PF 301166, 04251 Leipzig, T: (0341) 30766451, scherzer@fbp.htwk-leipzig.de

**Scheske,** Elke; Dr., Prof.; *Rechtswissenschaften*; di: Kommunale FH f. Verwaltung in Niedersachsen, Wielandstr. 8, 30169 Hannover, T: (0511) 1609458, F: 15537, Elke.Scheske@nds-sti.de

**Schestag,** Inge; Dr., Prof.; *Integrierte Anwendungsentwicklung,Grundlagen der Informatik*; di: Hochsch. Darmstadt, FB Informatik, Haardtring 100, 64295 Darmstadt, T: (06151) 168479, i.schestag@fbi.h-da.de; pr: Birkenweg 15G, 64295 Darmstadt, T: (06151) 339455

**Schetter,** Bernhard; Dr.-Ing., Prof.; *Anlagentechnik, Wärmetechnik*; di: Hochsch. Darmstadt, FB Maschinenbau u. Kunststofftechnik, Haardtring 100, 64295 Darmstadt, T: (06151) 168573, schetter@h-da.de

**Scheubel,** Wolfgang; Dr., Prof.; *Mikroelektronik, Mikrosystemtechnik, Sensorik, Aktorik*; di: FH Düsseldorf, FB 3 – Elektrotechnik, Josef-Gockeln-Str. 9, 40474 Düsseldorf, T: (0211) 4351626, wolfgang.scheubel@fh-duesseldorf.de; pr: Weissdornweg 62, 50827 Köln, T: (0221) 5302933

**Scheuber,** Matthias; Dr., Prof.; *Angewandte Datenverarbeitung in der Forstwirtschaft*; di: Hochsch. f. Forstwirtschaft Rottenburg, Schadenweilerhof, 72108 Rottenburg, T: (07472) 951244, F: 951200, scheuber@fh-rottenburg.de

**Scheubrein,** Beate; Dr., Prof.; *Konsumgüter-Handel*; di: DHBW Mosbach, Campus Heilbronn, Bildungscampus 4, 74076 Heilbronn, T: (07131) 1237134, scheubrein@dhbw-mosbach.de

**Scheubrein,** Ralph; Dr., Prof.; *Dienstleistungsmanagement*; di: DHBW Mosbach, Campus Heilbronn, Bildungscampus 4, 74076 Heilbronn, T: (07131) 1237135, rscheubrein@dhbw-mosbach.de

**Scheuerlein,** Alois; Dr., Prof.; *Landwirtschaftliche Betriebslehre, Management*; di: Hochsch. Weihenstephan-Triesdorf, Fak. Land- u. Ernährungswirtschaft, Am Hofgarten 1, 85354 Freising, 85350 Freising, T: (08161) 715139, F: 714496, alois.scheuerlein@fh-weihenstephan.de

**Scheuermann,** Ingo; Dr. rer. pol., Prof.; *Wirtschaftsmathematik, Investition & Finanzierung, Kapitalmärkte*; di: Hochsch. Aalen, Fak. Wirtschaftswissenschaften, Beethovenstr. 1, 73430 Aalen, T: (07361) 5762192, ingo.scheuermann@htw-aalen.de; www.ibw.htw-aalen.de/scheuermann/home/home.htm

**Scheuermann,** Sigurd; Dipl.-Ing., Prof.; *Entwerfen*; di: FH Aachen, FB Architektur, Bayernallee 9, 52066 Aachen, T: (0241) 600951116, scheuermann@fh-aachen.de; pr: Markt 45-47, 52062 Aachen, T: (0241) 33110

**Scheuern,** Michael; Dr.-Ing., Prof.; *Facility- und Baumanagement*; di: HTW d. Saarlandes, Fak. f. Architektur u. Bauingenieurwesen, Goebenstr. 40, 66117 Saarbrücken, michael.scheuern@ist.lu

**Scheufele,** Brigitte; Dipl.-Textilgestalterin, Prof.; *Bindungslehre, Weberei, Computer-Aided-Design*; di: Hochsch. Reutlingen, FB Textil u. Bekleidung, Alteburgstr. 150, 72762 Reutlingen, T: (07121) 2718029, Brigitte.Scheufele@Reutlingen-University.DE; pr: Anne-Frank-Str. 37, 72764 Reutlingen

**Scheufler,** Bernd; Dr., Prof.; *Agrarsystemtechnik*; di: Hochsch. Osnabrück, Fak. Agrarwiss. u. Landschaftsarchitektur, PF 1940, 49009 Osnabrück; pr: T: (0171) 7557187

**Scheurer,** Hans; Dr., Prof.; *PR- und Kommunikationsmanagement*; di: Macromedia Hochsch. f. Medien u. Kommunikation, Richmodstr. 10, 50667 Köln

**Scheuring,** Andreas; Dipl.-Ing., Prof.; *Technischer Ausbau, Baukonstruktion, Entwerfen*; di: FH Lübeck, FB Bauwesen, Mönkhofer Weg 239, 23562 Lübeck, T: (0451) 3005407, andreas.scheuring@fh-luebeck.de; pr: Lornsenstr. 2b, 24105 Kiel, T: (0431) 2394809

**Scheuring,** Rainer; Dr.-Ing., Prof.; *Informationsverarbeitung u. Automatisierungstechnik*; di: FH Köln, Fak. f. Informatik u. Ingenieurwiss., Am Sandberg 1, 51643 Gummersbach, T: (02261) 8196291, scheuring@gm.fh-koeln.de

**Schewior-Popp,** Susanne; Dr. phil., Prof. Kathol. FH Mainz, HonProf. Philos.-Theol. H Vallendar; *Pflegebildungsforschung*; di: Kath. Hochsch. Mainz, FB Gesundheit u. Pflege, Saarstr. 3, 55122 Mainz, T: (06131) 2894429, schewior-popp@kfh-mainz.de; pr: T: (06134) 186987

**Schicker,** Edgar; Dr.-Ing., Prof.; *Konstruktion in der Verfahrenstechnik, Anlagenplanung, Umwelttechnik*; di: Georg-Simon-Ohm-Hochsch. Nürnberg, Fak. Verfahrenstechnik, Wassertorstr. 10, 90489 Nürnberg, PF 210320, 90121 Nürnberg

**Schicker,** Edwin; Dipl.-Math., Dr. rer. nat., Prof.; *Informatik*; di: Hochsch. Regensburg, Fak. Informatik u. Mathematik, PF 120327, 93025 Regensburg, T: (0941) 9431300, edwin.schicker@informatik.fh-regensburg.de

**Schicker,** Günter; Dr., Prof.; *Allgemeine Betriebswirtschaftslehre, Dienstleistungsmanagement*; di: Hochsch. Amberg-Weiden, FB Betriebswirtschaft, Hetzenrichter Weg 15, 92637 Weiden, T: (0961) 3821317, g.schicker@haw-aw.de

**Schiebener,** Peter; Dr.-Ing., Prof.; *Fluidmechanik, Technische Thermodynamik*; di: Hochsch. München, Fak. Maschinenbau, Fahrzeugtechnik, Flugzeugtechnik, Dachauer Str. 98b, 80335 München, T: (089)12651279, F: 12651392, peter.schiebener@fhm.edu

**Schiebler,** Werner; Dr., Prof.; *Chemieingenieurwesen*; di: Provadis School of Int. Management and Technology, Industriepark Hoechst, Geb. B 845, 65926 Frankfurt a.M.

**Schieck,** Berthold; Dipl.-Ing., Dr.-Ing., Prof.; *Technische Mechanik*; di: FH Lübeck, FB Maschinenbau u. Wirtschaft, Mönkhofer Weg 136-140, 23562 Lübeck, T: (0451) 3005391, F: 3005302, berthold.schieck@fh-luebeck.de

**Schied,** Georg; Dr.-Ing., Prof.; *Programmieren*; di: Hochsch. Ulm, Fak. Informatik, Prittwitzstr. 10, 89075 Ulm, T: (0731) 5028451, schied@hs-ulm.de

**Schied,** Georg; Dr. rer. nat., Prof.; *Organische Chemie, Schwerpunkt industrielle Organische Chemie, Biozide, Syntese und Analytik*; di: Hochsch. Mannheim, Fak. Biotechnologie, Windeckstr. 110, 68163 Mannheim, T: (0621) 2926497, g.schied@hs-mannheim.de

**Schiedermeier,** Christian; Dr.-Ing., Prof.; *Rechnernetze, Verteilte Systeme, Echtzeitsystem, Rechnertechnik*; di: Georg-Simon-Ohm-Hochsch. Nürnberg, Fak. Informatik, Keßlerplatz 12, 90489 Nürnberg

**Schiedermeier,** Gudrun; Dr.-Ing., Prof.; *Programmieren, DV-Anwendungen in der Technik, Multimedia*; di: Hochsch. Landshut, Fak. Informatik, Am Lurzenhof 1, 84036 Landshut

**Schiedermeier,** Reinhard; Dr.-Ing., Prof.; *Compiler, Programmiersprachen*; di: Hochsch. München, Fak. Informatik u. Mathematik, Lothstr. 34, 80335 München, T: (089) 12653717, F: 12653780, rs@cs.fhm.edu

**Schiefer,** Bernhard; Dr., Prof.; *Datenbanken und Standardsoftware*; di: FH Kaiserslautern, FB Informatik u. Mikrosystemtechnik, Amerikastr. 1, 66482 Zweibrücken, T: (06332) 914312, bernhard.schiefer@fh-kl.de

**Schiefer,** Ekkehard; Dr., Prof.; *Konstruktion, Produktentwicklung*; di: FH Frankfurt, FB 2 Informatik u. Ingenieurwiss., Nibelungenplatz 1, 60318 Frankfurt am Main, T: (069) 15332152

**Schiefer,** Hans-Joachim; Dr., Prof.; *Psychologie*; di: Hochsch. f. Kunsttherapie Nürtingen, Sigmaringer Str. 15, 72622 Nürtingen, h.schiefer@hkt-nuertingen.de; pr: Im Äuble 24, 72108 Rottenburg, T: (07472) 282156

**Schiefer,** Marcus; Dr., Prof.; *Chemie und Werkstoffkunde*; di: HAW Hamburg, Fak. Life Sciences, Lohbrügger Kirchstr. 65, 21033 Hamburg, T: (040) 428756065, marcus.schiefer@haw-hamburg.de

**Schiegl,** Magda; Dr. rer. pol., Prof.; *Krisenmanagement*; di: FH Köln, Fak. f. Wirtschaftswiss., Claudiusstr. 1, 50678 Köln, T: (0221) 82753803, magda.schiegl@fh-koeln.de

**Schiek,** Roland; Dr.-Ing., Prof.; *Grundlagen der Elektrotechnik, Optische Nachrichtentechnik*; di: Hochsch. Regensburg, Fak. Elektro- u. Informationstechnik, PF 120327, 93025 Regensburg, T: (0941) 9431117, roland.schiek@e-technik.fh-regensburg.de

**Schiele,** Karin; Dipl.-Math., Dr. oec., Prof.; *Angewandte Informatik*; di: Beuth Hochsch. f. Technik, FB VI Informatik u. Medien, Luxemburger Str. 10, 13353 Berlin, T: (030) 45042404, schiele@beuth-hochschule.de

**Schiele,** Norbert; Dr., Prof.; di: DHBW Ravensburg, Marktstr. 28, 88212 Ravensburg, T: (0751) 189992127, schiele@dhbw-ravensburg.de

**Schiemann,** Lars; Dr., Prof.; *Tragwerksplanung u. konstruktives Entwerfen*; di: Beuth Hochsch. f. Technik, FB IV Architektur u. Gebäudetechnik, Luxemburger Str. 10, 13353 Berlin, T: (030) 45042553, lars.schiemann@beuth-hochschule.de

**Schiemann,** Thomas; Dr.-Ing., Prof.; *Mathematik und Informatik*; di: HAW Hamburg, Fak. Life Sciences, Lohbrügger Kirchstr. 65, 21033 Hamburg, T: (040) 428756287, thomas.schiemann@haw-hamburg.de

**Schiemann-Lillie,** Martin; Dr. rer. biol. hum., Prof.; *Datenbanken/ Informationssysteme, Mathematik/Statistik, Datenschutz*; di: Hochsch. Emden/Leer, FB Technik, Constantiaplatz 4, 26723 Emden, T: (04921) 8071837, F: 8071843, schiemann@hs-emden-leer.de

**Schier,** Andreas; Dr. sc. agr., Prof.; *Pflanzenbau, Pflanzenschutz, Phytomedizin*; di: Hochsch. f. Wirtschaft u. Umwelt Nürtingen-Geislingen, PF 1349, 72603 Nürtingen, T: (07022) 201326, andreas.schier@hfwu.de

**Schierenberg,** Marc-Oliver; Dr. rer.nat., Prof.; *Physik, Messtechnik, optische Technologien*; di: FH Bielefeld, FB Ingenieurwiss. u. Mathematik, Am Stadtholz 24, 33609 Bielefeld, T: (0521) 1067460, marc-oliver.schierenberg@fh-bielefeld.de

**Schiering,** Ina; Dr.-Ing., Prof.; *Informatik*; di: Ostfalia Hochsch., Fak. Informatik, Salzdahlumer Str. 46/48, 38302 Wolfenbüttel, i.schiering@ostfalia.de

**Schiermeyer,** Volker; Dipl.-Ing., Prof.; *Konstruktiver Ing.-Bau/Darstellende Geometrie/CAD*; di: FH Bielefeld, FB Architektur u. Bauingenieurwesen, Artilleriestr. 9, 32427 Minden, T: (0571) 8385164, F: 8385250, volker.schiermeyer@fh-bielefeld.de; pr: Auf der Steinbrede 18, 32547 Bad Oeynhausen, T: (05731) 796404

**Schieschke,** Ralph; Dr., Prof., Rektor; *Industrial Design*; di: Hochsch. Pforzheim, Fak. f. Gestaltung, Holzgartenstr. 36, 75175 Pforzheim, T: (07231) 286768, F: 286030, ralph.schieschke@hs-pforzheim.de

**Schiess,** Holger Florian; Dr., Prof.; *BWL, Handel*; di: DHBW Heidenheim, Fak. Wirtschaft, Marienstr. 20, 89518 Heidenheim, T: (07321) 2722234, F: 2722239, schiess@dhbw-heidenheim.de

**Schiff,** Andreas; Dr., Prof.; *Pflegewissenschaft*; di: Kath. Hochsch. NRW, Abt. Köln, FB Gesundheitswesen, Wörthstr. 10, 50668 Köln, T: (0221) 7757432, F: 7757128, a.schiff@katho-nrw.de

**Schiffel,** Joachim; Dr., Prof.; *BWL, Handel*; di: DHBW Heidenheim, Fak. Wirtschaft, Marienstr. 20, 89518 Heidenheim, T: (07321) 2722235, F: 2722239, schiffel@dhbw-heidenheim.de

**Schiffels,** Edmund; Dr., Prof.; *Allgemeine BWL, Schwerpunkt Internationale Logistik u. Management*; di: Hochsch. Konstanz, Fak. Wirtschafts- u. Sozialwiss., Brauneggerstr. 55, 78462 Konstanz, PF 100543, 78405 Konstanz, T: (07531) 206338, F: 206427, schiffel@fh-konstanz.de

**Schiffer,** Ralf; Dr. rer. nat. habil., Prof.; *Sensorik*; di: FH Lübeck, FB Elektrotechnik u. Informatik, Mönkhofer Weg 136-140, 23562 Lübeck, T: (0451) 3005243, ralf.schiffer@fh-luebeck.de

**Schiffer-Nasserie,** Arian; Dr. phil., Prof.; di: Ev. FH Rhld.-Westf.-Lippe, FB Soziale Arbeit, Bildung u. Diakonie, Immanuel-Kant-Str. 18-20, 44803 Bochum, T: (0234) 36901210, schiffer-nasserie@efh-bochum.de

**Schiffler,** Wolfgang; Prof.; *Fernseh- und Videotechnik, Medientechnik*; di: Hochsch. Rhein/Main, FB Design Informatik Medien, Unter den Eichen 5, 65195 Wiesbaden, T: (0611) 94952151, wolfgang.schiffler@hs-rm.de; pr: Am Hegelsberg 15, 64347 Griesheim, T: (06155) 830429

**Schikarski,** Annette; Dr., Prof.; *Außenwirtschaft*; di: HAW Hamburg, Fak. Wirtschaft u. Soziales, Berliner Tor 5, 20099 Hamburg, T: (040) 428756912, Annette.Schikarski@haw-hamburg.de

**Schikora,** Claudius; PhD, Dr., Prof. FH Erding; *Medienmanagement, Vertrieb u Marketing*; di: FH f. angewandtes Management, Am Bahnhof 2, 85435 Erding, T: (08122) 9559480, claudius.schikora@myfham.de

**Schikorr,** Wolfgang; Dr.-Ing., Prof.; *Fertigungstechnik, Umformtechnik, Fügetechnik, Werkstofftechnik*; di: FH Stralsund, FB Maschinenbau, Zur Schwedenschanze 15, 18435 Stralsund, T: (03831) 456544

**Schikorra,** Uwe; Dr. rer. oec., Prof.; *Finanzwirtschaftslehre, Qualitäts- u. Umweltmanagement, allgemeine Betriebswirtschaftslehre*; di: Hochsch. Bremerhaven, An der Karlstadt 8, 27568 Bremerhaven, T: (0471) 4823277, uschikorra@hs-bremerhaven.de; pr: Kornblumenweg 39, 26125 Oldenburg, T: (0441) 80007494, F: 80007493

**Schilder,** Michael; Dipl.-Pflegewirt, Dr. rer. medic., Prof.; *Pflegewissenschaft*; di: Ev. Hochsch. Darmstadt, FB Pflege- und Gesundheitswiss., Zweifalltorweg 12, 64293 Darmstadt, T: (06151) 879835, schilder@eh-darmstadt.de

**Schilf,** Wolfgang; Dr. rer. nat. habil., Prof.; *Genetik, Mikrobiologie*; di: Beuth Hochsch. f. Technik, FB V Life Science and Technology, Luxemburger Str. 10, 13353 Berlin, T: (030) 45043945, schilfmb@beuth-hochschule.de

**Schill,** Harald; Dr., Prof.; *Botanik, Phytopathologie*; di: Hochsch. f. nachhaltige Entwicklung, FB Wald u. Umwelt, Alfred-Möller-Str. 1, 16225 Eberswalde, T: (03334) 657191, F: 657162, Harald.Schill@hnee.de

**Schiller,** Andreas; Dr. rer. pol., Prof.; *Allgemeine Betriebswirtschaftslehre, Rechnungswesen, Prüfungswesen*; di: Hochsch. Hannover, Fak. IV Wirtschaft u. Informatik, Ricklinger Stadtweg 120, 30459 Hannover, PF 920261, 30441 Hannover, T: (0511) 92961581, F: 92961510, andreas.schiller@hs-hannover.de; FH Hildesheim/Holzminden/Göttingen, Fakultät Wirtschaft, Goschentor 1, 31134 Hildesheim, T: (05121) 881523, andreas.schiller@fbw.fh-hildesheim.de

**Schiller,** Hans-Ernst; Dr. phil. habil., Prof. FH Düsseldorf; *Sozialphilosophie, -ethik*; di: FH Düsseldorf, FB 6 – Sozial- und Kulturwiss., Universitätsstr. 1, Geb. 24.21, 40225 Düsseldorf, T: (0211) 8114651, hans-ernst.schiller@fh-duesseldorf.de; pr: Binterimstr. 19, 40223 Düsseldorf, T: (0211) 9347852

**Schillhuber,** Gerhard; Dr.-Ing., Prof.; *Elektrotechnik*; di: Hochsch. Kempten, Fak. Elektrotechnik, Bahnhofstr. 61-63, 87435 Kempten, T: (0831) 25239255, F: 2523197, gerhard.schillhuber@fh-kempten.de

**Schillig,** Rainer-Ulrich; Dr.-Ing., Prof.; *Fertigungsorganisation, Prozessmanagement*; di: Hochsch. Aalen, Fak. Maschinenbau u. Werkstofftechnik, Beethovenstr. 1, 73430 Aalen, T: (07361) 5762308, F: 5762270, rainer.schillig@htw-aalen.de

**Schilling,** Dirk; Dr. rer. pol., Prof.; *Rechnungswesen, Kostenrechnung und Controlling*; di: FH Worms, FB Wirtschaftswiss., Erenburgerstr. 19, 67549 Worms, schilling@fh-worms.de

**Schilling,** Elisabeth; Dr., Prof.; *Organisation und Personal, Psychologie, Soziologie*; di: FH f. öffentl. Verwaltung NRW, Studienort Bielefeld, Kurt-Schumacher-Str. 6, 33615 Bielefeld, elisabeth.schilling@fhoev.nrw.de

**Schilling,** Jan; Dr., Prof.; *Sozialwissenschaften*; di: Kommunale FH f. Verwaltung in Niedersachsen, Wielandstr. 8, 30169 Hannover, T: (0511) 1609456, F: 15537, Jan.Schilling@nds-sti.de

**Schilling,** Johannes; Prof.; *Baukonstruktion*; di: FH Münster, FB Architektur, Leonardo-Campus 5, 48149 Münster, T: (0251) 8365067, teamschilling@fh-muenster.de

**Schilling,** Martin von; Dr., Prof.; *Fachkommunikation Englisch*; di: FH Flensburg, FB Information u. Kommunikation, Kanzleistr. 91-93, 24943 Flensburg, T: (0461) 8051637, mvs@wi.fh-flensburg.de

**Schilling,** Olga; Dr.-Ing., Prof.; *Bautechnik, CAE-Projektierung und Sicherheitstechnik*; di: FH Stralsund, FB Maschinenbau, Zur Schwedenschanze 15, 18435 Stralsund, T: (03831) 456782

**Schilling,** Peter; Prof.; *Verwaltungsinformatik*; di: H f. öffentl. Verwaltung u. Finanzen Ludwigsburg, Reuteallee 36, 71634 Ludwigsburg, T: (07141) 140457, F: 140544, schilling.peter@fh-ludwigsburg.de

**Schilling,** Richard; Dr., Prof.; *Werkstoffkunde, Darstellende Geometrie*; di: Hochsch. Reutlingen, FB Textil u. Bekleidung, Alteburgstr. 150, 72762 Reutlingen, T: (07121) 2718030, Richard.Schilling@Reutlingen-University.DE

**Schillmöller,** Zita; Dr., Prof.; *Gesundheitswiss. und quantitative Methoden*; di: HAW Hamburg, Fak. Life Sciences, Lohbrügger Kirchstr. 65, 21033 Hamburg, T: (040) 428756128, zita.schillmoeller@haw-hamburg.de

**Schimansky,** Alexander; Dr., Prof.; *Strategic Marketing Management*; di: Int. School of Management, Otto-Hahn-Str. 19, 44227 Dortmund, T: (0231) 97513959, alexander.schimansky@ism.de

**Schimikowski,** Peter; Dr. jur., Prof.; *Bürgerliches Recht, Wirtschafts- und Versicherungsrecht sowie die Lehrgebiete Haftpflicht-, Unfall-, Kraftfahrt- und Rechtsschutzversicherung*; di: FH Köln, Fak. f. Wirtschaftswiss., Mainzer Str. 5, 50678 Köln, T: (0221) 82753545, peter.schimikowski@fh-koeln.de; pr: Stenzelbergstr. 15, 53340 Meckenheim

**Schimkat,** Joachim; Dr.-Ing., Prof.; *Angewandte Informatik, Programmierung*; di: Beuth Hochsch. f. Technik, FB VI Informatik u. Medien, Luxemburger Str. 10, 13353 Berlin, T: (030) 45042699, schimkat@beuth-hochschule.de

**Schimkat,** Ralf-Dieter; Dr. rer. nat., Prof.; *Wirtschaftsinformatik, E-Business*; di: Hochsch. Ravensburg-Weingarten, Doggenriedstr., 88250 Weingarten, PF 1261, 88241 Weingarten, T: (0751) 5019693, F: 5019876, ralf.schimkat@hs-weingarten.de

**Schimmel,** Karl-Heinz; Dr. rer. nat. habil., Prof.; *Physikalische Chemie*; di: Hochsch. Ostwestfalen-Lippe, FB 4, Life Science Technologies, Liebigstr. 87, 32657 Lemgo, T: (05231) 769241, F: 769222; pr: Zwintschönaer Str. 53a, 06116 Halle, T: (0170) 4711740

**Schimmel,** Roland; Dr., Prof.; *Wirtschaftsprivatrecht*; di: FH Frankfurt, FB 3 Wirtschaft u. Recht, Nibelungenplatz 1, 60318 Frankfurt am Main, T: (069) 15332932, schimmel@schimmelbuhlmann.de

**Schimmelpfennig,** Karl-Heinz; HonProf.; *Ingenieurwesen*; di: Hochsch. Osnabrück, Fak. Ingenieurwiss. u. Informatik, Albrechtstr. 30, 49076 Osnabrück

**Schimonyi,** Johann; Dr.-Ing., Prof.; *Fertigungsverfahren, Automation in der Produktion*; di: Hochsch. Albstadt-Sigmaringen, Jakobstr. 1, 72458 Albstadt, T: (07431) 579156, F: 579169, schimon@hs-albsig.de

**Schimpf,** Elke; Dipl.-Päd., Dr. rer. soc., Prof.; *Sozialpädagogik, Theorien u. Handlungsansätze der Sozialen Arbeit, Schwerpunkt außerfamiliare Erziehung*; di: Ev. Hochsch. Darmstadt, FB Sozialarbeit/Sozialpädagogik, Zweifalltorweg 12, 64293 Darmstadt, T: (06151) 879850, schimpf@eh-darmstadt.de; pr: Metzstr. 5, 60487 Frankfurt

**Schinagl,** Stefan; Dr., Prof.; *Technische Mechanik, Finite Elemente Methode*; di: Hochsch. Rosenheim, Fak. Ingenieurwiss., Hochschulstr. 1, 83024 Rosenheim, T: (08031) 805632, stefan.schinagl@fh-rosenheim.de

**Schinas,** Orestis; Dr.-Ing., Prof.; *Shipping, Ship Management, Ship Finance*; di: Hamburg School of Business Administration, Alter Wall 38, 20457 Hamburg, T: (040) 36138738, F: 36138751, orestis.schinas@hsba.de

**Schindele,** Hermann; Dr.-Ing., Prof.; *Organisation, Prozessmanagement, Logistik*; di: Hochsch. Kempten, Fak. Betriebswirtschaft, PF 1680, 87406 Kempten, T: (0831) 2523611, hermann.schindele@fh-kempten.de

**Schindele,** Paul; Dr.-Ing., Prof.; *Fertigungstechnik, Werkzeugmaschinen, Verbindungstechnik, Robotertechnik*; di: Hochsch. Kempten, Fak. Maschinenbau, Bahnhofstr. 61-63, 87435 Kempten, T: (0831) 2523205, paul.schindele@fh-kempten.de

**Schindlbeck,** Konrad; Dr. rer. pol., Prof.; *Betriebliches Rechnungswesen, Controlling, Kostenmanagement*; di: Hochsch. Deggendorf, FB Betriebswirtschaft, Edlmairstr. 6-8, 94469 Deggendorf, PF 1320, 94453 Deggendorf, T: (0991) 3615117, F: 361581117, konrad.schindlbeck@fh-deggendorf.de

**Schindler,** Darius; Dr., Prof.; *Wirtschaftsrecht*; di: DHBW Karlsruhe, Fak. Wirtschaft, Erzbergerstr. 121, 76133 Karlsruhe, T: (0721) 9735980, schindler@dhbw-karlsruhe.de

**Schindler,** Erich; Dipl.-Ing., Prof.; *Systemtechnik, Fahrdynamik, Techn. Informatik, Messtechnik*; di: Hochsch. Esslingen, Fak. Fahrzeugtechnik u. Fak. Graduate School, Kanalstr. 33, 73728 Esslingen, T: (0711) 3973303; pr: Sonnenblick 7, 71554 Weissach i.T., T: (07191) 59185

**Schindler,** Florian; Ph.D., Dr., Prof.; *Fernstudien*; di: Beuth Hochsch. f. Technik, Fernstudieninstitut, Luxemburger Straße 10, 13353 Berlin, T: (030) 45045050, schindler@beuth-hochschule.de

**Schindler,** Ulrich; Prof.; *Allgemeine Betriebswirtschaftslehre und Personalwesen*; di: Hochsch.Merseburg, FB Wirtschaftswiss., Geusaer Str., 06217 Merseburg, T: (03461) 462408, F: 462422, ulrich.schindler@hs-merseburg.de

**Schindler,** Wolfgang; Dipl.-Ing., Prof.; *Mikrocomputertechnik*; di: Hochsch. Amberg-Weiden, FB Elektro- u. Informationstechnik, Kaiser-Wilhelm-Ring 23, 92224 Amberg, T: (09621) 482173, F: 482161, w.schindler@fh-amberg-weiden.de

**Schink,** Hermann; Dr. rer. nat., Prof.; *Technische Physik, Mathematik, Regenerative Energiequellen*; di: H Koblenz, FB Ingenieurwesen, Konrad-Zuse-Str. 1, 56075 Koblenz, T: (0261) 9528318, schink@fh-koblenz.de

**Schinke,** Bernd; Dr.-Ing., Prof.; *Konstruktions- und Maschinenelemente, Werkstoffkunde*; di: Hochsch. Mannheim, Fak. Verfahrens- u. Chemietechnik, Windeckstr. 110, 68163 Mannheim, T: (0621) 2926387, F: 2926555

**Schinke,** Johannes; Prof.; di: Rheinische FH Köln, Hohenstaufenring 16-18, 50674 Köln

**Schinnenburg,** Heike; Dr. rer. pol., Prof.; *Allgemeine Betriebswirtschaftslehre, insbesondere Personalmanagement*; di: Hochsch. Osnabrück, Fak. Wirtschafts- u. Sozialwiss., Caprivistr. 30A, 49076 Osnabrück, T: (0541) 9693643, F: 9692070, schinnenburg@wi.hs-osnabrueck.de

**Schirilla,** Nausikaa; Dr. phil. habil., PD U Frankfurt/M., Prof. Kath. H Freiburg; *Soziale Arbeit, Migration, interkulturelle Kompetenz*; di: Kath. Hochsch. Freiburg, Karlstr. 63, 79104 Freiburg, T: (0761) 2001518, nausikaa.schirilla@kh-freiburg.de; Univ., FB Erziehungswiss., Inst. f. Allg. Erziehungswiss., Grüneburgplatz 1, 60323 Frankfurt/M., T: (069) 557407, schirilla@t-online.de

**Schirmacher,** Hartmut; Dr., Prof.; *Computergraphik und Programmieren*; di: Beuth Hochsch. f. Technik, FB VI Informatik u. Medien, Luxemburger Str. 10, 13353 Berlin, T: (030) 45045120, hschirmacher@beuth-hochschule.de

**Schirmer,** Karen-Sibyll; Dr., Prof.; *Apparatebau, Konstruktionslehre*; di: Hochsch. Konstanz, Fak. Maschinenbau, Brauneggerstr. 55, 78462 Konstanz, PF 100543, 78405 Konstanz, T: (07531) 206594, schirmer@fh-konstanz.de

**Schirmer,** Martin; Prof.; *Städtebauliches Entwerfen, Bauleitplanung und Bauplanungsrecht*; di: Hochsch. f. angew. Wiss. Würzburg Schweinfurt, Fak. Architektur u. Bauingenieurwesen, Münzstr. 12, 97070 Würzburg

**Schirmer,** Uwe; Dr., Prof.; *BWL, Personalmanagement/Personaldienstleistung*; di: DHBW Lörrach, Hangstr. 46-50, 79539 Lörrach, T: (07621) 2071316, F: 2071359, schirmer@dhbw-loerrach.de

**Schiroslawski,** Rebekka; Dr.-Ing., Prof.; *Wasser-, Abwasser-, Sanitär- und Umwelttechnik*; di: FH Stralsund, FB Maschinenbau, Zur Schwedenschanze 15, 18435 Stralsund, T: (03831) 456799

**Schirra-Weirich,** Liane; Dr., Prof.; *Soziologie*; di: Kath. Hochsch. NRW, Abt. Aachen, FB Sozialwesen, Robert-Schumann-Str. 25, 52066 Aachen; pr: Hohlweg 14, 52074 Aachen, T: (0241) 175501, F: 9329312, schirraw.isp@t-online.de

**Schirrmacher,** Heiko; Dr.-Ing., Prof.; *Konstruktion und Technische Mechanik*; di: Jade Hochsch., FB Ingenieurwissenschaften, Friedrich-Paffrath-Str. 101, 26389 Wilhelmshaven, T: (04421) 9852262, F: 9852623, heiko.schirrmacher@jade-hs.de

**Schirrmann,** Eric; Dr., Prof.; *Marketing*; di: FH des Mittelstands, FB Wirtschaft, Ravensbergerstr. 10G, 33602 Bielefeld, schirrmann@fhm-mittelstand.de

**Schirrmeister,** Falk; Dr. rer. nat., Prof.; *Physikalische Werkstoffdiagnostik*; di: FH Jena, FB SciTec, Carl-Zeiss-Promenade 2, 07745 Jena, PF 100314, 07703 Jena, T: (03641) 205450, F: 205451, wt@fh-jena.de

**Schittenhelm,** Frank Andreas; Dr. rer. pol., Prof.; *Wirtschaftsmathematik, Investition und Finanzierung, Intern. Finanzierung*; di: Hochsch. Esslingen, Fak. Betriebswirtschaft u. Fak. Graduate School, Flandernstr. 101, 73732 Esslingen, T: (0711) 3974325

**Schittenhelm,** Wolfgang; Dr., Prof.; *Automatisierungstechnik, Regelungstechnik, Prozessdatentechnik*; di: Hochsch. Rosenheim, Fak. Ingenieurwiss., Hochschulstr. 1, 83024 Rosenheim, T: (08031) 805706, F: 805702

**Schitthelm,** Dietmar; Dr.-Ing., HonProf.; *Wasserbilanzmodelle, immissionsbezogene Bewirtschaftung mittels Modelltechnik, Bewirtschaftungskonzepte für ökologisch gute Gewässer*; di: Hochsch. Bochum, FB Bauingenieurwesen, Lennershofstr. 140, 44801 Bochum

**Schittny,** Thomas; Dr., Prof.; *Elektromechanische Konstruktionen und Mikrosystemtechnik*; di: Hochsch. Fulda, FB Elektrotechnik u. Informationstechnik, Marquardstr. 35, 36039 Fulda, T: (0661) 9640558, thomas.schittny@et.fh-fulda.de; pr: Am Heiligenfeld 1, 36041 Fulda, T: (0661) 9013450, F: 9013450

**Schlaak,** Michael; Dr. rer. nat. habil., Prof.; *Umwelttechnik, Prozeßleittechnik u. -analytik*; di: Hochsch. Emden/Leer, FB Technik, Constantiaplatz 4, 26723 Emden, T: (0180) 5678071513; pr: Rheyder Sand 8, 26723 Emden, T: (04921) 8071513, F: 8071593

**Schlabach,** Erhard; Prof., Dekan; *Staatsrecht, Polizeirecht, Verwaltungsrecht*; di: Hochsch. Kehl, Fak. Rechts- u. Kommunalwiss., Kinzigallee 1, 77694 Kehl, PF 1549, 77675 Kehl, T: (07851) 894187, Schlabach@fh-kehl.de

**Schlabach,** Wolfram; Spiel- und Theaterpäd., HonProf.; di: Kath. Hochsch. Freiburg, Karlstr. 63, 79104 Freiburg, T: (0761) 200403; pr: Gartenweg 5, 79283 Bollschweil, T: (07633) 5612

**Schlabbach,** Jürgen; Dr.-Ing., Prof.; *Elektrische und regenerative Energieerzeugung und verteilung, Netzplanung, Regenerative Energieerzeugung*; di: FH Bielefeld, FB Ingenieurwiss. u. Mathematik, Wilhelm-Bertelsmann-Str. 10, 33602 Bielefeld, T: (0521) 1067213, F: 1067153, juergen.schlabbach@fh-bielefeld.de

**Schlabs,** Susanne; Dr., Prof.; di: Ostfalia Hochsch., Fak. Verkehr-Sport-Tourismus-Medien, Karl-Scharfenberg-Str. 55-57, 38229 Salzgitter, s.schlabs@ostfalia.de

**Schlachter,** Rolf; Dr., Prof.; *CAD/CAM, Konstruktion, Maschinenelemente, Darstellende Geometrie, Kolbenmaschinen*; di: Hochsch. f. angew. Wiss. Würzburg Schweinfurt, Fak. Maschinenbau, Ignaz-Schön-Str. 11, 97421 Schweinfurt

**Schlägel,** Matthias; Dr.-Ing., Prof.; *Kinematik/Kinetik, Unterwasserfahrzeuge, Festigkeitslehre*; di: Hochsch. Augsburg, Fak. f. Maschinenbau u. Verfahrenstechnik, An der Hochschule 1, 86161 Augsburg, PF 110605, 86031 Augsburg, T: (0821) 55863193, matthias.schlaegel@hs-augsburg.de

**Schlander,** Michael; Dr. med., M.B.A., Prof., Lt. Inst. f. Innovation & Evaluation im Gesundheitswesen Wiesbaden; *Gesundheits- und Innovationsmanagement*; di: FH Ludwigshafen, FB I Management und Controlling, Ernst-Boehe-Str. 4, 67059 Ludwigshafen, T: (0621) 5203223, F: 5203193; Univ. Mannheimer Inst. f. Public Health, Ludolf-Krehl-Str. 7-11, 68167 Mannheim, T: (0621) 3839910, F: 3839920, ms@michaelschlander.com

**Schlappa,** Wolfgang; Dr., Prof.; *Zivil- und Handelsrecht, Europäisches und Internationales Wirtschaftsrecht*; di: Hochsch. Emden/Leer, FB Wirtschaft, Constantiaplatz 4, 26723 Emden, T: (04921) 8071183, F: 8071228, schlappa@hs-emden-leer.de; pr: Saarke-Moyarts-Str. 52, 26725 Emden, T: (04921) 32080

**Schlatter,** Manfred; Dr.-Ing., Prof.; *Maschinenbau*; di: DHBW Lörrach, Hangstr. 46-50, 79539 Lörrach, T: (07621) 2071172, F: 2071179, schlatter@dhbw-loerrach.de

**Schlauderer,** Ralf; Dr. sc. agr., Prof.; *Angewandtes Agrarmanagement*; di: Hochsch. Weihenstephan-Triesdorf, Fak. Landwirtschaft, Steingruberstr. 2, 91746 Weidenbach-Triesdorf, T: (09826) 654218, F: 6544010, ralf.schlauderer@fh-weihenstephan.de

**Schlayer,** Detlef; Dr.-Ing., Prof.; *Elektrotechnik, Theoretische Elektrotechnik, Elektromagnetische Verträglichkeit*; di: Dt. Telekom Hochsch. f. Telekommunikation, PF 71, 04251 Leipzig, T: (0341) 3062200, schlayer@hft-leipzig.de

**Schlechtweg,** Stefan; Dr., Prof.; *Computergraphik*; di: Hochsch. Anhalt, FB 5 Informatik, PF 1458, 06354 Köthen, T: (03496) 673120, stefan.schlechtweg@inf.hs-anhalt.de

**Schlee,** Julianne; Dipl.-Kfm., Prof.; *Industrielle Fertigungstechnik, Bekleidungskonstruktion, Produktionsentwicklung*; di: Hochsch. Albstadt-Sigmaringen, FB 1, Jakobstr. 6, 72458 Albstadt, T: (07431) 579211, F: 579229, julee@hs-albsig.de

**Schlegel,** Christian; Dr. rer. nat., Prof.; *Betriebssysteme, Echtzeitdatenverarbeitung*; di: Hochsch. Ulm, Fak. Informatik, Prittwitzstr. 10, 89075 Ulm, T: (0731) 5028242, schlegel@hs-ulm.de

**Schlegel,** Christina; Dr., Prof.; *Privatrecht, Staat- und Verfassung*; di: Hess. Hochsch. f. Polizei u. Verwaltung, FB Verwaltung, Kurt-Schumacher-Ring 18, 65197 Wiesbaden, T: (0641) 5829331

**Schlegel,** Markus; Prof.; *Projektentwicklung Farb-Design, Trendscouting*; di: HAWK Hildesheim/Holzminden/Göttingen, Fak. Gestaltung, Kaiserstr. 43-45, 31134 Hildesheim, T: (05121) 881316

**Schlegel,** Michael; Dr.-Ing., Prof.; *Wirtschaftsingenieurwesen*; di: DHBW Stuttgart, Fak. Technik, Wirtschaftsingenieurwesen, Kronenstr. 41, 70174 Stuttgart, T: (0711) 1849855, schlegel@dhbw-stuttgart.de

**Schlegel,** Thomas; Dr. jur., Prof.; *Arzt- und Medizinrecht*; di: Hochsch. Fresenius, FB Gesundheit u Soziales, Limburger Str. 2, 65510 Idstein, T: (069) 43059600, Kanzlei@GesundheitsRecht.com

**Schlegelmilch,** Ulf; Dr. med., Prof.; *Therapiewissenschaften Schwerpunkt Physiotherapie*; di: SRH FH f. Gesundheit Gera, Hermann-Drechsler-Str. 2, 07548 Gera

**Schlegl,** Thomas; Dr.-Ing., Prof.; *Robotik, Aktorik, Fluidtechnik, Antriebstechnik*; di: Hochsch. Regensburg, Fak. Maschinenbau, PF 120327, 93025 Regensburg, T: (0941) 9435180, thomas.schlegl@maschinenbau.fh-regensburg.de

**Schleicher,** Andreas; Dr. rer. nat., Prof.; *Umweltmesstechnik*; di: FH Jena, FB SciTec, Carl-Zeiss-Promenade 2, 07745 Jena, PF 100314, 07703 Jena, T: (03641) 205350, F: 205351, pt@fh-jena.de

**Schleicher,** Michael; Dr. rer. pol., Prof.; *Allgemeine Volkswirtschaftslehre/Finanzwissenschaft*; di: Hochsch. Wismar, Fak. f. Wirtschaftswiss., PF 1210, 23952 Wismar, T: (03841) 753615, m.schleicher@wi.hs-wismar.de

**Schleier,** Ulrike; Dipl.-Stat., Dr. rer. nat., Prof.; *Statistik, Mathematik*; di: Jade Hochsch., FB Management, Information, Technologie, Friedrich-Paffrath-Str. 101, 26389 Wilhelmshaven, T: (04421) 9852662, F: 9852412, ulrike.schleier@jade-hs.de

**Schlembach,** Gerda; Dipl.-Des., Prof.; *Gestaltungslehre*; di: FH Münster, FB Design, Leonardo-Campus 6, 48149 Münster, T: (0251) 8365309, schlembach@fh-muenster.de

**Schlemmer,** Karl-Willi; Dr., Prof.; *Allgemeine Betriebswirtschaftslehre, Steuerlehre*; di: FH Frankfurt, FB 3 Wirtschaft u. Recht, Nibelungenplatz 1, 60318 Frankfurt am Main, T: (069) 15332955

**Schlenk,** Ludwig; Dr., Prof.; *Technische Mechanik, Maschinenelemente, Konstruktionslehre und Erzeugnisgestaltung*; di: Hochsch. f. angew. Wiss. Würzburg Schweinfurt, Fak. Kunststofftechnik u. Vermessung, Münzstr. 12, 97070 Würzburg

**Schlenther,** Manfred; Dr.-Ing., Prof.; *Informatik*; di: HTW d. Saarlandes, Fak. f. Ingenieurwiss., Goebenstr. 40, 66117 Saarbrücken, T: (0681) 5867277, schlenther@htw-saarland.de; pr: Distelfeld 11, 66121 Saarbrücken, T: (0681) 811771

**Schlenzka,** Tilman; Dr.-Ing., Prof.; *Technische Mechanik, Maschinenelemente, Konstruktionsübungen, Strömungslehre, Rechnergestütztes Konstruieren, Getriebelehre, Maschinendynamik*; di: Beuth Hochsch. f. Technik, FB VIII Maschinenbau, Veranstaltungs- u. Verfahrenstechnik, Luxemburger Str. 10, 13353 Berlin, T: (030) 45042233, schlenz@beuth-hochschule.de

**Schlereth,** Michael; Dr. rer. nat., Prof.; *Meß- und Prüftechnik*; di: FH Stralsund, FB Elektrotechnik u. Informatik, Zur Schwedenschanze 15, 18435 Stralsund, T: (03831) 456929

**Schlesinger,** Almut; Dr., Prof.; di: Rheinische FH Köln, Hohenstaufenring 16-18, 50674 Köln; pr: Goethestr. 3, 50259 Pulheim

**Schlesinger,** Dieter; Dr., Prof.; *Nachhaltigkeit, Internationales Management, Standortforschung*; di: Int. School of Management, Otto-Hahn-Str. 19, 44227 Dortmund, T: (0231) 9751390, ism.dortmund@ism.de

**Schlesinger,** Michael; Dr., Prof.; *Allgemeine Betriebswirtschaftslehre, Marketing*; di: Hochsch. Fulda, FB Wirtschaft, Marquardstr. 35, 36039 Fulda; pr: Marienstr. 3, 34117 Kassel, T: (0561) 14013

**Schleuning,** Christian; Dr. rer. pol., Prof.; *Allgemeine BWL*; di: HTWK Leipzig, FB Wirtschaftswissenschaften, PF 301166, 04251 Leipzig, T: (0341) 30766530

**Schleusener,** Michael; Dr., Prof.; *Marketing, Logistik, Statistik*; di: Hochsch. Niederrhein, FB Wirtschaftsingenieurwesen u. Gesundheitswesen, Ondereyckstr. 3-5, 47805 Krefeld, T: (02151) 8226668, michael.schleusener@hs-niederrhein.de

**Schlich,** Axel; Dr., Prof.; *Betriebswirtschaftslehre, insbes. Marketing*; di: H Koblenz, FB Wirtschaftswissenschaften, Konrad-Zuse-Str. 1, 56075 Koblenz, T: (0261) 9528152, schlich@hs-koblenz.de

**Schlich,** Manfred-Klaus; Dr.-Ing., Prof.; *Technische Mechanik, Gastechnik u. Gasversorgung, Rohrleitungsgrabenbau, Schweißtechnik*; di: Hochsch. Trier, FB BLV, PF 1826, 54208 Trier, T: (0651) 8103398, M.Schlich@hochschule-trier.de; pr: Pöntertalstr. 18, 56626 Andernach, T: (02636) 2853, manfred@schlich.org

**Schlicht,** Burghard; Dipl.-Phys., Dr. rer. nat., Prof.; *Elektronik (Mikroelektronik), Schaltungsintegration, Elektronische Bauelemente*; di: Hochsch. Regensburg, Fak. Elektro- u. Informationstechnik, PF 120327, 93025 Regensburg, T: (0941) 9431102, burghard.schlicht@e-technik.fh-regensburg.de

**Schlichting,** Georg; Dr. rer. pol., Prof.; *VWL und Statistik*; di: H Koblenz, FB Wirtschaftswissenschaften, Konrad-Zuse-Str. 1, 56075 Koblenz, T: (0261) 9528166, schlichting@hs-koblenz.de

**Schlick,** Uwe; Dr.-Ing., Prof.; *Rechnungswesen, Recht*; di: Hochsch. Niederrhein, FB Textil- u. Bekleidungstechnik, Webschulstr. 31, 41065 Mönchengladbach, T: (02161) 1866123, uwe.schlick@hs-niederrhein.de

**Schliekmann,** Claus; Dr.-Ing., Prof.; *Maschinendynamik, Festigkeitslehre, Betriebsfestigkeit, Numerische Lösungsverfahren, Finite-Elemente-Methode*; di: Hochsch. Regensburg, Fak. Maschinenbau, PF 120327, 93025 Regensburg, T: (0941) 9435160, claus.schliekmann@maschinenbau.fh-regensburg.de; pr: Prebrunnstr. 2, 93049 Regensburg, T: (0941) 23224

**Schlienz,** Ulrich; Dipl.-Ing., Prof.; *Grundlagen der Elektrotechnik, CAD, Digitale Schaltungstechnik, Halbleitersonderschaltungen*; di: Hochsch. Reutlingen, FB Technik, Alteburgstr. 150, 72762 Reutlingen, T: (07121) 341105, ulrich.schlienz@fh-reutlingen.de; pr: Ludwigstr. 26, 72805 Lichtenstein, T: (07129) 5690

**Schlieper,** Peter; Dipl.-Ing., Dr. agr., Prof.; *Betriebliche Steuern, Allgemeine Betriebswirtschaftslehre*; di: Georg-Simon-Ohm-Hochsch. Nürnberg, Fak. Betriebswirtschaft, Bahnhofstr. 87, 90402 Nürnberg

**Schlimpert,** Olaf; Dr.-Ing., HonProf.; *Medizinische Informatik*; di: Hochsch. Mittweida, Fak. Mathematik/Naturwiss./Informatik, Technikumplatz 17, 09648 Mittweida, T: (0371) 33332868

**Schlingensiepen,** Jörn; Dr.-Ing., Prof.; *Ingenieurinformatik und CAD/CAE*; di: HAW Ingolstadt, Fak. Maschinenbau, Esplanade 10, 85049 Ingolstadt, T: (0841) 9348397, joern.schlingensiepen@haw-ingolstadt.de

**Schlingheider,** Jörg; Dipl.-Ing., Prof.; *Konstruktion, Maschinenelemente, Produktplanung*; di: HTW Berlin, FB Ingenieurwiss. II, Blankenburger Pflasterweg 102, 13129 Berlin, T: (030) 50194354, j.schlingheider@HTW-Berlin.de

**Schlingloff,** Hanfried; Dr.-Ing., Prof.; *Technische Mechanik, Informatik*; di: Hochsch. Regensburg, Fak. Maschinenbau, PF 120327, 93025 Regensburg, T: (0941) 9435161, hanfried.schlingloff@maschinenbau.fh-regensburg.de

**Schlink,** Haiko; Dr. rer. pol., Prof.; *Wirtschaftsingenieurwesen, Betriebswirtschaft, Maschinenbau*; di: Beuth Hochsch. f. Technik, FB I Wirtschafts- u. Gesellschaftswiss., Luxemburger Str. 10, 13353 Berlin, T: (030) 45045272, schlink@beuth-hochschule.de

**Schlitter,** Klaus; Dr. rer. nat., Prof. FH Münster; *Instrumentelle Analytik, Physikalische Chemie*; di: FH Münster, FB Chemieingenieurwesen, Stegerwaldstr. 39, 48565 Steinfurt, T: (02551) 962238, F: 962399, schlitter@fh-muenster.de

**Schlösser,** Karl Helmut; Dipl.-Ing., Dipl.-Wirt.-Ing., Prof.; *Bauorganisation, insb. Bauleitung u. Sicherheitstechnik*; di: FH Aachen, FB Bauingenieurwesen, Bayernallee 9, 52066 Aachen, T: (0241) 600951126, schloesser@fh-aachen.de; pr: Zum Winzerhaus 7, 53545 Linz am Rhein, T: (02644) 3045

**Schlötzer,** Carsten; Dr.-Ing., Prof.; *Geotechnik*; di: Hochsch. Ostwestfalen-Lippe, FB 3, Bauingenieurwesen, Emilienstr. 45, 32756 Detmold, T: (05231) 769843, F: 769819, carsten.schloetzer@fh-luh.de; pr: Pulverweg 3 a, 32760 Detmold, T: (05231) 307979

**Schloms,** Heidemarie; Prof.; *Familienrecht, Erbrecht, Strafrecht/Strafvollzugsrecht, Einführung in die Rechtswissenschaft*; di: Norddeutsche Hochsch. f. Rechtspflege, Fak. Rechtspflege, Godehardsplatz 6, 31134 Hildesheim, T: (05121) 1791026, heidemarie.schloms@justiz.niedersachsen.de

**Schloms,** Rolf; Dr. rer. nat., Prof., Dekan FB Maschinenbau und Verfahrenstechnik; *Physik für Ingenieure*; di: Hochsch. Niederrhein, FB Maschinenbau u. Verfahrenstechnik, Reinarzstr. 49, 47805 Krefeld, T: (02151) 8225010, rolf.schloms@hs-niederrhein.de; pr: Erckensstr. 7, 52066 Aachen, T: (0241) 6052517

**Schlosser,** Michael; Dr.-Ing., Prof.; *Ingenieurinformatik, Mathematik, Künstliche Intelligenz*; di: H Koblenz, FB Ingenieurwesen, Konrad-Zuse-Str. 1, 56075 Koblenz, T: (0261) 9528338, schlosser@fh-koblenz.de

**Schlosser,** Reinhard; Dr.-Ing., Prof.; *Mathematik, Grundlagen d. Elektrotechnik, Elektrische Energietechnik, Leistungstransformatoren, Supraleitung, Simulation elektromagnetischer Felder*; di: Hochsch. Deggendorf, FB Elektronik u. Medientechnik, Edlmairstr. 6/8, 94469 Deggendorf, T: (0991) 3615515, F: 3615599, reinhard.schlosser@fh-deggendorf.de

**Schlothauer,** Klaus; Dr. rer. nat., Dr. sc. nat., Dr. rer. nat. habil., Prof. Hochschule Merseburg (FH); *Struktur der Materie, Werkstoffphysik, Experimentalphysik, NMR an Polymeren*; di: Hochsch. Merseburg, FB Ingenieur- u. Naturwiss., Geusaer Str., 06217 Merseburg, T: (03461) 462931, klaus.schlothauer@hs-merseburg.de; pr: Walter-Bauer-Str. 9, 06217 Merseburg

**Schlotmann,** Olaf; Dr., Prof.; *Ökonomie des Finanzsektors*; di: Ostfalia Hochsch., Fak. Recht, Salzdahlumer Str. 46/48, 38302 Wolfenbüttel, o.schlotmann@ostfalia.de

**Schlott,** Thilo; Dr. rer. nat., Prof.; *Humanbiologie, Statistik*; di: Hochsch. Fulda, FB Pflege u. Gesundheit, Marquardstr. 35, 36039 Fulda, T: (0661) 9640646, Thilo.Schlott@hs-fulda.de

**Schlotthauer,** Karl-Heinz; Dr., Prof.; *Finanzdienstleistungen, Allgemeine Betriebswirtschaftslehre*; di: FH Frankfurt, FB 3 Wirtschaft u. Recht, Nibelungenplatz 1, 60318 Frankfurt am Main, T: (069) 15332962, schlotth@fb3.fh-frankfurt.de

**Schlottmann,** Norbert; Prof.; *Bank*; di: DHBW Mannheim, Fak. Wirtschaft, Coblitzallee 1-9, 68163 Mannheim, T: (0621) 41052208, F: 41052200, norbert.schlottmann@dhbw-mannheim.de

**Schlünz,** Marina; Dr.-Ing., Prof.; *Grundlagen der Technik, Qualitätsmanagement*; di: Hochsch. Hannover, Fak. III Medien, Information u. Design, Ricklinger Stadtweg 120, 30459 Hannover, PF 920261, 30441 Hannover, T: (0511) 92961211, marina.schluenz@hs-hannover.de; pr: Blumenstr. 21, 32427 Minden, T: (0571) 880211

**Schlüter,** Andreas; Dr.-Ing., Prof.; *Konstruktionsmethodik, elektromagnetische Aktoren und Sensoren*; di: Hochsch. München, Fak. Feinwerk- u. Mikrotechnik, Physikal. Technik, Lothstr. 34, 80335 München, T: (089) 12651418, a.schlueter@hm.edu

**Schlüter,** Christian; Dipl.-Ing., Prof.; *Baukonstruktion u. Bauen im Bestand*; di: Hochsch. Bochum, FB Architektur, Lennershofstr. 140, 44801 Bochum, T: (0234) 3210129, christian.schlueter@hs-bochum.de

**Schlüter,** Jan; Dr., Prof.; *Medienwirtschaft, Medienrecht*; di: FH Kiel, Grenzstr. 3, 24149 Kiel, T: (0431) 2104504, F: 2104501, jan.schlueter@fh-kiel.de

**Schlüter,** Jörg; Dr. rer. nat., Prof.; *Allgemeine Logistik; Angewandte Datenverarbeitung*; di: FH Kaiserslautern, FB Angew. Logistik u. Polymerwiss., Carl-Schurz-Str. 1-9, 66953 Pirmasens, T: (06331) 248316, F: 248344, joerg.schlueter@fh-kl.de

**Schlüter,** Klaus; Dr. sc. agr., Dipl.-Ing. agr., Prof.; *Phytomedizin, Sonderkulturen, nachwachsende Rohstoffe*; di: FH Kiel, FB Agrarwirtschaft, Am Kamp 11, 24783 Osterrönfeld, T: (04331) 845125, F: 21068125, klaus.schlueter@fh-kiel.de

**Schlüter,** Martin; Dr.-Ing., Prof.; *Geoinformatik, Vermessung*; di: FH Mainz, FB Technik, Holzstr. 36, 55116 Mainz, T: (06131) 2859626, schlueter@geoinform.fh-mainz.de

**Schlüter,** Okke; Dr., Prof.; *Mediapublishing*; di: Hochsch. d. Medien, Fak. Druck u. Medien, Nobelstr. 10, 70569 Stuttgart

**Schlüter,** Wilfried; Dr. phil., Prof.; *Managementtechniken im Gesundheits- und Pflegewesen*; di: Westsächs. Hochsch. Zwickau, FB Gesundheits- u. Pflegewiss., Scheffelstr. 39, 08066 Zwickau, Wilfried.Schlueter@fh-zwickau.de

**Schlüter,** Wolfgang; Dipl.-Math., Dr. phil. nat., Prof.; *Grundlagen der Informatik, Mathematik*; di: Hochsch. Ansbach, FB Ingenieurwissenschaften, Residenzstr. 8, 91522 Ansbach, PF 1963, 91510 Ansbach, T: (0981) 4877317, wolfgang.schlueter@fh-ansbach.de

**Schlund,** Manfred; Dr., Prof.; *Sozialmanagement, Interprofessionelle Gesundheitsversorgung*; di: DHBW Heidenheim, Fak. Sozialwesen, Wilhelmstr. 10, 89518 Heidenheim, T: (07321) 2722442, F: 2722449, schlund@dhbw-heidenheim.de

**Schlussas,** Martin; Dr. jur., Prof.; *Recht*; di: FH Mainz, FB Wirtschaft, Lucy-Hillebrand-Str. 2, 55128 Mainz, T: (06131) 628252, martin.schlussas@wiwi.fh-mainz.de

**Schmadl,** Josef; Dr.-Ing., Prof.; *Thermische Verfahrenstechnik, Thermodynamik, Wärme- und Stoffübertragung*; di: Techn. Hochsch. Wildau, FB Ingenieurwesen/Wirtschaftsingenieurwesen, Bahnhofstr., 15745 Wildau, T: (03375) 508110, F: 500324, jschmadl@igw.tfh-wildau.de

**Schmäh,** Marco; Dr. rer. pol., Prof.; *Volkswirtschaftslehre*; di: Hochsch. Reutlingen, FB European School of Business, Alteburgstr. 150, 72762 Reutlingen, T: (07121) 271434

**Schmäing,** Eduard; Dr. rer. nat., HonProf.; *Regelungstechnik*; di: Hochsch. Mannheim, Windeckstr. 110, 68163 Mannheim

**Schmager,** Burkhard; Dr.-Ing., Prof.; *Betriebswirtschaftslehre, insb. Produktionsplanung und -steuerung, Produktionsmanagement*; di: FH Jena, FB Wirtschaftsingenieurwesen, Carl-Zeiss-Promenade 2, 07745 Jena, PF 100314, 07703 Jena, T: (03641) 930440, F: 930441, wi@fh-jena.de

**Schmailzl,** Kurt J. G.; Dr. Dr., Prof.; *Kardiologie*; di: Business School (FH), Große Weinmeisterstr. 43 a, 14469 Potsdam, T: (0331) 97910220, Kurt.Schmailzl@businessschool-potsdam.de; Ruppiner Kliniken, Med. Klinik A, Fehrbelliner Str. 38, 16816 Neuruppin

**Schmalwasser,** Wilfried; Dr.-Ing., Prof.; *Digitaltechnik*; di: Hochsch. Mittweida, Fak. Elektro- u. Informationstechnik, Technikumplatz 17, 09648 Mittweida, T: (03727) 581495, F: 581351, ws@htwm.de

**Schmalz,** Gisela; Dr., Prof.; di: Rheinische FH Köln, Hohenstaufenring 16-18, 50674 Köln

**Schmalz,** Reinhard; Dr., Prof.; *Physik, Datenverarbeitung, Automatisierungstechnik*; di: Hochsch. Hof, Fak. Ingenieurwiss., Alfons-Goppel-Platz 1, 95028 Hof, T: (09281) 409842, F: 40955842, Reinhard.Schmalz@fh-hof.de

**Schmalzl,** Hans-Peter; Dr.-Ing., Prof.; *Strömungsmachinen, Konstruktion*; di: Hochsch. Mannheim, Fak. Maschinenbau, Windeckstr. 110, 68163 Mannheim

**Schmalzried,** Siegfried; Dr.-Ing., Prof.; *Automatisierungstechnik, Werkzeugmaschinen*; di: Hochsch. Furtwangen, Fak. Industrial Technologies, Kronenstr. 16, 78532 Tuttlingen, T: (07461) 15026623, siegfried.schmalzried@hs-furtwangen.de

**Schmatz,** Herbert; Dr.-Ing., Prof.; *Übertragungstechnik, EMV*; di: Hochsch. Bremen, Fak. Elektrotechnik u. Informatik, Neustadtswall 30, 28199 Bremen, T: (0421) 59053454, F: 59053431, Herbert.Schmatz@hs-bremen.de

**Schmatzer,** Franz-Karl; Dr., Prof.; *Wirtschaftsinformatik*; di: AKAD-H Stuttgart, Maybachstr. 18-20, 70469 Stuttgart, T: (0711) 814950, hs-stuttgart@akad.de

**Schmauch,** Cosima; Dr. rer. nat., Prof.; *Wissensbasierte Systeme*; di: Hochsch. Karlsruhe, Fak. Informatik u. Wirtschaftsinformatik, Moltkestr. 30, 76133 Karlsruhe, PF 2440, 76012 Karlsruhe, T: (0721) 9252960

**Schmauch,** Ulrike; Dr., Prof.; *Sozialarbeit mit Schwerpunkt sozial auffällige Kinder und Jugendliche und ihre Familien*; di: FH Frankfurt, FB 4 Soziale Arbeit u. Gesundheit, Nibelungenplatz 1, 60318 Frankfurt am Main, T: (069) 15332654, schmauch@fb4.fh-frankfurt.de

**Schmehmann,** Alexander; Dr.-Ing., Prof.; *Technische Mechanik, Finite Elemente*; di: Hochsch. Osnabrück, Fak. Ingenieurwiss. u. Informatik, Albrechtstr. 30, 49076 Osnabrück, T: (0541) 9692006, a.schmehmann@hs-osnabrueck.de

**Schmeing,** Astrid; Dipl.-Ing., Prof.; *Städtebau, Stadtbaugeschichte*; di: Hochsch. Darmstadt, FB Architektur, Haardtring 100, 64295 Darmstadt, astrid.schmeing@h-da.de

**Schmeisser,** Wilhelm; Dr. rer. oec., Prof.; *Finanzierung und Investition, Personalmanagement und Organisation, Grundlagen BWL*; di: HTW Berlin, FB Wirtschaftswiss. I, Treskowallee 8, 10318 Berlin, T: (030) 50192360, prof.schmeisser@HTW-Berlin.de; pr: Franz-Bauer-Weg 13, 90455 Nürnberg-Kornburg, T: (09129) 287712

**Schmeitzner,** Helmut; Dr. Ing., Prof.; di: Hochsch. f. Wirtschaft u. Recht Berlin, Badensche Str. 50/51, 10825 Berlin, T: (030) 29384520, helmut.schmeitzner@hwr-berlin.de

**Schmelter,** Tillmann; Dr., Prof.; *Food Processing, Chemie, Enzymologie*; di: FH Lübeck, FB Angewandte Naturwissenschaften, Mönkhofer Weg 239, 23562 Lübeck, T: (0451) 3005650, tillmann.schmelter@fh-luebeck.de

**Schmelz,** Gerhard; Prof.; *Kriminalistik*; di: Hess. Hochsch. f. Polizei u. Verwaltung, FB Polizei, Schönbergstr. 100, 65199 Wiesbaden, T: (0611) 5829316

**Schmelzle,** Peter; Dr.-Ing., Prof.; *Wasserbau, Umwelt und Deponietechnik, Grundlagen des Bauingenieurwesens*; di: Hochsch. München, Fak. Bauingenieurwesen, Karlstr. 6, 80333 München, T: (089) 12652688, F: 12652699, schmelzle@bau.fhm.edu

**Schmengler,** Hans Joachim; Dr. rer. oec., Prof.; *Betriebswirtschaftslehre, insbes. internationales Marketing u. Handelsmanagement*; di: Hochsch. Bochum, FB Wirtschaft, Lennershofstr. 140, 44801 Bochum, T: (0234) 3210653, hans.joachim.schmengler@hs-bochum.de

**Schmengler,** Kati; Dr.-Ing., Prof.; *Business Management, Wirtschaftsingenieurwesen*; di: FH Düsseldorf, FB 3 – Elektrotechnik, Josef-Gockeln-Str. 9, 40474 Düsseldorf, T: (0211) 4351305, kati.schmengler@fh-duesseldorf.de

**Schmerfeld,** Jochen; Dr. phil., Prof.; *Pädagogik/Didaktik im Fachgebiet Pflege*; di: Kath. Hochsch. Freiburg, Karlstr. 63, 79104 Freiburg, T: (0761) 200660, schmerfeld-j@kfh-freiburg.de; pr: Ginsterweg 12, 79194 Gundelfingen, T: (0761) 5950010

**Schmetz,** Roland; Dr., Prof.; *Antriebstechnik, insbes. Leistungselektronik*; di: Hochsch. Rhein-Waal, Fak. Technologie u. Bionik, Marie-Curie-Straße 1, 47533 Kleve, T: (02821) 80673230, roland.schmetz@hochschule-rhein-waal.de

**Schmich,** Peter; Dr. rer. nat., Prof.; *Instrumentelle Analytik*; di: FH Aachen, FB Angewandte Naturwiss. u. Technik, Ginsterweg 1, 52428 Jülich, T: (02461) 600953046, schmich@fh-aachen.de; pr: Hildastr. 24, 69115 Heidelberg, T: (06221) 182799

**Schmickler,** Franz-Peter; Dr.-Ing., Prof.; *Sanitäre Haustechnik, Wassermanagement*; di: FH Münster, FB Energie, Gebäude, Umwelt, Stegerwaldstr. 39, 48565 Steinfurt, T: (0251) 962835, F: 962837, schmickler@fh-muenster.de; pr: Liegnitzstr. 4, 48683 Ahaus, T: (02561) 963090

**Schmid,** Arno; Dipl.-Ing. (FH), HonProf.; di: Hochsch. f. Technik, Fak. Architektur u. Gestaltung, Schellingstr. 24, 70174 Stuttgart, PF 101452, 70013 Stuttgart

**Schmid,** Erik; Dr., Prof.; *Designtheorie*; di: Hochsch. Niederrhein, FB Design, Petersstr. 123, 47798 Krefeld, T: (02151) 8224329

**Schmid,** Franz; Dipl.-Theol., Dipl.-Sozpäd., Dr. phil., Prof.; *Sozialpädagogik, Praktische Theologie*; di: Kath. Stiftungsfachhochsch. München, Abt. Benediktbeuern, Don-Bosco-Str. 1, 83671 Benediktbeuern, T: (08857) 88501, F: 88599, franzschmid.bb@ksfh.de

**Schmid,** Gabriele; Dr., Prof.; *Kunsttherapie und Kunstpädagogik; Freie Bildende Kunst*; di: Hochsch. f. Künste im Sozialen, Am Wiestebruch 66-68, 28870 Ottersberg, gabriele.schmid@hks-ottersberg.de

**Schmid,** Günter; Dipl.-Betriebswirt, Dr. rer.pol., Prof.; *Betriebswirtschaftslehre, insb. Marketing und Handelsbetriebslehre*; di: FH Bielefeld, FB Wirtschaft, Universitätsstr. 25, 33615 Bielefeld, T: (0521) 1063730, guenter.schmid@fh-bielefeld.de; pr: Schinkelstr. 3, 32052 Herford, T: (05221) 759386

**Schmid,** Hans Albrecht; Dr., Prof.; *Softwareengineering, Benutzeroberflächen, Realzeitsysteme, Objektorientiertes Softwareengineering*; di: Hochsch. Konstanz, Fak. Informatik, Brauneggerstr. 55, 78462 Konstanz, PF 100543, 78405 Konstanz, T: (07531) 206631, F: 206559, schmidha@fh-konstanz.de

**Schmid,** Markus; Dr.-Ing., Prof.; *Strömungsmechanik*; di: Georg-Simon-Ohm-Hochsch. Nürnberg, Fak. Maschinenbau u. Versorgungstechnik, Keßlerplatz 12, 90489 Nürnberg, PF 210320, 90121 Nürnberg

**Schmid,** Martin; Dr. phil., Prof.; *Soziologie*; di: Kath. Hochsch. Mainz, FB Soziale Arbeit, Saarstr. 3, 55122 Mainz

**Schmid,** Michael; Dr.-Ing., Prof.; *Konstruktion u. CAD, Thermodynamik*; di: Hochsch. Augsburg, Fak. f. Maschinenbau u. Verfahrenstechnik, An der Hochschule 1, 86161 Augsburg, PF 110605, 86031 Augsburg, T: (0821) 55861053, F: 55863160, michael.schmid@hs-augsburg.de

**Schmid,** Peter; Dipl.-Ing., Prof.; *Fertigungsverfahren und Controlling*; di: Hochsch. Esslingen, Fak. Fahrzeugtechnik, Kanalstr. 33, 73728 Esslingen, T: (0711) 3973347; pr: Falkenstr. 10, 73760 Ostfildern, T: (07158) 65626

**Schmid,** Ralf; Dr. rer. pol., Prof.; di: Rheinische FH Köln, Hohenstaufenring 16-18, 50674 Köln; pr: Häuschenweg 46i, 50827 Köln, T: (0221) 5301641

**Schmid,** Reiner; Dr.-Ing., Prof.; *Nachrichtentechnik, Bildverarbeitung*; di: Hochsch. Furtwangen, Fak. Computer & Electrical Engineering, Robert-Gerwig-Platz 1, 78120 Furtwangen, T: (07723) 9202442, schd@fh-furtwangen.de

**Schmid,** Reinhold; Dr., Prof.; *Rechnungswesen und Steuern*; di: Hochsch. Heilbronn, Fak. f. Technik u. Wirtschaft, Daimlerstr. 35, 74653 Künzelsau, T: (07940) 1306177, reinhold.schmid@hs-heilbronn.de

**Schmid,** Sybille; Dr., Prof.; *Allgemeine Betriebswirtschaftslehre, Marketing, Internationales Marketing, Volkswirtschaftslehre*; di: Hochsch. d. Medien, Fak. Electronic Media, Nobelstr. 10, 70569 Stuttgart, T: (0711) 89232241, schmid@hdm-stuttgart.de

**Schmid,** Uwe; Dr., Prof.; *BWL-Industrie*; di: DHBW Stuttgart, Fak. Wirtschaft, BWL-Industrie/Dienstleistungsmanagement, Paulinenstraße 50, 70178 Stuttgart, T: (0711) 1849752, schmid@dhbw-stuttgart.de

**Schmid-Grotjohann,** Wolfgang; Dr., Prof.; *Controlling, Finanzmathematik*; di: DHBW Lörrach, Hangstr. 46-50, 79539 Lörrach, T: (07621) 2071247, F: 2071249, grotjohann@dhbw-loerrach.de

**Schmid Noerr,** Gunzelin; Dr., Prof. H Niederrhein; *Sozialphilosophie, Ethik (insbes. Ethik der Sozialen Arbeit), Anthropologie, Kulturtheorie*; di: Hochsch. Niederrhein, FB Sozialwesen, Richard-Wagner-Str. 101, 41065 Mönchengladbach, T: (02161) 1865644

**Schmid-Ospach,** Michael; HonProf.; *Medienpädagogik*; di: FH Düsseldorf, FB 6 – Sozial- und Kulturwiss., Universitätsstr. 1, Geb. 24.21, 40225 Düsseldorf, T: (0211) 9305015, F: 930505, mso@filmstiftung.de

**Schmid-Pickert,** Gisela; Dipl.-Kfm., Dr. rer. pol., Prof.; *Allgemeine Betriebswirtschaftslehre, Steuern, Rechnungswesen*; di: Hochsch. Ansbach, FB Wirtschafts- u. Allgemeinwiss., Residenzstr. 8, 91522 Ansbach, PF 1963, 91510 Ansbach, T: (0981) 4877232, gisela.schmidt-pickert@fh-ansbach.de

**Schmid-Schönbein,** Thomas; Dr. rer. pol., Prof.; *Unternehmenspolitik, Industrieökonomik, Theorie der Unternehmung, Mittelstand*; di: Hochsch. Lausitz, FB Informatik, Elektrotechnik, Maschinenbau, Großenhainer Str. 57, 01968 Senftenberg, T: (03573) 85701, F: 85709

**Schmid-Wohlleber,** Bernhard; Prof.; *Grundlagen der Gestaltung*; di: Hochsch. Magdeburg-Stendal, FB Ingenieurwiss. u. Industriedesign, Breitscheidstr. 2, 39114 Magdeburg, T: (0391) 8864167, prof@4eyes.de

**Schmidek,** Bernd; Dr.-Ing., Prof.; *Fertigungstechnik*; di: HAW Hamburg, Fak. Technik u. Informatik, Berliner Tor 21, 20099 Hamburg, T: (040) 428758658, schmidek@rzbt.haw-hamburg.de; pr: T: (04181) 36753

**Schmidek,** Johann; Dr.-Ing., Prof.; *Betriebssysteme, Applikative Systemprogrammierung, Künstliche Intelligenz*; di: HTW Berlin, FB Ingenieurwiss. I, Allee der Kosmonauten 20/22, 10315 Berlin, T: (030) 50193210, j.schmidek@HTW-Berlin.de

**Schmidhuber,** Holger; Dipl.-Des., Prof.; *Typografie, Grundlagen der Gestaltung*; di: FH Mainz, FB Gestaltung, Holzstr. 36, 55116 Mainz, T: (06131) 6282311, holger.Schmidhuber@img.fh-mainz.de

**Schmidkonz,** Christian; Dr. rer. oec., Prof.; *International Business*; di: THINK!DESK China Research & Consulting, Merzstr. 18, 81679 München, T: (089) 26212782, F: (0721) 151208581, schmidkonz@thinkdesk.de; Munich Business School, Elsenheimerstr. 61, 80687 München, christian@schmidkonz.com; www.schmidkonz.com

**Schmidt,** Alexander; Dr., Prof.; *Umwelt- und Planungsrecht*; di: Hochsch. Anhalt, FB 1 Landwirtschaft, Ökotrophologie, Landespflege, Strenzfelder Allee 28, 06406 Bernburg, T: (03471) 3551190

**Schmidt,** Andrea; Dr. phil., Prof.; *Sozialarbeitswissenschaft*; di: FH d. Diakonie, Grete-Reich-Weg 9, 33617 Bielefeld, T: (0521) 1442701, F: 1443032, andrea.schmidt@fhdd.de

**Schmidt,** Andreas; Dipl.-Kfm., Dr. rer. pol., Prof.; *BWL, Rechnungswesen und Controlling*; di: Jade Hochsch., FB Wirtschaft, Friedrich-Paffrath-Str. 101, 26389 Wilhelmshaven, T: (04421) 9852566, F: 9852596, a.schmidt@jade-hs.de

**Schmidt,** Andreas; Dr.-Ing., Prof.; *Wirtschaftsinformatik, Datenbanken und Informationssysteme*; di: Hochsch. Osnabrück, Fak. Wirtschafts- u. Sozialwiss., Caprivistr. 30A, 49076 Osnabrück, T: (0541) 9693820, a.schmidt@hs-osnabrueck.de; Hochsch. Karlsruhe, FB Wirtschaftsinformatik, Moltkestr. 30, 76133 Karlsruhe, T: (0721) 9252962

**Schmidt,** Bernd; Dr., Prof.; *Journalistik, Journalistische Praxis*; di: Univ., Sozialwiss. Fak., Zentr. f. interdiszipl. Medienwiss., Humboldtallee 32, 37073 Göttingen, T: (0551) 398354, bernd.schmidt@zim.uni-goettingen.de; Hochsch. Hannover, Fak. III Medien, Information und Design, Expo Plaza 12, 30539 Hannover, PF 920261, 30441 Hannover, T: (0511) 92962659, bernd.schmidt@hs-hannover.de

**Schmidt,** Bernd B.; Dr. phil., Prof.; *Ästhetik und Kommunikation*; di: FH Jena, FB Sozialwesen, Carl-Zeiss-Promenade 2, 07745 Jena, PF 100314, 07703 Jena, T: (03641) 205800, F: 205801, sw@fh-jena.de

**Schmidt,** Bettina; Dr. P.H., Prof.; *Soziale Arbeit im Gesundheitswesen*; di: Ev. FH Rhld.-Westf.-Lippe, FB Soziale Arbeit, Immanuel-Kant-Str. 18-20, 44803 Bochum, T: (0234) 36901168, b.schmidt@efh-bochum.de; www.efh-bochum.de/homepages/schmidt/index.html

**Schmidt,** Birgit; Prof.; *Objektplanung in der Landschaftsarchitektur*; di: Hochsch. Weihenstephan-Triesdorf, Fak. Landschaftsarchitektur, Am Hofgarten 4, 85354 Freising, 85350 Freising, birgit.schmidt@fh-weihenstephan.de

**Schmidt,** Christa; Dr. jur., Prof.; *Wirtschaftsrecht*; di: FH Bielefeld, FB Wirtschaft, Universitätsstr. 25, 33615 Bielefeld, T: (0521) 1063761, christa.schmidt@fh-bielefeld.de; pr: Mittelstr. 17, 33602 Bielefeld

**Schmidt,** Christian; Dipl.-Kfm., Dr. rer. pol., Prof.; *Allgem. Betriebswirtschaftslehre, Steuern*; di: Georg-Simon-Ohm-Hochsch. Nürnberg, Fak. Betriebswirtschaft, Bahnhofsstr. 87, 90402 Nürnberg, PF 210320, 90121 Nürnberg

**Schmidt,** Claudia; Dr.-Ing., Prof.; *Datenbanken, Labor Telekommunikationstechnik, Hochleistungskommunikation*; di: Hochsch. Offenburg, Fak. Medien u. Informationswesen, Badstr. 24, 77652 Offenburg, T: (0781) 205133, F: 205214

**Schmidt,** Detlef; Dipl.-Ing., Prof.; *Baustofflehre*; di: HTWK Leipzig, FB Bauwesen, PF 301166, 04251 Leipzig, T: (0341) 30766302, detlef.schmidt@fbp.htwk-leipzig.de

**Schmidt,** Diana; D.phil., apl.Prof. U Heidelberg u. Prof. FH Heilbronn; *Praktische Informatik, Softwareentwicklung, Softwarepraktika*; di: Hochsch. Heilbronn, Fak. f. Informatik, Max-Planck-Str. 39, 74081 Heilbronn, T: (07131) 504369, F: 252470, diana.schmidt@hs-heilbronn.de; Univ., Med. Fak., PF 105760, 69047 Heidelberg

**Schmidt,** Dirk; Dr. rer. nat., Prof.; *Ingenieurmathematik, Bauinformatik*; di: FH Erfurt, FB Bauingenieurwesen, Altonaer Str. 25, 99085 Erfurt, PF 101363, 99013 Erfurt, T: (0361) 6700954, F: 6700902, d.schmidt@fh-erfurt.de

**Schmidt,** Dorothea; Dr. rer. pol. habil., Prof.; *Soziologie*; di: Hochsch. f. Wirtschaft u. Recht Berlin, FB 1, Badensche Str. 50-51, 10825 Berlin, T: (030) 85789158, doschmid@hwr-berlin.de; pr: Fritschestr. 65, 10585 Berlin, T: (030) 34708903

**Schmidt,** Eggert; Dr., Prof.; *Tierzucht*; di: Hochsch. Weihenstephan-Triesdorf, Fak. Land- u. Ernährungswirtschaft, Am Hofgarten 1, 85354 Freising, 85350 Freising, T: (08161) 715325, F: 714496, eggert.schmidt@fh-weihenstephan.de

**Schmidt,** Elmar; Dr. rer.nat., Prof.; *Wirtschaftsmathematik, Statistik, Angew. Physik*; di: Hochsch. Heidelberg, School of Engineering and Architecture, Bonhoefferstr. 11, 69123 Heidelberg, T: (06221) 882538, elmar.schmidt@fh-heidelberg.de

**Schmidt,** Franz-Josef; Dipl.-Ing., HonProf.; *Bauingenieurwesen*; di: Bau BG, Eulenbergstr. 13 – 21, 51065 Köln, Franz-Josef.Schmidt@bgbau.de; FH Aachen, FB Bauingenieurwesen, Bayernallee 9, 52066 Aachen

**Schmidt,** Fritz-Jochen; Dr.-Ing. habil., Prof.; *Maschinenbauinformatik / Mechatronik*; di: Hochsch. Zittau / Görlitz, Fak. Maschinenwesen, PF 1455, 02754 Zittau, T: (03583) 611848, FJ.Schmidt@hs-zigr.de

**Schmidt,** Gabriele; Dr. rer. nat., Prof.; *Informatik, Software-Engineering*; di: FH Brandenburg, FB Informatik u. Medien, Magdeburger Str. 50, 14770 Brandenburg, PF 2132, 14737 Brandenburg, T: (03381) 355421, F: 355499, gschmidt@fh-brandenburg.de

**Schmidt,** Georg Andreas; Dr., Prof.; *ABWL, inbesondere Immobilienökonomie*; di: Hochsch. d. Sparkassen-Finanzgruppe, Simrockstr. 4, 53113 Bonn, T: (0228) 204920, F: 204903, georg.andreas.schmidt@dsgv.de

**Schmidt,** Gerd; Dr. rer. pol., Prof.; *Rechnungswesen, Steuerlehre*; di: Nordakademie, FB Wirtschaftswissenschaften, Köllner Chaussee 11, 25337 Elmshorn, T: (04121) 409080, F: 409040, gerd.schmidt@nordakademie.de

**Schmidt,** Gerhard; Dr., Prof.; *Informatik, Mikrosystemtechnik*; di: FH Kaiserslautern, FB Informatik u. Mikrosystemtechnik, Amerikastr. 1, 66482 Zweibrücken, T: (06332) 914310, gerhard.schmidt@fh-kl.de

**Schmidt,** Guido; Dr., Prof.; *Staatsrecht, Allgemeines Verwaltungsrecht, Europarecht, Umweltrecht, Polizei- u. Ordnungsrecht, Wirtschaftsrecht*; di: FH f. öffentl. Verwaltung NRW, Abt. Duisburg, Albert-Hahn-Str. 45, 47269 Duisburg, guido.schmidt@fhoev.nrw.de; pr: T: (0201) 471223, F: 471223, scientiajur@hotmail.com

**Schmidt,** Gunnar; Dr.habil., Prof.; *Gestaltung, Theorie u. Praxis des Intermedialen*; di: Hochsch. Trier, FB Gestaltung, PF 1826, 54208 Trier, T: (0651) 8103841, G.Schmidt@hochschule-trier.de

**Schmidt,** Hans; Prof.; *Grundlagen der Chemie*; di: Hochsch. Hof, Alfons-Goppel-Platz 1, 95028 Hof, T: (09281) 409457, F: 40955457, Hans.Schmidt@fh-hof.de

**Schmidt,** Hans-Joachim; Dr.-Ing., Prof.; *Betriebswirtschaftslehre, insbesondere Unternehmensführung, Marketing, Vertrieb, Projektmanagement*; di: FH Kaiserslautern, FB Angew. Ingenieurwiss., Morlauterer Str. 31, 67657 Kaiserslautern, T: (0631) 3724176, F: 3724105, hansjoachim.schmidt@fh-kl.de

**Schmidt,** Hans-Jürgen; Dr., Prof.; *Betriebswirtschaftslehre*; di: FH d. Bundes f. öff. Verwaltung, FB Bundeswehrverwaltung, Seckenheimer Landstr. 10, 68163 Mannheim

**Schmidt,** Hans-Peter; Dr.-Ing., Prof.; *Grundlagen der Elektrotechnik, Numerische Simulationstechnik, Elektrische Anlagentechnik*; di: Hochsch. Amberg-Weiden, FB Elektro- u. Informationstechnik, Kaiser-Wilhelm-Ring 23, 92224 Amberg, T: (09621) 482138, F: 482161, h.schmidt@fh-amberg-weiden.de

**Schmidt,** Hartmut; Dr. rer. nat., Prof.; *Physik*; di: Hochsch. Darmstadt, FB Mathematik u. Naturwiss., Haardtring 100, 64295 Darmstadt, T: (06151) 168669, hschmidt@h-da.de

**Schmidt,** Hartmut; Dr.-Ing., Prof.; *Medientechnik, Technologie udn Kalkulation, Qualitätsmanagement*; di: Hochsch. München, Fak. Geoinformation, Karlstr. 6, 80333 München, T: (089) 12652682, F: 12652698, hartmut.schmidt@fhm.edu

**Schmidt,** Herbert; Dr. rer. pol., Prof.; *Mechtronik*; di: FH Aachen, FB Maschinenbau und Mechatronik, Goethestr. 1, 52064 Aachen; pr: T: (0241) 127400210, schmidt.langerwehe@freenet.de

**Schmidt,** Holger J.; Dr. rer. pol., Prof.; *Marketing*; di: H Koblenz, FB Wirtschaftswissenschaften, Konrad-Zuse-Str. 1, 56075 Koblenz, T: (0261) 9528182, hjschmidt@hs-koblenz.de

**Schmidt,** Hubert; Dr., Prof.; *Bürgerliches Recht, deutsches und europäisches Wirtschaftsrechts sowie Verfahrensrecht*; di: Hochsch. Trier, Umwelt-Campus Birkenfeld, FB Umweltwirtschaft / Umweltrecht, PF 1380, 55761 Birkenfeld, T: (06782) 171526, h.schmidt@umwelt-campus.de

**Schmidt,** J. H. Thomas; Dr.-Ing., Prof.; *Bauinformatik*; di: Hochsch. Magdeburg-Stendal, FB Bauwesen, Breitscheidstr. 2, 39114 Magdeburg, T: (0391) 8864211, thomas.schmidt@hs-Magdeburg.DE

**Schmidt,** Jens Georg; Dr., Prof.; *Wissenschaftliches Rechnen*; di: H Koblenz, FB Mathematik u. Technik, RheinAhrCampus, Joseph-Rovan-Allee 2, 53424 Remagen, T: (02642) 932212, F: 932399, schmidt@rheinahrcampus.de

**Schmidt,** Joachim; Dr.-Ing., Prof.; *Produktrecycling, Recyclinggerechtes Konstruieren, Energietechnik, Anlagentechnik*; di: Ostfalia Hochsch., Fak. Fahrzeugtechnik, Robert-Koch-Platz 8A, 38440 Wolfsburg, T: (05361) 831800, F: 831802

**Schmidt,** Joachim; Prof.; *Informatik*; di: DHBW Mannheim, Fak. Technik, Coblitzallee 1-9, 68163 Mannheim, T: (0621) 41051134, F: 41051194, joachim.schmidt@dhbw-mannheim.de

**Schmidt,** Jochen; Dr., Prof.; *Robotik, Automotive*; di: Hochsch. Rosenheim, Fak. Informatik, Hochschulstr. 1, 83024 Rosenheim, T: (08031) 805526, F: 805502, Jochen.Schmidt@fh-rosenheim.de

**Schmidt,** Jörg; Dr., Prof.; *Betriebswirtschaftslehre, insbesondere Rechnungswesen*; di: Hochsch. Anhalt, FB 2 Wirtschaft, Strenzfelder Allee 28, 06406 Bernburg, T: (03471) 3551342, schmidtjoe@wi.hs-anhalt.de

**Schmidt,** Jürgen; Dr.-Ing., Prof.; *Produktentwicklung, Werkstoff- und Fertigungstechnik, Qualitätsmanagement, Wirtschaftlichkeits- und Investitionsrechnung*; di: Hochsch. Furtwangen, Fak. Computer & Electrical Engineering, Robert-Gerwig-Platz 1, 78120 Furtwangen, T: (07723) 92022175, F: 9202618, schj@hs-furtwangen.de

**Schmidt,** Jürgen; Dr., Prof.; *Rechnungswesen*; di: Hochsch. Anhalt, FB 2 Wirtschaft, Strenzfelder Allee 28, 06406 Bernburg, T: (03471) 3551343, schmidtjue@wi.hs-anhalt.de

**Schmidt,** Karin; Dr., Prof.; *Betriebswirtschaftslehre, Rechnungswesen und Controlling*; di: HAW Ingolstadt, Fak. Wirtschaftswiss., Esplanade 10, 85049 Ingolstadt, T: (0841) 9348180, Karin.Schmidt@haw-ingolstadt.de

**Schmidt,** Karsten; Dr., Prof.; *Mechatronik im Automobil, Kraftfahrzeugtechnik*; di: FH Frankfurt, FB 2 Informatik u. Ingenieurwiss., Nibelungenplatz 1, 60318 Frankfurt am Main, T: (069) 15332219, schmidtk@fb2.fh-frankfurt.de

**Schmidt,** Karsten; Dr. rer. pol., Prof.; *Allgemeine BWL, insbesondere EDV und Organisation*; di: FH Schmalkalden, Fak. Wirtschaftswiss., Blechhammer, 98574 Schmalkalden, PF 100452, 98564 Schmalkalden, T: (03683) 6883108, kschmidt@fh-schmalkalden.de

**Schmidt,** Klaus-Jürgen; Dipl.-Ing., Dipl.-Kfm., Dr. rer. pol., Prof.; *Informatik*; di: HTW d. Saarlandes, Fak. f. Ingenieurwiss., Goebenstr. 40, 66117 Saarbrücken, T: (0681) 5867425, kjs@htw-saarland.de; pr: Akazienweg 26, 66121 Saarbrücken, T: (0681) 811184

**Schmidt,** Klaus-Jürgen; Dr.-Ing., Prof.; *Technische Mechanik, Festigkeitslehre*; di: Hochsch. Regensburg, Fak. Maschinenbau, PF 120327, 93025 Regensburg, T: (0941) 9435165, klaus-juergen.schmidt@maschinenbau.fh-regensburg.de

**Schmidt,** Lothar; Dr.-Ing., Prof.; *Baubetriebsplanung, Bauverfahrenstechnik, Baumaschinen, Arbeitstechnologie, Grundlagen des Bauingenieurwesens*; di: Hochsch. München, Fak. Bauingenieurwesen, Karlstr. 6, 80333 München, T: (089) 12652692, F: 12652699, schmidt@bau.fhm.edu

**Schmidt,** Manfred; Dr. sc. nat., Prof.; *Elektrische Messtechnik, EMV*; di: FH Jena, FB Elektrotechnik u. Informationstechnik, Carl-Zeiss-Promenade 2, 07745 Jena, PF 100314, 07703 Jena, T: (03641) 205700, F: 205701, et@fh-jena.de

**Schmidt,** Mario; Dr., Prof.; *Betriebswirtschaft/Beschaffung und Logistik*; di: Hochsch. Pforzheim, Fak. f. Wirtschaft u. Recht, Tiefenbronner Str. 65, 75175 Pforzheim, T: (07231) 286406, F: 287406, mario.schmidt@hs-pforzheim.de

**Schmidt,** Markus; Dr., Prof.; *Projektmanagement, Kostenmanagement, Bau- und Immobilienwirtschaft*; di: Hochsch. f. Technik, Fak. Architektur u. Gestaltung, Schellingstr. 24, 70174 Stuttgart, PF 101452, 70013 Stuttgart, T: (0711) 89262778, markus.schmidt@hft-stuttgart.de

**Schmidt,** Martin; Dr. rer. pol., Prof.; *Statistik, Volkswirtschaftslehre*; di: Techn. Hochsch. Mittelhessen, FB 07 Wirtschaft, Wiesenstr. 14, 35390 Gießen, T: (0641) 3092735, Martin.Schmidt@w.fh-giessen.de; pr: Hochwaldstr. 27, 61231 Bad Nauheim, T: (06032) 33311

**Schmidt,** Matthias; Dr. phil., Prof.; *Betriebswirtschaftslehre, Unternehmensführung*; di: Beuth Hochsch. f. Technik, FB I Wirtschafts- u. Gesellschaftswiss., Luxemburger Str. 10, 13353 Berlin, T: (030) 45045247, mschmidt@beuth-hochschule.de

**Schmidt,** Maximilian; Dr.-Ing., Prof.; *Fertigungstechnik u. Arbeitsvorbereitung*; di: HAW Ingolstadt, Fak. Maschinenbau, Esplanade 10, 85049 Ingolstadt, T: (0841) 9348366, maximilian.schmidt@haw-ingolstadt.de

**Schmidt,** Michael; Dr.-Ing., Prof.; *Hochfrequenztechnik, Analogelektronik*; di: HTW Berlin, FB Ingenieurwiss. I, Allee der Kosmonauten 20/22, 10315 Berlin, T: (030) 50193264, mschmid@HTW-Berlin.de

**Schmidt,** Michael; Dr., Prof.; *Organisation und Management Sozialer Arbeit*; di: Hochsch. Rhein/Main, FB Sozialwesen, Kurt-Schumacher-Ring 18, 65197 Wiesbaden, T: (0611) 94951325, michael.schmidt@hs-rm.de

**Schmidt,** Michael; Dipl.-Ing. (FH), Prof.; *Lichtplanung*; di: Hochsch. Augsburg, Fak. f. Architektur u. Bauwesen, An der Hochschule 1, 86161 Augsburg, PF 110605, 86031 Augsburg, T: (0821) 55863611, michael.schmidt@hs-augsburg.de

**Schmidt,** Norbert; Dr.-Ing., Prof.; *Grundlagen der Elektrotechnik u. Automatisierungstechnik*; di: FH Bielefeld, FB Ingenieurwiss. u. Mathematik, Wilhelm-Bertelsmann-Str. 10, 33602 Bielefeld, T: (0521) 1067292, F: 1067168, norbert.schmidt@fh-bielefeld.de; pr: Schellingweg 8, 33659 Bielefeld, T: (0521) 493364

**Schmidt,** Otto; Dr., Prof.; *Elektrotechnik*; di: DHBW Lörrach, Hangstr. 46-50, 79539 Lörrach, T: (07621) 2071121, F: 2071139, schmidt@dhbw-loerrach.de

**Schmidt,** Peter; Dr. rer. pol., Prof.; *Volkswirtschaftslehre u. Statistik*; di: Hochsch. Bremen, Fak. Wirtschaftswiss., Werderstr. 73, 28199 Bremen, T: (0421) 59054691, F: 59054862, Peter.Schmidt@hs-bremen.de; pr: Johanne-Kippenberg-Weg 12, 28213 Bremen, T: (0421) 2237360, F: 2237360

**Schmidt,** Peter; Dr. phil., Prof.; *Deutsch als Fremdsprache*; di: Hochsch. Zittau/Görlitz, Fak. Wirtschafts- u. Sprachwiss., Theodor-Körner-Allee 16, 02763 Zittau, T: (03583) 611889, peter.schmidt@hs-zigr.de

**Schmidt,** Petra; Dr. rer. pol., Prof.; *Wirtschaftsinformatik*; di: Hochsch. Mittweida, Fak. Mathematik/Naturwiss./Informatik, Technikumplatz 17, 09648 Mittweida, T: (03727) 581273, F: 581303, pschmidt@htwm.de

**Schmidt,** Rainer; Dipl.-Ing., Prof.; *Grünplanung, Entwurf und Gestaltung, Städtebau, Landschaftsarchitektur*; di: Beuth Hochsch. f. Technik, FB V Life Science and Technology, Luxemburger Str. 10, 13353 Berlin, T: (030) 45042087, rschmidt@beuth-hochschule.de

**Schmidt,** Rainer; Dr., Prof.; *Softwaretechnik, Software-Projektmanagement, Softwarequalitätssicherung, Software-Architecture*; di: Hochsch. Aalen, Fak. Elektronik u. Informatik, Beethovenstr. 1, 73430 Aalen, T: (07361) 5764241, F: 5764316, rainer.schmidt@htw-aalen.de

**Schmidt,** Rainer; Dr.-Ing., Prof.; *Anlagenautomatisierung, Grundgebiete der Elektrotechnik*; di: FH Münster, FB Elektrotechnik u. Informatik, Stegerwaldstr. 39, 48565 Steinfurt, T: (02551) 962466, F: 962142, rsdt@fh-muenster.de; pr: Wilmeresch 23, 48565 Steinfurt, T: (02551) 3802

**Schmidt,** Ralf; Dr.-Ing., Prof.; *Konstruktion und Technologie der Elektrotechnik/Elektronik*; di: FH Stralsund, FB Elektrotechnik u. Informatik, Zur Schwedenschanze 15, 18435 Stralsund, T: (03831) 456624

**Schmidt,** Ralf-Gunther; Dr.-Ing., Prof.; *Thermodynamik, Thermische Strömungsmaschinen*; di: Hochsch. Osnabrück, Fak. Ingenieurwiss. u. Informatik, Albrechtstr. 30, 49076 Osnabrück, T: (0541) 9692134, r.g.schmidt@hs-osnabrueck.de; pr: Raiffeisenstr. 11, 49504 Lotte-Wersen, T: (05405) 72244

**Schmidt,** Ralph; Dr., Prof.; *Theorie und Praxis der Informationsdienstleistung*; di: HAW Hamburg, Fak. Design, Medien u. Information, Finkenau 35, 22081 Hamburg, T: (040) 428753603, ralph.schmidt@haw-hamburg.de; pr: T: (040) 446671, F: 446671, rais.schmidt@t-online.de

**Schmidt,** Reiner; Dr., Prof.; *Landschaftsgestaltung, Gartenarchitektur*; di: Hochsch. Anhalt, FB 1 Landwirtschaft, Ökotrophologie, Landespflege, Strenzfelder Allee 28, 06406 Bernburg, T: (03471) 3551193, rschmidt@loel.hs-anhalt.de

**Schmidt,** Reinhard; Dr.-Ing., Prof.; *Digitale Signalverarbeitung, Digital- und Rechnertechnik, Multimedia, Virtuelle Realität, Datenkompression, Kryptologie*; di: Hochsch. Esslingen, Fak. Informationstechnik, Flandernstr. 101, 73732 Esslingen, T: (0711) 3974215; pr: Breslauer Str. 43, 73730 Esslingen, T: (0711) 317833

**Schmidt,** Reinhard; Dr.-Ing., Prof.; *Technische Mechanik, Maschinendynamik, Simulation*; di: Hochsch. Osnabrück, Fak. Ingenieurwiss. u. Informatik, Albrechtstr. 30, 49076 Osnabrück, T: (0541) 9692087, reinhard.schmidt@hs-osnabrueck.de; pr: T: (0541) 49559

**Schmidt,** Robert F.; Dr. rer. pol., Prof., Rektor u. Präs.; *Unternehmensführung und Personalmanagement*; di: Hochsch. Kempten, Fak. Betriebswirtschaft, PF 1680, 87406 Kempten, T: (0831) 2523100, F: 2523305, robert.schmidt@fh-kempten.de

**Schmidt,** Roland; Dr., Prof.; *Gerontologie/Soziologie*; di: FH Erfurt, FB Sozialwesen, Altonaer Str. 25, 99084 Erfurt, PF 101363, 99013 Erfurt, T: (0361) 6700535, F: 6700533, r.schmidt@fh-erfurt.de

**Schmidt,** Rolf; Dr., Prof.; di: HAW Hamburg, Fak. Wirtschaft u. Soziales, Berliner Tor 5, 20099 Hamburg, rolf.schmidt@haw-hamburg.de

**Schmidt,** Sönke; Dr. rer. nat., Prof.; *Thermodynamik, Mathematik, Physik*; di: FH Kiel, FB Maschinenwesen, Grenzstr. 3, 24149 Kiel, T: (0431) 2102619, F: 21062619, soenke.schmidt@fh-kiel.de

**Schmidt,** Tanja; Prof.; *Biomedizinische Technik, Gesundheitswesen, Therapiesysteme*; di: Hochsch. Ansbach, FB Ingenieurwissenschaften, Residenzstr. 8, 91522 Ansbach, T: (0981) 4877308, tanja.schmidt@fh-ansbach.de

**Schmidt,** Thomas; Dr., Prof.; *Wirtschaftsinformatik, Betriebl. Anwendungssysteme*; di: FH Flensburg, FB Wirtschaft, Kanzleistr. 91-93, 24943 Flensburg, T: (0461) 8051477, schmidtt@wi.fh-flensburg.de; pr: Frieshaken 1, 24944 Flensburg, T: (0461) 37147

**Schmidt,** Thomas; Dr., Dr., Prof.; *Gestaltung*; di: Hochsch. Trier, FB Gestaltung, PF 1826, 54208 Trier, T: (0651) 8103841, Tho.Schmidt@hochschule-trier.de

**Schmidt,** Thomas; Dr., Prof.; *Konsumgüter-Handel*; di: DHBW Mosbach, Campus Heilbronn, Bildungscampus 4, 74076 Heilbronn, T: (07131) 1237126, tschmidt@dhbw-mosbach.de

**Schmidt,** Thomas; Dr., Prof.; *Rechnernetze & Internettechnologien / Informatik*; di: HAW Hamburg, Fak. Technik u. Informatik, Berliner Tor 7, 20099 Hamburg, T: (040) 428758452, schmidt@informatik.haw-hamburg.de

**Schmidt,** Thomas; Dr., Prof.; *Qualitätsmanagement, Organisationsentwicklung*; di: Kath. Hochsch. Freiburg, Karlstr. 63, 79104 Freiburg, T: (0761) 2001543, thomas.schmidtpeks@dla@yum.kh-freiburg.de

**Schmidt,** Thomas; Dr.-Ing., Prof.; *Gasversorgungswirtschaft*; di: FH Münster, FB Energie, Gebäude, Umwelt, Stegerwaldstr. 39, 48565 Steinfurt, T: (0251) 962836, F: 962837, T.Schmidt@fh-muenster.de; pr: Goswinstr. 5, 48565 Steinfurt, T: (02551) 933219

**Schmidt,** Thomas B.; Dr., Prof.; *Insolvenzrecht*; di: Hochsch. Trier, Umwelt-Campus Birkenfeld, FB Umweltwirtschaft/Umweltrecht, PF 1380, 55761 Birkenfeld, T: (06782) 171253, thomas.schmidt@umwelt-campus.de

**Schmidt,** Ulmar; Dr.-Ing., Prof.; *Regelungstechnik, Industrielle Meßtechnik, Elektromaschinen, Systemdynamik*; di: Hochsch. Karlsruhe, Fak. Maschinenbau u. Mechatronik, Moltkestr. 30, 76133 Karlsruhe, PF 2440, 76012 Karlsruhe, T: (0721) 9251852, ulmar.schmidt@hs-karlsruhe.de

**Schmidt,** Ulrich; Dr.-Ing., Prof.; *Technische Informatik, Robotik*; di: HAW Ingolstadt, Fak. Elektrotechnik u. Informatik, Esplanade 10, 85049 Ingolstadt, T: (0841) 9348256, ulrich.schmidt@haw-ingolstadt.de

**Schmidt,** Ulrich; Dr., Prof.; *Geodatenerfassung, Vermessung*; di: FH Frankfurt, FB 1 Architektur, Bauingenieurwesen, Geomatik, Nibelungenplatz 1, 60318 Frankfurt am Main, T: (069) 15333664

**Schmidt,** Ulrich; Dr., Prof.; *Videotechnik, Tontechnik*; di: HAW Hamburg, Fak. Design, Medien u. Information, Stiftstr. 69, 20099 Hamburg, T: (040) 428757603, ulrich.schmidt@haw-hamburg.de; pr: T: (0421) 3032352, dr.u.schmidt@t-online.de

**Schmidt,** Uwe; Dr., Prof.; *Programmiersprachen, Softwaredesign*; di: FH Wedel, Feldstr. 143, 22880 Wedel, T: (04103) 804845, si@fh-wedel.de

**Schmidt,** Volkmar M.; Dr. rer. nat., Prof.; *Phys. Chemie, Reaktionstechnik, Technische Chemie*; di: Hochsch. Mannheim, Fak. Verfahrens- u. Chemietechnik, Windeckstr. 110, 68163 Mannheim

**Schmidt,** Walter; Dipl.-Ing., Prof.; *Architektur*; di: Hochsch. Darmstadt, FB Architektur, Haardtring 100, 64295 Darmstadt, T: (06151) 168122

**Schmidt,** Werner; Dr. rer. pol., Prof.; *Allg. Betriebswirtschaftslehre, Wirtschaftsinformatik, Multimedia*; di: HAW Ingolstadt, Fak. Wirtschaftswiss., Esplanade 10, 85049 Ingolstadt, T: (0841) 9348189, werner.schmidt@haw-ingolstadt.de

**Schmidt,** Winfried; Dr. rer. nat., Prof.; *Chemie und Polymere, Oberflächentechnik*; di: Westfäl. Hochsch., FB Maschinenbau u. Facilities Management, Neidenburger Str. 10, 45877 Gelsenkirchen, T: (0209) 9596305, F: 9596331, winfried.schmidt@fh-gelsenkirchen.de; pr: Gerhart Hauptmann Str. 18, 48155 Münster, T: (0251) 316615

**Schmidt,** Wolfgang; Dr.-Ing., Prof.; *Fertigungsverfahren, Anwendungsgebiete spanende Bearbeitung*; di: FH Südwestfalen, FB Maschinenbau u. Automatisierungstechnik, Lübecker Ring 2, 59494 Soest, T: (02921) 378355, schmidt.wo@fh-swf.de

**Schmidt,** Wolfgang; Dr. sc. nat., Prof. FHTW Berlin; *Mathematik*; di: HTW Berlin, FB Wirtschaftswiss. II, Treskowallee 8, 10318 Berlin, T: (030) 50192503, whs@HTW-Berlin.de

**Schmidt,** Wolfgang; Dr.-Ing., Prof.; *Tragwerkslehre*; di: Hochsch. Magdeburg-Stendal, FB Bauwesen, Breitscheidstr. 2, 39114 Magdeburg, T: (0391) 8864244

**Schmidt-Endrullis,** Peter; Dr. rer. pol., Prof.; *BWL, mit Schwerpunkt Marketing*; di: Hochsch. Albstadt-Sigmaringen, FB 2, Anton-Günther-Str. 51, 72488 Sigmaringen, PF 1254, 72481 Sigmaringen, T: (07571) 732323, F: 732302, schmidte@hs-albsig.de

**Schmidt-Gönner,** Günter; Dr.-Ing., Prof.; *Bauingenieurwesen*; di: HTW d. Saarlandes, Fak. f. Architektur u. Bauingenieurwesen, Goebenstr. 40, 66117 Saarbrücken, T: (0681) 5867186, gsg@htw-saarland.de; pr: Koßmannstr. 7, 66119 Saarbrücken, T: (0681) 583024

**Schmidt-Gröttrup,** Markus; Dr. rer. nat., Prof.; *Mathematik, Quantitative Methoden*; di: Hochsch. Osnabrück, Fak. MKT, Inst. f. Management und Technik, Kaiserstraße 10c, 49809 Lingen, T: (0591) 80098223, m.schmidt-groettrup@hs-osnabrueck.de

**Schmidt-Grunert,** Marianne; Dr., Prof.; *Methodenlehre*; di: HAW Hamburg, Fak. Wirtschaft u. Soziales, Alexanderstr. 1, 20099 Hamburg, T: (040) 428757032, marianne.schmidt-grunert@sp.haw-hamburg.de; pr: mschmigru@aol.com

**Schmidt-Koddenberg,** Angelika; Dr. rer. pol., Prof.; *Soziologie*; di: Kath. Hochsch. NRW, Abt. Köln, FB Sozialwesen, Cleverstr. 37, 50668 Köln, T: (0221) 7757310, F: 77573319, a.schmidt-koddenberg@kfhnw.de

**Schmidt-Kretschmer,** Michael; Dr.-Ing., Prof.; *Maschinenelemente, Konstruktion*; di: Beuth Hochsch. f. Technik, FB VIII Maschinenbau, Veranstaltungs- u. Verfahrenstechnik, Luxemburger Straße 10, 13353 Berlin, T: (030) 45045179, msk@beuth-hochschule.de

**Schmidt-Pfeiffer,** Susanne; Dr. rer. pol., Prof.; *Unternehmensbesteuerung, Allgem. Betriebswirtschaftslehre*; di: Georg-Simon-Ohm-Hochsch. Nürnberg, Fak. Betriebswirtschaft, Bahnhofsstr. 87, 90402 Nürnberg, PF 210320, 90121 Nürnberg, susanne.schmidt-pfeiffer@ohm-hochschule.de

**Schmidt-Rettig,** Barbara; Dipl.-Ökonomin, Dr. rer. soc., Prof.; *Krankenhausmanagement u. und -management, Allgemeine Betriebswirtschaftslehre, Rechnungswesen*; di: Hochsch. Osnabrück, Fak. Wirtschafts- u. Sozialwiss., Caprivistr. 30a, 49076 Osnabrück, T: (0541) 9692031, F: 9692032, schmidt-rettig@wi.hs-osnabrueck.de; pr: Rehmstr. 92g, 49080 Osnabrück, T: (0541) 83736

**Schmidt-Rögnitz,** Andreas; Dr., Prof., Dekan FB 3 Wirtschaftswissenschaften I; *Wirtschaftsprivatrecht, Arbeits- u. Sozialrecht*; di: HTW Berlin, FB Wirtschaftswiss. I, Treskowallee 8, 10318 Berlin, T: (030) 50192530, schmidtz@HTW-Berlin.de

**Schmidt-Walter,** Heinz; Dr.-Ing., Prof.; *Elektrotechnik, Antriebstechnik*; di: Hochsch. Darmstadt, FB Elektrotechnik u. Informationstechnik, Haardtring 100, 64295 Darmstadt, T: (06151) 168230, schmidt-walter@eit.h-da.de

**Schmidtke,** Knut; Dr. agr., Prof.; *Ökologischer Landbau*; di: HTW Dresden, Fak. Landbau/Landespflege, Mitschurinbau, 01326 Dresden-Pillnitz, T: (0351) 4623017, schmidtke@pillnitz.htw-dresden.de

**Schmidtmann,** Achim; Dr., Prof.; *Wirtschaftsinformatik*; di: FH Dortmund, FB Informatik, Emil-Figge-Str. 42, 44227 Dortmund, T: (0231) 7556764, F: 7556764, achim.schmidtmann@fh-dortmund.de

**Schmidtmann,** Uwe; Dr. rer. nat., Prof.; *Betriebssysteme, Echtzeitdatenverarbeitung*; di: Hochsch. Emden/Leer, FB Technik, Constantiaplatz 4, 26723 Emden, T: (04921) 8071833, F: 8071844, schmidtmann@i2ar.de; pr: Tonstr. 17, 26725 Emden, T: (04921) 29768

**Schmidtmeier,** Susanne; Dr., Prof.; *Betriebswirtschaft/Controlling, Finanz- u. Rechnungswesen*; di: Hochsch. Pforzheim, Fak. f. Wirtschaft u. Recht, Tiefenbronner Str. 65, 75175 Pforzheim, T: (07231) 286301, F: 286080, susanne.schmidtmeier@hs-pforzheim.de

**Schmiedel,** Heinz; Dr.-Ing., Prof.; *Hochfrequenz- und Mikrowellentechnik, Optische Nachrichtentechnik*; di: Hochsch. Darmstadt, FB Elektrotechnik u. Informationstechnik, Haardtring 100, 64295 Darmstadt, T: (06151) 168263

**Schmieder,** Eva; Dr.-Ing., Prof.; *Wasserwirtschaft, Siedlungswasserwirtschaft, Mathematik*; di: HAWK Hildesheim/Holzminden/Göttingen, FB Bauingenieurwesen, Billerbeck 2, 37603 Holzminden, T: (05531) 126213

**Schmieder,** Matthias; Dr. rer. pol., Prof.; *Unternehmensführung und Controlling*; di: FH Köln, Fak. f. Fahrzeugsysteme u. Produktion, Betzdorfer Str. 2, 50679 Köln, T: (0221) 82752324, F: 82752322, matthias.schmieder@fh-koeln.de

**Schmieder,** Peter Johann; Dipl. Theol. Univ., Prof.; *Human Skill Management, Schlüsselqualifikationen, Allgem. BWL, Verhandlungstechniken, Präsentation, Rhetorik und Kommunikation, Konfliktmanagement und Mediation, Sanierung und Restrukturierung von Unternehmen, Wirtschaftsethik*; di: Hochsch. Deggendorf, FB Elektronik u. Medientechnik, Edlmairstr. 6/8, 94469 Deggendorf, T: (0991) 3615381, F: 361581381, peter.schmieder@fh-deggendorf.de

**Schmiedl,** Roland; Dr. rer. nat., Prof.; *Physik, Lasertechnik*; di: FH Bielefeld, FB Ingenieurwiss. u. Mathematik, Wilhelm-Bertelsmann-Str. 10, 33602 Bielefeld, T: (0521) 1067247, F: 1067165, roland.schmiedl@fh-bielefeld.de

**Schmiemann,** Achim; Dr.-Ing., Prof.; *Mechanische Verfahrenstechnik, Kunststoffrecycling, Konstruktionslehre, Technische Mechanik*; di: Ostfalia Hochsch., Fak. Fahrzeugtechnik, Robert-Koch-Platz 8A, 38440 Wolfsburg

**Schmieta,** Maike; Dr., Prof.; *Psychologie und Soziale Arbeit*; di: HAWK Hildesheim/Holzminden/Göttingen, Fak. Management, Soziale Arbeit, Bauen, Hafendamm 4, 37603 Holzminden, T: (05531) 126185

**Schminke,** Lutz; Dr., Dipl.-Kfm., Prof.; *Allgemeine Betriebswirtschaftslehre, Marketing*; di: Hochsch. Fulda, FB Wirtschaft, Marquardstr. 35, 36039 Fulda, T: (0661) 9640270, F: 9640252

**Schmits,** Paul W.; Dr.-Ing., HonProf. BTU Cottbus, Prof. HAWK Hildesheim/Holzminden/Göttingen; *Lichtplanung*; di: HAWK Hildesheim/Holzminden/Göttingen, Fak. Gestaltung, Kaiserstr. 43-45, 31134 Hildesheim, T: (05121) 881350; pr: Pariser Str. 2, 10719 Berlin, T: (030) 8822853

**Schmitt,** Alfred; Dr.-Ing., Prof.; *Maschinendynamik, Höhere Festigkeitslehre, Maschinenmesstechnik*; di: Hochsch. Ostwestfalen-Lippe, FB 6, Maschinentechnik u. Mechatronik, Liebigstr. 87, 32657 Lemgo, T: (05261) 702238, F: 702261, alfred.schmitt@fh-luh.de; pr: Chemnitzer Str. 36, 32657 Lemgo, T: (05261) 17295

**Schmitt,** Annette; Dipl.Psych., Dr. phil., Prof. H Magdeburg-Stendal; *Psychologie*; di: Hochsch. Magdeburg-Stendal, Angewandte Humanwissenschaften, Osterburger Str. 25, 39576 Stendal, T: (03931) 21874823, F: 21874870, annette.schmitt@hs-magdeburg.de

**Schmitt,** Bernd; Dr.-Ing., Prof.; *Informatik, Digitaltechnik*; di: Hochsch. München, Fak. Elektrotechnik u. Informationstechnik, Lothstr. 64, 80335 München, T: (089) 12653460, F: 12653403, schmitt@ee.fhm.edu

**Schmitt,** Franz Josef; Dr. rer. nat., Prof.; *Technische Informatik, Embedded Control, Microcontroller, DSP, HW-/SW-Interface*; di: Hochsch. Rosenheim, Fak. Informatik, Hochschulstr. 1, 83024 Rosenheim, T: (08031) 805504

**Schmitt,** Joachim J.; Dr., Prof.; *Technologie pflanzlicher Lebensmittel, Snacks mit Zusatznutzen für Geist und Körper*; di: Hochsch. Fulda, FB Lebensmitteltechnologie, Marquardstr. 35, 36039 Fulda, T: (0661) 9640504, joachim.schmitt@hs-fulda.de

**Schmitt,** Markus; Dr.-Ing., Prof.; *BWL, VWL, Buchführung und Bilanzierung, Finanz- und Investitionswirtschaft, Projektmanagement, Controlling*; di: Hochsch. Landshut, Fak. Elektrotechnik u. Wirtschaftsingenieurwesen, Am Lurzenhof 1, 84036 Landshut, markus.schmitt@fh-landshut.de

**Schmitt,** Mike; Dr., Prof.; *Chemie, Verfahrenstechnik, Materialtechnik*; di: FH Wedel, Feldstr. 143, 22880 Wedel, T: (04103) 804836, smt@fh-wedel.de

**Schmitt,** Paul; Dr.-Ing., Prof.; *EDV im Wasserwesen, Wasserversorgung, Hydromechanik*; di: Hochsch. f. Technik, Fak. Bauingenieurwesen, Bauphysik u. Wirtschaft, Schellingstr. 24, 70174 Stuttgart, PF 101452, 70013 Stuttgart, T: (0711) 89262583, F: 89262913, paul.schmitt@fht-stuttgart.de

**Schmitt,** Ralph; Dr., Prof.; *Wirtschaftsrecht*; di: Hochsch. Pforzheim, Fak. f. Wirtschaft u. Recht, Tiefenbronner Str. 65, 75175 Pforzheim, T: (07231) 286275, F: 286080, ralph.schmitt@hs-pforzheim.de

**Schmitt,** Renate; Dipl.-Des., Prof.; *Gestaltungslehre, theoretische und praktische Grundlagen*; di: Hochsch. Niederrhein, FB Textil- u. Bekleidungstechnik, Webschulstr. 31, 41065 Mönchengladbach, T: (02161) 1866028

**Schmitt,** Rudolf; Dr. phil., Prof.; *Psychologie*; di: Hochsch. Zittau/Görlitz, Fak. Sozialwiss., PF 300648, 02811 Görlitz, T: (03581) 4828128, r.schmitt@hs-zigr.de

**Schmitt,** Theodor; Dr. phil., Prof.; *Musikwissenschaft*; di: Hochsch. München, Fak. Studium Generale u. interdisziplinäre Studien, Lothstr. 34, 80335 München, T: (089) 12651761, theodor.schmitt@fhm.edu

**Schmitt,** Ulrich; Dr.-Ing., Prof.; *Technische Mechanik, Festigkeitslehre, Simulation von Bauelementen der Mikrotechnik*; di: Hochsch. Aalen, Fak. Optik u. Mechatronik, Beethovenstr. 1, 73430 Aalen, T: (07361) 5763305, Ulrich.Schmitt@htw-aalen.de

**Schmitt,** Volker; Dr.-Ing., Prof.; *Elektrotechnik*; di: HTW d. Saarlandes, Fak. f. Ingenieurwiss., Goebenstr. 40, 66117 Saarbrücken, T: (0681) 5867-208, schmiv@htw-saarland.de; pr: Allmendstr. 38, 66399 Ormesheim, T: (06893) 6430

**Schmitt,** Wolfgang; Dr.-Ing., Prof.; *Informatik*; di: Techn. Hochsch. Mittelhessen, FB 13 Mathematik, Naturwiss. u. Datenverarbeitung, Wiesenstr. 14, 35390 Gießen, T: (0641) 3092349; pr: Hohestr. 4, 57234 Wilnsdorf, T: (02739) 891101

**Schmitt,** Wolfgang; Dr.-Ing., Prof.; *Apparatebau, Apparate- und Anlagensicherheit, Pumpen und Verdichter*; di: Hochsch. Mannheim, Fak. Verfahrens- u. Chemietechnik, Windeckstr. 110, 68163 Mannheim

**Schmitt-Braess,** Gaby; Dr.-Ing., Prof.; *Regelungs- u. Steuerungstechnik, Ingenieurinformatik*; di: Georg-Simon-Ohm-Hochsch. Nürnberg, Fak. Maschinenbau u. Versorgungstechnik, Keßlerplatz 12, 90489 Nürnberg, PF 210320, 90121 Nürnberg, gaby.schmitt-braess@ohm-hochschule.de

**Schmittendorf,** Eckhard; Dr., Prof.; *Biosignalverarbeitung, Medizinproduktrecht*; di: Jade Hochsch., FB Ingenieurwissenschaften, Friedrich-Paffrath-Str. 101, 26389 Wilhelmshaven, T: (04421) 9852584, F: 9852623, schmittendorf@jade-hs.de

**Schmitter,** Ernst-Dieter; Dipl.-Phys., Dr. rer. nat., Prof.; *Angewandte Mathematik, Physik, Informatik, Num. Methoden, Simulationstechnik, CAD/FEM*; di: Hochsch. Osnabrück, Fak. Ingenieurwiss. u. Informatik, Artilleriestr. 46, 49076 Osnabrück, T: (0541) 9692093, F: 9693131, e.d.schmitter@hs-osnabrueck.de; pr: schmittere@acm.org

**Schmitz,** Claudius; Dr., Prof.; *Betriebswirtschaftslehre, insbes. Betriebswirtschaftslehre des Handels*; di: Westfäl. Hochsch., FB Wirtschaft, Neidenburger Str. 43, 45877 Gelsenkirchen, T: (0209) 9596626, claudius.schmitz@fh-gelsenkirchen.de

**Schmitz,** Günter; Dr.-Ing., Prof.; *Flugzeugelektrik u. Flugzeugelektronik*; di: FH Aachen, FB Luft- und Raumfahrttechnik, Hohenstaufenallee 6, 52064 Aachen, T: (0241) 600952314, schmitz@fh-aachen.de; pr: Veneterstr. 23, 52074 Aachen, T: (0241) 872099

**Schmitz,** Hans; Dr. rer. pol., Prof.; *Betriebswirtschaftslehre, Controlling*; di: Beuth Hochsch. f. Technik, FB I Wirtschafts- u. Gesellschaftswiss., Luxemburger Str. 10, 13353 Berlin, T: (030) 45045261, schmitzh@beuth-hochschule.de

**Schmitz,** Heinz; Dr. rer. nat., Prof.; *Informatik, Theoretische Informatik, Diskrete Optimierung, Algorithmik*; di: Hochsch. Trier, FB Informatik, PF 1826, 54208 Trier, T: (0651) 8103316, h.schmitz@hochschule-trier.de

**Schmitz,** Heribert; Dipl.-Ing., HonProf.; *Leadership, Corporate Culture, Business Ethics, Corporate Social Responsibility*; di: Hochsch. Furtwangen, Fak. Wirtschaft, Jakob-Kienzle-Str. 17, 78054 Villingen-Schwenningen, heribert.schmitz@email.de

**Schmitz,** Klaus-Dirk; Dr. phil., Prof.; *Übersetzungsbezogene Terminologie*; di: FH Köln, Fak. f. Informations- u. Kommunikationswiss., Claudiusstr. 1, 50678 Köln, T: (0221) 82753272, Klaus.Schmitz@fh-koeln.de; pr: Liesbet-Dill-Str. 18, 66125 Saarbrücken

**Schmitz,** Lilo; Dr. phil., Prof.; *Methoden der Sozialarbeit*; di: FH Düsseldorf, FB 6 – Sozial- und Kulturwiss., Universitätsstr. 1, Geb. 24.21, 40225 Düsseldorf, T: (0211) 8114647, lilo.schmitz@fh-duesseldorf.de; pr: Kaiserstr. 42, 50321 Brühl

**Schmitz,** Norbert; Dr.-Ing., Prof.; *Elektromagnetische Verträglichkeit, Hochfrequenztechnik, Elektrische Messtechnik, Signalübertragungstechnik*; di: Hochsch. Heilbronn, Max-Planck-Str. 39, 74081 Heilbronn, T: (07131) 504309, schmitz@hs-heilbronn.de

**Schmitz,** Peter; Dr.-Ing., Prof.; *Logistik*; di: Rheinische FH Köln, Hohenstaufenring 16-18, 50674 Köln, T: (0221) 231353; pr: Parkstr. 11, 54589 Stadtkyll, T: (06597) 4454, F: 2084

**Schmitz,** Peter; Dr.-Ing., Prof.; *Mess- und Regelungstechnik, Grundlagen der E-Technik*; di: Techn. Hochsch. Mittelhessen, FB 02 Elektro- u. Informationstechnik, Wiesenstr. 14, 35390 Gießen, T: (0641) 3091912, Peter.Schmitz@e1.fh-giessen.de; pr: T: (06408) 965711

**Schmitz,** Peter; Dipl.-Ing., Prof., Dekan FB Architektur; *Entwerfen u. Baukonstruktion*; di: Hochsch. Bochum, FB Architektur, Lennershofstr. 140, 44801 Bochum, T: (0234) 3210130, peter.schmitz@hs-bochum.de

**Schmitz,** Roland; Dr., Prof.; *Mathematik, Informatik, Internet-Security*; di: Hochsch. d. Medien, Fak. Druck u. Medien, Nobelstr. 10, 70569 Stuttgart, T: (0711) 89232124

**Schmoecker,** Mary; Prof.; *Methodenlehre, Altenarbeit*; di: HAW Hamburg, Fak. Wirtschaft u. Soziales, Alexanderstr. 1, 20099 Hamburg, T: (040) 428757061, mary.schmoecker@sp.haw-hamburg.de; pr: T: (040) 64400791

**Schmoll,** Enno; Prof.; *Destination-Management und -Development, Nachhaltigkeit im Tourismus, Künstliche Ferienwelten*; di: Jade Hochsch., FB Wirtschaft, Friedrich-Paffrath-Str. 101, 26389 Wilhelmshaven, T: (04421) 9852276, F: 9852596, enno.schmoll@jade-hs.de

**Schmolz,** Peter; Dr.-Ing., Prof.; *Technische Mechanik, Finite-Elemente-Methode (FEM)*; di: Hochsch. Heilbronn, Fak. f. Mechanik u. Elektronik, Max-Planck-Str. 39, 74081 Heilbronn, T: (07131) 504219, F: 252470, schmolz@fh-heilbronn.de

**Schmolz,** Rainer; Dr.-Ing., Prof.; *Technische Mechanik, Technische Schwingungslehre, Systemdynamik, Mechanische Bauelemente*; di: Hochsch. Heilbronn, Max-Planck-Str. 39, 74081 Heilbronn, T: (07131) 504322, rainer.schmolz@hs-heilbronn.de

**Schmücker,** Paul; Dr. sc. hum., Prof.; *Medizinische Informatik*; di: Hochsch. Mannheim, Fak. Informatik, Windeckstr. 110, 68163 Mannheim

**Schmücker-Schend,** Astrid; Dr. rer. nat., Prof.; *Data Mining, Datenbanken u. Dokumentanalyse*; di: Hochsch. Mannheim, Fak. Informatik, Windeckstr. 110, 68163 Mannheim

**Schmütz,** Jörg; Dr.-Ing., Prof.; *Fertigungstechnik und Fertigungsanlagen*; di: Beuth Hochsch. f. Technik, FB VIII, Luxemburger Straße 10, 13353 Berlin, T: (030) 45045136, jschmuetz@beuth-hochschule.de

**Schmutte,** Andre M.; Dipl.- Wi.-Ing., Dr. rer. pol., Prof. FH Erding; *Prozessmanagement, Marktorientierte Unternehmensführung und strategisches Marketing*; di: FH f. angewandtes Management, Am Bahnhof 2, 85435 Erding, T: (08122) 9559480, andre.schmutte@myfham.de

**Schnabel,** Hans-Dieter; Dr.-Ing., Prof.; *Chemische Technik/Physikalische Chemie*; di: Westsächs. Hochsch. Zwickau, FB Physikalische Technik/Informatik, Dr.-Friedrichs-Ring 2A, 08056 Zwickau, Hans.Dieter.Schnabel@fh-zwickau.de

**Schnabel,** Wolfgang; Dipl.-Psych., Prof.; di: Kath. Hochsch. Mainz, FB Soziale Arbeit, Saarstr. 3, 55122 Mainz, T: (06131) 2894464, schnabel@kfh-mainz.de; pr: Katzenberg 56, 55126 Mainz, T: (06131) 473498, F: 473928, woschnabel@gmx.de

**Schnäckel,** Wolfram; Dipl.-Ing., Dr. h.c., Prof.; *Lebensmitteltechnologie*; di: Hochsch. Anhalt, FB 1 Landwirtschaft, Ökotrophologie, Landespflege, Strenzfelder Allee 28, 06406 Bernburg, T: (03471) 3551194, schnaeckel@loel.hs-anhalt.de

**Schnare,** Thorsten; Dr.-Ing., Prof.; *Mikrorechnertechnik, Digitale Signalverarbeitung*; di: FH f. Wirtschaft u. Technik, Studienbereich Elektrotechnik / Mechatronik, Donnerschweer Str. 184, 26123 Oldenburg, T: (0441) 34092105, F: 34092239, schnare@fhwt.de

**Schnath,** Matthias; Dr. jur., Prof.; *Verfassungs- u. Verwaltungsrecht, Sozialhilfe einschl. Verfahrensrecht, Strafrecht*; di: Ev. FH Rhld.-Westf.-Lippe, FB Soziale Arbeit, Bildung u. Diakonie, Immanuel-Kant-Str. 18-20, 44803 Bochum, T: (0234) 36901155, schnath@efh-bochum.de

**Schnattinger,** Klemens; Dr., Prof.; *Informatik, Wirtschaftsinformatik*; di: DHBW Lörrach, Hangstr. 46-50, 79539 Lörrach, T: (07621) 2071421, F: 207118421, schnattinger@dhbw-loerrach.de

**Schnauffer,** Rainer; Dr., Prof.; *Investitions- u Konsumgütermarketing, CRM*; di: Hochsch. Heilbronn, Fak. f. Wirtschaft u. Verkehr, Max-Planck-Str. 39, 74081 Heilbronn, T: (07131) 504246, F: 504142462, schnauffer@hs-heilbronn.de

**Schneck,** Ottmar; Dipl.-Kfm., Dr. rer. pol., Prof., Dekan ESB Reutlingen; *Allg. Betriebswirtschaftslehre, insbes. Banking & Finance, Rechnungslegung*; di: Hochsch. Reutlingen, FB European School of Business, Alteburgstr. 150, 72762 Reutlingen, T: (07121) 271407, ottmar.schneck@fh-reutlingen.de; pr: Amselweg 7, 72108 Rottenburg, T: (07472) 21117

**Schneckenburger,** Herbert; Dr. rer.nat. habil., PD U Ulm u. Prof. H Aalen; *Biomedizinische Optik*; di: Hochsch. Aalen, Fakultät Optik u. Mechatronik, Beethovenstr. 1, 73430 Aalen, T: (07361) 5763401, Herbert.Schneckenburger@htw-aalen.de; pr: Memellandstr. 31, 73431 Aalen, T: (07361) 35713

**Schneeberger,** Josef; Dr.-Ing., Prof.; *Informatik*; di: Hochsch. Deggendorf, FB Betriebswirtschaft, Edlmairstr. 6-8, 94469 Deggendorf, PF 1320, 94453 Deggendorf, T: (0991) 3615159, F: 361581159, josef.schneeberger@fh-deggendorf.de

**Schneeberger,** Stefan; Dr., Prof.; *Mathematik, Telekommunikationsnetze*; di: Hochsch. Rosenheim, Hochschulstr. 1, 83024 Rosenheim, T: (08031) 805420, schneeberger@fh-rosenheim.de

**Schneeweiß,** Michael; Dr. sc. techn., Prof.; *Fertigungstechnik*; di: Westsächs. Hochsch. Zwickau, Fak. Automobil- u. Maschinenbau, Dr.-Friedrichs-Ring 2A, 08056 Zwickau, PF 201037, 08012 Zwickau, Michael.Schneeweiss@fh-zwickau.de

**Schneewind,** Julia; Dr., Prof.; *Elementarpädagogik*; di: Hochsch. Osnabrück, Fak. Wirtschafts- u. Sozialwiss., Caprivistr. 30A, 49076 Osnabrück, PF 1940, 49009 Osnabrück, T: (0541) 9693534, schneewind@wi.hs-osnabrueck.de

**Schnegas,** Henrik; Dr.-Ing., Prof.; *Konstruktion- und Apparatetechnik*; di: Hochsch. Wismar, Fak. f. Ingenieurwiss., PF 1210, 23952 Wismar, T: (03841) 753551, h.schnegas@mb.hs-wismar.de

**Schneider,** Albert; Dr., Prof.; *Mathematik*; di: Techn. Hochsch. Mittelhessen, FB 13 Mathematik, Naturwiss. u. Datenverarbeitung, Wiesenstr. 14, 35390 Gießen, T: (0641) 3092314, Albert.Schneider@mni.fh-giessen.de

**Schneider,** Almut; Prof.; *Zeitbezogene Medien*; di: HAW Hamburg, Fak. Design, Medien u. Information, Finkenau 35, 22081 Hamburg, T: (040) 428754696, almutschneider@web.de; pr: post@almut-schneider.de

**Schneider,** Armin; Dr., Prof.; *Sozialwesen*; di: H Koblenz, FB Sozialwissenschaften, Konrad-Zuse-Str. 1, 56075 Koblenz, T: (0261) 9528208, F: 9528260, schneider@hs-koblenz.de

**Schneider,** Axel; Dr., Prof.; *Fachkommunikation Deutsch, Deutsch als Fremdsprache*; di: Hochsch. Anhalt, FB 5 Informatik, PF 1458, 06354 Köthen, T: (03496) 673110, axel.schneider@inf.hs-anhalt.de

**Schneider,** Axel; Dr.-Ing., Prof.; *Rechnerarchitektur*; di: HTWK Leipzig, FB Informatik, Mathematik u. Naturwiss., PF 301166, 04251 Leipzig, T: (0341) 30766470, orgel@imn.htwk-leipzig.de

**Schneider,** Axel; Dr. rer.nat., Prof.; *Ingenieurinformatik, Rechnerarchitektur, Algorithmen und Datenstrukturen*; di: FH Bielefeld, FB Ingenieurwiss. u. Mathematik, Wilhelm-Bertelsmann-Str. 10, 33602 Bielefeld, T: (0521) 10671238, axel.schneider@fh-bielefeld.de

**Schneider,** Barbara; Dr., Prof.; *Logopädie*; di: Hochsch. Osnabrück, Fak. Wirtschafts- u. Sozialwiss., Caprivistr. 30A, 49076 Osnabrück, PF 1940, 49009 Osnabrück, T: (0541) 9693672, schneider@wi.hs-osnabrueck.de

**Schneider,** Bettina; Dr. rer. pol., Prof.; *Betriebswirtschaftslehre, insbes. Rechnungswesen*; di: FH Aachen, FB Wirtschaftswissenschaften, Eupener Str. 70, 52066 Aachen, T: (0241) 600951971, schneider@fh-aachen.de

**Schneider,** Christoffer; Dr., Prof.; *Industrie*; di: DHBW Mannheim, Fak. Wirtschaft, Käfertaler Str. 258, 68167 Mannheim, T: (0621) 41052420, F: 41052428, christoffer.schneider@dhbw-mannheim.de

**Schneider,** Claudia; Dr., Prof.; *Verwaltungsmanagement, Psychologie*; di: H f. öffentl. Verwaltung u. Finanzen Ludwigsburg, Fak. Steuer- u. Wirtschaftsrecht, Reuteallee 36, 71634 Ludwigsburg, schneider@vw.fhov-ludwigsburg.de

**Schneider,** Dietram; Dr. oec., Prof.; *Allgemeine Betriebswirtschaftslehre, Unternehmensführung, Unternehmensentwicklung und Unternehmensberatung*; di: Hochsch. Kempten, Fak. Betriebswirtschaft, PF 1680, 87406 Kempten, T: (0831) 2523167, F: 2523162, dietram.schneider@fh-kempten.de

**Schneider,** Edelfried; Dr. rer. pol., HonProf.; *Konzernrechnungslegung, Unternehmensrechnung*; di: H Koblenz, FB Wirtschaftswissenschaften, Konrad-Zuse-Str. 1, 56075 Koblenz

**Schneider,** Ekkehard; Dr., Prof.; *Mathematik*; di: HTW Berlin, FB Wirtschaftswiss. II, Treskowallee 8, 10318 Berlin, T: (030) 50192869, e.schneider@HTW-Berlin.de

**Schneider,** Enno; Dr.-Ing., Prof.; *Altbauerneuerung und Entwerfen*; di: Hochsch. Ostwestfalen-Lippe, FB 1, Architektur u. Innenarchitektur, Bielefelder Str. 66, 32756 Detmold, T: (05231) 76950, F: 769681; pr: Gipsstr. 6, 10119 Berlin, T: (030) 28098130

**Schneider,** Frank; Dr.-Ing., Prof.; *Siedlungswasserwirtschaft, Städtischer Tiefbau*; di: Beuth Hochsch. f. Technik, FB III Bauingenieur- u. Geoinformationswesen, Luxemburger Str. 10, 13353 Berlin, T: (030) 45045490, frank.schneider@beuth-hochschule.de

**Schneider,** Franz; Dr. phil. habil., Prof.; *Romanische Sprachen mit dem Schwerpunkt Wirtschaftsfranzösisch*; di: Westsächs. Hochsch. Zwickau, FB Sprachen, Scheffelstr. 39, 08066 Zwickau, franz.schneider@fh-zwickau.de

**Schneider,** Franz-Josef; Dr., Prof.; *Mathematik*; di: Hochsch. f. Technik, Fak. Vermessung, Mathematik u. Informatik, Schellingstr. 24, 70174 Stuttgart, PF 101452, 70013 Stuttgart, T: (0711) 89262571, franz-josef.schneider@hft-stuttgart.de

**Schneider,** Friedrich; Dr. jur., Prof.; *Rechtswissenschaften m. Schwerpunkt Arbeits- u. Sozialrecht, Berufsausbildungsrecht, Informatikrecht*; di: Hochsch. Bremen, Fak. Wirtschaftswiss., Werderstr. 73, 28199 Bremen, T: (0421) 59054130; pr: Drontheimer Str. 5, 28719 Bremen, T: (0421) 630641

**Schneider,** Georg; Dr.-Ing., Prof.; *Informatik, Webbasierte Anwendungen, Ubiquitous Computing*; di: Hochsch. Trier, FB Informatik, PF 1826, 54208 Trier, T: (0651) 8103580, G.Schneider@hochschule-trier.de; pr: Am Steingarten 10, 66663 Merzig, T: (06861) 839552

**Schneider,** Gerhard; Dipl.-Ing., Dr. rer. nat., Prof. u. Rektor; *Materialographie, Magnetwerkstoffe, Stahl u. Eisen, Werkstoffe d. Elektrotechnik*; di: Hochsch. Aalen, Fak. Maschinenbau u. Werkstofftechnik, Beethovenstr. 1, 73430 Aalen, T: (07361) 5762101, F: 5762281, G.Schneider@htw-aalen.de

**Schneider,** Guido; Dr.-Ing., Prof.; *Techn. Mechanik und Konstruktion*; di: TFH Georg Agricola Bochum, Herner Str. 45, 44787 Bochum, T: (0234) 9683367, F: 9683453, schneiderg@tfh-bochum.de

**Schneider,** Hans; Dr., Prof.; *Soziologie, Methoden wissenschaftlichen Arbeitens, Kriminologie*; di: Hess. Hochsch. f. Polizei u. Verwaltung, FB Polizei, Talstr. 3, 35394 Gießen, T: (0641) 795626, F: 795620

**Schneider,** Hartmut; Dipl.-Ing., Prof.; *Liegenschaftskataster, Grundstücksbewertung, Städtische Bodenordnung, Flurbereinigung, Sachenrecht (BGB)*; di: HTW Dresden, Fak. Geoinformation, Friedrich-List-Platz 1, 01069 Dresden, T: (0351) 4623148, schneider@htw-dresden.de

**Schneider,** Heinz-Theo; Dr. med., Prof.; *Total Quality Management, Qualitätssicherung, Technik u. Systeme, Biowissenschaft für Ingenieure*; di: Hochsch. Albstadt-Sigmaringen, FB 3, Anton-Günther-Str. 51, 72488 Sigmaringen, PF 1254, 72481 Sigmaringen, T: (07571) 732275, F: 732250, hts@hs-albsig.de

**Schneider,** Helga; Dipl.-Päd., Dipl.-SozPäd., Dr. phil., Prof.; *Pädagogik*; di: Kath. Stiftungsfachhochsch. München, Preysingstr. 83, 81667 München, T: (089) 480921211, F: 4801900, helga.schneider@ksfh.de

**Schneider,** Jan; Dr.-Ing., Prof.; *Getränkechnologie, Brauereitechnologie*; di: Hochsch. Ostwestfalen-Lippe, FB 4, Life Science Technologies, Liebigstr. 87, 32657 Lemgo

**Schneider,** Joachim; Dr.-Ing., Prof.; *Straßen- u Verkehrswesen*; di: HTW, FB Bauingenieurwesen / Architektur, Friedrich-List-Platz 1, 01069 Dresden, T: (0351) 4623654, j.schneider@htw-dresden.de

**Schneider,** Joachim; Dr.-Ing., Prof.; *Strömungsmechanik, Mechanische Verfahrenstechnik, Konstruktiver Apparatebau*; di: FH Flensburg, FB Technik, Kanzleistr. 91-93, 24943 Flensburg, T: (0461) 8051254, F: 8051300, joachim.schneider@fh-flensburg.de; pr: Prinzenstr. 47d, 24340 Eckernförde, T: (04351) 752973

**Schneider,** Jochen; Dr. rer. nat., Prof.; *Digitale Informationstechnik*; di: HAW Hamburg, Fak. Technik u. Informatik, Berliner Tor 7, 20099 Hamburg, T: (040) 428758363, F: 24845888, schneider@etech.haw-hamburg.de

**Schneider,** Jörg; Dr.-Ing., Prof.; *Mathematik und technische Datenverarbeitung*; di: Jade Hochsch., FB Management, Information, Technologie, Friedrich-Paffrath-Str. 101, 26389 Wilhelmshaven, j.schneider@jade-hs.de

**Schneider,** Jörn; Dr.-Ing., Prof.; *Informatik, Echtzeitsysteme, eingebettete Systeme*; di: Hochsch. Trier, FB Informatik, PF 1826, 54208 Trier, T: (0651) 8103590, J.Schneider@hochschule-trier.de

**Schneider,** Johann; Dr., Prof.; *Soziologie, Ethik*; di: FH Frankfurt, FB 4 Soziale Arbeit u. Gesundheit, Nibelungenplatz 1, 60318 Frankfurt am Main, T: (069) 15332874, johannschneid@fb4.fh-frankfurt.de

**Schneider,** Jürgen; Dr.-Ing., Prof.; *Elektronische Schaltungstechnik, insbes. Analogtechnik*; di: FH Köln, Fak. f. Informations-, Medien- u. Elektrotechnik, Betzdorfer Str. 2, 50679 Köln, T: (0221) 82752502, juergen.schneider@fh-koeln.de; pr: Obere Bergerheide 4, 42113 Wuppertal

**Schneider,** Jürgen; Dr. rer. pol., Prof.; *Wirtschaftspolitik, Aussenhandel und Geldpolitik*; di: Int. Hochsch. Bad Honnef, Mülheimer Str. 38, 53604 Bad Honnef, j.schneider@fh-bad-honnef.de

**Schneider,** Jürgen; Dr.-Ing., Prof.; *Bauingenieurwesen*; di: HTW d. Saarlandes, Fak. f. Architektur u. Bauingenieurwesen, Goebenstr. 40, 66117 Saarbrücken, T: (0681) 5867171, juschneider@htw-saarland.de; pr: Amselweg 11, 66914 Waldmohr, T: (06373) 9381

**Schneider,** Jürgen; Dr., Prof.; *Betriebswirtschaftslehre, insb. Rechnungswesen*; di: FH Bielefeld, FB Wirtschaft, Universitätsstr. 25, 33615 Bielefeld, T: (0521) 1063751, juergen.schneider@fh-bielefeld.de; pr: Borgsenallee 13, 33649 Bielefeld

**Schneider,** Jürgen; Dr. rer. nat., Prof.; *Mathematik, Angewandte Informatik, Bildverarbeitung*; di: Hochsch. Aalen, Fak. Optik u. Mechatronik, Beethovenstr. 1, 73430 Aalen, T: (07361) 5763405, juergen.schneider@htw-aalen.de

**Schneider,** Kerstin; Dr. rer. nat., Prof.; *Datenbanken*; di: Hochsch. Harz, FB Automatisierung u. Informatik, Friedrichstr. 54, 38855 Wernigerode, T: (03943) 659308, F: 659399, kschneider@hs-harz.de

**Schneider,** Klaus; Dr., Prof. u. Studiendekan; *BWL, VWL, Soziologie*; di: Hochsch. f. Technik, Fak. Bauingenieurwesen, Bauphysik u. Wirtschaft, Schellingstr. 24, 70174 Stuttgart, PF 101452, 70013 Stuttgart, T: (0711) 89262892, klaus.schneider@hft-stuttgart.de

**Schneider,** Klaus; Dr., Prof.; *Sozialpädagogik*; di: Ev. Hochsch. Freiburg, Bugginger Str. 38, 79114 Freiburg i.Br., T: (0761) 4781242, F: 4781230, schneider@eh-freiburg.de; pr: Falkensteinstr. 46, 79189 Bad Krozingen, T: (07633) 150917

**Schneider,** Kordula; Dipl.-Oecotroph., Dr. phil., Prof.; *Erziehungswissenschaften*; di: FH Münster, FB Pflege u. Gesundheit, Leonardo Campus 8, 48149 Münster, T: (0251) 8365864, F: 8365872, Kordula.Schneider@fh-muenster.de; pr: Norderfeld 26, 26919 Brake, T: (04401) 72092, F: 978144, Dr_K_Schneider@t-online.de

**Schneider,** Markus; Dr.-Ing., Prof.; *Fertigungsverfahren, Werkzeugmaschinen, Konstruktionslehre*; di: Techn. Hochsch. Mittelhessen, FB 14 Wirtschaftsingenieurwesen, Wilhelm-Leuschner-Str. 13, 61169 Friedberg, T: (06031) 604521

**Schneider,** Markus; Dr.-Ing., Prof.; *Maschinenbau*; di: Hochschule Ruhr West, Institut Maschinenbau, PF 100755, 45407 Mülheim an der Ruhr, T: (0208) 88254752, markus.schneider@hs-ruhrwest.de

**Schneider,** Michael; Dr.-Ing., Prof.; *Allgemeine Betriebswirtschaftslehre, Unternehmensführung*; di: Hochsch. Hannover, Fak. IV, Abt. BWL, Ricklinger Stadtweg 120, 30459 Hannover, PF 920261, 30441 Hannover, T: (0511) 92961563, michael.schneider@hs-hannover.de

**Schneider,** Notker; Dr. phil., Dr. rer. hort. habil., Prof.; *Philosophische Anthropologie*; di: FH Köln, Fak. f. Angewandte Sozialwiss., Mainzer Str. 5, 50678 Köln

**Schneider,** Peter; Dr., Prof.; *Baugeschichte*; di: Hochsch. f. Technik, Fak. Architektur u. Gestaltung, Schellingstr. 24, 70174 Stuttgart, PF 101452, 70013 Stuttgart, T: (0711) 89262640, peter.schneider@hft-stuttgart.de

**Schneider,** Petra; Dipl.-Modedes., Prof.; *Produkttechnologie, Verarbeitungsmethoden*; di: Hochsch. Albstadt-Sigmaringen, FB 1, Poststr. 6, 72458 Albstadt, T: (07431) 579195, schneiderpe@hs-albsig.de

**Schneider,** Ralf; Dr.-Ing., Prof.; *Steuertechnik, Regelungstechnik, Automatisierungssysteme*; di: Hochsch. Regensburg, Fak. Maschinenbau, PF 120327, 93025 Regensburg, T: (0941) 9435157, ralf.schneider@maschinenbau.fh-regensburg.de

**Schneider,** Sabine; Dr. phil., Prof.; *Sozialpädagogik, Sozialarbeitswissenschaft*; di: Hochsch. Esslingen, Fak. Soziale Arbeit, Gesundheit u. Pflege, Flandernstr. 101, 73732 Esslingen, T: (0711) 3974584; pr: Weidenweg 27, 73733 Esslingen, T: (0711) 375638

**Schneider,** Stephan; Dr., Prof.; *Allgem. BWL, Wirtschaftsinformatik*; di: FH Kiel, FB Wirtschaft, Sokratesplatz 2, 24149 Kiel, T: (0431) 2103513, F: 21063513, stephan.schneider@fh-kiel.de

**Schneider,** Swen; Dr., Prof.; *Wirtschaftsinformatik*; di: FH Frankfurt, FB 3 Wirtschaft u. Recht, Nibelungenplatz 1, 60318 Frankfurt am Main, T: (069) 15333885, swen.schneider@fb3.fh-frankfurt.de

**Schneider,** Thomas; Dr., Prof.; *Computergrafik, Kryptologie, Differentialgeometrie*; di: Hochsch. Furtwangen, Fak. Digitale Medien, Robert-Gerwig-Platz 1, 78120 Furtwangen

**Schneider,** Thomas; Dr. rer. nat., Prof.; *Systeme d. Funkübertragung, Hochfrequenztechnik*; di: Dt. Telekom Hochsch. f. Telekommunikation, PF 71, 04251 Leipzig, T: (0341) 3062212, F: 3015069, schneider@hft-leipzig.de

**Schneider,** Thomas; Dr.-Ing., Prof.; *Bekleidungstechnik, Produkt- u.Produktionsmanagement, Textile Werkstoffprüfung*; di: HTW Berlin, FB Gestaltung, Wilhelminenhofstr. 67-77, 12459 Berlin, T: (030) 50194740, th.schneider@HTW-Berlin.de

**Schneider,** Thorsten; Ph.D., Prof.; *Verfahrenstechnik, Strömungslehre*; di: Hochsch. Offenburg, Fak. Maschinenbau u. Verfahrenstechnik, Badstr. 24, 77652 Offenburg, T: (0781) 205114, F: 205214

**Schneider,** Ulrich; Dr.-Ing., Prof.; *Elektrotechnik und digitale Signalverarbeitung*; di: Hochschule Hamm-Lippstadt, Marker Allee 76-78, 59063 Hamm, T: (02381) 8789806, ulrich.schneider@hshl.de

**Schneider,** Ulrich; Dr., Prof.; *Allgemeine Betriebswirtschaftslehre, Betriebswirtschaftslehre d. Banken u. Versicherungen, Leistungserstellung Banken, Portfoliomanagement*; di: Hochsch. Hannover, Fak. IV Wirtschaft u. Informatik, Abt. BWL, Ricklinger Stadtweg 120, 30459 Hannover, PF 920261, 30441 Hannover, T: (0511) 92961557, F: 92961510, ulrich.schneider@hs-hannover.de

**Schneider,** Uwe; Dr.-Ing., Prof.; *Informatik, Programmiersprachen, Betriebssysteme*; di: Hochsch. Mittweida, Fak. Mathematik / Naturwiss. / Informatik, Technikumplatz 17, 09648 Mittweida, T: (03727) 581417, F: 581303, uschneid@htwm.de

**Schneider,** Walter; Dr. rer. pol., Prof.; *Material- und Fertigungswirtschaft, Betriebliche Logistik*; di: Hochsch. München, Fak. Betriebswirtschaft, Am Stadtpark 20 (Neubau), 81243 München, T: (089) 12652728, F: 12652714, walter.schneider@fhm.edu

**Schneider,** Wilhelm; Dr. rer. pol., Prof.; *Betriebswirtschaftslehre, insbes. externes Rechnungswesen und Steuern*; di: Hochsch. Bonn-Rhein-Sieg, FB Wirtschaft Rheinbach, von-Liebig-Str. 20, 53359 Rheinbach, T: (02241) 865425, F: 8658425, wilhelm.schneider@fh-bonn-rhein-sieg.de

**Schneider,** Willy; Dr. rer.pol., Prof.; *Handel*; di: DHBW Mannheim, Fak. Wirtschaft, Käfertaler Str. 256, 68167 Mannheim, T: (0621) 41052154, F: 41052150, willy.schneider@dhbw-mannheim.de

**Schneider,** Wolf-Dietrich; Dr., Prof.; *Produktionswirtschaft, Produktionslogistik*; di: Hochsch. Furtwangen, Fak. Wirtschaft, Jakob-Kienzle-Str. 17, 78054 Villingen-Schwenningen, T: (07720) 3074312, swd@hs-furtwangen.de

**Schneider-Böttcher,** Irene; Dr. agr., Präsidentin der Sächsischen Landesanstalt für Landwirtschaft, Dresden-Pillnitz, HonProf. HTW Dresden; *Kommunikationslehre, Personalmanagement für den ländlichen Raum*; di: HTW Dresden, Fak. Landbau / Landespflege, Mitschurinbau, 01326 Dresden-Pillnitz

**Schneider-Danwitz,** Klaus; Dr. jur., Prof.; *Recht*; di: Hochsch. Regensburg, Fak. Sozialwiss., PF 120327, 93025 Regensburg, T: (0941) 9431086, schneider-danwitz@kamp-dsl.de; pr: Klaus.Schneider-Danwitz@t-online.de

**Schneider-Obermann,** Herbert; Dr.-Ing., Prof.; *Netzwerk- und Systemtheorie, Kanalcodierung, Informationstheorie*; di: Hochsch. Rhein / Main, FB Ingenieurwiss., Informationstechnologie u. Elektrotechnik, Am Brückweg 26, 65428 Rüsselsheim, T: (06142) 8984243, herbert.schneider-obermann@hs-rm.de

**Schneiderbanger,** Bernd; Dr., Prof.; *Buchführung u. Bilanzierung*; di: Hochsch. Hof, Fak. Wirtschaft, Alfons-Goppel-Platz 1, 95028 Hof, bernd.schneiderbanger@fh-hof.de

**Schneiders,** Katrin; Dr., Prof.; *Wissenschaft der Sozialen Arbeit mit dem Schwerpunkt Sozialwirtschaft*; di: H Koblenz, FB Sozialwissenschaften, Konrad-Zuse-Str. 1, 56075 Koblenz, T: (0261) 9528245, schneiders@hs-koblenz.de

**Schnell,** Harald; Prof.; *Wirtschaftsingenieurwesen*; di: Hochsch. Pforzheim, Fak. f. Wirtschaft u. Recht, Tiefenbronner Str. 66, 75175 Pforzheim, T: (07231) 286684, F: 287684, harald.schnell@hs-pforzheim.de

**Schnell,** Heinz; Dipl.-Ing., HonProf.; *Fertigungsplanung, Energiesysteme, Bauelemente*; di: Hochsch. Ravensburg-Weingarten, Doggenriedstr., 88250 Weingarten, PF 1261, 88241 Weingarten, T: (0751) 5010, F: 5019876, schnell@hs-weingarten.de; pr: Mühlengärten 5, 88085 Langenargen, T: (07543) 2908

**Schnell,** Manfred; Dipl.-Ing., Prof.; *Baustoffkunde, Bauphysik, Bauschäden*; di: Hochsch. Augsburg, Fak. f. Architektur u. Bauwesen, An der Hochschule 1, 86161 Augsburg, T: (0821) 55863129, manfred.schnell@hs-augsburg.de

**Schnell,** Michael; Dr.-Ing., Prof.; *Steuerungs- und Regelungstechnik*; di: Hochsch. Darmstadt, FB Elektrotechnik u. Informationstechnik, Haardtring 100, 64295 Darmstadt, T: (06151) 168312, michael.schnell@h-da.de

**Schnell,** Norbert; Dr. rer. nat., Prof.; *Molekularbiologie, Biochemie, Mikrobiologie*; di: Hochsch. Aalen, Fak. Chemie, Beethovenstr. 1, 73430 Aalen, T: (07361) 5762328, norbert.schnell@htw-aalen.de

**Schnell,** Thomas; Dr. rer. nat. Dr. rer. med., Prof.; *Klinische Psychologie, Verhaltenstherapie*; di: MSH Medical School Hamburg, Am Kaiserkai 1, 20457 Hamburg, T: (040) 36122640, Thomas.Schnell@medicalschool-hamburg.de

**Schnell,** Uwe; Dr. rer. nat. habil., Prof.; *Mathematik*; di: Hochsch. Zittau/Görlitz, Fak. Mathematik/Naturwiss., Theodor-Körner-Allee 16, 02763 Zittau, T: (03583) 611442, uschnell@hs-zigr.de

**Schneller,** Walter; Dr., Prof.; *Mathematik, Wirtschaftsmathematik, Diskrete Mathematik, Kryptographie, Stochastik*; di: Hochsch. f. angew. Wiss. Würzburg Schweinfurt, Fak. angew. Natur- u. Geisteswiss., Münzstr. 12, 97070 Würzburg

**Schnieder,** Uwe; Dr.-Ing., Prof.; *Anlagenelemente, Techn. Mechanik, Anlagentechnik*; di: Ostfalia Hochsch., Fak. Versorgungstechnik, Salzdahlumer Str. 46/48, 38302 Wolfenbüttel

**Schniedewind,** Heidrun; Dr. sc. agr., Prof.; *Tierhygiene*; di: Hochsch. Neubrandenburg, FB Agrarwirtschaft u. Lebensmittelwiss., Brodaer Str. 2, 17033 Neubrandenburg, PF 110121, 17041 Neubrandenburg, T: (0395) 56932107, schniedewind@hs-nb.de

**Schnier,** Jörg; Prof.; di: Hochsch. Bremen, Fak. Architektur, Bau u. Umwelt, Neustadtswall 30, 28199 Bremen, T: (0421) 59052233, F: 59052202, Joerg.Schnier@hs-bremen.de

**Schnitker,** Karin; Dr., Prof.; *Unternehmensführung im Agrarbereich*; di: Hochsch. Osnabrück, Fak. Agrarwiss. u. Landschaftsarchitektur, Oldenburger Landstr. 62, 49090 Osnabrück, PF 1940, 49009 Osnabrück, T: (0541) 9695263, k.schnitker@hs-osnabrueck.de

**Schnitter,** Georg; Dr. jur., Prof.; *Körperschaftsteuerrecht, Grunderwerbsteuer, Unternehmensbewertung*; di: FH f. Finanzen Nordkirchen, Schloß, 59394 Nordkirchen

**Schnitzer,** Julia; Dipl. Kommunikationsdesignerin, Prof.; *Mediendesign, Visuelle Kommunikation, insb. Screen- und Interfacedesign*; di: MEDIADESIGN Hochsch. f. Design u. Informatik, Lindenstr. 20-25, 10969 Berlin; www.mediadesign.de/

**Schnitzer,** Thomas; Dr.-Ing., Prof.; *Technische Mechanik, Maschinenelemente*; di: Beuth Hochsch. f. Technik, FB VIII Maschinenbau, Veranstaltungs- u. Verfahrenstechnik, Luxemburger Straße 10, 13353 Berlin, T: (030) 45045176, schnitzer@beuth-hochschule.de

**Schnitzler,** Carolina C.; Dr., Prof. FH Hannover; *Betriebswirtschaftslehre, insb. Interregional Business*; di: Hochsch. Hannover, Fak. IV Wirtschaft u. Informatik, Abt. BWL, Ricklinger Stadtweg 120, 30459 Hannover, T: (0511) 92961560, F: 92961510, carolina.schnitzler@hs-hannover.de

**Schnitzspan,** Helmut; Dr. rer. nat., Prof.; *Programmiersprachen, Formale Sprachen, Automaten- und Algorithmentheorie, Logik*; di: Hochsch. Mannheim, Fak. Informatik, Windeckstr. 110, 68163 Mannheim

**Schnörr,** Claudius; Dr.-Ing., Prof.; *Bildverarbeitung, Computergrafik, Mustererkennung*; di: Hochsch. München, Fak. Informatik u. Mathematik, Lothstr. 34, 80335 München, T: (089) 12653738, F: 12653780, schnoerr@cs.fhm.edu

**Schnur,** Bernd; Dr. rer. pol., Prof.; *BWL, insbes. Informationstechnologie*; di: FH Köln, Fak. f. Wirtschaftswiss., Claudiusstr. 1, 50678 Köln, T: (0221) 82753427, bernd.schnur@fh-koeln.de

**Schnur,** Peter; Prof.; *Steuerrecht*; di: H f. öffentl. Verwaltung u. Finanzen Ludwigsburg, Fak. Steuer- u. Wirtschaftsrecht, Reuteallee 36, 71634 Ludwigsburg, schnur@vw.fhov-ludwigsburg.de

**Schnur,** Reinhold; Dr., Prof.; *Polizei- und Verwaltungsrecht*; di: Hess. Hochsch. f. Polizei u. Verwaltung, FB Polizei, Tilsiterstr. 13, 63165 Mühlheim, T: (06108) 603513

**Schober,** Heinz; Dr.-Ing., Prof.; *Konstruktionslehre, CAD und Technische Mechanik*; di: Hochsch. Ulm, Fak. Mechatronik u. Medizintechnik, PF 3860, 89028 Ulm, T: (0731) 5028524, schober@hs-ulm.de

**Schober,** Kay-Uwe; Dr.-Ing., Prof.; *Ingenieurholzbau u. Baukonstruktion*; di: FH Mainz, FB Technik, Holzstr. 36, 55116 Mainz, T: (06131) 6281327, kay-uwe.schober@fh-mainz.de

**Schober,** Martin; Dipl.-Ing., Prof.; *Informations- u. Medientechnik, Internettechnologien u. Multimediaanwendungen, CAD*; di: Hochsch. Karlsruhe, Fak. Wirtschaftswissenschaften, Moltkestr. 30, 76133 Karlsruhe, PF 2440, 76012 Karlsruhe, T: (0721) 9252990

**Schober,** Walter; Dr. oec. publ., Prof., Präs.; *Betriebswirtschaftslehre, Rechnungswesen, Controlling*; di: HAW Ingolstadt, Fak. Wirtschaftswiss., Esplanade 10, 85049 Ingolstadt, T: (0841) 9348192, walter.schober@haw-ingolstadt.de; T: (0841) 9348100, praesident@haw-ingolstadt.de

**Schoch,** Anna; Dr. phil., HonProf.; *Psychologie*; di: Int. Hochsch. Calw, Bätznerstr. 92/1a, 75323 Bad Wildbad; pr: Böcklinstr. 50, 80638 München, T: (089) 156941, F: 1573845, anna.schoch@ih-calw.de; www.annaschoch.de

**Schock,** Günther A.; Dr.-Ing., Prof.; *Betriebliche Umweltökonomie*; di: FH Bingen, FB Life Sciences and Engineering, FR Umweltschutz, Berlinstr. 109, 55411 Bingen, T: (06721) 409363, F: 409110, schock@fh-bingen.de

**Schocke,** Kai-Oliver; Dipl.-Wirtsch.-Ing., Dr. rer. pol., Prof.; *Statistik, SAP, E-Commerce, Wirtschaftsinformatik*; di: FH Worms, FB Wirtschaftswiss., Erenburgerstr. 19, 67549 Worms, schocke@fh-worms.de

**Schöberl,** Helmut; Dr., Prof.; *Lebensmitteltechnologie*; di: Hochsch. Weihenstephan-Triesdorf, Fak. Landwirtschaft, Steingruberstr. 2, 91746 Weidenbach-Triesdorf, T: (09826) 654360, F: 6544010, helmut.schoeberl@fh-weihenstephan.de

**Schödel,** Rolf; Dr., Prof.; *Allgemeine und Anorganische Chemie, Organische Chemie, Analytische Chemie*; di: Hochsch. Weihenstephan-Triesdorf, Fak. Biotechnologie u. Bioinformatik, Am Hofgarten 10, 85350 Freising, T: (08161) 714521, F: 715116, rolf.schoedel@fh-weihenstephan.de

**Schödlbauer,** Cornelia; Dr., Prof.; di: FH f. angewandtes Management, Am Bahnhof 2, 85435 Erding, T: (08122) 9559480, cornelia.schoedlbauer@myfham.de

**Schöf,** Stefan; Dr. rer. nat., Prof.; *Informatik*; di: Jade Hochsch., FB Bauwesen u. Geoinformation, Ofener Str. 16-19, 26121 Oldenburg, T: (0441) 77083323, schoef@jade-hs.de; pr: Meerkamp 54f, 26133 Oldenburg

**Schölch,** Manfred; Dr., Prof.; *Waldbau, Waldwachstum*; di: Hochsch. Weihenstephan-Triesdorf, Fak. Wald u. Forstwirtschaft, Am Hofgarten 4, 85354 Freising, 85350 Freising, T: (08161) 713693, F: 714526, manfred.schoelch@fh-weihenstephan.de

**Schoelen,** Harald; Dipl.-Kfm., Dr., Prof.; *Volkswirtschaftslehre, Finanzwissenschaft*; di: Hochsch. Niederrhein, FB Wirtschaftswiss., Webschulstr. 41-43, 41065 Mönchengladbach, T: (02161) 1866412, harald.schoelen@hsnr.de

**Schöler,** Thorsten; Dr.-Ing., Prof.; *Softwareagenten, Datenstrommanagement, System-Management, Software-Entwicklung*; di: Hochsch. Augsburg, Fak. f. Informatik, An der Hochschule 1, 86161 Augsburg, T: (0821) 55863445, F: 55863499, thorsten.schoeler@hs-augsburg.de

**Schöller,** Walter; Dipl.-Ing., Prof.; *Baustoffe/Materialien, Entwerfen*; di: FH Düsseldorf, FB 1 – Architektur, Georg-Glock-Str. 15, 40474 Düsseldorf, T: (0211) 4351137; pr: walter.schoeller@gmx.de

**Schöls,** Erich; Prof.; *Interaktive Medien, Design-Projekte, Designgrundlagen*; di: Hochsch. f. angew. Wiss. Würzburg Schweinfurt, Fak. Gestaltung, Münzstr. 12, 97070 Würzburg

**Schömer,** Ulrike; Dr. rer. nat., Prof.; *Informationsvermittlung; Online-Retrieval in Fachdatenbanken, Schwerpunkt Biowissenschaften und Medizin, Fachinformationsbeschaffung aus Netzen*; di: Hochsch. Hannover, Fak. III Medien, Information u. Design, Expo Plaza 12, 30539 Hannover, PF 920261, 30441 Hannover, T: (0511) 92962663, ulrike.schoemer@hs-hannover.de; pr: Wendentorwall 6, 38100 Braunschweig, T: (0531) 43105

**Schoen,** Dierk; Dr.-Ing., Prof.; *Ingenieurwissenschaften*; di: Wilhelm Büchner Hochsch., Ostendstr. 3, 64319 Pfungstadt

**Schön,** Dieter; Dr., Prof.; *Informationssysteme*; di: Hochsch. Ansbach, FB Wirtschafts- u. Allgemeinwiss., Residenzstr. 8, 91522 Ansbach, PF 1963, 91510 Ansbach, T: (0981) 4877363, dieter.schoen@fh-ansbach.de

**Schön,** Dietmar; Dr., Prof.; *Controlling*; di: FH Dortmund, FB Wirtschaft, Emil-Figge-Str. 42, 44227 Dortmund, T: (0231) 7555183, dietmar-schoen@fh-dortmund.de

**Schoen,** Hans-Gerd; Dr.-Ing., Prof.; *Bodenmechanik, Grundbau*; di: Hochsch. Trier, FB BLV, PF 1826, 54208 Trier, T: (0651) 8103239, h-g.schoen@hochschule-trier.de; pr: Heintzmannsheide 58, 44797 Bochum, T: (0234) 9489374

**Schön,** Helmut; Dr.-Ing., Prof.; *Kunststofftechnik, Konstruktion, Verbrennungsmotoren, Technische Mechanik*; di: Hochsch. Furtwangen, Fak. Maschinenbau u. Verfahrenstechnik, Jakob-Kienzle-Str. 17, 78054 Villingen-Schwenningen, T: (07720) 3074391, F: 3074207, sn@hs-furtwangen.de

**Schoen,** Henrik; Dr., Prof.; *Rechtswissenschaften*; di: FH f. öffentl. Verwaltung NRW, Abt. Münster, Nevinghoff 8, 48147 Münster, hendrik.schoen@fhoev.nrw.de

**Schön,** Norbert; Dr. rer. nat., Prof.; *Organische Chemie*; di: Hochsch. Darmstadt, FB Chemie- u. Biotechnologie, Haardtring 100, 64295 Darmstadt, T: (06151) 168199, n.schoen@h-da.de; pr: Landgraf-Georg-Str. 134, 64287 Darmstadt

**Schön-Peterson,** Cornelia; Dr., Prof.; *Operations Management*; di: GISMA Business School, Goethestr. 18, 30169 Hannover, schoen@wiwi.uni-hannover.de

**Schönauer,** Ulrich; Dr.-Ing., Prof.; *Messtechnik, Elektronik, Konstruktion und Fertigung, Sensortechnik, Dickschichttechnik*; di: Hochsch. Karlsruhe, Fak. Maschinenbau u. Mechatronik, Moltkestr. 30, 76133 Karlsruhe, PF 2440, 76012 Karlsruhe, T: (0721) 9251252

**Schönbeck,** Matthias; Dr.-Ing., Prof.; *Technikdidaktik*; di: H Koblenz, FB Bauwesen, Konrad-Zuse-Str. 1, 56075 Koblenz, T: (0261) 95282628, schoenbeck@fh-koblenz.de

**Schönberg,** Dino; Dr., Prof.; *Betriebswirtschaftslehre und Betriebsinformatik*; di: FH Dortmund, FB Informatik, Emil-Figge-Str. 42, 44227 Dortmund, T: (0231) 7756728, F: 7556710, dschoenberg@fh-dortmund.de

**Schönberger,** Christine; Dr., Prof.; *Sozialisation u. Gesundheit, Soziologische Gegenwartsdiagnosen*; di: Hochsch. München, Fak. Angew. Sozialwiss., Am Stadtpark 20, 81243 München, T: (089) 12652307, F: 12652330, christine.schoenberger@fhm.edu

**Schönberger,** Ina; Dr., Prof.; *Pädagogik*; di: Evangel. Hochsch. Moritzburg, Bahnhofstr. 9, 01468 Moritzburg, T: (035207) 84308, schoenberger@eh-moritzburg.de

**Schönberger,** Wilhelm; Dr.-Ing., Prof.; *Regelungstechnik, Speicherprogrammierbare Steuerungen*; di: Hochsch. Landshut, Fak. Elektrotechnik u. Wirtschaftsingenieurwesen, Am Lurzenhof 1, 84036 Landshut, sbr@fh-landshut.de

**Schönborn,** Susanne; Dr., Prof.; *Theorie und Praxis der Beratung, Wissenschaftstheorie*; di: FH Frankfurt, FB 4 Soziale Arbeit u. Gesundheit, Nibelungenplatz 1, 60318 Frankfurt am Main, T: (069) 15332884, schoenborn@fb4.fh-frankfurt.de

**Schönborn,** Tim; Dr., Prof.; *Marketing, Kommunikation und Neue Medien*; di: Hochsch. Trier, Umwelt-Campus Birkenfeld, FB Umweltplanung/Umwelttechnik, PF 1380, 55761 Birkenfeld, T: (06782) 171142, t.schoenborn@umwelt.campus.de

**Schönbrunn,** Norbert; Dipl.-Vw., Dr. rer. pol., Prof.; *BWL, Rechnungswesen, Controlling*; di: Hochsch. Heilbronn, Fak. f. Wirtschaft 2, Max-Planck-Str. 39, 74081 Heilbronn, T: (07131) 504231, F: 252470, norbert.schoenbrunn@hs-heilbronn.de

**Schöndeling,** Norbert; Dr.-Ing., Prof.; *Denkmalpflege, Planen im Bestand, Dokumentation*; di: FH Köln, Fak. f. Architektur, Betzdorfer Str. 2, 50679 Köln, n.schoendeling@ar.fh-koeln.de

**Schöndorf,** Erich; Dr., Prof.; *Öffentliches Recht, Umweltrecht*; di: FH Frankfurt, FB 3 Wirtschaft u. Recht, Nibelungenplatz 1, 60318 Frankfurt am Main, T: (069) 15332723

**Schöne,** Heralt; Dr.-Ing., Prof.; *Lebensmittelproduktion*; di: Hochsch. Neubrandenburg, FB Agrarwirtschaft u. Lebensmittelwiss., Brodaer Str. 2, 17033 Neubrandenburg, PF 110121, 17041 Neubrandenburg, T: (0395) 56932507, schoene@hs-nb.de

**Schöneberg,** Rainald; Dr. rer. nat., Prof.; *Wirtschaftsinformatik*; di: FH Südwestfalen, FB Techn. Betriebswirtschaft, Haldener Str. 182, 58095 Hagen, T: (02331) 9872308, schoeneberg@fh-swf.de; pr: Leckingser Str. 187 e, 58640 Iserlohn, T: (02371) 436516, F: 436517

**Schöneck,** Lothar; Dr. phil., Prof.; *Gestaltungslehre, Zeichnerische Darstellung*; di: FH Münster, FB Design, Leonardo-Campus 6, 48149 Münster, T: (0251) 8365331, schoeneck@fh-muenster.de

**Schönecker,** Anna-Lisa; Dipl.-Des., Prof.; *Informationsdesign, Interaktives Design*; di: FH Mainz, FB Gestaltung, Holzstr. 36, 55116 Mainz, T: (06131) 2854968, schoenecker@fh-mainz.de

**Schönecker,** Wolfgang; Dr.-Ing., Prof.; *Datenverarbeitung, Informationssysteme, Werkstofftechnik, Projektplanung und Qualtätsmanagement, Konstruktion*; di: Hochsch. München, Fak. Wirtschaftsingenieurwesen, Erzgießereistr. 14, 80335 München, T: (089) 12652474, F: 12652490, schoenecker@fhm.edu

**Schönefeld,** Ralf Udo; Dr.-Ing., Prof.; di: Rheinische FH Köln, Hohenstaufenring 16-18, 50674 Köln; pr: Im Mühlengarten 10a, 53894 Mechern-Obergartzem, T: (02256) 950542

**Schönegg,** Martin; Dr., Prof.; *Elektronik, Medizinische Messtechnik, Biosignalverarbeitung*; di: Hochsch. Ansbach, FB Ingenieurwissenschaften, Residenzstr. 8, 91522 Ansbach, T: (0981) 4877255, martin.schoenegg@fh-ansbach.de

**Schönfeld,** Fiona; Prof.; *Wildtiermanagement, Jagdlehre*; di: Hochsch. Weihenstephan-Triesdorf, Fak. Wald u. Forstwirtschaft, Am Hofgarten 4, 85354 Freising, 85350 Freising, T: (08161) 712523, F: 714526, fiona.schoenfeld@hswt.de

**Schönfeld,** Friedhelm; Dr., Prof.; *Ingenieurmathematik*; di: Hochsch. Rhein/Main, FB Ingenieurwiss., Am Brückweg 26, 65428 Rüsselsheim, T: (06142) 8984496, friedhelm.schoenfeld@hs-rm.de; pr: St. Urich Str. 8, 65468 Trebur, T: (06147) 201727

**Schönfelder,** Eva; Dr. rer. pol., Prof.; *Arbeitswissenschaft und Arbeitsorganisation unter besonderer Berücksichtigung frauenspezifischer Aspekte*; di: FH Südwestfalen, FB Maschinenbau, Frauenstuhlweg 31, 58644 Iserlohn, T: (02371) 566304, F: 566251, Schoenfelder.E@fh-swf.de

**Schönfelder,** Thomas; Dr.-Ing., Prof.; *Industriebetriebslehre*; di: FH Südwestfalen, FB Ingenieur- u. Wirtschaftswiss., Lindenstr. 53, 59872 Meschede, T: (0291) 9910640, Schoenfelder.T@fh-swf.de; pr: Möhneweg 18, 44287 Dortmund, T: (0231) 7248277, F: 4960446

**Schönfelder,** Wolfram; Dr. phil., Prof.; *Wirtschaftsenglisch, Wirtschafts- und Sozialgeschichte*; di: Hochsch. Augsburg, Fak. f. Wirtschaft, An der Hochschule 1, 86161 Augsburg, T: (0821) 55862994, wolfram.schoenfelder@hs-augsburg.de

**Schönherr,** Herbert; Dr.-Ing., Prof.; *Fertigungsverfahren, Automatisierungstechnik, Steuerungstechnik, Betriebsmittelkonstruktion, Qualitätswesen*; di: Hochsch. Offenburg, Fak. Maschinenbau u. Verfahrenstechnik, Badstr. 24, 77652 Offenburg, T: (0781) 205205, F: 205214

**Schoenherr,** Jürgen; Dr.-Ing., Prof.; *Sanierungs- und Recyclingtechnologie*; di: Hochsch. Zittau/Görlitz, Fak. Mathematik/Naturwiss., Theodor-Körner-Allee 16, 02763 Zittau, PF 1455, 02754 Zittau, T: (03583) 611818, j.schoenherr@hs-zigr.de

**Schönherr,** Michael; Dipl.-Ing., Prof.; *Mechanik, Konstruktion*; di: FH Bingen, FB Life Sciences and Engineering, FR Verfahrenstechnik, Berlinstr. 109, 55411 Bingen, T: (06721) 409345, F: 409112, sxmech@fh-bingen.de

**Schönherr,** Siegfried; Dr. rer. nat. habil., Prof.; *Künstliche Intelligenz*; di: HTWK Leipzig, FB Informatik, Mathematik u. Naturwiss., PF 301166, 04251 Leipzig, T: (0341) 30766473, schoen@imn.htwk-leipzig.de

**Schönig,** Werner; Dr. rer. pol., PD U Köln, Prof. Kath. H Köln, FB Sozialwesen; *Sozialökonomik und Konzepte der Sozialen Arbeit / Theorie d. Sozialpolitik u. ihre ökonomische Analyse, Armut, soziale Dienste, Soziale Arbeit u. Sozialraum*; di: Kath. Hochsch. NRW, Abt. Köln, FB Sozialwesen, Wörthstr. 10, 50668 Köln, T: (0221) 7757145, F: 7757180, w.schoenig@katho-nrw.de; pr: Memeler Str. 16, 50735 Köln, T: (0221) 722175

**Schöning,** Michael Josef; Dr.-Ing., Prof.; *Medizinische Messtechnik, Chemo- und Biosensorik*; di: FH Aachen, FB Angwandte Naturwiss. u. Technik, Ginsterweg 1, 52428 Jülich, T: (0241) 600953215, schoening@fh-aachen.de; pr: Düsseldorfer Str. 34, 52428 Jülich, T: (02461) 57346

**Schöning,** Sonja; Dr. rer. nat., Prof.; *Physik*; di: FH Bielefeld, FB Ingenieurwiss. u. Mathematik, Wilhelm-Bertelsmann-Str. 10, 33602 Bielfeld, T: (0521) 1067285, F: 1067165, sonja.schoening@fh-bielefeld.de

**Schöning,** Stephan; Dr., Prof. WH Lahr; *Betriebswirtschaftlehre*; di: WHL Wissenschaftl. Hochschule Lahr, Lst. f. Finance and Banking, Hohbergweg 15-17, 77933 Lahr, T: (07821) 923849, stephan.schoening@whl-lahr.de

**Schönle,** Martin; Dr.-Ing., Prof.; *Elektrotechnik*; di: Hochsch. Kempten, Fak. Elektrotechnik, Bahnhofstr. 61-63, 87435 Kempten, T: (0831) 2523144, F: 2523197, martin.schoenle@fh-kempten.de

**Schönthier,** Jens; Dr.-Ing., Prof.; *Medientechnik, Audio- u Videosyteme*; di: HTW Dresden, Fak. Informatik/Mathematik, PF 120701, 01008 Dresden, T: (0351) 4622686, jens.schoenthier@informatik.htw-dresden.de

**Schönwart,** Volker; M.A., Prof.; *Künstlerisch-gestalterische Grundlagen/Naturstudium in Malerei*; di: Westsächs. Hochsch. Zwickau, FB Angewandte Kunst Schneeberg, Goethestr. 1, 08289 Schneeberg, volker.schoenwart@fh-zwickau.de

**Schöpflin,** Martin; Dr. jur. habil., Prof.; *Bürgerliches Recht, Handels- und Gesellschaftsrecht, Zivilprozessrecht*; di: Norddeutsche Hochsch. f. Rechtspflege, Fak. Rechtspflege, Godehardsplatz 6, 31134 Hildesheim, T: (05121) 1791027, martin.schoepflin@justiz.niedersachsen.de; pr: Auf der Weide 24, 35037 Marburg, T: (06421) 164797

**Schoerken,** Ulrich; Dr. rer. nat., Prof.; *Technische Chemie*; di: FH Köln, Fak. f. Angew. Naturwiss., Kaiser-Wilhelm-Allee, 50368 Leverkusen, T: (0214) 328314610, ulrich.schoerken@fh-koeln.de

**Schörner,** Jürgen; Dr.-Ing., Prof.; *Optoelektronik, Medizintechnik*; di: Hochsch. München, Fak. Feinwerk- u. Mikrotechnik, Physikal. Technik, Lothstr. 34, 80335 München, T: (089) 12651131, F: 12651480, j.schoerner@fhm.edu

**Schörner,** Peter; Dr., Prof.; *Allgemeine Betriebswirtschaftslehre, insbes. Immobilienmanagement u. Unternehmensführung*; di: EBZ Business School Bochum, Springorumallee 20, 44795 Bochum, T: (0234) 9447700, p.schoerner@ebz-bs.de

**Schössler,** Julia; Dr., Prof.; *Wirtschaftswissenschaften, Medienmanagement*; di: bbw Hochsch. Berlin, Leibnizstraße 11-13, 10625 Berlin, T: (030) 319909524, julia.schoessler@bbw-hochschule.de

**Schofer,** Rolf; Dr. rer. nat., Prof., Rektor; *Mathematik, Betriebswirtschaftslehre*; di: Hochsch. Furtwangen, Fak. Digitale Medien, Robert-Gerwig-Platz 1, 78120 Furtwangen, T: (07723) 9201110, rk@hs-furtwangen.de

**Scholl,** Ingrid; Dr.-Ing., Prof.; *Graphische Datenverarbeitung u. Grundlagen d. Informatik*; di: FH Aachen, FB Elektrotechnik und Informationstechnik, Eupener Str. 70, 52066 Aachen, T: (0241) 600952177, scholl@fh-aachen.de

**Scholl,** Margit; Dr. rer. nat., Prof.; *Wirtschafts-, Verwaltungsinformatik, Informationstechnologie und Projektmanagement*; di: Techn. Hochsch. Wildau, FB Wirtschaft, Verwaltung u. Recht, Bahnhofstr., 15745 Wildau, T: (03375) 508917, F: 508566, mscholl@wvr.tfh-wildau.de

**Scholl,** Robert; Dr., Prof.; *Physik, Optoelektronik*; di: Hochsch. Bonn-Rhein-Sieg, FB Elektrotechnik, Maschinenbau und Technikjournalismus, Grantham-Allee 20, 53757 Sankt Augustin, T: (02241) 865303, F: 8658303, robert.scholl@fh-bonn-rhein-sieg.de

**Scholl,** Werner; HonProf.; di: Hochsch. f. Technik, Fak. Bauingenieurwesen, Schellingstr. 24, 70174 Stuttgart, PF 101452, 70013 Stuttgart

**Scholz,** Barbara; Dipl.-Päd., Dr. phil., Prof.; *Pädagogik, Sozialinformatik*; di: Hochsch. Coburg, Fak. Soziale Arbeit u. Gesundheit, PF 1652, 96406 Coburg, T: (09561) 317485, scholzb@hs-coburg.de; pr: Beiersdorfer Str., 96450 Coburg

**Scholz,** Christoph; Dr., Prof.; *KD/Foto*; di: Hochsch. Darmstadt, FB Gestaltung u. FB Media, Haardtring 100, 64295 Darmstadt, T: (06151) 168343, kscholz@h-da.de

**Scholz,** Dieter; Dr., Prof.; *Flugzeugentwurf, Flugzeugsysteme, Flugmechanik*; di: HAW Hamburg, Fak. Technik u. Informatik, Berliner Tor 9, 20099 Hamburg, T: (040) 428758825, info@ProfScholz.de

**Scholz,** Dieter; Dr.-Ing., Prof.; *Hydraulik und Pneumatik*; di: FH Münster, FB Maschinenbau, Stegerwaldstr. 39, 48565 Steinfurt, T: (02551) 962436, F: 962249, scholzd@fh-muenster.de; pr: Nienkamp 7, 48565 Steinfurt, T: (02551) 1304

**Scholz,** Eckard; Dr.-Ing., Prof.; *Softwaretechnik/CAD im Maschinenbau*; di: HTWK Leipzig, FB Maschinen- u. Energietechnik, PF 301166, 04251 Leipzig, T: (0341) 3538411, scholz@me.htwk-leipzig.de

**Scholz,** Elke; Dipl.-Ing., Prof.; *Bauchemie, Baustoffkunde*; di: HAWK Hildesheim/Holzminden/Göttingen, Fak. Bauen u. Erhalten, Hohnsen 1, 31134 Hildesheim, T: (05121) 881291, F: 881287

**Scholz,** Franz; Dr., Prof.; *Verpackungstechnik*; di: Hochsch. d. Medien, Fak. Druck u. Medien, Nobelstr. 10, 70569 Stuttgart, scholz@hdm-stuttgart.de

**Scholz,** Frieder; Dipl.-Ing., Dr.-Ing., Prof.; *Maschinenelemente, Maschinendynamik, Zerspanungstechnik, Holzbearbeitungsmaschinen, Vorrichtungsbau*; di: Hochsch. Rosenheim, Fak. Holztechnik u. Bau, Hochschulstr. 1, 83024 Rosenheim, T: (08031) 805305, F: 805302, holztechnik@fh-rosenheim.de

**Scholz,** Gudrun; Dr., Prof.; *Geschichte und Theorie der Gestaltung, Designtheorie*; di: Hochsch. Hannover, Fak. III Medien, Information u. Design, Kurt-Schwitters-Forum, Expo Plaza 2, 30539 Hannover, T: (0511) 92962380, gudrun.scholz@hs-hannover.de

**Scholz,** Jürgen; Dr. rer. nat., Prof.; *Compilerbau, Daten- und Telekommunikation, Netzplanung und Netzoptimierung, geographische Informationssysteme, Rechnernetze*; di: Hochsch. Augsburg, Fak. f. Informatik, An der Hochschule 1, 86161 Augsburg, T: (0821) 55863453, F: 55863499, Juergen.Scholz@hs-augsburg.de

**Scholz,** Jürgen; Dr.-Ing., Prof.; *Maschinenbau*; di: Hochsch. Münster, FB Maschinenbau, Stegerwaldstraße 39, 48565 Steinfurt, T: (02551) 962061, juergen.scholz@fh-muenster.de

**Scholz,** Marcus; Dr., Prof.; *Betriebswirtschaftslehre*; di: Hochsch. Pforzheim, Fak. f. Wirtschaft u. Recht, Tiefenbronner Str. 65, 75175 Pforzheim, T: (07231) 286584, F: 286100, marcus.scholz@hs-pforzheim.de

**Scholz,** Peter; Dipl.-Inf., Dr., Prof.; *Grundlagen d. Informatik, Software-Engineering, IT-Management, Algorithmen u. Datenstrukturen*; di: Hochsch. Landshut, Fak. Informatik, Am Lurzenhof 1, 84036 Landshut, T: (0871) 506687

**Scholz,** Peter; Dr., Prof., Vizepräs. f. Forsch. u. Entwicklung; *Chemie, Biochemie und Analytik*; di: Hochsch. Rhein-Waal, Fak. Life Sciences, Marie-Curie-Straße 1, 47533 Kleve, T: (02821) 80673202, peter.scholz@hochschule-rhein-waal.de

**Scholz,** Reinhard; Dr.-Ing., Prof.; *Digitale Übertragungstechnik, Grundlagen der Mess-und Elektrotechnik*; di: FH Dortmund, FB Informations- u. Elektrotechnik, Sonnenstr. 96, 44139 Dortmund, T: (0231) 9112639, F: 9112638, reinhard.scholz@fh-dortmund.de

**Scholz-Bürig,** Katja; Prof.; *Arbeitsrecht, Personalmanagement*; di: HAWK Hildesheim/Holzminden/Göttingen, FB Bauingenieurwesen, Hohnsen 2, 31134 Hildesheim, T: (05121) 881513

**Scholz-Ligma,** Joachim; Dr., Prof.; *Marketing mit dem Schwerpunkt Vertrieb*; di: Hochsch. f. Wirtschaft u. Recht Berlin, FB 1, Badensche Str. 50-51, 10825 Berlin, T: (030) 85789182, F: 85789259, jscholz@hwr-berlin.de; pr: Albestr. 15, 12159 Berlin, T: (030) 85079950, F: 85079952

**Scholze,** Ulrich; Dr.-Ing., Prof.; *Verfahrenstechnik der Weberei, Produktentwicklung, Webwaren, Fabrikanlagen, Produktions- und Betriebsplanung Weberei*; di: Hochsch. Reutlingen, FB Textil u. Bekleidung, Alteburgstr. 150, 72762 Reutlingen, T: (07121) 2718019, Ulrich.Scholze@Reutlingen-University.DE; pr: Friedrich-Naumann-Str. 24/4, 72762 Reutlingen, T: (07121) 210398

**Schone,** Reinhold; Dr. phil., Prof.; *Organisation u. Management*; di: FH Münster, FB Sozialwesen, Hüfferstr. 27, 48149 Münster, T: (0251) 8365814, F: 8365702, schone@fh-muenster.de; pr: Heinrichstr. 30, 33803 Steinhagen

**Schoo,** Alfred J. H.; Dr.-Ing., Prof.; *Antriebs- und Getriebetechnik, Technische Mechanik, Produktionslogistik*; di: Westfäl. Hochsch., FB Maschinenbau, Münsterstr. 265, 46397 Bocholt, alfred.schoo@fh-gelsenkirchen.de

**Schoof,** Sönke; Dr.-Ing., Prof.; *Mathematik, Simulationstechnik, Grundlagen der Informationstechnik, Softwaretechnik, Datenbanken*; di: Hochsch. Hannover, Fak. I Elektro- u. Informationstechnik, Ricklinger Stadtweg 120, 30459 Hannover, PF 920261, 30441 Hannover, T: (0511) 92961246, F: 92961111, soenke.schoof@hs-hannover.de; pr: Waldstr. 45, 30163 Hannover, T: (0511) 662909

**Schoop,** Dominik; Dr., Prof.; *Netzwerk- und Datensicherheit*; di: Hochsch. Esslingen, Fak. Versorgungstechnik u. Umwelttechnik, Kanalstr. 33, 73728 Esslingen, T: (0711) 3974467

**Schoorman,** David; Prof.; *Management*; di: GISMA Business School, Goethestr. 18, 30169 Hannover, T: (0511) 5460944, F: 5460954, dschoorman@gisma.com

**Schopen,** Michael; Dr.-Ing., Prof.; *Techn. Projektmanagement*; di: Hochsch. Karlsruhe, Fak. Wirtschaftswissenschaften, Moltkestr. 30, 76133 Karlsruhe, PF 2440, 76012 Karlsruhe, T: (0721) 9251957

**Schoper,** Yvonne-Gabriele; PhD, Prof.; *Allg. BWL*; di: Hochsch. Mannheim, Fak. Wirtschaftsingenieurwesen, Windeckstr. 110, 68163 Mannheim

**Schophaus,** Malte; Dr., Prof.; *Psychologie*; di: FH f. öffentl. Verwaltung NRW, Abt. Köln, Thürmchenswall 48-54, 50668 Köln, malte.schophaus@fhoev.nrw.de

**Schopper,** Jürgen; Dipl.-Des., Prof.; *Computeranimation, Video*; di: Georg-Simon-Ohm-Hochsch. Nürnberg, Fak. Design, Wassertorstr. 10, 90489 Nürnberg

**Schorb,** Manfred; Dr. rer. pol., Prof.; *Controlling, Kostenrechnung, Projekte*; di: Hochsch. Karlsruhe, Fak. Wirtschaftswissenschaften, Moltkestr. 30, 76133 Karlsruhe, PF 2440, 76012 Karlsruhe, T: (0721) 9251933

**Schorcht,** Gunar; Dr.-Ing., Prof.; *Netzwerke, IT-Sicherheit, Kryptologie*; di: FH Erfurt, FB Versorgungstechnik, Altonaer Str. 25, 99085 Erfurt, PF 101363, 99013 Erfurt, T: (0361) 6700433, F: 6700643, schorcht@fh-erfurt.de

**Schormann,** Gerhard; Dr.-Ing., Prof.; *Schaltungstechnik, Leiterplattentechnologie*; di: Hochsch. f. angew. Wiss. Würzburg Schweinfurt, Fak. Elektrotechnik, Ignaz-Schön-Str. 11, 97421 Schweinfurt, gschor@fh-sw.de

**Schormann,** Joachim; Dr.-Ing., Prof.; *Rechnergestützte Produktionssysteme*; di: Hochsch. Bremen, Fak. Natur u. Technik, Neustadtswall 30, 28199 Bremen, T: (0421) 59053557, F: 59053505, Joachim.Schormann@hs-bremen.de

**Schorn,** Ariane; Dr. phil. habil., Prof.; *Psychologie, Supervision, Methodische Gesprächsführung*; di: FH Kiel, FB Soziale Arbeit u. Gesundheit, Sokratesplatz 2, 24149 Kiel, T: (0431) 2103018, ariane.schorn@fh-kiel.de

**Schorn,** Philipp; Dr., Prof.; *BWL, Rechnungswesen, Wirtschaftsprüfung*; di: Hochsch. Rhein-Waal, Fak. Gesellschaft u. Ökonomie, Marie-Curie-Straße 1, 47533 Kleve, T: (02821) 80673311, philipp.schorn@hochschule-rhein-waal.de

**Schorr,** Dietmar; Dr., Prof.; *Maschinenbau*; di: DHBW Karlsruhe, Fak. Technik, Erzbergerstr. 121, 76133 Karlsruhe, T: (0721) 9735831, schorr@no-spam.dhbw-karlsruhe.de

**Schorr,** Peter; Dr., Prof.; *Betriebswirtschaft*; di: HTW d. Saarlandes, Fak. f. Wirtschaftswiss, Waldhausweg 14, 66123 Saarbrücken, T: (0681) 5867551, peter.schorr@htw-saarland.de

**Schorr,** Ruth; Dr., Prof.; *Informatik*; di: FH Frankfurt, FB 2 Informatik u. Ingenieurwiss., Nibelungenplatz 1, 60318 Frankfurt am Main, T: (069) 15332755, rschorr@fb2.fh-frankfurt.de

**Schorr,** Walter; Dr. rer. nat., Prof.; *Leistungselektronik, Messtechnik, Regelungstechnik*; di: Hochsch. Coburg, Fak. Elektrotechnik / Informatik, Friedrich-Streib-Str. 2, 96450 Coburg, T: (09561) 317393, schorr@hs-coburg.de; pr: Am Steinberg 2, 96450 Coburg, T: (09561) 32658, wschorr@t-online.de

**Schott,** Dieter; Dr. rer. nat. habil, Prof.; *Numerische Mathematik und Technische Mechanik*; di: Hochsch. Wismar, Fak. f. Ingenieurwiss., PF 1210, 23952 Wismar, T: (03841) 753322, F: 753130, d.schott@et.hs-wismar.de; pr: Neubrandenburger Str. 49a, 18196 Kessin, T: (0381) 692845

**Schott,** Eberhard; Dr., Prof.; *Datenverarbeitung, Marketing, Organisation*; di: Hochsch. Aschaffenburg, Fak. Wirtschaft u. Recht, Würzburger Str. 45, 63743 Aschaffenburg, T: (06021) 314708, eberhard.schott@fh-aschaffenburg.de

**Schott,** Tilmann; Dr., Prof.; *Ausländer- und Ausweisrecht*; di: FH d. Bundes f. öff. Verwaltung, FB Bundesgrenzschutz, PF 121158, 23532 Lübeck

**Schottler,** Wolfram; Dr., Prof.; di: IB-Hochsch. Berlin, Hauptstätter Str. 119, 70178 Stuttgart

**Schottmüller,** Reinhard; Prof.; *Betriebswirtschaft/Beschaffung und Logistik*; di: Hochsch. Pforzheim, Fak. f. Wirtschaft u. Recht, Tiefenbronner Str. 65, 75175 Pforzheim, T: (07231) 286464, F: 286190, reinhard.schottmueller@hs-pforzheim.de

**Schrade,** Detlev; Dr. rer. pol., Prof.; *Betriebswirtschaftliche Steuerlehre, Betr. Rechnungswesen, Internationales Steuerwesen*; di: Hochsch. Reutlingen, FB International Business, Alteburgstr. 150, 72762 Reutlingen, T: (07121) 271442, detlev.schrade@fh-reutlingen.de; pr: Wengertweg 13, 71083 Herrenberg

**Schrade,** Ulrich; Dr., Prof.; *Fahrzeugsystemtechnik*; di: Hochsch. Ulm, Fak. Maschinenbau u. Fahrzeugtechnik, Prittwitzstraße 10, 89075 Ulm, PF 3860, 89028 Ulm, T: (0731) 5016951, Schrade@hs-ulm.de

**Schrader,** Christian; Dr., Prof.; *Umweltrecht, Verbraucherrecht*; di: Hochsch. Fulda, FB Sozial- und Kulturwissenschaften, Marquardstr. 35, 36039 Fulda, T: (0661) 9640474, F: 9640452, christian.schrader@sk.fh-fulda.de; pr: Klinkerfuesstr. 24, 37073 Göttingen, T: (0551) 703648, F: 7703284

**Schrader,** Hans Dieter; Prof.; *Grafik-Design, Schrift/Typografie/Layout*; di: FH Dortmund, FB Design, Max-Ophüls-Platz 2, 44139 Dortmund, T: (0231) 9112437, F: 9112415, schrader@fh-dortmund.de; pr: Biberstr. 3, 20146 Hamburg

**Schrader,** Hartmut; Dr.-Ing., Prof., Dekan FB Maschinenbau; *Werkstofftechnik, Maschinenelemente*; di: Hochsch. Darmstadt, FB Maschinenbau u. Kunststofftechnik, Haardtring 100, 64295 Darmstadt, T: (06151) 168589, schrader@h-da.de

**Schrader,** Marc Falko; Dr., Prof.; *Unternehmensstrategie, Controlling*; di: Hochsch. Aalen, Fak. Wirtschaftswissenschaften, Beethovenstr. 1, 73430 Aalen, T: (07361) 5762280, Marcfalko.Schrader@htw-aalen.de

**Schrader,** Michael; Dr., Prof.; *Physikalische Chemie, Allgemeine und Anorganische Chemie*; di: Hochsch. Weihenstephan-Triesdorf, Fak. Biotechnologie u. Bioinformatik, Am Hofgarten 10 (Löwentorgebäude), 85350 Freising, T: (08161) 714390, F: 715116, michael.schrader@fh-weihenstephan.de

**Schrader,** Sigurd; Dr. rer. nat. habil., Prof.; *Photonik*; di: Techn. Hochsch. Wildau, FB Ingenieurwesen/Wirtschaftsingenieurwesen, Bahnhofstr., 15745 Wildau, T: (03375) 508293, F: 508503, sigurd.schrader@tfh-wildau.de

**Schrader,** Thomas; Dr. med., Prof.; *Medizininformatik*; di: FH Brandenburg, FB Informatik u. Medien, Magdeburger Str. 50, 14770 Brandenburg, PF 2132, 14737 Brandenburg, T: (03381) 355423, schrader@fh-brandenburg.de

**Schrader,** Ulrich; Dr. rer. nat., Prof.; *Informatik im Gesundheitswesen*; di: FH Frankfurt, FB 2 Informatik u. Ingenieurwiss., Nibelungenplatz 1, 60318 Frankfurt am Main, T: (069) 15332292, schrader@fb2.fh-frankfurt.de; pr: Mühlgasse 33, 61231 Bad Nauheim, T: (06032) 700910

**Schram,** Jürgen; Dr. rer. nat., Prof.; *Instrumentelle und Chemische Analytik*; di: Hochsch. Niederrhein, FB Chemie, Frankenring 20, 47798 Krefeld, T: (02151) 8224027, F: 8224109

**Schramm,** Andreas; Dr.-Ing., HonProf.; *Betriebswirtschaftslehre und Personalmanagement*; di: Hochsch. Mittweida, Fak. Wirtschaftswiss., Technikumplatz 17, 09648 Mittweida

**Schramm,** Clemens; Dr.-Ing., Prof.; *Planungs- und Bauökonomie, Projektmanagement, Architektenhonorare*; di: Jade Hochsch., FB Architektur, Ofener Str. 16-19, 26121 Oldenburg, T: (0441) 77083280, F: 77083136; pr: Hünefeldzeile 1, 12247 Berlin, T: (030) 76677970

**Schramm,** Hauke; Dr.-Ing., Prof.; *Angew. Informatik*; di: FH Kiel, FB Informatik u. Elektrotechnik, Grenzstr. 5, 24149 Kiel, T: (0431) 2104140, F: 2104011, hauke.schramm@fh-kiel.de

**Schramm,** Ulrich; Dipl.-Ing., Prof.; *Technischer Ausbau und Facility Management*; di: FH Bielefeld, FB Architektur u. Bauingenieurwesen, Artilleriestr. 9, 32427 Minden, PF 2328, 32380 Minden, T: (0571) 8385179, F: 8385250, ulrich.schramm@fh-bielefeld.de

**Schramm,** Uwe; Dr., Prof.; *Wirtschaftswissenschaften, Steuern u. Prüfungswesen*; di: DHBW Stuttgart, Fak. Wirtschaft, Herdweg 21, 70174 Stuttgart, T: (0711) 1849620, Schramm@dhbw-stuttgart.de

**Schramm,** Wolfgang; Dr. rer. nat., Prof.; *EDV-Organisation, Produktionsplanung und -steuerung*; di: Hochsch. Mannheim, Fak. Informatik, Windeckstr. 110, 68163 Mannheim, T: (0621) 2926212, F: 2926237

**Schramm-Wölk,** Ingeborg; Dr., Prof.; *Biologie, Informatik und Design*; di: Hochsch. Rhein-Waal, Fak. Kommunikation u. Umwelt, Südstraße 8, 47475 Kamp-Lintfort, T: (02842) 90825200, ingeborg.schramm-woelk@hochschule-rhein-waal.de

**Schrank,** Randolf; Dr. rer. pol., Prof.; *Internationales Management, Unternehmensführung, Innovationsmanagement*; di: FH Mainz, FB Wirtschaft, Lucy-Hillebrand-Str. 2, 55128 Mainz, T: (06131) 6283275, randolf.schrank@wiwi.fh-mainz.de

**Schreck von Reischach,** Gerald; Dr. phil., Prof.; *Sozialarbeit, Sozialpädagogik*; di: Ev. Hochsch. Darmstadt, FB Sozialarbeit/ Sozialpädagogik, Zweifalltorweg 12, 64293 Darmstadt, T: (06151) 87980, gerald.reischach@eh-darmstadt.de

**Schreiber,** Dirk; Dr. rer. pol., Prof.; *Betriebwirtschaftslehre, insbes. Daten- u. Informationsverarbeitung*; di: Hochsch. Bonn-Rhein-Sieg, FB Wirtschaft Sankt Augustin, Grantham-Allee 20, 53757 Sankt Augustin, 53754 Sankt Augustin, T: (02241) 865123, F: 8658123, dirk.schreiber@fh-bonn-rhein-sieg.de

**Schreiber,** Gerlinde; Dr. rer.nat., Prof.; di: Hochsch. Bremen, Fak. Elektrotechnik u. Informatik, Flughafenallee 10, 28199 Bremen, T: (0421) 59055435, F: 59055484, Gerlinde.Schreiber@hs-bremen.de

**Schreiber,** Harold; Dr.-Ing., Prof.; *Technische Mechanik, Konstruieren*; di: H Koblenz, FB Ingenieurwesen, Konrad-Zuse-Str. 1, 56075 Koblenz, T: (0261) 9528414, schreiber@fh-koblenz.de

**Schreiber,** Joachim; Dr. rer. nat., Prof.; *Wirtschaftsinformatik*; di: FH Schmalkalden, Fak. Wirtschaftswiss., Blechhammer, 98574 Schmalkalden, PF 100452, 98564 Schmalkalden, T: (03683) 6883109, j.schreiber@wi.fh-schmalkalden.de

**Schreiber,** Kerstin; Dr., Prof.; *Allgemeine Betriebswirtschaftslehre, Projektmanagement*; di: HAWK Hildesheim/Holzminden/Göttingen, Fak. Ressourcenmanagement, Büsgenweg 1a, 37077 Göttingen, T: (0551) 5032163, F: 5032200

**Schreiber,** Martin; Dr.-Ing., Prof.; *Betriebswirtschaftslehre, insbesondere Controlling*; di: FH Münster, FB Wirtschaft, Corrensstr. 25, 48149 Münster, T: (0251) 8365657, F: 8365502, schreiber@fh-muenster.de

**Schreiber,** Michael-Thaddäus; Dr., Prof.; *Dienstleistungswirtschaft/Tourismus*; di: Hochsch. Harz, FB Wirtschaftswiss., Friedrichstr. 57-59, 38855 Wernigerode, T: (03943) 659239, F: 659109, mschreiber@hs-harz.de

**Schreiber,** Regina; Dr.-Ing., Prof.; *Lebensmitteltechnologie, Prozessoptimierung*; di: Hochsch. Kempten, Fak. Maschinenbau, Bahnhofstr. 61-63, 87435 Kempten, T: (0831) 25239219, F: 2523229, regina.schreiber@fh-kempten.de

**Schreiber,** Wolfgang; Dipl.-Ing., Prof.; *Objektplanung und Entwerfen, Städtebau*; di: Hochsch. f. Wirtschaft u. Umwelt Nürtingen-Geislingen, PF 1349, 72603 Nürtingen, T: (07022) 404178, wolfgang.schreiber@hfwu.de

**Schreiber,** Wolfgang; Dipl.-Ing., Prof.; *Baubetrieb, CAD, Entwerfen*; di: FH Kaiserslautern, FB Bauen u. Gestalten, Schoenstr. 6, 67659 Kaiserslautern, T: (0631) 3724413, F: 3724444, wolfgang.schreiber@fh-kl.de

**Schreieck,** Gabriele; Dr., Prof.; *Mathematik*; di: FH f. Wirtschaft u. Technik, Studienbereich Ingenieurwesen, Schlesierstr. 13a, 49356 Diepholz, T: (05441) 992112, F: 992109, schreieck@fhwt.de

**Schreier,** Norbert; Dr., Prof.; *Servicetechnik, Kfz-Diagnose, Servicemarketing, BWL für Ingenieure, Projektmanagement*; di: Hochsch. Esslingen, Fak. Versorgungstechnik u. Umwelttechnik, Kanalstr. 33, 73728 Esslingen, T: (0711) 3973231

**Schreier,** Ulf; Dipl.-Inform., Dr.-Ing., Prof., Dekan; *Softwarearchitekturen*; di: Hochsch. Furtwangen, Fak. Wirtschaftsinformatik, Robert-Gerwig-Platz 1, 78120 Furtwangen, T: (07723) 9202153, F: 9202610, Ulf.Schreier@hs-furtwangen.de

**Schreiner,** Klaus; Dr.-Ing., Prof.; *Kolbenmaschinen, Mathematik*; di: Hochsch. Konstanz, Fak. Maschinenbau, Brauneggerstr. 55, 78462 Konstanz, PF 100543, 78405 Konstanz, T: (07531) 206307, F: 206305, schreine@fh-konstanz.de

**Schreiner,** Manfred; Prof.; *Rechnungswesen, Umweltökonomie*; di: Hochsch. Fulda, FB Wirtschaft, Marquardstr. 35, 36039 Fulda; pr: Klostermannstr. 17, 36041 Fulda, T: (0661) 44693

**Schreiner,** Rupert; Dr. rer. nat., Prof.; *Angewandte Physik, Systemtechnik*; di: Hochsch. Regensburg, Fak. Allgemeinwiss. u. Mikrosystemtechnik, PF 120327, 93025 Regensburg, T: (0941) 9431277, rupert.schreiner@mikro.fh-regensburg.de

**Schreuder,** Siegfried; Dr.-Ing., Prof.; *Betriebsplanung, Chemie, CIM, Dokumentationstechnik (Datenverarbeitung), Kunststofftechnik*; di: H Koblenz, FB Ingenieurwesen, Konrad-Zuse-Str. 1, 56075 Koblenz, T: (0261) 9528404, schreuder@fh-koblenz.de

**Schrewe,** Ulrich; Dr. rer. nat., Prof.; *Physik, Radioökologie, Strahlenschutz, Isotopentechnik*; di: Hochsch. Hannover, Fak. II Maschinenbau u. Bioverfahrenstechnik, Ricklinger Stadtweg 120, 30459 Hannover, PF 920261, 30441 Hannover, T: (0511) 92961359, F: 9296991359, ulrich.schrewe@hs-hannover.de; pr: Mariaspringweg 13, 37120 Bovenden, T: (0551) 8209951

**Schrey,** Ekkehard; Dr.-Ing., Prof.; *Technische Informatik, insbes. Bauelemente und Schaltungen sowie computerunterstützter Schaltungsentwurf*; di: Westfäl. Hochsch., FB Informatik u. Kommunikation, Neidenburger Str. 43, 45877 Gelsenkirchen, T: (0209) 9596407, Ekkehard.Schrey@informatik.fh-gelsenkirchen.de

**Schrey,** Manfred; Dr. rer. nat., Prof.; *Reproduktionstechnik, Mikrolithographie*; di: FH Köln, Fak. f. Informations-, Medien- u. Elektrotechnik, Betzdorfer Str. 2, 50679 Köln, T: (0221) 82752515, manfred.schrey@fh-koeln.de; pr: Osterriethweg 27, 50996 Köln, T: (02236) 963912

**Schreyer,** Angela; Dr., Prof.; *Grundlagen der Gestaltung*; di: FH Potsdam, FB Architektur und Städtebau, Pappelallee 8-9, Haus 2, 14469 Potsdam, T: (0331) 5801525, schreyer@fh-potsdam.de

**Schricker,** Rudolf; Dipl.-Ing., Prof.; *Konstruieren und Entwerfen, Schwerpunkt Innenausbau*; di: Hochsch. Coburg, Fak. Design, PF 1652, 96406 Coburg, T: (09561) 317435, schrickr@hs-coburg.de

**Schrodi,** Rolf; Dipl.-Ing., Prof.; *Geotechnik, Erdbau, Grundbau*; di: Hochsch. Biberach, Fak. Bauingenieurwesen, PF 1260, 88382 Biberach/Riß, T: (07351) 582354, F: 582449, schrodi@hochschule-bc.de

**Schröck,** Martin; Dr.-Ing., Prof.; *Gerätetechnik, Messtechnik, Mikrotechnik, Gerätekunde*; di: FH Jena, FB SciTec, Carl-Zeiss-Promenade 2, 07745 Jena, PF 100314, 07703 Jena

**Schröder,** Achim; Dr. phil., Prof., Dekan FB Gesellschaftswissenschaften und Soziale Arbeit; *Jugendarbeit und Jugendsozialarbeit*; di: Hochsch. Darmstadt, FB Gesellschaftswiss. u. Soziale Arbeit, Haardtring 100, 64295 Darmstadt, T: (06151) 168512, achim.schroeder@h-da.de; pr: Zum Wenzenholz 5, 61267 Neu-Anspach, T: (06081) 7343, F: 8519, AchimSchroeder@t-online.de

**Schröder,** Christa; Dr. rer. nat., Prof.; *Arzneimittelrecht, Arzneimittelherstellung*; di: Hochsch. Albstadt-Sigmaringen, FB 3, Anton-Günther-Str. 51, 72488 Sigmaringen, PF 1254, 72481 Sigmaringen, T: (07571) 7328275, schroeder@hs-albsig.de

**Schroeder,** Christian; Dr.-Ing., Prof.; *Thermodynamik u. Kolben- u. Strömungsmaschinen*; di: TFH Georg Agricola Bochum, WB Maschinen- u. Verfahrenstechnik, Herner Str. 45, 44787 Bochum, T: (0234) 9683371, F: 9683371, c.schroeder@tfh-bochum.de; pr: Tiefbauweg 32, 44879 Bochum, T: (0234) 9409305

**Schröder,** Christian; Dr. rer. nat., Prof.; *Mathematik, Informatik*; di: FH Bielefeld, FB Ingenieurwiss. u. Mathematik, Wilhelm-Bertelsmann-Str. 10, 33602 Bielefeld, T: (0521) 10671226, F: 1067160, christian.schroeder@fh-bielefeld.de

**Schröder,** Christian; Dr., Prof.; *Molekularbiologie*; di: Hochsch. Lausitz, FB Bio-, Chemie- u. Verfahrenstechnik, Großenhainer Str. 57, 01968 Senftenberg

**Schröder,** Christian; Dr.-Ing., Prof.; *Feinwerktechnik*; di: Westfäl. Hochsch., FB Elektrotechnik u. angew. Naturwiss., Neidenburger Str. 43, 45877 Gelsenkirchen, T: (0209) 9596423, christian.schroeder@fh-gelsenkirchen.de

**Schröder,** Dietrich; Dr.-Ing., Prof.; *Vermessungskunde, Datenverarbeitung*; di: Hochsch. f. Technik, Fak. Vermessung, Mathematik u. Informatik, Schellingstr. 24, 70174 Stuttgart, PF 101452, 70013 Stuttgart, T: (0711) 89262612, F: 89262556, dietrich.schroeder@fht-stuttgart.de; pr: Belaustr. 3, 71095 Stuttgart, T: (0711) 690903, F: 13853

**Schröder,** Franz-Henning; Dr.-Ing., Prof.; *Maschinenbau, Konstruktion/ CAD, einschließlich Getriebetechnik und Maschinenelemente*; di: FH Brandenburg, FB Technik, Magdeburger Str. 50, 14770 Brandenburg, PF 2132, 14737 Brandenburg, T: (03381) 355382, schroeder@fh-brandenburg.de

**Schröder,** Franz-Josef; Dr., Prof.; *Bodenkunde, Pflanzenernährung, Bodenuntersuchungen, Erzeugung pflanzlicher Produkte*; di: Hochsch. Weihenstephan-Triesdorf, Fak. Land- u. Ernährungswirtschaft, Am Hofgarten 1, 85354 Freising, 85350 Freising, T: (08161) 714331, F: 714496, franz-josef.schroeder@fh-weihenstephan.de

**Schröder,** Fritz-Gerald; Dr. agr., Prof.; *Gemüsebau*; di: HTW Dresden, Fak. Landbau/Landespflege, Mitschurinbau, 01326 Dresden-Pillnitz, T: (0351) 4622616, schroeder@pillnitz.htw-dresden.de

**Schröder,** Günter; Dipl.-Biologe, Ing. (grad.), Dr. rer. nat., Prof.; *Pflanzenzüchtung, Saatguterzeugung und Saatgutwesen*; di: Hochsch. Osnabrück, Fak. Agrarwiss. u. Landschaftsarchitektur, PF 1940, 49009 Osnabrück, T: (0541) 9695013, g.schroeder@hs-osnabrueck.de

**Schröder,** Hinrich; Dr., Prof.; *IT-Management, Betiebswirtschaftliche Anwendungen*; di: Nordakademie, FB Informatik, Köllner Chaussee 11, 25337 Elmshorn, T: (04121) 409038, F: 409040, hinrich.schroeder@nordakademie.de

**Schröder,** Jürgen; Dr.-Ing., Prof., Rektor; *Digitaltechnik, programmierbare Bauelemente, Mikroprozessoren*; di: Hochsch. Heilbronn, Max-Planck-Str. 39, 74081 Heilbronn, T: (07131) 504265, F: 142651, schroeder@hs-heilbronn.de

**Schröder,** Jürgen; Dr. rer. pol., Prof.; *Material- u. Fertigungswirtschaft, Logistik*; di: HAW Ingolstadt, Fak. Wirtschaftswiss., Esplanade 10, 85049 Ingolstadt, T: (0841) 9348191, juergen.schroeder@haw-ingolstadt.de

**Schröder,** Jürgen; Dr. rer. pol., Prof.; di: FH d. Wirtschaft, Fürstenallee 3-5, 33102 Paderborn, T: (05251) 301185, juergen.schroeder@fhdw.de; pr: T: (0521) 3290100

**Schroeder,** Kai Uwe; Dr. jur., Prof.; *Steuerlehre, Investition und Finanzierung*; di: Hochsch. Heidelberg, Fak. f. Wirtschaft, Ludwig-Guttman-Str. 6, 69123 Heidelberg, T: (06221) 881012, F: 881010, kaiuwe.schroeder@hochschule-heidelberg.de

**Schröder,** Martin; Dr.-Ing., Prof.; *Automatisierungssysteme u. Komponenten*; di: Georg-Simon-Ohm-Hochsch. Nürnberg, Fak. Elektrotechnik Feinwerktechnik Informationstechnik, Wassertorstr. 10, 90489 Nürnberg

**Schröder,** Max-Bernhard; Dr. rer. nat. habil., Prof.; *Botanik*; di: Hochsch. Geisenheim, Von-Lade-Str. 1, 65366 Geisenheim, T: (06722) 502461, F: 502460, max-bernhard.schroeder@hs-gm.de

**Schröder,** Michael; Dr., Prof.; *Spedition, Transport und Logistik*; di: DHBW Mannheim, Fak. Wirtschaft, Coblitzallee 1-9, 68163 Mannheim, T: (0621) 41051272, F: 41051197, michael.schroeder@dhbw-mannheim.de

**Schröder,** Peter; Dr.-Ing., Prof.; *Bodenmechanik und Grundbau*; di: Hochsch. Magdeburg-Stendal, FB Bauwesen, Breitscheidstr. 2, 39114 Magdeburg, T: (0391) 8864302, peter.schroeder@hs-Magdeburg.DE

**Schröder,** Reinhard; Dr.-Ing., Prof. u. Vizepräs. U Bochum; *Elektrische Maschinen u. Antriebe, Grundgebiete der Elektrotechnik, Leistungselektronik*; di: TFH Georg Agricola Bochum, WB Elektro- u. Informationstechnik, Herner Str. 45, 44787 Bochum, T: (0234) 9683336, F: 9683346, schroeder@tfh-bochum.de; pr: Bittermarkstr. 63, 44229 Dortmund, T: (0231) 7273400

**Schröder,** Roland; Dr., Prof.; *Sport u. Event Management*; di: Business and Information Technology School GmbH, Reiterweg 26 b, 58636 Iserlohn, T: (02371) 776560, F: 776503, roland.schroeder@bits-iserlohn.de

**Schröder,** Simone; Prof., Dekanin FB Musikpädagogik; *Gesang, Didaktik/ Methodik*; di: Hochsch. Lausitz, FB Musikpädagogik, Puschkinpromenade 13-14, 03044 Cottbus, T: (0355) 5818901, F: 5818909; pr: T: (0355) 287316

**Schröder,** Thomas; Dr.-Ing., Prof.; *Kunststoffverarbeitung, Technische Mechanik*; di: Hochsch. Darmstadt, FB Maschinenbau u. Kunststofftechnik, Haardtring 100, 64295 Darmstadt, T: (06151) 168561, Schroeder@h-da.de; pr: Bodelschwinghweg 7a, 64297 Darmstadt, T: (06151) 9518827

**Schröder,** Valentin; Dr.-Ing., Prof.; *Strömungsmechanik, Strömungsmaschinen, Konstruktion*; di: FH Augsburg, Fak. f. Maschinenbau u. Verfahrenstechnik, An der Hochschule 1, 86161 Augsburg, T: (0821) 55863150, F: 55863160, valentin.schroeder@hs-augsburg.de

**Schroeder,** Werner; Dr.-Ing., Prof.; *Hochfrequenztechnik und Elektromagnetische Verträglichkeit*; di: Hochsch. Rhein / Main, FB Ingenieurwiss., Informationstechnologie u. Elektrotechnik, Am Brückweg 26, 65428 Rüsselsheim, T: (06142) 8984622, werner.schroeder@hs-rm.de

**Schröder,** Werner; Dr. rer. nat., Prof.; *Physik, Stochastik, Filterentwurf, Optoelektronik, Technische Optik*; di: Hochsch. Offenburg, Fak. Elektrotechnik u. Informationstechnik, Badstr. 24, 77652 Offenburg, T: (0781) 205271, F: 205214, w.schroeder@fh-offenburg.de

**Schröder,** Wilhelm; Dr. sc. techn., Prof.; *Techn. Mechanik, Maschinenelemente*; di: Georg-Simon-Ohm-Hochsch. Nürnberg, Fak. Maschinenbau u. Versorgungstechnik, Keßlerplatz 12, 90489 Nürnberg, PF 210320, 90121 Nürnberg

**Schröder,** Wolfgang; Dr. rer. pol., Prof.; *Volkswirtschaftslehre, Öffentliche Finanzwirtschaft, Wirtschaftspolitik, Geldtheorie, Europa*; di: Hochsch. Lausitz, FB Informatik, Elektrotechnik, Maschinenbau, Großenhainer Str. 57, 01968 Senftenberg, T: (03573) 85701, F: 85709

**Schröder-Obst,** Dorothee; Dr.-Ing., Prof.; *Struktur, Funktionswerkstoffe, Schadensanalyse*; di: Hochsch. Bonn-Rhein-Sieg, FB Biologie, Chemie u. Werkstofftechnik, von-Liebig-Str. 20, 53359 Rheinbach, T: (02241) 865503, F: 8658503, dorothee.schroeder-obst@fh-bonn-rhein-sieg.de

**Schrödter,** Christian; Dr. rer. nat., Prof.; *Physik, Informatik, Theoretische Elektrotechnik*; di: Hochsch. Heilbronn, Fak. f. Technik u. Wirtschaft, Daimlerstr. 35, 74653 Künzelsau, T: (07940) 130633, F: 130620, schroedter@fh-heilbronn.de

**Schröer,** Andreas; Dr. phil., Prof.; *Management in Nonprofit-Organisationen*; di: Ev. Hochsch. Darmstadt, Zweifalltorweg 12, 64293 Darmstadt, T: (06151) 8798645, schroeer@eh-darmstadt.de

**Schröer,** Carsten; Dr., Prof.; *Messe-, Kongress- & Eventmanagement*; di: DHBW Mannheim, Fak. Wirtschaft, Coblitzallee 1-9, 68163 Mannheim, T: (0621) 41052260, F: 41052209, carsten.schroeer@dhbw-mannheim.de

**Schröer,** Norbert; Dr. rer. soc., Prof.; *Kommunikationswissenschaft, qualitative Sozialforschung, Wissenssoziologie*; di: Hochsch. Fulda, FB Sozial- u. Kulturwiss., Marquardstr. 35, 36039 Fulda, T: (0661) 9640467, Norbert.Schroer@sk.hs-fulda.de; Univ., FB 1, FG Geisteswissenschaften, 45117 Essen, T: (0201) 1832810, norbert.schroer@uni-duisburg-essen.de

**Schröer-Schallenberg,** Sabine; Dr., Prof.; *Verwaltungsrecht und Verwaltungsrechtsschutz, Verbrauchsteuer- und Monopolrecht*; di: FH d. Bundes f. öff. Verwaltung, FB Finanzen, PF 1549, 48004 Münster, T: (0251) 8670888

**Schröner,** Charlotte; Dipl.-Des., Prof.; *Entwerfen*; di: FH Mainz, FB Gestaltung, Holzstr. 36, 55116 Mainz, T: (06131) 2859521

**Schröpfer,** Jörg; Dr.-Ing., Prof.; *Werkstofftechnik Metalle, Spanlose Fertigung*; di: Hochsch. München, Fak. Maschinenbau, Fahrzeugtechnik, Flugzeugtechnik, Dachauer Str. 98b, 80335 München, T: (089) 12653355, F: 12651392, joerg.schroepfer@fhm.edu

**Schroer,** Wolfgang; Dr.-Ing., Prof.; *Regelungstechnik, Systemtheorie, Grundgebiete der Elektrotechnik*; di: Hochsch. Ulm, Fak. Elektrotechnik u. Informationstechnik, PF 3860, 89028 Ulm, T: (0731) 5028171, schroer@hs-ulm.de

**Schroeter,** Johannes; Dr., Prof., Dekan FB Ingenieurwissenschaften; *Werkstoffprüfung der Kunststoffe, Technische Mechanik, Festigkeitslehre und Strömungsmechanik, abbaubare Kunststoffe, Umwelttechnik*; di: Hochsch. Rosenheim, Fak. Ingenieurwiss., Hochschulstr. 1, 83024 Rosenheim, T: (08031) 805627, F: 805603

**Schröter,** Jürgen; Dr.-Ing., Prof.; *Informatik, Digitaltechnik*; di: Hochsch. Landshut, Fak. Elektrotechnik u. Wirtschaftsingenieurwesen, Am Lurzenhof 1, 84036 Landshut, juergen.schroeter@fh-landshut.de

**Schröter,** Klaus J.; Dr., Prof.; *Finanzdienstleistungen, Grundlagenfächer*; di: FH Kaiserslautern, FB Betriebswirtschaft, Amerikastr. 1, 66482 Zweibrücken, T: (06332) 914232, klaus.schroeter@fh-kl.de

**Schröter,** Michaela; Dr. jur., Prof.; *Wirtschaftsrecht*; di: FH Brandenburg, FB Wirtschaft, SG Betriebswirtschaftslehre, Magdeburger Str. 50, 14470 Brandenburg, PF 2132, 14737 Brandenburg, T: (03381) 355259, F: 355199, schroetm@fh-brandenburg.de

**Schröter,** Uwe; Dr., Prof.; *Medieninformatik*; di: Hochsch.Merseburg, FB Informatik u. Kommunikationssysteme, Geusaer Str., 06217 Merseburg, T: (03461) 462964, uwe.schröter@hs-merseburg.de

**Schroll-Decker,** Irmgard; Dipl.-Päd., Prof.; *Sozialmanagement, Bildungsarbeit*; di: Hochsch. Regensburg, Fak. Sozialwiss., PF 120327, 93025 Regensburg, T: (0941) 9431091, irmgard.schroll-decker@soz.fh-regensburg.de

**Schrooten,** Mechthild; Dr., Prof.; *VWL, insbesondere Geldtheorie und -politik, Internationalisierung der Güter- und Geldmärkte*; di: Hochsch. Bremen, Fak. Wirtschaftswiss., Werderstr. 73, 28199 Bremen, T: (0421) 59054442, Mechthild.Schrooten@hs-bremen.de; pr: Kolpingstr. 1a, 28195 Bremen

**Schroth,** Martin; Prof.; *Gestaltung, Digitales Entwerfen*; di: Hochsch. Trier, FB Gestaltung, PF 1826, 54208 Trier, T: (0651) 8103124, M.Schroth@hochschule-trier.de

**Schrott,** Peter; Ph.D., Prof.; *Sozial- u Wirtschaftswissenschaften*; di: Hochsch. Heilbronn, Fak. f. Wirtschaft 2, Max-Planck-Str. 39, 74081 Heilbronn, T: (07131) 504227, F: 252470, schrott@hs-heilbronn.de

**Schrott,** Wolfgang; Dr., Prof.; *Umweltchemie, Anorganik*; di: Hochsch. Hof, Alfons-Goppel-Platz 1, 95028 Hof, T: (09281) 40948470, Wolfgang.Schrott@hof-university.de

**Schruth,** Peter; Dr., Prof.; *Rechtswissenschaft*; di: Hochsch. Magdeburg-Stendal, FB Sozial- u. Gesundheitswesen, Breitscheidstr. 2, 39114 Magdeburg, T: (0391) 8864335, peter.schruth@hs-magdeburg.de

**Schubert,** Andreas von; Dr. rer. pol., Prof.; *Personalwirtschaft*; di: Hochsch. Wismar, Fak. f. Wirtschaftswiss., PF 1210, 23952 Wismar, T: (03841) 753533, a.vonschubert@wi.hs-wismar.de

**Schubert,** Bernd; Dr., Prof.; *Marketingmanagement, insbes. Produktpolitik und Vertrieb*; di: Hochsch. Harz, FB Wirtschaftswiss., Friedrichstr. 57-59, 38855 Wernigerode, T: (03943) 659204, F: 659109, bschubert@hs-harz.de

**Schubert,** Bernhard von; Dr., Prof.; *Medienwirtschaft u. Medienmanagement*; di: FH des Mittelstands, FB Medien, Ravensbergerstr. 10G, 33602 Bielefeld, vonschubert@fhm-mittelstand.de

**Schubert,** Elke; Dr., Prof.; *Sozialwesen*; di: FH Bielefeld, FB Sozialwesen, Kurt-Schumacher-Str. 6, 33615 Bielefeld, T: (0521) 1067866, elke.schubert@fh-bielefeld.de; pr: Voßstr. 11a, 30161 Hannover, T: (0511) 316301

**Schubert,** Franz; Dr.-Ing., Prof.; *Digitale Informationstechnik*; di: HAW Hamburg, Fak. Technik u. Informatik, Berliner Tor 7, 20099 Hamburg, T: (040) 428758331, franz.schubert@haw-hamburg.de

**Schubert,** Hans-Joachim; Dr. habil., Prof.; *Allgemeine Soziologie, Empirische Sozialforschung*; di: Hochsch. Niederrhein, FB Sozialwesen, Richard-Wagner-Str. 101, 41065 Mönchengladbach, T: (02161) 1865669; Univ., Wirtschafts- u. Sozialwiss. Fak., Abt. Allg. Soziologie, PF 900327, 14439 Potsdam, T: (0331) 9773381, hjschub@rz.uni-potsdam.de

**Schubert,** Herbert; Dr. phil., Dr. rer. hort. habil., Prof. FH Köln; *Soziologie, Sozialmanagement*; di: FH Köln, Fak. f. Angewandte Sozialwiss., Mainzer Str. 5, 50678 Köln, T: (0221) 82753358, herbert.schubert@fh-koeln.de; www.sw.fh-koeln.de/sp/; pr: Christian-Gau-Str. 56, 50933 Köln, T: (0171) 7477087, herb.schub@t-online.de

**Schubert,** Karsten; Dr.-Ing., Prof.; *Bauphysik, Baukonstruktion*; di: Hochsch. Karlsruhe, Fak. Architektur u. Bauwesen, Moltkestr. 30, 76133 Karlsruhe, PF 2440, 76012 Karlsruhe, T: (0721) 9252724

**Schubert,** Leo; Dr., Prof.; *Allgemeine BWL, Schwerpunkt Marketing*; di: Hochsch. Konstanz, Fak. Wirtschafts- u. Sozialwiss., Brauneggerstr. 55, 78462 Konstanz, PF 100543, 78405 Konstanz, T: (07531) 206429, F: 206427, schubert@fh-konstanz.de

**Schubert,** Martin; Dipl.-Ing., Prof.; *Massivbau, Technische Mechanik, Infrastrukturbau*; di: Hochsch. Biberach, SG Projektmanagement, PF 1260, 88382 Biberach / Riß, T: (07351) 582359, F: 582449, schubert@hochschule-bc.de

**Schubert,** Martin; Dr.-Ing., Prof.; *Schaltungsintegration, Rechnergestützter Schaltungsentwurf, Systemkonzepte*; di: Hochsch. Regensburg, Fak. Elektro- u. Informationstechnik, PF 120327, 93025 Regensburg, T: (0941) 9431107, martin.schubert@e-technik.fh-regensburg.de

**Schubert,** Matthias; Dr., Prof.; *Mathematik, Informatik*; di: FH Frankfurt, FB 2 Informatik u. Ingenieurwiss., Nibelungenplatz 1, 60318 Frankfurt am Main, T: (069) 15332293, matthiasschubert1@compuserve.com

**Schubert,** Reinhard; Prof.; *Religionspädagogik, Soziokultur*; di: Ev. H Ludwigsburg, FB Soziale Arbeit, Auf der Karlshöhe 2, 71638 Ludwigsburg, r,.schubert@eh-ludwigsburg.de

**Schubert,** Roland; Dr. rer. nat., Prof.; *Genetik, Zellbiologie, Immunologie*; di: Hochsch. Zittau / Görlitz, Fak. Mathematik / Naturwiss., Theodor-Körner-Allee 16, 02763 Zittau, T: (03583) 611717, rschubert@hs-zigr.de

**Schubert,** Rolf; Dipl.-Des., Prof.; *Illustration, Konzeption, Entwurf, Interaktive Medien, Computeranimation*; di: Hochsch. Rhein / Main, FB Design Informatik Medien, Unter den Eichen 5, 65195 Wiesbaden, T: (0611) 1880200, F: 1880220, rolf.schubert@hs-rm.de; pr: Antoniusstr. 12, 60439 Frankfurt a.M.

**Schubert,** Rüdiger; Dr.-Ing., Prof.; *Werkstofftechnik, Schweißtechnik*; di: Hochsch. Bremen, Fak. Natur u. Technik, Neustadtswall 30, 28199 Bremen, T: (0421) 59053517, F: 59053561, Ruediger.Schubert@hs-bremen.de

**Schubert,** Wilfried; Dr.-Ing., Prof.; *Softwaretechnik*; di: Hochsch. Mittweida, Fak. Mathematik / Naturwiss. / Informatik, Technikumplatz 17, 09648 Mittweida, T: (03727) 581303, F: 581303, wschub@htwm.de

**Schubert,** Wolfgang; Dr.-Ing., Prof.; *Biologische Aufarbeitungsverfahren, Physikalische Chemie*; di: Hochsch. Mannheim, Fak. Verfahrens- u. Chemietechnik, Windeckstr. 110, 68163 Mannheim

**Schuch,** Elke; Dr. phil., Prof.; *Interkulturelle Kommunikation, Translation*; di: FH Köln, Fak. f. Informations- u. Kommunikationswiss., Claudiusstr. 1, 50678 Köln, T: (0221) 82753302, elke.schuch@fh-koeln.de; pr: Rotkäppchenweg 8, 50259 Pulheim, T: (02238) 838823

**Schuch,** Paul-Gerhard; Dr.-Ing., Prof.; *Physikal. Chemie, Thermische Verfahrenstechnik, Rauchgasreinigung*; di: FH Bingen, FB Life Sciences and Engineering, FR Verfahrenstechnik, Berlinstr. 109, 55411 Bingen, T: (06721) 409341, F: 409112, schuch@fh-bingen.de

**Schuchard,** Klaus; Dr.-Ing., Prof., Dekan; *Technische Mechanik, Konstruktionslehre*; di: Techn. Hochsch. Mittelhessen, FB 14 Wirtschaftsingenieurwesen, Wilhelm-Leuschner-Str. 13, 61169 Friedberg, T: (06031) 604558

**Schuchardt,** Christian A.; Dr. rer. oec., Prof.; *Betriebswirtschaftslehre, Marketing*; di: Hochsch. Bremen, Fak. Wirtschaftswiss., Werderstr. 73, 28199 Bremen, T: (0421) 59054194, Christian.Schuchardt@hs-bremen.de; pr: Am Weserhang 58, 28832 Achim, T: (04202) 979433, F: 979435

**Schuchardt,** Dietmar; Dr. rer. nat., Prof.; *Mathematik*; di: Dt. Telekom Hochsch. f. Telekommunikation, PF 71, 04251 Leipzig, T: (0341) 3062222, F: 3015069, schuchardt@hft-leipzig.de

**Schuchardt,** Michael; Dipl.-Ing., Prof.; *Bauphysik, Baukonstruktion*; di: H Koblenz, FB Bauwesen, Konrad-Zuse-Str. 1, 56075 Koblenz, T: (0261) 9528123, F: 9528199, schuchardt@fh-koblenz.de

**Schuchert-Güler,** Pakize; Dipl.-Kff., Dr., Prof.; di: Hochsch. f. Wirtschaft u. Recht Berlin, FB 1, Badensche Str. 50-51, 10825 Berlin, T: (030) 85789441, psg@fthw-berlin.de

**Schuck,** Peter; Dipl.-Ing., Prof.; *Gestaltungsgrundlagen, Display, Design-Theorie*; di: Hochsch. München, Fak. Design, Erzgießereistr. 14, 80335 München, T: (089) 12652457, schuck@fhm.edu

**Schuckel,** Marcus; Dr. rer. pol., Prof., Vizepräs. f. Forschung u. Lehre; *Handelsmanagement*; di: Europäische FH Brühl, Kaiserstr. 6, 50321 Brühl, T: (02232) 5673530, m.schuckel@eufh.de

**Schuderer,** Peter; Dr. rer. pol., Prof.; *Wirtschaftsinformatik mit dem Schwerpunkt E-Business, Logistik*; di: HAW Ingolstadt, Fak. Wirtschaftswiss., Esplanade 10, 85049 Ingolstadt, T: (0841) 9348329, peter.schuderer@haw-ingolstadt.de

**Schüffler,** Karlheinz; Dr. rer. nat. habil., Prof.; *Mathematik (Minimalflächentheorie), Wirtschaftsmathematik*; di: Hochsch. Niederrhein, FB Maschinenbau u. Verfahrenstechnik, Reinarzstr. 49, 47805 Krefeld, T: (02151) 8225059, karlheinz.schueffler@hs-niederrhein.de; pr: Obergath 168, 47805 Krefeld, T: (02151) 310510, F: 310960

**Schüle,** Helmut; Dr.-Ing., Prof.; *Kunststoffverarbeitung, Kunststoffverarbeitungsmaschinen, Maschinenelemente, Fertigungstechnik*; di: FH Kaiserslautern, FB Angew. Logistik u. Polymerwiss., Carl-Schurz-Str. 1-9, 66953 Pirmasens, T: (06331) 248326, F: 248344, helmut.schuele@fh-kl.de

**Schüle,** Hubert; Dr., Prof.; *Wirtschaftsinformatik, E-Business*; di: Private FH Göttingen, Weender Landstr. 3-7, 37073 Göttingen, T: (0551) 547000, schuele@pfh.de

**Schüle,** Jürgen; Dr.-Ing., Prof.; *Programmierung eingebetteter Systeme, Eigensichere Systeme*; di: Hochsch. Aalen, Fak. Elektronik u. Informatik, Beethovenstr. 1, 73430 Aalen, T: (07361) 5764202, juergen.schuele@htw-aalen.de

**Schüle,** Ulrich; Dr. rer. pol., Prof.; *Volkswirtschaft, International Business*; di: FH Mainz, FB Wirtschaft, Lucy-Hillebrand-Str. 2, 55128 Mainz, T: (06131) 6283253, ulrich.schuele@fh-mainz.de

**Schüler,** Detlef; Dr.-Ing., Prof.; *Elektrische Maschinen, Elektrische Antriebe*; di: Hochsch. Landshut, Fak. Elektrotechnik u. Wirtschaftsingenieurwesen, Am Lurzenhof 1, 84036 Landshut, slr@fh-landshut.de

**Schüller,** Michael; Dr. rer. pol., Prof.; *Management, Supply Chain Management*; di: Hochsch. Osnabrück, Fak. Wirtschafts- u. Sozialwiss., Caprivistr. 30a, 49076 Osnabrück, T: (0541) 9692119, schueller@wi.hs-osnabrueck.de

**Schümann,** Ulf; Dr.-Ing., Prof.; *Leistungselektronik, Elektrische Antriebstechnik*; di: FH Kiel, FB Informatik u. Elektrotechnik, Grenzstr. 5, 24149 Kiel, T: (0431) 2104196, F: 21064195, ulf.schuemann@fh-kiel.de

**Schümchen,** Andreas; M.A., Prof.; *Journalistik, insbes. Print*; di: Hochsch. Bonn-Rhein-Sieg, FB Elektrotechnik, Maschinenbau u. Technikjournalismus, Grantham-Allee 20, 53757 Sankt Augustin, 53754 Sankt Augustin, T: (02241) 865315, F: 8658315, andreas.schuemchen@fh-bonn-rhein-sieg.de

**Schünemann,** Gerhard; Dr. sc. oec., Prof.; *Betriebswirtschaftslehre, insb. Rechnungswesen und Controlling*; di: FH Stralsund, FB Maschinenbau, Zur Schwedenschanze 15, 18435 Stralsund, T: (03831) 456554

**Schüner,** Leonore; Prof.; *Erbrecht, Handels-, Gesellschafts-, Registerverfahrensrecht, Sachen-, Grundbuchverfahrensrecht, Einführung in die Rechtswissenschaft*; di: Norddeutsche Hochsch. f. Rechtspflege, Fak. Rechtspflege, Godehardsplatz 6, 31134 Hildesheim, T: (05121) 1791029, leonore.schuener@justiz.niedersachsen.de

**Schüpp,** Dieter; Dr. phil., Prof.; *Theorie der Jugend- und Erwachsenenbildung, Freizeitpädagogik*; di: Hochsch. Niederrhein, FB Sozialwesen, Richard-Wagner-Str. 101, 41065 Mönchengladbach, T: (02161) 1865645, dieter.schuepp@hs-niederrhein.de

**Schürgers,** Georg; Dr., Prof.; *Psychologie*; di: HAW Hamburg, Fak. Wirtschaft u. Soziales, Alexanderstr. 1, 20099 Hamburg, T: (040) 428757034, georg.schuergers@haw-hamburg.de; pr: T: (040) 8226074, F: 8226074, georg@schuergers.de

**Schürholz,** Andreas; Dr., Prof.; *Produktion und Logistik*; di: Hochsch. Rhein-Waal, Fak. Kommunikation u. Umwelt, Südstraße 8, 47475 Kamp-Lintfort, T: (02842) 90825278, andreas.schuerholz@hochschule-rhein-waal.de

**Schüring,** Ingo; Dipl.-Ing., Prof.; *Elektrische Maschinen*; di: Beuth Hochsch. f. Technik, FB VII Elektrotechnik – Mechatronik – Optometrie, Luxemburger Str. 10, 13353 Berlin, T: (030) 45045466, schuering@beuth-hochschule.de; http://prof.beuth-hochschule.de/schuering

**Schürings,** Franz-Josef; Dipl.-Ing. Dipl.-Wirtsch.-Ing., Dr. rer. pol., Prof.; *Betriebswirtschaftslehre, Außenhandel*; di: Hochsch. Niederrhein, FB Wirtschaftswiss., Webschulstr. 41-43, 41065 Mönchengladbach, T: (02161) 1866325; pr: Winkeln 2, 41068 Mönchengladbach, T: (02161) 532550

**Schürmann,** Erich; Dr.-Ing., Prof.; *Konstruktionslehre*; di: FH Südwestfalen, FB Maschinenbau u. Automatisierungstechnik, Lübecker Ring 2, 59494 Soest, T: (02921) 378331, dr.schuermann@t-online.de

**Schürmann,** Felix; Dipl.-Ing., Prof.; *Gebäudelehre*; di: Hochsch. Biberach, SG Architektur, PF 1260, 88382 Biberach/Riß, T: (07351) 582211, F: 582119, schuermann@hochschule-bc.de

**Schürmann,** Wilhelm; Prof.; *Fotografie, insbes. Freie Fotografie*; di: FH Aachen, FB Design, Boxgraben 100, 52064 Aachen, T: (0241) 600951524, schuermann@fh-aachen.de; pr: Haus-Heyden-Str. 195, 52134 Herzogenrath, T: (02407) 6117

**Schüssele,** Lothar; Dr.-Ing., Prof.; *HF-Technik, Elektromagnetische Verträglichkeit (EMV)*; di: Hochsch. Offenburg, Fak. Elektrotechnik u. Informationstechnik, Badstr. 24, 77652 Offenburg, T: (0781) 205296, F: 205214

**Schüssler,** Frank; Dr.-Ing., Prof.; *Wirtschaftsgeographie, Geographische Entwicklungsforschung*; di: Jade Hochsch., FB Bauwesen u. Geoinformation, Ofener Str. 16-19, 26121 Oldenburg, frank.schuessler@jade-hs.de

**Schüßler,** Marion; Dipl.-Päd., Dr. phil., Prof.; *Pflegemanagement*; di: Ev. Hochsch. Nürnberg, Fak. f. Gesundheit u. Pflege, Bärenschanzstr. 4, 90429 Nürnberg, T: (0911) 27253848, marion.schuessler@evhn.de

**Schüßler,** Thomas; Dr. rer. pol., Prof., Dekan FB Wirtschaftsingenieurwesen; *Allgemeine Betriebswirtschaftslehre, Betriebliches Rechnungswesen, Organisation und Führung*; di: Hochsch. Mannheim, Fak. Wirtschaftsingenieurwesen, Windeckstr. 110, 68163 Mannheim, T: (0621) 2926384

**Schüßler,** Wolfram H.; Dr.-Ing., Prof.; *Logistik, Produktionswirtschaft, Betriebswirtschaftslehre*; di: FH f. Wirtschaft u. Technik, Studienbereich Ingenieurwesen, Schlesierstr. 13a, 49356 Diepholz, T: (05441) 992116, F: 992109, schuessler@fhwt.de

**Schütt,** Henrik; Dr., Prof.; *BWL, IT*; di: Hochsch. f. Wirtschaft u. Recht Berlin, Neue Bahnhofstr. 11-17, 10245 Berlin, T: (030) 29384420, henrik.schuett@hwr-berlin.de

**Schütt,** Ingo; Dr., Prof.; *Mathematik, Digitale Signalverarbeitung*; di: Hochsch. Harz, FB Automatisierung u. Informatik, Friedrichstr. 54, 38855 Wernigerode, T: (03943) 659311, F: 659109, ischuett@hs-harz.de

**Schütt,** Jürgen; Dr., Prof.; *Produktionswirtschaft/Logistik*; di: Hochsch. Harz, FB Wirtschaftswiss., Friedrichstr. 57-59, 38855 Wernigerode, T: (03943) 659253, F: 659109, jschuett@hs-harz.de

**Schütt,** Klaus-Peter; Dr., Prof.; *Internationales Management, Automotive, Marketing*; di: FH d. Wirtschaft, Hauptstr. 2, 51465 Bergisch Gladbach, T: (02202) 9527365, F: 9527200, klaus-peter.schuett@fhdw.de

**Schütt,** Peter; Dr. phil., Prof.; *Erziehungswissenschaften, Sozialarbeit*; di: Hochsch. Mittweida, Fak. Soziale Arbeit, Döbelner Str. 58, 04741 Roßwein, T: (034322) 48661, F: 48653, schuett@htwm.de

**Schütt,** Reiner; Dr.-Ing., Prof.; *Steuerungen, Elektrische Antriebe*; di: FH Westküste, FB Technik, Fritz-Thiedemann-Ring 20, 25746 Heide, T: (0481) 8555350, F: 8555301, schuett@fh-westkueste.de; pr: Landweg 1, 25746 Heide

**Schütte,** Alois; Dr. rer. nat., Prof.; *Betriebssysteme, Verteilte Systeme*; di: Hochsch. Darmstadt, FB Informatik, Haardtring 100, 64295 Darmstadt, T: (06151) 168435, a.schuette@fbi.h-da.de; pr: T: (0177) 7919531

**Schütte,** Burkhard; Dr. jur., Prof.; *Wirtschaftsrecht, öffentliches Recht*; di: FH Bielefeld, FB Wirtschaft, Universitätsstr. 25, 33615 Bielefeld, T: (0521) 1063752, burkhard.schuette@fh-bielefeld.de

**Schütte,** Dagmar; Dr., Prof.; *Kommunikationswissenschaften*; di: Hochsch. Osnabrück, Fak. MKT, Inst. f. Kommunikationsmanagement, Kaiserstraße 10c, 49809 Lingen, T: (0591) 80098458, d.schuette@hs-osnabrueck.de

**Schütte,** Hans-Dieter; Dr.-Ing., Prof.; *Nachrichtentechnik, Rechnernetze*; di: FH Westküste, FB Technik, Fritz-Thiedemann-Ring 20, 25746 Heide, T: (0481) 8555335, schuette@fh-westkueste.de; pr: Forstweg 100 d, 25746 Heide

**Schütte,** Horst; Dipl.-Ing., Prof.; *Biotechnologie, Schwerpunkte Fermentationstechnik, Aufarbeitungstechnik*; di: Beuth Hochsch. f. Technik, FB V Life Science and Technology, Luxemburger Str. 10, 13353 Berlin, T: (030) 45043955, schuette@beuth-hochschule.de

**Schütte,** Jens; Dr., Prof.; *Finanz- und Rechnungswesen*; di: DHBW Mosbach, Campus Bad Mergentheim, Schloss 2, 97980 Bad Mergentheim, T: (07931) 530623, F: 530604, schuette@dhbw-mosbach.de

**Schütte,** Marc; Dr., Prof.; *Arbeits- und Organisationspsychologie*; di: HAW Hamburg, Fak. Life Sciences, Lohbrügger Kirchstr. 65, 21033 Hamburg, T: (040) 428756250, marc.schuette@haw-hamburg.de

**Schütte,** Wolfgang; Dr.-Ing., Prof.; *Konstruktives Gestalten*; di: FH Südwestfalen, FB Maschinenbau, Frauenstuhlweg 31, 58644 Iserlohn, T: (02371) 566141, F: 566358, schuette@fh-swf.de

**Schütte,** Wolfgang; Dr., Prof.; *Rechtswissenschaft/Sozialrecht*; di: HAW Hamburg, Fak. Wirtschaft u. Soziales, Alexanderstr. 1, 20099 Hamburg, T: (040) 428757123, wolfgang.schuette@haw-hamburg.de

**Schütter,** Silke; Dr. phil., Prof.; *Sozialpolitik*; di: Hochsch. Niederrhein, FB Sozialwesen, Webschulstr. 20, 41065 Mönchengladbach, T: (02161) 1865640, silke.schuetter@hs-niederrhein.de

**Schüttners,** Joachim; Dr., Prof.; *Wirtschaftsrecht, Insolvenz u. Sanierungsmanagement*; di: Int. School of Management, Otto-Hahn-Str. 19, 44227 Dortmund

**Schütz,** Dieter C.; Dr., Prof.; di: IB-Hochsch. Berlin, Fak. f. Kulturwiss., Turiner Str. 21, 50668 Köln

**Schütz,** Michael; Dr.-Ing., Prof.; *Tragwerkslehre und Ingenieurhochbau*; di: FH Köln, Fak. f. Architektur, Betzdorfer Str. 2, 50679 Köln, michael.schuetz@fh-koeln.de; pr: Steinbuschweg 26, 53913 Swisttal-Heimerzheim

**Schütz,** Peter; Dr. rer. oec., Prof.; *Allgemeine Betriebswirtschaftslehre, Marketing*; di: Hochsch. Hannover, Fak. IV Wirtschaft u. Informatik, Abt. BWL, Ricklinger Stadtweg 120, 30459 Hannover, PF 920261, 30441 Hannover, T: (0511) 92961568, F: 92961510, peter.schuetz@hs-hannover.de; FH Hildesheim/Holzminden/Göttingen, Fakultät Wirtschaft, Goschentor 1, 31134 Hildesheim, T: (05121) 881521, peter.schuetz@fbw.fh-hildesheim.de

**Schütz,** Ulrich; Dr.-Ing., Prof.; *Baubetrieb, Baumanagement, AVA, Gebäudetechnik*; di: Hochsch. Rhein/Main, FB Architektur u. Bauingenieurwesen, Kurt-Schumacher-Ring 18, 65197 Wiesbaden, T: (0611) 9495410, ulrich.schuetz@hs-rm.de; pr: Leibnitzstr. 23, 70193 Stuttgart, T: (0711) 630762

**Schütz,** Wilfried; Dr.-Ing., Prof.; *Thermische u. chemische Verfahrenstechnik, Umwelttechnik*; di: Hochsch. Bremerhaven, An der Karlstadt 8, 27568 Bremerhaven, T: (0471) 4823258, F: 4823218, wschuetz@hs-bremerhaven.de; pr: Am Eichhof 13, 27711 Osterholz-Scharmbeck, T: (04791) 59063

**Schütz,** Winfried; Dr.-Ing., Prof.; *Klimatechnik*; di: Hochsch. Lausitz, FB Architektur, Bauingenieurwesen, Versorgungstechnik, Lipezker Str. 47, 03048 Cottbus-Sachsendorf, T: (0355)5818813, F: 5818609, wschutz@ve.fh-lausitz.de

**Schütze,** Bettina; Dr.-Ing., Prof.; *Verkehrsbau und Vermessungswesen*; di: Hochsch. Zittau/Görlitz, Fak. Bauwesen, Schliebenstr. 21, 02763 Zittau, PF 1455, 02754 Zittau, T: (03583) 611658, b.schuetze@hs-zigr.de

**Schütze,** Juliane; Dr. rer. nat., Prof.; *Computerbasierte Mathematik*; di: FH Jena, FB Grundlagenwiss., Carl-Zeiss-Promenade 2, 07745 Jena, PF 100314, 07703 Jena, T: (03641) 205500, F: 205501, gw@fh-jena.de

**Schugk,** Michael; Dr. rer. soc. oec., Prof.; *Marketing u. Vertrieb*; di: Hochsch. Ansbach, FB Wirtschafts- u. Allgemeinwiss., Residenzstr. 8, 91522 Ansbach, PF 1963, 91510 Ansbach, T: (0981) 4877372, F: 4877202, michael.schugk@fh-ansbach.de; pr: Bochumer Str. 48, 44623 Herne, T: (02323) 987317

**Schugmann,** Reinhard; Dr.-Ing., Prof.; *Logistik, Informationssysteme, Betriebsführung*; di: Hochsch. Rosenheim, Fak. Wirtschaftsingenieurwesen, Hochschulstr. 1, 83024 Rosenheim, T: (08031) 805617, F: 805702, schugmann@fh-rosenheim.de

**Schugt,** Michael; Dr.-Ing., Prof.; *IT-Automotive*; di: Hochsch. Bochum, FB Elektrotechnik u. Informatik, Lennershofstr. 140, 44801 Bochum, T: (0234) 3210359, michael.schugt@hs-bochum.de; pr: Bochumer Str. 48, 44623 Herne, T: (02323) 987317

**Schuhbauer,** Heidi; Dr., Prof.; *Wirtschaftsinformatik*; di: Georg-Simon-Ohm-Hochsch. Nürnberg, Fak. Informatik, Keßlerplatz 12, 90489 Nürnberg

**Schuhmacher,** Elmar; Dr., Prof.; di: Rheinische FH Köln, Hohenstaufenring 16-18, 50674 Köln; pr: In der Aue 4, 50999 Köln, T: (0221) 70170, schuhmacher@web.de

**Schuhmacher,** Silvia; Dr., Prof.; *Zerstörungsfreie Bauteilprüfung, Messtechnik, Schadenskunde, Physik*; di: Hochsch. Aalen, Fak. Maschinenbau u. Werkstofftechnik, Beethovenstr. 1, 73430 Aalen, T: (07361) 5762438, F: 5762317, silvia.schuhmacher@htw-aalen.de

**Schuhmann,** Ralph; Dr. jur., Prof.; *Wirtschaftsrecht, insb. internationales Vertragsrecht, Arbeits-, Umwelt- und Schutzrecht*; di: FH Jena, FB Wirtschaftsingenieurwesen, Carl-Zeiss-Promenade 2, 07745 Jena, PF 100314, 07703 Jena, T: (03641) 930440, F: 930441, wi@fh-jena.de

**Schuhr,** Peter; Dr., Prof.; *Ingenieurvermessung, Vermessungskunde, Programmieren*; di: FH Frankfurt, FB 1 Architektur, Bauingenieurwesen, Geomatik, Nibelungenplatz 1, 60318 Frankfurt am Main, T: (069) 15332356, schuhr@fb1.fh-frankfurt.de

**Schuhr,** Walter; Dr.-Ing., Prof.; *Vermessungswesen/Photogrammetrie*; di: Hochsch. Magdeburg-Stendal, FB Bauwesen, Breitscheidstr. 2, 39114 Magdeburg, T: (0391) 8864159, walter.schuhr@hs-Magdeburg.DE

**Schuhrke,** Bettina; Dipl.-Psych., Dr. phil., Prof., Vizepräs.; *Psychologie*; di: Ev. Hochsch. Darmstadt, Zweifalltorweg 12, 64293 Darmstadt, T: (06151) 879848, schuhrke@eh-darmstadt.de

**Schul,** Claus; Dr.-Ing., Prof.; *Konstruktion, CAD, Mechanik, Konstruktionsmanagement*; di: Hochsch. Rhein/Main, FB Ingenieurwiss., Maschinenbau, Am Brückweg 26, 65428 Rüsselsheim, T: (06142) 8984305, claus.schul@hs-rm.de

**Schuldei,** Sigrid; Dr.-Ing., Prof.; *Energie- u. Verfahrenstechnik*; di: FH Lübeck, FB Angew. Naturwiss., Mönkhofer Weg 239, 23562 Lübeck, T: (0451) 3005618, sigrid.schuldei@fh-luebeck.de

**Schuldt,** Anke; Dr. sc. agr., Prof.; *Tierernährung, Futtermittelkunde*; di: Hochsch. Neubrandenburg, FB Agrarwirtschaft u. Lebensmittelwiss., Brodaer Str. 2, 17033 Neubrandenburg, PF 110121, 17041 Neubrandenburg, T: (0395) 56932108, schuldt@hs-nb.de

**Schuler,** Dietrich; Dipl.-Kfm., Dr. rer. pol., Prof.; *Betriebswirtschaftliches Prüfungs- u. Steuerwesen, Steuerrecht*; di: Hochsch. Bremen, Fak. Wirtschaftswiss., Werderstr. 73, 28199 Bremen, dietrich.schuler@schuler-hain.de; pr: Feldhäuser Str. 99, 28865 Lilienthal, T: (04298) 915027, F: 59054192

**Schuler,** Joachim; Dr., Prof.; *Betriebswirtschaft/Wirtschaftsinformatik*; di: Hochsch. Pforzheim, Fak. f. Wirtschaft u. Recht, Tiefenbronner Str. 65, 75175 Pforzheim, T: (07231) 286422, F: 287422, joachim.schuler@hs-pforzheim.de

**Schuler,** Michael; Dr., Prof.; *BWL, Handel*; di: DHBW Stuttgart, Fak. Wirtschaft, BWL-Handel, Theodor-Heuss-Straße 2, 70174 Stuttgart, T: (0711) 1849828, schuler@dhbw-stuttgart.de

**Schuler,** Ulrike; Dr. phil., Prof.; *Kirchengeschichte, Methodismus und Ökumenik*; di: Theologische Hochsch., Friedrich-Ebert-Str. 31, 72762 Reutlingen, ulrike.schuler@emk.de

**Schulisch-Höhle,** Olga; Dr. phil., Prof.; *Kommunikationstheorie, Visuelle Kommunikation*; di: Hochsch. Rhein/Main, FB Design Informatik Medien, Unter den Eichen 5, 65195 Wiesbaden, T: (0611) 94952217, olga.schulisch-hoehle@hs-rm.de; pr: Seerobenstr. 31, 65195 Wiesbaden, T: (0611) 451396

**Schulke,** Hans-Jürgen; Dr., Prof.; *Sport- und Eventmanagement*; di: Macromedia Hochsch. f. Medien u. Kommunikation, Paul-Dessau-Str. 6, 22761 Hamburg

**Schuller,** Susanne; Dipl.-Kffr., Dr., Prof.; *Produktionswirtschaft und Logistik*; di: FH f. angewandtes Management, Am Bahnhof 2, 85435 Erding, T: (08122) 9559480, susanne.schuller@myfham.de

**Schult,** Thomas J.; Dr., Prof.; *Neue Medien, Angewandte Informatik (Verteilte Systeme)*; di: Hochsch. Hannover, Fak. III Medien, Information u. Design, Expo Plaza 12, 30539 Hannover, PF 920261, 30441 Hannover, T: (0511) 92962658, thomas.schult@hs-hannover.de; pr: www.schult.de/

**Schulte,** Armin; Dipl.-Psych., Prof.; *Wirtschaftspsychologie*; di: Business School (FH), Große Weinmeisterstr. 43 a, 14469 Potsdam, T: (0331) 97910240, Armin.Schulte@businessschool-potsdam.de

**Schulte,** Claudia; Dr.-Ing., Prof.; *Baukonstruktion, Technisches Darstellen*; di: Hochsch. Neubrandenburg, FB Landschaftsarchitektur, Geoinformatik, Geodäsie u. Bauingenieurwesen, Brodaer Str. 2, 17033 Neubrandenburg, PF 110121, 17041 Neubrandenburg, T: (0395) 56934510, schulte@hs-nb.de

**Schulte,** Georg; Dr. rer. nat., Prof., Dekan FB Elektrotechnik und Informatik; *Grundlagen der Elektrotechnik, Optische Nachrichtentechnik*; di: Hochsch. Niederrhein, FB Elektrotechnik/Informatik, Reinarzstr. 49, 47805 Krefeld, T: (02151) 8224610, georg.schulte@hs-niederrhein.de; pr: Marienburgstr. 7, 47906 Kempen, T: (02152) 148307

**Schulte,** Gerd; Dipl.-Kfm., Dipl.-Volkswirt, Dr. rer. pol., Prof.; *Controlling, Finanzmanagement, Investition*; di: Hochsch. Emden/Leer, FB Wirtschaft, Constantiaplatz 4, 26723 Emden, T: (04921) 8071211, F: 8071228, gerd.schulte@hs-emden-leer.de; pr: Waldluststr. 1, 26871 Papenburg, T: (04961) 916120, F: 916112

**Schulte,** Hermann; Dr.-Ing., Prof.; *Bauinformatik-Stahlbau (Anwendungen), Grundlagen des Bauingenieurwesens*; di: Hochsch. München, Fak. Bauingenieurwesen, Karlstr. 6, 80333 München, T: (089) 12652688, F: 12652699, schulte@bau.fhm.edu

**Schulte,** Joachim; Dr.-Ing., Prof.; *Management von Logistiksystemen, insb. Beschaffungs- u. Distributionslogistik*; di: Westfäl. Hochsch., FB Wirtschaftsingenieurwesen, August-Schmidt-Ring 10, 45665 Recklinghausen, T: (02361) 915538, F: 915571, joachim.schulte@fh-gelsenkirchen.de

**Schulte,** Klaus; Dr., Prof.; *Betriebswirtschaftslehre, insbes. Controlling*; di: FH Münster, FB Wirtschaft, Correnssstr. 25, 48149 Münster, T: (0251) 8365621, F: 8365502, Klaus.Schulte@fh-muenster.de

**Schulte OFMCap,** Ludger Ägidius; Dr. theol., Prof. Phil.-Theol. H Münster; *Philosophie*; di: Kapuzinerkloster, Kapuzinerstr. 27-29, 48149 Münster, T: (0251) 92760; Philosophisch-Theologische Hochschule, Hörsterplatz 4, 48147 Münster

**Schulte,** Renate; Dr. jur., Prof.; *Recht, Sozialpolitik*; di: Kath. Stiftungsfachhochsch. München, Preysingstr. 83, 81667 München, renate.schulte@ksfh.de

**Schulte,** Stefan; Dr. rer. nat., Prof.; *Mathematik, Finite Elemente, Technische Mechanik, Festigkeitslehre*; di: Hochsch. Deggendorf, FB Maschinenbau, Edlmairstr. 6-8, 94469 Deggendorf, PF 1320, 94453 Deggendorf, T: (0991) 3615320, F: 361581320, stefan.schulte@fh-deggendorf.de

**Schulte-Bisping,** Eiris; Dr.-Ing., Prof.; *Finite Elemente Methode, Technische Mechanik*; di: HAW Hamburg, Fak. Technik u. Informatik, Berliner Tor 9, 20099 Hamburg, T: (040) 428757910, eiris.schulte-bisping@haw-hamburg.de

**Schulte-Bunert,** Kai; Dr. jur., Prof.; di: FH f. Rechtspflege NRW, FB Rechtspflege, Schleidtalstr 3, 53902 Bad Münstereifel, PF, 53895 Bad Münstereifel

**Schulte-Cloos,** Christian; Dr., Prof.; *Psychologie, insbesondere psychosoz. Beratung und Gesundheitsförderung*; di: Hochsch. Fulda, FB Sozialwesen, Marquardstr. 35, 36039 Fulda, T: (0661) 9640216; pr: Bahnhofstr. 35, 83627 Warngau, T: (08021) 8588

**Schulte Herbrüggen,** Helmut; Dr. rer. pol., Prof.; *Logistik, insbes. Produktion*; di: FH Köln, Fak. f. Fahrzeugsysteme u. Produktion, Betzdorfer Str. 2, 50679 Köln, T: (0221) 82752559, F: 82752322, helmut.schulte-herbrueggen@fh-koeln.de; pr: Neffstr. 17, 66123 Saarbrücken, T: (0681) 9387048

**Schulte-Mattler,** Hermann; Dr., Prof.; *Betriebswirtschaftslehre, insbes. Finanzwirtschaft*; di: FH Dortmund, FB Wirtschaft, Emil-Figge-Str. 44, 44227 Dortmund, T: (0231) 7554955, F: 7554957, Hermann.Schulte-Mattler@fh-dortmund.de

**Schulte-Meßtorff,** Claudia; Dr. med., Prof.; *Arbeits- und Organisationspsychologie*; di: MSH Medical School Hamburg, Am Kaiserkai 1, 20457 Hamburg, T: (040) 36122640, Claudia.Schulte-Messtorff@medicalschool-hamburg.de

**Schulte-Zurhausen,** Manfred; Dr.-Ing., Prof.; *Betriebswirtschaftslehre, insbes. Organisation und Projektmanagement*; di: FH Aachen, FB Wirtschaftswissenschaften, Eupener Str. 70, 52066 Aachen, T: (0241) 60091936, schulte-zurhausen@fh-aachen.de; pr: Erlenweg 11, 52074 Aachen, T: (0241) 82843

**Schulten,** Martin; Dr., Prof.; *Informatik, Netzwerktechnik*; di: Westfäl. Hochsch., FB Wirtschaft u. Informationstechnik, Münsterstr. 265, 46397 Bocholt, T: (02871) 2155822, martin.schulten@fh-gelsenkirchen.de

**Schulter,** Wolfgang; Dr.-Ing., Prof.; *Betriebssysteme, Mathematik, Elektronik*; di: Hochsch. Ravensburg-Weingarten, Doggenriedstr., 88250 Weingarten, PF 1261, 88241 Weingarten, wolfgang.schulter@hs-weingarten.de

**Schultes,** Günter; Dipl.-Phys., Dr. rer. nat., Prof.; *Informatik*; di: HTW d. Saarlandes, Fak. f. Ingenieurwiss., Goebenstr. 40, 66117 Saarbrücken, T: (0681) 5867274, schultes@htw-saarland.de; pr: Kohlweg 36, 66123 Saarbrücken, T: (0681) 9386006

**Schultes,** Norbert; Dr. rer. nat., Prof.; *Prozessdatenverarbeitung, Softwaresysteme, Mikrocomputer*; di: H Koblenz, FB Ingenieurwesen, Konrad-Zuse-Str. 1, 56075 Koblenz, T: (0261) 9528342, schultes@fh-koblenz.de

**Schultheis,** Rüdiger; Dr.-Ing., Prof.; *Grundlagen d. Elektrotechnik, Hochfrequenztechnik, Kommunikationstechnik*; di: FH Bielefeld, FB Ingenieurwiss. u. Mathematik, Wilhelm-Bertelsmann-Str. 10, 33602 Bielefeld, T: (0521) 1067287, ruediger.schultheis@fh-bielefeld.de

**Schultheiß,** Rainer; Dr., HonProf.; di: Hochsch. f. Technik, Fak. Bauingenieurwesen, Bauphysik u. Wirtschaft, Schellingstr. 24, 70174 Stuttgart, PF 101452, 70013 Stuttgart

**Schultheiß,** Ulrich; Dr.-Ing., Prof.; *Signalverarbeitung*; di: Hochsch. Darmstadt, FB Elektrotechnik u. Informationstechnik, Haardtring 100, 64295 Darmstadt, T: (06151) 168311, schultheiss@eit.h-da.de

**Schultz,** Alfred; Dr., Prof.; *Informationstechnologien im Umweltbereich*; di: Hochsch. f. nachhaltige Entwicklung, FB Wald u. Umwelt, Alfred-Möller-Str. 1, 16225 Eberswalde, T: (03334) 657176, F: 657162, Alfred.Schultz@hnee.de

**Schultz,** Guntram; Dipl.-Ing., Prof., Dekan FB Elektro- u. Informationstechnik; *Energiesysteme, elektrische u. magnetische Felder*; di: Hochsch. Karlsruhe, Fak. Elektro- u. Informationstechnik, Moltkestr. 30, 76133 Karlsruhe, PF 2440, 76012 Karlsruhe, T: (0721) 9251460, schultz@hs-karlsruhe.de

**Schultz,** Hans Reiner; Dr. agr., Prof., Präs. H Geisenheim; *Weinbau*; di: Hochsch. Geisenheim, Von-Lade-Str. 1, 65366 Geisenheim, T: (06722) 502201, F: 502212, Hans-Reiner.Schultz@hs-gm.de; pr: Mühlfeldstr. 5, 65366 Geisenheim, T: (06722) 75497

**Schultz,** Heyko Jürgen; Dr. rer. nat., Prof.; *Anorganische Chemie*; di: Hochsch. Niederrhein, FB Chemie, Frankenring 20, 47798 Krefeld, T: (02151) 8224106, heyko_juergen.schultz@hs-niederrhein.de

**Schultz,** Jörg; Dr.-Ing., Prof.; *Wirtschaftsinformatik, Betriebswirtschaftslehre, Informatik*; di: FH Bingen, FB Technik, Informatik, Wirtschaft, Berlinstr. 109, 55411 Bingen, T: (06721) 409428, F: 409158, schultz@fh-bingen.de

**Schultz,** Jörg-Dieter; Prof.; *Waldarbeit, Planung und Organisation*; di: Hochsch. f. Forstwirtschaft Rottenburg, Schadenweilerhof, 72108 Rottenburg, T: (07472) 951234, F: 951200, Schultz@fh-rottenburg.de

**Schultz,** Kerstin; Dipl.-Ing., Prof.; *Ausbautechnologien, Trockenbaukonstruktionen, Innenarchitektur*; di: Hochsch. Darmstadt, FB Architektur, Haardtring 100, 64295 Darmstadt

**Schultz-Fölsing,** Reinhild; Dipl.-Ing., Prof.; *Tragwerkslehre*; di: FH Dortmund, FB Architektur, PF 105018, 44047 Dortmund, T: (0231) 7554400, F: 7554466, reinhild.schultz-foelsing@fh-dortmund.de

**Schultz-Granberg,** Joachim; Dipl.-Ing., Prof.; *Städtebau*; di: FH Münster, FB Architektur, Leonardo-Campus 5, 48155 Münster, T: (0251) 8365098, teamstaedtebau@fh-muenster.de

**Schultz-Spathelf,** Johannes; Dr., Prof.; *BWL/Rechnungswesen*; di: FH Frankfurt, FB 3 Wirtschaft u. Recht, Nibelungenplatz 1, 60318 Frankfurt am Main, T: (069) 15332919

**Schultz-Sternberg,** Rüdiger; Dr., Prof.; *Bodenschutz*; di: Hochsch. f. nachhaltige Entwicklung, FB Landschaftsnutzung u. Naturschutz, Friedrich-Ebert-Str. 28, 16225 Eberswalde, T: (03334) 657338, F: 657282, Ruediger.Schultz-Sternberg@hnee.de

**Schulz,** André; Dr. phil., Prof.; *Freizeitforschung, Gesundheitstourismus*; di: FH Westküste, FB Wirtschaft, Fritz-Thiedemann-Ring 20, 25746 Heide, T: (0481) 8555563, schulz@fh-westkueste.de

**Schulz,** Andreas; Prof.; *Lighting-Design, Produkt-Design*; di: HAWK Hildesheim/Holzminden/Göttingen, Fak. Gestaltung, Am Marienfriedhof 1, 31134 Hildesheim, T: (05121) 881360, F: 881366

**Schulz,** Axel; Dipl.-Kfm. (Univ.), Dr. rer. pol., Prof.; *Tourismus und EDV, Verkehrsträger u. Informationsmanagement im Tourismus*; di: Hochsch. Kempten, Fak. Betriebswirtschaft, PF 1680, 87406 Kempten, T: (0831) 2523240, a.schulz@fh-kempten.de; www.tourismus-schulz.de

**Schulz,** Bernd; Dr.-Ing., Prof.; *Entwicklung und Konstruktion*; di: Hochsch. München, Fak. Wirtschaftsingenieurwesen, Erzgießereistr. 14, 80335 München

**Schulz,** Christian; Dr.-Ing., Prof.; *Automatisierungstechnik*; di: Hochsch. Mittweida, Fak. Elektro- u. Informationstechnik, Technikumplatz 17, 09648 Mittweida, T: (03727) 581267, F: 581351, chschulz@htwm.de

**Schulz,** Christoph; Dr., Prof. u. Dekan; *Softwaretechnik, Graphische DV, CAD*; di: Hochsch. Rhein/Main, FB Design Informatik Medien, Kurt-Schumacher-Ring 18, 65197 Wiesbaden, T: (0611) 94951295, christoph.schulz@hs-rm.de

**Schulz,** Claudia; Dr., Prof.; *Diakoniewissenschaft*; di: Ev. H Ludwigsburg, FB Soziale Arbeit, Auf der Karlshöhe 2, 71638 Ludwigsburg, s.schulz@eh-ludwigsburg.de

**Schulz,** Eckhard; Dr. rer. nat., Prof.; *Mathematik, Physik*; di: FH Schmalkalden, Fak. Elektrotechnik, Blechhammer, 98574 Schmalkalden, PF 100452, 98564 Schmalkalden, T: (03683) 6885100, e.schulz@e-technik.fh-schmalkalden.de

**Schulz,** Eckhardt; Dr., Prof.; *Lebensmitteltechnologie u. Meßtechnik*; di: Hochsch. Neubrandenburg, FB Agrarwirtschaft u. Lebensmittelwiss., Brodaer Str. 2, 17033 Neubrandenburg, PF 110121, 17041 Neubrandenburg, T: (0395) 56932506, schulz@hs-nb.de

**Schulz,** Fred; Dr. phil., Prof., Dekan FB Sprachen; *Polnische Sprache u. Übersetzungswissenschaft*; di: Hochsch. Zittau/Görlitz, Fak. Wirtschafts- u. Sprachwiss., Theodor-Körner-Allee 16, 02763 Zittau, T: (03583) 611900, Fred.schulz@hs-zigr.de

**Schulz,** Gerhard; Dipl.-Chem., Dr. rer. nat., Prof., Dekan FB Angew. Chemie; di: Hochsch. Reutlingen, FB Angew. Chemie, Alteburgstr. 150, 72762 Reutlingen, T: (07121) 2712000, Gerhard.Schulz@Reutlingen-University.DE; pr: Pestalozzistr. 78, 72762 Reutlingen, T: (07121) 24438

**Schulz,** Gernot; Dipl.-Ing., Prof.; *Entwerfen u. Baukonstruktion*; di: Hochsch. Bochum, FB Architektur, Lennershofstr. 140, 44801 Bochum, T: (0234) 3210128, gernot.schulz@hs-bochum.de

**Schulz,** Günter; Ing. (grad.), Dr.-Ing., Prof.; *Steuerungstechnik, Regelungstechnik, Theoretische Elektrotechnik*; di: TFH Georg Agricola Bochum, WB Elektro- u. Informationstechnik, Herner Str. 45, 44787 Bochum, T: (0234) 9683382, F: 9683359, schulz@tfh-bochum.de; pr: Mettersdorfer Weg 21, 45701 Herten, T: (02366) 503934

**Schulz,** Günther; Dr. rer. nat., Prof.; *Physik*; di: FH Südwestfalen, FB Elektrotechnik u. Informationstechnik, Haldener Str. 182, 58095 Hagen, T: (02331) 9872565, F: 987-4031, Schulz@vines.fh-swf.de; pr: Im Furthwinkel 2a, 32423 Minden, T: (0571) 34900

**Schulz,** Hartmut; Dr. rer. nat., Prof.; *Organische Chemie*; di: Hochsch. Mannheim, Fak. Biotechnologie, Windeckstr. 110, 68163 Mannheim

**Schulz,** Henrik; Dr. rer. nat., Prof.; *Archäometrie, Naturwissenschaftliche Grundlagen, Instrumentelle Analytik, Chemie*; di: HAWK Hildesheim/Holzminden/Göttingen, Fak. Bauen u. Erhalten, Kaiserstraße 19, 31134 Hildesheim, T: (05121) 881377

**Schulz,** Jens-Uwe; Dipl.-Ing., Prof.; *Tragwerkslehre und Entwerfen*; di: Hochsch. Ostwestfalen-Lippe, FB 1, Architektur u. Innenarchitektur, Bielefelder Str. 66, 32756 Detmold, T: (05231) 76950, F: 769681; pr: Schackstr. 22, 30175 Hannover

**Schulz,** Klaus; Dr., Prof.; *Religions- u. Gemeindepädagogik, Biblische Theologie*; di: CVJM-Hochsch. Kassel, Hugo-Preuß-Straße 40, 34131 Kassel-Bad Wilhelmshöhe, T: (0561) 3087502, schulz@cvjm-hochschule.de

**Schulz,** Klaus-Peter; Dr. jur., Prof.; *Wirtschaftsprivatrecht, insb. Arbeitsrecht*; di: Hochsch. Darmstadt, FB Wirtschaft, Haardtring 100, 64295 Darmstadt, T: (06151) 169400, schulz@fbw.h-da.de

**Schulz,** Konrad; Dr. rer. nat., Prof.; *Informatik, Wissensbasierte Systeme*; di: Hochsch. Mittweida, Fak. Mathematik/Naturwiss./Informatik, Technikumplatz 17, 09648 Mittweida, T: (03727) 581218, F: 581303, schulz@htwm.de

**Schulz,** Marcus; Dr., Prof.; *Maschinenbau*; di: DHBW Stuttgart, Fak. Technik, Maschinenbau, Jägerstraße 56, 70174 Stuttgart, T: (0711) 1849516, schulz@dhbw-stuttgart.de

**Schulz,** Peter; Dr., Prof.; *Informations- und Elektrotechnik*; di: FH Dortmund, FB Informations- u. Elektrotechnik, Emil-Figge-Str. 42, 44227 Dortmund, T: (0231) 9112711, F: 9112289, peter.schulz@fh-dortmund.de

**Schulz,** Peter; Dr., Prof.; *Staats- und Europarecht*; di: FH d. Bundes f. öff. Verwaltung, FB Bundeswehrverwaltung, Seckenheimer Landstr. 10, 68163 Mannheim

**Schulz,** Reiner; Dr. rer. nat., Prof.; *Umweltsysteme/Umweltmanagement*; di: Hochsch. Zittau/Görlitz, Fak. Mathematik/Naturwiss., Theodor-Körner-Allee 16, 02763 Zittau, PF 1455, 02754 Zittau, T: (03583) 611750, r.schulz@hs-zigr.de

**Schulz,** Richard; Dr. rer. nat., Prof.; *Elektrotechnik, Elektronik*; di: Hochsch. München, Fak. Feinwerk- u. Mikrotechnik, Physikal. Technik, Lothstr. 34, 80335 München, T: (089) 12651328, F: 12651480, rschulz@rz.fh-muenchen.de

**Schulz,** Rolf-Rainer; Dr., Prof.; *Bauökologie, Baustoffkunde, Massivbau*; di: FH Frankfurt, FB 1 Architektur, Bauingenieurwesen, Geomatik, Nibelungenplatz 1, 60318 Frankfurt am Main, T: (069) 15332334

**Schulz,** Steffen; Dipl.-Des., Prof.; *Produktdesign*; di: FH Münster, FB Design, Leonardo-Campus 6, 48149 Münster, T: (0251) 8365306, steffen-schulz@fh-muenster.de

**Schulz,** Ulrich; Dr., Prof.; *Zoologie, Angewandte Tierökologie*; di: Hochsch. f. nachhaltige Entwicklung, FB Landschaftsnutzung u. Naturschutz, Friedrich-Ebert-Str. 28, 16225 Eberswalde, T: (03334) 657309, F: 657282, Ulrich.Schulz@hnee.de

**Schulz,** Ursula; Prof.; *Wissensorganisation*; di: HAW Hamburg, Fak. Design, Medien u. Information, Finkenau 35, 22081 Hamburg, T: (040) 428753614, uschulz@uni-bremen.de; pr: T: (0421) 445049, uschulz@zfn.uni-bremen.de

**Schulz,** Uwe; Dipl.-Ing., Prof.; *Informatik, Interaktive Medien, Physik*; di: Hochsch. d. Medien, Fak. Electronic Media, Nobelstr. 10, 70569 Stuttgart, T: (0711) 89232243, schulz@hdm-stuttgart.de

**Schulz,** Uwe; Dr.-Ing., Prof.; *Grundlagen der Elektrotechnik, Theorie der Elektrotechnik*; di: Hochsch. Aalen, Fak. Elektronik u. Informatik, Beethovenstr. 1, 73430 Aalen, T: (07361) 5764309, uwe.schulz@htw-aalen.de

**Schulz,** Viviana; Dr. med., Prof.; *Medizin*; di: Georg-Simon-Ohm-Hochsch. Nürnberg, Fak. Sozialwiss., Bahnhofstr. 87, 90402 Nürnberg, PF 210320, 90121 Nürnberg

**Schulz,** Volker; Dr., Prof.; *Maschinenbau*; di: DHBW Mannheim, Fak. Technik, Coblitzallee 1-9, 68163 Mannheim, T: (0621) 41051324, F: 41051101, volker.schulz@dhbw-mannheim.de

**Schulz,** Wolfgang; Dr.-Ing., Prof.; *Maschinenbau*; di: Hochsch. Ulm, Fak. Maschinenbau u. Fahrzeugtechnik, PF 3860, 89028 Ulm, T: (0731) 5028120, wschulz@hs-ulm.de

**Schulz,** Wolfgang; Dr.-Ing., Prof.; *Steuerungs- und Regelungstechnik*; di: HAW Hamburg, Fak. Technik u. Informatik, Berliner Tor 21, 20099 Hamburg, T: (040) 428758643, wolfgang.schulz@haw-hamburg.de

**Schulz-Beenken,** Anne; Dr.-Ing., Prof.; *Werkstofftechnik*; di: FH Südwestfalen, FB Maschinenbau u. Automatisierungstechnik, Lübecker Ring 2, 59494 Soest, T: (02921) 378340, F: 378301, schulz-beenken@fh-swf.de; pr: T: (02921) 63348

**Schulz-Brize,** Thekla; Dr.-Ing., Prof.; *Architekturgeschichte, Bauaufnahme, Denkmalpflege*; di: Hochsch. Regensburg, Fak. Architektur, PF 120327, 93025 Regensburg, T: (0941) 9431191, thekla.schulz-brize@architektur.fh-regensburg.de

**Schulz-Ermann,** Ingrid; Dr., Prof.; *Sozialpolitik*; di: FH Potsdam, FB Sozialwesen, Friedrich-Ebert-Str. 4, 14467 Potsdam, T: (0331) 5801134, s-ermann@fh-potsdam.de

**Schulz-Rackoll,** Rolf; Dipl.-Soz., Prof.; *Rechtswissenschaft*; di: FH Jena, FB Sozialwesen, Carl-Zeiss-Promenade 2, 07745 Jena, PF 100314, 07703 Jena, T: (03641) 205800, F: 205801, sw@fh-jena.de

**Schulz-Schaeffer,** Reinhard; Prof.; *Informative Illustration*; di: HAW Hamburg, Fak. Design, Medien u. Information, Finkenau 35, 22081 Hamburg, T: (040) 428754881, reinhard.schulz-schaeffer@haw-hamburg.de

**Schulz-Terfloth,** Gunnar; Dr., Prof.; *Hydromechanik, Wasserbau und Wasserwirtschaft, Abfalltechnik*; di: FH Potsdam, FB Bauingenieurwesen, Pappelallee 8-9, Haus 1, 14469 Potsdam, T: (0331) 5801321, terfloth@fh-potsdam.de

**Schulze,** Annerose; Dipl.-Textilgestalterin, Prof.; *Textilgestaltung*; di: Westsächs. Hochsch. Zwickau, FB Angewandte Kunst Schneeberg, Goethestr. 1, 08289 Schneeberg, annerose.schulze@fh-zwickau.de

**Schulze,** Arne; Dr., Prof.; *Wirtschaftsinformatik, insb. Geschäftsprozessmanagement*; di: Hochsch. Hannover, Fak. IV Wirtschaft u. Informatik, Ricklinger Stadtweg 120, 30459 Hannover, PF 920261, 30441 Hannover, T: (0511) 92961569, arne.schulze@hs-hannover.de

**Schulze,** Charlotte; Prof.; *Verwaltungsrecht, Öffentliches Dienstrecht, Kommunalrecht, Verwaltungsmanagement*; di: Hochsch. Kehl, Fak. Rechts- u. Kommunalwiss., Kinzigallee 1, 77694 Kehl, PF 1549, 77675 Kehl, schulze@hs-kehl.de

**Schulze,** Constanze; Dr., Prof.; *Kunsttherapie, Kunstpädagogik*; di: Hochsch. f. Künste im Sozialen, Am Wiestebruch 66-68, 28870 Ottersberg, constanze.schulze@hks-ottersberg.de

**Schulze,** Detlef; Dr.-Ing., Prof.; *Strömungslehre, Aerodynamik*; di: HAW Hamburg, Fak. Technik u. Informatik, Berliner Tor 9, 20099 Hamburg, T: (040) 428757850, detlef.schulze@haw-hamburg.de

**Schulze,** Dietmar; Dr.-Ing., Prof.; *Mechanische Verfahrenstechnik, Thermodynamik, Strömungslehre, Technische Mechanik*; di: Ostfalia Hochsch., Fak. Fahrzeugtechnik, Robert-Koch-Platz 8A, 38440 Wolfsburg

**Schulze,** Fritz Peter; Dr.-Ing., Prof.; *Werkzeugmaschinen/Fertigung*; di: HTWK Leipzig, FB Maschinen- u. Energietechnik, PF 301166, 04251 Leipzig, T: (0341) 3538442, pschulze@me.htwk-leipzig.de

**Schulze,** Heidrun; Dr., Prof.; *Methoden in der Sozialen Arbeit, Einzelfallhilfe, Gemeinwesenarbeit, Forschungsmethoden*; di: Hochsch. Rhein/Main, FB Sozialwesen, Kurt-Schumacher-Ring 18, 65197 Wiesbaden, T: (0611) 94951311, heidrun.schulze@hs-rm.de

**Schulze,** Heike; Dr., Prof.; *Kindheit und Sozialisation*; di: FH Erfurt, FB Sozialwesen, Altonaer Str. 25, 99084 Erfurt, PF 101363, 99013 Erfurt, T: (0361) 6700550, heike.schulze@fh-erfurt.de

**Schulze,** Heizo; Dipl.-Des., Prof., Dekan FB Medienproduktion; *audiovisuelle Medien, Mediengestaltung*; di: Hochsch. Ostwestfalen-Lippe, FB 2, Medienproduktion, Liebigstr. 87, 32657 Lemgo, heizo.schulze@fh-luh.de

**Schulze,** Henning; Dr., Prof.; *Marketing, Dienstleistungsmanagement u. -marketing, Strategisches Marketing*; di: Hochsch. Deggendorf, FB Betriebswirtschaft, Edlmairstr. 6-8, 94469 Deggendorf, PF 1320, 94453 Deggendorf, T: (0991) 3615122, F: 361581122, henning.schulze@fh-deggendorf.de

**Schulze,** Henrik; Dr. rer. nat., Prof.; *Theoretische Nachrichtentechnik*; di: FH Südwestfalen, FB Ingenieur- u. Wirtschaftswiss., Lindenstr. 53, 59872 Meschede, T: (0291) 9910300, F: 991040, schulze@fh-swf.de; pr: Schultenkampstr. 22, 59872 Meschede, T: (0291) 52323

**Schulze,** Jens; Dr., Prof.; *Betriebswirtschaft, insbes. Marketing*; di: Westfäl. Hochsch., FB Wirtschaft u. Informationstechnik, Münsterstr. 265, 46397 Bocholt, T: (02871) 2155864, jens.schulze@fh-gelsenkirchen.de

**Schulze,** Joachim; Dr. phil., Prof.; *Sozialarbeitswissenschaft*; di: Hochsch. Zittau/Görlitz, Fak. Sozialwiss., PF 300648, 02811 Görlitz, T: (03581) 4828121, joachim.schulze@hs-zigr.de

**Schulze,** Jörg; Dr. rer. nat., Prof.; *Grundlagen der Informatik/Wirtschaftsinformatik*; di: Hochsch. Zittau/Görlitz, Fak. Elektrotechnik u. Informatik, Brückenstr. 1, 02826 Görlitz, PF 300648, 02801 Görlitz, T: (03581) 4828258, joerg.schulze@hs-zigr.de

**Schulze,** Jürgen; Dipl.-Kfm., Dr. jur., Prof.; *Wirtschaftsrecht, Personalmanagement*; di: Hochsch. Reutlingen, FB European School of Business, Alteburgstr. 150, 72762 Reutlingen, T: (07121) 271751, juergen.schulze@fh-reutlingen.de; pr: Amselweg 22, 72793 Pfullingen, T: (07121) 706706

**Schulze,** Klaus-Peter; Dr. sc. techn., Dr.-Ing. habil., Prof.; *Prozeßanalyse, Automatisierungstechnik*; di: HTWK Leipzig, FB Elektrotechnik u. Informationstechnik, PF 301166, 04251 Leipzig, T: (0341) 30761130, kpschulze@fbeit.htwk-leipzig.de; pr: Ludwigsburger Str. 4, 04209 Leipzig

**Schulze,** Margit; Dr. rer. nat., Prof.; *Industrielle Organische Chemie und Polymerchemie*; di: Hochsch. Bonn-Rhein-Sieg, FB Angewandte Naturwissenschaften, von-Liebig-Str. 20, 53359 Rheinbach, T: (02241) 865566, F: 8658566, margit.schulze@fh-bonn-rhein-sieg.de

**Schulze,** Peter; Dipl.-Ing., Prof.; *Pflanzenverwendung und Vegetationstechnik, Gehölz- und Staudenkunde*; di: Beuth Hochsch. f. Technik, FB V Life Science and Technology, Luxemburger Str. 10, 13353 Berlin, T: (030) 45042064, peter.schulze@beuth-hochschule.de

**Schulze,** Ulrike; Dr., Prof.; *Pflegewissenschaft, Klinische Pflege*; di: FH Frankfurt, FB 4 Soziale Arbeit u. Gesundheit, Nibelungenplatz 1, 60318 Frankfurt am Main, T: (069) 15332574, uschulze@fb4.fh-frankfurt.de

**Schulze-Bahr,** Werner; Prof.; *Investitionsgüter-Design*; di: Hochsch. Magdeburg-Stendal, FB Ingenieurwiss. u. Industriedesign, Breitscheidstr. 2, 39114 Magdeburg, T: (0391) 8864248, wschulzebahr@t-online.de

**Schulze-Wilbrenning,** Bernard; Dr.-Ing., Prof.; *Messtechnik und Systemtechnik*; di: Westfäl. Hochsch., FB Elektrotechnik u. angew. Naturwiss., Neidenburger Str. 43, 45877 Gelsenkirchen, T: (0209) 9596456, bernhard.schulze-wilbrenning@fh-gelsenkirchen.de

**Schumacher,** Bernd-Josef; Dr. rer. nat., Prof.; *Elektrische Meß-, Steuerungs- und Antriebstechnik, Sensorik, Moderne Energiepolitik*; di: FH Bielefeld, FB Ingenieurwiss. u. Mathematik, Wilhelm-Bertelsmann-Str. 10, 33602 Bielefeld, T: (0521) 1067319, F: 1067160, bernd-josef.schumacher@fh-bielefeld.de; pr: Niedermühlenkamp 8 a, 33604 Bielefeld, T: (0521) 28294

**Schumacher,** Eduard; Dr.-Ing., Architekt, Prof.; *Baugeschichte, Entwerfen, Baukonstruktion*; di: Jade Hochsch., FB Architektur, Ofener Str. 16-19, 26121 Oldenburg, T: (0180) 5678073122; pr: Kastanienallee 14, 26121 Oldenburg, T: (0441) 72411

**Schumacher,** Hans; Dr. rer. oec., Prof.; *Volkswirtschaft, Wirtschaftsmathematik u. internationale Wirtschaftspolitik*; di: Hochsch. Bochum, FB Wirtschaft, Lennershofstr. 140, 44801 Bochum, T: (0234) 3210621, hans.schumacher@hs-bochum.de

**Schumacher,** Horst; Prof.; *Freiraumplanung*; di: FH Erfurt, FB Landschaftsarchitektur, Leipziger Str. 77, 99085 Erfurt, PF 101363, 99013 Erfurt, T: (0361) 6700265, F: 6700259, schumacher@fh-erfurt.de

**Schumacher,** Knut; Dr.-Ing., Prof.; *Digitaltechnik, Regelungstechnik*; di: Hochsch. Niederrhein, FB Elektrotechnik/Informatik, Reinarzstr. 49, 47805 Krefeld, T: (02151) 8224625; pr: Albrechtplatz 18, 47799 Krefeld

**Schumacher,** Manfred; Dr. rer. nat., Prof.; *Mathematik, Physik, EDV, Strukturkeramik*; di: H Koblenz, FB Ingenieurwesen, Rheinstr. 56, 56203 Höhr-Grenzhausen, T: (02624) 910916, F: 910940, schumach@fh-koblenz.de

**Schumacher,** Peter; Dr., Prof.; *Wissenschaftsjournalismus, Online-Journalismus*; di: Hochsch. Darmstadt, FB Media, Haardtring 100, 64295 Darmstadt, peter.schumacher@h-da.de

**Schumacher,** Reinhold; Dr. rer. nat., Prof.; *Geologie, Geographie, Geoökologie, Bodenkunde*; di: Hochsch. München, Fak. Geoinformation, Karlstr. 6, 80333 München, T: (089) 12652659, F: 12652698, reinhold.schumacher@fhm.edu

**Schumacher,** Thomas; M.A., Dipl.-Sozialpäd. (FH), Dr. phil., Prof.; *Philosophie*; di: Kath. Stiftungsfachhochsch. München, Preysingstr. 83, 81667 München, T: (089) 480921292, F: 480921900, thomas.schumacher@ksfh.de

**Schumacher,** Walter; Dr.-Ing., Prof.; *Hoch- und Höchstfrequenztechnik (EMV)*; di: Hochsch. Emden/Leer, FB Technik, Constantiaplatz 4, 26723 Emden, T: (04921) 8071816, sr@hs-emden-leer.de; pr: Jollenweg 3, 26723 Emden, T: (04921) 996233

**Schumacher,** Wolfgang; Dr.-Ing., Prof.; *Automatisierungstechnik, Regelungstechnik, Grundlagen der Elektrotechnik*; di: Jade Hochsch., FB Ingenieurwissenschaften, Friedrich-Paffrath-Str. 101, 26389 Wilhelmshaven, T: (04421) 9852839, F: 9852623, wolfgang.schumacher@jade-hs.de

**Schumachers,** Rudolf; Dr.-Ing., Prof.; *Integrierte Managementsysteme, Qualität, Umwelt, Sicherheit*; di: Hochsch. Rhein-Waal, Fak. Life Sciences, Marie-Curie-Straße 1, 47533 Kleve, T: (02821) 80673215, rudolf.schumachers@hochschule-rhein-waal.de

**Schumann,** Christian-Andreas; Dr.-Ing. habil., Prof., Dekan FB Wirtschaftswissenschaften; *Betriebsingenieurwesen/Informatik, Fabrikplanung/Angewandte Informatik, Wirtschaftsinformatik*; di: Westsächs. Hochsch. Zwickau, FB Wirtschaftswiss., Scheffelstr. 39, 08056 Zwickau, PF 201037, 08012 Zwickau, Christian.Schumann@fh-zwickau.de; pr: Lohrstr. 17, 09113 Chemnitz, T: (0711) 58051

**Schumann,** Christina; Dr. rer. nat., Prof.; *Allgemeine Chemie, Niedermolekulare Bioprodukte*; di: FH Jena, FB Medizintechnik u. Biotechnologie, Carl-Zeiss-Promenade 2, 07745 Jena, PF 100314, 07703 Jena, T: (03641) 205614, F: 205601, Christina.Schumann@fh-jena.de

**Schumann,** Frank; Dr.-Ing. habil., Prof.; *Buch- u. Verlagswesen (Herstellung v. Büchern u. Verp.), Maschinenbau (Herstellung polygraf. Maschinen)*; di: HTWK Leipzig, FB Medien, PF 301166, 04251 Leipzig, T: (0341) 2170472, fschuman@fbm.htwk-leipzig.de; pr: Zeititzer Weg 21, 04827 Machern

**Schumann,** Klaus; Dr. oec. habil., Prof.; *Wirtschaftsstatistik*; di: Westsächs. Hochsch. Zwickau, FB Wirtschaftswiss., Scheffelstr. 39, 08056 Zwickau, PF 201037, 08012 Zwickau, T: (0375) 5363474, Klaus.Schumann@fh-zwickau.de

**Schumann,** Monika; Dr. phil., Prof.; *Heilpädagogik*; di: Kath. Hochsch. f. Sozialwesen Berlin, Köpenicker Allee 39-57, 10318 Berlin, T: (030) 50101044, schumann@khsb-berlin.de

**Schumann,** Ralf; Dr. rer. nat., Prof.; *Datenbanken, Betriebssysteme*; di: FH d. Wirtschaft, Hauptstr. 2, 51465 Bergisch Gladbach, T: (02202) 952702, F: 9527200, ralf.schumann@fhdw.de

**Schumann,** Reimar; Dr.-Ing., Prof.; *Steuerungs- und Regelungstechnik, Prozessleittechnik*; di: Hochsch. Hannover, Fak. II Maschinenbau u. Bioverfahrenstechnik, Ricklinger Stadtweg 120, 30459 Hannover, PF 920261, 30441 Hannover, T: (0511) 92961312, reimar.schumann@hs-hannover.de; pr: Osterkamp 4b, 30938 Burgwedel, T: (05139) 6408

**Schumann,** Thomas; Dr.-Ing., Prof.; *Embedded Systems, Mikroelektronik*; di: Hochsch. Darmstadt, FB Elektrotechnik u. Informationstechnik, Haardtring 100, 64295 Darmstadt, T: (06151) 168312, schumann@eit.h-da.de

**Schumann-Luck,** Axel; Dr.-Ing., Prof.; *Ingenieur-Informatik, CAE/CAD/FEM*; di: Techn. Hochsch. Mittelhessen, FB 13 Mathematik, Naturwiss. u. Datenverarbeitung, Wiesenstr. 14, 35390 Gießen, T: (0641) 3091004; pr: Steinacker 4a, 35394 Gießen-Rödgen, T: (0641) 9433577

**Schumm,** Gerhard; Dr.-Ing., Prof.; *Technische Physik, Farbmesstechnik*; di: Hochsch. d. Medien, Fak. Druck u. Medien, Nobelstr. 10, 70569 Stuttgart, T: (0711) 89232126, schumm@hdm-stuttgart.de

**Schunter-Kleemann,** Susanne; Dr. phil., Prof.; *Soziologie, Politische Wissenschaft, Sozial- u. Betriebspsychologie*; di: Hochsch. Bremen, Fak. Wirtschaftswiss., Werderstr. 73, 28199 Bremen, T: (0421) 59054130, schunter@fbw.hs-bremen.de; pr: Kohlhökerstr. 6, 28203 Bremen, T: (0421) 76062

**Schupbach,** Stephan; Prof.; *Industriedesign*; di: FH Frankfurt, FB 2 Informatik u. Ingenieurwiss., Nibelungenplatz 1, 60318 Frankfurt am Main, T: (069) 15332283, ssch@fb2.fh-frankfurt.de

**Schupp,** Thomas; Dr., Prof.; *Nachhaltige Chemie – Lebenszyklusanalyse und Ökobilanzierung chem. Produkte*; di: FH Münster, FB Chemieingenieurwesen, Stegerwaldstr. 39, 48565 Steinfurt, T: (02551) 962595, thomas.schupp@fh-muenster.de

**Schuppan,** Norbert; Dr. sc. oec., Prof.; *Betriebswirtschaftslehre u. Innovationsökonomie*; di: Hochsch. Wismar, Fak. f. Wirtschaftswiss., PF 1210, 23952 Wismar, T: (03841) 753626, n.schuppan@wi.hs-wismar.de

**Schuppan,** Tino; Dr., Prof.; *Betriebswirtschaftslehre, Schwerpunkt: Unternehmenssteuerung, Controlling und Rechnungswesen in öffentlichen Organisationen*; di: Hochsch. d. Bundesagentur f. Arbeit, Wismarsche Str. 405, 19055 Schwerin, T: (0385) 5408466, Tino.Schuppan@arbeitsagentur.de

**Schuppe,** Wilhelm; Dipl.-Ing., Prof.; *Bauelemente und Industrieelektronik, Grundlagen der Informationstechnik, Programmiersprache C/UNIX*; di: Hochsch. Hannover, Fak. I Elektro- u. Informationstechnik, Ricklinger Stadtweg 120, 30459 Hannover, PF 920261, 30441 Hannover, T: (0511) 92961214, wilhelm.schuppe@hs-hannover.de; pr: Beethovenstr. 28, 31180 Giesen OT Ahrbergen, T: (05066) 63298, F: 63246

**Schurawitzki,** Werner; Dr., Prof.; *Betriebswirtschaftslehre, Internationales Management*; di: FH Flensburg, FB Wirtschaft, Kanzleistr. 91-93, 24943 Flensburg, T: (0461) 8051725, werner.schurawitzki@fh-flensburg.de

**Schurian-Bremecker,** Christiane; Dr., Prof.; *Soziale Arbeit*; di: CVJM-Hochsch. Kassel, Hugo-Preuß-Str. 40, 34131 Kassel, T: (0561) 3087536, schurian@cvjm-hochschule.de; pr: In den Berggärten 27, 35288 Wohratal, schurian1@aol.com

**Schurich,** Bernd; Dipl.-Phys., Dr. rer. nat., Prof.; *Informatik*; di: HTW d. Saarlandes, Fak. f. Ingenieurwiss., Goebenstr. 40, 66117 Saarbrücken, T: (0681) 5867426; pr: Hinter den Gärten 9, 66740 Saarlouis, T: (06831) 49663

**Schurig,** Christian; Dr.-Ing., Prof.; *Stahl- und Holzbau*; di: Hochsch. Zittau/Görlitz, Fak. Bauwesen, Schliebenstr. 21, 02763 Zittau, PF 1455, 02754 Zittau, T: (03583) 611647, c.schurig@hs-zigr.de

**Schurk,** Hans-Eberhard; Dr.-Ing., Prof., Präs.; *Automobilelektronik, Elektrotechnik u. Elektronik im Maschinenbau, Elektrische Antriebe, Technische Diagnostik*; di: Hochsch. Augsburg, Fak. f. Maschinenbau u. Verfahrenstechnik, An der Hochschule 1, 86161 Augsburg, T: (0821) 55863213, -3182, F: 55865090, -3253, hans.e.schurk@hs-augsburg.de, praesident@hs-augsburg.de

**Schuster,** Andreas; Dr.-Ing., Prof.; *Verkehrssystemtechnik*; di: Westsächs. Hochsch. Zwickau, Fak. Kraftfahrzeugtechnik, Dr.-Friedrichs-Ring 2A, 08056 Zwickau, Andreas.Schuster@fh-zwickau.de

**Schuster,** Anke; Dr., Prof.; *Datenschutz, Wirtschaftsinformatik*; di: Hochsch. Heidelberg, Fak. f. Informatik, Ludwig-Guttmann-Str. 6, 69123 Heidelberg, T: (06221) 881121, anke.schuster@fh-heidelberg.de

**Schuster,** Claus; Dr.-Ing., Prof., Präs. FH Südwestfalen; *Technische Wärmelehre*; di: FH Südwestfalen, FB Ingenieur- u. Wirtschaftswiss., Lindenstr. 53, 59872 Meschede, T: (0291) 9910910, schuster@fh-swf.de

**Schuster,** Dietwald; Dipl.-Math., Dr. rer. nat., Prof.; *Angewandte Mathematik*; di: Hochsch. Regensburg, Fak. Informatik u. Mathematik, PF 120327, 93025 Regensburg, T: (0941) 9431306, dietwald.schuster@mathematik.fh-regensburg.de

**Schuster,** Eva Maria; Dr. päd., Prof.; di: Kath. Hochsch. Mainz, FB Soziale Arbeit, Saarstr. 3, 55122 Mainz, T: (06131) 2894434, schuster@kfh-mainz.de; pr: Elisahöhe 29, 55401 Bingen, T: (06721) 32110, schuster.e@t-online.de

**Schuster,** Falko; Dr., Prof.; *Einführung in d. Betriebswirtschaftslehre d. Kommunalverwaltung, Kommunales Rechnungswesen, Kommunale Kosten- u. Leistungsrechnung, doppelte Buchführung für Städte, Kreise u. Gemeinden, Kommunales Controlling*; di: FH f. öffentl. Verwaltung NRW, Abt. Duisburg, Albert-Hahn-Str. 45, 47269 Duisburg, falko.schuster@fhoev.nrw.de; pr: F: (02834) 970517

**Schuster,** Hanns-Jürgen; Dr. rer. nat., Prof.; *Systematik und Geobotanik, Planungsmethodik*; di: Hochsch. Weihenstephan-Triesdorf, Fak. Landschaftsarchitektur, Am Staudengarten 7, 85354 Freising, 85350 Freising, T: (08161) 713957, F: 715114, juergen.schuster@fh-weihenstephan.de

**Schuster,** Heinz-Werner; Dipl.-Kfm., Dr. oec. publ., Prof.; *Internationale Unternehmensführung I, Interkulturelles Management, Internationales Marketing, Marketing und Vertrieb*; di: Hochsch. Landshut, Fak. Betriebswirtschaft, Am Lurzenhof 1, 84036 Landshut, hschust@fh-landshut.de

**Schuster,** Helmut; Dr. rer. oec., Prof.; *Betriebswirtschaftslehre, Handel, Marketing, Rechnungswesen/Controlling, Quantitative Methoden*; di: Hochsch. Lausitz, FB Informatik, Elektrotechnik, Maschinenbau, Großenhainer Str. 57, 01968 Senftenberg, T: (03573) 85701, F: 85709

**Schuster,** Herbert; Dr., Prof.; *Wirtschaftsinformatik, Wirtschaftsmathematik, ERP-Systeme, Workflow, eBusiness*; di: Hochsch. Heidelberg, Fak. f. Informatik, Ludwig-Guttmann-Str. 6, 69123 Heidelberg, T: (06221) 882130, herbert.schuster@fh-heidelberg.de

**Schuster,** Jens; Dr.-Ing., Prof.; *Kunststofftechnik, Verbundwerkstoffe und Grundlagenfächer des Maschinenbaus*; di: FH Kaiserslautern, FB Angew. Logistik u. Polymerwiss., Carl-Schurz-Str. 1-9, 66953 Pirmasens, T: (06331) 248349, F: 248350, jens.schuster@fh-kl.de

**Schuster,** Jochen; Dipl.-Ing., Prof.; *Elementiertes Bauen und Entwerfen A*; di: FH Düsseldorf, FB 1 – Architektur, Georg-Glock-Str. 15, 40474 Düsseldorf, T: (0211) 4351120, jochen.schuster@fh-duesseldorf.de; pr: Grimmstr. 14, 40235 Düsseldorf, T: (0211) 9015980, jochenschuster@schusterarchitekten.de

**Schuster,** Kai; Dr., Dr., Prof.; *Arbeitssicherheit, Betriebssoziologie*; di: Hochsch. Darmstadt, FB Gesellschaftswiss. u. Soziale Arbeit, Haardtring 100, 64295 Darmstadt, T: (06151) 168819

**Schuster,** Manfred; Dr.-Ing., Prof.; *Flugführung, Bordinstrumente, Navigations- und Flugregelungsanlagen, Mess- und Prüftechnik*; di: Hochsch. München, Fak. Maschinenbau, Fahrzeugtechnik, Flugzeugtechnik, Dachauer Str. 98b, 80335 München, T: (089) 12653337, F: 12651392, manfred.schuster@fhm.edu

**Schuster,** Peter; Dr. rer. pol., Prof.; *Allgemeine BWL, insbesondere Finanz- und Rechnungswesen*; di: FH Schmalkalden, Fak. Wirtschaftswiss., Blechhammer, 98574 Schmalkalden, PF 100452, 98564 Schmalkalden, T: (03683) 6883112, p.schuster@wi.fh-schmalkalden.de

**Schuster,** Thomas; Dr., Prof.; *Quantitative Methoden*; di: Int. Hochsch. Bad Honnef, Mülheimer Str. 38, 53604 Bad Honnef, T: (02224) 9605500, t.schuster@fh-bad-honnef.de

**Schuth,** Michael; Dr.-Ing., Prof.; *Gerätebau, Konstruktion, CAD, Getriebelehre, Darstellende Geometrie*; di: Hochsch. Trier, FB Technik, PF 1826, 54208 Trier, T: (0651) 8103396, M.Schuth@hochschule-trier.de; pr: Waldstr. 3, 54340 Riol, T: (06502) 994436

**Schuze,** Erika; Dr., Prof.; *Sozialwesen*; di: FH Bielefeld, FB Sozialwesen, Kurt-Schumacher-Str. 6, 33615 Bielefeld, T: (0521) 1067806, erika.schulze@fh-bielefeld.de; pr: Voßstr. 11a, 30161 Hannover, T: (0511) 316301

**Schwaab,** Markus-Oliver; Prof.; *Betriebswirtschaft/Personalmanagement*; di: Hochsch. Pforzheim, Fak. f. Wirtschaft u. Recht, Tiefenbronner Str. 65, 75175 Pforzheim, T: (07231) 286310, F: 286090, markus-oliver.schwaab@hs-pforzheim.de

**Schwab,** Erwin; Dr.-Ing., Prof.; *Elektrotechnik, Steuerungs- und Regelungstechnik, Messtechnik*; di: FH Südwestfalen, FB Maschinenbau, Frauenstuhlweg 31, 58644 Iserlohn, T: (02371) 566213, F: 566251, schwab@fh-swf.de; pr: Auf den Breien 16, 58540 Meinerzhagen, T: (02358) 1565

**Schwab,** Hans-Rüdiger; Dr. phil., Prof.; *Medienpädagogik (Ästhetik und Kommunikation)*; di: Kath. Hochsch. NRW, Abt. Münster, FB Sozialwesen, Piusallee 89, 48147 Münster, hr.schwab@kfhnw.de; pr: Piusallee 80, 48147 Münster, T: (0251) 43312

**Schwab,** Hubert; Dr. rer. nat., Prof.; *Bauphysik, Elektrotechnik*; di: Hochsch. Karlsruhe, Fak. Elektro- u. Informationstechnik, Moltkestr. 30, 76133 Karlsruhe, PF 2440, 76012 Karlsruhe, T: (0721) 9251344, hubert.schwab@hs-karlsruhe.de

**Schwab,** Jürgen; Dr. phil., Prof.; *Sozialpädagogik, Jugendhilfe, Sozialisation*; di: Kath. Hochsch. Freiburg, Karlstr. 63, 79104 Freiburg, T: (0761) 200489, schwab@kfh-freiburg.de

**Schwab,** Rainer; Dr.-Ing., Prof.; *Werkstoffkunde, Werkstoffprüfung, Metallographie*; di: Hochsch. Karlsruhe, Fak. Maschinenbau u. Mechatronik, Moltkestr. 30, 76133 Karlsruhe, PF 2440, 76012 Karlsruhe, T: (0721) 9251902, rainer.schwab@hs-karlsruhe.de

**Schwab,** Siegfried; Dr. rer. publ., Dr. iur. utr., Prof.; *Öffentliche Wirtschaft*; di: DHBW Mannheim, Fak. Wirtschaft, Coblitzallee 1-9, 68163 Mannheim, T: (0621) 41051281, F: 41051195, siegfried.schwab@dhbw-mannheim.de

**Schwabe,** Mathias; Dipl.-Päd., Dr. phil., beurl. Prof.; *Soziale Arbeit*; di: Ev. Hochsch. Berlin, Prof. f. Soziale Arbeit, PF 370255, 14132 Berlin; pr: Mathias.Schwabe@web.de

**Schwadorf,** Heike; Dr., Prof.; *BWL – Tourismus, Hotellerie und Gastronomie: Hotel- und Gastronomiemanagement*; di: DHBW Ravensburg, Rudolfstr. 11, 88214 Ravensburg, T: (0751) 189992117, schwadorf@dhbw-ravensburg.de

**Schwäble,** Rainer; Dr.-Ing., Prof.; *Vermessungskunde, Ingenieurvermessung, Satellitengeodäsie, Ausgleichungsrechnung*; di: Hochsch. Karlsruhe, Fak. Geomatik, Moltkestr. 30, 76133 Karlsruhe, PF 2440, 76012 Karlsruhe, T: (0721) 9252582

**Schwägerl,** Christian; Dr., Prof.; *Interne Kommunikation*; di: Hochsch. Osnabrück, Fak. MKT, Inst. f. Kommunikationsmanagement, Kaiserstraße 10c, Geb. KB, 49809 Lingen, T: (0591) 80098460, c.schwaegerl@hs-osnabrueck.de

**Schwaegerl,** Christine; Dr.-Ing., Prof.; *Elektrotechnik*; di: Hochsch. Augsburg, Fak. f. Elektrotechnik, An der Hochschule 1, 86161 Augsburg, PF 110605, 86031 Augsburg, T: (0821) 55861054, christine.schwaegerl@hs-augsburg.de

**Schwägermann,** Helmut; Dipl.-Volkswirt, Prof.; *Allgemeine Betriebswirtschaftslehre, Veranstaltungsmanagement*; di: Hochsch. Osnabrück, Fak. Wirtschafts- u. Sozialwiss., Caprivistr. 30a, 49076 Osnabrück, T: (0541) 9693218, schwaegermann@wi.hs-osnabrueck.de; pr: Cranachstr. 21, 12157 Berlin, T: (030) 84468110

**Schwager,** Jürgen; Dr.-Ing., Prof.; *Dezentrale Automatisierungssysteme, Echtzeitsysteme, Motion Control*; di: Hochsch. Reutlingen, FB Technik, Alteburgstr. 150, 72762 Reutlingen, T: (07121) 271617, juergen.schwager@fh-reutlingen.de; pr: Hermann-Hesse-Str. 31, 72793 Pfullingen, T: (07121) 790845

**Schwaiger,** Leo; Dr. rer. nat., Prof.; *Bauinformatik*; di: Hochsch. Anhalt, FB 3 Architektur, Facility Management u. Geoinformation, PF 2215, 06818 Dessau, T: (0340) 51971562

**Schwalbe,** Gesina; Dr., Prof.; *Dendrologie und Baumschulwesen*; di: FH Erfurt, FB Forstwirtschaft u. Ökosystemmanagement, Leipziger Str. 77, 99085 Erfurt, T: (0361) 6700223, F: 6700259, gesina.schwalbe@fh-erfurt.de

**Schwalbe,** Lisa; Dr., Prof.; *Umwelttechnik, Umweltrecht*; di: Hochsch. f. Wirtschaft u. Umwelt Nürtingen-Geislingen, FB 4, PF 1349, 72603 Nürtingen, T: (07331) 22562, lisa.schwalbe@hfwu.de

**Schwalbe,** Wolfgang; Dr., Prof.; *Projektmanagement*; di: DHBW Mosbach, Neckarburkener Str. 2-4, 74821 Mosbach, T: (06261) 939529, F: 939504, schwalbe@dhbw-mosbach.de

**Schwalm,** Martin; Dr.-Ing., Prof.; *Werkstofftechnik Metalle, Spanlose Fertigung*; di: Hochsch. München, Fak. Maschinenbau, Fahrzeugtechnik, Flugzeugtechnik, Dachauer Str. 98b, 80335 München, T: (089) 12651228, F: 12651392, martin.schwalm@fhm.edu

**Schwandner,** Gerd; Dr.-Ing., Prof.; *Betriebswirtschaftslehre und Produktmanagement*; di: HAW Ingolstadt, Fak. Maschinenbau, Esplanade 10, 85049 Ingolstadt, T: (0841) 9348603, gerd.schwandner@haw-ingolstadt.de

**Schwandt,** Bernd; Dr., Prof.; *Praktische Kommunikationstechniken*; di: FH Erfurt, FB Wirtschaftswiss., Steinplatz 2, 99085 Erfurt, PF 101363, 99013 Erfurt, T: (0361) 6700114, F: 6700152, schwandt@fh-erfurt.de

**Schwanebeck,** Wolfgang; Dr.-Ing., Prof.; *Transport gefährlicher Güter, Gefahrstoffe, Chemie, Chemische Sicherheitstechnik*; di: Hochsch. Bremerhaven, An der Karlstadt 8, 27568 Bremerhaven, T: (0471) 4823469, wschwane@hs-bremerhaven.de; pr: Am Hollenkamp 17, 27404 Ostereistedt, F: (04285) 95133

**Schwanecke,** Ulrich; Dr., Prof.; *Grundlagen der Informatik, Medieninformatik*; di: Hochsch. Rhein/Main, FB Design Informatik Medien, Unter den Eichen 5, 65195 Wiesbaden, T: (0611) 94951254, ulrich.schwanecke@hs-rm.de

**Schwaner,** Kurt; Dipl.-Ing., Prof.; *Ingenieurholzbau*; di: Hochsch. Biberach, Fak. Bauingenieurwesen, PF 1260, 88382 Biberach/Riß, T: (07351) 582520, F: 582529, schwaner@hochschule-bc.de

**Schwanitz,** Johannes; Dr. rer. oec., Prof.; *Management Science*; di: FH Münster, Inst. f. Technische Betriebswirtschaft, Bismarckstraße 11, 48565 Steinfurt, T: (02551) 962542, schwanitz@fh-muenster.de

**Schwanitz,** Volkmar; Dr.-Ing., Prof.; *Konstruktion sowie Werkzeug- und Vorrichtungsbau*; di: FH Stralsund, FB Maschinenbau, Zur Schwedenschanze 15, 18435 Stralsund, T: (03831) 456561

**Schwanke,** Martina; Dr. phil., Prof.; *Deutsch als Fremdsprache/Rhetorik*; di: Hochsch. Magdeburg-Stendal, FB Kommunikation u. Medien, Breitscheidstr. 2, 39114 Magdeburg, T: (0391) 8864277, martina.schwanke@hs-magdeburg.de

**Schwankner,** Robert; Dr. rer. nat., Prof.; *Angewandte- u. Umweltchemie, Technischer Umweltschutz, Kernphysik*; di: Hochsch. München, Fak. Feinwerk- u. Mikrotechnik, Physikal. Technik, Lothstr. 34, 80335 München, T: (089) 12652608, F: 12652608

**Schwark,** Jürgen; Dr. phil., Prof.; *Betriebswirtschaftslehre, insb. Tourismus*; di: Westfäl. Hochsch., FB Elektrotechnik u. angew. Naturwiss., Neidenburger Str. 43, 45877 Gelsenkirchen, T: (02871) 2155718, Juergen.Schwark@fh-gelsenkirchen.de

**Schwarting,** Frauke; Dr., Prof.; *Allgemeine Soziologie und Sozialisation, Qualitative Forschung, Drogen und Sucht*; di: HAW Hamburg, Fak. Wirtschaft u. Soziales, Alexanderstr. 1, 20099 Hamburg, T: (040) 428757094, frauke.schwarting@haw-hamburg.de

**Schwartmann,** Rolf; Dr. jur. habil., Prof.; *Bürgerl. Recht u. Wirtschaftsrecht, insbes. internationales u. öffentliches Wirtschaftsrecht*; di: FH Köln, Fak. f. Wirtschaftswiss., Claudiusstr. 1, 50678 Köln, T: (0221) 82753446, rolf.schwartmann@fh-koeln.de

**Schwartz,** Dirk; Dr. rer. nat., Prof.; *Molekularbiologie, Bioanalytik*; di: Hochsch. Esslingen, Fak. Versorgungstechnik u. Umwelttechnik, Kanalstr. 33, 73728 Esslingen, T: (0711) 3973513

**Schwartz,** Karl Günter; Dipl.-Ing., Dr., HonProf.; di: Hochsch. Mannheim, Windeckstr. 110, 68163 Mannheim

**Schwartz,** Manuela; Dr., Prof.; *Historische Musikwissenschaft*; di: Hochsch. Magdeburg-Stendal, FB Sozial- u. Gesundheitswesen, Breitscheidstr. 2, 39114 Magdeburg, T: (0391) 8864381, manuela.schwartz@hs-magdeburg.de

**Schwartz,** Peter U.; Dr.-Ing., Prof.; *Mikroprozessortechnik, Informatik, Kommunikationsntze, EMV*; di: Hochsch. Lausitz, FB Informatik, Elektrotechnik, Maschinenbau, Großenhainer Str. 57, 01968 Senftenberg, T: (03573) 85501, F: 85509

**Schwartz,** Thomas; Dr. theol., Prof.; *Ethik, Theologie, Wirtschaftswissenschaften*; di: Hochsch. Augsburg, Fak. f. Allgemeinwissenschaften, Baumgartnerstr. 16, 86161 Augsburg, T: (0821) 55863301, F: 55863310, thomas.schwartz@hs-augsburg.de

**Schwarz,** Alexandra; Prof.; *Accessoire Design*; di: Hochsch. Pforzheim, Fak. f. Gestaltung, Östl. Karl-Friedrich-Str. 24, 75175 Pforzheim, T: (07231) 286867, F: 286040, alexandra.schwarz@hs-pforzheim.de

**Schwarz,** Bernd; Dr.-Ing., Prof.; *Technische Informatik*; di: HAW Hamburg, Fak. Technik u. Informatik, Berliner Tor 7, 20099 Hamburg, T: (040) 428758163, schwarz@informatik.haw-hamburg.de

**Schwarz,** Clarissa; Dr., Prof.; *Hebammenkunde, Angewandte Pflegeforschung*; di: Hochsch. f. Gesundheit, Universitätsstr. 105, 44789 Bochum, T: (0234) 77727650, clarissa.schwarz@hs-gesundheit.de

**Schwarz,** Hans; Dr. phil., Prof.; *Erziehungswissenschaften*; di: Hochsch. Esslingen, Fak. Soziale Arbeit, Gesundheit u. Pflege, Flandernstr. 101, 73732 Esslingen, T: (0711) 1974599, schwarz@hfs-esslingen.de; pr: Kernerstr. 34, 70182 Stuttgart, T: (0711) 2362321

**Schwarz,** Hans; Dr. phil., Prof.; *Angewandte Sprachwissenschaften, Fachübersetzen Englisch*; di: Hochsch. Magdeburg-Stendal, FB Kommunikation u. Medien, Breitscheidstr. 2, 39114 Magdeburg, T: (0391) 8864251

**Schwarz,** Hans-Peter; Dr. agr., Prof.; *Landtechnik*; di: Hochsch. Geisenheim, Von-Lade-Str. 1, 65366 Geisenheim, T: (06722) 502361, Hans-Peter.Schwarz@hs-gm.de; pr: Schubertstr. 21, 35625 Hüttenberg, T: (06403) 72747

**Schwarz,** Henning; Dipl.-Ing., Prof.; *Bauelemente*; di: FH Lübeck, FB Elektrotechnik u. Informatik, Mönkhofer Weg 136-140, 23562 Lübeck, T: (0451) 3005316, F: 3005236, henning.schwarz@fh-luebeck.de

**Schwarz,** Josef; Dr. rer. nat., Prof.; *Technischer Ausbau, Bauphysik, Baukonstruktion, Entwurf*; di: FH Mainz, FB Technik, Holzstr. 36, 55116 Mainz, T: (06131) 2859223, schwarz@fh-mainz.de

**Schwarz,** Jürgen; Dr. phil., Prof.; *Kommunikationsdesign, Schwerpunkt Grundlagen des Design, Kommunikationstheorie, Medientheorie und Semionik*; di: Hochsch. Mannheim, Fak. Gestaltung, Windeckstr. 110, 68163 Mannheim, T: (0621) 2926158, F: 2926160

**Schwarz,** Jürgen; Dr.-Ing., Prof.; *Leistungselektronik und Antriebe*; di: Hochsch. Anhalt, FB 6 Elektrotechnik, Maschinenbau u. Wirtschaftsingenieurwesen, PF 1458, 06354 Köthen, T: (03496) 672334, J.Schwarz@emw.hs-anhalt.de

**Schwarz,** Markus; Dipl.-Ing., Dr., Prof.; *Biomedizintechnik u. technische Datenverarbeitung*; di: Hochsch. Niederrhein, FB Wirtschaftsingenieurwesen u. Gesundheitswesen, Ondereyckstr. 3-5, 47805 Krefeld, T: (02151) 8226646

**Schwarz,** Matthias; Dr. oec., Prof.; *ABWL/ Produktions- und Materialwirtschaft*; di: Westsächs. Hochsch. Zwickau, FB Wirtschaftswiss., Scheffelstr. 39, 08056 Zwickau, T: (0375) 5363241, Matthias.Schwarz@fh-zwickau.de

**Schwarz,** Michael; Dipl.-Ing., Prof.; di: Rheinische FH Köln, Hohenstaufenring 16-18, 50674 Köln; pr: Lindenthalgürtel 98, 50935 Köln, T: (0221) 404511

**Schwarz,** Oliver; Dr., Prof.; di: Hochsch. Heilbronn, Fak. f. Wirtschaft u. Verkehr, Max-Planck-Str. 39, 74081 Heilbronn, T: (07131) 504246, schwarz@hs-heilbronn.de

**Schwarz,** Peter; Dr.-Ing., Prof.; *Konstruktionslehre mit CAD-Anwendung, Verfahrenstechnik, Einrichtungsplanung, Ingenieurwissenschaftliche Grundlagen*; di: Hochsch. Albstadt-Sigmaringen, FB 3, Anton-Günther-Str. 51, 72488 Sigmaringen, PF 1254, 72481 Sigmaringen, T: (07571) 732264, F: 732250, schwarz@hs-albsig.de

**Schwarz,** Peter; Dr.-Ing., Prof.; *Automatisierungssysteme und -komponenten, Mess- und Regelungstechnik, Grundlagen der Elektrotechnik*; di: Hochsch. Coburg, Fak. Elektrotechnik / Informatik, Friedrich-Streib-Str. 2, 96450 Coburg, T: (09561) 317221, schwarz@hs-coburg.de; pr: Kastanienweg 14, 96450 Coburg, T: (09561) 95335

**Schwarz,** Ralf; Dipl.-Kfm., Dr. rer. pol., Prof.; *Buchführung, Bilanzierung, Unternehmensbesteuerung*; di: Hochsch. Coburg, Fak. Wirtschaft, Friedrich-Streib-Str. 2, 96450 Coburg, T: (09561) 317180, schwarzr@hs-coburg.de

**Schwarz,** Renate; Dr., Prof.; *Soziale Arbeit, Supervision*; di: Hochsch. Heidelberg, Fak. f. Soziale Arbeit, Ludwig-Guttmann-Str. 6, 69123 Heidelberg, T: (06221) 883269, renate.schwarz@fh-heidelberg.de

**Schwarz,** Sibylle; Dr. rer. nat., Prof.; *Theoretische Informatik*; di: Westsächs. Hochsch. Zwickau, FB Physikalische Technik/Informatik, Dr.-Friedrichs-Ring 2A, 08056 Zwickau, T: (0375) 5361337, sibylle.schwarz@fh-zwickau.de

**Schwarz,** Sigrun; Dr. rer. pol., Prof.; *Logistik, Investition/Finanzierung, Qualitätsmanagement, Rechnungswesen, EDV*; di: FH Münster, FB Pflege u. Gesundheit, Leonardo Campus 8, 48149 Münster, T: (0251) 8365903, F: 8365852, sschwarz@fh-muenster.de

**Schwarz,** Steffen; Dr., Prof., Dekan FB Wirtschaftswissenschaft; *ABWL, insb. Existenzgründungs- und Mittelstandsmanagement*; di: FH Erfurt, FB Wirtschaftswiss., Steinplatz 2, 99085 Erfurt, PF 101363, 99013 Erfurt, T: (0361) 6700150, F: 6700152, schwarz@fh-erfurt.de

**Schwarz,** Stephan; Dr., Prof.; *Interaktive Medien, Interface-Design, Usability Engineering*; di: Hochsch. Rhein/Main, FB Design Informatik Medien, Unter den Eichen 5, 65195 Wiesbaden, T: (0611) 94952149, stephan.schwarz@hs-rm.de

**Schwarz,** Sybille; Dr. oec., Prof.; *Allgemeine Betriebswirtschaftslehre, Kosten- u. Leistungsrechnung, Seminar Rechnungswesen*; di: Hochsch. Offenburg, Fak. Betriebswirtschaft u. Wirtschaftsingenieurwesen, Klosterstr. 14, 77723 Gengenbach, T: (07803) 969861, F: 969849

**Schwarz,** Ulrich; Dr.-Ing., Prof. H f. nachhaltige Entwicklung Eberswalde, Dekan FB Holztechnik; *Möbel, Objektmöbel, Bauelemente, Produktmanagement, Qualitätssicherung. Schnittholzerzeugung- und verarbeitung, Vollholzverarbeitung, bauphysikalische Messtechnik*; di: Hochsch. f. nachhaltige Entwicklung, FB Holztechnik, Alfred-Möller-Str. 1, 16225 Eberswalde, T: (03334) 657374, Ulrich.Schwarz@hnee.de

**Schwarzbach,** Frank; Dr.-Ing., Prof.; *Geoinformationssysteme*; di: HTW Dresden, Fak. Geoinformation, Friedrich-List-Platz 1, 01069 Dresden, T: (0351) 4623134, schwarzbach@htw-dresden.de

**Schwarzbart,** Kenn; Dipl.-Ing., Prof.; *Baukonstruktion, Hochbau, Raumbildender Ausbau, Innenraumgestaltung, Objektsanierung, Konstruktiver Entwurf*; di: Hochsch. Heidelberg, School of Engineering and Architecture, Bonhoefferstr. 11, 69123 Heidelberg, T: (06221) 884117, kenn.schwarzbart@fh-heidelberg.de

**Schwarzbeck,** Karl; Dipl.-Phys., Dr. rer. nat., Prof.; *Informatik*; di: Hochsch. Regensburg, Fak. Informatik u. Mathematik, PF 120327, 93025 Regensburg, T: (0941) 9431269, karl.schwarzbeck@informatik.fh-regensburg.de

**Schwarze,** Barbara; Prof.; *Gender u. Diversity Studies*; di: Hochsch. Osnabrück, Fak. Ingenieurwiss. u. Informatik, Albrechtstr. 30, 49076 Osnabrück, T: (0541) 9692197, ba.schwarze@hs-osnabrueck.de

**Schwarze,** Bernd; Dr.-Ing., Prof.; *CAD, Maschinenelemente, Konstruktion*; di: Hochsch. Osnabrück, Fak. Ingenieurwiss. u. Informatik, Albrechtstr. 30, 49076 Osnabrück, T: (0541) 9692942, b.schwarze@hs-osnabrueck.de

**Schwarze,** Gerhard; Dr.-Ing., Prof.; *Technische Gebäudeausrüstung, Ingenieurwissenschaftliche Grundlagen, Maschinen- und Gerätetechnik*; di: Hochsch. Albstadt-Sigmaringen, FB 3 Facility Management, Anton-Günther-Str. 51, 72488 Sigmaringen, T: (07571) 732238, schwarze@hs-albsig.de

**Schwarze,** Siegfried; Dr.-Ing., Prof.; *Druckverfahrenstechnik*; di: Beuth Hochsch. f. Technik, FB VI Informatik u. Medien, Luxemburger Str. 10, 13353 Berlin, T: (030) 45045109, schwarze@beuth-hochschule.de

**Schwarze,** Uwe; Dr. rer.pol., Prof.; *Sozialpolitik, Soziale Arbeit*; di: HAWK Hildesheim/Holzminden/Göttingen, Fak. Management, Soziale Arbeit u. Bauen, Hohnsen 1, 31134 Hildesheim, T: (05121) 881406, Schwarze@hawk-hhg.de

**Schwarzenau,** Dieter; Dr.-Ing., Prof., Dekan FB Elektrotechnik; *Kommunikationstechnik*; di: Hochsch. Magdeburg-Stendal, FB Elektrotechnik, Breitscheidstr. 2, 39114 Magdeburg, T: (0391) 8864490, Dieter.Schwarzenau@HS-Magdeburg.DE

**Schwarzer,** Bettina; Dr., Prof.; *BWL*; di: Hochsch. d. Medien, Fak. Information u. Kommunikation, Wolframstr. 32, 70191 Stuttgart, T: (0711) 25706180

**Schwarzer,** Dirk; Dr., Prof.; *Sportmanagement*; di: DHBW Mosbach, Campus Heilbronn, Bildungscampus 4, 74076 Heilbronn, T: (07131) 1237132, F: 1237100, schwarzer@dhbw-mosbach.de

**Schwarzer,** Klemens; Dr.-Ing., Prof.; *Technische Thermodynamik, Thermohydraulik*; di: FH Aachen, FB Angewandte Naturwiss. u. Technik, Ginsterweg 1, 52428 Jülich, T: (0241) 600953520, schwarzer@fh-aachen.de; pr: Tuchbleiche 12, 52428 Jülich, T: (02461) 54049

**Schwarzer,** Wolfgang; Dr. med., Prof.; *Sozialmedizin einschl. Psychopathologie und Psychiatrie*; di: Kath. Hochsch. NRW, Abt. Köln, FB Sozialwesen, Wörthstr. 10, 50668 Köln, T: (0221) 7757154, F: 7757180, w.schwarzer@kfhnw.de

**Schwarzfischer,** Peter; Dr. med., Prof.; *Medizin*; di: Kath. Stiftungsfachhochsch. München, Abt. Benediktbeuern, Don-Bosco-Str. 1, 83671 Benediktbeuern, peter.schwarzfischer@ksfh.de

**Schwarzmann,** Winfried; Dr. rer. pol., Prof.; *Rechnungswesen, Controlling*; di: Hochsch. München, Fak. Betriebswirtschaft, Am Stadtpark 20, 81243 München, T: (089) 12652700, F: 12652714, schwarzmann@fhm.edu

**Schwechten,** Dieter; Dr.-Ing., Prof.; *Mechanische Verfahrenstechnik*; di: Hochsch. Konstanz, Fak. Maschinenbau, Brauneggerstr. 55, 78462 Konstanz, PF 100543, 78405 Konstanz, T: (07531) 206535, schwechten@fh-konstanz.de

**Schwedes,** Wilhelm; Dr. rer. nat., Prof.; *Physik, insbes. Festkörperphysik (speziell Halbleiter) und Physik der elektromagnetischen Strahlung*; di: FH Köln, Fak. f. Informations-, Medien- u. Elektrotechnik, Betzdorfer Str. 2, 50679 Köln, T: (0221) 82752437, wilhelm.schwedes@fh-koeln.de; pr: Thielenbrucher Allee 3a, 51069 Köln

**Schwedler,** Erhard; Dr. rer. pol., Prof.; *Betriebswirtschaft, Marketing (insbesonderte Konsumgütermarketing und Internationales Marketing), Unternehmensführung*; di: FH Mainz, FB Wirtschaft, Lucy-Hillebrand-Str. 2, 55128 Mainz, T: (06131) 628247, erhard.schwedler@wiwi.fh-mainz.de

**Schweer,** Hartmut; Dipl.-Kfm., Prof.; *BWL, Kostenrechnung, Controlling, Rating, Unternehmenssanierung*; di: Jade Hochsch., FB Management, Information, Technologie, Friedrich-Paffrath-Str. 101, 26389 Wilhelmshaven, schweer@jade-hs.de

**Schweibenz,** Bernd; Dr.-Ing., Prof.; *Baubetriebswirtschaft, Bautechnik*; di: Hochsch. Biberach, SG Betriebswirtschaft, PF 1260, 88382 Biberach/Riß, T: (07351) 582407, F: 582449, schweibenz@hochschule-bc.de

**Schweig,** Karl-Heinz; Dr.-Ing., Prof.; *Verkehrssysteme, -planung und -steuerung*; di: Westfäl. Hochsch., FB Wirtschaftsingenieurwesen, August-Schmidt-Ring 10, 45657 Recklinghausen, T: (02361) 915426, F: 915535, karl-heinz.schweig@fh-gelsenkirchen.de

**Schweiger,** Gunter; Dr.-Ing., Prof.; *Konstruktion u. Qualitätsmanagement*; di: HAW Ingolstadt, FB Maschinenbau, Esplanade 10, 85049 Ingolstadt, T: (0841) 9348107, gunter.schweiger@haw-ingolstadt.de

**Schweiger,** Hans-Georg; Dr., Prof.; *Fahrzeugelektronik, Elektromobilität*; di: HAW Ingolstadt, Fak. Elektrotechnik u. Informatik, Esplanade 10, 85049 Ingolstadt, T: (0841) 9348450, Hans-Georg.Schweiger@haw-ingolstadt.de

**Schweiger,** Johann; Dr., Prof.; *Technische Informatik, Ingenieurmathematik*; di: HAW Ingolstadt, Fak. Elektrotechnik u. Informatik, Esplanade 10, 85049 Ingolstadt, T: (0841) 9348259, johann.schweiger@haw-ingolstadt.de

**Schweiger,** Stefan; Dr., Prof.; *BWL, Industrielle Projektplanung*; di: Hochsch. Konstanz, Fak. Wirtschafts- u. Sozialwiss., Brauneggerstr. 55, 78462 Konstanz, PF 100543, 78405 Konstanz, schweiger@fh-konstanz.de

**Schweighoffer,** Raimund; Dr. rer. pol., Prof.; *Volkswirtschaftslehre, Außenwirtschaft*; di: Hochsch. Kempten, Fak. Betriebswirtschaft, PF 1680, 87406 Kempten, T: (0831) 2523156, raimund.schweighoffer@fh-kempten.de

**Schweikart,** Jürgen; Dr. rer. nat., Prof.; *Thematische Kartographie, Kartenredaktion, Kartenlehre/Kartenentwurf*; di: Beuth Hochsch. f. Technik, FB III Bauingenieur- u. Geoinformationswesen, Luxemburger Str. 10, 13353 Berlin, T: (030) 45042038, schweikart@beuth-hochschule.de

**Schweikart,** Rudolf; Dr. phil., Prof.; *Sozialadministration*; di: HTWK Leipzig, FB Angewandte Sozialwiss., PF 301166, 04251 Leipzig, T: (0341) 30764332, schweikart@sozwes.htwk-leipzig.de

**Schweinfurth,** Gerhard; Dr.-Ing., Prof.; *Geoinformatik*; di: Hochsch. Karlsruhe, Fak. Geomatik, Moltkestr. 30, 76133 Karlsruhe, PF 2440, 76012 Karlsruhe, T: (0721) 9252634

**Schweitzer,** Jutta; Dr. phil., Prof.; *Personalwesen*; di: Hochsch. München, Fak. Betriebswirtschaft, Am Stadtpark 20 (Neubau), 81243 München, T: (089) 12652735, F: 12652714, jutta.schweitzer@fhm.edu

**Schweitzer,** Peter; Dipl.-Ing., Prof.; *Tragsysteme, Tragkonstruktionen*; di: HTW Dresden, Fak. Bauingenieurwesen/Architektur, Friedrich-List-Platz 1, 01069 Dresden, T: (0351) 4623258, p.j.schweitzer@htw-dresden.de

**Schweizer,** Anton R.; Dipl.Ing., Prof.; *Maschinenbau*; di: DHBW Stuttgart, Campus Horb, Florianstr. 15, 72160 Horb am Neckar, T: (07451) 521236, F: 521139, a.schweizer@hb.dhbw-stuttgart.de

**Schweizer,** Joerg-Erwin; HonProf.; *Unternehmenskommunikation*; di: Hochsch. Mittweida, Fak. Medien, Technikumplatz 17, 09648 Mittweida, T: (03727) 581580

**Schweizer,** Kerstin; Dr., Prof.; *Unternehmensrecht*; di: Hochsch. Pforzheim, Fak. f. Wirtschaft u. Recht, Tiefenbronner Str. 65, 75175 Pforzheim, T: (07231) 286295, F: 286087, kerstin.schweizer@hs-pforzheim.de

**Schweizer,** Ulrich; Dipl.-Kfm., Dr. rer. pol., Prof.; *Allgemeine Betriebswirtschaftslehre und Betriebliches Rechnungswesen*; di: Hochsch. Ansbach, FB Wirtschafts- u. Allgemeinwiss., Residenzstr. 8, 91522 Ansbach, PF 1963, 91510 Ansbach, T: (0981) 4877224, ulrich.schweizer@fh-ansbach.de

**Schwellbach,** Jürgen; Dr.-Ing., Prof.; *Maschinenbau*; di: DHBW Stuttgart, Campus Horb, Florianstr. 15, 72160 Horb am Neckar, T: (07451) 521237, F: 521111, j.schwellbach@hb.dhbw-stuttgart.de

**Schwellenberg,** Ulrich; Dr.-Ing., Prof., Dekan; *Steuerungs- und Regelungstechnik, Prozessautomatisierung*; di: FH Düsseldorf, FB 4 – Maschinenbau u. Verfahrenstechnik, Josef-Gockeln-Str. 9, 40474 Düsseldorf, T: (0211) 4351427, ulrich.schwellenberg@fh-duesseldorf.de; pr: Am Herrentisch 26, 58313 Herdecke, T: (02330) 13591

**Schwendemann,** Wilhelm; Dr., Prof.; *Theologie, Religionspädagogik, Schulpädagogik*; di: Ev. Hochsch. Freiburg, Bugginger Str. 38, 79114 Freiburg i.Br., T: (0761) 4781235, F: 4781230, schwendemann@eh-freiburg.de; pr: Brucknerstr. 5, 79104 Freiburg, T: (0761) 56388, ProfSchwendi@t-online.de

**Schwender,** Clemens; Dr. habil., Prof.; *Kommunikationsmanagement*; di: Business School (FH), Große Weinmeisterstr. 43 a, 14469 Potsdam, Clemens.Schwender@businessschool-potsdam.de

**Schwenk,** Frieder; Dr. rer. nat., Prof.; *Technische Biologie*; di: Westfäl. Hochsch., FB Elektrotechnik u. angew. Naturwiss., August-Schmidt-Ring 10, 45665 Recklinghausen, T: (02361) 915685, frieder.schwenk@fh-gelsenkirchen.de

**Schwenk,** Hagen; Prof.; *KD/Grundlagen*; di: Hochsch. Darmstadt, FB Gestaltung, Haardtring 100, 64295 Darmstadt, T: (06151) 168352, hs@h-da.de; pr: Reinsburgstr. 87, 70197 Stuttgart, T: (0711) 91292961

**Schwenk-Schellschmidt,** Angela; Dr. rer. nat., Prof.; *Mathematik*; di: Beuth Hochsch. f. Technik, FB II Mathematik – Physik – Chemie, Luxemburger Straße 10, 13353 Berlin, T: (030) 45042351, schwenk@beuth-hochschule.de

**Schwenke,** Frederike; Dr., Prof.; di: DHBW Ravensburg, Marienplatz 2, 88212 Ravensburg, T: (0751) 189992136, schwenke@dhbw-ravensburg.de

**Schwenkert,** Rainer; Dr. rer. nat., Prof.; *Finanzmathematik, Datenbanksysteme, Operations Research*; di: Hochsch. München, Fak. Informatik u. Mathematik, Lothstr. 34, 80335 München, T: (089) 12653734, F: 12653780, rsh@cs.fhm.edu

**Schwenkreis,** Friedemann; Dr., Prof.; *Wirtschaftsinformatik*; di: DHBW Stuttgart, Fak. Wirtschaft, Wirtschaftsinformatik, Paulinenstr. 50, 70178 Stuttgart, T: (0711) 1849551, Schwenkreis@dhbw-stuttgart.de

**Schwenzfeger,** Gunther; Dr., Prof.; *Künstliche Intelligenz*; di: Hochsch. Anhalt, FB 5 Informatik, PF 1458, 06354 Köthen, T: (03496) 673128, gunther.schwenzfeger@inf.hs-anhalt.de

**Schwenzfeier-Hellkamp,** Eva; Dr.-Ing., Prof.; *Elektronik, Photovoltaik, Regenerative Energiewirtschaft, Informationstechnik*; di: FH Bielefeld, FB Ingenieurwiss. u. Mathematik, Wilhelm-Bertelsmann-Str. 10, 33602 Bielefeld, T: (0521) 1067237, F: 1067160, eva.schwenzfeier-hellkamp@fh-bielefeld.de

**Schweppe,** Ernst-Günter; Dr.-Ing., Prof.; *Elektronische Schaltungen und Netzwerke*; di: FH Südwestfalen, Lindenstr. 53, 59872 Meschede, T: (0291) 9910280, schweppe@fh-swf.de

**Schweppenhäuser,** Gerhard; Dr. phil. habil., Prof. HS f. angewandte Wissenschaften Würzburg; *Philosophie, Ästhetik, Kultur- und Medientheorie, Ethik, Kritische Theorie*; di: Hochsch. f. angew. Wiss. Würzburg Schweinfurt, Fak. Gestaltung, Münzstr. 12, 97070 Würzburg, T: (0931) 3511206, F: 3511329, gerhard.schweppenhaeuser@fhws.de; pr: g.schweppenhaeuser@gmx.de

**Schwerdt,** Ahron; Dr., Prof.; *Allg. BWL / Marketing*; di: DHBW Villingen-Schwenningen, Fak. Wirtschaft, Karlstr. 29, 78054 Villingen-Schwenningen, T: (07720) 3906162, F: 3906519, schwerdt@dhbw-vs.de

**Schwerdt,** Ruth; M.A., Dipl.-Psychogerontologin Univ. (postgrad.), Dr. phil., Prof.; *Pflegewissenschaft*; di: FH Frankfurt, FB 4 Soziale Arbeit u. Gesundheit, Nibelungenplatz 1, 60318 Frankfurt am Main, T: (069) 15332574, schwerdt@fb4.fh-frankfurt.de; pr: Obere Martinistr. 2, 49078 Osnabrück, T: (0541) 430535

**Schwerdtfeger,** Werner; Dr.-Ing., Prof.; *Elektrische Mess- u. Regelungstechnik, Automatisierungstechnik*; di: FH Bielefeld, FB Ingenieurwiss. u. Mathematik, Schulstrasse 10, 33330 Gütersloh, T: (05241) 2114317, werner.schwerdtfeger1@fh-bielefeld.de; pr: Ammerstr. 1, 33775 Versmold, T: (0177) 5684289

**Schwerin,** Marianne von; Dr. rer. nat., Prof.; *Programmieren, Datenbanksysteme, Software Engineering*; di: Hochsch. Ulm, Fak. Elektrotechnik u. Informationstechnik, Eberhard-Finckh-Str. 11, 89075 Ulm, T: (0731) 5028315, m.schwerin@hs-ulm.de

**Schwerin,** Reinhold von; Dr. rer.nat., Prof.; *Angewandte Informatik, Datenbanken, Datenmodellierung*; di: Hochsch. Ulm, Fak. Informatik, Prittwitzstr. 10, 89075 Ulm, T: (0731) 5028259, r.schwerin@hs-ulm.de

**Schwermer,** Rolf; Prof.; *Medienpädagogik, Mediendidaktik, Psychologie und Kommunikationswissenschaften, Technische Dokumentation*; di: Hochsch. Hannover, Fak. I Elektro- u. Informationstechnik, Technische Redaktion, Ricklinger Stadtweg 120, 30459 Hannover, T: (0511) 92961208, rolf.schwermer@hs-hannover.de; pr: Rampenstr. 11a, 30449 Hannover, T: (0511) 456350; www.rolf-schwermer.de

**Schwerter,** Reinhard; Dr.-Ing. habil., Prof.; *Erdbau, Grundbau*; di: Hochsch. Zittau/Görlitz, Fak. Bauwesen, Schliebenstr. 21, 02763 Zittau, PF 1455, 02754 Zittau, T: (03583) 611692, R.Schwerter@hs-zigr.de

**Schwesig,** Martin; Dr.-Ing., Prof.; *Ingenieurbau, Stahlbau, Brückenbau*; di: Hochsch. Ostwestfalen-Lippe, FB 3, Bauingenieurwesen, Emilienstr. 45, 32756 Detmold, martin.schwesig@fh-luh.de; pr: Akazienstr. 14, 32760 Detmold

**Schwesig,** Roland; Dr., Prof.; *Wirtschaftsinformatik*; di: AKAD-H Pinneberg, Am Rathaus 10, 25421 Pinneberg, T: (04101) 85580, hs-pinneberg@akad.de

**Schwetlick,** Horst; Dr., Prof.; *Elektrotechnik, Elektrische Meßtechnik, Nachrichtenmesstechnik*; di: HTW Berlin, FB Ingenieurwiss. I, Allee der Kosmonauten 20/22, 10315 Berlin, T: (030) 50193272, h.schwetlick@HTW-Berlin.de

**Schwick,** Wilhelm; Dr., Prof.; *Mathematik, Angewandte Mathematik, Datenverarbeitung*; di: FH Dortmund, FB Informations- u. Elektrotechnik, Sonnenstr. 96, 44139 Dortmund, T: (0231) 9112278, F: 9112289, wilhelm.schwick@fh-dortmund.de; pr: Wellinghofer Amtsstr. 71, 44265 Dortmund

**Schwickert,** Susanne; Dr.-Ing., Prof.; *Technischer Ausbau u. Bauphysik*; di: Hochsch. Ostwestfalen-Lippe, FB 1, Architektur u. Innenarchitektur, Bielefelder Str. 66, 32756 Detmold, T: (05231) 769638, susanne.schwickert@fh-luh.de; pr: August-von Haxthausenstr. 18, 32839 Steinheim, T: (05233) 3501

**Schwiebert,** Gerhard; Prof.; *Dienstleistungsgartenbau, Grundlagen der EDV, Lernmethodik*; di: FH Erfurt, FB Gartenbau, Leipziger Str. 77, 99085 Erfurt, PF 101363, 99013 Erfurt, T: (0361) 6700260, F: 6700226, schwiebert@fh-erfurt.de

**Schwien,** Bernd; Dr., Prof.; *Sozialmanagement*; di: FH Nordhausen, FB Wirtschafts- u. Sozialwiss., Weinberghof 4, 99734 Nordhausen, T: (03631) 420521, F: 420817, schwien@fh-nordhausen.de

**Schwierz,** Heinrich; Dr.-Ing., Prof.; *Nachrichtentechnik und Signalverarbeitung*; di: FH Brandenburg, FB Technik, SG Elektrotechnik, Magdeburger Str. 50, 14770 Brandenburg, PF 2132, 14737 Brandenburg, T: (03381) 355543, schwierz@fh-brandenburg.de

**Schwik,** Jürgen; Dr. rer. nat., Prof.; *Physik*; di: Hochsch. Wismar, Fak. f. Ingenieurwiss., PF 1210, 23952 Wismar, T: (03841) 753555, j.schwik@mb.hs-wismar.de

**Schwill,** Jürgen; Dr. rer. pol., Prof.; *Internationales Management und Marketing*; di: FH Brandenburg, FB Wirtschaft, SG Betriebswirtschaftslehre, Magdeburger Str. 50, 14770 Brandenburg, PF 2132, 14737 Brandenburg, T: (03381) 355200, F: 355299, schwill@fh-brandenburg.de; www.fh-brandenburg.de/~schwill

**Schwille,** Jürgen; Dr., Prof.; *Wirtschaftsinformatik*; di: DHBW Stuttgart, Fak. Wirtschaft, Wirtschaftsinformatik, Rotebühlplatz 41, 70174 Stuttgart, T: (0711) 66734522, schwille@dhbw-stuttgart.de

**Schwing,** Erwin; Dr.-Ing., Prof., Dekan FB Architektur und Bauwesen; *Geotechnik*; di: Hochsch. Karlsruhe, Fak. Architektur u. Bauwesen, Moltkestr. 30, 76133 Karlsruhe, PF 2440, 76012 Karlsruhe, T: (0721) 9252738, erwin.schwing@hs-karlsruhe.de

**Schwinger,** Doreen; Dr., Prof.; *BWL, Schwerpunkt Unternehmensführung und Logistik*; di: AKAD-H Leipzig, Gutenbergplatz 1E, 04103 Leipzig, hs-leipzig@akad.de

**Schwinger,** Eberhard; Prof.; *Erziehungswissenschaft, insbes. Sozialisation, Jugendarbeit, Grundlagen der Didaktik*; di: FH Dortmund, FB Angewandte Sozialwiss., Emil-Figge-Str. 44, 44227 Dortmund, T: (0231) 7554988, schwinger@fh-dortmund.de; pr: Am Wiesenberge 7, 58239 Schwerte

**Schwinger,** Thomas; Dr. phil. habil., apl.Prof. U Münster, Prof. Ev. FH Darmstadt, Dekan FB Kontakt- u. Aufbaustudium; *Psychologie, Sozialtherapie*; di: Ev. Hochsch. Darmstadt, FB Aufbau- u. Kontaktstudium, Zweifalltorweg 12, 64293 Darmstadt, T: (06151) 879851, F: 879858, schwinger@eh-darmstadt.de; pr: Ostendstr. 6, 64291 Darmstadt, T: (06150) 83521

**Schwinn,** Bernd; Dr., Prof.; *Informationstechnik*; di: DHBW Stuttgart, Fak. Technik, Informatik, Informationstechnik, Rotebühlplatz 41, 70178 Stuttgart, T: (0711) 66734505, schwinn@dhbw-stuttgart.de

**Schwinn,** Hans; Dipl.-Math., Dr. rer. nat, Prof.; *Software-Engineering, Datenbanken*; di: FH Worms, FB Informatik, Erenburgerstr. 19, 67549 Worms, T: (06241) 509213, F: 509222

**Schwister,** Karl; Dr. rer. nat., Prof.; *Chemie und Bioverfahrenstechnik*; di: FH Düsseldorf, FB 4 – Maschinenbau u. Verfahrenstechnik, Josef-Gockeln-Str. 9, 40474 Düsseldorf, T: (0211) 4351438, F: 4351440, karl.schwister@fh-duesseldorf.de; pr: Buchenweg 19, 53347 Alfter-Oedekoven, T: (0228) 642815

**Schwoerer,** Ludwig; Dr.-Ing., Prof.; *Mikrosystemtechnik*; di: Hochsch. Bochum, FB Elektrotechnik u. Informatik, Lennershofstr. 140, 44801 Bochum, T: (0234) 3210338, ludwig.schwoerer@hs-bochum.de; pr: Buchenweg 21 a, 45625 Hattingen, T: (02324) 766513

**Schwolgin,** Armin F.; Dr., Prof.; *BWL, Spedition, Transport und Logistik*; di: DHBW Lörrach, Hangstr. 46-50, 79539 Lörrach, T: (07621) 2071252, F: 2071239, schwolgin@dhbw-loerrach.de

**Schwotzer,** Thomas; Dr., Prof.; *Wirtschaftsinformatik (web-basierte Lehre u. Medienmanagement)*; di: HTW Berlin, FB Wirtschaftswiss. II, Treskowallee 8, 10318 Berlin, T: (030) 50192604, schwotze@HTW-Berlin.de

**Scorl,** Konrad; Dr. jur., Prof.; *Bürgerliches Recht, Wirtschafts- und Europarecht*; di: Hochsch. f. Wirtschaft u. Umwelt Nürtingen-Geislingen, PF 1349, 72603 Nürtingen, T: (07022) 602735, konrad.scorl@hfwu.de

**Scorzin,** Pamela C.; M.A., Dr., Prof.; *Design*; di: FH Dortmund, FB Design, Max-Ophüls-Platz 2, 44139 Dortmund, PF 105018, 44047 Dortmund, pamela@fh-dortmund.de

**Scott,** Cornelia; Prof.; *BWL, insb. Management und International Finance*; di: Hochsch. Anhalt, FB 2 Wirtschaft, Strenzfelder Allee 28, 06406 Bernburg, T: (03471) 3551369, scott@wi.hs-anhalt.de

**Scupin,** Olaf; Dr. phil., Prof.; *Pflegemanagement*; di: FH Jena, FB Sozialwesen, Carl-Zeiss-Promenade 2, 07745 Jena, PF 100314, 07703 Jena, sw@fh-jena.de

**Seabra da Rocha,** Saulo H. Freitas; Dr.-Ing., Prof.; *Umwelt- u. Verfahrenstechnik*; di: Hochschule Ruhr West, Institut Energiesysteme u. Energiewirtschaft, PF 100755, 45407 Mülheim an der Ruhr, T: (0208) 88254842, saulo.seabra@hs-ruhrwest.de

**Seck,** Rainer; Dr.-Ing., Prof.; *Informatik, Mikrocomputer, Prozessdatenverarbeitung, Programmieren von Bedienoberflächen, Echtzeitsysteme*; di: Hochsch. München, Fak. Elektrotechnik u. Informationstechnik, Dachauer Str. 98b, 80335 München, T: (089) 12651700, F: 12653403, prodekan@ee.fhm.edu

**Sedelies,** Gerd; Prof.; *Architektur, Freie Darstellung*; di: Beuth Hochsch. f. Technik, FB IV Architektur u. Gebäudetechnik, Luxemburger Str. 10, 13353 Berlin, T: (030) 45045170

**Seeba,** Hans-Gerhard; Dr., Prof.; *Automobilwirtschaft*; di: Ostfalia Hochsch., Fak. Wirtschaft, Robert-Koch-Platz 8A, 38440 Wolfsburg, T: (05361) 831591

**Seebacher,** Peter; Prof.; *Modedesign/ Entwurf*; di: HAW Hamburg, Fak. Design, Medien u. Information, Armgartstr. 24, 22087 Hamburg, T: (040) 428754668, PeterErich.Seebacher@haw-hamburg.de; pr: ps@vonrot.com

**Seeböck,** Robert; Dr. rer. nat., Prof.; *Physik, Mathematik*; di: Hochsch. Mannheim, Fak. Wirtschaftsingenieurwesen, Windeckstr. 110, 68163 Mannheim

**Seebrunner,** Hansjörg; Dr. rer. nat., Prof.; *Experimentalphysik, Elektronische Messtechnik, Quantisierte Welt, Atom- u. Quantenphysik*; di: Hochsch. Heilbronn, Max-Planck-Str. 39, 74081 Heilbronn, T: (07131) 504387, seebrunner@hs-heilbronn.de

**Seedorf,** Jens; Dr. med. vet. habil., Prof.; *Tierhygiene, Lebensmittelsicherheit*; di: Hochsch. Osnabrück, Fak. Agrarwiss. u. Landschaftsarchitektur, Oldenburger Landstr. 24, 49090 Osnabrück, T: (0541) 9695212, j.seedorf@hs-osnabrueck.de

**Seeger,** Christof; Prof.; *Pressemarketing Journalismus, Verlagsherstellung Presseprodukte, Medienökonomie*; di: Hochsch. d. Medien, Fak. Druck u. Medien, Nobelstr. 10, 70569 Stuttgart, T: (0711) 89232143, seeger@hdm-stuttgart.de

**Seeger,** Kerstin; Dr. rer. pol., Prof.; *Strategisches Management, Unternehmensführung*; di: Europäische FH Brühl, Kaiserstr. 6, 50321 Brühl, T: (02232) 5673600, k.seeger@eufh.de

**Seeger,** Norbert; Dr. rer. pol., Prof.; *Allgemeine Betriebswirtschaftslehre, Betriebliche Steuerlehre*; di: Hochsch. Bonn-Rhein-Sieg, Grantham-Allee 20, 53757 Sankt Augustin, T: (02241) 865125, F: 8658125, norbert.seeger@fh-bonn-rhein-sieg.de

**Seegräber,** Georg; Dipl.-Ing., Prof.; *Baukonstruktion, Gebäudetechnik*; di: Jade Hochsch., FB Architektur, Ofener Str. 16-19, 26121 Oldenburg, T: (0180) 5678073153, gerog.seegraeber@jade-hs.de; pr: T: 0179-4712162

**Seehausen,** Gerhard; Dr.-Ing., Prof.; *Nachrichtenverarbeitung und Mikrorechner*; di: FH Aachen, FB Elektrotechnik und Informationstechnik, Eupener Str. 70, 52066 Aachen, T: (0241) 600952134, seehausen@fh-aachen.de; pr: Kreuzerdriesch 33, 52076 Aachen, T: (0241) 524971

**Seehusen,** Silke; Dr. rer. nat., Prof.; *Programmieren*; di: FH Lübeck, FB Elektrotechnik u. Informatik, Mönkhofer Weg 136-140, 23562 Lübeck, T: (0451) 3005322, F: 3005236, silke.seehusen@fh-luebeck.de

**Seel,** Bernd; HonProf.; *Unternehmensführung*; di: FH des Mittelstands, FB Wirtschaft, Ravensbergerstr. 10G, 33602 Bielefeld, seel@fhm-mittelstand.de

**Seel,** Hans-Jürgen; Dipl.-Psych., Dr. phil., Prof.; *Soziale Arbeit*; di: Georg-Simon-Ohm-Hochsch. Nürnberg, Fak. Sozialwiss., Bahnhofstr. 87, 90402 Nürnberg, PF 210320, 90121 Nürnberg

**Seel,** Heidemarie; Dipl.-Psych., Dr., Prof.; *Personalführung, Wirtschaftspsychologie*; di: Hochsch. f. Wirtschaft u. Umwelt Nürtingen-Geislingen, PF 1251, 73302 Geislingen a.d. Steige, T: (07331) 22501, heidemarie.seel@hfwu.de

**Seela,** Torsten; Dr. phil., Prof.; *Bibliotheks- und Informationswissenschaft*; di: HTWK Leipzig, FB Medien, Karl-Liebknecht-Str. 145, 04277 Leipzig, PF 301166, 04251 Leipzig, T: (0341) 30765429, F: 30765455, tseela@fbm.htwk-leipzig.de; pr: Krokerstr. 5, 04157 Leipzig, T: (0341) 9016563

**Seeländer,** Jörg; Dr. sc. nat., Prof.; *Angewandte Mathematik, Mathematische Optimierung*; di: Hochsch.Merseburg, FB Informatik u. Kommunikationssysteme, Geusaer Str., 06217 Merseburg, T: (03461) 462935, joerg.seelaender@hs-merseburg.de; pr: Roßmarkt 7, 06217 Merseburg

**Seelbach,** Larissa C.; Dr. theol. habil., Prof.; *Gemeindepädagogik u. Diakoniewissenschaft, Schwerpunkt Systematische Theologie*; di: Ev. FH Rhld.-Westf.-Lippe, FB Soziale Arbeit, Bildung u. Diakonie, Immanuel-Kant-Str. 18-20, 44803 Bochum, T: (0234) 36901181, seelbach@efh-bochum.de

**Seelig,** Hans-Dieter; Dr.-Ing. habil., Prof.; *Automatisierungstechnik*; di: HTW Dresden, Fak. Elektrotechnik, PF 120701, 01008 Dresden, T: (0351) 4622346, seelig@et.htw-dresden.de

**Seeliger,** Andreas; Dr., Prof.; *Volkswirtschaftslehre*; di: DHBW Mosbach, Arnold-Janssen-Str. 9-13, 74821 Mosbach, T: (06261) 939118, seeliger@dhbw-mosbach.de

**Seelinger,** Anette; Dr., Prof.; *Ästhetik, Kommunikation und Neue Medien*; di: FH Frankfurt, FB 4 Soziale Arbeit u. Gesundheit, Nibelungenplatz 1, 60318 Frankfurt am Main, T: (069) 15333038, seele@fb4.fh-frankfurt.de

**Seelmann,** Gerhard; Dr.-Ing., Prof.; *Multimediatechnik, Datenkompression*; di: Hochsch. Aalen, Fak. Elektronik u. Informatik, Beethovenstr. 1, 73430 Aalen, T: (07361) 5764190, Gerhard.Seelmann@htw-aalen.de

**Seemann,** Edgar; Dr. rer. nat., Prof.; *Medizinische Bildverarbeitung, Bilderkennung*; di: Hochsch. Furtwangen, Fak. Maschinenbau u. Verfahrenstechnik, Jakob-Kienzle-Str. 17, 78054 Villingen-Schwenningen, T: (07720) 3074398, sed@hs-furtwangen.de

**Seemann,** Thomas; Dr.-Ing., Prof.; *Wirtschaftsingenieurwesen*; di: DHBW Stuttgart, Fak. Technik, Wirtschaftsingenieurwesen, Kronenstr. 41, 70174 Stuttgart, T: (0711) 1849801, seemann@dhbw-stuttgart.de

**Seemüller,** Albert; Dipl.-Ing., Prof.; *Fertigungstechnik*; di: Hochsch. München, Fak. Feinwerk- u. Mikrotechnik, Physikal. Technik, Lothstr. 34, 80335 München, T: (089) 12651418, F: 12651480, seemueller@fhm.edu

**Seeßelberg,** Christoph; Dr.-Ing., Prof.; *Baustatik/Stahlbau, Grundlagen des Bauingenieurwesens*; di: Hochsch. München, Fak. Bauingenieurwesen, Karlstr. 6, 80333 München, T: (089) 12652688; pr: T: (08161) 69604, F: 69604, seesselberg@stahlbaustudium.de

**Seewald,** Markus; Dr., Prof.; *Ernährungslehre*; di: Hochsch. Anhalt, FB 1 Landwirtschaft, Ökotrophologie, Landespflege, Strenzfelder Allee 28, 06406 Bernburg, T: (03471) 3551212, seewald@loel.hs-anhalt.de

**Seewald-Heeg,** Uta; Dr., Prof.; *Computerlinguistik/Sprachdatenverarbeitung*; di: Hochsch. Anhalt, FB 5 Informatik, PF 1458, 06354 Köthen, T: (03496) 673129, uta.seewald-heeg@inf.hs-anhalt.de

**Seewaldt,** Thomas; Dr.-Ing., Prof.; *Software-Engineering, Expertensysteme*; di: Hochsch. Mannheim, Fak. Informationstechnik, Windeckstr. 110, 68163 Mannheim

**Seggern,** Elke von; Dr. rer. nat., Prof.; *Organische und Makromolekulare Chemie*; di: Hochsch. Esslingen, Fak. Angew. Naturwiss., Kanalstr. 33, 73728 Esslingen, T: (0711) 3973531; pr: Krummenackerstr. 86, 73733 Esslingen, T: (0711) 9372560

**Seggewiß,** Bernhard; Dr. sc. agr., Prof.; *Pflanzenernährung, Bodenkunde*; di: Hochsch. Neubrandenburg, FB Agrarwirtschaft u. Lebensmittelwiss., Brodaer Str. 2, 17033 Neubrandenburg, PF 110121, 17041 Neubrandenburg, T: (0395) 56932109, seggewiss@hs-nb.de

**Segner,** Matthias; Dr.-Ing., Prof.; *Arbeitssystem- und -prozessgestaltung, Qualitätsmanagement, Fertigungsorganisation, Produktionsbetrieb, Produktionsmanagement*; di: Hochsch. Hannover, Fak. II Maschinenbau u. Bioverfahrenstechnik, Ricklinger Stadtweg 120, 30459 Hannover, PF 920261, 30441 Hannover, T: (0511) 92961300, matthias.segner@hs-hannover.de

**Sehn,** Winfried; Dr.-Ing., Prof.; *Verbrennungsmotoren*; di: FH Bingen, FB Technik, Informatik, Wirtschaft, Berlinstr. 109, 55411 Bingen, T: (06721) 409444, F: 409104, sehn@fh-bingen.de

**Sehr,** Armin; Dr.-Ing., Prof.; *Digitale Signalverarbeitung*; di: Beuth Hochsch. f. Technik, FB VII Elektrotechnik – Mechatronik – Optometrie, Luxemburger Str. 10, 13353 Berlin, T: (030) 45045369, F: 4504665369, sehr@beuth-hochschule.de

**Sehy,** Hermann; Dipl.-Ing., Prof.; *Regelungstechnik, Prozessdatenverarbeitung, Grundlagen der Informationstechnik, Prozessrechentechnik und -automatisierungstechnik*; di: Hochsch. Hannover, Fak. I Elektro- u. Informationstechnik, Ricklinger Stadtweg 120, 30459 Hannover, PF 920261, 30441 Hannover, T: (0511) 92961222, F: 92961227, hermann.sehy@hs-hannover.de; pr: Kurt-Schumacher-Str. 54, 31832 Springe, T: (05041) 5147

**Seibel,** Bernd; Dr., Prof.; *Pädagogik, Sportpädagogik, Transaktionsanalyse*; di: Ev. Hochsch. Freiburg, Bugginger Str. 38, 79114 Freiburg i.Br., T: (0761) 4781228, F: 4781230, seibel@eh-freiburg.de; pr: Bergackerweg 32, 79856 Hinterzarten, T: (07652) 5626

**Seibel,** Michael; Dr., Prof.; *Strukturkonstruktion, Faserverbundtechnik, Leichtbaulabor*; di: HAW Hamburg, Fak. Technik u. Informatik, Berliner Tor 9, 20099 Hamburg, T: (040) 428757988, michael.seibel@haw-hamburg.de

**Seibel,** Petra; Dipl.-Ing., Dr., Prof.; *Massivbau, Baustatik*; di: Jade Hochsch., FB Bauwesen u. Geoinformation, Ofener Str. 16-19, 26121 Oldenburg, T: (0441) 77083256, petra.seibel@jade-hs.de; pr: Kleiberstr. 26, 26131 Oldenburg, T: (0441) 5940684

**Seibert,** Otmar; Dr., Prof.; *Wirtschaftswissenschaften, Betriebslehre, Agrarpolitik*; di: Hochsch. Weihenstephan-Triesdorf, Fak. Landwirtschaft, Steingruberstr. 2, 91746 Weidenbach-Triesdorf, T: (09826) 654204, F: 6544010, otmar.seibert@fh-weihenstephan.de

**Seibert,** Siegfried; Dr. rer. pol., Prof.; *Technisches Management, BWL/ Marketing, Projektmanagement*; di: Hochsch. Darmstadt, FB Wirtschaft, Haardtring 100, 64295 Darmstadt, T: (06151) 169404, seibert@fbw.h-da.de

**Seibert,** Wolfram; Dr.-Ing., Prof., Dekan FB Maschinenbau; *Fahrzeugtechnik, Messtechnik*; di: HTW d. Saarlandes, Fak. f. Ingenieurwiss., Goebenstr. 40, 66117 Saarbrücken, T: (0681) 5867264, w.seibert@zip.uni-sb.de; pr: Oberer Schachenmühlenweg 10A, 64372 Ober-Ramstadt, T: (06154) 57249

**Seibold-Freund,** Sabine; Dr. rer. pol. habil., Prof.; *Umsatzsteuerrecht, Steuerlehre*; di: FH Nordhausen, FB Wirtschafts- u. Sozialwiss., Weinberghof 4, 99734 Nordhausen, T: (03631) 420573, F: 420817, seibold@fh-nordhausen.de

**Seibt,** Annette C.; Dr., Prof.; *Public Health*; di: HAW Hamburg, Fak. Life Sciences, Lohbrügger Kirchstr. 65, 21033 Hamburg, T: (040) 428756118, annette.seibt@haw-hamburg.de

**Seibt,** Klaus; Dr. rer. nat., Prof.; *Allgemeine und Anorganische Chemie*; di: Hochsch. Zittau/Görlitz, Fak. Mathematik/Naturwiss., Theodor-Körner-Allee 16, 02763 Zittau, PF 1455, 02754 Zittau, T: (03583) 611713, k.seibt@hs-zigr.de

**Seichter,** Helmut; Dipl.-Phys., Dr. rer. nat., Prof.; *Datenkommunikation und Rechnernetze, Prozessautomatisierung*; di: Hochsch. Reutlingen, FB Informatik, Alteburgstr. 150, 72762 Reutlingen, T: (07121) 271640; pr: Elsterweg 73/1, 72793 Pfullingen, T: (07121) 78605

**Seidel,** Carsten; Dr., Prof.; *Projekt Engineering*; di: DHBW Mannheim, Fak. Technik, Coblitzallee 1-9, 68163 Mannheim, T: (0621) 41051236, F: 41051317, carsten.seidel@dhbw-mannheim.de

**Seidel,** Christiane; Dr., Prof.; *Betriebswirtschaft*; di: Hochsch. Aschaffenburg, Fak. Wirtschaft u. Recht, Würzburger Str. 45, 63743 Aschaffenburg, T: (06021) 314758, F: 314701, christiane.seidel@fh-aschaffenburg.de

**Seidel,** Helmar; Dr.-Ing. habil., Prof.; *Informatik/wissensbasierte Systeme, Algorithmierung/Programmierung*; di: Westsächs. Hochsch. Zwickau, FB Physikal. Technik/Informatik, Dr.-Friedrichs-Ring 2A, 08056 Zwickau, PF 201037, 08012 Zwickau, T: (0375) 5361318, Helmar.Seidel@fh-zwickau.de; pr: Progreßweg 4, 08066 Zwickau

**Seidel,** Horst; Dr. rer. nat., Prof.; *Chemie, Analytische Chemie, Thermodynamik*; di: FH Kaiserslautern, FB Angew. Logistik u. Polymerwiss., Carl-Schurz-Str. 1-9, 66953 Pirmasens, T: (06331) 248320, F: 248344, horst.seidel@fh-kl.de

**Seidel,** Jörg; Dr. med. habil., Prof.; *Sozialmedizin und Pädiatrie*; di: SRH FH f. Gesundheit Gera, Hermann-Drechsler-Str. 2, 07548 Gera

**Seidel,** Klaus; Dr.-Ing., Prof.; *Finite-Elemente-Methode, CAD, Konstruktion, Maschinenelemente*; di: Hochsch. Kempten, Fak. Maschinenbau, Bahnhofstr. 61-63, 87435 Kempten, T: (0831) 2523268, F: 2523229, klaus.seidel@fh-kempten.de; pr: Drosselweg 40, 87439 Kempten, T: (0831) 97589

**Seidel,** Michael; Dr.-Ing., Prof.; di: Rheinische FH Köln, Hohenstaufenring 16-18, 50674 Köln; pr: Tulpenweg 14, 51503 Rösrath

**Seidel,** Michael; Dr., Prof.; *Industriebetriebslehre*; di: Hochsch. Hof, Fak. Wirtschaft, Alfons-Goppel-Platz 1, 95028 Hof, T: (09281) 409425, F: 40955425, Michael.Seidel@fh-hof.de

**Seidel,** Uwe A.; Dr.-Ing., Prof.; *Unternehmensplanung und Organisation, Betriebsstättenplanung und Ergonomie, Projektmanagement, Teamarbeit, Moderation*; di: Hochsch. Rosenheim, Fak. Wirtschaftsingenieurwesen, Hochschulstr. 1, 83024 Rosenheim, T: (08031) 805621, F: 805702, seidel@fh-rosenheim.de

**Seidel,** Uwe M.; Dipl.-Kfm., Dr. rer. pol., Prof.; *Betriebswirtschaftslehre, Rechnungswesen, Finanz- u. Investitionswirtschaft*; di: Hochsch. Regensburg, Fak. Betriebswirtschaft, PF 120327, 93025 Regensburg, T: (0941) 9431274, uwe.seidel@bwl.fh-regensburg.de

**Seidel,** Yvonne; Dipl.-Des., Prof.; *Fotografie*; di: Georg-Simon-Ohm-Hochsch. Nürnberg, Fak. Design, Wassertorstr. 10, 90489 Nürnberg, yvonne.seidel@ohm-hochschule.de

**Seidenberg,** Elmar; Dr.-Ing., Prof.; *Mikroprozessortechnik*; di: Hochsch. Trier, FB Technik, PF 1826, 54208 Trier, T: (0651) 8103432, E.Seidenberg@hochschule-trier.de; pr: Burgstr. 43, 53474 Bad Neuenahr, T: (02641) 26346

**Seidensticker,** Barbara; Dr. phil., Prof.; *Soziale Arbeit, Kinder-und Jugendhilfe*; di: Hochsch. Regensburg, Fak. Sozialwiss., PF 120327, 93025 Regensburg, T: (0941) 9431085, Barbara.Seidenstuecker@hs-regensburg.de

**Seider,** Harald; Dr., Prof.; *Public Management*; di: Hochsch. Neubrandenburg, FB Gesundheit, Pflege, Management, Brodaer Str. 2, 17033 Neubrandenburg, PF 110121, 17041 Neubrandenburg, T: (0395) 56933112, seider@hs-nb.de

**Seider,** Horst; Dr., Prof.; *Marketing*; di: HAW Hamburg, Fak. Wirtschaft u. Soziales, Berliner Tor 5, 20099 Hamburg, T: (040) 428756967, seider@wiwi.haw-hamburg.de; pr: T: (040) 2542571

**Seider,** Werner; Dr.-Ing., Prof.; *Konstruktionslehre, Höhere Festigkeitslehre*; di: Hochsch. Ulm, Fak. Maschinenbau u. Fahrzeugtechnik, PF 3860, 89028 Ulm, T: (0731) 5028115, seider@hs-ulm.de

**Seidl,** Albert; Dr.-Ing., Prof.; *Mathematik*; di: Hochsch. Magdeburg-Stendal, FB Elektrotechnik, Breitscheidstr. 2, 39114 Magdeburg, T: (0391) 8864372, Albert.Seidl@HS-Magdeburg.DE

**Seidl,** Helmut; Dr. phil., Prof.; *Englisch*; di: Hochsch. Augsburg, Fak. f. Allgemeinwissenschaften, An der Hochschule 1, 86161 Augsburg, T: (0821) 55863307, F: 55863310, helmut.seidl@hs-augsburg.de

**Seidl,** Jochen H.; Dipl.-Kfm., Dr. phil., Prof.; *Marketing, International Management*; di: Hochsch. Kempten, Fak. Betriebswirtschaft, PF 1680, 87406 Kempten, T: (0831) 2523163, jochen.seidl@fh-kempten.de

**Seidl,** Tobias; Dr.-Ing., Prof.; *Bionik, Sensorik, Navigationssystem der Wüstenameisen*; di: Westfäl. Hochsch., FB Maschinenbau, Münsterstr. 265, 46397 Bocholt, T: (02871) 2155946, tobias.seidl@fh-gelsenkirchen.de

**Seidler,** Tassilo; Dr. med. vet., Prof.; *Lebensmittelmikrobiologie, Fleischtechnologie, Technologie tierischer Lebensmittel*; di: Beuth Hochsch. f. Technik, FB V Life Science and Technology, Luxemburger Str. 10, 13353 Berlin, T: (030) 45043905, seidler@beuth-hochschule.de

**Seidler-de-Alwis,** Ragna; Dr., Prof.; *BWL, Statistik*; di: FH Köln, Fak. f. Informations- u. Kommunikationswiss., Claudiusstr. 1, 50678 Köln, T: (0221) 82753387, ragna.seidler@fh-koeln.de

**Seidlmeier,** Heinrich; Dr., Prof.; *Datenverarbeitung, Organisation, Informationstechnologie*; di: Hochsch. Rosenheim, Fak. Betriebswirtschaft, Hochschulstr. 1, 83024 Rosenheim, T: (08031) 805466, F: 805453

**Seifert,** Dieter; Dr.-Ing., Prof.; *Elektrische Maschinen, Antriebstechnik*; di: Hochsch. Regensburg, Fak. Elektro- u. Informationstechnik, PF 120327, 93025 Regensburg, T: (0941) 9431121, dieter.seifert@e-technik.fh-regensburg.de

**Seifert,** Henry; Dipl.-Ing., Prof.; *Vereisung von Windturbinen, Rotoraerodynamik, Rotorblattmaterialien, Lastannahmen*; di: Hochsch. Bremerhaven, An der Karlstadt 8, 27568 Bremerhaven, T: (0471) 4823547, hseifert@hs-bremerhaven.de

**Seifert,** Manfred; Dr. rer. nat., Prof.; *Kommunikationssysteme*; di: Hochsch. Karlsruhe, Fak. Informatik u. Wirtschaftsinformatik, Moltkestr. 30, 76133 Karlsruhe, PF 2440, 76012 Karlsruhe, T: (0721) 9252946

**Seifert,** Peter; Dipl.-Ing., Dr.-Ing., Prof., Vizepräs.; *Apparate- und Rohrleitungsbau, Pumpen und Verdichter, Strömungslehre, Thermodynamik, Brennstoffzellen*; di: Hochsch. Osnabrück, Fak. Ingenieurwiss. u. Informatik, Albrechtstr. 30, 49076 Osnabrück, T: (0541) 9693710, p.seifert@hs-osnabrueck.de; pr: Unterer Hamscheberg 34, 32049 Herford, T: (05221) 299961

**Seifert,** Ruth; B.A., M.A., Dr. phil., Prof.; *Soziologie, Politikwissenschaften*; di: Hochsch. Regensburg, Fak. Sozialwiss., PF 120327, 93025 Regensburg, T: (0941) 9431298, ruth.seifert@planet-interkom.de

**Seifert,** Thomas; Dr.-Ing., Prof.; *Werkstofftechnik, Schadenskunde, Finite-Elemente Methode*; di: Hochsch. Offenburg, Fak. Maschinenbau u. Verfahrenstechnik, Badstr. 24, 77652 Offenburg, T: (0781) 205436, thomas.seifert@hs-offenburg.de

**Seifert,** Wolfgang; Dr.-Ing., Prof.; *Messtechnik, Regelungstechnik, Lärmschutz, Thermodynamik*; di: Beuth Hochsch. f. Technik, FB VIII Maschinenbau, Veranstaltungs- u. Verfahrenstechnik, Luxemburger Str. 10, 13353 Berlin, T: (030) 45042497, wseifert@beuth-hochschule.de

**Seigel,** Günter; Dipl.-Kfm., Dr. rer. oec., Prof.; *Betriebswirtschaftslehre, insbes. Betriebliche Steuerlehre*; di: Westfäl. Hochsch., FB Wirtschaft u. Informationstechnik, Münsterstr. 265, 46397 Bocholt, T: (02871) 2155730, Guenter.Seigel@fh-gelsenkirchen.de

**Seiler,** Christian; Dr., Prof.; *Massivbau, Tragwerke des Hoch- u. Ingenieurbaus, Grundlagen des Ingenieurbauwesens*; di: Hochsch. München, Fak. Bauingenieurwesen, Karlstr. 6, 80333 München, T: (089) 12652640, F: 12652699, seiler@bau.fhm.edu

**Seiler,** Friedrich; Dipl.-Kfm., Prof.; *Steuern, Allgem. Betriebswirtschaftslehre*; di: Georg-Simon-Ohm-Hochsch. Nürnberg, Fak. Betriebswirtschaft, PF 210320, 90121 Nürnberg

**Seiler,** Ulf; Dipl.-Ing., Prof.; *Tragwerkslehre*; di: FH Mainz, FB Technik, Holzstr. 36, 55116 Mainz, T: (06131) 2859218, ulf.seiler@fh-mainz.de

**Seimetz,** Matthias; Dr.-Ing., Prof.; *Mobilkommunikation, Broadcastsysteme*; di: Beuth Hochsch. f. Technik, FB VII Elektrotechnik – Mechatronik – Optometrie, Luxemburger Str. 10, 13353 Berlin, T: (030) 45045139, matthias.seimetz@beuth-hochschule.de

**Seipolt,** Jens; Prof.; *Musik*; di: Evangel. Hochsch. Moritzburg, Bahnhofstr. 9, 01468 Moritzburg, T: (035207) 84303, seipolt@eh-moritzburg.de

**Seipp,** Hans-Martin; Dr. med. Dipl.-Ing., Prof.; *Technische Gebäudeausrüstung Krankenhaus*; di: Techn. Hochsch. Mittelhessen, FB 04 Krankenhaus- u. Medizintechnik, Umwelt- u. Biotechnologie, Wiesenstr. 14, 35390 Gießen, T: (0641) 3092523; pr: Rollenwiesenweg 72, 35039 Marburg, T: (06421) 47561

**Seiter,** Christian; Dr. Ing., Prof.; *Internationales Marketing, International Business, Marketing*; di: Hochsch. Karlsruhe, Fak. Wirtschaftswissenschaften, Moltkestr. 30, 76133 Karlsruhe, PF 2440, 76012 Karlsruhe, T: (0721) 9251979, christian.seiter@hs-karlsruhe.de

**Seithe,** Mechthild; Dr. phil., Prof.; *Theorie und Praxis der Beratung*; di: FH Jena, FB Sozialwesen, Carl-Zeiss-Promenade 2, 07745 Jena, PF 100314, 07703 Jena, T: (03641) 205800, F: 205801, sw@fh-jena.de

**Seitz,** Erwin; Dr. rer. pol., Prof.; *Touristik-Management*; di: Hochsch. München, Fak. Tourismus, Am Stadtpark 20 (Neubau), 81243 München, T: (089) 12652742, erwin.seitz@fhm.edu

**Seitz,** Franz; Dr., Prof.; *Volkswirtschaftslehre*; di: Hochsch. Amberg-Weiden, FB Betriebswirtschaft, Hetzenrichter Weg 15, 92637 Weiden, T: (0961) 382172, F: 382162, f.seitz@fh-amberg-weiden.de

**Seitz,** Georg; Dipl.-Kfm., Dr. rer. oec., Prof.; *Kosten- und Leistungsrechnung, Hotelbetriebswirtschaft, Finanzmanagement*; di: Hochsch. Heilbronn, Fak. f. Wirtschaft 2, Max-Planck-Str. 39, 74081 Heilbronn, T: (07131) 504215, F: 252470, g.seitz@hs-heilbronn.de

**Seitz,** Hanne; Dr., Prof.; *Sozialarbeit/ Sozialpädagogik/Medienarbeit, Schwerpunkt Theater und Musik*; di: FH Potsdam, FB Sozialwesen, Friedrich-Ebert-Str. 4, 14467 Potsdam, T: (0331) 5801135, seitz@fh-potsdam.de

**Seitz,** Jürgen; Dr., Prof.; *Wirtschaftsinformatik*; di: DHBW Heidenheim, Fak. Technik, Marienstr. 20, 89518 Heidenheim, T: (07321) 2722291, F: 2722299, seitz@dhbw-heidenheim.de

**Seitz,** Lothar; Prof., Dekan FB Steuer; *Steuer*; di: Hess. H. f. Finanzen u. Rechtspflege Rotenburg, FB Steuer, Josef-Durstewitz Str. 6, 36199 Rotenburg a.d. Fulda, T: (06623) 932200

**Seitz,** Martin; Dr.-Ing., Prof.; *Elektrotechnik, Grundlagen der Messtechnik, Rechnerarchitektur*; di: FH Erfurt, FB Versorgungstechnik, Altonaer Str. 25, 99085 Erfurt, PF 101363, 99013 Erfurt, T: (0361) 6700967, F: 6700643, seitz@fh-erfurt.de

**Seitz,** Mathias; Dr.-Ing., Prof.; *Verfahrenstechnik, Heterogene Katalyse*; di: Hochsch.Merseburg, FB Ingenieur- u. Naturwiss., Geusaer Str., 06217 Merseburg, T: (03461) 462104, mathias.seitz@hs-merseburg.de

**Seitz,** Matthias; Dr.-Ing., Prof.; *Betriebs- und Prozessautomatisierung, Speicherprogrammierbare Steuerungen*; di: Hochsch. Mannheim, Fak. Elektrotechnik, Windeckstr. 110, 68163 Mannheim

**Seitz,** Norman; Dr.-Ing., Prof.; *Werkstoffe, Fertigungsverfahren*; di: Hochsch. Heilbronn, Fak. f. Technik u. Wirtschaft, Daimlerstr. 35, 74653 Künzelsau, T: (07940) 130634, F: 130661201, seitz@hs-heilbronn.de

**Seja,** Christa; Dr. rer. pol., Prof.; *Allgemeine BWL, Marketing Industrie, Marketing Handel, Kundenbindungsstrategien, Marktforschung/Marketing-Konzeptionen, Kommunikationstechniken*; di: Hochsch. Hannover, Fak. IV Wirtschaft u. Informatik, Abt. BWL, Ricklinger Stadtweg 120, 30459 Hannover, PF 920261, 30441 Hannover, T: (0511) 92961556, F: 92961510, christa.seja@hs-hannover.de

**Selchert,** Martin; Dr., Prof.; *Marktorientierte Unternehmensführung, Dienstleistungswirtschaft, Unternehmensberatung*; di: FH Ludwigshafen, FB III Internationale Dienstleistungen, Ernst-Boehe-Str. 4, 67059 Ludwigshafen, T: (0621) 5203261, martin.selchert@fh-lu.de

**Selder,** Astrid; Dr., Prof.; *Organisation u. Gestaltung von Gesundheitsleistungen*; di: Hochsch. Kempten, Fak. Soziales und Gesundheit, PF 1680, 87406 Kempten, T: (0831) 2523622, Astrid.Selder@fh-kempten.de

**Selder,** Erich; Dr., Prof.; *Mathematik, Informatik*; di: FH Frankfurt, FB 2 Informatik u. Ingenieurwiss., Nibelungenplatz 1, 60318 Frankfurt am Main, T: (069) 15332225, e_selder@fb2.fh-frankfurt.de

**Seliga,** Enrico; Dr.-Ing., Prof.; *Fügetechnik*; di: Westsächs. Hochsch. Zwickau, FB Maschinenbau u. Kraftfahrzeugtechnik, Dr.-Friedrichs-Ring 2A, 08056 Zwickau, Enrico.Seliga@fh-zwickau.de

**Seliger,** Norbert; Dr., Prof.; *Steuerungstechnik, Leistungselektronik*; di: Hochsch. Rosenheim, Fak. Ingenieurwiss., Hochschulstr. 1, 83024 Rosenheim, T: (08031) 805624, norbert.seliger@fh-rosenheim.de

**Selinger,** Thomas; Dr.-Ing., Prof.; *Werkzeugmaschinen, Fertigungstechnik, Fertigungsmesstechnik, Qualitätssicherung*; di: Hochsch. Mannheim, Fak. Maschinenbau, Windeckstr. 110, 68163 Mannheim

**Selke,** Peter; Dr.-Ing., Prof.; *Technische Mechanik, Finite-Elemente-Methode*; di: Techn. Hochsch. Wildau, FB Ingenieurwesen/Wirtschaftsingenieurwesen, Bahnhofstr., 15745 Wildau, T: (03375) 508119, F: 500324, selke@mb.tfh-wildau.de

**Selke,** Stefan; Dr. phil., Prof.; *Mediensoziologie, Postmedialität*; di: Hochsch. Furtwangen, Fak. Digitale Medien, Robert-Gerwig-Platz 1, 78120 Furtwangen, T: (07723) 9202873

**Sell,** Clifford; Dr., Prof.; *Internationale BWL, Unternehmensentwicklung*; di: Hochsch. f. angew. Wiss. Würzburg Schweinfurt, Fak. Wirtschaftswiss., Münzstr. 12, 97070 Würzburg

**Sell,** Günter; Dr. rer. nat., Prof.; *Mathematik*; di: Hochsch. Heilbronn, Fak. f. Mechanik u. Elektronik, Max-Planck-Str. 39, 74081 Heilbronn, T: (07131) 504226, sell@hs-heilbronn.de

**Sell,** Stefan; Dr., Prof.; *Volkswirtschaftslehre, Sozialpolitik, Sozialwissenschaften*; di: H Koblenz, FB Wirtschafts- u. Sozialwissenschaften, RheinAhrCampus, Joseph-Rovan-Allee 2, 53424 Remagen, T: (02642) 932202, sell@rheinahrcampus.de

**Sellen,** Martin; Dr.-Ing., Prof.; *Industrielle Sensorik, Messtechnik, Regelungs- und Steuerungstechnik, Automatisierungstechnik*; di: Hochsch. Deggendorf, FB Maschinenbau, Edlmairstr. 6-8, 94469 Deggendorf, PF 1320, 94453 Deggendorf, T: (0991) 3615378, F: 361581378, martin.sellen@fh-deggendorf.de

**Sellenthin,** Mark; Dr. rer. pol., Prof.; *Volkswirtschaftslehre, Regionalökonomik, Mathematik*; di: H Koblenz, FB Wirtschaftswissenschaften, Konrad-Zuse-Str. 1, 56075 Koblenz, T: (0261) 9528178, F: 9528150, sellenthin@hs-koblenz.de

**Sellner,** Manfred; Dr. rer. nat., Prof.; *Biochemie/Biotechnologie*; di: Hochsch. Wismar, Fak. f. Ingenieurwiss., PF 1210, 23952 Wismar, T: (03841) 753627, m.sellner@mb.hs-wismar.de

**Selmer,** Thorsten; Dr., PD U Marburg, Prof. FH Aachen; *Mikrobielle Biotechnologie u. Enzymtechnologie*; di: FH Aachen, Standort Jülich, Ginsterweg 1, 52428 Jülich, T: (0241) 600953044, F: 600953199, Selmer@fh-aachen.de

**Selting,** Petra; Dr. rer. nat., Prof.; *Ingenieurinformatik u. Ingenieurmathematik*; di: Hochsch. München, Fak. Maschinenbau, Fahrzeugtechnik, Flugzeugtechnik, Dachauer Straße 98 b, 80335 München, T: (089) 12651256, F: 12651392, petra.selting@fhm.edu

**Selzer,** Günter; Dr., Prof.; *Logistik, Allgemeine Betriebswirtschaftslehre u. Volkswirtschaftslehre*; di: Techn. Hochsch. Mittelhessen, FB 21 Sozial- u. Kulturwiss., Wilhelm-Leuschner-Str. 13, 61169 Friedberg, T: (06031) 604591, Guenter.Selzer@suk.fh-friedberg.de

**Semlinger,** Klaus; Dr., Prof.; *Volkswirschaftslehre, Management in KMU*; di: HTW Berlin, FB Wirtschaftswiss. I, Treskowallee 8, 10318 Berlin, T: (030) 50192830, k.semlinger@HTW-Berlin.de

**Sendler,** Wolfgang; Dr.-Ing., Prof.; *Regelungstechnik, Automatisierungstechnik, Grundlagen der Elektrotechnik*; di: Hochsch. Regensburg, Fak. Elektro- u. Informationstechnik, PF 120327, 93025 Regensburg, T: (0941) 9431122, wolfgang.sendler@e-technik.fh-regensburg.de

**Senger,** Robert; Dipl.-Inform., Prof.; *Datenbanken und Informationssysteme*; di: Hochsch. Karlsruhe, Fak. Informatik u. Wirtschaftsinformatik, Moltkestr. 30, 76133 Karlsruhe, PF 2440, 76012 Karlsruhe, T: (0721) 9252968, robert.senger@hs-karlsruhe.de

**Senker,** Peter; Dr.-Ing., Prof.; *Technische Mechanik und Mathematik*; di: FH Münster, FB Energie, Gebäude, Umwelt, Stegerwaldstr. 39, 48565 Steinfurt, T: (0251) 962737, F: 962937, senker@fh-muenster.de; pr: Johanniterstr. 90, 48565 Steinfurt, T: (02551) 933061

**Senne,** Holger; Dr., Prof.; *Wirtschaftsrecht und Arbeitsrecht*; di: FH Dortmund, FB Wirtschaft, Emil-Figge-Str. 42, 44227 Dortmund, T: (0231) 7554949, F: 7554902, Holger.Senne@fh-dortmund.de

**Senne,** Petra; Dr., Prof.; *Bürgerliches Recht, Handels- und Gesellschaftsrecht, Arbeitsrecht*; di: FH Dortmund, FB Wirtschaft, Emil-Figge-Str. 42, 44227 Dortmund, T: (0231) 7554947, F: 7554902, Petra.Senne@fh-dortmund.de

**Sennekamp,** Winfried; Dr., Prof.; *Soziale Arbeit mit psychisch Kranken und Suchtkranken*; di: DHBW Villingen-Schwenningen, Fak. Sozialwesen, Schramberger Str. 26, 78054 Villingen-Schwenningen, T: (07720) 3906210, F: 3906219, sennekamp@dhbw-vs.de

**Sensburg,** Patrick; Dr., Prof.; *Rechtwissenschaften*; di: FH f. öffentl. Verwaltung NRW, Abt. Münster, Nevinghoff 8, 48147 Münster, patrick.sensburg@fhoev.nrw.de; Wahlkreisbüro, Le-Puy-Str. 17, 59872 Meschede, T: (0291) 6613; www.patrick-sensburg.de

**Senz,** Rainer; Dr. rer. nat., Prof.; *Organische Chemie, Spezielle organische Analytik*; di: Beuth Hochsch. f. Technik, FB II Mathematik – Physik – Chemie, Luxemburger Straße 10, 13353 Berlin, T: (030) 45042264, rainer.senz@beuth-hochschule.de

**Seppälä-Esser,** Raija; Dr., Prof.; *Tourismus*; di: Hochsch. Kempten, Fak. Tourismus, Bahnhofstr. 61-63, 87435 Kempten, T: (0831) 25239515, F: 25239502, raija.seppala-esser@fh-kempten.de

**Seppelfricke,** Peter; Dr., Prof.; *Allgemeine Betriebswirtschaftslehre, Finanzwirtschaft und Finanzdienstleistungen*; di: Hochsch. Osnabrück, Fak. Wirtschafts- u. Sozialwiss., Caprivistr. 30a, 49076 Osnabrück, T: (0541) 9692179, F: 9692070, seppelfricke@wi.hs-osnabrueck.de

**Sessner,** Roland; Dr. sc. techn., Dr. rer. nat., Prof.; *Mathematik*; di: Hochsch. Lausitz, FB Architektur, Bauingenieurwesen, Versorgungstechnik, Lipezker Str. 47, 03048 Cottbus-Sachsendorf, T: (0355) 5818626, F: 5818609

**Sesterhenn,** Alfred; Dr.-Ing., Prof.; *Physik, Mathematik, Informatik, Techn. Thermodynamik, Thermische Verfahrenstechnik*; di: Hochsch. Albstadt-Sigmaringen, FB 3, Anton-Günther-Str. 51, 72488 Sigmaringen, PF 1254, 72481 Sigmaringen, T: (07571) 732272, F: 732250, sesterhenn@hs-albsig.de

**Sethmann,** Richard; Dr. rer.nat., Prof.; *Multimediale-Breitband-Kommunikation*; di: Hochsch. Bremen, Fak. Elektrotechnik u. Informatik, Flughafenallee 10, 28199 Bremen, T: (0421) 59055483, F: 59055484, Richard.Sethmann@hs-bremen.de

**Settnik,** Ulrike; Dr., Prof.; *BWL, insbes. Rechnungswesen*; di: FH Bielefeld, FB Wirtschaft, Universitätsstr. 25, 33615 Bielefeld, T: (0521) 1063756, ulrike.settnik@fh-bielefeld.de

**Setzer,** Frank; Dr., Prof.; *Forstpolitik und Umweltrecht*; di: FH Erfurt, FB Forstwirtschaft u. Ökosystemmanagement, Leipziger Str. 77, 99085 Erfurt, T: (0361) 6700281, F: 6700259, frank.setzer@fh-erfurt.de

**Seufert,** Andreas; Dr. oec., Prof.; *Betriebswirtschaftslehre, insbes. Informationsmanagement*; di: FH Ludwigshafen, FB I Management und Controlling, Ernst-Boehe-Str. 4, 67059 Ludwigshafen, T: (0621) 5203202, F: 5203193, Andreas.Seufert@fh-ludwigshafen.de

**Seukwa,** Louis Henri; Dr., Prof.; *Erziehungswissenschaft*; di: HAW Hamburg, Fak. Wirtschaft u. Soziales, Alexanderstr. 1, 20099 Hamburg, T: (040) 428757073, louishenri.seukwa@haw-hamburg.de

**Seul,** Thomas; Dr.-Ing., Prof.; *Fertigungstechnik, Werkzeugkonstruktion*; di: FH Schmalkalden, Fak. Maschinenbau, Blechhammer, 98574 Schmalkalden, PF 100452, 98564 Schmalkalden, T: (03683) 6882103, t.seul@fh-sm.de

**Seus,** Lydia Maria; Dr. phil., Prof.; *Soziologie in d. Sozialen Arbeit*; di: Kath. Hochsch. f. Sozialwesen Berlin, Köpenicker Allee 39-57, 10318 Berlin, T: (030) 50101033, seus@khsb-berlin.de

**Seuß,** Robert; Dr.-Ing., Prof.; *Geoinformationssysteme, Geodatenerfassung*; di: FH Frankfurt, FB 1 Architektur, Bauingenieurwesen, Geomatik, Nibelungenplatz 1, 60318 Frankfurt am Main, T: (069) 15332358, seuss@fb1.fh-frankfurt.de; Hochsch. Rhein/Main, FB Architektur und Bauingenieurwesen, Kurt-Schumacher-Ring 18, 65197 Wiesbaden, Robert.Seuss@hs-rm.de

**Seuß-Baum,** Ingrid; Dr., Prof.; *Lebensmitteltechnologie unter ernährungsphysiologischen Gesichtspunkten, Qualitätssicherung, Ernährungswissenschaft*; di: Hochsch. Fulda, FB Lebensmitteltechnologie, Marquardstr. 35, 36039 Fulda, T: (0661) 9640503, F: 9640503

**Seutter,** Friedhelm; Dr. rer. nat., Prof., Dekan FB Informatik; *Künstliche Intelligenz, Theoretische Informatik*; di: Ostfalia Hochsch., Fak. Informatik, Salzdahlumer Str. 46/48, 38302 Wolfenbüttel

**Seybold,** Jan; Dr., Prof.; *Rechtswissenschaften*; di: Kommunale FH f. Verwaltung in Niedersachsen, Wielandstr. 8, 30169 Hannover, T: (0511) 1609455, F: 15537, Jan.Seybold@nds-sti.de

**Seyfang,** Volkmar; Dr. rer. hort., Prof.; *Freilandpflanzenkunde u. -verwendung*; di: Hochsch. Ostwestfalen-Lippe, FB 9, Landschaftsarchitektur u. Umweltplanung, An der Wilhelmshöhe 44, 37671 Höxter, T: (05271) 687181, volkmar.seyfang@fh-luh.de; pr: Westerhagen 5, 30890 Barsinghausen, T: (05035) 459, F: 488

**Seyfert,** Wolfgang; Dr. rer. pol., Prof.; *Allgemeine Betriebswirtschaftslehre, Controlling und Rechnungswesen*; di: Hochsch. Osnabrück, Fak. Wirtschafts- u. Sozialwiss., Caprivistr. 30a, 49076 Osnabrück, T: (0541) 9693011, F: 9693217, seyfert@wi.hs-osnabrueck.de; pr: Am Süntelbach 8a, 49088 Osnabrück, T: (0541) 15969

**Seyffert,** Sibylle; Dr. sc. oec. habil., Prof.; *Betriebswirtschaftslehre, Rechnungswesen*; di: HTWK Leipzig, FB Wirtschaftswissenschaften, PF 301166, 04251 Leipzig, T: (0341) 30766407, seyffert@wiwi.htwk-leipzig.de; pr: Markgrafenstr. 2, 04109 Leipzig

**Seyfried,** Erwin; Dr., Prof.; *Sozialpsychologie, Schwerpunkt: Organisations- und Verwaltungspsychologie, sprächsführung, Europäische Integration, Interkulturelle Kommunikation u. Kooperation*; di: Hochsch. f. Wirtschaft u. Recht Berlin, FB 1, Alt-Friedrichsfelde 60, 10315 Berlin, T: (030) 90214402, F: 90214417, erwin.seyfried@hwr-berlin.de

**Seyfried,** Peter; Prof.; *Maschinenelemente und Technisches Zeichnen mit Konstruktion im Nutzfahrzeugbau*; di: HAW Hamburg, Fak. Technik u. Informatik, Berliner Tor 9, 20099 Hamburg, T: (040) 428757894, peter.seyfried@haw-hamburg.de

**Seyfriedt,** Thilo; Dr., Prof.; *Finanzierung, Rechnungslegung, Steuerlehre*; di: Hochsch. Offenburg, Fak. Betriebswirtschaft u. Wirtschaftsingenieurwesen, Klosterstr. 14, 77723 Gengenbach, T: (07803) 969835

**Shehata,** Mourad Anis; Dr.-Ing., Prof.; *Elektrische Maschinen und Antriebe, Leistungselektronik*; di: Hochsch. Coburg, Fak. Elektrotechnik / Informatik, Friedrich-Streib-Str. 2, 96450 Coburg, T: (09561) 317157, shehata@hs-coburg.de; pr: Eisfelder Str. 6, 96450 Coburg, T: (09561) 32340

**Shirtcliffe,** Neil; Dr., Prof.; *Bionik mit Schwerpunkt biomimetische Materialien*; di: Hochsch. Rhein-Waal, Fak. Technologie u. Bionik, Marie-Curie-Straße 1, 47533 Kleve, T: (02821) 80673633, neil.shirtcliffe@hochschule-rhein-waal.de

**Sicherer,** Klaus von; Dr., Prof., Dekan FB Wirtschaftswissenschaften; *Allgemeine Betriebswirtschaftslehre, Rechnungswesen und Steuern*; di: Hochsch.Merseburg, FB Wirtschaftswiss., Geusaer Str., 06217 Merseburg, T: (03461) 462414, F: 462422, klaus.von.sicherer@hs-merseburg.de

**Sick,** Christine; Dr. phil., Prof.; *Angewandte Sprachen*; di: HTW d. Saarlandes, Fak. f. Ingenieurwiss., Goebenstr. 40, 66117 Saarbrücken, T: (0681) 5867420, csick@htw-saarland.de; pr: Unterer Hagen 55, 66117 Saarbrücken

**Sick,** Friedrich; Dipl.-Ing., Prof.; *Regenerative Energien*; di: HTW Berlin, FB Ingenieurwiss. I, Marktstr. 9, 10317 Berlin, T: (030) 50193658, f.sick@HTW-Berlin.de

**Sickenberger,** Wolfgang; Dipl.-Ing., Prof. M.S. Optom.; *Kontaktlinsentechnik, Physiologische Optik*; di: FH Jena, FB SciTec, Carl-Zeiss-Promenade 2, 07745 Jena, PF 100314, 07703 Jena

**Sicking,** Raimund; Dr.-Ing., Prof.; *Werkstoffe und deren Verarbeitung*; di: Hochsch. Rhein-Waal, Fak. Technologie u. Bionik, Marie-Curie-Straße 1, 47533 Kleve, T: (02821) 80673610, raimund.sicking@hochschule-rhein-waal.de

**Sickmann,** Jörn; Dr., Prof.; *Wirtschaftswissenschaften, Industrieökonomie und Unternehmensfinanzierung*; di: Hochsch. Rhein-Waal, Fak. Gesellschaft u. Ökonomie, Marie-Curie-Straße 1, 47533 Kleve, T: (02821) 80673314, joern.sickmann@hochschule-rhein-waal.de

**Siebdrat,** Hermann; Dr. rer. pol., Prof.; *Wirtschaftsinformatik*; di: FH Köln, Fak. f. Informatik u. Ingenieurwiss., Am Sandberg 1, 51643 Gummersbach, T: (02261) 8196288, siebdrat@gm.fh-koeln.de

**Siebel,** Lothar; Dr.-Ing., Prof.; *Bauphysik*; di: FH Aachen, FB Architektur, Bayernallee 9, 52066 Aachen, T: (0241) 600951144, siebel@fh-aachen.de; pr: Im Grüntal 22, 52062 Aachen, T: (0241) 970220

**Siebenbrock,** Heinz; Dr. pol., Prof.; *Allgemeine Betriebswirtschaftslehre u Unternehmensorganisation*; di: Hochsch. Bochum, FB Wirtschaft, Lennershofstr. 140, 44801 Bochum, T: (0234) 3210650, heinz.siebenbrock@hs-bochum.de; pr: Grentruper Weg 5, 48317 Drensteinfurt, T: (02508) 981270, h7brock@metacon.de

**Siebenthal,** Heinrich von; Dr., HonProf.; *Biblische Sprachen und Neues Testament*; di: Freie Theolog. Hochsch., Rathenaustr. 5-7, 35394 Gießen, siebenthal@fthgiessen.de

**Siebert,** Andreas; MSc, PhD, Prof.; *Grundlagen d. Informatik, Mensch-Maschine-Schnittstelle, Bildverarbeitung*; di: Hochsch. Landshut, Fak. Informatik, Am Lurzenhof 1, 84036 Landshut, T: (0871) 506680

**Siebert,** Jens; Dr., Prof.; *Rechnungswesen, Steuern, Wirtschaftsrecht, Prüfungswesen*; di: DHBW Villingen-Schwenningen, Fak. Wirtschaft, Friedrich-Ebert-Str. 30, 78054 Villingen-Schwenningen, T: (07720) 3906168, F: 3906149, siebert@dhbw-vs.de

**Siebert,** Marc; Dr., Prof.; *Faserverbundwerkstoffe*; di: Private FH Göttingen, Weender Landstr. 3-7, 37073 Göttingen, siebert@pfh.de

**Siebertz,** Otmar; Dr.-Ing., Prof.; *Konstruktionslehre und Strömungslehre*; di: FH Köln, Fak. f. Anlagen, Energie- u. Maschinensysteme, Betzdorfer Str. 2, 50679 Köln, T: (0221) 82752394, otmar.siebertz@fh-koeln.de; pr: Am Stadion 11, 52372 Kreuzau

**Siebke,** Wolfgang; Dr. rer. nat., Prof.; *Technische Physik, Werkstoffkunde, Bauelemente, Photonik*; di: H Koblenz, FB Ingenieurwesen, Konrad-Zuse-Str. 1, 56075 Koblenz, T: (0261) 9528320, siebke@fh-koblenz.de

**Siebolds,** Marcus; Dr. med., Prof.; *Medizin für Berufe im Gesundheitswesen und der stationären Altenhilfe / Medizinmanagement*; di: Kath. Hochsch. NRW, Abt. Köln, FB Gesundheitswesen, Wörthstr. 10, 50668 Köln, T: (0221) 7757196, F: 7757128, m.siebolds@kfhnw.de

**Siebrecht,** Ingrid; Dr., Prof.; *Recht*; di: HAWK Hildesheim / Holzminden / Göttingen, Fak. Soziale Arbeit u. Gesundheit, Goschentor 1, 31134 Hildesheim, T: (05121) 881521, siebrecht@hawk-hhg.de

**Sieck,** Jürgen; Dr., Prof.; *Multimediale Systeme, Algorithmen und Datenstrukturen*; di: HTW Berlin, FB Wirtschaftswiss. II, Treskowallee 8, 10318 Berlin, T: (030) 50192349, j.sieck@HTW-Berlin.de

**Siedenbiedel,** Georg; Dr. rer. pol., Prof.; *Betriebswirtschaftslehre, insbes. Organisation*; di: FH Aachen, FB Wirtschaftswissenschaften, Eupener Str. 70, 52066 Aachen, T: (0241) 600951962, siedenbiedel@fh-aachen.de; pr: Gemmenicher Weg 28, Niederlande-6291 Vaals, T: (043) 3065433

**Siefert,** Eike; Dipl.-Biologe, Dr. rer. nat., Prof.; *Mikrobiologie und Teilgebiete der Biochemie*; di: Hochsch. Emden / Leer, FB Technik, Constantiaplatz 4, 26723 Emden, T: (04921) 8071586, F: 8071593, siefert@hs-emden-leer.de; pr: Dohlenstr. 6, 26723 Emden, T: (04921) 65705

**Siegel,** John; Dr., Prof.; *Wirtschafts- und Verwaltungswissenschaften, insbesondere Public Management*; di: HAW Hamburg, Fak. Wirtschaft u. Soziales, Berliner Tor 5, 20099 Hamburg, T: (040) 428757700, john.siegel@haw-hamburg.de

**Siegemund,** Bernd; Dr., Prof.; *Chemie*; di: Hochsch. Fresenius, FB Wirtschaft u. Medien, Limburger Str. 2, 65510 Idstein

**Siegemund,** Jochen; Dipl.-Ing., Prof.; *Entwerfen, Objekt und Raum*; di: FH Köln, Fak. f. Architektur, Betzdorfer Str. 2, 50679 Köln, jochen.siegemund@fh-koeln.de; pr: Höhenweg 95, 53127 Bonn

**Sieger,** Margot; Dr., Prof.; *Pflegewissenschaft*; di: SRH FH f. Gesundheit Gera, Hermann-Drechsler-Str. 2, 07548 Gera, margot.sieger@srh-gesundheitshochschule.de

**Sieger-Hanus,** Beate; Dr., Prof.; *BWL, Dienstleistungsmanagement*; di: DHBW Stuttgart, Fak. Wirtschaft, BWL-Dienstleistungsmanagement, Paulinenstraße 45, 70178 Stuttgart, T: (0711) 66734585, sieger-hanus@dhbw-stuttgart.de

**Siegers,** Marion; Dr., Prof.; *Mathematik und Physik*; di: HAW Hamburg, Fak. Life Sciences, Lohbrügger Kirchstr. 65, 21033 Hamburg, T: (040) 428756288, marion.siegers@haw-hamburg.de

**Siegert,** Joachim; Dr. rer. nat., Prof.; *Mathematik*; di: HTW Berlin, FB Ingenieurwiss. I, Allee der Kosmonauten 20/22, 10315 Berlin, T: (030) 50193219, siegert@HTW-Berlin.de

**Siegert,** Matthias; Prof.; *Kommunikation im Raum*; di: Hochsch. Pforzheim, Fak. f. Gestaltung, Holzgartenstr. 36, 75175 Pforzheim, T: (07231) 286783, F: 286030, matthias.siegert@hs-pforzheim.de

**Siegismund,** Volker; Dr.-Ing., Prof.; *Kältetechnik, Kälteversorgung*; di: Hochsch. Biberach, SG Gebäudeklimatik, PF 1260, 88382 Biberach / Riß, T: (07351) 582285, F: 582299, siegismund@hochschule-bc.de

**Siegl,** Ankea; Dr. rer. nat. habil., Prof.; *Pflanzenverwendung, Vegetationstechnik*; di: HTW Dresden, Fak. Landbau / Landespflege, Mitschurinbau, 01326 Dresden-Pillnitz, T: (0351) 4623534, siegl@pillnitz.htw-dresden.de

**Siegl,** Johann; Dr.-Ing., Prof. Georg-Simon-Ohm-FH Nürnberg; *Schaltungstechnik, Mikroelektronik, Hochfrequenztechnik*; di: Georg-Simon-Ohm-Hochsch. Nürnberg, Fak. Elektrotechnik Feinwerktechnik Informationstechnik, Wassertorstr. 10, 90489 Nürnberg, PF 210320, 90121 Nürnberg

**Siegle,** Manfred; Dipl.-Wirtsch.-Ing., Prof.; *Produktionswirtschaft und Simulation betrieblicher Anwendungen*; di: Jade Hochsch., FB Management, Information, Technologie, Friedrich-Paffrath-Str. 101, 26389 Wilhelmshaven, siegle@jade-hs.de

**Siegmann,** Frank; Dr. rer. pol., Prof.; *Wirtschaftsinformatik*; di: Hochsch. Bochum, FB Wirtschaft, Lennershofstr. 140, 44801 Bochum, T: (0234) 3210634, frank.siegmann@hs-bochum.de; pr: Hauptstr. 30, 45527 Hattingen, T: (02324) 935920

**Siegmund,** Gerd; Dr.-Ing., Prof.; *Kommunikationsnetze der Grundlagen der Elektrotechnik*; di: Georg-Simon-Ohm-Hochsch. Nürnberg, Fak. Elektrotechnik Feinwerktechnik Informationstechnik, Wassertorstr. 10, 90489 Nürnberg, Gerd.Siegmund@ohm-hochschule.de

**Siemes,** Andreas; Dr. jur., Prof.; *Öffentliches Recht, insbes. Sozial- und Jugendhilferecht*; di: FH Münster, FB Sozialwesen, Hüfferstr. 27, 48149 Münster, T: (0251) 8365710, F: 8365702, siemesa@fh-muenster.de; pr: Helgolandweg 9, 48159 Münster, T: (0251) 261763

**Siemes,** Christiane; Dr., Prof.; *Wirtschaftsprivatrecht, Arbeitsrecht*; di: FH Frankfurt, FB 3 Wirtschaft u. Recht, Nibelungenplatz 1, 60318 Frankfurt am Main, T: (069) 15332714, csiemes@fb3.fh-frankfurt.de

**Siemon,** Bernhard; Dr.-Ing., Prof.; *Konstruktionslehre und Getriebetechnik*; di: FH Düsseldorf, FB 4 – Maschinenbau u. Verfahrenstechnik, Josef-Gockeln-Str. 9, 40474 Düsseldorf, T: (0211) 4351407, bernhard.siemon@fh-duesseldorf.de; pr: Daimlerstr. 18b, 41462 Neuss, T: (02131) 593773

**Siemon,** Cord; Prof.; *Entrepreneurship Education, Finanzierungskompetenz, Betriebswirtschaftslehre*; di: FH Brandenburg, FB Wirtschaft, SG Wirtschaftsinformatik, Magdeburger Str. 50, 14770 Brandenburg, PF 2132, 14737 Brandenburg, T: (03381) 355241, F: 355199, siemon@fh-brandenburg.de

**Siemroth,** Karin; Dipl.-Ing., Prof.; *Konstruktion, CAD*; di: Techn. Hochsch. Wildau, FB Ingenieurwesen / Wirtschaftsingenieurwesen, Bahnhofstr., 15745 Wildau, T: (03375) 508231, F: 500324, siemroth@igw.tfh-wildau.de

**Siemsen,** Karl Hayo; Dipl.-Ing., Dr. phil., Prof.; *Studiotechnik u Signalverarbeitung*; di: Hochsch. Emden / Leer, FB Technik, Constantiaplatz 4, 26723 Emden, T: (04921) 8071877, siemsen@hs-emden-leer.de; pr: Bollwerkstr. 41, 26725 Emden, T: (04921) 22777

**Siepmann,** Thomas; Dr.-Ing., Prof.; *Grundlagen der Informatik und Computer Aided Engineering*; di: FH Aachen, FB Elektrotechnik und Informationstechnik, Eupener Str. 70, 52066 Aachen, T: (0241) 600952132, siepmann@fh-aachen.de; pr: Ruifer Str. 27, 52134 Herzogenrath, T: (02406) 9259905

**Siepmann,** Torsten; Dr. med., HonProf.; *Medizintechnik, Medizinische Gerätetechnik, Blutreinigungsverfahren*; di: Hochsch. Mittweida, Fak. Mathematik/ Naturwiss./Informatik, Technikumplatz 17, 09648 Mittweida, T: (03727) 581219

**Sierke,** Bernt R.A.; Dr., Prof., Präs. Private FH Göttingen; *Industrielles Management und Controlling*; di: Private FH Göttingen, Weender Landstr. 3-7, 37073 Göttingen, T: (0551) 547000, sierke@pfh.de

**Siestrup,** Guido; Dipl.-Kfm., Dr. rer. pol., Prof.; *Logistik*; di: Hochsch. Furtwangen, Fak. Wirtschaftsinformatik, Robert-Gerwig-Platz 1, 78120 Furtwangen, T: (07723) 9202240, Guido.Siestrup@hs-furtwangen.de

**Sietz,** Manfred; Dr. rer. nat., Prof.; *Chemie, Umweltmanagement, Betrieblicher Umweltschutz*; di: Hochsch. Ostwestfalen-Lippe, FB 8, Umweltingenieurwesen u. Angew. Informatik, An der Wilhelmshöhe 44, 37671 Höxter, T: (0521) 687183

**Sieveke,** Matthias; Dr., Prof.; *Architekturgestaltung*; di: Hochsch. Trier, FB Gestaltung, PF 1826, 54208 Trier, T: (0651) 8103276, M.Sieveke@hochschule-trier.de

**Sieven,** Beate; Dr. rer. pol., Prof.; *Betriebswirtschaftslehre, insb. Betriebliche Steuerlehre*; di: FH Stralsund, FB Wirtschaft, Zur Schwedenschanze 15, 18435 Stralsund, T: (03831) 456787

**Siever,** Karl-Heinz; Dr., Prof.; *Psychologie, insbes. angewandte Psychologie und Entwicklungspsychologie*; di: FH Dortmund, FB Angewandte Sozialwiss., Emil-Figge-Str. 44, 44227 Dortmund, T: (0231) 7555189, F: 7554911, siever@fh-dortmund.de; pr: Wiesenstr. 20, 58339 Breckerfeld

**Sievering,** Oliver; Dr., Prof.; *BWL, VWL*; di: H f. öffentl. Verwaltung u. Finanzen Ludwigsburg, Fak. Steuer- u. Wirtschaftsrecht, Reuteallee 36, 71634 Ludwigsburg, sievering@vw.fhov-ludwigsburg.de

**Sievers,** Ernst-Rainer; Dr.-Ing., Prof.; *Werkstofftechnik und Fügetechnik*; di: Westfäl. Hochsch., FB Elektrotechnik u. angew. Naturwiss., August-Schmidt-Ring 10, 45665 Recklinghausen, T: (02361) 915447, F: 915484, ernst-rainer.sievers@fh-gelsenkirchen.de

**Sievers,** Hubertus; Dr. rer. oec., Prof.; *Rechnungswesen und Controlling, Unternehmensnachfolge*; di: FH Brandenburg, FB Wirtschaft, SG Betriebswirtschaftslehre, Magdeburger Str. 50, 14770 Brandenburg, PF 2132, 14737 Brandenburg, T: (03381) 355242, F: 355299, sievers@fh-brandenburg.de; www.fh-brandenburg.de/~sievers

**Sievers,** Ulrich; Dr. jur., Prof.; *Betriebswirtschaftslehre, insb. International and Baltic Trade*; di: FH Stralsund, FB Wirtschaft, Zur Schwedenschanze 15, 18435 Stralsund, T: (03831) 456945

**Sievers,** Uwe; Dr.-Ing., Prof.; *Technische Thermodynamik, Anlagenbau und Kältetechnik*; di: HAW Hamburg, Fak. Technik u. Informatik, Berliner Tor 21, 20099 Hamburg, T: (040) 428758702, sievers@rzbt.haw-hamburg.de; pr: T: (04161) 88383

**Sigg,** Timm; Dr. rer. nat., Prof.; *Mathematik*; di: Hochsch. Esslingen, Fak. Versorgungstechnik u. Umwelttechnik, Kanalstr. 33, 73728 Esslingen, T: (0711) 3973496, F: 3973441

**Siggelkow,** Andreas; Dr.-Ing., Prof.; *Elektrotechnik, Informationstechnik*; di: Hochsch. Ravensburg-Weingarten, Doggenriedstr., 88250 Weingarten, PF 1261, 88241 Weingarten, T: (0751) 5019633, siggelkow@hs-weingarten.de

**Sikiaridi,** Elisabeth; Dipl.-Ing., Prof.; *Grundlagen d. Entwerfens, Darstellungstechnik*; di: Hochsch. Ostwestfalen-Lippe, FB 9, Landschaftsarchitektur u. Umweltplanung, An der Wilhelmshöhe 44, 37671 Höxter, T: (05271) 687232; pr: Brassertstr. 7, 45130 Essen, T: (0201) 797655

**Sikorski,** Evgenia; Dr.-Ing., Prof.; *Heizungstechnik, Raumlufttechnik, Technische Mechanik*; di: Hochsch. Offenburg, Fak. Maschinenbau u. Verfahrenstechnik, Badstr. 24, 77652 Offenburg, T: (0781) 205254, F: 205138, evgenia.sikorski@fh-offenburg.de

**Sikorski,** Jürgen; Dr. rer. pol., Prof.; *Unternehmensfinanzierung, Corporate Finance*; di: Hochsch. Deggendorf, FB Betriebswirtschaft, Edlmairstr. 6-8, 94469 Deggendorf, PF 1320, 94453 Deggendorf, T: (0991) 3615172, F: 361581122, juergen.Sikorski@fh-deggendorf.de

**Silber,** Gerhard; Dr.-Ing., Prof.; *Technische Mechanik, Werkstoffmechanik, Werkstofflabor*; di: FH Frankfurt, Nibelungenplatz 1, 60318 Frankfurt am Main, T: (069) 15333035, F: 15333030, silber@fb2.fh-frankfurt.de

**Sill,** Bernhard; Dr.-Ing., Prof.; *Architektur*; di: Hochsch. Trier, FB Gestaltung, PF 1826, 54208 Trier, T: (0651) 8103270, sill@hochschule-trier.de

**Siller,** Gertrud; Dr. habil., Prof. FH Bielefeld; *Erziehungswissenschaft*; di: FH Bielefeld, FB Sozialwesen, Kurt-Schumacher-Str. 6, 33615 Bielefeld, T: (0521) 1067885, gertrud.siller@fh-bielefeld.de

**Silva,** Gilberto da; Dr. theol., M.S.T., Prof. Luth. Theol. H Oberursel, Pfarrer; *Historische Theologie*; di: Luth. Theolog. Hochschule, Altkönigstr. 150, 61440 Oberursel, T: (06171) 912763, F: (01212) 912770, dasilva.g@lthh-oberursel.de

**Silverberg,** Michael; Dr.-Ing., Prof.; *Messtechnik u. statistische Signalverarbeitung*; di: FH Köln, Fak. f. Informations-, Medien- u. Elektrotechnik, Betzdorfer Str. 2, 50679 Köln, T: (0221) 82752459, prof.silverberg@edison.nt.fh-koeln.de

**Simanski,** Olaf; Dr.-Ing. habil., Prof. H Wismar; *Automatisierungstechnik*; di: Hochsch. Wismar, Fak. f. Ingenieurwiss., Bereich Elektrotechnik u. Informatik, Philipp-Müller-Strasse, PF 1210, 23952 Wismar, T: (03841) 753260, F: 753130, olaf.simanski@hs-wismar.de

**Simeon,** Thomas; Dr., Prof.; *Kommunikationstheorie und -soziologie*; di: HTW Berlin, FB Wirtschaftswiss. II, Treskowallee 8, 10318 Berlin, T: (030) 50192326, tsimeon@HTW-Berlin.de

**Simet,** Georg; Dr. phil., Prof.; *Wirtschaftstheorie*; di: Hochsch. Neuss, Markt 11-15, 41460 Neuss

**Simmert,** Diethard B.; Dipl.-Volkswirt, Dr. rer. pol., Prof.; *Internationales Finanzmanagement, Finanzierung*; di: Int. School of Management, Otto-Hahn-Str. 19, 44227 Dortmund, T: (0231) 9751390, diethard.simmert@ism-dortmund.de; pr: Provinzialplatz 1, 40591 Düsseldorf, simmert@provinzial.com

**Simmet,** Heike; Dr., Prof.; *Marketing*; di: Hochsch. Bremerhaven, An der Karlstadt 8, 27568 Bremerhaven, T: (0471) 4823117, hsimmet@hs-bremerhaven.de; pr: Dorfweg 8, 26939 Grossenmeer, T: (04483) 746, F: 930628

**Simon,** Andreas; Dr., Prof.; *Elektrotechnik*; di: Ostfalia Hochsch., Fak. Versorgungstechnik, Salzdahlumer Str. 46/48, 38302 Wolfenbüttel

**Simon,** Anke; Dr. rer.pol., Prof.; *BWL-Gesundheitsmanagement, Angewandte Gesundheitswissenschaften für Pflege u. Geburtshilfe*; di: DHBW Stuttgart, Fak. Sozialwesen, Herdweg 29, 70174 Stuttgart, T: (0711) 1849776, simon@dhbw-stuttgart.de

**Simon,** Anke; Dr., Prof.; *Wirtschaftsmathematik, Wirtschaftsstatistik*; di: Westfäl. Hochsch., FB Wirtschaft, Neidenburger Str. 43, 45877 Gelsenkirchen, T: (0209) 9596606, anke.simon@w-hs.de

**Simon,** Carlo; Dr. habil., Prof., Dekan FB Wirtschaftsinformatik Provadis School Frankfurt; *Wirtschaftsinformatik und Software Engineering*; di: Provadis School of Int. Management and Technology, FB Wirtschaftsinformatik, Industriepark Hoechst, Geb. B 845, 65926 Frankfurt a.M., T: (069) 30513278, F: 30516277, carlo.simon@provadis-hochschule.de

**Simon,** Christof; Dr.-Ing., Prof.; *Wärme-, Kraft- und Arbeitsmaschinen, Wärmelehre, Strömungslehre*; di: Hochsch. Trier, FB Technik, PF 1826, 54208 Trier, T: (0651) 8103311, C.Simon@hochschule-trier.de; pr: In der Kehrt 1, 54311 Trierweiler/Sirzenich, T: (0651) 80824

**Simon,** Dieta; Dr., Prof.; *Marketing, Innovations- u. Technologiemanagement*; di: HTW Berlin, FB Wirtschaftswiss. I, Treskowallee 8, 10318 Berlin, T: (030) 50192266, simon@HTW-Berlin.de

**Simon,** Ingeborg; Prof.; *Informationsvermittlung, Informationsmanagement in Bibliotheken, Projektmanagement, Medienmanagement in ÖB, Kommunikationstraining*; di: Hochsch. d. Medien, Fak. Information u. Kommunikation, Wolframstr. 32, 70191 Stuttgart, T: (0711) 25706173, simon@hdm-stuttgart.de; pr: Alexanderstr. 160, 70180 Stuttgart, T: (0711) 604294

**Simon,** Marcus; Dr., Prof.; di: Int. School of Management, Otto-Hahn-Str. 19, 44227 Dortmund, T: (0231) 9751390, ism.dortmund@ism.de

**Simon,** Maximilian; Dr.-Ing., Prof.; *Technische Mechanik, Konstruktion und Arbeitsplanung, Entwicklung und Konstruktion, Mathematik*; di: Hochsch. München, Fak. Wirtschaftsingenieurwesen, Erzgießereistr. 14, 80335 München

**Simon,** Michael; Dipl.-Päd., Dr., Prof.; *Gesundheitssystemanalyse und Gesundheitspolitik*; di: Hochsch. Hannover, Fak. V Diakonie, Gesundheit u. Soziales, Blumhardtstr. 2, 30625 Hannover, PF 690363, 30612 Hannover, T: (0511) 92963211, michael.simon@hs-hannover.de; pr: Röntgenstr. 4, 30163 Hannover, T: (0511) 3944378, michael.simon1@t-online.de

**Simon,** Nicole; Prof.; *Packaging-Design, CI / CD*; di: HAWK Hildesheim/Holzminden/ Göttingen, FB Gestaltung, Kaiserstr. 43-45, 31134 Hildesheim, T: (05121) 881344, F: 881366

**Simon,** Peter F.W.; Dr., Prof.; *Organische Chemie, Polymerchemie*; di: Hochsch. Rhein-Waal, Fak. Life Sciences, Marie-Curie-Straße 1, 47533 Kleve, T: (02821) 80673209, peter.simon@hochschule-rhein-waal.de

**Simon,** Ralf; Dr. techn., Prof.; *Thermodynamik, Klimatechnik, Kraft- u. Arbeitsmaschinen, Energietechnik*; di: FH Bingen, FB Life Sciences and Engineering, FR Verfahrenstechnik, Berlinstr. 109, 55411 Bingen, T: (06721) 409348, F: 409112, simon@fh-bingen.de

**Simon,** René; Dr., Prof.; *Steuerungstechnik, Prozessleittechnik*; di: Hochsch. Harz, FB Automatisierung u. Informatik, Friedrichstr. 54, 38855 Wernigerode, T: (03943) 659373, rsimon@hs-harz.de

**Simon,** Sylvio; Dr.-Ing. habil., Prof.; *Konstruktion*; di: Hochsch. Lausitz, FB Informatik, Elektrotechnik, Maschinenbau, Großenhainer Str. 57, 01968 Senftenberg, T: (03573) 85425

**Simon,** Theresia; Dr. rer. pol., Prof.; *Informationstheorie, Rechnungswesen, Controlling, Unternehmensführung*; di: Hochsch. Ravensburg-Weingarten, Doggenriedstr., 88250 Weingarten, PF 1261, 88241 Weingarten, T: (0751) 5019682, F: 5019876, theresia.simon@hs-weingarten.de

**Simon,** Titus; Dr., Prof.; *Jugendarbeit/ Jugendhilfeplanung*; di: Hochsch. Magdeburg-Stendal, FB Sozial- u. Gesundheitswesen, Breitscheidstr. 2, 39114 Magdeburg, T: (0391) 8864276, titus.simon@hs-magdeburg.de

**Simon,** Traudel; Dr. phil., Prof.; *Heilpädagogik*; di: Kath. Hochsch. Freiburg, Karlstr. 63, 79104 Freiburg, T: (0761) 200262, simon@kfh-freiburg.de

**Simon,** Uwe; Dipl.-Ing., Prof.; *Baukonstruktion, Entwerfen, Holzbau*; di: H Koblenz, FB Bauwesen, Konrad-Zuse-Str. 1, 56075 Koblenz, T: (0261) 9528613, F: 9528647, simon@hs-koblenz.de

**Simon,** Volker; Dr., Prof.; di: DHBW Ravensburg, Marienplatz 2, 88212 Ravensburg, T: (0751) 189992712, simon@dhbw-ravensburg.de

**Simon,** Walter; Dr.-Ing., Prof.; *Mess-, Steuerungs- und Regelungstechnik*; di: Hochsch. Kempten, Fak. Elektrotechnik, Bahnhofstr. 61-63, 87435 Kempten, T: (0831) 2523199, walter.simon@fh-kempten.de

**Simon,** Werner; Dr., Prof.; di: Rheinische FH Köln, Hohenstaufenring 16-18, 50674 Köln; pr: Paul-Schallück-Str. 29, 50939 Köln, T: (0221) 2941161, simonwerner314@yahoo.de

**Simon-Hohm,** Hildegard; Dr. phil., Prof.; *Erziehungswissenschaft*; di: Hochsch. Esslingen, Fak. Soziale Arbeit, Gesundheit u. Pflege, Flandernstr. 101, 73732 Esslingen, T: (0711) 3974587; pr: Weidenweg 27, 73733 Esslingen, T: (0711) 375638

**Simon-Philipp,** Christina; Dr.-Ing., Prof.; *Städtebau, Stadtplanung*; di: Hochsch. f. Technik, Fak. Architektur u. Gestaltung, Schellingstr. 24, 70174 Stuttgart, PF 101452, 70013 Stuttgart, T: (0711) 89262616, christina.simon@hft-stuttgart.de

**Simoneit,** Karsten; Dr., HonProf.; *Allgemeine Betriebswirtschaftslehre*; di: Hochsch. Wismar, Fak. f. Ingenieurwiss., PF 1210, 23952 Wismar

**Simonis,** Rainer; Dipl.-Phys., Dr.-Ing., Prof.; *Mess- und Regelungstechnik, Sensortechnik*; di: FH Aachen, FB Angewandte Naturwiss. u. Technik, Ginsterweg 1, 52428 Jülich, T: (0241) 600953170, simonis@fh-aachen.de; pr: Käthe-Kollwitz-Str. 11, 52249 Eschweiler, T: (02403) 51831

**Simonovich,** Daniel; Dipl.-Inf., Prof.; *Volkswirtschaftslehre*; di: Hochsch. Reutlingen, FB European School of Business, Alteburgstr. 150, 72762 Reutlingen, T: (07121) 271414

**Simons,** Florian; Dr., Prof.; *Maschinenbau*; di: DHBW Stuttgart, Fak. Technik, Maschinenbau, Jägerstraße 56, 70174 Stuttgart, T: (0711) 1849506, simons@dhbw-stuttgart.de

**Simons,** Gerda; Mag. rer. publ., Dipl.-Päd., Dr. phil., Prof.; *Pädagogik, Sozialpädagogik*; di: Ev. Hochsch. Berlin, Prof.. f. Pädagogik, Fachrichtung Sozialpädagogik, PF 370255, 14132 Berlin, T: (030) 84582273, simons@eh-berlin.de

**Simons,** Harald; Dr. rer. pol., Prof.; *Volkswirtschaftslehre*; di: HTWK Leipzig, FB Wirtschaftswissenschaften, PF 301166, 04251 Leipzig, T: (0341) 30766529, harald.simons@wiwi.htwk-leipzig.de

**Simons,** Isabelle; Dr., Prof.; *Fassadentechnik*; di: DHBW Mosbach, Neckarburkener Str. 2-4, 74821 Mosbach, T: (06261) 939581, simons@dhbw-mosbach.de

**Simons,** Katrin; Dr. phil., Prof.; *Kunst- und Kulturgeschichte*; di: FH Mainz, FB Gestaltung, Holzstr. 36, 55116 Mainz, T: (06131) 2859426

**Simons,** Stephan; Dr.-Ing., Prof.; *Automatisierungstechnik, Steuerungstechnik, Regelungstechnik*; di: Hochsch. Darmstadt, FB Elektrotechnik u. Informationstechnik, Haardtring 100, 64295 Darmstadt, T: (06151) 168314, simons@eit.h-da.de

**Simsa,** Christiane Elisabeth; Dr. jur., Prof.; *Soziologie, Mediation, Koordination d. Weiterbildungsstudiengangs Mediation*; di: FH Ludwigshafen, FB IV Sozial- u. Gesundheitswesen, Maxstr. 29, 67059 Ludwigshafen, T: (0621) 5911338, simsa@efhlu.de

**Simson,** Jutta; Prof.; *Advertising Design*; di: FH Potsdam, FB Design, Pappelallee 8-9, Haus 5, 14469 Potsdam, T: (0331) 5801433, simson@fh-potsdam.de

**Sinambari,** Gholam-Reza; Dr.-Ing., Prof.; *Mathematik, Schallschutz, Erschütterunsschutz, CAD*; di: FH Bingen, FB Life Sciences and Engineering, FR Umweltschutz, Berlinstr. 109, 55411 Bingen, T: (06721) 409358, F: 409110, g.sinambari@fh-bingen.de

**Sindelar,** Ralf; Dr.-Ing., Prof.; *Werkstoffkunde, Fertigung*; di: Hochsch. Hannover, Fak. II Maschinenbau u. Bioverfahrenstechnik, Ricklinger Stadtweg 120, 30459 Hannover, PF 920261, 30441 Hannover, T: (0511) 92961380, ralf.sindelar@hs-hannover.de

**Sinewe,** Patrick; Dr. rer. oec., Prof.; *Steuerrecht, Europarecht*; di: FH Worms, FB Wirtschaftswiss., Erenburgerstr. 19, 67549 Worms, sinewe@fh-worms.de

**Sing,** Dorrit; Dr., Prof.; *Soziologie in der Sozialen Arbeit*; di: Kath. Stiftungsfachhochsch. München, Abt. Benediktbeuern, Don-Bosco-Str. 1, 83671 Benediktbeuern

**Singer,** Hans-Erich; Dr.-Ing., Prof.; *Elektrotechnik*; di: Westsächs. Hochsch. Zwickau, FB Elektrotechnik, Dr.-Friedrichs-Ring 2A, 08056 Zwickau, Hans.Erich.Singer@fh-zwickau.de

**Singer,** Jürgen Kurt; Dr., Prof.; *Computergrafik, virtuelle Realität*; di: Hochsch. Harz, FB Automatisierung u. Informatik, Friedrichstr. 54, 38855 Wernigerode, T: (03943) 659830, F: 659109, jsinger@hs-harz.de

**Singer,** Peter; Dr. rer. nat., Prof.; *Wirtschaftsmathematik, Informatik*; di: HAW Ingolstadt, Fak. Maschinenbau, Esplanade 10, 85049 Ingolstadt, T: (0841) 9348402, peter.singer@haw-ingolstadt.de

**Singer,** Wolfgang; Dr., Prof.; *Bankbetriebslehre, Finanzierung u. Investition*; di: HTW Berlin, FB Wirtschaftswiss. I, Treskowallee 8, 10318 Berlin, T: (030) 50192628, w.singer@HTW-Berlin.de

**Sinnhold,** Heiko; Dr., Prof.; *Change Management, Interkulturelles Management*; di: DHBW Mosbach, Campus Bad Mergentheim, Schloss 2, 97980 Bad Mergentheim, T: (07931) 530635, F: 530624, sinnhold@dhbw-mosbach.de

**Sinning,** Heidi; Dr.-Ing., Prof.; *Stadtplanung und Kommunikation*; di: FH Erfurt, FB Verkehrs- u. Transportwesen, Altonaer Str. 25, 99084 Erfurt, PF 101363, 99013 Erfurt, T: (0361) 6700375, F: 6700528, sinning@fh-erfurt.de

**Sistenich,** Frank; Dr. rer. pol., Prof.; *Marketing, Internationales Marketing*; di: Techn. Hochsch. Wildau, FB Betriebswirtschaft/Wirtschaftsinformatik, Bahnhofstr., 15745 Wildau, T: (03375) 508583, frank.sistenich@tfh-wildau.de

**Sitzmann,** Dieter; Dipl.-Kfm., Dr. rer. pol., Prof.; *Wasserbau, Siedlungswasserwirtschaft*; di: Hochsch. Coburg, Fak. Design, Friedrich-Streib-Str. 2, 96450 Coburg, T: (09561) 317123, sitzmann@hs-coburg.de

**Sitzmann,** Gerald; Dr.-Ing., Prof.; *Technische Mechanik, Konstruktion/CAD*; di: HAW Ingolstadt, Fak. Maschinenbau, Esplanade 10, 85049 Ingolstadt, T: (0841) 9348232, gerald.sitzmann@haw-ingolstadt.de

**Siweris,** Heinz-Jürgen; Dr.-Ing., Prof.; *Schaltungstechnik, Elektronische Module*; di: Hochsch. Regensburg, Fak. Elektro- u. Informationstechnik, PF 120327, 93025 Regensburg, T: (0941) 9431102, heinz-juergen.siweris@e-technik.fh-regensburg.de

**Skala,** Martin; Dr., Prof.; *Volkswirtschaftslehre, insb. Internationale Wirtschaft*; di: Hochsch. Osnabrück, Fak. Wirtschafts- u. Sozialwiss., Caprivistr. 30A, 49076 Osnabrück, PF 1940, 49009 Osnabrück, T: (0541) 9693495, skala@wi.hs-osnabrueck.de

**Skibicki,** Klemens; Dr., Prof.; *Wirtschaftswissenschaften, Marketing und Marktforschung*; di: Cologne Business School, Hardefuststr. 1, 50667 Köln, T: (0221) 93180922, k.skibicki@cbs-edu.de

**Skill,** Thomas; Dr. rer.nat., Prof.; *Wirtschaftsmathematik*; di: Hochschule Ruhr West, Institut Naturwissenschaften, PF 100755, 45407 Mülheim an der Ruhr, T: (0208) 88254430, Thomas.Skill@hs-ruhrwest.de

**Skladny,** Helene; Dr. phil., Prof.; *Ästhetische Bidlung, Ästhetik und Kommunikation*; di: Ev. FH Rhld.-Westf.-Lippe, FB Soziale Arbeit, Bildung u. Diakonie, Immanuel-Kant-Str. 18-20, 44803 Bochum, T: (0234) 36901348, skladny@efh-bochum.de

**Skopp,** Hanns R.; Dipl.-Kfm., StB, Dr. rer. pol., Prof.; *Buchführung/Bilanzierung, Bilanzierung/Bilanzanalyse, SAP, Steuern, Wirtschaftsprüfung, Datev*; di: Hochsch. Landshut, Fak. Betriebswirtschaft, Am Lurzenhof 1, 84036 Landshut, hskopp@fh-landshut.de

**Skricka,** Norbert; Dr.-Ing., Prof.; *Technische Mechanik, Antriebstechnik in der Mechatronik*; di: Hochsch. Karlsruhe, Fak. Maschinenbau u. Mechatronik, Moltkestr. 30, 76133 Karlsruhe, PF 2440, 76012 Karlsruhe, T: (0721) 9251756, norbert.skricka@hs-karlsruhe.de

**Skroch,** Oliver; Dr., Prof.; *Wirtschaftsinformatik*; di: Ostfalia Hochsch., Fak. Wirtschaft, Robert-Koch-Platz 8A, 38440 Wolfsburg, o.skroch@ostfalia.de

**Skrotzki,** Thilo; Dr.-Ing., Prof.; *Elektrotechnik, Elektronik, Automatisierungstechnik*; di: FH Südwestfalen, FB Techn. Betriebswirtschaft, Rohrstr. 26, 58093 Hagen, T: (02331) 9872371, skrotzki@fh-swf.de; pr: Marschner Str. 3, 44789 Bochum, T: (0234) 330825

**Skupin,** Petra; Dipl.-Designerin, Prof.; *Darstellungstechniken, Grundlagen Entwurf und Modellgestaltung, Modellentwurf, Kollektionsgestaltung*; di: HTW Berlin, FB Gestaltung, Wilhelminenhofstr. 67-77, 12459 Berlin, T: (030) 50194741, skupin@HTW-Berlin.de

**Skupin,** Wolfgang; Dr., Prof.; *Kommunikationstechnik*; di: Hochsch. Konstanz, Fak. Elektrotechnik u. Informationstechnik, Brauneggerstr. 55, 78462 Konstanz, PF 100543, 78405 Konstanz, T: (07531) 206257, F: 206400, skupin@fh-konstanz.de

**Slansky,** Hermann; Dr.-Ing., Prof.; *Baustofftechnik*; di: Hochsch. Zittau/Görlitz, Fak. Bauwesen, Schliebenstr. 21, 02763 Zittau, PF 1455, 02754 Zittau, T: (03583) 611677, h.slansky@hs-zigr.de

**Slapnicar,** Klaus W.; Dr. jur., Prof.; *Wirtschaftsprivatrecht*; di: FH Schmalkalden, Fak. Wirtschaftsrecht, Blechhammer, 98574 Schmalkalden, PF 100452, 98564 Schmalkalden, T: (03683) 6886100, slapnicar@fh-sm.de

**Slavik,** Mirko; Dr.-Ing. habil., Prof.; *Baumechanik*; di: HTW Dresden, Fak. Bauingenieurwesen/Architektur, PF 120701, 01008 Dresden, T: (0351) 4622393, slavik@htw-dresden.de

**Slawski,** Dirk; Prof.; *Gestaltungslehre*; di: Hochsch. Ostwestfalen-Lippe, FB 9, Landschaftsarchitektur u. Umweltplanung, An der Wilhelmshöhe 44, 37671 Höxter, T: (05271) 687279, dirk.slawski@fh-luh.de; pr: Waldwinkel 13, 37603 Holzminden

**Slemeyer,** Andreas; Dr.-Ing., Prof.; *Messtechnik, Prozessmesstechnik, Messsysteme*; di: Techn. Hochsch. Mittelhessen, FB 02 Elektro- u. Informationstechnik, Wiesenstr. 14, 35390 Gießen, T: (0641) 3091913, Andreas.Slemeyer@ei.fh-giessen.de; pr: Ulmenweg 30, 35041 Marburg, T: (06421) 35945

**Slowak,** Reinhard; Dr.-Ing., Prof.; *Elektrotechnik*; di: HTW d. Saarlandes, Fak. f. Ingenieurwiss., Goebenstr. 40, 66117 Saarbrücken, T: (0681) 5867206, slowak@htw-saarland.de; pr: Junkersstr. 29, 66117 Saarbrücken, T: (0681) 581653

**Slowig,** Peter; Dr. habil., Prof.; *Messtechnik, computergestützte Sprachverarbeitung*; di: Hochsch. Konstanz, Fak. Elektrotechnik u. Informationstechnik, Brauneggerstr. 55, 78462 Konstanz, PF 100543, 78405 Konstanz, T: (07531) 206543, F: 206400, slowig@fh-konstanz.de

**Slowik,** Volker; Dr.-Ing., Prof.; *Baumechanik*; di: HTWK Leipzig, FB Bauwesen, PF 301166, 04251 Leipzig, T: (0341) 30766261, slowik@fbb.htwk-leipzig.de

**Slupek,** Joachim; Dr., Prof.; *Medizintechnik*; di: H Koblenz, FB Mathematik u. Technik, RheinAhrCampus, Joseph-Rovan-Allee 2, 53424 Remagen, T: (02642) 932343, F: 932399, Slupek@rheinahrcampus.de

**Smajic,** Hasan; Dr.-Ing., Prof.; *Steuerungstechnik und Automatisierung*; di: FH Köln, Fak. f. Fahrzeugsysteme u. Produktion, Betzdorfer Str. 2, 50679 Köln, T: (0221) 82752555, hasan.smajic@fh-koeln.de

**Smeets,** Theo; Prof.; *Edelstein-, Schmuck- u. Objektgestaltung*; di: Hochsch. Trier, FB Gestaltung, PF 1826, 54208 Trier, T: (06781) 946316, T.Smeets@hochschule-trier.de; pr: mail@theosmeets.de

**Smetanska,** Iryna; Dr. Agr., Dr.-Ing., JunProf. TU Berlin, Prof. H. Weihenstephan-Triesdorf; *Methoden der Lebensmittelbiotechnologie*; di: Hochsch. Weihenstephan-Triesdorf, Fak. Landwirtschaft, Steingruberstr. 2, 91746 Weidenbach-Triesdorf, T: (09826) 654228, Iryna.Smetanska@hswt.de; TU Berlin, FG Methoden d. Lebensmittelbiotechnologie, Königin Luise Str. 22, 14195 Berlin, T: (030) 31471491, F: 8327663

**Smets,** Heiner; Dr.-Ing., Prof.; *Kunststoffverarbeitung, Antriebstechnik*; di: Hochsch. Ravensburg-Weingarten, Doggenriedstr., 88250 Weingarten, PF 1261, 88241 Weingarten, T: (0751) 5019896, heiner.smets@hs-weingarten.de

**Smit,** Peer de; Prof.; *Schauspiel, Theaterwissenschaft, Theaterpädagogik*; di: Hochsch. f. Künste im Sozialen, Am Wiestebruch 66-68, 28870 Ottersberg, T: (04205) 394915, rektor@hks-ottersberg.de

**Smith,** Craig; Dr.-Ing., Prof.; *Grundausbildung Programmierung*; di: Hochsch. Emden/Leer, FB Technik, Constantiaplatz 4, 26723 Emden, T: (04921) 8071804, smith@hs-emden-leer.de; pr: Taubenstr. 22, 26122 Oldenburg, T: (0441) 71597

**Smolen,** Heinrich; Dipl.-Ing., Prof.; di: Rheinische FH Köln, Hohenstaufenring 16-18, 50674 Köln; pr: Kirschenweg 8, 50259 Stommeln, T: (02238) 3439

**Smolen,** Slawomir; Dr.-Ing., Prof.; *Industrielle Energieversorgung, Angewandte Thermodynamik, Verbrennungstechnik u. Umwelt*; di: Hochsch. Bremen, Fak. Natur u. Technik, Neustadtswall 30, 28199 Bremen, T: (0421) 59053579, F: 59053575, Slawomir.Smolen@hs-bremen.de

**Smolka,** Anita; Dr. oec., Prof.; *Betriebswirtschaftslehre, Wirtschaftsinformatik*; di: Beuth Hochsch. f. Technik, FB I Wirtschafts- u. Gesellschaftswiss., Luxemburger Str. 10, 13353 Berlin, T: (030) 45042211, smolka@beuth-hochschule.de

**Sobczak,** Sybille; Dr., Prof.; *Food Management*; di: DHBW Mosbach, Campus Bad Mergentheim, Schloss 2, 97980 Bad Mergentheim, T: (07931) 530607, F: 530680, sobczak@dhbw-mosbach.de

**Sobich,** Peter-Jürgen; Dr. jur., Prof.; *Bürgerliches Recht, Handels- u. Wirtschaftsrecht, Wirtschaftsverfassungsrecht*; di: Hochsch. Bremen, Fak. Wirtschaftswiss., Werderstr. 73, 28199 Bremen, T: (0421) 59054110, F: 59054191, sobich@fbw.hs-bremen.de; pr: Friedrich-Mißler-Str. 16, 28211 Bremen

**Sobirey,** Frank; Dr., Prof.; *Bank*; di: DHBW Mannheim, Fak. Wirtschaft, Coblitzallee 1-9, 68163 Mannheim, T: (0621) 41052207, F: 41052200, frank.sobirey@dhbw-mannheim.de

**Sobota,** Jiri; Dr.-Ing., Prof.; *Elektrische Messtechnik, Elektronische Messtechnik*; di: Hochsch. Rhein/Main, FB Ingenieurwiss., Informationstechnologie u. Elektrotechnik, Am Brückweg 26, 65428 Rüsselsheim, T: (06142) 8984237, jiri.j.sobota@hs-rm.de

**Socher,** Gudrun; Dr., Prof.; *Software Engineering, Computergrafik u. Bildverarbeitung*; di: Hochsch. München, Fak. Informatik u. Mathematik, Lothstr. 34, 80335 München, T: (089) 12653743, F: 12653780, gudrun.socher@cs.fhm.edu

**Socher,** Martin; Dr. rer. nat., HonProf.; *Umweltverfahrenstechnik in der Wasserwirtschaft*; di: HTW Dresden, Fak. Maschinenbau/Verfahrenstechnik, Friedrich-List-Platz 1, 01069 Dresden

**Socher,** Rolf; Dr. rer. nat., Prof.; *Wissensverarbeitung und Theoretische Informatik*; di: FH Brandenburg, FB Informatik u. Medien, Magdeburger Str. 50, 14770 Brandenburg, T: (03381) 355436, F: 355199, socher@fh-brandenburg.de; pr: Wolthuser Str., 26725 Emden, T: (04921) 916925

**Socolowsky,** Jürgen; Dr. rer. nat. habil., Prof. FH Brandenburg; *Analysis, mathemat. Fluidmechanik*; di: FH Brandenburg, FB Technik, Magdeburger Str. 50, 14770 Brandenburg, PF 2132, 14737 Brandenburg, T: (03381) 355349, F: 355367, socolowsky@fh-brandenburg.de; www.fh-brandenburg.de/~socolows

**Sodmann,** Edward; Prof.; *Wirtschaftsenglisch, Wirtschaftsfranzösisch*; di: Hochsch. Bochum, FB Wirtschaft, Lennershofstr. 140, 44801 Bochum, T: (0234) 3210607, edward.sodmann@hs-bochum.de; pr: Am Brunnenbach 24, 48772 Billerbeck

**Söder,** Alexander; Dipl.-Math., Dr. rer. nat., Prof.; *Informatik*; di: Hochsch. Regensburg, Fak. Informatik u. Mathematik, PF 120327, 93025 Regensburg, T: (0941) 9431304, alexander.soeder@informatik.fh-regensburg.de

**Söder,** Joachim; Dr. phil., Prof.; *Sozialwesen, Philosophie*; di: Kath. Hochsch. NRW, Abt. Aachen, Robert-Schuman-Str. 25, 52066 Aachen, T: (0241) 6000328, F: 6000388, j.soeder@katho-nrw.de

**Soeffky,** Manfred; Dipl.-Math., Prof.; *Wirtschaftsmathematik und Statistik*; di: Hochsch. f. Wirtschaft u. Recht Berlin, FB 1, Badensche Str. 50-51, 10825 Berlin, T: (030) 85789164, soeffky@hwr-berlin.de; pr: Friedrich-Wilhelm-Str. 54 b, 12103 Berlin, T: (030) 7511625

**Söhnchen,** Wolfgang; Dr., Prof.; *Allgemeine Betriebswirtschaftslehre und Controlling*; di: Hochsch.Merseburg, FB Wirtschaftswiss., Geusaer Str., 06217 Merseburg, T: (03461) 462431, F: 462422, wolfgang.söhnchen@hs-merseburg.de

**Söller-Eckert,** Claudia; Dipl.-Ing., Prof.; *MSD*; di: Hochsch. Darmstadt, FB Media, Haardtring 100, 64295 Darmstadt, T: (06151) 169447, claudia.soeller-eckert@fbmedia.h-da.de; pr: Hauptstr. 16, 63473 Aschaffenburg

**Soennecken,** Arno; Dr.-Ing., Prof.; *Energiewirtschaft*; di: FH Südwestfalen, FB Elektr. Energietechnik, Lübecker Ring 2, 59494 Soest, T: (02921) 378467; pr: T: (0173) 3617370, arno.soennecken@iebt.de

**Sörgel,** Timo; Dr., Prof.; *Moderne Verfahren der Galvanotechnik*; di: Hochsch. Aalen, Fak. Maschinenbau u. Werkstofftechnik, Beethovenstr. 1, 73430 Aalen, T: (07361) 5762468, Timo.Soergel@htw-aalen.de

**Söte,** Werner; Dr.-Ing., Prof.; di: Hochsch. Osnabrück, Fak. Ingenieurwiss. u. Informatik, Albrechtstr. 30, 49076 Osnabrück, T: (0541) 9692901, F: 9692936, soete@iti.fh-osnabrueck.de; pr: Friedrich-Drake-Str. 7, 49076 Osnabrück, T: (0541) 682668

**Sohlbach,** Helmut; Dr. rer. nat., Prof.; *Elektronik, Digitaltechnik*; di: FH Südwestfalen, FB Elektrotechnik u. Informationstechnik, Haldener Str. 182, 58095 Hagen, T: (02371) 566565, Sohlbach@fh-swf.de; pr: Wandhofer Bruch 1, 58239 Schwerte

**Sohn,** Dirk S.; Dr.-Ing., Prof.; *Betriebssicherheitsmanagement*; di: TFH Georg Agricola Bochum, Herner Str. 45, 44787 Bochum, T: (0234) 9683262, F: 9683359

**Sohn,** Martin; Dr., Prof.; *Naturwiss. Technik*; di: Hochsch. Emden/Leer, FB Technik, Constantiaplatz 4, 26723 Emden, T: (04921) 8071507, sohn@hs-emden-leer.de

**Sohni,** Michael; Dr.-Ing., Prof.; *Baubetrieb, Immobilienwirtschaft*; di: Hochsch. Darmstadt, FB Bauingenieurwesen, Haardtring 100, 64295 Darmstadt, T: (06151) 168156, sohni@fbb.h-da.de

**Sohns,** Armin; Dr., Prof.; *Heilpädagogik*; di: FH Nordhausen, FB Wirtschafts- u. Sozialwiss., Weinberghof 4, 99734 Nordhausen, T: (03631) 420567, F: 420817, sohns@fh-nordhausen.de; pr: Am Schaftrieb 17, 63589 Linsengericht, T: (06051) 475810

**Soika,** Armin; Dr.-Ing., Prof.; *Thermodynamik, Wärmeübertragung und Strömungsmaschinen*; di: HAW Ingolstadt, Fak. Maschinenbau, Esplanade 10, 85049 Ingolstadt, T: (0841) 9348470, Armin.Soika@haw-ingolstadt.de

**Soiné,** Klaus; Dipl.-Ing., HonProf.; di: Hochsch. f. Technik, Fak. Bauingenieurwesen, Bauphysik u. Wirtschaft, Schellingstr. 24, 70174 Stuttgart, PF 101452, 70013 Stuttgart

**Sokianos,** Nicolas; Dr.-Ing., Prof.; *Produktionslogistik, Materialfluss und Fabrikplanung, Industrial Engineering, Projektmanagement*; di: Beuth Hochsch. f. Technik, FB VIII Maschinenbau, Veranstaltungs- u. Verfahrenstechnik, Luxemburger Str. 10, 13353 Berlin, T: (030) 45042939, sokianos@beuth-hochschule.de

**Sokol,** Monika; Dr. phil. habil., Prof.; *Romanische Sprachwissenschaft, Medienwissenschaft*; di: FH Köln, Fak. f. Informations- u. Kommunikationswiss., Claudiusstr. 1, 50678 Köln, T: (0221) 82753311, monika.sokol@fh-koeln.de

**Sokollik,** Frank; Dr., Prof.; *Prozessautomatisierung, Gebäudeautomation*; di: Hochsch.Merseburg, FB Informatik u. Kommunikationssysteme, Geusaer Str., 06217 Merseburg, T: (03461) 463905, F: 462900, frank.sokollik@hs-merseburg.de

**Solenski,** Norbert; Dr.-Ing., Prof.; *Industrielle Steuerungs- und Regelungstechnik*; di: FH Kiel, FB Informatik u. Elektrotechnik, Grenzstr. 5, 24149 Kiel, T: (0431) 2104116, F: 2104011, norbert.solenski@fh-kiel.de

**Soller,** Jörg; Dr. habil., Prof.; di: Hochsch. f. Wirtschaft u. Recht Berlin, Badensche Str. 50/51, 10825 Berlin, T: (030) 29384470, joerg.soller@hwr-berlin.de

**Sollfrank,** Hermann; Dipl.-Sozialpäd. (FH), Dipl.-Päd., Prof.; *Soziale Arbeit*; di: Kath. Stiftungsfachhochsch. München, Preysingstr. 83, 81667 München, T: (089) 480921206, hermann.sollfrank@ksfh.de

**Solymosi,** Andreas; Dipl.-Math., Dr.-Ing., Prof.; *Informatik mit den Schwerpunkten Betriebssysteme, Datenbanksysteme, Systemprogrammierung*; di: Beuth Hochsch. f. Technik, FB VI Informatik u. Medien, Luxemburger Str. 10, 13353 Berlin, T: (030) 45042556, solymosi@beuth-hochschule.de

**Sommer,** Bernd; Dr., Prof.; *Sozialwirtschaft*; di: DHBW Villingen-Schwenningen, Fak. Sozialwesen, Bürkstr. 1, 78054 Villingen-Schwenningen, T: (07720) 3906309, F: 3906319, bsommer@dhbw-vs.de

**Sommer,** Carlo Michael; Dr., Prof.; *Sprachwissenschaften und Kommunikationspsychologie*; di: Hochsch. Darmstadt, FB Gesellschaftswiss. u. Soziale Arbeit, Haardtring 100, 64295 Darmstadt, T: (06151) 168747, sommer@fbsuk.fh-darmstadt.de

**Sommer,** Christoph; Dr.-Ing., Prof.; *Werkstoffkunde, Werkstoffprüfung*; di: FH Südwestfalen, FB Ingenieur- u. Wirtschaftswiss., Lindenstr. 53, 59872 Meschede, T: (0291) 9910271, sommer@fh-swf.de

**Sommer,** Egon; Dr.-Ing., Prof.; *Automatisierungstechnik*; di: Hochsch. München, Fak. Elektrotechnik u. Informationstechnik, Lothstr. 64, 80335 München, T: (089) 12653417, F: 12653403, sommer@ee.fhm.edu

**Sommer,** Guido; Dr., Prof.; *Tourismus, Wirtschaftswissenschaften*; di: Cologne Business School, Hardefuststr. 1, 50667 Köln, T: (0221) 931809846, g.sommer@cbs-edu.de

**Sommer,** Hartmut; Dr., Prof.; *BWL, Datenverarbeitung, Internationale Agrarpolitik, Aussenhandel, Finanzwirtschaft, Informationssysteme*; di: FH Bingen, FB Life Sciences and Engineering, FR Agrarwirtschaft, Berlinstr. 109, 55411 Bingen, T: (06721) 409430, F: 409188, h_sommer@fh-bingen.de

**Sommer,** Klaus; Dr.-Ing., Prof.; *Heizungstechnik, insbes. heiztechnische Anlagen und Apparate*; di: FH Köln, Fak. f. Anlagen, Energie- u. Maschinensysteme, Betzdorfer Str. 2, 50679 Köln, T: (0221) 82752624, klaus.sommer@fh-koeln.de; pr: Nachtigallenstr. 21, 51427 Bergisch Gladbach

**Sommer,** Lutz; Dr., Prof.; *Außenwirtschaft, Volkswirtschaftslehre, Umweltchemie*; di: Hochsch. Albstadt-Sigmaringen, FB 1, Jakobstr. 1, 72458 Albstadt, T: (07431) 579531, F: 579214, sommer@hs-albsig.de

**Sommer,** Michael; Dr., Prof.; *Angewandte Informatik, Logistik*; di: H Koblenz, FB Wirtschafts- u. Sozialwissenschaften, RheinAhrCampus, Joseph-Rovan-Allee 2, 53424 Remagen, T: (02642) 932283, sommer@rheinahrcampus.de

**Sommer,** Ralf-Rüdiger; Dr.-Ing., Prof.; *Wohn- und Sozialbau, Ökologisches Bauen, Wohnumfeldgestaltung*; di: Hochsch. Lausitz, FB Architektur, Bauingenieurwesen, Versorgungstechnik, Lipezker Str. 47, 03048 Cottbus-Sachsendorf, T: (0355) 5818516, F: 5818609

**Sommer,** Rolf; Dr.-Ing., Prof.; *Massivbau und Baustatik*; di: Hochsch. Bremen, Fak. Architektur, Bau u. Umwelt, Neustadtswall 30, 28199 Bremen, T: (0421) 59052325, F: 59052316, Rolf.Sommer@hs-bremen.de

**Sommer,** Volker; Dr.-Ing., Prof.; *Angewandte Informatik*; di: Beuth Hochsch. f. Technik, FB VI Informatik u. Medien, Luxemburger Str. 10, 13353 Berlin, T: (030) 45045154, sommer@beuth-hochschule.de

**Sommer,** Volker; Dr., Prof., Dekan FB Elektrotechnik, Maschinenbau u. Technikjournalismus; *Physik, Messtechnik*; di: Hochsch. Bonn-Rhein-Sieg, FB Elektrotechnik, Maschinenbau u. Technikjournalismus, Grantham-Allee 20, 53757 Sankt Augustin, 53754 Sankt Augustin, T: (02241) 865314, F: 8658314, volker.sommer@fh-bonn-rhein-sieg.de

**Sommer,** Wolf-Florian; Dr., Prof., Dekan Fak. Wirtschaft; *BWL, Internationales und Interkulturelles Management*; di: DHBW Stuttgart, Fak. Wirtschaft, Herdweg 21, 70174 Stuttgart, T: (0711) 1849740, sommer@dhbw-stuttgart.de

**Sommer-Himmel,** Roswitha; Dr. phil., Prof.; *Sozialwesen*; di: Ev. Hochsch. Nürnberg, Fak. f. Sozialwissenschaften, Bärenschanzstr. 4, 90429 Nürnberg, T: (0911) 27253887, roswitha.sommer-himmel@evhn.de

**Sommerer,** Georg; Dr. rer. nat., Prof.; *Lasertechnik*; di: Beuth Hochsch. f. Technik, FB II Mathematik – Physik – Chemie, Luxemburger Straße 10, 13353 Berlin, T: (030) 45043917, georg.sommerer@beuth-hochschule.de

**Sompek,** Hansjörg; Dipl.-Ing., Prof.; *Konstruktion u. CAD*; di: Hochsch. München, Fak. Maschinenbau, Fahrzeugtechnik, Flugzeugtechnik, Dachauer Str. 98b, 80335 München, T: (089) 12651231, F: 12651392, hansjoerg.sompek@fhm.edu

**Sondermann,** Horst; Prof. u. Studiendekan; *Darstellungstechnik, CAD*; di: Hochsch. f. Technik, Fak. A Architektur u. Gestaltung, Schellingstr. 24, 70174 Stuttgart, PF 101452, 70013 Stuttgart, T: (0711) 89262623, horst.sondermann@hft-stuttgart.de

**Song,** Jian; Dr.-Ing., Stiftungsprof. FH Lippe und Höxter; *Feinsystemtechnik*; di: Hochsch. Ostwestfalen-Lippe, FB 6, Maschinentechnik u. Mechatronik, Prof. Feinsystemtechnik, Liebigstr. 87, 32657 Lemgo, T: (05261) 702260, jian.song@fh-luh.de

**Song,** Linn; M. Arch., Prof.; *Farbenlehre, Darstellende Geometrie, CAD, Grafik*; di: Hochsch. Rosenheim, Fak. Innenarchitektur, Hochschulstr. 1, 83024 Rosenheim, T: (08031) 805565, F: 805552, linn.song@fh-rosenheim.de

**Sonnenberg,** Carsten; Dr., Prof.; *Wirtschaftsrecht, insbesondere Bank- und Versicherungsrecht*; di: Hochsch. Anhalt, FB 2 Wirtschaft, Strenzfelder Allee 28, 06406 Bernburg, T: (03471) 3551346, sonnenberg@wi.hs-anhalt.de

**Sonnenberg,** Kristin; Dr. paed., Prof.; *Soziale Arbeit: Methodisches Handlen u. Konzeptentwicklung, Erziehungswissenschaften*; di: Evangel. FH Rheinland-Westfalen-Lippe, Immanuel-Kant-Str. 18-20, 44803 Bochum, T: (0234) 36901350, sonnenberg@efh-bochum.de; pr: Bergisch Gladbacher Str. 1117, 51069 Köln

**Sonnenborn,** Hans-Peter; Dr., Prof.; *Internationales Marketing*; di: Hochsch. Hof, Fak. Wirtschaft, Alfons-Goppel-Platz 1, 95028 Hof, T: (09281) 409421, F: 40955421, Hans-Peter.Sonnenborn@fh-hof.de

**Sonnenburg,** Stephan; Dr., Prof.; *Introductory Company Project, Advanced Company Project, Cultural Marketing, Interdependenz von Management, Kultur und Kommunikation, Marketing Instruments, International Marketing Program, Evolution in Marketing Theory and Practice*; di: Karlshochschule, PF 11 06 30, 76059 Karlsruhe

**Sonnenfeld,** Susanne; Prof.; *Familienrecht, Rechtswirkungsforschung und Justizorganisation unter besonderer Berücksichtigung d. Rolle von Frauen*; di: Hochsch. f. Wirtschaft u. Recht Berlin, FB 2, Alt-Friedrichsfelde 60, 10315 Berlin, T: (030) 90214339, F: 90214417, s.sonnenfeld@hwr-berlin.de

**Sonntag,** Annedore; Dr. oec. habil., Prof.; *Volkswirtschaftslehre, Finanzwiss., Außenwirtschaft*; di: Westsächs. Hochsch. Zwickau, FB Wirtschaftswiss., Scheffelstr. 39, 08056 Zwickau, PF 201037, 08012 Zwickau, T: (0375) 5363227, Annedore.Sonntag@fh-zwickau.de

**Sonntag,** Georg; Dr., Prof.; *Waldarbeitslehre und Arbeitspädagogik, Walderschließung*; di: Hochsch. Weihenstephan-Triesdorf, Fak. Wald u. Forstwirtschaft, Am Hofgarten 4, 85354 Freising, 85350 Freising, T: (08161) 715915, F: 714526, georg.sonntag@fh-weihenstephan.de

**Sonntag,** Herbert; Dr.-Ing., Prof.; *Verkehrslogistik*; di: Techn. Hochsch. Wildau, FB Ingenieurwesen/Wirtschaftsingenieurwesen, Bahnhofstr., 15745 Wildau, T: (03375) 508924, F: 508911, hsonntag@igw.tfh-wildau.de

**Sonntag,** Ralph; Dr. rer. pol., Prof.; *Marketing, insbes. Multimedia-Marketing*; di: HTW Dresden, Fak. Wirtschaftswissenschaften, Friedrich-List-Platz 1, 01069 Dresden, T: (0351) 4623327, sonntag@wiwi.htw-dresden.de

**Soppa,** Winfried; Dr.-Ing., Prof.; *Mikroelektronik, CAD, Analogelektronik*; di: Hochsch. Osnabrück, Fak. Ingenieurwiss. u. Informatik, Albrechtstr. 30, 49076 Osnabrück, T: (0541) 9692906, soppa@fhos.de; pr: Pottbäckerweg 15, 49078 Osnabrück

**Sorg,** Peter; Dipl.-Kfm., Dr. rer. pol., Prof.; *Betriebliches Rechnungswesen*; di: Hochsch. f. Wirtschaft u. Recht Berlin, FB 1, Badensche Str. 50-51, 10825 Berlin, T: (030) 85789165, sorg@hwr-berlin.de; pr: Limastr. 29, 14163 Berlin, T: (030) 8015068

**Sorge,** Karl-Peter; Dr., Prof.; *Arbeitswissenschaften, Fabrikplanung, Fertigungsplanung und -steuerung*; di: Hochsch. f. angew. Wiss. Würzburg Schweinfurt, Fak. Wirtschaftsingenieurwesen, Ignaz-Schön-Str. 11, 97421 Schweinfurt

**Sorge,** Wolfgang; Prof.; *Bauphysik, Baustoffe*; di: Hochsch. f. angew. Wiss. Würzburg Schweinfurt, Fak. Architektur u. Bauingenieurwesen, Münzstr. 12, 97070 Würzburg, bauphysik@ifbSorge.de

**Sorth,** Jan; Dr., Prof.; *Polizeirecht, Verwaltungsrecht, Staatsrecht*; di: Hochsch. d. Polizei Hamburg, Braamkamp 3, 22297 Hamburg, T: (040) 428668827, jan.sorth@hdp.hamburg.de

**Sossenheimer,** Karlheinz; Dr.-Ing., Prof.; *Maschinenbau*; di: Hochsch. Rhein/Main, FB Ingenieurwiss., Maschinenbau, Am Brückweg 26, 65428 Rüsselsheim, T: (06142) 8984134, Karlheinz.Sossenheimer@hs-rm.de

**Sossoumihen,** André; Dr.-Ing., Prof.; *Verkehrs- und Infrastrukturplanung*; di: HTWK Leipzig, FB Bauwesen, PF 301166, 04251 Leipzig, T: (0341) 30766225, sossoumihen@fbb.htwk-leipzig.de

**Soulas de Russel,** Dominique-Jean M.; Dr. jur., Dr. phil., Prof. U Tübingen; *Wirtschaftsbezogene Landeskunde d. Frankophonie u. Imagologie, Französische Kulturgeschichte (18.-20. Jh.) durch Biographien u. Kunst*; di: Univ., Phil. Fak., Romanisches Seminar, Wilhelmstr. 50, 72074 Tübingen, T: (07071) 2976108, F: (07022) 201303, dominique.soulas-de-russel@uni-tuebingen.de; http://homepages.uni-tuebingen.de/dominique.soulas-de-russel; pr: Jägerstr. 37, 72622 Nürtingen, T: (07022) 8053, F: 201303, soulasderussel@aol.com

**Soultanian,** Nataliya; Dr., Prof.; *Zweisprachige Erziehung, Sprachförderung, Deutsch für Migranten*; di: Hochsch. Heidelberg, Fak. f. Soziale Arbeit, Ludwig-Guttmann-Str. 6, 69123 Heidelberg, T: (06221) 881467, nataliya.soultanian@fh-heidelberg.de

**Sowada,** Ulrich; Dr. rer. nat., Prof.; *Technische Optik und Laseranwendung, Physik, Mathematik, Akustik*; di: FH Kiel, FB Maschinenwesen, Grenzstr. 3, 24149 Kiel, T: (0431) 2102580, F: 2104011, ulrich.sowada@fh-kiel.de; pr: Grasweg 17, 24226 Heikendorf, T: (0431) 245572

**Spaan,** Hermann; Prof.; *Freies Zeichnen, Naturstudien, Akt, Plastische Übungen*; di: Hochsch. Trier, FB Gestaltung, PF 1826, 54208 Trier, T: (0651) 8103809, h.spaan@hochschule-trier.de; pr: Mattener Str. 1, 54296 Trier, T: (0651) 9954457

**Spägele,** Thomas; Dr.-Ing., Prof., Rektor; *BWL*; di: Hochsch. Ravensburg-Weingarten, Doggenriedstr., 88250 Weingarten, PF 1261, 88241 Weingarten, T: (0751) 5019540, spaegele@hs-weingarten.de

**Spaetgens,** Martin; Dr. jur., Prof.; *Arbeitsrecht, Medizinrecht*; di: FH Kaiserslautern, FB Betriebswirtschaft, Amerikastr. 1, 66482 Zweibrücken, T: (06332) 914238, F: 914205, martin.spaetgens@fh-kl.de

**Späth,** Bernfried; Dr.-Ing., Prof.; *Grundgebiete der Elektrotechnik, elektr. Energieerzeugung und -verteilung*; di: FH Köln, Fak. f. Informations-, Medien- u. Elektrotechnik, Betzdorfer Str. 2, 50679 Köln, T: (0221) 82752253, bernfried.spaeth@fh-koeln.de

**Spancken,** Wolfgang; HonProf.; *Zivil- und Handelsrecht*; di: FH Südwestfalen, FB Techn. Betriebswirtschaft, Rohrstr. 26, 58093 Hagen, T: (02331) 9872128, Wolfgang.Spancken@lg-hagen.nrw.de

**Spangenberg,** Bernd; Dr. rer. nat., Prof.; *Analytik, Umweltanalytik*; di: Hochsch. Offenburg, Fak. Maschinenbau u. Verfahrenstechnik, Badstr. 24, 77652 Offenburg, T: (0781) 205231, F: 205214

**Spangenberg,** Marietta; Dr.-Ing., Prof.; *Grundlagen der Informatik/Hardware*; di: Hochsch. Zittau/Görlitz, Fak. Elektrotechnik u. Informatik, Brückenstr. 1, 02826 Görlitz, PF 300648, 02801 Görlitz, T: (03583) 611355, m.spangenberg@hs-zigr.de

**Spangenberg,** Peter; Dr. rer. nat. habil., Prof.; *Biochemie, Bioenergetik*; di: FH Jena, FB Medizintechnik u. Biotechnologie, Carl-Zeiss-Promenade 2, 07745 Jena, PF 100314, 07703 Jena, T: (03641) 205600, F: 205601, mt@fh-jena.de

**Spangenberg,** Volker; Dr. theol., Prof., Rektor; *Praktische Theologie*; di: Theolog. Seminar Elstal, Johann-Gerhard-Oncken-Str. 7, 14641 Wustermark, T: (033234) 74310, vspangenberg@baptisten.de

**Sparke,** Kai; Dr., Prof.; *Gartenbauökonomie*; di: Hochsch. Geisenheim, Von-Lade-Str. 1, 65366 Geisenheim, T: (06722) 502732, Kai.sparke@hs-gm.de

**Sparla,** Peter; Dr.-Ing., Prof.; *Mathematik, Vermessungskunde*; di: FH Aachen, FB Architektur, Bayernallee 9, 52066 Aachen, T: (0241) 600951166, sparla@fh-aachen.de

**Sparmann,** Gisela; Dr. rer. nat., Prof.; *Informatik*; di: Hochsch. Trier, Umwelt-Campus Birkenfeld, FB Umweltplanung/Umwelttechnik, PF 1380, 55761 Birkenfeld, T: (06782) 171673, g.sparmann@umwelt-campus.de

**Sparschuh,** Vera; Dr. habil.., Prof.; *Soziologie*; di: Hochsch. Neubrandenburg, FB Soziale Arbeit, Bildung u. Erziehung, Brodaer Str. 2, 17033 Neubrandenburg, PF 110121, 17041 Neubrandenburg, T: (0395) 56935509, sparschuh@hs-nb.de

**Spathelf,** Peter; Dr., Prof.; *Angewandter Waldbau*; di: Hochsch. f. nachhaltige Entwicklung, FB Wald u. Umwelt, Alfred-Möller-Str. 1, 16225 Eberswalde, T: (03334) 657171, F: 657162, Peter.Spathelf@hnee.de

**Spatscheck,** Christian; Dipl.Päd., Dipl.Soz.Arb., Dr., Prof.; *Theorie und Methoden Sozialer Arbeit*; di: Hochsch. Bremen, Fak. Gesellschaftswiss., Neustadtswall 30, 28199 Bremen, T: (0421) 59052762, F: 59052753, Christian.Spatscheck@hs-bremen.de

**Spatz,** Rita; Dr., Prof.; *Mathematik, Statistik, Data Mining*; di: Hochsch. Trier, Umwelt-Campus Birkenfeld, FB Umweltplanung/Umwelttechnik, PF 1380, 55761 Birkenfeld, T: (06782) 171916, r.spatz@umwelt-campus.de

**Specht,** Holger; Dipl.-Ing., Dr. sc. hum., Prof.; *Medizintechnische Systeme*; di: FH Stralsund, FB Elektrotechnik u. Informatik, Zur Schwedenschanze 15, 18435 Stralsund, T: (03831) 457316, F: 456687, Holger.Specht@fh-stralsund.de

**Specht,** Susanne; Dipl.-Des., Prof.; *Design*; di: Hochsch. Niederrhein, FB Design, Frankenring 20, 47798 Krefeld, T: (02151) 8224368, susanne.specht@hs-niederrhein.de

**Specht,** Thomas; Dr., Prof.; *Internetanwendungen*; di: Hochsch. Mannheim, Fak. Informatik, Windeckstr. 110, 68163 Mannheim

**Speck,** Hendrik; Dr., Prof.; *Informatik, Mikrosystemtechnik*; di: FH Kaiserslautern, FB Informatik u. Mikrosystemtechnik, Amerikastr. 1, 66482 Zweibrücken, T: (06332) 914360, hendrik.speck@fh-kl.de

**Speck,** Susanne; Prof.; *Informationsvermittlung, Mediendokumentation, Internet-TV, Internationale Medienstrukturen*; di: Hochsch. d. Medien, Fak. Information u. Kommunikation, Wolframstr. 32, 70191 Stuttgart, T: (0711) 25706163, speck@hdm-stuttgart.de; pr: Schönbergstr. 2, 70599 Stuttgart, T: (0711) 4790128

**Specker,** Tobias; Dr., Prof.; *Allgemeine BWL, Internationales Marketing, Wirtschaftsmathematik*; di: FH Kiel, FB Maschinenwesen, Grenzstr. 3, 24149 Kiel, T: (0431) 2102648, F: 21062648, tobias.specker@fh-kiel.de; pr: Fritz-Lau-Str. 5, 24226 Heikendorf

**Speckle,** Wolfgang; Dr. rer. nat., Prof.; *Chemie, Physikalische Chemie, Umweltanalytische Verfahren*; di: Hochsch. Ravensburg-Weingarten, Doggenriedstr., 88250 Weingarten, PF 1261, 88241 Weingarten, T: (0751) 5019430, F: 5019876, speckle@hs-weingarten.de; pr: Holunderstr. 18, 88287 Grünkraut, T: (0751) 651414

**Specovius,** Joachim; Dr.-Ing., Prof.; *Leistungselektronik, Regelungstechnik, elektrische Antriebe, Elektrotechnik*; di: Beuth Hochsch. f. Technik, FB VII Elektrotechnik – Mechatronik – Optometrie, Luxemburger Str. 10, 13353 Berlin, T: (030) 45042462, specoviu@beuth-hochschule.de

**Speer,** Astrid; Dr. med., Prof.; *Molekularbiologie, Biochemie*; di: Beuth Hochsch. f. Technik, FB V Life Science and Technology, Luxemburger Str. 10, 13353 Berlin, T: (030) 45043940, speer@beuth-hochschule.de

**Speich,** Martin Michael; Dipl.-Ing., Dr.-Ing., Prof.; *Tragwerke*; di: FH Lübeck, FB Bauwesen, Mönkhofer Weg 239, 23562 Lübeck, T: (0451) 3005175, F: 3005079, martin.michael.speich@fh-luebeck.de

**Spellmeyer,** Gunnar; Prof. e.h.; *Industrial Design: Entwurf, Entwurfslehre*; di: Hochsch. Hannover, Fak. III Medien, Information u. Design, Kurt-Schwitters-Forum, Expo Plaza 2, 30539 Hannover, T: (0511) 92962333, gunnar.spellmeyer@hs-hannover.de; pr: Am Hohen Ufer 3A, 30159 Hannover, T: (0511) 7867813, F: 7867819

**Spelthahn,** Sabine; Dr., Prof.; *Umweltmanagement*; di: HTW Berlin, FB Wirtschaftswiss. I, Treskowallee 8, 10318 Berlin, T: (030) 50192417, s.spelthahn@HTW-Berlin.de

**Spengler,** Hannes; Dr., Prof.; *Quantitative Methoden und VWL*; di: FH Mainz, FB Wirtschaft, Lucy-Hillebrand-Str. 2, 55051 Mainz, PF 230060, 55051 Mainz, T: (06131) 6283255, hannes.spengler@wiwi.fh-mainz.de

**Spensberger,** Christoph; Dr.-Ing., Prof.; *Rechnergestützte Konstruktion, Maschinenelemente*; di: HTW Dresden, Fak. Maschinenbau/Verfahrenstechnik, Friedrich-List-Platz 1, 01069 Dresden, T: (0351) 4623300, spensberger@mw.htw-dresden.de

**Sperber,** Herbert; Dr. rer. publ., Prof.; *Finanzmanagement, Volkswirtschaftslehre, Bankwirtschaftslehre*; di: Hochsch. f. Wirtschaft u. Umwelt Nürtingen-Geislingen, PF 1349, 72603 Nürtingen, T: (07022) 929229, herbert.sperber@hfwu.de

**Sperber,** Peter; Dr. rer. nat., Prof., Vizepräsident der FH Deggendorf; *Lasertechnik, Messtechnik, Physik, Optoelektronik*; di: Hochsch. Deggendorf, FB Elektrotechnik u. Medientechnik, Edlmairstr. 6-8, 94469 Deggendorf, PF 1320, 94453 Deggendorf, T: (0991) 3615511, F: 3615599, peter.sperber@fh-deggendorf.de

**Sperga,** Marita; Dr., Prof.; *Soziale Arbeit*; di: FH Kiel, FB Soziale Arbeit u. Gesundheit, Sokratesplatz 2, 24149 Kiel, T: (0431) 2103080, marita.sperga@fh-kiel.de

**Sperl,** Guido; Dr.-Ing., Prof.; *Konstruktion Luftfahrzeuge, Bauelemente*; di: Hochsch. München, Fak. Maschinenbau, Fahrzeugtechnik, Flugzeugtechnik, Dachauer Str. 98b, 80335 München, T: (089) 12651230, F: 12651392, guido.sperl@fhm.edu

**Sperling,** Ernst; Dr.-Ing., Prof.; *Kraft- und Arbeitsmaschinen, Messtechnik*; di: HTW d. Saarlandes, Fak. f. Ingenieurwiss., Goebenstr. 40, 66117 Saarbrücken, T: (0681) 5867263, sperling@htw-saarland.de; pr: Nelkenstr. 26, 66119 Saarbrücken

**Sperling,** Reinhard; Dr., Prof.; *Strömungstechnik, Strömungsmaschinen, Lagern, Fördern*; di: Hochsch. Anhalt, FB 7 Angew. Biowiss. u. Prozesstechnik, PF 1458, 06354 Köthen, T: (03496) 672562, reinhard.sperling@bwp.hs-anhalt.de

**Spessert,** Bruno; Dr.-Ing., Prof.; *Kraft- und Arbeitsmaschinen, Technische Akustik, Maschinenelemente*; di: FH Jena, FB Maschinenbau, Carl-Zeiss-Promenade 2, 07745 Jena, PF 100314, 07703 Jena, T: (03641) 205300, F: 205301, mb@fh-jena.de

**Speth,** Hubert; Dr., Prof.; *Branchenhandel Holz, Internationaler Handel*; di: DHBW Mosbach, Lohrtalweg 10, 74821 Mosbach, T: (06261) 939276, F: 939414, speth@dhbw-mosbach.de

**Speth,** Martin; Prof.; *Entwerfen, Tragwerkslehre, Baukonstruktion*; di: Hochsch. Bremen, Fak. Architektur, Bau u. Umwelt, Neustadtswall 30, 28199 Bremen, T: (0421) 59052669, F: 59052202, Martin.Speth@hs-bremen.de

**Spetsmann-Kunkel,** Martin; Dr. phil., Prof.; *Politikwissenschaft, Soziale Arbeit*; di: Kath. Hochsch. NRW, Abt. Aachen, Robert-Schuman-Str. 25, 52066 Aachen, T: (0241) 6000324, F: 6000388, m.spetsmann-kunkel@katho-nrw.de

**Spiegel,** Hildburg; Dr., Prof.; *Wirtschaftspsychologie, Unternehmensführung, Marktforschung*; di: Hochsch. Rhein/Main, FB Ingenieurwiss., Maschinenbau, Am Brückweg 26, 65428 Rüsselsheim, T: (06142) 8984124, hildburg.spiegel@hs-rm.de; pr: T: (0170) 4408600

**Spiegelmacher,** Kurt; Dr.-Ing., Prof.; *Fertigungsplanung*; di: FH Kaiserslautern, FB Betriebswirtschaft, Amerikastr. 1, 66482 Zweibrücken, T: (06332) 914262, kurt.spiegelmacher@fh-kl.de

**Spiekermann,** Manfred; Dr. rer. nat., Prof.; *Theoret. Chemie, Physikalische Chemie, Analytische Chemie*; di: FH Lübeck, FB Angew. Naturwiss., Mönkhofer Weg 239, 23562 Lübeck, T: (0451) 3005018, spiekermann@fh-luebeck.de; pr: Schwalbenweg 5, 23628 Klempau, T: (04508) 838

**Spielfeld,** Jörg; Dr., Prof.; *Maschinenbau*; di: Hochsch. f. angew. Wiss. Würzburg Schweinfurt, Fak. Maschinenbau, Ignaz-Schön-Str. 11, 97421 Schweinfurt

**Spielkamp,** Alfred; Dr., Prof.; *Betriebswirtschaftslehre, insbes. Innovationsmanagement, Institut zur Förderung von Innovation und Existenzgründung*; di: Westfäl. Hochsch., FB Wirtschaft, Neidenburger Str. 43, 45877 Gelsenkirchen, T: (0209) 9596634, alfred.spielkamp@fh-gelsenkirchen.de

**Spielmann,** Heinz-Jürgen; Dr., Prof.; *Software-Engineering, betriebswirtschaftliche Datenverarbeitung, Programmiersprachen*; di: Hochsch. f. angew. Wiss. Würzburg Schweinfurt, Fak. Informatik u. Wirtschaftsinformatik, Münzstr. 12, 97070 Würzburg

**Spielmann,** Ludwig; Dr., Prof.; *Volkswirtschaftslehre*; di: DHBW Stuttgart, Fak. Wirtschaft, Jägerstr. 40, 70174 Stuttgart, T: (0711) 1849800, spielmann@dhbw-stuttgart.de

**Spierling,** Ulrike; Prof.; *Mediendesign, Rich Media Design*; di: Hochsch. Rhein-Main, FB Design Informatik Medien, Unter den Eichen 5, 65195 Wiesbaden, T: (0611) 94952126, Ulrike.Spierling@hs-rm.de

**Spies,** Karl; Dr.-Ing., Prof.; *Architektur, Tragwerke, Tragwerksentwurf*; di: Beuth Hochsch. f. Technik, FB IV Architektur u. Gebäudetechnik, Luxemburger Str. 10, 13353 Berlin, T: (030) 45042551, spies@beuth-hochschule.de

**Spies,** Michael; Dipl.-Ing., Prof.; *Freies Zeichnen, Baukonstruktion, Entwurf*; di: FH Mainz, FB Technik, Holzstr. 36, 55116 Mainz, T: (06131) 2859219, spies@fh-mainz.de

**Spiesmacher,** Gerd; Dr., Prof.; *Organisation, BWL, Unternehmensentwicklung*; di: Hochsch. f. angew. Wiss. Würzburg Schweinfurt, Fak. Wirtschaftswiss., Münzstr. 12, 97070 Würzburg

**Spieß,** Gesine; Dr., Prof. i.R.; *Kindheit, Jugend und Familie, Geschlechterverhältnisse, Sozialisationsforschung*; di: FH Erfurt, FB Sozialwesen, Altonaer Str. 25, 99084 Erfurt, PF 101363, 99013 Erfurt, T: (0361) 6700539, F: 6700533, spiess@fh-erfurt.de

**Spieth,** Wolfgang; Dipl.-Math., Prof.; *Mathematik*; di: Hochsch. Heilbronn, Fak. f. Technik 2, Max-Planck-Str. 39, 74081 Heilbronn, T: (07131) 504220, F: 252470, spieth@hs-heilbronn.de

**Spiller,** Ralf; Dr., Prof.; *PR- und Kommunikationsmanagement*; di: Macromedia Hochsch. f. Medien u. Kommunikation, Richmodstr. 10, 50667 Köln

**Spindler,** André; Dr.-Ing., Vertr.Prof.; *Baukonstruktion*; di: FH Erfurt, FB Bauingenieurwesen, Altonaer Str. 25, 99085 Erfurt, PF 101363, 99013 Erfurt, T: (0361) 6700615, andre.spindler@fh-erfurt.de

**Spindler,** Claudia; Dr. phil., Prof.; *Klinische Sozialarbeit, Rehabilitation*; di: FH Nordhausen, FB Wirtschafts- u. Sozialwiss., Weinberghof 4, 99734 Nordhausen, T: (03631) 420523, F: 420817, spindler@fh-nordhausen.de

**Spindler,** Karlheinz; Dipl.-Math., Dr. rer. nat., Prof.; *Mathematik, Datenverarbeitung*; di: Hochsch. Rhein/Main, FB Architektur u. Bauingenieurwesen, Kurt-Schumacher-Ring 18, 65197 Wiesbaden, T: (0611) 94951466, karlheinz.spindler@hs-rm.de; pr: Prager Str. 25, 64521 Groß-Gerau, T: (06152) 16152

**Spindler,** Susanne; Dr., Prof.; *Jugendarbeit, Migration, Rassismus*; di: Hochsch. Darmstadt, FB Gesellschaftswiss. u. Soziale Arbeit, Haardtring 100, 64295 Darmstadt, T: (06151) 168724, susanne.spindler@h-da.de

**Spingler,** Wenzel; Dipl.-Des., Prof.; *Mediendesign*; di: FH Münster, FB Design, Leonardo-Campus 6, 48149 Münster, T: (0251) 8365351, ws_spingler@fh-muenster.de

**Spinner,** Wolfgang; Dr.-Ing., Prof.; *Apparate- und Rohrleitungsbau, Klimatechnik, Konstruktion*; di: FH Stralsund, FB Maschinenbau, Zur Schwedenschanze 15, 18435 Stralsund, T: (03831) 456708

**Spinti,** Henning; Dr., Prof.; *Polizeiliches Eingriffsrecht, materielles Strafrecht, Zivilrecht*; di: Hochsch. f. Wirtschaft u. Recht Berlin, FB 3, Alt-Friedrichsfelde 60, 10315 Berlin, T: (030) 90214001, h.spinti@hwr-berlin.de

**Spintig,** Susanne; Dr., Prof.; *Marketing, insbes. Konsumgütermarketing und Marktforschung*; di: Hochsch. München, Fak. Betriebswirtschaft, Am Stadtpark 20, 81243 München, T: (089) 12652732, susanne.spintig@hm.edu

**Spital-Frenking,** Oskar; Dipl.-Ing., Prof.; *Denkmalpflege*; di: Hochsch. Trier, FB Gestaltung, PF 1826, 54208 Trier, T: (0651) 89646, O.Spital-Frenking@hochschule-trier.de; pr: Struckstr. 29, 59348 Lüdinghausen, T: (02591) 6549, F: 70941

**Spittank,** Jürgen; Dr.-Ing., Prof., Dekan FB Bauingenieurwesen; *Holzbau, Stahlbetonbau, Tragwerkslehre*; di: Hochsch. Darmstadt, FB Bauingenieurwesen, Haardtring 100, 64295 Darmstadt, T: (06151) 168161, spittank@fbb.h-da.de

**Spittel,** Ulrich; Dipl.-Math., Dr.-Ing., Prof.; *Informatik, Programmiersprachen, Datenbanken*; di: Hochsch. Reutlingen, FB Informatik, Alteburgstr. 150, 72762 Reutlingen, T: (07121) 341106, ulrich.spittel@fh-reutlingen.de; pr: Lutherstr. 50, 72770 Reutlingen

**Spitzer,** Sarah; Dr., Prof.; *Medienmanagement, Personalenwicklung*; di: Hochsch. d. Medien, Fak. Information u. Kommunikation, Wolframstr. 32, 70191 Stuttgart, T: (0711) 25706161, spitzer@hdm-stuttgart.de

**Spiwoks,** Markus; Dr., Prof.; *Finanzwirtschaft*; di: Ostfalia Hochsch., Fak. Wirtschaft, Robert-Koch-Platz 8A, 38440 Wolfsburg, T: (05361) 831511

**Splitt,** Georg; Dr.-Ing., Prof.; *Hochfrequenz- u. Nachrichtentechnik*; di: FH Kiel, FB Informatik u. Elektrotechnik, Grenzstr. 5, 24149 Kiel, T: (0431) 2104244, F: 2104230, georg.splitt@fh-kiel.de; pr: Georg.Splitt@T-Online.de

**Spörer,** Reinhard; Dr.-Ing., Prof.; *Konstruktionslehre und -systematik*; di: FH Südwestfalen, FB Maschinenbau u. Automatisierungstechnik, Lübecker Ring 2, 59494 Soest, T: (02921) 378344, spoerer@fh-swf.de

**Spörkel,** Herbert; Dr., Prof.; *Qualitätsmanagement, Personalmanagement*; di: SRH Fernhochsch. Riedlingen, Lange Str. 19, 88499 Riedlingen

**Spörl,** Dietmar; Prof.; *Zeichnen, Gestaltungslehre, Wahrnehmungslehre, Typografie*; di: Hochsch. Hof, Fak. Ingenieurwiss., Alfons-Goppel-Platz 1, 95028 Hof, T: (09281) 409853, F: 40955853, dietmar.spoerl@fh-hof.de

**Spörl,** Michael; Dr., Prof.; *Steuern*; di: Hochsch. Hof, Fak. Wirtschaft, Alfons-Goppel-Platz 1, 95028 Hof, T: (09281) 409411, F: 40955411, michael.spoerl@fh-hof.de

**Spohn,** Patrick; Dr., Prof.; *Betriebswirtschaft/Steuer- und Revisionswesen*; di: Hochsch. Pforzheim, Fak. f. Wirtschaft u. Recht, Tiefenbronner Str. 65, 75175 Pforzheim, T: (07231) 286602, F: 287602, patrick.spohn@hs-pforzheim.de

**Spohn,** Wolfgang; Dr., Prof.; *Wirtschaftsprivatrecht, Arbeitsrecht*; di: HTW Berlin, FB Wirtschaftswiss. I, Treskowallee 8, 10318 Berlin, T: (030) 50192656, spohn@HTW-Berlin.de

**Spohrer,** Hans-Thomas; Dr., Prof.; *Didaktik, Psychologie*; di: FH d. Bundes f. öff. Verwaltung, FB Bundesgrenzschutz, PF 121158, 23532 Lübeck, T: (0451) 2031751, F: 2031751

**Sponagel,** Stefan; Dr. rer. nat., Dr.-Ing., Prof.; *Werkstoffe*; di: FH Aachen, FB Angewandte Naturwiss. u. Technik, Ginsterweg 1, 52428 Jülich, T: (0241) 600953209, sponagel@fh-aachen.de; pr: Roonstr. 59, 52351 Düren, T: (02421) 36211

**Sponheim,** Klaus; Dr., Prof.; *Technische Mechanik und Konstruktion*; di: Hochsch. Amberg-Weiden, FB Maschinenbau u. Umwelttechnik, Kaiser-Wilhelm-Ring 23, 92224 Amberg, T: (09621) 482229, F: 482145, k.sponheim@fh-amberg-weiden.de

**Sponholz,** Uwe; Dr., Prof.; *BWL, Rechnungswesen, Unternehmensplanung*; di: Hochsch. f. angew. Wiss. Würzburg Schweinfurt, Fak. Wirtschaftsingenieurwesen, Ignaz-Schön-Str. 11, 97421 Schweinfurt

**Sporbert,** Karl; Dr.-Ing., Prof.; *Ingenieurwissenschaften*; di: bbw Hochsch. Berlin, Leibnizstraße 11-13, 10625 Berlin, T: (030) 319909521, karl.sporbert@bbw-hochschule.de

**Sporbert,** Reinhard; Dr.-Ing. habil., Prof H Mittweida (FH); *Schaltungstechnik, Systemtheorie*; di: Hochsch. Mittweida, Fak. Elektro- u. Informationstechnik, Technikumplatz 17, 09648 Mittweida, T: (03727) 581616, F: 581351, sporbert@htwm.de; pr: Richard-Wagner-Str. 26, 09669 Frankenberg, T: (037206) 3613

**Spork,** Volker; Dr.-Ing., Prof.; *Siedlungswasserwirtschaft, Wasserbau*; di: FH Erfurt, FB Bauingenieurwesen, Altonaer Str. 25, 99085 Erfurt, PF 101363, 99013 Erfurt, T: (0361) 6700909, spork@fh-erfurt.de

**Spree,** Ulrike; Dr., Prof.; *Informationsdienstleistung und -vermittlung in der Mediendokumentation*; di: HAW Hamburg, Fak. Design, Medien u. Information, Finkenau 35, 22081 Hamburg, T: (040) 428753607, ulrike.spree@haw-hamburg.de

**Spreidler,** Martin; Dr., Prof.; *Landwirtschaftliche Buchführung und Steuerlehre*; di: Hochsch. Weihenstephan-Triesdorf, Fak. Land- u. Ernährungswirtschaft, Am Hofgarten 1, 85354 Freising, 85350 Freising, T: (08161) 714320, F: 714496, martin.spreidler@hswt.de

**Sprengel,** Dieter; Dr. rer. nat., Prof.; *Physik*; di: Beuth Hochsch. f. Technik, FB II Mathematik – Physik – Chemie, Luxemburger Straße 10, 13353 Berlin, T: (030) 45042126, sprengel@beuth-hochschule.de

**Sprengel,** Frauke; Dr. rer. nat., Prof.; *Mathematik, Computergraphik, Scientific Computing, Theoretische Informatik*; di: Hochsch. Hannover, Fak. IV Wirtschaft u. Informatik, Abt. Informatik, Ricklinger Stadtweg 120, 30459 Hannover, PF 920261, 30441 Hannover, T: (0511) 92961812, F: 92961810, frauke.sprengel@hs-hannover.de

**Spreti,** Flora Gräfin von; HonProf.; di: Hochsch. f. Kunsttherapie Nürtingen, Sigmaringer Str. 15, 72622 Nürtingen

**Springer,** Andrea; Dr.-Ing., Prof.; *biologische Werkstoffe, Technische Polymere*; di: Westfäl. Hochsch., FB Maschinenbau, Münsterstr. 265, 46397 Bocholt, T: (02871) 2155942, andrea.springer@fh-gelsenkirchen.de

**Springer,** Martin; Dipl.-Geophys., Dr. rer. nat., Prof.; *Physik, Mathematik, Technische Akustik, Sensor- und Aktortechnik*; di: Hochsch. Coburg, Fak. Angew. Naturwiss., Friedrich-Streib-Str. 2, 96450 Coburg, T: (09561) 317117, springer@hs-coburg.de

**Springer,** Monika; Dr. med. vet., Prof.; *Lebensmittelanalytik, Lebensmittelchemie, Qualitätssicherung, Biochemie für Lebensmitteltechnologen*; di: Beuth Hochsch. f. Technik, FB V Life Science and Technology, Luxemburger Str. 10, 13353 Berlin, T: (030) 45045313, springer@beuth-hochschule.de

**Springer,** Olaf; Dipl.-Ing., Prof.; *Festigkeitslehre, Strukturanalyse u. Konstruktion v. Schiffen, Schiffsvibration, Schiffsfestigkeits-Labor*; di: Hochsch. Bremen, Fak. Natur u. Technik, Neustadtswall 30, 28199 Bremen, T: (0421) 59052713, F: 59052715, Olaf.Springer@hs-bremen.de

**Springer,** Othmar; Dr.-Ing., Prof.; *Stahlbau, Spannbetonbau*; di: Hochsch. Regensburg, Fak. Bauingenieurwesen, PF 120327, 93025 Regensburg, T: (0941) 9431343, othmar.springer@bau.fh-regensburg.de

**Sprink,** Joachim; Prof. Dr.; *BWL – Bank*; di: DHBW Ravensburg, Marktstr. 28, 88212 Ravensburg, T: (0751) 189992740, sprink@dhbw-ravensburg.de

**Sprinkart,** Karl-Peter; Dr. phil., Prof.; *Psychologie, Methodik*; di: Hochsch. München, Fak. Angew. Sozialwiss., Lothstr. 34, 80335 München, T: (089) 12652306; pr: p.sprinkart@zukunft.de

**Sproll,** Karl Theodor; Dr., Prof.; *BWL, Health Care Management*; di: DHBW Lörrach, Hangstr. 46-50, 79539 Lörrach, T: (07621) 2071122, F: 2071119, sproll@dhbw-loerrach.de

**Sprysch,** Michael V.; Dipl.-Ing., Prof.; *Statik/Tragwerkslehre, Baukonstruktion, Gebäudekunde*; di: HAWK Hildesheim/Holzminden/Göttingen, Fak. Bauen u. Erhalten, Hohnsen 2, 31134 Hildesheim, T: (05121) 881228, F: 881224

**Sputek,** Agnes; Dr. rer. pol., Prof.; *Volkswirtschaft, Wirtschaftspolitik*; di: FH Mainz, FB Wirtschaft, Lucy-Hillebrand-Str. 2, 55128 Mainz, T: (06131) 628104, agnes.sputek@wiwi.fh-mainz.de

**Staab,** Frank; Dr., Prof.; *Wirtschaftsinformatik*; di: DHBW Villingen-Schwenningen, Fak. Wirtschaft, Karlstr. 29, 78054 Villingen-Schwenningen, T: (07720) 3906125, F: 3906519, staab@dhbw-vs.de

**Staadt,** Herbert; Dr.-Ing., Prof., Dekan FB Bauingenieurwesen; *Kommunale Verkehrsplanung, Straßenverkehrssicherheit, Straßenverkehrstechnik*; di: FH Potsdam, FB Bauingenieurwesen, Pappelallee 8-9, 14469 Potsdam, T: (0331) 5801321, -1301, F: 5801399, staadt@fh-potsdam.de; pr: Berliner Str. 71E, 14467 Potsdam

**Staat,** Manfred; Dr.-Ing., Prof.; *Biomechanik*; di: FH Aachen, FB Angewandte Naturwiss. u. Technik, Ginsterweg 1, 52428 Jülich, T: (0241) 600953209, staat@fh-aachen.de; pr: Steppenbergweg 48, 52074 Aachen, T: (0241) 85419

**Staats,** Hermann; Dr. med. habil., Prof.; *Entwicklungspsychologie*; di: FH Potsdam, FB Sozialwesen, Friedrich-Ebert-Str. 4, 14467 Potsdam, T: (0331) 5801162, staats@fh-potsdam.de

**Staben,** Volker; Dr.-Ing., Prof.; *Meßelektronik, Meßtechnik*; di: FH Flensburg, FB Energie u. Biotechnologie, Kanzleistr. 91-93, 24943 Flensburg, T: (0461) 8051392, volker.staben@fh-flensburg.de; pr: Böhnhusener Weg 14, 24241 Reesdorf, T: (04322) 692524, F: 692523

**Stachowske,** Ruthard; Dr., Prof.; *Soziale Arbeit*; di: Ev. Hochsch. f. Soziale Arbeit, PF 200143, 01191 Dresden, ruthard.stachowske@ehs-dresden.de

**Stachuletz,** Rainer; Dipl.-Oec., Dr. rer. pol., Prof.; *Betriebliche Finanz- und Investitionspolitik*; di: Hochsch. f. Wirtschaft u. Recht Berlin, FB 1, Badensche Str. 50-51, 10825 Berlin, ballou@hwr-berlin.de; pr: Rehfelder Str. 10, 15566 Schöneiche b. Berlin, T: (0171) 2608684

**Stackelberg,** Hubertus von; Prof.; *Musikpädagogik*; di: Ev. H Ludwigsburg, Auf der Karlshöhe 2, 71638 Ludwigsburg, T: (07141) 965152, h.v.stackelberg@eh-ludwigsburg.de; pr: Badstr. 6, 71642 Ludwigsburg, T: (07141) 52881, F: 250862

**Stadelmann,** Christian; Dr., Prof.; *Restaurierung m. Schwerpunkt Naturwissenschaften*; di: HTW Berlin, FB Gestaltung, Wilhelminenhofstr. 67-77, 12459 Berlin, T: (030) 50194336, c.stadelmann@HTW-Berlin.de

**Stadelmann,** Helge; Dr., Prof.; *Praktische Theologie*; di: Freie Theolog. Hochsch., Rathenaustr. 5-7, 35394 Gießen, stadelmann@fthgiessen.de

**Stadie,** Volker; Dr., Prof.; *Recht*; di: DHBW Mosbach, Fak. Wirtschaft, Arnold-Janssen-Str. 9-13, 74821 Mosbach, T: (06261) 939126, F: 939104, stadie@dhbw-mosbach.de

**Stadlbauer,** Ernst; Dr. rer. nat., Prof. i.R.; *Chemie, Entsorgung*; di: Techn. Hochsch. Mittelhessen, FB 13 Mathematik, Naturwiss. u. Datenverarbeitung, Wiesenstr. 14, 35390 Gießen, T: (0641) 3092322; pr: Elsa-Brandström-Str. 13, 35444 Biebertal, T: (06409) 6331

**Stadler,** Ingo; Dr.-Ing., PD U Kassel, Prof. FH Köln; *Erneuerbare Energien, Energiewirtschaft*; di: FH, Inst. f. Elektr. Energietechnik, Betzdorfer Str. 2, 50679 Köln, T: (0221) 82752214, F: 82752445, ingo.stadler@fh-koeln.de

**Stadtlander,** Klaus; Dr. rer. nat., Prof.; *Biotechnologie*; di: FH Südwestfalen, FB Informatik u. Naturwiss., Frauenstuhlweg 31, 58644 Iserlohn, T: (02371) 566536, stadtlander@fh-swf.de

**Städtler-Mach,** Barbara; Dr. theol. habil., Pfarrerin, PD Augustana-H Neuendettelsau, Prof. Evangelische FH Nürnberg; *Praktische Theologie, Allgemeine Grundlagen und Menschenbild*; di: Ev. Hochsch. Nürnberg, Fak. f. Gesundheit u. Pflege, Bärenschanzstr. 4, 90429 Nürnberg, T: (0911) 27253890, barbara.staedtler-mach@evhn.de; pr: barbara.staedtler-mach@gmx.net

**Staemmler,** Martin; Dr.-Ing., Prof.; *Angewandte Informatik*; di: FH Stralsund, FB Elektrotechnik u. Informatik, Zur Schwedenschanze 15, 18435 Stralsund, T: (03831) 456786, Martin.Staemmler@fh-stralsund.de

**Staemmler,** Thomas; Prof., Dekan FB Konservierung und Restaurierung; *Grundlagen Methoden und Materialien, Plastische Bildwerke und Architektur aus Stein*; di: FH Erfurt, FB Konservierung u. Restaurierung, Altonaer Str. 25, 99085 Erfurt, PF 101363, 99013 Erfurt, T: (0361) 6700770, F: 6700766, staemmler@fh-erfurt.de

**Ständer,** Ute; Dr., Prof.; *Rechnungswesen, Controlling*; di: Hochsch. Niederrhein, FB Textil- u. Bekleidungstechnik, Webschulstr. 31, 41065 Mönchengladbach, T: (02161) 1866122, Ute.Staender@hs-niederrhein.de

**Stäudel,** Thea; Dr., Prof.; *Wirtschaftspsychologie*; di: Hochsch. Harz, FB Wirtschaftswiss., Friedrichstr. 57-59, 38855 Wernigerode, T: (03943) 659212, F: 659109, tstaeudel@hs-harz.de

**Stahl,** Axel; Dr. rer. nat., Prof.; *Mathematik*; di: Hochsch. Esslingen, Fak. Grundlagen, Kanalstr. 33, 73728 Esslingen, T: (0711) 3973434; pr: Am Hungerberg 8, 73061 Ebersbach, T: (07163) 510085

**Stahl,** Hans Ludwig; Dipl.-Inf., Dr. rer. nat., Prof.; *Angewandte Informatik, Kommunikationstechnik*; di: FH Köln, Fak. f. Informatik u. Ingenieurwiss., Am Sandberg 1, 51643 Gummersbach, T: (02261) 8196272, stahl@gm.fh-koeln.de; pr: Berensberger Str. 4, 52134 Herzogenrath, T: (02405) 417944

**Stahl,** Heike; Dr., Prof.; *BWL – Industrie*; di: DHBW Ravensburg, Marktstr. 28, 88212 Ravensburg, T: (0751) 189992952, stahl@dhbw-ravensburg.de

**Stahl,** Holger; Dr., Prof.; *Kommunikationssysteme, Datenkommunikation, Grundlagen d. Elektrotechnik*; di: Hochsch. Rosenheim, Fak. Ingenieurwiss., Hochschulstr. 1, 83024 Rosenheim, T: (08031) 805711

**Stahl,** Holger; Dr.-Ing., Prof.; *Förder- und Handhabungstechnik, Konstruieren, Projektieren, Logistik und Materialflusstechnik*; di: Hochsch. Hannover, Fak. II Maschinenbau u. Bioverfahrenstechnik, Ricklinger Stadtweg 120, 30459 Hannover, PF 920261, 30441 Hannover, T: (0511) 92961368, holger.stahl@hs-hannover.de; pr: T: (0511) 544052

**Stahl,** Volker; Dr., Prof.; *Mathematik, Grundlagen*; di: Hochsch. Heilbronn, Fak. f. Technik 2, Max-Planck-Str. 39, 74081 Heilbronn, T: (07131) 504455, volker.stahl@hs-heilbronn.de

**Stahl,** Wilhelm; Dr., Prof.; *Ökologie/Energie*; di: FH Düsseldorf, FB 1 – Architektur, Georg-Glock-Str. 15, 40474 Düsseldorf, T: (0211) 4351148, F: 4351104; pr: Bertoldstr. 45, 79098 Freiburg, T: (0761) 3890934, F: 3890939, stahl@stahl-weiss.de

**Stahl,** Wolfgang; Dipl.-Vw., Dr. rer. pol., Prof., Dekan; *Quantitative Methoden, Wirtschaftsinformatik, Investitionstheorie*; di: Hochsch. Reutlingen, FB European School of Business, Alteburgstr. 150, 72762 Reutlingen, T: (07121) 271227, wolfgang.stahl@fh-reutlingen.de; pr: Eckenerstr. 64/2, 72770 Reutlingen, T: (07121) 578223

**Stahlschmidt,** Michael; Dr. jur., Prof.; *Rechnungswesen, Controlling, Steuerrecht*; di: FH d. Wirtschaft, Fürstenallee 3-5, 33102 Paderborn, T: (05251) 30102, michael.stahlschmidt@fhdw.de

**Stahmann,** Klaus-Peter; Dr. rer. nat. habil., Prof.; *Mikrobiologie*; di: Hochsch. Lausitz, FB Bio-, Chemie- u. Verfahrenstechnik, Großenhainer Str. 57, 01968 Senftenberg, T: (03573) 85867, F: 85809, stahmann@fh-lausitz.de

**Stahmer,** Ingrid; Dr., HonProf.; *Sozialarbeit*; di: Alice-Salomon-Hochsch., Alice-Salomon-Platz 5, 12627 Berlin-Hellersdorf; pr: Am Ruppenhorn 22, 14055 Berlin

**Staiger,** Martin; Dr., Prof.; *Fluid- und Strömungstechnik*; di: Hochsch.Merseburg, FB Ingenieur- u. Naturwiss., Geusaer Str., 06217 Merseburg, T: (03461) 462922, martin.staiger@hs-merseburg.de

**Staiger,** Rolf; Dipl.-Ing., Prof.; *Qualitätsmanagement, Unternehmensplanung, Fabrikplanung*; di: Hochsch. Rosenheim, Fak. Holztechnik u. Bau, Hochschulstr. 1, 83024 Rosenheim, T: (08031) 805313, F: 805302, rolf.staiger@fh-rosenheim.de

**Staiger,** Rudolf; Dr.-Ing., Prof. H Bochum; *Geodäsie, insbes. Instrumententechnik*; di: Hochsch. Bochum, FB Vermessungswesen u. Geoinformatik, Lennershofstr. 140, 44801 Bochum, T: (0234) 3210547; pr: Stephan-Tembories-Ring 16, 45239 Essen, T: (0201) 403399

**Staiger,** Siegfried; Dr. rer. nat., Prof.; *Informationsverarbeitung, Betriebswirtschaft, Organisation*; di: Hochsch. f. Wirtschaft u. Umwelt Nürtingen-Geislingen, PF 1349, 72603 Nürtingen, T: (07022) 929212, siegfried.staiger@hfwu.de

**Stainov,** Rumen; Dr., Prof.; *Kommunikationssoftware, Verteilte Systeme*; di: Hochsch. Fulda, FB Angewandte Informatik, Marquardstr. 35, 36039 Fulda, T: (0661) 9640328, rumen.stainov@informatik.fh-fulda.de; pr: Künzeller Str. 26, 36043 Fulda

**Staisch,** Peter; Dr. phil., Prof.; *Leisure and Mediaeconomics*; di: FH Stralsund, FB Wirtschaft, Zur Schwedenschanze 15, 18435 Stralsund, T: (03831) 456962, F: 45680

**Stallkamp,** Markus; Dr., Prof.; *Produktionsplanung und Produktionssteuerung*; di: HAW Hamburg, Fak. Technik u. Informatik, Berliner Tor 21, 20099 Hamburg, T: (040) 428758646, markus.stallkamp@haw-hamburg.de

**Stallmann,** Christian; Prof.; *Erbrecht, Insolvenzrecht, Zivilrecht, Internationales Privatrecht*; di: Norddeutsche Hochsch. f. Rechtspflege, Fak. Rechtspflege, FB Rechtspflege, Godehardsplatz 6, 31134 Hildesheim, T: (05121) 1791021, christian.stallmann@justiz.niedersachsen.de

**Stallmann,** Gert Wilhelm; Prof.; *Szenische Bildaufnahme*; di: Beuth Hochsch. f. Technik, FB VIII Maschinenbau, Veranstaltungs- u. Verfahrenstechnik, Luxemburger Str. 10, 13353 Berlin, T: (030) 45045023, stallmann@beuth-hochschule.de

**Stallmann,** Martina; Dr., Prof.; *Quantitative und Qualitative Forschungsmethoden, Evaluation, Statistische Datenanalyse*; di: Ev. Hochsch. Berlin, Prof. f. Empirie – Statistik, Teltower Damm 118-122, 14167 Berlin, PF 370255, 14132 Berlin, T: (030) 84582395, stallmann@eh-berlin.de

**Stallwitz,** Anke; Dr., Prof.; *Sozialpsychologie*; di: Ev. Hochsch. Freiburg, Bugginger Str. 38, 79114 Freiburg i.Br., T: (0761) 4781252, stallwitz@eh-freiburg.de

**Stammer,** Heike; Dr., Prof.; *Psychologie*; di: Ev. H Ludwigsburg, FB Soziale Arbeit, Auf der Karlshöhe 2, 71638 Ludwigsburg, h.stammer@eh-ludwigsburg.de

**Stan,** Cornel; Dr.-Ing. habil., Prof. E. h. Dr. h. c., Prof. WH Zwickau; *Verbrennungsmotoren, Direkteinspritzsysteme, Alternative Antriebssysteme*; di: Westsächs. Hochsch. Zwickau, Fak. Kraftfahrzeugtechnik, Dr.-Friedrichs-Ring 2a, 08056 Zwickau, T: (0375) 5361600, F: 5361605, cornel.stan@fh-zwickau.de

**Standke,** Gerhard; Dr. päd., Prof.; *Psychologie, Schwerpunkt Sozialpsychologie u. klinische Psychologie*; di: Ev. FH Rhld.-Westf.-Lippe, FB Soziale Arbeit, Immanuel-Kant-Str. 18-20, 44803 Bochum, T: (0234) 36901174, standke@efh-bochum.de

**Stanek,** Wolfram; Dr.-Ing., Prof.; *Automatisierungstechnik, Magnettechnik, Gedächtnistraining, Internet, Grundlagen der Elektrotechnik*; di: H Koblenz, FB Ingenieurwesen, Konrad-Zuse-Str. 1, 56075 Koblenz, T: (0261) 9528346, stanek@fh-koblenz.de

**Stang,** Richard; Dr., Prof.; *Medienwissenschaft*; di: Hochsch. d. Medien, Fak. Information u. Kommunikation, Wolframstr. 32, 70569 Stuttgart, T: (0711) 25706174, F: 25706300, stang@hdm-stuttgart.de

**Stange,** Karl-Heinz; Dr., Prof.; *Rehabilitation*; di: FH Erfurt, FB Sozialwesen, Altonaer Str. 25, 99084 Erfurt, PF 101363, 99013 Erfurt, T: (0361) 6700536, F: 6700533, stange@fh-erfurt.de

**Stangel-Meseke,** Martina; Dr., Prof.; *Business Psychology*; di: Business and Information Technology School GmbH, Reiterweg 26 b, 58636 Iserlohn, T: (02371) 776512, F: 776503, martina.stangel-meseke@bits-iserlohn.de

**Stangl,** Christian; Dr., Prof.; *Wirtschaftsrecht*; di: Hochsch. Heilbronn, Fak. f. Technik u. Wirtschaft, Daimlerstr. 35, 74653 Künzelsau, T: (07940) 1306147, F: 1306120, stangl@hs-heilbronn.de

**Stangl,** Ulrich; Dr. rer. pol., Prof.; *Betriebswirtschaftslehre, insbes. Marketing (einschl. Internationale Aspekte)*; di: FH Köln, Fak. f. Wirtschaftswiss., Claudiusstr. 1, 50678 Köln, T: (0221) 82753445, ulrich.stangl@fh-koeln.de

**Staniek,** Sabine; Dr.-Ing., Prof.; *Physik und Grundlagen der Werkstoffkunde*; di: FH Düsseldorf, FB 4 – Maschinenbau u. Verfahrenstechnik, Josef-Gockeln-Str. 9, 40474 Düsseldorf, T: (0211) 4351480, sabine.staniek@fh-duesseldorf.de; pr: Berliner Str. 39, 46535 Dinslaken, T: (02064) 56908

**Stanierowski,** Margret; Dr., Prof.; *Software-Engineering*; di: HTW Berlin, FB Wirtschaftswiss. II, Treskowallee 8, 10318 Berlin, T: (030) 50192721, stani@HTW-Berlin.de

**Stank,** Rainer; Dr., Prof.; *technische Verfahrenstechnik*; di: HAW Hamburg, Fak. Life Sciences, Lohbrügger Kirchstr. 65, 21033 Hamburg, T: (040) 428756275, rainer.stank@haw-hamburg.de

**Stankovic,** Marina; B. Arch., Prof.; *Innenarchitektur, Innenausbau, Produktdesign*; di: HTWK Leipzig, FB Bauwesen, PF 301166, 04251 Leipzig, T: (0341) 30766351, stankovic@fbb.htwk-leipzig.de

**Stanske,** Christian; Prof.; *Maschinenbau*; di: DHBW Mannheim, Fak. Technik, Coblitzallee 1-9, 68163 Mannheim, T: (0621) 41051232, F: 41051248, christian.stanske@dhbw-mannheim.de

**Stanski,** Bernhard; Dr.-Ing., Prof.; *Mikroelektronik*; di: FH Südwestfalen, FB Elektrotechnik u. Informationstechnik, Haldener Str. 182, 58095 Hagen, T: (02331) 9872229, 2230, F: 9874031, Stanski@fh-swf.de; pr: Bladenhorster Str. 98, 45665 Recklinghausen, T: (02361) 87273

**Stanzel,** Berthold; Dr.-Ing., Prof.; *Klima- und Kältetechnik, Energie- und Verbrauchsmanagement, Wartungs- und Betriebsmanagement, Heizungstechnik*; di: FH Erfurt, FB Versorgungstechnik, Altonaer Str. 25, 99085 Erfurt, PF 101363, 99013 Erfurt, T: (0361) 6700354, F: 6700424, stanzel@fh-erfurt.de

**Stanzel,** Silke; Dr., Prof.; *Physik*; di: Hochsch. Rosenheim, Hochschulstr. 1, 83024 Rosenheim, T: (08031) 805419, F: 805402, silke.stanzel@fh-rosenheim.de

**Stapelkamp,** Torsten; Prof.; *Mediendesign, Gestaltung interaktiver Medien*; di: Hochsch. Hof, Fak. Ingenieurwiss., Alfons-Goppel-Platz 1, 95028 Hof, T: (09281) 4098560, Torsten.Stapelkamp@hof-university.de

**Stapf-Finé,** Heinz; Dr. rer. pol., Prof.; *Sozialpolitik*; di: Alice-Salomon-Hochsch., Alice-Salomon-Platz 5, 12627 Berlin-Hellersdorf, T: (030) 99245528, stapf-fine@ash-berlin.eu

**Stappen,** Birgit; Dr. phil., Prof.; di: Kath. Hochsch. Mainz, FB Gesundheit u. Pflege, Saarstr. 3, 55122 Mainz, T: (06131) 2894440, stappen@kfh-mainz.de; pr: Münsterstr. 8, 55116 Mainz, T: (06131) 235331

**Starck,** Andreas; Dipl.-Ing., Prof.; *Baubetriebslehre, Bauwirtschaftslehre*; di: FH Aachen, FB Architektur, Bayernallee 9, 52066 Aachen, T: (0241) 600951154, starck@fh-aachen.de; pr: Charles-de-Coster-Str. 10, 52074 Aachen, T: (0241) 74886

**Stark,** Carsten; Dr., Prof.; *Politikwissenschaft, Soziologie*; di: FH f. öffentl. Verwaltung NRW, Abt. Gelsenkirchen, Wanner Str. 158-160, 45888 Gelsenkirchen, carsten.stark@fhoev.nrw.de

**Stark,** Christian; Dr.-Ing., Prof.; *Produktionstechnik*; di: HAW Hamburg, Fak. Technik u. Informatik, Berliner Tor 21, 20099 Hamburg, T: (040) 428758681, christian.stark@haw-hamburg.de

**Stark,** Georg; Dipl.-Ing., Prof.; *Computer Integrierte Fertigung, Robotik, Simulation, Echtzeitsysteme*; di: Hochsch. Augsburg, Fak. f. Informatik, An der Hochschule 1, 86161 Augsburg, T: (0821) 55863461, F: 55863499, Georg.Stark@hs-augsburg.de

**Stark,** Hans-Georg; Dr., Prof.; *Mathematik, Informatik, Technomathematik*; di: Hochsch. Aschaffenburg, Fak. Ingenieurwiss., Würzburger Str. 45, 63743 Aschaffenburg, T: (06021) 314878, hans-georg.stark@fh-aschaffenburg.de

**Stark,** Karin; Dipl.-Modegestalterin, Prof.; *Gestaltungslehre einschl. Kollektionsgestaltung*; di: Hochsch. Niederrhein, FB Textil- u. Bekleidungstechnik, Webschulstr. 31, 41065 Mönchengladbach, T: (02161) 1866030

**Stark,** Markus; Dr.-Ing., Prof.; *Maschinenelemente*; di: Hochsch. Coburg, Fak. Maschinenbau, PF 1652, 96406 Coburg, T: (09561) 317159, markus.stark@hs-coburg.de

**Stark,** Michael; Dr., Prof.; *Praktische Informatik*; di: FH Dortmund, FB Informatik, Emil-Figge-Str. 42, 44227 Dortmund, T: (0231) 7556775, F: 7556710, michael.stark@fh-dortmund.de

**Stark,** Susanne; Dr. rer. oec., Prof.; *Betriebswirtschaftslehre, insbesondere Marketing*; di: Hochsch. Bochum, FB Wirtschaft, Lennershofstr. 140, 44801 Bochum, T: (0234) 3210606, susanne.stark@hs-bochum.de; pr: Antropstr. 14, 45277 Essen, T: (0201) 5457733

**Stark,** Thorsten; Dipl.-Finanzwirt, Dr. jur., Prof.; *Wirtschaftsrecht und Steuerlehre*; di: FH Kiel, FB Wirtschaft, Sokratesplatz 2, 24149 Kiel, T: (0431) 2103546, F: 21063825, thorsten.stark@fh-kiel.de

**Stark,** Walter; Dipl.-Chem., Dr. rer. nat., Prof.; *Anorganische Chemie, Galvanik, Mikrotechnik*; di: Georg-Simon-Ohm-Hochsch. Nürnberg, Fak. Angewandte Chemie, Keßlerplatz 12, 90489 Nürnberg, PF 210320, 90121 Nürnberg

**Starke,** Günther; Dr.-Ing., Prof.; *Mechtronik*; di: FH Aachen, FB Maschinenbau und Mechatronik, Goethestr. 1, 52064 Aachen, T: (0241) 8864126, starke@aps-mechatronik.de

**Starkloff,** Hans-Jörg; Dr. rer. nat. habil., Prof.; *Mathematik*; di: Westsächs. Hochsch. Zwickau, FB Physikal. Technik/Informatik, Dr.-Friedrichs-Ring 2A, 08056 Zwickau, Hans.Joerg.Starkloff@fh-zwickau.de

**Staroszynski,** Thomas; Prof.; *Kunsttherapie*; di: Hochsch. f. Kunsttherapie Nürtingen, Sigmaringer Str. 15, 72622 Nürtingen, t.staroszynski@hkt-nuertingen.de

**Stascheit,** Andreas; Dr., Prof.; *Medienpädagogik, Ästhetik und Kommunikation, insbes. Musikpädagogik*; di: FH Dortmund, FB Soziales, Emil-Figge-Str. 44, 44227 Dortmund, T: (0231) 7554931, F: 7554911, stascheit@fh-dortmund.de; pr: Am Alten Stadtpark 39, 44791 Bochum

**Staubach,** Julia; Dr. rer. pol., Prof.; *Internationales Marketing, Vertriebsmanagement*; di: Techn. Hochsch. Mittelhessen, FB 07 Wirtschaft, Wiesenstr. 14, 35390 Gießen, T: (0641) 3092755, juliane.staubach@w.fh-giessen.de; pr: Lange Str. 8a, 61440 Oberursel, T: (06171) 622926

**Staubach,** Reiner; Dipl.-Ing., Dr. rer. pol., Prof.; *Planungsbezogene Soziologie, Planungstheorie u. -methodik*; di: Hochsch. Ostwestfalen-Lippe, FB 9, Landschaftsarchitektur u. Umweltplanung, An der Wilhelmshöhe 44, 37671 Höxter, T: (05271) 687133, reiner.staubach@fh-luh.de

**Stauch,** Mathias; Dr., HonProf.; *Bürgerliches Recht*; di: Hochsch. f. Öffentl. Verwaltung Bremen, Doventorscontrescarpe 172, 28195 Bremen

**Staud,** Josef L.; Dr. rer. soc., Prof.; *Wirtschaftsinformatik, eBusiness*; di: Hochsch. Ravensburg-Weingarten, Doggenriedstr., 88250 Weingarten, PF 1261, 88241 Weingarten, T: (0751) 5019748, staud@hs-weingarten.de

**Staudacher,** Jochen; Dr. rer. nat., Prof.; *Informatik*; di: Hochsch. Kempten, Fak. Informatik, Bahnhofstr. 61-63, 87435 Kempten, T: (0831) 2523513, F: 25239283, jochen.staudacher@fh-kempten.de

**Staude,** Susanne; Dr.-Ing., Prof.; *Fluidenergiemaschinen, Technische Thermodynamik*; di: Hochschule Ruhr West, Institut Energiesysteme u. Energiewirtschaft, PF 100755, 45407 Mülheim an der Ruhr, T: (0208) 88254839, Susanne.Staude@hs-ruhrwest.de

**Staudt,** Albert; Dr.-Ing., Prof.; *Thermodynamik, Flugantriebe*; di: Hochsch. München, Fak. Maschinenbau, Fahrzeugtechnik, Flugzeugtechnik, Dachauer Str. 98b, 80335 München, T: (089) 12651109, F: 12651392, albert.staudt@fhm.edu

**Staudt,** Martin; Dr. rer. nat., Prof.; *Datenbanksysteme, Data Warehouse, Data Mining*; di: Hochsch. München, Fak. Informatik u. Mathematik, Lothstr. 34, 80335 München, staudt@cs.fhm.edu

**Staudt,** Reiner; Dr.-Ing. habil., Prof.; *Fluid-, Thermodynamik, Immisionsschutz, Stoffübertragung*; di: Hochsch. Offenburg, Fak. Maschinenbau u. Verfahrenstechnik, Badstr. 24, 77652 Offenburg, T: (0781) 205161, reiner.staudt@hs-offenburg.de

**Stauffert,** Thomas; Dipl.-Kfm., Dr. rer. pol., Prof.; *Grundlagen der Betriebswirtschaftslehre, Material- u. Fertigungswirtschaft, Industriebetriebslehre, Consulting*; di: Hochsch. Landshut, Fak. Betriebswirtschaft, Am Lurzenhof 1, 84036 Landshut, thomas.stauffert@fh-landshut.de

**Staus,** Steffen; Dr.-Ing., Prof.; *Technische Mechanik, CAD*; di: Ostfalia Hochsch., Fak. Fahrzeugtechnik, Robert-Koch-Platz 8A, 38440 Wolfsburg, st.staus@ostfalia.de

**Stauss,** Kilian; M. Arch., Prof.; *Produktdesign, Möbeldesign und Designtheorie*; di: Hochsch. Rosenheim, Fak. Innenarchitektur, Hochschulstr. 1, 83024 Rosenheim, T: (08031) 805589, F: 805552, kilian.stauss@fh-rosenheim.de

**Stebbing,** Peter; Prof.; *Gestalterische Grundlagen*; di: Hochsch. f. Gestaltung Schwäbisch Gmünd, Rektor-Klaus-Str. 100, 73525 Schwäbisch Gmünd, PF 1308, 73503 Schwäbisch Gmünd, T: (07171) 602635

**Stebel,** Peter; Dr., Prof.; *Allg. BWL / Controlling*; di: DHBW Villingen-Schwenningen, Fak. Wirtschaft, Karlstr. 29, 78054 Villingen-Schwenningen, T: (07720) 3906525, F: 3906519, stebel@dhbw-vs.de

**Steber,** Michael; Dr.-Ing., Prof.; *Fertigungstechnik, spanende und spanlose Fertigungsverfahren, CNC-Technik, rechnergestützte Produktionssysteme*; di: Hochsch. Coburg, Fak. Maschinenbau, PF 1652, 96406 Coburg, T: (09561) 317176, steber@hs-coburg.de

**Steck,** Bernd; Prof.; *Kommunales Wirtschaftsrecht, Kommunales Abgabenrecht*; di: H f. öffentl. Verwaltung u. Finanzen Ludwigsburg, Reuteallee 36, 71634 Ludwigsburg, T: (07141) 140565, F: 140544

**Steck,** Dieter; Dr., Prof.; *Betriebliche Steuerlehre, Steuerrecht*; di: Hochsch. f. Wirtschaft u. Umwelt Nürtingen-Geislingen, FB 3, PF 1349, 72603 Nürtingen, T: (07331) 22575, dieter.steck@hfwu.de

**Steck,** Günter; Dr.-Ing., Prof.; *Holzbau, konstruktiver Ingenieurbau*; di: Hochsch. München, Fak. Bauingenieurwesen, Karlstr. 6, 80333 München, T: (089) 12652688, F: 12652699, steck@bau.fhm.edu

**Steckelberg,** Claudia; Dr. phil., Prof.; *Theorien und Methoden Sozialer Arbeit mit Schwerpunkt Gemeinwesenarbeit / Sozialraumorientierung*; di: DHBW Stuttgart, Fak. Sozialwesen, Herdweg 29, 70174 Stuttgart, T: (0711) 1849770, steckelberg@dhbw-stuttgart.de

**Steckemetz,** Bernd; Dr.-Ing., Prof.; *Mechanik bewegter Systeme / Strukturen, Technische Mechanik*; di: Hochsch. Bremen, Fak. Natur u. Technik, Neustadtswall 30, 28199 Bremen, T: (0421) 59055519, F: 59055536, Bernd.Steckemetz@hs-bremen.de

**Stecker,** Bernd; Dr., Prof.; *Freizeit- und Tourismuspolitik / -planung, Ökologie und Nachhaltigkeit*; di: Hochsch. Bremen, Fak. Gesellschaftswiss., Neustadtswall 30, 28199 Bremen, T: (0421) 59053776, F: 59052753, Bernd.Stecker@hs-bremen.de

**Steckler,** Brunhilde; Dr. jur., Prof.; *Europäisches und Internationales Wirtschaftsrecht*; di: FH Bielefeld, FB Wirtschaft, Universitätsstr. 25, 33615 Bielefeld, T: (0521) 1065070, brunhilde.steckler@fh-bielefeld.de; pr: Am Rottmannshof 33, 33619 Bielefeld, T: (0521) 160554

**Steckmeister,** Gabriele; Dr., Prof.; *Politikwissenschaft, Schwerpunkt Innenpolitik und politische Theorie, Neue Soziale Bewegungen, Jugendforschung, Gender-Forschung, Politische Soziologie, Stadtsoziologie*; di: Hochsch. f. Wirtschaft u. Recht Berlin, FB 1, Alt-Friedrichsfelde 60, 10315 Berlin, T: (030) 90214306, F: 90214417, steckmeister@hwr-berlin.de

**Steder,** Brigitte; Prof.; *Kreditsicherungsrecht, Zwangsvollstreckungsrecht, Insolvenzrecht*; di: FH d. Sächsischen Verwaltung, Herbert-Böhme Str. 11, 01662 Meißen, T: (03521) 473141, brigitte.steder@fhsv.sachsen.de

**Steding,** Ulrich; Dr., Prof.; *Zivilrecht, Beurkundungswesen*; di: FH d. Bundes f. öff. Verwaltung, FB Auswärtige Angelegenheiten, Gudenauer Weg 134-136, 53127 Bonn, T: (01888) 171114, F: 1751114

**Stedler,** Heinrich R.; Dr. oec., Prof.; *Wirtschaftswissenschaften: Betriebswirtschaftslehre, Volkswirtschaftslehre, Unternehmensgründung, Beteiligungskapital, Venture Capital*; di: Hochsch. Hannover, Fak. I Elektro- u. Informationstechnik, Ricklinger Stadtweg 120, 30459 Hannover, PF 920261, 30441 Hannover, T: (0511) 92961209, heinrich.stedler@fh-hannover.de

**Stedtnitz,** Werner; Dr.-Ing., Prof.; *Kraftfahrzeugtechnik, Kraftfahrzeugkonzepte und CAD, Innovative Fahrzeugtechnik, Kfz-Sachverständigenwesen*; di: HTW Berlin, FB Ingenieurwiss. II, Blankenburger Pflasterweg 102, 13129 Berlin, T: (030) 50194256, w.stedtnitz@HTW-Berlin.de

**Stefan,** Katrin; Dr. rer.pol., Prof.; *Betriebswirtschaft*; di: Hochsch. Kempten, Fak. Betriebswirtschaft, Bahnhofstr. 61-63, 87435 Kempten, T: (0831) 2523621, F: 2523162, katrin.stefan@fh-kempten.de

**Stefan,** Ute; Dr., Prof.; *Business Administration*; di: Provadis School of Int. Management and Technology, Industriepark Hoechst, Geb. B 845, 65926 Frankfurt a.M.

**Stefanescu,** Stefan; Prof.; *Editorial Design*; di: HAW Hamburg, Fak. Design, Medien u. Information, Finkenau 35, 22081 Hamburg, T: (040) 428754825, stefan.stefanescu@haw-hamburg.de

**Steffan,** Rüdiger; Dr.-Ing., Prof.; *Datenbank- und Datenkommunikationssysteme*; di: Hochsch. Wismar, Fak. f. Wirtschaftswiss., PF 1210, 23952 Wismar, T: (03841) 753606, r.steffan@wi.hs-wismar.de

**Steffan,** Werner; Dr., Prof.; *Sozialarbeit / Sozialpädagogik, insb. Beratung, Unterstützung, Information und Öffentlichkeitsarbeit, Gruppenarbeit*; di: FH Potsdam, FB Sozialwesen, Friedrich-Ebert-Str. 4, 14467 Potsdam, T: (0331) 5801136, steffan@fh-potsdam.de

**Steffen,** Joachim; Dr. rer. nat., Prof.; *Werkstoffkunde, Spanlose Fertigungsverfahren und verwandte Fachgebiete*; di: Hochsch. Mannheim, Fak. Maschinenbau, Windeckstr. 110, 68163 Mannheim

**Steffen,** Thomas; Prof.; *Mediengestaltung*; di: Hochsch. Rhein / Main, FB Design Informatik Medien, Unter den Eichen 5, 65195 Wiesbaden, T: (0611) 94951257, thomas.steffen@hs-rm.de

**Steffen,** Torsten; Dr.-Ing., Prof.; *Finite Elemente Methode, Konstruktion, Festigkeitslehre, Geräuschoptimierung*; di: Hochsch. Emden / Leer, FB Technik, Constantiaplatz 4, 26723 Emden, T: (04921) 8071332, F: 8071429, torsten.steffen@hs-emden-leer.de

**Steffen,** Werner; Dr., Prof.; *Informationstechnik*; di: Hess. Hochsch. f. Polizei u. Verwaltung, FB Polizei, Talstr. 3, 35394 Gießen

**Steffenhagen,** Birgit; Dr.-Ing., Prof.; *Regelungstechnik*; di: FH Stralsund, FB Elektrotechnik u. Informatik, Zur Schwedenschanze 15, 18435 Stralsund, T: (03831) 455523

**Steffens,** Bernd; Dipl.-Ing., Prof. i.R. u. LBeauftr.; *Sensorik*; di: Hochsch. Rhein / Main, FB Ingenieurwiss., Am Brückweg 26, 65428 Rüsselsheim, Bernd.Steffens@hs-rm.de

**Steffens,** Birgit; Dr., Prof.; *Soziale Arbeit*; di: Ev. Hochsch. Berlin, Prof. f. Soziale Arbeit, Teltower Damm 118-122, 14167 Berlin, PF 370255, 14132 Berlin, T: (030) 84582127, steffens@eh-berlin.de

**Steffens,** Hans-Jürgen; Dr., Prof.; *Softwaretechnik und Systemanalyse*; di: FH Kaiserslautern, FB Informatik u. Mikrosystemtechnik, Amerikastr. 1, 66482 Zweibrücken, T: (06332) 914314, hansjuergen.steffens@fh-kl.de

**Steffens,** Karl; Dr., Prof.; *Lebensmittelmikrobiologie u. -hygiene*; di: Hochsch. Neubrandenburg, FB Agrarwirtschaft u. Lebensmittelwiss., Brodaer Str. 2, 17033 Neubrandenburg, PF 110121, 17041 Neubrandenburg, T: (0395) 56932508, steffens@hs-nb.de

**Steffens,** Karl-Georg; Dr., Prof.; *Wirtschaftsmathematik und Statistik*; di: SRH Hochsch. Hamm, Platz der Deutschen Einheit 1, 59065 Hamm, T: (02381) 9291150, F: 9291199, karl-georg.steffens@fh-hamm.srh.de

**Steffens,** Karl-Heinz; Dr., Prof.; *Betriebswirtschaftslehre, Volkswirtschaftslehre*; di: FH f. Verwaltung u. Dienstleistung, FB Rentenversicherung, Ahrensböker Str. 51, 23858 Reinfeld, T: (04533) 7301331, fhvd.dr.steffen@bz-reinfeld.de

**Steffens,** Markus; Dr., Prof.; *Sozialmedizin, Psychotherapie*; di: FH Nordhausen, FB Wirtschafts- u. Sozialwiss., Weinberghof 4, 99734 Nordhausen, T: (03631) 420534, F: 420817, steffens@fh-nordhausen.de

**Steffens,** Oliver; Dipl.-Phys., Dr. rer. nat., Prof.; *Angewandte Physik, Bauphysik*; di: Hochsch. Regensburg, Fak. Allgemeinwiss. u. Mikrosystemtechnik, PF 120327, 93025 Regensburg, T: (0941) 9439775, oliver.steffens@hs-regensburg.de

**Steffens,** Sabine; Dr.-Ing., Prof.; *Fahrzeugelektronik, Sensorik und Aktorik*; di: Hochsch. Ravensburg-Weingarten, Doggenriedstr., 88250 Weingarten, PF 1261, 88241 Weingarten, T: (0751) 5019827, F: 5019832, steffens@hs-weingarten.de

**Steffens,** Wilhelm; Dr.-Ing., Prof.; *Automatisierungstechnik, Prozessmesstechnik, Digitale Messtechnik*; di: FH Flensburg, FB Energie u. Biotechnologie, Kanzleistr. 91-93, 24943 Flensburg, T: (0461) 8051542, willi.steffens@fh-flensburg.de; pr: Stadtweg 5, 24941 Jarplund-Weding

**Steffensen,** Bernd; Dr. rer. soz., Prof., Dekan; *Soziologie*; di: Hochsch. Darmstadt, FB Media, Haardtring 100, 64295 Darmstadt, T: (06151) 168736, steffensen@h-da.de

**Stegemerten,** Berthold; Dr. rer. nat., Prof.; *Wirtschaftsinformatik, insb. betriebliche Anwendungssysteme u. Informationsmanagement*; di: Hochsch. Niederrhein, FB Wirtschaftswiss., Webschulstr. 41-43, 41065 Mönchengladbach, T: (02161) 1866329, Berthold.Stegemerten@HS-Niederrhein.de

**Steger,** Johann; Dr. rer.pol., Prof; *BWL, Kosten- und Leistungsrechnung, Controlling*; di: DHBW Stuttgart, Fak. Wirtschaft, Herdweg 18, 70174 Stuttgart, T: (0711) 1849640, steger@dhbw-stuttgart.de

**Steger,** Karl; Dr., Prof.; *Mathematik*; di: Hochsch. München, Fak. Feinwerk- u. Mikrotechnik, Physikal. Technik, Lothstr. 34, 80335 München, T: (089) 12651904, F: 12651480, k.steger@fhm.edu

**Steger,** Nikolaus; Dipl.-Inf., Prof.; *Datenbanken, Informationssysteme*; di: Hochsch. Kempten, Fak. Informatik, Bahnhofstr. 61-63, 87435 Kempten, T: (0831) 2523460, Nikolaus.Steger@fh-kempten.de

**Steglich,** Mike; Dr. rer. pol., Prof.; *ABWL, quantitative Methoden, Controlling*; di: Techn. Hochsch. Wildau, FB Wirtschaft, Verwaltung u. Recht, Bahnhofstr., 15745 Wildau, T: (03375) 508365, F: 508566, steglich@wvr.tfh-wildau.de

**Stegmaier,** Ralf; Dr., Prof.; *Wirtschaftspsychologie*; di: Hochsch. Osnabrück, Fak. Wirtschafts- u. Sozialwiss., Caprivistr. 30A, 49076 Osnabrück, PF 1940, 49009 Osnabrück, T: (0541) 9693887, stegmaier@wi.hs-osnabrueck.de

**Stegmüller,** Klaus; Dr., Prof.; *Gesundheitspolitik, Sozialmedizin, Sozialökonomie*; di: Hochsch. Fulda, FB Pflege u. Gesundheit, Marquardstr. 35, 36039 Fulda, klaus.stegmueller@pg.fh-fulda.de; pr: Igelstück 5 a, 36100 Petersberg, T: (0661) 9621133, F: (069) 76753562, stegmueller.tschirner@t-online.de

**Stegner,** Günter; Dipl.-Ing., Prof.; *Vermessungskunde / Ingenieurvermessung*; di: Hochsch. Anhalt, FB 3 Architektur, Facility Management u. Geoinformation, PF 2215, 06818 Dessau, T: (0340) 51971566, stegner@afg.hs-anhalt.de

**Stehling,** Thomas; Dr. rer. nat., Prof.; *Software-Engineering*; di: FH Südwestfalen, Lindenstr. 53, 59872 Meschede, T: (0291) 9910460, stehling@fh-swf.de

**Stehr,** Johannes; Dr. phil., Prof.; *Soziologie*; di: Ev. Hochsch. Darmstadt, FB Sozialarbeit / Sozialpädagogik, Zweifalltorweg 12, 64293 Darmstadt, T: (06151) 879879, stehr@eh-darmstadt.de

**Stehr,** Uwe; Dr. rer. publ., Prof.; *Internationales Finanzmanagement*; di: Hochsch. f. Wirtschaft u. Umwelt Nürtingen-Geislingen, PF 1349, 72603 Nürtingen, T: (07022) 201352, uwe.stehr@hfwu.de

**Steibler,** Philipp; Dr.-Ing., Prof.; *Technische Mechanik, FEM, Karosserietechnik*; di: Hochsch. Konstanz, Fak. Maschinenbau, Brauneggerstr. 55, 78462 Konstanz, PF 100543, 78405 Konstanz, T: (07531) 206727, steibler@fh-konstanz.de

**Steidle,** Peter; Dr.-Ing., Prof.; *Massivbau, Statik*; di: Hochsch. f. Technik, Fak. Bauingenieurwesen, Bauphysik u. Wirtschaft, Schellingstr. 24, 70174 Stuttgart, PF 101452, 70013 Stuttgart, T: (0711) 892612721, F: 89262913, peter.steidle@hft-stuttgart.de

**Steiger,** Bernhard; Dr. rer. nat., Prof.; *Physik, Technische Optik*; di: Hochsch. Mittweida, Fak. Mathematik / Naturwiss. / Informatik, Technikumplatz 17, 09648 Mittweida, T: (03727) 581274, F: 581315, steiger@htwm.de

**Steigerwald,** Bernd; Prof.; *Baukonstruktion*; di: FH Potsdam, FB Bauingenieurwesen, Pappelallee 8-9, Haus 1, 14469 Potsdam, T: (0331) 5801323, steiger@fh-potsdam.de

**Steil,** Andreas; Dr.-Ing., Prof.; *Nachrichtentechnik, Statistik / Stochastik, Moderne Mobilfunksysteme*; di: FH Kaiserslautern, FB Angew. Ingenieurwiss., Morlauterer Str. 31, 67657 Kaiserslautern, T: (0631) 3724211, F: 3724222, andreas.steil@fh-kl.de

**Steil,** Gerald; Dr.-Ing., Prof.; *Maschinenbau, Elektrotechnik*; di: Hochsch. f. Forstwirtschaft Rottenburg, Schadenweilerhof, 72108 Rottenburg, T: (07472) 951246, F: 951200, steil@hs-rottenburg.de

**Stein,** Alfred; Dr., Prof.; *Bauphysik, Baukonstruktion, Brückenbau*; di: Hochsch. Trier, FB BLV, PF 1826, 54208 Trier, T: (0651) 8103399, Alf.Stein@hochschule-trier.de; pr: Bahnerhof 1, 56642 Kruft, T: (02652) 6841, bahnerhof@t-online.de

**Stein,** Anne-Dore; Dipl.-Behindertenpäd., Dipl.-Sozialpäd., Dr. phil., Prof.; *Heilpädagogik*; di: Ev. Hochsch. Darmstadt, Zweifalltorweg 12, 64293 Darmstadt, T: (06151) 879867, stein@eh-darmstadt.de; pr: Mollerstr. 12, 64289 Darmstadt, anne-dore.stein@hephata.com

**Stein,** Edgar; Dr.-Ing., Prof.; *Leistungselektronik, Elektrische Maschinen und Antriebe*; di: FH Kaiserslautern, FB Angew. Ingenieurwiss., Morlauterer Str. 31, 67657 Kaiserslautern, T: (0631) 3724208, F: 3724222, edgar.stein@fh-kl.de

**Stein,** Erhard; Dr.-Ing., Prof.; *Messtechnik, Sensortechnik, Prozessmesstechnik, PC-Messdatenerfassung*; di: Hochsch. Lausitz, FB Informatik, Elektrotechnik, Maschinenbau, Großenhainer Str. 57, 01968 Senftenberg, T: (03573) 85501, F: 85509

**Stein,** Erich; Dipl.-Ing., Prof.; *Elektronik, Prozessnetze, Kundenspezifische Schaltkreise*; di: FH Jena, FB Wirtschaftsingenieurwesen, Carl-Zeiss-Promenade 2, 07745 Jena, PF 100314, 07703 Jena, T: (03641) 930440, F: 930441, wi@fh-jena.de

**Stein,** Günter; Dr. rer. nat., Prof.; *Physikalische Chemie, Umweltanalytik*; di: Hochsch. Rhein/Main, FB Ingenieurwiss., Umwelttechnik, Am Brückweg 26, 65428 Rüsselsheim, T: (06142) 8984427, guenter.stein@hs-rm.de; pr: Tannenweg 26, 69502 Hemsbach, T: (06201) 43939

**Stein,** Stefan; Dr., Prof.; *Finanz- u. Assetmanagement*; di: Business and Information Technology School GmbH, Reiterweg 26 b, 58636 Iserlohn, T: (02371) 776554, F: 776503, stefan.stein@bits-iserlohn.de

**Stein,** Torsten; Dr. rer. nat., Prof.; *Biochemie, Molekularbiologie, Mikrobiologie, Stöchiometrie*; di: Hochsch. Aalen, Fak. Chemie, Beethovenstr. 1, 73430 Aalen, T: (07361) 5762159, torsten.stein@htw-aalen.de

**Stein,** Torsten; Dr., Prof.; *Betriebswirtschaftslehre, insbes. Information u. Datenverarbeitung*; di: Hochsch. Bonn-Rhein-Sieg, FB Wirtschaft Rheinbach, von-Liebig-Str. 20, 53359 Rheinbach, T: (02241) 865408, F: 8658408, torsten.stein@fh-bonn-rhein-sieg.de

**Stein,** Ulrich; Dr. rer.nat., Prof.; *Physik, Mathematik, Maschinenbauinformatik*; di: HAW Hamburg, Fak. Technik u. Informatik, Berliner Tor 21, 20099 Hamburg, T: (040) 428758624; pr: T: (04151) 60578, info@stein-ulrich.de; www.Stein-Ulrich.de

**Steinbach,** Heinz; Dr.-Ing. habil., HonProf. H Mittweida (FH), Geschf. Dir. Forsch.zentr. Mittweida e.V.; *Elektrotechnik, Gebäudetechnik*; di: Hochsch. Mittweida, Fak. Elektro- u. Informationstechnik, Technikumplatz 17, 09648 Mittweida, T: (03727) 976300, F: 976299; www.htwm.de/fom

**Steinbach,** Jörg; Dipl.-Math., Dr. rer. nat. habil., Prof.; *Mathematik*; di: Georg-Simon-Ohm-Hochsch. Nürnberg, Fak. Allgemeinwiss., Keßlerplatz 12, 90489 Nürnberg

**Steinberg,** Julius; Dr., Prof.; *Altes Testament und Hebräisch*; di: Theolog. Hochsch. Ewersbach, Kronberg-Forum, Jahnstr. 49-53, 35716 Dietzhölztal, steinberg@th-ewersbach.de

**Steinbinder,** Detlev; Dipl.-Phys., Dr. rer. nat., Prof.; *Produktionsinformatik*; di: FH Worms, FB Informatik, Erenburgerstr. 19, 67549 Worms, T: (06241) 509241, F: 509222

**Steinbiß,** Kristina; Dr., Prof.; *Marketing, Event Management*; di: Hochsch. Reutlingen, FB Produktionsmanagement, Alteburgstr. 150, 72762 Reutlingen, T: (07121) 2715008, Kristina.Steinbiss@Reutlingen-University.DE

**Steinborn,** Gerhard; Dr.-Ing., Prof.; *Verfahrenstechnischer Apparatebau, CAD-Anwendungen und Strömungstechnik, Instandhaltung*; di: FH Köln, Fak. f. Anlagen, Energie- u. Maschinensysteme, Betzdorfer Str. 2, 50679 Köln, T: (0221) 82722331, gerhard.steinborn@fh-koeln.de; pr: Hackenbroicher Str. 75, 50259 Pulheim, T: (02238) 58504

**Steinbrink,** Bernd; Dr. phil., Prof.; *Audiovisuelle Produktion*; di: FH Kiel, Grenzstr. 3, 24149 Kiel, T: (0431) 2104517, F: 2104501, bernd.steinbrink@fh-kiel.de; pr: Artillerieweg 13a, 25129 Oldenburg

**Steinbuch,** Rolf; Dipl.-Math., Prof.; *Finite Elemente, Elastomechanik, Werkstofftechnik*; di: Hochsch. Reutlingen, FB Technik, Alteburgstr. 150, 72762 Reutlingen, T: (07121) 2717040, Rolf.Steinbuch@Reutlingen-University.DE

**Steinbuß,** Wilhelm; Dipl.-Math., Dr. rer. nat., Prof.; *Datenbanksysteme und Statistik*; di: Hochsch. Trier, FB Wirtschaft, PF 1826, 54208 Trier, T: (0651) 8103259, W.Steinbuss@hochschule-trier.de; pr: Am Bahnhof 3, 54662 Speicher, T: (06562) 1884

**Steindorf-Classen,** Caroline; Dr. jur., Prof.; *Recht*; di: Hochsch. München, Fak. Angew. Sozialwiss., Lothstr. 34, 80335 München, T: (089) 12652309, F: 12652330, c.steindorff@fhm.edu

**Steinebach,** Gerd; Dr. rer. nat., Prof.; *Mathematik*; di: Hochsch. Bonn-Rhein-Sieg, FB Elektrotechnik, Maschinenbau u. Technikjournalismus, Grantham-Allee 20, 53757 Sankt Augustin, T: (02241) 865330, F: 8658330, gerd.steinebach@fh-bonn-rhein-sieg.de

**Steinel,** Margot; Dr. oec. troph., Prof.; *Wirtschaftslehre des Haushalts*; di: Hochsch. Anhalt, FB 1 Landwirtschaft, Ökotrophologie u. Landschaftsentwicklung, Strenzfelder Allee 28, 06406 Bernburg, T: (03471) 3551213, steinel@loel.hs-anhalt.de; pr: Alte Schenkenbreite 21, 39443 Hohenerxleben

**Steiner,** Eberhard; Dr. rer. pol., Prof. FH Erding, Dekan der Fakultät f. Betriebswirtschaftslehre; *Rechnungswesen u Controlling*; di: FH f. angewandtes Management, Am Bahnhof 2, 85435 Erding, T: (08122) 95594831, eberhard.steiner@myfham.de

**Steiner,** Erich; Dipl.-Phys., Dr., Prof.; *Technische Physik, Computer-to-Technologien*; di: Hochsch. d. Medien, Fak. Druck u. Medien, Nobelstr. 10, 70569 Stuttgart, T: (0711) 89232801, steiner@hdm-stuttgart.de

**Steiner,** Marc; Dr., HonProf.; *Unternehmensführung*; di: Hochsch. f. nachhaltige Entwicklung, FB Nachhaltige Wirtschaft, Friedrich-Ebert-Str. 28, 16225 Eberswalde, msteiner@hnee.de

**Steiner,** Susanne; Dr.-Ing., Prof.; *Mathematik, Informatik*; di: Ostfalia Hochsch., Fak. Fahrzeugtechnik, Robert-Koch-Platz 8A, 38440 Wolfsburg, s.steiner@ostfalia.de

**Steinert,** Carsten; Dr., Prof.; *Allgemeine Betriebswirtschaftslehre insb. Personalmanagement*; di: Hochsch. Osnabrück, Fak. Wirtschafts- u. Sozialwiss., Caprivistr. 30A, 49076 Osnabrück, PF 1940, 49009 Osnabrück, T: (0541) 9692191, steinert@wi.hs-osnabrueck.de

**Steinert,** Erika; Dr. phil., Prof.; *Sozialarbeitswissenschaft*; di: Hochsch. Zittau/Görlitz, Fak. Sozialwiss., PF 300648, 02811 Görlitz, T: (03581) 4828142, e.steinert@hs-zigr.de

**Steinert,** Heike; Dr. rer. nat., Prof.; *Anorganische Chemie*; di: Hochsch. Mannheim, Fak. Verfahrens- u. Chemietechnik, Windeckstr. 110, 68163 Mannheim

**Steinfatt,** Egbert; Dr., Prof.; *Betriebswirtschaftslehre, insb. Fertigungswirtschaft und Fertigungsmanagement*; di: FH Bielefeld, FB Wirtschaft, Universitätsstr. 25, 33615 Bielefeld, T: (0521) 1063741, egbert.steinfatt@fh-bielefeld.de; pr: Poetenweg 7, 33619 Bielefeld, T: (0172) 2492659

**Steinführer,** Gerd; Dr.-Ing., Prof.; *Konstruktion Feinwerkelemente*; di: FH Kiel, FB Maschinenwesen, Grenzstr. 3, 24149 Kiel, T: (0431) 2102562, F: 2104011, gerd.steinfuehrer@fh-kiel.de

**Steinhäuser,** Martin; Dr. habil., Prof.; *Religions- und Gemeindepädagogik, Kirchliche Arbeit mit Kindern, Seelsorge, Liturgik*; di: Evangel. Hochsch. Moritzburg, Bahnhofstr. 9, 01468 Moritzburg, T: (035207) 84311, steinhaeuser@eh-moritzburg.de; pr: Funkenburgstr. 18, 04105 Leipzig, T: (0341) 9805883

**Steinhäuser,** Ulrike; Dr. rer. nat., Prof.; *Lebensmittelanalytik, Lebensmittelchemie, Qualitätssicherung*; di: Beuth Hochsch. f. Technik, FB V Life Science and Technology, Luxemburger Str. 10, 13353 Berlin, T: (030) 45042088, steinhaeuser@beuth-hochschule.de

**Steinhagen,** Frauke; Dr., Prof.; *Elektrotechnik*; di: DHBW Lörrach, Hangstr. 46-50, 79539 Lörrach, T: (07621) 2071124, F: 2071139, steinhagen@dhbw-loerrach.de

**Steinhart,** Heinrich; Dr.-Ing., Prof.; *Sensorik und Aktorik, Elektrische Antriebe, Leistungselektronik*; di: Hochsch. Aalen, Fak. Elektronik u. Informatik, Beethovenstr. 1, 73430 Aalen, T: (07361) 5764113, Heinrich.Steinhart@htw-aalen.de

**Steinhauser,** Erwin; Dr.-Ing, Prof.; *Werkstofftechnik, Implantate*; di: Hochsch. München, Fak. Feinwerk- u. Mikrotechnik, Physikal. Technik, Lothstr. 34, 80335 München, T: (089) 12651170, F: 12651480, erwin.steinhauser@hm.edu

**Steinhilber,** Andrea; Dr. phil., Prof.; *Betriebswirtschaftslehre, Volkswirtschaftslehre*; di: Hochsch. Konstanz, Fak. Bauingenieurwesen, Brauneggerstr. 55, 78462 Konstanz, PF 100543, 78405 Konstanz, T: (07531) 206725, F: 206391, asteinhi@htwg-konstanz.de

**Steinhilber,** Beate; Dr., Prof.; *Pädagogik, Sozialarbeitswissenschaft*; di: Ev. Hochsch. Freiburg, Bugginger Str. 38, 79114 Freiburg i.Br., T: (0761) 4781234, F: 4781230, steinhilber@eh-freiburg.de; pr: Klarastr. 36, 79106 Freiburg, T: (0761) 2181952

**Steinhilber,** Ursula; Dipl.-Ing., Prof.; *Entwerfen, Baukonstruktion*; di: Hochsch. f. Technik, Fak. Architektur u. Gestaltung, Schellingstr. 24, 70174 Stuttgart, PF 101452, 70013 Stuttgart, T: (0711) 89262736, ursula.steinhilber@hft-stuttgart.de

**Steinhoff,** Josef; Dr.-Ing., Prof.; *Geotechnik*; di: FH Köln, Fak. f. Bauingenieurwesen u. Umwelttechnik, Betzdorfer Str. 2, 50679 Köln, T: (0221) 82752975, josef.steinhoff@fh-koeln.de

**Steinhoff,** Marie-Theres; Dr.-Ing., Prof.; *Grundbau u. Bodenmechanik*; di: Hochsch. Bochum, FB Bauingenieurwesen, Lennershofstr. 140, 44801 Bochum, T: (0234) 3210230, marie-theres.steinhoff@hs-bochum.de

**Steinhuber,** Johann; Dr.-Ing., Prof.; *Tragwerkslehre, Baustatik*; di: Hochsch. München, Fak. Bauingenieurwesen, Karlstr. 6, 80333 München, T: (089) 12652688, F: 12652699, steinhuber@nau.fhm.edu

**Steinigeweg,** Sven; Dr. rer. nat., Prof.; *Automatisierung und Optimierung chemischer Prozesse bei Modellunsicherheiten. Produktionsintegrierter Umweltschutz. Nachhaltigkeit in der chemischen Produktionstechnik*; di: Hochsch. Emden/Leer, FB Technik, Constantiaplatz 4, 26723 Emden, T: (04921) 8071513, steinigeweg@hs-emden-leer.de

**Steininger,** Andreas; Dipl.-Ing., Dr.-Ing., Prof.; *Wirtschaftsrecht*; di: Hochsch. Wismar, Fak. f. Wirtschaftswiss., PF 1210, 23952 Wismar, T: (03841) 753301, andreas.steininger@hs-wismar.de

**Steinkamp,** Thomas; Dipl.-Psych., Dr. rer. pol., Prof.; *Human Resource Management (Personalmanagement, Unternehmensführung)*; di: Hochsch. Osnabrück, Fak. MKT, Inst. f. Kommunikationsmanagement, Kaiserstraße 10 c, 49809 Lingen, T: (0591) 80098481, t.steinkamp@hs-osnabrueck.de

**Steinke,** Karl-Heinz; Dr. rer. nat., Prof.; *Mathematik, DV-Systeme (Betriebssysteme), Bildverarbeitung, Grundlagen der Informationstechnik*; di: Hochsch. Hannover, Fak. I Elektro- u. Informationstechnik, Ricklinger Stadtweg 120, 30459 Hannover, PF 920261, 30441 Hannover, T: (0511) 92961253, F: 92961111, karl-heinz.steinke@hs-hannover.de; pr: T: (0511) 2344481

**Steinke,** Peter; Dr.-Ing., Prof.; *CIM, CAS, FEM*; di: FH Münster, FB Maschinenbau, Stegerwaldstr. 39, 48565 Steinfurt, T: (02551) 962708, F: 962393, steinke@fh-muenster.de; pr: von Bucholtz-Str. 2, 48607 Ochtrup, T: (02553) 6864

**Steinle,** Jürgen; Dr., Prof.; *Maschinenbau, Verfahrenstechnik*; di: DHBW Mosbach, Lohrtalweg 10, 74821 Mosbach, T: (06261) 939489, F: 939544, steinle@dhbw-mosbach.de

**Steinmann,** Andreas E.; Dr. oec., HonProf.; *Unternehmensführung*; di: Westsächs. Hochsch. Zwickau, FB Wirtschaftswiss., Scheffelstr. 39, 08056 Zwickau, PF 201037, 08012 Zwickau

**Steinmann,** Dieter; Dr., Prof.; *Informations- u. Kommunikationssysteme*; di: Hochsch. Trier, FB Wirtschaft, PF 1826, 54208 Trier, T: (0651) 8103330, D.Steinmann@hochschule-trier.de; pr: Wendelstr. 26, 66787 Wadgassen, T: (06834) 943021, F: 943022

**Steinmann,** Gerald; Dr., Prof.; *Wasserbau, Siedlungswasserwirtschaft*; di: Hochsch. f. angew. Wiss. Würzburg Schweinfurt, Fak. Architektur u. Bauingenieurwesen, Münzstr. 12, 97070 Würzburg

**Steinmann,** Rasso; Dipl.-Ing., Prof.; *Bauinformatik, Grundlagen des Bauingenieurwesens*; di: Hochsch. München, Fak. Bauingenieurwesen, Karlstr. 6, 80333 München, T: (089) 12652688, F: 12652699, steinmann@bau.fhm.edu

**Steinmetz,** Arndt; Dr.-Ing., Prof.; *Multimedia-Technik u. Multimedia-Anwendungen*; di: Hochsch. Darmstadt, FB Media, Haardtring 100, 64295 Darmstadt, T: (06151) 169391, arnd.steinmetz@fbmedia.h-da.de

**Steinmetz,** Dieter; Dipl.-Ing., HonProf.; *Holzbau*; di: Hochsch. Karlsruhe, Fak. Architektur u. Bauwesen, Moltkestr. 30, 76133 Karlsruhe, PF 2440, 76012 Karlsruhe

**Steinmeyer,** Florian; Dipl.-Phys., Dr. rer. nat., Prof.; *Experimentelle Physik*; di: Georg-Simon-Ohm-Hochsch. Nürnberg, Fak. Allgemeinwiss., Keßlerplatz 12, 90489 Nürnberg, PF 210320, 90121 Nürnberg

**Steinmüller,** Winfried; Dr. rer. nat., Prof.; *Biotechnologie, Enzymtechnik, Fermentation*; di: FH Bingen, FB Life Sciences and Engineering, FR Verfahrenstechnik, Berlinstr. 109, 55411 Bingen, T: (06721) 409438, F: 409112, smueller@fh-bingen.de

**Steins,** Andreas; Dr. rer. nat., Prof.; *Angewandte Informatik*; di: FH Südwestfalen, FB Informatik u. Naturwiss., Frauenstuhlweg 31, 58644 Iserlohn, T: (02371) 566389, steins@fh-swf.de

**Steinwender,** Florian; Dr., Prof.; *Konstruktion, CAE: Finite Elemente, Bauteiloptimierung mit neuen Werkstoffen*; di: FH Frankfurt, FB 2 Informatik u. Ingenieurwiss., Nibelungenplatz 1, 60318 Frankfurt am Main, T: (069) 15332377, Steinwen@fb2.fh-frankfurt.de

**Steiper,** Frank; Dr. rer. nat., Prof.; *Informatik, Betriebssysteme u. Rechnernetze*; di: Hochsch. Ulm, Fak. Informatik, Prittwitzstr. 10, 89075 Ulm, T: (0731) 5028257, steiper@hs-ulm.de

**Stellberg,** Michael; Dr.-Ing., Prof.; *Konstruktionssystematik und CAD*; di: FH Aachen, FB Angewandte Naturwiss. u. Technik, Ginsterweg 1, 52428 Jülich, T: (0241) 600953214, stellberg@fh-aachen.de; pr: Sternschanze 48, 52428 Jülich, T: (02461) 31320

**Stelling,** Barbara; Dr., Prof.; *Methodik u. Didaktik d. chinesischen Sprache, Interkulturelle Kommunikation, Landeskunde*; di: Hochsch. Konstanz, Fak. Wirtschafts- u. Sozialwiss., Brauneggerstr. 55, 78462 Konstanz, PF 100543, 78405 Konstanz, T: (07531) 206365, F: 206427, stelling@fh-konstanz.de

**Stelling,** Johannes N.; Dr. rer. oec., Prof.; *Controlling, Investitionswirtschaft*; di: Hochsch. Mittweida, Fak. Wirtschaftswiss., Technikumplatz 17, 09648 Mittweida, T: (03727) 581289, F: 581295, stelling@htwm.de

**Stelling,** Wilhelm; Dr.-Ing., Prof.; *Vermessungskunde, Ingenieurvermessung*; di: TFH Georg Agricola Bochum, WB Geoingenieurwesen, Bergbau u. Techn. Betriebswirtschaft, Herner Str. 45, 44787 Bochum, T: (0234) 9683380, F: 9683256, stelling@tfh-bochum.de; pr: An der Schlamme 13, 59457 Werl, T: (02922) 1777

**Stellmach,** Petra; Dr., Prof.; *BWL, Industrie*; di: DHBW Villingen-Schwenningen, Fak. Wirtschaft, Karlstr. 29, 78054 Villingen-Schwenningen, T: (07720) 3906406, F: 3906519, stellmach@dhbw-vs.de

**Stelter,** Peter; Dr.-Ing., Prof.; di: Rheinische FH Köln, Hohenstaufenring 16-18, 50674 Köln, stelter@rfh-koeln.de; pr: Straußweg 20, 53332 Bornheim, T: (0179) 4975722

**Stelzer-Rothe,** Thomas; Dr. rer. pol., Prof.; *Betriebswirtschaftslehre, insbesondere Personalmanagement*; di: FH Südwestfalen, FB Techn. Betriebswirtschaft, Rohrstr. 26, 58093 Hagen, T: (02331) 9874568, stelzer-rothe@fh-swf.de; pr: Rheinberger Weg 13, 40670 Meerbusch, T: (02159) 5473

**Stelzle,** Wolfgang; Dr.-Ing., Prof.; *Technische Mechanik, Angewandte Mathematik*; di: Hochsch. Osnabrück, Fak. Ingenieurwiss. u. Informatik, Albrechtstr. 30, 49076 Osnabrück, T: (0541) 9692014, F: 9692936, w.stelzle@hs-osnabrueck.de

**Stember,** Jürgen; Dr., Prof., Dekan FB Verwaltungswissenschaften; *Verwaltungswissenschaften*; di: Hochsch. Harz, FB Verwaltungswiss., Domplatz 16, 38820 Halberstadt, T: (03941) 622419, F: 622500, jstember@hs-harz.de; pr: Brenker Weg 9, 59950 Geseke, T: (02942) 78529, juergen.stember@uumail.de

**Stemmer,** Renate; Dr. phil, Prof., Dekan FB Pflege u. Gesundheit; *Pflegewissenschaft und Pflegemanagement*; di: Kath. Hochsch. Mainz, FB Gesundheit u. Pflege, Saarstr. 3, 55122 Mainz, T: (06131) 2894453, stemmer@kfh-mainz.de; pr: Gaustr. 40d, 55116 Mainz, T: (06131) 143923

**Stemmer-Lück,** Magdalena; Dr., Prof.; *Psychologie*; di: Kath. Hochsch. NRW, Abt. Münster, FB Sozialwesen, Piusallee 89, 48147 Münster, m.stemmerlueck@kfhnw.de; pr: Nordstr. 36, 48149 Münster, T: (0251) 272012

**Stemmermann,** Klaus; Dipl.-Kfm., Dr. rer. pol., Prof.; *Allgem. Betriebswirtschaftslehre, Controlling, Intern. Rechnungswesen*; di: Georg-Simon-Ohm-Hochsch. Nürnberg, Fak. Betriebswirtschaft, Bahnhofsstr. 87, 90402 Nürnberg, PF 210320, 90121 Nürnberg

**Stemmler,** Dietrich; Dr. rer. nat., Prof.; *Experimentalphysik, Radioaktivität und Dosimetrie*; di: Westsächs. Hochsch. Zwickau, FB Physikalische Technik/ Informatik, Dr.-Friedrichs-Ring 2A, 08056 Zwickau, Dietrich.Stemmler@fh-zwickau.de

**Stempel,** Gertrud; Dr., Prof.; di: Ev. Hochsch. f. Soziale Arbeit & Diakonie, Horner Weg 170, 22111 Hamburg, T: (040) 65591371; pr: Philosophenweg 33, 22763 Hamburg, T: (040) 8811448, F: 8801916, GertrudStempel@web.de

**Stempfhuber,** Werner; Dr.-Ing., Prof.; *Praktische Geodäsie*; di: Beuth Hochsch. f. Technik, FB III Bauingenieur- u. Geoinformationswesen, Luxemburger Str. 10, 13353 Berlin, T: (030) 45045430, stempfhuber@beuth-hochschule.de

**Stender,** Jörg; Dr.-Ing., Prof.; *Qualitätssicherung*; di: Hochsch. Ostwestfalen-Lippe, FB 4, Life Science Technologies, Liebigstr. 87, 32657 Lemgo, T: (05231) 769241, F: 769222; pr: Talstr. 33, 32825 Blomberg, T: (05236) 888210

**Stender,** Wolfram; Dr. phil., Prof.; *Sozialpolitik, Sozialforschung, Devianzforschung*; di: Hochsch. Hannover, Fak. V Diakonie, Gesundheit u. Soziales, Blumhardtstr. 2, 30625 Hannover, PF 690363, 30612 Hannover, T: (0511) 92963117, wolfram.stender@hs-hannover.de; pr: Kollenrodtstr. 56, 30163 Hannover, T: (0511) 3949504

**Stender-Monhemius,** Kerstin; Dr. rer.pol., Prof.; *Betriebswirtschaftslehre, insb. Marketing und Werbung*; di: FH Bielefeld, FB Wirtschaft, Universitätsstr. 25, 33615 Bielefeld, T: (0521) 1063754, kerstin.stender-monhemius@fh-bielefeld.de; pr: Langemarckstr. 51, 48147 Münster

**Stengler,** Ralph; Dr. rer. nat., Prof.; *Automatisierungstechnik, Messtechnik, Qualitätsmanagement*; di: Hochsch. Darmstadt, FB Maschinenbau u. Kunststofftechnik, Haardtring 100, 64295 Darmstadt, T: (06151) 168562, Stengler@h-da.de; pr: Dr. Kauffmann-Str. 17, 63811 Stockstadt, T: (06027) 401724, F: 401725

**Stenmanns,** Wilhelm; Dr.-Ing., Prof.; *Antriebs- und Steuerungssysteme*; di: Westfäl. Hochsch., FB Wirtschaftsingenieurwesen, August-Schmidt-Ring 10, 45657 Recklinghausen, T: (02361) 915420, F: 915571, wilhelm.stenmanns@fh-gelsenkirchen.de

**Stenschke,** Jochen; Prof.; *Bildende Kunst*; di: Hochsch. f. Künste im Sozialen, Am Wiestebruch 66-68, 28870 Ottersberg, jochen.stenschke@hks-ottersberg.de

**Stenzel,** Ernst; Dr., Prof.; *Elektro-, Nachrichten-, Regelungstechnik*; di: FH Wedel, Feldstr. 143, 22880 Wedel, T: (04103) 804846, sz@fh-wedel.de

**Stenzel,** Horst; Dr. rer. nat., Prof.; *Angewandte Mathematik und Informatik*; di: FH Köln, Fak. f. Informatik u. Ingenieurwiss., Am Sandberg 1, 51643 Gummersbach, T: (02261) 8196297, stenzel@gm.fh-koeln.de; pr: Dahlienstr. 34, 53359 Rheinbach, T: (02226) 3279

**Stenzel,** Roland; Dr.-Ing. habil., Prof. u. Rektor HTW Dresden (FH); *Theoretische Elektrotechnik*; di: HTW Dresden, Fak. Elektrotechnik, PF 120701, 01008 Dresden, T: (0351) 4622548, stenzel@et.htw-dresden.de; pr: Mühlenblick 14a, 01157 Dresden

**Stenzel,** Roswitha; Dr. rer. nat., Prof.; *Biochemie, Organische Chemie*; di: Hochsch. Mannheim, Fak. Biotechnologie, Windeckstr. 110, 68163 Mannheim

**Stephan,** Günter; Prof.; *Öffentliche Betriebswirtschaftslehre*; di: Hochsch. Kehl, Fak. Wirtschafts-, Informations- u. Sozialwiss., Kinzigallee 1, 77694 Kehl, PF 1549, 77675 Kehl, T: (07851) 894221, Stephan@fh-kehl.de

**Stephan,** Jörg; Dr. rer.nat., Prof.; *Wirtschaftsmathematik, Informatik*; di: Hochsch. Hannover, Fak. IV Wirtschaft u. Informatik, Ricklinger Stadtweg 120, 30459 Hannover, PF 920261, 30441 Hannover, T: (0511) 92961555, F: 92961510, joerg.stephan@fh-hannover.de

**Stephan,** Jürgen; Dr. rer. pol., Prof.; *BWL, insbes. intern. Finanzmanagement*; di: FH Aachen, FB Wirtschaftswissenschaften, Eupener Str. 70, 52066 Aachen, T: (0241) 600951937, stephan@fh-aachen.de

**Stephan,** Knut; Dr.-Ing., Prof.; *Automatisierungstechnik, Steuerungstechnik/ Prozessleittechnik*; di: FH Brandenburg, FB Technik, SG Elektrotechnik, Magdeburger Str. 50, 14770 Brandenburg, PF 2132, 14737 Brandenburg, T: (03381) 355542, stephan@fh-brandenburg.de

**Stephan,** Michael; Dr.-Ing. habil., HonProf. FH Lausitz, Leibniz-Inst. f. Polymerforschung Dresden e.V.; *Prozeß- und Qualitätskontrolle in der Kunststoffindustrie, Elektronenstrahlmodifizierung von Polymeren*; di: Leibniz-Inst. für Polymerforschung Dresden e.V., Hohe Str. 6, 01069 Dresden, T: (0351) 4658315, F: 4658565, stephan@ipfdd.de; www.ipfdd.de; pr: Trattendorfer Str. 14, 01239 Dresden

**Stephan,** Rainer; Dr.-Ing., Prof.; *Verkehrswesen, Straßenentwurf*; di: Hochsch. Ostwestfalen-Lippe, FB 3, Bauingenieurwesen, Emilienstr. 45, 32756 Detmold, T: (05231) 769825, F: 769819, rainer.stephan@hs-owl.de

**Stephan,** Rainer; Dr.-Ing., Prof.; *Chemische Reaktionstechnik*; di: Georg-Simon-Ohm-Hochsch. Nürnberg, Fak. Angewandte Chemie, Keßlerplatz 12, 90489 Nürnberg, PF 210320, 90121 Nürnberg

**Stephan,** Regina; Dr., Prof.; *Architekturgeschichte*; di: FH Mainz, FB Technik, Holzstr. 36, 55116 Mainz, T: (06131) 2859233, regina.stephan@fh-mainz.de

**Stephan,** Wolfram; Dr.-Ing., Prof.; *Heizungs-, Rohrleitungs- und Apparatetechnik*; di: Georg-Simon-Ohm-Hochsch. Nürnberg, Fak. Maschinenbau u. Versorgungstechnik, Keßlerplatz 12, 90489 Nürnberg, PF 210320, 90121 Nürnberg

**Sterbling,** Anton; Dr. phil. habil., Prof. H. d. Sächs. Polizei Rothenburg/OL; *Soziologie, Südosteuropaforschung, Innere Sicherheit, Pädagogik*; di: Hochsch. d. Sächsischen Polizei, Friedenstr. 120, 02929 Rothenburg, T: (035891) 460; pr: Elisabethstr. 33, 02826 Görlitz, T: (03581) 7292974, sterbling@t-online.de

**Stern,** Andreas; Dr.rer.nat., Prof.; *EDV, Qualitätssicherung, Telematik*; di: Jade Hochsch., FB Seefahrt, Weserstr. 4, 26931 Elsfleth, T: (04404) 92884282, F: 92884141, stern@jade-hs.de; pr: Ohmsteder Esch 3, 26125 Oldenburg, T: (0441) 8006777

**Sternberg,** Martin; Dr.Ing., Prof., Rektor HS Bochum; *Physik*; di: Hochsch. Bochum, FB Elektrotechnik u. Informatik, Lennershofstr. 140, 44801 Bochum, T: (0234) 3210000, martin.sternberg@hs-bochum.de; pr: Am Herrenbusch 2, 58456 Witten, T: (02302) 972353

**Sternberg,** Michael; Dr., Prof.; *Maschinenbau*; di: DHBW Stuttgart, Fak. Technik, Maschinenbau, Jägerstraße 56, 70174 Stuttgart, T: (0711) 1849602, sternberg@dhbw-stuttgart.de

**Sternkopf,** Helga; Dipl.-Ing., Prof.; *Gebäudelehre und Entwerfen, Hochbaukonstruktion*; di: Jade Hochsch., Ofener Str. 16-19, 26121 Oldenburg, T: (0441) 77083187; pr: Rehwechsel 6B, 21224 Rosengarten, T: (040) 79753111

**Sterzenbach,** Rüdiger; Dr. rer. pol., Prof.; *Volkswirtschaftslehre, Personenverkehr*; di: Hochsch. Heilbronn, Fak. f. Wirtschaft u. Verkehr, Max-Planck-Str. 39, 74081 Heilbronn, T: (07131) 504252, F: 252470, sterzenbach@hs-heilbronn.de

**Sterzenbach,** Tim; Dr. rer. pol., Prof.; *Allg. BWL, Marketing*; di: FH Worms, FB Touristik/Verkehrswesen, Erenburgerstr. 19, 67549 Worms, sterzenbach@fh-worms.de

**Stetter,** Martin; Dr. rer. nat. habil., Prof.; *Biologische Datenbanken, Physikalische Chemie, Angewandte Bioinformatik*; di: Hochsch. Weihenstephan-Triesdorf, Fak. Biotechnologie u. Bioinformatik, Am Hofgarten 10, 85350 Freising, T: (08161) 715274, F: 715116, martin.stetter@hswt.de

**Stetter,** Ralf; Dr. Ing., Prof.; *Konstruktion, Maschinenelemente, Technische Mechanik*; di: Hochsch. Ravensburg-Weingarten, Doggenriedstr., 88250 Weingarten, PF 1261, 88241 Weingarten, T: (0751) 5019822, ralf.stetter@hs-weingarten.de

**Stettin,** Jürgen; Dr., Prof.; *Medizintechnik*; di: HAW Hamburg, Fak. Life Sciences, Lohbrügger Kirchstr. 65, 21033 Hamburg, T: (040) 428756291, juergen.stettin@haw-hamburg.de

**Stettmer,** Josef; Dr.-Ing., Prof.; *Maschinenelemente, Konstruktion*; di: Hochsch. Deggendorf, FB Maschinenbau, Edlmairstr. 6-8, 94469 Deggendorf, PF 1320, 94453 Deggendorf, josef.stettmer@fh-deggendorf.de

**Steudter,** Arno; Dr. rer. pol., Prof.; *Wirtschaftsprüfung, Steuerberatung*; di: H Koblenz, FB Wirtschaftswissenschaften, Konrad-Zuse-Str. 1, 56075 Koblenz, T: (0261) 9528181, steudter@hs-koblenz.de

**Steuer,** Kurt; Dr. med., Prof.; *Medizin*; di: Hochsch. Bonn-Rhein-Sieg, FB Sozialversicherung, Zum Steimelsberg 7, 53773 Hennef, T: (02241) 865169, F: 8658169, kurt.steuer@fh-bonn-rhein-sieg.de

**Steurer,** Christian; Dr., Prof.; *Internationales Technisches Vertriebsmanagement, Internationale Produktion und Logistik*; di: DHBW Mosbach, Lohrtalweg 10, 74821 Mosbach, T: (06261) 939478, F: 939544, steurer@dhbw-mosbach.de

**Steurer,** Elmar; Dr. phil., Prof.; *Wirtschaftsingenieurwesen*; di: FH Neu-Ulm, Wileystr. 1, 89231 Neu-Ulm, T: (0731) 97621474, elmar.steurer@hs-neu-ulm.de

**Stewering,** Uta; Dr.-Ing., Prof.; *Konstruktiver Ingenieurbau*; di: Hochsch. Osnabrück, Fak. Agrarwiss. u. Landschaftsarchitektur, PF 1940, 49009 Osnabrück, T: (0541) 9695286, u.stewering@hs-osnabrueck.de

**Steyer,** Frank; Dr.-Ing., Prof.; *Informatik, Datenbanksysteme*; di: Beuth Hochsch. f. Technik, FB VI Informatik u. Medien, Luxemburger Str. 10, 13353 Berlin, T: (030) 45042216, steyer@beuth-hochschule.de

**Stibbe,** Rosemarie; Dr. rer. pol., Prof.; *Betriebswirtschaftslehre, insb. Unternehmensrechnung u. Controlling*; di: Hochsch. Bonn-Rhein-Sieg, FB Wirtschaft Rheinbach, Grantham-Allee 20, 53757 Sankt Augustin, T: (02241) 865105, F: 8658105, rosemarie.stibbe@fh-bonn-rhein-sieg.de

**Stich,** Rainer; Dr. rer. nat., Prof.; *Chemie*; di: HTWK Leipzig, FB Informatik, Mathematik u. Naturwiss., PF 301166, 04251 Leipzig, T: (0341) 30763441, stich@imn.htwk-leipzig.de

**Sticher,** Brigitta; Dr., Prof.; *Polizeiliche Führungslehre, Sozialpsychologie*; di: Hochsch. f. Wirtschaft u. Recht Berlin, FB 3, Alt-Friedrichsfelde 60, 10315 Berlin, T: (030) 90214404, F: 90214417, b.sticher@hwr-berlin.de

**Stichler,** Markus; Dr., Prof.; *Nachrichtenübertragung/Datensignalverarbeitung*; di: Hochsch. Rosenheim, Fak. Ingenieurwiss., Hochschulstr. 1, 83024 Rosenheim, T: (08031) 805710

**Stickel,** Eberhard; Dr., Prof. Europa-U Viadrina Frankfurt/O. (beurl.), Rektor H d. Sparkassen-Finanzgruppe Bonn; *Allgemeine Betriebswirtschaftslehre, insb. Wirtschaftsinformatik*; di: Hochsch. d. Sparkassen-Finanzgruppe, Simrockstr. 4, 53113 Bonn, T: (0228) 204900, F: 204903, eberhard.stickel@dsgv.de

**Stieber,** Harald; Dipl.-Math., Dr. rer. nat., Prof.; *Mathematik, Software-Zuverlässigkeit*; di: Georg-Simon-Ohm-Hochsch. Nürnberg, Fak. Allgemeinwiss., Keßlerplatz 12, 90489 Nürnberg, PF 210320, 90121 Nürnberg

**Stiebing,** Achim; Dr.-Ing., Prof.; *Fleischtechnologie*; di: Hochsch. Ostwestfalen-Lippe, FB 4, Life Science Technologies, Liebigstr. 87, 32657 Lemgo, T: (05231) 769241, F: 769222; pr: Narzissenweg 8, 32657 Lemgo, T: (05261) 4950

**Stiebler,** Klemens; Dr.-Ing., Prof.; *Werkstofftechnik, Qualitätsmanagement*; di: Techn. Hochsch. Mittelhessen, FB 03 Maschinenbau u. Energietechnik, Wiesenstr. 14, 35390 Gießen, T: (0641) 3092122; pr: Am Tiefen Graben 5, 35428 Langgöns-Niederkleen, T: (06447) 7557

**Stief,** Mahena; Dr., Prof.; *Kommunikationspsychologie, Teamarbeit, Mitarbeiterführung*; di: Hochsch. Augsburg, Fak. f. Allgemeinwissenschaften, An der Hochschule 1, 86161 Augsburg, T: (0821) 55862990, F: 55862902, mahena.stief@hs-augsburg.de

**Stief,** Wolfgang; Dr., Prof.; *Regelungstechnik*; di: FH Frankfurt, FB 2 Informatik u. Ingenieurwiss., Nibelungenplatz 1, 60318 Frankfurt am Main, T: (069) 15332231, wst@fb2.fh-frankfurt.de

**Stiefel,** Berndt; Dr.-Ing., Prof.; *Softwaretechnik*; di: FH Schmalkalden, Fak. Informatik, Blechhammer, 98574 Schmalkalden, PF 100452, 98564 Schmalkalden, T: (03683) 6884108, stiefel@informatik.fh-schmalkalden.de

**Stiefenhofer,** Matthias; Dr.-Ing., Prof.; *Ingenieurmathematik, Ingenieurinformatik*; di: Hochsch. Kempten, Fak. Maschinenbau, Bahnhofstr. 61-63, 87435 Kempten, T: (0831) 2523269, matthias.stiefenhofer@fh-kempten.de

**Stiefl,** Jürgen; Dr., Prof.; *Finanzierung, Statistik, Wirtschaftsmathematik*; di: Hochsch. Aalen, Fak. Wirtschaftswissenschaften, Beethovenstr. 1, 73430 Aalen, T: (07361) 5762370, Juergen.Stiefl@htw-aalen.de

**Stiegelmeyr,** Andreas; Dr.-Ing., Prof.; *Maschinenbau*; di: Hochsch. Kempten, Fak. Maschinenbau, Bahnhofstr. 61-63, 87435 Kempten, T: (0831) 2523346, andreas.stiegelmeyr@fh-kempten.de

**Stiehler,** Ralf; Dr., Prof.; *Elektrotechnik*; di: DHBW Mosbach, Lohrtalweg 10, 74821 Mosbach, T: (06261) 939286, stiehler@dhbw-mosbach.de

**Stiemer,** Marcus; Dr., Prof.; *Mathematik für Ingenieure*; di: Hochschule Hamm-Lippstadt, Marker Allee 76-78, 59063 Hamm, T: (02381) 8789406, marcus.stiemer@hshl.de

**Stier,** Burchard; Dr. rer. pol., Prof.; *Management sozialer Einrichtungen, Rechnungswesen*; di: Hochsch. Hannover, Fak. V Diakonie, Gesundheit u. Soziales, Blumhardtstr. 2, 30625 Hannover, PF 690363, 30612 Hannover, T: (0511) 92963140, burchard.stier@hs-hannover.de; pr: Roonstr. 36, 20253 Hamburg, T: (0171) 4901771

**Stier,** Claus-Heinrich; Dr., Prof.; *Biologie der Tiere, Grundlagen der Tierproduktion, Tierhaltung und Tierzucht, Gentechnik, Spezielle Tierzucht*; di: FH Bingen, FB Life Sciences and Engineering, FR Agrarwirtschaft, Berlinstr. 109, 55411 Bingen, T: (06721) 409171, F: 409188, stier@fh-bingen.de

**Stier,** Karl-Heinz; Dr., Prof.; *Technische Mechanik, Konstruktion, Erneuerbare Energien*; di: Hochsch. Rosenheim, Fak. Wirtschaftsingenieurwesen, Hochschulstr. 1, 83024 Rosenheim, T: (08031) 805722, F: 805756, k.stier@fh-rosenheim.de

**Stieve,** Claus; Dr., Prof.; *Erziehungswissenschaft, Pädagogik der Kindheit*; di: FH Köln, Fak. f. Angewandte Sozialwiss., Mainzer Str. 5, 50678 Köln, T: (0221) 82753343, claus.stieve@fh-koeln.de; pr: Bergisch Gladbacher Str. 1117, 51069 Köln

**Stiller,** Wilfried; Dr.-Ing., Prof.; *Thermodynamik, Apparatebau, Umwelttechnik, Verfahrenstechnik*; di: Hochsch. Hannover, Fak. II Maschinenbau u. Bioverfahrenstechnik, Ricklinger Stadtweg 120, 30459 Hannover, PF 920261, 30441 Hannover, T: (0511) 92961372, F: 9296991372, wilfried.stiller@hs-hannover.de; pr: Erikastr. 5, 30855 Langenhagen, T: (0511) 7850106

**Stillger,** Verona Marie; Dipl.-Ing., Prof.; *Landschaftsplanung, Regionalentwicklung*; di: Hochsch. Osnabrück, Fak. Agrarwiss. u. Landschaftsarchitektur, Am Krümpel 33, 49090 Osnabrück, T: (0541) 9695181, F: 9695050, v.stillger@hs-osnabrueck.de; pr: Kohlhökerstr. 20, 28303 Bremen, T: (0421) 326310

**Stilz,** Manfred; Dr.-Ing., Prof.; *Umformtechnik, Maschinen der Umformtechnik*; di: Hochsch. Esslingen, Fak. Maschinenbau, Kanalstr. 33, 73728 Esslingen, T: (0711) 3973270; pr: Gundlerstr. 4, 70597 Stuttgart, T: (0711) 760604

**Sting,** Martin; Dr., Prof., Dekan FB Maschinenbau, Mechatronik, Materialtechnologie; *Maschinenelemente, Werkzeugmaschinen, CAD*; di: Techn. Hochsch. Mittelhessen, Wiesenstr. 14, 35390 Gießen, T: (06031) 604346

**Stippel,** Nicola; Dr. rer. pol., Prof.; *Betriebswirtschaftslehre, insb. Rechnungswesen u. Controlling*; di: FH Aachen, FB Wirtschaftswissenschaften, Eupener Str. 70, 52066 Aachen, T: (0241) 600951969, stippel@fh-aachen.de; pr: Kurfürstenstr. 6, 33330 Gütersloh, T: (05241) 222707

**Stirnberg,** Martin; Dr. jur., Prof.; *Finanzwirtschaft*; di: FH f. Finanzen Nordkirchen, Schloß, 59394 Nordkirchen

**Stobbe,** Susanne; Dr. rer. pol., Prof., Dekanin FB Wirtschaft; *Betriebliche Steuerlehre*; di: Ostfalia Hochsch., Fak. Wirtschaft, Robert-Koch-Platz 8A, 38440 Wolfsburg, T: (05361) 831524

**Stobbe,** Thomas; Dr., Prof.; *Betriebswirtschaft/Steuer- und Revisionswesen*; di: Hochsch. Pforzheim, Fak. f. Wirtschaft u. Recht, Tiefenbronner Str. 65, 75175 Pforzheim, T: (07231) 286228, F: 286080, thomas.stobbe@hs-pforzheim.de

**Stobernack,** Michael; Dr. rer. oec., Prof.; *Empirische Wirtschaftsforschung, Ökonometrie*; di: FH Brandenburg, FB Wirtschaft, SG Betriebswirtschaftslehre, Magdeburger Str. 50, 14770 Brandenburg, PF 2132, 14737 Brandenburg, T: (03381) 355239, F: 355199, stobernack@fh-brandenburg.de; www.fh-brandenburg.de/~stoberna/index.html

**Stock,** Bernd; Dr.-Ing., Prof.; *Softwareentwicklung und digitale Bildverarbeitung*; di: HAWK Hildesheim/Holzminden/Göttingen, Fak. Naturwiss. u. Technik, Von-Ossietzky-Str. 99, 37085 Göttingen, T: (0551) 3705142, F: 3705101

**Stock,** Christof; Dr. jur., Prof.; *Verwaltungswissenschaften, Sozial-, Verwaltungs- und Medizinrecht*; di: Kath. Hochsch. NRW, Abt. Aachen, Robert-Schuman-Str. 25, 52066 Aachen, T: (0241) 6000322, F: 6000388, c.stock@katho-nrw.de

**Stock,** Detlev; Dr. rer.pol., Prof.; *BWL, Kapitalwirtschaft*; di: Beuth Hochsch. f. Technik, FB I Wirtschafts- u. Gesellschaftswiss., Luxemburger Str. 10, 13353 Berlin, T: (030) 45042325, stock@beuth-hochschule.de

**Stock,** Gerd; Dr.-Ing., Prof., Dekan FB Informatik u. Elektrotechnik; *Allg. Elektrotechnik, Nachrichtentechnik*; di: FH Kiel, FB Informatik u. Elektrotechnik, Grenzstr. 5, 24149 Kiel, T: (0431) 2104165, F: 21064165, gerd.stock@fh-kiel.de; pr: Kirchhofsallee 2, 24582 Bordesholm, T: (04322) 691809

**Stock,** Lothar; Dr. phil., Prof., Dekan FB Sozialwesen; *Sozialarbeitswissenschaft*; di: HTWK Leipzig, FB Angewandte Sozialwiss., PF 301166, 04251 Leipzig, T: (0341) 30764309, stock@sozwes.htwk-leipzig.de

**Stock,** Manfred; Dr., HonProf. H f. nachhaltige Entwicklung Eberswalde; *Klimawandel*; di: Potsdam-Institut für Klimafolgenforschung, PF 601203, 14412 Potsdam, T: (0331).2882506, F: 2882428, stock@pik-potsdam.de

**Stock,** Steffen; Dr., Prof.; *Wirtschaftsinformatik, insbes. Datenbanken u. Data-Warehouse-Systeme*; di: Europäische FH Brühl, Kaiserstr. 6, 50321 Brühl, T: (02232) 5673670, s.stock@eufh.de

**Stock-Gruber,** Uta; Prof., Dekanin; *Landschaftsarchitektur und Planung*; di: Hochsch. Weihenstephan-Triesdorf, Fak. Landschaftsarchitektur, Am Hofgarten 4, 85354 Freising, T: (08161) 713351, F: 715114, uta.stock-gruber@fh-weihenstephan.de

**Stockbauer,** Wolfgang; Dipl.-Ing., Prof.; *Vermessungskunde*; di: Hochsch. Regensburg, Fak. Bauingenieurwesen, PF 120327, 93025 Regensburg, T: (0941) 9431313, wolfgang.stockbauer@bau.fh-regensburg.de

**Stockburger,** Martin; Dipl.-Ing., HonProf.; di: Hochsch. f. Technik, Fak. Architektur u. Gestaltung, Schellingstr. 24, 70174 Stuttgart, PF 101452, 70013 Stuttgart

**Stockemer,** Josef; Dr. rer. nat., Prof., Rektor HS Bremerhaven; *Chemie mit d. Schwerpunkt Analytische Chemie*; di: Hochsch. Bremerhaven, An der Karlstadt 8, 27568 Bremerhaven, T: (0471) 4823100, F: 4823199, rektorat@hs-bremerhaven.de; pr: Thomas-Mann-Str. 5, 27474 Cuxhaven, T: (04721) 63979, jstockemer@aol.com

**Stocker,** Klaus; Dipl.-Kfm., Dr. rer. pol., Prof.; *Allgem. Betriebswirtschaftslehre, Außenwirtschaft*; di: Georg-Simon-Ohm-Hochsch. Nürnberg, Fak. Betriebswirtschaft, Bahnhofsstr. 87, 90402 Nürnberg, PF 210320, 90121 Nürnberg

**Stocker,** Thomas; Dr.-Ing., Prof.; *Gerätetechnik*; di: Hochsch. Esslingen, Fak. Mechatronik u. Elektrotechnik, Kanalstr. 33, 73728 Esslingen, T: (07161) 6791144; pr: Hornbergstr. 2, 73072 Donzdorf, T: (07162) 947876

**Stockert,** Lothar; Dr., Prof.; *Grundlagen der Chemie, Bauchemie, Kunststoffchemie, Korrosion, Solar- und Wasserstofftechnologie*; di: Hochsch. f. angew. Wiss. Würzburg Schweinfurt, Fak. angew. Natur- u. Geisteswiss., Münzstr. 12, 97070 Würzburg

**Stockhammer,** Johann; Prof.; *Kunst, Kunst- u. Designwissenschaften*; di: Hochsch. Pforzheim, Fak. f. Gestaltung, Östl. Karl-Friedrich-Str. 24, 75175 Pforzheim, T: (07231) 286830, F: 286040, johann.stockhammer@hs-pforzheim.de

**Stockhausen,** Norbert; Dr.-Ing., Prof.; *Messtechnik, Medizinische Informationsverarbeitung*; di: Hochsch. München, Fak. Feinwerk- u. Mikrotechnik, Physikal. Technik, Lothstr. 34, 80335 München, T: (089) 12651217, F: 12651480, nstockhausen@fh-muenchen.de

**Stockinger,** Roland; Dr. rer. pol., Prof.; *Steuerlehre, Rechnungswesen, Gesellschaftsrecht*; di: Hochsch. Biberach, SG Betriebswirtschaft, PF 1260, 88382 Biberach/Riß, T: (07351) 582403, F: 582449, Stockinger@hochschule-bc.de

**Stockmanns,** Gudrun; Dr. rer. nat., Prof.; *Praktische Informatik*; di: Hochsch. Niederrhein, FB Elektrotechnik/Informatik, Reinarzstr. 49, 47805 Krefeld, T: (02151) 8224648, gudrun.stockmanns@hs-niederrhein.de

**Stockmar,** Axel; HonProf.; di: Hochsch. Hannover, Fak. III Medien, Information u. Design, Kurt-Schwitters-Forum, Expo Plaza 2, 30539 Hannover; pr: A.Stockmar.LCI@t-online.de

**Stockmayer,** Friedemann; Dr., Prof.; *Informationstechnik*; di: DHBW Stuttgart, Fak. Technik, Informatik, Informationstechnik, Rotebühlplatz 41, 70178 Stuttgart, T: (0711) 66734503, stockmayer@dhbw-stuttgart.de

**Stöber,** Alfred; Dr. oec. publ., Prof.; *BWL, betriebliche Datenverarbeitung*; di: Hochsch. f. Wirtschaft u. Umwelt Nürtingen-Geislingen, FB 3, PF 1251, 73302 Geislingen a. d. Steige, T: (07331) 22580, alfred.stoeber@hfwu.de

**Stöber,** Ulrich; Dr. rer. nat., Prof. FH Münster, LBeauftr. U Münster; *Medizinische Physik*; di: FH Münster, FB Physikal. Technik, Bürgerkamp 3, 48565 Steinfurt, T: (02551) 962626, F: 962201, stoeber@fh-muenster.de; pr: Zum Gründchen 38, 48341 Altenberge, T: (02505) 5120

**Stöckle,** Dominik; Dr. rer.nat., Prof.; *Elektrotechnik*; di: Hochsch. Ulm, Fak. Elektrotechnik u. Informationstechnik, PF 3860, 89028 Ulm, T: (0731) 5028420, stoeckle@hs-ulm.de

**Stöckle,** Joachim; Dr.-Ing., Prof.; *Digitaltechnik, Digitale Signalverarbeitung*; di: Hochsch. Karlsruhe, Fak. Elektro- u. Informationstechnik, Moltkestr. 30, 76133 Karlsruhe, PF 2440, 76012 Karlsruhe, T: (0721) 9251574, joachim.stoeckle@hs-karlsruhe.de

**Stöcklein,** Bernd; Dr. rer. nat., Prof.; *Zoologie, Tierökologie*; di: Hochsch. Weihenstephan-Triesdorf, Fak. Landschaftsarchitektur, Am Hofgarten 1, 85354 Freising, 85350 Freising, T: (08161) 714337, F: 715114, bernd.stoecklein@fh-weihenstephan.de

**Stöckmann,** Antje; Dr., Prof.; *Natur- und Ressourcenschutz*; di: Hochsch. f. nachhaltige Entwicklung, FB Landschaftsnutzung u. Naturschutz, Friedrich-Ebert-Str. 28, 16225 Eberswalde, T: (03334) 657333, F: 657282, Antje.Stoeckmann@hnee.de

**Stöckner,** Markus; Dr.-Ing., Prof.; *Verkehrsanlagen und Logistik*; di: Hochsch. Karlsruhe, Fak. Architektur u. Bauwesen, Moltkestr. 30, 76133 Karlsruhe, PF 2440, 76012 Karlsruhe, T: (0721) 9252652

**Stödter,** Axel; Dr.-Ing., Prof.; *Wasserbau u. Wasserwirtschaft, Vermessung, Mathematik*; di: HAWK Hildesheim/Holzminden/Göttingen, Fak. Bauen u. Erhalten, Hohnsen 1, 31134 Hildesheim, T: (05121) 881292

**Stöffler,** Anja; Prof.; *Audiovisuelle Gestaltung, Video, TV-Design*; di: FH Mainz, FB Gestaltung, Wallstr. 11, 55122 Mainz, T: (06131) 6282336, F: 62892336, anja.stoeffler@img.fh-mainz.de

**Stöhr,** Anja; Dr. rer. pol., Prof.; *Strategisches Marketing*; di: HTW Dresden, Fak. Wirtschaftswissenschaften, Friedrich-List-Platz 1, 01069 Dresden, T: (0351) 4622690, stoehr@wiwi.htw-dresden.de

**Stöhr,** Peter; Dr., Prof.; *Informatik in der Automatisierungstechnik*; di: Hochsch. Hof, Alfons-Goppel-Platz 1, 95028 Hof, T: (09281) 409485, F: 40955485, Peter.Stoehr@fh-hof.de

**Stölting,** Juliane; Dr. rer. nat., Prof.; *Physikalische Chemie, Sensortechnik, Chemische Sensoren*; di: Hochsch. Karlsruhe, Fak. Elektro- u. Informationstechnik, Moltkestr. 30, 76133 Karlsruhe, PF 2440, 76012 Karlsruhe, T: (0721) 9251366, juliane.stoelting@hs-karlsruhe.de

**Störkel,** Friederike; Dr. med., Prof.; *Gesundheitswissenschaften, Arbeitsmedizin*; di: FH Münster, FB Pflege u. Gesundheit, Leonardo-Campus 8, 48155 Münster, T: (0251) 8365883, F: 8365852, fstoerkel@fh-muenster.de; pr: stephan.stoerkel@t-online.de

**Störl,** Uta; Dr., Prof.; *Grundlagen der Informatik, Datenbanken*; di: Hochsch. Darmstadt, FB Informatik, Haardtring 100, 64295 Darmstadt, T: (06151) 168487, u.stoerl@fbi.h-da.de

**Störmann,** Wiebke; Dr. rer. pol., Prof.; *Wirtschaftswissenschaften*; di: FH Schmalkalden, Fak. Wirtschaftswiss., Blechhammer, 98574 Schmalkalden, PF 100452, 98564 Schmalkalden, T: (03683) 6883101, w.stoermann@wi.fh-schmalkalden.de

**Störmer,** Norbert; Dr. phil., Prof.; *Heil-/Behindertenpädagogik*; di: Hochsch. Zittau/Görlitz, Fak. Sozialwiss., PF 300648, 02811 Görlitz, T: (03581) 4828169, n.stoermer@hs-zigr.de

**Stößlein,** Michael; Dipl.-Ing., Prof.; *Baukonstruktion, Baustofflehre*; di: Georg-Simon-Ohm-Hochsch. Nürnberg, Fak. Architektur, Keßlerplatz 12, 90489 Nürnberg, PF 210320, 90121 Nürnberg

**Stoetzer,** Matthias-W.; Dr. rer. oec., Prof.; *Volkswirtschaftslehre*; di: FH Jena, FB Betriebswirtschaft, Carl-Zeiss-Promenade 2, 07745 Jena, PF 100314, 07703 Jena, T: (03641) 205550, F: 205551, bw@fh-jena.de

**Stöver,** Heino; Dipl.-Soz., Dr. rer. pol. habil., Prof.; *Sozialwissenschaften*; di: FH Frankfurt, FB 4 Soziale Arbeit u. Gesundheit, Nibelungenplatz 1, 60318 Frankfurt am Main, hstoever@fb4.fh-uni-frankfurt.de; Univ. Bremen, FB 6-ARCHIDO, PF 330440, 28334 Bremen, T: (0421) 2183173, F: 2183684, heino.stoever@uni-bremen.de

**Stövesand,** Sabine; Dr., Prof.; *Soziale Arbeit*; di: HAW Hamburg, Fak. Wirtschaft u. Soziales, Alexanderstr. 1, 20099 Hamburg, T: (040) 428757101, sabine.stoevesand@haw-hamburg.de; pr: sabinestoevesand@web.de

**Stöwer-Grote,** Ruth; Dr. rer. nat., Prof.; *Datenverarbeitung, Mathematik*; di: FH Südwestfalen, FB Maschinenbau u. Automatisierungstechnik, Lübecker Ring 2, 59494 Soest, T: (02921) 378356, stoewer@fh-swf.de

**Stoffel,** Alexander; Dr. rer. nat., Prof.; *Angewandte Mathematik*; di: FH Köln, Fak. f. Informations-, Medien- u. Elektrotechnik, Betzdorfer Str. 2, 50679 Köln, T: (0221) 82752436, alexander.stoffel@fh-koeln.de; pr: Krückelstr. 16, 51105 Köln

**Stoffels,** Mario; Dr., Prof.; *Controlling*; di: Hochsch. f. nachhaltige Entwicklung, FB Nachhaltige Wirtschaft, Friedrich-Ebert-Str. 28, 16225 Eberswalde, T: (03334) 657408, F: 657450, mstoffels@hnee.de

**Stoffels,** Marion; Dr., Prof.; *Lebensmittelmikrobiologie, Hygiene, Risikomanagement und Produktsicherheit*; di: Hochsch. Weihenstephan-Triesdorf, Fak. Gartenbau u. Lebensmitteltechnologie, Am Staudengarten 11, 85350 Freising, T: (08161) 714502, F: 714417, marion.stoffels@fh-weihenstephan.de

**Stohwasser,** Ralf; Dr., Prof.; *Biochemie*; di: Hochsch. Lausitz, FB Bio-, Chemie- u. Verfahrenstechnik, Großenhainer Str. 57, 01968 Senftenberg, T: (03573) 85812

**Stoi,** Roman; Dr. rer.pol., Prof; *BWL, Unternehmensführung, Kosten- und Leistungsrechnung, Controlling*; di: DHBW Stuttgart, Fak. Wirtschaft, Jägerstraße 40, 70174 Stuttgart, T: (0711) 1849807, stoi@dhbw-stuttgart.de

**Stoll,** Cornelie; Dipl.-Ing., Prof.; *Landschaftsbau*; di: Hochsch. Osnabrück, Fak. Agrarwiss. u. Landschaftsarchitektur, Am Krümpel 33, 49090 Osnabrück, T: (0541) 9695235, F: 9695050, c.stoll@hs-osnabrueck.de

**Stoll,** Dieter; Dr. rer. nat., Prof.; *Pharmazeutische Analytik, Technische Biologie*; di: Hochsch. Albstadt-Sigmaringen, FB 3, Anton-Günther-Str. 51, 72488 Sigmaringen, PF 1254, 72481 Sigmaringen, T: (07571) 7328525, stoll@hs-albsig.de

**Stoll,** Joachim; Dr.-Ing., Prof.; *Anlagenplanung und Projektabwicklung*; di: Georg-Simon-Ohm-Hochsch. Nürnberg, Fak. Maschinenbau u. Versorgungstechnik, Keßlerplatz 12, 90489 Nürnberg, PF 210320, 90121 Nürnberg

**Stoll,** Michael; Prof.; *Informationsdesign, Medientheorie, Infografik*; di: Hochsch. Augsburg, Fak. f. Gestaltung, Friedberger Straße 2, 86161 Augsburg, T: (0821) 55863413, mstoll@hs-augsburg.de; mstoll@we-st.de

**Stoll,** Stefan; Dr., Prof.; *Wirtschaftsinformatik*; di: DHBW Villingen-Schwenningen, Fak. Wirtschaft, Karlstr. 29, 78054 Villingen-Schwenningen, T: (07720) 3906161, F: 3906519, stoll@dhbw-vs.de

**Stoll,** Walter; Dr. rer. nat., Prof.; *Grundgebiete der Elektrotechnik und Messtechnik*; di: FH Köln, Fak. f. Informations-, Medien- u. Elektrotechnik, Betzdorfer Str. 2, 50679 Köln, T: (0221) 82752276, walter.stoll@fh-koeln.de

**Stollberg,** Christian; Dr.-Ing., Prof.; *Veredlung biogener Rohstoffe*; di: Hochsch. Wismar, Laborkomplex Malchow/Insel Poel, Inselstr. 12, 23999 Insel Poel/OT Malchow, christian.stollberg@hs-wismar.de

**Stolle,** Dieter; Dr.-Ing., Prof.; *Elektrische Messtechnik mit Schwerpunkt Energietechnik, Vertriebsfragen für Ingenieure*; di: Hochsch. Hannover, Fak. I Elektro- u. Informationstechnik, Ricklinger Steinweg 120, 30459 Hannover, PF 920261, 30441 Hannover, T: (0511) 92961205, dieter.stolle@hs-hannover.de; pr: Karl-Serbent-Str. 4B, 30952 Ronnenberg, T: (0511) 469700

**Stolle,** Reinhard; Dr.-Ing., Prof.; *Hochfrequenztechnik, Nachrichtensysteme, Elektronische Bauelemente*; di: Hochsch. Augsburg, Fak. f. Elektrotechnik, An der Hochschule 1, 86161 Augsburg, T: (0821) 55863356, F: 55863360, reinhard.stolle@hs-augsburg.de

**Stollenwerk,** Franz; Dr.-Ing., Prof.; *Videoproduktionstechnik*; di: FH Köln, Fak. f. Informations-, Medien- u. Elektrotechnik, Betzdorfer Str. 2, 50679 Köln, T: (0221) 82752537, franz.stollenwerk@fh-koeln.de; pr: Ebertstr. 40, 46045 Oberhausen, T: (0208) 27822

**Stollenwerk,** Johannes; Dr. rer. nat., Prof.; *Physik, Oberflächen- und Schichtungstechnologien, OSTec*; di: FH Köln, Fak. f. Fahrzeugsysteme u. Produktion, Betzdorfer Str. 2, 50679 Köln, T: (0221) 82752303, johannes.stollenwerk@fh-koeln.de

**Stolp,** Wolfram; Dr.-Ing., Prof.; *Konstruktionstechnik*; di: FH Südwestfalen, FB Maschinenbau, Lindenstr. 53, 59872 Meschede, T: (0291) 9910740, stolp@fh-swf.de

**Stolz,** Gerd E.; Dipl.-Psych., Dr. phil., Prof.; *Pädagogik und Psychologie*; di: Ev. Hochsch. Nürnberg, Fak. f. Religionspädagogik, Bildungsarbeit u. Diakonik, Bärenschanzstr. 4, 90429 Nürnberg, T: (0911) 27253707, F: 27253852, gerd.stolz@evhn.de; pr: Tuchergartenstr. 7, 90409 Nürnberg, T: (0911) 5303714

**Stolz,** Gert; Dipl.-Ing., Prof.; *Fertigung Feinwerktechnik*; di: Hochsch. Heilbronn, Fak. f. Mechanik u. Elektronik, Max-Planck-Str. 39, 74081 Heilbronn, T: (07131) 504265

**Stolz,** Konrad; Prof.; *Rechts- und Verwaltungswissenschaft*; di: Hochsch. Esslingen, Fak. Soziale Arbeit, Gesundheit u. Pflege, Flandernstr. 101, 73732 Esslingen, T: (0711) 3974502; pr: Stoßäckerstr. 54, 70563 Stuttgart, T: (0711) 732594

**Stolz-Willig,** Brigitte; Dr., Prof.; *Arbeit und Arbeitsmarktpolitik*; di: FH Frankfurt, FB 4 Soziale Arbeit u. Gesundheit, Nibelungenplatz 1, 60318 Frankfurt am Main, T: (069) 15332602, willig@fb4.fh-frankfurt.de

**Stolze,** Frank; Dr.-Ing., Prof.; *Controlling, Rechnungswesen*; di: Hochsch. Ostwestfalen-Lippe, FB 3, Bauingenieurwesen, Emilienstr. 45, 32756 Detmold, T: (05231) 769820, frank.stolze@hs-owl.de

**Stolzenburg,** Frieder; Dr., Prof.; *Wissensbasierte Systeme*; di: Hochsch. Harz, FB Automatisierung u. Informatik, Friedrichstr. 57-59, 38855 Wernigerode, T: (03943) 659333, F: 659109, fstolzenburg@hs-harz.de

**Storck,** Christina; Dipl.-Psych., Dr. phil., Prof.; *Psychologie*; di: Georg-Simon-Ohm-Hochsch. Nürnberg, Fak. Sozialwiss., Bahnhofstr. 87, 90402 Nürnberg, PF 210320, 90121 Nürnberg, christina.storck@ohm-hochschule.de

**Storck,** Markus; Dr. phil., Prof.; *Sozialwesen*; di: Ostfalia Hochsch., Fak. Sozialwesen, Ludwig-Winter-Str. 2, 38120 Braunschweig, m.storck@ostfalia.de

**Storhas,** Winfried; Dipl.-Ing., Prof.; *Verfahrenstechnik, Reaktionstechnik in der Biotechnologie*; di: Hochsch. Mannheim, Fak. Biotechnologie, Windeckstr. 110, 68163 Mannheim

**Stork,** Burkhard; Dipl.-Wirtsch.-Inf., Prof.; *Objektorientierte Systeme, Kryptographie, Internet, Verteilte Systeme und Anwendungen*; di: Hochsch. Augsburg, Fak. f. Informatik, An der Hochschule 1, 86161 Augsburg, T: (0821) 55863456, F: 55863499, Burkhard.Stork@hs-augsburg.de

**Stosch,** Martin; Dipl.-Ing., Prof.; *Konstruktionstechnik Holz*; di: Hochsch. Ostwestfalen-Lippe, FB 7, Produktion u. Wirtschaft, Liebigstr. 87, 32657 Lemgo, T: (05261) 702271, F: 702275; pr: Detmolder Weg 11, 32657 Lemgo, T: (05231) 37878

**Stoy,** Alexander; Dr. sc. agr., Dipl.-Ing. agr., Prof.; *Pflanzenbau, Pflanzenzüchtung, Pflanzenernährung*; di: FH Kiel, FB Agrarwirtschaft, Am Kamp 11, 24783 Osterrönfeld, T: (04331) 845129, F: 845141, alexander.stoy@fh-kiel.de; pr: Dorfstr. 21, 24358 Ascheffel, stoy.ascheffel@t-online.de

**Stoy,** Thorsten; Dr., Prof.; di: FH Frankfurt, FB 4 Soziale Arbeit u. Gesundheit, Nibelungenplatz 1, 60318 Frankfurt am Main, T: (069) 15332821, drthstoy@fb4.fh-frankfurt.de

**Strache,** Wolfgang; Dr.-Ing., Prof.; *Maschinenelemente, Hydraulik/ Pneumatik, Konstruktionsübungen, Konstruktionsgrundlagen*; di: Hochsch. Hannover, Fak. II Maschinenbau u. Bioverfahrenstechnik, Ricklinger Stadtweg 120, 30459 Hannover, PF 920261, 30441 Hannover, T: (0511) 92961340, wolfgang.strache@hs.hannover.de

**Strack,** Hermann; Dr., Prof.; *Netzwerkmanagement, Praktische Informatik*; di: Hochsch. Harz, FB Automatisierung u. Informatik, Friedrichstr. 54, 38855 Wernigerode, T: (03943) 659307, F: 659109, hstrack@hs-harz.de

**Stracke,** Guido; Dr., HonProf.; *Marketing, Immobilienmärkte*; di: EBZ Business School Bochum, Springorumallee 20, 44795 Bochum, T: (0234) 9447700, g.stracke@ebz-bs.de

**Stracke,** Michael; Dr.-Ing., Prof.; *Stahlbau*; di: FH Dortmund, FB Maschinenbau, Sonnenstr. 96, 44139 Dortmund, T: (0231) 9112374, F: 9112334; pr: Hohe Buchen 2B, 45133 Essen

**Strähle,** Erwin; Dipl.-Ing., Dr.-Ing., Prof.; *Bauphysik*; di: FH Lübeck, FB Bauwesen, Mönkhofer Weg 239, 23562 Lübeck, T: (0451) 3005126, F: 3005079, erwin.straehle@fh-luebeck.de

**Strahlendorf,** Hans-Rainer; Prof.; *Polizeiliche Führungslehre, Einsatzlehre, Sicherheitsmanagement*; di: Hochsch. f. Wirtschaft u. Recht Berlin, FB 3, Alt-Friedrichsfelde 60, 10315 Berlin, T: (030) 90214349, F: 90214417, h.strahlendorf@hwr-berlin.de

**Strahnen,** Manfred; Dr.-Ing., Prof.; *Rechnernetze (Internet-Technologien), Netzwerkprogrammierung, Telekommunikationstechnik, Embedded Systeme*; di: Hochsch. Ulm, Fak. Informatik, Prittwitzstr. 10, 89075 Ulm, T: (0731) 5028163, strahnen@hs-ulm.de

**Straka,** Dorothee; Dr., Prof.; *Ernährungskommunikation*; di: Hochsch. Osnabrück, Fak. Agrarwiss. u. Landschaftsarchitektur, PF 1940, 49009 Osnabrück, T: (0541) 9695255, d.straka@hs-osnabrueck.de

**Strasdas,** Wolfgang; Dr., Prof.; *Nachhaltiger Tourismus*; di: Hochsch. f. nachhaltige Entwicklung, FB Landschaftsnutzung u. Naturschutz, Friedrich-Ebert-Str. 28, 16225 Eberswalde, T: (03334) 657304, F: 657282, Wolfgang.Strasdas@hnee.de

**Straßberger,** Jutta; Prof.; *Einführung in die Rechtswissenschaft, Verwaltungsrecht, Gerichtsverwaltung*; di: Norddeutsche Hochsch. f. Rechtspflege, Fak. Rechtspflege, Godehardsplatz 6, 31134 Hildesheim, T: (05121) 1791032, jutta.strassberger@justiz.niedersachsen.de

**Straßburger,** Gaby; Dipl.-Sozialpäd., Dr. phil., Prof.; *Sozialraumorientierte Soziale Arbeit*; di: Kath. Hochsch. f. Sozialwesen Berlin, Köpenicker Allee 39-57, 10318 Berlin, T: (030) 501010912, strassburger@khsb-berlin.de; www.gaby-strassburger.de

**Straßburger,** Heidi; Dr., Prof.; *Betriebswirtschaftslehre, insbes. Kommunikationswirtschaft und Marketing*; di: FH Düsseldorf, FB 7 – Wirtschaft, Universitätsstr. 1, Geb. 23.32, 40225 Düsseldorf, T: (0211) 8114549, F: 8114369, heidi.strassburger@fh-duesseldorf.de; pr: Ratinger Str. 23, 40213 Düsseldorf, T: (0211) 327630, F: 327660

**Straßer,** Gert; Dipl.-Soz., Dr. phil., Prof.; *Soziologie und Psychologie*; di: Ev. Hochsch. Darmstadt, FB Sozialarbeit/ Sozialpädagogik, Zweifalltorweg 12, 64293 Darmstadt, T: (06151) 879856, straßer@eh-darmstadt.de; pr: Zur Flachsrose 1, 34599 Neuental-Dorheim, T: (06693) 919620, F: 919621

**Straßl,** Johann; Dr., Prof.; *Wirtschaftsinformatik*; di: Hochsch. Amberg-Weiden, FB Betriebswirtschaft, Hetzenrichter Weg 15, 92637 Weiden, T: (0961) 382176, F: 382162, j.strassl@fh-amberg-weiden.de

**Straßmann,** Thomas; Dr.-Ing., Prof.; *Produktentwicklung, CAD, CAE, PLM*; di: FH Dortmund, FB Maschinenbau, Sonnenstr. 96, 44139 Dortmund, T: (0231) 9112322, thomas.strassmann@fh-dortmund.de

**Strassner,** Carola; Dr. oec.troph., Prof.; *Nachhaltige Ernährung/ Ernährungsökologie*; di: FH Münster, FB Oecotrophologie, Corrensstr. 25, 48149 Münster, T: (0251) 8365415, F: 8365424, strassner@fh-muenster.de

**Straßner,** Karl; Dr. rer. nat. habil., Prof.; *Mathematik*; di: FH Stralsund, FB Maschinenbau, Zur Schwedenschanze 15, 18435 Stralsund, T: (03831) 456540, Karl.Strassner@fh-stralsund.de

**Strassner,** Stefan; Dr. jur., LL.M., Prof.; *Deutsches u. europäisches Wirtschaftsrecht*; di: Munich Business School, Elsenheimerstr. 61, 80687 München

**Stratmann,** Silke; Dr., Prof.; *Englische Philologie*; di: Hochsch. München, Fak. Studium Generale u. interdisziplinäre Studien, Lothstr. 34, 80335 München, T: (089) 12651113, stratmann@fhm.edu

**Stratmann-Albert,** Regina; Dr.-Ing., Prof.; *Betontechnologie/TWL*; di: Hochsch. Darmstadt, FB Bauingenieurwesen, Haardtring 100, 64295 Darmstadt, T: (06151) 168156, stratmann-albert@fbb.h-da.de

**Stratmeyer,** Peter; Dr., Prof.; *Pflegewissenschaft*; di: HAW Hamburg, Fak. Wirtschaft u. Soziales, Alexanderstr. 1, 20099 Hamburg, T: (040) 428757107, peter.stratmeyer@haw-hamburg.de; pr: T: (05105) 84086, F: 84086, peter.stratmeyer@t-online.de

**Straub,** Tobias; Dr., Prof.; *Informatik*; di: DHBW Mannheim, Fak. Technik, Coblitzallee 1-9, 68163 Mannheim, T: (0621) 41051160, F: 41051194, tobias.straub@dhbw-mannheim.de

**Straub,** Torsten Tristan; Dr. jur., Prof.; *Internationales und Europäisches Wirtschaftsrecht*; di: Hochsch. f. Wirtschaft u. Recht Berlin, Badensche Str. 50-51, 10825 Berlin, T: (030) 85789183, tstraub@hwr-berlin.de; pr: Rembrandtstr. 3-4, 12157 Berlin, T: (030) 85075272

**Straub,** Ulrich; Dr. rer. nat., Prof.; *Chemie*; di: Hochsch. Ulm, Albert-Einstein-Allee 55, 89081 Ulm, PF 3860, 89028 Ulm, T: (0731) 5028522, straub@hs-ulm.de

**Straub,** Ute; Dr., Prof.; *Pädagogik, Sozialpädagogik*; di: FH Frankfurt, FB 4 Soziale Arbeit u. Gesundheit, Nibelungenplatz 1, 60318 Frankfurt am Main, T: (069) 15332607, straub@fb4.fh-frankfurt.de

**Strauch,** Karl-Heinz; Dr. rer. hort., Prof.; *Zierpflanzenbau, Betriebs- und Anbauplanung (Zierpflanzenbau), Bodenkunde Übungen, Agrarmeteorologie*; di: Beuth Hochsch. f. Technik, FB V Life Science and Technology, Luxemburger Str. 10, 13353 Berlin, T: (030) 45042054, strauch@beuth-hochschule.de

**Strauch,** Petra; Dr.-Ing., Prof.; *Betriebswirtschaftslehre, insb. Management, Informationsmanagement, Organisation und Wirtschaftsinformatik*; di: FH Stralsund, FB Wirtschaft, Zur Schwedenschanze 15, 18435 Stralsund, T: (03831) 456781

**Strauch,** Robert; Dr., Prof.; *Betriebswirtschaftslehre, insbes. Finanzmanagement*; di: Hochsch. Osnabrück, Fak. Wirtschafts- u. Sozialwiss., Caprivistr. 30A, 49076 Osnabrück, PF 1940, 49009 Osnabrück, T: (0541) 9697201, r.strauch@hs-osnabrueck.de

**Strauß,** Frieder; Dr.-Ing., Prof.; *Elektrische Messtechnik, Grundlagen der Elektrotechnik, Elektromagnetische Verträglichkeit (EMV)*; di: FH Bingen, FB Technik, Informatik, Wirtschaft, Berlinstr. 109, 55411 Bingen, T: (06721) 409262, F: 409158, strauss@fh-bingen.de

**Strauß,** Georg; Dr.-Ing., Prof.; *Hochfrequenztechnik*; di: Hochsch. München, Fak. Elektrotechnik u. Informationstechnik, Dachauer Str. 98b, 80335 München, T: (089) 12653423, F: 12653403, strauss@ee.fhm.edu

**Strauß,** Jürgen; Dr. jur., Prof.; *Recht*; di: Hochsch. Aalen, Fak. Wirtschaftswissenschaften, Beethovenstr. 1, 73430 Aalen, T: (07361) 9149013, Juergen.Strauss@htw-aalen.de

**Strauß,** Peter; Dr.-Ing., Prof.; *Arbeitsvorbereitung, Instandhaltungs- und Montagetechnik*; di: HTW Dresden, Fak. Maschinenbau/Verfahrenstechnik, Friedrich-List-Platz 1, 01069 Dresden, T: (0351) 4622380, strauss@mw.htw-dresden.de

**Strauß,** Rainer; Dr. jur., Prof.; *Wirtschaftsrecht, Transportrecht, Internationales Privatrecht*; di: Hochsch. Osnabrück, Fak. Wirtschafts- u. Sozialwiss., Caprivistr. 30a, 49076 Osnabrück, T: (0541) 9693642, F: 9693771, strauss@wi.hs-osnabrueck.de

**Strauß,** Rolf Peter; Dr.-Ing., Prof.; *Wohnungslüftung, Pellettechnik, Regenerative Energien, Passivhäuser*; di: Hochsch. Bremen, Fak. Natur u. Technik, Neustadtswall 30, 28199 Bremen, T: (0421) 59052543, F: 59052250, Rolf-Peter.Strauss@hs-bremen.de

**Strauß,** Steffen; Dr., Prof.; *Leistungselektronik, Antriebe*; di: Hochsch. Anhalt, FB 6 Elektrotechnik, Maschinenbau u. Wirtschaftsingenieurwesen, PF 1458, 06354 Köthen, T: (03496) 672334, S.Strauss@emw.hs-anhalt.de

**Streblow,** Claudia; Dr., Prof.; *Sozialarbeitswissenschaft*; di: FH Dortmund, FB Angewandte Sozialwissenschaften, Emil-Figge-Str. 42, 44227 Dortmund, T: (0231) 7555194, Claudia.Streblow@fh-dortmund.de

**Strecker,** Karl; Dr., Prof.; *Bank*; di: DHBW Mosbach, Arnold-Janssen-Str. 9-13, 74821 Mosbach, T: (06261) 939133, F: 939104, strecker@dhbw-mosbach.de

**Streda,** Gabriele; M.A., mag. rer. publ., Dr., Prof.; *Verwaltungswissenschaften, Verwaltungsrecht, Soziale Dienste*; di: Hochsch. Neubrandenburg, FB Soziale Arbeit, Bildung u. Erziehung, Brodaer Str. 2, 17033 Neubrandenburg, T: (0395) 56935510, streda@hs-nb.de; pr: Schleißheimer Str. 183, 80737 München, T: (089) 3071430

**Streeck,** Klaus; Dr., Prof.; *Wirtschaftskommunikation*; di: HTW Berlin, FB Wirtschaftswiss. II, Treskowallee 8, 10318 Berlin, T: (030) 50192446, streeck@HTW-Berlin.de

**Strehl,** Alexander; Dr., Prof.; *Wirtschaftsmathematik, Investition u. Finanzierung, Kapitalmärkte*; di: Hochsch. Aalen, Fak. Wirtschaftswissenschaften, Beethovenstr. 1, 73430 Aalen, T: (07361) 5762481, alexander.strehl@htw-aalen.de

**Strehlow,** Reinhard; Dr., Prof.; *Physik und Mathematik*; di: HAW Hamburg, Fak. Life Sciences, Lohbrügger Kirchstr. 65, 21033 Hamburg, T: (040) 428756073, reinhard.strehlow@haw-hamburg.de

**Strehmel,** Petra; Dr., Prof.; *Psychologie*; di: HAW Hamburg, Fak. Wirtschaft u. Soziales, Alexanderstr. 1, 20099 Hamburg, T: (040) 428757085, petra.strehmel@haw-hamburg.de

**Strehmel,** Veronika; Dr. rer. nat. habil., Prof.; *Organische Chemie, Makromolekulare Chemie*; di: Hochsch. Niederrhein, FB Chemie, Frankenring 20, 47798 Krefeld, T: (02151) 8224190, veronika.strehmel@hs-niederrhein.de

**Streich,** Michael; Dr., Prof.; *Internationales Marketing, Medienmarketing*; di: DHBW Ravensburg, Rudolfstr. 11, 88214 Ravensburg, T: (0751) 189992109, streich@dhbw-ravensburg.de

**Streich,** Richard K.; Dr. rer. pol., Prof.; *Personalwirtschaft, Unternehmensführung*; di: FH d. Wirtschaft, Fürstenallee 3-5, 33102 Paderborn, T: (05251) 301189, richard.streich@fhdw.de; pr: T: (05251) 130900

**Streilein,** Thomas; Dr.-Ing., Prof.; di: Ostfalia Hochsch., Fak. Maschinenbau, Salzdahlumer Str. 46/48, 38302 Wolfenbüttel, t.streilein@ostfalia.de

**Streisand,** Marianne; Dr. phil. habil., Prof.; *Angewandte Theaterwissenschaften*; di: Hochsch. Osnabrück, Fak. MKT, Inst. f. Theaterpädagogik, Baccumer Straße 3, 49808 Lingen, T: (0591) 80098429, m.streisand@hs-osnabrueck.de; pr: Brehmestr. 51, 13187 Berlin, T: (030) 4251296

**Streit,** Barbara; Dr. habil., Prof.; *Allgemeine Betriebswirtschaftslehre, Investitions- und Finanzwirtschaft*; di: Hochsch.Merseburg, FB Wirtschaftswiss., Geusaer Str., 06217 Merseburg, T: (03461) 462424, F: 462422, barbara.streit@hs-merseburg.de

**Streit,** Wilfried; Dipl.-Ing., HonProf.; *Kostenrechnung u. betriebliche Verfahrentechnik*; di: FH Aachen, FB Bauingenieurwesen, Bayernallee 9, 52066 Aachen, T: (0241) 600951141, streit@fh-aachen.de

**Streitferdt,** Felix; Dr., Prof.; *BWL, Finanzmanagement*; di: Georg-Simon-Ohm-Hochsch. Nürnberg, Fak. Betriebswirtschaft, Bahnhofsstr. 87, 90402 Nürnberg, PF 210320, 90121 Nürnberg, felix.streitferdt@ohm-hochschule.de

**Strelow,** Olaf; Dr.-Ing., Prof.; *Thermodynamik, Wärmeübertrager*; di: Techn. Hochsch. Mittelhessen, FB 03 Maschinenbau u. Energietechnik, Wiesenstr. 14, 35390 Gießen, T: (0641) 3092113

**Streng,** Wolfgang; Dr.-Ing., Prof.; *Software Engineering, Wissensbasierte Systeme*; di: Hochsch. München, Fak. Informatik u. Mathematik, Lothstr. 34, 80335 München

**Streuber,** Christian; Dr.-Ing., Prof.; *Wärmelehre, Wärmetechnik*; di: Hochsch. Rhein/Main, FB Ingenieurwiss., Maschinenbau, Am Brückweg 26, 65428 Rüsselsheim, T: (06142) 8984337, christian.streuber@hs-rm.de; pr: Am Weinberg 13, 65207 Wiesbaden, T: (06127) 4332

**Stricker,** Harald; Dipl.-Ing., Prof.; *Entwurfsorientierte Denkmalpflege*; di: HTWK Leipzig, FB Bauwesen, PF 301166, 04251 Leipzig, T: (0341) 30766291, stricker@fbb.htwk-leipzig.de

**Stricker,** Michael; Dr., Prof.; *Sozialmanagement*; di: FH Bielefeld, FB Sozialwesen, Kurt-Schumacher-Str. 6, 33615 Bielefeld, T: (0521) 1067818, michael.stricker@fh-bielefeld.de

**Stridde,** Walter; Dipl.-Ing., Architekt, Prof.; *Entwerfen, Baukonstruktion, Baustofflehre*; di: Jade Hochsch., FB Architektur, Ofener Str. 16-19, 26121 Oldenburg, T: (0180) 5678073301, F: 5678073136, stridde@jade-hs.de; pr: Parkstr. 64, 28209 Bremen, T: (0421) 3491495

**Striebel,** Dieter; Dipl.-Ing., Prof.; *Thermodynamik, Wärme- u. Stoffübertragung, Regelungstechnik, EDV-Anwendungen*; di: Hochsch. Esslingen, Fak. Versorgungstechnik u. Umwelttechnik, Kanalstr. 33, 73728 Esslingen, T: (0711) 3973452; pr: Droste-Hülshoff-Str. 44, 70794 Filderstadt, T: (0711) 7775137

**Strieder,** Cornelia; Dr., Prof.; *Fachsprache Französisch*; di: Hochsch. Trier, Umwelt-Campus Birkenfeld, FB Umweltwirtschaft/Umweltrecht, PF 1380, 55761 Birkenfeld, T: (06782) 171103, c.strieder@umwelt-campus.de

**Striegnitz,** Jörg; Dipl.-Phys., Dr. rer. nat., Prof.; *Informatik*; di: Hochsch. Regensburg, Fak. Informatik u. Mathematik, PF 120327, 93025 Regensburg, T: (0941) 9431314, joerg.striegnitz@hs-regensburg.de

**Striepe,** Cosima; Prof.; *Industrial Design*; di: Hochsch. Pforzheim, Fak. f. Gestaltung, Holzgartenstr. 36, 75175 Pforzheim, T: (07231) 286752, F: 286030, cosima.striepe@hs-pforzheim.de

**Strikker,** Frank; Dr., Prof.; *Change Management, Personalentwicklung*; di: Europäische FernH Hamburg, Doberaner Weg 20, 22143 Hamburg

**Strippelmann,** Wolf-Dieter; Dipl.-Ing., HonProf.; di: Hochsch. Mannheim, Windeckstr. 110, 68163 Mannheim

**Strippgen,** Simone; Dr. rer. nat., Prof.; *Software Entwicklung, Computeranimation*; di: Beuth Hochsch. f. Technik, FB VI Informatik u. Medien, Luxemburger Straße 10, 13353 Berlin, T: (030) 45042065, stripgen@beuth-hochschule.de

**Stritzky,** Maria-Barbara von; Dr. phil., Dr. theol., Prof. Phil.-Theol. H Münster; *Kirchengeschichte d. Altertums, Patrologie u. Christl. Ikonographie*; di: Phil.-Theol. Hochschule, Hohenzollernring 60, 48145 Münster; pr: Diekbree 62, 48157 Münster, T: (0251) 326510, MStritzky@t-online.de

**Strobach,** Peter; Dr.-Ing., Prof.; *Elektronik, Nachrichtentechnik, Digitale Signalverarbeitung*; di: Hochsch. Furtwangen, Robert-Gerwig-Platz 1, 78120 Furtwangen, T: (07723) 9202332

**Strobel,** Jürgen; Dipl.-Math., Dr. rer. nat., Prof.; *Lebensversicherung, Versicherungsmathematik, betriebliche Altersversorgung*; di: FH Köln, Fakultät für Wirtschaftswissenschaften, Mainzer Str. 5, 50678 Köln, T: (0221) 82753270, juergen.strobel@fh-koeln.de; pr: Robertstr. 31, 50999 Köln, T: (02236) 67434

**Strobel,** Otto; Dr.-Ing., Dr. h. c., Prof.; *Physik, Optoelektronik*; di: Hochsch. Esslingen, Fak. Grundlagen, Kanalstr. 33, 73728 Esslingen, T: (0711) 3973489, F: 3974395; pr: Rinnenbachstr. 31/3, 73760 Ostfildern, T: (0711) 3481677, F: 3481604

**Strobelt,** Tilo; Dr.-Ing., Prof.; *Fertigungstechnologie der Mikrosystemtechnik*; di: Hochsch. Esslingen, Fak. Mechatronik u. Elektrotechnik, Kanalstr. 33, 73728 Esslingen, T: (07161) 6791131; pr: Grünewaldstr. 20, 73098 Rechberghausen, T: (07161) 500528

**Strobl,** Christoph; Dr. rer. nat., Prof.; *Werkstofftechnik, Oberflächentechnik*; di: HAW Ingolstadt, Fak. Maschinenbau, Esplanade 10, 85049 Ingolstadt, T: (0841) 9348238, christoph.strobl@haw-ingolstadt.de

**Strobl,** Mark; Dr.-Ing., Prof.; *Verfahrenstechnik*; di: Hochsch. Geisenheim, Von-Lade-Str. 1, 65366 Geisenheim, T: (06722) 502721, mark.strobl@hs-gm.de

**Strobl,** Sebastian; Dr., Prof.; *Glasmalerei u Glasfenster, Glastechnologie, Mosaik, Kunstgeschichte*; di: FH Erfurt, FB Konservierung u. Restaurierung, Altonaer Str. 25a, 99085 Erfurt, PF 101363, 99013 Erfurt, T: (0361) 6700763, strobl@fh-erfurt.de

**Strobl,** Wolfgang; Dipl.-Ing., Prof.; *Entwerfen, Technischer Ausbau*; di: Hochsch. Trier, FB Gestaltung, PF 1826, 54208 Trier, T: (0651) 8103127, W.Strobl@hochschule-trier.de

**Strobl-Albeg,** Joachim von; HonProf.; *Werbe- und Wettbewerbsrecht*; di: Hochsch. d. Medien, Fak. Information u. Kommunikation, Wolframstr. 32, 70191 Stuttgart

**Ströbel,** Bernhard; Dr. rer. nat., Prof.; *Physik*; di: Hochsch. Darmstadt, FB Mathematik u. Naturwiss., Haardtring 100, 64295 Darmstadt, T: (06151) 168658, bernhard.stroebel@h-da.de; pr: Birkenweg 17d, 64295 Darmstadt, T: (06151) 315306

**Ströbel,** Herbert; Dr., Prof.; *Angewandte Landwirtschaftliche Betriebslehre, Unternehmensplanung*; di: Hochsch. Weihenstephan-Triesdorf, Fak. Landwirtschaft, Steingruberstr. 2, 91746 Weidenbach-Triesdorf, T: (09826) 654205, F: 6544010, herbert.stroebel@fh-weihenstephan.de

**Ströhla,** Stefan; Dr.-Ing., Prof.; *Bauelemente der Feinwerktechnik/Mechatronik, Techn. Mechanik*; di: Georg-Simon-Ohm-Hochsch. Nürnberg, Fak. Elektrotechnik Feinwerktechnik Informationstechnik, Wassertorstr. 10, 90489 Nürnberg, PF 210320, 90121 Nürnberg

**Strömsdörfer,** Götz; Dr.-Ing., Prof.; *Umweltsimulationstechnik und Strömungslehre*; di: Jade Hochsch., FB Ingenieurwissenschaften, Friedrich-Paffrath-Str. 101, 26389 Wilhelmshaven, T: (04421) 9852339, F: 9852383, goetz.stroemsdoerfer@jade-hs.de

**Stroetmann,** Karl; Dr., Prof.; *Informationstechnik*; di: DHBW Stuttgart, Fak. Technik, Informatik, Informationstechnik, Rotebühlplatz 41, 70178 Stuttgart, T: (0711) 66734504, stroetmann@dhbw-stuttgart.de; www.lehre.dhbw-stuttgart.de/~stroetma/

**Strohbeck,** Uwe; Dr., Prof.; *Elektrotechnik, Informationssysteme in der Logistik*; di: Hochsch. Rosenheim, Fak. Wirtschaftsingenieurwesen, Hochschulstr. 1, 83024 Rosenheim, T: (08031) 805692, F: 805756, uwe.strohbeck@fh-rosenheim.de

**Strohmayr,** Rudolf; Dr.-Ing., Prof.; *Informatik im Maschinenbau, Technische Mechanik, CAD-Konstruktion*; di: Hochsch. Deggendorf, FB Maschinenbau, Edlmairstr. 6-8, 94469 Deggendorf, PF 1320, 94453 Deggendorf, T: (0991) 3615314, F: 361581314, rudolf.strohmayr@fh-deggendorf.de

**Strohmeier,** Andreas; Dr.-Ing., Prof.; *Wasserversorgung und Abwassertechnik*; di: FH Aachen, FB Bauingenieurwesen, Bayernallee 9, 52066 Aachen, T: (0241) 600951182, strohmeier@fh-aachen.de; pr: Briandstr. 7, 52349 Düren, T: (02421) 502949, F: 502733

**Strohrmann,** Manfred; Dr.-Ing., Prof.; *Elektrotechnik, Systemtheorie, Simulation*; di: Hochsch. Karlsruhe, Fak. Elektro- u. Informationstechnik, Moltkestr. 30, 76133 Karlsruhe, PF 2440, 76012 Karlsruhe, T: (0721) 9252224, Manfred.Strohrmann@hs-karlsruhe.de

**Strothotte,** Christine; Dr.-Ing., Prof. u. Prorektorin; *Digit. Text-, Bild- und Animationsbearbeitung*; di: Hochsch. Magdeburg-Stendal, FB Ingenieurwiss. u. Industriedesign, Breitscheidstr. 2, 39114 Magdeburg, T: (0391) 8864261, christine.strothotte@hs-magdeburg.de

**Strotmann,** Harald; Dr., Prof.; *Volkswirtschaftslehre*; di: Hochsch. Pforzheim, Fak. f. Wirtschaft u. Recht, Tiefenbronner Str. 65, 75175 Pforzheim, T: (07231) 286317, F: 286090, harald.strotmann@hs-pforzheim.de

**Strotmann,** Uwe J.; Dr. rer. nat., Prof.; *Bioverfahrenstechnik*; di: Westfäl. Hochsch., FB Elektrotechnik u. angew. Naturwiss., August-Schmidt-Ring 10, 45665 Recklinghausen, T: (02361) 915579, F: 915634, uwe.strotmann@fh-gelsenkirchen.de

**Strube,** Dietmar; Dipl.-Kfm., Dr. rer. pol., Prof.; *Betriebswirtschaftslehre, einschl. betriebswirtschaftlicher Steuerlehre*; di: FH Worms, FB Wirtschaftswiss., Erenburgerstr. 19, 67549 Worms, T: (06241) 509133, F: 509222

**Struck,** Alexander; Dr., Prof.; *Theoretische Physik*; di: Hochsch. Rhein-Waal, Fak. Technologie u. Bionik, Marie-Curie-Straße 1, 47533 Kleve, T: (02821) 80673616, a.struck@hochschule-rhein-waal.de

**Strübing,** Hans-Uwe; Dr.-Ing., Prof.; *Massivbau u. Baustatik*; di: Hochsch. Wismar, Fak. f. Ingenieurwiss., PF 1210, 23952 Wismar, T: (03841) 753456, h.struebing@bau.has-wismar.de

**Strunz,** Herbert; Dr. rer. pol., Prof.; *Unternehmensführung mit internationaler Orientierung*; di: Westsächs. Hochsch. Zwickau, FB Wirtschaftswiss., Scheffelstr. 39, 08056 Zwickau, Herbert.Strunz@fh-zwickau.de

**Strunz,** Matthias; Dr.-Ing., Prof.; *Instandhaltung, Fabrikplanung, Betriebswirtschaft*; di: Hochsch. Lausitz, FB Informatik, Elektrotechnik, Maschinenbau, Großenhainer Str. 57, 01968 Senftenberg, T: (03573) 85501, F: 85509

**Strutz,** Thilo; Dr.-Ing. habil., Prof.; *Informations- und Codierungstheorie*; di: Dt. Telekom Hochsch. f. Telekommunikation, Gustav-Freytag-Str. 43-45, 04277 Leipzig, PF 71, 04251 Leipzig, T: (0341) 3062210, strutz@hft-leipzig.de

**Struve,** Bert; Dipl.-Phys., Dr. rer. nat., Prof.; *Angewandte Lasertechnik (Strahlsysteme, Laserperipherie, Arbeitsschutz und Sicherheit)*; di: Hochsch. Emden/Leer, FB Technik, Constantiaplatz 4, 26723 Emden, T: (04921) 8071490, F: 8071593, struve@hs-emden-leer.de; pr: Groote Gracht 47, 26723 Emden, T: (04921) 66398

**Struwe,** Jochen; Dr., Prof.; *Rechnungswesen und Controlling, Unternehmensführung*; di: Hochsch. Trier, Umwelt-Campus Birkenfeld, FB Umweltplanung/ Umwelttechnik, PF 1380, 55761 Birkenfeld, T: (06782) 171105, j.struwe@umwelt-campus.de

**Stry,** Yvonne; Dipl.-Math., Dr. rer. nat., Prof.; *Mathematik, Datenverarbeitung*; di: Georg-Simon-Ohm-Hochsch. Nürnberg, Fak. Allgemeinwiss., Keßlerplatz 12, 90489 Nürnberg, PF 210320, 90121 Nürnberg

**Strybny,** Jann; Dr.-Ing., Prof.; *Wasserbau, Erneuerbare Energien, Vermessungskunde*; di: Georg-Simon-Ohm-Hochsch. Nürnberg, Fak. Bauingenieurwesen, Keßlerplatz 12, 90489 Nürnberg, PF 210320, 90121 Nürnberg

**Strzebkowski,** Robert; Dr., Prof.; *Hypermedia, Autorensysteme*; di: Beuth Hochsch. f. Technik, FB VI Informatik u. Medien, Luxemburger Str. 10, 13353 Berlin, T: (030) 45045212, robertst@beuth-hochschule.de

**Stubbe,** Kilian; Dr., Prof.; *Produktions- und Logistikmanagement*; di: Adam-Ries-FH, Juri-Gagarin-Ring 152, 99084 Erfurt, T: (0361) 65312019, k.stubbe@arfh.de

**Stuber,** Franz; Dr. phil. habil., Prof.; *Berufspädagogik, Lehrerbildung*; di: FH Münster, Inst. f. Berufliche Lehrerbildung, Leonardo-Campus 7, 48149 Münster, T: (0251) 8365146, F: 8365148, stuber@fh-muenster.de

**Stucke,** Hans-Dieter; Dipl.Ing., Prof.; *CAD-Karosseriekonstruktion*; di: HAW Hamburg, Fak. Technik u. Informatik, Berliner Tor 9, 20099 Hamburg, T: (040) 428757836, Hans-Dieter.Stucke@haw-hamburg.de

**Stuckhardt,** Hans-Peter; Dipl.-Kfm., Dr. rer. pol., Prof.; *Betriebswirtschaftslehre, insbes. Finanzwirtschaft und Rechnungswesen*; di: FH Köln, Fak. f. Wirtschaftswiss., Claudiusstraße 1, 50678 Köln, T: (0221) 82753433, hans-peter.stuckhardt@fh-koeln.de

**Stuckstätte,** Eva Christina; Dr. phil., Prof.; *Jugendsozialarbeit, Soziale Arbeit*; di: Kath. Hochsch. NRW, Abt. Münster, FB Sozialwesen, Piusallee 89, 48147 Münster, T: (0251) 4176712, ec.stuckstaette@katho-nrw.de

**Stübiger,** Nicole; Dr. med., Prof.; *Augenheilkunde*; di: Ostfalia Hochsch., Fak. Gesundheitswesen, Wielandstr. 5, 12203 Wolfsburg, n.stuebiger@ostfalia.de

**Stübler,** Wolfgang; Dipl.-Ing., Prof.; *Grundlagen des Entwerfens, Entwurfstheorie, Raumtheorie, Entwerfen*; di: Hochsch. Rosenheim, Fak. Innenarchitektur, Hochschulstr. 1, 83024 Rosenheim, T: (08031) 805566, F: 805552

**Stübner,** Rudolf; Dr. rer. biol. hum., Prof.; *Informatik, Datenbanken*; di: Hochsch. Mittweida, Fak. Mathematik/Naturwiss./ Informatik, Technikumplatz 17, 09648 Mittweida, T: (03727) 581224, F: 581303, stuebner@htwm.de

**Stücke,** Jochen; Prof., Dekan FB Design; *Zeichnerische Darstellung u. Gestaltung*; di: Hochsch. Niederrhein, FB Design, Petersstr. 123, 47798 Krefeld, T: (02151) 8224310; pr: Beckhofstr. 16, 48147 Münster, T: (0251) 9874731

**Stücke,** Peter; Dr.-Ing., Prof.; *Strömungstechnik/Verbrennungsmotoren*; di: Westsächs. Hochsch. Zwickau, Fak. Kraftfahrzeugtechnik, Dr.-Friedrichs-Ring 2A, 08056 Zwickau, PF 201037, 08012 Zwickau, Peter.Stuecke@fh-zwickau.de

**Stülb,** Jörg; Dr.-Ing., Prof.; *Bauwerke des Massivbaues, Spannbetonbau, Tragwerkslehre*; di: Hochsch. Coburg, Fak. Design, Friedrich-Streib-Str. 2, 96450 Coburg, T: (09561) 317250, stuelb@hs-coburg.de

**Stümpfle,** Martin; Dr.rer.nat., Prof.; *Mathematik*; di: Hochsch. Esslingen, Fak. Grundlagen, Kanalstr. 33, 73728 Esslingen, T: (0711) 3973410; pr: Kindelbergweg 37, 71272 Renningen, T: (07159) 7539

**Stürmer,** Sylvia; Dr.-Ing., Prof.; *Bauchemie, Bauphysik*; di: Hochsch. Konstanz, Fak. Bauingenieurwesen, Brauneggerstr. 55, 78462 Konstanz, PF 100543, 78405 Konstanz, T: (07531) 206225, F: 206391, stuermer@fh-konstanz.de

**Stürmer,** Ulf; Dr.-Ing., Prof.; *Konstruktion, CAD*; di: Hochsch. Magdeburg-Stendal, FB Ingenieurwiss. u. Industriedesign, Breitscheidstr. 2, 39114 Magdeburg, T: (0391) 8864414, ulf.stuermer@hs-magdeburg.de

**Stüttgen,** Wilhelm; Dr.-Ing., Prof.; *Straßen- und Verkehrswesen*; di: Hochsch. Trier, FB BLV, PF 1826, 54208 Trier, T: (0651) 8103205; pr: Kyrianderstr. 9, 54294 Trier, T: (0651) 38195, drw.stue@t-online.de

**Stütz,** Bernhard; Dr. rer. nat., Prof.; *Computerkommunikationstechnik/ Computernetze*; di: FH Stralsund, FB Elektrotechnik u. Informatik, Zur Schwedenschanze 15, 18435 Stralsund, T: (03831) 456714

**Stütz,** Walter; Dr.-Ing., Prof.; *Strömungsmechanik, Messtechnik*; di: Georg-Simon-Ohm-Hochsch. Nürnberg, Fak. Maschinenbau u. Versorgungstechnik, Keßlerplatz 12, 90489 Nürnberg, PF 210320, 90121 Nürnberg, T: (0911) 58801192

**Stützle,** Gerhard; Dr. rer. pol., Prof.; *Informationssysteme, eCommerce, Investition, Finanzierung*; di: Hochsch. München, Fak. Informatik u. Mathematik, Lothstr. 34, 80335 München, T: (089) 12653713, F: 12653780, g.stuetzle@informatik.fh-muenchen.de

**Stüwe,** Gerd; Dr., Prof.; *Theorie und Praxis der Sozialarbeit mit Schwerpunkt Jugendhilfe*; di: FH Frankfurt, FB 4 Soziale Arbeit u. Gesundheit, Nibelungenplatz 1, 60318 Frankfurt am Main, T: (069) 15332805, stuewe@fb4.fh-frankfurt.de

**Stuhldreier,** Annette; Dr., Prof.; *Steuerrecht, Besteuerung der Gesellschaften*; di: Hochschl. f. Oekonomie & Management, Herkulesstr. 32, 45127 Essen, T: (0201) 810040

**Stuhler,** Harald; Dr.-Ing., Prof.; *Maschinenbau*; di: DHBW Stuttgart, Fak. Technik, Maschinenbau, Jägerstraße 56, 70174 Stuttgart, T: (0711) 1849608, stuhler@dhbw-stuttgart.de

**Stuhr,** Klaus-Peter; Dr. rer. pol., Prof.; *Allg. BWL, Wirtschaftsinformatik*; di: FH Kiel, FB Wirtschaft, Sokratesplatz 2, 24149 Kiel, T: (0431) 2103528, F: 21063525, klaus-peter.stuhr@fh-kiel.de; pr: Moorreihe 13, 22844 Norderstedt, T: (040) 55448343, F: 55448391

**Stulpe,** Werner; Dr. rer. nat. habil., Prof. FH Aachen; *Mathematische Physik (Grundlagen der Quantentheorie)*; di: FH Aachen, FB Medizintechnik u. Technomathematik, Ginsterweg 1, 52428 Jülich, T: (0241) 600953178, F: 600953226, stulpe@fh-aachen.de; TU, Fak II, Inst. f. Theoret. Physik, Hardenbergstr. 36, 10623 Berlin

**Stumm,** Thomas; Dr. rer. nat., Prof., Dekan FB Polymertechnologie; *Faserverstärkte Verbundwerkstoffe, Chemische Reaktionstechnik, Werkstoffkunde, Materialprüfung und Grundlagenfächer*; di: FH Kaiserslautern, FB Angew. Logistik u. Polymerwiss., Carl-Schurz-Str. 1-9, 66953 Pirmasens, T: (06331) 248333, F: 248344, thomas.stumm@fh-kl.de

**Stumpe,** Harald; Dr., Prof.; *Sozialmedizin*; di: Hochsch.Merseburg, FB Soziale Arbeit, Medien, Kultur, Geusaer Str., 06217 Merseburg, T: (03461) 462203, F: 462205, harald.stumpe@hs-merseburg.de

**Stumpe,** Martin; Dr.-Ing., Prof.; *Verfahrenstechnik, Strömungsmechanik*; di: FH Südwestfalen, FB Maschinenbau u. Automatisierungstechnik, Lübecker Ring 2, 59494 Soest, T: (02921) 378341, stumpe@fh-swf.de

**Stumpf,** Anja; Dr. rer. nat., Prof.; *Statistik, Wirtschaftsmathematik, Operations Research*; di: FH Münster, FB Wirtschaft, Corrensstraße 25, 48149 Münster, T: (0251) 8365643, F: 8365502, Anja.Stumpf@fh-muenster.de

**Stumpf,** Hildegard; Dipl.-Erz.wiss., Dipl.-Sozialpäd. (FH), Dr. phil., Prof.; *Soziale Arbeit, Theologie*; di: Kath. Stiftungsfachhochsch. München, Preysingstr. 83, 81667 München, hildegard.stumpf@ksfh.de

**Stumpf,** Siegfried; Dr.-Ing., Prof.; *Kommunikationspsychologie u. Führungslehre*; di: FH Köln, Fak. f. Informatik u. Ingenieurwiss., Am Sandberg 1, 51643 Gummersbach, T: (02261) 8196276, stumpf@gm.fh-koeln.de

**Stumpp,** Thomas; Dr.-Ing., Prof.; di: Hochsch. München, Fak. Wirtschaftsingenieurwesen, Erzgießereistr. 14, 80335 München, thomas.stumpp@hm.edu

**Sturm,** Bodo; Dr. rer. pol., Prof.; *Volkswirtschaftslehre, Quantitative Methoden*; di: HTWK Leipzig, FB Wirtschaftswissenschaften, PF 301166, 04251 Leipzig, T: (0341) 30766388, bodo.sturm@wiwi.htwk-leipzig.de

**Sturm,** Ellen; Prof.; *Zeichnen*; di: HAW Hamburg, Fak. Design, Medien, Information, Armgartstr. 24, 22087 Hamburg, T: (040) 428754743, ellen.sturm-loeding@haw-hamburg.de; pr: T: (040) 2796532, ellen-sturm@web.de

**Sturm,** Hilmar; Dr., Prof.; *Dienstleistungsmanagement*; di: DHBW Mosbach, Campus Heilbronn, Bildungscampus 4, 74076 Heilbronn, T: (07131) 1237140, F: 1237100, hsturm@dhbw-mosbach.de

**Sturm,** Matthias; Dr.-Ing., Prof.; *Elektronik und Mikrorechentechnik*; di: HTWK Leipzig, FB Elektrotechnik u. Informationstechnik, PF 301166, 04251 Leipzig, T: (0341) 30761146, sturm@fbeit.htwk-leipzig.de

**Sturm,** Ulrich; Dr.-Ing., Prof. i.R.; *Grundlagen Tragwerke, CAD, Angewandte Datenverarbeitung*; di: Beuth Hochsch. f. Technik, FB IV Architektur u. Gebäudetechnik, Luxemburger Str. 10, 13353 Berlin, T: (030) 45042582, usturm@beuth-hochschule.de

**Stute,** Andreas; Dr., Prof.; *Unternehmensprüfung und Steuern*; di: FH Bielefeld, FB Wirtschaft, Universitätsstr. 25, 33615 Bielefeld, T: (0521) 10667397, andreas.stute@fh-bielefeld.de

**Stuwe,** Michael; Dr. jur., Dipl.-Volkswirt; *Unternehmensführung, Volkswirtschaftslehre*; di: FH Westküste, FB Wirtschaft, Fritz-Thiedemann-Ring 20, 25746 Heide, T: (0481) 8555540, stowe@fh-westkueste.de; pr: Am Mittelburgwall 22-36, 25849 Friedrichstadt, T: (0172) 6134048

**Stuwe,** Peter; Dr.-Ing., Prof.; *Elektrische Messtechnik, Schaltungstechnik*; di: Ostfalia Hochsch., Fak. Elektrotechnik, Salzdahlumer Str. 46/48, 38302 Wolfenbüttel, T: (05331) 9393312, peter.stuwe@ostfalia.de

**Stybor,** Lisa Max; M.A., Dipl.-Des. (FH), Prof.; *Grundlagen der Gestaltung (Farbe/ Fläche/Raum)*; di: Hochsch. Anhalt, FB 4 Design, PF 2215, 06818 Dessau, T: (0340) 6403546

**Styn,** Elmar; Dr.-Ing., Prof.; *Baukonstruktionslehre einschl. Baumechanik u. Tragwerkslehre*; di: FH Köln, Fak. f. Bauingenieurwesen u. Umwelttechnik, Betzdorfer Str. 2, 50679 Köln, T: (0221) 82752791, elmar.styn@fh-koeln.de

**Subke,** Jörg; Dr. rer. nat., Prof.; *Biomechanik/ Med. Messtechnik*; di: Techn. Hochsch. Mittelhessen, FB 04 Krankenhaus- u. Medizintechnik, Umwelt- u. Biotechnologie (KMUB), Wiesenstr. 14, 35390 Giessen, T: (0641) 3092563, F: 309 2925, joerg.subke@tg.fh-giessen.de

**Suchandt,** Thomas; Dr.-Ing., Prof., Vizepräs.; *Konstruktion, CAD, Maschinenelemente*; di: HAW Ingolstadt, Fak. Maschinenbau, Esplanade 10, 85049 Ingolstadt, T: (0841) 9348371, thomas.suchandt@haw-ingolstadt.de

**Suchaneck,** Jürgen; Dr.-Ing., Prof., Dekan FB VII; *Elektronik, System- u. Regelungstechnik*; di: Beuth Hochsch. f. Technik, FB VII Elektrotechnik – Mechatronik – Optometrie, Luxemburger Str. 10, 13353 Berlin, T: (030) 45042307, suchanek@beuth-hochschule.de

**Suchy,** Günther; Dr., Prof.; *BWL – Medien- und Kommunikationswirtschaft, Unternehmenskommunikation und Journalismus*; di: DHBW Ravensburg, Oberamteigasse 4, 88214 Ravensburg, T: (0751) 189992790, suchy@dhbw-ravensburg.de

**Suckow,** Matthias; Dr. rer. nat., Prof.; *Mathematik, Informatik, Prozesssimulation*; di: Hochsch. Lausitz, FB Bio-, Chemie- u. Verfahrenstechnik, Großenhainer Str. 57, 01968 Senftenberg, T: (03573) 85820, F: 85809, msuckow@fh-lausitz.de

**Sünderhauf-Kravets,** Hildegund; Dr. jur., Prof.; *Recht*; di: Ev. Hochsch. Nürnberg, Fak. f. Sozialwissenschaften, Bärenschanzstr. 4, 90429 Nürnberg, T: (0911) 27253849, hildegund.suenderhauf-kravets@evhn.de; pr: Wilhelm-Spaeth-Str. 21, 90461 Nürnberg, T: (0911) 8015336

**Sündermann,** David; Dr.-Ing., Prof.; *Informatik*; di: DHBW Stuttgart, Fak. Technik, Informatik, Rotebühlplatz 41, 70178 Stuttgart, T: (0711) 66734501, suendermann@dhbw-stuttgart.de

**Süß,** Birgit; Dr. jur., Prof.; *Recht im Gesundheitswesen*; di: Westsächs. Hochsch. Zwickau, FB Gesundheits- u. Pflegewiss., Scheffelstr. 39, 08066 Zwickau, T: (0375) 5363420, birgit.suess@fh-zwickau.de

**Suess,** Gerhard; Dr., Prof.; *Psychologie*; di: HAW Hamburg, Fak. Wirtschaft u. Soziales, Alexanderstr. 1, 20099 Hamburg, T: (040) 428757004, gerhard.suess@haw-hamburg.de; pr: info@gerhard-suess.de

**Süß-Gebhard,** Christine; Dipl.-Math., Dr. rer. pol., Prof.; *Mathematik, Wirtschaft*; di: Hochsch. Regensburg, Fak. Informatik u. Mathematik, PF 120327, 93025 Regensburg, T: (0941) 9431323, christine.suess-gebhard@mathematik.fh-regensburg.de

**Süßmuth,** Roland; Dr. rer. nat. habil., o.Prof. Gustav-Siewerth-Akad. Weilheim-Bierbronnen; *Mikrobiologie, Grenzfragen der Naturwissenschaften*; di: Gustav-Siewerth-Akademie, Oberbierbronnen 1, 79809 Weilheim-Bierbronnen; pr: Am Buchenhain 18, 72622 Nürtingen, T: (07022) 43135, F: 43135

**Suhl,** Andreas; Dr.-Ing., Prof.; *Automatisierungstechnik*; di: HAW Hamburg, Fak. Technik u. Informatik, Berliner Tor 7, 20099 Hamburg, T: (040) 428758097, suhl@etech.haw-hamburg.de; pr: T: (0421) 891571, F: 891571

**Suhr,** Hajo; Dr. rer. nat., Prof.; *Physik, Mathematik, Biotechnische Trennverfahren, Messtechnik*; di: Hochsch. Mannheim, Fak. Informationstechnik, Windeckstr. 110, 68163 Mannheim

**Suhr,** Ulrike; Dr., Prof.; di: Ev. Hochsch. f. Soziale Arbeit & Diakonie, Horner Weg 170, 22111 Hamburg, T: (040) 65591271, usuhr@rauheshaus.de; pr: Holsatenallee 7, 24576 Bad Bramstedt, T: (04192) 5335, F: 5335

**Sum,** Jürgen; Dr. rer. nat., Prof.; *Physik, Mathematik*; di: Hochsch. Konstanz, Fak. Bauingenieurwesen, Brauneggerstr. 55, 78462 Konstanz, PF 100543, 78405 Konstanz, T: (07531) 206242, sum@fh-konstanz.de

**Sundermann,** Manfred; Dipl.-Ing., Prof.; *Grundlagen des Entwerfens/Baukonstruktion*; di: Hochsch. Anhalt, FB 3 Architektur, Facility Management u. Geoinformation, PF 2215, 06818 Dessau, T: (0340) 51971569

**Suntrop,** Carsten; Dr., Prof.; *Industriemanagement*; di: Europäische FH Brühl, Kaiserstr. 6, 50321 Brühl, T: (02232) 5673615, c.suntrop@eufh.de

**Sure,** Thomas; Dr. rer. nat., Prof.; *Messtechnik, Optik*; di: Techn. Hochsch. Mittelhessen, FB 03 Maschinenbau u. Energietechnik, Wiesenstr. 14, 35390 Gießen, T: (0641) 3092223, F: 3092911, thomas.sure@mf.fh-giessen.de

**Surmann,** Hartmut; Dr., Prof.; *Autonome Systeme, Robotertechnik*; di: Westfäl. Hochsch., FB Informatik u. Kommunikation, Neidenburger Str. 43, 45877 Gelsenkirchen, T: (0209) 9596777, hartmut.surmann@fh-gelsenkirchen.de

**Sutor,** Michael; Dipl.-Des. (FH), Prof.; *Journalistik / Mediendesign*; di: Hochsch. Hannover, Fak. III Medien, Information u. Design, Expo Plaza 12, 30539 Hannover, PF 920261, 30441 Hannover, T: (0511) 92962613, michael.sutor@hs-hannover.de

**Sutschet,** Holger; Dr. iur. habil., Prof.; *Wirtschaftsprivatrecht, insb. Internationales Wirtschaftsrecht und Rechtsvergleichung, Bürgerliches Recht u. Arbeitsrecht*; di: Hochsch. Osnabrück, Fak. Wirtschafts- u. Sozialwiss., Caprivistr. 30 a, 49076 Osnabrück, T: (0541) 9693579, h.sutschet@hs-osnabrueck.de; Univ., FB V, Rechtswiss., Universitätsring 15, 54296 Trier, sutschet@uni-trier.de

**Sutter,** Carolin; Dr., Prof.; *Jugend- u. Familienrecht, Öffentliches Recht, Zivilrecht*; di: Hochsch. Heidelberg, Fak. f. Angew. Psychologie, Ludwig-Guttmann-Str. 6, 69123 Heidelberg, T: (06221) 882466, carolin.sutter@fh-heidelberg.de

**Sutton,** Howard; Dr., Prof., Dekan FB Betriebswirtschaft und International Business; *Betriebswirtschaftslehre*; di: Hochsch. Pforzheim, Fak. f. Wirtschaft u. Recht, Tiefenbronner Str. 65, 75175 Pforzheim, T: (07231) 286585, F: 286100, howard.sutton@hs-pforzheim.de

**Swarat,** Uwe; Dr. theol., Prof.; *Systematische Theologie*; di: Theolog. Seminar Elstal, Johann-Gerhard-Oncken-Str. 7, 14641 Wustermark, T: (033234) 74340, uswarat@baptisten.de

**Swartz-Janat Makan,** Stephanie; Dr. phil., Prof.; *Englisch*; di: FH Mainz, FB Wirtschaft, Lucy-Hillebrand-Str. 2, 55128 Mainz, T: (06131) 628264, swartz@wiwi.fh-mainz.de

**Swat,** Rudolf; Dr., Prof.; *Wirtschaftsstatistik*; di: HTW Berlin, FB Wirtschaftswiss. II, Treskowallee 8, 10318 Berlin, T: (030) 50192473, r.swat@HTW-Berlin.de

**Swidersky,** Peter; Dr. rer. nat., Prof.; *Physikalische Chemie, Reaktionstechnik*; di: FH Lübeck, FB Angew. Naturwiss., Mönkhofer Weg 239, 23562 Lübeck, T: (0451) 3005179, peter.swidersky@fh-luebeck.de

**Swietlik,** Albrecht; Dr., Prof.; *Netzwerktechnologien*; di: Hochsch. Furtwangen, Fak. Informatik, Robert-Gerwig-Platz 1, 78120 Furtwangen, T: (07723) 9202418, F: 9201109, Albrecht.Swietlik@hs-furtwangen.de

**Swik,** Rolf; Dr., Prof.; *Informationssysteme und Technische Informatik*; di: FH Dortmund, FB Informatik, Emil-Figge-Str. 42, 44227 Dortmund, T: (0231) 7556786, F: 7556710, rswik@fh-dortmund.de; pr: Dresdner Str. 23, 59425 Unna

**Switzer,** Brian; Prof.; *Kommunikationsdesign*; di: Hochsch. Konstanz, Fak. Architektur u. Gestaltung, Brauneggerstr. 55, 78462 Konstanz, PF 100543, 78405 Konstanz, T: (07531) 3659273, switzer@htwg-konstanz.de

**Swoboda,** Uwe C.; Dr., Prof.; *BWL-Industrie/Dienstleistungsmanagement*; di: DHBW Stuttgart, Fak. Wirtschaft, BWL-Industrie / Dienstleistungsmanagement, Paulinenstraße 45, 70178 Stuttgart, T: (0711) 66734587, swoboda@dhbw-stuttgart.de

**Swoboda,** Wolfgang H.; Dr., Prof.; *Journalistik und Medienwissenschaften*; di: HAW Hamburg, Fak. Design, Medien u. Information, Finkenau 35, 22081 Hamburg, T: (040) 428753625, wolfgang.swoboda@haw-hamburg.de; pr: T: (04124) 937007, F: 937008, swoboda.wolfgang@t-online.de

**Syben,** Gerhard; Dr. phil., Prof.; *Industrie-, Arbeits- u. Berufssoziologie*; di: Hochsch. Bremen, Fak. Gesellschaftswiss., Neustadtswall 30, 28199 Bremen, T: (0421) 59053175, F: 59053176, Gerhard.Syben@hs-bremen.de

**Syré,** Michael; Dr. rer. oec., Prof.; *Wirtschaftsinformatik*; di: Rheinische FH Köln, Hohenstaufenring 16-18, 50674 Köln, Syre@rfh-koeln.de; pr: Vogelsanger Str. 295, 50825 Köln

**Syring,** Eberhard; Dr., Prof.; *Architekturtheorie und Baugeschichte*; di: Hochsch. Bremen, Fak. Architektur, Bau u. Umwelt, Neustadtswall 30, 28199 Bremen, T: (0421) 59052232, F: 59052202, Eberhard.Syring@hs-bremen.de

**Syrjakow,** Michael; Dr.-Ing., Prof.; *Angewandte Informatik, Medieninformatik*; di: FH Brandenburg, FB Informatik u. Medien, Magdeburger Str. 50, 14770 Brandenburg, T: (03381) 355424, F: 355199, syriakow@fh-brandenburg.de

**Syrjakow,** Nadija; Dr. rer. pol., Prof.; *Betriebliche Anwendungssoftware, Business Process Management*; di: FH Brandenburg, FB Informatik u. Medien, Magdeburger Str. 50, 14770 Brandenburg, T: (03381) 355441, F: 355199, syriakon@fh-brandenburg.de

**Syska,** Andreas; Dr.-Ing., Prof.; *Betriebswirtschaftslehre, insbes. Produktionswirtschaft, Kostenrechnung, Unternehmensplanung und -kontrolle*; di: Hochsch. Niederrhein, FB Wirtschaftswiss., Webschulstr. 41-43, 41065 Mönchengladbach, T: (02161) 1866358, andreas.syska@hs-niederrhein.de

**Szagun,** Bertram; Dr. med., Prof.; *Gesundheit*; di: Hochsch. Ravensburg-Weingarten, Doggenriedstr., 88250 Weingarten, PF 1261, 88241 Weingarten, T: (0751) 5019473, szagun@hs-weingarten.de

**Szameitat,** Heinz-Jürgen; Dr.-Ing., Prof.; *Angewandte Mathematik u. Praktische Geodäsie (Meßverfahren u. Fehlerlehre, Geodätische Rechentechnik)*; di: Hochsch. Bochum, FB Vermessungswesen u. Geoinformatik, Lennershofstr. 140, 44801 Bochum, T: (0234) 3210530

**Szebel-Habig,** Astrid; Dr., Prof.; *Personalwirtschaft, Unternehmensführung, Personalführung*; di: Hochsch. Aschaffenburg, Fak. Wirtschaft u. Recht, Würzburger Str. 45, 63743 Aschaffenburg, T: (06021) 314704, astrid.habig@fh-aschaffenburg.de

**Szeliga,** Michael; Dr. rer. pol., Prof.; *Marketing und Vertrieb, Unternehmensführung*; di: Jade Hochsch., FB Management, Information, Technologie, Friedrich-Paffrath-Str. 101, 26389 Wilhelmshaven, T: (04421) 9852356, szeliga@jade-hs.de

**Sztefka,** Georg; Dr.-Ing., Prof.; *Automatisierungstechnik*; di: Georg-Simon-Ohm-Hochsch. Nürnberg, Fak. Elektrotechnik Feinwerktechnik Informationstechnik, Wassertorstr. 10, 90489 Nürnberg, PF 210320, 90121 Nürnberg, Georg.Sztefka@ohm-hochschule.de

**Szymanski,** Ralf; Dr. rer. pol., Prof.; *Allgemeine Betriebswirtschaftslehre*; di: Techn. Hochsch. Wildau, FB Betriebswirtschaft/Wirtschaftsinformatik, Bahnhofstr., 15745 Wildau, T: (03375) 508533, ralf.szymanski@tfh-wildau.de

**Szymczyk,** Janusz A.; Dr.-Ing., Prof.; *Strömungsmaschinen, Strömungslehre, Wärmelehre*; di: FH Stralsund, FB Maschinenbau, Zur Schwedenschanze 15, 18435 Stralsund, T: (03831) 456549

**Szyszka,** Uwe; Dipl.-Kfm., Dr., Prof.; *Betriebswirtschaftslehre, Internes Rechnungswesen*; di: FH Flensburg, FB Wirtschaft, Kanzleistr. 91-93, 24943 Flensburg, T: (0461) 8051349, szyszka@wi.fh-flensburg.de

**Tabbert,** Jörg; Dr., Prof.; *Volkswirtschaftslehre, Finanzdienstleistungen*; di: FH Frankfurt, FB 3 Wirtschaft u. Recht, Nibelungenplatz 1, 60318 Frankfurt am Main, T: (069) 15332937, tabbert@fb3.fh-frankfurt.de

**Täck,** Ulrike; Dr.-Ing., Prof.; *Werkstoffkunde und -prüfung*; di: FH Lübeck, FB Maschinenbau u. Wirtschaft, Mönkhofer Weg 239, 23562 Lübeck, T: (0451) 3005264, ulrike.taeck@fh-luebeck.de

**Taeger,** Stefan; Dr.-Ing., Prof.; *Vermessung, Geoinformatik*; di: Hochsch. Osnabrück, Fak. Agrarwiss. u. Landschaftsarchitektur, PF 1940, 49009 Osnabrück, T: (0541) 9695155, s.taeger@hs-osnabrueck.de

**Taesler,** Rainald; Dr. iur., Prof.; *Zivilrecht, Touristisches Recht, Reisewirtschaft, Wirtschaftsinformatik*; di: Hochsch. Heilbronn, Fak. f. Wirtschaft 2, Max-Planck-Str. 39, 74081 Heilbronn, T: (07131) 504368, F: 252470, rainald.taesler@hs-heilbronn.de

**Tafferner,** Andrea; Dr. theol., Prof.; *Theologie, Sozialphilosophie*; di: Kath. Hochsch. NRW, Abt. Münster, FB Sozialwesen, Piusallee 89, 48147 Münster, a.tafferner@kfhnw.de; pr: An der Schleppenburg 49, 49186 Bad Iburg, T: (05403) 2689

**Talebi-Daryani,** Reza; Dr.-Ing., Dr.-Ing. h.c., Prof.; *Anlagentechnik, insbes. Meß- und Regelungstechnik*; di: FH Köln, Fak. f. Anlagen, Energie- u. Maschinensysteme, Betzdorfer Str. 2, 50679 Köln, T: (0221) 82752629, reza.talebi-daryani@fh-koeln.de

**Tallau,** Christian; Dr., Prof.; *Finanzwirtschaft, Banken*; di: FH Münster, FB Wirtschaft, Corrensstraße 25, 48149 Münster, T: (0251) 8365553, tallau@fh-muenster.de

**Tamm,** Gerrit; Dr., Prof.; *Wirtschaft, Informatik u. Wirtschaftsinformatik*; di: SRH Hochsch. Berlin, Ernst-Reuter-Platz 10, 10587 Berlin

**Tammer,** Klaus; Dr. sc. nat., Prof.; *Mathematik*; di: HTWK Leipzig, FB Informatik, Mathematik u. Naturwiss., PF 301166, 04251 Leipzig, tammer@imn.htwk-leipzig.de

**Tan,** Jinfu; Dr. phil., Prof.; *Chinesisch*; di: Westsächs. Hochsch. Zwickau, FB Sprachen, Scheffelstr. 39, 08066 Zwickau, jinfu.tan@fh-zwickau.de

**Tanaka,** Tsunemitsu; Prof.; *Wissenschaftsjournalismus, Online-Journalismus*; di: Hochsch. Darmstadt, FB Media, Haardtring 100, 64295 Darmstadt, T: (06151) 169293

**Tang,** Lijun; Dr. phil., Prof.; *Betriebswirtschaftslehre, insbes. Interkulturelle Kommunikation, Länderanalyse, Emerging Markets*; di: Hochschule Ruhr West, Wirtschaftsinstitut, PF 100755, 45407 Mülheim an der Ruhr, T: (0208) 88254353, lijun.tang@hs-ruhrwest.de

**Tanneberger,** Hans-Georg; Dr., Dr., Dr., Dr., Prof.; *Verfassungsgeschichte und Verfassungsrecht, Das politische System der Bundesrepublik Deutschland, Europarecht, Abgabenrecht*; di: FH d. Bundes f. öff. Verwaltung, FB Finanzen, PF 1549, 48004 Münster, T: (0251) 8670886

**Tanner,** Andreas; Dr.-Ing. habil., Prof.; *Werkzeugmaschinenkonstruktion/ Vorrichtungskonstruktion, Spanende Werkzeugmaschinen und Fertigungssysteme, CAD*; di: Westsächs. Hochsch. Zwickau, Fak. Automobil- u. Maschinenbau, Dr.-Friedrichs-Ring 2A, 08056 Zwickau, PF 201037, 08012 Zwickau, Andreas.Tanner@fh-zwickau.de; pr: Kötzschenbrodaer Str. 5b, 01640 Coswig

**Tanski,** Joachim; Dr. rer. pol., Prof.; *Steuerlehre und Rechnungswesen*; di: FH Brandenburg, FB Wirtschaft, SG Betriebswirtschaftslehre, Magdeburger Str. 50, 14770 Brandenburg, PF 2132, 14737 Brandenburg, T: (03381) 355206, F: 355199, tanski@fh-brandenburg.de; www.fh-brandenburg.de/~tanski/home.htm

**Tanto,** Olaf; Dr. rer. pol., Prof.; *Steuerlehre, Wirtschaftsprüfung*; di: FH Münster, FB Wirtschaft, Corrensstr. 25, 48149 Münster, T: (0251) 8365524, F: 8365502, Tanto@fh-muenster.de

**Tao,** Hong; Dr. phil., Prof.; *Servicemanagement, Produktpiraterie, Wirtschaftsingenieurwesen*; di: Hochsch. Amberg-Weiden, FB Wirtschaftsingenieurwesen, Hetzenrichter Weg 15, 92637 Weiden, T: (0961) 3821617, h.tao@haw-aw.de

**Tapella,** Frank; Dr., Prof.; *International Law und E-Commerce*; di: Cologne Business School, Hardefuststr. 1, 50667 Köln, T: (0221) 931809867, f.tapella@cbs-edu.de

**Tapken,** Heiko; Dr.-Ing., Prof.; *Datenbanken und Software-Entwicklung*; di: Hochsch. Osnabrück, Fak. Ingenieurwiss. u. Informatik, Barbarastr. 16, 49076 Osnabrück, PF 1940, 49009 Osnabrück, T: (0541) 9693338, h.tapken@hs-osnabrueck.de

**Tappenbeck,** Inka; Dr. disc. pol., Prof.; *Informationsdienstleistungen, Informationsressourcen u. Vermittlung v. Informationskompetenz*; di: FH Köln, Fak. f. Informations- u. Kommunikationswiss., Claudiusstr. 1, 50678 Köln, T: (0221) 82753390, inka.tappenbeck@fh-koeln.de

**Taraszow,** Oleg; Dr. rer. nat., Dr. sc. nat., Prof.; *Computer Science, Künstliche Intelligenz, Operations Research, Optimization, Discrete Mathematik, Graphentheorie, Statistik, Modellierung*; di: Hochsch. Fulda, FB Angewandte Informatik, Marquardstr. 35, 36039 Fulda, T: (0661) 9640328, oleg.taraszow@informatik.fh-fulda.de

**Taschek,** Marco; Dr.-Ing., Prof.; *Thermische Kolbenmaschinen, Technische Thermodynamik*; di: Hochsch. Amberg-Weiden, FB Maschinenbau u. Umwelttechnik, Kaiser-Wilhelm-Ring 23, 92224 Amberg, m.taschek@haw-aw.de

**Taschner,** Andreas; Dr. rer. soc. oec., Prof.; *Rechnungswesen, Controlling*; di: Hochsch. Reutlingen, FB European School of Business, Alteburgstr. 150, 72762 Reutlingen, T: (07121) 2713051, andreas.taschner@reutlingen-university.de

**Tatschmurat OSB,** Carmen; Dipl.-Soz., Dr. rer. pol., Prof.; *Soziologie*; di: Kath. Stiftungsfachhochsch. München, Preysingstr. 83, 81667 München, T: (089) 480921287, F: 4801900, carmen.tatschmurat@ksfh.de

**Taube,** Wolfgang; Dr., Prof.; *Informatik, Programmieren*; di: Hochsch. Furtwangen, Fak. Digitale Medien, Robert-Gerwig-Platz 1, 78120 Furtwangen, tau@fh-furtwangen.de

**Tauber,** Matthias; Dr.-Ing., Prof.; *Bauorganisation/Kostenrechnung*; di: Hochsch. Anhalt, FB 3 Architektur, Facility Management u. Geoinformation, PF 2215, 06818 Dessau, T: (0340) 51971570, tauber@afg.hs-anhalt.de

**Tauberger,** André; Dr., Prof.; *peratives u. strategisches Controlling, Rechnungswesen, Organisation u. Organisationsentwicklung, Managementtechniken, Wirtschaftlichkeitsrechnungen*; di: FH f. Rechtspflege NRW, Zentrum f. BWL, Schleidtalstr 3, 53902 Bad Münstereifel, PF, 53895 Bad Münstereifel

**Taubmann,** Achim-Peter; Dr.-Ing., Prof.; *Verkehrsplanung, Straßenplanung, Verkehrswesen*; di: Beuth Hochsch. f. Technik, FB III Bauingenieur- u. Geoinformationswesen, Luxemburger Str. 10, 13353 Berlin, T: (030) 45042586, taubmann@beuth-hochschule.de

**Tauchnitz,** Jürgen; Dr. rer. oec., Prof.; *Betriebswirtschaftslehre, Marketing, Gesamtunternehmensplanung, Unternehmensplanspiel*; di: Hochsch. Lausitz, Großenhainer Str. 57, 01968 Senftenberg, T: (03573) 85701, F: 85709

**Tausch,** Peter; Dipl.-Ing., Prof.; *Städtebau/ Städtebauliches Entwerfen*; di: Hochsch. Anhalt, FB 3 Architektur, Facility Management u. Geoinformation, PF 2215, 06818 Dessau, T: (0340) 51971571

**Tautenhahn,** Ulrich; Dr. rer. nat. habil., Prof.; *Mathematik*; di: Hochsch. Zittau/ Görlitz, Fak. Mathematik/Naturwiss., Theodor-Körner-Allee 16, 02763 Zittau, PF 1455, 02754 Zittau, T: (03583) 611449, U.Tautenhahn@hs-zigr.de

**Tautzenberger,** Peter; Dr. rer. nat., Prof.; *Werkstofftechnik, Kunststofftechnik, Oberflächentechnik, Mathematik*; di: Hochsch. Augsburg, Fak. f. Maschinenbau u. Verfahrenstechnik, An der Hochschule 1, 86161 Augsburg, T: (0821) 55863186, F: 55863160, peter.tautzenberger@hs-augsburg.de

**Tavakoli,** Anusch; Dr., Prof.; *Wirtschaftsrecht*; di: Hochsch. Pforzheim, Fak. f. Wirtschaft u. Recht, Tiefenbronner Str. 65, 75175 Pforzheim, T: (07231) 286259, F: 286087, anusch.tavakoli@hs-pforzheim.de

**Tawakoli,** Mohammed-Reza; Dr.-Ing., Prof.; *Konstr. Ingenieurbau*; di: Jade Hochsch., FB Bauwesen u. Geoinformation, Ofener Str. 16-19, 26121 Oldenburg, T: (0441) 77083128, F: 77083259, tawakoli@jade-hs.de

**Tawakoli,** Taghi; Dr.-Ing., Prof.; *Werkzeugmaschinen, Maschinenbau, Schleiftechnologie*; di: Hochsch. Furtwangen, Fak. Maschinenbau u. Verfahrenstechnik, Jakob-Kienzle-Str. 17, 78054 Villingen-Schwenningen, T: (07720) 3074380, ta@hs-furtwangen.de

**Taylor,** Paul; Ph.D., Prof.; *Marketing*; di: Hochsch. Furtwangen, Fak. Wirtschaft, Jakob-Kienzle-Str. 17, 78054 Villingen-Schwenningen, T: (07720) 3074351, tay@hs-furtwangen.de

**Tchorz,** Jürgen; Dipl.-Phys., Dr. rer. nat., Prof.; *Hörakustik*; di: FH Lübeck, FB Angew. Naturwiss., Mönkhofer Weg 239, 23562 Lübeck, T: (0451) 3005240, juergen.tchorz@fh-luebeck.de

**te Heesen,** Henrik; Dr., Prof.; *Technologien der Erneuerbaren Energien*; di: Hochsch. Trier, Umwelt-Campus Birkenfeld, FB Umweltplanung/Umwelttechnik, PF 1380, 55761 Birkenfeld, h.teheesen@umwelt-campus.de

**Techen,** Holger; Dr., Prof.; *Tragwerkslehre, konstruktive Entwurfsberatung*; di: FH Frankfurt, FB 1 Architektur, Bauingenieurwesen, Geomatik, Nibelungenplatz 1, 60318 Frankfurt am Main, T: (069) 15333001, techen@fb1.fh-frankfurt.de

**Tecklenburg,** Gerhard; Dr., Prof.; *CAD*; di: HAW Hamburg, Fak. Technik u. Informatik, Berliner Tor 9, 20099 Hamburg, T: (040) 428757835, Gerhard.Tecklenburg@haw-hamburg.de

**Tecklenburg,** Helga; Dr. rer. nat. habil., Prof.; *Mathematik, insbesondere Geometrie, Algebra, Kombinatorik*; di: HTWK Leipzig, FB Informatik, Mathematik u. Naturwiss., PF 301166, 04251 Leipzig, T: (0341) 30766497, tecklenb@imn.htwk-leipzig.de

**Teermann,** Aron; Dr.-Ing., Prof.; *Energietechnik*; di: Georg-Simon-Ohm-Hochsch. Nürnberg, Fak. Maschinenbau u. Versorgungstechnik, Keßlerplatz 12, 90489 Nürnberg, PF 210320, 90121 Nürnberg

**Tegen,** Thomas; Dr., Prof.; *Wirtschaftsrecht, Arbeitsrecht*; di: FH Nordhausen, FB Wirtschafts- u. Sozialwiss., Weinberghof 4, 99734 Nordhausen, T: (03631) 420511, F: 420817, tegen@fh-nordhausen.de

**Teich,** Klaus; Dr., Prof.; *Angewandte Informatik*; di: Hochsch. München, Fak. Wirtschaftsingenieurwesen, Erzgießereistr. 14, 80335 München

**Teich,** Tobias; Dr. rer. pol., Prof.; *Wirtschaftsinformatik*; di: Westsächs. Hochsch. Zwickau, FB Wirtschaftswiss., Dr.-Friedrichs-Ring 2A, 08056 Zwickau, PF 201037, 08012 Zwickau, tobias.teich@fh-zwickau.de

**Teichert,** Axel; Dipl.-Ing., Prof.; *Bauinformatik, CAD*; di: Hochsch. Anhalt, FB 3 Architektur, Facility Management u. Geoinformation, PF 2215, 06818 Dessau, teichert@afg.hs-anhalt.de

**Teichert,** Bernd; Dr.-Ing., Prof.; *Geoinformation, Fernerkundung, Photogrammetrie*; di: HTW Dresden, Fak. Geoinformation, Friedrich-List-Platz 1, 01069 Dresden, T: (0351) 4623179, teichert@htw-dresden.de

**Teichert,** Wilfried; Dr., Prof.; *Finanzwirtschaft*; di: FH f. Wirtschaft u. Technik, Studienbereich Wirtschaft & IT, Rombergstr. 40, 49377 Vechta, T: (04441) 915301, F: 915209, teichert@fhwt.de

**Teichmann,** Michael; Dr., Prof.; *Industrie*; di: DHBW Mannheim, Fak. Wirtschaft, Käfertaler Str. 258, 68167 Mannheim, T: (0621) 41052608, F: 41052428, michael.teichmann@dhbw-mannheim.de

**Teichmann,** Stephan; Dr. rer. oec., Prof.; *Betriebswirtschaftslehre, Rechnungswesen und Controlling*; di: Techn. Hochsch. Wildau, FB Betriebswirtschaft/ Wirtschaftsinformatik, Bahnhofstr., 15745 Wildau, T: (03375) 508936, F: 500324, steichm@wi-bw.tfh-wildau.de

**Teifke,** Jürgen; Dr.-Ing., Prof.; *Verfahrenstechnik, Thermodynamik*; di: FH Flensburg, FB Maschinenbau, Verfahrenstechnik u. Maritime Technologien, Kanzleistr. 91-93, 24943 Flensburg, T: (0461) 8051746, juergen.teifke@fh-flensburg.de; pr: Drosselweg 21, 25524 Itzehoe, T: (04821) 41939

**Teigelkötter,** Johannes; Dr.-Ing., Prof.; *Grundlagen d. Elektrotechnik, Elektrische Maschinen u. Antriebstechnik, Leistungselektronik*; di: Hochsch. Aschaffenburg, Fak. Ingenieurwiss., Würzburger Str. 45, 63743 Aschaffenburg, T: (06021) 314809, johannes.teigelkoetter@fh-aschaffenburg.de

**Teipel,** Ulrich; Dr.-Ing., Prof.; *Mechanische Verfahrenstechnik, Fluidmechanik*; di: Georg-Simon-Ohm-Hochsch. Nürnberg, Fak. Verfahrenstechnik, Wassertorstr. 10, 90489 Nürnberg, PF 210320, 90121 Nürnberg

**Teising,** Martin; Dr., Prof.; *Gerontopsychiatrie, Psychoanalyse*; di: FH Frankfurt, FB 4 Soziale Arbeit u. Gesundheit, Nibelungenplatz 1, 60318 Frankfurt am Main, T: (069) 15332854, teising@fb4.fh-frankfurt.de

**Teistler,** Michael; Dr.-Ing., Prof.; *Medieninformatik, Computergraphik, Medizinische Visualisierung*; di: FH Flensburg, FB Information u. Kommunikation, Kanzleistr. 91-93, 24943 Flensburg, T: (0461) 8051370, teistler@fh-flensburg.de

**Teitscheid,** Petra; Dr. rer. pol., Prof.; *Dienstleistungs- und Facility Management*; di: FH Münster, FB Oecotrophologie, Corrensstr. 25, 48149 Münster, T: (0251) 8365400, F: 8365402, teitscheid@fh-muenster.de

**Telfah,** Mahmud; Dr.-Ing., HonProf.; *Werkstofftechnik*; di: TFH Georg Agricola Bochum, Herner Str. 45, 44787 Bochum, T: (0209) 6095384; pr: Wallotstr. 11, 45136 Essen, T: (0201) 267127

**Teltenkötter,** Klaus; Dipl.-Des., Prof.; *Digitale Medien*; di: FH Mainz, FB Gestaltung, Holzstr. 36, 55116 Mainz, T: (06131) 2859411, klaus.teltenkoetter@fh-mainz.de

**Temiz-Artmann,** Aysegül; M.D., PhD, Prof.; *Medizinische Grundlagen der Bioingenieurwissenschaften*; di: FH Aachen, FB Angewandte Naturwiss. u. Technik, Ginsterweg 1, 52428 Jülich, T: (0241) 600953273, a.artmann@fh-aachen.de

**Tempelmeier,** Theodor; Dipl.-Informatiker, Dr., Prof.; *Echtzeitsysteme, Fertigungsautomatisierung, Anwendungen der Informatik in der Technik, Software-Engineering*; di: Hochsch. Rosenheim, Fak. Informatik, Hochschulstr. 1, 83024 Rosenheim, T: (08031) 805510, F: 805502

**ten Hagen,** Klaus → Hagen, Klaus

**Tenhumberg,** Heinz Jürgen; Dr., Prof.; *Maschinen- und Gerätetechnik*; di: Hochsch. Trier, FB BLV, PF 1826, 54208 Trier, T: (0651) 8103452, J.Tenhumberg@hochschule-trier.de

**Tenhumberg,** Jürgen; Dipl.-Ing., Dr.-Ing., Prof.; *Techn. Physik, Hausgerätetechnik, Feuerungs- und Heiztechnik*; di: Hochsch. Trier, FB BLV, PF 1826, 54208 Trier, T: (0651) 8103452, tenhumbe@fh-trier.de; pr: Peter-Scholzen-Str. 1, 54296 Trier, T: (0651) 9934756

**Tenzler,** Andreas; Dr.-Ing., Prof.; *Rechnergestützte Konstruktion und Product Data Management*; di: FH Bielefeld, FB Ingenieurwiss. u. Mathematik, Am Stadtholz 24, 33609 Bielefeld, T: (0521) 1067543, andreas.tenzler@fh-bielefeld.de; T: (0178) 5634296

**Tepper,** Wolfgang; Dr.-Ing., Prof.; *Technische Informatik, Programmieren, Web-Programmierung, Prozessdatenverarbeitung, Computergrafik*; di: FH Flensburg, FB Information u. Kommunikation, Kanzleistr. 91-93, 24943 Flensburg, T: (0461) 8051358, tepper@fh-flensburg.de

**Teppert,** Horst; Dipl.-Ing., Prof.; *Baukonstruktion, Entwerfen*; di: Hochsch. Konstanz, Fak. Architektur u. Gestaltung, Brauneggerstr. 55, 78462 Konstanz, PF 100543, 78405 Konstanz; pr: prof.horstteppert@web.de

**Teppner,** Ulrich; Dr.-Ing., Prof.; *Rechnerarchitektur*; di: Beuth Hochsch. f. Technik, FB VI Informatik u. Medien, Luxemburger Str. 10, 13353 Berlin, T: (030) 45042484, teppner@beuth-hochschule.de

**Terlau,** Wiltrud; Dr., Prof.; *Volkswirtschaftslehre und -politik*; di: Hochsch. Bonn-Rhein-Sieg, FB Wirtschaft Rheinbach, von-Liebig-Str. 20, 53359 Rheinbach, T: (02241) 865410, F: 8658410, wiltrud.terlau@fh-bonn-rhein-sieg.de

**Terlecki,** Georg; Dr. rer. nat., Prof.; *Prozeßmeßtechnik, Sensortechnik, Grundlagen der Elektrotechnik, CAE*; di: FH Kaiserslautern, FB Angew. Ingenieurwiss., Morlautererstr. 31, 67657 Kaiserslautern, T: (0631) 3724203, F: 3724222, terlecki@et.fh-kl.de

**Ternig,** Joachim; Dr.-Ing., Prof.; *Informatik, Mikrosystemtechnik*; di: FH Kaiserslautern, FB Informatik u. Mikrosystemtechnik, Amerikastr. 1, 66482 Zweibrücken, T: (06332) 914425, Joachim.Ternig@fh-kl.de

**Terörde,** Gerd; Dr., Prof.; *Elektrische Antriebstechnik*; di: Hochsch. Osnabrück, Inst. f. Management u. Technik, Labor f. elektrotechn. Grundlagen u. Anwendungssysteme, Kaiserstraße 10c, 49809 Lingen, T: (0591) 80098242, g.teroerde@hs-osnabrueck.de

**Terpinc,** Boris; Prof.; di: Hochsch. Reutlingen, FB Informatik, Alteburgstr. 150, 72762 Reutlingen, T: (07121) 271369

**Terporten,** Michael; Dr., Prof.; *Betriebswirtschaftslehre*; di: Hochsch. Pforzheim, Fak. f. Wirtschaft u. Recht, Tiefenbronner Str. 65, 75175 Pforzheim, T: (07231) 286690, F: 286100, michael.terporten@hs-pforzheim.de

**Terstege,** Udo; Dr. rer. pol., Prof. TFH Georg Agricola Bochum; *Betriebswirtschaftslehre, insbes. Bank- u. Finanzwirtschaft*; di: TFH Georg Agricola Bochum, FB Geoingenieurwesen, Bergbau u. Techn. Betriebswirtschaft, Herner Str. 45, 44787 Bochum, T: (0234) 9683332, F: 9683402, terstege@tfh-bochum.de

**Terstegge,** Andreas; Dr.-Ing., Prof.; *Angew. Informatik und Mathematik*; di: FH Aachen, FB Angewandte Naturwiss. u. Technik, Ginsterweg 1, 52428 Jülich, T: (0241) 8029231, terstegge@fh-aachen.de

**Terzis,** Anestis; Dr.-Ing., Prof.; *Kommunikationstechnik, Mikroelektronische Schaltungen, Digitaltechnik, Elektrotechnik*; di: Hochsch. Ulm, Fak. Elektrotechnik und Informationstechnik, Eberhard-Finckh-Straße 11, 89075 Ulm, T: (0731) 5028341, terzis@hs-ulm.de

**Teschke,** Gerd; Dr. rer.nat. habil., Prof. H Neubrandenburg, Junior Konrad-Zuse-Fellow; *Mathematik*; di: Konrad-Zuse-Zentrum für Informationstechnik, Takustr. 7, 14195 Berlin, T: (030) 84185290, F: 84185107, teschke@zib.de; Hochsch. Neubrandenburg, FB Landschaftsarchitektur, Geoinformatik, Geodäsie u. Bauingenieurwesen, Brodaer Str. 2, 17033 Neubrandenburg, PF 110121, 17041 Neubrandenburg, T: (0395) 56934000, teschke@hs-nb.de

**Teschke,** Manuel; Dr., Prof.; *Betriebliche Steuerlehre, Unternehmensprüfung*; di: FH Bielefeld, FB Wirtschaft, Universitätsstr. 25, 33615 Bielefeld, T: (0521) 1063733, manuel.teschke@fh-bielefeld.de

**Teschke,** Thorsten; Dr., Prof.; *Softwaretechnik*; di: Hochsch. Bremen, Fak. Elektrotechnik u. Informatik, Flughafenallee 10, 28199 Bremen, T: (0421) 59055424, F: 59055484, Thorsten.Teschke@hs-bremen.de

**Teschke,** Ulf; Dr.-Ing., Prof. HafenCity U Hamburg u. HAW Hamburg; *Wasserbau, Hydromechanik, v.a. Eindimensionale Berechnung der Wasserspiegellinie natürlicher Fließgewässer, Vereinfachung der hydrodynamischen Gleichung durch die Verwendung von Beiwerten*; di: HafenCity Univ., Dept. Bauingenieurwesen, Hebebrandstr. 1, 22297 Hamburg, T: (040) 428275511, F: 428275599, ulf.teschke@hcu-hamburg.de; HAW Hamburg, Fak. Technik u. Informatik, Berliner Tor 21, 20099 Hamburg, T: (040) 428758675, ulf.teschke@haw-hamburg.de

**Teske,** Irmgard; Dipl.-Psych., Prof.; *Metoden der Sozialen Arbeit, Psychologie*; di: Hochsch. Ravensburg-Weingarten, Doggenriedstr., 88250 Weingarten, PF 1261, 88241 Weingarten, T: (0751) 5019443, F: 5019876, teske@hs-weingarten.de; pr: Talstr. 4, 88677 Markdorf, T: (07544) 1776, F: 1782

**Tetzlaff,** Ulrich; Dr.-Ing., Prof.; *Werkstofftechnik, Mechanik, Verbundwerkstoffe*; di: HAW Ingolstadt, Fak. Maschinenbau, Esplanade 10, 85049 Ingolstadt, T: (0841) 9348352, ulrich.tetzlaff@haw-ingolstadt.de

**Teubner,** Bernhard; Dr.-Ing., Prof.; *Verfahrenstechnik, Ingenieurwissenschaftliche Grundlagen*; di: Hochsch. Albstadt-Sigmaringen, FB 3, Anton-Günther-Str. 51, 72488 Sigmaringen, PF 1254, 72481 Sigmaringen, T: (07571) 732270, F: 732250, teubner@hs-albsig.de

**Teubner,** Roland; Dr.-Ing., Prof.; *Konstruktion u. Antriebstechnik*; di: FH Bingen, FB Technik, Informatik, Wirtschaft, Berlinstr. 109, 55411 Bingen, T: (06721) 409132, F: 409104, teubner@fh-bingen.de

**Teubner,** Ulrich; Dr. habil., Prof.; *Experimentalphysik, Ultrakurzzeitphysik, Laserphysik, Optik, Spektroskopie, Mikrotechnik, Laserplasmaphysik, High Field Physics, EUV-/XUV-/Röntgenoptik*; di: Hochsch. Emden/Leer, FB Technik, Constantiaplatz 4, 26723 Emden, T: (04921) 8071527, F: 807881593, teubner@hs-emden-leer.de; Univ., Fak. V – Institut für Physik, 26111 Oldenburg

**Teubner,** Ulrike; Dr. phil., Prof.; *Sozialwissenschaften*; di: Hochsch. Darmstadt, FB Gesellschaftswiss. u. Soziale Arbeit, Haardtring 100, 64295 Darmstadt, T: (06151) 168733, teubner@fbsuk.fh-darmstadt.de

**Teufel,** Philipp; Prof.; *Grafik-Design (Konzeption und Entwurf), Medienspezifische Visualisierung*; di: FH Düsseldorf, FB 2 – Design, Georg-Glock-Str. 15, 40474 Düsseldorf, T: (0211) 4351229, philipp.teufel@fh-duesseldorf.de; pr: Brüggener Weg 48, 40670 Meerbusch, T: (02159) 969730

**Teufer,** Andreas; Dr., Prof.; *Unternehmensrecht, Wirtschaftsstrafrecht, Verfahrensrecht, Sozialrecht*; di: Hochschl. f. Oekonomie & Management, Herkulesstr. 32, 45127 Essen, T: (0201) 810040

**Teusch,** Nicole; Dr. rer. nat., Prof.; *Technische Chemie*; di: FH Köln, Fak. f. Angew. Naturwiss., Kaiser-Wilhelm-Allee, 50368 Leverkusen, T: (0214) 328314611, nicole.teusch@fh-koeln.de

**Teuscher,** Micha; Dr. oec., Prof., Rektor FH Neubrandenburg; *Betriebswirtschaft*; di: Hochsch. Neubrandenburg, FB Agrarwirtschaft u. Lebensmittelwiss., Brodaer Str. 2, 17033 Neubrandenburg, PF 110121, 17041 Neubrandenburg, T: (0395) 56932509, teuscher@hs-nb.de; T: (0395) 56931000, rektor@hs-nb.de

**Teusner,** Michael; Dr. rer. nat., Prof.; *Mathematik, Angewandte Mathematik*; di: FH Südwestfalen, FB Maschinenbau, Frauenstuhlweg 31, 58644 Iserlohn, T: (02371) 566419, F: 566251, teusner@fh-swf.de; pr: Am Wäldchen 6, 58675 Hemer, T: (02372) 80416

**Tewes,** Michael; Dr. phil., Prof.; *Linguistik, Fachkommunikation und Textrezeption, Textproduktion*; di: Hochsch. Karlsruhe, Fak. Wirtschaftswissenschaften, Moltkestr. 30, 76133 Karlsruhe, PF 2440, 76012 Karlsruhe, T: (0721) 9252996

**Tewes,** Renate; Dr., Prof.; *Pflegewissenschaft/Pflegemanagement*; di: Ev. Hochsch. f. Soziale Arbeit, PF 200143, 01191 Dresden, T: (0351) 4690251, tewes@ehs-dresden.de; pr: Tittmannstr. 27, 01309 Dresden, T: (0351) 3190672

**Teynor,** Alexandra; Dr.-Ing., Prof.; *Programmieren, Software Engineering*; di: Hochsch. Augsburg, Fak. f. Informatik, An der Hochschule 1, 86161 Augsburg, T: (0821) 55863512, F: 55863499, Alexandra.Teynor@hs-augsburg.de

**Thäle,** Brigitte; Dr., Prof.; *Strafrecht, Ordnungswidrigkeitenrecht*; di: Hochsch. Pforzheim, Fak. f. Wirtschaft u. Recht, Tiefenbronner Str. 65, 75175 Pforzheim, T: (07231) 286264, F: 286087, brigitte.thaele@hs-pforzheim.de

**Thalenhorst,** Jobst; Dr. rer. pol., Prof.; *Betriebswirtschaftslehre, insbes. Rechnungswesen*; di: FH Münster, FB Wirtschaft, Corrensstr. 25, 48149 Münster, T: (0251) 8365605, F: 8365502, thalenhorst@fh-muenster.de; pr: Benteler Str. 58, 48149 Münster, T: (0251) 89646

**Thaler,** Klaus; Dr., Prof.; *Prozessoptimierung und Simulation*; di: Hochsch. d. Medien, Fak. Druck u. Medien, Nobelstr. 10, 70569 Stuttgart, T: (0711) 89232131, thaler@hdm-stuttgart.de

**Thalhofer,** Ulrich; Dipl.-Ing., Prof., Vizepräs.; *Ingenieur-Informatik, Finite Elemente, Numerische Lösungsverfahren*; di: Hochsch. Augsburg, Fak. f. Maschinenbau u. Verfahrenstechnik, An der Hochschule 1, 86161 Augsburg, T: (0821) 55863159, F: 55863160, Ulrich.Thalhofer@hs-augsburg.de

**Thamfald,** Hermann; Dr.-techn., Prof.; *Verkehrsplanung, Straßenbau, Schienenverkehrswesen*; di: FH Kaiserslautern, FB Bauen u. Gestalten, Schoenstr. 6, 67659 Kaiserslautern, T: (0631) 3724507, F: 3724555, hermann.thamfald@fh-kl.de

**Thannen,** Reinhard von der; Prof.; *Kostümdesign*; di: HAW Hamburg, Fak. Design, Medien u. Information, Armgartstr. 24, 22087 Hamburg, T: (040) 428754685, reinhard.vonderthannen@haw-hamburg.de; pr: T: (030) 8836448, vonderthannen@web.de

**Thanner,** Walter; Dr. oec., Prof.; *Allgemeine Betriebswirtschaftslehre*; di: FH Neu-Ulm, Wileystr. 1, 89231 Neu-Ulm, T: (0731) 97621425, walter.thanner@fh-neu-ulm.de

**Thedieck,** Franz; Dr. iur., Prof.; *Staatsrecht, Verwaltungsrecht, Verwaltungswissenschaft*; di: Hochsch. Kehl, Fak. Rechts- u. Kommunalwiss., Kinzigallee 1, 77694 Kehl, PF 1549, 77675 Kehl, T: (07851) 894199, Thedieck@hs-kehl.de

**Theel,** Horst; Dr., Prof.; *Rechnerarchitetkur, Betriebssysteme, Netze*; di: HTW Berlin, FB Wirtschaftswiss. II, Treskowallee 8, 10318 Berlin, T: (030) 50192603, h.theel@HTW-Berlin.de

**Theile,** Carsten; Dr. rer. pol., Prof.; *Allgemeine Betriebswirtschaftslehre u. Rechnungswesen*; di: Hochsch. Bochum, FB Wirtschaft, Lennershofstr. 140, 44801 Bochum, T: (0234) 3210646, carsten.theile@hs-bochum.de; pr: Am Stenshof 49, 44769 Bochum, T: (0234) 3253137

**Theile,** Konstantin; Dr. oec., Prof.; *Allgemeine Betriebswirtschaftslehre*; di: Hochsch. Reutlingen, FB European School of Business, Alteburgstr. 150, 72762 Reutlingen, T: (07121) 271435, konstantin.theile@fh-reutlingen.de; pr: Brahmsstr. 36, 72766 Reutlingen, T: (07172) 270065

**Theilen,** Ulf; Dr.-Ing., Prof.; *Siedlungswasserwirtschaft, Verfahrenstechnik, Wasserversorgung, Abwasserableitung, Abwasserbehandlung*; di: Techn. Hochsch. Mittelhessen, FB 01 Bauwesen, Wiesenstr. 14, 35390 Gießen, T: (0641) 3091836

**Theilig,** Andreas; Dipl.-Ing., Prof.; *Entwerfen, Konstruieren, Durchführen*; di: Hochsch. Biberach, SG Architektur, PF 1260, 88382 Biberach/Riß, T: (07351) 582205, F: 582119, theilig@hochschule-bc.de

**Theilig,** Holger; Dr.-Ing. habil., Prof.; *Technische Mechanik, Bruchmechanik*; di: Hochsch. Zittau/Görlitz, Fak. Maschinenwesen, Theodor-Körner-Allee 16, 02763 Zittau, T: (03583) 611831, H.Theilig@hs-zigr.de

**Thein,** Matthias; Dr.-Ing., Prof.; *Kraftfahrzeugtechnik/Elektronik/Kfz-Elektrik, Kfz-Elektronik, Kfz-Informationssysteme*; di: Westsächs. Hochsch. Zwickau, Fak. Kraftfahrzeugtechnik, Dr.-Friedrichs-Ring 2A, 08056 Zwickau, Matthias.Thein@fh-zwickau.de

**Theinert,** Justus; Prof., Dekan FB Gestaltung; *ID/Entwurf*; di: Hochsch. Darmstadt, FB Gestaltung, Haardtring 100, 64295 Darmstadt, T: (06151) 168355, theinert@h-da.de; pr: Martinstr. 27, 73728 Esslingen, T: (0711) 630149

**Theis,** Cony; Prof.; *Kunsttherapie und Kunstpädagogik*; di: Hochsch. f. Künste im Sozialen, Am Wiestebruch 66-68, 28870 Ottersberg, cony.theis@hks-ottersberg.de; pr: Butzweilerstr. 35-39, 50829 Köln; www.cony-theis.de

**Theis,** Gebhard; Dr., Prof.; *Heil- und Sonderpädagogik*; di: FH Bielefeld, FB Sozialwesen, Kurt-Schumacher-Str. 6, 33615 Bielefeld, T: (0521) 1067864, gebhard.theis@fh-bielefeld.de

**Theis,** Giesela; Dr. jur., Prof.; *Umweltrecht, Rechts- und Wirtschaftskunde, Betriebswirtschaftslehre, Wirtschaftlichkeitsanalysen*; di: Ostfalia Hochsch., Fak. Fahrzeugtechnik, Robert-Koch-Platz 8A, 38440 Wolfsburg

**Theis,** Hans-Joachim; Dr., Prof.; *Betriebswirtschaftslehre, insbes. Handelsbetriebslehre*; di: FH Worms, FB Wirtschaftswiss., Erenburgerstr. 19, 67549 Worms, T: (06241) 509229, F: 509222, theis@fh-worms.de

**Theis,** Winfried; Dr.-Ing., Prof.; *Technische Mechanik, Maschinendynamik*; di: Georg-Simon-Ohm-Hochsch. Nürnberg, Fak. Maschinenbau u. Versorgungstechnik, Keßlerplatz 12, 90489 Nürnberg, PF 210320, 90121 Nürnberg

**Theisen,** Heinz; Dr. phil., Prof.; *Politikwissenschaft einschl. Sozialpolitik, Methoden angewandter Forschung*; di: Kath. Hochsch. NRW, Abt. Köln, FB Sozialwesen, Wörthstr. 10, 50668 Köln, T: (0221) 7757184, F: 7757180, h.theisen@kfhnw.de; pr: Auf dem Heidgen 50, 53127 Bonn

**Theissen,** Mario; Dr.-Ing., HonProf.; *Innovative Fahrzeugtechnik*; di: HTW Dresden, Fak. Maschinenbau / Verfahrenstechnik, Friedrich-List-Platz 1, 01069 Dresden

**Thelen,** Klaus; Dr. sc.techn., Prof.; *Mess- und Sensortechnik*; di: Hochschule Ruhr West, Institut Mess- u. Sensortechnik, PF 100755, 45407 Mülheim an der Ruhr, T: (0208) 88254389, klaus.thelen@hs-ruhrwest.de

**Then Bergh,** Friedrich; Dr., Prof.; *BWL – Finanzdienstleistungen*; di: DHBW Ravensburg, Weinbergstr. 17, 88214 Ravensburg, T: (0751) 189992796, thenbergh@dhbw-ravensburg.de

**Theobald,** Elke; Dr., Prof.; *Betriebswirtschaft / Werbung (Marketing-Kommunikation)*; di: Hochsch. Pforzheim, Fak. f. Wirtschaft u. Recht, Tiefenbronner Str. 65, 75175 Pforzheim, T: (07231) 286419, F: 287401, elke.theobald@hs-pforzheim.de

**Theobald,** Konrad R.; Dr. rer. nat., Prof.; *Software-Architektur, Standardanwendungen, Multimediaentwicklung, Elektronische Dienste*; di: Hochsch. Albstadt-Sigmaringen, FB 2, Johannesstr. 3, 72458 Albstadt-Ebingen, T: (07431) 579123, F: 579149, theobald@hs-albsig.de

**Thesenvitz,** Manfred; Dr., Prof.; *Kraftfahrzeugtechnik, Maschinenelemente*; di: FH Frankfurt, FB 2 Informatik u. Ingenieurwiss., Nibelungenplatz 1, 60318 Frankfurt am Main, T: (069) 15332267, thesen@fb2.fh-frankfurt.de

**Thesing,** Manuel; Dipl.-Ing., Prof.; *Bauerhalt, Baudenkmalpflege*; di: FH Münster, FB Architektur, Leonardo-Campus 5, 48149 Münster, T: (0251) 8365104, teamThesing@fh-muenster.de

**Thesmann,** Stephan; Dr., Prof.; *Betriebswirtschaft / Wirtschaftsinformatik*; di: Hochsch. Pforzheim, Fak. f. Wirtschaft u. Recht, Tiefenbronner Str. 65, 75175 Pforzheim, T: (07231) 286402, F: 286090, stephan.thesmann@hs-pforzheim.de

**Theuerkauf,** Klaus; Dr., Prof.; *Sozialrecht, Wirtschaftsprivatrecht, Recht der Gesundheitswirtschaft*; di: Hochsch. Osnabrück, Fak. Wirtschafts- u. Sozialwiss., Caprivistr. 30a, 49076 Osnabrück, T: (0541) 9693548, theuerkauf@wi.hs-osnabrueck.de

**Theuner,** Gabriele; Dr. oec., Prof.; *Betriebswirtschaftslehre, insbes. Marketing*; di: FH Ludwigshafen, FB II Marketing und Personalmanagement, Ernst-Boehe-Str. 4, 67059 Ludwigshafen / Rhein, T: (0621) 5203282, F: 5203273, theuner@fh-lu.de

**Theurer,** Andreas; Prof.; *Grundlagen der Gestaltung (Plastische Formgebung)*; di: Hochsch. Anhalt, FB 3 Architektur, Facility Management u. Geoinformation, PF 2215, 06818 Dessau, T: (0340) 51971572, theurer@afg.hs-anhalt.de

**Thevis,** Ernst; Prof.; *Grundlagen der Gestaltung, Schwerpunkt: Plastisches Gestalten*; di: Hochsch. Ostwestfalen-Lippe, FB 1, Architektur u. Innenarchitektur, Bielefelder Str. 66, 32756 Detmold, T: (05231) 76950, F: 769681; pr: Beethovenweg 11, 32756 Detmold, T: (05231) 602567

**Thews,** Klaus; Dr., Prof.; *Mathematik, Datenverarbeitung*; di: Hochsch. f. angew. Wiss. Würzburg Schweinfurt, Fak. angew. Natur- u. Geisteswiss., Ignaz-Schön-Str. 11, 97421 Schweinfurt

**Thiede,** Irene; Dipl.-Betriebsw., Dipl.-Volksw., Dr. rer. pol., Prof.; *Allgemeine Betriebswirtschaftslehre*; di: Jade Hochsch., FB Wirtschaft, Friedrich-Paffrath-Str. 101, 26389 Wilhelmshaven, T: (04421) 9852553, F: 9852596, thiede@jade-hs.de

**Thiel,** Christoph; Dr., Prof.; *Betriebssysteme, Algorithmen u Kryptologie*; di: FH Düsseldorf, FB 8 – Medien, Josef-Gockeln-Str. 9, 40474 Düsseldorf, T: (0211) 4351817, christoph.thiel@fh-duesseldorf.de

**Thiel,** Manfred; Dr.-Ing., Prof., Dekan FB Informatik; *Grundlagen der Informatik / Software-Engineering*; di: Hochsch. Zittau / Görlitz, Fak. Elektrotechnik u. Informatik, Brückenstr. 1, 02826 Görlitz, PF 300648, 02801 Görlitz, T: (03581) 4828265, M.Thiel@hs-zigr.de

**Thiel,** Markus; Dr. iur, Dr. rer.publ., PD U Düsseldorf, Prof. FH f. öffentl. Verwaltung NRW; *Öffentliches Recht, Verfassungsgeschichte und Verwaltungswissenschaften*; di: FH f. öffentl. Verwaltung NRW, Abt. Köln, Thürmchenswall 48-54, 50668 Köln, markus.thiel@fhoev.nrw.de; Univ., Jurist. Fak., Lehrst. f. Öffentl. Recht u. Verwaltungslehre, Universitätsstr. 1, 40225 Düsseldorf, T: (0211) 8111424, F: 8111455, markus.thiel@uni-duesseldorf.de

**Thiel,** Michael; Dr. oec. publ., Prof.; *Informations- u DV-Management*; di: HTW Dresden, Fak. Informatik / Mathematik, PF 120701, 01008 Dresden, T: (0351) 4623203, m.thiel@informatik.htw-dresden.de

**Thiel,** Norbert; Dr. rer. pol. habil., Prof.; *Statistik*; di: Jade Hochsch., FB Wirtschaft, Friedrich-Paffrath.Str. 101, 26389 Wilhelmshaven, T: (04421) 9852335, F: 9852596, norbert.thiel@jade-hs.de; Univ., Fak. Wirtschafts- u. Sozialwiss., Von-Melle-Park 5, 20146 Hamburg

**Thiel,** Steffen; Dr., Prof.; *Softwaretechnik, Softwaresysteme*; di: Hochsch. Furtwangen, Fak. Informatik, Robert-Gerwig-Platz 1, 78120 Furtwangen, T: (07723) 9202411, steffen.thiel@hs-furtwangen.de

**Thiel-Clemen,** Thomas; Dr., Prof.; *Software Engineering und Informationssysteme*; di: HAW Hamburg, Fak. Technik u. Informatik, Berliner Tor 7, 20099 Hamburg, T: (040) 428758411, thomas.thiel-clemen@haw-hamburg.de

**Thiele,** Gisela; Dr. oec. habil., Prof.; *Soziologie, Empir. Sozialforsch., psychosoziale Befindlichkeit Arbeitsloser, Stadtforsch., Jugend- u. Alterssoziologie*; di: Hochsch. Zittau / Görlitz, Fak. Sozialwiss., PF 300 648, 02811 Görlitz, T: (03581) 4828130, F: 4828191, g.thiele@hs-zigr.de; pr: Hinter den Gütern 3a, 04779 Wermsdorf, T: (034364) 52560

**Thiele,** Günter; Dipl.-Ökonom, Dr., Prof.; *Gesundheits- u. Pflegeökonomie, Krankenhausbetriebslehre*; di: Alice Salomon Hochsch., Alice-Salomon-Platz 5, 12627 Berlin, T: (030) 99245525, thiele@ash-berlin.eu; pr: Mooswaldstr. 8a, 79108 Freiburg-Hochdorf, T: (07665) 932722

**Thiele,** Holger; Dr. sc. agr., Prof.; *Agrarökonomie, Agrarpolitik*; di: FH Kiel, FB Agrarwirtschaft, Am Kamp 11, 24783 Osterrönfeld, T: (04331) 845128, F: 845128, holger.thiele@fh-kiel.de

**Thiele,** Kathrin; Dr.-Ing., Prof.; di: Ostfalia Hochsch., Fak. Maschinenbau, Salzdahlumer Str. 46/48, 38302 Wolfenbüttel, k.thiele@ostfalia.de

**Thiele,** Michael; Dr. phil., Prof. H Karlsruhe, HonProf. Kath. H Berlin, apl.Prof. U Frankfurt / M.; *Rhetorik, Homiletik, Sprecherziehung, Theater*; di: Hochsch. Karlsruhe, Fak. Wirtschaftswissenschaften, Moltkestr. 30, 76133 Karlsruhe, T: (0721) 9252975, michael.thiele@hs-karlsruhe.de; pr: Bismarckstr. 14, 76133 Karlsruhe, T: (0721) 22272, tm.thiele@gmx.de; www.tm-thiele.de

**Thiele,** Ralf; Dr. rer. nat., Prof.; *Angewandte Informatik, insbesondere Bioinformatik*; di: Hochsch. Bonn-Rhein-Sieg, FB Informatik, Grantham-Allee 20, 53757 Sankt Augustin, T: (02241) 865281, F: 8658281, ralf.thiele@fh-bonn-rhein-sieg.de

**Thiele,** Ralf; Dipl.-Ing., Prof.; *Bodenmechanik, Grundbau, Fels- und Tunnelbau*; di: HTWK Leipzig, FB Bauwesen, PF 301166, 04251 Leipzig, T: (0341) 30766463, ralf.thiele@fbb.htwk-leipzig.de

**Thiele,** Reiner; Dr.-Ing., Prof.; *Informations- und Systemtheorie / Optische Nachrichtentechnik*; di: Hochsch. Zittau / Görlitz, Fak. Elektrotechnik u. Informatik, Theodor-Körner-Allee 16, 02763 Zittau, T: (03583) 611870, r.thiele@hs-zigr.de

**Thiele,** Wolfram; Dr. rer. nat., HonProf.; *Elektrotechnik, Informatik*; di: FH Stralsund, FB Elektrotechnik u. Informatik, Zur Schwedenschanze 15, 18435 Stralsund, T: (03831) 456581, Wolfram.Thiele@fh-stralsund.de

**Thieleke,** Gerd; Dr. Ing., Prof.; *Strömungslehre, Strömungsmaschinen, Energiesystemtechnik*; di: Hochsch. Ravensburg-Weingarten, Doggenriedstr., 88250 Weingarten, PF 1261, 88241 Weingarten, T: (0751) 5019564, thieleke@hs-weingarten.de

**Thieleman,** Christiane; Dr.-Ing., Prof.; *Grundlagen der Elektrotechnik, Mikrosystemtechnik*; di: Hochsch. Aschaffenburg, Fak. Ingenieurwiss., Würzburger Str. 45, 63743 Aschaffenburg, T: (06021) 314817, christiane.thieleman@fh-aschaffenburg.de

**Thielemann,** Frank; Dr. rer. oec., Prof.; *Betriebswirtschaftslehre für Ingenieure*; di: FH Aachen, FB Angewandte Naturwiss. u Technik, Ginsterweg 1, 52428 Jülich, T: (0421) 600953046, thielemann@fh-aachen.de; pr: Hülsbergstr. 88, 44797 Bochum, T: (0234) 793565

**Thielemann,** Frank; Dr.-Ing., Prof.; *Technische Mechanik, Festigkeitslehre, Konstruktion*; di: Hochsch. München, Fak. Maschinenbau, Fahrzeugtechnik, Flugzeugtechnik, Dachauer Str. 98b, 80335 München, T: (089) 12651231, F: 12651392, frank.thielemann@fhm.edu

**Thielemann,** Michael; Dr.-Ing., Prof.; *Wärmelehre*; di: FH Lübeck, FB Maschinenbau u. Wirtschaft, Mönkhofer Weg 136-140, 23562 Lübeck, T: (0451) 5005523, michael.thielemann@fh-luebeck.de; pr: T: (04531) 87951

**Thielen,** Herbert; Dipl.-Ing., Dr.-Ing., Prof.; *Übertragungstechnik und Datensicherheit, Rechnertechnik*; di: FH Worms, FB Informatik, Erenburgerstr. 19, 67549 Worms, thielen@fh-worms.de

**Thielen,** Knut; Dr.-Ing., Prof.; *Thermodynamik, Energietechnik, Wärmewirtschaft, Strömungslehre*; di: Techn. Hochsch. Mittelhessen, FB 14 Wirtschaftsingenieurwesen, Wilhelm-Leuschner-Str. 13, 61169 Friedberg, T: (06031) 604528; pr: Römerstr. 17a, 61273 Wehrheim, T: (06081) 687357, Knut.Thielen@t-online.de

**Thielhorn,** Ulrike; Prof.; *Angewandte Pflegewissenschaft*; di: Kath. Hochsch. Freiburg, Karlstr. 63, 79104 Freiburg, T: (0761) 200449, thielhorn@kfh-freiburg.de

**Thieling,** Lothar; Dr.-Ing., Prof.; *Digitaltechnik u. angewandte Nachrichtenverarbeitung*; di: FH Köln, Fak. f. Informations-, Medien- u. Elektrotechnik, Betzdorfer Str. 2, 50679 Köln, T: (0221) 82752469, lothar.thieling@fh-koeln.de

**Thielmann,** Thomas; Dr. rer. nat., Prof.; *Organische Chemie, Ökologische Chemie*; di: HAWK Hildesheim / Holzminden / Göttingen, Fak. Management, Soziale Arbeit, Bauen, Billerbeck 2, 37603 Holzminden, T: (05531) 126108

**Thiels,** Cornelia; Dr. med., Prof.; *Sozialmedizin, insbes. Sozialpädiatrie einschl. medizinischer Heilpädagogik, Sozialhygiene*; di: FH Bielefeld, FB Sozialwesen, Kurt-Schumacher-Str. 6, 33615 Bielefeld, T: (0521) 1067848, cornelia.thiels@fh-bielefeld.de; pr: Große-Kurfürsten-Str. 8, 33615 Bielefeld, cornelia.thiels@t-online.de

**Thiem,** Gerhard; Dr.-Ing. habil., Prof.; *Elektrotechnik*; di: Hochsch. Mittweida, Fak. Elektro- u. Informationstechnik, Technikumplatz 17, 09648 Mittweida, T: (03727) 581626, F: 581646, thiem@htwm.de; pr: Johannes-Dick-Str. 38, 09123 Chemnitz

**Thiem,** Jörg; Dr.-Ing., Prof.; *Elektrotechnik, Technische Informatik, Messtechnik und Sensorik*; di: FH Bielefeld, FB Technik, Ringstraße 94, 32427 Minden, T: (0571) 8385207, F: 8385240, joerg.thiem@fh-bielefeld.de

**Thiemann,** Helge; Dr. phil., Prof.; *Psychologie, Schwerpunkt psycholog. Aspekte des heilpädagogischen Handelns*; di: Ev. FH Rhld.-Westf.-Lippe, Heilpädagogik u. Pflege, Immanuel-Kant-Str. 18-20, 44803 Bochum, T: (0234) 36901323, thiemann@efh-bochum.de

**Thiemann,** Peter; Dr.-Ing., Prof.; *Antriebssysteme und Leistungselektronik*; di: FH Südwestfalen, FB Elektr. Energietechnik, Lübecker Ring 2, 59494 Soest, T: (02921) 378436, F: 378180, p.thiemann@fh-swf.de; pr: Freiherr-von-Stein-Str. 20, 59387 Herbern, T: (02599) 7264

**Thieme,** Lutz; Dr., Prof., Dekan; *Sportmanagement*; di: H Koblenz, FB Wirtschafts- u. Sozialwissenschaften, RheinAhrCampus, Joseph-Rovan-Allee 2, 53424 Remagen, T: (02642) 932225, thieme@rheinahrcampus.de

**Thieme,** Werner M.; Dr. rer. pol., Prof.; *Marketing*; di: Hochsch. München, Fak. Betriebswirtschaft, Am Stadtpark 20 (Neubau), 81243 München, T: (089) 12652739, F: 12652714, werner.thieme@fhm.edu

**Thieme-Hack,** Martin; Dipl.-Ing., Prof.; *Baubetrieb im Landschaftsbau*; di: Hochsch. Osnabrück, Fak. Agrarwiss. u. Landschaftsarchitektur, Oldenburger Landstr. 24, 49090 Osnabrück, T: (0541) 9695177, F: 96915177, m.thieme-hack@hs-osnabrueck.de

**Thiemer,** Andreas; Dr. rer. pol., Prof.; *VWL mit quantitativer Ausrichtung und methodischem EDV-Einsatz*; di: FH Kiel, FB Wirtschaft, Sokratesplatz 2, 24149 Kiel, T: (0431) 2103533, F: 21063825, andreas.thiemer@fh-kiel.de; pr: Lohrbergstr. 37, 50939 Köln, T: (0221) 461079

**Thienel,** Paul; Dr.-Ing., Prof.; *Fertigungsverfahren / Kunststoffe, Kunststoffverarbeitungsmaschinen*; di: FH Südwestfalen, FB Maschinenbau, Frauenstuhlweg 31, 58644 Iserlohn, T: (02371) 566166, F: 566251, thienel@fh-swf.de; pr: Eichenhohl 5, 58644 Iserlohn, T: (02371) 52275

**Thierau,** Thomas; Prof., RA; *Baubetrieb / Projektentwicklung*; di: FH Münster, FB Bauingenieurwesen, Corrensstr. 25, 48149 Münster, T: (0251) 8365245, Thierau@redeker.de

**Thierauf,** Thomas; Dr. rer. nat. habil., Prof.; *Mathematik, theoretische Informatik, Parallel Computing*; di: Hochsch. Aalen, Fak. Elektronik u. Informatik, Beethovenstr. 1, 73430 Aalen, T: (07361) 5764376, thomas.thierauf@htw-aalen.de

**Thierbach,** Wolfgang; Dr.-Ing., Prof.; *Elektrophysik*; di: HTWK Leipzig, FB Elektrotechnik u. Informationstechnik, PF 301166, 04251 Leipzig, T: (0341) 30761172

**Thiere,** Karl; Dr., HonProf.; *Forderungsmanagement*; di: Hochsch. Kempten, Fak. Betriebswirtschaft, PF 1680, 87406 Kempten; Landgericht Memmingen, Präsidium, Hallhof 1+4, 87700 Memmingen

**Thiermeier,** Markus; Dr., Prof.; *Finanzierung u. Investition, Management in KMU*; di: HTW Berlin, FB Wirtschaftswiss. I, Treskowallee 8, 10318 Berlin, T: (030) 50192438, m.thiermeier@HTW-Berlin.de

**Thiermeyer,** Michael; Dr.-Ing., Prof.; *Medienlehre u. -gestaltung, Kommunikationsdesign, Content-Entwicklung*; di: Hochsch. Amberg-Weiden, FB Elektro- u. Informationstechnik, Kaiser-Wilhelm-Ring 23, 92224 Amberg, T: (09621) 482316, F: 482161, m.thiermeyer@fh-amberg-weiden.de

**Thies,** Barbara; Dr. phil. habil., Prof. TU Braunschweig; *Sozialpädagogik mit Schwerpunkt Kinder- und Jugendhilfe; Elementarpädagogik; Qualitative Sozialforschung; Interkulturelle Bildung*; di: TU, Inst. f. Pädagogische Psychologie, Bienroder Weg 82, 38106 Braunschweig, T: (0531) 39194002, barbara.thies@tu-bs.de

**Thies,** Peter; Dr., Prof.; *Software-Engineering*; di: Hochsch. d. Medien, Fak. Information u. Kommunikation, Wolframstr. 32, 70191 Stuttgart, T: (0711) 25706194

**Thiesen,** Ulrich-Peter; Dr., Prof.; *Engine Design*; di: FH Frankfurt, FB 2 Informatik u. Ingenieurwiss., Nibelungenplatz 1, 60318 Frankfurt am Main, T: (069) 15332378, thiesen@fb2.fh-frankfurt.de

**Thiesing,** Ernst-Otto; Dr., Prof.; *Tourismusmanagement*; di: Ostfalia Hochsch., Fak. Verkehr-Sport-Tourismus-Medien, Karl-Scharfenberg-Str. 55-57, 38229 Salzgitter, e-o.thiesing@Ostfalia.de

**Thiesing,** Frank M.; Dipl.-Math., Dr. rer. nat., Prof.; *Software-Engineering, Mathematik*; di: Hochsch. Osnabrück, Fak. Ingenieurwiss. u. Informatik, Barbarastr. 16, 49076 Osnabrück, T: (0541) 9693127, f.thiesing@hs-osnabrueck.de

**Thiessen,** Jens Peter; Dipl.-Ing., Prof.; *Entwerfen, Angewandte Informatik*; di: Jade Hochsch., FB Architektur, Ofener Str. 16-19, 26121 Oldenburg, T: (0180) 5678073326, F: 5678073214, thiesen@jade-hs.de

**Thiessen,** Rainer; Dr.-Ing., Prof.; *Messtechnik*; di: Hochsch. München, Fak. Maschinenbau, Fahrzeugtechnik, Flugzeugtechnik, Dachauer Str. 98b, 80335 München, T: (089) 12651448, F: 12651392, rainer.thiessen@fhm.edu

**Thiessen,** Thomas; Dr., Prof., Rektor; *Mittelstandsmanagement*; di: Business School (FH), Große Weinmeisterstr. 43 a, 14469 Potsdam, T: (0331) 97910222, thomas.thiessen@businessschool-potsdam.de

**Thietke,** Jörg; Dr., Prof.; *Technik*; di: DHBW Lörrach, Hangstr. 46-50, 79539 Lörrach, T: (07621) 2071336, F: 2071139, thietke@dhbw-loerrach.de

**Thimm,** Heiko; M. Sc., Dr.-Ing., Prof.; *Allg. BWL, Wirtschaftsinformatik*; di: Hochsch. Pforzheim, Fak. f. Technik, Tiefenbronner Str. 66, 75175 Pforzheim, T: (07231) 286451, F: 287451, heiko.thimm@hs-pforzheim.de

**Thimm,** Karl-Heinz; Dr. phil., Prof.; *Soziale Arbeit, Jugendsozialarbeit*; di: Ev. Hochsch. Berlin, Prof. f. Soziale Arbeit, PF 370255, 14132 Berlin, T: (030) 845821289, thimm@eh-berlin.de

**Thimmel,** Andreas; Dr., Prof.; *Wissenschaft der Sozialen Arbeit / Sozialpädagogik*; di: FH Köln, Fak. f. Angewandte Sozialwiss., Mainzer Str. 5, 50678 Köln, T: (0221) 82753344; pr: andreas.thimmel@main-rheiner.de

**Thißen,** Nikolaus; Dr., Prof.; *Ressourceneffizienzmanagement, innovative Verfahrenstechnik*; di: Hochsch. Pforzheim, Fak. f. Technik, Tiefenbronner Str. 65, 75175 Pforzheim

**Thoden,** Bernd; Dr.-Ing., Prof.; *Werkstofftechnik*; di: Jade Hochsch., FB Ingenieurwissenschaften, Friedrich-Paffrath-Str. 101, 26389 Wilhelmshaven, T: (04421) 9852727, F: 9852304, bernd.thoden@jade-hs.de; pr: Dettmar-Coldewey-Weg 6, 26386 Wilhelmshaven, T: (04421) 699633

**Thöne,** Sebastian; Dr., Prof.; *Informatik, Wirtschaftsinformatik*; di: FH Münster, FB Wirtschaft, Johann-Krane-Weg 25, 48149 Münster, T: (0251) 8365552, F: 8365525, sebastian.thöne@fh-muenster.de

**Thönnessen,** Joachim; M.A., Dipl.-Soziologe, Dr. biol. hom., Prof.; *Sozialwissenschaft, insb. empirische Wirtschafts- und Sozialforschung*; di: Hochsch. Osnabrück, Fak. Wirtschafts- u. Sozialwiss., Caprivistr. 30a, 49076 Osnabrück, T: (0541) 6963788, j.thoennessen@hs-osnabrueck.de; pr: Gerhard-Kues-Str. 14, 49808 Lingen, T: (0591) 9669315, thoennessen@ginko.de

**Thönnissen,** Jochen; Dr.-Ing., Prof.; *Kraft- und Arbeitsmaschinen, Thermodynamik*; di: Hochsch. Ulm, Fak. Maschinenbau u. Fahrzeugtechnik, PF 3860, 89028 Ulm, T: (0731) 5016813, thoennissen@hs-ulm.de

**Thol-Hauke,** Angelika; Dr. theol., Prof., Rektorin; *Systematische Theologie, Evangelische Religionspädagogik*; di: Ev. Hochsch. Berlin, Prof. f. Systematische Theologie, PF 370255, 14132 Berlin, T: (030) 84582100, F: 84582446, thol-hauke@eh-berlin.de

**Thole,** Peter; Dr.-Ing., Prof.; *Konstruktion und Fertigungsvorbereitung, Projektmanagement, Qualitätsmanagement*; di: Hochsch. Karlsruhe, Fak. Wirtschaftswissenschaften, Moltkestr. 30, 76133 Karlsruhe, PF 2440, 76012 Karlsruhe, T: (0721) 9251978

**Thole,** Volker; Dr.-Ing., Prof.; *Holzverwendung, Fertigungstechnik (Holzwerkstoffe), Verfahrenstechnik*; di: Hochsch. f. nachhaltige Entwicklung, FB Holztechnik, Alfred-Möller-Str. 1, 16225 Eberswalde, T: (03334) 657390, Volker.Thole@hnee.de; Fraunhofer-Institut f. Holzforschung, Bienroder Weg 54 E, 38108 Braunschweig, T: (0531) 2155344, volker.thole@wki.fhg.de

**Thoma,** Armin; Dr.-Ing., Prof.; *Wirtschaftsinformatik*; di: Hochsch. f. nachhaltige Entwicklung, FB Nachhaltige Wirtschaft, Friedrich-Ebert-Str. 28, 16225 Eberswalde, T: (03334) 657345, F: 657450, athoma@hnee.de

**Thoma,** Birgit; Dr., Prof.; *Recht in der Sozialen Arbeit*; di: Alice-Salomon-Hochsch., Alice-Salomon-Platz 5, 12627 Berlin, T: (030) 99245526, thoma@ash-berlin.eu

**Thoma,** Christoph; Dr. rer. nat., Prof.; *Technische Optik, Technische Mikroskopie*; di: Jade Hochsch., FB Ingenieurwissenschaften, Friedrich-Paffrath-Str. 101, 26389 Wilhelmshaven, T: (04421) 9852484, F: 9852623, christoph.thoma@jade-hs.de

**Thomanek,** Hans-Joachim; Dr.-Ing. habil., Prof.; *Elektronik, Signal- und Systemtheorie*; di: Hochsch. Mittweida, Fak. Elektro- u. Informationstechnik, Technikumplatz 17, 09648 Mittweida, T: (03727) 581258

**Thomas,** Bernd; Dr.-Ing., Prof.; *Technische Wärmelehre, Wärmelabor sowie Grundlagen der Technischen Mechanik (Statik)*; di: Hochsch. Reutlingen, FB Elektrotechnik u. Maschinenbau, Alteburgstr. 150, 72762 Reutlingen, T: (07121) 271362, bernd.thomas@fh-reutlingen.de; pr: Nördlinger Str. 47, 72760 Reutlingen, T: (07121) 61448

**Thomas,** Christoph; Dr. rer. nat., Prof.; *Data Warehouse, Graphical User Interfaces, Wirtschaftsinformatik*; di: FH Frankfurt, FB 2 Informatik u. Ingenieurwiss., Nibelungenplatz 1, 60318 Frankfurt am Main, T: (069) 15332711, cthomas@fb2.fh-frankfurt.de

**Thomas,** Jens; Dipl.-Ing., Dr. rer. hort., Prof.; *Baubetrieb im Landschaftsbau*; di: Hochsch. Osnabrück, Fak. Agrarwiss. u. Landschaftsarchitektur, Oldenburger Landstr. 24, 49090 Osnabrück, T: (0541) 9695184, F: 9695051, j.thomas@hs-osnabrueck.de; pr: Rostocker Str. 25, 49090 Osnabrück, T: (0541) 6854285

**Thomas,** Karl; Dr., HonProf.; *Bürgerliches Recht*; di: Hochsch. f. Öffentl. Verwaltung Bremen, Doventorscontrescarpe 172, 28195 Bremen

**Thomas,** Noel; B.Sc., Ph.D., Prof.; *Mineralogie, Kristallographie, Glastechnologie*; di: H Koblenz, FB Ingenieurwesen, Rheinstr. 56, 56203 Höhr-Grenzhausen, T: (02624) 910918, F: 910940, thomas@fh-koblenz.de

**Thomas,** Robert; Dipl.-Ing., Prof.; *Automatisierungstechnik, Industrielle Steuerungstechnik, Roboter- und NC-Technik, Prozessdatenverarbeitung, Bussysteme, Digitaltechnik*; di: Hochsch. Coburg, Fak. Elektrotechnik / Informatik, Friedrich-Streib-Str. 2, 96450 Coburg, T: (09561) 317458, thomas@hs-coburg.de; pr: Am Ölberg 1, 96450 Coburg, T: (09561) 34402

**Thomas,** Sven; Dr. phil., Prof.; *Ästhetische Bildung, Film u. Neue Medien*; di: Ev. FH Rhld.-Westf.-Lippe, FB Soziale Arbeit, Bildung u. Diakonie, Immanuel-Kant-Str. 18-20, 44803 Bochum, T: (0234) 36901192, thomas@efh-bochum.de

**Thomasberger,** Claus; Dr. rer. pol., Prof.; *Internationales Management*; di: HTW Berlin, FB Wirtschaftswiss. I, Treskowallee 8, 10318 Berlin, T: (030) 50192557, c.thomasberger@HTW-Berlin.de; pr: Rotdornstr. 8, 12161 Berlin

**Thomaschewski,** Dieter; Dr. rer. pol., Prof.; *Betriebswirtschaftslehre, insbes. Management*; di: FH Ludwigshafen, FB I Management und Controlling, Ernst-Boehe-Str. 4, 67059 Ludwigshafen, T: (0621) 5203191, dieter.thomaschewski@fh-ludwigshafen.de

**Thomaschewski,** Jörg; Dr. rer. nat., Prof.; *Inter- und Intranet-Anwendungen*; di: Hochsch. Emden / Leer, FB Technik, Constantiaplatz 4, 26723 Emden, T: (04921) 8071805, F: 8071943, jt@imut.de; pr: Anton-Bruckner-Str. 18c, 26121 Emden, T: (04921) 918188

**Thome,** Udo; Dr. sc. agr., Prof.; *Pflanzenbau, Grünlandlehre*; di: Hochsch. Neubrandenburg, FB Agrarwirtschaft u. Lebensmittelwiss., Brodaer Str. 2, 17033 Neubrandenburg, PF 110121, 17041 Neubrandenburg, T: (0395) 56932110, thome@hs-nb.de

**Thometzek,** Peter; Dr. rer. nat., Prof.; *Allgemeine und Anorganische Chemie*; di: Hochsch. Esslingen, Fak. Angew. Naturwiss., Kanalstr. 33, 73728 Esslingen, T: (0711) 3973117; pr: Klingenbachstr. 5s, 70329 Stuttgart, T: (0711) 1203843

**Thoms,** Michael; Dr. rer. nat., Dr.-Ing. habil., Prof.; *Werkstoffwissenschaften, Medizinphysik*; di: Hochsch. Ansbach, FB Ingenieurwissenschaften, Residenzstr. 8, 91522 Ansbach, T: (0981) 4877250, michael.thoms@fh-ansbach.de; Univ., Inst. Werkstoffe d. Elektrotechnik WW 6, Martensstr. 7, 91058 Erlangen, T: (07142) 771760, F: 771761, michael.thoms.erlangen@t-online.de

**Thoms-Meyer,** Dirk; Dr. rer. pol., Prof.; *BWL, insbes. Betriebliche Steuerlehre u. Prüfungswesen*; di: FH Münster, FB Wirtschaft, Corrensstr. 25, 48149 Münster, T: (0251) 8365613, F: 8365502, thoma-meyer@fh-muenster.de

**Thomson,** J. Neil; Dr. (Ph.D.), Prof.; *International Business and Business Administration*; di: Georg-Simon-Ohm-Hochsch. Nürnberg, Fak. Betriebswirtschaft, Bahnhofsstr. 87, 90402 Nürnberg, PF 210320, 90121 Nürnberg

**Thomzik,** Markus; Dr. rer. oec., Prof.; *BWL, Facility Management*; di: Westfäl. Hochsch., FB Maschinenbau u. Facilities Management, Neidenburger Str. 10, 45877 Gelsenkirchen, T: (0209) 9596142, F: 9596323, markus.thomzik@fh-gelsenkirchen.de

**Thonfeld,** Wolfgang; Prof.; *Mechanische Bauelemente, Getriebetechnik*; di: FH Jena, FB SciTec, Carl-Zeiss-Promenade 2, 07745 Jena, PF 100314, 07703 Jena, T: (03641) 205400, F: 205401, ft@fh-jena.de

**Thorn,** Stephanie; Dr., Prof.; *Wirtschaftsmathematik, Statistik, Produktionswirtschaft*; di: FH Dortmund, FB Informatik, Emil-Figge-Str. 42, 44227 Dortmund, T: (0231) 7754965, stephanie.Thorn@fh-dortmund.de

**Thorn,** Wolfgang; Dipl.-Inform., Dr. rer. biol. hum., Prof., Dekan FB Informatik; *Betriebssysteme, Datenstrukturen, Datenbanken, Grundlagen der Informatik*; di: FH Worms, FB Informatik, Erenburgerstr. 19, 67549 Worms, T: (06241) 509257, F: 509222, thorn@fh-worms.de

**Thost,** Martin; Dr., Prof.; *Software-Engineering*; di: Hochsch. Hof, Alfons-Goppel-Platz 1, 95028 Hof, T: (09281) 409446, F: 40955446, Martin.Thost@fh-hof.de

**Thren,** Martin; Dr., Dr. h.c., Prof.; *Forstpolitik, Waldmesslehre, Waldbau*; di: HAWK Hildesheim/Holzminden/Göttingen, Fak. Ressourcenmanagement, Büsgenweg 1a, 37077 Göttingen, T: (0551) 5032256, F: 5032200

**Throm,** Michael; Prof.; *Visuelle Kommunikation*; di: Hochsch. Pforzheim, Fak. f. Gestaltung, Östliche Karl-Friedr.-Str. 2, 75175 Pforzheim, T: (07231) 286856, F: 286040, michael.throm@hs-pforzheim.de

**Thümmel,** Andreas; Dr. rer. nat., Prof.; *Mathematik*; di: Hochsch. Darmstadt, FB Mathematik u. Naturwiss., Haardtring 100, 64295 Darmstadt, T: (06151) 168666, thuemmel@h-da.de

**Thümmler,** Axel; Dr., Prof.; *Mathematik und Simulation*; di: Hochschule Hamm-Lippstadt, Marker Allee 76-78, 59063 Hamm, T: (02381) 8789809, axel.thuemmler@hshl.de

**Thüringer,** Rainer; Dr. rer. nat., Prof.; *Gerätekonstruktion, Elektronik-Technologie, Leiterplatten, CAE/CAD*; di: Techn. Hochsch. Mittelhessen, FB 02 Elektro- u. Informationstechnik, Wiesenstr. 14, 35390 Gießen, T: (0641) 3091917, Rainer.Thüringer@ei.fh-giessen.de; pr: Hochstr. 18, 35398 Gießen, T: (06403) 76296

**Thulesius,** Matthias; Dr., Prof.; *Internationale Logistik*; di: HAW Hamburg, Fak. Wirtschaft u. Soziales, Berliner Tor 5, 20099 Hamburg, T: (040) 428756966, matthias.thulesius@haw-hamburg.de

**Thull,** Bernhard; Dr. rer. nat., Prof.; *Wissensmanagement und Informationsdesign*; di: Hochsch. Darmstadt, FB Media, Haardtring 100, 64295 Darmstadt, T: (06151) 168392, bernhard.thull@fbmedia.h-da.de; pr: T: (06062) 266357

**Thurl,** Stephan; Dr., Prof.; *Chemie, Lebensmittelchemie, Lebensmittelrecht*; di: Hochsch. Fulda, FB Lebensmitteltechnologie, Marquardstr. 35, 36039 Fulda

**Thurm,** Manuela; Dr., Prof.; *BWL, Handel, Industrie*; di: DHBW Heidenheim, Fak. Wirtschaft, Marienstr. 20, 89518 Heidenheim, T: (07321) 2722236, F: 2722239, thurm@dhbw-heidenheim.de

**Thurner,** Franz; Dr., Prof.; *Anlagenplanung, Apparatekunde, Werkstoffkunde, Strömungslehre, Stoff- und Wärmeübertragung, Technisches Zeichnen*; di: Hochsch. Weihenstephan-Triesdorf, Fak. Biotechnologie u. Bioinformatik, Am Hofgarten 10, 85350 Freising, T: (08161) 715393, F: 715116, franz.thurner@fh-weihenstephan.de

**Thurner,** Herbert; Dr., Prof.; *Schaltungstechnik, Hochfrequenztechnik, Informations- und Systemtheorie, Rechnergestützter Schaltungsentwurf, IC System Design*; di: Hochsch. Rosenheim, Fak. Ingenieurwiss., Hochschulstr. 1, 83024 Rosenheim, T: (08031) 805718, F: 805702

**Thurner,** Veronika; Dipl.-Inf., Dr., Prof.; *Software-Engineering*; di: Hochsch. München, Fak. Informatik u. Mathematik, Lothstr. 34, 80335 München, T: (089) 12653749, veronika.thurner@hm.edu

**Thurnes,** Christian; Dr., Prof.; *Betriebswirtschaftslehre*; di: FH Kaiserslautern, FB Betriebswirtschaft, Amerikastr. 1, 66482 Zweibrücken, T: (06332) 37245242, christian.thurnes@fh-kl.de

**Thut,** Doris; Dipl.-Ing., Prof.; *Baukonstruktion, Entwerfen*; di: Hochsch. München, Fak. Architektur, Karlstr. 6, 80333 München, T: (089) 12652625, doris.thut@fhm.edu

**Thuy,** Peter; Dr. rer. pol. habil., Prof., Rektor; *Volkswirtschaftslehre*; di: Int. Hochsch. Bad Honnef, Mülheimer Str. 38, 53604 Bad Honnef, T: (02224) 9605200, p.thuy@fh-bad-honnef.de

**Thye,** Iris; Dr., Prof.; *Sozialwissenschaften, Verwaltungs- u. Bildungssoziologie*; di: Hochsch. Osnabrück, Fak. Wirtschafts- u. Sozialwiss., Caprivistr. 30 A, 49076 Osnabrück, T: (0541) 9693745, i.thye@hs-osnabrueck.de

**Tickenbrock,** Lara; Dr., Prof.; *Biologie und Biochemie*; di: Hochschule Hamm-Lippstadt, Marker Allee 76-78, 59063 Hamm, T: (02381) 8789405, lara.tickenbrock@hshl.de

**Tiebel,** Christoph; Dr. rer. pol., Prof.; *Industriebetriebslehre, Controlling, Marketing*; di: Hochsch. Heilbronn, Fak. f. Technik u. Wirtschaft, Daimlerstr. 35, 74653 Künzelsau, T: (07940) 1306233, tiebel@hs-heilbronn.de

**Tiedemann,** Kai Jörg; Dr., Prof.; *Ökologie und Umwelt*; di: Hochsch. Rhein-Waal, Fak. Kommunikation u. Umwelt, Südstraße 8, 47475 Kamp-Lintfort, T: (02842) 90825251, kai.tiedemann@hochschule-rhein-waal.de

**Tiedemann,** Roland; Dr.-Ing., Prof.; *Leistungselektronik*; di: FH Lübeck, FB Elektrotechnik u. Informatik, Mönkhofer Weg 239, 23562 Lübeck, T: (0451) 3005049, roland.tiedemann@fh-luebeck.de

**Tiedemann,** Wolf-Dieter; Dr. rer. nat., Prof.; *Technische Informatik, Rechnernetze u. Rechnerarchitektur*; di: HAW Ingolstadt, Fak. Elektrotechnik u. Informatik, Esplanade 10, 85049 Ingolstadt, T: (0841) 9348231, wolf-dieter.tiedemann@haw-ingolstadt.de

**Tiedge,** Jürgen; Dr. rer. nat. habil., Prof.; *Mathematik/Statistik*; di: Hochsch. Magdeburg-Stendal, FB Wasser- u. Kreislaufwirtschaft, Breitscheidstr. 2, 39114 Magdeburg, T: (0391) 8864420, juergen.tiedge@hs-magdeburg.de

**Tiedt,** Rolf-Peter; Dr.-Ing. habil., Prof.; *Numerische Mathematik, Informatik*; di: Hochsch. Wismar, Fak. f. Ingenieurwiss., PF 1210, 23952 Wismar, T: (03841) 753536, r.tiedt@mb.hs-wismar.de

**Tiefel,** Thomas; Dr., Prof.; *Allgemeine BWL*; di: Hochsch. Amberg-Weiden, FB Maschinenbau u. Umwelttechnik, Kaiser-Wilhelm-Ring 23, 92224 Amberg, T: (09621) 482218, F: 482145, t.tiefel@fh-amberg-weiden.de

**Tielking,** Knut; Dr. rer. pol., Prof.; *Gesundheitsökonomie, Soziale Arbeit und Gesundheit*; di: Hochsch. Emden/Leer, FB Soziale Arbeit u. Gesundheit, Constantiaplatz 4, 26723 Emden, T: (04921) 8071246, knut.tielking@hs-emden-leer.de

**Tiemann,** Heike; Dr. phil., Prof.; di: Ostfalia Hochsch., Fak. Sozialwesen, Ludwig-Winter-Str. 2, 38120 Braunschweig, h.tiemann@ostfalia.de

**Tiemann,** Rüdiger C.; Dr.-Ing., Prof.; *Automobilbau und -technik, insbes. Entwicklung, Konstruktion und Produktion*; di: FH Bingen, FB Technik, Informatik, Wirtschaft, Berlinstr. 109, 55411 Bingen, T: (06721) 409288, F: 409104, tiemann@fh-bingen.de

**Tiemann,** Susanne; Dr. jur., HonProf. U Bonn, Prof. Kath. FH NRW, Abt. Köln, Prorektorin f. Forschung u. Weiterbildung; *Sozialversicherungsrecht, insbes. Krankenversicherungsrecht, Verwaltungsrecht u. Sozialmanagement*; di: Kath. Hochsch. NRW, Abt. Köln, FB Sozialwesen, Wörthstr. 10, 50668 Köln, T: (0221) 7757183, F: 7757180, s.tiemann@kfhnw.de; pr: Stefan-Lochner-Str. 11, 50999 Köln, T: (0221) 2807871, F: 2807872, sutiemann@aol.com

**Tiesler,** Nicolas; Dr., Prof.; *Maschinenbau*; di: Hochsch. f. angew. Wiss. Würzburg Schweinfurt, Fak. Maschinenbau, Ignaz-Schön-Str. 11, 97421 Schweinfurt

**Tieste,** Karl-Dieter; Dr.-Ing., Prof.; *Elektrische Maschinen, Leistungselektronik*; di: Ostfalia Hochsch., Fak. Elektrotechnik, Salzdahlumer Str. 46/48, 38302 Wolfenbüttel, T: (05331) 9393314, k-d.tieste@ostfalia.de

**Tietze,** Ingela; Dr., Prof.; *Mittelstandsmanagement, Energiemanagement, Energietechnik*; di: Hochsch. Niederrhein, FB Wirtschaftswiss., Webschulstr. 41-43, 41065 Mönchengladbach, T: (02151) 8226691, ingela.tietze@hs-niederrhein.de

**Tietze,** Jürgen; Dr. rer. nat., Prof.; *Wirtschafts- und Finanzmathematik*; di: FH Aachen, FB Wirtschaftswissenschaften, Eupener Str. 70, 52066 Aachen, T: (0241) 600951923, tietze@fh-aachen.de; pr: Langenbruchweg 69, 52080 Aachen, T: (0241) 165615

**Till,** Markus; Dr.-Ing., Prof.; *Datenverarbeitung, Modellierung und Simulation, Antriebstechnik*; di: Hochsch. Ravensburg-Weingarten, Doggenriedstr., 88250 Weingarten, PF 1261, 88241 Weingarten, T: (0751) 5019815, F: 5019832, markus.till@hs-weingarten.de

**Tille,** Carsten; Dr.-Ing., Prof.; *Konstruktion, Maschinenelemente, CAD*; di: Hochsch. München, Fak. Maschinenbau, Fahrzeugtechnik, Flugzeugtechnik, Dachauer Str. 98b, 80335 München, T: (089) 12651330, carsten.tille@hm.edu

**Tille,** Ralph; Prof.; *Design interaktiver Medien*; di: Hochsch. d. Medien, Fak. Information u. Kommunikation, Wolframstr. 32, 70191 Stuttgart, T: (0711) 25706167

**Tillmann,** Angela; Dr., Prof.; *Jugendmedienforschung, Mediensozialisation, Kulturpädagogik*; di: FH Köln, Fak. f. Angewandte Sozialwiss., Mainzer Str. 5, 50678 Köln, T: (0221) 82753677, angela.tillmann@fh-koeln.de; pr: Bergisch Gladbacher Str. 1117, 51069 Köln

**Tillmann,** Hartwig; Dr. rer. nat., Prof.; *Organische Chemie, Polymere*; di: Hochsch. Fresenius, Breithauptstr. 3-5, 08056 Zwickau, T: (0375) 2732396, tillmann@hs-fresenius.de

**Tillmann,** Oliver; Dr., Prof.; *Steuerrecht, Privatrecht*; di: Hochsch. Osnabrück, Fak. Wirtschafts- u. Sozialwiss., Caprivistr. 30a, 49076 Osnabrück, T: (0541) 9692077, tillmann@wi.hs-osnabrueck.de

**Tillmanns,** Reiner; Dr., Prof.; *Allgemeines Verwaltungsrecht, Staats- und Europarecht, Öffentliches Baurecht*; di: FH f. öffentl. Verwaltung NRW, Abt. Köln, Thürmchenswall 48-54, 50668 Köln, reiner.tillmanns@fhoev.nrw.de

**Tilp,** Helmut; Dr., Prof.; *Verwaltungsrecht*; di: FH Nordhausen, FB Wirtschafts- u. Sozialwiss., Weinberghof 4, 99734 Nordhausen, T: (03631) 420542, F: 420817, tilp@fh-nordhausen.de

**Timm,** Gerhard; Dr., Prof.; *Gartenbauökonomie, Spezielle EDV, Landwirtschaftliche Steuerlehre, Rechnungswesen*; di: FH Erfurt, FB Gartenbau, Leipziger Str. 77, 99085 Erfurt, PF 101363, 99013 Erfurt, T: (0361) 6700240, F: 6700226, timm@fh-erfurt.de

**Timm,** Ulf J.; Dr., Prof.; *International Management*; di: FH Lübeck, FB Maschinenbau u. Wirtschaft, Mönkhofer Weg 239, 23562 Lübeck, T: (0451) 3005252, ulf.timm@fh-luebeck.de

**Timm,** Wolfgang; Dr.-Ing., Prof.; *Physik/Angewandte Physik*; di: Hochsch. Wismar, Fak. f. Ingenieurwiss., PF 1210, 23952 Wismar, T: (03841) 753331, w.timm@et.hs-wismar.de

**Timme,** Michael; Dr. jur., Prof.; *Wirtschaftsrecht, Handelsrecht, Bürgerliches Recht*; di: FH Aachen, FB Wirtschaftswissenschaften, Eupener Str. 70, 52066 Aachen, T: (0241) 600951961, timme@fh-aachen.de

**Timmer,** Gerald; Dipl.-Phys., Dr. rer. nat., Prof.; *Datenkommunikation und Betriebssysteme*; di: Hochsch. Osnabrück, Fak. Ingenieurwiss. u. Informatik, Artilleriestr. 46, 49076 Osnabrück, T: (0541) 9693153, F: 9692936, gtimmer@edvsz.hs-osnabrueck.de; pr: Steinkuhlenweg 5, 49143 Bissendorf, T: (05402) 5576

**Timmerberg,** Josef; Dr.-Ing. Prof.; *Elektronik und Numerik*; di: Jade Hochsch., FB Management, Information, Technologie, Friedrich-Paffrath-Str. 101, 26389 Wilhelmshaven, T: (04421) 9852372, F: 9852412, jt@jade-hs.de

**Timmermann,** Claus-Christian; Dr.-Ing., Prof.; *Höchstfrequenztechnik, Optische Nachrichtentechnik, Grundlagen der Elektrotechnik*; di: Hochsch. Mannheim, Fak. Informationstechnik, Windeckstr. 110, 68163 Mannheim

**Timmermann,** Willi; Dr. agr., Prof.; *Volkswirtschaftslehre mit d. Schwerpunkten Wirtschaftliche Entwicklung, Umweltökonomie u. Außenwirtschaft*; di: Hochsch. Bremen, Fak. Wirtschaftswiss., Werderstr. 73, 28199 Bremen, T: (0421) 59054110, F: 59054191, willitim@fbw.hs-bremen.de; pr: Neuseegalendorf, 23779 Neukirchen, T: (0170) 4800098, F: (04361) 8313

**Tinkl,** Werner; Dr.-Ing., Prof.; *Elektrische Messtechnik, Grundlagen der Elektrotechnik*; di: Hochsch. München, Fak. Elektrotechnik u. Informationstechnik, Dachauer Str. 98b, 80335 München, T: (089) 12653457, F: 12653403, trinkl@ee.fhm.edu

**Tinnefeld,** Marie-Theres; Dr. jur. utr., HonProf.; *Datenschutz, Wirtschaftsrecht*; di: Hochsch. München, Fak. Informatik u. Mathematik, Lothstr. 34, 80335 München

**Tipp,** Ulrich; Dr., Prof.; *Informatik, Mathematik*; di: Hochsch. Niederrhein, FB Elektrotechnik/Informatik, Reinarzstr. 49, 47805 Krefeld, T: (02151) 8224737, ulrich.tipp@hs-niederrhein.de

**Tippe,** Ulrike; Dr. rer. nat., Prof.; *Wirtschaftsinformatik*; di: Techn. Hochsch. Wildau, FB Betriebswirtschaft/Wirtschaftsinformatik, Bahnhofstr., 15745 Wildau, T: (03375) 508556, F: 500324, utippe@wi-bw.tfh-wildau.de

**Tischer,** Matthias; Dr., Prof.; *Ästhetik u. Kommunikation mit dem Schwerpunkt Kultur u. Musik*; di: Hochsch. Neubrandenburg, FB Soziale Arbeit, Bildung u. Erziehung, Brodaer Str. 2, 17033 Neubrandenburg, PF 110121, 17041 Neubrandenburg, T: (0395) 56935513, tischer@hs-nb.de

**Tischew,** Sabine; Dr. habil., Prof.; *Vegetationskunde und Landschaftsökologie*; di: Hochsch. Anhalt, FB 1 Landwirtschaft, Ökotrophologie, Landespflege, Strenzfelder Allee 28, 06406 Bernburg, T: (03471) 3551217, tischew@loel.hs-anhalt.de

**Tischner,** Wolfgang; Dipl.-Päd., Dr. paed., Prof.; *Pädagogik, Sozialpädagogik, systematische Beratung und Supervision*; di: Georg-Simon-Ohm-Hochsch. Nürnberg, Fak. Sozialwiss., Bahnhofstr. 87, 90402 Nürnberg, PF 210320, 90121 Nürnberg

**Tittmann,** Peter; Dr. rer. nat., Prof.; *Mathematik, Algebra*; di: Hochsch. Mittweida, Fak. Mathematik/Naturwiss./Informatik, Technikumplatz 17, 09648 Mittweida, T: (03727) 581031, F: 581315, peter@htwm.de

**Titze,** Karl; Dr., Prof.; *Klinische Psychologie und Kinder- und Jugendpsychiatrie*; di: Ev. Hochsch. Nürnberg, Fak. f. Sozialwissenschaften, Bärenschanzstr. 4, 90429 Nürnberg, T: (0911) 27253837, karl.titze@evhn.de

**Tjarks-Sobhani,** Marita; M.A., Dr. phil., Prof.; *Technische Redaktion*; di: Hochsch. f. Angewandte Sprachen München, Amalienstr. 73, 80799 München, T: (089) 28810222, mts.textagentur@hennig-tjarks.de

**Tjon,** Fabian; Dr. rer. oec., Prof.; *Logistik*; di: Techn. Hochsch. Mittelhessen, FB 21 Sozial- u. Kulturwiss., Wilhelm-Leuschner-Str. 13, 61169 Friedberg, T: (06031) 604593, Fabian.Tjon@suk.fh-friedberg.de

**Tobey,** Reinhold; Dipl.-Ing., Prof.; *Baukonstruktion, Baustofftechnologie*; di: Hochsch. Ostwestfalen-Lippe, FB 1, Architektur u. Innenarchitektur, Bielefelder Str. 66, 32756 Detmold, T: (05231) 76950, F: 769681, reinhold.tobey@hs-owl.de

**Tobiasch,** Edda; Dr. rer. nat., Prof.; *Genetik, Zellbiologie*; di: Hochsch. Bonn-Rhein-Sieg, FB Angewandte Naturwissenschaften, von-Liebig-Str. 20, 53359 Rheinbach, T: (02241) 865576, F: 8658576, edda.tobiasch@fh-bonn-rhein-sieg.de

**Todsen,** Uwe; Dr.-Ing., Prof.; *Kolbenmaschinen, Tribologie*; di: Hochsch. Hannover, Fak. II Maschinenbau u. Bioverfahrenstechnik, Ricklinger Stadtweg 120, 30459 Hannover, PF 920261, 30441 Hannover, T: (0511) 92961335, uwe.todsen@hs-hannover.de; pr: Karl-Jakob-Hirsch-Weg 6, 30455 Hannover, T: (0511) 497836

**Todtenhöfer,** Rainer; Dr., Prof.; *Projektmanagement, Datenorganisation, Software-Engineering*; di: Hochsch. Fulda, FB Angewandte Informatik, Marquardstr. 35, 36039 Fulda, T: (0661) 9640328, rainer.todtenhoefer@informatik.fh-fulda.de

**Többe-Schukalla,** Monika; Dr. phil., Prof.; *Politikwissenschaft, Sozialpolitik*; di: Kath. Hochsch. NRW, Abt. Münster, FB Sozialwesen, Heerdestr. 19, 48149 Münster, T: (05251) 122534, F: 122552, m.toebbe@kfhnw.de

**Töfke,** Susanne; Dr., Prof.; *Instrumentelle Analytik*; di: HAW Hamburg, Fak. Life Sciences, Lohbrügger Kirchstr. 65, 21033 Hamburg, T: (040) 428756443, susanne.toefke@haw-hamburg.de

**Tölle,** Klaus; Dr. rer. pol., Prof.; *Betriebswirtschaftslehre, Marketing*; di: Techn. Hochsch. Mittelhessen, FB 07 Wirtschaft, Wiesenstr. 14, 35390 Gießen, T: (0641) 3092721, Klaus.Toelle@w.fh-giessen.de; pr: Leonhardstr. 46, 61169 Friedberg, T: (06031) 14985

**Tölle,** Ursula; Dr. phil., Prof.; *Theorien und Konzepte Sozialer Arbeit*; di: Kath. Hochsch. NRW, Abt. Münster, FB Sozialwesen, Piusallee 89, 48147 Münster; pr: Schmüllingstr. 1, 48153 Münster, T: (0251) 212578

**Toemmler-Stolze,** Karsten; Dipl.-Psych., Dr. rer. nat., Prof., Dekan FB Wirtschaftsingenieurwesen und Gesundheitswesen; *Arbeitswissenschaft, Qualitätsmanagement, Personalwirtschaft*; di: Hochsch. Niederrhein, FB Wirtschaftsingenieurwesen u. Gesundheitswesen, Ondereyckstr. 3-5, 47805 Krefeld, T: (02151) 8226610

**Tönjes,** Ralf; Dr.-Ing., Prof.; *Mobilkommunikation, Projektmanagement*; di: Hochsch. Osnabrück, Fak. Ingenieurwiss. u. Informatik, Albrechtstr. 30, 49076 Osnabrück, T: (0541) 9692941, r.toenjes@hs-osnabrueck.de

**Toenniessen,** Fridtjof; Dr., Prof., Dekan FB Druck und Medien; *Informatik, Software-Engineering für Web-Anwendungen und Multimedia, Client-Server-Architekturen*; di: Hochsch. d. Medien, Fak. Druck u. Medien, Nobelstr. 10, 70569 Stuttgart, T: (0711) 89232101, toenniessen@hdm-stuttgart.de

**Toens,** Katrin; Dr., Prof.; *Politikwissenschaft*; di: Ev. Hochsch. Freiburg, Bugginger Str. 38, 79114 Freiburg i.Br., T: (0761) 4781287, toens@eh-freiburg.de

**Tönsmann,** Alfred; Dr.-Ing., Prof.; *Konstruktionslehre, einschl. Konstruktionstechnik*; di: Westfäl. Hochsch., FB Maschinenbau u. Facilities Management, Neidenburger Str. 10, 45877 Gelsenkirchen, T: (0209) 9596159, 9596161, alfred.toensmann@fh-gelsenkirchen.de

**Töpfer,** Harald; Dr.-Ing., Prof.; *Simulationstechnik, Schaltungstechnik*; di: Hochsch. Esslingen, Fak. Mechatronik u. Elektrotechnik, Robert-Bosch-Str. 1, 73037 Göppingen, T: (07161) 6971158; pr: Zillenhardweg 5, 73033 Göppingen

**Töpfer,** Jörg; Dr. rer. nat., Prof.; *Anorganische Chemie, Glas und Keramik*; di: FH Jena, FB SciTec, Carl-Zeiss-Promenade 2, 07745 Jena, PF 100314, 07703 Jena, T: (03641) 205450, F: 205451, wt@fh-jena.de

**Töpfl,** Stefan; Dr.-Ing., Prof.; *Lebensmittelverfahrenstechnik*; di: Hochsch. Osnabrück, Fak. Agrarwiss. u. Landschaftsarchitektur, PF 1940, 49009 Osnabrück, T: (0541) 9695274, s.toepfl@hs-osnabrueck.de

**Toepler,** Edwin; Dr. biol. hum., Prof.; *Case Management*; di: Hochsch. Bonn-Rhein-Sieg, FB Sozialversicherung, Zum Steimelsberg 7, 53773 Hennef, T: (02241) 865166, F: 8658166, edwin.toepler@fh-bonn-rhein-sieg.de

**Töppe,** Andrea; Dr.-Ing., Prof.; *Wasserbau, Hydromechanik, Wasserwirtschaft*; di: Ostfalia Hochsch., Fak. Bau-Wasser-Boden, Herbert-Meyer-Str. 7, 29556 Suderburg, a.toeppe@ostfalia.de; pr: Bahnhofstr. 77a, 29556 Suderburg, T: (05826) 9452, F: 9451

**Törnig,** Ulla; Dr. jur., Prof.; *Methodenentwicklung in der Sozialen Arbeit*; di: Hochsch. Mannheim, Fak. Sozialwesen, Ludolf-Krehl-Str. 7-11, 68167 Mannheim, T: (0621) 3926142, toernig@alpha.fhs-mannheim.de; pr: Werderstr. 24, 68775 Ketsch, T: (06202) 9287570

**Tolg,** Boris; Dr., Prof.; *Informatik und Mathematik*; di: HAW Hamburg, Fak. Life Sciences, Lohbrügger Kirchstr. 65, 21033 Hamburg, T: (040) 428756272, boris.tolg@haw-hamburg.de

**Tolkiehn,** Günter-Ulrich; Dr. rer. nat., Prof.; *Informations- und Kommunikationstechnik*; di: Techn. Hochsch. Wildau, FB Betriebswirtschaft/Wirtschaftsinformatik, Bahnhofstr., 15745 Wildau, T: (03375) 508239, F: 500324, tolkiehn@wi-bw.tfh-wildau.de

**Tolkmitt,** Volker; Dr. rer. oec., Prof.; *BWL, insb. Rechnungswesen und Controlling*; di: Hochsch. Mittweida, Fak. Wirtschaftswiss., Technikumplatz 17, 09648 Mittweida, T: (03727) 581055, tolkmitt@htwm.de

**Tolksdorf,** Guido; Dr. rer. soc., Prof.; *Personalführung und Betriebsorganisation*; di: Westsächs. Hochsch. Zwickau, FB Wirtschaftswiss., Scheffelstr. 39, 08056 Zwickau, Guido.Tolksdorf@fh-zwickau.de

**Toll,** Axel; Dr.-Ing., Prof.; *Betriebliche Informations- u. Kommunikationssysteme*; di: HTW Dresden, Fak. Informatik/Mathematik, PF 120701, 01008 Dresden, T: (0351) 4622104, toll@informatik.htw-dresden.de

**Tolle,** Patrizia; Dr., Prof.; di: FH Frankfurt, FB 4 Soziale Arbeit u. Gesundheit, Nibelungenplatz 1, 60318 Frankfurt am Main, T: (069) 15332659, tolle@fb4.fh-frankfurt.de

**Tomaschek,** Michael; Kapitän, Berufs- und Arbeitspäd. (Univ.), Prof.; *Schiffahrtsrecht, Navigation*; di: Hochsch. Emden/Leer, FB Seefahrt, Bergmannstr. 36, 26789 Leer, T: (0180) 5678075022, F: 5678075011; pr: Luchsweg, 26789 Leer, T: (0491) 9711665, m.tomaschek@t-online.de

**Tomaschowski,** Franz; Prof.; *Visuelle Kommunikation, Designtheorie*; di: MEDIADESIGN Hochsch. f. Design u. Informatik, Lindenstr. 20-25, 10969 Berlin; www.mediadesign.de/

**Tomberg,** Günter; HonProf.; di: Kath. Hochsch. Freiburg, Karlstr. 63, 79104 Freiburg, T: (0761) 200403, tomberg@caritas-kn.de

**Tomendal,** Matthias; Dr. rer. oec., Prof.; *Allgemeine Betriebswirtschaftslehre*; di: Hochsch. f. Wirtschaft u. Recht Berlin, FB 1, Badensche Str. 50-51, 10825 Berlin, T: (030) 85789317, tomen@hwr-berlin.de; pr: Rykestr. 40, 10405 Berlin

**Tomerius,** Stephan; Dr., Prof.; *Allgemeines und Besonderes Verwaltungsrecht und Verwaltungsprozessrecht*; di: Hochsch. Trier, Umwelt-Campus Birkenfeld, FB Umweltwirtschaft/Umweltrecht, PF 1380, 55761 Birkenfeld, T: (06782) 171823, s.tomerius@umwelt-campus.de

**Tomfort,** André; Dr., Prof.; *Finanzanalyse und -management, makroökonomische Strategie*; di: Hochsch. f. Wirtschaft u. Recht Berlin, FB 1, Badensche Str. 50-51, 10825 Berlin, T: (030) 85789147, tomfort@hwr-berlin.de; pr: Richard-Wagner-Str. 3, 10585 Berlin

**Tomlow,** Jos; Dr.-Ing., Prof.; *Grundlagen der Gestaltung und Denkmalpflege*; di: Hochsch. Zittau/Görlitz, Fak. Bauwesen, Schliebenstr. 21, 02763 Zittau, PF 1455, 02754 Zittau, T: (03583) 611650, j.tomlow@hs-zigr.de

**Tonne,** Wolfgang; Dipl.-Ing., Dr.-Ing., Prof.; *Architektur, Gestalten*; di: FH Lübeck, FB Bauwesen, Mönkhofer Weg 239, 23562 Lübeck, T: (0451) 3005125, F: 3005079, wolfgang.tonne@fh-luebeck.de

**Tonner,** Norbert; Dr. iur., Prof.; *Steuerrecht und Wirtschaftsrecht*; di: Hochsch. Osnabrück, Fak. Wirtschafts- u. Sozialwiss., Caprivistr. 30a, 49076 Osnabrück, T: (0541) 9693294, F: 9693771, tonner@wi.hs-osnabrueck.de; pr: Dachsring 2, 40883 Ratingen, T: (02102) 896266

**Toonen,** Horst; Dr.-Ing., Prof.; *Grundlagen der Elektrotechnik*; di: Westfäl. Hochsch., FB Maschinenbau, Münsterstr. 265, 46397 Bocholt, T: (02871) 2155926, horst.toonen@fh-gelsenkirchen.de

**Tooten,** Karl-Heinz; Dr.-Ing., Prof.; *Konstruktionslehre u. Fördertechnik*; di: Hochsch. Bochum, FB Mechatronik u. Maschinenbau, Lennershofstr. 140, 44801 Bochum, T: (0234) 3210418, karlheinz.tooten@hs-bochum.de; pr: Gerhard-van-Clev-Str. 40, 47495 Rheinberg, T: (02843) 860119

**Toppe,** Sabine; Dr., Prof.; *Soziale Arbeit*; di: Alice Salomon Hochsch., Alice-Salomon-Platz 5, 12627 Berlin, T: (030) 99245517, toppe@ash-berlin.eu

**Toprak,** Ahmet; Dr., Prof.; *Sozialwesen*; di: FH Dortmund, FB Angewandte Sozialwiss., PF 105018, 44047 Dortmund, T: (0231) 7556294, F: 7554911, ahmet.toprak@fh-dortmund.de

**Torrent i Alamany-Lenzen,** Aina-Maria; Dr. phil., Prof.; *Spanisch*; di: FH Köln, Fak. f. Informations- u. Kommunikationswiss., Claudiusstr. 1, 50678 Köln, T: (0221) 82753295, Aina.Torrent_Lenzen@fh-koeln.de; pr: Am Haus Behr 7, 52445 Titz-Münz

**Tosse,** Ralf; Dr.-Ing., Prof.; *Informations- und Kommunikationssysteme*; di: FH Nordhausen, FB Ingenieurwiss., Weinberghof 4, 99734 Nordhausen, T: (03631) 420329, F: 420821, tosse@fh-nordhausen.de

**Totzauer,** Günter; Dr. rer. nat., Prof.; *Software-Technik. Qualitätssicherung*; di: Hochsch. Emden/Leer, FB Technik, Constantiaplatz 4, 26723 Emden, T: (04921) 8071807, F: 8071838, totzauer@hs-emden-leer.de; pr: Constantiaplatz 29, 26723 Emden, T: (04921) 66144

**Totzauer,** Werner Franz; Dr.-Ing. habil., Dr. h.c., Prof.; *Physikalische Technik, Technische Mechanik*; di: Hochsch. Mittweida, Fak. Mathematik/Naturwiss./ Informatik, Technikumplatz 17, 09648 Mittweida, T: (03727) 581220, F: 581217, wtotzaue@htwm.de; pr: Mittweidaer Str. 9, 09244 Lichtenau

**Totzek,** Ulrich; Dr.-Ing., Prof.; *Entwurf integrierter Schaltungen, Grundgebiete der Nachrichtentechnik, Mathematik*; di: Jade Hochsch., FB Ingenieurwissenschaften, Friedrich-Paffrath-Str. 101, 26389 Wilhelmshaven, T: (04421) 9852578, F: 9852623, ulrich.totzek@jade-hs.de

**Toumajian,** David; PhD, Prof.; di: SRH Fernhochsch. Riedlingen, Lange Str. 19, 88499 Riedlingen, david.toumajian@fh-riedlingen.srh.de

**Traber,** Susanne; Dr.-Ing., Prof.; *Baugeschichte, Architektur- u. Technikgeschichte, Vermessungskunde*; di: Hochsch. Biberach, SG Architektur, PF 1260, 88382 Biberach/Riß, T: (07351) 582210, F: 582119, traber@hochschule-bc.de

**Trabold,** Harald; Dr. rer. pol., Prof.; *Volkswirtschaftslehre*; di: Hochsch. Osnabrück, Fak. Wirtschafts- u. Sozialwiss., Caprivistr. 30a, 49076 Osnabrück, T: (0541) 9692172, trabold@wi.hs-osnabrueck.de

**Traeger,** Franziska; Dr., Prof.; *Physik, physikalische Chemie*; di: Westfäl. Hochsch., FB Maschinenbau, Münsterstr. 265, 46397 Bocholt, T: (02871) 2155916, franziska.traeger@fh-gelsenkirchen.de

**Träger,** Manfred; Prof. u. Rektor; di: DHBW Heidenheim, Marienstr. 20, 89518 Heidenheim, T: (07321) 2722111, F: 2722119, traeger@dhbw-heidenheim.de

**Trägner,** Ulrich; Dipl.-Ing., Dr., Prof.; *Mechanische Verfahrenstechnik, Apparatetechnik und Umwelttechnik*; di: Hochsch. Mannheim, Fak. Verfahrens- u. Chemietechnik, Windeckstr. 110, 68163 Mannheim

**Tränkle,** Hans; Dr.-Ing., Prof.; *Elemente der Werkzeugmaschinen, Numerische Steuerungen, Automatisierung*; di: Hochsch. Reutlingen, FB Technik, Alteburgstr. 150, 72762 Reutlingen, T: (07121) 271333, hans.traenkle@fh-reutlingen.de; pr: Im Hörlach 12, 72770 Reutlingen, T: (07121) 503887

**Tragbar,** Klaus; Dr.-Ing., Prof.; *Entwerfen, Baugeschichte, Architekturtheorie*; di: Hochsch. Augsburg, Fak. f. Architektur u. Bauwesen, An der Hochschule 1, 86161 Augsburg, T: (0821) 55863111, F: 55863110, klaus.tragbar@hs-augsburg.de

**Tramberend,** Henrik; Dr. rer. nat., Prof.; *Computergraphik, Multimediale Informationssysteme, Virtuelle Realität*; di: Beuth Hochsch. f. Technik Berlin, FB VI Informatik u. Medien, Luxemburger Straße 10, 13353 Berlin, T: (030) 45045115, henrik.tramberend@beuth-hochschule.de

**Trams,** Kai; Dr., Prof.; *Wirtschaftsrecht, Insolvenz- u. Sanierungsmanagement*; di: Int. School of Management, Otto-Hahn-Str. 19, 44227 Dortmund, T: (0231) 9751390, ism.dortmund@ism.de

**Tran,** Manh Tien; Dr., Prof.; *Informatik, Mikrosystemtechnik*; di: FH Kaiserslautern, FB Informatik u. Mikrosystemtechnik, Amerikastr. 1, 66482 Zweibrücken, T: (06332) 914337, manhtien.tran@fh-kl.de

**Trapp,** Manfred; Dr. phil. habil., Prof.; *Politikwissenschaft*; di: Georg-Simon-Ohm-Hochsch. Nürnberg, Fak. Sozialwiss., Bahnhofstr. 87, 90402 Nürnberg, Manfred.Trapp@ohm-hochschule.de

**Trapp,** Roland; Dr., Prof.; *Straßen- und Verkehrswesen*; di: Hochsch. Trier, FB BLV, PF 1826, 54208 Trier, T: (0651) 8103205, F: 8103507, R.Trapp@hochschule-trier.de

**Trapp,** Stefan; Dr. rer. nat., Prof.; *Neue Materialien, nachwachsende Rohstoffe, Beschichtungstechnologie*; di: Hochsch. Trier, Umwelt-Campus Birkenfeld, FB Umweltplanung/Umwelttechnik, PF 1380, 55761 Birkenfeld, T: (06782) 171516, s.trapp@umwelt-campus.de

**Trappe,** Tobias; Dr., Prof.; *Ethik*; di: FH f. öffentl. Verwaltung NRW, Abt. Duisburg, Albert-Hahn-Str. 45, 47269 Duisburg, tobias.trappe@fhoev.nrw.de

**Trasker,** Britta; Dr., Prof.; *Arbeitsrecht, Privatrecht, Rentenrecht*; di: FH f. Verwaltung u. Dienstleistung, FB Rentenversicherung, Ahrensböker Str. 51, 23858 Reinfeld, T: (04533) 7301242, fhvd.trasker@bz-reinfeld.de

**Traub,** Martin; Dr., Prof.; di: Hochsch. Hannover, Fak. III Medien, Information u. Design, Expo Plaza 12, 30539 Hannover, PF 920261, 30441 Hannover, T: (0511) 92962607, martin.traub@hs-hannover.de

**Traub,** Stefan; Dr. rer. nat., Prof.; *Rechnernetze, Betriebssysteme, Verteilte Systeme, Webengineering*; di: Hochsch. Ulm, Fak. Informatik, PF 3860, 89028 Ulm, T: (0731) 5028467, traub@hs-ulm.de

**Traub-Eberhard,** Ute; Dr. rer. nat., Prof.; *Chemische Analytik, Biochemie*; di: Hochsch. Biberach, SG Pharmazeut. Biotechnologie, PF 1260, 88382 Biberach/ Riß, T: (07351) 582456, F: 582469, traub@hochschule-bc.de

**Trautmann,** Jutta; Dipl.-Ing., Prof.; *Technischer Ausbau*; di: HAWK Hildesheim/Holzminden/Göttingen, Fak. Management, Soziale Arbeit, Bauen, Billerbeck 2, 37603 Holzminden, T: (05531) 126234

**Trautmann,** Toralf; Dr. rer. nat., Prof.; *Kfz-Mechatronik*; di: HTW Dresden, Fak. Maschinenbau/Verfahrenstechnik, Friedrich-List-Platz 1, 01069 Dresden, T: (0351) 4622854, trautmann@mw.htw-dresden.de

**Trautner,** Christoph; Dr. med., Prof.; *Medizin, Gesundheitswissenschaften*; di: Ostfalia Hochsch., Fak. Gesundheitswesen, Wielandstr. 5, 38440 Wolfsburg, T: (05361) 831390, F: 831322

**Trauttmansdorff,** Miriam; Dr. rer. pol., Prof.; di: Hochsch. München, Fak. Betriebswirtschaft, Am Stadtpark 20 (Neubau), 81243 München, miriam.trauttmansdorff@hm.edu

**Trautwein,** Friedrich; Dr. rer. oec., Prof.; *BWL, Wirtschaftsinformatik*; di: DHBW Stuttgart, Fak. Wirtschaft, Wirtschaftsinformatik, Rotebühlplatz 41, 70178 Stuttgart, T: (0711) 66734584, trautwein@dhbw-stuttgart.de

**Trautwein,** Martin; Dr.-Ing., Prof.; *Bauinformatik*; di: Hochsch. Ostwestfalen-Lippe, FB 3, Bauingenieurwesen, Emilienstr. 45, 32756 Detmold, T: (05231) 769811, F: 769819, martin.trautwein@fh-luh.de; pr: Kolmarer Str. 17, 32657 Lemgo, T: (05261) 72353

**Trautwein,** Michael; Dr.-Ing., Prof., Dekan FB Elektrotechnik und Informationstechnik; *Grundlagen der Informatik, Software-Engineering*; di: FH Aachen, FB Elektrotechnik und Informationstechnik, Eupener Str. 70, 52066 Aachen, T: (0241) 600952172, trautwein@fh-aachen.de; pr: Im Hasenfeld 41, 52066 Aachen

**Trautwein,** Ralf; Dr. phil., HonProf.; *Unternehmenskommunikation, Strategische Kommunikation, Marketing, Medien, Soft Skills*; di: Hochsch. Furtwangen, Fak. Maschinenbau u. Verfahrenstechnik, Jakob-Kienzle-Str. 17, 78054 Villingen-Schwenningen; pr: T: (0175) 6663330, F: (07726) 929875, ralf@dr-trautwein.info; www.dr-trautwein.info

**Trautz,** Dieter; Dipl.-Ing. agr., Dr. sc. agr., Prof.; *Ökologie, Umweltschonende Landbewirtschaftung, Wasserwirtschaft*; di: Hochsch. Osnabrück, Fak. Agrarwiss. u. Landschaftsarchitektur, PF 1940, 49009 Osnabrück, T: (0541) 9695058, d.trautz@hs-osnabrueck.de; pr: Birkenweg 32, 49090 Osnabrück, T: (0541) 124814

**Trauzettel,** Volker; Dr., Prof.; *Betriebswirtschaftslehre*; di: Hochsch. Pforzheim, Fak. f. Wirtschaft u. Recht, Tiefenbronner Str. 65, 75175 Pforzheim, T: (07231) 286260, F: 287260, volker.trauzettel@hs-pforzheim.de

**Treber,** Monika; Dipl.-Soziologin, Dipl.-Sozialpäd. (FH), Prof.; *Theorien, Methoden und Konzepte der Sozialen Arbeit*; di: Kath. Hochsch. f. Sozialwesen Berlin, Köpenicker Allee 39-57, 10318 Berlin, T: (030) 50101021, treber@khsb-berlin.de

**Trebesius,** Karlheinz; Dr., Prof.; *Biotechnologie, Chemie*; di: Hochsch. München, Fak. Wirtschaftsingenieurwesen, Erzgießereistr. 14, 80335 München, T: (089) 12652484, trebesius@wi.fh-muenchen.de

**Trebeß,** Achim; Dr. phil. habil., Prof. H Wismar; *Literaturwissenschaft, Ästhetik, Kulturwissenschaften, Designtheorie, Medientheorie*; di: Hochsch. Wismar, Fak. f. Gestaltung, Philipp-Müller-Str., 23952 Wismar, T: (03841) 753543, achim.trebess@hs-wismar.de; pr: Flemmingstr. 18, 12555 Berlin, T: (030) 5030914, achim.trebess@gmx.de

**Treffert,** Jürgen; Dr., Prof.; *Informatik, Wirtschaftsinformatik*; di: DHBW Lörrach, Hangstr. 46-50, 79539 Lörrach, T: (01520) 9344403, F: (07621) 2071495, treffert@dhbw-loerrach.de

**Treffinger,** Peter; Dr.-Ing., Prof.; *Energietechnik, Thermodynamik, Kraft- und Arbeitsmaschinen*; di: Hochsch. Offenburg, Fak. Maschinenbau u. Verfahrenstechnik, Badstr. 24, 77652 Offenburg, T: (0781) 205422, peter.treffinger@fh-offenburg.de

**Trefz,** Manfred; Dr. rer. nat., Prof.; *Software-Engineering u. Netze*; di: Hochsch. Esslingen, Fak. Mechatronik u. Elektrotechnik, Kanalstr. 33, 73728 Esslingen, T: (07161) 6791119; pr: Mairichweg 11, 71546 Aspach, T: (07191) 23645

**Treibert,** René Herbert; Dipl.-Math., Dr.-Ing., Prof. H Niederrhein, HonProf. U Wuppertal; *Wirtschaftsinformatik, IT-Sicherheit, IT-Management, IT-Management in d. Energiewirtschaft, IT-Anwendungen in d. Bereichen Sicherheitstechnik u. Umweltschutz*; di: Hochsch. Niederrhein, FB Wirtschaftswiss., Webschulstr. 41-43, 41065 Mönchengladbach, T: (02161) 1866343, F: 1866313; pr: Heinrich-Feuchter-Weg 4, 42287 Wuppertal

**Treichler,** Andreas; Dr., Prof.; *Wirtschaft u. Gesellschaft mit d. Schwerpunkt europäische Sozialpolitik*; di: FH Frankfurt, FB 4 Soziale Arbeit u. Gesundheit, Nibelungenplatz 1, 60318 Frankfurt am Main, T: (069) 15332663, antreich@fb4.fh-frankfurt.de

**Treier,** Michael; Dr. phil., Prof.; *Wirtschaftspsychologie, Personalmanagement*; di: FH f. öffentl. Verwaltung NRW, Abt. Duisburg, Albert Hahn Str. 45, 47269 Duisburg, klausmichael.treier@fhoev.nrw.de

**Treimer,** Wolfgang; Dr. rer.nat.habil., Prof.; *Physik, Festkörperphysik*; di: Beuth Hochsch. f. Technik, FB II Mathematik – Physik – Chemie, Luxemburger Straße 10, 13353 Berlin, T: (030) 45042428, treimer@beuth-hochschule.de; Hahn-Meitner-Inst., Abt. Methoden u. Instrumente, Glienicker Str. 100, 14109 Berlin, T: (030) 80622221

**Tremmel,** Dieter; Dr.-Ing., Prof.; *Maschinenelemente, Konstruktion, Festigkeitslehre*; di: Georg-Simon-Ohm-Hochsch. Nürnberg, Fak. Maschinenbau u. Versorgungstechnik, Keßlerplatz 12, 90489 Nürnberg, PF 210320, 90121 Nürnberg

**Tremmel,** Hans; Dr. theol., Prof.; *Werte und Normen in der Sozialen Arbeit, soziale und kulturelle Umwelt des Menschen*; di: Kath. Stiftungsfachhochsch. München, Abt. Benediktbeuern, Don-Bosco-Str. 1, 83671 Benediktbeuern, hans.tremmel@ksfh.de

**Trenczek,** Thomas; Dr. jur., Prof.; *Rechtswissenschaft*; di: FH Jena, FB Sozialwesen, Carl-Zeiss-Promenade 2, 07745 Jena, PF 100314, 07703 Jena, T: (03641) 205800, F: 205801, sw@fh-jena.de

**Trenkner,** Peter; Dr. phil., Prof.; *Maritime Kommunikation*; di: Hochsch. Wismar, Fak. f. Ingenieurwiss., PF 1210, 23952 Wismar, T: (0381) 4983698, p.trenkner@sf.hs-wismar.de

**Trenschel,** Wolfgang; Prof.; *Kriminalistik*; di: Hochsch. f. Wirtschaft u. Recht Berlin, FB 3, Alt-Friedrichsfelde 60, 10315 Berlin, T: (030) 90214347, F: 90214417, trenschel@hwr-berlin.de

**Tretow,** Hans-Jürgen; Dr.-Ing., Prof.; *Schienenfahrzeuge, Konstruktion*; di: Georg-Simon-Ohm-Hochsch. Nürnberg, Fak. Maschinenbau u. Versorgungstechnik, Keßlerplatz 12, 90489 Nürnberg, PF 210320, 90121 Nürnberg, T: (0911) 58801210

**Trettin,** Karin; Dr. rer. nat., Prof.; *Anorganische Chemie, Analytische Chemie*; di: Beuth Hochsch. f. Technik, FB II Mathematik – Physik – Chemie, Luxemburger Straße 10, 13353 Berlin, T: (030) 45045427, trettin@beuth-hochschule.de

**Treusch,** Ulrike; Dr. theol., Prof.; *Religions-u. Gemeindepädagogik, Historische Theologie*; di: CVJM-Hochsch. Kassel, Hugo-Preuß-Straße 40, 34131 Kassel-Bad Wilhelmshöhe, T: (0561) 3087537, treusch@cvjm-hochschule.de

**Treutlein,** Klaus; Dr.-Ing., Prof.; *Wirtschaftswissenschaftliche Grundlagen, Logistik, Betriebsorganisation*; di: Hochsch. Albstadt-Sigmaringen, FB 2, Anton-Günther-Str. 51, 72488 Sigmaringen, PF 1254, 72481 Sigmaringen, T: (07571) 732270, F: 732302, treutl@hs-albsig.de

**Trick,** Ulrich; Dr.-Ing., Prof.; *Übertragungstechnik*; di: FH Frankfurt, FB 2 Informatik u. Ingenieurwiss., Nibelungenplatz 1, 60318 Frankfurt am Main, T: (069) 15332228, trick@fb2.fh-frankfurt.de

**Triebel,** Egbert; Dr. rer. nat., Prof.; *Allgemeine Chemie, Anorganische Chemie, Analytische Chemie*; di: Hochsch. Aalen, FB Chemie, Beethovenstr. 1, 73430 Aalen, T: (07361) 5762132, egbert.triebel@htw-aalen.de

**Triebswetter,** Ursula; Dr., Prof.; di: Hochsch. München, Fak. Wirtschaftsingenieurwesen, Erzgießereistr. 14, 80335 München, ursula.triebswetter@hm.edu

**Trier,** Ferdinand; Dr.-Ing., Prof.; *Messtechnik*; di: Hochsch. München, Fak. Maschinenbau, Fahrzeugtechnik, Flugzeugtechnik, Dachauer Str. 98b, 80335 München, T: (089) 12651448, F: 12651392, ferdinand.trier@fhm.edu

**Trill,** Roland; Dr., Prof.; *Betriebswirtschaftslehre, Organisation u. Planung, Krankenhaus-Management*; di: FH Flensburg, FB Wirtschaft, Kanzleistr. 91-93, 24943 Flensburg, T: (0461) 8051473, trill@wi.fh-flensburg.de

**Tripler,** Karlheinz; Dipl.-Ing., Architekt, Prof.; *Baubetrieb, Baukonstruktion, Projektmanagement*; di: Jade Hochsch., FB Architektur, Ofener Str. 16-19, 26121 Oldenburg, T: (0180) 5678073228, tripler@jade-hs.de; pr: Sperberweg 55, 26133 Oldenburg, T: (0441) 3504548, F: 3504549

**Tripp,** Christoph; Dr., Prof.; *Logistik*; di: Hochsch. Hof, Fak. Wirtschaft, Alfons-Goppel-Platz 1, 95028 Hof, T: (09281) 409417, F: 40955417, Christoph.Tripp@fh-hof.de

**Trippmacher,** Brigitte; Dr. phil., Prof.; *Pädagogik*; di: Hochsch. Kempten, Fak. Soziales u. Gesundheit, PF 1680, 87406 Kempten, T: (0831) 2523657, brigitte.trippmacher@fh-kempten.de

**Tripps,** Johannes Joachim Georg; Dr. phil. habil., Prof.; *Europäische Kunstgeschichte*; di: HTWK Leipzig, FB Medien, PF 301166, 04251 Leipzig, T: (0341) 30765439, tripps@fbm.htwk-leipzig.de; Univ., Dip. per la Storia delle Arti e dello Spettacolo, via della Pergola 48, I-50121 Firenze, johannes.tripps@unifi.it

**Tritschler,** Edgar; Prof.; *Buchführung, Existenzgründung, Finanzwirtschaft*; di: Hochsch. d. Medien, Fak. Information u. Kommunikation, Nobelstr. 10, 70596 Stuttgart, T: (0711) 89232248

**Tritschler,** Markus; Dr.-Ing., Prof.; *Wärmewirtschaft, Heizungstechnik, Gebäudebewirtschaftung, Mathematik, Regelungstechnik*; di: Hochsch. Esslingen, Fak. Versorgungstechnik u. Umwelttechnik, Kanalstr. 33, 73728 Esslingen, T: (0711) 3973452; pr: Friedrich-Schaffert-Str. 7, 70939 Gerlingen, T: (07156) 436854

**Trockels,** Martin; Prof.; *Staatsrecht, Verwaltungsrecht, Baurecht*; di: Hochsch. Kehl, Fak. Rechts- u. Kommunalwiss., Kinzigallee 1, 77694 Kehl, PF 1549, 77675 Kehl, T: (07851) 894195, Trockels@fh-kehl.de

**Tröster,** Fritz; Dipl.-Phys., Dr. rer. nat., Prof., Dekan Fak T1 Mechanik und Elektronik; *Messtechnik, Regelungstechnik, Automatisierungstechnik/Steuerungstechnik, Datenverarbeitung*; di: Hochsch. Heilbronn, Fak. f. Mechanik u. Elektronik, Max-Planck-Str. 39, 74081 Heilbronn, T: (07131) 504549, F: 252470, troester@hs-heilbronn.de

**Trogisch,** Achim; Dr.-Ing., Prof.; *Technische Gebäudeausrüstung*; di: HTW Dresden, Fak. Maschinenbau/Verfahrenstechnik, Friedrich-List-Platz 1, 01069 Dresden, T: (0351) 4622789, trogisch@mw.htw-dresden.de

**Troll,** Christian; Dr.-Ing. habil., Prof.; *Informationstechnik*; di: Westsächs. Hochsch. Zwickau, FB Elektrotechnik, Dr.-Friedrichs-Ring 2A, 08056 Zwickau, christian.troll@fh-zwickau.de

**Trommer,** Reiner; Dipl.-Phys., Dr. rer. nat., Prof.; *Physikalische Technik*; di: FH Lübeck, FB Angew. Naturwiss., Mönkhofer Weg 239, 23562 Lübeck, T: (0451) 3005373, F: 3005235, reiner.trommer@fh-luebeck.de

**Trommler,** Peter; Dipl.-Inf., Dr. inf., Prof.; *Theoretische Informatik, Informationssicherheit, Computer-Netzwerke*; di: Georg-Simon-Ohm-Hochsch. Nürnberg, Fak. Informatik, Keßlerplatz 12, 90489 Nürnberg, PF 210320, 90121 Nürnberg

**Tronnier,** Uwe; Dr.-Ing., Prof.; *Datenbanken, CAD und Bildverarbeitung*; di: FH Kaiserslautern, FB Informatik u. Mikrosystemtechnik, Amerikastr. 1, 66482 Zweibrücken, T: (06332) 914316, uwe.tronnier@fh-kl.de

**Tropberger,** Friedhelm; Dr., Prof.; *Sozialpsychologie, Sozialpsychiatrie*; di: Hochsch.Merseburg, FB Soziale Arbeit, Medien, Kultur, Geusaer Str., 06217 Merseburg, T: (03461) 462235, F: 462205, friedhelm.tropberger@hs-merseburg.de

**Tropp,** Jörg; Dr., Prof.; *Betriebswirtschaft/Markt- u. Kommunikationsforschung*; di: Hochsch. Pforzheim, Fak. f. Wirtschaft u. Recht, Tiefenbronner Str. 65, 75175 Pforzheim, T: (07231) 286342, F: 287342, joerg.tropp@hs-pforzheim.de

**Trost,** Alexander; Dr. med., Prof.; *Sozialmedizin*; di: Kath. Hochsch. NRW, Abt. Aachen, FB Sozialwesen, Robert-Schumann-Str. 25, 52066 Aachen, T: (0241) 6000327, F: 6000388, a.trost@kfhnw-aachen.de; pr: An der Siep 44, 41238 Mönchengladbach, T: (02166) 859800

**Trost,** Armin; Dipl.-Psych., Dr. phil., Prof.; *Human Resource Management*; di: Hochsch. Furtwangen, Fak. Wirtschaft, Jakob-Kienzle-Str. 17, 78054 Villingen-Schwenningen, T: (07720) 3074355, tar@hs-furtwangen.de

**Trost,** Dirk Gunther; Dr., Prof.; di: Ostfalia Hochsch., Fak. Verkehr-Sport-Tourismus-Medien, Karl-Scharfenberg-Str. 55/57, 38229 Salzgitter, D-G.Trost@ostfalia.de

**Trottler,** Karl; Dr., Prof.; *Elektrotechnik – Nachrichten- und Kommunikationstechnik, Luft- und Raumfahrttechnik*; di: DHBW Ravensburg, Campus Friedrichshafen, Fallenbrunnen 2, 88045 Friedrichshafen, T: (07541) 2077421, trottler@dhbw-ravensburg.de

**Truckenbrodt,** Holger; Dr., Prof.; *Wirtschaftswissenschaften*; di: Kommunale FH f. Verwaltung in Niedersachsen, Wielandstr. 8, 30169 Hannover, T: (0511) 1609454, F: 15537, Holger.Truckenbrodt@nds-sti.de

**Trujillo,** Cristina; Dr., Prof.; *Wirtschaftsspanisch*; di: Nordakademie, FB Sprachen, Köllner Chaussee 11, 25337 Elmshorn, T: (04121) 409055, F: 409040, cristina.trujillo@nordakademie.de

**Trump,** Egon; Dr., Prof.; *BWL, Spedition, Transport und Logistik*; di: DHBW Lörrach, Hangstr. 46-50, 79539 Lörrach, T: (07621) 2071251, F: 2071239, trump@dhbw-loerrach.de

**Trumpp,** Christian; Dr., Prof.; *Logopädie*; di: IB-Hochsch. Berlin, Hauptstätter Str. 119-121, 70178 Stuttgart

**Trundt,** Monika; Dr., Prof.; *Konstruktion u. Dokumentation für d. Elektrotechnik*; di: Hochsch.Merseburg, FB Informatik u. Kommunikationssysteme, Geusaer Str., 06217 Merseburg, T: (03461) 462905, F: 462900, Monika.Trundt@hs-merseburg.de

**Trurnit,** Christoph; Dr., Prof.; *Staats- und Verfassungsrecht, Polizeirecht, Verwaltungsrecht*; di: Hochsch. f. Polizei Villingen-Schwenningen, Sturmbühlstr. 250, 78054 Villingen-Schwenningen, T: (07720) 309511, ChristophTrurnit@fhpol-vs.de

**Truszkiewitz,** Günter; Dr., Prof., Dekan f. Logistik; *Systemplanung und Projektmanagement*; di: SRH Hochsch. Hamm, Platz der Deutschen Einheit 1, 59065 Hamm, T: (02381) 9291145, F: 9291199, guenter.truszkiewitz@fh-hamm.srh.de

**Tsakpinis,** Athanassios; Dipl.-Inf., Dr. rer. nat., Prof.; *Informatik*; di: Hochsch. Regensburg, Fak. Informatik u. Mathematik, PF 120327, 93025 Regensburg, T: (0941) 9431315, athanassios.tsakpinis@informatik.fh-regensburg.de

**Tschan,** Kirstin; Dr. rer. pol., Prof.; *Mathematik, Numerische Simulation*; di: Hochsch. Furtwangen, Fak. Maschinenbau u. Verfahrenstechnik, Jakob-Kienzle-Str. 17, 78054 Villingen-Schwenningen, T: (07720) 3074377, tsk@hs-furtwangen.de

**Tschirley,** Sven; Dr.-Ing., Prof.; *Elektronik*; di: Beuth Hochsch. f. Technik, FB VII Elektrotechnik – Mechatronik – Optometrie, Luxemburger Str. 10, 13353 Berlin, T: (030) 45042743, sven.tschirley@beuth-hochschule.de; http://prof.beuth-hochschule.de/tschirley

**Tschirpke,** Karin; Dr., Prof.; *Mathematik, Statistik, Operations Research*; di: Hochsch. Aschaffenburg, Fak. Ingenieurwiss., Würzburger Str. 45, 63743 Aschaffenburg, T: (06021) 314815, karin.tschirpke@fh-aschaffenburg.de

**Tschöpe-Scheffler,** Sigrid; Dr. phil., Prof.; *Pädagogik, insb. vor- u. außerschulische Erziehung v. Kindern*; di: FH Köln, Fak. f. Angewandte Sozialwiss., Mainzer Str. 5, 50678 Köln, T: (0221) 82753346, sigrid.tschoepke-scheffler@fh-koeln.de; pr: Wiemerstr. 6, 42555 Velbert, T: (02052) 7215

**Tschuschke,** Werner; Dr.-Ing., Prof.; *Instandhaltung/Qualitätssicherung*; di: FH Südwestfalen, FB Maschinenbau, Frauenstuhlweg 31, 58644 Iserlohn, T: (02371) 566107, F: 566251, tschuschke@fh-swf.de; pr: Brinkmannshof 8, 58239 Schwerte, T: (02304) 70554

**Tücking,** Ebbo; Dr. rer. pol., Prof.; *VWL, Gründungsmanagement*; di: Business and Information Technology School GmbH, Reiterweg 26 b, 58636 Iserlohn, T: (02371) 776516, F: 776503, ebbo.tuecking@bits-iserlohn.de

**Tuengerthal,** Gerhard; Dr. jur., Prof.; *Wirtschaftsrecht u. Wettbewerbsrecht*; di: Hochsch. Wismar, Fak. f. Wirtschaftswiss., PF 1210, 23952 Wismar, T: (03841) 753397, g.tuengerthal@wi.hs-wismar.de

**Tünnemann,** Thomas; Dipl.-Ing., Prof.; *Grundlagen der Gestaltung*; di: FH Aachen, FB Architektur, Bayernallee 9, 52066 Aachen, T: (0241) 600951197, tuennemann@fh-aachen.de; pr: Christinastr. 2, 50733 Köln

**Türck,** Rainer; Dr., Prof.; *strategisches u. internationales Management*; di: Hochsch. Fresenius, FB Wirtschaft u. Medien, Limburger Str. 2, 65510 Idstein, T: (06126) 9352820, tuerck@fh-fresenius.de

**Türk,** Winfried; Dr.rer.nat., Prof.; *Vegetationskunde*; di: Hochsch. Ostwestfalen-Lippe, FB 9, Landschaftsarchitektur u. Umweltplanung, An der Wilhelmshöhe 44, 37671 Höxter, T: (05271) 687237, winfried.tuerk@fh-luh.de

**Türke,** Bernhard; Dr. rer. nat., Prof. i.R.; *Elektrische Messtechnik, Microcomputertechnik*; di: Hochsch. Rhein/Main, FB Ingenieurwiss., Am Brückweg 26, 65428 Rüsselsheim, bernhard.tuerke@hs-rm.de

**Tüxen,** Michael; Dr., Prof. FH Münster; *Informatik, Netzwerke und Formale Sprachen*; di: FH Münster, Elektrotechnik und Informatik, Bismarckstraße 11, 48565 Steinfurt, T: (02551) 962550, F: 962563, tuexen@fh-muenster.de

**Tullius,** Gabriela; Dr., Prof.; di: Hochsch. Reutlingen, FB Informatik, Alteburgstr. 150, 72762 Reutlingen, T: (07121) 271369

**Tuma,** Wolfgang; Dr. rer. nat., Prof.; *Angewandte Biologie, insb. Molekularbiologie u. Labormedizin*; di: Westfäl. Hochsch., FB Elektrotechnik u. angew. Naturwiss., August-Schmidt-Ring 10, 45665 Recklinghausen, T: (02361) 915536, F: 915629, wolfgang.tuma@fh-gelsenkirchen.de

**Tumminelli,** Paolo; Prof.; *Designkonzepte*; di: FH Köln, Fak. f. Kulturwiss., Ubierring 40, 50678 Köln, T: (0221) 82753143

**Turban,** Manfred; Dr., Prof.; *BWL, insbes. Internationales Handelsmarketing*; di: FH Düsseldorf, FB 7 – Wirtschaft, Universitätsstr. 1, Geb. 23.32, 40225 Düsseldorf, T: (0211) 8114201, F: 8114369, manfred.turban@fh-duesseldorf.de; pr: Ohlauer Weg 2, 40627 Düsseldorf, T: (0211) 272412

**Turczynski,** Ulrich; Dr.-Ing., Prof.; *Geotechnik*; di: Hochsch. Magdeburg-Stendal, FB Bauwesen, Breitscheidstr. 2, 39114 Magdeburg, T: (0391) 8864931, ulrich.turczynski@hs-Magdeburg.DE

**Turner,** John F.; Dr. phil., Prof.; *Wirtschaftsenglisch*; di: Hochsch. Reutlingen, FB Produktionsmanagement, Alteburgstr. 150, 72762 Reutlingen, T: (07121) 2715023, John.Turner@Reutlingen-University.DE; pr: Weibermarkt 9, 72764 Reutlingen, T: (07121) 338471

**Turtur,** C.-Wilhelm; Dr. rer. nat., Prof.; *Mathematik, Physik, Werkstofftechnologie*; di: Ostfalia Hochsch., Fak. Elektrotechnik, Salzdahlumer Str. 46/48, 38302 Wolfenbüttel, T: (05331) 9393412, c-w.turtur@ostfalia.de

**Tuschl,** Stefan; Dr., Prof.; *Mathematik für Wirtschaftswissenschaftler, Statistik, Operations Research, Multivariate Verfahren, Data Mining*; di: HAW Hamburg, Fak. Wirtschaft u. Soziales, Berliner Tor 5, 20099 Hamburg, Stefan.Tuschl@haw-hamburg.de

**Tuschy,** Ilja; Dr.-Ing., Prof. FH Flensburg; *Energiesystemtechnik*; di: FH Flensburg, FB Energie u. Biotechnologie, Kanzleistr. 91-93, 24943 Flensburg, T: (0461) 8051335, F: 8051300, ilja.tuschy@fh-flensburg.de; pr: Hauptstr. 14, 24975 Markerup, T: (04634) 1557

**Twele,** Cord; Dr., Prof.; *Mikroökonomie, Makroökonomie, Wirtschaftspolitik*; di: FH f. Wirtschaft u. Technik, Studienbereich Ingenieurwesen, Schlesierstr. 13a, 49356 Diepholz, T: (05441) 992117, F: 992109, twele@fhwt.de

**Twele,** Joachim; Dipl.-Ing., Prof.; *Regenerative Energieanlagen*; di: HTW Berlin, FB Ingenieurwiss. I, Allee der Kosmonauten 20/22, 10315 Berlin, T: (030) 50193620, twele@HTW-Berlin.de

**Twieg,** Wolfgang; Prof.; *Elektronische Schaltungen und Netzwerke*; di: Hochsch. Anhalt, FB 6 Elektrotechnik, Maschinenbau u. Wirtschaftsingenieurwesen, PF 1458, 06354 Köthen, T: (03496) 672337, W.Twieg@emw.hs-anhalt.de

**Tybusseck,** Barbara; Dr., Prof.; *Wirtschaftsrecht*; di: Hochsch. Pforzheim, Fak. f. Wirtschaft u. Recht, Tiefenbronner Str. 65, 75175 Pforzheim, T: (07231) 286345, F: 286087, barbara.tybusseck@hs-pforzheim.de

**Tylla-Sager,** Sigrid; Dipl.-Ing., Prof.; *Baubetriebswirtschaft, Bauverfahrenstechnik, Arbeitsvorbereitung, EDV im Baubetrieb*; di: HAWK Hildesheim/Holzminden/Göttingen, Fak. Bauen u. Erhalten, Hohnsen 2, 31134 Hildesheim, T: (05121) 881258, F: 881278

**Tysiak,** Wolfgang; Dr. rer. nat., Prof.; *Operations Research, Mathematik/Statistik*; di: FH Dortmund, FB Wirtschaft, Emil-Figge-Str. 44, 44227 Dortmund, T: (0231) 7554996, F: 91124902, wolfgang.tysiak@fh-dortmund.de; pr: Gartenstr. 119, 42107 Wuppertal

**Tzschupke,** Wolfgang; Dr. rer.nat., Dr. habil, Prof. FH Rottenburg; *Forstliche Betriebswirtschaft, Waldbewertung, Holzmarkt, Angewandte Fernerkundung*; di: Forstlicher Sachverständiger, Königsberger Str. 7, 72250 Freudenstadt, T: (0171) 7034308, F: (07441) 924696, C.W.Tzschupke@t-online.de, W.E.M.Tzschupke@web.de; Hochsch. f. Forstwirtschaft Rottenburg, Schadenweilerhof, 72108 Rottenburg am Neckar, T: (07472) 951250, F: 951200, Tzschupke@hs-rottenburg.de

**Uebele,** Andreas; Prof.; *Grafik-Design (Konzeption und Entwurf), Schrift-Typografie-Layout*; di: FH Düsseldorf, FB 2 – Design, Georg-Glock-Str. 15, 40474 Düsseldorf, T: (0211) 4351233; pr: Heusteigstr. 94a, 70180 Stuttgart, uebele@uebele.com

**Ueberholz,** Peer; Dr. rer. nat., Prof.; *Informatik, Parallele Systeme*; di: Hochsch. Niederrhein, FB Elektrotechnik/Informatik, Reinarzstr. 49, 47805 Krefeld, T: (02151) 8224629, peer.ueberholz@hs-niederrhein.de; pr: Stahlstr. 29, 42281 Wuppertal, T: (0202) 508477

**Ueberle,** Friedrich; Dr.-Ing., Prof.; *Medizinische Mess- und Gerätetechnik*; di: HAW Hamburg, Fak. Life Sciences, Lohbrügger Kirchstr. 65, 21033 Hamburg, T: (040) 428756291, friedrich.ueberle@haw-hamburg.de

**Ueckerdt,** Birgit; Dr. habil., Prof.; di: Hochsch. f. Wirtschaft u. Recht Berlin, Badensche Str. 50/51, 10825 Berlin, T: (030) 29384585, birgit.ueckerdt@hwr-berlin.de

**Ueckerdt,** Rainer; Dr. rer. nat., Dr. sc. techn., Prof.; *Mathematik und technische Systemanalysen*; di: FH Bielefeld, FB Ingenieurwiss. u. Mathematik, Am Stadtholz 24, 33609 Bielefeld, T: (0521) 1067414, rainer.ueckerdt@fh-bielefeld.de

**Ueffing,** Claudia M.; Dr. phil., Prof.; di: Hochsch. München, Fak. Angew. Sozialwiss., Am Stadtpark 20, 81243 München, claudia.ueffing@hm.edu

**Uelschen,** Michael; Dr.-Ing., Prof.; *Software-Engineering für technische Systeme*; di: Hochsch. Osnabrück, Fak. Ingenieurwiss. u. Informatik, Barbarastr. 16, 49076 Osnabrück, PF 1940, 49009 Osnabrück, T: (0541) 9693885, m.uelschen@hs-osnabrueck.de

**Ülzmann,** Wolfgang; Dipl.-Ing., Dr. rer. nat., Prof.; *Bildverarbeitung, digitale Kommunikation, Datenverarbeitung, Rechnerstrukturen, Mikroprozessoren, Robotik*; di: FH Wedel, Feldstr. 143, 22880 Wedel, T: (04103) 804843, ue@fh-wedel.de

**Uerlings,** Gunter; Dr.-Ing., Prof.; di: FH Köln, Fak. f. Informations-, Medien- u. Elektrotechnik, Betzdorfer Str. 2, 50679 Köln, T: (0221) 82752470, gunter.uerlings@fh-koeln.de; pr: Cyprianusweg 6, 52076 Aachen

**Uffelmann,** Andreas; Dr.-Ing., Prof.; *Entwerfen und Innenraumgestaltung*; di: FH Bielefeld, FB Architektur u. Bauingenieurwesen, Artilleriestr. 9, 32427 Minden, T: (0571) 8385190, F: 8385250, andreas.uffelmann@fh-bielefeld.de; pr: Lange Laube 19, 30159 Hannover, T: (0511) 1610731

**Uhde,** Bernhard; Dr. phil., Dr. theol. habil., apl.Prof. U Freiburg, HonProf. Kathol. H Freiburg; *Religionsgeschichte*; di: Univ., Theol. Fak., AB Fundamentaltheologie, 79085 Freiburg i. Br., T: (0761) 2032094, F: 2032095, Bernhard.Uhde@theol.uni-freiburg.de; pr: Gerberau 6, 79098 Freiburg, T: (0761) 39019

**Uhde,** Kerstin; Dr., Prof.; *Hochleistungsnetze u. Mobilkommunikation*; di: Hochsch. Bonn-Rhein-Sieg, FB Informatik, Grantham-Allee 20, 53757 Sankt Augustin, 53754 Sankt Augustin, T: (02241) 865218, F: 8658218, kerstin.uhde@fh-bonn-rhein-sieg.de

**Uhe,** Gerd; Dr. rer. oec., Prof.; *Wirtschaftswissenschaften mit Schwerpunkt Marketing u. strategische Planung*; di: Hochsch. Bochum, FB Wirtschaft, Lennershofstr. 140, 44801 Bochum, T: (02331) 9874644, uhe@fh-swf.de; pr: Hülsbergstr. 33, 44797 Bochum, T: (0234) 797568

**Uhe,** Heinrich; Dr.-Ing., Prof.; *Kolbenmaschinen, Mechatronische Systeme*; di: Hochsch. Ostwestfalen-Lippe, FB 6, Maschinentechnik u. Mechatronik, Liebigstr. 87, 32657 Lemgo, T: (05261) 702160, F: 702261, heinrich.uhe@fh-luh.de; pr: Mindener Str. 112, 32602 Vlotho/Uffeln, T: (05733) 8417

**Uhing,** Franziska; Dr., Prof.; *Interaktive Medien*; di: FH Kiel, Grenzstr. 3, 24149 Kiel, T: (0431) 2104514, F: 2104501, franziska.uhing@fh-kiel.de

**Uhl,** Christian; Dipl.-Phys., Dr. rer. nat., Prof.; *Grundlagen der Informationstechnik, Angewandte Physik, Mathematik*; di: Hochsch. Ansbach, FB Ingenieurwissenschaften, Residenzstr. 8, 91522 Ansbach, T: (0981) 4877251, cuhl@fh-ansbach.de

**Uhl,** Manfred; Dr., Prof.; *International Marketing & Communication*; di: Hochsch. Augsburg, Fak. f. Wirtschaft, Friedberger Straße 4, 86161 Augsburg, PF 110605, 86031 Augsburg, T: (0821) 55862903, Manfred.Uhl@hs-augsburg.de

**Uhl,** Mathias; Dr.-Ing., Prof.; *Wasserwirtschaft*; di: FH Münster, FB Bauingenieurwesen, Correnstr. 25, 48149 Münster, T: (0251) 8365201, F: 8365915, uhl@fh-muenster.de; pr: Schneiderberg 25b, 30167 Hannover, T: (0511) 701721

**Uhl,** Roland; Dr. rer. nat., Prof.; *Modellierung der Atmosphäre, Astrophysik*; di: FH Brandenburg, FB Informatik u. Medien, Magdeburger Str. 50, 14770 Brandenburg, T: (03381) 355421, F: 355199, uhl@fh-brandenburg.de

**Uhl,** Tadeus; Dr.-Ing. habil., Prof. FH Flensburg; *Digitale Kommunikationstechnik, Leistungsanalyse von Kommunikationsnetzen u. -systemen*; di: FH Flensburg, FB Information u. Kommunikation, Kanzleistr. 91-93, 24943 Flensburg, T: (0461) 8051763, tadeus.uhl@fh-flensburg.de; pr: Klaus-Groth-Weg 4, 24852 Eggebek, T: (04609) 487

**Uhle,** Mathias; Dipl.-Ing., Prof.; *Stadtplanung, Bauleitung und Konstruktion*; di: Hochsch. Geisenheim, Von-Lade-Str. 1, 65366 Geisenheim, T: (06722) 502774, mathias.uhle@hs-gm.de; pr: Auf dem Acker 25, 54379 Winden, T: (02604) 1502, MUhle98@aol.com

**Uhlenhoff,** Arnold; Dipl.-Ing., Prof.; *Elektrotechnik, Programmieren von Mikroprozessen, Schaltungstechnik der Digitalen Signalverarbeitung, EDV-Einsatz in der Schaltungsentwicklung*; di: Hochsch. Offenburg, Fak. Elektrotechnik u. Informationstechnik, Badstr. 24, 77652 Offenburg, T: (0781) 205232, F: 205214, uhlenhoff@fh-offenburg.de

**Uhlig,** Walter Reinhold; Dr.-Ing., Prof.; *Baukonstruktion/Hochbau*; di: HTW Dresden, Fak. Bauingenieurwesen/Architektur, Friedrich-List-Platz 1, 01069 Dresden, T: (0351) 4622440, uhlig@htw-dresden.de

**Ujma,** Andreas; Dr.-Ing., Prof.; *Kunststofftechnologie*; di: FH Südwestfalen, FB Maschinenbau, Frauenstuhlweg 31, 58644 Iserlohn, T: (02371) 566190, ujma@fh-swf.de

**Ulber,** Daniela; Dr., Prof.; *Institutionsentwicklung und Management*; di: HAW Hamburg, Fak. Wirtschaft u. Soziales, Alexanderstr. 1, 20099 Hamburg, T: (040) 428757114, daniela.ulber@haw-hamburg.de

**Ulbrich,** Andreas; Dr., Prof.; *Gemüseproduktion, -verarbeitung*; di: Hochsch. Osnabrück, Fak. Agrarwiss. u. Landschaftsarchitektur, PF 1940, 49009 Osnabrück, T: (0541) 9695116, a.ulbrich@hs-osnabrueck.de

**Ulbrich,** Walter; Dr.-Ing., Prof.; *Schaltungstechnik, Digitale Signalverarbeitung*; di: Hochsch. München, Fak. Elektrotechnik u. Informationstechnik, Lothstr. 64, 80335 München

**Ulbricht,** Ralf; Dr., Prof.; *Quantitative Methoden*; di: Hochsch. f. nachhaltige Entwicklung, FB Nachhaltige Wirtschaft, Friedrich-Ebert-Str. 28, 16225 Eberswalde, T: (03334) 657418, F: 657450, rulbrich@hnee.de

**Ulhaas,** Klaus; Dr. techn., Prof.; *Informatik*; di: Hochsch. Kempten, Fak. Informatik, Bahnhofstr. 61-63, 87435 Kempten, T: (0831) 2523304, klaus.ulhaas@fh-kempten.de

**Ullmann,** Markus; Dipl.-Ing., Prof.; *Information Security*; di: Hochsch. Bonn-Rhein-Sieg, FB Angewandte Informatik, Grantham-Allee 20, 53757 Sankt Augustin, 53754 Sankt Augustin, markus.ullmann@bsi.bund.de

**Ullmann,** Michael; Dr., Prof.; *Elektrotechnik*; di: DHBW Mannheim, Fak. Technik, Coblitzallee 1-9, 68163 Mannheim, T: (0621) 41051267, F: 41051318, michael.ullmann@dhbw-mannheim.de

**Ullmann,** Werner; Dipl.-Ing., Dr., Prof.; *Betriebswirtschaftslehre, Logistik*; di: Beuth Hochsch. f. Technik, FB I Wirtschafts- u. Gesellschaftswiss., Luxemburger Str. 10, 13353 Berlin, T: (030) 45045547, ullmann@beuth-hochschule.de

**Ullrich,** Oliver; Dr., Prof.; *Molekularbiologie und Zellkulturtechnik*; di: HAW Hamburg, Fak. Life Sciences, Lohbrügger Kirchstr. 65, 21033 Hamburg, T: (040) 428756283, oliver.ullrich@haw-hamburg.de

**Ullrich,** Sven; Dr. phil., Prof.; *Organisationspsychologie, Arbeiten in Teams und Projekten*; di: Hochsch. Esslingen, Fak. Betriebswirtschaft, Flandernstr. 101, 73732 Esslingen, T: (0711) 3974344; pr: Parkstr. 53, 73666 Baltmannsweiler, T: (07153) 945553

**Ulmer,** Eva-Maria; Dr., Prof.; *Medizin, Psychosomatik, Psychotherapie*; di: FH Frankfurt, FB 4 Soziale Arbeit u. Gesundheit, Nibelungenplatz 1, 60318 Frankfurt am Main, T: (069) 15332615, ulmer@fb4.fh-frankfurt.de

**Ulmet,** Dan-Eugen; Dr. rer. nat., Prof.; *Mathematik, CAGD*; di: Hochsch. Esslingen, Fak. Grundlagen, Kanalstr. 33, 73728 Esslingen, T: (0711) 3973412

**Ulrich,** Alfred; Dr.-Ing., Prof.; *Ölhydraulik u. Erdbaumaschinen*; di: FH Köln, Fak. f. Anlagen, Energie- u. Maschinensysteme, Betzdorfer Str. 2, 50679 Köln, T: (0221) 82752312, alfred.ulrich@fh-koeln.de

**Ulrich,** Burkhard; Dr.-Ing., Prof.; *Mechatronik*; di: DHBW Stuttgart, Campus Horb, Florianstr. 15, 72160 Horb am Neckar, T: (07451) 521172, F: 521111, b.ulrich@hb.dhbw-stuttgart.de

**Ulrich,** Hartmut; Dr.-Ing., Prof.; *Mechatronik, Fluidtechnik, Fahrzeugsysteme*; di: Hochschule Ruhr West, Institut Maschinenbau, PF 100755, 45407 Mülheim an der Ruhr, T: (0208) 88254753, hartmut.ulrich@hs-ruhrwest.de

**Ulrich,** Rüdiger; Dr. rer. pol., Prof.; *Betriebswirtschaftslehre, insbesondere Rechnungswesen*; di: HTWK Leipzig, FB Wirtschaftswissenschaften, PF 301166, 04251 Leipzig, T: (0341) 30766491, ulrich@wiwi.htwk-leipzig.de

**Umland,** Thomas; Dr., Prof.; *Multimedia, Medienprogrammierung*; di: Hochsch. Bremerhaven, An der Karlstadt 8, 27568 Bremerhaven, T: (0471) 4823406, F: 4823285, tumland@hs-bremerhaven.de; pr: Gustav-Heinemann-Str. 76, 28215 Bremen

**Umlauf,** Georg; Dr. rer. nat., Prof.; *Informatik, Geometrische Algorithmen*; di: Hochsch. Konstanz, PF 100 543, 78405 Konstanz, T: (07531) 206451, umlauf@htwg-konstanz.de

**Umstätter,** Antya; Dipl.-Des., Prof.; *Mediendesign, Medienkonzeption*; di: Beuth Hochsch. f. Technik, FB VI Informatik u. Medien, Luxemburger Str. 10, 13353 Berlin, T: (030) 45042347, umstatt@beuth-hochschule.de

**Unbehaun,** Horst; Dipl.-Orientalist, Dipl.-Sozialpäd. (FH), Dr. phil., Prof.; *Soziale Handlungslehre, Interkulturelle/Intersoziale Soziale Arbeit*; di: Georg-Simon-Ohm-Hochsch. Nürnberg, Fak. Sozialwiss., Bahnhofstr. 87, 90402 Nürnberg, T: (0911) 58802590

**Unckenbold,** Wilm Felix; Dr.-Ing., Prof.; *Faserverbund-Technologie*; di: Private FH Göttingen, Weender Landstr. 3-7, 37073 Göttingen, T: (0551) 547000, unckenbold@pfh.de

**Unger,** Friedrich; Dipl.-Kfm., Dr. rer. pol., Prof.; *Wirtschaftsinformatik, Organisation, Allgem. Betriebswirtschaftslehre*; di: Georg-Simon-Ohm-Hochsch. Nürnberg, Fak. Betriebswirtschaft, Bahnhofsstr. 87, 90402 Nürnberg, PF 210320, 90121 Nürnberg

**Unger,** Fritz; Dr. rer. pol., Prof., Dekan FB II; *Betriebswirtschaftslehre, insbes. Marketing, Organisation*; di: FH Ludwigshafen, FB II Marketing und Personalmanagement, Ernst-Boehe-Str. 4, 67059 Ludwigshafen/Rhein, T: (0621) 5203152, F: 5203112, unger@fh-ludwigshafen.de

**Unger,** Wibke; Dr., Prof.; *Holzbiologie und Integrierter Holzschutz*; di: Hochsch. f. nachhaltige Entwicklung, FB Holztechnik, Alfred-Möller-Str. 1, 16225 Eberswalde, T: (03334) 657383, wunger@hnee.de

**Ungerer,** Albrecht; Dr. rer. pol., HonProf. U Stuttgart, Prof.; *Unternehmensführung, Volkswirtschaftslehre, Statistik*; di: DHBW Mannheim, Fak. Wirtschaft, Käfertaler Str. 256, 68167 Mannheim, T: (0621) 41052155, F: 41052150, albrecht.ungerer@dhbw-mannheim.de; pr: Robert-Mayer-Str. 16, 70191 Stuttgart, T: (0711) 2576274

**Ungvári,** László; Dr. oec., Prof., Rektor; *Produktionsmanagement, Materialwirtschaft, Logistik*; di: Techn. Hochsch. Wildau, Bahnhofstr., 15745 Wildau, T: (03375) 508100, F: 500324, laszlo.ungvari@tfh-wildau.de

**Unold,** Florian; Dr.-Ing., Prof.; *Grundbau*; di: Techn. Hochsch. Mittelhessen, FB 01 Bauwesen, Wiesenstr. 14, 35390 Gießen, Florian.Unold@bau.th-mittelhessen.de

**Unruh,** Werner von; Dr., Prof.; *Arbeitsrecht, Öffentliches Recht*; pr: c/o d, Knooper Landstr. 9, 24161 Altenholz, T: (0431) 361743

**Unterseer,** Kaspar; Dr. rer. nat., Prof.; *Angewandte Mathematik, Datentechnik*; di: Hochsch. München, Fak. Feinwerk- u. Mikrotechnik, Physikal. Technik, Lothstr. 34, 80335 München, T: (089) 12651306, F: 12651480, k.unterseer@fhm.edu

**Unterstein,** Michael; Dr., Prof.; *Wirtschaftsinformatik, Software*; di: FH Frankfurt, FB 3 Wirtschaft u. Recht, Nibelungenplatz 1, 60318 Frankfurt am Main, T: (069) 15332924, ustein@fb3.fh-frankfurt.de

**Untiedt,** Dirk; Dr.-Ing., Prof.; *Technologie- und Innovationsmanagement*; di: Hochsch. Rhein-Waal, Fak. Technologie u. Bionik, Marie-Curie-Straße 1, 47533 Kleve, T: (02821) 80673609, dirk.untiedt@hochschule-rhein-waal.de

**Uphaus,** Andreas; Dr., Prof.; *Betriebswirtschaftslehre, insbes. Finanzwirtschaft u. Rechnungswesen*; di: FH Bielefeld, FB Wirtschaft, Universitätsstr. 25, 33615 Bielefeld, T: (0521) 10667392, andreas.uphaus@fh-bielefeld.de

**Upmann,** Matthias; Dr. med. vet., Prof.; *Fleischtechnologie*; di: Hochsch. Ostwestfalen-Lippe, FB 4, Life Science Technologies, Liebigstr. 87, 32657 Lemgo

**Urban,** Alexander; Prof.; *Digitale Medien; Mediengestaltung*; di: FH Brandenburg, FB Informatik u. Medien, Magdeburger Str. 50, 14770 Brandenburg, PF 2132, 14737 Brandenburg, T: (03381) 355443, F: 355499, urban@fh-brandenburg.de

**Urban,** Bernhard; Dr.-Ing., Prof.; *Grundlagen der Informatik/Wirtschaftsinformatik*; di: Hochsch. Zittau/Görlitz, Fak. Elektrotechnik u. Informatik, Brückenstr. 1, 02826 Görlitz, PF 300648, 02801 Görlitz, T: (03581) 4828270, b.urban@hs-zigr.de

**Urban,** Karsten; Dr.-Ing., Prof.; *Baumanagement/Projektsteuerung*; di: HTW Dresden, Fak. Bauingenieurwesen/Architektur, Friedrich-List-Platz 1, 01069 Dresden, T: (0351) 4623473, urban@htw-dresden.de

**Urban,** Manfred; Dr. rer. nat., Prof.; *Chemie, Kunststoff- und Werkstofftechnik und Werkstoffprüfung*; di: Hochsch. München, Fak. Maschinenbau, Fahrzeugtechnik, Flugzeugtechnik, Dachauer Str. 98b, 80335 München, T: (089) 12651226, F: 12651392, manfred.urban@fhm.edu

**Urban,** Peter; Dr., Prof.; *Physikalische Chemie, Biotechnologie und Humanökologie*; di: Hochsch. Amberg-Weiden, FB Maschinenbau u. Umwelttechnik, Kaiser-Wilhelm-Ring 23, 92224 Amberg, T: (09621) 482162, F: 482145, p.urban@fh-amberg-weiden.de

**Urban,** Rolf; Dr. oec., Prof.; *Informatik/Betriebssysteme, Grundlagen der Informatik, Internetprogrammierung*; di: Westsächs. Hochsch. Zwickau, FB Physikalische Technik/Informatik, Dr.-Friedrichs-Ring 2A, 08056 Zwickau, Rolf.Urban@fh-zwickau.de

**Urbanek,** Peter; Dr.-Ing., Prof.; *Digitaltechnik und Mikroprozessortechnik*; di: Georg-Simon-Ohm-Hochsch. Nürnberg, Fak. Elektrotechnik Feinwerktechnik Informationstechnik, Wassertorstr. 10, 90489 Nürnberg, PF 210320, 90121 Nürnberg

**Urbatsch,** René-Claude; Dr. rer. pol., Prof.; *Finanzwirtschaft, Investitionswirtschaft, Bankwirtschaft*; di: Hochsch. Mittweida, Fak. Wirtschaftswiss., Technikumplatz 17, 09648 Mittweida, T: (03727) 581256, F: 581295, rurbatsc@htwm.de

**Urmersbach,** Matthias; Dr., Prof.; *Projekt- und Ressourcenmanagement*; di: Hochsch. Karlsruhe, Fak. Architektur u. Bauwesen, Moltkestr. 30, 76133 Karlsruhe, PF 2440, 76012 Karlsruhe, matthias.urmersbach@Hs-karlsruhe.de

**Urselmann,** Michael; Dr., Prof.; *Sozialmanagement*; di: FH Köln, Fak. f. Angewandte Sozialwiss., Mainzer Str. 5, 50678 Köln, T: (0221) 82753361, michael.urselmann@fh-koeln.de

**Usadel,** Harald; Dr.-Ing., Prof.; *Softwaretechnologie, Programmieren, Rechnernetze*; di: Hochsch. Ravensburg-Weingarten, Doggenriedstr., 88250 Weingarten, PF 1261, 88241 Weingarten, T: (0751) 5019603, F: 5019876, usadel@hs-weingarten.de; pr: Vogteistr. 9, 88250 Weingarten, T: (0751) 54152

**Utesch,** Matthias; Dr., Prof.; di: Hochsch. München, Fak. Informatik u. Mathematik, Lothstr. 34, 80335 München, matthias.utesch@hm.edu

**Uth,** Hans-Joachim; Dipl.-Ing., Dr.-Ing., Prof.; *Stahlbau*; di: FH Lübeck, FB Bauwesen, Mönkhofer Weg 239, 23562 Lübeck, T: (0451) 3005135, F: 3005079, hans-joachim.uth@fh-luebeck.de

**Uthe,** Anne-Dore; Dr., Prof.; *Öffentliches Medienmanagement u. Verwaltungsinformatik*; di: Hochsch. Harz, FB Verwaltungswiss., Domplatz 16, 38820 Halberstadt, T: (03941) 622420, F: 622500, authe@hs-harz.de

**Utikal,** Hannes; Dr. rer. pol., Prof.; *Business Administration*; di: Provadis School of Int. Management and Technology, Industriepark Hoechst, Geb. B 845, 65926 Frankfurt a.M., T: (069) 30541880, F: 30516277, hannes.utikal@provadis-hochschule.de

**Utikal,** Iris; Prof.; di: FH Köln, Fak. f. Kulturwiss., Ubierring 40, 50678 Köln

**Utz,** Richard; Dr. phil., Prof.; *Soziologie*; di: Hochsch. Mannheim, Fak. Sozialwesen, Ludolf-Krehl-Str. 7-11, 68167 Mannheim, T: (0621) 3926129, r.utz@hs-mannheim.de; pr: Gustav-Stresemann-Str. 27, 67071 Ludwigshafen, T: (0621) 675490, F: 675490

**Uwer,** Christian; Dipl.-Ing., Prof.; *Stadt- u. Regionalentwicklung sowie Ökonomie u. Soziologie d. Städtebaus*; di: FH Aachen, FB Architektur, Bayernallee 9, 52066 Aachen, T: (0241) 600951161, uwer@fh-aachen.de

**Uzarewicz,** Charlotte; Dr. disc. pol., Prof. Kathol. StiftungsFH München, HonProf. Philos.-Theol. H Vallendar; *Pflegemanagement*; di: Kath. Stiftungsfachhochschule München, Preysingstr. 83, 81667 München, T: (089) 480921268, F: 4801907, charlotte.uzarewicz@ksfh.de

**Vaassen,** Bernd; Dr., Prof.; *Mitarbeiterführung*; di: DHBW Ravensburg, Marienplatz 2, 88212 Ravensburg, T: (0751) 189992700, vaassen@dhbw-ravensburg.de

**Vaerst,** Michael; Dipl.-Ing., Prof.; *Gebäudelehre, Entwerfen, CAD*; di: Hochsch. Zittau/Görlitz, Fak. Bauwesen, Schliebenstr. 21, 02763 Zittau, PF 1455, 02754 Zittau, T: (03583) 611678, hszg@vaerst.net

**Vaeßen,** Christiane; Dr. rer. nat., Prof.; *Technische Chemie, einschl. Umwelttechnik*; di: FH Aachen, FB Angewandte Naturwiss. u. Technik, Ginsterweg 1, 52428 Jülich, T: (0241) 600953213, vaessen@fh-aachen.de

**Väterlein,** Peter; Dr. rer. nat., Prof.; *Betriebssysteme, Parallel Computing*; di: Hochsch. Esslingen, Fak. Informationstechnik, Flandernstr. 101, 73732 Esslingen, T: (0711) 3974232, F: 3974227; pr: Lustnauer Str. 64/1, 72127 Kusterdingen, T: (07071) 367617

**Vahland,** Rainer; Dr.-Ing., Prof.; *Baubetrieb, Baustoffkunde*; di: HAWK Hildesheim/Holzminden/Göttingen, Fak. Management, Soziale Arbeit, Bauen, Haarmannplatz 3, 37603 Holzminden, T: (05531) 126111

**Vahle,** Jürgen; Dr., Prof.; *Polizei und Ordnungsrecht, Juristische Methodik, Verwaltungsrecht*; di: FH f. öffentl. Verwaltung NRW, Studienort Bielefeld, Kurt-Schumacher-Str. 6, 33615 Bielefeld, juergen.vahle@fhoev.nrw.de

**Vahs,** Dietmar; Dipl.-Kfm., Dr. rer. pol., Prof.; *Betriebswirtschaftslehre, Organisation, Change Management, Innovationsmanagement*; di: Hochsch. Esslingen, Fak. Betriebswirtschaft, Flandernstr. 101, 73732 Esslingen, T: (0711) 3974364; pr: Bergwaldstr. 22, 75391 Gechingen

**Vahs,** Michael; Kapitän, Prof.; *Technische Schiffsführung*; di: Hochsch. Emden/Leer, FB Seefahrt, Bergmannstr. 36, 26789 Leer, T: (0180) 5678075021, F: 5678075011; pr: Mittelweg 4, 21640 Bliedersdorf, T: (04163) 823119, michael.vahs@t-online.deS

**Vaih-Baur,** Christina; Dr., Prof.; *PR- und Kommunikationsmanagement*; di: Macromedia Hochsch. f. Medien u. Kommunikation, Naststr. 11, 70376 Stuttgart

**Valdivia,** Anton; Dr.-Ing., Prof.; *Datenverarbeitung und Finite Elemente*; di: Jade Hochsch., FB Ingenieurwissenschaften, Friedrich-Paffrath-Str. 101, 26389 Wilhelmshaven, T: (04421) 9852299, F: 9852623, anton.valdivia@jade-hs.de

**Valena,** Thomàs; Dr.-Ing., Prof.; *Städtebau, Entwerfen*; di: Hochsch. München, Fak. Architektur, Karlstr. 6, 80333 München, T: (089) 12652625, valena@fhm.edu

**Valenzuela,** Alejandro; Dr.-Ing., Prof.; *Netzwerktechnik u. Datensicherheit*; di: Hochsch. Bonn-Rhein-Sieg, FB Elektrotechnik, Maschinenbau u. Technikjournalismus, Grantham-Allee 20, 53757 Sankt Augustin, T: (02241) 865340, F: 8658340, alejandro.valenzuela@fh-bonn-rhein-sieg.de

**Valkama,** Jukka-Pekka; Dr., Prof.; di: DHBW Karlsruhe, Fak. Technik, Erzbergerstr. 121, 76133 Karlsruhe, T: (0721) 9735839

**Vallée,** Franz; Dr. rer. pol., Prof.; *Baulogistik, IT-Systeme in der Logistik, Prozessoptimierung u. Logistikcontrolling*; di: FH Münster, Inst. f. Logistik u. Facility Management, Stegerwaldstraße 39, 48565 Steinfurt, T: (0251) 8365405, F: 8365473, vallee@fh-muenster.de

**Valtin,** Gerd; Dr.-Ing., Prof.; *Elektrische Energieversorgung*; di: HTWK Leipzig, FB Elektrotechnik u. Informationstechnik, PF 301166, 04251 Leipzig, T: (0341) 30761115, gerd.valtin@eit.htwk-leipzig.de

**Vandenhouten,** Ralf; Dr. rer. nat., Prof.; *Telematik*; di: Techn. Hochsch. Wildau, FB Ingenieurwesen/Wirtschaftsingenieurwesen, Bahnhofstr., 15745 Wildau, T: (03375) 508359, rvandenh@igw.tfh-wildau.de

**Vanhaelst,** Robert; Dr.-Ing., Prof.; *Thermodynamik, Alternative Antriebe*; di: Ostfalia Hochsch., Fak. Fahrzeugtechnik, Robert-Koch-Platz 8A, 38440 Wolfsburg, r.vanhaelst@ostfalia.de

**Vanini,** Ute; Dr. sc. pol., Prof.; *Allg. BWL., Rechnungswesen, Unternehmensplanung, Handelsbetr. Marketing, Controlling*; di: FH Kiel, FB Wirtschaft, Sokratesplatz 2, 24149 Kiel, T: (0431) 2103508, F: 21063825, ute.vanini@fh-kiel.de; pr: Schönwohlder Weg 23, 24113 Kiel

**Varnholt,** Norbert; Dr. rer. pol., Prof.; *Rechnungswesen, insb. Kostenrechnung und Controlling, Rating/BaselII, Handelsrechtl. Jahresabschluss*; di: FH Worms, FB Wirtschaftswiss., Erenburgerstr. 19, 67549 Worms, T: (06241) 509158, F: 56479, varnholt@fh-worms.de

**Vaske,** Hermann; Dipl.-Komm., Prof.; *Design, Werbung*; di: Hochsch. Trier, FB Gestaltung, PF 1826, 54208 Trier, T: (0651) 8103117, H.Vaske@hochschule-trier.de; pr: Schmidtstr. 12, 60326 Frankfurt/Main, T: (069) 7399180

**Vass,** Attila; Dr. rer. nat., Prof.; *Analytische Chemie, Biochemie, Kolloidchemie*; di: Hochsch. München, Fak. Feinwerk- u. Mikrotechnik, Physikal. Technik, Lothstr. 34, 80335 München, T: (089) 28924347, F: 28924337, vass@fhm.edu

**Vastag,** Alex; Dr. rer. pol., Prof.; *Logistik*; di: Int. School of Management, Otto-Hahn-Str. 19, 44227 Dortmund, T: (0231) 9751390, alex.vastag@ism-dortmund.de; pr: Unterer Ahlenbergweg 15 a, 58313 Herdecke

**Vatterrott,** Heide-Rose; Dr.-Ing., Prof.; *Angewandte Informatik m. Schwerpunkten in d. Bereichen Interaktive Systeme u. Informatik u. Gesellschaft*; di: Hochsch. Bremen, Fak. Elektrotechnik u. Informatik, Flughafenallee 10, 28199 Bremen, T: (0421) 59055434, F: 59055484, Heide-Rose.Vatterrott@hs-bremen.de; pr: Am Dammacker 10J, 28201 Bremen, T: (0421) 5967947

**Vaudt,** Susanne; Dr. rer. pol., Prof.; *Betriebswirtschaft im Sozial- und Gesundheitswesen, Finanzierungsformen*; di: FH d. Diakonie, Grete-Reich-Weg 9, 33617 Bielefeld, T: (0521) 1442703, F: 1443032, susanne.vaudt@fhdd.de

**Vaupel,** Gustav; Dr.-Ing., Prof.; *Anlagenautomatisierung*; di: HAW Hamburg, Fak. Technik u. Informatik, Berliner Tor 7, 20099 Hamburg, T: (040) 428758051, gustav.vaupel@haw-hamburg.de

**Vaupel,** Meike; Prof.; *Gebärdensprachlinguistik, Deutsch*; di: Westsächs. Hochsch. Zwickau, FB Gesundheits- u. Pflegewiss., Dr.-Friedrichs-Ring 2A, 08056 Zwickau, meike.vaupel@fh-zwickau.de

**Veddern,** Michael; Dr., Prof.; *Recht, Urheber-, Verlags- und Medienrecht, Arbeitsrecht*; di: Hochsch. d. Medien, Fak. Druck u. Medien, Nobelstr. 10, 70569 Stuttgart, veddern@hdm-stuttgart.de

**Veeser,** Thomas; Dr., Prof.; *Regelungstechnik, Elektronik und Informatik*; di: HAW Hamburg, Fak. Technik u. Informatik, Berliner Tor 21, 20099 Hamburg, T: (040) 428758651, thomas.veeser@haw-hamburg.de

**Veidt,** Almut; Dr., Prof.; *Sozialwissenschaft*; di: FH d. Bundes f. öff. Verwaltung, FB Sozialversicherung, Nestorstraße 23 - 25, 10709 Berlin, T: (030) 86523127

**Veigele,** Hartmut; Dipl.-Ing., Prof.; *Infrastrukturprojekte, Technisches Controlling*; di: Hochsch. Biberach, SG Projektmanagement (Bau), PF 1260, 88382 Biberach/Riß, T: (07351) 582357, F: 582449, veigele@hochschule-bc.de

**Veihelmann,** Rainer; Dr.-Ing., Prof., Dekan Fak. Engineering; *Mathematik, Numerische Mathematik, Automation, Ingenieur- und Informatik-, Grundlagen, Simulationstechnik*; di: Hochsch. Albstadt-Sigmaringen, FB 1, Johannesstr. 3, 72458 Albstadt-Ebingen, T: (07431) 579130, F: 579149, veihelma@fh-albsig.de

**Veit,** Ivar; Dr.-Ing., HonProf.; *Elektroakustik*; di: Hochsch. Rhein/Main, FB Ingenieurwiss., Am Brückweg 26, 65428 Rüsselsheim, Ivar.Veit@hs-rm.de

**Veit,** Michael; Dr. rer. nat., Prof.; *Chemie/Allgemeine Chemie, Umweltchemie*; di: Westsächs. Hochsch. Zwickau, FB Physikalische Technik/Informatik, Dr.-Friedrichs-Ring 2A, 08056 Zwickau, Michael.Veit@fh-zwickau.de

**Veit,** Wolfgang; Dr. rer. pol., Prof.; *Volkswirtschaftslehre, insbes. Außenwirtschaftstheorie und -politik*; di: FH Köln, Fak. f. Wirtschaftswiss., Claudiusstr. 1, 50678 Köln, T: (0221) 82753420; pr: wveit@t-online.de

**Veith,** Gerhard; Dipl.-Psych., Prof. i.R. KFH Freiburg; *Psychologie*; di: Kath. Hochsch. Freiburg, Karlstr. 63, 79104 Freiburg, T: (0761) 200525, veith@kfh-freiburg.de

**Veith,** Michael; Dr. rer. nat., Prof.; *Physikalische Chemie u. Oberflächentechnik*; di: Westfäl. Hochsch., FB Elektrotechnik u. angew. Naturwiss., August-Schmidt-Ring 10, 45665 Recklinghausen, T: (02361) 915486, F: 915484, michael.veith@fh-gelsenkirchen.de

**Veljović,** Jovica; Prof.; *Typedesign/Typografie*; di: HAW Hamburg, Fak. Design, Medien u. Information, Finkenau 35, 22081 Hamburg, T: (040) 428754801, jveljovic@t-online.de; pr: T: (040) 479273, F: 479608, veljovic@alice-dsl.net

**Velsen-Zerweck,** Burkhard von; Dr., Prof.; *ABWL/Dienstleistungswirtschaft/Management*; di: Hochsch. Magdeburg-Stendal, FB Wirtschaft, Osterburger Str. 25, 39576 Stendal, T: (0391) 21874848, burkhard.von-velsen@hs-magdeburg.de

**Velten,** Dirk; Dr.-Ing., Prof.; *Oberflächentechnik, Werkstofftechnik, Biomaterialien, Korrosion*; di: Hochsch. Offenburg, Fak. Maschinenbau u. Verfahrenstechnik, Badstr. 24, 77652 Offenburg, T: (0781) 205435, dirk.velten@hs-offenburg.de

**Velten,** Kai; Dr. rer. nat., Prof.; *Modellierung und Systemanalyse*; di: Hochsch. Geisenheim, Von-Lade-Str. 1, 65366 Geisenheim, T: (06722) 502734, kai.velten@hs-gm.de; pr: Albert-Rupp-Str. 4, 91052 Erlangen, T: (09131) 304338

**Veltink,** Gert; Dr., Prof.; *Autorensysteme, Programmierung, Software Engineering, Betriebssysteme, Projektmanagement*; di: Hochsch. Emden/Leer, FB Technik, Constantiaplatz 4, 26723 Emden, T: (04921) 8071803, F: 8071843, veltink@hs-emden-leer.de

**Venghaus,** Joachim; Dr.-Ing., Prof., Rektor; *Technische Mechanik, Maschinendynamik, Hydraulik und Pneumatik, Akustik*; di: FH Stralsund, FB Maschinenbau, Zur Schwedenschanze 15, 18435 Stralsund, T: (03831) 456550

**Venhaus,** Martin; Dr.-Ing., Prof.; *Maschinenbau*; di: FH Südwestfalen, FB Maschinenbau, Frauenstuhlweg 31, 58644 Iserlohn, T: (02371) 566158, venhaus@fh-swf.de

**Venitz,** Udo; Dr. rer. oec., Prof.; di: HTW d. Saarlandes, Fak. f. Wirtschaftswiss., Waldhausweg 14, 66123 Saarbrücken, T: (0681) 5867531, uvenitz@htw-saarland.de; pr: Bunsenstr. 31, 66123 Saarbrücken, T: (0681) 372536

**Vennemann,** Norbert; Dipl.-Phys., Dr. rer. nat., Prof.; *Kunststofftechnik und -prüfung, Elastomertechnologie, Reologie, Schadensanalyse, Mathematik*; di: Hochsch. Osnabrück, Fak. Ingenieurwiss. u. Informatik, Albrechtstr. 30, 49076 Osnabrück, T: (0541) 9692940, F: 9693166, n.vennemann@hs-osnabrueck.de; pr: Rehmstr. 90a, 49080 Osnabrück, T: (0541) 802390

**Vent,** Dorothea; Dipl.-Innenarchitektin, Prof.; *Holzgestaltung/Innenarchitektur*; di: Westsächs. Hochsch. Zwickau, FB Angewandte Kunst Schneeberg, Goethestr. 1, 08289 Schneeberg, dorothea.vent@fh-zwickau.de

**Venzmer,** Helmuth; Dr. rer. nat., Dr.-Ing. habil, Prof.; *Physik, technische Mechanik*; di: Hochsch. Wismar, Fak. f. Ingenieurwiss., PF 1210, 23952 Wismar, T: (03841) 753231, h.venzmer@bau.hs-wismar.de

**Verch,** Ulrike; Dr., Prof.; *Informationsdienstleistung, Kultur und Medien, Information Research*; di: HAW Hamburg, Fak. Design, Medien u. Information, Finkenau 35, 22081 Hamburg, T: (040) 428753619, ulrike.verch@haw-hamburg.de

**Vergossen,** Harald; Dipl.-Kfm., Dr., Prof.; *Allgemeine Betriebswirtschaftslehre, Marketing*; di: Hochsch. Niederrhein, FB Wirtschaftswiss., Webschulstr. 41-43, 41065 Mönchengladbach, T: (02161) 1866367, harald.vergossen@hs-niederrhein.de

**Verleger,** Hartmut; Dr. rer. nat., Prof.; *Baugrunderkundung, Geotechnik, Grundwasserabsenkung, Umweltschutz*; di: HTW Berlin, FB Ingenieurwiss. II, Blankenburger Pflasterweg 102, 13129 Berlin, T: (030) 50194212, verleger@HTW-Berlin.de

**Vermeulen,** Edwin; Dr. rer. pol., Prof.; di: Hochsch. München, Fak. Betriebswirtschaft, Am Stadtpark 20 (Neubau), 81243 München, edwin.vermeulen@hm.edu

**Vermeulen,** Peter; HonProf.; *Strategisches Kulturmanagement*; di: Hochsch.Merseburg, FB Soziale Arbeit, Medien, Kultur, Geusaer Str., 06217 Merseburg, T: (03461) 462203, F: 462205, peter.vermeulen@hs-merseburg.de

**Versch,** Ursula; Dr., Prof.; *Recherchetechnik, Informationsinformatik*; di: Hochsch. Amberg-Weiden, FB Maschinenbau u. Umwelttechnik, Kaiser-Wilhelm-Ring 23, 92224 Amberg, T: (09621) 482214, F: 482145, u.versch@fh-amberg-weiden.de

**Versen,** Martin; Dr., Prof.; *Mess-, Digital- und Mikrocomputertechnik, Halbleiterspeicher*; di: Hochsch. Rosenheim, Fak. Ingenieurwiss., Hochschulstr. 1, 83024 Rosenheim, T: (08031) 805713, martin.versen@fh-rosenheim.de

**Vesper,** Bernd; Dr.-Ing., Prof.; *Medientechnik, Medieninformatik, Computeranimation, Marketing, Projektmanagement*; di: FH Kiel, FB Medien, Grenzstr. 3, 24149 Kiel, T: (0431) 2104520, F: 21064520, bernd.vesper@fh-kiel.de; pr: Stolbergstr. 12, 22967 Tremsbüttel, T: (04532) 501761, F: 501762

**Vester,** Joachim; Dr.-Ing., Prof.; *Elektronische Bauelemente, Hardware-Design*; di: Hochsch. Ostwestfalen-Lippe, FB 5, Elektrotechnik u. techn. Informatik, Liebigstr. 87, 32657 Lemgo, T: (05261) 702310, F: 702373

**Vetter,** Andreas K.; Dr. phil., Prof.; *Kunst- und Kulturgeschichte*; di: Hochsch. Ostwestfalen-Lippe, FB 1, Architektur u. Innenarchitektur, Bielefelder Str. 66, 32756 Detmold, andreas.vetter@hs-owl.de

**Vetter,** Burkhard; Dipl.-Des., Prof.; *Entwurf, Zeichnen*; di: Georg-Simon-Ohm-Hochsch. Nürnberg, Fak. Design, Wassertorstr. 10, 90489 Nürnberg

**Vetter,** Christiane; Dr., Prof.; *Elementarpädagogik und Soziale Arbeit*; di: DHBW Stuttgart, Fak. Sozialwesen, Herdweg 29, 70174 Stuttgart, T: (0711) 1849720, vetter@dhbw-stuttgart.de

**Vetter,** Harry; Dipl.-Ing., Prof.; *Ausstellungs- u Eventarchitektur*; di: FH Düsseldorf, FB 1 – Architektur, Georg-Glock-Str. 15, 40474 Düsseldorf, T: (0211) 4351139, harry.vetter@fh-duesseldorf.de

**Vetter,** Heinz; Dipl.-Ing., Prof.; *Architektur*; di: Hochsch. Darmstadt, FB Architektur, Haardtring 100, 64295 Darmstadt, T: (06151) 168115, vetter@fba.h-da.de

**Vetter,** Hermann; Dipl.-Ing., Prof.; *Elektrotechnik, Elektronik, Mikrocomputertechnik*; di: Hochsch. Esslingen, Fak. Fahrzeugtechnik u. Fak. Graduate School, Kanalstr. 33, 73728 Esslingen, T: (0711) 3973339; pr: Gemmrigheimer Str. 26, 74394 Hessingheim, T: (07143) 5190

**Vetter,** Lutz; Dr. rer. nat., Prof.; *Landschaftsinformatik, Landschaftsplanung*; di: Hochsch. Neubrandenburg, FB Landschaftsarchitektur, Geoinformatik, Geodäsie u. Bauingenieurwesen, Brodaer Str. 2, 17033 Neubrandenburg, PF 110121, 17041 Neubrandenburg, T: (0395) 56934511, vetter@hs-nb.de

**Vetter,** Marcus; Dr., Prof.; *Embedded Systems im Bereich Technische Informatik*; di: Hochsch. Mannheim, Fak. Informationstechnik, Windeckstr. 110, 68163 Mannheim

**Vetter,** Rolf; Dr. rer. oec., Prof.; *Betriebswirtschaftslehre, insbes. deren Grundlagen, Planung und Organisation*; di: FH Köln, Fak. f. Wirtschaftswiss., Claudiusstr. 1, 50678 Köln, T: (0221) 82753409

**Vettermann,** Gunther; Dipl.-Ing., HonProf.; *Ausstellungsbau*; di: FH Köln, Fak. f. Architektur, Betzdorfer Str. 2, 50679 Köln; g.vettermann@koelnmesse.de

**Vettermann,** Rainer; Dr., Prof.; *Technische Mechanik, Energietechnik, Hydraulische und pneumatische Antriebe, Technisches Zeichnen*; di: Hochsch. Rosenheim, Fak. Wirtschaftsingenieurwesen, Hochschulstr. 1, 83024 Rosenheim, T: (08031) 805618, F: 805702, vettermann@fh-rosenheim.de

**Veyhl,** Rainer; Dr.-Ing., Dipl.-Physiker, Prof.; *Sensorik, Oberflächentechnik*; di: FH Westküste, FB Technik, Fritz-Thiedemann-Ring 20, 25746 Heide, T: (0481) 8555345, veyhl@fh-westkueste.de; pr: Landweg 18, 25746 Heide

**Victor,** Frank; Dr. rer. nat., Prof.; *Angewandte Informatik, Schwerpunkte Betriebssysteme und verteilte Systeme*; di: FH Köln, Fak. f. Informatik u. Ingenieurwiss., Am Sandberg 1, 51643 Gummersbach, T: (02261) 8196278, victor@gm.fh-koeln.de; pr: Friedlandstr. 10, 53117 Bonn, T: (02234) 9678846

**Viebahn,** Christoph von; Dr., Prof.; *Wirtschaftsinformatik, Gundlagen der BWL, Verwaltungsinformatik*; di: Hochsch. Hannover, Fak. IV Wirtschaft u. Informatik, Ricklinger Stadtweg 120, 30459 Hannover, PF 920261, 30441 Hannover, T: (0511) 92961570, christoph-von.viebahn@hs-hannover.de

**Viebahn,** Peter von; Dipl.Ing., Prof.; di: DHBW Stuttgart, Campus Horb, Florianstr. 15, 72160 Horb am Neckar, T: (07451) 521101, F: 521111, vViebahn@hb.dhbw-stuttgart.de

**Viebeck,** Günther; Dipl.-Math., HonProf.; di: Hochsch. f. Technik, Fak. Vermessung, Mathematik u. Informatik, Schellingstr. 24, 70174 Stuttgart, PF 101452, 70013 Stuttgart

**Viefhus-Veensma,** Dieter; Dipl.-Ing., Dipl.-Kfm., Dr., Prof.; *Systemanalyse, Informationssysteme im Dienstleistungsbereich, BWL-Anwendungs-Software*; di: Hochsch. Bremerhaven, An der Karlstadt 8, 27568 Bremerhaven, T: (0471) 4823448, viefhues@hs-bremerhaven.de; pr: Zietenstr. 55, 28217 Bremen, T: (0421) 3964544

**Viehhauser,** Ralph; Dipl.-Psychologe, Dr. phil., Prof.; *Psychologie, Psychologische Methoden*; di: Hochsch. Landshut, Fak. Soziale Arbeit, Am Lurzenhof 1, 84036 Landshut, T: (0871) 506442, ralph.viehhauser@fh-landshut.de

**Viehmann,** Matthias; Dr.-Ing., Prof.; *Technische Informatik*; di: FH Nordhausen, FB Ingenieurwiss., Weinberghof 4, 99734 Nordhausen, T: (03631) 420336, viehmann@fh-nordhausen.de

**Vieler,** Gerhard; Dipl.-Ing., Prof.; *Architektur*; di: HTW d. Saarlandes, Fak. f. Architektur u. Bauingenieurwesen, Waldhausweg 14, 66123 Saarbrücken, T: (0681) 5867553; pr: Meraner Str. 7, 66119 Saarbrücken

**Vielhaber,** Johannes; Dr.-Ing., Prof., Rektor; *Planung und Konstruktion im Ingenieurbau, insb. Massivbau*; di: FH Potsdam, FB Bauingenieurwesen, Pappelallee 8-9, Haus 1, 14469 Potsdam, T: (0331) 5801324, j.vielhaber@fh-potsdam.de

**Vielhaber,** Michael; Dr., Prof.; *Techn. Informatik, Mathematik, Kryptographie*; di: Hochsch. Bremerhaven, An der Karlstadt 8, 27568 Bremerhaven, T: (0471) 4823567, vielhaber@hs-bremerhaven.de

**Vielhauer,** Claus; Dr.-Ing., Prof.; *Biometrie, Analyse von Mediendaten und Rechnersystemen*; di: FH Brandenburg, FB Informatik u. Medien, Magdeburger Str. 50, 14770 Brandenburg, T: (03381) 355476, F: 355499, vielhaue@fh-brandenburg.de

**Vielmeyer,** Uwe; Dr. rer. oec., Prof.; *Betriebswirtschaftslehre, Rechnungswesen, Controlling*; di: HTWK Leipzig, FB Wirtschaftswissenschaften, PF 301166, 04251 Leipzig, T: (0341) 30766484, vielmeyer@wiwi.htwk-leipzig.de

**Vielwerth,** Richard; Dr., Prof.; *Journalistik*; di: Macromedia Hochsch. f. Medien u. Kommunikation, Gollierstr. 4, 80339 München

**Vielwerth,** Roland; PhD., Prof.; *Marketing, Industrie- u. Dienstleistungsmarketing, Internationales Marketing*; di: Hochsch. Mittweida, Fak. Wirtschaftswiss., Technikumplatz 17, 09648 Mittweida, T: (03727) 581311, F: 581295, rvielwer@htwm.de

**Viereck,** Axel; Dr. rer. nat., Prof.; *Wirtschaftsinformatik*; di: Hochsch. Bremen, Fak. Elektrotechnik u. Informatik, Flughafenallee 10, 28199 Bremen, T: (0421) 59055401, F: 59055484, Axel.Viereck@hs-bremen.de; pr: Osterdeich 115, 28205 Bremen, T: (0421) 443836, F: 445582

**Vierling,** Michael; Dr., Prof.; *Öffentliche Finanzwirtschaft*; di: FH d. Bundes f. öff. Verwaltung, FB Bundeswehrverwaltung, Seckenheimer Landstr. 10, 68163 Mannheim

**Viernickel,** Susanne; Dr., Prof.; *Bildungsmanagement, Frühe Kindheit*; di: Alice-Salomon-Hochsch., Alice-Salomon-Platz 5, 12627 Berlin, T: (030) 99245408, viernickel@ash-berlin.eu

**Vierzigmann,** Gabriele; Dr., Prof.; *Hilfen zur Erziehung*; di: Hochsch. München, Fak. Angew. Sozialwiss., Am Stadtpark 20, 81243 München, T: (089) 12652386, F: 12652330, vierzigmann@fhm.edu

**Vieth,** Peter; Dr., Prof.; *Management, Organisation, Personal*; di: Hochsch. f. Wirtschaft u. Recht Berlin, FB 1, Badensche Str. 50/51, 10825 Berlin, T: (030) 308772433, peter.vieth@hwr-berlin.de

**Vieweg,** Iris; Dipl.-Wi.-Ing., Dr. rer. pol., Prof.; *Wirtschaftsinformatik, Risikomanagement, Projektmanagement*; di: FH f. angewandtes Management, Am Bahnhof 2, 85435 Erding, T: (08122) 9559480, iris.vieweg@myfham.de

**Vieweg,** Wolfgang; Dr., Prof.; *Grundlagen der Betriebswirtschaftslehre mit Schwerpunkt Rechnungswesen*; di: Hochsch. f. angew. Wiss. Würzburg Schweinfurt, Fak. Wirtschaftsingenieurwesen, Ignaz-Schön-Str. 11, 97421 Schweinfurt

**Vigener,** Gerhard; Dr., Prof.; *Recht der Sozialwirtschaft, Sozialpolitik, Staats- und Verwaltungsrecht*; di: Hochsch. Heidelberg, Fak. f. Angew. Psychologie, Ludwid-Guttmann-Str. 6, 69123 Heidelberg, T: (06221) 882034, gerhard.vigener@fh-heidelberg.de

**Vilain,** Michael; Dr. phil., Prof.; *BWL*; di: Ev. Hochsch. Darmstadt, Zweifalltorweg 12, 64293 Darmstadt, T: (06151) 879889, vilain@eh-darmstadt.de

**Vilkner,** Eberhard; Dr.-Ing., Prof.; *Mathematik*; di: Hochsch. Wismar, Fak. f. Wirtschaftswiss., PF 1210, 23952 Wismar, T: (03841) 753320, e.vilkner@wi.hs-wismar.de

**Villain,** Jürgen; Dr.-Ing., Prof.; *Mechatronik, Werkstofftechnik, Fertigungstechnik, Konstruktion, Technische Mechanik*; di: Hochsch. Augsburg, Fak. f. Elektrotechnik, An der Hochschule 1, 86161 Augsburg, T: (0821) 55863386, F: 55863360, juergen.villain@hs-augsburg.de; www.hs-augsburg.de/c2m/

**Villiger,** Claudia; Dr. rer.nat., Prof.; *Elektro- u Informationstechnik*; di: Hochsch. Hannover, Fak. I Elektro- u. Informationstechnik, Ricklinger Stadtweg 120, 30459 Hannover, PF 920261, 30441 Hannover, T: (0511) 92961216, claudia.villiger@hs-hannover.de; pr: Odenwaldstr. 5, 30657 Hannover, T: (0511) 603928

**Villmer,** Franz-Josef; Dr.-Ing., Prof.; *Konstruktionslehre/CAD*; di: Hochsch. Ostwestfalen-Lippe, FB 7, Produktion u. Wirtschaft, Liebigstr. 87, 32657 Lemgo, T: (05261) 702428, F: 702275; pr: Steinmüllerweg 16, 32657 Lemgo, T: (05261) 12947

**Villwock,** Joachim; Dr.-Ing., Prof.; *Technische Mechanik*; di: Beuth Hochsch. f. Technik, FB VIII Maschinenbau, Veranstaltungs- u. Verfahrenstechnik, Luxemburger Str. 10, 13353 Berlin, T: (030) 45045101, villwock@beuth-hochschule.de

**Vilsmeier,** Friedrich; Dr., Prof., Dekan FB Elektrotechnik; *Elektrische Meßtechnik, Lichttechnik, Mikroprozessortechnik*; di: Hochsch. f. angew. Wiss. Würzburg Schweinfurt, Fak. Elektrotechnik, Ignaz-Schön-Str. 11, 97421 Schweinfurt

**Vinke,** Johannes; Dr. rer. nat., Prof.; *Chemie, Kunststoffherstellung und -prüfung, Kunststoffverarbeitungsverfahren*; di: Hochsch. Offenburg, Fak. Maschinenbau u. Verfahrenstechnik, Badstr. 24, 77652 Offenburg, T: (0781) 205235, F: 205214

**Vinnemeier,** Franz; Dr.-Ing., Prof.; *Strömungsmaschinen, Gasturbinen, Thermodynamik, Strömungslehre*; di: HAW Hamburg, Fak. Technik u. Informatik, Berliner Tor 21, 20099 Hamburg, T: (040) 428758633, franz@vinnemeier.de; pr: T: (040) 6004371, F: 60049309

**Vinnicombe,** Thea; Dr., Prof.; *Allgemeine Betriebswirtschaftslehre*; di: Hochsch. Fulda, FB Wirtschaft, Marquardstr. 35, 36039 Fulda, thea.vinnicombe@w.hs-fulda.de

**Vinzelberg,** Ulrich; Dipl.-Ing., Prof.; *Baukonstruktion*; di: FH Dortmund, FB Architektur, PF 105018, 44047 Dortmund, T: (0231) 7554406, F: 91124466, vinzelberg@fh-dortmund.de

**Viöl,** Wolfgang; Dr. rer. nat. habil., apl.Prof. TU Clausthal, Prof. u. Vizepräs. HAWK Hildesheim/Holzminden/Göttingen; *Laser- u. Plasmatechnologie,Strömungslehre, Thermodynamik, Solartechnik*; di: HAWK Hildesheim/Holzminden/Göttingen, Fak. Naturwiss. u. Technik, Von-Ossietzky-Str. 99, 37085 Göttingen, T: (0551) 3705218, F: 3705206

**Vismann,** Ulrich; Dr.-Ing., Prof.; *Baustatik einschl. Technische Mechanik sowie Massivbau*; di: FH Aachen, FB Bauingenieurwesen, Bayernallee 9, 52066 Aachen, T: (0241) 600951207, vismann@fh-aachen.de; pr: Bischofsmühle 1g, 48653 Coesfeld, T: (02541) 880405

**Vits,** Rudolf; Dr.-Ing., Prof.; *Werkzeugmaschinen*; di: FH Südwestfalen, FB Maschinenbau, Frauenstuhlweg 31, 58644 Iserlohn, T: (02371) 566240, F: 566251, vits@fh-swf.de; pr: T: (02355) 400672

**Vitt,** Bruno; Dr. rer. nat., Prof.; *Physik, Mathematik*; di: Hochsch. Ostwestfalen-Lippe, FB 7, Produktion u. Wirtschaft, Liebigstr. 87, 32657 Lemgo, T: (05261) 702428, F: 702275; pr: Hofenburger Str. 48, 52080 Aachen, T: (0241) 161304

**Vitting,** Eva; Dipl.-Des., Prof.; *Gestaltungslehre und angew. Farbgestaltung*; di: FH Aachen, FB Design, Boxgraben 100, 52064 Aachen, vitting@fh-aachen.de

**Vögt,** Friedrich; Prof.; *Recht des Öffentlichen Dienstes, Polizeirecht, Verwaltungsrecht*; di: Hochsch. f. Polizei Villingen-Schwenningen, Sturmbühlstr. 250, 78054 Villingen-Schwenningen, T: (07720) 309502, FriedrichVoegt@fhpol-vs.de

**Vögtle,** Marcus; Dr., Prof.; *BWL, Bank*; di: DHBW Villingen-Schwenningen, Fak. Wirtschaft, Friedrich-Ebert-Str. 30, 78054 Villingen-Schwenningen, T: (07720) 3906151, F: 3906149, voegtle@dhbw-vs.de

**Völcker,** Hartmut; Dr. rer. pol., Prof.; *BWL, Operatives und Strategisches Controlling*; di: HTW Dresden, Fak. Wirtschaftswissenschaften, Friedrich-List-Platz 1, 01069 Dresden, T: (0351) 4622303, voelcker@wiwi.htw-dresden.de

**Völkel,** Petra; Dr. phil., Prof., Prorektorin; *Entwicklungspsychologie, Klinische Psychologie, Elementarpädagogik*; di: Ev. Hochsch. Berlin, Prof. f. Grundlagen d. Entwicklungspsychologie, PF 370255, 14132 Berlin, T: (030) 84582200, voelkel@eh-berlin.de

**Völker,** Rainer; Dr. rer. pol., Prof.; *BWL*; di: FH Ludwigshafen, FB I Management und Controlling, Ernst-Boehe-Str. 4, 67059 Ludwigshafen, T: (0621) 5203286, F: 5203274, rainer.voelker@fh-ludwigshafen.de

**Völker,** Sven; Dr. rer.pol., Prof.; *Logistikplanung, Digitale Fabrik*; di: Hochsch. Ulm, Fak. Produktionstechnik u. Produktionswirtschaft, PF 3860, 89028 Ulm, T: (0731) 5028031, voelker@hs-ulm.de

**Voelker,** Ulysses; Prof., Dekan FB Gestaltung; *Typografie*; di: FH Mainz, FB Gestaltung, Holzstr. 36, 55116 Mainz

**Völkl-Maciejczyk,** Marga; Dipl.-Päd., Sozialarb. (grad.), Dr. phil., Prof.; *Pädagogik, Sozialarbeit/Sozialpädagogik*; di: Kath. Stiftungsfachhochsch. München, Preysingstr. 83, 81667 München, marga.voelkl-maciejczyk@ksfh.de

**Völklein,** Friedemann; Dr. rer. nat. habil., Prof.; *Vakuumtechnik, Physikalische Technologie, Mikrosystemtechnik*; di: Hochsch. Rhein/Main, FB Ingenieurwiss., Inst. f. Mikrotechnologien, Am Brückweg 26, 65428 Rüsselsheim, T: (06142) 8984531, friedemann.voelklein@hs-rm.de; pr: Gotenweg 9, 65527 Niedernhausen, T: (06127) 3743

**Völler,** Manfred; Dr. rer. pol., Prof.; di: Rheinische FH Köln, Hohenstaufenring 16-18, 50674 Köln; pr: Bückebergstr. 7, 51109 Köln, T: (0221) 840686

**Völler,** Michaele; Dr. rer. pol., Prof.; *Versicherungsmarketing*; di: FH Köln, Fak. f. Wirtschaftswiss., Claudiusstr. 1, 50678 Köln, T: (0221) 82753712, michaele.voeller@fh-koeln.de

**Völler,** Reinhard; Dr. rer.nat., Prof.; *Informatik*; di: HAW Hamburg, Fak. Technik u. Informatik, Berliner Tor 7, 20099 Hamburg, T: (040) 428758002, reinhard.voeller@haw-hamburg.de

**Völter,** Bettina; Dr. phil., Prof.; *Soziale Arbeit, Biografieforschung/Ethnografische Methoden*; di: Alice-Salomon-Hochsch., Alice-Salomon-Platz 5, 12627 Berlin, T: (030) 99245407, voelter@ash-berlin.eu

**Völter,** Ulrich; Dr.-Ing., HonProf.; di: Hochsch. f. Technik, Fak. Vermessung, Mathematik u. Informatik, Schellingstr. 24, 70174 Stuttgart, PF 101452, 70013 Stuttgart

**Vömel,** Martin; Dr., Prof.; *Konstruktionslehre, Lichttechnik*; di: FH Frankfurt, FB 2 Informatik u. Ingenieurwiss., Nibelungenplatz 1, 60318 Frankfurt am Main, T: (069) 15332277, voemel@fb2.fh-frankfurt.de

**Vöth,** Stefan; Dr.-Ing., Prof.; *Produktentwicklung*; di: TFH Georg Agricola Bochum, WB Maschinen- u. Verfahrenstechnik, Herner Str. 45, 44787 Bochum, T: (0234) 9683381, F: 9683359, voeth@tfh-bochum.de; pr: Auf den Pöthen 13, 42553 Velbert, T: (02053) 420630

**Vogel,** Alexander; Dr.-Ing., Prof.; *Wasserbau, Hydromechanik*; di: Hochsch. Darmstadt, FB Bauingenieurwesen, Haardtring 100, 64295 Darmstadt

**Vogel,** Christian; Dr. agr., Prof.; *Abfallwirtschaft, Altlastensanierung, Abfall- und Bodenuntersuchung*; di: Techn. Hochsch. Mittelhessen, FB 04 Krankenhaus- u. Medizintechnik, Umwelt- u. Biotechnologie, Wiesenstr. 14, 35390 Gießen, T: (0641) 3092535; pr: Dresdener Str. 23, 35440 Linden, T: (06403) 67187

**Vogel,** Dirk; Dr., Prof.; *Produktionswirtschaft, Qualitätsmanagement*; di: Hochsch. f. Technik, Fak. Bauingenieurwesen, Bauphysik u. Wirtschaft, Schellingstr. 24, 70174 Stuttgart, PF 101452, 70013 Stuttgart, T: (0711) 89262688, F: 89262913, dirk.vogel@hft-stuttgart.de

**Vogel,** Hans-Gert; Dr. jur., Prof.; *Bürgerliches Recht und Wirtschaftsrecht*; di: Adam-Ries-FH, Juri-Gagarin-Ring 152, 99084 Erfurt, T: (0361) 65312020, h-g.vogel@arfh.de

**Vogel,** Jochen; Dr. jur., Prof.; *Medienmanagement*; di: Macromedia Hochsch. f. Medien u. Kommunikation, Richmodstr. 10, 50667 Köln

**Vogel,** Jürgen; Dr.-Ing., Prof.; *Geotechnik*; di: HAWK Hildesheim/Holzminden/Göttingen, Fak. Bauen u. Erhalten, Hohnsen 2, 31134 Hildesheim, T: (05121) 881223, F: 881224

**Vogel,** Manfred; Dr. sc. techn., Dr.-Ing. habil., Prof.; *Maschinenbau, Konstruktionstechnik, Rapid Prototyping*; di: Hochsch. Emden/Leer, FB Technik, Constantiaplatz 4, 26723 Emden, T: (04921) 8071406, manfred.vogel@hs-emden-leer.de; pr: Alt-Münkeboer-Str. 42a, 26624 Südbrookmerland, T: (04942) 4907

**Vogel,** Marina; Dr. rer. nat., Prof.; *Organische Chemie/Umweltschutz*; di: HTW Dresden, Fak. Maschinenbau/Verfahrenstechnik, PF 120701, 01008 Dresden, T: (0351) 4622285, vogel@mw.htw-dresden.de

**Vogel,** Matthias; Dipl.Ing., Prof.; *Maschinenbau*; di: DHBW Stuttgart, Campus Horb, Florianstr. 15, 72160 Horb am Neckar, T: (07451) 521234, F: 521139, m.vogel@hb.dhbw-stuttgart.de

**Vogel,** Michael P.; Dr., Prof.; *Tourismusmanagement*; di: Hochsch. Bremerhaven, An der Karlstadt 8, 27568 Bremerhaven, T: (0471) 4823215, F: 4823285, mvogel@hs-bremerhaven.de

**Vogel,** Peter; Dr., Prof.; *Nachrichtentechnik, Angew. Mathematik*; di: FH Düsseldorf, FB 8 – Medien, Josef-Gockeln-Str. 9, 40474 Düsseldorf, T: (0211) 4351864, peter.vogel@fh-duesseldorf.de; pr: vogelpe@aol.com

**Vogel,** Thomas; Dr., Prof., Rektor; *Projektmanagement*; di: Hochsch. Biberach, Karlstr. 11, 88400 Biberach/Riß, PF 1260, 88382 Biberach/Riß, T: (07351) 582100, F: 582109, rektor@hochschule-bc.de

**Vogelbusch,** Friedrich; Dr., Prof.; *Sozialmanagement, Sozialwirtschaft*; di: Ev. Hochsch. f. Soziale Arbeit, PF 200143, 01191 Dresden, friedrich.vogelbusch@ehs-dresden.de; pr: Niederwarthaer Str. 30, 01665 Weistropp, T: (0163) 8952470

**Vogeler,** Michael; Dr.-Ing., Prof.; *Elektrotechnik*; di: Westfäl. Hochsch., FB Maschinenbau u. Facilities Management, Neidenburger Str. 10, 45877 Gelsenkirchen, T: (0209) 9596184, F: 9596185, michael.vogeler@fh-gelsenkirchen.de; pr: Grüner Weg 5b, 45966 Gladbeck, T: (02043) 56427

**Vogelsang,** Holger; Dr. rer. nat., Prof.; *Softwareentwicklung, Softwareengineering, Informatik Grundlagen*; di: Hochsch. Karlsruhe, Fak. Informatik u. Wirtschaftsinformatik, Moltkestr. 30, 76133 Karlsruhe, PF 2440, 76012 Karlsruhe, T: (0721) 9251506

**Voges,** Rainer; Prof.; *Fachjournalistik und Multimediale Dokumentation*; di: Techn. Hochsch. Mittelhessen, FB 13 Mathematik, Naturwiss. u. Datenverarbeitung, Wiesenstr. 14, 35390 Gießen, T: (0641) 3092392; pr: Zum großen Freien 18e, 31275 Lehrte-Ahlen, T: (05132) 6688

**Vogl,** Bernard; Dr. rer. pol., Prof.; *Außenwirtschaftstheorie und -politik*; di: Hochsch. Niederrhein, FB Wirtschaftswiss., Webschulstr. 41-43, 41065 Mönchengladbach, T: (02161) 1866335, bernard.vogl@hs-niederrhein.de

**Vogl,** Robert; Prof.; *Forstliche Bildungsarbeit, Schutzwaldsanierung, Kommunikation*; di: Hochsch. Weihenstephan-Triesdorf, Fak. Wald u. Forstwirtschaft, Am Hochanger 5, 85354 Freising, T: (08161) 715906, F: 714526, robert.vogl@fh-weihenstephan.de

**Vogl,** Ulrich; Dr., Prof.; *Mathematik, Physik, Digitale Signalverarbeitung*; di: Hochsch. Amberg-Weiden, FB Elektro- u. Informationstechnik, Kaiser-Wilhelm-Ring 23, 92224 Amberg, T: (09621) 482146, F: 482161, u.vogl@fh-amberg-weiden.de

**Vogler,** Thomas; Dr. rer. pol., Prof.; *Handelsmanagement, Handelsmarketing*; di: HAW Ingolstadt, Fak. Wirtschaftswiss., Esplanade 10, 85049 Ingolstadt, T: (0841) 9348636, thomas.vogler@haw-ingolstadt.de

**Vogt,** Annette; Dipl.-Psych., Dr. phil., Prof.; *Soziale Arbeit*; di: Kath. Stiftungsfachhochsch. München, Preysingstr. 83, 81667 München, T: (089) 480921272, vizepraesidentin@ksfh.de

**Vogt,** Carsten; Dr. rer. nat., Prof.; *Prozessautomatisierung, Datenverarbeitung und Betriebssysteme*; di: FH Köln, Fak. f. Informations-, Medien- u. Elektrotechnik, Betzdorfer Str. 2, 50679 Köln, T: (0221) 82752435, carsten.vogt@fh-koeln.de; pr: Schlodderdicher Weg 90, 51469 Bergisch Gladbach

**Vogt,** Christian; Dr. rer. nat., Prof.; *Systemarchitektur, Betriebssysteme*; di: Hochsch. München, Fak. Informatik u. Mathematik, Lothstr. 34, 80335 München, T: (089) 12653750, F: 12653780, vogt@cs.fhm.edu

**Vogt,** Cordes-Christoph; Dr., Prof.; *Werkstofftechnik, Konstruktion, Produktionstechnik*; di: Hochsch. f. angew. Wiss. Würzburg Schweinfurt, Fak. Maschinenbau, Ignaz-Schön-Str. 11, 97421 Schweinfurt

**Vogt,** Detlef R.; Dr. rer. pol., Prof.; *Unternehmensführung und Internationales Marketing*; di: Hochsch. Reutlingen, FB European School of Business, Alteburgstr. 150, 72762 Reutlingen, T: (07121) 271721, detlev.vogt@fh-reutlingen.de; pr: Im Buchrain 5, 70184 Stuttgart, T: (0711) 2362636

**Vogt,** Gustav; Dr. rer. pol., Prof.; *Betriebswirtschaft*; di: HTW d. Saarlandes, Fak. f. Wirtschaftswiss, Waldhausweg 14, 66123 Saarbrücken, T: (0681) 5867554, vogt@htw-saarland.de; pr: Hüttenberg 49, 54311 Trierweiler, T: (0651) 89144

**Vogt,** Jörg; Dr.-Ing., Prof.; *Telekommunikationstechnik*; di: Hochsch. Zittau/Görlitz, Fak. Elektrotechnik u. Informatik, Theodor-Körner-Allee 16, 02763 Zittau, T: (03583) 611886, j.vogt@hs-zigr.de

**Vogt,** Jörg-Oliver; Dr., Prof.; *Informationsmanagement, Operations Research*; di: FH Neu-Ulm, Wileystr. 1, 89231 Neu-Ulm, T: (0731) 97621516, joerg-oliver.vogt@hs-neu-ulm.de

**Vogt,** Klaus; Dr.-Ing., Prof.; *Nachrichtentechnik, Softwareengineering*; di: TFH Georg Agricola Bochum, WB Elektro- u. Nachrichtentechnik, Herner Str. 45, 44787 Bochum, T: (0234) 9683339, F: 9683346, vogt@tfh-bochum.de; pr: Liegnitzer Str. 23, 45888 Gelsenkirchen, T: (0209) 899516

**Vogt,** Lothar; Dr., Prof.; *Signale u. Systeme, Anwendungen der Systemtheorie u. der Algorithmen*; di: FH Lübeck, FB Elektrotechnik u. Informatik, Mönkhofer Weg 136-140, 23562 Lübeck, T: (0451) 3005185, lothar.vogt@fh-luebeck.de

**Vogt,** Marcus; Prof.; *Wirtschaftsinformatik, insbesondere Informationstechnologie*; di: DHBW Stuttgart, Fak. Wirtschaft, Wirtschaftsinformatik, Rotebühlplatz 41, 70178 Stuttgart, T: (0711) 66734554, vogt@dhbw-stuttgart.de

**Vogt,** Matthias Theodor; Dr., Prof.; *Kulturpolitik, Kulturgeschichte, Wissenschaftstheorie, Freizeitpolitik*; di: Hochsch. Zittau/Görlitz, Fak. Wirtschafts- u. Sprachwiss., Theodor-Körner-Allee 16, 02763 Zittau, T: (03581) 4828424, mvogt@hs-zigr.de

**Vogt,** Michael; Dipl.-Ing., Prof.; *Vermessungstechnik, Großmaßstäbige Karten*; di: HTW Dresden, Fak. Geoinformation, Friedrich-List-Platz 1, 01069 Dresden, T: (0351) 4623133, vogt@htw-dresden.de

**Vogt,** Werner; Dr.-Ing., Prof.; *Stahlbau*; di: HTWK Leipzig, FB Bauwesen, PF 301166, 04251 Leipzig, T: (0341) 30766266, vogt@fbb.htwk-leipzig.de

**Vogt-Breyer,** Carola; Dr.-Ing., Prof.; *Grundbau, Bodenmechanik, Erdbau*; di: Hochsch. f. Technik, Fak. Bauingenieurwesen, Bauphysik u. Wirtschaft, Schellingstr. 24, 70174 Stuttgart, PF 101452, 70013 Stuttgart, T: (0711) 89262554, F: 89262913, carola.vogt-breyer@hft-stuttgart.de

**Voigt,** Burkhard; Dr.-Ing., Prof.; *Grundlagen der Elektrotechnik, analoge und digitale Schaltungstechnik*; di: Hochsch. Mannheim, Fak. Informationstechnik, Windeckstr. 110, 68163 Mannheim

**Voigt,** Christof; M.A., Prof.; *Biblische Sprachen, Philosophie*; di: Theologische Hochsch., Friedrich-Ebert-Str. 31, 72762 Reutlingen, christof.voigt@gmx.de

**Voigt,** Gerd-Hannes; Dr. rer. nat., Prof.; *Physik*; di: FH Aachen, FB Luft- und Raumfahrttechnik, Hohenstaufenallee 6, 52064 Aachen, T: (0241) 600952373, voigt@fh-aachen.de; pr: Maria-Theresia-Allee 15, 52064 Aachen, T: (0241) 707088

**Voigt,** Gunter; Dr., Prof.; *Elektrische Energieversorgung, Hochspannungstechnik, Elektromagnetische Verträglichkeit*; di: Hochsch. Konstanz, Fak. Elektrotechnik u. Informationstechnik, Brauneggerstr. 55, 78462 Konstanz, PF 100543, 78405 Konstanz, T: (07531) 206368, F: 206400, gvoigt@fh-konstanz.de

**Voigt,** Heinz; Dr. rer. nat., Prof.; *Operations Research*; di: HTWK Leipzig, FB Informatik, Mathematik u. Naturwiss., PF 301166, 04251 Leipzig, T: (0341) 30766399, voigt@imn.htwk-leipzig.de

**Voigt,** Jens; Dr., Prof.; *Brauerei- u. Getränketechnologie*; di: Hochsch. Trier, FB BLV, PF 1826, 54208 Trier, T: (0651) 8103348, J.Voigt@hochschule-trier.de

**Voigt,** Joachim; Dr., Prof.; *Rechtslehre, Soziale Arbeit in der Gesundheitshilfe und in der Altenhilfe*; di: H Koblenz, FB Sozialwissenschaften, Konrad-Zuse-Str. 1, 56075 Koblenz, voigt@hs-koblenz.de

**Voigt,** Jochen; Dipl.-Designer, Prof.; *Holzgestaltung/Restaurierung*; di: Westsächs. Hochsch. Zwickau, FB Angewandte Kunst Schneeberg, Goethestr. 1, 08289 Schneeberg, jochen.voigt@fh-zwickau.de

**Voigt,** Manfred; Dr.-Ing., Prof.; *Stoffstrom- und Ressourcenmanagement*; di: Hochsch. Magdeburg-Stendal, FB Wasser- u. Kreislaufwirtschaft, Breitscheidstr. 2, 39114 Magdeburg, T: (0391) 8864223, manfred.voigt@hs-magdeburg.de

**Voigt,** Martina; Dr., Prof.; *Soziale und kommunikative Schlüsselqualifikationen*; di: FH Frankfurt, FB 3 Wirtschaft u. Recht, Nibelungenplatz 1, 60318 Frankfurt am Main, T: (069) 15332718, sokosch@fb3.fh-frankfurt.de

**Voigt,** Michael; Dr.-Ing., Prof.; *Ingenieurwissenschaft*; di: Hochsch. Rhein/Main, FB Ingenieurwiss., Am Brückweg 26, 65428 Rüsselsheim, T: (06142) 8984234, Michael.Voigt@hs-rm.de

**Voigt,** Peter; Dr. rer. pol., Prof.; *Betriebswirtschaftslehre für Touristiker*; di: Hochsch. München, Fak. Tourismus, Am Stadtpark 20 (Neubau), 81243 München, T: (089) 12652511, peter.voigt@fhm.edu

**Voigt,** Tim; Dr., Prof.; *Food Processing, Betriebswirtschaftslehre, General Management, Betriebsorganisation, Strategisches Controlling, Geschäftsfeldentwicklung in der Lebensmittelindustrie*; di: FH Lübeck, FB Maschinenbau u. Wirtschaft, Mönkhofer Weg 239, 23562 Lübeck, T: (0451) 3005485, tim.voigt@fh-luebeck.de

**Voigt-Kehlenbeck,** Corinna; Dr. phil., Prof.; di: Ostfalia Hochsch., Fak. Sozialwesen, Ludwig-Winter-Str. 2, 38120 Braunschweig, c.voigt-kehlenbeck@ostfalia.de

**Voigtmann,** Steffen; Dr. rer.nat., Prof.; *Mathematik*; di: Beuth Hochsch. f. Technik, FB II Mathematik – Physik – Chemie, Luxemburger Str. 10, 13353 Berlin, T: (030) 45045130, steffen.voigtmann@beuth-hochschule.de

**Voigts,** Albert; Dr.-Ing., Prof.; *Material- und Produktionswirtschaft, Außenwirtschaftslehre*; di: FH f. die Wirtschaft Hannover, Freundallee 15, 30173 Hannover, T: (0511) 2848337, F: 2848372, albert.voigts@fhdw.de

**Voigtsberger,** Ulrike; Dr., Prof.; *Soziale Arbeit*; di: HAW Hamburg, Fak. Wirtschaft u. Soziales, Alexanderstr. 1, 20099 Hamburg, ulrike.voigtsberger@haw-hamburg.de

**Voitländer,** Dorothea; Prof.; *Gestalten und Entwerfen*; di: Hochsch. f. angew. Wiss. Würzburg Schweinfurt, Fak. Architektur u. Bauingenieurwesen, Münzstr. 12, 97070 Würzburg

**Voland,** Gert; Dr., Prof., Dekan Fak. Informatik; *Digitaltechnik, Elektronik, Digitale Schaltungsentwicklung, ASIC-Designmethodik*; di: Hochsch. Konstanz, Fak. Informatik, Brauneggerstr. 55, 78462 Konstanz, PF 100543, 78405 Konstanz, T: (07531) 206501, F: 206559, voland@htwg-konstanz.de

**Volbert,** Klaus; Dipl.-Phys., Dr. rer. nat., Prof.; *Informatik*; di: Hochsch. Regensburg, Fak. Informatik u. Mathematik, PF 120327, 93025 Regensburg, T: (0941) 9431304, klaus.volbert@hs-regensburg.de

**Volgnandt,** Peter; Dipl.-Chem., Dr. rer. nat., Prof.; *Anorganische Chemie, Technische Chemie*; di: Georg-Simon-Ohm-Hochsch. Nürnberg, Fak. Angewandte Chemie, Keßlerplatz 12, 90489 Nürnberg, PF 210320, 90121 Nürnberg

**Volk,** Berthold; Dr., Prof.; *Reederei-betriebslehre, Verkehrsbetriebslehre, Seeverkehrsökonomie, Rechnungswesen*; di: Jade Hochsch., FB Seefahrt, Weserstr. 4, 26931 Elsfleth, T: (04404) 92884282, berthold.volk@jade-hs.de; pr: Dörpfeldstr. 27, 27749 Delmenhorst, T: (04221) 968008, F: 968009

**Volk,** Günther; Dr. rer. nat., Prof.; *Mathematische Methoden der Elektrotechnik/Mathematik*; di: FH Stralsund, FB Elektrotechnik u. Informatik, Zur Schwedenschanze 15, 18435 Stralsund, T: (03831) 456626

**Volk,** Kathrin-B.; Dipl.-Ing., Prof.; *Grundlagen d. Gestaltung u. Darstellung*; di: Hochsch. Ostwestfalen-Lippe, FB 9, Landschaftsarchitektur u. Umweltplanung, An der Wilhelmshöhe 44, 37671 Höxter, T: (05271) 687143, F: 687200, kathrin.volk@fh-luh.de; pr: Rodenberger Allee 3, 31542 Bad Nenndorf

**Volk,** Ludwig; Dr. agr., Prof.; *Grundlagen der Landtechnik, Verfahrenstechnik*; di: FH Südwestfalen, FB Agrarwirtschaft, Lübecker Ring 2, 59494 Soest, T: (02921) 378227, volk@fh-swf.de

**Volk,** Regine; Prof.; *Einkommensteuer, Lohnsteuer, Bilanzsteuer, Privatrecht, Vollstreckung*; di: H f. öffentl. Verwaltung u. Finanzen Ludwigsburg, Fak. Steuer- u. Wirtschaftsrecht, Reuteallee 36, 71634 Ludwigsburg, T: (07141) 140480, volk@fh-ludwigsburg.de

**Volkert,** Jürgen; Prof.; *Volkswirtschafts-lehre*; di: Hochsch. Pforzheim, Fak. f. Wirtschaft u. Recht, Tiefenbronner Str. 65, 75175 Pforzheim, T: (07231) 286286, F: 286090, juergen.volkert@hs-pforzheim.de

**Voller,** Rudolf; Dr. rer.nat., Prof. H Niederrhein; *Numerische Mathematik*; di: Hochsch. Niederrhein, FB Textil- u. Bekleidungstechnik, Webschulstr. 31, 41065 Mönchengladbach, T: (02161) 1866035, Rudolf.Voller@hs-niederrhein.de; pr: Am Koppelshof 37, 40629 Düsseldorf, T: (0211) 281515, rvoller@t-online.de

**Vollert,** Klaus; Dr. rer. pol., Prof. u. Studiendekan; *Marketing*; di: Hochsch. Mittweida, Fak. Wirtschaftswiss., Technikumplatz 17, 09648 Mittweida, T: (03727) 581338, F: 581295, kvollert@htwm.de

**Vollmann,** Wolfgang; Dr. rer. nat., Prof.; *Physik, Medizinphysik, Monitoring*; di: Beuth Hochsch. f. Technik, FB II Mathematik – Physik – Chemie, Luxemburger Straße 10, 13353 Berlin, T: (030) 45043919, vollmann@beuth-hochschule.de

**Vollmar,** Bernhard H.; Dr., Prof.; *Entrepreneurship, Corporate Finance*; di: Private FH Göttingen, Weender Landstr. 3-7, 37073 Göttingen, vollmar@pfh.de

**Vollmer,** Gerd-Rainer; Dr., Prof.; *Biologische Verfahrenstechnik*; di: FH Nordhausen, FB Ingenieurwiss., Weinberghof 4, 99734 Nordhausen, T: (03631) 420353, F: 420814, vollmer@fh-nordhausen.de

**Vollmer,** Josef; Dr., Prof.; *Mechatronische Systeme, insb. Mikrosystemtechnik*; di: Hochsch. Bonn-Rhein-Sieg, FB Elektrotechnik, Maschinenbau und Technikjournalismus, Grantham-Allee 20, 53757 Sankt Augustin, T: (02241) 865386, F: 8658386, josef.vollmer@fh-bonn-rhein-sieg.de

**Vollmer,** Jürgen; Dr., Prof.; *Informations-technik*; di: DHBW Karlsruhe, Fak. Technik, Erzbergerstr. 121, 76133 Karlsruhe, T: (0721) 9735814, vollmer@no-spam.dhbw-karlsruhe.de

**Vollmer,** Jürgen; Dr.-Ing., Prof.; *Mobilfunk, Informationstechnik*; di: HAW Hamburg, Fak. Technik u. Informatik, Berliner Tor 7, 20099 Hamburg, T: (040) 428758380, F: 428758309, vollmer@etech.haw-hamburg.de

**Vollmer,** Michael; Dr. rer. nat. habil., Prof.; *Optik, Thermographie, Didaktik d. Physik, Lehrerweiterbildungen, Experimentalphysik*; di: FH Brandenburg, FB Technik, Magdeburger Str. 50, 14770 Brandenburg, PF 2132, 14737 Brandenburg, T: (03381) 355347, F: 355367, vollmer@fh-brandenburg.de; fh-brandenburg.de/~piweb

**Vollmer,** Theodor; Dr., Prof.; *Betriebswirt-schaftslehre, insb. Allgemeine Betriebs-wirtschaftslehre u. Unternehmensführung*; di: FH Dortmund, FB Wirtschaft, Emil-Figge-Str. 44, 44227 Dortmund, T: (0231) 7554883, F: 7554902, Theo.Vollmer@fh-dortmund.de

**Vollmershausen,** Christiane; Dr. rer. pol., Prof.; di: Hochsch. München, Fak. Betriebswirtschaft, Am Stadtpark 20 (Neubau), 81243 München, christiane.vollmershausen@hm.edu

**Vollmuth,** Isabell; Dr. phil., Prof.; *Englisch*; di: Hochsch. Landshut, Fak. Betriebswirtschaft, Am Lurzenhof 1, 84036 Landshut, isabel.vollmuth@fh-landshut.de

**Vollrath,** Jörg; Dr.-Ing., Prof.; *Elektro-technik*; di: Hochsch. Kempten, Fak. Elektrotechnik, Bahnhofstr. 61-63, 87435 Kempten, T: (0831) 2523255, F: 2523197, joerg.vollrath@fh-kempten.de

**Vollrath,** Justus; Dipl.-Volksw., Prof.; *Immobilien-, Bestands-, Asset- und Portfoliomanagement*; di: HAWK Hildesheim/Holzminden/Göttingen, Fak. Management, Soziale Arbeit, Bauen, Haarmannplatz 3, 37603 Holzminden, T: (05531) 126103

**Volosyak,** Ivan; Dr.-Ing., Prof.; *Biomedizin und Engineering*; di: Hochsch. Rhein-Waal, Fak. Technologie u. Bionik, Marie-Curie-Straße 1, 47533 Kleve, T: (02821) 80673643, ivan.volosyak@hochschule-rhein-waal.de

**Volpe,** Francesco; Dr.-Ing., Prof.; *Digitaltechnik, Mikrocomputertechnik*; di: Hochsch. Aschaffenburg, Fak. Ingenieurwiss., Würzburger Str. 45, 63743 Aschaffenburg, T: (06021) 314814, francesco.volpe@fh-aschaffenburg.de

**Volpers,** Helmut; Dr. disc. pol., Prof.; *Informationswesen, Schwerpunkt Neue Medien*; di: FH Köln, Fak. f. Informations- u. Kommunikationswiss., Claudiusstr. 1, 50678 Köln, T: (0221) 82753392, Helmut.Volpers@fh-koeln.de; pr: Gut Steinke, 37170 Uslar, T: (05571) 912287

**Volz,** Jürgen; Dr., Prof.; *Verwaltungs-betriebslehre, Öffentliche Finanzen*; di: Hess. Hochsch. f. Polizei u. Verwaltung, FB Verwaltung, Schönbergstr. 100, 65199 Wiesbaden, T: (0611) 5829232

**Volz,** Werner; Dr., Prof.; *Allgemeine BWL, Schwerpunkt Rechnungswesen/Controlling*; di: Hochsch. Konstanz, Fak. Wirtschafts- u. Sozialwiss., Brauneggerstr. 55, 78462 Konstanz, PF 100543, 78405 Konstanz, T: (07531) 206405, F: 206427, volz@fh-konstanz.de

**vom Berg,** Bernd; Dr.-Ing., Prof.; *Elektr. Mess- u. Schaltungstechnik, Grundgebiete d. Elektrotechnik*; di: TFH Georg Agricola Bochum, Herner Str. 45, 44787 Bochum, T: (0234) 9683399, F: 9683346, vom.berg@tfh-bochum.de

**vom Ufer,** Birger; Dipl.-Ing., Prof., Dekan FB Bauingenieurwesen; *Statik, Massivbrückenbau*; di: FH Kaiserslautern, FB Bauen u. Gestalten, Schoenstr. 6, 67659 Kaiserslautern, T: (0631) 3724513, birger.ufer@fh-kl.de

**Vomberg,** Edeltraud; Dr., Prof.; *Fachliche u. wirtschaftliche Entwicklung u. Steuerung sozialer Einrichtungen/Projekte*; di: Hochsch. Niederrhein, FB Sozialwesen, Richard-Wagner-Str. 101, 41065 Mönchengladbach, T: (02161) 1865626, Edeltraud.Vomberg@hs-niederrhein.de; pr: Schönauer Friede 37, 52072 Aachen, T: (0241) 9912724, F: 9912723

**Vonau,** Winfried; Dr. rer. nat., HonProf.; *Physikalische Chemie*; di: Hochsch. Mittweida, Fak. Maschinenbau, Technikumplatz 17, 09648 Mittweida, T: (03727) 581356

**Vondenbusch,** Bernhard; Dr.-Ing., Prof.; *Messtechnik, Elektronik, Regelungstechnik*; di: Hochsch. Furtwangen, Fak. Maschinenbau u. Verfahrenstechnik, Jakob-Kienzle-Str. 17, 78054 Villingen-Schwenningen, T: (07720) 3074378, vdb@hs-furtwangen.de

**Vondung,** Ute; Prof.; *Grundlagen des Verwaltungsrechts, Sozialrecht*; di: H f. öffentl. Verwaltung u. Finanzen Ludwigsburg, Reuteallee 36, 71634 Ludwigsburg, T: (07141) 140540, F: 140544; pr: Friedhofstr. 8, 71111 Stuttgart

**Vonhof,** Cornelia; Prof.; *Public Management*; di: Hochsch. d. Medien, Fak. Information u. Kommunikation, Wolframstr. 32, 70191 Stuttgart, T: (0711) 25706165

**Vor,** Rainer; Dr. iur., Prof.; *Rechtswissen-schaft*; di: HTWK Leipzig, FB Angewandte Sozialwiss., PF 301166, 04251 Leipzig, T: (0341) 30764440, vor@sozwes.htwk-leipzig.de

**Vorberg,** Peter; Dr.-Ing., Prof.; *Gerätekonstruktion/CAD*; di: FH Jena, FB SciTec, Carl-Zeiss-Promenade 2, 07745 Jena, PF 100314, 07703 Jena

**Vorbrüggen,** Joachim; Dr.-Ing., Prof.; *Technische Mechanik und Angewandte Mathematik*; di: FH Aachen, FB Bauingenieurwesen, Bayernallee 9, 52066 Aachen, T: (0241) 600951162, vorbrueggen@fh-aachen.de; pr: Amyastr. 109, 52066 Aachen, T: (0241) 67053

**Vorfeld,** Michael; Dr. rer.pol., Prof.; *Be-triebswirtschaftslehre, Finanzwirtschaft*; di: Hochschule Ruhr West, Wirtschaftsinstitut, PF 100755, 45407 Mülheim an der Ruhr, T: (0208) 88254355, michael.vorfeld@hs-ruhrwest.de

**Vorloeper,** Jürgen; Dr. rer.nat., Prof.; *Angewandte Mathematik*; di: Hochschule Ruhr West, Institut Naturwissenschaften, PF 100755, 45407 Mülheim an der Ruhr, T: (0208) 88254424, juergen.vorloeper@hs-ruhrwest.de

**Vormwald,** Gerhard; Prof.; *Fotografie, AV-Design*; di: FH Düsseldorf, FB 2 – Design, Georg-Glock-Str. 15, 40474 Düsseldorf, T: (0211) 4351207, gerhard.vormwald@fh-duesseldorf.de; pr: Le Couèche, F-45220 Triguéres

**Vornberger,** Armin; Dr., HonProf.; *Wirtschafts- u. Sozialwissenschaften*; di: Hochsch. Osnabrück, Fak. Ingenieurwiss. u. Informatik, Albrechtstr. 30, 49076 Osnabrück

**Vornholz,** Günter; Dr., Prof.; *Immo-bilienökonomie*; di: EBZ Business School Bochum, Springorumallee 20, 44795 Bochum, T: (0234) 9447700, g.vornholz@ebz-bs.de

**Vorwold,** Gerhard; Dr. jur., Prof.; *Einkommensteuer, Besteuerung der Gesellschaften, Bilanzsteuerrecht*; di: FH f. Finanzen Nordkirchen, Schloß, 59394 Nordkirchen

**Voss,** Andreas; Dr., Prof.; *Erziehungs-wissenschaft*; di: HAW Hamburg, Fak. Wirtschaft u. Soziales, Alexanderstr. 1, 20099 Hamburg, andreas.voss@haw-hamburg.de

**Voß,** Andreas; Dr.-Ing., Prof.; *Medizinische Informationsverarbeitung, Biosignalanalyse, Signal- und Systemanalyse*; di: FH Jena, FB Medizintechnik u. Biotechnologie, Carl-Zeiss-Promenade 2, 07745 Jena, PF 100314, 07703 Jena, T: (03641) 205617, F: 205626, Andreas.Voss@fh-jena.de

**Voss,** Anja; Dr. paed., Prof.; *Be-wegungspädagogik u. -therapie, Gesundheitsförderung u. Tanz*; di: Alice-Salomon-Hochsch., Alice-Salomon-Platz 5, 12627 Berlin, T: (030) 99245423, anja.voss@ash-berlin.eu

**Voß,** Arwed; Dipl.-Des., Prof.; *Entwerfen, Grafikdesign, insb. Typografie u. computergestützte Gestaltung*; di: Hochsch. Wismar, Fak. f. Gestaltung, PF 1210, 23952 Wismar, T: (03841) 753214, a.voss@di.hs-wismar.de

**Voß,** Burkhart; Dr.-Ing., Prof.; *Mikro-prozessortechnik, Mikrorechentechnik*; di: FH Jena, FB Elektrotechnik u. Informationstechnik, Carl-Zeiss-Promenade 2, 07745 Jena, PF 100314, 07703 Jena, T: (03641) 205731, Burkart.Voss@fh-jena.de

**Voß,** Hagen; Dr. rer. nat., Prof.; *Mathematik, Physik, Datenbanken u. Modellierung*; di: TFH Georg Agricola Bochum, WB Maschinen- u. Verfahrenstechnik, Herner Str. 45, 44787 Bochum, T: (0234) 9683214, F: 9683681, voss@tfh-bochum.de; pr: Gerhart-Hauptmann-Str. 29a, 45721 Haltern, T: (02364) 108614

**Voss,** Josef; Dipl.-Kfm., Dipl.-Hdl., Dr. rer. oec., Prof.; *Volkswirtschaftslehre, Betriebswirtschaftslehre, Finanzwissenschaft*; di: Hochsch. f. Wirtschaft u. Recht Berlin, Badensche Str. 50-51, 10825 Berlin, T: (030) 85789322, jajvoss@hwr-berlin.de

**Voß,** Markus; Dr., Prof.; *Maschinenbau*; di: DHBW Mannheim, Fak. Technik, Coblitzallee 1-9, 68163 Mannheim, T: (0621) 41051293, F: 41051248, markus.voß@dhbw-mannheim.de

**Voß,** Rainer; Dr. phil., Prof.; *Allgemeine BWL, Innovationsmanagement, Technikfolgenabschätzung*; di: Techn. Hochsch. Wildau, FB Betriebswirtschaft/Wirtschaftsinformatik, Bahnhofstr., 15745 Wildau, T: (03375) 508235, F: 500324, rvoss@igw.tfh-wildau.de

**Voß,** Ralf-Peter; Dr.-Ing., Prof.; *Stahlbau, Darstellinde Geometrie*; di: HTW Berlin, FB Ingenieurwiss. II, Blankenburger Pflasterweg 102, 13129 Berlin, T: (030) 50194271, vossp@HTW-Berlin.de

**Voß,** Reinhard; Dr., PD; *Straf- und Strafprozessrecht*; di: FH d. Bundes f. öff. Verwaltung, FB Bundesgrenzschutz, PF 121158, 23532 Lübeck

**Voß,** Sven-Hendrik; Dr., Prof.; *Digitaltechnik, Rechnerarchitektur*; di: Beuth Hochsch. f. Technik, FB VI Informatik u. Medien, Luxemburger Str. 10, 13353 Berlin, T: (030) 45045363, svoss@beuth-hochschule.de

**Voß,** Ulrich; Dr., Prof.; *Marketing, BWL, Versicherungswirtschaft*; di: Hochsch. f. angew. Wiss. Würzburg Schweinfurt, Fak. Wirtschaftswiss., Münzstr. 12, 97070 Würzburg, T: (0931) 3511145, voss@fh-wuerzburg.de

**Vossebein,** Lutz; Dr.-Ing., Prof.; *Textiltechnologie, insb. Technologie d. Wirkerei u. Strickerei*; di: Hochsch. Niederrhein, FB Textil- u. Bekleidungstechnik, Webschulstr. 31, 41065 Mönchengladbach, T: (02161) 1866126, Lutz.Vossebein@hs-niederrhein.de

**Vossebein,** Ulrich; Dr., Prof.; *Allg. Betriebswirtschaftslehre, Marketing, Marktforschung, Produkt-Innovation*; di: Techn. Hochsch. Mittelhessen, FB 14 Wirtschaftsingenieurwesen, Wilhelm-Leuschner-Str. 13, 61169 Friedberg, T: (06031) 604533, Ulrich.Vossebein@wp.fh-friedberg.de; pr: Industriestr. 2, 61476 Kronberg, T: (06173) 64276, F: 320367

**Vosseler,** Birgit; Dr. rer. medic., Prof.; *Wissenschaftstheorie, Case Management*; di: Hochsch. Ravensburg-Weingarten, Doggenriedstr., 88250 Weingarten, PF 1261, 88241 Weingarten, T: (0751) 5019466, F: 5019876, birgit.vosseler@hs-weingarten.de

**Vossensteyn,** Hans; Dr., Prof.; *Hochschul- und Wissenschaftsmanagement*; di: Hochsch. Osnabrück, Fak. Wirtschafts- u. Sozialwiss., Caprivistr. 30A, 49076 Osnabrück, PF 1940, 49009 Osnabrück, T: (0541) 9693744, h.vossensteyn@hs-osnabrueck.de

**Voßiek,** Joachim; Dr.-Ing., Prof.; *Mechanik, Festigkeitslehre, Maschinenelemente, Konstruktion, Tribologie*; di: Hochsch. Augsburg, Fak. f. Maschinenbau u. Verfahrenstechnik, An der Hochschule 1, 86161 Augsburg, T: (0821) 55863162, F: 55863160, joachim.vossiek@hs-augsburg.de

**Vossiek,** Peter; Dr.-Ing., Prof.; *Elektrische Energiesysteme*; di: Hochsch. Osnabrück, Fak. Ingenieurwiss. u. Informatik, Albrechtstr. 30, 49076 Osnabrück, T: (0541) 9693065, p.vossiek@hs-osnabrueck.de

**Voßmann,** Dagmar; Dipl.-Ing., Prof.; *Baukonstruktion, Bauphysik*; di: Jade Hochsch., FB Bauwesen u. Geoinformation, Ofener Str. 16-19, 26121 Oldenburg, T: (0441) 77083147, dagmar.vossmann@jade-hs.de

**Voullième,** Helmut; Dr. phil., Prof.; *Multimediales Publizieren u. Kommunikationsdesign, Medienpädagogik*; di: Ostfalia Hochsch., Fak. Verkehr-Sport-Tourismus-Medien, Karl-Scharfenberg-Str. 55-57, 38229 Salzgitter, T: (05341) 875220, H.Voullieme@ostfalia.de; pr: Am Kaltenmoor 6, 21337 Lüneburg, T: (04131) 407818

**Vries,** Andreas de; Dr. rer. nat., Prof.; *Wirtschaftsinformatik*; di: FH Südwestfalen, FB Techn. Betriebswirtschaft, Haldener Str. 182, 58095 Hagen, T: (02331) 9872381, de-vries@fh-swf.de; pr: Kulmer Str. 20, 44789 Bochum, T: (0234) 450458

**Vriesman,** Leah Jeanne; Dr., Prof.; *Gesundheitsmanagement*; di: FH Neu-Ulm, Wileystr. 1, 89231 Neu-Ulm, T: (0731) 97621470, leah.vriesman@hs-neu-ulm.de

**Vrugt,** Jürgen te; Dr.-Ing., Prof.; *Mustererkennung, Maschinelles Lernen, Telemedizin*; di: FH Münster, FB Elektrotechnik u. Informatik, Stegerwaldstr. 39, 48565 Steinfurt, T: (02551) 962582, F: 962082, vrugt@fh-muenster.de

**Vukorep,** Ilija; Dipl.-Ing., Prof.; *Architektur*; di: Hochsch. Lausitz, FB Architektur, Bauingenieurwesen, Versorgungstechnik, Lipezker Str. 47, 03048 Cottbus-Sachsendorf, T: (0355) 5818513, F: 5818809, î.vukorep@fhl-architektur.de

**Vyhnal,** Dieter; Dr.-Ing. habil., Prof.; *Informationssysteme, Digitale Medien*; di: HTWK Leipzig, FB Elektrotechnik u. Informationstechnik, PF 301166, 04251 Leipzig, T: (0341) 30761126

**Waas,** Peter; Dr.-Ing., Prof.; *Thermodynamik, Strömungsmechanik*; di: Hochsch. München, Fak. Maschinenbau, Fahrzeugtechnik, Flugzeugtechnik, Dachauer Str. 98b, 80335 München, T: (089) 12651110, F: 12651069, peter.waas@fhm.edu

**Waas,** Thomas; Dipl.-Phys., Dr. rer. nat., Prof.; *Informatik, Computernetzwerke*; di: Hochsch. Regensburg, Fak. Informatik u. Mathematik, PF 120327, 93025 Regensburg, T: (0941) 9439753, thomas.waas@hs-regensburg.de

**Wabnitz,** Reinhard; Dr. phil., Prof.; *Rechtswissenschaft, insb. Familienrecht/Kinder- u. Jugendhilferecht*; di: Hochsch. Rhein/Main, FB Sozialwesen, Kurt-Schumacher-Ring 18, 65197 Wiesbaden, T: (0611) 94951322, reinhard.wabnitz@hs-rm.de; pr: Mühltalstr.23, 55126 Mainz, T: (06131) 473269

**Wachowiak,** Helmut; Dr. phil., Prof.; *Tourismusmanagement*; di: Int. Hochsch. Bad Honnef, Mülheimer Str. 38, 53604 Bad Honnef, h.wachowiak@fh-bad-honnef.de

**Wachs,** Friedrich-Carl; Dr., Prof.; *Medienmanagement*; di: Macromedia Hochsch. f. Medien u. Kommunikation, Fasanenstr. 81, 10623 Berlin

**Wachs,** Marina-Elena; Dr., Prof.; *Designtheorie*; di: Hochsch. Niederrhein, FB Textil- u. Bekleidungstechnik, Webschulstr. 31, 41065 Mönchengladbach, T: (02161) 1866121, marina.wachs@hs-niederrhein.de

**Wachsmuth-Biller,** Ulrike; Dipl.-Soz.päd., Prof.; *Sozialarbeit, Sozialpädagogik*; di: Kath. Stiftungsfachhochsch. München, Preysingstr. 83, 81667 München, ulrike.wachsmuth-biller@ksfh.de

**Wack,** Peter; Dr.-Ing., Prof.; *Fertigung*; di: Jade Hochsch., FB Ingenieurwissenschaften, Friedrich-Paffrath-Str. 101, 26389 Wilhelmshaven, T: (04421) 9852277, F: 9852403, peter.wack@jade-hs.de

**Wackenhuth,** Michael; Dr. jur., HonProf. H Nürtingen; *Rechtswissenschaft*; di: Hochsch. f. Wirtschaft u. Umwelt Nürtingen-Geislingen, PF 1349, 72603 Nürtingen

**Wacker,** Claus-Dieter; Dr., Prof.; *Chemie, Toxikologie*; di: HAW Hamburg, Fak. Life Sciences, Lohbrügger Kirchstr. 65, 21033 Hamburg, T: (040) 428756400, claus-dieter.wacker@haw-hamburg.de; pr: T: (040) 2208815, F: 2208922

**Wacker,** Markus; Dr. rer. nat., Prof.; *Wirtschaftsmathematik*; di: HTW Dresden, Fak. Informatik/Mathematik, PF 120701, 01008 Dresden, T: (0351) 4622684, wacker@informatik.htw-dresden.de

**Wackersreuther,** Günter; Dr.-Ing., Prof.; *Automatisierungstechnik, Mikrocomputertechnik, Digitale Signalverarbeitung*; di: Georg-Simon-Ohm-Hochsch. Nürnberg, Fak. Elektrotechnik Feinwerktechnik Informationstechnik, Wassertorstr. 10, 90489 Nürnberg, PF 210320, 90121 Nürnberg

**Wadsack,** Ronald; Dr., Prof.; di: Ostfalia Hochsch., Fak. Verkehr-Sport-Tourismus-Medien, Karl-Scharfenberg-Str. 55/57, 38229 Salzgitter, R.Wadsack@ostfalia.de

**Wächter,** Franziska; Dr. habil., Prof.; *Empirische Sozialforschung*; di: Ev. Hochsch. f. Soziale Arbeit, PF 200143, 01191 Dresden, T: (0351) 4690259, franziska.waechter@ehs-dresden.de

**Wächter,** Friedmar; Dr. rer. nat. et Ing. habil., Prof.; *Grundlagen der Messtechnik*; di: HTW Dresden, Fak. Elektrotechnik, PF 120701, 01008 Dresden, T: (0351) 4622741, waechter@et.htw-dresden.de

**Waegner,** Ariane; Prof.; *Immobilienwirtschaft*; di: HTW Berlin, FB Wirtschaftswiss. I, Treskowallee 8, 10318 Berlin, T: (030) 50192305, waegner@HTW-Berlin.de

**Wählisch,** Georg; Fachlehrer, Dipl.-Ing., Prof.; *Elektronische Datenverarbeitung, CAD und Darstellende Geometrie*; di: FH Aachen, FB Angewandte Naturwiss. u. Technik, Ginsterweg 1, 52428 Jülich, T: (0241) 600953178, waehlisch@fh-aachen.de; pr: Mercatorweg 16, 41749 Viersen, T: (02162) 89484

**Wähner,** Martin; Dr. sc. agr. habil., Prof. H Anhalt (FH); *Tierhaltung, Tierzüchtung, Haustiergenetik*; di: Hochsch. Anhalt, FB 1 Landwirtschaft, Ökotrophologie u. Landschaftsentwicklung, Strenzfelder Allee 28, 06406 Bernburg, T: (03471) 3550, F: 352067; pr: An den Flotten 7, 06484 Quedlinburg, T: (03946) 2637

**Wälte,** Dieter; Dr. phil. habil., Prof.; *Klinische Psychologie und Persönlichkeitspsychologie*; di: Hochsch. Niederrhein, FB Sozialwesen, Richard-Wagner-Str. 101, 41065 Mönchengladbach, T: (02161) 1865638, dieter.waelte@hs-niederrhein.de

**Wäsch,** Jürgen; Dr., Prof.; *Rechner- und Systemarchitektur, E-Business, Datenbanksysteme*; di: Hochsch. Konstanz, Fak. Informatik, Brauneggerstr. 55, 78462 Konstanz, PF 100543, 78405 Konstanz, T: (07531) 206502, F: 206559, juergen.waesch@htwg-konstanz.de

**Wagelaar,** Rainer; Prof.; *Forstvermessung, Waldinventur/Forsteinrichtung,Geographische Informationssysteme (GIS)*; di: Hochsch. f. Forstwirtschaft Rottenburg, Schadenweilerhof, 72108 Rottenburg, T: (07472) 951236, F: 951200, Wagelaar@fh-rottenburg.de

**Wagemann,** Bernard; Dr., Prof.; *Unternehmensführung*; di: FH Neu-Ulm, Wileystr. 1, 89231 Neu-Ulm, T: (0731) 97621426, bernard.wagemann@fh-neu-ulm.de

**Wagenblass,** Sabine; Dr., Prof.; *Sozialarbeitswissenschaften*; di: Hochsch. Bremen, Fak. Gesellschaftswiss., Neustadtswall 30, 28199 Bremen, T: (0421) 59053771, F: 59052753, Sabine.Wagenblass@hs-bremen.de

**Wagener,** Ulrike; Dr., Prof.; *Berufsethik*; di: Hochsch. f. Polizei Villingen-Schwenningen, Sturmbühlstr. 250, 78054 Villingen-Schwenningen, T: (07720) 309540, UlrikeWagener@fhpol-vs.de

**Wagenitz,** Axel; Dr., Prof.; di: HAW Hamburg, Fak. Wirtschaft u. Soziales, Berliner Tor 5, 20099 Hamburg, Axel.Wagenitz@haw-hamburg.de

**Wagenknecht,** Christian; Dr. rer. nat., Prof.; *Grundlagen der Informatik/Theoretische Informatik*; di: Hochsch. Zittau/Görlitz, Fak. Elektrotechnik u. Informatik, Brückenstr. 1, 02826 Görlitz, PF 300648, 02801 Görlitz, T: (03581) 4828268, c.wagenknecht@hs-zigr.de

**Wagenknecht,** Gerd; Dr.-Ing., Prof.; *Stahlbau, Baustatik, Verbundbau*; di: Techn. Hochsch. Mittelhessen, FB 01 Bauwesen, Wiesenstr. 14, 35390 Gießen, T: (0641) 3091813; pr: Hedwig-Burgheim-Ring 6, 35396 Gießen, T: (0641) 33274

**Wagenknecht,** Udo; Dr.-Ing., HonProf.; *Kunststofftechnik, Kunststoffverarbeitung*; di: Hochsch. Lausitz, FB Informatik, Elektrotechnik, Maschinenbau, Großenhainer Str. 57, 01968 Senftenberg, T: (03573) 85501, F: 85509

**Wagenmann,** Jürgen; Dr. rer. pol., Prof.; *Externes Rechnungswesen, Internationale Rechnungslegung, Corporate Finance*; di: Techn. Hochsch. Wildau, FB Wirtschaft, Verwaltung u. Recht, Bahnhofstr., 15745 Wildau, T: (03375) 508207, juergen.wagenmann@tfh-wildau.de

**Wagner,** Andreas; Dr.-Ing., Prof.; *Rationelle Energieanwendungstechnik, Grundgebiete der Elektrotechnik*; di: FH Dortmund, FB Informations- u. Elektrotechnik, Sonnenstr. 96, 44139 Dortmund, T: (0231) 9112372, F: 9112283, wagner@fh-dortmund.de

**Wagner,** Annika; Dr., Prof.; *Automatentheorie, formale Sprachen*; di: Hochsch. Fulda, FB Angewandte Informatik, Marquardstr. 35, 36039 Fulda, T: (0661) 9640327, annika.wagner@informatik.hs-fulda.de

**Wagner,** Bernd; Dr. rer. pol., Prof.; *Digitale Logistik, Operations Research*; di: Hochsch. Wismar, Fak. f. Wirtschaftswiss., PF 1210, 23952 Wismar, T: (03841) 753101, bernd.wagner@hs-wismar.de

**Wagner,** Bernhard; Dr.-Ing., Prof.; *Systemtheorie, Regelungstechnik*; di: Georg-Simon-Ohm-Hochsch. Nürnberg, Fak. Elektrotechnik Feinwerktechnik Informationstechnik, Wassertorstr. 10, 90489 Nürnberg, T: (0911) 58801206, F: 58805206, bernhard.wagner@fh-nuernberg.de; www2.efi.fh-nuernberg.de/~wohlrab

**Wagner,** Björn; Dr. rer. nat., Prof.; *Physikalische Chemie (Thermodynamik, Elektrochemie, Atomistik)*; di: Hochsch. Aalen, Fak. Chemie, Beethovenstr. 1, 73430 Aalen, T: (07361) 5762354, bjoern.wagner@htw-aalen.de

**Wagner,** Christine; Dipl.-Des., Prof.; *Schrift, Typografie*; di: Hochsch. Rhein/Main, FB Design Informatik Medien, Unter den Eichen 5, 65195 Wiesbaden, T: (0611) 94952215, christine.wagner@hs-rm.de; pr: Kloberstr. 3, 55252 Mainz-Kastel, T: (06134) 716541, F: 716542

**Wagner,** Claus; Dipl.-Ing. (FH), Dipl.-Ing. (Univ.), Dr.-Ing., Prof.; *Statik, Festigkeitslehre, Ingenieurholzbau, Fertighausbau und Holzbaugutachten*; di: Hochsch. Rosenheim, Fak. Holztechnik u. Bau, Hochschulstr. 1, 83024 Rosenheim, T: (08031) 805300, F: 805302

**Wagner,** Eberhard; Dr., Prof.; *Steuerungstechnik, Regelungstechnik*; di: Hochsch. Aalen, Fak. Maschinenbau u. Werkstofftechnik, Beethovenstr. 1, 73430 Aalen, T: (07361) 5762196, F: 5762270, Eberhard.Wagner@htw-aalen.de

**Wagner,** Elmar; Dr.-Ing., Prof.; *Elektrische Messtechnik, Grundlagen der Elektrotechnik, Konstruktion, Systems-Engineering*; di: Hochsch. Augsburg, Fak. f. Elektrotechnik, An der Hochschule 1, 86161 Augsburg, T: (0821) 55863370, F: 55863360, elmar.wagner@hs-augsburg.de

**Wagner,** Franz; Dr. rer. nat., Prof., Rektor; *Projektmanagement, Informationsmanagement*; di: FH d. Wirtschaft, Fürstenallee 3-5, 33102 Paderborn, T: (05251) 301180, franz.wagner@fhdw.de; pr: T: (05254) 67952

**Wagner,** Georg; Prof.; *Textil-Design (Konzeption und Entwurf) und Gewebegestaltung*; di: Hochsch. Niederrhein, FB Design, Petersstr. 123, 47798 Krefeld, T: (02151) 8224375

**Wagner,** Gerhard; Dr.-Ing., Prof.; *Physik, Mathematik, Sensorik, Lasertechnik, Optik*; di: Ostfalia Hochsch., Fak. Elektrotechnik, Salzdahlumer Str. 46/48, 38302 Wolfenbüttel, T: (05331) 9393424, g.wagner@ostfalia.de

**Wagner,** Günter; Dipl.-Ing., Prof.; di: Rheinische FH Köln, Hohenstaufenring 16-18, 50674 Köln

**Wagner,** Hans Dieter; Dr.-Ing., Prof.; *Konstruktionslehre, Festigkeitslehre, CAD, Produktentwicklung*; di: Hochsch. Heilbronn, Fak. f. Technik 2, Max-Planck-Str. 39, 74081 Heilbronn, T: (07131) 504214, F: 252470, wagner@hs-heilbronn.de

**Wagner,** Harald; Dr., Prof.; *Soziologie*; di: Ev. Hochsch. f. Soziale Arbeit, PF 200143, 01191 Dresden, T: (0351) 4690220, harald.wagner@ehs-dresden.de; pr: Sportplatzstr. 25, 01936 Großnaundorf, T: (035955) 43403, Harald.Wagner@t-online.de

**Wagner,** Heinz-Theo; Dr., Prof.; *Management, E-Business*; di: German Graduate School of Management and Law Heilbronn, Bahnhofstr. 1, 74072 Heilbronn, T: (07131) 64563670, wagner@hn-bs.de

**Wagner,** Helmut; Dr. phil., Prof.; *Psychologie*; di: Hochsch. München, Fak. Studium Generale u. interdisziplinäre Studien, Lothstr. 34, 80335 München; pr: helmut.a.wagner@aic-online.de

**Wagner,** Herbert; Dipl.-Ing., Prof.; *Digitaltechnik*; di: FH Jena, FB Elektrotechnik u. Informationstechnik, Carl-Zeiss-Promenade 2, 07745 Jena, PF 100314, 07703 Jena, T: (03641) 205700, F: 205701, et@fh-jena.de

**Wagner,** Hermann; Dr.-Ing., Prof.; *Konstruktionstechnik*; di: FH Dortmund, FB Maschinenbau, Sonnenstr. 96, 44139 Dortmund, T: (0231) 9112302, F: 9112334, ht.wagner@fh-dortmund.de; pr: Lange Str. 86, 58089 Hagen

**Wagner,** Iso; Prof., Rektorin; *Malerei, Gestalterische Praxis*; di: FH Schwäbisch Hall, Salinenstr. 2, 74523 Schwäbisch Hall, PF 100252, 74502 Schwäbisch Hall, T: (0791) 8565511, isowagner@fhsh.de

**Wagner,** Jörg; Dr., Prof., Rektor FH Nordhausen; *BWL*; di: FH Nordhausen, FB Wirtschafts- u. Sozialwiss., Weinberghof 4, 99734 Nordhausen, T: (03631) 420575, F: 420817, wagner@fh-nordhausen.de

**Wagner,** Jürgen; Dr.-Ing., Prof.; *Multimediaverfahren, Digitaltechnik, Bussysteme*; di: Jade Hochsch., FB Ingenieurwissenschaften, Friedrich-Paffrath-Str. 101, 26389 Wilhelmshaven, T: (04421) 9852357, F: 9852623, juergen.wagner@jade-hs.de

**Wagner,** Karin; Dr., Prof.; *Produktions- u. Logistikmanagement*; di: HTW Berlin, FB Wirtschaftswiss. I, Treskowallee 8, 10318 Berlin, T: (030) 50192354, k.wagner@HTW-Berlin.de

**Wagner,** Karl; Dr., Prof.; *Personalführung, Personalmanagement, Praktische Personalanalyse*; di: Hochsch. Rosenheim, Fak. Betriebswirtschaft, Hochschulstr. 1, 83024 Rosenheim, T: (08031) 805467, F: 805453, wagner.karl@fh-rosenheim.de

**Wagner,** Kirsten; Dr., Prof.; *Kultur- u. Kommunikationswissenschaft*; di: FH Bielefeld, FB Gestaltung, Lampingstr. 3, 33615 Bielefeld, T: (0521) 1067638, kirsten.wagner@fh-bielefeld.de

**Wagner,** Leonie; Dr. habil., Prof.; *Pädagogik u. Soziale Arbeit*; di: HAWK Hildesheim/Holzminden/Göttingen, Fak. Management, Soziale Arbeit, Bauen, Hafendamm 4, 37603 Holzminden, T: (05531) 126184, F: 126182

**Wagner,** Manfred; Dipl.-Des., Prof.; *Interior Design-Messebau u. Ausstellungsgestaltung*; di: FH Aachen, FB Design, Boxgraben 100, 52064 Aachen, T: (0241) 600951510, m.wagner@fh-aachen.de; pr: Krautmühlenweg 8, 52066 Aachen

**Wagner,** Marc; Dr. jur., Prof.; *Verwaltungsrecht*; di: FH d. Bundes f. öff. Verwaltung, FB Allg. Innere Verwaltung, Willy-Brandt-Str. 1, 50321 Brühl

**Wagner,** Marcus; Dr.-Ing., Prof.; *Maschinendynamik*; di: Hochsch. Regensburg, Fak. Maschinenbau, PF 120327, 93025 Regensburg, T: (0941) 9435168, marcus.wagner@hs-regensburg.de

**Wagner,** Martin; Dr., Prof.; *Flugzeugentwurf, Strukturkonstruktion, Betriebsfertigkeit*; di: HAW Hamburg, Fak. Technik u. Informatik, Berliner Tor 9, 20099 Hamburg, martin.wagner@haw-hamburg.de

**Wagner,** Mathias; Dr. med., HonProf.; *Physiologie, Mikrosystemtechnik*; di: Hochsch. Lausitz, FB Informatik, Elektrotechnik, Maschinenbau, Großenhainer Str. 57, 01968 Senftenberg, T: (03573) 85501, F: 85509

**Wagner,** Matthias; Dr., Prof.; *Informatik, High Integrity Systems*; di: FH Frankfurt, FB 2 Informatik u. Ingenieurwiss., Nibelungenplatz 1, 60318 Frankfurt am Main, T: (069) 15332537

**Wagner,** Michael; Dr., Prof.; *Konstruktion, CAD, Technische Mechanik*; di: Hochsch. Rosenheim, Fak. Ingenieurwiss., Hochschulstr. 1, 83024 Rosenheim, T: (08031) 805611, wagner.michael@fh-rosenheim.de

**Wagner,** Michael H.; Dr.-Ing., Prof. h.c. mult., Prof.; *Mechatronik und Materialfluss-Systeme*; di: FH Erfurt, FB Verkehrs- u. Transportwesen, Altonaer Str. 25, 99084 Erfurt, PF 101363, 99013 Erfurt, T: (0361) 6700611, F: 6700528, m.h.wagner@fh-erfurt.de

**Wagner,** Roland; Dr., Prof.; *Geoinformationssysteme*; di: Beuth Hochsch. f. Technik, FB III Bauingenieur- u. Geoinformationswesen, Luxemburger Str. 10, 13353 Berlin, T: (030) 45045200, roland.wagner@beuth-hochschule.de

**Wagner,** Rose; Dr. phil., Prof.; *Angewandte Medien- und Kommunikationswissenschaft*; di: HTWK Leipzig, FB Medien, PF 301166, 04251 Leipzig, T: (0341) 2170442, rmmw@fbm.htwk-leipzig.de

**Wagner,** Rudolf; Dr., Prof.; *Dentale Werkstoffe, Beschichtungen*; di: Hochsch. Osnabrück, Fak. Ingenieurwiss. u. Informatik, Albrechtstr. 30, 49076 Osnabrück, T: (0541) 9692973, F: 9692936, r.wagner@hs-osnabrueck.de

**Wagner,** Thomas; Dipl.-Vw., Dr. rer. pol., Prof.; *Finanz-, Bank- und Investitionswirtschaft, Volkswirtschaftslehre*; di: Georg-Simon-Ohm-Hochsch. Nürnberg, Fak. Betriebswirtschaft, Bahnhofsstr. 87, 90402 Nürnberg, PF 210320, 90121 Nürnberg

**Wagner,** Thomas; Dipl.-Des., Prof.; *Objekt- u Raumgestaltung, Mediensoftware. Screendesign*; di: FH Kaiserslautern, FB Bauen u. Gestalten, Schoenstr. 6, 67659 Kaiserslautern, T: (0631) 3724610, F: 3724666, thomas.wagner@fh-kl.de

**Wagner,** Ute; Dr. rer.nat., Prof.; *Mathematik*; di: Beuth Hochsch. f. Technik, FB II Mathematik – Physik – Chemie, Luxemburger Str. 10, 13353 Berlin, T: (030) 45045199, ute.wagner@beuth-hochschule.de

**Wagner,** Volker; Dr.-Ing., Prof.; *Wasserwesen*; di: Hochsch. Wismar, Fak. f. Ingenieurwissenschaften, Philipp-Müller-Str. 14, 23966 Wismar, T: (03841) 7537490, volker.wagner@hs-wismar.de

**Wagner,** Wolf; Dr. rer. pol. habil., Prof., Rektor FH Erfurt i.R.; *Sozialwissenschaften, Politische Systeme*; di: FH Erfurt, Altonaer Str. 25, 99085 Erfurt, PF 101363, 99013 Erfurt, T: (0361) 6700543, wagner@fh-erfurt.de

**Wagner,** Wolfgang; Dr.-Ing., Prof.; *Antriebstechnik, Elektrische Maschinen*; di: Hochsch. Darmstadt, FB Elektrotechnik u. Informationstechnik, Haardtring 100, 64295 Darmstadt, T: (06151) 168246, wagner@eit.h-da.de

**Wagner-Zastrow,** Ursula; Dr., Prof.; *Psychologie, Soziologie, Pädagogik*; di: FH d. Bundes f. öff. Verwaltung, Willy-Brandt-Str. 1, 50321 Brühl, T: (01888) 6298104

**Wagschal,** Hans-Herbert; Dr., Prof.; *Produktionsmanagement und Logistik, Betriebsorganisation, Datenverarbeitung*; di: FH Frankfurt, FB 3 Wirtschaft u. Recht, Nibelungenplatz 1, 60318 Frankfurt am Main, T: (069) 15332941, wagschal@fb3.fh-frankfurt.de; Techn. FH Berlin, Fernstudieninstitut, Luxemburger Str. 10, 13353 Berlin

**Wahl,** Roland; Dr., Prof.; *Maschinenbau*; di: Hochsch. Pforzheim, Fak. f. Technik, Tiefenbronner Str. 66, 75175 Pforzheim, T: (07231) 286600, F: 286050, roland.wahl@hs-pforzheim.de

**Wahle,** Ansgar; Dr.-Ing., Prof.; *Konstruktion, CAD, Maschinenelemente*; di: Hochsch. Osnabrück, Fak. Ingenieurwiss. u. Informatik, Albrechtstr. 30, 49076 Osnabrück, T: (0541) 9693132, a.wahle@fh-osnabrück.de

**Wahle,** Michael; Dr.-Ing., Prof.; *Leichtbau und Schwingungstechnik*; di: FH Aachen, FB Luft- und Raumfahrttechnik, Hohenstaufenallee 6, 52064 Aachen, T: (0241) 600952361, wahle@fh-aachen.de; pr: Richtweg 13, 52511 Geilenkirchen, T: (02451) 2793

**Wahmkow,** Christine; Dr.-Ing., Prof.; *Informatik im Maschinenbau*; di: FH Stralsund, FB Maschinenbau, Zur Schwedenschanze 15, 18435 Stralsund, T: (03831) 456552

**Wahn,** Claudia; Dr., Prof.; *Logopädische Therapiewissenschaften*; di: SRH FH f. Gesundheit Gera, Hermann-Drechsler-Str. 2, 07548 Gera, claudia.wahn@srh-gesundheitshochschule.de

**Wahrburg,** Ursel; Dr. troph., Prof.; *Ernährungswissenschaft, insbes. Ernährungsphysiologie und angewandte Ernährungswissenschaft*; di: FH Münster, FB Oecotrophologie, Corrensstr. 25, 48149 Münster, T: (0251) 8365444, uwahrburg@fh-muenster.de; pr: Martin-Niemöller-Str. 23, 48159 Münster, T: (0251) 215851

**Waidmann,** Winfried; Dr., Prof.; *Kraft- und Arbeitsmaschinen, Thermodynamik, Strömungslehre*; di: Hochsch. Aalen, Fak. Maschinenbau u. Werkstofftechnik, Beethovenstr. 1, 73430 Aalen, T: (07361) 5762114, F: 5762270, winfried.waidmann@htw-aalen.de

**Waidner,** Peter; Dr.-Ing., Prof.; di: Hochsch. München, Fak. Feinwerk- u. Mikrotechnik, Physikal. Technik, Lothstr. 34, 80335 München, peter.waidner@hm.edu

**Wais,** Thomas; Prof.; *Technik*; di: DHBW Mosbach, Fak. Technik, Lohrtalweg 10, 74821 Mosbach, T: (06261) 939538, F: 939544, wais@dhbw-mosbach.de

**Walberg,** Hartwig; Dr., Prof.; *Archivische Erschließung, Regionalgeschichte*; di: FH Potsdam, FB Informationswiss., Friedrich-Ebert-Str. 4, 14467 Potsdam, T: (0331) 5801522, walberg@fh-potsdam.de

**Walcher,** Tobias; Dr. rer. nat., Prof.; *Polymerverarbeitung*; di: Hochsch. Aalen, Fak. Maschinenbau u. Werkstofftechnik, Beethovenstr. 1, 73430 Aalen, T: (07361) 5762260, F: 5672270, tobias.walcher@htw-aalen.de

**Wald,** Peter M.; Dr. rer. oec., Prof.; *BWL, Management u Organisation*; di: HTWK Leipzig, FB Wirtschaftswissenschaften, PF 301166, 04251 Leipzig, T: (0341) 30766545, wald@wiwi.htwk-leipzig.de

**Waldeck,** Bernd; Dr. sc. pol., Prof.; *Allg. BWL, Marketing*; di: FH Kiel, FB Wirtschaft, Sokratesplatz 2, 24149 Kiel, T: (0431) 2103520, F: 21063520, bernd.waldeck@fh-kiel.de; pr: Kiefernweg 11, 24536 Tasdorf, T: (04321) 939901, F: 939902

**Waldeer,** Thomas; Dr., Prof., Dekan Fak. Verkehr-Sport-Tourismus-Medien; di: Ostfalia Hochsch., Fak. Verkehr-Sport-Tourismus-Medien, Karl-Scharfenberg-Str. 55-57, 38229 Salzgitter, th.waldeer@ostfalia.de

**Walderich,** Klaus; Dr., HonProf.; *Wirtschaftsprivatrecht*; di: Hochsch. Kempten, Fak. Betriebswirtschaft, PF 1680, 87406 Kempten

**Waldhelm,** Jürgen; Dr., Prof.; *ABWL, insbes. Investition und Finanzierung*; di: FH Erfurt, FB Wirtschaftswiss., Steinplatz 2, 99085 Erfurt, PF 101363, 99013 Erfurt, T: (0361) 6700835, F: 6700152, waldhelm@fh-erfurt.de

**Waldherr,** Franz; Dr. oec., Prof.; *Betriebswirtschaftslehre, Personalführung, Kostenrechnung, Finanz- und Investitionswirtschaft*; di: Hochsch. München, Fak. Wirtschaftsingenieurwesen, Erzgießereistr. 14, 80335 München

**Waldkirch,** Rüdiger; Dr.-Ing., Prof.; *BWL/Controlling*; di: FH Südwestfalen, FB Ingenieur- u. Wirtschaftswiss., Lindenstr. 53, 59872 Meschede, T: (0291) 99100

**Waldmann,** Johannes; Dr. rer. nat., Prof.; *Softwaresysteme*; di: HTWK Leipzig, FB Informatik, Mathematik u. Naturwiss., PF 301166, 04251 Leipzig, T: (0341) 30766479, waldmann@imn.htwk-leipzig.de

**Waldmann,** Rainer; Dr., Prof.; *Allg. BWL und VWL/Principles of Economics, Cross Cultural Management, Führungspsychologie, Personalführung, Unternehmensführung, Schlüsselqualifikationen*; di: Hochsch. Deggendorf, FB Betriebswirtschaft, Edlmairstr. 6-8, 94469 Deggendorf, PF 1320, 94453 Deggendorf, T: (0991) 3615121, F: 361581121, rainer.waldmann@fh-deggendorf.de

**Waldow,** Michael; Dr. phil., Prof.; *Beratungspsychologie*; di: Hochsch. Zittau/Görlitz, Fak. Sozialwiss., PF 300648, 02811 Görlitz, T: (03581) 4828282, m.waldow@hs-zigr.de

**Waldowski,** Michael; Dipl.-Phys., Dr., Prof.; *Grafische Datenverarbeitung*; di: Hochsch. Furtwangen, Fak. Digitale Medien, Robert-Gerwig-Platz 1, 78120 Furtwangen, T: (07723) 9202390, wa@mi-lab.fh-furtwangen.de

**Waldschütz,** Jörg; Dipl.-Des., Prof.; *Kommunikationsdesign / Interaktive Gestaltung*; di: Hochsch. Rhein/Main, FB Design Informatik Medien, Unter den Eichen 5, 65195 Wiesbaden, T: (0611) 94952219, Joerg.Waldschuetz@hs-rm.de; pr: Kloberstr. 3, 55252 Mainz-Kastel, T: (06134) 716541, F: 716542

**Waldt,** Nils; Dr.-Ing., Prof.; *Konstruktionslehre, CAD/CAM-Systeme, NC-Technik*; di: Hochsch. Hannover, Fak. II Maschinenbau u. Bioverfahrenstechnik, Ricklinger Stadtweg 120, 30459 Hannover, PF 920261, 30441 Hannover, T: (0511) 92961316, nils.waldt@hs.hannover.de

**Walenda,** Harry; Dr.-Ing., Prof.; *Produktionsorientierte Wirtschaftsinformatik, PPS und Automatisierung, Anwendungsprogrammierung, PPS-Software, CAx-Software, Industriebetriebslehre*; di: Hochsch. Hannover, Fak. IV Wirtschaft u. Informatik, Ricklinger Stadtweg 120, 30459 Hannover, PF 920261, 30441 Hannover, T: (0511) 92961549, F: 92961510, harry.walenda@hs-hannover.de

**Walk,** Lutz-Holger; Prof.; *Soziologie, aktuelle Arbeitsschwerpunkte: psychosoziale Gerontologie, Sozialpolitik, Erwachsenenbildung*; di: Hochsch. Bremen, Fak. Gesellschaftswiss., Neustadtswall 30, 28199 Bremen, T: (0421) 59052762, F: 59052753, Lutz-Holger.Walk@hs-bremen.de; pr: Kollwitzstr. 14, 27798 Hude

**Walkenhorst,** Ursula; Dr., Prof.; *Therapie-/Rehabilitationswissenschaften mit d. Anwendungsschwerpunkt Didaktik*; di: Hochsch. f. Gesundheit, Universitätsstr. 105, 44789 Bochum, T: (0234) 77727670, ursula.walkenhorst@hs-gesundheit.de

**Walker,** Colin; Prof.; *Innenarchitektur: Mediale Raumgestaltung/Szenografie*; di: Hochsch. Hannover, Fak. III Medien, Information u. Design, Kurt-Schwitters-Forum, Expo Plaza 2, 30539 Hannover, T: (0511) 92962449, colin.walker@hs-hannover.de

**Walker,** Gottfried; Dr., Prof.; *Analytische Chemie, Instrumentelle Analytik*; di: Hochsch. Emden/Leer, FB Technik, Constantiaplatz 4, 26723 Emden, T: (04921) 8071579, walker@hs-emden-leer.de

**Walker-Hertkorn,** Simone; Dr., Prof.; *Geothermische Energiesysteme, Bohrtechnik*; di: Hochsch. Deggendorf, FB Maschinenbau, Edlmairstr. 6-8, 94469 Deggendorf, PF 1320, 94453 Deggendorf, simone.walker-hertkorn@fh-deggendorf.de

**Wall,** Gudrun; Prof.; *Akkordeon*; di: Hochsch. Lausitz, FB Musikpädagogik, Puschkinpromenade 13-14, 03044 Cottbus, T: (0355) 5818901, F: 5818909

**Wallach,** Dieter; Dr. phil. habil., Prof. FH Heilbronn; *Mensch-Computer-Interaktion und Usability Engineering*; di: FH Kaiserslautern, FB Informatik u. Mikrosystemtechnik, Amerikastr. 1, 66482 Zweibrücken, T: (06332) 914328, F: 914305, dieter.wallach@fh-kl.de

**Wallasch,** Christian; Dr., Prof.; *Controlling und Rechnungswesen*; di: Hochsch. Coburg, Fak. Wirtschaft, Friedrich-Streib-Str. 2, 96450 Coburg, T: (09561) 317457, wallasch@hs-coburg.de

**Wallau,** Frank; Dr. rer. pol., Prof.; *Mittelstandspolitik, Unternehmensgründung*; di: FH d. Wirtschaft, Fürstenallee 3-5, 33102 Paderborn, T: (05251) 30102, frank.wallau@fhdw.de

**Wallbaum,** Friedhelm; Dr., Prof.; *Mathematik, Physik, Allgemeine/Theoretische Meteorologie, Programmieren (Visual Basic)*; di: FH d. Bundes f. öff. Verwaltung, FB Wetterdienst, PF 100465, 63004 Offenbach am Main, T: (06103) 7075433

**Wallenberg,** Gabriela von; Dr. jur., Prof.; *Wirtschaftsprivatrecht, Handels- und Gesellschaftsrecht, Wettbewerbsrecht, Europäisches Wirtschaftsrecht*; di: Hochsch. Regensburg, Fak. Betriebswirtschaft, PF 120327, 93025 Regensburg, T: (0941) 9431357, gabriela.wallenberg@bwl.fh-regensburg.de

**Waller,** Gerhard; Dr. rer. nat., Dipl.-Phys., Prof.; *Experimentalphysik, Werkstoffe der Elektrotechnik*; di: FH Kiel, FB Informatik u. Elektrotechnik, Grenzstr. 5, 24149 Kiel, T: (0431) 2104152, F: 2104150, gerhard.waller@fh-kiel.de; pr: Fliedergarten 9, 24232 Schönkirchen, T: (0431) 202273, Gerhard.Wallner@T-online.de

**Waller,** Heinrich; Dr., Prof.; *Werkstoffkunde, Unternehmensorganisation*; di: Hochsch. Darmstadt, FB Maschinenbau u. Kunststofftechnik, Haardtring 100, 64295 Darmstadt, T: (06151) 168564, Waller@fbk.h-da.de; pr: Rathausstr. 22, 61184 Karben, T: (06039) 486073

**Wallerr,** Eva; Dr. jur., Prof.; *Wirtschaftsrecht, insb. Wirtschaftsverwaltungsrecht*; di: Hochsch. Bochum, FB Wirtschaft, Lennershofstr. 140, 44801 Bochum, T: (0234) 3210618, eva.waller@hs-bochum.de; pr: Leithmannswiese 15, 44797 Bochum, T: (0172) 7903678

**Wallhoff,** Frank; Dr.-Ing., Prof.; *Konstr. Ingenieurbau*; di: Jade Hochsch., FB Bauwesen u. Geoinformation, Ofener Str. 16-19, 26121 Oldenburg, T: (0441) 77083738, frank.wallhoff@jade-hs.de

**Walliczek,** Philipp; Prof.; *Fotografie, Gestaltungslehre*; di: Hochsch. Ansbach, FB Wirtschafts- u. Allgemeinwiss., Residenzstr. 8, 91522 Ansbach, PF 1963, 91510 Ansbach, T: (0981) 4877237, p.walliczek@gmx.de

**Wallmeier,** Jörg; Dipl.-Wirtsch.-Ing., Dr.-Ing., Prof. u. Präs.; *Baubetrieb, Bauwirtschaft, CAAD*; di: Hochsch. Trier, FB Gestaltung, PF 1826, 54208 Trier, T: (0651) 8103445, J.Wallmeier@hochschule-trier.de; Praesident@hochschule-trier.de; pr: Am Trimbuschhof 2c, 44628 Herne, T: (02323) 18125

**Wallrapp,** Oskar; Dr.-Ing., Prof.; *Getriebetechnik, Handhabungstechnik*; di: Hochsch. München, Fak. Feinwerk- u. Mikrotechnik, Physikal. Technik, Lothstr. 34, 80335 München, T: (089) 12651306, F: 12651480, wallrapp@fhm.edu

**Wallrath,** Mechtild; Dr., Prof.; *Wirtschaftsinformatik*; di: DHBW Karlsruhe, Fak. Wirtschaft, Erzbergerstr. 121, 76133 Karlsruhe, T: (0721) 9735942, wallrath@no-spam.dhbw-karlsruhe.de

**Wallrich,** Manfred; Dr.-Ing., Prof.; *Konstruktionslehre, Fahrzeugsicherheit, Sachverständigenwesen*; di: FH Köln, Fak. f. Fahrzeugsysteme u. Produktion, Betzdorfer Str. 2, 50679 Köln, T: (0221) 82752302, F: 82752913, manfred.wallrich@fh-koeln.de

**Wallroth,** Martin; Dr., Prof.; di: Ostfalia Hochsch., Fak. Verkehr-Sport-Tourismus-Medien, Karl-Scharfenberg-Str. 55-57, 38229 Salzgitter, m.wallroth@ostfalia.de

**Walser,** Werner; Prof.; *Informatik, Betriebswirtschaftslehre, Methodik des Wissenschaftlichen Arbeitens*; di: Hochsch. f. Polizei Villingen-Schwenningen, Sturmbühlstr. 250, 78054 Villingen-Schwenningen, T: (07720) 309537, WernerWalser@fhpol-vs.de

**Walter,** Angela; Dr. oec., Prof.; *ABWL/Personalwirtschaft und Organisation*; di: Westsächs. Hochsch. Zwickau, FB Wirtschaftswiss., Scheffelstr. 39, 08056 Zwickau, Angela.Walter@fh-zwickau.de

**Walter,** Artur; Dr. rer. nat., Prof.; *Technomathematik, Numerik, Finite Elemente*; di: Hochsch. f. Technik, Fak. Vermessung, Mathematik u. Informatik, Schellingstr. 24, 70174 Stuttgart, PF 101452, 70013 Stuttgart, T: (0711) 89262727, F: 89262556, artur.walter@fht-stuttgart.de

**Walter,** Christiane; Dr., Prof.; *Verfahrenstechnik, Regelungstechnik, Steueruungstechnik, Konstruktion, Maschinenelemente, Automatisierung*; di: Hochsch. f. angew. Wiss. Würzburg Schweinfurt, Fak. Maschinenbau, Ignaz-Schön-Str. 11, 97421 Schweinfurt

**Walter,** Eckehard; Dr.-Ing., Prof.; *Fertigungstechnik, Technologie*; di: Hochsch. Darmstadt, FB Maschinenbau u. Kunststofftechnik, Haardtring 100, 64295 Darmstadt, T: (06151) 168579, walter@h-da.de

**Walter,** Hans-Christian; Dr.-Ing., Prof.; *Betriebswirtschaftslehre, Wirtschaftsinformatik*; di: Beuth Hochsch. f. Technik, FB I Wirtschafts- u. Gesellschaftswiss., Luxemburger Str. 10, 13353 Berlin, T: (030) 45042702, hachriwa@beuth-hochschule.de

**Walter,** Johann; Dr., Prof.; *Volkswirtschaftslehre*; di: Westfäl. Hochsch., FB Wirtschaft, Neidenburger Str. 43, 45877 Gelsenkirchen, T: (0209) 9596627, johann.walter@fh-gelsenkirchen.de

**Walter,** Johann-Hinrich; Dr.-Ing., Prof.; *Vermessungstechnische Datenverarbeitung*; di: HTW Dresden, Fak. Geoinformation, Friedrich-List-Platz 1, 01069 Dresden, T: (0351) 4623164, walter@htw-dresden.de

**Walter,** Jürgen; Dr.-Ing., Prof.; *Tierzucht u. Tierhaltung*; di: Hochsch. Neubrandenburg, FB Agrarwirtschaft u. Lebensmittelwiss., Brodaer Str. 2, 17033 Neubrandenburg, PF 110121, 17041 Neubrandenburg, T: (0395) 56932111, walter@hs-nb.de

**Walter,** Jürgen; Dipl.-Ing., Prof.; *Informationstechnik, Mikrocomputertechnik*; di: Hochsch. Karlsruhe, Fak. Maschinenbau u. Mechatronik, Moltkestr. 30, 76133 Karlsruhe, PF 2440, 76012 Karlsruhe, T: (0721) 9251752, juergen.walter@hs-karlsruhe.de

**Walter,** Martin; Dr., Prof.; *Holzkunde und Holzverwertung, Marketing, Zertifizierung*; di: Hochsch. Weihenstephan-Triesdorf, Fak. Wald u. Forstwirtschaft, Am Hofgarten 4, 85354 Freising, 85350 Freising, T: (08161) 715908, F: 714526, martin.walter@fh-weihenstephan.de

**Walter,** Maximilian; Dr., Prof.; *VWL, Personalwesen, Organisation*; di: Hochsch. Hof, Fak. Wirtschaft, Alfons-Goppel-Platz 1, 95028 Hof, T: (09281) 409410, F: 40955410, Maximilian.Walter@fh-hof.de

**Walter,** Regina; Dr., Prof.; *Umweltchemie und Umweltschutztechnologie*; di: Hochsch.Merseburg, FB Ingenieur- u. Naturwiss., Geusaer Str., 06217 Merseburg, T: (03461) 462012, F: 462192, regina.walter@hs-merseburg.de

**Walter,** Reinhard; Dr. jur., Prof.; *Baubetrieb, Vertragsrecht*; di: Hochsch. Heidelberg, School of Engineering and Architecture, Bonhoefferstr. 11, 69123 Heidelberg, T: (06221) 884111, reinhard.walter@fh-heidelberg.de

**Walter,** Sebastian; Dr.-Ing., Prof.; *Sensorik, Aktorik, Messtechnik, Mechatronik*; di: Georg-Simon-Ohm-Hochsch. Nürnberg, Fak. Elektrotechnik Feinwerktechnik Informationstechnik, Wassertorstr. 10, 90489 Nürnberg, PF 210320, 90121 Nürnberg, Sebastian.Walter@ohm-hochschule.de

**Walter,** Thomas; Dr.-Ing., Prof.; *Mikroelektronik, Mikrosystemtechnik*; di: Hochsch. Ulm, Fak. Mechatronik u. Medizintechnik, PF 3860, 89028 Ulm, T: (0731) 5028523, walter.th@hs-ulm.de

**Walter,** Ulrich; Dr.-Ing., Prof.; *Zerspanungstechnik*; di: Hochsch. Esslingen, Fak. Graduate School, Kanalstr. 33, 73728 Esslingen, T: (0711) 3973282; pr: Marktplatz 5, 73728 Esslingen, T: (0177) 5978205

**Walter,** Uta Maria; Dr., Prof.; *Theorien und Methoden der Sozialen Arbeit, Handlungsmethoden, Beratung, Klinische Sozialarbeit, Psychologische Grundlagen*; di: Alice-Salomon-Hochsch., Alice-Salomon-Platz 5, 12627 Berlin, T: (030) 99245402, uta.walter@ash-berlin.eu

**Walter,** Wilhelm; Dipl.-Inform., Prof.; *Praktische Medieninformatik*; di: Hochsch. Furtwangen, Fak. Digitale Medien, Robert-Gerwig-Platz 1, 78120 Furtwangen, T: (07723) 9202146, wal@fh-furtwangen.de

**Waltering,** Markus; Dr.-Ing., Prof.; *Statik und Stahlbetonbau*; di: FH Münster, FB Bauingenieurwesen, Corrensstr. 25, 48149 Münster, T: (0251) 8365261, F: 8365152, m.waltering@fh-muenster.de

**Waltersberger,** Bernd; Dr.-Ing., Prof.; *Maschinenelemente, Maschinen-, Rotor- und Mehrkörperdynamik, Schwingungstechnik*; di: Hochsch. Offenburg, Fak. Maschinenbau u. Verfahrenstechnik, Badstr. 24, 77652 Offenburg, T: (0781) 2054730, bernd.waltersberger@hs-offenburg.de

**Walterscheid,** Heike; Dr. rer. pol., Prof.; *Volkswirtschaftslehre*; di: DHBW Lörrach, Hangstr. 46-50, 79539 Lörrach, T: (07621) 2071223, F: 207118223, walterscheid@dhbw-loerrach.de

**Walterscheid,** Heinz; Dr. rer. pol., Prof.; *Logistikmanagement*; di: Hochsch. Fresenius, FB Wirtschaft u. Medien, Limburger Str. 2, 65510 Idstein, heinz.walterscheid@hs-fresenius.de

**Walther,** Hans-Joachim; Dr.-Ing., Prof.; *Stahlbetonbau, Baukonstruktion, CAD, Massivbrückenbau, Behälterbau*; di: Hochsch. Karlsruhe, Fak. Architektur u. Bauwesen, Moltkestr. 30, 76133 Karlsruhe, PF 2440, 76012 Karlsruhe, T: (0721) 9252641, hans-joachim.walther@hs-karlsruhe.de

**Walther,** Johannes; Dr. rer. pol., Prof.; *Produktionswirtschaft*; di: Ostfalia Hochsch., Fak. Wirtschaft, Robert-Koch-Platz 8A, 38440 Wolfsburg, T: (05361) 831529

**Walther,** Kerstin; Dr., Prof.; *Soziale Arbeit im Gesundheitswesen, Gesundheitswissenschaften*; di: Ev. FH Rhld.-Westf.-Lippe, FB Soziale Arbeit, Bildung u. Diakonie, Immanuel-Kant-Str. 18-20, 44803 Bochum, T: (0234) 36901100, walther@efh-bochum.de

**Walther-Reining,** Kerstin; Dr. jur., Prof.; *Wirtschaftsrecht, Arbeitsrecht*; di: Hochsch. Mittweida, Fak. Wirtschaftswiss., Technikumplatz 17, 09648 Mittweida, T: (03727) 581051, walther@hs-mittweida.de

**Waltz,** Manuela; Dr.-Ing., Prof.; *Technische Mechanik*; di: HAW Ingolstadt, Fak. Maschinenbau, Esplanade 10, 85049 Ingolstadt, T: (0841) 9348353, manuela.waltz@haw-ingolstadt.de

**Walz,** Guido; Dr. sc. math. habil., apl.Prof. U Mannheim, Prof. Wilhelm Büchner H Pfungstadt; *Mathematik*; di: Univ., Fak. f. Wirtschaftsinformatik und Wirtschaftsmathematik, Inst. f. Mathematik, 68131 Mannheim; pr: Triberger Ring 27, 68239 Mannheim, T: (0621) 478543

**Walz,** Hartmut; Dipl.-Kfm., Dr. rer. pol., Prof.; *Bankbetriebslehre*; di: FH Ludwigshafen, FB III Internationale Dienstleistungen, Ernst-Boehe-Str. 4, 67059 Ludwigshafen / Rhein, T: (0621) 5203231, walz@fh-lu.de

**Walz,** Konrad; Prof.; *Staatsrecht und Politik*; di: FH d. Bundes f. öff. Verwaltung, Willy-Brandt-Str. 1, 50321 Brühl, T: (01888) 6291521

**Walz,** Markus; Dr. phil., Prof.; *Management im Bibliotheks- u. Museumswesen*; di: HTWK Leipzig, FB Medien, PF 301166, 04251 Leipzig, T: (0341) 30765443, walz@fbm.htwk-leipzig.de

**Wambach,** Richard; Dr.-Ing., Prof.; *Mikrocomputer, Digitale Systeme*; di: Beuth Hochsch. f. Technik, FB VI Informatik u. Medien, Luxemburger Str. 10, 13353 Berlin, T: (030) 45042358, wambach@beuth-hochschule.de

**Wambsganß,** Mathias; M. Arch., Prof.; *Lichttechnik, Gebäudetechnik*; di: Hochsch. Rosenheim, Fak. Innenarchitektur, Hochschulstr. 1, 83024 Rosenheim, T: (08031) 805569, F: 805552, m.wambsganss@fh-rosenheim.de

**Wameling,** Hubertus; Dr., Prof.; *Rechnungswesen, Accounting & Controlling, Informationsmanagement*; di: SRH Fernhochsch. Riedlingen, Lange Str. 19, 88499 Riedlingen

**Wamser,** Christoph; Prof.; *Betriebswirtschaftslehre, insb. E-Business*; di: Hochsch. Bonn-Rhein-Sieg, FB Wirtschaft Rheinbach, von-Liebig-Str. 20, 53359 Rheinbach, T: (02241) 865415, F: 8658415, christoph.wamser@fh-bonn-rhein-sieg.de

**Wamsler,** Andreas; Dr. rer. pol., Prof.; *Wirtschaftsinformatik, Kommunikationssysteme, Materialwirtschaft, Logistik*; di: Hochsch. Biberach, SG Betriebswirtschaft, PF 1260, 88382 Biberach / Riß, T: (07351) 582405, F: 582449, Wamsler@hochschule-bc.de

**Wand,** Christoph; Prof.; *Technische Schiffsführung*; di: Jade Hochsch., FB Seefahrt, Weserstr. 4, 26931 Elsfleth, T: (04404) 92884162, F: 92884158, christoph.wand@jade-hs.de; pr: Amazonasstr. 6, 26931 Elsfleth, T: (04404) 970270

**Wandel,** Andrea; Dr., Prof.; *Entwerfen, Raumbildung und Darstellung*; di: Hochsch. Trier, FB Gestaltung, PF 1826, 54208 Trier, wandel@ar.hochschule-trier.de; wandel@fh-trier.de

**Wandelt,** Ralf; Dipl.-Phys., Dr., Prof.; *Physik, Manövriertechnik, Technische Schiffsführung*; di: Jade Hochsch., FB Seefahrt, Weserstr. 4, 26931 Elsfleth, T: (04404) 92884160, F: 92884158, ralf.wandelt@jade-hs.de; pr: Bohlkenweg 24, 26129 Oldenburg, T: (0441) 591957

**Wander,** Carsten; Dr., Prof.; *BWL, Spediton, Transport und Logistik*; di: DHBW Heidenheim, Fak. Wirtschaft, Wilhelmstr. 10, 89518 Heidenheim, T: (07321) 2722272, F: 2722279, wander@dhbw-heidenheim.de

**Wandinger,** Johannes; Dr.-Ing., Prof.; *Technische Mechanik, Ingenieurmathematik*; di: Hochsch. Landshut, Fak. Maschinenbau, Am Lurzenhof 1, 84036 Landshut, T: (0871) 506653, johannes.wandinger@fh-landshut.de

**Wang,** Dinan; Dr.-Ing., Prof.; *Strömungslehre und Numerische Strömungssimulation / CFD*; di: Hochschule Ruhr West, Institut Energiesysteme u. Energiewirtschaft, PF 100755, 45407 Mülheim an der Ruhr, T: (0208) 88254843, dinan.wang@hs-ruhrwest.de

**Wang,** Shichang; Dr.-Ing., Prof.; *Thermische Verfahrenstechnik*; di: Hochsch. Niederrhein, FB Maschinenbau u. Verfahrenstechnik, Reinarzstr. 49, 47805 Krefeld, T: (02151) 8225056; pr: Wedenhofstr. 38, 47447 Moers, T: (02841) 33915

**Wang,** Xiaofeng; Dipl.-Ing., Prof.; *Fahrwerkstechnik, Dynamische Simulation*; di: Hochsch. Rhein / Main, FB Ingenieurwiss., Maschinenbau, Am Brückweg 26, 65428 Rüsselsheim, T: (06142) 8984389, xiaofeng.wang@hs-rm.de

**Wangler,** Clemens; Dr., Prof.; *Rechnungswesen, Steuern, Wirtschaftsrecht*; di: DHBW Villingen-Schwenningen, Fak. Wirtschaft, Friedrich-Ebert-Str. 30, 78054 Villingen-Schwenningen, T: (07720) 3906141, F: 3906149, wangler@dhbw-vs.de

**Waninger,** Karl Josef; Eur.-Ing., Prof.; *Baubetrieb, Schalung und Gerüstbau, Arbeitssicherheit*; di: FH Mainz, FB Technik, Holzstr. 36, 55116 Mainz, T: (06131) 2859326

**Wannenwetsch,** Helmut; Dr., Prof.; *Industrie*; di: DHBW Mannheim, Fak. Wirtschaft, Käfertaler Str. 258, 68167 Mannheim, T: (0621) 41052607, F: 41052428, helmut.wannenwetsch@dhbw-mannheim.de

**Wanner,** Gerhard; Dr., Prof.; *Informatik*; di: Hochsch. f. Technik, Fak. Vermessung, Mathematik u. Informatik, Schellingstr. 24, 70174 Stuttgart, PF 101452, 70013 Stuttgart, T: (0711) 89262527, gerhard.wanner@hft-stuttgart.de

**Wanner,** Martina; Dr., Prof.; *Methoden und Arbeitsformen Sozialer Arbeit*; di: DHBW Villingen-Schwenningen, Fak. Sozialwesen, Schramberger Str. 26, 78054 Villingen-Schwenningen, T: (07720) 3906225, F: 3906219, wanner@dhbw-vs.de

**Wanninger,** Andrea; Dr. rer. nat., Prof.; *Organische Chemie*; di: Hochsch. Niederrhein, FB Chemie, Frankenring 20, 47798 Krefeld, T: (02151) 8224047

**Warbinek,** Kurt; Dr.-Ing., Prof.; *Elektrotechnik, Elektronik, Aktorik / Sensorik*; di: Hochsch. Esslingen, Fak. Graduate School, Fak. Mechatronik u. Elektrotechnik, Robert-Bosch-Str. 1, 73037 Göppingen, T: (07161) 6971203; pr: Nell-Breuning-Str. 19, 73054 Eislingen, T: (07161) 87359

**Wardenbach,** Wolfgang; Dr., Prof.; *Maschinenbau*; di: DHBW Mannheim, Fak. Technik, Coblitzallee 1-9, 68163 Mannheim, T: (0621) 41051230, F: 41051248, wolfgang.wardenbach@dhbw-mannheim.de

**Warendorf,** Kai; Dr.-Ing., Prof.; *E-Commerce, Internettechnologie, Programmiersprachen*; di: Hochsch. Esslingen, Fak. Informationstechnik, Kanalstr. 33, 73728 Esslingen, T: (0711) 3974169; pr: Augsburger Str. 658, 70329 Stuttgart, T: (0711) 3919257

**Warendorf,** Katina; Dr.-Ing., Prof.; *Ingenieurmathematik, Darstellende Geometrie*; di: Hochsch. München, Fak. Maschinenbau, Fahrzeugtechnik, Flugzeugtechnik, Dachauer Str. 98b, 80335 München

**Warg,** Markus; Dr. rer. pol., Prof.; *Finance and Risk Management*; di: Int. Business School of Service Management, Hans-Henny-Jahnn-Weg 9, 22085 Hamburg, T: (040) 53699110, F: 53699166, warg@iss-hamburg.de

**Warkotsch,** Nicolas; Dr., Prof.; *Controlling*; di: Hochsch. Augsburg, Fak. f. Wirtschaft, Friedberger Straße 4, 86161 Augsburg, PF 110605, 86031 Augsburg, T: (0821) 55862920, Nicolas.Warkotsch@hs-augsburg.de

**Warmers,** Heinrich; Dr.-Ing., Prof.; *Mess-, Steuerungs- und Regelungstechnik*; di: Hochsch. Bremen, Fak. Elektrotechnik u. Informatik, Neustadtswall 30, 28199 Bremen, T: (0421) 59052407, F: 59052400, Heinrich.Warmers@hs-bremen.de; pr: Nürnberger Str. 26, 28844 Weihe / Leste

**Warnack,** Dieter; Dr.-Ing., Prof.; *Strömungsmaschinen, Strömungsmechanik, Strömungslehre*; di: FH Lübeck, FB Maschinenbau u. Wirtschaft, Mönkhofer Weg 239, 23562 Lübeck, T: (0451) 3005570, dieter.warnack@fh-luebeck.de

**Warndorf,** Peter K.; Dr., Prof.; *Kinder- und Jugendhilfe*; di: DHBW Heidenheim, Fak. Sozialwesen, Wilhelmstr. 10, 89518 Heidenheim, T: (07321) 2722411, F: 2722419, warndorf@dhbw-heidenheim.de

**Warnke,** Andrea; Dr., Prof.; *Gesundheitswissenschaft*; di: Hamburger Fern-Hochsch., FB Gesundheit u. Pflege, Alter Teichweg 19, 22081 Hamburg, T: (040) 35094375, F: 35094335, andrea.warnke@hamburger-fh.de

**Warnke,** Sven; Dr., Prof.; *Gesundheitsökonomie, Pflege- und Gesundheitsmanagement*; di: Hochsch. f. angew. Wiss. Würzburg Schweinfurt, Fak. angew. Sozialwiss., Mariannhillstr. 1c, 97074 Würzburg, T: (0931) 3511425, warnke@fh-wuerzburg.de

**Warschburger,** Volker; Dr., Prof.; *Quantitative Betriebswirtschaftslehre, Controlling*; di: Hochsch. Fulda, FB Angewandte Informatik, Marquardstr. 35, 36039 Fulda, T: (0661) 9640321, volker.warschburger@informatik.fh-fulda.de

**Wartena,** Christian; Dr., Prof.; *Sprach- und Wissensverarbeitung*; di: Hochsch. Hannover, Fak. III Medien, Information u. Design, Kurt-Schwitters-Forum, Expo Plaza 2, 30539 Hannover, T: (0511) 92962549, christian.wartena@hs-hannover.de

**Wartenberger,** Dieter; Dr.-Ing., Prof.; *Gerätekonstruktion, Werkzeug- und Vorrichtungskonstruktion, CAD*; di: FH Jena, FB SciTec, Carl-Zeiss-Promenade 2, 07745 Jena, PF 100314, 07703 Jena

**Wartini,** Christian; Dr.-Ing., Prof.; *Meßtechnik*; di: Hochsch. Magdeburg-Stendal, FB Elektrotechnik, Breitscheidstr. 2, 39114 Magdeburg, T: (0391) 8864380, Christian.Wartini@HS-Magdeburg.DE

**Waschk,** Klaus; Prof.; *Darstellungs- und Entwurfsmethodik*; di: design akademie berlin (FH), Paul-Lincke-Ufer 8e, 10999 Berlin, klaus@waschk.de

**Waschull,** Dirk; Dr., Prof.; *Rechtswissenschaft*; di: FH Münster, FB Sozialwesen, Hüfferstr. 27, 48149 Münster, T: (0251) 8365705, F: 8365702, waschull@fh-muenster.de

**Wasmayr,** Bernhard; Dr., Prof.; *Investition, Finanzierung*; di: FH Ludwigshafen, FB II Marketing und Personalmanagement, Ernst-Boehe-Str. 4, 67059 Ludwigshafen/Rhein, bernhard.wasmayr@fh-ludwigshafen.de

**Wasner,** Maria; Dr. rer. biol. hum., Prof.; *Soziale Arbeit in Palliative Care*; di: Kath. Stiftungsfachhochsch. München, Preysingstr. 83, 81667 München, maria.wasner@ksfh.de

**Wasner,** Mieke; Dr., Prof.; *Sportmanagement, Physiotherapie*; di: Hochsch. Heidelberg, Fak. f. Soziale Arbeit, Ludwig-Guttmann-Str. 6, 69123 Heidelberg, T: (06221) 884168, mieke.wasner@fh-heidelberg.de

**Wassenberg,** Gerd; Dr., Prof.; *Betriebswirtschaftslehre, Entrepreneurship u. Marketing für mittlere u. kleine Unternehmen*; di: Westfäl. Hochsch., FB Wirtschaft u. Informationstechnik, Münsterstr. 265, 46397 Bocholt, T: (02871) 2155415, gerd.wassenberg@fh-gelsenkirchen.de

**Wassermann,** Helmut; Dipl.-Ing., Prof.; *Konstruktion, Sensorik*; di: Hochsch. München, Fak. Elektrotechnik u. Informationstechnik, Lothstr. 64, 80335 München, T: (089) 12653453, F: 12653403, wassermann@ee.fhm.edu

**Wassmann,** Herbert; Dr., Prof.; *Health Insurance Management*; di: SRH Fernhochsch. Riedlingen, Lange Str. 19, 88499 Riedlingen, herbert.wassmann@fh-riedlingen.srh.de

**Waßmann,** Martin; Dr. rer. nat., Prof.; *Wirtschaftsinformatik, insbesondere Standardsoftwaresysteme für Finanzwesen und Controlling sowie Grundlageninformation*; di: Hochsch. Albstadt-Sigmaringen, FB 2 Wirtschaftsinformatik, Johannesstr. 3, 72458 Albstadt-Ebingen, T: (07431) 579344, wassmann@hs-albsig.de

**Waßmuth,** Joachim; Dr.-Ing., Prof.; *Elektrotechnik, Sensoren und Aktuatoren*; di: FH Bielefeld, FB Ingenieurwiss. u. Mathematik, Am Stadtholz 24, 33609 Bielefeld, T: (0521) 1067508, joachim.wassmuth@fh-bielefeld.de

**Waßmuth,** Ralf; Dr. sc.agr. habil., Prof.; *Tierzucht, Tierhaltung*; di: Hochsch. Osnabrück, Fak. Agrarwiss., Oldenburger Landstr. 24, 49090 Osnabrück, T: (0541) 9695136, r.wassmuth@hs-osnabrueck.de

**Watter,** Holger; Dr., Prof.; *Kraft- und Arbeitsmaschinen, Ölhydraulik und Pneumatik*; di: FH Flensburg, FB Maschinenbau, Verfahrenstechnik u. Maritime Technologien, Kanzleistr. 91-93, 24943 Flensburg, T: (0461) 8051339, holger.watter@fh-flensburg.de; pr: T: (04638) 898488, F: 898488

**Watty,** Robert; Dr., Prof.; *Maschinenbau*; di: Hochsch. Ulm, Fak. Maschinenbau u. Fahrzeugtechnik, PF 3860, 89028 Ulm, T: (0731) 5028033, Watty@hs-ulm.de

**Watzka,** Klaus; Dr. rer. pol., Prof.; *Allgemeine Betriebswirtschaftslehre, insb. Personalwirtschaft*; di: FH Jena, FB Betriebswirtschaft, Carl-Zeiss-Promenade 2, 07745 Jena, PF 100314, 07703 Jena, T: (03641) 205550, F: 205551, bw@fh-jena.de

**Watzlaw,** Wolfgang; Dipl.-Ing., HonProf.; *Eisenbahnbau, Infrastrukturbau*; di: Hochsch. Biberach, Karlstr. 11, 88400 Biberach/Riß, PF 1260, 88382 Biberach/Riß, T: (07351) 5820, F: 582119

**Weba,** Michael; Dr. rer. nat., Prof. FH Fulda u. U Frankfurt/M.; *Mathematische Stochastik*; di: Hochsch. Fulda, FB Angewandte Informatik, Marquardstr. 35, 36039 Fulda, T: (0661) 9640321, michael.weba@informatik.fh-fulda.de; pr: Theodor-Litt-Ring 34, 36093 Künzell, T: (0661) 38698

**Webel,** Gisbert; Dr.-Ing., Prof.; *Bauingenieurwesen*; di: HTW d. Saarlandes, Fak. f. Architektur u. Bauingenieurwesen, Goebenstr. 40, 66117 Saarbrücken, T: (0681) 5867172, webel@htw-saarland.de; pr: Augustinerstr. 5a, 66798 Wallerfangen, T: (06831) 62470, F: 62479

**Weber,** Adelheid; Dr., Prof.; *Handel*; di: DHBW Mannheim, Fak. Wirtschaft, Käfertaler Str. 256, 68167 Mannheim, T: (0621) 41052158, F: 41051101, adelheid.weber@dhbw-mannheim.de

**Weber,** Andreas; Dipl.-Math., Dr. rer. pol., Prof.; *Wirtschaftsinformatik, Systemprogrammierung, Betriebssysteme, Datenbanksysteme*; di: FH Flensburg, FB Wirtschaft, Kanzleistr. 91-93, 24943 Flensburg, T: (0461) 8051478, weber@wi.fh-flensburg.de; pr: T: (0461) 32474

**Weber,** Angelika; Dr., Prof.; *Psychologie*; di: Hochsch. f. angew. Wiss. Würzburg Schweinfurt, Fak. angew. Sozialwiss., Münzstr. 12, 97070 Würzburg

**Weber,** Beatrix; Dr., Prof.; *Wirtschaftsrecht*; di: Hochsch. Hof, Fak. Wirtschaft, Alfons-Goppel-Platz 1, 95028 Hof, T: (09281) 409437, F: 40955437, Beatrix.Weber@fh-hof.de

**Weber,** Bernd; Dr.-Ing., Prof.; *Elektrische Maschinen*; di: Hochsch. Anhalt, FB 6 Elektrotechnik, Maschinenbau u. Wirtschaftsingenieurwesen, PF 1458, 06354 Köthen, T: (03496) 672339, B.Weber@emw.hs-anhalt.de

**Weber,** Carl Constantin; Prof.; *Grundlagen d. Gestaltung*; di: Hochsch. Magdeburg-Stendal, FB Bauwesen, Breitscheidstr. 2, 39114 Magdeburg, T: (0391) 8864162

**Weber,** Carlo; Dipl.-Des., Prof.; *Kunstwissenschaften*; di: Hochsch. Anhalt, FB 3 Architektur, Facility Management u. Geoinformation, PF 2215, 06818 Dessau, weber@afg.hs-anhalt.de

**Weber,** Damian; Dr.-Ing., Prof.; *Angewandte Informatik, IT-Sicherheit, Kryptographie, Rechnernetze*; di: HTW d. Saarlandes, Fak. f. Ingenieurwiss., Goebenstr. 40, 66117 Saarbrücken, dweber@htw-saarland.de; pr: Robert-Koch-Str. 29, 66119 Saarbrücken

**Weber,** Dieter; Dr. jur., Prof.; *Bürgerliches Recht, Zivilprozessrecht*; di: Hochsch. f. Wirtschaft u. Umwelt Nürtingen-Geislingen, PF 1251, 73302 Geislingen a.d. Steige, T: (07331) 22548, dieter.weber@hfwu.de

**Weber,** Dieter; Dr.-Ing., Prof.; *Strömungstechnik, Strömungsmaschinen, Energiemanagement*; di: HTW d. Saarlandes, Fak. f. Ingenieurwiss., Goebenstr. 40, 66117 Saarbrücken, T: (0681) 5867260, diweber@htw-saarland.de; pr: Am Wacken 23, 66424 Homburg, T: (06841) 67337

**Weber,** Dieter; Dipl.-Biol., Dr. theol., Prof.; *Theologie/Sozialethik, med. Ethik*; di: Hochsch. Hannover, Fak. V Diakonie, Gesundheit u. Soziales, Blumhardtstr. 2, 30625 Hannover, PF 690363, 30612 Hannover, T: (0511) 92963104, dieter.weber@hs-hannover.de; pr: Bödekerstr. 47, 30161 Hannover, T: (0511) 8664864

**Weber,** Dietrich; Dr.-Ing., Prof.; *Regelungstechnik, Technische Mechanik*; di: Hochsch. Darmstadt, FB Maschinenbau u. Kunststofftechnik, Haardtring 100, 64295 Darmstadt, T: (06151) 168594, d.weber@h-da.de

**Weber,** Ekkehard; Dr.-Ing.habil., Prof.; *Geotechnik, Grundbau*; di: Hochsch. Lausitz, FB Architektur, Bauingenieurwesen, Versorgungstechnik, Lipezker Str. 47, 03048 Cottbus-Sachsendorf, T: (0355) 5818618, F: 5818609

**Weber,** Erik; Dr. päd., Prof.; *Integrative Heilpädagogik*; di: Ev. Hochsch. Darmstadt, Zweifalltorweg 12, 64293 Darmstadt, T: (06151) 8798838, e.weber@eh-darmstadt.de

**Weber,** Franz; Dr.-Ing., Prof.; *Elektrotechnik, Automatisierungs- und Systemtechnik, Betriebsstättenplanung und Ergonomie*; di: Hochsch. München, Fak. Wirtschaftsingenieurwesen, Erzgießereistr. 14, 80335 München

**Weber,** Gerhard; Dr.-Ing., Prof.; *Strömungslehre, Wärmelehre*; di: FH Bielefeld, FB Ingenieurwiss. u. Mathematik, Wilhelm-Bertelsmann-Str. 10, 33602 Bielefeld, T: (0521) 1067293, gerhard.weber@fh-bielefeld.de; pr: Arndtstr. 80, 32130 Enger, T: (05224) 5630

**Weber,** Günter; Dipl.-Ing., Prof.; *Innenraumgestaltung, Gebäudekunde, Baugestaltung, Raumsimulation*; di: Hochsch. Rhein/Main, FB Architektur u. Bauingenieurwesen, Kurt-Schumacher-Ring 18, 65197 Wiesbaden, T: (0611) 94951404, guenter.weber@hs-rm.de; pr: Obere Paulusstr. 79, 70197 Stuttgart, T: (0711) 654705

**Weber,** Günter Lois; Prof.; *Interior Architecture, Interior Design*; di: HAWK Hildesheim/Holzminden/Göttingen, FB Gestaltung, Kaiserstr. 43-45, 31134 Hildesheim, T: (05121) 881361, F: 881366

**Weber,** Hanno; Dr., Prof.; *Maschinenbau*; di: Hochsch. Pforzheim, Fak. f. Technik, Tiefenbronner Str. 66, 75175 Pforzheim, T: (07231) 286620, F: 286050, hanno.weber@hs-pforzheim.de

**Weber,** Hans-Joachim; Dr. rer. nat., Prof.; *Biologische und medizinische Grundlagen der Medizintechnik, insbes. der Kardiotechnik*; di: FH Aachen, FB Angewandte Naturwiss. u. Technik, Ginsterweg 1, 52428 Jülich, T: (0241) 600953208, weber@fh-aachen.de; pr: Reiderstr. 20, 52428 Jülich, T: (02461) 1375

**Weber,** Hans-Joachim; Dr.-Ing., Prof.; *Werkzeugmaschinen, Antriebstechnik*; di: HTW d. Saarlandes, Fak. f. Ingenieurwiss., Goebenstr. 40, 66117 Saarbrücken, T: (0681) 5867289, hjweber@htw-saarland.de; pr: Falkenweg 13, 66129 Saarbrücken, T: (06805) 21654

**Weber,** Hans-Peter; Dr. phil. nat., Prof.; *Grundlagen der Informatik, Programmiersprachen*; di: Hochsch. Darmstadt, FB Informatik, Haardtring 100, 64295 Darmstadt, T: (06071) 829240, h.p.weber@fbi.h-da.de

**Weber,** Harald; Dr. rer. nat., Prof.; *Instrumentelle Analytik*; di: Hochsch. Niederrhein, FB Chemie, Frankenring 20, 47798 Krefeld, T: (02151) 8224070; pr: Kalkstr. 15, 40489 Düsseldorf, T: (0203) 766049

**Weber,** Hartmut; Dr., Prof.; *Mikrocomputertechnik, Rechnerarchitektur, Prozessor-Design*; di: Techn. Hochsch. Mittelhessen, FB 11 Informationstechnik, Elektrotechnik, Mechatronik, Wilhelm-Leuschner-Str. 13, 61169 Friedberg, T: (06031) 604248

**Weber,** Heinrich; Dr. rer. nat., Prof.; *Betriebssysteme, Rechnertechnik*; di: Hochsch. Esslingen, Fak. Informationstechnik, Flandernstr. 101, 73732 Esslingen, T: (0711) 3974224; pr: Mittelwegring 25, 76751 Jockgrim, T: (07271) 5359

**Weber,** Helmut; Dr., Prof.; *Landeskunde Südostasien, Interkulturelle Aspekte, Indonesisch*; di: Hochsch. Konstanz, Fak. Wirtschafts- u. Sozialwiss., Brauneggerstr. 55, 78462 Konstanz, PF 100543, 78405 Konstanz, T: (07531) 206470, F: 206427, helweber@fh-konstanz.de

**Weber,** Helmut; Dr. rer.nat. habil., Prof. i.R.; *Betriebssysteme, Compiler, Systemprogrammierung*; di: Hochsch. Rhein/Main, FB Design Informatik Medien, Kurt-Schumacher-Ring 18, 65197 Wiesbaden, T: (0611) 94951239, helmutgeorg.weber@hs-rm.de; pr: T: (06146) 5494

**Weber,** Herbert; Dr.-Ing., Prof. Beuth H f. Technik Berlin; *Mikrobiologie, Technologie der tierischen Lebensmittel, Fleischtechnologie*; di: Beuth Hochsch. f. Technik, FB V Life Science and Technology, Luxemburger Str. 10, 13353 Berlin, T: (030) 45042835, weber@beuth-hochschule.de

**Weber,** Heribert; Dr., Prof., Präsident FH Würzburg-Schweinfurt; di: Hochsch. f. angew. Wiss. Würzburg Schweinfurt, Münzstr. 12, 97070 Würzburg, T: (0931) 3511102

**Weber,** Hero; Dr.-Ing., Prof.; *Vermessungskunde, Instrumentenkunde*; di: Jade Hochsch., FB Bauwesen u. Geoinformation, Ofener Str. 16-19, 26121 Oldenburg, T: (0441) 77083247, F: 77083139, hero.weber@jade-hs.de

**Weber,** Hubert; Dr., Prof.; di: Rheinische FH Köln, Hohenstaufenring 16-18, 50674 Köln; pr: Zülpicher Platz 14, 50674 Köln, T: (0221) 9213490

**Weber,** Irene; Dr. rer. nat., Prof.; *Maschinenbau*; di: Hochsch. Kempten, Fak. Maschinenbau, Bahnhofstr. 61-63, 87435 Kempten, T: (0831) 2523348, F: 2523229, irene.weber@fh-kempten.de

**Weber,** Jack; Dr., Prof.; *Soziale Arbeit*; di: HAW Hamburg, Fak. Wirtschaft u. Soziales, Alexanderstr. 1, 20099 Hamburg, jack.weber@haw-hamburg.de

**Weber,** Joachim; Dr. phil., Prof.; *Sozialarbeitswissenschaft*; di: Hochsch. Mannheim, Fak. Sozialwesen, Ludolf-Krehl-Str. 7-11, 68167 Mannheim, T: (0621) 3926118, weber@alpha.fhs-mannheim.de; pr: Turmstr. 13, 67487 Maikammer, T: (0171) 2162156

**Weber,** Joachim; Dr., Prof.; *Wirtschaftsrecht, Arbeits-, Handels- und Gesellschaftsrecht, Zivilrecht*; di: Hochsch. Heidelberg, Fak. f. Angew. Psychologie, Ludwid-Guttmann-Str. 6, 69123 Heidelberg, T: (06221) 882976, joachim.weber@fh-heidelberg.de

**Weber,** Joachim; Dr. rer. pol., Prof., Rektor; *BWL, Controlling und Unternehmensführung*; di: DHBW Stuttgart, Rektorat, Jägerstr. 56, 70174 Stuttgart, T: (0711) 1849638, weber@dhbw-stuttgart.de

**Weber,** Jörg; Dipl.-Ing., Prof.; *Baukonstruktion, Entwerfen*; di: Hochsch. München, Fak. Architektur, Karlstr. 6, 80333 München, T: (089) 12652625, joerg.weber@fhm.edu

**Weber,** Jörg-Achim; Dr. med., Prof.; *Sozialmedizin*; di: HTWK Leipzig, FB Angewandte Sozialwiss., PF 301166, 04251 Leipzig, T: (0341) 30764347, weber@sozwes.htwk-leipzig.de

**Weber,** Jörg-Andreas; Dr., Prof.; *BWL, Steuerlehre*; di: Hochsch. Offenburg, Fak. Betriebswirtschaft u. Wirtschaftsingenieurwesen, Klosterstr. 14, 77723 Gengenbach, T: (07803) 96984422, joerg-andreas.weber@hs-offenburg.de

**Weber,** Josef; Dipl.-Ing., M.A., Prof.; *Grundlagen des Entwerfens, Entwurfstheorie, Raumtheorie, Entwerfen, Architekturtendenzen*; di: Hochsch. Rosenheim, Fak. Innenarchitektur, Hochschulstr. 1, 83024 Rosenheim, T: (08031) 805565, F: 805552

**Weber,** Jürgen; Dr.-Ing., Prof.; *Elektrotechnik, Prozessautomatisierung*; di: Hochsch. München, Fak. Versorgungstechnik, Verfahrenstechnik Papier u. Verpackung, Druck- u. Medientechnik, Lothstr. 34, 80335 München, T: (089) 12651532, F: 12651502, weber@fhm.edu

**Weber,** Jürgen; Dr.-Ing., Prof.; *Technische Elektronik und Grundlagen der Elektrotechnik*; di: FH Köln, Fak. f. Informatik u. Ingenieurwiss., Am Sandberg 1, 51643 Gummersbach, T: (02261) 8196273, weber@gm.fh-koeln.de; pr: Steimelstr. 6a, 51702 Bergneustadt, T: (02261) 41163

**Weber,** Jutta; Dr., Prof.; *Volkswirtschaftslehre/Betriebswirtschaftslehre*; di: Hochsch. Magdeburg-Stendal, FB Wirtschaft, Breitscheidstr. 2, 39114 Magdeburg, T: (0391) 8864817, jutta.weber@hs-magdeburg.de

**Weber,** Karlheinz; Dipl.-Vw., Dr. rer. pol., Prof.; *Organisation, Wirtschaftsinformatik*; di: Hochsch. Regensburg, Fak. Betriebswirtschaft, PF 120327, 93025 Regensburg, T: (0941) 9431339, karlheinz.weber@bwl.fh-regensburg.de

**Weber,** Klaus; Dr., Prof.; *Betriebswirtschaft/Steuer- und Revisionswesen*; di: Hochsch. Pforzheim, Fak. f. Wirtschaft u. Recht, Tiefenbronner Str. 65, 75175 Pforzheim, T: (07231) 286302, F: 286080, klaus.weber@hs-pforzheim.de

**Weber,** Klaus; Dr. phil. habil., Prof.; *Klinische Psychologie*; di: Hochsch. München, Fak. Angew. Sozialwiss., Lothstr. 34, 80335 München, T: (089) 12652313, F: 12652330

**Weber,** Konradin; Dr. rer. nat., Prof.; *Physik und Umweltmesstechnik*; di: FH Düsseldorf, FB 4 – Maschinenbau u. Verfahrenstechnik, Josef-Gockeln-Str. 9, 40474 Düsseldorf, T: (0211) 4351437, konradin.weber@fh-duesseldorf.de; pr: Klosterstr. 42, 40211 Düsseldorf

**Weber,** Marc; Dr.-Ing., Prof.; *Textiltechnologie, insb. Technologie d. Wirkerei u. Strickerei*; di: Hochsch. Niederrhein, FB Textil- u. Bekleidungstechnik, Webschulstr. 31, 41065 Mönchengladbach, T: (02161) 1866033

**Weber,** Martin; Dr. jur., Prof.; di: FH Mainz, FB Wirtschaft, Lucy-Hillebrand-Str. 2, 55128 Mainz, T: (06131) 628272, martin.weber@wiwi.fh-mainz.de

**Weber,** Matthias; Dr. rer. nat. habil., Prof.; *Mathematische Stochastik*; di: HTW Dresden, Fak. Informatik/Mathematik, Friedrich-List-Platz 1, 01069 Dresden, T: (0351) 4623581, weber@informatik.htw-dresden.de

**Weber,** Peter; Dr.-Ing., Prof.; *Konstruktion, Bauelemente, Entwurf und Gestaltung*; di: Hochsch. Karlsruhe, Fak. Maschinenbau u. Mechatronik, Moltkestr. 30, 76133 Karlsruhe, PF 2440, 76012 Karlsruhe, T: (0721) 9251742, peter.weber@hs-karlsruhe.de

**Weber,** Peter; Dr. phil. habil., Prof.; *Internationale Wirtschaftskommunikation, Bildungsökonomie*; di: Hochsch. f. Angewandte Sprachen München, Amalienstr. 73, 80799 München, T: (089) 28810213, weber@sdi-muenchen.de

**Weber,** Petra; Prof.; *Pflegewissenschaft*; di: HAW Hamburg, Fak. Wirtschaft u. Soziales, Alexanderstr. 1, 20099 Hamburg, T: (040) 428757121, petra.weber@haw-hamburg.de; pr: T: (040) 45037621, F: 45037622

**Weber,** Rainer; Dipl.-Inf., Dr. rer. nat., Prof.; *Wirtschaftsinformatik, DV-gestützte Unternehmenssteuerung, Geschäftsprozessgestaltung und Workflow-Systeme*; di: Georg-Simon-Ohm-Hochsch. Nürnberg, Fak. Informatik, Keßlerplatz 12, 90489 Nürnberg, PF 210320, 90121 Nürnberg

**Weber,** Reinhold; Dr.-Ing., Prof.; *Vermessungskunde, Verkehrswegebau*; di: Hochsch. Augsburg, Fak. f. Architektur u. Bauwesen, An der Hochschule 1, 86161 Augsburg, T: (0821) 55863117, F: 55863110, reinhold.weber@hs-augsburg.de

**Weber,** Siegfried; Dr. rer. nat., Prof.; *Anorganische Chemie, Technische Chemie*; di: Hochsch. Mannheim, Fak. Biotechnologie, Windeckstr. 110, 68163 Mannheim

**Weber,** Silvia; Dr., Prof. u. Prorektor; *Baustoffkunde, Baustoffprüfung, Betoninstandsetzung*; di: Hochsch. f. Technik, Fak. Bauingenieurwesen, Bauphysik u. Wirtschaft, Schellingstr. 24, 70174 Stuttgart, PF 101452, 70013 Stuttgart, T: (0711) 89262658, silvia.weber@hft-stuttgart.de

**Weber,** Thomas; Dr., HonProf.; di: FH Frankfurt, FB 4 Soziale Arbeit u. Gesundheit, Nibelungenplatz 1, 60318 Frankfurt am Main

**Weber,** Torsten; Dr., Prof.; *Wirtschaftswissenschaften, Marketing und Sustainable Communication*; di: Cologne Business School, Hardefuststr. 1, 50667 Köln, T: (0221) 931809662, t.weber@cbs-edu.de

**Weber,** Ulrich; Dr., Prof.; *Immobilienwirtschaft, insbesondere Immobilienbewertung*; di: Hochsch. Anhalt, FB 2 Wirtschaft, Strenzfelder Allee 28, 06406 Bernburg, T: (03471) 3551348, weber@wi.hs-anhalt.de

**Weber,** Ulrich; Dr.-Ing., Prof.; *Arbeitssicherheit*; di: Hochsch. Furtwangen, Fak. Computer & Electrical Engineering, Robert-Gerwig-Platz 1, 78120 Furtwangen, T: (07723) 9202457

**Weber,** Ulrich F.; Dr.-Ing., Prof.; *Baubetrieb/Bauverfahrenstechnik und Verkehrswegebau*; di: FH Münster, FB Bauingenieurwesen, Corrensstr. 25, 48149 Münster, T: (0251) 8365226, F: 8365241, weber@fh-muenster.de

**Weber,** Ursula; Dr., Prof.; *Sozialarbeitspolitik*; di: DHBW Stuttgart, Fak. Sozialwesen, Herdweg 29, 70174 Stuttgart, T: (0711) 1849537, ursula.weber@dhbw-stuttgart.de

**Weber,** Werner; Dipl.-Kfm., HonProf.; *Allgemeine Betriebswirtschaftslehre, insb. Steuern und Bilanzierung*; di: Hochsch. Mittweida, Fak. Wirtschaftswiss., Technikumplatz 17, 09648 Mittweida, T: (03727) 581341

**Weber,** Wibke; Dr., Prof.; *Informationsaufbereitung u. -präsentation*; di: Hochsch. d. Medien, Fak. Information u. Kommunikation, Wolframstr. 32, 70191 Stuttgart, T: (0711) 25706189

**Weber,** Wilhelm; Dr., Prof.; *Kriminalwissenschaften*; di: Hochsch. f. Öffentl. Verwaltung Bremen, Doventorscontrescarpe 172, 28195 Bremen, T: (0421) 36159174, F: 36159906, wilhelm.weber@hfoev.bremen.de

**Weber,** Wilhelm; Prof.; *Wissenschaftsjournalismus, Online-Journalismus*; di: Hochsch. Darmstadt, FB Media, Haardtring 100, 64295 Darmstadt

**Weber,** Winfried; Dr. rer. pol., Prof.; di: Hochsch. Mannheim, Fak. Sozialwesen, Ludolf-Krehl-Str. 7-11, 68167 Mannheim, T: (0621) 3926140, wweber@alpha.fhs-mannheim.de; pr: Wilhelm-Weber-Str. 42, 37073 Göttingen, T: (0551) 3894491

**Weber,** Wolfgang; Dr.-Ing., Prof.; *Robotik, Regelungstechnik*; di: Hochsch. Darmstadt, FB Elektro- u. Informationstechnik, Birkenweg 8, 64295 Darmstadt, T: (06151) 168235, weber@eit.h-da.de

**Weber,** Wolfgang; Dipl.-Inf., Dr., Prof.; *Softwaretechnik, Datenbanken*; di: Hochsch. Darmstadt, FB Informatik, Haardtring 100, 64295 Darmstadt, T: (06151) 168426, w.weber@fbi.h-da.de; pr: Otto-Wörner-Str. 11 b, 76287 Rheinstetten

**Weber,** Wolfgang; Dr. rer. nat., Prof.; *Chemie, Umweltschutz, Wassertechnologie*; di: Hochsch. Augsburg, Fak. f. Allgemeinwissenschaften, An der Hochschule 1, 86161 Augsburg, T: (0821) 55863303, F: 55863310, wolfgang.weber@hs-augsburg.de

**Weber-Dreßler,** Petra; Dr. rer. pol., Prof.; *Betriebswirtschaftslehre, insbes. Controlling*; di: FH Ludwigshafen, FB I Management und Controlling, Ernst-Boehe-Str. 4, 67059 Ludwigshafen, T: (0621) 5203201, F: 5203193, weber-dressler@fh-ludwigshafen.de

**Weber-Kurth,** Petra; Dr. rer. nat., Prof.; *Mathematik/Informatik, Mathematische Statistik*; di: Hochsch. Magdeburg-Stendal, FB Wasser- u. Kreislaufwirtschaft, Breitscheidstr. 2, 39114 Magdeburg, T: (0391) 8864411, petra.weber-kurth@hs-magdeburg.de

**Weber-Unger-Rotino,** Steffi; Dr. phil., Prof.; *Erziehungswissenschaften, Sozialwissenschaften, Psychologie*; di: Hochsch. Mittweida, Fak. Soziale Arbeit, Döbelner Str. 58, 04741 Roßwein, T: (034322) 48608, F: 48653, weber-un@htwm.de

**Weber-Wulff,** Debora; Dr. rer. nat., Prof.; *Medieninformatik*; di: HTW Berlin, FB Wirtschaftswiss. II, Treskowallee 8, 10318 Berlin, T: (030) 50192320, weberwu@HTW-Berlin.de

**Webersinke,** Hartwig; Dr., Prof., Dekan FB Wirtschaft und Recht; *Finanzdienstleistungen, Kapitalmarkttheorie, Asset Management, Betriebsstatistik*; di: Hochsch. Aschaffenburg, Fak. Wirtschaft u. Recht, Würzburger Str. 45, 63743 Aschaffenburg, T: (06021) 314724, hartwig.webersinke@fh-aschaffenburg.de

**Weck,** Reinhard; Dr. rer. pol., Prof.; *Informationsmanagement/Informatik u. Gesellschaft*; di: Hochsch. Wismar, Fak. f. Wirtschaftswiss., PF 1210, 23952 Wismar, T: (03841) 753600, r.j.weck@wi.hs-wismar.de

**Weclas,** Miroslaw; Dr.-Ing., Prof.; *Verbrennungsmotoren*; di: Georg-Simon-Ohm-Hochsch. Nürnberg, Fak. Maschinenbau u. Versorgungstechnik, Keßlerplatz 12, 90489 Nürnberg, PF 210320, 90121 Nürnberg

**Wedde,** Rainer; Dr. jur., Prof.; *Wirtschafts- und Gesellschaftsrecht*; di: Hochsch. Rhein/Main, Wiesbaden Business School, Bleichstr. 44, 65183 Wiesbaden, T: (0611) 94953144, rainer.wedde@hs-rm.de

**Wedekind,** Hartmut; Dr., Prof.; *Naturwissenschaftlich-technische u. mathematische Bildung im Kindesalter*; di: Alice-Salomon-Hochsch., Alice-Salomon-Platz 5, 12627 Berlin-Hellersdorf, T: (030) 99245208, wedekind@ash-berlin.eu

**Wedemann,** Bernd; Dr.-Ing., Prof.; *Fabrikplanung, Produktionsorganisation*; di: HTW Dresden, Fak. Maschinenbau/Verfahrenstechnik, Friedrich-List-Platz 1, 01069 Dresden, T: (0351) 4623204, wedemann@mw.htw-dresden.de

**Wedemann,** Gero; Dr. rer. nat., Prof.; *Informationsmanagement, System Engineering*; di: FH Stralsund, FB Elektrotechnik u. Informatik, Zur Schwedenschanze 15, 18435 Stralsund, T: (03831) 457051

**Wedemeier,** Thomas; Dr.-Ing., Dr. rer. pol., Prof.; *Ingenieurholzbau, Statik und Festigkeitslehre*; di: HAWK Hildesheim/Holzminden/Göttingen, Fak. Bauen u. Erhalten, Hohnsen 2, 31134 Hildesheim, T: (05121) 881259, F: 881279

**Weeber,** Joachim; Dr. rer.pol., Prof.; *Volkswirtschaftslehre*; di: Nordakademie, FB Wirtschaftswissenschaften, Köllner Chaussee 11, 25337 Elmshorn, T: (04121) 409040, F: 409040, joachim.weeber@t-online.de

**Weeber,** Rotraud; Dr., Prof.; *Stadt- und Gemeindesoziologie, Empirische Sozialforschung*; di: Hochsch. f. Wirtschaft u. Umwelt Nürtingen-Geislingen, PF 1349, 72603 Nürtingen

**Weege,** Rolf-Dieter; Dr.-Ing., Prof.; *Konstruktionslehre, Umwelttechnik*; di: Hochsch. Ostwestfalen-Lippe, FB 6, Maschinentechnik u. Mechatronik, Liebigstr. 87, 32657 Lemgo, T: (05261) 702184, F: 702261, rolf-dieter.weege@fh-luh.de; pr: Knickberg 3, 32681 Kalletal, T: (05264) 9605

**Weferling,** Ulrich; Dipl.-Ing., Prof.; *Vermessungskunde*; di: HTWK Leipzig, FB Bauwesen, PF 301166, 04251 Leipzig, T: (0341) 30766249, weferling@fbb.htwk-leipzig.de

**Wegenast,** Martin; Dr., Prof.; *Staatsrecht, Staatsrecht, Europa- und Völkerrecht, Asylrecht*; di: FH d. Bundes f. öff. Verwaltung, FB Auswärtige Angelegenheiten, Gudenauer Weg 134-136, 53127 Bonn, T: (01888) 171433, F: 1751433

**Wegener,** Thomas; Dipl.-Ing., Prof.; *Baubetrieb, Rohrleitungsbau*; di: Jade Hochsch., FB Bauwesen u. Geounformation, Ofener Str. 16-19, 26121 Oldenburg, T: (0441) 36103900, F: 36103910, thomas-wegener@jade-hs.de; pr: Feldkamp 15, 26160 Bad Zwischenahn, T: (0441) 691236

**Weghorn,** Hans; Dr., Prof.; *Mechatronik*; di: DHBW Stuttgart, Fak. Technik, Kronenstraße 53A, 70174 Stuttgart, T: (0711) 1849884, weghorn@dhbw-stuttgart.de

**Wegmann,** Christoph; Dr., Prof.; *Food Marketing / Lebensmittelmarketing*; di: HAW Hamburg, Fak. Life Sciences, Lohbrügger Kirchstr. 65, 21033 Hamburg, T: (040) 428756116, christoph.wegmann@haw-hamburg.de

**Wegmann,** Florian; Dr., Prof.; *Oberflächentechnologie, Neue Materialien im Maschinenbau*; di: Hochsch. Aalen, Fak. Maschinenbau u. Werkstofftechnik, Beethovenstr. 1, 73430 Aalen, T: (07361) 5762248, Florian.Wegmann@htw-aalen.de

**Wegmann,** Jürgen; Dr., Prof.; *Betriebswirtschaftslehre für mittelständische Unternehmen, Unternehmensanalyse und Unternehmensbewertung*; di: FH d. Wirtschaft, Hauptstr. 2, 51465 Bergisch Gladbach, T: (02202) 9527228, F: 9527200, juergen.wegmann@fhdw.de

**Wegner,** Katja; Dr. rer. nat., Prof.; *Bioinformatik, Statistik*; di: Hochsch. Albstadt-Sigmaringen, FB 3, Anton-Günther-Str. 51, 72488 Sigmaringen, PF 1254, 72481 Sigmaringen, T: (07571) 732242, F: 732250, wegner@hs-albsig.de

**Wehberg,** Josef; Dr.-Ing., Prof.; *Elektrische Antriebstechnik, Elektrische Maschinen und Antriebe, Handhabungstechnik, Kleinmaschinen, Servoantriebssysteme, Methoden und Werkzeuge für ingenieurmäßiges Arbeiten*; di: Hochsch. Hannover, Fak. I Elektro- u. Informationstechnik, Ricklinger Stadtweg 120, 30459 Hannover, PF 920261, 30441 Hannover, T: (0511) 92961220, F: 92961270, josef.wehberg@hs-hannover.de; pr: T: (0511) 231965

**Wehkamp,** Kai; Dr. med., Prof.; *Public Health*; di: MSH Medical School Hamburg, Am Kaiserkai 1, 20457 Hamburg, T: (040) 36122640, Kai.Wehkamp@medicalschool-hamburg.de

**Wehkamp,** Karl-Heinz; Dr., Dr., Prof.; *Medizin*; di: HAW Hamburg, Fak. Life Sciences, Lohbrügger Kirchstr. 65, 21033 Hamburg, T: (040) 428756102, karl-heinz.wehkamp@haw-hamburg.de

**Wehl,** Wolfgang; Dr.-Ing., Prof.; *Mikrotechnische Fertigung, Mikrosysteme, Aufbau- und Verbindungstechnik, Montagetechnik*; di: Hochsch. Heilbronn, Max-Planck-Str. 39, 74081 Heilbronn, T: (07131) 504325, wehl@hs-heilbronn.de

**Wehling,** Detlef; Dr. rer. pol., Prof.; *Entrepreneurship*; di: Hochsch. Lausitz, FB Informatik, Elektrotechnik, Maschinenbau, Großenhainer Str. 57, 01968 Senftenberg

**Wehmann,** Wolffried; Dr.-Ing., Prof.; *Vermessungstechnik*; di: HTW Dresden, Fak. Geoinformation, Friedrich-List-Platz 1, 01069 Dresden, T: (0351) 4623158, wehmann@htw-dresden.de

**Wehmeier,** Jörg; Dr. rer. nat., Prof.; *Elektro- u Informationstechnik, Industrieelektronik und Digitaltechnik*; di: Hochsch. Hannover, Fak. I Elektro- u. Informationstechnik, Ricklinger Stadtweg 120, 30459 Hannover, PF 920261, 30441 Hannover, T: (0511) 92961177, joerg.wehmeier@hs-hannover.de; pr: Odenwaldstr. 5, 30657 Hannover, T: (0511) 603928

**Wehner,** Christa; Dr. phil., Prof.; *Betriebswirtschaft/Markt- und Kommunikationsforschung*; di: Hochsch. Pforzheim, Fak. f. Wirtschaft u. Recht, Tiefenbronner Str. 65, 75175 Pforzheim, T: (07231) 286205, F: 286070, christa.wehner@hs-pforzheim.de

**Wehner,** Karsten; Dr.-Ing., Prof.; *Schiffbau*; di: Hochsch. Wismar, Fak. f. Ingenieurwiss., PF 1210, 23952 Wismar, T: (0381) 4985855, karsten.wehner@sf.hs-wismar.de

**Wehnert,** Gerd; Dipl.-Chem., Dr. rer. nat., Prof.; *Makromolekulare Chemie, Organische Chemie*; di: Georg-Simon-Ohm-Hochsch. Nürnberg, Fak. Angewandte Chemie, Keßlerplatz 12, 90489 Nürnberg, PF 210320, 90121 Nürnberg

**Wehr,** Matthias; Dr. iur., Prof.; *Öffentliches Recht*; di: Hochsch. f. Öffentl. Verwaltung Bremen, Doventorscontrescarpe 172, 28195 Bremen, T: (0421) 36119617, F: 36159906, matthias.wehr@hfoev.bremen.de; pr: Am Schwarzenberg 37, 97078 Würzburg, T: (0931) 21630

**Wehrenpfennig,** Andreas; Dr.-Ing., Prof.; *Informatik*; di: Hochsch. Neubrandenburg, FB Landschaftsarchitektur, Geoinformatik, Geodäsie u. Bauingenieurwesen, Brodaer Str. 2, 17033 Neubrandenburg, PF 110121, 17041 Neubrandenburg, T: (0395) 56934109, wehrenpfennig@hs-nb.de

**Wehrheim,** Manfred; Dr.-Ing., Prof.; *Produktionstechnik, Fertigungssysteme / CAM, Werkzeugmaschinen*; di: Hochsch. Ulm, Fak. Produktionstechnik u. Produktionswirtschaft, PF 3860, 89028 Ulm, T: (0731) 5028103, wehrheim@hs-ulm.de

**Wehrt,** Klaus; Dr., Prof.; *VWL/Empirische Sozialforschung*; di: Hochsch. Harz, FB Wirtschaftswiss., Friedrichstr. 57-59, 38855 Wernigerode, T: (03943) 659223, F: 659109, kwehrt@hs-harz.de

**Weiand,** Achim; Dr., Prof.; *Internationales Personalmanagement, Internationales Marketing*; di: FH Neu-Ulm, Wileystr. 1, 89231 Neu-Ulm, T: (0731) 97621431, achim.weiand@fh-neu-ulm.de

**Weibel,** Bernd; Dr., Prof.; *Industrie*; di: DHBW Mannheim, Fak. Wirtschaft, Käfertaler Str. 258, 68167 Mannheim, T: (0621) 41052613, F: 41052618, bernd.weibel@dhbw-mannheim.de

**Weichelt,** Kristina; Dr., Prof.; *BWL*; di: Hochsch. f. Technik, Fak. Bauingenieurwesen, Bauphysik u. Wirtschaft, Schellingstr. 24, 70174 Stuttgart, PF 101452, 70013 Stuttgart, T: (0711) 89262994, kristina.weichelt@hft-stuttgart.de

**Weichert,** Stephan; Dr., Prof.; *Journalistik*; di: Macromedia Hochsch. f. Medien u. Kommunikation, Paul-Dessau-Str. 6, 22761 Hamburg

**Weichler,** Kurt; Dr., Prof.; *Journalismus und Medien*; di: Westfäl. Hochsch., FB Maschinenbau u. Facilities Management, Neidenburger Str. 10, 45877 Gelsenkirchen, T: (0209) 9596825, kurt.weichler@fh-gelsenkirchen.de

**Weichmann,** Armin; Prof.; *Tiefdruck, Mathematik*; di: Hochsch. d. Medien, Fak. Druck u. Medien, Nobelstr. 10, 70569 Stuttgart, T: (0711) 89232197, weichmann@hdm-stuttgart.de

**Weicker,** Karsten; Dr. rer. nat., Prof.; *Praktische Informatik*; di: HTWK Leipzig, FB Informatik, Mathematik u. Naturwiss., PF 301166, 04251 Leipzig, T: (0341) 30766395, weicker@imn.htwk-leipzig.de

**Weickhardt,** Christian; Dr. rer. nat. habil., Prof. HTWK Leipzig; *Physik, Laserdesorption, Laserionisation, Laserspektroskopie, chem. Analytik, Massenspektrometrie*; di: HTWK Leipzig, FB Informatik, Mathematik u. Naturwiss., Karl-Liebknecht-Str. 145, 04277 Leipzig, PF 301166, 04251 Leipzig, T: (0341) 30763427, F: 30763416, weick@imn.htwk-leipzig.de

**Weide,** Thomas; Dr.-Ing., Prof.; *Textiltechnologie*; di: Hochsch. Niederrhein, FB Textil- u. Bekleidungstechnik, Webschulstr. 31, 41065 Mönchengladbach, T: (02161) 1866028, thomas.weide@hs-niederrhein.de

**Weidemann,** Dirk; Dr.-Ing., Prof.; *Regelungstechnik und Prozessautomatisierung*; di: FH Bielefeld, FB Ingenieurwiss. u. Mathematik, Wilhelm-Bertelsmann-Str. 10, 33602 Bielefeld, T: (0521) 1067212, dirk.weidemann@fh-bielefeld.de

**Weidemann,** Doris; Dipl.-Psych., Dr. phil., Prof.; *Interkulturelles Training*; di: Westsächs. Hochsch. Zwickau, FB Sprachen, Scheffelstr. 39, 08066 Zwickau, Doris.Weidemann@fh-zwickau.de

**Weidemann,** Holger; Dr., Prof.; *Rechtswissenschaften*; di: Kommunale FH f. Verwaltung in Niedersachsen, Wielandstr. 8, 30169 Hannover, T: (0511) 1609409, F: 15537, Holger.Weidemann@nds-sti.de

**Weidenhaupt,** Klaus; Dr. rer. nat., Prof.; *Informatik*; di: Hochsch. Niederrhein, FB Elektrotechnik / Informatik, Reinarzstr. 49, 47805 Krefeld, T: (02151) 8224657, Klaus.Weidenhaupt@hs-niederrhein.de

**Weiderer,** Monika; Dr. phil., Prof.; *Psychologie*; di: Hochsch. Regensburg, Fak. Sozialwiss., PF 120327, 93025 Regensburg, T: (0941) 9431294, monika.weiderer@soz.fh-regensburg.de

**Weidermann,** Frank; Dr.-Ing., Prof.; *Konstruktionslehre*; di: Hochsch. Mittweida, Fak. Maschinenbau, Technikumplatz 17, 09648 Mittweida, T: (03727) 581537, Frank.weidermann@htwm.de

**Weidhase,** Frieder; Dr.-Ing., Prof.; *Kommunikationssysteme*; di: Hochsch. Lausitz, FB Informatik, Elektrotechnik, Maschinenbau, Großenhainer Str. 57, 01968 Senftenberg

**Weidmann,** Otto; Dr., Prof.; *Bank*; di: DHBW Mosbach, Arnold-Janssen-Str. 9-13, 74821 Mosbach, T: (06261) 939125, F: 939104, weidmann@dhbw-mosbach.de

**Weidner,** Georg; Dr.-Ing., Prof.; *Getriebetechnik, Konstruktion*; di: FH Schmalkalden, Fak. Maschinenbau, Blechhammer, 98574 Schmalkalden, PF 100452, 98564 Schmalkalden, T: (03683) 6882109, weidner@maschinenbau.fh-schmalkalden.de

**Weidner,** Jens; Dr., Prof.; *Erziehungswissenschaft*; di: HAW Hamburg, Fak. Wirtschaft u. Soziales, Alexanderstr. 1, 20099 Hamburg, T: (040) 428757117, jens.weidner@sp.haw-hamburg.de; pr: T: (040) 816405, info@prof-jens-weidner.de

**Weidner,** Petra; Dr. rer. nat. habil., Prof. FH Hildesheim / Holzminden / Göttingen; *Informatik, Mathematik, Mathematische Optimierung, Methoden des Operations Research, Numerische Mathematik, Softwareentwicklung*; di: HAWK Hildesheim / Holzminden / Göttingen, Fak. Naturwiss. u. Technik, Von-Ossietzky-Str. 99, 37085 Göttingen, T: (0551) 3705146, F: 3705101

**Weigand,** Andreas; Dr. rer. pol., Prof.; *Managementlehre*; di: Hochsch. Wismar, Fak. f. Wirtschaftswiss., PF 1210, 23952 Wismar, T: (03841) 753507, a.weigand@wi.hs-wismar.de

**Weigand,** Carsten; Dr. rer. nat., Prof.; *Informationssysteme, Systemanalyse*; di: FH d. Wirtschaft, Fürstenallee 3-5, 33102 Paderborn, T: (05251) 301182, carsten.weigand@fhdw.de

**Weigand,** Christoph; Dr. rer. nat., Prof.; *Statistik und Wirtschaftsmathematik*; di: FH Aachen, FB Wirtschaftswissenschaften, Eupener Str. 70, 52066 Aachen, T: (0241) 600951916, weigand@fh-aachen.de; pr: Engelbertstr. 25, 52078 Aachen, T: (0241) 574667

**Weigand,** Ludwig; Dipl.-Inf., Dr. rer. pol., Prof.; *Wirtschaftsinformatik, Betriebswirtschaftslehre, Software-Engineering*; di: Georg-Simon-Ohm-Hochsch. Nürnberg, Fak. Informatik, Keßlerplatz 12, 90489 Nürnberg, PF 210320, 90121 Nürnberg

**Weigand,** Ulrich; Dr.-Ing., Prof.; *Technische Mechanik, Konstruktion, Technische Schwingungslehre*; di: Hochsch. Augsburg, Fak. f. Maschinenbau u. Verfahrenstechnik, An der Hochschule 1, 86161 Augsburg, T: (0821) 55861041, F: 55863160, ulrich.weigand@hs-augsburg.de

**Weigel,** Inge; Dr. Ing., Prof.; *Rechnernetze, Mobilkommunikation*; di: HAW Ingolstadt, Fak. Elektrotechnik u. Informatik, Esplanade 10, 85049 Ingolstadt, T: (0841) 9348258, inge.weigel@haw-ingolstadt.de

**Weigel,** Karsten; Dipl.-Ing., Prof.; *Möbel-Entwurf*; di: Hochsch. f. Technik, Fak. Architektur u. Gestaltung, Schellingstr. 24, 70174 Stuttgart, PF 101452, 70013 Stuttgart, T: (0711) 89262631, F: 89262884, karsten.weigel@hft-stuttgart.de

**Weigelt,** Hartmut; Dr. rer. nat., Prof.; *Allg. Zoologie u. Neurobiologie*; di: SRH Hochsch. Hamm, Platz der Deutschen Einheit 1, 59065 Hamm, T: (02381) 9291121, F: 9291199, hartmut.weigelt@fh-hamm.srh.de; pr: Bruchstr. 20c, 58239 Schwerte, T: (0231) 9742341

**Weigelt,** Klaus; Dr., Prof.; *Elektrische Maschinen, Kraftwerkstechnik, Energiewandlung*; di: Hochsch. Konstanz, Fak. Elektrotechnik u. Informationstechnik, Brauneggerstr. 55, 78462 Konstanz, PF 100543, 78405 Konstanz, T: (07531) 206244, F: 206400, weigelt@fh-konstanz.de

**Weigelt,** Reinhard; Dr.-Ing., Prof.; *Wasserversorgung und Abwassertechnik*; di: Hochsch. München, Fak. Versorgungstechnik, Verfahrenstechnik Papier u. Verpackung, Druck- u. Medientechnik, Lothstr. 34, 80335 München, T: (089) 12651543, F: 12651502, weigelt@fhm.edu

**Weigert,** Johann; Dr. phil., Prof., Dekan FB Sozialwesen; *Sonderpädagogik, Soziale Arbeit (Sozialarbeit/Sozialpädagogik)*; di: Hochsch. Regensburg, Fak. Sozialwiss., PF 120327, 93025 Regensburg, T: (0941) 9431080, johann.weigert@soz.fh-regensburg.de

**Weigert,** Martin; Dr.-Ing., Prof.; *Grundlagen der Informatik, Betriebsysteme/ Systemprogramme, Digitale Bildverarbeitubg*; di: Hochsch. Lausitz, FB Informatik, Elektrotechnik, Maschinenbau, Großenhainer Str. 57, 01968 Senftenberg, T: (03573) 85501, F: 85509

**Weigl-Seitz,** Alexandra; Dr.-Ing., Prof.; *Robotik, Regelungstechnik, Informationstechnik*; di: Hochsch. Darmstadt, FB Elektrotechnik u. Informationstechnik, Haardtring 100, 64295 Darmstadt, T: (06151) 168235, weigl@eit.h-da.de

**Weiher,** Birgit; Dr., Prof.; *Recht*; di: HAW Hamburg, Fak. Wirtschaft u. Soziales, Berliner Tor 5, 20099 Hamburg, T: (040) 428756901, birgit.weiher@haw-hamburg.de

**Weiher,** Hans; Dr. rer. nat. habil, Prof.; *Genetik*; di: Hochsch. Bonn-Rhein-Sieg, FB Angewandte Naturwissenschaften, von-Liebig-Str. 20, 53359 Rheinbach, T: (02241) 865594, F: 8658594, hans.weiher@fh-brs.de

**Weihs,** Ulrich; Dr., Prof.; *Forstnutzung, Waldbau, Waldbautechnik*; di: HAWK Hildesheim/Holzminden/Göttingen, Fak. Ressourcenmanagement, Büsgenweg 1a, 37077 Göttingen, T: (0551) 5032259, F: 5032200

**Weijers,** Heinz-Gerd; Dr., Prof.; *Sozialwissenschaften*; di: FH Polizei Sachsen-Anhalt, Schmidtmannstr 86, 06449 Aschersleben

**Weik,** Thomas Christian; Dr., Prof. FH Münster; *Datenbanken, Algorithmen und Datenstrukturen, Verteilte Informationssysteme*; di: FH Münster, FB Elektrotechnik und Informatik, Bismarckstraße 11, 48565 Steinfurt, T: (02551) 962560, F: 962563, weik@fh-muenster.de

**Weikmann,** Hans Martin; Dr. phil., Prof.; *Historische Theologie*; di: Kath. Hochsch. NRW, Abt. Paderborn, FB Theologie, Leostr. 19, 33098 Paderborn, T: (05251) 122557, F: 122561, hm.weikmann@kfhnw.de; pr: St. Benedikt-Str. 6, 97072 Würzburg, T: (0931) 16267

**Weil,** Gerhard; Dipl.-Ing., Prof.; *Thermische Verfahrenstechnik, Wasseraufbereitung, Eindampfung, Membrantechnik, Kristallisation*; di: Hochsch. Osnabrück, Fak. Ingenieurwiss. u. Informatik, Artilleriestr. 46, 49076 Osnabrück, T: (0541) 9692220, F: 9693221, g.weil@hs-osnabrueck.de; pr: Am Turmhügel 7, 49088 Osnabrück, T: (0541) 187172

**Weiland,** Christiane; Dr., Prof.; *BWL, Bank*; di: DHBW Karlsruhe, Fak. Wirtschaft, Erzbergerstr. 125, 76137 Karlsruhe, T: (0721) 9735903, weiland@dhbw-karlsruhe.de

**Weiler,** Karl Heinz; Dipl.-Phys., Dr. rer. nat., Prof.; *Prozessautomatisierung/Angewandte Informatik, Softwaretechnologie, Systemprogrammierung, Betriebssysteme, Mathematik, Sensorik, Physik und Chemie der Atmosphäre*; di: Hochsch. Emden/ Leer, FB Technik, Constantiaplatz 4, 26723 Emden, T: (04921) 8071521, F: 8071593, weiler@hs-emden-leer.de; pr: Rheyder Sand 64, 26723 Emden, T: (04921) 67153

**Weiler,** Wilhelm; Dr.-Ing., Prof.; *Fluidtechnik, Regelungs- und Steuerungstechnik*; di: Hochsch. Landshut, Fak. Maschinenbau, Am Lurzenhof 1, 84036 Landshut, wilhelm.weiler@fh-landshut.de

**Weimann,** Hans-Peter; Dipl.-Inform., Prof.; *Betriebswirtschaft, Wirtschaftsinformatik*; di: Beuth Hochsch. f. Technik, FB I Wirtschafts- u. Gesellschaftswiss., Luxemburger Str. 10, 13353 Berlin, T: (030) 45045263, weimann@beuth-hochschule.de

**Weimar,** Jörg R.; Dr. rer. nat. habil., Prof.; *Bioinformatik*; di: Ostfalia Hochsch., Fak. Informatik, Salzdahlumer Str. 46/48, 38302 Wolfenbüttel, j.weimar@ostfalia.de

**Weinand,** Herbert; Prof.; *Grundlagen der Möbelentwicklung*; di: Hochsch. Ostwestfalen-Lippe, FB 1, Architektur u. Innenarchitektur, Bielefelder Str. 66, 32756 Detmold, T: (05231) 76950, F: 769681; pr: Wielandstr. 37, 10629 Berlin, T: (030) 6142545

**Weinbach,** Heike Helen; Dr., Prof.; *Frühpädagogik/Kindheitspädagogik*; di: Hochsch. Neubrandenburg, FB Soziale Arbeit, Bildung u. Erziehung, Brodaer Str. 2, 17033 Neubrandenburg, PF 110121, 17041 Neubrandenburg, T: (0395) 56935111, weinbach@hs-nb.de

**Weinberg,** Jakob; Dipl.-Math., Dr. rer. nat., Prof.; *Electronic Business, Wirtschaftsinformatik, Organisation*; di: Hochsch. Rhein/Main, Wiesbaden Business School, Bleichstr. 44, 65183 Wiesbaden, T: (0611) 94953232, jakob.weinberg@hs-rm.de; pr: Kappelsäcker 5, 64342 Seeheim-Jugenheim, T: (06257) 69436, F: 903258

**Weinert,** Albrecht; Dr.-Ing., Prof.; *Praktische Informatik*; di: Hochsch. Bochum, FB Elektrotechnik u. Informatik, Lennershofstr. 140, 44801 Bochum, T: (0234) 3210328, albrecht.weinert@hs-bochum.de; pr: Schattbachstr. 42, 44801 Bochum, T: (0234) 702264

**Weingärtner,** Helmut; Dr., HonProf.; *Rechtswissenschaften*; di: SRH Hochsch. Hamm, Platz der Deutschen Einheit 1, 59065 Hamm

**Weinhardt,** Markus; Dr.-Ing., Prof.; *Hard- u. Softwaresysteme zur Informationsverarbeitung*; di: Hochsch. Osnabrück, Fak. Ingenieurwiss. u. Informatik, Artilleriestr. 46, 49076 Osnabrück, PF 1940, 49009 Osnabrück, T: (0541) 9693445, m.weinhardt@hs-osnabrueck.de

**Weinig,** Johannes; Dr.-Ing., Prof.; *Wasser- und Abfallwirtschaft*; di: FH Bielefeld, FB Architektur u. Bauingenieurwesen, Artilleriestr. 9, 32427 Minden, T: (0571) 8385195, F: 8385172, johannes.weinig@fh-bielefeld.de; pr: Wittekindallee 14 a, 32423 Minden

**Weinkauf,** Ronny; Dr. rer. pol., Prof.; *Informatik, Verteilte Systeme*; di: Hochsch.Merseburg, FB Informatik u. Kommunikationssysteme, Geusaer Str., 06217 Merseburg, T: (03461) 462934, ronny.weinkauf@hs-merseburg.de

**Weinland,** Lothar; Dr., Prof.; *Dienstleistungsmarketing*; di: DHBW Mannheim, Fak. Wirtschaft, Käfertaler Str. 258, 68167 Mannheim, T: (0621) 41052110, F: 41052100, lothar.weinland@dhbw-mannheim.de

**Weinlein,** Roger; Dr.-Ing., Prof.; *Wärmetechnik, Maschinenelemente, Konstruieren mit Kunststoffen*; di: Hochsch. Darmstadt, FB Maschinenbau u. Kunststofftechnik, Haardtring 100, 64295 Darmstadt, T: (06151) 168548, weinlein@fbk.h-da.de; pr: T: (07643) 932557

**Weinlich,** Dorothee; Prof.; *Designgrundlagen, Modedesign*; di: Hochsch. Hannover, Fak. III Medien, Information u. Design, Expo Plaza 2, 30459 Hannover, PF 920261, 30441 Hannover, T: (0511) 92962375, dorothee.weinlich@hs-hannover.de

**Weinmann,** Hermann; Dipl.-Kfm., Dr. rer. pol., Prof.; *Versicherungsbetriebslehre*; di: FH Ludwigshafen, FB III Internationale Dienstleistungen, Ernst-Boehe-Str. 4, 67059 Ludwigshafen/Rhein, T: (0621) 5203125, weinmann@fh-lu.de

**Weinreich,** Ilona; Dr., Prof.; *Mathematik, Informatik*; di: H Koblenz, FB Mathematik u. Technik, RheinAhrCampus, Joseph-Rovan-Allee 2, 53424 Remagen, T: (02642) 932217, weinreich@rheinahrcampus.de

**Weiper-Idelmann,** Andreas; Dr. rer. nat., Prof.; *Organische Elektrochemie*; di: FH Münster, FB Chemieingenieurwesen, Stegerwaldstr. 39, 48565 Steinfurt, T: (02551) 962253, F: 962502, Weiper-Idelmann@fh-muenster.de

**Weis,** Peter; Dr. rer. oec., Prof., Dekan FB Allgemeinwissenschaften und Betriebswirtschaft; *Personalführung, International Human Ressources and Organization*; di: Hochsch. Kempten, Fak. Betriebswirtschaft, PF 1680, 87406 Kempten, T: (0831) 2523617, F: 2523162, Peter.Weis@fh-kempten.de

**Weis,** Rüdiger; Dr. rer. nat., Prof.; *Systemprogrammierung*; di: Beuth Hochsch. f. Technik, FB VI Informatik u. Medien, Luxemburger Str. 10, 13353 Berlin, T: (030) 45042317, rweis@beuth-hochschule.de

**Weis,** Udo; Dr. rer. nat., Prof.; *BWL, Projektmanagement*; di: Hochsch. Heidelberg, School of Engineering and Architecture, Bonhoefferstr. 11, 69123 Heidelberg, T: (06221) 881189, udo.weis@fh-heidelberg.de

**Weischedel,** Roland; Dr., Prof.; *Regelungstechnik*; di: Hochsch. Konstanz, Fak. Elektrotechnik u. Informationstechnik, Brauneggerstr. 55, 78462 Konstanz, PF 100543, 78405 Konstanz, T: (07531) 206266, F: 206400, weischedel@fh-konstanz.de

**Weischer,** Martin; Dipl.-Ing., Prof.; *Baumanagement*; di: FH Münster, FB Architektur, Leonardo-Campus 5, 48155 Münster, T: (0251) 8365091, team_weischer@fh-muenster.de

**Weise,** Volkmar; Dr.-Ing. habil., Prof.; *Strömungstechnik*; di: Hochsch. Zittau/ Görlitz, Fak. Maschinenwesen, PF 1455, 02754 Zittau, T: (03583) 611865, V.Weise@hs-zigr.de

**Weise,** Wolfgang; Dr. sc. techn., Prof.; *Werkstofftechnik*; di: Hochsch. Esslingen, Fak. Graduate School, Kanalstr. 33, 73728 Esslingen, T: (0711) 3973257; pr: Marktplatz 5, 73728 Esslingen, T: (0177) 5978205

**Weisemann,** Ulrike; Dipl.-Ing., Prof.; *Gebäudeplanung und Entwerfen von Hochbauten*; di: HTW Dresden, Fak. Bauingenieurwesen/Architektur, Friedrich-List-Platz 1, 01069 Dresden, T: (0351) 4623302, weisemann@htw-dresden.de

**Weisensee,** Manfred; Dr.-Ing., Prof.; *Kartographie, Geoinformation*; di: Jade Hochsch., FB Bauwesen u. Geoinformation, Ofener Str. 16-19, 26121 Oldenburg, T: (0441) 77083102, F: 77083170, weisensee@jade-hs.de; pr: Hermannstr. 40, 27798 Hude, T: (04408) 7846

**Weiser,** Hans-Peter; Dr.-Ing., Prof.; *Konstruktionslehre, Konstruktionssystematik, Fördertechnik*; di: Hochsch. Mannheim, Fak. Maschinenbau, Windeckstr. 110, 68163 Mannheim

**Weisgerber,** Albert; Dipl.-Ing., Prof.; *Maschinenbauliche Anwendungen der Informatik in Konstruktion und Entwicklung*; di: Jade Hochsch., FB Ingenieurwissenschaften, Friedrich-Paffrath-Str. 101, 26389 Wilhelmshaven, T: (04421) 9852624, albert.weisgerber@jade-hs.de

**Weislämle,** Valentin; Dr., Prof.; *BWL, Tourismus*; di: DHBW Lörrach, Hangstr. 46-50, 79539 Lörrach, T: (07621) 2071315, F: 2071319, weislaemle@dhbw-loerrach.de

**Weispfenning,** Felix; Dr. rer. pol., Prof.; *Vertriebsmanagement, Personalführung*; di: Hochsch. Coburg, Fak. Wirtschaft, Friedrich-Streib-Str. 2, 96450 Coburg, T: (09561) 317125, weispfenning@hs-coburg.de

**Weiß,** Andreas; Dr.-Ing., Prof.; *Strömungsmechanik, Thermische Maschinen, Verbrennungsmotoren*; di: Hochsch. Amberg-Weiden, FB Maschinenbau u. Umwelttechnik, Kaiser-Wilhelm-Ring 23, 92224 Amberg, T: (09621) 482204, F: 482145, an.weiss@fh-amberg-weiden.de

**Weiß,** Bernd; Dr. rer. pol., Prof.; *Allgemeine Betriebswirtschaftslehre sowie Finanzwirtschaft u. Controlling*; di: Hochsch. Bochum, FB Wirtschaft, Lennershofstr. 140, 44801 Bochum, T: (0234) 3210645, bernd.weiss@hs-bochum.de; pr: Treibweg 23, 45277 Essen

**Weiß,** Bettina; Dr. rer. nat., Prof.; *Zellbiologie und Pharmazeutische Biotechnologie*; di: Hochsch. Esslingen, Fak. Versorgungstechnik u. Umwelttechnik, Kanalstr. 33, 73728 Esslingen, T: (0711) 3973553; pr: Kichentellinsfurter Str. 41, 72127 Kusterdingen

**Weiß,** Dieter; Dr.-Ing., Prof.; *Industriebetriebslehre/Arbeitsvorbereitung/CAM*; di: FH Schmalkalden, Fak. Maschinenbau, Blechhammer, 98574 Schmalkalden, PF 100452, 98564 Schmalkalden, T: (03683) 6882115, weiss@maschinenbau.fh-schmalkalden.de

**Weiß,** Gisela; Dr., Prof.; *Museologie, Museumspädagogik*; di: HTWK Leipzig, FB Medien, PF 301166, 04251 Leipzig, T: (0341) 30765422, weiss@fbm.htwk-leipzig.de

**Weiss,** Hans-Rüdiger; Dr., Prof.; *Elektrotechnik*; di: DHBW Stuttgart, Fak. Technik, Elektrotechnik, Jägerstraße 58, 70174 Stuttgart, T: (0711) 1849613, weiss@dhbw-stuttgart.de

**Weiß,** Matthias; Dr.-Ing., Prof. FH Hannover; *Verpackungstechnologie, Abfülltechnologie und -logistik*; di: Hochsch. Hannover, Fak. II Maschinenbau u. Bioverfahrenstechnik, Ricklinger Stadtweg 120, 30459 Hannover, T: (0511) 92962226, matthias.weiss@hs-hannover.de

**Weiß,** Maximilian Franz; Dr. rer. nat., Prof.; *Informatik, Mathematik*; di: Hochsch. Augsburg, Fak. f. Allgemeinwissenschaften, An der Hochschule 1, 86161 Augsburg, T: (0821) 55863305, F: 55863310, max.weiss@hs-augsburg.de

**Weiß,** Peter; Dipl.-Ing., Prof.; *Massivbau, Stahlbau, Holzbau, Statik*; di: Beuth Hochsch. f. Technik, FB III Bauingenieur- u. Geoinformationswesen, Luxemburger Str. 10, 13353 Berlin, T: (030) 45042019, weiss@beuth-hochschule.de

**Weiß,** Regina; Dr., Prof.; *Staats- und Verfassungsrecht*; di: Hochsch. f. Öffentl. Verwaltung Bremen, Doventorscontrescarpe 172, 28195 Bremen, T: (0421) 3615165, Regina.Weiss@hfoev.bremen.de

**Weiß,** Robert; Dr.-Ing., Prof.; *Technische Mechanik, Festigkeitslehre*; di: Hochsch. München, Fak. Maschinenbau, Fahrzeugtechnik, Flugzeugtechnik, Dachauer Str. 98b, 80335 München, T: (089) 12651225, F: 12651392, robert.weiss@fhm.edu

**Weiß,** Thomas; Dr.-Ing., Prof.; *Verfahrenstechnik*; di: HTW Dresden, Fak. Maschinenbau / Verfahrenstechnik, Friedrich-List-Platz 1, 01069 Dresden, T: (0351) 4623175, weisst@mw.htw-dresden.de

**Weiß,** Ursula; Dr. rer.nat., Prof.; *Mathematik, Datenverarbeitung, Programmieren*; di: Hochsch. Ulm, Fak.Grundlagen, Prittwitzstraße 10, 89075 Ulm, PF 3860, 89028 Ulm, T: (0731) 50, @hs-ulm.de

**Weiß,** Viola; Dr. rer. nat., Prof.; *Mathematik*; di: FH Jena, FB Grundlagenwiss., Carl-Zeiss-Promenade 2, 07745 Jena, PF 100314, 07703 Jena, T: (03641) 205500, F: 205501, gw@fh-jena.de

**Weiss,** Wolf-Dieter; Dipl.-Ing., Prof.; *Entwerfen v. Schiffen, Schiffshydrostatik, Spezialschiffbau, Schiffbausammlung*; di: Hochsch. Bremen, Fak. Natur u. Technik, Neustadtswall 30, 28199 Bremen, T: (0421) 59052711, F: 59052710, Wolf-Dieter.Weiss@hs-bremen.de

**Weißbach,** Hans-Jürgen; Dr., Prof.; *Technikbewertung und Innovationsmanagement*; di: FH Frankfurt, FB 3 Wirtschaft u. Recht, Nibelungenplatz 1, 60318 Frankfurt am Main, T: (069) 15332719, weissbac@fb3.fh-frankfurt.de

**Weißbach,** Rüdiger; Dr., Prof.; *Wirtschaftsinformatik*; di: HAW Hamburg, Fak. Wirtschaft u. Soziales, Berliner Tor 5, 20099 Hamburg, T: (040) 428756918, ruediger.weissbach@haw-hamburg.de

**Weißenbach,** Andreas; Dr., Prof.; *Maschinenbau, Konstruktion und Entwicklung*; di: DHBW Mosbach, Lohrtalweg 10, 74821 Mosbach, T: (06261) 939266, weissenbach@dhbw-mosbach.de

**Weißermel,** Volkher; Dr., Prof.; *Fahrzeugantriebe*; di: HAW Hamburg, Fak. Technik u. Informatik, Berliner Tor 9, 20099 Hamburg, T: (040) 428757955, volkher.weissermel@haw-hamburg.de; pr: T: (04131) 129547

**Weissgerber,** Monika; Dr. phil., Prof.; *Technische Dokumentation, Mediengestaltung, Publishing*; di: Hochsch. Aalen, Fak. Optik u. Mechatronik, Beethovenstr. 1, 73430 Aalen, T: (07361) 5763219, Monika.Weissgerber@htw-aalen.de

**Weißhaar,** Maria-Paz; Dr., Prof.; *Mikrobiologie, Biochemie, Gentechnik*; di: Hochsch. Bonn-Rhein-Sieg, FB Angewandte Naturwissenschaften, von-Liebig-Str. 20, 53359 Rheinbach, T: (02241) 865519, F: 8658519, maria-paz.weisshaar@fh-bonn-rhein-sieg.de

**Weißhaupt,** Michael; Dr., Prof.; *Personal, Organsiation, Betriebswirtschaftslehre*; di: Hochsch. d. Medien, Fak. Electronic Media, Nobelstr. 10, 70569 Stuttgart, T: (0711) 89232282, weisshaupt@hdm-stuttgart.de

**Weissman,** Arnold; Dipl.-Kfm., Dr. rer. pol., Prof.; *Marketing, Medienmanagement*; di: Hochsch. Regensburg, Fak. Betriebswirtschaft, PF 120327, 93025 Regensburg, T: (0941) 9431389, arnold.weissman@bwl.fh-regensburg.de

**Weissman,** Susanne; Dipl.-Psych., Dr. phil., Prof.; *Psychologie*; di: Georg-Simon-Ohm-Hochsch. Nürnberg, Fak. Sozialwiss., Bahnhofstr. 87, 90402 Nürnberg, PF 210320, 90121 Nürnberg

**Weißmantel,** Ralf; Prof.; *Grafik-Design, Schwerpunkt Corporate Design, Informationsdesign*; di: FH Aachen, FB Design, Boxgraben 100, 52064 Aachen, T: (0241) 600951505, weissmantel@fh-aachen.de

**Weißmantel,** Steffen; Dr. rer. nat., Prof.; *Physik, Physikalische Technologien*; di: Hochsch. Mittweida, Fak. Mathematik / Naturwiss. / Informatik, Technikumplatz 17, 09648 Mittweida, T: (03727) 581449, steffen@htwm.de

**Weisweiler,** Hardy; Dr.-Ing., Prof.; *Leichtbau / FEM, Strömungslehre, Konstruktionslehre*; di: Techn. Hochsch. Mittelhessen, Wilhelm-Leuschner-Str. 13, 61169 Friedberg, T: (06031) 604335, hardy.weisweiler@mgw.fh-friedberg.de

**Weith,** Jürgen; Prof.; *Nachrichtentechnik, Mikroelektronik und technische Elektrizitätslehre*; di: Hochsch. f. angew. Wiss. Würzburg Schweinfurt, Fak. Elektrotechnik, Ignaz-Schön-Str. 11, 97421 Schweinfurt

**Weithöner,** Uwe; Dipl.-Ök., Dr. rer. pol., Prof.; *Wirtschaftsinformatik mit Schwerpunkt Tourismuswirtschaft*; di: Jade Hochsch., FB Wirtschaft, Friedrich-Paffrath-Str. 101, 26389 Wilhelmshaven, T: (04421) 9852200, F: 9852596, weithoener@jade-hs.de

**Weitkämper,** Jürgen; Dr.rer.nat., Prof.; *Bauinformatik*; di: Jade Hochsch., FB Bauwesen u. Geoinformation, Ofener Str. 16-19, 26121 Oldenburg, T: (0441) 77083192, weitkaemper@jade-hs.de; pr: Pfänderweg 97, 26123 Oldenburg, T: (0441) 3845339

**Weitkemper,** Uwe; Dr.-Ing., Prof.; *Konstruktiver Ingenieurbau*; di: FH Bielefeld, FB Architektur u. Bauingenieurwesen, Artilleriestr. 9, 32427 Minden, T: (0571) 8385113, F: 8385221, uwe.weitkemper@fh-bielefeld.de

**Weitz,** Edmund; Dr., Prof.; *Mathematik und Informatik*; di: HAW Hamburg, Fak. Design, Medien u. Information, Finkenau 35, 22081 Hamburg, T: (040) 428757636, Edmund.Weitz@haw-hamburg.de

**Weitz,** Peter; Dr., Prof.; *Projekt- u. Kostenmanagement*; di: HAW Ingolstadt, Fak. Maschinenbau, Esplanade 10, 85049 Ingolstadt, T: (0841) 9348396, Peter.Weitz@haw-ingolstadt.de

**Weitz,** Wolfgang; Dr., Prof.; *Programmiersprachen, Programmiermethodik*; di: Hochsch. Rhein / Main, FB Design Informatik Medien, Unter den Eichen 5, 65195 Wiesbaden, T: (0611) 94951255, wolfgang.weitz@hs-rm.de

**Weitzel,** Otto; Dr.-Ing., Prof.; *Computer Aided Engineering, Datenverarbeitung, Fernsehtechnik*; di: Techn. Hochsch. Mittelhessen, FB 11 Informationstechnik, Elektrotechnik, Mechatronik, Wilhelm-Leuschner-Str. 13, 61169 Friedberg, T: (06031) 604236

**Weitzel-Polzer,** Esther; Dr., Prof.; *Verwaltung, Organisation, Management und Betrieb sozialer Dienste*; di: FH Erfurt, FB Sozialwesen, Altonaer Str. 25, 99084 Erfurt, PF 101363, 99013 Erfurt, T: (0361) 6700542, F: 6700533, weitzel@fh-erfurt.de

**Weizenecker,** Jürgen; Dr. rer. nat., Prof.; *Mathematik, Medizintechnik, Physik*; di: Hochsch. Karlsruhe, Fak. Elektro- u. Informationstechnik, Moltkestr. 30, 76133 Karlsruhe, PF 2440, 76012 Karlsruhe, T: (0721) 9251518, juergen.weizenecker@hs-karlsruhe.de

**Weizenegger,** Hermann; Prof.; *Produkt- und Systemdesign*; di: FH Potsdam, FB Design, Pappelallee 8-9, Haus 5, 14469 Potsdam, T: (0331) 5801440

**Welford,** Laurence; Dr., Prof.; *Marketing, Healthcare*; di: Hochsch. Heidelberg, Fak. f. Therapiewiss., Ludwig-Guttmann-Str. 6, 69123 Heidelberg, T: (06221) 881448, laurence.welford@fh-heidelberg.de

**Welker,** Carl B.; Dr., Prof.; *International Management*; di: Int. Hochsch. Bad Honnef, Mülheimer Str. 38, 53604 Bad Honnef, T: (02224) 9605119, c.welker@fh-bad-honnef.de

**Welker,** Klaus-Dieter; Dr.-Ing., Prof.; *Mechatronik*; di: DHBW Stuttgart, Campus Horb, Florianstr. 15, 72160 Horb am Neckar, T: (07451) 521161, F: 521111, kd.welker@hb.dhbw-stuttgart.de

**Welker,** Martin; Dr., Prof.; *Journalistik*; di: Macromedia Hochsch. f. Medien u. Kommunikation, Gollierstr. 4, 80339 München

**Welker,** Thomas; Dr. rer. nat., Prof.; *Werkstoffkunde, elektronische Bauelemente*; di: FH Köln, Fak. f. Informations-, Medien- u. Elektrotechnik, Betzdorfer Str. 2, 50679 Köln, T: (0221) 82752279, thomas.welker@fh-koeln.de; pr: Offermannstr. 29d, 52159 Roetgen, T: (02471) 3581

**Welland,** Ulrich; Dr. rer. pol., Prof.; *Betriebswirtschaftslehre, Finanzierung u. Investition*; di: FH Flensburg, FB Wirtschaft, Kanzleistr. 91-93, 24943 Flensburg, T: (0461) 8051522, welland@wi.fh-flensburg.de; pr: Inselblick 1, 24944 Flensburg, T: (0461) 32106

**Wellejus,** Lars D.; Dr., Prof.; *BWL*; di: FH Frankfurt, FB 3 Wirtschaft u. Recht, Nibelungenplatz 1, 60318 Frankfurt am Main, T: (069) 15332781

**Weller,** Birgit; Prof.; *Produktdesign, Industrial Design, Entwurf / Darstellungstechniken*; di: Hochsch. Hannover, Fak. III Medien, Information u. Design, Kurt-Schwitters-Forum, Expo Plaza 2, 30539 Hannover, T: (0511) 92962369, birgit.weller@hs-hannover.de; pr: Heinrich-Mann-Str. 14, 13156 Berlin, T: (030) 2815862

**Weller,** Hans; HonProf.; di: Hochsch. f. Technik, Fak. Bauingenieurwesen, Schellingstr. 24, 70174 Stuttgart, PF 101452, 70013 Stuttgart

**Weller,** Konrad; Dr., Prof.; *Entwicklungspsychologie*; di: Hochsch.Merseburg, FB Soziale Arbeit, Medien, Kultur, Geusaer Str., 06217 Merseburg, T: (03461) 462246, F: 462205, konrad.weller@hs-merseburg.de

**Wellisch,** Ulrich; Dr., Prof.; *Mathematik, Stochastik, Statistik*; di: Hochsch. Rosenheim, Hochschulstr. 1, 83024 Rosenheim, T: (08031) 805425, F: 805402, ulrich.wellisch@fh-rosenheim.de

**Wellner,** Kai; Dr., Prof.; *International Management, Strategisches Management, Marketing*; di: Georg-Simon-Ohm-Hochsch. Nürnberg, Fak. Betriebswirtschaft, Bahnhofsstr. 87, 90402 Nürnberg, T: (0911) 58802837, F: 58806720, Kai-Uwe.Wellner@ohm-hochschule.de

**Wellnitz,** Jörg; Dr.-Ing., Prof.; *Konzeptioneller Leichtbau, Konstruktion, CAE*; di: HAW Ingolstadt, Fak. Maschinenbau, Esplanade 10, 85049 Ingolstadt, T: (0841) 9348221, joerg.wellnitz@haw-ingolstadt.de

**Welp,** Hubert; Dr. rer. nat., Prof.; *Angewandte Informatik*; di: TFH Georg Agricola Bochum, WB Elektro- u. Informationstechnik, Herner Str. 45, 44787 Bochum, T: (0234) 9683306, F: 9683346, welp@tfh-bochum.de; pr: Am Hülsenbusch 43, 44789 Bochum, T: (0234) 3600258

**Welp,** Martin; Dr., Prof.; *Socioeconomics and Communication*; di: Hochsch. f. nachhaltige Entwicklung, FB Wald u. Umwelt, Alfred-Möller-Str. 1, 16225 Eberswalde, T: (03334) 657172, F: 657162, Martin.Welp@hnee.de

**Welsch,** Andreas; Dr.-Ing., Prof.; *Hochspannungstechnik, Elektrische Anlagen*; di: Hochsch. Regensburg, Fak. Elektro- u. Informationstechnik, PF 120327, 93025 Regensburg, T: (0941) 9431121, andreas.welsch@e-technik.fh-regensburg.de

**Welte,** Gerhard; Dr. rer. pol., Prof.; *Rechnungswesen und Controlling*; di: FH Neu-Ulm, Wileystr. 1, 89231 Neu-Ulm, T: (0731) 97621427, gerhard.welte@fh-neu-ulm.de

**Welte,** Hans-Peter; Dr., Prof.; *Politikwissenschaft, Politische Bildung, Methodik des Wissenschaftlichen Arbeitens*; di: Hochsch. f. Polizei Villingen-Schwenningen, Sturmbühlstr. 250, 78054 Villingen-Schwenningen, T: (07720) 309534, Hans-PeterWelte@fhpol-vs.de

**Welter,** Günter; Dr., Prof.; *Wirtschaftsinformatik*; di: DHBW Mannheim, Fak. Wirtschaft, Coblitzallee 1-9, 68163 Mannheim, T: (0621) 41051126, F: 41051249, guenter.welter@dhbw-mannheim.de

**Weltzien,** Dörte; Dr., Prof.; *Pädagogik der Kindheit*; di: Ev. Hochsch. Freiburg, Bugginger Str. 38, 79114 Freiburg i.Br., T: (0761) 47812635, weltzien@eh-freiburg.de

**Wenck,** Florian; Dr.-Ing., Prof.; *Automatisierungstechnik*; di: HAW Hamburg, Fak. Technik u. Informatik, Berliner Tor 7, 20099 Hamburg, T: (040) 428758126, florian.wenck@haw-hamburg.de

**Wend,** Werner; Dr., Prof.; *Technische Textilien, Verbundwerkstoffe, Organische Chemie, Textilchemie, Qualitätsmanagement, Textildruck*; di: Hochsch. Hof, Fak. Ingenieurwiss., Alfons-Goppel-Platz 1, 95028 Hof, T: (09281) 409849, F: 40955849, Werner.Wend@fh-hof.de

**Wenda,** Richard; Dr. rer. nat., Prof.; *Technologie der Bindebaustoffe, Heterogene Gleichgewichte, EDV, Chemiepraktikum, werkstofftechnisches Praktikum*; di: Georg-Simon-Ohm-Hochsch. Nürnberg, Fak. Werkstofftechnik, Wassertorstr. 10, 90489 Nürnberg, PF 210320, 90121 Nürnberg, T: (0911) 58801247

**Wende,** Ovis; Prof.; *Objekt- und Raumdesign*; di: FH Dortmund, FB Design, Max-Ophüls-Platz 2, 44139 Dortmund, T: (0231) 9112432, ovis.wende@fh-dortmund.de

**Wendehals,** Marion; Dr., Prof.; *BWL, insbesondere Controlling und Rechnungswesen*; di: Hochsch. Osnabrück, Fak. Wirtschafts- u. Sozialwiss., Caprivistr. 30A, 49076 Osnabrück, PF 1940, 49009 Osnabrück, wendehals@wi.hs-osnabrueck.de

**Wendel,** Claudia; Dr., Prof.; *Klinische Neuropsychologie*; di: Hochsch. Magdeburg-Stendal, FB Angew. Humanwiss., Osterburger Str. 25, 39576 Stendal, T: (03931) 21874817, claudia.wendel@hs-magdeburg.de

**Wendel,** Ralf; Dr., Prof.; *Hochfrequenz- und Mikrowellentechnik, Kommunikationstechnik*; di: HAW Hamburg, Fak. Technik u. Informatik, Berliner Tor 7, 20099 Hamburg, ralf.wendel@haw-hamburg.de

**Wendelin,** Holger; Dr., Prof.; *Erziehungswissenschaft, Schwerpunkt Sozialpädagogik*; di: Ev. FH Rhld.-Westf.-Lippe, FB Soziale Arbeit, Bildung u. Diakonie, Immanuel-Kant-Str. 18-20, 44803 Bochum, T: (0234) 36901180, wendelin@efh-bochum.de

**Wender,** Bernd; Dr.-Ing., Prof.; *Technische Mechanik, Konstruktionslehre*; di: Hochsch. Ulm, Fak. Maschinenbau u. Fahrzeugtechnik, PF 3860, 89028 Ulm, T: (0731) 5028116, wender@hs-ulm.de

**Wendholt,** Birgit; Dr., Prof.; *Informatik*; di: HAW Hamburg, Fak. Technik u. Informatik, Berliner Tor 7, 20099 Hamburg, T: (040) 428758060, wendholt@informatik.haw-hamburg.de

**Wendiggensen,** Jochen; Dr.-Ing., Prof. FH Flensburg; *Energieautomation, Regelungstechnik, Automation und Leittechnik auf Schiffen, Prozessleittechnik, Bussysteme*; di: FH Flensburg, FB Energie u. Biotechnologie, Kanzleistr. 91-93, 24943 Flensburg, T: (0461) 8051390, jochen.wendiggensen@fh-flensburg.de; pr: Ochsenweg-Ost 9, 24941 Jarplund-Weding, T: (04630) 1522

**Wendl,** Franz; Dr.-Ing., Prof.; *Werkstoffkunde*; di: FH Südwestfalen, FB Maschinenbau, Frauenstuhlweg 31, 58644 Iserlohn, T: (02371) 566275, F: 566251, wendl@fh-swf.de

**Wendland,** Dietrich; Prof.; *Rhetorik, Sozialpsychologisches Gruppentraining, Umsatzsteuer, Privatrecht*; di: H f. öffentl. Verwaltung u. Finanzen Ludwigsburg, Fak. Steuer- u. Wirtschaftsrecht, Reuteallee 36, 71634 Ludwigsburg, T: (07141) 140463, F: 140499, wendland@rz.fhov-ludwigsburg.de

**Wendland,** Jens; Dipl.-Ing., Vertr.Prof.; *Möbelentwurf, -konstruktion, -stilkunde, Entwerfen*; di: FH Kaiserslautern, FB Bauen u. Gestalten, Schoenstr. 6, 67659 Kaiserslautern, T: (0631) 3724608, F: 3724666, jens.wendland@fh-kl.de

**Wendland,** Karsten; Dr., Prof.; *Medienwissenschaft, Informationsmanagement, Medientechnik, Strukturiertes Programmieren*; di: Hochsch. Aalen, Fak. Optik u. Mechatronik, Beethovenstr. 1, 73430 Aalen, T: (07361) 5763306, karsten.wendland@htw-aalen.de; pr: www.schiessle.de

**Wendler,** Klaus; Dr. rer. nat., Prof.; *Wirtschaftsinformatik*; di: Hochsch. Zittau/Görlitz, Fak. Wirtschafts- u. Sprachwiss., Theodor-Körner-Allee 16, 02763 Zittau, T: (03583) 611878, K.Wendler@hs-zigr.de

**Wendler,** Michael; Dr. phil., Prof.; *Bewegungspädagogik, Heilpädagogik*; di: Ev. FH Rhld.-Westf.-Lippe, FB Heilpädagogik u. Pflege, Immanuel-Kant-Str. 18-20, 44803 Bochum, T: (0234) 36901201, wendler@efh-bochum.de

**Wendler,** Wolf-Michael; Dr. rer. nat., Prof.; *Mathematik, Physik*; di: Ostfalia Hochsch., Fak. Fahrzeugtechnik, Robert-Koch-Platz 8A, 38440 Wolfsburg

**Wendling,** Eckhard; Dipl.-Komm.wirt, Prof.; *Medienwirtschaft, Medienmanagement, Produktionswirtschaft, Kalkulation audiovisueller Medien, AV-Projekte*; di: Hochsch. d. Medien, Fak. Electronic Media, Nobelstr. 10, 70569 Stuttgart, T: (0711) 89232274

**Wendorff,** Jörg; Dr. phil., Prof.; *Soziale Arbeit*; di: Hochsch. Ravensburg-Weingarten, Doggenriedstr., 88250 Weingarten, PF 1261, 88241 Weingarten, T: (0751) 5019462, joerg.wendorff@hs-weingarten.de

**Wendt,** Günter; Dr., Prof.; *Sozialwissenschaft*; di: Hochsch. Magdeburg-Stendal, FB Sozial- u. Gesundheitswesen, Breitscheidstr. 2, 39114 Magdeburg, T: (0391) 8864326, guenter.wendt@hs-magdeburg.de

**Wendt,** Michael; Dr. rer. nat. habil., HonProf.; *Elektronenmikroskopie, Physikalische Festkörperanalytik*; di: FH Jena, FB SciTec, Carl-Zeiss-Promenade 2, 07745 Jena, PF 100314, 07703 Jena, ft@fh-jena.de

**Wendt,** Volker; Dr., Prof.; *Fahrzeugtechnik, Messtechnik, Elektronik mit Labor*; di: HAW Hamburg, Fak. Technik u. Informatik, Berliner Tor 9, 20099 Hamburg, T: (040) 428758001, volker.wendt@haw-hamburg.de

**Wendt,** Wolfgang; Dr.-Ing., Prof.; *Regelungstechnik, Steuerungstechnik, Elektronik*; di: Hochsch. Esslingen, Fak. Maschinenbau, Kanalstr. 33, 73728 Esslingen, T: (0711) 3973250; pr: Im Burrach 15, 73340 Amstetten, T: (07336) 951500

**Wendtland,** Carsten; Dr., Prof.; *Soziale Sicherung, Arbeitsförderung, Schwerbehindertenrecht und Soziale Entschädigung*; di: Hess. Hochsch. f. Polizei u. Verwaltung, Schönbergstr. 100, 65199 Wiesbaden, T: (06108) 603515, carsten.wendtland@hfpv-hessen.de

**Wenge,** Jürgen; Dr.-Ing., Prof.; *Elektrische Anlagen*; di: HTWK Leipzig, FB Elektrotechnik u. Informationstechnik, PF 301166, 04251 Leipzig, T: (0341) 30761193, wenge@fbeit.htwk-leipzig.de

**Wengel,** Torsten; Dr., Prof.; *Externes Rechnungswesen u. Besteuerung*; di: H Koblenz, FB Wirtschafts- u. Sozialwissenschaften, RheinAhrCampus, Joseph-Rovan-Allee 2, 53424 Remagen, T: (02642) 932227, wengel@rheinahrcampus.de

**Wengelowski,** Peter; Dr. rer. pol., Prof.; *Unternehmenssteuerung, Projektmanagement*; di: Jade Hochsch., FB Bauwesen u. Geoinformation, Ofener Str. 16-19, 26121 Oldenburg, T: (0441) 77083248, peter.wengelowski@jade-hs.de

**Wenger,** Wolf; Dr. rer. oec., Prof.; *BWL, Wirtschaftsinformatik*; di: DHBW Stuttgart, Fak. Wirtschaft, Wirtschaftsinformatik, Rotebühlplatz 41, 70178 Stuttgart, T: (0711) 66734521, wenger@dhbw-stuttgart.de

**Wengerek,** Thomas; Dr. rer. nat., Prof.; *Wirtschaftsinformatik, insb. Medienwirtschaft*; di: FH Stralsund, FB Wirtschaft, Zur Schwedenschanze 15, 18435 Stralsund, T: (03831) 456931

**Wengert,** Holger; Dr. rer. oec., Prof.; *BWL, Finanzdienstleistungen*; di: DHBW Stuttgart, Fak. Wirtschaft, BWL-Finanzdienstleistungen, Herdweg 18, 70174 Stuttgart, T: (0711) 1849772, wengert@dhbw-stuttgart.de

**Wengler,** Katja; Dr., Prof.; *Wirtschaftsinformatik*; di: DHBW Karlsruhe, Fak. Wirtschaft, Erzbergerstr. 126, 76138 Karlsruhe, T: (0721) 9735909, wengler@no-spam.dhbw-karlsruhe.de

**Wengler,** Stefan; Dr., Prof.; *Marketing*; di: Hochsch. Hof, Fak. Wirtschaft, Alfons-Goppel-Platz 1, 95028 Hof, T: (09281) 4094320, Stefan.Wengler@hof-university.de

**Wenglorz,** Georg; Dr., Prof.; *Gesellschaftsrecht sowie Wettbewerbs- und Kartellrecht*; di: Hochsch. Trier, Umwelt-Campus Birkenfeld, FB Umweltwirtschaft/Umweltrecht, PF 1380, 55761 Birkenfeld, T: (06782) 171251, g.wenglorz@umwelt-campus.de

**Wenisch,** Thomas; Dr., Prof.; *Mathematik*; di: FH Frankfurt, FB 2 Informatik u. Ingenieurwiss., Nibelungenplatz 1, 60318 Frankfurt am Main, T: (069) 15332293

**Wenk,** Hans-Dieter; Dr.-Ing., Prof.; *Ingenieurwesen, insbesondere Fertigungstechnik*; di: FH Südwestfalen, FB Techn. Betriebswirtschaft, Haldener Str. 182, 58095 Hagen, T: (02331) 9872379, wenk@fh-swf.de

**Wenk,** Matthias; Dr.-Ing., Prof.; *Automatisierungstechnik und Robotik*; di: Hochsch. Amberg-Weiden, FB Maschinenbau u. Umwelttechnik, Kaiser-Wilhelm-Ring 23, 92224 Amberg, T: (09621) 482178, F: 482145, m.wenk@fh-amberg-weiden.de

**Wenk,** Reinhard; Dr., HonProf.; *Wirtschaftsprüfung u Betriebliche Steuerlehre*; di: HTW Dresden, Fak. Wirtschaftswissenschaften, Friedrich-List-Platz 1, 01069 Dresden

**Wenke,** Gerhard; Dr.-Ing., Prof.; *Optische Nachrichtentechnik*; di: Hochsch. Bremen, Fak. Elektrotechnik u. Informatik, Neustadtswall 30, 28199 Bremen, T: (0421) 59053497, F: 59053484, Gerhard.Wenke@hs-bremen.de

**Wenke,** Martin; Dr., Prof., Dekan FB Wirtschaftswiss.; *Ökonomie und Ökologie*; di: Hochsch. Niederrhein, FB Wirtschaftswiss., Webschulstr. 41-43, 41065 Mönchengladbach, T: (02161) 1866336, martin.wenke@hs-niederrhein.de

**Wenkebach,** Ullrich; Dr.-Ing., Prof.; *Grundlagen Elektrotechnik, Medizintechnik*; di: FH Lübeck, FB Angew. Naturwiss., Mönkhofer Weg 239, 23562 Lübeck, T: (0451) 3005501, F: 3005235, ullrich.wenkebach@fh-luebeck.de

**Wennmacher,** Guy; Dr., Prof.; di: DHBW Lörrach, Hangstr. 46-50, 79539 Lörrach, T: (07621) 2071418, F: 2071139, wennmacher@dhbw-loerrach.de

**Wense,** Wolf-Henning von der; Prof.; *Forstliche Betriebswirtschaft/Ökonomie, Privatwaldbewirtschaftung*; di: Hochsch. f. nachhaltige Entwicklung, FB Wald u. Umwelt, Alfred-Möller-Str. 1, 16225 Eberswalde, T: (03334) 657177, F: 657162, Wolf-Henning.vonderWense@hnee.de

**Wente,** Martina; Dr., Prof.; *BWL*; di: Ostfalia Hochsch., Fak. Recht, Salzdahlumer Str. 46/48, 38302 Wolfenbüttel, m.wente@ostfalia.de

**Wentzel,** Christoph; Dr. rer. pol., Prof. u. Präsident FH Darmstadt; *Betriebsinformatik, Künstliche Intelligenz*; di: Hochsch. Darmstadt, FB Informatik, Haardtring 100, 64295 Darmstadt, T: (06151) 168459, c.wentzel@fbi.h-da.de; pr: Pfaffenweg 13, 61440 Oberursel, T: (0177) 6784387

**Wentzel,** Dirk; Dr. rer. pol. habil., Prof.; *Ordnungstheorie u. Wirtschaftspolitik, europ. Integration, Medienökonomik, Geldtheorie*; di: Hochsch. Pforzheim, Fak. f. Wirtschaft u. Recht, Tiefenbronner Str. 65, 75175 Pforzheim, T: (07231) 286293, F: 286090, dirk.wentzel@hs-pforzheim.de; http://europa.hs-pforzheim.de; pr: Dörnigweg 13, 76275 Ettlingen, T: (07243) 719016, F: 719018; www.eurosummer.de

**Wentzel,** Werner; Dipl.-Ing., Prof.; *Gebäudeplanung und Entwerfen von Hochbauten*; di: HTW Dresden, Fak. Bauingenieurwesen/Architektur, Friedrich-List-Platz 1, 01069 Dresden, T: (0351) 4623451, wentzel@htw-dresden.de

**Wentzlaff,** Günter; Dr.-Ing., Prof.; *Haushaltstechnik und Werkstofflehre*; di: Hochsch. Niederrhein, FB Oecotrophologie, Rheydter Str. 232, 41065 Mönchengladbach, T: (02161) 1865407, Guenter.Wentzlaff@hs-niederrhein.de

**Wenz,** Jörg; Dr., Prof.; *Technomathematik*; di: Hochschule Hamm-Lippstadt, Marker Allee 76-78, 59063 Hamm, T: (02381) 8789808, joerg.wenz@hshl.de

**Wenzel,** Andree; Dr.-Ing., Prof.; *Elektrische Energieanlagen, Grundlagen der Elektrotechnik*; di: Hochsch. Hannover, Fak. I Elektro- u. Informationstechnik, Ricklinger Stadtweg 120, 30459 Hannover, PF 920261, 30441 Hannover, T: (0511) 92961283, andree.wenzel@hs-hannover.de

**Wenzel,** Dorothea; Prof.; *Betriebsorganisation/Arbeits- und Betriebsmittel, Dekanin*; di: HAW Hamburg, Fak. Design, Medien u. Information, Finkenau 35, 22081 Hamburg, T: (040) 428754635, dorothea.wenzel@haw-hamburg.de

**Wenzel,** Heiko; PhD, Prof.; *Altes Testament und Islamwissenschaft*; di: Freie Theolog. Hochsch., Rathenaustr. 5-7, 35394 Gießen, wenzel@fthgiessen.de

**Wenzel,** Mathias; Dr., Prof.; *Lebensmittelchemie*; di: Hochsch. Weihenstephan-Triesdorf, Fak. Landwirtschaft, Steingruberstr. 2, 91746 Weidenbach-Triesdorf, T: (09826) 654257, F: 6544010, mathias.wenzel@fh-weihenstephan.de

**Wenzel,** Paul; Dr., Prof.; *BWL, betriebliche Standartsoftware, Anwendung intergrierter Informationssysteme*; di: Hochsch. Konstanz, Fak. Informatik, Brauneggerstr. 55, 78462 Konstanz, PF 100543, 78405 Konstanz, T: (07531) 206506, F: 206559, wenzel@fh-konstanz.de

**Wenzel,** Ralf; Dr.-Ing., Prof.; *Programmiersprachen*; di: Hochsch. Emden/Leer, FB Technik, Constantiaplatz 4, 26723 Emden, T: (04921) 8071809, F: 8071843, wenzel@hs-emden-leer.de; pr: Ubbo-Emmius-Str. 7, 26529 Marienhafe, T: (04934) 4585

**Wenzel,** Tobias; Dipl.-Ing., Architekt, Prof.; *Gebäudelehre, Entwurf*; di: Westsächs. Hochsch. Zwickau, FB Architektur, Klinkhardtstr. 30, 08468 Reichenbach, tobias.wenzel@fh-zwickau.de

**Weppler,** Matthias; Dr. rer. pol., Prof.; *Allgemeine Betriebswirtschaftslehre, Rechnungswesen und Controlling*; di: HAWK Hildesheim/Holzminden/Göttingen, Fak. Management, Soziale Arbeit, Bauen, Haarmannplatz 3, 37603 Holzminden, T: (05531) 126241

**Werdan,** Ingrid; Dipl.-Kff. (Univ.), Dr. jur., Prof.; *Steuern, Wirtschaftsprivatrecht, Grundlagen des Rechnungswesens*; di: Hochsch. Kempten, Fak. Betriebswirtschaft, PF 1680, 87406 Kempten, T: (0831) 2523168, ingrid.werdan@fh-kempten.de

**Werdich,** Hans; Dr., Prof.; *ABWL, insb. Rechnungswesen*; di: FH Erfurt, FB Wirtschaftswiss., Steinplatz 2, 99085 Erfurt, PF 101363, 99013 Erfurt, T: (0361) 6700116, F: 6700152, werdich@fh-erfurt.de

**Werk,** Klaus; Dipl.-Ing., Prof.; *Umwelt- und Naturschutzrecht, Landschaftspflege und Naturschutz*; di: Hochsch. Geisenheim, Zentrum Landschaftsarchitektur u. urbaner Gartenbau, Von-Lade-Str. 1, 65366 Geisenheim, T: (06722) 502769, F: 502770, Klaus.Werk@hs-gm.de; pr: Asternweg 3, 65321 Heidenrod-Laufenselden, T: (06120) 7018, klaus.werk@t-online.de

**Werkle,** Horst; Dr.-Ing., Prof.; *Technische Mechanik, Baustatik, Bauinformatik*; di: Hochsch. Konstanz, Fak. Bauingenieurwesen, Brauneggerstr. 55, 78462 Konstanz, PF 100543, 78405 Konstanz, T: (07531) 206164, F: 206391, werkle@htwg-konstanz.de

**Werling,** Michael; Dr.-Ing., Prof.; *Baugeschichte und Entwerfen einschl. Stadtbaugeschichte*; di: FH Köln, Fak. f. Architektur, Betzdorfer Str. 2, 50679 Köln, michael.werling@fh-koeln.de; pr: Taubenstr. 24, 51427 Bergisch Gladbach

**Wermser,** Diederich; Dr.-Ing., Prof.; *Digitale Kommunikationssysteme, Digitale Bildverarbeitung*; di: Ostfalia Hochsch., Fak. Elektrotechnik, Salzdahlumer Str. 46/48, 38302 Wolfenbüttel, T: (05331) 9393115, d.wermser@ostfalia.de

**Wermuth,** Edgar; Dipl.-Math., Dr. rer. nat., Prof.; *Mathematik, Computeralgebra*; di: Georg-Simon-Ohm-Hochsch. Nürnberg, Fak. Allgemeinwiss., Keßlerplatz 12, 90489 Nürnberg, PF 210320, 90121 Nürnberg

**Wermuth,** Gisbert; Dr.-Ing., Prof.; *Elektrotechnik, Elektronik*; di: Hochsch. München, Fak. Maschinenbau, Fahrzeugtechnik, Flugzeugtechnik, Dachauer Str. 98b, 80335 München, T: (089) 12651488, F: 12651392, wermuth@fhm.edu

**Wern,** Harald; Dipl.-Phys., Dr. rer. nat., Prof.; *Elektrotechnik*; di: HTW d. Saarlandes, Fak. f. Ingenieurwiss., Goebenstr. 40, 66117 Saarbrücken, T: (0681) 5867218, wern@htw-saarland.de; pr: Lilienweg 6, 66564 Ottweiler, T: (06824) 91666

**Werner,** Burkhard; Dr. P.H., Prof.; *Organisation des Pflegedienstes im Gesundheitswesen*; di: Kath. Hochsch. Freiburg, Karlstr. 63, 79104 Freiburg, T: (0761) 200737, werner@kfh-freiburg.de; pr: Gundelfingerstr. 1, 79194 Heuweiler, T: (07666) 610881

**Werner,** Christian; Dipl. sc. pol. Univ., Dr. phil., Prof. FH Erding, Dekan der Fakultät für Sportmanagement; *Sportmanagement, Marketing u Sponsoring, Public u Political Management, Bildungsmanagement, Applied Personal u Social Skills*; di: FH f. angewandtes Management, Am Bahnhof 2, 85435 Erding, T: (08122) 9559480, christian.werner@myfham.de

**Werner,** Christian; Dr., Prof.; *Finanzwissenschaft*; di: DHBW Lörrach, Hangstr. 46-50, 79539 Lörrach, T: (07621) 2071296, F: 2071309, werner@dhbw-loerrach.de

**Werner,** Eberhard; Dr., Prof.; di: Dt. Hochschule f. Prävention u. Gesundheitsmanagement, Hermann Neuberger Sportschule, 66123 Saarbrücken

**Werner,** Eginhard; Dr., Prof.; *Betriebliche Steuerlehre, Unternehmensführung*; di: FH Bielefeld, FB Wirtschaft, Universitätsstr. 25, 33615 Bielefeld, T: (0521) 1063725, eginhard.werner@fh-bielefeld.de; pr: Schumannstr. 10, 33604 Bielefeld

**Werner,** Franz; Dr., Prof.; *Physik – Grundlagen der Technik, Maschinen- und Apparatekunde*; di: Hochsch. Weihenstephan-Triesdorf, Fak. Gartenbau u. Lebensmitteltechnologie, Am Staudengarten 10, 85350 Freising, T: (08161) 715623, F: 714417, franz.werner@fh-weihenstephan.de

**Werner,** Günter; Dr. rer. nat., Prof.; *Informatik, Algorithmen, Datenstrukturen*; di: Hochsch. Mittweida, Fak. Mathematik/Naturwiss./Informatik, Technikumplatz 17, 09648 Mittweida, T: (03727) 581335, F: 581303, gwerner@htwm.de

**Werner,** Hans; Dr.-Ing., Prof.; *Bauphysik*; di: Hochsch. München, Fak. Bauingenieurwesen, Karlstr. 6, 80333 München, T: (089) 12652677, F: 12652699, werner@bau.fhm.edu

**Werner,** Hans-Ulrich; Dr. phil., Prof.; *Audio-Video-Studiotechnik, Akustische Kommunikationswissenschaft*; di: Hochsch. Offenburg, Fak. Medien u. Informationswesen, Badstr. 24, 77652 Offenburg, T: (0781) 205233, Hans-Ulrich.Werner@fh-offenburg.de

**Werner,** Hartmut; Dr.-Ing., Prof.; *Holztechnik*; di: DHBW Mosbach, Neckarburkener Str. 2-4, 74821 Mosbach, T: (06261) 939472, F: 939544, werner@dhbw-mosbach.de

**Werner,** Hartmut; Dipl.-Kfm., Dr. rer. pol., Prof.; *Beschaffung/Produktion, Logistikmanagement und Unternehmensplanung (Controlling)*; di: Hochsch. Rhein/Main, Wiesbaden Business School, Bleichstr. 44, 65183 Wiesbaden, T: (0611) 94953151, hartmut.werner@hs-rm.de; pr: Liederbacher Weg 15a, 65719 Hofheim

**Werner,** Henning; Dr. med., Prof., Dekan FB Wirtschaft u. Technik; *Wirtschaftswissenschaften*; di: Hochsch. Heidelberg, Fak. f. Wirtschaft, Ludwig-Guttman-Str. 6, 69123 Heidelberg, T: (06221) 8813530, F: 881010, henning.werner@hochschule-heidelberg.de

**Werner,** Jan; Dr. rer.pol., Prof.; *Volkswirtschaftslehre*; di: Business and Information Technology School GmbH, Reiterweg 26 b, 58636 Iserlohn, T: (02371) 776520, F: 776503, jan.werner@bits-iserlohn.de

**Werner,** Joachim; Dr. rer. nat., Prof.; *Physik, Experimentalphysik*; di: Hochsch. Ulm, Fak. Mathematik, Natur- u. Wirtschaftswiss., PF 3860, 89028 Ulm, T: (0731) 5028136, werner@hs-ulm.de

**Werner,** Jürgen; StB, Prof.; *Steuern und Prüfungswesen*; di: DHBW Villingen-Schwenningen, Fak. Wirtschaft, Erzbergerstr. 17, 78054 Villingen-Schwenningen, T: (07720) 3906102, F: 3906119, werner@dhbw-vs.de

**Werner,** Klaus; Dr., Prof.; *Politikwissenschaften, Methoden wiss. Arbeitens, Vortrags- und Verhandlungstechniken*; di: Hess. Hochsch. f. Polizei u. Verwaltung, FB Polizei, Tilsiterstr. 13, 60327 Mühlheim, T: (06108) 603500

**Werner,** Manfred; Dr. rer. nat., Prof.; *Physik, Bauelemente u. Messtechnik, Thermodynamik*; di: Hochsch. Aalen, Fak. Elektronik u. Informatik, Beethovenstr. 1, 73430 Aalen, T: (07361) 5764306, Manfred.Werner@htw-aalen.de

**Werner,** Martin; Dr., Prof.; *Nachrichtentechnik*; di: Hochsch. Fulda, FB Elektrotechnik u. Informationstechnik, Marquardstr. 35, 36039 Fulda, T: (0661) 9640551, martin.werner@et.fh-fulda.de; pr: Adolf-Bolte-Str. 7, 36037 Fulda, T: (0661) 241136

**Werner,** Petra; Dr. phil., Prof.; *Journalistik*; di: FH Köln, Fak. f. Informations- u. Kommunikationswiss., Claudiusstr. 1, 50678 Köln, T: (0221) 82753373, petra.werner@fh-koeln.de

**Werner,** Tobias; Dr., Prof.; *Allgemeine u analytische Chemie*; di: Hochsch. Mannheim, Fak. Biotechnologie, Windeckstr. 110, 68163 Mannheim

**Werner,** Uwe; Dr., Prof.; *Praktische Informatik*; di: Hochsch. Fulda, FB Elektrotechnik u. Informationstechnik, Marquardstr. 35, 36039 Fulda, T: (0661) 96405850, uwe.werner@et.fh-fulda.de

**Werner,** Wilhelm; Dr. rer. nat. habil., Prof., Dekan Fak Informatik (IT); *Mathematik für Medizinische Informatik*; di: Hochsch. Heilbronn, FB Informatik, FB Technik u. Wirtschaft, Daimlerstr. 35, 74653 Künzelsau, T: (07131) 504395, werner@hs-heilbronn.de

**Werner,** Wolfgang; Dipl.-Kfm., Prof.; *Wirtschaftsinformatik mit d. Schwerpunkten Datenorganisation u. Anwendung von Optimierungsverfahren*; di: Hochsch. Bremen, Fak. Wirtschaftswiss., Werderstr. 73, 28199 Bremen, T: (0421) 59054107, wwerner@fbw.hs-bremen.de; pr: Schenkendorfstr. 71, 28211 Bremen, T: (0421) 223703

**Wernicke,** Jürgen; Dr.-Ing., Prof.; *Konstruktion*; di: Hochsch. Mittweida, Fak. Maschinenbau, Technikumplatz 17, 09648 Mittweida, T: (03727) 581266, F: 581640, wernicke@htwm.de

**Werninger,** Claus; Dr.-Ing., Prof.; *Verfahrenstechnik, Strömungsmechanik, CFD*; di: FH Flensburg, FB Maschinenbau, Verfahrenstechnik u. Maritime Technologien, Kanzleistr. 91-93, 24943 Flensburg, T: (0461) 8051651, claus.werninger@fh-flensburg.de; pr: Norderallee 21, 24939 Flensburg, T: (0461) 4807348

**Werntges,** Heinz; Dr., Prof.; *Angewandte Informatik*; di: Hochsch. Rhein/Main, FB Design Informatik Medien, Unter den Eichen 5, 65195 Wiesbaden, T: (0611) 94951205, heinz.werntges@hs-rm.de

**Wertgen,** Werner; Dr phil., Prof.; *Theologische Ethik (Moraltheologie/Sozialethik)*; di: Kath. Hochsch. NRW, Abt. Paderborn, FB Theologie, Leostr. 19, 33098 Paderborn, T: (05251) 122557, F: 12256151, w.wertgen@kfhnw.de; pr: Kilianstr. 52, 33098 Paderborn, T: (05251) 205962

**Werthebach,** Marion; Prof.; *Technisches Englisch, Französisch*; di: Hochsch. Bochum, FB Mechatronik u. Maschinenbau, Lennershofstr. 140, 44801 Bochum, T: (0234) 3210725, marion.werthebach@hs-bochum.de

**Werthebach,** Rainer; Dr. rer. nat., Prof.; *Embedded Networking, Betriebssysteme, verteilte Systeme, Programmieren in C*; di: Hochsch. Aalen, Fak. Elektronik u. Informatik, Beethovenstr. 1, 73430 Aalen, T: (07361) 5764347, Rainer.Werthebach@htw-aalen.de

**Wertz-Schönhagen,** Peter; Dr., Prof.; *Organisationsentwicklung*; di: Ev. H Ludwigsburg, FB Soziale Arbeit, Auf der Karlshöhe 2, 71638 Ludwigsburg, p.wertz@eh-ludwigsburg.de

**Wesche,** Heiner; Dr.-Ing., Prof.; *Landmaschinen, Versuchs- und Anwendungstechnik*; di: FH Köln, Fak. f. Anlagen, Energie- u. Maschinensysteme, Betzdorfer Str. 2, 50679 Köln, T: (0221) 82752393, heiner.wesche@fh-koeln.de; pr: Jenseitsstr. 59a, 50127 Bergheim

**Wesselak,** Viktor; Dr.-Ing., Prof.; *Energietechnik*; di: FH Nordhausen, FB Ingenieurwiss., Weinberghof 4, 99734 Nordhausen, T: (03631) 420456, wesselak@fh-nordhausen.de

**Weßelborg,** Hans-Hermann; Dr.-Ing., Prof.; *Verkehrswesen*; di: FH Münster, FB Bauingenieurwesen, Corrensstr. 25, 48149 Münster, T: (0251) 8365208, F: 8365276, wesselborg@fh-muenster.de

**Wesselmann,** Friedhelm; Dr., Prof.; *Lagerlogistik*; di: Hochsch. Bremerhaven, An der Karlstadt 8, 27568 Bremerhaven, T: (0471) 4823481, fwesselmann@hs-bremerhaven.de

**Wesselmann,** Stefanie; Dr., Prof.; *Betriebswirtschaftslehre der öffentlichen Verwaltung*; di: Hochsch. Osnabrück, Fak. Wirtschafts- u. Sozialwiss., Caprivistr. 30A, 49076 Osnabrück, PF 1940, 49009 Osnabrück, T: (0541) 9693298, s.wesselmann@hs-osnabrueck.de

**Weßels,** Doris; Dr., Prof.; *Wirtschaftsinformatik*; di: FH Kiel, FB Wirtschaft, Sokratesplatz 2, 24149 Kiel, T: (0431) 2103519, F: 21063519, doris.wessels@fh-kiel.de

**Weßels,** Thomas; Dr., Prof.; *Betriebswirtschaft, Finanzwesen*; di: Jade Hochsch., FB Bauwesen u. Geoinformation, Ofener Str. 16-19, 26121 Oldenburg, T: (0441) 77083393, F: 77083339, thomas.wessels@jade-hs.de; pr: Matthias-Erzberger-Str. 7a, 26133 Oldenburg, T: (0441) 4860895

**Wessig,** Kerstin; Dr. med., Prof.; *Medizinische Grundlagen der Pflegewissenschaft, Klinische Gerontologie*; di: Ev. Hochsch. Darmstadt, FB Sozialarbeit/Sozialpädagogik, Zweifalltorweg 12, 64293 Darmstadt, T: (06151) 879854, wessig@eh-darmstadt.de

**Wessinghage,** Thomas; Dr., Prof.; *Fitnesstraining, Studiengebiet Medizin / Trainingswissenschaften*; di: Dt. Hochschule f. Prävention u. Gesundheitsmanagement, Hermann Neuberger Sportschule, 66123 Saarbrücken

**Wessler,** Markus; Dr. rer. pol., Prof.; di: Hochsch. München, Fak. Betriebswirtschaft, Am Stadtpark 20 (Neubau), 81243 München, markus.wessler@hm.edu

**Wessling,** Ewald; Dr., Prof.; *Neue Kommunikationsformen, Online-PR, Forschung zum digitalen Wandel*; di: Hochsch. Hannover, Fak. III Medien, Information u. Design, Expo Plaza 12, 30539 Hannover, PF 920261, 30441 Hannover, T: (0511) 92962633, ewald.wessling@hs-hannover.de

**Weßling,** Matthias; Dr. rer. pol., Prof.; *Betriebswirtschaftslehre, insbes. Managementtraining*; di: FH Aachen, FB Wirtschaftswissenschaften, Eupener Str. 70, 52066 Aachen, T: (0241) 600951966, wessling@fh-aachen.de

**Westbombke,** Jörg; Dr., Prof.; *Werkzeuge für Multimedia und Internet*; di: Hochsch. d. Medien, Fak. Information u. Kommunikation, Wolframstr. 32, 70191 Stuttgart, T: (0711) 25706261

**Westenberger,** Hartmut; Dr. rer. nat., Prof.; *Informatik, insbes. betriebliche Anwendungssysteme*; di: FH Köln, Fak. f. Informatik u. Ingenieurwiss., Am Sandberg 1, 51643 Gummersbach, T: (02261) 8196285, westenberger@gm.fh-koeln.de; pr: Eichhardtstr. 39, 51674 Wiehl, T: (02262) 970137

**Westendarp,** Heiner; Dr. sc. agr. habil., Prof.; *Tierernährung*; di: Hochsch. Osnabrück, Fak. Agrarwiss. u. Landschaftsarchitektur, Oldenburger Landstr. 24, 49090 Osnabrück, PF 1940, 49009 Osnabrück, T: (0541) 9695296, h.westendarp@hs-osnabrueck.de

**Westendorp,** Hermanus; Prof.; *Kunsttherapie und Kunstpädagogik; Freie Bildende Kunst*; di: Hochsch. f. Künste im Sozialen, Am Wiestebruch 66-68, 28870 Ottersberg, hermanus.westendorp@hks-ottersberg.de; www.hermanus-westendorp.de

**Westenhöfer,** Joachim; Dr., Prof.; *Ernährungs- und Gesundheitspsychologie*; di: HAW Hamburg, Fak. Life Sciences, Lohbrügger Kirchstr. 65, 21033 Hamburg, T: (0700) 56937836; pr: T: (04151) 2517, F: 2517, joachim@westenhoefer.de; www.westenhoefer.de/

**Westenthanner,** Ulrich; Dr.-Ing., Prof.; di: Hochsch. München, Fak. Maschinenbau, Fahrzeugtechnik, Flugzeugtechnik, Dachauer Str. 98b, 80335 München, ulrich.westenthanner@hm.edu

**Westerbusch,** Ralf; Dr.-Ing., Prof.; *Produktionstechnik, produktionsorientierte Managementsysteme*; di: Hochsch. Osnabrück, Fak. MKT, Inst. f. duale Studiengänge, Kaiserstraße 10b, 49809 Lingen, T: (0591) 80098700, r.westerbusch@hs-osnabrueck.de

**Westerheide,** Jens; Dipl.-Kfm., Dr. rer. pol., Prof.; *Betriebswirtschaftslehre mit Schwerpunkt Handelsbetriebslehre*; di: Hochsch. Osnabrück, Fak. Agrarwiss. u. Landschaftsarchitektur, Oldenburger Landstr. 62, 49090 Osnabrück, T: (0541) 9695128, j.westerheide@hs-osnabrueck.de

**Westerhoff,** Brigitte; Dr. rer. nat., Prof.; *Informatik im Gesundheitswesen*; di: Ostfalia Hochsch., Fak. Gesundheitswesen, Wielandstr. 5 10, 38440 Wolfsburg, T: (05361) 831315, F: 83-1322

**Westerhoff,** Nikolas; Dr., Prof.; *Wirtschaftspsychologie*; di: Business School (FH), Große Weinmeisterstr. 43 a, 14469 Potsdam, nikolas.westerhoff@businessschool-potsdam.de

**Westerholz,** Arno; Dr.-Ing., Prof.; *Konstruktionslehre*; di: FH Bielefeld, FB Ingenieurwiss. u. Mathematik, Wilhelm-Bertelsmann-Str. 10, 33602 Bielefeld, T: (0521) 1067315, arno.westerholz@fh-bielefeld.de; pr: Marsstr. 14 a, 33739 Bielefeld, T: (05206) 8947

**Westerkamp,** Clemens; Dr.-Ing., Prof.; *Informatik, Software-Engineering, Programmierung*; di: Hochsch. Osnabrück, Fak. Ingenieurwiss. u. Informatik, Barbarastr. 16, 49076 Osnabrück, T: (0541) 9693649, F: 96913649, c.westerkamp@fhos.de

**Westermann,** Arne; Dr., Prof.; *Communication u. Marketing*; di: Int. School of Management, Otto-Hahn-Str. 19, 44227 Dortmund, T: (0231) 9751390, ism.dortmund@ism.de

**Westermann,** Georg; Dr., Prof.; *BWL, Schwerpunkt Öffentliche Wirtschaft*; di: Hochsch. Harz, FB Wirtschaftswiss., Friedrichstr. 57-59, 38855 Wernigerode, T: (03943) 659235, F: 659109, gwestermann@hs-harz.de; http://gwestermann.hs-harz.de

**Westermann,** Thomas; Dr. rer. nat., Prof.; *Mathematik, Simulation technischer Prozesse, Finite Elemente*; di: Hochsch. Karlsruhe, Fak. Elektro- u. Informationstechnik, Moltkestr. 30, 76133 Karlsruhe, PF 2440, 76012 Karlsruhe, T: (0721) 9251296, thomas.westermann@hs-karlsruhe.de

**Westermeier,** Eckhard; Dipl. Des., Prof.; *Zeitbasierte Medien, Digitales Bewegtbild / Multimedia*; di: HAWK Hildesheim / Holzminden / Göttingen, FB Gestaltung, Kaiserstr. 43-45, 31134 Hildesheim, T: (05121) 881323, F: 881366

**Westermeier,** Gudrun; Dr. rer. nat., Prof.; *Mathematik / Versicherungsmathematik*; di: Hochsch. Zittau / Görlitz, Fak. Mathematik / Naturwiss., Theodor-Körner-Allee 16, 02763 Zittau, PF 1455, 02754 Zittau, T: (03583) 611441, g.westermeier@hs-zigr.de

**Westhof,** Jürgen; Dr.-Ing., Prof.; *Produktentwicklung, Qualitätssicherung, Produktmanagement*; di: Hochsch. Bremen, Fak. Natur u. Technik, Neustadtswall 30, 28199 Bremen, T: (0421) 59053563, F: 59053505, Juergen.Westhof@hs-bremen.de

**Westhoff,** Dirk; Dr., Prof.; *Verteilte Systeme, Rechnernetze, IT-Sicherheit, Betriebssysteme*; di: HAW Hamburg, Fak. Technik u. Informatik, Berliner Tor 7, 20099 Hamburg, dirk.westhoff@haw-hamburg.de

**Wetenkamp,** Ludwig; Dr.-Ing., Prof.; *Impuls- und Höchstfrequenztechnik*; di: FH Stralsund, FB Elektrotechnik u. Informatik, Zur Schwedenschanze 15, 18435 Stralsund, T: (03831) 456641

**Weth,** Hans-Ulrich; Prof.; *Recht und Verwaltung, Politikwissenschaft*; di: Ev. H Ludwigsburg, FB Soziale Arbeit, Auf der Karlshöhe 2, 71638 Ludwigsburg, T: (07141) 9745228, u.weth@eh-ludwigsburg.de; pr: Rappenberghalde 5, 72070 Tübingen, T: (07071) 40690, huweth@web.de

**Weth,** Rüdiger von der; Dr. rer. nat. habil., Prof.; *Psychologie d. Planens u. Problemlösens, Psycholog. Aspekte d. Wissensmanagements*; di: HTW Dresden, Fak. Wirtschaftswissenschaften, Friedrich-List-Platz 1, 01069 Dresden, T: (0351) 4622454, weth@htw-dresden.de; pr: Lindenaustr. 9, 01445 Radebeul, T: (0351) 8384261

**Wetteborn,** Klaus; Dr.-Ing., Prof.; *Verfahrenstechnik, Werkstoffkunde, Konstruktion*; di: Hochsch. Bonn-Rhein-Sieg, FB Elektrotechnik, Maschinenbau und Technikjournalismus, Grantham-Allee 20, 53757 Sankt Augustin, T: (02241) 865354, F: 8658354, klaus.wetteborn@fn-bonn-rhein-sieg.de

**Wettengl,** Steffen; Dr. rer.pol., Prof.; *Betriebswirtschaftslehre, Marketing*; di: Hochsch. Ulm, Fak. Mathematik, Natur- u. Wirtschaftswiss., PF 3860, 89028 Ulm, T: (0731) 5028091, wettengl@hs-ulm.de

**Wetter,** Christof; Dr.-Ing., Prof.; *Abwassertechnik und Gewässerreinhaltung, Produktionsintegrierter Umweltschutz, Biogasnutzung, Bioethanol*; di: FH Münster, FB Energie, Gebäude, Umwelt, Stegerwaldstr. 39, 48565 Steinfurt, T: (0251) 962725, F: 962717, wetter@fh-muenster.de; pr: Von-Leibniz-Str. 37, 50374 Erftstadt, T: (0171) 9222933

**Wetter,** Oliver; Dr.-Ing., Prof.; *Elektrotechnik, Automatisierungstechnik, Mess-, Steuer- u. Regelungstechnik*; di: FH Bielefeld, FB Technik, Ringstraße 94, 32427 Minden, T: (0571) 8385206, F: 8385240, oliver.wetter@fh-bielefeld.de

**Wetterau,** Jens; Dr., Prof.; *Hospitality Services, Arbeitswissenschaft*; di: Hochsch. Niederrhein, FB Oecotrophologie, Rheydter Str. 232, 41065 Mönchengladbach, T: (02161) 1865415, Jens.Wetterau@hs-niederrhein.de

**Wetzel,** Gerald; Dr., Prof.; *Hotelmanagement, Tourismusmanagement*; di: Baltic College, Lankower Str. 9-11, 19057 Schwerin, T: (0385) 7452636, wetzel@baltic-college.de

**Wetzel,** Herbert; Dr. rer. nat., Prof.; *Physik, Physikalische Chemie*; di: Beuth Hochsch. f. Technik, FB II Mathematik – Physik – Chemie, Luxemburger Straße 10, 13353 Berlin, T: (030) 45042425, herbert.wetzel@beuth-hochschule.de

**Wetzstein,** Steffen; Dr., Prof.; *Tourismuswirtschaft / Regionalmarketing*; di: Adam-Ries-FH, Juri-Gagarin-Ring 152, 99084 Erfurt, T: (0361) 65312023, s.wetzstein@arfh.de

**Weuster,** Arnulf; Dr. rer. pol., Prof.; *Organisationslehre, Personalwirtschaft, Führungslehre, Projektmanagement*; di: Hochsch. Offenburg, Fak. Betriebswirtschaft u. Wirtschaftsingenieurwesen, Klosterstr. 14, 77723 Gengenbach, T: (07803) 969817, F: 989649, weuster@fh-offenburg.de

**Weuthen,** Jürgen; Dr., Prof.; *Marketing, Vertriebsmanagement*; di: Hochschl. f. Oekonomie & Management, Herkulesstr. 32, 45127 Essen, T: (0201) 810040

**Wewel,** Max C.; Dr. oec., Prof.; *Mathematik, Statistik, Operations Research, Marktforschung*; di: Hochsch. f. Wirtschaft u. Umwelt Nürtingen-Geislingen, PF 1349, 72603 Nürtingen, T: (07022) 929205, max.wewel@hfwu.de

**Weychardt,** Jan Henrik; Dr.-Ing., Prof.; *Maschinenelemente, Produktentwicklung, CAD*; di: FH Kiel, FB Maschinenwesen, Grenzstr. 3, 24149 Kiel, T: (0431) 2102623, F: 21062623, jan.henrik.weychardt@fh-kiel.de; pr: Marienstr. 24, 24937 Flensburg, T: (0461) 9788797

**Weyel,** Harald; Dipl.-Ökonom, Dr. phil., Prof.; *Betriebswirtschaftslehre*; di: FH Köln, Fak. f. Informations- u. Kommunikationswiss., Mainzer Straße 5, 50678 Köln, T: (0221) 82753304, harald.weyel@fh-koeln.de; pr: Johannisbergstraße 10, 35745 Herborn

**Weyer,** Matthias; Dr.-Ing., Prof.; *Elektrotechnik / Informationstechnik*; di: Hochsch. Pforzheim, Fak. f. Technik, Tiefenbronner Str. 66, 75175 Pforzheim, T: (07231) 286604, F: 286050, matthias.weyer@hs-pforzheim.de

**Weyer,** Thomas; Dr. agr., Prof.; *Bodenkunde, Pflanzenernährung*; di: FH Südwestfalen, FB Agrarwirtschaft, Lübecker Ring 2, 59494 Soest, T: (02921) 378245, Weyer@fh-swf.de

**Weyermann,** Maria; Dr., Prof.; *Public Health, Epidemiologie und Biometrie*; di: Hochsch. Niederrhein, FB Wirtschaftsingenieurwesen u. Gesundheitswesen, Ondereyckstr. 3-5, 47805 Krefeld, T: (02151) 8226665, Maria.Weyermann@hs-niederrhein.de

**Weygand,** Sabine; Dr. mont., Prof.; *Technische Mechanik*; di: Hochsch. Karlsruhe, Fak. Maschinenbau u. Mechatronik, Moltkestr. 30, 76133 Karlsruhe, PF 2440, 76012 Karlsruhe, sabine.weygand@hs-karlsruhe.de

**Weyland,** Ulrike; Dr., Prof.; *Pädagogik, insbesondere Berufspädagogik für Gesundheitsberufe, Pädagogische Psychologie*; di: FH Bielefeld, Bereich Pflege u. Gesundheit, Am Stadtholz 24, 33609 Bielefeld, T: (0521) 1067435, ulrike.weyland@fh-bielefeld.de

**Weymann,** Eckhard; Dr., Prof.; *Musiktherapie in Theorie und Praxis*; di: FH Frankfurt, FB 4 Soziale Arbeit u. Gesundheit, Nibelungenplatz 1, 60318 Frankfurt am Main, T: (069) 15332688, weymann@fb4.fh-frankfurt.de

**Wibbeke,** Michael; Dr., Prof.; *Fertigungstechnik, Mechatronik*; di: Hochschule Hamm-Lippstadt, Marker Allee 76-78, 59063 Hamm, T: (02381) 8789812, michael.wibbeke@hshl.de

**Wich,** Michael; Dr. med., HonProf.; di: Alice-Salomon-Hochsch., Alice-Salomon-Platz 5, 12627 Berlin-Hellersdorf, michael.wich@ukb.de

**Wichelhaus,** Daniel; Dr., Dr., Prof. FH Hannover; *Betriebswirtschaftslehre, Marketing, Gesundheitsmanagement, Akteure im Gesundheitswesen*; di: Hochsch. Hannover, Fak. IV Wirtschaft u. Informatik, Abt. BWL, Ricklinger Stadtweg 120, 30459 Hannover, T: (0511) 92961590, daniel.wichelhaus@hs-hannover.de

**Wicher,** Ulrich; Dr.-Ing., Prof.; *Gebäudewirtschaft, insb. Facility Management*; di: Hochsch. Ostwestfalen-Lippe, FB 3, Bauingenieurwesen, Emilienstr. 45, 32756 Detmold, T: (05231) 769822, F: 769819, ulrich.wicher@fh-luh.de; pr: Schäferweg 4, 32805 Horn-Bad Meinberg

**Wichern,** Florian; Dr., Prof.; *Agrarwissenschaften, Schwerpunkt: Bodenkunde und Pflanzenernährung*; di: Hochsch. Rhein-Waal, Fak. Life Sciences, Marie-Curie-Straße 1, 47533 Kleve, T: (02821) 80673234, florian.wichern@hochschule-rhein-waal.de

**Wichmann,** Günter; Prof.; *Wirtschaftsprivatrecht, Internationales Schifffahrtsrecht*; di: Jade Hochsch., FB Seefahrt, Weserstr. 4, 26931 Elsfleth, T: (04404) 92884307, F: 92884141, guenter.wichmann@jade-hs.de

**Wicht,** Wolfgang; Dr. rer. pol., Prof.; *Wirtschaftsinformatik, Quantitative Methoden*; di: FH Münster, FB Wirtschaft, Johann-Krane-Weg 25, 48149 Münster, T: (0251) 8365652, F: 8365502, Wolfgang.Wicht@fh-muenster.de

**Wichtmann,** Andreas; Dr.-Ing., Prof.; *Stömungsmaschinen, Strömungslehre*; di: Westfäl. Hochsch., FB Maschinenbau u. Facilities Management, Neidenburger Str. 10, 45877 Gelsenkirchen, andreas.wichtmann@fh-gelsenkirchen.de

**Wickel,** Hans-Hermann; Dr. phil., Prof.; *Ästhetik und Kommunikation (Medienpädagogik, Musikpädagogik)*; di: FH Münster, FB Sozialwesen, Hüfferstr. 27, 48149 Münster, T: (0251) 8365718, F: 8365702, wickel@fh-muenster.de; pr: Boelestr. 2, 48167 Münster, T: (0251) 624030

**Wickel-Kirsch,** Silke; Dr. rer. pol., Prof.; *Organisation, Personalmanagement*; di: Hochsch. Rhein/Main, FB Design Informatik Medien, Unter den Eichen 5, 65195 Wiesbaden, T: (0611) 94952134, silke.wickel-kirsch@hs-rm.de

**Wickenheiser,** Othmar; Prof.; *Darstellung, Industrie-Design, Designschwerpunkt*; di: Hochsch. München, Fak. Design, Erzgießereistr. 14, 80335 München

**Wickert,** Jo; Prof., Dekan; *Kommunikationsdesign*; di: Hochsch. Konstanz, Fak. Architektur u. Gestaltung, Brauneggerstr. 55, 78462 Konstanz, PF 100543, 78405 Konstanz, T: (07531) 206857, wickert@htwg-konstanz.de

**Wickert,** Ulrich; HonProf.; *Nachrichtenjournalismus*; di: Hochsch. Magdeburg-Stendal, FB Kommunikation u. Medien, Osterburger Str. 25, 39576 Stendal

**Wickum,** Heinrich; Dr., Prof.; *Betriebswirtschaftslehre, insbes. Finanz- und Rechnungswesen*; di: FH Kaiserslautern, FB Betriebswirtschaft, Amerikastr. 1, 66482 Zweibrücken, T: (06332) 914247, heinrich.wickum@fh-kl.de

**Widdascheck,** Christian; Dr., Prof.; di: Alice-Salomon-Hochsch., Alice-Salomon-Platz 5, 12627 Berlin-Hellersdorf, widdascheck@ash-berlin.eu

**Widdecke,** Hartmut; Dr. rer. nat., Prof.; *Chemie, Kunststoffchemie, Kunststoffrecycling, Biologische Verfahrenstechnik, Umwelttechnik*; di: Ostfalia Hochsch., Fak. Fahrzeugtechnik, Robert-Koch-Platz 8A, 38440 Wolfsburg

**Widder,** Thomas; Dr.-Ing., Prof.; *Werkstofftechnik, Fahrzeugtechnik*; di: Hochsch. Anhalt, FB 6 Elektrotechnik, Maschinenbau u. Wirtschaftsingenieurwesen, PF 1458, 06354 Köthen, T: (03496) 672413, t.widder@emw.hs-anhalt.de

**Widjaja,** Eddy; Dr.-Ing., Prof.; *Tragwerksplanung, konstruktives Entwerfen*; di: Beuth Hochsch. f. Technik, FB IV Architektur u. Gebäudetechnik, Luxemburger Str. 10, 13353 Berlin, T: (030) 45042551, ewidjaja@beuth-hochschule.de

**Widmann,** Mario; Dipl.-Ing., Dipl.-Kfm., Prof.; *Baubetriebslehre, insbesondere für Architekten*; di: Hochsch. Anhalt, FB 3 Architektur, Facility Management u. Geoinformation, PF 2215, 06818 Dessau, T: (0340) 51971579, widmann@afg.hs-anhalt.de

**Widmann,** Torsten; Dr., Prof.; *BWL – Tourismus, Hotellerie und Gastronomiemanagement: Freizeitwirtschaft*; di: DHBW Ravensburg, Rudolfstr. 19, 88214 Ravensburg, T: (0751) 189992125, widmann@dhbw-ravensburg.de

**Wiebe,** Joachim; Dr.-Ing., Prof.; *Nachrichtentechnik, Funkortung und Funknavigation*; di: Hochsch. Emden/Leer, FB Technik, Constantiaplatz 4, 26723 Emden, T: (04921) 8071829, F: 8071843, wiebe@hs-emden-leer.de; pr: Am Eichenwall 4, 26789 Leer, T: (0491) 67472

**Wiebusch,** Anja; Dr., Prof.; *Finanzierungslehre*; di: FH Kiel, FB Wirtschaft, Sokratesplatz 2, 24149 Kiel, T: (0431) 2103548, F: 21063548, anja.wiebusch@fh-kiel.de

**Wiecha,** Eduard; Prof.; *Romanistik (Französisch)*; di: Hochsch. München, Fak. Studium Generale u. interdisziplinäre Studien, Lothstr. 34, 80335 München, T: (089) 12651376, ewiecha@rz.fh-muenchen.de

**Wiechers,** Matthias; Dr., Prof.; *Finanzmanagement, Controlling*; di: Hochsch. Emden/Leer, FB Wirtschaft, Constantiaplatz 4, 26723 Emden, T: (04921) 8071201, F: 8071228, matthias.wiechers@hs-emden-leer.de

**Wiechert,** Gert; Dr., Prof.; *Stahlbau, Baustatik, Darstellen, Technische Mechanik*; di: Hochsch. f. angew. Wiss. Würzburg Schweinfurt, Fak. Architektur u. Bauingenieurwesen, Münzstr. 12, 97070 Würzburg

**Wiechmann,** Michael; Dr. med., Dr. rel. pol., Prof.; *Health Care Management*; di: Munich Business School, Elsenheimerstr. 61, 80687 München

**Wiechmann,** Uwe; Dr. rer. nat., Prof.; *Instrumentelle Analytik*; di: Hochsch. Heilbronn, Fak. f. Mechanik u. Elektronik, Max-Planck-Str. 39, 74081 Heilbronn, T: (07131) 504308, wiechmann@hs-heilbronn.de

**Wieczorek,** Gabriele; Dr., Prof.; *Industrielle Statistik und Wahrscheinlichkeitstheorie*; di: Hochschule Hamm-Lippstadt, Marker Allee 76-78, 59063 Hamm, T: (02381) 8789413, gebriele.wieczorek@hshl.de

**Wiedebusch-Quante,** Silvia; Dr., Prof.; *Entwicklungspsychologie*; di: Hochsch. Osnabrück, Fak. Wirtschafts- u. Sozialwiss., Caprivistr. 30a, 49076 Osnabrück, T: (0541) 9693547, wiedebusch@wi.hs-osnabrueck.de

**Wiedemann,** Armin; Dr., Prof.; *Wirtschaftsinformatik*; di: DHBW Mannheim, Fak. Wirtschaft, Coblitzallee 1-9, 68163 Mannheim, T: (0621) 41051161, F: 41051249, armin.wiedemann@dhbw-mannheim.de

**Wiedemann,** Harald; Dr., Prof.; *Mathematik, Computerunterstützte Mathematik*; di: Hochsch. Offenburg, Fak. Maschinenbau u. Verfahrenstechnik, Badstr. 24, 77652 Offenburg, T: (0781) 205356, harald.wiedemann@hs-offenburg.de

**Wiedemann,** Heinrich; HonProf.; *Medienpsychologie und Medienpädagogik*; di: Hochsch. Mittweida, Fak. Medien, Technikumplatz 17, 09648 Mittweida, T: (03727) 581580

**Wiedemann,** Jutta; Dipl.-Des., Prof.; *Gestaltungslehre, Bekleidungsgestaltung, Kollektionsentwicklung*; di: Hochsch. Niederrhein, FB Textil- u. Bekleidungstechnik, Webschulstr. 31, 41065 Mönchengladbach, T: (02161) 1866095

**Wiedemann,** Philipp; Dr., Prof.; *Pharmazeutische Biotechnologie*; di: Hochsch. Mannheim, Fak. Verfahrens- u. Chemietechnik, Windeckstr. 110, 68163 Mannheim

**Wiedemann,** Simon; Dr., Prof.; *Technische Mechanik*; di: Hochsch. München, Fak. Elektrotechnik u. Informationstechnik, Lothstr. 64, 80335 München, T: (089) 12651301, F: 12651480, simon.wiedemann@fhm.edu

**Wiedemann,** Thomas; Dr.-Ing., Prof.; *Grundlagen d. Informatik/Simulation*; di: HTW Dresden, Fak. Informatik/Mathematik, PF 120701, 01008 Dresden, T: (0351) 4623322, wiedem@informatik.htw-dresden.de

**Wiederuh,** Eckhardt; Dr.-Ing., Prof.; *Technische Thermodynamik, Wärmetechnik, Energietechnik, Technische Fluidmechanik*; di: Techn. Hochsch. Mittelhessen, Wiesenstr. 14, 35390 Gießen, T: (0641) 3092234; pr: Breslauer Str. 20, 35435 Wettenberg, T: (06406) 71993

**Wiedling,** Hans-Peter; Dr.-Ing., Prof., Dekan FB Informatik; *Grundlagen d. Informatik, Internet-Anwendungen*; di: Hochsch. Darmstadt, FB Informatik, Haardtring 100, 64295 Darmstadt, T: (06151) 168410, h.wiedling@fbi.h-da.de; pr: Brunnenstr. 22, 64846 Groß-Zimmern, T: (06071) 71357

**Wiegand,** Suse; Prof.; *Plastik und Objekt*; di: FH Bielefeld, FB Gestaltung, Lampingstr. 3, 33615 Bielefeld, T: (0521) 1067603, suse.wiegand@fh-bielefeld.de

**Wiegand-Grefe,** Silke; Dr. rer.nat., Prof.; *Klinische Psychologie, Psychodynamische Therapie*; di: MSH Medical School Hamburg, Am Kaiserkai 1, 20457 Hamburg, T: (040) 36122640, Silke.Wiegand-Grefe@medicalschool-hamburg.de

**Wiegand-Hoffmeister,** Bodo; Dr. jur., Prof., Direktor FHÖVPR Güstrow; *Wirtschafts- u. Wirtschaftsverwaltungsrecht*; di: FH f. öffentl. Verwaltung, Polizei u. Rechtspflege, Goldberger Str. 12-13, 18273 Güstrow, T: (03843) 283100, b.wiegand-hoffmeister@fh-guestrow.de

**Wiegland,** Ralph; Dr.-Ing., Prof.; *Unternehmerisches Denken und Handeln*; di: FH Kaiserslautern, FB Angew. Ingenieurwiss., Morlautererstr. 31, 67657 Kaiserslautern

**Wiegleb,** Gerhard; Dr. rer. nat., Prof.; *Umweltmesstechnik, Physik*; di: FH Dortmund, FB Informations- u. Elektrotechnik, Sonnenstr. 96, 44139 Dortmund, T: (0231) 9112275, F: 9112283, wiegleb@fh-dortmund.de

**Wiegmann,** Mark; Dr.-Ing., Prof.; *Elektronische Kabinensysteme*; di: HAW Hamburg, Fak. Technik u. Informatik, Berliner Tor 11, 20099 Hamburg, T: (040) 428757890, mark.wiegmann@haw-hamburg.de

**Wieker,** Horst; Dr.-Ing., Prof.; *Elektrotechnik*; di: HTW d. Saarlandes, Fak. f. Ingenieurwiss., Goebenstr. 40, 66117 Saarbrücken, T: (0681) 5867195, wieker@htw-saarland.de; pr: Aschbachring 45, 66127 Saarbrücken, T: (06898) 370242

**Wieland,** Josef; Dr. rer. oec. habil., Prof. H Konstanz; *Allgemeine BWL, Schwerpunkt Wirtschafts- u. Unternehmensethik*; di: Hochsch. Konstanz, Konstanz Inst. f. Wertemanagement – KIeM, Brauneggerstr. 55, 78462 Konstanz, T: (07531) 206532, F: 20687532, wieland@htwg-konstanz.de; www.kiem.htwg-konstanz.de; pr: Am Rebberg 15, 78337 Wangen a. Bodensee

**Wieland,** Norbert; Dr. phil., Prof.; *Psychologie*; di: FH Münster, FB Sozialwesen, Hüfferstr. 27, 48149 Münster, T: (0251) 8365811, F: 8365702, norbert.wieland@fh-muenster.de

**Wieland,** Petra; Dr.-Ing., Prof.; *Maschinenautomatisierung*; di: Westsächs. Hochsch. Zwickau, Fak. Automobil- u. Maschinenbau, Dr.-Friedrichs-Ring 2A, 08056 Zwickau, petra.wieland@fh-zwickau.de

**Wieland,** Sabine; Dr.-Ing., Prof.; *Verteilte Systeme, Softwareengineering*; di: Dt. Telekom Hochsch. f. Telekommunikation, PF 71, 04251 Leipzig, T: (0341) 3062240, F: 3062269, wieland@hft-leipzig.de

**Wieland,** Thomas; Dr. rer. nat., Prof.; *Mobile Computing, Telematik, Grafik- und Bildverarbeitung*; di: Hochsch. Coburg, Fak. Elektrotechnik / Informatik, Friedrich-Streib-Str. 2, 96450 Coburg, T: (09561) 317392, wieland@hs-coburg.de

**Wieler,** Rainer; Dr.-Ing., Prof.; *Verbrennungsmotoren, Konstruktion, Fahrzeugtechnik*; di: Hochsch. Augsburg, Fak. f. Maschinenbau u. Verfahrenstechnik, An der Hochschule 1, 86161 Augsburg, T: (0821) 55863158, F: 55863160, rainer.wieler@hs-augsburg.de

**Wiemann,** Beate; RA, HonProf.; *Baubetrieb / Projektentwicklung*; di: FH Münster, FB Bauingenieurwesen, Corrensstr. 25, 48149 Münster, T: (0251) 8365224; www.bauindustrie-nrw.de/html/verband/gf_wiemann.php

**Wiemann,** Volker; Dr., Prof.; *Allgemeine BWL, insbes. ERP-Systeme*; di: FH Bielefeld, FB Wirtschaft, Universitätsstr. 25, 33615 Bielefeld, T: (0521) 1063899, volker.wiemann@fh-bielefeld.de

**Wien,** Andreas; Dr., Prof.; *Banken und Finanzdienstleistungen*; di: Hochsch. Lausitz, FB Informatik, Elektrotechnik, Maschinenbau, Großenhainer Str. 57, 01968 Senftenberg

**Wienand,** Monika Maria; Dipl.-Psych., Prof.; di: Kath. Hochsch. Mainz, FB Soziale Arbeit, Saarstr. 3, 55122 Mainz, T: (06131) 2894416, wienand@kfh-mainz.de; pr: Georg-Schrank-Str. 25, 55129 Mainz, T: (06131) 509920

**Wienbracke,** Mike; Dr., Prof.; *Öffentliches Recht, Europarecht*; di: Westfäl. Hochsch., FB Wirtschaftsrecht, August-Schmidt-Ring 10, 45657 Recklinghausen, T: (02361) 915434, Mike.Wienbracke@fh-gelsenkirchen.de

**Wienbreyer,** Joachim; Dipl.-Ing., Prof.; *Baudurchführung, Baukonstruktion, Entwerfen*; di: Hochsch. Regensburg, Fak. Architektur, PF 120327, 93025 Regensburg, T: (0941) 9431182, joachim.wienbreyer@architektur.fh-regensburg.de

**Wienecke,** Marion; Dr. rer. nat., Prof.; *Werkstofftechnologie / Oberflächen- u. Dünnschichttechnik*; di: Hochsch. Wismar, Fak. f. Ingenieurwiss., PF 1210, 23952 Wismar, T: (03841) 753551, m.wienecke@mb.hs-wismar.de

**Wieneke,** Herbert; Dr. rer. pol., HonProf.; *Strategisches Finanz- und Bankmanagement*; di: Hochsch. Bremen, Fak. Wirtschaftswiss., Werderstr. 73, 28199 Bremen, T: (0421) 59054438, F: 59054839, drwieneke@t-online.de

**Wieneke-Toutaoui,** Burghilde; Dr.-Ing., Prof.; *Fertigungsverfahren, Werkzeugmaschinen, innerbetriebliche Logistik*; di: Beuth Hochsch. f. Technik, FB VIII Maschinenbau, Veranstaltungs- u. Verfahrenstechnik, Luxemburger Str. 10, 13353 Berlin, T: (030) 45042941, wieneke@beuth-hochschule.de

**Wienen,** Angela; Dr. rer. pol., Prof.; *Volkswirtschaftslehre u Wirtschaftspolitik*; di: HTW Dresden, Fak. Wirtschaftswissenschaften, Friedrich-List-Platz 1, 01069 Dresden, T: (0351) 4622251, wienen@wiwi.htw-dresden.de

**Wienen,** Ursula; Dr. phil., Prof.; *Fachübersetzen*; di: FH Köln, Fak. f. Informations- u. Kommunikationswiss., Claudiusstr. 1, 50678 Köln, T: (0221) 82753301, ursula.wienen@fh-koeln.de; pr: Rotkäppchenweg 8, 50259 Pulheim, T: (02238) 838823

**Wiener,** Herbert; Dr., Prof.; *CAD, Fertigungstechnik, Konstruktion, Maschinenelemente*; di: Hochsch. f. angew. Wiss. Würzburg Schweinfurt, Fak. Maschinenbau, Ignaz-Schön-Str. 11, 97421 Schweinfurt

**Wienert,** Helmut; Dr., Prof.; *Volkswirtschaftslehre*; di: Hochsch. Pforzheim, Fak. f. Wirtschaft u. Recht, Tiefenbronner Str. 65, 75175 Pforzheim, T: (07231) 286325, F: 286080, helmut.wienert@hs-pforzheim.de

**Wienkop,** Uwe; Dipl.-Inf., Dr. rer. nat., Prof.; *Betriebssysteme, Autonome Mobilität, Office Automation, mobile DV-Geräte*; di: Georg-Simon-Ohm-Hochsch. Nürnberg, Fak. Informatik, Keßlerplatz 12, 90489 Nürnberg, PF 210320, 90121 Nürnberg, T: (0911) 58801614

**Wierich,** Reinhardt; Dr., Prof.; *Informatik, insbes. Höhere Programmiersprachen*; di: Westfäl. Hochsch., FB Informatik u. Kommunikation, Neidenburger Str. 43, 45877 Gelsenkirchen, T: (0209) 9596401, Reinhard.Wierich@informatik.fh-gelsenkirchen.de

**Wierzbicki,** Robert; Dr.-Ing., Prof.; *Onlinemedien*; di: Hochsch. Mittweida, Fak. Medien, Technikumplatz 17, 09648 Mittweida, T: (03727) 581026, rw@htwm.de

**Wiesche,** Stefan aus der; Dr.-Ing. habil., Prof.; *Thermodynamik, Wärmeübertragung, Kolbenmaschinen*; di: FH Münster, FB Maschinenbau, Stegerwaldstr. 39, 48565 Steinfurt, T: (02551) 962272, F: 962120, wiesche@fh-muenster.de

**Wiese,** Anja; Prof.; *Gestaltungslehre, Rauminzenierung und Video*; di: FH Bielefeld, FB Gestaltung, Lampingstr. 3, 33615 Bielefeld, T: (0521) 1067641, anja.wiese@fh-bielefeld.de; pr: Graf-Recke-Str. 21, 40239 Düsseldorf, T: (0211) 667041

**Wiese,** Carola; Dipl.-Ing., Prof.; *Baukonstruktion*; di: FH Köln, Fak. f. Architektur, Betzdorfer Str. 2, 50679 Köln; pr: Martinstr. 53, 64285 Darmstadt

**Wiese,** Christoph; Dr., Prof.; *BWL, Marketing*; di: Hochsch. Darmstadt, FB Wirtschaft, Haardtring 100, 64295 Darmstadt, T: (06151) 169323, wiese@fbw.h-da.de

**Wiese,** Hans-Joachim; Dr., Prof., Dekan; *Pädagogik, Mediendidaktik, Theorie u. Praxis der Theaterpädagogik*; di: Hochsch. Osnabrück, Fak. MKT, Inst. f. Theaterpädagogik, Baccumer Straße 3, 49808 Lingen, T: (0591) 80098421, h.wiese@hs-osnabrueck.de

**Wiese,** Herbert; Dipl.-Ing., Prof.; *Rechnertechnik, Prozessdatenverarbeitung, Rechnernetze*; di: Hochsch. Esslingen, Fak. Informationstechnik, Flandernstr. 101, 73732 Esslingen, T: (0711) 3974110; pr: Böllatweg 6, 73734 Esslingen, T: (0711) 386619

**Wiese,** Jürgen; Dr. rer. nat., Prof.; *Grundlagen der Elektrotechnik, Werkstoffe und Bauelemente*; di: Hochsch. Darmstadt, FB Elektrotechnik u. Informationstechnik, Haardtring 100, 64295 Darmstadt, T: (06151) 168303, wiese@eit.h-da.de

**Wiese,** Martin; Dr., Prof., Dekan FB Wirtschaftswissenschaften; *Wirtschaftsmathematik, Grundlagen der Datenverarbeitung*; di: Hochsch. Harz, FB Wirtschaftswiss., Friedrichstr. 57-59, 38855 Wernigerode, T: (03943) 659214, F: 659109, mwiese@hs-harz.de

**Wiese,** Michael; Dr. rer. soc., Prof.; *Pflegewissenschaft / Pflegemanagement / Pflegeforschung*; di: Westsächs. Hochsch. Zwickau, FB Gesundheits- u. Pflegewiss., Scheffelstr. 39, 08066 Zwickau, Michael.Wiese@fh-zwickau.de

**Wiese,** Ursula Eva; Dr. iur., Prof.; *Wirtschaftsprivatrecht, Arbeitsrecht*; di: Hochsch. Osnabrück, Fak. Wirtschafts- u. Sozialwiss., Caprivistr. 30a, 49076 Osnabrück, T: (0541) 9693004, u.wiese@hs-osnabrueck.de; pr: An den Berggärten 7, 49152 Bad Essen, T: (05472) 6260

**Wiesehahn,** Andreas; Dr. rer. pol., Prof.; *Controlling, Projektmanagement, Geschäftsprozessoptimierung*; di: Hochsch. Bonn-Rhein-Sieg, Grantham-Allee 20, 53757 Sankt Augustin, andreas.wiesehahn@h-brs.de

**Wiesemann,** Heribert; Dipl.-Ing., Prof.; *Entwerfen, Ausbaukonstruktion*; di: Hochsch. Trier, FB Gestaltung, PF 1826, 54208 Trier, T: (0651) 8103129, H.Wiesemann@hochschule-trier.de

**Wiesemann,** Stefan; Dr.-Ing., Prof.; *Technische Mechanik mechatronischer Systeme*; di: HAW Hamburg, Fak. Technik u. Informatik, Berliner Tor 21, 20099 Hamburg, T: (040) 428758777, stefan.wiesemann@haw-hamburg.de

**Wiesemes,** Reiner; Prof.; *Ausstellung / Inszenierung*; di: Hochsch. Rhein / Main, FB Design Informatik Medien, Unter den Eichen 5, 65195 Wiesbaden, T: (0611) 94952188, reiner.wiesemes@hs-rm.de; pr: Kapellenweg 29, 82335 Berg, reiner.wiesemes@gmx.de

**Wiesenmüller,** Heidrun; Prof.; *Bibliotheks- und Informationsmanagement*; di: Hochsch. d. Medien, Fak. Information u. Kommunikation, Wolframstr. 32, 70569 Stuttgart, T: (0711) 25706188, F: 25706300, wiesenmueller@hdm-stuttgart.de

**Wiesinger,** Heinrich; Dipl.-Chem., Dr., Prof.; *Biochemie, Biotechnologie, Molekulare Biotechnologie*; di: NTA Prof. Dr. Grübler, Seidenstr. 12-35, 88316 Isny, T: (07562) 970755, wiesinger@nta-isny.de

**Wieske,** Thomas; Dr. jur., Prof.; *Rechtswesen, Transport- u. Versicherungsrecht, Handelsrecht*; di: Hochsch. Bremerhaven, An der Karlstadt 8, 27568 Bremerhaven, T: (0471) 4823523, twieske@hs-bremerhaven.de; pr: Deichstr. 90, 27568 Bremerhaven, T: (0171) 4715589

**Wiesmann,** Stefan; Dr. rer. nat., Prof.; *Informatik in den Ingenieurwissenschaften, Rechnergestütztes Konstruieren, Softwareentwicklung*; di: Hochsch. Darmstadt, FB Informatik, Haardtring 100, 64295 Darmstadt, T: (06151) 168462, s.wiesmann@fbi.h-da.de

**Wiesner,** Heike; Dr., Prof.; *Wirtschaftsinformatik*; di: Hochsch. f. Wirtschaft u. Recht Berlin, FB 1, Badensche Str. 50-51, 10825 Berlin, T: (030) 85789194, wiesner@hwr-berlin.de

**Wiesner,** Iris; Dr., Prof.; *Rechnungswesen, Kostenrechnung, Betriebswirtschaftslehre*; di: FH f. öffentl. Verwaltung NRW, Studienort Bielefeld, Kurt-Schumacher-Str. 6, 33615 Bielefeld, iris.wiesner@fhoev.nrw.de; pr: T: (05231) 306634, wiesneriris@web.de

**Wiesner,** Knut; Dr., Prof.; *Volkswirtschaftslehre, Marketing, Internationales Management, Internationales Marketing*; di: Hochsch. f. angew. Wiss. Würzburg Schweinfurt, Fak. Wirtschaftsingenieurwesen, Ignaz-Schön-Str. 11, 97421 Schweinfurt

**Wiesner,** Wolfgang; Dr.-Ing., Prof.; *Regenerative Energietechnik*; di: FH Köln, Fak. f. Anlagen, Energie- u. Maschinensysteme, Betzdorfer Str. 2, 50679 Köln, T: (0221) 82752611, wolfgang.wiesner@fh-koeln.de; pr: Haferbusch 14, 51467 Bergisch Gladbach

**Wießmeier,** Brigitte; Dr. phil., Prof.; *Interkulturelle Sozialarbeit, Familienberatung*; di: Ev. Hochsch. Berlin, Lst. f. Sozialarbeit, PF 370255, 14132 Berlin, T: (030) 84582225, wiessmeier@eh-berlin.de; pr: wiessmeier@t-online.de

**Wiest,** Simon; Dr., Prof.; *Informatik, interaktive Medien, Internet*; di: Hochsch. d. Medien, Fak. Electronic Media, Nobelstr. 10, 70569 Stuttgart, T: (0711) 89232253, wiest@hdm-stuttgart.de

**Wiestner,** Rainer; Dr., Prof.; *Recht, Politikwissenschaften*; di: Hochsch. f. angew. Wiss. Würzburg Schweinfurt, Fak. angew. Sozialwiss., Münzstr. 12, 97070 Würzburg

**Wietbrauk,** Heinrich; Dipl.-Wirt.-Ing., Prof.; *Grundlagen der Ökonomie, Betriebswirtschaftslehre, Marketing, spezielle Wirtschaftslehre, Managementsysteme, Kostenrechnung*; di: Hochsch. Hannover, Fak. II Maschinenbau u. Bioverfahrenstechnik, Heisterbergallee 12, 30453 Hannover, T: (0511) 92962208, heinrich.wietbrauk@hs-hannover.de; pr: Inselweg 7, 30890 Barsinghausen, T: (05105) 516680

**Wieth,** Bernd-D.; Dr. rer. pol., Prof.; *Controlling, Unternehmensführung*; di: FH Mainz, FB Wirtschaft, Lucy-Hillebrand-Str. 2, 55128 Mainz, T: (06131) 628177, bernd-d.wieth@wiwi.fh-mainz.de

**Wietzel,** Ingo; Dr., Prof.; *Städtebau, Stadtplanung, Freiraumplanung*; di: FH Kaiserslautern, FB Bauen u. Gestalten, Schoenstr. 6, 67659 Kaiserslautern, F: (0631) 3724666, ingo.wietzel@fh-kl.de

**Wietzke,** Joachim; Dr.-Ing., Prof.; *Embedded Systeme*; di: Hochsch. Darmstadt, FB Informatik, Haardtring 100, 64295 Darmstadt, T: (06151) 168415, j.wietzke@fbi.h-da.de; pr: Wolfweg 4, 76227 Karlsruhe, T: (0721) 6609296

**Wiewiorra,** Carsten; Prof.; *Ausbaukonstruktion und Werkstoffe*; di: Hochsch. Ostwestfalen-Lippe, FB 1, Architektur u. Innenarchitektur, Bielefelder Str. 66, 32756 Detmold, T: (05231) 769650, carsten.wiewiorra@hs-owl.de

**Wigger,** Heinrich; Dr., Prof.; *Baustofftechnologie*; di: Jade Hochsch., FB Bauwesen u. Geoinformation, Ofener Str. 16-19, 26121 Oldenburg, T: (0441) 77083216, F: 77083416, heirnich.wigger@jade-hs.de; pr: Feldstr. 40, 26127 Oldenburg

**Wigger-Spintig,** Susanne → Spintig, Susanne

**Wihstutz,** Anne; Dr., Prof.; *Soziologie*; di: Ev. Hochsch. Berlin, Prof. f. Soziologie, Teltower Damm 118-122, 14167 Berlin, PF 370255, 14132 Berlin, T: (030) 84582247, wihstutz@eh-berlin.de

**Wikarski,** Dietmar; Dr. rer. nat., Prof.; *Computergestützte Gruppenarbeit*; di: FH Brandenburg, FB Wirtschaft, SG Wirtschaftsinformatik, Magdeburger Str. 50, 14770 Brandenburg, PF 2132, 14737 Brandenburg, T: (03381) 355277, F: 355199, wikarski@fh-brandenburg.de; www.fh-brandenburg.de/~wikarski/

**Wilbers,** Andreas; Dr. rer. pol., Prof.; *Bustouristik*; di: FH Worms, FB Touristik / Verkehrswesen, Erenburgerstr. 19, 67549 Worms, wilbers@fh-worms.de

**Wilbert,** Hetmar; Dr. rer. pol., Prof.; *Volkswirtschaftslehre, Allgemeine Betriebswirtschaftslehre*; di: FH d. Wirtschaft, Fürstenallee 3-5, 33102 Paderborn, T: (05251) 301184, hetmar.wilbert@fhdw.de; pr: T: (02943) 49615

**Wilborn,** Doris; Dr., Prof.; *Pflegewissenschaft*; di: HAW Hamburg, Fak. Wirtschaft u. Soziales, Alexanderstr. 1, 20099 Hamburg, doris.wilborn@haw-hamburg.de

**Wilcox,** Richard; Dr. phil., Prof.; *Wirtschaftsenglisch, Business Communication, Comparative Management*; di: Hochsch. f. Wirtschaft u. Umwelt Nürtingen-Geislingen, PF 1349, 72603 Nürtingen, T: (07022) 201358, richard.wilcox@hfwu.de

**Wilczek,** Erlmar; Dr.-Ing., HonProf.; *Seeflugwesen*; di: FH Aachen, FB Luft- und Raumfahrttechnik, Hohenstaufenallee 6, 52064 Aachen, info@wilmavia.com

**Wilczek,** Stephan; Dr., Prof.; *Multimedia*; di: Hochsch. d. Medien, Fak. Information u. Kommunikation, Wolframstr. 32, 70191 Stuttgart, T: (0711) 25706265, wilczek@hdm-stuttgart.de

**Wild,** Ernst; Dipl.-Phys., Dr. rer. nat., Prof.; *Angewandte Physik*; di: Hochsch. Regensburg, Fak. Allgemeinwiss. u. Mikrosystemtechnik, PF 120327, 93025 Regensburg, T: (0941) 9431271, ernst.wild@mikro.fh-regensburg.de

**Wild,** Jörg; Dr.-Ing., Prof.; *Systeme der Mechatronik und Feinwerktechnik, Getriebetechnik, CAD*; di: Hochsch. Heilbronn, Max-Planck-Str. 39, 74081 Heilbronn, T: (07131) 504307, F: 504143071, wild@hs-heilbronn.de

**Wild,** Karl; Dr. agr., Prof.; *Technik in Gartenbau und Landwirtschaft*; di: HTW Dresden, Fak. Landbau / Landespflege, Mitschurinbau, 01326 Dresden-Pillnitz, T: (0351) 4622110, wild@pillnitz.htw-dresden.de

**Wild,** Werner; Dipl.-Ökonom, Dr. rer. pol., Prof.; *Allgem. Betriebswirtschaftslehre, Umweltökonomie, Rechnungswesen*; di: Georg-Simon-Ohm-Hochsch. Nürnberg, Fak. Betriebswirtschaft, Bahnhofsstr. 87, 90402 Nürnberg, PF 210320, 90121 Nürnberg

**Wild-Wall,** Nele; Dr., Prof.; *Forschungsmethoden u. Diagnostik in der Psychologie*; di: Hochsch. Rhein-Waal, Fak. Kommunikation u. Umwelt, Südstraße 8, 47475 Kamp-Lintfort, T: (02842) 90825277, nele.wild-wall@hochschule-rhein-waal.de

**Wilde,** Harald; Dr. rer. pol., Prof.; *Betriebswirtschaftslehre, insb. Rechnungswesen und Controlling*; di: FH Stralsund, FB Wirtschaft, Zur Schwedenschanze 15, 18435 Stralsund, T: (03831) 456675

**Wilde,** Heiko; Dr., Prof.; *Internationales Wirtschaftsrecht*; di: Hochsch. Rhein-Waal, Fak. Gesellschaft u. Ökonomie, Marie-Curie-Straße 1, 47533 Kleve, T: (02821) 80673329, heiko.wilde@hochschule-rhein-waal.de

**Wilde,** Peter; Dr. rer. nat., Prof.; *Mathematik, Informatik*; di: FH Jena, FB Grundlagenwiss., Carl-Zeiss-Promenade 2, 07745 Jena, PF 100314, 07703 Jena, T: (03641) 205500, F: 205501, gw@fh-jena.de

**Wilden,** Johannes; Dr.-Ing. habil., Prof.; *Fertigungstechnik*; di: Hochsch. Niederrhein, FB Maschinenbau u. Verfahrenstechnik, Reinarzstr. 49, 47805 Krefeld, johannes.wilden@hsnr.de

**Wilden,** Klaus; Dr., Prof.; *Controlling, Kostenrechnungssysteme, externe Rechnungslegung*; di: Hochsch. Bremerhaven, An der Karlstadt 8, 27568 Bremerhaven, T: (0471) 4823119, kwilden@hs-bremerhaven.de; pr: Oldendorffstr. 12a, 27632 Dorum, T: (04742) 253832, F: 253832

**Wildenauer,** Franz; Dr. rer. nat., Prof.; *Wasser- / Abwassertechnik, produktionsintegrierter Umweltschutz, Umweltmeßtechnik*; di: Techn. Hochsch. Wildau, FB Ingenieurwesen / Wirtschaftsingenieurwesen, Bahnhofstr., 15745 Wildau, T: (03375) 508148, F: 500324, fwilden@igw.tfh-wildau.de

**Wilderotter,** Hans; Prof.; *Ausstellungsorganisation und Museumstechnik, Texte und Publikationen, Kunstgeschichte*; di: HTW Berlin, FB Gestaltung, Wilhelminenhofstr. 67-77, 12459 Berlin, T: (030) 50194229, wilderot@HTW-Berlin.de

**Wilderotter,** Klaus; Dr., Prof.; *Mathematik, Datenverarbeitung, Datenbanken u. Informationssysteme*; di: Hochsch. Rosenheim, Hochschulstr. 1, 83024 Rosenheim, T: (08031) 805571

**Wilderotter,** Olga; Dr. rer.nat., Prof.; *Höhere Mathematik, Operations Research, Statistik*; di: Hochsch. Karlsruhe, Fak. Architektur u. Bauwesen, Moltkestr. 30, 76133 Karlsruhe, PF 2440, 76012 Karlsruhe, T: (0721) 9252724, olga.wilderotter@hs-karlsruhe.de

**Wildfeuer,** Armin; Dr. phil., Prof.; *Philosophie / Philosophische Anthropologie, insbs. Grundfragen Sozialer Arbeit, Ethik, Sozialphilosophie, Politische Philosophie*; di: Kath. Hochsch. NRW, Abt. Köln, FB Sozialwesen, Wörthstraße 10, 50668 Köln, T: (0221) 7757160, F: 7757180, a.wildfeuer@kfhnw.de; pr: Birkenbusch 46, 53757 St. Augustin, T: (02241) 879695, agwildfeuer@yahoo.de

**Wilding,** Kay; Prof.; *Elektrotechnik*; di: DHBW Mannheim, Fak. Technik, Coblitzallee 1-9, 68163 Mannheim, T: (0621) 41051229, F: 41051318, kay.wilding@dhbw-mannheim.de

**Wildmann,** Lothar; Dr., Prof.; *BWL, Mittelständische Wirtschaft*; di: DHBW Villingen-Schwenningen, Fak. Wirtschaft, Friedrich-Ebert-Str. 32, 78054 Villingen-Schwenningen, T: (07720) 3906563, F: 3906559, wildmann@dhbw-vs.de

**Wilharm,** Elke; Dr. rer. nat., Prof.; *Produktionsverfahren, Bioprozesstechnik*; di: Ostfalia Hochsch., Fak. Versorgungstechnik, Salzdahlumer Str. 46/48, 38302 Wolfenbüttel, e.wilharm@ostfalia.de

**Wilharm,** Heiner; Dr., Prof.; *Designtheorie*; di: FH Dortmund, FB Design, Max-Ophüls-Platz 2, 44139 Dortmund, T: (0231) 9112430, F: 9112415, wilharm@fh-dortmund.de

**Wilhein,** Thomas; Dr., Prof.; *Lasertechnik, Physik*; di: H Koblenz, FB Mathematik u. Technik, RheinAhrCampus, Joseph-Rovan-Allee 2, 53424 Remagen, T: (02642) 932203, wilhein@rheinahrcampus.de

**Wilhelm,** Benno; Dr.-Ing., Prof.; *Produktionswirtschaft*; di: Hochsch. Lausitz, FB Informatik, Elektrotechnik, Maschinenbau, Großenhainer Str. 57, 01968 Senftenberg, PF 1538, 01958 Senftenberg, T: (03573) 85419, F: 85809

**Wilhelm,** Edgar; Prof.; *Ästhetik und Kommunikation, insbes. Spiel- und Interaktionspädagogik*; di: FH Münster, FB Sozialwesen, Hüfferstr. 27, 48149 Münster, T: (0251) 8365792, F: 8365702, wilhelm@fh-muenster.de; pr: Hittorfstr. 46, 48149 Münster, T: (0251) 81639, F: 81637

**Wilhelm,** Gerhard; Dr. jur., HonProf. H Nürtingen; *Rechtswissenschaft*; di: Hochsch. f. Wirtschaft u. Umwelt Nürtingen-Geislingen, PF 1349, 72603 Nürtingen

**Wilhelm,** Manfred; Dr. rer. nat., Prof.; *Mathematik und Statistik*; di: Hochsch. Ulm, Fak. Mathematik, Natur- u. Wirtschaftswiss., PF 3860, 89028 Ulm, T: (0731) 5028160, wilhelm@hs-ulm.de

**Wilhelm,** Markus; Dr. rer. pol., Prof.; *Volkswirtschaftslehre*; di: FH Neu-Ulm, Wileystr. 1, 89231 Neu-Ulm, T: (0731) 97621435, markus.wilhelm@hs-neu-ulm.de

**Wilhelm,** Michael C.; Dr.-Ing., Prof.; *Fertigung, Qualitätsmanagement*; di: Hochsch. Karlsruhe, Fak. Maschinenbau u. Mechatronik, Moltkestr. 30, 76133 Karlsruhe, PF 2440, 76012 Karlsruhe, T: (0721) 9251751, michael.wilhelm@hs-karlsruhe.de

**Wilhelm,** Stefan; Dr.-Ing., Prof.; *Wasserchemie, Wasserversorgung, Anlagentechnik, Verfahrenstechnik, Projektmanagement*; di: Hochsch. Trier, FB BLV, PF 1826, 54208 Trier, T: (0651) 8103237, S.Wilhelm@hochschule-trier.de; pr: Auf dem Berg 17, 54523 Hetzerath, T: (06508) 991487

**Wilhelms,** Gernot; Dr.-Ing., Prof.; *Technische Mechanik, Thermodynamik, Energie- und Kältetechnik*; di: Ostfalia Hochsch., Fak. Versorgungstechnik, Salzdahlumer Str. 46/48, 38302 Wolfenbüttel

**Wilhelms,** Sören; Dr., Prof.; *Maschinenelemente, Konstruktionsmethodik*; di: Techn. Hochsch. Mittelhessen, FB 03 Maschinenbau u. Energietechnik, Wiesenstr. 14, 35390 Gießen, soeren.wilhelms@me.th-mittelhessen.de

**Wilichowski,** Mathias; Dr.-Ing., Prof.; *Umweltverfahrenstechnik*; di: Hochsch. Wismar, Fak. f. Ingenieurwiss., PF 1210, 23952 Wismar, T: (03841) 753106, m.wilichowski@mb.hs-wismar.de

**Wilisch,** Christian; Dr., Prof.; *Betriebsorganisation, Fertigungstechnologien Medizintechnik*; di: Hochsch. Amberg-Weiden, FB Wirtschaftsingenieurwesen, Hetzenrichter Weg 15, 92637 Weiden, T: (0961) 3821618, c.wilisch@haw-aw.de

**Wilk,** Eva; Dr., Prof.; *Tontechnik / Elektroakustik*; di: HAW Hamburg, Fak. Design, Medien u. Information, Stiftstr. 69, 20099 Hamburg, T: (040) 428757660, eva.wilk@haw-hamburg.de

**Wilk,** Sabrina; Prof.; *Darstellungsmethodik*; di: Hochsch. Weihenstephan-Triesdorf, Fak. Landschaftsarchitektur, 85350 Freising, T: (08161) 715372, F: 715114

**Wilk,** Thomas; Dr., Prof.; *Externes Rechnungswesen, Wirtschaftsprüfung*; di: HTW Berlin, FB Wirtschaftswiss. I, Treskowallee 8, 10318 Berlin, T: (030) 50192437, t.wilk@HTW-Berlin.de

**Wilke,** Achim; Dipl.-Designer, Dr., Prof.; *Darstellungs- und Präsentationstechniken, Industrie-Design, CAD / CAID, 3D-Modelling & Visualisierung*; di: Hochsch. Emden / Leer, FB Technik, Constantiaplatz 4, 26723 Emden, T: (04921) 8071427, F: 8071429, awilke@hs-emden-leer.de; pr: Constantiaplatz 35, 26723 Emden, T: (04921) 996709

**Wilke,** Friedrich; Dipl.-Volksw., Dr. rer. pol., Prof.; *Betriebswirtschaftslehre*; di: FH Köln, Fak. f. Informatik u. Ingenieurwiss., Am Sandberg 1, 51643 Gummersbach, T: (02261) 8196299, wilke@gm.fh-koeln.de; pr: Landstr. 4, 51647 Gummersbach, T: (02261) 67643

**Wilke,** Guido; Dr. rer. nat., Prof.; *Polymerwerkstoffe, Organische Werkstoffe*; di: Hochsch. Esslingen, Fak. Angew. Naturwiss., Kanalstr. 33, 73728 Esslingen, T: (0711) 3973548; pr: Hochwiesenweg 56, 73733 Esslingen

**Wilke,** Helmuth; Dr., Prof.; *Betriebswirtschaftl. Steuerlehre*; di: HTW Berlin, FB Wirtschaftswiss. I, Treskowallee 8, 10318 Berlin, T: (030) 50192368, wilkeh@HTW-Berlin.de

**Wilke,** Sybille; Dr., Prof.; *Konstruktionslehre*; di: Hochsch. Anhalt, FB 6 Elektrotechnik, Maschinenbau u. Wirtschaftsingenieurwesen, PF 1458, 06354 Köthen, T: (03496) 672740, S.Wilke@emw.hs-anhalt.de

**Wilke,** Thomas; Dr. rer. oec., Prof.; *BWL*; di: Hochsch. Wismar, Fak. f. Wirtschaftswiss., PF 1210, 23952 Wismar, T: (03841) 753504, t.wilke@wi.hs-wismar.de

**Wilke,** Winfred; Dr., Prof.; *Technische Mechanik, Konstruktion, Messtechnik*; di: Hochsch. f. angew. Wiss. Würzburg Schweinfurt, Fak. Maschinenbau, Ignaz-Schön-Str. 11, 97421 Schweinfurt

**Wilken,** Carsten; Dr. rer. pol., Prof.; *Finanzmanagement, Controlling*; di: Hochsch. Emden / Leer, FB Wirtschaft, Constantiaplatz 4, 26723 Emden, T: (04921) 8071223, carsten.wilken@hs-emden-leer.de; pr: Dorfstr. 9, 26789 Leer, T: (0491) 9769771

**Wilkening,** Karin; Dipl.-Psych., Dr. phil., Prof.; *Geragogik, Psychologie*; di: Ostfalia Hochsch., Fak. Sozialwesen, Ludwig-Winter-Str. 2, 38120 Braunschweig

**Wilkens,** Jan; Dr. rer. nat., Prof.; *Technische Chemie*; di: FH Köln, Fak. f. Angew. Naturwiss., Kaiser-Wilhelm-Allee, 50368 Leverkusen, T: (0214) 328314614, jan.wilkens@fh-koeln.de

**Wilker,** Friedrich-Wilhelm; Dr., Prof.; *Klinische Psychologie / Psychotherapie*; di: Hochsch. Heidelberg, Fak. f. Therapiewiss., Maaßstr. 26, 69123 Heidelberg, T: (06221) 884169, friedrich-wilhelm.wilker@fh-heidelberg.de

**Wilkes,** Birgit; Dipl.-Inf., Prof.; *Telematik*; di: Techn. Hochsch. Wildau, FB Ingenieurwesen / Wirtschaftsingenieurwesen, Bahnhofstr., 15745 Wildau, T: (03375) 508364, F: 500324, bwilkes@igw.tfh-wildau.de

**Wilking,** Georg; Dr., Prof.; *Wirtschaftsinformatik*; di: Hochsch. Niederrhein, FB Wirtschaftswiss., Webschulstr. 41-43, 41065 Mönchengladbach, T: (02161) 1866371, georg.wilking@hs-niederrhein.de

**Wilking,** Walter; Dipl.-Ing., Prof.; *Tragwerkslehre*; di: Hochsch. Rhein / Main, FB Architektur u. Bauingenieurwesen, Kurt-Schumacher-Ring 18, 65197 Wiesbaden, T: (0611) 94951414, walter.wilking@hs-rm.de; pr: An der Wied 36, 55128 Mainz-Bretzenheim, T: (06131) 35027, F: 338698

**Wilksch,** Stephan; Dr.-Ing., Prof.; *Produktionswirtschaft u. Logistik, Management v. Informationssystemen, Innovations- u. Technologiemanagement*; di: HTW Berlin, FB Wirtschaftswiss. I, Treskowallee 8, 10318 Berlin, T: (030) 50192785, s.wilksch@HTW-Berlin.de

**Will,** Frank; Dr., Prof.; *Chemie und Sensorik pflanzlicher Lebensmittel*; di: Hochsch. Geisenheim, Zentrum Analytische Chemie u. Mikrobiologie, Von-Lade-Str. 1, 65366 Geisenheim, T: (06722) 502313, Frank.Will@hs-gm.de

**Will,** Peter; Dr. rer. nat. habil., Prof. H Mittweida (FH); *Technische Mechanik, Bruch- u. Schadensmechanik, Mechatronik*; di: Hochsch. Mittweida, Fak. Medien, Technikumplatz 17, 09648 Mittweida, T: (03727) 581371, F: 581439, pwill@htwm.de; pr: Hoffmannstr. 54, 09112 Chemnitz, T: (0371) 364904

**Willaschek,** Wolfgang; Prof.; *Dramaturgie / Künstl. Gestaltung*; di: HAW Hamburg, Fak. Design, Medien u. Information, Finkenau 35, 22081 Hamburg, T: (040) 428757665, wolfgang.willaschek@haw-hamburg.de; pr: Kloevensteenweg 149, 22559 Hamburg, w.willaschek@t-online.de

**Willbold-Lohr,** Gabriele; Dipl.-Ing., Prof.; *Gebäudetechnik u. ressourcenschonendes Bauen*; di: FH Köln, Fak. f. Architektur, Betzdorfer Str. 2, 50679 Köln, gabriele.willbold-lohr@fh-koeln.de; pr: Oldenburger Str. 29, 50737 Köln

**Willburger,** Andreas; Dr., Prof.; *Wirtschaftsrecht*; di: Hochsch. Pforzheim, Fak. f. Wirtschaft u. Recht, Tiefenbronner Str. 65, 75175 Pforzheim, T: (07231) 286209, F: 287209, andreas.willburger@hs-pforzheim.de

**Wille,** Cornelius; Dr.-Ing., Prof.; *Software-Engineering, Software-Qualitätsmanagement*; di: FH Bingen, FB Technik, Informatik, Wirtschaft, Berlinstr. 109, 55411 Bingen, T: (06721) 409257, F: 409158, wille@fh-bingen.de

**Willems,** Christian; Dr.-Ing., Prof.; *Werkstofftechnik, insb. Metallische Werkstoffe*; di: Westfäl. Hochsch., FB Elektrotechnik u. angew. Naturwiss., August-Schmidt-Ring 10, 45665 Recklinghausen, T: (02361) 915479, F: 915484, christian.willems@fh-gelsenkirchen.de

**Willems,** Claus-Christian; Dipl.-Ing., Prof.; *Ingenieurhochbau/Baukonstruktion*; di: Hochsch. Anhalt, FB 3 Architektur, Facility Management u. Geoinformation, PF 2215, 06818 Dessau, T: (0340) 51971580, willems@afg.hs-anhalt.de

**Willenbring,** Monika; Dr. phil., Prof.; *Heilpädagogik*; di: Kath. Hochsch. f. Sozialwesen Berlin, Köpenicker Allee 39-57, 10318 Berlin, T: (030) 501010911, willenbrink@khsb-berlin.de

**Willige,** Andreas; Dr.-Ing., Prof.; *Fertigungsverfahren, Schweißtechnik, Werkstoffkunde*; di: Hochsch. Konstanz, Fak. Maschinenbau, Brauneggerstr. 55, 78462 Konstanz, PF 100543, 78405 Konstanz, T: (07531) 206283, willige@fh-konstanz.de

**Williger,** Kerstin; Dr., Prof.; *Chemie, Biochemie in der Ernährung*; di: Hochsch. Niederrhein, FB Oecotrophologie, Rheydter Str. 232, 41065 Mönchengladbach, T: (02161) 1865388, Kerstin.williger@hs-niederrhein.de

**Willingmann,** Armin; Dr., Prof., Rektor H Harz; *Zivil- u. Wirtschaftsrecht, insbes. Verbraucherrecht, Zvilprozessrecht*; di: Hochsch. Harz, Friedrichstr. 57-59, 38855 Wernigerode, T: (03943) 659100, F: 659109, awillingmann@hs-harz.de; pr: Friedrichstr. 119a, 38855 Wernigerode, T: (03943) 626986, Willingmann.Hamburg@t-online.de; www.willingmann.de

**Willke,** Gerhard; Dr. rer. pol. habil., Prof.; *Wirtsch.wiss., Wirtsch.politik*; di: Hochsch. f. Wirtschaft u. Umwelt Nürtingen-Geislingen, FB 2, PF 1349, 72603 Nürtingen, T: (07022) 201323, gerhard.Willke@hfwu.de; pr: Kurze Str. 15, 72072 Tübingen

**Willmerding,** Günter; Dr.-Ing., Prof.; *Nutzfahrzeuge, Technische Mechanik, Kolbenmaschinen*; di: Hochsch. Ulm, Fak. Maschinenbau u. Fahrzeugtechnik, PF 3860, 89028 Ulm, T: (0731) 5028415, willmerding@hs-ulm.de

**Willms,** Heinrich; Dr.-Ing., Prof.; *Technische Mechanik, Festigkeitslehre*; di: Hochsch. Osnabrück, Fak. Ingenieurwiss. u. Informatik, Albrechtstr. 30, 49076 Osnabrück, T: (0541) 9692926, h.willms@hs-osnabrueck.de; pr: Lotter Str. 127, 49078 Osnabrück, T: (0541) 431040

**Willms,** Herbert; Dr.-Ing., Prof.; *Energietechnik*; di: FH Aachen, FB Maschinenbau und Mechatronik, Goethestr. 1, 52064 Aachen, T: (0241) 600952340, willms@fh-aachen.de; pr: Apolloniastr. 166, 52080 Aachen, T: (0241) 555279

**Willms,** Joachim; M.A., Prof. Dr. rer. nat.; *Wirtschafts- und Tourismusgeographie, Touristikmanagement*; di: Karlshochschule, PF 11 06 30, 76059 Karlsruhe

**Willms,** Jürgen; Dr. math., Prof.; *Datenverarbeitung und Mathematik*; di: FH Südwestfalen, FB Ingenieur- u. Wirtschaftswiss., Lindenstr. 53, 59872 Meschede, T: (0291) 9910380, willms@fh-swf.de

**Willnauer,** Sigmar; Prof.; *Produkt/Umwelt*; di: Hochsch. f. Gestaltung Schwäbisch Gmünd, Rektor-Klaus-Str. 100, 73525 Schwäbisch Gmünd, PF 1308, 73503 Schwäbisch Gmünd, T: (07171) 602785

**Willner,** Thomas; Dr., Prof.; *Verfahrenstechnik*; di: HAW Hamburg, Fak. Life Sciences, Lohbrügger Kirchstr. 65, 21033 Hamburg, T: (040) 428756247, thomas.willner@ls.haw-hamburg.de; pr: T: (040) 7600547, F: 7600547

**Willöper,** Jörg; Dr. rer. nat., Prof.; *Angewandte Mathematik/Informatik*; di: Hochsch. Wismar, Fak. f. Ingenieurwiss., PF 1210, 23952 Wismar, T: (0381) 4985829, j.willoeper@sf.hs-wismar.de

**Willsch,** Reinhardt; Dr. rer. nat., HonProf.; *Sensorik*; di: FH Jena, FB Elektrotechnik u. Informationstechnik, Carl-Zeiss-Promenade 2, 07745 Jena, PF 100314, 07703 Jena, et@fh-jena.de

**Wilmer,** Thomas; Dr. jur., Prof.; *Recht*; di: Hochsch. Darmstadt, FB Gesellschaftswiss. u. Soziale Arbeit, Haardtring 100, 64295 Darmstadt, T: (06151) 168737, wilmer@fbsuk.fh-darmstadt.de

**Wilmers,** Martin; Dr. rer. nat., Prof.; di: Rheinische FH Köln, Hohenstaufenring 16-18, 50674 Köln; pr: Schiffgesweg 43, 50259 Pulheim, T: (02234) 83407

**Wilmes,** Bodo; Dr., Prof.; *Marketing/Produkt- und Kundenmanagement*; di: Hochsch. Heilbronn, Fak. f. Technik u. Wirtschaft, Daimlerstr. 35, 74653 Künzelsau, T: (07940) 1306227, F: 130662441, wilmes@hs-heilbronn.de

**Wilmes,** Thomas; Dr., Prof.; *Wirtschaftsinformatik*; di: FH Dortmund, FB Informatik, Emil-Figge-Str. 42, 44139 Dortmund, T: (0231) 7756758, F: 7556757, wilmey@fh-dortmund.de

**Wilms,** Stefan; Dr. rer. pol., Prof.; *Betriebliches Rechnungswesen, Controlling*; di: Hochsch. Heilbronn, Fak. f. Wirtschaft u. Verkehr, Max-Planck-Str. 39, 74081 Heilbronn, T: (07131) 504232, wilms@hs-heilbronn.de

**Wilpers,** Susanne; Dr. rer. nat., Prof.; *Personalmanagement u Kommunikation*; di: Hochsch. Heilbronn, Fak. f. Wirtschaft u. Verkehr, Max-Planck-Str. 39, 74081 Heilbronn, T: (07131) 504220, F: 252470, wilpers@hs-heilbronn.de

**Wilting,** Hans-Josef; Dr. theol., Prof. Phil.-Theol. H Münster; *Christliche Sozialethik*; di: Philosophisch-Theologische Hochschule, Hörsterplatz 4, 48147 Münster; pr: Hemmerhof 39, 45227 Essen, twilting@gmx.net

**Wiltinger,** Angelika; Dr., Prof.; *BWL/Marketing*; di: FH Frankfurt, FB 3 Wirtschaft u. Recht, Nibelungenplatz 1, 60318 Frankfurt am Main, T: (069) 15332999

**Wiltinger,** Kai; Dr. rer. pol., Prof.; *BWL, IT-Anwendung*; di: FH Mainz, FB Wirtschaft, Lucy-Hillebrand-Str. 2, 55128 Mainz, T: (06131) 6283269, kai.wiltinger@fh-mainz.de

**Wimmer,** Heinrich; Dr.-Ing., Prof., Dekan FB Geoinformationswesen; *Vermessungskunde, Geoinformatik, Datenverarbeitung*; di: Hochsch. München, Fak. Geoinformation, Karlstr. 6, 80333 München, T: (089) 12652654, F: 12652698, heinrich.wimmer@fhm.edu

**Wimmer,** Martina; Dr., Prof.; *Entwerfen, Städtebau*; di: Hochsch. Bremen, Fak. Architektur, Bau u. Umwelt, Neustadtswall 30, 28199 Bremen, T: (0421) 59052767, F: 59052202, Martina.Wimmer@hs-bremen.de

**Winckler,** Jörg; Dr. rer. nat., Prof.; *Kommunikationssysteme, Multimediatechnik*; di: Hochsch. Heilbronn, Fak. f. Technik 2, Max-Planck-Str. 39, 74081 Heilbronn, T: (07131) 504235, F: 504142351, winckler@hs-heilbronn.de

**Winckler-Ruß,** Barbara; Dr. rer. pol., Prof.; *Betriebswirtschaftslehre, Kreativitätstechniken*; di: Hochsch. Furtwangen, Fak. Maschinenbau u. Verfahrenstechnik, Jakob-Kienzle-Str. 17, 78054 Villingen-Schwenningen, T: (07720) 3074240, Barbara.Winckler-Russ@hs-furtwangen.de

**Wind,** Renate; Pfarrerin, Dr. phil., Prof.; *Altes und Neues Testament, Kirchengeschichte*; di: Ev. Hochsch. Nürnberg, Fak. f. Religionspädagogik, Bildungsarbeit u. Diakonik, Bärenschanzstr. 4, 90429 Nürnberg, T: (0911) 27253865, F: 27253852, renate.wind@evhn.de; pr: Herwigstr. 8, 90459 Nürnberg, T: (0170) 4704316

**Winde,** Jörg; Prof.; *Werbefotografie, Konzeption und Entwurf, Fotodesign*; di: FH Dortmund, FB Design, Max-Ophüls-Platz 2, 44139 Dortmund, T: (0231) 9112486, F: 9112415, winde@fh-dortmund.de; pr: Am Hedtberg 65, 44879 Bochum

**Windeck,** Klaus-J.; Dr. rer. pol., Prof., Dekan FB Seefahrt; *Seeverkehrsökonomie, Soziologie*; di: Jade Hochsch., FB Seefahrt, Weserstr. 4, 26931 Elsfleth, T: (04404) 92884111, F: 92884141, klaus-juergen.windeck@jade-hs.de; pr: Pfänderweg 33, 26133 Oldenburg, T: (0441) 382253, F: 382253

**Windeln,** Johannes; Dr., Prof. u. Präs.; di: Wilhelm Büchner Hochsch., Ostendstr. 3, 64319 Pfungstadt

**Windemuth,** Dirk; Dr. phil., Prof.; *Psychologie, Case Management*; di: Hochsch. Bonn-Rhein-Sieg, FB Sozialversicherung, Zum Steimelsberg 7, 53773 Hennef, T: (02241) 865164, dirk.windemuth@hochschule-bonn-rhein-sieg.de

**Windisch,** Dietmar; Dr. rer. nat., Prof.; *Sensorik und elektrische Messtechnik*; di: Jade Hochsch., FB Ingenieurwissenschaften, Friedrich-Paffrath-Str. 101, 26389 Wilhelmshaven, T: (04421) 9852564, dietmar.windisch@jade-hs.de

**Windisch,** Hans-Michael; Dr. rer. nat., Prof.; *Technische Informatik, Software Engineering*; di: HAW Ingolstadt, Fak. Elektrotechnik u. Informatik, Esplanade 10, 85049 Ingolstadt, T: (0841) 9348248, hans-michael.windisch@haw-ingolstadt.de

**Windisch,** Herbert; Dipl.-Ing., Prof.; *Kolbenmaschinen, Thermodynamik*; di: Hochsch. Heilbronn, Fak. f. Mechanik u. Elektronik, Max-Planck-Str. 39, 74081 Heilbronn, T: (07131) 504253, h.windisch@fh-heilbronn.de

**Windisch,** Ute; Dr. rer. nat., Prof.; *Biologie und Ökologie*; di: Techn. Hochsch. Mittelhessen, FB 04 Krankenhaus- u. Medizintechnik, Umwelt- u. Biotechnologie, Wiesenstr. 14, 35390 Gießen, T: (0641) 3092515

**Windmöller,** Rolf; Dr.-Ing., HonProf.; *Elektrotechnik, Energiewirtschaft, Transport und Verteilungsnetze*; di: TFH Georg Agricola Bochum, Herner Str. 45, 44787 Bochum, rolf.windmoeller@t-online.de; pr: Scharpenberger Str. 37, 58256 Ennepetal, T: (02333) 76722

**Windolph,** Joachim; Dr. theol., Prof.; *Theologische Grundfragen, christliche Anthropologie und Ethik, Katholische Soziallehre, Pastoral-theologische Handlungsfelder in der Sozialen Arbeit, insb. Jugendpastoral*; di: Kath. Hochsch. NRW, Abt. Köln, FB Sozialwesen, Wörthstr. 10, 50668 Köln, T: (0221) 7757181, F: 7757180, j.windolph@kfhnw.de; pr: Sebastian-Bach-Str. 1a, 41639 Dormagen, T: (02133) 45393

**Wings,** Elmar; Dr. rer. nat., Prof.; *CAGD, Steuerungstechnik, Regelungstechnik*; di: Hochsch. Emden/Leer, FB Technik, Constantiaplatz 4, 26723 Emden, T: (04921) 8071430, elmar.wings@hs-emden-leer.de

**Wink,** Rüdiger; Dr. rer. oec. habil., Prof.; *Volkswirtschaftslehre*; di: HTWK Leipzig, FB Wirtschaftswissenschaften, PF 301166, 04251 Leipzig, T: (0341) 30766643, wink@wiwi.htwk-leipzig.de; Univ., Fak. f. Wirtschaftswissenschaft, Wirtschaftspolitik III, PF 102148, 44721 Bochum, T: (0234) 3225333, F: 707716, ruediger.wink@rub.de

**Winkel,** Eduard; Dr., Prof.; *Grundlagen der Kunststofftechnologie, Extrusion, Schäumen, Fügetechnik, Wärme- und Stoffübertragung*; di: Hochsch. Rosenheim, Fak. Ingenieurwiss., Hochschulstr. 1, 83024 Rosenheim, T: (08031) 805630

**Winkel,** Helmut; Dr.-Ing., Prof.; *Werkstoffkunde/Fertigungsverfahren*; di: FH Köln, Fak. f. Informatik u. Ingenieurwiss., Am Sandberg 1, 51643 Gummersbach, T: (02261) 8196271, winkel@gm.fh-koeln.de; pr: Vor der Goldbreede 8, 49078 Osnabrück, T: (0541) 441441, F: 441441

**Winkel,** Olaf; Dr. phil., Prof.; *Public Management*; di: Hochsch. f. Wirtschaft u. Recht Berlin, FB 1, Alt-Friedrichsfelde 60, 10315 Berlin, T: (030) 90214312, F: 90214417, o.winkel@hwr-berlin.de; pr: T: (0251) 51523

**Winkelhage,** Olaf; Dr., Prof.; di: H Koblenz, FB Wirtschafts- u. Sozialwissenschaften, RheinAhrCampus, Joseph-Rovan-Allee 2, 53424 Remagen, T: (02642) 932298, F: 30932, winkelhage@rheinahrcampus.de

**Winkelmann,** Adolf; Prof.; *Film-Design (Konzeption und Entwurf)*; di: FH Dortmund, FB Design, Max-Ophüls-Platz 2, 44139 Dortmund, T: (0231) 9112436, F: 9112415, adolf.winkelmann@fh-dortmund.de

**Winkelmann,** Peter; Dipl.-Kfm., Dr. rer. pol., Prof.; *Marketing und Vertrieb, CRM/Vertriebssteuerung, Internationale Unternehmensführung, Käuferverhalten, Management-Techniken*; di: Hochsch. Landshut, Fak. Betriebswirtschaft, Am Lurzenhof 1, 84036 Landshut, pwinkel@fh-landshut.de

**Winkelmann,** Ralf; Dr.-Ing., Prof.; *Fertigungstechnik, Arbeitsvorbereitung, Schweißtechnik*; di: Hochsch. Lausitz, FB Informatik, Elektrotechnik, Maschinenbau, Großenhainer Str. 57, 01968 Senftenberg, T: (03573) 85501, F: 85509

**Winkelmann,** Sabine; Dr. oec., Prof.; *Wirtschaftsinformatik*; di: Westsächs. Hochsch. Zwickau, FB Wirtschaftswiss., Scheffelstr. 39, 08056 Zwickau, Sabine.Winkelmann@fh-zwickau.de

**Winkelmann,** Uwe; Dr.-Ing., Prof.; *Maschinenelemente, Konstruktionsgrundlagen, Tribologie*; di: Hochsch. Magdeburg-Stendal, FB Ingenieurwiss. u. Industriedesign, Breitscheidstr. 2, 39114 Magdeburg, T: (0391) 8864390, Uwe.Winkelmann@HS-Magdeburg.de

**Winkels,** Heinz-Michael; Dr., Prof.; *Datenverarbeitung/Logistik*; di: FH Dortmund, FB Wirtschaft, Emil-Figge-Str. 44, 44227 Dortmund, T: (0231) 7554966, F: 91124902, Heinz-Michael.Winkels@fh-dortmund.de; pr: Dinnendahlstr. 17a, 45136 Essen

**Winkens,** Karl-Heinz; Prof.; *Baukonstruktion und Entwerfen*; di: FH Potsdam, FB Architektur u. Städtebau, Pappelallee 8-9, Haus 2, 14469 Potsdam, T: (0331) 5801228; pr: winkens@snafu.de

**Winkler,** Eberhard; Dipl.-Ing., HonProf.; di: Hochsch. f. Technik, Schellingstr. 24, 70174 Stuttgart, PF 101452, 70013 Stuttgart

**Winkler,** Ernst; Dr.-Ing., Prof.; *Grundlagen der Elektrotechnik*; di: FH Schmalkalden, Fak. Elektrotechnik, Blechhammer, 98574 Schmalkalden, PF 100452, 98564 Schmalkalden, T: (03683) 6885103, e.winkler@e-technik.fh-schmalkalden.de

**Winkler,** Gertrud; Dr. oec. troph., Prof.; *Ernährungswissenschaft, Lebensmitteltechnologie, Produktentwicklung*; di: Hochsch. Albstadt-Sigmaringen, FB 3, Anton-Günther-Str. 51, 72488 Sigmaringen, PF 1254, 72481 Sigmaringen, T: (07571) 732239, F: 732250, winkler@hs-albsig.de

**Winkler,** Joachim; Dr., Prof., Dekan FB Wirtschaft; *Allgemeine Soziologie*; di: Hochsch. Wismar, Fak. f. Wirtschaftswiss., PF 1210, 23952 Wismar, T: (03841) 753694, j.winkler@wi.hs-wismar.de

**Winkler,** Jürgen; Dr. jur., Prof.; *Sozialrecht*; di: Kath. Hochsch. Freiburg, Karlstr. 63, 79104 Freiburg, T: (0761) 200446, winkler@kfh-freiburg.de; pr: St.-Gebhard-Str. 20, 78467 Konstanz, T: (07531) 52943, F: 52943, juergen.winkler@01019freenet.de

**Winkler,** Kathrin; Dr., Prof.; *Religionspädagogik, Unterrichtspraxis und Religionswissenschaft*; di: Ev. Hochsch. Nürnberg, Fak. f. Religionspädagogik, Bildungsarbeit u. Diakonik, Bärenschanzstr. 4, 90429 Nürnberg, T: (0911) 27253861, kathrin.winkler@evhn.de

**Winkler,** Klaudia; Dr. phil., Prof.; *Psychologie, Methoden und Konzepte Sozialer Arbeit, Gesundheitswissenschaften*; di: Hochsch. Regensburg, Fak. Sozialwiss., PF 120327, 93025 Regensburg, T: (0941) 9431088, klaudia.winkler@soz.fh-regensburg.de

**Winkler,** Lutz; Dr.-Ing. habil., Prof.; *Kommunikationstechnik*; di: Hochsch. Mittweida, Fak. Elektro- u. Informationstechnik, Technikumplatz 17, 09648 Mittweida, T: (03727) 581290, F: 581420, win@htwm.de; pr: Fürstenstr. 232, 09130 Chemnitz

**Winkler,** Michael; Dr., Prof.; *Umweltschutztechnik*; di: Hochsch.Merseburg, FB Ingenieur- u. Naturwiss., Geusaer Str., 06217 Merseburg, T: (03461) 462019, F: 462192, michael.winkler@hs-merseburg.de

**Winkler,** Sabine; Prof.; *Industrie-Design, Grundlagen der Gestaltung*; di: Hochsch. Darmstadt, FB Gestaltung u. FB Media, Haardtring 100, 64295 Darmstadt, T: (06151) 168354; pr: sw@usedesignlab.com

**Winkler,** Steffen; Dr.-Ing., Prof.; *Sanitär-, Installations- und Hygienetechnik*; di: HTWK Leipzig, FB Maschinen- u. Energietechnik, PF 301166, 04251 Leipzig, T: (0341) 3538421, winkler@me.htwk-leipzig.de

**Winkler,** Wolfgang; Dr.-Ing., Prof.; *Rechnerarchitektur und Systemprogrammierung*; di: Westfäl. Hochsch., FB Informatik u. Kommunikation, Neidenburger Str. 43, 45877 Gelsenkirchen, T: (0209) 9596484, Wolfgang.Winkler@informatik.fh-gelsenkirchen.de

**Winkler,** Wolfgang; Dr., Prof.; *Energiesysteme*; di: HAW Hamburg, Fak. Technik u. Informatik, Berliner Tor 21, 20099 Hamburg, T: (040) 428758773, winkler@rzbt.haw-hamburg.de

**Winko,** Ulrich; Dr., Prof.; *Geschichte u Theorie der Architektur, der Kunst u des Designs*; di: FH Kaiserslautern, FB Bauen u. Gestalten, Schoenstr. 6, 67659 Kaiserslautern, T: (0631) 3724603, F: 3724666, ulrich.winko@fh-kl.de

**Winn,** Kuno; Dr. med., HonProf.; *Wirtschaft*; di: Hochsch. Magdeburg-Stendal, FB Wirtschaft, Osterburger Str. 25, 39576 Stendal

**Winnesberg,** Dan; Dr.-Ing., Prof.; *Informatik u Kommunikationstechnik in Verkehr u Logistik*; di: Westfäl. Hochsch., FB Wirtschaftsingenieurwesen, August-Schmidt-Ring 10, 45657 Recklinghausen, T: (02361) 915578, F: 915571, dan.winnesberg@fh-gelsenkirchen.de

**Winschuh,** Thomas; Dr., Prof.; *Organisation und Personal, Soziologie*; di: FH f. öffentl. Verwaltung NRW, Abt. Köln, Thürmchenswall 48-54, 50668 Köln, thomas.winschuh@fhoev.nrw.de

**Winsel,** Thomas; Dr.-Ing., Prof.; *Maschinenbau*; di: Hochsch. Kempten, Fak. Maschinenbau, Bahnhofstr. 61-63, 87435 Kempten, T: (0831) 2523357, F: 2523229, thomas.winsel@fh-kempten.de

**Winter,** Bernhard; Dr.-Ing., Prof.; *Umweltverfahrenstechnik*; di: Jade Hochsch., FB Ingenieurwissenschaften, Friedrich-Paffrath-Str. 101, 26389 Wilhelmshaven, T: (04421) 9852376, F: 9852623, bernhard.winter@jade-hs.de

**Winter,** Gerhard; Dr. rer. nat., Prof.; *Angewandte Hygiene, Steriltechnik, Reinigungstechnik*; di: Hochsch. Albstadt-Sigmaringen, FB 3, Anton-Günther-Str. 51, 72488 Sigmaringen, PF 1254, 72481 Sigmaringen, T: (07571) 732240, F: 732250, winter@hs-albsig.de

**Winter,** Hermann; Dr.-Ing., Prof.; *Technomathematik, CAD, Informatik*; di: Hochsch. f. Technik, Fak. Vermessung, Mathematik u. Informatik, Schellingstr. 24, 70174 Stuttgart, PF 101452, 70013 Stuttgart, T: (0711) 89262526, F: 89262556, hermann.winter@hft-stuttgart.de

**Winter,** Jürgen; Dr.-Ing., Prof.; *Microcomputertechnik, Kommunikationsnetze u. Protokolle*; di: Hochsch. Rhein/Main, FB Ingenieurwiss., Informationstechnologie u. Elektrotechnik, Am Brückweg 26, 65428 Rüsselsheim, T: (06142) 8984214, juergen.winter@hs-rm.de

**Winter,** Jürgen; Dr., Prof.; *Technische Thermodynamik, Wärmetechnik, Wärmewirtschaft, Konstruktion*; di: FH Frankfurt, FB 2 Informatik u. Ingenieurwiss., Nibelungenplatz 1, 60318 Frankfurt am Main, T: (069) 15332378, winter@fb2.fh-frankfurt.de

**Winter,** Kai; Dr., Prof.; *Konsumgüter-Handel*; di: DHBW Mosbach, Campus Heilbronn, Bildungscampus 4, 74076 Heilbronn, T: (07131) 1237142, winter@dhbw-mosbach.de

**Winter,** Maik; Dr. rer. cur., Prof.; *Pflegepädagogik*; di: Hochsch. Ravensburg-Weingarten, Doggenriedstr., 88250 Weingarten, PF 1261, 88241 Weingarten, T: (0751) 5019467, F: 5019876, maik.winter@hs-weingarten.de

**Winter,** Mario; Dr. rer. nat., Prof.; *Softwareentwicklung u. Projektmanagement in Multimediaprojekten*; di: FH Köln, Fak. f. Informatik u. Ingenieurwiss., Am Sandberg 1, 51643 Gummersbach, T: (02261) 8196285, winter@gm.fh-koeln.de; pr: Gustav-Freitag-Str. 10, 42327 Wuppertal, T: (0202) 744398

**Winter,** Rolf; Dr.-Ing., Prof.; *Datenkommunikation*; di: Hochsch. Augsburg, Fak. f. Informatik, Friedberger Straße 2, 86161 Augsburg, PF 110605, 86031 Augsburg, T: (0821) 55863441, rolf.winter@hs-augsburg.de

**Winter,** Stefanie; Dr., Prof.; *Kommunikation und Präsentation, Markt- und Werbepsychologie*; di: Hochsch. Rosenheim, Hochschulstr. 1, 83024 Rosenheim, T: (08031) 805414, winter@fh-rosenheim.de

**Winter,** Thomas; Dr., Prof.; *Mathematik*; di: Beuth Hochsch. f. Technik, FB II Mathematik – Physik – Chemie, Luxemburger Str. 10, 13353 Berlin, twinter@beuth-hochschule.de

**Winter,** Wolfgang; Dr., Prof.; *BWL, Handel, Industrie*; di: DHBW Heidenheim, Fak. Wirtschaft, Marienstr. 20, 89518 Heidenheim, T: (07321) 2722237, F: 2722239, winter@dhbw-heidenheim.de

**Winterberg,** Jörg M.; Dr. rer. pol., Prof.; *Volkswirtschaftslehre*; di: Hochsch. Heidelberg, School of Engineering and Architecture, Bonhoefferstr. 11, 69123 Heidelberg

**Winterfeldt,** Götz; Dr., Prof.; *Wirtschaft und Technik*; di: Hochsch. Deggendorf, FB Elektrotechnik u. Medientechnik, Edlmairstr. 6-8, 94469 Deggendorf, PF 1320, 94453 Deggendorf, T: (0991) 3615549, F: 3615599, goetz.winterfeldt@fh-deggendorf.de

**Winternheimer,** Stefan; Dr.-Ing., Prof.; *Leistungselektronik, Elektrische Antriebe, Projektmanagement*; di: HTW d. Saarlandes, Fak. f. Ingenieurwiss., Goebenstr. 40, 66117 Saarbrücken, T: (0681) 5867219, s.winternheimer@htw-saarland.de

**Winterstein,** Georg; Dr. rer. nat., Prof., Dekan FB Informatik; *Grundlagen der Informatik, DV-Anwendungen und Expertensysteme in den Ingenieurwissenschaften*; di: Hochsch. Mannheim, Fak. Informatik, Windeckstr. 110, 68163 Mannheim, T: (0621) 2926224

**Winz,** Gerald; Dr.-Ing., Prof.; *Logistik, Qualitätsmanagement, Maschinenbau*; di: Hochsch. Kempten, Fak. Maschinenbau, Bahnhofstr. 61-63, 87435 Kempten, T: (0831) 2523353, F: 2523229, gerald.winz@fh-kempten.de

**Winz,** Rainer; Dr., Prof.; *Betriebssysteme, Prozessdatenverarbeitung*; di: Hochsch.Merseburg, FB Informatik u. Kommunikationssysteme, Geusaer Str., 06217 Merseburg, T: (03461) 462953, rainer.winz@hs-merseburg.de

**Winzen,** Olaf; Dr., Prof.; *Dentale Bewegungslehre*; di: SRH Hochsch. Hamm, Platz der Deutschen Einheit 1, 59065 Hamm

**Winzer,** Peter; Dr., Prof.; *Unternehmensführung, insb. Unternehmensplanung, -rechnung, -controlling, TIMES-Märkte*; di: Hochsch. Rhein/Main, FB Design Informatik Medien, Unter den Eichen 5, 65195 Wiesbaden, T: (0611) 94952118, peter.winzer@hs-rm.de

**Winzer,** Reinhard; Dipl.-Ing., Prof.; *Verbrennungsmotoren, Fahrzeugmanagementsysteme, Alternative Fahrzeugantriebe*; di: Hochsch. Rhein/Main, FB Ingenieurwiss., Maschinenbau, Am Brückweg 26, 65428 Rüsselsheim, T: (06142) 8984339, reinhard.winzer@hs-rm.de; pr: Mendelssohnstr. 12, 65817 Eppstein, T: (06198) 5773995

**Winzerling,** Werner; Dr., Prof.; *Visualisierung, Rechnernetze, Online-Dienste, Multimedia*; di: Hochsch. Fulda, FB Angewandte Informatik, Marquardstr. 35, 36039 Fulda, T: (0661) 9640111, werner.winzerling@informatik.fh-fulda.de; pr: Tannenweg 24, 36039 Fulda, T: (0661) 9628756

**Winzker,** Marco; Dr.-Ing., Prof.; *Digitaltechnik, Elektrotechnik*; di: Hochsch. Bonn-Rhein-Sieg, FB Elektrotechnik, Maschinenbau und Technikjournalismus, Grantham-Allee 20, 53757 Sankt Augustin, T: (02241) 865322, F: 8658322, marco.winzker@fh-bonn-rhein-sieg.de

**Wippich,** Klaus; Dr.-Ing., Prof.; *Elektrische Maschinen, Grundlagen der Elektrotechnik, Projektmanagement*; di: Jade Hochsch., FB Ingenieurwissenschaften, Friedrich-Paffrath-Str. 101, 26389 Wilhelmshaven, T: (04421) 9852582, F: 9852623, klaus.wippich@jade-hs.de

**Wirner,** Gerhard; Dr. rer. pol., Prof.; *Soziologie*; di: Ev. Hochsch. Nürnberg, Fak. f. Sozialwissenschaften, Bärenschanzstr. 4, 90429 Nürnberg, T: (0911) 27253886, gerhard.wirner@evhn.de

**Wirnitzer,** Bernhard; Dr. rer. nat., Prof.; *Signalprozessoren und Microcontroller*; di: Hochsch. Mannheim, Fak. Informationstechnik, Windeckstr. 110, 68163 Mannheim

**Wirries,** Detlef; Dr.-Ing., Prof.; *Maschinenelemente, Methodisches Konstruktieren*; di: FH Flensburg, FB Maschinenbau, Verfahrenstechnik u. Maritime Technologien, Kanzleistr. 91-93, 24943 Flensburg, T: (0461) 8051669, F: 8555555, detlef.wirries@fh-flensburg.de

**Wirsching,** Georg; Prof.; *Grundlagen der Gestaltung, Freies Gestalten*; di: Hochsch. Weihenstephan-Triesdorf, Fak. Landschaftsarchitektur, Am Hofgarten 4, 85354 Freising, 85350 Freising, georg.wirsching@fh-weihenstephan.de

**Wirth,** Andrea; Dr. rer. pol., Prof.; *Versicherungen*; di: Hochsch. Karlsruhe, Fak. Informatik u. Wirtschaftsinformatik, Moltkestr. 30, 76133 Karlsruhe, PF 2440, 76012 Karlsruhe, T: (0721) 9252932

**Wirth,** Antje; Dr.-Ing., Prof.; *Multimedia-Technik, Rechnerarchitektur*; di: Hochsch. Darmstadt, FB Elektrotechnik u. Informationstechnik, Haardtring 100, 64295 Darmstadt, T: (06151) 168311, wirth@eit.h-da.de

**Wirth,** Carsten; Dr. rer.pol., Prof.; *Verwaltung u. Netzwerkarbeit in d. Sozialwirtschaft*; di: Hochsch. Kempten, Fak. Soziales u. Gesundheit, PF 1680, 87406 Kempten, T: (0831) 2523623, Carsten.Wirth@fh-kempten.de

**Wirth,** Christoph; Dr., HonProf. FH Frankfurt; *Feinwerkelemente, Getriebetechnik*; di: FH Frankfurt, FB 2 Informatik u. Ingenieurwiss., Nibelungenplatz 1, 60318 Frankfurt am Main, T: (069) 15332736, wirth@fb2.fh-frankfurt.de

**Wirth,** Ingrid; Dr. rer. oec., Prof.; *Betriebswirtschaftslehre, Allgemeine Volkswirtschaftslehre*; di: Techn. Hochsch. Wildau, FB Betriebswirtschaft/Wirtschaftsinformatik, Bahnhofstr., 15745 Wildau, T: (03375) 508510, F: 500324, iwirth@wi-bw.tfh-wildau.de

**Wirth,** Thomas; Dr., Prof.; *Onlinemedien*; di: DHBW Mosbach, Oberer Mühlenweg 2-6, 74821 Mosbach, T: (06261) 939475, F: 939430, wirth@dhbw-mosbach.de

**Wirth,** Volker; Dr.-Ing., Prof.; *Baubetrieb, Verhandlungstechnik, Vertiefung Baumanagement und Fertigung*; di: Hochsch. Deggendorf, FB Bauingenieurwesen, Edlmairstr. 6/8, 94469 Deggendorf, T: (0991) 3615418, F: 361581418, volker.wirth@fh-deggendorf.de

**Wirth,** Wolfgang; Dr. rer. pol., Prof.; *Finanz- u. Investitionswirtschaft, Rechnungswesen, Unternehmensführung*; di: Hochsch. Augsburg, Fak. f. Wirtschaft, An der Hochschule 1, 86169 Augsburg, T: (0821) 55862919, wolfgang.wirth@hs-augsburg.de; www.hs-augsburg.de/~wirth

**Wirtz,** Irene; Dr., Prof.; *Straf- und Strafverfahrensrecht*; di: FH d. Bundes f. öff. Verwaltung, FB Kriminalpolizei, Thaerstr. 11, 65193 Wiesbaden

**Wirtz,** Klaus Werner; Dr. rer. pol., Prof.; *Allgemeine Betriebswirtschaftslehre, Betriebsinformatik*; di: Hochsch. Niederrhein, FB Wirtschaftswiss., Webschulstr. 41-43, 41065 Mönchengladbach, T: (02161) 1866329, wirtz@hs-niederrhein.de; pr: Von-Galen-Str. 62, 41236 Mönchengladbach

**Wirtz,** Peter Maria; Dipl.-Math., Dr. rer. biol. hum., Prof.; *Mathematik, Schwerpunkt Statistik*; di: Hochsch. Regensburg, Fak. Informatik u. Mathematik, PF 120327, 93025 Regensburg, T: (0941) 9431307, peter.wirtz@mathematik.fh-regensburg.de

**Wirtz,** Ulrich; Dr., Prof.; di: Rheinische FH Köln, Hohenstaufenring 16-18, 50674 Köln; pr: Am Grothenrather Berg 69, 41179 Mönchengladbach

**Wiskamp,** Volker; Dr. rer. nat., Prof.; *Anorganische und Organische Chemie*; di: Hochsch. Darmstadt, FB Chemie- u. Biotechnologie, Haardtring 100, 64295 Darmstadt, T: (06151) 168215, wiskamp@h-da.de; pr: Graupnerweg 42, 64287 Darmstadt, T: (06151) 784283

**Wisotzki,** Jochen; Dipl.-Journ, Dipl.-Reg., Prof.; *Zeitbasierte Medien: Film-, Video-, Audiodesign*; di: Hochsch. Wismar, Fak. f. Gestaltung, PF 1210, 23952 Wismar, j.wisotzki@di.hs-wismar.de

**Wißbrock,** Horst; Dr.-Ing., Prof.; *Technische Mechanik/Steuerungs- und Regelungstechnik*; di: Hochsch. Ostwestfalen-Lippe, FB 7, Produktion u. Wirtschaft, Liebigstr. 87, 32657 Lemgo, T: (05261) 702428, F: 702275; pr: Schwanoldstr. 1a, 32760 Detmold, T: (05231) 580455

**Wißerodt,** Eberhard; Dr.-Ing., Prof.; *Konstruktion, Maschinenelemente u. Materialfluss*; di: Hochsch. Osnabrück, Fak. Ingenieurwiss. u. Informatik, Albrechtstr. 30, 49076 Osnabrück, T: (0541) 9693151, e.wisserodt@hs-osnabrueck.de; pr: Fährweg 23, 48369 Saerbeck, T: (02574) 473

**Wissert,** Michael; Dipl.-Soz.Arb. (FH), Dipl.-Soz.-Päd. (FH), Dipl.-Soziologe, Dr. phil., Prof.; *Soziale Arbeit*; di: Hochsch. Ravensburg-Weingarten, Doggenriedstr., 88250 Weingarten, PF 1261, 88241 Weingarten, T: (0751) 5019416, F: 5019876, wissert@hs-weingarten.de; pr: Gartenstr. 14, 88250 Weingarten, T: (0751) 5575292

**Wißing,** Norbert; Dr.-Ing., Prof., Dekan FB Informations- und Elektrotechnik; *Planung von TK-Anlagen, Prozessor, Controller und Schaltungen*; di: FH Dortmund, FB Informations- u. Elektrotechnik, Sonnenstr. 96, 44139 Dortmund, T: (0231) 9112351, F: 9112289, wissing@fh-dortmund.de

**Wißmann,** Dieter; Dipl.-Ing., Prof.; *Webtechnologie, Objektorientierte Systeme, Verteilte Systeme, Betriebssysteme*; di: Hochsch. Coburg, Fak. Elektrotechnik / Informatik, Friedrich-Streib-Str. 2, 96450 Coburg, T: (09561) 317152, wissmann@hs-coburg.de

**Wißuwa,** Eckhard; Dr.-Ing., Prof.; *Fertigungstechnik*; di: Hochsch. Mittweida, Fak. Maschinenbau, Technikumplatz 17, 09648 Mittweida, T: (03727) 581367, F: 581376, wissuwa@htwm.de

**Witan,** Kurt; Dr.-Ing., Prof.; *Kunststoffchemie, Tribologie, Werkstoffwissenschaften*; di: Hochsch. Darmstadt, FB Maschinenbau u. Kunststofftechnik, Haardtring 100, 64295 Darmstadt, T: (06151) 168549

**Witkowski,** Ulf; Dr.-Ing., Prof.; *Schaltungstechnik, Industrieelektronik*; di: FH Südwestfalen, FB Elektr. Energietechnik, Lübecker Ring 2, 59494 Soest, T: (02921) 378309, witkowski@fh-swf.de

**Witt,** Andreas; Dr., Prof.; *Logistik und Supply Chain Management*; di: Hochsch. Fulda, FB Wirtschaft, Marquardstr. 35, 36039 Fulda, Andreas.Witt@w.hs-fulda.de

**Witt,** Dieter; Dr., Prof.; *Unternehmensführung und Management*; di: Hochsch. Heilbronn, Fak. f. Technik u. Wirtschaft, Daimlerstr. 35, 74653 Künzelsau, T: (07940) 1306235, F: 130662351, witt@hs-heilbronn.de

**Witt,** Gesine; Dr., Prof.; *Umweltchemie/Ökotoxikologie*; di: HAW Hamburg, Fak. Life Sciences, Lohbrügger Kirchstr. 65, 21033 Hamburg, T: (040) 428756417, gesine.witt@haw-hamburg.de

**Witt,** Klaus; Dr.-Ing., Prof.; *Mess- und Versuchstechnik/Fluidtechnik*; di: FH Aachen, FB Maschinenbau und Mechatronik, Goethestr. 1, 52064 Aachen, T: (0241) 600952388, witt@fh-aachen.de; pr: Limburger Str. 11, 52064 Aachen, T: (0241) 76228

**Witt,** Kurt-Ulrich; Dr. rer, nat., Prof., Dekan FB Informatik; *Grundlagen der Informatik, Programmierung u. sichere Systementwicklung*; di: Hochsch. Bonn-Rhein-Sieg, FB Informatik, Grantham-Allee 20, 53757 Sankt Augustin, 53754 Sankt Augustin, T: (02241) 865200, F: 8658200, kurt-ulrich.witt@fh-bonn-rhein-sieg.de

**Witt,** Norbert; Dr., Prof.; *Medieninformatik / Computergrafik / Animation*; di: HAW Hamburg, Fak. Design, Medien u. Information, Finkenau 35, 22081 Hamburg, T: (040) 428757650, norbert.witt@haw-hamburg.de; pr: Kloevensteenweg 149, 22559 Hamburg

**Witt,** Paul; Prof.; *Gemeindewirtschaftsrecht, Abgabenrecht, Kommunalrecht*; di: Hochsch. Kehl, Fak. Wirtschafts-, Informations- u. Sozialwiss., Kinzigallee 1, 77694 Kehl, PF 1549, 77675 Kehl, T: (07851) 894104, Witt@fh-kehl.de

**Wittberg,** Volker; Dr., Prof.; *Betriebswirtschaft*; di: FH des Mittelstands, FB Wirtschaft, Ravensbergerstr. 10G, 33602 Bielefeld, wittberg@fhm-iml.de

**Witte,** Barbara; Dr., Prof.; *Rundfunkjournalismus (Hörfunk und Fernsehen) und Online-Kommunikation*; di: Hochsch. Bremen, Fak. Gesellschaftswiss., Neustadtswall 30, 28199 Bremen, T: (0421) 59052813, F: 59053174, Barbara.Witte@hs-bremen.de

**Witte,** Hermann; Dr. rer. pol. habil., Prof.; *Allg. Betriebswirtschaftslehre, Logistik und Umweltökonomie*; di: Hochsch. Osnabrück, Fak. MKT, Inst. f. Management und Technik, Kaiserstraße 10c, 49809 Lingen, T: (0591) 80098222, h.witte@hs-osnabrueck.de; pr: Rhönstr. 31, 53859 Niederkassel, T: (0228) 452540

**Witte,** Karl-Heinz; Dr.-Ing., Prof.; *Optische Übertragungstechnik, Digitale Telekommunikation*; di: Hochsch. Rhein/Main, FB Ingenieurwiss., Informationstechnologie u. Elektrotechnik, Am Brückweg 26, 65428 Rüsselsheim, T: (06142) 8984234, karl-heinz.witte@hs-rm.de

**Witte,** Peter-Josef; Dr., Prof.; *Zivilrecht, Europarecht, Recht des grenzüberschreitenden Warenverkehrs*; di: FH d. Bundes f. öff. Verwaltung, FB Finanzen, PF 1549, 48004 Münster, T: (0251) 8670871

**Witte,** Stefan; Dr.-Ing., Prof.; *Grundgebiete d. Elektrotechnik, Nachrichtenübertragung*; di: Hochsch. Ostwestfalen-Lippe, FB 5, Elektrotechnik u. techn. Informatik, Liebigstr. 87, 32657 Lemgo, T: (05261) 702251, F: 702373; pr: Flamingoweg 13a, 32425 Minden, T: (0571) 48632

**Wittenberg,** Torsten; Dipl.-Des., Prof.; *Produktdesign, Konzeption u. Entwurf*; di: FH Münster, FB Design, Leonardo-Campus 6, 48149 Münster, T: (0251) 8365307, wittenberg@fh-muenster.de

**Wittenbrink,** Paul; Dr., Prof.; *BWL, Spedition, Transport und Logistik*; di: DHBW Lörrach, Hangstr. 46-50, 79539 Lörrach, T: (07621) 2071253, F: 2071239, wittenbrink@dhbw-loerrach.de

**Wittenzellner,** Helmut; Dr., Prof.; *BWL, KLR, Qualitätsmanagement, Buchführung und Bilanz, Materialwirtschaft, Controlling*; di: Hochsch. d. Medien, Fak. Druck u. Medien, Nobelstr. 10, 70569 Stuttgart, T: (0711) 89232140, wittenz@hdm-stuttgart.de

**Witteriede,** Heinz; Dr. paed., Prof.; *Soziale Arbeit*; di: Kath. Hochsch. NRW, Abt. Paderborn, FB Sozialwesen, Leostr. 19, 33098 Paderborn, T: (05251) 122544, F: 122552, h.witteriede@katho-nrw.de; pr: Wolff-Metternich-Str. 7, 33102 Paderborn, T: (05251) 35551

**Wittfeld,** Gerhard; Dipl.-Ing., Prof.; *Entwerfen u. Baukonstruktion*; di: Hochsch. Bochum, FB Architektur, Lennershofstr. 140, 44801 Bochum, gerhard.wittfeld@hs-bochum.de

**Wittgruber,** Frank; Dr., Prof.; *Polizeirecht*; di: Hess. Hochsch. f. Polizei u. Verwaltung, FB Polizei, Schönbergstr. 100, 65199 Wiesbaden, T: (0611) 5829315

**Witthaus,** Dieter; Dr., Prof.; *Zivilrecht, Strafrecht, Ordnungswidrigkeitenrecht, Juristische Methodik*; di: FH f. öffentl. Verwaltung NRW, Außenstelle Dortmund, Hauert 9, 44227 Dortmund, dieter.witthaus@fhoev.nrw.de

**Wittich,** Georg; Dr., Prof.; *Lebensmittelwissenschaft, insb. Lebensmittelchemie, -analytik u. -recht*; di: Hochsch. Niederrhein, FB Oecotrophologie, Rheydter Str. 232, 41065 Mönchengladbach, T: (02161) 1865392, Georg.Wittich@hs-niederrhein.de

**Wittig,** Wolfgang S.; Dr. rer. nat., Dr.-Ing. habil., Prof.; *Operationsforschung, Simulation, Informationssysteme, Multimedia*; di: HTWK Leipzig, FB Informatik, Mathematik u. Naturwiss., PF 301166, 04251 Leipzig, T: (0341) 30766492, wswg@imn.htwk-leipzig.de; www.imn.htwk-leipzig.de/~wswg; pr: Freiburger Allee 66, 04416 Leipzig-Markkleeberg, T: (0341) 3025616

**Witting,** Heinrich; Dr., Prof.; *Print-Media-Management*; di: Hochsch. d. Medien, Fak. Druck u. Medien, Nobelstr. 10, 70569 Stuttgart, T: (0711) 89232136

**Wittke,** Stefan; Dr., Prof.; *Bioverfahrenstechnik, Proteinanalytik und Qualitätssicherung*; di: Hochsch. Bremerhaven, An der Karlstadt 8, 27568 Bremerhaven, T: (0471) 4823205, swittke@hs-bremerhaven.de

**Wittkop,** Thomas; Dr., Prof.; *Interkulturelles Management*; di: Business and Information Technology School GmbH, Reiterweg 26 b, 58636 Iserlohn, T: (02371) 776549, F: 776503, thomas.wittkop@bits-iserlohn.de

**Wittkopf,** Stefan; Dr., Prof.; *Holzenergie*; di: Hochsch. Weihenstephan-Triesdorf, Fak. Wald u. Forstwirtschaft, Am Hochanger 5, 85354 Freising, T: (08161) 715911, F: 714526, stefan.wittkopf@fh-weihenstephan.de

**Wittland,** Clemens; Dr.-Ing., Prof.; *Siedlungswasserwirtschaft, Umwelttechnik*; di: Hochsch. Karlsruhe, Fak. Architektur u. Bauwesen, Moltkestr. 30, 76133 Karlsruhe, PF 2440, 76012 Karlsruhe, T: (0721) 9252618, Clemens.Wittland@Hs-karlsruhe.de

**Wittmann,** Anna; Dr. phil., Prof.; di: HAWK Hildesheim/Holzminden/Göttingen, Fak. Soziale Arbeit u. Gesundheit, Brühl 20, 31134 Hildesheim, T: (05121) 881430, wittmann@hawk-hhg.de

**Wittmann,** Armin; Dr., Prof.; *Maschinenbau, Sicherheitsingenieurwesen*; di: Hochsch. Trier, FB Technik, PF 1826, 54208 Trier, T: (0651) 8103381, A.Wittmann@hochschule-trier.de

**Wittmann,** Christine; Dr., Prof.; *Lebensmittelchemie u. Lebensmittelrecht*; di: Hochsch. Neubrandenburg, FB Agrarwirtschaft u. Lebensmittelwiss., Brodaer Str. 2, 17033 Neubrandenburg, PF 110121, 17041 Neubrandenburg, T: (0395) 56932510, wittmann@hs-nb.de

**Wittmann,** Jürgen; Dipl.-Phys., Prof.; *Qualitätsmanagement u. Fertigungsmesstechnik*; di: Beuth Hochsch. f. Technik, FB VII Elektrotechnik – Mechatronik – Optometrie, Luxemburger Str. 10, 13353 Berlin, T: (030) 45045181, juergen.wittmann@beuth-hochschule.de

**Wittmann,** Klaus; Dr. rer. nat., Prof.; *Systemtechnik/-analyse in d. Raumfahrt*; di: FH Aachen, FB Luft- und Raumfahrttechnik, Hohenstaufenallee 6, 52064 Aachen, T: (0241) 600952414, wittmann@fh-aachen.de; pr: Moorenweiser Str. 33a, 82269 Gettendorf, T: (08153) 282700

**Wittmann,** Margit; Dr. sc agr., Prof.; *Tierproduktion*; di: FH Südwestfalen, FB Agrarwirtschaft, Lübecker Ring 2, 59494 Soest, T: (02921) 378251, wittmann@fh-swf.de; pr: Filzenstr. 5, 59494 Soest, T: (02921) 785922

**Wittmann,** Robert; Dr. rer. pol., Prof.; *Existenzgründung, Innovationsmanagement*; di: HAW Ingolstadt, Fak. Wirtschaftswiss., Esplanade 10, 85049 Ingolstadt, T: (0841) 9348390, robert.wittmann@haw-ingolstadt.de

**Wittreck,** Hubert; Dr.-Ing., Prof.; *Apparate- und Anlagentechnik*; di: Hochsch. Augsburg, Fak. f. Maschinenbau u. Verfahrenstechnik, An der Hochschule 1, 86161 Augsburg, T: (0821) 55861050, F: 55863160, hubert.wittreck@hs-augsburg.de

**Wittrock,** Ulrich; Dr. rer. nat., Prof.; *Physik, Technische Optik*; di: FH Münster, FB Physikal. Technik, Stegerwaldstr. 39, 48565 Steinfurt, T: (02551) 962332, F: 962705, wittrock@fh-muenster.de; pr: Rudolfstr. 11, 48145 Münster, T: (0251) 374855

**Witzleben,** Steffen; Dr. rer. nat., Prof.; *Anorganische und Analytische Chemie*; di: Hochsch. Bonn-Rhein-Sieg, FB Angewandte Naturwissenschaften, von-Liebig-Str. 20, 53359 Rheinbach, T: (02241) 865494, steffen.witzleben@h-brs.de

**Wobbe,** Christian; Dr. Prof.; di: Jade Hochsch., FB Wirtschaft, Friedrich-Paffrath-Str. 101, 26389 Wilhelmshaven, T: (04421) 9852558, christian.wobbe@jade-hs.de

**Wobbermin,** Michael; Dipl.-Vw., Dr. rer. pol., Prof.; *Rechnungswesen und Softwareentwicklung*; di: Hochsch. Reutlingen, FB Informatik, Alteburgstr. 150, 72762 Reutlingen, T: (07121) 271645; pr: Hauffstr. 57, 71563 Affalterbach, T: (07144) 38953

**Wobst,** Eberhard; Dipl.-Ing., HonProf.; *Kältetechnik*; di: Westsächs. Hochsch. Zwickau, FB Maschinenbau u. Kraftfahrzeugtechnik, Dr.-Friedrichs-Ring 2A, 08056 Zwickau

**Wochnowski,** Jörn; Dr. rer.nat., Prof.; *Allgemeine u. Anorganische Chemie*; di: FH Lübeck, FB Angewandte Naturwissenschaften, Mönkhofer Weg 239, 23562 Lübeck, T: (0451) 3005654, wochnowski.joern@fh-luebeck.de

**Woditsch,** Richard; Dr., Prof.; *Architekturtheorie*; di: Georg-Simon-Ohm-Hochsch. Nürnberg, Fak. Architektur, Keßlerplatz 12, 90489 Nürnberg, PF 210320, 90121 Nürnberg, richard.woditsch@ohm-hochschule.de

**Wodopia,** Franz-Josef; Dr. rer. pol., HonProf.; *Wirtschaftswissenschaften für Ingenieure*; di: TFH Georg Agricola Bochum, WB Geoingenieurwesen, Bergbau u. Techn. Betriebswirtschaft, Herner Str. 45, 44787 Bochum, T: (0234) 9683291, F: 9683402, Wodopia@tfh-bochum.de; pr: Große Egge 11, 30826 Garbsen, T: (05131) 455660

**Wöbbeking,** Karl Heinz; Dr. rer. pol., Prof.; *Rechnungswesen, Controlling, Umweltwirtschaft*; di: FH Mainz, FB Wirtschaft, Lucy-Hillebrand-Str. 2, 55128 Mainz, T: (06131) 628235, woebbeking@wiwi.fh-mainz.de

**Woehl,** Rainer; Dipl.-Ing., Prof.; *Einrichtung und Ausrüstung von Schiffen, Werftbetrieb und Organisation, Konstruktionslehre*; di: FH Kiel, FB Maschinenwesen, Grenzstr. 3, 24149 Kiel, T: (0431) 2102708, F: 21062708, rainer.woehl@fh-kiel.de; pr: Friedrichshöh 1, 24939 Flensburg, T: (0461) 43357

**Wöhlbier,** Hartmut; Dipl.-Phys., Prof.; *Kommunikationsdesign*; di: Hochsch. Mannheim, Fak. Gestaltung, Windeckstr. 110, 68163 Mannheim

**Wöhlke,** Wilfried; Dr.-Ing., Prof.; *Regelungstechnik*; di: HAW Hamburg, Fak. Technik u. Informatik, Berliner Tor 7, 20099 Hamburg, T: (040) 428758097, wilfried.woehlke@haw-hamburg.de; pr: T: (0421) 80279111, F: 80279118, wwoehlke@t-online.de

**Wöhner,** Annette; Dr., Prof.; *Zivilrecht, Abgabenrecht, Managementlehre*; di: FH d. Bundes f. öff. Verwaltung, FB Finanzen, PF 1549, 48004 Münster, T: (0251) 8670896

**Wöhrl,** Ulrich; Dr. rer. nat. habil., Prof.; *Mathematik, Stochastische Analysis*; di: Westsächs. Hochsch. Zwickau, FB Physikal. Technik/Informatik, Dr.-Friedrichs-Ring 2A, 08056 Zwickau, PF 201037, 08012 Zwickau, T: (0375) 5361385, F: 5362501, Ulrich.Woehrl@fh-zwickau.de; pr: Gutwasserstr. 22, 08056 Zwickau, T: (0375) 2047207

**Wöhrle,** Armin; Dr. rer. soc., Prof.; *Erwachsenbildung*; di: Hochsch. Mittweida, Fak. Soziale Arbeit, Döbelner Str. 58, 04741 Roßwein, T: (034322) 48670, F: 48653, woehrle@htwm.de

**Wölfel,** Matthias; Dr., Prof.; *Interaction- und Interfacedesign*; di: Hochsch. Pforzheim, Fak. f. Gestaltung, Holzgartenstr. 36, 75175 Pforzheim, T: (07231) 286045, F: 286030, matthias.woelfel@hs-pforzheim.de

**Wölfl,** Thomas; Dipl.-Math., Dr. rer. nat., Prof.; *Wirtschaftsinformatik*; di: Hochsch. Regensburg, Fak. Informatik u. Mathematik, PF 120327, 93025 Regensburg, T: (0941) 9439754, thomas.woelfl@hs-regensburg.de

**Wölfle,** André; Dr. Ing., Prof.; *Investition, Finanzierung, Projektmanagement, Rechnungswesen, Unternehmensprozesse*; di: Hochsch. Karlsruhe, Fak. Wirtschaftswissenschaften, Moltkestr. 30, 76133 Karlsruhe, PF 2440, 76012 Karlsruhe, T: (0721) 9251928

**Wölflick,** Sabine; Dr.-Ing., Prof.; di: Hochsch. München, Fak. Versorgungstechnik, Verfahrenstechnik Papier u. Verpackung, Druck- u. Medientechnik, Lothstr. 34, 80335 München, sabine.woelflick@hm.edu

**Wölker,** Martin; Dr.-Ing., Prof.; *Automatisierungstechnik, Netzwerke*; di: FH Kaiserslautern, FB Angew. Logistik u. Polymerwiss., Carl-Schurz-Str. 1-9, 66953 Pirmasens, T: (06331) 2483965, martin.woelker@fh-kl.de

**Wölle,** Joachim; Dr., Prof.; *BWL, Health Care Management*; di: DHBW Lörrach, Hangstr. 46-50, 79539 Lörrach, T: (07621) 2071328, F: 207118300, woelle@dhbw-loerrach.de

**Wöllhaf,** Konrad; Dr.-Ing., Prof.; *Mechatronik, Datenverarbeitung, Mathematik, Robotik*; di: Hochsch. Ravensburg-Weingarten, Doggenriedstr., 88250 Weingarten, PF 1261, 88241 Weingarten, T: (0751) 5019757, F: 5019876, woellhaf@hs-weingarten.de; pr: Panoramastr. 78, 66255 Baienfurt, T: (0751) 5683974

**Wölm,** Dieter; Dr., Prof.; *Marketing*; di: Hochsch. Aschaffenburg, Fak. Wirtschaft u. Recht, Würzburger Str. 45, 63743 Aschaffenburg, T: (06021) 314725, dieter.woelm@fh-aschaffenburg.de

**Wöltje,** Jörg; Dr. rer. pol., Prof.; *Finanzierung und Investition, BWL, Finanz- und Rechnungswesen, Unternehmensführung, International Account*; di: Hochsch. Karlsruhe, Fak. Wirtschaftswissenschaften, Moltkestr. 30, 76133 Karlsruhe, PF 2440, 76012 Karlsruhe, T: (0721) 9251932

**Wölwer,** Stefan; Prof.; *Interaktionsdesign*; di: HAWK Hildesheim/Holzminden/Göttingen, Fak. Gestaltung, Kaiserstr. 43-45, 31134 Hildesheim, T: (05121) 881341, F: 881366

**Wördenweber,** Martin; Dr., Prof.; *BWL, insb. Rechnungswesen*; di: FH Bielefeld, FB Wirtschaft, Universitätsstr. 25, 33615 Bielefeld, T: (0521) 1063740, martin.woerdenweber@fh-bielefeld.de; pr: Silbeker Weg 16, 33142 Büren

**Wörgötter,** Michael; Prof.; *Typografie*; di: Hochsch. Augsburg, Fak. f. Gestaltung, Friedberger Straße 2, 86161 Augsburg, T: (0821) 55863401, michael.woergoetter@hs-augsburg.de

**Wörn,** Thilo; Dr., Prof.; *Rechnungswesen, Grundlagen der Wirtschafts- und Finanzwissenschaft*; di: FH f. öffentl. Verwaltung NRW, Abt. Gelsenkirchen, Wanner Str. 158-160, 45888 Gelsenkirchen, thilo.woern@fhoev.nrw.de; pr: T: (0163) 8575322, F: (069) 13304574077, thilo.woern@arcor.de

**Wörndl,** Barbara; Dr., Prof.; *Empirische Sozialforschung*; di: Hochsch.Merseburg, FB Soziale Arbeit, Medien, Kultur, Geusaer Str., 06217 Merseburg, T: (03461) 462200, F: 462205, barbara.woerndl@hs-merseburg.de

**Wörner,** Georg; Dr. rer. pol., Prof.; *Rechnungswesen, Steuern*; di: Hochsch. München, Fak. Betriebswirtschaft, Am Stadtpark 20 (Neubau), 81243 München, T: (089) 12652722, F: 12652714, georg.woerner@fhm.edu

**Wörner,** Walter; Dr. rer. nat., Prof.; *Angewandte Molekularbiologie und Biochemie*; di: Beuth Hochsch. f. Technik, FB V Life Science and Technology, Luxemburger Str. 10, 13353 Berlin, T: (030) 45043914, woerner@beuth-hochschule.de

**Wörner,** Wolfram; Dr.-Ing., Prof.; *Schweißtechnik*; di: Hochsch. Regensburg, Fak. Maschinenbau, PF 120327, 93025 Regensburg, T: (0941) 9435178, wolfram.woerner@maschinenbau.fh-regensburg.de

**Wörz,** Michael; Dipl-Ing. (FH), Dr. phil., Prof.; *Technik- u. Wissenschaftsethik*; di: Hochsch. Karlsruhe, Fak. Wirtschaftswissenschaften, Moltkestr. 30, 76133 Karlsruhe, PF 2440, 76012 Karlsruhe, T: (0721) 9251760

**Woerz-Hackenberg,** Claudia; Dipl.-Kfm., Dr. jur., Prof.; *Betriebswirtschaftslehre, Internationales Management*; di: Hochsch. Regensburg, Fak. Betriebswirtschaft, PF 120327, 93025 Regensburg, T: (0941) 9431387, claudia.woerz@bwl.fh-regensburg.de

**Wörzberger,** Ralf; Dr.-Ing., Prof.; *Tragwerkplanung, Werklehre, CAD*; di: FH Düsseldorf, FB 1 – Architektur, Georg-Glock-Str. 15, 40474 Düsseldorf, T: (0211) 4351141, ralf.woerzberger@fh-duesseldorf.de; pr: Hauptstr. 253, 51503 Rösrath, T: (02205) 87741, prof@woerzberger.de

**Woesler,** Martin; M.A., Dr. phil., Prof.; *Interkulturelle Kommunikation, Chinesisch*; di: Hochsch. f. Angewandte Sprachen München, Amalienstr. 79, 80799 München, T: (089) 28810233, woesler@sdi-muenchen.de

**Wössner,** Wolf; Prof.; *Bank*; di: DHBW Mosbach, Arnold-Janssen-Str. 9-13, 74821 Mosbach, T: (06261) 939121, F: 939104, woessner@dhbw-mosbach.de

**Wöstenkühler,** Gerd; Dr., Prof.; *Digitaltechnik, Meßtechnik, Elektronische Schaltungen*; di: Hochsch. Harz, FB Automatisierung u. Informatik, Friedrichstr. 54, 38855 Wernigerode, T: (03943) 659322, F: 659109, gwoestenkuehler@hs-harz.de

**Wogatzki,** Gerald; Dr., Prof.; *Finanzmanagement, Volkswirtschaftslehre*; di: FH des Mittelstands, FB Wirtschaft, Ravensbergerstr. 10G, 33602 Bielefeld, wogatzki@fhm-iml.de

**Wohlert,** Dirk; Dr., Prof.; *Wirtschaftsmathematik und Betriebsstatistik*; di: FH Neu-Ulm, Wileystr. 1, 89231 Neu-Ulm, T: (0731) 97621428, dirk.wohlert@fh-neu-ulm.de

**Wohlfahrt,** Norbert; Dr. rer. soc., Prof.; *Sozialmanagement, Verwaltung u. Organisation*; di: Ev. FH Rhld.-Westf.-Lippe, FB Soziale Arbeit, Bildung u. Diakonie, Immanuel-Kant-Str. 18-20, 44803 Bochum, T: (0234) 36901207, F: 36901100, wohlfahrt@efh-bochum.de; www.efh-bochum.de/homepages/wohlfahrt

**Wohlfahrt,** Rolf; Dr.-Ing., Prof.; *Baustoffkunde, Innovative Baustoffe, Bauwerksanierung*; di: Hochsch. Biberach, Fak. Bauingenieurwesen, PF 1260, 88382 Biberach/Riß, T: (07351) 582309, F: 582119, wohlfahrt@hochschule-bc.de

**Wohlfeil,** Stefan; Dr. rer. nat., Prof.; *Multimediale Informationssysteme, Betriebssysteme, IT-Sicherheit, Datenbanken*; di: Hochsch. Hannover, Fak. IV Wirtschaft u. Informatik, Abt. Informatik, Ricklinger Stadtweg 120, 30459 Hannover, PF 920261, 30441 Hannover, T: (0511) 92961818, F: 92961810, stefan.wohlfeil@hs-hannover.de

**Wohlgemuth,** Hans-Hermann; Dr. iur. utr., Prof.; *Ausgewählte Rechtsgebiete für Ingenieure*; di: TFH Georg Agricola Bochum, WB Geoingenieurwesen, Bergbau u. Techn. Betriebswirtschaft, Herner Str. 45, 44787 Bochum, T: (0234) 9683388, F: 9683402, wohlgemuth@tfh-bochum.de; pr: Pfalzstr. 29, 40477 Düsseldorf, T: (0234) 319208

**Wohlgemuth,** Ulrich; Prof., Dekan FB Gestaltung/Industriedesign; *Investitionsgüter-Design*; di: Hochsch. Magdeburg-Stendal, FB Ingenieurwiss. u. Industriedesign, Breitscheidstr. 2, 39114 Magdeburg, T: (0391) 8864164, ulrich.wohlgemuth@hs-magdeburg.de

**Wohlgemuth,** Volker; Dr., Prof.; *Systemtheorieanalyse*; di: HTW Berlin, FB Ingenieurwiss. II, Blankenburger Pflasterweg 102, 13129 Berlin, T: (030) 50194393, volker.wohlgemuth@HTW-Berlin.de

**Wohlrab,** Johannes; Dr. rer. nat., Prof.; *Datenverarbeitung, Softwaretechnologie*; di: Hochsch. Esslingen, Fak. Graduate School, Fak. Grundlagen, Fak. Mechatronik u. Elektrotechnik, Kanalstr. 33, 73728 Esslingen, T: (07161) 6791196; pr: Burrainweg 24, 89173 Lonsee, T: (07336) 6949

**Wohlrab,** Jürgen; Dr., Prof.; *Elektronische Systeme und Informationstechnik*; di: Georg-Simon-Ohm-Hochsch. Nürnberg, Fak. Elektrotechnik Feinwerktechnik Informationstechnik, Wassertorstr. 10, 90489 Nürnberg, T: (0911) 58801206, F: 58805206, Juergen.Wohlrab@fh-nuernberg.de; www2.efi.fh-nuernberg.de/~wohlrab

**Wolf,** Angelika; Dr., Prof.; *Landschaftsplanung*; di: Hochsch. Ostwestfalen-Lippe, FB 9, Landschaftsarchitektur u. Umweltplanung, An der Wilhelmshöhe 44, 37671 Höxter, T: (05271) 687163; pr: Bülowstr. 7, 30163 Hannover, lux.wolf@web.de

**Wolf,** Arnold; Dr., Prof.; *Betriebswirtschaftslehre, Rechnungswesen*; di: FH d. Sächsischen Verwaltung, Herbert-Böhme Str. 11, 01662 Meißen, T: (03521) 473459, arnold.wolf@fhsv.sachsen.de

**Wolf,** Bernhard; Prof.; *Handel*; di: DHBW Mannheim, Fak. Wirtschaft, Käfertaler Str. 256, 68167 Mannheim, T: (0621) 41052159, F: 41052150, bernhard.wolf@dhbw-mannheim.de

**Wolf,** Bernhard; Dipl.-Vw., Mag. d. Verwaltungswiss., Dr. rer. pol., Prof., Dekan FB III; *Volkswirtschaftslehre*; di: FH Ludwigshafen, FB III Internationale Dienstleistungen, Ernst-Boehe-Str. 4, 67059 Ludwigshafen / Rhein, T: (0621) 5203233; pr: villawolf@t-online.de

**Wolf,** Bertram; Dr. habil., Prof.; *Pharmazeutische Technologie und Qualitätssicherung*; di: Hochsch. Anhalt, FB 7 Angew. Biowiss. u. Prozesstechnik, PF 1458, 06354 Köthen, bertram.wolf@bwp.hs-anhalt.de

**Wolf,** Birgit; Dr. rer. pol., Prof.; *Betriebswirtschaftslehre, Finanzdienstleistungen*; di: Techn. Hochsch. Mittelhessen, FB 07 Wirtschaft, Wiesenstr. 14, 35390 Gießen, T: (0641) 3092730, Birgit.Wolf@w.fh-giessen.de; pr: Lange Str. 8a, 61440 Oberursel, T: (06171) 622926

**Wolf,** Brigitte; Dr.-Ing., Prof.; *Elektrische Maschinen u. Antriebe*; di: Hochsch. Osnabrück, Fak. Ingenieurwiss. u. Informatik, Albrechtstr. 30, 49076 Osnabrück, T: (0541) 9692163, F: 9693070, b.wolf@hs-osnabrueck.de

**Wolf,** Christian; Dr.-Ing., Prof.; *Arbeitsvorbereitung, Instandhaltungs- und Montagetechnik*; di: HTW Dresden, Fak. Maschinenbau / Verfahrenstechnik, Friedrich-List-Platz 1, 01069 Dresden, T: (0351) 4622380, c.wolf@htw-dresden.de

**Wolf,** Dieter; Dr., Prof.; *Mathematik, Wirtschaftsmathematik, Operations Research, DV*; di: Hochsch. Rosenheim, Hochschulstr. 1, 83024 Rosenheim, T: (08031) 805411, F: 805402

**Wolf,** Elke; Prof.; *Kunsttherapie und Kunstpädagogik*; di: Hochsch. f. Künste im Sozialen, Am Wiestebruch 66-68, 28870 Ottersberg, elke.wolf@hks-ottersberg.de; pr: Carl-Vinnen-Weg 5, 27726 Worpswede; www.wolf-elke.de

**Wolf,** Friedrich; Dipl.-Ing., Prof.; *Schaltalgebra, Elektronik, Elektronikentwicklung / CAE, Schaltungssimulation*; di: Hochsch. Aalen, Fak. Optik u. Mechatronik, Beethovenstr. 1, 73430 Aalen, T: (07361) 5763142, friedrich.wolf@htw-aalen.de

**Wolf,** Ingo Andreas; Dipl.-Ing., Prof.; *Städtebau und Entwurf*; di: HTWK Leipzig, FB Bauwesen, PF 301166, 04251 Leipzig, T: (0341) 30767075, wolf1@fbb.htwk-leipzig.de

**Wolf,** Ivo; Dr., Prof.; *Medizinische Bildverarbeitung*; di: Hochsch. Mannheim, Fak. Informatik, Windeckstr. 110, 68163 Mannheim

**Wolf,** Jochen; Dr., Prof.; *Wirtschaftsmathematik*; di: H Koblenz, FB Mathematik u. Technik, RheinAhrCampus, Joseph-Rovan-Allee 2, 53424 Remagen, T: (02642) 932266, wolf@rheinahrcampus.de

**Wolf,** Johannes; Dr. rer. pol., Prof.; *Dienstleistungsmanagement, Logistik*; di: Hamburger Fern-Hochsch., FB Wirtschaft, Alter Teichweg 19, 22081 Hamburg, T: (040) 350943452, johannes.wolf@hamburger-fh.de

**Wolf,** Jürgen; Dr., Prof.; *Alternswissenschaft*; di: Hochsch. Magdeburg-Stendal, FB Sozial- u. Gesundheitswesen, Breitscheidstr. 2, 39114 Magdeburg, T: (0391) 8864346, juergen.wolf@hs-magdeburg.de

**Wolf,** Juliane; Dr. rer. pol., Prof.; *BWL, insb. Finanzwirtschaft u. Finanzdienstleistungen*; di: FH Münster, FB Wirtschaft, Corrensstr. 25, 48149 Münster, T: (0251) 8365662, F: 8365502, juliane.wolf@fh-muenster.de

**Wolf,** Karlheinz; Dr. rer. nat., Prof.; *Physik, Angewandte Mechanik, Strömungslehre*; di: H Koblenz, FB Ingenieurwesen, Konrad-Zuse-Str. 1, 56075 Koblenz, T: (0261) 9528430, khwolf@fh-koblenz.de

**Wolf,** Klaus; Dr.-Ing., Prof.; *Digitale Nachrichtensysteme, ISDN, Felder und Wellen, Kommunikationssysteme I und II*; di: Hochsch. Regensburg, Fak. Elektro- u. Informationstechnik, PF 120327, 93025 Regensburg, T: (0941) 9431112, klaus.wolf@e-technik.fh-regensburg.de

**Wolf,** Konrad; Dr., Prof., Präs.; *Informatik, Mikrosystemtechnik*; di: FH Kaiserslautern, FB Informatik u. Mikrosystemtechnik, Amerikastr. 1, 66482 Zweibrücken, T: (06332) 914423, wolf@mst.fh-kl.de

**Wolf,** Kurt; Wirtschaftsprüfer, Dipl.-Kfm., Prof.; *BWL, Rechnungswesen und Steuerlehre der Weinwirtschaft*; di: Hochsch. Heilbronn, Fak. f. Wirtschaft 2, Max-Planck-Str. 39, 74081 Heilbronn, T: (07131) 504310, k.g.wolf@fh-heilbronn.de

**Wolf,** Michael; Dipl.-Psych., Dr. phil., Prof. FH Fulda; *Psychologie, Psychosoziale Beratung und Therapie, Gesundheitsförderung*; di: Hochsch. Fulda, FB Sozialwesen, Marquardstr. 35, 36039 Fulda, T: (0661) 96402445, michael.wolf@sw.fh-fulda.de; pr: Lichtensteinstr. 4, 60322 Frankfurt, T: (069) 532885, F: 532885, drmichaelwolf@gmx.de

**Wolf,** Michael; Dr. rer. pol., Prof.; *Sozialpolitik / Sozialplanung, Politologie, Politische Bildung*; di: H Koblenz, FB Sozialwissenschaften, Konrad-Zuse-Str. 1, 56075 Koblenz, T: (0261) 9528231, F: 9528260, wolf@hs-koblenz.de

**Wolf,** Peter; Dr., Prof.; *Wirtschaftsinformatik, Business u. Information Management*; di: Business and Information Technology School GmbH, Reiterweg 26 b, 58636 Iserlohn, T: (02371) 776530, F: 776503, peter.wolf@bits-iserlohn.de

**Wolf,** Rainer; Dr. rer. nat., Prof.; *Physik, Grundlagen der Abfall-Deponietechnik*; di: Hochsch. Magdeburg-Stendal, FB Wasser- u. Kreislaufwirtschaft, Breitscheidstr. 2, 39114 Magdeburg, T: (0391) 8864403, rainer.wolf@hs-magdeburg.de

**Wolf,** Rudolf; Dr., HonProf. FH Frankfurt; *Mathematik / DV*; di: FH Frankfurt, FB 2 Informatik u. Ingenieurwiss., Nibelungenplatz 1, 60318 Frankfurt am Main, T: (069) 15332293, rewolf@fb2.fh-frankfurt.de

**Wolf,** Stefan; Dr. rer. nat., Prof.; *Software und Internet*; di: Hochsch. Ostwestfalen-Lippe, FB 8, Umweltingenieurwesen u. Angew. Informatik, An der Wilhelmshöhe 44, 37671 Höxter, T: (05271) 687268; pr: Leisnering Weg 2, 37671 Höxter

**Wolf,** Thomas; Dr.-Ing., Prof.; *Grundlagen der Elektrotechnik, Schaltungstechnik, Schaltungssimulation, Optische Nachrichtenübertragung*; di: Hochsch. Landshut, Fak. Elektrotechnik u. Wirtschaftsingenieurwesen, Am Lurzenhof 1, 84036 Landshut, wlf@fh-landshut.de

**Wolf,** Volkhard; Dr., Prof.; *Industrie, Electronic Business*; di: DHBW Mosbach, Arnold-Janssen-Str. 9-13, 74821 Mosbach, T: (06261) 939124, F: 939104, wolf@dhbw-mosbach.de

**Wolf-Kühn,** Nicola; Dr., Prof.; *Sozialmedizin*; di: Hochsch. Magdeburg-Stendal, FB Angew. Humanwiss., Osterburger Str. 25, 39576 Stendal, T: (03931) 21874869, nicola.wolf-kuehn@hs-magdeburg.de

**Wolf-Ostermann,** Karin; Dr. rer.nat., Prof.; *Sozialforschung*; di: Alice-Salomon-Hochsch., Alice-Salomon-Platz 5, 12627 Berlin-Hellersdorf, T: (030) 99245507, wolf-ostermann@ash-berlin.eu

**Wolf-Regett,** Klaus-Peter; Dipl.-Ing., Dr.-Ing., Prof.; *Wirtschaftsingenieurwesen*; di: FH Lübeck, FB Maschinenbau u. Wirtschaft, Mönkhofer Weg 239, 23562 Lübeck, T: (0451) 3005447, wolf-regett@fh-luebeck.de

**Wolfert,** Petra; Dr., Prof.; *Unternehmensmanagement, Angewandte Philosophie, Wissenschaftstheorie*; di: Baltic College, August-Bebel-Str. 11/12, 19055 Schwerin, T: (0385) 74209812, wolfert@baltic-college.de

**Wolfes,** Dirk; Prof.; *Modedesign*; di: Hochsch. Trier, FB Gestaltung, PF 1826, 54208 Trier, T: (0651) 8103848, D.Wolfes@hochschule-trier.de

**Wolff,** Armin; Dr. rer. nat., Prof.; *Analytische Chemie, Pharmazeutische Technologie und Biologie, Qualitätssicherung*; di: Hochsch. Albstadt-Sigmaringen, FB 3, Anton-Günther-Str. 51, 72488 Sigmaringen, PF 1254, 72481 Sigmaringen, T: (07571) 732271, F: 732250, wolff@hs-albsig.de

**Wolff,** Barbara; Dr., Prof.; *Waldinventur und Planung*; di: Hochsch. f. nachhaltige Entwicklung, FB Wald u. Umwelt, Alfred-Möller-Str. 1, 16225 Eberswalde, T: (03334) 657195, F: 657162, Barbara.Wolff@hnee.de

**Wolff,** Carsten; Dr., Prof.; *Technische Informatik*; di: FH Dortmund, FB Informatik, Emil-Figge-Str. 42, 44227 Dortmund, T: (0231) 7556759, F: 7556710, carsten.wolff@fh-dortmund.de

**Wolff,** Dieter; Dr.-Ing., Prof.; *Heizungstechnik, Elektrotechnik, Regelungstechnik*; di: Ostfalia Hochsch., Fak. Versorgungstechnik, Salzdahlumer Str. 46/48, 38302 Wolfenbüttel

**Wolff,** Dirk; Dr., Prof.; *Waldarbeit, Forsttechnik*; di: Hochsch. f. Forstwirtschaft Rottenburg, Schadenweilerhof, 72108 Rottenburg, T: (07472) 951242, F: 951200, dirk.wolff@fh-rottenburg.de

**Wolff,** Frank; Dr., Prof.; *Wirtschaftsinformatik*; di: DHBW Mannheim, Fak. Wirtschaft, Coblitzallee 1-9, 68163 Mannheim, T: (0621) 41051270, F: 41051249, frank.wolff@dhbw-mannheim.de

**Wolff,** Friedhelm; Dr.-Ing., Prof.; *Grundbau, Bodenmechanik, Konstruktion, Wasserbau*; di: Hochsch. Augsburg, Fak. f. Architektur u. Bauwesen, An der Hochschule 1, 86161 Augsburg, T: (0821) 55863144, friedhelm.wolff@hs-augsburg.de; www.f-wolff.de

**Wolff,** Karl Erich; Dr. rer. nat., Prof.; *Mathematik*; di: Hochsch. Darmstadt, FB Mathematik u. Naturwiss., Haardtring 100, 64295 Darmstadt, T: (06151) 168678; pr: karl.erich.wolff@t-online.de

**Wolff,** Marcus; Dr.-Ing., Prof.; *Experimatalphysik und Mathematik*; di: HAW Hamburg, Fak. Technik u. Informatik, Berliner Tor 21, 20099 Hamburg, T: (040) 428758624, marcus.wolff@haw-hamburg.de

**Wolff,** Mechthild; Dr. phil., Prof., Dekanin FB Soziale Arbeit; *Pädagogik*; di: Hochsch. Landshut, Fak. Soziale Arbeit, Am Lurzenhof 1, 84036 Landshut, mechthild.wolff@fh-landshut.de

**Wolff,** Reinhard; Dipl.-Kfm., Prof.; *Marketing, Marktforschung, Investitionsgütermarketing, Seminar und Fallstudien im Marketing*; di: Hochsch. Offenburg, Fak. Betriebswirtschaft u. Wirtschaftsingenieurwesen, Klosterstr. 14, 77723 Gengenbach, T: (07803) 969823, F: 989649, wolff@fh-offenburg.de

**Wolff,** Viviane; Dr., Prof.; *Technische Informatik*; di: Hochsch. Fulda, FB Elektrotechnik u. Informationstechnik, Marquardstr. 35, 36039 Fulda, T: (0661) 9640558, Viviane.Wolff@et.hs-fulda.de

**Wolff,** Werner; Dr., Prof.; *Übertragungstechnik*; di: Hochsch. Konstanz, Fak. Elektrotechnik u. Informationstechnik, Brauneggerstr. 55, 78462 Konstanz, PF 100543, 78405 Konstanz, T: (07531) 206270, F: 206400, wolff@fh-konstanz.de

**Wolfmaier,** Christof; Dipl.-Ing., Prof., Dekan FB Fahrzeugtechnik; *Darstellende Geometrie, Karosseriekonstruktionslehre, CAD*; di: Hochsch. Esslingen, Fak. Fahrzeugtechnik u. Fak. Graduate School, Kanalstr. 33, 73728 Esslingen, T: (0711) 3973300; pr: Bahngasse 4, 73614 Schorndorf, T: (07181) 24456

**Wolfmüller,** Karlheinz; Dr.-Ing., Prof.; *Messtechnik, Regelungstechnik, Automatisierung, Prozessinformatik*; di: Hochsch. Heilbronn, Fak. f. Mechanik u. Elektronik, Max-Planck-Str. 39, 74081 Heilbronn, T: (07131) 504320, wolfmueller@hs-heilbronn.de

**Wolfram,** Armin; Dr.-Ing., Prof.; *Regelungstechnik, Messtechnik, Elektrische Antriebe, Elektrotechnik, Ingenieurinformatik*; di: Hochsch. Amberg-Weiden, FB Maschinenbau u. Umwelttechnik, Kaiser-Wilhelm-Ring 23, 92224 Amberg, T: (09621) 4823332, a.wolfram@haw-aw.de

**Wolfram,** Ekkehard; Dr. rer. nat., Prof.; *Allgemeine Chemie / Klinische Chemie*; di: FH Jena, FB Medizintechnik, Carl-Zeiss-Promenade 2, 07745 Jena, PF 100314, 07703 Jena, T: (03641) 205600, F: 205601, mt@fh-jena.de

**Wolfram,** Frieder H.; Prof.; *Mediendesign*; di: Hochsch. Hof, Fak. Ingenieurwiss., Alfons-Goppel-Platz 1, 95028 Hof, T: (09281) 409806, F: 40955806, frieder.wolfram@fh-hof.de

**Wolfrum,** Bernd; Dr. rer. pol., Prof.; *Finanz- und Marketingmanagement, Marktforschung*; di: Hochsch. Regensburg, Fak. Betriebswirtschaft, PF 120327, 93025 Regensburg, T: (0941) 9431405, bernd.wolfrum@bwl.fh-regensburg.de

**Wolfrum,** Klaus; Dr. rer. nat., Prof.; *Elektronik, Grundlagen der Elektrotechnik, Messtechnik*; di: Hochsch. Karlsruhe, Fak. Elektro- u. Informationstechnik, Moltkestr. 30, 76133 Karlsruhe, PF 2440, 76012 Karlsruhe, T: (0721) 9251544

**Wolfsteiner,** Peter; Dr.-Ing., Prof.; *Technische Mechanik, Festigkeitslehre*; di: Hochsch. München, Fak. Maschinenbau, Fahrzeugtechnik, Flugzeugtechnik, Dachauer Str. 98b, 80335 München, T: (089) 12651225, F: 12651392, peter.wolfsteiner@fhm.edu

**Wolik,** Nikolaus; Dr. rer. pol., Prof.; *Wirtschaftsmathematik u. Statistik*; di: Hochsch. Bochum, FB Wirtschaft, Lennershofstr. 140, 44801 Bochum, T: (0234) 3210644, nikolaus.wolik@hs-bochum.de

**Wolke,** Reinhold; Dr. P.H., Prof.; *Gesundheits- und Sozialökonomie*; di: Hochsch. Esslingen, Fak. Soziale Arbeit, Gesundheit u. Pflege, Flandernstr. 101, 73732 Esslingen, T: (0711) 3974580; pr: Örlenstr. 3, 73666 Baltmannsweiler, T: (07153) 617747

**Wolke,** Thomas; Dipl.-Kfm. Dr. rer. pol., Prof.; *Kapitalmärkte und Unternehmen*; di: Hochsch. f. Wirtschaft u. Recht Berlin, FB 1, Badensche Str. 50-51, 10825 Berlin, T: (030) 85789130, thwolke@hwr-berlin.de; pr: Bayernring 29, 12101 Berlin

**Wollenberg,** Klaus; Dr. rer. pol., Prof., Dekan FB Betriebswirtschaft; *Volkswirtschaftslehre*; di: Hochsch. München, Fak. Betriebswirtschaft, Lothstr. 34, 80335 München, T: (089) 12652739, F: 12652714, wollenberg@fhm.edu

**Wollensak,** Martin; Dipl.-Ing., Prof.; *Baukonstruktion, Baustofftechnik*; di: Hochsch. Wismar, Fak. f. Gestaltung, PF 1210, 23952 Wismar, T: (03841) 753138, m.wollensak@ar.hs-wismar.de

**Wollenschläger,** Sibylle; Dr., Prof.; *Recht*; di: Hochsch. f. angew. Wiss. Würzburg Schweinfurt, Fak. angew. Sozialwiss., Münzstr. 12, 97070 Würzburg

**Wollenweber,** Jörg; Dipl.-Ing., Prof.; *Baukonstruktion*; di: FH Aachen, FB Architektur, Bayernallee 9, 52066 Aachen

**Wollenweber,** Peter; Dr., Prof.; *Grundlagen der Informatik, Softwareentwicklung, Telekommunikation*; di: Hochsch. Darmstadt, FB Informatik, Haardtring 100, 64295 Darmstadt, T: (06151) 168487, p.wollenweber@fbi.h-da.de

**Wollersheim,** Heinz-Reiner; Dr.-Ing., Prof.; *Qualitätssicherung in der automatisierten Fertigung*; di: FH Köln, Fak. f. Informatik u. Ingenieurwiss., Am Sandberg 1, 51643 Gummersbach, T: (02261) 8196295, wollersheim@gm.fh-koeln.de; pr: Am Schwanenkamp 116, 52457 Aldenhoven, T: (02464) 8096

**Wollert,** Arthur; Dr., Prof.; *Personalarbeit*; di: FH Ludwigshafen, FB I Management und Controlling, Ernst-Boehe-Str. 4, 67059 Ludwigshafen

**Wollert,** Jörg; Dr.-Ing., Prof.; *Softwaretechnik u. Rechnernetze*; di: FH Bielefeld, FB Ingenieurwiss. u. Mathematik, Schulstr. 10, 33330 Gütersloh, T: (05241) 2114316, joerg.wollert@fh-bielefeld.de; pr: Schumannstr. 17, 58300 Wetter, T: (03535) 801187

**Wollfarth,** Matthäus; Dr.-Ing., Prof.; *Konstruktionslehre, Maschinenelemente*; di: Hochsch. Karlsruhe, Fak. Maschinenbau u. Mechatronik, Moltkestr. 30, 76133 Karlsruhe, PF 2440, 76012 Karlsruhe, T: (0721) 9251903, matthaeus.wollfarth@hs-karlsruhe.de

**Wollhöver,** Klaus; Dr. rer. nat., Prof.; *Mathematik für Ingenieure*; di: Westfäl. Hochsch., FB Maschinenbau, Münsterstr. 265, 46397 Bocholt, T: (02871) 2155922, klaus.wollhoever@fh-gelsenkirchen.de

**Wollny,** Clemens; Dr., Prof.; *Agrarwirtschaft, Landwirtschaft u. Umwelt*; di: FH Bingen, FB Life Sciences and Engineering, FR Agrarwirtschaft, Berlinstr. 109, 55411 Bingen, T: (06721) 409348, wollny@fh-bingen.de

**Wollny,** Volrad; Dr., Prof.; *Betriebswirtschaftslehre, Logistik, Unternehmensführung, Umweltmanagement*; di: FH Mainz, FB Wirtschaft, Lucy-Hillebrand-Str. 2, 55128 Mainz, T: (06131) 628260, volrad.wollny@wiwi.fh-mainz.de

**Wollschläger,** Paul; Dr.-Ing., Prof.; *Fertigungstechnologie, Massivumformung, und Blechbearbeitung, Werkstoffe*; di: Ostfalia Hochsch., Fak. Fahrzeugtechnik, Robert-Koch-Platz 8A, 38440 Wolfsburg

**Wolpert,** Nicola; Dr., Prof.; *Geometrie, Mathematik*; di: Hochsch. f. Technik, Fak. Vermessung, Mathematik u. Informatik, Schellingstr. 24, 70174 Stuttgart, PF 101452, 70013 Stuttgart, T: (0711) 89262697, F: 89262553, nicola.wolpert@hft-stuttgart.de

**Wolter,** Stefan; Dr.-Ing., Prof.; *Mikroelektronik*; di: Hochsch. Bremen, Fak. Elektrotechnik u. Informatik, Neustadtswall 30, 28199 Bremen, T: (0421) 59052402, F: 59052400, Stefan.Wolter@hs-bremen.de

**Woltermann,** Stefan; Dr. rer. pol., Prof.; *Betriebswirtschaftslehre, insbes. Rechnungswesen*; di: FH Köln, Fak. f. Wirtschaftswiss., Claudiusstr. 1, 50678 Köln, T: (0221) 82753906, stefan.woltermann@dvz.fh-koeln.de

**Wolters,** Ludger; Dr. math., Prof.; *CAD/CAM, Datenverarbeitung, Mathematik*; di: Jade Hochsch., FB Ingenieurwissenschaften, Friedrich-Paffrath-Str. 101, 26389 Wilhelmshaven, T: (04421) 9852491, F: 9852623, wolters@jade-hs.de

**Woltmann,** Udo; Dr.-Ing., Prof.; *Statik*; di: FH Lübeck, FB Bauwesen, Mönkhofer Weg 239, 23562 Lübeck, T: (0451) 3005134, F: 3005079, udo.woltmann@fh-luebeck.de

**Wondrazek,** Fritz; Dr. rer. nat., Prof.; *Angewandte Physik, Medizintechnik, Lasertechnik*; di: Hochsch. München, Fak. Feinwerk- u. Mikrotechnik, Physikal. Technik, Lothstr. 34, 80335 München, T: (089) 12651337, F: 12651480, wondrazek@fhm.edu

**Worbes,** Stefan; Dipl.-Ing., Prof.; *Gebäudelehre und Entwerfen*; di: Hochsch. Anhalt, FB 3 Architektur, Facility Management u. Geoinformation, PF 2215, 06818 Dessau, worbes@fg.hs-anhalt.de

**Worbs,** Thomas; Dipl.-Ing., Prof.; *Massivbau*; di: Hochsch. Zittau/Görlitz, Fak. Bauwesen, Schliebenstr. 21, 02763 Zittau, PF 1455, 02754 Zittau, T: (03583) 611622, tworbs@hs-zigr.de

**Worlitz,** Frank; Dr.-Ing., Prof.; *Projektierung v. Automatisierungs- u. Mechatroniksystemen*; di: Hochsch. Zittau/Görlitz, Fak. Elektrotechnik u. Informatik, Theodor-Körner-Allee 16, 02763 Zittau, T: (03583) 611548, F.Worlitz@hs-zigr.de

**Worm,** Helga; Dr., Prof.; *Verwaltungsrecht, Staat und Verfassung (Recht), Privatrecht*; di: Hess. Hochsch. f. Polizei u. Verwaltung, FB Verwaltung, Schönbergstr. 100, 65199 Wiesbaden, T: (0611) 5829235

**Wormbs,** Valentin; Prof., Dekan; *Kommunikationsdesign*; di: Hochsch. Konstanz, Fak. Architektur u. Gestaltung, Brauneggerstr. 55, 78462 Konstanz, PF 100543, 78405 Konstanz, T: (07531) 3659271, wormbs@htwg-konstanz.de

**Wormit,** Alexander; Dr., Prof.; *Klinische Musiktherapie, Qualitätsmanagement*; di: Hochsch. Heidelberg, Fak. f. Therapiewiss., Maaßstr. 26, 69123 Heidelberg, T: (06221) 884170, alexander.wormit@fh-heidelberg.de

**Worschech,** Udo; Dr. phil., Prof. Theol. H Friedensau; *Altes Testament, Biblische Archäologie*; di: Theol. Hochschule, FB Theologie, An der Ihle 5a, 39291 Friedensau, T: (03921) 91613150; pr: Annemonenweg 1, 87488 Betzigau

**Wortmann,** Martin; Dr., Prof.; *Technologie und Management*; di: FH des Mittelstands, FB Wirtschaft, Ravensbergerstr. 10G, 33602 Bielefeld, wortmann@fhm-iml.de

**Wortmann,** Rolf; Dr. rer. pol., Prof.; *Politikwissenschaft, Public Management*; di: Hochsch. Osnabrück, Institut f. Öffentliches Management, Caprivistr. 30A, 49076 Osnabrück, T: (0541) 9693247, F: 9693176, r.wortmann@hs-osnabrueck.de; pr: Moorlandstr. 61, 49088 Osnabrück, T: (0541) 187151

**Worzalla,** Michael; Dr., Prof.; *Privates u. öffentliches Wirtschaftsrecht*; di: EBZ Business School Bochum, Springorumallee 20, 44795 Bochum, T: (0211) 961350, m.worzalla@ebz-bs.de

**Worzyk,** Michael; Dr., Prof.; *Datenbanksystem*; di: Hochsch. Anhalt, FB 5 Informatik, PF 1458, 06354 Köthen, T: (03496) 673135

**Wosch,** Thomas; Dr., Prof.; *Sozialmanagement*; di: Hochsch. f. angew. Wiss. Würzburg Schweinfurt, Fak. angew. Sozialwiss., Münzstr. 12, 97070 Würzburg

**Wosnitza,** Franz; Dr.-Ing., Prof.; *Industrielle Steuerungstechnik und Grundgebiete der Elektrotechnik*; di: FH Aachen, FB Elektrotechnik und Informationstechnik, Eupener Str. 70, 52066 Aachen, T: (0241) 600952163, wosnitza@fh-aachen.de; pr: Brühlstr. 34, 52080 Aachen, T: (0241) 555215

**Wossnig,** Peter; Dipl.-Ing., Prof.; *EDV, Darstellende Geometrie, Baukonstruktion*; di: Hochsch. Augsburg, Fak. f. Architektur u. Bauwesen, An der Hochschule 1, 86161 Augsburg, T: (0821) 55863113, F: 55863110, peter.wossnig@hs-augsburg.de

**Wotschke,** Michael; Dr.-Ing., Prof.; *Baubetrieb, Baumanagement/Bauorganisation, Controlling, Kosten- u. Leistungsrechnung, Projektstudium u. DV-Anwendung*; di: HTW Berlin, FB Ingenieurwiss. II, Blankenburger Pflasterweg 102, 13129 Berlin, T: (030) 50194346, wotschke@HTW-Berlin.de

**Woydt,** Sabine; Dr., Prof.; *BWL – Tourismus, Hotellerie und Gastronomie: Hotel- und Gastronomiemanagement*; di: DHBW Ravensburg, Rudolfstr. 19, 88214 Ravensburg, T: (0751) 189992155, woydt@dhbw-ravensburg.de

**Woyke,** Günther; Dr.-Ing., Prof.; *Verfahrenstechnik, Physikalische Chemie*; di: Hochsch. München, Fak. Feinwerk- u. Mikrotechnik, Physikal. Technik, Lothstr. 34, 80335 München, T: (089) 28924252, F: 12651480, woyke@rz.fh-muenchen.de

**Wozniak,** Klaus; Dr.-Ing. habil., Prof.; *Fluidenergiemaschinen, Regenerative Energien*; di: HTWK Leipzig, FB Maschinen- u. Energietechnik, PF 301166, 04251 Leipzig, T: (0341) 30764135, wozniak@me.htwk-leipzig.de

**Wozny,** Manfred; Dr., Prof.; *Physik, Mathematik*; di: Hochsch. Weihenstephan-Triesdorf, Fak. Biotechnologie u. Bioinformatik, Am Hofgarten 10 (Löwentorgebäude), 85350 Freising, T: (08161) 714391, F: 715116, manfred.wozny@fh-weihenstephan.de

**Wrabetz,** Wolfram; Dr., Prof., HonProf. FH Frankfurt; *Versicherungswesen*; di: FH Frankfurt, FB 3 Wirtschaft u. Recht, Nibelungenplatz 1, 60318 Frankfurt am Main

**Wrage-Mönnig,** Nicole; Dr., Prof.; *Agrarwissenschaften, Schwerpunkt Graslandökologie*; di: Hochsch. Rhein-Waal, Fak. Life Sciences, Marie-Curie-Straße 1, 47533 Kleve, T: (02821) 80673216, nicole.wrage@hochschule-rhein-waal.de

**Wrede,** Christoph; Dr.-Ing., Prof.; *Elektrische Maschinen und Antriebe, Energiewirtschaft*; di: FH Bingen, FB Technik, Informatik, Wirtschaft, Berlinstr. 109, 55411 Bingen, T: (06721) 409107, F: 409158, wrede@fh-bingen.de

**Wrede,** Jürgen; Prof.; *Maschinenbau*; di: Hochsch. Pforzheim, Fak. f. Wirtschaft u. Recht, Tiefenbronner Str. 66, 75175 Pforzheim, T: (07231) 286632, F: 286050, juergen.wrede@hs-pforzheim.de

**Wrede,** Oliver; Prof.; *Interaktive Medien, Audiovisuelle Gestaltung*; di: FH Aachen, FB Design, Boxgraben 100, 52064 Aachen, T: (0241) 600951516, wrede@fh-aachen.de; pr: Im Dau 13, 50678 Köln

**Wrenger,** Burkhard; Dr. rer. nat., Prof.; *Informatik, Systeme der Datenverarbeitung*; di: Hochsch. Ostwestfalen-Lippe, FB 8, Umweltingenieurwesen u. Angew. Informatik, An der Wilhelmshöhe 44, 37671 Höxter, T: (05271) 687122; pr: Knochenbachstr. 15, 37671 Höxter

**Wriedt,** Verena; Prof., Dekanin; di: Hochsch. Ostwestfalen-Lippe, FB 1, Architektur u. Innenarchitektur, Bielefelder Str. 66, 32756 Detmold, T: (05231) 76950, F: 769681; pr: Uteweg 2, 22559 Hamburg, T: (040) 245201

**Wrobel,** Ralph Michael; Dr. sc. pol., Prof.; *Wirtschaftspolitik und Regionalökonomie*; di: Westsächs. Hochsch. Zwickau, FB Wirtschaftswiss., Scheffelstr. 39, 08056 Zwickau, ralph.wrobel@fh-zwickau.de

**Wrobel-Leipold,** Andreas; Dr. phil., Prof.; *Medienmanagement*; di: Hochsch. Mittweida, Fak. Medien, Technikumplatz 17, 09648 Mittweida, T: (03727) 581586, F: 581439, awl@htwm.de

**Wucherer,** Klaus; Dr.-Ing., Dr.-Ing. E.h., HonProf. TU Chemnitz, HonProf. H Osnabrück; *Ingenieurwissenschaften*; di: International Electrotechnical Commission (IEC), 3, rue de varembé, CH-1211 Genève, 20; pr: Mittelstr. 13, 90610 Winkelhaid, T: (09187) 41889

**Wuchner,** Sigmund; Dipl.-Ing. (FH), HonProf.; *Technischer Ausbau*; di: Hochsch. Biberach, Karlstr. 11, 88400 Biberach/Riß, PF 1260, 88382 Biberach/Riß, T: (07351) 5820, F: 582119

**Wuckelt,** Agnes; Dr. theol., Prof., Dekanin FB Theologie; *Praktische Theologie: Religionspädagogik, insb. Didaktik und Methodik des RU*; di: Kath. Hochsch. NRW, Abt. Paderborn, FB Theologie, Leostr. 19, 33098 Paderborn, T: (05251) 122521, F: 122561, a.wuckelt@kfhnw.de; pr: Mühlenstr. 17, 33165 Lichtenau, T: (05295) 7196

**Wübbelmann,** Heinz; Dr.-Ing., Prof.; *Vermessungskunde, Auswertetechnik*; di: Jade Hochsch., FB Bauwesen u. Geoinformation, Ofener Str. 16-19, 26121 Oldenburg, T: (0441) 77083321, F: 77083336, wuebbelmann@jade-hs.de

**Wübbelmann,** Jürgen; Dr.-Ing., Prof.; *Betriebssysteme, Embedded Systems*; di: Hochsch. Osnabrück, Fak. Ingenieurwiss. u. Informatik, Albrechtstr. 30, 49076 Osnabrück, T: (0541) 9697008, j.wuebbelmann@hs-osnabrueck.de

**Wübbelt,** Peter; Dr. rer. biol. hum., Prof.; *Angewandte Informatik (Neue Medien)*; di: Hochsch. Hannover, Fak. III Medien, Information u. Design, Expo Plaza 12, 30539 Hannover, PF 920261, 30441 Hannover, T: (0511) 92962660, peter.wuebbelt@hs-hannover.de; pr: www.wuebbelt.de/

**Wührl,** Martin; Dr.-Ing., Prof.; *Maschinenbau*; di: DHBW Stuttgart, Fak. Technik, Maschinenbau, Kronenstraße 53A, 70174 Stuttgart, T: (0711) 1849676, wuehrl@dhbw-stuttgart.de

**Wülker,** Michael; Dr. rer. nat., Prof.; *Mathematik, Physik, EDV, Messwerterfassung und -verarbeitung*; di: Hochsch. Offenburg, Fak. Maschinenbau u. Verfahrenstechnik, Badstr. 24, 77652 Offenburg, T: (0781) 205257, F: 205242

**Wüller,** Heike; Dr., Prof.; *Politikwissenschaft, Soziologie*; di: FH f. öffentl. Verwaltung NRW, Abt. Köln, Thürmchenswall 48-54, 50668 Köln, heike.wueller@fhoev.nrw.de

**Wünsch,** Ines; Dr.-Ing., Prof.; *Textile Flächenbildung*; di: Westsächs. Hochsch. Zwickau, FG Textil- u. Ledertechnik, Klinkhardtstr. 30, 08468 Reichenbach, T: (03765) 552131, ines.wuensch@fh-zwickau.de

**Wünsch,** Ulrich; Dr., Prof.; *Event Management*; di: Int. Hochsch. Bad Honnef, Mülheimer Str. 38, 53604 Bad Honnef, T: (02224) 9605119, u.wuensch@fh-bad-honnef.de

**Wünsche,** Christine; Dr.-Ing., Prof.; *Optik*; di: Hochsch. Deggendorf, FB Elektrotechnik u. Medientechnik, Edlmairstr. 6-8, 94469 Deggendorf, PF 1320, 94453 Deggendorf, christine.wuensche@fh-deggendorf.de

**Wünsche,** Isabella; Dr. rer. pol., Prof.; *Betriebswirtschaftslehre, insbes. Finanz- und Rechnungswesen*; di: FH Ludwigshafen, FB II Marketing und Personalmanagement, Ernst-Boehe-Str. 4, 67059 Ludwigshafen/Rhein, T: (0621) 5203237, F: 5203112, i.wuensche@fh-lu.de

**Würfel,** Matthias; Dr.-Ing., Prof.; *Elektrotechnik*; di: Westsächs. Hochsch. Zwickau, FB Elektrotechnik, Dr.-Friedrichs-Ring 2A, 08056 Zwickau, Matthias.Wuerfel@fh-zwickau.de

**Würslin,** Rainer; Dr.-Ing., Prof., Dekan Mechatronik und Elektrotechnik; *Elektrotechnik, Messtechnik, Elektronik*; di: Hochsch. Esslingen, Fak. Mechatronik u. Elektrotechnik, Fak. Betriebswirtschaft, Fak. Graduate School, Robert-Bosch-Str. 1, 73037 Göppingen, T: (0711) 3971182; pr: Notzinger Str. 9/3, 73274 Notzingen, T: (07021) 49422

**Würzberg,** Hans-Gerd; Dr., Prof.; *Medientheorie*; di: Hochsch. Hannover, Fak. III Medien, Information u. Design, Kurt-Schwitters-Forum, Expo Plaza 2, 30539 Hannover, T: (0511) 92962381, gerd.wuerzberg@hs-hannover.de

**Wüst,** Eberhard; Dr. rer. nat., Prof. FH Hannover; *Mathematik, Physik, Messtechnik, Statistik, Informatik, Prozesssteuerung, Managementsysteme*; di: Hochsch. Hannover, Fak. II Maschinenbau u. Bioverfahrenstechnik, Heisterbergallee 12, 30453 Hannover, T: (0511) 92962213, eberhard.wuest@hs-hannover.de; pr: Heisterberghof 15, 30926 Seelze, T: (0511) 480832

**Wüst,** Kirsten; Dr. habil., Prof.; *Quantitative Methoden*; di: Hochsch. Pforzheim, Fak. f. Wirtschaft u. Recht, Tiefenbronner Str. 65, 75175 Pforzheim, T: (07231) 286357, F: 286190, kirsten.wuest@hs-pforzheim.de

**Wüst,** Klaus; Dr. rer. nat., Prof.; *Informatik*; di: Techn. Hochsch. Mittelhessen, FB 13 Mathematik, Naturwiss. u. Datenverarbeitung, Wiesenstr. 14, 35390 Gießen, T: (0641) 3092323; pr: Kleinfeldchen 6, 35418 Buseck, T: (06408) 547553

**Wüst,** Michael; Dr. rer. pol., Prof.; *Volkswirtschaftslehre, insb. Wirtschaftstheorie u. Wirtschaftspolitik*; di: Hochsch. Mittweida, Fak. Wirtschaftswiss., Technikumplatz 17, 09648 Mittweida, T: (03727) 581370, F: 581295, mwuest@htwm.de

**Wüst,** Thomas; Dr., Prof.; *Sozialarbeit, Sozialpolitik*; di: Hochsch. Fulda, FB Sozialwesen, Marquardstr. 35, 36039 Fulda

**Wüstenbecker,** Michael; Dr. rer. pol., Prof.; *Sozialpolitik und Sozialwirtschaft*; di: Kath. Hochsch. Mainz, FB Soziale Arbeit, Saarstr. 3, 55122 Mainz, wuestenbecker@kfh-mainz.de

**Wüstendörfer,** Werner; Dipl.-Soz.wirt., Dr. rer. pol., Prof.; *Soziologie, Sozialwissenschaftliche Methoden und Arbeitsweisen*; di: Georg-Simon-Ohm-Hochsch. Nürnberg, Fak. Sozialwiss., Bahnhofstr. 87, 90402 Nürnberg, PF 210320, 90121 Nürnberg

**Wulf,** Michael; Dr.-Ing., Prof., Dekan FB Architektur; *Tragwerkslehre, Modellstatik sowie Ingenieurhochbau*; di: FH Aachen, FB Architektur, Bayernallee 9, 52066 Aachen, T: (0241) 600951185, wulf@fh-aachen.de; pr: Herzogstr 14, 52070 Aachen, T: (0241) 507520

**Wulf,** Peter; Dr.-Ing., Prof.; *Technische Mechanik und numerische Strömungssimulation*; di: HAW Hamburg, Fak. Technik u. Informatik, Berliner Tor 21, 20099 Hamburg, T: (040) 428758695, wulf@rzbt.haw-hamburg.de

**Wulf,** Tobias; Dipl.-Ing., Prof.; *Entwerfen, Baukonstruktion*; di: Hochsch. f. Technik, Fak. Architektur u. Gestaltung, Schellingstr. 24, 70174 Stuttgart, PF 101452, 70013 Stuttgart, T: (0711) 89262627, tobias.wulf@hft-stuttgart.de

**Wulfes,** Rainer; Dr. sc. agr., Prof.; *Botanik, Ökologie, Feldfutterbau, Ökologischer Landbau, Grünlandwirtschaft*; di: FH Kiel, FB Agrarwirtschaft, Am Kamp 11, 24783 Osterrönfeld, T: (04331) 845112, F: 845141, rainer.wulfes@fh-kiel.de; pr: Eichenhof 7, 24784 Westerrönfeld

**Wulff,** Alfred; Dipl.-Math., Prof.; *Verteilte Datenverarbeitung, Datenkommunikation und Datenbanksysteme*; di: Jade Hochsch., FB Management, Information, Technologie, Friedrich-Paffrath-Str. 101, 26389 Wilhelmshaven, T: (04421) 9852425, F: 9852412, wulff@jade-hs.de

**Wulff,** Nikolaus; Dr. rer. nat., Prof. FH Münster; *Informatik, Objektorientiete Systeme, Modelierung und Design mit der Unified Modeling Language (UML) Web-Applikationen und e-Commerce*; di: FH Münster, FB Elektrotechnik und Informatik, Stegerwaldstr. 39, 48565 Steinfurt, T: (02551) 962213, F: 962710, nwulff@fh-muenster.de

**Wulff,** Sieglinde; Dr.-Ing., Prof.; *Mathematik*; di: Westsächs. Hochsch. Zwickau, FB Physikalische Technik/Informatik, Dr.-Friedrichs-Ring 2A, 08056 Zwickau, T: (0375) 5361386, sieglinde.wulff@fh-zwickau.de

**Wulfhorst,** Valerie; Dr. rer. oec., Prof.; *Business Administration, Financial Outcome, Mangelnde Relevanz*; di: FH Südwestfalen, FB Elektr. Energietechnik, Lübecker Ring 2, 59494 Soest, T: (02921) 378451, v.wulfhorst@fh-swf.de

**Wullenkord,** Axel; Dr., Prof.; *Finanzmanagement*; di: Business and Information Technology School GmbH, Reiterweg 26 b, 58636 Iserlohn, T: (02371) 776518, F: 776503, axel.wullenkord@bits-iserlohn.de

**Wullschläger,** Dietrich; Dr.-Ing., Prof.; *Bauingenieurwesen*; di: HTW d. Saarlandes, Fak. f. Architektur u. Bauingenieurwesen, Goebenstr. 40, 66117 Saarbrücken, T: (0681) 5867189, wu@htw-saarland.de; pr: Mozartstr. 47, 76307 Karlsbach, T: (07202) 7786

**Wunck,** Christoph; Dr.-Ing., Prof.; *Wirtschaftsinformatik*; di: Jade Hochsch., FB Management, Information, Technologie, Friedrich-Paffrath-Str. 101, 26389 Wilhelmshaven, wunck@jade-hs.de

**Wunder,** Thomas; Dr., Prof.; *Unternehmensführung*; di: FH Neu-Ulm, Wileystr. 1, 89231 Neu-Ulm, T: (0731) 97621472, thomas.wunder@hs-neu-ulm.de

**Wunderatsch,** Hartmut; Dr.-Ing., Prof.; *EDV u. Organisation*; di: Hochsch. Hof, Alfons-Goppel-Platz 1, 95028 Hof, T: (09281) 409441, F: 40955441, Hartmut.Wunderatsch@fh-hof.de

**Wunderlich,** Rainer; Dr., Prof.; *Wirtschaftsingenieurwesen*; di: Hochsch. Pforzheim, Fak. f. Wirtschaft u. Recht, Tiefenbronner Str. 66, 75175 Pforzheim, T: (07231) 286677, F: 286057, rainer.wunderlich@hs-pforzheim.de

**Wunsch,** Matthias; Dr.-Ing., Prof.; *Wirtschaftsingenieurwesen*; di: DHBW Heidenheim, Fak. Technik, Marienstr. 20, 89518 Heidenheim, T: (07321) 2722356, F: 2722359, wunsch@dhbw-heidenheim.de

**Wuntsch,** Michael von; Dr., Prof.; *Betriebswirtschaftl. Steuerlehre*; di: HTW Berlin, FB Wirtschaftswiss. I, Treskowallee 8, 10318 Berlin, T: (030) 50192367, m.vonwuntsch@HTW-Berlin.de

**Wupperfeld,** Udo; Dr., Prof.; *Wirtschaftsingenieurwesen*; di: Hochsch. Pforzheim, Fak. f. Wirtschaft u. Recht, Tiefenbronner Str. 66, 75175 Pforzheim, T: (07231) 286638, F: 286057, udo.wupperfeld@hs-pforzheim.de

**Wurm,** Manfred; Dr. rer. nat., Prof.; *Mathematik, Grundlagen der Elektrotechnik*; di: FH Kiel, FB Informatik u. Elektrotechnik, Grenzstr. 5, 24149 Kiel, T: (0431) 2104160, F: 21064160, manfred.wurm@fh-kiel.de; pr: Steffensbrook 82, 24226 Heikendorf, T: (0431) 242367

**Wurster,** Helmut; Dipl.-Ing. (FH), Prof.; *Regelungstechnik, Operationsverstärker, Echtzeitprogrammierung, Modellierung u. Simulation technischer Systeme*; di: Hochsch. Aalen, Fak. Elektronik u. Informatik, Beethovenstr. 1, 73430 Aalen, T: (07361) 5764312, helmut.wurster@htw-aalen.de

**Wurzel,** Ulrich; Dr., Prof.; *VWL*; di: HTW Berlin, FB Wirtschaftswiss. I, Treskowallee 8, 10318 Berlin, T: (030) 50192313, ulrich.wurzel@HTW-Berlin.de

**Wuschek,** Matthias; Dr.-Ing., Prof.; *Nachrichtenübertragungstechnik*; di: Hochsch. Deggendorf, FB Elektrotechnik u. Medientechnik, Edlmairstr. 6-8, 94469 Deggendorf, PF 1320, 94453 Deggendorf, T: (0991) 3615522, F: 3615599, matthias.wuschek@fh-deggendorf.de

**Wuschig,** Ilona; Dr., Prof.; *Journalistik*; di: Hochsch. Magdeburg-Stendal, FB Kommunikation u. Medien, Osterburger Str. 25, 39576 Stendal, ilona.wuschig@hs-magdeburg.de

**Wutka,** Bernhard; Dr. phil. habil., Prof.; *Philologie, Elektronische Berichterstattung, Reportagen und Studioproduktion*; di: HTWK Leipzig, FB Medien, PF 301166, 04251 Leipzig, T: (0341) 2170461, wutka@fbm.htwk-leipzig.de

**Wuttke,** Claas-Christian; Dr.-Ing., Prof.; *Produktion und Logistik*; di: Hochsch. Karlsruhe, Fak. Wirtschaftswissenschaften, Moltkestr. 30, 76133 Karlsruhe, PF 2440, 76012 Karlsruhe, T: (0721) 9251952

**Wutz,** Peter; Prof.; *Fotografie*; di: Beuth Hochsch. f. Technik, FB VIII Maschinenbau, Veranstaltungs- u. Verfahrenstechnik, Luxemburger Str. 10, 13353 Berlin, T: (030) 45045033, wutz@beuth-hochschule.de

**Wyndorps,** Paul; Dr.-Ing., Prof.; *Konstruktion, Konstruktionstechniken, CAD-Techniken*; di: Hochsch. Reutlingen, FB Technik, Alteburgstr. 150, 72762 Reutlingen, T: (07121) 2717050, Paul.Wyndorps@Reutlingen-University.DE

**Wynne,** Terence; Dr., Prof.; *Intercultural Communication, Interpersonal Skills, Techn. Englisch, Wirtschaftsenglisch*; di: Hochsch. Esslingen, Fak. Betriebswirtschaft, Kanalstr. 33, 73728 Esslingen, T: (0711) 3974339; pr: Gollenstr. 2/3, 73733 Esslingen, T: (0711) 3704626

**Wyrobnik,** Irit; Dr., Prof.; *Frühkindliche Pädagogik und ihre Didaktik*; di: H Koblenz, FB Sozialwissenschaften, Konrad-Zuse-Str. 1, 56075 Koblenz, T: (0261) 9528224, wyrobnik@hs-koblenz.de

**Wyrwich,** Heinrich; Dipl.-Ing. (FH), Prof.; *Kommunikationsdesign, Schwerpunkt Gestaltung elektronischer Medien, Animation, Video*; di: Hochsch. Mannheim, Fak. Gestaltung, Windeckstr. 110, 68163 Mannheim

**Wziontek,** Helmut; Dr.-Ing., Prof.; *Technische Optik*; di: FH Jena, FB Elektrotechnik und Informationstechnik, Carl-Zeiss-Promenade 2, 07745 Jena, PF 100314, 07703 Jena, T: (03641) 205700, F: 205701, et@fh-jena.de

**Yass,** Mohammed S.; Dr., Prof.; *Multimedia, Netzwerke, DV-Organisation*; di: Hochsch. Heidelberg, Fak. f. Informatik, Ludwig-Guttmann-Str. 6, 69123 Heidelberg, T: (06221) 882519, mohammed.yass@fh-heidelberg.de

**Yuan,** Bo; Dr.-Ing., Prof.; *Fahrzeugmechatronik, Sensoren u. Aktoren, Technische Mechanik, Festigkeitslehre*; di: Hochsch. München, Fak. Maschinenbau, Fahrzeugtechnik, Flugzeugtechnik, Dachauer Str. 98b, 80335 München, T: (089) 12651441, F: 12651392, bo.yuan@fhm.edu; www.lrz-muenchen.de/~yuan

**Zaby,** Andreas; Dr., Prof. u. Vizepräs.; di: Hochsch. f. Wirtschaft u. Recht Berlin, FB 1, Badensche Str. 50-51, 10825 Berlin, T: (030) 85789133, andreas.zaby@hwr-berlin.de

**Zach,** Ulrike; Dr., Prof.; *Psychologie, klinische Sozialarbeit*; di: FH Frankfurt, FB 4 Soziale Arbeit u. Gesundheit, Nibelungenplatz 1, 60318 Frankfurt am Main, T: (069) 15332879, zach@fb4.fh-frankfurt.de

**Zacharias,** Annette; Dr., Prof.; *Mathematik, Datenverarbeitung*; di: FH Dortmund, FB Informations- u. Elektrotechnik, Sonnenstr. 96, 44139 Dortmund, T: (0231) 9112786, F: 9112283, annette.zacharias@fh-dortmund.de

**Zacharias,** Dietmar; Dr., Prof.; *Technische und Angewandte Biologie*; di: Hochsch. Bremen, Fak. Natur u. Technik, Neustadtswall 30, 28199 Bremen, T: (0421) 59054269, F: 59054250, Dietmar.Zacharias@hs-bremen.de

**Zacharias,** Lutz; Dr.-Ing., Prof.; *Elektrotechnik*; di: Westsächs. Hochsch. Zwickau, FB Elektrotechnik, Dr.-Friedrichs-Ring 2A, 08056 Zwickau, Lutz.Zacharias@fh-zwickau.de

**Zacharias,** Michael; Dr., Prof.; *Betriebswirtschaftslehre, insbes. Marketing*; di: FH Worms, FB Wirtschaftswiss., Erenburgerstr. 19, 67549 Worms, T: (06241) 509130, F: 509222, zacharias@fh-worms.de

**Zacharias,** Wolfgang; Dr., HonProf.; *Kulturpädagogik, Spielpädagogik*; di: Hochsch.Merseburg, FB Soziale Arbeit, Medien, Kultur, Geusaer Str., 06217 Merseburg, T: (03461) 462203, F: 462205, wolfgang.zacharias@hs-merseburg.de

**Zacheja,** Johannes; Dr. rer. nat., Prof.; *Mikrosystemtechnik*; di: Hochsch. Bochum, FB Elektrotechnik u. Informatik, Lennershofstr. 140, 44801 Bochum, T: (0234) 3210337, johannes.zacheja@hs-bochum.de; pr: Auf dem Backenberg 29, 44801 Bochum

**Zacher,** Johannes; Dr. rer. pol., Prof.; *Grundlagen der Sozialwirtschaft, Führung sozialer Einrichtungen*; di: Hochsch. Kempten, Fak. Soziales u. Gesundheit, Bahnhofstraße 61, 87435 Kempten, T: (0831) 2523644, johannes.zacher@fh-kempten.de

**Zacher,** Thomas; Dr. rer. pol., Prof.; *Betriebswirtschaft*; di: FH d. Wirtschaft, Hauptstr. 2, 51465 Bergisch Gladbach, T: (02202) 9527363, F: 9527200, thomas.zacher@fhdw.de

**Zacherl,** Anton; Dr. rer. nat., Prof.; *Technische Informatik, Mathematik*; di: Hochsch. Augsburg, Fak. f. Allgemeinwissenschaften, An der Hochschule 1, 86161 Augsburg, T: (0821) 55863306, F: 55863310, anton.zacherl@hs-augsburg.de

**Zack,** Carsten; Dr., Prof.; *Privat- und Wirtschaftsrecht*; di: Techn. Hochsch. Mittelhessen, FB 07 Wirtschaft, Wiesenstr. 14, 35390 Gießen, T: (0641) 3092737

**Zägelein,** Walter; Dr.-Ing., Prof.; *Automatisierungstechnik, Steuerungs- und Regelungstechnik*; di: Georg-Simon-Ohm-Hochsch. Nürnberg, Fak. Maschinenbau u. Versorgungstechnik, Keßlerplatz 12, 90489 Nürnberg, PF 210320, 90121 Nürnberg

**Zaeh,** Philipp; Dr. rer. pol., Prof.; *Grundlagen BWL, Betriebswirtschaftliche Steuerlehre, (Konzern-)Bilanzierung, Mathematik, Controlling, Finanzierung, Kosten- und Leistungsrechnung, Risikomanagement*; di: Hamburg School of Business Administration, Alter Wall 38, 20457 Hamburg, T: (040) 36138763, F: 36138751, philipp.zaeh@hsba.de

**Zähringer,** Edmund; Prof.; *Elektronik*; di: Hochsch. Konstanz, Fak. Elektrotechnik u. Informationstechnik, Brauneggerstr. 55, 78462 Konstanz, PF 100543, 78405 Konstanz, T: (07531) 206267, F: 206400, zaehring@fh-konstanz.de

**Zaharia,** Silvia; Dr., Prof.; *Marketing, Interantionales Marketing*; di: Hochsch. Niederrhein, FB Wirtschaftsingenieurwesen u. Gesundheitswesen, Ondereyckstr. 3-5, 47805 Krefeld, silvia.zaharia@hs-niederrhein.de

**Zaharka,** Sharon; Dr., Prof.; *Wirtschaftsenglisch, Interkulturelle Kommunikation*; di: Hochsch. Konstanz, Fak. Wirtschafts- u. Sozialwiss., Brauneggerstr. 55, 78462 Konstanz, PF 100543, 78405 Konstanz, T: (07531) 206487, zaharka@htwg-konstanz.de

**Zahn,** Franz; Ph.D., Prof.; *Betontechnik, Massivbau*; di: Hochsch. Konstanz, Fak. Bauingenieurwesen, Brauneggerstr. 55, 78462 Konstanz, PF 100543, 78405 Konstanz, T: (07531) 206216, F: 206391, zahn@htwg-konstanz.de; pr: fzahn@freesurf.ch

**Zahn,** Wieland; Dr. rer. nat., Prof.; *Experimentalphysik, Oberflächenanalysentechnik, Physikalische Analysentechnik*; di: Westsächs. Hochsch. Zwickau, FB Physikalische Technik / Informatik, Dr.-Friedrichs-Ring 2A, 08056 Zwickau, Wieland.Zahn@fh-zwickau.de

**Zahner,** Volker; Dr., Prof.; *Zoologie, Wildtierökologie, Jagdlehre*; di: Hochsch. Weihenstephan-Triesdorf, Fak. Wald u. Forstwirtschaft, Am Hofgarten 4, 85354 Freising, 85350 Freising, T: (08161) 715910, F: 714526, volker.zahner@fh-weihenstephan.de

**Zahradnik,** Stefan; Dr., Prof.; *Management öffentlicher Dienstleistungen*; di: FH Nordhausen, FB Wirtschafts- u. Sozialwiss., Weinberghof 4, 99734 Nordhausen, T: (03631) 420541, F: 420817, zahradnik@fh-nordhausen.de

**Zaiser,** Jochen; Dr.-Ing., Prof.; *Vermessungskunde, Geoinformatik*; di: FH Mainz, FB Technik, Holzstr. 36, 55116 Mainz, T: (06131) 2859625, zaiser@geoinform.fh-mainz.de

**Zaiß,** Ulrich; Dr. rer. nat., Dr. habil., Prof.; *Mikrobiologie, Biotechnische Entsorgung, Boden- und Gewässerschutz*; di: Ostfalia Hochsch., Fak. Versorgungstechnik, Salzdahlumer Str. 46/48, 38302 Wolfenbüttel, U.Zaiss@ostfalia.de

**Zalpour,** Christoff; Dr., Prof.; *Ergotherapie/ Physiotherapie*; di: Hochsch. Osnabrück, Fak. Wirtschafts- u. Sozialwiss., Caprivistr. 1, 49076 Osnabrück, T: (0541) 9693246, zalpour@wi.hs-osnabrueck.de

**Zameck-Glyscinski,** Axel von; Dr., Prof.; *VWL*; di: FH d. Bundes f. öff. Verwaltung, FB Sozialversicherung, Nestorstraße 23 - 25, 10709 Berlin, T: (030) 86521556

**Zang,** Rupert; Dr., Prof.; *Maschinenbau*; di: Hochsch. Pforzheim, Fak. f. Technik, Tiefenbronner Str. 66, 75175 Pforzheim, T: (07231) 286210, F: 286050, rupert.zang@hs-pforzheim.de

**Zang,** Werner; Dr.-Ing., Prof.; *Sensorik und elektronische Instrumentierung*; di: FH Aachen, FB Angewandte Naturwiss. u. Technik, Ginsterweg 1, 52428 Jülich, T: (0241) 600953043, zang@fh-aachen.de; pr: Weiherstr. 14, 52134 Herzogenrath, T: (02407) 918856

**Zangl,** Hans; Dr. rer. pol., Prof.; *Betriebswirtschaft, Kostenrechnung, Produktionsplanung und -steuerung*; di: Hochsch. München, Fak. Feinwerk- u. Mikrotechnik, Physikal. Technik, Lothstr. 34, 80335 München, T: (089) 12651169, F: 12651480, zangl@fhm.edu

**Zanker,** Winfried; Dr.-Ing., Prof.; di: Hochsch. München, Fak. Maschinenbau, Fahrzeugtechnik, Flugzeugtechnik, Dachauer Str. 98b, 80335 München, winfried.zanker@hm.edu

**Zantow,** Roger; Dr. rer. pol., Prof.; *Finanz-, Bank- und Investitionswirtschaft*; di: Hochsch. München, Fak. Betriebswirtschaft, Lothstr. 34, 80335 München, T: (089) 12652705, F: 12652714, roger.zantow@fhm.edu

**Zapf,** Hans-Leonhard; Dr.-Ing., Prof.; *Schaltungstechnik*; di: Hochsch. München, Fak. Elektrotechnik u. Informationstechnik, Lothstr. 64, 80335 München, T: (089) 12654438, F: 12653403, zapf@ee.fhm.edu

**Zapke,** Wilfried; Dipl.-Ing., Prof.; *Baukonstruktion, Bauphysik, Mauerwerksbau, Holzbau*; di: Hochsch. Hannover, Bürgermeister-Stahn-Wall 9, 31582 Nienburg, T: (0511) 92961401, wilfried.zapke@fh-hannover.de; pr: Dorothea-Püschel-Weg 4, 31623 Drakenburg, T: (05024) 944054

**Zapp,** Jürgen; Dr. rer. nat., Prof.; *Lebensmittelchemie u. Analytik*; di: Hochsch. Ostwestfalen-Lippe, FB 4, Life Science Technologies, Liebigstr. 87, 32657 Lemgo, T: (05261) 702241, F: 702222; pr: Beethovenstr. 4, 32657 Lemgo, T: (05261) 666655

**Zapp,** Winfried; Dipl.-Ökonom, Dr. rer. pol., Prof.; *Allg. Betriebswirtschaftslehre, Krankenhausrechnungswesen*; di: Hochsch. Osnabrück, Fak. Wirtschafts- u. Sozialwiss., Caprivistr. 30a, 49076 Osnabrück, T: (0541) 9693003, F: 9692989, w.zapp@hs-osnabrueck.de; pr: Eichenstr. 15g, 49090 Osnabrück, T: (0541) 124711

**Zauner,** Erwin; Dr.-Ing., Prof.; *Thermische Turbomaschinen und Energietechnik*; di: Hochsch. München, Fak. Maschinenbau, Fahrzeugtechnik, Flugzeugtechnik, Dachauer Str. 98b, 80335 München, T: (089) 12651110, F: 12651392, erwin.zauner@fhm.edu

**Zavirsek,** Darja; Dr., HonProf.; *Sozialarbeit*; di: Alice-Salomon-Hochsch., Alice-Salomon-Platz 5, 12627 Berlin-Hellersdorf; Univ. Ljubliana, School for Social Work, Topniska 33, SI-1000 Ljubljana

**Zdrowomyslaw,** Norbert; Dr. rer. pol., Prof.; *Betriebswirtschaftslehre, insb. Rechnungswesen*; di: FH Stralsund, FB Wirtschaft, Zur Schwedenschanze 15, 18435 Stralsund, T: (03831) 456614

**Zech,** Till; Dr., Prof.; *Steuerrecht*; di: Ostfalia Hochsch., Fak. Recht, Salzdahlumer Str. 46/48, 38302 Wolfenbüttel, till.zech@ostfalia.de

**Zeggert,** Wolfgang; Dr.-Ing., Prof.; *Industrieelektronik, Automatisierungstechnik, Prozessdatenverarbeitung, Feldbussysteme, Grundlagen der Informationstechnik*; di: Hochsch. Hannover, Fak. I Elektro- u. Informationstechnik, Ricklinger Stadtweg 120, 30459 Hannover, PF 920261, 30441 Hannover, T: (0511) 92961276, F: 92961111, wolfgang.zeggert@hs-hannover.de; pr: Finkenstr. 9, 30890 Barsinghausen, T: (05105) 84333

**Zehbold,** Cornelia; Dr. rer. pol., Prof.; *Wirtschaftsinformatik u. Informationssysteme*; di: HAW Ingolstadt, Fak. Maschinenbau, Esplanade 10, 85049 Ingolstadt, T: (0841) 9348364, cornelia.zehbold@haw-ingolstadt.de

**Zehner,** Bernhard; Dr.-Ing., Prof.; *Digitale VLSI-Systeme*; di: FH Stralsund, FB Elektrotechnik u. Informatik, Zur Schwedenschanze 15, 18435 Stralsund, T: (03831) 456589

**Zehner,** Christian; Dr. rer. nat. habil., Prof.; *Grundlagen der Elektrotechnik, Sensorik*; di: FH Brandenburg, FB Technik, SG Elektrotechnik, Magdeburger Str. 50, 14770 Brandenburg, T: (03381) 355545, zehner@fh-brandenburg.de

**Zehner,** Friedhelm; Dr.-Ing., Prof., Dekan FB Maschinenbau; *Kolbenmaschinen, Hydraulik und Pneumatik*; di: Westfäl. Hochsch., FB Maschinenbau u. Facilities Management, Neidenburger Str. 10, 45877 Gelsenkirchen, T: (0209) 9596165, friedhelm.zehner@fh-gelsenkirchen.de; pr: Ahornstr. 70, 46514 Schermbeck, T: (02853) 95119

**Zeichhardt,** Rainer; Dr., Prof.; *Allgemeine Betriebswirtschaftslehre*; di: Business School (FH), Große Weinmeisterstr. 43 a, 14469 Potsdam, Rainer.Zeichhardt@businessschool-potsdam.de

**Zeidler,** Frank; Dr. jur., Prof.; *Recht, internationales Wirtschaftsrecht*; di: FH Mainz, FB Wirtschaft, Lucy-Hillebrand-Str. 2, 55128 Mainz, T: (06131) 628223

**Zeis,** Adelheid; Dr., Prof.; *Dienstrecht/ Ordnungsrecht*; di: FH Frankfurt, FB 3 Wirtschaft u. Recht, Nibelungenplatz 1, 60318 Frankfurt am Main

**Zeis,** Jürgen; Dr. pol., Prof.; *Allgemeine Betriebswirtschaftslehre, insb. Rechnungswesen*; di: Hochsch. Wismar, Fak. f. Wirtschaftswiss., PF 1210, 23952 Wismar, T: (03841) 753121, j.zeis@wi.hs-wismar.de

**Zeisberg,** Sven; Dr.-Ing., Prof.; *Telekommunikationstechnik*; di: HTW Dresden, Fak. Elektrotechnik, Friedrich-List-Platz 1, 01069 Dresden, T: (0351) 4623101, zeisberg@et.htw-dresden.de

**Zeise,** Roland; Dr.-Ing., Prof.; *Grundgebiete der Elektrotechnik, Leittechnik, Berechnung elektrischer Netze, Softwareentwicklung*; di: FH Düsseldorf, FB 3 – Elektrotechnik, Josef-Gockeln-Str. 9, 40474 Düsseldorf, T: (0211) 4351348, roland.zeise@fh-duesseldorf.de; pr: Einbrunger Str. 30a, 40489 Düsseldorf, T: (0211) 4080066

**Zeitler,** Christoph; Dr. rer. pol., Prof.; *Politikwissenschaft*; di: Ev. Hochsch. Nürnberg, Fak. f. Sozialwissenschaften, Bärenschanzstr. 4, 90429 Nürnberg, T: (0911) 27253836, christoph.zeitler@evhn.de; pr: Leukstr. 7, 84028 Landshut, T: (0871) 273634

**Zeitler,** Hanns; Dr.-Ing., Prof.; *Werkstofftechnik, Metalle, Spanlose Fertigung, Schadenskunde*; di: Hochsch. München, Fak. Maschinenbau, Fahrzeugtechnik, Flugzeugtechnik, Dachauer Str. 98b, 80335 München, T: (089) 12651254, F: 12651392, hanns.zeitler@fhm.edu

**Zeitler,** Ralf; Dr.-Ing., Prof.; *Massivbau, Statik*; di: H Koblenz, FB Bauwesen, Konrad-Zuse-Str. 1, 56075 Koblenz, T: (0261) 95282215, zeitler@fh-koblenz.de

**Zeitler,** Stefan; Dr., Prof.; *Polizeirecht, Verwaltungsrecht*; di: Hochsch. f. Polizei Villingen-Schwenningen, Sturmbühlstr. 250, 78054 Villingen-Schwenningen, T: (07720) 309507, StefanZeitler@fhpol-vs.de

**Zeitner,** Regina; Dipl.-Ing., Prof.; *Facility Management*; di: HTW Berlin, FB Ingenieurwiss. II, Blankenburger Pflasterweg 102, 13129 Berlin, T: (030) 50194367, zeitner@HTW-Berlin.de

**Zeitvogel,** Michael; Dr.-Ing., Prof.; *Verkehrsplanung und Straßenbau*; di: Hochsch. Magdeburg-Stendal, FB Bauwesen, Breitscheidstr. 2, 39114 Magdeburg, T: (0391) 8864933, michael.zeitvogel@hs-Magdeburg.DE

**Zell,** Christiane; Dr. rer. nat., Prof.; *Bioinformatik, Biotechnik*; di: Hochsch. Offenburg, Fak. Maschinenbau u. Verfahrenstechnik, Badstr. 24, 77652 Offenburg, T: (0781) 205114, F: 205111, christiane.zell@fh-offenburg.de

**Zell,** Michael; Dr. rer. oec., Prof.; *Betriebswirtschaft*; di: HTW d. Saarlandes, Fak. f. Wirtschaftswiss, Waldhausweg 14, 66123 Saarbrücken, T: (0681) 5867540, zell@htw-saarland.de; pr: Finkenstr. 37, 55122 Mainz, T: (06131) 80719

**Zeller,** Martin; Dr. rer. nat., Prof.; *Programmieren, Software-Engineering*; di: Hochsch. Ravensburg-Weingarten, Doggenriedstr., 88250 Weingarten, PF 1261, 88241 Weingarten, T: (0751) 5019760, zeller@hs-weingarten.de

**Zeller,** Reiner; Dr. phil., Prof.; *Psychologie mit d. Schwerpunkt auf sekundäre u. tertiäre Sozialisation in Instituten unserer Gesellschaft*; di: Hochsch. Bremen, Fak. Gesellschaftswiss., Neustadtswall 30, 28199 Bremen, T: (0421) 59052188, F: 59052753, Reiner.Zeller@hs-bremen.de; pr: Im Krummen Ort 25, 28870 Ottersberg-Fischerhude, T: (04293) 917210

**Zeller,** Susanne; Dr., Prof.; *Theorie, Ethik und Geschichte sozialer Arbeit*; di: FH Erfurt, FB Sozialwesen, Altonaer Str. 25, 99084 Erfurt, PF 101363, 99013 Erfurt, T: (0361) 6700516, F: 6700533, zeller@fh-erfurt.de

**Zeller,** Wolfgang; Dr.-Ing., Prof.; *Automatisierungstechnik, Steuerungstechnik, MATLAB/Simulink*; di: Hochsch. Augsburg, Fak. f. Elektrotechnik, An der Hochschule 1, 86161 Augsburg, T: (0821) 55863342, F: 55863360, wolfgang.zeller@hs-augsburg.de

**Zellmer,** Holger; Dr. rer. nat. habil., Prof.; *Systemtechnik der Medienvorstufe*; di: HTWK Leipzig, FB Medien, PF 301166, 04251 Leipzig, T: (0341) 2170329, zellmer@fbm.htwk-leipzig.de

**Zellner,** Klaus; Dr.-Ing., Prof.; *Verfahrenstechnik, Grundlagen der Ökonomie für Ingenieure, Mathematik, Physik*; di: Hochsch. Trier, FB BLV, PF 1826, 54208 Trier, T: (0651) 8103327, K.Zellner@hochschule-trier.de; pr: Am Trimmelter Hof 146, 54296 Trier, T: (0651) 10979

**Zembala,** Anna; Dr. theol., Prof.; *Kultur- und Medienpädagogik*; di: Kath. Hochsch. NRW, Abt. Köln, FB Sozialwesen, Wörthstr. 10, 50668 Köln, T: (0221) 7757343, F: 7757180, a.zembala@katho-nrw.de; pr: Sebastian-Bach-Str. 1a, 41639 Dormagen, T: (02133) 45393

**Zender,** Christoph; Dr.-Ing., Prof.; *Elektrotechnik*; di: DHBW Stuttgart, Campus Horb, Florianstr. 15, 72160 Horb am Neckar, T: (07451) 521171, F: 521111, c.zender@hb.dhbw-stuttgart.de

**Zenker,** Heinz-Jochen; Dr., Prof.; di: Hochsch. Bremen, Fak. Gesellschaftswiss., Neustadtswall 30, 28199 Bremen, T: (0421) 59053767, F: 59052753, Heinz-Jochen.Zenker@hs-bremen.de

**Zenner,** Eberhard; Dipl.-Ing., Prof.; *Produktionsorganisation*; di: HTW d. Saarlandes, Fak. f. Ingenieurwiss., Goebenstr. 40, 66117 Saarbrücken, T: (0681) 5867271, m-sek@htw-saarland.de; pr: Hochstr. 65, 66292 Riegelsberg, T: (06806) 2878

**Zenner,** Norbert; Dipl.-Ing., Prof.; *Baukonstruktion, Gebäudelehre, Einführen in das Entwerfen*; di: FH Kaiserslautern, FB Bauen u. Gestalten, Schönstr. 6 (Kammgarn), 67657 Kaiserslautern, T: (0631) 3724609, F: 3724666, norbert.zenner@fh-kl.de

**Zentgraf,** Peter; Dr.-Ing., Prof.; *Mess- u. Regelungstechnik*; di: Hochsch. Rosenheim, Fak. Ingenieurwiss., Hochschulstr. 1, 83024 Rosenheim, T: (08031) 805660, peter.zentgraf@fh-rosenheim.de

**Zeppenfeld,** Klaus; Dr., Prof., Dekan FB Informatik FH Dortmund; *Softwaretechnik*; di: FH Dortmund, FB Informatik, Emil-Figge-Str. 42, 44227 Dortmund, T: (0231) 7556765, F: 7556710, zeppenfeld@fh-dortmund.de

**Zeppenfeld,** Meiko; Dr., Prof.; *Internationales Wirtschaftsrecht*; di: Int. School of Management, Otto-Hahn-Str. 19, 44227 Dortmund, T: (0231) 9751390, ism.dortmund@ism.de

**Zeranski,** Dirk; Dr., Prof.; *Rechtswissenschaft*; di: HAW Hamburg, Fak. Wirtschaft u. Soziales, Alexanderstr. 1, 20099 Hamburg, T: (040) 428757067, dirk.zeranski@haw-hamburg.de

**Zeranski,** Stefan; Dr. rer. pol., Prof.; *Finanzdienstleistungen*; di: Ostfalia Hochsch., Fak. Recht, Salzdahlumer Str. 46/48, 38302 Wolfenbüttel, st.zeranski@ostfalia.de

**Zerle,** Peter; Dr., Prof.; *Mathematik, Wirtschaftswissenschaften*; di: Hochsch. Weihenstephan-Triesdorf, Fak. Land- u. Ernährungswirtschaft, Am Hofgarten 1, 85354 Freising, 85350 Freising, T: (08161) 714329, F: 714496, peter.zerle@fh-weihenstephan.de

**Zernack,** Axel; Dipl.-Kfm., Dr. rer. pol., Prof.; di: Hochsch. f. Wirtschaft u. Recht Berlin, FB 1, Badensche Str. 50-51, 10825 Berlin, T: (030) 85789141, axel.zernack@hwr-berlin.de

**Zerr,** Konrad; Dr. rer. pol., Prof.; *Betriebswirtschaft/Marketing*; di: Hochsch. Pforzheim, Fak. f. Wirtschaft u. Recht, Tiefenbronner Str. 65, 75175 Pforzheim, T: (07231) 286206, F: 286070, konrad.zerr@hs-pforzheim.de

**Zerr,** Michael; Dr., Prof., Präs. Merkur HS Karlsruhe; *Internationales Management und Marketing*; di: Karlshochschule, PF 11 06 30, 76059 Karlsruhe

**Zerres,** Thomas; Dr., Prof.; *Zivil- und Wirtschaftsrecht*; di: FH Erfurt, FB Wirtschaftswiss., Steinplatz 2, 99085 Erfurt, PF 101363, 99013 Erfurt, T: (0361) 6700174, F: 6700152, zerres@fh-erfurt.de

**Zerth,** Jürgen; Dr., PD U Bayreuth, Prof. Wilhelm Löhe H Fürth; *Gesundheitsökonomik und Gesundheitspolitik*; di: Wilhelm Löhe Hochsch., Merkurstr. 41, 90763 Fürth, T: (0911) 76606921, juergen.zerth@diakonieneuendettelsau.de; Univ., Rechts- u. Wirtschaftswiss. Fak., Lst. f. Volkswirtschaftslehre IV – Mikroökonomie, 95440 Bayreuth, juergen.zerth@uni-bayreuth.de

**Zeuch,** Michael; Dr., Prof.; *Materialwirtschaft, Logistik, Qualitätsmanagement, Wertanalyse, FMEA*; di: Hochsch. f. angew. Wiss. Würzburg Schweinfurt, Fak. Wirtschaftsingenieurwesen, Ignaz-Schön-Str. 11, 97421 Schweinfurt

**Zeus,** Andrea; Dr. phil., Prof.; *Soziale Arbeit*; di: Ev. Hochsch. Nürnberg, Fak. f. Sozialwissenschaften, Bärenschanzstr. 4, 90429 Nürnberg, T: (0911) 27253736, andrea.zeus@evhn.de

**Zeyer,** Klaus Peter; Dr. rer. pol., Prof.; di: Hochsch. München, Fak. Feinwerk- u. Mikrotechnik, Physikal. Technik, Lothstr. 34, 80335 München, klaus_peter.zeyer@hm.edu

**Zeyer,** Ulrich; Dr., Prof.; *Konsumgüter-Handel*; di: DHBW Mosbach, Campus Heilbronn, Bildungscampus 4, 74076 Heilbronn, T: (07131) 1237101, F: 1237100, zeyer@dhbw-mosbach.de

**Zhang,** Ping; Dr. habil., Prof.; *Automatisierungstechnik*; di: Hochsch. Rhein-Waal, Fak. Technologie u. Bionik, Marie-Curie-Straße 1, 47533 Kleve, T: (02821) 80673639, ping.zhang@hochschule-rhein-waal.de

**Zhou,** Xiaolin; Dr., Prof. FH Isny; *Informatik*; di: NTA Prof. Dr. Grübler, Seidenstr. 12-35, 88316 Isny, T: (07562) 970761, zhou@nta-isny.de

**Zhou-Brock,** Yu Josephine; Dr., Prof.; *Strategic Management, Business Policy*; di: Int. Hochsch. Bad Honnef, Mülheimer Str. 38, 53604 Bad Honnef, T: (02224) 9605119, j.zhou@fh-bad-honnef.de

**Zhu,** Jinyang; Dr., Prof.; *Chinesisch, Wirtschaftskommunikation*; di: Hochsch. Konstanz, Fak. Wirtschafts- u. Sozialwiss., Brauneggerstr. 55, 78462 Konstanz, PF 100543, 78405 Konstanz, T: (07531) 206692, jzhu@fh-konstanz.de

**Ziaei,** Masoud; Dr.-Ing. habil., Prof.; *Maschinenelemente*; di: Westsächs. Hochsch. Zwickau, Fak. Automobil- u. Maschinenbau, Dr.-Friedrichs-Ring 2A, 08056 Zwickau, masoud.ziaei@fh-zwickau.de

**Zich,** Christian; Dr. rer.pol., Prof.; *Allg. BWL, Industrielles Marketing, Industrieller Vertrieb, International Marketing*; di: Hochsch. Deggendorf, FB Betriebswirtschaft, Edlmairstr. 6-8, 94469 Deggendorf, PF 1320, 94453 Deggendorf, T: (0991) 3615119, F: 361581119, christian.zich@fh-deggendorf.de

**Zickert,** Gerald; Dr.-Ing., Prof.; *Konstruktion in der Elektrotechnik*; di: Westsächs. Hochsch. Zwickau, FB Elektrotechnik, Dr.-Friedrichs-Ring 2A, 08056 Zwickau, Gerald.Zickert@fh-zwickau.de

**Zickfeld,** Herbert; Dipl.-Betriebswirt (FH), Dipl.-Volkswirt, Dr. phil., Prof.; *EDV, VWL, Organisation u. Führung, Agrar- u. Medieninformatik*; di: FH Flensburg, Kanzleistr. 91-93, 24943 Flensburg, T: (0461) 8051200, F: 8051511, herbert.zickfeld@fh-flensburg.de; pr: Gut Emkendorf, Herrenhaus, 24802 Emkendorf, T: (04330) 9817

**Ziegele,** Frank; Dr., Prof.; *Wissenschaftsmanagement*; di: Hochsch. Osnabrück, Fak. Wirtschafts- u. Sozialwiss., Caprivistr. 30 A, 49076 Osnabrück, T: (0541) 9693743, f.ziegele@hs-osnabrueck.de

**Ziegenbalg,** Michael; Dr., Prof.; *Algorithmen- u. Programmierung/ Systemprogrammierung*; di: Hochsch. Bremerhaven, An der Karlstadt 8, 27568 Bremerhaven, T: (0471) 4823110, F: 4823449, mziegenbalg@hs-bremerhaven.de; pr: Am Mühlenberg 21, 28865 Lilienthal, T: (04298) 939037

**Ziegenbein,** Ralf; Dr. rer. pol., Prof.; *Health-Care Management, Statistik*; di: Int. School of Management, SG Int. Betriebswirtschaft, Otto-Hahn-Str. 19, 44227 Dortmund, T: (0231) 97513936, ralf.ziegenbein@ism-dortmund.de

**Ziegenfeuter,** Dieter; Prof.; *Grafik-Design (Konzeption und Entwurf), Illustration*; di: FH Dortmund, FB Design, Max-Ophüls-Platz 2, 44139 Dortmund, T: (0231) 9112440, F: 9112415, dieter.ziegenfeuter@fh-dortmund.de; pr: Gutenbergstr. 36, 44139 Dortmund

**Ziegenhorn,** Matthias; Dr.-Ing., Prof.; *Technische Mechanik und Maschinendynamik*; di: Hochsch. Lausitz, FB Informatik, Elektrotechnik, Maschinenbau, Großenhainer Str. 57, 01968 Senftenberg

**Ziegenmeyer,** Jürgen; Dipl.-Ing., Prof.; *Projektmanagement im Bauwesen*; di: FH Bielefeld, FB Architektur u. Bauingenieurwesen, Artilleriestr. 9, 32427 Minden, PF 2328, 32380 Minden, T: (0571) 8385162, F: 8385166, juergen.ziegenmeyer@fh-bielefeld.de; pr: Weidtmannweg 16, 40878 Ratingen, T: (02102) 201368

**Ziegenthaler,** Martina; Prof.; *Modedesign*; di: Hochsch. Hof, Alfons-Goppel-Platz 1, 95028 Hof, T: (09281) 4098500, Martina.Ziegenthaler@hof-university.de

**Zieger,** Martin; Dr., Prof.; *Unternehmensbewertung*; di: Europäische FernH Hamburg, Doberaner Weg 20, 22143 Hamburg

**Ziegler,** Christian; Dr.-Ing., Prof.; *Werkstofftechnik, Mathematik, Physik*; di: Hochsch. Offenburg, Fak. Maschinenbau u. Verfahrenstechnik, Badstr. 24, 77652 Offenburg, T: (0781) 205357, christian.ziegler@fh-offenburg.de

**Ziegler,** Diane; Prof.; *Entwerfen, Licht u. Gestaltung, Gebäudelehre*; di: Hochsch. f. Technik, Fak. Architektur u. Gestaltung, Schellingstr. 24, 70174 Stuttgart, PF 101452, 70013 Stuttgart, T: (0711) 89262533, diane.ziegler@hft-stuttgart.de

**Ziegler,** Eberhard; Prof.; *Privatrecht, Arbeitsrecht, Zivilprozessrecht, Jur. Methodenlehre, OWi-Recht*; di: H f. öffentl. Verwaltung u. Finanzen Ludwigsburg, Reuteallee 36, 71634 Ludwigsburg, T: (07141) 140554, F: 140588, ziegler@fh-ludwigsburg.de; pr: Neuhaldenstr. 36, 70825 Korntal

**Ziegler,** Franz; Dr.-Ing., Prof.; *Heizungstechnik, Mess- und Regelungstechnik, Bauphysik*; di: Hochsch. München, Fak. Versorgungstechnik, Verfahrenstechnik Papier u. Verpackung, Druck- u. Medientechnik, Lothstr. 34, 80335 München, T: (089) 12651548, F: 12651502, f.ziegler@fhm.edu

**Ziegler,** Heinz; Dr. rer. nat., Prof., Dekan FB Versorgungstechnik, Verfahrenstechnik Papier und Verpackung, Druck- und Medientechnik; *Qualitätsmanagement/ TQM, Moderatorentraining, Teamarbeit, Drucktechnik, Physik, Papierprüfung*; di: Hochsch. München, Fak. Versorgungstechnik, Verfahrenstechnik Papier u. Verpackung, Druck- u. Medientechnik, Lothstr. 34, 80335 München

**Ziegler,** Rolf; Dr.-Ing., Prof.; *Steuerungs- und Regelungstechnik, Konstruktion, Mathematik, Elektrotechnik, SPS-Steuerungen, CIM-Praktikum*; di: Hochsch. Augsburg, Fak. f. Maschinenbau u. Verfahrenstechnik, An der Hochschule 1, 86161 Augsburg, T: (0821) 55863165, F: 55863160, rolf.ziegler@hs-augsburg.de; pr: T: (0821) 434572

**Ziegler,** Ronald; Dipl.-Inf., Prof.; *Elektrotechnik, Mess-, Steuer- u. Regelungstechnik, Informatik, Ingenieurinformatik*; di: Hochsch. Albstadt-Sigmaringen, FB 3, Anton-Günther-Str. 51, 72488 Sigmaringen, PF 1254, 72481 Sigmaringen, T: (07571) 732405, F: 732250, ziegler@hs-albsig.de

**Ziegler,** Theodor; Dipl.-Ing., Prof.; *Elektrotechnik, Elektronik*; di: Hochsch. Ulm, PF 3860, 89028 Ulm, T: (0731) 5028531, ziegler@hs-ulm.de

**Ziegler,** Ulrich; Dr. rer. nat., Prof., Kanzler; di: HTWK Leipzig, PF 301166, 04251 Leipzig, T: (0341) 2176307, kanzler@htwk-leipzig.de

**Ziegler,** Werner; Dr. oec., Prof. u. Rektor; *Unternehmensführung, Betriebswirtschaftslehre*; di: Hochsch. f. Wirtschaft u. Umwelt Nürtingen-Geislingen, PF 1251, 73302 Geislingen a.d. Steige, T: (07331) 22484, werner.ziegler@hfwu.de

**Ziegler,** Wolfgang; Dr.-Ing., Prof.; *Allgemeine Elektrotechnik, Elektrische Antriebstechnik*; di: FH Düsseldorf, FB 4 – Maschinenbau u. Verfahrenstechnik, Josef-Gockeln-Str. 9, 40474 Düsseldorf, T: (0211) 4351421, wolfgang.ziegler@fh-duesseldorf.de; pr: Weißenburgstr. 16, 40476 Düsseldorf, T: (0211) 482459

**Ziegler,** Wolfgang; Dr., Prof.; *Informationsmanagement, Publishing*; di: Hochsch. Karlsruhe, Fak. Wirtschaftswissenschaften, Moltkestr. 30, 76133 Karlsruhe, PF 2440, 76012 Karlsruhe, T: (0721) 9252986, wolfgang.ziegler@hs-karlsruhe.de

**Ziegler,** Yvonne; Dr., Prof.; *Wirtschaftsmathematik, -statistik, Marketing*; di: FH Frankfurt, FB 3 Wirtschaft u. Recht, Nibelungenplatz 1, 60318 Frankfurt am Main, T: (069) 15332922

**Ziehe,** Nikola; Dr., Prof.; *BWL, insbes. Kommunikationsmanagement und Handelskommunikation*; di: FH Düsseldorf, FB 7 – Wirtschaft, Universitätsstr. 1, Geb. 23.32, 40225 Düsseldorf, T: (0211) 8115953, F: 8114369, nikola.ziehe@fh-duesseldorf.de

**Zieher,** Martin; Dr. rer. nat., Prof.; *Digital- und Rechnertechnik, Telekommunikation, Rechnernetze*; di: Hochsch. Esslingen, Fak. Graduate School, Fak. Informationstechnik, Flandernstr. 101, 73732 Esslingen, T: (0711) 3974168; pr: Weilerweg 40, 73732 Esslingen, T: (0711) 3707617

**Zielbauer,** Joachim; Dr. rer. oec., Prof.; *Kommunale Ver- und Entsorgungswirtschaft, Fertigungswirtschaft*; di: Hochsch. Zittau/Görlitz, Fak. Wirtschafts- u. Sprachwiss., Theodor-Körner-Allee 16, 02763 Zittau, T: (03583) 611424, J.Zielbauer@hs-zigr.de; pr: Straße der Republik 10, 02791 Oderwitz, T: (035842) 26342

**Zielesny,** Achim; Dr. rer. nat., Prof.; *Chemie, insb. Computerchemie*; di: Westfäl. Hochsch., FB Elektrotechnik u. angew. Naturwiss., August-Schmidt-Ring 10, 45665 Recklinghausen, T: (02361) 915530, F: 915484, achim.zielesny@fh-gelsenkirchen.de

**Zielke,** Andreas; Dr., Prof.; di: Hochsch. München, Fak. Informatik u. Mathematik, Lothstr. 34, 80335 München, T: (089) 12653705, F: 12653780, zielke@cs.fhm.edu

**Zielke,** Christian; Dr., Prof.; *Kommunikation in d. Wirtschaft, Personalmanagement, Personalentwicklung*; di: Techn. Hochsch. Mittelhessen, FB 21 Sozial- u. Kulturwiss., Wiesenstr. 14, 35390 Gießen, T: (06031) 6042817, Christian.Zielke@suk.fh-giessen.de; pr: T: (0641) 8778411

**Zielke,** Christoph; Dr., Prof.; *Mediendesign*; di: Hochsch. Rhein-Waal, Fak. Kommunikation u. Umwelt, Südstraße 8, 47475 Kamp-Lintfort, T: (02842) 90825373, christoph.zielke@hochschule-rhein-waal.de

**Zielke,** Dirk; Dr.-Ing., Prof.; *Werkstoffe der Elektrotechnik*; di: FH Bielefeld, FB Ingenieurwiss. u. Mathematik, Wilhelm-Bertelsmann-Str. 10, 33602 Bielefeld, T: (0521) 1067307, F: 1067168, dirk.zielke@fh-bielefeld.de

**Zielke,** Thomas; Dr.-Ing., M.Sc., Prof.; *Informatik*; di: FH Düsseldorf, FB 4 – Maschinenbau u. Verfahrenstechnik, Josef-Gockeln-Str. 9, 40474 Düsseldorf, T: (0211) 4351408, thomas.zielke@fh-duesseldorf.de

**Zielke-Nadkarni,** Andrea; Dr. phil. habil., Prof.; *Pflegewissenschaft, Pflegepädagogik*; di: FH Münster, FB Pflege u. Gesundheit, Leonardo Campus 8, 48149 Münster, T: (0251) 8365866, zielke-nadkarni@fh-muenster.de; pr: Holzschuhmacherweg 2a, 48161 Münster, T: (02534) 643809, F: 643809

**Ziemann,** Hans-Jürgen; Dr., HonProf.; *Bürgerliches Recht*; di: Hochsch. f. Öffentl. Verwaltung Bremen, Doventorscontrescarpe 172, 28195 Bremen

**Ziemann,** Olaf; Dr.-Ing., Prof.; *Technische Optik, Optoelektronik*; di: Georg-Simon-Ohm-Hochsch. Nürnberg, Fak. Elektrotechnik Feinwerktechnik Informationstechnik, Wassertorstr. 10, 90489 Nürnberg

**Ziemer,** Frank; Dr. jur., Prof.; *Schiffahrtsrecht, Schiffsführung*; di: Hochsch. Wismar, Fak. f. Ingenieurwiss., PF 1210, 23952 Wismar, T: (0381) 4983700, f.ziemer@sf.hs-wismar.de

**Ziemons,** Michael; Dr. phil., Prof.; *Pädagogik, Supervision*; di: Kath. Hochsch. NRW, Abt. Köln, FB Sozialwesen, Wörthstr. 10, 50668 Köln, T: (0221) 7757140, F: 7757180, m.ziemons@katho-nrw.de; pr: Sebastian-Bach-Str. 1a, 41639 Dormagen, T: (02133) 45393

**Zieske,** Nikolaus; Dipl.-Ing., Prof.; *Entwerfen und Bauen im Bestand*; di: Techn. Hochsch. Mittelhessen, FB 01 Bauwesen, Wiesenstr. 14, 35390 Gießen, T: (0641) 3091848; pr: Senckenbergstr. 15, 35390 Gießen, T: (0641) 2501718, F: 2501719

**Zifonun,** Dariuš; Dr., Prof.; *Soziologie mit Schwerpunkt Soziale Ungleichheit*; di: Alice-Salomon-Hochsch., Alice-Salomon-Platz 5, 12627 Berlin-Hellersdorf, T: (030) 99245546, zifonun@ash-berlin.eu

**Zika,** Anna; Dr., Prof.; *Theorie der Gestaltung*; di: FH Bielefeld, FB Gestaltung, Lampingstr. 3, 33615 Bielefeld, T: (0521) 1067662, anna.zika@fh-bielefeld.de; pr: Stapenhorststr. 63, 33615 Bielefeld, T: (0521) 5217228

**Zikoridse,** Gennadi; Dr.-Ing., Prof.; *Kraftfahrzeugtechnik, Antriebstechnik*; di: HTW Dresden, Fak. Maschinenbau/ Verfahrenstechnik, Friedrich-List-Platz 1, 01069 Dresden, T: (0351) 4622136, gennadi.zikoridse@mw.htw-dresden.de

**Zilker,** Michael; Dr., Prof.; *Wirtschaftsinformatik, Multimedia*; di: Hochsch. Ansbach, FB Wirtschafts- u. Allgemeinwiss., PF 1963, 91510 Ansbach, T: (0981) 4877365, michael.zilker@fh-ansbach.de

**Zill-Sahm,** Ivonne; Prof.; *Frühkindliche Erziehung*; di: Ev. Hochsch. f. Soziale Arbeit, PF 200143, 01191 Dresden, ivonne.zill-sahm@ehs-dresden.de

**Ziller,** Siegmund; Dr.-Ing., Prof.; *Konstruktion*; di: Hochsch. Mittweida, Fak. Maschinenbau, Technikumplatz 17, 09648 Mittweida, T: (03727) 581545, F: 581276, ziller@htwm.de

**Zillich,** Norbert; Dr. phil., Prof., Dekan FB Sozialwesen; *Sozialarbeitswissenschaft/ Psychologie*; di: Hochsch. Zittau/Görlitz, Fak. Sozialwiss., PF 300648, 02811 Görlitz, T: (03581) 4828132, n.zillich@hs-zigr.de

**Zilling,** Manfred P.; Dr., Prof.; *Wirtschaftsinformatik*; di: Private FH Göttingen, Weender Landstr. 3-7, 37073 Göttingen, zilling@pfh.de

**Zima,** Jane; Dipl. Math., Dr. rer. nat., Prof.; *Methoden angewandter betriebswirtschaftlicher Forschung*; di: Hochsch. Furtwangen, Fak. Wirtschaft, Jakob-Kienzle-Str. 17, 78054 Villingen-Schwenningen, jane.zima@hs-furtwangen.de

**Zimmer,** Frank; Dr.-Ing., Prof.; *Multimediatechnik*; di: Hochsch. Mittweida, Fak. Elektro- u. Informationstechnik, Technikumplatz 17, 09648 Mittweida, T: (03727) 581665, F: 581351, zimmer@hs-mittweida.de

**Zimmer,** Frank; Dr. rer. pol., Prof.; *Informatik, Programmierung, Systemsoftware, betriebl. Informationssysteme u. Softwaretechnikk*; di: Hochschule Rhein-Waal, Fak. Kommunikation u. Umwelt, Südstraße 8, 47475 Kamp-Lintfort, T: (02842) 90825211, frank.zimmer@hochschule-rhein-waal.de

**Zimmer,** Franz-Josef; Dr., Prof.; di: Hochsch. Darmstadt, FB Chemie- u. Biotechnologie, Haardtring 100, 64295 Darmstadt, T: (06151) 168224, fzimmer@h-da.de

**Zimmer,** Gernot; Dr., HonProf.; *Hochfrequenztechnik*; di: FH Frankfurt, FB 2 Informatik u. Ingenieurwiss., Nibelungenplatz 1, 60318 Frankfurt am Main, T: (069) 15332546, zimmerg@fb2.fh-frankfurt.de

**Zimmer,** Jürgen; Dipl.-Ing. (TU), Prof.; *Fahrmechanik, Fahrwerktechnik, Fahrzeugtechnik, Nutzfahrzeuge*; di: Hochsch. Landshut, Fak. Maschinenbau, Am Lurzenhof 1, 84036 Landshut, juergen.zimmer@fh-landshut.de

**Zimmer,** Klaus; Dr., Prof.; *Lebensmittelbioverfahrenstechnik*; di: Hochsch. Neubrandenburg, FB Agrarwirtschaft u. Lebensmittelwiss., Brodaer Str. 2, 17033 Neubrandenburg, PF 110121, 17041 Neubrandenburg, T: (0395) 56932511, zimmer@hs-nb.de

**Zimmer,** Torsten; Dr. rer. pol., Prof.; *Software-Engineering, Software-Entwicklung*; di: Hochsch. München, Fak. Informatik u. Mathematik, Lothstr. 34, 80335 München, T: (089) 12653741, F: 12653780, zimmer@cs.fhm.edu

**Zimmerer,** Thomas; Dr. rer. pol., Prof.; *Finanz-, Bank- und Investitionswirtschaft*; di: Hochsch. Ansbach, FB Wirtschafts- u. Allgemeinwiss., Residenzstr. 8, 91522 Ansbach, PF 1963, 91510 Ansbach, T: (0981) 4877217, thomas.zimmerer@fh-ansbach.de

**Zimmerman,** Eric; Dr., Prof.; *Wirtschaftsingenieurwesen*; di: DHBW Karlsruhe, Fak. Technik, Erzbergerstr. 121, 76133 Karlsruhe, T: (0721) 9735824, Eric.Zimmerman@no-spam.dhbw-karlsruhe.de

**Zimmermann,** Albert; Dr.-Ing., Prof.; *Angewandte Informatik, Geoinformatik, Praktische Geodäsie*; di: Hochsch. Bochum, FB Vermessungswesen u. Geoinformatik, Lennershofstr. 140, 44801 Bochum, T: (0234) 3210507, albert.zimmermann@hs-bochum.de; pr: Unterfeldstr. 21, 44797 Bochum

**Zimmermann,** Alfred; Dipl.-Inf., Dr. rer. nat., Prof.; *Softwareentwicklung und Projektmanagement*; di: Hochsch. Reutlingen, FB Informatik, Alteburgstr. 150, 72762 Reutlingen, T: (07121) 271652; pr: Gerhard-Hauptmann-Str. 7, 72793 Pfullingen, T: (07121) 704630

**Zimmermann,** Bernhard; Dr., Prof., Dekan FB Automatisierung und Informatik; *Programm- und Datenstrukturen, Sprachen und Compilerbau, Formale Methoden, OOP*; di: Hochsch. Harz, FB Automatisierung u. Informatik, Friedrichstr. 54, 38855 Wernigerode, T: (03943) 659300, F: 659109, bzimmermann@hs-harz.de

**Zimmermann,** Birgitt; Dr., Prof.; *Entwerfen, Entwurfslehre*; di: FH Erfurt, FB Architektur, Schlüterstr. 1, 99084 Erfurt, PF 101363, 99013 Erfurt, T: (0361) 6700435, F: 6700462, zimmermann@fh-erfurt.de

**Zimmermann,** Dieter; Dr. jur., Prof.; *Strafrecht, Jugendstrafrecht, Strafprozess, Strafvollzug u. Kriminologie*; di: Ev. Hochsch. Darmstadt, Zweifalltorweg 12, 64293 Darmstadt, T: (06151) 879838, zimmermann@eh-darmstadt.de; pr: Im Kirschensand 22, 64665 Alsbach-Hähnlein, T: (06257) 62296

**Zimmermann,** Doris; Dr. rer. pol., Prof.; *Betriebswirtschaftslehre, insbes. Rechnungswesen und Wirtschaftsprüfung*; di: FH Aachen, FB Wirtschaftswissenschaften, Eupener Str. 70, 52066 Aachen, T: (0241) 600951924, doris.zimmermann@fh-aachen.de; pr: Am Anger 5, 52223 Stolberg, T: (02402) 37405

**Zimmermann,** Florian; Dr.-Ing., Prof.; *Architekturgeschichte*; di: Hochsch. München, Fak. Architektur, Karlstr. 6, 80333 München, T: (089) 12652625, florian.zimmermann@fhm.edu

**Zimmermann,** Frank; Dr., Prof.; *Betriebliche Informatik, Softwareproduktion*; di: Nordakademie, FB Informatik, Köllner Chaussee 11, 25337 Elmshorn, T: (04121) 409031, F: 409040, f.zimmermann@nordakademie.de

**Zimmermann,** Hans; Dr. jur., HonProf. FH Heilbronn; di: Hochsch. Heilbronn, Max-Planck-Str. 39, 74081 Heilbronn

**Zimmermann,** Hansjörg; Prof.; *Mediendesign*; di: Macromedia Hochsch. f. Medien u. Kommunikation, Gollierstr. 4, 80339 München

**Zimmermann,** Ingo; Dr. phil., Prof.; *Gesundheitswesen, Soziale Arbeit*; di: Kath. Hochsch. NRW, Abt. Münster, FB Sozialwesen, Piusallee 89, 48147 Münster, T: (0251) 4176715, i.zimmermann@katho-nrw.de

**Zimmermann,** Jörg; Dr.-Ing., Prof.; *Ingenieurvermessung, Vermessungstechnische Datenverarbeitung, Vermessungstechnik*; di: HTW Dresden, Fak. Geoinformation, Friedrich-List-Platz 1, 01069 Dresden, T: (0351) 4623152, zimmermann@htw-dresden.de

**Zimmermann,** Jürgen; Dr.-Ing., Prof.; *Programmieren und Softwaretechnik*; di: Hochsch. Karlsruhe, Fak. Informatik u. Wirtschaftsinformatik, Moltkestr. 30, 76133 Karlsruhe, PF 2440, 76012 Karlsruhe, T: (0721) 9252961, Juergen.Zimmermann@hs-karlsruhe.de

**Zimmermann,** Katharina; Dr., Prof.; *Molekulare Pharmakologie, Biochemie*; di: Hochsch. Biberach, SG Pharmazeut. Biotechnologie, PF 1260, 88382 Biberach/Riß, T: (07351) 582498, F: 582469, zimmermann@hochschule-bc.de

**Zimmermann,** Martin; Dr. rer. nat., Prof.; *Grundlagen der Informatik mit Labor, Grundlagen der Informatik II, Anwendungen im Internet, Programmieren, Netzwerke, Information und Kommunikationstechnik*; di: Hochsch. Offenburg, Fak. Betriebswirtschaft u. Wirtschaftsingenieurwesen, Klosterstr. 14, 77723 Gengenbach, T: (07803) 969831, F: 969849, m.zimmermann@fh-offenburg.de

**Zimmermann,** Martin; Dip.-Ing., Dr. rer. pol., Prof.; *Rechnungswesen, Betriebliche Steuerlehre und Unternehmensprüfung*; di: Hochsch. Niederrhein, FB Wirtschaftswiss., Webschulstr. 41-43, 41065 Mönchengladbach, T: (02161) 1866337, Martin.Zimmermann@hs-niederrhein.de

**Zimmermann,** Michael; Dr.-Ing., Prof.; *Medizinischer Gerätebau*; di: Hochsch. Anhalt, FB 6 Elektrotechnik, Maschinenbau u. Wirtschaftsingenieurwesen, PF 1458, 06354 Köthen, T: (03496) 672341, M.Zimmermann@emw.hs-anhalt.de

**Zimmermann,** Rainer; Dr., Prof.; *Medienmanagement*; di: FH Düsseldorf, FB 2 – Design, Georg-Glock-Str. 15, 40474 Düsseldorf, rainer.zimmermann@fh-duesseldorf.de; pr: T: (0211) 95412307, F: 95412380, rainer.zimmermann@pleon.com

**Zimmermann,** Rainer E.; Dr. Dr., PD U Kassel, Prof. H München, Life Member Clare Hall Cambridge (UK); *Philosophie: Naturphilosophie, insbes. der Quantengravitation*; di: Hochsch. München, Fak. 13 Studium Generale u. interdisziplinäre Studien, Lothstr.34, 80335 München, T: (089) 12652215, F: 12651475, rainer.zimmermann@hm.edu; http://h2hobel.phl.univie.ac.at/asp/zimmermann.htm; pr: Fuggerstr. 8, 81373 München, T: (089) 12651376

**Zimmermann,** Ralf-Bruno; Dr. med., Prof.; *Sozialmedizin*; di: Kath. Hochsch. f. Sozialwesen Berlin, Köpenicker Allee 39-57, 10318 Berlin, T: (030) 50101022, zimmermann@khsb-berlin.de

**Zimmermann,** Ralf-Dieter; Dr. rer. nat., Prof.; *Botanik, Mikrobiologie, Pflanzenökologie, Ökotoxikologie, Bioindikation*; di: FH Bingen, FB Life Sciences and Engineering, FR Umweltschutz, Berlinstr. 109, 55411 Bingen, T: (06721) 409359, rdz@fh-bingen.de

**Zimmermann,** Sabine; Prof.; *KD/Grundlagen*; di: Hochsch. Darmstadt, FB Gestaltung u. FB Media, Haardtring 100, 64295 Darmstadt, T: (06151) 168361; pr: sabzimmermann@gmx.de

**Zimmermann,** Stefan; Prof.; *Tragwerkslehre*; di: Hochsch. f. Technik, Fak. Architektur u. Gestaltung, Schellingstr. 24, 70174 Stuttgart, PF 101452, 70013 Stuttgart, T: (0711) 89262629, stefan.zimmermann@hft-stuttgart.de

**Zimmermann,** Stefan; Dipl.-Phys., Dr. rer. nat., Prof.; *Digitale Bildverarbeitung, NC-Robotik, multimediale Windowsprogrammierung, Messtechnik*; di: FH Worms, FB Informatik, Erenburgerstr. 19, 67549 Worms, T: (06241) 509255, F: 509222

**Zimmermann,** Thomas; Dr.-Ing., Prof.; *Rechnernetze und Telekommunikation*; di: FH Kaiserslautern, FB Informatik u. Mikrosystemtechnik, Amerikastr. 1, 66482 Zweibrücken, T: (06332) 914100, thomas.zimmermann@fh-kl.de

**Zimmermann,** Uwe; Dr., Prof.; *Elektrotechnik*; di: DHBW Stuttgart, Fak. Technik, Elektrotechnik, Jägerstr. 58, 70174 Stuttgart, T: (0711) 1849771, uwe.zimmermann@dhbw-stuttgart.de

**Zimmermann,** Uwe; Dr.-Ing., Prof.; *Meßtechnik, Regelungstechnik, Automatisierungstechnik, Mathematik*; di: Hochsch. Trier, FB Technik, Maschinenbau, PF 1826, 54208 Trier, T: (0651) 8103385, U.Zimmermann@hochschule-trier.de; pr: Unter der Hardt 20, 54439 Saarburg, T: (06581) 4670, F: 994938

**Zimmermann,** Werner; Dr.-Ing., Prof.; *Regelungstechnik, Digital- und Rechnersysteme, Systementwurf*; di: Hochsch. Esslingen, Fak. Graduate School, Fak. Informationstechnik, Flandernstr. 101, 73732 Esslingen, T: (0711) 3974227, F: 3974227; pr: Dreysestr. 9B, 70435 Stuttgart, T: (0711) 825589

**Zimmermeyer,** Gunter; Dr. rer. nat., HonProf.; di: TFH Georg Agricola Bochum, Herner Str. 45, 44787 Bochum; pr: Westendstr. 61, 60325 Frankfurt a.M., T: (069) 7570223

**Zimmerschied,** Wolfgang; Dr. rer. nat., Prof.; *Physik, Kernphysik, Strahlenschutz, Elektrotechnik*; di: FH Bingen, FB Life Sciences and Engineering, FR Verfahrenstechnik, Berlinstr. 109, 55411 Bingen, T: (06721) 409347, F: 409112, zimmersh@fh-bingen.de

**Zimová,** Ludmila; CSc., PhDr., Doc., Prof.; *Tschechisch, Sprachwissenschaft, Übersetzen*; di: Hochsch. Zittau/Görlitz, Fak. Wirtschafts- u. Sprachwiss., Theodor-Körner-Allee 16, 02763 Zittau, T: (03583) 611885, lzimova@hs-zigr.de

**Zimpelmann,** Beate; Dr., Prof.; *Praxis der Politik*; di: Hochsch. Bremen, Fak. Gesellschaftswiss., Neustadtswall 30, 28199 Bremen, T: (0421) 59054285, F: 59054286, Beate.Zimpelmann@hs-bremen.de

**Zindler,** Klaus; Dr.-Ing., Prof.; *Automatisierungstechnik, Steuerungs- und Regelungstechnik*; di: Hochsch. Aschaffenburg, Fak. Ingenieurwiss., Würzburger Str. 45, 63743 Aschaffenburg, T: (06021) 314910, klaus.zindler@fh-aschaffenburg.de

**Zingel,** Hartmut; Dr., Prof.; *Technische Mechanik, Aerodynamik*; di: HAW Hamburg, Fak. Technik u. Informatik, Berliner Tor 9, 20099 Hamburg, T: (040) 428757898, hartmut.zingel@haw-hamburg.de; pr: T: (040) 3908361, F: 3908361

**Zink,** Gabriela; Dr. phil., Prof.; *Soziale Arbeit mit Familien*; di: Hochsch. München, Fak. Angew. Sozialwiss., Lothstr. 34, 80335 München, T: (089) 12652311, F: 12652330, g.zink@fhm.edu

**Zink,** Klemens; Dr. rer.nat., Prof. Techn. H Mittelhessen; *Angewandte medizinische Physik*; di: Universitätsklinikum Gießen und Marburg, Baldingerstr., 35043 Marburg, T: (06421) 5862430, F: 5868945, Klemens.Zink@uk-gm.de; pr: Lilienstr. 31, 35428 Langgöns

**Zinkahn,** Bernd; Dr.-Ing., Dr. sc. oec., Prof., Dekan FB Technik; di: Hamburger Fern-Hochsch., FB Technik, Alter Teichweg 19, 22081 Hamburg, T: (040) 35094350, F: 35094335, bernd.zinkahn@hamburger-fh.de

**Zinke,** Joachim; Dr. phil. nat., Prof.; *Übertragungstechnik, Netzwerke, Grundlagen der Elektrotechnik, Digitale Audiotechnik, Mediengestaltung*; di: Techn. Hochsch. Mittelhessen, FB 11 Informationstechnik, Elektrotechnik, Mechatronik, Wilhelm-Leuschner-Str. 13, 61169 Friedberg, T: (06031) 604252

**Zinke,** Rudi; Dipl.-Volkswirt, Dr. rer. pol., Prof.; *Mathematik, Statistik, Organisation und Datenverarbeitung*; di: Hochsch. Osnabrück, Fak. Wirtschafts- u. Sozialwiss., Caprivistr. 30a, 49076 Osnabrück, T: (0541) 9692033, zinke@wi.hs-osnabrueck.de; pr: Hengtestr. 13, 48653 Coesfeld, T: (02541) 6924

**Zinkernagel,** Jana; Dr., Prof.; *Gemüsebau*; di: Hochsch. Geisenheim, Von-Lade-Str. 1, 65366 Geisenheim, T: (06722) 502511, jana.zinkernagel@hs-gm.de

**Zinnen,** Andreas; Dr., Prof.; *Ingenieurwissenschaft*; di: Hochsch. Rhein/Main, FB Ingenieurwiss., Am Brückweg 26, 65428 Rüsselsheim, T: (06142) 8984433, Andreas.Zinnen@hs-rm.de

**Zinser,** Thomas; Dipl.-Kaufm., Dr. rer. pol., Prof.; *Steuern*; di: Hochsch. Landshut, Fak. Betriebswirtschaft, Am Lurzenhof 1, 84036 Landshut, thomas.zinser@fh-landshut.de

**Zinsmeister,** Julia; Dr. jur., Prof.; *Zivil- und Sozialrecht*; di: FH Köln, Fak. f. Angewandte Sozialwiss., Mainzer Str. 5, 50678 Köln, T: (0221) 82753340, julia.zinsmeister@fh-koeln.de

**Ziouziou,** Sammy; Dr., Prof.; *Betriebswirtschaftslehre, Marketing*; di: Beuth Hochsch. f. Technik, FB I Wirtschafts- u. Gesellschaftswiss., Luxemburger Str. 10, 13353 Berlin, T: (030) 45045525, ziouziou@beuth-hochschule.de

**Zipfl,** Peter; Dr.-Ing., Prof.; *Elektronik, Optoelektronische Gerätetechnik*; di: Hochsch. Aalen, Fak. Optik u. Mechatronik, Beethovenstr. 1, 73430 Aalen, T: (07361) 5763407, peter.zipfl@htw-aalen.de

**Zippel,** Christian; Dr., HonProf.; *Geriatrie*; di: Alice-Salomon-Hochsch., Alice-Salomon-Platz 5, 12627 Berlin-Hellersdorf, chzippel@ash-berlin.eu; pr: Waldemarstr. 50, 13156 Berlin, T: (030) 39763004

**Zippel,** Sabine; Dipl.-Ing., Prof.; *Bau- und Immobilienwirtschaft*; di: Hochsch. 21, Harburger Str. 6, 21614 Buxtehude, T: (04161) 648184, zippel@hs21.de

**Zirm,** Andrea; Dr., Prof.; *Marketing*; di: HAW Hamburg, Fak. Wirtschaft u. Soziales, Berliner Tor 5, 20099 Hamburg, T: (040) 428756943, andrea.zirm@haw-hamburg.de

**Ziron,** Martin; Dr. agr. habil., Prof.; *Tierhaltung*; di: FH Südwestfalen, FB Agrarwirtschaft, Lübecker Ring 2, 59494 Soest, T: (02921) 378213, F: 378200, Ziron@fh-swf.de

**Zirpins,** Burghard; Prof.; *Management von Non-Profit-Organisationen*; di: Hochsch. Emden/Leer, FB Wirtschaft, Constantiaplatz 4, 26723 Emden, b.zirpins@hs-emden-leer.de

**Zirus,** Wolfgang; Dr., Prof.; *Finanzen, Rechnungswesen und Controlling*; di: Munich Business School, Elsenheimerstr. 61, 80687 München, Wolfgang.Zirus@munich-business-school.de; pr: Zittelstr. 9, 80796 München, T: (089) 2725855

**Zirwas,** Gerhard; Dr.-Ing., Prof.; *Konstruktiver Ingenieurbau, Bauinformatik*; di: Hochsch. Augsburg, Fak. f. Architektur u. Bauwesen, An der Hochschule 1, 86161 Augsburg, T: (0821) 55863117, F: 55863110, gerhard.zirwas@hs-augsburg.de

**Zitelmann,** Maud; Dr. phil., Prof.; *Sozialpädagogik: Kinder- und Jugendhilfe*; di: FH Frankfurt am Main, FB Soziale Arbeit u. Gesundheit, Gleimstr. 3, 60318 Frankfurt/M., T: (069) 15332651, F: 15332809, zitelma@fb4.fh-frankfurt.de; pr: prof.zitelmann@t-online.de

**Zitt,** Renate; Dr. theol., Prof.; *Gemeindepädagogik*; di: Ev. Hochsch. Darmstadt, Zweifalltorweg 12, 64293 Darmstadt, T: (06151) 8798970, zitt@eh-darmstadt.de

**Znotka,** Jürgen; Prof.; *Software-Engineering, Software-Technik*; di: Westfäl. Hochsch., FB Informatik u. Kommunikation, Neidenburger Str. 43, 45877 Gelsenkirchen, T: (0209) 9596444, Juergen.Znotka@informatik.fh-gelsenkirchen.de

**Zocher,** Edgar; Dr.-Ing., Prof.; *HF-Schaltungstechnik, Kommunikationstechnik, Mikroelektronik*; di: Georg-Simon-Ohm-Hochsch. Nürnberg, Fak. Elektrotechnik Feinwerktechnik Informationstechnik, Wassertorstr. 10, 90489 Nürnberg, PF 210320, 90121 Nürnberg

**Zocher,** Michael; Dr.-Ing., Prof.; *Hochfrequenztechnik*; di: Hochsch. Zittau/Görlitz, Fak. Elektrotechnik u. Informatik, Theodor-Körner-Allee 16, 02763 Zittau, T: (03583) 611869, m.zocher@hs-zigr.de

**Zölch,** Volker; Dipl.-Des., Prof.; *Entwerfen von Produkten u. Entwicklung v. Designstrategien*; di: Hochsch. Wismar, Fak. f. Gestaltung, PF 1210, 23952 Wismar, T: (03841) 753213, v.zoelch@di.hs-wismar.de

**Zöller,** Henrik; Dr., Prof.; *Wirtschaftspsychologie*; di: Hochsch. Osnabrück, Fak. Wirtschafts- u. Sozialwiss., Caprivistr. 30A, 49076 Osnabrück, PF 1940, 49009 Osnabrück, T: (0541) 9692900, zoeller@wi.hs-osnabrueck.de

**Zöller-Greer,** Peter; Dr., Prof.; *Informatik*; di: FH Frankfurt, FB 2 Informatik u. Ingenieurwiss., Nibelungenplatz 1, 60318 Frankfurt am Main, T: (069) 15332225

**Zöllig,** Günter; Dr.-Ing., Prof.; *Maschinenkonstruktion*; di: Westsächs. Hochsch. Zwickau, Fak. Automobil- u. Maschinenbau, Dr.-Friedrichs-Ring 2A, 08056 Zwickau, guenter.zoellig@fh-zwickau.de

**Zöllner,** Gerhard; Dr.-Ing., Prof.; *Ländliche Entwicklung, Vermessungskunde, Liegenschaftswesen und Kataster, Personalmanagement*; di: Hochsch. München, Fak. Geoinformation, Karlstr. 6, 80333 München, T: (089) 12652655, F: 12652698, gerhard.zoellner@fhm.edu

**Zöllner,** Oliver; Dr. phil., Prof. H d. Medien Stuttgart, HonProf. U Düsseldorf; *Medienforschung, Medienmarketing, Mediensoziologie, Public Relations, Internationale Kommunikation*; di: Hochsch. d. Medien, Fak. Electronic Media, Nobelstr. 10, 70569 Stuttgart, T: (0711) 89232281, zoellner@hdm-stuttgart.de; Univ., Phil. Fak., Inst. f. Sozialwiss., Abt. f. Kommunikations- u. Medienwiss., Universitätsstr.1, 40225 Düsseldorf, T: (0211) 8114014, Oliver.Zoellner@uni-duesseldorf.de

**Zöllner,** York F.; Dr., Prof.; *Gesundheitsökonomie*; di: HAW Hamburg, Fak. Life Sciences, Lohbrügger Kirchstr. 65, 21033 Hamburg, T: (040) 428756254, yorkfrancis.zoellner@haw-hamburg.de

**Zörner,** Wilfried; Dr.-Ing., Prof.; *Entwicklung, Konstruktion, Maschinenelemente*; di: HAW Ingolstadt, Fak. Maschinenbau, Esplanade 10, 85049 Ingolstadt, T: (0841) 9348227, wilfried.zoerner@haw-ingolstadt.de

**Zoeten,** Robert de; Dr., Prof.; *Betriebswirtschaftslehre, insbes. Marketing*; di: FH Worms, FB Wirtschaftswiss., Erenburgerstr. 19, 67549 Worms, T: (06241) 509227, F: 509222

**Zoll,** Martin; Dipl.-Ing., Prof.; *Baukonstruktion, Entwerfen*; di: Hochsch. München, Fak. Architektur, Karlstr. 6, 80333 München, T: (089) 12652625, martin.zoll@fhm.edu

**Zoller,** Eberhard; Dipl.-Ing., Prof.; *Baubetrieb*; di: Hochsch. Konstanz, Fak. Bauingenieurwesen, Brauneggerstr. 55, 78462 Konstanz, PF 100543, 78405 Konstanz, T: (07531) 206221, F: 206391, zoller@fh-konstanz.de

**Zoller,** Friedrich-W.; Dipl.-Ing., Prof.; *Baubetrieb, Tragwerke, Freigespannte Tragsysteme*; di: Hochsch. Regensburg, Fak. Architektur, PF 120327, 93025 Regensburg, T: (0941) 9431185, friedrich-wilhelm.zoller@architektur.fh-regensburg.de

**Zollner,** Georg; Dr. rer. pol., Prof.; di: Hochsch. München, Fak. Betriebswirtschaft, Lothstr. 34, 80335 München, georg.zollner@hm.edu

**Zollner,** Manfred; Dr.-Ing., Prof.; *Konstruktion, Grundlagen der Elektrotechnik, Schaltungstechnik, Signalverarbeitung, Elektroakustik, Psychoakustik, Signaldarstellung und Modulation, Mensch-Maschine-Kommunikation*; di: Hochsch. Regensburg, Fak. Elektro- u. Informationstechnik, PF 120327, 93025 Regensburg, T: (0941) 9431112, manfred.zollner@e-technik.fh-regensburg.de

**Zollner-Croll,** Helga; Dr.-Ing., Prof.; di: Hochsch. München, Fak. Versorgungstechnik, Verfahrenstechnik Papier u. Verpackung, Druck- u. Medientechnik, Lothstr. 34, 80335 München, helga.zollner-croll@hm.edu

**Zomotor,** Zoltán Ádam; Prof.; *Informationstechnik, Automotive*; di: DHBW Stuttgart, Fak. Technik, Informatik, Rotebühlplatz 41, 70178 Stuttgart, T: (0711) 66734582, zomotor@dhbw-stuttgart.de

**Zoppke,** Hartmut; Dr.-Ing., Prof.; *Antriebstechnik, Verkehrssysteme, Maschinendynamik*; di: Hochsch. Trier, FB Technik, PF 1826, 54208 Trier, T: (0651) 8103355, H.Zoppke@hochschule-trier.de; pr: Im Bospert 2, 54316 Schöndorf, T: (06588) 988240

**Zorn,** Isabel; Dr. phil., Prof. FH Köln; *Medienpädagogik*; di: FH Köln, Fak. f. Angewandte Sozialwiss., Mainzer Str. 5, 50678 Köln, T: (0221) 82753334, isabel.zorn@fh-koeln.de; pr: Bergisch Gladbacher Str. 1117, 51069 Köln, zorn@uni-landau.de

**Zoworka,** Edward; HonProf.; di: FH Aachen, FB Architektur, Bayernallee 9, 52066 Aachen, T: (0241) 600951188, edward.zoworka@fh-aachen.de; pr: Tentstr 52, Niederlande-6291 BJ Vaals

**Zschau,** Wolfgang; Dr.-Ing., Prof.; *Wirtschaftsinformatik, insb. Datenbanksysteme, Informationssysteme, Umweltinformatik*; di: FH Stralsund, FB Wirtschaft, Zur Schwedenschanze 15, 18435 Stralsund, T: (03831) 456672

**Zscheile,** Matthias; Dr.-Ing., Prof., Dekan FB Holztechnik; *Industrielle Holzverarbeitung, Prozessmesstechnik*; di: Hochsch. Rosenheim, Fak. Holztechnik u. Bau, Hochschulstr. 1, 83024 Rosenheim, T: (08031) 805388, F: 805302, zscheile@fh-rosenheim.de

**Zscheyge,** Werner; Dr. rer. nat., Prof.; *Physik*; di: Hochsch. Anhalt, FB 6 Elektrotechnik, Maschinenbau u. Wirtschaftsingenieurwesen, PF 1458, 06354 Köthen, T: (03496) 672342, W.Zscheyge@emw.hs-anhalt.de

**Zschiedrich,** Harald; Dr. sc., Prof. FHTW Berlin, Fachkoordinator Internat. Management, Mitgl. d. Auswahlkomiss. f. Vergabe v. Studienplätzen am Euro-Colleg Brügge (Belgien) und Natolin (Polen).; *Volkswirtschaftslehre, Außenwirtschaftspolitik / Internationales Management / Ost-West-Wirtschaftsbeziehungen, Außenwirtschaftsbeziehungen d. mittelosteurop. Wirtschaften unter d. Bedingungen globaler Märkte, Foreign Direct Investment in Central Eastern Europe, Internationalisierungsstrategien multinationaler Unternehmen*; di: HTW Berlin, FB Wirtschaftswiss. I, Treskowallee 8, 10313 Berlin, T: (030) 50192548, F: 50192257, h.zschiedrich@HTW-Berlin.de; pr: Marksburgstr. 85, 10318 Berlin, T: (030) 5087220

**Zschockelt,** Rainer; Dr.-Ing., Prof.; *Übertragungstechnik*; di: Hochsch. Mittweida, Fak. Medien, Technikumplatz 17, 09648 Mittweida, T: (03727) 581456, F: 581351, zschocke@htwm.de

**Zschunke,** Tobias; Dr.-Ing., Prof.; *Kraftwerks- und Energietechnik*; di: Hochsch. Zittau / Görlitz, Fak. Maschinenwesen, PF 1455, 02754 Zittau, T: (03583) 611843, tzschunke@hs-zigr.de

**Zsolnay-Wildgruber,** Helga; M.A., Dipl.-Sozialpäd. (FH), Dr. phil., Prof.; *Sozialarbeit, Sozialpädagogik*; di: Kath. Stiftungsfachhochsch. München, Preysingstr. 83, 81667 München, helga.zsolnay-wildgruber@ksfh.de

**Zuber,** Isabell; Prof.; *Kunst, Kunst- u. Designwissenschaften*; di: Hochsch. Pforzheim, Fak. f. Gestaltung, Tiefenbronner Str. 65, 75175 Pforzheim, T: (07231) 286749, F: 286030, isabel.zuber@hs-pforzheim.de

**Zucchi,** Herbert; Dr. rer. nat. habil., Prof.; *Zoologie, Ökologie, Naturschutz, Umweltbildung*; di: Hochsch. Osnabrück, Fak. Agrarwiss. u. Landschaftsarchitektur, Oldenburger Landstr. 24, 49090 Osnabrück, T: (0541) 9695045, F: 9695219, h.zucchi@hs-osnabrück.de; pr: Bödekerstr. 12, 49080 Osnabrück, T: (0541) 5807260

**Zündel,** Matthias; Dr. phil., Prof.; *Pflegewissenschaft*; di: Ev. Hochsch. Berlin, Prof. f. Pflegewissenschaft, Teltower Damm 118-122, 14167 Berlin, PF 370255, 14132 Berlin, T: (030) 84582215, zuendel@eh-berlin.de

**Zürner,** Christian; Dr. phil., Prof.; *Soziale Kulturarbeit und Kulturmanagement*; di: Hochsch. Regensburg, Fak. Sozialwiss., PF 120327, 93025 Regensburg, T: (0941) 9431480, christian.zuerner@hs-regensburg.de

**Zugenmaier,** Alf; Dr. rer. pol., Prof.; di: Hochsch. München, Fak. Informatik u. Mathematik, Lothstr. 34, 80335 München, alf.zugenmaier@hm.edu

**Zughaibi,** Nassih; Dr.-Ing., Prof.; *Automatisierungstechnik*; di: FH Brandenburg, FB Technik, SG Elektrotechnik, Magdeburger Str. 50, 14770 Brandenburg, PF 2132, 14737 Brandenburg, T: (03381) 355503, zughaibi@fh-brandenburg.de

**Zukowska-Gagelmann,** Katarzyna; Dr., Prof.; *Volkswirtschaft*; di: DHBW Lörrach, Hangstr. 46-50, 79539 Lörrach, T: (07621) 2071317, F: 2071319, gagelmann@dhbw-loerrach.de

**Zukunft,** Olaf; Dr.-Ing., Prof.; *Informatik*; di: HAW Hamburg, Fak. Technik u. Informatik, Berliner Tor 7, 20099 Hamburg, T: (040) 428758432, olaf.zukunft@haw-hamburg.de

**zum Felde,** Peter; Dipl.-Ing., Dr.-Ing., Prof.; *Stahlbau*; di: FH Lübeck, FB Maschinenbau u. Wirtschaft, Mönkhofer Weg 136-140, 23562 Lübeck, T: (0451) 3005270, F: 3005302, peter.zum.felde@fh-luebeck.de

**Zumpe,** Angela; Dipl.-Des., Prof.; *Grafik-Design (AV-Medien)*; di: Hochsch. Anhalt, FB 4 Design, PF 2215, 06818 Dessau, T: (0340) 51971737

**Zundel,** Stefan; Dr. rer. pol., Prof.; *Volkswirtschaftslehre, Öffentliche Finanzwirtschaft, Energie und Umwelt*; di: Hochsch. Lausitz, FB Informatik, Elektrotechnik, Maschinenbau, Großenhainer Str. 57, 01968 Senftenberg, T: (03573) 85701, F: 85709

**Zupancic,** Dirk; Dr., Prof.; *Management und Management Education*; di: German Graduate School of Management and Law Heilbronn, Bahnhofstr. 1, 74072 Heilbronn, T: (07131) 64563674, Zupancic@hn-bs.de

**Zur,** Albrecht; Dr.-Ing., Prof.; *Mikroprozessortechnik, Mikrosystemtechnik*; di: FH Kiel, FB Informatik u. Elektrotechnik, Grenzstr. 5, 24149 Kiel, T: (0431) 2104113, F: 2104010, albrecht.zur@fh-kiel.de

**Zurhorst,** Günter; Dr. rer. pol., Dr. phil., Prof.; *Gesundheitsförderung, Prävention*; di: Hochsch. Mittweida, Fak. Soziale Arbeit, Döbelner Str. 58, 04741 Roßwein, T: (034322) 48613, F: 48653, zurhorst@htwm.de

**Zverina,** Pavel; Dipl.-Ing., Prof.; *Gestalten, Darstellen, Entwerfen*; di: Hochsch. Regensburg, Fak. Architektur, PF 120327, 93025 Regensburg, T: (0941) 9431183, pavel.zverina@architektur.fh-regensburg.de

**Zwanger,** Michael; Dipl.-Phys., Dr. rer. nat., Prof.; *Messtechnik, Angew. Physik*; di: Hochsch. Coburg, Fak. Angew. Naturwiss., Friedrich-Streib-Str. 2, 96450 Coburg, T: (09561) 317154, zwanger@hs-coburg.de

**Zwanzer,** Norbert; Dr.-Ing., Prof.; *Grundlagen des Maschinenbaus, Antriebstechnik*; di: Hochsch. Aschaffenburg, Fak. Ingenieurwiss., Würzburger Str. 45, 63743 Aschaffenburg, T: (06021) 314894, norbert.zwanzer@fh-aschaffenburg.de

**Zwanzig,** Astrid; Dipl.-Des., Prof.; *Schnittgestaltung u. Bekleidungstechnologie*; di: Westsächs. Hochsch. Zwickau, FB Angewandte Kunst Schneeberg, Goethestr. 1, 08289 Schneeberg, Astrid.Zwanzig@fh-zwickau.de

**Zwanziger,** Heinz W.; Dr. rer. nat. habil., Prof. u. Rektor H Merseburg; *Analytische Chemie, Instrumentelle Analytik, Chemometrik (insb. Qualitätssicherung mit statistischen Methoden, Diskriminanzanalyse, explorative Datenanalyse), NIR-Spektroskopie*; di: Hochsch. Merseburg, FB Ingenieur- u. Naturwiss., Geusaer Str., 06217 Merseburg, T: (03461) 462027, heinz.zwanziger@hs-merseburg.de; www.fh-merseburg.de; pr: Fasanerie 3, 06254 Leuna OT Zöschen

**Zwecker,** Kai-Thorsten; Dr., Prof.; *Wirtschaftsrecht, Privatrecht*; di: FH Neu-Ulm, Wileystr. 1, 89231 Neu-Ulm, T: (0731) 97621429

**Zweigle,** Birgit; Prof. Dr.; *Didaktik u. Methodik des Religionsunterrichts*; di: Ev. Hochsch. Berlin, Prof.. f. Didaktik u. Methodik. d. Religionsunterrichts, PF 370255, 14132 Berlin, T: (030) 84582124, zweigle@eh-berlin.de

**Zwengel,** Almut; Dr., Prof.; *Soziologie, Interkulturelle Beziehungen*; di: Hochsch. Fulda, FB Sozial- u. Kulturwiss., Marquardstr. 35, 36039 Fulda, T: (0661) 9640475, almut.zwengel@sk.fh-fulda.de

**Zwerenz,** Karlheinz; Dr. rer. pol., Prof.; *VWL und Statistik*; di: Hochsch. München, Fak. Tourismus, Am Stadtpark 20 (Neubau), 81243 München, T: (089) 12652101

**Zwick,** Albrecht; Dipl.-Ing., Prof.; *Grundschaltungen der Elektronik, Analogtechnik, Technische Akustik*; di: Hochsch. Mannheim, Fak. Informationstechnik, Windeckstr. 110, 68163 Mannheim, T: (0621) 2926344, F: 2926454

**Zwick,** Carola; Prof.; *Interface-Design*; di: Hochsch. Magdeburg-Stendal, FB Ingenieurwiss. u. Industriedesign, Breitscheidstr. 2, 39114 Magdeburg, T: (0391) 8864265, carola.zwick@hs-magdeburg.de

**Zwicker-Pelzer,** Renate; Dipl.-Päd., Dipl.-Sozialpäd., Dr. phil., Prof.; *Soziale Arbeit*; di: Kath. Hochsch. NRW, Abt. Köln, FB Sozialwesen, Wörthstr. 10, 50668 Köln, T: (0221) 7757162, r.zwicker-pelzer@kfhnw.de

**Zwingmann,** Christian; Dr. phil. habil, Dr. rer. medic., Prof.; *Empirische Sozialforschung*; di: Ev. FH Rhld.-Westf.-Lippe, FB Soziale Arbeit, Bildung u. Diakonie, Immanuel-Kant-Str. 18-20, 44803 Bochum, T: (0234) 36901108, zwingmann@efh-bochum.de

**Zydorek,** Christoph; Dr. rer. oec., Prof.; *Allgemeine Betriebswirtschaftslehre, Marketing/Werbung, Medienwirtschaft*; di: Hochsch. Furtwangen, Fak. Digitale Medien, Robert-Gerwig-Platz 1, 78120 Furtwangen, T: (07723) 9202558, zydorek@fh-furtwangen.de

**Zyl,** Christopher van; Prof.; *CAD, Informatik, Technisches Englisch*; di: HTW Dresden, Fak. Geoinformation, Friedrich-List-Platz 1, 01069 Dresden, T: (0351) 4623139, vanzyl@htw-dresden.de

**Zylka,** Christian; Dr. rer. nat. habil., Prof. FH Erfurt, Lt. Math.-Naturwiss. Zentrums; *Mathematik, Physik, Wärme- u. Stofftransport*; di: FH Erfurt, Fak. Gebäudetechnik u. Informatik, Altonaer Str. 25, 99085 Erfurt, PF 101363, 99013 Erfurt, T: (0361) 6700973, F: 6700424, zylka@fh-erfurt.de

**Zylka,** Waldemar; Dr. rer. nat., Prof.; *Physik und Mathematik*; di: Westfäl. Hochsch., FB Elektrotechnik u. angew. Naturwiss., Neidenburger Str. 43, 45877 Gelsenkirchen, T: (0209) 9596579, waldemar.zylka@fh-gelsenkirchen.de

**Zylla,** Isabella-Maria; Dipl.-Ing., Dr.-Ing., Prof.; *Materialkunde u. Dentaltechnologie, Metallkunde u. -technologie, Werkstoff/Oberflächenprüfung u. -analytik, Verschleiß u. Kavitation, Metallurgie u. Wärmebehandlung, Zustands- u. Schadensanalyse*; di: Hochsch. Osnabrück, Fak. Ingenieurwiss. u. Informatik, Albrechtstr. 30, 49076 Osnabrück, T: (0541) 9692146, F: 9692146, i.m.zylla@hs-osnabrueck.de

# Register der Fachhochschullehrerinnen und Fachhochschullehrer nach Fachgebieten

## Übersicht

**Abfallbeseitigung**

Bahre, Günther
Brand, Gabriele
Deister, Ursula
Diaz, Joaquin
Heckele, Albrecht
Henne, Karl-Heinz
Horster, Monika
Kettern, Jürgen
Krefft, Marianne
Lautenschlager, Gert
Lompe, Dieter
Scheffold, Karl-Heinz

**Abfalltechnik**

Albert, Wolfgang
Behrendt, Gerhard
Feige, Ina
Flamme, Sabine
Funcke, Werner
Kunz, Peter M.
Lücken-Girmscheid, Theda
Mennerich, Artur
Müller, Hermann
Ramke, Hans-Günter
Rettenberger, Gerhard
Rudolphi, Alexander
Wolf, Rainer

**Abwässer**

Grüning, Helmut
Hohnecker, Helmut
Krefft, Marianne
Kruse, Hans-Dieter
Kunz, Peter M.
Lohse, Manfred
Weinig, Johannes
Wetter, Christof

**Aerodynamik**

Kloster, Manfred
Költzsch, Konrad
Schulze, Detlef

**Ästhetik**

Almstadt, Esther
Diehl, Rainer
Düwal, Klaus
Gomringer, Eugen
Hanke, Ulrike
Hoppe, Bernhard M.
Leutner, Petra
Lohmiller, Reinhard
Lutz-Kluge, Andrea
Matzke, Frank
Rust, Christoph
Schweppenhäuser, Gerhard
Seelinger, Anette
Skladny, Helene
Thomas, Sven
Tischer, Matthias
Wickel, Hans-Hermann
Wilhelm, Edgar

**Agrarökologie**

Elers, Barbara
Kramer, Eckhart
Wrage-Mönnig, Nicole

**Agrarökonomie**

Becker, Heinrich
Bodmer, Ulrich
Braatz, Martin
Braun, Jürgen
Darr, Dietrich
Dohmen, Bernd
Gerschau, Monika
Häring, Anna Maria
Hanf, Jon
Harth, Michael
Hensche, Hans-Ulrich
Hietel, Elke
Kappelmann, Karl-Heinz
Kashtanova, Elena
Kerkhof, Friedrich
Langosch, Rainer
Lorleberg, Wolf
Mährlein, Alexander
Menrad, Klaus
Mithöfer, Dagmar
Mühlbauer, Franz
Piorr, Hans-Peter
Recke, Guido
Richter, Thomas
Scheuerlein, Alois
Schlauderer, Ralf
Schnitker, Karin
Sparke, Kai
Spreidler, Martin
Ströbel, Herbert
Thiele, Holger
Wollny, Clemens

**Agrarpolitik**

Damm, Holger
Daude, Sabine
Dolenc, Vladimir
Fock, Theodor
Höppner, Klaus
Langosch, Rainer
Seibert, Otmar
Sommer, Hartmut
Thiele, Holger

**Agrarrecht**

Grimm, Christian

**Aids**

Fröschl, Monika Brigitte Elisabeth

**Akustik**

Boisch, Richard
Dähn, Friedemann
Degen, Karl Georg
Fischer, Heinz-Martin
Giering, Kerstin
Gleine, Wolfgang
Hartig, Alexa
Hergesell, Jens-Helge
Hoffmann, Eckhard
Hübelt, Jörn
Klausner, Michael
Kraus, Dieter
Limberger, Annette
Meinel, Eberhard
Peters, Manfred
Pörschmann, Christoph
Reimers, Ernst
Sowada, Ulrich
Tchorz, Jürgen
Zwick, Albrecht

**Algebra**

Baier, Harald
Eich-Soellner, Edda
Heizmann, Hans-Helmut
Kersken, Masumi
Nestler, Britta
Tittmann, Peter

**Alttestamentliche Bibelwissenschaft**

Albani, Matthias
Barthel, Jörg
Behrens, Achim
Gebauer, Roland
Koch, Christiane
Mutschler, Bernhard
Rohde, Michael
Steinberg, Julius
Wenzel, Heiko

**Amerikanistik**

O'Mahony, Niamh

**Anästhesiologie**

Busse, Cord

**Analysis**

Baier, Harald
Bernert, Cordula
Dibowski, Klaus
Fellenberg, Benno
Häberlein, Tobias
Hollstein, Ralf
Kersken, Masumi
Manthei, Eckhard
Nestler, Britta
Oestreich, Dieter
Paditz, Ludwig
Reitz, Stefan
Socolowsky, Jürgen
Wöhrl, Ulrich

**Analytische Chemie**

August, Peter
Elsholz, Olaf
Epple, Peter
Flottmann, Dirk
Gromes, Reiner
Gros, Leo
Helmers, Eckard
Jahn, Elke
Kinkel, Joachim Klaus
Knupp, Gerd
Kynast, Ulrich
Landmesser, Holger
Lucke, Ralph
Martens-Menzel, Ralf
Merschenz-Quack, Angelika
Meyer, Helga
Mirsky, Vladimir
Neusüß, Christian
Pomp, Jürgen
Reh, Eckhard
Schödel, Rolf
Spiekermann, Manfred
Stockemer, Josef
Töfke, Susanne
Triebel, Egbert
Vass, Attila
Walker, Gottfried
Werner, Tobias
Witzleben, Steffen
Wolff, Armin
Zwanziger, Heinz W.

**Anatomie**

Holschbach, Andreas

**Angewandte Biowissenschaften**

Fensterle, Joachim
Roeb, Ludwig
Tuma, Wolfgang
Zacharias, Dietmar

**Angewandte Chemie**

Bröring, Karin
Haase, Brigitte
Mauritz-Boeck, Ingrid
Richter, Falk

**Angewandte Geologie**

Stempfhuber, Werner

**Angewandte Informatik**

Armbrüster, Peter
Badach, Anatol
Baier, Alfred
Barth, Peter
Bauernöppel, Frank
Behr, Stephan
Bösche, Harald
Borutzky, Wolfgang
Braun, Frank
Brinker, Klaus
Brünig, Heinz Peter
Buhmann, Erich
Casties, Manfred
Dunker, Jürgen
Effinger, Hans
Eulenstein, Michael
Fehlauer, Klaus-Uwe
Finke, Torsten
Friedrich, Christoph M.
Funk, Wolfgang
Geiler, Joachim
Geisler, Michael
Geisler, Stefan
Geser, Alfons
Göllmann, Laurenz
Gramm, Detlef
Greveler, Ulrich
Grünvogel, Stefan
Hanrath, Wilhelm
Hartweg, Elmar
Haupt, Wolfram
Heinlein, Michael
Hesseler, Martin
Hoffmann, Jobst
Jänicke, Karl-Heinz
Kampe, Gerhard
Karduck, Achim
Katz, Marianne
Klinski, Sebastian von
Klug, Uwe
Knebl, Helmut
Konen, Wolfgang
Kretzler, Einar
Kuhn, Norbert
Lajios, Georgios
Lehn, Karsten
Loose, Harald
Luck, Kai von
Lüssem, Jens
Lurz, Bruno
Mehlich, Harald
Meier, Hans-Jörg
Menzel, Christof
Moeckel, Gerd
Müller, Werner
Mündemann, Friedhelm
Müssigmann, Uwe
Niemietz, Arno
Oesing, Ursula
Off, Thomas
Ortleb, Heidrun
Paul, Hansjürgen
Pawletta, Thorsten
Raab, Peter
Reichardt, Dirk
Reuter, Friedwart
Richter, Jürgen
Richter, Thomas
Risse, Thomas
Roth, Jörg
Sander, Volker
Schiele, Karin
Schramm, Hauke
Schramm, Wolfgang
Schult, Thomas J.
Schulten, Martin
Schumann, Christian-Andreas
Schwerin, Reinhold von
Sommer, Michael
Sommer, Volker
Staemmler, Martin
Stahl, Hans Ludwig
Stainov, Rumen
Syrjakow, Michael
Teich, Klaus
Terstegge, Andreas
Theobald, Konrad R.
Thiessen, Jens Peter
Thomas, Christoph
Todtenhöfer, Rainer
Väterlein, Peter
Vatterrott, Heide-Rose
Victor, Frank
Weber, Damian
Weiß, Ursula
Welp, Hubert
Werntges, Heinz
Wessling, Ewald
Westenberger, Hartmut
Willöper, Jörg
Wißmann, Dieter
Wübbelt, Peter
Zimmermann, Albert

**Angewandte Mathematik**

Arnemann, Michael
Balla, Jochen
Bartz-Beielstein, Thomas
Bauer, Gernot
Becker, Peter
Brinker, Klaus
Bühler, Hans-Ulrich
Bullerschen, Klaus-Gerd
Creutziger, Johannes
Dikta, Gerhard
Dobner, Hans-Jürgen
Dörre, Peter
Dohmen, Klaus
Draber, Silke
Ertel, Susanne
Hanrath, Wilhelm
Heß, Robert
Hook, Christian
Hopfenmüller, Manfred
Hornung, Roland
Jaekel, Uwe
Jansen, Paul
Jünemann, Klaus
Jung, Beate
Kato, Akiko
Kehrein, Achim
Leiner, Matthias
Lenze, Burkhard
Mackenroth, Uwe
Martens, Eckhard
Nissen, Holger
Pareigis, Stephan
Pohl, Martin
Rauscher-Scheibe, Annabella
Reißel, Martin
Ries, Sigmar
Ritter, Stefan
Sandau, Konrad
Schuster, Dietwald
Schwick, Wilhelm
Seeländer, Jörg
Stelzle, Wolfgang
Stenzel, Horst
Stoffel, Alexander
Terstegge, Andreas
Tiedt, Rolf-Peter
Tuschl, Stefan
Unterseer, Kaspar
Vorbrüggen, Joachim
Vorloeper, Jürgen
Willöper, Jörg

**Angewandte Mechanik**

Beil, Hans Walter
Wolf, Karlheinz

**Angewandte Medienforschung**

Rohbock, Ute

**Angewandte Naturwissenschaften**

Botterweck, Henrik
Leal, Walter
Pfeufer, Andreas

**Angewandte Optik**

Altmeyer, Stefan
Bauer, Harry
Braun, Michael
Eickhoff, Thomas
Koch, Andrea
Schierenberg, Marc-Oliver

**Angewandte Physik**

Abelmann, Rolf-Ulrich
Aust, Martin
Bastian, Georg
Baums, Dieter
Braun, Peter
Bucher, Georg
Dato, Paul
Franz, Gerhard
Freimuth, Herbert
Germer, Rudolf
Gerz, Christoph
Hahlweg, Cornelius Frithjof
Heift, Klaus
Heß, Robert
Honke, Robert
Junker, Elmar
Kohlhof, Karl
Kreuder, Frank
Lei, Zhichun
Maier, Josef
Mauerer, Markus
Pforr, Johannes
Reiter, Gerald
Reufer, Martin
Roths, Johannes
Rüb, Michael
Rybach, Johannes
Schmidt, Elmar
Schreiner, Rupert
Steffens, Oliver
Timm, Wolfgang
Wild, Ernst
Wondrazek, Fritz
Zwanger, Michael

**Angewandte Psychologie**

Rósza, Julia
Siever, Karl-Heinz
Stangel-Meseke, Martina
Stief, Mahena
Viehhauser, Ralph
Weth, Rüdiger von der
Wiegand-Grefe, Silke

**Angewandte Sprachwissenschaft**

Bellmann, Uwe
Cowan, Robert
Dietzel, Heide
Ihle-Schmidt, Lieselotte
Lücking, Chritsiane
Mayer, Felix
Meier-Fohrbeck, Thomas
Reinke, Uwe
Sadowski, Aleksander-Marek
Sick, Christine

**Angewandte Stochastik**

Wieczorek, Gabriele

**Angewandte Zoologie**

Grünwald, Mathias

**Anglistik**

Block, Russell
Busch-Lauer, Ines
Cerny, Lothar
Dopleb, Matthias
Gatfield, Carolyn
Goppel-Meinke, Barbara
Gürtler, Katharine
Hamblock, Dieter
Huke, Thomas
Inman, Christopher
Jüngst, Heike E.
Kershner, Sybille
Kisro-Völker, Sibylle
Kresta, Ronald
Kucharek, Richard
Kügel, Werner
Leibold, Roland
Meuter, Guillaume De
O'Dúill, Micheál
Oesterreicher, Mario
O'Mahony, Niamh
Pfeiffer-Rupp, Rüdiger
Prevot, Michael
Rastetter-Gies, Susan
Salat, Ulrike
Schilling, Martin von
Stratmann, Silke
Vollmuth, Isabell
Zaharka, Sharon

**Animation**

Chalet, François
Grünvogel, Stefan
Gruner, Götz
Hedayati, Ariane
Höhl, Wolfgang
Kaboth, Peter
Lürig, Christoph
Maxzin, Joerg
Mostafawy, Sina
Orthwein, Michael
Schopper, Jürgen
Singer, Jürgen Kurt
Vesper, Bernd

**Anlagentechnik**

Adrian, Till
Alsmeyer, Frank
Bergbauer, Franz
Binner, Hartmut
Bode, Hartmut
Bornschein, Ralf
Brösicke, Wolfgang
Brüggemann, Heinz
Büchel, Manfred
Egerer, Burkhard
Feustel, Helmut E.
Groß, Ulrich
Günther, Wolfgang
Hesse, Theodor
Krieg, Uwe
Kühnel, Günter
Lüdersen, Ulrich
Malingriaux, Rüdiger
Nachtrodt, Martin
Plumhoff, Peter
Reimers, Ernst
Ringer, Detlev
Rittmann, Bernhard
Sackmann, Friedrich-Wilhelm
Schetter, Bernhard
Schmidt, Hans-Peter
Schmidt, Rainer
Schnieder, Uwe
Stoll, Joachim
Talebi-Daryani, Reza
Thurner, Franz
Vaupel, Gustav
Wittreck, Hubert

**Anorganische Chemie**

August, Peter
Aust, Eberhard
Feller, Jörg
Flottmann, Dirk
Groteklaes, Michael
Hebenbrock, Kirstin
Hoffmann, Harald Martin
Holthues, Heike
Hyna, Claus
Jüstel, Thomas
Keller, Rolf
Klee, Wilfried
Kollek, Hansgeorg
Krekel, Georg
Kynast, Ulrich
Martens-Menzel, Ralf
Merschenz-Quack, Angelika
Meyer, Gerhard
Nietzschmann, Eckhart
Ohms, Gisela
Pulz, Otto
Quast, Heiner
Riepl, Herbert
Schäfer, Ronald
Schellenberg, Ingo
Schödel, Rolf
Schrader, Michael
Schrott, Wolfgang
Schultz, Heyko Jürgen
Seibt, Klaus
Stark, Walter
Steinert, Heike
Thometzek, Peter
Töpfer, Jörg
Trettin, Karin
Triebel, Egbert
Volgnandt, Peter
Weber, Siegfried
Witzleben, Steffen

**Anthropologie**

Drews, Anette
Schmid Noerr, Gunzelin
Schneider, Notker

**Antriebstechnik**

Apel, Uwe
Aßbeck, Franz
Bach, Ernstwendelin
Becker, Udo
Binder, Klaus
Bothe, Gerhard
Breuer, Claus
Cipolla, Giovanni
Dietz, Armin
Ewald, Jochen
Farschtschi, Ali
Fräger, Carsten
Glöckler, Michael
Hähnel, Klaus
Kärst, Jens Peter
Kilb, Thomas
Klaes, Norbert
Klaubert, Markus
Klöcker, Max
Kuhn, Franz-Josef
Neumann, Peter
Nollau, Reiner
Palm, Herbert
Reimers, Ernst
Römhild, Iris
Rudolph, Christian
Runge, Bernhard
Schmetz, Roland
Schoo, Alfred J. H.
Skricka, Norbert
Smets, Heiner
Stan, Cornel
Stenmanns, Wilhelm
Teigelkötter, Johannes
Terörde, Gerd
Teubner, Roland
Thiemann, Peter
Vanhaelst, Robert
Wagner, Wolfgang
Zikoridse, Gennadi
Zwanzer, Norbert

**Apparatetechnik**

Bode, Hartmut
Eick, Olaf
Gerling, Ulrich
Herz, Rolf
Jatzlau, Bernd
Livotov, Pavel
Müller, Burghard
Paschedag, Anja R.
Schäfer, Jürgen
Schafmeister, Annette
Schirmer, Karen-Sibyll
Schmitt, Wolfgang
Stiller, Wilfried
Wittreck, Hubert

**Arbeits- und Sozialrecht**

Bachert, Patrick
Barth, Dieter
Baumeister, Peter
Beer, Udo
Benner, Susanne
Berndt, Joachim
Bernzen, Christian
Bieler, Frank
Boerner, Dietmar
Bremecker, Dieter
Broeck, Andreas van der
Budde, Andrea
Bücker, Andreas
Bueß, Peter
Busse, Angela
Call, Horst
Dernedde, Ines
Dick, Judith
Dieball, Heike
Dill, Thomas
Döse-Digenopoulos, Annegret
Eckhoff, Volker
Eleftheriadou, Evlalia
Els, Michael
Fasselt, Ursula
Friedrichs, Anne
Frommann, Matthias
Gruber, Joachim
Gugel, Rahel
Heberlein, Ingo
Heinz, Bodo
Heußner, Hermann K.
Hirdina, Ralph
Hoffmann, Boris
Horlbeck, Marie-Luise
Huba, Andrea
Joachim, Willi E.
Kamm, Désirée
Kemper, Jürgen
Kersting, Andrea
Kessler, Rainer
Kestel, Oliver
Kokemoor, Axel
Korenke, Thomas
Krahmer, Utz
Kuhn-Zuber, Gabriele
Langenecker, Josef
Lehmann-Franßen, Nils
Lipperheide, Peter J.
Loos, Claus
Luckey, Andreas
Meub, Michael H.
Meyer, Uwe
Möller, Winfried
Monhemius, Jürgen
Müller, Bernd
Müller, Markus
Nägele, Stefan
Nagel, Rüdiger
Niedermeier, Christina
Nord, Jantina
Norf, Michael
Oehlmann, Jan Henrik
Pallasch, Ulrich
Pfeffer, Sabine
Pöld-Krämer, Silvia
Pulte, Peter
Reinhard, Hans-Joachim
Rolf, Ricarda
Rothenburg, Eva-Maria
Salaw-Hanslmaier, Stefanie
Schellhorn, Helmut
Scherer, Josef
Schneider, Friedrich
Scholz-Bürig, Katja
Siemes, Andreas
Siemes, Christiane
Spaetgens, Martin
Tegen, Thomas
Theuerkauf, Klaus
Trasker, Britta
Unruh, Werner von
Veddern, Michael
Walther-Reining, Kerstin
Wendtland, Carsten
Winkler, Jürgen
Zinsmeister, Julia

**Arbeitsmedizin**

Haufs, Michael
Störkel, Friederike

**Arbeitspolitik**

Bäumer, Friedhelm
Ochsen, Carsten
Stolz-Willig, Brigitte

**Arbeitspsychologie**

Becker, Walter
Cisik, Alexander
Ducki, Antje
Gros, Eckhard
Hagemann, Tim
Heigl, Norbert J.
Kohl, Andreas
Marquardt, Nicki
Schütte, Marc

**Arbeitsschutz**

Blome, Helmut
Hartung, Peter
Kinias, Constantin
Merkel, Torsten
Strömsdörfer, Götz
Weber, Ulrich

**Arbeitssoziologie**

Rost-Schaude, Edith
Schuster, Kai

**Arbeitswissenschaft**

Averkamp, Christian
Bruckschen, Hans-Hermann
Gerhards, Sven
Hamann, Matthias
Höyng, Stephan
Kahabka, Gerwin
Kettschau, Irmhild
Kinias, Constantin
Lesser, Werner
Liekweg, Dieter
Lindner, Hartmut
Lorenz, Dieter
Merkel, Torsten
Meyer, Bernd
Paas, Mathias
Perger, Gabriele
Ramsauer, Frank
Rohr, Stefan
Rudow, Bernd
Schönfelder, Eva
Schuster, Kai
Sorge, Karl-Peter
Toemmler-Stolze, Karsten
Wieneke-Toutaoui, Burghilde

**Arboristik**

Kehr, Rolf

**Architektur**

Abelmann, Renate
Ackermann, Gerd
Adlkofer, Michael
Agirbas, Ercan
Ahnesorg, Rolf D.
Albers, Bernd
Althaus, Dirk
Arendt, Jürgen
Arnke, Peter L.
Ayrle, Hartmut
Bäuerle, Werner
Baier, Franz Xaver
Baldus, Claus
Banghard, Angelika
Barbu, Catalin
Bargholz, Julia
Bauer, Benno
Baurmann, Henning
Beckmann, Lutz
Beer, Anne
Behne, Martin
Berghof, Norbert
Berktold, Ruth
Beuter, Ulrike
Bitsch, Ulrich
Blomeyer, Dirk-Rainer
Böhm, Stephan
Bolles-Wilson, Julia B.
Borsutzky, Waldemar
Bosch, Gerhard
Botti, Gilberto
Boyken, Immo
Boytscheff, Constantin
Brands, Ludger
Brandt, Jürgen von
Braun, Jürgen
Brenner, Klaus Theo
Breuer, Jörg
Breuning, Hans-Jürgen
Brückmann, Hans-Georg
Brzòska, Angelika-Christina
Bucher, Siegfried
Bühler, Frid
Bühler, Herbert
Bürklin, Thorsten
Bunningen, Lambertus van
Burgstaller, Ingrid
Caster, Brigitte
Castro, Dietmar
Chestnutt, Rebecca
Decker, Ulf
Deicher, Susanne
Deil, Rudolf
Dietz, Ralf
Dittrich, Horst
Dolk, Edward
Droste, Volker
Dunkelau, Wolfgang
Dutczak, Marian
Ebe, Johann
Eckey, Ulrich
Eckhardt, Hartmut
Ehlers, Karen
Eisermann, Dagmar
Ernst, Hans-Christof
Fäth, Klaus
Feyerabend, Manfred
Finke, Ulrich
Fischer, Günther
Fischer, Horst
Flammang, Jean
Forner, Jörg-Ulrich
Frank, Markus
Frerichs, Uwe
Fritzen, Andreas
Frowein, Joachim-Wolfgang
Fuchs, Andreas
Fuchs, Hartmut
Fütterer, Rolo
Gaber, Klaus
Gassmann, Gerd
Gatermann, Harald
Gaube, Andrea
Gekeler, Dietrich
Giebeler, Georg
Gies, Heribert
Gläser, Bernd
Glass, Gisela
Glucker, Hans-Peter
Goerdt, Marion
Goltermann, Phillip
Gossla, Ulrich
Günster, Armin
Guthoff, Jens
Haag, Bernhard
Haag, Kai
Habermann, André
Hachul, Helmut
Hackel, Marcus
Hädler, Emil
Hahn, Ulrich
Hall, Oliver
Hamann, Heribert
Hamm, Patricia
Harter, Matthias
Hausmann, Frank
Heemskerk, Jean
Hemmerling, Marco
Henne, Jörg
Herold, Klaus
Hirschberg, Rainer
Hößl, Christian
Hoessle, Alfram R. Edler von
Holze, Michael
Immel, Marc
Janofske, Eckehard
Janosch, Dieter
Jax, Guido
Jehle, Sebastian
Jensen, Christoph
Jeschke, Christina
Jochem, Rudolf
Jochum, Patrick
Jötten, Herbert
Jung, Wolfgang
Kahlfeldt, Petra
Kappei, Christine
Karrenbrock, Jochen
Karzel, Rüdiger
Kasprusch, Frank
Kawamura, Kazuhisa
Kergaßner, Wolfgang
Kieren, Martin
Kilian, Hans-Ulrich
Klasen-Habeney, Anne
Kleine-Allekotte, Hermann
Klumpp, Hans
Knecht, Ursula
Köhler, Klaus-Dieter
Kränzle, Nikolaus
Krasberg, Carl
Kraus, Josef
Krause, Gerlinde
Krebs, Andreas
Krebs, Karsten K.
Krebs, Peter
Krenz, Wolfgang
Kress, Hubert
Kühn, Swantje
Kühnel, Holger
Kümmel, Julian
Kurth, Detlef
Lachenmann, August
Lamott, Ansgar
Lecatsa, Rouli
Lehmann, Karin
Lehmann, Ute
Lehmhaus, Christian
Lengfeld, Mathias
Lenz, Josef

Leonhardt, Matthias
Lippe, Heiner
Lochner, Irmgard
Löffler, Andreas
Löffler, Markus
Löring, Stephan
Ludwig, Matthias
Lügger, Dietmar
Lüling, Claudia
Lukas, Heiko
Mähner, Dietmar
Mansfeld, Ulrike
Manske, Hans-Joachim
Meck, Andreas
Meik, Elisabeth
Merzenich, Christoph
Meurer, Thomas
Meyer, Ute Margarete
Möller, Beatriz
Molestina, Juan Pablo
Mons, Bettina
Morlock, Manfred
Müller, Dieter
Müller, Joachim
Naujokat, Anke
Niebergall, Ralf
Niederwöhrmeier, Julius
Niess, Robert
Oevermann, Andreas
Onnen-Weber, Udo
Oppermann, Frank
Orawiec, Marcin
Ortner, Manfred
Palm, Helmut
Pasing, Anton Markus
Paulat, Maren
Pawlowski, Robert
Pepchinski, Mary
Peter, Christian
Peterek, Michael
Peters, Michael
Pfeiffer, Martin
Pohlenz, Rainer
Raff, Hellmut
Ranft, Fred
Reichardt, Hans Jürgen
Reindl, Josef
Richarz, Clemens
Richter, Alexander
Riedl, Nicole
Ries, Reinhard
Robold, Franz
Römhild, Thomas
Romero, Stephan
Rommel, Marcus
Rosenfeldt, Jürgen
Rückert, Ulof
Rüffer, Melanie
Rütten, Marina
Saldanha, Michael de
Sassenroth, Peter
Schaefer, Norbert
Scheck, Johann-Peter
Scheder, Peter
Scheer, Thorsten
Scheidler, Thomas
Schemel, Kirsten
Scheuermann, Sigurd
Schiemann, Lars
Schilling, Johannes
Schirmer, Martin
Schlüter, Christian
Schmeing, Astrid
Schmidt, Walter
Schneider, Enno
Schramm, Clemens
Schramm, Ulrich
Schütz, Michael
Schulte, Claudia
Schultz-Granberg, Joachim
Schulz, Gernot
Schuster, Jochen
Schwarz, Josef
Sedelies, Gerd
Siegemund, Jochen
Sieveke, Matthias
Sill, Bernhard
Spies, Karl
Spies, Michael
Spindler, André
Spital-Frenking, Oskar
Steinhilber, Ursula
Stößlein, Michael
Streitferdt, Felix
Stridde, Walter
Sturm, Ulrich
Syring, Eberhard
Tausch, Peter
Teppert, Horst
Theilig, Andreas
Thiessen, Jens Peter
Thut, Doris
Tonne, Wolfgang
Tragbar, Klaus
Tünnemann, Thomas
Uffelmann, Andreas
Valena, Thomàs
Vetter, Harry
Vetter, Heinz
Vieler, Gerhard
Vinzelberg, Ulrich
Vukorep, Ilija
Wallmeier, Jörg
Wandel, Andrea
Weber, Jörg
Weber, Josef
Widjaja, Eddy
Wiese, Carola
Wilking, Walter
Wimmer, Martina
Winkens, Karl-Heinz
Wittfeld, Gerhard
Woditsch, Richard
Wörzberger, Ralf
Wollenweber, Jörg
Worbes, Stefan
Wossnig, Peter
Wriedt, Verena
Wulf, Michael
Wulf, Tobias
Zeitner, Regina
Zenner, Norbert
Zieske, Nikolaus
Zimmermann, Stefan
Zoll, Martin
Zoworka, Edward
Zverina, Pavel

**Archivwesen**

Freund, Susanne
Walberg, Hartwig

**Astronomie**

Mändl, Matthias

**Astrophysik**

Uhl, Roland

**Atomenergie**

Kröger, Sophie

**Audiologie**

Behring, Heinrich
Bitzer, Jörg
Hansen, Martin
Hoffmann, Eckhard
Holube, Inga
Plotz, Karsten

**Aufbereitung und Veredelung**

Frick, Achim
Hirte, Rolf
Mack, Brigitte

**Augenheilkunde**

Stübiger, Nicole

**Augenoptik**

Kümmel, Dietmar
Paffrath, Ulrike

**Ausländerrecht**

Schott, Tilmann

**Außenpolitik**

Bresinsky, Markus

**Außenwirtschaft**

Austermann, Hubertus
Bergé, Beate
Cabos, Karen
Decker, Christian
Flemmig, Jörg
Göke, Michael
Göring-Lensing-Hebben, Gisbert
König, Reinhold
Premer, Matthias
Schempp, Ulrich
Schikarski, Annette
Sommer, Lutz
Sonntag, Annedore
Vogl, Bernard
Voigts, Albert
Zschiedrich, Harald

**Ausstellungsdesign**

Saalfeld, Detlef
Vettermann, Gunther
Wagner, Manfred

**Automatisierungstechnik**

Amann, Günter
Amann, Karl
Bärnreuther, Brigitte
Balters, Detlef
Bank, Dirk
Bartel, Manfred
Bartsch, Thomas
Bastert, Rainer
Bechthold, Jens
Becker, Norbert
Berger, Uwe
Bitzer, Berthold
Blass, Jürgen
Blödow, Friedrich
Braunschweig, Andreas
Bregulla, Markus
Brinkmann, Klaus
Brückbauer, Rolf-Dieter
Brüdigam, Claus
Brunner, Urban
Brunotte, René
Canavas, Constantin
Claussen, Ulf
Dehs, Rainer
Dittmar, Rainer
Dörrenberg, Florian
Dorn, Günther
Dreiner, Klaus
Drescher, Norbert
Dünte, Karsten
Dürr, Reinhold
Englberger, Wolfram
Etschberger, Konrad
Faulhaber, Stefan
Fischer, Gernot
Fischer, Peter
Franck, Gerhard
Frank, Heinz
Franz, Matthias
Fredrich, Hartmut
Freitag, Gernot
Garrelts, Steffen
Gerke, Wolfgang
Graf, Klemens
Gregor, Rudolf
Grün, Jürgen
Gruhler, Gerhard
Grzemba, Andreas
Günther, Sigurd
Haehnel, Hartmut
Haid, Markus
Hasch, Joachim
Hasenjäger, Erwin
Heidemann, Achim
Heinemann, Elmar
Heinze, Thomas
Heise, Joachim
Helm, Peter
Herrmann, Helmut
Hiekel, Hans-Heino
Hiersemann, Rolf
Hiller, Werner
Hörz, Thomas
Hoffmann, Sebastian
Hübner, Christof
Imiela, Joachim
Jogwich, Martin
Karg, Christoph
Kegler, Andreas
Kehl, Klaus
Kemper, Markus
Ketterer, Gunter
Kiehl, Werner
Kirbach, Volkmar
Klasen, Frithjof
Kleinmann, Karl
Klinger, Hans-Gottfried
Köbbing, Heinz
Kölpin, Thomas
Kopystynski, Peter
Kotterba, Benno
Krämer, Michael
Kreiser, Stefan
Krejtschi, Jürgen
Krzyzanowski, Waclaw
Kühne, Manfred
Kup, Bernhard
Kurz, Andreas
Lange, Franz Josef
Lange, Tatjana
Lee, Jung-Hwa
Leverenz, Tilmann
Lohner, Andreas
Maier, Christoph
Matull, Ewald
May, Bernhard
Mayer, Andreas
Meiners, Ulfert
Meisel, Karl-Heinz
Merz, Hermann
Metzing, Peter
Monkman, Gareth
Morkramer, Achim
Müller, Jörg
Neff, Fritz J.
Niemann, Karl-Heinz
Nollau, Reiner
Ochs, Martin
Oelschläger, Lars
Pels Leusden, Christoph
Petersohn, Ulrich
Plötz, Franz
Pohl, Vaclav
Prasch, Johann
Raaij, Alexander van
Rauscher, Karlheinz
Reents, Heinrich
Reetmeyer, Henry
Reike, Martin
Richter, Hendrik
Römer, Dietmar
Roos, Eberhard
Ruoff, Wolfgang
Schauer, Winfried
Scheuring, Rainer
Schittenhelm, Wolfgang
Schmalz, Reinhard
Schmalzried, Siegfried
Schmidt, Jochen
Schmieder, Peter Johann
Schneider, Ralf
Schröder, Martin
Schulz, Christian
Schumacher, Wolfgang
Schwager, Jürgen
Seelig, Hans-Dieter
Simanski, Olaf
Simons, Stephan
Skrotzki, Thilo
Smajic, Hasan
Sommer, Egon
Stanek, Wolfram
Steffens, Wilhelm
Stengler, Ralph
Stephan, Knut
Stöhr, Peter
Suhl, Andreas
Sztefka, Georg
Veihelmann, Rainer
Wackersreuther, Günter
Wenck, Florian
Wendiggensen, Jochen
Wetter, Oliver
Wieland, Petra
Wölker, Martin
Worlitz, Frank
Zägelein, Walter
Zeggert, Wolfgang
Zeller, Wolfgang
Zhang, Ping
Zindler, Klaus
Zomotor, Zoltán Ádam
Zughaibi, Nassih

**Automobilwirtschaft**

Brachat, Hannes
Bratzel, Stefan
Diez, Willi
Gronau, Klaus-Dieter
McKay, Charles
Mihatsch, Guido
Schütt, Klaus-Peter
Seeba, Hans-Gerhard
Stucke, Hans-Dieter

**Baltistik**

Fanning, Hiltgunt

**Bankrecht**

Klauer, Julia
Neumann, Sybille

**Bankwesen**

Bantleon, Ulrich
Barth, Wolfgang
Blum, Erwin
Böhm-Dries, Anne
Brunner, Wolfgang L.
Christians, Uwe
Diedrich, Andreas
Disch, Wolfgang
Ebeling, Frank
Eichhorn, Franz-Josef
Ernst, Dietmar
Feix, Thorsten
Feldt, Jochen
Fischer, Stefan
Gisteren, Roland van
Graf, Karl Herbert
Gramlich, Dieter
Grimm, Klaus
Heilig, Bernd
Heitzer, Bernd
Hellenkamp, Detlef
Hellmann, Wolfgang
Hempel, Kay
Hilger, Eduard
Kolb, Alexander
Lohmann, Florian
Mitschele, Andreas
Mühlbradt, Frank W.
Nagel, Rolf
Nahr, Gottfried
Nees, Franz
Ostarhild, Jan
Rasch, Steffen
Saffenreuther, Jens
Schaufelberger, Michael
Schempf, Thomas
Schlottmann, Norbert
Schneider, Ulrich
Simon, Dieta
Sobirey, Frank
Sprink, Joachim
Strecker, Karl
Tallau, Christian
Terstege, Udo
Vögtle, Marcus
Walz, Hartmut
Weidmann, Otto
Weiland, Christiane
Wössner, Wolf
Zimmerer, Thomas

**Baubetrieb**

Ahrens, Hannsjörg
Al Ghanem, Yaarob
Axmann, Roswitha
Babanek, Roland
Batel, Hellmuth
Becker, Jörg
Beer, Anne
Benz, Thomas
Bergweiler, Gerd
Beyer, Albrecht
Biesterfeld, Andreas
Bischoff, Gert
Breunig, Bernd
Brockmann, Christian
Brose, Gernot
Bubenik, Alexander
Burmeier, Harald
Danielzik, Jürgen
Deffner, Konrad
Dellen, Richard
Denk, Bernhard
Döscher, Peter
Edinger, Susanne
Everts, Erich
Fank, Peter
Fellmann, Dieter
Friedrichsen, Stefanie
Fries, Claudia
Gärtner, Sven
Galneder, Gerhard
Gerster, Roland
Glock, Alexander
Griebel, Bernhard
Hackel, Marcus
Haderstorfer, Rudolf
Häberl, Kurt
Haenes, Helmut
Harder, Olaf
Hartmann, Heiner
Hasselmann, Willi
Helget, Gerd
Hensler, Friedrich
Hermansen, Björn
Hilmer, Alfons
Hitzel, Achim
Hölterhoff, Jens
Höltje, Uwe
Howah, Lothar
Karl, Bernhard
King, Werner
Kiuntke, Martin
Kögl, Thomas Franz
Korn, Michael
Kotulla, Michael
Krichenbauer, Franz Josef
Krudewig, Norbert
Lassen, Ulf

Lippmann, Bernd
Lux, Alexander
Maire, André
Metzger, Dirk
Meyer-Abich, Helmut
Mieth, Petra
Mitschein, Andreas
Monsees, Rainer
Müffelmann, Hermann
Müller, Eberhard
Nagel, Ulrich
Neuhof, Ulrich
Noosten, Dirk
Offermann, Helmut
Piel, Roland
Plaum, Stefan
Poelke, Jürgen
Poweleit, Axel
Proporowitz, Armin
Rebmann, Andree
Reichelt, Bernd
Rettberg, Wolfgang
Rohr, Stefan
Rohs, Hans-Hermann
Rose, Karl
Rossbach, Jörg
Rückel, Horst
Ruf, Lothar
Rustmeier, Horst G.
Scheuern, Michael
Schmidt, Lothar
Schreiber, Wolfgang
Schütz, Ulrich
Schweibenz, Bernd
Sohni, Michael
Starck, Andreas
Tauber, Matthias
Thierau, Thomas
Tripler, Karlheinz
Vahland, Rainer
Vallée, Franz
Walter, Reinhard
Waninger, Karl Josef
Weber, Ulrich F.
Wegener, Thomas
Widmann, Mario
Wiemann, Beate
Wirth, Volker
Zoller, Eberhard
Zoller, Friedrich-W.

**Baugeschichte**

Bankel, Hansgeorg
Beckmann, Lutz
Boyken, Immo
Breuning, Hans-Jürgen
Burg, Annegret
Burgstaller, Florian
Franke, Rainer
Herrmanns, Henner
Hilpert, Thilo
Jonas, Carsten
Jung, Wolfgang
Kastorff-Viehmann, Renate
Kieren, Martin
Lehmann, Karin
Luck von Claparède-Crola, Melanie
Menting, Anette
Naujokat, Anke
Nohlen, Klaus
Palm, Helmut
Rohn, Corinna
Schäche, Wolfgang
Schneider, Peter
Schumacher, Eduard
Stephan, Regina
Syring, Eberhard
Traber, Susanne
Werling, Michael
Zimmermann, Florian

**Bauinformatik**

Aschenborn, Hans Ulrich
Bulenda, Thomas
Crotogino, Arno
Dallmann, Raimond
Dehmel, Wilfried
Diamantidis, Dimitris
Euringer, Thomas
Faulstich, Gottfried
Forkert, Lothar
Fröhlich, Peter
Gigla, Birger
Glaner, Dieter
Göttlicher, Manfred
Göttsche, Jens
Gottschlich, Martin
Greitens, Günter
Hausser, Christof
Heckler, Werner
Höttges, Jörg
Jäckels, Heike
Kahn, Reinhard
Kreutzfeldt, Reinhard
Kunze, Undine
Liem, Randolph
Lindemann, Dietmar
Mathiak, Friedrich
Meyhöfer, Ingo
Michaelsen, Silke
Nahm, Christoph
Neuenhofer, Ansgar
Oberbeck, Niels
Pätzold, Heinz
Partsch, Gerhard
Reitmeier, Wolfgang
Rogalla, Bernd-Uwe
Schmidt, Dirk
Schmidt, J. H. Thomas
Schwaiger, Leo
Steinmann, Rasso
Teichert, Axel
Trautwein, Martin
Valdivia, Anton
Weitkämper, Jürgen
Werkle, Horst
Zirwas, Gerhard

**Bauingenieurwesen**

Albert, Andrej
Ameler, Jens
Ballasch, Dieter
Bau, Kurt
Baur, Frank
Bergner, Harald
Berner, Klaus
Binder, Bettina
Bisani, Karl-Friedrich
Blödt, Raimund
Böhmer, Karl Maria
Boeschen, Ulrich
Böttcher, Peter
Bosman, Karl-Heinz
Bracher, Andreas
Braun, Frank
Brilmayer, Dietmar
Bucak, Ömer
Buczek, Hans
Bürger, Gerd
Buggert, Anselm-Benedikt
Clausen, Thomas
Conradi, Georg
Dangelmaier, Peter
Denneler, Hans
Diaz, Joaquin
Drechsel, Ulrich
Düsing, Ingrid
Ebner, Torsten
Eger, Walter
Erdely, Alexander
Fasel, Frank
Fichna, Matthias
Fischer, Dirk
Flohrer, Claus
Follmann, Jürgen
Frerichs, Uwe
Fritz, Christoph
Galiläa, Klaus J.
Gampfer, Susanne
Gelien, Marion
Goltermann, Phillip
Grau, Heidrun
Grinewitschus, Viktor
Günther, Rolf
Guericke, Bernd
Haase, Andrea
Haase, Kai
Haase, Rosemarie
Hajek, Peter-Michael
Harter, Matthias
Hausser, Christof
Heisel, Joachim P.
Hellmuth, Urban
Herrmann, Jasper
Hilliges, Rita
Hinrichs, Carl Friedrich
Hirschmann, Peter
Hölterhoff, Jens
Hofmann, Volker
Hütter, Hermann
Ibach, Hans Detlef
Jun, Daniel
Just, Armin
Kahlow, Andreas
Karutz, Maja
Krause, Thomas
Krauter, Antje
Kuhlmann, Willy
Lademann, Frank
Lauffer, Joachim
Leimer, Hans-Peter
Lenker, Siegfried
Liem, Randolph
Lochmahr, Andrea
Loebermann, Matthias
Löhr, Armin
Lücken-Girmscheid, Theda
Lutz, Werner
Maier, Otto
Malpricht, Wolfgang
Marchtaler, Andreas
Maurial, Andreas
Mennerich, Artur
Meyer, Gerhard
Meyer-Miethke, Stefan
Meyn, Wilhelm
Mosler, Friedo
Naumann, Werner
Nietner, Manfred
Nimmesgern, Matthias
Nister, Oliver
Nowak, Wolfgang
Otto, Gerd
Peter, Hans-Jürgen
Peters, Klaus
Pinardi, Mara
Püschel, Rudolf
Reinhardt, Winfried
Remensperger, Christine
Rückel, Horst
Sahner, Georg
Sanal, Ziya
Schanné, Michael
Scherer, Lothar M.
Scheuring, Andreas
Schiermeyer, Volker
Schlösser, Karl Helmut
Schmelzle, Peter
Schmidt, Franz-Josef
Schmidt, Lothar
Schmidt-Gönner, Günter
Schmitz, Peter
Schneider, Jürgen
Schulte, Hermann
Seegräber, Georg
Steigerwald, Bernd
Steinhoff, Marie-Theres
Stöckner, Markus
Tobey, Reinhold
Trautmann, Jutta
Tylla-Sager, Sigrid
Uhle, Mathias
Urban, Karsten
Venzmer, Helmuth
Vismann, Ulrich
Webel, Gisbert
Weitkemper, Uwe
Wiechert, Gert
Wollensak, Martin
Wotschke, Michael
Wullschläger, Dietrich
Ziegenmeyer, Jürgen
Zirwas, Gerhard

**Bauklimatik**

Bolsius, Jens
Haas-Arndt, Doris
Hellwig, Runa Tabea
Lorenz, Rüdiger

**Baumaschinen**

Olschewski, Hans-Joachim
Rückel, Horst
Schmidt, Lothar
Schwarz, Henning
Ulrich, Alfred

**Baumechanik**

Barth, Christian
Fuchs, Andreas
Lenzen, Armin
Neuenhofer, Ansgar
Prüser, Hans-Hermann
Rohde, Matthias
Slavik, Mirko
Slowik, Volker
Styn, Elmar

**Bauphysik**

Ackermann, Thomas
Aldinger, Jörg
Ast, Helmut
Ayrle, Hartmut
Bleicher, Volkmar
Bolsius, Jens
Eicker, Ursula
Fäth, Iris-Susan
Gerber, Andreas
Heider, Andreas
Heimbecher, Frank
Hellwig, Runa Tabea
Himburg, Stefan
Hinrichsmeyer, Konrad
Höfker, Gerrit
Hohmann, Rainer
Homann, Martin
Hülsmeier, Frank
Karutz, Maja
Krause, Harald
Kümmel, Julian
Lamers, Reinhard
Legenstein, Frank
Leimer, Hans-Peter
Lorenz, Rüdiger
Ludwig, Jürgen
Mähl, Florian
Melber, Bertram
Mende, Manfred von
Metzemacher, Heinrich
Meyer, Gerhard
Middelberg, Jan
Moest, Norbert
Nolte, Christoph
Peter, Hans-Jürgen
Pfeiffenberger, Ulrich
Pfeil, Markus
Pfrommer, Peter
Plankl, Johann
Schanda, Ulrich
Schubert, Karsten
Schuchardt, Michael
Schwab, Hubert
Schwickert, Susanne
Siebel, Lothar
Sorge, Wolfgang
Stein, Alfred
Strähle, Erwin
Stürmer, Sylvia
Venzmer, Helmuth
Voßmann, Dagmar
Werner, Hans
Zapke, Wilfried
Ziegler, Franz

**Baurecht**

Balensiefen, Gotthold
Büchner, Hans
Dehne, Peter
Dorn, Kurt
Englert, Klaus
Fischer, Peter
Fröhlich, Johann
Hemmerlein, Gerhard
Hillesheim, Tilmann
Knerer, Thomas
Luckey, Andreas
Messer, Norbert
Nowak, Bernd
Parmentier, Wolff
Reichert, Friedhelm
Tillmanns, Reiner
Wirth, Volker

**Baustatik**

Aberle, Marcus
Bahr, Günther
Bausch, Siegfried
Beißner, Eckhard
Betzler, Martin
Bidmon, Walter
Boddenberg, Ralf
Bulenda, Thomas
Dallmann, Raimond
Diamantidis, Dimitris
Eilering, Siegfried
Enderle, Christian
Falk, Andreas
Fehlau, Jürgen
Finkeldey, Axel
Fischer, Andreas
Fischer, Wolfgang
Fritzsche, Thomas
Fuchs, Georg
Gocht, Roland
Gschwind, Joachim
Harich, Richard
Hübel, Hartwig
Jun, Daniel
Kanz, Robert
Kauhsen, Bruno
Kickler, Jens
Kliesch, Kurt
Kneidl, Rupert
Kollo, Helmut
Konrad, Albert
Kramp, Michael
Lehwalter, Norbert
Lohse, Wolfram
Luckmann, Klaus-Dieter
Meiss, Kathy
Meßmer, Klaus-Peter
Moosecker, Wolfgang
Neuner, Florian
Oberbeck, Niels
Partsch, Gerhard
Pawlowski, Robert
Peintinger, Bernhard
Petersen, Maritta
Pötzl, Michael
Prüser, Hans-Hermann
Rahm, Heiko
Rohde, Matthias
Rothe, Georg
Rubert, Achim
Rühle, Bernd
Seeßelberg, Christoph
Seibel, Petra
Speth, Martin
Steinhuber, Johann
Strübing, Hans-Uwe
Werkle, Horst

**Baustoffe**

Ahlers, Ulrike
Aldinger, Jörg
Bechthold-Schlosser, Jutta
Beckmann, Ernst
Berger, Jürgen
Bleicher, Volkmar
Breitbach, Manfred
Büchner, Ute
Bunte, Dieter
Dick, Volker
Dose, Hartmut
Eichler, Wolf-Rüdiger
Fischer, Heinz
Fix, Wilhelm
Förster, Gerd
Freimann, Thomas
Grassegger, Gabriele
Gunkler, Erhard
Haase, Rosemarie
Häberl, Kurt
Heine, Peer
Heßmert, Felix
Hinterwäller, Udo
Horster, Monika
Hoscheid, Rudolf
Iffert-Schier, Sabine
Jahn, Thomas
Karstadt, Michael
Kern, Rüdiger
Kropp, Jörg
Kusterle, Wolfgang
Laar, Claudia von
Landwehrs, Klaus
Lechner, Thomas Frank
Leonhardt, Matthias
Lieblang, Peter
Liesegang, Detlef
Linden, Wolfgang
Linsel, Stefan
Loeper, Wiebke
Malorny, Winfried
Masuch, Gabriele
Meier, Klaus
Metje, Wolf-Rüdiger
Möginger, Bernhard
Naujoks, Bernd
Nehring, Christel
Nelskamp, Heinz
Niedermaier, Peter
Paschmann, Hans
Pfefferkorn, Stephan
Pottgiesser, Uta
Pützschler, Wolfgang
Rauschenbach, Volker
Rogall, Armin D.
Rühl, Marcus
Sasaki, Felix
Scheffler, Ernst-Ulrich
Schmidt, Detlef
Schnell, Manfred
Schöller, Walter
Scholz, Elke
Schulz, Rolf-Rainer
Slansky, Hermann
Stürmer, Sylvia
Weber, Silvia
Wigger, Heinrich
Wohlfahrt, Rolf
Wollensak, Martin

**Bauwirtschaft**

Becker, Jörg
Benz, Thomas
Bubenik, Alexander
Carrell, Richard V.
Denk, Bernhard
Denk, Heiko
Drieseberg, Tobias
Ernst, Günther
Glaner, Dieter

Grief, Marc
Haas-Arndt, Doris
Hartmann, Heiner
Hensler, Friedrich
Hillebrandt, Annette
Jablonski, Michael
Karbe, Roger
Kattenbusch, Markus
Kluth, Wolf-Rainer
Kofner, Stefan
Koopmann, Manfred
Korn, Michael
Kraft-Hansmann, Christine
Krön, Elisabeth
Lang, Andreas
Legner, Klaus
Lieblang, Peter
Meinen, Heiko
Meissner, Andreas
Mieth, Petra
Müffelmann, Hermann
Neddermann, Rolf
Nister, Oliver
Olschewski, Hans-Joachim
Petersen, Andrew
Pottgiesser, Uta
Rank, Wolfgang
Rauschenbach, Volker
Riebel, Volker
Schmidt, Markus
Schöller, Walter
Simons, Isabelle
Tawakoli, Mohammed-Reza
Tylla-Sager, Sigrid
Wallhoff, Frank
Weber, Peter
Weischer, Martin
Zippel, Sabine

**Bekleidungstechnik**

Bauer, Ulrich
Ernst, Michael
Finsterbusch, Karin
Floß, Elke
Haug, Rudolf
Paas, Mathias
Schlee, Julianne
Schneider, Thomas
Zwanzig, Astrid

**Bergbau**

Dauber, Christoph
Dohmen, Alexander
Jakob, Karl Friedrich
Kretschmann, Jürgen
Schaeffer, Reinhard

**Berufspädagogik**

Feuerstein, Thomas J.
Findeisen, Erik
Hormel, Roland
Mersch, Franz Ferdinand
Nagl, Anna
Stuber, Franz
Weyland, Ulrike

**Betonbau**

Boemer, Utz Jürgen
Bulicek, Hans
Haase, Kai
Linsel, Stefan
Masuch, Gabriele
Metje, Wolf-Rüdiger
Minnert, Jens
Nitsch, Andreas
Pötzl, Michael
Schaub, Hans-Joachim
Stratmann-Albert, Regina
Weber, Silvia
Zahn, Franz

**Betriebssysteme**

Buhr, Edzard de
Commentz-Walter, Beate
Dehnert, Gerd
Drosten, Klaus
Finke, Torsten
Fritzsche, Hartmut
Gmeiner, Lothar
Grauschopf, Thomas
Gross, Siegmar
Gürtzig, Kay
Hausotter, Andreas
Heinzel, Werner
Helden, Josef von
Hellberg, Günther
Jack, Oliver
Kappes, Martin
Kempter, Hubert
Kern, Ralf-Ulrich
Kindler, Ulrich
Klages, Ulrich
Kröger, Reinhold
Kudraß, Thomas
Kuhn, Dietrich
Lachnit, Winfried
Leibscher, Ralf
Luis, Marcel
Mächtel, Michael
Mayer, Erwin
Meßollen, Michael
Metzler, Uwe
Möbert, Thomas
Neunast, Karl W.
Oßmann, Martin
Prause, Gunnar
Probol, Martin
Richter, Volkmar
Romeyke, Thomas
Ruhland, Klaus
Schäffter, Markus
Schlegel, Christian
Schmidek, Johann
Schmidtmann, Uwe
Schneider, Uwe
Schulter, Wolfgang
Schumann, Ralf
Thiel, Christoph
Thorn, Wolfgang
Timmer, Gerald
Traub, Stefan
Väterlein, Peter
Veltink, Gert
Vogt, Carsten
Vogt, Christian
Weber, Helmut
Werthebach, Rainer
Westhoff, Dirk
Wieland, Sabine
Wienkop, Uwe
Wißmann, Dieter
Wohlfeil, Stefan
Wübbelmann, Jürgen

**Betriebstechnik**

Feldmann, Herbert
Heinrichs, Horst

**Betriebswirtschaft**

Ahrens, Bernd
Ahrens, Dieter
Ahuja, André
Aignesberger, Christof
Akhotmee, Rüdiger
Albers, Erwin Jan Gerd
Albers, Felicitas
Alkas, Hasan
Allert, Rochus
Allinger, Hanjo
Alm, Wolfgang
Amann, Klaus
Amely, Tobias
Anders, Wolfgang
Andresen, Katja
Anero, Roberto
Angermueller, Niels Olaf
Anselstetter, Reiner
Appelfeller, Wieland
Arens, Jenny
Arlinghaus, Olaf
Armbruster, Christian
Arnold, Rolf
Arnold, Wolfgang
Arnsfeld, Torsten
Assfalg, Helmut
Auchter, Eberhard
Auerbach, Heiko
Augenstein, Friedrich
Austmann, Henning
Axer, Jochen
Azarmi, Christine
Baaken, Jörg-Thomas
Bacher, Urban
Bader, Axel
Bächle, Erich
Bäuerle, Paul H.
Bahlinger, Thomas
Baier, Jochen
Balke, Nils J.
Balz, Ulrich
Balzer, Hermann
Bamler, Gunther
Bantleon, Ulrich
Bardmann, Manfred
Bark, Christina
Barth, Christopher
Barthel, Karoline
Bartscher, Thomas
Bartscher-Finzer, Susanne
Batzdorfer, Ludger
Bauer, Ralf
Bauersachs, Jack
Baum, Heinz Georg
Baumann, Sabine
Baumgärtler, Thomas
Baus, Josef
Bayer, Frank O.
Bayer, Thomas
Beck, Martin
Becker, Hans-Paul
Becker, Karl-Heinz
Becker, Stephan
Beckmann, Holger
Behr, Matina
Behrmann, Niels
Beier, Jörg
Beiersdorf, Holger
Beinert, Claudia
Bentler, Klaus-Burkhard
Benz, Jochen
Benz, Tomas
Benzel, Wolfgang
Bergemann, Britta
Berger, Thomas
Bergmann, Günther
Berken, Michael
Berlingen, Johannes
Bernartz, Wolfgang
Berning, Ralf
Bertsch, Andreas
Betz, Barbara
Beyer, Andrea
Bezold, Thomas
Bick, Werner
Bieler, Stefan
Bienert, Kurt
Bienert, Margo
Bienert, Michael Leonhard
Bierbaum, Heinz
Biermann, Thomas
Bildhäuser, Dirk
Billen, Peter
Bisani, Hans Paul
Bitzer, Arno
Blancke, Walter
Bleicher, Jürgen
Bleiweis, Stefan
Bleuel, Hans-H.
Bloos, Uwe-Wilhelm
Blümel, Frank
Blumenstock, Horst
Bock, Jürgen
Bock, Uwe
Böcker, Jens
Böhm, Klaus Jürgen
Böhmer, Nicole
Bölsche, Dorit
Bösch, Martin
Boese, Jürgen
Böttcher, Roland
Bogner, Thomas
Bolay, Friedrich Wilhelm
Bolin, Manfred
Bonart, Thomas
Bonefeld, Heike
Bongard, Stefan
Bongartz, Norbert
Bonne, Thorsten
Bontrup, Heinz-J.
Bordemann, Heinz-Gerd
Borgmeier, Arndt
Borowicz, Frank
Bosch, Michael
Bott, Jürgen
Bradl, Peter
Bräkling, Elmar
Bräutigam, Gregor
Brandis, Henning von
Brandt, Erhard
Brasche, Ulrich
Braun, Norbert
Braun, Oliver
Braun, Stephan
Braun von Reinersdorff, Andrea
Braunhart, Dirk
Brauweiler, Hans-Christian
Breilmann, Ulrich
Breitschuh, Jürgen
Bremer, Peik
Bremser, Kerstin
Brendel, Thomas
Brenzke, Dieter
Breuer, Claudia
Breunig, Bernd
Breyer-Mayländer, Thomas
Brinker, Tobina
Brinkmann, Jürgen
Britzelmaier, Bernd
Brochhausen, Ewald
Brockmeyer, Klaus
Bröckermann, Reiner
Bruche, Gert
Brucksch, Regina
Bruckschen, Hans-Hermann
Brückmann, Friedel
Brüggemeier, Martin
Brüker, Georg
Brüsch, Heiko
Brunken, Astrid
Brunsch, Lothar
Bucher, Ulrich
Buchholz, Gabriele
Buchholz, Rainer
Budilov-Nettelmann, Nikola Fee
Büchel, Helmut
Buer, Christian
Büschgen, Anja
Büter, Clemens
Büttner, Michael
Bungert, Michael
Burchert, Heiko
Burg, Monika
Burgartz, Thomas
Burk, Uwe F. K.
Burkard, Werner
Buscholl, Franz
Busse, Franz-Joseph
Buttler, Walter
Butz, Christian
Call, Guido
Camphausen, Bernd
Carl, Notger
Chandrasekhar, Natarajan
Chwallek, Constanze
Cichon, Wieland
Clausius, Eike
Coenenberg, Alexandra
Conrady, Roland
Conzelmann, Rütger
Cordes, Jens
Courant, Jörg
Cremer, Ralf
Czech-Winkelmann, Susanne
Czenskowsky, Torsten
Czepek, Andrea
Dahlgaard, Knut
Dahmen, Andreas
Dallmöller, Klaus
Dandl, Engelbert
Dannenberg, Marius
Daum, Andreas
Dautzenberg, Norbert
Daxhammer, Rolf
Debusmann, Ernst
Dechant, Hubert
Dechant, Ulrich
Deckmann, Andreas
Deelmann, Thomas
Deges, Frank
Degle, Stephan
Dehmel, Inga
Dehr, Gunter
Deimel, Klaus
Demmer, Hans
Demske, Ingo
Deser, Frank
Desjardins, Christoph
Detzel, Martin
Di Pietro, Stefano
Diedrich, Andreas
Diemand, Franz
Dierolf, Günther-Otto
Dieterle, Willi K. M.
Dievernich, Frank E.P.
Diez, Bruno
Dinauer, Josef
Dincher, Roland
Disch, Wolfgang
Dobbelstein, Thomas
Döring, Vera
Doerks, Wolfgang
Dörnberg, Adrian von
Dohm, Peter
Dommermuth, Thomas
Drees, Norbert
Drees-Behrens, Christa
Dresselhaus, Dirk
Dressler, Matthias
Drews, Hanno
Dreyer, Axel
Dreyer, Iren
Düren, Petra
Dürr, Walter
Düsterlho, Jens-Eric von
Dulisch, Frank
Dusemond, Michael
Duttle, Josef
Ebel, Bernd
Eberle, Peter
Eberlein, Jana
Ebert, Kurt
Eckardt, Gordon H.
Eckardt, Thomas
Effmann, Jörg
Ehlers, Ulrich
Eichhorn, Franz-Josef
Eichhorn, Michael
Eichler, Bernd
Eichsteller, Harald
Eickhoff, Matthias
Eidel, Ulrike
Eisinger, Bernd
Eitel, Birgit
Eitzen, Bernd von
Elias, Hermann-Josef
Emmert, Dietrich
Engel-Ciric, Dejan
Engelfried, Justus
Engelsleben, Tobias
Englberger, Hermann
Erdenberger, Christoph
Erdlenbruch, Burkhard
Erdmann, Georg
Erhardt, Martin
Erichsson, Susann
Erkens, Elmar
Ernenputsch, Margit
Ernst, Christian
Ernst, Wolfgang
Esser, Wolfgang
Ester, Birgit
Estler, Otte
Ewert, Christoph
Faber-Praetorius, Berend
Fahrenwaldt, Matthias
Fais, Wilhelm
Falk, Rüdiger
Faller, Jürgen
Faß, Joachim
Fees, Werner
Fehling, Hans-Werner
Feichtmair, Sebastian
Feichtner, Edgar
Feindor, Burghard
Feldhoff, Patricia
Feldt, Jochen
Feucht, Michael
Figura, Raymond
Fink, Dietmar
Finkbeiner, Gerd
Finke, Robert
Finzer, Peter
Firlus, Leonhard
Fischbach, Dirk
Fischer, Dirk
Fischer, Edmund
Fischer, Heinz
Fischer, Herbert
Fischer, Ingo
Fischer, Joachim
Fischer, Matthias
Fischer, Rolf
Fleige, Thomas
Fleischer, Klaus
Fleuchaus, Ruth
Förderreuther, Rainer
Förster, Ulrich
Förster, Ursula
Forster, Matthias
Fortmann, Klaus-Michael
Foschiani, Stefan
Frahm, Joachim
Franke, Hubertus
Franke, Jürgen
Franken, Rolf
Franken, Swetlana
Franzen, Dietmar
Freidank, Jan
Freimuth, Joachim
Frère, Eric
Freye, Diethardt
Freyer, Eckhard
Frick, Detlev
Friedrich, Artur
Friedrich, Marcel
Frietzsche, Ursula
Froböse, Michael
Frosch-Wilke, Dirk
Fuchs, Clemens
Funder, Jörg
Funk, Wilfried
Gabriel, Jürgen
Gadatsch, Andreas
Gairing, Fritz
Gaiser, Brigitte
Ganter, Hans-Dieter
Garhammer, Christian
Gebhardt, Peter
Gebhardt, Rainer
Gebhardt, Ronny
Gehmlich, Volker
Gehrer, Michael
Geib, Thomas
Geise, Wolfgang
Gerke, Kerstin
Geyer, Helmut
Giegler, Nicolas
Giersch, Thorsten
Giesler, Harry
Giezek, Bernd

Gille, Gerd
Ginnold, Reinhard
Gloede, Dieter
Gnad, Sylvia
Göbel, Robert
Goehlich, Véronique
Göllert, Kurt
Göltenboth, Markus
Göring-Lensing-Hebben, Gisbert
Götz, Alexander
Götz, Burkhard
Götz, Gisela
Götzen, Ute
Gondring, Hanspeter
Gorschlüter, Petra
Gottschalck, Jürgen
Grabau, Fritz-René
Grabmeier, Johannes
Grabner, Thomas
Graef, Michael
Graetz, Jörg
Graf, Andrea
Graf, Gerald
Graml, Regine
Gramlich, Dieter
Grass, Brigitte
Grebe, Lothar
Grebner, Robert
Greife, Wolfgang
Greiling, Michael
Greiner, Christian
Greve, Goetz
Griemert, Silke
Griese, Kai-Michael
Grimm, Klaus
Grimmer, Arnd
Gröhl, Matthias
Gröning, Robert
Groha, Axel
Grommas, Dieter
Gronau, Paul
Groß, Herbert
Groß, Rainer
Großmann, Uwe
Grote, Klaus-Peter
Grün, Andreas
Grundmann, Silvia
Gruner, Petra
Gruner-Göpel, Dagmar
Grunwald, Angelika
Grupp, Bernhard
Gühlert, Hans-Christian
Günther, Gabriele
Gugel, Wolf
Gussmann, Bernd
Gutsche, Katja
Haack, Bertil
Haas, Peter
Habelt, Wolfgang
Hadamitzky, Michael
Häfele, Markus
Häusler, Eveline
Hagenloch, Thorsten
Hagstotz, Werner
Hahn, Klaus
Halfmann, Marion
Haller, Sabine
Halstrup, Dominik
Hammer, Otto H.
Haneke, Uwe
Hannemann, Susanne
Hansen, Horst
Hansen, Katrin
Hantke, Bernd
Harsch, Walter
Hartel, Dirk
Hartherz, Jochen
Hartmann, Peter
Hasenjaeger, Marc
Hasl, Rainer
Hass, Dirk
Hassemer, Konstantin
Haugrund, Stefan
Haupt, Michael
Hauschild, Ralf
Hauser, Rüdiger
Hawlitzky, Jürgen
Hebel, Detlef
Hebestreit, Carsten
Hebler, Manfred
Hecht, Dirk
Hechtfischer, Ronald
Heger, Roland
Heidbüchel, Andreas
Heide, Thomas
Heidemann, Katrin
Heidemann, Otto
Heider-Knabe, Edda
Heigl-Murauer, Martina
Heil, Peter F.
Heimbrock, Klaus-Jürgen
Hein, Ulrich
Heindl, Eduard
Heinemann, Gerrit
Heinrich, Martin Leo
Heinzel, Renate
Heinzler, Winfried
Heister, Werner
Heithecker, Dirk
Helbich, Bernd
Helbig, Klaus Jochen
Hellbach, Christine
Hellbrück, Reiner
Hellenkamp, Detlef
Helling, Klaus
Hellmig, Günter
Helms, Kurt
Hemmert, Ulrich
Heni, Georg
Henman-Sturm, Barbara
Hennevogl, Wolfgang
Henning, Sven
Heno, Rudolf
Henseler, Natascha
Henzelmann, Torsten
Herde, Georg
Hermeier, Burghard
Herold, Bernhard
Herold, Jörg
Herr, Sebastian
Herzog, Michael
Heß, Gerhard
Hettinger, Dagmar
Hettler, Uwe
Heuer, Kai
Heusinger, Sabine
Hierl, Ludwig
Hildebrand, Knut
Hilger, Eduard
Hilgers, Bodo
Hillemanns, Reiner
Hilp, Jürgen
Hinners-Tobrägel, Ludger
Hirsch, Ingo
Hirth, Günter
Hoberg, Peter
Hoch, Markus
Hochdoerffer, Wolfgang
Hock, Burkhard
Hock, Thorsten
Höber, Martina
Höfer, Bernd
Höft, Uwe
Högsdal, Bernt
Hölter, Erich
Hölzli, Wolfgang
Hoffmann, Dieter
Hoffmann, Marcus
Hoffmann, Michael
Hofmann, Rainer
Hofmann-Kuhn, Gudrun
Hofmeister, Heidemarie
Hofweber, Peter
Hohl, Eberhard
Hohm, Dirk
Hohn, Bettina
Holdenrieder, Jürgen
Holdt, Wolfram
Holicki, Gisela
Holm, Jens-Mogens
Holzkämper, Reinhard
Honold, Dirk
Hopfenbeck, Waldemar
Hoppen, Dieter
Hornbach, Hubert
Horsch, Jürgen
Horst, Bruno
Horst, Karl-Heinz
Hort, Bernhard C.
Hoss, Dietmar
Hossenfelder, Wolfgang
Huber, Alexander
Huber, Stefan
Hümmer, Bernd
Hüttche, Tobias
Hüttinger, Sabine
Huf, Stefan
Hug, Werner
Hummel, Thomas
Hummels, Henning
Hundt, Irina
Hundt, Sönke
Hurth, Joachim
Huth, Michael
Ibert, Wolfgang
Ickerott, Ingmar
Jacob, Michael
Jacob, Wilhelm
Jacobi, Anne
Jäger, Gerhard
Jäger, Lars
Jäger, Norbert
Jäger, Uwe
Jahn, Axel
Jakobi, Rolf
Jandt, Jürgen
Janisch, Hans
Janovsky, Jürgen
Jansen, Wolf Thomas
Janßen, Wiard
Janz, Oliver
Janz, Rainer
Janzen, Henrik
Jarosch, Helmut
Jasny, Ralf
Jaspers, Wolfgang
Jdanoff, Denis
Jeck-Schlottmann, Gabi
Jekel, Nicole
Jelten, Harmen
Jensen, Thomas
Joepen, Alfred
Joeris, Sabine
Johannsen, Christian G.
John, Eva-Maria
Johnson, Gerhard
Joos, Thomas
Jorasz, William
Jordan, Markus
Jordanov, Petra
Jorzik, Herbert
Jossé, Germann
Jost, Thomas
Jüngel, Erwin
Jüster, Markus
Jung, Hans
Jung, Rüdiger H.
Junge, Karsten
Jurowsky, Rainer
Kaapke, Andreas
Kadritzke, Ulf
Kaehler, Boris
Käßer-Pawelka, Günter
Kafadar, Kalina
Kairies, Klaus
Kaiser, Bastian
Kaiser, Dirk
Kalka, Regine
Kaltenbacher, Matthias
Kammerl, Alois
Kampmann, Klaus
Kapfer, Georg
Karbach, Rolf
Kaufmann, Michael
Kaul, Michael
Kaul, Oliver
Kaune, Axel
Kausch, Michael
Kautz, Wolf-Eckhard
Kehr, Hans Helmut
Keitz, Isabel von
Keller, Christian
Keller, Sven
Kerksieck, Heinz-Joachim
Kersten, Jons T.
Kesting, Tobias
Kiel, Bert
Kiesel, Manfred
Kirch, Dietmar
Kirner, Eva
Kirsch, Hanno
Kirsch, Jürgen
Kirstges, Torsten
Kiso, Dirk
Klaiber, Udo
Klammer-Schoppe, Marion
Klapdor, Ralf
Klatte, Volkmar
Klauk, Jürgen Bruno
Klaus, Erich
Klaus, Hans
Klausing, Michael
Klein, Jürgen
Klein, Wilhelm A.
Kleine, Dirk
Kling, Siegfried
Klinkenberg, Ulrich
Klock, Stephan
Kloss, Ingomar
Klotz, Michael
Knittel, Michael
Knobloch, Ralf
Knoke, Martin
Knoll, Matthias
Knoppe, Marc
Koch, Alexander
Koch, Bernd
Koch, Susanne
Köbberling, Thomas
Köberle, Gisela
Koeder, Kurt
Köhne, Thomas
Kölzer, Brigitte
König, Anne
Köpf, Georg
Körsgen, Frank
Köster, Thomas
Koetz, Werner
Kohlöffel, Klaus
Kohn, Wolfgang
Komus, Ayelt
Konle, Matthias
Konrad, Elmar
Kopp, Harald
Kopsch, Anke
Kortendieck, Georg
Kortschak, Bernd H.
Kortus-Schultes, Doris
Kosciolowicz, Raimund
Koss, Claus
Kotthaus, Ulrich
Kowalski, Susann
Kraemer, Carlo
Kratz, Norbert
Krause, Christian
Krause, Herbert
Kreis-Engelhardt, Barbara
Kreiss, Christian
Kreiß, Sylvia
Kreuzhof, Rainer
Krieger, Winfried
Kriegesmann, Bernd
Krischke, André
Kröger, Christian
Kröner, Arthur
Kroflin, Petra
Krone, Frank Andreas
Kropp, Matthias
Kropp, Waldemar
Krupp, Alfred
Krupp, Thomas
Krusche, Stefan
Kruth, Bernd Joachim
Krystek, Ulrich
Kuck, André
Kühn, Ralf
Kühne, Eberhard
Kümper, Thorsten
Küster, Utz
Kuhn, Katja
Kuhn, Marc
Kull, Stephan
Kunhardt, Horst
Kurz, Jürgen
Labbé, Marcus
Laberenz, Helmut
Lärm, Thomas
Laetsch, Bernhard
Laforsch, Matthias
Landgrebe, Silke
Lang, Klaus
Lasar, Andreas
Laudi, Peter
Lauer, Thomas
Laumann, Marcus
Laumen, Manfred
Lausberg, Isabell
Lauser, Rolf
Lauterbach, Christoph
Lehleiter, Robert
Lehmeier, Peter
Lehr, Bosco
Lehwald, Klaus-Jürgen
Leischner, Erika
Leise, Norbert
Leiser, Wolf
Lemke, Stefan
Lenk, Reinhard
Lentz, Wolfgang
Lenz, Rainer
Lerchenmüller, Michael
Leschke, Hartmut
Levin, Frank
Lewis, Gerard J.
Ley, Ursula
Leyendecker, Bert
Leykauf, Gerhard
Lieb, Manfred
Lieberam-Schmidt, Sönke
Lieberum, Uta B.
Liebetruth, Hartmann
Liese, Jörg
Liesegang, Eckart
Lindenmeier, Jörg
Lindner, Hans-Günter
Link, Edmund
Link, Joachim
Linke, Ralf
Linxweiler, Richard
Lohmann, Florian
Lohse, Detlev
Lojewski, Ute von
Loof, Dennis P. De
Loosen, Eva
Lorenz, Dieter
Lorenz, Karsten
Lorenzen, Klaus Dieter
Lorer, Patrick
Lubritz, Stefan
Lüth, Oliver A.
Lütke Entrup, Matthias
Luig, Rainer
Luppold, Stefan
Lutz, Harald
Maciejewski, Paul
Mackenstein, Hans Wilhelm
Madeja, Alfons
Mai, Anne
Mai, Ina
Maier, Klaus-Dieter
Maier, Simone
Maier, Wilhelm
Maintz, Julia
Makswit, Jürgen
Mandler, Udo
Mangler, Wolf-Dieter
Mankel, Birte
Manns, Jürgen R.
Manz-Schumacher, Hildegard
Maretzki, Jürgen
Markgraf, Daniel
Markowski, Norbert
Marquardt, Diana
Martin, Bernd
Martin, Richard
Materne, Jürgen
Mathesius, Jörn
Matoni, Michael
Mattheis, Peter
Mau, Markus
Maurer, Kai-Oliver
May, Constantin
May, Eugen
Mayer, Annette
Mayer, Gerhard
Mayer, Thomas
Meeh-Bunse, Gunther
Mehler, Frank
Mehlhorn, Jörg
Meier, Harald
Meiners, Norbert
Meisel, Christian
Meister, Holger
Menges, Achim
Menne, Martina
Merk, Joachim
Merker, Richard
Merkwitz, Ricarda
Mertens, Ralf
Metz, Michael
Meuche, Thomas
Mewes, Gerhard
Meyer, Helga
Meyer, Manfred
Meyer-Bullerdiek, Frieder
Meyer-Schwickerath, Martina
Michaelis, Jörg
Michalski, Tino
Michel, Alex
Mikus, Barbara
Mink, Markus
Mis, Ulrich
Mißfeld, Falk
Mitlacher, Lars
Mitschele, Andreas
Mittmann, Josef
Möbus, Harald
Möbus, Matthias
Mödinger, Wilfried
Möller, Frank-Joachim
Möller, Klaus
Mörstedt, Antje-Britta
Mohe, Michael
Mohr, Matthias
Moll, Rainer
Moltrecht, Martin
Moore, Patrick
Moormann, Sarah
Morelli, Frank
Morschheuser, Petra
Moser, Christoph
Moser, Ulrich
Mottl, Rüdiger
Moß, Michael D.
Muche, Thomas
Muchna, Claus
Mühlbäck, Klaus
Mühlbauer, Bernd H.
Mühlemeyer, Peter
Mühlencoert, Thomas
Müller, Armin
Müller, Bernhard
Müller, Gerhard
Müller, Hans-Erich
Müller, Henning
Müller, Jochem
Müller, Margitte
Müller, Michael
Müller, Susanne
Müller, Susanne
Müller, Wolfgang
Müller-Godeffroy, Heinrich
Müller-Jundt, Bernhard
Müller-Peters, Horst
Münsch, Erwin
Münster, Carsten
Münz, Claudia
Multhaup, Roland
Mundt, Ronald

Mutscher, Axel
Naderer, Gabriele
Näder, Hans Georg
Nagel, Annette
Nagel, Rolf
Nagel, Rüdiger
Nagl, Anna
Naujoks, Petra
Naumann, Birgit
Neeb, Helmut
Neef, Christoph
Nespeta, Horst
Neuber, Stephan
Neuert, Josef
Neumann, Alexander
Neumann, Kai
Neumann-Szyszka, Julia
Neunteufel, Herbert
Nicolai, Christiana
Niedereichholz, Christel
Niedetzky, Hans-Manfred
Niehoff, Walter
Niehus, Ulrich
Nissen, Ulrich
Noack, Axel
Nobach, Kai
Nold, Georg
Nold, Wolfgang
Noss, Christian
Obermeier, Thomas
Oerthel, Frank
Oesterwinter, Petra
Oetinger, Ralf
Öztürk, Riza
Olderog, Torsten
Oppermann, Ralf
Oppermann, Roman-Frank
Ornau, Frederik
Orth, Detlef
Ortmanns, Wolfgang
O'Shea, Miriam
Ostarhild, Jan
Ostermaier, Hubert
Ott, Hans Jürgen
Otte, Max
Ottersbach, Jörg
Paetsch, Michael
Papenheim-Tockhorn, Heike
Parsen, Günter
Pasch, Helmut
Pasckert, Andreas
Pattloch, Annette
Paul, Christopher
Paul, Herbert
Paul, Joachim
Paulus, Ralf
Peisl, Thomas
Pelz, Waldemar
Pepels, Werner
Peter, Markus
Peters, Birgit Käthe
Peters, Horst
Peters, Theo
Petersen, Wilhelm
Petri, Christian H.
Petzold, Jürgen
Pfaffenberger, Kay
Pfisterer, Jörg
Pflaum, Dieter
Pförtsch, Waldemar
Philippi, Michael
Philippi-Beck, Peter
Philipps, Holger
Piel, Andreas
Pietsch, Gotthard
Piontek, Jochem
Piroth, Erwin
Pischulti, Helmut
Plag, Martin
Plate, Georg
Plininger, Petra
Plümer, Thomas
Pochmann, Günter
Pochop, Susann
Poech, Angela
Poggensee, Kay
Pohl, Wilma
Pollanz, Manfred
Polzin, Dietmar W.
Ponader, Michael
Pooten, Holger
Porkert, Kurt
Posten, Klaus
Pracher, Christian
Pracht, Arnold
Prehm, Hans-Jürgen
Preißing, Dagmar
Preißler, Gerald
Proelß, Juliane
Przybilla, Rüdiger
Ptak, Hildebrand
Püschel, Gunter
Pumpe, Dieter
Purvis, Claire

Quack, Helmut
Quarg, Sabine
Rade, Katja
Radtke, Michael
Rahmel, Anke
Rall, Bernd
Rank, Susanne
Rasch, Steffen
Ratzek, Wolfgang
Rau, Karl-Heinz
Rau, Wolfgang
Rauch, Klaus
Raute, Rudolf
Reblin, Jörg
Rebstock, Michael
Redel, Wolfgang
Redler, Jörn
Reese, Knut
Regier, Hans-Jürgen
Rehfeldt, Markus
Rehme, Matthias
Reichart, Paul
Reichel, Horst Christopher
Reichert, Gudrun
Reichhardt, Michael
Reichling, Helmut
Reim, Jürgen
Rein, Sabine
Reindl, Stefan
Reinemann, Holger
Reinhard, Karin
Reinhardt, Rüdiger
Reinmann, Sabine
Reiss, Hans-Christoph
Reiter, Günther
Reiter, Joachim
Remmerbach, Klaus-Ulrich
Renke, Lothar
Renninger, Wolfgang
Renz, Anette
Rettig, Eberhard
Reuter, Bettina
Reventlow, Iven Graf von
Richard, Peter
Richter, Bernd
Richter, Nicole
Richter, Tobias
Richter-Zaby, Julia
Rick, Klaus
Rieck, Christian
Rief, Alexander
Rieger, Franz Herbert
Rieger, Martin
Riekeberg, Marcus
Rimmele, Alfons
Ringling, Wilfried
Ringwald, Rudolf
Ritzerfeld-Zell, Ute
Robens, Herbert
Robinson, Pia
Roeb, Thomas
Röhrig, Michael N.
Roemer, Ellen
Roentgen, Frederik
Rogall, Holger
Rohrlack, Kirsten
Roland, Folker
Rolke, Lothar
Roll, Oliver
Roos, Alexander W.
Rosche, Jan-Dirk
Rose, Peter M.
Rossig, Wolfram E.
Rossmanith, Jonas
Rothfelder, Helmut
Rothlauf, Jürgen
Ruda, Walter
Rück, Hans R.G.
Rückemann, Gustav
Rühl, Judith
Rühlemann, Gottfried
Rümmele, Peter
Rumpf, Maria
Runte, Dietwart
Russo, Peter
Sachs, Christian
Sakowski, Klaus
Saldsieder, Kai Alexander
Saliger, Edgar
Sander, Julia
Sartor, Franz Josef
Sattler, Wolfgang
Schaden, Michael
Schäfer, Frank
Schäfer, Gabriele
Schäfer, Hubert
Schäfer, Ivo
Schäfer, Marcus
Schäfer, Rüdiger
Schaefer, Sigrid
Schäfer-Kunz, Jan
Schäfermeier, Ulrich
Schäffner, Gottfried J.
Schafir, Schlomo

Schafmeister, Heinrich
Schaller, Christian
Schaper, Thorsten
Scharfenkamp, Norbert
Scheed, Bernd
Scheel, Burghard
Scheffler, Petra
Scheibe, Heinz-Jürgen
Scheible, Daniel H.
Scheja, Joachim
Scheld, Guido A.
Schellberg, Bernhard
Schellberg, Klaus-Ulrich
Schellhase, Ralf
Schengber, Ralf
Schenk, Gerald
Schenk, Jürgen
Scheubrein, Beate
Scheuerlein, Alois
Schicker, Günter
Schiess, Holger Florian
Schiffel, Joachim
Schiffels, Edmund
Schikorra, Uwe
Schiller, Andreas
Schindlbeck, Konrad
Schindler, Ulrich
Schinnenburg, Heike
Schlemmer, Karl-Willi
Schlesinger, Dieter
Schlesinger, Michael
Schleuning, Christian
Schlich, Axel
Schlieper, Peter
Schlink, Haiko
Schlotthauer, Karl-Heinz
Schmager, Burkhard
Schmeisser, Wilhelm
Schmid, Sybille
Schmid, Uwe
Schmid-Pickert, Gisela
Schmidt, Andreas
Schmidt, Christian
Schmidt, Hans-Joachim
Schmidt, Hans-Jürgen
Schmidt, Jürgen
Schmidt, Karin
Schmidt, Karsten
Schmidt, Mario
Schmidt, Matthias
Schmidt, Thomas
Schmidt-Endrullis, Peter
Schmidt-Pfeiffer, Susanne
Schmidt-Rettig, Barbara
Schmidtmeier, Susanne
Schminke, Lutz
Schmitt, Markus
Schmitz, Claudius
Schmitz, Hans
Schneck, Ottmar
Schneider, Dietram
Schneider, Jürgen
Schneider, Klaus
Schneider, Michael
Schneider, Stephan
Schneider, Ulrich
Schneider, Wilhelm
Schnitzler, Carolina C.
Schnur, Bernd
Schober, Walter
Schönberg, Dino
Schönbrunn, Norbert
Schöning, Stephan
Schörner, Peter
Schofer, Rolf
Scholz, Marcus
Schoper, Yvonne-Gabriele
Schorn, Philipp
Schorr, Peter
Schott, Eberhard
Schottmüller, Reinhard
Schramm, Andreas
Schreiber, Dirk
Schreiber, Kerstin
Schreiber, Martin
Schreier, Norbert
Schröter, Klaus J.
Schubert, Leo
Schuchardt, Christian A.
Schünemann, Gerhard
Schürings, Franz-Josef
Schüßler, Thomas
Schüßler, Wolfram H.
Schütt, Henrik
Schütz, Peter
Schuler, Joachim
Schuler, Michael
Schulte, Klaus
Schulte-Zurhausen, Manfred
Schultz, Jörg
Schultz-Spathelf, Johannes
Schulze, Jens
Schuppan, Norbert
Schurawitzki, Werner

Schuster, Helmut
Schwaab, Markus-Oliver
Schwägermann, Helmut
Schwandner, Gerd
Schwanitz, Johannes
Schwark, Jürgen
Schwarz, Ralf
Schwarz, Sigrun
Schwarz, Steffen
Schwarz, Sybille
Schwarzer, Bettina
Schwedler, Erhard
Schweer, Hartmut
Schweiger, Stefan
Schweizer, Ulrich
Schwerdt, Ahron
Schwolgin, Armin F.
Scott, Cornelia
Seeger, Norbert
Seibert, Otmar
Seibert, Siegfried
Seidel, Christiane
Seidel, Uwe A.
Seidel, Uwe M.
Seidler-de-Alwis, Ragna
Seidlmeier, Heinrich
Seigel, Günter
Seja, Christa
Sell, Clifford
Selzer, Günter
Seppelfricke, Peter
Settnik, Ulrike
Seufert, Andreas
Seyfert, Wolfgang
Sicherer, Klaus von
Siebenbrock, Heinz
Siedenbiedel, Georg
Sieger-Hanus, Beate
Sievering, Oliver
Sievers, Ulrich
Simoneit, Karsten
Smolka, Anita
Söhnchen, Wolfgang
Sommer, Hartmut
Sommer, Wolf-Florian
Sonntag, Ralph
Spägele, Thomas
Specker, Tobias
Speth, Hubert
Spiegelmacher, Kurt
Spielkamp, Alfred
Spiesmacher, Gerd
Spiwoks, Markus
Spohn, Patrick
Sponholz, Uwe
Sproll, Karl Theodor
Staiger, Siegfried
Stangl, Ulrich
Stauffert, Thomas
Stebel, Peter
Stedler, Heinrich R.
Stefan, Katrin
Steffens, Karl-Heinz
Steger, Johann
Steglich, Mike
Stein, Torsten
Steinert, Carsten
Steinhilber, Andrea
Stellmach, Petra
Stelzer-Rothe, Thomas
Stemmermann, Klaus
Stephan, Günter
Stephan, Jürgen
Sterzenbach, Tim
Stibbe, Rosemarie
Stickel, Eberhard
Stippel, Nicola
Stirnberg, Martin
Stobbe, Thomas
Stock, Detlev
Stocker, Klaus
Stöber, Alfred
Stoi, Roman
Straßburger, Heidi
Strauch, Petra
Strauch, Robert
Streit, Barbara
Strube, Dietmar
Strunz, Herbert
Strunz, Matthias
Stuckhardt, Hans-Peter
Stützle, Gerhard
Stuhr, Klaus-Peter
Suntrop, Carsten
Sutton, Howard
Swoboda, Uwe C.
Syska, Andreas
Szeliga, Michael
Szymanski, Ralf
Szyszka, Uwe
Tallau, Christian
Tang, Lijun
Tanto, Olaf
Tauchnitz, Jürgen

Teichert, Wilfried
Teichmann, Stephan
Terporten, Michael
Terstege, Udo
Teuscher, Micha
Thalenhorst, Jobst
Thanner, Walter
Theile, Carsten
Theile, Konstantin
Theis, Giesela
Theis, Hans-Joachim
Theobald, Elke
Thesmann, Stephan
Thiede, Irene
Thielemann, Frank
Thimm, Heiko
Thomaschewski, Dieter
Thoms-Meyer, Dirk
Thomson, J. Neil
Thomzik, Markus
Thurm, Manuela
Thurnes, Christian
Tiefel, Thomas
Tölle, Klaus
Tomendal, Matthias
Trams, Kai
Trautwein, Friedrich
Trauzettel, Volker
Trill, Roland
Tritschler, Edgar
Tropp, Jörg
Trump, Egon
Turban, Manfred
Tzschupke, Wolfgang
Uhl, Manfred
Ulbricht, Ralf
Ullmann, Werner
Vahs, Dietmar
Vaudt, Susanne
Velsen-Zerweck, Burkhard von
Vetter, Rolf
Vielmeyer, Uwe
Vierling, Michael
Vieweg, Wolfgang
Vilain, Michael
Vinnicombe, Thea
Vögtle, Marcus
Völker, Rainer
Vogel, Michael P.
Vogt, Gustav
Voigt, Peter
Voigt, Tim
Volk, Berthold
Vollmer, Theodor
Volz, Werner
Vorfeld, Michael
Voß, Rainer
Voß, Ulrich
Vossebein, Ulrich
Wagner, Jörg
Wagschal, Hans-Herbert
Wald, Peter M.
Waldeck, Bernd
Waldhelm, Jürgen
Waldherr, Franz
Waldkirch, Rüdiger
Waldmann, Rainer
Walser, Werner
Walter, Hans-Christian
Wamser, Christoph
Wander, Carsten
Warkotsch, Nicolas
Wassenberg, Gerd
Weber, Joachim
Weber, Jörg-Andreas
Weber, Jutta
Weber, Klaus
Weber-Dreßler, Petra
Webersinke, Hartwig
Wegmann, Jürgen
Wehner, Christa
Weichelt, Kristina
Weiland, Christiane
Weimann, Hans-Peter
Weis, Udo
Weislämle, Valentin
Weiß, Bernd
Weißhaupt, Michael
Welland, Ulrich
Wellejus, Lars D.
Wendehals, Marion
Wenger, Wolf
Wengert, Holger
Wense, Wolf-Henning von der
Wente, Martina
Wenzel, Dorothea
Wenzel, Paul
Weppler, Matthias
Werdich, Hans
Weßels, Thomas
Westerheide, Jens
Westermann, Georg
Wettengl, Steffen
Weyel, Harald

Wichelhaus, Daniel
Wickum, Heinrich
Wieland, Josef
Wiemann, Volker
Wiese, Christoph
Wiesner, Iris
Wietbrauk, Heinrich
Wilbert, Hetmar
Wild, Werner
Wildmann, Lothar
Wilke, Friedrich
Wilke, Thomas
Willke, Gerhard
Wiltinger, Angelika
Wiltinger, Kai
Winckler-Ruß, Barbara
Winter, Kai
Winter, Wolfgang
Wirth, Ingrid
Wirth, Wolfgang
Wirtz, Klaus Werner
Wittberg, Volker
Witte, Hermann
Wittenbrink, Paul
Wittenzellner, Helmut
Wöltje, Jörg
Woerz-Hackenberg, Claudia
Wolf, Arnold
Wolf, Birgit
Wolf, Juliane
Wolf, Kurt
Wolf, Volkhard
Wolke, Thomas
Wollny, Volrad
Woltermann, Stefan
Zacharias, Michael
Zacher, Johannes
Zacher, Thomas
Zaeh, Philipp
Zangl, Hans
Zantow, Roger
Zapp, Winfried
Zeichhardt, Rainer
Zeis, Jürgen
Zell, Michael
Zerr, Konrad
Zeyer, Ulrich
Zich, Christian
Ziegler, Werner
Ziehe, Nikola
Zima, Jane
Ziouziou, Sammy
Zoeten, Robert de
Zydorek, Christoph

**Bewässerung**

Richter, Hubertus

**Bibliothekswesen**

Behm-Steidel, Gudrun
Büttner, Stephan
Capurro, Rafael
Fühles-Ubach, Simone
Georgy, Ursula
Gödert, Winfried
Götz, Martin
Grudowski, Stefan
Hacker, Gerhard
Hennies, Markus
Hobohm, Hans-Christoph
Hütter, Bernhard
Jank, Dagmar
Jüngling, Helmut
Keitz, Wolfgang von
Keller-Loibl, Kerstin
Krauß-Leichert, Ute
Krüger, Susanne
Meier, Berthold
Meinhardt, Haike
Nikolaizig, Andrea
Nohr, Holger
Oßwald, Achim
Peters, Klaus
Rathke, Christian
Ratzek, Wolfgang
Richter, Kornelia
Riekert, Wolf-Fritz
Rösch, Hermann
Roos, Alexander W.
Scharlau, Ulf
Scheffel, Regine
Seela, Torsten
Simon, Ingeborg
Speck, Susanne
Volpers, Helmut
Walz, Markus
Wiesenmüller, Heidrun

**Bildende Kunst**

Dörner, Michael
Garbert, Bernhard
Heuer, Ute
Hübler, Franziska
Pleger, Angelika
Schmid, Gabriele
Stenschke, Jochen
Wagner, Iso
Westendorp, Hermanus

**Bildungsforschung**

Brungs, Matthias
Kainz, Florian
Mehrtens, Gerhard
Nentwig-Gesemann, Iris
Viernickel, Susanne

**Bildungswesen**

Abendschein, Jürgen
Jansen, Wolf Thomas
Jessel, Holger

**Bildverarbeitung**

Altmeyer, Stefan
Böhm, Martin
Fischer, Max
Glück, Markus
Hassenpflug, Peter
Hedayati, Ariane
Heinzel, Werner
Hoppe, Harald
Koch, Carsten
Koppers, Lothar
Link, Norbert
Luth, Nailja
Neumann, Burkhard
Pfaff, Matthias
Rehfeld, Gunther
Rösch, Peter
Seemann, Edgar
Siebert, Andreas
Socher, Gudrun
Wieland, Thomas

**Biochemie**

Ackermann, Jörg-Uwe
Andrä, Jörg
Anspach, Birger
Birringer, Marc
Blokesch, Axel
Bordewick-Dell, Ursula
Büttner, Hermann
Danneel, Hans-Jürgen
Dieckhoff, Josef
Diemer, Stefan
Dusel, Georg
Ebbert, Ronald
Englisch, Uwe
Fischer, Dirk Rainer
Fuchs, Annett
Fuchsbauer, Hans-Lothar
Griehl, Carola
Gros, Leo
Groß, Volker
Großmann, Manfred
Grübler, Gerald
Hellstern, Simon
Hemberger, Jürgen
Hinderlich, Stephan
Hopf, Carsten
Kamp, Roza Maria
Kiefer, Hans
Kleiber, Jörg
Linxweiler, Winfried
Lösel, Ralf
Lötzbeyer, Thomas
Lübke, Carsten
Pfitzner, Reinhard
Quast, Heiner
Rettenberger, Gerhard
Rosenthal, Heidrun
Sagaster, Rainer
Schnell, Norbert
Scholz, Peter
Sellner, Manfred
Siefert, Eike
Spangenberg, Peter
Speer, Astrid
Springer, Monika
Stein, Torsten
Stenzel, Roswitha
Stohwasser, Ralf
Tickenbrock, Lara
Traub-Eberhard, Ute
Vass, Attila
Weißhaar, Maria-Paz
Wiesinger, Heinrich
Wörner, Walter
Zimmermann, Katharina

**Bioethik**

Gaisser, Sibylle

**Bioinformatik**

Beyerlein, Peter
Burghardt, Bernd
Dominik, Andreas
Frickenhaus, Stephan
Gitter, Alfred
Kauer, Gerhard
Kohl, Matthias
Krause, Antje
Lisdat, Fred
Meyer-Almes, Franz-Josef
Radehaus, Petra
Schömer, Ulrike
Stetter, Martin
Thiele, Ralf
Wegner, Katja
Weimar, Jörg R.
Zell, Christiane

**Biokybernetik**

Kschischo, Maik

**Biologie**

Bartke, Ilse
Beermann, Christopher
Brand, Gabriele
Dorn, Alfred
Floeter, Carolin
Gaisser, Sibylle
Groß-Kosche, Petra
Klemps, Robert
Koch, Kerstin
Meyer, Michael
Miotk, Peter
Otte, Kerstin
Roeb, Ludwig
Römermann, Hans-Detlef
Schramm-Wölk, Ingeborg
Schwenk, Frieder
Stier, Claus-Heinrich
Tickenbrock, Lara
Windisch, Ute

**Biomechanik**

Dendorfer, Sebastian
Eisenbarth, Eva Maria
Kober, Cornelia
Labisch, Susanna
Otte, Dietmar
Peikenkamp, Klaus
Staat, Manfred
Subke, Jörg

**Biomedizinische Technik**

Duesberg, Frank
Füssel, Jens
Heiland, Leonore
Ingebrandt, Sven
Müller, Stefan
Nowak, Hannes
Reichardt, Werner
Schmidt, Tanja
Schneckenburger, Herbert
Schwarz, Markus
Temiz-Artmann, Aysegül
Volosyak, Ivan

**Biometrie**

Berres, Manfred
Neuhäuser, Markus
Vielhauer, Claus
Weyermann, Maria

**Biopharmazie**

Gokorsch, Stephanie
Runkel, Frank

**Biophysik**

Burghardt, Bernd
Gitter, Alfred
Ihrig, Dieter
Möller, Clemens
Neu, Björn

**Biostatistik**

Klenke, Kira
Kohl, Matthias
Kron, Martina
Rufa, Gerhard

**Biotechnologie**

Ahrens, Thorsten
Anspach, Birger
Baumann, Marcus
Bergstedt, Uta
Beuermann, Thomas
Binder, Herbert
Birringer, Marc
Biselli, Manfred
Boelhauve, Marc
Brändlin, Ilona
Bryniok, Dieter
Clausen-Schaumann, Hauke
Cordes, Christiana
Faust, Uwe
Fensterle, Joachim
Frahm, Björn
Franke, Jacqueline
Frech, Christian
Gaisser, Sibylle
Hammel, Gerhard
Hannemann, Jürgen
Harms, Carsten
Heinzel-Wieland, Regina
Hennes, Kilian
Herrenbauer, Michael
Hesse, Friedemann
Heßling, Martin
Hopf, Norbert W.
Klöck, Gerd
Koch, Kerstin
Künzel, Sebastian
Kuhn, Reinhard
Kunz, Günther
Lämmel, Anne
Lütkemeyer, Dirk
Mägert, Hans-Jürgen
Mahro, Bernd
Martin, Annette
Mathis, Harald P.
Müller, Margareta
Nagel, Matthias
Öhlschläger, Peter
Pohl, Hans-Dieter
Rabenhorst, Jürgen
Radehaus, Petra
Ramm, Wolfgang
Ruttowski, Edeltraut
Schallenberg, Jürgen
Schmich, Peter
Schütte, Horst
Sellner, Manfred
Selmer, Thorsten
Springer, Andrea
Stadtlander, Klaus
Stahmann, Klaus-Peter
Steinmüller, Winfried
Stoll, Dieter
Storhas, Winfried
Suhr, Hajo
Trebesius, Karlheinz
Vogel, Christian
Wiedemann, Philipp
Wiesinger, Heinrich
Zell, Christiane

**Bioverfahrenstechnik**

Ackermann, Jörg-Uwe
Beimgraben, Thorsten
Bergstedt, Uta
Berkholz, Ralph
Beuermann, Thomas
Biener, Richard
Biskupek-Korell, Bettina
Brandt, Matthias
Cornelissen, Gesine
Czermak, Peter
Dombrowski, Eva-Maria
Doßmann, Michael Uwe
Ebert, Hildegard
Egerer, Burkhard
Endres, Hans-Josef
Fabritius, Dirk
Frister, Hermann
Götz, Peter
Große Wiesmann, Joachim
Hamann-Steinmeier, Angela
Heßling, Martin
Hülsen, Ulrich
Kampeis, Percy
Koepp-Bank, Hans-Jürgen
Kopf, Michael
Kunz, Peter M.
Loroch, Maria
Luttmann, Reiner
Meusel, Wolfram
Pätz, Reinhard
Peters, Hans-Udo
Rademacher, Britta
Rothstein, Benno
Sanders, Ernst A.
Schallenberg, Jürgen
Scharfenberg, Klaus
Schubert, Wolfgang
Schwister, Karl
Vollmer, Gerd-Rainer
Weiß, Matthias
Wilharm, Elke
Wittke, Stefan

**Bodenkunde**

Anlauf, Rüdiger
Becker, Carola
Fründ, Heinz-Christian
Gaertig, Thorsten
Hauffe, Hans-Karl
Herms, Ulrich
Hierold, Wilfried
Löhnertz, Otmar
Meinken, Elke
Mempel, Heike
Mueller, Klaus
Pyka, Wilhelm
Rheinbaben, Wolfgang Freiherr von
Riek, Winfried
Rothe, Andreas
Rück, Friedrich
Schröder, Franz-Josef
Schultz-Sternberg, Rüdiger
Weyer, Thomas
Wichern, Florian

**Bodenmechanik**

Buchmaier, Roland F.
Engel, Jens
Hintze, Detlef
Lutz, Bernd
Meuser, Helmut
Muth, Gerhard
Ott, Elfriede
Roth-Kleyer, Stephan
Schröder, Peter
Thiele, Ralf
Vogt-Breyer, Carola

**Bohrtechnologie**

Walker-Hertkorn, Simone

**Botanik**

Drewes-Alvarez, Renée
Ewald, Jörg
Gerlach, Wolfgang W. P.
Kauer, Randolf
Kiehl, Kathrin
Kircher, Wolfram
Petry, Martin
Rastin, Nayerah
Ruge, Stefan
Rust, Steffen
Schill, Harald
Schröder, Max-Bernhard
Tischew, Sabine
Türk, Winfried
Wulfes, Rainer
Zimmermann, Ralf-Dieter

**Brauwesen**

Voigt, Jens

**Brennstoff**

Seifert, Peter

**Brennstofftechnik**

Guschanski, Natalia

**Brückenbau**

Bulicek, Hans
Danielewicz, Ireneusz
Holzenkämpfer, Peter
Oberbeck, Niels
Schwesig, Martin
vom Ufer, Birger

**Buchwesen**

Biesalski, Ernst-Peter
Dieckmann, Randolf
Hähner, Ulrike
Heß, Thomas
Hillebrecht, Steffen
Ide, Christian
Kuenne-Müller, Aniela
Sälter, Renate
Schumann, Frank

**Buchwissenschaft**

Huse, Ulrich Ernst

**Bühnenbild**

Newesely, Brigitte

**Bürgerliches Recht**

Albrecht, Achim
Baedorf, Oliver
Bernards, Annette
Birk, Axel
Birkholz, Klaus-Michael
Böttcher, Roland
Brück, Michael
Eckardt, Bernd
Förschler, Peter
Frings, Michael
Fritsche, Ingo
Gegner, Roland
Gerlach, Florian
Graalmann-Scherer, Kirsten
Hagmann, Andreas
Hamdan, Marwan
Hannemann, Volker
Hasenpusch, Andreas
Hock, Klaus
Immenga, Frank
Kaiser, Gisbert
Klein-Blenkers, Friedrich
Kohl, Reinhard
Korenke, Thomas
Kulka, Michael
Linderhaus, Holger
Lipperheide, Peter J.
Look, Frank van
Mehrings, Josef
Messerschmidt, Nicoletta Stefanie
Metzen, Peter
Müller, Bernd
Müller-Lukoschek, Jutta
Pfaff, Stephan Oliver
Rafi, Anusheh
Real, Gustav
Ries, Peter
Schimikowski, Peter
Schmidt, Hubert
Schöpflin, Martin
Schwartmann, Rolf
Scorl, Konrad
Senne, Petra
Sobich, Peter-Jürgen
Stauch, Mathias
Thomas, Karl
Vogel, Hans-Gert
Weber, Dieter
Ziemann, Hans-Jürgen

**CAD-Technik**

Abulawi, Jutta
Adlkofer, Michael
Bauer, Reinhard
Baumgarten, Karl-Michael
Bertram, Ulrike
Bidmon, Walter
Böhme, Harald
Borstell, Detlev
Bothen, Martin
Brändlein, Johannes
Bräutigam, Horst
Britten, Werner
Britz, Stefan
Choi, Sung-Won
Creutziger, Johannes
Crome, Horst
Debus, Helmut
Dießenbacher, Claus
Donga, Markus
Dorn, Rainer
Ehlers, Karen
Feyerabend, Volker
Fischer, Manfred
Fischmann, Markus
Fleischmann, Patrick
Freytag, Arne
Friedhoff, Joachim
Friedrich, Roland
Fritz, Andreas
Fritz, Johannes
Fritz, Oliver
Glöckle, Herbert
Goebel, Gottfried
Griesbach, Bernd
Gronau, Klaus-Dieter
Gudenschwager, Hans
Gusig, Lars-Oliver
Haller, Dieter
Harriehausen, Thomas
Heiderich, Herbert
Helmstädter, Karl-Heinz
Hennigs, Dirk
Hentschel, Frank
Herndl, Georg
Hettesheimer, Edwin
Hock, Bernhard
Höhn, Falk
Hoffmann, Alexander von
Hofmann, Norbert
Hoheisel, Wolfgang
Holländer, Jan
Jahnke, Bernd
Jonkhans, Niels
Junk, Stefan
Kaellander, Gerd
Kieferle, Joachim B.
Kramer, Jost
Labisch, Susanna
Landgraf, Karin
Linnemann, Elke
Lübbert, Martin
Lütkebohle, Heinrich
Macher, Christoph
Melzer, Hans-Wilhelm
Metz, Hans-Ulrich
Michel, Johanna
Moll, Klaus-Uwe
Nahm, Christoph
Neumann, Heinz
Niedermeier, Michael
Noack, Hartmut
Onnen-Weber, Udo
Pätzold, Heinz
Pahl, Katja-Annika
Pahl, Siegfried
Pehlgrimm, Holger
Pinkau, Stephan
Pohlmann, Günter
Quaß, Michael
Redlich, Detlef
Rettberg, Wolfgang
Reuter, Martin
Rexer, Günter
Ringer, Detlev
Rudolph, Fritz Nikolai
Ruschitzka, Christoph
Schaeffer, Thomas
Schalz, Karl-Josef
Schebesta, Ingo
Schegk, Ingrid
Schlachter, Rolf
Schmitter, Ernst-Dieter
Schober, Martin
Scholz, Eckard
Schreiber, Wolfgang
Schröder, Franz-Henning
Schwarz, Peter
Schwarze, Bernd
Seidel, Klaus
Sinambari, Gholam-Reza
Sitzmann, Gerald
Sompek, Hansjörg
Sondermann, Horst
Song, Linn
Soppa, Winfried
Spierling, Ulrike
Staus, Steffen
Sting, Martin
Strippgen, Simone
Strohmayr, Rudolf
Stucke, Hans-Dieter
Suchandt, Thomas
Tecklenburg, Gerhard
Teichert, Axel
Tille, Carsten
Vaerst, Michael
Wagner, Michael
Wahle, Ansgar
Waldt, Nils
Walther, Hans-Joachim
Wartenberger, Dieter
Weychardt, Jan Henrik
Wiener, Herbert
Wild, Jörg
Wilke, Achim
Winter, Hermann
Wolters, Ludger
Wyrwich, Heinrich
Zyl, Christopher van

**Chemie**

Alter, Eduard
Autzen, Horst
Baumeister, Werner
Beck, Andreas
Blankenhorn, Petra
Born, Jens
Briehl, Horst
Brock, Thomas
David, Hans-H.
Debus, Reinhard
Deister, Ursula
Detter, Arno
Dietrich, Lutz
Dietrichs, Joachim
Duré, Gerhard
Eicken, Ulrich
Faigle, Wolfgang
Faust, Uwe
Feckl, Josef
Feige, Ina
Fichtner, Wolfgang
Flick, Gerhard
Flick, Klemens
Fobbe, Helmut
Frister, Hermann
Genning, Carmen
Gey, Manfred
Giera, Henry
Glinka, Ulrich
Götz, Peter Heinz
Grahl, Birgit
Grillenberger, Kurt
Grübler, Gerald
Häusler, Michael
Herms, Ulrich
Herr, Bernd
Hettmann, Dietmar
Hey, Mirjam
Hillebrand, Wigbert
Hiller, Wolfgang
Hoinkis, Jan
Holthues, Heike
Horbaschek, Klaus
Huß, Rainer
Huth, Rudolf
Jakob, Eckhard
Kähm, Viktor
Knappe, Bettina
Knepper, Thomas P.
Koch, Jürgen
Künzel, Sebastian
Kurzweil, Peter
Kynast, Ulrich
Landmesser, Holger
Lebküchner-Neugebauer, Judith
Lechner, Alfred
Liebelt, Jutta
Lilienhof, Hans-J.
Linden, Wolfgang
Litz, Joachim
Löbach, Wilfried
Lötzbeyer, Thomas
Lüstorff, Joachim
Malessa, Rainer
Marbach, Gerolf
Meinholz, Heinrich
Meisterjahn, Peter
Messer, Wolfram
Möckel, Julia
Nafzger, Hans-Jörg
Neukirchinger, Katharina
Oppenländer, Thomas
Otten, Martina
Patel, Anant
Pfeifer-Fukumura, Ursula
Raddatz, Heike
Rasthofer, Bernhard
Rehmann, Dirk
Rehorek, Astrid
Rennar, Nikolaus
Rieger, Walter
Riepl, Herbert
Roelcke, Julius
Roll, Joachim
Rudolph, Bernd
Ruthenberg, Klaus
Sawert, Axel
Schiefer, Marcus
Schmidt, Hans
Schmidt, Winfried
Schmitt, Mike
Schram, Jürgen
Schreuder, Siegfried
Schulz, Gerhard
Schumann, Christina
Schupp, Thomas
Seidel, Horst
Siegemund, Bernd
Sietz, Manfred
Speckle, Wolfgang
Stadlbauer, Ernst
Stein, Günter
Stich, Rainer
Stockert, Lothar
Straub, Ulrich
Strotmann, Uwe J.
Thometzek, Peter
Thurl, Stephan
Trebesius, Karlheinz
Urban, Manfred
Urban, Peter
Veit, Michael
Vinke, Johannes
Wacker, Claus-Dieter
Weber, Harald
Weber, Wolfgang
Widdecke, Hartmut
Williger, Kerstin
Wiskamp, Volker
Wochnowski, Jörn
Wolfram, Ekkehard
Zielesny, Achim

**Chemieingenieurwesen**

Dettmann, Peter
Ebeling, Norbert
Lobnig, Renate
Schäfer, Thomas
Schauder, Rolf
Schiebler, Werner

**Chemietechnik**

Draack, Lars
Jakobi, Heinz-Josef
König, Hans-Peter
Kohler, Heinz
Krekel, Georg
Müller, Herbert
Schnabel, Hans-Dieter
Scholz, Peter
Stumm, Thomas

**Chemische Verfahrenstechnik**

Bayer, Thomas
Brandt, Matthias
Frieling, Petra von
Ihme, Bernd
Kleemann, Stephan
Martens, Lothar
Mickeleit, Michael
Mischke, Peter
Ohling, Weerd
Petrick, Ingolf
Pfriem, Alexander
Schütz, Wilfried
Schwister, Karl

**China**

Schädler, Monika
Schrooten, Mechthild
Tan, Jinfu

**Christliche Gesellschaftslehre**

Klose, Martin

**Codierungstheorie**

Schneider, Thomas
Thiel, Christoph

**Computergraphik**

Abmayr, Wolfgang
Born, Thomas
Breiner, Tobias
Brucherseifer, Michael
Dörner, Ralf
Ernst, Hartmut
Fischer, Max
Grossmann, Frank-Joachim
Gruner, Götz
Hentschel, Claus
Herpers, Rainer
Lindemann, Ulrich
Loviscach, Jörn
Luhmann, Thomas
Lunde, Karin
Luth, Nailja
Lux, Gregor
Moeckel, Gerd
Mostafawy, Sina
Müller, Kerstin
Nischwitz, Alfred
Pohle, Regina
Rodrian, Hans-Christian
Schebesta, Ingo
Schirmacher, Hartmut
Schlechtweg, Stefan
Schneider, Thomas
Schopper, Jürgen
Singer, Jürgen Kurt
Socher, Gudrun
Teistler, Michael
Weisensee, Manfred

**Computerlinguistik**

Geeb, Franziskus
Reinke, Uwe
Seewald-Heeg, Uta
Slowig, Peter

**Computerphysik**

Heidmann, Frank

**Controlling**

Adam, Berit
Anero, Roberto
Arora, Dayanand
Aurenz, Heiko
Bakhaya, Ziad
Barth, Thomas
Bauer, Ralf
Baum, Frank
Beck, Ralf
Behrens, Reinhard
Beißner, Karl-Heinz
Bienert, Michael Leonhard
Binder, Christoph
Binder, Ursula
Bischof, Jürgen
Bitzer, Arno
Böckenholt, Ingo
Braun, Frank
Brauweiler, Hans-Christian
Bresser, Wolf-Peter
Brinkmann, Jürgen
Britzelmaier, Bernd
Buch, Joachim
Buchholz, Gabriele
Burg, Monika
Burgfeld-Schächer, Beate
Busch, Volker
Crössmann, Jürgen
Daum, Andreas
Deimel, Klaus
Dey, Günter
Diers, Fritz-Ulrich
Drews, Hanno
Dröge, Jürgen
Drosse, Volker
Eckstein, Stefan
Feldmann, Benno
Fink, Carmen
Fink, Christian
Fischer, Peter
Fischer, Rainer
Foit, Kristian
Fricke, Wolfgang
Frieske, Dietmar
Funk, Wilfried
Gahrmann, Arno
Geisler, Rainer
Georg, Stefan
Gerke, Kerstin
Giese, Roland
Göhring, Heinz
Gramminger, Steffen
Gröger, Manfred
Groha, Axel
Grote, Klaus-Peter
Grunwald, Angelika
Haas, Oliver
Hänichen, Thomas
Hagenloch, Thorsten
Hahn, Klaus
Hanrath, Stephanie
Hauer, Georg
Heering, Dirk
Helmke, Stefan
Heuer, Kai
Heupel, Thomas
Hollidt, Andreas
Holst, Hans-Ulrich
Hopf, Gregor
Hossenfelder, Wolfgang
Janke, Günter
Janßen, Wiard
Jekel, Nicole
Joeris, Sabine
Kampmann, Helga
Keller, Torsten
Kenter, Michael
Kesten, Ralf
Kiermeier, Michaela
Klapdor, Ralf
Klaus, Doris
Klein, Andreas
Kling, Siegfried
Klingebiel, Norbert
Körbs, Hans-Thomas
Kohler, Irina
Kolbeck, Felix
Kovac, Josef
Kracke, Ulrich
Kreiss, Christian
Kröger, Christian
Krolak, Thomas
Krüger, Michael Mayr
Kruse, Astrid
Kühnel, Stephan
Kümper, Thorsten
Künkele, Julia
Kuhn, Michael

Lachmann, Astrid
Langguth, Heike
Lasar, Andreas
Liermann, Felix
Link, Edmund
Luczak, Stefan
Lühn, Michael
Lütke Entrup, Matthias
Manz, Ulrich
Meeh-Bunse, Gunther
Mengen, Andreas
Mildenberger, Udo
Mohr, Matthias
Münch, Thoralf
Neff, Cornelia
Nissen, Ulrich
Nobach, Kai
Odenthal, Franz Willy
Ornau, Frederik
Orth, Jessika
Ott, Robert
Otto, Günther
Plag, Martin
Prill, Marc-Andreas
Rathje, Britta
Reiner, Thomas
Richters, Thomas
Rickards, Robert
Riedl, Bernhard
Rieg, Robert
Rinsdorf, Lars
Rittich, Heinz
Rodt, Sabine
Röhrich, Martina
Röpke, Joachim
Roland, Helmut
Roth, Ulrich
Rothkopf, Katrin
Schäfer, Gabriele
Schaefer, Sigrid
Scharpf, Michael
Scheckenbach, Sabine
Schindlbeck, Konrad
Schmid-Grotjohann, Wolfgang
Schmidt, Andreas
Schmidt, Karin
Schmidtmeier, Susanne
Schmieder, Matthias
Schmitz, Hans
Schober, Walter
Schön, Dietmar
Schönbrunn, Norbert
Schorb, Manfred
Schrader, Marc Falko
Schreiber, Martin
Schüßler, Wolfram H.
Schulte, Gerd
Schulte, Klaus
Schulte-Mattler, Hermann
Schuppan, Tino
Schweer, Hartmut
Sierke, Bernt R.A.
Sievers, Hubertus
Simon, Theresia
Ständer, Ute
Stahlschmidt, Michael
Stebel, Peter
Steger, Johann
Steglich, Mike
Stein, Stefan
Steiner, Eberhard
Stelling, Johannes N.
Stemmermann, Klaus
Stibbe, Rosemarie
Stoffels, Mario
Stoi, Roman
Stolze, Frank
Struwe, Jochen
Taschner, Andreas
Tauberger, André
Tiebel, Christoph
Tolkmitt, Volker
Vanini, Ute
Veigele, Hartmut
Vielmeyer, Uwe
Völcker, Hartmut
Volz, Werner
Waldkirch, Rüdiger
Wallasch, Christian
Wameling, Hubertus
Warkotsch, Nicolas
Warschburger, Volker
Weber, Joachim
Weiß, Bernd
Wendehals, Marion
Werner, Hartmut
Wiechers, Matthias
Wiesehahn, Andreas
Wieth, Bernd-D.
Wilden, Klaus
Wilken, Carsten
Wilms, Stefan
Wörner, Georg
Wullenkord, Axel
Zirus, Wolfgang

**Datenverwaltungssysteme**

Batrla, Wolfgang
Biermann, Norbert
Brabender, Katrin
Bremer, Peik
Breunig, Markus
Bürg, Bernhard
Düsterhöft, Antje
Eck, Oliver
Eppler, Thomas
Erdelt, Patrick
Figge, Friedrich
Gdaniec, Claudia
Gehrke, Nick
Görlich, René
Götze, Stefan
Grabowski, Hartwig
Grebner, Robert
Gruber, Manfred
Hagen, Klaus ten
Heimrich, Thomas
Heine, Felix
Heineck, Horst
Herrmann, Helmut
Hesse, Dirk
Heym, Jürgen
Hiersemann, Rolf
Hitzges, Arno
Jaeger, Ulrike
Jansen, Marc
Johner, Christian
Kaul, Manfred
Kempter, Hubert
Kenzelmann, Erich
Kern, Uwe
Kleuker, Stephan
Kobmann, Werner
Koch, Dorothee
Korte, Thomas
Krause, Matthias
Künzel, Roland
Küpper, Detlef
Lehmann, Peter
Leven, Franz-Josef
Lie, Jung Sun
Liell, Peter
Löbus, Ina
Luckas, Volker
Lütticke, Rainer
Lunde, Rüdiger
Matthiessen, Günter
Mayenberger, Franz
Meier-Hirmer, Robert
Meyer, Uwe
Müller, Robert
Nimis, Jens
Nonnast, Jürgen
Pape, Christian
Reus, Ulrich
Rich, Christian
Röckle, Hajo
Sauer, Petra
Schäfer, Jörg
Schaller, Thomas
Schiemann-Lillie, Martin
Schmalz, Reinhard
Schmidt, Claudia
Schmücker-Schend, Astrid
Schneider, Kerstin
Schumann, Ralf
Schwenkert, Rainer
Senger, Robert
Störl, Uta
Stübner, Rudolf
Ülzmann, Wolfgang
Wäsch, Jürgen
Warendorf, Kai
Wilderotter, Klaus
Worzyk, Michael
Wrenger, Burkhard
Wulff, Alfred
Wunderatsch, Hartmut

**Denkmalpflege**

Abri, Martina
Blanek, Hans-Dieter
Eisele, Gerhard
Franz, Birgit
Geisenhof, Johannes
Hammerschmidt, Valentin
Kohnert, Tillmann
Letzel, Nadja
Lückmann, Rudolf
Naujokat, Anke
Pagel, Rainer
Pinardi, Mara
Rohn, Corinna
Rühl, Marcus
Schöndeling, Norbert
Schulz-Brize, Thekla
Stricker, Harald
Thesing, Manuel

**Design**

Androschin, Katrin
Armgardt, Hans-Jürgen
Arndt, Kirstin
Asbagholmodjahedin, Babak Mossa
Baumgart, Andreas
Beck, Silvia
Becker, Wolfgang
Bergner, Anne
Bernreuther, Manfred
Beuker, Ralf
Borkenhagen, Florian
Brandes, Uta
Braun, Ottmar
Brügger, Susanne
Buchner, Ralph
Burgard, Anita
Caturelli, Celia
Christ, Gerald
Conen, Johannes
Dekovic, Ivo
Eisele, Petra
Enders, Gerdum
Erlhoff, Michael
Fippinger, Olaf
Foraita, Sabine
Fuchs, Harald
Fuchs, Monika
Fuder, Dieter
Funke, Rainer
Gais, Michael
Garth, Arnd Joachim
Göbel, Uwe
Goos, Jürgen
Gorin, Boris
Grahl, Bernd
Grebin, Heike
Grillo, Michael
Grosse, Gisela
Grosse, Hatto
Großhans, Jenz
Günther, Thomas
Haegele, Rainer
Hahn, Gerhard
Hefuna, Susan
Heidkamp, Phillipp
Hennig, Bernd
Henß, Roland
Hentschel, Cornelia
Hermsen, Herman
Hesselbarth, Cordula
Högerle, Eberhard
Hoevel, Dierk van den
Hoff, Nils
Holder, Elisabeth
Horntrich, Günter
Hubatsch, Michael Th.
Huber, Jürgen
Jacob, Heiner
Jensen, Elke
Keller, Michael
Kelly, James
Khazaeli, Cyrus Dominik
Klemp, Klaus
Knézy-Bohm, Matthias
Kohlmann, Matthias
Korfmacher, Wilfried
Kotte, Barbara
Kroener, Werner
Kuenne-Müller, Aniela
Kulot-Mewes, Elisabeth
Kurz, Melanie
Laaken, Ton van der
Läzer, Rainer
Lange, Gesa
Laubersheimer, Wolfgang
Leistner, Dieter
Lindauer, Armin
Lüdeke, Christine
Mager, Birgit
Mayer, Albert
Mölck-Tassel, Bernd
Mohr, Klaus
Nachtwey, Reiner
Nehls, Johannes
Noller, Thomas
Nolte, Gertrud
Orrom, James
Pfeifer, Hans-Georg
Pfennig, Wolf-Dieter
Plum, Rainer
Pocock, Philip
Pook, Volker
Reiling, Erich
Reinert, Dietmar
Reinhardt, Günter
Reitz, Hildegard
Rieckhoff, Jürgen
Rungenhagen, Ulf
Schmid, Erik
Schöls, Erich
Scholz, Gudrun
Schramm-Wölk, Ingeborg
Schuck, Peter
Schulz-Schaeffer, Reinhard
Schwarz, Alexandra
Scorzin, Pamela C.
Simson, Jutta
Specht, Susanne
Stauss, Kilian
Stefanescu, Stefan
Stockhammer, Johann
Stoll, Michael
Teufel, Philipp
Tumminelli, Paolo
Uebele, Andreas
Vaske, Hermann
Veljović, Jovica
Vetter, Burkhard
Vormwald, Gerhard
Wachs, Marina-Elena
Wagner, Georg
Wagner, Manfred
Weber, Günter Lois
Weinlich, Dorothee
Weller, Birgit
Wilharm, Heiner
Winko, Ulrich
Wohlgemuth, Ulrich
Wrede, Oliver
Zölch, Volker
Zuber, Isabell
Zumpe, Angela

**Deutsch als Fremdsprache**

Griebel, Bernd
Hinnenkamp, Volker
Krekeler, Christian
Schmidt, Peter
Schwanke, Martina
Soultanian, Nataliya

**Diakoniewissenschaft**

Brandhorst, Hermann
Dziewas, Ralf
Götzelmann, Arnd
Hoburg, Ralf
Hofmann, Beate
Kormannshaus, Olaf
Laudien, Karsten
Noller, Annette
Sandherr, Susanne
Schäfer, Gerhard K.
Schulz, Claudia
Seelbach, Larissa C.

**Didaktik**

Krause, Hans-Joachim
Krieg, Elsbeth
Möllers, Martin
Oelke, Uta

**Didaktik der Katholischen Theologie**

Funk, Christine

**Didaktik der Mathematik**

Hutter, Walter

**Didaktik der Medizin**

Hirsch, Kathleen
Morgenstern, Ulrike
Runggaldier, Klaus

**Didaktik der Musik**

Greiner, Bert
Schröder, Simone

**Didaktik der Sozialwissenschaften**

Jungblut, Hans-Joachim

**Didaktik der Technik**

Schönbeck, Matthias

**Differentialgeometrie**

Schneider, Thomas

**Differentielle Psychologie**

Salewski, Christel

**Digitale Sprachverarbeitung**

Freund, Frank
Gergeleit, Martin
Link, Lisa
Mixdorff, Hansjörg
Seelmann, Gerhard
Ülzmann, Wolfgang

**Diskrete Mathematik**

Grüttmüller, Martin
Hower, Walter
Lenz, Rainer
Randerath, Hubert
Sander, Torsten

**Dogmatik**

Sander, Kai Gallus

**Dokumentation**

Baumert, Andreas
Hofmann, Frank
Kretzschmar, Oliver
Leuendorf, Lutz
Meier-Fohrbeck, Thomas
Schäflein-Armbruster, Robert
Weissgerber, Monika

**Dolmetschen und Übersetzen**

Grade, Michael
Härtinger, Herbert
Humphrey, Richard
Kalina, Sylvia
Melches, Carlos
Muschner, Annette
Salevsky, Heidemarie H.
Schmitz, Klaus-Dirk
Schwarz, Hans

**Drucktechnik**

Becker, Wolfgang
Berchtold, Andreas
Dreher, Martin
Gerloff, Christian
Hauck, Shahram
Herzau-Gerhardt, Ulrike
Hoffmann-Walbeck, Thomas
Hübner, Gunter
Luidl, Christian
Matt, Bernd-Jürgen
Reiser, Ulrich
Schaschek, Karl
Schwarze, Siegfried
Weichmann, Armin
Wörgötter, Michael
Zellmer, Holger
Ziegler, Heinz

**Düngemittel**

Gerath, Horst

**Dynamik**

Bucher, Anke
Hertha-Haverkamp, Hans-Gerhard

**E-Business**

Bieletzke, Stefan
Brake, Christoph
Eichsteller, Harald
Fink, Josef
Geib, Bernhard
Grötschel, Dieter
Härting, Ralf
Hauer, Georg
Held, Holger
Heuwinkel, Kerstin
Kreis-Engelhardt, Barbara
Kull, Stephan
Minderlein, Martin
Mittrach, Silke
Oßwald, Eva Maria
Roth, Gabriele
Scheckenbach, Sabine
Schüle, Hubert
Staud, Josef L.
Tapella, Frank
Wagner, Heinz-Theo
Wamser, Christoph

**E-Learning**

Arnold, Patricia
Dittler, Ullrich
Hahn, Jutta

**Eisenbahnwesen**

Lieberenz, Klaus
Michaelsen, Raimo

**Elektrische Antriebe und Steuerungen**

Aschendorf, Bernd
Baral, Andreas
Best, Jörg
Borcherding, Holger
Bruckmann, Manfred
Dittrich, Peter
Farkas, László
Firsching, Peter
Friedrich, Frank
Gekeler, Manfred
Göhler, Lutz
Gottkehaskamp, Raimund
Hämmerle, Richard
Hagl, Rainer
Hambrecht, Andreas
Hansen, Ralph
Höger, Wolfgang
Hoffmann, Sebastian
Kampschulte, Burkhard
Kazi, Arif
Keller, Günter
Kern, Ansgar
Klausmann, Harald
Klönne, Alfons
Kolb, Ludwig
Krejtschi, Jürgen
Kunze, Hans-Günter
Landrath, Joachim
Lipphardt, Götz
Lohner, Andreas
Lux, Karl-Josef
Mecke, Rudolf
Michalke, Norbert
Müller, Reinhard
Nitzsche, Robert
Nuß, Uwe
Orlowski, Peter F.
Paetzold, Jens
Pfisterer, Hans-Jürgen
Pforr, Johannes
Plötz, Franz
Pohl, Andreas
Röllig, Hans-Werner
Roskam, Rolf
Salbert, Heinrich
Schenke, Gregor
Schümann, Ulf
Schütt, Reiner
Söte, Werner
Stein, Edgar
Steinhart, Heinrich
Strauß, Steffen
Wehberg, Josef
Winternheimer, Stefan
Wolfram, Armin
Wrede, Christoph
Ziegler, Wolfgang

**Elektrische Maschinen**

Baral, Andreas
Biechl, Helmuth
Biesenbach, Rolf
Bloudek, Gerhard
Brämer, Dieter
Burkhardt, Thomas
Cremer, Reinhardt
Duschl-Graw, Georg
Gerke, Wolfgang
Geyl, Wolfgang
Gottkehaskamp, Raimund
Grohmann, Rolf
Hahn, Matthias
Janssen, Wilfried
Kempkes, Joachim
Kern, Ansgar
Klein, Heinz-Jürgen
Köhring, Pierre
Kremser, Andreas
Kröger, Claus
Kühn, Hartmut
Lämmel, Joachim
Langhammer, Günter
Mecke, Rudolf
Milde, Friedhelm
Mollberg, Andreas
Novender, Wolf-Rainer
Oberschelp, Wolfgang
Pagiela, Stanislaus
Pohl, Andreas
Schmidt, Ulmar
Schröder, Reinhard
Schüler, Detlef
Schüring, Ingo
Seifert, Dieter
Shehata, Mourad Anis
Stein, Edgar
Teigelkötter, Johannes
Tieste, Karl-Dieter
Weber, Bernd
Weigelt, Klaus
Welsch, Andreas
Wippich, Klaus
Wolf, Brigitte
Wrede, Christoph

**Elektrische Messtechnik**

Beißner, Stefan
Bochtler, Ulrich
Chowanetz, Michael
Dreetz, Ekkehard
Druminski, Reiner
Dunz, Thomas
Elbel, Thomas
Fuhrmann, Thomas
Gaspard, Ingo
Graf, Franz
Graßl, Hans-Peter
Hamann, Manfred
Heimel, Jörg
Heinze, Dirk
Hempfling, Rüdiger
Iselborn, Klaus-Werner
Karl, Hubert
Klein, Hermann
Koch, Michael
Lassahn, Martin
Lehmann, Kurt
Metzing, Peter
Mombauer, Wilhelm
Niehe, Stefan
Pautzke, Friedbert
Pöppel, Josef
Raps, Franz
Reck, Thomas H.-J.
Rissling, Clemens
Schmitz, Norbert
Schumacher, Bernd-Josef
Schwerdtfeger, Werner
Seebrunner, Hansjörg
Stolle, Dieter
Strauß, Frieder
Stuwe, Peter
Wächter, Friedmar
Wagner, Elmar
Windisch, Dietmar

**Elektroakustik**

Blau, Matthias
Neuschwander, Hans Werner
Veit, Ivar
Wilk, Eva

**Elektroantriebstechnik**

Hodapp, Josef
Leiß, Peter
Merz, Hermann
Mrha, Wilfried
Wehberg, Josef

**Elektrochemie**

Hoinkis, Jan
Ladwein, Thomas
Weiper-Idelmann, Andreas

**Elektromagnetische Verträglichkeit**

Adolph, Ulrich
Bochtler, Ulrich
Kreutzer, Martin
Krüger, Manfred
Leute, Ulrich
Schäfer, Hans-Helmuth
Scheibe, Klaus

**Elektrometallurgie**

Hepp, Heiko

**Elektronik**

Ackermann, Hans-Josef
Ackva, Ansgar
Alt, Hans-Christian
Artinger, Frank
Aurich, Joachim
Baier, Thomas
Barfuß, Meike
Bauer, Reinhard
Baumgart, Jörg
Beetz, Bernhard H.
Berger, Eckhard
Berger, Lothar
Bigge, Franz
Bittner, Helmar
Bobey, Klaus
Bodach, Mirko
Borgmeyer, Johannes
Braun, Werner
Bretschi, Jürgen
Brychta, Peter
Conte, Fiorentino Valerio
Dildey, Fritz
Eichner, Harald
Emeis, Norbert
Erb, Hans
Farkas, László
Fitz, Robert
Forster, Gerhard
Freund, Frank
Gehnen, Gerrit
Gekeler, Manfred
Giesler, Thomas
Gintner, Klemens
Grotjahn, Martin
Grünhaupt, Ulrich
Gündner, Hans Martin
Günther, Werner
Heckmann, Siegfried
Heimrich, Bernd
Hergesell, Jens-Helge
Hermann, Michael
Hinz, Hartmut
Hofer, Klaus
Hoffmann, Gernot
Hofmann, Gerhard
Hofmann, Karl Heinrich
Hussels, Peter
Hussmann, Stephan
Illing, Frank
Keller, Frieder
Keppler, Thomas
Kersten, Hans-Otto
Kipke, Matthias
Knöffel, Klaus
Koch, Andreas
Kollmann, Jürgen
Kriesten, Reiner
Kühne, Stephan
Kürzinger, Werner
Kuhn, Michael
Kuhn, Sven
Kuipers, Ulrich
Kutzner, Rüdiger
Langheld, Erwin
Leck, Michael
Leitis, Karsten
Liebmann, Gerd
Lindermeir, Walter Matthias
Löffelmacher, Gerd
Ludescher, Walter
Ludwig, Rainer
Mennicken, Heinrich
Merkel, Tobias
Minuth, Jürgen
Mühlberger, Holger
Müller, Jürgen
Müller, Klaus
Mugele, Jan
Nawrath, Reiner
Niehe, Stefan
Orlowski, Reiner
Popp-Nowak, Flaviu
Prochaska, Ermenfried
Quick, Jürgen
Rackles, Jürgen
Reddig, Manfred
Redlich, Detlef
Remus, Bernd
Renken, Folker
Roth, Walter
Ruelberg, Klaus
Runge, Bernhard
Salbert, Heinrich
Saupe, Volker
Schlicht, Burghard
Schlosser, Reinhard
Schönauer, Ulrich
Schönegg, Martin
Schröder, Reinhard
Schümann, Ulf
Schulter, Wolfgang
Schwarz, Jürgen
Schweiger, Hans-Georg
Schwenzfeier-Hellkamp, Eva
Sohlbach, Helmut
Soppa, Winfried
Stein, Edgar
Stein, Erich
Stolle, Reinhard
Strobach, Peter
Sturm, Matthias
Teigelkötter, Johannes
Thomanek, Hans-Joachim
Tiedemann, Roland
Timmerberg, Josef
Tschirley, Sven
Twieg, Wolfgang
Veeser, Thomas
Vetter, Hermann
Villiger, Claudia
Voland, Gert
Vondenbusch, Bernhard
Wehmeier, Jörg
Wenzel, Andree
Wolfrum, Klaus
Zähringer, Edmund
Zeggert, Wolfgang
Zwick, Albrecht

**Elektronische Bauelemente und Steuerungen**

Benstetter, Günther
Brunsmann, Ulrich
Eichele, Herbert
Gesch, Helmuth
Glösekötter, Peter
Grün, Jürgen
Hetsch, Jürgen
Kellner, Walter-U.
Kopp, Hartmut
Luschtinetz, Thomas
Mertens, Konrad
Meyberg, Wilfried
Müller, Detlev
Normann, Norbert
Rauh, Klaus-Georg
Reinhold, Wolfgang
Schuppe, Wilhelm
Vester, Joachim
Waller, Gerhard

**Elektrooptik**

Büddefeld, Jürgen

**Elektrophysik**

Thierbach, Wolfgang
Wendt, Michael

**Elektrotechnik**

Abke, Jörg
Ablaßmeier, Ulrich
Adolfs, Friedhelm
Ahlers, Heinfried
Ahrens, Volker
Albrecht, Erich W.
Alexander, Kerstin
Altmann, Bernd
Alznauer, Richard
Anna, Thomas
Anthofer, Anton
Arlt, Detmar
Arndt, Holger
Auge, Jörg
Bärsch, Roland
Bärwolff, Hartmut
Bäsig, Jürgen
Baier, Wolfgang
Bake, Hans-Ulrich
Baran, Reinhard
Bauer, Hans-Peter
Baum, Eckhard
Beckmann, Friedrich
Beierl, Ottmar
Benkner, Thorsten
Berger, Eckhard
Bergmann, Helmut
Bergmann, Henry
Bernd, Heinz-Helmut
Berthold, Walter
Betz, Thomas
Bigge, Franz
Billmann, Lothar
Bischoff, Mathias
Blankenbach, Karlheinz
Blass, Jürgen
Bleicher, Maximilian
Blumbach, Rainer
Bock, Wolfgang
Bodisco, Alexander von
Böker, Andreas
Boggasch, Ekkehard
Bohn, Gunther
Borcherding, Holger
Borowiak, Holger
Boysen, Philipp A.
Brandmeier, Thomas
Brands, Gilbert
Brechtken, Dirk
Brenner, Eberhard
Brinkmann, Armin
Bruce-Boye, Cecil
Brucher, Rainer
Bruckmann, Manfred
Brück, Dietmar
Brücklmeier, Erich Roger
Brüdigam, Claus
Brumbi, Detlef
Brunner, Thomas
Bundschuh, Bernhard
Busse, Alfred
Carius, Wolf
Chowanetz, Michael
Christiansen, Peter
Claus, Peter
Commerell, Walter
Conte, Fiorentino Valerio
Czarnecki, Lothar
Dahlmann, Horst
Dederichs, Heinrich
Demel, Werner
Denker, Michael
Denner, Werner
Dib, Ramzi
Diedrichs, Volker
Diemar, Ute
Diestel, Heiner
Dietz, Armin
Ding, Eve Limin
Dittmar, Günter
Dittrich, Günther
Dölecke, Helmut
Dollinger, Josef
Dorner, Robert
Dorsch, Manfred
Dorwarth, Ralf
Druminski, Reiner
Duschl-Graw, Georg
Eberhardt, Gerd
Eckert, Ludwig
Ehrmaier, Bruno
Eimüller, Thomas
Elbel, Thomas
Endter, Rainer
Eßlinger, Albrecht
Farschtschi, Ali
Fehren, Heinrich
Felleisen, Michael
Fetzer, Gerhard
Finkel, Michael
Firsching, Peter
Fischer, Bernd
Fischer, Frank
Flach, Gudrun
Flach, Sieghart
Fräger, Carsten
Frank, Heinz
Frey, Alexander
Frey, Herbert
Frey, Wolfgang
Fricke-Neuderth, Klaus
Friedewald, Olaf
Friedrich, Petra
Fries, Georg
Gärtner-Niemann, Anke
Garrelts, Steffen
Gaul, Lorenz
Gawlik, Peter
Gebhard, Harald
Gebler, Helmut
Geißler, Rainer
Geisweid, Hans-Joachim
Georg, Otfried
Gerdes, Johannes
Gerndt, Reinhard
Ginzel, Jens
Glandorf, Franz-Josef
Glasmachers, Gisbert
Glavina, Bernhard
Goeke, Johannes
Göppert, Reiner
Götte, Ulrich
Gollor, Matthias
Graf, Hans-Peter
Grams, Timm
Graß, Norbert
Grebing, Gerhard
Greiner, Werner
Gromball, Frank
Groß-Hardt, Margret
Grossmann, Rainer
Grüger, Klaus
Grünler, Reinhard
Gubaidullin, Gail
Guddat, Martin
Gutfleisch, Friedrich
Hadeler, Ralf
Häberer, Rainer
Hähle, Winfried
Hämmerle, Richard
Haentzsch, Dieter

Haffner, Ernst Georg
Hagemann, Hans-Jürgen
Hagenbruch, Olaf
Hahlweg, Cornelius Frithjof
Haim, Klaus-Dieter
Hamouda, Mohamed Jamel
Hansemann, Thomas
Harig, Klaus
Harke, Markus
Harriehausen, Thomas
Haubrock, Jens
Hauer, Johann
Haupt, Hildegard
Hege, Ulrich
Heinemann, Detlef
Heintz, Rüdiger
Hendrych, Ralf
Hermanns, Ferdinand
Hessel, Stefan
Hetznecker, Alexander
Hinrichs, Hans-Jürgen
Hinrichs, Holger
Hochhaus, Hermann
Hodapp, Josef
Hönl, Robert
Höpken, Wolfram
Höptner, Norbert
Höß, Alfred
Hoffmann, Sebastian
Hoffmann-Berling, Eberhard
Homeyer, Kai
Hoppe, Bernhard
Hoppe, Friedrich
Hoßfeld, Jens
Huber, Siegfried
Hupe, Hellmut
Iles, Dorin
Illing, Frank
Indlekofer, Klaus Michael
Isaak, Erwin
Iselborn, Klaus-Werner
Jacob, Dirk
Jacobsen, Harald
Jäger, Uwe
Jakoby, Walter
Janker, Reinhard
Jüttner, Wolfgang
Kärst, Jens Peter
Kahnt, Hanno
Kammler, Wolfgang
Kampmann, Andreas
Kampowsky, Winfried
Kampschulte, Burkhard
Kapels, Holger
Kappen, Friedrich Wilhelm
Karrasch, Günter
Kasikci, Ismail
Kastner, Günther
Keller, Günter
Keller, Michael
Kellner, Bernd
Kern, Ansgar
Kesel, Frank
Kettler, Albrecht
Khoramnia, Ghassem
Kilthau, Andreas
Kirchberger, Roland
Klehn, Bernd
Klein, Christoph
Klein, Karl-Friedrich
Klein, Peter
Kleinert, Siegfried
Kleinhempel, Werner
Kleinöder, Rudolf
Klix, Wilfried
Klönne, Alfons
Kluge, Martin
Klytta, Marius
Knappmann, Rolf-Jürgen
Koch, Klaus Peter
Koch, Michael
Köbbing, Heinz
Könemund, Martin
Köster, Heiner
Koops, Wolfgang
Kopp, Hartmut
Kopystynski, Peter
Kortstock, Michael
Kranemann, Rainer
Krause, Stefan
Krauser, Johann
Krauß, Albrecht
Krauß, Karl-Heinz
Kreutzer, Hans
Krügel, Albert
Kruse, Klaus-Dieter
Kruse, Silko-Matthias
Krzyzanowski, Waclaw
Kuczynski, Peter
Küchler, Andreas
Kühle, Heiner
Kuhn, Christian
Kuhn, Franz-Josef
Kulisch, Uwe
Kurz, Bernhard
Landrath, Joachim
Lang, Winfried
Langer, Eberhard
Langguth, Wolfgang
Lauckner, Gunter
Laukner, Matthias
Lederle, Barbara
Lehner, Dietmar
Leiner, Richard
Lemppenau, Wolfram
Lennarz, Paul
Lepper, Sabine
Liebschner, Marcus
Lindermeir, Walter Matthias
Löffelmacher, Gerd
Ludvik, Michael
Lübke, Andreas
Lüders, Carsten
Mader, Hermann
Malz, Reinhard
Marinescu, Marlene
Markgraf, Carsten
Mayr, Wolfgang
Meier, Uwe
Mennicken, Heinrich
Merz, Hermann
Metz, Dieter
Metz, Hans-Ulrich
Metzger, Klaus
Meusel, Karl-Heinz
Mewes, Hinrich
Meyer, Gerhard
Michel, Werner
Missbach, Hilmar
Mohr, Uwe
Mombauer, Wilhelm
Mrha, Wilfried
Müller, Eugen
Müller, Reinhold
Münke, Michael
Münzner, Roland
Mütterlein, Bernward
Nägele, Thomas
Neidenoff, Alexander
Neubauer, Boris
Neudecker, Bernhard
Neumann, Claus
Neumayer, Burkard
Niebel, Ludwig
Niemann, Frank
Nolle, Eugen
Ose, Rainer
Ostovic, Vlado
Owens, Frank J.
Paerschke, Hartmuth
Pannert, Wolfram
Passig, Georg
Passoke, Jens
Patzke, Joachim
Patzwald, Detlev
Paul, Gerd-Uwe
Paulke, Joachim
Peifer, Hermann
Penningsfeld, Andreas
Peppel, Michael
Petersohn, Ulrich
Petry, Lothar
Pfeiffer, Martin
Plötz, Franz
Plumhoff, Peter
Poddig, Rolf
Pörnbacher, Fritz
Pohl, Vaclav
Popp, Josef
Praetorius, Michael
Priesnitz, Joachim
Purat, Marcus
Radlik, Wolfgang
Rausch, Ulrich
Rausnitz, Tihomil
Rech, Wolf-Henning
Reichl, Jakob
Reif, Konrad
Reimann, Reinhard
Reisch, Michael
Reiß, Rüdiger
Rettig, Rasmus
Reuter, Thomas
Richert, Peter
Richter, Matthias
Richter, Rudolf
Röther, Michael
Roskam, Rolf
Rother, Gerd
Rudolph, Christian
Rüdinger, Hans-Jörg
Rupp, Stephan
Sachs, Gerhard
Sachs, Peter
Sahner, Peter
Saupe, Gerhard
Saupe, Volker
Schäfer, Rolf
Scherer, Matthias
Schiek, Roland
Schillhuber, Gerhard
Schlayer, Detlef
Schlienz, Ulrich
Schmidt, Hans-Peter
Schmidt, Norbert
Schmidt, Otto
Schmidt, Rainer
Schmidt, Ralf
Schmidt-Walter, Heinz
Schmitt, Volker
Schneider, Ulrich
Schönle, Martin
Scholz, Reinhard
Schröder, Reinhard
Schrödter, Christian
Schulte, Georg
Schultheis, Rüdiger
Schulz, Peter
Schulz, Richard
Schulz, Uwe
Schumacher, Wolfgang
Schumann, Thomas
Schurk, Hans-Eberhard
Schwab, Erwin
Schwab, Hubert
Schwaegerl, Christine
Schwetlick, Horst
Sehr, Armin
Seidenberg, Elmar
Seitz, Martin
Siegmund, Gerd
Siggelkow, Andreas
Simon, Andreas
Singer, Hans-Erich
Skrotzki, Thilo
Slowak, Reinhard
Späth, Bernfried
Specovius, Joachim
Stahl, Holger
Stanek, Wolfram
Steil, Gerald
Steinbach, Heinz
Steinhagen, Frauke
Stenzel, Ernst
Stiehler, Ralf
Stock, Gerd
Stöckle, Dominik
Stöckle, Joachim
Stoll, Walter
Strauß, Frieder
Strohbeck, Uwe
Strohrmann, Manfred
Suchaneck, Jürgen
Teigelkötter, Johannes
Terlecki, Georg
Thiele, Wolfram
Thieleman, Christiane
Thiem, Gerhard
Thiem, Jörg
Thomas, Robert
Timmermann, Claus-Christian
Toonen, Horst
Trundt, Monika
Uhlenhoff, Arnold
Ullmann, Michael
Vömel, Martin
Vogeler, Michael
Vogl, Ulrich
Voigt, Burkhard
Voigt, Gunter
Vollrath, Jörg
Wagner, Andreas
Wagner, Herbert
Wambach, Richard
Warbinek, Kurt
Waßmuth, Joachim
Weber, Franz
Weber, Jürgen
Weber, Jürgen
Weiss, Hans-Rüdiger
Weitzel, Otto
Wenge, Jürgen
Wenkebach, Ullrich
Wenzel, Andree
Wermuth, Gisbert
Wern, Harald
Wetter, Oliver
Weyer, Matthias
Wieker, Horst
Wiese, Jürgen
Wilding, Kay
Windmöller, Rolf
Winkler, Ernst
Winzker, Marco
Wippich, Klaus
Witte, Stefan
Wolf, Thomas
Wolff, Dieter
Wolff, Werner
Wolfrum, Klaus
Wosnitza, Franz
Würfel, Matthias
Würslin, Rainer
Wurm, Manfred
Zacharias, Lutz
Zehner, Christian
Zeise, Roland
Zender, Christoph
Zickert, Gerald
Ziegler, Theodor
Ziegler, Wolfgang
Zimmermann, Uwe
Zimmerschied, Wolfgang
Zinke, Joachim

**Elektrothermische Energiewandlung**

Khoramnia, Ghassem

**Empirische Sozialforschung**

Becker, Martin
Bertram, Jutta
Beste, Hubert
Bühl, Achim
Egger de Campo, Sabine
Faatz, Andreas
Faerber, Christine
Faßler, Andreas
Haffner, Yvonne
Hammer, Veronika
Haug, Sonja
Hoff, Tanja
Honer, Anne
Hübner, Astrid
Koppelin, Frauke
Lenz, Gaby
Lipsmeier, Gero
Mertel, Sabine
Möhring, Wiebke
Müller, Martin
Neu, Claudia
Richter, Kneginja
Schubert, Hans-Joachim
Thönnessen, Joachim
Wächter, Franziska
Weeber, Rotraud
Zwingmann, Christian

**Energietechnik**

Abel, Friedrich
Adam, Mario
Ahlers, Heinfried
Ahlhaus, Matthias
Altgeld, Horst
Arlt, Detmar
Arndt, Bernhard
Becker, Gerd
Beständig, Norbert
Biffar, Bernd
Blome, Christian
Blotevogel, Thomas
Borowiak, Holger
Braun, Marco
Brautsch, Andreas
Bretzke, Axel
Brinkmann, Klaus
Brodmann, Michael
Brunotte, Martin
Buder, Irmgard
Bumiller, Gerd
Conte, Fiorentino Valerio
Cziesla, Torsten
Dalhoff, Peter
Dehs, Rainer
Dielmann, Klaus
Finkenrath, Matthias
Fischer, Joachim
Förschner, Helmut
Franke, Dieter
Franzkoch, Bernd
Frischgesell, Heike
Frontzek, Franz
Geuer, Wolfgang
Gick, Berthold
Goldbrunner, Markus
Goldmann, Andreas Gerhard
Gorgius, Dietmar
Habermann, Ralf
Haim, Klaus-Dieter
Harnischmacher, Georg
Hartig, Ralf
Harzfeld, Edgar
Haschke, Bernd
Hasemann, Henning
Haubrock, Jens
Heilscher, Gerd
Hellwig, Udo
Heß, Robert
Hinrichs, Hans-Friedrich
Hoffschmidt, Bernhard
Hofmann, Gerhard
Hofmann, Martina
Hoogers, Gregor
Hüttenhölscher, Norbert
Humpert, Christof
Irrek, Wolfgang
Iselborn, Klaus-Werner
Jaeger, Magnus
Kail, Christoph
Kammler, Wolfgang
Kampschulte, Timon
Kappert, Michael
Kern, Ansgar
Kirchberger, Roland
Kiuntke, Marcus
Klug, Karl Herbert
Kohl, Wolfgang
Kohlenbach, Paul
Krause, Gregor
Kreimes, Horst
Kühn, Walter
Külpmann, Rüdiger
Kuhn, Franz-Josef
Lehmann, Kathrin
Lenz, Bettina
Ley, Frank
Liebschner, Marcus
Loewen, Achim
Lücking, Peter
Lundszien, Dietmar
Meinrath, Günther
Mestemacher, Frank
Meyer, Ernst-Peter
Meyl, Konstantin
Minkenberg, Johann
Mollenkopf, Wolfram
Mostofizadeh, Chahpar
Müller, Bernhard
Mürtz, Karl-Josef
Mundus, Bernhard
Murza, Stefan
Neumann, Uwe
Oertel, Michael
Oesterwind, Dieter
Ortjohann, Egon
Paetzold, Jens
Paulke, Joachim
Platzhoff, Albrecht
Post, Ulrich
Quaschning, Volker
Rausnitz, Tihomil
Rechenauer, Christian
Reckzügel, Matthias
Rehm, Wolfgang
Reinartz, Alexander
Reppich, Marcus
Röther, Michael
Rosenberger, Sandra
Sander, Frank
Sandner, Thomas
Schauer, Winfried
Scheffler, Jörg
Schelling, Udo
Schlabbach, Jürgen
Schlosser, Reinhard
Schuldei, Sigrid
Schultz, Guntram
Schwenzfeier-Hellkamp, Eva
Simon, Ralf
Stahl, Wilhelm
Stolle, Dieter
Strauß, Rolf Peter
Strybny, Jann
te Heesen, Henrik
Teermann, Aron
Thielen, Knut
Tietze, Ingela
Treffinger, Peter
Tuschy, Ilja
Valtin, Gerd
Vettermann, Rainer
Vossiek, Peter
Walker-Hertkorn, Simone
Weigelt, Klaus
Wesselak, Viktor
Wiederuh, Eckhardt
Wiesner, Wolfgang
Willms, Herbert
Winkler, Wolfgang
Wittkopf, Stefan
Wozniak, Klaus
Zauner, Erwin
Zschunke, Tobias

**Energiewirtschaft**

Belting, Theodor
Bergerfurth, Antonius
Bodmer, Ulrich
Bretzke, Axel
Brunnert, Stefan
Bubenzer, Achim
Bücker, Dominikus
Burkhardt, Thomas
Eichhorn, Karl-Friedrich
Falk, Oliver

Förster, Georg
Frammelsberger, Werner
Gromball, Frank
Hagedorn, Gerd
Hofmann, Joachim
Hoof, Martin
Igel, Michael
Janßen, Holger
Jung, Uwe
Kottnik, Wolfgang
Kuck, Jürgen
Kuhnke, Klaus
Lau, Carsten
Lohner, Harald
Lundszien, Dietmar
Mayer, Wolfgang
Mügge, Günter
Mundt, Helge
Nowacki, Horst-Felix
Oelmann, Mark
Opitz, Heinr Joachim
Plotkin, Juriy
Rehm, Marcus
Ritzenhoff, Peter
Römmich, Michael
Rösch, Roland
Sick, Friedrich
Smolen, Slawomir
Soennecken, Arno
Stadler, Ingo
Staude, Susanne
Tietze, Ingela
Twele, Joachim
Wang, Dinan
Windmöller, Rolf

**Entomologie**

Bohlander, Frank
Majunke, Curt

**Entsorgungstechnik**

Borchert, Axel
Gutberlet, Heinz
Heinz, Dietmar
Hoffmann, Ingo
Jagnow, Kati
Jürges, Thomas
Krödel, Michael
Lange, Gerald
Oschatz, Bert
Rawe, Rudolf
Reichel, Alexander
Rinschede, Alfons
Seipp, Hans-Martin
Wambsganß, Mathias
Willbold-Lohr, Gabriele
Zielbauer, Joachim

**Entwicklungsforschung**

Heck, Peter

**Entwicklungspsychologie**

Beerlage, Irmtraud
Born, Aristi
Denkowski, Cordula von
Dreyer, Rahel
Hänert, Petra
Maiers, Wolfgang
Mey, Günter
Moore, Claire
Moré, Angela
Musfeld, Tamara
Staats, Hermann
Völkel, Petra
Weller, Konrad
Wiedebusch-Quante, Silvia

**Enzymforschung**

Steinmüller, Winfried

**Epidemiologie**

Reintjes, Ralf
Rosenbaum, Ute
Weyermann, Maria

**Erdöl**

Reiss, Jochen

**Ergonomie**

Burmester, Michael
Marotzki, Ulrike
Nicklas, Michael
Seidel, Uwe A.

**Ernährungstoxikologie**

Riehn, Katharina

**Erwachsenenbildung**

Au, Corinna von
Bender-Junker, Birgit
Buck, Gerhard
Großklaus-Seidel, Marion
Hammer, Eckart
Helker, Helmuth
Lehner, Ilse M.
Lieb, Norbert
Naumann, Siglinde
Niehage, Alrun
Schäfer, Erich
Walk, Lutz-Holger
Wöhrle, Armin

**Erziehungswissenschaft**

Bergs-Winkels, Dagmar
Brinkmeier, Hartmut
Bünder, Peter
Dieterich, Michael
Ekinci-Kocks, Yüksel
Franke-Meyer, Diana
Groß, Melanie
Günder, Richard
Hampshire, Jörg
Harmsen, Thomas
Hartwig, Luise
Hensen, Gregor
Hünersdorf, Bettina
Jansen, Irmgard
Jasmund, Christina Irene
Kastirke, Nicole
Kerkhoff, Engelbert
Knauf, Helen
Kotthaus, Jochem
Krafeld, Franz Josef
Kraimer, Klaus
Krüger, Gerd
Kruse, Elke
Lockenvitz, Thomas
Ludwig, Norbert
Mämpel, Uwe
May, Michael
Micus-Loos, Christiane
Moch, Matthias
Neubauer, Georg
Niebaum, Imke
Rabe, Uwe
Randenborgh, Annette van
Schneider, Kordula
Schütt, Peter
Seukwa, Louis Henri
Siller, Gertrud
Simon-Hohm, Hildegard
Sonnenberg, Kristin
Stieve, Claus
Vetter, Christiane
Voss, Andreas
Weber-Unger-Rotino, Steffi
Weidner, Jens
Wendelin, Holger

**Ethik**

Begemann, Verena
Blaschke, Stefan
Dietsche, Stefan
Domanyi, Thomas
Giersch, Christoph
Graumann, Sigrid
Großklaus-Seidel, Marion
Großmaß, Ruth
Härlein, Jürgen
Heckhausen, Dorothee
Ihne, Hartmut
Jarosch, Ralf
Klinnert, Lars
Kreutzer, Susanne
Kuhnke, Ulrich
Laudien, Karsten
Liedke, Ulf
Matheis, Alfons
müller, Albrecht
Oehmichen, Frank
Schmid Noerr, Gunzelin
Schneider, Johann
Schwartz, Thomas
Schweppenhäuser, Gerhard
Trappe, Tobias
Wagener, Ulrike
Weber, Dieter
Wörz, Michael

**Europa**

Berg, Wolfgang
Dozekal, Egbert
Sterbling, Anton

**Europäische Gemeinschaft**

Real, Gustav

**Europäische Sozialforschung**

Dienel, Christiane

**Europäische Wirtschaft**

Groß, Markus
Krämer, Hagen
Platzer, Hans-Wolfgang

**Europäisches Recht**

Döse-Digenopoulos, Annegret
Nägele, Stefan
Schäfer, Peter

**Europäisches Wirtschaftsrecht**

Müller, Bernd
Schlappa, Wolfgang

**Europarecht**

Bätge, Frank
Baumeister, Peter
Deininger, Rainer
Doerfert, Carsten
Dünnweber, Inge
Hartmann, Tanja
Henke, Reginhard
Hildebrandt, Uta
Kamm, Désirée
Kies, Dieter
Kock, Kai-Uwe
Lang, Eckart
Lippott, Joachim
Meyer, Hilko J.
Michaelis, Lars Oliver
Michler, Hans-Peter
Schrader, Christian
Sinewe, Patrick
Tanneberger, Hans-Georg
Tillmanns, Reiner
Wegenast, Martin
Wienbracke, Mike
Witte, Peter-Josef

**Experimentalphysik**

Albrecht, Joachim
Bauer, Hans-Dieter
Braun, Bernd
Bucher, Georg
Döpel, Erhard
Dostmann, Michael
Endruschat, Franz Eckard
Hartmann, Peter
Hiesgen, Renate
Karger, Michael
Kaußen, Franz
Kehrberg, Gerhard
Kern, Thomas
Kleinekofort, Wolfgang
Krautheim, Gunter
Krülle, Christof
Kühlke, Dietrich
Möllmann, Klaus-Peter
Neidhardt, Andreas
Nowak, Hannes
Pannert, Wolfram
Pockrand, Iven
Rauschnabel, Kurt
Reinhold, Christel
Reinhold, Ullrich
Rösch, Gerd
Schlothauer, Klaus
Stemmler, Dietrich
Teubner, Ulrich
Vollmer, Michael
Waller, Gerhard
Wolff, Marcus
Zahn, Wieland

**Experimentelle Psychologie**

Müller, Oliver
Rósza, Julia

**Fabrikanlagen**

Derer, Rudolf
Jungkind, Wilfried
Nieder, Klaus
Paas, Mathias
Papenheim-Ernst, Margot
Schumann, Christian-Andreas
Sokianos, Nicolas
Wedemann, Bernd

**Fachkommunikation**

Driesen, Christiane
Hennecke, Angelika
Rösener, Christoph
Rose-Neiger, Ingrid
Schilling, Martin von
Schneider, Axel
Tewes, Michael

**Fahrzeugtechnik**

Adamschik, Mario
Adamski, Dirk
Ahrens, Ralf
Allmendinger, Klaus
Arnold, Armin
Atzorn, Hans-Herwig
Austerhoff, Norbert
Baaran, Jens
Bartelmei, Stephan
Becker, Klaus
Becker, Udo
Belei, Andrei
Betzler, Jürgen
Bigalke, Stefan
Bjekovic, Robert
Boin, Manuela
Borgeest, Kai
Bouchard, Dietmar
Burger, Hans-Jürgen
Butsch, Michael
Czinki, Alexander
Dorsch, Volker
Drechsel, Eberhard
Engelmann, Georg
Friedhoff, Jan
Friedrich, Olaf
Füser, Sven
Gabele, Hugo
Gast, Stefan
Gersbach, Volker
Getsberger, Karl
Gipser, Michael
Göllinger, Harald
Grabner, Jörg
Grau, Ulrich
Große-Gehling, Manfred
Großmann, Christoph
Güthe, Heinz Peter
Gundlach, Ulf-Marko
Hage, Friedhelm
Haken, Karl-Ludwig
Haldenwanger, Hans-Günter
Hempel, Joachim
Herrmann, Frank
Hinzen, Hubert
Holdack-Janssen, Hinrich
Huber, Otto
Huber, Ulrich
Hübner, Manfred
Jeske, Michael
Kletschkowski, Thomas
König, Peter
Kramer, Ulrich
Kraus, Wolfgang
Kröger, Claus
Laib, Günther
Lange, Jürgen
Langer, Ulrich
Linke, Markus
Lipp, Andrea
Marsolek, Jens
Meiners, Hans-Heinrich
Müller, Stefan
Neugebauer, Peter
Olbrich, Herbert
Ortwig, Harald
Otten, Jan Christoph
Panik, Ferdinand
Perponcher, Christian von
Pfeffer, Peter
Piskun, Alexander
Rabl, Hans-Peter
Reif, Konrad
Reinhold, Bertram
Rösler, Katja
Roßmanek, Peter
Ruschitzka, Christoph
Sattler, Josef
Schäfers, Christian
Scherf, Helmut E.
Schmidt, Karsten
Schrade, Ulrich
Schuth, Michael
Schweiger, Hans-Georg
Seibert, Wolfram
Seyfried, Peter
Simon, Christof
Steffens, Sabine
Steibler, Philipp
Theissen, Mario
Ulrich, Hartmut
Wallrapp, Oskar
Wang, Xiaofeng
Weißermel, Volkher
Wendt, Volker
Widder, Thomas
Wiegmann, Mark
Wolfmaier, Christof
Yuan, Bo
Zimmer, Jürgen
Zimmermann, Uwe
Zoppke, Hartmut

**Familienplanung**

Busch, Ulrike

**Familienrecht**

Becker-Schwarze, Kathrin
Bitz, Hedwig
Brosch, Dieter
Finke, Betina
Kaiser, Christian
Lorenz, Annegret
Oehlmann, Jan Henrik
Petersen, Karin

**Farben, Lacke**

Belzner, Uwe
Burk, Roland
Müller, Bodo

**Feinwerktechnik**

Albrecht, Hartmut
Angert, Roland
Grein, Hans-Jürgen
Hallwig, Winfried
Kern, Rudolf
Kirchhoff, Jens
Legler, Jürgen
Neumaier, Martin
Schalz, Karl-Josef
Schröck, Martin
Schröder, Christian
Sickenberger, Wolfgang
Song, Jian
Steinführer, Gerd
Stolz, Gert
Ströhla, Stefan
Wirth, Christoph

**Fernerkundung**

Breuer, Michael
Buzin, Reiner
Greiwe, Ansgar
Hahn, Michael
Kähler, Martin
Kammerer, Peter
Mund, Jan-Peter
Pfeiffer, Berthold

**Fernstudienforschung**

Miller, Rudolf
Schindler, Florian

**Fertigungsmesstechnik**

Kuscher, Gerd
Lierse, Tjark
Lunze, Ulrich
Rosenthal, Arnd Raoul
Selinger, Thomas
Sindelar, Ralf

**Fertigungstechnik**

Abel, Armin
Adams, Franz-Josef
Ahlers, Henning
Albien, Ernst
Appel, Otto
Arendes, Dieter
Bahlmann, Stefanie
Bargel, Michael
Beier, Klaus-Dieter
Binner, Hartmut
Blessenohl, Sabine
Bliedtner, Jens
Blöchl, Wolfgang
Breede, Ralf
Butsch, Michael

Coehne, Uwe
Dalluhn, Hartmut
Dammer, Rainer
Denner, Armin
Diem, Wolfgang
Dietrich, Christian
Dietrich, Jochen
Domm, Martin
Druminski, Reiner
Eckart, Gerhard
Eckhardt, Sonja
Ehinger, Martin
Eichner, Klaus
Emmerich, Ulf
Engel, Georg
Enk, Dirk
Ernst, Michael
Floß, Elke
Förster, Rudolf
Franz, Matthias
Fuchsberger, Alfred
Gebhardt, Andreas
Geelink, Reinholt
Gehler, Raimund
Germer, Hans-Jürgen
Geyer, Manuel
Goecke, Sven-Frithjof
Goldau, Harald
Großkreuz, Fabian
Hachtel, Günther
Hallwig, Winfried
Hammerschmidt, Ernst
Hansmaier, Helmut
Hartl, Christoph
Heinisch, Dieter
Heise, Joachim
Heiser, Manfred
Helml, Joachim
Helwig, Hans-Jürgen
Hennigs, Dirk
Hentschel, Alfred
Herbig, Norbert
Hierl, Stefan
Hipp, Klaus Jürgen
Ibach, Peter
Illgner, Hans-Joachim
Jacobs, Ulrich
Jutzler, Wolf-Immo
Kaiser, Karl-Thomas
Kalac, Hassan
Kalhöfer, Eckehard
Kallien, Lothar
Kaufeld, Michael
Ketterer, Gunter
Kiene, Klaus
Kiethe, Hans-Hermann
Kiuntke, Martin
Klemkow, Hans-Rainer
Klocke, Martina
Koether, Reinhard
Koppe, Kurt
Kottmann, Karl
Kowallick, Günter
Krüger, Jürgen
Kümmel, Detlef
Lange, Franz Josef
Lange, Jan Henning
Lazar, Markus
Leuschen, Bernhard
Liebenow, Dieter
Linß, Marco
Mallon, Jürgen
Matoni, Michael
Metze, Gerhard
Michels, Wilhelm
Müller, Ulf
Müller, Ulrich
Nentwig, Andreas
Neuhof, Ulrich
Neuner, Hermann
Nielsen, Ina
Niemeier, Frank
Otto, Christian
Patz, Marlies
Peters, Karl
Petry, Markus
Pfeiffer, Volker
Prasch, Johann
Prechtl, Wolfgang
Pudig, Carsten
Rambke, Martin
Rasche, Manfred
Rascher, Ulrich
Rau, Wolfgang
Reibetanz, Thomas
Reichel, Herbert
Remmel, Jochen
Rinker, Ulrich
Risse, Andreas
Rühmann, Hans-R.
Scherer, Josef
Schikorr, Wolfgang
Schimonyi, Johann
Schindele, Paul
Schlee, Julianne
Schmid, Peter
Schmidek, Bernd
Schmidt, Maximilian
Schmidt, Wolfgang
Schmütz, Jörg
Schneeweiß, Michael
Schneider, Markus
Schönherr, Herbert
Schüle, Helmut
Seemüller, Albert
Segner, Matthias
Seitz, Norman
Selinger, Thomas
Seul, Thomas
Steffen, Joachim
Thole, Peter
Thole, Volker
Wack, Peter
Walter, Eckehard
Walter, Ulrich
Wehl, Wolfgang
Wibbeke, Michael
Wilden, Johannes
Wilisch, Christian
Willige, Andreas
Winkelmann, Ralf
Wißuwa, Eckhard
Wittmann, Jürgen
Wollschläger, Paul

### Fertigungswirtschaft

Abels-Schlosser, Stephanie
Barthel, Helmut
Bremer, Peik
Bruckschen, Hans-Hermann
Dalluhn, Hartmut
Ernst, Wolfgang
Ester, Birgit
Grabner, Thomas
Hörz, Thomas
Hoheisel, Wolfgang
Isele, Alfred
Köbernik, Gunnar
Lorenzen, Klaus Dieter
Pautsch, Peter
Püschel, Gunter
Schad, Günter
Schillig, Rainer-Ulrich
Schneider, Walter
Schnell, Heinz
Schröder, Jürgen
Steinfatt, Egbert
Stute, Andreas
Teschke, Manuel
Thienel, Paul
Uphaus, Andreas
Wilhelm, Michael C.
Zielbauer, Joachim

### Festigkeitslehre

Apel, Nikolas
Briem, Ulrich
Dallner, Rudolf
Demler, Thomas
Drexler, Frank-Ulrich
Faber, Ingo
Faller, Stephanus
Greuling, Steffen
Grübl, Fritz
Häfele, Peter
Heinzelmann, Michael
Helml, Joachim
Hollburg, Uwe
Horeschi, Heike
Imbsweiler, Dietmar
Jung, Udo
Kalitzin, Nikolai
Kern, Rüdiger
Latz, Kersten
Lichtenberg, Gerd
Meiss, Kathy
Middendorf, Jörg
Möbus, Helge
Pravida, Johann
Preußler, Thomas
Prexler, Franz
Sandner, Thomas
Schlägel, Matthias
Schulte, Stefan
Springer, Olaf
Steffen, Torsten
Tremmel, Dieter
Wagner, Hans Dieter
Yuan, Bo

### Festkörperphysik

Eickhoff, Thomas
Förster, Arnold
Krautheim, Gunter
Möllmann, Klaus-Peter
Nies, Reinhard

### Film- und Fernsehwissenschaft

Götz, Hans-Joachim
Gottschalk, Peter
Graßau, Günther
Hood, Andrew G.
Jahn, Hartmut
Kemsa, Gudrun
Leuthner, Michael
Petzke, Ingo
Rutz, Michael
Stallmann, Gert Wilhelm
Stöffler, Anja
Thomas, Sven
Winde, Jörg
Winkelmann, Adolf

### Finanzpolitik

Altmann, Jörn
Stachuletz, Rainer

### Finanzrecht

Hidien, Jürgen W.
Klauer, Julia
Lippross, Otto-Gerd

### Finanzwissenschaft

Adam, Berit
Aignesberger, Christof
Angermueller, Niels Olaf
Arora, Dayanand
Barfuss, Karl Marten
Becker, Holger
Beinert, Claudia
Beißer, Jochen
Bergsieck, Micha
Beyer, Hans-Martin
Bisani, Hans Paul
Blattner, Peter
Böhm, Klaus Jürgen
Breit, Claus
Brückner, Yvonne
Büchel, Helmut
Buttler, Walter
Carl, Notger
Eichhorn, Franz-Josef
Eichhorn, Michael
Ernst, Dietmar
Fahling, Ernst
Feldkämper, Ulrich Johannes
Fischer, Josef
Fischer, Matthias
Foit, Kristian
Friesendorf, Cordelia
Galli, Albert
Giersberg, Karl-Wilhelm
Gühring, Gabriele
Günther, Gabriele
Haas, Oliver
Habermann, Mandy
Hellmann, Axel
Hempel, Kay
Honold, Dirk
Jänchen, Isabell
Jasny, Ralf
Kaiser, Dirk
Kaltofen, Daniel
Kammlott, Christian
Kern, Jürgen
Kiermeier, Michaela
Kraemer, Carlo
Krengel, Jochen
Krieger, Ralf
Kruse, Susanne
Kruth, Bernd Joachim
Kuck, André
Kühnle, Boris
Kümmel, Jens
Kürble, Gunter
Küster Simic, André
Langfeldt, Enno
Maier, Kurt M.
Mankel, Birte
Mayer, Stefan R.
Mayr-Lang, Heike
Mietke, Romy
Möbius, Christian
Mönnich, Ernst
Muff, Marbot
Neff, Cornelia
Nellen, Oliver
Nölte, Uwe
Nold, Wolfgang
Padberg, Carsten
Placke, Frank
Popović, Tobias
Portisch, Wolfgang
Pütz, Karl
Putnoki, Hans
Randall, Victor
Rebitzer, Dieter
Reiner, Thomas
Reitz, Stefan
Remer, Laxmi
Ringwald, Rudolf
Rosar, Maximilian
Rüden-Kampmann, Brigitte von
Rümmele, Peter
Ruppert, Erich
Sailer, Ulrich
Schempf, Thomas
Schenk, Jürgen
Scheuermann, Ingo
Schittenhelm, Frank Andreas
Schleicher, Michael
Schlotthauer, Karl-Heinz
Schmeisser, Wilhelm
Schmid-Grotjohann, Wolfgang
Schmidtmeier, Susanne
Schoelen, Harald
Schroeder, Kai Uwe
Schrooten, Mechthild
Schütte, Jens
Schulte, Gerd
Seyfriedt, Thilo
Sikorski, Jürgen
Simmert, Diethard B.
Singer, Wolfgang
Sonntag, Annedore
Sperber, Herbert
Spohn, Wolfgang
Stehr, Uwe
Stein, Stefan
Stiefl, Jürgen
Strehl, Alexander
Tabbert, Jörg
Then Bergh, Friedrich
Uphaus, Andreas
Vaudt, Susanne
Vorfeld, Michael
Wagenmann, Jürgen
Wagner, Thomas
Warg, Markus
Wasmayr, Bernhard
Webersinke, Hartwig
Werner, Christian
Weßels, Thomas
Wiebusch, Anja
Wiechers, Matthias
Wien, Andreas
Wieneke, Herbert
Wilken, Carsten
Wolf, Birgit
Wullenkord, Axel
Zieger, Martin
Zimmerer, Thomas
Zirus, Wolfgang

### Fischerei

Gärtner, Sigmund

### Flächentragwerke

Eisele, Gerhard

### Fleisch

Mühlbauer, Franz
Stiebing, Achim

### Fluiddynamik

Pietzsch, Robert
Staudt, Reiner

### Fluidmechanik

Beese, Eckard
Botsch, Tilman
Faßbender, Axel
Gilbert, Norbert
Mickeleit, Michael
Pecornik, Damir
Schiebener, Peter
Socolowsky, Jürgen

### Fluidverfahrenstechnik

Nied-Menninger, Thomas
Schlegl, Thomas
Staiger, Martin
Witt, Klaus
Wozniak, Klaus

### Fördertechnik

Barbey, Hans-Peter
Biegel, Peter
Deutschländer, Arthur
Ertl, Willi
Günther, Hans-Jochen
Hammel, Gerhard
Hartleb, Jörg
Jansen, Wilfried
Krämer, Hans-Joachim
Krauß, Helmuth
Liedy, Werner
Löw, Hans
Lorenz, Peter
Lütkebohle, Heinrich
Pehlgrimm, Holger
Stahl, Holger
Weiser, Hans-Peter

### Forstökologie

Harteisen, Ulrich
Kehr, Rolf
Riek, Winfried

### Forstwirtschaft

Bohlander, Frank
Dubbel, Volker
Endres, Ewald
Findeisen, Erik
Frank, Artur
Frommhold, Heinz
Guericke, Martin
Hein, Sebastian
Heinsdorf, Markus
Hussendörfer, Erwin
Jüngel, Erwin
Kätsch, Christoph
Kech, Gerhard
Kietz, Bettina
Linde, Andreas
Merkel, Hubert
Mettin, Christian
Murach, Dieter
Mussong, Michael
Nicke, Anka
Pelz, Stefan
Rieger, Siegfried
Rogg, Steffen
Rommel, Wolf Dieter
Ruge, Stefan
Scheuber, Matthias
Schölch, Manfred
Schultz, Jörg-Dieter
Schwalbe, Gesina
Setzer, Frank
Sonntag, Georg
Spathelf, Peter
Thren, Martin
Vogl, Robert
Weihs, Ulrich
Wense, Wolf-Henning von der
Wolff, Barbara
Wolff, Dirk

### Fotografie

Bertrams, Lothar
Bezjak, Roman
Braemer, Silke
Dlugos, Caroline
Dornhege, Hermann
Fippinger, Olaf
Fries, Christian
Grünewald, Axel
Idler, Egbert
Jostmeier, Michael
Kemsa, Gudrun
Kille, Gabriele Pia
Kohlbecher, Vincent
Krajewski, Andrea
Kunert, Andreas
Leistner, Dieter
Leupold, Matthias
Lindemann, Rudolf-Gerd
Mahler, Ute
Maron-Dorn, Knut Wolfgang
Münzberg, Diether
Nobel, Rolf
Raab, Emanuel
Richter, Michael
Scholz, Christoph
Schürmann, Wilhelm
Seidel, Yvonne
Vormwald, Gerhard
Walliczek, Philipp
Wutz, Peter
Zimmermann, Sabine

**Frankreich**

Soulas de Russel, Dominique-Jean M.

**Französische Sprache und Literatur**

Goppel-Meinke, Barbara
Inman, Christopher
Werthebach, Marion

**Frauenforschung**

Brückner, Margrit
Ketelhut, Barbara
Sonnenfeld, Susanne

**Frauenheilkunde**

Hellmers, Claudia

**Freizeit**

Staisch, Peter

**Freizeitpädagogik**

Freericks, Renate
Hartmann, Rainer
Klimpel, Jürgen
Martens, Thomas
Rabe, Uwe
Schüpp, Dieter

**Fremdsprachen**

Benhacine, Djamal
East, Patricia
Gaspardo, Nello
Gros, Leo
Hale, Nikola Kim
Höger, Wolfgang
Kalb-Krause, Gertrud
Kuhn, Marie-Clotilde
Kulke, Gerd
Meier, Sonja
Müllich, Harald
Mulloy, Máire
Neu, Irmela
Pocklington, Jackie
Rose-Neiger, Ingrid
Seidl, Helmut
Stelling, Barbara
Strieder, Cornelia
Swartz-Janat Makan, Stephanie
Wienen, Ursula

**Fügetechnik**

Deilmann, Martin
Eckart, Gerhard
Eckhardt, Sonja
Es-Souni, Mohammed
Gartzen, Johannes
Groten, Gerd
Hübner, Peter
Seibel, Michael
Seliga, Enrico

**Fundamentaltheologie**

Janßen, Hans-Gerd
Sander, Kai Gallus

**Futtermittel**

Grundler, Thomas

**Galvanotechnik**

Sörgel, Timo

**Gartenbau**

Balder, Hartmut
Bertram, Andreas
Bouillon, Jürgen M.
Bredenbeck, Henning
Diebel, Johannes
Gebauer, Jens
Helget, Gerd
Heller, Joachim
Hertle, Bernd
Hottenträger, Grit
Mahabadi, Mehdi
Mempel, Heike
Mertens, Elke
Neubauer, Christian
Neumann, Klaus
Paul, Andreas
Reymann, Detlev
Schwiebert, Gerhard
Sparke, Kai
Strauch, Karl-Heinz
Timm, Gerhard

**Gastechnik**

Heymer, Jürgen
Kuck, Jürgen
Lendt, Benno
Mischner, Jens
Pietsch, Hartmut
Schmidt, Thomas

**Gebärdensprache**

Leven, Regina
Rosenstock, Rachel

**Gebäudekunde**

Bäcker, Carsten
Balck, Henning
Becker, Martin
Braunfels, Stephan
Breukelman, Alfred
Cremers, Jan
Dieterle, Roland
Droste, Annegret
Dürr, Susanne
Echtermeyer, Bernd
Ehlers, Karen
Fraaß, Mathias
Gaß, Siegfried
Gerhards, Carsten
Grinewitschus, Viktor
Großmann, Uwe
Haibel, Michael
Hartig, Alexa
Hestermann, Ulf
Hort, Bernhard N.
Igel, Michael
Janssen, Jan
Joedicke, Joachim Andreas
Junker, Susanne
Karzel, Rüdiger
Klaus, Georg
Kleinekort, Volker
Knüvener, Thomas
Kränzle, Nikolaus
Krause, Harald
Krimmling, Jörn
Krippner, Roland
Loebermann, Matthias
Marchtaler, Andreas
Marek, Rudolf
Meurer, Thomas
Müller, Joachim
Pagel, Rainer
Raschper, Norbert
Ritzenhoff, Peter
Robold, Franz
Rogall, Armin D.
Sammann, Bernd
Schürmann, Felix
Schütz, Ulrich
Sprysch, Michael V.
Steinbach, Heinz
Sternkopf, Helga
Vaerst, Michael
Weber, Günter
Wenzel, Tobias
Ziegler, Diane

**Gemüsebau**

Henning, Volker
Mann, Winfried
Ritter, Guido
Schröder, Fritz-Gerald
Zinkernagel, Jana

**Genetik**

Maercker, Christian
Schubert, Roland
Tobiasch, Edda
Weiher, Hans

**Gentechnologie**

Bergemann, Jörg
Boelhauve, Marc
Kleiber, Jörg
Lambotte, Stephan
Martin, Annette
Weißhaar, Maria-Paz

**Geobotanik**

Asmus, Ullrich
Schuster, Hanns-Jürgen

**Geographie**

Domnick, Immelyn
Jäschke, Uwe Ulrich
Meuser, Helmut

**Geoinformatik**

Baumann, Holger
Böhm, Klaus
Boochs, Frank
Brinkhoff, Thomas
Brunn, Ansgar
Coors, Volker
Domnick, Immelyn
Dorner, Wolfgang
Günther-Diringer, Detlef
Hehl, Klaus
Huep, Wolfgang
Kern, Fredie
Kettemann, Rainer
Klärle, Martina
Klauer, Rolf
Klein, Ulrike
Kuhn, Helmut
Lehmkühler, Hardy
Lother, Georg
Müller, Hartmut
Mund, Jan-Peter
Pundt, Hardy
Rawiel, Paul
Saler, Heinz
Schlüter, Martin
Schwarzbach, Frank
Schweinfurth, Gerhard
Seuß, Robert
Taeger, Stefan
Teichert, Bernd
Wagner, Roland
Wimmer, Heinrich
Zaiser, Jochen
Zimmermann, Albert

**Geologie**

Kirnbauer, Thomas
Mettin, Christian
Müller, Lutz
Schumacher, Reinhold

**Geometrie**

Bigalke, Stefan
Bopp, Hanspeter
Cousin, Sabine
Kersken, Masumi
Klonowski, Jörg
Rothmaler, Valentin
Rutrecht, Gregor M.
Schilling, Richard
Tecklenburg, Helga
Warendorf, Katina
Wolpert, Nicola
Zörner, Wilfried

**Geoökologie**

Lorz, Carsten

**Geotechnik**

Beilke, Otfried
Feiser, Johannes
Hanses, Ullrich
Harder, Harry
Kleen, Hermann
König, Frank T.
Maybaum, Georg
Müller, Lutz
Neidhart, Thomas
Nimmesgern, Matthias
Otto, Frank
Plaßmann, Bernd
Reitmeier, Wolfgang
Schlötzer, Carsten
Schwing, Erwin
Steinhoff, Josef
Turczynski, Ulrich
Verleger, Hartmut
Vogel, Jürgen
Weber, Ekkehard

**Geowissenschaften**

Mischke, Alfred

**Gerätekonstruktion**

Hentschel, Ulrike
Kreuder, Frank
Lei, Zhichun
Mirow, Christiane
Müller, Frank
Stocker, Thomas
Thüringer, Rainer
Vorberg, Peter
Wartenberger, Dieter

**Geriatrie**

Wolf, Jürgen
Zippel, Christian

**Gerontologie**

Brandenburg, Hermann
Brendebach, Christine
Ehlers, Corinna
Franke, Luitgard
Fretschner, Rainer
Jasmund, Christina Irene
Kerkhoff, Engelbert
Kleiner, Gabriele
Klie, Thomas
Langehennig, Manfred
Lützenkirchen, Anne
Müller, Margret
Schmidt, Roland
Teising, Martin
Walk, Lutz-Holger
Wessig, Kerstin

**Gesang**

Schröder, Simone

**Geschichte**

Linse, Ulrich

**Geschichte der Philosophie**

Öffenberger, Niels

**Geschlechterforschung**

Bauschke-Urban, Carola
Bessenrodt-Weberpals, Monika
Castro Varela, Maria do Mar
Doderer, Yvonne P.
Haffner, Yvonne
Höyng, Stephan
Kniephoff-Knebel, Anette
Micus-Loos, Christiane
Moré, Angela
Musfeld, Tamara

**Gesellschaftspolitik**

Klusen, Norbert

**Gesellschaftswissenschaften**

Conradi, Elisabeth

**Gestaltung**

Adrianowytsch, Eugen Adrian
Baviera, Michele
Becker, Wieland
Bergerhausen, Johannes
Bette, Michael
Biggel, Franz
Binger, Doris
Biste, Günther
Bosse, Katharina
Bremmer, Gerhard
Bruhn, Ines
Bulanda-Pantalacci, Anna
Bunne, Egon
Burke, Michael
Caturelli, Celia
Dam, Xuyen
Daum, Thomas
Deckert, Joachim
Deparade, Henri
Deppner, Martin Roman
Dobler, Georg
Duscha, Burkhard
Eichinger, Henning
Eisele, Bernhardt
Eitzenhöfer, Ute
Flohr, Gerd
Freitag-Schubert, Cornelia
Fritz, Oliver
Fuchs, Nora
Fütterer, Dirk
Gaenssler, Antina
Garda, Aladar-Ladislaus
Gates, Cindy
Gillmann, Ursula
Götte, Michael
Graebe, Helmut
Gräßer, Harald W.
Grieshaber, Judith
Grimmling, Hans-Hendrik
Gröne, Matthias
Gruber, Rolf
Hahn, Gerhard
Hasse, Dominika
Held, Matthias
Hemmerlein, Gerhard
Hempelt, Rolf
Hesse, Margareta
Hinrichsmeyer, Franz
Höller, Ralf
Hoffmann, Jürgen
Holder, Eberhard
Hornung, Hartmut
Hünemohr, Holger
Husslein, Steffi
Ihmels, Tjark
Jahn, Holger
Joeressen, Eva-Maria
John, KP Ludwig
Kaiser, Björn
Kalhöfer, Gerhard
Kerber, Ulrike
Kesseler, Thomas
Kimpflinger, Andrea
Klegin, Thomas
Koerber, Martin
Korschildgen, Stefan
Krapf, Ingo
Krasberg, Carl
Krauter, Antje
Krisztian, Gregor
Kruse, Oliver
Laabs, Peter
Laaken, Ton van der
Lamb, Hans
Lehmann, Karin
Leonardi, Alessio
Lidolt, Marion
Loebermann, Matthias
Ludwig, Matthias
Lütkemeyer, Ingo
Maiburg, Bettina
Maier, Sabine
Maierbacher-Legl, Gerdi
Mani, Victor
Mann, Michael
Margull, Angelika
Maron-Dorn, Knut Wolfgang
Marquardt, Ulla
Mathiebe, Elke
Meloni, Nicola
Melzer, Tino
Mer, Marc
Meyer, Marion
Müller, Karl
Müller, Petra
Nachtwey, Reiner
Naegele, Isabel
Namislow, Ulrich
Naumann, Andreas
Neander, Bernd
Nerlich, Klaus
Niemann, Otto C.J.
Nieschalk, Ulrich
Oelhaf, Renate
Onnen-Weber, Udo
Pagé, Sylvie
Pahl, Katja-Annika
Pape, Philipp
Philippin, Frank
Philipps, Tom
Poessnecker, Holger
Polkehn, Hanka
Pribik, Lucie
Pulch, Harald
Reichert, Gabriele
Reinwald, Jörg
Reiß, Susanne
Remensperger, Christine
Ricci-Feuchtenberger, Anke
Richter, Mike
Rieschel, Andrea
Röhrl, Boris
Romero, Stephan
Rongen, Ludwig
Rose, Robert
Rothmaler, Valentin
Ruta, Hans-Heinrich
Rutrecht, Gregor M.
Sauer, Werner
Schädler-Saub, Ursula
Schäfer, Klaus
Schlegel, Markus
Schmid-Wohlleber, Bernhard

Schmidt, Gunnar
Schmidt, Thomas
Schmitt, Renate
Schmitz, Peter
Schöneck, Lothar
Scholz, Gudrun
Schreiber, Wolfgang
Schreyer, Angela
Schröner, Charlotte
Schroth, Martin
Schubert, Rolf
Schulz, Andreas
Schumacher, Horst
Schwenk, Hagen
Slawski, Dirk
Söller-Eckert, Claudia
Staemmler, Thomas
Stark, Karin
Stebbing, Peter
Strothotte, Christine
Stücke, Jochen
Stybor, Lisa Max
Theinert, Justus
Theurer, Andreas
Thevis, Ernst
Tomlow, Jos
Vitting, Eva
Voitländer, Dorothea
Volk, Kathrin-B.
Voß, Arwed
Wagner, Iso
Walliczek, Philipp
Wandel, Andrea
Weber, Carl Constantin
Westermeier, Eckhard
Wiegand, Suse
Wiese, Anja
Willnauer, Sigmar
Winkler, Sabine
Wölwer, Stefan
Ziegler, Diane
Zika, Anna
Zimmermann, Birgitt

**Gesundheitserziehung**

Esch, Tobias
Flothow, Annegret
Fröschl, Monika Brigitte Elisabeth
Gläseker, Enka
Göpel, Eberhard
Kreher, Simone
Neubauer, Georg
Ortmann, Karlheinz
Polenz, Wolf
Renner, Robert
Tielking, Knut

**Gesundheitsfürsorge**

Gardemann, Joachim Peter
Jessen, Jens
Klotter, Christoph
Lambotte, Stephan
Zurhorst, Günter

**Gesundheitsökonomie**

Ackermann, Dagmar
Ahrens, Dieter
Almeling, Michael
Berger, Hendrike
Bettig, Uwe
Boese, Jürgen
Braun von Reinersdorff, Andrea
Burger, Stephan
Burmester, Monika
Busch, Susanne
Erbsland, Manfred
Feser, Uta Maria
Framke, Sabine
Friedemann, Jan
Gramminger, Steffen
Greß, Stefan
Gruner, Axel
Güse, Christine
Hensen, Peter
Ikinger, Uwe
Janda, Philip
Jessen, Jens
Karutz, Harald
Kern, Axel Olaf
Klusen, Norbert
Langer, Bernhard
Lehr, Bosco
Düngen, Markus
Meo, Francesco De
Mühlbacher, Axel
Neises, Gudrun
Nihalani, Katrin
Otte, Andreas
Räbiger, Jutta

Rahmel, Anke
Riedel, Rainer
Rieder, Kerstin
Schafmeister, Sylvia
Schröer, Andreas
Simon, Anke
Thiele, Günter
Tielking, Knut
Vriesman, Leah Jeanne
Warnke, Sven
Wolke, Reinhold
Zöllner, York F.

**Gesundheitspsychologie**

Budischewski, Kai
Kieschke, Ulf
Michels, Hans-Peter
Morgenroth, Olaf

**Gesundheitswesen**

Axt-Gadermann, Michaela
Bilda, Kerstin
Boguth, Katja
Burchert, Heiko
Burk, Rainer
Dreeßen, Sven
Elkeles, Thomas
Elste, Frank
Focke, Axel
Fricke, Frank-Ulrich
Hagemann, Otmar
Hedtke-Becker, Astrid
Heintskill, Wolfgang
Heischkel, Swantje
Huhn, Wolfgang
Isfort, Michael
Jakobs, Hajo
Klatt, Stefan
Klein, Barbara
Koch, Oliver
Krone, Frank Andreas
Land, Beate
Maier, Björn
Möller, Johannes
Oberender, Peter
Otten, Hubert
Overhoff, Martin
Queri, Silvia
Runde, Alfons
Sauermann, Wolfgang
Schlander, Michael
Schmidt, Tanja
Selder, Astrid
Sproll, Karl Theodor
Szagun, Bertram
Wassmann, Herbert
Welford, Laurence
Wichelhaus, Daniel
Wiechmann, Michael
Wölle, Joachim
Zerth, Jürgen
Ziegenbein, Ralf
Zimmermann, Ingo

**Gesundheitswissenschaften**

Abou-Dakn, Michael
Adis, Christine
Altenhöner, Thomas
Arens-Azevedo, Ulrike
Baier-Hartmann, Marianne
Bauer, Andrea
Behr-Völtzer, Christine
Bertelsmann, Hilke
Borde, Theda
Borgetto, Bernhard
Brieskorn-Zinke, Marianne
Busch-Stockfisch, Mechthild
Cassier-Woidasky, Anne-Kathrin
Dietsche, Stefan
Faller, Gudrun
Feige, Lothar
Feldhaus-Plumin, Erika
Fetzer, Stefan
Frieling-Sonnenberg, Wilhelm
Fritsche, Jan
Gabriel, Heiner
Gembris-Nübel, Roswitha
Gramminger, Steffen
Grün, Reinhold
Haenel, Konstanze
Hahn, Daphne
Hahn, Hans-Georg
Hamm, Michael
Hedenigg, Silvia
Hellige, Barbara
Hüper, Christa
Hummel, Karin
Hungerland, Eva
Jahn, Hannes

Janßen, Heinz J.
Karutz, Harald
Kerkow-Weil, Rosemarie
Kirsch, Holger
Körner, Thomas
Koppelin, Frauke
Krüger, Detlef
Latorre, Federico
Lindert, Jutta
Makowsky, Katja
Meo, Francesco De
Niebuhr, Dea
Petersen-Ewert, Corinna
Reintjes, Ralf
Rieder, Kerstin
Sachs, Ilsabe
Sailer, Marcel
Sauer, Karin
Schäfer-Walkmann, Susanne
Schillmöller, Zita
Schlüter, Wilfried
Seibt, Annette C.
Simon, Anke
Simon, Michael
Störkel, Friederike
Trautner, Christoph
Walther, Kerstin
Warnke, Andrea
Wehkamp, Kai
Westenhöfer, Joachim
Winkler, Klaudia

**Getränketechnologie**

Dietrich, Helmut
Lindemann, Bernd
Otto, Konrad

**Getreide**

Busch, Karl Georg
Ebertseder, Thomas

**Getriebetechnik**

Beumler, Harald
Bräutigam, Horst
Hennerici, Horst
Jäckle, Martin
Lütkebohle, Heinrich
Schalz, Karl-Josef
Scharmann, Matthias
Siemon, Bernhard
Thonfeld, Wolfgang
Weidner, Georg
Wild, Jörg
Wirth, Christoph

**Gießereikunde**

Kallien, Lothar

**Glas, Keramik**

Böhmer, Michael
Diedel, Ralf
Jahn, Thomas
Klein, Gernot
Kollenberg, Wolfgang
Lenhart, Armin
Liersch, Antje
Thomas, Noel

**Grafik-Design**

Barth, Christoph
Dam, Xuyen
Frech, Carl
Grönebaum, Claudia
Hartwig, Brigitte
Helmig, Ilka
Kaiser, Karin
Krüll, Peter
Kunkel, Gabriele
Malsy, Victor
Polkehn, Hanka
Richter, Mike
Scheller, Christoph
Wagner, Thomas
Weißmantel, Ralf

**Graphik**

Armbruster, Karl
Becker, Dorothea
Brückner, Hartmut
Drewinski, Lex-Roger
Göbel, Uwe
Graf, Johannes
Groot, Lucas de
Hellmann, Walter

Herrenberger, Marcus
Hoff, Nils
Hoffmann, Sandra
Hogan, Andreas
Huef, Sabine an
Korfmacher, Wilfried
Ludes, Guido
Mayer, Susanne
Pfestorf, Christian K.
Rehfeld, Gunther
Scheinberger, Felix
Schrader, Hans Dieter
Teufel, Philipp
Uebele, Andreas
Voelker, Ulysses
Voß, Arwed
Wagner, Christine
Waldschütz, Jörg
Ziegenfeuter, Dieter

**Griechische Sprache und Literatur**

Haubeck, Wilfried
Siebenthal, Heinrich von

**Grundbau**

Buchmaier, Roland F.
Engel, Jens
Erban, Paul-Josef
Flederer, Holger
Gäßler, Günter
Gell, Konrad
Gerlach, Johannes
Glabisch, Uwe
Grieger, Christoph
Gülzow, Hans-Georg
Hintze, Detlef
Kilchert, Manfred
Kliesch, Kurt
Krajewski, Wolfgang
Kuntsche, Konrad
Lutz, Bernd
Ott, Elfriede
Peintinger, Bernhard
Schoen, Hans-Gerd
Schwerter, Reinhard
Thiele, Ralf
Unold, Florian
Vogt-Breyer, Carola
Weber, Ekkehard
Wolff, Friedhelm

**Grundschulpädagogik**

Morys, Regine

**Halbleiterphysik**

Fülber, Carsten
Versen, Martin

**Halbleitertechnik**

Bürkle, Heinz-Peter
Förster, Arnold
Giebel, Thomas
Guschanski, Natalia
Hellmann, Ralf
Higelin, Gerald
Job, Reinhart
Kaloudis, Michael
Kern, Jürgen
Ludemann, Ulrich
Meuth, Hermann
Quincke, Jörg
Ruckelshausen, Arno
Zeise, Roland

**Handel**

Asche, Thomas
Buhleier, Marianne
Eisinger, Bernd
Ermschel, Ulrich
Goormann, Hans Werner
Hebestreit, Carsten
Hennig, Alexander
Herold, Bernhard
Honal, Andrea
Kleiner, Ralph
Krings, Thorsten
Lehmeier, Peter
Leykauf, Gerhard
Macha, Roman
Möslein-Tröppner, Bodo
Reese, Knut
Rock, Stefan
Rößler, Irene
Rossig, Wolfram E.

Schäfer, Rüdiger
Schiess, Holger Florian
Schiffel, Joachim
Schneider, Willy
Schuckel, Marcus
Thurm, Manuela
Weber, Adelheid
Winter, Wolfgang
Wolf, Bernhard

**Handelsrecht**

Baedorf, Oliver
Berndt, Joachim
Blasek, Katrin
Brück, Michael
Förschler, Peter
Kämpf, Hanno
Kaiser, Christian
Kohl, Reinhard
Kulka, Michael
Landrock, Gisela
Langenecker, Josef
Linderhaus, Holger
Mehrings, Josef
Möller, Toni
Notthoff, Martin
Pfaff, Stephan Oliver
Real, Gustav
Schlappa, Wolfgang
Schöpflin, Martin
Sobich, Peter-Jürgen
Spancken, Wolfgang
Weber, Joachim
Wieske, Thomas
Witte, Peter-Josef

**Hauswirtschaft**

Brillinger, Martin
Bühler, Klaus
Funke, Hertje
Holthaus-Sellheier, Ursula
Ihrig, Dieter
Jaquemoth, Mirjam
Junghans, Antje
Kettschau, Irmhild
Leicht-Eckardt, Elisabeth
Pfannes, Ulrike
Ramsauer, Frank
Render, Wolfgang
Steinel, Margot
Wentzlaff, Günter

**Hebräische Sprache und Literatur**

Siebenthal, Heinrich von
Steinberg, Julius
Voigt, Christof

**Heilpädagogik**

Albrecht, Friedrich
Baldus, Marion
Blin, Jutta
Burtscher, Reinhard
Detert, Dörte
Ehrig, Heike
Ernst, Ulrike
Greving, Heinrich
Gröschke, Dieter
Gromann, Petra
Hampe, Ruth
Jödecke, Manfred
Kösler, Edgar
Kraft, Kristina
Kreuzer, Max
Lanwer, Willehad
Lechner, Helmut
Lingenauber, Sabine
Lotz, Dieter
Mand, Johannes
Markowetz, Reinhard
Mattke, Ulrike
Michalek, Sabine
Müller, Carsten
Neumann, Eva-Maria
Ondracek, Petr
Ortland, Barbara
Pflüger, Leander
Pielmaier, Herbert
Rathgeb, Kerstin
Reichenbach, Christina
Renner, Gregor
Schablon, Kai-Uwe
Schäper, Sabine
Schumann, Monika
Simon, Traudel
Sohns, Armin
Stein, Anne-Dore
Störmer, Norbert

Theis, Gebhard
Thiemann, Helge
Weber, Erik
Wendler, Michael
Willenbring, Monika

**Heizung, Beheizung**

Oschatz, Bert

**Heizungs- und Klimatechnik**

Bäsel, Uwe
Bendel, Hans-Peter
Biek, Katja
Bolsius, Jens
Bothe, Achim
Busweiler, Ulrich
Deichsel, Michael
Dittwald, Frank
Esper, Günter
Gehlker, Wessel
Hahn, Holger
Herzog, Elfriede
Juch, Thomas
Kaimann, Barbara
Kraus, Roland
Kula, Hans-Georg
Le, Huu-Thoi
Loose, Peter
Mengedoht, Gerhard
Rusche, Stefan
Schütz, Winfried
Sikorski, Evgenia
Sommer, Klaus
Stanzel, Berthold
Stephan, Wolfram
Strauß, Rolf Peter
Wolff, Dieter
Ziegler, Franz

**Historische Hilfswissenschaften**

Freund, Susanne

**Historische Theologie**

Silva, Gilberto da
Treusch, Ulrike
Weikmann, Hans Martin

**Hoch- und Tiefbau**

Adlkofer, Michael
Deffner, Konrad
Fein, Raimund
Forkert, Lothar
Hemker, Olaf
Kaiser, Björn
Kicherer, Rolf
Neuleitner, Nikolaus
Schwarzbart, Kenn
Sternkopf, Helga
Weisemann, Ulrike
Wentzel, Werner
Willems, Claus-Christian

**Hochfrequenztechnik**

Abel, Friedrich
Benyoucef, Dirk
Bergmann, Helmut
Bogner, Werner
Buchholz, Martin
Buck, Walter
Dölecke, Helmut
Ebberg, Alfred
Ehlen, Tilo
Fischer, Dirk
Gärtner, Uwe
Geng, Norbert
Gustrau, Frank
Hauer, Bruno
Heuermann, Holger
Hofbeck, Klaus
Huber, Siegfried
Jirmann, Jochen
Kark, Klaus Werner
Kraft, Karl-Heinz
Kremer, Robert
Kreutzer, Martin
Kronberger, Rainer
Lochmann, Steffen
Meißner, Joachim
Merkel, Tobias
Michelfeit, Reinhold
Osterrieder, Siegfried
Peik, Sören
Pouhè, David
Sapotta, Hans
Schäfer, Hans-Helmuth
Schmidt, Michael
Schmiedel, Heinz
Schmitz, Norbert
Schneider, Thomas
Schroeder, Werner
Schüssele, Lothar
Schultheis, Rüdiger
Schumacher, Walter
Splitt, Georg
Stolle, Reinhard
Strauß, Georg
Strauß, Steffen
Thurner, Herbert
Wendel, Ralf
Zimmer, Gernot
Zocher, Michael

**Hochspannungstechnik**

Adolph, Ulrich
Buckow, Eckart
Diederich, Karl-Josef
Gehnen, Markus
Gehrke, Renate
Hartje, Michael
Hoof, Martin
Humpert, Christof
Kern, Alexander
Khoramnia, Ghassem
Klemm, Marc
Langhammer, Günter
Löffler, Markus
Meppelink, Jan
Nuß, Uwe
Pepper, Daniel
Rehm, Wolfgang
Rossner, Michael
Salama, Samir
Scheibe, Klaus
Tieste, Karl-Dieter
Welsch, Andreas

**Höchstfrequenztechnik**

Diestel, Heiner
Gronau, Gregor
Heuermann, Holger
Krug, Jürgen
Schumacher, Walter
Timmermann, Claus-Christian
Wetenkamp, Ludwig

**Holz, Holztechnik**

Dreiner, Klaus
Dusil, Friedrich
Friedl, Erwin
Galiläa, Klaus J.
Grohmann, Rainer
Hänsel, Andreas
Hoevel, Dierk van den
Illner, H. Martin
Köster, Heinrich
Leps, Thorsten
Michanickl, Andreas
Ober, Maximilian
Ober, Thorsten
Peters, Helge
Pfuhl, Klaus
Schacht, Henning
Stosch, Martin
Thole, Volker
Unger, Wibke
Walter, Martin
Werner, Hartmut
Zscheile, Matthias

**Holzbau**

Ast, Siegfried
Bathon, Leander
Bitzer, Hans-Alfred
Boddenberg, Ralf
Bosch, Gerhard
Colling, François
Damm, Hannelore
Francke, Wolfgang
Frühwald, Katja
Gicklhorn, Gerhard
Grimminger, Ulrich
Haase, Kai
Hoeft, Michael
Kempe, Olaf
Keßler, Egbert
Marquardt, Helmut
Masuch, Gabriele
Mertens, Martin
Metje, Wolf-Rüdiger
Möller, Gunnar
Moorkamp, Wilfried
Pawlowski, Robert
Pfau, Jochen
Prekwinkel, Frank
Rieger, Hugo
Rug, Wolfgang
Schober, Kay-Uwe
Schwaner, Kurt
Simon, Uwe
Spittank, Jürgen
Steck, Günter
Steinmetz, Dieter
Wagner, Claus
Wedemeier, Thomas
Zapke, Wilfried

**Holzchemie**

Larbig, Harald
Pfriem, Alexander

**Holzgestaltung**

Kaden, Gerd
Vent, Dorothea
Voigt, Jochen

**Homiletik**

Eschmann, Holger
Müller, Philipp
Müller-Geib, Werner
Schächtele, Traugott

**Homöopathie**

Caby, Andrea

**Hotel- und Gaststättenwesen**

Berlingen, Johannes
Greiner, Michael
Hettinger, Dagmar
Seitz, Georg

**Hüttenkunde**

Michels, Wilhelm

**Humanbiologie**

Häbler, Heinz-Joachim
Holschbach, Andreas
Lorenz, Jürgen
Schlott, Thilo

**Hydraulik**

Böhm, Edmund
Bothe, Gerhard
Engel, Norbert
Forster, Ingbert
Freimann, Robert
Gebhardt, Norbert
Jerzembeck, Sven
Johanning, Bernd
Klausner, Michael
Melcher, Paul R.
Nguyen, Huu Tri
Rathke, Klaas
Riedel, Gunter
Scholz, Dieter
Ulrich, Alfred

**Hydrobiologie**

Lüderitz, Volker

**Hydrodynamik**

Graf, Kai

**Hydrogeologie**

Jenkner, Bernd
Pyka, Wilhelm

**Hydrologie**

Alf, Axel
Bold, Steffen
Caspary, Hans-Joachim
Dieckmann, Reinhard
Felgenhauer, Andreas
Heinemann, Ekkehard
Herms, Ulrich
Lang, Jürgen
Rößner, Ute

**Hydromechanik**

Böttge, Gerhard
Caspary, Hans-Joachim
Dieckmann, Reinhard
Krause, Stefan
Lang, Jürgen
Nasner, Horst
Niekamp, Olaf
Ottl, Andreas
Pfaud, Albrecht
Rau, Christoph
Saenger, Nicole
Schmitt, Paul
Schulz-Terfloth, Gunnar
Vogel, Alexander

**Hygiene**

Anhorn, Roland
Bockmühl, Dirk
Kähm, Viktor
Kleiner, Ulrike
Riethmüller, Volker

**Illustration**

Baumgart, Klaus
Kardinar, Alexandra
Loos, Mike

**Immissionsforschung**

Bitter, Wolfhelm
Degen, Karl Georg
Genning, Carmen
Grüning, Helmut
Staudt, Reiner

**Immobilien**

Arens, Jenny
Bach, Hansjörg
Bogenstätter, Ulrich
Bosch, Michael
Erbach, Jürgen
Erpenbach, Jörg
Ertle-Straub, Susanne
Faber-Praetorius, Berend
Funk, Bernard
Geiger, Norbert
Gondring, Hanspeter
Hausmann, Ulrike
Kinateder, Thomas
Kuhn, Michael
Kummert, Kai
Lassen, Ulf
Lausberg, Carsten
Leopoldsberger, Gerrit
Lucht, Dietmar
Nann, Werner
Nitsch, Harald
Off, Robert
Paschedag, Holger
Pauk, Heribert
Raschper, Norbert
Reichart, Thomas
Render, Wolfgang
Schmidt, Georg Andreas
Schörner, Peter
Sohni, Michael
Stracke, Guido
Vollrath, Justus
Vornholz, Günter
Waegner, Ariane
Weber, Ulrich
Wicher, Ulrich
Zippel, Sabine

**Immunologie**

Häbler, Heinz-Joachim
Illges, Harald

**Implantologie**

Steinhauser, Erwin

**Indonesien**

Weber, Helmut

**Industriebau**

Hamann, Ulrich
Heisel, Joachim P.
Otto, Markus

**Industriebetriebslehre**

Beeskow, Werner
Bihler, Wolfgang
Bleicher, Jürgen
Borowicz, Frank
Bürstner, Heinrich
Busam, Karl-Heinz
Deser, Frank
Detzel, Martin
Döring, Vera
Ehlers, Lars
Fleck, Volker
Gerhardt, Jürgen
Giesler, Harry
Grau, Ninoslav
Hebestreit, Carsten
Heilig, Bernd
Hochdoerffer, Wolfgang
Hoffmann, Marcus
Hofweber, Peter
Hossinger, Hans-Peter
Janisch, Hans
Junge, Karsten
Kaiser, Norbert
Kastor, Michael
Klaus, Erich
Köbernik, Gunnar
Kottmann, Elke
Mai, Anne
Maier, Simone
Malinski, Peter
Matthäus, Fritz
Meier, Alexander
Moroff, Gerhard
Müller, Arno
Nolte, Cornelius
Nosko, Herbert
Prêt, Uwe
Przybilla, Rüdiger
Renz, Anette
Schaal, Helmut
Schenk, Gerald
Schneider, Christoffer
Schönfelder, Thomas
Seidel, Michael
Stahl, Heike
Stellmach, Petra
Teichmann, Michael
Thurm, Manuela
Tiebel, Christoph
Walenda, Harry
Wannenwetsch, Helmut
Weibel, Bernd
Weiß, Dieter
Winter, Wolfgang

**Industriedesign**

Fügener, Lutz
Gerlach, Thomas
Goos, Jürgen
Grahn, Rainer
Hertting-Thomasius, Rainer
Höhn, Falk
Klöcker, Stephan
Meyer, Marion
Mühlenberend, Andreas
Naumann, Peter
Nicklas, Michael
Nüsse, Octavio K.
Rieschel, Andrea
Schieschke, Ralph
Schulze-Bahr, Werner
Schupbach, Stephan
Spellmeyer, Gunnar
Striepe, Cosima
Weller, Birgit
Wickenheiser, Othmar
Wilke, Achim
Winkler, Sabine
Zwick, Carola

**Industrieforschung**

Mikus, Barbara

**Informatik**

Abel, Ulrich
Abke, Jörg
Achilles, Albrecht
Ahlers, Volker
Albers, Felicitas
Allweyer, Thomas
Alpers, Burkhard
Altenbernd, Peter
Andelfinger, Urs
Andersson, Christina
Anlauff, Heidi
Anna, Thomas
Arndt, F. Wolfgang
Artinger, Frank

Arz, Johannes
Ashauer, Barbara
Asmus, Stefan
Assfalg, Rolf
Asteroth, Alexander
Babilon, Mario
Baer, Klaus Dieter
Balla, Jochen
Bannert, Gabriele
Bantel, Winfried
Bartels, Stefan
Bartels, Torsten
Bauer, Hans
Bauer-Wersing, Ute
Baumgart-Schmitt, Rudolf
Baumgartl, Robert
Bayer, Martin
Beck, Arnold
Beck-Meuth, Eva-Maria
Becker, Hubert
Becking, Dominic
Beham, Manfred
Behr, Franz-Josef
Behrens, Grit
Beidatsch, Horst
Beier, Georg
Beims, Hans Dieter
Bender, Michael
Benz, Axel
Berger, Matthias O.
Beucher, Ottmar
Beyer, Stefan
Biegler-König, Friedrich
Biehl, Günter
Biella, Wolfgang
Binder, Eberhard
Birkhölzer, Thomas
Bittel, Oliver
Bläsius, Karl Hans
Bleimann, Udo Gerd
Blöchl, Bernhard
Bock, Steffen
Bodrow, Wladimir
Böhm, Martin
Böhm, Michael
Böhm, Reiner
Bönninger, Ingrid
Börgens, Manfred
Bösche, Harald
Böse, Ralf
Bohn, Christian-Arved
Bongardt, Karl
Bothe, Gerhard
Boysen, Philipp A.
Brackly, Günter
Bradtke, Thomas
Brandenburg, Harald
Braun, Heinrich
Breutmann, Bernd
Brinck, Heinrich
Bröckl, Ulrich
Brosda, Volkert
Bruchlos, Kai
Buchanan, Thomas
Buchmeier, Anton
Bühler, Frank
Bürg, Bernhard
Burbaum, Bruno
Bye, Carsten
Caninenberg, Wilhelm
Cemic, Franz
Chantelau, Klaus
Christidis, Aristovoulos
Cleve, Ernst
Cleve, Jürgen
Cleven, Johannes
Colgen, Rainer
Conrad, Elmar
Coors, Volker
Coriand, Andrea
Cramer, Andreas
Creutzburg, Reiner
Czernik, Sofie
Daehn, Wilfried
Dahms, Holger
Dai, Zhen Ru
Dalitz, Christoph
Danziger, Doris
Deegener, Matthias
Deinzer, Arnulf
Delfs, Hans
Dennert-Möller, Elisabeth
Denzer, Ralf
Depner, Eduard
Diehl, Norbert
Dierks, Henning
Dieterich, Ewo
Dietrich, Gerhard
Dietrich, Roland
Diewald, Werner
Dobner, Gerhard
Döben-Henisch, Gerd-Dietrich
Dohm, Peter
Doll, Konrad
Dorer, Klaus
Draber, Silke
Drachenfels, Heiko von
Dreier, Bernd
Dürrschnabel, Klaus
Dunkel, Jürgen
Eberle, Wolfgang
Ecke-Schüth, Johannes
Edelmann, Peter
Edlich, Stefan
Eggendorfer, Tobias
Ehret, Marietta
Eichner, Lutz
Eifert, Hans-Justus
Eikelberg, Markus
Eikerling, Heinz-Josef
Eisenbiegler, Dirk
Eisenmann, Rainer
Engels, Christoph
Englmeier, Kurt
Erb, Ulrike
Erbs, Heinz-Erich
Ernst, Hartmut
Ertelt, Dietrich
Esser, Friedrich
Esser, Winfried
Essmann, Ulrich
Euler, Stephan
Ey, Horst
Fähnders, Erhard
Faeskorn-Woyke, Heide
Falkenberg, Egbert
Falkowski, Bernd Jürgen
Fedderwitz, Walter
Feindor, Roland
Feldmann, Herbert
Fels, Friedrich
Fiedler, Rudolf
Filip, Werner
Fimmel, Elena
Finzel, Hans-Ulrich
Fischer, Arno
Fischer, Daniel
Fischer, Jürgen
Fischer, Kristian
Fischer-Stabel, Peter
Fitz, Robert
Föller, Miriam
Förger, Kay
Folkerts, Karl-Heinz
Folz, Helmut
Forgber, Ernst
Frahm, Joachim
Frank, Klaus
Franzen, Berthold
Franzen, Helmut
Fredrich, Hartmut
Frenz, Stefan
Freudenmann, Johannes
Frey, Andreas
Freytag, Andreas
Fröhlich, Michael
Fröhling, Dirk
Fromm, Wilhelm
Frydrychowicz, Stephan
Fuhrmann, Woldemar
Fulst, Joachim
Gaudlitz, Rainer
Geisse, Hellwig
Geißler, Mario
Gellhaus, Christoph
Gemmar, Peter
Gerken, Wolfgang
Gerth, Norbert
Gervens, Theodor
Gharaei, Sharam
Ginkel, Ingo
Gips, Carsten
Gläser, Harald
Gleich, Wilfried
Göhner, Ulrich
Goepel, Manfred
Göpfert, Jochen
Görlich, René
Görlitz, Gudrun
Götting, Rüdiger
Götz, Mathias
Gold, Robert
Goldhahn, Leif
Goll, Joachim
Gottscheber, Achim
Grabowski, Barbara
Gräfe, Gunter
Graf, Philipp
Grass, Jürgen
Groch, Wolf-Dieter
Gröner, Ursula
Grötsch, Eberhard
Großmann, Ralph
Grünemaier, Andreas
Grünwoldt, Lutz
Grütz, Michael
Guckert, Michael
Günther, Holger
Gürtzig, Kay
Güsmann, Bernd
Güttler, Reiner
Haas, Michael
Hackenberg, Rudolf
Hackenbracht, Dieter
Häberle, Jürgen
Hafenrichter, Bernd
Hagen, Klaus ten
Hagen, Tobias
Hahn, Ralf
Hain, Karl
Handmann, Uwe
Hanemann, Andreas
Hannemann, Manfred
Hanser, Eckhart
Harbusch, Klaus
Hardt, Klaus
Harms, Susanne
Harriehausen-Mühlbauer, Bettina
Hartlmüller, Peter
Hartmann, Karsten
Hartmann, Michael
Hartmann, Ulrich
Hartner, Erich
Hauber, Peter
Hauer, Johann
Hausmann, Wilfried
Hausotter, Andreas
Haussmann, Götz
Hedtstück, Ulrich
Heeren, Menno
Hefter, Michael
Heigert, Johannes
Heindl, Eduard
Heine, Felix
Heinecke, Andreas M.
Heinke, Horst
Heinlein, Christian
Heinsohn, Jochen
Hendrix, Michael
Hentschel, Claus
Herden, Olaf
Hergenröther, Elke
Hergesell, Jens-Helge
Hering, Klaus
Heß, Peter
Heßling, Hermann
Hettel, Jörg
Heusch, Peter
Hinkelmann, Mathias
Hirsch, Martin
Hoch, Thomas
Högl, Hubert
Höhne, Rainer
Hofberger, Harald
Hoffmann, Dirk
Hoffmann, Martin
Hofmann, Erwin
Hofmann, Holger
Hofmann, Norbert
Holaubek, Bernhard
Holewa, Michael
Holzbaur, Ulrich
Homberger, Jörg
Hoof, Antonius van
Hoppe, Axel
Hornung, Dieter
Horsch, Thomas
Hotop, Hans-Jürgen
Hovestadt, Matthias
Hoy, Annegret
Huckert, Klaus
Hübl, Reinhold
Hübner, Martin
Hübner, Ursula
Hühne, Martin
Hüttl, Reiner
Hug, Karlheinz
Ibert, Wolfgang
Ihlenburg, Frank
Iossifov, Vesselin
Irber, Alfred
Ittner, Andreas
Iwanowski, Sebastian
Jacob, Olaf
Jäger, Edgar
Jaeger, Frank
Jäger, Michael
Jäger, Rudolf
Jahn, Karl-Udo
Janneck, Monique
Jans, Herbert
Jaquemotte, Ingrid
Jaschul, Johannes
Jetter, Hans
Jobke, Stephan
Jobst, Fritz
Jochum, Friedbert
Johannes, Hermann
Jonas, Ernst
Jovalekic, Silvije
Jürgensen, Wolfgang
Jung, Thomas
Junglas, Peter
Junker-Schilling, Klaus
Justen, Detlef
Justen, Konrad
Kämper, Sabine
Kahlbrandt, Bernd
Kaiser, Heiner
Kaiser, Ulrich
Kaltenhäuser, Tonja Vanessa
Kamsties, Erik
Karczewski, Stephan
Karpe, Jan
Karsch, Stefan
Kaspar, Friedbert
Kasper, Klaus
Kehl, Klaus
Keidel, Ralf
Kelb, Peter
Kelch, Rainer
Kempter, Hubert
Kettner, Karl-Ulrich
Ketz, Helmut
Keutner, Helmut
Kias, Ulrich
Kiefer, Gundolf
Kiehl, Werner
Kipp, Michael
Kirch-Prinz, Ursula
Kirschkamp, Thomas
Klär, Patrick
Klauck, Ulrich
Klawonn, Frank
Kleine, Karl
Kleiner, Carsten
Kleutges, Markus
Klever, Nikolaus
Klingemann, Justus
Klingenberg, René
Klocke, Heinrich
Klösener, Karl-Heinz
Kloos, Uwe
Klüver, Wolfgang
Klutke, Peter
Knabe, Christoph
Knauth, Stefan
Kneisel, Peter
Kneißl, Franz
Knolle, Harm
Knorr, Konstantin
Koch, Dorothee
Koch, Oliver
Koch, Wilfried
Köhler, Lothar
Köhler, Lutz
König, Claus
König, Matthias
Kohlhoff, Holger
Kolleck, Bernd
Kolloschie, Horst
Komar, Ewald
Konrads, Ursula
Kopp, Hartmut
Korf, Franz
Kornacher, Hans
Kornmayer, Harald
Koschel, Arne
Koschützki, Dirk
Kowarschick, Wolfgang
Krägeloh, Klaus-Dieter
Krämer, Markus
Kramer, Klaus-Dietrich
Kramer, Ralf
Kratz, Gerhard
Krauß, Ludwig
Kreling, Bernhard
Kremer, Karim Roger
Kretschmer, Thomas
Kreyßig, Jürgen
Kriha, Walter
Kristl, Heribert
Kritzenberger, Huberta
Krone, Jörg
Kropp, Harald
Krose, Hermann
Krüger, Detlef
Krüll, Georg
Krumm, Arnold
Kruse, Eckhard
Krybus, Werner
Kucera, Markus
Kuchling, Karlheinz
Kühne, Eberhard
Künkler, Andreas
Küster, Rolf
Küveler, Gerd
Kullmann, Walter
Kuntz, Michel
Kurz, Otto
Lämmel, Uwe
Lahrmann, Andreas
Landes, Dieter
Langbein, Dierk
Lange, Steffen
Langenbahn, Claus-Michael
Laßner, Wolfgang
Latz, Hans
Laubenheimer, Astrid
Laufke, Franz Josef
Lauwerth, Werner
Lehmann, Thomas
Lehser, Martina
Lemppenau, Wolfram
Lenk, Dieter
Lenz, Katja
Letschert, Thomas
Leutelt, Lutz
Lie, Jung Sun
Liebscher, Eckhard
Lindemann, Ulrich
Linn, Karl-Otto
Linn, Rolf
Lipsmeier, Gero
Litke, Hans-Dieter
Litschke, Herbert
Loeffelholz, Friedrich Freiherr von
Löffler-Mang, Martin
Löhmann, Ekkehard
Löwe, Michael
Lohscheller, Jörg
Lüders, Carsten
Lüders, Christian-Friedrich
Lürig, Christoph
Lutz, Monika
Lux, Andreas
Märtin, Christian
Maier, Helmut
Mandl, Peter
Mandl, Roland
Mansel, Detlef
Marke, Wolfgang
Martin, Ludger
Massoth, Michael
Mattheis, Peter
Matthes, Wolfgang
Matthiessen, Günter
May, Michael
Mayer, Ralf S.
Mehler, Frank
Mehner, Fritz
Meier, Wilhelm
Meißner, Albrecht
Meixner, Gerhard
Mengel, Maximilian
Merceron, Agathe
Merino, Teresa
Merkel, Manfred
Merz, Peter
Messerer, Monika
Metzner, Alexander
Metzner, Anja
Meuser, Thomas
Meyer, Bernd
Meyer, Dagmar
Meyer, Herwig
Meyer, Renate
Meyer zu Bexten, Erdmuthe
Miller, Michael
Möller, Knut
Möncke, Ulrich
Monz-Lüdecke, Sybille
Moock, Hardy
Moore, Ronald
Morisse, Karsten
Motsch, Walter
Mottok, Jürgen
Müllenbach, Sabine
Müller, Adrian
Müller, Albrecht
Müller, Bernd
Müller, Erich
Müller, Jean-Alexander
Müller, Kerstin
Müller, Rainer
Müller-Gronau, Wolfhardt
Müller-Wichards, Dieter
Münchenberg, Jan
Mündemann, Friedhelm
Mundlos, Siegfried
Naumann, Elke
Naumann, Stefan
Nazareth, Dieter
Nebe, Karsten
Neidlinger, Thomas
Neitzke, Michael
Nellessen, Joachim
Nemirovskij, German
Nestler, Wilfried
Neudecker, Bernhard
Neuhardt, Erwin
Neunteufel, Herbert
Niehoff, Bernd-Uwe
Nimis, Jens
Nitsch, Reiner
Noack, Hartmut
Nold, Georg
Nolting, Jürgen

Nürnberg, Reinhard
Oechsle, Rainer
Off, Thomas
Ohlhoff, Antje
Orb, Joachim
Orth, Andreas
Oßwald, Eva Maria
Ostermann, Rüdiger
Otten, Jürgen
Parzhuber, Otto
Paschedag, Holger
Paul, Manfred
Pavlista, Targo
Peinl, Rene
Pelz, Kuno
Penningsfeld, Andreas
Perrey, Sören Walter
Peschke, Helmut
Peter, Gerhard
Petermann, Uwe
Petkovic, Dusan
Pfeiffer, Guido
Pfeiffer, Volkhard
Pflug, Hans Joachim
Philip, Mathias
Piepke, Wolfgang
Piepmeyer, Lothar
Plaß, Andreas
Plaßmann, Gerhard
Plate, Jürgen
Pleier, Christoph
Plümicke, Martin
Pösl, Josef
Poguntke, Werner
Pohle, Regina
Poller, Jochem
Preisenberger, Markus
Preissler, Gabriele
Probst, Uwe
Prochnio, Erich
Pross, Dieter
Quade, Jürgen
Radlbeck, Werner
Raffius, Gerhard
Randerath, Hubert
Rascher-Friesenhausen, Richard
Ratka, Andreas
Rauch, Wolfgang
Rauchfuß, Joachim
Rauh, Klaus-Georg
Rauh, Otto
Rauscher, Reinhard
Rauscher, Thomas
Rehfeldt, Markus
Reich, Christoph
Reichardt, Dirk
Reichardt, Johannes
Reichhardt, Roland
Reißing, Ralf
Remke, Werner
Remus, Bernd
Renz, Burkhardt
Renz, Wolfgang
Ressel, Klaus
Reusch, Peter J. A.
Rexer, Günter
Rezagholi, Mohsen
Rezk-Salama, Christof
Richter, Carol
Richter, Detlef
Richter, Reinhard
Richter, Wieland
Rieck, Stefan
Rieckeheer, Rainer
Ries, Walter
Ringwelski, Georg
Rinn, Klaus
Rist, Thomas
Rjasanowa, Kerstin
Rock, Georg
Rogg, Steffen
Rogina, Ivica
Rohde, Waldemar
Rohrmair, Gordon Thomas
Rolka, Hans
Roosmann, Rainer
Rossak, Ines
Roth, Richard
Rothe, Irene
Rozek, Alfred
Ruck, Jürgen
Ruckdeschel, Wilhelm
Rudolph, Fritz Nikolai
Rüdebusch, Tom
Ruhland, Bernd
Rump, Frank
Ruppert, Martin
Salzmann, Helmut
Sauerbier, Thomas
Schade, Gabriele
Schäfer, Hans Artur
Schäfer, Karl-Herbert
Schäfer, Reinhold
Schäfers, Michael
Schaible, Philipp
Scharfenberg, Georg
Scheben, Ursula
Schebesta, Wolfgang
Scheidt, Jörg
Schell, Reiner
Schestag, Inge
Schicker, Edwin
Schied, Georg
Schiedermeier, Gudrun
Schiedermeier, Reinhard
Schiefer, Bernhard
Schiemann, Thomas
Schiering, Ina
Schimkat, Joachim
Schindler, Wolfgang
Schlenther, Manfred
Schlüter, Wolfgang
Schmid, Hans Albrecht
Schmidt, Fritz-Jochen
Schmidt, Gabriele
Schmidt, Gerhard
Schmidt, Joachim
Schmidt, Klaus-Jürgen
Schmidt, Thomas
Schmidtmann, Uwe
Schmitt, Bernd
Schmitt, Wolfgang
Schmitter, Ernst-Dieter
Schmitz, Heinz
Schmitz, Roland
Schnattinger, Klemens
Schneeberger, Josef
Schneider, Georg
Schneider, Jörg
Schneider, Jörn
Schneider, Jürgen
Schneider, Uwe
Schnörr, Claudius
Schöf, Stefan
Schöler, Thorsten
Schönecker, Anna-Lisa
Schönecker, Wolfgang
Scholl, Ingrid
Scholz, Jürgen
Scholz, Peter
Schorr, Ruth
Schramm-Wölk, Ingeborg
Schröder, Christian
Schröder, Hinrich
Schröder, Jürgen
Schrödter, Christian
Schröter, Jürgen
Schröter, Uwe
Schubert, Matthias
Schüle, Jürgen
Schütt, Henrik
Schütte, Alois
Schuhr, Peter
Schultes, Günter
Schultz, Jörg
Schulz, Konrad
Schulz, Uwe
Schulze, Jörg
Schurich, Bernd
Schwartz, Peter U.
Schwarz, Markus
Schwarzbeck, Karl
Schwerin, Marianne von
Schwick, Wilhelm
Seck, Rainer
Seidel, Helmar
Selder, Erich
Sesterhenn, Alfred
Siebert, Andreas
Sieck, Jürgen
Siepmann, Thomas
Singer, Peter
Söder, Alexander
Solymosi, Andreas
Spangenberg, Marietta
Sparmann, Gisela
Speck, Hendrik
Spittel, Ulrich
Stahl, Wolfgang
Stanierowski, Margret
Stark, Georg
Stark, Hans-Georg
Stark, Michael
Staudacher, Jochen
Staudt, Martin
Steffan, Rüdiger
Steger, Nikolaus
Stehling, Thomas
Steinbinder, Detlev
Steiner, Susanne
Steinke, Karl-Heinz
Steins, Andreas
Steiper, Frank
Stenzel, Horst
Stephan, Jörg
Stern, Andreas
Steyer, Frank
Stock, Bernd
Stockmanns, Gudrun
Stöhr, Peter
Störl, Uta
Stöwer-Grote, Ruth
Stork, Burkhard
Strahnen, Manfred
Straub, Tobias
Striegnitz, Jörg
Strohmayr, Rudolf
Strutz, Thilo
Stübner, Rudolf
Stütz, Bernhard
Sündermann, David
Tapken, Heiko
Taraszow, Oleg
Taube, Wolfgang
Tempelmeier, Theodor
Ternig, Joachim
Teynor, Alexandra
Thalhofer, Ulrich
Thews, Klaus
Thiel, Manfred
Thiele, Wolfram
Thielen, Herbert
Thies, Peter
Thomaschewski, Jörg
Tipp, Ulrich
Toenniessen, Fridtjof
Tolg, Boris
Tramberend, Henrik
Tran, Manh Tien
Treffert, Jürgen
Tronnier, Uwe
Tsakpinis, Athanassios
Tüxen, Michael
Ueberholz, Peer
Uelschen, Michael
Ulhaas, Klaus
Umlauf, Georg
Urban, Bernhard
Urban, Rolf
Valdivia, Anton
Veeser, Thomas
Veihelmann, Rainer
Völler, Reinhard
Vogelsang, Holger
Vogl, Ulrich
Volbert, Klaus
Vrugt, Jürgen te
Waas, Thomas
Wählisch, Georg
Wagenknecht, Christian
Wagner, Matthias
Wagschal, Hans-Herbert
Wahmkow, Christine
Walenda, Harry
Wallach, Dieter
Walser, Werner
Wambach, Richard
Wanner, Gerhard
Warendorf, Kai
Weber, Hans-Peter
Weber-Kurth, Petra
Weck, Reinhard
Wehrenpfennig, Andreas
Weidenhaupt, Klaus
Weidner, Petra
Weigert, Martin
Weik, Thomas Christian
Weiler, Karl Heinz
Weinert, Albrecht
Weinhardt, Markus
Weinkauf, Ronny
Weinreich, Ilona
Weis, Rüdiger
Weiß, Maximilian Franz
Weitz, Edmund
Wendholt, Birgit
Wentzel, Christoph
Wenzel, Paul
Werner, Günter
Westbombke, Jörg
Westerhoff, Brigitte
Westerkamp, Clemens
Westhoff, Dirk
Wiedemann, Thomas
Wiedling, Hans-Peter
Wierich, Reinhardt
Wiesmann, Stefan
Wietzke, Joachim
Wilde, Peter
Willms, Jürgen
Winkels, Heinz-Michael
Winter, Hermann
Winter, Rolf
Winterstein, Georg
Winz, Rainer
Witt, Kurt-Ulrich
Wöllhaf, Konrad
Wohlrab, Johannes
Wolf, Konrad
Wolf, Rudolf
Wollenweber, Peter
Wolters, Ludger
Wrenger, Burkhard
Wüst, Eberhard
Wüst, Klaus
Wulff, Alfred
Wulff, Nikolaus
Zacharias, Annette
Zeggert, Wolfgang
Zehner, Bernhard
Zeller, Martin
Zhou, Xiaolin
Zickfeld, Herbert
Ziegler, Ronald
Zielke, Thomas
Zimmer, Frank
Zimmer, Frank
Zimmer, Torsten
Zimmermann, Bernhard
Zimmermann, Frank
Zimmermann, Martin
Zimmermann, Thomas
Zöller-Greer, Peter
Zukunft, Olaf
Zyl, Christopher van

**Informationsmanagement**

Alm, Wolfgang
Becker, Peter
Bertram, Jutta
Beuschel, Werner
Böttcher, Roland
Braun, Frank
Capurro, Rafael
Caspers, Markus
Dillerup, Ralf
Dreier, Anne
Fank, Matthias
Gewald, Heiko
Gloystein, Heide
Goebel, Jürgen W.
Goepel, Manfred
Häber, Anke
Hänle, Michael
Hayek, Assad
Höppner, Frank
Hofmann, Georg Rainer
Jakob, Geribert
Kattler, Thomas
Keitz, Wolfgang von
Kmuche, Wolfgang
Lehmann, Jans-Marcus
Lieberam-Schmidt, Sönke
Martin, Reiner
Meyer, Silke
Michelson, Martin
Möbus, Matthias
Ohl, Bernhard
Otterbach, Andreas
Otto, Christian
Polster, Regina
Popp, Heribert
Rehfeldt, Markus
Rittberger, Marc
Ruf, Walter
Sauser, Jürgen
Schade, Frauke
Schäfermeier, Ulrich
Schenk, Birgit
Schmidt, Ralph
Scholz, Peter
Schugmann, Reinhard
Simon, Ingeborg
Spree, Ulrike
Stegemerten, Berthold
Tappenbeck, Inka
Verch, Ulrike
Vogt, Jörg-Oliver
Wagner, Franz
Wameling, Hubertus
Weber, Wibke
Weck, Reinhard
Wedemann, Gero
Wendland, Karsten
Wiesenmüller, Heidrun
Wilpers, Susanne
Wolf, Peter
Ziegler, Wolfgang

**Informationsrecht**

Kaufmann, Noogie C.

**Informationssysteme**

Alm, Wolfgang
Behm, Wolfram
Brauer, Johannes
Bruns, Ralf
Däßler, Rolf
Dübon, Karl
Feldes, Stefan
Gläser, Christine
Goll, Sigrun
Gräslund, Karin
Grebner, Robert
Greiner, Thomas
Gremminger, Klaus
Hänßgen, Klaus
Hartmann, Uwe
Hennings, Ralf-Dirk
Krabbes, Markus
Lang, Elke
Laux, Fritz
Leven, Franz-Josef
Lewandowski, Dirk
Lieblang, Enrico
Lipp, Michael
Menzel, Walter
Müller, Christian
Münchenberg, Jan
Neubauer, André
Peinl, Peter
Poetzsch, Eleonore
Pohlmann, Norbert
Preuß, Thomas
Rathke, Christian
Saatz, Inga
Saint-Mont, Uwe
Scheuring, Rainer
Schön, Dieter
Senger, Robert
Strohbeck, Uwe
Thiel-Clemen, Thomas
Toll, Axel
Tosse, Ralf
Viefhus-Veensma, Dieter
Vyhnal, Dieter
Weigand, Carsten
Wittig, Wolfgang S.
Zehbold, Cornelia

**Informationstechnik**

Albrecht, Wolfgang
Alznauer, Richard
Bauer, Michael
Baums, Dieter
Behrens, Michael
Bendl, Harald
Bennemann, Kerstin
Blankenbach, Karlheinz
Bölke, Ludger
Bruhn, Kai-Christian
Buchwald, W.-Peter
Bumiller, Gerd
Closs, Elisabeth
Depner, Eduard
Döring, Heinz
Dörner, Ralf
Eberhardt, Gerd
Edling, Thomas
Einemann, Edgar
Eitz, Gerhard
Fahr, Erwin
Felderhoff, Thomas
Felleisen, Michael
Fischer, Peter
Fromm, Peter
Funk, Wolfgang
Galliat, Tobias
Gebhardt, Karl Friedrich
Geeb, Franziskus
Gennis, Martin
Gerdes, Johannes
Gerhards, Ralf
Giefing, Gerd-Jürgen
Gloystein, Frank
Göpfert, Alois
Gross, Bernhard
Guddat, Martin
Häberer, Rainer
Hahn, Helmut
Hause, Jochen
Hege, Ulrich
Herrler, Hans-Jürgen
Hoch, Rainer
Höptner, Norbert
Hohenberg, Gregor
Holt, Volker von
Honke, Robert
Hopf, Gregor
Horn, Manfred
Jacobi, Wolfgang
Jäger, Rudolf
Kapels, Holger
Karg, Christoph
Kell, Gerald
Kern, Uwe
Kesel, Frank
Kleinmann, Karl
Knittel, Elke
Knorz, Gerhard
Koch, Andreas
Kölzer, Hans Peter
Konert, Bertram
Krüger, Manfred

Kuhn, Dietrich
Kunold, Ingo
Kurdelski, Lutz-Peter
Kutzner, Rüdiger
Lajmi, Lilia
Lavrov, Alexander
Maschen, Rainer
Massoth, Michael
Mayr, Peter
Münzner, Roland
Neher, Günther
Neuhaus, Dirk
Neuschwander, Hans Werner
Niebel, Ludwig
Niehe, Stefan
Niemann, Frank
Nitsche-Ruhland, Doris
Parthier, Rainer
Patzke, Joachim
Pfeiffer, Martin
Pohl, Hartmut
Rätz, Detlef
Rech, Wolf-Henning
Reichardt, Jürgen
Rich, Christian
Richter, Axel
Riemschneider, Karl-Ragmar
Ritz, Thomas
Roderus, Helmut
Röthig, Jürgen
Ruby, Volker
Sauvagerd, Ulrich
Schenk, Birgit
Schmitz, Roland
Schneider, Jochen
Schnur, Bernd
Scholl, Margit
Schoof, Sönke
Schröder, Hinrich
Schubert, Franz
Schultz, Alfred
Schulz, Peter
Schwenzfeier-Hellkamp, Eva
Schwinn, Bernd
Siggelkow, Andreas
Stahl, Holger
Steffen, Werner
Stichler, Markus
Stockmayer, Friedemann
Stroetmann, Karl
Swik, Rolf
Thiele, Reiner
Tolkiehn, Günter-Ulrich
Trautwein, Michael
Troll, Christian
Uhl, Christian
Versch, Ursula
Villiger, Claudia
Vogt, Marcus
Vollmer, Jürgen
Vollmer, Jürgen
Walter, Jürgen
Wehmeier, Jörg
Weigel, Inge
Westhoff, Dirk
Weyer, Matthias
Wißing, Norbert
Wohlfeil, Stefan
Wohlrab, Jürgen
Wunderatsch, Hartmut
Zomotor, Zoltán Ádam

**Informationswirtschaft**

Behm, Wolfram
Dressler, Sören
Gundlach, Hardy
Hoppe, Bernhard M.
Jörs, Bernd
Köpke, Wilfried
Kolb, Arthur
Mundt, Sebastian
Pietsch, Thomas
Schaa, Gabriele
Sutor, Michael
Thiel, Michael

**Infrastruktur**

Holldorb, Christian
Kühnel, Holger
Sossoumihen, André
Wohlfahrt, Norbert

**Ingenieurbiologie**

Grübl, Fritz
Heilmann, Andreas
Johannsen, Rolf
Kausch, Ellen

**Ingenieurgeologie**

Jenkner, Bernd
Mönicke, Hans-Joachim

**Ingenieurinformatik**

Albrecht, Wolfgang
Borchsenius, Fredrik
Bregulla, Markus
Breitzke, Gudrun
Dannenmann, Peter
Ertel, Susanne
Gerling, Rainer W.
Grebe, Andreas
Großmann, Daniel
Joppich, Wolfgang
Küpper, Tilman
Mechlinski, Thomas
Meroth, Ansgar
Milde, Jan-Thorsten
Nemirovskij, German
Rosenthal, Dieter
Rupp, Andreas
Schädler, Kristina
Schaper, Gerhard
Schlingensiepen, Jörn
Schlosser, Michael
Schmitt-Braess, Gaby
Schneider, Axel
Schumann-Luck, Axel
Selting, Petra
Stiefenhofer, Matthias
Veihelmann, Rainer
Weisgerber, Albert
Winnesberg, Dan

**Ingenieurwesen**

Arens-Fischer, Wolfgang
Baumgart, Rudolf
Behmer, Udo
Buchholz, Detlev
Budde, Lothar
Christmann, Mike
Dörfler, Joachim
Ebke, Peter
Friederich, Heinrich
Fuchß, Otmar
Glunk, Michael
Grebing, Gerhard
Günzel, Detlef
Hartmann, Kilian
Herold, Jörg
Holzbaur, Ulrich
Illgner, Hans-Joachim
Jaich, Harald
Kaimann, Andrea
Karpe, Jan
Kauf, Florian
Kirchartz, Karl-Reiner
Koch, Ralf
Köhler, Lutz
Kothe, Klaus-Dieter
Krause, Jürgen
Löffler, Axel
Logemann, Manfred
Mockenhaupt, Andreas
Mohnert, Andrea
Nebgen, Nikolaus
Pauli, Walter
Reimann, Hans-Achim
Reusch, Hans-Dieter
Röhrs, Werner
Schimmelpfennig, Karl-Heinz
Schoen, Dierk
Schwarze, Gerhard
Sporbert, Karl
Voigt, Michael
Wenk, Hans-Dieter
Wucherer, Klaus
Zinnen, Andreas

**Innenarchitektur**

Baron, Gerd
Baumgarten, Karl-Michael
Bertram, Anke
Bielenski, Helmut
Bleher, Lars
Brenninkmeijer, Susanne
Chestnutt, Rebecca
Dornbusch, Stefan
Eickholt, Jan
Filter, Eva
Fischer, Horst
Gehr, Rainer
Gerhards, Carsten
Goebel, Klaus Peter
Grillitsch, Wolfgang
Günster, Armin
Haag, Kai
Hack, Achim
Haegele, Rainer
Hebensperger-Hüther, Hans-Peter
Hock, Rainer
Jeschke, Christina
Junker, Susanne
Kiefer, Johannes
Kintzinger, Werner
Koechert, Suzanne
Korschildgen, Stefan
Krauter, Antje
Kunze, Ralf
Lochner, Irmgard
Maisch, Sybille
Marlow, Kay
Mensing, Anke
Menzel, Bettina
Münzing, Uwe
Muñoz de Frank, Carmen
Ossler, Jörg
Raiser, Hartmut A.
Rokahr, Bernd
Rudnik, Michael
Schabbach, Wolfgang
Schricker, Rudolf
Schultz, Kerstin
Stankovic, Marina
Strobl, Wolfgang
Stübler, Wolfgang
Walker, Colin
Weber, Günter Lois
Weber, Josef
Weinand, Herbert
Wiesemann, Heribert
Wiewiorra, Carsten

**Innenpolitik**

Berghahn, Sabine

**Innere Medizin**

Fenchel, Klaus

**Innovationsmanagement**

Bernecker, Michael
Blum, Ralph
Charzinski, Joachim
Franke, Jutta
Furgaç, Izzet
Gramss, Rupert
Hentschel, Claudia
Herbermann, Hans-Joachim
Jeschke, Kurt
Kaiser, Andreas
Kasprik, Rainald
Kirner, Eva
Klaffke, Martin
Kolo, Castulus
Kopf, Heiko
Mieke, Christian
Muller, Emmanuel
Poech, Angela
Reinemann, Holger
Scharf, Andreas
Schrank, Randolf
Schuppan, Norbert
Seeger, Kerstin
Sell, Clifford
Thomzik, Markus
Weißbach, Hans-Jürgen
Wittmann, Robert
Zschiedrich, Harald

**Instrumentalmusik**

Glemser, Wolfgang
Greiner, Bert
Wall, Gudrun

**Instrumentelle Mathematik**

Backhaus, Jürgen
Fink, Wolfgang
Schlitter, Klaus

**Intensivmedizin**

Busse, Cord

**Interkulturelle Erziehungswissenschaft**

Bartmann, Sylke
Eggert-Schmid Noerr, Annelinde
Soultanian, Nataliya

**Interkulturelle Kommunikation**

Apfelbaum, Birgit
Bauer, Ulrich
Berninghausen, Jutta
Bügner, Torsten
Busch-Lauer, Ines
Chung, Jae Aileen
Franklin, Peter
Gatz, Jürgen
Hinnenkamp, Volker
Kurz, Isolde
Leuthäusser, Werner H. K.
McDonald, James
Maráz, Gabriella
Nick, Peter
Otten, Matthias
Rösch, Olga
Rose-Neiger, Ingrid
Salat, Ulrike
Scheible, Daniel H.
Selke, Stefan
Stelling, Barbara
Tang, Lijun
Zaharka, Sharon

**Internationale Beziehungen**

Ahrens, Joachim
Lempp, Jakob
Mochmann, Ingvill C.
Molen, Jan van der

**Internationale Wirtschaftsbeziehungen**

Abstein, Günther
Addicks, Gerd
Altmann, Jörn
Bass, Hans-Heinrich
Binckebanck, Lars
Brüggelambert, Gregor
Hammer, Otto H.
Hassemer, Konstantin
Hirata, Johannes
Hoffmeister, Mike
Krämer, Hagen
Lebrenz, Christian
LoBue, Robert M.
Mayer, Thomas
Mochmann, Ingvill C.
Mürdter, Heinz
Murzin, Marion
Pförtsch, Waldemar
Pleitgen, Verena
Ribberink, Natalia
Rüden, Bodo von
Sabry, M. Ashraf
Schiffels, Edmund
Schmidkonz, Christian
Schuster, Heinz-Werner
Schwill, Jürgen
Semlinger, Klaus
Singer, Wolfgang

**Internationales Recht**

Blasek, Katrin
Buck, Holger
Gülbay-Peischard, Zümrüt
Köster, Heike
Petersen, Karin
Schäfer, Peter
Stallmann, Christian
Tapella, Frank

**Islam**

Flores, Alexander
Wenzel, Heiko

**Isotope**

Schrewe, Ulrich

**Jagd**

Gärtner, Sigmund
Rieger, Siegfried
Schönfeld, Fiona

**Japanologie**

Goydke, Tim Thomas

**Journalistik**

Banholzer, Volker Markus
Baum, Achim
Bloom-Schinnerl, Margareta
Böhne-Di Leo, Sabine
Boitz, Matthias
Brandstetter, Barbara
Dernbach, Beatrice
Dornhege, Hermann
Elter, Andreas
Ferdinand, Stephan
Frühbrodt, Lutz
Große, Jens
Hermann, Renate
Hochscherf, Tobias
Jürgens, Ernst
Kantara, John A.
Kettig, Silke
Korol, Stefan
Krone-Schmalz, Gabriele
Lennardt, Stefan
Leßmöllmann, Annette
Liebig, Martin
Lorenz-Meyer, Lorenz
Moritz, Kilian
Müller, Horst
Müller, Jens
Müller, Martin
Nowak, Eva
Obermeier, Karl-Martin
Otto, Kim
Pleil, Thomas
Rau, Harald
Rumphorst, Reinhild
Schelske, Andreas
Schenkel, Renatus
Schmidt, Bernd
Schümchen, Andreas
Schumacher, Peter
Sutor, Michael
Swoboda, Wolfgang H.
Tanaka, Tsunemitsu
Vielwerth, Richard
Voges, Rainer
Weber, Wilhelm
Weichert, Stephan
Weichler, Kurt
Welker, Martin
Werner, Petra
Wickert, Ulrich
Witte, Barbara
Wuschig, Ilona

**Jugend, Jugendliche**

Bräutigam, Barbara
Floerecke, Peter
Hellmann, Wilfried
Lang, Susanne
May, Michael
Nahrwold, Mario
Schröder, Achim
Simon, Titus
Stüwe, Gerd

**Jugendrecht**

Becker-Schwarze, Kathrin
Benner, Susanne
Bernzen, Christian
Bitz, Hedwig
Bohnert, Cornelia
Brosch, Dieter
Gerlach, Florian
Hassemer, Raimund
Kuhn-Zuber, Gabriele
Moritz, Heinz Peter
Nahrwold, Mario
Northoff, Robert
Spieß, Gesine
Sutter, Carolin
Wabnitz, Reinhard

**Jugendstrafrecht**

Finke, Betina
Goldberg, Brigitta
Zimmermann, Dieter

**Kältetechnik**

Boiting, Bernd
Esper, Günter
Hahn, Holger
Hilligweg, Arnd
Janssen, Jan
Maurer, Thomas
Siegismund, Volker
Wobst, Eberhard

**Kardiologie**

Schmailzl, Kurt J. G.
Weber, Hans-Joachim

**Kartographie**

Berger, Arno
Buzin, Reiner
Domnick, Immelyn
Forster, Eva-Maria
Freckmann, Peter
Helbig, Rolf Falk
Hillmann, Tobias
Klauer, Rolf
Kowanda, Andreas
Müller, Martina
Panajotov, Ivan
Ripke, Ursula
Schweikart, Jürgen
Weisensee, Manfred

**Katholische Theologie**

Lochbrunner, Manfred
Sandherr, Susanne

**Kernphysik**

Hoyler, Friedrich
Kern, Thomas
Müller-Veggian, Mattea
Rauschnabel, Kurt
Reusch, Hans-Dieter
Scheibel, Hans Georg
Zimmerschied, Wolfgang

**Kerntechnik**

Bantel, Michael
Meinrath, Günther
Raiber, Thomas

**Kinder- und Jugendliteratur**

Kaminski, Winfred
Krüger, Susanne

**Kinder- und Jugendpsychiatrie**

Caby, Andrea
Titze, Karl

**Kinder- und Jugendpsychologie**

Borg-Laufs, Michael
Dammasch, Frank
Kalicki, Bernhard
Moré, Angela

**Kindheitsforschung**

Dreier, Anette
Eggers, Maisha-Maureen
Ekinci-Kocks, Yüksel
Geene, Raimund
Hungerland, Beatrice
Kraus, Elke
Musiol, Marion
Schulze, Heike

**Kinetik**

Schlägel, Matthias

**Kirchengeschichte**

Albani, Matthias
Haas, Reimund
Heiser, Andreas
Moll, Helmut
Rothkegel, Martin
Schuler, Ulrike
Stritzky, Maria-Barbara von
Wind, Renate

**Kirchenrecht**

Ahlers, Reinhild

**Klimaanlagen, Luftreinigung**

Albers, Karl-Josef
Bendel, Hans-Peter
Franzke, Uwe
Glöckler, Michael
Hörner, Berndt
Reich, Gerhard
Spinner, Wolfgang

**Klinische Pharmakologie**

Müller, Ingrid

**Klinische Psychologie**

Borcsa, Maria
Braun, Richard
Gahleitner, Silke
Heekerens, Hans-Peter
Helle, Mark
Hillecke, Thomas
Karim, Ahmed A.
Köhler, Denis
Nowacki, Katja
Röh, Dieter
Roesler, Christian
Rückert, Norbert
Schnell, Thomas
Titze, Karl
Völkel, Petra
Wälte, Dieter
Weber, Klaus
Wendel, Claudia
Wiegand-Grefe, Silke
Wilker, Friedrich-Wilhelm
Zach, Ulrike

**Kognitionsforschung**

Blaschke, Stefan

**Kolbenmaschinen**

Albrecht, Rainer
Beckmann, Wolfgang
Deußen, Norbert
Hage, Friedhelm
Heidrich, Peter
Herzog, Klaus
Hilger, Ulrich
Krause, Horst-Herbert
Kuhnt, Heinz-Werner
Nieratschker, Willi
Schreiner, Klaus
Schroeder, Christian
Taschek, Marco
Todsen, Uwe
Uhe, Heinrich
Watter, Holger
Wiesche, Stefan aus der
Windisch, Herbert
Zehner, Friedhelm

**Kommunale Verwaltung**

Ade, Klaus
Mayer, Volker
Pattar, Andreas
Schuster, Falko
Wortmann, Rolf

**Kommunalrecht**

Attendorn, Thorsten
Bätge, Frank
Beckmann, Edmund
Brettschneider, Dieter
Hofmann, Harald
Prillwitz, Günther
Witt, Paul

**Kommunikationsdesign**

Adler, Florian
Albert, Christine
Baumgart, Klaus
Baviera, Michele
Bechtold, Andreas P.
Beck, Jörg
Beiderwellen, Kai
Bergner, Anne
Beuker, Ralf
Beyrow, Matthias
Bottema, Joost
Braemer, Silke
Bufler, Stefan
Dickel, Jochen
Draxler, Helmut
Dreher, Christoph
Dreyer, Michael
Eydel, Katja
Fackiner, Christine
Fleischmann, Ulrich
Friedrich, Volker
Göldner, Frank
Gohl, Erich
Grieshaber, Judith
Hamilius, Jean-Claude
Hegewald, Wolfgang
Heitmann, Hans
Hoffmann, Jürgen
Jakobs, Helmut
Jung, Richard
Kabel, Peter
Kaiser, Karin
Knézy-Bohm, Matthias
Kolaschnik, Axel
Kotulla, Hans-Jörg
Krämer, Hans
Kraus, Thorsten
Kullack, Tanja
Lecon, Carsten
Leonardi, Alessio
Lialina, Olia
Lindauer, Armin
Mahlstedt, Michael
Müller, Boris
Müllner, Gudrun
Nikolaus, Ulrich
Nolte, Gertrud
Paulmann, Robert
Quass von Deyen, Rüdiger
Ramm, Diddo
Rondo, Julio
Schendzielorz, Ulrich
Schwarz, Jürgen
Siegert, Matthias
Switzer, Brian
Thiermeyer, Michael
Voullième, Helmut
Weißmantel, Ralf
Wickert, Jo
Wöhlbier, Hartmut
Wormbs, Valentin
Wyrwich, Heinrich

**Kommunikationsforschung**

Ebert-Steinhübel, Anja
Hentschel, Ingrid
Matheis, Alfons
Möhring, Wiebke
Rothfuss, Uli
Schmidt, Bernd B.
Schweizer, Joerg-Erwin
Selke, Stefan
Thiele, Michael
Wehner, Christa

**Kommunikationsgeschichte**

Düchting, Susanne

**Kommunikationsnetze**

Breide, Stephan
Charzinski, Joachim
Chen, Shun Ping
Diehl, Norbert
Dünte, Karsten
Duque-Anton, Manuel
Geib, Bernhard
Gober, Peter
Grzemba, Andreas
Heinemann, Elisabeth
Hellbrück, Horst
Kraetzschmar, Gerhard K.
Philippsen, Hans-Werner
Pollakowski, Martin
Scheerhorn, Alfred
Scheffler, Thomas
Seifert, Manfred
Surmann, Hartmut
Toll, Axel
Tosse, Ralf
Wamsler, Andreas
Weidhase, Frieder
Wermser, Diederich
Winter, Jürgen

**Kommunikationspsychologie**

Braun, Richard
Dentler, Peter
Graf-Szczuka, Karola
Hauck, Georg
Kochhan, Christoph
Mangold, Roland
Rettenwander, Annemarie
Stief, Mahena
Stumpf, Siegfried
Winter, Stefanie

**Kommunikationstechnik**

Aichele, Martin
Aschmoneit, Tim
Badri-Höher, Sabah
Benkner, Thorsten
Berlemann, Jochem
Binder-Hobbach, Jutta
Birkel, Ulrich
Blod, Gabriele
Böhm, Stephan
Böhmer, Stefan
Böttcher, Manfred
Brückner, Hans-Josef
Carl, Holger
Collmann, Ralph
Cramer, Stefan
Dahmen, Norbert
Delport, Volker
Doeringer, Willibald
Eizenhöfer, Alfons
Feske, Klaus
Fischer-Hirchert, Ulrich
Gabriel, Roland
Galliat, Tobias
Gebhard, Harald
Giefing, Gerd-Jürgen
Gloystein, Frank
Gmeiner, Lothar
Göbel, Richard
Gustrau, Frank
Habedank, Georg
Herbig, Albert
Hötter, Michael
Hoier, Bernhard
Hübner, Christof
Jetzek, Ulrich
Karrasch, Günter
Kastell, Kira
Klein, Rüdiger
Koch, Michael
Körner, Eckhart
Krauß, Herbert
Kröger, Peter
Kruse, Silko-Matthias
Küpper, Detlef
Laskowski, Michael
Lavrov, Alexander
Lehrndorfer, Anne
Li, Aininig
Lochmann, Steffen
Martin, Utz
Massar, Rolf
Matzke, Frank
Mewes, Hinrich
Michael, Thomas
Mores, Robert
Mugler, Albrecht
Muthig, Jürgen
Nawrocki, Rainer
Pross, Dieter
Riekert, Wolf-Fritz
Ritz, Thomas
Roer, Peter
Rose-Neiger, Ingrid
Schober, Martin
Schultheis, Rüdiger
Schwandt, Bernd
Schwarzenau, Dieter
Seelinger, Anette
Seimetz, Matthias
Seja, Christa
Sethmann, Richard
Siegmund, Gerd
Skupin, Wolfgang
Steil, Andreas
Terzis, Anestis
Theobald, Konrad R.
Tönjes, Ralf
Toll, Axel
Trottler, Karl
Uhl, Tadeus
Veihelmann, Rainer
Vogt, Jörg
Winckler, Jörg
Winkler, Lutz
Wolf, Klaus
Zeisberg, Sven

**Kommunikationswissenschaften**

Altendorfer, Otto
Apfelbaum, Birgit
Ballstaedt, Steffen-Peter
Batz, Thomas
Baum, Achim
Baumert, Andreas
Bischoff, Johann
Braun, Daniela
Buchholz, Ulrike
Bürker, Michael
Daberkow, Karlheinz
Dirkers, Detlev
Düwal, Klaus
Friedrich, Thomas
Grieshaber, Judith
Grimm, Petra
Grygo, Harald
Hagstotz, Werner
Hohl, Eberhard
Ibenthal, Achim
Kocks, Klaus
Krein-Kühle, Monika Johanna
Kruse, Astrid
Lepsky, Klaus
Lowry, Stephen
Mayer, Claudia
Müller, Andreas P.
Naderer, Gabriele
Osterheider, Felix
Pflaum, Dieter
Pohmer, Karl-Heinz
Quack, Helmut
Rehn, Marie-Luise
Rota, Franco P.
Ruping, Bernd
Rust, Christoph
Scheewe, Petra
Scheja, Joachim
Schmidtke, Knut
Schneider-Böttcher, Irene
Schröer, Norbert
Schütte, Dagmar
Schulisch-Höhle, Olga
Schwarz, Jürgen
Schwermer, Rolf
Simeon, Thomas
Straßburger, Heidi
Tropp, Jörg
Wagner, Kirsten
Wagner, Rose

**Konstruktionslehre**

Anspach, Konstanze
Arendt, Jürgen
Asch, Andreas
Balken, Jochen
Baumgarth, Rolf
Baur, Walter
Bayerdörfer, Isabel
Behler, Helmut
Beneke, Frank
Benner, Joachim
Beyer, Hans-Joachim
Blaurock, Jochen
Blechschmidt, Jürgen
Blohm, Peter W.
Boesche, Benedict
Bonnen, Clemens
Borstell, Detlev
Boryczko, Alexander
Bothen, Martin
Bruns, Thorsten
Butsch, Michael
Capanni, Felix
Dalhoff, Peter
Daryusi, Ali
Derhake, Thomas
Diersen, Paul
Diesing, Harald
Donga, Markus
Dorn, Rainer
Dürkopp, Klaus
Ebert, Jörg
Eichinger, Peter
Eiff, Helmut von
Eisele, Dietmar
Emde, Markus
Emminger, Andreas
Enewoldsen, Patrick
Engelken, Gerhard
Essig, Mathias
Estana, Ramon
Fank, Peter
Faßbender, Axel
Figel, Klaus
Fischer, Dieter
Fischer, Wilfried
Fleischmann, Patrick
Floß, Alexander
Förschler, Ulrike
Franz, Matthias
Friebel, Wolf-Christoph
Friedhoff, Joachim
Friedrich, Alexander
Frieske, Hans-Jürgen
Fritz, Johannes
Fröhlich, Peter
Gärtner, Sven
Gerloff, Peter
Gerster, Roland
Grädener, Erik
Gschwendner, Peter
Günzel, Detlef
Gusig, Lars-Oliver
Habedank, Winrich
Hader, Peter
Hagen, Bernd
Hahn, Walter
Hain, Karl
Hakenesch, Peter René
Halstenberg, Klaus
Hannibal, Wilhelm
Hansen, Martin
Hasenpath, Jochen
Hausch, Karl-Jürgen
Haynold, Gerhard
Heinzelmann, Michael
Helmstädter, Karl-Heinz
Hentschel, Frank
Hettesheimer, Edwin

Hierl, Rudolf
Hierl, Stefan
Hiltmann, Kai
Hitzel, Achim
Hoder, Hilmar
Höhne, Matthias
Hofmann, Dominikus
Holfeld, Andreas
Hoppermann, Andreas
Hornfeck, Rüdiger
Huber, Otto
Huber, Rudolf
Jacoby, Alfred
Jäckel, Gisbert
Jäger, Karl-Werner
Jahr, Andreas
Jankowski, Elvira
Karbe, Roger
Kicherer, Rolf
Kiesewetter, Willi
Kilb, Thomas
Kilian, Matthias
Kister, Johannes
Klasmeier, Ulrich
Klausner, Michael
Kleinschnittger, Andreas
Klement, Werner
Klinger, Friedrich
Knauer, Gerhard
Knoche, Christian
Kochem, Winfried
Köhler, Hanns
Körner, Michael
Kohlweyer, Georg
Kohnen, Gangolf
Kollenrott, Friedrich
Kränzle, Nikolaus
Kramer, Gerhard
Krökel, Walter
Kubisch, Jürgen
Kuchar, Peter
Kurella, Ulf
Kurz, Otto
Langeloth, Gernot
Langer, Horst
Leemhuis, Helen
Lege, Burkhard
Leibl, Peter
Leonhardt, Matthias
Lewitzki, Wilfried
Lichtenberg, Gerd
Lindner, Matthias
Löffler, Anthusa
Luckmann, Klaus-Dieter
Lückmann, Rudolf
Maedebach, Mario
Mahn, Uwe
Manthei, Gerd
Maurer, Christoph
Mayer, Wilfried
Meier, Klaus
Meissner, Andreas
Mellwig, Dieter
Menck, Ditmar
Menzel, Klaus
Meyer-Eschenbach, Andreas
Meynen, Sebastian
Micklisch, Günter
Mihatsch, Guido
Möllenkamp, Christian
Moll, Klaus-Uwe
Moos, Karl-Heinz
Müller, Michael
Müller, Udo
Naefe, Paul
Neef, Joachim
Nerger, Falk
Nitsche, Klaus
Okulicz, Konrad
Ott, Gerhard
Pahl, Siegfried
Palm, Herbert
Pape, Eva-Maria
Peschges, Klaus-Jürgen
Peters, Michael
Petry, Helmut
Pfeffer, Michael
Phleps, Ulrike
Pinkau, Stephan
Plank, Manfred
Plastrotmann, Karl
Plewe, Hans-Jürgen
Pudig, Carsten
Pyttel, Thomas
Rausnitz, Tihomil
Reglich, Wolfgang
Reichel, Herbert
Reinert, Uwe
Reuter, Martin
Reymendt, Jörg Peter
Richter, Christoph Hermann
Richter, Hubertus
Röbig, Wolfgang
Römhild, Iris
Rohbeck, Norbert
Rolfes, Stephan
Rumpler, Erhard
Saller, Michael
Sandner, Thomas
Sankol, Bernd
Sauer, Thorsten
Sax, Antonius
Schäfer, Frank Helmut
Schäfer, Jürgen
Schäfers, Christian
Schaeffer, Thomas
Schegk, Ingrid
Schertler, Wolfram
Scherzer, Rolf
Schiefer, Ekkehard
Schinke, Bernd
Schirmer, Karen-Sibyll
Schirrmacher, Heiko
Schlüter, Andreas
Schmalzl, Hans-Peter
Schmid, Michael
Schober, Heinz
Schönherr, Michael
Schreiber, Harold
Schubert, Karsten
Schuchard, Klaus
Schürmann, Erich
Schul, Claus
Schulz, Bernd
Schumacher, Eduard
Schwarzbart, Kenn
Schwarze, Bernd
Seider, Werner
Siebertz, Otmar
Siemon, Bernhard
Siemroth, Karin
Simon, Sylvio
Song, Linn
Spensberger, Christoph
Spörer, Reinhard
Stahl, Holger
Steffen, Torsten
Steinführer, Gerd
Steinwender, Florian
Stellberg, Michael
Stettmer, Josef
Stier, Karl-Heinz
Stolp, Wolfram
Strache, Wolfgang
Stridde, Walter
Stürmer, Ulf
Sundermann, Manfred
Teubner, Roland
Thole, Peter
Tönsmann, Alfred
Tooten, Karl-Heinz
Tremmel, Dieter
Tretow, Hans-Jürgen
Tripler, Karlheinz
Uhlig, Walter Reinhold
Villmer, Franz-Josef
Wagner, Hans Dieter
Wagner, Martin
Wagner, Michael
Wahle, Ansgar
Waldt, Nils
Wallrich, Manfred
Wassermann, Helmut
Weber, Peter
Weege, Rolf-Dieter
Weidermann, Frank
Weiser, Hans-Peter
Weißenbach, Andreas
Wernicke, Jürgen
Westerholz, Arno
Wetteborn, Klaus
Wienbreyer, Joachim
Wilhelms, Sören
Wilk, Sabrina
Wilke, Sybille
Winter, Jürgen
Wißerodt, Eberhard
Wollfarth, Matthäus
Zapke, Wilfried
Ziller, Siegmund
Zollner, Manfred

**Konstruktionstechnik**

Adamek, Jürgen
Baalmann, Klaus
Bode, Hartmut
Bubenhagen, Hugo
Busch, Christian
Ehinger, Martin
Feldmann, Herbert
Feyerabend, Franz
Heidemann, Bernd
Horoschenkoff, Alexander
Jensen, Rainer
Kalliwoda, Werner
Kampf, Marcus
Killmey, Hilmar
Knoll, Wolf-Dietrich
Kramer, Jost
Lange, Jürgen
Lipp, Andrea
Lori, Willfried
Niedermeier, Michael
Perponcher, Christian von
Petry, Markus
Piwek, Volker
Rauer, Jörg
Riedl, Alexander
Rönnebeck, Horst
Schlingheider, Jörg
Schnegas, Henrik
Schweiger, Gunter
Sompek, Hansjörg
Suchandt, Thomas
Tenzler, Andreas
Vogel, Manfred
Wagner, Hermann
Wellnitz, Jörg
Wirries, Detlef
Wyndorps, Paul
Zörner, Wilfried

**Konzernmanagement**

Dolles, Harald
Feuerstein, Stefan
Peters, Gerhard
Quenzler, Alfred

**Korrosion**

Abel, Hans-Jürgen
Feser, Ralf

**Kraftfahrzeugtechnik**

Baumgärtel, Christian
Bill, Karlheinz
Bischoff, Gregor
Breuer, Stefan
Brückner, Norbert
Buch, Gabriele
Dimter, Tom
Herzog, Klaus
Hoffmann, Werner
Jäckle, Martin
Kramer, Florian
Liskowsky, Volker
Müller, Stefan
Nagel, Lutz
Pfeifer, Michael
Rodewald, Hanns-Lüdecke
Stedtnitz, Werner
Thein, Matthias
Thesenvitz, Manfred
Tiemann, Rüdiger C.
Zikoridse, Gennadi

**Kraftwerkstechnik**

Bergerfurth, Antonius
Brautsch, Andreas
Diedrichs, Volker
Janßen, Holger
Jung, Uwe
Neef, Matthias
Pels Leusden, Christoph

**Krankenhaushygiene**

Winter, Gerhard

**Krankenhauswesen**

Clausdorff, Lüder
Lehr, Bosco
Schenkel-Häger, Christoph
Schmidt-Rettig, Barbara
Thiele, Günter

**Krankenpflege**

Moers, Martin
Schenk, Olaf
Schrader, Ulrich

**Kreditwirtschaft**

Becker, Torsten
Beyer, Hans-Martin
Blattner, Peter
Charifzadeh, Michael
Ehrhardt, Olaf
Eickenberg, Volker
Fahling, Ernst
Feldkämper, Ulrich Johannes
Fölkersamb, Rüdiger von
Hensberg, Claudia
Hettich, Christof
Heyden, Christian von der
Hock, Thorsten
Kolb, Alexander
Langemeyer, Heiner
Maurer, Kai-Oliver
Mostowfi, Mehdi
Noosten, Dirk
Otterbach, Andreas
Randall, Victor
Rosar, Maximilian
Schauerte, Thomas
Siemon, Cord
Tomfort, André
Wasmayr, Bernhard
Wien, Andreas
Wieneke, Herbert
Wogatzki, Gerald

**Kriminologie**

Behr, Rafael
Cornel, Heinz
Denkowski, Cordula von
Goldberg, Brigitta
Gransee, Carmen
Gundlach, Thomas
Haas, Ute Ingrid
Janssen, Helmut
Kühnel, Wolfgang
Kurze, Martin
Liebl, Karlhans
Ludwig, Heike
Maschke, Werner
Ohder, Claudius
Pick, Alexander
Plath, Sven Christoph
Reidel, Alexandra-Isabel
Richter, Sigmar-Marcus
Schmelz, Gerhard
Trenschel, Wolfgang
Weber, Wilhelm

**Kristallographie**

Kloster, Ulrich
Thomas, Noel

**Künstliche Intelligenz**

Buhr, Edzard de
Buhr, Rainer
Cleve, Jürgen
Henrich, Wolfgang
Hollunder, Bernhard
Justen, Konrad
Klauck, Christoph
Klemke, Gunter
Lämmel, Uwe
Lehmann, Peter
Leven, Franz-Josef
Meyer, Uwe
Meyer-Fujara, Josef
Pätzold, Walter
Schäfer-Richter, Gisela
Schönherr, Siegfried
Schwenzfeger, Gunther
Seutter, Friedhelm
Taraszow, Oleg

**Kulturgeographie**

Klühspies, Johannes

**Kulturgeschichte**

Beaugrand, Andreas
Binas, Eckehard
Blanchebarbe, Ursula
Deicher, Susanne
Frei, Alfred
Jamaikina, Jelena
Mextorf, Lars
Vetter, Andreas K.

**Kulturmanagement**

Einbrodt, Ulrich
Geyer, Hardy
Götz, Martin
Hasenkox, Helmut
Josties, Elke
Kiel, Hermann-Josef
Koch, Angela
Mühlböck, Astrid
Vermeulen, Peter
Wünsch, Ulrich

**Kulturphilosophie**

Nühlen, Maria

**Kulturpolitik**

Vogt, Matthias Theodor

**Kultursoziologie**

Erdmann-Rajski, Katja
Fitzek, Herbert

**Kulturwissenschaften**

Christian, Abraham David
Gorny, Dieter
Iken, Adelheid
Krämer, Eberhard A.
Meis, Mona Sabine
Munkwitz, Matthias
Oberste-Lehn, Herbert
Petruschat, Jörg
Rothfuss, Uli
Rummel-Suhrcke, Ralf
Schweppenhäuser, Gerhard
Tischer, Matthias
Utikal, Iris
Wagner, Kirsten
Zacharias, Wolfgang

**Kunst**

Brandt, Jochen
Christian, Abraham David
Fabo, Sabine
Gussek, Jens
Hefuna, Susan
Kaiser, Andreas
Kohlmann, Matthias
Leyener, Annette
Majer, Hartmut
Mayer-Brennenstuhl, Andreas
Mussgnug, Wolfgang
Pocock, Philip
Reiling, Erich
Schallenberg, Brigitte
Schönwart, Volker
Stockhammer, Johann
Zuber, Isabell

**Kunsterziehung**

Dorner, Birgit
Gölz, Friederike
Harlan, Volker
Meis, Mona Sabine
Müller-Pflug, Bernd
Schmid, Gabriele
Schulze, Constanze
Theis, Cony
Westendorp, Hermanus
Wolf, Elke

**Kunstgeschichte**

Bader, Roswitha
Brix, Michael
Deicher, Susanne
Diener, Michaela
Driller, Joachim
Düchting, Susanne
Einholz, Sibylle
Eisele, Petra
Gerlach, Christoph
Haase, Birgit
Happel, Reinhold
Kurz, Melanie
Luck von Claparède-Crola, Melanie
Meder, Thomas
Pfeifer, Hans-Georg
Pöpper, Thomas
Simons, Katrin
Strobl, Sebastian
Tripps, Johannes Joachim Georg
Vetter, Andreas K.
Weber, Carlo
Winko, Ulrich

**Kunsthandwerk**

Fuchs, Nora

**Kunststofftechnik**

Appel, Otto
Barich, Gerhard
Barth, Christoph
Baumeister, Gundi

Bourdon, Rainer
Brinkmann, Thomas
Burr, August
Burth, Dirk
Dabisch, Thomas
Dietrich, Christian
Enewoldsen, Patrick
Fischer, Günther
Frormann, Lars
Gesenhues, Bernhard
Geyer, Dirk
Hansmann, Harald
Hoffmann, Marcus
Horoschenkoff, Alexander
Hüsgen, Bruno
Hummich, Joachim
Jaroschek, Christoph
Jüntgen, Tim
Kämmler, Georg
Kärmer, Reinhard
Kaftan, Hans-Jürgen
Karlinger, Peter
Kipfelsberger, Christian
Kirchhöfer, Hermann G.
Kreyenschmidt, Martin
Krumpholz, Thorsten
Leute, Ulrich
Lichius, Ulrich
Lorenz, Reinhard
Lutterbeck, Joachim
Manz, Carsten
Mauritz-Boeck, Ingrid
Moos, Karl-Heinz
Müller, Ulrich
Müller-Roosen, Martin
Ohlendorf, Friedrich
Pahl, Siegfried
Peiffer, Herbert
Petersmeier, Thomas
Planitz-Penno, Sibylle
Pöhler, Frank
Rennar, Nikolaus
Rieger, Bernhard
Ruoff, Martin
Schäfer, Frank Helmut
Schemme, Michael
Schön, Helmut
Schreuder, Siegfried
Schröder, Thomas
Schroeter, Johannes
Schuster, Jens
Smets, Heiner
Stephan, Michael
Ujma, Andreas
Vennemann, Norbert
Wagenknecht, Udo
Waller, Heinrich
Winkel, Eduard
Witan, Kurt

**Kunsttherapie**

Deuser, Ortrud
Elbing, Ulrich
Fäth, Johann
Gölz, Friederike
Harlan, Volker
Junker, Johannes
Majer, Hartmut
Mechler-Schönach, Christine
Menzen, Karl-Heinz
Meschede, Eva
Müller-Pflug, Bernd
Oster, Jörg
Schattmayer-Bolle, Klara
Schmid, Gabriele
Schulze, Constanze
Staroszynski, Thomas
Theis, Cony
Westendorp, Hermanus
Wolf, Elke

**Laboratoriumsmedizin**

Tuma, Wolfgang

**Lärmschutz**

Sinambari, Gholam-Reza

**Landeskultur**

Soulas de Russel, Dominique-Jean M.

**Landnutzungsplanung**

Durwen, Karl-Josef
Hoffjann, Theodor
Junker, Dirk
Küpfer, Christian
Lenz, Roman

Quast, Johannes Günther
Riedl, Ulrich
Rödel, Dieter
Stock-Gruber, Uta
Wolf, Angelika

**Landschaftsentwicklung**

Auweck, Fritz
Blank, Kurt
Luz, Frieder
Obermeier, Johann
Thieme-Hack, Martin

**Landschaftsgestaltung**

Achterberg, Uwe
Auhagen, Axel
Behrens, Hermann
Bott, Cornelia
Brenner, Hermann
Dressler, Hubertus von
Fischer-Leonhardt, Dorothea
Haass, Heinrich
Heinrich, Thomas
Helget, Gerd
Henne, Sigurd Karl
Hottenträger, Grit
Knoll, Siegfried
Köhler, Marcus
Lange, Horst
Lay, Bjørn-Holger
Ludwig, Karl H.C.
Lührs, Helmut
Mahabadi, Mehdi
Marschall, Ilke
Möhrle, Hubert
Neumann, Klaus
Oyen, Thomas
Pabst, Jörn
Paul, Andreas
Prechter, Walburg
Reidl, Konrad
Reinke, Markus
Rohlfing, Ines Maria
Scherzer, Cornelius
Schmidt, Birgit
Schmidt, Rainer
Schmidt, Reiner
Schulze, Peter
Schuster, Hanns-Jürgen
Siegl, Ankea
Stillger, Verona Marie
Stoll, Cornelie
Thieme-Hack, Martin
Vetter, Lutz
Werk, Klaus

**Landschaftsökologie**

Asmus, Ullrich
Chmieleski, Jana
Felinks, Birgit
Köhler, Manfred
Quast, Johannes Günther
Reinke, Markus
Riedl, Ulrich
Rohe, Wolfgang
Tischew, Sabine

**Landtechnik**

Bauer, Roland
Blieske, Ulf
Dorn, Carsten
Groß, Ulrich
Johanning, Bernd
Lehmann, Bernd
Luz, Frieder
Meinel, Till
Peisl, Sebastian
Rademacher, Thomas
Reckleben, Yves
Reich, Reinhard
Schwarz, Hans-Peter
Volk, Ludwig

**Landwirtschaft**

Daude, Sabine
Enneking, Ulrich
Fuchs, Clemens
Gebauer, Jens
Grundler, Thomas
Merkle, Werner
Pape, Jens
Wichern, Florian
Wild, Karl
Wollny, Clemens
Wrage-Mönnig, Nicole
Wulfes, Rainer

**Lasermedizin**

Busolt, Ulrike

**Laserphysik**

Bastian, Georg
Exner, Horst
Kehrberg, Gerhard
Teubner, Ulrich
Weickhardt, Christian

**Lasertechnik**

Ankerhold, Georg
Bartuch, Ulrike
Behler, Klaus
Bergner, Harald
Bickel, Peter
Brückner, Hans-Josef
Dickmann, Klaus
Donges, Axel
Emmel, Andreas
Fickenscher, Manfred
Hellmuth, Thomas
Henning, Thomas
Hillrichs, Georg
Huber, Heinz
Kessler, Barbara
Kohl-Bareis, Matthias
Kohns, Peter
Lau, Bernhard
Ohlert, Johannes
Queitsch, Robert
Rateike, Franz-Matthias
Rothe, Rüdiger
Schmiedl, Roland
Sommerer, Georg
Sowada, Ulrich
Sperber, Peter
Struve, Bert
Wagner, Gerhard
Wilhein, Thomas

**Lebensmittelanalytik**

Jakob, Eckhard
Müller, Ulrich
Richter, Renate
Steinhäuser, Ulrike
Wittich, Georg
Zapp, Jürgen

**Lebensmittelchemie**

Harz, Artur
Janssen, Johann
Jonas, Claudia
Kimmich, Reinhard
Meyer, Helga
Müller, Carola
Sagaster, Rainer
Schmelter, Tillmann
Springer, Monika
Steinhäuser, Ulrike
Wenzel, Mathias
Will, Frank
Wittich, Georg
Wittmann, Christine
Zapp, Jürgen

**Lebensmittelhygiene**

Brüggemann, Dagmar Adeline
Goßling, Ulrich
Peinelt, Volker
Prange, Alexander
Seidler, Tassilo
Steffens, Karl
Stoffels, Marion
Weber, Herbert

**Lebensmittelrecht**

Harz, Artur
Wittich, Georg

**Lebensmitteltechnologie**

Beermann, Christopher
Busch, Karl Georg
Careglio, Enrico
Doßmann, Michael Uwe
Ecker, Felix
Gebauer, Thorsten
Gerhards, Christian
Goßling, Ulrich
Graubaum, Diana
Hermenau, Ute
Ilberg, Vladimir
John, Thomas

Kabbert, Robert
Kapfer, Georg
Kater, Gerhard
Kleinschmidt, Thomas
Koch, Maria
Kuss, Carola
Lösche, Klaus
Lübbe, Günther
Mergenthaler, Marcus
Meurer, Peter
Möller, Bernhard
Nagel, Matthias
Pietsch, Arne
Raddatz, Heike
Regier, Marc
Ritter, Guido
Rubart, Jessica
Schmitt, Joachim J.
Schnäckel, Wolfram
Schöberl, Helmut
Schöne, Heralt
Schreiber, Regina
Smetanska, Iryna
Tenhumberg, Jürgen
Töpfl, Stefan
Wentzlaff, Günter
Winkler, Gertrud

**Lebensmittelwissenschaft**

Balsliemke, Frank
Bernhold, Torben
Bolenz, Siegfried
Bordewick-Dell, Ursula
Bröring, Stefanie
Bußmann, Bettina
Careglio, Enrico
Englert, Heike
Fallscheer, Tamara
Figura, Ludger
Gellenbeck, Klaus
Gonnermann, Bärbel
Grupa, Uwe
Hambitzer, Reinhard
Hanrieder, Dietlind
Heinrich, Karin
Kapfer, Georg
Koscielny, Georg
Kronsbein, Peter
Leicht-Eckardt, Elisabeth
Lösche, Klaus
Lötzbeyer, Thomas
Meier, Jörg
Merten, Aloysia
Ottens, Silya
Pirjo Susanne, Schack
Preibisch, Gerald
Prowe, Steffen
Rademacher, Christel
Riemenschneider, Frank
Ritter, Guido
Rüsch gen. Klaas, Mark
Sander, Thorsten
Scheufler, Bernd
Seewald, Markus
Seidler, Tassilo
Straka, Dorothee
Strassner, Carola
Töpfl, Stefan
Voigt, Tim
Wahrburg, Ursel
Weber, Herbert
Winkler, Gertrud
Wittich, Georg
Zimmer, Klaus

**Ledertechnik**

Müller, Hardy

**Lehrerbildung**

Harth, Thilo
Mersch, Franz Ferdinand
Stuber, Franz

**Leichtbau**

Bongmba, Christian
Büter, Andreas
Ehrlich, Ingo
Ertz, Martin
Haldenwanger, Hans-Günter
Jung, Udo
Krupp, Ulrich
Meij, Albert
Melzer, Hans-Joachim
Middendorf, Jörg
Seibel, Michael
Wellnitz, Jörg

**Lichttechnik**

Andres, Peter
Auffermann-Lemmer, Susanne
Greule, Roland
Hillbrand, Ralph
Jödicke, Bernd
Krause, Harald
Paul, Siegfried
Ritzenhoff, Peter
Rutrecht, Gregor M.
Schmidt, Michael
Vömel, Martin
Wambsganß, Mathias
Ziegler, Diane

**Liegenschaftswesen**

Hegemann, Michael
Himmer, Winfried
Hufnagel, Hans
Kulpe, Hans-Rainer
Mischke, Alfred
Peter, Hans-Jürgen
Pfeifer, Günter
Teitscheid, Petra

**Limnologie**

Deventer, Bernd
Luick, Rainer

**Literaturwissenschaft**

Almstadt, Esther
Liebhart, Wilhelm
Rommel, Thomas
Scheffler, Ingrid
Trebeß, Achim
Wutka, Bernhard

**Liturgiewissenschaft**

Müller-Geib, Werner
Schächtele, Traugott
Steinhäuser, Martin

**Logik**

Öffenberger, Niels
Schnitzspan, Helmut

**Logistik**

Ahrens, Diane
Apel, Harald
Baier, Jochen
Barwig, Uwe
Baumgärtel, Hartwig
Bayer, Frank O.
Begemann, Carsten
Beimgraben, Thorsten
Beuck, Heinz
Bienert, Michael Leonhard
Biermann, Norbert
Binner, Hartmut
Bode, Wolfgang
Bölsche, Dorit
Bogdanski, Ralf
Bongard, Stefan
Boone, Nicholas
Bourier, Günther
Bousonville, Thomas
Brandes, Thorsten
Brucke, Barbara
Bruckschen, Hans-Hermann
Buchholz, Wolfgang
Butz, Christian
Chen, Liping
Conze, Eckard
Cordes, Markus
Daduna, Joachim R.
Darr, Willi
Deckert, Carsten
Deser, Frank
Distel, Stefan
Ebel, Bernd
Eissler, Ralf
Eley, Michael
Felsch, Thomas
Fischer, Rüdiger
François, Peter
Franke, Hubertus
Franke, Klaus-Peter
Friedl, Jürgen
Fuhrmann, Rolf
Gardini, Marco A.
Gebhardt, Wilfried
Gericke, Jens
Gleißner, Harald
Göbl, Martin
Gottschalck, Jürgen

Grabinski, Michael
Graf, Hans-Werner
Grap, Dietmar
Grun, Gregor
Habich, Michael
Hadamitzky, Michael
Hähre, Stephan
Härterich, Susanne
Hagen, Niels
Hansen, Uwe
Harms, Ann-Kathrin
Hartel, Dirk
Hartleb, Jörg
Hartmann, Harald
Hartmann, Sönke
Hauth, Michael
Heidemann, Katrin
Heimann, Dieter
Helbig, Klaus Jochen
Heß, Gerhard
Hinschläger, Michael
Hoffmann, Kai
Hoheisel, Wolfgang
Holocher, Klaus
Huber, Andreas
Hütter, Steffen H.
Huth, Michael
Ibald, Rolf
Ickerott, Ingmar
Ihme, Joachim
Jattke, Andreas
Jockel, Otto
John, Brigitte
Kals, Johannes
Keil, Bettina
Keim, Helmut
Keuchel, Klaus
Klaas, Klaus Peter
Klose, Kurt
Klug, Florian
Koch, Alexander
Koch, Susanne
Koch, Uwe
Kontny, Henning
Kreutzfeldt, Jochen
Krüger, Michael Mayr
Krupp, Thomas
Kummetsteiner, Günter
Kunz, Dieter
Kunze, Oliver
Lau, Carsten
Lavrov, Alexander
Leinz, Jürgen
Lohmann, Rüdiger
Lorenz, Björn
Lorenzen, Klaus Dieter
Maier, Christoph
Manthey, Gerhard
Marquardt, Heike
Meier, Klaus-Jürgen
Melzer, Klaus-Martin
Meyer, Bernd
Möhringer, Simon
Möller, Klaus
Morlock, Ulrich
Müller, Arno
Müller, Wolfgang
Müller-Steinfahrt, Ulrich
Neef, Christoph
North, Klaus
Obermeier, Thomas
Paegert, Christian
Pferdmenges, Reinhard
Polzin, Dietmar W.
Reichert, Andreas
Reinhard, Hartmut
Richard, Peter
Rief, Alexander
Rock, Stefan
Röhl, Stefan
Rossig, Wolfram E.
Rüther-Kindel, Wolfgang
Rump, Jutta
Sackmann, Dirk
Schad, Günter
Schaeffer, Reinhard
Scheibe, Heinz-Jürgen
Schindele, Hermann
Schleusener, Michael
Schlüter, Jörg
Schmidt, Mario
Schmitz, Peter
Schottmüller, Reinhard
Schröder, Jürgen
Schröder, Michael
Schuderer, Peter
Schürholz, Andreas
Schütt, Jürgen
Schugmann, Reinhard
Schuller, Susanne
Schulte, Joachim
Schulte Herbrüggen, Helmut
Schwinger, Doreen
Schwolgin, Armin F.
Selzer, Günter
Siestrup, Guido
Sommer, Michael
Sonntag, Herbert
Stahl, Holger
Steurer, Christian
Stöckner, Markus
Stubbe, Kilian
Tappenbeck, Inka
Thaler, Klaus
Thulesius, Matthias
Tjon, Fabian
Treutlein, Klaus
Tripp, Christoph
Trump, Egon
Ullmann, Werner
Ungvári, László
Vallée, Franz
Vastag, Alex
Völker, Sven
Wagner, Bernd
Wagschal, Hans-Herbert
Walterscheid, Heinz
Wander, Carsten
Weis, Peter
Wesselmann, Friedhelm
Wieneke-Toutaoui, Burghilde
Winkels, Heinz-Michael
Winz, Gerald
Witt, Andreas
Wittenbrink, Paul
Wolf, Johannes
Wollny, Volrad
Wuttke, Claas-Christian

**Logopädie**

Beushausen, Ulla
Corsten, Sabine
Costard, Sylvia
Fox-Boyer, Annette
Grewe, Tanja
Hansen, Hilke
Iven, Claudia
Jochimsen, Peter Thomas
Lücking, Chritsiane
Schneider, Barbara
Trumpp, Christian
Wahn, Claudia

**Luft- und Raumfahrttechnik**

Apel, Uwe
Baums, Bodo
Bauschat, J.-Michael
Blome, Hans-Joachim
Cordewiner, Hans Josef
Dachwald, Bernd
Douven, Wilhelm
Esch, Thomas
Franke, Thomas
Funke, Harald
Getsberger, Karl
Konieczny, Gordon
Mannchen, Thomas
Özger, Erol
Prokoph, Matthias
Röger, Wolf
Röth, Thilo
Rosenkranz, Josef
Rüther-Kindel, Wolfgang
Schmitz, Günter
Scholz, Dieter
Schuster, Manfred
Sperl, Guido
Trottler, Karl
Wagner, Martin
Wilczek, Erlmar
Wittmann, Klaus

**Luftverschmutzung**

Glinka, Ulrich
Ohling, Weerd

**Magnetismus**

Müller, Wolfgang
Pohl, Andreas

**Makromolekulare Chemie**

Jungbauer, Anton
Lorenz, Günter
Mang, Thomas
Rödel, Thomas
Strehmel, Veronika

**Makroökonomie**

Brüggelambert, Gregor
Ceyp, Michael
Göke, Michael
Herr, Hansjörg
Moser, Reinhold
Reimers, Hans-Eggert
Tomfort, André
Twele, Cord

**Marketing**

Arend-Fuchs, Christine
Baetzgen, Andreas
Barth, Wolfgang
Baumgarth, Carsten
Baumgartner, Ekkehart
Beba, Werner
Becker, Jochen
Beibst, Gabriele
Bell, Carl-Martin
Bergsieck, Micha
Bernecker, Michael
Besemer, Simone
Beyerhaus, Christiane
Bieberstein, Ingo
Bienert, Margo
Binckebanck, Lars
Birzele, Hans-Joachim
Blum, Ralph
Böcker, Jens
Boehler, Werner E.A.
Böhlich, Susanne
Böttger, Christian
Borgmeier, Arndt
Bormann, Ingrid
Bornemeyer, Claudia
Braatz, Martin
Brambach, Gabriele
Brunken, Astrid
Bucher, Ulrich
Büchner, Angelika
Buerke, Günter
Bug, Peter
Bungert, Michael
Busch, Rainer
Busch, Stefan
Buxel, Holger Henning
Ceyp, Michael
Chandrasekhar, Natarajan
Clemens-Ziegler, Brigitte
Dallmeier, Ute
Dechene, Christian
Decker, Alexander
Dehr, Gunter
Denninghoff, Michael
Deseniss, Alexander
Dobbelstein, Thomas
Dorner, Babette
Dorrhauer, Christian
Dreiskämper, Thomas
Eberhard-Yom, Miriam
Eckardt, Gordon H.
Eggers, Sabine
Eggert, Axel
Eisenrith, Eduard
Enders, Gerdum
Engelsleben, Tobias
Erpenbach, Jörg
Ertle-Straub, Susanne
Ewert, Christoph
Fabian, Sascha G.
Fend, Lars
Feuerhake, Christian
Fischer, Bettina
Fischer, Josef
Fleuchaus, Ruth
Frank, Klaus-Dieter
Franke, Jürgen
Freidank, Jan
Friedrich, Marcel
Führer, Christian
Fuhrberg, Reinhold
Fuhrmann, Andreas
Fuss, Jörg
Gaiser, Brigitte
Gardini, Marco A.
Gerth, Norbert
Gey, Thomas
Ginter, Thomas
Gisholt, Odd
Gläser, Joachim
Glaser, Werner
Görgen, Frank
Göring-Lensing-Hebben, Gisbert
Görne, Jobst
Götte, Sascha
Goormann, Hans Werner
Gourgé, Klaus
Gräbener, Werner
Greve, Goetz
Griese, Kai-Michael
Grudowski, Stefan
Gründemann, Uwe
Gühlert, Hans-Christian
Gündling, Christian
Gündling, Ute
Gutknecht, Klaus
Gutting, Doris
Hackelsperger, Sebastian
Hackl, Oliver
Halfmann, Marion
Hammermeister, Jörg
Hanf, Jon
Harden, Lars
Harms, Ann-Kathrin
Hartleben, Ralph
Hase, Holger
Hass, Dirk
Haubrock, Alexander
Helmke, Stefan
Hempe, Sabine
Herker, Armin
Herr, Sebastian
Hertrich, Roland
Heß, Thomas
Heupel, Thomas
Hiendl, Rudolf
Hirsch, Ingo
Höft, Uwe
Höllmüller, Janett
Hoepner, Gert
Hofbauer, Günter
Hoff, Klaus
Hoffmann, Karsten
Hofmaier, Richard
Hohm, Dirk
Holland, Heinrich
Huber, Andreas
Hummrich, Ulrich E.
Hundt, Sönke
Irrgang, Wolfgang
Jahnke, Bernd
Jain, Andreas
Janecek, Franz
Jaspersen, Thomas
Jekel, Horst-Richard
Jekel, Nicole
Jeschke, Kurt
Jockel, Otto
Johannsen, Jörg
Jordan-Kunert, Jennifer
Jugel, Stefan
Jung, Holger
Kaiser, Andreas
Kaiser, Lutz
Kamenz, Uwe
Kaps, Rolf Ulrich
Kellner, Joachim
Kellner, Klaus
Kesting, Tobias
Kiel, Bert
Kiel, Horst
Kippes, Stephan
Klaas, Klaus Peter
Klante, Oliver
Klein, Magdalena
Kluxen, Bodo
Knappe, Joachim
Knoppe, Marc
Kochhan, Christoph
Kölbl, Kathrin
König, Manfred
König, Reinhold
König, Tatjana
König, Verena
Kohlert, Helmut
Kolaschnik, Axel
Kormann, Julia
Kracht, Ingo
Kreutle, Ulrich
Kreutzer, Ralf T.
Kronzucker, Dieter
Kümpel, Thomas
Kuhn, Katja
Kull, Stephan
Läzer, Rainer
Langguth, Matthias
Lasogga, Frank
Lederle, Barbara
Lehmann, Markus
Leischner, Erika
Lergenmüller, Karin
Leuthäusser, Werner H. K.
Lies, Jan
Link, Joachim
Linxweiler, Richard
Lipp, Jürgen
Litfin, Thorsten
Löffler, Joachim
Lubritz, Stefan
Ludewig, Dirk
Lüthy, Anja
Lütters, Holger
Maciejewski, Paul
Mahefa, Andri
Maier, Klaus-Dieter
Manschwetus, Uwe
Manz-Schumacher, Hildegard
Maretzki, Jürgen
Markgraf, Daniel
Martin, Michael
Matt, Jean-Remy von
Mayer, Hermann
Mayer, Kurt-Ulrich
Meiners, Norbert
Mergard, Christoph
Merkwitz, Ricarda
Metze, Gerhard
Meurer, Gunther
Mockenhaupt, Andreas
Möbus, Harald
Möser, Thomas
Moss, Christoph
Müller, Wilfried
Müller-Peters, Horst
Müller-Siebers, Karl-Wilhelm
Multhaup, Roland
Murzin, Marion
Neu, Matthias
Neumaier, Maria
Nufer, Gerd
Olderog, Torsten
Ottler, Simon
Paetsch, Michael
Paffrath, Rainer
Passon, Stephan
Pattloch, Annette
Peren, Franz W.
Peters, Julia Eva
Petzold, Matthias
Pfisterer, Jörg
Pflaum, Dieter
Platter, Guntram
Platzek, Thomas
Plinke, Andrea
Pörner, Ronald
Pradel, Marcus
Pritzl, Magdalena
Przywara, Rainer
Quack, Helmut
Raab, Gerhard
Raab-Kuchenbuch, Andrea
Rademacher, Lars
Rahmel, Anke
Ramme, Iris
Reckenfelderbäumer, Martin
Redler, Jörn
Regier, Stephanie
Reichle, Heidi
Reichling, Helmut
Reisach, Ulrike
Reisewitz, Perry
Renker, Clemens
Renner, Bärbel G.
Rennhak, Carsten
Reventlow, Iven Graf von
Rhein, Wolfram von
Richter, Frank
Rieck, Gabriela
Riedl, Joachim
Riedmüller, Florian
Riekhof, Hans-Christian
Riemke-Gurzki, Thorsten
Rinsdorf, Lars
Ritzerfeld-Zell, Ute
Röhm, Anita
Roemer, Ellen
Rössler, Uwe
Rohbock, Ute
Rohleder, Christoph
Roll, Oliver
Rose, Peter M.
Roth, Georg
Roth, Richard
Rüdiger, Klaus
Rüggeberg, Harald
Ruge, Hans-Dieter
Rumler, Andrea
Schäfer, Frank
Schaper, Thorsten
Scharf, Andreas
Scheed, Bernd
Scheidt, Hans-Joachim v.
Schengber, Ralf
Scheurer, Hans
Schikora, Claudius
Schimansky, Alexander
Schirrmann, Eric
Schleusener, Michael
Schmengler, Hans Joachim
Schmid, Günter
Schmidt, Hans-Joachim
Schmidt, Holger J.
Schmidt-Endrullis, Peter
Schmutte, Andre M.
Schnauffer, Rainer
Schönborn, Tim
Scholz-Ligma, Joachim
Schubert, Bernd
Schubert, Leo
Schuchardt, Christian A.
Schütt, Klaus-Peter
Schugk, Michael

Schwender, Clemens
Schwerdt, Ahron
Seeger, Christof
Seider, Horst
Seidl, Jochen H.
Seiter, Christian
Seja, Christa
Simmet, Heike
Sistenich, Frank
Skibicki, Klemens
Sonnenborn, Hans-Peter
Sonnenburg, Stephan
Specker, Tobias
Spiller, Ralf
Spintig, Susanne
Stark, Susanne
Staubach, Julia
Steinbiß, Kristina
Stender-Monhemius, Kerstin
Stöhr, Anja
Stracke, Guido
Straßburger, Heidi
Streich, Michael
Taylor, Paul
Theobald, Elke
Theuner, Gabriele
Thieme, Werner M.
Tiebel, Christoph
Trautwein, Ralf
Turban, Manfred
Uhe, Gerd
Uhl, Manfred
Unger, Fritz
Vaih-Baur, Christina
Vergossen, Harald
Vesper, Bernd
Vielwerth, Roland
Völler, Michaele
Vogler, Thomas
Vollert, Klaus
Voß, Ulrich
Wagner, Karin
Waldeck, Bernd
Walter, Martin
Wassenberg, Gerd
Weber, Torsten
Wegmann, Christoph
Weiand, Achim
Weinland, Lothar
Weissman, Arnold
Welford, Laurence
Wellner, Kai
Wengler, Stefan
Werner, Christian
Westermann, Arne
Wetzstein, Steffen
Weuthen, Jürgen
Wichelhaus, Daniel
Wiese, Christoph
Wiesner, Knut
Wilmes, Bodo
Wiltinger, Angelika
Winkelmann, Peter
Witt, Dieter
Wölfle, André
Wölm, Dieter
Wolff, Reinhard
Wolfrum, Bernd
Zaharia, Silvia
Zerr, Konrad
Zerr, Michael
Zich, Christian
Ziegler, Yvonne
Ziehe, Nikola
Ziouziou, Sammy
Zirm, Andrea
Zöllner, Oliver

**Markscheidewesen**

Maas, Klaus

**Marktforschung**

Baaken, Jörg-Thomas
Baier, Gundolf
Braun, Lorenz
Cleff, Thomas
Ewert, Christoph
Fuhrberg, Reinhold
Gehrer, Michael
Hagstotz, Werner
Harden, Lars
Heidel, Bernhard
Hensel, Claudia
Heuwinkel, Kerstin
Kaps, Rolf Ulrich
König, Tatjana
Lang, Birger
Lauwerth, Werner
Lentz, Patrick
Michels, Paul
Naderer, Gabriele
Neu, Claudia
Regier, Stephanie
Riedl, Joachim
Skibicki, Klemens
Spiegel, Hildburg
Tropp, Jörg
Wehner, Christa

**Maschinenbau**

Adamschik, Mario
Akyol, Tarik
Allmendinger, Frank
Alpers, Burkhard
Altenhein, Andreas
Anders, Peter
Ankele, Tobias
Arnemann, Michael
Bachert, Bernd
Baeten, Andre
Bahlmann, Norbert
Biehl, Klaus
Bienert, Jörg
Bierer, Martin
Biffar, Bernd
Binder, Thomas
Bischoff, Gregor
Bjekovic, Robert
Blank-Bewersdorff, Margarete
Blass, Jürgen
Blessing, Nico
Bock, Yasmina
Böhm, Peter
Bolling, Ingo
Bomarius, Frank
Bonitz, Peter
Bormann, Petra
Botz, Martin
Brandl, Waltraud
Braun, Jost
Brinkmann, Hans-Gerhard
Brix, Wilhelm
Burger, Wolf
Choi, Sung-Won
Diersen, Paul
Donga, Markus
Donhauser, Christian
Dorsch, Volker
Dorschner, Hans-Werner
Dreher, Herbert
Emmerich, Herbert
Engelking, Stephan
Engeln, Werner
Enk, Dirk
Ertel, Susanne
Farber, Peter
Fölster, Nils
Förster, Ralf
Frey, Gerhard
Friedhoff, Joachim
Funke, Herbert
Gaese, Uwe
Gall, Heinz
Garbrecht, Thomas
Garzke, Martin
Gauchel, Joachim
Gerloff, Holger
Getsberger, Karl
Giedl-Wagner, Roswitha
Gnuschke, Hartmut
Gössner, Stefan
Goetze, Thomas
Golle, Matthias
Gollwitzer, Andreas
Graß, Peter
Greinwald, Kurt
Griesbach, Bernd
Griesinger, Andreas
Großmann, Daniel
Grunau, Rudi
Grundmann, Werner
Gundrum, Jürgen
Guth, Wolfgang
Haag, Matthias
Haas, Rüdiger
Habedank, Winrich
Haberhauer, Horst
Haberkern, Anton
Häberle, Jürgen
Hallmann, Henning
Hartke, Gottfried
Haug, Ingo
Hausch, Karl-Jürgen
Hausmann, Felix
Heidrich, Peter
Heinke, Horst
Helmstädter, Karl-Heinz
Heusler, Hans-Joachim
Höffler, Hans-Otto
Höfflinger, Werner
Hoffmann, Marcus
Hofmann-von Kap-herr, Karl
Hornberger, Martin
Hornig, Jörg
Hüsgen, Bruno
Hunzinger, Ingrid
Huster, Andreas
Ihme, Joachim
Imbsweiler, Dietmar
Ionescu, Florin
Jost, Norbert
Juckenack, Dietrich
Kaiser, Karl-Thomas
Kallis, Norbert
Katona, Antje
Kauffeld, Michael
Kisters, Peter
Klein, Werner
Klenk, Thomas
Kley, Markus
Kluge, Steffen
Köhler, Frank
Köhler, Hanns
Körner, Tillmann
Köstner, Helmut
Kohlenbach, Paul
Kohmann, Peter
Kohnen, Gangolf
Kröger, Claus
Krötz, Gerhard
Kubisch, Jürgen
Kühl, Stefan
Kühnel, Günter
Külkens, Manfred
Kuhn, Erik
Kurzawa, Thorsten
Lang, Hans-Peter
Lange, Sven Carsten
Laumann, Werner
Lee, Jung-Hwa
Leonhardt, Matthias
Lesch, Uwe
Link, Thomas
Lochmann, Klaus
Löwe, Katharina
Lübcke, Edgar
Majidi, Kitano
Mandel, Harald
Markworth, Michael
Mayer, Thomas
Meißner, Thomas
Merkel, Markus
Minges, Roland
Minte, Jörg
Möhlenkamp, Heinrich
Möllenkamp, Christian
Mohr, Karl-Heinz
Moos, Karl-Heinz
Mozaffari Jovein, Hadi
Mühlhan, Claus
Münch, Heribert
Nick, Albrecht
Nisch, Antonio
Oertel, Christian
Parvizinia, Manuchehr
Pechmann, Agnes
Pels Leusden, Christoph
Petersen, Udo
Pindrus, Anna
Piwek, Volker
Platzhoff, Albrecht
Potthast, August
Rachow, Michael
Rack, Monika
Rappl, Christoph
Rascher, Rolf
Redlin, Ralf-Jörg
Reiling, Karl Friedrich
Rexer, Günter
Richter, Dieter
Rief, Bernhard
Rieker, Christiane
Riemer, Detlef
Rösler, Katja
Roth, Michael
Ruhbach, Lars
Ruß, Gerald
Rust, Wilhelm
Sanders, Dirk
Sauer, Thorsten
Schäfer, Karin
Schael, Arndt-Erik
Scherr, Roland
Schlatter, Manfred
Schlink, Haiko
Schmidt, Fritz-Jochen
Schmidt-Kretschmer, Michael
Schneider, Markus
Scholz, Eckard
Scholz, Jürgen
Schorr, Dietmar
Schröder, Franz-Henning
Schüring, Ingo
Schulz, Marcus
Schulz, Volker
Schulz, Wolfgang
Schweizer, Anton R.
Schwellbach, Jürgen
Simon, Ralf
Simons, Florian
Soika, Armin
Sossenheimer, Karlheinz
Sperling, Ernst
Spessert, Bruno
Spielfeld, Jörg
Sponheim, Klaus
Stanske, Christian
Steber, Michael
Steil, Gerald
Sternberg, Michael
Stetter, Ralf
Stiegelmeyr, Andreas
Strache, Wolfgang
Stuhler, Harald
Tawakoli, Taghi
Thiesen, Ulrich-Peter
Tiesler, Nicolas
Ulrich, Hartmut
Venhaus, Martin
Vogel, Manfred
Vogel, Matthias
Voß, Markus
Wahl, Roland
Waidmann, Winfried
Walter, Christiane
Wardenbach, Wolfgang
Watty, Robert
Weber, Hanno
Weber, Irene
Wegmann, Florian
Weiss, Wolf-Dieter
Weißenbach, Andreas
Winsel, Thomas
Winz, Gerald
Wittmann, Armin
Wrede, Jürgen
Wührl, Martin
Zang, Rupert
Zenner, Eberhard
Zöllig, Günter
Zwanzer, Norbert

**Maschinendynamik**

Blaurock, Jochen
Bode, Christopher
Bredow, Burkhard von
Brillowski, Klaus
Engelhardt, Wolfgang
Ewald, Jochen
Grabe, Günter
Günter, Wolfgang
Hofmann, Dominikus
Jensen, Jens
Lichtenberg, Gerd
Meisinger, Reinhold
Möhlenkamp, Heinrich
Schliekmann, Claus
Schmitt, Alfred
Wagner, Marcus
Waltersberger, Bernd
Ziegenhorn, Matthias

**Maschinenelemente**

Amann, Karl
Angert, Roland
Bartsch, Peter
Bayerdörfer, Isabel
Bode, Christopher
Britten, Werner
Britz, Stefan
Bubenhagen, Hugo
Bungert, Bernd
Conze, Eckard
Daryusi, Ali
Diersen, Paul
Diesing, Harald
Dorn, Rainer
Dürkopp, Klaus
Engl, Albert
Fervers, Wolfgang
Feyerabend, Franz
Finke, Eckhard
Fischer, Franz
Fleig, Claus
Frank, Stefan
Freund, Hermann
Friebel, Wolf-Christoph
Friedrich, Alexander
Gerber, Hans
Görne, Jobst
Groß, Iris
Großmann, Christoph
Gschwendner, Peter
Gutheil, Peter
Haas, Michael
Haberkern, Anton
Hakenesch, Peter René
Hansmaier, Helmut
Hasenpath, Jochen
Hiltscher, Gerhard
Hoder, Hilmar
Holländer, Jan
Horeschi, Heike
Jannasch, Dieter
Jeske, Michael
Kachel, Gerhard
Kampf, Marcus
Kisse, Raimund
Klaubert, Markus
Kleinschnittger, Andreas
Kleinteich, Dieter
Koppenhagen, Frank
Kühl, Stefan
Kurella, Ulf
Lachenmayr, Georg
Langer, Wolfgang
Lautner, Hans
Manthei, Gerd
Miersch, Norbert
Müller, Udo
Niedermeier, Michael
Noronha, Alphonso
Paulick, Johann-G.
Pehlgrimm, Holger
Perseke, Winfried
Petersmeier, Thomas
Pöhler, Frank
Quaß, Michael
Remmel, Jochen
Reuter, Martin
Rolfes, Stephan
Ruß, Gerald
Salein, Matthias
Schäfer, Fred
Schertler, Wolfram
Schinke, Bernd
Schlenk, Ludwig
Schmidt-Kretschmer, Michael
Schnitzer, Thomas
Scholz, Frieder
Schröder, Wilhelm
Seidel, Klaus
Seyfried, Peter
Spensberger, Christoph
Stark, Markus
Stetter, Ralf
Stettmer, Josef
Sting, Martin
Strache, Wolfgang
Suchandt, Thomas
Thesenvitz, Manfred
Thomas, Jens
Tille, Carsten
Tremmel, Dieter
Wahle, Ansgar
Waltersberger, Bernd
Weinlein, Roger
Weychardt, Jan Henrik
Wilhelms, Sören
Winkelmann, Uwe
Wirries, Detlef
Wollfarth, Matthäus
Ziaei, Masoud
Zörner, Wilfried

**Maschinentechnik**

Berchtold, Andreas
Bergbauer, Franz
Ehinger, Martin
Gaese, Dagmar
Koeppe, Gabriele
Ringwelski, Lutz
Song, Jian
Tenhumberg, Heinz Jürgen
Werner, Franz
Wesche, Heiner

**Massivbau**

Albert, Andrej
Bauer, Thomas
Denk, Heiko
Diamantidis, Dimitris
Dietz, Jörg
Dose, Hartmut
Drexler, Frank-Ulrich
Ehret, Karlheinz
Gebhard, Peter
Gelien, Marion
Günther, Gerd
Gunkler, Erhard
Hedeler, Doris
Heimann, Stefan
Heins, Ekkehard
Hempel, Rainer
Henze, Stefan
Herbertz, Rainer
Hofmann, Thomas
Kaleta, Jürgen
Kappler, Heinz
Kubat, Bernd

Langwieder, Klaus
Laufs, Torsten
Mähner, Dietmar
Müller, Michael
Nitsch, Andreas
Pahn, Gundolf
Prietz, Frank
Pusch, Uwe
Reinke, Hans Georg
Reymendt, Jörg Peter
Rösler, Michael
Roos, Winfried
Schäper, Michael
Schneider, Frank
Schubert, Martin
Schulz, Rolf-Rainer
Seiler, Christian
Sommer, Rolf
Steidle, Peter
Stülb, Jörg
Vielhaber, Johannes
Worbs, Thomas
Zahn, Franz
Zeitler, Ralf

**Materialwissenschaft**

Berner, Hertha
Bremer, Peik
Brumberg, Claudia
Degenhardt, Richard
Fahmi, Amir
Feinle, Paul
Gärtner, Klaus
Greitmann, Martin J.
Großkreuz, Fabian
Hager, Bernd
Hansmann, Harald
Hartmann, Dierk
Heidemann, Katrin
Hloch, Hans Günter
Jüstel, Thomas
Kosiedowski, Uwe
Lange, Jan Henning
Leiber, Jörn
Leuschen, Bernhard
Liersch, Antje
Machon, Lothar
Magin, Wolfgang
Maisch, Karl
Meyer, Jörg
Müssig, Jörg
Muscat, Dirk
Nielsen, Ina
Pandorf, Robert
Passinger, Henrick
Rambke, Martin
Rasche, Manfred
Reinhold, Bertram
Rogler, Ernst
Schilling, Richard
Schinke, Bernd
Schlothauer, Klaus
Seitz, Norman
Sindelar, Ralf
Staniek, Sabine
Steffen, Joachim
Vogt, Cordes-Christoph
Voigts, Albert
Widder, Thomas
Zeuch, Michael
Zylla, Isabella-Maria

**Mathematik**

Abel, Ulrich
Abel, Volker
Ahuja, André
Albrand, Hans-Jürgen
Alpers, Burkhard
Altmann-Dieses, Angelika
Andersson, Christina
Arrenberg, Jutta
Aulenbacher, Gerhard
Bach, Christine
Bachmann, Bernhard
Baekler, Peter
Baer, Dagmar
Bärmann, Frank
Baeumle-Courth, Peter
Baier, Thomas
Baran, Reinhard
Bartning, Bodo
Baszenski, Günter
Batrla, Wolfgang
Bauch, Hans-Friedrich
Bauer, Bernhard
Bauer, Herbert
Baumann, Astrid
Baumann, Johannes
Baumann, Oliver
Baumgarten, Dietrich
Beck, Christa
Beck, Klaus
Beck-Meuth, Eva-Maria
Becker, Christof
Becker, Klaus
Behl, Michael
Bellendir, Klaus
Belling-Seib, Katharina
Berger, Lothar
Berner, Hertha
Bernert, Cordula
Berres, Manfred
Beucher, Ottmar
Beyer, Dietmar
Bierbaum, Fritz
Biermann, Jürgen
Binder, Ursula
Birkhölzer, Thomas
Bischof, Wolfgang
Blank, Hans-Peter
Bleckwedel, Axel
Bock, Steffen
Böhm, Willi
Böhm-Rietig, Jürgen
Böhmer, Martina
Börgens, Manfred
Bogacki, Wolfgang
Boggasch, Ekkehard
Bohrmann, Steffen
Boin, Manuela
Boisch, Richard
Bold, Christoph
Bolsch, Andreas
Bopp, Hanspeter
Bornhorn, Hubert Christoph
Bosbach, Gerd
Brandenburg, Harald
Breme, Joachim
Brigola, Rudolf
Brill, Manfred
Brockmann, Winfried
Bruchlos, Kai
Brummund, Uwe
Buchholz, Jörg
Buchmeier, Anton
Büchter, Norbert
Bülow, Alexander
Busch, Rainer
Christin, Barbara
Coriand, Andrea
Crotogino, Arno
Czuchra, Waldemar
Dalitz, Christoph
Dathe, Heinz
Defant, Martin
Dehmel, Wilfried
Dersch, Helmut
Deutschmann, Christel
Deutz, Joachim
Diercksen, Christiane
Dietmaier, Christopher
Dikta, Gerhard
Dippel, Sabine
Dobner, Gerhard
Doderer, Thomas
Döhler, Sebastian
Dolenc, Vladimir
Doll, Konrad
Dürrschnabel, Klaus
Durst, Josef
Ebberink, Johannes
Edelmann, Peter
Effinger, Hans
Ehret, Marietta
Eich-Soellner, Edda
Eichholz, Wolfgang
Eichner, Lutz
Eikelberg, Markus
Elschner, Steffen
Elsner, Carsten
Engelmann, Georg
Engels, Wolfgang
Erben, Wolfgang
Erhardt, Angelika
Ertel, Wolfgang
Erven, Joachim
Esrom, Hilmar
Estévez Schwarz, Diana
Etschberger, Stefan
Falkenberg, Egbert
Fellenberg, Benno
Ferencz, Marlene
Ferstl, Frank
Finzel, Hans-Ulrich
Fischer, Andreas
Fischer, Jürgen
Fischer, Regina
Fischer, Thomas
Folz, Franz Josef
Freimann, Robert
Fremd, Rainer
Frischgesell, Heike
Fritz, Bernd
Fritz, Günter
Fröhlich, Gert-Harald
Fröhling, Dirk
Frydrychowicz, Stephan
Fügenschuh, Marzena
Füser, Sven
Fulst, Joachim
Gärtner, Klaus
Gebhard, Hermann
Gellhaus, Christoph
Gerlach, Joachim
Germer, Hans-Jürgen
Gervens, Theodor
Giering, Kerstin
Gigla, Birger
Glasauer, Stefan
Glatz, Gerhard
Gnuschke-Hauschild, Dietlind
Goebbels, Steffen
Göllmann, Laurenz
Götz, Gerhard
Götz, Mathias
Götze, Wolfgang
Gold, Peter
Goldmann, Helmut
Gottschlich, Martin
Grätsch, Thomas
Gramlich, Günter M.
Grieb, Helmuth
Griebl, Ludwig
Griesbach, Ullrich
Griesbaum, Rainer
Groß, Harald
Groß, Jürgen
Grotendorst, Johannes
Gruber, Manfred
Grünwald, Norbert
Grützmann, Johannes
Grupp, Frieder
Gühring, Gabriele
Gundlach, Matthias
Haag, Jürgen
Hackenbracht, Dieter
Hader, Berthold
Häußler, Walter
Hagerer, Andreas
Halter, Eberhard
Harms, Eike
Harriehausen, Thomas
Harten, Ulrich
Hartmann, Peter
Hauber, Peter
Hausmann, Wilfried
Haußer, Frank
Hedderich, Barbara
Heift, Klaus
Heine, Klaus
Heinrich, Elke-Dagmar
Heiss, Stefan
Heithecker, Dirk
Helbig, Sonja
Heldermann, Norbert
Heller, Ursula
Hellmig, Günter
Helm, Werner
Hendrych, Ralf
Hennekemper, Wilhelm
Henrich, Wolfgang
Herbst, Matthias
Hess, Hans-Ulrich
Hesseler, Martin
Hetsch, Tilman
Hille, Monika
Hinrichs, Gerold
Hinrichsmeyer, Konrad
Hinsken, Gerhard
Hoch, Thomas
Hochberg, Ulrich E.
Hoeppe, Ulrich
Hoever, Georg
Hofberger, Harald
Hoffman-Jacobsen, Kerstin
Hoffmann, Gernot
Hoffmann, Hans-Joachim
Hoffmann, Karl E.
Hoffmann, Kurt
Hofmann, Götz
Hollmann, Helia
Holzbaur, Ulrich
Homberger, Jörg
Honsálek, Ulrich
Horbaschek, Klaus
Hotop, Hans-Jürgen
Hoy, Annegret
Huber, Michael
Hufnagel, Alexander
Hulin, Martin
Ibert, Wolfgang
Ihrig, Holger
Illies, Georg
Ingebrandt, Sven
Ise, Gerhard
Isele, Alfred
Jäger, Edgar
Jendges, Ralf
Johansson, Thoralf
Jordan, Rüdiger
Jung, Hartmut
Jurisch, Andrea
Jurisch, Ronald
Justen, Konrad
Kaftan, Ulrich
Kahl, Helmut
Kahn, Reinhard
Kaiser, Norbert
Kampmann, Jürgen
Kausen, Ernst
Kehne, Gerd
Kessler, Dagmar
Kiel, Walter
Kiesl, Hans
Kilian, Axel
Kilsch, Dieter
Kirillova, Evgenia
Klee, Klaus-Dieter
Klein, Hans-Dieter
Kleppmann, Wilhelm
Kleutges, Markus
Klinker, Thomas
Knaak, Wolfgang
Kniffler, Norbert
Knorrenschild, Michael
Knospe, Heiko
Koch, Hans Wolfgang Edler von
Koch, Jürgen
Kockläuner, Gerhard
Köhler, Günther
Köhler, Lothar
Kohaupt, Ludwig
Kohlhoff, Holger
Kolarov, Georgi
Kolbig, Silke
Konen, Wolfgang
Konrads, Ursula
Kossow, Andreas
Kreitmeier, Angelika
Kremer, Jürgen
Kroesen, Gregor
Kron, Uwe
Krone, Jörg
Krüger, Siegfried
Krzensk, Udo
Kümmerer, Harro
Kuen-Schnäbele, Susanne
Kuhnigk, Beatrix
Kummer, Monika
Kunz, Dietmar
Lajios, Georgios
Landenfeld, Karin
Lange, Claus
Langenbahn, Claus-Michael
Larek, Emil
Laschinger, Berthold
Latz, Hans
Lauf, Wolfgang
Laufke, Franz Josef
Laufner, Wolfgang
Laun, Rotraud
Lehmann, Bernd
Lehmann, Elke
Leibold, Karsten
Leinfelder, Herbert
Leitz, Manfred
Leopold, Edda
Lerch-Reisp, Cornelia
Letsch, Eckhard
Lindemann, Ulrich
Lindner, Gerhard
Lingelbach, Bernd
Löffler, Peter
Löhmann, Ekkehard
Löschel, Rainer
Loviscach, Jörn
Luchko, Yury
Lunde, Karin
Lutz, Monika
Maas, Christoph
Mache, Detlef H.
Maier, Stefani
Manthei, Eckhard
Mantz, Hubert
Mashuryan, Hayk
Mathes, Heinz
Matzdorff, Klaus
Mausbach, Peter
Meier, Hans-Günter
Meier, Hans-Jörg
Meintrup, David
Meister, Reinhard
Melzer, Hans-Wilhelm
Melzer, Karin
Mengersen, Ingrid
Menzel, Christof
Metz, Hans-Rudolf
Meuche, Wolfgang
Meyer, Herwig
Michaelsen, Silke
Middelberg, Jan
Miller, Michael
Möller, Clemens
Mohr, Richard
Moock, Hardy
Morgenstern, Thomas
Mückenheim, Wolfgang
Müller, Burkhard
Müller, Harmund
Müller, Kerstin
Müller, Walter
Müller-Horsche, Elmar
Müller-Wichards, Dieter
Mutz, Martin
Nachtigall, Christoph
Naumann, Rolf
Naumann, Stefan
Neiße, Olaf
Nestler, Britta
Neugebauer, Thomas
Neuhaus, Wolfgang
Neumann, Claus
Neumann, Klaus
Niederdrenk, Klaus
Niederdrenk-Felgner, Cornelia
Niemeyer, Ulrich
Niggemann, Michael
Nosper, Tim
Nürnberg, Frank-Thomas
Ochmann, Martin
Oellrich, Martin
Ohlhoff, Antje
Ohmayer, Georg
Ohser, Joachim
Orth, Andreas
Ortmann, Karl Michael
Ostermann, Reinhard
Otto, Christa
Otto, Jürgen
Otto, Marc-Oliver
Overbeck-Larisch, Maria
Paditz, Ludwig
Palfreyman, Niall
Papastavrou, Areti
Paschedag, Holger
Pavlik, Norbert
Perrey, Sören Walter
Petrova, Svetozara
Petry, Karl-Heinz
Pfeifer, Andreas
Pietschmann, Frank
Planer, Doris
Plappert, Peter
Pöschl, Thomas
Poguntke, Werner
Pohl, Siegfried
Polaczek, Christa
Pollandt, Ralph
Popp, Heribert
Pott-Langemeyer, Martin
Preissler, Gabriele
Pries, Margitta
Primbs, Miriam
Puhl, Joachim
Queitsch, Robert
Rademacher, Christine
Rädle, Matthias
Raphaélian, Arman
Rasenat, Steffen
Rau, Olaf
Rauscher, Thomas
Recknagel, Winfried
Reddemann, Hans
Resch, Jürgen
Ressel, Klaus
Reus, Ulrich
Reuter, Richard
Reuter, Volker
Richter, Wieland
Riegler, Peter
Ringwelski, Lutz
Rockinger, Susanne
Rodenhausen, Anna
Roeckerath-Ries, Marie-Theres
Röhl, Stefan
Rogina, Ivica
Rohlfing, Udo
Rosemeier, Frank
Rosenheinrich, Werner
Rothe, Irene
Ruckelshausen, Wilfried
Rufa, Gerhard
Ruff, Albert
Rupp, Rudolf
Ruschitzka, Margot
Saam, Armin
Sachs, Michael
Sandor, Viktor
Sauermann, Knud
Sawatzki, Rainer
Schade, Philipp
Schaefer, Frank
Schäfer, Horst
Schaefer, Stephan
Schaffarczyk, Alois P.
Scharfenberg, Harald
Scharmann, Matthias

Scheideler, Wilfried
Schellong, Wolfgang
Schelthoff, Christof
Scherf, Stefan
Scherfner, Mike
Schiemann, Thomas
Schiemann-Lillie, Martin
Schleier, Ulrike
Schlüter, Wolfgang
Schmidt, Dirk
Schmidt, Sönke
Schmidt-Gröttrup, Markus
Schmieder, Eva
Schmitz, Roland
Schneeberger, Stefan
Schneider, Albert
Schneider, Ekkehard
Schneider, Franz-Josef
Schneider, Jörg
Schneider, Jürgen
Schnell, Uwe
Schneller, Walter
Schönfeld, Friedhelm
Schofer, Rolf
Schoof, Sönke
Schreieck, Gabriele
Schreiner, Klaus
Schröder, Christian
Schubert, Matthias
Schuchardt, Dietmar
Schüffler, Karlheinz
Schütt, Ingo
Schütze, Juliane
Schulte, Stefan
Schulter, Wolfgang
Schulz, Eckhard
Schumacher, Manfred
Schwenk-Schellschmidt, Angela
Schwick, Wilhelm
Seeböck, Robert
Seidl, Albert
Selder, Erich
Sell, Günter
Sellenthin, Mark
Sessner, Roland
Siegers, Marion
Siegert, Joachim
Sigg, Timm
Simon, Maximilian
Sinambari, Gholam-Reza
Sowada, Ulrich
Spatz, Rita
Spieth, Wolfgang
Spindler, Karlheinz
Sprengel, Frauke
Springer, Martin
Stahl, Axel
Stahl, Volker
Stark, Hans-Georg
Starkloff, Hans-Jörg
Steger, Karl
Stein, Ulrich
Steinbach, Jörg
Steinebach, Gerd
Steiner, Susanne
Steinke, Karl-Heinz
Stieber, Harald
Stödter, Axel
Stöwer-Grote, Ruth
Straßner, Karl
Strehlow, Reinhard
Stry, Yvonne
Stümpfle, Martin
Suckow, Matthias
Süß-Gebhard, Christine
Suhr, Hajo
Sum, Jürgen
Tammer, Klaus
Tautenhahn, Ulrich
Tecklenburg, Helga
Teschke, Gerd
Teusner, Michael
Thews, Klaus
Thierauf, Thomas
Thiesing, Frank M.
Thümmel, Andreas
Tiedge, Jürgen
Timmerberg, Josef
Tipp, Ulrich
Tittmann, Peter
Tolg, Boris
Tritschler, Markus
Tschan, Kirstin
Tschirpke, Karin
Turtur, C.-Wilhelm
Ueckerdt, Rainer
Ulmet, Dan-Eugen
Veihelmann, Rainer
Vennemann, Norbert
Vielhaber, Michael
Vilkner, Eberhard
Viöl, Wolfgang
Voigtmann, Steffen
Volk, Günther
Voß, Hagen
Wagner, Gerhard
Wagner, Ute
Wallbaum, Friedhelm
Walz, Guido
Weber-Kurth, Petra
Weichmann, Armin
Weidner, Petra
Weigand, Christoph
Weinreich, Ilona
Weiß, Ursula
Weiß, Viola
Weitz, Edmund
Weizenecker, Jürgen
Wellisch, Ulrich
Wendler, Wolf-Michael
Wenisch, Thomas
Wermuth, Edgar
Werner, Wilhelm
Westermann, Thomas
Westermeier, Gudrun
Wewel, Max C.
Wiedemann, Harald
Wilde, Peter
Wilderotter, Klaus
Wilhelm, Manfred
Willms, Jürgen
Winter, Thomas
Wirtz, Peter Maria
Wöhrl, Ulrich
Wölfl, Thomas
Wöllhaf, Konrad
Wolf, Dieter
Wolf, Rudolf
Wolff, Karl Erich
Wolff, Marcus
Wollhöver, Klaus
Wolpert, Nicola
Wolters, Ludger
Wozny, Manfred
Wülker, Michael
Wüst, Eberhard
Wulff, Sieglinde
Wurm, Manfred
Zacharias, Annette
Zerle, Peter
Ziegler, Christian
Zinke, Rudi
Zylka, Christian

**Mathematische Logik**

Senker, Peter

**Mathematische Optimierung**

Krätzschmar, Michael
Weidner, Petra

**Mathematische Physik**

Jung, Beate
Oestreich, Dieter
Scherfner, Mike
Stulpe, Werner

**Mathematische Statistik**

Paditz, Ludwig
Rietmann, Paul
Schmidt, Wolfgang
Weber, Matthias
Wilderotter, Olga

**Mathematische Stochastik**

Kahl, Helmut
Weba, Michael

**Mathematische Wirtschaftstheorie**

Schumann, Christian-Andreas

**Mechanik**

Ahrens, Ralf
Anders, Michael
Bruns, Thorsten
Büchter, Norbert
Falk, Andreas
Groß, Klaus
Jahr, Andreas
Klein, Hubert Wilhelm
Leimbach, Klaus-Dieter
Peters, Manfred
Preußler, Thomas
Richter, Christoph Hermann
Schaffarczyk, Alois P.
Schönherr, Michael
Steckemetz, Bernd
Tetzlaff, Ulrich
Voßiek, Joachim

**Mechanische Verfahrenstechnik**

Bertram, Ulrike
Blecher, Lutz
Bottlinger, Michael
Fritz, Wolfgang
Geweke, Martin
Gorzitzke, Wolfgang
Großmann, Uwe
Helmus, Frank Peter
Hess, Wolfgang F.
Kopf, Michael
Lotzien, Rainer
Reckleben, Yves
Reichstein, Simon
Ringer, Detlev
Schwechten, Dieter
Teipel, Ulrich
Trägner, Ulrich

**Mechatronik**

Algorri, Maria-Elena
Arnold, Armin
Baral, Andreas
Becker, Rolf
Benning, Otto
Beyer, Hans-Joachim
Blümel, Roland
Brandt, Thorsten
Dwars, Anja
Eichinger, Peter
Engleder, Thomas
Flach, Matthias
Flämig, Tobias Gerhard
Fräger, Carsten
Frenzel, Bernhard
Frischgesell, Thomas
Fröhlich, Peter
Gast, Stefan
Gawlik, Peter
Giesecke, Peter
Glück, Markus
Göllinger, Harald
Grabow, Jörg
Grau, Ulrich
Grotjahn, Martin
Gudermann, Frank
Haalboom, Thomas
Hader, Peter
Häfner, Hans-Ulrich
Hansmaier, Helmut
Hartenstein, Knut
Haunstetter, Franz
Henrichfreise, Hermann
Hepp, Heiko
Hess, Stefan
Kazi, Arif
Kemper, Markus
Kersten, Albrecht
Kersten, Peter
Kerstiens, Peter
Klein, Rainer
Korthals, Jörn
Kramann, Guido
Krome, Jürgen
Kühlert, Heinrich
Kunow, Annette
Lebert, Klaus
Lehmann, Ewald
Lemmen, Ralf
Litzenberger, Rolf
Lohöfener, Manfred
Lübke, Andreas
Maas, Jürgen
Markgraf, Carsten
Mayer, Matthias
Mkrtchyan, Lilit
Müller, Reinhard
Nießen, Wolfgang
Nosper, Tim
Oelschläger, Lars
Oertel, Christian
Ossendoth, Udo
Osterwinter, Heinz
Paczynski, Andreas
Passig, Georg
Petersohn, Ulrich
Pietsch, Karsten
Prechtl, Martin
Raps, Franz
Reichle, Manfred
Reif, Konrad
Reimann, Reinhard
Riemer, Detlef
Runge, Wolfram
Sauer, Thorsten
Schmidt, Fritz-Jochen
Schmidt, Herbert
Starke, Günther
Ströhla, Stefan
Töpfer, Harald
Trautmann, Toralf
Ulrich, Burkhard
Ulrich, Hartmut
Villain, Jürgen
Vollmer, Josef
Wagner, Michael H.
Walter, Sebastian
Weghorn, Hans
Welker, Klaus-Dieter
Wibbeke, Michael
Wild, Jörg
Wöllhaf, Konrad
Worlitz, Frank

**Mediation**

Au, Corinna von
Dendorfer, Renate

**Mediendesign**

Althaus, Christoph
Baethe, Hanno
Bergmann, Kai
Breidenich, Christof
Breitsameter, Sabine
Caspers, Markus
Diezmann, Tanja
Doderer, Yvonne P.
Faust, Jürgen
Fetzner, Daniel
Flegel, Ulrich
Franzreb, Danny
Fries, Christian
Gaida, Manfred
Gilgen, Daniel
Glomb, Martina
Glückselig, Tina
Görne, Thomas
Gruner, Götz
Hammer, Norbert
Hartmann, Rochus
Hennig, Andrea
Hirt, Thomas
John, KP Ludwig
Jürgens, Ernst
Kjär, Heidi
Koeppl, Martin
Kühn, Guido
Küster, Rolf
Lankau, Ralf
Malsy, Victor
Mittermaier, Eduard
Mittrach, Silke
Moser, Herbert
Müller, Jens
Nowotsch, Norbert
Pape, Philipp
Pichler, Rüdiger
Quirynen, Anne
Rada, Holger
Radtke, Susanne
Rathgeb, Markus
Schaudin, Pamela
Schnitzer, Julia
Schöls, Erich
Spierling, Ulrike
Spingler, Wenzel
Stapelkamp, Torsten
Stöffler, Anja
Sutor, Michael
Thiermeyer, Michael
Tille, Ralph
Umstätter, Antya
Wisotzki, Jochen
Wölfel, Matthias
Wolfram, Frieder H.
Zielke, Christoph
Zimmermann, Hansjörg

**Mediendidaktik**

Dittler, Ullrich
Erkens, Sabine
Gücker, Daniel
Hambach, Sybille
Hemberger, Ulrike
Krämer, Eberhard A.
Krüger-Basener, Maria
Naujok, Natascha
Pradel, Marcus
Schwermer, Rolf
Wiese, Hans-Joachim

**Mediengeschichte**

Hochscherf, Tobias
Würzberg, Hans-Gerd

**Medieninformatik**

Barthel, Kai Uwe
Beck, Astrid
Berdux, Jörg
Bleymehl, Jörg
Bomsdorf, Birgit
Braemer, Silke
Bremer, Thomas
Brocks, Reinhard
Bruns, Kai
Büttner, Stephan
Buhl, Karl-Friedrich
Faber, Peter
Frank, Michael
Gallwitz, Florian
Garmann, Udo
Gers, Felix
Görner, Eberhard
Goik, Martin
Günther, Ina
Hartmann, Knut
Hedayati, Ariane
Hennies, Markus
Heuert, Uwe
Hoefs, Klaus
Ide, Hans-Dieter
Iurgel, Ido
Jäger, Rudolf
Kirf, Bodo
Krohn, Matthias
Kühn, Sabine
Lehn, Karsten
Link, Lisa
Martini, Nils
Maucher, Johannes
Meiller, Dieter
Milde, Jan-Thorsten
Morisse, Karsten
Müller, Günter
Pfaff, Matthias
Ramm, Michaela
Raubach, Ulrich
Reckter, Holger
Reimann, Christian
Rist, Thomas
Rumpler, Martin
Sänger, Volker
Schwanecke, Ulrich
Syrjakow, Michael
Teistler, Michael
Umland, Thomas
Urban, Alexander
Vesper, Bernd
Weber-Wulff, Debora
Wiest, Simon
Witt, Norbert

**Medienpädagogik**

Bader, Roland
Böning, Hermann
Büsch, Andreas
Diederichs, Helmut
Dörger, Dagmar
Domma, Wolfgang
Früh-van Ess, Peter
Gücker, Daniel
Harth, Thilo
Himmelmann, Karl-Heinz
Hoffmann, Bernward
Jers, Norbert
Jürgens, Dietmar
Kayser, Bernhard
Knauf, Helen
Lang, Susanne
Lutz-Kluge, Andrea
Martens, Thomas
Neumann, Lilli
Pleger, Angelika
Röll, Franz Josef
Sachser, Dietmar
Saretz, Agnes
Schädler, Sebastian
Schmid-Ospach, Michael
Schwab, Hans-Rüdiger
Schwermer, Rolf
Stascheit, Andreas
Thiele, Michael
Wickel, Hans-Hermann
Wiedemann, Heinrich
Zembala, Anna
Zorn, Isabel

**Medienpsychologie**

Dittler, Ullrich
Gücker, Daniel
Marsden, Nicola
Wiedemann, Heinrich

**Metallkunde**

Lupton, David F.
Zylla, Isabella-Maria

**Meteorologie**

Maßmeyer, Klaus
Wallbaum, Friedhelm

**Migrationsforschung**

Arnold, Thomas
Aschenbrenner-Wellmann, Beate
Attia, Iman
Bartmann, Sylke
Borde, Theda
Hentges, Gudrun
Lutz-Kluge, Andrea

**Mikrobiologie**

Becker, Barbara
Beermann, Christopher
Bergstedt, Uta
Biener, Richard
Bockmühl, Dirk
Claus, Günter
Claus, Günter
Ebert, Hildegard
Egert, Markus
Erdmann, Helmut
Gaisser, Sabine
Gemmrich, Armin
Großmann, Manfred
Heusipp, Gerhard
Holtorf, Christian
Hopf, Norbert W.
Junghannß, Ulrich
Kioschis-Schneider, Petra
Klemps, Robert
Krefft, Marianne
Krömker, Volker
Künkel, Waldemar
Kunz, Peter M.
Loidl-Stahlhofen, Angelika
Lücke, Friedrich-Karl
Mack, Matthias
Mahro, Bernd
Meyer, Michael
Nagel, Matthias
Nickisch-Hartfiel, Anna
Ohlinger, Hans-Peter
Petersen, Karin
Pietzcker, Tim
Prange, Alexander
Quast, Heiner
Reinscheid, Dieter
Riehn, Katharina
Riethmüller, Volker
Rosenthal, Heidrun
Scharfenberg, Klaus
Scherer, Paul
Schilf, Wolfgang
Schnell, Norbert
Siefert, Eike
Stein, Torsten
Stoffels, Marion
Süßmuth, Roland
Weißhaar, Maria-Paz
Zaiß, Ulrich
Zimmermann, Ralf-Dieter

**Mikrochemie**

Arregui, Karin

**Mikroelektronik**

Auth, Werner
Bantel, Michael
Beierlein, Thomas
Berger, Michael
Blohm, Rainer
Bonath, Werner
Creutzburg, Uwe
Daehn, Wilfried
Ehinger, Karl
Eichele, Herbert
Elsner, Gerhard
Fülber, Carsten
Geyer, Reinhard
Gregorius, Peter
Heinecke, Wolfgang
Herwig, Ralf
Jetzek, Ulrich
Klein, Bernd
Kohl, Werner
Krauß, Karl-Heinz
Kriesten, Reiner
Krüger, Tilmann
Lackmann, Rainer
Mehr, Wolfgang
Meier, Hans
Menge, Matthias
Mysliwetz, Birger
Popp, Josef
Poppe, Martin
Scheubel, Wolfgang
Schnare, Thorsten
Schumann, Thomas
Soppa, Winfried
Stanski, Bernhard
Terzis, Anestis
Versen, Martin
Voß, Burkhart
Wagner, Jürgen
Walter, Thomas
Winzker, Marco
Wolter, Stefan

**Mikromechanik**

Kämper, Klaus-Peter
Lenz-Strauch, Heidi

**Mikroökonomie**

Blesse-Venitz, Jutta
Boerckel-Rominger, Ruth
Mammen, Gerhard
Twele, Cord

**Mikroskopie**

Kauer, Gerhard
Thoma, Christoph

**Mikrostrukturtechnik**

Hannemann, Birgit
Kirner, Thomas

**Mikrosystemtechnik**

Allweyer, Thomas
Anders, Michael
Baumgart, Jörg
Chlebek, Jürgen
Elsner, Gerhard
Freimuth, Herbert
Gäng, Lutz-Achim
Glück, Bernhard
Götz, Friedrich
Grimm, Jürgen
Harasim, Anton
Herwig, Ralf
Kißig, Klaus
Klär, Patrick
Kohlhof, Karl
Kubitzki, Wolfgang
Kuntz, Michel
Lackmann, Rainer
Linnebach, Egbert
Meier, Wilhelm
Mescheder, Ulrich
Mohnke, Andreas
Monz-Lüdecke, Sybille
Müller, Adrian
Neff, Fritz J.
Nosper, Tim
Petzold, Matthias
Picard, Antoni
Pokrowsky, Peter
Saumer, Monika
Schäfer, Karl-Herbert
Schell, Uli
Scheubel, Wolfgang
Schittny, Thomas
Schmidt, Gerhard
Schwoerer, Ludwig
Speck, Hendrik
Strobelt, Tilo
Ternig, Joachim
Thieleman, Christiane
Tran, Manh Tien
Völklein, Friedemann
Vollmer, Josef
Wagner, Mathias
Wallach, Dieter
Walter, Jürgen
Walter, Thomas
Wehl, Wolfgang
Wolf, Konrad
Zacheja, Johannes
Zur, Albrecht

**Mikrotechnik**

Dudde, Ralf
Foitzik, Andreas
Hoßfeld, Jens
Jänicke, Karl-Heinz
Keller, Reinhard
Liell, Peter
Linnemann, Heinrich
Neuschwander, Hans Werner
Volpe, Francesco
Winter, Jürgen

**Mikrowellentechnik**

Christ, Andreas
Dölecke, Helmut
Passoke, Jens
Peik, Sören
Wendel, Ralf

**Milchwirtschaft**

Krömker, Volker

**Militärwesen**

Elbe, Martin

**Mineralogie**

Thomas, Noel

**Missionswissenschaft**

Kißkalt, Michael

**Mittelstandsforschung**

Bieler, Stefan
Kossow, Bernd H.
Meisel, Christian
Schake, Thomas
Wassenberg, Gerd

**Modedesign**

Bendt, Ellen
Best, Barbara
Bilitza, Helga
Christensen-Gantenberg, Maren
Dünhölter, Kai
Duttenhoefer, Thomas
Engelmann, Andrea
Fetzer, Horst
Friebel-Legler, Edith
Frisch, Jürgen
Fuchs, Monika
Gerling, Steffen
Greiter, Anita
Haase, Birgit
Hasenfuss, Ehrenfried A.
Hoenderken, Willemina
Janssen, Uwe
Klose, Sibylle
Leutner, Petra
Maiburg, Bettina
Meurer, Jo
Neumann, Heinz
Oppel, Monika
Pekny, Thomas
Salo, Tuula
Seebacher, Peter
Skupin, Petra
Thannen, Reinhard von der
Weinlich, Dorothee
Wolfes, Dirk
Ziegenthaler, Martina
Zwanzig, Astrid

**Modellierung**

Apel, Nikolas
Gollmer, Klaus-Uwe
Jebens, Claus
Krüger, Manfred
Müggenburg, Norbert
Schinagl, Stefan
Seifert, Thomas
Velten, Kai

**Moderne Kunst und Kunstgeschichte**

Meinhardt, Johannes

**Molekülphysik**

Krautheim, Gunter

**Molekularbiologie**

Bergemann, Jörg
Birringer, Marc
Brändlin, Ilona
Egert, Markus
Franke, Jacqueline
Frickenhaus, Stephan
Frohme, Marcus
Hafner, Mathias
Kioschis-Schneider, Petra
Maercker, Christian
Martin, Annette
Otte, Kerstin
Palmada Fenés, Mònica
Pfitzner, Reinhard
Schnell, Norbert
Schröder, Christian
Schwartz, Dirk
Speer, Astrid
Stein, Torsten
Tuma, Wolfgang
Ullrich, Oliver
Wörner, Walter

**Molekulare Mechanismen**

Heusipp, Gerhard

**Montage**

Ahlers, Henning
Lesch, Uwe
Wehl, Wolfgang

**Moraltheologie**

Gruber, Hans-Günther
Klose, Martin

**Morphologie**

Ibisch, Pierre

**Multimedia**

Barta, Christian
Boden, Cordula
Breide, Stephan
Carlé, Thomas
Düsterhöft, Antje
Dufke, Klaus
Ebert, Holger
Edlich, Stefan
Ehret, Klemens
Eppler, Thomas
Eren, Evren
Faschina, Titus
Figge, Friedrich
Gdaniec, Claudia
Gerten, Rainer
Göbel, Richard
Gottscheber, Achim
Hänßgen, Klaus
Hasche, Eberhard
Hering, Klaus
Hermann, Renate
Hinkenjann, André
Hofmann, Frank
Jäger, Norbert
Jonas, Karl
Kawalek, Jürgen
Kreling, Bernhard
Lang, Bernhard
Ludvik, Michael
Mengel, Maximilian
Müller, Robert
Pagel, Sven
Pawletta, Sven
Pielot, Undine
Rentmeister, Cäcilia
Schaefer, Frank
Schmidt, Werner
Seelmann, Gerhard
Steinmetz, Arndt
Umland, Thomas
Werner, Hans-Ulrich
Wilczek, Stephan
Winckler, Jörg
Winzerling, Werner
Wirth, Antje
Wittig, Wolfgang S.
Yass, Mohammed S.
Zimmer, Frank
Zimmermann, Stefan

**Museumswesen**

Krämer, Eberhard A.
Walz, Markus
Weiß, Gisela
Wilderotter, Hans

**Musik, Musikwissenschaft**

Kern, Holger
Pachl, Peter P.
Rebling, Kathinka
Schmitt, Theodor
Schwartz, Manuela
Seipolt, Jens

**Musikgeschichte**

Curdt, Oliver

**Musikinstrumente**

Mark, Günter
Meinel, Eberhard
Michel, Andreas

**Musikpädagogik**

Brandi, Bettina
Ehrhardt, Susanne
Greuel, Thomas
Istvánffy, Tibor
Kern, Holger
Kühnel, Renate
Leidecker, Klaus
Megnet, Katharina
Stackelberg, Hubertus von
Wickel, Hans-Hermann

**Musiksoziologie**

Einbrodt, Ulrich
Josties, Elke

**Musiktheater**

Pachl, Peter P.

**Musiktherapie**

Keemss, Thomas
Metzner, Susanne
Weymann, Eckhard
Wormit, Alexander

**Nachhaltigkeit**

Brodowski, Michael
Dujesiefken, Dirk
Michaelis, Nina
Rudolphi, Alexander
Schaefer, Sigrid
Schlesinger, Dieter
Schupp, Thomas

**Nachrichtentechnik**

Andert, Tomas
Ansorg, Jürgen
Bartz, Rainer
Benyoucef, Dirk
Broß, Franz
Brückbauer, Rolf-Dieter
Brückner, Volkmar
Buchholz, Martin
Büchel, Gregor
Derr, Frowin
Dettmar, Uwe
Dippold, Michael
Doster, Rainer
Ebel, Christian
Eberhardt, Bernhard
Elders-Boll, Harald
Enning, Bernhard
Fasold, Dietmar
Fechter, Frank
Fehn, Heinz-Georg
Felhauer, Tobias
Feske, Klaus
Fischer, Arno
Fischer, Dirk
Form, Thomas-Peter
Franz, Jürgen H.
Frese, Roger
Freudenberger, Jürgen
Gaspard, Ingo
Götze, Manfred
Gronau, Gregor
Haaß, Wolf-Dieter
Hedtke, Rolf
Hirsch, Hans-Günter
Höfer, Karlheinz
Höller, Heinzpeter
Hötter, Michael
Hoffmann, Roland
Huber, Siegfried
Kappeler, Franz
Kelber, Kristina

Khakzar, Karim
Klostermeyer, Rüdiger
Knospe, Heiko
Koch, Andreas
Koops, Wolfgang
Kories, Ralf
Krämer, Rainer
Kreutzer, Martin
Krüger, Tilmann
Kunz, Albrecht
Kunze, Joachim
Leimer, Frank-Dietrich
Lenk, Friedrich
Lieber, Winfried
Litzenburger, Manfred
Loch, Manfred
Marrek, Manfred
Martin, Utz
Melcher, Harald
Mertens, Konrad
Meusel, Karl-Heinz
Michael, Thomas
Micheel, Hans Jürgen
Missun, Jürgen
Möhringer, Peter
Mörz, Matthias
Mores, Robert
Németh, Karlo
Oehler, Albrecht
Ostritz, Werner
Paul, Gerd-Uwe
Petasch, Harald
Pfahlbusch, Holger
Pfeifer, Heinrich
Pieper, Bodo
Poisel, Hans Wilhelm
Porzig, Frank
Quint, Franz
Rapp, Christoph
Ringshauser, Hermann
Rohde, Michael
Roppel, Carsten
Rücklé, Gerhard
Ruppel, Wolfgang
Sauerburger, Heinz
Schmatz, Herbert
Schmidt, Reinhard
Schneider, Jürgen
Schneider, Thomas
Scholz, Reinhard
Schütte, Hans-Dieter
Schulze, Henrik
Schwierz, Heinrich
Seehausen, Gerhard
Splitt, Georg
Steil, Andreas
Stenzel, Ernst
Stock, Gerd
Thieling, Lothar
Timmermann, Claus-Christian
Totzek, Ulrich
Trick, Ulrich
Trottler, Karl
Urbanek, Peter
Vogel, Peter
Vogt, Klaus
Wagner, Jürgen
Waldowski, Michael
Weith, Jürgen
Wenke, Gerhard
Werner, Martin
Wiebe, Joachim
Witte, Stefan
Wuschek, Matthias
Zschockelt, Rainer

**Naher und Mittlerer Osten**

Flores, Alexander

**Nanotechnologie**

Dürr, Michael
Karnutsch, Christian
Koch, Kerstin

**Naturschutz**

Auweck, Fritz
Bartfelder, Friedrich
Ibisch, Pierre
Leyer, Ilona
Luick, Rainer
Rohe, Wolfgang
Stöckmann, Antje
Werk, Klaus

**Naturwissenschaften**

Bangert, Dieter
Bertram, Birgit
Bessenrodt-Weberpals, Monika

Deuber, François
Götz, Gerhard
Landmann, Meinhard
Ostendorf, Andrea
Primbs, Miriam
Sauer, Andreas
Schulz, Henrik
Sohn, Martin
Stadelmann, Christian
Wedekind, Hartmut

**Navigation, Nautik**

Becker-Heins, Ralph
Bochmann, Michael
Härting, Alexander
Tomaschek, Michael
Wandelt, Ralf

**Netzwerktechnik**

Bauer, Michael
Dietrich, Gerhard
Dlabka, Michael
Groß, Matthias
Heineck, Horst
Helden, Josef von
Heym, Jürgen
Hirsch, Hans-Günter
Jasperneite, Jürgen
Kiefer, Roland
Leischner, Martin
Linnemann, Heinrich
Möbert, Thomas
Neuschwander, Jürgen
Niemeyer, Ulf
Preuß, Thomas
Röhrig, Christof
Swietlik, Albrecht
Uhde, Kerstin
Valenzuela, Alejandro
Wölker, Martin
Yass, Mohammed S.

**Netzwerktheorie**

Burbaum, Bruno
Milde, Friedhelm
Schneider-Obermann, Herbert

**Neue Medien**

Backes, Wieland
Baumeister, Hans Peter
Carlé, Thomas
Curticapean, Dan
Decker, Alexander
Dell'Oro-Friedl, Jirka
Doulis, Mario
Friess, Regina
Gerlicher, Ansgar
Gerling, Winfried
Hasche, Eberhard
Hedler, Marko
Heiden, Wolfgang
Herpers, Rainer
Krzeminski, Michael
Lehning, Thomas
Ruf, Walter
Schober, Martin
Schönborn, Tim
Schönthier, Jens
Seelinger, Anette
Theobald, Konrad R.
Thomas, Sven
Werner, Hans-Ulrich
Wessling, Ewald
Wübbelt, Peter

**Neuroanatomie**

Pohl, Marcus

**Neurobiologie**

Weigelt, Hartmut

**Neurologie**

Jöbges, Michael
Pohl, Marcus

**Neurophysiologie**

Pohl, Marcus

**Neuropsychologie**

Müller, Sandra

**Neutestamentliche Bibelwissenschaft**

Baum, Armin D.
Haubeck, Wilfried
Heinze, André
Hotze, Gerhard
Knittel, Thomas
Koch, Christiane
Mutschler, Bernhard
Salzmann, Jorg Christian
Siebenthal, Heinrich von

**Nuklearmedizin**

Ruhlmann, Jürgen

**Numerische Mathematik**

Dennert-Möller, Elisabeth
Engelmann, Bernd
Felten, Michael
Gampp, Werner
Garloff, Jürgen
Gaukel, Joachim
Häberlein, Tobias
Henig, Christian
Hollstein, Ralf
Kampowsky, Winfried
Kröner, Hartmut
Mackenroth, Uwe
Petrova, Svetozara
Piepke, Wolfgang
Schott, Dieter
Sprengel, Frauke
Tschan, Kirstin
Veihelmann, Rainer
Voller, Rudolf
Walter, Artur
Weidner, Petra

**Nutztierwissenschaften**

Brüggemann, Dagmar Adeline
Laser, Harald

**Oberflächentechnik**

Domnick, Joachim-Hans
Ebert, Rolf
Es-Souni, Mohammed
Fischer, Jörg
Fobbe, Helmut
Hader, Berthold
Keipke, Roy
Kirchhöfer, Hermann G.
Knoblauch, Volker
Krumeich, Jörg
Leiber, Jörn
Oertel, Bernd
Richter, Asta
Stollenwerk, Johannes
Strobl, Christoph
Veith, Michael
Velten, Dirk
Veyhl, Rainer
Wegmann, Florian
Zylla, Isabella-Maria

**Obstbau**

Braun, Peter
Dierend, Werner
Helm, Hans-Ulrich
Rehmann, Dirk

**Öffentliche Finanzwirtschaft**

Brückmann, Friedel
Leibinger, Hans-Bodo
Leipelt, Detlef

**Öffentliche Verwaltung**

Dowling, Cornelia
Heidbüchel, Andreas
Hochapfel, Frank
Sandberg, Berit
Seider, Harald
Thiel, Markus
Vomberg, Edeltraud
Vonhof, Cornelia

**Öffentliche Wirtschaft**

Daum, Ralf
Jänchen, Isabell
Schwab, Siegfried

**Öffentliches Recht**

Alber, Peter-Paul
Arzt, Clemens
Baller, Oesten
Baumeister, Peter
Biester, Jürgen
Boerner, Dietmar
Dehner, Klaus
Eiding, Lutz
Elbel, Thomas
Fehn, Karsten
Heid, Daniela
Hess, Walter
Heußner, Hermann K.
Hönes, Ernst-Rainer
Hundt, Marion
Koch, Rolf
Krölls, Albert
Küstermann, Burkhard
Labsch, Karl Heinz
Lackner, Hendrik
Lechelt, Rainer
Müller-Bromley, Nicolai
Oligmüller, Peter
Pautsch, Arne
Raviol, Peter
Schöndorf, Erich
Siemes, Andreas
Sutter, Carolin
Thiel, Markus
Unruh, Werner von
Wehr, Matthias
Wienbracke, Mike
Zeis, Adelheid

**Ökologie**

Arndt, Erik
Debus, Reinhard
Detzel, Peter
Heidger, Christa
Herrmann, Maria-Elisabeth
Irslinger, Roland
Kapp, Helmut
Kauer, Randolf
Kirstges, Torsten
Lassonczyk, Beate
Lüderitz, Volker
Merkel, Hubert
Mickley, Angela
Miotk, Peter
Reintjes, Norbert
Rothe, Andreas
Stahl, Wilhelm
Stecker, Bernd
Tiedemann, Kai Jörg
Trautz, Dieter
Wenke, Martin
Windisch, Ute
Wulfes, Rainer

**Ökologische Chemie**

Elbers, Gereon
Hellwig, Veronika
Salchert, Katrin
Thielmann, Thomas

**Ökonometrie**

Gohout, Wolfgang
Jungmittag, Andre
Nihalani, Katrin
Sellenthin, Mark

**Ökotoxikologie**

Debus, Reinhard

**Ökumene**

Baur, Katja
Raedel, Christoph
Schuler, Ulrike

**Operations Research**

Abel, Volker
Baumann, Johannes
Beck, Volker
Belling-Seib, Katharina
Boese, Jürgen
Boll, Carsten
Eich-Soellner, Edda
Fischbacher, Johannes
Grünwald, Norbert
Hamacher, Bernd
Hartmann, Sönke
Kastner, Marc
Kaufmann, Peter
Lajios, Georgios

Lauwerth, Werner
Lehmann, Rainer
Meintrup, David
Morgenstern, Thomas
Muschinski, Willi
Peren, Franz W.
Plappert, Peter
Resch, Jürgen
Reuter, Friedwart
Schwenkert, Rainer
Taraszow, Oleg
Tschirpke, Karin
Tuschl, Stefan
Tysiak, Wolfgang
Vogt, Jörg-Oliver
Voigt, Heinz
Wagner, Bernd
Wilderotter, Olga
Wolf, Dieter

**Optik**

Baumbach, Peter
Blendowske, Ralf
Buser, Annemarie
Dietze, Holger
Feske, Klaus
Handorff, Christoph von
Harms, Kay-Rüdiger
Hartmann, Peter
Hellmuth, Thomas
Henning, Thomas
Hofbauer, Engelbert
Holschbach, Andreas
Kirschkamp, Thomas
Koch, Andrea
Layh, Michael
Lingelbach, Bernd
Mertens, Konrad
Nolting, Jürgen
Obermayer, Hans Anton
Pfeffer, Michael
Poisel, Hans Wilhelm
Runge, Wolfram
Sowada, Ulrich
Sure, Thomas
Teubner, Ulrich
Vollmer, Michael
Wagner, Gerhard
Wenke, Gerhard
Wünsche, Christine

**Optoelektronik**

Ahrens, Uwe
Bastian, Georg
Bludau, Wolfgang
Börret, Rainer
Daiminger, Franz
Dittmar, Günter
Fehrenbach, Gustav W.
Grünhaupt, Ulrich
Herrmann, Lutz
Hoßfeld, Jens
Kampe, Jürgen
Karnutsch, Christian
Klix, Wilfried
Krapp, Jürgen
Mertens, Konrad
Schörner, Jürgen
Scholl, Robert
Ziemann, Olaf
Zipfl, Peter

**Optometrie**

Dietze, Holger
Handorff, Christoph von
Harms, Kay-Rüdiger

**Ordnungswidrigkeitenrecht**

Hamann, Wolfram
Kramer, Bernhard
Lenz, Eckhard
Riemenschneider, Sabine
Witthaus, Dieter

**Organisationspsychologie**

Bock-Rosenthal, Erika
Ducki, Antje
Ebert-Steinhübel, Anja
Eigenstetter, Monika Sigrid
Heigl, Norbert J.
Hunecke, Marcel
Kreppel, Peter
Langhoff, Thomas
Lehning, Thomas
Lohaus, Daniela
Marquardt, Nicki
Packebusch, Lutz

**Organisationstheorie**



**Organische Chemie**



**Orthopädie**



**Pädagogik**



**Pädagogische Psychologie**



**Pädaudiologie**



**Pädiatrie**



**Papiertechnik**



**Parasitologie**



**Pastoraltheologie**



**Patentrecht**



**Persönlichkeitspsychologie**



**Personalwesen**



**Pflanzenbau**



**Pflanzenernährung**



**Pflanzenökologie**



**Pflanzenphysiologie**



**Pflanzenschutz**



**Pflegemanagement**

Reinspach, Rosmarie
Roes, Martina
Scherer, Brigitte
Schewior-Popp, Susanne
Schüßler, Marion
Schwerdt, Ruth
Scupin, Olaf
Städtler-Mach, Barbara
Stappen, Birgit
Stemmer, Renate
Tewes, Renate
Uzarewicz, Charlotte
Werner, Burkhard
Wiese, Michael

**Pflegewissenschaften**

Abou-Dakn, Michael
Beckmann, Marlies
Bischoff-Wanner, Claudia
Bleses, Helma
Bonato, Marcellus Stephanus
Bredthauer, Doris
Büscher, Andreas
Cassier-Woidasky, Anne-Kathrin
Dibelius, Olivia
Dorschner, Stephan
Fesenfeld, Anke
Fleischmann, Ulrich
Flick, Uwe
Flieder, Margret
Gaidys, Uta
Geister, Christina Michaela
Grewe, Annette
Grünendahl, Martin
Grunwald, Klaus
Habermann, Monika
Härlein, Jürgen
Heinze, Cornelia
Heitmann, Dieter
Hellige, Barbara
Höhmann, Ulrike
Hotze, Elke
Hundenborn, Gertrud
Immenschuh, Ursula
Isfort, Michael
Kersting, Karin
Kirsch, Holger
Klemme, Beate
Köhlen, Christina
Kostorz, Peter
Kühnert, Eva Sabine
Latteck, Änne-Dörte
Lauterbach, Andreas
Lehmann, Jörg
Lorenz-Krause, Regina
Makowsky, Katja
Mertin, Matthias
Mitzscherlich, Beate
Mohr, Christa
Müller, Irene
Nielsen, Gunnar Haase
Oelke, Uta
Piechotta-Henze, Gudrun
Pietzcker, Tim
Riedel, Annette
Roes, Martina
Rosenbaum, Ute
Sahmel, Karl-Heinz
Sayn-Wittgenstein, Friederike zu
Schiff, Andreas
Schilder, Michael
Schulze, Ulrike
Sieger, Margot
Simon, Anke
Tewes, Renate
Thielhorn, Ulrike
Weber, Petra
Wessig, Kerstin
Wilborn, Doris
Winter, Maik
Zielke-Nadkarni, Andrea
Zündel, Matthias

**Pharmarecht**

Schröder, Christa

**Pharmatechnik**

Keller, Patrick
Kumpugdee Vollrath, Mont

**Pharmazeutische Biologie**

Wolff, Armin

**Pharmazeutische Chemie**

Bartz, Ulrike
Grillenberger, Kurt
Hirsch, Richard
Hochgürtel, Matthias

**Pharmazeutische Technologie**

Heun, Georg
Müller, Ingrid
Otte, Kerstin
Stoll, Dieter
Weiß, Bettina
Wolf, Bertram
Wolff, Armin

**Pharmazie, Pharmakologie**

Carius, Wolfram
Fortwengel, Gerhard
Kötting, Joachim
Künzel, Sebastian
Mavoungou, Chrystelle
Passing, Reinhard
Schröder, Christa
Zimmermann, Katharina

**Philosophie**

Ackermann, Ulrike
Conradi, Elisabeth
Domschke, Jan-Peter
Elpert OFMCap, Jan-Bernd
Eming, Knut
Frisch, Ralf
Herkert, Petra
Nickel-Schwäbisch, Andrea
Rath, Norbert
Schneider, Notker
Schulte OFMCap, Ludger Ägidius
Schumacher, Thomas
Schweppenhäuser, Gerhard
Söder, Joachim
Voigt, Christof
Wildfeuer, Armin
Zimmermann, Rainer E.

**Phoniatrie**

Böckler, Raimund

**Photogrammetrie**

Breuer, Michael
Gerbeth, Volker
Greiwe, Ansgar
Gülch, Eberhard
Hahn, Michael
Heil, Ernst
Kähler, Martin
Kresse, Wolfgang
Krzystek, Peter
Luhmann, Thomas
Pfeiffer, Berthold
Pfeufer, Andreas
Przybilla, Heinz-Jürgen
Rüdenauer, Helmut
Schenk, Siegfried

**Photonik**

Busolt, Ulrike
Huber, Heinz
Kempen, Lothar U.
Kuka, Georg
Meyer, Jörg
Ricklefs, Ubbo
Schrader, Sigurd

**Physik**

Ackermann, Ulrich
Albert, Edgar
Aschaber, Johannes
Baier, Thomas
Baier, Wolfgang
Balla, Jochen
Bartning, Bodo
Bartuch, Ulrike
Bauer, Roland
Baumann, Astrid
Baumann, Bernd
Baumann, Oliver
Beck, Andreas
Beck, Horst W.
Becker, Florian
Becker, Helmut
Becker, Rolf
Becker-Schweitzer, Jörg
Beckmann, Anette
Behler, Klaus
Behn, Udo
Belloni, Paola
Bickel, Peter
Bleckwedel, Axel
Blendowske, Ralf
Blohm, Werner
Böhm, Willi
Bohrmann, Steffen
Boin, Manuela
Boisch, Richard
Breckow, Joachim
Brinkmann, Matthias
Brummund, Uwe
Brunn, Joachim
Brunotte, René
Bülow, Alexander
Butter, Wolfram
Bye, Carsten
Cemic, Franz
Cleve, Ernst
Cönning, Wolfgang
Crome, Horst
Dambacher, Karl Heinz
Degen, Karl Georg
Deppisch, Bertold
Dersch, Helmut
Deutz, Joachim
Diegelmann, Michael
Dietmaier, Christopher
Dildey, Fritz
Dirks, Heinrich
Doderer, Thomas
Domogala, Georg
Donges, Axel
Draack, Lars
Durst, Klaus-Dieter
Ebberink, Johannes
Ebner, Walter
Eckhardt, Klaus
Eden, Klaus
Ehinger, Karl
Eickmeier, Achim
Eifert, Hans-Justus
Eimüller, Thomas
Elschner, Steffen
Esrom, Hilmar
Essmann, Ulrich
Fehrenbach, Gustav W.
Feierabend, Siegfried
Feldmeier, Franz
Fink, Frank
Finke, Ullrich
Fischer, Andreas
Fleck, Burkhard
Flossmann, Florian
Förster, Arnold
Freudenberger, Adalbert
Fricke, Klaus
Fröhlich, Siegmund
Gärtner, Klaus
Ganter, Barbara
Gebhard, Hermann
Geilhaupt, Manfred
Giering, Kerstin
Glasauer, Stefan
Glunk, Michael
Goeke, Johannes
Görlich, Roland
Götting, Rüdiger
Gold, Peter
Golz, Martin
Graf, Hans-Peter
Großhans, Walter
Großmann, Uwe
Grünemaier, Andreas
Grüning, Helmut
Gummich, Ute
Hader, Berthold
Häfner, Hans-Ulrich
Härting, Alexander
Hahn, Ulrich
Haibel, Astrid
Hamelmann, Frank U.
Hanak, Thomas
Hansen, Martin
Harten, Ulrich
Haussmann, Götz
Heckenkamp, Christoph
Heddrich, Wolfgang
Heine, Klaus
Heitmann, Heinrich
Hellmann, Ralf
Hemme, Heinrich
Hergesell, Jens-Helge
Herwig, Ralf
Hild, Rosemarie
Höpfel, Dieter
Höpfl, Reinhard
Hoeppe, Ulrich
Hofmann, Otto
Hoyler, Friedrich
Humberg, Heinz
Hummel, Helmut
Ihrig, Holger
Jacobsen, Harald
Jaki, Jürgen
Jansen, Kurt
Jitschin, Wolfgang
Jödicke, Bernd
Junglas, Peter
Käß, Hanno
Kaiser, Detlef
Kallenowsky, Thomas
Kaloudis, Michael
Karger, Michael
Kaufmann, Karl
Kersten, Otto
Kilsch, Dieter
Klein, Hans Hermann
Klemt, Eckehard
Klinker, Thomas
Knaak, Wolfgang
Knapp, Jürgen
Knechtges, Hermann J.
Kniffler, Norbert
Kober, Axel
Koch, Andrea
Koch, Heribert
Köster, Heiner
Kohl, Wolfgang
Kohler, Heinz
Kopf, Heiko
Kottcke, Manfred
Krauser, Johann
Kruscha, Johannes
Krzyzanowski, Waclaw
Kügler, Klaus-Jürgen
Kühl, Lars
Kühlke, Dietrich
Kuhnke, Klaus
Kurfürst, Ulrich
Kuypers, Friedhelm
Latz, Rudolf
Lauterbach, Thomas
Layh, Michael
Leck, Michael
Lehmann, Manfred
Lindner, Gerhard
Lödding, Bernhard
Lüders, Christian-Friedrich
Lüders, Konrad
Machon, Lothar
Mändl, Matthias
May, Dietrich
Meier-Hirmer, Robert
Meißner, Albrecht
Merkel, Manfred
Mertins, Hans-Christoph
Middelberg, Jan
Moeller, Peter
Mückenheim, Wolfgang
Mühlhoff, Lucia
Müller, Eckehard
Müller, Wolfgang
Müller-Horsche, Elmar
Nachtigall, Christoph
Nellessen, Joachim
Neser, Stephan
Nestler, Bodo
Netzsch, Thomas
Neugebauer, Thomas
Neuhaus, Wolfgang
Neumann, Claus
Nickich, Volker
Nohl, Heinz
Nürnberg, Frank-Thomas
Obermayer, Hans Anton
Özger, Erol
Ohlert, Johannes
Otto, Jürgen
Paffrath, Ulrike
Palfreyman, Niall
Peitzmann, Franz-Josef
Peterreins, Thomas
Pferrer, Saskia
Pinks, Walter
Pitka, Rudolf
Poncar, Jaroslav
Pott-Langemeyer, Martin
Prillinger, Gert
Prochotta, Joachim
Pröbstle, Günther
Queitsch, Robert
Rädle, Matthias
Raiber, Thomas
Rasenat, Steffen
Ratka, Andreas
Rehaber, Erwin
Richter, Rudolf
Riegler, Peter
Ringwelski, Lutz
Rinn, Klaus
Rolle, Siegfried
Rosemeier, Frank
Rosenzweig, Manfred
Rudat, Volker
Rufa, Gerhard
Samm, Doris
Schade, Manfred
Schaefer, Stephan
Schäfle, Claudia
Schanda, Ulrich
Schaugg, Johannes
Schemmert, Ulf
Schierenberg, Marc-Oliver
Schloms, Rolf
Schmalz, Reinhard
Schmidt, Hartmut
Schmidt, Sönke
Schmiedl, Roland
Schmitter, Ernst-Dieter
Schöning, Sonja
Scholl, Robert
Schrewe, Ulrich
Schröder, Werner
Schrödter, Christian
Schuhmacher, Silvia
Schulz, Eckhard
Schulz, Günther
Schulz, Uwe
Schumacher, Manfred
Schwedes, Wilhelm
Schwik, Jürgen
Seeböck, Robert
Seebrunner, Hansjörg
Sesterhenn, Alfred
Siegers, Marion
Sommer, Volker
Sowada, Ulrich
Sprengel, Dieter
Springer, Martin
Staniek, Sabine
Stanzel, Silke
Steiger, Bernhard
Stein, Ulrich
Steinmeyer, Florian
Sternberg, Martin
Stollenwerk, Johannes
Strehlow, Reinhard
Strobel, Otto
Ströbel, Bernhard
Suhr, Hajo
Sum, Jürgen
Timm, Wolfgang
Traeger, Franziska
Treimer, Wolfgang
Turtur, C.-Wilhelm
Viöl, Wolfgang
Vitt, Bruno
Voigt, Gerd-Hannes
Vollmann, Wolfgang
Voß, Hagen
Wagner, Gerhard
Wallbaum, Friedhelm
Wandelt, Ralf
Weber, Konradin
Weickhardt, Christian
Weißmantel, Steffen
Weizenecker, Jürgen
Wendler, Wolf-Michael
Werner, Franz
Werner, Joachim
Werner, Manfred
Wetzel, Herbert
Wilhein, Thomas
Wittrock, Ulrich
Wolf, Karlheinz
Wolf, Rainer
Wozny, Manfred
Wüst, Eberhard
Ziegler, Christian
Ziegler, Heinz
Zscheyge, Werner
Zylka, Waldemar

**Physik dünner Schichten**

Hamelmann, Frank U.
Müller, Wolfgang

**Physikalische Chemie**

Acker, Jörg
Becker, Walter
Bell, Carl-Martin
Bredol, Michael
Diemer, Stefan
Dietrichs, Joachim
Dorbath, Bernd
Dürr, Michael
Ender, Volker
Feller, Karl-Heinz
Fink, Wolfgang
Foßhag, Erich
Gerdes, Andreas
Grünberg, Hans Hennig von
Hartmann, Jens
Hassenpflug, Hans-Uwe
Höchstetter, Hans

Hoeppe, Ulrich
Hoffman-Jacobsen, Kerstin
Hoffmann, Harald Martin
Hungerbühler, Hartmut
Jacob, Karl-Heinz
Kaus, Rüdiger
Krahl, Jürgen
Kummerlöwe, Claudia
Lauth, Günter
Lorenz, Klemens
Malessa, Rainer
Meichsner, Georg
Naderwitz, Peter
Platen, Harald
Prielmeier, Franz
Rieckmann, Thomas
Ruy, Clemens
Schimmel, Karl-Heinz
Schlitter, Klaus
Schmidt, Volkmar M.
Schrader, Michael
Schubert, Wolfgang
Schuch, Paul-Gerhard
Spiekermann, Manfred
Stetter, Martin
Stölting, Juliane
Swidersky, Peter
Traeger, Franziska
Veith, Michael
Vonau, Winfried
Wagner, Björn

**Physikalische Technik**

Anders, Michael
Endruschat, Franz Eckard
Ertel, Andreas
Exner, Horst
Hely, Hans
Klein, Stephan
Mohnke, Janett
Ploss, Bernd
Scheppat, Birgit
Totzauer, Werner Franz
Trommer, Reiner
Völklein, Friedemann
Weißmantel, Steffen
Wendt, Michael

**Physiologie**

Böhmer, Christoph
Häbler, Heinz-Joachim
Laue, Hans-Joachim
Lorenz, Jürgen
Prehn, Horst
Wagner, Mathias

**Physiologische Psychologie**

Meier-Koll, Alfred

**Physiotherapie**

Baeumer, Friederike
Erhardt, Tobias
Felder, Hanno
Fischer, Andreas
Grüneberg, Christian
Höppner, Heidi
Hofheinz, Martin
Karanikas, Konstantin
Köppe, Rainer
Lenck, Beate
Mehrholz, Jan
Messner, Thomas
Michel, Sven
Mommsen, Hauke
Piekartz, Harry von
Scherfer, Erwin
Schlegelmilch, Ulf
Wasner, Mieke
Zalpour, Christoff

**Phytomedizin**

Dercks, Wilhelm
Große Hokamp, Heinz
Neubauer, Christian
Reineke, Annette
Schlüter, Klaus

**Phytopathologie**

Majunke, Curt

**Phytotechnik**

Geyer, Hans-Jürgen

**Plasmaphysik**

Röpcke, Jürgen
Viöl, Wolfgang

**Pneumatik**

Böhm, Edmund
Boelke, Klaus
Bothe, Gerhard
Forster, Ingbert
Gebhardt, Norbert
Johanning, Bernd
Melcher, Paul R.
Nguyen, Huu Tri
Scholz, Dieter
Watter, Holger

**Politische Bildung**

Wolf, Michael
Zimpelmann, Beate

**Politische Wissenschaft**

Balz, Hans-Jürgen
Bamberg, Sebastian
Bellermann, Martin
Benz, Benjamin
Berghahn, Sabine
Brinkmann, Volker
Caglar, Gazi
Conradi, Elisabeth
Dienel, Christiane
Dozekal, Egbert
Drake, Hans
Dreßen, Wolfgang
Eichener, Volker
Fischer, Ute
Frankenfeld, Peter
Frevel, Bernhard
Gerlach, Irene
Greiffenhagen, Sylvia
Grotz, Claus-Peter
Grumke, Thomas
Grutzpalk, Jonas
Hansen, Brigitte
Hansen, Klaus
Harms, Jens
Hirschfeld, Uwe
Jaschke, Hans-Gerd
Kleinert, Hubert
Koch, Angelika
Kral, Gerhard
Kranenpohl, Uwe
Kronenberg, Volker
Lempp, Jakob
Ludin, Daniela
Mahnkopf, Birgit
Mecking, Sabine
Meyer, Birgit
Miller, Tilly
Möhle, Marion
Möltgen, Katrin
Müller, Thorsten
Müller-Franke, Waltraud
Naplava, Thomas
Niechoj, Torsten
Niedermeier, Hans-Peter
Niesmann, Felix
Osthorst, Winfried
Otten, Henrique Ricardo
Otten, Matthias
Pfahl-Traughber, Armin
Pioch, Roswitha
Prillwitz, Günther
Rautenfeld, Erika von
Reissert, Bernd
Roth, Reinhold
Roth, Roland
Rüßler, Harald
Schunter-Kleemann, Susanne
Spetsmann-Kunkel, Martin
Stark, Carsten
Steckmeister, Gabriele
Tanneberger, Hans-Georg
Theisen, Heinz
Többe-Schukalla, Monika
Toens, Katrin
Trapp, Manfred
Walz, Konrad
Welte, Hans-Peter
Werner, Klaus
Wiestner, Rainer
Winkel, Olaf
Wortmann, Rolf
Wüller, Heike
Zeitler, Christoph

**Polizei**

Fickenscher, Guido
Gebhardt, Ihno
Grigoleit, Bernd
Linssen, Ruth
Maschke, Werner
Peilert, Andreas
Strahlendorf, Hans-Rainer

**Polnische Sprache und Literatur**

Sadowski, Aleksander-Marek
Schulz, Fred

**Polymere**

Fröhlich, Joachim
Frommann, Lars
Graschl, Rüdiger
Gros, Leo
Grun, Gregor
Kummerlöwe, Claudia
Leyrer, Karl-Hans
Muscat, Dirk
Schäfer, Peter
Simon, Peter F.W.
Springer, Andrea
Tillmann, Hartwig
Walcher, Tobias

**Polymerphysik**

Möbius, Hildegard

**Präventivmedizin**

Körner, Thomas

**Praktische Informatik**

Bühler, Hans-Ulrich
Busse, Susanne
Fuhr, Thomas
Griefahn, Ulrike
Hoff, Axel
Jansen, Marc
Kratzke, Nane
Krayl, Heinrich
Krohn, Uwe
Nitsche, Thomas
Quibeldey-Cirkel, Klaus
Regensburger, Franz
Rethmann, Jochen
Schmidt, Diana
Strack, Hermann
Walter, Wilhelm
Weicker, Karsten
Werner, Uwe
Winterstein, Georg

**Praktische Mathematik**

Batzies, Ekkehard
Facchi, Christian
Maurer, Detlev

**Praktische Theologie**

Barnbrock, Christoph
Bell, Desmond
Beuscher, Bernd
Dieterich, Michael
Eschmann, Holger
Frohnhofen, Herbert
Geisser, Christiane
Härtner, Achim
Reuter, Eleonore
Schmid, Franz
Spangenberg, Volker
Stadelmann, Helge
Wuckelt, Agnes

**Privatrecht**

Baetge, Anastasia
Balleis, Kristina
Berens, Ralph
Bergmans, Bernhard
Bohnert, Cornelia
Brehm, Bernhard
Butz-Seidl, Annemarie
Diringer, Arnd
Eckhoff, Volker
Fahrenhorst, Irene
Feyerabend, Friedrich-Karl
Gounalakis, Kathrin
Gruber, Joachim
Gschwinder, Joachim
Heberlein, Ingo
Herrnkind, Hans-Ulrich
Hirdina, Ralph
Hübner, Claudia
Imhof, Ralf
Klink, Joachim
Knies, Jörg
Kohler-Gehrig, Eleonora
Merz, Rudolf
Metzler-Müller, Karin
Monhemius, Jürgen
Müssig, Peter
Pallasch, Ulrich
Reinhard, Hans-Joachim
Rieve-Nagel, Maike
Scheel, Thomas
Schimmel, Roland
Schlegel, Christina
Strauß, Rainer
Tillmann, Oliver
Trasker, Britta
Volk, Regine
Worm, Helga
Zack, Carsten
Ziegler, Eberhard
Zwecker, Kai-Thorsten

**Product-Engineering**

Bellendir, Klaus
Beneke, Frank
Bjekovic, Robert
Bölinger, Simone
Boryczko, Alexander
Geck, Andreas
Haupert, Frank
Heidemann, Bernd
Heßberg, Silke
Hiltmann, Kai
Kaschuba, Reinhard
Schiefer, Ekkehard
Straßmann, Thomas
Vöth, Stefan
Westhof, Jürgen

**Produktdesign**

Barta, Michael
Bendt, Ellen
Benninghoff, Bernd
Beucker, Nicolas
Boonzaaijer, Karel
del Corte Hirschfeld, Jenny
Dziubiel, Marian
Ell, Dieter
Frech, Carl
Gellert, Uwe
Glas, Werner
Grahl, Bernd
Grahn, Rainer
Hack, Achim
Hardt, Walter
Hentschel, Cornelia
Hofmann, Thomas
Hundertpfund, Jörg
Kisters, Peter
Krüger, Nils
Macher, Christoph
Middelhauve, Martin
Nether, Ulrich
Neubert, Nicolai
Orrom, James
Puscher, Barbara
Reichert, Gerhard
Rexforth, Matthias
Rieschel, Andrea
Schulz, Andreas
Schulz, Steffen
Simon, Nicole
Stankovic, Marina
Stauss, Kilian
Weizenegger, Hermann
Wende, Ovis
Wittenberg, Torsten
Zölch, Volker

**Produktionstechnik**

Binding, Joachim
Brinzer, Boris
Bührer, Reiner K.
Deiler, Günter
Denner, Armin
Diels, Horst
Erisken, Ermann
Fechter, Thomas Albert
Fischbacher, Johannes
Fischer, Thomas
Gäse, Thomas
Glockner, Christian
Gnam, Hans-Jürgen
Goecke, Sven-Frithjof
Götz, Robert
Gravel, Günther
Grell, Reinhard
Grundig, Claus-Gerold
Gutenschwager, Kai
Habenicht, Detlef
Happersberger, Günther
Hartz, Axel
Höfer, Stephan
Hornberger, Peter Chr.
Illgner, Hans-Joachim
Janzen, Friedrich
Jütte, Friedhelm
Kiene, Klaus
Kleppmann, Wilhelm
Knepper, Ludger
Köster, Heiner
Kolbe, Matthias
Konold, Peter
Kretschmar, Gerlinde
Krüll, Georg
Lake, Markus Kenneth
Liebenow, Dieter
Mayer, Matthias
Mayr, Reinhard
Neff, Fritz J.
Nehls, Uwe
Papenheim-Ernst, Margot
Pfau, Dieter
Pries, Claus Dieter
Riegel, Adrian
Roth, Michael
Schmidt, Joachim
Schmidt, Jürgen
Schormann, Joachim
Stallkamp, Markus
Stark, Christian
Steinigeweg, Sven
Steinke, Peter
Vogt, Cordes-Christoph
Wehrheim, Manfred
Westerbusch, Ralf

**Produktionswirtschaft**

Abels, Helmut
Apel, Harald
Augustin, Harald
Barthel, Helmut
Baumgärtel, Hartwig
Beck, Thorsten
Benz, Jochen
Berkemer, Rainer
Brecht, Ulrich
Brinzer, Boris
Brüne, Klaus
Buchberger, Dieter
Bührer, Reiner K.
Denner, Armin
Ebel, Bernd
Elsner, Reinhard
Estler, Manfred
Fischer, Rüdiger
Forster, Matthias
Gairola, Arun
Gericke, Jens
Götz, Robert
Graf, Karl-Robert
Granow, Rolf
Grap, Dietmar
Greife, Wolfgang
Gutenschwager, Kai
Hähre, Stephan
Hartberger, Helmut
Hartmann, Matthias
Held, Tobias
Hentschel, Dagmar
Hiendl, Rudolf
Hinschläger, Michael
Holzner, Johannes
Hornberger, Peter Chr.
Hüser, Manfred
Hütter, Steffen H.
Isele, Alfred
Isenberg, Randolf
Jacobs, Stefan
John, Hannelore
Kämpf, Rainer
Kaul, Michael
Keil, Bettina
Klein, Alexander
Kluck, Dieter
Kortenbruck, Gereon
Krämer, Klaus
Kramer, Oliver
Lehmann, Markus
Lender, Friedwart
Liebstückel, Karl
Löbus, Ina
Loeffelholz, Friedrich Freiherr von
Lorenz, Björn
Mallok, Jörn
Martin, Peter
Mieke, Christian
Möhringer, Simon
Neef, Christoph
Nehls, Uwe
Oecking, Georg
Reichert, Andreas

Reisch, Diethard
Ribbert, Ernst-Jürgen
Sackmann, Dirk
Sauer, Dirk
Schramm, Wolfgang
Schürholz, Andreas
Schüßler, Wolfram H.
Schütt, Jürgen
Schuller, Susanne
Schwarz, Matthias
Segner, Matthias
Siegle, Manfred
Stallkamp, Markus
Steurer, Christian
Stubbe, Kilian
Thomasberger, Claus
Thorn, Stephanie
Ungvári, László
Vogel, Dirk
Voigts, Albert
Wagschal, Hans-Herbert
Walther, Johannes
Wendling, Eckhard
Westhof, Jürgen
Wilhelm, Benno
Wilke, Helmuth
Wuttke, Claas-Christian

**Programmiersprachen**

Ammann, Eckhard
Bengel, Günter
Berrendorf, Rudolf
Breitschuh, Ulrich
Bürg, Bernhard
Ehses, Erich
Eich, Erich
Engel, Oliver
Freytag, Thomas
Gerten, Rainer
Gold, Robert
Golubski, Wolfgang
Graf, Philipp
Grebner, Robert
Häuslein, Andreas
Heinz, Alois
Hollunder, Bernhard
Jaeger, Ulrike
Kappen, Nikolaus
Keller, Silvia
Köhler, Klaus
Leiner, Matthias
Luckas, Volker
Luis, Marcel
Müller, Rainer
Müller, Udo
Neher, Günther
Pape, Christian
Paul, Hans-Helmut
Permantier, Gerald
Regensburger, Franz
Riese, Gundolf
Ripphausen-Lipa, Heike
Romeyke, Thomas
Ruckert, Martin
Schirmacher, Hartmut
Schmidt, Uwe
Schneider, Uwe
Schnitzspan, Helmut
Schuppe, Wilhelm
Seehusen, Silke
Weitz, Wolfgang
Wenzel, Ralf

**Programmiersysteme**

Armbrüster, Peter
Berrendorf, Rudolf
Birkel, Gunther
Brauer, Johannes
Czuchra, Waldemar
Eich, Erich
Ertelt, Dietrich
Gerstner, Manfred
Gips, Carsten
Jonas, Ernst
Krause, Matthias
Lecon, Carsten
Leßke, Frank
Martin, Sven
Matecki, Ute
Mengel, Maximilian
Merceron, Agathe
Mumm, Harald
Panitz, Sven Eric
Pawletta, Sven
Ripphausen-Lipa, Heike
Schüle, Jürgen
Veltink, Gert
Weber, Hartmut
Weitz, Wolfgang
Ziegenbalg, Michael
Zimmermann, Jürgen

**Projektmanagement**

Ahrens, Volker
Aurenz, Heiko
Behr, Stephan
Berger, Thomas
Berndsen, Dirk
Braehmer, Uwe
Brumby, Lennart
Burgartz, Thomas
Circhetta de Marrón, Diana
Dieterle, Roland
Dinkelacker, Albrecht
Eisenbiegler, Dirk
Engstler, Martin
Fay, Andreas-Norbert
Förster, Claudia
Frank, Klaus-Dieter
Grabowski, Hartwig
Greve, Goetz
Haderlein, Ralf
Haderstorfer, Rudolf
Hering, Joachim
Humm, Bernhard
Hunert, Claus
Janisch, Hans
Kenter, Muhlis I.
Kleiber, Jörg
Knauber, Peter
Köbler, Jürgen
Kotterba, Benno
Krieg, Dietmar
Kröber, Dietmar
Lau, Carsten
Lehmann, Clemens
Lindermeier, Robert
Lucht, Dietmar
Martin, Reiner
Mayer, Franz X.
Meier, Harald
Meyer, Helga
Mons, Bettina
Morlock, Ulrich
Müller-Steinfahrt, Ulrich
Nöfer, Eberhard
Oberhauser, Roy
Ohlinger, Hans-Peter
Paul, Andreas
Pelzel, Robert
Peters, Theo
Petrasch, Roland
Pohl-Meuthen, Ulrike
Raubach, Ulrich
Rausch, Peter
Reinert, Joachim
Rezagholi, Mohsen
Rimmele, Alfons
Rockenbauch, Ralf
Rößler, Steffen
Rössner, Klaus-Peter
Ruther-Mehlis, Alfred
Sailer, Ulrich
Schauf, Malcolm
Schemme, Michael
Schindele, Hermann
Schmidt, Hans-Joachim
Schmidt, Markus
Schmidt, Rainer
Schönecker, Wolfgang
Schopen, Michael
Schreier, Norbert
Schwalbe, Wolfgang
Seidel, Carsten
Seidel, Uwe A.
Thole, Peter
Tönjes, Ralf
Truszkiewitz, Günter
Urmersbach, Matthias
Vallée, Franz
Vesper, Bernd
Vieweg, Iris
Vogel, Thomas
Wagner, Franz
Weis, Udo
Weitz, Peter
Wengelowski, Peter
Wiesehahn, Andreas
Ziegenmeyer, Jürgen

**Proteine**

Hopf, Carsten
Kiefer, Hans
Wittke, Stefan

**Prozessautomatisierung**

Beater, Peter
Dudziak, Reiner
Engelmann, Hans-Dietrich
Faupel, Benedikt
Fischer, Peter
Fromm, Wilhelm
Hausdörfer, Rolf
Hege, Ulrich
Hoffmann, Ulrich
Kretzschmar, Hans-Gerhard
Schwellenberg, Ulrich
Seichter, Helmut
Seitz, Matthias
Sokollik, Frank
Vogt, Carsten
Weiler, Karl Heinz

**Prozessleittechnik**

Björnsson, Bolli
Bühler, Erhard
Danziger, Doris
Götzmann, Walter
Große, Norbert
Haber, Robert
Kling, Georg
Schlaak, Michael

**Prozessmesstechnik**

Bongards, Michael
Bretschi, Jürgen
Elsbrock, Josef
Greiner, Bernd
Hoffmann, Jörg
Krause, Lutz
Prock, Johannes
Regier, Marc
Rozek, Werner
Zscheile, Matthias

**Prozessrechner**

Buchholz, Bernhard
Büchau, Bernd
Cevik, Kemal
Hussmann, Stephan
Möller, Holger
Salama, Samir
Schröder, Jürgen
Sehy, Hermann
Wirnitzer, Bernhard

**Prozessrecht**

Hintzen, Udo
Nägele, Stefan

**Prozesstechnik**

Alsmeyer, Frank
Behrendt, Uwe
Engelmann, Hans-Dietrich
Großmann, Uwe
Heimbold, Tilo
Heinecke, Wolfgang
Kobmann, Werner
Langmann, Reinhard
Lorenz, Klaus
Makarov, Anatoli
Martin, Thomas
Möller, Holger
Ortanderl, Stefanie
Potthast, Karl
Simon, René

**Psychiatrie**

Mohr, Christa
Riecken, Andrea

**Psychoanalyse**

Beushausen, Jürgen
Büttner, Christian
Gaertner, Brigitte
Kraft, Volker
Quindeau, Ilka
Teising, Martin

**Psychologie**

Allwinn, Sabine
Ayan, Türkan
Bach, Johannes
Barrabas, Reinhard
Baur, Jörg
Beck, Reinhilde
Beelmann, Wolfgang
Behringer, Luise
Bender, Roswitha
Blanz, Mathias
Bock, Herbert
Böhmer, Annegret
Böhnke, Elisabeth
Bösel, Rainer
Böttcher, Peter
Bräutigam, Barbara
Brandes, Holger
Brugger, Bernhard
Büttner, Christian
Burgheim, Joachim
Busse, Stefan
Cramer, Manfred
Dentler, Peter
Dieckmann, Friedrich
Dotzler, Hans
Eckert, Franz Joachim
Eckert, Martina
Eggers, Reimer
Eller, Friedhelm
Faltermeier, Josef
Fiedler, Harald
Fleischmann, Ulrich
Franz, Angelika
Franzke, Bettina
Fricke, Wolfgang
Friedrich, Peter
Fröhlich-Gildhoff, Klaus
Füchsle-Voigt, Traudl
Gallwitz, Adolf
Gebert, Alfred
Giese, Eckhard
Grande, Gesine
Groen, Gunter
Gröschke, Dieter
Gurris, Norbert F.
Guss, Kurt
Haenselt, Roland
Haisch, Werner
Hanisch, Charlotte
Hantel-Quitmann, Wolfgang
Happel, Hans-Volker
Hardt, Detlef
Hartmann, Ute
Hartung, Johanna
Haselmann, Sigrid
Heinicke, Gundula
Hermanutz, Max
Höft, Stefan
Hölzle, Christina
Hofmann, Ronald
Hornstein, Elisabeth von
Hruska, Claudia
Hubbertz, Karl-Peter
Hunecke, Marcel
Jungbauer, Johannes
Klein, Michael
Klemm, Torsten
Köckeritz, Christine
Körkel, Joachim
Kormannshaus, Olaf
Kosfelder, Joachim
Kraheck-Brägelmann, Sibylle
Krappmann, Paul
Krczizek, Regina
Krott, Eberhard
Kurze, Martin
Lehmann, Alexandra
Lehr, Dietmar
Limmer, Ruth
Lipke, Kurt
Lorei, Clemens
Lotz, Walter
Lübeck, Dietrun
Lütjen, Reinhard
Marx, Edeltrud
Mayer, Trude
Misek-Schneider, Karla
Moore, Claire
Müller, Sandra
Neubach, Barbara
Neumann, Willi
Ollermann, Frank
Olm, Heinz-Peter
Paetzold, Ulrich
Pankofer, Sabine
Peter, Jochen
Pielmaier, Herbert
Plahl, Christine
Plath, Sven Christoph
Plewa, Alfred
Prümper, Jochen
Quindeau, Ilka
Riedel, Matthias
Ritscher, Wolf
Ruppert, Franz
Sauer, Karin
Schermer, Franz Josef
Schiefer, Hans-Joachim
Schilling, Elisabeth
Schmieta, Maike
Schmitt, Annette
Schmitt, Rudolf
Schnabel, Wolfgang
Schneider, Claudia
Schoch, Anna
Schophaus, Malte
Schorn, Ariane
Schürgers, Georg
Schuhrke, Bettina
Schulte-Cloos, Christian
Schunter-Kleemann, Susanne
Schwinger, Thomas
Sprinkart, Karl-Peter
Stammer, Heike
Standke, Gerhard
Stemmer-Lück, Magdalena
Storck, Christina
Straßer, Gert
Strehmel, Petra
Suess, Gerhard
Teske, Irmgard
Thiemann, Helge
Veith, Gerhard
Wagner, Helmut
Wagner-Zastrow, Ursula
Waldow, Michael
Weber, Angelika
Weber-Unger-Rotino, Steffi
Weiderer, Monika
Weissman, Susanne
Wieland, Norbert
Wienand, Monika Maria
Wild-Wall, Nele
Wilkening, Karin
Windemuth, Dirk
Winkler, Klaudia
Wolf, Michael
Zeller, Reiner

**Psychosomatik**

Ulmer, Eva-Maria

**Psychotherapie**

Bolle, Ralf
Braun, Richard
Christ, Claudia
Dieterich, Michael
Gaertner, Brigitte
Sann, Uli
Steffens, Markus
Ulmer, Eva-Maria

**Publizistik**

Altendorfer, Otto
Christoph, Cathrin
Hedler, Marko
Richter, Constance

**Qualitätssicherung**

Bauer, Jürgen
Blank, Hans-Peter
Borgmeier, Arndt
Bracke, Werner
Dörfler, Joachim
Dreetz, Ekkehard
Feindor, Roland
Fritz, Holger
Gaier, Berndt
Gebhardt, Gerhard
Gerhards, Sven
Goldau, Harald
Hallwig, Winfried
Heider, Matthias
Heise, Joachim
Kiehl, Werner
Kirchhoff, Jens
Klinkenberg, Ulrich
Köbler, Jürgen
Kordisch, Thomas
Krüger, Manfred
Lau, Carsten
Lazar, Markus
Lenz-Strauch, Heidi
Mavoungou, Chrystelle
Merker, Jürgen
Miller, Rudolf
Mockenhaupt, Andreas
Mommsen, Hauke
Müller-Späth, Hauke
Neß, Christa
Neumann, Claus
Niemeier, Frank
Paffrath, Gottfried
Paulic, Rainer
Pelzel, Robert
Pino, Alexander del
Pomp, Jürgen
Rinsdorf, Lars
Schikorra, Uwe
Schlünz, Marina
Schmidt, Hartmut
Schmidt, Thomas
Schneider, Heinz-Theo
Schwarz, Ulrich
Schweiger, Gunter
Segner, Matthias
Seuß-Baum, Ingrid

Spörkel, Herbert
Staiger, Rolf
Stallmann, Martina
Stender, Jörg
Stiebler, Klemens
Tschuschke, Werner
Westhof, Jürgen
Wille, Cornelius
Winz, Gerald
Wittmann, Jürgen
Wolff, Armin
Wollersheim, Heinz-Reiner
Wormit, Alexander

**Quantenelektronik**

Winternheimer, Stefan

**Quantenphysik**

Henning, Peter

**Radiochemie**

Foßhag, Erich
Scherer, Ulrich

**Radiologie**

Ringler, Ralf

**Raumgestaltung**

Betz, Andreas
Beucker, Nicolas
Grabenhorst, Gesche
Hack, Achim
Menzel, Bettina
Middelhauve, Martin
Wagner, Thomas
Wende, Ovis

**Raumordnung**

Brandt, Siegmar
Brey, Kurt
Hoffmeister, Ernst-Dietrich
Obermeier, Johann

**Raumplanung**

Auweck, Fritz
Bochnig, Stefan
Hoffjann, Theodor
Petermann, Cord
Peters, Jürgen

**Reaktionstechnik**

Geike, Rainer
Schmidt, Volkmar M.
Stephan, Rainer

**Reaktortechnik**

Meier-Hirmer, Robert

**Rechneranwendung**

Albrecht, Hartmut
Bidmon, Walter
Christiansen, Peter
Förger, Kay
Kenter, Muhlis I.
Obinger, Franz
Tenzler, Andreas

**Rechnerarchitektur**

Bauer, Dieter
Bermbach, Rainer
Bikker, Gert
Böttcher, Axel
Engel, Oliver
Gergeleit, Martin
Hartmann, Karsten
Heberle, Andreas
Hellmann, Roland
Hoff, Axel
Holt, Volker von
Ihme, Thomas
Jung, Norbert
Lang, Klaus
Leibscher, Ralf
Litzenburger, Manfred
Lux, Wolfgang
Ringshauser, Hermann
Schall, Dietmar
Schneider, Axel
Schneider, Axel
Teppner, Ulrich
Theel, Horst
Wäsch, Jürgen
Weber, Hartmut
Winkler, Wolfgang

**Rechnersysteme**

Awad, Georges
Bengel, Günter
Benra, Juliane
Brümmer, Franz
Fischer, Arno
Fortenbacher, Albrecht
Fuhr, Thomas
Geißler, Mario
Gerlach, Joachim
Hanemann, Andreas
Hein, Axel
Heuert, Uwe
Iwanowski, Sebastian
Jung, Norbert
Kappes, Martin
Koops, Wolfgang
Kreutz, Gerhard
Kühn, Sabine
Lang, Klaus
Lawrenz, Wolfhard
Leibscher, Ralf
Matecki, Ute
Mayer, Erwin
Müller, Günter
Nepustil, Ulrich
Neuschwander, Jürgen
Oechsle, Rainer
Oechslein, Helmut
Preuß, Thomas
Reimann, Dietmar
Ryba, Michael
Schäffter, Markus
Schiedermeier, Christian
Stegemerten, Berthold
Ülzmann, Wolfgang
Voß, Sven-Hendrik
Weigel, Inge
Wiese, Herbert
Wollert, Jörg
Wübbelmann, Jürgen
Zieher, Martin

**Rechnungswesen**

Aertker, Christel
Almeling, Christopher
Althoff, Frank
Amann, Klaus
Amely, Tobias
Anton, Jürgen
Aschfalk-Evertz, Agnes
Backes, Manfred
Bader, Axel
Bark, Christina
Barth, Thomas
Baum, Frank
Beck, Ralf
Becker, Josef
Beeck, Volker
Behrens, Reinhard
Beier, Joachim
Beine, Frank
Bertsch, Andreas
Binder, Ursula
Bleiweis, Stefan
Bögelspacher, Kurt
Boos, Franz-Xaver
Brinkmann, Jürgen
Brunsch, Lothar
Buchheim, Regine
Buchholz, Rainer
Bührens, Jürgen
Burgfeld-Schächer, Beate
Busch, Volker
Busse, Hans-Jürgen
Capelle, Paul-Gerhard
Dahmen, Andreas
Dannenberg, Marius
Dehmel, Inga
Delgado-Krebs, Rosemarie
Demmel, Hermann J.
Dey, Günter
Diers, Fritz-Ulrich
Dinkelbach, Andreas
Dörner, Erich
Drees-Behrens, Christa
Drosse, Volker
Dübon, Karl
Dühnfort, Alexander
Dusemond, Michael
Eberlein, Jana
Eigenstetter, Hans
Entrup, Ulrich
Erdmann, Georg
Ernenputsch, Margit
Ester, Birgit
Faß, Joachim
Fehling, Hans-Werner
Feldmann, Benno
Fiedler, Rudolf
Fischbach, Sven
Fischer, Dirk
Fischer, Edmund
Fischer, Georg
Fischer, Peter
Fischer, Rolf
Fischer, Wolfgang-Wilhelm
Fricke, Wolfgang
Friedemann, Bärbel
Fudalla, Mark Rainer
Funk, Wilfried
Gehrke, Matthias
Geisler, Rainer
Georg, Stefan
Giese, Roland
Gladen, Werner
Göhring, Heinz
Goertzen, Reiner
Götz, Gisela
Graap, Torsten
Grabe, Jürgen
Graumann, Mathias
Groha, Axel
Habermann, Mandy
Hacker, Bernd
Hänichen, Thomas
Haller, Peter
Hannig, Uwe
Hanrath, Stephanie
Hans, Lothar
Harbrücker, Ulrich
Hauer, Georg
Hauschild, Ralf
Heeb, Gunter
Heelein, René M.
Heering, Dirk
Hempe, Sabine
Heno, Rudolf
Henseler, Natascha
Heyd, Reinhard
Heyden, Christian von der
Hillebrand, Werner
Hirsch, Hans-Joachim
Hirsch, Ingo
Hirschberger, Wolfgang
Hoff, Klaus
Hofmann, Günter
Hofmann, Uwe
Hollidt, Andreas
Holst, Hans-Ulrich
Hundt, Irina
Jacobsen, Hendrik
Jäger, Lars
Jahn, Axel
Janke, Günter
Janke, Madeleine
Janßen, Wiard
Jordan, Markus
Kafadar, Kalina
Kairies, Klaus
Kammlott, Christian
Kampmann, Helga
Keitz, Isabel von
Keller, Torsten
Kesten, Ralf
Kießling, Eva
Kinzler, Susanne C.
Kittl, Herbert
Kjer, Volkert
Klaus, Hans
Klem, Martin
Klett, Eckhard
Kling, Siegfried
Klingebiel, Norbert
Klinkenberg, Armin
Koch, Bernd
Köster, Thomas
Kolbeck, Felix
Kortschak, Hans-Peter
Kratz, Norbert
Krause, Hans-Ulrich
Kremin-Buch, Beate
Kröger, Christian
Kröner, Arthur
Kroschel, Jörg
Krüger, Michael Mayr
Kühnberger, Manfred
Kühnel, Stephan
Kümmel, Jens
Kümpel, Thomas
Küst, Rolf
Langguth, Heike
Lasar, Andreas
Levin, Frank
Liermann, Felix
Link, Edmund
Lojewski, Ute von
Lorenz, Karsten
Lühn, Michael
Lutz, Harald
Marx, Stefan
Maurer, Torsten
Maus, Günter
Mayer, Walter
Mengen, Andreas
Meyer, Holger
Mietke, Romy
Mihm, Markus M.
Mildenberger, Udo
Mißfeld, Falk
Mißlbeck, Gerald
Möhlmann-Mahlau, Thomas
Mohr, Rudolf
Moser, Ulrich
Mühlberger, Melanie
Müller, Werner
Münzinger, Rudolf
Mujkanovic, Robin
Muschol, Horst
Neumann-Szyszka, Julia
Nguyen, Tristan
Nölte, Uwe
Odenthal, Franz Willy
Ornau, Frederik
Orth, Jessika
Ott, Robert
Padberg, Carsten
Peppmeier, Arno
Petry, Markus
Philippi, Michael
Pieper, Joachim
Piroth, Erwin
Placke, Frank
Plein, Peter Alexander
Pochop, Susann
Pollanz, Manfred
Pooten, Holger
Prehm, Hans-Jürgen
Preißler, Gerald
Pütz, Karl
Rathje, Britta
Rau, Thomas
Raubach, Ulrich
Reiner, Thomas
Reinöhl, Eberhard
Reis, Monique
Reißig-Thust, Solveig
Rickards, Robert
Riedl, Bernhard
Riekeberg, Marcus
Ringwald, Rudolf
Rittich, Heinz
Rodt, Sabine
Röhrich, Martina
Röpke, Joachim
Roland, Helmut
Rossmanith, Jonas
Roth, Georg
Rüden-Kampmann, Brigitte von
Rühl, Judith
Rümmele, Peter
Rüth, Dieter
Ruff, Hans-Joachim
Sailer, Ulrich
Sandt, Joachim
Sattler, Wolfgang
Schabel, Matthias
Schäfer, Gabriele
Scharpf, Michael
Scheckenbach, Sabine
Scheld, Guido A.
Schilling, Dirk
Schlick, Uwe
Schmid, Reinhold
Schmidt, Gerd
Schmidt, Jörg
Schmidt, Jürgen
Schmidt, Karin
Schmidtmeier, Susanne
Schneider, Bettina
Schneider, Jürgen
Schneider, Wilhelm
Schneiderbanger, Bernd
Schober, Walter
Schönbrunn, Norbert
Schorb, Manfred
Schorn, Philipp
Schramm, Uwe
Schreiner, Manfred
Schüßler, Thomas
Schütte, Jens
Schultz-Spathelf, Johannes
Schuppan, Tino
Schuster, Peter
Schwarz, Sybille
Settnik, Ulrike
Seyffert, Sibylle
Seyfriedt, Thilo
Siebert, Jens
Sievers, Hubertus
Simon, Theresia
Sorg, Peter
Ständer, Ute
Stahlschmidt, Michael
Steiner, Eberhard
Stemmermann, Klaus
Stibbe, Rosemarie
Stier, Burchard
Stockinger, Roland
Stolze, Frank
Struwe, Jochen
Taschner, Andreas
Tauberger, André
Thalenhorst, Jobst
Theile, Carsten
Tolkmitt, Volker
Ulrich, Rüdiger
Uphaus, Andreas
Vanini, Ute
Varnholt, Norbert
Vielmeyer, Uwe
Volz, Werner
Wagenmann, Jürgen
Wallasch, Christian
Wameling, Hubertus
Wangler, Clemens
Weber, Werner
Welte, Gerhard
Wendehals, Marion
Wengel, Torsten
Werner, Jürgen
Wilde, Harald
Wilden, Klaus
Wilms, Stefan
Wobbermin, Michael
Wöbbeking, Karl Heinz
Wölfle, André
Wöltje, Jörg
Wördenweber, Martin
Wünsche, Isabella
Zdrowomyslaw, Norbert
Zeis, Jürgen
Zimmermann, Doris
Zimmermann, Martin
Zirus, Wolfgang

**Recht**

Abel, Ralf Bernd
Achtermann, Susanne
Ahlers, Heidrun
Alt, Wilfried
Arndt, Jörg
Bartfelder, Friedrich
Bauer, Andreas
Beaucamp, Guy
Beermann, Christopher
Beschorner, Jürgen
Bittorf, Peter
Blaese, Dietrich
Blumenthal, Astrid von
Boehme-Neßler, Volker
Borsdorff, Anke
Breithaupt, Marianne
Brigola, Alexander
Buchberger, Markus
Budde, Andrea
Burchert, Heiko
Burkard, Johannes
Buschmann, Horst
Cebecioglu, Tarik
Conze, Peter
Cottmann, Angelika
Creutzig, Jürgen
Dahl, Falk
Degener, Theresia
Deichsel, Wolfgang
Deipenbrock, Gudula
Diaby-Pentzlin, Friederike
Dietrich, Stephan
Drape, Sabine
Eberle, Ernst
Eckstein, Christoph
Eichhorn, Bert
Einmahl, Matthias
Eissing, Thomas
Feldhoff, Kerstin
Fetzer, Stefan
Feuerhelm, Wolfgang
Ficht, Donate
Fricke, Ernst
Friehe, Sabine
Frings, Dorothee
Frohn, Hansgeorg
Fuchs, Jochen
Führ, Martin
Funke, Astrid
Gamm, Eva-Irina von
Gas, Tonio
Geissler-Frank, Isolde
Globisch, Helmut
Goffe, Peter
Goll, Ulrich
Gregor, Angelika
Groner, Frank
Großkopf, Volker

Grühn, Corinna
Grundmann, Silvia
Günther-Dieng, Klaus
Haarmeyer, Hans
Häbel, Hannelore
Hafner, Wolfgang
Hardtke, Frank
Hecker, Werner
Heilmann, Johannes
Heinbuch, Holger
Herzog, Martin
Heubel, Horst
Hinrichs, Knut
Höflich, Peter
Hörmann, Martin
Hoffmann, Birgit
Hoffmann, Holger
Huber, Hansjörg
Huck, Winfried
Hüttenbrink, Jost
Jach, Frank-Rüdiger
Jährling-Rahnefeld, Brigitte
Jesser, Michael
Jox, Rolf L.
Karnowsky, Wolfgang
Kegelmann, Jürgen
Keßler, Jürgen
Kestel, Oliver
Kiehl, Walter H.
Kiel, Peter
Kienzler, Herbert
Kilz, Gerhard
Klie, Thomas
Knauer, Angela
Knödler, Christoph
Knösel, Peter
Kober, Wolfgang
Kokott-Weidenfeld, Gabriele
Korte, Niels
Kostorz, Peter
Kowalczyk-Schaarschmidt, Anneliese
Krahmer, Utz
Kramer, Ralph
Kreissl, Stephan
Kremer, Eduard
Krepold, Hans-Michael
Krölls, Albert
Kruse, Jürgen
Kück, Gerhard Dieter
Küfner-Schmitt, Irmgard
Küster, Utz
Ladurner, Andreas
Langlotz, Anselm
Lenze, Anne
Löffler, Berthold
Löffler, Joachim
Lohse, Detlev
Lott, Arno
Ludin, Daniela
Makswit, Jürgen
Martin, Wolfgang
Mayer, Hermann
Merke, Gerd
Messer, Norbert
Meyer, Hilko J.
Michel, Christel
Mildenberger, Elke Helene
Mönch-Kalina, Sabine
Mönig, Ulrike
Mrozynski, Peter
Mülheims, Laurenz
Müller, Christian
Müller, Dieter
Muthers, Christof
Mutschler, Wolfram
Naake, Beate
Nitsch, Karl-Wolfhart
Nothacker, Gerhard
Oberlies, Dagmar
Obermaier-van Deun, Peter
Peters-Lange, Susanne
Pöggeler, Wolfgang
Pöld-Krämer, Silvia
Pohl, Heike
Pohl, Rolf
Polley, Rainer
Reese, Nicole
Reinhard, Volker
Riehle, Eckart
Röckinghausen, Marc
Roggendorf, Peter
Roscher, Falk
Ruschmeier, Knut
Salgo, Ludwig
Sauer, Jürgen
Schade, Friedrich
Schäfer, Karl Heinrich
Schäfer, Peter
Schaub, Stefan
Scheer, Matthias K.
Scheske, Elke
Schlick, Uwe
Schloms, Heidemarie
Schlussas, Martin
Schmidt-Rögnitz, Andreas
Schneider, Friedrich
Schneider-Danwitz, Klaus
Schoen, Henrik
Schruth, Peter
Schütte, Wolfgang
Schulte, Renate
Schulz-Rackoll, Rolf
Sensburg, Patrick
Seybold, Jan
Siebrecht, Ingrid
Spelthahn, Sabine
Stadie, Volker
Steindorf-Classen, Caroline
Stolz, Konrad
Straßberger, Jutta
Strauß, Jürgen
Streda, Gabriele
Sünderhauf-Kravets, Hildegund
Thoma, Birgit
Trenczek, Thomas
Vahle, Jürgen
Voigt, Joachim
Vor, Rainer
Wackenhuth, Michael
Walter, Reinhard
Waschull, Dirk
Weidemann, Holger
Weiher, Birgit
Weingärtner, Helmut
Weth, Hans-Ulrich
Wieske, Thomas
Wiestner, Rainer
Wilhelm, Gerhard
Wilmer, Thomas
Wittgruber, Frank
Wohlgemuth, Hans-Hermann
Wollenschläger, Sibylle
Zeranski, Dirk

**Rechtsinformatik**

Möller, Toni

**Rechtspsychologie**

Greuel, Luise
Hänert, Petra
Kestermann, Claudia

**Rechtssoziologie**

Meyer-Höger, Maria

**Rechtstheorie**

Behlert, Wolfgang

**Recycling**

Albers, Henning
Berninger, Burkhard
Geigenfeind, Robert
Henne, Karl-Heinz
Hörber, Gerhard
Holzhauer, Ralf
Lautenschlager, Gert
Mühlenbeck, Gerd
Rühl, Marcus
Schade-Dannewitz, Sylvia
Schoenherr, Jürgen

**Regelungstechnik**

Adermann, Hans-Jürgen
Ali, Abid
Amarteifio, Nicoleta
Anders, Peter
Aßbeck, Franz
Berger, Lothar
Bindel, Thomas
Binner, Andreas
Blath, Jan Peter
Blessing, Peter
Bollenbacher, Helmut
Bollin, Elmar
Braun, Anton
Brückl, Stefan
Brunner, Urban
Buchholz, Jörg
Bühler, Erhard
Bunzemeier, Andreas
Chakirov, Roustiam
Commerell, Walter
Diekmann, Klaus
Dünow, Peter
Eberl, Günter
Ehrmaier, Bruno
Engelhardt, Wolfgang
Enzmann, Marc
Faulhaber, Stefan
Fehren, Heinrich
Fehrenbach, Hermann
Fräger, Carsten
Froriep, Rainer
Frühauf, Wolfgang
Gerke, Wolfgang
Gerndt, Reinhard
Götzmann, Walter
Gregor, Rudolf
Grotjahn, Martin
Grüner-Richter, Sabine
Gubaidullin, Gail
Gusek, Bernd
Hadeler, Ralf
Hafner, Sigrid
Hahlweg, Cornelius Frithjof
Heine, Thomas
Hensel, Hartmut
Hepp, Heiko
Hochberg, Ulrich E.
Höcht, Johannes
Höttecke, Martin
Hoffmann, Gernot
Holzhüter, Thomas
Hückelheim, Klaus Josef
Igel, Burkhard
Jacques, Harald
Jäger, Helmut
Juen, Gerhard
Karaali, Cihat
Karweina, Dieter
Kaul, Peter
Keller, Frieder
Kempf, Tobias
Ketterl, Hermann
Klug, Franz
Koeppen, Birgit
Krämer, Wolfgang
Kraft, Dieter
Krah, Jens Onno
Kraus, Manfred
Kreiser, Stefan
Kröber, Wolfgang
Krohn, Martin
Kull, Hermann
Kup, Bernhard
Lambeck, Steven
Lammen, Benno
Lange, Tatjana
Lange, Werner
Langmann, Reinhard
Launhardt, Harry
Lebert, Klaus
Lehmann, Ulrich
Leverenz, Tilmann
Livotov, Pavel
Maas, Jürgen
Mack, Alfred
Markgraf, Carsten
Meyer, Dagmar
Morgeneier, Karl-Dietrich
Müller, Kai
Müller, Klaus
Müller, Nikolaus
Nägele, Roland
Nellessen, Joachim
Netzel, Thomas
Nguyen, Huu Tri
Nissing, Dirk
Nollau, Reiner
Oberhauser, Mathias
Panreck, Klaus
Paulat, Klaus
Philippsen, Hans-Werner
Potthast, Karl
Raps, Franz
Rehm, Ansgar
Rennert, Ines
Reuter, Johannes
Rößler, Jürgen
Ruby, Volker
Sandner, Wolfgang
Scherf, Helmut E.
Schmäing, Eduard
Schmidt, Ulmar
Schmitt-Braess, Gaby
Schnell, Michael
Schönberger, Wilhelm
Schroer, Wolfgang
Schulz, Günter
Schulz, Wolfgang
Schumacher, Knut
Schumann, Reimar
Schwellenberg, Ulrich
Sehy, Hermann
Sellen, Martin
Sendler, Wolfgang
Simons, Stephan
Söte, Werner
Solenski, Norbert
Steffenhagen, Birgit
Stenzel, Ernst
Stief, Wolfgang
Suchaneck, Jürgen
Veeser, Thomas
Vondenbusch, Bernhard
Wagner, Bernhard
Wagner, Eberhard
Weber, Dietrich
Weber, Wolfgang
Weidemann, Dirk
Weiler, Wilhelm
Weischedel, Roland
Wendiggensen, Jochen
Wendt, Wolfgang
Wetter, Oliver
Wings, Elmar
Wöhlke, Wilfried
Wolfmüller, Karlheinz
Wolfram, Armin
Wurster, Helmut
Zägelein, Walter
Zentgraf, Peter
Ziegler, Ronald
Zimmermann, Werner
Zindler, Klaus

**Regie**

Gschwendtner, Andrea

**Regionale Wirtschaft**

Frankenfeld, Peter
Wrobel, Ralph Michael

**Rehabilitation**

Beushausen, Jürgen
Felder, Marion
Grampp, Gerd
Hagemann, Otmar
Hey, Georg
Huhn, Wolfgang
Jakobs, Hajo
Leidner, Ottmar
Lütjen, Reinhard
Menzen, Karl-Heinz
Morfeld, Matthias
Ortland, Barbara
Spindler, Claudia
Stange, Karl-Heinz
Subke, Jörg
Walkenhorst, Ursula

**Rehabilitationspsychologie**

Karim, Ahmed A.
Schaller, Johannes

**Reibungstechnik**

Witan, Kurt

**Religionsgeschichte**

Uhde, Bernhard

**Religionspädagogik**

Böhmer, Annegret
Breitmaier, Isa
Collmar, Norbert
Enger, Philipp
Eppler, Wilhelm
Georg-Zöller, Christa
Gramlich, Helga
Haas, Reimund
Hess, Gerhard
Kahrs, Christian
Keßler, Hildrun
Kuch, Michael
Naujok, Natascha
Neuser, Wolfgang
Orth, Peter
Piroth, Nicole
Raedel, Christoph
Rummel, Gerhard
Schubert, Reinhard
Schulz, Klaus
Schwendemann, Wilhelm
Steinhäuser, Martin
Thol-Hauke, Angelika
Treusch, Ulrike
Winkler, Kathrin
Zweigle, Birgit

**Religionssoziologie**

Grawert-May, Erik von

**Religionswissenschaft**

Winkler, Kathrin

**Reproduktionstechnik**

Schaul, Ronald
Schrey, Manfred

**Restaurierung**

Freitag, Jörg
Goltz, Michael von der
Hauff, Gottfried
Herrmann, Jasper
Keller-Kempas, Ruth
Knaut, Matthias
Koch, Werner
Kohlmeyer, Kay
Laue, Steffen
Michaelsen, Hans
Petersen, Karin
Stadelmann, Christian

**Rhetorik**

Blod, Gabriele
Gaspardo, Nello
Reinhardt, Uwe J.
Rösch, Olga
Wendland, Dietrich

**Risikoforschung**

Franzen, Dietmar
Müller-Reichart, Matthias
Warg, Markus
Zaeh, Philipp

**Robotik**

Bastert, Rainer
Bruhm, Hartmut
Buxbaum, Hans-Jürgen
Czinki, Alexander
Feldmann, Herbert
Fischer, Max
Frischgesell, Thomas
Gemmar, Peter
Gubaidullin, Gail
Kehl, Klaus
Klinge, Gerd
Linnemann, Heinrich
Megill, William M.
Meisel, Karl-Heinz
Merklinger, Achim
Mohr, Uwe
Rokossa, Dirk
Roos, Eberhard
Schlegl, Thomas
Schmidt, Jochen
Schmidt, Ulrich
Surmann, Hartmut
Ülzmann, Wolfgang
Wagner, Annika
Weber, Wolfgang
Weigl-Seitz, Alexandra
Wenk, Matthias
Wöllhaf, Konrad

**Romanistik**

Berkenbusch, Gabriele
Gatfield, Carolyn
Hansen, Maike
Mattedi-Puhr-Westerheide, Cristina
Oesterreicher, Mario
Schneider, Franz
Sokol, Monika
Wiecha, Eduard

**Sanitärtechnik**

Biek, Katja
Demiriz, Mete
Hepcke, Hartmut
Hösel, Werner
Karger, Rosemarie
Kruppa, Boris
Orth, Detlef
Reimann, Reinhard
Rudat, Klaus
Schmickler, Franz-Peter
Winkler, Steffen

**Satellitengeodäsie**

Schwäble, Rainer

**Schaltungstechnik**

Apfelbeck, Jürgen
Arnold, Rainer
Becker, Steffen
Bischoff, Mathias
Bochtler, Ulrich
Bogner, Werner
Bohn, Gunther
Bürkle, Heinz-Peter
Creutzburg, Uwe
Doll, Konrad
Eder, Alfred
Eichele, Herbert
Fischer, Matthias
Freudenberger, Jürgen
Geyer, Reinhard
Giehl, Jürgen
Giesecke, Frank
Gregorius, Peter
Gruhler, Gerhard
Howah, Lothar
Jansen, Dirk
Jorczyk, Udo
Kelber, Jürgen
Klaas, Lothar
Klehn, Bernd
Klein, Bernd
Kohlert, Dieter
Kopystynski, Peter
Littke, Wolfgang
Mann, Ulrich
Menge, Matthias
Müller, Ingo
Münker, Christian
Pepper, Daniel
Pöppel, Josef
Pogatzki, Peter
Rabe, Dirk
Reuter, Thomas
Rogler, Ralf-Dieter
Schacht, Ralph
Schardein, Werner
Schormann, Gerhard
Schubert, Martin
Schweppe, Ernst-Günter
Siegl, Johann
Siweris, Heinz-Jürgen
Sporbert, Reinhard
Stuwe, Peter
Thurner, Herbert
Totzek, Ulrich
Ulbrich, Walter
Voigt, Burkhard
vom Berg, Bernd
Witkowski, Ulf
Wolf, Friedrich
Zapf, Hans-Leonhard
Zocher, Edgar

**Schienenfahrzeuge**

Karl, Bernhard
Krittian, Ernst
Ohm, Wilfried
Rösch, Wolfgang
Thamfald, Hermann
Tretow, Hans-Jürgen

**Schifffahrt**

Benedict, Knud
Bentin, Marcus
Bernhardt, Frank
Böcker, Thomas
Brauner, Ralf
Heilmann, Klaus
Kreutzer, Rudolf
Meyer, Freerk
Müller, Reinhard
Münchau, Mathias
Rachow, Michael
Schinas, Orestis
Vahs, Michael
Windeck, Klaus-J.
Ziemer, Frank

**Schifffahrtsrecht**

Irminger, Peter
Tomaschek, Michael
Wichmann, Günter
Ziemer, Frank

**Schiffs- und Meerestechnik**

Albers, Heinz-Hermann
Boesche, Benedict
Bohlmann, Berend
Buro, Norbert
Diederichs, Hark Ocke
Grabe, Günter
Graf, Kai
Gudenschwager, Hans
Günther, Hans-Jochen
Kraus, Andreas
Meyer-Bohe, Andreas
Springer, Olaf
Trenkner, Peter
Wand, Christoph
Wandelt, Ralf
Wehner, Karsten
Weiss, Wolf-Dieter
Woehl, Rainer

**Schmuckdesign**

Böhm, Wolfgang
Brügel, Lothar
Gut, Andreas
Lüdeke, Christine
Smeets, Theo
Spaan, Hermann

**Schulpädagogik**

Hackmann, Wilfried
Schwendemann, Wilhelm

**Schweißtechnik**

Gollnick, Jörg
Greif, Moniko
Henrici, Reinhard
Knödel, Peter
Kötting, Gerhard
Kohler, Dietmar
Lange, Franz Josef
Liebenow, Dieter
Mundt, Ronald
Plegge, Thomas
Radscheit, Carolin
Schubert, Rüdiger
Wörner, Wolfram

**Schwingungsphysik**

Becker-Schweitzer, Jörg
Engelhardt, Wolfgang
Jäckels, Heike

**Semantische Informationsverarbeitung**

Schenke, Michael

**Sensortechnik**

Bantel, Michael
Bothen, Martin
Carsten-Behrens, Sönke
Dahlkemper, Jörg
Deppisch, Bertold
Dünow, Peter
Ehinger, Karl
Eisele, Ronald
Elbel, Thomas
Gebhard, Marion
Glück, Markus
Görlich, Roland
Goßling, Ulrich
Gregorius, Peter
Grossmann, Rainer
Heinfling, Josef
Himmel, Jörg
Jacques, Harald
Keck, Wolfgang
Kölpin, Thomas
Kolahi, Kourosh
Kortendieck, Helmut
Krause, Lutz
Lauffs, Hans-Georg
Leize, Thorsten
Ludwig, Rainer
Mächtel, Michael
May, Stefan
Megill, William M.
Mevenkamp, Manfred
Mörz, Matthias
Mombauer, Wilhelm
Müller, Dieter
Rettig, Rasmus
Rose, Thomas
Rosenfeld, Eike
Schaffrin, Christian
Scheubel, Wolfgang
Schiffer, Ralf
Schlüter, Andreas
Seidl, Tobias
Sellen, Martin
Steffens, Bernd
Steffens, Sabine
Stölting, Juliane
Terlecki, Georg
Thelen, Klaus
Thiem, Jörg
Veyhl, Rainer
Walter, Sebastian
Willsch, Reinhardt
Windisch, Dietmar
Zang, Werner
Zehner, Christian

**Sicherheitstechnik**

Dohmen, Alexander
Draack, Lars
Klewen, Reiner
Messer, Wolfram
Paffrath, Ulrike
Podesta, Herbert
Rost, Michael
Schilling, Olga
Schwanebeck, Wolfgang
Wittmann, Armin

**Siedlungswasserbau**

Austermann-Haun, Ute
Engel, Norbert
Fritz, Wolfgang
Grottker, Matthias
Heckele, Albrecht
Hilliges, Rita
Hofmann, Horst
Horster, Monika
Kapp, Helmut
Koch, Manfred
Kolb, Frank Reiner
Krause, Stefan
Krick, Werner
Kuhn, Burkhard
Metzka, Rudolf
Namuth, Matthias
Nolting, Bernd
Riegler, Günther
Roscher, Harald
Schneider, Frank
Spork, Volker
Steinmann, Gerald
Theilen, Ulf
Weigelt, Reinhard
Wittland, Clemens

**Siedlungswesen**

Gebhardt, Rolf
Gerke, Margot
Laleik, Achim

**Signaltheorie**

Blessing, Peter
Giesecke, Frank
Kraus, Dieter
Lajmi, Lilia
Limberger, Annette
Mewes, Hinrich
Niemeyer, Ulf
Sandkühler, Ulrich
Schnare, Thorsten
Schultheiß, Ulrich
Siemsen, Karl Hayo
Silverberg, Michael
Vogt, Lothar

**Sinologie**

Woesler, Martin
Zhu, Jinyang

**Slawische Sprachen und Literaturen**

Zimová, Ludmila

**Softwaretechnik**

Alda, Sascha
Arndt, Jörg
Ashauer, Barbara
Axer, Klaus
Balzert, Heidemarie
Bartning, Bodo
Bauer, Gernot
Beneken, Gerd
Blume, Christian
Bölke, Ludger
Bösing, Klaus Dieter
Breymann, Ulrich
Brune, Philipp
Bruns, Ralf
Buchheit, Martin
Bürsner, Simone
Buhr, Edzard de
Buhr, Rainer
Commentz-Walter, Beate
Convent, Bernhard
Dausmann, Manfred
Deininger, Marcus
Depner, Eduard
Deubler, Martin
Dittes, Frank-Michael
Dunkel, Jürgen
Eck, Reinhard
Eckert, Ludwig
Ehricke, Hans-Heino
Fabig, Anselm
Facchi, Christian
Falkner, Gudrun B.
Felten, Klaus
Fissguss, Ursula
Frank, Hannelore
Fröhlich, Peter
Fuchß, Thomas
Garmann, Robert
Gieseler, Udo
Götze, Stefan
Haag, Martin
Häuslein, Andreas
Hagel, Georg
Hahn, Jens-Uwe
Hahn, Ralf
Hauptmann, Sabine
Hebecker, Ralf
Heberle, Andreas
Herold, Helmut
Herrmann, Helmut
Herzberg, Dominikus
Hirsch, Martin
Hoffmann, Kurt
Hoffmann, Ulrich
Hopf, Hans-Georg
Huber, Dieter
Huber, Michael
Humm, Bernhard
Hunsinger, Jörg
Ide, Hans-Dieter
Igel, Burkhard
Ihler, Edmund
Jack, Oliver
Jansen, Marc
Jesorsky, Peter
Johner, Christian
Jovalekic, Silvije
Jüttner, Peter
Kaiser, Peter
Kay Berkling, Margarethe
Klaus, Sven
Knauber, Peter
Köhler, Lothar
König, Harald
Kohler, Kirstin
Kratzer, Klaus Peter
Krause, Manfred
Künkler, Andreas
Kuhn, Norbert
Lano, Ralph
Lehmann, Stefan
Leßke, Frank
Lunde, Rüdiger
Macos, Dragan
Mahr, Thomas
Matull, Ewald
Maucher, Johannes
Maurer, Detlev
Mehner-Heindl, Katharina
Meixner, Gerhard
Metzner, Anja
Müllenbach, Sabine
Müller, Udo
Mutz, Martin
Niggemann, Oliver
Nissen, Hans
Oberhauser, Roy
Paul, Hans-Helmut
Peine, Holger
Peinl, Rene
Pekrun, Wolfgang
Petrasch, Roland
Pino, Alexander del
Plaß, Andreas
Praun, Christoph von
Puhl, Werner
Reus, Ulrich
Reuter, Friedwart
Richter, Wolfgang
Rieger, Martin
Ringwelski, Georg
Ritter, Stefan
Röckle, Hajo
Röhrle, Jörg
Rösch, Peter
Rößler, Andreas
Romeyke, Thomas
Roosmann, Rainer
Rülling, Wolfgang
Ryba, Michael
Ryschka, Martin
Sachweh, Sabine
Sarstedt, Stefan
Schäfer, Gerhard
Schall, Dietmar
Schlegel, Christian
Schmidt, Rainer
Schmidt, Uwe
Scholz, Eckard
Scholz, Peter
Schoof, Sönke
Schubert, Wilfried
Schulz, Christoph
Schwinn, Hans
Seewaldt, Thomas
Simon, Carlo
Spielmann, Heinz-Jürgen
Steffens, Hans-Jürgen
Stiefel, Berndt
Tapken, Heiko
Teschke, Thorsten
Thiel, Steffen
Thiel-Clemen, Thomas
Thiesing, Frank M.
Thost, Martin
Thurner, Veronika
Totzauer, Günter
Trefz, Manfred
Unterstein, Michael
Usadel, Harald
Veltink, Gert
Viefhus-Veensma, Dieter
Vogelsang, Holger
Waldmann, Johannes
Weber, Heinrich
Weber, Wolfgang
Weiler, Karl Heinz
Wille, Cornelius
Windisch, Hans-Michael
Winter, Mario
Wolf, Stefan
Wollert, Jörg
Zeppenfeld, Klaus
Zimmermann, Alfred
Zimmermann, Frank
Zimmermann, Jürgen
Znotka, Jürgen

**Solarenergie**

Eickhoff, Thomas
Kühl, Lars
Schaffrin, Christian

**Sonderpädagogik**

Eckert, Amara Renate
Knust-Potter, Evemarie
Lesker, Marina
Loges, Franmk Norbert
Neuer-Miebach, Therese
Theis, Gebhard
Vaupel, Meike
Weigert, Johann

**Sozialanthropologie**

Rink, Dieter
Schönberger, Christine

**Sozialarbeit**

Adams, Günter
Ader, Sabine
Albers, Georg
Albert, Martin
Anderson, Philipp
Anhorn, Roland
Ansen, Harald
Appel, Michael
Arnold, Patricia
Bach, Johannes
Barth, Stephan
Bartmann, Sylke
Bartmann, Ulrich
Barz, Monika
Bassarak, Herbert
Begemann, Verena
Behringer, Luise
Bender, Roswitha
Berker, Peter
Beste, Hubert
Beushausen, Jürgen
Biebrach-Plett, Ursula
Bitzan, Maria
Blatt, Horst Olaf
Blomberg, Christoph
Borbe, Cordula
Borchert, Jens
Borg-Laufs, Michael
Bott, Jutta M.
Brake, Roland
Brombach, Sabine

Buchka, Maximilian
Büschges-Abel, Winfried
Bullinger, Hermann
Burkhardt-Eggert, Cornelia
Burkova, Olga
Burmeister, Jürgen
Buttner, Peter
Castro Varela, Maria do Mar
Cechura, Suitbert
Cerny, Doreen
Chassé, Karl-August
Christa, Harald
Clauß, Annette
Dackweiler, Regina Maria
Dalferth, Matthias
Debiel, Stefanie
Deller, Ulrich
Dummann, Jörn
Ebbers, Franz Josef
Eberlei, Walter
Ebertz, Michael N.
Ebli, Hans
Effinger, Herbert
Ehlers, Corinna
Ehlert, Gudrun
Eilert, Jürgen
Engelfried, Constanze
Eppenstein, Thomas
Faulde, Joachim
Fedke, Christoph
Felder, Marion
Frank, Gerhard
Freise, Josef
Früchtel, Frank
Füssenhäuser, Cornelia
Funk, Heide
Gahleitner, Silke
Ganß, Petra
Gather, Claudia
Gemende, Marion
Genenger-Stricker, Marianne
Gennerich, Carsten
Gerards, Marion
Gerhardinger, Günter
Giebeler, Cornelia
Gintzel, Ullrich
Gissel-Palkovich, Ingrid
Gläseker, Enka
Glöckler, Ulrich
Gloël, Rolf
Gödicke, Paul
Gögercin, Süleyman
Graebsch, Christine
Grawe, Bernadette
Gries, Jürgen
Griesehop, Hedwig Rosa
Grjasnow, Susanne
Gröne, Margret
Groß, Maritta
Gross-Letzelter, Michaela
Groterath, Angelika
Gründer, René
Grunwald, Klaus
Günther, Marga
Gugel, Rahel
Gundelach, Uwe
Gurris, Norbert F.
Häußler-Sczepan, Monika
Hafezi, Walid
Hagemann, Otmar
Hagen, Jutta
Hammer, Veronika
Hammerschmidt, Peter
Hansen, Flemming
Harmsen, Thomas
Hartmann, Jutta
Hartmann-Hanff, Susanne
Haupert, Bernhard
Hedtke-Becker, Astrid
Heekerens, Hans-Peter
Heidrich, Martin
Heinen, Angelika
Heinz, Dirk
Helfferich, Cornelia
Hellmann, Wilfried
Helmer-Denzel, Andrea
Hensen, Gregor
Hermann-Stietz, Ina
Herrmann, Heike
Herwig-Lempp, Johannes
Hey, Georg
Hill, Burkhard
Hille, Jürgen
Hirt, Rainer
Hochenbleicher-Schwarz, Anton
Hollstein-Brinkmann, Heino
Horn, Hans-Werner
Hosemann, Dagmar
Hübner, Astrid
Hünersdorf, Bettina
Huhn, Wolfgang
Huth-Hildebrandt, Christine
Jakob, Gisela
Jakobs, Hajo
Jansen, Irmgard
Jansen-Schulze, Marlene
Jessel, Holger
Jürjens, Brigitte
Kästele, Gina
Kaiser, Johanna
Kalpaka, Annita
Karges, Rosemarie
Kawamura-Reindl, Gabriele
Keck, Werner
Kestel, Oliver
Kiesel, Doron
Kilb, Rainer
Klein, Barbara
Kleve, Heiko
Klimpel, Jürgen
Kling-Kirchner, Cornelia
Knab, Maria
Knauer, Raingard
Kniephoff-Knebel, Anette
Kniffki, Johannes
Köttig, Michaela
Kokott-Weidenfeld, Gabriele
Kosuch, Markus
Kraimer, Klaus
Krapohl, Lothar
Krappmann, Paul
Kraus, Björn
Krause, Ulrike
Kricheldorff, Cornelia
Krönchen, Sabine
Kroll, Sylvia
Kubisch, Sonja
Kühl, Wolfgang
Kuhn, Annemarie
Kulbach, Roderich
Kutscher, Nadia
Lambers, Helmut
Lammel, Ute Antonia
Langehennig, Manfred
Langen, Ingeborg
Lenninger, Peter Franz
Lenz, Gaby
Lichtlein, Michael
Lindemann, Karl Heinz
Loeken, Hiltrud
Ludwig-Körner, Christiane
Lütjen, Reinhard
Lützenkirchen, Anne
Lukas, Helmut
Lutz, Ronald
Märtens, Michael
Mangold, Jürgen
Markert, Andreas
Maykus, Stephan
Mennemann, Hugo
Merchel, Joachim
Merk, Kurt-Peter
Mertel, Sabine
Meyer, Katharina
Meyer, Thomas
Michl, Werner
Moosbauer, Werner
Mosebach, Ursula
Mührel, Eric
Nagy, Michael
Naumann, Siglinde
Nette, Gabriele
Neuer-Miebach, Therese
Nick, Peter
Nickolai, Werner
Nieslony, Frank
Ningel, Rainer
Nölke, Eberhard
Normann, Edina
Nüberlin, Gerda
Nüsken, Dirk
Ohling, Maria
Ortmann, Karlheinz
Ostertag, Margit
Pankofer, Sabine
Paß, Rita
Patjens, Rainer
Paulini, Christa
Penta, Leo J.
Peters, Friedhelm
Pfeifer-Schaupp, Hans-Ulrich
Pfrogner, Hans-Herbert
Pfüller, Matthias
Piasecki, Stefan
Plickat, Dirk
Plößer, Melanie
Ploil, Eleonore Oja
Polutta, Andreas
Preis, Wolfgang
Puch, Hans-Joachim
Puhl, Ria
Rabe, Annette
Rätz, Regina
Randenborgh, Annette van
Rausch, Günter
Reinbold, Brigitte
Reindl, Richard
Remmel-Faßbender, Ruth
Rennings, Hedwig van
Rentmeister, Cäcilia
Riemann, Gerhard
Ritter, Martina
Röh, Dieter
Romppel, Joachim
Rosenfeld, Jona
Roß, Paul-Stefan
Rutz, Wolfgang
Sadowski, Gerd
Sagebiel, Juliane
Sauer, Stefanie
Schäfer, Reinhild
Schäfer-Hohmann, Maria
Schafstedde, Maria
Schellhammer, Barbara
Schernick, Benjamin
Schirilla, Nausikaa
Schmauch, Ulrike
Schmidt, Andrea
Schmidt, Bettina
Schmidt, Michael
Schmidt-Grunert, Marianne
Schmieta, Maike
Schmitz, Lilo
Schmoecker, Mary
Schneiders, Katrin
Schönig, Werner
Schreck von Reischach, Gerald
Schröder, Achim
Schütt, Peter
Schulze, Heidrun
Schulze, Joachim
Schurian-Bremecker, Christiane
Schuster, Eva Maria
Schwabe, Mathias
Schwarz, Renate
Schwarze, Uwe
Seel, Hans-Jürgen
Seidensticker, Barbara
Seithe, Mechthild
Seitz, Hanne
Sennekamp, Winfried
Seus, Lydia Maria
Sing, Dorrit
Sollfrank, Hermann
Spatscheck, Christian
Sperga, Marita
Spetsmann-Kunkel, Martin
Spindler, Claudia
Stachowske, Ruthard
Stahmer, Ingrid
Steckelberg, Claudia
Steffan, Werner
Steffens, Birgit
Steinert, Erika
Steinhilber, Beate
Stock, Lothar
Stövesand, Sabine
Streblow, Claudia
Stuckstätte, Eva Christina
Stüwe, Gerd
Stumpf, Hildegard
Teske, Irmgard
Thimm, Karl-Heinz
Thoma, Birgit
Tielking, Knut
Tölle, Ursula
Törnig, Ulla
Toppe, Sabine
Treber, Monika
Tremmel, Hans
Unbehaun, Horst
Vetter, Christiane
Völter, Bettina
Vogelbusch, Friedrich
Vogt, Annette
Voigt, Joachim
Voigtsberger, Ulrike
Wachsmuth-Biller, Ulrike
Wagenblass, Sabine
Wagner, Leonie
Walther, Kerstin
Wanner, Martina
Warndorf, Peter K.
Wasner, Maria
Weber, Jack
Weber, Joachim
Weber, Ursula
Wendorff, Jörg
Wießmeier, Brigitte
Winkler, Klaudia
Wissert, Michael
Witteriede, Heinz
Wüst, Thomas
Zach, Ulrike
Zavirsek, Darja
Zeller, Susanne
Zeus, Andrea
Zillich, Norbert
Zimmermann, Ingo
Zink, Gabriela
Zsolnay-Wildgruber, Helga
Zwicker-Pelzer, Renate

**Soziale Ökonomie**

Becker, Helmut
Bühl, Achim
Burmester, Monika
Finis Siegler, Beate
Göckler, Rainer
Hauser, Michael
Hermsen, Thomas
Nicolai, Elisabeth
Oltmann, Frank-Peter
Sanders, Karin
Schönig, Werner
Sommer, Bernd
Vogelbusch, Friedrich

**Sozialethik**

Dallmann, Hans-Ulrich
Götzelmann, Arnd
Heckmann, Friedrich
Kaminsky, Carmen
Laudien, Karsten
Maaser, Wolfgang
Schiller, Hans-Ernst
Weber, Dieter

**Sozialgeographie**

Riedel, Uwe
Rink, Dieter

**Sozialisationstheorie**

Ludwig, Heike
Schwab, Jürgen
Schwarting, Frauke
Zeller, Reiner

**Sozialmedizin**

Beck, Volker
Bock, Marlene
Borde, Theda
Christ, Claudia
Dathe, Regina
Dech, Heike
Degenhardt, Jörg
Denner, Silvia
Drechsler, Judith
Dresler, Klaus-Dieter
Effelsberg, Winfried
Elkeles, Thomas
Elliger, Tilmann
Franzkowiak, Peter
Geißler-Piltz, Brigitte
Grundl, Wolfgang
Hagen, Susanne
Haverkamp, Fritz
Hein, Paul-Michael
Hinzpeter, Birte
Hörning, Martin
Hülshoff, Thomas
Hungerland, Eva
Jarosch, Ralf
Jost, Annemarie
Klemperer, David
Köhler-Offierski, Alexa
Löhrer, Frank
Michel, Sigrid
Oehmichen, Frank
Peukert, Reinhard
Rieke, Ursula
Röttgers, Hanns Rüdiger
Schäfer-Walkmann, Susanne
Schönberger, Christine
Schwarting, Frauke
Schwarzer, Wolfgang
Seidel, Jörg
Steffens, Markus
Stegmüller, Klaus
Stumpe, Harald
Thiels, Cornelia
Trost, Alexander
Weber, Jörg-Achim
Wessig, Kerstin
Wolf-Kühn, Nicola
Zimmermann, Ralf-Bruno

**Sozialökologie**

Freytag-Leyer, Barbara
Hartmann, Thomas

**Sozialpädagogik**

Althaus, Christel
Appel, Michael
Bartjes, Heinz
Bettinger, Frank
Bitzan, Maria
Braun, Karl-Heinz
Braun, Wolfgang
Burmeister, Joachim
Busche-Baumann, Maria-Luise
Caglar, Gazi
Cerny, Doreen
Chassé, Karl-August
Clauß, Annette
Dammasch, Frank
Diederichs, Helmut
Dörr, Margareta
Effinger, Herbert
Eppenstein, Thomas
Ferchhoff, Wilfried
Flatow, Sybille von
Focks, Petra
Friesenhahn, Günter
Fritz, Jürgen
Funk, Heide
Gembris-Nübel, Roswitha
Gemende, Marion
Gerlach, Anne
Gerlach, Frank
Gintzel, Ullrich
Gissel-Palkovich, Ingrid
Gögercin, Süleyman
Gross-Letzelter, Michaela
Hackmann, Wilfried
Hartwig, Luise
Hein, Birgit
Herrmann, Franz
Hildebrand, Bodo
Hochenbleicher-Schwarz, Anton
Horn, Hans-Werner
Hosemann, Dagmar
Jakobs, Hajo
Jansa, Axel
Jansen, Irmgard
Jungk, Sabine
Kaba-Schönstein, Lotte
Kampmeier, Anke S.
Klimpel, Jürgen
Knab, Maria
Knauer, Raingard
Koch, Ute
Kölsch-Bunzen, Nina
Körner, Jürgen
Kraimer, Klaus
Krause, Hans-Joachim
Krüger, Gerd
Kuckhermann, Ralf
Kunstreich, Timm
Laging, Marion
Langhanky, Michael
Lehner, Ilse M.
Lemaire, Bernhard Hubert
Lindenberg, Michael
Lockenvitz, Thomas
Löcherbach, Peter
Lukas, Helmut
Lutz, Ronald
Märtens, Michael
Metzner, Joachim
Meyer, Birgit
Miller, Tilly
Moch, Matthias
Möller, Kurt
Morys, Regine
Müller, Matthias
Nauerth, Matthias
Nette, Gabriele
Panitzsch-Wiebe, Marion
Polutta, Andreas
Randenborgh, Annette van
Reinbold, Brigitte
Reis, Claus
Rexrodt, Christian
Riemann, Gerhard
Rocholl, Georg
Schimpf, Elke
Schmid, Franz
Schneider, Klaus
Schneider, Sabine
Scholz, Barbara
Schreck von Reischach, Gerald
Schwab, Jürgen
Sennekamp, Winfried
Simons, Gerda
Stempel, Gertrud
Stratmeyer, Peter
Straub, Ute
Suhr, Ulrike
Thies, Barbara
Thimmel, Andreas
Tischner, Wolfgang
Toepler, Edwin
Vetter, Christiane
Wachsmuth-Biller, Ulrike
Wanner, Martina
Wendelin, Holger
Zitelmann, Maud

**Staatsrecht**

Attendorn, Thorsten
Bätge, Frank
Bäuerle, Michael
Becker, Günther
Blum, Sabine
Colussi, Marc
Dorf, Yvonne
Erdmann, Klaus
Erwe, Helmut
Franz, Rudibert
Frohne, Wilfried
Hapkemeyer, Christian
Helm-Busch, Franziska
Hildebrandt, Uta
Kastner, Berthold
Kese, Volkmar
Kutscha, Martin
Lang, Eckart
Lippott, Joachim
Lorenz, Annegret
Martens, Kay-Uwe
Matjeka, Manfred
Mehlich, Ulrich
Metzen, Peter
Möllers, Martin
Nachbaur, Andreas
Schlabach, Erhard
Schlegel, Christina
Schmidt, Guido
Schüner, Leonore
Schulz, Peter
Sorth, Jan
Thedieck, Franz
Tillmanns, Reiner
Trockels, Martin
Trurnit, Christoph
Vigener, Gerhard
Walz, Konrad
Wegenast, Martin
Weiß, Regina
Worm, Helga

**Stadt- und Regionalplanung**

Ahn, Manfred
Braunfels, Stephan
Dechêne, Sigrun
Edinger, Susanne
Grunwald, Matthias
Hall, Oliver
Hebel, Christoph
Hilpert, Thilo
Hoelscher, Martin
Holzscheiter, Ulrich
Jahnen, Peter
Kalvelage, Johannes
Kreisl, Peter
Kriewald, Monika
Krings, Walter
Lachenmann, August
Lauber, Ulrike
Mackensen, Eva von
Manzke, Dirk
Mensing-de Jong, Angela
Mentlein, Horst
Merk, Elisabeth
Milchert, Jürgen
Müller, Johannes Niklaus
Mutschler, Martin
Niebuhr, Bernd
Ossenberg, Wolfram
Reiß, Susanne
Richter, Alexander
Ruther-Mehlis, Alfred
Schäfer, Klaus
Schenk, Leonhard
Scherzer-Heidenberger, Ronald
Schreiber, Wolfgang
Simon-Philipp, Christina
Sinning, Heidi
Uhle, Mathias
Uwer, Christian
Wietzel, Ingo
Wimmer, Martina
Wolf, Ingo Andreas

**Stahl**

Schneider, Gerhard

**Stahlbau**

Ansorge, Jörg
Barbey, Hans-Peter
Baumann, Markus
Bitzer, Hans-Alfred
Büsse, Bernward
Dick, Volker
Engelmann, Ulrich
Fink, Roland
Francke, Wolfgang
Freitag, Hartmut
Habermann, Walter
Hebestreit, Kerstin
Heckler, Werner
Hilverling, Helmut
Hinkes, Franz-Josef
Hou, Changbao
Keßler, Egbert
Kind, Steffen
Klee, Klaus-Dieter
Knödel, Peter
Kühne, Michael
Latz, Kersten
Laumann, Jörg
Lumpe, Günter
Meister, Jürgen
Meyhöfer, Ingo
Möller, Gunnar
Naujoks, Bernd
Neuner, Florian
Oberegge, Otto
Owczarzak, Johannes
Rahal, Mohsen
Rieger, Hugo
Rohde, Matthias
Sanal, Ziya
Schall, Günther
Schanzenbach, Johannes
Schurig, Christian
Schwesig, Martin
Springer, Othmar
Stracke, Michael
Uth, Hans-Joachim
Vogt, Werner
Voß, Ralf-Peter
Wagenknecht, Gerd
Waltering, Markus
Weiß, Peter
zum Felde, Peter

**Stahlbetonbau**

Baumann, Peter
Enderle, Christian
Fäth, Klaus
Fritzsche, Thomas
Göttlich, Peter
Harich, Richard
Holschemacher, Klaus
Holzenkämpfer, Peter
Jahn, Thomas
Koloßa, Dietrich
Kühlen, Rolf
Lippomann, Ralf
Matthes, Rainer
Minnert, Jens
Neurath, Ekkehard
Prüser, Hans-Hermann
Reuschel, Elke
Schaub, Hans-Joachim
Walther, Hans-Joachim

**Standortslehre**

Meyer, Hans-Heinrich

**Statik**

Aurisch, Friedrich
Baumann, Peter
Bitzer, Hans-Alfred
Buchmaier, Roland F.
Büchter, Norbert
Büsse, Bernward
Damm, Hannelore
Dick, Volker
Drexler, Frank-Ulrich
Eierle, Benno
Gigla, Birger
Goldbach, Thomas
Hoeft, Michael
Holzenkämpfer, Peter
Latz, Kersten
Lungershausen, Henning
Schäfer, Wolfgang
Schatz, Tino
Sommer, Rolf
Sprysch, Michael V.
Steidle, Peter
Taraszow, Oleg
vom Ufer, Birger
Wagner, Claus
Waltering, Markus
Woltmann, Udo
Wüst, Kirsten
Zeitler, Ralf

**Statistik**

Abel, Volker
Adamaschek, Bernd
Akkerboom, Hans
Altmann-Dieses, Angelika
Batrla, Wolfgang
Behrens, Christian-Uwe
Berres, Manfred
Bischof, Wolfgang
Böse, Karl-Heinrich
Bolz, Stefan
Bornhorn, Hubert Christoph
Bourier, Günther
Budischewski, Kai
Burosch, Gustav
Christof, Karin
Creutziger, Johannes
Dellmann, Frank
Dippel, Sabine
Doderer, Thomas
Döblin, Jürgen
Dolenc, Vladimir
Durst, Josef
Eckstein, Peter
Elsner, Reinhard
Erben, Wilhelm
Erdelt, Patrick
Etschberger, Stefan
Fels, Friedrich
Foppe, Karl
Frevel, Bernhard
Führer, Christiane
Galata, Robert
Gawel, Erik
Gerhardt, Hans-Detlef
Gloystein, Frank
Gohout, Wolfgang
Grömping, Ulrike
Gubitz, Andrea
Gühring, Gabriele
Gumbsheimer, Michael
Hautzinger, Heinz
Hellbrück, Reiner
Hellmig, Günter
Hempel, Gisela
Hinrichs, Gerold
Hippmann, Hans-Dieter
Hörnstein, Elke
Hörwick, Josef
Hoffmann, Hans-Joachim
Hornsteiner, Gabriele
Hude, Marlis von der
Ibert, Wolfgang
Ihnen, Arthur
Janisch, Hans
Jansen, Paul
Jost, Thomas
Kalus, Norbert
Karabek, Ute
Kastner, Marc
Kockläuner, Gerhard
Köhler, Günther
Kornrumpf, Joachim
Kraheck-Brägelmann, Sibylle
Kraus, Michael
Kreth, Horst
Kreutzfeldt, Reinhard
Kürble, Gunter
Kuhnigk, Beatrix
Kummer, Monika
Lamers, Andreas
Lammers, Frank
Langenbahn, Claus-Michael
Laufner, Wolfgang
Lehmann, Bernd
Lender, Friedwart
Lenz, Rainer
Letzner, Volker
Maercker, Gisela
Meintrup, David
Menzel, Christof
Mohr, Walter
Moos, Waike
Müller, Gerhard
Müller, Johannes
Müller, Marlene
Münker, Horst
Muller, Emmanuel
Natrop, Johannes
Neß, Christa
Niederdrenk-Felgner, Cornelia
Öztürk, Riza
Ohmayer, Georg
Ostermann, Rüdiger
Otto, Marc-Oliver
Patzig, Wolfgang
Peren, Franz W.
Pinnekamp, Heinz-Jürgen
Plappert, Peter
Porath, Daniel
Rau, Thomas
Richter, Matthias
Royen, Thomas
Sachs, Michael
Saint-Mont, Uwe
Schaab, Bodo
Schade, Philipp
Schiemann-Lillie, Martin
Schleier, Ulrike
Schlichting, Georg
Schlott, Thilo
Schmidt, Elmar
Schmidt, Martin
Schmidt, Peter
Schocke, Kai-Oliver
Schumann, Klaus
Seidler-de-Alwis, Ragna
Simon, Anke
Spatz, Rita
Stallmann, Martina
Steffens, Karl-Georg
Steil, Andreas
Stiefl, Jürgen
Stumpf, Anja
Swat, Rudolf
Thiel, Norbert
Thorn, Stephanie
Tiedge, Jürgen
Tschirpke, Karin
Tysiak, Wolfgang
Ungerer, Albrecht
Webersinke, Hartwig
Wegner, Katja
Wilhelm, Manfred
Wolik, Nikolaus
Ziegenbein, Ralf
Zwerenz, Karlheinz

**Steuerlehre**

Aertker, Christel
Allhoff, Reinhold
Althoff, Frank
Arians, Georg
Avella, Felice-Alfredo
Axer, Jochen
Bader, Axel
Bakhaya, Ziad
Bartsch, Michael
Baumgärtler, Thomas
Beer, Udo
Berndt, Margarete
Breitweg, Jan
Brinkmann, Jürgen
Budilov-Nettelmann, Nikola Fee
Butz-Seidl, Annemarie
Coenenberg, Alexandra
Creutzmann, Andreas
Dautzenberg, Norbert
Diers, Fritz-Ulrich
Dinkelbach, Andreas
Ditges, Johannes
Dühnfort, Alexander
Edenhofer, Thomas
Eggers, Joachim
Eidel, Ulrike
Eigenstetter, Hans
Erhardt, Martin
Fanck, Bernfried
Fellmeth, Peter
Fischer, Wolfgang-Wilhelm
Gemeinhardt, Jürgen
Grabau, Fritz-René
Grabe, Jürgen
Graetz, Jörg
Grafmüller, Frank
Harbrücker, Ulrich
Heeb, Gunter
Heilig, Bernd
Heizmann, Elke
Heizmann, Gerold
Helmreich, Heinz
Heni, Georg
Herrler, Hans
Hesselle, Vera de
Hock, Burkhard
Hoffmann, Jörg
Hofmeister, Heidemarie
Hoss, Günter
Hottmann, Jürgen
Huber-Jahn, Ingrid
Jacobsen, Hendrik
Joos, Christian
Jung, Hubert
Jurowsky, Rainer
Kießling, Eva
Kim, Seon-Su
Kiso, Dirk
Köster, Thomas
Kollmar, Jens
Kortschak, Hans-Peter
Kraft, Cornelia
Kroschel, Jörg
Leitzgen, Harald
Leukel, Stefan
List, Stephan
Löhr, Dirk
Lukas, Jutta
Lutz, Harald
Mayer, Walter
Meyer, Holger
Mink, Markus
Moog, Karl
Moser, Ulrich
Müller, Katja
Mutscher, Axel
Neeb, Helmut
Neubert, Bob
Oblau, Markus
Oertel, Reinhold
Oesterwinter, Petra
Ott, Hans
Otte, Axel
Pestke, Axel
Peter, Markus
Philippi, Michael
Philipps, Holger
Polzer, Reiner
Preuß, Olaf
Pühringer, Johann
Rauenbusch, Bruno
Richter, Heiner
Rick, Heino
Riedl, Bernhard
Rieker, Helmut
Robinson, Pia
Röhner, Jörg
Rossmanith, Jonas
Rümmele, Peter
Sauter, Jürgen
Schaden, Michael
Schaeberle, Jürgen
Scharl, Hans-Peter
Scheel, Tobias
Schlemmer, Karl-Willi
Schlieper, Peter
Schmid, Reinhold
Schmidt, Gerd
Schmidt-Pfeiffer, Susanne
Schneider, Wilhelm
Schnitter, Georg
Schrade, Detlev
Schröder, Jürgen
Schroeder, Kai Uwe
Schuler, Dietrich
Seeger, Norbert
Seibold-Freund, Sabine
Seiler, Friedrich
Seitz, Lothar
Seyfriedt, Thilo
Siebert, Jens
Sieven, Beate
Skopp, Hanns R.
Spörl, Michael
Spohn, Patrick
Spreidler, Martin
Stark, Thorsten
Steck, Dieter
Stobbe, Susanne
Stobbe, Thomas
Stockinger, Roland
Tanski, Joachim
Tanto, Olaf
Volk, Regine
Wangler, Clemens
Weber, Jörg-Andreas
Weber, Klaus
Weber, Werner
Wenk, Reinhard
Werdan, Ingrid
Werner, Eginhard
Werner, Jürgen
Wilk, Thomas
Wilksch, Stephan
Zaeh, Philipp
Zimmermann, Martin
Zinser, Thomas

**Steuerrecht**

Albrecht, Philipp
Alt, Markus
Bächle, Ekkehard
Baedorf, Oliver
Bardorf, Wolfgang
Baur, Ulrich
Beckerath, Hans-Jochem von
Bergmans, Bernhard
Blumers, Wolfgang
Bolin, Manfred
Brück, Michael
Campenhausen, Otto von
Deininger, Rainer
Düll, Sebastian
Fürst, Walter
Gehrke, Matthias
Griesar, Patrick
Hahn, Hans-Georg
Hartmann, Rainer
Herrnkind, Hans-Ulrich
Hesselle, Vera de
Hidien, Jürgen W.
Huttegger, Thomas
Kämmerer, Bardo
Klapdor, Ralf
Klein-Blenkers, Friedrich

Knief, Peter
Knies, Jörg
Knobloch, Thomas
Küffner, Thomas
Leip, Carsten
Lippross, Otto-Gerd
Müller, Katja
Nieskens, Hans
Pfeiffer, Hardy
Raegle, Susanne
Reese, Jürgen
Reimer, Monika
Schnitter, Georg
Schnur, Peter
Schuler, Dietrich
Seibold-Freund, Sabine
Sinewe, Patrick
Stahlschmidt, Michael
Steck, Dieter
Stuhldreier, Annette
Tillmann, Oliver
Tonner, Norbert
Vorwold, Gerhard
Zech, Till

**Steuerungstechnik**

Amarteifio, Nicoleta
Bartel, Manfred
Behrendt, Uwe
Blath, Jan Peter
Borgmeyer, Johannes
Braatz, Werner
Brunner, Michael
Diekmann, Klaus
Ding, Yong-Jian
Dürr, Reinhold
Eissler, Werner
Faupel, Benedikt
Gentner, Jürgen
Geyer, Manuel
Glöckler, Michael
Göhl, Rudolf
Gronau, Manfred
Gusek, Bernd
Heimbold, Tilo
Helm, Peter
Hochhaus, Hermann
Jacques, Harald
Jetter, Hans
Jutzler, Wolf-Immo
Kaufmann, André
Kaul, Peter
Kayser, Karl-Heinz
Kempf, Tobias
Kern, Rudolf
Kraus, Manfred
Kühne, Bernd
Lammen, Benno
Lange, Otfried
Lebert, Klaus
Lepers, Heinrich
Lutz, Holger
May, Stefan
Müller, Kai
Nägele, Roland
Opperskalski, Hartmut
Pfeiffer, Volker
Plenk, Valentin
Pohl, Georg Michael
Potthast, Karl
Ratjen, Heinrich
Richter, Hendrik
Röck, Sascha
Rößler, Jürgen
Ruf, Wolf-Dieter
Schimonyi, Johann
Schmitt-Braess, Gaby
Schneider, Ralf
Schulz, Günter
Schulz, Wolfgang
Schumann, Reimar
Schwellenberg, Ulrich
Seitz, Matthias
Seliger, Norbert
Simon, René
Simons, Stephan
Smajic, Hasan
Söte, Werner
Solenski, Norbert
Stephan, Knut
Wagner, Eberhard
Wieland, Petra
Wings, Elmar
Zägelein, Walter
Zeller, Wolfgang
Ziegler, Rolf
Ziegler, Ronald
Zindler, Klaus

**Stochastik**

Beucher, Ottmar
Erben, Wilhelm
Heizmann, Hans-Helmut
Kolbig, Silke
Lange, Claus
Liebscher, Eckhard
Lindner, Egbert
Martin, Marcus
Neumann, Klaus
Pallenberg, Catherine
Steil, Andreas

**Strafprozessrecht**

Blum, Barbara
Fickenscher, Guido
Hartmann, Arthur
Hofmann, Frank
Huzel, Erhard
Kohler, Eva
Lange-Bertalot, Nils
Lenz, Eckhard
Mertens, Andreas
Müller, Kai
Nibbeling, Joachim
Riemenschneider, Sabine

**Strafrecht**

Adler, Frank
Bäuerle, Michael
Blum, Barbara
Ebel, Hans
Erhardt, Elmar
Fehn, Karsten
Finke, Betina
Gerke, Jürgen
Hartmann, Arthur
Hartmann, Tanja
Hauber, Rudolf
Hein, Knud Christian
Hofmann, Frank
Huzel, Erhard
Kohler, Eva
Lange-Bertalot, Nils
Lenz, Eckhard
Matzke, Michael
Mertens, Andreas
Metzen, Peter
Möller, Winfried
Müller, Kai
Neufang, Paul
Nibbeling, Joachim
Peilert, Andreas
Reidel, Alexandra-Isabel
Riekenbrauk, Klaus
Riemenschneider, Sabine
Scheller, Susanne
Schloms, Heidemarie
Schnath, Matthias
Spinti, Henning
Thäle, Brigitte
Voß, Reinhard
Wirtz, Irene
Witthaus, Dieter
Zimmermann, Dieter

**Strafvollzug**

Nickolai, Werner
Zimmermann, Dieter

**Strahlenphysik**

Kasch, Kay-Uwe

**Strahlenschutz**

Domogala, Georg
Schrewe, Ulrich
Zimmerschied, Wolfgang

**Straßen- und Verkehrswesen**

Adler, Uwe
Andreé, Rolf
Baltzer, Wolfgang
Becker, Josef
Biedermann, Bodo
Collin, Jürgen
Eger, Walter
Gaspers, Lutz
Gather, Matthias
Gurr, Rudolf
Harsche, Martin
Hartz, Birgit
Hebel, Christoph
Heckler, Werner
Heinz, Günther
Hinterwäller, Udo
Höfler, Frank
Holldorb, Christian
Hupfer, Christoph
Jochim, Haldor E.
Karstadt, Michael
Karwatzky, Bernd
Kill, Heinrich H.
Klassen, Norbert
Koch, Carsten
Köhler, Martin
Kruse, Bernd
Kühn, Wolfgang
Lackner, Wolfgang
Maurmaier, Dieter
Menius, Reinhard
Menzel, Christoph
Mörner, Jörg von
Müller, Carsten-Wilm
Münch, Hartmut
Pätzold, Heinz
Pfannerstill, Elmar
Pohlmann, Peter
Richter, Reinhard
Riedl, Steffen
Rogosch, Norbert
Santowski, Gunnar
Schäfer, Karl Heinz
Schäfer, Petra
Schneider, Joachim
Schuster, Andreas
Sossoumihen, André
Staadt, Herbert
Stephan, Rainer
Stüttgen, Wilhelm
Taubmann, Achim-Peter
Thamfald, Hermann
Trapp, Roland
Weber, Reinhold
Weßelborg, Hans-Hermann
Zeitvogel, Michael

**Strömungslehre**

Ast, Helmut
Benim, Ali Cemal
Bonn, Werner
Denner, Wolf-Jürgen
Dettmann, Christian
Diekmann, Klaus
Eicher, Ludwig
Elmendorf, Wolfgang
Faber, Christian
Frick, Helge
Gehlker, Wessel
Geller, Marius
Gerich, Detlev
Gheorghiu, Victor
Gilbert, Norbert
Gregorzewski, Armin
Heinrich, Christoph
Hochstatter, Josef
Kaufmann, André
Kiesewetter, Willi
Kleiser, Georg
Klose, Arno H.
Kroll, Norbert
Lechner, Christof
Mayer, Thomas
Mengedoht, Gerhard
Peschges, Klaus-Jürgen
Reinartz, Alexander
Rösler, Stefan
Schulze, Detlef
Seifert, Peter
Thieleke, Gerd
Thurner, Franz
Vinnemeier, Franz
Viöl, Wolfgang
Wang, Dinan
Warnack, Dieter
Weber, Gerhard
Weise, Volkmar
Weisweiler, Hardy
Wichtmann, Andreas
Wolf, Karlheinz

**Strömungsmaschinen**

Bräunling, Willy
Gerich, Detlev
Gikadi, Theofani
Grundmann, Reinhard
Jantzen, Hans-Arno
Jensen, Rainer
Kameier, Frank
Kauke, Gerhard Karl
Klose, Arno H.
Kollien, Jürgen
Kullen, Albrecht
Lohmberg, Andreas
Lücking, Peter
Martens, Eckhard
Müller, Martin
Müller, Walter
Oldenburg, Martin
Schmalzl, Hans-Peter
Schneider, Joachim
Schroeder, Christian
Sperling, Reinhard
Staiger, Martin
Szymczyk, Janusz A.
Thieleke, Gerd
Weber, Dieter
Weiß, Andreas
Wichtmann, Andreas

**Strömungsmechanik**

Bschorer, Sabine
Faber, Ingo
Friebel, Wolf-Christoph
Hassenpflug, Hans-Uwe
Heller, Winfried
Hilbrich, Hans-Dieter
Holbein, Peter
Jördening, Alexandra
Klose, Arno H.
Költzsch, Konrad
Lämmlein, Stephan
Leinfelder, Robert
Mickeler, Siegfried
Möbus, Helge
Niggemann, Michael
Petry, Martin
Schmid, Markus
Schneider, Joachim
Schröder, Valentin
Schroeter, Johannes
Soika, Armin
Stücke, Peter
Stütz, Walter
Warnack, Dieter
Wulf, Peter

**Stromrichtertechnik**

Jänecke, Michael

**Süd- und Südostasien**

Weber, Helmut

**Systemanalyse**

Freytag, Thomas
Kaufmann, Achim H.
Krause, Manfred
Lohmann, Friedrich
Samberg, Ulrich
Velten, Kai
Viefhus-Veensma, Dieter
Weigand, Carsten

**Systematische Theologie**

Brandhorst, Hermann
Eppler, Wilhelm
Frisch, Ralf
Funk, Christine
Hoburg, Ralf
Iff, Markus
Klän, Werner
Knittel, Thomas
Nausner, Michael
Nickel-Schwäbisch, Andrea
Schächtele, Traugott
Seelbach, Larissa C.
Swarat, Uwe

**Systemdynamik**

Hass, Volker C.
Kottmann, Karl
Leimbach, Klaus-Dieter

**Systemprogrammierung**

Bastian, Klaus
Eck, Oliver
Frank, Ludwig
Ihme, Thomas
Kaul, Manfred
Koschützki, Dirk
Krayl, Heinrich
Kuhn, Dietrich
Normann, Norbert
Schulten, Martin
Seidel, Helmar
Weber, Andreas
Westerkamp, Clemens
Winkler, Wolfgang
Witt, Kurt-Ulrich

**Systemtechnik**

Dispert, Helmut
Döring, Daniela
Englberger, Wolfram
Habermann, Joachim
Hein, Axel
Hirsch, Hans-Günter
Iossifidis, Ioannis
Keller, Wolfgang
Kleutges, Markus
Klös, Alexander
Leßke, Frank
Liell, Peter
Link, Norbert
Mewes, Hinrich
Mixdorff, Hansjörg
Osterried, Karlfrid
Plöger, Paul G.
Pogatzki, Peter
Prassler, Erwin
Scheja, Joachim
Schiedermeier, Christian
Schindler, Erich
Schmauch, Cosima
Schreiner, Rupert
Schult, Thomas J.
Stolzenburg, Frieder
Ueberholz, Peer
Werthebach, Rainer
Wieland, Sabine

**Systemtheorie**

Anders, Peter
Bühler, Erhard
Hildenbrand, Peter
Kraus, Dieter
Reich, Werner
Sauerburger, Heinz
Schulze, Klaus-Peter
Strohrmann, Manfred
Thurner, Herbert
Vogt, Lothar
Wagner, Bernhard
Wohlgemuth, Volker

**Systemwissenschaften**

Glösekötter, Peter
Jäkel, Jens
Wohlrab, Jürgen

**Szenografie**

Newesely, Brigitte
Reich, Rebekka

**Tanz**

Voss, Anja

**Tanzpädagogik**

Barboza, Kulkanti
Greuel, Thomas
Krause, Ulrike
Voss, Anja

**Taxonomie**

Schuster, Hanns-Jürgen

**Technik**

Bär, Jürgen
Bühler, Klaus
Cölln, Gerd von
Ehrhardt, Wilhelm
Grade, Michael
Griesbaum, Rainer
Kaiser, Richard
Korol, Stefan
Krügel, Albert
Lenschow, Ralf
Mühlhäuser, Max
Scheffel, Rainer
Schlünz, Marina
Sohn, Martin
Thietke, Jörg
Wais, Thomas
Weißbach, Hans-Jürgen
Werner, Franz

**Technik und Gesellschaft**

Vatterrott, Heide-Rose
Weck, Reinhard

**Technische Betriebswirtschaft**

Albrecht, Evelyn
Berkau, Carsten
Böcker, Stefan
Coners, André
Fleischer, Karsten
Groß, Friedrich
Lieckfeldt, Renate

**Technische Chemie**

Bartsch, Stephan
Burdinski, Dirk
Harre, Kathrin
Jendrzejewski, Stefan
Jordan, Volkmar
Jungbauer, Anton
Klepel, Olaf
Korff, Richard
Kotter, Michael
Leimenstoll, Marc
Müller-Erlwein, Erwin
Oelmann, Hansjörg
Ortanderl, Stefanie
Pott-Langemeyer, Martin
Schmidt, Volkmar M.
Schoerken, Ulrich
Teusch, Nicole
Vaeßen, Christiane
Weber, Siegfried
Wilkens, Jan

**Technische Informatik**

Baran, Reinhard
Bathelt, Peter
Baur, Jürgen
Bittner, Gerd
Blaurock, Ole
Böttcher, Axel
Breuer, Thomas
Brunner, Thomas
Bumiller, Gerd
Bunse, Wolfgang
Canzler, Thomas
Dietz, Rainer
Dispert, Helmut
Ditzinger, Albrecht
Doneit, Jürgen
Exner, Dieter
Flach, Gudrun
Fohl, Wolfgang
Frömel, Gero
Glavina, Bernhard
Gössner, Stefan
Götze, Stefan
Grauschopf, Thomas
Greiner, Thomas
Hagerer, Andreas
Hahndel, Stefan
Hartmann, Knut
Hartung, Georg
Haunstetter, Franz
Heiss, Stefan
Heitmann, Hans Heinrich
Hollmann, Helia
Jänicke, Karl-Heinz
Jungke, Manfred
Just, Olaf
Kaiser, Peter
Kettler, Albrecht
Klar, Anton
Klaus, Sven
Klinger, Volkhard
Koch, Heribert
Kohring, Christine
Krämer, Heinrich
Krenz-Baath, René
Lang, Hans-Werner
Lang, Klaus
Lange, Walter
Link, Norbert
Lorenz, Ralf-Torsten
Loviscach, Jörn
Ludes, Reinhard
Lux, Wolfgang
Maretis, Dimitris
Margull, Ulrich
Meisel, Andreas
Metzler, Patrick
Mütterlein, Bernward
Nauth, Peter
Nerz, Klaus-Peter
Neugebauer, Gerhard
Nickich, Volker
Nüßer, Wilhelm
Ochs, Martin
Pareigis, Stephan
Pech, Andreas
Rieger, Martin
Sawitzki, Sergei
Schaarschmidt, Ulrich G.
Schäfer, Michael
Schmidt, Ulrich
Schmitt, Franz Josef
Schrey, Ekkehard
Schwarz, Bernd
Schweiger, Johann
Tepper, Wolfgang
Thiem, Jörg
Tiedemann, Wolf-Dieter
Vetter, Marcus
Viehmann, Matthias
Vielhaber, Michael
Windisch, Hans-Michael
Wolff, Carsten
Wolff, Viviane
Zacherl, Anton

**Technische Mathematik**

Eckhardt, Klaus
Henig, Christian
Köhler, Thorsten
Moog, Mathias
Oligschleger, Christina
Schweiger, Johann
Stark, Hans-Georg
Stiemer, Marcus
Thümmler, Axel
Walter, Artur
Wandinger, Johannes
Wenz, Jörg
Winter, Hermann

**Technische Mechanik**

Anzinger, Manfred
Asch, Andreas
Baumann, Markus
Bausch, Siegfried
Becker, Karl-Heinz
Becker, Martin
Becker, Peter
Benes, Georg
Benstetter, Günther
Bernhardi, Otto Ernst
Beumler, Harald
Binder, Thomas
Bischoff-Beiermann, Burkhard
Bode, Christopher
Böhm, Franz
Bongmba, Christian
Borchert, Thomas
Borchsenius, Fredrik
Bothen, Martin
Bräutigam, Horst
Bredow, Burkhard von
Breitbach, Gerd
Briem, Ulrich
Broßmann, Ulf
Bucher, Anke
Bülow, Alexander
Clemens, Helmut
Dahmann, Peter
Dallner, Rudolf
Debus, Helmut
Dehmel, Wilfried
Dendorfer, Sebastian
Diekmann, Paul
Diesing, Harald
Diewald, Werner
Dittrich, Heinz
Dörfler, Joachim
Dorn, Carsten
Drexler, Werner
Ecklundt, Hinrich
Eichinger, Peter
Eisentraut, Ulrich-Michael
Eller, Conrad
Endl, Bernhard
Ertz, Martin
Estana, Ramon
Fehlau, Jürgen
Feyerabend, Franz
Finke, Eckhard
Fischer, Franz
Flach, Matthias
Fleig, Claus
Frank, Eberhard
Frenz, Holger
Frischgesell, Thomas
Fritz, Andreas
Fröhlich, Joachim
Geck, Andreas
Geigenfeind, Robert
Geilen, Johannes
Gottschlich, Martin
Grätsch, Thomas
Griemert, Rudolf
Groß, Iris
Gründer, Joachim
Günter, Wolfgang
Haas, Michael
Häfele, Peter
Hamm, Patricia
Harder, Jörn
Harich, Richard
Hartl, Engelbert
Heiderich, Thomas
Heinzelmann, Michael
Hennerici, Horst
Hiltscher, Gerhard
Hoeft, Michael
Hörstmeier, Ralf
Hofinger, Ines
Hofmann-von Kap-herr, Karl
Holbein, Reinhold
Holfeld, Andreas
Hoppermann, Andreas
Horn, Armin
Hornfeck, Rüdiger
Hornig, Jörg
Iancu, Otto Th.
Ihlenburg, Frank
Imiela, Joachim
Jakobi, Karl Josef
Jansen, Wilfried
Jebens, Claus
Jensen, Jens
Jerzembeck, Sven
Jochum, Christian
Joensson, Dieter
Junk, Stefan
Kachel, Gerhard
Kahn, Reinhard
Kaimann, Andrea
Kalitzin, Nikolai
Kanz, Robert
Kapischke, Jörg
Karle, Anton
Katz, Hartmut
Kiefer, Thomas
Kirbs, Jörg
Kirchartz, Karl-Reiner
Klee, Klaus-Dieter
Kleinschrodt, Hans-Dieter
Klöhn, Carsten
Kohlmeier, Hans-Heinrich
Kolarov, Georgi
Krä, Christian
Kranemann, Rainer
Krapoth, Axel
Kriese, Kurt
Kruppa, Manfred
Kuchar, Peter
Kurfeß, Josef
Lackmann, Justus
Läer, Rudolf
Landgraf, Karin
Leiner, Matthias
Lindner, Matthias
Linke, Markus
Magerl, Franz
Mastel, Roland
Mathy, Ignaz
May, Helge-Otmar
Mayer, Andreas
Meckbach, Heinz
Meier, Friedrich
Meisinger, Reinhold
Meßmer, Klaus-Peter
Meuche, Wolfgang
Meynen, Sebastian
Middendorf, Jörg
Miersch, Norbert
Möhlenkamp, Heinrich
Möllers, Werner
Mrowka, Uwe
Müller, Michael
Müller, Udo
Nalepa, Ernst
Nast, Eckart
Nauerz, Andreas
Nevoigt, Andreas
Ochs, Winfried
Ott, Walter
Papastavrou, Areti
Patz, Manfred
Pawliska, Peter
Pitzer, Martin
Plegge, Thomas
Plenge, Michael
Pokluda, Klaus
Prechtl, Martin
Prediger, Viktor
Pyttel, Thomas
Raatschen, Hans-Jürgen
Rademacher, Johannes
Radlik, Wolfgang
Rahm, Heiko
Raßbach, Hendrike
Reichstein, Simon
Reinke, Wilhelm
Remmel, Jochen
Renvert, Peter
Ribbert, Ernst-Jürgen
Ricklefs, Ubbo
Riedel, Uwe
Riemer, Michael
Rill, Georg
Ritz, Otmar
Sadlowsky, Bernd
Salein, Matthias
Schaeffer, Thomas
Schall, Günther
Schalz, Karl-Josef
Schauer, Winfried
Schieck, Berthold
Schinagl, Stefan
Schirrmacher, Heiko
Schlenk, Ludwig
Schlingloff, Hanfried
Schmehmann, Alexander
Schmidt, Klaus-Jürgen
Schmidt, Reinhard
Schmitt, Ulrich
Schmolz, Peter
Schmolz, Rainer
Schneider, Guido
Schnieder, Uwe
Schnitzer, Thomas
Schön, Helmut
Schoo, Alfred J. H.
Schreiber, Harold
Schröder, Wilhelm
Schroeter, Johannes
Schuchard, Klaus
Schulte, Stefan
Schulte-Bisping, Eiris
Selke, Peter
Senker, Peter
Sikorski, Evgenia
Silber, Gerhard
Simon, Maximilian
Sitzmann, Gerald
Skricka, Norbert
Song, Linn
Staus, Steffen
Steckemetz, Bernd
Steibler, Philipp
Stelzle, Wolfgang
Stetter, Ralf
Stier, Karl-Heinz
Ströhla, Stefan
Strohmayr, Rudolf
Tawakoli, Taghi
Theilig, Holger
Theis, Winfried
Thielemann, Frank
Totzauer, Werner Franz
Venghaus, Joachim
Vettermann, Rainer
Villwock, Joachim
Vorbrüggen, Joachim
Wagner, Michael
Wahle, Michael
Waltz, Manuela
Wandinger, Johannes
Weigand, Ulrich
Weiß, Robert
Wender, Bernd
Werkle, Horst
Weygand, Sabine
Wiechert, Gert
Wiedemann, Simon
Wiesemann, Stefan
Wilhelms, Gernot
Wilke, Winfred
Will, Peter
Willmerding, Günter
Willms, Heinrich
Wißbrock, Horst
Wolfsteiner, Peter
Wulf, Peter
Yuan, Bo
Ziegenhorn, Matthias
Zingel, Hartmut

**Technische Optik**

Bartuch, Ulrike
Belloni, Paola
Büchner, Reiner
Daiminger, Franz
Fleck, Burkhard
Fraatz, Manuel
Höpfel, Dieter
Hornberg, Alexander
Huber, Heinz
Köhler, Joachim
Krausse, Jürgen
Krimpmann-Rehberg, Brigitte
Krüger, Ralph
Langbein, Uwe
Lewkowicz, Nicolas
Mändl, Matthias
Moest, Peter
Neumann, Burkhard
Osterried, Karlfrid
Ott, Peter
Pesek, Jan
Poisel, Hans Wilhelm
Steiger, Bernhard
Thoma, Christoph
Wittrock, Ulrich
Wziontek, Helmut
Ziemann, Olaf

**Technische Physik**

Andreä, Jörg
Baureis, Peter
Brunsmann, Ulrich
Dohlus, Rainer
Fischer, Andreas
Fuest, Thomas
Gorbunoff, André
Henning, Thomas
Herberg, Helmut
Kranemann, Rainer
Kraus, Dieter
Krawietz, Rhena
Kreßmann, Reiner
Krönert, Uwe
Kurtz, Alfred
Motsch, Walter
Piotrowski, Anton
Rennekamp, Reinhold
Röder, Ulrich
Schink, Hermann
Schumm, Gerhard
Siebke, Wolfgang
Steiner, Erich

**Technischer Umweltschutz**

Einfeldt, Jörn
Heilmann, Andrea

**Technologiemanagement**

Budde, Lothar
Deicke, Jürgen
Katz, Hartmut
Kretzschmar, Oliver
Kutz, Gerd
Untiedt, Dirk

**Telekommunikationsrecht**

Anders-Rudes, Isabella
Deister, Jochen
Klewitz-Hommelsen, Sayeed

**Telematik**

Brunthaler, Stefan
Dohmann, Helmut
Eylert, Bernhard
Fricke, Armin
Stern, Andreas
Vandenhouten, Ralf
Wieland, Thomas
Wilkes, Birgit

**Textilchemie**

Blankenhorn, Petra
Rabe, Maike
Wend, Werner

**Textiles Gestalten**

Brink, Renata
Detering, Ute
Hanisch, Gudrun
Oswald, Anita
Polster, Gisela
Puscher, Barbara
Schulze, Annerose
Spörl, Dietmar
Wiedemann, Jutta

**Textiltechnik**

Barta, Michael
Blankenhorn, Petra
Büsgen, Alexander
Buttgereit, Jutta
Ficker, Frank
Floß, Elke
Frommann, Lars
Görlich, Roland
Heinze, Inés
Heßberg, Silke
Janssen, Eberhard
Klose, Sibylle
Klotz, Marie-Louise
Koltze, Karl
Kyosev, Yordan
Lottes, Oliver
Maier, Angela
Meyer zur Capellen, Thomas

Oswald, Anita
Peetz, Ludwig
Rabe, Maike
Rauch, Michael
Schempp, Ulrike
Schenek, Anton
Scheufele, Brigitte
Scholze, Ulrich
Vossebein, Lutz
Weber, Marc
Weide, Thomas
Wend, Werner

**Theaterpädagogik**

Köhler, Norma
Martens, Thomas
Nissen-Rizvani, Karin
Sachser, Dietmar
Smit, Peer de

**Theaterwissenschaft**

Ehrmann, Beate
Groot, Margot C.
Hoffmann, Christel
Homann, Rainer
Marlow, Stuart
Nissen-Rizvani, Karin
Paul, Siegfried
Smit, Peer de
Streisand, Marianne

**Theologie**

Bender-Junker, Birgit
Benedict-Alfert, Hans-Jürgen
Borger, Gabriele
Burbach, Christiane
Eickhoff, Jörg
Evers, Ralf
Guttenberger, Gudrun
Herrmann, Volker
Heusler, Erika
Jünemann, Elisabeth
Kirchhoff, Renate
Klinzing, Georg
Krockauer, Rainer
Kuhnke, Ulrich
Lammer, Kerstin
Liepelt, Klaus Hartmut
Maaser, Wolfgang
Marquard, Reiner
Noller, Annette
Schwartz, Thomas
Schwendemann, Wilhelm
Tafferner, Andrea
Weber, Dieter
Wertgen, Werner
Windolph, Joachim

**Theoretische Chemie**

Spiekermann, Manfred

**Theoretische Elektrotechnik**

Bunzemeier, Andreas
Schulz, Günter
Stenzel, Roland

**Theoretische Informatik**

Braun, Michael
Conen, Wolfram
Erben, Wilhelm
Faßbender, Heinrich
Fleischer, Peter
Hower, Walter
Iossifidis, Ioannis
Kausen, Ernst
Körner, Heiko
Leßke, Frank
Meixner, Gerhard
Metzner, Anja
Müllenbach, Sabine
Mylius, Winfried
Padberg, Julia
Preis, Robert
Reith, Steffen
Schaefer, Frank
Schenke, Michael
Schmitz, Heinz
Schwarz, Sibylle
Schwenkert, Rainer
Seutter, Friedhelm
Smith, Craig
Socher, Rolf
Thierauf, Thomas
Trommler, Peter
Werner, Günter

**Theoretische Physik**

Henning, Peter
Lokajíček, Miloš
Morawetz, Klaus
Müller-Nehler, Udo
Struck, Alexander

**Therapieevaluation**

Grüneberg, Christian

**Thermische Verfahrenstechnik**

Beier, Arnim
Berger, Bernd
Boltendahl, Udo
Bourdon, Rainer
Braun, Gerd
Goelling, Detlef
Hofacker, Werner
Hoffner, Bernhard
Jochum, Joachim
Krömar, Wolfgang
Lent, Michael
Liedy, Werner
Richter, Hellgard
Schelling, Udo
Schmadl, Josef
Schuch, Paul-Gerhard
Schütz, Wilfried
Sesterhenn, Alfred
Wang, Shichang

**Thermodynamik**

Bareiss, Martin
Behrens, Roland
Bender, Rainer
Blotevogel, Thomas
Braun, Marco
Brautsch, Andreas
Brautsch, Markus
Bücker, Dominikus
Czarnetzki, Walter
Dettmann, Christian
Deublein, Dieter
Do, Vuong Tuong
Dohmann, Joachim
Dummersdorf, Bettina
Ebinger, Ingwer
Egerer, Burkhard
Eicher, Ludwig
Eichert, Helmut
Elsner, Michael
Frank, Stefan
Franke, Christoph
Franz, Eberhard
Fritsch, Johannes
Gärtner, Ulrich
Gebel, Joachim
Gerber, Andreas
Gheorghiu, Victor
Gleine, Wolfgang
Goldbrunner, Markus
Gregorzewski, Armin
Griesbaum, Rainer
Großmann, Uwe
Grundmann, Werner
Hassenpflug, Hans-Uwe
Heinrich, Christoph
Hilligweg, Arnd
Hofacker, Werner
Huber, Karl
Ihme-Schramm, Hanno
Jensen, Jens
Kapischke, Jörg
Kaufmann, André
Kleiser, Georg
Koenigsdorff, Roland
Kollien, Jürgen
Kraft, Ingo
Kretzschmar, Hans-Joachim
Kukral, Rüdiger
Lechner, Christof
Leinfelder, Robert
Mardorf, Lutz
Mayer, Thomas
Messerschmid, Hans
Mickeleit, Michael
Minkenberg, Johann
Mirre, Thomas
Morgenstern, Jens
Müller, Bernhard
Münch, Kai-Uwe
Neef, Matthias
Nitsche, Klaus
Paulus, Johannes
Pecornik, Damir
Pietzsch, Robert
Platzer, Bernhard
Reich, Gerhard
Rösler, Stefan
Rohrbach, Thomas
Ruderich, Raimund
Sander, Frank
Schabbach, Thomas
Schelling, Udo
Schiebener, Peter
Schmid, Michael
Schmidt, Ralf-Gunther
Schmidt, Sönke
Schwarzer, Klemens
Seifert, Peter
Sesterhenn, Alfred
Sievers, Uwe
Simon, Ralf
Smolen, Slawomir
Soika, Armin
Staude, Susanne
Staudt, Albert
Staudt, Reiner
Stiller, Wilfried
Strelow, Olaf
Striebel, Dieter
Taschek, Marco
Thielen, Knut
Thönnissen, Jochen
Treffinger, Peter
Tritschler, Markus
Vanhaelst, Robert
Vinnemeier, Franz
Viöl, Wolfgang
Waas, Peter
Werner, Manfred
Wiederuh, Eckhardt
Wiesche, Stefan aus der
Winter, Jürgen
Wulf, Peter

**Thermophysik**

Vollmer, Michael

**Tiefbohrtechnik**

Schneider, Frank

**Tieftemperaturphysik**

Möbius, Hildegard
Müller, Wolfgang

**Tieranatomie**

Freitag, Mechthild

**Tierernährung**

Bellof, Gerhard
Durst, Leonhard
Freitag, Mechthild
Laue, Hans-Joachim
Schuldt, Anke
Westendarp, Heiner

**Tierhygiene**

Mergenthaler, Marcus
Schniedewind, Heidrun
Seedorf, Jens

**Tierökologie**

Grosser, Norbert
Richter, Klaus
Schulz, Ulrich
Stöcklein, Bernd

**Tierzucht**

Andersson, Robby
Freitag, Mechthild
Groß, Eberhard
Günther-Schimmelpfennig, Kathrin
Hörning, Bernhard
Korn, Stanislaus von
Laser, Harald
Mergenthaler, Marcus
Schmidt, Eggert
Stier, Claus-Heinrich
Wähner, Martin
Walter, Jürgen
Waßmuth, Ralf
Wittmann, Margit
Ziron, Martin

**Ton- und Bildtechnik**

Bonse, Thomas
Buchholz, Martin
Curdt, Oliver
Fiebich, Martin
Kreyßig, Martin
Kunz, Albrecht
Lensing, Jörg
Loos, Mike
Plantholt, Martin
Risse, Thomas
Schäfer-Schönthal, Albrecht
Schmidt, Ulrich
Wilk, Eva

**Tourismus**

Albe, Frank
Amann, Klaus
Bähre, Heike
Bastian, Harald
Bauer, Alfred
Bausch, Thomas
Behn-Künzel, Ines
Berlingen, Johannes
Bochert, Ralf
Brenner, Christian
Brittner-Widmann, Anja
Brysch, Armin
Buer, Christian
Conrady, Roland
Dallmeier, Ute
Dörnberg, Adrian von
Eberhard, Theo
Echtermeyer, Monika
Eisenrith, Eduard
Eisenstein, Bernd
Fergen, Ulrike
Fuchs, Wolfgang
Ganter, Hans-Dieter
Gnad, Sylvia
Goecke, Robert
Greischel, Peter
Großmann, Margita
Gruner, Axel
Hayduk, Anna
Heinzler, Winfried
Heise, Pamela
Herle, Felix
Holzapfel, Rupert
Jaworski, Jerzy
Joachim, Willi E.
Kessel, Werner
Kirstges, Torsten
Kissling, Carmen
Klassen, Norbert
Klimpel, Jürgen
Klopp, Helmut
Kolbeck, Felix
Kriewald, Monika
Küblböck, Stefan
Lachmann, Suzanne
Landvogt, Markus
Lang, Heinrich
Lenke, Michael
Linne, Martin
Lütters, Holger
Marquardt, Diana
Merl, Alfred
Milde, Petra
Mundt, Jörn
Papathanassis, Alexis
Pauen, Werner
Peters, Julia Eva
Pompl, Wilhelm
Rasmussen, Thomas
Rein, Hartmut
Reiser, Dirk
Rohr, Ulrich
Schabbing, Bernd
Schäfer, Hubert
Schaetzing, Edgar
Scheidler, Michael
Schmoll, Enno
Schreiber, Michael-Thaddäus
Schulz, Axel
Schwadorf, Heike
Schwark, Jürgen
Seitz, Erwin
Seppälä-Esser, Raija
Sommer, Guido
Stecker, Bernd
Strasdas, Wolfgang
Taesler, Rainald
Thiesing, Ernst-Otto
Wachowiak, Helmut
Weislämle, Valentin
Weithöner, Uwe
Wetzel, Gerald
Wetzstein, Steffen
Widmann, Torsten
Wilbers, Andreas
Willms, Joachim
Woydt, Sabine

**Toxikologie**

Heise, Susanne
Muscate-Magnusen, Angelika
Wacker, Claus-Dieter
Witt, Gesine

**Tragkonstruktionen**

Bauer, Martin
Brockstedt, Emil-Christian
Buchmann, Fritz-Ulrich
Dicleli, Cengiz
Drewes, Helmut
Eierle, Benno
Fäth, Iris-Susan
Fäth, Klaus
Gutermann, Marc
Hempel, Rainer
Hort, Bernhard N.
Jahnke, Georg
Kirsch, Dietmar
Kozel, Klaus
Mayer, Franz X.
Nietzold, Andreas
Pravida, Johann
Rothe, Detlef
Schaper, Gerhard
Schmidt, Wolfgang
Schultz-Fölsing, Reinhild
Schulz, Jens-Uwe
Schweitzer, Peter
Seiler, Christian
Seiler, Ulf
Speich, Martin Michael
Speth, Martin
Sprysch, Michael V.
Styn, Elmar
Techen, Holger

**Transportwesen**

Barwig, Uwe
Bayer, Frank O.
Bender, Hans-Jürgen
Berndt, Thomas
Cerbe, Thomas M.
Chen, Liping
Ehmer, Hansjochen
Forst-Lürken, Reinhard
Fuhrmann, Rolf
Gottschalk, Bernd
Große, Christine
Gurr, Rudolf
Häuser, Jochem
Hartmann, Harald
Heinitz, Florian
Jetzke, Siegfried
Jung, Rolf
Leibold, Karsten
Nafzger, Hans-Jörg
Ordemann, Frank
Podesta, Herbert
Ribbert, Ernst-Jürgen
Runge, Wolf-Rüdiger
Scheibe, Heinz-Jürgen
Schröder, Michael
Schwolgin, Armin F.
Trump, Egon
Waldeer, Thomas
Wittenbrink, Paul
Wölle, Joachim

**Tunnelbau**

Gell, Konrad
Grübl, Fritz
Mähner, Dietmar
Thiele, Ralf

**Übersetzungswissenschaft**

Bügner, Torsten
Jüngst, Heike E.
Schuch, Elke
Wienen, Ursula
Woesler, Martin
Zhu, Jinyang
Zimová, Ludmila

**Umformtechnik**

Adams, Bernhard
Arendes, Dieter
Böhm, Edmund
Deilmann, Martin
Hager, Bernd
Junk, Stefan
Klawitter, Günter
Klemkow, Hans-Rainer
Klocke, Martina
Mathy, Ignaz

Rambke, Martin
Stilz, Manfred

**Umweltanalytik**

Baldauf, Claudia
Funcke, Werner
Gottstein, Hans-Dieter
Huth, Rudolf
Hyna, Claus
Klaschka, Ursula
Knupp, Gerd
Krautheim, Gunter
Kreußler, Siegfried
Marbach, Gerolf
Papke, Günter
Pulz, Otto
Spangenberg, Bernd

**Umweltchemie**

Ehses, Harald
Funcke, Werner
Honnen, Wolfgang
König, Hans-Peter
Larbig, Harald
Richter, Falk
Schrott, Wolfgang
Schwankner, Robert
Sommer, Lutz
Walter, Regina
Witt, Gesine

**Umwelterziehung**

Molitor, Heike

**Umweltforschung**

Royen, Thomas

**Umweltgestaltung**

Becker, Carola
Rau, Petra

**Umweltmanagement**

Bogdanski, Ralf
Bücker, Dominikus
Christ, Oliver
Deininger, Andrea
Helling, Klaus
Kuck, Jürgen
Loewen, Achim
Schikorra, Uwe

**Umweltmedizin**

Nobel, Wilfried

**Umweltökonomie**

Clement, Reiner
Döring, Thomas
Grothe-Senf, Anja
Holzbaur, Ulrich
Kächele, Harald
Meuser, Thomas
Morana, Rosemarie
Pott, Philipp
Radke, Volker
Rösl, Gerhard
Rommel, Kai
Sadowski, Ulf
Schock, Günther A.
Timmermann, Willi

**Umweltphysik**

Ihrig, Dieter
Kohl, Wolfgang
Weber, Konradin

**Umweltpsychologie**

Hunecke, Marcel
Riedel, Uwe

**Umweltrecht**

Attendorn, Thorsten
Balensiefen, Gotthold
Cosack, Tilman
Delakowitz, Bernd
Enders, Rainald
Floeter, Carolin
Grimm, Christian
Henkel, Michael
Hufenbach, Carsten
Langenecker, Josef
Lompe, Dieter
Michler, Hans-Peter
Oestreich, Gabriele
Roller, Gerhard
Schayck, Edgar van
Schmidt, Alexander
Schmidt, Guido
Schöndorf, Erich
Schrader, Christian
Schwalbe, Lisa
Setzer, Frank
Theis, Giesela

**Umweltschutz**

Barth, Christoph
Gemmrich, Armin
Heck, Peter
Hietel, Elke
Hohnecker, Helmut
Irminger, Peter
Probst, Ursula
Pruckner, Ewald
Reiß, Susanne
Schenk, Joachim
Steinigeweg, Sven
Vogel, Marina
Weber, Wolfgang
Werk, Klaus

**Umweltschutztechnik**

Becker, Jürgen
Brüssermann, Klaus
Fuchs-Kittowski, Frank
Hoinkis, Jan
Krefft, Marianne
Maßmeyer, Klaus
Ohling, Weerd
Reinke, Markus
Winkler, Michael

**Umweltsystemforschung**

Moenickes, Sylvia
Oertel, Michael
Schulz, Reiner

**Umwelttechnik**

Anger, Immo
Anton, Peter
Biener, Ernst
Bischof, Franz
Bischoff, Michael
Bracke, Rolf
Bradl, Heike
Bröckel, Ulrich
Bryniok, Dieter
Bschorer, Sabine
Detter, Arno
Deublein, Dieter
Doherr, Detlev
Erzmann, Michael
Franke, Dieter
Fröhlich, Siegmund
Goldmann, Andreas Gerhard
Gräf, Rainer
Hilliges, Rita
Hinrichs, Hans-Friedrich
Holler, Stefan
Hopp, Johanna
Huß, Rainer
Jaeger, Magnus
Kerpen, Jutta
Kettern, Jürgen
Kleinke, Matthias
Külpmann, Rüdiger
Kümmel, Detlef
Kuhn, Norbert
Kwiatkowski, Josef
Lüdersen, Ulrich
Lukas, Wolfgang
Peintinger, Bernhard
Priesemann, Thomas
Reichert, Frank
Rogg, Steffen
Rohe, Wolfgang
Rommel, Wolfgang
Sabo, Franjo
Säuberlich, Ralph
Scheffold, Karl-Heinz
Schiroslawski, Rebekka
Schlaak, Michael
Schleicher, Andreas
Schroeter, Johannes
Schütz, Wilfried
Schwalbe, Lisa
Seabra da Rocha, Saulo H. Freitas
Stiller, Wilfried
Strömsdörfer, Götz
Trägner, Ulrich
Trapp, Stefan
Vaeßen, Christiane
Widdecke, Hartmut
Wiegleb, Gerhard
Wittland, Clemens

**Umweltverfahrenstechnik**

Berkholz, Ralph
Bröckel, Ulrich
Brunner, Matthias
Müller, Herbert
Wilichowski, Mathias
Winter, Bernhard

**Umweltwissenschaften**

Beutel, Jörg
Dorner, Wolfgang
Klophaus, Richard
Lud, Daniela
Nuoffer-Wagner, Georg
Reusch, Hans-Dieter
Schaal, Helmut
Smolen, Slawomir
Tiedemann, Kai Jörg

**Unfallmedizin**

Lechleuthner, Alex

**Unternehmensführung**

Ahrens, Diane
Albrecht, Arnd
Amling, Thomas
Arens-Fischer, Wolfgang
Arlinghaus, Olaf
Arora, Dayanand
Augsdörfer, Peter
Aurenz, Heiko
Austmann, Henning
Bähre, Heike
Bagschik, Thorsten
Baisch, Friedemann
Baltes, Guido
Batzdorfer, Ludger
Beck, Volker
Becker, Lutz
Beißer, Jochen
Bender, Arne
Benedikt, Hans-Peter
Berger, Thomas
Berger-Klein, Andrea
Bergfeld, Marc-Michael H.
Bertram, Ulrich
Bettig, Uwe
Beuschel, Werner
Bicher-Otto, Ursula
Bickhoff, Nils
Bicknell, Helen
Bielzer, Louise
Biermann, Thomas
Biethahn, Niels
Bildat, Lothar
Bischof, Jürgen
Bleiweis, Stefan
Blöcher, Annette
Blumenstock, Horst
Blumentritt, Marianne
Blunck, Erskin
Bode, Jürgen
Böhlich, Susanne
Boehm, Ursina
Böttcher, Roland
Boos, Franz-Xaver
Bornemeyer, Claudia
Braedel-Kühner, Cordula
Brandenburger, Markus
Braun, Tobias
Brickau, Ralf
Brinker, Tobina
Bürstner, Heinrich
Carstensen, Vivian
Cascorbi, Annett
Cesarz, Michael
Chwallek, Constanze
Crisand, Marcel
Deckert, Ronald
Deimel, Klaus
Denninghoff, Michael
Desel, Ulrich
Dey, Günter
Dierk, Udo
Dolles, Harald
Dorrhauer, Christian
Dröse, Peter W.
Eberl, Martina
Eckrich, Klaus
Eckstein, Stefan
Elst, Henk van
Elter, Vera-Carina
Engelhardt, Riecke
Esslinger, Adelheid Susanne
Faix, Axel
Fees, Werner
Felden, Birgit
Feldmeier, Gerhard
Fend, Lars
Findeisen, Petra
Fischbach, Dirk
Fischer, Bettina
Franke, Jutta
Freiboth, Michael
Freidank, Jan
Frère, Eric
Friedrich, Andrea
Fussan, Carsten
Gahrens, Norbert
Gairola, Arun
Gerbach, Stephan
Gerloff, Axel
Gey, Thomas
Gisteren, Roland van
Gläser, Joachim
Glowik, Mario
Göbl, Martin
Götte, Sascha
Götz, Alexander
Götz, Gisela
Gogoll, Wolf-Dieter
Graef, Michael
Graf, Andrea
Graf, Erika
Graf, Nicole
Gramss, Rupert
Grass, Brigitte
Groß, Herbert
Gutting, Doris
Halstrup, Dominik
Hans, Christina
Harms, Martina
Hartleben, Ralph
Haupenthal, Edmund
Hechtfischer, Ronald
Heimbrock, Klaus-Jürgen
Heinzelmann, Jörg
Helpup, Antje
Henne, Sigurd Karl
Hensel, Claudia
Herbermann, Hans-Joachim
Herzog, Michael
Hilgers, Bodo
Hillemanns, Reiner
Hilz, Christian
Hördt, Olga
Hoff, Klaus
Hofmann, Georg Rainer
Hofnagel, Johannes R.
Hohberger, Peter
Hohm, Dirk
Holzner, Johannes
Howe, Marion
Hümmer, Bernd
Ibald, Rolf
Igl, Gerhard
Jacobs, Stefan
Jäger, Gerhard
Jammal, Elias
Jochum, Rainer
Johannsen, Christian G.
Jünger, Michael
Jung, Stefan
Kalmring, Dirk
Kaschny, Martin
Kasprik, Rainald
Kastner, Marc
Keil, Thomas
Kempkes, Hans Peter
Kerka, Friedrich
Kinias, Constantin
Kirksaeter, Janicke
Klauk, Jürgen Bruno
Klaus, Hans
Klawunn, Karl-Heinz
Kleine-Möllhoff, Peter
Klimmer, Matthias
Knigge, Katja
Kopsch, Anke
Kornmeier, Martin
Koziol, Klaus
Kracke, Ulrich
Kracklauer, Alexander
Kreutle, Ulrich
Krupp, Alfred
Kümmel, Bernd
Künkele, Julia
Kunze, Oliver
Lachmann, Astrid
Lachmann, Suzanne
Lahner, Jörg
Langenfurth, Markus
Langguth, Heike
Lanwehr, Ralf
Lauer, Thomas
Lederer, Michael
Lehr, Dietmar
Ling, Bernhard
Lipp, Jürgen
Litfin, Thorsten
Lückemeyer, Gero
Lüthy, Anja
Lukas, Wolfgang
Mahrdt, Niklas
Mallok, Jörn
Manthey, Manfred
Manz, Carsten
Martin, Thomas A.
Mayer-Bonde, Conny
Mecar, Miroslav
Meister, Ulla
Mengen, Andreas
Merk, Richard
Meyer, Friedrich-W.
Meyer, Marcus
Meyer-Eilers, Bernd
Meyer-Thamer, Gisela
Michalke, Achim
Möhringer, Simon
Mohr, Stefan
Morlok, Jürgen
Müller, Andreas P.
Müller, Christian
Müller-Siebers, Karl-Wilhelm
Müller-Späth, Hauke
Mungenast, Matthias
Näder, Hans Georg
Nagengast, Johann
Nagy, Michael
Nasher, Jack
Nellen, Oliver
Niethammer, René
Nolte-Ebert, Heike
Nufer, Gerd
Opresnik, Marc Oliver
Pätzmann, Jens
Pape, Jens
Passenheim, Olaf
Paulus, Sachar
Peren, Franz W.
Peters, Gerd
Petry, Markus
Petzold, Matthias
Pfannenschwarz, Armin
Pfeffel, Florian
Pleitgen, Verena
Ptak, Hildebrand
Quack, Heinz-Dieter
Raff, Tilmann
Rehn, Marie-Luise
Reichert, Andreas
Reichle, Heidi
Reichling, Helmut
Reker, Christoph
Remmerbach, Klaus-Ulrich
Rennert, Christian
Renz, Karl-Christof
Ribberink, Natalia
Richter, Bernd
Richters, Thomas
Rick, Klaus
Röchter, Angelika
Rösler, Frank
Rohrmeier, Dieter
Roth, Reinhold
Rudolph, Ulrich
Rückemann, Gustav
Runte, Dietwart
Saatkamp, Jörg
Saleh, Samir
Sauermann, Wolfgang
Scheubrein, Ralph
Schmengler, Kati
Schmid, Uwe
Schmidt, Hans-Joachim
Schmidt, Matthias
Schörner, Peter
Schone, Reinhold
Schrader, Marc Falko
Schrank, Randolf
Schröer, Andreas
Schüller, Michael
Schüßler, Thomas
Schulze, Henning
Schwill, Jürgen
Schwinger, Doreen
Seeger, Kerstin
Seel, Bernd
Selchert, Martin
Sickmann, Jörn
Siemon, Cord
Sikorski, Jürgen
Simon, Theresia
Sinnhold, Heiko
Sommer, Wolf-Florian
Spiegel, Hildburg
Staiger, Rolf

### Verwaltung

Bolay, Friedrich Wilhelm
Bücker-Gärtner, Heinrich
Dahme, Heinz-Jürgen
Degener, Theresia
Deichsel, Wolfgang
Feuerstein, Heinz-Joachim
Friedrich, Christian
Hiller, Petra
Irminger, Peter
Meder, Götz
Merchel, Joachim
Merker, Richard
Münch, Thomas
Pracher, Christian
Reidegeld, Eckart
Rogler, Klaus
Salgo, Ludwig
Schaa, Gabriele
Schilling, Peter
Schuster, Falko
Siegel, John
Stember, Jürgen
Stock, Christof
Thedieck, Franz
Uthe, Anne-Dore
Volz, Jürgen
Weitzel-Polzer, Esther
Wirth, Carsten
Wohlfahrt, Norbert

### Verwaltungsrecht

Alber, Peter-Paul
Attendorn, Thorsten
Bäuerle, Michael
Bautze, Kristina
Beck, Wolfgang
Beimowski, Joachim
Blum, Sabine
Buchholz, Rainer
Büchner, Hans
Bühler, Udo
Deger, Johannes
Diebold, Annemarie
Dörschuck, Michael
Dorf, Yvonne
Dünnweber, Inge
Eisenberg, Ewald
Fasselt, Ursula
Fleckenstein, Jürgen
Frömling, Albrecht
Gerke, Jürgen
Giemulla, Elmar
Gottlieb, Heinz-Dieter
Gropengießer, Helmut
Guldi, Harald
Gunia, Susanne Christine
Hamann, Wolfram
Hecker, Wolfgang
Heimann, Hans-Markus
Helm-Busch, Franziska
Henkel, Michael
Hermann, Ulrike
Hildebrandt, Uta
Hofmann, Harald
Jäckle, Wolfgang
Jaworsky, Nikolaus
Kolb, Angela
Kremer, Eduard
Kwoka, Margit
Lackner, Hendrik
Löcher, Jens
Lorenz, Annegret
Möller, Winfried
Nachbaur, Andreas
Nahrwold, Mario
Oehlmann, Jan Henrik
Palsherm, Ingo
Pautsch, Arne
Peters, Heinz-Joachim
Piltz, Volker
Prillwitz, Günther
Prümm, Hans Paul
Reich, Hans-Jürgen
Rogosch, Josef Konrad
Roller, Gerhard
Schad, Thomas
Schmidt, Guido
Schnath, Matthias
Schnur, Reinhold
Schröer-Schallenberg, Sabine
Schulze, Charlotte
Sorth, Jan
Stock, Christof
Straßberger, Jutta
Thedieck, Franz
Tillmanns, Reiner
Tilp, Helmut
Tomerius, Stephan
Trurnit, Christoph
Vigener, Gerhard
Vögt, Friedrich
Vondung, Ute
Wagner, Marc
Wiegand-Hoffmeister, Bodo
Worm, Helga
Zeitler, Stefan

### Video

Burnhauser, Thomas
Gruner, Götz
Kreyßig, Martin
Schopper, Jürgen
Stöffler, Anja
Wisotzki, Jochen

### Videotechnologie

Böttger, Gottfried
Garcia González, Miguel
Kluge, Franz
Lohr, Jürgen
Mauersberger, Wolfgang
Schmidt, Ulrich
Wyrwich, Heinrich

### Visuelle Kommunikation

Baumgart, Klaus
Chi, Alice
Dringenberg, Ralf
Düwal, Klaus
Graf-Szczuka, Karola
Hartwig, Brigitte
Heinrich, Michael
Henseler, Wolfgang
Hinz, Katrin
Idler, Egbert
Kille, Gabriele Pia
Koeniger, Gerald
Loos, Mike
Schnitzer, Julia
Throm, Michael
Tomaschowski, Franz

### Völkerrecht

Lippott, Joachim
Wegenast, Martin

### Volkskunde

Haas, Reimund

### Volkswirtschaft

Adam, Hans
Adam, Patrizia
Arnsmeyer, Jörg
Auchter, Lothar
Auer, Anton
Barfuss, Karl Marten
Bass, Hans-Heinrich
Bauer, Thomas
Beck, Hanno
Becker, Holger
Beckmann, Edmund
Beek, Gregor van der
Behrends, Sylke
Behrens, Christian-Uwe
Beiwinkel, Konrad
Berens, Ralph
Bergé, Beate
Berger, Hendrike
Berger-Kögler, Ulrike
Beutel, Jörg
Blazejczak, Jürgen
Bleich, Torsten
Blesse-Venitz, Jutta
Bochert, Ralf
Boerckel-Rominger, Ruth
Boll, Stephan
Brambach, Gabriele
Brasche, Ulrich
Brockmann, Heiner
Brodbeck, Karl-Heinz
Broer, Michael
Brückmann, Friedel
Brunner, Sibylle
Büsch, Victoria
Bujard, Helmut
Bulthaupt, Frank
Cabos, Karen
Carstensen, Vivian
Clement, Reiner
Clostermann, Jörg
Cornetz, Wolfgang
De, Dennis
Diemand, Franz
Döpke, Jörg
Döring, Thomas
Dragendorf, Rüdiger
Dröge, Jürgen
Dullien, Sebastian
Edling, Herbert
Ehret, Martin
Eibner, Wolfgang
Eitel, Birgit
Engelmann, Anja
Erke, Burkhard
Evans, Trevor
Faller, Jürgen
Feige, Lothar
Feldmann, Klaus-Dieter
Feldmeier, Gerhard
Fichert, Frank
Fikentscher, Wolfgang
Fischer, Rudi
Franck, Michael
Frank, Willy
Frankenfeld, Peter
Frantzke, Anton
Fredebeul-Krein, Markus
Freudenberger, Axel
Frielinghausen, Peter
Fuest, Winfried
Funk, Lothar
Galinski, Doris
Gauch, Erika
Gawel, Erik
Geiger, Norbert
Geister, Hans-Arnim
Gogoll, Frank
Goldschmidt, Nils
Grimm, Heinz
Grobosch, Michael
Gubitz, Andrea
Guckelsberger, Ulli
Güida, Juan-José
Gündling, Christian
Häder, Michael
Häring, Thomas
Hagen, Tobias
Haldenwang, Holger
Hauk, Matthias
Hausner, Karl-Heinz
Hecht, Dieter
Hein, Eckhard
Hein, Ulrich
Heine, Michael
Hellbrück, Reiner
Henman-Sturm, Barbara
Heuchemer, Sylvia
Hilgers, Bodo
Hillebrand, Konrad
Hilligweg, Gerd
Hirata, Johannes
Hohlstein, Michael
Horbach, Jens
Jäger, Norbert
Janz, Norbert
Jost, Thomas
Jungmittag, Andre
Kampmann, Ricarda
Kehr, Henning
Kehrle, Karl
Kerksieck, Heinz-Joachim
Kern, Axel Olaf
Keuchel, Stephan
Killy, Gerhard
Kirspel, Matthias
Kirsten, A. Stefan
Kiy, Manfred
Klaus, Doris
Knüfermann, Markus
Kobold, Klaus
Koch, Eckart
Köbberling, Thomas
Kölling, Arnd
Körber-Weik, Margot
Kortmann, Walter
Kraatz, Hans-Jürgen
Krämer, Hagen
Krämer, Werner
Krengel, Jochen
Krönes, Gerhard
Kronenberger, Stefan
Krüger, Malte
Krušnik, Karl
Kuhn, Britta
Kulessa, Margareta E.
Kurz, Rudi
Lacher, Christine
Lang, Birger
Langfeldt, Enno
Lankes, Fidelis
Laser, Johannes
Leenen, Wolf Rainer
Lenel, Andreas E.
Letzgus, Oliver
Letzner, Volker
Locher, Klaus
Lorenz, Wilhelm
Mändle, Markus
Mammen, Gerhard
Marquardt, Ralf-Michael
Masberg, Dieter
Mathesius, Jörn
Mauch, Gerhard
Maurer, Rainer
Mayer, Peter
Merforth, Klaus
Merker, Richard
Meuthen, Jörg
Michaelis, Nina
Moczadlo, Regina
Mönnich, Ernst
Mohsen, Fadi
Moritz, Karl-Heinz
Moser, Reinhold
Müller, Albert
Müller, Johannes
Müller-Markmann, Burkhardt
Müller-Oestreich, Karen
Mürdter, Heinz
Mummert, Uwe
Mussel, Gerhard
Mutz, Gerd
Natrop, Johannes
Neff, Cornelia
Neu, Helmut
Nicodemus, Gerd
Niechoj, Torsten
Niemeier, Hans-Martin
Noll, Bernd
Nusser, Michael
Ochsen, Carsten
Pannenberg, Markus
Papenheim-Tockhorn, Heike
Patzig, Wolfgang
Peistrup, Matthias
Peschutter, Gudrun
Pfahler, Thomas
Pfister, Gerhard
Piazolo, Marc
Pohmer, Karl-Heinz
Premer, Matthias
Priewe, Jan
Rasmussen, Thomas
Reckwerth, Jürgen
Rederer, Erik Ralf
Reimers, Derk-Hayo
Reimers, Hans-Eggert
Rieger, Bernd
Rottmann, Horst
Ruckriegel, Karlheinz
Rüden, Bodo von
Ruppert, Erich
Ruschinski, Monika
Sabry, M. Ashraf
Saliger, Edgar
Sander, Harald
Sauer, Thomas
Schaab, Bodo
Schäfer, Stefan
Scheiper, Ulrich
Schleicher, Michael
Schlichting, Georg
Schmäh, Marco
Schmid, Sybille
Schmidt, Martin
Schmidt, Peter
Schmitt, Markus
Schneider, Klaus
Schneider, Wolf-Dietrich
Schoelen, Harald
Schröder, Wolfgang
Schüle, Ulrich
Schumacher, Hans
Schwarzmann, Winfried
Schweighoffer, Raimund
Seeliger, Andreas
Seitz, Franz
Sell, Stefan
Sellenthin, Mark
Selzer, Günter
Sievering, Oliver
Simonovich, Daniel
Simons, Harald
Skala, Martin
Sommer, Lutz
Sonntag, Annedore
Spengler, Hannes
Spielmann, Ludwig
Sputek, Agnes
Stedler, Heinrich R.
Steffens, Karl-Heinz
Steinhilber, Andrea
Sterzenbach, Rüdiger
Stobernack, Michael
Stoetzer, Matthias-W.
Strotmann, Harald
Stützle, Gerhard
Sturm, Bodo
Stuwe, Michael
Tabbert, Jörg
Terlau, Wiltrud
Thiemer, Andreas
Thiermeier, Markus
Thuy, Peter
Timmermann, Willi
Trabold, Harald
Tücking, Ebbo
Ungerer, Albrecht
Urbatsch, René-Claude
Veit, Wolfgang
Volk, Berthold
Volkert, Jürgen
Wagner, Thomas
Walter, Johann
Walter, Maximilian
Walterscheid, Heike
Weber, Jutta
Weeber, Joachim
Wehrt, Klaus
Werner, Jan
Wienen, Angela
Wienert, Helmut
Wiesner, Knut
Wilbert, Hetmar
Wilhelm, Markus
Wink, Rüdiger
Winterberg, Jörg M.
Wogatzki, Gerald
Wolf, Bernhard
Wollenberg, Klaus
Wüst, Michael
Wuntsch, Michael von
Wurzel, Ulrich
Zameck-Glyscinski, Axel von
Zickfeld, Herbert
Zschiedrich, Harald
Zukowska-Gagelmann, Katarzyna
Zundel, Stefan
Zwerenz, Karlheinz

### Wärmetechnik

Botsch, Tilman
Bühler, Karl
Eichert, Helmut
Haschke, Bernd
Hönig, Otto
Hofacker, Werner
Hoffmann, Matthias
Klein, Gernot
Kollien, Jürgen
Krömar, Wolfgang
Liedy, Werner
Michel, Hartmut
Müller, Bernhard
Ney, Andreas
Paulus, Johannes
Pecornik, Damir
Reichel, Mario
Richter, Hellgard
Ruß, Gerald
Schabbach, Thomas
Schäfer, Jürgen
Schroeder, Christian
Schuster, Claus
Streuber, Christian
Thielemann, Michael
Thomas, Bernd
Weinlein, Roger
Werninger, Claus
Winter, Jürgen

### Wahrscheinlichkeitstheorie

Hollstein, Ralf
Paditz, Ludwig

### Wasserbau

Adams, Rainer
Dieckmann, Reinhard
Eisenhauer, Norbert
Engel, Norbert
Ettmer, Bernd
Fahlbusch, Henning
Feldhaus, Rainer
Fettig, Joachim
Haber, Bernhard
Heimann, Stefan
Hirschmann, Peter
Lante, Dirk-W.
Metzka, Rudolf
Mohn, Rainer
Nasner, Horst
Niekamp, Olaf
Nuding, Anton
Obermeyer, Ludwig
Oertel, Mario
Ostermann, Reinhard
Ottl, Andreas
Preser, Frank
Rathke, Klaas
Rau, Christoph
Röhricht, Markus
Ruiz Rodriguez, Ernesto
Saenger, Nicole

Sartor, Joachim
Schmelzle, Peter
Schrodi, Rolf
Sitzmann, Dieter
Spork, Volker
Steinmann, Gerald
Stödter, Axel
Strohmeier, Andreas
Strybny, Jann
Töppe, Andrea
Vogel, Alexander
Wagner, Volker

### Wasserchemie

Hölzel, Gerd
Krause, Stefan
Kruse, Hans-Dieter

### Wasserwirtschaft

Adams, Rainer
Bäcker, Carsten
Bahre, Günther
Becke, Christian
Bogacki, Wolfgang
Bold, Steffen
Brettschneider, Uwe
Busch, Wolf-Rainer
Caspary, Hans-Joachim
Deininger, Andrea
Eckhardt, Heinz
Engel, Norbert
Grischek, Thomas
Grüning, Helmut
Hepcke, Hartmut
Hirschmann, Peter
Höttges, Jörg
Kapp, Helmut
Kerpen, Jutta
Lang, Jürgen
Lompe, Dieter
Milke, Hubertus
Molen, Jan van der
Oelmann, Mark
Pfeiffer, Wolfgang
Rau, Christoph
Röttcher, Klaus
Schitthelm, Dietmar
Schmickler, Franz-Peter
Schmieder, Eva
Schmitt, Paul
Töppe, Andrea
Uhl, Mathias
Weil, Gerhard
Wildenauer, Franz

### Weinbau

Christmann, Monika
Dietrich, Helmut
Gemmrich, Armin
Kauer, Randolf
Rühl, Ernst
Schultz, Hans Reiner

### Weltwirtschaftsrecht

Brönneke, Tobias
Deister, Jochen
Huep, Tobias
Peter, Jörg
Schwartmann, Rolf

### Werkpädagogik

Mämpel, Uwe

### Werkstoffchemie

Briehl, Horst
Hoffmann, Joachim Ernst
Kessler, Rudolf W.
Lucke, Ralph
Meichsner, Georg
Niegel, Andreas
Ohms, Gisela

### Werkstoffe der Elektrotechnik

Eickhoff, Thomas
Frey, Thomas
Gümpel, Paul
Iancu, Otto Th.
Jäckel, Gottfried
Kohake, Dieter
Läpple, Volker
Müller-Gliesmann, Felix
Reisch, Michael
Riegel, Harald
Riekeles, Reinhard
Rüter, Dirk
Schäfer, Horst
Schaffrin, Christian
Schneider, Gerhard
Schwab, Rainer
Sommer, Christoph
Welker, Thomas
Zielke, Dirk

### Werkstofftechnik

Anik, Sabri
Arendes, Dieter
Aust, Martin
Baumeister, Gundi
Becker, Klaus
Bernhard, Wilfred
Bernhardi, Otto Ernst
Biallas, Gerhard
Blank-Bewersdorff, Margarete
Blessenohl, Sabine
Bock, Helga
Böhmer, Michael
Bongartz, Robert
Bonnet, Martin
Bröring, Karin
Brunotte, René
Bühler, Klaus
Busch, Wolf-Berend
Bußmann, Manfred
Buttgereit, Jutta
Calles, Walter
Clauß, Georg
Dahms, Michael
Dammer, Rainer
Deilmann, Martin
Dietz, Manfred
Dören, Horst-Peter
Dwars, Anja
Eckhardt, Sonja
Emmel, Andreas
Es-Souni, Mohammed
Faust, Paul-Ulrich
Fischer, Günther
Fischer, Jörg
Frammelsberger, Werner
Frings, Peter
Gebauer, Gert
Gerling, Ulrich
Gollnick, Jörg
Gorywoda, Marek
Gräfe, Frank
Greitmann, Martin J.
Greuling, Steffen
Großmann, Berthold von
Großmann, Christoph
Guschanski, Natalia
Härtel, Jörg
Hagen, Michael
Hahn, Frank
Hammer, Joachim
Hedrich, Dieter
Heikel, Christian
Heine, Burkhard
Heinrich, Horst
Hille, Eva
Hölscher, Martin
Holbein, Reinhold
Horn, Helmut
Jacobs, Olaf
Jillek, Werner
Kaloudis, Michael
Katheder, Willi
Kessler, Barbara
Kirchartz, Karl-Reiner
Kirchhöfer, Hermann G.
Klanke, Heinz-Peter
Klose, Holger
Knoblauch, Volker
Koch, Ursula
Koenigsmann, Wolfgang
Kötting, Gerhard
Kohler, Dietmar
Koppe, Kurt
Kordisch, Thomas
Krä, Christian
Krafft, Frank
Krahl, Jürgen
Krause, Olaf
Krug, Peter
Kühne, Jürgen
Kunert, Maik
Kurzweil, Peter
Lange, Gudrun
Langenbahn, Hans Willi
Lierse, Tjark
Lueg, Joachim
Lutterbeck, Karin
Mack, Brigitte
Merker, Jürgen
Mola, Murat
Müller, Frank
Mueller, Lutz
Mundt, Ronald
Osipowicz, Alexander
Osterried, Karlfrid
Pawliska, Peter
Pehlgrimm, Holger
Peterseim, Jürgen
Petersmeier, Thomas
Pieger, Bernd
Prechtl, Wolfgang
Prem, Markus
Preußler, Thomas
Prochotta, Joachim
Radscheit, Carolin
Rasche, Manfred
Reinders, Berend-Otten
Reinert, Uwe
Sadlowsky, Bernd
Säglitz, Mario
Schiefer, Marcus
Schirrmeister, Falk
Schmitt, Mike
Schrader, Hartmut
Schröder-Obst, Dorothee
Schröpfer, Jörg
Schubert, Rüdiger
Schulz-Beenken, Anne
Schwalm, Martin
Seibel, Petra
Seifert, Thomas
Sicking, Raimund
Siebert, Marc
Sievers, Ernst-Rainer
Silber, Gerhard
Sponagel, Stefan
Steinbuch, Rolf
Steinhauser, Erwin
Stiebler, Klemens
Strobl, Christoph
Strübing, Hans-Uwe
Täck, Ulrike
Tautzenberger, Peter
Telfah, Mahmud
Tetzlaff, Ulrich
Thoden, Bernd
Thoms, Michael
Turtur, C.-Wilhelm
Velten, Dirk
Villain, Jürgen
Weise, Wolfgang
Wenda, Richard
Wendl, Franz
Wienecke, Marion
Wilke, Guido
Willems, Christian
Winkel, Helmut
Witan, Kurt
Zeitler, Hanns
Ziegler, Christian

### Werkzeuge

Ahlers, Henning
Feldermann, Jens
Jüntgen, Tim
Kaiser, Harald
Schwanitz, Volkmar
Seul, Thomas

### Werkzeugmaschinen

Adamek, Jürgen
Adams, Bernhard
Baatz, Udo
Beck, Thorsten
Bußmann, Wolfgang
Damaritürk, Hayri
Förster, Ralf
Glockner, Christian
Griesbach, Bernd
Gutheil, Peter
Hofmann-von Kap-herr, Karl
Horn, Reinhard
Kademann, Rolf
Kalhöfer, Eckehard
Kenter, Muhlis I.
Ketterer, Gunter
Klippel, Clemens
Kümmel, Detlef
Ludwig, Hans-Reiner
Oevenscheidt, Wolfgang
Oleff, Axel
Paasch, Manfred
Petuelli, Gerhard
Prößler, Ernst-Kurt
Radermacher, Werner
Rauer, Jörg
Reimann, Wolfgang
Rinker, Ulrich
Roddeck, Werner
Rößner, Willi
Rogel, Erich
Rosenthal, Arnd Raoul
Sax, Antonius
Schenke, Lutz
Schmalzried, Siegfried
Schneider, Markus
Schulze, Fritz Peter
Selinger, Thomas
Sting, Martin
Tanner, Andreas
Tränkle, Hans
Vits, Rudolf
Weber, Hans-Joachim
Wehrheim, Manfred
Weychardt, Jan Henrik
Wieneke-Toutaoui, Burghilde

### Wertanalyse

Bäßler, Rudolf

### Wettbewerbsrecht

Buck, Holger
Immenga, Frank
Lange, Hartmut
Lehr, Matthias
Reese, Jürgen
Strobl-Albeg, Joachim von
Tuengerthal, Gerhard

### Wildtierkunde

Schönfeld, Fiona
Zahner, Volker

### Wirtschaftsenglisch

Bangert, Kurt
Dümmler, Christiane
Falter, Paola
Franklin, Peter
Gatz, Jürgen
Gilbertson, Gerard
Haberfellner, Eva-Marie
Jägersberg, Gudrun
Kullmann, Erika
Mc Elholm, Dermot
McDonald, James
Meißner, Wolfgang
Pocklington, Jackie
Prevot, Michael
Rastetter-Gies, Susan
Schönfelder, Wolfram
Sodmann, Edward
Turner, John F.
Werthebach, Marion
Wilcox, Richard

### Wirtschaftsentwicklung

Timmermann, Willi

### Wirtschaftsethik

Auchter, Lothar
Behrens, Christian-Uwe
Birk, Axel
Eming, Knut
Fifka, Mathias
Hardt, Detlef
Herrmann, Brigitta
Peschutter, Gudrun
Wieland, Josef

### Wirtschaftsforschung

Bosbach, Gerd
Funk, Lothar
Scheja-Strebak, Ursula
Stobernack, Michael

### Wirtschaftsgeographie

Halver, Werner A.
Hamm, Rüdiger
Raueiser, Markus
Schüssler, Frank
Willms, Joachim

### Wirtschaftsinformatik

Abts, Dietmar
Aichele, Christian
Albayrak, Can Adam
Albers, Erwin Jan Gerd
Alde, Erhard
Andres, Marianne
Andresen, Katja
Appelfeller, Wieland
Autenrieth, Michael
Bächle, Michael
Baeumle-Courth, Peter
Bahlinger, Thomas
Baldi, Stefan
Bartels, Ruth
Baumgart, Jörg
Bax, Ingo
Becker, Thomas
Belling-Seib, Katharina
Bertelsmeier, Birgit
Binnig, Carsten
Blach, Rüdiger
Blakowski, Gerold
Blaue, Christoph
Blümel, Bernd
Böhne, Andreas
Bönke, Dietmar
Böse, Karl-Heinrich
Brandt-Pook, Hans
Braun, Brigitte
Braun, Lorenz
Brecht, Winfried
Brockmann, Patricia
Buhl, Axel
Burk, Uwe F. K.
Burkard, Werner
Clasen, Michael
Claßen, Ingo
Cleef, Hans-Joachim
Dallmöller, Klaus
Daniel, Manfred
Deck, Klaus-Georg
Dehnert, Achim
Deinzer, Frank
Denzel, Bernardin
Deßaules, Detlef
Disterer, Georg
Duwe, Harald
Engel, Hans-Peter
Erbrecht, Rüdiger
Faust, Georg
Fendt, Heinrich
Fink, Josef
Finke, Wolfgang
Fischer, Mario
Fleck, Raymond
Förster, Claudia
Forster, Martin
François, Peter
Franz, Robert U.
Frey, Andreas
Frey-Luxemburger, Monika
Freyburger, Klaus
Frosch-Wilke, Dirk
Gadatsch, Andreas
Galinski, Bernd
Gasch, Berthold
Gerhardt, Eduard
Gerhardt, Hans-Detlef
Gerlach, Harald
Gissel, Andreas
Gleißner, Winfried
Goepel, Manfred
Goldenbaum, Dietrich
Grabmeier, Johannes
Graf, Hans-Werner
Greipl, Dieter
Grewe, Claus
Grötschel, Dieter
Groß, Rainer
Großer, Rainer
Guckert, Michael
Haak, Line
Haake, Anja
Hänisch, Till
Hänle, Michael
Härting, Ralf
Hagen, Tobias
Hanser, Eckhart
Hartel, Peter
Hartinger, Markus
Hauke, Wolfgang
Hauschildt, Dirk
Hecker, Gabriele
Heesen, Bernd
Heinemann, Andreas
Heinrich, Gert
Heinrich, Hartmut
Helmke, Jan
Hemling, Holger
Hennevogl, Wolfgang
Hense, Andreas
Herde, Georg
Herrmann, Frank
Herwig, Volker
Hieber, Gerhard
Hilbert, Stefan
Hönig, Udo
Hofmann, Jürgen
Hofmann, Reimar
Hohberger, Peter
Hohmann, Peter
Holey, Thomas
Holl, Alfred
Holl, Friedrich Lothar
Holtmann, Horst
Homeister, Dieter

Hopfmann, Lienhard
Hubert, Frank
Illik, Johann Anton
Jacobs, Stephan
Janetzke, Philipp
Janetzko, Dietmar
Jankowski, Ralf
Jaspersen, Thomas
Jaworski, Jerzy
Jelten, Harmen
Jobst, Daniel
Johannsen, Andreas
Kalmring, Dirk
Kassel, Stephan
Kaufmann, Achim H.
Kees, Alexandra
Keller, Sven
Kern, Siegbert
Kessel, Thomas
Kessler, Dagmar
Ketterer, Norbert
Keuntje, Jörg-Michael
Kiel, Horst
Kienle, Andrea
Kimmig, Martin
Klingspor, Volker
Klink, Stefan
Knittel, Friedrich
Knorr, Peter
Knüpffer, Wolf
Kobmann, Werner
Kocian, Claudia
Köbberling, Thomas
König, Stephan
Körsgen, Frank
Kolb, Arthur
Komus, Ayelt
Koslowski, Frank
Krause, Manfred
Kreitel, Angelika
Krieger, Rolf
Kroppenberg, Ulrich
Krüger, Andreas
Kruse, Christian
Küffmann, Karin
Künzel, Roland
Küstermann, Roland
Kulla, Bernhard
Kursawe, Peter
Lang, Klaus
Langenbach, Christian
Laumen, Manfred
Lausberg, Isabell
Lauterbach, Matthias
Lehmann, Frank
Leitmann, Dieter
Lichtblau, Ulrike
Lieblang, Enrico
Liebstückel, Karl
Lietke, Gerd-Holger
Lindermeier, Robert
Lobenstein, Detlef
Lösel, Walter
Löwe, Michael
Lohmann, Friedrich
Mack, Dagmar
Marquardt, Heike
Martin, Clemens
Martin, Gunnar
Martin, Sven
Marx, Thomas
Mathis, Harald P.
Matzdorff, Klaus
Mehler, Frank
Mehler-Bicher, Anett
Meißner, Jörg-D.
Messer, Burkhard
Meyer, Manfred
Morelli, Frank
Mosler, Christof
Mülder, Wilhelm
Müller, Bernd
Müller, Susanne
Müller, Thomas
Müller, Wolfgang
Müller-Feuerstein, Sascha
Müßig, Michael
Müssigmann, Nikolaus
Mumm, Harald
Mutschler, Bela
Nauroth, Markus
Neuendorf, Herbert
Neumann, Rainer
Nieland, Stefan
Nonhoff, Jürgen
Nüßer, Wilhelm
Oßwald, Eva Maria
Ostheimer, Bernhard
Paessens, Heinrich
Paffrath, Rainer
Pagnia, Hans-Henning
Palleduhn, Dirk
Pargmann, Hergen
Pasckert, Andreas
Peters, Georg
Pfennig, Roland
Pfister, Winfried
Pietsch, Wolfram
Piller, Gunther
Pischeltsrieder, Klaus
Pohl, Christian
Pohland, Sven
Porkert, Kurt
Prause, Gunnar
Preiser, Konrad
Preiß, Nikolai
Priemer, Jürgen
Propach, Jürgen
Przewloka, Martin
Puchan, Jörg
Pulst, Edda
Pumpe, Dieter
Rasch, Jochen
Ratz, Dietmar
Rau, Karl-Heinz
Rauh, Otto
Rausch, Alexander
Rausch, Peter
Reck, Christine
Reimpell, Monika
Reinert, Joachim
Reinhardt, Jens
Renkl, Cornelius
Renninger, Wolfgang
Rieder, Helge Klaus
Riggert, Wolfgang
Rimmelspacher, Udo
Ritschel, Wolf
Ritz, Harald
Rodach, Thomas
Rössle, Manfred
Roth, Gabriele
Rudolph, Fritz Nikolai
Rummler, Dieter
Rupp, Martin
Ryba, Michael
Sander, Manfred
Sauer, Petra
Saueressig, Gabriele
Schabel, Matthias
Schade, Philipp
Schallner, Harald
Scheer, Manfred
Scheja, Joachim
Schekelmann, André
Scheruhn, Hans-Jürgen
Schimkat, Ralf-Dieter
Schmatzer, Franz-Karl
Schmidt, Andreas
Schmidt, Petra
Schmidt, Thomas
Schmidt, Werner
Schmidtmann, Achim
Schnattinger, Klemens
Schneider, Stephan
Schneider, Swen
Schocke, Kai-Oliver
Schöneberg, Rainald
Scholl, Margit
Schreiber, Dirk
Schreiber, Joachim
Schreier, Ulf
Schuderer, Peter
Schüle, Hubert
Schuhbauer, Heidi
Schuler, Joachim
Schultz, Jörg
Schulze, Arne
Schumann, Christian-Andreas
Schuster, Anke
Schuster, Herbert
Schwenkreis, Friedemann
Schwesig, Roland
Schwille, Jürgen
Schwotzer, Thomas
Seitz, Jürgen
Siebdrat, Hermann
Siegmann, Frank
Simon, Carlo
Skroch, Oliver
Sommer, Hartmut
Staab, Frank
Staud, Josef L.
Stegemerten, Berthold
Stein, Torsten
Stickel, Eberhard
Stock, Steffen
Stoll, Stefan
Straßl, Johann
Streng, Wolfgang
Stuhr, Klaus-Peter
Syré, Michael
Taesler, Rainald
Tamm, Gerrit
Teich, Tobias
Thesmann, Stephan
Thimm, Heiko
Thöne, Sebastian
Thoma, Armin
Thomas, Christoph
Tippe, Ulrike
Trautwein, Friedrich
Treffert, Jürgen
Treibert, René Herbert
Unger, Friedrich
Unterstein, Michael
Viebahn, Christoph von
Viereck, Axel
Vieweg, Iris
Vogt, Marcus
Vries, Andreas de
Walenda, Harry
Wallrath, Mechtild
Wamsler, Andreas
Waßmann, Martin
Weber, Andreas
Weber, Karlheinz
Weber, Rainer
Weigand, Ludwig
Weimann, Hans-Peter
Weinberg, Jakob
Weißbach, Rüdiger
Weithöner, Uwe
Welter, Günter
Wendler, Klaus
Wenger, Wolf
Wengerek, Thomas
Wengler, Katja
Werner, Wolfgang
Weßels, Doris
Wicht, Wolfgang
Wiedemann, Armin
Wiesner, Heike
Wikarski, Dietmar
Wilking, Georg
Wilmes, Thomas
Winkelmann, Sabine
Wolf, Peter
Wolff, Frank
Wunck, Christoph
Zehbold, Cornelia
Zilker, Michael
Zilling, Manfred P.
Zimmer, Frank
Zschau, Wolfgang

**Wirtschaftsingenieurwesen**

Albrecht, Wolfgang
Balke, Nils J.
Balks, Marita
Bayer, Thomas
Beck, Volker
Binder, Bettina
Bleymehl, Gerhard
Brath, Jürgen
Bulander, Rebecca
Dalhöfer, Jörg
Deicke, Jürgen
Dittmann, Uwe
Dittrich, Ingo
Döhl, Wolfgang
Döttling, Stefan
Dudek, Heinz-Leo
Ehrlich, Hilmar
Fehling, Georg
Fournier, Guy
Frech, Joachim
Fritze, Christiane
Gers, Felix
Gierl, Stefan
Greschuchna, Larissa
Hascher, Hansgert
Hasenzagl, Rupert
Hayek, Assad
Hayessen, Egbert
Heilig, Clemens
Heuser, Udo
Hinderer, Henning
Hirschmann, Joachim
Homann, Klaus
Ihle, Volker
Irrek, Wolfgang
Jäger, Joachim
Jickeli, Alexander
Kim, Seon-Su
Kocher, Hans-Georg
Köglmayr, Hans-Georg
Köhler, André
Krahe, Andreas
Leprich, Uwe
Löffler, Axel
Löhr, Karsten
Lüdecke, Horst-Joachim
Mackensen, Eva
Mahn, Bernd
Mauerer, Markus
Mazura, Andreas
Melzer-Ridinger, Ruth
Mohnke, Janett
Müller, Franz-Jürgen
Müller, Ulf-Rüdiger
Nandi, Gerrit
Nicolai, Harald
Oßwald, Kai
Pohlmann, Martin
Rentzsch, Oliver
Richterich, Rolf
Rudolph, Ulrich
Rupp, Klaus-Dieter
Saile, Peter
Schätter, Alfred
Schlegel, Michael
Schlink, Haiko
Schmengler, Kati
Schnell, Harald
Seemann, Thomas
Steurer, Elmar
Tao, Hong
Untiedt, Dirk
Venitz, Udo
Wolf-Regett, Klaus-Peter
Wunderlich, Rainer
Wunsch, Matthias
Wupperfeld, Udo
Zimmerman, Eric

**Wirtschaftskommunikation**

Boltz, Dirk-Mario
Femers, Susanne
Froreich, Dieter von
Große, Jens
Halff, Gregor
Khorram, Sigrid
Kirchhoff, Sabine
Knorre, Susanne
Kocks, Klaus
Lemke, Stefan
Oswald, David
Pätzmann, Jens
Reese, Jürgen
Roski, Reinhold
Schwägerl, Christian
Streeck, Klaus
Weber, Peter
Westermann, Arne
Zielke, Christian

**Wirtschaftsmathematik**

Afflerbach, Lothar
Akkerboom, Hans
Autenrieth, Michael
Burmester, Ralf
Burosch, Gustav
Dellmann, Frank
Eley, Michael
Eudelle, Philipp
Fischer, Regina
Frey, Andreas
Führer, Christiane
Gaukel, Joachim
Gersbacher, Rolf
Gleißner, Winfried
Gnuschke-Hauschild, Dietlind
Greipl, Dieter
Grömping, Ulrike
Gubitz, Andrea
Günther, Peter
Hans, Christina
Hauke, Wolfgang
Herter, Ronald
Hieber, Gerhard
Hoffmeister, Wolfgang
Hornsteiner, Gabriele
Jaekel, Uwe
Kinder, Michael
Kreitmeier, Angelika
Kruse, Hermann-Josef
Krzensk, Udo
Kurzhals, Reiner
Lindner, Egbert
Maercker, Gisela
Martin, Marcus
Mathis, Uta
Mohr, Walter
Moos, Waike
Münker, Horst
Neidhardt, Claus
Niethammer, René
Otto, Marc-Oliver
Peren, Franz W.
Peters, Horst
Plappert, Peter
Pleßke, Hartmut
Porath, Daniel
Porschen, Stefan
Reimpell, Monika
Richter, Matthias
Salomon, Ehrenfried
Sax, Ulrich
Schake, Thomas
Scheuermann, Ingo
Schittenhelm, Frank Andreas
Schmidt, Elmar
Schuster, Herbert
Simon, Anke
Singer, Peter
Skill, Thomas
Soeffky, Manfred
Specker, Tobias
Steffens, Karl-Georg
Stephan, Jörg
Stiefl, Jürgen
Strehl, Alexander
Stumpf, Anja
Thorn, Stephanie
Tietze, Jürgen
Wacker, Markus
Wiese, Martin
Wohlert, Dirk
Wolf, Jochen
Wolik, Nikolaus
Ziegler, Yvonne

**Wirtschaftspädagogik**

Abendschein, Jürgen
Fischer, Torsten
Frey, Andreas
Müller, Monika
Sailman, Gerald

**Wirtschaftspolitik**

Ahrens, Joachim
Altmann, Jörn
Barfuß, Georg
Behrends, Sylke
Burger-Menzel, Bettina
Dolenc, Vladimir
Eudelle, Philipp
Halver, Werner A.
Hecht, Dieter
Hein, Eckhard
Helker, Helmuth
Herrmann, Brigitta
Jochimsen, Beate
Kolfhaus, Stephan A.
Kulessa, Margareta E.
Lohre, Corinne
Nicodemus, Gerd
Premer, Matthias
Radke, Volker
Reckwerth, Jürgen
Rösl, Gerhard
Schneider, Jürgen
Terlau, Wiltrud
Wentzel, Dirk
Wienen, Angela
Willke, Gerhard
Wrobel, Ralph Michael
Wüst, Michael

**Wirtschaftsprüfung**

Almeling, Christopher
Althoff, Frank
Angermayer, Birgit
Bakhaya, Ziad
Bassus, Olaf
Beine, Frank
Birk, Andreas
Bolin, Manfred
Breidenbach, Karin
Eberhard, Thomas
Fürst, Walter
Görge, Alfred
Gröning, Robert
Hannemann, Susanne
Heuchemer, Sylvia
Hillebrand, Werner
Hock, Burkhard
Hoffmann, Jörg
Jacobs, Norbert
Jung, Hubert
Kiso, Dirk
Kroschel, Jörg
Lessmann, Lothar
Möhlmann-Mahlau, Thomas
Nguyen, Tristan
Oblau, Markus
Robinson, Pia
Schorn, Philipp
Steudter, Arno
Stute, Andreas
Tanto, Olaf
Teschke, Manuel
Wenk, Reinhard

**Wirtschaftspsychologie**

Ant, Marc
Aretz, Wera
Bak, Peter Michael
Becker, Walter

Berg, Christoph
Bongartz, Norbert
Budischewski, Kai
Dries, Christian
Felser, Georg
Fischer, Johannes
Fitzek, Herbert
Genkova Petkova, Petia
Grote, Sven
Herkert, Petra
Homburg, Andreas
Kanning, Uwe P.
Krämer, Michael
Kumbruck, Christel
Merk, Joachim
Pösl, Miriam
Reichart, Sybille
Scheffer, David
Schulte, Armin
Stäudel, Thea
Stegmaier, Ralf
Treier, Michael
Westerhoff, Nikolas
Zöller, Henrik

**Wirtschaftsrecht**

Alt, Markus
Anders-Rudes, Isabella
Aunert-Micus, Shirley
Bakker, Rainer
Balleis, Kristina
Banke, Bernd Erich
Bardorf, Wolfgang
Baumann, Sibylle
Beckerath, Hans-Jochem von
Beckmann, Kirsten
Beer, Udo
Beeser-Wiesmann, Simone
Benning, Axel
Bergmann, Heidi
Bieler, Frank
Bietmann, Rolf
Birk, Axel
Bloching, Micha
Blumers, Wolfgang
Braun, Albert
Brettschneider, Dieter
Bühler, Udo
Bueß, Peter
Burandt, Wolfgang
Butz-Seidl, Annemarie
Call, Horst
Christian, Claus-Jörg
Compensis, Ulrike
Conrad, Nicole
Conrads, Markus
Cosack, Tilman
Danne, Harald Th.
Deininger, Rainer
Dernedde, Ines
Detzer, Klaus
Doerfert, Carsten
Döring, Christian
Donner, Andreas
Drobnig, Albrecht
Eisenberg, Claudius
Enders, Theodor
Enzenhofer, Viktoria
Fahrenhorst, Irene
Federhoff-Rink, Gerlind
Fissenewert, Peter
Flemisch, Christiane
Fliegel, Bärbel
Franz, Rudibert
Frings, Michael
Führich, Ernst
Gabius, Katja
Gahlen, Hildegard
Geffert, Roger
Geng, Norbert
Gildeggen, Rainer
Gille, Michael
Gleußner, Irmgard
Görg, Hans-Jürgen
Gounalakis, Kathrin
Grote, Hugo
Gruber, Joachim
Haag, Oliver
Hamdan, Marwan
Hanika, Heinrich
Harriehausen, Simone
Hecker, Werner
Heeb, Gunter
Herbert, Manfred
Herrmann, Martin
Hesse, Katrin
Heybrock, Hasso
Hirdina, Ralph
Hörmann, Martin
Hofmann-Kuhn, Gudrun
Horstmeier, Gerrit
Huep, Tobias
Jacobsen, Hendrik
Jäger, Axel
Jautz, Ulrich
Kamm, Désirée
Keil, Tilo
Kemper, Jürgen
Kersting, Andrea
Kirschbaum, Jürgen
Klug, Andrea
Knoll, Heinz-Christian
Knollmann, Johann
Kortschak, Hans-Peter
Krämer, Ralf
Kröninger, Holger
Krüger, Ulrich
Küchenhoff, Wolfgang
Kulka, Michael
Kundoch, Harald
Kupjetz, Jörg
Kupka, Natascha
Lederer, Gerd
Link, Renate
Lipperheide, Peter J.
Lommatzsch, Jutta
Lorinser, Barbara
Lüdemann, Volker
Maier, Karl
Manger-Nestler, Cornelia
Marz, Martin
Maurer, Horst
Mehrings, Josef
Meißner, Martin
Mensler, Stefan
Merz, Rudolf
Messerschmidt, Nicoletta Stefanie
Meub, Michael H.
Meyer, Friedrich-W.
Meyer, Susanne
Meyer-Thamer, Gisela
Michel, Stephanie
Miras, Antonio
Möller, Christian
Moll, Stephan
Müglich, Andreas
Müller, Martin
Müller, Martina
Müssig, Peter
Mütter, Claus W.
Neumann, Sybille
Nienaber, Susanne
Obermeier, Arnold
Oberrath, Jörg-Dieter
Oestreich, Gabriele
Ostendorf, Patrick
Pallasch, Ulrich
Peter, Jörg
Pierson, Matthias
Pohl, Klaus
Prinz, Oliver
Reese, Jürgen
Regler, Michaela
Reichert, Friedhelm
Reuthal, Klaus-Peter
Richter, Thorsten S.
Rieth, Wolfgang
Rieve-Nagel, Maike
Rode, Burkhard
Röhner, Jörg
Rogmann, Achim
Rohlfing, Bernd
Rosentreter, Gabriele
Rues, Peter
Ruppelt, Martin
Ruppert, Andrea
Saxinger, Andreas
Schackmar, Rainer
Schäfer, Peter
Scheer, Matthias K.
Scherer, Josef
Schindler, Darius
Schmidt, Christa
Schmidt, Hubert
Schmidt, Thomas B.
Schmitt, Ralph
Schröter, Michaela
Schütte, Burkhard
Schüttners, Joachim
Schuhmann, Ralph
Schulz, Klaus-Peter
Schulze, Jürgen
Schwartmann, Rolf
Senne, Holger
Siebert, Jens
Siemes, Christiane
Slapnicar, Klaus W.
Sobich, Peter-Jürgen
Sonnenberg, Carsten
Stangl, Christian
Stark, Thorsten
Steck, Bernd
Steckler, Brunhilde
Steininger, Andreas
Strassner, Stefan
Straub, Torsten Tristan
Strauß, Rainer
Sutschet, Holger
Tavakoli, Anusch
Tegen, Thomas
Theuerkauf, Klaus
Timme, Michael
Tinnefeld, Marie-Theres
Trams, Kai
Tuengerthal, Gerhard
Tybusseck, Barbara
Vogel, Hans-Gert
Walderich, Klaus
Wallenberg, Gabriela von
Wallerr, Eva
Walther-Reining, Kerstin
Wangler, Clemens
Weber, Beatrix
Weber, Joachim
Wedde, Rainer
Wenglorz, Georg
Wichmann, Günter
Wiegand-Hoffmeister, Bodo
Wiese, Ursula Eva
Wilde, Heiko
Willburger, Andreas
Worzalla, Michael
Zack, Carsten
Zeidler, Frank
Zeppenfeld, Meiko
Zerres, Thomas
Zwecker, Kai-Thorsten

**Wirtschaftssoziologie**

Klocke, Andreas
Treichler, Andreas

**Wirtschaftsstrafrecht**

Steder, Brigitte
Teufer, Andreas

**Wirtschaftstheorie**

Hecht, Dieter
Kubon-Gilke, Gisela
Simet, Georg

**Wirtschaftswissenschaften**

Ambrosius, Ute
Amt, Gunther
Asghari, Reza
Auer, Anton
Bähre, Heike
Barthel, Thomas
Beckmann, Carl-Christian
Bentley, Raymond
Birnkraut, Gesa
Bochmann, Michael
Bormann, Stephan
Born, Karl
Breig, Hildegard
Breinlinger-O'Reilly, Jochen
Brückner, Yvonne
Burchard, Udo
Busbach-Richard, Uwe
Christian, Claus-Jörg
Czuidaj, Martin
Dannenmayer, Bernd
Deckert, Carsten
Diethelm, Gerd
Dögl, Rudolf
Ehrenheim, Frank
Erbach, Jürgen
Faatz, Andreas
Fink, Dieter
Friesendorf, Cordelia
Fünfgeld, Stefan
Gerlach, Thomas
Graap, Torsten
Grefe, Cord
Grobosch, Michael
Grobshäuser, Uwe
Gröger, Herbert
Här, Uwe
Hafer, Gebhard
Hahn, Carl H.
Halver, Werner A.
Hardock, Petra
Hardt, Detlef
Hartung, Maja
Hauert, Simona
Hellig, Rüdiger
Henzler, Jörg
Herrmann, Brigitta
Hilpert, Norbert
Hintelmann, Michael
Horstmann, Johann
Huttegger, Thomas
Janetzko, Dietmar
Jarass, Lorenz
Jöstingmeier, Bernd
Johnson, Marianne
Kaapke, Andreas
Kaiser, Lutz
Karlshaus, Anja
Kazmierski, Ulrich
Keilus, Michael
Kihm, Axel
Kirst, Andreas
Klein, Ingo
Kleinwächter, Lutz
Knies, Dietmar
Knorre, Susanne
Koop, Michael
Kossow, Bernd H.
Kramer, Dominik
Krüger, Andreas
Krüger, Wolfgang
Kühlke, Dietrich
Kugler, Friedrich
Kuhn, Elvira
Lahner, Jörg
Lenz, Rainer
Linde, Frank
Lorch, Bernhard
Lucht, Dietmar
Lueg-Arndt, Andreas
Lüngen, Markus
Maintz, Julia
Maurer, Torsten
May, Stefan
Mayr-Lang, Heike
Merkl, Gerald
Messer, Norbert
Meyer-Renschhausen, Martin
Michels, Paul
Mochmann, Ingvill C.
Müller, Gernot
Müllerschön, Bernd
Mungenast, Matthias
Nagel, Michael
Neumann, Michael
Nikodemus, Paul
Nikolay, Ute
Oeljeschlager, Jens
Off, Robert
Peche, Norbert
Peren, Franz W.
Pitz, Thomas
Pohl, Philipp
Pütz, Helmut
Raueiser, Markus
Reiser, Dirk
Richert, Robert
Richter, Bernd
Rolfes, Stephan
Rost-Schaude, Edith
Rudoletzky, Gisela
Scherer, Anke
Schössler, Julia
Schramm, Uwe
Schrott, Peter
Schumann, Klaus
Schwartz, Thomas
Seibert, Otmar
Sickmann, Jörn
Siegel, John
Skala, Martin
Skibicki, Klemens
Sommer, Guido
Steinbuß, Wilhelm
Steinmann, Dieter
Störmann, Wiebke
Thull, Bernhard
Treutlein, Klaus
Truckenbrodt, Holger
Vanini, Ute
Vornberger, Armin
Voss, Josef
Vossensteyn, Hans
Weber, Martin
Weber, Torsten
Weigand, Andreas
Werner, Henning
Wesselmann, Stefanie
Winn, Kuno
Winterfeldt, Götz
Wodopia, Franz-Josef
Wörn, Thilo
Zerle, Peter

**Wissenschaftliches Rechnen**

Kilian, Axel
Schmidt, Jens Georg

**Wissenschaftsmanagement**

Ziegele, Frank

**Wissenschaftspolitik**

Vossensteyn, Hans

**Wissenschaftstheorie**

Vosseler, Birgit
Wörz, Michael

**Wohnungsbau**

Hamacher, Gerd
Poensgen, Georg A.
Sommer, Ralf-Rüdiger

**Wohnungswesen**

Reichart, Thomas
Ressel, Christian

**Zahnärztliche Werkstoffkunde**

Wagner, Rudolf

**Zahnheilkunde**

Winzen, Olaf

**Zellbiologie**

Anderer, Ursula
Bartke, Ilse
Gross, Monika
Illges, Harald
Müller, Margareta
Öhlschläger, Peter
Pollet, Dieter
Scharfenberg, Klaus
Schubert, Roland
Tobiasch, Edda
Weiß, Bettina

**Zierpflanzenbau**

Bahnemann, Klaus
Bettin, Andreas
Hertle, Bernd
Rietze, Eva

**Zivilprozessrecht**

Förschler, Peter
Jaensch, Michael
Schöpflin, Martin
Steder, Brigitte

**Zivilrecht**

Bleihauer, Hans-Jürgen
Brosey, Dagmar
Bücker, Andreas
Buschmann, Horst
Cirsovius, Thomas
Dieball, Heike
Döring, Christian
Eckebrecht, Marc
Eleftheriadou, Evlalia
Fritsche, Ingo
Grau, Volker
Gropengießer, Helmut
Hahn, Bernhard
Hahn, Hans-Georg
Hannemann, Annegret
Heße, Manfred
Hohmeister, Frank
Hülsmeier, Rudolf
Jäckle, Wolfgang
Jaensch, Michael
Kaiser, Christian
Keller, Ulrich
Köster, Heike
Lammich, Klaus
Marx, Ansgar
Mattheis, Henrike
Müller, Markus
Nahrwold, Mario
Nord, Jantina
Ostermann, Christian E.
Petersen, Karin
Prinz, Oliver
Reichling, Helmut
Rogosch, Josef Konrad

**Zivilschutz**



**Zoologie**

# Anschriften der Fachhochschulen

**Fachhochschule Aachen**, Kalverbenden 6, D-52066 Aachen, PF 100560, D-52005 **Aachen**, Tel.: (0241) 60090, Fax: 600951090, E-Mail: riewe@fh-aachen.de; www.fh-aachen.de.

**Hochschule Aalen, Technik und Wirtschaft**, Beethovenstr 1, D-73430 Aalen, PF 1728, D-73430 **Aalen**, Tel.: (07361) 5760, Fax: 5762250, E-Mail: info@htw-aalen.de; www.htw-aalen.de.

**Fachhochschule für Verwaltung und Dienstleistung**, Rehmkamp 10, D-24161 **Altenholz**, Tel.: (0431) 32090, Fax: 328044, E-Mail: zentrale@fhvd.de; www.fhvd.de.

**Hochschule Amberg-Weiden, Hochschule für angewandte Wissenschaften**, Kaiser-Wilhelm-Ring 23, D-92224 Amberg, PF 1462, D-92204 **Amberg**, Tel.: (09621) 4820, Fax: 4824991, E-Mail: amberg@haw-aw.de; www.haw-aw.de.

**Hochschule für angewandte Wissenschaften – Fachhochschule Ansbach**, Residenzstr 8, D-91522 Ansbach, PF 1963, D-91510 **Ansbach**, Tel.: (0981) 48770, Fax: 4877188, E-Mail: info@hs-ansbach.de; www.hs-ansbach.de.

**FH Arnstadt-Balingen**, Lindenallee 10, D-99310 **Arnstadt**, Tel.: (03628) 9185340, Fax: 91853444, E-Mail: info@fh-kunst.de; www.fh-arnstadt-balingen.de.

**Hochschule Aschaffenburg**, Würzburger Straße 45, D-63743 **Aschaffenburg**, Tel.: (06021) 42060, Fax: 4206600, E-Mail: info@h-ab.de; www.h-ab.de.

**Hochschule Augsburg, Hochschule für Angewandte Wissenschaften**, An der Hochschule 1, D-86161 Augsburg, Postfach 110605, D-86031 **Augsburg**, Tel.: (0821) 55860, Fax: 55863222, E-Mail: info@hs-augsburg.de; www.hs-augsburg.de.

**Accadis – Private Hochschule für Internationales Managment**, Du Pont-Str 4, D-61352 **Bad Homburg**, Tel.: (06172) 98420, Fax: 984220; www.accadis.de.

**Internationale Hochschule Bad Honnef – Bonn, University of Applied Sciences**, Mülheimer Str 38, D-53604 **Bad Honnef**, Tel.: (02224) 96050, Fax: 9605115, E-Mail: info@iubh.de; www.iubh.de/.

**Internationale Hochschule Liebenzell**, Heinrich-Coerper-Weg 11, D-75378 **Bad Liebenzell**, Tel.: (07052) 17299, Fax: 17304, E-Mail: info@ihl.eu; www.ihl.eu.

**Fachhochschule Nordhessen der DIPLOMA Private Hochschulgesellschaft mbH**, Am Hegeberg 2, D-37242 **Bad Sooden-Allendorf**, Tel.: (05652) 587770, Fax: 5877729, E-Mail: info@diploma.de; www.diploma.de.

**Hochschule für angewandte Wissenschaften Bamberg, Private Hochschule für Gesundheit**, Pödeldorfer Str. 81, D-96052 **Bamberg**, Tel.: (0951) 91555-0, Fax: 91555-44, E-Mail: info@hochschule-bamberg.de; www.hochschule-bamberg.de.

**Akkon-Hochschule für Humanwissenschaften**, Am Köllnischen Park 1, D-10179 **Berlin**, Tel.: (030) 8092332-0, Fax: 8092332-30; www.akkon-hochschule.de.

**Alice-Salomon-Hochschule Berlin**, Alice-Salomon-Platz 5, D-12627 **Berlin**, Tel.: (030) 992450, Fax: 99245245; www.ash-berlin.eu.

**bbw Hochschule, Staatlich anerkannte private Fachhochschule**, Leibnizstr 11-13, D-10625 **Berlin**, Tel.: (030) 31990950, Fax: 319909555, E-Mail: info@bbw-hochschule.de; www.bbw-hochschule.de.

**Berliner Technische Kunsthochschule, Hochschule für Gestaltung (FH)**, Bernburger Str 24-25, D-10963 **Berlin**, Tel.: (030) 25358698, Fax: 26949605, E-Mail: info@btk-fh.de; www.btk-fh.de.

**BEST-Sabel-Fachhochschule**, Rolandufer 13, D-10179 **Berlin**, Tel.: (030) 847107890, Fax: 64094987, E-Mail: hochschule@best-sabel.de; www.best-sabel.de.

**Beuth Hochschule für Technik Berlin**, Luxemburger Str 10, D-13353 **Berlin**, Tel.: (030) 45040, Fax: 45042555; www.beuth-hochschule.de.

**DEKRA Hochschule Berlin**, Ehrenbergstr. 11-14, D-10245 **Berlin**, Tel.: (030) 290080-200, Fax: 290080-201; www.dekra-hochschule-berlin.de.

**design akademie berlin, Hochschule für Kommunikation und Design (FH)**, Paul-Lincke-Ufer 8 e, D-10999 **Berlin**, Tel.: (030) 6165480, Fax: 61654819, E-Mail: info@design-akademie-berlin.de; www.design-akademie-berlin.de.

**Deutsche Universität für Weiterbildung (DUW), Berlin University for Professional Studies**, Pacelliallee 55, D-14195 Berlin, Postfach 332002, D-14180 **Berlin**, Tel.: (0800) 9333111, Fax: (030) 2000306-296; www.duw-berlin.de.

**ECLA of Bard, a Liberal Arts University in Berlin gGbmH**, Platanenstrasse 24, D-13156 **Berlin**, Tel.: (030) 437330, Fax: 43733100, E-Mail: info@ecla.de; http://ecla.de.

**Evangelische Hochschule Berlin**, Teltower Damm 118-122, D-14167 **Berlin**, Tel.: (030) 845820, Fax: 84582450; http://eh-berlin.de.

**HMKW – Hochschule für Medien, Kommunikation und Wirtschaft**, Hannoversche Str. 19, D-10115 **Berlin**, Tel.: (030) 202151-57, Fax: 202151-58; www.hmkw.de.

**Hochschule der populären Künste in Berlin (FH)**, Otto-Suhr-Allee 24, D-10585 **Berlin**, Tel.: (030) 36702357-30, Fax: 36702357-37; www.hdpk.de.

**Hochschule für Gesundheit und Sport GmbH**, Vulkanstr 1, D-10367 **Berlin**, Tel.: (030) 57797370, Fax: 5779737999, E-Mail: info@my-campus-berlin.com; www.my-campus-berlin.com.

**Hochschule für Technik und Wirtschaft Berlin**, Treskowallee 8, D-10318 **Berlin**, Tel.: (030) 50190, Fax: 5090134; www.htw-berlin.de.

**Hochschule für Wirtschaft und Recht Berlin, Berlin School of Economics and Law**, Badensche Str 50-51, D-10825 **Berlin**, Tel.: (030) 857890, Fax: 85789199, E-Mail: info@hwr-berlin.de; www.hwr-berlin.de.

**IB-Hochschule Berlin**, Gerichtstr. 27, D-13347 **Berlin**, Tel.: (030) 88676-428, Fax: 88676-429; www.ib-hochschule.de.

**International Psychoanalytic University Berlin**, Stromstr. 3, D-10555 **Berlin**, Tel.: (030) 300117-520, Fax: 300117-509; www.ipu-berlin.de.

**Katholische Hochschule für Sozialwesen Berlin**, Köpenicker Allee 39-57, D-10318 **Berlin**, Tel.: (030) 5010100, Fax: 50101088, E-Mail: studiensekretariat@khsb-berlin.de; www.khsb-berlin.de.

**MEDIADESIGN Hochschule für Design und Informatik, Staatlich anerkannte Fachhochschule**, Lindenstr 20-25, D-10969 **Berlin**, Tel.: (030) 3992660, Fax: 399266015, E-Mail: info-ber@mediadesign-fh.de; www.mediadesign.de.

**Psychologische Hochschule Berlin gGmbH**, Am Köllnischen Park 2, D-10179 **Berlin**, Tel.: (030) 209166201, E-Mail: kontakt@psychologische-hochschule.de; www.psychologische-hochschule.de.

**SRH Hochschule Berlin, Private University of Applied Sciences**, Ernst-Reuter-Platz 10, D-10587 **Berlin**, Tel.: (030) 92253545, Fax: 92253555, E-Mail: info@srh-hochschule-berlin.de; www.srh-hochschule.de.

**Touro College Berlin**, Am Rupenhorn 5, D-14055 **Berlin**, Tel.: (030) 300686-0, Fax: 300686-39; www.touroberlin.de.

**Hochschule Biberach, Biberach University of Applied Sciences**, Karlstr 11, D-88400 Biberach/Riß, PF 1260, D-88382 **Biberach/Riß**, Tel.: (07351) 5820, Fax: 582119, E-Mail: info@hochschule-bc.de; www.hochschule-biberach.de.

**Fachhochschule Bielefeld, University of Applied Sciences**, Kurt-Schumacher-Str 6, D-33615 Bielefeld, PF 101113, D-33511 **Bielefeld**, Tel.: (0521) 10601, Fax: 1067790, E-Mail: presse@fh-bielefeld.de; www.fh-bielefeld.de.

**Fachhochschule der Diakonie GmbH**, Grete-Reich-Weg 9, D-33617 **Bielefeld**, Tel.: (0521) 1442700, Fax: 1443032, E-Mail: info@fh-diakonie.de; www.fh-diakonie.de.

**Fachhochschule des Mittelstands (FHM), University of Applied Sciences**, Ravensberger Str 10G, D-33602 **Bielefeld**, Tel.: (0521) 9665510, Fax: 9665511, E-Mail: info@fhm-mittelstand.de; www.fhm-mittelstand.de.

**Fachhochschule Bingen**, Berlinstr 109, D-55411 **Bingen**, Tel.: (06721) 4090, Fax: 409100, E-Mail: poststelle@fh-bingen.de; www.fh-bingen.de.

**EBZ Business School – University of Applied Sciences**, Springorumallee 20, D-44795 **Bochum**, Tel.: (0234) 9447-606, Fax: 9447-199; www.ebz-business-school.de/.

**Evangelische Fachhochschule Rheinland-Westfalen-Lippe**, Immanuel-Kant-Str 18-20, D-44803 **Bochum**, Tel.: (0234) 369010, Fax: 36901100, E-Mail: efh@efh-bochum.de; www.efh-bochum.de.

**Hochschule Bochum**, Lennershofstr 140, D-44801 Bochum, PF 100741, D-44707 **Bochum**, Tel.: (0234) 32202, Fax: 3214312; www.hochschule-bochum.de.

**Hochschule für Gesundheit**, Universitätsstr. 105, D-44789 **Bochum**, Tel.: (0234) 77727-0, E-Mail: info@hs-gesundheit.de; www.hs-gesundheit.de.

**Technische Fachhochschule Georg Agricola für Rohstoff, Energie und Umwelt zu Bochum, Staatlich anerkannte Fachhochschule der DMT-Gesellschaft für Lehre und Bildung mbH**, Herner Str 45, D-44787 Bochum, PF 102749, D-44727 **Bochum**, Tel.: (0234) 96802, Fax: 9683417, E-Mail: info@tfh-bochum.de; www.tfh-bochum.de.

**Hochschule der Sparkassen-Finanzgruppe**, Simrockstr 4, D-53113 **Bonn**, Tel.: (0228) 204900, Fax: 204903, E-Mail: s-hochschule@dsgv.de; www.s-hochschule.de.

**Fachhochschule Brandenburg**, Magdeburger Str 50, D-14770 Brandenburg an der Havel, PF 2132, D-14737 **Brandenburg an der Havel**, Tel.: (03381) 3550, Fax: 355199, E-Mail: gill@fh-brandenburg.de; www.fh-brandenburg.de.

**APOLLON Hochschule der Gesundheitswirtschaft GmbH**, Universitätsallee 18, D-28359 **Bremen**, Tel.: (0421) 3782660, Fax: 378266190, E-Mail: info@apollon-hochschule.de; www.apollon-hochschule.de.

**Hochschule Bremen, University of Applied Science**, Neustadtswall 30, D-28199 **Bremen**, Tel.: (0421) 59050, Fax: 59052292, E-Mail: info@hs-bremen.de; www.hs-bremen.de.

**Hochschule Bremerhaven**, An der Karlstadt 8, D-27568 **Bremerhaven**, Tel.: (0471) 48230, Fax: 4823555, E-Mail: info@hs-bremerhaven.de; www.hs-bremerhaven.de.

**Europäische Fachhochschule, Staatlich anerkannte Privathochschule**, Kaiserstr 6, D-50321 **Brühl**, Tel.: (02232) 56730, Fax: 5673229, E-Mail: info@eufh.de; www.eufh.de.

**Hochschule 21 (FH)**, Harburger Str 6, D-21614 **Buxtehude**, Tel.: (04161) 6480, Fax: 648123, E-Mail: info@hs21.de; www.hs21.de.

**SRH Hochschule für Wirtschaft und Medien Calw, Staatlich anerkannte Fachhochschule der SRH Hochschule Calw gGmbH**, Lederstr 1, D-75365 **Calw**, Tel.: (07051) 92030, Fax: 920359, E-Mail: info@hs-calw.de; www.fh-calw.de.

**Hochschule Coburg, Hochschule für angewandte Wissenschaften**, Friedrich-Streib-Str 2, D-96450 Coburg, PF 1652, D-96406 **Coburg**, Tel.: (09561) 3170, Fax: 317275, E-Mail: poststelle@hs-coburg.de; www.hs-coburg.de.

**Evangelische Hochschule Darmstadt, University of Applied Sciences**, Zweifalltorweg 12, D-64293 **Darmstadt**, Tel.: (06151) 87980, Fax: 879858, E-Mail: efhd@eh-darmstadt.de; www.eh-darmstadt.de.

**Hochschule Darmstadt**, Haardtring 100, D-64295 **Darmstadt**, Tel.: (06151) 1602, Fax: 168949, E-Mail: info@h-da.de; www.h-da.de.

**Hochschule für angewandte Wissenschaften Deggendorf**, Edlmairstr 6+8, D-94469 **Deggendorf**, Tel.: (0991) 36150, Fax: 3615297, E-Mail: info@hdu-deggendorf.de; www.hdu-deggendorf.de.

**Theologische Hochschule Ewersbach**, Kronberg-Forum, Jahnstraße 49-53, D-35716 **Dietzhölztal**, Tel.: (02774) 9290, Fax: 929120, E-Mail: info@th-ewersbach.de; http://th-ewersbach.de.

**Fachhochschule Dortmund**, Sonnenstr 96, D-44139 Dortmund, PF 105018, D-44047 **Dortmund**, Tel.: (0231) 91120, Fax: 9112313, E-Mail: pressestelle@fh-dortmund.de; www.fh-dortmund.de.

**International School of Management GmbH, Staatlich anerkannte private Fachhochschule**" Otto-Hahn-Str 19, D-44227 **Dortmund**, Tel.: (0231) 9751390, Fax: 97513939, E-Mail: ism.dortmund@ism.de; www.ism.de.

**Evangelische Hochschule für Soziale Arbeit Dresden (FH)**, Dürerstr 25, D-01307 Dresden, PF 200143, D-01191 **Dresden**, Tel.: (0351) 469020, Fax: 4715993, E-Mail: studsek@ehs-dresden.de; www.ehs-dresden.de.

**Fachhochschule Dresden, Private Fachhochschule gGmbH**, Lingnerallee 3, D-01069 **Dresden**, Tel.: (0351) 48174910, Fax: 48174929; www.fh-dresden.eu.

**Hochschule für Technik und Wirtschaft Dresden (FH)**, Friedrich-List-Platz 1, D-01069 Dresden, PF 120701, D-01008 **Dresden**, Tel.: (0351) 4620, Fax: 4622185, E-Mail: info@htw-dresden.de; www.htw-dresden.de.

**Fachhochschule Düsseldorf, University of Applied Sciences**, Josef-Gockeln-Str 9, D-40474 **Düsseldorf**, Tel.: (0211) 43510, Fax: 4351693, E-Mail: pressestelle@fh-duesseldorf.de; www.fh-duesseldorf.de.

**Hochschule für nachhaltige Entwicklung Eberswalde (FH)**, Friedrich-Ebert-Str 28, D-16225 Eberswalde, PF 100326, D-16203 **Eberswalde**, Tel.: (03334) 6570, Fax: 657300, E-Mail: rektorat@hnee.de; www.hnee.de.

**Nordakademie, Hochschule der Wirtschaft**, Köllner Chausee 11, D-25337 **Elmshorn**, Tel.: (04121) 40900, Fax: 409040, E-Mail: fh@nordakademie.de; www.nordakademie.de.

**Hochschule Emden/Leer**, Constantiaplatz 4, D-26723 **Emden**, Tel.: (0180) 5678070, Fax: 5678071000, E-Mail: info@hs-emden-leer.de; www.hs-emden-leer.de.

**Fachhochschule für angewandtes Management, Staatlich anerkannte private Hochschule**, Am Bahnhof 2, D-85435 **Erding**, Tel.: (08122) 9559480, E-Mail: info@fham.de; www.myfham.de.

**Adam-Ries-Fachhochschule GmbH**, Juri-Gagarin-Ring 152, D-99084 **Erfurt**, Tel.: (0361) 65312010, Fax: 65312011, E-Mail: info@adam-ries-fh.de; www.adam-ries-fh.de.

**Fachhochschule Erfurt**, Altonaer Str 25, D-99085 Erfurt, PF 450155, D-99051 **Erfurt**, Tel.: (0361) 67000, Fax: 6700703, E-Mail: information@fh-erfurt.de; www.fh-erfurt.de.

**FOM Hochschule für Oekonomie & Management gGmbH, University of Applied Sciences**, Leimkugelstraße 6, D-45141 **Essen**, Tel.: (0201) 8100440, Fax: 810044180, E-Mail: info@fom.de; www.fom.de.

**Hochschule Esslingen**, Kanalstr 33, D-73728 **Esslingen**, Tel.: (0711) 39749, Fax: 3973100, E-Mail: info@hs-esslingen.de; www.hs-esslingen.de.

**Fachhochschule Flensburg**, Kanzleistr 91-93, D-24943 Flensburg, PF 1561, D-24905 **Flensburg**, Tel.: (0461) 80501, Fax: 8051300, E-Mail: infopoint@fh-flensburg.de; www.fh-flensburg.de.

**Fachhochschule Frankfurt am Main, University of Applied Sciences**, Nibelungenplatz 1, D-60318 **Frankfurt**, Tel.: (069) 15330, Fax: 15332400, E-Mail: post@fh-frankfurt.de; www.fh-frankfurt.de.

**Provadis School of International Management and Technology, Staatlich genehmigte Hochschule**, Industriepark Höchst / Gebäude B 845, D-65926 **Frankfurt/Main**, Tel.: (069) 30582324, Fax: 305816277, E-Mail: info@provadis-hochschule.de; www.provadis-hochschule.de.

**Evangelische Hochschule Freiburg, Hochschule für Soziale Arbeit, Diakonie und Religionspädagogik**, Buggingerstr 38, D-79114 **Freiburg**, Tel.: (0761) 478120, Fax: 4781230, E-Mail: mail@eh-freiburg.de; www.eh-freiburg.de.

**Katholische Hochschule Freiburg gGmbH, staatlich anerkannte Hochschule**, Karlstr 63, D-79104 **Freiburg**, Tel.: (0761) 201502, Fax: 2001495, E-Mail: rektorat@kh-freiburg.de; www.kh-freiburg.de.

**Hochschule Weihenstephan-Triesdorf**, Am Hofgarten 4, D-85354 **Freising**, Tel.: (08161) 710, Fax: 714207, E-Mail: info@hswt.de; www.hswt.de.

**Wilhelm Löhe Hochschule für angewandte Wissenschaften (WLH)**, Merkurstraße 41, D-90763 **Fürth**, Tel.: (0911) 7660690, Fax: 76606929, E-Mail: info@wlh-fuerth.de; www.wlh-fuerth.de.

**Hochschule Fulda**, Marquardstr 35, D-36039 Fulda, PF 1269, D-36012 **Fulda**, Tel.: (0661) 96400, Fax: 9640199, E-Mail: zsb-fulda@hs-fulda.de; www.hs-fulda.de.

**Hochschule Furtwangen, Informatik, Technik, Wirtschaft, Medien**, Robert Gerwig Platz 1, D-78120 Furtwangen, PF 1152, D-78113 **Furtwangen**, Tel.: (07723) 9200, Fax: 9201109, E-Mail: info@hs-furtwangen.de; www.fh-furtwangen.de.

**Hochschule Geisenheim**, Von-Lade-Str. 1, D-65366 **Geisenheim**, Tel.: (06722) 5020, Fax: 502271, E-Mail: info@hs-gm.de; www.hs-geisenheim.de.

**Westfälische Hochschule**, Neidenburger Str 10, D-45897 **Gelsenkirchen**, Tel.: (0209) 95960, Fax: 9596445, E-Mail: info@w-hs.de; www.fh-gelsenkirchen.eu.

**SRH Fachhochschule für Gesundheit Gera gGmbH**, Hermann-Drechsler-Str 2, D-07548 **Gera**, Tel.: (0365) 7734070, Fax: 77340777, E-Mail: info@gesundheitshochschule.de; www.gesundheitshochschule.de.

**Freie Theologische Hochschule Gießen**, Rathenaustr. 5-7, D-35394 **Gießen**, Tel.: (0641) 9797010, Fax: 9797039; www.fthgiessen.de.

**Technische Hochschule Mittelhessen**, Wiesenstr 14, D-35390 **Gießen**, Tel.: (0641) 3090, Fax: 3092901, E-Mail: info@fh-giessen-friedberg.de; www.th-mittelhessen.de/.

**Private Fachhochschule Göttingen**, Weender Landstr 3-7, D-37073 **Göttingen**, Tel.: (0551) 54700100, Fax: 54700190, E-Mail: studieninfo@pfh.de; www.pfh.de.

**Thüringer Fachhochschule für öffentliche Verwaltung**, Bahnhofstr 12, D-99867 Gotha, PF 100465, D-99854 **Gotha**, Tel.: (03621) 23200, Fax: 2320190, E-Mail: vfhs@bzgth.thueringen.de; www.vfhs-thueringen.de/.

**Hochschule der Deutschen Bundesbank**, Schloß, D-57627 Hachenburg, PF 1171, D-57620 **Hachenburg**, Tel.: (02662) 831, Fax: 83499, E-Mail: katja.rodig@bundesbank.de; www.fh-bundesbank.de.

**Akademie Mode und Design (AMD)**, Alte Rabenstr 1, D-20148 **Hamburg**, Tel.: (040) 2378780, Fax: 23787878, E-Mail: info@amdnet.de; www.hs-amdnet.de.

**Brand Academy, Hochschule für Design und Kommunikation – University of Applied Sciences**, Elbchaussee 31 a, D-22765 **Hamburg**, Tel.: (040) 380893560, Fax: 3808935620; www.brand-acad.com.

**EBC Hochschule, EBC Euro Business College GmbH**, Esplanade 6, D-20354 **Hamburg**, Tel.: (040) 323370-0, Fax: 323370-20; www.ebc-hochschule.de.

**Europäische Fernhochschule Hamburg GmbH, University of Applied Science**, Doberaner Weg 20, D-22143 **Hamburg**, Tel.: (040) 67570700, Fax: 67570710, E-Mail: information@euro-fh.de; www.euro-fh.de.

**Evangelische Hochschule für Soziale Arbeit & Diakonie**, Horner Weg 170, D-22111 **Hamburg**, Tel.: (040) 65591180, Fax: 65591228, E-Mail: info.eh@raueshaus.de; www.ev-hochschule-hh.de.

**Hamburg Media School**, Finkenau 35, D-22081 **Hamburg**, Tel.: (040) 4134680, Fax: 41346810, E-Mail: info@hamburgmediaschool.com; www.hamburgmediaschool.com.

**Hamburg School of Business Administration GmbH**, Alter Wall 38, D-20457 **Hamburg**, Tel.: (040) 36138711, Fax: 36138751, E-Mail: info@hsba.de; www.hsba.de.

**HFH – Hamburger Fern-Hochschule gGmbH, University of Applied Sciences**, Alter Teichweg 19, D-22081 **Hamburg**, Tel.: (040) 35094360, Fax: 35094335, E-Mail: info@hamburger-fh.de; www.hamburger-fh.de.

**Hochschule der Polizei Hamburg**, Braamkamp 3, D-22297 **Hamburg**, Tel.: (040) 428668802, Fax: 428668899, E-Mail: info@hdp.hamburg.de; www.hdp.hamburg.de.

**Hochschule für angewandte Wissenschaften Hamburg**, Berliner Tor 5, D-20099 Hamburg, PF 102031, D-20014 **Hamburg**, Tel.: (040) 428750, Fax: 428759149, E-Mail: info@haw-hamburg.de; www.haw-hamburg.de.

**International Business School of Service Management GmbH**, Hans-Henny-Jahnn-Weg 9, D-22085 **Hamburg**, Tel.: (040) 5369910, Fax: 53699166, E-Mail: contact@iss-hamburg.de; www.iss-hamburg.de.

**Kühne Logistics University, Wissenschaftliche Hochschule für Logistik und Unternehmensführung**, Brooktorkai 20, D-20457 **Hamburg**, Tel.: (040) 328707-0, Fax: 328707-109; www.the-klu.org.

**MSH Medical School Hamburg, Fachhochschule für Gesundheit und Medizin**, Am Kaiserkai 1, D-20457 **Hamburg**, Tel.: (040) 36122640, Fax: 361226430; www.medicalschool-hamburg.de.

**Hochschule Weserbergland**, Am Stockhof 2, D-31785 **Hameln**, Tel.: (05151) 955910, Fax: 45271; www.hsw-hameln.de.

**Hochschule Hamm-Lippstadt**, Marker Allee 76-78, D-59063 **Hamm**, Tel.: (02381) 87890, E-Mail: info@hshl.de; www.hshl.de.

**SRH Hochschule für Logistik und Wirtschaft**, Platz der Deutschen Einheit 1, D-59065 **Hamm**, Tel.: (02381) 92910, Fax: 9291199, E-Mail: info@fh-hamm.srh.de; www.fh-hamm.srh.de.

**Fachhochschule für die Wirtschaft Hannover (FHDW)**, Freundallee 15, D-30173 **Hannover**, Tel.: (0511) 2848370, Fax: 2848372, E-Mail: info-ha@fhdw.de; www.fhdw-hannover.de.

**GISMA Business School**, Goethestr 18, D-30625 **Hannover**, Tel.: (0511) 546090, Fax: 5460954, E-Mail: info@gismacom; www.gisma.com.

**Hochschule Hannover**, Expo Plaza 4, D-30539 Hannover, PF 721154, D-30351 **Hannover**, Tel.: (0511) 92960, Fax: 92961010, E-Mail: poststelle@fh-hannover.de; www.hs-hannover.de.

**Fachhochschule Westküste, Hochschule für Wirtschaft und Technik**, Fritz-Thiedemann-Ring 20, D-25746 **Heide**, Tel.: (0481) 85550, Fax: 8555555, E-Mail: webmaster@fh-westkueste.de; www.fh-westkueste.de.

**Hochschule Heidelberg, Staatlich anerkannte Fachhochschule**, Ludwig-Guttmann-Str 6, D-69123 **Heidelberg-Wieblingen**, Tel.: (06221) 881000, Fax: 884122, E-Mail: info@fh-heidelberg.de; www.fh-heidelberg.de.

**German Graduate School of Management and Law gGmbH**, Bildungscampus 2, D-74072 **Heilbronn**, Tel.: (07131) 6456360, E-Mail: info@ggs.de; www.ggs.de.

**Hochschule Heilbronn, Technik – Wirtschaft – Informatik**, Max-Planck-Str 39, D-74081 **Heilbronn**, Tel.: (07131) 5040, Fax: 252470, E-Mail: info@hs-heilbronn.de; www.hs-heilbronn.de.

**Hochschule für angewandte Wissenschaft und Kunst Hildesheim/Holzminden/Göttingen**, Hohnsen 4, D-31134 **Hildesheim**, Tel.: (05121) 8810, Fax: 881132; www.hawk-hhg.de.

**Hochschule für Angewandte Wissenschaften – Fachhochschule Hof**, Alfons-Goppel-Platz 1, D-95028 **Hof**, Tel.: (09281) 4093000, Fax: 4094000, E-Mail: mail@hof-university.de; www.fh-hof.de.

**Hochschule Fresenius**, Limburger Str 2, D-65510 **Idstein**, Tel.: (06126) 93520, Fax: 935210, E-Mail: idstein@hs-fresenius.de; www.hs-fresenius.de.

**Hochschule für angewandte Wissenschaften Ingolstadt, University of Applied Sciences**, Esplanade 10, D-85049 Ingolstadt, PF 210454, D-85019 **Ingolstadt**, Tel.: (0841) 93480, Fax: 9348200, E-Mail: info@haw-ingolstadt.de; www.haw-ingolstadt.de.

**BiTS Business and Information Technology School gGmbH**, Reiterweg 26b, D-58636 **Iserlohn**, Tel.: (02371) 7760, Fax: 776503, E-Mail: studiensekretariat@bits-iserlohn.de; www.bits-iserlohn.de.

**Fachhochschule Südwestfalen, Hochschule für Technik und Wirtschaft**, Frauenstuhlweg 31, D-58644 Iserlohn, PF 2061, D-58590 **Iserlohn**, Tel.: (02371) 5660, Fax: 566274, E-Mail: fh-swf@fh-swf.de; www.fh-swf.de.

**Naturwissenschaftlich-Technische Akademie Prof. Dr. Grübler gGmbH, Staatlich anerkannte Fachhochschule und Berufskollegs**, Seidenstr 12-35, D-88316 **Isny**, Tel.: (07562) 97070, Fax: 970771, E-Mail: info@nta-isny.de; www.nta-isny.de.

**Ernst-Abbe-Fachhochschule Jena, Hochschule für angewandte Wissenschaften**, Carl-Zeiss-Promenade 2, D-07745 Jena, PF 100314, D-07703 **Jena**, Tel.: (03641) 2050, Fax: 205101, E-Mail: Rektorat@fh-jena.de; www.fh-jena.de.

**Fachhochschule Kaiserslautern**, Morlauterer Str 31, D-67657 Kaiserslautern, PF 1573, D-67604 **Kaiserslautern**, Tel.: (0631) 37240, Fax: 3724105, E-Mail: presse@fh-kl.de; www.fh-kl.de.

**Hochschule Karlsruhe, Technik und Wirtschaft**, Moltkestr 30, D-76133 Karlsruhe, PF 2440, D-76012 **Karlsruhe**, Tel.: (0721) 9250, Fax: 9252000, E-Mail: mailbox@hs-karlsruhe.de; www.hs-karlsruhe.de.

**Karlshochschule, International University**, Karlstr 36-38, D-76133 Karlsruhe, Pf 110630, D-76059 **Karlsruhe**, Tel.: (0721) 1303500, Fax: 1303300, E-Mail: info@karlshochschule.de; www.karlshochschule.de.

**CVJM-Hochschule Kassel**, Hugo-Preuß-Str. 40, D-34131 **Kassel**, Tel.: (0561) 3087-530, Fax: 3087-501; www.cvjm-hochschule.de/.

**Hochschule für angewandte Wissenschaften Kempten**, Bahnhofstr 61, D-87435 Kempten, PF 1680, D-87406 **Kempten**, Tel.: (0831) 25230, Fax: 2523104, E-Mail: post@fh-kempten.de; www.hochschule-kempten.de.

**Fachhochschule Kiel**, Sokratesplatz 1, D-24149 **Kiel**, Tel.: (0431) 2100, Fax: 2101900, E-Mail: info@fh-kiel.de; www.fh-kiel.de.

**Hochschule Rhein-Waal – University of Applied Sciences**, Landwehr 4, D-47533 **Kleve**, Tel.: (02821) 80673-0, Fax: 80673-160; www.hochschule-rhein-waal.de/.

**Hochschule Koblenz**, Konrad-Zuse-Str 1, D-56075 **Koblenz**, Tel.: (0261) 95280, Fax: 9528567, E-Mail: info@hs-koblenz.de; www.hs-koblenz.de.

**Cologne Business School (CBS), European University of Applied Sciences**, Hardefuststr. 1, D-50677 **Köln**, Tel.: (0221) 93180931, Fax: 93180930; www.cbs-edu.de.

**Fachhochschule Köln, University of Applied Sciences**, Claudiusstr 1, D-50678 **Köln**, Tel.: (0221) 82750, Fax: 82753131, E-Mail: rektorat@zv.fh-koeln.de; www.fh-koeln.de.

**Katholische Hochschule Nordrhein-Westfalen**, Wörthstr 10, D-50668 **Köln**, Tel.: (0221) 7757601, Fax: 7757631, E-Mail: rektor@katho-nrw.de; www.katho-nrw.de.

**Rheinische Fachhochschule Köln GmbH**, Schaevenstr 1 a/b, D-50676 **Köln**, Tel.: (0221) 203020, Fax: 2030245, E-Mail: hsm@rfh-koeln.de; www.rfh-koeln.de.

**Hochschule Anhalt (FH)**, Bernburger Str 55, D-06366 Köthen, PF 1458, D-06354 **Köthen**, Tel.: (03496) 671000, Fax: 671099, E-Mail: praesident@fh-anhalt.de; www.hs-anhalt.de.

**Hochschule Konstanz Technik, Wirtschaft und Gestaltung**, Brauneggerstr 55, D-78462 Konstanz, PF 100543, D-78405 **Konstanz**, Tel.: (07531) 2060, Fax: 206400, E-Mail: kontakt@htwg-konstanz.de; www.fh-konstanz.de.

**Hochschule Niederrhein (HN)**, Reinarzstr 49, D-47805 Krefeld, PF 100762, D-47707 **Krefeld**, Tel.: (02151) 8220, Fax: 8223998, E-Mail: rektor@hs-niederrhein.de; www.hs-niederrhein.de.

**Hochschule Landshut**, Am Lurzenhof 1, D-84036 **Landshut**, Tel.: (0871) 5060, Fax: 506506, E-Mail: info@fh-landshut.de; www.fh-landshut.de.

**Deutsche Telekom AG, Hochschule für Telekommunikation Leipzig**, Gustav-Freytag-Str 43-45, D-04277 **Leipzig**, Tel.: (0341) 30620, Fax: 3015069, E-Mail: info@hft-leipzig.de; www.hft-leipzig.de.

**Hochschule für Technik, Wirtschaft und Kultur Leipzig (FH)**, Karl-Liebknecht-Str 132, D-04277 Leipzig, PF 301166, D-04251 **Leipzig**, Tel.: (0341) 30760, Fax: 30766456, E-Mail: poststelle@htwk-leipzig.de; www.htwk-leipzig.de.

**Leipzig School of Media gGmbH**, Mediencampus, Poetenweg 28, D-04155 **Leipzig**, Tel.: (0341) 56296701, Fax: 56296791, E-Mail: info@leipzigschoolofmedia.de; www.leipzigschoolofmedia.de.

**Hochschule Ostwestfalen-Lippe, University of Applied Sciences**, Liebigstr 87, D-32657 **Lemgo**, Tel.: (05261) 7020, Fax: 702222, E-Mail: pressestelle@hs-owl.de; www.hs-owl.de.

**Evangelische Hochschule Ludwigsburg, Hochschule für Soziale Arbeit, Diakonie und Religionspädagogik, Staatlich anerkannte Fachhochschule der Evangelischen Landeskirche in Württemberg**, Paulusweg 6, D-71638 **Ludwigsburg**, Tel.: (07141) 9745-0, Fax: 9745-400, E-Mail: rektorat@eh-ludwigsburg.de; www.eh-ludwigsburg.de.

**Fachhochschule Ludwigshafen am Rhein, Hochschule für Wirtschaft**, Ernst-Boehe-Str 4, D-67059 **Ludwigshafen**, Tel.: (0621) 52030, Fax: 5203200, E-Mail: Infozentrale@fh-ludwigshafen.de; www.fh-ludwigshafen.de.

**Fachhochschule Lübeck, Hochschule für Technik, Wirtschaft, Bauwesen und Naturwissenschaften**, Mönkhofer Weg 239, D-23562 **Lübeck**, Tel.: (0451) 3006, Fax: 3005100, E-Mail: kontakt@fh-luebeck.de; www.fh-luebeck.de.

**Hochschule Magdeburg-Stendal (FH)**, Breitscheidstr 2, D-39114 Magdeburg, PF 3655, D-39011 **Magdeburg**, Tel.: (0391) 88630, Fax: 8864104, E-Mail: pressestelle@hs-magdeburg.de; www.hs-magdeburg.de.

**Fachhochschule Mainz, University of Applied Sciences**, Standort Campus, Lucy-Hillebrand-Str 2, D-55128 **Mainz**, Tel.: (06131) 628-0, Fax: 628-7777, E-Mail: zentrale@fh-mainz.de; www.fh-mainz.de.

**Katholische Hochschule Mainz**, Saarstr 3, D-55122 Mainz, PF 2340, D-55013 **Mainz**, Tel.: (06131) 289440, Fax: 2894450, E-Mail: e-mail@kfh-mainz.de; www.kfh-mainz.de.

**Fachhochschule Schwetzingen – Hochschule für Rechtspflege**, Käfertaler Str 190, D-68157 Mannheim, PF 1740, D-68707 **Schwetzingen**, Tel.: (0621) 3700990, Fax: 37009969, E-Mail: poststelle@fhrschwetzingen.justiz.bwl.de; www.fh-schwetzingen.de.

**Hochschule der Wirtschaft für Management**, Neckarauer Str. 168-228, D-68163 Mannheim, Postfach 240364, D-68173 **Mannheim**, Tel.: (0621) 490712-0, Fax: 180698-88; www.hdwm.de.

**Hochschule Mannheim**, Paul-Wittsack-Str. 10, D-68163 **Mannheim**, Tel.: (0621) 2926111, Fax: 2926420, E-Mail: info@hs-mannheim.de; www.hs-mannheim.de.

**Evangelische Hochschule Tabor**, Dürerstr. 43, D-35039 **Marburg**, Tel.: (06421) 967-431, Fax: 967-411; www.eh-tabor.de.

**Hochschule Merseburg**, Geusaer Str, D-06217 **Merseburg**, Tel.: (03461) 460, Fax: 462906, E-Mail: rektorat@hs-merseburg.de; www.hs-merseburg.de.

**Hochschule Mittweida (FH), University of Applied Sciences**, Technikumplatz 17, D-09648 Mittweida, Pf 1457, D-09644 **Mittweida**, Tel.: (03727) 580, Fax: 581379, E-Mail: kontakt@hs-mittweida.de; www.hs-mittweida.de.

**Evangelische Hochschule Moritzburg**, Bahnhofstr 9, D-01468 **Moritzburg**, Tel.: (035207) 84300, Fax: 84310, E-Mail: sekretariat@eh-moritzburg.de; www.fhs-moritzburg.de.

**Hochschule Ruhr West, University of Applied Sciences**, Mellinghoferstr. 55, D-45473 Mülheim an der Ruhr, Postfach 100755, D-45407 **Mülheim an der Ruhr**, Tel.: (0208) 88254-0, Fax: 88254-109; www.hochschule-ruhr-west.de.

**Fachhochschule für öffentliche Verwaltung und Rechtspflege in Bayern**, Odeonsplatz 6, D-80539 **München**, Tel.: (089) 2426710, Fax: 24267520, E-Mail: poststelle@bfh-zv.bayern.de; www.beamtenfachhochschule.bayern.de.

**Hochschule für Angewandte Sprachen, Fachhochschule des SDI**, Baierbrunner Straße 28, D-81379 **München**, Tel.: (089) 2881020, Fax: 288440, E-Mail: kontakt@sdi-muenchen.de; www.sdi-muenchen.de.

**Hochschule München**, Lothstr 34, D-80335 **München**, Tel.: (089) 12650, Fax: 12653000, E-Mail: webmaster@hm.edu; www.hm.edu.

**Katholische Stiftungsfachhochschule München**, Preysingstr 83, D-81667 **München**, Tel.: (089) 480921271, Fax: 4801900, E-Mail: ksfh.muc@ksfh.de; www.ksfh.de.

**Macromedia Hochschule für Medien und Kommunikation**, Gollierstr 4, D-80339 **München**, Tel.: (089) 5441510, Fax: 54415115, E-Mail: info.muc@macromedia.de; www.macromedia-fachhochschule.de.

**Munich Business School**, Elsenheimerstr 61, D-80687 **München**, Tel.: (089) 5476780, Fax: 54767829, E-Mail: Info@munich-business-school.de; www.munich-business-school.de.

**Fachhochschule Münster, University of Applied Sciences**, Hüfferstr 27, D-48149 Münster, PF 3020, D-48016 **Münster**, Tel.: (0251) 830, Fax: 8364015, E-Mail: verwaltung@fh-muenster.de; www.fh-muenster.de.

**Fachhochschule Neu-Ulm**, Wileystr 1, D-89231 **Neu-Ulm**, Tel.: (0731) 97620, Fax: 9762299, E-Mail: info@hs-neu-ulm.de; www.hs-neu-ulm.de.

**Hochschule Neubrandenburg**, Brodaer Str 2, D-17033 Neubrandenburg, PF 110121, D-17041 **Neubrandenburg**, Tel.: (0395) 56930, Fax: 56939999, E-Mail: webmaster@hs-nb.de; www.hs-nb.de.

**Hochschule Neuss für Internationale Wirtschaft**, Markt 11-15, D-41460 **Neuss**, Tel.: (02131) 73986-0, Fax: 73986-19; www.hs-neuss.de/.

**Fachhochschule Nordhausen**, Weinberghof 4, D-99734 Nordhausen, PF 100710, D-99727 **Nordhausen**, Tel.: (03631) 420100, Fax: 420810, E-Mail: prasident@fh-nordhausen.de; www.fh-nordhausen.de.

**Evangelische Hochschule Nürnberg**, Bärenschanzstr 4, D-90429 **Nürnberg**, Tel.: (0911) 272536, Fax: 27253799, E-Mail: zentrale@evhn.de; www.evhn.de.

**Georg-Simon-Ohm-Hochschule für angewandte Wissenschaften, Fachhochschule Nürnberg**, Keßlerplatz 12, D-90489 Nürnberg, PF 210320, D-90121 **Nürnberg**, Tel.: (0911) 58800, Fax: 58808309, E-Mail: info@ohm-hochschule.de; www.ohm-hochschule.de.

**Hochschule für Kunsttherapie Nürtingen (HKT)**, Sigmaringer Str 15/2, D-72622 **Nürtingen**, Tel.: (07022) 933360, Fax: 9333623, E-Mail: info@hkt-nuertingen.de; www.hkt-nuertingen.de.

**Hochschule für Wirtschaft und Umwelt Nürtingen-Geislingen (HfWU)**, Neckarsteige 6-10, D-72622 Nürtingen, PF 1349, D-72603 **Nürtingen**, Tel.: (07022) 2010, Fax: 201303, E-Mail: info@hfwu.de; www.hfwu.de.

**Hochschule Offenburg**, Badstr 24, D-77652 **Offenburg**, Tel.: (0781) 2050, Fax: 205333, E-Mail: info@hs-offenburg.de; www.hs-offenburg.de.

**Hochschule Osnabrück**, Albrechtstr 30, D-49076 Osnabrück, PF 1940, D-49009 **Osnabrück**, Tel.: (0541) 9692066, Fax: 96912066, E-Mail: webmaster@hs-osnabrueck.de; www.hs-osnabrueck.de.

**Fachhochschule der Wirtschaft FHDW**, Fürstenallee 3-5, D-33102 **Paderborn**, Tel.: (05251) 30102, Fax: 301188, E-Mail: info-pb@fhdw.de; www.fhdw.de.

**Hochschule Pforzheim, Gestaltung, Technik, Wirtschaft und Recht**, Tiefenbronner Str 65, D-75175 **Pforzheim**, Tel.: (07231) 285, Fax: 286666, E-Mail: info@hs-pforzheim.de; www.hs-pforzheim.de.

**Wilhelm Büchner Hochschule, Private Fernhochschule Darmstadt**, Ostendstr 3, D-64319 Pfungstadt, PF 100164, D-64201 **Darmstadt**, Tel.: (06157) 806404, Fax: 806401, E-Mail: info@wb-fernstudium.de; www.wb-fernstudium.de.

**Business School Potsdam, Hochschule für Management (FH)**, Große Weinmeisterstr. 43a, D-14469 **Potsdam**, Tel.: (0331) 979102-0, Fax: 979102-19, E-Mail: info@businessschool-potsdam.de; www.businessschool-potsdam.de.

**Fachhochschule Potsdam**, Pappelallee 8-9, D-14469 Potsdam, PF 600608, D-14406 **Potsdam**, Tel.: (0331) 58000, Fax: 5802999, E-Mail: presse@fh-potsdam.de; www.fh-potsdam.de.

**Hochschule für angewandte Wissenschaften Regensburg**, Prüfeninger Str 58, D-93049 Regensburg, PF 120327, D-93025 **Regensburg**, Tel.: (0941) 94302, Fax: 9431422, E-Mail: poststelle@hs-regensburg.de; www.hs-regensburg.de.

**Hochschule Reutlingen**, Alteburgstr 150, D-72762 **Reutlingen**, Tel.: (07121) 2710, Fax: 2711001, E-Mail: info@reutlingen-university.de; www.reutlingen-university.de.

**Theologische Hochschule Reutlingen, Staatlich anerkannte Fachhochschule der Evangelisch-methodistische Kirche**, Friedrich-Ebert-Str 31, D-72762 **Reutlingen**, Tel.: (07121) 92590, Fax: 925914, E-Mail: sekretariat@th-reutlingen.de; www.th-reutlingen.de.

**Mathias Hochschule Rheine, University of applied Sciences**, Frankenburgstraße 31, D-48431 **Rheine**, Tel.: (05971) 421171, Fax: 421116, E-Mail: info@mhrheine.de; www.mhrheine.de.

**SRH FernHochschule Riedlingen**, Lange Str 19, D-88499 **Riedlingen**, Tel.: (07371) 93150, Fax: 931515, E-Mail: info@fh-riedlingen.srh.de; www.fh-riedlingen.de/.

**Hochschule für angewandte Wissenschaften, Fachhochschule Rosenheim**, Hochschulstr 1, D-83024 **Rosenheim**, Tel.: (08031) 8050, Fax: 805105, E-Mail: info@fh-rosenheim.de; www.fh-rosenheim.de.

**Hochschule für Forstwirtschaft Rottenburg**, Schadenweilerhof, D-72108 **Rottenburg**, Tel.: (07472) 9510, Fax: 951200, E-Mail: hfr@hs-rottenburg.de; www.fh-rottenburg.de.

**Deutsche Hochschule für Prävention und Gesundheitsmanagement GmbH**, Hermann Neuberger Sportschule, D-66123 **Saarbrücken**, Tel.: (0681) 6855150, Fax: 6855190, E-Mail: info@dhfpg.org; www.dhfpg.de.

**Hochschule für Technik und Wirtschaft des Saarlandes**, Goebenstr 40, D-66117 Saarbrücken, PF 650134, D-66140 **Saarbrücken**, Tel.: (0681) 58670, Fax: 5867122, E-Mail: info@htw-saarland.de; www.htw-saarland.de.

**Hochschule Bonn-Rhein-Sieg**, Grantham-Allee 20, D-53757 Sankt Augustin, D-53754 **Sankt Augustin**, Tel.: (02241) 8650, Fax: 865609, E-Mail: marlene.braatz@fh-bonn-rhein-sieg.de; www.fh-rhein-sieg.de.

**Fachhochschule Schmalkalden**, Blechhammer, D-98574 Schmalkalden, PF 100452, D-98564 **Schmalkalden**, Tel.: (03683) 6880, Fax: 6881920, E-Mail: info@fh-schmalkalden.de; www.fh-schmalkalden.de.

**Hochschule für Gestaltung Schwäbisch Gmünd, University of Applied Sciences**, Marie-Curie-Straße 19, D-73529 Schwäbisch Gmünd, PF 1308, D-73503 **Schwäbisch Gmünd**, Tel.: (07171) 602600, Fax: 69259, E-Mail: sekretariat@hfg-gmuend.de; www.hfg-gmuend.de.

**Fachhochschule Schwäbisch Hall, Hochschule für Gestaltung**, Salinenstr 2, D-74523 **Schwäbisch Hall**, Tel.: (0791) 856550, Fax: 8565510, E-Mail: info@fhsh.de; www.fhsh.de.

**Baltic College**, August-Bebel-Str 11/12, D-19055 **Schwerin**, Tel.: (0385) 7420980, Fax: 74209822, E-Mail: info@baltic-college.de; www.baltic-college.de.

**Hochschule Lausitz**, Großenhainer Str 57, D-01968 Senftenberg, PF 101548, D-01958 **Senftenberg**, Tel.: (03573) 850, Fax: 85209, E-Mail: rektoroffice@hs-lausitz.de; www.hs-lausitz.de.

**Hochschule Albstadt-Sigmaringen**, Anton-Günther-Str 51, D-72488 Sigmaringen, PF 1254, D-72481 **Sigmaringen**, Tel.: (07571) 7320, Fax: 738229, E-Mail: info@hs-albsig.de; www.hs-albsig.de.

**Fachhochschule Stralsund**, Zur Schwedenschanze 15, D-18435 **Stralsund**, Tel.: (03831) 455, Fax: 456680, E-Mail: info@fh-stralsund.de; www.fh-stralsund.de.

**AKAD-Zentrale und -Hochschule Stuttgart**, Maybachstr 18-20, D-79469 **Stuttgart**, Tel.: (0711) 814950, Fax: 81495999, E-Mail: akad@akad.de; www.akad.de.

**Duale Hochschule Baden-Württemberg**, Friedrichstr. 14, D-70174 **Stuttgart**, Tel.: (0711) 320660-0, Fax: 320660-66; www.dhbw.de.

**Freie Hochschule Stuttgart, Seminar für Waldorfpädagogik**, Haußmannstr 44A, D-70188 **Stuttgart**, Tel.: (0711) 210940, Fax: 2348913, E-Mail: info@freie-hochschule-stuttgart.de; www.freie-hochschule-stuttgart.de.

**Hochschule der Medien**, Nobelstr 10, D-70569 **Stuttgart**, Tel.: (0711) 892310, Fax: 892311, E-Mail: info@hdm-stuttgart.de; www.hdm-stuttgart.de.

**Hochschule für Technik Stuttgart**, Schellingstr 24, D-70174 Stuttgart, PF 101452, D-70013 **Stuttgart**, Tel.: (0711) 89260, Fax: 89262666, E-Mail: info@hft-stuttgart.de; www.hft-stuttgart.de.

**Merz Akademie, Hochschule für Gestaltung, Kunst und Medien**, Teckstr 58, D-70190 **Stuttgart**, Tel.: (0711) 268660, Fax: 2686621, E-Mail: info@merz-akademie.de; www.merz-akademie.de.

**Hochschule Trier, Trier University of Applied Sciences**, Schneidershof, D-54293 Trier, PF 1826, D-54208 **Trier**, Tel.: (0651) 81030, Fax: 8103333, E-Mail: info@hochschule-trier.de; www.hochschule-trier.de.

**Hochschule Ulm**, Prittwitzstr 10, D-89075 Ulm, PF 3860, D-89028 **Ulm**, Tel.: (0731) 50208, Fax: 5028270, E-Mail: info@hs-ulm.de; www.hs-ulm.de.

**Private Fachhochschule für Wirtschaft und Technik Vechta-Diepholz-Oldenburg gGmbH, Fachhochschule und Berufsakademie**, Rombergstr 40, D-49377 **Vechta**, Tel.: (04441) 9150, Fax: 915109, E-Mail: info@fhwt.de; www.fhwt.de.

**Fachhochschule Wedel**, Feldstr 143, D-22880 **Wedel**, Tel.: (04103) 80480, Fax: 804839, E-Mail: sekretariat@fh-wedel.de; www.fh-wedel.de.

**Hochschule Ravensburg-Weingarten, Technik – Wirtschaft – Sozialwesen**, Doggenriedstr, D-88250 Weingarten, PF 1261, D-88241 **Weingarten**, Tel.: (0751) 5010, Fax: 5019876, E-Mail: info@hs-weingarten.de; www.hs-weingarten.de.

**Hochschule Harz (FH)**, Friedrichstr 57-59, D-38855 **Wernigerode**, Tel.: (03943) 6590, Fax: 659109, E-Mail: info@hs-harz.de; www.hs-harz.de.

**Hochschule Rhein/Main**, Kurt-Schumacher-Ring 18, D-65197 **Wiesbaden**, Tel.: (0611) 949501, Fax: 444696, E-Mail: presse@hs-rm.de; www.hs-rm.de.

**Technische Hochschule Wildau (FH)**, Bahnhofstr, D-15745 **Wildau**, Tel.: (03375) 508300; www.th-wildau.de.

**Jade Hochschule, Wilhelmshaven/Oldenburg/Elsfleth**, Friedrich-Paffrath-Str 101, D-26389 **Wilhelmshaven**, Tel.: (04421) 9850, Fax: 9852304, E-Mail: info@jade-hs.de; www.jade-hs.de.

**Hochschule Wismar, University of Technology, Business and Design**, Philipp-Müller-Str 14, D-23966 Wismar, PF 1210, D-23952 **Wismar**, Tel.: (03841) 7530, Fax: 753383; www.hs-wismar.de.

**Ostfalia Hochschule für angewandte Wissenschaften, Hochschule Braunschweig/Wolfenbüttel**, Salzdahlumer Str 46-48, D-38302 **Wolfenbüttel**, Tel.: (05331) 9390, Fax: 93914624, E-Mail: info@ostfalia.de; www.ostfalia.de.

**Fachhochschule Worms**, Erenburgerstr 19, D-67549 **Worms**, Tel.: (06241) 5090, Fax: 509222, E-Mail: kontakt@fh-worms.de; www.fh-worms.de.

**Hochschule für angewandte Wissenschaften Würzburg-Schweinfurt**, Münzstr 12, D-97070 **Würzburg**, Tel.: (0931) 35110, Fax: 35116994, E-Mail: praesidialamt-wue@fhws.de; www.fhws.de.

**Theologisches Seminar Elstal (FH), Staatlich anerkannte Fachhochschule**, Johann-Gerhard-Oncken-Str 7, D-14641 **Wustermark**, Tel.: (033234) 74306, Fax: 74309, E-Mail: theolsem@baptisten.de; www.theologisches-seminar-elstal.de.

**Hochschule Zittau/Görlitz (FH)**, Theodor-Körner-Allee 16, D-02763 Zittau, PF 1454, D-02754 **Zittau**, Tel.: (03583) 610400, Fax: 611388, E-Mail: info@hs-zigr.de; www.hs-zigr.de.

**Westsächsische Hochschule Zwickau (FH)**, Dr-Friedrichs-Ring 2a, D-08056 Zwickau, PF 201037, D-08012 **Zwickau**, Tel.: (0375) 5360, Fax: 5361127, E-Mail: rektorat@fh-zwickau.de; www.fh-zwickau.de.